DICTIONNAIRE

ENCYCLOPÉDIQUE & BIOGRAPHIQUE

DE

L'INDUSTRIE & DES ARTS INDUSTRIELS

DICTIONNAIRE

ENCYCLOPÉDIQUE ET BIOGRAPHIQUE

DE

L'INDUSTRIE ET DES ARTS INDUSTRIELS

CONTENANT

1° POUR L'INDUSTRIE :

L'étude historique et descriptive du travail national sous toutes ses formes ; de ses origines, des découverte et des perfectionnements dont il a été l'objet.
Le matériel et les procédés des industries extractives, des exploitations rurales, des usines agricoles et des industries alimentaires, des industries textiles et de la confection du vêtement, des industries chimiques. Les chemins de fer et les canaux, les constructions navales, Les grandes manufactures, Les écoles professionnelles, etc

2° POUR LES ARTS APPLIQUÉS A L'INDUSTRIE :

Le dessin ; la gravure ; l'architecture et toutes les industries qui se rattachent à l'art. — L'imprimerie La photographie. — Les manufactures nationales. — Les écoles et les sociétés d'art.

3° POUR LA STATISTIQUE :

L'état de la production nationale ; les résultats comparés de cette production et de celle de l'étranger pour les industries similaires.

4° POUR LA BIOGRAPHIE :

Les noms des savants, des artistes, fabricants et manufacturiers décédés qui se sont distingués dans toutes les branches de l'industrie et des arts industriels de la France.

5° L'HISTOIRE SOMMAIRE DES ARTS & MÉTIERS :

Depuis les temps les plus reculés jusqu'à nos jours ; les mots techniques ; l'indication des principaux ouvrages se rapportant à l'art et à l'industrie.

PAR

E.-O. LAMI

Officier d'Académie

Ancien attaché au Service historique et des Beaux-Arts de la Ville de Paris

AVEC LA COLLABORATION DES SAVANTS, SPÉCIALISTES ET PRATICIENS LES PLUS ÉMINENTS
DE NOTRE ÉPOQUE

TOME II

PARIS

LIBRAIRIE DES DICTIONNAIRES

7, PASSAGE SAULNIER, 7

1882

EXPLICATION

ABRÉVIATIONS & DES SIGNES

Terme d'agriculture	*T. d'agric.*	
— d'architecture	*d'arch.*	
— d'architecture militaire.	*d'arch. milit.*	
— d'architecture et de construction	*d'arch. et de const.*	
— d'armurier.	*d'armur.*	
— d'armurerie et de guerre	*d'armur. et de g.*	
— d'armurerie et d'art militaire	*d'armur. et d'art milit.*	
— d'arquebuserie.	*d'arqueb.*	
— d'art	*d'art.*	
— d'art héraldique	*d'art hérald.*	
— d'art militaire	*d'art milit.*	
— d'art militaire ancien	*d'art milit. anc.*	
— d'artificier	*d'artific.*	
— d'artillerie	*d'artill.*	
— de batteur d'or.	*de batt. d'or.*	
— de bijouterie.	*de bijout.*	
— de blason.	*de blas.*	
— de bonneterie.	*de bonnet.*	
— de botanique.	*de bot.*	
— de boulangerie.	*de boul.*	
— de bourrelier.	*de bourr.*	
— de brasserie	*de brass.*	
— de briqueterie	*de briquet.*	
— de carrosserie.	*de carross.*	
— de céramique.	*de céram.*	
— de chapellerie.	*de chap.*	
— de charpenterie	*de charp.*	
— de charpenterie de marine	*de charp. de mar.*	
— de charpenterie et de menuiserie.	*de charp. et de men.*	
— de charronnage	*de charron.*	
— de chemin de fer.	*de chem. de fer.*	
— de chimie.	*de chim.*	
— de chimie organique.	*de chim. organ.*	
— de ciselure.	*de cisel.*	
— de clouterie.	*de clout.*	
— de coiffure.	*de coiff.*	
— de construction.	*de constr.*	
— de corderie.	*de cord.*	
— de cordonnerie.	*de cordon.*	
— de corroierie.	*de corr.*	
— de costume.	*de cost.*	
— de coutellerie.	*de coutell.*	
— de couture.	*de cout.*	
— de dorure.	*de dor.*	
— de draperie.	*de drap.*	
— d'ébénisterie.	*d'ébénist.*	
— d'émailleur.	*d'émail.*	
— d'épinglier.	*d'éping.*	
— d'exploitation des mines.	*d'exploit. des min.*	
— de facteur d'instruments de musique	*de fact. de mus.*	
— de filature	*de filat.*	
— de fonderie.	*de fond.*	
— de forgeage	*de forg.*	
— de fortification.	*de fortif.*	
— de fourbisseur.	*de fourb.*	
— de ganterie.	*de gant.*	
— de géologie.	*de géolog.*	
— de géométrie.	*de géom.*	
— de gnomonique.	*de gnomon.*	
— de gravure.	*de grav.*	
— d'horlogerie	*d'horlog.*	
— d'hydraulique	*d'hydraul.*	
— d'hygiène.	*d'hyg.*	
— d'iconographie.	*d'iconog.*	
— d'iconologie	*d'iconol.*	
— d'imprimerie.	*d'imp.*	

Terme d'impression sur étoffe	*T. d'imp. s. ét.*	
— de joaillerie	*de joaill.*	
— de lampisterie.	*de lamp.*	
— de lapidaire.	*de lapid.*	
— de lapidaire et de joaillier	*de lapid. et de joaill.*	
— de librairie.	*de libr.*	
— de luthier.	*de luth.*	
— de maçonnerie.	*de maçonn.*	
— de manufacture	*de manuf.*	
— de marbrerie.	*de marbr.*	
— de maréchalerie.	*de maréch.*	
— de marine	*de mar.*	
— de marine et de navigation.	*de mar. et de nav.*	
— de mécanique.	*de mécan.*	
— de mégisserie	*de még.*	
— de menuiserie.	*de men.*	
— de menuiserie en voiture	*de men. en voit.*	
— de métallurgie.	*de métall.*	
— de métier.	*de mét.*	
— de meunerie.	*de meun.*	
— de mine	*de min.*	
— de mine militaire.	*de min. milit.*	
— de minéralogie.	*de minér.*	
— de miroiterie.	*de miroit.*	
— de monnaie.	*de monn.*	
— d'optique.	*d'optiq.*	
— d'orfèvrerie.	*d'orfèv.*	
— de papeterie	*de pap.*	
— de passementerie	*de passem.*	
— de parfumerie.	*de parf.*	
— de pelleterie.	*de pellet.*	
— de pharmacie	*de pharm.*	
— de photographie.	*de photog.*	
— de physique.	*de phys.*	
— de physique nautique.	*de phys. naut.*	
— de plomberie.	*de plomb.*	
— de plumassier	*de plumas.*	
— de pontonnerie.	*de ponton.*	
— de ponts et chaussées	*de p. et chauss.*	
— de potier.	*de pot.*	
— de pyrotechnie.	*de pyrotechn.*	
— de raffinerie de sucre	*de raff. de sucre*	
— de reliure	*de rel.*	
— de salines	*de salin.*	
— de sellerie	*de sell.*	
— de serrurerie.	*de serrur.*	
— de sucrerie.	*de sucr.*	
— de tabletterie.	*de tabl.*	
— de tanneur.	*de tann.*	
— de tapisserie.	*de tapiss.*	
— technique	*techn.*	
— de teinturerie.	*de teint.*	
— de télégraphie.	*de télégr.*	
— de théâtre.	*de théât.*	
— de tissage.	*de tiss.*	
— de tonnellerie	*de tonnell.*	
— de tourneur	*de tourn.*	
— de travaux publics.	*de trav. publ.*	
— de typographie.	*de typogr.*	
— de vernissage.	*de verniss.*	
— de verrerie.	*de verr.*	
— de vitrerie.	*de vitr.*	

Art héraldique	*Art hérald.*
Instrument d'astronomie.	*Inst. d'ast.*
Instrument de chirurgie.	*Inst. de chirurg.*
Instrument de musique.	*Inst. de mus.*
Mythologie.	*Myth.*
Synonyme.	*Syn.*

Le signe * indique que le mot qui le porte n'est pas dans le dictionnaire de l'Académie.

LISTE DES AUTEURS

QUI ONT CONTRIBUÉ A LA RÉDACTION DU DEUXIÈME VOLUME

Rédacteur en Chef : E.-O. LAMI.

MM. **BACLÉ**, B. — Ancien élève de l'École polytechnique, Ingénieur civil ;
BECCHI (Guido de), G. B. — Chimiste ;
BERGERON (A.-B.), Dr A. B. — Chimiste ;
BLONDEL (S.), S. B. — Homme de lettres ;
BOULARD (J.), J. B. — Ingénieur civil ;
CARLIER (A.-L.), A.-L. G. — Ingénieurs des Arts et Manufactures, professeur de technologie à l'École supérieure de commerce ;
CHABAT (P.), P. C. — Architecte, professeur à l'École spéciale d'architecture ;
CHARLES-VINCENT, Ch. V. — Publiciste ;
CHESNEAU (E.), E. Ch. — Critique d'art ;
CLOÜET (J.), J. C. — Professeur à l'École de médecine et de pharmacie de Rouen ;
DECHARME, C. D. — Docteur ès-sciences, ancien professeur de physique et de chimie ;
DÉPIERRE, J. D. — Chimiste ;
DULAC, L. D. — Ingénieur des Arts et Manufactures ;
DUPONT (Paul), P. D. — Ingénieur civil ;
EMPEREUR, P. E. — Ingénieur des Arts et Manufactures, attaché au service de la carte de France au Ministère de l'Intérieur ;
FOUCHÉ, M. F. — Licencié ès-sciences, professeur au Lycée Henri IV ;
GAND (Edouard), E. G. — Professeur de tissage à la Société industrielle d'Amiens ;
GAUTIER, Dr L. G. — Docteur chimiste ;
GÉRARD, G. G. — Manufacturier ;
GRANDVOINNET, J.-A. G. — Ingénieur des Arts et Manufactures, professeur à l'Institut national agronomique ;
GUÉROUT, A. G. — Ingénieur électricien ;
HAVARD, J. L. H. — Secrétaire perpétuel de l'Union des Chambres syndicales ;
HÉBERT, H. — Homme de lettres ;
HUDELO, H. — Répétiteur à l'École centrale des Arts et Manufactures, vice-président de l'Association polytechnique ;
JOUANNE, G. J. — Ingénieur des Arts et Manufactures ;
LAVOIX, L. — De la Bibliothèque nationale ; lauréat de l'Institut ;
LEGOYT, A. L. — Ancien directeur de la statistique générale de France au Ministère de l'Agriculture et du commerce ;
MANTZ (P.), P. M. — Critique d'art ;
MARIÉ-DAVY, M. D. — Directeur de l'Observatoire de Montsouris ;
PIERRON, E. P. — Chimiste ;
RAYNAUD, J. R. — Docteur ès-sciences, professeur à l'École supérieure de télégraphie ;
RÉMONT, Alb. R. — Chimiste du laboratoire des commissaires experts du Gouvernement ;
RENARD, L. R. — Bibliothécaire du Ministère de la Marine ;
RENOUARD, A. R. — Ingénieur civil, président du Comité de tissage de la Société industrielle du Nord.
ROCHET, L.-J. R. — Ingénieur des Arts et Manufactures ;
SALVÉTAT (A), A. S. — Ex-professeur à l'École centrale des Arts et Manufactures, ex-chef des travaux chimiques à la Manufacture de Sèvres ;
TISSERAND (L.-M.), L.-M. T. — Chef du service historique de la ville de Paris ;
YVER, A. Y. — Ex-chimiste du laboratoire des commissaires experts du Gouvernement.

DICTIONNAIRE

ENCYCLOPÉDIQUE ET BIOGRAPHIQUE

DE

L'INDUSTRIE ET DES ARTS INDUSTRIELS

C

* **CAB.** Cabriolet d'importation anglaise; le cocher est assis sur un siège élevé derrière la capote et dirige le cheval par dessus la tête du voyageur.

— Au commencement du second empire on a essayé, mais sans succès, d'introduire à Paris ce genre de voiture. En 1877, la Compagnie des petites voitures a mis en circulation un nouveau cab qui rappelle par sa forme le cab anglais, mais le siège du cocher se trouve à la place ordinaire.

* **CABAN.** Capote à capuchon faite de grosse étoffe rendue imperméable, et que mettent les matelots lorsqu'ils sont de quart ou que le temps est mauvais. || Par extension, on a donné ce nom à certains vêtements d'hiver qui ont un capuchon.

CABANE. Petite maison de chétive apparence, faite de matières communes et légères.

CABARET. Dans notre Dictionnaire, ce mot a sa place pour désigner un plateau à bords relevés, sur lequel on dispose des tasses avec leurs soucoupes, des carafes et des verres pour prendre du café, du thé, du chocolat, des liqueurs.

CABAS. Sorte de panier en jonc tressé, en feuilles de palmier, ou en sparterie et qui, dans le Midi, sert à emballer des fruits secs. || Par analogie, on donne le même nom à une sorte de panier aplati, à anses, fait en paille tressée ou en point de tapisserie, et dont les femmes se servent pour mettre leurs menus ouvrages ou leurs emplettes.

CABASSET. *Art milit. anc.* Sorte de casque sans visière, sans crête et sans gorgerin, à bords larges et abaissés et que portait, au moyen âge, le soldat proprement dit. — V. ARMURE.

CABESTAN. *T. de mar.* Le cabestan est un treuil vertical qui sert, à bord des navires, à virer la chaîne de l'ancre et à exécuter les manœuvres de force. Il se compose d'une cloche ayant la forme d'un hyberboloïde de révolution, laquelle est ajustée à une sorte de tourteau en bois, appelé *chapeau*, qui est percé de mortaises rectangulaires pour recevoir les leviers ou *barres* sur lesquels agissent les hommes. Le pivot peut être fixé (cabestans simples à mèche renversée) ou mobile, c'est-à-dire tourner avec le cabestan (cabestans doubles).

Par suite de la forme de la cloche, un filin qu'on y a enroulé est ramené vers le centre dès que le mouvement de rotation du cabestan l'a fait arriver à une partie de la surface de la cloche suffisamment inclinée pour que la composante de la tension parallèle à cette surface soit supérieure au frottement. Ce genre de cabestan dit à *choc continu*, fonctionne convenablement dans le cas d'efforts modérés, mais pour les grandes charges, le glissement du filin vers le centre, au lieu de se produire d'une manière réellement continue, s'effectue le plus souvent par mouvements périodiques, lesquels déterminent des secousses qui peuvent être dangereuses.

A bord des vaisseaux et frégates, une seule mèche sert pour deux cabestans placés l'un au-dessus de l'autre. Le cabestan inférieur, situé dans la batterie basse du navire, est claveté à demeure et porte une couronne (barbotin) en fonte dont le pourtour présente l'empreinte d'un nombre exact de maillons, ordinairement huit. Le cabestan supérieur, dans la deuxième batterie, est suspendu par une crapaudine C (fig. 1) fixée au

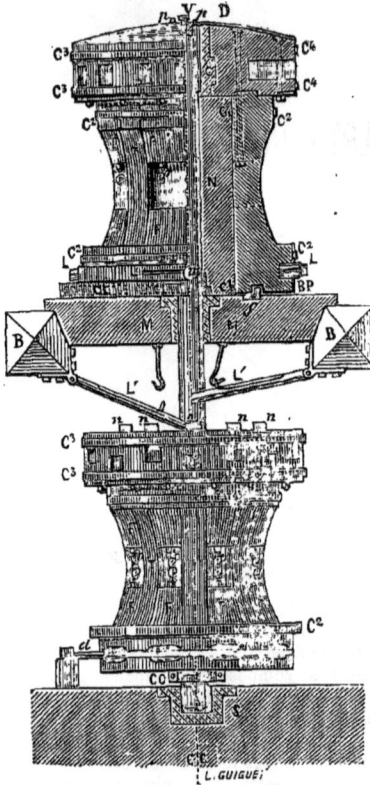

Fig. 1. — Cabestan.

Cloche supérieure.

D Dôme en cuivre. — V Vis de tête pour empêcher les cloches d'être enlevées. — L Linguets. — B l' Bordé du pont. — C L Couronne creuse avec massif pour linguets. — m Manchon en bronze dans le noyau. — M Manchon en bronze dans l'étambrai — f Cercle de frotte fixé au pont pour garnir les surfaces du manchon M. — B Bau.

Partie inférieure.

L' Linguets butant contre les talons ou massifs n du cercle boulonné sur le chapeau. — S Saucier ou mortier en bronze. — d Désengreneur. — C O Collier. — C C Carlingue du cabestan.

Nota. — Un plan incliné, recouvert d'une feuille de tôle, facilite l'engrenage de la chaîne qui se rend ensuite dans le puits en contournant des rouleaux de fonte appelés tourniquets.

chapeau, sur la mèche autour de laquelle il peut tourner; mais il peut agir concurremment avec celui de la batterie basse dès qu'on met en place les deux clavettes ou *prisonniers p*, s'encastrant par moitié dans la mèche et dans la crapaudine du chapeau.

On peut ainsi se servir du cabestan supérieur seul pour la manœuvre, pour guinder les mâts, etc.

On se sert des deux cabestans à la fois pour virer la chaîne.

La mèche est tournée sur toute sa longueur et porte des rainures pour recevoir les prisonniers; elle est renflée à son passage dans l'étambrai du deuxième pont, point de fatigue maximum, et son extrémité inférieure se termine dans le saucier par une base en forme de calotte sphérique. Le saucier ou mortier est en bronze, et son fond est quelquefois préservé du frottement de la mèche, surtout après un certain temps d'usage, par un massif d'acier légèrement bombé qu'on appelle *grain*.

La cloche supérieure se compose d'un noyau central polygonal N, consolidé par deux cordes en fer C, C,. Des taquets pleins T, habituellement au nombre de six laissent entre eux des intervalles égaux pour loger les taquets de remplissage F, appelés *fourrures*; les uns et les autres sont chevillés avec le noyau, et deux cercles en fer C_2, C_2 consolident tout cet assemblage. Les taquets pleins sont terminés par des tenons qui s'ajustent avec le chapeau.

Le noyau du cabestan système Barbotin est à six pans et pénètre par la partie inférieure dans le vide hexagonal de la couronne; celle-ci est reliée à la cloche au moyen de boulons verticaux traversant des trous ménagés dans le métal et venant s'écrouer en *e* sur la face des fourrures inférieures. Deux prisonniers sont engagés par moitié dans la mèche et dans une garniture en bronze que porte le chapeau; un collier en bronze C O, serré sur la mèche, soutient le cabestan ainsi que deux autres prisonniers encastrés par moitié dans la mèche et dans la couronne.

Le chapeau, faute de plateaux d'un diamètre suffisant, se compose de deux plans de bois à contrefil, cerclés individuellement sur leur pourtour en C_3 C_3, et réunis entre eux par des cercles horizontaux C_4 C_4 encastrés dans l'épaisseur du bois et chevillés l'un par l'autre. Le chapeau ajusté avec les tenons des taquets, est chevillé verticalement à l'aide de boulons qui viennent s'écrouer en *é* sur la surface inférieure des fourrures. Les vides laissés entre les fourrures sont ensuite bouchés en partie par des remplissages en bois R qui cachent les écrous *e*, *é*; ces remplissages sont un peu en retrait sur la surface générale de la cloche, de sorte que la section offre au filin enroulé, au lieu d'une couche arrondie, un polygone de douze côtés dont les angles augmentent le frottement. On peut faire la même remarque pour la cloche inférieure.

Les mortaises des barres sont percées en échiquier ou sur un seul plan, suivant leur nombre. Quand on ne se sert pas du cabestan, ces trous sont fermés au moyen de tiroirs recouverts à l'extérieur d'une plaque de cuivre munie d'un anneau. Le chapeau de la batterie haute est aussi recouvert par une plaque de cuivre jaune, et un petit dôme en même métal recouvre les clavettes et la tête de vis V. Les autres dispositions sont indiquées par la figure 1.

La construction du cabestan simple à mèche renversée est semblable à celle du cabestan de la batterie haute, seulement la cloche est toujours *folle*. Là, mèche est invariablement fixée à la càrlingue du cabestan, et est dite *mèche renversée*. Sur les grands navires, un cabestan de ce genre est placé à l'arrière pour virer des filins ou des remorques.

Les petits bâtiments n'ont qu'un cabestan; il est à mèche renversée et muni d'une couronne Barbotin. Les linguets sont souvent articulés sur le pont, en arrière du cabestan; quelquefois ils se trouvent sur un cercle fixé à la cloche.

Dans les arsenaux, on se sert, pour la construction des navires, de cabestans dits *d'appareils* dont les dimensions sont les suivantes:

Diamètre de la cloche	0m,44
Nombre de barres	6
Diamètre extérieur du cercle des barres.	6m,00

On peut placer deux hommes par barre, et leur centre d'action est à 2m,50 de l'axe; dans ces conditions, l'effort que les hommes transmettent au garant est multiplié par le rapport 250/22, ou par 11,26.

On peut admettre, pour valeur des efforts que les hommes exercent sur les barres:

40 kilogrammes pour un effort momentané, au repos; 30 kilogrammes au maximum en marchant et 15 kilogrammes en moyenne en marchant. — L. R.

CABINET. 1° Outre ses diverses acceptions, ce mot s'applique à une sorte de bahut à tiroirs et à nombreux compartiments, souvent décoré de statuettes ou d'incrustations et qui, au xvi° siècle, servait à serrer les bijoux et les objets précieux.

— On attribue aux Allemands la création de ce genre de meubles, mais ils eurent bientôt pour émules les Français et les Italiens qui excellèrent dans la fabrication de ces armoires ou cabinets décorés avec goût; notre figure 2 représente un cabinet de fer damasquiné d'or

Fig. 2. — *Cabinet du XVI° siècle. Travail italien.*

et d'argent; elle démontre avec quel talent les artistes de cette époque savaient assouplir le métal pour le faire servir à l'art décoratif.

|| 2° *Cabinet d'orgue.* Espèce d'armoire dans l'intérieur de laquelle on renferme l'orgue. || 3° *Cabinet d'horloge.* Caisse en bois que l'on fabrique dans le Doubs et dans le Jura pour recevoir les horloges. Les variétés de formes et de dimensions sont nombreuses.

I. CÂBLE. 1° Nom générique des gros cordages dont on se sert dans les travaux publics, pour manœuvrer de lourds fardeaux, et, plus spécialement dans la marine, pour amarrer le navire, filer ou lever l'ancre. Depuis que l'usage des câbles en fer est devenu presque général, on distingue trois espèces : le *câble-chaine* et le *câble en fil de fer* dont il sera parlé plus loin, et le *câble* proprement dit qui est généralement composé de plusieurs cordages de chanvre, au nombre de trois, nommés *aussières.* — V. CÂBLE-CHAÎNE,

CÂBLE EN CHANVRE. || 2° Corde formée de fils électriques et destinée à être immergée, et qui sert à établir des communications télégraphiques entre les pays séparés par une étendue d'eau. — V. CÂBLE TÉLÉGRAPHIQUE. || 3° Gros cordon de soie, d'argent ou autre matière à l'usage des tapissiers pour relever les tentures. || 4° Dans l'architecture, c'est une moulure qui représente une grosse corde.

II. *CÂBLE-CHAÎNE. On donne ce nom, dans la marine, aux chaînes employées, soit à bord des navires, soit dans les arsenaux, suivant l'usage auquel elles sont destinées, par conséquent suivant leur grosseur et leur dimension. Elles portent encore les noms de *cablot-chaine, grelin-chaine* ou même simplement *chaîne*, et elles se composent de pièces de trois espèces différentes : 1° le *chainon, maillon*, ou plus simplement *maille*; 2° la *manille*; 3° l'*émerillon.*

On distingue trois espèces de mailles : la *maille à étai*, la *maille sans étai* et la *maille à renfort*. La maille à étai (fig. 3) est ainsi nommée parce quelle porte, en son milieu, une entretoise ou

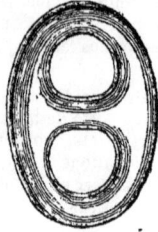

Fig. 3. — *Maille à étai.*

étai, qui a pour but d'empêcher la maille de s'aplatir, et d'éviter les coques dans les chaînes. L'étai est en fonte et appliqué sans soudure, entre les deux côtés de la maille.

Fig. 4. — *Maille sans étai.*

La maille qui reçoit le collet de la manille ne porte point d'étai (fig. 4); elle est un peu plus forte que la maille à étai. La maille à renfort (fig. 5) est cҽlle dans laquelle passe le boulon de

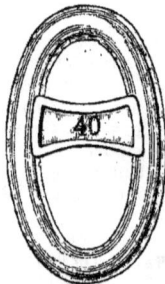

Fig. 5. — *Maille à renfort.*

la manille; elle est plus grosse que la maille ordinaire et porte un étai; mais cet étai n'est pas placé au milieu de la maille (fig. 6).

La manille sert à assembler entre elles, deux parties d'une chaîne (fig. 7). C'est une pièce de fer

arrondie, recourbée sur elle-même et terminée, à ses deux extrémités, par des renforts de métal appelés *oreilles*, percés d'un trou pour le passage d'un boulon. Ce boulon est retenu en place par une goupille tronc-conique en métal. La partie recourbée de la manille s'appelle *collet*.

L'émerillon est une pièce tournante, destinée à prévenir les coques de la chaîne. On en place

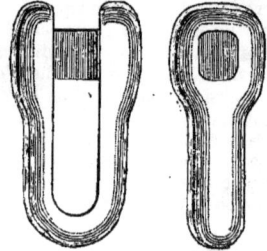

Fig. 6 et 7. — *Manilles.*

un par chaîne près de l'ancre. L'émerillon d'*affourche* sert à réunir deux chaînes sur lesquelles on est affourché (fig. 8).

Les chaînes se divisent en bouts de 30 mètres ou 18 brasses, que l'on nomme *maillons*. Le maillon se termine à un boҏt, par une maille sans étai, et à l'autre bout, par une maille à renfort.

Les mailles d'une chaîne sont égales entre

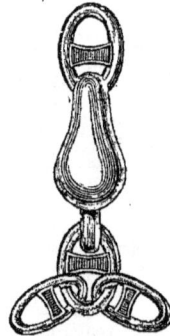

Fig. 8. — *Emerillon d'affourche.*

elles, avec une tolérance, en plus ou en moins, de 1/40; mais huit mailles consécutives tendues en ligne droite doivent donner une longueur constante fixée pour chaque calibre. Avant d'être mises en service, les chaînes sont éprouvées à la presse hydraulique. L'épreuҏve ordinaire est de 17 kilogrammes par millimètre carré de la double section du fer; l'épreuve extraordinaire est de 20 kilogrammes. On emploie cette dernière si la chaîne présente quelques défauts apparents, ou si l'on a des doutes sur la qualité du fer. Pour les très petites chaînes qui sont sans étai, la tension d'épreuve est réduite à 14 kilogrammes. Les chaînes sont ensuite visitées avec le plus grand soin, maille par maille. La soudure est l'objet d'une attention particulière. Elle est pratiquée sur la tête de la maille, où les deux amorces sont croisées l'une sur l'autre.

Les chaînes de la marine nationale figurent aux nomenclatures officielles sous vingt-deux numéros dont les diamètres décroissent de 2 en 2 millimètres depuis le numéro un, qui a le calibre de 58 millimètres jusqu'au numéro vingt-deux qui a le calibre de 16 millimètres. Il existe, en outre, un numéro zéro qui a 60 millimètres et qui est spécialement affecté aux corps morts des grands bâtiments. On fait aussi cinq numéros de chaînes de calibre inférieur, dont le diamètre est compris entre 16 millimètres et 14 millimètres. Ces chaînes servent souvent comme câblots de chaloupes; leurs mailles ne portent pas d'étai.

Nous donnons dans le tableau suivant la classification des chaînes d'ancre, en indiquant leur répartition entre les diverses catégories des bâtiments, et la charge d'épreuve à laquelle elles ont été soumises. On doit remarquer que le rapport des résistances de deux chaînes est le même que celui des poids d'une même longueur de chacune d'elles : le rapport du poids d'un mètre de chaîne à la résistance est par suite constant; il est compris entre 1,214 et 1,240.

NUMÉROS de catégories de bâtiments.	DIAMÈTRE du fer	FORCE d'épreuve	POIDS de la chaîne pour 1 mètre	DESTINATION DES CHAÎNES
	millimètres	kilogrammes	kilogrammes	
0	60	95.000	78.100	Corps morts.
1	58	89.000	73.000	Cuirassés.: Océan, Friedland. — Anciens vaisseaux de 1er rang.
2	56	83.000	68.000	Cuirassé : Flandre.
3	54	77.000	63.300	Transport de 5,400 ton. : Annamite.
4	52	71.500	58.700	Anciens petits vaisseaux.
5	50	66.000	54.200	Corvettes cuirassées : La Galissonnière. — Frégate à hélice de 1er rang.
6	48	61.000	50.000	Corvette cuirassée : Alma.
7	46	56.000	45.900	Gardes-côtes cuirassés : Tigre. — Frégates à hélice. — Croiseurs de 1re classe, type Tourville.—Transports de 1,200 ton., en bois.
8	44	51.000	42.000	Petites frégates à hélice. — Frégates à roues.
9	42	46.500	38.300	Transports de 1,200 ton. en fer.
10	40	42.500	34.700	Croiseurs de 2e classe : Infernet.
11	38	38.500	31.300	Batteries flottantes.
12	36	34.500	28.100	Avisos de 1re classe : Forbin.
13	34	31.000	25.100	— — Cassard.
14	32	27.000	22.200	Avisos de 2e classe.
15	30	24.000	19.500	Canonnières à hélice de 1re classe.
16	28	21.000	17.000	Petits avisos et canonnières de 2e classe.
17	26	18.500	14.700	Avisos de flottille.
18	24	15.300	12.500	Très petits bâtiments.
19	22	13.000	10.500	— —
20	20	10.500	8.700	— —
21	18	8.700	7.000	— —
22	16	6.800	7.550	— —

Les grands bâtiments reçoivent cinq grosses ancres, quatre seulement lorsqu'ils sont munis d'un appareil à vapeur. Les petits bâtiments en reçoivent trois. Il est alloué, pour ces ancres, aux grands navires, trente-deux bouts de chaînes en maillons formant une longueur de 960 mètres; on en met douze sur chaque ancre au bossoir, cinq sur une ancre de veille, trois sur l'autre ancre de veille. Les chaînes de chacune de ces ancres sont logées dans des puits séparés. Leur volume doit être en mètres cubes les 45/100 de leur poids exprimé en tonneaux.

De longs en longs intervalles, à la fin d'une campagne, par exemple, on intervertit l'ordre des maillons afin que ce ne soit pas toujours les mêmes qui subissent les détériorations résultant du séjour dans l'eau et des frottements aux écubiers, aux bittes, au cabestan et aux étrangloirs.

Il est, du reste, recommandé de visiter souvent les chaînes en cours de campagne, de les démaillonner pour constater le libre jeu du boulon et de la manille; on nettoie les puits en même temps.

Les installations principales existant à bord pour manier les chaînes sont les bittes, linguets, cabestans, cous de cygne, stoppeurs, chemins de fer, bosses, mouilleurs et plans inclinés. On s'en sert suivant les circonstances. Nous nous bornerons à rappeler que :

1° Lorsque le bâtiment est stationnaire au mouillage, la chaîne est maintenue au moyen du tour de bitte, des bosses ou du stoppeur-étranglioir du faux-pont. Ce dernier est par mesure de précaution. Mais sous aucun prétexte on ne doit peser le levier du pied de biche afin de ne pas user les angles de la partie du chemin de fer qui doit, lorsqu'on veut s'en servir, fonctionner comme buttoir. Or, cette usure arriverait inévitablement par le frottement de la chaîne qui tantôt est raide et tantôt est molle, quand le bâtiment est au mouillage;

2° Lorsqu'on veut garnir la chaîne au cabestan, il faut défaire le tour de bitte. Pendant ce temps la chaîne est maintenue par le pied de biche baissé et par des bosses sur l'avant. Dans ce cas sans doute le pied de biche travaille, mais c'est pendant un intervalle de temps très court;

3° Quand la chaîne file, en mouillant, l'arrêter au moyen du stoppeur à lunettes, qu'on a la faculté de serrer graduellement de manière à faire riper la chaîne avant de l'étrangler complètement; tandis que si l'on se servait du linguet à pied de biche, il arrêterait la chaîne brusquement et la ferait probablement rompre;

4° Pendant qu'on vire au cabestan, pour éviter d'être gagné par la chaîne et qu'un fort coup de tangage ou une risée fasse dériver le cabestan, on se sert du pied de biche baissé ou des linguets du cabestan;

5° Pendant que l'ancre demeure suspendue à l'écubier pour qu'on aille crocher le capon, la chaîne est maintenue par le pied de biche et par des bosses sur l'avant. On dégarnit alors le cabestan afin de filer de la chaîne quand le capon sera embarqué. — L. R.

III. CÂBLE EN CHANVRE.

En règle générale, toutes les fibres d'origine végétale peuvent être employées à faire des câbles, mais le plus souvent la *corderie* (V. ce mot), pour cette fabrication, préfère à toute autre matière le chanvre d'Europe, qu'elle remplace, suivant les circonstances, par divers textiles exotiques, tels que le *jute*, le *chanvre* de Manille, le *sunn*, etc. — V. ces mots.

La fabrication des câbles se fait, soit à la main, soit à la mécanique, et, dans l'un ou l'autre cas, se divise toujours en trois parties distinctes qui sont :

1° Fabrication du fil de caret;

2° Fabrication du câble;

3° Opérations accessoires.

La fabrication des fils de caret, c'est-à-dire des fils simples qui par leur réunion formeront un câble, se fait, suivant les usines, sur des machines très diverses, différant avec chaque pays. La fabrication du câble proprement dit varie avec la grosseur du produit que l'on veut obtenir. Enfin, les opérations accessoires, tels que le goudronnage, par exemple, se font constamment sur les mêmes machines.

D'une manière générale, réunir entre eux plusieurs fils de caret et les tordre s'appelle *commettre*. Or, suivant le nombre de fois que des fils de caret sont *commis* ensemble, le produit qu'on en obtient porte un nom différent. Dans l'ensemble toutefois, plusieurs fils de caret tordus ensemble ne sont jamais autrement désignés que sous le nom de *toron*. Il va sans dire que, lorsqu'on forme un toron, on tord toujours les fils en sens inverse de la torsion des fils de caret, de même que lorsqu'on réunit plusieurs torons ensemble, ce qui dans l'esprit du public constitue

surtout le *câble*, ces torons sont tordus dans le même sens que les fils de caret.

Le commerce fait généralement quatre catégories dans les câbles proprement dits. C'est ainsi qu'on distingue :

1° Les cordages *commis une fois*, qui se composent de trois torons tordus ensemble;

2° Les cordages *commis en quatre*, formés de quatre torons au lieu de trois, entourant une *âme* ou cordage mince formé de torons tordus en spirale, destinée à maintenir les torons extérieurs dans une bonne position. (Cette âme est ordinairement en étoupe de chanvre; on a essayé de la remplacer par des fils de zinc, mais cet essai ne paraît pas avoir donné de résultats satisfaisants.)

3° Les cordages *commis en aussières* formés de trois cordages commis une fois;

4° Les cordages *plats*, qui se composent de cordages placés côte à côte pour former une bande plate, tordus alternativement à droite et à gauche afin d'empêcher le câble de tourner, et réunis entre eux par des cordes obliques. Ces cordages sont surtout employés dans les mines du Nord et du Pas-de-Calais et se fabriquent spécialement à Lens. Ils sont cousus à l'aide d'une forte machine à coudre, munie de deux aiguilles très solides fonctionnant une de chaque côté, qui sont enfoncées à travers le câble par des vis horizontales agissant dans une direction oblique.

La fabrication des câbles donne lieu en France à un commerce assez étendu, mais comme la douane ne fait pas de distinction entre les câbles et les menus cordages, nous ne pouvons indiquer les chiffres qu'ils représentent spécialement dans l'importation et l'exportation. De 1865 à 1876, il a été importé en France 11,600,242 kilogrammes de cordages divers, valant 11,300,494 francs. Dans la même période, il a été exporté 32,268,769 kilogrammes de cordages divers représentant une valeur de 42,592,400 francs.

FABRICATION DES CÂBLES À LA MAIN. A cause de leurs fortes dimensions, les câbles se fabriquent plutôt à la mécanique qu'à la main, la fabrication à la main n'embrasse plus guère aujourd'hui que la *ficelle* (V. ce mot). Il se rencontre cependant encore des câbles fabriqués manuellement, et dans ce cas les instruments employés sont les suivants :

1° Un *rouet*, mû au moyen d'une manivelle, faisant tourner plusieurs crochets coudés;

2° Un *râtelier* en forme de T, pour supporter le fil de caret au fur et à mesure qu'il est fabriqué;

3° Un *dévidoir* ou *touret* destiné à enrouler ce fil;

4° Un *poteau* placé en face du rouet, à une assez grande distance, muni d'un grand crochet ou *émerillon* auquel le cordier accroche le fil pour le maintenir. Comme la torsion du fil attire l'émerillon et que celui-ci se romprait s'il était fixe, on l'assujettit ordinairement à une corde tournée autour d'une roue de bois dont l'axe est constamment sollicité par un fort poids;

5° Un *chantier à commettre*, composé de plusieurs poteaux fixés en terre, munis de manivelles à l'extrémité desquelles on adapte le fil à commettre ;

6° Un *chariot à roues*, qu'on peut avancer ou reculer, et qu'on charge plus ou moins de poids suivant le commettage qu'on veut obtenir, et muni d'un émerillon un peu plus grand que lorsqu'on fabrique des ficelles ;

7° Plusieurs appareils accessoires : une *planchette à torons*, un *toupin*, etc.

Nous supposons que le câblier a peigné son chanvre à la main, avec des pointes en fer fixées sur une planchette de bois comme on en voit dans toutes les filatures. Il en prend une certaine quantité avec lui, se la place autour des reins, et va l'attacher à l'un des crochets du rouet auquel un homme donne le mouvement. Puis il marche en arrière, laisse échapper une certaine quantité de filasse qui se tord immédiatement par l'action du rouet, et en arrête le tortillement de la main gauche au moyen d'un morceau de drap auquel on donne le nom de *paumelle*. Quand il a fabriqué une certaine longueur de fil, il la passe au-dessus d'un râtelier pour l'empêcher de toucher à terre et continue toujours jusqu'à ce qu'il soit arrivé au bout de l'aire qu'il s'est réservée. Là, il rencontre le poteau à émerillon auquel il assujetit son fil ; ou bien, si plusieurs ouvriers travaillent avec lui et dans le même sens, il relie ces fils bout à bout, pour arriver toujours à l'émerillon en dernier lieu. La longueur du fil de caret fabriqué et par conséquent de l'aire du cordier sont très variables ; elle va parfois jusqu'à 50 mètres. Comme il a été reconnu qu'il est bon de garder quelque temps en magasin, avant de les commettre, les fils de caret fabriqués, pour que toutes ces fibres faiblement tordues tendent moins ensuite à se redresser, le câblier les plie autour de l'axe d'un chevalet pour les emmagasiner ensuite jusqu'au *tordage*. Cette dernière opération se fait de la manière suivante :

Les fils à commettre sont assujettis à un crochet très fort fixé sur le chantier à commettre et à un gros émerillon. Une planchette rectangulaire percée de trous remplace le rouet, et un enfant qui tient en main les manches adaptés à cette planchette est chargé de la faire tourner. Pour faire un commettage régulier, on se sert de ce qu'on appelle le *toupin*, morceau de bois en forme de cône tronqué, dont la grosseur varie avec le câble que l'on veut fabriquer, muni de rainures longitudinales en nombre égal à celui des fils qu'il s'agit de commettre, et que l'on place entre les torons de façon que ceux-ci se tordent sous un angle égal pour chacun d'eux. Au fur et à mesure que l'on tord, on éloigne petit à petit le toupin. Lorsqu'on veut faire des câbles avec une âme au milieu, on se sert d'un toupin dans l'axe duquel passe cette âme, et on opère comme précédemment.

FABRICATION DES CÂBLES À LA MÉCANIQUE. 1° *Fabrication mécanique du fil de caret.* La fabrication du fil de caret est toute spéciale et exige des organes qui n'ont aucun rapport avec ceux qui sont employés pour la fabrication proprement dite des câbles. Elle comprend trois opérations : le peignage de la matière brute, l'étirage et en dernier lieu la confection du caret.

Le *peignage* et l'*étirage* du chanvre à la mécanique sont identiquement les mêmes que le peignage et l'étirage du lin (V. PEIGNAGE) ; seulement, en raison de la longueur du produit, les machines employées sont plus élevées et plus fortes. Mais, lorsque le chanvre atteint des dimensions et un caractère inusités, comme le chanvre de manille, par exemple, le peignage et l'étirage sont tout à fait spéciaux ; ils se font simultanément sur les mêmes machines, et nous croyons nécessaire d'en dire quelques mots. Voici, parmi tous les systèmes usités, l'un des plus connus :

Le chanvre de Manille, au sortir de la balle, est placé sur une machine à étaler, qui ne ressemble à celles employées dans la filature de lin (V. LIN) que par les cuirs à étaler et les rouleaux fournisseurs et étireurs. Les gills ou pointes à peigne, qui sont beaucoup plus forts, sont assujettis sur deux chaînes sans fin placées à la suite l'une de l'autre et à mouvement de rotation indépendant. La vitesse de rotation de la première chaîne sans fin étant six, par exemple, celle de la seconde est seize ; de cette façon, les gills de la seconde chaîne peignent et parallélisent le chanvre encore retenu par les gills de la première, et la matière sort de cette machine sous forme d'un ruban convenablement nettoyé. Ajoutons que le rapport entre la vitesse des étireurs et celle de cette seconde chaîne sont comme trois est à un, ce qui augmente encore le degré de parallélisme et de peignage.

Le chanvre de Manille passe de là sur une machine à étirer, dite *tête radiale*. Cette tête radiale se compose de barres rondes, qui s'intercalent entre les vides laissés par des barres similaires et entre lesquelles est engagé le chanvre. Ces barres, dont les unes s'insinuent comme un relief dans le creux ménagé par deux autres, retiennent très énergiquement la longue fibre de Manille. Celle-ci passe de là dans une chaîne-gills composée de maillons barrettes conduits sur un plan incliné, de façon que les pointes, qui sont très élevées, conservent leur position verticale. Un cylindre cannelé fait mouvoir constamment cette chaîne-gills. Grâce au système de tête radiale usité dans cette machine, on évite les rouleaux en bois ou autres qui sont coûteux, ainsi que le système compliqué de leviers et de poids qu'ils comportent ordinairement. On évite également la fatigue constante des cylindres presseurs, le mauvais travail qu'ils font lorsqu'ils sont dérangés, la peine ou la perte de temps qu'ils occasionnent pour être chargés ou retournés, etc., et surtout l'enroulement qui ne pourrait manquer de se produire autour d'eux avec des fibres chargées de gomme comme le sont celles de Manille.

De l'étirage à tête radiale, le chanvre de Manille retourne une ou deux fois sur des machines semblables suivant la finesse qu'on veut obtenir du ruban, puis il passe de là sur une machine à fabriquer le fil de caret.

Les *machines à fabriquer le caret* sont très

diverses. Comme nous ne pouvons les décrire toutes, nous nous contenterons de signaler un type de construction anglaise et un autre type de construction française.

Dans les corderies anglaises, le numérotage employé pour le fil de caret est nécessairement celui du fil de lin. Mais en France, et particulièrement à Angers, on fait exception aux traditions habituelles qui veulent qu'en filature de lin ou de chanvre on se serve du numérotage anglais et on fait usage d'un genre de numérotage, dit *français*, qui désigne le nombre de kilomètres nécessaires pour former un poids de 1,000 grammes. C'est ainsi que 1,000 mètres pesant 1,000 grammes constituent le numéro un, 2,000 mètres pesant 1,000 grammes le numéro deux. On peut, de la sorte, employer des numéros fractionnaires 0,1, 0,2, 1 1/2, 2 1/2, etc., ce qui est moins facile avec le numérotage anglais.

La figure 9 représente une machine à filer le fil de caret, construite par M. Lawson, de Leeds (Angleterre). Une *chaîne-gills* reçoit le chanvre étalé d'abord sur une toile sans fin. Le mouvement est transmis à cette chaîne au moyen de la courroie *b* par la poulie E montée sur l'arbre C, qui reçoit un mouvement variable par la corde *a*. Cette corde *a* est commandée par une poulie I dont l'arbre est commandé au moyen de la courroie *f* par l'arbre de première commande. Sur l'arbre *h'* se trouvent trois poulies, celle du milieu seule est reliée à un pignon qui, à l'aide d'engrenages et de la courroie *b* commande la chaîne sans fin. Une roue est reliée à un arbre par un encliquetage, dont les plateaux sont serrés l'un contre l'autre par un ressort à boudin. Si la corde passe sur la poulie, le ressort cède et l'encliquetage se desserre. La poulie est folle sur l'arbre et commande un pignon qui par trois roues commande l'arbre à une vitesse plus grande qu'avant, grâce à la numération des

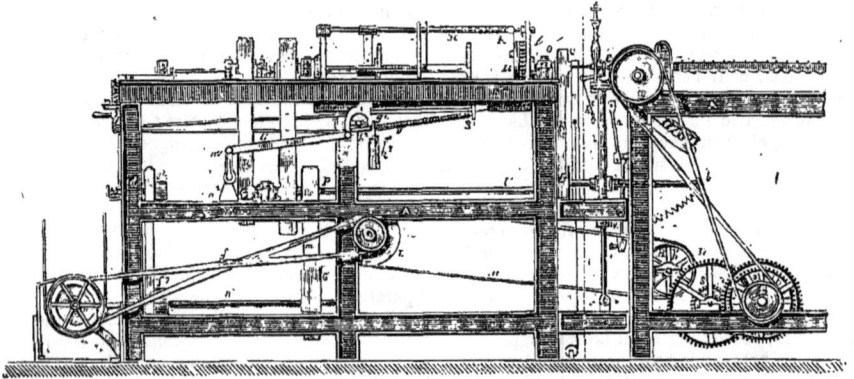

Fig. 9. — *Machine à fabriquer le fil de caret, de M. Lawson.*

engrenages, ce qui accélère la marche de la chaîne-gills, pour compenser une diminution d'épaisseur de la nappe. D'un autre côté, si la matière vient trop abondante, la corde *a* passe sur la poulie folle H qui lui correspond à une diminution de vitesse de la chaîne. L'entonnoir C est construit de façon, que le plus ou moins d'épaisseur du ruban, déplace la corde *a* au moyen des leviers *n* et W. La chaîne qui alimente la machine a donc ainsi trois vitesses différentes qui régularisent ou compensent les inégalités de grosseur des rubans.

L'*entonnoir condenseur* se compose d'un pavillon en métal C dans le fond duquel se trouve un cylindre. Dans ce cylindre est pratiquée une rainure dans laquelle passe la mèche de chanvre. Le cylindre est mobile sur son axe et maintenu dans une certaine position par des leviers et des ressorts à boudin. La mèche, en passant sur ce cylindre, le déplace d'un angle plus ou moins grand selon la grosseur de la mèche; si la mèche est mince, le cylindre occupe sa position normale, si elle a la grosseur voulue, il se met

à la moyenne de sa course, et s'il y a trop de matière, il est entraîné jusqu'au bout de sa course. Si donc ce cylindre est relié à la fourche de la corde par les leviers *n* et W, il s'ensuit que la *vitesse de translation de la chaîne-gills est régularisée par la grosseur même du ruban* au moyen des combinaisons que nous venons de décrire.

Le trou de l'entonnoir est elliptique et la matière étant toujours serrée entre la rainure du cylindre régulateur et le haut du trou de l'entonnoir, la mèche est tenue constamment de trois côtés, ce qui assure sa rondeur.

La combinaison de ces trois éléments, la chaîne-gills, le condenseur régulateur et l'ailette tordeuse, forme donc toute la machine. On remarquera l'absence de tout cylindre comprimeur et la suppression de l'inconvénient du duvet s'enlaçant autour desdits cylindres.

Le tube C' est mû par poulies et courroie. L'arbre *t* est mû par les poulies PG et une courroie, et l'arbre *n'* est l'arbre de couche de première commande. Une *ailette* est supportée dans deux paliers et elle reçoit son mouvement de rotation par une courroie et une poulie.

La marche et la tension du ruban sont obtenues par la roue dentée u actionnant les poulies à gorges multiples K. Le fil passe ensuite sur des roulettes fixées à une des branches de l'ailette et vient s'enrouler sur une bobine, cette bobine, montée sur un arbre, reçoit son mouvement par l'arbre t' au moyen d'une courroie agissant sur la poulie P.

Comme l'ailette est fermée aux deux bouts, elle peut tourner sans qu'on ait à craindre l'effet de la force centrifuge sur les branches. Toutefois, la broche sur laquelle est montée la bobine est en l'air et ne manquerait pas de vibrer quand la bobine se trouve à son extrémité. Pour éviter cet inconvénient, le constructeur a ajouté une lunette qui suit la bobine dans son mouvement de va-et-vient et relie les deux branches de l'ailette à l'axe de la bobine; cette disposition est des plus simples et ingénieuses. Le mouvement alternatif de la bobine est obtenu par une vis à filets opposés opérant sur un écrou faisant corps avec un coussinet qui embrasse la broche. Une vis est mue par l'arbre n^1 au moyen de la commande de courroie $f^2 e^2$, un engrenage à vis sans fin et des roues coniques.

Nous avons dit que la bobine est commandée de l'arbre l^1 par une poulie et la courroie agissant sur la poulie P^1, or cette commande ne peut pas être intégrale, il faut une friction pour com-

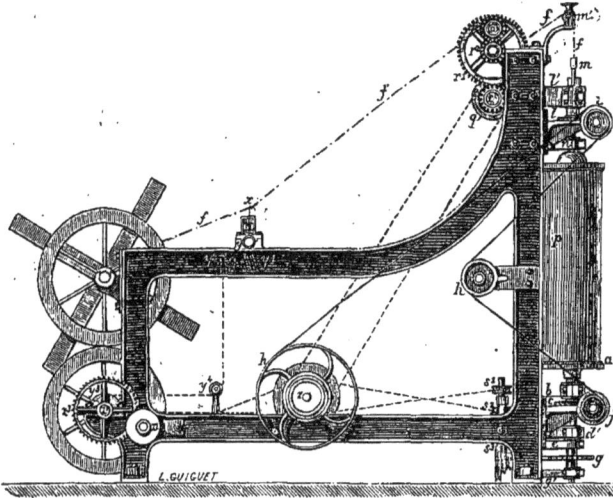

Fig. 10. — *Machine à fabriquer le fil de caret, dite à pot-tournant.*

penser la différence de diamètre de la bobine vide ou pleine. Cette friction s'opère par une poulie garnie de cuir logée dans une autre poulie, mais il y a encore une autre variable à compenser, c'est la différence de tension du fil selon le diamètre de la bobine; cette compensation est obtenue par le déplacement du poids K^2 sur la vis t^2 actionnée par la vis sans fin h^2. A mesure que le poids K^2 s'éloigne du centre, il agit davantage sur la friction Q' par l'intermédiaire des leviers $s^1 h^2$ $m n^2$.

L'entonnoir condenseur est monté sur un levier vertical articulé. Si le ruban de chanvre devenait trop gros, ce levier céderait à la poussée, or, comme il passe par un œillet dans l'arbre, en se déplaçant il débraie la friction et arrête le mouvement de la broche.

Le casse-fil, qui arrête la machine aussitôt qu'un ruban se rompt, est monté comme suit : un levier T s'appuie constamment sur le ruban entre l'entonnoir C et le tube. Dès que le fil se casse, ce levier tombe et au moyen de la corde t,

d'un balancier, d'une fourche et d'un ressort débraie la machine.

Mais toutes les machines à filer le caret ne sont pas basées sur le principe que nous venons d'indiquer. Le métier, dit à *pot tournant*, représenté par la figure 10 est constitué d'une toute autre façon.

Dans la fabrication des fils de caret au moyen de pots tournants, on a toujours eu à combattre les effets de la force centrifuge sur la matière, effets préjudiciables à un bon résultat et qui circonscrivent ainsi l'application de ce principe.

Le pot p, qui renferme le ruban, vient se poser sur un plateau a qui, par un ergot et une entaille correspondante, communique son mouvement au pot.

Ce plateau est guidé par un appendice dans le palier b et solidaire de l'engrenage c, puis se prolonge encore un peu pour s'ajuster dans une gorge *ad hoc* d'un arbre vertical, où il repose sur des billes d'acier qui lui servent de pivot.

L'arbre est maintenu par le palier d' et, en

pénétrant dans le trou central de l'appendice a, lui sert de guide, tout, en laissant du jeu; l'arbre est lui-même percé d'un trou longitudinal dans lequel passe librement une vis qui doit faire monter le fond mobile du pot p.

A cet effet, l'extrémité de la vis, munie d'un épaulement pour lui permettre de s'arrêter au plateau a, sert de pivot-support au fond mobile; puis, plus bas, dans le palier e, la vis est prise avec l'un des coussinets; tandis que l'autre, placé du côté intérieur, ne lui sert que de guide et n'est pas fileté; enfin, la vis pénètre dans le moyeu d'un engrenage g, maintenue entre les paliers e, g', vis avec laquelle il est solidaire par un ergot ou clavette qui s'engage dans une rainure générale de la vis; de cette façon, le pot peut tourner à telle vitesse que l'on veut, sans pour cela entraîner la vis qui, elle, n'est soumise qu'aux mouvements de rotation et d'ascension

que lui donne l'engrenage g, au moyen d'une clavette du coussinet fileté c' du palier e.

Le mouvement est communiqué au pot par la courroie qui passe sur la poulie h de l'arbre de commande, et celles ij en contournant la poulie folle.

La poulie j est calée sur l'extrémité de l'arbre de l'engrenage oblique j' qui commande celui c du plateau a.

La poulie i entraîne un engrenage oblique qui correspond avec l'engrenage l calé sur l'extrémité d'un axe maintenu dans le palier l' et qui supporte le pince-fil m; cet arbre est percé d'un trou pour le passage du ruban f après sa sortie du couvercle du pot, dont le col est maintenu par les coussinets du palier n.

L'appel du fil est produit par des galets qui prennent leur mouvement par un cône de l'axe de commande, la poulie q' et les engrenages

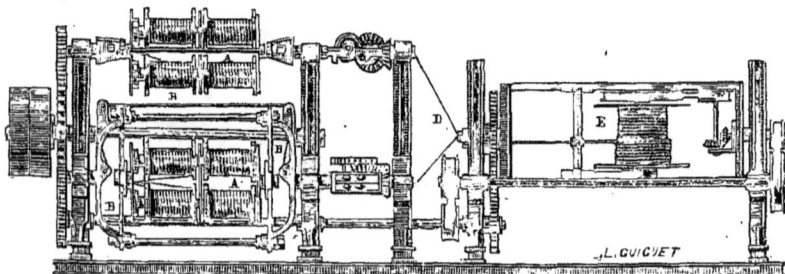

Fig. 11. — *Machine à fabriquer les câbles d'un seul jet.*

$r\,r^1\,r^2$. Avant d'arriver à ces rouleaux et au sortir du pince-fil m, il est guidé par le petit galet m', disposé sur une chape qui permet de monter ou descendre ce galet dans une certaine latitude.

L'engrenage g, qui fait monter la vis v, prend son mouvement sur l'arbre de commande par un cône, dont la corde, par les galets de renvoi $s^1 s^2$, vient passer sur les gorges du cône s^3 calé à l'extrémité de l'axe d'une vis sans fin qui actionne l'engrenage g.

Ainsi donc, les mouvements du pot p ou ceux du plateau a, du pince-fil m, des rouleaux d'appel et le mouvement ascensionnel du fond mobile sont fournis par l'arbre de commande, indépendants l'un de l'autre, et pouvant varier séparément dans les proportions les plus facultatives; on doit donc obtenir une torsion aussi uniforme que possible, le ruban se déroulant dans le pot toujours à la même distance du pince-fil.

Lorsque la matière est filée, on appuie sur un levier dont l'extrémité en crochet retient le couvercle du palier e ajusté à articulation sur le corps de ce palier; à ce moment, un ressort chasse brusquement en dehors ce couvercle avec le coussinet fileté, et la vis tombe en entraînant le fond mobile jusqu'à la rencontre de son collet supérieur avec le plateau a.

On enlève le pot après avoir ouvert le palier n,

dont le couvercle est, comme celui de e, ajusté à charnière, ce qui a pour effet de dégager le couvercle du pot et de permettre facilement la sortie de ce dernier.

Il est clair que ces mouvements ne demandent que très peu de temps, et une minute est grandement suffisante pour la mise des pots.

En arrière, on dispose sur le bâti le touret, auquel le mouvement est donné par friction et pris sur l'arbre de commande par l'agencement de cônes et des engrenages $z^2 z^3$.

L'enroulement du fil f sur la bobine est réglé par le jeu du polichinelle x, dont le mouvement de va-et-vient est fourni par une vis, à pas à droite et à gauche, qui tourne par la disposition de l'engrenage y, de la vis sans fin y^1 et de poulies y^2 dont la corde ou courroie est guidée par les rouleaux y^4.

Comme on le voit, le caractère principal de cette machine, réside dans la mobilité du fond du pot sur lequel repose la matière à traiter. Grâce à la combinaison mécanique dont nous venons de donner un aperçu, le mouvement ascensionnel de ce fond est tel que le ruban se déroule dans le pot à une distance invariable du pince-fil. Lorsque le pot est vide, la manœuvre d'un levier fait retomber instantanément le fond à son point de départ, attendant la mise d'un pot préparé.

Les fils de caret sont ensuite dévidés et renvidés à l'aide d'un bobinoir sur des bobines de dimension convenable.

2° FABRICATION PROPREMENT DITE DES CÂBLES. Il y a trois manières de faire les câbles à la mécanique, en supposant le fil de caret tout fabriqué :

1° Sur une seule machine fixe et en une seule fois ;

2° Sur deux machines fixes dont l'une fait les torons et l'autre les réunit en câbles ;

3° Sur deux machines dont l'une est fixe, et dont l'autre est mobile et peut être manœuvrée sur une aire de cordier comme celle dont on a besoin pour la fabrication à la main.

Nous allons examiner successivement ces trois genres de fabrication.

Premier genre de fabrication : FABRICATION DES CÂBLES SUR UNE SEULE MACHINE. Les machines de ce genre confectionnent les câbles tout d'une pièce, c'est-à-dire qu'on y obtient un câble avec plusieurs fils de caret sans passer par d'autres métiers intermédiaires. Elles sont surtout employées dans les petites corderies à cause de la simplicité de leur service (puisqu'il suffit d'un seul ouvrier pour en diriger plusieurs) et aussi à cause du peu de place qu'elles occupent et de la force minime qu'elles exigent pour marcher, ou bien dans les corderies où l'on doit fabriquer une grande quantité de cordages qui ne diffèrent pas sensiblement entre eux. Pour fabriquer successivement, suivant les besoins, des grands câbles et des ficelles, il faudrait employer plusieurs appareils successifs.

La figure 11 représente un type des machines dont nous parlons, où l'on peut fabriquer sept genres différents de câbles à trois torons en changeant les dents de certains pignons : suivant que chaque toron comprend 8, 7, 6, 5, 4, 3 ou 2 fils, on y obtient des cordes de 24, 21, 18, 15, 12, 9 et 6 fils.

La machine a trois ailes correspondant à chacun de ces torons, et il y a sur chacune d'elles autant de bobines munies de fil de caret qu'il en

faut pour confectionner les torons. Ces ailes étant animées d'un mouvement de rotation, il en résulte que lorsque les fils de caret B (la figure en représente huit, 2, 3, 4... ou 8 selon les cas), viennent, après avoir traversé un des tourillons creux des ailes, longé leur côté B et passé à travers l'autre tourillon creux, s'enroulent sur les cylindres cannelés A, pour se réunir en D ; ils ont formé trois torons qui, par leur réunion, vont former un câble. Ces trois torons sont finalement tordus en une seule corde par le renvideur E qui, suivant le principe que nous avons indiqué tout à l'heure tourne dans un sens opposé à la torsion des torons, c'est-à-dire en sens contraire des ailes de la machine. Naturellement, comme la corde en s'enroulant autour du renvideur en augmente le diamètre, la vitesse de rotation de celui-ci est combinée de façon à diminuer au fur et à mesure de l'envidage ; on serait obligé, en cas contraire, de rendre la marche des torons plus rapide à chaque nouvelle couche. Dès que le renvideur est plein, on arrête la machine, on déroule le câble et quelques minutes après on recommence à travailler. Il y a trois types de dimension de cette machine, l'une pouvant fabriquer des cordes de 12 fils, une autre permettant d'aller jusqu'à 18 fils et une troisième jusqu'à 24 fils, toujours à trois torons.

Lorsqu'on veut fabriquer en une seule fois des câbles plus gros que 24 fils de caret, la machine diffère quelque peu. Le renvideur automate y est remplacé par un cylindre qu'on manœuvre à la main et qui se trouve derrière la machine. Les trois ailes tournent simultanément autour de leur axe pour tordre les torons, et autour d'un axe central pour conduire ces torons transformés en câbles au côté droit de la machine autour de deux cylindres dont le but est d'assurer la marche régulière du câble fabriqué. Il y a aussi trois dimensions de ce second type de machine, la plus forte permet de fabriquer des câbles de 60 fils, et il y en a deux autres permettant d'aller jusqu'à 48 et 36 fils.

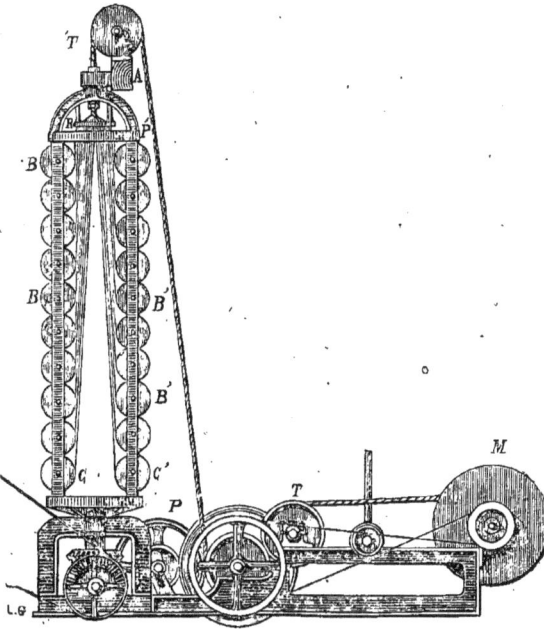

Fig. 12. — *Machine à toronner.*

Second genre de fabrication : Fabrication successive des torons et des câbles. Lorsqu'on veut fabriquer indifféremment dans une corderie de très gros ou de très petits câbles, on emploie alors deux machines différentes, l'une qui sert à tordre le fil de caret en torons, l'autre qui tord ces torons en câbles.

La figure 12 représente une *machine à toronner*. Elle se compose de deux bobinoirs CC', portant chacun dix bobines BB placées horizontalement et que sur la figure on ne voit que par la base, et pouvant fabriquer par conséquent des torons de 20 fils. Ces bobinoirs sont fixés en haut et en bas par deux plaques circulaires PP', afin d'être maintenus bien fixes, la plaque du bas est attachée solidement au bâti en fonte de la machine; la plaque du haut fait partie d'organes se rattachant directement à une poutre A du bâtiment de l'usine. De cette manière, on évite toute vibration.

Les fils de caret se dévident par le haut. Là, ils rencontrent une seconde plaque, dite *registre* R, perforée d'autant de trous qu'il y a de fils. Ceux-

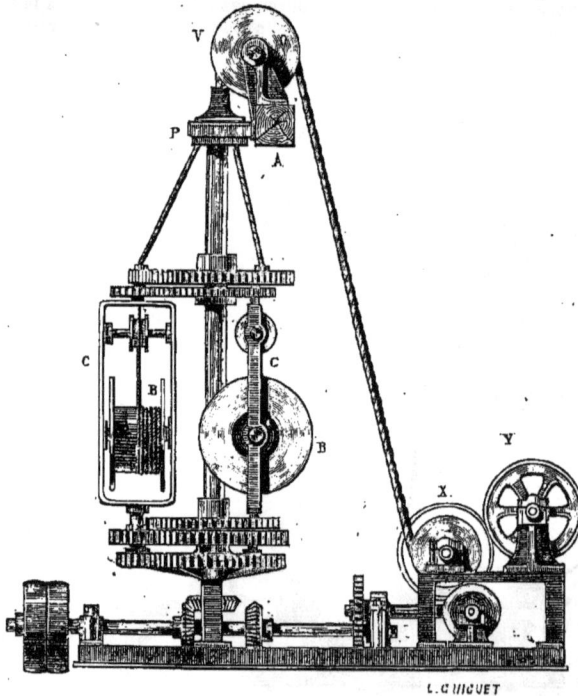

Fig. 13. — *Machine à câbler.*

ci ne peuvent dès lors s'écarter d'un côté ou de l'autre et, lorsqu'ils sortent bien réguliers au-dessus de la plaque, ils s'engagent dans une *filière* évasée qui les comprime tous ensemble au moment même où ils se tordent.

Le toron T une fois formé passe sur une poulie fixée au sommier A, descend ensuite sur deux autres poulies T' situées au bas de la machine dont le but est de régler, par leur vitesse plus ou moins grande, la torsion à donner, puis va s'enrouler sur une immense bobine en fer M, mobile dans le sens de la longueur.

Ce qu'il y a surtout à régler dans cette machine, ce sont les bobines sur lesquelles est enroulé le fil de caret, et les filières par où s'engagent d'un côté ces fils pour former le toron. Des bobines trop grandes donnent trop de lourdeur à la ma-chine, des bobines trop petites doivent être trop souvent renouvelées; des bobines faites en matières trop lourdes sont difficiles à bouger, car il faut toujours un escabeau pour atteindre celles du haut lorsqu'elles sont vides et qu'il faut les remplacer, les bobines faites en matières trop légères s'usent d'un autre côté très rapidement. Finalement, on s'est arrêté dans la pratique à des bobines de 30 centimètres de long sur 30 centimètres de diamètre, bien que pour certains cas spéciaux on prenne 0,225 sur 0,225. Quant à la matière dont elles sont faites, c'est plus souvent le fer que le bois.

Pour les filières, il faut toujours en avoir une certaine quantité de rechange suivant la grosseur du toron que l'on veut former. Avec un assortiment de filières et quelques roues de rechange pour régler la vitesse des poulies d'appel et partant la torsion du toron, on peut fabriquer sur cette machine toute espèce de torons. La machine que l'on voit ici ne se compose que de deux bobinoirs verticaux de dix bobines, mais il y a des machines de 4, 5, 6 et même 10 bobinoirs.

Il y a généralement dans les corderies une série de deux machines à toronner pour une machine à câbler; quelquefois cependant les machines à toronner sont au nombre de trois.

La figure 13 représente une *machine à câbler* du type le plus usuel. Les machines à câbler ressemblent beaucoup aux machines à toronner; seulement, elles varient un peu entre elles, suivant qu'elles doivent faire des câbles commis une fois ou des câbles commis en quatre.

Pour les câbles commis une fois, elle se compose de trois châssis en fer, tournant autour d'un axe vertical et simultanément sur eux-mêmes et contenant chacun une bobine en fer B, où l'on a placé le toron préparé sur la machine à toronner. Un mécanisme régulateur, qui n'est pas ici représenté, permet aux torons de se dérouler avec la

Fig. 14. — *Fileuse en gros.*

même vitesse, ce qui est indispensable pour la confection régulière du câble. Un autre mécanisme, dit de *réglage*, mais qu'on ne trouve généralement que sur les machines destinées à faire de très gros câbles, donne aux torons un degré plus ou moins fort de torsion.

Pour les câbles commis en quatre, il y a quatre châssis au lieu de trois, plus une grosse bobine d'étoupe de chanvre qui doit former l'*âme* du câble.

Le reste de la machine est, à peu de chose près, identique à la machine à toronner. Le câble une fois formé passe au travers d'un chapeau percé de trous P pour s'enrouler sur une poulie V située au faîte de la machine et dont le coussinet est maintenu sur un sommier du haut; il descend ensuite, après avoir passé sur deux autres poulies X Y, pour s'enrouler sur un dévidoir qui n'est pas ici représenté, dont le diamètre et la largeur varient avec le câble que l'on fabrique. La machine est toujours munie de chapeaux de rechange en bois de différentes grandeurs, de roues de rechange pour modifier la vitesse des poulies d'étirage, d'autres roues de rechange pour changer la vitesse du mécanisme de réglage et du

mécanisme régulateur de traction. Le diamètre des bobines sur lesquelles est enroulé chaque toron varie de 0m,80 à 1m,35, leur largeur est comprise entre 0m,45 et 0m,75; ces bobines sont toujours en fer.

Comme on le voit, le seul inconvénient des machines à toronner et à câbler, c'est qu'il en faut un assortiment complet et par conséquent de grands frais pour la fabrication de toute espèce de câbles; leur grand avantage, c'est qu'avec cet assortiment, on peut fabriquer tous les genres possibles de câbles et de cordages.

Troisième genre de fabrication : FABRICATION SUR AIRES DE CORDIER AVEC LA COUREUSE ET LA FILEUSE EN GROS. Les corderies qui disposent d'un espace suffisant, et beaucoup d'anciennes fabriques sont dans ce cas, emploient, pour la confection des câbles, des machines accouplées, l'une fixe, dite *fileuse en gros* (fig. 14), l'autre mobile, dite *coureuse* (fig. 15), sur une voie ferrée où elle avance et recule, fixée sur un vagon à quatre roues munies de freins puissants.

A une certaine distance de la fileuse, et derrière cette machine, on place des bobines pleines sur un ou plusieurs bancs-à-broches. Ceux-ci sont construits de façon à recevoir le plus grand nombre possible de ces bobines, et agencés de manière qu'ils puissent être facilement vérifiés, au fur et à mesure du dévidage, s'il y a des fils cassés ou par trop défectueux. Très souvent ils sont en bois, en forme de V, munis d'armatures en fer, mais en somme leur forme varie très souvent.

Du banc-à-broches, les fils se dirigent vers une plaque en fonte percée d'un trou pour chacun d'eux; cette plaque se nomme *plaque-registre*. Tous les trous sont percés suivant des cercles concentriques de façon que les fils, sortant du côté opposé, peuvent se réunir facilement tous ensemble en laissant autant que possible le moins de vide entre eux. Il y a généralement quatre plaques-registres dans un assortiment complet, pour un, trois, six et douze trous; les plaques pour un toron ne servent évidemment que pour les très gros diamètres et ne comportent qu'une seule série de trous. Afin d'être mieux guidés vers la plaque-registre, les fils passent dans un châssis en fer muni de tringles entrecroisées formant autant de carrés qu'il y a de fils; c'est là le *registre* proprement dit. En somme, au sortir de leurs bobines, les fils se dirigent vers le registre qui leur donne une direction unique, puis vers la plaque-registre d'où les différentes séries de fils de chaque cercle se réunissent sous un angle déterminé. C'est dans des tubes placés horizontalement dans une caisse à vapeur qui les maintient chauds que se réunissent tous ces fils, là ils y sont étirés, puis on les fixe à l'un des crochets de la machine mobile (fig. 15), que nous avons désignée sous le nom de *coureuse*.

Supposons que nous ayons à faire un câble à trois torons commis une fois, et que chacune des trois séries de fils qui composent chacun des torons ait traversé le registre, trois séries de trous de la plaque-registre et trois tubes. On attache donc ces trois torons à trois crochets de la coureuse. Ces crochets sont fixés à l'extrémité d'arbres de transmission auxquels une courroie communique la rotation, leur vitesse est rendue variable au moyen de roues de rechange, et ils peuvent tourner à droite ou à gauche au moyen de manchons d'accouplement. L'arbre principal, qui donne le mouvement à la coureuse au moyen d'une longue courroie sans fin qui règne sur toute la longueur de l'aire, donne aussi le mouvement aux crochets au moyen de roues d'engrenage et d'un second arbre fixé au vagon portant une poulie sur laquelle passe une chaîne fixée à la fileuse en gros et qui s'étend jusqu'à l'autre extrémité de l'aire. La coureuse est mise en mouvement et les crochets aussi, les fils sont ainsi

Fig. 15. — *Coureuse.*

déroulés du banc-à-broches, étirés, et les torons formés tordus simultanément.

Pour faire le câble, on coupe les extrémités des torons, on les attache aux crochets correspondants de la machine fixe, dite, *fileuse en gros*, on détache les torons des crochets de la coureuse, et on les réunit à un crochet du milieu tournant en sens contraire de la torsion des torons. La fileuse en gros est munie de crochets, arbres de transmission, roues de rechange et manchons d'accouplement correspondant à la coureuse d'en face. Avant de communiquer la rotation au crochet de la coureuse et aux trois crochets de la fileuse, on place entre les trois torons un morceau de bois conique muni de rainures dans le sens de la longueur qu'on assujettit ordinairement sur un vagon placé devant la coureuse et qui remplit absolument le même but que le *toupin*, dont nous avons parlé plus haut à propos de la fabrication à la main. Qu'arrive-t-il en effet? Le crochet de la coureuse, en tordant les trois torons en sens inverse de la torsion qui leur a été donnée, leur fait perdre une partie de cette torsion; mais, d'un autre côté, les trois crochets de la fileuse, tordant les torons dans un sens identique à celui de leur torsion, maintiennent celle-ci au même point, en leur donnant cette torsion en quantité égale à celle qu'ils perdent de l'autre côté. Au fur et à mesure de la fabrication du câble, les freins adaptés aux roues de la coureuse l'empêchent de subir un mouvement en avant que donne toujours le raccourcissement occasionné par le commettage des torons, le câble se tend et bientôt, quand la coureuse est arrivée à l'extrémité de l'aire du cordier, il est fabriqué complètement. Généralement, dans les corderies, il y a deux coureuses, une grande et une petite; l'une ou l'autre est enlevée des rails au fur et à mesure des besoins de la fabrication. On peut, avec la plus forte de ces machines, fabriquer des câbles qui ont presque 60 centimètres de circonférence.

3° Opérations accessoires. La principale opération que l'on fait subir au chanvre pour câbles est le goudronnage.

Il y a deux manières de goudronner, soit en fils isolés, soit en paquet. Dans le premier cas, la machine à goudronner se compose d'un appareil à double fond dans lequel le goudron (qui doit être clair, afin que les câbles présentent un bon aspect, et qui doit par conséquent n'avoir aucun contact avec le fer), est chauffé à la vapeur. Un cylindre poli tourne à demi dans le liquide et s'en recouvre d'une manière continue. Des bobines (ordinairement 6), de 0m,50 de diamètre sur 0m,50 de long, délivrent sans cesse le fil dont elles sont munies, et le forcent à passer sur ce cylindre de façon à se pénétrer de goudron. Ce fil passe de là, pour être exprimé, dans un réservoir en cuir où des bandes de cuir le pressent convenablement.

Dans le cas, au contraire, du goudronnage en paquet, on dévide les seize bobines, dont nous venons de parler, sur un touret de bois, sur lequel les fils sont enroulés en spirale, de manière à pouvoir être enroulés d'un autre côté en renversant le mouvement de rotation du touret après avoir attaché les fils à une cheville. Une fois les fils enroulés dans les deux sens et le touret contenant de 200 à 400 fils, on le dévide sur un chevalet pour le faire passer dans la machine à goudronner. Dès que les fils sont goudronnés, on les fait ramollir pendant un temps plus ou moins long, qui peut aller jusqu'à quinze mois, puis on les renvide sur le touret et de là sur leurs bobines respectives, d'où on les fait passer par toutes les opérations que nous avons décrites plus haut.

PROPRIÉTÉS DES CÂBLES. L'*usure*, qui résulte du frottement, constitue le principal inconvénient des cordages en matières végétales. Aussi, dans certains cas, pour diminuer la perte qui résulterait de la cessation d'usage de certains câbles tels que les câbles impropres, par suite d'usure, à l'emploi auquel ils servaient, a-t-on recours à un artifice pour les utiliser à nouveau. On fend alors les câbles au milieu pour séparer les aussières les unes des autres, en coupant la couture au couteau au fur et à mesure qu'elle se présente. Reprenant ensuite chaque partie, on en détache les torons en tirant latéralement sur chacun d'eux. Si l'on peut avoir à sa disposition une locomotive, comme dans les mines, on tire le toron détaché au moyen de la machine en maintenant l'autre partie à un point fixe. A l'aide d'un crochet mû par un levier, on dépouille facilement les torons extrêmes de la couture qui y est restée : on saisit alors le fil par le milieu au point où il se replie pour changer de sens. Cette opération se pratique très souvent pour les câbles plats en aloès en usage dans les houillères du Pas-de-Calais, on se sert alors des torons de ces cordages pour desservir les plans inclinés du fond des mines.

Les cordages, quels qu'ils soient, doivent autant que possible être mis à l'abri de l'humidité. Au premier abord, l'eau qui les imprègne semble leur donner une force factice supérieure à celle qu'ils possèdent; diverses cordes, à l'état sec et à l'état humide, de même grosseur et de même longueur, ont en effet supporté les poids suivants (FORBES-ROYLE : *Fribous plants of India*) :

TABLEAU COMPARATIF DES CORDES SÈCHES ET MOUILLÉES.

NUMÉROS	CORDES DE MÊME GROSSEUR ENTRE ELLES et de 1m,20 de longueur	CORDES sèches	CORDES mouillées	NUMÉROS	CORDES DE MÊME GROSSEUR ENTRE ELLES et de 1m,20 de longueur	CORDES sèches	CORDES mouillées
		kilogr.	kilogr.			kilogr.	kilogr.
1	Chanvre, récolté près de Calcutta.	72	86	11	*Corchorus olitorius*	51	56
2	Sunn (*crotularia jacea*), coupé avant la floraison et roui immédiatement	51	72	12	*Hibiscus strictus*.	47	52
				13	Le même, récolté après maturation de la graine	58.	62
3	Le même, roui après dessiccation.	27	35	14	*Hibiscus cannabinus*, pendant la floraison et roui immédiatement	52	60
4	Sunn, coupé pendant la floraison et roui immédiatement.	60	84	15	Le même, coupé après la maturité de la graine	50	53
5	Le même, roui après l'avoir fait sécher.	45	75	16	*Hibiscus cannabinus*, pendant la floraison et roui immédiatement	53	56
6	Sunn, coupé après la maturité des graines	68	93	17	*Hibiscus sabdariffa*, pendant la floraison et roui immédiatement	41	53
7	Le même, roui après séchage. . .	50	74	18	*Hibiscus abelmoschus*, pendant la floraison et roui immédiatement	49	49.
8	Sunn, récolté l'hiver et roui immédiatement	72	95	19	Fibres tirées du pédoncule d'un bananier sauvage	36	»
9	*Corchorus capsularis* (teetah paat)	65	66	20	*Urtica tenacissima*.	110	126
10	*Corchorus capsularis*, rougeâtre, de Chine	74	74				

Il semblerait qu'on dût conclure de là qu'une corde mouillée résiste plus qu'une corde sèche. Cela serait parfaitement vrai, si l'humidité ne persistait pas dans les câbles. Au contraire, une corde mouillée ne se sèche pas facilement, et elle perd alors au bout d'un certain temps, une frac-

tion importante de sa résistance à la rupture. Forbes-Royle a démontré, en effet, que des câbles de même diamètre et 1m,20 de longueur, laissés pendant cent seize jours dans l'eau stagnante, ou se trouvaient complètement pourris, ou avaient perdu une partie de leur force :

DÉSIGNATION DES FIBRES	NOUVELLEMENT PRÉPARÉES			APRÈS MACÉRATION		
	État naturel	Tanné	Goudronné	État naturel	Tanné	Goudronné
	kilogrammes	kilogrammes	kilogrammes	kilogrammes	kilogrammes	kilogrammes
Chanvre, récolté près de Calcutta	34	63	20	pourri	pourri	pourri
Coir	39	»	»	24	»	»
Sunn	31	31	27	pourri	23	29
Jute	31	31	28	18	22	27
Aloès	50	36	35	pourri	pourri	7
Sanseviera (moorva).	54	33	22	13	12	15
Hibiscus mutabilis	20	24	»	pourri	20	»

Comme on peut aussi en juger d'après ce même tableau, le *goudronnage* qui a été un moment préconisé pour empêcher l'humidité de pénétrer dans les câbles, et qui est encore forcément employé dans la marine, diminue aussi la résistance des cordages, en facilitant le glissement des fils les uns sur les autres; il augmente cependant leur durée réelle. On peut voir, en effet, qu'une corde en sanseviera qui supporte 54 kilogrammes à l'état naturel, n'en supporte plus que 22 goudronnée; le sunn 27 au lieu de 31; l'aloès 35 au lieu de 50. La graisse et l'huile diminuent aussi la force des cordages, mais sans en augmenter la durée.

Les expériences suivantes, établies d'une manière comparative sur différents textiles de provenances diverses, donnent une idée de la force moyenne des câbles les plus employés :

CORDES DE 0ᵐ,05 DE CIRCONFÉRENCE		CORDES DE 0ᵐ,033 DE CIRCONFÉRENCE	
DÉSIGNATION DES FIBRES	POIDS de rupture	DÉSIGNATION DES FIBRES	POIDS de rupture
	kilogr.		kilogr.
Chanvre de Manille, naturel	1.240	Phormium tenax	1.010
Sunn, naturel	1.225	Chanvre d'Europe, 1839	890
Chanvre d'Europe	1.210	Chanvre d'Europe	790
Phormium tenax	1.180	Sunn, goudronné	770
Chanvre d'Europe, 1839	1.120	Sunn, naturel	725
Sunn, goudronné	1.020	Chanvre de Manille, goudronné	660
Chanvre de Manille, goudronné	775	Chanvre de Manille, naturel	650
Moorva (sanseviera) naturel	530	Moorva, naturel	400
Moorva, goudronné	480	Coir, naturel	370

Avant de se rompre, un cordage s'allonge de 1/7 à 1/5 et son diamètre diminue de 1/7 à 1/14. En nommant d le diamètre d'un cordage en millimètres, le poids de rupture théorique est estimé à $4d^2$ kilogrammes; la charge permanente ne doit pas dépasser la moitié de ce poids. — A. R.

IV. *CÂBLE EN-FIL DE FER. CORDAGE EN FIL DE FER.

Les cordages en chanvre étant très promptement mis hors de service sur les bâtiments à vapeur, dans le voisinage des cheminées, on dut chercher à remplacer le chanvre par le fer. On songea d'abord aux chaînes, mais les étais et les haubans en chaîne montrèrent une infériorité notable à cause de leur poids et de leur manque d'élasticité. On fut alors conduit à employer des cordages en fil de fer, moins lourds que les chaînes, et qui, de plus, étant commis, ont une certaine élasticité. Les grands étais, puis les grands haubans, ensuite toute la basse carène, furent faits en fil de fer; enfin, en 1869, un règlement prescrivit qu'à l'avenir les gréements dormants de tous les bâtiments de la marine nationale seraient confectionnés de la sorte.

Les cordages en fer sont formés de fils zingués, d'une grosseur variant entre 9 et 12 dixièmes de millimètre. Le toron est produit par la torsion à gauche d'un faisceau de ces fils, comme s'il s'agissait d'un toron de fils de caret. Le plus souvent les fils de fer qui composent le toron sont semblables; quelquefois cependant, pour lui donner un diamètre déterminé, on emploie des fils de grosseurs différentes.

Les cordages se confectionnent en assemblant à droite, c'est-à-dire, dans le même sens que les aussières, quatre ou cinq torons pareils, lesquels sont enroulés autour d'une mèche en filin; cette mèche n'augmente pas la force du cordage, elle le rend seulement plus régulier. Aucune pièce du gréement n'est commise au grelin.

Tous les cordages en fil de fer, employés par la marine nationale, sont fournis par la compagnie des forges de Châtillon et Commentry; on ne les reçoit, à leur arrivée dans les ports, qu'après avoir essayé à la presse hydraulique ou à la romaine, des tronçons de 2 mètres.

Le règlement du département de la marine fixe la circonférence des cordages en fil aux 45/100 de celle des cordages en chanvre qu'ils doivent remplacer, ce qui semblerait assigner à ces derniers une résistance cinq fois moindre que celle du cordage en fer, à égale grosseur. Cependant il est reconnu que cette résistance n'est que deux à trois fois moindre; il faudrait donc donner aux cordages en fil de fer une circonférence variant entre les 58/100 et les 76/100 de celle des cordages en chanvre correspondants. Mais le filin neuf, s'usant rapidement, on est obligé de lui donner, à la mise en service, une forme beaucoup plus grande que l'effort qu'il aura à supporter. Une telle précaution est inutile avec le fil de fer, dont la détérioration est très lente à se produire; il est donc rationnel de fixer sa force comparativement à celle d'un gréement en chanvre un peu usé, et plus, en rapport avec la résistance qu'il s'agit d'obtenir. La proportion de 45/100 a paru jusqu'ici très convenable.

Si nécessaires que soient les cordages en fil de fer à bord des navires modernes, on ne saurait recommander leur usage sans signaler leurs inconvénients. Le premier consiste dans leur peu d'élasticité, qui est susceptible d'amener une rupture sous un effort un peu brusque, comme par exemple, un violent coup de roulis. On y remédie dans une certaine mesure, pour les haubans, par l'emploi des rides en filin avec caps-de-mouton à quatre trous. Un second inconvénient vient de ce que, dans les températures froides, le fer devient cassant et présente moins de solidité. Ce défaut est sans remède; il faut, par suite, éviter de fatiguer le gréement lors des grands froids. Par ces mêmes températures, on devra également éviter de travailler le fil de fer, puisqu'il est très cassant. Enfin, le cordage en fil de fer, présentant peu de souplesse, se casse dans les endroits où l'on est obligé de le replier sur lui-même par un pli brusque; de plus, il se redresse difficilement quand il a été plié ainsi.

Le tableau de la colonne suivante indique la force des cordages en fil de fer complètement neufs, et le poids approximatif par mètre courant :

En regard de ces défauts, il faut signaler les avantages que présente ce genre de cordages, et qui sont : 1° de ne pas être détériorés par la fumée, à bord des bâtiments à vapeur; 2° d'avoir une durée presque indéfinie, et d'être, par conséquent, plus économiques que les gréements en chanvre, dont la durée n'excède pas cinq ans, et dont le prix d'achat est à peu près le même que celui des cordages en fil de fer; 3° de présenter moins de surface au vent; 4° d'être un peu plus légers; 5° d'avoir moins de chance de s'enrouler dans l'hélice, s'ils viennent à être coupés.

Les gréements en fil de fer sont confectionnés dans les ateliers de la marine dits *ateliers de garniture*; ils comprennent les diverses pièces qui suivent :

Les étais de bas-mâts, de mâts de hune, de mâts de perroquet et de flèche; les haubans de bas-mâts, de mâts de hune; les galhaubans de hune, de perroquet et de flèche; les gambes de revers; les garde-corps sur le beaupré, sous-barbes, draille de trinquette; haubans de grand foc, martingale, drailles de grand foc; haubans, martingale et draille de clin-foc; balancines, bras

et entremises des porte-manteaux; les estropes fixes faisant partie des capelages; les estropes des palans de roulis, de basses vergues; les estropes de galhaubans étranglés, de moques d'étai; les estropes d'apparaux de chaloupes, de chapes d'itagues de hune; les pantoires de candelettes; les estropes des moques de sous-barbes, de haubans de beaupré; l'estrope pour la chaloupe, sur le beaupré.

CIRCONFÉRENCE du cordage en millimètres	FORCE D'ÉPREUVE		POIDS approximatif par mètre courant
	d'après les conditions du marché (1)	où la rupture a eu lieu à la presse hydraulique	
	kilogrammes	kilogrammes	kil. gr.
158	30.895	36.000	8.350
148	27.010	(2)	7.300
138	24.050	24.300	6.500
129	21.830	(2)	5.900
122	18.130	(2)	4.900
115	18.000	19.100	4.500
105	15.000	16.000	3.750
96	12.600	13.500	3.150
88	10.600	11.000	2.650
79	8.800	10,000	2.200
70	6.600	8.000	1.650
63	6.235	7.100	1.450
57	5.160	6.000	1.200
50	3.655	4.300	0.850
40	2.365	3.100	0.550
35	1.978	2.500	0.460
28	1.290	1.400	0.300
20	645	800	0.150

(1) Cette force s'obtient en multipliant le poids du mètre par 4,300 pour les cordages de 75 millimètres de circonférence et au-dessous; par 4,000 pour ceux de 75 à 120 millimètres; par 3,700 pour ceux de 120 millimètres et au-dessus.

(2) Cette dimension n'a pas été expérimentée à la presse hydraulique.

Sur beaucoup de bâtiments gréés en fil de fer, les étais et galhaubans de perroquet et de flèche, ainsi que les gréements du bout-dehors de clin-foc, sont en filin.

Dans les ateliers de garniture, ou à bord, les cordages en fil de fer se travaillent comme les cordages en chanvre et avec les mêmes outils, auxquels on a ajouté des scies à métaux, des cisailles, des tenailles, becs à corbin et des étaux. Ils se prêtent également aux mêmes travaux : épissures, œils, amarrages sur cosses, pattes à la voilière, ersiaux, etc. Nous ne signalerons que quelques légères différences dans l'installation de certaines parties.

Les haubans, suivant les ports, sont fixés de trois façons sur les caps-de-mouton.

1° Le hauban entoure le cap-de-mouton et revient s'épisser sur lui-même. Cette méthode a l'inconvénient de rendre presque impossible le changement d'un cap-de-mouton avarié;

2° Le hauban est fixé, comme les haubans en filin, par une sorte de nœud de bouline et des amarrages. Ce système présente le grand désavantage de briser les haubans au-dessus du cap-de-mouton, dans la partie qui vient directement du capelage;

3° Le bout du hauban entoure le cap-de-mouton, remonte ensuite le long de son double, et se fixe sur lui par des amarrages en portugaise et des amarrages plats. Une bague en fil de fer réunit les deux doubles du hauban au point où ils se croisent, c'est-à-dire juste au-dessus du cap-de-mouton. Ce procédé est employé au port de Brest; de cette façon, les fils de fer ne sont pas brisés; l'amarrage est suffisamment solide.

On peut employer, pour les amarrages, la ligne en chanvre ou la ligne en fil de fer. La seconde est moins maniable que la première, et ne présente pas plus de solidité. Quand on fait des amarrages en chanvre sur le fil de fer, il faut avoir soin de fourrer celui-ci.

A Brest, on fourre tout le gréement en fer, sauf les étais, qui ne le sont qu'au portage des amarrages. Dans les autres ports, on ne fourre que sous les amarrages, afin de ne pas augmenter le volume du gréement.

Les étais en fil de fer sont fixés sur les ridoirs comme les étais en filin; leur fourche se confectionne en greffant sur l'étai, par une épissure, un bout de la même grosseur, cette manière de procéder est, du reste, souvent employée pour les étais en filin. Les deux branches sont terminées par des œils faits comme des œils en filin.

Les capelages des haubans, galhaubans, les diverses estropes sont travaillés comme les capelages et estropes qu'ils remplacent.

Les épissures se font avec le fil de fer comme

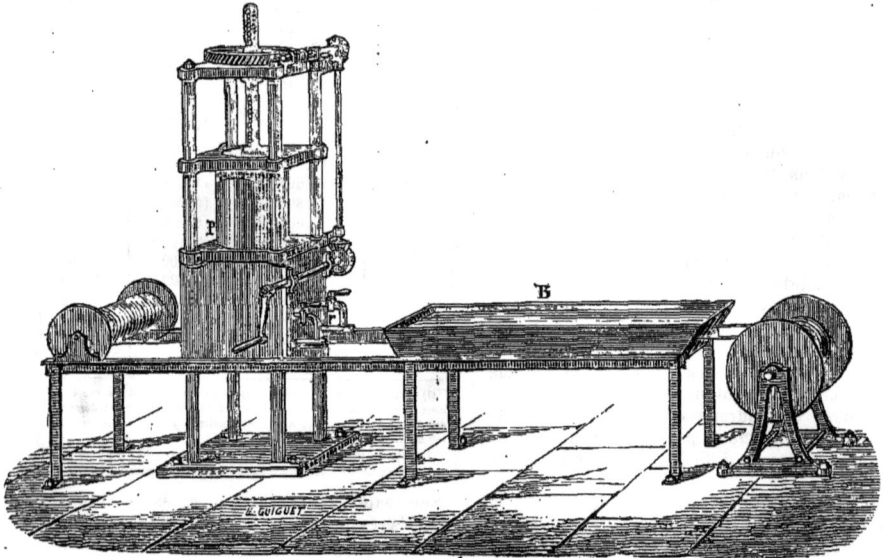

Fig. 16. — Presse.

avec le filin, et avec la même quantité de passes, demi-passes, quarts de passes. On doit seulement avoir la précaution de ne pas manier trop brusquement les torons, pour éviter de casser les fils de fer. Les bouts se coupent avec des cisailles.

Les ersiaux en fil de fer se font sur un mandrin, en diminuant d'un tour par rang. Ainsi, on commencerait, par exemple, par six tours au premier rang, cinq au second, quatre au troisième; on amarre le bout et l'on fourre pardessus.

Les pattes à la voilière sont confectionnées avec un toron en fil de fer, d'une manière analogue aux pattes en filin. — L. R.

V. * CÂBLE TÉLÉGRAPHIQUE. On a donné le nom de *câble* aux conducteurs des lignes de télégraphie électrique, qui sont recouverts d'enveloppes permettant de les placer sous terre ou de les déposer au fond de l'eau; ces câbles sont donc *souterrains* ou *sous-marins*.

Câble souterrain. Les câbles souterrains généralement employés contiennent 7 torons, composés chacun de 6 fils de cuivre enroulés autour d'un septième; le diamètre de ces fils varie de 7 à 5 dixièmes de millimètre, selon qu'ils doivent servir à raccorder des lignes aériennes en fil de fer de 5 ou 4 millimètres. Chaque toron est recouvert de deux couches de gutta-percha, alternant avec deux couches d'une composition semi-fluide, de gutta-percha, de résine et de goudron de Stockholm, que l'on désigne sous le nom de composition Chatterton. On les revêt ensuite d'un guipage en coton goudronné. Les torons, assemblés, reçoivent trois enveloppes: la première de ruban de coton, la deuxième de filins de phormium et la troisième de ruban, le tout injecté au sulfate de cuivre et fortement goudronné.

Pour la première préparation, on emploie une presse puissante (fig. 16), dont le cylindre P, chauffé à la vapeur, contient la gutta-percha parfaitement épurée et maintenue à demi-fluide. Sous l'action du piston, la matière s'écoule à travers une filière *r*, au centre de laquelle passe le toron à recouvrir. Ce toron, entraîné par un mouvement uniforme, passe d'abord au-dessus d'une série de becs de gaz, qui le chauffent assez fortement pour brûler les matières grasses et les impuretés qui le salissent; il traverse ensuite un bac contenant la composition Chatterton, et arrive enfin à la filière de la presse; le tube de gutta-percha qui s'y forme incessamment, s'attache au toron qui l'entraîne et qui est conduit immédiatement dans un long bac à circulation d'eau froide B; la gutta-percha est ramenée par le refroidissement à un état assez solide pour que l'on n'ait plus à craindre de déformation par l'enroulement sur le tambour qui termine l'appareil. Les couches suivantes de gutta-percha et de composition sont placées de la même manière, à vingt-quatre heures d'intervalle.

Les autres revêtements sont obtenus successivement à l'aide d'une machine très simple en

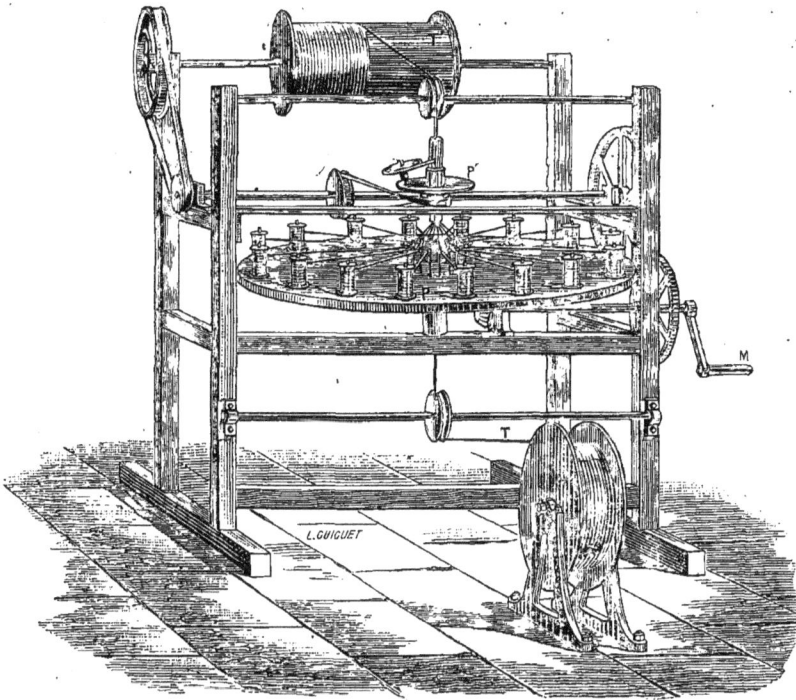

Fig. 17. — *Métier à recouvrir.*

principe, et que l'on modifie suivant les circonstances.

La figure 17 représente un des métiers à recouvrir employé dans l'atelier de M. Jarriant jeune.

Les fils destinés à former le câble sont enroulés sur des bobines mobiles, disposées en nombre suffisant sur un grand plateau P qui peut tourner à la vitesse convenable. L'âme passe par une ouverture ménagée au centre du plateau. A mesure que celle-ci est tirée d'un mouvement uniforme, les fils des bobines, suivant le mouvement de rotation du plateau, s'enroulent autour de l'âme; le nombre des bobines et les vitesses respectives de la progression de l'âme et de la rotation du plateau sont réglées d'après l'importance du câble.

Le ruban, destiné à former le revêtement ou guipage, est enroulé sur une bobine spéciale portée par un second plateau P', dont le mouvement est solidaire du premier. Le câble terminé s'enroule sur le tambour T'.

Des essais sont faits avec soin, après chaque opération, au moyen d'une pile et d'un galvanomètre, afin de pouvoir réparer en temps utile les défauts qui pourraient se produire. Les câbles souterrains ainsi fabriqués ont de 18 à 20 millimètres de diamètre et leur prix est de 1 fr. 70 à 2 fr. 25 le mètre.

On les enferme dans des tuyaux en fonte, déposés au fond de tranchées d'environ 1 mètre de profondeur; ces tuyaux sont assemblés à l'aide de manchons et à joints étanches.

Les câbles destinés aux tunnels et aux galeries d'égout, sont du même modèle, mais enfermés dans un tuyau de plomb de $1^{m/m},25$ d'épaisseur et de 20 à 22 millimètres de diamètre; cette opération s'exécute de la manière suivante : des tubes en plomb, d'un diamètre supérieur à celui du câble, sont étendus, parfaitement dressés, dans les cannelures d'une longue table. Un piston en caoutchouc, lancé dans chaque tube, au moyen d'une pompe à air comprimé, entraîne avec lui une longue ficelle; celle-ci sert à amener une chaîne, à laquelle est fixé le câble, qui peut être ainsi introduit dans le tube. Un passage à la filière vient ensuite comprimer le plomb sur le câble.

Les câbles ainsi recouverts reviennent à 2 fr. 10 et 2 fr. 85 le mètre. On les accroche aux parois des souterrains à l'aide de pattes en fer galvanisé.

Afin d'éviter les perturbations fréquentes causées par les orages sur les lignes aériennes, on emploie, en Allemagne, un câble souterrain enfoui dans des tranchées d'un mètre de profon-

Fig. 18. — *Section d'un câble souterrain.*

deur. Ce câble est composé de sept conducteurs isolés, formés chacun par une cordelette de 7 fils de cuivre, de 7/10 de millimètre (fig. 18). L'enveloppe protectrice renferme une armure de 20 fils de fer de $3^{m/m},75$. Il pèse environ 2 kil. 60 par mètre courant.

Les parties destinées au passage des cours d'eau sont munies d'une seconde armure en fil de fer de $8^{m/m}$ 1/2.

Câble sous-marin. Les câbles sous-marins sont les plus importants, à cause des difficultés que présentent leur confection et leur mise en place, et aussi du prix de revient considérable qui en est la conséquence. Ils sont constitués essentiellement par un conducteur central en cuivre, recouvert d'une substance isolante et d'une enveloppe protectrice capable de résister à la tension à laquelle ils doivent être soumis pendant l'immersion et aux frottements que les mouvements de l'eau leur font éprouver.

Le conducteur central est formé par une cordelette de fils de cuivre réunis par des joints soudés à l'argent. La gaîne isolante est constituée par des enveloppes successives de gutta-percha alternant avec autant de couches de composition Chatterton.

L'enveloppe protectrice consiste ordinairement en un matelas de filin goudronné, recouvert d'une cuirasse de fils de fer ou d'acier, galvanisés, enroulés à spires jointives, dont l'épaisseur est un peu plus forte pour les câbles d'atterrissement que pour ceux des eaux profondes. Les fils qui composent cette armure métallique sont eux-mêmes recouverts de chanvre goudronné, pour

les préserver, autant que possible, de l'action corrosive de l'eau de mer.

Un conducteur électrique ainsi constitué présente une surface métallique considérable, qui n'est séparée de la mer que par une couche relativement faible de matière isolante; il en résulte qu'il représente un immense condensateur cylin-

Fig. 19 et 20. — *Câble sous-marin de la Corse au Piémont*

drique, dont l'âme de cuivre forme l'armature intérieure, et l'eau de la mer, l'armature extérieure. Les inductions réciproques qu'exercent, l'une sur l'autre, ces deux armatures augmentent considérablement la durée d'établissement des courants et diminuent, par suite, la rapidité des transmissions. En effet, chaque fois que l'on envoie un courant par l'une des extrémités du conducteur central, il faut que cet énorme con-

Fig. 21 et 22. — *Premier câble transatlantique.*

densateur accumule une certaine charge avant que le courant atteigne, à l'extrémité opposée, l'intensité nécessaire pour la production d'un signal, et l'on ne peut faire une nouvelle émission, avant que cette charge ne soit presque complètement écoulée à la terre. — V. Télégraphie sous-marine.

Les recherches faites par MM. Siemens et Thomson ont établi que la charge est proportionnelle à la force électro-motrice de la pile et à la capacité inductive de la substance isolante, mais indépendante de la nature du conducteur central. Il convient donc d'employer pour ce dernier un métal très bon conducteur, et pour l'enveloppe, une substance isolante d'une capacité inductive aussi faible que possible.

La composition et la fabrication des premiers câbles sous-marins donnèrent lieu à bien des tâtonnements. Le câble immergé entre Douvres et Calais, en 1851, ne contenait que quatre fils de cuivre de 1 millimètre 1/2 de diamètre; son armure était formée de six fils de fer galvanisé de

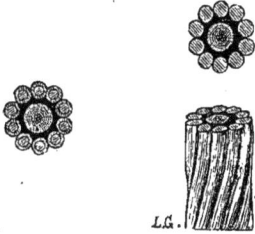

Fig. 23 à 25. — *Câbles de la Méditerranée.*

8 millimètres; il pesait 4,400 kilogrammes par kilomètre.

Celui qui fut posé en 1854, entre le Piémont et la Corse (fig. 19 et 20), était composé de six fils de cuivre, et protégé par une armure de douze fils de fer; il pesait 5,000 kilogrammes par kilomètre.

Le premier câble, destiné à la traversée de l'Atlantique, en 1858 (fig. 21 et 22), avait un conducteur central formé par une cordelette de sept fils de cuivre de 7 dixièmes de millimètre, recouverte par trois couches de gutta-percha. La cuirasse était faite de dix-huit torons, composés chacun de

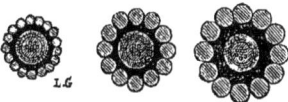

Fig. 26 à 28. — *Câbles de la Méditerranée.*

sept fils de fer. Son poids kilométrique était de 634 kilogrammes, et se réduisait dans l'eau à 440 kilogrammes. Malheureusement ce câble ne fonctionna que vingt-trois jours.

Les câbles construits en 1860, pour la ligne de Marseille à Alger, et en 1861, pour celle de Malte à Alexandrie, se rapprochent déjà des types définitivement adoptés aujourd'hui. Les figures 26 à 28 montrent la différence des cuirasses employées pour les diverses portions du câble, câble de grande profondeur, câble intermédiaire et câble d'atterrissement.

Le câble immergé en 1866, entre Valentia (Irlande) et Terre-Neuve (fig. 29 et 30), est composé de la manière suivante : 1° une âme de six fils de cuivre, enroulés autour d'un septième, et formant un toron de $3^{m/m},6$ de diamètre. Elle est recouverte de quatre couches de composition Chatterton, alter-

nant avec autant de couches de gutta-percha, formant une enveloppe isolante de $8^{m/m},4$ d'épaisseur; 2° d'un matelas de jute injecté; 3° d'une cuirasse de douze fils de fer galvanisé de $2^{m/m},4$, recouverts eux-mêmes préalablement de chanvre de manille injecté et goudronné. L'ensemble présente un diamètre de 27 millimètres.

Un kilomètre de ce câble pèse 970 kilogrammes

Fig. 29 et 30. — *Câble de Terre-Neuve.*

dans l'air et 380 kilogrammes dans l'eau de mer. Il peut supporter sans se rompre une charge de 7,860 kilogrammes, représentant 20,000 mètres de câble suspendu verticalement, tandis que les plus grandes profondeurs d'immersion ne dépassent pas 4,300 mètres.

Pour les câbles d'atterrissement, depuis les fonds de 100 mètres jusqu'au rivage, on avait ajouté un second matelas de jute et une seconde

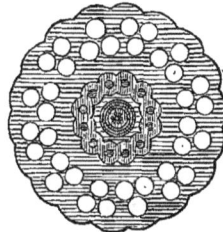

Fig. 31. — *Enveloppe du câble d'atterrissement.*

cuirasse de fils de fer (fig. 31). La longueur de chacun de ces câbles d'atterrissement s'élevait à 60 kilomètres environ.

A la suite des études poursuivies de 1866 à 1869, on a reconnu que pour avoir la plus grande vitesse de transmission, il faut donner à l'enveloppe isolante une épaisseur égale au diamètre du conducteur central. Dans le câble immergé en 1869 entre Brest et Saint-Pierre (Terre-Neuve), cette épaisseur est de $3^{m/m},6$. L'armature est composée de dix fils d'acier galvanisé de 2 millimètres.

Pour les câbles intermédiaires de cette même ligne, les fils d'acier de l'armature ont $3^{m/m},5$ de diamètre et sont au nombre de 15.

On emploie pour les différentes opérations de la fabrication des câbles sous-marins des machines établies sur les mêmes principes que pour la fabrication des câbles souterrains. Elles n'en diffèrent que par les dimensions considérables des organes, qui doivent être proportionnés au poids des masses à faire mouvoir et à la résistance des fils métalliques qu'il faut enrouler.

La figure 32 fait comprendre comment la cuirasse métallique et son revêtement extérieur sont exécutés dans l'usine de M. Ménier.

Les fils de fer ou d'acier destinés à former la cuirasse sont enroulés sur les bobines placées à la circonférence d'un grand plateau A, mis en mouvement par les roues d'engrenage figurées en B. Un second plateau C porte les bobines D, sur lesquelles sont enroulés les filins destinés à

former le revêtement extérieur. Un double tour du câble sur le tambour F permet d'obtenir la traction. Enfin le tambour G reçoit le câble terminé.

Un compteur, installé sur le bâti E, enregistre la longueur de câble fabriquée.

Après l'achèvement, on vérifie très soigneusement la conductibilité de l'âme et la résistance que l'enveloppe isolante oppose à la déperdition de l'électricité, en se plaçant autant que possible dans les conditions de température et de pression auxquelles le câble sera soumis.

On se sert, pour ces expériences, d'une cuve dans laquelle on peut faire le vide, et introduire ensuite de l'eau à une pression qui s'élève jusqu'à 300 atmosphères. Les bouts de câble, qui ont ordinairement de 2 à 4,000 mètres, sont d'abord

Fig. 32. — *Machine de revêtement extérieur du câble.*

maintenus pendant vingt-quatre heures dans de l'eau à 24°, puis introduits dans la cuve d'essai.

Les câbles terminés et essayés sont conservés dans de grandes cuves, toujours remplies d'eau fraîche, parce que la gutta-percha exposée à l'air et à la chaleur s'altère rapidement. Ces cuves doivent avoir des dimensions suffisantes pour permettre de former des couronnes d'un très grand diamètre, ce qui diminue les effets nuisibles des enroulements et déroulements successifs.

On peut estimer aujourd'hui le prix des câbles sous-marins à 1,500 francs le kilomètre pour les câbles de grand fond, 2,000 francs pour les câbles intermédiaires et de 2,500 à 3,000 francs pour les câbles d'atterrissement.

Les dimensions des éléments constitutifs d'un câble sous-marin doivent différer suivant sa destination. Les conditions électriques varient avec la longueur, et les conditions mécaniques, avec la

profondeur de l'immersion et les circonstances qui peuvent l'accompagner.

On doit donc mesurer exactement sa résistance absolue à la rupture et à son allongement, ce qui, avec le poids kilométrique dans l'air et dans l'eau, permet de régler les conditions de l'immersion.

On détermine ainsi le *module de rupture*, c'est-à-dire la longueur de câble qui pourrait être suspendue verticalement sans se rompre. Le *module d'immersion*, ou la longueur de suspension que le câble peut supporter sans danger, est évalué au tiers du module de rupture. On peut augmenter cette valeur, en composant l'enveloppe de manière à diminuer le poids du câble dans l'eau.

La tension au sortir du navire ne doit pas dépasser le module d'immersion, et comme cette tension augmente rapidement à mesure que l'angle avec l'horizontale diminue, il convient de régler la vitesse de marche d'après la profondeur à laquelle se fait l'immersion.

La pose des câbles ne peut se faire avec succès que par des bâtiments à vapeur d'un fort tonnage, 1,500 tonnes au moins, en plus de leurs approvisionnements ; ils doivent avoir des machines de grande puissance, leur permettant de résister aux vents contraires et aux courants ; aussi les compagnies ont-elles fait construire des navires exprès pour cet usage, et il y en a aujourd'hui plus de trente continuellement en service.

Le câble est enroulé à fond de cale dans de grandes cuves circulaires dont le nombre et la dimension permettent de répartir la charge aussi également que possible ; des dispositions spéciales permettent de remplacer le câble déroulé par un poids égal d'eau de mer.

L'enroulement est fait par couches horizontales et chaque spire est maintenue par des sangles et par une ossature en bois mobile, qu'on enlève ensuite au fur et à mesure du déroulement. Ces précautions ont pour but d'empêcher le câble de se replier sur lui-même et de former ainsi des coques qui, si elles traversaient le mécanisme sans l'arrêter, entraîneraient la rupture de la portion immergée.

Dans le *Great-Eastern*, les cuves, au nombre de trois, ont 6^m,30 de profondeur sur 16 mètres de diamètre.

C'est du reste à l'emploi de cet immense bâtiment qu'est dû le succès de la pose des câbles transatlantiques depuis 1869 (fig. 33). Il suffit de rappeler qu'il a 204 mètres de long, 25 mètres de large et 17 mètres de creux, il cale 8 mètres et jauge 24,000 tonneaux. Ses huit machines, quatre à roues et quatre à hélice, développent ensemble 10,000 chevaux. Les roues à aubes ont près de 17 mètres de diamètre, et l'hélice 7 mètres.

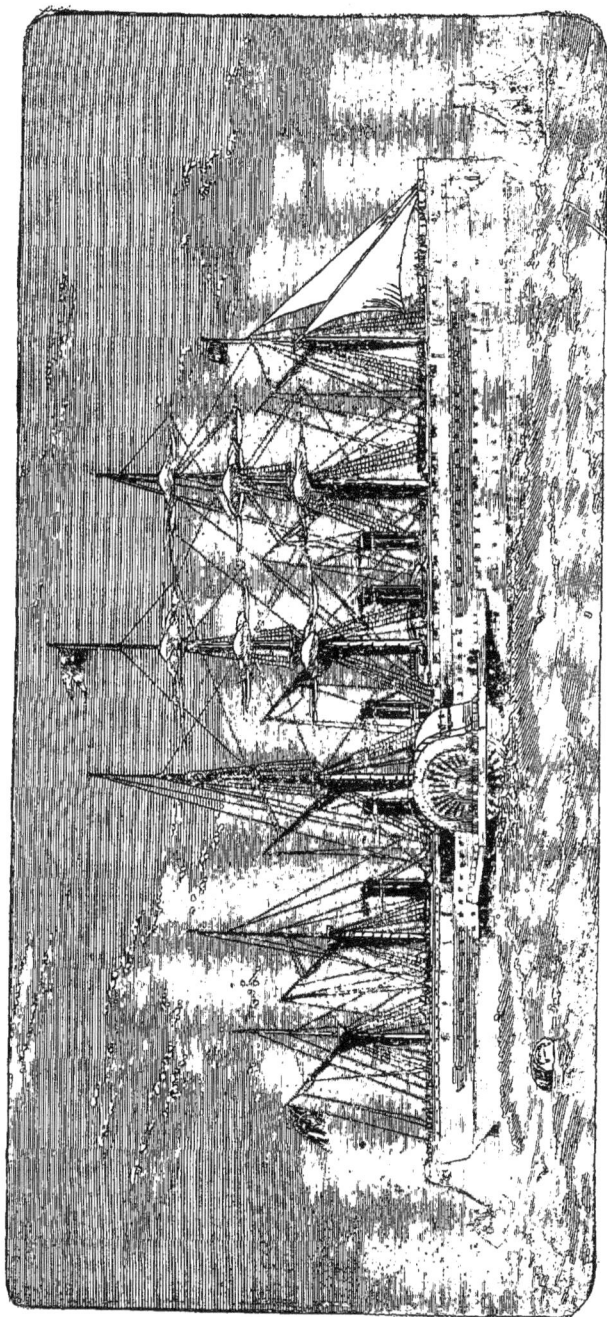

Fig. 33. — *Le Great-Eastern dévidant le câble télégraphique.*

Les boussoles d'un navire ainsi chargé ne peuvent plus fournir d'indications exactes par suite de l'énorme quantité de fer que contient le câble et on ne peut les compenser parce que cette quantité varie incessamment pendant la marche. Il doit donc être précédé par un autre bâtiment qui indique la route à suivre.

A mesure que le câble se déroule, il est amené par des guides à un anneau central placé au-dessous de l'ouverture pratiquée dans le pont; il monte alors verticalement; s'infléchit sur une poulie et s'engage dans une espèce de gouttière horizontale placée à 1 mètre environ au-dessus du pont, et aboutissant à une deuxième poulie A

placée en tête de l'appareil de déroulement qui comprend le frein et le dynamomètre (fig. 34).

Le frein se compose de deux grandes roues à gorge, dont les mouvements sont rendus solidaires par un jeu d'engrenages; les axes de ces roues portent, chacun, deux tambours sur lesquels peuvent agir de larges bandes de tôle, reliées à quatre leviers, chargés d'un poids suffisant, pour qu'abandonnés à eux-mêmes, ils exercent sur les bandes de tôle un effort capable d'arrêter complètement la rotation des tambours.

Le câble s'enroule quatre fois autour des poulies à gorge, en passant successivement de l'une à l'autre, de façon que leur mouvement de rota-

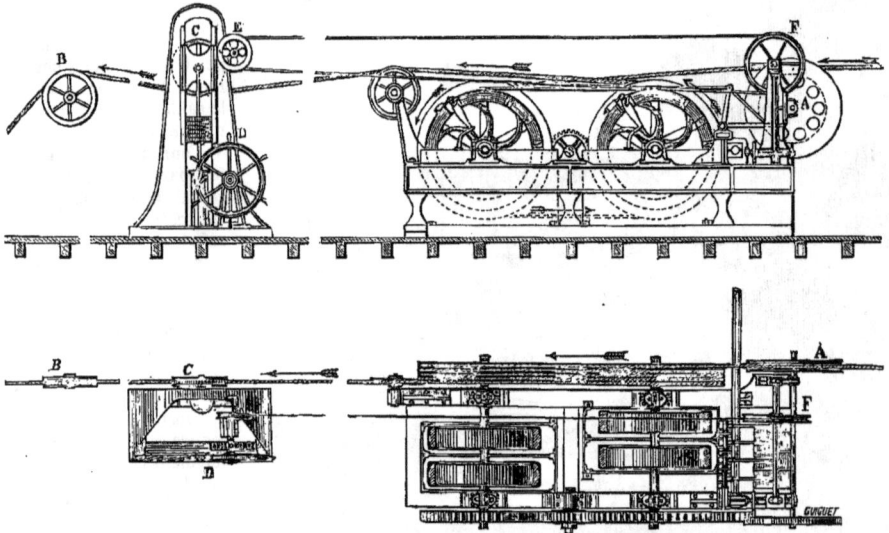

Fig. 34 et 35. — *Elévation et plan de l'appareil de déroulement.*

tion est inséparable du mouvement de progression du câble et qu'il suffit de les empêcher de tourner pour arrêter le déroulement.

En arrière et à une certaine distance se trouve le dynamomètre, formé d'une poulie à gorge C dont l'axe est porté par deux glissières qui peuvent monter et descendre dans les coulisses pratiquées dans les montants du bâti. Un poids considérable est suspendu à ces glissières. Le câble passe en dessous de la poulie du dynamomètre, dont la pression tend à le faire fléchir, en même temps que la tension exercée par la portion du câble suspendue à l'arrière de navire tend à le redresser et à soulever ainsi la poulie. Les variations de hauteur des glissières correspondent par conséquent aux changements de tension du câble et sont indiqués exactement par une échelle graduée sur les montants.

Une roue de gouvernail D, fixée sur le bâti du dynamomètre, actionne, au moyen d'une chaîne, une poulie de transmission E placée à la partie

supérieure, et celle-ci commande à l'aide d'un petit câble sans fin, une seconde poulie F installée au-dessus des leviers des freins; l'arbre de cette dernière poulie est disposé pour abaisser ou soulever les poids de ces leviers, suivant le sens de son mouvement.

Ainsi l'homme placé auprès du dynamomètre peut agir à distance sur les freins, les serrer ou les desserrer d'après l'indication de la tension subie par le câble. Cette manœuvre, très importante, doit être combinée avec la marche du navire et l'état de la mer, afin d'arriver autant que possible à ce que la dépense du câble ne dépasse pas sensiblement la longueur du chemin parcouru.

Les tiges de suspension des contre-poids sont terminées par des pistons plongeant dans des cylindres remplis d'eau, dont l'effet est d'amortir les chocs résultant des changements trop brusques de la tension, sous l'influence des mouvements du navire.

Un compteur, installé sur l'axe de l'une des

roues de l'appareil, indique la vitesse du déroulement, tandis que le loch indique l'avancement du navire.

Enfin, pour éviter les échauffements dûs aux frottements énormes qui se produisent, les tambours sont en partie plongés dans des réservoirs remplis d'eau et des pompes arrosent constamment toutes les pièces.

Une machine spéciale permet au besoin de faire tourner les roues en sens contraire, en agissant sur les engrenages qui les rendent solidaires. On peut ainsi employer l'appareil pour relever immédiatement une partie du câble, en cas d'accident pendant la pose.

Pour des relèvements plus importants, comme ceux des câbles rompus en eau profonde, on préfère installer un second appareil à l'avant du navire, à cause des difficultés que présente la marche en arrière d'un navire.

Pendant toute la durée de l'opération, une communication constante est établie entre le bout du câble resté à terre et celui qui est dans le navire; des galvanomètres extrêmement sensibles, intercalés dans le circuit, permettent de contrôler incessamment les conditions de transmission et d'isolement.

Mais ce n'est qu'après l'immersion d'une notable partie du.câble que l'on peut échanger de véritables dépêches, parce que son enroulement dans les cuves donne lieu à des effets d'induction entre les spires superposées; il en résulte des déviations accidentelles de l'aiguille du galvanomètre, qu'il est impossible de distinguer d'avec celles qui doivent représenter les signaux.

Les câbles sous-marins sont exposés à diverses causes de destruction, telles que : 1° la rupture complète, soit par suite des bouleversements souterrains du fond·sur.lequel ils reposent, soit par l'excès de tension qu'éprouvent les portions suspendues entre deux éminences sous-marines; ces deux causes peuvent être aggravées par l'affaiblissement de l'armature dont il est difficile d'éviter la corrosion; 2° le défaut d'isolement ou la destruction du conducteur central par l'eau de mer qui pénètre à travers les fissures de la gaîne isolante, par les trous percés par une espèce de taret que l'on a nommé *térédo*; 3° la rupture du conducteur central, affaibli par les torsions qu'il a pu subir; 4° les décharges foudroyantes qui frappent les portions aériennes du circuit et s'écoulent par les endroits affaiblis de la portion immergée; 5° les attaques des gros poissons et l'arrachement par les ancres des navires; 6° l'usure par le frottement sur les rochers; ces dernières causes, sont surtout à redouter pour les câbles d'atterrissement.

On est bien arrivé à déterminer avec une assez grande précision l'emplacement des avaries et à les réparer lorsqu'elles ne sont pas à une.profondeur considérable; mais le relèvement des grands câbles est une opération extrêmement difficile et coûteuse, et l'on est souvent obligé d'y renoncer. Aussi on ne peut guère compter sur une durée moyenne de plus de dix années, et sur 191 câbles posés depuis 1850 jusqu'à la fin de 1874, 61

avaient déjà cessé de fonctionner à cette dernière date.

Il n'y a que trente ans que le premier câble sous-marin a été posé entre la France et l'Angleterre, et il en existe aujourd'hui 200 dont la longueur totale atteint environ 120,000 kilomètres; quelques-uns reposent à des profondeurs de 4,800 à 5,000 mètres.

L'Europe communique, d'un côté avec les deux Amériques, et de l'autre, avec l'Inde, la Chine, le Japon et l'Australie. Dix-sept compagnies ont employé 520 millions de francs à cet immense réseau qui se développe encore chaque jour, grâce à l'expérience acquise et aux succès obtenus. — J. B.

CÂBLE TÉLODYNAMIQUE. Câble composé de fils de fer, d'acier ou de cuivre, servant à transmettre la puissance à une grande distance. — V. TRANSMISSION DE MOUVEMENT.

CÂBLÉ. *T. de passem.* Gros cordon qui sert à suspendre les tableaux et à relever les tentures d'un appartement.

CÂBLÉ, ÉE. *T. d'arch.* Genre de sculpture ou de moulure qui figure la forme d'un câble. || 2° *Art. hérald.* Se dit de toute pièce chargée de câbles tortillés, d'une croix couverte et entortillée de cordes; dans ce dernier cas, on dit : *croix cordée.*

CÂBLEAU. Petit câble dont on se sert dans la construction et dans la marine. On dit aussi *câblot* et *châbleau.*

CÂBLER. Tordre ensemble plusieurs cordes pour en faire un *câble.* On dit aussi *commettre.* — V. CÂBLE EN CHANVRE, CORDERIE.

CABOCHE. *T. de clout.* Sorte de clou à tête large et ronde ou taillée en pointe de diamant, et qui sert à garnir les semelles des gros souliers.

* **CABOCHÉ, ÉE.** *Art. hérald.* Se dit d'une tête d'animal qui est coupée derrière les oreilles par une section parallèle à la face ou perpendiculairement; si la section était horizontale, on se servirait du mot *coupé.*

CABOCHON. 1° Pierre fine, polie, mais non taillée, de forme convexe.

— C'est sans difice la forme du scarabée que les Egyptiens et les Étrusques, et peut-être aussi les Grecs, ont donnée à certaines de leurs pierres gravées, qui a fait 'adopter plus tard la forme à laquelle on a donné le nom de *cabochon.*

|| 2° Sorte de clou plus court et à tête plus large que la caboche.

* **CABO-NEGRO** ou **CABO-NIGRO.** Nom d'un textile fourni par le *coriata onusta* (îles Philippines), que l'on emploie à faire des cordages pour la marine.

* **CABRE.** *T. techn.* Machine qui sert à élever les fardeaux; on dit aussi *chèvre.*

CABRI. *T. de mét.* Dans les fabriques de soieries, pièces de bois sur lesquelles on met l'ensouple pour plier les chaînes.

CABRIOLET. 1° Voiture légère à deux roues, avec ou sans capote et dont la caisse est portée sur deux brancards. Le véritable cabriolet, dont la création remonte au XVIIᵉ siècle, n'existe plus; il a été remplacé par le cabriolet à tablier assez répandu en province, et par un autre type de voiture à quatre roues qu'on nomme *cabriolet-mylord*, *cabriolet-victoria* ou simplement *mylord* ou *victoria*.

— Ce nom lui a été donné sans doute à cause des bonds auxquels l'expose sa légèreté.

|| 2º Sorte de forme de cordonnier. || 3º Petit fauteuil fort léger.

* **CABRION. T. de mar.** Pièce de bois qui sert à raffermir les affûts des canons et à les maintenir contre les mouvements violents du navire.

* **CABROUET. T. techn.** Petite charrette ou grande brouette qu'on emploie dans les colonies pour transporter au moulin les cannes à sucre coupées.

CACAO. On nomme ainsi la graine du *cacaoyer* (V. le mot suivant). On trouve dans le commerce des semences qui peuvent varier considérablement de forme et de dimension, suivant qu'elles proviennent de variétés différentes, ou bien d'arbres sauvages ou cultivés; d'aspect et de couleur, suivant que les cacaos ont été terrés, boucanés, ou simplement séchés au soleil. En général, la semence

Fig. 36. — *Cacao pulvérisé.*

A Cellules allongées de la coque du cacao. — *B* Trachées en spirale de la coque. — *C* Cellules des cotylédons contenant la matière grasse, la matière colorante, l'amidon, etc.

est ovoïde et aplatie, plus large d'un côté que de l'autre, d'une coloration passant du brun-gris au rouge-brun, suivant les manipulations qu'on lui à fait subir; ces graines, qui peuvent avoir deux centimètres et demi de long, sur un et.demi de large, sont constituées par une enveloppe et une amande. L'enveloppe est fragile, peu épaisse; elle est revêtue intérieurement d'une membrane blanchâtre qui s'insinue dans toutes les anfractuosités de l'amande; cette dernière est constituée par deux cotylédons de coloration variable, suivant les sortes. Elle offre, en effet, des cellules contenant un pigment bleu (3 à 5 0/0), que l'opéraration

du terrage fait passer au rouge; puis d'autres cellules contenant une matière grasse solide (40 à 50 0/0) (V. BEURRE DE CACAO) et des grains d'un amidon spécial qui entre pour 10 à 18 0/0 dans la composition de la semence, et est de très petite dimension (0,05 à 0,10 millimètre de diamètre) (fig. 36). Cet amidon, important à connaître, pour distinguer les fraudes que l'on fait subir au *chocolat*, c'est-à-dire au produit alimentaire que l'on prépare avec le cacao, est en grains arrondis ou irrégulièrement ovoïdes, rarement isolés, le plus souvent réunis par groupes de trois ou quatre, et sans couches concentriques appréciables.

On trouve en plus, dans les cellules du cotylédon : des granules d'une matière albuminoïde probablement particulière au cacao; de la théobromine, matière azotée aromatique (1,5 à 2 0/0), qui est un alcaloïde; de la matière protéique (13 à 18 0/0), du mucilage; de la gomme, des sels minéraux, etc.

Variétés commerciales. Les principales espèces de cacao que reçoivent les marchés européens se partagent en *cacaos terrés* et en *cacaos non terrés*.

Les premiers se font remarquer par leur membrane externe, qui est couverte d'une terre rougeâtre ou grise, et par la facilité avec laquelle cette enveloppe se détache de l'amande, laquelle est colorée en brun, et de saveur douce ou légèrement amère.

Les variétés les plus estimées sont très aromatiques. On les subdivise en :

1º (a) **Cacaos terrés.** PREMIER CHOIX. *Cacao Soconusco,* dont l'amande est fortement convexe sur ses deux faces, jaune, et de saveur très douce; *cacao Esméralda,* plus petit, plus foncé et plus lourd; *cacao de Guatémala :* qui se subdivise en *cacao Martinique,* de couleur foncée, gros, large et plat, et en *cacao Guatémala proprement dit,* qui est gros, fortement convexe et assez atténué d'une extrémité; *cacao caracas :* qui comprend le *cacao Porto-Cabello* et le *caraque vrai,* il est de grosseur moyenne, est recouvert de terre brun-rougeâtre, et a ses faces assez convexes; suivant sa finesse de goût, on le partage en caraque Chuao, caraque Ghoroni, caraque O' Cumar et caraque Rio-Chico; *cacao Cumana :* dont les deux variétés sont appelées *cacao Guiriu* et *cacao Carupano; cacao Trinité et de Cuba :* comprenant le *cacao Trinité,* aux semences rouge-brun, plus grosses, plus ovales et plus comprimées que le caraque, et les *cacaos de Colombie et de Maracaibo,* dont les grains sont plus longs, plus gros et plus épais que le Soconusco.

(b) SECOND CHOIX. Les cacaos terrés de cette sorte présentent des variétés plus amères et moins parfumées que les précédentes. On range dans cette catégorie, le *cacao Guayaquil,* dont les semences sont très larges, plus grosses que celles du Soconusco, ovales, plates, de couleur brun-rougeâtre. Ce cacao est très aromatique. Le *cacao de Berbice* et *d'Esequibo,* plus petit que le précédent, mince, gris extérieurement et brun-rouge à l'intérieur.

2° Cacaos non terrés. Ces sortes caractérisées par leurs amandes qui adhèrent encore à l'enveloppe, sont de coloration violacée plus ou moins bleuâtre, de saveur forte, âpre et amère. La coque extérieure est rougeâtre. Ils sont subdivisés en : *cacao du Brésil, de Maranham ou de Maragnan,* comprenant le *cacao de Para,* qui est brun-rougeâtre extérieurement, et bleuâtre en dedans ; il a souvent été humecté avant l'expédition, afin d'en augmenter le poids, aussi les semences présentent-elles fréquemment un goût de moisi ; en *cacao de Bahia,* qui se différentie surtout du précédent par la coloration jaunâtre de l'enveloppe extérieure ; enfin, en *cacao des Iles.* On désigne dans le commerce, sous ce nom, les cacaos venant de la Jamaïque, de Saint-Domingue, de la Guadeloupe, de Haïti, la Martinique, Sainte-Lucie, Sainte-Croix ; leurs grains sont petits, plats, atténués aux extrémités, d'un brun bleuâtre.

FALSIFICATIONS. Les fraudes que l'on fait subir aux cacaos sont peu nombreuses : elles consistent simplement en addition de terres colorées et ocreuses, ou de brique pilée, que l'on répand sur les semences nouvellement retirées de la cabosse et en pleine fermentation. La matière mucilagineuse, fixant cette terre sur l'enveloppe du fruit, fait prendre, à première vue, des espèces non terrées pour d'autres ayant subi cette opération, et ayant, par conséquent, une valeur supérieure aux précédentes. Nous avons également dit que, dans quelques pays, on mouille le cacao, avant de l'expédier, pour en augmenter le poids.

IMPORTATION. La consommation du cacao est assez considérable, et il en est importé en Europe annuellement de dix-huit à vingt millions de kilogrammes, qui sont expédiés surtout en France, en Angleterre et en Espagne. Les Etats-Unis n'en consomment que un million de kilogrammes, alors que, dans les anciennes colonies espagnoles, la dépense par tête est tout-à-fait comparable à celle de la France.

En 1866, il a été importé en France, 6,486,767 kilogrammes de cacao, d'une valeur de 10,054,000 francs, des provenances suivantes :

Cacaos du Brésil.	2,412,935 kil.
— des Antilles (colonies françaises).	1,265,905
— Guayaquil et autres.	2,229,772
— importés d'Angleterre.	573,438
— — de Belgique. . . .	4,717
	6,486,767 kil.

Mais cette consommation s'est plus que doublée depuis, car l'importation en 1878, fût de 22,142,000 francs, supérieure de 618,000 francs à celle de l'année précédente, et en 1879, de 22,154,000 francs.

L'exportation de France, en cacao, fût de 14,000 francs seulement ; de 70,000 francs, en 1879.

Les colonies françaises, surtout la Martinique, la Guadeloupe, la Guyane, la Réunion, reprennent aujourd'hui, sur une grande échelle, la culture du cacaoyer et du caféier, que l'on avait négligée à tort, pour se livrer presque exclusivement à celle de la canne à sucre. Leurs produits arrivent maintenant sur nos marchés en quantités toujours croissantes. En 1876, les colonies françaises ont exporté pour 786,836 fr. de cacao, se répartissant ainsi :

Martinique, pour	551,846 fr.
Guadeloupe.	214,449
Guyane.	20,541
	786,836 fr.

On sait que M. Ménier a contribué pour une très grande part à ce résultat, en fondant différents établissements où l'on se livre, sur une très grande échelle, à la culture du cacaoyer.

L'Angleterre s'approvisionne surtout dans ses possessions des Antilles, et les espèces les plus estimées y sont, en outre des précédentes, les cacaos Guayaquil, de la Guyanne et de l'Inde.

L'Espagne est le pays où la consommation est la plus élevée, le chocolat y étant la base de la nourriture du peuple. Elle reçoit environ 8 à 9 millions de cacao Guayaquil par an, et en plus, des cacaos de Cuba, de Porto-Rico, du Mexique, de la Trinité, et de Nicaragua.

Cacao en pâte. On donne encore, dans le commerce, le nom de *cacao,* aux fèves broyées et moulées en gros pains. Cette pâte est destinée à fabriquer le chocolat.

Usages. Le cacao sert à obtenir, par expression, la matière grasse employée sous le nom de *beurre de cacao,* que l'on utilise en médecine et parfois aussi, mais seulement aux pays de production, pour faire du savon et des bougies. Le cacao, mêlé à du sucre et à divers aromates, constitue le chocolat, médicament d'épargne, qui est un aliment très employé dans certains pays, surtout en Espagne. — V. CHOCOLAT. — J. C.

CACAOYER, CACAOIER, CACAOTIER. *T. de bot.* Genre d'arbre de la famille des Malvacées, série des Byttnériacées ou Byttnériées, dont plusieurs variétés sont connues et croissent dans le nord de l'Amérique méridionale et dans l'Amérique centrale, jusqu'au Mexique.

Le type du genre est le *Theobroma cacao,* Linné, qui croît au Mexique, au Guatémala, au Nicaragua, et est cultivé dans la Colombie, les Antilles, etc. ; le *theobroma leiocarpum,* Bernoul, espèce voisine, est cultivé au Guatémala sous le nom de *cumacaco* : ses fleurs et ses fruits sont plus petits que dans l'espèce type ; le *theobroma pentagonum,* Bern, y est désigné sous le nom de *cacao lagarto* ; le *theobroma salzmanianum,* Bern, croît à Bahia ; le *theobroma bicolor,* Humb. et Bonp., vient au Brésil. On connaît environ dix variétés de cacaoyers.

Les localités qui fournissent le plus de produits au commerce sont les suivantes : Soconusco (Mexique) et Esméralda (Equateur), dont les qualités, fort estimées, sont consommées sur place, et n'arrivent guère en France ; Guatémala (Amérique centrale) ; Porto-Cabello, Guayra (Vénézuéla) ; la Trinité, les Antilles ; Guayaquil (Pérou) ; Popayau (Nouvelle-Grenade) ; Berbice, Surinam (Guyanes) ; le Para, le Rio-Négro, Bahia (Brésil). L'isthme de Darien, les bords de l'Orénoque, possèdent encore des forêts presque inaccessibles de cacaoyers.

Le végétal peut se modifier un peu, au point de vue botanique, par la culture ; c'est ainsi que les arbres apportés en 1664, à la Guadeloupe, par d'Acosta, n'offrent plus les caractères du *theobroma cacao.* Les cacaoyères ou plantations d'arbres cultivés sont actuellement très nombreuses. Mais dans les pays où le sujet croît naturellement, cette culture avait déjà lieu, bien avant la découverte de l'Amérique par les Européens, et elle était, pour ainsi dire, l'objet d'un véritable culte.

Les arbres atteignent de 4 à 8 mètres de hauteur. Leur port a quelque analogie avec celui de nos cerisiers : leurs feuilles sont larges, à pétioles et à nervures velues ; leurs fleurs, hermaphrodites, roses, et à cinq pétales. A ces fleurs, succède un fruit glabre, ovoïde, mais un peu atténué au sommet ; on le désigne sous le nom de cabosse. Il rappelle, par sa forme, les concombres de nos pays, est marqué de dix sillons longitudinaux, et est de coloration jaune-rougeâtre (fig. 37). La récolte s'effectue en différentes saisons : en décembre, pour les arbres sauvages, et à maturité, pour les arbres cultivés, c'est-à-dire pen-

Fig. 37. — Rameau florifère et fructifère du cacaoyer.

dant presque toute l'année, car les cacaoyères offrent en tous temps des fleurs et des fruits dans les plantations qui ont au moins cinq ans. Ces fruits sont abattus à la gaule, puis coupés en deux pour enlever à la fois les semences et la pulpe molle et aigrelette qui les environne ; on abandonne ensuite le contenu du fruit, pendant 24 heures, dans des auges en bois, que l'on a soin de recouvrir de feuilles de balisier. Au bout de ce temps, la pulpe a fermenté : elle s'est liquéfiée ; on agite fréquemment la masse, pendant environ quatre jours, pour permettre à l'épisperme de la graine de se durcir et de se dessécher. Lorsque, de blanches qu'elles étaient d'abord extérieurement, les semences sont devenues rougeâtres, on les étend sur des nattes de jonc, et les fait sécher au soleil pour certaines sortes, ou bien les enfouit pendant quelques jours dans le sol, après les avoir mises dans des

tonneaux. Cette préparation, que l'on désigne sous le nom de terrage, a pour but d'enlever à la fois l'âcreté et l'amertume de l'amande ; elle se termine par une dessiccation complète au soleil. Dans quelques pays, notamment à Cayenne, on sèche les graines en les exposant à la fumée d'un feu de bois. On donne à ces qualités, d'ailleurs fort inférieures, le nom de cacaos boucanés.

En plus des semences, différentes parties de la plante sont encore utilisées : les vieux arbres abattus sont recherchés comme bois de chauffage ; les coques, surtout, c'est-à-dire le tégument extérieur des graines, sont fort employées. En Amérique, on les fume comme tabac, on en fait aussi des infusions aromatiques ; en France, on sait qu'elles sont employées, dans certains vins médicinaux au quinquina, en place de cacao, par quelques spécialistes ; en Ecosse, en Irlande, voire même dans quelques villages pauvres du nord de la France, elles entrent dans la confection du cacoa, mélange économique qui sert en guise de chocolat et ne contient qu'un poids insignifiant d'amandes. En Irlande, par exemple, il est consommé 300,000 kilogrammes d'enveloppe de graines, annuellement, contre 2,000 kilogrammes de chocolat. Ces coques ont une valeur fort minime comme prix.

Les graines de cacao servent de monnaie courante chez quelques peuplades sauvages. — J. C.

CACATOIS. T. de mar. Voile très légère qui complète le système de voilure d'un navire, et que l'on grée quand le temps est calme ou le vent très doux (V. MÂTURE). On écrit aussi cacatoi, kakatoès, cacatoés.

* **CACHATIN.** Sorte de gomme laque qui nous vient de l'Orient.

* **CACHE-ENTRÉE.** T. de serrur. Pièce de fer mouvante qui sert à cacher l'entrée d'une serrure, d'un loqueteau. On en fait quelquefois un objet d'ornement.

* **CACHE-ÉPOUTI** ou **CACHE-ÉPOUTIL.** T. de drap. On donne ce nom à un liquide colorant, de composition variable, employé dans certaines fabriques de drap pour masquer les duvets végétaux adhérents à l'étoffe après teinture, et que l'on appelle quelquefois époutils. Lorsque le tissu est bien sec, on peint alors à la main, à l'aide d'une plume ou d'un pinceau, le tissu dont les parcelles végétales n'ont pas pris la teinture. C'est généralement à l'aide du tannin qu'on rend ces parcelles avides de colorant, et qu'on peut les teindre du même coup avec la laine.

Aujourd'hui, la teinture de cache-époutils tend généralement à être abandonnée, non seulement à cause du prix élevé de la main-d'œuvre, mais encore en raison des profondes modifications à apporter dans la composition des bains usités. Le plus souvent, on enlève maintenant les matières végétales du drap, au moyen de l'épaillage, de l'épincetage, de l'époutillage, de l'égratteronnage, etc. — V. ces mots.

* **CACHE-FENTE.** T. techn. Pièce de bois ou de métal qui dissimule une fente ; on l'emploie no-

tamment dans la carosserie pour cacher les fentes de descente de glace.

CACHEMIRE. Nom donné aux châles indiens tissés à la main dans le royaume de Cachemire, et par extension aux châles fabriqués au métier français. — V. Châle.

*CACHEMIRE D'ÉCOSSE. Etoffe pour vêtement de femme. On teint cet article en couleurs très variées, et principalement en noir pour deuil.

La contexture est un *sergé de trois* qui se produit par l'entre-croisement de trois fils de chaîne et trois fils de trame, ou, pour parler le langage technique, par l'entre-croisement de trois *fils* et de trois *duites* (fig. 38).

La carte M et l'image T, qui en est la traduction, font voir comment s'exécute cette *armure*.

La carte ou échiquier M se compose : 1° de trois rangées horizontales ou transversales de cases; chaque rangée correspond à une duite; et 2° de trois rangées verticales ou longitudinales

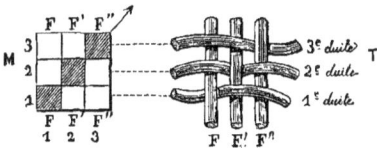

Fig. 38. — *Contexture du cachemire d'Ecosse.*
M Armure. — T Tissu.

de cases FF'F'; chaque rangée correspond à un fil. Donc : module 3. Toute case pointée en grisé indique la *levée* d'un fil, et toute case laissée blanche, le *rabat* d'un fil.

Le rhythme de cette *armure-tissu* est donné par la *lecture* ou l'*énoncé* de la première duite, savoir : *un pris, deux laissés*.

La navette passe donc *sous* un tiers et *sur* les deux tiers des fils, à chaque insertion de duite dans l'angle d'ouverture de la chaîne. L'endroit de l'étoffe est le côté en vue de l'ouvrier pendant le tissage, c'est-à-dire, le côté où apparaît la bride de trame flottant sur deux fils; en un mot, l'endroit est la face où la trame domine, et sur laquelle la croisure va de *droite à gauche*, comme l'indique cette petite·flèche ↗ (V. Cachemire de l'Inde). L'image T met bien en évidence ce sens d'endroit et cette direction de croisure.

Théorie. Dans l'armure du cachemire d'Ecosse, — armure dite *fondamentale*, — chaque fil ayant une évolution spéciale, il faut une lame pour chaque fil; donc, trois lames dans le *remisse*.

En pratique, on emploie parfois six lames contenant·chacune moitié·moins de lisses. On obtient ainsi plus de dégagement pour l'évolution des fils.

Chaque duite ayant un pointé spécial, il faut une pédale (tissage à bras) ou une partie active sur un excentrique (tissage mécanique) pour chaque duite; donc, trois pédales ou trois excentriques ayant chacun une partie active pour opérer

le mouvement, en *lève* et *baisse*, des lames, et pour rendre ainsi possibles les trois insertions différentes et consécutives des duites.

Le nombre de croisures du tissu se compte comme cela est indiqué au mot Cachemire de l'Inde.

On a l'habitude, — chose regrettable, surtout au point de vue des relations entre manufacturiers et négociants, entre vendeurs et acheteurs, — d'établir la plupart des calculs de fabrique d'après le système duodécimal, tandis que l'on se base concurremment sur le système métrique pour certaines autres données concomitantes. Ainsi l'on dit, par exemple : « Telle étoffe a 125 *centimètres* de largeur, et elle contient 60 fils *au pouce*, comme réduction-chaîne. » On comprend combien un pareil langage peut jeter d'obscurité dans les opérations manufacturières et dans les transactions commerciales, surtout lorsqu'il prend la forme abréviative, comme dans cet autre exemple : « Cette pièce est en 5/4, compte 30. » Eh bien! Cela signifie que la pièce a une longueur égale à 5 fois 24 centimètres pour 1ᵐ 20, et que le *peigne* contient 30 dents au pouce à 2 fils par dent, ce qui représente· bien, comme dans le premier exemple ci-dessus, 60 fils. — On devrait dire : « Cette pièce a 1ᵐ 20 de largeur et 22 fils 164/1000 au centimètre. En effet, si l'on fait la conversion du nombre de fils au pouce en nombre de fils au centimètre, en divisant ici 60 par les 2 centimètres 707 millièmes auxquels le pouce équivaut, on trouve le quotient 22,164 qui exprime la quantité de fils contenus dans le centimètre substitué au pouce, comme étalon de mesure.

Il est vrai que cette conversion, commandée par la loi, mais qu'on n'observe pas, donne alors et presque toujours naissance à des nombres fractionnaires embarrassants ; mais si nos devanciers ont su s'arrêter à des multiples entiers, à des nombres complets pour établir l'échelle des *réductions-chaîne* et des comptes de peigne au 1/4 de pouce ou au pouce, ne pourrait-on, avec un peu de bon vouloir et pour se conformer enfin aux prescriptions de la loi actuelle, en faire autant pour l'adaptation des évaluations décimales aux calculs de fabrique? Un exemple prouvera que la chose n'est pas aussi impossible qu'on veut le faire accroire. Pour cela, il importe que l'écart entre les anciens nombres et ceux qu'on admettrait désormais, soit aussi minime que possible. C'est pourtant ce que, le plus souvent, les nombres fractionnaires donnés par la conversion permettraient d'obtenir. En effet, le nombre fractionnaire 22 fils 164 millièmes trouvé plus haut, peut, sans préjudice aucun pour personne, être conventionnellement transformé·en 22 fils au centimètre. La fraction 164 millièmes, étant multipliée, à son tour, par 2,707, ne donne en réalité que 443 millièmes d'un fil, à déduire de 60 fils au pouce. C'est ·une quantité presque insignifiante, on le voit, qu'on peut négliger sans s'écarter sensiblement d'une évaluation dont la routine s'attache seule à perpétuer l'usage.

Faudrait-il 23 fils au lieu de 22 au centimètre?

Pourquoi n'admettrait-on pas cette légère augmentation pour donner au tissu la qualité
voulue?

On pourrait donc, sans se heurter contre d'in-
surmontables obstacles, s'entendre, dans chaque
centre manufacturier, pour transformer en nombres entiers tous les nombres fractionnaires résultant de la conversion des anciennes évaluations
duodécimales en nouvelles évaluations centimétriques. On accomplirait ainsi, en se soumettant
aux injonctions de la loi, une révolution des plus
utiles et des plus urgentes pour l'industrie des
textiles.

Pourquoi ne ferions-nous pas, enfin, pour

satisfaire aux exigences actuelles, ce que nos
pères ont fait pour satisfaire à celles qu'une loi
précédente leur imposait alors? Il y aurait encore — pour citer un autre exemple — un réel
avantage à procéder de la sorte, lorsqu'il s'agit
d'établir le nombre de *croisures* que contient le
cachemire d'Ecosse — ou tout autre tissu croisé —
dans un étalon de mesure donné. L'ancien
usage veut que, pour compter cette quantité, on
emploie le compte-fil, appelé *quart de pouce*.
(V. Compte-fil). On en place obliquement l'ouverture (de 3 *lignes* carrées) sur le tissu, de
manière à ce que deux de ses côtés, parallèles
entre eux, soient également parallèles au sens

TABLEAU DES ÉLÉMENTS DE FABRICATION DU CACHEMIRE D'ÉCOSSE.
Tissu tout laine.

A		B		C	D		E	F	
CHAINE FIL SIMPLE		PEIGNE ET PIQUAGE		NOMBRE de fils au pouce	TRAME FIL SIMPLE		NOMBRE de croisures au 1/4 de pouce	LARGEUR DES PIÈCES	
No par nombre d'échées de 700 mètres au kilogramme	No par nombre d'échées de 700 mètres à la livre	Nombre de dents au pouce	Nombre de fils en dent		No par nombre d'échées de 700 mètres au kilogramme	No par nombre d'échées de 700 mètres à la livre		Largeur métrique	Désignation usuelle
70 à 72	35 à 36	20 / 30	3 / 2	60	100	50	10 / 11 / 12 / 13	Il y a des 114/116, 117/120 sans équivalents usuels	Il y a des 6/4, 7/4, 8/4
70 à 76	35 à 38	21 / 32	3 / 2	63 / 64	110 / 110 / 120 / 130	55 / 55 / 60 / 65	14 / 15 / 16 / 17	101/110, 120/130	5/4
78 à 80	39 à 40	21	3	63	140	70	18 / 19 / 20	PIÈCES EN ÉCRU 91/100,	9/8 / 4/4
80 à 84	40 à 42	21	3	63	145 / 150 / 150 / 160	72½ / 75 / 75 / 80	22 / 24 / 26 / 28	65/76, 76/90,	3/4 / 2/3

de croisure, c'est-à-dire, à la direction oblique
qu'affectent les petites diagonales de l'armure.

Or, le plan d'un quart de pouce est moins
grand que celui de 1 centimètre, et il est évident
que, dans l'étroite surface limitée par les côtés
du quart de pouce, si l'on vient, soit involontairement, soit avec intention, à négliger une minime fraction de croisure (1/5 de croisure, par
exemple), cette négligence, trop souvent la cause
de fâcheuses discussions, occasionnera un écart
bien plus accentué, au préjudice de l'un des con-
tractants, que si cette fraction était négligée sur
le plan de 1 centimètre carré. L'omission, en
effet, ne se présenterait plus que tous les dix
millimètres, au lieu d'être faite tous les 6mm 74
ou toutes les trois lignes. C'est donc là encore
une raison pour conseiller l'emploi du compte-fil

centrimétrique, aussi bien pour calculer le nombre
des croisures que le nombre des fils et des duites
d'un tissu croisé.

Néanmoins, il importe que nous soyons présentement compris de nos lecteurs; et, quelque
regret que nous ayons de nous soumettre à une
coutume que la routine et certaines conventions
locales imposent encore impérieusement, nous
nous voyons forcé, par cela même, d'inscrire,
dans les colonnes B, C, E du tableau synoptique
ci-dessus, les anciennes évaluations.

Les personnes intéressées pourront facilement
les convertir en évaluations centimétriques, en
sachant, comme on l'a vu plus haut, que 1 pouce
est égal à 2 centimètres 707 millièmes, et que
conséquemment 1 centimètre est égal aux 12
lignes de 1 pouce divisées par 2,707, c'est-à-dire,
à 4 lignes 443 millièmes.

Nous renvoyons le lecteur à l'étude suivante sur le *cachemire de l'Inde*. Il y trouvera certains détails relatifs aux divers modes de titrage des fils employés pour chaîne et pour trame.

Nous dirons seulement ici que le titrage de la trame pour cachemire d'Ecosse s'indique par un *double* numéro. Ainsi, l'on dit, par exemple : « Du n° ·140/70. » Cela signifie, pour le nombre 140, que le titrage porte sur 140 échées d'un fil ayant 700 mètres de longueur, échées pesant ensemble 1000 grammes. Donc, le n° 140 correspond au nombre de 140 échées au kilogramme. Ce titrage est principalement adopté dans les villes du nord et de la Champagne.

Pour le département de la Somme, c'est le nombre 70 qui, dans notre exemple, exprime le titrage de la trame; mais il est alors déduit de la quantité d'échées *à la livre*, et non plus au kilog. Conséquemment, le n° 70 veut dire 70 échées formées chacune, au dévidoir, avec un fil de 700 mètres de longueur, et pesant ensemble 1 livre ou 500 grammes.

Quant au titrage des fils employés pour chaîne, il se fait également par livre ou par kilogramme. Ainsi un n° 38^liv., par exemple, correspond à 38 échées de 700 mètres, pesant 1 livre. Pour convertir ce titrage par livre en titrage par kilogramme, il suffit de doubler le n° 38; on a ainsi un n° 76 kilogrammétrique. Ces deux modes d'évaluation sont donnés dans les colonnes A et D du tableau synoptique.

On voit, par ce qui précède, que le titrage, soit au nombre d'échées à la livre, soit au nombre d'échées au kilogramme, est fondé sur une longueur variable de fil, comparée à un poids constant. Le tableau contient les données numériques pour *quinze* qualités différentes de cachemire d'Ecosse — qualités déduites principalement du nombre de croisures révélées par la colonne E.

La colonne B fait voir qu'on emploie, tantôt un peigne à 2 fils en dent, tantôt un peigne à 3 fils. Le nombre de dents varie conséquemment pour un même nombre de fils au pouce, indiqué dans la colonne C.

PROVENANCE. Les laines employées pour la chaîne proviennent de France et d'Australie. Celles qu'on emploie pour la trame, soit pures, soit mélangées, sont de France, d'Australie, de Montévideo et de Buénos-Ayres.

RETRAIT. Le retrait des pièces en largeur est après tissage, de 8 à 10 0/0. Après teinture, il est de 20 à 25 0/0, selon la qualité des matières employées pour trame.

* **CACHEMIRE DE L'INDE.** Etoffe dont on se sert pour costume de femme et particulièrement pour vêtement de deuil élégant. La dénomination *cachemire de l'Inde* s'applique principalement au beau tissu *croisé, uni*, que l'on fabrique avec le duvet pur de la chèvre du Thibet. Néanmoins, cet article se fait, comme on va le voir, en diverses qualités.

La contexture du cachemire de l'Inde est un *Batavia*, nom qui révèle l'origine indienne de cette armure. Voici la mise en carte M ainsi que l'image T du tissu (fig. 39) :

L'armure comprend donc quatre fils F F'F"F'" et quatre duites dans son *rapport*.

On appelle *fil*, le textile employé pour chaîne; *duite*, la longueur du bout de trame déroulé et inséré par la navette dans un angle d'ouverture de la chaîne, depuis une lisière jusqu'à l'autre ; *rapport-d'armure*, la quantité absolue de fils et de duites qui s'exprime, sur l'échiquier, le mode complet de la contexture du tissu.—V. DUITE, FIL, RAPPORT-D'ARMURE.

Le *batavia* a pour rhythme l'énoncé de la première duite de la carte M et de l'image T, savoir : *deux pris, deux laissés*. Les cases en grisé indiquent la levée des fils, et les cases blanches le rabat de ces fils.

Il y a donc toujours une moitié de la chaîne qui est soulevée, et la navette ne passe que sur

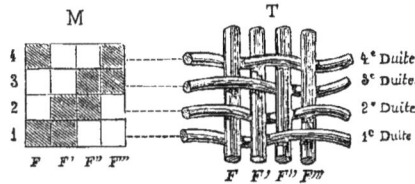

Fig. 39. — *Contexture du cachemire de l'Inde.*
M Armure. — T Tissu.

l'autre moitié des fils compris dans cette chaîne.

On obtient ainsi un sillon oblique par effet de chaîne (deux fils pris), et une diagonale bombée par effet de trame (bride de duite sur deux fils rabattus) qui sont d'un bel aspect. Ce procédé d'entre-croisement donne à l'étoffe une grande souplesse et un toucher très agréable. Il importe beaucoup de ne pas oublier que l'endroit du tissu est la face sur laquelle la diagonale de la croisure se dirige de *gauche à droite*, comme le montre cette petite flèche ↗. C'est sur cette face, en effet, que la petite bride de trame subit une légère détorsion, s'épanouit et acquiert un bombé qui n'existe pas sur l'autre face, c'est-à-dire, sur le côté où la croisure se dirige de *droite à gauche*.—V. CROISURE.

Il faut quatre lames et quatre pédales pour exécuter un batavia. Le remettage ou passage des fils dans les mailles des lisses doit être *sauté*. Il s'en suit que le fil F est mis en évolution par la première lame; le fil F' par la troisième; le fil F" par la seconde, et le fil F'" par la quatrième. Ce rentrage, fait ainsi en sautant de la première lame à la troisième et de la seconde à la quatrième, donne au tissu une régularité parfaite.—V. REMETTAGE.

Les principaux éléments à considérer dans la fabrication d'une étoffe sont : les matières premières, leur emploi comme chaîne et comme trame, leur provenance, leur mode de torsion, leur numéro, le nombre de fils au centimètre, le nombre de fils en dent du peigne, le nombre de croisures ou bien le nombre de duites au centimètre, la largeur de l'étoffe, etc.

Avant de faire l'application de ces données au cachemire de l'Inde, il est utile de dire comment on numérote les fils de laine (chaîne ou trame). Pour titrer un fil, on procède de deux manières, en se fondant, pour chacune d'elles, sur une *longueur variable* comparée à un *poids constant*.

Premier système de numérotage. Le nº 1 s'applique à un fil de 1,000 mètres pesant 1,000 grammes. Ainsi, lorsqu'un fil, long d'un kilomètre, pèse 1 kilogramme, on le cote nº 1 métrique ou nº 1 $^{m/m}$, le signe $^{m/m}$ voulant dire *mille mètres*.

Un fil de 56,000 mètres donnera donc un nº 56 $^{m/m}$ et ainsi de suite.

Deuxième système de numérotage. Le nº 1 peut aussi s'appliquer à une *échée* ou *écheveau* de fil, lorsque ce fil, long de 700 mètres, pèse 1 kilogramme. Dans ce cas, un nº 80 correspond à 80 échées, pesant ensemble 1 kilogramme — chaque échée étant toujours composée d'un fil de 700 mètres de longueur.

En sorte que, par exemple, le nº 56 $^{m/m}$ ci-dessus correspond à un nº 80 (échées). En effet, si l'on veut avoir la longueur totale du fil absorbé par les 80 échées, il suffit de multiplier par 80 les 700 mètres qui représentent la longueur du fil de chacune d'elles, et alors on retrouve exactement 56,000 mètres (80 × 700), *et vice versâ.*

La locution *deux bouts retors*, dont on se sert pour exprimer qu'un fil est doublé, a besoin d'être précisée ici, pour éviter toute ambiguïté. Lorsqu'on dit, par exemple, « fil nº 56 $^{m/m}$ deux bouts retors, » cela signifie que cette longueur de 56,000 mètres doit être divisée en deux longueurs de 28,000 mètres, de manière à fournir deux bouts qu'on assemble et qu'on retord. Dans ce cas, la locution 56 $^{m/m}$ *deux bouts* ramène le numéro du fil à 28 $^{m/m}$, puisqu'il est alors double de grosseur, à poids égal. Le numéro par échées, qui était de 80 pour le fil simple, devient, de son côté, un nº 40 pour le fil double-retors. En réalité, le numéro qui résulte du doublage, est ici du 27/28, ou du 39/40, plutôt que du 28 ou du 40, à cause de la torsion qui tend à raccourcir la longueur du doublé et conséquemment à modifier son titrage.

Cela posé, nous donnons dans le tableau suivant les éléments de fabrication des quatre types principaux de cachemire de l'Inde, en représentant par A l'article *gros*, par B l'article *moyen*, par C l'article *fin* et par D l'article *extra-fin* (qualité supérieure). Dans ce dernier type, la chaîne cachemire est tellement peu résistante, à cause de sa finesse, qu'on est obligé de consolider chaque fil de duvet en l'accouplant à un fil de soie grège. Le numérotage de cette matière (laine et soie) porte alors sur l'assemblage des deux textiles qui la composent.

TABLEAU DES ÉLÉMENTS DE FABRICATION DU CACHEMIRE DE L'INDE.

QUALITÉ du TISSU	PROVENANCE des fils pour chaîne	SIMPLE ou deux bouts retors	TITRAGE DES FILS		NOMBRE de fils au centimètre	NOMBRE de fils en dent du peigne	TITRAGE métrique et provenance de la trame	NOMBRE de croisures au centimètre	LARGEUR de la pièce au peigne
			Numéro métrique	Numéro par 700 mètres					
A Type gros.	Australie ou cachemire peigné.	Simple ou nº 56. Deux bouts retors.	28	40	$22 \frac{20}{100}$	3	56 laine dite Mauchamps ou cachemire 2e et 3e qual.	$8 \frac{88}{100}$	139 à 140 centimètres
			28	40					
B Type moyen.	Idem.	Simple.	56	80	$24 \frac{42}{100}$	3	56 cachemire première qualité.	$13 \frac{32}{100}$	140 centimètres
C Type fin.	Idem.	Simple.	63 à 70	90 à 100	$26 \frac{64}{100}$	3	70 cachemire première qualité.	$16 \frac{28}{100}$	141 centimètres
D Type extra-fin.	Cachemire et soie grège.	Faiblement retors.	84 à 112	120 à 160	$31 \frac{08}{100}$	3	123 cachemire qualité supérieure.	$26 \frac{64}{100}$ à $41 \frac{44}{100}$	135 centimètres

On fabrique également des châles longs avec le tissu cachemire de l'Inde *batavia uni*. On leur donne 206 centimètres de laize, lisières comprises.

Le retrait de ces divers types, enlevés du métier et après teinture surtout, peut être approximativement évalué à 15 ou 20 0/0. Mais on parvient, avec les machines *élargisseuses*, à ramener l'étoffe à une largeur demandée par la consommation.

Pour déterminer la valeur d'un tissu croisé, on est convenu de placer le compte-fil, dont l'ouverture O est d'un centimètre carré, sur le tissu, de

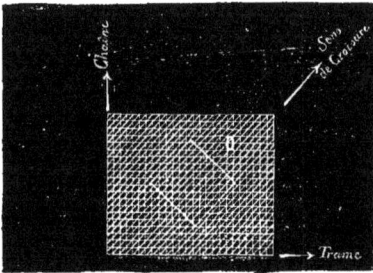

Fig. 40. — *Manière de compter les croisures.*
O Plan d'un centimètre carré.

manière à ce que deux côtés opposés de cette ouverture soient parallèles aux petites diagonales qu'on désigne sous le nom de croisures, ainsi que le montre la figure 40.

Cette figure prouve qu'il y a, en réalité, trois choses à envisager dans l'analyse d'un tissu batavia, savoir : le nombre de *fils* au centimètre (réduction-chaîne); le nombre de *duites* au centimètre (réduction-trame); le nombre de *croisures* au centimètre (réduction oblique).

Lorsque deux de ces trois éléments sont connus, on peut algébriquement trouver le troisième.

M. Edouard Gand a donné, dans le tome premier de son *Cours de tissage*, page 84 (1868), les trois formules suivantes :

Si l'on représente :

Par K le nombre de croisures au centimètre *incliné* O ;

Par F le nombre de fils au centimètre *droit;*

Par D le nombre de duites au centimètre *droit;*

Par n la formule $\dfrac{D}{F}$ qui exprime le rapport du nombre de duites au nombre de fils ;

Par m le module 4 du batavia (4 cases carrées),

On trouve que :

Le nombre de croisures $K = \dfrac{F}{m}\sqrt{n^2 + 1}$

Le nombre de duites $D = \sqrt{m^2\,K^2 - F^2}$

Le nombre de fils $F = \sqrt{m^2\,K^2 - D^2}$

M. Goguel, de Lille, a traduit pratiquement les formules de M. Gand, à l'aide d'un instrument fort ingénieux qu'il a imaginé. M. Ernest Moumert, président du Comité des fils et tissus de la

Société industrielle d'Amiens, a fait un rapport sur cette invention, appelée à rendre de réels services aux fabricants de mérinos, escots, cachemires de l'Inde et cachemires d'Ecosse. (V. le *Bulletin* de cette Société, tome XVIII°, page 158, année 1880).

Le cachemire de l'Inde donne lieu à une fabrication qui assure le travail et la prospérité de plusieurs centres manufacturiers : Amiens, Reims et Paris. MM. Tabourier et Bisson, Siéber et Seydoux, Héloin, Bulteau, Bossuat et Gaudet, Ogez, Louis Lochet, Lelarge, David et Huot ont porté cette belle industrie nationale à son plus haut degré de perfection ; on doit à quelques-uns, notamment à MM. David et Huot, d'incessantes améliorations dans les trois branches — peignage, filature et tissage — qui ont pour objet le travail complet du vrai cachemire de l'Inde, c'est-à-dire, du duvet provenant de la chèvre du Thibet, le plus beau textile du monde. — V. FILATURE, PEIGNAGE, TISSAGE.

On a fabriqué, depuis trois ans, à Reims (1878-1881), un tissu qu'on appelle également *cachemire de l'Inde*, et qui a pour chaîne un fil simple de laine peignée, n° 80 à 90 (par 700 mètres), et pour trame un mélange de laine et de poils de chameau produisant un jarre sur le tissu. Le numéro de cette trame varie de 70 à 90 (par 700 mètres), suivant la force du tissu. La réduction-chaîne est de 28 fils au centimètre, trois fils en dent de peigne. La réduction-trame est de 24 à 36 duites au centimètre. La laize est principalement de 120 à 150 centimètres. On a fait d'autres largeurs variées.

Ce tissu, légèrement foulé, est duveteux sur l'endroit. Il a eu une grande vogue, comme nouveauté. — E. G.

* **CACHEMIRETTE.** Etoffe d'origine anglaise, laine et coton ou laine et bourre de soie, dont l'envers est tiré à poil et l'endroit ras.

* **CACHE-NEZ.** Grosse et longue cravate de laine dont on s'entoure le cou et le bas du visage, pour se garantir du froid.

* **CACHE-PEIGNE.** On donne ce nom, soit à une boucle de cheveux, soit aux fleurs, rubans ou autres ornements qui ont pour objet de cacher le peigne de la coiffure d'une femme.

* **CACHE-PLATINE.** *T. d'armur.* Pièce en cuir servant à mettre la platine des fusils à l'abri de l'humidité et de la poussière lorsqu'on ne s'en sert pas.

* **CACHE-POT.** Vase décoré, en faïence, en porcelaine, en carton ou en toute autre matière, dans lequel on cache les pots de terre grossière où l'on cultive les fleurs d'appartement.

* **CACHÈRE.** *T. de verr.* Endroit du fourneau de fusion où l'on dépose les bouteilles quand elles sont dégagées de la canne.

* **CACHERON.** *T. de cord.* Sorte de petite ficelle fabriquée avec du chanvre grossier.

CACHET. Petit sceau gravé, le plus souvent monté en bague, qui sert à former une empreinte sur la cire ou sur toute autre matière employée à cacheter les lettres.

— L'usage des cachets remonte à la plus haute antiquité. La Bible nous apprend qu'il existait déjà des bijoux de ce genre à l'époque même où vivaient les patriarches. C'est ainsi que Juda, fils de Jacob, donna à Thamar, pour gage de ses promesses, l'anneau qui lui servait de cachet. Si la bague que portait Pharaon et qu'il passa au doigt de Joseph était une marque de sa suprême dignité, il en faisait aussi usage pour marquer les actes émanés de son autorité royale. Hérodote, énumérant les objets qui formaient le costume des Babyloniens et qui leur servaient de parure, dit que chacun d'eux portait un anneau à cacheter et à la main un sceptre fort riche. La collection du Musée assyrien, au Louvre, renferme un certain nombre de cylindres gravés, en pierre dure, trouvés dans les ruines de Babylone; mais ces cachets, percés dans leur longueur, paraissent avoir été enfilés et suspendus au cou par un cordon. Les Egyptiens, au contraire, se servaient d'anneaux-cachets qu'ils portaient aux deux mains, particulièrement à la main gauche et quelquefois au pouce (V. BAGUE). L'empreinte du chaton de leur bague leur servait, en effet, de signature. C'est un usage éminemment oriental.

Les Indous ont également employé les cachets ou sceaux. « Un gage, la limite d'une terre, le bien d'un enfant, un dépôt ouvert ou scellé, etc., ne sont pas perdus parce qu'un autre en a joui, » lit-on dans les lois du législateur Manou. « Dans le cas d'un dépôt scellé, celui qui l'a reçu ne doit être inquiété en aucune manière, s'il n'a rien soustrait en altérant le sceau. » Dans un des chapitres du Mahâbârâta intitulé Adi Parvâ, il est également question d'un sceau, probablement en forme de bague, nommé vitâ. En effet, dans l'Amara-Kôcha, ou vocabulaire sanscrit d'Amara-Singha, qui vivait avant notre ère, on trouve le mot angoulimoudrâ, qui signifie « bague en forme de sceau. »

Les Chinois emploient aussi les anneaux-cachets; mais ils se servent encore de sceaux en pierre dure affectant la forme d'un carré long surmonté d'un animal fantastique, sculpté et ciselé dans la matière même du sceau. Dans l'Orphelin de la Chine, drame imité par Voltaire, Tching-Péï dit en parlant du roi : « J'enlèverai son large cachet, je le dépouillerai de ses vêtements brodés. » Il est probable que ces cachets se portaient comme des breloques, car au IVe acte de la comédie chinoise intitulée : Sou-thsin transi de froid, Sou-thsin se trouvant tout à coup au comble des honneurs et de la fortune, retourne dans son pays natal avec « des habits brodés et un cachet d'or suspendu à sa ceinture. »

Quant aux Perses, ils assuraient que Djemschid, quatrième roi de la première dynastie, introduisit l'usage de porter l'anneau au doigt pour cacheter les lettres et les actes de l'autorité. C'est ce qui explique pourquoi, dans le livre d'Esther, Aman scelle de l'anneau d'Assuérus, roi de Perse, les missives qu'il écrit à tous les satrapes du royaume pour faire périr les Juifs. Thucydide fait aussi mention du cachet de Xerxès. Ajoutons qu'après la mort de Darius, Alexandre-le-Grand se servait de l'anneau de ce prince pour cacheter les lettres qu'il envoyait en Asie, et scellait avec le sien propre celles qu'il envoyait en Europe.

Les cachets furent en usage en Grèce dès le VIIe siècle avant notre ère. Diogène de Laërce nous apprend que Mnésarque, père de Pythagore était, au rapport d'Hermippus, graveur de cachets. Comme ces anneaux servaient généralement pour sceller, Solon n'eut pas plutôt aboli les lois de Lycurgue à Athènes, qu'il prononça une peine contre l'ouvrier qui graverait deux cachets semblables pour deux personnes différentes, coutume toute égyptienne, comme on peut le voir dans Diodore de Sicile.

Cette mesure sévère était devenue nécessaire par suite de l'importance donnée aux cachets, car il y avait des anneaux qui servaient spécialement pour former une empreinte sur les actes, les diplômes, les contrats et les lettres dont on voulait garantir l'authenticité. On faisait usage aussi de cachets pour sceller les maisons, les appartements, les meubles, les vases, etc. Il est dit, dans le livre des Récits merveilleux, attribué à Aristote, qu'en Elide, un temple, dans lequel on avait déposé trois amphores vides et qui avait été scellé avec un anneau, offrit les trois amphores pleines de vin quand on brisa le cachet. Un passage des Fêtes de Cérès, d'Aristophane, fait connaître que les gynécées, appartements des femmes chez les Grecs, étaient quelquefois scellés de l'anneau des maris.

Les Romains employaient les cachets dans les mêmes circonstances que les Grecs. Dans la pièce de Plaute, qui a pour titre Casina, Cléostrate, femme de Stalinon, sur le point de sortir de sa maison pour aller chez sa voisine, fait aux esclaves cette recommandation : « Scellez l'office et rapportez-moi mon anneau. Je vais ici tout près, chez ma voisine. Si mon mari veut me parler, vous m'y viendrez chercher. »

Ces anneaux sont désignés dans les auteurs sous les noms de annuli signatorii, annuli signaricii, annuli cerographi, etc.

Cette dernière espèce d'anneaux, auxquels était adaptée une petite clef, se nommait, pour cette raison, annuli ad claves. On portait ces anneaux au doigt, afin de ne pas s'exposer à perdre la clef. Boldetti, dans son ouvrage sur Les cimetières chrétiens de Rome, cite deux spécimens de ce genre d'anneaux, dont l'un a la clef toute seule, et l'autre, avec la clef, un chaton en forme de cachet, parce que les anciens, non contents de fermer leurs cassettes avec des clefs, y apposaient encore un sceau en cire qu'ils marquaient de l'empreinte de leur cachet, lequel, pour ce motif, s'appelait cerographus.

Pline déplore amèrement la nécessité où l'on était, de son temps, d'imprimer le sceau de son anneau sur les provisions pour les soustraire à la rapacité ou à la gourmandise des esclaves, sans cependant pouvoir toujours y réussir. L'anneau qui servait à sceller les provisions ou les objets de ménage appartenait ordinairement à l'épouse, à la maîtresse de la maison et était porté par elle. Le Pédagogue, dans Saint-Clément d'Alexandrie, permet aux femmes chrétiennes un anneau d'or, non pas précisément pour qu'elles s'en parent, mais afin qu'elles scellent ce qui doit être gardé avec soin. Ulpien, dans le Digeste, attribue également aux femmes l'anneau servant à marquer d'une empreinte les provisions, les vases et les autres objets que l'on voulait tenir fermés, et il déclare qu'il ne doit pas être considéré comme un ornement : « Les ornements des femmes sont les objets dont elles font usage pour leur parure, comme les pendants d'oreilles, les anneaux de bras, les bracelets, les bagues, excepté cependant celles dont elles servent pour sceller. »

On attribue aux Lacédémoniens l'invention de l'art de graver des figures sur les anneaux sigillaires. Un de leurs rois, nommé Arius, portait sur son cachet la figure d'un aigle tenant un dragon dans ses serres; Cléarque, capitaine des Grecs qui guerroyèrent pour le service de Cyrus, avait sur son cachet, au rapport de Plutarque, une Diane dansant avec ses nymphes; sur celui de César on voyait une Vénus, et sur celui de Pompée un lion tenant une épée. Il nous reste des anciens un grand nombre de cachets dont les pierres gravées sont d'un travail fort précieux.

Les premiers rois de la monarchie française, suivant l'usage des Romains et des empereurs, pour donner de l'authenticité à leurs diplômes, y apposaient leur cachet gravé sur un anneau qu'ils portaient ordinairement au doigt. Quand Clovis envoya Aurélien négocier le mariage de Clotilde, il remit à ce ministre un de ses anneaux, comme une marque suffisante qu'on pouvait ajouter foi à tout ce qu'il proposerait au nom de son maître.

Au moyen âge, toutefois, les cachets étaient fort rares. Ils consistaient pour la plupart en pierres gravées antiques, échappées comme par miracle à la dispersion commune, et que l'on convertissait volontiers en sceaux en les encastrant dans une bordure métallique ou en faisant graver une légende sur le bord même de la pierre. Il y avait néanmoins à la cour un chancelier (*cancellarius*), qui avait la garde des titres, des actes et du sceau royal. On l'appelait aussi référendaire (*referendarius*) et auriculaire (*auricularius*), comme on le voit dans les *Miracles de saint Martin*, par Grégoire de Tours, dans la *Chronique d'Aimoin* et enfin dans la *Vie de saint Ouen*, évêque de Rouen, où il est dit que « saint Ouen, surnommé Dadon, obtint la charge et les fonctions d'auriculaire à la cour du roi ; et pour signer les lettres ou édits royaux, qu'il écrivait lui-même, il conservait le sceau ou anneau du roi. »

Sous les Carlovingiens et les premiers Capétiens, le sceau fut appelé tantôt *annulus*, tantôt *sigillum*. Mabillon, dans sa *Diplomatique*, rapporte une charte de Pépin-le-Bref, dont le cachet est un *Bacchus indien*. On sait que celui de Charlemagne a été parfois un *Jupiter Sérapis*, et celui de Louis VII une pierre gravée du genre des Abraxas, que ce souverain remplaça, en 1275, par une autre pierre antique sur laquelle était gravée une Diane chasseresse.

Vers la fin du xe siècle seulement, les souverains ne furent plus les seuls qui eussent des cachets : les grands seigneurs avaient les leurs ; mais l'emploi n'en devint fréquent que trois ou quatre siècles plus tard, époque où chacun possédait un anneau à sceller qui lui servait de signature. Alors les gens riches portèrent des cachets en métaux précieux attachés à leur ceinture, ainsi que cela est démontré par l'*Inventaire manuscrit de la succession de Pierre Fortet* : « Item, une ceinture de cuivre d'homme avec un scel d'argent. » Bientôt même on vit les prélats, les seigneurs laïques, les dames, les églises, les communautés de toutes sortes et jusqu'aux bourgeois adopter à l'envi des types particuliers, qui favorisaient l'ignorance en dispensant de signer. C'est environ vers ce temps que le mot *sigillum* fut traduit en langue vulgaire par *sinet*, *signet*, *saïel*, *séel* et *scel*.

Un des cachets les plus curieux de l'époque est sans contredit l'anneau de Louis IX, roi de France (1297). Ce bijou, conservé primitivement dans le trésor de Saint-Denis est aujourd'hui au Louvre. Le chaton est formé par un saphir sur lequel est gravée la figure de saint Louis ; l'anneau est semé de fleurs de lys qui se détachent en or

Fig. 41 à 45. — *Cachets de Gilles Légaré (XVII° siècle).*

sur un fond en émail noir ; sur la surface intérieure on a gravé et incrusté d'émail noir cette inscription, en caractères du xiii° siècle : *C'est le sinet du roi saint Louis.* L'*Inventaire de Charles V* (1380) fait mention du cachet de ce prince. « Le signet du roy, qui est de la teste d'un roy, sans barbe, et est d'un fin ruby d'Orient, et est celuy de quoy le roi scelle les lettres qu'il escrit de sa main. »

Le xv° siècle vit naître la mode des cachets armoriés. Ces anneaux se donnaient en signe d'alliance, ainsi que la *Chronique de Jean de Troyes* nous l'apprend du duc de Guyenne, qui en reçut un des bourgeois de Rouen, en 1465. Le *Recueil des Etats généraux*, états de Tours, tenus en 1481, montre que les cachets étaient également en usage parmi les officiers de justice. « La permutation pure et simple eut lieu, et aussitôt les deux procureurs mirent le pouce, c'est-à-dire signèrent l'acte, chacun avec le signet de l'anneau d'or qu'il avait au doigt. »

On commença seulement, vers le milieu du xvi° siècle, à donner aux cachets une forme différente de celle des anneaux. Les *Comptes royaux* de 1555 en fournissent un exemple : « Pour un cachet d'argent, à manche d'ivoire, pour servir à cacheter les lettres de la royne. » A cette époque de progrès et de lumière, l'écriture s'étant pour ainsi dire tout à fait vulgarisée, les signatures autographes firent peu à peu délaisser les cachets. Néanmoins, on continua par la suite à porter en anneau des pierres gravées antiques pour sceller les correspondances. Dans la *Douzième nuit* ou *Comme il vous plaira*, de Shakespeare, Malvolio trouvant une lettre qu'il croit lui avoir été adressée par celle qu'il aime, s'écrie : « Je reconnais le cachet, une Lucrèce ! »

Le xvii° siècle se servit de cachets attachés aux chaînes de montre comme nos breloques. Les charmants modèles de Gilles Légaré en font foi (fig. 41 à 45). Les cachets de cet artiste sont décorés de chiffres, d'emblèmes et de têtes de mort. On y faisait souvent graver des devises de fantaisie. Mme de Sévigné en donne un exemple dans sa lettre à sa fille du 11 novembre 1671 : « Vous m'avez mille fois entendu ravauder sur ce demi-vers du Tasse que je voulais employer à toute force, l'*alte non temo*, « je « ne crains pas de m'élever. » J'ai tant fait que le comte Des Chapelles a fait faire un cachet avec un aigle qui approche du soleil, l'*alte non temo* : il est joli. »

Sous Louis XVI, la vogue des anneaux-cachets pâlit devant les *bagues-firmaments* et autres, et on ne les porta plus qu'en breloques. On connaît toutefois un des anneaux-cachets de Marie-Antoinette. « Peu de jours avant mon départ, écrit l'écossais Craufurd, dans ses *Portraits*, la reine remarquant une pierre gravée que j'avais au doigt, me demanda si j'y étais bien attaché. Je lui répondis que non, que je l'avais achetée à Rome. Je vous la demande, me dit-elle ; j'aurai peut-être besoin de vous écrire, et s'il arrivait que je ne crusse pas le devoir faire de ma main, le cachet vous servirait d'indication. Cette pierre représentait un aigle portant dans son bec un rameau d'olivier. Sur quelques mots que ce symbole me suggéra, elle secoua la tête en disant : Je ne me fais pas d'illusion, il n'y a plus de bonheur pour moi. Puis, après un moment de silence : Le seul espoir qui me reste, c'est que mon fils pourra du moins être heureux ! » La bague-chevalière de Louis XVI, donnée par le roi à son confesseur de la dernière heure, l'abbé Engelworth de Firmont, et avec laquelle il scellait ses lettres, portait également comme cachet une cornaline gravée représentant le buste d'Henri IV.

A l'époque de la Révolution, les cachets se couvrirent de devises républicaines telles que : *Vive la nation, Vivre libre ou mourir, La liberté ou la mort*, ainsi que différents symboles patriotiques. Mais depuis bien long-temps déjà les anneaux sigillaires étaient dépourvus de toute autorité. Quant aux cachets en usage depuis cette époque, qu'ils se portent au doigt, ou en breloques, ou figurent comme ustensiles de bureau, ils représentent des armes ou des chiffres, quelquefois un emblème, une tête, etc., selon le caprice du possesseur.

Citons, pour terminer, quelques cachets d'hommes célèbres.

Goëthe se servit d'abord d'un sceau portant le G initial de son nom, avec les entrelacements gothiques alors en vogue. Plus tard, il employa un cachet représentant une cage entr'ouverte avec un oiseau qui s'envole à tire d'ailes. Mais depuis son voyage en Italie, il scella presque toujours ses lettres d'une antique, un *Socrate*, une *Mi-nerve*, un *Amour*, un *Lion*.

Talleyrand-Périgord porta longtemps un anneau sur le chaton duquel étaient gravés des lys couchés, avec cette légende : *Ils se relèveront un jour*. Les évènements de la guerre de 1814 ont vérifié en tout point cette pro-phétie.

Sylvestre de Sacy avait fait graver pour son usage une pierre avec cette inscription en arabe : « Je t'envoie ci-joint un messager muet qui dira à tes yeux ce dont on t'a chargé. » Ce vers est d'un ancien poète et le célèbre orientaliste s'en servait quelquefois pour cacheter ses lettres.

Les *Notes* de Lalande, publiées par la princesse de Salm, nous apprennent que le savant astronome avait fait graver sur son cachet un vaisseau. « J'y ai ajouté la lune, qui sert à le conduire, et une devise grecque qui signifie *la science conduite par la vertu*, parce que le vaisseau est la chose qui exige le plus de science, et que la vertu conduit le philosophe à travers les flots et les orages de la vie. »

M. Adrien Boïeldieu, fils de l'illustre auteur de la *Dame blanche*, porte au doigt la bague de son père, un anneau d'or bruni qui enserre dans son chaton une cor-naline finement gravée, d'origine persane, et que le grand Boïeldieu rapporta de Russie.

Meyerbeer, enfin, avait fait graver sur son cachet une lyre avec cette harmonieuse légende : *Toujours d'accord.*
— S. B.

Bibliographie. — V. BAGUE.

* **CACHEUR**. *T. de raff.* Morceau de bois plat par un bout, et rond de l'autre, servant à frapper les cercles de bois qui environnent la forme à pain de sucre.

* **CACHEUTAÏTE**. *T. de minér.* Séléniure double de plomb et d'argent que l'on trouve dans les mines du Hartz.

* **CACHI**. *T. de minér.* Sorte de pierre blanche, semblable à l'albâtre, que l'on trouve dans les mines d'argent du Pérou.

* **CACHIN** (JOSEPH-MARIE-FRANÇOIS). Ingénieur des ponts et chaussées, né à Castres (Tarn), en 1757, exécuta le redressement de la rivière de l'Orne, entre Caen et la mer, et dirigea jusqu'à sa mort (1825) les remarquables travaux de la digue de Cherbourg, du port et des fortifications de cette ville.

* **CACHIRI**. Liqueur fermentée que l'on tire par distillation du manioc ou de la patate. On écrit aussi *cachyri*.

* **CACHOLONG**. *T. de minér.* Variété opaline de la calcédoine. Sa cassure est unie, luisante et quelquefois terne. Le cacholong provient de la dé-shydratation du quartz résinite.

— On trouve principalement les cacholongs sur les bords du Cach et les Kalmouks en font des vases, des idoles, etc.

CACHOU. On désigne sous le nom de *cachou* un extrait astringent et sec, obtenu en traitant par l'eau, le bois ou les feuilles de divers arbres exo-tiques, et en évaporant ensuite en consistance convenable.

Bien qu'il existe par suite de la nature et de la provenance du produit des variétés très différen-tes les unes des autres, on peut dire, en général, que le cachou est une matière solide, sèche, d'un brun-jaunâtre, pouvant aller au rouge et même au noir ; les espèces transparentes, vues en lames minces, paraissent d'un brun-orange clair. Le cachou arrive sous la forme de boules, de cubes, de galettes, de pains réguliers ; par fragments d'un poids variant de 15 à 20 grammes jusqu'à plusieurs kilogrammes. Il est inodore, de saveur amère, quelquefois légèrement sucré, mais tou-jours astringent. Il est presque complètement solu-ble dans l'eau, l'alcool, le vin, le vinaigre, partielle-ment dans l'éther. Vu au microscope, il présente dans sa masse de nombreux petits cristaux acicu-laires. Par l'incinération, les espèces de bonne qualité ne donnent que peu de cendres.

HISTORIQUE. Le *cacho*, nom sous lequel le cachou est encore désigné dans quelques idiomes du sud de l'Inde, fut signalé pour la première fois, en 1514, par Barbosa, comme article d'exportation envoyé de Bombay à Ma-lacca. Vers 1560, Garcia d'Osta décrivit les arts et les manipulations employées pour préparer le *kat* (nom hin-doustani du cachou) ; à cette époque, on le mélangeait avec de la farine d'*éleusine coracana*, Gœrtn., et ce produit arrivait déjà en Arabie et en Perse ; il ne pénétra en Eu-rope que vers la seconde moitié du XVIIe siècle, en même temps que d'autres produits venant du Japon. C'est pour cette raison que Schröder, dans sa *Pharmacopée médico-chimique*, le décrit sous le nom de *terra japonica* ou *Catechu*. Wedel signala, en 1671, le cachou comme un médicament utile et mit en doute son origine minérale ; Schröch, en 1677 (*Éphémérides des curieux de la na-ture*), soutint qu'il était d'origine végétale, et enfin Cleyer (1685, *Éphém. nat. Cur.*), de retour d'un voyage en Chine, montra l'emploi considérable qu'en faisait l'O-rient, apprit que le meilleur venait de Pégu et que les sortes du Bengale et de Ceylan étaient très estimées.

La première pharmacopée qui ait adopté ce produit est celle de Londres, publiée en 1721.

Variétés. On connaît deux sortes très différentes de cachous : le *cachou brun* et le *cachou jaune* ou *gambir*.

Cachou brun. Dans le commerce, on ad-met quatre variétés de cette sorte :

1° Le *cachou terne*, dit coulé sur terre, qui est en parallélipipèdes ou en pains carrés de 5cents,4 de côté, sans glumes, est un peu compacte, brun près de la surface, mais gris et terne à l'in-térieur ; il offre même souvent des couches al-ternantes de coloration différente, qui se sépa-rent assez facilement. C'est la sorte la moins estimée ;

2° Le *cachou blanc*, dit coulé sur riz, est brun à l'extérieur, dur et pesant ; mais à l'intérieur, il présente un aspect terreux, et a une coloration blanchâtre. C'est une assez bonne espèce qui se trouve sous forme de fragments de 15 à 20 grammes, épais de trois centimètres ou davantage; il est poreux, facile à casser et offre, au microscope, d'abondants cristaux en aiguilles;

3° Le *cachou brun en pains ronds* est également coulé sur riz. Cette variété est en morceaux de 10 centimètres de diamètre, de 6 centimètres d'épaisseur et d'un poids de 600 à 700 grammes; il est brun-gris à la surface, et contient parfois un peu de sable.

4° Le *cachou en masses* ou *de Pégu*, qui est d'un brun-noirâtre ou rougeâtre, offre une cassure brillante, une saveur astringente et amère; il est enveloppé dans des feuilles de *dipterocarpus tuberculatus*, Roxb., et quand il est récent, il est mou et terne à l'intérieur; il se brise facilement et offre une cassure brillante, bulleuse et un peu granuleuse. Les parties transparentes sont d'un brun-orange clair. Humecté à l'eau ou à la glycérine, il laisse voir de très nombreuses aiguilles prismatiques. C'est la seule sorte qui soit commune en Europe.

Origine botanique. Le cachou est fourni par le bois de l'*acacia catechu*, Willd., arbre qui se retrouve à Ceylan, dans la plus grande partie de l'Inde, à Burma, et dans l'Afrique tropicale orientale, comme le Soudan, le Sennaar, l'Abyssinie, le pays de Noer et le Mozambique. Cet arbre peut atteindre de 10 à 12 mètres d'élévation; son tronc offre alors de 1^m,20 à 1^m,80 de circonférence, il est court, recouvert d'une écorce brune à l'extérieur, rouge et fibreuse à l'intérieur. Il porte des branches très épineuses, laineuses à leur extrémité, garnies d'un feuillage fort brillant, mais clair-semé; ses fleurs sont disposées en épi, blanches, petites, sessiles et placées à l'aisselle des feuilles; le fruit est constitué par des gousses déhiscentes et lancéolées, contenant de 3 à 6 graines aplaties.

Le bois est très estimé : il sert à beaucoup d'usages domestiques, à faire des poteaux, du charbon, à préparer le cachou. Son écorce est employée pour le tannage.

D'après MM. Fluckiger et Hambury, on retire également le cachou d'une espèce voisine de la précédente, l'*acacia suma*, Kurz, grand arbre que l'on ne retrouve que dans le sud de l'Inde, le Mysore, le Bengale, le Guzerat, et qui est moins répandu que l'acacia catechu. Son écorce est blanche, son tronc rameux, flexueux, couvert, ainsi que les pétioles des feuilles, de poils laineux.

Pendant fort longtemps, on admit, et cette opinion se trouve encore actuellement dans beaucoup d'ouvrages classiques, que le cachou brun était aussi obtenu avec la décoction des fruits d'un palmier, l'*areca catechu*, Linné; c'était une erreur, provenant de ce que cette sorte d'extrait, qui ne ressemble d'ailleurs en rien à celui obtenu avec le bois de l'acacia, servait comme masticatoire. Des renseignements commerciaux plus précis, ne permettent plus de faire cette confusion.

FABRICATION. Pour faire le cachou, on abat les arbres qui ont au moins 0^m,30 de diamètre, et on les débite en buches minces que l'on introduit avec de l'eau dans des jarres en terre placées en rang sur des fourneaux disposés en plein air. Après une décoction suffisante et une concentration convenable, on change le liquide de vases, afin d'amener l'extrait en consistance épaisse et de le verser ensuite, soit dans des moules d'argile, soit sur des feuilles cousues ensemble, des nattes ou simplement des glumes de riz. On complète la dessiccation par l'exposition de la masse au soleil et en plein air.

Dans le nord de l'Inde, au lieu de concentrer directement sur le feu, jusqu'à consistance suffisante, on arrête l'opération pour abandonner le liquide à lui-même. Il se produit une sorte de coagulation, et si l'on a eu soin de placer au fond des vases, une certaine quantité de feuilles, le dépôt s'effectue sur celles-ci. C'est de cette façon que se prépare le cachou blanc, ou cachou du Kumaou.

L'extrait bien sec est ensuite emballé dans des nattes, des sacs ou des caisses, puis livré alors au commerce.

COMPOSITION. Les cachous bruns ont tous à peu près la même composition. L'analyse chimique y a démontré l'existence de divers principes, parmi lesquels on compte : 1° la *catéchine* ou *acide catéchique* C^{19}H^{18}O^3, principe incolore, cristallisable, s'altérant rapidement au contact de l'air et des alcalis, et qui se dépose quelquefois spontanément dans les fissures du tronc de l'arbre. On désigne dans le pays ces concrétions naturelles sous le nom de *keersal*. La catéchine précipite l'albumine, mais ne précipite pas la gélatine; au contact de l'air elle s'oxyde en se transformant en deux acides nouveaux : l'*acide rubinique* et l'*acide japonique;* 2° l'*acide cachou-tannique*, anhydride du précédent, C^{38}H^{36}O^{16} qui est une variété de tannin précipitant la gélatine, l'albumine, les sels de peroxyde de fer en vert-grisâtre, et qui décompose les carbonates; 3° de la *quercétine* (Lowe), C^{27}H^{18}O^{12}, substance cristallisable, jaune, peu soluble dans l'eau, soluble dans l'éther et n'existant dans le cachou qu'en très petite quantité; 4° des matières colorantes brunes, provenant de l'altération des matières précédentes, telles que les acides rubinique, japonique, etc.; 5° des substances extractives mal définies encore; 6° de la gomme, des sels, et surtout de l'oxalate de chaux.

FALSIFICATIONS. Le cachou est fréquemment falsifié par un certain nombre de substances, parmi lesquelles il faut surtout citer : les cachous de qualité inférieure, les extraits astringents, la fécule, la terre argileuse brune, le sable, l'alun, le sang, etc.

La présence dans un bon cachou de sortes inférieures ou d'extraits de matières astringentes, donne à la masse une coloration brune, souvent presque noire; le produit n'a plus d'arrière-goût sucré agréable. Le soluté aqueux de ce cachou donne avec le perchlorure de fer un précipité noir ou violet, avec le cachou pur ce précipité est au contraire verdâtre.

Pour retrouver la présence de la fécule, on traitera le produit suspect par l'eau, ensuite par l'alcool froid; la fécule restera comme résidu et il suffira d'y ajouter de l'eau iodée pour obtenir une teinte bleue, ou d'en faire l'examen microscopique pour reconnaître la nature des granules; Guibourt a signalé des cachous qui contenaient tellement de fécule, que celle-ci était sensible au goût et que le contact de l'eau gonflait considérablement la masse. Le sable, la terre seront reconnus par la dissolution dans l'eau; la masse ne fond pas dans la bouche comme le fait le cachou pur. Il n'est pas rare de trouver dans les sortes inférieures 10 0/0 de sable, par l'incinération de la masse; on en a signalé jusqu'à 26 0/0. Ces cachous sont alors ternes, durs, très tenaces, très denses; c'est dans le but d'en augmenter le poids que ces sophistications ont lieu. On a signalé parfois la présence de l'alun dans les produits de qualité moyenne ou inférieure; il suffira pour en démontrer la présence de dissoudre dans l'eau et de précipiter l'alumine par un excès d'ammonique, de traiter par le chlorure de baryum pour retrouver l'acide sulfurique. Reinsch a indiqué avoir rencontré une fois un cachou contenant 1 0/0 de bichromate de potasse. C'est là une exception.

Commerce. Il est assez difficile d'indiquer exactement les quantités de cachou exportées des différents pays de production; dans le Burma, il en a été expédié seulement pendant une année (1869 à 1870) 10,782 tonnes d'une valeur de 4,840,000 francs.

En 1869, l'Inde, qui envoie presque tous ses produits en Angleterre, a livré sur le marché de Londres, 2,257 tonnes de cachou du Bengale et de Burma; en 1870, 5,252 tonnes; en 1871, 4,335 tonnes; en 1872, la valeur de cette importation était de 3,111,450 francs.

En France, il a été importé en 1877, pour 3,650,000 francs de cachou; en 1878, pour 2,793,000 francs; en 1879, pour 4,099,000 et pendant la même époque, l'exportation a été de 763,000 francs en 1877, 124,000 francs en 1878 et 377,000 francs en 1879.

Cachou jaune. Synonymes: *Cachou cubique, Gambir.* C'est une substance extractiforme, d'aspect terreux et de couleur brun-clair à l'extérieur; elle arrive sous la forme de petits cubes de trois centimètres de côté, mais aussi exceptionnellement en masses compactes. A l'intérieur le produit offre une teinte jaune-cannelle, il est inodore, friable, de saveur astringente et un peu amère. Au microscope on voit qu'il est presque entièrement constitué par de petits cristaux aciculaires.

Le cachou jaune est fourni par plusieurs plantes de la famille des Rubiacées, notamment par l'*uncaria Gambier*, Roxb., arbuste grimpant qui se fixe par ses pédoncules floraux. Ses feuilles sont opposées, elliptiques, accompagnées de stipules interpétiolaires; les fleurs sont disposées en cimes, portées sur un pédoncule commun, elles donnent

pour fruits des capsules contenant de nombreuses graines ailées. Cet arbre est originaire des contrées qui bordent le détroit de Malacca, et des îles voisines.

Une plante très voisine, l'*uncaria acida*, Roxb., qui croit dans la Malaisie, à Java, Sumatra, Bornéo, fournit également du cachou cubique; elle se distingue de la précédente par ses feuilles ovales, son fruit ellipsoïde, couvert de poils denses et fauves.

HISTORIQUE. Le cachou cubique paraît avoir été exporté depuis fort longtemps. Rumphius décrivit, dans la seconde moitié du XVIIe siècle, une plante, le *funis incatus*, qui est l'uncaria Gambier, mais il ne parle pas du suc extractif que l'on en peut obtenir. En 1766, Stevens ne le cite pas dans sa liste des produits venant de Malacca, mais on sait cependant que la plante avait été introduite dans ce pays, en 1758, par Pontjan; on savait aussi à cette époque que le cachou cubique était préparé avec la décoction des feuilles. Ce fut en 1807, que pour la première fois, on vit la plante en Europe, elle fut présentée à la Société linnéenne de Londres.

FABRICATION. C'est surtout à Malacca, à Siak et à Rhio que l'on se livre à la fabrication du Gambir; à Singapour les nombreuses plantations d'uncaria que l'on avait faites au commencement de ce siècle, ont été peu à peu abandonnées jusqu'en 1866, mais depuis 1872 la culture a été reprise dans le Jahore et dans les îles de l'archipel Rhio-Lingga et surtout dans l'île Bintang qui ne possède pas à elle seule, moins de treize cents plantations.

Ces dernières sont établies dans des jungles défrichées; elles comptent de 70 à 80,000 pieds d'arbustes, qu'on laisse s'élever à une hauteur de 2m,50 à 3 mètres, et dont on récolte les feuilles trois ou quatre fois par année. Dès que la cueillette a donné un poids suffisant de feuilles et de bourgeons, on jette le tout dans des chaudières en fonte, contenant de l'eau, et porte à l'ébullition pendant une heure. Au bout de ce temps on enlève les parties végétales et on concentre en consistance sirupeuse, puis on verse le liquide dans des seaux en bois où l'on favorise l'épaississement du produit en y plongeant des bâtons d'*artocarpus incisa*. L'individu qui fait cette opération, relève alternativement le bâton qu'il tient dans chaque main, de façon à ce que celui de droite soit élevé quand celui de gauche est au fond du vase, et *vice versa*, de manière à favoriser sur ses bâtons le dépôt d'une masse épaisse, jaune, molle, que l'on enlève de temps à autre et place dans des boîtes carrées et peu profondes, puis que l'on découpe en cubes quand le tout a acquis une consistance suffisante. On laisse sécher à l'ombre. Une plantation de 80,000 pieds fournit environ 1,200 kilogrammes de cachou cubique par an.

On fait d'ordinaire subir deux opérations aux feuilles, pour les épuiser complètement.

COMPOSITION. Elle est à peu près la même que celle du cachou pâle du nord de l'Inde; c'est à la quercétine qu'il doit sa coloration, elle y est plus abondante que dans le cachou brun.

Commerce. En 1871, Singapore a exporté 34,248 tonnes de cachou cubique, dont 19,550 venaient de la Malaisie et de Rhio. Il en est arrivé en Angleterre, en 1872, 21,155 tonnes représentant une valeur de 11,293,425 francs.

Cachou de Bologne. On donne ce nom à un extrait de cachou aromatisé et réduit en lames minces, que l'on recouvre d'une feuille métallique, et découpe ensuite en petits losanges ou en morceaux carrés et que l'on met dans des petites boîtes de bois, ovales. Ce produit sert pour parfumer l'haleine ou en corriger la fétidité, malheureusement l'étain dont il est recouvert étant presque toujours plombifère (on a trouvé jusqu'à 20 centigrammes de plomb par boîte), ce cachou a souvent occasionné des empoisonnements saturnins.

Usages. En médecine, le cachou est employé comme astringent et tonique à cause de l'acide cachou-tannique qu'il renferme; les Indiens emploient comme béchique les concrétions naturelles de catéchine. Il sert encore aux fumeurs sous le nom de cachou de Bologne pour masquer l'odeur du tabac.

Il est employé en teinture, dans la fabrication des toiles peintes, dans le tannage des peaux.

Cette substance est à peine soluble dans l'eau froide, très soluble dans l'eau bouillante, l'alcool, l'éther, les alcalis caustiques, les carbonates alcalins et les acides faibles; elle réduit les sels d'or, d'argent, de platine à l'état métallique et colore les sels de peroxyde de fer en brun et ceux de cuivre en noir-brun.

Les oxydants énergiques, tels que les sels de cuivre, le bichromate de potasse, les sels de vanadium opèrent très rapidement sur la partie insoluble dans l'eau du cachou, autrement dit de la catéchine, et la transforment en acide japonique. C'est ce dernier corps qui se fixe sur les tissus et les colore diversement suivant la nature des mordants employés et les circonstances dans lesquelles on le produit. D'après M. Gustave Schwarz, il y a encore dans le cachou un principe jaune qui brunit par l'action du bichromate de potasse et modifie ainsi sa teinte ordinaire.

Le tannage des peaux consomme des quantités considérables de cachou. En Angleterre et en Allemagne, on tanne rapidement le cuir, au moyen de cette substance qui opère très rapidement et très économiquement. Ainsi, il n'en faut guère que 1 kilogramme pour remplacer 7 à 8 kilogrammes d'écorce de chêne.

C'est dans l'impression et la teinture que s'emploient les plus grandes quantités de cachou. Les Indiens s'en servent de temps immémorial pour la fabrication de leurs *battiks* (V. ce mot). En Europe, on a commencé vers 1806 à l'appliquer; ce furent MM. Schœpler et Hartmann, d'Augsbourg, qui l'introduisirent dans la toile peinte. Mais leur procédé, publié plus tard par Dingler ne fut pas adopté et ce n'est que vers 1832, que les frères Kœchlin, de Mulhouse, trouvèrent le moyen de le fixer par le chrôme.

Le cachou sur tissus s'applique de plusieurs manières, suivant les nuances à produire et aussi suivant les couleurs qui doivent être fixées avec lui. On obtient des bruns par simple oxydation à l'air, ou bien par le vaporisage, par des passages en solution alcaline, chaux ou ammoniaque, et enfin par le bichromate de potasse. Il est évident que l'on peut combiner ces procédés de façon à obtenir plus rapidement la couleur voulue; mais il faut toujours avoir égard aux autres couleurs et c'est ce qui fait que souvent on emploie deux modes opératoires.

En teignant un mordant d'alumine en cachou, on obtient aussi un ton brun très agréable. Récemment on a fait, avec le cachou, des laques qui se fixent par l'albumine.

Cachou de Laval. Syn. : *Couleurs de mercaptan.* On donne ce nom à des matières colorantes trouvées, en 1874, par MM. Bretonnière et Croissant, de Laval. Ce sont les sels alcalins du *mercaptan* ou acide ethylsulfhydrique, que l'on prépare en chauffant des matières organiques, comme l'amidon, le son, la sciure de bois, avec de la lessive de soude et du soufre. On obtient une masse poreuse, noirâtre, fortement odorante, soluble dans l'eau à laquelle elle donne une teinte brune qui se fonce par l'action des dissolutions métalliques.

D'après E. Kopp, on obtient une matière colorante analogue, en chauffant au rouge un mélange d'acétate de soude et de soufre.

Usages. Le cachou de Laval sert en teinture : il suffit d'imprégner la fibre de la solution de cachou artificiel, et de porter ensuite à l'ébullition dans une solution d'un précipitant. On obtient ainsi des nuances grises ou brunes. — J. C.

* **CACODYLE.** *T. de chim.* Radical métallique composé, que l'on désigne également sous le nom d'*arsenidiméthyle*, et qui a pour formule

$$[(C^2 H^3)^2 As]^2;$$

c'est un corps dans lequel l'arsenic a remplacé un équivalent d'hydrogène dans le carbure $C^2 H^4$.

Il est liquide, transparent, plus dense que l'eau, d'odeur spéciale et désagréable, vénéneux. Il s'enflamme spontanément au contact de l'air, se solidifie à — 6°; bout à 170°; est soluble dans l'alcool, l'éther.

Il s'oxyde par l'action de l'oxygène et forme de l'*oxyde de cacodyle* ($C^2 H^3)^2$ As O, liquide oléagineux bouillant à 120°; par l'action des acides chlorhydrique, bromhydrique et iodhydrique, il forme du chlorure ($C^2 H^3)^2$ As Cl, bromure ($C^2 H^3)^2$ As Br, et iodure de cacodyle ($C^2 H^3)^2$ As I, tandis que le perchlorure de phosphore le transforme en trichlorure de cacodyle ($C^2 H^3)^2$ As Cl³.

Préparation. Il s'obtient en distillant dans un tube de sable parties égales d'acide arsénieux et d'acétate de potasse sec; on forme ainsi un mélange de cacodyle et de son oxyde. On lave à l'eau, on rectifie sur de la potasse qui enlève toute humidité, et on transforme en chlorure, par l'action de l'acide chlorhydrique. Le produit obtenu est liquide et très altérable à l'air; pour en séparer le cacodyle, il faut le chauffer dans un tube scellé, avec du zinc; le cacodyle libre est alors purifié par distillation, dans une atmosphère d'hydrogène.

Usages. L'emploi du cacodyle est nul, mais sa réaction, qui amène la formation de l'odeur alliacée spéciale au produit, est souvent employée en chimie pour reconnaître la présence des acétates.

* **CACOLET.** Sorte de panier, formant siège à dossier garni de coussins, que l'on place sur le dos d'un mulet, pour porter un voyageur ou un blessé. Dans l'armée, les cacolets ont une destination spéciale : ils transportent les soldats blessés du champ de bataille aux ambulances; les uns ont la forme de lits, et sont utilisés pour le transport des soldats grièvement blessés; les autres sont des espèces de fauteuils suspendus (un de chaque côté) au dos des mulets, et servent aux soldats atteints de légères blessures.

* **CADART** (Alfred-Hector-Auguste), fondateur de la Société des aquafortistes, né à Saint-Omer, le 4 avril 1824, est mort à Paris le 27 avril 1875, dans sa 46ᵉ année, des suites d'une maladie contractée pendant le siège de Paris, où il commandait une compagnie de mobilisés. Sa belle conduite alors lui valut la décoration de la Légion d'honneur. Mais il avait d'autres titres encore à cette distinction. C'est à l'initiative, à l'énergique persévérance et au désintéressement d'Alfred Cadart que l'on doit la renaissance de l'eau-forte et le développement extraordinaire que cet art a pris en France depuis vingt-cinq ans. C'est lui qui, le premier, a mis la pointe, le cuivre et l'acide aux mains de la plupart de nos peintres graveurs. C'est lui qui a de la sorte formé la brillante génération d'artistes dont nos éditeurs bibliophiles ont su tirer le meilleur parti pour l'illustration de leurs collections de choix. Outre l'*Illustration nouvelle*, publication mensuelle de la Société des aquafortistes, Alfred Cadart a fondé une autre publication, annuelle celle-ci, qui est simplement intitulée l'*Eau-forte* avec la date de l'année. Nous pourrions ajouter ici de curieux détails sur les deux voyages que fit Cadart en Amérique pour y introduire le goût de l'art français. Il y a largement réussi sans en profiter personnellement. Tel est le destin de ceux qui tentent les voies nouvelles. Mais sans aller plus loin, il suffit que Alfred Cadart ait donné le mouvement initial à la renaissance de l'eau-forte en France pour assurer à son nom une place intéressante dans l'histoire de notre école en ce siècle.

* **CADE.** *T. techn.* Baril employé dans les salines.

CADEAU. Outre la signification bien connue de ce mot, il désigne aussi en *T. de mét.* un mandrin en fer à l'usage des armuriers pour limer et façonner certains orifices.

CADENAS. 1° *T. de serrur.* Serrure mobile qui sert à fermer une porte, une malle, une valise, au moyen d'un crochet rendu fixe après l'avoir passé, soit dans un demi-anneau traversant une patte de métal fendue longitudinalement, soit dans deux pitons. La forme et les dimensions du cadenas varient autant que leur mode de fermeture; ceux qui sont à secret reposent sur des combinaisons plus ou moins ingénieuses, mais

on conçoit qu'il est impossible d'entrer dans les détails techniques de cette fabrication, à cause de la multiplicité des combinaisons, lesquelles diffèrent suivant la fantaisie ou l'ingéniosité des fabricants. || 2° *T. de bijou.* Fermeture d'un collier. Le cadenas se compose du *cliquet* et de la botte dans laquelle on l'introduit.

|| 3° Le cadenas était autrefois un coffret d'or ou de vermeil, soigneusement fermé, contenant le couteau, la cuiller et la fourchette du roi et des princes. On le plaçait sous leur main quand ils avaient pris place à table. Cet usage provenait sans doute de la crainte des empoisonnements.

* **CADENCER.** *T. techn.* Disposer les cardes de façon qu'elles soient toutes de mêmes dimensions et qu'elles donnent un travail égal.

CADENETTE. *T. de coiff.* Tresse de cheveux qui, dans l'ancienne coiffure militaire, partait du milieu du crâne et se retroussait sous le chapeau: elle fut prescrite en 1767 à l'infanterie et s'est maintenue jusqu'au commencement de ce siècle, dans certains corps de troupes, notamment les hussards. Après le 9 thermidor, les cadenettes furent à la mode parmi les élégants de la jeunesse réactionnaire.

* **CADET DE VAUX** (Antoine), né à Paris le 13 septembre 1743. Son père étant sans fortune, le receveur général de Saint-Laurent se chargea des frais de ses études et le fit entrer chez un pharmacien estimé. Cadet de Vaux profita des loisirs que lui laissaient ses travaux de laboratoire pour se livrer ardemment à l'étude, et bientôt il put traduire du latin les *Instituts de chimie*, de Spielman.

Il entra en relations avec Duhamel et Parmentier et se consacra à l'étude de l'économie rurale. A cette époque, Paris et la province n'avaient qu'un journal, la *Gazette de France*, Cadet de Vaux résolut de fonder le *Journal de Paris*. Il en eut le privilège et prit pour collaborateurs Suard, d'Ussieux, Corancez. Ce journal qui permettait à Cadet de Vaux de présenter quotidiennement ses observations scientifiques et ses travaux d'utilité publique, eut un succès complet.

Cadet indiqua les précautions à prendre pour éviter les asphyxies par les gaz délétères qui s'échappent des fosses d'aisance; il fit défendre l'emploi des récipients en cuivre chez les débitants de vins, et rendit un service considérable en faisant supprimer le cimetière des Innocents, foyer d'infection d'où se dégageaient sans cesse des gaz méphytiques.

En 1772, une école de boulangerie fut créée à Paris; Parmentier et Cadet qui avaient été les instigateurs de cette fondation, professèrent publiquement l'art de la panification.

Cadet de Vaux donna aux comices agricoles créés par les Anglais, une organisation en rapport avec nos usages. Il fit un résumé de l'*Œnologie* de Chaptal, et ce livre rendit des services importants aux grands propriétaires de vignobles comme aux plus petits vignerons. Il indiqua le moyen de préparer des bouillons extraits de la substance des os, ce qui fut un bienfait pour les classes pauvres.

Il était d'une probité et d'une délicatesse à toute

épreuve. Un trait suffira pour le prouver : chargé d'examiner des tabacs suspects, on lui promit 100,000 francs s'il voulait les consigner dans son rapport comme non gâtés ; il refusa et fit jeter ces tabacs à la mer.

Cadet de Vaux mourut le 29 juin 1828 à Nogentles-Vierges. Ses principaux ouvrages sont : les *Instituts de chimie de Spielman*, traduits du latin, 1770, 2 vol. ; *Observations sur les fosses d'aisance*, 1778 ; *Avis sur les moyens de diminuer l'insalubrité des maisons après les inondations*, 1784 ; *Instruction sur l'art de faire les vins*, 1800 ; *Mémoire sur la gélatine des os et son application à l'économie alimentaire*, 1803 ; *Sur le café*, 1807 ; *Traité de la culture du tabac*, 1810 ; *Le ménage, ou l'emploi des fruits dans l'économie domestique*, 1810. Il a aussi collaboré à la *Bibliothèque des propriétaires ruraux* et au *Cours complet d'agriculture pratique*.

CADIS. Très grosse étoffe de laine à grains, apprêtée à chaud comme le drap, et qui se fabriquait autrefois dans le Midi.

CADMIE. Nom de certaines matières verdâtres qui se déposent à l'orifice des fours métallurgiques et qui peuvent les obstruer en partie. Dans la métallurgie du zinc, les cadmies sont une sorte de suie qui tapisse les cheminées des fours de réduction. En traitant ces suies par le charbon, on est parvenu à isoler un métal analogue au zinc, beaucoup plus volatil que lui, et auquel on a donné le nom de *cadmium*. Dans la métallurgie du fer, les cadmies sont des dépôts zincifères qui tapissent les abords du gueulard des hauts-fourneaux ; l'oxyde de zinc, mélangé aux minerais de fer se réduit au contact du charbon, mais le zinc en vapeur se brûle dans les parties supérieures au contact de l'acide carbonique et forme de l'oxyde qui se dépose. On se sert quelquefois des cadmies pour la fabrication du zinc et du laiton.

* CADMIUM. T. *de chim.* Cd = 112. Métal découvert simultanément dans l'oxyde de zinc, en 1817, par Stromeyer, à Hanovre, et par Herman, à Schönebeck, et bien étudié par ce dernier.

Propriétés. Le cadmium est un métal blanc d'étain, éclatant, mais se ternissant à l'air, ductile, malléable, d'une densité de 8,69. Il fond vers 315 à 320°, bout et distille en vase clos à 746° 2 (Becquerel) ou seulement à 860° d'après Deville et Troost. Ses vapeurs sont suffocantes et provoquent des maux de tête et des nausées. Chauffé à l'air, il brûle et se transforme en oxyde jaune brun ; sa vapeur décompose l'eau au rouge ; avec les acides étendus, il forme des sels, en dégageant de l'hydrogène. Il s'allie à l'or, au platine, au cuivre en donnant des alliages cassants, tandis qu'avec le plomb, l'étain et l'argent il constitue des mélanges ductiles.

État naturel. Le cadmium ne se trouve à l'état natif que sous une seule forme, le *cadmium sulfuré* ou *greenockite*, corps cristallisé en pyramides hexagonales, qu'on trouve à Bishopton (Écosse) ; il est assez rare. Les minerais de zinc et principalement la blende, la calamine et le silicate, sont au contraire presque toujours cadmifères. La calamine la plus riche est celle de Silésie qui en renferme 5 0/0 ; la blende d'Eaton (Amérique du Nord), en donne 3,2 0/0, alors que celles du Hartz, qui sont surtout exploitées, n'en possèdent que 0,47 0/0 en moyenne.

Les opérations ayant pour but d'isoler le zinc de ses minerais, devront donc donner fréquemment du cadmium ; dans les usines où l'on s'occupe de la fabrication de ce métal, on utilise, en effet, dans ce but, les poussières brunes qui proviennent de la condensation des premières vapeurs des zincs cadmifères, parce qu'elles sont constituées par un mélange d'oxydes et de carbonates de cadmium et de zinc. — V. CADMIE.

EXTRACTION. Pour séparer le cadmium pur, on distille les poussières dont nous venons de parler, avec du charbon de bois, dans de petites cornues cylindriques en fonte, munies d'allonges en tôle. Il se sépare un produit, que l'on traite par l'acide sulfurique pour le dissoudre, puis on fait passer dans la liqueur un courant d'acide sulfhydrique, pour précipiter à l'état de sulfures, le cadmium et le cuivre ainsi que les traces de zinc qui ont pu être entraînées. Ces sulfures, après lavage, sont dissous dans l'acide chlorhydrique, puis la liqueur est enfin traitée par un excès de carbonate d'ammoniaque. Il en résulte du carbonate de cadmium qui se sépare, étant seul insoluble dans ces conditions. On le décompose par le charbon en chauffant au rouge vif, dans une cornue en grès. Le cadmium ainsi préparé est pur.

On obtient encore le cadmium par voie humide en traitant le zinc cadmifère par l'acide chlorhydrique étendu. Tant qu'il y a du zinc en excès dans la liqueur, le cadmium se précipite à l'état métallique. On recueille le dépôt, on sèche et on distille.

Altération. Le cadmium contient parfois un peu de zinc. Pour séparer ces deux métaux, il faut traiter par l'acide azotique étendu, puis faire passer un courant d'acide sulfhydrique dans la liqueur. Le cadmium se précipite à l'état de sulfure, tandis que le zinc sulfuré reste en solution ; on réduit ce sulfure par les procédés déjà indiqués ; quant au zinc, on le précipitera après avoir eu soin de neutraliser la solution par l'ammoniaque, au moyen du sulfhydrate d'ammoniaque.

Production. La quantité de cadmium livrée au commerce annuellement est assez faible. La fabrication ne s'effectue qu'en deux pays : en Belgique, où par suite du traitement de minerais de zinc, venant d'Espagne, on obtient environ 300 kilogrammes de métal, et en Silésie, où les minerais du pays en donnent à peu près moitié moins. Le cadmium est livré au commerce sous forme de baguettes du poids de 60 à 90 grammes ; il vaut de 12 fr. 50 à 16 francs le kilogramme.

CARACTÈRES DES SELS. L'oxyde de cadmium forme avec les acides des sels qui sont caractérisés par les réactions suivantes :

Avec l'*acide sulfhydrique*, précipité jaune ;

Avec les *sulfures alcalins*, précipité jaune, soluble dans un excès de réactif ;

Avec la *potasse* ou la *soude*, précipité blanc, insoluble dans un excès de réactif;

Avec l'*ammoniaque*, précipité blanc, soluble dans un excès de réactif;

Avec les *carbonates alcalins*, précipité blanc, insoluble dans un excès de réactif;

Avec le *phosphate de soude*, l'*acide oxalique*, précipités blancs;

Avec le *ferrocyanure de potassium*, précipité blanc-jaunâtre;

Avec le *ferricyanure*, précipité jaune.

Au chalumeau et sur le charbon, le cadmium à la flamme d'oxydation, se reconnaît à l'auréole d'oxyde brun qui se dépose sur le charbon et dont la coloration devient parfaitement tranchée par refroidissement.

Usages. Le cadmium métallique entre dans la composition de certains alliages : celui de Wood renferme du plomb, de l'étain, du bismuth et du cadmium; on fait un alliage très fusible, fondant à + 70° et employé comme ciment métallique avec cadmium 4 parties, étain 4 parties, bismuth 15 parties et plomb 8. Les clichés employés dans les imprimeries sont pris avec un mélange formé de 50 parties de plomb, 36 d'étain et 22,5 de cadmium (Hofer-Grosjean).

Le cadmium se dépose très bien sur le fer par électrolyse, et l'on recouvre souvent ainsi les chaînes employées par la marine; préparées ainsi elles résistent mieux à l'altération occasionnée par le contact de l'eau de mer.

Les sels de cadmium ont certains emplois : le sulfate sert en médecine pour préparer des collyres astringents; l'iodure et le bromure sont très employés par les photographes pour la sensibilisation du collodion; le sulfure est utilisé en peinture, il a une coloration jaune remarquable par son brillant, il est également recherché pour la parfumerie, sous forme de pâte broyée à l'huile, pour donner aux savons de toilette une nuance jaune vif; il sert encore en pyrotechnie à obtenir des feux bleus. Le chromate, ainsi que quelques autres produits également jaunes (V. Jaune de cadmium) servent encore en peinture. — J. C.

CADOGAN. On donnait ce nom au nœud qui retroussait et réunissait les cheveux derrière la tête. On écrit aussi *catogan.* — V. Coiffure.

— Ce genre de coiffure a été mis à la mode au xviiie siècle, par lord Cadoghan, général anglais : de là son nom.

CADOLE. T. *techn.* Espèce de loquet qu'on soulève, pour ouvrir ou fermer, à l'aide d'un petit levier ou d'une ficelle que l'on tire de haut en bas.

*CADRAGE, T. *d'impr. sur ét.* Le *cadrage*, aussi appelé *raccord, rapport*, est l'opération qui consiste à mettre exactement à leur place, soit à la main, soit mécaniquement, chacune des couleurs qui constituent l'ensemble du dessin à imprimer sur tissu ou sur papier. Plus il y a de couleurs, plus le cadrage devient difficile. De toutes les opérations mécaniques qui se font dans l'impression, celle-ci est une des plus délicates, car dès que le cadrage est manqué, quels que soient les soins que l'on apporte à la fabrication, la marchandise est inférieure et le mal irrémédiable. On comprendra aisément la difficulté d'une telle opération, quand on saura qu'il y a des machines pouvant imprimer jusqu'à vingt-deux couleurs à la fois : or, il suffit qu'il y ait quelques dixièmes de millimètre d'écart entre les parties composant un dessin, pour que déjà celui-ci ne cadre plus. Quand par suite d'une gravure défectueuse, le cadrage ne peut se faire ou se fait mal, on dit alors que le dessin *ne tient pas* le cadre ou le rapport.

CADRAN. 1° T. *de gnom. et d'horlog.* Surface ordinairement ronde sur laquelle sont indiquées les divisions du temps, soit par l'ombre d'un style, comme dans les *cadrans solaires* (V. plus loin l'article spécial), soit par des aiguilles que meuvent des ressorts intérieurs, comme dans les *horloges*, les *montres.* || 2° T. *de lap. et de joaill.* Espèce d'étau qui sert à tenir les diamants quand on les taille, et à leur donner l'inclinaison convenable, selon les différentes faces qu'on veut leur donner. || 3° T. *de fact. de mus.* Cercle de carton sur lequel on marque les divisions égales, et qu'on emploie pour *noter* les cylindres d'orgue, de serinette. || 4° Cercle portant des divisions quelconques. || 5° *Baromètre à cadran.* — V. Baromètre.

Cadran d'horlogerie. Plaque circulaire en métal, faïence, porcelaine, verre, carton, bois, que l'on dore, argente, émaille, etc., et sur laquelle on note les heures, les minutes, les secondes, etc. Pour les cadrans de montre en cuivre émaillé, par exemple, le cuivre très mince est taillé et bombé puis percé d'un trou, au centre, pour le passage des pivots portant les aiguilles et d'un autre qui doit permettre d'introduire la clef pour remonter la montre. La plaque de cuivre est dérochée pour recevoir sur la surface convexe l'émail blanc en grain purifié, puis après l'avoir passée au feu de moufle, on peint en émail noir les chiffres des heures, des minutes ou autres signes, on repasse au feu, l'émail noir se fixe sur l'émail blanc et le cadran est terminé.

Cadran lumineux. Un récent procédé qui consiste à enduire un cadran ordinaire d'une *matière phosphorescente*, permet de rendre visible, pendant la nuit, la graduation du cadran.

Les heures et les minutes étant peintes sur le disque en verre du cadran, on applique sur sa face postérieure et sur la fausse plaque sur laquelle le cadran doit être hermétiquement serti, un vernis contenant le produit phosphorescent.

Ce produit est un sulfure d'un métal alcalino-terreux; mais c'est le sulfure de calcium qui est le plus employé. Ce corps a la propriété, lorsqu'il a été exposé à la lumière solaire, de *luire* dans l'obscurité durant un temps assez long, de sorte que pendant la nuit les degrés du cadran et les aiguilles qui se meuvent à sa surface, se détachent en noir sur le fond fluorescent du vernis sulfuré.

Malheureusement la présence du soufre sera toujours un écueil à la généralisation de l'emploi de ces cadrans lumineux, car il ne tarde pas à altérer le métal des diverses pièces d'horlogerie.

Cadran solaire. Le cadran solaire se compose d'un style dont l'ombre se projette sur une surface plane, sur laquelle sont tracées les lignes horaires que l'ombre du style recouvre successivement aux diverses heures du jour. La surface est dirigée soit parallèlement à l'équateur, soit horizontalement, soit verticalement. Le style doit toujours être parallèle à l'axe du monde. S'il est grand, son ombre pouvant être vaguement limitée à cause de la pénombre, il est avantageux de remplacer sa pointe par un disque métallique percé d'une ouverture en son centre. Les rayons solaires qui passent au travers de cette ouverture dessinent sur le plan du cadran une ellipse dont le centre s'estime aisément. La ligne souvent fictive qui, passant par le centre de l'ouverture, va parallèlement à l'axe polaire aboutir au plan du cadran, y marque le pied du style et le point de convergence des lignes horaires.

La première chose à faire pour construire un cadran solaire est de marquer, sur le milieu de la surface qui doit le recevoir, la ligne qui devra coïncider avec le méridien terrestre. Sur un cadran vertical, cette ligne est elle-même verticale ; il faut alors y joindre la trace de la méridienne sur un plan horizontal et mesurer l'angle que fait cette trace avec la ligne de rencontre du plan horizontal et du plan vertical. Il est, de plus, nécessaire de connaître la latitude du lieu afin qu'on puisse fixer le style dans le plan méridien sous une inclinaison égale à celle de l'axe polaire.

Le *cadran équatorial* ou *équinoxial* est le plus facile à construire. Le style en est perpendiculaire au plan du cadran. Autour de sa base, on décrit un cercle que l'on partage en vingt-quatre parties égales ; les vingt-quatre rayons qui passent par les points de division forment les lignes horaires. La ligne médiane est marquée XII ; elle correspond à midi. Les lignes qui suivent, en allant de bas en haut par la gauche sont marquées I, II, III, etc. ; en allant de bas en haut par la droite elles sont marquées XI, X, IX, etc. Ce cadran qui doit être relativement très mince est ensuite fixé dans une position telle que son plan coïncide avec l'équateur et que sa ligne médiane

et son style soient dans le plan méridien. Entre les deux équinoxes, dans la saison chaude, c'est la face supérieure du plan qui reçoit les rayons solaires et marque les heures ; dans la saison froide c'est au contraire la face inférieure qui est éclairée. Le style doit donc se prolonger des deux côtés du plan et les deux faces de ce plan doivent être semblablement divisées. A l'époque de chacun des deux équinoxes, le soleil se meut exactement dans le plan du cadran, c'est un moyen de vérifier l'exactitude de son orientation.

Les *cadrans à boussole*, renfermés dans des boîtiers portatifs, sont généralement des cadrans équatoriaux. L'aiguille de boussole qu'ils renferment sert à les orienter dans le méridien ; un petit support à ressort sert à donner à leur cadran mobile l'inclinaison correspondante au lieu où on se trouve et une épingle peut y faire l'office de style. Mais souvent aussi le cadran reste horizontal et l'arête rectiligne d'une pièce mobile que l'on relève pour la lecture fait l'office de style : la graduation, dans ce cas, est différente de la précédente.

Que le cadran soit horizontal ou vertical on partira toujours pour sa construction du cadran équatorial.

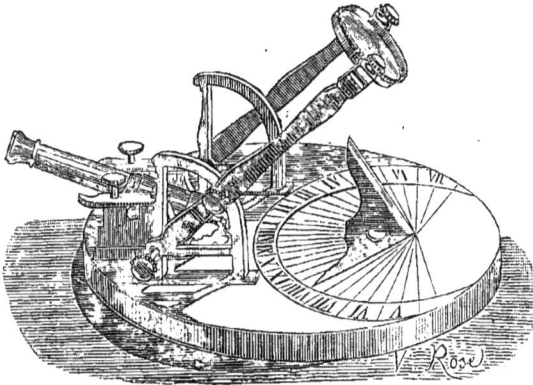

Fig. 46. — *Cadran solaire horizontal, à canon, sur piédestal.*

Cadran horizontal. La table horizontale qui en forme la base est divisée dans le sens de sa longueur par une ligne médiane qui sera l'horaire de midi. Vers l'extrémité supérieure de cette ligne, on implante un style coudé dont la partie inclinée, tout en restant dans le plan vertical de la médiane, fasse avec cette ligne un angle égal à la latitude du lieu en telle sorte que, la table étant orientée, le style soit parallèle à l'axe polaire. Dans le cas où la partie inclinée du style ne serait pas rectiligne dans toute sa longueur, le point de rencontre de la partie rectiligne avec la ligne médiane est ce qu'on nomme origine du style.

Pour tracer les lignes horaires, on mène une ligne provisoire perpendiculaire à la ligne médiane, on mesure la distance du point de croisement de ces deux lignes à l'axe du style, on rabat cette distance sur la ligne moyenne à partir de la perpendiculaire, et avec ce rayon on tracé un cercle tangent à la perpendiculaire. C'est ce cercle que l'on divise en vingt-quatre parties égales à partir de la médiane ; les rayons correspondants aux points de division sont prolongés jusqu'à la tangente. En joignant les points d'intersection avec l'origine du style, on a les lignes horaires cherchées qu'il faudra ensuite numéroter. Les lignes de six heures du soir et de six heures du matin sont parallèles à la tangente ou perpendiculaire à la médiane, ce qui n'est pas exactement observé dans la figure 46. Cette figure est celle d'un cadran horizontal, mais auquel est joint une lentille méridienne dont le foyer passe, à midi vrai, sur la lumière d'un petit canon chargé à poudre et le fait partir. Cette lentille est mobile dans le plan méridien pour y suivre la marche du soleil avec les saisons (1).

Cadran vertical. On le construit d'une manière analogue. L'emplacement étant choisi et dressé, on y trace verticalement la ligne médiane et, vers le haut de cette ligne, on implante le style faisant avec la verticale un angle égal à la distance polaire du lieu, ou au complément de sa latitude. Ce style doit être en même temps compris dans le plan méridien dont l'angle qu'il fait avec le mur doit être connu.

On projette alors le style au moyen d'une équerre. L'un des côtés de cette équerre étant appliqué sur le mur, l'autre côté est mis en contact avec le style alternativement de chacun de ses côtés, et on joint le milieu de l'intervalle avec l'origine du style. Cette projection tracée, on la coupe par une perpendiculaire qui rencontre la verticale de la base du style en un certain point A. On agit sur cette perpendiculaire à la projection du style comme pour le cadran horizontal. Seulement les divisions du cercle, au lieu de partir de la ligne de projection du style qui, dans le cadran horizontal, est la médiane elle-même, partent du point marqué sur la circonférence par le rayon qui, prolongé, aboutit à ce point A.

En réalité, ces divisions du cercle, ont seulement pour objet de marquer sur sa tangente les points d'intersection des rayons correspondants prolongés. Les lignes horaires sont ensuite marquées en joignant l'origine du style avec chaque

(1) Nous devons signaler dans le dessin de la page 43 une mauvaise distribution des divisions horaires : VI h. soir et VI h. matin devraient être sur une ligne droite.

point d'intersection, et l'horaire de midi reste ainsi verticale. C'est ainsi qu'à été tracé le cadran vertical de Collin (fig. 47).

L'intervalle compris entre les cercles concentriques extrêmes, désignés par les mots solstice d'hiver et solstice d'été, est le champ parcouru par le faisceau lumineux qui traverse le disque terminant le style dans le cours des saisons, de l'hiver à l'été ou inversement.

Les cadrans solaires, ainsi construits, donnent le midi solaire ou midi vrai. Le midi moyen, ou midi des horloges bien réglées, ne coïncide avec le premier que à quatre dates de l'année correspondant à peu près aux 14 avril, 14 juin, 31 août et 25 décembre. En hiver et en été, les horloges avancent sur le soleil d'une quantité qui ne s'élève au maximum qu'à six minutes et quart en été, mais qui, en hiver, peut s'élever à près de quatorze minutes et demie. Au printemps et en automne, c'est au contraire le soleil qui avance sur les horloges de près de quatre minutes au maximum au printemps et de plus de seize minutes en automne, également au maximum. L'annuaire du bureau des longitudes et l'annuaire de l'Observatoire de Montsouris font connaître, pour chaque jour de l'année, l'heure que doit marquer une horloge réglée quand le soleil marque midi vrai. Sur quelques cadrans d'une construction plus compliquée, à la ligne du midi vrai est superposée une courbe en forme de 8 et qui marque directement l'heure du midi moyen. Le style est alors nécessairement remplacé par une ouverture circulaire. — M. D.

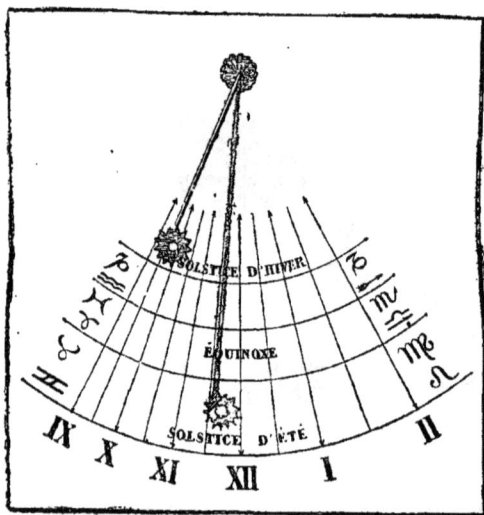

Fig. 47. — *Cadran solaire vertical.*

*CADRANERIE**. Art de fabriquer les cadrans; atelier ou dépôt de boussoles, cadrans et autres instruments qui servent à la marine.

*CADRANT**. T. *de lapid*. Etau ou main de fer ou de bois qui sert à tenir le bâton auquel le diamant est fixé quand on le travaille.

*CADRANURE**. Défaut du *bois*. — V. ce mot.

CADRAT. T. *de typogr*. Petit morceau de fonte, moins haut que la lettre, mais de même corps, de la largeur de trois ou quatre chiffres au moins. On s'en sert pour compléter les lignes non pleines.

et dans les endroits où l'on veut conserver du blanc.

CADRATIN. *T. de typogr.* C'est un diminutif de *cadrat;* il a la largeur de deux chiffres. Le *demi-cadratin* a la moitié du cadratin; on l'emploie dans les opérations d'arithmétique et pour marquer les alinéas.

CADRATURE. *T. d'horlog.* Assemblage de pièces qui meuvent les aiguilles du cadran et la répétition, quand celle-ci entre dans le mécanisme d'une montre.

I. **CADRE.** 1° Bordure servant d'ornement ou de moyen de préservation pour les objets qu'elle entoure, tels que tableaux, gravures, tapisseries, etc. On fait les cadres en bois, en bronze, en ivoire et autres matières unies, façonnées et sculptées. || 2° *T. de mar.* Châssis d'environ 2 mètres de longueur, sur 0^m 60 de largeur, dont le fond est en toile à voile, sur lequel on dispose un ou deux matelas, et qui sert de lit aux officiers, aux passagers et aux malades. || 3° *T. d'arch.* Bordure de pierre ou de plâtre qui entoure des ornements de sculpture ou de peinture. || 4° *T. de pap.* Sorte de châssis qu'on applique sur la forme, et qui empêche la pâte de tomber pendant l'égouttage. || 5° *T. de még.* Châssis sur lequel on tend les peaux. (V. HERSE.) || 6° *T. d'imp.* Filet qui encadre un tableau ou un texte dans une composition typographique. || 7° Outil de tuilier. || 8° *T. d'imp. s. et.* On donne le nom de cadre aux appareils particuliers sur lesquels se tendent les châles que l'on imprime à la main. C'est pour faciliter le *cadrage* (V. ce mot) que l'on a soin de tendre les tissus à imprimer pour qu'ils n'éprouvent que peu ou point de déviation, et que chaque couleur vienne se placer exactement à sa place. On donne aussi le nom de cadre aux appareils sur lesquels sont tendues les pièces destinées à la teinture en cuve. Mais alors on les désigne plus spécialement sous le nom de *champagne* (V. ce mot). || 9° *T. de min. mil.* On nomme ainsi les châssis horizontaux carrés en charpente qui servent à maintenir le coffrage contre les parois d'un puits de mine. Chaque cadre se compose de deux semelles et de deux chapeaux. On en distingue deux espèces : le *cadre à oreilles* qui se place à la partie supérieure du puits dont il forme en quelque sorte la margelle et le *cadre uni* dans lequel les semelles et les chapeaux ne forment aucune saillie.

Les semelles et chapeaux sont assemblés à tiers-bois dans les cadres à oreilles et à mi-bois dans les cadres unis. Ces pièces portent en leur milieu des coches destinées à servir de repère, pour faciliter la pose régulière des cadres au fil à plomb.

II. **CADRE.** *T. de chem. de fer.* Dans le matériel des chemins de fer, on désigne sous ce nom différentes pièces qui jouent un rôle important dans la construction des locomotives; nous citerons, par exemple, les *cadres du foyer* et les *cadres des tiges des tiroirs et du régulateur.*

Cadre du foyer. Le foyer est logé, comme on sait, à l'intérieur de la *boîte à feu*, et on maintient entre les parois correspondantes du foyer et de son enveloppe un écartement de 0^m,08 environ, dans lequel se répand librement l'eau de la chaudière. L'espace vide, de forme annulaire, ainsi déterminé, est fermé à la partie inférieure par une pièce massive en fer appelée *cadre du bas du foyer*, et dont le nom indique suffisamment la forme. Ce cadre constitue une sorte de rectangle dont les angles sont arrondis. Il présente une section carrée, dont l'épaisseur est égale à l'écartement des parois qu'il maintient réunies; il est fixé à celles-ci par des rivets traversant les trois épaisseurs. Cet assemblage doit être exécuté avec un soin tout particulier pour être bien étanche et éviter les fuites au moment de la mise en feu de la chaudière.

Le cadre est percé, en outre, de plusieurs ouvertures filetées, fermées par des tampons à vis qu'on doit enlever pour nettoyer la chaudière et détacher le tartre déposé qui s'accumule principalement dans cet espace rétréci (V. les mots FOYER, CHAUDIÈRE, et spécialement LOCOMOTIVE), où nous reproduisons dans les vues d'ensemble différents dessins de ces cadres.

Cadre de la porte du foyer. La paroi arrière du foyer, et celle de la boîte à feu, sont percées, en outre, d'une ouverture spéciale fermée par la porte du foyer, et destinée à permettre le chargement du combustible. L'espace libre entre les deux parois est obturé également dans ce cas par un cadre massif en fer analogue à celui du bas du foyer, mais qui présente souvent, comme la porte elle-même, une forme elliptique. Ce cadre est appliqué sur la plupart des locomotives des différents pays d'Europe ; mais comme il est assez lourd, on le supprime généralement en Amérique, et on se contente d'emboutir en les repliant pour les rapprocher, la tôle d'acier du foyer et celle de la boîte à feu, tout autour de la porte. En Angleterre, M. Webb a remplacé ce cadre par un anneau de cuivre serré par une virole d'acier et appliqué hermétiquement sur les bords de ces tôles : celles-ci sont alors toutes deux en acier, comme en Amérique, tandis que sur le continent, le foyer est presque toujours en cuivre, et la boîte à feu, en fer puddlé.

Cadre de la tige du tiroir et de la tige du régulateur. Les pièces frottantes qui se trouvent comprimées pendant la marche sous la pression de la vapeur sont exposées par là à une usure rapide. Tel est le cas, par exemple, pour les tiroirs de distribution de la vapeur, ainsi que pour le régulateur; et, par suite, il ne convient pas de les rattacher d'une manière rigide aux tiges qui les commandent, car celles-ci se trouveraient faussées dès que l'usure prendrait une certaine importance. Ces tiges se terminent alors par un cadre qui embrasse toute la partie saillante du tiroir, de manière à l'entraîner seulement dans un mouvement de va-et-vient, mais en lui laissant toute liberté de rester appliqué sur la *table de friction.* L'ajustage du cadre est réglé de manière à laisser aussi peu de jeu que possible ; mais, comme on ne peut jamais l'éviter entièrement, ce jeu qui est nécessité d'ailleurs par la dilatation, pour les tiroirs de distribution de vapeur, par exemple, ne laisse pas que d'avoir une certaine influence sur la marche de la machine, surtout quand on se maintient dans le voisinage du point mort.

CADUCÉE. *Myth.* Principal attribut de Mercure, consistant en une verge entrelacée de deux serpents et surmontée de deux petites ailes. D'après la fable, un jour Mercure rencontra sur le mont Cythéron deux serpents qui se battaient ; pour les séparer, il jeta entre eux la baguette qui lui avait été donnée par Apollon ; aussitôt les deux serpents s'enlacèrent autour de la baguette et se regardèrent sans donner aucun signe d'inimitié. Le caducée devint un symbole de paix, et, par extension, du commerce. On le trouve aussi dans les attributs de Bacchus, d'Hercule, de Vénus, de Cérès, de la Félicité et de plusieurs autres divinités mythologiques.

— Les Grecs firent du caducée la marque distinctive des ambassadeurs, et au moyen âge, dans les grandes cérémonies, le roi d'armes et les hérauts tenaient à la main un bâton couvert de velours fleurdelisé qui, par son analogie, avait reçu le même nom.

*Caducée. *Art hérald.* C'est un meuble de l'écu qui représente une verge surmontée de deux ailes, entrelacée de deux serpents affrontés, de manière que la partie supérieure de leur corps forme un arc ; la baguette du caducée est le symbole du pouvoir, les serpents sont le signe de la prudence ; les ailes désignent l'activité.

*CAEN (Dentelles de). On donne ce nom à un genre de dentelle en soie noire, fabriquée à Caen, qui sert surtout pour les grandes pièces, telles que châles, fichus, éventails, etc.

Caen ne fit d'abord que des dentelles blanches et surtout des dentelles noires en fil de lin ; on y faisait en même temps, concurremment avec celles-ci, des blondes en soie, appelées *nankins*, du nom de la couleur du textile qui servait à les fabriquer, et qui eurent longtemps une immense vogue. A partir de 1850, ce fut la dentelle en soie noire qui l'emporta, et ce genre ayant complètement réussi, les ouvrières s'y adonnèrent uniformément. — V. DENTELLE.

CAFÉ. Graine du *caféier*, arbre du genre *coffea*, Lin., de la famille des Rubiacées, tribu des Ixorées, et, par extension, nom donné à l'infusion faite avec la poudre torréfiée de cette graine, et aux établissements publics qui la vendent, ainsi que la bière et autres boissons.

HISTORIQUE. Il est assez difficile de préciser à quelle époque on a commencé à se servir du café. Etait-il connu des Grecs (nepenthes d'Homère) et des Hébreux ? C'est une chose encore fort douteuse, mais il est certain qu'en Perse on l'employait en l'an 875 ; Rhazès, au IXe siècle en parle, et son nom vient, dit-on, de *cahoué*, qui en langue arabe signifie café. Avicennes le décrit au XIe siècle, sous le nom de *bunchum*. On ne commença à le cultiver que vers le milieu du XVe siècle.

Sans vouloir rappeler ici les légendes qui tendent à démontrer que les propriétés stimulantes du café ont été révélées par des anges, ou que le hasard seul, au contraire, apprit au supérieur d'un couvent le moyen à employer pour tenir ses moines éveillés pendant les offices de nuit, nous constaterons que Gemal-Eddin, en 1420, apporta le café de Perse dans l'état d'Yemen ; il se répandit de là dans toutes les contrées voisines du détroit de Bal-El-Mandeb. Lorsque le sultan Selim eût conquis l'Egypte, en 1517, il fit prendre à Constantinople l'habitude du café, mais on ne vit s'ouvrir dans cette ville, d'établissements où l'on vendait ce breuvage, qu'en 1553, parce que l'abus du café était devenu tel, qu'en 1528, on le prohiba comme ayant contribué à diminuer la fréquence des pratiques religieuses ; une nouvelle prohibition fût encore promulguée sous la minorité de Mahomet IV ; puis toutes les prescriptions ont été enfin abolies par le grand Soliman, car toutes ces mesures n'avaient servi qu'à en assurer la vente, au point que dans la seule ville du Caire, plus de 2,000 établissements où l'on débitait du café, s'étaient ouverts en l'espace de vingt-cinq ans.

De Turquie, le café se répandit en Grèce, puis dans les autres pays de l'Europe. Rauwolf est le premier européen qui l'ait mentionné et figuré, en 1583, dans son *Voyage au Levant* ; en cette même année, il fût importé par les Hollandais. Prosper Alpin fit une étude botanique de cette plante en 1640, dans son traité des *Plantes d'Egypte* ; en 1644, Louis XIV fut appelé à déguster la nouvelle liqueur, qui revenait alors à un prix fort élevé, puisque le café se vendait 140 francs la livre ; il était de son royaume le premier qui en eût goûté.

Peu de temps après, un grec, amené à Londres par Edwards, ouvrit un débit où l'on vendait du café, et 30 ans plus tard, à la suite d'émeutes, on fermait pour un seul coup en cette ville 3,000 maisons semblables (1675). En 1645, des établissements publics avaient été créés, en Italie. Le voyageur Thévenot en offrit à Paris dans un dîner, en 1647 ; on en trouvait à Marseille en 1654. Soliman-aga, ambassadeur de Turquie, l'introduisit à Paris en 1669, où un nommé Paskal en vendit ; il céda son établissement à Procope et à Grégoire, et l'on connaît encore de nom l'un de ces établissements, malgré les nombreux propriétaires qu'il eût depuis sa fondation. Tout le café consommé à cette époque était importé d'Egypte par des marchands vénitiens et génois.

En 1690, Nicolas Witsen apporta d'Arabie quelques pieds de caféier, et les Hollandais purent le cultiver dans leurs possessions de l'Inde, surtout à Batavia et à Surinam, d'où ils ne tardèrent pas à se répandre dans les Célèbes, à Java et à Sumatra, où la culture y est encore très florissante. Le jardin botanique d'Amsterdam avait également obtenu des fruits qui avaient fourni des graines fertiles, et, après la paix d'Utrecht, on fit présent à Louis XIV d'un pied, qui se multiplia au jardin des plantes de Paris. On résolut alors d'essayer l'acclimatation de l'arbre aux Antilles, mais deux sujets qu'on y expédia en 1717, moururent en route ; et Antoine de Jussieu avait, en effet, conseillé ces essais, dans un mémoire publié en 1713, dans le *Bulletin de l'Académie des sciences*. En 1723, on confia au capitaine des Clieux, de Dieppe, trois nouveaux pieds qu'il devait transporter à la Martinique, sous un châssis vitré ; deux plantes furent encore perdues, et après mille dangers divers, attaques de pirates, tempêtes, accidents au navire, acclamie qui fit user toute l'eau de provision, on put planter près de Saint-Pierre, le dernier arbuste et recueillir une abondante récolte vingt mois après. En 1728, M. de la Motte-Aigron en plantait déjà 1,000 à 1,200 pieds dans une de ses propriétés à Cayenne. C'est de ce premier pied que proviennent tous les arbres que l'on retrouve actuellement dans les Antilles et l'Amérique du Sud, et qui peuvent suffire à une consommation de 345 millions de kilogrammes par an. Il fut la source des principales richesses de ces pays. On peut dire que la vulgarisation du café a amené une véritable révolution pacifique dans les mœurs, les habitudes et même la politique des nations.

Actuellement, le café est acclimaté dans tous les pays où la température est favorable à sa culture.

Le café se présente sous la forme de grains d'une grosseur variant entre 8 à 12 millimètres de longueur, sur 6 à 8 de largeur; de couleur allant du vert au jaune, avec les nuances intermédiaires; de forme ovalaire, mais présentant quelquefois des extrémités arrondies, ou bien plus ou moins pointues. Ces grains sont convexes d'un côté, plans, et pourvus d'un sillon médian de l'autre; leur consistance est dure et cornée, ils répandent une odeur de foin, et possèdent une saveur qui rappelle celle du seigle.

Composition. Plusieurs chimistes se sont occupés de rechercher la composition du café. La première analyse qui en ait été faite, est due à Cassaire fils, apothicaire de Lyon; Cadet, Armand Seguin, Dermant, Lévy ont également publié des travaux sur ce même sujet. Nous ne donnerons que les plus récents, qui ont porté, naturellement, sur le café crû. Payen lui attribuait la composition suivante, en 1846 :

Cellulose	34,000
Eau hygroscopique.	12,000
Matières grasses	10,130
Glucose, dextrine, acide végétal (?) . .	15,500
Légumine. caséine (glutine ?)	10,000
Chloroginate de potasse et de caféine, 3,5 à	7,000
Matière azotée	3,000
Caféine libre	0,030
Huile volatile concrète, insoluble . . .	0,001
Huile volatile aromatique, suave. . . }	
Huile volatile aromatique, âcre . . . }	0,002
Phosphates, sulfates et silicates de potasse et de magnésie.	6,697
Perte	1,640
	100,000

M. A. Commailles a trouvé depuis pour le café Mysore :

Eau hygroscopique.	6,3 à 15,70
Matières grasses	12,68
Glucose.	2,60
Légumine, caséine.	1,52
Albumine.	1,04
Chloroginate de potasse et de caféine.	9,00
Caféine totale.	0,42 à 1,31
Cendres.	3,882
Extrait par l'eau froide.	24,97
— — bouillante.	37,20
— par l'alcool à 60°.	22,15
	152,052

La caféine qui se trouve a l'état de liberté et de sel, dans ce produit, est un alcaloïde qui a été découvert par Runge, en 1820, et qui n'est pas spécial au café; on le retrouve, en effet, dans le thé, le paullinia, le maté, le thé du Paraguay. Sa formule est $C^{16}H^{10}Az^4O^4$; c'est un corps cristallisé en longues aiguilles blanches, amer, et qui se sublime sans modification à 185°, mais s'altère au delà. Il existe en quantités variables dans les différentes sortes de cafés; celui qui en contient le plus est le Martinique, puis viennent après les cafés Java, Moka, Cayenne, Saint-Domingue, etc.; les tiges, les feuilles et les fruits du caféier, contiennent cet alcaloïde.

L'acide chlorogénique ($C^{30}H^{18}O^{16}$) est actuellement désigné sous le nom d'acide cafétannique, il existe dans le café, combiné surtout à la potasse,

puis à la chaux et à la magnésie. Lorsqu'on le chauffe, il répand l'odeur de café brûlé et lorsqu'on le fond avec la potasse, il fournit une certaine quantité d'acide caféique ($C^{18}H^8O^8$), avec d'autres produits, parmi lesquels se trouve une matière sucrée.

Nous n'avons pas à insister sur les éléments divers qui figurent dans les analyses que nous avons relatées, ils existent dans presque tous les végétaux, mais nous verrons que par l'action de la chaleur, pendant la torréfaction, il se produit des modifications importantes, qui développent notamment le principe aromatique du café.

Variétés commerciales. On trouve dans le commerce une très grande quantité de sortes de cafés; mais elles proviennent toutes d'une espèce unique, le coffea arabica, Lin. (V. Caféier), qui s'est modifié diversement suivant les pays où

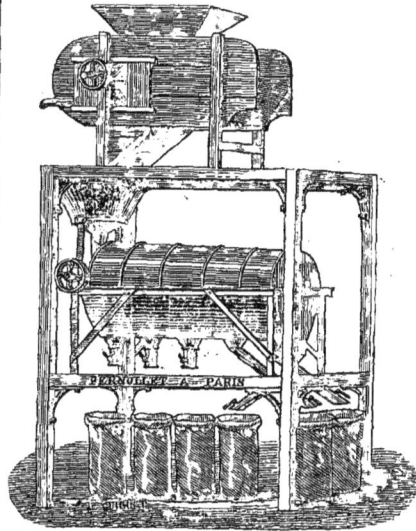

Fig. 48. — Ventilateur-cribleur-diviseur du café.

on l'a transporté. Les sortes commerciales ne peuvent se distinguer avec certitude qu'avec une très grande habitude, car après la récolte et la dessiccation, les grains avant d'être mis en balle subissent un premier triage; ils sont à nouveau classés dans les ports d'exportation, suivant leur forme, leur couleur et leur grosseur; les négociants à leur tour, établissent des premiers ou seconds choix dans les espèces d'une même provenance, et cette opération, faite à la main dans les maisons peu importantes, est souvent obtenue à la machine, quand on a besoin de faire le triage de 50 ou 60 balles de café par jour. On se sert avec avantage, dans ce cas, du ventilateur-cribleur-diviseur Pernollet, qui est disposé de façon à débarrasser les grains de toutes les matières étrangères et à les séparer automatiquement en trois grosseurs différentes (fig. 48).

En général, le classement des cafés se fait en tenant compte de la provenance, de la forme, de la grosseur, de la saveur, de l'odeur, de l'âge, de la régularité des grains; de la présence ou non de corps étrangers, et de la nature de ceux-ci. Ces caractères sont loin d'être absolus, car si l'on admet, comme cela a lieu d'ordinaire, trois types principaux représentés par les cafés dits Moka, Bourbon et Martinique, qui affectent des formes, des volumes, et des colorations différentes — on peut rencontrer dans une même récolte des grains qui offriront le type des cafés de Martinique, de ceux de l'Océanie ou de ceux de Ceylan; un même pied pourra donner des semences typiques du café Bourbon, c'est-à-dire à extrémités pointues, alors que certaines les auront arrondies; il y a des fruits qui se développent mieux que d'autres, ils fourniront des fèves plus fortes; etc. — si l'une des loges a avorté, le grain unique qui se formera sera plus bombé que dans le cas contraire. La coloration du grain varie encore avec la nature du terrain, à l'âge du produit, le procédé qui a été employé pour séparer les semences du mésocarpe et de l'endocarpe; la macération donne à la semence une teinte verdâtre, tandis que la décortication, par trituration, donne des grains jaunâtres, et que les cafés gragés offrent une teinte jaune-verdâtre. — V. CAFÉIER.

Nous avons dit que l'on admet d'ordinaire trois types, ce sont les suivants : *type Moka* : c'est le plus recherché, à cause de la finesse de sa saveur et de la suavité de son arôme. Il est constitué par des grains petits, jaunâtres, de forme arrondie, même sur la face plane, ce qui tient à ce que l'une des deux graines ayant avorté, celle qui reste s'est plus développée et occupe la cavité entière du fruit. Le moka vrai est récolté en grand, sur les collines des environs d'Aden et de Moka, mais beaucoup de semences de provenances diverses sont encore vendues sous ce nom, tels sont, par exemple, les cafés de Sénégambie, ceux de Mysore (Indes), ceux appelés au Mexique *caracolillo* et qui proviennent spécialement de vieux caféiers, etc. Le moka vrai est très rare; *type Bourbon* : ce genre est caractérisé par un grain de grosseur moyenne, nu, blanchâtre, allongé et aigu surtout par l'un de ses bouts; il est arrondi sur une côte et aplati sur l'autre. C'est la sorte la plus ordinaire, mais cependant les plantations bien soignées donnent des produits remarquables par l'intensité et la délicatesse de leur saveur; *type Martinique* : les grains de cette sorte sont généralement gros, de couleur verdâtre, plans-convexes, pelliculés; cette pellicule, de coloration grise argentée, tombe par la torréfaction. Ce café est arrondi à ses deux extrémités, sa saveur est herbacée et amère.

On range quelquefois les cafés d'après leur coloration jaune ou verte, on établit alors deux groupes (V. le tableau de la colonne suivante).

Cette classification n'a absolument aucune valeur. La nature des matières étrangères que l'on retrouve dans les balles de café permet parfois de reconnaître la provenance des produits. De ce

CAFÉS JAUNÂTRES	CAFÉS VERTS
Provenance indienne.	Provenance américaine
Café Moka.	Café Martinique.
— Bourbon.	— Guadeloupe.
— Ceylan.	— Haïti.
— Java.	— Brésil.

nombre sont les pierres, les débris végétaux; les cafés les mieux triés sont ceux de Java, Martinique, Rio, Santos; ces derniers se reconnaîtront encore à la présence de pierres de coloration rouge-brique. Les cafés de Ceylan, de Haïti, contiennent souvent une grande quantité de pierres grisâtres. Les espèces qui viennent de l'Inde, d'au delà du Gange, comme le Syngapour, renferment souvent des bûchettes répandant une forte odeur.

Le commerce des cafés désignant ses produits par les noms des pays d'origine, on trouve une multitude de noms, correspondant à des variétés souvent bien peu différentes les unes des autres. Nous allons réunir ici, ceux qui arrivent le plus facilement sur les marchés français.

Provenance d'Afrique : côte occidentale. — Sénégambie (moka d'Afrique), café San Thomé. Côte orientale. — Café Réunion, café Bourbon (diverses sortes), café Madagascar, café Zanzibar, café Berbera.

Provenance d'Asie : café Moka, café d'Aden, — café Bombay, café Mangalore, café Mysore, café Malabar, café Wynaad, café Tellitcherry, café Salem, café Ceylan, — café Syngapour.

Provenance d'Amérique : café des Antilles (Haïti, Saint-Domingue, Jamaïque, Porto-Rico, Martinique, Guadeloupe, Cuba); — café Guatémala, café Nicaragua, café Savanilla, café Costa-Rica; — café Porto-Cabello, café Gayra, café Maracaïbo (Venezuela); — café Rio-Janeiro, café Santos, café Bahia, café Céara (Brésil); — café Potrero, café Cordoba, café Orizaba (Mexique).

Provenance d'Océanie : café Padang, café Java, café Célèbes, café Luçon, café Taïti.

(V. *Leçons sur les matières premières*, de PENNETIER, page 185 et suivantes, pour les détails sur ces différentes sortes.)

DESSICCATION. Le café, avant d'être employé, a dû subir une dessiccation convenable, afin de posséder tout l'arome qu'il peut avoir. Cette opération s'effectue lentement, par l'action du temps, et les grains ne sont guère torréfiés que deux années environ après la récolte. M. le général Morin a publié dans les *Annales du Conservatoire des Arts-et-Métiers*, une étude qui montre que l'on peut facilement enlever aux cafés nouveaux, le goût de vert qui est leur apanage, par une exposition dans une étuve convenablement chauffée. De plus; en soumettant au lavage les produits de la nouvelle récolte, on pourrait, d'après lui, les débarrasser complètement de leur pellicule, et obtenir, après une dessiccation de douze jours à l'étuve, des espèces offrant toutes les qualités des cafés anciens. M. Morin a posé les conclusions suivantes : le *café plat à très petits grains*, étant celui qui sèche le plus rapidement (quatre jours d'étuve), est, par cela même, celui qui perd le plus son goût de vert. Viennent ensuite : le *café plat à grains moyens*, le *café à grains ronds*, enfin le *café plat à gros grains*. Dans les maisons où l'on se livre en grand à la torréfaction du café, on tient aujourd'hui grand compte de ces renseignements, puisque l'on peut ainsi, comme le dit l'auteur que nous avons cité, « suppléer par l'art aux effets que le temps ne produit qu'après quelques années. » Cette durée est d'environ cinq ans, mais la grande consommation que l'on fait de cette denrée, empêche de la conserver ce temps en magasin.

TORRÉFACTION. Cette opération est la plus délicate que l'on fasse subir au café ; elle a besoin d'être exécutée avec lenteur, et exige une grande surveillance. Elle s'exécute d'une façon variable, suivant les pays, et suivant aussi la quantité sur

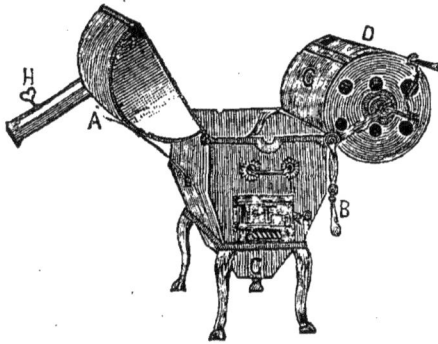

Fig. 49. — *Brûloir à café.*

A Tringle qui supporte le couvercle. — *B* Poignée qui permet de manœuvrer le cylindre *C*, lequel contient en *D* une porte à coulisse pour l'introduction du café. — *F* Foyer. — *G* Cendrier. — *H* Cheminée et clef pour régler la flamme.

laquelle on opère en une seule fois. En Orient, elle s'effectue dans des poêles à friture, tandis que le plus généralement on se sert de brûloirs où le grain subit ou non, l'action directe du feu. Lorsque l'on torréfie seulement de petites quantités de café, on a l'habitude d'employer des appareils cylindriques ou sphériques, que l'on place au milieu d'un feu de charbon de bois assez vif et surtout bien constant ; on tourne l'appareil à la main, pour lui donner un mouvement de rotation lent, mais continu ; on surveille le degré de torréfaction en ouvrant de temps à autre une petite porte mobile sur des glissoirs, ce qui permet, en outre, aux vapeurs âcres qui se développent, de se dégager en partie. Certains appareils sont disposés de façon à ce que le café soit protégé du contact direct des parois extérieures par l'intermédiaire d'une toile métallique. L'appareil, système Delépine aîné, que nous représentons figure 49 produit une excellente torréfaction sur une certaine quantité de café. Les maisons, qui s'occupent en grand de la torréfaction, opèrent au moyen de

l'air chaud, et les produits qu'elles livrent sont généralement supérieurs, parce que l'on peut mieux choisir les qualités de café, — opérer sur des mélanges faits en proportions convenables, puisque l'on n'emploie guère une seule espèce à la fois, — que les graines sont bien desséchées avant l'opération, afin d'empêcher la vapeur d'eau produite d'enlever l'arome en se volatilisant, — que la torréfaction à l'air chaud permet de régler la température qui est spéciale pour chaque espèce et que la rotation s'y fait au moyen de moteurs mécaniques, — et qu'enfin on refroidit rapidement après l'opération.

La chaleur nécessaire pour une bonne torréfaction est d'environ 250°, mais elle varie avec les sortes commerciales ; les meilleures demandant une température moins élevée. Sous l'action du feu, la fève se gonfle, son volume double presque, en même temps qu'elle perd environ le quart de son poids, acquiert une odeur *sui generis*, aromatique, et devient friable. Le café est suffisamment brûlé lorsqu'il présente une teinte marron peu foncée, bien uniforme ; une chaleur insuffisante n'enlève pas au grain son amertume naturelle, et développe incomplètement l'arome, tandis que trop de chaleur chasse ce principe volatil et amène une coloration noire à reflets violacés ; le grain est devenu assez huileux pour tacher le papier ; il possède de l'âcreté et de l'amertume. On a parfois ajouté un peu de sucre pendant les derniers moments de la torréfaction dans le but de revêtir le grain d'un léger vernis de caramel, lequel ferait obstacle à l'évaporation des principes volatils. Cette pratique n'offre pas de grands avantages, mais elle a pour résultat positif de faire payer le sucre au prix du café.

La torréfaction modifie complètement la composition chimique du café. En même temps qu'elle développe un nouveau principe liquide, la *caféone* qui est volatil et répand l'odeur spéciale du café brûlé, elle caramélise la cellulose, la dextrine et leurs congénères, en amenant la formation de produits pyrogénés acides et colorés. Le chloroginate double de potasse et de caféine brunit, se tuméfie, désagrège le tissu du périsperme et met en liberté une partie de la caféine, laquelle se décomposant partiellement, amène la formation d'une petite quantité de méthylamine. En plus, les huiles grasses qui existaient dans la semence, peuvent se répandre dans la masse en entraînant les huiles volatiles.

Lorsque la torréfaction a été poussée trop loin et que le café offre une teinte violacée, la caféone est volatilisée en partie, l'acide chloroginique s'est trouvé carbonisé, et le produit prend une amertume très prononcée par suite de la formation d'une grande quantité d'assamare. Il n'a donc plus les propriétés excitantes que l'on recherche en lui et que ne pouvaient lui donner les acides du café vert, ou la caféine ; il ne peut fournir que des breuvages amers et peu aromatiques.

Pour procéder à la confection du breuvage désigné sous le nom de café, on doit mélanger ensemble différentes variétés, lesquelles auront été torréfiées séparément, prises en proportions convenables, et brûlées depuis peu de temps, puis les réduire en poudre demi-fine. En Orient on pratique cette opération dans des mortiers en marbre au moyen de pilons en bois, qui acquièrent, paraît-il, en vieillissant une valeur très grande auprès des amateurs ; le plus souvent on se sert de moulins portant une noix tranchante qui permettent d'obtenir une poudre égale et à grains de grosseur déterminée, chose facile à avoir, en faisant varier la position de la noix au moyen d'une vis.

Nous allons maintenant indiquer les altérations et les sophistications que peut présenter le café, soit pris en grain, soit moulu.

ALTÉRATIONS ET SOPHISTICATIONS. Les fraudes que l'on fait subir au café sont excessivement nombreuses, puisqu'elles ont été évaluées par M. Xavier Eyma aux droits d'entrée que paieraient annuellement trente millons de kilogrammes de café (ces droits sont de 156 francs les 100 kilogrammes pour les cafés des colonies, de 166 francs pour les cafés sortant d'un entrepôt) ; il est donc nécessaire de connaître les différentes modifications qu'a pu subir le produit, lesquelles en amoindrissent notablement la qualité.

1° *Altérations proprement dites.* (a) Certains cafés peuvent offrir ce que l'on désigne dans le commerce sous le nom de *vice-propre ;* c'est une altération qui est due à une fermentation qu'a causée une trop grande humidité. Elle peut être due à plusieurs causes, — à un trop long séjour en mer, quand le navire n'a pas trouvé de vents favorables ; — ou à une saison trop pluvieuse ; — ou bien encore à ce que la récolte n'avait pas été suffisamment desséchée avant l'expédition.

(b) Les cafés ont pu, par les gros temps, être mouillés par l'eau de mer, ce qui peut y introduire non seulement du chlorure de sodium, mais aussi du cuivre provenant du doublage des navires ; on distingue alors : α, les cafés tachés ; β, les cafés de petite avarie ; γ, les cafés de grande avarie ; suivant que l'eau les a plus ou moins atteints. Les deux premières sortes, avant d'être livrées à la consommation, doivent être triées et séchées ; la dernière, après avoir été lavée à l'eau douce. L'eau de mer amènerait sans cela la décomposition des tissus du grain et le laisserait humide par suite de la présence de sels déliquescents. Les moisissures donnent parfois aux grains une teinte verte générale, ou bien une teinte verte intérieure, avec coloration brune à l'extérieur. Les cafés de grande avarie offrent une odeur de moisi, une saveur savonneuse et ne contiennent plus de caféine, d'après Girardin ; ils peuvent avoir, en outre, le goût des autres marchandises qui se trouvaient à bord avec les sacs de café (guano, tabac, cuirs verts, etc.). Le moyen de reconnaître ces altérations consiste dans la calcination qui permet de retrouver dans les cendres, le chlorure de sodium, le cuivre, etc.

2° *Falsifications.* Elles peuvent porter sur : 1° sur le café crû, en grains ; 2° sur le café torréfié, en grains ; 3° sur le café torréfié, moulu ; 4° sur le café liquide (extrait de café).

(a) *Café crû, en grains ;* α : Il peut y avoir d'abord tromperie sur la nature de l'espèce du café, sui-

vant que l'on demande les types Moka, Bourbon, Martinique, Java, Haïti, etc. Nous avons indiqué la ressemblance que les grains peuvent offrir entre eux : le Java est souvent vendu pour du Moka, le Ceylan pour du Martinique, etc. Il n'y a qu'une grande expérience qui peut mettre à l'abri de cette fraude. — β : On a parfois vendu des cafés factices, obtenus par moulage (il y a eu, en 1850, un brevet pris à Liverpool pour un appareil à mouler le café) avec des argiles ou des pâtes colorées en vert ; ou bien, on a vendu des grains avariés recouverts d'une petite quantité de talc, de plombagine. Ces cafés, mis dans l'eau, se désagrègent complètement lorsqu'ils sont factices, ou perdent leur coloration artificielle par le lavage. Il ne reste plus qu'à faire l'examen chimique du liquide et du résidu de la filtration. — γ On ajoute quelquefois des pierres pour simuler certaines provenances. L'examen minéralogique de ces corps, comparés à ceux que l'on retrouve normalement dans les cafés Ceylan, Haïti, etc., permettra de reconnaître ces additions frauduleuses.

(b) *Café torréfié, en grains ;* α : Une sophistication des plus fréquentes consiste dans l'*enrobage* avec le sucre, la mélasse, le glucose. En 1862, le Conseil d'hygiène a autorisé cette pratique, mais à la condition que la quantité de principe sucré ajouté ne dépasserait pas 6 0/0, et serait indiquée sur l'étiquette. Certains cafés ayant une bonne réputation, tels que les cafés de Chartres, café Corselet, cafés des amateurs, des gourmets, etc., sont vendus enrobés ; malheureusement, cette opération ne sert souvent qu'à permettre la vente des grains avariés, ou de matières autres que le café, dans lesquelles la proportion de caramel atteint 15 0/0 et plus. Pour reconnaître et apprécier cette altération, il faut épuiser le café par l'eau, et faire alors un extrait. D'après Boudet, le café pur donne 22 à 23 0/0 d'extrait, celui enrobé à 6 0/0, 26 gr. 40 ; celui à 8 0/0, 27 gr. 60. — β : Une autre fraude consiste à mouler des substances torréfiées antérieurement, ou que l'on torréfie à nouveau après dessiccation. Dans le premier groupe se trouvent les grains faits avec la chicorée torréfiée, dans le second ceux fabriqués avec des pâtes amylacées et des marcs de café épuisés que l'on repasse ensuite au brûloir. On a saisi à Lyon (1860), à Vienne, à Prague (1867), des imitations de café faites de cette manière. Il s'est même trouvé un industriel assez hardi pour faire breveter un produit de cette nature, sous le nom de *moka hygiénique* ; il contenait 300 parties de produits variables (pois-chiches, seigle, glands, chicorée, maïs, semoule), pour 700 parties de bon café. On torréfiait le mélange, après l'avoir moulé en grains. — γ : Par l'addition au café vert, de matières propres à lui donner du luisant après la torréfaction ; c'est ainsi que l'on a saisi à Anvers des cafés torréfiés contenant 4 0/0 de semences de ricins. Cette addition rendait, en outre, les grains fortement colorés en noir.

(c) *Café torréfié et moulu.* C'est surtout avec cette variété de café que la fraude se fait sur la plus grande échelle, et l'on peut dire, avec certitude, que l'on a retrouvé de tout dans le café moulu, depuis les céréales, les légumineuses, les graines les plus diverses, jusqu'à la sciure de bois d'acajou, le cinabre, l'ocre rouge, le foie de cheval séché et pulvérisé, etc.

Quelquefois même on a mis en vente des matières ne contenant pas de traces de café. Les produits connus sous les noms de *café digestif*, *café pectoral*, *fleur de moka*, *moka en poudre*, n'ont disparu de la consommation, qu'après ordonnance du préfet de police (8 novembre 1861) interdisant de faire figurer le mot de café sur ces mélanges. Les cafés de France, d'Afrique, de Cérès, qui, d'après Chevallier, n'étaient que des mélanges, n'offrant souvent du café, que le nom seul, ont été également abandonnés à cette époque.

Les marcs mélangés à une certaine quantité de café, ont été fréquemment livrés au commerce, après addition de caramel pour en augmenter la couleur.

(*d*) *Café liquide*. Les altérations de ces sortes de produits, ne peuvent être dévoilées que par une analyse chimique complète. Elles sont très difficiles à reconnaître.

ESSAI DU CAFÉ MOULU. On pratique d'ordinaire un certain nombre d'expériences pour reconnaître la qualité du café moulu.

Pression. En serrant le produit suspect entre deux feuilles de papier, il ne doit pas se prendre en masse; son agglomération sous la seule pression des doigts, indique souvent un mélange avec de la chicorée.

Action de l'eau. Celle-ci peut s'employer de plusieurs manières :

(*a*) On commence par jeter une pincée de café dans un verre à pied conique et rempli d'eau froide: un produit de bonne qualité doit surnager longtemps, ne s'hydrater que difficilement, et colorer à peine le liquide. Si l'on a un mélange contenant des substances minérales, celles-ci tombent immédiatement au fond du vase, puis, peu après, les matières végétales, après leur imbibition. Elles colorent la liqueur en brun, se ramollissent et peuvent alors s'écraser facilement par la pression, ce que le café pur ne permet jamais. Il faut cependant dire que M. Denault a trouvé à Bône, une variété de café qui tombait immédiatement au fond de l'eau.

Draper a proposé en 1867 (*Journal de Pharmacie*), un petit appareil appelé *Caféomètre* destiné à reconnaître la falsification. Il se compose d'une série de tubes de 0ᵐ20 terminés inférieurement par une partie rétrécie et graduée. Après avoir rempli le tube d'eau distillée bouillie, on y verse un centimètre de café moulu, puis on observe si la poudre tombe vite, comment la couleur se répartit; la hauteur et la coloration du dépôt, son tassement plus ou moins grand. On juge d'après des indications fournies par l'auteur et obtenues après un grand nombre d'essais, la pureté absolue ou relative du café essayé.

(*b*) L'eau bouillante peut servir à épuiser le café, ce qui permettra de: 1° par l'évaporation, d'obtenir un extrait dont la quantité sera variable, suivant la pureté du produit et la nature des mé-

langes. De bon café donne 37 0/0 d'extrait, l'addition de marcs épuisés donnerait des proportions moindres, tandis que l'on obtiendrait un rendement supérieur, s'il y a eu mélange avec des racines torréfiées et enrobées; 2° de rechercher la quantité de sucre ajouté au produit, soit en faisant fermenter l'infusion de café, comme le conseille Hassal, en ajoutant de la levûre de bière et recueillant par distillation l'alcool formé; soit en précipitant l'infusion par l'acétate basique de plomb, éliminant le métal par l'hydrogène sulfuré, filtrant et évaporant pour peser le sucre. La chicorée peut contenir le tiers de son poids de principes sucrés.

Action de l'eau iodée. Si l'on verse dans une décoction de café décolorée par le noir animal et filtrée, un peu d'eau iodée, on n'obtient pas de coloration bleue. Un résultat analogue se produit encore si le café a été adultéré par la chicorée; mais si la fraude avait eu lieu avec des semences amylacées, comme la torréfaction n'aurait modifié qu'une partie de la fécule, cette coloration bleue se produirait et serait d'autant plus intense qu'il y aurait plus d'amidon. Cette liqueur reste louche et précipite peu par le tannin, tandis que l'infusion de café pur, est limpide, précipite abondamment par le tannin et se colore en jaune orangé par l'eau iodée. L'infusion contenant du gland devient noire par le perchlorure de fer, elle offre une saveur spéciale. Celle de chicorée se fonce à peine, et ne donne pas lieu, avec le même réactif, à la formation d'un dépôt; celle de café prend une teinte vert-feuille et donne des flocons vert-brun; le mélange de chicorée et de café, un dépôt, avec coloration du liquide en jaune-brunâtre.

Lorsque l'on a retrouvé dans la liqueur la présence de la fécule, l'emploi du microscope devient indispensable pour reconnaître si la fraude a été faite avec des pois chiches, de l'orge, du blé, des glands, des haricots, etc. M. Cauvet a trouvé à Constantine des cafés moulus contenant jusqu'à moitié de leur poids de matières étrangères.

Action de l'éther. Ce dissolvant permet de reconnaître la falsification par les marcs et la chicorée, ou les racines torréfiées. Si l'on traite du café par l'éther, dans un appareil à déplacement, on obtient un extrait dont le poids normal est en moyenne de 15 0/0; du café additioné de marcs donnerait un chiffre bien inférieur, tandis que les cafés mélangés de chicorée, de betterave, de panais, en donneraient beaucoup plus, à cause du beurre que l'on a l'habitude d'ajouter à ces produits pendant leur torréfaction.

Incinération. L'examen des cafés par incinération a été recommandé par circulaires ministérielles en date du 25 juillet 1853 et 19 janvier 1854. D'après Payen, le café Bourbon donne 4,66 0/0 de cendres; le café Martinique 5,00; le café Moka 7,84, et celles-ci sont exemptes de soude et d'acide silicique, mais renferment par contre une énorme quantité de carbonates de potasse et de chaux. La chicorée donne jusqu'à 12 0/0 de cendres grisâtres, contenant une forte proportion de sels de soude.

Action de l'hypochlorite de chaux. M. Rimmington a préconisé (*Pharmaceutical Journal*, janv. 1881, p. 529), l'emploi de ce corps pour retrouver la présence des racines de chicorée, pissenlit, betterave ou autres, car il agit sur ces matières et n'a aucune action sur le café pur.

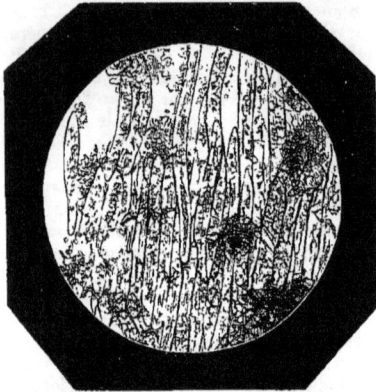

Fig. 50. — *Café pur, cellules épidermiques.*

On fait bouillir quelques instants le café suspect avec de l'eau contenant un peu de carbonate de soude, afin d'enlever la plus grande partie des matières extractives. On laisse déposer, on décante le liquide et lave le résidu à l'eau distillée. Après un lavage convenable, on ajoute une solution faible d'hypochlorite de chaux, et on laisse en contact deux ou trois heures, en agitant de

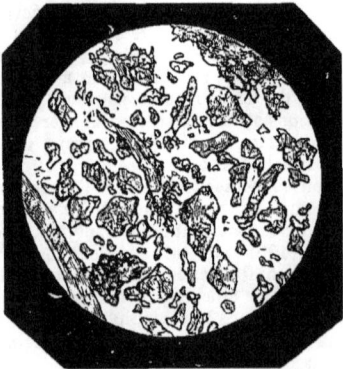

Fig. 51. — *Café pur, cellules du grain proprement dit.*

temps à autre. S'il y a mélange, on trouve après repos le fond du verre occupé par une couche foncée, constituée par le café, et au-dessus la couche de matières étrangères, presque complètement blanche. L'examen microscopique indiquera ensuite quelle racine a été ajoutée dans le café.

EMPLOI DU MICROSCOPE. Cet instrument peut seul permettre de reconnaître avec rapidité, la nature

de l'adultération du café; l'examen se fait avec de l'eau, rendue alcaline par de la potasse, lorsque l'on veut éclaircir la préparation.

On distingue facilement les divers éléments anatomiques qui constituent le grain de café: l'enveloppe est formée par des cellules allongées et adhérentes qui composent une couche simple et portent des marques obliques sur leurs deux faces (fig. 50); le grain, peu modifié également par la torréfaction, offre des cellules anguleuses, irrégulières, renfermant de l'huile volatile et qui étaient assez intimement soudées ensemble pour s'être brisées lors du broyage, au lieu de s'isoler les unes des autres (fig. 51). A ces éléments il faut encore joindre quelques petits vaisseaux formés d'un fil spiral continu, qui sont peu abondants et peuvent provenir du sillon du grain. On n'y rencontre jamais de vaisseaux

Fig. 52. — *Café frelaté avec la chicorée et les glands doux.*

A Amidon de glands. — B Café. — C Chicorée

rayés, ou de larges cellules à double enveloppe avec granulations intérieures.

Les *glands* se reconnaissent à la présence de la fécule qui est en grains arrondis (fig. 52), volumineux, avec hile étoilé à plusieurs branches; l'amidon de *haricots*, de *pois-chiches*, offre des caractères analogues, mais les grains en sont plus petits; l'amidon de céréales n'offre pas de hile étoilé. Ces différentes semences présentent parfois aussi à l'examen, des cellules à parois minces, renfermant au lieu d'amidon (qui bleuissait par l'action de l'eau iodée), des matières sucrées dues à la transformation de la fécule en dextrine, puis en caramel.

Les racines se reconnaissent à la présence de cellules d'assez grandes dimensions, de trachées, de vaisseaux rayés; le liquide de la préparation ne tarde pas à se colorer en brun aux dépens de la masse et à présenter des zones concentriques d'intensité variable. De toutes les racines, la *chicorée* (fig. 53), est celle qui est le plus fréquemment employée pour frelater le café. La *betterave* montre des cellules bien plus grandes que celles de la chicorée; le *panais*, de très petits grains d'amidon. Dans ces sortes de préparations on ne retrouve jamais de vaisseaux laticifères.

En Allemagne on introduit très souvent dans

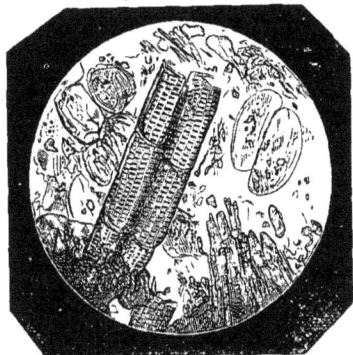

Fig. 53. — *Chicorée pure avec larges cellules et vaisseaux rayés.*

le café des *figues* grillées; on reconnaît la présence de celles-ci aux cellules épidermiques surmontées d'un poil, aux cellules pierreuses du tégument de la graine, à des cellules contenant des cristaux d'oxalate de chaux, enfin aux vaisseaux laticifères simplement rameux ou dichotomiques.

Fig. 54. — *Café pur.*

A Cristaux de caféine en longues aiguilles. — *B* Les mêmes en gros cristaux brisés. — *C* Les mêmes en forme de dendrites.

On a encore observé dans le café moulu, des fragments qui provenaient de parties diverses de bien des végétaux. Il est difficile d'indiquer ici tous ces caractères spéciaux; on se rappellera que la moelle est constituée seulement par des cellules, que l'écorce est toujours privée de vaisseaux propres, et que le bois est formé par des fibres allongées, des vaisseaux ponctués, rayés, réticulés, ainsi que par des trachées.

Le microscope sert également à retrouver la *chicorée* par des moyens autres que ceux que nous avons indiqués. En se basant sur ce fait que la chicorée doit toujours son lustre à l'addition de beurre, M. Husson, de Toul, a proposé de rechercher au microscope les principes gras de ce corps, ou du suif, qu'on lui substitue souvent. On opère de la façon suivante : on prend 10 grammes du café suspect et on les fait bouillir dans un ballon, pendant un quart d'heure, avec 50 grammes de glycérine acidulée par 20 gouttes d'acide chlorhydrique. On passe au travers d'un linge fin, en recueillant le produit dans une fiole de 125 grammes et on ajoute un volume égal d'éther. On agite fortement et on place dans un récipient plus haut que le vase. Les vapeurs éthérées chassent l'air de

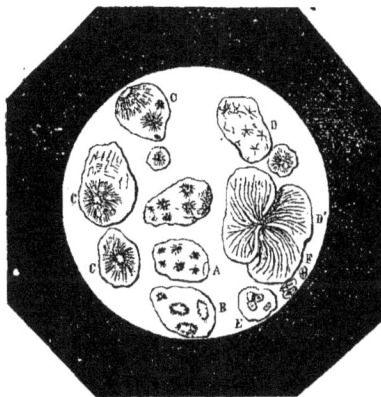

Fig. 55. — *Chicorée pure.*

A B C Cristaux de stéarine de suif. — *D* Cristaux de margarine. — *D'* Cristaux d'acide margarique. — *E F* Globules gras avec commencement de cristallisation.

celui-ci, de telle sorte qu'on peut enflammer l'éther sans danger. La matière grasse entraînée par l'éther, monte à la surface de la glycérine, et lorsque le dissolvant est en partie brûlé on éteint et laisse l'évaporation se terminer spontanément. Après refroidissement, en ayant soin d'abaisser la température, si cela est nécessaire, comme pendant l'été, on prélève un peu de la couche supérieure du liquide et on l'examine au microscope.

Le café pur montre des aiguilles (fig. 54) s'entrecroisant et réunies en amas, quelquefois larges et brisées, ou fines et groupées en dendrites; elles sont constituées par la caféine. La chicorée torréfiée au contraire, montre des cristaux de stéarine (fig. 55 A B C) disposés en petits amas étoilés, qui après cinq ou six jours sont transformés en cristaux d'acide stéarique (fig. 56 A); parfois ce sont des cristaux de margarine que l'on obtient ainsi (fig. 55 D). Ce traitement effectué sur du café frelaté par la chicorée, donne des cristaux de caféine, de stéarine ou de margarine, et souvent quelques globules gras polyédriques dans lesquels on retrouve un commencement de cristallisation (fig. 56).

PRÉPARATION DU CAFÉ. La préparation du breuvage connu sous le nom de café, se fait dans des vases spéciaux désignés sous le nom de *cafetières* (V. ce mot) en traitant le café par l'eau bouillante. Il faut employer environ 25 grammes de café moulu par tasse, et choisir de préférence pour faire l'opération, des vases de faïence, de porcelaine ou de verre. On prétend qu'il ne faut jamais porter le liquide à l'ébullition, parce que à cette température on évapore l'arome en même temps que l'on entraîne une plus grande quantité de matières colorantes et de principes amers. Une ébullition de quelques secondes ne doit pas avoir grand inconvénient, car les Orientaux qui passent pour boire le meilleur café, se contentent de le préparer en faisant bouillir l'eau avec la poudre,

Fig. 56. — *Café et chicorée.*

A Cristaux d'acide stéarique (se développant après quelques jours de préparation). — *B* Gouttelettes huileuses. — *C* Cristaux de caféine en aiguilles fines ou en amas dentritiques.

et le servent ainsi; on sait de plus que dans un grand nombre d'appareils qui permettent de préparer le café sur la table, l'infusion ne peut se faire que par suite de l'ébullition de l'eau.

Consommation. D'après Schoffer, c'est en Allemagne et en France que la consommation du café est la plus grande, bien que si l'on calcule cette dépense par tête d'habitant, on trouve que la Hollande, où le café ne paie pas de droits, doit être placée en première ligne; après viendraient la Belgique, la Suisse, le Danemarck et la Suède.

La consommation et la production suivent d'ailleurs une marche ascendante régulière. Ainsi, en quarante ans, le Brésil a élevé sa production de 47,584 tonnes à 229,209 tonnes en 1871, c'est-à-dire à la moitié de la production totale de tous les pays, laquelle fût cette année là de 440,000 tonnes; quant à la consommation, pour n'en citer qu'un exemple, la France importa :

En 1853, 20,000,000 de kilogrammes de café;
En 1863, 26,000,000 — —
En 1865, 43,500,000 — —
En 1866, 44,800,000 de kilogrammes de café, d'une valeur de 87,526,000 francs;

En 1877, 47,000,000 de kilogrammes de café, d'une valeur de 98,969,000 francs;
En 1878, 56,000,000 de kilogrammes de café, d'une valeur de 112,033,000 francs;
En 1879, 53,000,000 de kilogrammes de café, d'une valeur de 108,281,000 francs.

L'exportation tend, aussi, à s'élever également un peu, bien qu'elle reste toujours faible; ainsi, elle représenta :

En 1877 une valeur de 26,000 francs;
En 1878 — 25,000 —
En 1879 — 82,000 —

La consommation de l'Europe en café est environ annuellement de 335 millions de kilogrammes, se répartissant ainsi :

Cafés de provenance du Brésil. .	180 millions de kilog.
Cafés de provenance des possessions hollandaises.	56 —
Cafés de provenance des Antilles.	28 —
Cafés de provenance de Ceylan. .	36 —
Cafés de provenance de l'Inde et de l'Egypte.	35 —
	335 millions de kilog.

La consommation de la France est actuellement de 53 millions de kilogrammes, dont les deux cinquièmes viennent de Haïti et du Brésil.

Si nous prenons l'importation étrangère de 1866, qui fût de 44 millions de kilogrammes, on trouve les chiffres suivants :

Importation des Indes orientales.		4,632,472 kilog.
—	du Vénézuela	3,065,033 —
—	du Brésil	11,533,195 —
—	de Haïti.	10,012,943 —
—	de Cuba.	552,051 —
—	des autres pays . . .	5,961,603 —
—	des entrepôts anglais	7,190,144 —
—	— belges .	1,281,027 —
		44,828,027 kilog.

On pourra déduire de ces chiffres les conclusions suivantes : la France à cette époque, après avoir tiré des pays d'origine pour 71 millions de francs de café, était encore obligée d'en emprunter aux pays voisins pour 16,500,000 francs, parce que ses colonies ne produisaient pas encore en quantité suffisante. Ces conditions n'ont pas changé bien que la culture du café ait beaucoup augmenté, surtout à la Guadeloupe, depuis cette époque; nos colonies sont encore loin de pouvoir suffire à la consommation de la métropole, ainsi que le montre le tableau ci-contre, qui ne contient pas cependant l'importation de la Nouvelle-Calédonie et du Sénégal, soit 10,000 kilogrammes environ :

Exportation du café par les colonies françaises en 1876.

De la Martinique, pour	108,155 fr.
De la Guadeloupe.	870,564 —
De la Guyane française	1,988 —
De Saint-Pierre et Miquelon.	16,800 —
De Ste-Marie, Mayotte et Nossi-Bé. .	6,121 —
De la Réunion.	858,910 —
De l'Inde française	59,505 —
De Tahti.	14,986 —
	1,937,029 fr.

Quant aux variétés consommées par les différents pays, elles varient suivant les goûts des nations.

Nous avons indiqué quelles sont les sortes les plus en faveur en France.

En Angleterre, on reçoit surtout les produits des Indes, du Malabar, de Mysore, de l'Amérique centrale. de Costa-Rica, de San-Salvador, du Nicaragua, de Natal, etc.

L'Espagne tire le café de ses colonies, de Porto-Rico, de la Havane.

Le Portugal : de ses colonies d'Afrique, des îles du Cap-Vert, de l'île San-Antonio, des îles San-Thomé et del Principe.

La Hollande, qui approvisionne la Belgique et l'Allemagne, et sur les marchés de laquelle on vend plus de 110,000 sacs environ tous les mois, importe son café de ses possessions de l'Inde, d'Océanie, de Sumatra, de Manille.

Les Etats-Unis demandent au Brésil presque tout leur approvisionnement.

Usages. L'infusion de café est devenue un aliment ou une boisson stimulante qui a été dotée d'un grand nombre de qualités, et à laquelle on a attribué en même temps de graves défauts.

Le café convenablement torréfié possède des propriétés excitantes qui exercent surtout leur action sur le système nerveux; il sert à faire un breuvage que l'on a désigné sous le nom de boisson intellectuelle, et qui a tous les avantages des boissons alcooliques, sans en offrir les inconvénients; il accélère la circulation, en favorisant la transpiration et les sécrétions. Il convient surtout dans les pays brumeux, humides et tempérés, et plus aux adultes et aux vieillards, qu'aux enfants. Il empêche le sommeil, à condition qu'on n'y soit pas habitué, souvent au moins pendant six heures après son ingestion.

Au point de vue alimentaire, c'est un produit précieux ; M. de Gasparin a démontré qu'une infusion de 100 grammes de café par litre, qui représente 4 grammes et demi de matières azotées, mêlée à une infusion semblable de chicorée, représentant 3 gr. 55 de principes azotés, constitue un mélange qui équivaut (pour les mineurs belges), au tiers de la nourriture regardée comme indispensable. Le café est journellement employé dans les pays chauds par les troupes, par les caravanes ; il ne fournit pas à l'économie de matériaux nouveaux, mais en stimulant les organes et surtout l'estomac, il permet à celui-ci de mieux absorber les aliments ingérés.

La médecine l'emploie à divers titres, torréfié ou cru. Torréfié, c'est un médicament d'épargne, un anti-déperditif qui favorise la nutrition en ralentissant les combustions organiques; en même temps que les principes amers et astringents, développés par l'action de la chaleur, sont favorables à la digestion. Il est préconisé contre l'aménorrhée, les migraines, les digestions pénibles, la coqueluche, l'albuminurie; il diminue, dit-on, la violence des accès d'asthme. Employé vert, il est administré dans les fièvres intermittentes en décoction, ou sous forme d'extrait, il a été donné comme tonique dans les fièvres continues.

L'infusion concentrée de café est administrée dans les cas d'empoisonnement par l'opium, par les poisons narcotiques (tabac, jusquiame, digitale, laitue), par les champignons; elle sert encore à tempérer les effets de l'ivresse alcoolique.

D'après Laboulaye, le café serait toxique pour les perroquets et les poules; nous croyons qu'il y a là erreur, ayant vu un perroquet qui pendant plus de quinze ans, mangeait tous les jours du pain imbibé de café.

Le café sert en pharmacie à faire quelques préparations; on l'emploie surtout dans le but de masquer la saveur de certains produits comme le sulfate de quinine, le séné, etc.

On prépare pour la table un bon nombre de mets aromatisés avec le café, ce sont les crèmes, les sorbets, les pastilles ou dragées, les liqueurs, etc.

Succédanés du café. Quelques produits ont été proposés dans le but de remplacer le café comme médicament, de ce nombre sont:

(*a*). Le *café de glands doux*, obtenu par la torréfaction des fruits du *Quercus hispanica*, L., qui contient 5,2 0/0 d'extractif amer, 9 0/0 de tannin, et des produits pyrogénés, qui facilitent la digestion. Il est apéritif, tonique, astringent et sert surtout dans les diarrhées; on le trouve constamment dans le commerce.

(*b*). Le *café de pois-chiches* obtenu par la torréfaction des semences du *Cicer arietinum*, L., qui est très usité dans le midi de l'Europe, comme diurétique et incisif. Figuier (Soc. des sc. et bel. lettres de Montpellier, 1811), a montré que la torréfaction y développe des produits amers, des acides gallique et tannique.

Pendant le blocus continental on a cherché à remplacer le café par des produits rappelant le goût de cette substance; mais sauf la chicorée, tous sont plus ou moins abandonnés. Depuis la vogue que le café a obtenue lors de son apparition, un nombre considérable de matières ont été indiquées comme pouvant lui être substituées ; des brevets ont même été pris par des hommes recommandables à plus d'un titre, Dambourney, Guyton de Morveau, Lecoq (de Clermont), etc. Nous ne pouvons donner ici la composition de tous les mélanges que l'on a voulu donner pour remplacer le café, nous nous contenterons de citer les principales plantes qui ont été indiquées. De ce nombre sont le souchet comestible, *cyperus esculentus*, L.; l'arachide, *arachis hypogea*, L.; le grateron, *galium aparine*, L.; la fougère mâle, *polypodium filix mas*, L.; l'iris faux-acore, *iris pseudo-acorus*, L.; le Gombo, *hibiscus esculentus*, L.; le houx, *ilex aquifolium*, L.; le genêt d'Espagne, *genista juncea*, Lam.; le chêne d'Espagne, *quercus hispanica*, Desf. ; le pois-chiche, *cicer arietinum*, L. ; l'astragale bœtique, *astragalus bœticus*, L.; le lupin, *lupinus augustifolium*, L.; et enfin le chicot, *guilandia dioica*, L. Toutes ces plantes n'ont pas la même valeur, et leur goût, à l'exception des semences torréfiées d'iris, n'a qu'une analogie très vague avec la saveur aromatique du véritable café; les semences de gombo ou bamia ne sont appréciées que dans certaines régions de l'Asie, de l'Afrique ou de l'Amérique; l'astragale ne s'emploie guère qu'en Angleterre et il est quelquefois désigné sous le nom de *café français*; dans le département de l'Eure, en Alsace, le lupin est cultivé sous le nom de café. Cette même plante a été longtemps considérée comme le meilleur succédané du café, mais depuis 1873, il en est une, le *café nègre*, *cassia occidentalis*, L., qui commence à être assez appréciée pour que plusieurs charge ments en soient arrivés au Hâvre, et que l'on se soit livré à de sérieuses études sur sa composition. Cette graine, d'après J. Cloüet (Sur les succédanés du café et sur le café nègre, *Bull. de la Soc. ind.* de Rouen, 1875 et *Répertoire de pharmacie*, 1875), a la composition suivante:

Matières grasses (oléine et margarine)...	4,945
Acide tannique...............	0,900
— malique...............	0,060
— chrysophanique...........	0,915
Sucre...................	2,100
Matière colorée particulière (Achrosine)..	13,580
Gomme.................	28,800
Amidon.................	2,000
Cellulose.................	34,000
Eau.................	7,020
Matières fixes (sels de potasse, chaux, magnésie et fer).............	5,300
Perte et matière cristallisée non encore étudiée................	0,380
	.100,000

Par la torréfaction de ce produit il se forme du caramel, et il se développe en même temps une odeur suave qui rappelle complètement celle du café que l'on brûle. Bien que nous n'ayons pas trouvé de caféine dans cette semence, il est admissible que l'arome empyreumatique que nous signalons, tienne à la formation d'un principe assez analogue à la caféone, et cela est d'autant plus possible, qu'il est parfaitement admis aujourd'hui que l'acide caféique n'est nullement nécessaire à la production de ce principe aromatique. L'infusion de café nègre répand non seulement l'odeur du café, mais elle en rappelle aussi le goût d'une façon toute particulière; c'est sans contredit le meilleur succédané du café que l'on ait encore proposé; d'après M. Aubry-Lecomte, certains planteurs des Antilles se sont parfois trompés sur la nature du breuvage qui leur était offert. — J. C.

CAFÉIER. *T. de bot.* Syn.: *cafier, caféyer*. Arbre constituant le genre Coffea de Linné, de la famille des Rubiacées, tribu des Ixorées, que l'on regarde comme le type des Coffeacées.

C'est un sous-arbrisseau glabre, pouvant atteindre jusqu'à 11 ou 12 mètres d'élévation, mais qui cultivé n'a guère que 2 à 3 mètres; à rameaux arrondis ou déprimés, opposés deux à deux, souples; à feuilles ovales-lancéolées, d'un vert luisant, opposées, et rarement verticillées par trois, pédonculées parfois, longtemps persistantes; à fleurs blanches armées de bractées, à odeur suave disposées en glomérules axillaires, munies de pédoncules axillaires aussi et ayant une corolle tubuleuse à cinq divisions (fig. 57). Le fruit qui succède à l'ovaire est une drupe charnue, globuleuse, cérasiforme et ombiliquée au sommet, offrant une épicarpe d'abord vert, puis rouge et devenant noir par dessication, un mésocarpe jaune et glaireux, de saveur douceâtre, et un endocarpe divisé en deux nucules, contenant deux noyaux coriaces, convexes sur le dos et plans sur la face médiane. Ils renferment chacun une graine de même forme, présentant un sillon médian sur le côté aplati; elle est recouverte par une pelli-

cule unique, très friable, blanche ou rosée, sous laquelle est l'endosperme avec son embryon à la base; la graine renferme sous ses téguments un albumen corné. Il arrive parfois, dans certains genres, que le fruit ne contient qu'une seule graine, par suite de l'avortement de l'une des loges de l'ovaire.

MM. Bentham et Hooker admettent une vingtaine d'espèces dans le genre caféier, mais la plus célèbre d'entre toutes, celle qui intéresse

Fig. 57. — *Rameau de caféier, fleur et fruit.*

l'économie domestique et politique, la médecine, et l'hygiène, est le caféier d'Arabie, *coffea arabica*, L., arbuste élégant, originaire de l'Asie, de l'Afrique tropicale et des îles Mascareignes, et que l'on dit le plus souvent venir d'Ethiopie, parce qu'il s'est considérablement développé en ce dernier pays, et que l'on a pu croire que c'était là sa patrie. Il a été transporté dans les environs de Moka, et de là dans tous les pays chauds où il trouvait une station convenable. Il a été décrit en 1583, et ses caractères sont ceux que nous avons donnés plus haut; il fournit par la culture un grand nombre de variétés dues à la forme ou à la grosseur des grains, à la provenance ; aussi connaît-on des arbustes qui portent les noms de *caféier moka* ou *caféier blanc*, *caféier myrte*, *caféier Eden*, *caféier bâtard*, etc., donnant les types que l'on désigne commercialement sous les noms de cafés Moka, Bourbon, Martinique, Java et autres.

Parmi les autres espèces du genre coffea, on peut encore citer le *coffea mauritiana*, Lamk., qui produit le *café marron* de la Réunion, lequel il faut bien se garder de confondre avec le café cultivé à l'île Bourbon et qui provient du *coffea arabica*. Cette nouvelle espèce a les fruits ovoïdes, aigus, les graines terminées en pointe à leur extrémité. La saveur de celles-ci est forte et amère, et elles sont douées de propriétés enivrantes et émétiques, qui les font quelquefois rechercher pour mêler aux cafés avariés.

Le *coffea laurina* est peut-être une espèce distincte, ainsi que celle découverte en 1871, et indiquée par le général Morin, comme se trouvant à l'état sauvage dans la province de Saint-Paul. Ses fruits, à maturité, sont de coloration jaune, d'où le nom de *coffea amarello* que l'on donne dans le pays à cet arbre. Il est maintenant cultivé dans la province de Rio, et fournit, dit-on, un rendement supérieur à celui des caféiers ordinaires.

Une autre espèce encore indéterminée, mais dite *café monrovia*, a été rapportée du Gabon par M. Aubry-Le Comte. C'est un arbre de 15 mètres de hauteur, dont l'aspect rappelle celui de nos peupliers ; ses graines sont analogues pour la forme à celle de la fève de marais ; elles ont un parfum très agréable et très délicat.

Culture et récolte. Pour obtenir des plantations d'un bon rapport il faut suivre certaines règles absolues. Les terrains choisis doivent tout d'abord avoir été nouvellement défrichés, être situés dans des localités non exposées aux vents de mer, et médiocrement arrosés par les eaux fluviales ; en coteau si cela est possible, et de préférence à l'exposition Est. L'altitude doit en être choisie avec soin, car il ne faut pas une température trop basse. La chaleur moyenne doit toujours être comprise entre 10 et 30° centigrades, car avec une température plus élevée, la végétation devient trop abondante et les fruits sont moins nombreux, tandis qu'avec un froid plus grand, la végétation languit sans donner pour ainsi dire de récolte.

Une fois les terrains préparés, on y sème des graines de choix. Elles germent après un mois, et sont repiquées au bout d'un an, dans des trous disposés en quinconce, et distants de 2 à 4 mètres les uns des autres. Ces jeunes arbres donnent des fruits à trois ou quatre ans, et alors on les étête pour arrêter leur croissance verticale et faciliter la récolte, par suite du développement postérieur des branches latérales ; on étête à 1m,30 pour les pieds distants de 2 mètres, à 2 mètres lorsque les arbres sont plantés à 4 mètres les uns des autres.

Pour abriter les plantations, — sans qu'il faille pour cela obtenir trop d'ombrage, — on sème souvent auprès des pieds de caféiers des arbres différents, tantôt des mimosa, tantôt surtout l'*artocarpus incisa*, Lin. (arbre à pain), dont le feuillage moins grêle que celui du mimosa, protège mieux les jeunes arbustes, tout en les garantissant aussi bien de la violence des vents.

La floraison a principalement lieu au printemps et à l'automne, bien qu'en réalité elle se fasse en tout temps ; les fruits exigent quatre mois pour arriver à maturité, et la récolte s'en fait sans interruption, soit en cueillant les drupes à la main, ce qui a lieu dans les grandes plantations, soit en recevant sur des nattes les fruits qui se détachent de l'arbre, après une légère agitation. On prétend que le café réservé pour la consommation du sultan, doit une partie de ses qualités exceptionnelles à cette longue maturation sur l'arbre.

Les fruits doivent être enfin débarrassés de leur enveloppe charnue ; c'est ce que l'on obtient au moyen de divers procédés :

1° Dans certains pays on se contente de réunir les fruits en lits peu épais que l'on abandonne à l'action du soleil, en ayant soin de remuer fréquemment pour éviter la fermentation. C'est ainsi que se prépare le *café en crocos*;

2° Ailleurs, on fait macérer les fruits dans l'eau pendant vingt-quatre, trente-six ou quarante-huit heures, avant d'exposer au soleil. Ce second procédé donne un café grisâtre, moins estimé, que l'on désigne sous le nom de *café trempé* :

3° Quelquefois on écrase d'abord les drupes, puis on laisse ensuite tremper un peu dans l'eau afin de détacher la pulpe qui environne les graines ; on fait quelques lavages et l'on sèche. Ce café, qui est d'un beau vert, est le *café lavé;*

4° Le meilleur procédé à suivre est celui qui consiste à soumettre les fruits frais à l'action d'un moulin nommé *grage*, qui enlève la pulpe, sans toucher à l'endocarpe. Ces cafés, dits *gragés*, sont ensuite rapidement séchés au soleil ; ils offrent la teinte verte. Quand le tégument de la graine reste adhérent, on dit que le café est *pelliculé*, il est au contraire *nu* quand cette pellicule friable a disparu par suite du frottement des grains les uns contre les autres.

Après une dessiccation convenable, le café est alors vanné et mis en sacs ou en fûts, suivant le mode employé, lequel quoique presque toujours semblable, permet parfois de reconnaître l'origine des produits.

Les cafés de la Guadeloupe viennent en boucauts et tierçons, le plus ordinairement en quarts.

Ceux de Porto-Rico, de San-Yago, en boucauts, en tierçons de 300 kilogrammes environ, en sacs de 50 kilogrammes.

Ceux de la Havane sont expédiés par sacs de 75 kilogrammes.

Ceux de Guayra, de Porto-Cabello (côte Ferme), sont par sacs de 50 kilogrammes.

Ceux de Rio-Janeiro, de Bahia, en sacs de 75 kilogrammes.

Ceux de Haïti ou Saint-Domingue arrivent, en général, par balles de 55 kilogrammes ; cependant la variété, dite *Gonaives* est d'un emballage plus soigné et par sacs de 60 à 65 kilogrammes.

Le café de Cayenne est expédié en fûts ou en sacs ; celui de Costa-Rica en sacs de 60 kilogrammes environ.

Parmi les cafés jaunâtres, le café Moka est livré en balles et en demi-balles en jonc, de forme et de grosseur variables. Leur poids est en moyenne de 100 à 120 kilogrammes pour les balles, 65 kilogrammes pour les demi-balles, et 10 à 25 kilogrammes pour les ballotins.

Le café Bourbon a un emballage double en nattes de jonc ; les balles sont de 50 kilogrammes, et quelquefois de 25 kilogrammes.

Le Ceylan est toujours en sacs de 65 kilogrammes ; le Java, dans des sacs en toile de gunny, dont le poids varie de 65 à 75 kilogrammes.

Le café Manille a son emballage en double natte de jonc ; les sacs sont allongés et liés avec du rotin ; il en vient aussi en sacs de toile : poids, de 60 à 70 kilogrammes.

Le Macassar est en sacs de 60 kilogrammes environ ; le Padang, le Sumatra, en sacs faits avec la toile de gunny ; quelquefois en simple natte de jonc, leur poids est de 60 kilogrammes environ.

Maladies du caféier. Plusieurs maladies attaquent souvent les plants de caféier et peuvent en amener la destruction totale. M. Jobers a signalé en Asie, et en Amérique l'apparition du fléau. Dans l'Inde, le végétal est attaqué par un champignon microscopique ; au Brésil, les ravages sont occasionnés par de petits parasites animaux, longs de un quart de millimètre, et accumulés en amas considérables dans des excroissances qui se développent sur les racines du végétal.

Ces animaux attaquent de préférence les plantations arrosées par des cours d'eau ; dans la seule province de Rio-Janeiro (1877), il y a eu, en peu de temps, plus de 45,000 pieds de détruits par ces sortes d'anguillules, lesquelles en moins de huit jours peuvent amener la mort de l'arbuste ; elles pondent leurs œufs dans l'écorce. Ces parasites redoutent la sécheresse et diffèrent donc des anguillules véritables, qui sont reviviscentes, même après plusieurs années de dessiccation. Jusqu'à présent on n'a pas encore indiqué de moyen propre à empêcher ces maladies de se développer. — J. C.

* **CAFÉINE.** T. *de chim.* L'un des principes du café, isolé en 1820, par Runge, a été analysé par Dumas et Pelletier, en 1823, et reproduit par voie de synthèse, en 1861, par Strecker. — V. CAFÉ, § *Composition.*

* **CAFÉIQUE.** T. *de chim.* Acide qui se forme aux dépens de l'*acide cafétannique* lorsque l'on fait bouillir ce corps avec de la potasse. Il a pour formule ($C^{18}H^8O^8$), ses cristaux sont colorés en jaune ; il est transformé en acide oxalique par l'acide azotique. — V. CAFÉ, § *Composition.*

* **CAFÉOMÈTRE.** Instrument proposé par Draper pour rechercher les altérations du *café.* — V. ce mot, § *Altérations et falsifications.*

* **CAFÉONE.** T. *de chim.* Principe aromatique du café torréfié. Il est huileux, brun, assez dense et très soluble dans l'eau. — V. CAFÉ, § *Torréfaction.*

CAFETIÈRE. Dans la préparation du café à l'eau, on se propose d'éviter la dissolution des produits âcres et empyreumatiques et de conserver le principe aromatique. On parviendrait à ce but en versant de l'eau bouillante sur du café dans un vase fermant bien et filtrant ensuite, mais alors il faudrait faire réchauffer l'infusion, opération qui provoquerait la volatilisation du principe aromatique et même la dissolution de la solution amère. C'est pour éviter cet inconvénient que l'on a imaginé diverses cafetières que nous allons examiner.

L'appareil le plus ancien et le plus populaire est la cafetière à la *De Belloy* (du nom de son inventeur). Cet appareil est composé de deux vases en ferblanc superposés et entrant l'un dans l'autre ; le fond du vase supérieur est formé d'un filtre percé de petits trous sur lequel on fait tomber le café en poudre que l'on tasse quelquefois à l'aide d'un fouloir ; on verse l'eau bouillante sur cette poudre à travers un premier filtre à gros trous qui divise l'eau, et le *café passe* dans le vase inférieur qui reçoit tout le produit de la filtration ; on utilise les principes utiles qui restent dans le marc en soumettant le café à une seconde filtration. Cette cafetière n'extrait pas en une seule fois toutes les parties utiles du café, aussi a-t-on cherché à obtenir un meilleur résultat au moyen d'autres appareils.

Ceux-ci sont nombreux et disposés d'une multitude de façons, leur description n'offrirait aucun intérêt et nous ne l'essaierons point ; nous mentionnerons cependant la *cafetière à ballons*, car elle a été le point de départ de diverses appareils construits de manière à refouler par la vapeur l'eau bouillante à travers le café, mais quelle que soit la disposition des ballons, c'est-à-dire que les deux capacités de la cafetière soient superposées ou placées côte à côte, elle présente cet inconvénient que si, par l'engorgement des tubes résultant de leur malpropreté ou de toute autre cause, la vapeur ne laisse pas à l'eau une circulation facile, elle acquiert une force élastique assez grande pour déterminer une violente explosion et projeter ses débris de toutes parts. Raparlier a supprimé toute crainte d'accident en donnant à la cafetière, que nous représentons figure 58, un fonctionnement plus simple et plus pratique ; le récipient inférieur étant hermétiquement fermé au moyen du bouchon du goulot, on verse l'eau dans la cloche supérieure en verre jusqu'au numéro qui indique la quantité de tasses de café à produire ; on retire le bouchon du goulot et l'eau descend dans la cafetière, le goulot rebouché, on verse dans le récipient supérieur la poudre de café pour le nombre de tasses à faire et cette poudre qu'on imbibe d'un peu d'eau reste sur le tube-filtre, qui du bas de la cloche, descend à une petite distance du fond de la cafetière ; on ferme l'orifice au moyen du couvercle et on porte à l'ébullition l'eau contenue dans la cafetière en allumant la lampe à esprit-de-vin ; dès que le liquide bout, la vapeur, comme on le voit dans notre dessin, acquiert une tension suffisante pour faire remonter l'eau bouillante par un tube en étain pur jusqu'au filtre de la cloche qu'elle traverse, l'eau soulève alors le café, l'agite violemment et augmente la rapidité et l'uniformité de l'infusion. Quand toute l'eau est passée, on éteint la lampe à esprit-de-vin, la pression de la vapeur diminue et l'infusion traversant le filtre, pénètre de nouveau dans le tube

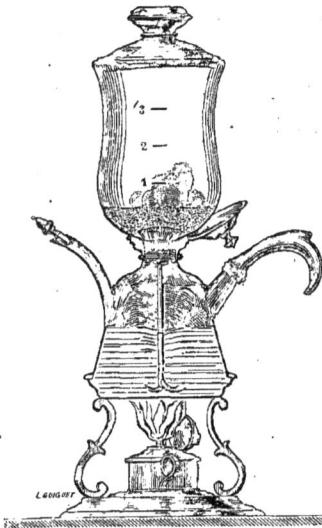

Fig. 58. — Cafetière l'Excellente.

et retombe parfaitement claire dans la cafetière. En replaçant la lampe à esprit-de-vin, on fait remonter l'eau une ou deux fois pour obtenir une ou deux autres infusions, ce qui donne un café plus fort. Cette préparation très rapide étant finie, on enlève la cloche dans laquelle on fait remonter le tube mobile et l'on sert le café.

Dans les établissements où il est nécessaire de produire une grande quantité de café en boisson, dans les prisons, les hôpitaux, les casernes, à bord des navires, etc., on se sert d'appareils dont les dimensions sont en rapport avec la consommation, mais qui reposent toujours sur le principe des petites cafetières que nous venons d'examiner.

* CAFFIERI (PHILIPPE), est le fondateur de l'illustre dynastie de statuaires dont le nom appartient à l'histoire de l'art français. Né à Rome en 1634, il fut appelé en France par Mazarin en 1660, employé par Colbert dans les travaux des maisons royales, puis chargé de dessiner et de construire des vaisseaux, et nommé inspecteur de la marine à Dunkerque. Il mourut en 1716. Ses deux fils furent ses collaborateurs et ses continuateurs : FRANÇOIS-CHARLES était, en 1695, sculpteur des

vaisseaux du roi à Brest. Le second, JACQUES, né à Paris en 1678, mort en 1755, a laissé entre autres œuvres de sculpture un buste célèbre du baron de Besenval.

* CAFFIERI (JEAN-JACQUES), fils de Jacques, petit-fils de Philippe, naquit à Paris en 1723 et mourut en 1792. Elève de Le Moyne, il obtint le grand prix de sculpture en 1748, fut reçu de l'Académie des Beaux-Arts en 1759 et nommé professeur en 1773. Ses ouvrages les plus connus sont une Sainte-Trinité à Saint-Louis-des-Français à Rome ; le Pacte de famille, commandé par le duc de Choiseul ; deux statues à l'Hôtel des monnaies de Paris ; trois autres aux Invalides ; les statues de Molière, de Pierre et de Thomas Corneille ; une grande quantité de bustes d'hommes célèbres, dans le foyer du Théâtre-Français, à la bibliothèque Sainte-Geneviève et à Versailles. Nul artiste ne connut mieux que J.-J. Caffieri les lois de la sculpture décorative, l'ordonnance et la composition d'un portrait et ne mit plus de vie dans le bronze.

* CAGE. 1° T. d'expl. de min. Appareil destiné à recevoir, dans les mines, les chariots ou berlines ; les cages se meuvent entre deux lignes de longrines verticales qu'elles embrassent à l'aide de coulisses en fer et en fonte, et dont l'écartement est le même que celui de la galerie de roulage. Pour simplifier les manœuvres, on construit les cages à quatre chariots et à deux étages, et pour les recevoir à l'orifice des puits, en sortir rapidement les berlines pleines et les remplacer par des vides, on fait poser successivement chaque étage à la hauteur convenable au moyen de taquets qui s'ouvrent et se ferment à volonté. || 2° T. de charp. Assemblage de charpente qui forme le corps d'un clocher compris depuis la chaise jusqu'à la base de la flèche. || 3° Loge portative en bois et en fil de fer pour enfermer des oiseaux, ou solidement construite avec des barreaux de fer pour maintenir des animaux dangereux. || 4° T. de const. Les gros murs extérieurs d'une maison ; l'espace occupé par un escalier. || 5° Assemblage de supports entre lesquels on établit les diverses parties d'un métier, d'une machine.

CAGNARD. T. de mét. Sorte de fourneau sur lequel le cirier pose la cuve qui contient la cire fondue.

* CAGNIARD DE LA TOUR (CHARLES, baron), naquit à Paris, en 1777, entra en 1794 à l'École polytechnique, au Conseil d'État et au Ministère de l'intérieur en 1811, succéda à Gay-Lussac, à l'Académie des sciences, section de physique générale, en 1851, et mourut à Paris le 7 juillet 1859. On lui doit divers progrès dans les sciences physiques et plusieurs inventions mécaniques, entre autres une machine à vapeur sans piston pour faire monter l'eau par des bouffées de vapeur ; la pompe à tige filiforme (1815) ; les appareils d'éclairage à gaz de l'usine royale (1819) ; la sirène (1819) pour mesurer la vibration de l'air (V. ACOUSTIQUE) ; l'aqueduc suspendu de Crouzal (1826) ; le peson chronométrique, destiné à mesurer les

effets dynamiques des machines en mouvement (1837); le pyromètre acoustique, même année; un oscillateur acoustique (1840), etc. Cagniard de la Tour que l'on nomme aussi Cagniard-Latour, chevalier de la Légion-d'honneur en 1811, fut créé baron par Louis XVIII et décoré de l'ordre Saint-Michel en 1823.

*CAHIER D'ÉCRITURE. Cahier de papier réglé portant en tête de chaque page un modèle d'écriture que l'écolier doit reproduire.

On emploie aujourd'hui pour la réglure et le modèle, la gravure en taille douce sur planche de cuivre et l'impression s'obtient par un système analogue à celui dont on se sert dans l'impression des étoffes.

La machine à imprimer le papier est double; le papier en rouleau sec et collé, tel qu'il sort de la fabrique, se déroule et passe sur un cylindre gravé, lequel, après avoir plongé dans un bain d'une encre spéciale, est soumis à l'action d'une râcle qui ne laisse d'encre que dans les parties gravées; cette encre se dépose sur le papier pressé entre le rouleau gravé et un cylindre garni d'étoffe. Le papier pour être séché parcourt en hauteur un certain espace et rencontre l'air chauffé par une série de jets de gaz; puis il descend, vient s'imprimer sur l'autre face au moyen d'un rouleau semblable au premier. Au terme de sa course, il arrive à un couteau à lames héliçoïdales qui le coupe par feuilles. Ces diverses opérations se font avec rapidité et cependant l'exécution de ces modèles d'écriture est toujours parfaite. C'est une industrie intéressante et qui a rendu de grands services à l'enseignement primaire en mettant à la portée des enfants un modèle graphique utile et attrayant.

*CAIL (JEAN-FRANÇOIS), industriel français, né à Chef-Boutonne (Deux-Sèvres), le 2 février 1804. La carrière industrielle de Cail a commencé lors de son association, en 1825, avec Charles Derosne qui possédait, sur le quai de Billy, une maison de construction d'appareils pour la sucrerie. La Société prit une nouvelle extension, et une usine pour la construction des machines motrices fut installée à Chaillot, rue des Batailles.

Pendant quinze ans, Derosne et Cail fournirent au roi des Pays-Bas, tous les appareils nécessaires au raffinage du sucre dans les colonies de la Hollande. Les presses monétaires de Thonnelier, dont on a fait usage en 1845, en France et à l'étranger, ont été construites dans les usines de la Société. C'est elle qui a exécuté les ponts sur la ligne de Moscou à Nijni-Novgorod et de Moscou à Saratof.

Charles Derosne mourut en 1846; J.-F. Cail prit seul la direction de l'usine. Les événements de 1848 obligèrent la maison à suspendre ses paiements, mais Cail eut recours au crédit, et grâce à son honorabilité et à sa capacité, il trouva immédiatement les concours nécessaires. Il donna 60 0/0 d'argent, 40 0/0 en actions, plus le paiement d'intérêt des sommes dues. A la suite de cet arrangement, les ateliers reprirent leur activité et à l'Exposition universelle de 1855,

la grande médaille d'honneur venait récompenser Cail des services qu'il avait rendus à l'industrie.

J.-F. Cail est mort le 22 mai 1871. Il était officier de la Légion d'honneur, officier de l'ordre de Léopold de Belgique, commandeur de l'ordre du Medjidié, etc.

On doit à Derosne et Cail un ouvrage ayant pour titre : *De la fabrication du sucre aux colonies et des nouveaux appareils propres à améliorer cette fabrication* (1844, 2 parties, in-4°).

*CAILLEBOTIS. *T. de mar.* Espèce de grillage fait de petites lattes légères dont on recouvre les écoutilles. On écrit aussi *caillebottis.*

*CAILLEBOTTIN. — V. CALEBOTTIN.

CAILLOU. On donne généralement ce nom aux pierres siliceuses que l'on trouve à la surface du sol, mais les lapidaires l'emploient également pour désigner certains fragments de roches qui imitent la pierre précieuse après qu'ils ont été taillés et montés; ainsi on nomme: *caillou du Rhin, de Bristol et du Médoc,* des morceaux de cristal de roche roulés; *caillou d'Égypte,* un minéral qui n'est pas transparent et incolore comme le précédent, mais opaque, offrant sur fond jaune des espèces d'herborisations; on distingue encore le *caillou* ou *diamant d'Alençon,* le *caillou de Cayenne,* etc., mais tous ces cailloux ne sont que des variétés de l'espèce *quartz.*

— Il nous sera permis d'ajouter que le caillou, dont la valeur est si variable, tient une place considérable dans l'histoire des nations; c'est un caillou lancé par David qui a délivré le peuple juif de l'oppresseur Goliath; c'est avec les cailloux et les pierres lancés par les catapultes que les guerriers primitifs se sont taillés des royaumes et des empires; c'est un caillou qui permit au roi de Portugal, Antoine, de fuir ses États et d'échapper à la misère en l'échangeant contre 100,000 francs que lui donna de Sancy; c'est le caillou qui est l'un des agents les plus actifs de la civilisation, il maintient les voies de communication et concourt à l'édification et à la décoration des villes: c'est au caillou étincelant que la femme doit sa plus brillante parure; c'est au caillou, enfin, au caillou de notre vieux fusil à pierre que la France doit ses victoires légendaires de la Révolution et de l'Empire.

*CAILLOUASSE. Nom d'une variété de pierre meulière blanche, luisante, très dure et en forme de moellon.

CAILLOUTAGE. 1° *T. de céram.* Variété de faïence fine qui tire son nom du caillou entrant dans sa composition; c'est un produit céramique perfectionné qu'on a désigné longtemps sous la dénomination de *porcelaine opaque,* mot impropre, puisque la porcelaine a pour caractère particulier sa transparence. La pâte est dense, sonore; la glaçure est principalement formée de silex, de granite ou caillou, de borax ou d'acide borique ou même de borate de chaux. Cette fabrication a été importée en France par M. de Saint-Amans d'après les procédés anglais. C'est le principal produit des faïenceries de Creil, de Montereau, de Bordeaux, de Choisy-le-Roi, etc., etc. — V. FAÏENCE, IRONSTONE, PEGMATITE. || 2° *T. de trav. publ.* Empierrement qu'on établit sur les chemins et les routes; on dit aussi *cailloutis.* || 3° *T. de const.* Genre de construction de murs ou de grottes pour la décoration des jardins, dans lequel on emploie des cailloux variés de couleurs et artistement disposés.

* **CAILLOUTER.** *T. de p. et chauss.* Répartir sur une route, un chemin, des cailloux pour le maintenir en bon état.

* **CAILLOUTEUR.** Ouvrier qui empierre les routes. || C'était autrefois le nom de l'ouvrier qui taillait les pierres à fusil, mais il a presque complètement disparu depuis l'adoption des nouvelles armes.

* **CAILLOUTIS.** *T. de trav. publ.* Cailloux concassés mêlés au gros sable pour l'empierrement des chemins ; on dit aussi *cailloutage.*

* **CAIRE.** Enveloppe filamenteuse du coco avec laquelle on peut fabriquer des cordages et des étoffes grossières.

I. **CAISSE.** 1° *T. techn.* Dans sa plus large acception, ce mot désigne un coffre de bois destiné à emballer des marchandises pour le transport et pour la conservation. || 2° Coffre dans lequel on renferme des valeurs et des objets précieux. — V. Coffre-fort. || 3° *T. d'arch.* Renfoncement carré qui renferme une rosace entre les modillons de la colonne corinthienne. || 4° *T. de caross.* Corps en bois d'une voiture. || 5° *T. d'artific.* Sorte de coffre long et étroit contenant une grande quantité de fusées et d'artifices divers qui doivent faire explosion en l'air, on le nomme *caisse de fusées;* la *caisse aérienne,* qui doit éclater à la limite de son ascension, est plutôt une espèce de ballon rempli de petites fusées. || 6° *T. de pap.* Auge de pierre dans laquelle on met la pâte jusqu'au moment de s'en servir et qu'on nomme *caisse de dépôt.* || 7° *T. de fact. de mus.* Meuble qui renferme le corps d'un instrument; *caisse d'un piano, d'un harmonium.* — V. Caisse, § II. || 8° *T. de raff. de suc.* Coffret de bois à rebord qui reçoit le sucre que l'on gratte. || 9° *T. d'horl.* Boîte qui renferme et protège un ouvrage d'horlogerie. || 10° *T. de tiss.* Coffret que traverse le boulon qui enfile les marches. || Assemblage de pièces qui, dans le Jacquard, supportent les lames de la griffe. || 11° *T. de batt. d'or.* Boîte qui couvre la partie supérieure du marbre sur lequel on bat l'or. || 12° *T. de fond.* Caisse à sable. Coffre de bois où l'on met le sable destiné à la confection des moules. || 13° *Caisse de cémentation.* Caisse en tôle ou en briques qui sert à la cémentation du fer. || 14° Dans la *mar.,* on se sert de *caisses à eau* en fer battu pour contenir l'eau douce nécessaire à de longues traversées.

II. **CAISSE.** *Instr. de mus.* Ce mot est, pour ainsi dire, la désignation générique de plusieurs instruments, ou même de différentes parties de divers instruments. C'est surtout sous ce nom qu'est réunie la famille des *tambours.* Le *tambourin* et le *tambour de basque* font seuls exception.

Les musiciens distinguent le *tambour* ou *caisse claire,* la *caisse roulante* et la *grosse caisse.*

La caisse claire se compose d'un cylindre en cuivre, sur les deux côtés duquel sont tendues

deux peaux : la peau supérieure, plus mince, est frappée par des baguettes; l'inférieure sert, pour

Fig. 59. — *Caisse claire à cordes.*

ainsi dire, de table de résonnance (fig. 59). Les bords du cylindre, percés de trous, laissent passer des cordes au moyen desquelles on tend les peaux;

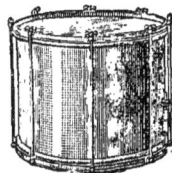

Fig. 60. — *Caisse claire à tringles.*

ces cordes sont resserrées ou relâchées par des charnières en buffle appelées *tirants;* elles peuvent être aussi remplacées par des tringles en

Fig. 61. — *Tarole à cordes.*

cuivre dans lesquelles les vis remplacent les tirants (fig. 60). Une partie importante et *caractéristique* de la caisse claire est le *timbre.* On

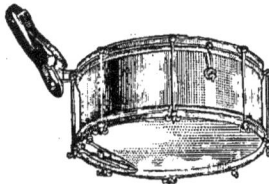

Fig. 62. — *Tarole à tringles.*

appelle ainsi les cordes en boyau tendues contre la peau inférieure à l'aide d'une vis de rappel fixée sur le côté de la caisse. Lorsque cette peau entre en vibration, sous l'influence de la première, ces cordes en boyau remplissent le rôle de percuteur et il résulte de cet ensemble le timbre éclatant, d'où ce genre de tambour a pris le nom de *caisse claire*. A notre époque, le cylindre des tambours a été considérablement diminué. Le résultat de cette innovation, dont les armées allemandes ont fait grand usage, a été non seule-

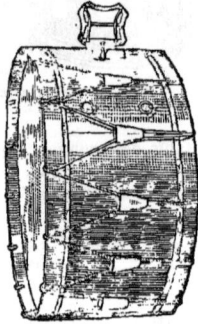

Fig. 63. — *Grosse caisse à cordes.*

ment de faire du tambour un instrument plus léger et plus portatif, mais encore de produire des sons plus clairs et plus distincts. Cette invention est due à M. Grégoire, tambour de la garde nationale. Ces nouveaux tambours portent le nom de *taroles* (fig. 61 et 62).

. Contre l'opinion commune, ce n'est pas la matière dont est composé le cylindre qui fait dif-

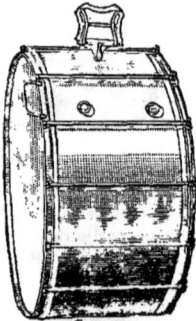

Fig. 64. — *Grosse caisse à tringles.*

férer la *caisse roulante* de la *caisse claire* : la caisse roulante a un son plus mat, moins strident, plus musical. Cette différence est due surtout à l'absence de timbre, et non à la matière dont l'instrument est fait. La caisse roulante est généralement en bois de noyer et quelquefois en tôle. Elle est plus grande que le tambour, et est, comme nous l'avons dit, dépourvue de timbre. Pour les orchestres, on la préfère à la caisse claire, à cause de sa sonorité moins éclatante.

Chacun connaît la *grosse caisse* (fig. 63 et 64). Ici, la sonorité particulière de l'instrument est due, moins à la résonnance de l'air renfermé dans le cylindre, moins même à la peau inférieure, qu'à l'étendue de la peau sur laquelle on frappe, au moyen d'un tampon et quelquefois de deux. Une erreur généralement répandue fait croire qu'une grosse caisse, possédant un cylindre très long, est plus sonore que celle dont les peaux se trouvent plus rapprochées. Le seul moyen de renforcer la sonorité de cet instrument consiste à augmenter la surface des parties vibrantes en choisissant, naturellement, des peaux de grand diamètre. Aussi, a-t-on construit des grosses caisses à une seule peau, dont la sonorité égale celle des anciens instruments. Nous pourrions prouver la vérité du fait que nous affirmons ici, en rappelant que les tambours prussiens, dont le cylindre est de petite dimension, possèdent une sonorité aussi stridente que celle de nos tambours.

— Le tambour fut introduit en France, dit Froissart, par les Anglais, en 1347, au siège de Calais, mais on peut assurer qu'il était en réalité venu d'Orient en Europe à la suite des Croisés. Il était de grande taille, et aux xve et xvie siècles, il portait le nom de *bedon*. Nos soldats avaient nommé *Colin tampon*, le grand tambour des suisses, et après la bataille de Marignan, leurs quolibets donnèrent naissance au proverbe que l'on sait. Les premières ordonnances pour les tambours de l'armée française datent de François Ier; le dernier arrêté qui les supprime, date du ministère du général Farre, en 1880.

La grosse caisse était connue dès le xve siècle, elle s'appelait *bedondaine*, et une sculpture de la cathédrale de Rouen, de 1467, nous en offre un spécimen curieux.

C'est dans l'*Alcyone* de Marais, que la caisse claire fut introduite à l'Opéra; Gluck, dans son *Iphigénie en Tauride*, fut le premier à employer la caisse roulante. Gluck s'était servi de la grosse caisse, mais ce fut Spontini qui le premier employa cet instrument avec toute la batterie dans la marche triomphale de la *Vestale*.

On donne aussi le nom de *caisse* à la partie des instruments à cordes sur laquelle est placée la table d'harmonie, que cette caisse soit le corps même du *violon*, du *piano* ou de la *guitare* (V. ces mots).

III. CAISSE. *T. de chem. de fer.* Dans l'industrie des chemins de fer, nous avons à mentionner deux types de caisses, dont l'importance nécessite une étude spéciale.

Caisse de voiture. La caisse des voitures de chemins de fer présente toujours une forme entièrement rectangulaire. Elle constitue un ensemble tout à fait indépendant du châssis auquel elle n'est pas toujours rattachée d'une manière rigide, mais quelquefois seulement par l'intermédiaire de ressorts de suspension ou de rondelles en caoutchouc destinés à amortir plus complètement les vibrations de la voiture en marche.

L'aménagement intérieur, et surtout la distribution des caisses des voitures destinées au transport des voyageurs, soulèvent une foule de questions intéressant le public tout entier; la distribution, en particulier, fait souvent l'objet de critiques nombreuses, parfois un peu irréfléchies. On sait qu'en Europe, par exemple, les compagnies de chemins de fer ont adopté la distribution anglaise par compartiments isolés, tandis qu'en Amérique, au contraire, les différents compartiments et les voitures elles-mêmes restent toujours en communication par l'intermédiaire d'un couloir longitudinal régnant d'une extrémité à l'autre du train. Nous nous bornerons ici à signaler ces deux modes distincts de division des caisses; et comme le choix d'un type est déterminé dans une certaine mesure par le mode de construction de la voiture elle-même, nous reportons aux mots VOITURE et VAGON la comparaison et la discussion des avantages et des inconvénients de chacun d'eux; et nous donnerons seulement ici quelques détails sur la construction des caisses.

A la base est un cadre en bois dont les longerons, formés par des poutres de 0ᵐ,10, sur 0ᵐ,14 de section, sont réunis par des traverses de 0ᵐ,08 sur 0ᵐ,075, espacées de 0ᵐ,80 à 0ᵐ,90. Sur ce cadre, sont assemblés, au moyen d'équerres en fer et de boulons, les montants qui supportent les panneaux de la voiture. Ceux-ci sont fixés sur les jambes de force et les tirants horizontaux qui entretoisent les montants; ils sont garnis de planches en bois, et généralement revêtus à l'extérieur de plaques en tôle. On a même appliqué quelquefois, en Angleterre, à cet effet, le papier mâché; on emploie aussi le bois de teck de l'Inde, malgré son prix élevé, en raison de la résistance qu'il présente à la pourriture.

Le plancher qui repose directement sur les traverses du cadre inférieur est formé de voliges en bois de 0ᵐ,025 d'épaisseur, assemblées à rainure et languette, et affleurant le bord supérieur du cadre.

Le pavillon ou toit de la caisse est constitué également par des voliges en bois de 0ᵐ,015 d'épaisseur, assemblées dans les mêmes conditions. Ces voliges sont supportées par des arcs en bois ou en fer en U, appelés *courbes du pavillon*, et dont les extrémités sont fixées dans les panneaux. Le pavillon est souvent recouvert par des feuilles en zinc, et quelquefois seulement, sur le matériel à marchandises, par des toiles goudronnées qui arrêtent la pluie. Des gouttières sont disposées le long de la corniche, et reportent l'eau aux extrémités de la voiture.

Les montants des caisses présentent une forme recourbée dans les voitures de première classe de certaines compagnies. Mais cette disposition, imitée des anciennes berlines, est généralement abandonnée aujourd'hui, car elle diminue la largeur des caisses et entraîne certaines difficultés de construction; toutefois, elle facilite un peu la circulation extérieure le long des voitures.

Les dimensions transversales des caisses sont limitées par le gabarit des ouvrages d'art. La hauteur intérieure reste généralement comprise entre 1ᵐ,750 et 2ᵐ,150, et la largeur, entre 2ᵐ,40 et 2ᵐ,50.

Quant à la longueur, elle peut atteindre de 8 à 9 mètres, sur les chemins de fer européens, et en Amérique, elle peut aller jusqu'à 12 à 13 mètres

environ. On est obligé, en pareil cas, de recourir à des dispositions spéciales, sur lesquelles nous revenons aux mots CHÂSSIS et VAGON, pour assurer le passage de la voiture dans les courbes. Celle-ci est alors supportée à ses deux extrémités par deux trucks articulés, mobiles autour d'un pivot vertical, et susceptible, par suite, de prendre tout le jeu nécessaire.

Caisse à eau du tender. L'approvisionnement d'eau emportée dans le tender des locomotives est renfermé dans une caisse spéciale en tôle, rivée sur le châssis du tender, et présentant la forme d'un fer à cheval entre les branches duquel est approvisionné le combustible à la portée du chauffeur. Certaines caisses à eau, cependant, ne sont pas échancrées dans les mêmes conditions; mais le couvercle en tôle présente seulement une faible pente vers l'avant pour faciliter la descente du combustible. Ce couvercle est muni généralement de deux ouvertures latérales pour l'introduction de l'eau, et chacune d'elle est obturée par un panier conique en tôle de cuivre percé de trous, et qui est destiné à arrêter au passage les corps étrangers.

La caisse à eau est fixée directement, et des deux côtés, sur le châssis, dans les machines-tenders; et, dans ces conditions, le poids de l'eau contenue vient alors augmenter l'effort adhérent; mais, d'autre part, la dépense en marche introduit également une variation fâcheuse dans la répartition du poids sur les essieux.

La contenance des caisses à eau des tenders des machines de grande vitesse est de 8 à 9 mètres cubes. On se trouve même obligé aujourd'hui d'aller jusqu'à 15, quand on veut faire, comme sur la ligne de Lyon, par exemple, des parcours de plus de 100 kilomètres, sans arrêt, et on ajoute alors un troisième essieu au tender.

En Amérique, les parcours sans arrêt dépassent parfois 200 kilomètres, et, tout en ayant recours aux bâches alimentaires Ramsbottom pour assurer le remplissage du tender en marche, on est obligé néanmoins d'augmenter considérablement la contenance des caisses à eau. Les tenders sont toujours supportés par six roues au moins, et quelquefois huit. — B.

IV. * CAISSE. *T. de min.* Outre différentes significations étrangères à cet ouvrage, on donne aussi ce nom, dans les ateliers de préparation mécanique, à un appareil de lavage, de forme rectangulaire, d'environ 3 mètres de longueur, 0ᵐ,50 à 0ᵐ,80 de largeur, et 0ᵐ,40 à 0ᵐ,90 de profondeur, et dont l'extrémité est percée dans toute sa hauteur d'une série de trous que l'on peut, à volonté, ouvrir ou boucher avec des chevilles. On lui donne une inclinaison qui varie avec la nature du minerai à laver. L'eau entre en nappe et s'écoule par les trous en déposant sur le fond les sables métallifères. On lui donne le nom de *caisse allemande* ou *caisse à tombeau*. Un autre appareil, qui sert à cribler le minerai, prend le nom de *caisse de criblage*. || *T. de min. mil. Caisse aux poudres.* — V. BOÎTE, § *Botte aux poudres.*

V. * CAISSE DE SECOURS. Nous n'avons à envisager ici que l'institution de prévoyance spécialement affectée à la classe ouvrière. La caisse donne des pensions viagères à partir d'un âge déterminé, pensions dont le montant est réglé par des tarifs qui ont pour base l'intérêt à 5 0/0 des versements faits par les déposants et la table de mortalité de Deparcieux. — V. Ouvrier.

` CAISSETIN. *T. de mét.* Petite armoire divisée, dans laquelle l'ouvrier en soieries range les soies et les dorures qu'il emploie. || Petite boîte qui contient les canettes des métiers à tisser.

CAISSON. 1° *T. d'art milit.* Grande caisse soigneusement fermée et divisée en compartiments destinés à recevoir des munitions; le couvercle peut servir de siège à un certain nombre de soldats. || 2° *T. de p. et chauss.* Grande caisse de charpente qu'on emploie pour construire des ouvrages d'art à de grandes profondeurs sous l'eau. Il y a les caissons avec fond et les caissons sans fond, selon la nature géologique de l'endroit où doivent s'exécuter les travaux (V. Bâtardeau). || 3° *T. d'arch.* Compartiment symétrique, orné de moulures dont on décore les plafonds et les voûtes. || 4° *T. techn.* Dans une voiture, petit coffre ménagé sous le siège des voyageurs.

` CAJOT. *T. techn.* Espèce de cuve où l'on met les foies de morue pour extraire l'huile.

`CALAGE. *T. de mécan.* Opération qui consiste à introduire un arbre ou un tourillon dans une pièce ajustée pour le recevoir, mais dont le diamètre est légèrement plus petit. Les deux pièces ainsi réunies deviennent entièrement solidaires, et elles restent ensuite fixées dans une position invariable l'une par rapport à l'autre, quels que soient les efforts qu'elles peuvent subir en service.

Le calage est un des travaux qu'on exécute le plus fréquemment dans les ateliers de constructions, lorsqu'on veut fixer, par exemple, une poulie, une came ou un engrenage sur un arbre, etc. Pour les pièces qui n'exigent pas un calage énergique, on se contente de les chasser au marteau sur une clavette pénétrant dans des entailles correspondantes, pratiquées mi-partie dans l'arbre et la pièce. Cette disposition, qui suffit pour maintenir l'assemblage dans une position invariable, permet de décaler facilement en enlevant la clavette.

Le calage de boutons de manivelles, en particulier, exige des précautions spéciales, car il faut s'attacher à donner exactement aux rainures la position exigée, pour conserver à l'angle de calage la valeur rigoureuse donnée sur le dessin.

Nous citerons, entre autres exemples, le calage des roues sur les essieux qui présente une importance particulière dans les ateliers de chemins de fer.

Cette disposition, qui différencie les roues des voitures de chemins de fer de celles des véhicules ordinaires, devient presque une nécessité pour l'exploitation sur les voies ferrées, dans les conditions ordinaires où elles sont construites. En rendant solidaires les deux roues d'un même essieu et les obligeant ainsi à tourner constamment d'un

même angle, elle agit, ainsi que nous le dirons plus tard en parlant des roues, comme un modérateur qui prévient les ballotements du véhicule en marche, et en augmente beaucoup la stabilité.

Le calage des roues sur les essieux s'opère généralement dans les ateliers à l'aide d'une presse hydraulique : l'essieu est refoulé sous l'effort du piston de la presse, de manière à amener la *portée de calage* à l'intérieur du vide du moyeu de la roue, dont le diamètre est inférieur de 1/10 de millimètre environ à celui de l'essieu. Pour plus de sécurité, on introduit en même temps, comme dans les cas ordinaires, une clavette qui se loge dans une rainure pratiquée à cet effet, tant dans le moyeu que dans la portée de calage; cependant on supprime quelquefois maintenant cette clavette dans les ateliers de certaines Compagnies, et on se contente du simple serrage pour assurer l'adhérence de la roue sur son essieu.

La pression de calage des essieux de vagons atteint en général 150 à 200 atmosphères; elle est d'ailleurs généralement spécifiée, par les cahiers de charges des différentes compagnies pour la réception des essieux montés.

` CALAÏTE. *T. de minér.* Variété de turquoise bleu clair ou verdâtre, que l'on trouve dans le Khorassan, en Perse.

` CALAMATTA (Luigi), graveur, né en 1802, à Civita-Vecchia (États-Romains), où il est mort au mois de mai 1869. Élève de Marchetti et de Giangiacomo, il vint en France fort jeune encore et passa la plus grande partie de sa vie à Paris. Ses œuvres les plus remarquables sont : le *Vœu de Louis XIII*, la *Source* et la *Vierge à l'hostie*, d'après Ingres; *Françoise de Rimini*, d'après Ary Scheffer; la *Vision d'Ezechiel*, *La Paix*, la *Madone de Foligno*, la *Vierge à la chaise*, d'après Raphaël; *La Joconde*, de Léonard de Vinci; la *Cenci*, d'après le Guide; le *Masque de Napoléon*, moulé à Sainte-Hélène, par le docteur Antomarchi; les portraits de *Paganini*, de *Lamennais*, d'après Ary Scheffer; de *Guizot*, d'après Paul Delaroche; de *Fourrier*, d'après Gigoux; du *Duc d'Orléans* et du *Comte Molé*, d'après Ingres; ceux d'*Ingres* et de *George Sand*, dessinés par lui-même. — Décoré de la Légion d'honneur en 1837, il fut promu au grade d'officier à la suite de l'Exposition universelle de 1855 où il obtint une médaille de 1re classe. Le talent de Calamatta est remarquable par la correction du dessin en même temps que par la douceur et la souplesse de son burin. Le plus illustre de ses élèves est M. Léopold Flameng.

CALAMBA ou **CALAMBAC.** Bois verdâtre et odorant des Indes que l'on utilise dans certains ouvrages de tabletterie. On dit aussi *calambou, calambouc.*

` CALAMBOUR. Bois odoriférant des Indes, de couleur verdâtre, qui sert à faire des ouvrages de tabletterie et de marqueterie. On écrit aussi *calambou, calambouc, calambourg.*

I. CALAMINE. *T. de minér.* On a confondu sous ce nom deux espèces minérales, le silicate et le carbonate de zinc. On réserve actuellement le nom de calamine au silicate et on donne celui de *smithsonite* au carbonate. Il est peut-être bon de remarquer que MM. Phillips et Delafosse ont fait l'inverse.

La calamine (Syn. : zinc oxydé siliceux) est un silicate hydraté $SiO^3, 2ZnO, HO$. Elle se rencontre dans les alvéoles des minerais de zinc en petits cristaux transparents, incolores ou légèrement jaunâtres, et aussi en masses concrétionnées quelquefois bleutées.

Prisme orthorhombique de 104°13', hemièdre à faces inclinées. Clivages faciles suivant les faces du prisme. Les cristaux ont l'éclat vitreux, ils sont phosphorescents et pyroélectriques. — Dureté : 5, densité : 3,35 à 3,50.

La calamine est soluble en gelée dans les acides. Chauffée au tube à essai elle perd de l'eau. Elle se gonfle sur le charbon et fond difficilement sur les bords. En la fondant avec du nitrate de cobalt on obtient un émail vert, bleu dans la partie entièrement fondue.

II. **CALAMINE**. C'est le principal minerai de zinc. Il est formé de carbonate de zinc accompagné de quantités plus ou moins considérables de silicate anhydre ou hydraté et plus rarement d'hydrocarbonate de zinc.

On en connaît des gisements très nombreux. Ce sont des filons faibles et peu profonds, soit des amas irréguliers à la séparation de deux terrains, ou encore des couches plus ou moins étendues.

Le chapeau des filons à sulfures métalliques est souvent formé de calamine, puis on trouve en descendant, la blende, la pyrite et la galène. Il semble donc que le zinc ait été amené à la surface sous forme de blende et que la calamine soit le produit d'altération de cette blende par les agents atmosphériques. La calamine ainsi formée a pu, soit rester en place, soit être transportée plus ou moins loin. Les couches de calamine qui sont en général entrecoupées de petits lits d'argile sont certainement des masses transportées.

Outre le silicate de zinc, minerai difficile à traiter, la calamine renferme encore du plomb à l'état de carbonate ou de sulfure. Les gangues les plus communes sont l'argile, l'oxyde de fer, la dolomie, la sidérose.

Le minerai se présente sous des aspects variés. On le trouve tantôt compact et cristallin, tantôt plus ou moins poreux; tantôt incolore, tantôt coloré en jaune, vert ou noir.

Le minerai calciné est généralement jaune plus ou moins rougeâtre. Pour le traitement de la calamine, V. ZINC (Métallurgie du).

CALAMUS. Les variétés de palmier dites *calamus draco*, *calamus rotang* et *calamus Roxburghii*, appelées encore *roseau espagnol* ou *rattan*, fournissent au commerce de longues bandes dont on se sert pour tresser les chaises. En faisant ces bandes on retire encore comme produit accessoire de longues fibres noires et frisées, imitant le crin de cheval, qu'on utilise pour le rembourrage des coussins.

CALANDRAGE. T. *techn.* Opération qui s'applique aux tissus après l'apprêt, au linge après le blanchissage, à certains papiers, aux épreuves photographiques, etc., et qui a pour but de les redresser, de les aplanir, d'en faire disparaître les plis, aspérités ou inégalités, de les lisser plus ou moins, et enfin de leur donner une apparence plus flatteuse pour la vente (V. APPRÊT, BLANCHISSAGE). L'opération du calandrage est réalisée généralement par le passage de la matière entre deux rouleaux sur lesquels une forte pression est exercée. C'est, sur une plus grande échelle et mécaniquement, l'opération qu'exécute avec son fer l'ouvrière repasseuse. Pour les tissus destinés à l'impression, le calandrage rend la surface plus apte à recevoir les couleurs et en même temps facilite le *cadrage*. — V. ce mot.

CALANDRE. T. *techn.* Machine qui sert à *calandrer*. Elle se compose en principe d'un cylindre de métal placé entre deux cylindres de carton ou de papier. Les trois cylindres sont superposés et le cylindre du milieu qui seul reçoit la commande provoque la rotation des deux autres par entraînement. Le tissu passant entre les rouleaux est entraîné par ceux-ci, et, par suite de la pression exercée sa surface devient lisse, et reçoit même un certain lustre.

Quand le mécanisme est agencé de façon à ce que les cylindres de papier et le cylindre métallique aient une vitesse circonférencielle différente, il se produit un frottement assez considérable et la surface du tissu devient beaucoup plus glacée. Ce genre de calandre est désigné sous le nom de *calandre à friction*.

Suivant les genres d'apprêt que l'on veut donner aux étoffes, on calandre *à froid* ou *à chaud*. Dans ce dernier cas, le cylindre métallique se chauffe de diverses manières. Anciennement on y mettait des fers préalablement chauffés, comme dans les fers à repasser, puis on a placé à l'intérieur une rampe de becs de gaz, et enfin, aujourd'hui on y introduit un courant de vapeur; le côté opposé à l'entrée de la vapeur est disposé de façon à laisser écouler l'eau de condensation qui se forme pendant la marche.

Les cylindres de carton sont formés généralement de feuilles de carton léger ou de papier fortement pressées les unes contre les autres à la presse hydraulique. On a aussi essayé le bois en feuilles très minces et le coton découpé en rondelles.

On est revenu aujourd'hui presque exclusivement aux rouleaux en papier qui, quoique plus chers, permettent d'obtenir un meilleur résultat. Quand on a à calandrer des tissus non entièrement secs, on remplace les rouleaux en carton, par des rouleaux garnis de forte toile ou de cretonne.

Nous avons déjà, à l'article APPRÊT, donné une idée de quelques calandres. La variété en est très grande. Nous indiquerons ici quelques-unes des plus employées.

La calandre *à simple effet* se compose d'un rouleau en papier de 0m,500 de diamètre et d'un rouleau en fonte de 0ᵐ,250 superposés. Le rouleau en fonte est chauffé intérieurement à la vapeur. Les coussinets du rouleau supérieur sont mobiles dans une coulisse des bâtis, et reçoivent une pression qui se règle à volonté au moyen de vis manœuvrées par des volants (pression fixe) ou par des leviers et des contrepoids (pression élastique).

Ce genre de calandre se construit également avec deux cylindres en papier et un rouleau en fonte — ou encore avec deux rouleaux en papier et deux en fonte. — Sur cette dernière on peut calandrer une ou deux pièces à la fois.

La calandre *à friction* se compose de trois rouleaux, dont celui du milieu, en papier, de 0ᵐ,550 de diamètre, et les deux autres en fonte; le rouleau supérieur est creux et peut être chauffé par un des moyens indiqués ci-dessus. — Le tissu appelé par le rouleau inférieur et celui du milieu se trouve frictionné par celui du haut qui, par la disposition de sa commande, marche un peu plus vite que les autres. On donne à volonté, suivant les tissus à traiter, la pression élastique par leviers ou la pression fixe par vis.

Une combinaison qui permet de réunir sur la même machine le calandrage ordinaire et le calandrage à friction, constitue une disposition également très avantageuse; la machine sert alors à deux fins, soit à calandrer, soit à glacer ou lustrer les tissus. La figure 65 la représente sous

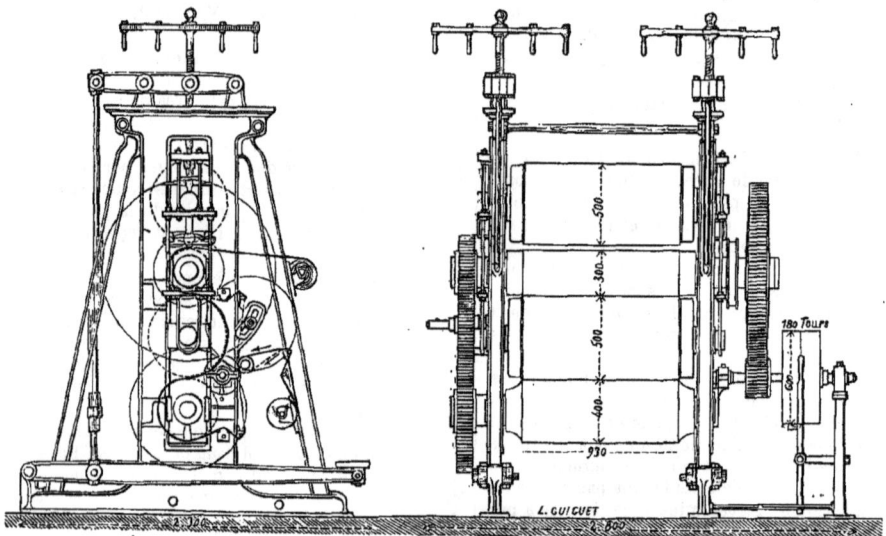

Fig. 65. — *Calandre pour calandrage ordinaire ou pour calandrage à friction.*

deux vues. Le changement dans la marche de la machine s'opère très simplement.

La calandre horizontale à moirer a déjà été décrite à l'article APPRÊT. On emploie aussi pour faire les moirés rayés ou *granits*, la calandre *fricteur avec rouleau gravé*, composée de deux rouleaux; l'inférieur est en papier et le supérieur en fonte; celui-ci marche à friction et porte une gravure combinée avec la nature des tissus que l'on veut moirer; devant les rouleaux, à l'entrée de la pièce, il y a un petit rouleau de retenue auquel on donne un mouvement de va-et-vient, soit à la main, si l'on veut avoir des moirés variés, soit automatiquement pour des moirés plus réguliers.

On obtient également les moirés au moyen d'une calandre composée de trois rouleaux en fonte de fortes dimensions (0ᵐ,600 de diamètre), et animés d'un mouvement de rotation alternatif. Le tissu fait quelques tours sur l'un des rouleaux, et, par l'effet de la pression énorme exercée sur les fibres superposées du tissu, pression qui se

traduit inégalement sur chacune, le moiré se produit.

La calandre hydraulique ou *Water Mangle* est employée pour le traitement des madapolams et autres; elle se compose de quatre rouleaux dont deux en toile de 0ᵐ,500, un rouleau inférieur en cuivre de 0ᵐ,450, et un autre rouleau également en cuivre, placé entre les deux en toile, de 0ᵐ,300 de diamètre, elle est à pression élastique par leviers ou à pression fixe par vis. Avant de s'engager entre les rouleaux, le tissu passe sur un tambour en cuivre chauffé à la vapeur, de 0ᵐ,700 de diamètre. Le tissu est soumis à cette machine directement après sa sortie des machines à laver et à exprimer (V. BLANCHIMENT); le tambour sécheur lui laisse encore une quantité d'humidité suffisante pour absorber l'apprêt demi-liquide qui doit le garnir. On supprime ainsi les opérations du séchage après le lavage et l'humectation avant l'apprêt. Les pièces sont séchées après, soit sur rames, soit à l'étendage. La même calandre se construit également avec trois rouleaux en toile, et trois en laiton.

La figure 66 représente une machine à cylindrer et à lustrer, spéciale pour les draps. Le cylindre chauffé tourne dans une sorte d'auge en métal, très massive, et exerce une forte pression sur

Fig. 66. — *Machine à cylindrer et a lustrer les draps.*

le tissu interposé entre les deux surfaces en contact. — P. D.

CALANDRER. Faire passer à la calandre.

ˈCALANDREUR, EUSE. Ouvrier, ouvrière qui presse, qui lustre, qui moire les étoffes en les soumettant à la calandre.

CALCAIRE. Syn. : *Calcite, chaux carbonatée;* vulg. : *pierre à chaux.* Le calcaire pur est du carbonate de chaux de la formule $Ca\,O,\,C\,O^2$ qui contient en poids 44 0/0 d'acide carbonique et 56 de chaux. Très souvent une partie de la chaux est remplacée par la magnésie, dont la proportion varie de 1 à 20 0/0; la roche devient alors dolomitique. Le calcaire est une des substances les plus répandues dans la nature et, par cela même, s'y présente sous les aspects les plus dissemblables, depuis des cristaux d'une limpidité parfaite jusqu'aux masses opaques et de toutes couleurs. Il est néanmoins toujours facilement reconnaissable, à la propriété qu'il possède de se laisser rayer par la pointe d'un couteau, de faire effervescence avec les acides minéraux, de donner naissance par le grillage à une matière alcaline, la *chaux.*

Nous allons passer en revue les variétés de calcaire les *plus importantes :*

Calcaire spathique. Les cristaux de chaux carbonatée sont de deux sortes : les uns dérivent d'un prisme rhombique droit; ce sont ceux de l'espèce minérale qu'on nomme *aragonite,* nous

n'avons pas à nous en occuper ici. Les autres dérivent d'un rhomboèdre de 105°5', ce sont à proprement parler ceux de calcaire. Les cristaux de cette espèce possèdent tous la propriété caractéristique de se cliver suivant trois directions, et de donner ainsi naissance au rhomboèdre de 105°5' qui constitue la forme primitive. Cette forme se rencontre très rarement dans la nature à l'état isolé, mais ses modifications sont nombreuses et variées; on a décrit plus de 40 rhomboèdres différents, 80 scalénoèdres, des prismes hexagonaux combinés ou basés, etc..... Ces cristaux sont généralement blancs; les uns sont opaques, d'autres jouissent d'une transparence remarquable; ils sont doués d'une biréfringence énergique, c'est-à-dire que lorsqu'on regarde au travers ils dédoublent fortement l'image des objets. Cette faculté fait employer constamment par les physiciens dans leurs expériences optiques, la variété dite *spath d'Islande,* dont la limpidité est parfaite; les plus beaux morceaux viennent de l'île dont ils portent le nom, ils y forment de grosses amandes, dans les trapps amygdaloïdes où ils sont associés à la stilbite.

Calcaire grenu, saccharoïde. Agrégat d'individus de spath calcaire, de dimensions variables, formés de lamelles distribuées dans tous les sens et sur lesquelles on peut reconnaître les diverses faces de clivages rhomboèdriques. Ses colorations sont variées; il est unicolore ou marbré; il renferme de nombreux minéraux accidentels. Sa cassure est brillante, finement lamelleuse ou grenue, ce qui lui donne l'aspect du sucre ; à cette variété se rapportent les marbres statuaires des anciens (paros, marbre pantélique) et ceux des modernes (cararre, marbres des Pyrénées et des Alpes). — V. Marbre.

Calcaire compacte. Il est cristallisé, mais la cristallisation n'y est visible qu'à l'aide du microscope ; sa cassure est lisse et terne. Il faut y rattacher les marbres calcaires employés en architecture ; la pierre lithographique ; les calcaires siliceux et argileux (marnes) et le calcaire bitumineux ou fétide. — V. Marbre, Pierre lithographique.

Calcaire concrétionné. En masses fibreuses, translucides, formé de couches parallèles ; sa couleur est souvent jaunâtre ; c'est à cette variété qu'appartient l'*albâtre calcaire ou oriental;* que les anciens nommaient *marbre onyx,* qui est souvent coloré, et qu'il ne faut pas confondre avec l'albâtre célèbre par sa blancheur lequel est un gypse. — V. Albâtre.

Les stalagtites et les stalagmites ont suivant les cas une texture soit concrétionnée, soit grenue.

Calcaire oolithique. Granulations rondes qui peuvent atteindre la grosseur d'un pois. Elles ont été formées dans des eaux en mouvement chargées de carbonate de chaux. Les oolithes renferment dans leur intérieur un corps étranger, grain de sable ou fragment de coquille qui a été le point de départ du grain oolithique. A la grosseur d'un grain de millet, ils forment de puissantes couches sur le côté ouest de la forêt Noire.

Calcaire poreux. *Tuf, travertin, incrustant.* Il constitue généralement un enduit sur des matières étrangères, amas de tiges de plantes, de coquilles bivalves, de gastéropodes et autres animaux. On connaît de ces tufs en masses considérables ; le travertin de Tivoli, par exemple, qui a servi à la construction des anciens monuments de Rome.

Calcaire terreux. *Craie.* — V. ce mot. Les usages du calcaire sont nombreux ; nous renverrons pour leur description développée aux articles spéciaux : chaux ou pierre a chaux, chaux hydraulique, craie, engrais, marbres, nicols, pierre a batir, pierre lithographique, etc. Les calcaires fibreux, soyeux, servent à faire des bijoux, des colliers de perles.

Le calcaire se rencontre dans les terrains de toutes les époques ; mais à l'état de grandes masses, il appartient surtout aux terrains sédimentaires dont il est l'un des éléments essentiels avec les grès et les argiles.

Dans les terrains de sédiment les plus anciens, on trouve les calcaires compactes à teintes foncées, riches en fossiles et coquilles caractéristiques. Dans l'étage carbonifère, les calcaires sont noirs ou grisâtres. Dans les terrains permiens, les calcaires sont gris, poreux, parfois fétides ;

dans les terrains jurassiques, on rencontre un calcaire marneux, appelé *calcaire du lias,* puis des calcaires compactes, oolithiques ; c'est de cette couche qu'on retire la pierre lithographique et les pierres à chaux hydrauliques.

A la fin des terrains secondaires se trouvent les différentes variétés de craie. Les calcaires siliceux, les calcaires grossiers, les travertins font partie du sol tertiaire.

L'hypothèse d'une origine purement chimique est la seule admissible, car le microscope montre que le calcaire, même compacte, même poreux, est formé non seulement par des débris de coquilles mais aussi, et pour la plus grande partie des masses, par de petits rhomboèdres de spath. — c.

* **CALCARIFÈRE.** *T. de minér.* Qui est chargé de matières calcaires.

CALCÉDOINE ou **CHALCÉDOINE.** *T. de minér.* Pierre dure et demi transparente de substance quartzeuse appartenant à la famille des *agates.* Elle est généralement d'un blanc laiteux, elle a été utilisée par les graveurs en pierres fines dès la plus haute antiquité. Elle entre aussi dans la décoration des objets de luxe.

* **CALCÉDONIX** ou **CHALCÉDONIX.** *T. de minér.* Variété de calcédoine qui offre des bandes de teinte sombre alternant régulièrement avec des bandes laiteuses.

* **CALCIFÈRE.** *T. de minér.* Qui contient de la chaux.

* **CALCIN.** *T. techn.* 1° Nom donné dans l'industrie chimique au résultat de la calcination des potasses et des soudes après l'évaporation à sec des salins ou dissolutions provenant des lessivages des cendres végétales. Cette désignation s'est généralisée et s'applique au traitement par le feu des sels fixes séparés par lessivage de tout principe impur, chargé de matières organiques qu'on a pour but de faire disparaître. || 2° Débris de glaces ou de verres pulvérisés par les moyens combinés du feu et de l'eau froide, et qu'on ajoute au verre à gobeletterie pour augmenter son élasticité après le recuit. Le calcin entre aussi dans la fabrication du cristal des émaux, des pierres fines artificielles, etc.

CALCINATION. *T. techn.* Opération qui consiste à soumettre à l'action d'une haute température diverses matières organiques ou minérales, soit pour en modifier la composition chimique en chassant par la chaleur certaines substances volatiles, soit pour en modifier la nature physique en opérant, sous l'influence du feu, tantôt une désagrégation, tantôt une augmentation de cohésion et de dureté.

La calcination, comme on le voit, produit des effets différents suivant les matières soumises à l'action de la chaleur ; elle s'exécute aussi par des appareils et des moyens très variés, suivant les résultats à obtenir.

Par exemple, les minerais de fer hydratés sont calcinés à l'air libre pour en chasser l'eau ; les carbonates de chaux, de fer, de zinc, sont calcinés pour en chasser l'acide carbonique; les pyrites de fer et de cuivre sont calcinées pour en chasser l'acide sulfureux et la calcination, dans ce dernier cas, prend le nom de *grillage*. — V. CHAUX, GRILLAGE DES MINERAIS.

Les os sont soumis à la calcination, soit en vase clos pour obtenir le *noir animal*, soit au contact de l'air pour obtenir seulement le phosphate d'os. Dans le cas de la calcination en vase clos, on peut recueillir simultanément le gaz qui se dégage et les eaux ammoniacales. — V. NOIR ANIMAL.

La calcination appliquée aux matières végétales prend généralement le nom de *carbonisation*. — V. ce mot.

On soumet à la calcination, sur la sole d'un four, les cailloux de quartz et autres pierres dures qui doivent entrer dans la fabrication des poteries, des porcelaines et des produits réfractaires: cette calcination a pour but de faciliter la désagrégation de ces pierres, surtout lorsque chauffées au blanc, elles sont aussitôt jetées dans une masse d'eau froide: c'est ce qu'on appelle *étonner* les pierres dures, dont le broyage devient facile après cette opération. Dans la même industrie des produits réfractaires, on applique la calcination à certaines argiles, avant de les réduire en poudre, pour augmenter leur résistance au feu.

La multiplicité des applications de la calcination ne nous permet pas de les détailler ici. Elles viendront naturellement à leur place en traitant chacune des industries où cette opération est mise en pratique.

* CALCINE. *T. de céram.* C'est le nom que les fabricants de faïence donnent au mélange d'oxyde d'étain et d'oxyde de plomb préparés pour la confection de la glaçure *opaque* blanche ou colorée, dont ils recouvrent dans tous les cas la pâte rouge de leur biscuit, pour en masquer la coloration plus ou moins rougeâtre.

Le plomb et l'étain métalliques pesés dans des proportions convenables et fondus ensemble sous l'action de l'air, se transforment en une matière plus ou moins jaunâtre dont la couleur varie avec la durée de l'oxydation et les proportions du mélange. C'est cette substance qui devient la base de l'émail. On la chauffe à une température élevée avec du sable de Nevers, du minium, du sel marin et du carbonate de soude dans des fours à faïence. On obtient une masse noirâtre qu'on pile et qu'on pose par arrosement ou trempage sur le biscuit de faïence. S'il est refondu ou simplement mélangé dans de fortes proportions avec des oxyde de cuivre, de manganèse, de cobalt, on obtient les émaux colorés des anciennes faïences.

CALCINER. C'est soumettre une substance solide quelconque à l'action d'une chaleur très élevée. On calcine l'or, l'argent, le plomb, etc; le coke est le résultat de la calcination de la houille; la chaux est le produit du carbonate de chaux calciné.

* CALCIUM. *T. de chim.* (Equiv. $= 20$; poids atomique : $Ca' = 40$). Corps simple rangé parmi les métaux alcalino-terreux, à côté du strontium et du baryum.

Préparation. Ce métal fort altérable a été découvert, en 1808, par Davy, en électrolysant un mélange humide de chaux et d'oxyde mercurique placé sur une lame de platine qui communiquait avec le pôle positif d'une pile, tandis que le pôle négatif était en relation, par l'intermédiaire d'un fil de platine, avec un globule de mercure placé au centre du mélange. Il se forma, au bout d'un certain temps, un amalgame de calcium qui, distillé, laissa un globule de calcium probablement impur.

Propriétés. Le calcium est d'un jaune pâle, Lorsqu'il est fraîchement coupé, sa surface est brillante, mais elle se ternit rapidement à l'air. Le calcium est très malléable : il est cependant plus dur que l'étain, mais moins que le zinc. Sa densité est égale à 1,584 (Bunsen).

Le calcium décompose l'eau à la température ordinaire. Chauffé à l'air, il y brûle avec un éclat très vif en se couvrant d'une couche d'*oxyde de calcium* ou *chaux* qui ne tarde pas à s'opposer à la combustion du métal, en empêchant le passage de l'oxygène. Le soufre, le phosphore, le chlore, le brome et les divers acides attaquent très rapidement le calcium.

Les combinaisons du *calcium* et de son oxyde, la *chaux*, ont une très grande importance. Il suffit de citer le *carbonate de chaux* qui est la base des divers calcaires, et le *sulfate de chaux* qui constitue le plâtre pour avoir une idée des services nombreux que nous rendent les corps à base de calcium.

Oxyde de calcium. (Equiv. Ca O = 28; Ca' O = 56). Cet oxyde, connu de tout le monde sous le nom de *chaux*, est préparé en grand dans l'industrie par la calcination du *carbonate de chaux*; l'acide carbonique est éliminé et la chaux reste sous forme de fragments d'un blanc plus ou moins pur. La chaux pure, employée dans les laboratoires, est obtenue par calcination, soit de marbre bien blanc, soit d'azotate de chaux purifié.

Propriétés. La chaux, infusible au feu de forge, se ramollit lorsqu'on la soumet à la flamme du chalumeau à gaz hydrogène et oxygène. Cette infusibilité la rend très précieuse pour la préparation des creusets qui doivent supporter de hautes températures, tels que ceux dans lesquels on fond le platine.

La chaux se combine à l'eau avec beaucoup d'énergie : si on arrose d'eau des fragments de chaux anhydre, dite *vive*, la température dégagée est si forte que la poudre placée sur des fragments peut s'enflammer. Cette élévation de température se manifeste ordinairement par la volatilisation d'une partie de l'eau d'imbibition; on dit alors que la chaux se *délite*, et l'hydrate qui prend naissance, si l'eau ajoutée est suffisante, a pour formule CaO, H²O. Cet hydrate porte le nom de *chaux éteinte*; si on le délaie dans un peu d'eau de façon à en faire une bouillie claire, on a le *lait de chaux*; si la quantité d'eau est très forte, il y a alors dissolution de tout ou partie de l'hydrate, et on a un liquide très nettement alcalin, d'une saveur lixivielle, connu sous le nom d'*eau de chaux*.

Les solutions de chaux présentent ce fait remarquable qu'elles se troublent sous l'influence d'une élévation de température; cela tient à la plus grande solubilité à froid qu'à chaud de l'hydrate calcique; en effet, 1 partie de chaux exige, pour se dissoudre à 15°, 778 parties d'eau, tandis qu'à 100° il en faut 1270 parties.

L'eau de chaux exposée à l'air se couvre d'un voile blanc dû à la formation de *carbonate de chaux*.

Certaines substances, telles que le sucre, ont la propriété d'augmenter considérablement la solubilité de la chaux dans l'eau : ainsi, 1 litre d'une liqueur contenant 416 grammes de sucre peut dissoudre jusqu'à 34 grammes de chaux. La formation de ce *saccharate de chaux* soluble est utilisée dans la défécation du jus de la betterave; on précipite par une addition ménagée de chaux beaucoup d'impuretés, tandis que le sucre cristallisable est inaltéré. — V. Sucre.

Usages. La chaux, à raison de son prix peu élevé, de son emploi comme alcali caustique, et de l'insolubilité de presque tous ses sels, est employée dans beaucoup d'industries.

L'emploi de la chaux dans la maçonnerie arrive au premier rang, et c'est de beaucoup l'usage le plus important. — V. Mortier.

On l'utilise pour le *pelanage* des peaux, c'est-à-dire pour la séparation du poil de la peau. La stéarinerie et la savonnerie en consomment aussi beaucoup. La chaux est d'un usage fréquent en pharmacie pour la préparation des alcaloïdes en général, des liniments, etc. Les fabriques d'acides organiques, tels que les acides oxalique, tartrique et citrique, mettent à profit l'insolubilité des sels qu'ils forment avec la chaux, et la facile décomposition de ces sels par l'acide sulfurique, pour les préparer en grand.

La chaux est employée pour la préparation de l'ammoniaque, pour éliminer du gaz d'éclairage l'acide carbonique et une partie de l'hydrogène sulfuré. L'agriculture en fait usage pour le chaulage des grains.

Enfin la chaux, grâce à son infusibilité, sert à faire des creusets pour la fusion du platine. — V. Chaux.

SELS DE CALCIUM.

Nous confondrons dans la nomenclature des sels de calcium, ceux connus plus généralement sous le nom de sels de *chaux*, afin de faciliter les recherches.

Azotate de calcium. — V. Azotate de chaux.

Borate de calcium. Ce sel se rencontre dans le *Tiza*, produit exploité au Pérou sur une grande échelle, à cause de sa richesse en acide borique. Le borate de chaux est associé dans ce minerai à la *boronatrocalcite* ou borate double de soude et de chaux. — V. Borax. § *Tiza*.

Carbonate de calcium. $CaO,CO^2 = CaCO^3$. Le carbonate de calcium est un des corps les plus répandus dans la nature.

A l'état cristallisé, il constitue la *calcite* ou *spath d'Islande*; s'il est en rhomboèdres, il est fort recherché pour la construction d'instruments d'optique. Si les cristaux sont des prismes orthorhombiques, il porte le nom d'*arragonite*.

Le carbonate de chaux compacte à cassure saccharoïde forme le *marbre* dont les diverses colorations sont dues à des traces d'oxydes métalliques. — V. Marbre.

Les roches les plus répandues où l'on rencontre le carbonate de calcium constituent les divers *calcaires* qui, suivant leur situation géologique, portent des noms différents. — V. Calcaire.

La *pierre lithographique* est un calcaire schisteux et blanc jaunâtre qu'on rencontre en France dans les départements du Gard, de l'Ardèche et de la Côte-d'Or (Dijon). — V. Pierre lithographique.

La *craie* ou carbonate de calcium terreux forme des dépôts puissants et étendus dans la Champagne, la Normandie et les environs de Paris. — V. Blanc III, § *Blanc de Meudon*.

La majeure partie des calcaires sont employés dans la construction. — V. Pierre a batir.

Lorsque le carbonate de calcium est associé à de l'argile, il forme la *marne* qui, par calcination, fournit les diverses chaux hydrauliques. — V. Chaux.

Le carbonate de calcium se rencontre dans le règne animal et le règne végétal; il forme un dixième environ de la charpente osseuse des animaux vertébrés; il constitue au delà des neuf dixièmes des coquilles d'œufs, et de 94 à 98 0/0 de la coquille des mollusques.

Propriétés. Le carbonate de calcium pur est blanc. Sa densité varie de 2,71 à 2,93. Il n'est pas tout-à-fait insoluble dans l'eau bouillie, et se dissout en très notable quantité dans l'eau chargée d'acide carbonique : ainsi, un litre d'eau saturée d'acide carbonique peut dissoudre 0 gr., 88 de carbonate à 10° C. Les eaux gazeuses naturelles renferment une proportion quelquefois très élevée de carbonate de calcium. Cela est dû à la présence d'une forte quantité d'acide carbonique maintenu en solution sous l'influence de la pression à laquelle sont soumises les eaux minérales dans les profondeurs du sol.

Les eaux de sources et de rivières renferment généralement peu de carbonate de chaux en solution. Cependant la proportion en est assez élevée pour donner, à la longue, dans les chaudières à vapeur, des *incrustations*, parfois très épaisses, qui sont dues à la précipitation, sur les parois de la chaudière, du carbonate de calcium, lorsque l'acide carbonique a été chassé de l'eau par l'ébullition. On s'oppose plus ou moins complètement à la formation de ces incrustations en introduisant dans les chaudières des matières féculentes, des résidus de produits tannants, du verre pilé, et en général toutes choses agissant mécaniquement sur les dépôts afin de les diviser. — V. Chaudière a vapeur.

Usages. Le carbonate de chaux comme matière première industrielle est utilisé pour la production des eaux de seltz. La métallurgie l'emploie pour augmenter la fusibilité des gangues des minerais. Enfin on l'utilise en grand pour la préparation de la chaux. — V. Chaux.

Caséinate de calcium. Ce corps est employé en teinture comme mordant. Pour le préparer on dissout la caséine du lait dans de l'ammoniaque étendue et l'on mélange avec cette dissolution un lait de chaux fraîchement préparé.

Pour mordancer les tissus soit de laine, soit de coton, on les plonge dans le liquide obtenu et on soumet à l'action de la chaleur; la combinaison devient insoluble et peut résister aux lavages alcalins.

Chlorure de calcium. $Ca' Cl'$. Ce sel s'obtient en évaporant la solution qui résulte de l'action de l'acide chlorhydrique sur le carbonate de chaux. C'est le résidu de plusieurs industries et notamment des fabriques d'eau de seltz et de superphosphates.

Le chlorure de calcium hydraté est incolore; sa saveur est amère. C'est un des sels les plus solubles que l'on connaisse; ainsi, à la température ordinaire, il se dissout dans le quart de son poids d'eau, en produisant un abaissement de température considérable. Qu'on pile de la glace avec du chlorure de calcium on a un mélange réfrigérant dont la température peut descendre jusqu'à — 35°.

La solution saturée de chlorure de calcium bout à 179°5, à cette température elle renferme 325 p. de sel anhydre pour 100 p. d'eau.

On rencontre le chlorure de calcium en dissolution dans un grand nombre d'eaux minérales et d'eaux potables.

Chlorure de chaux. — V. Chlorure décolorant.

Fluorure de calcium. Syn.: *Spath fluor, fluorine.* $Ca'' Fl^2$. Ce corps se trouve abondamment dans la nature en filons puissants, surtout dans les terrains métallifères. Il se rencontre aussi dans quelques eaux minérales et forme quelques millièmes de la partie minérale des os et de l'émail des dents.

Le spath fluor a une densité égale à 3,1. Soumis à l'action de la chaleur il devient fluorescent. Les alcalis et les carbonates alcalins le décomposent par voix sèche en donnant un fluorure alcalin soluble. L'acide chlorhydrique concentré le dissout entièrement.

Le fluorure de calcium sert à la préparation de l'*acide fluorhydrique* (V. ce mot); il est souvent employé en métallurgie comme fondant, surtout dans le traitement des minerais de cuivre.

Oxalate de calcium. Ce sel est en solution dans la sève de plusieurs plantes et on le rencontre dans certains tissus végétaux cristallisé en petites aiguilles microscopiques. Il forme la majeure partie des calculs urinaires dits *calculs muraux.*

Il est insoluble dans l'eau et les acides organiques, mais soluble dans les acides minéraux.

Phosphate de calcium. L'acide phosphorique est un acide tribasique. Lorsqu'il est saturé par la chaux il forme le *phosphate des os* ou *phosphate tricalcique.* Si au lieu de trois molécules de chaux il n'est combiné qu'à deux, une molécule d'eau prend la place de la chaux absente et on a le *phosphate bicalcique.* Si enfin l'acide phosphorique ne fixe qu'une molécule de chaux, la place restée libre est prise par deux molécules d'eau et il en résulte le *phosphate monocalcique.*

1° *Phosphate tricalcique.* $(Ph O^4)^2 Ca'^3$. Il constitue les 80 centièmes de la partie minérale des os. On le rencontre assez abondamment dans la nature. La variété la plus importante, à cause de son application dans l'agriculture est celle connue sous le nom de *coprolithe* et qui est formée par les excréments fossiles de grands sauriens dont on rencontre les ossements dans les mêmes couches.

Les coprolithes se présentent sous formes de rognons plus ou moins volumineux, contenant de 50 à 85 0/0 de phosphate de chaux, mêlé à de l'argile, de la craie, des silicates et des matières organiques. On les rencontre en France dans les départements de l'Allier, du Pas-de-Calais et du Nord ainsi qu'en Normandie.

Le phosphate tricalcique se rencontre encore combiné au chlorure et au fluorure de calcium et constitue les diverses variétés d'*apatite* calcaire dont la richesse en phosphate de chaux varie de 80 à 92 0/0. Cette apatite a la propriété de devenir fluorescente lorsqu'on la chauffe, grâce à la présence du fluorure de calcium.

Une variété d'apatite, fibreuse ou compacte, se rencontre sous le nom de *phosphorite* en Espagne, où elle forme des amas à peu près inépuisables. La richesse de ce minerai varie de 50 à 90 0/0 de phosphate tricalcique.

Propriétés. Le phosphate tricalcique peut être considéré comme insoluble dans l'eau pure. Certaines solutions salines telles que celles de chlorure et d'azotate de sodium, ou de sels ammoniacaux agissent un peu sur le phosphate de chaux. Les acides le dissolvent facilement. L'acide carbonique lui-même opère cette dissolution; on peut s'en convaincre facilement en mettant un os dans une bouteille contenant de l'eau de seltz; sous l'influence de l'acide en solution la matière minérale est enlevée et au bout de vingt-quatre heures seulement l'os a perdu sa rigidité.

Usages. Le phosphate tricalcique sous ses diverses formes, d'os, de noir animal, de coprolithe et d'apatite est employé industriellement pour la préparation des engrais, des superphosphates et du phosphore. — V. Engrais, Phosphate.

2° *Phosphate bicalcique.* Phosphate assimilable. Phosphate rétrograde $(Ph O^4 Ca' H)$. Ce phosphate se rencontre dans les superphosphates du commerce. Il résulte de l'action de l'acide phosphorique sur le carbonate de chaux et c'est un des termes de la *rétrogradation* des superphosphates sous l'influence du temps. Ce corps est insoluble dans l'eau pure, mais il est soluble dans l'eau chargée soit de carbonate de soude, soit d'oxalate ou de citrate d'ammoniaque. Il est plus soluble dans l'acide carbonique que le phosphate tricalcique.

3° *Phosphate monocalcique.* (Phosphate soluble. Phosphate acide de chaux.) (Ph O⁴)² Ca″ H⁴. Ce sel se rencontre naturellement dans certains liquides de l'économie animale. Les excréments de chien dont on imbibe les peaux de chèvres avant de les tanner afin de neutraliser la chaux qui les souille lui doivent leur acidité.

Ce sel se prépare en grand dans l'industrie pour la fabrication du phosphore. On l'obtient en traitant les os calcinés par l'acide sulfurique dans la proportion de 100 kilogrammes d'acide sulfurique à 50 0/0 pour 100 kilogrammes d'os. L'opération s'effectue dans des cuves revêtues de plomb ou dans des baquets de sapin goudronnés. Il se forme du sulfate de chaux insoluble qui se précipite ; on décante la liqueur surnageante qui renferme en solution le phosphate monocalcique et on l'évapore.

Pour avoir un produit exempt d'acide sulfurique il vaut mieux faire agir l'acide phosphorique sur du phosphate tricalcique ; on a une solution qui, soumise à l'évaporation spontanée, fournit de beaux cristaux ayant la formule :

$$(Ph\,O^4)^2\,Ca''\,H^4 + H^2\,O.$$

Usages. Nous avons dit qu'on utilisait le phosphate monocalcique pour la préparation du phosphore. Mais il est un emploi autrement important de ce produit, c'est l'usage qu'on en fait en agriculture comme engrais sous le nom de *superphosphate de chaux.*

Le phosphate de chaux tel qu'il existe dans les os est soluble dans l'acide carbonique et peut être assimilé par les plantes à la faveur de cet acide dissout dans les eaux terrestres. La poudre des coprolithes, exposée à l'air jouit de la même faculté, mais il n'en est pas de même lorsqu'on a affaire à un minerai naturel comme l'*apatite.* Pour rendre le phosphate de chaux de ce corps *assimilable* par les végétaux, il faut lui faire subir une désagrégation partielle au moyen de l'acide sulfurique.

Le résultat immédiat de cette désagrégation est la formation de sulfate de chaux et de *phosphate monocalcique* et même d'*acide phosphorique* libre qui, en réagissant sous l'influence du temps, sur les portions du minerai inattaquées subissent une *rétrogradation* et se transforment, en partie, en *phosphate bicalcique* facilement soluble dans l'acide carbonique mais insoluble dans l'eau pure. Cette *rétrogradation* doit être aussi avancée que possible, car l'introduction dans le sol d'un superphosphate contenant seulement du phosphate monocalcique serait très nuisible aux plantes ; d'ailleurs ce phosphate, en présence du carbonate de chaux de la terre, passe entièrement à l'état de phosphate bicalcique qui est la forme assimilable par les plantes. — V. Phosphate, Phosphore.

Phosphure de calcium. Substance brune amorphe obtenue par l'action de la vapeur de phosphore sur la chaux portée au rouge. Le phosphore est placé au fond d'un creuset, puis à une certaine distance on met une grille en terre et par dessus des fragments de chaux. Le creuset, une fois recouvert, est porté au rouge dans la partie où se trouve la chaux, puis on chauffe le phosphore de façon à le réduire en vapeur.

La formule du phosphure de calcium produit dans ces conditions est d'après Thénard (Ca″ O)³ Ph⁵. Traité par l'eau il fournit du gaz hydrogène phosphoré spontanément inflammable et de l'hypophosphite de calcium. Cette réaction est utilisée pour l'éclairage des *bouées de sauvetage* (fig. 67). Une boîte cylindrique renferme le phosphure de calcium, elle est munie au centre d'un tube percé de trous par où l'eau de la mer peut pénétrer ; la décomposition du phosphure a lieu et le gaz hydrogène phosphoré qui en résulte s'enflamme à l'extrémité d'un tuyau métallique s'engageant à frottement dur dans le tube central de la boîte. Une charge de 800 grammes de phosphure de calcium peut dégager suffisamment de gaz pour que la flamme dure trois heures.

Sulfate de calcium. Ca″ S O⁴. Ce corps se rencontre à l'état anhydre sous le nom de *karsténite* ou d'*anhydrite,* dans la Nouvelle-Écosse. Il est beaucoup plus répandu dans la nature à l'état hydraté et porte alors le nom de *gypse.*

Le *gypse* qui a pour formule S O⁴ Ca″ 2H²O forme des couches d'une grande étendue dans les terrains tertiaires inférieurs et constitue notamment le bassin de Paris.

On en distingue plusieurs variétés :

1° Le *gypse spathique* (sélénite, gypse lamelleux, gypse dit en fer de lance à cause de la forme de ses cristaux) ;

2° Le *gypse fibreux* formé de fibres cristallines soyeuses ;

3° Le *gypse grenu* (gypse saccharoïde) à texture cristalline plus ou moins granuleuse dont les variétés les plus pures portent le nom d'*albâtre ;*

4° Le *gypse compacte* et le *gypse terreux.*

Le sulfate de calcium hydraté est incolore, d'une saveur un peu amère ; sa densité = 2,31. Il renferme 20,9 0/0 d'eau de cristallisation, et sa propriété saillante est de perdre cette eau lorsqu'on le chauffe à 80° dans un courant d'air ou à 115° degré en vase clos : on a ainsi le *plâtre.*

Le sulfate de calcium déshydraté est pulvérulent ; *gâché* avec de l'eau il provoque une élévation de température et le mélange ne tarde pas à se prendre en une masse de petits cristaux assez durs ; cette prise en masse est accompagnée d'une augmentation de volume qui rend le plâtre précieux pour le *moulage* car il pénètre avec facilité dans tous les creux du moule.

Lorsqu'on a cuit le plâtre à une température voisine de 160°, il reprend avec difficulté son eau de cristallisation ; si la cuisson a lieu au rouge cerise le *plâtre ne prend* plus l'eau. Au rouge blanc le plâtre fond sans se décomposer.

1,000 p. d'eau dissolvent à 100° 2 p. de gypse.
1,000 p. — 35° 2 p. 54 —
1,000 p. — 0° 2 p. 05 —

Le sulfate de calcium est insoluble dans l'alcool.

La présence de sels ammoniacaux dans l'eau favorise la dissolution du sulfate de calcium. L'acide chlorhydrique bouillant, ainsi que l'acide azotique et surtout l'acide sulfurique concentré, le dissolvent plus facilement.

Le sulfate de calcium se trouve en dissolution dans certaines eaux minérales dites *séléniteuses*. Ces eaux ne sont guère potables lorsqu'elles contiennent une proportion de sulfate de calcium supérieure à 0,03 par litre. Cette proportion peut s'élever jusqu'à 2 grammes par litre, et alors l'eau est dite *crue* : elle ne peut servir ni pour le savonnage, ni pour la cuisson des légumes. Elle est mauvaise pour l'alimentation des chaudières, et lorsqu'on ne pourra pas s'en procurer d'autre, on devra enlever la majeure partie du sulfate de calcium qu'elle contient en mettant dans le réservoir où elle se trouve un peu de carbonate de soude. On laissera déposer le carbonate de chaux et on se servira de l'eau surnageante.

Usages. Le sulfate de calcium, sous forme de *plâtre*, a des usages très multiples. On l'emploie à l'état d'hydrate et en poudre pour la peinture à la colle. — V. PLÂTRE.

Fig. 67. —*Bouée lumineuse au phosphure de calcium, dite « Bouée Silas ».*

Sulfite de calcium. $Ca''SO^3$. Sel incolore, soluble dans 800 parties d'eau froide, beaucoup plus soluble en présence d'acide sulfureux. La liqueur qu'on obtient à l'aide de ce dernier est connue dans le commerce sous le nom de *bisulfite de chaux;* elle est employée par les brasseurs pour assainir leurs cuves, l'acide sulfureux étant un anti-fermentescible énergique. Les vignerons arrêtent la fermentation du moût de raisin en le *mutant* avec un peu de bisulfite de chaux. Enfin, on l'emploie comme agent décolorant.

Sulfure de calcium. Le *monosulfure de calcium* $Ca''S$ est blanc, amorphe. Sa saveur est hépatique. L'eau bouillante le décompose en donnant de l'hydrate de chaux et du *sulfhydrate de calcium* CaH^2S^2, corps entrant dans la composition de diverses *pâtes épilatoires.*

On admet généralement dans la théorie de la fabrication de la soude par le procédé Leblanc qu'il se forme un *oxysulfure de calcium*, insoluble dans l'eau, connu sous le nom de *marc de soude*, et qui, jusqu'à ces dernières années, était jeté comme résidu.

Depuis quelque temps, plusieurs procédés ont été proposés pour l'extraction du soufre contenu dans ces marcs (V. SOUDE). Le monosulfure de calcium est phosphorescent : après avoir été soumis à l'action de la lumière, il luit dans l'obscurité; ce qui lui faisait donner autrefois le nom de *phosphore de Canton*. Cette propriété a été utilisée récemment pour fabriquer des plaques indicatrices destinées aux rues de Paris, et des cadrans d'horloges qui permettraient d'être renseignés la nuit. — V. CADRAN LUMINEUX.

On prépare le monosulfure ·de calcium :

1° En soumettant la chaux à l'action de l'hydrogène sulfuré;

2° En faisant agir le charbon ou l'oxyde de carbone sur du sulfate calcique porté au rouge;

3° Par l'action de l'acide carbonique saturé de vapeur de sulfure de carbone sur de la chaux incandescente.

Propriétés générales des sels de calcium. Les chlorure, bromure, iodure, sulfure, azotate, hyposulfite et phosphate acide de calcium sont très solubles dans l'eau.

Le sulfite et le sulfate de calcium . sont peu solubles.

Les fluorure, carbonate, phosphate et silicate de calcium sont insolubles. Ces sels se dissolvent dans l'acide chlorhydrique et azotique, plus facilement à chaud qu'à froid. Les solutions calciques neutres donnent :

Avec la *potasse* et l'*ammoniaque,* un précipité pourvu qu'elles soient très concentrées. Dans ce cas, il se sépare de la chaux hydratée, soluble dans un grand excès d'eau.

Les *carbonates alcalins* donnent un précipité blanc.

L'*acide oxalique* et l'*oxalate d'ammonium* provoquent la formation d'oxalate de chaux insoluble dans l'eau et l'acide acétique, mais soluble dans l'acide chlorhydrique.

L'*acide sulfurique* et les *sulfates* donnent naissance à du sulfate de chaux qui se précipite si la liqueur calcique est suffisamment concentrée. Si la liqueur est diluée, on provoquera la précipitation en ajoutant de l'alcool.

Les sels insolubles, *autres que le carbonate de calcium,* peuvent être transformés en carbonate par ébullition avec du carbonate de soude en solution peu étendue. On filtrera pour séparer le carbonate formé, et, après l'avoir dissous dans un acide, on examinera ses réactions. — ALB. R.

CALCUL. Ensemble d'opérations ayant pour but d'obtenir, soit un résultat numérique, soit une expression littérale répondant à une question déterminée (opérations arithmétiques, calculs algébriques, résolutions d'équations, etc., etc.).

L'analyse mathématique comprend un certain nombre de parties qui toutes portent le nom de calcul, suivi d'une épithète servant à caractériser la branche de mathématiques à laquelle elles se rattachent. Ainsi, on dit : calcul différentiel, calcul intégral, calcul infinitésimal, calcul des différences, calcul des probabilités, calcul des résidus, calcul des variations. Les principales opérations de l'arithmétique peuvent se faire à l'aide d'appareils que nous examinons dans l'article suivant.

* **CALCULER** (Machines à). Plusieurs appareils ont été imaginés pour effectuer mécaniquement des calculs plus ou moins compliqués. Il en existe un certain nombre reposant sur des principes divers : *machines à compteur à chiffres, machines à calculer automatiques, machines à divisions logarithmiques, machines graphiques, machines-balances.*

Nous ne décrirons que les plus remarquables et ·

les plus usités de ces appareils, nous bornant à signaler ceux qui présentent un intérêt moindre ou dont l'usage est aujourd'hui abandonné.

La plus simple des machines à calculer est l'*abaque* ou *boulier compteur*, fréquemment employé dans les écoles primaires pour apprendre aux enfants les principes de la formation des nombres.

Dans un cadre en bois, sont tendues horizontalement des tringles sur lesquelles peuvent circuler librement 10 boules de bois. Les boules de la tringle supérieure représentent les unités; celles de la seconde, les dizaines; celles de la troisième, les centaines, et ainsi de suite. Pour former un nombre, on commence par réunir toutes les boules d'un même côté du cadre, puis on reporte sur le côté opposé, et sur chaque tringle, autant de boules qu'il est nécessaire pour représenter les unités de l'ordre auquel elle correspond. Il suffit donc pour opérer une addition, d'ajouter les unités aux unités, les dizaines aux dizaines, etc., et de reporter à chaque colonne les retenues provenant de la colonne précédente, absolument comme dans le procédé ordinaire.

M. Léon Lalanne, a imaginé un abaque d'une très grande simplicité, connu sous le nom de *compteur universel*, et qui permet d'obtenir immédiatement le produit, le quotient, le carré, etc. de deux nombres, ainsi que la circonférence et la surface d'un cercle. L'usage de cet instrument peut rendre de très grands services dans l'industrie où souvent les calculs n'exigent pas un très haut degré de précision.

Machines à compteur à chiffres. La première machine de ce genre qui ait été imaginée est celle de Pascal, dont on peut voir un curieux spécimen au Conservatoire des Arts-et-Métiers, et que Leibnitz chercha en vain à rendre pratique. Viennent ensuite celles de M. Lépine, du Dr Roth, de M. Babbage, de M. Balzola d'Irun. etc. ; enfin la machine si remarquable de M. Thomas, de Colmar, déjà décrite au mot ARITHMOMÈTRE. Son principal organe, celui qui permet de faire les multiplications et qui est constitué par des cylindres cannelés et des arbres parallèles sur lesquels glissent des pignons destinés à représenter des nombres, se retrouve dans la machine de M. Maurel, abandonnée depuis la mort de son inventeur qui, malheureusement, n'a pas laissé à ses héritiers le secret de son invention.

Machines à calculer automatiques. CALCULATEUR D'INTÉRÊT. Inventé en 1876, par M. C.-L. Chambon, cet appareil permet de résoudre automatiquement et rapidement toutes les règles d'intérêt simple ou composé. Il est donc d'une utilité incontestable pour tous ceux qui s'occupent de comptabilité commerciale, financière et industrielle; il est aussi un instrument d'enseignement à deux titres : comme auxiliaire dans les calculs de second ordre, et comme moyen de vérification dans les calculs faits.

Le principe du calculateur d'intérêt, repose sur l'enroulement et le déroulement de tableaux imprimés que celui qui calcule fait mouvoir au moyen de boutons placés en dehors et sur la gauche de l'appareil.

L'opération se résout par l'addition.

L'appareil se compose d'une boîte dont le couvercle tient lieu de tableau, et dans laquelle sont des cylindres mobiles portant des bandes où sont inscrits les résultats des diverses opérations. Les cylindres sont destinés à l'enroulement des bandes porte-chiffres; ils sont accouplés deux par deux et armés, à l'une de leurs extrémités, d'une roue en métal qui engrène avec un pignon central. Celui-ci est mis en mouvement par l'opérateur au moyen d'un bouton qui fait saillie en dehors de la boîte.

Les bandes porte-chiffres sont destinées à recevoir dans le sens horizontal : 1° les nombres ou sommes sur lesquels on veut opérer; 2° le taux de l'intérêt; 3° les résultats du décompte de la somme indiquée dans la première colonne à gauche.

A gauche du tableau, et dans le sens vertical, sont inscrits les nombres de 1 à 9, pour la première série, à partir des unités; de 10 à 90, pour la deuxième; de 100 à 900, pour la troisième, etc., et enfin de 100,000 à 900,000, pour la sixième et dernière série. Cette somme dépasse de beaucoup les besoins de la pratique, mais elle peut être portée à un ordre encore supérieur par l'addition d'une ou plusieurs paires de cylindres. Chacune des séries de nombres est répétée sur chaque bande autant de fois qu'il y a de taux différents, mais il est clair qu'il suffit d'un seul cylindre par série lorsqu'il n'y a qu'un taux.

Le tableau du calculateur sert à la fois de couverture et d'en-tête au système. Il est percé horizontalement d'autant d'ouvertures qu'il y a de paires de cylindres, et porte verticalement des divisions correspondantes aux diverses périodes de temps pour lesquelles les calculs d'intérêt, affectés à l'avance, sont indiqués sur les bandes mobiles qui s'enroulent sur les cylindres. Il y est, de plus, ménagé une colonne pour le taux et une autre pour l'indication des sommes.

On comprend d'ailleurs qu'il est facile de faire varier de bien des manières le nombre des colonnes et les divisions du tableau, la disposition générale restant la même.

Afin de pouvoir faire servir son calculateur à l'escompte des billets de commerce, l'inventeur a imaginé un compteur de jours, composé d'une boîte, qui comprend : 1° une bande horizontale qui glisse sur deux galets, et qui porte les chiffres de 1 à 30 pour les jours du mois (année commer-

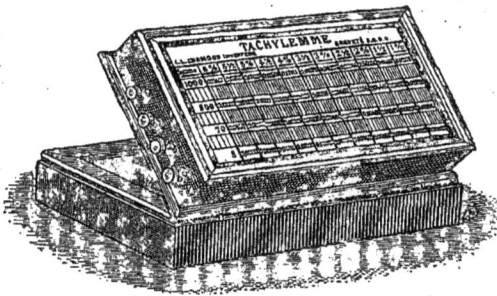

Fig. 68. — Tachylemme.

ciale de 360 jours); 2° un cylindre à deux sections.

La section de gauche comporte, à demeure fixe, les noms des douze mois de l'année, de janvier à décembre; celle de droite, la plus longue, les nombres de 1 à 360, divisés en 12 lignes horizontales. La première ligne est teinte en rose : c'est la ligne de départ.

Pour se servir du compteur de jours, il faut amener avec le bouton du haut le quantième du mois, pris comme point de départ, en dessus de l'indicateur, puis, avec le bouton du bas, faire apparaître le nom du mois dans l'ouverture de gauche. On appuie ensuite légèrement et horizontalement sur ce bouton, et on amène, si elle n'y est déjà, la ligne teintée en regard du mois; on cesse alors d'appuyer, et l'on continue de tourner le bouton jusqu'à ce que le mois d'arrivée apparaisse dans l'ouverture des mois. Au-dessous du quantième d'arrivée se trouve le nombre de jours cherché.

Soit, par exemple, à trouver le nombre de jours à courir entre le 4 mars et le 11 juin (abstraction faite du 4). En opérant comme il a été dit ci-dessus, on trouvera que ce nombre correspond à 97 jours.

Le calculateur d'intérêts, tel que nous venons de le décrire, étant d'un prix assez élevé lorsqu'il porte sur des nombres un peu forts, M. Chambon, pour remédier à cet inconvénient, a construit un appareil peu coûteux auquel il a donné le nom de *tachylemme*, et qui conduit au même but.

TACHYLEMME. Cet instrument est une simplification du précédent; il donne l'intérêt de toute somme composée d'unités, de dizaines de centaines, de mille, de dizaines de mille, etc., etc., de un franc à un milliard, aux taux de 1/16, 1/8, 1/4, 1/2, 3/4, 1 0/0, etc., jusqu'à 6 0/0, par 1/4, 1/2, 3/4, soit à 26 taux différents.

Le petit modèle, représenté (fig. 68), et que, vu sa simplicité, nous ne croyons pas utile de décrire, donne l'intérêt à 13 taux différents, pour un ou plusieurs jours, de toute somme comprise entre un franc et un million. On remarquera toutefois que le 2 1/2 0/0 divisé par 10, représente le 1/4 0/0 ou 25 centimes et que le 1/2 0/0 ou 50 centimes, est représenté par le 5 0/0 divisé par 10.

Machines à divisions logarithmiques. MACHINES DE NÉPER. Jean Néper, l'inventeur des logarithmes, a imaginé un appareil qui permet de reconnaître, à première vue, les 9 multiples simples d'un nombre de plusieurs chiffres. Cet appareil, composé d'une série de

petits bâtons sur lesquels sont inscrits les multiples du chiffre placé en tête, a reçu de M. Hélie une disposition particulière qui le rend beaucoup plus pratique. Toutefois, comme depuis l'invention de la règle et du cercle à calculs, la machine de Néper est restée sans emploi, nous passerons de suite à l'étude de ces deux instruments.

RÈGLE A CALCUL DE GRAVET-LENOIR. Inventée en 1624 par Gunther, la règle à calcul fut d'abord perfectionnée en 1627 par Wingate qui lui adjoignit la règle glissante, afin d'éviter l'usage du compas, et enfin par Gravet-Lenoir, dont elle porte aujourd'hui le nom. Cet ingénieux instrument, dont nous ne pouvons indiquer ici que les principaux emplois, est fondé sur les principes de la théorie des logarithmes, et permet de simplifier une foule de calculs. Les opérations qu'on peut effectuer par son moyen, et à vue, sont: le produit ou le quotient de deux nombres, le carré et le cube d'un nombre, l'extraction des racines carrées et cubiques, la résolution des règles de trois, les calculs d'intérêt, divers calculs de géométrie pratique, etc., etc. Il est bien évident que la règle de Lenoir ne peut donner une très grande approximation dans les calculs; elle fait connaître en général les deux ou trois premiers chiffres des nombres que l'on cherche, et donne une approximation très suffisante dans la plupart des cas.

La règle à calcul (fig. 69), se compose de deux parties: l'une fixe, ou règle proprement dite, et l'autre mobile, qui glisse à l'intérieur de la première, et qui constitue la *réglette* ou *coulisse*. Sur la partie supérieure de la règle ou *échelle principale*, on a porté, à partir du point 1, des longueurs proportionnelles aux logarithmes des nombres 2, 3, 4, ... 10; puis, on a répété cette division à la suite. On a aussi, sur la règle, une petite table de logarithmes allant de 1 à 100; et comme le logarithme de 1 est zéro, il s'ensuit que le trait 1

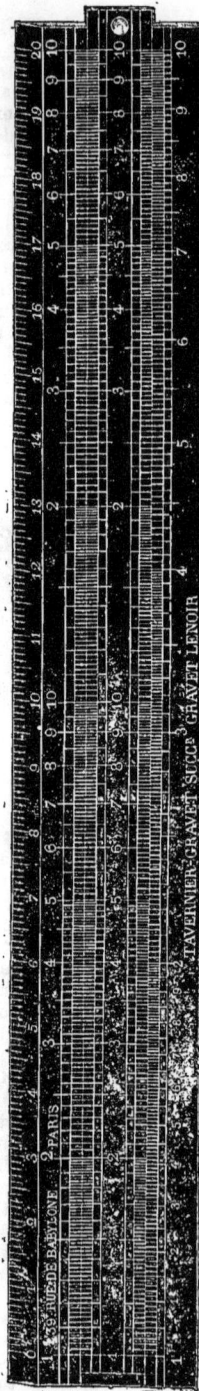

Fig. 69. — *Règle à calcul.*

forme *l'index* ou *curseur* de l'échelle. Cette partie de la règle à calcul représente l'échelle des logarithmes des nombres; l'autre, ou *échelle inférieure*, porte des divisions doubles et constitue l'échelle des logarithmes des carrés des nombres. La réglette est divisée absolument de la même manière que la règle et porte les mêmes indications.

L'usage de la règle à calcul étant donc basé sur ce principe que le logarithme d'un produit est égal à la somme des logarithmes des facteurs, supposons qu'on ait à chercher le produit de 6 par 7. On amènera le curseur 1 de la réglette sur le chiffre 6 de l'échelle supérieure de la règle, et l'on verra que le 7 de la réglette correspond au 42 de la règle; 42 sera donc le produit cherché. En effet, d'après la méthode suivant laquelle la règle est construite, $\log : 6 + \log : 7 = 42$; donc, $6 \times 7 = 42$.

Ainsi, pour faire une multiplication, on amène l'index de la réglette sur l'un des deux facteurs, lu sur la moitié à gauche de l'échelle supérieure de la règle; le produit cherché correspond, sur la règle, au second nombre lu sur la réglette.

Pour faire une division, il faut amener le point de la partie à gauche de la réglette correspondant au diviseur, sous le point de la partie à droite de la règle supérieure correspondant au dividende; le quotient se trouve au-dessus de l'index de la réglette. Soit, par exemple, à diviser 40 par 5. On amène le 5 de la partie à gauche de la réglette sur le point 40 de la partie à droite de la règle, et l'on trouve que l'index de la réglette correspond exactement au 8 de la partie droite de la règle supérieure; donc, 8 est bien le quotient cherché.

Dans ce qui précède, nous n'avons considéré que les cas les plus simples de la multiplication et de la division. Ne pouvant nous étendre davantage sur les nombreuses opérations qu'on peut effectuer à l'aide de la règle à calcul, nous conseillerons au lecteur qui désirerait faire usage de cet instrument, de consulter l'*Instruction* publiée par M. Lalanne, et dans laquelle il trouvera tous les détails concernant son emploi.

CERCLE A CALCUL. Cet instrument, inventé par M. Boucher, permet de résoudre toutes les opérations d'arithmétique et toutes les formules numériques, quelles que soient les sciences auxquelles elles appartiennent. Il donne, dans les cas ordinaires de la pratique, une approximation très suffisante et, de plus, il est utile aux personnes qui ont besoin de résoudre, à un moment donné, des problèmes dont la solution demande, en général, une série plus ou moins longue de calculs.

Comme la règle de Gravet-Lenoir, le cercle de M. Boucher est basé sur cette propriété des logarithmes, à savoir que: la somme des logarithmes de deux nombres est égale au logarithme de leur produit; et inversement, que si du logarithme d'un nombre on retranche le logarithme d'un autre nombre, on obtient le logarithme du quotient de la division du premier par le second.

Le cercle à calcul (fig. 70 et 71), a la forme d'une montre à remontoir de 5 centimètres de diamètre; il porte deux cadrans dont l'un est mobile et l'autre fixe. Le cadran mobile pivote autour de son centre et se déplace au moyen de la couronne du remontoir dans tel sens que l'on désire. Un bouton, placé à côté du pendant, commande le mouvement de rotation qu'on peut communiquer à deux aiguilles qui sont, l'une du côté du cadran

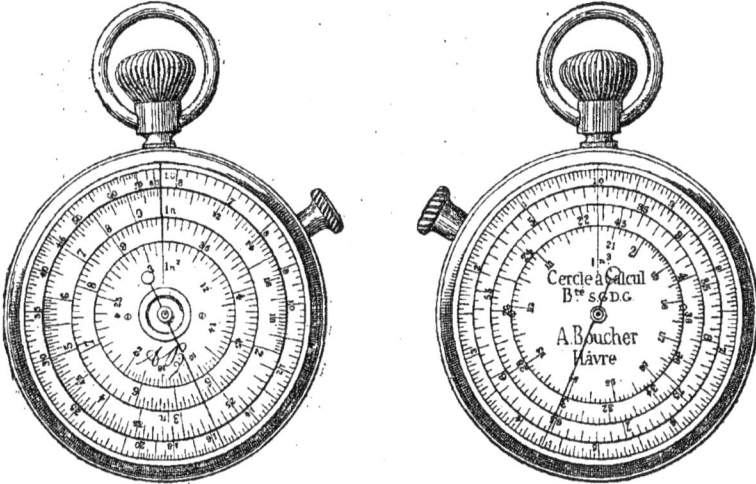

Fig. 70 et 71. — *Cercle à calcul.*

mobile et l'autre du côté fixe; rivées sur le même axe, ces aiguilles tournent toujours ensemble, de telle façon que la position de l'**une sur** un cadran dépend de la position de l'autre sur le cadran opposé. Une troisième aiguille plus petite, appelée index, est fixée sur le bord de la boîte du côté du cadran mobile. Les deux cadrans portent chacun quatre cercles concentriques, divisés d'une façon particulière, donnant sur le cadran mobile trois groupes de divisions ou *échelles*, et sur le cadran fixe deux échelles seulement. Au moyen de la couronne du pendant on peut amener sous l'aiguille ou sous l'index telle division voulue du cadran mobile, de même qu'au moyen du bouton, on peut porter l'aiguille de l'un ou l'autre cadran sur une division quelconque de ce cadran. De la combinaison des diverses positions qu'on peut faire occuper aux aiguilles et au cadran mobile, découlent les règles à suivre pour effectuer les diverses opérations qui se font avec le cercle à calcul.

Diverses échelles du cadran mobile et du cadran fixe. Les échelles du cadran mobile sont: l'*échelle des nombres ordinaires*, développée sur le troisième cercle intérieur; l'*échelle des carrés*, développée sur le premier et le deuxième cercle intérieur; l'*échelle des sinus des angles*, développée sur le cercle extérieur.

Les échelles du cadran fixe sont: l'*échelle des cubes*, développée sur les trois cercles intérieurs, et l'*échelle des décimales des logarithmes*, développée sur le cercle extérieur.

Les *logarithmes* sont représentés sur les cadrans du cercle à calcul par des arcs qui ont tous le même point d'origine et sont, comme portions du cercle entier, proportionnels aux logarithmes.

En général, tous les logarithmes des nombres plus grands ou plus petits que l'unité sont représentés par un nombre de cercles entiers, en plus ou en moins, égal à la caractéristique positive ou négative, plus une partie de cercle proportionnelle à la partie décimale.

Divisions du cadran mobile. L'échelle des nombres ordinaires, développée sur le troisième cercle intérieur, est divisée en neuf grandes parties inégales allant en diminuant de largeur; chacune de ces neuf parties principales est divisée en 10 parties inégales aussi, en suivant la même loi de décroissance.

L'*échelle des carrés* est développée sur les deux premiers cercles intérieurs, elle est divisée exactement comme l'échelle des nombres ordinaires, avec cette différence que son développement étant le double de celui de cette échelle, chaque arc de nombre est composé d'un nombre de parties de cercles deux fois plus grand dans l'échelle des carrés que dans l'échelle des nombres ordinaires. L'aiguille arrêtée à un nombre pris sur l'échelle des carrés indiquera donc le carré de ce nombre sur l'échelle des nombres. Réciproquement, l'aiguille arrêtée à un nombre pris sur l'échelle des nombres indiquera sa racine carrée sur l'échelle des carrés inscrite sur les premier et deuxième cercles intérieurs.

L'*échelle des sinus* est développée sur le cercle extérieur; elle donne les angles de 10 en 10 minutes, depuis 6° jusqu'à 20°; de 20 en 20 minutes, depuis 20° jusqu'à 30°; de 30 en 30 minutes, depuis 30° jusqu'à 45°; de degré en degré, depuis 45° jusqu'à 70° et de 5 en 5 degrés, depuis 70° jusqu'à 90°. — Le cosinus d'un angle A étant égal au sinus de son complément (90°—A), on indiquera facilement sur cette échelle les cosinus des angles en mettant, par la pensée, à la place des angles chiffrés 6, 7, 8, 9... 40... 50... les compléments de ceux-ci, 84, 83, 82... et en lisant les divisions intermédiaires dans le sens opposé à celui où on les lit pour les sinus.

Divisions du cadran fixe. L'*échelle des cubes* est développée sur les trois cercles intérieurs. Si ce n'était que son plus grand développement a permis d'y faire des divisions tertiaires plus nombreuses que sur l'échelle des nombres ordinaires, elle serait divisée exactement comme cette dernière. Chaque arc de nombre est composé d'un nombre de parties de cercles trois fois plus grand dans l'échelle des cubes que dans celle des nombres.

Résolution des problèmes. Quel que soit le problème posé et à quelque science qu'il appartienne, il se réduit toujours à résoudre une formule numérique indiquant une ou plusieurs des opérations de l'arithmétique. Ces opérations se font sur l'échelle des nombres où l'on doit lire les résultats alors même qu'on a fait intervenir dans les calculs les valeurs prises sur les autres échelles, des carrés, des cubes ou des sinus.

Ne pouvant donner un exemple de tous les problèmes qu'on peut résoudre au moyen du cercle à calcul, nous nous contenterons d'en citer quelques-uns, renvoyant le lecteur à la notice très détaillée, publiée par l'inventeur du *cercle à calcul.*

L'une des propriétés du cercle à calcul, relative au cadran mobile, est qu'un nombre étant indiqué par l'index et un autre par l'aiguille mobile, si l'on fait tourner le cadran, tous les nombres

qui passent sous ces aiguilles sont deux à deux dans le même rapport que les deux premiers. Par exemple, l'index marquant 1,25 et l'aiguille 1, si l'on vient à tourner le cadran pour amener 28 sous l'aiguille, l'index marquera 35 qui est à 28 comme 1,25 est à 1. Si donc 1,25 est le prix d'un objet quelconque, 35 sera le prix de 28 objets semblables.

Soit maintenant à multiplier 27 par 52 : on amènera 27 sous l'index, puis on portera l'aiguille sur 1 et on amènera 52 sous l'aiguille. Le nombre 1404, produit de 27×52, se trouvera indiqué par l'index. Il est à remarquer que, le multiplicande restant le même, l'index marquera toujours le produit, quelle que soit la valeur du multiplicateur amené sous l'aiguille. Ainsi, soit 27 × 4, on trouvera sous l'index le produit 108.

Pour diviser un nombre par un autre, soit 256 : 4, le 1 étant à l'index, on portera l'aiguille sur 4 et on amènera 256 sous l'aiguille; le quotient 64 se trouvera sous l'index. Il est évident encore que, quelle que soit la valeur du dividende, le diviseur restant le même, le quotient se trouvera toujours indiqué par l'index. En effet, si au lieu de 256 : 4, on prend 124 : 4, on aura sous l'index le nombre 31 qui est bien le quotient cherché.

C'est par des opérations analogues à celles que nous venons de décrire qu'on arrive à multiplier et à diviser un nombre par un carré ou une racine carrée, par un cube ou une racine cubique. On peut encore avec le cercle à calcul de M. Boucher, trouver le logarithme d'un nombre V quelconque, connaître le nombre des chiffres du produit d'une multiplication, déterminer le dernier chiffre de ce produit, trouver le nombre des chiffres du quotient d'une division, enfin calculer le poids des pièces, et résoudre approximativement la plupart des problèmes auxquels donnent lieu les opérations géométriques et trigonométriques usuelles.

Machines graphiques. Contrairement aux machines à calcul décrites précédemment et qui sont basées sur le résultat de mesures, poids et longueurs, les machines graphiques permettent d'obtenir le résultat de la mesure d'une surface sans qu'on en ait préalablement évalué les contours. Ce sont donc d'utiles auxiliaires pour le lever des plans et les opérations du cadastre. De plus, comme les tracés des courbes et les procédés graphiques servent fréquemment à indiquer les résultats représentés par les aires renfermées dans leurs contours (V. Dynamomètre), on peut encore, à l'aide de ces instruments, obtenir l'étendue de la surface comprise dans ces tracés.

L'*arithmoplanimètre* de M. Léon Lalanne, qui a pour principe et pour fondement le planimètre de MM. Oppikofer et Ernst, permet de résoudre avec une grande promptitude et une facilité remarquable, les calculs les plus compliqués d'arithmétique, de planimétrie et même de trigonométrie.

Voici un extrait de la description qu'en donne l'éminent ingénieur, dans son rapport publié en 1840, dans les *Annales des Ponts et Chaussées.*

MNPQ (fig. 72) est un plateau en bois d'environ 0m59 de longueur sur 0m27 de largeur, que l'on doit poser sur une table plane et horizontale autant que possible. Sur ce plateau est monté un chariot que supportent trois roulettes verticales en cuivre rouge, savoir: deux R,R du côté droit, et une R' du côté gauche. Les deux roulettes de droite sont à rebords saillants, et maintenues sur un rail en cuivre jaune élevé au long de l'arête NP. La roulette de gauche R' est sans rebords, et pose sur une bande métallique N'P' noyée dans le bois du plateau MNPQ. Le bouton B sert à faire avancer ou reculer le chariot, qui se meut toujours ainsi parallèlement à lui-même et à l'arête NP, sur une longueur d'environ 0m425 égale à la différence entre NP et l'intervalle RR compris par les deux roulettes de droite.

Dans ce mouvement, le chariot entraîne avec lui une série de pièces, savoir :

1° Un tronc de cône en métal de cloches dont l'axe est incliné de telle sorte qu'une génératrice TL soit toujours horizontale et perpendiculaire au mouvement du chariot, lorsque le cône tourne autour de cet axe. Les boîtes des tourillons dont une à droite S est mobile, sont dans les deux supports S,S fixés sur le plan de base du chariot. Une roue C perpendiculaire à l'axe du cône et solidaire avec cet axe, pose contre une règle métallique AA' tendue parallèlement au rail NP et au-dessus de ce rail. La règle AA' est toujours pressée contre la roue C qui agit au moyen d'un ressort à la face inférieure de cette règle. Par suite de ces dispositions, lorsque l'on pousse le bouton B en avant ou en arrière, le

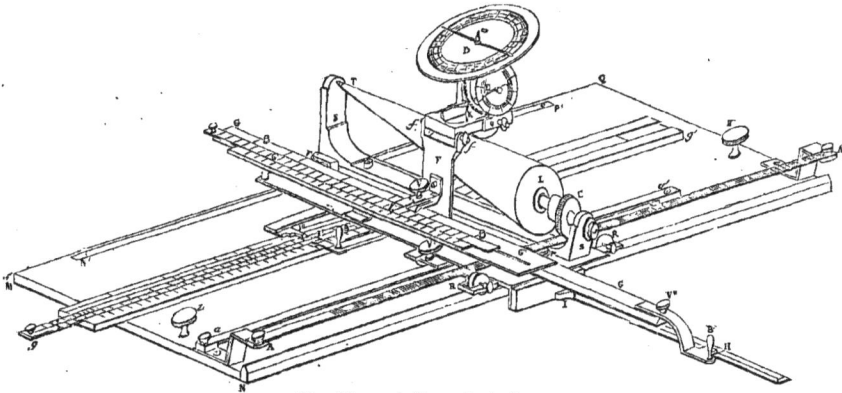

Fig. 72. — *Arithmoplanimètre.*

cône tourne en même temps que la roue C, dans un sens ou dans l'autre, d'une quantité proportionnelle au mouvement du bouton. D'ailleurs, pour empêcher tout glissement, la roue C, et la règle AA' sont rayées sur toute l'étendue des surfaces de contact, de manière à agir comme une roue dentée sur une crémaillère.

2° Une règle transversale G, pouvant glisser parallèlement à elle-même et à la génératrice horizontale du cône, entre RRR, trois roulettes qui maintiennent ce parallélisme. A la règle, est fixé un montant vertical F qui porte un *compteur*, au moyen duquel on lit des indications proportionnelles au mouvement de rotation du cône ; et le mouvement est renvoyé de cette roue au pignon K dont la vitesse de rotation est indiquée par une aiguille du cadran D, tandis que par un autre renvoi de mouvement du pignon K' à la roue K', l'aiguille du cadran E avance d'une division, lorsque l'aiguille du cadran D a fait un tour entier. Comme on peut amener la roue inférieure K du compteur, en un point quelconque du tronc de cône, en faisant glisser la règle G parallèlement à elle-même, au moyen du bouton B', il est clair que, pour un même mouvement de progression du chariot, les indications du

compteur seront différentes, selon sa position sur le cône, ces indications étant d'autant plus faibles que la roue K se rapproche plus du sommet. A peu de distance du bouton B', est une pointe métallique H, affleurant à la fois le plan de la table sur laquelle est posé l'instrument, et le bord de la règle IH, dont il va être question tout à l'heure.

3° Une réglette transversale G', mobile le long d'une rainure parallèle à la génératrice horizontale TL et pratiquée dans l'épaisseur d'une plaque G'', laquelle est fixée au chariot, parallèlement au plan du plateau MNPQ; deux index i et i', fixés à l'avant-corps F du compteur, et dont le premier fait partie d'un vernier, servant à placer ce compteur sur un point déterminé de la réglette G' ou de sa coulisse G''. La partie antérieure de la règle G'' est recouverte par une plaque d'ardoise affleurant la réglette G', et sur laquelle on peut écrire des nombres à des distances déterminées, soit par les divisions égales que porte l'ardoise elle-même, soit par les divisions de la réglette mobile G'.

4° Une autre règle transversale IH, que l'on peut désigner sous le nom de *directrice*, terminée contre les lettres I, H par une partie en corne transparente, taillée en biseau, et parallèle à l'arête horizontale du cône, est fixée invariablement au corps du chariot.

Outre les pièces déjà désignées on doit remarquer la règle g, mobile dans une coulisse g' parallèlement au mouvement du chariot. Différentes échelles sont gravées sur les deux bords de la règle et sur les côtés de sa coulisse; cinq index de saillies inégales, rattachés à la base du chariot, dont deux à droite de la règle en I', et trois à gauche en I'', servent à lire sur chacune de ces échelles. Celui de ces index qui marque sur le bord à droite de la règle mobile, fait partie d'un vernier. A l'avant-corps du compteur est fixée une vis de pression V qui peut servir à l'arrêter en un point quelconque de son mouvement transversal. De même, à l'avant de la base du chariot, est attachée une autre vis de pression V', qui agit sur la tringle aa', de manière à fixer le chariot en un point déterminé de son mouvement longitudinal.

L'instrument doit être posé au devant de la personne qui va s'en servir, dans le sens de sa longueur. On dira alors que le cône avance, lors-

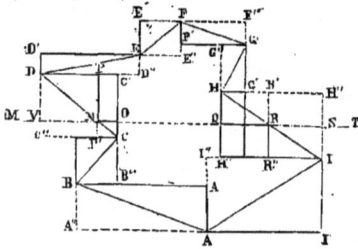

Fig. 73.

qu'il marche de MN vers QP; il recule pour une marche contraire. Dans l'un et l'autre cas, le mouvement est longitudinal, dans le sens de la longueur de l'instrument. Le mouvement est transversal, lorsqu'il est perpendiculaire au premier. Souvent, pour abréger, on donne l'épithète de longitudinale ou de transversale à l'une des parties de l'instrument, aux boutons, aux index, aux verniers, aux règles, à leurs coulisses. On comprendra toujours sans peine la signification de ces termes. »

Usage de l'arithmoplanimètre pour la mesure des aires planes. Après avoir enlevé l'instrument de sa boîte avec toutes les précautions qu'exige sa délicatesse (V. l'Instruction pratique pour l'usage de l'arithmoplanimètre, rédigée par M. L. Lalanne), et l'avoir disposé sur une table bien plane (cette condition est de rigueur), on conduit le bord antérieur de la règle directrice et l'extrémité de la pointe H, sur l'un quelconque des sommets A (fig. 73) du contour polygonal ABCDEFGHI dont on veut mesurer l'aire.

On amène à zéro les deux aiguilles du compteur; pour cela il faut d'abord agir sur la grande roue K' en soulevant légèrement avec le dessus de la main le cadran horizontal du compteur, puis lorsque l'aiguille du cadran vertical étant à peu près à son zéro, l'aiguille du cadran horizontal n'est pas éloignée du sien, on tourne doucement la petite roue qui porte sur le cône jusqu'à ce que l'aiguille du cadran horizontal arrive exactement à zéro.

On pousse alors le chariot en avant à l'aide du bouton B du mouvement longitudinal, jusqu'à ce que le bord de la règle directrice rencontre le sommet B qui vient immédiatement à gauche après le sommet A; puis on pousse la pointe indicatrice de A' en B. On pousse de nouveau le chariot en avant jusqu'à ce que le bord de la règle transparente rencontre le sommet C, et on amène la pointe indicatrice de B' en C.

On continue de la même manière en faisant suivre à la pointe le contour polygonal CC'DD' EE'FF'GG'HH'II', alors on lit les nombres marqués par le compteur, et l'on a une partie de l'aire cherchée.

Si le dessin est à l'échelle de $\dfrac{1}{2000}$, les divisions entières marquées par l'aiguille du cadran vertical vaudront des hectares. les divisions numérotées sur le cadran horizontal vaudront des ares, et chacune des petites divisions de dernier ordre marquées sur le limbe, vaudra 20 ares. La lecture devra d'ailleurs se faire sur la graduation intérieure du cadran horizontal, si l'aiguille du cadran vertical a été en montant; et sur la graduation extérieure, dans le cas contraire.

Après avoir fait la lecture, on ramène la règle directrice et la pointe indicatrice en A, et les aiguilles à zéro; puis en procédant, non plus de droite à gauche, mais de gauche à droite, on décrit successivement, avec la pointe, le contour polygonal AI'' IH'' HG'' GF'' FE'' ED'' DC'' CB'' BA''. Le nombre fourni par le compteur, après cette seconde opération, étant ajouté au premier ou en étant retranché, suivant que l'aiguille du cadran vertical est déplacée en sens contraire ou dans le même sens, on aura l'aire totale du polygone ABCDEFGHI, rapportée à l'échelle de

$$\dfrac{1}{2000}$$

Si, au lieu de cette échelle, on avait employé celle de $\dfrac{1}{m}$ pour les abscisses et de $\dfrac{1}{n}$ pour les ordonnées, les indications du planimètre devraient être multipliées par le rapport $\dfrac{mn}{4000000}$.

Usage de l'arithmoplanimètre pour effectuer la multiplication et la division ordinaires. Pour la multiplication, on se sert des règles graduées pour faire suivre au compteur le même chemin que si l'instrument était employé à la mesure de l'aire d'un rectangle. La lecture sur les cadrans donnera le produit, dont les centiares exprimeront les unités, si l'on a compté la base du rectangle à l'échelle de $\dfrac{1}{2000}$ pour l'un de ses facteurs, et la hauteur de l'échelle $\dfrac{1}{1000}$ pour l'autre facteur.

En prenant avec les mêmes règles, aux mêmes échelles, l'aire d'un polygone rectangulaire, on aura même l'expression d'une somme composée de plusieurs produits de deux facteurs.

La division exige que la règle transversale mobile soit reculée vers la gauche, de telle sorte que si le zéro du vernier du compteur était placé sur le zéro de la règle, la roue du compteur porterait sur le sommet réel du cône.

Pour donner à cette règle la position convenable, on place l'index *i* du mouvement transversal sur un repère tracé vers la droite de la coulisse G''; puis au moyen des vis tourillons mobiles *ff*, on ajuste le compteur de manière que le bord à droite de la roue qui porte sur le cône affleure un trait circulaire tracé sur la surface et près de la base de ce cône. Alors on recule la réglette transversale G jusqu'à ce que le zéro du vernier tombe sur la division cotée 250 sur la réglette. Enfin on place les aiguilles à zéro.

Cela posé, pour diviser un nombre par un autre, on n'aura qu'à placer le compteur sur la règle transversale maintenue fixe, de sorte que le vernier y marque une valeur égale au diviseur mesuré à l'échelle de $\frac{1}{2000}$; puis on fera parcourir au compteur, le long de l'échelle longitudinale, une distance telle que les cadrans marquent le dividende. Cette distance exprimera le quotient à raison d'un millimètre par unité.

Pour l'*usage de l'arithmoplanimètre dans la mesure de la distance moyenne du transport de déblai en remblai*, nous renverrons le lecteur au *Guide* de M. L. Lalanne, auquel nous avons emprunté les instructions qui précèdent.

Machines-balances. On doit à M. Léon Lalanne deux machines à calculer, basées sur un principe tout différent de celui sur lequel reposent les instruments déjà décrits. Elles ont reçu, de leur inventeur, le nom de *balance arithmétique* et de *balance algébrique*.

Balance arithmétique. Elle a pour but de donner le résultat des calculs qu'on est obligé de faire lorsqu'il s'agit de trouver un centre de gravité quelconque, d'évaluer la distance moyenne des transports, de déterminer certaines probabilités, etc., etc. Elle consiste en une sorte de balance romaine, chargée d'une série de poids, et portant une échelle qui indique le quotient cherché avec une approximation suffisante dans la plupart des cas. Cette machine est fondée sur les conditions suivantes :

Si l'on place sur l'un des fléaux d'une balance des poids dont la valeur est proportionnelle aux divers termes d'une série, et qu'on les distribue à des distances du point de suspension qui représentent les termes d'une deuxième série; si, d'autre part, on suspend à l'autre fléau un poids égal à la somme de ceux qui supportent le premier, il est évident que la distance où il faudra faire agir ce poids total pour avoir l'équilibre, représentera la somme des produits des poids opposés multipliés respectivement par leurs distances à l'axe et divisés par la somme des poids.

Ce résultat sera d'autant plus exact que la balance sera plus sensible.

Etant donné ce qui précède, lorsqu'on veut connaître les distances moyennes des transports, lesquels se calculent en prenant la somme des produits des cubes à transporter par les distances qui leur correspondent, et en divisant la somme obtenue par le cube total, il suffit, avec la machine de M. L. Lalanne, de placer les poids qui représentent les cubes partiels sur l'un des fléaux de la balance, à des distances représentant celles des transports; puis de mettre dans un plateau suspendu à un point déterminé de l'autre fléau, au fur et à mesure qu'on place un poids partiel, un poids égal à ce dernier. On déplace alors le point de suspension du plateau jusqu'à ce que l'équilibre ait lieu, et l'on trouvera que la distance moyenne cherchée est égale à l'écartement de ce point à l'axe de suspension.

Avec la balance arithmétique, le temps nécessaire à la recherche d'une distance moyenne est environ le quart du temps qu'exigerait le calcul ordinaire.

« En ajoutant à la graduation en parties égales de cet instrument, des divisions logarithmiques analogues à celle de la règle de Gunther, on peut, dit M. L. Lalanne, résoudre des calculs d'un ordre supérieur. Ainsi, en obtenant la valeur de *x* dans la formule $b^x = A^a B^b C^c \ldots$, car il en résultera l'expression :

$$x = \frac{a \log. \text{A} + b \log. \text{B} + c \log. \text{C} + ..}{\log. \ b},$$

qui convient à l'équilibre d'un levier chargé sur l'un des bras des poids *a*, *b*, *c*,..... aux distances log. A, log. B, log. C ... du centre, et sur l'autre bras du poids *x* à la distance log. *b*.

« L'élévation aux puissances et l'extraction des racines, la règle de trois composée et une foule d'autres calculs de ce genre, ne sont que des cas très particuliers de la formule précédente. »

Balance algébrique. Cet appareil, qui est un perfectionnement de celui de M. Bérard, a pour but la résolution numérique des équations.

On sait, qu'en algèbre, on peut réduire à la recherche des racines positives, la détermination des racines réelles d'une équation algébrique ayant pour premier membre une fonction entière de l'inconnue dont on a changé les signes de toutes les racines réelles. On sait aussi qu'on obtient une équation transformée dont toutes les racines se trouvent comprises entre zéro et l'unité, en substituant à l'inconnue que renferme l'équation donnée, le produit de la limite supérieure des racines positives par une inconnue nouvelle.

Si donc, étant donné une balance dont le levier, reposant sur un axe de suspension vertical, peut parcourir sur cet axe une certaine longueur comptée à partir d'un point fixe et prise pour unité, on suppose que les bras de ce levier sont sollicités au mouvement par des poids placés sur l'un ou l'autre des bras de levier, suivant qu'ils se rapportent à des termes positifs ou négatifs; si, de plus, on admet que ces poids agissent à des distances de l'axe de suspension représentées par les puissances entières de la distance du levier au point fixe, on remarquera que quand ce levier vient à se mouvoir parallèlement, en s'abaissant au-dessous du point fixe, les courbes décrites par les points d'application des divers poids, seront évidemment des paraboles d'ordres divers qui toutes auront pour origine le point fixe, à partir duquel elles se sépareront pour se réunir de nouveau par leurs extrémités inférieures, les unes à droite, les autres à gauche de l'axe de suspension.

Dans la balance de M. Bérard, les divers points étaient suspendus par des fils métalliques, et les paraboles correspondantes aux diverses puissances de l'inconnue, représentées par des fentes pratiquées dans un triangle rectangle et isocèle de bois. L'instrument était, en outre, disposé de manière à ce que les points d'application des différents poids, autrement dit, les extrémités supérieures des fils puissent glisser dans les fentes du triangle.

Il suffisait donc, pour obtenir les valeurs approchées des racines positives d'une équation, comprises entre les limites 0 et 1, de rechercher les différentes positions d'équilibre du levier horizontal et de mesurer ces distances au point fixe qui est l'origine commune des paraboles des divers ordres. Or, comme malgré les perfectionnements apportés, dans la suite, par M. Bérard, à sa balance il était impossible de fixer assez approximativement les valeurs des racines positives lorsque ces racines différent peu de zéro ou de l'unité, M. Lalanne a imaginé d'écarter arbitrairement de l'axe de suspension les paraboles des divers ordres à des distances toujours égales pour deux paraboles de même ordre tracées symétriquement à droite et à gauche de cet axe; de plus, il a remplacé les poids appliqués aux origines des différentes paraboles, par un poids unique dont le point d'application est situé à l'unité de distance de l'axe de suspension.

Grâce à cette disposition nouvelle on peut, avec la balance algébrique, obtenir mécaniquement, et avec la plus grande facilité, les racines des équations numériques des sept premiers degrés (V. le *Mémoire présenté à l'Académie des sciences*, par M. L. Lalanne, le 23 novembre 1840). — DE V.

* **CALDARIUM.** C'était, dans les thermes antiques, l'étuve qui servait à prendre les bains de vapeur. — V. BAIN.

CALE. 1° *T. de mar.* On nomme *cale* l'espace compris, dans l'intérieur d'un vaisseau, entre les faux-ponts et la carlingue, depuis la soute aux poudres jusqu'à la fosse aux câbles. C'est là la grande cale. On y distingue la cale aux vins, la cale à l'eau. Le fond de cale ou de la cale est le fond de cet espace.

Dans les ports, on nomme *cale de construction* l'endroit où l'on construit les navires; c'est un terrain dont la pente est dirigée vers la mer et calculée de telle sorte que le navire, étant totalement terminé et débarrassé des liens de toute espèce qui le retiennent, puisse, grâce à la composante de son poids parallèle à la cale, vaincre

le frottement existant entre les surfaces en contact et glisser à la mer. Les pentes adoptées dans les arsenaux de France sont d'un douzième pour les grands navires et d'un dixième pour les petits.

Les cales de construction se prolongent au-dessous de l'eau sur une certaine longueur, de manière à continuer à soutenir le navire dans le lancement jusqu'au moment où l'arrière suffisamment immergé sera soulevé par la poussée du liquide; ce prolongement s'appelle l'*avant-cale*. Il est de règle que la largeur d'une cale soit toujours au moins égale au tiers du maître bau du navire qu'elle doit porter.

Les cales sont construites assez solidement pour supporter sans tassements la charge du navire pendant la construction; cette charge est répartie entre la quille et les pieds des nombreuses accores qui environnent la construction; mais au moment du lancement, le navire porte sur sa quille seule, et c'est par conséquent la partie de la cale sur laquelle elle repose qui supporte toute la charge; c'est donc en vue de cet effort extrême que les cales sont établies.

Dans les arsenaux, ces cales sont construites en maçonnerie sur des terrains très résistants ou consolidés au besoin par des pilotis: leur parement supérieur est en pierres de taille, et présente des cannelures transversales de 2 mètres en 2 mètres environ, dans lesquelles sont encastrées et coincées des traverses en chêne; ces traverses sont destinées à supporter l'appareil de *lancement*. — V. ce mot.

Ces cales ont une durée illimitée, mais elles sont très couteuses; on peut en construire de très suffisantes à moins de frais, en posant sur le sol un grillage formé de longues pièces de bois appelées *longuerines* généralement au nombre de trois, courant parallèlement dans le sens de la longueur de la cale, et de *traverses* qui les croisent perpendiculairement et qui sont entaillées avec elles. Ce grillage a pour effet de répartir sur une grande surface de terrain la pression qu'exerce la quille du navire; dans le cas où le terrain est peu résistant trois longuerines ne sauraient suffire, et on doit en augmenter le nombre.

Cette base établie, on y superpose des plans successifs de traverses et de longuerines de différentes longueurs, de manière à former une sorte d'escalier dont la pente générale constitue l'inclinaison de la cale.

Pour éviter que pendant la construction, qui peut durer plusieurs années, les navires ne se détériorent sous l'action alternative du soleil et des pluies, et pour mettre les ouvriers eux-mêmes à l'abri des intempéries, les cales sont quelquefois recouvertes de vastes toitures. Mais dans beaucoup de cas le but est imparfaitement atteint; les flancs des navires restent exposés au soleil et aux pluies fouettées par le vent; aussi préfère-t-on généralement en France des toitures légères qui sont construites sur le navire lui-même et l'accompagnent à la mer pour n'être enlevées définitivement qu'à l'époque de son armement.

Pour mettre le navire à l'abri de l'action destructive de l'humidité du sol et de faciliter le travail des fonds, on établit la quille à une certaine hauteur (1ᵐ,20 à 1ᵐ,30 environ) au-dessus du plan de la cale, au moyen de *tains* ou *tins*, qui sont des chantiers disposés sur les traverses. Chaque tain se compose de plusieurs pièces en bois de chêne superposées bien verticalement et rendues solidaires entre elles par des clous chassés en barbette, la pièce inférieure est clouée avec la traverse sur laquelle elle repose. Ces billots sont en outre reliés entre eux par des gardes cloués sur la face arrière et soutenus par des arcs-boutants qui leur ont pour objet de s'opposer à la chute des tains vers la mer.

Les surfaces supérieures de tous les tains sont dressées de manière à se trouver dans un même plan ayant l'inclinaison que l'on veut donner à la cale; pour obtenir ce résultat, on se sert d'un bordage en sapin bien dressé de 8 à 10 mètres de longueur qu'on promène successivement sur tous les tains avec la pente voulue. Quand les surfaces des tains sont dressées et soigneusement vérifiées on y trace l'axe de la quille.

Les cales prennent les noms de cales *de hâlage, de carène, de radoub* (V. ces mots), suivant l'emploi qu'on leur donne. Mais quel que soit l'usage qui leur est asssigné, leur construction ne varie pas. Quelques-unes ont cependant des rails en fer pour faciliter le montage et la descente du navire.

On nomme encore *cale* une rampe en pente douce, revêtue de pierres qui, en se prolongeant sous l'eau, offre un endroit commode pour embarquer et débarquer.

Cale. 2º Morceau de bois ou d'autre matière que l'on met sous un objet quelconque pour lui donner l'assiette, le mettre de niveau. || 3º *T. de typogr.* Grand coin destiné à fixer sous la presse une forme dont le châssis est d'une dimension inférieure au marbre de la presse. || 4º *T. de mécan.* Coin que l'on introduit entre deux pièces pour les rendre solidaires. — V. Calage.

CALEBASSE. 1º *T. de métall.* Espèce de fourneau à creuset qui sert à la fusion de petites quantités de fonte ou d'autres métaux destinés au moulage.

Les calebasses de plus grandes dimensions qui peuvent fondre jusqu'à 500 kilogrammes de métal, sont formées : 1º d'une poche en forte tôle ou *calebasse* garnie intérieurement d'argile réfractaire et munie d'un double bras de levier en fer servant à la manœuvrer; 2º d'un *tour de feu* cylindrique, en tôle, également garni d'argile réfractaire à l'intérieur; 3º d'une *tuyère* de ventilateur. Le tout est disposé contre un mur en briques traversé par la tuyère qui débouche dans la calebasse au-dessus de la poche. Enfin l'appareil est enveloppé à sa partie extérieure jusqu'à la moitié environ de sa hauteur, d'une épaisse couche de sable, disposition qui lui permet de conserver mieux la chaleur. Le métal à fondre est introduit dans le fourneau avec une charge convenable de charbon ou de coke et on donne du vent; la matière fondue, on déblaye le sable; on enlève le tour de feu, on retire le coke, on saisit la calebasse par son support pour faire la coulée.

— La calebasse était employée en France dès le commencement du siècle dernier, mais aujourd'hui elle est peu usitée, tandis qu'elle est répandue en Belgique.

|| 2º Nom du fruit du *cucurbita lagenaria* ou *gourde*, courge vidée et séchée qui sert en guise de vase à contenir des boissons. || 3º Nom du fruit du calebassier (*bignoniacées*) ou corcis (*crescentiées*) employé aux Antilles à faire des vases, des plats, des bouteilles, des gourdes et autres ustensils, polis, ornés de dessins et de peintures.

CALEBASSIER. *T. techn.* 1º Fondeur ambulant qui fait usage de la calebasse. || 2º Bois estimé pour sa dureté, sa blancheur, et le beau poli qu'on peut lui donner. On l'emploie quelquefois à faire des meubles.

* **CALEBOTTIN.** *T. de cord.* Panier ou fond de chapeau dans lequel le cordonnier met son fil et ses alènes. On dit aussi *caillebottin.*

CALÈCHE. *T. de carross.* Voiture de luxe montée sur quatre roues, à simple ou à double suspension; à deux sièges d'intérieur, disposés dans le sens transversal, pour quatre places dont deux sur chaque. L'accès a lieu entre les roues par une porte placée au milieu de la caisse et de chaque

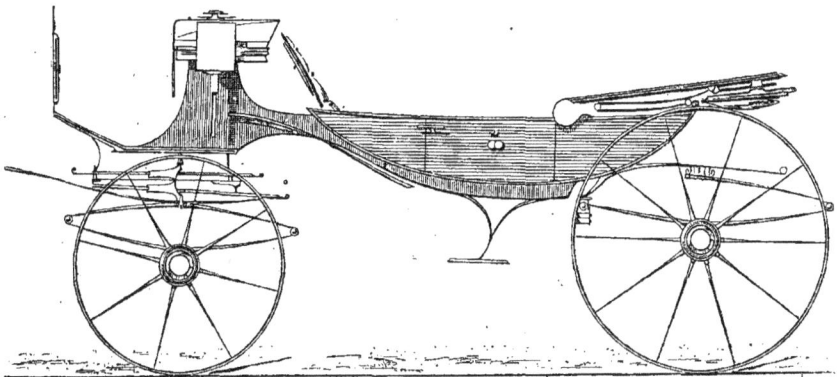

Fig. 74. — *Calèche découverte, modèle 1881.*

côté de la voiture. Les deux personnes qui occupent le siège du fond, situé en arrière, regardent dans le sens de la marche, celles qui occupent celui de l'avant leur font vis-à-vis. La calèche est ordinairement découverte ; malgré cela le siège du fond est toujours muni d'une capote ; elle diffère ainsi du *landau* dont chaque siège a son capotage.

Le siège du cocher est le plus souvent élevé sur un coffre attenant au corps de la caisse et servant à relier l'avant-train à celle-ci. Quelquefois aussi ce coffre est remplacé par des *bras*

en fer auxquels on a donné le nom de *mains*. Dans les calèches à huit ressorts, le siège du cocher est ordinairement supporté par des ferrures accrochées aux mains qui relient les soupentes à la caisse. La calèche de grand luxe pour être conduite en daumont est toujours munie de deux coffres détachés du corps de la caisse : l'un sur l'avant, l'autre, qui porte le siège des valets de pieds, sur l'arrière-train.

Avant 1860, on faisait un assez grand usage de calèches couvertes au moyen d'un dessus mobile. Cet appareil, composé d'avance, de vasistas, de

Fig. 75. — *Calèche XVIIIᵉ siècle.*

traverses, etc., s'ajustant à la capote, restait sous la remise pendant la belle saison. Mais depuis 1860, époque où l'on a trouvé moyen de fabriquer des landaus très légers, du moins en apparence, et dont le capotage, qui est relié à la voiture, s'ouvre et se ferme à volonté et instantanément, les calèches couvertes ont été abandonnées pour faire place aux calèches découvertes comme le modèle représenté figure 74. Quand le corps de la caisse est brisé avec la porte descendant en contre-bas des brisements, la calèche prend le nom de *vis-à-vis.*

— La calèche était déjà connue au xviiᵉ siècle, Mᵐᵉ de Sévigné en parle dans ses lettres, mais ce n'était point la voiture que nous venons de décrire. On trouve dans le traité de menuiserie de Roubo, publié à Paris, en 1771, un beau dessin de calèche à trois banquettes, style Louis XV. Cette caisse a la forme d'un long char ; elle est ouverte tout autour et couverte d'un pavillon soutenu par six montants en fer. Les banquettes à deux ou trois places sont disposées en amphithéâtre de manière que les personnes du deuxième et du troisième rang pouvaient voir au-dessus de la tête de celles qui précédaient. L'accès avait lieu, pour chaque siège, par des portes placées sur les côtés de la voiture. La figure 75 représente une calèche dans le même style, mais à deux banquettes seulement.

CALEÇON. Sorte de culotte de laine, de toile ou de coton, que l'on met sous le pantalon.

— C'est un vêtement fort ancien, les Scythes et les Gaulois l'avaient adopté.

* **CALEÇONNIER.** Ce nom qui désigne aujourd'hui le fabricant de caleçons, était autrefois porté par les maîtres peaussiers et les teinturiers en cuirs, parce que leurs statuts leur donnaient le droit de préparer le cuir propre à faire les caleçons, d'en fabriquer et d'en vendre.

* **CALÉFACTEUR.** *T. techn.* Appareil économique qui sert à la cuisson des aliments, à la conservation de l'eau chaude et autres usages domestiques. Il consiste essentiellement en un foyer entouré d'une double enveloppe métallique remplie d'eau chaude, et d'une autre en étoffe ouatée qui retient les rayons caloriques.

— Cette invention est due au grammairien Lemare qui la fit connaître en 1825.

CALÉFACTION. Quand on place une petite masse de liquide sur une plaque métallique fortement chauffée, on la voit prendre une forme sphérique, qui sera aplatie si la masse est plus considérable ; mais, dans tous les cas, le liquide est animé d'un mouvement plus ou moins rapide de rotation ; sa vaporisation se fait avec une extrême lenteur ; on dit alors que le liquide est *caléfié.*

Ces phénomènes se produisent à des températures diverses suivant la nature du liquide ; pour l'eau, c'est à partir de 171° que la caléfaction prend naissance ; pour l'alcool, elle se manifeste au delà de 130° ; pour l'éther il suffit, de chauffer la plaque à 64°.

On peut constater facilement que dans l'état de caléfaction le liquide ne touche pas la plaque, ce qui est dû à une couche de vapeur établissant la séparation. La température du liquide est alors inférieure à celle de son ébullition. Ce dernier fait donne la clef de quelques expériences curieuses ; si l'on verse dans un creuset d'argent rougi une certaine quantité d'acide sulfureux liquide, il se caléfie et sa température est inférieure à — 8 ; qu'on ajoute alors une petite quantité d'eau, celle-ci se congèle immédiatement et, en renversant le creuset, on en fait tomber une certaine quantité de glace.

Si l'on se mouille la main avec un peu d'alcool on peut la plonger dans un bain de plomb rouge sans éprouver aucune sensation désagréable.

Quand un liquide est caléfié, si la température de la surface sur laquelle il repose vient à s'abaisser suffisamment, le contact peut s'établir, et dès lors, la transmission de la chaleur se faisant rapidement, une ébullition énergique se produit : on a cherché à expliquer ainsi certaines explosions de chaudières à vapeur. Il semble bien difficile d'admettre cette explication ; on ne peut guère concevoir, en effet, comment les conditions de la caléfaction pourraient être réalisées dans une chaudière en marche.

* **CALÉIDOSCOPE.** — V. Kaléidoscope.

* **CALENDE.** T. techn. Machine qui sert à extraire les pierres d'une carrière.

* **CALENDRE.** T. d'exploit. des min. Machine employée pour actionner les pompes d'épuisement dans certaines mines du bassin de la Loire.

CALEPIN. (Du nom de Calepin, auteur d'un dictionnaire.) Carnet sur lequel on recueille des notes d'affaires. Ce mot est remplacé aujourd'hui par celui d'agenda.

CALER. T. techn. Assujettir au moyen d'une cale ; mettre de niveau, d'aplomb. — V. Calage.

* **CALFAIT.** T. de mar. Outil de calfat, formé d'un fer long et étroit, et qui sert à enfoncer l'étoupe entre les joints. Il y en a de plusieurs sortes : le calfait à clou, dont le tranchant a peu de largeur ; le calfait à écart, celui dont le tranchant est taillé en biseau ; le calfait doublé, celui dont le tranchant est remplacé par un bord épais sur le milieu duquel est pratiquée une rainure en demi-cercle. On dit, aujourd'hui, de préférence, ciseau de calfat.

CALFAT. T. de mar. Ouvrier chargé du calfatage, d'aveugler les voies d'eau, de placer le doublage, de souder les piqûres des vers, de visiter le navire, etc.

CALFATAGE. T. de mar. Opération qui consiste à calfater les navires.

CALFATER. T. de mar. Remplir les jointures des bordages d'un navire avec de l'étoupe ou autre matière semblable, afin de fermer tout accès à l'eau.

* **CALFATIN.** Apprenti calfat.

* **CALFEUTRAGE.** Action de calfeutrer et résultat de cette action.

CALFEUTRER. Boucher les fentes ou les joints d'une porte, d'une fenêtre, avec des bourrelets, de l'étoupe, etc.

* **CALIATOUR** ou **CARIATOUR**. Variété de santal (V. ce mot), originaire des Indes orientales. On le trouve dans le commerce en bûches de 2 à 3 mètres, qui présentent à l'intérieur une couleur d'un rouge vif. Il est dur, compacte, pesant et est supérieur au santal proprement dit sous le rapport de la vivacité de couleur. On écrit aussi calliatour.

* **CALIBRAGE.** T. techn. Opération qui a pour but de régler la forme de tout objet préparé par un travail préliminaire dit ébauche. Se dit plus particulièrement du finissage consécutif de l'ébauchage dans la fabrication de divers produits.

Dans la céramique le calibrage se fait à la main ou mécaniquement. Dans le premier cas, le calibre est libre, l'ouvrier le dirige. C'est un outil qui, comme l'estèque, épouse la forme de la pièce qu'il s'agit d'établir.

Dans le second cas, le calibre est fixe ; mais il peut, à certains moments donnés, recevoir des mouvements alternatifs horizontaux ou verticaux, capables de le mettre en contact à des instants précis avec la surface à régulariser.

Le calibre peut être d'une seule pièce ou de plusieurs pièces. — Dans quelques cas, il est dit à glissières, à articulations, à bascule, etc. — V. l'article suivant.

CALIBRE. T. techn. Dans les ateliers de construction, on donne ce nom à une pièce en tôle mince, découpée suivant le profil de l'objet à exécuter. Les calibres présentent surtout une grande utilité pour l'ouvrier forgeron qui n'a guère d'autre moyen de se guider dans son travail. Il lui suffit en effet de poser son calibre fixé à l'extrémité d'une tige de fer, sur le métal porté au rouge, pour reconnaître si la pièce qu'il façonne a bientôt la forme et les dimensions demandées. Les ouvriers ajusteurs ou tourneurs, qui n'ont pas l'habitude de lire un dessin, arrivent également, à l'aide de cet appareil, à se conformer rigoureusement aux cotes imposées. D'ailleurs, dans tout atelier bien organisé, on ne doit jamais travailler qu'avec des calibres, car c'est le meilleur moyen d'éviter toute erreur, et d'obtenir une grande exactitude dans le fini des pièces.

|| T. de trav. publ. Profil en bois servant à régler et à vérifier le bombement d'un ouvrage quelconque de terrassement. || Profil transversal d'une voie de communication, découpé sur carton, que l'on applique sur les profils en travers du terrain, et qui sert à tracer la voie de communication projetée. || T. techn. Capacité d'un tube que l'on mesure par son diamètre, et, particulièrement, diamètre intérieur d'une arme à feu. (V. plus loin l'article spécial). || Se dit d'une plaque métallique, d'une planche, d'un carton, dont on se sert comme mesure, pour obtenir une pièce de même dimension ou de même forme ; en T. de bijout., profil découpé soit en zinc, soit en cuivre, soit en fer, pour servir à la reproduction toujours identique de la même forme ou du même

contour; en *T. d'arqueb.*, modèle d'après lequel on débite les pièces de bois qui doivent former les fûts de fusil; sortes de limes doubles ou simples qui servent à dresser et à limer le dessous des vis ou les noix des platines; en *T. d'horlog.*, pièce sur laquelle sont tracés les roues, les pignons, etc., avec les proportions voulues et les positions convenables; *calibre à pignon.*, composé d'une vis et de deux branches qui font ressort, et que l'on écarte plus ou moins; on s'en sert pour prendre la grosseur des pignons et autres opérations; en *T. de fact. instr.*, plaque de laiton triangulaire dont on se sert pour calibrer les bouches des tuyaux de la montre, dans un orgue; en *T. de pot.*, espèce de mandrin qui sert à tenir les pièces d'étain qu'on veut tourner; en *T. de briquet.*, moule creux en bois qui sert à donner la forme aux carreaux de terre, aux briques, etc.; en *T. de maçon.*, planche sur le champ de laquelle on a découpé les différents membres d'architecture que l'on veut exécuter en plâtre aux entablements des maisons, corniches des plafonds, etc.; en *T. de tourn.*, espèce d'équerre avec une poupée glissante que l'on nomme *calibre à coulisse*, et qui sert à prendre les épaisseurs d'ouvrage ou des distances d'arrasement.

Calibre. De tout temps c'est par leur calibre que l'on a caractérisé les différentes bouches à feu; l'édit de 1572, qui fixa les six calibres de France, donna à chacun d'eux un nom particulier (V. Artillerie). Depuis l'ordonnance de 1732, on s'est contenté de désigner chaque bouche à feu par son calibre, à savoir : les canons par le poids de leur boulet exprimé en nombre rond de livres, les mortiers ainsi que les obusiers, par le diamètre de l'âme exprimé en pouces; on retrouve les mêmes règles en usage en Angleterre, Espagne, Hollande et Suisse; en Russie et en Danemark, les mortiers ou obusiers lisses, étaient désignés par le poids réel de la bombe ou de l'obus; dans les pays allemands, au contraire, c'est-à-dire Autriche, Prusse, Bavière, Saxe, on avait recours pour les désigner au poids du boulet de pierre qu'ils auraient pu lancer.

En 1839 et 1840, alors que la transformation des mesures anciennes en mesures nouvelles nécessita en France l'établissement de nouvelles tables de construction des bouches à feu, on conserva, quand même, pour désigner le calibre des canons, le poids du projectile en livres, mais on exprima le calibre des mortiers et des obusiers en centimètres.

Lors de l'adoption, à partir de 1858, des premiers canons rayés, qui n'étaient à proprement parler qu'une transformation des canons lisses, l'artillerie de terre conserva à ses bouches à feu transformées leur ancienne dénomination, mais par suite de la substitution au boulet sphérique d'un obus oblong pesant environ deux fois autant, leur calibre représenta non plus des livres mais des kilogrammes.

Dans ces dernières années, les modifications successives apportées au tracé des projectiles et surtout leur allongement de plus en plus grand eurent pour conséquence une augmentation de leur poids qui se trouva compris entre deux et trois fois celui du projectile plein; on pouvait être exposé à confondre sous le même dénomination

deux bouches à feu de dimensions assez différentes bien que lançant des projectiles de même poids. C'est pourquoi on a dû se résoudre à désigner également les nouveaux canons rayés par le diamètre de l'âme, exprimé en centimètres pour les canons de l'artillerie de la marine, en millimètres pour ceux de l'artillerie de terre. Cette règle, appliquée par l'artillerie de la marine, dès l'adoption de ses premiers canons rayés, est aussi en usage chez presque toutes les autres puissances qui désignent maintenant le calibre de toutes leurs bouches à feu en pouces ou en centimètres. Seule l'Angleterre a continué jusqu'ici à désigner ses canons de petit calibre par le poids du projectile exprimé en livres, en y ajoutant toutefois comme pour les gros calibres, dont le calibre est indiqué en pouces, le poids de la bouche à feu exprimé en livres, quintaux ou tonnes suivant les cas.

Pour les armes portatives, fusils, pistolets et carabines, tant qu'il n'a été question que des balles sphériques on s'est contenté de désigner leur calibre par le nombre de balles à la livre; depuis l'adoption des balles oblongues on a été également conduit à représenter leur calibre par le diamètre de l'âme du canon exprimé en millimètres. — Arme, § *Armes de guerre*.

Etant donné un système quelconque de bouches à feu, le choix des différents calibres a une importance capitale, c'est de lui que dépendent toutes les autres qualités du système, aussi bien au point de vue balistique qu'au point de vue du service. Il ne faut donc pas s'étonner si dans tous les pays les artilleurs, ayant eu à satisfaire à peu près aux mêmes conditions, ont été conduits aux différentes époques à adopter à peu de chose près les mêmes calibres.

C'est ainsi que du temps des canons lisses les seuls calibres en usage pour les canons de l'artillerie de terre étaient de 3, 4, 6, 8, 12, 16 et 24, et pour ceux de la marine de 4, 6, 8, 12, 18, 24, 30, 36 et 50. Le calibre de 3 n'était employé qu'exceptionnellement pour les pièces de montagne, celui de 4 était considéré comme une limite inférieure au-dessous de laquelle il n'était guère possible de descendre, si l'on voulait que le projectile eut encore un poids suffisant pour produire quelque effet destructeur. Etant fixé le poids du boulet plein en fonte, et étant donné le vent, c'est-à-dire la différence entre le diamètre du projectile et celui de l'âme, le diamètre de l'âme se trouvait tout naturellement fixé, il était de $84^m{}^m2$ environ pour le 4, et de $152^m{}^m7$ pour le plus gros calibre de l'artillerie de terre, c'est-à-dire pour le 24; le canon de 12 présentait seul cette particularité que son calibre exprimait à la fois le poids du projectile en livres, et le diamètre de l'âme en centimètres.

Pour les bouches à feu telles que les obusiers et les mortiers, tirant des projectiles creux sphériques, la nécessité de donner aux parois du projectile une épaisseur assez forte pour pouvoir résister au choc des gaz, tout en réservant au vide intérieur, une capacité assez grande pour pouvoir contenir une charge d'éclatement suffisante, ne permettait pas de descendre au-dessous du calibre de 6 pouces environ (15ᵉ), toutefois les nombreux perfectionnements apportés dans la fabrication des projectiles avaient permis, dans les derniers temps, de descendre jusqu'au calibre de 12ᵉ pour les obusiers de montagne et de campagne.

Nous laisserons de côté la question du choix des calibres pour les premiers canons rayés se chargeant par la bouche ; nous avons déjà eu occasion de faire remarquer que ce choix ne fut que la conséquence des calibres qui étaient alors en usage pour les canons lisses ; par suite de l'allongement du projectile la puissance de la bouche à feu se trouva sensiblement accrue, le diamètre de l'âme restant le même ; toutefois, comme d'autre part on fut obligé de réduire d'une façon notable la charge afin de ne pas compromettre la résistance de la bouche à feu, il en résulta que cet accroissement de puissance ne put être obtenu qu'au détriment de la tension de la trajectoire.

Aussi les bouches à feu ainsi transformées ne pouvaient former qu'un armement de transition et devaient bientôt forcément céder la place à de nouvelles bouches à feu établies dans des conditions bien différentes.

Après une période de tâtonnements, pendant laquelle la science de l'artilleur, basée autrefois à peu près uniquement sur l'expérience acquise et sur quelques formules empiriques, s'est complètement transformée et a pris un développement inconnu jusque là, on est arrivé aujourd'hui à établir d'une façon à peu près définitive les bases du nouveau système d'artillerie.

Autrefois à chaque espèce de bouche à feu correspondait un projectile spécial boulet, obus ou bombe, actuellement toutes les bouches à feu, canon, obusier et mortier, lancent tous des obus oblongs et ne se distinguent plus les uns des autres que par le genre de tir ; les canons sont réservés pour le tir de plein fouet, les obusiers, plus généralement appelés aujourd'hui canons courts, pour le tir plongeant ; les mortiers sont comme par le passé employés pour le tir sous les grands angles. Quelle que soit l'espèce de bouche à feu, les conditions que l'on impose actuellement à chacune d'elles sont une grande justesse et de longues portées, en outre pour les canons on exige une trajectoire très tendue. Ces conditions ont entraîné nécessairement avec elles non seulement une organisation nouvelle des projectiles, mais encore un changement dans la nature du métal des pièces ainsi que l'emploi des procédés les plus perfectionnés et les plus puissants de l'industrie pour la fabrication des canons (V. BOUCHE A FEU). Elles ont nécessité, en outre, une modification profonde dans la préparation des poudres (V. POUDRE) en même temps qu'un accroissement considérable dans la résistance des affûts. Dans l'organisation d'un système d'artillerie ces différentes questions se tiennent et, jointes aux conditions de service qui varient forcément, suivant qu'il s'agit d'une bouche à feu destinée à la guerre de montagne, de campagne ou de siège, à la défense des places ou des côtes ou bien encore à l'armement des navires, elles conduisent presque toujours à des contradictions quelquefois même des impossibilités ; ce n'est que par le choix judicieux des calibres que l'on peut arriver dans chaque cas particulier à résoudre le problème d'une façon à peu près satisfaisante. Le plus généralement un seul calibre ne pouvant réunir à lui seul toutes les conditions voulues on est forcé d'avoir recours, dans chaque cas particulier, à l'emploi de plusieurs calibres, mais on doit alors chercher à réduire leur nombre au strict nécessaire de façon à compliquer le moins possible la question des approvisionnements. Nous allons essayer de donner un résumé des principales considérations qui ont guidé les artilleurs dans le choix des divers calibres actuellement en usage, calibres qui aujourd'hui encore, comme du temps des bouches à feu lisses, sont peu différents d'un pays à un autre.

ARTILLERIE DE CAMPAGNE. Si, d'une part, on doit chercher à avoir une pièce aussi mobile que possible, susceptible de transporter avec elle un assez grand nombre de munitions pour pouvoir se suffire à elle-même sur le champ de bataille, d'autre part, il faut que cette bouche à feu soit assez puissante pour produire des effets suffisamment meurtriers contre les troupes, et pouvoir détruire les obstacles matériels que l'on rencontre généralement sur les champs de bataille, tels que tranchées-abris, clôtures en planches ou maçonneries, murs d'habitation. L'emploi d'un petit calibre permettrait de satisfaire complètement aux deux premières conditions, et alors il serait assez facile d'établir, au point de vue balistique, une pièce possédant à la fois une grande tension de trajectoire et de grandes portées. Mais en revanche, le projectile d'une pareille bouche à feu, trop léger, n'aurait pas toute la puissance nécessaire ; il serait à peu près impossible d'organiser un bon obus à balles, tant que le calibre serait inférieur à 78ᵐ/ᵐ. Au point de vue de la facilité des approvisionnements, il y aurait tout avantage, surtout pour les pièces de campagne, si on n'avait qu'un seul et unique calibre ; mais on a trouvé, en général, plus avantageux d'avoir deux pièces distinctes, l'une dite pièce légère, représentant le maximum de mobilité compatible avec une efficacité suffisante, spécialement réservée à l'artillerie à cheval ; l'autre, pièce lourde, représentant, au contraire, le maximum d'efficacité compatible avec une mobilité suffisante, destinée aux batteries montées. On peut, il est vrai, tout en conservant le même projectile, et, par suite, le même calibre, établir deux pièces distinctes, l'une tirant à forte charge, et l'autre, plus courte et plus légère, tirant à charge réduite. Mais si cette solution était admissible alors que l'obus ordinaire constituait à lui tout seul les approvisionnements de campagne, elle l'est beaucoup moins aujourd'hui que l'on emploie de plus en plus les obus à fragmentation systématique, et les obus à balles, dont les effets ne peuvent être satisfaisants qu'avec de fortes vitesses initiales.

Une longue expérience a montré que pour faire un bon service les chevaux d'artillerie ne devaient pas avoir à traîner au delà de 260 kilogrammes, dans les batteries à cheval, et 330, dans les batteries montées. Un attelage à 8 n'est pas assez maniable, un attelage à 4 est bientôt rendu insuffisant par suite de la fatigue des chevaux ou des pertes subies; aussi est-il admis aujourd'hui que les pièces de campagne seront dorénavant attelées à 6 chevaux. Il en résulte que la pièce la plus légère doit peser, tout équipée, 1600 kilogrammes environ, et la pièce lourde, 2000 kilogr.

Étant donné le système actuel des voitures de campagne composées d'un avant-train et d'un arrière-train formant, pour ainsi dire, deux voitures à deux roues indépendantes l'une de l'autre, et simplement accrochées l'une derrière l'autre, on admet en France, que le poids total de la voiture doit être réparti entre l'arrière et l'avant-train dans le rapport de 3 à 2. Dans ces conditions, la charge de l'essieu de l'arrière-train est sensiblement égale à 1 fois 1/2 celle de l'essieu de l'avant-train ce qui a été reconnu avantageux au point de vue du tirage. En Allemagne et en Autriche, au contraire, le poids est, en général, réparti, à très peu près, également entre les deux trains. Prenant le rapport de 3 à 2, cela donne 960 kilogrammes, dans le premier cas, et 1,200 kilogrammes, dans le second, pour l'arrière-train, c'est-à-dire pour le système formé par la bouche à feu, et son affût sur roues.

La théorie, d'accord avec la pratique, a démontré qu'afin d'assurer au matériel toute la résistance possible, il y avait lieu, pour les pièces de campagne, de donner à l'affût proprement dit, c'est-à-dire au corps d'affût séparé de ses roues, un poids égal à celui de la pièce. Si on admet que les roues de la pièce légère doivent peser environ 140 kilogrammes, et celles de la pièce lourde, 200 kilogrammes, chiffres peu différents de ceux auxquels on est arrivé dans la pratique,

on trouve qu'il ne reste que 410 kilogrammes pour le poids de la pièce légère, et 500 pour celui de la pièce lourde.

On peut admettre aujourd'hui qu'une vitesse initiale de 450 à 460 mètres est bien suffisante pour un canon lourd de campagne. Quant au projectile léger, conservant moins bien sa vitesse, il a besoin d'une vitesse initiale plus grande; on doit donc chercher à atteindre 500 mètres. Dans ces conditions, l'expérience a montré que, pour que le recul de la pièce ne fatigue pas trop l'affût, le rapport du poids de la charge à celui du projectile étant supposé égal au 1/5, pour le canon lourd, et au 1/4, pour le canon léger, il faut donner à la pièce lourde un poids égal à 70 fois environ celui de son projectile, et à la pièce légère, un poids égal à 80 fois le projectile.

Ayant déjà fixé approximativement le poids de la bouche à feu, il nous est possible maintenant d'en déduire le poids du projectile, soit : 7 à 8 kilogrammes pour le projectile lourd; 5 kilogrammes à 5 kilogr. 500, pour le projectile léger. Dans le système de bouches à feu actuel, le poids de l'obus oblong est sensiblement égal à 3 fois celui du boulet sphérique, de même diamètre; il est donc facile d'obtenir approximativement, par l'ancienne méthode en usage pour les bouches à feu lisses, le calibre de la pièce. On trouve ainsi que le calibre de la pièce lourde doit être de 88 $^{m/m}$ environ; celui de la pièce légère 75 à 80$^{m/m}$. Les calibres adoptés dans les différents pays sont peu différents : ils sont compris pour la pièce lourde entre 87 et 90$^{m/m}$, et pour la pièce légère, entre 75 et 80$^{m/m}$. Comme on le voit par le tableau, la plupart des puissances se sont laissées aller, en adoptant le calibre de 75$^{m/m}$ pour la pièce légère, à sacrifier un peu trop les qualités balistiques à la mobilité.

CANONS de campagne actuellement en service (1881)	FRANCE			ALLEMAGNE		ANGLETERRE			Autriche-Hongrie		ITALIE		RUSSIE		
	Modèle 1877 80 $^m/^c$	Modèle 1877 90 $^m/^c$	Modèle 1876 95 $^m/^c$	Modèle 1873 léger	Modèle 1873 court	Modèle 1874 9 livres	Modèle en essai 13 livr.	Modèle 1874 16 livr.	Modèle 1871 8 c.	Modèle 1875 9 c.	Mod. 1875 7 c.	Mod. 1876 9 c.	Modèle 1877 à caval.	Modèle 1877 léger	Modèle 1877 du batter.
Calibre (diamètre de l'âme pris sur les cloisons) .... $^m/m$	80	90	95	78.5	88	76.2	76.2	91.4	75	87	75	87	87	87	106.7
Longueur totale de la pièce.......... mèt.	2.280	2.280	2.500	2.100	2.100	1.890	2.210	1.980	1.950	2.060	1.780	2.100	1.700	2.100	2.100
Poids total .... k.	425	580	706	390	450	305	406	614	300	487	298	492	364	457	622
Poids du projectile. k.	5.605	7.945	10.945	5.07	7.00	4.15	5.90	7.20	4.31	6.40	4.25	6.73	6.872	6.872	12.374
Poids de la charge. k.	1 500	1.900	2.100	1.250	1.500	0.794	1.417	1.360	0.950	1.500	0.850	1.450	1.357	1.357	1.843
Vitesse initiale... mèt.	490	455	443	465	444	425	482	415	422	448	421	454	411	442	373
Poids de la pièce sur affût k.	965	1.205	1.450	893	985	893	1.014	1.285	766	1.035	698	1.077	819	961	1.199
Nombre de coups transportés par l'avant-train et la pièce	32	30	18	39	33	40	36	28	40	34	48	34	20	30	18
Poids total de la pièce sur affût avec avant-train, chargée et attelée à six chevaux (excepté le 7e italien attelé à quatre seulement) .... k.	1.595	2.010	2.290	1.800	1.940	1.723	1.874	2.135	1.553	1.917	1.285	1.928	1.476	1.847	2.100

Mais d'un autre côté, certaines puissances ont introduit, dans leurs équipages de campagne, des pièces d'un calibre supérieur, lançant un projectile dont le poids est compris

entre 10 et 12 kilogrammes. Pour donner à un canon de ce calibre une mobilité suffisante, on est obligé d'en réduire la longueur, les épaisseurs et la charge, d'en faire, en un mot, une sorte de canon court, et encore, dans ces conditions, est-il bien difficile de lui donner assez de légèreté pour qu'il soit facile de le faire manœuvrer sur les champs de bataille. Peut-être vaudrait-il mieux, comme l'ont proposé certains auteurs militaires, entrer franchement dans cette voie, et adopter, comme *pièces de position*, de véritables pièces de siège pouvant, au besoin, servir soit pour l'attaque d'une petite place, soit pour renforcer une ligne de défense.

ARTILLERIE DE MONTAGNE. Ces pièces, destinées à être transportées à dos de mulets, dans les pays de montagne inaccessibles aux voitures, même les plus légères de l'artillerie de campagne, ont forcément leur poids limité de 100 à 120 kilogrammes, charge maximum que l'on puisse faire porter à une bête de somme. Si l'on voulait donner à une pièce aussi légère, les mêmes qualités balistiques qu'aux bouches à feu de campagne, on serait conduit à un projectile beaucoup trop léger, incapable de produire des effets d'éclatement bien redoutables. C'est pourquoi on a été conduit à adopter un calibre égal ou fort peu inférieur à celui de la pièce légère de campagne. Dans ces conditions, on est forcé de ne donner à la pièce qu'une assez faible longueur d'âme, et de réduire la charge de façon à n'avoir qu'une vitesse de 250 mètres environ; le canon de montagne est donc, à proprement parler, un obusier ou canon court. En adoptant le même calibre que pour la pièce légère de campagne, on a l'avantage de pouvoir en utiliser les projectiles, et simplifier ainsi les approvisionnements. Le poids du corps d'affût, non compris les roues qui peuvent être transportées à part, doit, lui aussi, ne pas dépasser 100 kilogrammes, à moins qu'on ne se décide à le composer de plusieurs parties s'assemblant au moment donné, et se transportant séparément. C'est à cette solution que l'on semble devoir s'arrêter afin d'avoir un affût offrant une résistance et surtout une stabilité suffisantes. Le tableau suivant résume les principales données relatives aux canons de montagne en service dans les différents pays.

CANONS de montagne actuellement en service (1881)	FRANCE — 80 m/m (1878)	ANGLETERRE — 7 livres (1873)	Autriche-Hongrie — 7 c. (1875)	ESPAGNE — 8 c. (1874)	ITALIE — 7 c. (1880)	RUSSIE — 3 livres (1) (1867)	SUISSE — 8 c. (1877)
Calibre.... m/m	80.0	76.1	66.0	78.5	75.0	76.1	75.0
Poids de la pièce.. kil.	105	90	91	102	97	102	105
Poids de l'obus.... kil.	5.60	3.11	3.12	3.90	3.72	4.10	4.20
Poids de la charge... gr.	400	340	350	400	300	341	400
Vitesse initiale..... mèt.	255	295	298	260	282	211	275

(1) Un nouveau canon de montagne est à l'étude en Russie.

Afin de donner au canon de montagne une plus grande longueur et des qualités balistiques comparables à celles des canons de campagne, on a proposé de faire la bouche à feu en deux parties, la culasse et la volée pouvant s'assembler ou se séparer à volonté pour les transports. Des essais ont été faits en Angleterre et en Russie, avec des canons fabriqués, les uns, par l'usine Armstrong, les autres, par l'usine Krupp (V. BOUCHES A FEU); l'Angleterre, seule jusqu'ici, a mis un canon de ce genre en service.

ARTILLERIE DE SIÈGE. Pour les pièces de siège destinées à être servies dans des batteries fixes, la question de mobilité a bien moins d'importance que dans les deux cas précédents; il suffit que la pièce et son affût puissent circuler sur les routes et qu'elles se prêtent aux manœuvres constituant l'armement ou le désarmement des batteries; on peut même au besoin, pour faciliter les transports, séparer la pièce de son affût et la placer sur un chariot porte-corps.

Le tracé des nouvelles fortifications exige: 1° pour l'armement des batteries de première position destinées soit à inquiéter les travaux de la défense, soit à exécuter un bombardement, des pièces ayant une portée de 10 kilomètres au moins, c'est-à-dire des canons longs tirant à forte charge, et ayant, même aux distances extrêmes, une grande justesse; 2° pendant la lutte de l'artillerie, pour atteindre le matériel placé derrière les remparts et faire brèche dans les escarpes, il est nécessaire d'avoir des bouches à feu construites de manière à conserver une grande puissance et une grande justesse, même avec des charges suffisamment réduites pour que l'angle de chute ait toute l'amplitude nécessaire. Les canons longs établis en vue du rendement maximum se prêteraient mal à ce genre de tir en raison de leur grande longueur d'âme, et de la capacité de leur chambre nullement appropriée au tir à charge réduite, de là la nécessité d'avoir des bouches à feu spéciales dites *canons courts;* 3° enfin pour détruire les abris de toute espèce il est indispensable d'avoir recours aux feux verticaux; *à priori* il pourrait paraître avantageux d'utiliser les canons courts aussi bien pour le tir d'écrasement que pour le tir plongeant; mais en réalité ces deux genres de tir sont bien différents.

Le tir plongeant ne s'exécute guère que sous des angles de 20° au plus et à des distances qui ne dépassent guère 2,000 mètres tandis qu'au contraire le tir vertical a lieu le plus souvent sous l'angle de 60° et à de grandes distances, ce qui exige des charges relativement plus fortes. Dans un cas comme dans l'autre, la bouche à feu doit avoir une grande justesse, ce qui ne permet pas d'utiliser la même bouche à feu avec des charges notablement différentes les unes des autres, c'est pourquoi on a été conduit dans presque tous les pays à employer une troisième sorte de bouches à feu, les mortiers, uniquement destinés au tir vertical.

Canons longs. Etant donnés les moyens de transport et les voies de communication dont on dispose aujourd'hui, on peut admettre que le poids des canons de siège atteindra 5,500 kilogrammes environ; comme au point de vue de la conservation du matériel il y a tout intérêt à tenir la pièce lourde relativement à son affût, nous supposerons que, comme cela se fait à l'étranger, ce poids total est réparti entre les deux dans le rapport de 5 à 3 environ, soit 3,400 kilogrammes pour la bouche à feu et 2,100 kilogrammes pour l'affût. Pour que la bouche à feu fatigue le moins possible son affût, la vitesse initiale du projectile étant fixée à 500 mètres environ, il faut que son poids soit égal à 90 fois environ celui du projectile, on est ainsi conduit à fixer de 38 à 40 kilogrammes le poids du projectile, et en supposant toujours qu'il soit égal à trois fois celui du projectile plein sphérique on trouve pour le calibre du canon lourd de 152 à 155$^{m/m}$. Grâce au poids de son projectile et à sa forte vitesse initiale une pareille bouche à feu possède une puissance suffisante, et peut même au besoin, en ayant recours à l'emploi de projectiles spéciaux, dits *de rupture*, être employée pour le tir contre les fortifications cuirassées.

On peut avoir souvent occasion d'utiliser dans les sièges, en particulier pour l'armement des batteries de deuxième position, un canon moins puissant que le précédent, mais moins lourd et par suite plus mobile; c'est pourquoi on a généralement adopté dans les différents pays un canon de siège du calibre de 120$^{m/m}$ dont le projectile pèse de 16 à 18 kilogrammes; dans ces conditions le poids de la bouche à feu est de 1,700 grammes environ et celui du système complet, pièce et affût, ne doit pas dépasser 3,000 kilogrammes.

A ces deux canons de siège il faut ajouter des pièces légères, destinées à protéger les travaux de l'assiégeant contre les sorties de la place, pour ce service on se contente en général des canons lourds de campagne ou des canons de position que l'on monte le plus souvent sur des affûts surélevés permettant de les tirer par-dessus l'épaulement des batteries.

Canons courts. Les résultats, obtenus dans de nombreuses expériences, ont conduit à admettre que le tir en brèche n'était efficace qu'autant que les projectiles avaient, au moment du choc, une puissance vive d'au moins 40,000 kilogrammètres estimée suivant la normale au mur. D'un autre côté les escarpes et les murs des caponnières étant actuellement défilés au 1/4 il faut les atteindre sous un angle de 20 à 25°, or l'expérience a montré qu'avec des projectiles du calibre de 150$^{m/m}$, on ne peut faire brèche lorsque l'angle de chute dépasse 15°. On sera donc généralement obligé d'avoir recours à un calibre plus fort, et si l'on admet que la vitesse initiale du canon court soit de 250 mèt. environ et que la bouche à feu soit placée à 1,800 ou 2,000 mètres, distance que l'on ne doit pas dépasser si l'on veut que le tir ait une précision suffisante, on est conduit à

adopter une bouche à feu du calibre de 18 à 19° au minimum; l'Autriche a adopté un canon court de 18°, l'Allemagne un canon de 21°, en France, un canon court de 22° est à l'étude. Ces bouches à feu de gros calibre étant forcément fort lourdes, il est indispensable d'avoir un autre canon court moins puissant, mais plus léger; afin de simplifier les approvisionnements presque toutes les puissances ont adopté un canon court de 15°, lançant le même projectile que le canon long de même calibre.

Mortiers. Il est nécessaire d'avoir : un mortier de gros calibre, à grande portée, pour les bombardements, un mortier de moyen calibre pour le tir aux moindres distances et enfin un mortier de petit calibre assez léger pour pouvoir se transporter à bras dans les tranchées. Pour les deux dernières de ces bouches à feu, on a généralement adopté les calibres de 15° et de 9° qui permettent au besoin d'utiliser les projectiles des canons de siège ou de campagne de même calibre; pour le mortier lourd on a généralement considéré comme suffisant le calibre de 21 à 22°; cependant en France on a mis à l'étude un mortier de 27°, destiné à servir exceptionnellement dans les sièges, et être utilisé surtout pour l'armement des batteries de côte.

ARTILLERIE DE PLACE. Les conditions auxquelles doivent satisfaire les bouches à feu de place sont à peu près les mêmes que pour celles de siège; toutefois un certain nombre d'entre elles destinées à rester en permanence sur les remparts n'ont pas besoin d'autant de mobilité. On peut donc, ou bien avoir quelques bouches à feu d'un calibre supérieur à celui des pièces de siège, ou bien par mesure d'économie substituer la fonte à l'acier pour la fabrication d'une partie des bouches à feu de place. Le plus généralement, pour simplifier le plus possible les approvisionnements et pouvoir former au besoin des équipages de siège avec les bouches à feu constituant l'armement des places, on n'établit aucune distinction entre les calibres de l'artillerie de siège et ceux de l'artillerie de place, on se contente d'y ajouter quelques pièces de gros calibre commune à l'artillerie de côte et l'artillerie de place. A ces bouches à feu il faut ajouter pour le flanquement des fossés et la défense des brèches, des pièces spéciales tirant à mitraille, canons-revolvers ou mitrailleuses.

ARTILLERIE DE CÔTE ET ARTILLERIE DE MARINE. Pour les canons destinés à l'armement des batteries de côte ou des navires, la question de mobilité n'a plus d'importance; la puissance doit être la qualité dominante, car les bouches à feu ont à lutter contre des cuirasses dont l'épaisseur va tous les jours en augmentant. La vitesse initiale restant la même, le calibre de la pièce dépend presque exclusivement de l'épaisseur des massifs cuirassés qu'elle aura à détruire.

La formule suivante, en usage en France :

$$p\,\mathrm{W}^2 = d\left(2{,}755{,}600\,e^{\frac{b}{s}} + 9025\,\mathrm{E}^2\right)$$

dans laquelle:

p désigne le poids du projectile en kilogrammes;
W la vitesse normale au choc, exprimée en mètres;
d le diamètre du projectile exprimé en décimètres;
e l'épaisseur de la plaque métallique exprimée en décimètres;
E l'épaisseur du matelas en bois exprimée en décimètres;
permet, la vitesse étant fixée d'avance et le projectile oblong étant supposé peser trois fois autant que le boulet sphérique de même diamètre, de déterminer le calibre qu'il convient de donner à une bouche à feu pour qu'elle soit en état de percer à bout portant, le tir étant dirigé normalement, un blindage d'épaisseur connue.

En Angleterre, on a proposé récemment une règle fort simple, dite *règle du pouce*, qui est la suivante : « L'épaisseur de la plaque qu'un projectile peut traverser, exprimée en pouces, est égale au millième de la vitesse restante exprimée en pieds anglais multipliée par le calibre du projectile exprimé en pouces. » C'est-à-dire qu'un projectile de 9 pouces, arrivant avec une vitesse de 1,000 pieds, percerait une plaque de 9 pouces ; avec une vitesse de 1,500 pieds, il percerait une plaque de 13 pouces 1/2 ; on dit que la plaque est percée lorsqu'une partie du projectile à traversé de part en part.

On a été conduit à adopter dans les différents pays des calibres successivement croissants de 16°, 19°, 24°, 27 à 28°, 32°, 35 à 36° et 40°, on s'est arrêté à cette dernière limite et les quelques canons de ce calibre qui existent actuellement sont considérés comme des canons monstres. Aujourd'hui les constructeurs semblent avoir une tendance à redescendre dans l'échelle des calibres de façon à diminuer les difficultés de construction, et ils cherchent à augmenter la puissance de la bouche à feu : 1° en portant la vitesse initiale de 500 à 600 mètres, ce qui nécessite un allongement de l'âme ; 2° en allongeant encore le projectile de façon que son poids soit à peu près égal à quatre fois au lieu de trois fois le poids du projectile plein. Cet allongement du projectile permet d'augmenter non seulement le poids total du projectile et par suite la force vive totale, mais encore d'accroître également sa force vive par centimètre de circonférence et par conséquent de faciliter la pénétration.

L'artillerie de marine doit posséder aussi des bouches à feu de moyen et de petit calibre pour compléter l'armement de ses vaisseaux, armer ses embarcations et accompagner les troupes de débarquement. La marine française fait usage pour ces différents services en outre des calibres déjà cités, des canons de 14°, 10°, 9° et 6°,5, cette dernière pièce est une véritable pièce de montagne ; enfin pour tenir à distance les bateaux torpilleurs, presque toutes les marines ont recours aujourd'hui à l'emploi de mitrailleuses ou canons-revolvers.

CALICE. Vase qui sert au sacrifice de la messe, et dans lequel le prêtre consacre le vin eucharistique.

— Chez les Romains, les calices étaient des coupes dont ils se servaient pour boire aux repas ; on les fit

Fig. 78. — Calice de la fin du XII° siècle, en argent doré et orné de figures niellées (abbaye des bénédictins de Witten, près d'Inspruck).

d'abord en terre cuite, puis en verre, en cristal et même en métal précieux ; ils étaient très grands et portés sur une tige élargie à son extrémité inférieure, laquelle formait la base ou le pied ; le calice d'église, qui en est l'imitation, se rattache au sacrement de la communion institué par le Christ pendant le dernier repas qu'il prit avec ses apôtres. Dans les premiers temps du christianisme, les calices d'église étaient en bois ou en verre, mais au III° siècle de notre ère, le pape Urbain I°r ordonna qu'ils fussent faits en or ou en argent ; le testament de Perpetuus, évêque de Tours, mort en 474, lègue à son église « deux calices d'or; » plus tard, Léon IV interdit formellement pour leur fabrication, l'emploi du verre et de l'étain.

Au moyen âge, les calices étaient de grande dimension et, souvent munis de deux anses; les diacres les apportaient pour donner aux communiants l'espèce du vin que chacun aspirait avec un chalumeau d'or (fig. 76). Nous ne pouvons passer sous silence le beau calice d'or

de saint Rémi, l'un des splendides spécimens de l'art byzantin au XIIe siècle : il est chargé d'ornements en filigrane et enrichi d'émaux, de cabochons et de perles; sur le pied on lit une sentence qui frappait d'anathème quiconque osait porter une main profane sur cet objet sacré : † QVJCQ HC . CALICE INVADIAVERIT VEL . AB . HAC . ECCLESIA . REMESI . ALIQVO MODO . ALIENAVERIT . ANATHEMA . SIT . FIAT . AM. Cette œuvre d'art n'en fut pas moins portée, en

Fig. 77. — *Calice de Saint-Rémi.*

1793, à la Monnaie pour y être fondue; elle échappa au creuset et, après avoir figuré dans le cabinet des Antiques, elle fut rendue, en 1861, au trésor de Notre-Dame-de-Reims (fig. 77).

Depuis la Renaissance jusqu'à nos jours, l'orfèvrerie religieuse n'a cessé de prodiguer aux vases sacrés toutes les ressources de l'art le plus délicat. — V. ORFÈVRERIE.

CALICOT. (Du nom de *Calicut*, ville indienne d'où l'on a expédié en Europe les premières étoffes de coton.) Tissu de coton produit par l'armure fondamentale *toile* ou *uni*, c'est-à-dire par l'insertion successive des fils de trame sous les fils pairs, puis sous les fils impairs de la chaîne.

Les tissus de coton unis se font avec toutes les grosseurs de fils, depuis les plus gros jusqu'aux plus fins; la désignation de calicot est réservée aux tissus établis dans de certaines limites de largeur, de nombre et de grosseur des fils. Les numéros des filés varient pour la chaîne de 26 à 34, et pour la trame de 36 à 42.

Les calicots se font depuis 58 jusqu'à 78 portées, comptant de 18 à 23 fils de chaîne au 1/4 de pouce et 20 à 26 fils en trame, sur les laizes (ou largeurs) de 2/3, 3/4, 4/4, 5/4, 6/4, 7/4, 8/4 et 9/4 (80, 90, 120, 150, 180, 210, 240 et 270 centimètres).

Les calicots les plus courants, classiques, dont

les cours sont cotés dans les centres industriels de fabrication, sont ceux établis sur 3/4 ou 90 centimètres de largeur et sur 60 P. 16 à 20 fils trame, 68 P 20 fils et 70 P 21 fils; les prix de ces articles sont actuellement en fabrique de 0 fr. 26, 0 fr. 28, 0 fr. 30, 0 fr. 32 et 0 fr. 33 le mètre environ. En 1775, le mètre de calicot coûtait 3 fr. 75. Cette différence donnera une idée des progrès accomplis dans l'industrie textile.

Le tissage du calicot (comme de tous les unis) n'exige théoriquement que deux lames : l'une, dans laquelle seront rentrés tous les fils pairs; l'autre, tous les fils impairs de la chaîne. L'insertion successive des duites dans le *pas* ou *foulc* produit par la levée alternative des deux lames donnera le tissu uni. Mais dans le tissage mécanique du calicot, où la question de production est des plus importantes, pour mieux diviser les fils de chaîne, et éviter l'entraînement des fils par la lame à laquelle ils n'appartiennent pas (les *tenues*, en terme de tissage) auquel exposerait la grande vitesse que l'on donne actuellement aux métiers, on emploie quatre lames au lieu de deux. Les fils sont alors rentrés dans les lames suivant le *remettage amalgamé* (V. REMETTAGE): tous les fils impairs dans les deux premières lames, tous les fils pairs dans les deux suivantes. Les lames sont attachées alors par paires au cylindre porte-lames du métier à tisser à deux excentriques, ce qui produit nécessairement l'armure unie.

Les données manquent pour indiquer d'une manière absolue l'importance de la fabrication du calicot. Si l'on compte que les 2/3 des 68,000 métiers mécaniques qui existent en France, sont employés à ce genre de tissu, on trouve une production annuelle d'environ 35,000,000 mètres. L'Angleterre, avec ses 600,000 métiers, peut produire 3 milliards de mètres. — P. D.

* **CALIFORNIE** (Bois de). Ce bois de teinture, qui est produit par un *cœsalpinia* non spécifié des forêts de la Californie, est une variété de bois de *Brésil* ou de *Fernambouc*. Il se présente en bûches de toutes grosseurs, noueuses, tortueuses, à fibres quelquefois longitudinales, mais le plus souvent entrelacées. Il est fort dur, d'un rouge-jaune-souci quand il vient d'être fendu. Exposé à l'air, il brûnit et devient d'un rouge violet.

* **CALIGE**. *Art milit. anc.* Chaussure des gens de guerre dans l'antiquité; elle était composée d'une grosse semelle garnie de petits clous de fer ou de bronze et maintenue au pied par des bandes de cuir qui s'enroulaient autour de la cheville.

* **CALIORNE** ou **CAYORNE**. *T. de mar.* Sorte de fort palan qui sert à élever les mâts, les canons, les lourds fardeaux, etc. — V. BIGUE.

* **CALISSOIRE**. *T. techn.* Poéle remplie de feu que l'on employait autrefois pour le lustrage des étoffes.

* **CALLA** (ÉTIENNE), constructeur-mécanicien, né à Paris, en 1760, fut l'un des principaux promoteurs du développement des constructions mécaniques en France.

C'est en 1788 qu'il fonda cet atelier qui devait acquérir, dans la première moitié de ce siècle, une situation prépondérante parmi les établissements analogues; il se consacra d'abord à la construction de petits modèles que l'on peut encore admirer aujourd'hui au Conservatoire des Arts-et-Métiers de Paris, et à celui de Madrid; mais quand il eut acquis, par ses nombreux essais, le savoir et l'habileté nécessaires à la hardiesse de ses conceptions, il se mit résolument à la tête du mouvement industriel qui fut le point de départ des progrès étonnants de notre époque. C'est lui qui construisit la première machine à vapeur à double effet qu'on ait vue en France, et il fabriqua également pour les filateurs et les ateliers de tissage, de nombreuses machines à filer et à tisser le coton, des machines à tisser le calicot, à fabriquer le papier, etc... En considération des éminents services qu'il avait rendus à l'industrie, le gouvernement du premier empire lui accorda la concession gratuite d'un local situé rue du Faubourg-Poissonnière, dans lequel il transféra ses ateliers agrandis, et il y installa une fonderie qui lui permit de remplacer le bois par le métal dans la construction des machines-outils. Cette substitution donna une impulsion considérable aux constructions mécaniques car elle donnait aux organes des machines une résistance et une invariabilité de forme qu'ils n'avaient jamais connues jusque-là, et assurait en même temps plus de régularité et de précision dans le travail. Calla s'est encore distingué dans la fonte d'art; il réussit à couler des pièces alors fort importantes pour l'époque, comme les girandoles et les candélabres de la galerie vitrée du Palais-Royal. C'est lui qui construisit cet appareil célèbre, à l'aide duquel Louis XVIII pouvait passer de ses appartements dans sa voiture sans quitter son fauteuil.

Il mourut en 1835, laissant la direction de son importante maison à son fils qu'il s'était associé depuis plusieurs années déjà.

* **CALLA** (CHRISTOPHE-FRANÇOIS), fils du précédent, né à Paris, en 1802, continua dignement les traditions paternelles et donna une grande extension à l'établissement qu'il reçut en héritage.

Il réalisa de nombreux perfectionnements dans la construction des moulins à blé en disposant des meules plus petites et plus rapides que celles employées jusque-là et qui donnaient une mouture plus complète. C'est d'après ces données qu'il construisit les grands moulins de Pierrebrou, près d'Etampes. L'art décoratif fut aussi une de ses grandes préoccupations; dans les fontes d'art qu'il exécuta, on remarque que la grandeur des dimensions n'exclut jamais la précision et le fini des détails. Tels sont, par exemple, les portes de l'Eglise Saint-Vincent de Paul, les fontaines de la place Louvois, les statues de la place du Trône, les candélabres qui décorent la cour du Louvre, d'après les dessins de Duban (1854), etc.

Il donna une grande extension à la construction des locomobiles, et grâce à ses patientes études, il arriva à en faire un instrument simple et robuste, dont on pourrait, sans danger, confier la direction à un ouvrier quelconque. Les locomobiles de Calla devinrent classiques en quelque sorte, et lui acquirent une juste réputation.

Toutefois, l'œuvre principale de François Calla, à laquelle son nom mérite de rester attaché désormais, ce sont les machines-outils dont il a créé les premiers types. Ces machines qu'on rencontre aujourd'hui dans tous les ateliers de construction, ont réalisé un progrès considérable, car elles ont permis de supprimer le travail à la main avec toutes ses imperfections, en préparant automatiquement des pièces mieux ajustées, ayant une exactitude et un fini qu'on n'aurait pu obtenir autrement.

M. Calla s'est associé, en 1868, MM. Chaligny et Guyot Sionest qui dirigent actuellement l'établissement fondé il y a près d'un siècle.

* **CALLAÏS**. *T. de minér.* Phosphate d'alumine hydraté découvert parmi les substances travaillées que l'on trouve dans les tombeaux celtiques.

* **CALLE**. *T. de mar.* Machine qui sert à retirer de l'eau les navires qui doivent être radoubés. || *T. techn.* Pieu de bois ou d'autre matière qui en soutient une autre que l'on travaille.

* **CALLIOPE**. *Myth.* L'une des neuf muses; elle présidait à l'éloquence et à la poésie héroïque; les artistes modernes, s'inspirant des œuvres de l'antiquité, la représentent ordinairement sous les traits d'une jeune fille, le front ceint d'une couronne d'or ou de lauriers, tenant dans sa main droite une trompette et dans la gauche un livre; l'*Odyssée*, l'*Iliade* sont à ses pieds.

* **CALLON** (Charles), ingénieur civil, né à Rouen (Seine-inférieure). Fut professeur du cours de machines agricoles et hydrauliques à l'Ecole centrale des arts et manufactures ; ancien vice-président du Conseil général de la Seine et du Conseil municipal de Paris ; ancien président de la Société des ingénieurs civils. Décédé, le 19 septembre 1878, à Neuville-les-Raon (Vosges).

Sorti diplômé de l'Ecole centrale en 1833, c'est-à-dire quatre ans après la fondation de cette école, Ch. Callon contribua puissamment à la création de la spécialité d'ingénieur mécanicien. Il publia, en 1846, en collaboration avec M. Ferdinand Mathias, des *Etudes sur la navigation fluviale par la vapeur*, et en 1848, en collaboration avec M. Laurens, un livre sur l'*Organisation de l'Industrie ; application à un projet de société générale des papeteries françaises*. Il publia également, dans les bulletins de l'association des anciens élèves de l'Ecole centrale, une notice sur les avantages des transmissions à grandes distances, par câbles.

En 1870, Ch. Callon accepta la tâche pénible d'adjoint de son arrondissement, puis celle de conseiller municipal, et ses rapports au Conseil resteront comme des modèles de clarté que l'on consultera toujours avec profit. Son cours à l'Ecole centrale, publié dans les dernières années de sa vie, résume l'enseignement lucide du professeur qui avait le talent tout à fait spécial de faire ressortir, par une discussion impartiale, les avantages et les inconvénients pratiques des divers systèmes qu'il examinait.

* **CALLOT** (Jacques), peintre, dessinateur habile, mais surtout célèbre graveur, né à Nancy en 1593, mort en 1635. Il appartenait à une famille noble qui voulut combattre son goût pour les arts. A douze ans, Callot abandonna la maison paternelle, et suivit une troupe de bohémiens jusqu'en Italie. Un officier florentin l'enleva à ses dangereux compagnons et le plaça chez le peintre Canta-Gallina où il se livra avec ardeur à l'étude. Il apprit à graver à Rome sous la direction de Ph. Thomassin. Après avoir travaillé pour Cosme II, duc de Toscane, il revint en France, en 1620, et la plupart des grands personnages du temps le chargèrent de reproduire leurs actions. Il grava pour Spinola, *la prise de Bréda* ; et pour Louis XIII le *Siége de la Rochelle*. L'œuvre de Callot se compose d'environ quinze cents pièces. De toutes ces compositions les plus remarquables sont : *les Foires, les Misères de la guerre, la Passion, les Supplices, le Gueux, le Massacre des Innocents, la Tentation de Saint-Antoine*. Les tableaux de Callot sont rares. Le palais Corsini à Rome en possède douze, peints sur cuivre. Il y a deux belles collections de dessins de Callot à Paris, à la Bibliothèque nationale et à la Bibliothèque Sainte-Geneviève.

Le talent de Callot est spirituel, animé, léger.

L'observation du geste, de la physionomie, de l'allure y revêt une forme quelque peu caricaturale qui en affirme d'autant mieux le caractère expressif. Tout le mouvement de la société française au temps de Louis XIII revit dans ses œuvres un peu sèches, mais vives et précises.

* **CALLUTANNIQUE** (Acide). *T. de chim.* Acide tannique extrait du *colluna vulgaris* employé dans la teinture de la laine.

* **CALMELET** (Michel-François), né à Langres en 1782, est mort en 1817. Il était ingénieur en chef des mines et il a laissé dans le *Journal des mines* des mémoires intéressants.

* **CALOMEL** ou **CALOMELAS**. *T. de chim.* Ancien nom du protochlorure de mercure, ou mercure doux.

* **CALOPHYLLE**. Genre d'arbres plus ou moins élevés, qui croissent dans les régions tropicales, et dont le bois est employé pour la charpente, le charronnage et les constructions navales ; son tronc laisse découler une matière résineuse qui se solidifie à l'air et que l'on utilise pour la préparation des vernis.

* **CALORIE**. La chaleur, quoiqu'inconnue dans son essence, est cependant un élément mesurable. Il suffit d'admettre, ce qui est évident, qu'un même effet calorifique est toujours le résultat de la mise en action de la même valeur de la cause qui le produit. Parmi ces effets, celui qu'on peut observer le plus directement est l'élévation de température que subit un corps déterminé.

L'unité de chaleur sera, dans cet ordre d'idée, la quantité de chaleur capable de donner à un corps déterminé une élévation de température déterminée.

On appelle *calorie* la quantité de chaleur qu'il faut pour élever de zéro à un degré centigrade, la température d'un kilogramme d'eau.

Autrefois cette unité était définie autrement ; on prenait pour la représenter la quantité de chaleur qui élève de un degré la température de l'unité de poids d'eau ; de sorte que cette unité pouvait varier selon qu'on la rapportait au gramme ou au kilogramme.

Depuis que la théorie mécanique de la chaleur a été établie de façon certaine, et qu'il a été démontré qu'un rapport déterminé existe entre une quantité de chaleur dépensée et la quantité de travail qui en résulte, on a dû, pour établir, par un nombre fixe, la valeur de ce rapport, prendre aussi une unité fixe de chaleur et on a rapporté invariablement la calorie au kilogramme. — V. Calorimétrie, Chaleur (§ *Equivalent mécanique de la*).

CALORIFÈRE. *T. techn.* Appareil destiné à effectuer le chauffage des habitations et des édifices au moyen de l'air porté à une température suffisante et distribué convenablement dans toutes les directions voulues.

Il y a plusieurs genres de calorifères et on les distingue en général par les noms de *calorifères à air chaud, calorifères à eau chaude, calorifères à vapeur.*

Ces appareils sont basés sur des principes essentiellement différents, tant au point de vue de l'agent calorifique que de son mode d'action. C'est donc par analogie seulement, qu'on a appliqué aux deux derniers genres, beaucoup plus modernes, la dénomination de *calorifère* consacrée au premier type d'appareils que nous allons étudier ici sous le nom de *calorifères à air chaud.*

Le principe du calorifère à air chaud consiste dans l'emploi d'un foyer de chaleur, source calorifique placée en dehors et à distance quelconque des locaux à desservir. Cette source fixe agit par conséquent au dehors de ces locaux, en échauffant préalablement l'air pris à l'extérieur, qui, après avoir été ainsi élevé à la plus haute température produite par l'appareil, est conduit et distribué dans les diverses directions où il porte et cède le calorique absorbé au point de départ de cette destination.

L'échauffement de l'air, pris extérieurement, se produit généralement au contact de surfaces de transmission soumises à l'action de la source intérieure de calorique. La température résultant de cette action dépend de l'intensité du foyer calorifique, de la conductibilité et de l'étendue des surfaces de transmission, de la quantité d'air extérieur qu'on fait affluer à surface égale pendant le même temps, et enfin de la vitesse avec laquelle l'air circule au contact des parois destinées à l'échauffer.

Dans les deux autres genres, au contraire, la source calorifique ne reste pas en dehors des locaux à desservir; elle est amenée et distribuée dans ces locaux mêmes, sous forme d'eau chaude, ou sous forme de vapeur, dans des tuyaux et des appareils au contact desquels s'échauffe directement l'air du local où l'on a besoin d'élever la température. C'est par conséquent un mode de chauffage tout à fait différent, qui peut s'appliquer même par simple circulation dans des tuyaux parcourant toutes les pièces à chauffer, sans qu'il soit besoin de recourir nécessairement à des appareils spéciaux, surtout en ce qui concerne le chauffage à vapeur. Ainsi dans une usine, par exemple, on peut chauffer les ateliers en faisant circuler, dans des tuyaux disposés à cet effet, la vapeur prise sur la chaudière qui sert à tous les autres besoins de l'établissement.

C'est pour cette raison qu'on désigne souvent ces deux derniers systèmes sous les noms de *chauffage par circulation d'eau chaude, ou de vapeur,* dénomination plus juste, à notre avis, que celle de *calorifère.* Pour cette raison, nous ne traiterons ici que les calorifères proprement dits, *c'est-à-dire ceux à air chaud,* reportant l'étude des autres systèmes au mot CHAUFFAGE.—

— L'usage des calorifères à air chaud remonte à une haute antiquité. On en trouve déjà, sous une forme rudimentaire, il est vrai, l'application dans les bains publics des Romains. La partie des thermes, qui était consacrée aux étuves, comprenait un emplacement nommé *hypocaustum* où un foyer intérieur chauffait l'air qui circulait sous les dalles et dans les conduits verticaux ou horizontaux disposés autour de la salle.

En résumant d'abord les principes généraux qui doivent présider à l'établissement des calorifères, nous n'aurons ensuite qu'à décrire les meilleurs types se rapprochant le plus des conditions théoriques, sans entrer dans l'examen détaillé de ces nombreux appareils qui ne diffèrent souvent entre eux que par des détails accessoires de construction.

L'air chaud tendant à s'élever en vertu de la moindre densité, la marche ascendante est évidemment plus rationnelle et plus avantageuse que les directions horizontales ou descendantes. Il faut par conséquent, dans une bonne installation, placer le calorifère en contre-bas des salles à chauffer, dans la cave, par exemple, s'il s'agit d'une maison d'habitation, afin de diriger ensuite l'air chaud par des conduits montant jusqu'aux points les plus élevés de la distribution. Le calorifère placé, comme nous le disons, à une certaine distance des locaux à desservir, devra être isolé de tout contact susceptible de lui faire perdre de la chaleur. Pour que le chauffage de l'air soit aussi facile et aussi intense que possible, on construit généralement en métal les parties soumises à l'action directe du foyer; mais pour éviter le refroidissement il faut envelopper le calorifère d'une paroi peu conductrice, généralement d'une maçonnerie de briques qui protège complètement contre l'action de l'air les parties chauffées intérieurement.

Tout calorifère se compose essentiellement : 1° d'un foyer, formé par une grille sur laquelle on met le combustible à brûler; 2° d'une cloche en fonte, de forme diverse, recouvrant le foyer et recevant l'action directe du feu; 3° d'un ou de plusieurs tuyaux en fonte ou en tôle servant à évacuer les produits de la combustion, c'est-à-dire les gaz chauds et la fumée qui se dégagent du foyer. C'est autour de la cloche et des tuyaux de sortie de fumée que se trouve une espèce de chambre de chaleur dans laquelle est amené l'air, qui s'échauffe au contact extérieur des parois métalliques, et là, est dirigé par les conduits qui le distribuent dans les locaux à chauffer. Il faut, si l'on veut éviter une usure trop rapide, que la cloche ait une dimension suffisante pour ne pas être exposée aux coups de feu. Il faut que les tuyaux de fumée soient de formes simples, sans coudes brusques, faciles à visiter, à nettoyer dans toutes leurs parties. Cette condition a été souvent méconnue par des constructeurs qui se sont ingéniés à compliquer les formes, à multiplier les contours pour augmenter les surfaces de contact, et qui se sont imaginé à tort qu'il était avantageux de refroidir le plus complètement possible la fumée en interposant sur son parcours des *chicanes,* des arrêts, des changements de direction, plus nuisibles au tirage que profitables à l'utilisation du calorique. Il faut partir de ce principe qu'il n'y a pas de bon calorifère sans un bon tirage, et les *chicanes* trop multipliées sont contraires à ce principe; elles entravent le dégagement des gaz, ralentissent leur écoulement et favorisent les dépôts de suie; si, avec cela, les tuyaux ont des contours où l'engorgement se produit vite, si le nettoyage de toutes les parties n'est pas facile, la marche du calorifère est bientôt défectueuse, et de nombreux inconvénients en sont la conséquence.

La température qu'on doit donner à l'air chaud, distribué dans les appartements ou dans les édifices, est ordinairement de 16 à 18°. Pour maintenir à 18°, durant les journées très froides, l'air contenu dans une salle de 100 mètres cubes, il faut ordinairement dépenser 1,500 calories par heure, mais à cause du renouvellement continu de l'air et des pertes de chaleur par les tuyaux de conduite, on peut au moins doubler ce chiffre et compter sur 3,000 calories par 100 mètres cubes d'air, ce qui correspond à 1 kilogramme de houille brûlée par heure.

Dans le calorifère ordinaire la cloche, ou pour mieux dire, la *surface de chauffe* exposée à l'action directe du foyer doit avoir, en général 2 mètres carrés pour 1 kilogramme de houille, et pour 2 kilogrammes de bois, consommé par heure; la *grille* doit avoir un décimètre carré de section, et les tuyaux de fumée 2 décimètres. En se tenant dans ces proportions on peut être assuré d'obtenir un bon chauffage. Nous parlons ici du type classique de calorifère à cloche, avec tuyau central en tôle se divisant en deux rangées latérales de tuyaux qui se trouvent enfermés dans une chambre d'air entourée d'une épaisse maçonnerie de briques.

Dans ces calorifères, en comptant pratiquement la consommation d'un kilogramme de houille pour 3,000 calories, on admet que la puissance calorifique du combustible ne donne qu'un effet utile de 50 0/0, mais on peut atteindre jusqu'à 75 0/0, quand les dispositions sont bien prises. Dans les appareils spéciaux, où l'on a cherché à utiliser mieux encore les surfaces de chauffe, on dépasse notablement ce résultat.

On ne saurait chauffer l'air au contact des parois d'un calorifère sans lui enlever ou du moins diminuer beaucoup la quantité de vapeur d'eau qu'il contient. On enverrait ainsi de l'air trop sec, gênant pour la respiration, si on ne lui restituait pas une proportion suffisante d'humidité. Par 100 mètres cubes et par jour, il faut évaporer environ deux litres d'eau pour entretenir l'air au degré hygrométrique convenable. Les calorifères doivent par conséquent être munis d'une boîte à eau qui assure cette vaporisation.

Pour éviter la mauvaise odeur que produit parfois le chauffage au moyen de calorifères, il suffit de prendre les précautions essentielles suivantes :

1° Ne pas laisser rougir fortement les surfaces exposées au coup de feu, parce que l'air venant lécher ces surfaces se trouverait soumis à une température qui déterminerait la combustion des particules organiques et des poussières microscopiques en suspension dans l'atmosphère;

2° Opérer la prise d'air en un point où sa pureté ne soit pas altérée par des causes accidentelles;

3° Donner aux sections de dégagement des pro-

portions suffisantes pour que l'écoulement de l'air se fasse aussi rapidement que le permet le degré de température à obtenir. En laissant l'air séjourner trop longtemps au contact des parois très chaudes, on risquerait davantage de déterminer la combustion des particules organiques, et avec des tuyaux de dimensions trop faibles on n'utiliserait qu'imparfaitement le refroidissement de la fumée.

En résumé, les conditions à remplir pour l'établissement d'un bon calorifère, sont la simplicité des formes, la facilité du nettoyage, de la visite et du démontage, un bon tirage, des surfaces de chauffe suffisantes et des sections de tuyaux convenablement proportionnées pour opérer le refroidissement de la fumée à 300° environ.

Il vaut mieux faire passer la fumée dans les tuyaux et l'air librement à l'entour que de faire circuler l'air dans des conduits enveloppés par la fumée, car dans le premier cas la surface rayonnante agit avec beaucoup plus d'efficacité pour échauffer l'air qui l'entoure. Il faut aussi que l'air frais arrivant du dehors suive une marche inverse de celle du courant de fumée, et se trouve par conséquent en contact avec des parties de plus en plus chaudes à mesure que la température s'élève. Enfin, une dernière condition à signaler dans la construction, c'est d'adopter pour les tuyaux de fumée le système de joints qui donne le moins de fuites possibles, et d'effectuer la pose de ces tuyaux avec les précautions voulues pour assurer l'étanchéité des joints. Quand il se produit des fuites dans les tuyaux de fumée, celle-ci se mêlant à l'air chaud, se répand avec lui dans les salles et amène ainsi des inconvénients qu'une bonne installation évite facilement.

Ces données générales étant posées, nous allons aborder la description de quelques types principaux de calorifères.

Calorifère à cloche. Ce système, créé par M. René Duvoir, constitue le type que nous avons appelé *type classique*, parce qu'il est devenu d'un usage tout à fait général, et qu'il a donné lieu au plus grand nombre d'imitations. De nombreuses fonderies fabriquent aujourd'hui, sur des modèles plus ou moins analogues, dérivant tous du type primordial, les cloches de calorifères comme un objet courant de consommation.

Néanmoins les dispositions accessoires varient suivant les constructeurs. Prenons pour exemple le calorifère installé par M. Duvoir-Leblanc, pour le chauffage du Palais du Sénat.

Le programme à remplir était de distribuer dans toutes les parties de la salle des séances de l'air porté à la température moyenne de 18° centigrades; de conserver à cet air, même après son passage dans le calorifère, les qualités hygiéniques et le degré hygrométrique de l'air extérieur; le débit par heure devant être au moins de 6,000 mètres cubes, devait se faire avec une vitesse assez faible pour être insensible aux personnes même les plus rapprochées des bouches de chaleur ; l'évacuation de l'air vicié devait se faire également avec une vitesse qui ne soit pas sensible à côté des issues ménagées pour cette évacuation ; enfin, en été, il s'agissait d'amener, à volonté, de l'air pur à une température un peu inférieure à celle de l'air extérieur, dans les mêmes conditions hygiéniques qu'en hiver. Pour remplir ce programme, on a établi un large conduit de prise d'air venant du dehors et cheminant dans des galeries souterraines qui, se maintenant à une température à peu près constante, permettent de corriger en été l'influence de l'élévation de la température extérieure, tandis que dans l'hiver le degré de chaleur du sol étant supérieur à celui du dehors, les parois du conduit cèdent une partie de leur calorique à l'air qui les parcourt, et en élèvent ainsi gratuitement de quelques degrés la température.

Ce conduit de prise d'air est construit de telle façon que, par la manœuvre d'une seule soupape, on puisse obtenir les trois effets suivants : 1° faire passer l'air du dehors dans le calorifère pour le conduire, après son échauffement, dans la salle des séances ; 2° faire arriver l'air du dehors directement dans la salle, sans passer par le calorifère ; 3° fractionner l'introduction de l'air extérieur, afin d'en faire passer une partie seulement dans le calorifère avant de l'envoyer dans la salle, tandis que l'autre partie y est amenée directement, de façon à obtenir par le mélange de ces deux masses d'air une résultante de température finale au degré qu'on veut obtenir. Pour assurer les qualités hygrométriques de l'air distribué par les bouches de chaleur, on a disposé audessous du foyer deux bassins de un mètre carré chacun de superficie, remplis d'eau à niveau constant, dont l'évaporation sature d'humidité les nappes d'air qui rasent la surface de ces bassins.

Ce calorifère est établi de manière à entretenir régulièrement à 18° centigrades l'air répandu dans la salle des séances. Il est construit entièrement en fonte ; mais, en raison de la haute température à laquelle il devait être soumis, le foyer

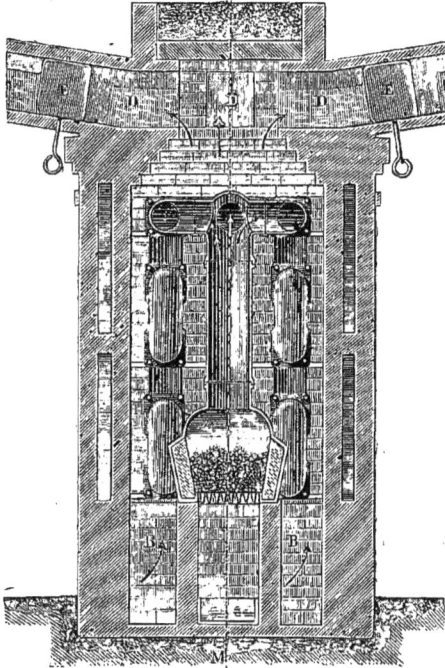

Fig. 78. — *Coupe transversale d'un calorifère à circulation horizontale de fumée.*

a été fait en briques réfractaires maintenues par une enveloppe hermétique en tôle. On évite ainsi les inconvénients des surfaces métalliques surchauffées. En outre, pour prévenir les dégagements de fumée, l'odeur gênante qui en résulte et le mélange d'oxyde de carbone avec l'air distribué, on a pris soin de rendre les joints complètement étanches en les consolidant par des boulons et les garnissant d'un lut en terre réfractaire.

Les dispositions antérieures du local ne permettant pas le renouvellement complet de l'air par le haut de la salle, on a dû faire affluer l'air chaud à des hauteurs différentes. Cette disposition, favorable à la répartition uniforme de la température, paraissait devoir entraîner une gêne pour les personnes placées près des orifices adducteurs d'air chaud et des sorties d'air vicié ; mais on a prévenu et supprimé cet inconvénient en donnant à l'un et à l'autre courant une vitesse qui n'excédât pas quelques centimètres par seconde.

Les chambres de chaleur sont placées sous les gradins ; on en a tiré parti pour élever la température du sol de ces gradins jusqu'à 24°, moyen commode de tenir les pieds chauds tandis que la tête et le haut du corps restent dans une atmosphère plus froide. Il y a bien des installations, d'ailleurs soignées dans tous leurs détails, auxquelles on peut reprocher, avec raison, de n'avoir pas le mérite de réaliser cette excellente condition.

Les dispositions de ce calorifère répondent, comme on vient de le voir, à tous les principes d'une bonne installation pour le chauffage et l'hygiène. Il en est de même sous le rapport de la ventilation, qu'on ne doit jamais négliger dans l'organisation d'un calorifère. Elle est obtenue au moyen de deux cheminées d'appel, à section rectangulaire de 0ᵐ,80 décimètres carrés chacune, dans lesquelles serpentent deux forts tuyaux de fumée chauffés par un foyer spécial placé à leur base. Un grand registre placé sur les conduites d'air froid et d'air chaud permet de régler à volonté leur arrivée, et par conséquent de faire varier, selon les besoins, la température et la ventilation.

Dans les expériences faites pour déterminer les résultats donnés par cette installation, on a poussé le renouvellement de l'air jusqu'à 12,000 mètres cubes par heure, en maintenant la température entre 17 et 19°. On a envoyé directement de l'air froid, pris au dehors à 10° au-dessous de zéro, sans que cette introduction empêche de conserver une température moyenne de 18°, et sans que les personnes rapprochées des bouches d'air en

soient incommodées. Ce fait s'explique facilement par cette raison que l'air froid arrive dans les couches inférieures chaudes, avec un mouvement ascendant d'autant plus lent, d'autant plus insensible, que la densité de la masse d'air nouveau diffère davantage de celle du milieu où il pénètre; cet air ne s'élève pour ainsi dire que graduellement à mesure qu'il se met en équilibre de température. Mais ce résultat ne peut être atteint qu'à la condition de ne pas dépasser une vitesse moyenne de 3 à 4 centimètres par seconde; un courant d'air plus actif serait nécessairement

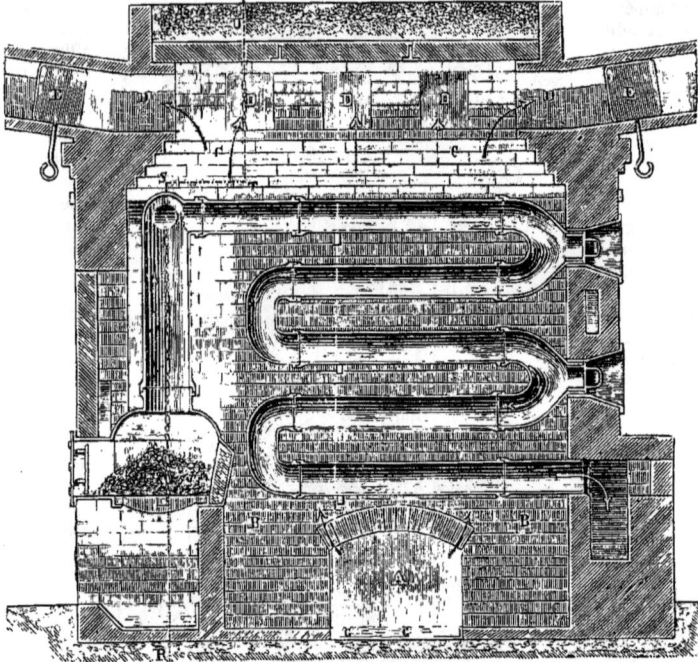

Fig. 79. — *Coupe longitudinale du calorifère à circulation horizontale.*

plus sensible. Toutefois, on voit par cet expérience qu'il est possible, avec des dispositions convenablement étudiées, de distribuer l'air par en bas, sans gêner les personnes placées près des bouches d'air, ce qui a donné lieu jusqu'à ce jour à de nombreuses controverses.

Comme autre type de calorifère répondant à toutes les conditions d'une bonne installation, citons aussi les calorifères construits à *circulation horizontale de fumée* et à *chauffage d'air méthodique*, dont les dispositions simples et satisfaisantes ont souvent été imitées et ont toujours donné d'excellents résultats.

M. Grouvelle a modifié récemment le type primitif de ce calorifère pour en rendre l'emploi plus avantageux au point de vue de l'installation et de l'effet utile. C'est le dernier perfectionnement de cet appareil que nous avons indiqué par les

figures 78 et 79, qui en sont la coupe transversale et la coupe longitudinale.

Ce type s'établit de deux façons, l'une à trois rangs de tuyaux superposés, l'autre à cinq rangs; c'est ce dernier modèle que nous allons décrire.

Les figures 78 et 79 nous font voir que ce calorifère se compose d'une cloche en fonte placée au-dessus d'un foyer dont la flamme s'élève dans un tuyau vertical, également en fonte, partant du sommet de la cloche et aboutissant à un premier tuyau horizontal en fonte; sur celui-ci s'embranchent deux rangées parallèles de tuyaux horizontaux, en fonte aussi, qui, placés les uns au-dessous des autres et reliés par des coudes de même diamètre, forment deux conduits descendants par lesquels les gaz du foyer sont amenés de haut en bas jusqu'à un conduit final qui les rassemble et les enlève.

L'air froid, pris au dehors, arrive par le canal A (fig. 79) et se répand dans les deux côtés B B de la partie inférieure de la chambre de chauffe. A la base de cette chambre, sur la largeur du canal A, on voit la cuvette G G contenant l'eau destinée à saturer d'humidité l'air entrant dans l'appareil.

L'air, en s'échauffant au contact des deux rangées de tuyaux horizontaux arrive au sommet de la chambre C, d'où par les prises D D D, il est dirigé vers les divers points à chauffer. Les registres E E permettent de régler à volonté l'accès d'air chaud dans tel ou tel conduit.

Une cloison en briques divise en deux compartiments la chambre de chauffe; le premier, qui renferme la cloche et son tuyau ascendant, reçoit une partie de l'air amené du dehors, tandis que l'autre partie de l'air se rend dans le second compartiment où sont placés les deux rangs de tuyaux descendants. La partie supérieure C de la chambre reçoit les deux colonnes d'air chaud qui s'y mélangent et y acquièrent le même degré de température. Pour régler les prises d'air frais, durant la marche même du calorifère, il suffit de ménager dans l'enveloppe de briques, des regards par lesquels on peut modifier la dimension des conduits d'amenée.

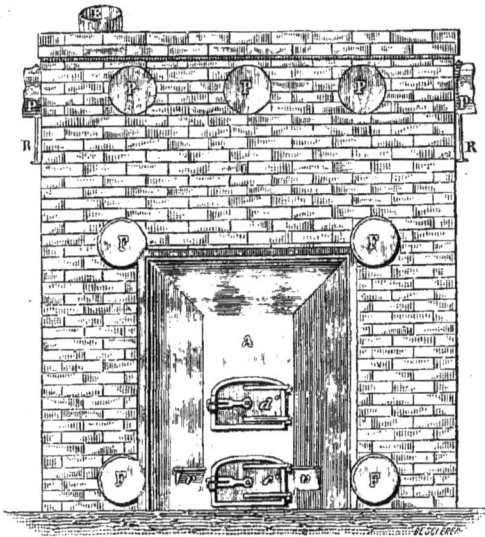

Fig. 80. — *Vue de face du calorifère de cave.*

La coupe longitudinale montre les tampons de nettoyage ménagés au milieu des coudes de jonction. On remarque aussi que l'enveloppe en brique contient un vide entre deux parties pleines, pour former un isolateur qui protège les parois intérieures contre l'action réfrigérante de l'air extérieur.

Les longueurs et largeurs de ces calorifères varient avec la quantité d'air à chauffer. Les tuyaux sont assemblés à joints précis, boulonnés, rendus hermétiques au moyen de cordelettes d'amiante ou autre matière inaltérable par la chaleur.

Ces dispositions se recommandent par leur simplicité, leur installation facile et peu dispendieuse, et produisent toujours de bons résultats, quand elles sont appliquées convenablement, avec des proportions habilement calculées en raison des effets qu'on veut obtenir. Dans un grand nombre d'établissements industriels ayant besoin de séchoirs ou d'étuves, ce genre de calorifère est très fréquemment employé.

Calorifères à ailettes. Nous arrivons maintenant aux systèmes imaginés pour augmenter de diverses façons la surface de chauffe et l'effet utile des calorifères. C'est dans ce but que plusieurs constructeurs munissent leurs appareils de nervures saillantes qui augmentent la surface en contact avec l'air qu'il s'agit de chauffer.

Ces nervures (qu'on désigne souvent sous le nom d'*ailettes*) sont incontestablement efficaces quand elles sont employées rationnellement. Fondues avec la cloche, elles offrent le moyen de développer utilement la surface chauffante par suite de la conductibilité du métal, en même temps que la paroi en contact avec l'air à chauffer se trouve par le même phénomène empêché d'atteindre des températures excessives, au grand profit de l'hygiène aussi bien qu'à celui de la durée des appareils.

Au fur et à mesure qu'on s'éloigne du foyer, les ailettes perdent de leur utilité; on atteint vite ainsi la limite où ces nervures ne servent plus à rien.

Le calorifère de MM. Geneste et Herscher concorde d'une manière particulièrement satisfaisante avec ces indications théoriques. La cloche seule est pourvue de nervures; cette partie de l'appareil offre ici une importance relativement grande dans l'ensemble. Développée en surface et en capacité, favorable à une bonne combustion des gaz du foyer, cette cloche est pourvue de parois réfractaires au contact du combustible, et présente un exemple de construction recommandable. Ladite cloche est, en effet, composée d'anneaux superposés dont le nombre est variable, suivant les cas, et qui sont raccordés entre eux au moyen de feuillures à rigole, assurant la libre dilatation des pièces, en même temps que l'étanchéité des joints.

La fumée et les produits gazeux qui sortent de la cloche se rendent ensuite dans un coffre à parois verticales dépourvu d'ailettes, et qui forme l'unique partie complémentaire de l'appareil de chauffe.

Ce coffre affecte la forme d'un hémicycle ayant le foyer pour centre. Le départ de fumée correspond à la partie inférieure. La circulation des gaz chauffants et de l'air chauffé est ainsi méthodique et les surfaces de chauffe, toutes ver-

ticales, sont essentiellement favorables à l'obtention des meilleurs résultats.

Le calorifère construit par MM. Geneste et

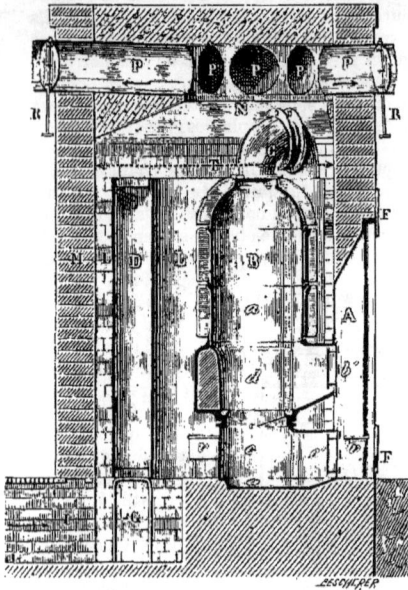

Fig. 81. — *Coupe verticale du calorifère de cave
suivant la ligne 1, 2 de la figure 83.*

Herscher sur ces principes, pour être installé
dans les caves, est représenté par les trois figures
80, 81 et 82. La première (fig. 80), montre l'en-

semble vu de face, on y remarque les regards de
nettoyage. La seconde (fig. 81) est une coupe
verticale, faite suivant la ligne 1, 2 de la figure 82,
indiquant la disposition du foyer, de la cloche et
du coffre hémicycloïdal autour de cette cloche. La
troisième (fig. 82) représente en plan l'appareil
complet.

Dans ces trois figures les mêmes lettres indiquent les mêmes parties :

. A devanture du foyer ; B cloche à ailettes formée
de zônes superposées ; *a* une des zônes ; *b'* la
porte de chargement du foyer ; C le tuyau de
sortie de fumée ; D le coffre hémicycloïdal ; E sortie
de fumée ; F tubulures et tampons de nettoyage ;
L chambre de chauffe où l'air circule au contact
des parois des pièces de fonte ; M enveloppe en
maçonnerie ; I arrivée d'air froid pris au dehors ;
V V Cuvettes d'humidification de l'air.

Dans un autre type de calorifère (syst. Laury),
dont nous ne donnerons pas ici le dessin, la cloche
est également garnie extérieurement de nervures
saillantes. Cette cloche est surmontée d'une sphère
creuse, des deux côtés de laquelle partent deux
tuyaux qui remontent verticalement jusqu'à une
sorte de chambre lenticulaire, formant ce qu'on
peut appeler un repos de chaleur. Après s'être dilatée dans cette première chambre, la fumée s'élève
par des tubulures verticales dans une seconde
chambre de même forme aplatie, mais de diamètre plus grand, du dessous de laquelle partent
une série de tuyaux descendants disposés verticalement en hémicycle autour de la cloche. Ces
tuyaux viennent se fixer sur une sorte de caisse,
plate en dessus, demi-cylindrique en dessous,
formant comme la rangée de tuyaux une demi-
couronne annulaire autour de la cloche. Les deux
extrémités de cette couronne portent chacune un
tuyau d'évacuation qui se rend à la cheminée.

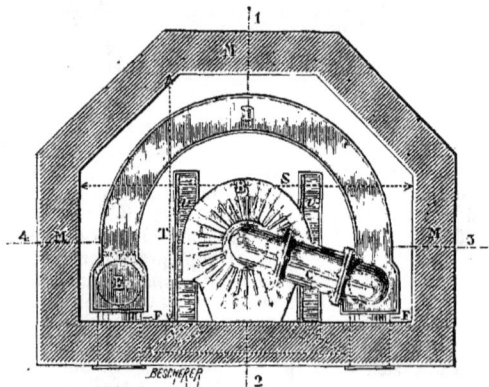

Fig. 82. — *Plan d'ensemble du calorifère de cave.*

L'air chaud circule librement autour de toutes
les pièces diverses qui lui offrent des surfaces
très développées dans un espace relativement
restreint.

Cette disposition est d'une installation assez

facile, mais elle doit présenter quelques difficultés
pour la visite et le ramonage, car quelques-unes
de ses parties ne paraissent guère accessibles.

Mentionnons encore un autre type de calorifère
à cloche garnie d'ailettes et tuyaux horizontaux

pour la circulation de la fumée, système De-laroche aîné, représenté par la figure 83 qui montre l'ensemble des pièces métalliques. Ce système s'installe dans une chambre de chauffe en maçonnerie de briques, comme les appareils que nous avons décrits précédemment. Des tubulures de nettoyage, ménagées dans toutes les directions, permettent de visiter et ramoner la tuyauterie aussi parfaitement qu'il en est besoin.

Ce type rappelle assez le calorifère Grouvelle par la disposition de ses tuyaux, et il participe aux avantages des cloches à ailettes pour la surface de chauffe. Il réunit par conséquent d'excellentes dispositions dans son ensemble.

Calorifères à ailettes creuses. Une disposition intéressante, imaginée pour augmenter la puissance d'action des calorifères, est celle que M. Cuau aîné a créée sous le nom significatif de *calorifères à ailettes creuses*. Pour les calorifères à placer dans les sous-sols ou dans les caves, la cloche en fonte, ayant la forme d'un cylindre terminé par une calotte sphérique, est revêtue extérieurement d'ailettes triangulaires

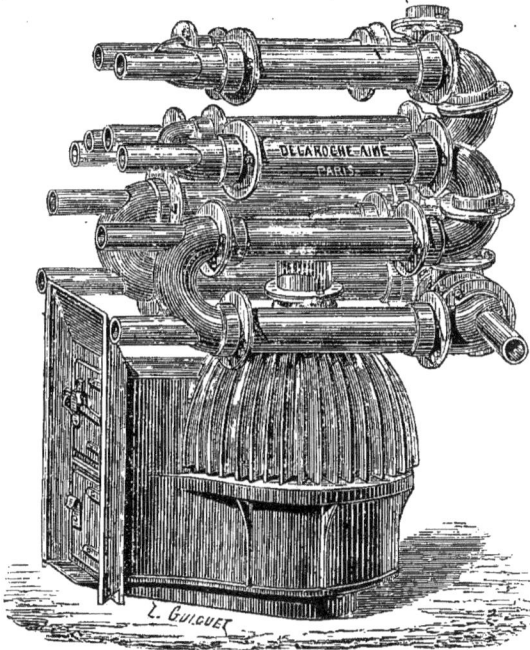

Fig. 83. — *Calorifère avec cloche à ailettes.*

dont l'intérieur forme autant de conduits verticaux qui sont de véritables récupérateurs de chaleur. La figure 84 montre, moitié en élévation, moitié en coupe, la disposition de cet appareil, et la figure 85 en représente la vue en plan. La calotte porte, comme on le voit, deux tuyaux latéraux qui conduisent la fumée dans une sorte de jeu d'orgue composé, à droite et à gauche, d'un groupe de trois tuyaux reliés en haut et en bas par des coudes, et aboutissant à un dernier tuyau collecteur qui communique avec la cheminée. Chacun de ces tuyaux est revêtu, comme la cloche, d'ailettes creuses, qui augmentent considérablement la surface de contact.

En considérant isolément chaque groupe latéral de trois tuyaux, on voit que les gaz descendent dans le premier, remontent dans le second, redescendent dans le troisième, et finalement les deux courants se réunissent dans le quatrième tuyau, où ils prennent leur marche ascendante vers la cheminée d'évacuation.

M. Cuau aîné, construit aussi, sur le principe des ailettes creuses, des calorifères qui se placent dans les locaux à chauffer, sans enveloppes de maçonnerie, et qui constituent une sorte de poêle économique et avantageux.

Parmi les autres genres de *calorifères à ailettes* ou nervures saillantes extérieures, *pleines* au lieu d'être creuses comme celles du système précédent, citons encore les *calorifères Gurney*, d'un usage très répandu. Ce ne sont pourtant, à proprement parler, que d'excellents *poêles* apparents plutôt que des calorifères, en ce qu'ils se composent chacun d'une capacité unique, sans appareil complémentaire, et de laquelle capacité les gaz doivent s'échapper à une température trop élevée, indice d'une utilisation imparfaite.

Complétons ces renseignements sommaires sur

les calorifères les plus usités par quelques observations générales.

La prise d'air, surtout quand il s'agit de grands édifices, est ordinairement pratiquée à l'extérieur des espaces à chauffer, afin d'avoir de l'air pur, pour remplacer l'air vicié que la ventilation emporte. Toutefois, lorsqu'on dispose d'une cave bien aérée, on peut y faire la prise d'air directement, au lieu d'aller le chercher au dehors. Lorsqu'on prend l'air extérieurement, il faut avoir soin de proportionner au service à faire les dimensions du conduit et de la grille de prise d'air; il est bon aussi de tenir compte de l'orientation. Les parois de la chambre de chaleur sont en briques, et forment quatre murs placés à une certaine distance de l'appareil pour permettre à l'air de circuler librement au contact des surfaces métalliques qui l'échauffent. Au lieu de faire ces murs pleins, il est avantageux de disposer d'abord à l'intérieur une cloison en briques de champ, de

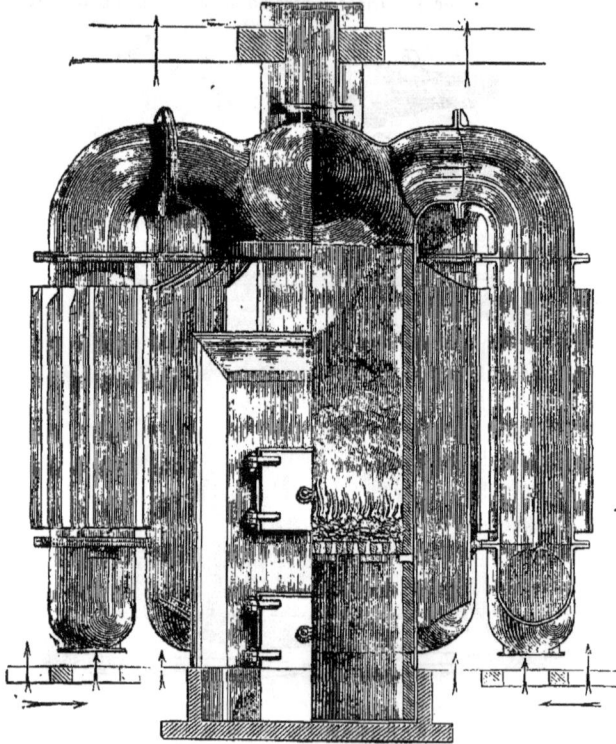

Fig. 84. — *Calorifère à ailettes creuses.*

0^m,06 d'épaisseur, puis un parement extérieur en briques de 0^m,11, en laissant entre les deux un espace de 0^m,05 qui forme couche isolante. Une enveloppe en briques creuses serait encore d'un bon effet pour mettre la chambre de chaleur à l'abri de l'influence de l'air ambiant.

Calorifères en briques réfractaires. Nous avons dit que les calorifères à surfaces métalliques, quand celles-ci se trouvent surchauffées, ont l'inconvénient de communiquer à l'air une odeur désagréable, en même temps que les parties soumises à cette température excessive se détériorent et s'usent promptement. Ces inconvénients ont conduit plusieurs constructeurs à supprimer l'emploi de la fonte ou de la tôle, et à leur substituer des pièces en terre réfractaire dans toutes les parties du calorifère et des conduits d'air chaud et de fumée. Nous citerons comme un des meilleurs spécimens de ce genre le calorifère construit par MM. Gaillard et Haillot, et appliqué avec succès au Palais Bourbon, au Palais du Sénat, à la Chambre des députés à Versailles, aux magasins du Bon-Marché, à la Clinique d'accouchement, et dans un grand nombre d'édifices, d'établissements industriels et d'habitations particulières.

Ce calorifère, dont la figure 86 représente une coupe verticale, est disposé comme suit :

Le foyer A est placé en avant de la chambre de chaleur; la fumée s'en échappe par la partie supérieure, en B, et circule en descendant par les chicanes superposées B', B'', B''' et B'''', formées au moyen de plateaux horizontaux qui divisent le conduit en cinq compartiments; à la sortie du cinquième la fumée descend dans le canal d'évacuation qui la conduit à la cheminée. Des orifices DDD, placés vis-à-vis chaque compartiment et fermés par des tampons mobiles, permettent de visiter et de nettoyer les chicanes dans lesquelles circule la fumée. De chaque côté du conduit de fumée les parois latérales sont formées de briques creuses, disposées verticalement, et constituant autant de petits canaux parallèles, qui communiquent à leur partie infé-

rieure avec le canal d'arrivée d'air froid, au moyen de la chambre F placée à la base du calorifère, et qui viennent déboucher à leur partie supérieure dans la chambre d'air chaud G disposée au-dessus du calorifère. L'air traversant tous ces canaux s'échauffe au contact des parois entre lesquelles la fumée circule; il se rassemble dans la chambre G d'où les conduits en poterie le prennent et le dirigent dans les pièces à chauffer. La figure 87 qui représente en coupe horizontale l'ensemble de ce calorifère montre les cloisons en briques creuses dans lesquelles circule l'air à chauffer.

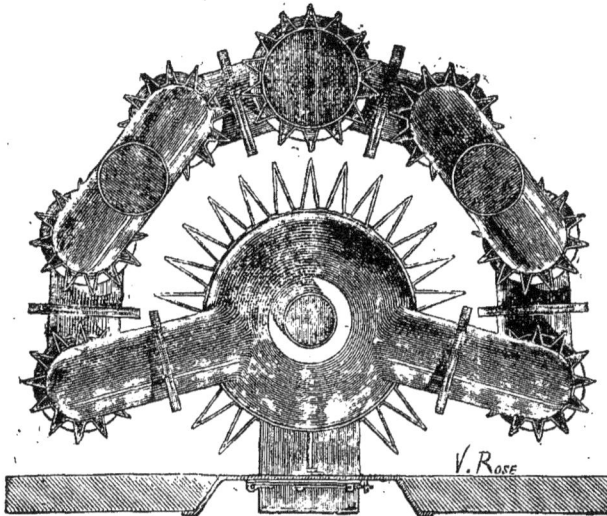

Fig. 85. — Plan du calorifère à ailettes creuses.

D'après des expériences faites par M. Tresca, le savant sous-directeur du Conservatoire des Arts-et-Métiers, en 1869, ce genre de calorifère a donné un rendement calorifique (estimé d'après l'air chaud fourni à peu de distance de l'appareil) de 80 à 85 0/0 de la chaleur dégagée par le combustible. Il a produit une quantité de chaleur utilisable évaluée à 700 calories environ par heure et par mètre carré de la surface totale de chauffe des conduits intérieurs en briques creuses.

« En résumé, dit M. Tresca, dans son rapport officiel, ces calorifères entièrement en briques, qui ne comprennent point de parties en fonte ou en fer exposées à rougir par l'action du feu, sont exempts des inconvénients que l'on reproche à la plupart des appareils de chauffage en métal à l'air chaud. Leur rendement calorifique est égal à celui des meilleurs appareils connus. — Leur construction est sujette à moins de réparations que celle des calorifères en métal, dont les foyers et les cloches en fonte sont brûlés en quelques années..... »

DISTRIBUTION DES CONDUITS D'AIR CHAUD. La disposition des conduits de chaleur constitue la partie relativement la plus délicate à exécuter dans

un calorifère, car de la bonne répartition de l'air chaud dépend en partie la réussite du chauffage.

Il faut d'abord admettre en principe que la distribution est plus facile quand le calorifère est placé à un niveau inférieur aux locaux à chauffer. Il importe aussi de bien proportionner la section des conduits en raison des dimensions des pièces à desservir, de la température voulue pour chacune d'elles, et des causes de refroidissement auxquelles elles sont plus ou moins exposées. On rassemble généralement l'air chaud dans une sorte de réservoir occupant la partie supérieure du calorifère, d'où on l'envoie par des conduits dans toutes les directions nécessaires. Ces conduits, placés presque toujours dans l'épaisseur des murs et des planchers, sont en poterie plutôt qu'en métal et doivent être assez épais pour conserver le mieux possible la chaleur. Il est bon de placer sur chaque conduit et près de son point de départ un registre ou clef à ouverture variable pour distribuer l'air chaud à volonté et pouvoir au besoin l'interrompre ou le rétablir selon les besoins.

Les dimensions des tuyaux peuvent être aussi grandes que le permettra l'épaisseur des murs ; il ne faut pas que l'air y circule avec plus de 0m,50 de vitesse moyenne. Les coudes brusques et les étranglements doivent être proscrits ; les courbes nécessitées par la disposition de la combustion devront être aussi adoucies que possible. Les tuyaux marcheront en montant, à partir du calorifère, jusqu'aux bouches qui déversent l'air chaud dans les pièces. Les bouches qui sont préférables

sont celles à coulisses, parce qu'elles permettent de régler plus facilement l'écoulement de l'air que les bouches à charnières.

Lorsque la construction nécessite la position à peu près horizontale pour les conduits, il ne faut pas donner à ces ramifications un parcours de plus de 8 à 12 mètres, suivant les diamètres, et suivant la quantité de chaleur à obtenir ; encore faut-il observer une pente ascensionnelle de 0m,03 à 0m,05 par mètre autant que possible. Dans

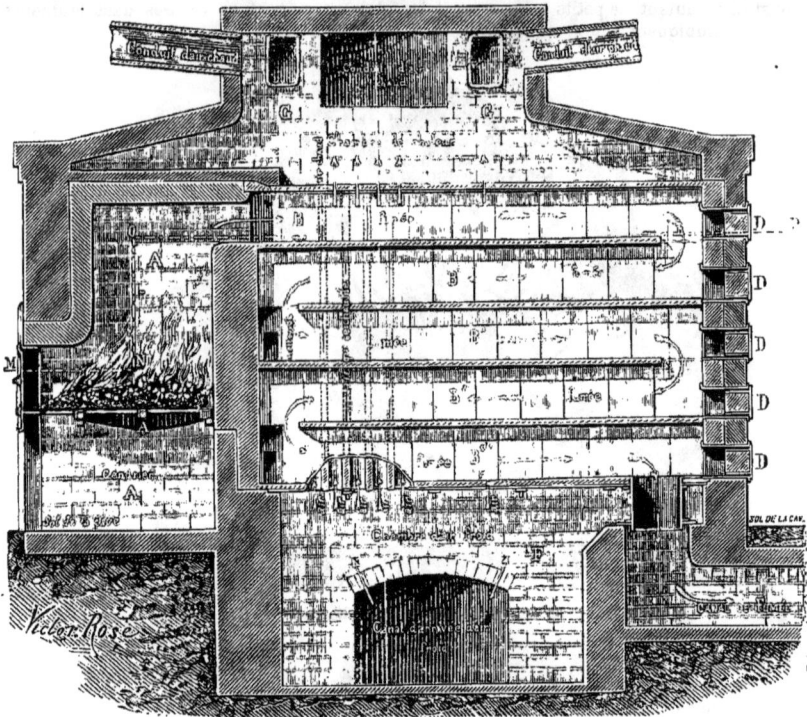

Fig. 86. — *Calorifère en briques réfractaires, coupe verticale.*

certains cas pourtant on a pu établir, mais avec des précautions spéciales, de plus longs parcours horizontaux.

Lorsqu'un conduit doit, en un point de son parcours, se diviser en deux ou plusieurs branches, on forme ce qu'on appelle des *culottes*, d'un diamètre assez gros, coniques, pour faciliter l'affluence de l'air chaud, et munies de clefs de réglage. Le tuyau principal devra, dans ce cas, avoir une section correspondante à la somme des sections partielles des embranchements qu'il alimente.

Enfin, une dernière condition à remplir pour obtenir une bonne distribution de chaleur, c'est d'assurer dans toutes les salles à chauffer un bon appel d'air chaud et une évacuation convenable d'air vicié ou refroidi. Sans cette condition, la

circulation de l'air chaud s'établit mal et les bouches ne fonctionnent pas. Pour déterminer un appel, dans une pièce où il y a une cheminée, même quand il n'y a pas de feu pour produire le tirage, il convient de laisser la trappe au moins entr'ouverte. On obtient un appel énergique quand on peut profiter d'un conduit de cheminée ou de cuisine toujours chauffé ; mais même sans cela on peut établir avec succès des tuyaux d'appel auxquels on fera correspondre par des conduits de diamètre suffisant, des bouches d'évacuation placées à peu de distance du plafond. On emploie quelquefois aussi des vasistas dans les murs ou dans la partie supérieure des fenêtres, mais ce moyen est moins bon et il occasionne parfois des courants d'air gênants.

La plus grande difficulté dans la répartition

de l'air chaud consiste à chauffer uniformément plusieurs *étages avec un seul calorifère*. L'air chaud, tendant à s'élever et à acquérir d'autant plus de vitesse que sa densité est moindre, arrive en plus grande abondance aux étages supérieurs, qui jouent pour ainsi dire le rôle d'aspirateurs au détriment des étages inférieurs. Pour éviter que les plus élevés ne comman-

dent les plus bas, il faut partager la chambre d'air chaud, au départ du calorifère, en autant de capacités séparées qu'il y a d'étages à chauffer, et en faire partir des tuyaux distincts, de dimensions bien proportionnées aux pièces à desservir. La pratique et l'étude sont dans ce cas les meilleurs guides à suivre pour obtenir une répartition satisfaisante et l'égalité de température qui cons-

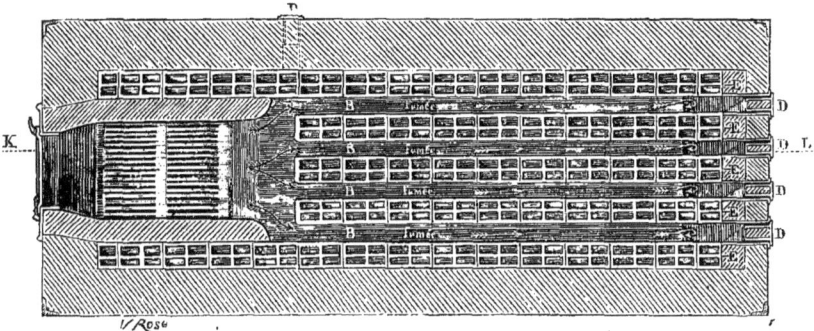

Fig. 87. — *Coupe horizontale du calorifère en briques réfractaires.*

tituent le principal mérite d'un chauffage bien organisé.

Nous terminerons ici l'étude des *Calorifères à air chaud* qui fait l'objet de cet article en réservant, comme nous l'avons dit, pour la question du *chauffage* en général, les appareils spéciaux tels que ceux auxquels on donne le nom de *calorifère à eau chaude, calorifère à vapeur, thermosyphon*, etc. — V. CHAUFFAGE. — G. J.

* CALORIFÈRE MOBILE. — V. POÊLE.

* CALORIFIQUE. *T. de phys.* Qui produit la chaleur. — V. ce mot.

* CALORIFUGE. *T. techn.* Néologisme imposé par la langue industrielle, et qu'on emploie, par opposition à *calorifique*, pour désigner des produits utilisés comme mauvais conducteurs de la chaleur. Les calorifuges ont pour fonction principale la concentration dans les appareils à vapeur de la puissance calorifique et l'économie du combustible chargé de la produire.

* CALORIMÈTRE. *T. de phys.* Instrument propre à mesurer la chaleur spécifique des corps. — V. CALORIMÉTRIE. || *T. de mécan.* Dans l'étude des chaudières tubulaires des locomotives, cette expression, appliquée depuis longtemps en Angleterre et qui tend à se répandre en France, sert à désigner la somme des sections transversales des tubes à fumée, elle représente l'espace vide offert au passage des produits gazeux dégagés du foyer. Le calorimètre d'une chaudière en mesure en quelque sorte la puissance calorifique.

.* CALORIMÉTRIE. On désigne ainsi la partie de la physique qui s'occupe de la détermination des quantités de chaleur.

La chaleur était autrefois assimilée à un fluide impondérable auquel on donnait le nom de *calorique*, et dont la quantité augmentait ou diminuait dans les corps quand ceux-ci subissaient des changements calorifiques.

Actuellement, on explique les phénomènes de la chaleur en les considérant comme le résultat d'un mouvement moléculaire des corps, et la quantité de chaleur que contient un corps est alors la force vive qui résulte de ce mouvement.

Quelle que soit l'hypothèse adoptée, une même quantité de chaleur sera dans tous les cas celle qui pourra produire un effet calorifique déterminé. On peut reconnaître que pour un même corps, au même état physique, la même quantité de chaleur élève sensiblement d'un même nombre de degrés la température de ce corps quelle qu'elle soit. Il suffit pour cela d'introduire dans un vase un kilogramme d'eau à 0° et un kilogramme de ce liquide chauffé à 100°; le résultat du mélange sera de l'eau à 50°.

L'unité de chaleur, à laquelle on a donné le nom de *calorie*, est la quantité de chaleur qui échauffe un kilogramme d'eau de zéro à 1°.

La mesure des quantités de chaleur s'opère à l'aide de différentes méthodes :

La première consiste à obtenir l'échauffement ou le refroidissement que produit la quantité de chaleur qu'on veut déterminer sur une masse donnée d'un liquide. Cette méthode est plus particulièrement connue sous le nom de méthode des mélanges; elle est due à Black et a été régularisée par Dulong et rendue parfaite par Regnault; le liquide ordinairement employé est l'eau; l'appareil qui la renferme est représenté figure 88; c'est un vase de laiton mince qui contient un poids d'eau connu, et dont la température est constamment fournie par un thermomètre. On plonge dans l'eau le corps qui doit prendre ou céder de la chaleur; on a déterminé la température t que l'eau avait avant l'introduction du corps, on observe ensuite celle qui résulte de l'équilibre t' et qu'on appelle *température finale* et si P est le poids d'eau que contient le calorimètre $P(t'-t)$ sera la quantité de chaleur que le corps plongé aura perdu ou $P(t-t')$ celle qu'il aura gagnée, suivant le cas.

La seconde méthode est celle de la fusion de la glace qui a été employée par Lavoisier et Laplace. On a trouvé que pour fondre un kilogramme de glace à 0° sans changer la température de l'eau de fusion, il faut 80 calories environ (Person, Lapsovostaye et Desains). D'après cela on conçoit qu'un corps qui cède de la chaleur étant mis en contact avec de la glace qui l'entoure complètement, si p est le poids d'eau de fusion obtenue, la quantité de chaleur cédée sera $p \times 80$.

Fig. 88. — *Calorimètre de Black.*

La figure 89 représente le calorimètre de Lavoisier et Laplace; le corps est placé dans un vase intérieur m qui est entouré de glace placée dans la capacité V, l'eau de fusion est recueillie au moyen du robinet t, afin que la chaleur provenant de l'intérieur ne fausse pas les conditions de l'expérience, une double enveloppe C est remplie de glace qui, en fondant, arrête la chaleur au passage et maintient à zéro la paroi du vase B. Ce calorimètre est évidemment défectueux, en ce que la glace placée dans le vase B ne peut pas être exactement mouillée de la même manière avant et après l'expérience.

Une troisième méthode très ingénieuse et qui permet des déterminations très rapides est due à Favre et Silbermann; on sait que le mercure entre 0° et 100° présente une dilatation régulière, c'est-à-dire qu'une même élévation de température augmente son volume d'une même quantité; qu'on imagine un gros thermomètre à mercure dans la boule duquel on pourra introduire le corps qui prend ou qui cède la chaleur, et les variations de volume observées sur la tige du thermomètre fourniront la quantité de chaleur prise ou donnée par le corps. L'appareil se gradue en déterminant une fois pour toute la marche du

mercure pour une calorie, ce qui se fait en introduisant une certaine quantité d'eau chaude dans l'instrument.

On peut encore comparer les quantités de chaleur que différents corps prennent pour subir un changement calorifique déterminé, en observant la valeur du changement qu'ils éprouvent quand on leur fournit une même quantité de chaleur qui pourra d'ailleurs être obtenue par des procédés très divers; dans certains cas ce sera un même volume d'un même gaz combustible qu'on fera brûler en présence de ces corps; d'autres fois, on les mettra en contact pendant le même temps avec un fil métallique traversé par un courant électrique d'intensité constante, etc.

Enfin, on a pu déterminer les quantités de chaleur perdues par les corps au moyen de la méthode dite de *refroidissement.* Si les corps

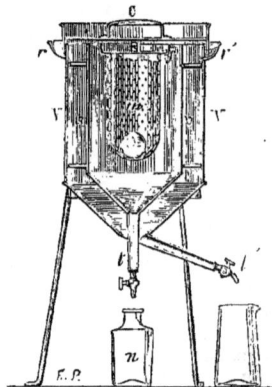

Fig. 89. — *Calorimètre de Lavoisier et Laplace.*

sont placés dans un vase métallique situé dans une enceinte qui reste à une température constante, et si les corps dans les diverses expériences subissent les mêmes changements extrêmes de température, il est évident que plus la quantité de chaleur qu'ils perdront sera grande, plus le temps de la déperdition sera considérable; on pourra donc, en partant des lois du refroidissement, établir le rapport des quantités de chaleur cédées dans les différents cas. — H.

CALORIMOTEUR. T. de phys. Appareil électrique dont le fonctionnement développe une très grande chaleur.

CALORIQUE. *T. de phys.* Agent que, dans la *théorie matérielle,* on considérait naguère encore comme la cause des sensations de chaleur; on se le représentait comme un fluide extrêmement subtil, remplissant les espaces inter-atomiques des corps, s'y accumulant ou s'en échappant, comme l'eau d'une éponge, selon les circonstances. Mais diverses expériences, entre autres la production de la chaleur par les actions mécaniques, le frottement, le choc, production pour ainsi dire indéfinie, ont fait abandonner cette conception.

Depuis une trentaine d'années, c'est-à-dire depuis les expériences très concluantes qui ont établi sur des bases solides la thermodynamique, on considère la chaleur, non plus comme un fluide particulier, mais comme un mode de mouvement, de vibrations des dernières particules de la matière, vibrations qui se transmettent aux corps environnants, et même à grandes distances, par l'intermédiaire de l'éther universel qui transmet pareillement la lumière.

Le mot *calorique* doit donc être abandonné comme la théorie qui lui servait de base, à moins qu'on ne veuille, en le conservant, y attacher la même idée qu'au mot chaleur.

Ainsi les expressions *calorique spécifique, calorique latent, calorique sensible,* etc., doivent être remplacées respectivement par celles de *chaleur spécifique, chaleur latente, chaleur sensible,* etc.

* **CALOTROPIS**. On donne ce nom à un arbuste, de la famille des asclépiadées, croissant au Sénégal, aux Indes et en Perse, et qui fournit un textile spécial dans ces pays de production. L'espèce particulièrement utilisée dans ce but est le *calotropis procera* nommé encore *calotropis* ou *asclepias gigantea.* Le textile qu'on en retire est de deux sortes; l'un provient du liber de la plante, il est constitué par des fibres d'une couleur blanche et d'une solidité assez grande, dont on fait au Sénégal des tissus connus sous le nom de *fafetone;* l'autre fourni par les poils des semences, poils brillants, blancs ou jaunâtres, dont on fabrique des tissus fins et soyeux.

* **CALOTTE**. *T. techn.* Outre le petit bonnet qui prend la forme de la tête et n'en couvre que le sommet, on donne ce nom, dans l'industrie, à une foule d'appareils ou parties d'appareils dont la fonction est de couvrir ; en *t. d'arch.*, portion de voûte, sphérique ou sphéroïde, qu'on élève au milieu de la voûte même ; en *t. de fourb.*, à la partie de la garde d'une épée où l'on applique le bouton ; en *t. d'horlog.*, à la boîte qui renferme le mouvement d'une montre et le met à l'abri de la poussière ; en *t. de mécan.*, à la pièce circulaire qui renferme le clapet d'une pompe et que l'on nomme *calotte d'aspiration.*

* **CALOTTIER**. *T. de mét.* Ouvrier qui confectionne les calottes.

CALQUE. Dessin que l'on obtient au moyen d'un papier transparent placé sur l'original en suivant au crayon ou à la plume les traits du dessin à reproduire. || On nomme *papier calque*, un papier demi-transparent, fait de filasse de chanvre ou de lin et non blanchi.

CALQUER. Reproduire un dessin avec la pointe, la plume ou le crayon, au moyen d'un papier spécial.

* **CALQUERON**. *T. techn.* Nom des leviers qui servent à attacher les cordes des lisses, dans les métiers à tisser la soie.

* **CALQUOIR**. *T. techn.* Outil en forme de pointe émoussée ou un peu arrondie, en acier, en ivoire,

en cuivre, etc., dont on se sert pour prendre le trait d'un dessin. || Appareil composé d'un verre plan enchâssé dans un cadre, et derrière lequel on place le dessin que l'on veut calquer.

* **CALSCHISTE**. *T. de minér.* Schiste argileux, de couleur grisâtre, bleuâtre, verdâtre ou rougeâtre, selon les localités, et dont une variété, le *calschiste tégulaire* donne des feuillets, assez semblables à l'ardoise.

CAMAÏEU. Ce mot qui, dans le vieux français, avait la même signification que *camée* de l'arabe *camaa*, relief, a servi depuis pour désigner une peinture *monochrome*, c'est-à-dire à une seule couleur que l'on nomme aussi *grisaille*. Cette sorte de peinture simple, s'applique à toute nature d'objets décorés : papiers, tissus, poteries, verreries, etc. On peut en tirer parti sur fond coloré de toute nuance, et même sur fond blanc. Elle consiste dans l'usage d'une seule couleur mise plus ou moins épaisse quand elle est transparente, la lumière étant fournie par le blanc ambiant. Si la couleur est opaque, il faut opérer par couleurs de plus en plus foncées par elles-mêmes pour obtenir la vigueur nécessaire à l'obtention du modèle. Dans le premier cas, on procède comme pour l'aquarelle, la peinture sur porcelaine; dans la second cas on opère comme on le fait dans la peinture à l'huile.

|| Ce mot s'applique particulièrement à un genre de gravure à plusieurs tons d'une seule couleur obtenue à l'aide de planches superposées; le plus simple camaïeu est à deux planches gravées en relief; on en emploie aussi trois et même quatre. On l'obtient également avec les rouleaux.

|| Dans l'impression sur tissus, lorsque le camaïeu est en parfaite harmonie, on dit qu'il est *à point*. Lorsque le ton le plus foncé est trop fort et le ton clair trop faible, le camaïeu devient *dur*, quand, au contraire, les deux termes se rapprochent trop l'un de l'autre, on dit que le camaïeu est *plat*.

On donne le nom de *faux camaïeu* à la combinaison des deux couleurs de tons différents ; ainsi le rouge forme avec le rose un beau camaïeu; le rouge et l'orange, l'olive et le vert donnent des faux camaïeux.

— La peinture en camaïeu était connue de l'antiquité; les grisailles découvertes à Pompéi et à Herculanum attestent que les anciens ont su faire un judicieux emploi de la décoration monochrome; les artistes flamands et italiens du xve et du xvie siècles ont remis en honneur cet art auquel les Italiens ont donné le nom de clair-obscur (chiaro oscuro), mais c'est à Jules Romain, et surtout à Polidore de Caravage que l'on doit les plus belles imitations de bas-reliefs antiques, peints en camaïeu ; l'école de Fontainebleau importa en France la peinture monochrome, que les artistes français du xviie et du xviiie siècle excellaient à exécuter ; on voit à la laiterie du parc de Rambouillet une imitation de sculpture en bas-relief, dont la touche est si vigoureuse, qu'elle fait complètement illusion. La cathédrale de Cambrai possède plusieurs tableaux en grisaille, peints par Geraert, d'Anvers, et par son élève D. Sauvage, qui florissait vers 1760. Fragonard et, plus près de nous, Eug. Delacroix et Abel de Pujol, ont réussi de belles compositions en camaïeu ; on doit citer notamment dans ce genre, les belles grisailles de la chapelle du chevet de Saint-Roch, et celles de la Bourse, dues au pinceau d'Abel de Pujol.

* **CAMAIL.** 1º Dans l'armure des gens de guerre du moyen âge, on donnait ce nom à la partie du vêtement qui couvrait la tête et les épaules ; elle était faite de toile ou de peau ; elle fut, dans l'origine, couverte de plaques de fer et, plus tard, composée de mailles.

— Les chevaliers normands et saxons, représentés sur la tapisserie de Bayeux, ont la tête couverte du camail tenant à la cotte d'armes (V. Armure, fig. 148). Le haubert de mailles, adopté vers 1180, possède son camail qui est fait de même ou quelquefois de peau, enveloppe

exactement la tête et ne laisse que le visage à découvert (V. Armure, fig. 150) ; ... « mais il fallait que ce camail prit bien la tête et ne fût pas facilement dérangé par le frottement du heaume. Pour obtenir ce résultat, on le bridait autour du crâne, à l'aide d'une lanière de cuir qui passait dans les maillons et était nouée par derrière. Cette lanière de cuir, au lieu de faire le tour de la tête horizontalement, s'attachait aussi à une patte latérale à l'ouverture du camail, et, passant dans les maillons du front, descendait se fixer de l'autre côté, le long de la joue (fig. 90). On voit, le long de la joue droite, la patte relevée par la lanière, ce qui permettait, en serrant plus ou moins celle-ci, de brider le camail autour du visage. » (Viollet-le-Duc : *Dictionnaire du mobilier français*, t. v, p. 246). D'après le même auteur, le camail a com-

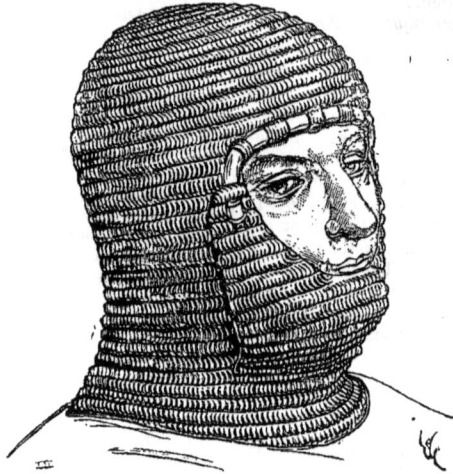

Fig. 90. — *Camail des gens de guerre au moyen âge.*

mencé à disparaître vers le commencement du xvᵉ siècle, avec l'emploi de plus en plus répandu de l'armure de plates.

‖ 2º Ce mot s'applique aujourd'hui au collet que les ecclésiastiques portent au chœur pendant l'hiver ; il s'étend depuis le cou jusqu'au coude et porte quelquefois un capuchon. Celui des évêques se nomme aussi *mosette.* ‖ 3º Sorte de capuchon en laine ou en toile qui enveloppe la tête et une partie du corps du cheval, et dans lequel on a réservé des vides pour les yeux et des cornets flexibles pour les oreilles. ‖ 4º *Art hérald.*, sorte de lambrequin qui servait à couvrir autrefois le casque et l'écu des chevaliers.

* **CAMBACÉRÈS** (Jules de), chimiste, né en 1798 est mort en juillet 1863. Son nom doit être inscrit parmi ceux des chercheurs qui ont contribué, pour une large part, à la création et au développement de la grande industrie stéarique.

Dès 1821, époque à laquelle Cambacérès était un jeune ingénieur des ponts et chaussées (il fut plus tard préfet du Bas-Rhin), tout imbu des théories de Chevreul et de Gay-Lussac, on le voit entreprendre, dans la manufacture d'éclai-

rage de son père, divers essais d'extraction industrielle des acides gras. Plus tard, en 1826, après une étude attentive de la combustion défectueuse des bougies, il eut l'heureuse idée de se servir de mèches composées de trois brins de fil de coton tissés et nattés. (Ces mèches sont aujourd'hui adoptées partout dans la fabrication des bougies stéariques). On peut dire que ce fut là, de la part de Cambacérès, une idée très-ingénieuse ; car, sans ce perfectionnement inattendu, l'industrie stéarique, toute française dans ses origines théoriques et dans ses applications, eut peut-être succombé à ses débuts. En effet, avec les mèches simples ou seulement tordues en spirales, il était impossible de brûler l'acide stéarique autrement qu'à la façon du suif des chandelles : la matière combustible en fusion était abondamment absorbée par la mèche et formait à la partie supérieure de celle-ci un champignon charbonneux qui arrêtait en partie l'ascension du liquide, diminuait bientôt, dans une notable proportion, la lumière émise et nécessitait un mouchage fréquent. Ces inconvénients disparaissaient, en grande partie, avec la mèche nattée qui, se recourbant par suite de la torsion de ses trois brins, présentait son extrémité dans la zone blanche de la flamme, c'est-à-dire dans la partie la plus chaude, et là se consumait plus facilement, ne laissant qu'un léger résidu; mais ce résidu charbonneux, en tombant dans le godet de la bougie, amenait une fusion trop rapide de la matière et produisait son écoulement au dehors. Pour faire disparaître cet inconvénient, il fallait encore un autre perfectionnement. Cambacérès imagina de tremper la mèche dans un acide, ou plutôt dans une dissolution étendue d'acide sulfurique (alcool avec quelques gouttes d'acide). Grâce à cette opération additionnelle qui contribua à activer la combustion, la mèche laissait fort peu de résidu. Mais un autre inconvénient se présentait: le coton, corrodé par l'acide sulfurique, se consumait trop vite, et il se produisait un écoulement d'une partie surabondante de la matière grasse en fusion. L'acide azotique ne donna pas de meilleurs résultats. Il est regrettable que Cambacérès n'ait pas essayé l'emploi des acides solides qui lui eussent donné la solution du problème. Il ne fit qu'ouvrir la voie au progrès qui fut plus tard (en 1830), réalisé complètement par MM. de Milly et Motard, en substituant à l'acide sulfurique les acides borique et phosphorique, substances capables de former avec la cendre du coton une perle fusible et lourde, se consumant en grande partie au contact de l'air et de la zone la plus chaude de la flamme, puis tombant dans le godet de la bougie sans y produire d'effet fâcheux. — V. BOUGIE.

Cambacérès a présenté à l'Académie des sciences différents Mémoires, dont l'un, en 1853, *sur l'application des acides gras à l'éclairage*, a mérité un rapport de M. Dumas faisant ressortir la part que l'auteur a prise au développement de l'industrie stéarique et signalant l'emploi ingénieux de l'argile dans la conversion des acides gras en savons alumineux insolubles. Il faut dire toutefois que ce procédé n'a pas reçu la sanction d'une expérience industrielle.

Outre ce mémoire qui a été imprimé à part et dédié à la mémoire de Cambacérès, archichancelier de l'empire, Jules Cambacérès, en a publié plusieurs autres sur des sujets analogues (V. *les Comptes rendus de l'Académie des sciences* XIV (1835), L. LIII (1861) et un *Sur la dessication des substances animales sans le concours de l'air* (C. R. XVI, 1834).

*CAMBON (CHARLES-ANTONIN), peintre décorateur, né à Paris, en 1802. C'est un des artistes qui ont le plus travaillé pour l'Opéra de Paris, où, pendant quarante ans, sa production fut ininterrompue.

Sous le premier empire, l'Opéra n'avait guère compté qu'un seul peintre de talent, Dégoty; sous la restauration apparut Ciceri, qui rompit avec le style froid qu'imposait la tragédie classique et lyrique à la mode jusqu'alors et créa un genre nouveau.

Parmi ses nombreux élèves, il faut citer en première ligne Charles Cambon, qui devait dépasser son maître. Après avoir travaillé pour plusieurs scènes de province et pour le Cirque olympique, Cambon signa sa première toile pour l'Opéra de Paris, en 1833, dans *Gustave III ou le Bal masqué*. Associé avec Philastre, il brossa ensuite la plus grande partie des décorations de *Don Juan*, de la *Juive*, du *Diable boiteux*, de *Guido et Ginevra*, du *Lac des Fées*, du *Diable amoureux*, de la *Favorite*, du *Freischutz*, de la *Reine de Chypre*, de *Charles VI*. Cambon forma ensuite, avec Thierry, une association qui ne devait finir qu'à la mort de ce dernier. L'Opéra dut à la collaboration de ces deux hommes d'un talent exceptionnel, plusieurs décorations de *Jérusalem*, la célèbre cathédrale de Munster, du *Prophète*, l'*Enfant Prodigue*, le *Juif-errant*, le ballet du *Corsaire*, *Le Trouvère*, *Herculanum*, le *Tannhaüser*, *Roland à Roncevaux*, l'*Africaine*, *Hamlet*, *Faust*, la *Coupe du Roi de Thulé*, etc.

Après l'incendie du théâtre de la rue Le Peletier, Cambon travaillait à la réfection des décors du nouvel Opéra, lorsque la mort est venue le prendre; il y a laissé cependant quelques décorations superbes, entre autres, l'admirable toile du retour des soldats, de *Faust*. Dans sa longue carrière il avait collaboré à quatre-vingt quatre ouvrages représentés à l'Opéra, ce qui ne l'empêcha point de travailler pour plusieurs autres théâtres, la Porte Saint-Martin, le Cirque et notamment le Théâtre Lyrique du boulevard du Temple, où il brossa des toiles pour *Si j'étais Roi*, les *Dragons de Villars*, la *Reine Topaze*, *Obéron*, *Faust*, la *Statue*, etc. Il est peu de grands théâtres de Paris ou de l'étranger qui n'aient tenu à honneur de posséder quelque morceau du célèbre artiste.

Un grand nombre des décorations de Cambon furent des chefs-d'œuvre, chefs-d'œuvre malheureusement éphémères, car, par sa propre nature, la peinture de décor est de peu de solidité et n'a qu'une durée très limitée. Il ne reste donc que le souvenir de la plupart des toiles de Cambon. La grandeur de ses compositions, la richesse de ses combinaisons architecturales et de ses créations pittoresques, son art extrême de la *plantation* décorative, tout cela est perdu ou disparaîtra bientôt. Mais ce qui ne s'oubliera pas, c'est que Cambon a collaboré pendant quarante années aux ouvrages donnés sur notre première scène lyrique, et son nom restera associé à tous les succès de la plus glorieuse époque de l'Opéra Français.

Cambon avait été fait chevalier de la Légion d'honneur en 1869. Il est mort à Paris, dans sa soixante-quatorzième année, le 22 octobre 1875. M. Emile Perrin, administrateur de la Comédie Française, et Halanzier, directeur de l'Opéra, ont prononcé des discours sur sa tombe.

CAMBOUIS. Matière grasse qu'on emploie pour adoucir le frottement des roues, des essieux et des machines, et qui devient boueuse et noire par le mélange des particules métalliques.

*CAMBRAI. Sorte de toile fine et blanche qui se

fabrique dans l'arrondissement de Cambrai. ‖ Sorte de dentelle faite à la mécanique.

CAMBRER. *T. techn.* Action de courber légèrement un objet en forme d'arc, par exemple, les membrures, les planches et autres pièces de bois pour les faire servir aux ouvrages qui doivent être cintrés ; on cambre également les semelles de chaussures ; dans la reliure, les pointes des cartons en dedans, etc.

*CAMBREUR.** *T. de mét.* Ouvrier qui cambre le cuir des chaussures.

*CAMBREUSE.** *T. de mét.* Machine employée dans l'industrie de la chaussure pour donner le *cambrage*.

*CAMBRIC.** Etoffe particulière, primitivement de lin ; aujourd'hui le cambric est une des innombrables variétés dues à l'emploi du coton. — Le nom de cambric vient de Cambrai (Nord), où se fabriquait anciennement ce genre de tissus.

CAMBRURE. *T. techn.* Courbure en arc d'une pièce de bois, du cintre d'une voûte, d'une semelle de chaussure, etc. ‖ Dernière façon que le relieur donne au livre en courbant en dedans les pointes du carton.

* **CAME.** *T. techn.* Disque calé sur un arbre, et destiné à transformer, par une action intermittente, un mouvement circulaire continu en un mouvement alternatif, rectiligne ou circulaire. Comme les excentriques effectuent également pareille transformation de mouvement, on comprend

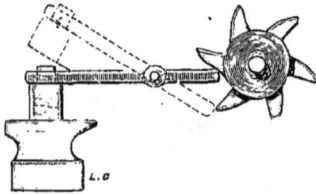

Fig. 91. — *Arbre à cames appliqué à un marteau*

quelquefois dans le langage ordinaire sous la désignation de *cames*, ceux qui sont taillés suivant des courbes déterminées, et on réserve alors le nom d'*excentriques* pour ceux qui sont complètement circulaires. Toutefois, ces derniers appareils présentant tous ce trait commun d'agir d'une manière continue, nous croyons qu'il est préférable de leur laisser la même désignation, et nous réserverons le nom de *came* pour ceux qui agissent d'une manière intermittente, tout en reconnaissant d'ailleurs que la distinction à établir entre les excentriques et les cames ne présente plus le même intérêt aujourd'hui, car celles-ci reçoivent souvent un profil calculé comme on le ferait pour un excentrique.

La figure 91 représente la disposition d'un arbre à cames destiné à communiquer à un marteau oscillant un mouvement circulaire alternatif. Sur cet arbre, est calé un disque circulaire portant un

certain nombre de saillies ou dents formant autant de cames qui viennent successivement en contact avec la tige du marteau pendant la rotation du disque. Ce marteau se trouve soulevé par l'effort de la came qui appuie à l'autre extrémité, et lorsque cette dent l'abandonne entièrement, il retombe par son propre poids sur l'enclume. La tige est reprise presque immédiatement par la came suivante, qui se trouve alors en contact avec elle, et les phénomènes se reproduisent encore dans le même ordre, de telle sorte que le marteau donne ainsi pendant une rotation du disque, autant de coups qu'il y a de cames sur celui-ci.

Il arrive aussi fréquemment que la came ainsi disposée soulève directement le marteau au lieu d'agir sur la tige comme dans le cas précédent, et elle lui communique ainsi un mouvement alternatif de translation. La tige du pilon est alors entièrement verticale, elle passe entre deux guides qui l'empêchent de se dévier, et porte un mentonnet sur lequel s'exerce l'action de la came. Lorsque celle-ci échappe, le pilon qui est alors arrivé au sommet de sa course retombe sur son enclume, puis il est repris immédiatement par la came suivante.

Pour ne pas fausser la tige sur ses guides, on dispose ordinairement dans ce cas, deux cames jumelles agissant chacune de part et d'autre de la tige sur une barre passée transversalement à celle-ci pour servir de mentonnet.

De pareils martinets permettent de donner un nombre de coups de marteau relativement considérable pendant un temps très court, et ils sont ainsi bien appropriés pour le forgeage des aciers à outils par exemple ; on les rencontrait d'ailleurs autrefois dans presque tous les ateliers de forge, car ils permettaient de tirer parti, pour ce travail, de la puissance des chutes d'eau du voisinage ; toutefois, ils tendent à disparaître aujourd'hui pour être remplacés par les pilons à vapeur à chute rapide, et ils sont restés seulement en usage dans les anciennes usines établies souvent loin des centres houillers, sur des cours d'eau qui leur fournissent la force motrice.

L'établissement de ces cames sur l'arbre moteur ne présente aucune difficulté spéciale, il suffit seulement que l'écartement des cames soit légèrement supérieur à la course de la tige qu'elles soulèvent pour éviter les chocs. On est ainsi obligé de donner aux cames des marteaux soulevés directement, un écartement égal à la course de ceux-ci, tandis que dans le premier type que nous avons décrit, on peut réduire cet écartement dans une proportion quelconque en diminuant de même la longueur du bras du levier correspondant.

Quant au tracé de la came, on peut adopter une courbe absolument quelconque, en s'attachant toutefois à ce qu'elle soit tangente à la tige ou au mentonnet au premier instant du contact après la chute du marteau. Si on voulait cependant donner à celui-ci un mouvement d'une nature déterminée, on devrait calculer le profil de la came comme on le ferait pour un excentrique ou une dent d'engrenage. On emploie habituellement la développante de cercle qui assure un mouvement uniforme. Les cames s'emploient de préférence aux excentriques, dans tous les mécanismes où on désire obtenir une action brusque à un moment donné, aussitôt que la came vient à quitter la pièce qu'elle commandait. Tel est le cas, par exemple, sur certains perforateurs à air comprimé, et sur un grand nombre de machines à clapets des types récents, qui se répandent beaucoup aujourd'hui. On arrive ainsi, grâce à l'emploi des cames, à ouvrir instantanément et à pleine section, les lumières d'admission de vapeur, et on évite les chutes de pression résultant du passage de la vapeur dans un orifice étranglé. On comprend par là, comment il est possible dans ces conditions, d'obtenir un degré déterminé de détente, en fixant à l'avance le moment de la course du piston où doit s'opérer le déclanchement de la came. On arrive même à réaliser une détente variable, pouvant être commandée automatiquement par le régulateur de la machine, en fixant la came sur un axe oscillant qui peut être déplacé lui-même par l'intermédiaire de leviers, convenablement disposés. La came peut alors une inclinaison variable, et le déclanchement s'opère à des instants différents de la course du piston, qui sont déterminés par la position du régulateur. La came joue ainsi, dans la distribution de la vapeur, un rôle analogue à celui de la coulisse, et le tracé à lui donner est une question de cinématique qui présente une grande importance. On l'établit d'après une épure tracée à l'avance dans laquelle on a déterminé les différentes positions que la came doit occuper pour les différents degrés de détente. — V. Excentrique.

CAMÉE. On appelle *camée* une sculpture en relief exécutée sur une matière à deux ou plusieurs couches. Le sujet réservé dans la couche supérieure se détache sur le lit inférieur qui lui sert de fond.

Si la matière a plusieurs couches, l'artiste en consacre les accidents à faire ressortir les accessoires du sujet principal : les cheveux, la barbe, les draperies, les ornements, quelquefois aussi dans la bordure le graveur réserve une petite corniche en biseau présentant toutes les couches de la matière. Il en résulte un encadrement du sujet du plus gracieux effet.

On a souvent employé pour faire des camées des matières unicolores telles que coraux, ivoire, jais, ambre et diverses pierres : l'hématite, le lapis, la malachite, les jaspes, le jade et même les pierres précieuses dites *gemmes*, mais le véritable camée est celui qui utilise les diverses couches de matières que la nature a créées dans certaines pierres. Les agates, les onyx, les sardonyx présentent ce phénomène avec une régularité merveilleuse et atteignent parfois de très grandes dimensions.

Les plus belles de ces matières, celles qui ont été travaillées dans l'antiquité qui n'en connaissait pas d'autres, venaient de l'Orient, de l'Asie mineure et de l'Inde : mais on n'en trouve presque plus aujourd'hui. On a alors utilisé des matières **analogues** qui se rencontrent au Brésil

en Allemagne, mais entre ces pierres et les matières dites *orientales* : il y a une différence considérable tant pour la régularité des couches que pour l'éclat et la transparence.

On a même eu recours à certains moyens chimiques pour créer des couches artificielles sur des matières unicolores, on appelle les matières traitées par ce procédé pierres *baignées*. On s'en est beaucoup servi sous le premier empire.

On a fait des camées artificiels en appliquant sur un fond de cornaline ou de sardoine foncée une tête taillée dans une agate de couleur claire; l'adhérence s'obtient au moyen de la larme de mastic.

On a fait même dans l'antiquité des imitations de camées en pâte de verre; certains faussaires doublaient ces moulages avec une petite plaque mince de pierre dure pour mieux tromper les amateurs peu éclairés.

Une matière dont on ignore si les anciens ont connu l'usage, mais qui au XVIᵉ siècle, a été employée fort ingénieusement, est la *coquille*. La substance qui compose certains coquillages présente en effet des dispositions analogues aux couches horizontales des agates et des sardonix : mais elle est très tendre, aussi a-t-on pu, dans ces derniers temps, produire à bon marché des *camées coquilles* dont le commerce a été inondé. L'art s'éloigna de ces productions que la mode a elle-même rejetées aujourd'hui.

Il existe un autre mode de travail de la pierre dure qui consiste à graver sur la matière le sujet en creux. La pièce ainsi gravée s'appelle *intaille* de l'italien *in tagliare*. — V. Intaille.

Les procédés pour la gravure en relief ou en creux sont à peu près les mêmes. L'instrument principal qui de toute antiquité a servi à ce travail est le *touret*. Pline nous en a conservé la description, il a peu varié depuis.

Natter et Masini, graveurs eux-mêmes, Mariette (*Traité des pierres gravées*) ont décrit le touret des graveurs modernes, leurs outils et leurs procédés. Le tour fait mouvoir avec une grande rapidité (*fervor terebrarum*, dit Pline) une tige métallique, pointue (*ferrum retusum, terebra*, tarière, bouterolle). L'extrémité est enduite de poudre de diamant délayée dans l'huile; en appuyant la pierre que l'on tient à la main contre cette extrémité, la poudre pénètre le métal et en fait une sorte de lime à pointes de diamant qui mord la pierre et enlève l'excédant de matière. L'artiste fait usage aussi de pointes de diamants montées : ce sont les *crustæ adamantis* de Pline. L'émeri et quelques autres substances réduites en poudre servent à donner le poli lorsque l'ouvrage est terminé. On les emploie en frottant les surfaces avec des instruments en buis mus par le touret ou conduits avec la main.

Plusieurs camées antiques portent la signature de leurs auteurs parfois réservée en relief dans la couche supérieure. Sauf ce dernier cas, qui est une garantie d'authenticité, il est bon de se méfier des noms que l'on trouve inscrits sur les pierres gravées.

Indépendamment de l'ignorance qui a souvent

fait prendre pour des noms d'artistes des inscriptions qui désignaient simplement le sujet représenté ou le possesseur de la pierre, la cupidité a poussé certains spéculateurs à faire ajouter à des ouvrages sans nom des noms célèbres ou même inconnus. Les graveurs modernes ont également signé une partie de leurs œuvres, quelques-uns employaient de préférence les caractères grecs comme les Pichler ou traduisaient leur nom en grec comme Natter qui signait: ΥΔΡΟΥ; υδρος signifie en grec: serpent, hydre, comme *natter* en allemand.

— Il existe de nombreuses collections publiques et privées de pierres gravées : la plus riche est incontestablement la Bibliothèque nationale de Paris; viennent ensuite les collections de Vienne, de Berlin, de Dresde, de Londres, de Florence, de Naples, de St-Pétersbourg; celles du duc de Devonshire, en Angleterre; de MM. les barons Roger, à Paris, etc.

Le plus grand camée connu est le *camée de France*, désigné sous le nom de *camée de la Sainte-Chapelle*, représentant l'apothéose d'Auguste. Il n'a pas moins de 30 centimètres de haut sur 26 centimètres de large. (V *Catalogue de la Bibl. nat.*, par A. CHABOUILLET.)

Le musée de Vienne possède aussi une apothéose d'Auguste sur sardonyx à trois couches, de 0m,218 sur 0m,184.

Fig. 92. — *Camée antique, monture de l'époque de Charles V.*

Kartus, qualifie Charles III, dit le Simple; Charles-le-Gros ou Charles-le-Chauve. La monture d'or émaillée qui conservait cette inscription a disparu lors du vol de divers objets qui eut lieu à la Bibliothèque, le 16 février 1804, les voleurs furent arrêtés et les objets volés restitués, mais les montures en or avaient été enlevées et fondues. (V. la description de ce magnifique monument dans le Catalogue précité, de M. CHABOUILLET.)

Le musée de Naples possède la magnifique coupe Farnèse, vase d'agate, onyx, en forme de tasse, représentant à l'intérieur un sujet de l'histoire grecque avec un grand nombre de personnages et au revers une tête de méduse de face. Le travail de gravure est merveilleux. Visconti a donné une description intéressante de ce vase et du sujet que représente le bas-relief principal dans ses *Opere varie*, tome III.

Le célèbre vase de Portland, conservé au *British museum*, de Londres, est une imitation en verre à plusieurs couches de ces *gemmæ potoriæ*, mais le travail paraît dû au touret et aux mêmes procédés que ceux employés pour la gravure des pierres précieuses.

Nous citerons encore dans la collection de Paris : l'*apothéose de Germanicus*, sardonyx à trois couches, 0m,105 sur 0m,109; *Claude et Messaline*, sardonix à quatre couches, 0m,085 sur 0m,80; *Minerve et Neptune*, sardonyx à trois couches, 0m,182 sur 0m,065; *Amphitrite sur un taureau marin*, signé *Glycon*, sardonyx à deux couches, 0m,042 sur 0m,060; *Jupiter debout*, lauré, tenant d'une main sa foudre et de l'autre un long sceptre, à ses pieds un aigle, sardonyx à trois couches, 1 décimètre sur 65 millimètres (fig. 92). Ce camée, l'un des plus beaux de la collection de France, est monté d'un double cercle d'or émaillé, chargé d'inscriptions et orné de fleurs de lys et terminé au bas par un écusson émaillé aux anciennes armes de France.

L'inscription de la face est ainsi conçue : *Charles.roy. de.France.fils.du.roi.Jehan.donna.ce.jouyau.l'an MCCCLXVII.le.quart.an.de.son.règne.*

On peut citer comme grands camées, ces vases, dont les anciens étaient si amateurs et qu'ils appelaient *gemmæ potoriæ* (peut-être étaient-ce les fameux vases *murrhins?*); on voit à la Bibliothèque nationale un de ces vases, dit *coupe des Ptolémées*, donné par un roi de France, de la race Carlovingienne, à l'abbaye de Saint-Denis. Ce prince était désigné par une inscription latine, gravée et émaillée sur un pied d'or, qui ornait alors ce vase. Mais on n'est pas certain si l'expression dont s'est servi l'auteur de l'inscription : *Tertius in francos regimine*

C'était Charles V qui faisait don de ce magnifique camée à la cathédrale de Chartres.

L'inscription du revers est tirée de versets épars des saintes Ecritures et notamment de l'Evangile selon saint Jean; au moyen on avait pris le Jupiter pour un saint Jean, à cause de l'aigle, symbole ordinaire de cet évangéliste. (V. *Catalogue* de M. Chabouillet.)

Le Moyen âge et la Renaissance sont représentés par de magnifiques échantillons; bornons-nous à citer parmi les spécimens de l'art moderne que conserve notre cabinet et comme une des gloires de l'art français, l'œuvre d'un artiste dont une monographie a été publiée récemment (*Notice sur J. Guay*, grav. sur pierres fines du roi Louis XV, etc., par J.-F. Leturcq, 1873); ce sont des sujets historiques des règnes de Louis XV et Louis XVI et des portraits, notamment un magnifique portrait de Lous XV sur sardonyx orientale à trois couches, entouré d'une corniche, hauteur 0ᵐ,078, largeur 0ᵐ,058, signé Guay, F., 1753.

M. le baron Roger de Sivry possède du même artiste un portrait de Marie-Antoinette, à peu près d'égale dimension.

De nos jours, la gravure en pierres fines est bien délaissée, et à part quelques ouvrages que la bijouterie utilise et que le commerce a désignés sous le nom de *camées de toilette*, on peut dire que le grand art est mort; pourtant, pour être juste, constatons que les dernières expositions témoignent des efforts sérieux qui sont faits par quelques artistes pour le faire revivre : plusieurs camées ont attiré l'attention des amateurs, notamment : un portrait de l'impératrice Eugénie sur agate rosée, à deux couches et une fuite en Egypte, diverses copies de gravures antiques et de portraits d'après Coldoré, graveur français du commencement du xviᵉ siècle. — V. Glyptique, Gravure sur pierres fines, Intaille. — f. l.

Bibliographie: On peut consulter sur la glyptique et les collections de pierres gravées antiques et modernes les auteurs suivants : Millin : *Introduction à l'étude des pierres gravées*, etc.; Mariette : *Traité des pierres gravées;* Clarac : *Manuel de l'histoire de l'art;* Le Normant : *Trésor de numismatique et de glyptique ;* Sillig, Raoul Rochette, Visconti : *Opere varie;* De Murr : Bibliothèque glyptographique et les catalogues et descriptions de collections publiques et privées, anciennes et modernes, par De la Chausse, Caylus, Winckelmann, Wilde, Gori, Bracci, Raspe, Kine, etc.

* **CAMÉLÉON**. *T. de céram.* La Manufacture de Sèvres a créé des porcelaines remarquables par une propriété singulière, celle de changer de couleur avec la lumière artificielle; on leur a donné le nom de *caméléon:* elles contiennent dans leur masse une certaine quantité de rubis artificiel. Quand on chauffe au fort feu de four un mélange d'alumine anhydre et de bichromate de potasse, le tout en poudre très fine, on obtient une masse rose qui correspond aux gemmes qu'on nomme *rubis.* Ebelmen les obtenait à l'état de cristaux définis en faisant fondre dans du borate de soude une quantité déterminée d'alumine, et quelque peu de bichromate de potasse. On fait usage de l'alumine amorphe qu'on prépare en grande proportion pour faire les pâtes changeantes. On ajoute 16 0/0 environ de cette alumine a 72 0/0 de tournassures : on complète le dosage par une addition de craie, de sable, de kaolin et d'une petite proportion d'oxyde de chrome, ou d'oxyde de cobalt, ou d'oxyde d'urane pour préparer une pâte assez fusible et qui change à la lumière artificielle, en prenant

le soir une magnifique couleur rose pur ou teinté, si l'on a fait usage de cobalt ou d'oxyde d'urane. Ces pâtes se travaillent par les mêmes méthodes de façonnage que les pâtes blanches et reçoivent la même glaçure feldspathique ou couverte. || *T. de tiss.* Etoffe dont la trame et la chaîne sont tissées de couleurs différentes, ce qui produit des nuances variables.

* **CAMELLE**. *T. de salin.* Tas de sel dressé pour qu'il puisse s'égoutter et se purifier des substances étrangères. || Récipient avec lequel les porteuses vont remettre le sel chez le consommateur.

CAMELOT. Etoffe forte et solide qui se fabriquait dans le Levant avec le poil du chameau ou celui des chèvres, et qui s'est fait depuis dans plusieurs contrées de la France avec de la laine ou du poil de chèvre ; les uns, étaient tout laine ou tout poil; les autres, avaient la trame en poil et la chaîne moitié soie et moitié poil; d'autres enfin, avaient une trame de laine et une chaîne de fil. On fabrique aujourd'hui, en France, un genre de camelot fait en chaîne coton et trame de laine de Perse inférieure.

* **CAMELOTE**. Marchandise commune, ouvrage mal fait. On écrit aussi *camelotte.*

* **CAMELOTER**. Fabriquer de la camelote, faire un mauvais travail.

* **CAMEMBERT**. Sorte de fromage que l'on fait en Normandie. — V. Fromage.

* **CAMINOTECHNIE**. *T. techn.* Art de la construction des fourneaux employés dans l'industrie.

* **CAMION**. *T. de charron.* On donne ce nom à un véhicule essentiellement composé d'un plancher horizontal long et large, et monté très bas afin de faciliter le chargement et le déchargement des marchandises. Le camion est ordinairement monté avec des roues d'un petit diamètre, calculées de façon que celles de l'avant puissent se mouvoir en tous sens sous le plancher, et que celles de l'arrière ne viennent jamais atteindre les colis qui pourraient dépasser dans le sens de la largeur du véhicule (fig. 93). La forme de ce plancher et les accessoires dont il est muni varient en raison des services que la voiture est appelée à rendre.

Le camion est le véhicule par excellence pour le transport à petites distances des marchandises lourdes et encombrantes, c'est-à-dire qui offrent quelques difficultés pour le chargement et le déchargement. Son usage est très répandu dans les villes pour les gares, les entreprises de roulage, etc., et à tel point que son nom est devenu synonyme de transport. On dit *camionner* pour transporter la marchandise.

Nous venons de dire que le camion était surtout destiné au transport à petites distances de colis lourds. Lorsque les colis sont légers au contraire, il est préférable de se servir de fourgons totalement fermés ; les paquets se trouvent alors maintenus par les côtés de la voiture et y sont en outre à l'abri de la pluie. De plus, les fourgons pouvant être montés sur de grandes roues, donnent moins de traction que le camion, toujours monté sur des roues d'un petit diamètre ; les roues

basses sont, du reste, un désavantage que ne compenserait nullement la facilité offerte pour les chargements ou les déchargements s'il s'agissait d'un parcours un peu long.

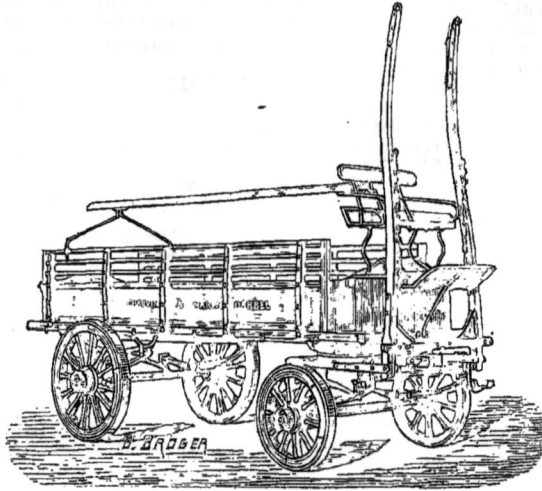

Fig. 93. — *Camion.*

|| 2° Petit chariot très bas sur lequel, dans les chantiers de construction, les ouvriers traînent les pierres de taille à l'aide de bretelles. || 3° Vase de terre dans lequel les peintres en bâtiment délayent le badigeon.

*CAMIONNAGE. (Du mot *Camion.*) Le camionnage est l'opération qui consiste à transporter les marchandises d'un point à un autre, mais plus particulièrement du point de production à une gare de chemin de fer ou de celle-ci au point de consommation.

Le camionnage des marchandises de valeur ou des colis légers se fait dans des fourgons fermés (il prend alors plutôt le nom de *factage) ;* celui de la houille dans des tombereaux à 2 et 4 roues ; celui des vins sur des haquets ; celui des caisses, fûts, ballots et pièces encombrantes sur des camions plats et découverts ; celui des pierres sur des fardiers ; celui des boîtes à lait dans des charrettes à claire-voie, etc.

D'après les cahiers des charges des chemins de fer français, le camionnage des marchandises à domicile est obligatoire pour la compagnie qui fait le transport, à moins que l'expéditeur n'ait adressé ses marchandises en gare. Mais, en cas d'encombrement des gares, les compagnies sont autorisées à camionner *d'office* les marchandises qui ne seraient pas enlevées dans les délais réglementaires et à les mettre en entrepôt si le destinataire les refuse. Ce camionnage n'est pas obligatoire en dehors du rayon de l'octroi des villes, non plus que pour les gares desservant des localités peuplées de moins

de 5,000 habitants ou situées à plus de 5 kilomètres de la gare. Les tarifs à percevoir sont fixés par l'Administration, sur la proposition de la compagnie. L'opération peut être faite par un intermédiaire dont la compagnie répond : c'est ce qui se fait généralement en province et même à Paris, où cette entreprise est mise en régie pour la petite vitesse et pour certaines marchandises telle que la houille, par exemple.

C'est pour éviter les charges onéreuses, dont le camionnage grève la marchandise, qu'un grand nombre d'établissements industriels sont reliés aux gares de chemins de fer, soit au moyen *d'embranchements particuliers* qui leur permettent de recevoir des wagons jusqu'au milieu de l'usine ou de la carrière, soit au moyen de *raccordements* à voie étroite qui sont souvent d'une exécution moins coûteuse, mais nécessitent l'acquisition d'un matériel spécial et exigent une opération de *transbordements* à la gare. — V. EMBRANCHEMENT, RACCORDEMENT, TRANSBORDEMENT.

CAMISOLE. Chemisette qui ne descend pas plus bas que les reins, et que les femmes portent le plus souvent en négligé. || *Camisole de force,* vêtement à peu près semblable à un gilet à manches qui se ferme par derrière et dont les manches plus longues que les bras sont sans ouverture ; on s'en sert pour mettre hors d'état de nuire les fous furieux et les détenus dangereux.

CAMOUFLET. *T. de min. milit.* (Étym. génevoise ; *camouflet* qui signifie *soufflet*). On donne ce nom en général à tout fourneau de mine qui ne produit pas d'effet à la surface du sol, et dont le but est de détruire par écrasement la galerie de l'ennemi qui se trouve dans le voisinage. *Donner le camouflet* signifie faire partir un fourneau-camouflet, au moment précis où l'on entend le mineur ennemi travailler à petite distance du rameau où l'on se trouve.

Les camouflets doivent toujours être rapidement établis pour agir en temps utile contre les travaux de mines de l'adversaire souterrain ; aussi les construit-on tantôt au moyen d'un petit rameau creusé à la hâte, coffré ou non coffré ; tantôt au moyen d'un simple forage. Dans le cas où le forage est pratiqué dans la paroi latérale d'une galerie, on facilite beaucoup le travail en creusant d'abord une amorce de rameau de 1 mètre de longueur. C'est au fond de ce cul-de-sac en retour que l'on pratique dans la direction où l'oreille exercée du mineur suppose l'ennemi, un forage rapide ayant la forme d'un trou cylindrique de 0^m, 20 à 0^m, 25 de diamètre. La charge de poudre est généralement composée de gargousses en papier goudronné pesant chacune 6 kilogrammes. On peut en mettre 4 ou 6 suivant l'effet à obtenir. Le bourrage se fait sans gaîne en plaçant dans le forage un cordeau porte-feu, puis en bourrant à l'aide de mandrins cylindriques en bois, exactement calibrés, qu'on enfonce successivement dans le trou de forage à l'aide d'un cric ordinaire de mineur. Le mandrin supérieur qui doit se trouver en contact avec la charge du fourneau-camouflet, est creusé de manière à contenir 2 kilogrammes de poudre libre dont l'explosion communique le feu au fourneau. Le mandrin inférieur est terminé par une forte traverse en forme de T renversé, qui ferme exactement le dessous de la gaîne et que l'on arc-boute solidement contre le sol de la galerie de départ, au moyen d'une traverse horizontale et de deux forts étrésillons portant sur une semelle et serrés au moyen de coins. En arrière du premier mandrin, formant tête d'amorce, au lieu d'employer des mandrins de bourrage, on se sert souvent de boules d'argile, qu'on introduit successivement en les poussant à l'aide du refouloir, pour remplir exactement le conduit. La transmission du feu se fait, soit à l'aide d'un cordeau porte-feu, soit à l'aide d'un petit câble électrique que l'on place contre la paroi du forage pendant l'opération du bourrage.

On emploie pour pratiquer le forage une cuiller à main, un trépan ou bien une machine spéciale perfectionnée par le commandant Bussière et le capitaine Barbe, à laquelle on donne dans les régiments du génie le nom de *machine à camouflets.* — V. FORAGE. FOURNEAU DE MINE

* CAMOURLOT. *T. techn.* Mastic dont on se sert pour remplir les joints des dalles et des carreaux de terre cuite.

* CAMPAGNE. *T. techn.* Dans certaines industries, temps que dure une opération ; dans les salines, par exemple, les chaudières d'évaporations des eaux chargées de sel font une campagne qui varie de dix jours à six semaines selon qu'elles contiennent du sel gros, moyen, fin ou finfin.

* CAMPAIGNAC (ANTOINE-BERNARD), ingénieur, né en 1792 à Montgeara (Haute-Garonne) est sorti, en 1811, de l'Ecole polytechnique, dans le génie maritime. Retraité avec le grade d'ingénieur en chef, il fut nommé, en 1843, directeur de l'Ecole des Arts-et-métiers d'Aix. Il est mort, en 1866, officier de la Légion d'honneur. Il a publié d'importants travaux sur le *Génie maritime* et la *Navigation à vapeur,* notamment un *Atlas du génie maritime* (Toulon in-fol.)

* CAMPAN. Variété de marbre que l'on tire de la vallée de Campan, près de Bagnères-de-Bigorre (Hautes-Pyrénées). — V. MARBRE.

* CAMPANA. (Musée). — V. MUSÉE.

CAMPANE. (Du lat. *campana,* cloche.) 1° *T. d'arch.* Nom donné au corps du chapiteau corinthien et à celui du chapiteau composite, parcequ'ils ont la forme d'une cloche renversée. || 2° Ornement de sculpture d'où pendent des houppes en forme de clochettes pour un dais d'autel, une chaire, etc. || 3° Ouvrage de soie, d'or, d'argent avec des ornements en forme de cloches. || 4° Appareil à dévider certaines matières textiles. || 5° Sorte de chaudière à fond conique, en cuivre ou en tôle, que l'on emploie dans la fabrication des savons.

CAMPANILE (de l'italien *campanile,* clocher). *T. d'arch.* Clocher à jour, et, en général, tour légère, haute, souvent isolée, dans laquelle sont placées les cloches d'une église ; on donne le même nom au petit clocher à jour qui surmonte la façade de certains édifices du style Renaissance. On écrit aussi *Campanille.*

CAMPÊCHE (Bois de). Le bois de campêche provient du tronc de l'*Hœmatoxylon campechianum,* arbre épineux de la famille des légumineuses. Il croît dans toutes les parties de l'Amérique méridionale et aux Antilles. *Hœmatoxylon,* L., genre de plantes appartenant à la famille des papilionacées, tribu des cœsalpiniées (R. Br), calice rouge monosépale tubuleux à limbe élargi pentapartit, pétales 5 égaux entre eux, atténués à leur base, étamines 10 à filets libres velus, ovaire contenant 2-3 ovules, style court grêle stigmate presque en godet. Légume fort comprimé, fortement soudé aux sutures, la déhiscence s'opérant par cela même par le milieu des valves. Espèce unique, *Hœmatoxylon campeschianum,* L., arbre atteignant 10 à 20 mètres (respect. 15 à 20 mètres) de haut. Rameaux épineux à feuilles stipulées paripennées formées de 3-4 paires de folioles opposées, petites obovales ou abcordées, glabres et luisantes. Fleurs petites, jaunes, odorantes, disposées en grappes simples axillaires. Cette espèce habite les côtes du golfe du Mexique, près de Campêche ; d'où son nom. Il est cultivé dans plusieurs des grandes Antilles. Son bois, d'un grain serré, très dur, entre dans le commerce en grosses bûches dépouillées de leur aubier. Il est susceptible d'un

beau poli, ce qui le fait rechercher dans l'ébénisterie.

Il y a plusieurs variétés de campêche qui se
distinguent par le nom des localités qui les fournissent. Ce sont :

1° Le campêche proprement dit, provenant de
la baie de campêche au Mexique, connu dans
le commerce sous le nom de *bois de coupe d'Espagne* ou de Lagaux qui se présente sous forme
de bûches assez longues (4 à 8 pieds) d'un diamètre très variable ; il est dur, pesant, rouge,
vif à l'intérieur, noir-bleu à l'extérieur ; c'est
l'espèce la plus estimée ; 2° campêche d'Honduras, bûches plus courtes et plus minces, d'une
couleur plus foncée que le campêche proprement
dit, mais inférieur en qualité ; 3° et 4° campêche
de Saint-Domingue et de la Jamaïque, spècese encore moins estimées.

Rapé, le bois de campêche est ordinairement
d'un brun rouge ; il possède une saveur douce
particulière.

La matière colorante du bois de campêche,
nommée *hématoxyline* ou *hématine*, a été isolée
d'abord par Chevreul (1810) et étudiée depuis
par beaucoup d'autres auteurs. Il résulte de
toutes ces recherches que le corps contenu directement dans le bois de campêche n'est pas coloré,
mais se transforme en matière colorante bleu-
violet sous l'influence de l'air et des alcalis ; il se
forme alors le corps auquel on donne le nom
d'*hématéine*. On prépare mieux l'hématoxyline
avec l'extrait de campêche, dont nous donnons
plus loin la préparation industrielle, de la manière suivante :

On mélange l'extrait sec, pulvérisé, avec de la
poussière de verre ou du sable fin, pour éviter
l'agglomération du produit, et on l'abandonne
avec 5 à 6 fois son poids d'éther brut (contenant de
l'eau), dans un flacon bouché, pendant quelques
jours. Le flacon est agité fréquemment. On filtre
l'extrait éthéré. On distille la majeure partie de
l'éther, on mélange le résidu avec un peu d'eau
et on l'abandonne à la cristallisation dans des
capsules incomplètement couvertes, pour éviter
l'évaporation trop rapide de l'éther. Au bout de
peu de jours, la capsule se remplit de cristaux,
qu'on lave avec un peu d'eau froide. On les
débarrasse de l'eau mère brune, en les pressant
dans du papier joseph. Si on ne parvient pas à
obtenir de l'hématoxyline incolore par une première cristallisation, on peut l'obtenir pure en
cpérant de la manière suivante : on dissout l'hématoxyline brute dans l'eau chaude additionnée
de bisulfite de sodium ; elle cristallise par le
refroidissement de la solution.

On trouve quelquefois dans les tonneaux qui
servent à conserver l'extrait de campêche des
fabriques, des croûtes brunâtres, qui sont constituées presqu'en totalité de l'hématoxyline, que
l'on peut purifier au moyen du bisulfite.

Propriétés de l'hématine ou hématoxyline. L'hématoxyline est dimorphe ; elle se présente tantôt
sous la forme de fines aiguilles blanches, brill-
lantes, ou en cristaux granuleux, à faces courbes,
d'un jaune clair. Sa formule est $C^{16} H^{14} O^6$; d'a-

près de nouvelles recherches, elle semble être
à la brésiline (matière colorante du bois rouge)
ce que la purpurine est à l'alizarine (Liebermann
et Burg).

L'hématoxyline possède une saveur sucrée,
rappelant celle du jus de réglisse. Elle est peu
soluble dans l'eau froide, mieux dans l'eau
chaude, soluble dans l'alcool, moins bien dans
l'éther. Les solutions d'hématoxyline se colorent
en jaunâtre par l'addition de faibles quantités
d'acides ; elle ne se combine pas toutefois ces
corps. L'hématoxyline donne avec les bases des
combinaisons qui s'altèrent rapidement au contact de l'air en se colorant en rouge, et finalement en bleu. Le corps qui se forme alors, est
l'hématéine. Par la distillation sèche, l'hématoxyline donne de la résorcine et du pyrogallol, tandis que son homologue inférieur, la brésiline, ne
donne dans ces mêmes conditions que de la
résorcine, sans trace de pyrogallol.

En présence des alcalis et de l'oxygène de l'air,
l'hématine subit une transformation particulière ;
elle produit un corps fortement coloré, l'hématéine, qui existe dans le bois de campêche oxydé
et lui communique sa couleur particulière. L'hématéine est donc un produit d'oxydation de l'hématoxyline ; elle se forme d'après l'équation.

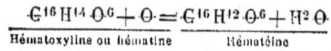

$$\underset{\text{Hématoxyline ou hématine}}{C^{16} H^{14} O^6} + O = \underset{\text{Hématéine}}{C^{16} H^{12} O^6} + H^2 O$$

En agitant pendant quelque temps au contact
de l'air, à une douce chaleur, une solution saturée
d'hématine dans l'ammoniaque, le liquide prend
une coloration rouge cerise foncé, et dépose des
cristaux grenus d'hématéate d'ammoniaque.
Celui-ci décomposé par l'acide acétique, donne
un précipité volumineux brun-rouge, devenant
vert-foncé à éclat métallique, par la dessiccation ;
la poudre est rouge. En faisant bouillir l'hématéine avec du bisulfite d'ammonium, on obtient,
si l'on s'est servi d'un produit pur, une solution
parfaitement claire, sans toutefois qu'il se reforme
de l'hématoxyline par réduction.

L'hématéine est peu soluble dans l'eau froide,
beaucoup mieux dans l'eau chaude. Elle se
dissout bien plus facilement dans l'alcool que
dans l'éther, en donnant des solutions d'un
rouge-brun ou d'un jaune d'ambre. Les alcalis
dissolvent l'hématéine avec une coloration pour-
prée magnifique, qui devient bientôt brune, par
la décomposition de l'hématéine en produit
noirs ulmiques.

Lyon fabrique de l'hématéine en partie cristallisée. Ce produit est destiné à remplacer l'extrait
de campêche dans la plupart de ses applications,
aussi est-il obtenu actuellement par une grande
partie des extracteurs.

Tout récemment, Halberstadt et de Rejs sont
parvenus à obtenir de l'hématéine cristallisée, en
traitant directement par l'éther le campêche fermenté. Ils ont obtenu ainsi de beaux cristaux
rouges, à éclat métallique, qui ne renferment pas
d'eau de cristallisation. Ces cristaux sont très
stables ; on peut les chauffer à 180 ou 200° sans
qu'ils se décomposent ; ils prennent seulement

une magnifique couleur d'un jaune d'or. Ils sont insolubles dans le chloroforme et la benzine ; 100 parties d'eau en dissolvent 0,060 parties à 20° et 100 parties d'éther seulement 0,013 parties, à la même température. Contrairement aux assertions de Bénedikt, l'hématéine ne renferme pas d'azote. Finalement, mentionnons le fait que par extraction à l'éther de l'extrait de campêche solide du commerce, on ne parvient pas à obtenir de l'hématéine cristallisée. Quant à la constitution chimique de l'héméatine et de l'hématéine, elle n'est pas encore éclaircie.

PRÉPARATION INDUSTRIELLE DES EXTRAITS DE CAMPÊCHE. La préparation de l'extrait de campêche a pour but de fournir un produit possédant sous un petit volume un fort pouvoir colorant ; pour ceci,

il faut isoler les matières solubles du bois, en l'épuisant à l'eau ; la matière ligneuse reste ainsi comme résidu. La préparation des extraits de bois s'exécute en général de la même manière pour toutes les espèces ; nous la décrirons en détail dans cet article, vu l'importance du bois de campêche.

La préparation des extraits de bois colorants se divise en trois phases :

1° Trituration du bois ;
2° Extraction à l'eau des parties solubles ;
3° Evaporation de l'extrait.

1° *Trituration du bois.* Cette opération est purement mécanique ; elle a pour but de diviser le bois en copeaux plus ou moins fins et même en poudre grossière ; il est évident en effet, que plus

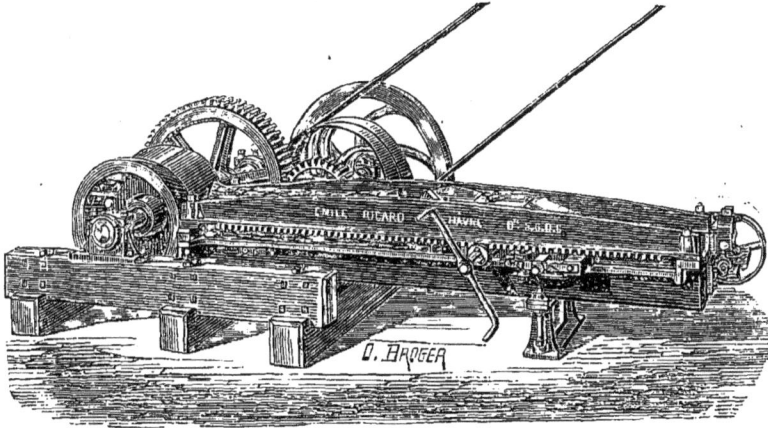

Fig. 94. — *Tritureuse à bois de campêche.*

la matière ligneuse sera dans un état de division, plus aussi les dissolvants auront prise sur elle, pour en extraire les principes solubles ; toutefois, cette division doit être limitée, afin de conserver à la poudre destinée au lessivage une certaine porosité et la propriété de s'égoutter rapidement. On a imaginé à cet effet différentes machines. Toutes ces machines se composent de deux parties ; de l'appareil servant à conduire et à presser le bois contre le tambour dévorateur ou déchireur, qui constitue la seconde partie de la machine. Ce tambour est armé de trois espèces d'organes suivant les différentes machines employées ; il peut porter des couteaux agissant comme des rabots, des petites scies circulaires, ou des espèces de râpes parallèles à l'axe de rotation. Dans la machine Ricard dont nous allons donner une description sommaire, le tambour dévorateur indiqué à gauche du dessin, est muni de robustes couteaux ; ce qui caractérise cet appareil, c'est que la machine agit surtout par force, tandis que dans les autres, c'est en général la vitesse imprimée au tambour dévorateur qui produit l'effet désiré.

Ce tambour est formé par la réunion de deux

troncs de cône qui portent chacun une série de six couteaux lisses ou dentelés ; on les dispose de manière qu'après chaque couteau-scie qui commence par désagréger le bois, vienne un couteau affilé qui le coupe. Les bûches sont disposées sur la table en fonte du milieu et un mouvement automatique, que la figure 94 n'explique pas, presse le bois contre le tambour. Lorsque les bûches ont été réduites en copeaux, on fait reculer le chariot au moyen de la manivelle et on recommence l'opération. La manière dont le mouvement est communiqué au tambour dévorateur par les courroies et différentes roues dentées se comprend à la simple inspection de la figure ci-dessus.

2° *Extraction du bois.* On se sert généralement de chaudières cylindriques en cuivre, où les bois sont extraits à l'eau bouillante. La chaudière est mobile autour d'un axe, ce qui permet de la renverser, pour en extraire facilement le bois épuisé ; elle est divisée en deux parties par un double fond à tamis. Le couvercle est mobile et peut être assujetti solidement à la chaudière au moyen de vis ; il est attaché par l'intermédiaire de chaînes et de poulies, à un contre-poids, ce qui permet de le soulever pour pouvoir renverser les **chaudières** après l'extraction. Il est aussi muni d'une soupape de sûreté. Un tube en cuivre, est en communication avec une chaudière qui fournit de la vapeur à haute pression; il pénètre dans la chaudière, et vient s'étaler en cercle sur le fond à tamis de cette dernière; il est percé d'une infinité de petits trous, par lesquels s'échappe la vapeur. Un tube, adapté à la partie la plus basse du fond convexe de la chaudière, sert à laisser écouler le liquide. On réunit en général 2 ou 3 de ces appareils d'extraction, qui communiquent entre eux par un tube. La chaudière contient à peu près 100 kil, de bois râpé; une fois remplie, on ouvre le robinet et on y introduit de la vapeur à une tension de 3 atmosphères; l'air se dégage par la soupape qu'on entr'ouvre; lorsque les copeaux sont suffisamment ramollis, on remplit la chaudière aux 3/4 d'eau et on donne de la vapeur jusqu'à ce que le bois soit convenablement épuisé par l'eau qui ne tarde pas à entrer en ébullition; après ceci, la solution aqueuse s'écoule dans la seconde chaudière où elle trouve une nouvelle quantité de bois, dont elle extrait une partie de la matière colorante en se concentrant; finalement le liquide se rend dans les appareils d'évaporation. On fait de nouveau arriver de l'eau dans la première chaudière; celle-ci se sature de matière colorante en traversant les deux autres et ainsi de suite, de manière à permettre une fabrication continue.

3º *Evaporation de l'extrait.* Les solutions colorantes sont plus ou moins chargées selon la température d'épuisement et la nature du bois, mais il est toujours nécessaire de les concentrer fortement. Cette concentration s'exécute ordinairement dans des chaudières en cuivre, chauffées au moyen d'un serpentin dans lequel circule de la vapeur d'eau et dans lesquelles on fait le vide. Ce mode opératoire présente beaucoup d'avantages sur l'évaporation en chaudière ouverte avec serpentin au fond. L'évaporation se fait à une température moins élevée, elle a lieu très rapidement, plus économiquement et on évite le contact prolongé de l'air qui altère facilement les extraits. Pour l'extrait de campêche on pousse quelquefois l'évaporation très loin, la masse sirupeuse est coulée dans des formes où elle se solidifie par le refroidissement. Dans ce dernier cas, les chaudières à concentration sont pourvues d'un axe mis en mouvement par une machine à vapeur et qui est situé à l'intérieur des chaudières, cet axe porte des espèces de grosses lentilles en bronze qui remuent constamment la masse et empêchent ainsi toute surchauffe. Presque tout est livré au commerce sous forme d'un liquide épais d'extrait de campêche qui marque 30º Baumé.

Propriétés de l'extrait de campêche. L'extrait de campêche solide du commerce est une masse noire ressemblant à de la poix; sa saveur est sucrée et amère en même temps; il possède un pouvoir colorant supérieur de 4 à 5 fois celui du bois lui-même. Le campêche donne avec les mordants d'alumine des couleurs d'un gris violet avec les mordants de fer concentrés un noir in-

tense (V. TEINTURE). On a proposé l'emploi de l'extrait comme désinfectant en chirurgie. Avec le bichromate de potasse une décoction de campêche peut servir à fabriquer à bon marché une assez bonne encre noire. L'extrait de campêche est quelquefois falsifié avec de la mélasse. Le campêche sert également pour colorer le vin artificiellement. — V. ANALYSE CHIMIQUE, § *Analyse des vins.*

Les caractères assignés par Chevreul à une décoction de campêche, se rapportent à des mélanges de matière colorable (hématoxyline) et de matière colorée (hématéine) ces caractères se résument dans le tableau suivant:

RÉACTIFS	RÉACTIONS PRODUITES
Acides minéraux ou organiques dilués.	Coloration jaune.
Acides minéraux concentrés.	Coloration rouge.
Acide sulfhydrique.	Décoloration par formation d'un composé incolore.
Acides sulfureux et carbonique.	Coloration jaune.
Alcalis.	Coloration rouge puis violacée.
Baryte et chaux.	Précipités bleus.
Sels basiques.	Comme les bases.
Sels acides.	Comme les acides.
Aluminate de sodium.	Abondant précipité bleu violacé, insoluble dans un excès d'alcali, ce caractère est très sensible; on peut ainsi facilement déceler du campêche dans un mélange.
Hydrate stanneux.	Laque violacée.
Hydrate stannique.	Coloration rouge.
Chlorure stanneux.	Précipité violet.
Alun.	Coloration d'abord jaune puis rouge.
Sels de fer.	Précipité noir-bleuâtre.
Sels de cuivre.	Précipité bleu.
Sels de zinc.	Précipité pourpre foncé.
Chlorure mercurique.	Précipité orange.
Chlorure d'antimoine.	Précipité cramoisi.
Nitrate de bismuth.	Précip. violet magnifique.

SUBSTITUT D'INDIGO. Ce produit est préparé au moyen de l'extrait de campêche d'après un procédé tenu secret. On peut obtenir un produit analogue, par une oxydation partielle au moyen du bichromate de potasse. Il renferme en tout cas des quantités considérables (3 — 5 0/0) de chrome.

Le noir pour fonds de MM. L. Durand et Huguenin, est aussi un produit provenant de l'oxydation du campêche opérée dans des conditions tenues secrètes, c'est très probablement du substitut d'indigo. mélangé d'un extrait jaune.

La quantité de campêche introduite par le port du Havre dépasse annuellement 35,000 tonnes, ce qui représente environ les deux tiers de l'importation en France; une seule fabrique d'extraits en consomme 20,000. — G. B.

CAMPEMENT. Action de camper, d'asseoir un camp, disent les dictionnaires de notre langue, mais l'industrie donne à ce mot une signification plus large et l'applique à la totalité du matériel indispensable aux voyageurs devant stationner quelque part loin des centres et des habitations. La tente, les ustensiles strictement nécessaires à l'approvisionnement, au transport des vivres, au coucher et à l'ameublement font l'objet d'une fabrication importante *d'objets de campement*.

Avant la création des chemins de fer, on ne fabriquait que des malles en cuir et des coffres en bois établis par les selliers et les menuisiers, mais depuis trente ans l'industrie parisienne principalement, avec cette ingéniosité qui la caractérise, a donné à la fabrication des objets de campement une extension considérable par une variété infinie d'objets de toutes sortes ayant pour but spécial le confort et la commodité.

Les officiers en campagne ou aux manœuvres, les savants, les ingénieurs, les missions scientifiques, les agents des forêts, les artistes, les touristes, etc., trouvent dans les créations multiples de cette industrie toutes les ressources d'une installation pratique, malgré ses conditions essentielles d'un transport facile. On comprend aussi dans cette fabrication les tentes pour bains de mer et jardins.

* **CAMPERCHE.** *T. de tapiss.* Perche de bois qui traverse le métier de basse-lisse et qui soutient les sautereaux où sont attachées les cordes des lances.

CAMPHRE. Substance aromatique concrète, dont le nom vient de l'arabe *kafur*, qui dérive lui-même du sanscrit *karpura*, blanc; elle est fournie par diverses plantes, comme la matricaire, la lavande, le *blumea balsamifera*, etc., mais surtout par deux arbres de la famille des laurinées, le *cinnamomum camphora*, Nees et Ebern., et le *dryobalanops aromatica*, Gœrtn.

Historique. Le camphre était connu en Chine dès la plus haute antiquité, et l'on y distinguait déjà deux sortes de produits très différents, le camphre de Chine proprement dit et celui des îles Malaises.

Le plus ancien document qui traite de cette matière est un poème arabe, lequel date du vi° siècle; le camphre était alors fort employé en médecine, surtout par Aëtius d'Amida. En 636, il est mentionné parmi les substances qui composaient le trésor de Chosroès II, roi de Perse. Il est peu probable que les Grecs et les Romains l'aient connu, car aucun auteur n'en fait mention; aussi suppose-t-on qu'il n'avait pas encore été apporté en Europe à l'époque dont nous parlons. Sa valeur était telle, qu'il constituait en grande partie le tribu qu'offraient aux empereurs de Chine, les princes indiens ou cochinchinois.

On a mentionné le camphre comme l'un des produits exportés des îles Malaises, vers la fin du ix° siècle, mais il est prouvé que le produit que l'on a signalé et décrit, jusqu'à cette époque, était celui fourni par le *dryobalanops aromatica*. Au xiii° siècle, Marco Polo indiqua les caractères d'un camphre qu'il avait vu dans la ville de Kausier (île de Sumatra?), c'est le plus vieil ouvrage qui parle de la seconde variété de camphre, celle que l'on désignait comme provenant de la Chine. En 1342, une ambassade vint de Pékin offrir au pape Benoît XII un certain nombre

de présents, parmi lesquels figuraient des pierres précieuses, du musc, du camphre; ce dernier aromate était d'ailleurs connu depuis longtemps en Europe, car dans un acte qui date du xii° siècle, l'abbesse Hildegard le désigne sous le nom de *gamphora*. Au xvi° siècle, l'exportation du camphre venant de Chine, était assez importante; on pense que cette sorte était seule livrée au commerce, car, suivant Garcia d'Orta (1563), celui de Bornéo et de Sumatra coûtait trop cher (environ *cent* fois plus). En 1690, Kämpfer dit que parmi les choses précieuses que les navigateurs hollandais rapportaient du Japon, le camphre figurait pour une valeur de douze cents livres. A l'arrivée, on le purifiait par des procédés que les Hollandais tenaient secrets; Pomet, dans son *Traité des drogues simples* (1694), dit que de France on était obligé de l'envoyer chez eux pour lui faire subir l'opération du raffinage. Depuis, le camphre s'est partout répandu, et sa purification se fait dans tous les pays qui reçoivent la matière brute, telle que le Japon nous l'envoie.

Caractères. Nous ne donnerons ici que les caractères du camphre du Japon (camphre de Chine des anciens), parce que c'est le seul qui se trouve dans le commerce, renvoyant plus loin au chapitre Composition, pour faire l'histoire des autres produits désignés sous le même nom.

Le camphre, $C^{20} H^{16} O^2$... $C^{10} H^{16} O$ (1), se présente sous la forme d'un corps solide, blanc, cristallisé en prismes hexagonaux, lorsqu'on le fait évaporer d'une solution quelconque; il a une odeur forte, une saveur amère et aromatique, est onctueux au toucher, peu flexible, friable. Lorsqu'il est en pains, sa masse est traversée par de nombreuses fissures; sa dureté est faible, puisqu'on peut facilement le rayer avec l'ongle; il est élastique, et par suite difficile à pulvériser, si on ne l'humecte pas avec un peu d'alcool ou si on ne le mélange pas avec partie égale de sucre. Le camphre se volatilise à la température ordinaire, fond à + 175° centig., bout à 204°; il est combustible, et brûle avec une flamme blanche fuligineuse. Sa densité est de 0,986 à 0,996 à + 10°c, mais de 1,0 à + 6° et au-dessous; la densité de sa vapeur est de 6,32. Lorsqu'on le dépose sur l'eau, il surnage et prend aussitôt un mouvement de rotation, que l'inflammation accélère; ce phénomène, que peu de corps présentent (butyrate de baryte, bromure d'étain), est dû à sa volatilisation facile et à son peu de solubilité dans l'eau.

La camphre se dissout peu en effet, dans ce liquide (1/13000); il est très soluble dans l'alcool, l'éther, les huiles grasses et volatiles, l'acide acétique, l'acétone, etc. Il agit sur la lumière polarisée en la déviant fortement à droite; pour observer ce phénomène, il faut le prendre en solution, car en masse ou en cristaux isolés, il n'offre pas de pouvoir rotatoire.

Les corps chimiques exercent sur le camphre des actions remarquables : l'iode, le chlore, le brome, se combinent à lui par substitution. Nous avons déjà parlé du *bromure de camphre* ou *camphre monobromé* $C^{20} H^{15} O^2 Br$... $C^{10} H^{15} O Br$ (1) (V. Bromure, t. i, p. .980); l'acide sulfurique le transforme en un nouveau corps, le *camphrène* $C^{18} H^{14} O^2$... $C^9 H^{14} O$ (1); l'acide azotique en *acide camphorique* $C^{20} H^{16} O^8$... $C^{10} H^{16} O^4$ (1); l'acide phosphorique anhydre, en *eau* et en *cymène* $C^{20} H^{14}$...;

(1) La seconde formule représente la notation atomique.

$C^{10}H^{14}$, etc. (V. pour plus de détails la thèse de M. Bontemps, soutenue devant l'Ecole de pharmacie de Paris, en 1869.)

Variétés. Le camphre dont nous avons parlé jusqu'à présent, celui dont on fait emploi d'ordinaire, est fourni par le *laurus camphora*, L., (*cinnamomum camphora*, de Nees et Eberm.), de la famille des laurinées. Cet arbre croît en Chine, au Japon, dans les îles de la Sonde et l'île Formose; il est cultivé en grand au Japon, où il couvre de longues chaînes de montagnes, et comme le commerce tire ce produit surtout de ce dernier pays, il porte le nom de *camphre du Japon;* l'arbre peut, cependant, vivre sous un climat plus modéré, puisqu'on en voit dans un grand nombre de jardins en Italie, et jusqu'à la latitude du lac Majeur.

Le *cinnamomum camphora* est un arbre à feuilles alternes, persistantes, pétiolées, à nervures médianes saillantes; à fleurs en grappes axillaires ou terminales, petites, jaunes et hermaphrodites. Le fruit est une baie à parois minces, se desséchant de bonne heure et contenant une seule graine. Le produit concret se trouve en amas dans le tronc, les branches et les racines de l'arbre.

Le *camphre de Bornéo* ou *Bornéol* est fourni par le *dryobalanops aromatica*, Gœrtn., arbre appartenant également à la famille des laurinées, dont le tronc est droit, très élevé et dilaté près de la base. Il peut atteindre une hauteur de 30 à 45 mètres sans produire une seule branche, mais il se termine alors par une large cime de feuilles, offrant souvent, par leur réunion, un diamètre de 15 à 20 mètres. Ces feuilles sont luisantes, alternes, simples, à pétiole court; les fleurs sont blanches, disposées en grappes ramifiées; la corolle est à cinq pétales. Elles répandent une odeur très suave. Le fruit est une capsule arrondie, renfermant une graine qui germe souvent dans le fruit même.

Le *dryobalanops* est originaire de Sumatra, depuis Ayer jusqu'à Singkel; il habite aussi le nord de Bornéo, l'île de Labuan.

Cette seconde sorte de camphre n'arrive presque jamais en Europe; elle est très employée en Orient pour les cérémonies funéraires, qui en consomment beaucoup. Il est surtout acheté par la Chine, la Cochinchine, le Cambodge et Siam. Il se dépose également dans les fissures du tronc de l'arbre, où on le trouve en cristaux cubiques. Il est plus dur et plus lourd que le camphre du Japon, mais moins volatil que ce dernier. Il fond à 198°, bout à 220°, et répand une odeur tenant du camphre ordinaire et du patchouly ou de l'ambre gris.

Sa formule est $C^{20}H^{18}O^2$... $C^{10}H^{18}O$. Traité par l'acide phosphorique anhydre, ce camphre perd un équivalent d'eau et forme le *bornéone* $C^{20}H^{16}$... $C^{10}H^{16}$, corps isomère de l'essence de térébenthine; avec l'acide azotique, en agissant à froid, et avec précaution, il perd H^2 et se convertit en camphre ordinaire. M. Berthelot est parvenu, en 1858, à le préparer artificiellement en chauffant du camphre ordinaire à 180°, avec une solution alcoolique de potasse; et M. Baubigny,

en 1866, en traitant une solution de camphre dans le toluol par le sodium.

Comme variété de camphre ayant encore un intérêt commercial, il faut citer une espèce de valeur intermédiaire, qui se fabrique à Canton et qui est assez répandue en Chine. Elle provient du *blumea balsamifera*, D. C,(*ngaï*, en Chinois), grande plante herbacée, de la famille des synanthérées, tribu des inuloïdées, qui est très abondante dans l'Asie orientale tropicale. Sa tige est à rameaux cylindriques, les feuilles sont oblongues, dentées sur les bords, velues en dessus; les fleurs sont disposées en corymbe. Le *camphre du blumea* est en cristaux blancs, pouvant atteindre jusqu'à deux centimètres et demi de longueur, aromatique, il a la densité du camphre de Bornéo, et est moins volatil que le camphre ordinaire.

Ce produit coûte dix fois plus cher que le corps analogue tiré du Japon, aussi ne vient-il presque jamais en Europe.

Parmi les sortes de camphre peu connues, il faut citer : le *camphre de garance (rubia tinctorum,* Lin. rubiacées), $C^{20}H^{18}O^2$.., $C^{10}H^{18}O$, obtenu par la fermentation de la plante, en recueillant ce qui passe à la distillation à 230°, puis exprimant entre des feuilles de papier joseph, lavant à grande eau et laissant cristalliser dans l'éther. Il est pulvérulent, d'odeur poivrée, de saveur chaude et brûlante; il cristallise par sublimation en prismes hexagonaux. Il est insoluble dans l'eau, soluble dans l'acide acétique, l'alcool, l'éther, d'où l'eau le précipite. L'acide azotique le transforme en camphre ordinaire.

Le *camphre du succin*, $C^{20}H^{18}O^2$... $C^{10}H^{18}O$, qui s'obtient par le traitement de cette résine fossile, soit par l'acide azotique, soit par la potasse.

Il est solide, cristallisé, analogue au camphre ordinaire, mais il a une odeur spéciale, pénétrante et très persistante. Il a été étudié par MM. Berthelot et Bingaut.

Le *camphre de patchouly (pogostemon patchouly,* Pell., labiées), a pour formule $C^{30}H^{28}O^2$... $C^{15}H^{14}O$; il se dépose à la longue dans l'huile essentielle obtenue par la distillation de cette plante. M. Gal a trouvé qu'il est analogue au camphre de Bornéo, comme composition ; il en diffère cependant sous quelques rapports, il fond à 54°, bout à 296°, cristallise en prismes hexagonaux volumineux terminés par des pyramides à six faces; sa densité est de 1,051. Il est insoluble dans l'eau, soluble dans l'alcool, l'éther.

Le *camphre de thuya*, $C^{20}H^{14}O^4$... $C^{10}H^{14}O$, a été séparé par M. Riche de l'essence de thuya (*thuya occidentalis,* Lin., famille des conifères), en recueillant ce qui passe à la distillation au delà de 260°. Il est en cristaux incolores, fondant à 145°; est très soluble dans l'alcool, l'éther, la benzine. Son étude n'a pas encore été faite d'une façon complète.

Citons encore, pour mémoire, les camphres obtenus avec les labiées et celui de la *matricaire (chrysanthemum parthenium,* Pers., famille des synanthérées, radiées).

COMPOSITION. Les différents camphres que nous venons d'indiquer sont des plus intéressants, au point de vue de leur composition chimique et sous le rapport de leur constitution moléculaire.

Relativement à la fonction chimique, les camphres constituent la classe des carbonyles de M. Berthelot, etc.; les uns jouent le rôle d'aldéhyde, tel est le camphre du Japon, qui est l'*aldéhyde campholique;* les autres sont des alcools, dont le type est le camphre de Bornéo, autrement dit *bornéol* ou *alcool campholique.* Ce dernier possède un certain nombre d'isomères, tels que les camphres du butea, de la garance, du succin, du patchouly, de la matricaire, qui offrant une composition chimique tout à fait semblable, — puisque par l'acide azotique, ils donnent des acides camphoriques identiques; que par la distillation avec l'acide phosphorique anhydre ou le chlorure de zinc, ils se dédoublent en camphogène ou cymène; que la chaux potassée à 400° transforme les vapeurs de ces camphres en acide campholique, et qu'enfin le chlore, le brome ou l'iode peuvent se substituer dans tous à une quantité équivalente d'hydrogène; — diffèrent cependant entre eux par leurs propriétés optiques. Le camphre, avons-nous dit déjà, n'a pas, lorsqu'il est solide, d'action sur la lumière polarisée, mais lorsqu'il est en solution dans l'alcool, l'éther, l'acide acétique cristallisable, les huiles fixes ou essentielles, les liquides en un mot qui n'ont pas d'action sur la lumière, il peut faire dévier celle-ci à droite ou à gauche, voir même rester inactif. Sous le rapport de la constitution moléculaire, on peut distinguer quatre sortes de camphres :

1° *Camphres dextrogyres :* tels sont le camphre du Japon (αj) $= + 47°$ 4); le camphre de Bornéo ($\alpha j = +33°$ 4); le camphre de succin ($\alpha j = + 4°$ 1 ;

2° *Camphres lévogyres :* tels sont les camphres de la matricaire ($\alpha j = -47°$ 4), de la garance, du patchouly, du butea ($\alpha j = - 33°$ 4);

3° *Camphres inactifs par constitution :* Comme les camphres de lavande et des autres labiées;

4° *Camphres inactifs par compensation :* Comme le mélange de camphre du Japon et de camphre de matricaire, à parties égales. Ces propriétés physiques contribuent à prouver l'isomérie de certains de ces corps; c'est ainsi que la solution alcoolique du camphre de butea est lévogyre, par exemple, relativement au même degré, que celle du camphre de Bornéo est dextrogyre (Plowuran). L'acide azotique bouillant transforme d'ailleurs le bornéol en camphre dextrogyre commun, tandis qu'il forme avec le camphre de butea, un camphre lévogyre analogue à celui de la matricaire.

Dans les végétaux qui fournissent du camphre, on ne retrouve pas seulement un produit concret; ce dernier est d'ordinaire accompagné d'une huile essentielle liquide, qui tient en dissolution du camphre ordinaire, pour le *cinnamomum camphora,* et se transforme dans ce cas en aldéhyde, par l'action des agents oxydants. Cette huile à odeur de sassafras, est dextrogyre, et a pour formule $C^{20} H^{16} O...$, $C^{10} H^{16} O$. Les dryobalanops fournissent aussi un principe liquide analogue, le *bornéène,* et de la résine qu'une distillation fractionnée permet d'isoler.

EXTRACTION. Les procédés employés pour séparer le camphre des parties ligneuses, varient avec les régions et le végétal qui fournit la substance aromatique.

Le camphre du commerce européen vient des îles Formose, du Japon et peut être un peu de la Chine. Dans l'île Formose, on entaille les arbres arrivés à un degré de croissance convenable, à l'aide d'une gouge à long manche, et l'on se sert d'alambics formés par une auge en bois remplie d'argile. On met de l'eau au fond de l'appareil, puis on lute ensuite vers la partie médiane une large planche percée de nombreux trous. C'est sur cette sorte de diaphragme que l'on place les copeaux qui ont été préparés; l'alambic ainsi disposé est posé sur un fourneau allumé. Dès que la vapeur d'eau se produit, elle entraîne en traversant les copeaux une certaine quantité de camphre, et comme ceux-ci ont été recouverts par de grands pots renversés (dix par auge) la condensation se fait dans les parties froides des vases.

Ces opérations se pratiquent d'ordinaire sous de vastes hangars contenant un nombre variable de fourneaux groupés par séries de quatre; de toutes les parties de l'île on apporte le camphre brut, par paniers d'un demi-pécul (30 kilogr. 250 environ), dans le port de Tamsin, où l'on commence par le laisser égoutter dans des cuves pouvant en contenir de 300 à 350 kilogrammes. Quand l'huile essentielle jaunâtre s'est écoulée, on introduit le camphre dans des barils ou dans des caisses doublées de plomb et on le livre au commerce.

Dans quelques parties du Japon, et surtout dans l'île de Sikok, la distillation, d'après Roretz (*Dingler's polytechnisches journal,* 1875, p. 450), se fait au moyen de tonneaux, et le camphre, ainsi que l'huile essentielle, vont se condenser dans une caisse en bois, refroidie par un courant d'eau. On enlève la partie liquide au moyen d'une légère pression. Dans les îles de Gotho et dans la province de Satzuma, on emploie un autre procédé, décrit depuis bien longtemps déjà par Kämpfer. On commence par abattre les arbres et les débiter en petits fragments, en utilisant les branches aussi bien que les racines, puis on introduit le tout avec de l'eau dans des vases de fer sphériques, que l'on recouvre par d'autres de forme allongée, après les avoir remplis intérieurement de paille de riz ou de roseaux. Le camphre entraîné par la vapeur se dépose; on le sépare des matières étrangères et on l'expédie, soit par caisses carrées doublées à l'intérieur de feuilles de plomb, et du poids de 50 kilogrammes, soit par tinettes de 48 kilogrammes environ. Cette dernière sorte d'emballage, qui indique, dit-on, un camphre de provenance japonaise, est plus recherchée des marchands que la précédente, car elle contient toujours un produit moins souillé d'impuretés que la première.

L'extraction du camphre de Bornéo, exige de la part des indigènes, plus d'attention que lors de la récolte du camphre du Japon, parce que tous les dryobalanops ne contiennent pas du camphre en dépôts assez abondants pour compenser les frais d'abattage et de manutention. Les arbres malades, ou ceux qui dépérissent par suite de leur grand âge, sont les plus recherchés; ceux qui offrent une végétation vigoureuse, ne sont abattus qu'après avoir été sondés; ils laissent alors écouler par le trou latéral que l'on pratique dans le bois, une certaine quantité d'huile concrète, dont l'abondance prouve la présence de nombreux dépôts.

En débitant l'arbre, on isole tout le camphre trouvé, on le lave et lui fait subir un triage qui permet d'établir trois qualités du produit; la plus belle est en cristaux volumineux, l'inférieure en masse pulvérulente. D'après Colebrooke, les arbres les plus productifs n'en fournissent pas plus de onze livres.

RAFFINAGE. Les camphres de toutes provenances contiennent des matières étrangères, telles que du gypse, du soufre, du chlorure de sodium, des débris de bois ou de feuilles, des matières goudronneuses formées pendant la sublimation, enfin de 2 à 10 0/0 d'eau.

Avant de livrer le produit au commerce on le purifie. Cette opération que l'on désigne sous le nom de raffinage, ne se fait guère dans les pays de production. Dans l'Inde, cependant, la sublimation s'opère dans des alambics en cuivre que l'on refroidit supérieurement. Chaque opération se fait en employant un maund et demi de camphre (19 kilogrammes).

Les Vénitiens ont su les premiers en Europe, faire le raffinage du camphre; les Hollandais, après eux, se livrèrent à cette opération, et ils en ont gardé le monopole pendant plusieurs siècles, puisque ce n'est que depuis cinquante ans environ, qu'on sait la pratiquer en Angleterre, à Copenhague, à Hambourg et en France.

Pour raffiner le camphre, on mélange le produit brut, avec 3 à 5 0/0 de chaux vive et à 1 ou 2 0/0 de limaille de fer, si la masse contient du soufre, puis on introduit le tout dans des matras hémisphériques en verre soufflé et très mince (bomboloes des Anglais), que l'on place sur des fourneaux et que l'on chauffe au bain de sable. On amène d'abord la température progressivement à 120°, puis on porte à 180°, pour chasser l'eau et fondre le camphre. Il faut environ trois heures à trois heures et demie de marche, pour avoir ce résultat. On débarrasse alors la partie supérieure des matras du sable qui les recouvrait, puis l'on obture le col des vases avec un cornet en papier. On élève peu à peu la chaleur à 200 et 204° en évitant autant que possible l'ébullition et le contact direct du feu, qui pourrait enflammer les vapeurs, et quand les vases sont à moitié découverts et que leur fond paraît sec, on retire du fourneau. Dès que les matras sont un peu refroidis, on les asperge d'eau et on donne un coup sec avec une baguette. Le retrait du verre fait casser le vase et l'on peut alors décoller aisément les pains qui se sont condensés par refroidissement.

On perd environ par la purification, 5 à 6 0/0 du poids du camphre brut, avec celui provenant de Chine, et seulement 1 à 4 0/0 avec le camphre du Japon.

Formes commerciales. On trouve dans le commerce trois sortes de camphre, ayant entre elles assez d'analogie :

Le *camphre de Hollande,* en pains concaves, percés au centre d'un trou rond, légèrement colorés, et du poids de 1 kilogramme à 1 kilogramme 1/2. Il est enveloppé d'un papier bleu très fort.

Le *camphre anglais,* très blanc, en pains de même forme, sonores, plus volumineux (4 kilogrammes environ), enveloppés dans des feuilles de papier bleu léger.

Le *camphre français,* intermédiaire entre ces deux sortes, plus blanc, plus transparent et plus solide que le premier. Il est également en pains de même poids, mais entourés de papier moins épais, toujours de coloration bleue.

FALSIFICATIONS. Il est assez difficile de frauder cette denrée, mais on a signalé plus particulièrement dans le camphre pulvérisé, l'addition de certaines matières étrangères : le *camphre artificiel* (V. ce mot plus loin), le chlorhydrate d'ammoniaque.

On reconnaîtrait l'addition du premier par la combustion. Il brûle avec une flamme verte, en dégageant des vapeurs piquantes et blanches, d'acide chlorhydrique. Il n'agit pas sur la lumière polarisée de la même manière que le camphre vrai; il fond à 131° et se sublime à 160°.

Le chlorhydrate d'ammoniaque étant décomposé par la potasse, l'addition de ce dernier corps, fera dégager l'odeur ammoniacale, lorsque l'on chauffera un camphre mélangé du sel précédent ou par la trituration. L'eau en amènerait la dissolution sans entraîner de camphre, et alors la liqueur précipiterait, en blanc, par l'azotate d'argent; en jaune, par le bichlorure de platine. On pourrait aussi séparer les deux corps par l'alcool, qui dissoudrait le camphre sans toucher au chlorhydrate d'ammoniaque.

Usages. Le camphre sert en médecine, à l'intérieur comme à l'extérieur. Il est très employé par l'art vétérinaire.

Toutes les sortes de camphres sont utilisées dans les pays de production, c'est ainsi que le bornéol est la variété qui sert uniquement dans l'île de Bornéo ; que le camphre de butea est préféré en Chine. En Europe, on ne reçoit, avonsnous dit, que le camphre du Japon. L'huile volatile, que l'on sépare par pression, est préconisée en Chine et dans l'Inde contre les rhumatismes. Le camphre est un excitant énergique, il est antispasmodique, antinévralgique, antiseptique, anaphrodisiaque et vermifuge (?).

A l'intérieur, il est toléré de diverses manières; on a vu se produire des intoxications avec 0 gr. 30, tandis qu'il est souvent prescrit avec succès à la dose de 1 gramme. Au delà, il faut surveiller avec soin son action ; on peut arriver ainsi à l'administrer à doses relativement fort élevées, 60 grammes et même 120 grammes (Collin). Il agit alors par les vapeurs qu'il produit, et peut être aussi, en se transformant dans l'estomac en acide camphorique, ce qui n'a pas lieu dans le rectum vu l'alcalinité de cette partie de l'intestin. A l'extérieur, il sert sous forme de pommade, huile, alcool et vinaigre camphrés; il est la base de l'eau sédative.

Raspail a préconisé l'usage des cigarettes et en général de tous les produits camphrés.

Le camphre entre dans la préparation de certains vernis, de quelques pièces d'artifices, il sert (camphre de butea) à parfumer les belles sortes d'encre de Chine. Il est encore utilisé pour préserver les lainages, les fourrures, des attaques des insectes; pour faire le *celluloïd* (V. ce mot). L'assa-fœtida, le galbanum, le baume de tolu, le benjoin, la gomme ammoniaque, le sang-dragon, le mastic, neutralisent son odeur, alors que la gomme-gutte, la scammonée, la résine de Jalap, l'exaltent.

Commerce, statistique. Le camphre de butea n'est guère employé qu'en Chine, cependant, dans ces derniers temps, Canton, en a exporté annuellement environ 1,500 kilogrammes.

Le camphre de Bornéo est également consommé sur place; en 1871, il en a été expédié seulement 7 péculs (le pécul = 40 kilogr. 470). Ce produit vaut dans le pays 30 dollars le catty (soit 250 francs le kilogramme), ce qui explique pourquoi il n'arrive jamais en Europe, à moins qu'on ne le recherche pour collection.

L'exportation de Sumatra est un peu plus considérable; elle est de 50 péculs par an, dont la moitié environ est expédiée à Canton. La valeur de cette production est d'à peu près 86,000 taels, soit de 6,450,000 francs (le tael vaut 7 fr. 50).

Quant au camphre du Japon, son exportation est beaucoup plus considérable, elle a été, en 1876, de 9,430,000 kilogrammes. Sur ce chiffre, 377,800 kilogrammes ont été expédiés en France, dont 251,245 kilogrammes par la voie anglaise.

Camphre artificiel. Syn.: *Monochlorhydrate de térébenthine, camphre de térébenthine.*

$$C^{20} H^{16}, H Cl = C^{20} H^{17} Cl ... C^{10} H^{16}, H Cl.$$

Il est solide, blanc, transparent, plus léger que l'eau, de saveur aromatique camphrée, il est sans action sur les réactifs colorés; pur il fond à 131°, se sublime sans altération à 160°, et bout à 208°. Il brûle avec une flamme verte, en dégageant des vapeurs blanches d'acide chlorhydrique. Il est très soluble dans l'alcool et dans l'éther. Son pouvoir rotatoire est variable, il dépend de l'essence de térébenthine qui a servi à le préparer, puis aussi de la concentration de la solution que l'on examine, aussi obtient-on, par l'évaporation de sa solution alcoolique, des dépôts dont les pouvoirs rotatoires sont sensiblement différents; la moyenne donne $\alpha j - 31°$.

Il a été découvert par Kindt, en 1804, en faisant passer de l'acide chlorhydrique gazeux dans de l'essence de térébenthine. Il se dépose au bout de quelque temps des cristaux formés de volumes égaux des deux corps. — J. C.

* **CAMPTULICON.** On donne ce nom à une sorte d'étoffe anglaise pour tapis qu'on obtient en comprimant fortement des déchets de liège réduits en poudre et imbibés de vieille huile de lin. La bibliothèque du *British museum*, à Londres, possède un immense tapis de ce genre. Cette étoffe est fort employée en Angleterre dans les

salles où il s'agit de supprimer toutes les causes de bruit et d'assourdir les pas. Elle n'offre cependant pas une résistance indéfinie et des déchirures s'y produisent fréquemment.

* **CAMPYLOGRAMME.** *T. techn.* Instrument inventé par M. Target, ingénieur, pour faciliter la construction des lignes courbes, dans le tracé des plans de navires.

* **CAM-WOOD.** *T. de teint.* Sorte de bois analogue au *santal* et au *bar-wood*, mais d'une espèce *non encore bien déterminée.* Le cam-wood vient de la côte d'Afrique, du Gabon, de Sierra-Leone; il fournit des couleurs rouges analogues à celle du santal, mais elles sont moins solides et plus chères. D'après Girardin, le cam-wood n'est qu'une variété du bar-wood, provenant d'une autre localité. Cependant, avec certains réactifs, il se comporte tout autrement que les bois précités, et ces réactions permettent de le distinguer assez facilement. Par les sels de plomb, le bar-wood et le santal donnent des précipités gélatineux d'un violet assez intense, tandis que le cam-wood donne un précipité brillant orange-rougeâtre. Les sels d'alumine colorent le cam-wood en beau rouge, tandis que les dissolutions de santal et de bar-wood se troublent simplement sans coloration (Crace Calvert). On le désigne aussi sous le nom de *kambe-wood.*

CANAL. On appelle canal un fossé creusé pour contenir de l'eau, soit afin de la diriger d'un point à un autre *(canal d'alimentation, de dérivation, de dessèchement, d'irrigation,* etc), soit afin de pourvoir aux besoins de la navigation, *(canal latéral, canal à point de partage, canal maritime).* Nous n'étudions ici que ces derniers.

CANAUX DE NAVIGATION.

Les cours d'eau naturels présentent à la navigation de nombreux obstacles; tantôt leur lit est barré par des rochers et il en résulte des courants rapides qu'on ne peut franchir; tantôt leur fond est constitué par des sables mobiles qui produisent des atterrissements sur lesquels on ne trouve plus la quantité d'eau nécessaire. Les crues et les sécheresses viennent presque périodiquement interrompre la circulation des bateaux qu'elles condamnent à des chômages désastreux. Enfin l'embouchure des grands fleuves est souvent obstruée par des dépôts ou barres qui en interdisent l'accès aux grands navires.

C'est pour remédier à ces inconvénients que l'on a imaginé depuis longtemps de creuser parallèlement aux cours d'eau des *canaux latéraux* qui permettent, par le ralentissement du courant et par la régularisation du tirant d'eau, d'assurer aux bateaux la plus grande capacité possible avec la moindre dépense de traction.

Déjà, 102 ans avant l'ère chrétienne, Marius faisait creuser par ses soldats, entre le Rhône et la mer, le canal qui a porté son nom, et qui a été remplacé depuis par le canal de Bouc et en dernier lieu par le canal Saint-Louis.

Canal latéral. Pour réaliser les conditions essentielles de son établissement, un canal latéral ne doit pas être une simple dérivation du cours d'eau principal, dont il reproduirait bientôt tous les défauts ; il faut qu'il soit muni à ses deux extrémités de fermetures mobiles qui ne s'ouvrent que pour l'entrée et la sortie des bateaux ; il faut en outre qu'il soit partagé en plusieurs tronçons ou *biefs*, étagés successivement à des hauteurs différentes, afin de pouvoir suivre la pente de la vallée, tout en maintenant les eaux de niveau dans le canal. Chacun de ces biefs doit être également muni à ses extrémités de fermetures qui permettent le passage de l'un dans l'autre.

Ces fermetures sont obtenues au moyen des *écluses à sas*, dont l'invention est attribuée à Philippe Visconti, et qui, importées en France par Léonard de Vinci vers 1480, ont été appliquées pour la première fois sur la Vilaine en 1538. On appelle ainsi un bassin intercalé entre deux biefs de hauteurs différentes et communiquant avec eux à l'aide de portes installées à ses extrémités. Des vannes ou des ventelles permettent de monter ou de baisser le niveau de l'eau dans ce bassin. Les bateaux qu'on y enferme montent ou descendent en même temps et passent ainsi sans difficulté d'un bief à l'autre.

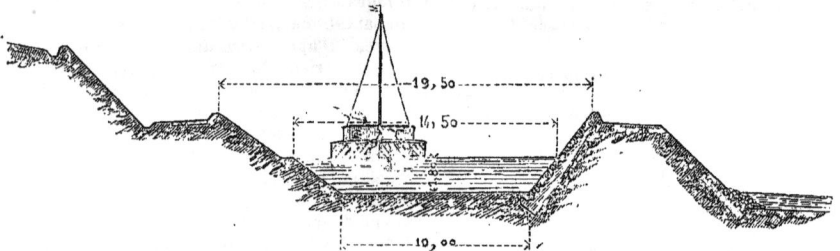

Fig. 95. — *Section transversale du canal des houillères de la Sarre (dérivation voisine de la rivière).*

On détermine ordinairement la section transversale d'un canal d'après les dimensions des bateaux en usage. La largeur au plafond est calculée de façon que deux bateaux puissent se rencontrer sans se gêner, en tenant compte de leur élévation au-dessus de l'eau et de l'inclinaison des talus ; elle est à peu près le double de la largeur des écluses. La profondeur est également réglée d'après le tirant d'eau de ces mêmes bateaux, de façon à conserver sous le fond une tranche d'au moins 40 centimètres (fig. 95).

Il ne faut pas oublier cependant que les types de bateaux existants peuvent être fort anciens et ne répondent plus aux exigences de la navigation. Il conviendrait de prévoir l'augmentation, souvent indispensable, de leur tonnage, afin de ne pas être exposé, soit à des remaniements extrêmement coûteux, soit à voir la batellerie impuissante à soutenir la concurrence des autres moyens de transports. — V. BATELLERIE.

Un canal latéral se maintient naturellement dans la même vallée que le cours d'eau qu'il remplace ; son emplacement se trouve tout indiqué aux endroits où le sol offre la composition la plus propre à assurer la conservation de l'eau, et à une distance suffisante pour le maintenir un peu plus élevé, afin de le mettre à l'abri des dégradations causées par les crues. Le tracé se compose d'alignements droits, raccordés par des courbes d'un rayon assez grand pour que les bateaux puissent circuler en convois sans difficulté. Les alignements droits sont indispensables aux approches des écluses, des tranchées et des souterrains.

On évite autant que possible le passage d'une rive à l'autre, qui entraîne la construction d'ouvrages d'arts importants ; si les circonstances

locales ne laissent plus l'espace suffisant, il est préférable d'établir une partie du canal dans le lit de la rivière, sauf à élargir ce dernier aux dépens de la rive opposée. Enfin on évite l'emploi de digues en remblais trop élevés, qui seraient exposés à des ruptures.

Lorsque tout le sol de la vallée est graveleux et perméable, on est obligé de rapporter de la terre végétale pour garnir le plafond et l'intérieur des talus. Ces derniers ont ordinairement 1 1/2 de base pour 1 de hauteur, et sont protégés contre les effets du clapotage par une petite berme plantée ou par une bande d'empierrements. On établit de chaque côté des digues des contre-fossés pour l'écoulement des eaux du sol et des filtrations accidentelles du canal.

Les *chemins de hâlage* doivent avoir de 3 à 6 mètres de largeur, selon la résistance des terrains qui composent la digue. Leur hauteur au-dessus du niveau du canal varie de 0m 50 à 0m 75.

L'alimentation d'un canal latéral est facilement obtenue, soit par les eaux qu'il reçoit de la rivière elle-même à son point de départ, soit à l'aide d'une dérivation prise en amont, en un point suffisamment élevé. Sur le restant du parcours, les affluents fournissent la quantité d'eau nécessaire pour réparer les pertes dues à l'évaporation et aux infiltrations. Les prises d'eau d'alimentation se font par des aqueducs en maçonnerie, munis d'un barrage à poutrelles au moyen duquel on règle la quantité d'eau à recevoir. Les rigoles de dérivation sont terminées par des aqueducs de même genre ; mais ceux-ci passent sous la digue du canal et sont munis de vannes placées du côté extérieur. Un ou deux déversoirs doivent être établis pour écouler les eaux qui ne sont pas introduites dans le canal. On construit également, pour· chacun des biefs, un déversoir de surface servant de trop plein, afin d'empêcher l'eau de s'élever au-dessus du niveau ordinaire et de se frayer un passage à travers les trous nombreux creusés par les taupes et les rats, ce qui pourrait amener la rupture de la digue. Des déversoirs de fond, munis de vannes, permettent de vider les biefs entièrement, pour y faire les réparations néces-saires. Tous ces ouvrages se font généralement en maçonnerie, avec des murs en aile suffisam-ment prolongés pour empêcher les infiltrations.

Le passage des affluents du cours d'eau prin-cipal qui se trouvent sur le parcours du canal nécessite presque toujours des travaux impor-tants. Ceux dont le débit n'est pas considérable passent par dessous le canal, à l'aide d'aqueducs en maçonnerie, faisant au besoin l'office de siphons ; dans ce cas il faut donner à la voûte un poids suffisant pour qu'elle ne soit pas sou-levée et disjointe par la sous-pression, lorsque le canal est à sec. On remplace avec avantage ces aqueducs en maçonnerie par des tuyaux en fonte de grand diamètre, débouchant à chaque extré-mité dans un mur de tête.

Les cours d'eau plus importants sont franchis à l'aide de ponts-canaux en maçonnerie ou en métal, dont le tablier est remplacé par une cunette qui contient l'eau du canal. Il faut, en calculant les diverses parties de ces ponts, tenir compte du poids de l'eau et des maçonneries. La cunette doit avoir une largeur un peu supé-rieure à celle des écluses, afin de faciliter le passage rapide des bateaux. On établit sur l'un des côtés une banquette de hâlage. Comme les ponts-canaux sont d'une construction difficile et dispendieuse, on a essayé de les éviter à l'aide de traversées en rivière (canal latéral à la Loire), mais l'établissement des deux écluses pour les débouchés du canal et la nécessité d'améliorer la portion de rivière que les bateaux doivent par-courir, entraînent une dépense presque aussi considérable ; ces traversées ont, en outre, le grave inconvénient d'augmenter les frais de navi-gation et d'exposer à des interruptions pendant les grandes eaux.

Canal à point de partage. On désigne ainsi les canaux qui franchissent la ligne de faîte des hauteurs séparant deux bassins ; le *bief su-périeur ou de partage* est placé au point le plus élevé du canal et les deux branches descendent le long de chaque versant par une suite de biefs horizontaux, échelonnés en gradins et raccordés par des écluses à sas.

On choisit pour l'emplacement du bief de par-tage le point le plus bas de la chaîne de monta-gnes qu'il doit traverser, et on l'abaisse le plus possible, soit en creusant une tranchée profonde, soit en ouvrant un souterrain, afin d'augmenter la quantité d'eau qu'il peut recevoir naturellement pour son alimentation. C'est la comparaison entre les dépenses d'une tranchée et celles d'un sou-terrain qui sert à déterminer la cote de compen-

sation au-dessous de laquelle il convient de re-courir à ce dernier.

La largeur des souterrains varie suivant que le système de traction adopté permet de supprimer les banquettes de hâlage ; mais en tout cas, elle doit être plus grande que celle des écluses, afin de diminuer la résistance des bateaux en marche. Si la dépense d'élargissement était trop considé-rable, il faudrait trouver la section nécessaire en augmentant la profondeur.

Notre figure 96 représente la coupe transver-sale du souterrain de Mauvages sur le canal de la Marne au Rhin. Malgré ces précautions, le bief de partage est presque toujours trop élevé pour que les cours d'eau existants puissent suffire à son alimentation, à laquelle s'ajoute le plus sou-

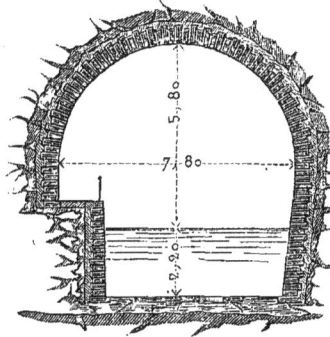

Fig. 96. — *Coupe transversale du souterrain de Mauvages.*

vent celle des premiers biefs de chaque versant ; il importe donc d'étudier avec soin : d'une part, la dépense d'eau, et d'autre part, les ressources disponibles pour l'alimentation.

La dépense comprend : 1° l'eau perdue par l'é-vaporation, par les infiltrations, par les fuites aux portes d'écluses, aux vannes, etc. ; 2° l'eau né-cessaire pour le passage des bateaux ; 3° le rem-plissage du canal après la mise à sec pour les réparations.

L'évaporation dépend du climat; on l'évalue en moyenne pour la France à 4 millimètres de hau-teur par mètre carré de surface d'eau et par 24 heures. Elle atteint 6 millimètres dans le nord de l'Algérie et jusqu'à 15 millimètres au sud de l'Atlas.

Les pertes dues aux infiltrations et les fuites dépendent de la nature des terrains et des soins apportés à l'exécution et à l'entretien des terras-sements et des travaux d'art; il est impossible de les supprimer complètement et on admet que la quantité d'eau ainsi dépensée s'élève au double de celle qui est évaporée.

Le volume d'eau nécessaire pour le passage des bateaux est proportionnel aux dimensions des écluses et à l'activité de la navigation. Chacun des bateaux qui traverse le bief de partage exige deux éclusées, c'est-à-dire deux fois le volume d'un prisme ayant pour base la section horizontale du sas et pour hauteur la chute de l'écluse. Lorsqu'un bateau montant succède immédiatement à un bateau descendant, le même volume d'eau peut servir pour les deux, et la dépense est réduite à une éclusée par bateau.

On doit conserver, autant que possible, aux écluses, une hauteur de chute uniforme ; en effet si l'une d'elles présente une chute plus forte que celle des écluses qui la précèdent, l'eau qu'elles pourront lui fournir à chaque éclusée sera insuffisante et il faudra les faire traverser inutilement par tout le supplément d'eau nécessaire.

La dépense est au maximum lorsque l'on est obligé par la pente du terrain de placer plusieurs sas à la suite l'un de l'autre, sans intercalation de biefs intermédiaires ; il n'est alors plus possible d'utiliser le croisement des bateaux, et ceux-ci sont en outre condamnés à des pertes de temps considérables. On doit donc ménager entre deux sas consécutifs au moins un bassin auquel on donne, en l'élargissant, le volume nécessaire pour qu'il puisse contenir l'eau indispensable au flottage des bateaux et à l'alimentation de l'écluse qui le suit.

Quand cette ressource est impraticable, il faut doubler l'échelle des écluses ou recourir à d'autres appareils, comme les plans inclinés ou les élévateurs.

La quantité d'eau nécessaire au remplissage du canal, après la mise à sec pour les réparations périodiques, se déduit facilement de ses dimensions, augmentées du volume correspondant aux infiltrations souvent considérables à la suite d'une mise à sec un peu prolongée ; il est important de pouvoir en abréger la durée, afin de ne pas prolonger le chômage.

L'*alimentation d'un canal* se divise en alimentation principale, au bief de partage, et alimentation secondaire, le long des versants. Elle peut être obtenue : 1° en dérivant dans le canal tous les cours d'eau placés à une altitude suffisante ; 2° en créant, à l'aide de barrages, des réservoirs artificiels dans lesquels on emmagasine les eaux de source et les eaux pluviales, pour en régulariser l'emploi ; 3° à l'aide de machines élévatoires. Les rigoles d'alimentation, dont la longueur est souvent considérable, doivent avoir une pente suffisante pour assurer une vitesse d'écoulement d'environ 0,30 centimètres par seconde ; la section transversale comprend un lit mineur pour l'écoulement ordinaire, et un lit majeur pour les débits considérables qui sont nécessaires au moment du remplissage. On retrouve dans leur construction tous les travaux d'art des canaux, tels que ponts, aqueducs, ponts-canaux, siphons, déversoirs, etc., mais à une échelle beaucoup plus petite et en rapport avec leur importance.

Les réservoirs sont obtenus en fermant, par un barrage, l'endroit le plus resserré des vallons qui dominent le bief. — V. BARRAGE.

Leur nombre et leur capacité dépendent du rapport qui existe entre le volume d'eau nécessaire et la quantité qu'il est possible de recueillir aux différentes époques de l'année ; cette dernière est évaluée d'après le jaugeage des cours d'eau et des sources, et d'après les observations locales sur le régime et le produit des pluies. Les infiltrations et l'évaporation obligent à ne compter que sur la moitié du volume ainsi calculé.

Indépendamment de l'alimentation des canaux, les réservoirs ont encore d'importantes applications, telles que : l'alimentation des villes, l'aménagement des eaux destinées aux irrigations et enfin la préservation contre les inondations, c'est pourquoi il semble préférable de leur consacrer une étude spéciale. — V. IRRIGATION, RÉSERVOIR.

Les diverses voies de communication coupées

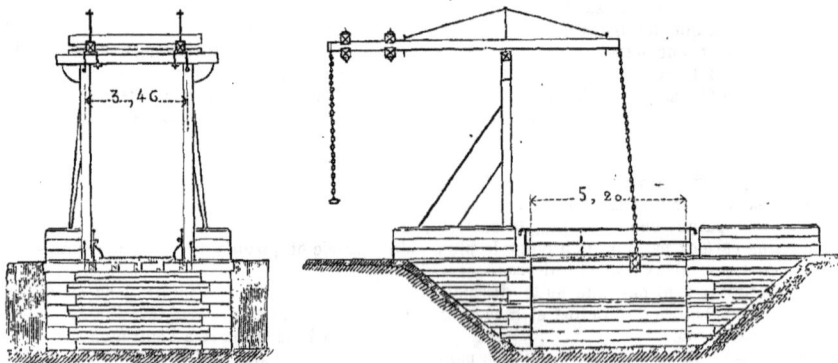

Fig. 97 et 98. — *Pont-levis du canal de la Marne au Rhin, près de Bar-le-Du*

par le passage d'un canal doivent être rétablies à l'aide de ponts, que l'on construit autant que possible auprès des écluses. On doit en général préférer les ponts fixes, surtout pour les routes fréquentées. — V. PONT.

Les ponts mobiles peuvent être plus économiques comme construction, mais leur entretien est plus coûteux et la manœuvre exige la présence d'un pontonnier ; en outre ils font souvent perdre du temps aux mariniers. Il faut cependant y avoir recours, lorsque les abords ne permettent pas l'exhaussement nécessaire à l'établissement d'un pont fixe.

Les ponts mobiles sont de diverses espèces : les uns sont des ponts-levis dont le tablier, équilibré, se lève pour le passage des bateaux ; les autres sont des ponts tournants mobiles autour d'un axe vertical ; les ponts roulants ne sont plus guère employés, parce qu'ils prennent trop de place. Les figures 97, 98, 99 et 100 représentent, en élévation et en coupe transversale, un pont levis et un pont tournant du canal de la Marne au Rhin, et suffisent pour en faire comprendre la construction.

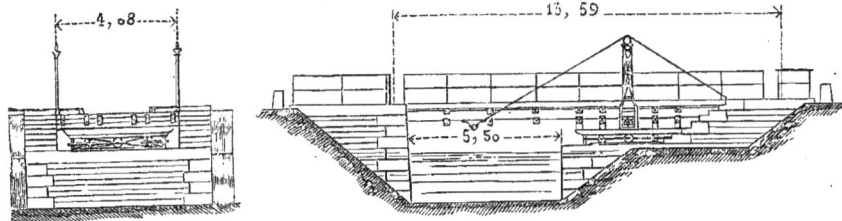

Fig. 99 et 100. — *Pont-tournant du canal de la Marne au Rhin, près de Toul.*

L'insuffisance des ressources naturelles pour l'alimentation oblige quelquefois à recourir aux machines élévatoires. C'est ainsi qu'on a employé pour le canal de jonction de la Sambre à l'Oise, trois vis d'Archimède, à enveloppes fixes, actionnées par des machines à vapeur.

La hauteur du relèvement est de 7^m,45, partagée en trois étages, de 1^m,85, 2^m,62 et 2^m,98. Le volume d'eau moyen élevé par jour et la dépense, s'élevaient en 1862, à 20 mètres cubes 50 avec 20 chevaux de force et coûtant 1 fr. 15 par mètre cube d'eau élevé à 1 mètre ; 23 mètres cubes 80 avec 30 chevaux de force et coûtant 1 fr. 02 par mètre cube d'eau élevé à 1 mètre ; 24 mètres cubes 75 avec 35 chevaux de force et coûtant 0 fr. 810 par mètre cube d'eau élevé à 1 mètre.

Une autre application de ce mode d'alimentation a été faite en 1869 sur le canal de l'Aisne à la Marne, mais en substituant à la vapeur des moteurs hydrauliques. On a complété le volume d'eau nécessaire au bief de partage à l'aide de six pompes élévatoires, à double effet, permettant d'élever de 600 à 1,200 litres par seconde à 19 mètres de hauteur. Les pompes sont actionnées, deux à deux, par trois turbines du système Kœchlin, mises en mouvement à l'aide d'une chute d'eau dérivée de la Marne. Grâce au bon marché de la force motrice, le prix du mètre cube d'eau élevé à 1 mètre revenait, en 1871, à 0 fr. 0534.

Cette importante question des machines élévatoires sera encore mieux élucidée par l'emploi considérable qui en est fait pour la nouvelle ligne de navigation de l'Est.

Au bief de partage de Mauvages, sur le canal de la Marne au Rhin, deux machines à vapeur, à un seul cylindre, avec introduction et émission instantanées, actionnent deux pompes Gérard, à grande vitesse, attelées directement aux tiges des pistons à vapeur. Ces machines peuvent refouler 500 litres d'eau par seconde à 37 mètres de hauteur. La force utile en eau montée est de 250 chevaux vapeur.

L'alimentation du bief de Pagny sera com-

plétée également à l'aide de turbines, installées sur la Moselle, et actionnant des pompes horizontales du système Gérard, à pistons plongeurs. La force brute développée pourra s'élever à 800 chevaux. On peut rattacher à l'alimentation les divers systèmes imaginés pour économiser la dépense d'eau des écluses. Le plus ancien consiste dans l'établissement, à côté du sas, d'un bassin auxiliaire, dont le fond est arrêté aux deux tiers de la hauteur de la chute ; ce bassin peut recevoir le tiers de l'éclusée, et le reverser dans le sas au moment du remplissage.

Un autre appareil, imaginé par M. Bethencourt, se composait d'un flotteur équilibré, et pouvant déplacer un volume d'eau égal à celui de l'écluse. Ce flotteur était logé dans un bassin parallèle au sas, mais un peu plus profond ; on pouvait, en le manœuvrant, refouler toute l'eau dans le bief supérieur. Ce système est impraticable avec des écluses de grandes dimensions.

Un dernier appareil, fort ingénieux, a été imaginé par M. de Caligny, pour faire servir le travail de la chute, pendant le remplissage et la vidange du sas, à élever de l'eau, soit du bief inférieur dans le sas, soit du sas dans le bief supérieur. Dans une application, faite à titre d'essai, à l'écluse de l'Aubois, sur le canal latéral à la Loire, en 1868, on a constaté que le volume d'eau dépensé pouvait être réduit au cinquième de l'éclusée. Cette installation est décrite en détail dans le troisième volume du cours de navigation intérieure de M. de Lagrenée.

Ces divers appareils ont l'inconvénient de compliquer les manœuvres, et d'augmenter la durée des éclusages ; il semble plus rationnel de consacrer les dépenses de leur installation et de leur entretien aux appareils d'alimentation.

C'est l'invention des écluses à sas qui a rendu possible l'établissement des canaux à point de partage, et la première application en France en a été faite, vers 1605, au canal de Briare, destiné à joindre la Seine à la Loire. Leur emploi s'est étendu depuis aux barrages des rivières canalisées et aux bassins à flot des ports maritimes; les règles à suivre pour leur établissement varient avec ces différentes destinations et leur étude générale trouvera naturellement sa place au mot lui-même (V. ÉCLUSE). On ne fera qu'examiner ici, par anticipation, les écluses des canaux proprement dits (fig. 101, 102 et 103).

Le *sas* S a généralement une forme rectangu-

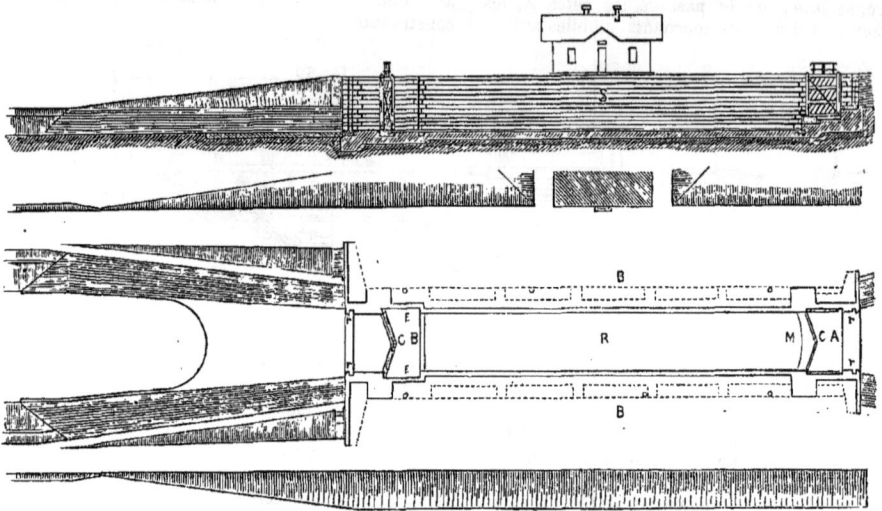

Fig. 101 et 102. — *Coupe et plan longitudinaux d'une écluse à sas*

laire; il est fermé sur les côtés par deux murs B B, appelés *bajoyers*, dans lesquels on ménage des enclaves E pour recevoir les portes, pendant l'ouverture. Les bajoyers se prolongent au delà des portes pour former les têtes d'amont et d'aval; auprès des extrémités, ou *musoirs*, sont pratiquées des rainures verticales *rr*, destinées à recevoir, en cas de réparation, les poutrelles d'un bâtardeau. Dans les sas de grande longueur, il convient de ménager une rainure semblable vers le milieu, pour éviter de vider le sas tout entier.

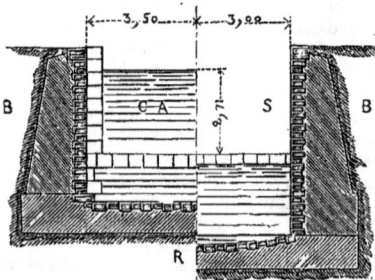

Fig. 103. — *Demi-coupes transversales de l'écluse à sas.*

Le parement intérieur des bajoyers est vertical; le parement extérieur se fait : soit par retraites successives de mètre en mètre, soit en talus.

L'épaisseur de la maçonnerie est calculée pour résister à la poussée des terres, supposées mouillées, et pour le cas où le sas est entièrement vide. Vis-à-vis des enclaves, l'épaisseur des bajoyers est augmentée pour soutenir le poids des portes et permettre de sceller les colliers du poteau tourillon.

Les bajoyers sont munis d'échelles, encastrées dans la maçonnerie et de pieux d'amarrage pour les bateaux.

On a remplacé quelquefois les bajoyers par des talus perreyés (fig. 104), soit pour économiser la maçonnerie, soit pour laisser plus de place aux bateaux.

Ce système présente quelques inconvénients : ainsi l'entretien est plus difficile, la dépense d'eau plus grande et les manœuvres sont plus longues. En tout cas, les perrés doivent être rejointoyés avec soin au mortier hydraulique.

Le *radier* est le massif de maçonnerie qui forme le fond de l'écluse; il se compose : en partant de l'amont, d'une plateforme limitée entre deux plates-bandes en pierres de taille, dont le fond est arasé au mouillage du bief supérieur; d'une chambre des portes d'amont C A, dont le niveau est à 20 centimètres environ en contrebas, afin de loger la partie inférieure des portes; du busc d'amont, sur lequel les portes viennent s'appuyer; ce busc est relevé au niveau de la plateforme; il est suivi d'une seconde plateforme limitée à l'aval par le mur de chute M qui sépare cette première partie du radier de la suivante. Viennent ensuite le radier du sas R et la chambre des portes d'aval C B, qui sont généralement à un même niveau, en contre-bas de 20 centimètres du busc d'aval, puis le busc d'aval suivi d'une dernière plateforme, arasés au mouillage du bief d'aval. Un arrière radier en pierres de tailles protège cette plateforme contre l'action des eaux du bief inférieur.

Dans le sas, le radier reçoit une forme légèrement concave, qui lui permet de résister plus facilement aux sous-pressions. Les autres parties sont planes. Entre les plates-bandes en pierre, le radier est construit avec du béton. Les mortiers employés dans tous ces ouvrages doivent être fabriqués avec de la chaux très hydraulique, de façon à faire prise en deux ou trois jours au plus.

En Hollande et en Amérique, lorsqu'il n'existe pas de sol rocheux pour établir la fondation, l'écluse est construite ·sur une plateforme en madriers de cinq centimètres d'épaisseur, reposant sur plusieurs cours de traverses croisées, et au besoin sur des pieux. Cette plateforme supporte les bajoyers; le radier du sas est formé par un second plancher, étanche, en madriers de même épaisseur.

Fig. 104. — *Écluse du canal du Centre.*

Les portes des écluses sont généralement à 2 ventaux symétriques, s'arc-boutant l'un contre l'autre pour la fermeture. Chacune de ces portes est formée par un cadre vertical mobile; l'un des poteaux extrêmes sert à la rotation et se nomme *poteau tourillon*; l'autre se nomme *poteau busqué*. Ces poteaux sont reliés par des entretoises horizontales, dont l'espacement variable est calculé en raison des pressions exercées. L'ensemble est contreventé par une pièce inclinée, nommée *bracon*, qui part du sommet du poteau busqué et s'appuie sur le bas du poteau tourillon. Le cadre est revêtu, vers l'amont, d'un bordage en madriers jointifs.

On construit également des portes métalliques, composées de pièces analogues en fer forgé et revêtues d'un bordage en tôle. On remplace alors le bracon par une *écharpe*, dirigée depuis le haut du poteau tourillon jusqu'au bas du poteau bus-qué; cette écharpe est composée de deux pièces réunies par un manchon, avec clavettes de rappel, pour lui faire produire le tirage nécessaire.

L'extrémité de l'enclave dans laquelle se meut le poteau tourillon est creusée suivant un demi-cylindre et s'appelle le *chardonnet*. La face extérieure du poteau tourillon est également arrondie; mais pour éviter les frottements entre ces deux surfaces, le centre de rotation du poteau est excentré par·rapport au centre de la courbure du chardonnet, de façon que le poteau qui s'appuie sur la maçonnerie, quand la porte est fermée, la quitte aussitôt qu'il est mis en mouvement pour l'ouverture.

Le poteau tourillon repose sur une crapaudine dont le pivot est encastré dans une grosse pierre de taille scellée à la base du chardonnet et nommée *bourdonnière*. L'extrémité supérieure du même poteau est maintenue par un collier en fer forgé, qui embrasse un tourillon ménagé sur le sabot d'encastrement.

Les traverses supérieures sont souvent prolongées au-dessus des bajoyers et forment des flèches qui servent à la manœuvre des portes (fig. 104); on emploie aussi quelquefois des cordages et des treuils. Mais en général l'ouverture et la fermeture des portes se font à l'aide d'arcs dentés, dont le centre correspond exactement à celui du poteau tourillon et qui sont fixés sur la traverse supérieure. Ces arcs en fonte sont logés dans une chambre ménagée dans la maçonnerie des bajoyers et sont commandés par un ou deux pignons qui permettent d'obtenir des vitesses variables.

Des passerelles avec garde-corps sont installées sur les portes et permettent aux éclusiers de circuler rapidement d'une rive à l'autre.

On emploie aux Etats-Unis, depuis 1862, un système de portes d'écluses à rabattement horizontal, dont la construction est simple et économique, et la manœuvre facile et rapide (fig. 105).

Elles sont formées par un panneau étanche en charpente, dont l'axe de rotation est perpendiculaire à l'axe de l'écluse et fixé sur le radier. Pour

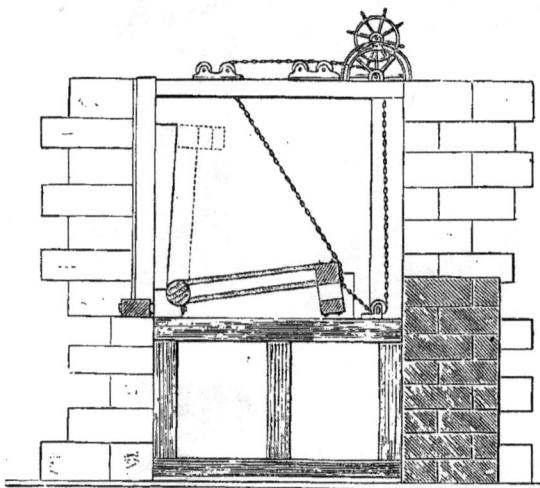

Fig. 105. — *Porte d'écluse du canal Erié.*

l'ouverture, la porte se couche vers l'amont et se trouve alors un peu au-dessous du plafond du canal. Elle est lestée au moyen de pierres enfermées entre les bordages, afin de lui donner un poids suffisant; relevée, elle bute contre des pièces de bois scellées dans des enclaves ménagées dans les bajoyers, de façon que la poussée s'exerce contre la maçonnerie. La manœuvre se fait au moyen de chaînes actionnées par un treuil fixé sur chaque bajoyer. On peut leur reprocher de supprimer la passerelle et d'exiger des précautions particulières pour l'emploi des chaînes de touage.

Les écluses sont précédées et suivies d'une gare d'attente, et des poteaux de stationnement placés à 60 mètres environ des têtes aval et amont limitent l'espace qui doit rester libre pour l'entrée et la sortie des bateaux.

Le remplissage et la vidange des sas se font ordinairement à l'aide d'ouvertures pratiquées dans les portes et fermées par des ventelles en bois ou en métal que l'on manœuvre à l'aide d'une vis ou d'une crémaillère; on diminue la

course des ventelles en divisant l'ouverture en plusieurs orifices et la vanne en autant de bandes horizontales.

Il est plus avantageux pour les grandes écluses de ménager dans les bajoyers des aqueducs de remplissage qui communiquent avec les deux biefs et avec le sas, et que l'on ferme également avec des vannes. Il convient de leur donner des dimensions égales et de les faire déboucher dans le sas en face l'un de l'autre, afin que l'eau forme en sortant des jets symétriques qui s'amortissent mutuellement. Bien que ce moyen soit plus coûteux d'établissement, il offre l'avantage de rendre les opérations plus rapides et de faciliter l'entrée et la sortie des bateaux; on abrège ainsi la durée du passage dans les écluses qui absorbe une part considérable du temps employé à chaque voyage et constitue le plus grave inconvénient des écluses.

On emploie sur les canaux américains des orifices spéciaux qui permettent de remplir et vider le sas très rapidement. Le remplissage se fait par un évidement ménagé sous le plancher de la chambre d'amont et fermé par des vannes horizontales pivotant autour d'un axe médian (fig. 106); on manœuvre ces vannes du haut des bajoyers à l'aide de leviers et de crémaillères. Leur ouverture est considérable et l'eau arrive sans jet dans toute la largeur du sas et parallèlement à l'axe de l'écluse. La vidange se fait à la fois par les ventelles des portes busquées et par deux aqueducs ménagés dans les bajoyers et communiquant avec le sas par des ouvertures transversales que ferment trois ventelles superposées à axes horizontaux.

Grâce à ces dispositions, la durée d'une éclusée est réduite au canal Erié à quatre minutes ainsi réparties :

Entrer le bateau, l'amarrer et fermer les portes, 1 1/2;
Ouvrir les ventelles et vider le sas, 1;
Ouvrir les portes et sortir le bateau, 1 1/2.

En pratique on emploie huit minutes et demie par bateau.

En France, le sassement d'un bateau exige au mo ns vingt minutes, ce qui représente un allongement du parcours de 600 à 800 mètres pour le hâlage à bras, et de 1,200 à 2,000 mètres pour la traction par chevaux.

La grande simplicité de manœuvre et d'entretien des écluses à sas les a fait adopter d'une façon presque exclusive pour racheter la pente

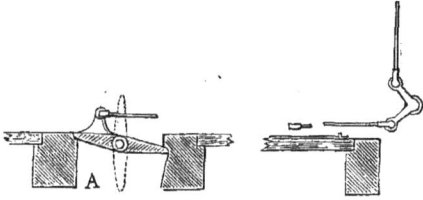

Fig. 106. — *Ventelles de remplissage du canal Erié.*

des canaux; il existe néanmoins d'autres appareils pouvant remplir la même fonction et offrant même, dans certains cas, une supériorité marquée; ce sont les *plans inclinés* et les *élévateurs* de canaux.

Les *plans inclinés* se divisent en deux systèmes : dans l'un, les bateaux sont échoués à sec sur des chariots roulants; dans l'autre, les chariots supportent un caisson ou sas mobile, contenant assez d'eau pour que les bateaux que l'on y introduit continuent de flotter. Deux appareils semblables sont reliés au moyen d'une chaîne ou d'un câble sans fin et se font équilibre. Le câble est enroulé sur une poulie motrice qui est elle-même actionnée par un moteur hydraulique, ou au besoin par une machine à vapeur.

Dans le système de l'échouage à sec, les plans inclinés sont généralement à deux versants, dont l'un s'élève du bief inférieur au sommet, et l'autre, très court, descend dans le bief supérieur; au pied de chaque versant se trouve un bassin assez profond pour recevoir le chariot et permettre au bateau de recommencer à flotter; une double ligne de rails est disposée pour relever l'extrémité du chariot, afin qu'il soit horizontal au moment de l'immersion.

Dans l'autre système, les sas mobiles sont fermés aux deux extrémités par des portes, et les chariots sont disposés pour les maintenir horizontaux. Il n'y a qu'un seul versant et l'extrémité de chacun des biefs est fermée par une tête d'écluse contre laquelle le sas vient s'appliquer; il suffit alors d'ouvrir les portes du canal et celles du sas pour faire sortir le bateau et en introduire un autre. Lorsque l'on emploie un sas unique, il est équilibré par un vagon chargé, roulant sur une ligne parallèle et servant de contrepoids.

Les *élévateurs* proprement dits sont également formés par des sas mobiles contenant un bateau et l'eau nécessaire pour le faire flotter; mais au lieu de s'élever le long d'un plan incliné, ils montent et descendent verticalement, soit dans

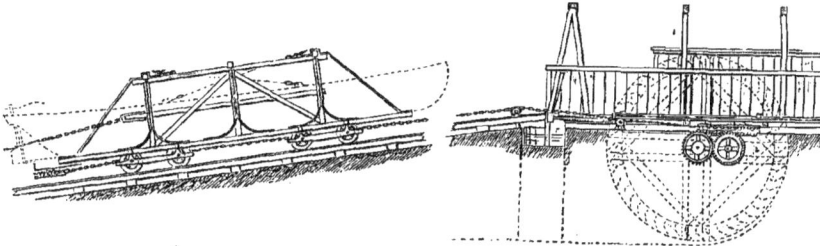

Fig. 107. — *Plan incliné du canal Morris.*

un puits en maçonnerie, soit entre les colonnes guides d'une charpente métallique. Deux procédés sont employés pour les faire mouvoir. Tantôt les sas sont suspendus à des chaînes passant sur de grandes poulies et dans ce cas on peut déterminer ou aider le mouvement en surchargeant convenablement avec de l'eau le sas descendant. Tantôt ils reposent sur les pistons de puissantes presses hydrauliques et peuvent être soulevés ensemble ou séparément d'une façon analogue aux ascenseurs. — V. ASCENSEUR.

En général, les presses de deux sas conjugués communiquent ensemble et c'est par leur intermédiaire que les sas se font équilibre; aussi le travail de l'eau comprimée est limité à la quantité nécessaire pour la dernière période de leur course, c'est-à-dire pour suppléer à la perte de poids éprouvée par le sas descendant lorsqu'il plonge dans le bief inférieur.

Parmi les applications remarquables de ces divers systèmes, on peut citer les suivantes qui fonctionnent d'une manière pratique :

Au canal Morris (fig. 107), entre la Delaware et l'Hudson, en Amérique, il existe vingt-trois plans inclinés, dont le plus important rachète une hauteur de 30m,50 sur une longueur de 335m,50. Les plans inclinés sont à deux versants; les bateaux ont 24 mètres de longueur sur 3m,20 de largeur; ils peuvent se séparer en deux sur la longueur, et chaque moitié se place à sec sur un chariot à huit roues. Les deux chariots sont attelés ensemble et forment un train articulé, qui est équilibré par un autre train semblable circulant sur une voie parallèle. Les deux trains sont reliés par un câble sans fin en fil de fer, de 56 millimètres de diamètre, qui s'enroule au sommet sur un tambour de 3m,70, actionné par une roue à augets. Le chargement d'un bateau est de 70 tonnes et le poids total d'un train s'élève, tout compris, à 110 tonnes. Au canal de l'Oberland, en Prusse, on a racheté une hauteur de 85^m,68 par quatre plans inclinés répartis sur une longueur de 7,500 mètres. Les bateaux ont 24^m,50 sur 3^m,10; ils pèsent, vides, de 10 à 12 tonnes et chargent de 50 à 70 tonnes. Ils s'échouent ici sur un chariot en fer; deux chariots semblables se font équilibre et sont tirés, chacun par un câble principal en fil de fer, de 36 millimètres de diamètre; un contre-câble de 31 millimètres les relie par le bas et les rend solidaires l'un de l'autre. Les poulies de support des câbles sont espacées de 9^m,42. Les tambours moteurs ont 3^m,76 de diamètre et sont actionnés par une roue à augets. Le poids total d'un chariot, avec bateau chargé, s'élève à 105 tonnes et les câbles travaillent à 15 kilogrammes par millimètre carré de section. Les quatre plans inclinés peuvent être franchis en une heure. Ils fonctionnent depuis 1860 et un dernier plan est en construction pour remplacer les cinq dernières écluses du canal.

Le plan de Blackhill, sur le canal de Monkland, en Ecosse, a été construit en 1850, pour suppléer à l'insuffisance de deux séries de quatre écluses doubles; il rachète une hauteur de 29^m,28 et se compose de deux sas en tôle, remplis d'eau, roulant sur un plan incliné et se faisant équilibre, au moyen de câbles en fil de fer de 51 millimètres de diamètre; deux machines à vapeur actionnent les tambours dont le diamètre est de 4^m,88; les volants sont munis de freins à vapeur.

Le plan de Blackhill n'est employé que pour les bateaux vides; les bateaux chargés continuent de passer par les écluses. Le poids total du sas avec son chariot, un bateau vide et l'eau nécessaire pour qu'il flotte est de 70 à 80 tonnes; il faut environ dix minutes pour le passage de deux bateaux, l'un montant, l'autre descendant.

Un autre plan incliné, du même système a été

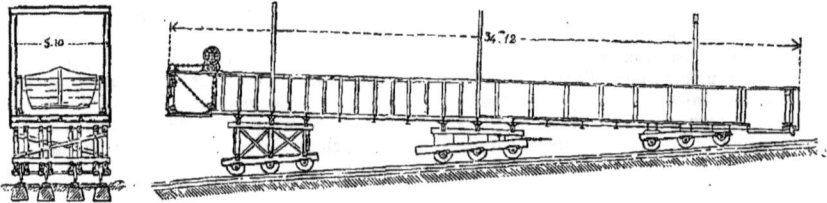

Fig. 108. — *Plan incliné de Georgetown.*

construit aux Etats-Unis, auprès de Georgetown (fig. 108), pour suppléer à l'insuffisance des deux écluses à sas, servant à la descente du canal de Chesapeake et Ohio, dans la rivière du Potomac. La hauteur rachetée varie de 10^m,69 à 11^m,90, suivant l'état des eaux de la rivière; les bateaux en usage ont 27^m,40 de long sur 4^m,39 de large; ils chargent de 110 à 115 tonnes avec un tirant d'eau de 1^m,52; ils sont reçus dans un sas en tôle supporté par trois trucks à douze roues chacun; le sas est équilibré par deux vagons-contrepoids roulant sur seize roues.

Au bas du plan, le sas et son chariot s'immergent dans une fosse qui communique avec la rivière; dans le haut ils s'appuient sur une tête d'écluse. Un cadre en bois, garni d'un bourrelet en caoutchouc, facilite l'étanchéité du joint. Les portes sont à rabattement autour du poteau-tourillon horizontal. Une double crémaillère placée entre les rails et six linguets d'arrêts adaptés au chariot constituent l'appareil de sûreté; ces linguets sont maintenus soulevés par le câble de traction et retombent en cas de rupture. Le câble a 44 millimètres de diamètre et s'enroule sur des poulies horizontales à gorges, de 2^m,89, actionnées par une turbine.

A cause du poids énorme que représente le sas plein d'eau, on descend à sec les bateaux chargés; les bateaux vides passent flottants, mais avec la quantité d'eau strictement nécessaire. Chaque passage dure à peu près un quart d'heure. L'élévateur du Great-Western-Canal, en Angleterre, est constitué par deux sas en bois, mobiles dans un puits vertical en maçonnerie; il rachète une hauteur de 14 mètres. Les sas sont suspendus à des chaînes de Gall en fer forgé, qui passent sur des poulies en fonte de 4^m,88 de diamètre. Le sas descendant reçoit un poids d'eau supplémentaire d'environ une tonne qui suffit pour déterminer le mouvement. Le chargement des bateaux est de huit tonnes et chaque opération dure trois minutes.

Enfin le canal de Trent et Morsey, en Amérique, communique avec la rivière de Weaver, au moyen de l'élévateur d'Anderton (fig. 109), qui rachète une différence de niveau de 14 mètres. Cet élévateur se compose de deux sas EE' qui se meuvent verticalement entre les colonnes GGG d'une charpente métallique, et reçoivent des bateaux de 80 à 100 tonnes de chargement. Chaque sas repose sur la tête d'un piston de presse hydraulique FF' de 91 centimètres de diamètre. Les deux presses communiquent entre elles, de sorte que le sas se font équilibre et que leurs mouvements sont solidaires; un robinet permet de régler le passage de l'eau d'une presse dans l'autre, et conséquemment la vitesse de marche des sas. A chaque départ, des syphons spéciaux, dont les sas sont munis, enlèvent automatiquement une partie de l'eau du sas montant, ce qui assure au sas descendant un excédent de poids d'environ 15 tonnes, suffisant pour assurer le mouvement, excepté pendant la période d'immersion du sas descendant dans la rivière, soit 1^m,37. A ce moment, la presse du sas montant, est isolée de l'autre et mise en communication avec l'eau d'un accumulateur M qui achève le soulèvement. Les pompes foulantes sont actionnées par une machine à vapeur assez puissante pour suffire à toute la course de l'un des sas, en cas de dérangement dans l'une des presses.

Les sas sont fermés à leurs extrémités par des portes métalliques en forme de vannes levantes. Un sas plein d'eau pèse environ 240 tonnes.

L'élévateur d'Anderton a coûté 1,221,000 francs, y compris un pont-canal H H de 49^m,53, qu'il a fallu établir pour franchir un petit bras de la rivière, entre le canal et le sommet de la charpente métallique de l'appareil. Il fonctionne parfaitement depuis 1875 et chaque opération n'exige qu'un quart d'heure.

On voit que les élévateurs et les plans inclinés permettent de franchir d'un seul coup des hauteurs considérables; on peut ainsi allonger les biefs et faciliter la navigation par convois. Ils ont, en outre, l'avantage d'économiser l'eau du canal et d'augmenter la capacité de trafic par la rapidité des opérations. Tandis qu'il faut avec les écluses vingt minutes pour élever un bateau à 3 mètres, il ne faut, à Anderton, que dix-neuf minutes pour une hauteur de 15 mètres, et quinze minutes pour 30 mètres au canal Morris.

Il reste à savoir si leur emploi avec des bateaux

Fig. 109. — *Elévateur d'Anderton*

de 300 tonnes ne présenterait pas des difficultés considérables; en tout cas, l'échouage à sec semble peu pratique, parce qu'il exige un gabarit uniforme et expose les bateaux à des déformations; le flottage dans les sas mobiles supprime ces inconvénients; mais les dépenses d'installation et d'entretien prendront une grande importance à cause de la solidité exceptionnelle qu'exige une voie de roulement supportant des poids de 7 à 800 tonnes. La même difficulté existera, du reste, pour les appareils à soulèvement vertical. Cependant, l'emploi qui a été fait de ces divers systèmes montre qu'ils peuvent, dans certains cas, offrir une précieuse ressource.

Les canaux, proprement dits, ne constituent qu'une partie du réseau de la navigation intérieure et les progrès apportés dans leur construction, ne peuvent produire de résultats sérieux qu'à la condition que les lignes entières de navigation soient elles-mêmes améliorées; c'est ce que l'établissement des barrages éclusés dans les rivières a permis de réaliser et ce que nous étu-

dierons spécialement au mot Rivière. — V. Rivière canalisée.

CANAUX MARITIMES.

On comprend sous cette appellation les canaux destinés au passage des grands bâtiments de la navigation maritime. Les uns ont pour but de remédier aux inconvénients que présente l'embouchure de certains fleuves; ce sont de véritables canaux latéraux à grande section, et comme eux, ils sont munis à leurs extrémités d'écluses destinées à racheter la pente de la partie du fleuve qu'ils remplacent et en même temps à protéger leur lit contre les actions nuisibles de ses eaux. Les autres, beaucoup plus importants, ont pour but d'ouvrir aux vaisseaux un passage d'une mer à l'autre à travers les isthmes qui les sépare. On peut citer, dans la première catégorie, le canal Saint-Louis, et dans la seconde, le canal de la mer du Nord et les canaux de Suez et de Panama.

Canal Saint-Louis. Le canal Saint-Louis

a été construit à la suite de l'insuccès des travaux entrepris pour obtenir un tirant d'eau suffisant sur la barre qui se forme constamment à l'embouchure du Rhône; il établit une communication entre la partie profonde du Rhône et le golfe de Fos, dans lequel son débouché, à l'est du fleuve, n'est pas exposé aux dépôts des limons que le courant littoral entraîne vers l'ouest. Sa longueur est de 3,300 mètres; sa largeur est de 30 mètres au plafond et de 63 mètres au niveau des basses mers; le tirant d'eau actuel est de 6 mètres. Les berges ont un talus de 2 pour un et sont défendues par des perrés en maçonnerie de 0m,40 d'épaisseur, qui s'élèvent à 1m,30 au-dessus du niveau des basses mers. Les chemins de halage ont 12 mètres de largeur et sont à 2 mètres au-dessus du même niveau.

La pente totale du fleuve, entre l'origine du canal et la Méditerranée varie entre 0m,60 et

Fig. 110. — Ecluse d'entrée et bassin d'évolution du canal Saint-Louis.

1m,88, suivant les oscillations du niveau du fleuve et de celui de la mer. Elle est rachetée par une écluse de 160 mètres de longueur utile, et 22 mètres de largeur entre les bajoyers. Le tirant d'eau de l'écluse a été porté à 7m,50, en prévision d'un approfondissement ultérieur du canal. Elle est pourvue de deux paires de portes busquées en tôle.

En avant de cette écluse, le canal s'élargit pour former un bassin d'évolutions de 12 hectares de superficie, entouré de murs de quai présentant 850 mètres de développement. Deux quais bordent le chenal d'accès au Rhône ainsi que la rive du fleuve en amont, sur une longueur de 145 mètres (fig. 110).

Le canal débouche dans la mer par un avant-port, enfermé entre deux jetées en enrochements, ayant, celle du Sud, 1,746 mètres et l'autre 1,350 mètres de longueur. Un fanal, à feu fixe de quatrième ordre est établi dans une tourelle en fer, à l'extrémité de la jetée Sud.

Canal de la mer du Nord. Le canal maritime d'Amsterdam, ouvert en décembre 1876, établit une communication directe entre la mer du Nord et le Zuiderzée il permet aux plus

grands navires d'arriver dans le port d'Amsterdam, dont le mouillage a été porté à 7 mètres; la portion de ce port, ainsi approfondie, a été séparée du Zuiderzée, dont le mouillage n'est que de 5m,70, par une digue, pourvue de trois écluses, une de 96 mètres sur 18 et deux de 73 mètres sur 14.

La longueur du canal est de 23,700 mètres, dont 6,700 en tranchées du côté de la mer; dans cette partie, la largeur au plafond est de 27 mètres et le mouillage est réglé à 7 mètres; les talus sont inclinés à 2 de base pour 1 de hauteur. Le surplus du canal a été dragué dans le golfe de l'Y et fermé entre deux digues parallèles écartées de 30 mètres; ces digues ont 5 mètres de largeur en couronne et des talus de 4 pour 1. Tous les talus sont interrompus à 50 centimètres en contrebas du niveau de l'eau par une risberme de 4 mètres de largeur pour atténuer l'action du batillage de l'eau. Les talus sont en partie perreyés, en partie gazonnés.

Le plan d'eau du canal a été maintenu au niveau de la basse mer moyenne, afin de pouvoir l'utiliser pour le dessèchement des terres riveraines; on a conquis de cette façon environ 5,000 hectares de polders.

A l'embouchure du canal dans la mer du Nord, on a créé un port, nommé Ymuiden, au moyen de deux jetées d'environ 1,500 mètres de longueur. Ces jetées sont fondées sur des enrochements de basalte, d'environ 1 mètre d'épaisseur, et construites avec des blocs de béton de 5 mètres cubes, mis en place à l'aide de cloches à plongeurs. Derrière cet avant-port, et à 1,200 mètres du rivage, le canal est fermé par deux écluses, une de 120 mètres sur 18 et une de 70 mètres sur 12. Une troisième écluse de 34 mètres sur 10 sert à la décharge des eaux. En outre, trois machines à vapeur de 75 chevaux chacune, sont installées sur la digue du Zuiderzée. Elles actionnent des pompes centrifuges de 2m,44 de diamètre, servant à maintenir le niveau du canal.

La Compagnie concessionnaire a dépensé 75 millions de francs; elle en a reçu environ 26 pour la vente des terrains desséchés et 11 1/2 de subvention de la commune d'Amsterdam. Le surplus sera remboursé par les produits des droits d'éclusage, de passage et de port dont les tarifs doivent être approuvés par le gouvernement, qui s'est borné à faire les avances et à garantir l'intérêt du capital.

Canal de Suez. Le plus important et le plus célèbre des canaux maritimes est le canal de Suez (fig. 111), qui réunit la Méditerranée à la mer Rouge et abrège de plus de moitié la distance entre les ports de l'Europe et ceux de l'extrême Orient. Ce canal prend son origine à Port-Saïd, dans le golfe de Péluse, par 29° 58' 45" de longitude est et par 31° 16' 05" de latitude nord. Il traverse d'abord : sur une longueur de 65 kilomètres les lagunes connues sous les noms de lacs Menzaleh et Ballah, puis sur 10 kilomètres, le plateau d'El Ferdane et le seuil d'El Guisr, élevé de 18 mètres au-dessus du niveau de la mer;

il arrive au lac Timsah dans lequel débouche également le canal d'eau douce qui rattache la navigation fluviale du Nil avec le canal maritime.

A partir du lac Timsah, le canal franchit les seuils de Toussoum et du Sérapéum et traverse les lacs Amers, vaste bassin intérieur de 25 kilomètres de long sur 10 de large, occupé dans les temps anciens par la mer Rouge et qu'il a fallu remplir à nouveau. (Cette opération a duré huit mois et on évalue à 1,700 millions de mètres cubes l'eau introduite.)

A la suite des lacs Amers, le canal traverse sur une longueur de 46 kilomètres le seuil d'El Chalouf et la plaine de Suez, à l'extrémité de laquelle il débouche dans la rade de Suez, au fond de la mer Rouge.

Sa longueur totale est de 162 kilomètres et le tracé présente 18 courbes, dont le rayon moyen est de 2,470 mètres. La profondeur est de 8 mètres depuis la Méditerranée jusqu'aux lacs Amers, et de là jusqu'à la mer Rouge, descend jusqu'à neuf mètres.

Le canal présente une largeur uniforme de 22 mètres au plafond; mais au niveau de l'eau sa largeur varie de 100 mètres dans les grandes sections à 58 mètres dans les seuils avec une banquette de 2 mètres de largeur élevée de 1 mètre au-dessus de l'eau. Les talus sont à 2 de base pour 1 de hauteur; une partie des berges est protégée par des enrochements que l'on prolonge tous les ans.

L'ouverture du canal dans la Méditerranée a nécessité la création d'un port de 51 hectares de superficie, entièrement creusé à la drague; ce port est formé par deux jetées en enrochements; celle de l'ouest a 2,000 mètres de longueur; elle est protégée du côté du large par des blocs artificiels de 10 mètres cubes; la jetée de l'est n'a

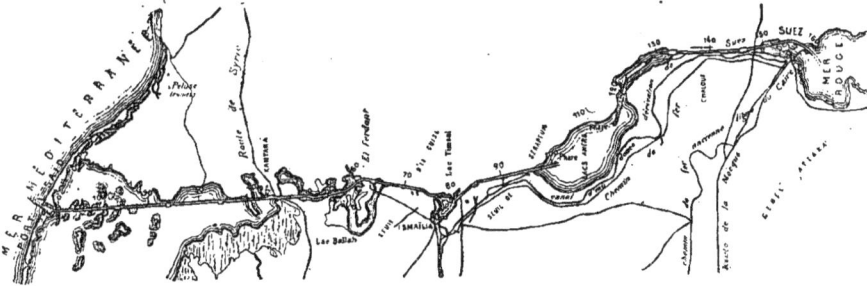

Fig. 111. — *Plan du Canal de Suez.*

que 1,800 mètres de longueur; elles sont enracinées à 1,400 mètres l'une de l'autre, et le passage entre les musoirs est de 400 mètres; elles ont 10 mètres de largeur à la ligne d'eau et les talus sont à 45°.

Avec les produits des dragages du bassin et des emprunts faits à la plage voisine on a construit un terre-plein élevé de 2 mètres au-dessus de la Méditerranée, sur lequel s'est édifiée la ville de Port-Saïd, dont la population atteignait déjà, en 1872, 9,000 habitants.

L'entrée du canal, à Port-Saïd, est signalée par un phare électrique de premier ordre (feu scintillant à éclipses de vingt en vingt secondes).

On a établi sur les bords du lac Timsah un port intérieur pour le ravitaillement et la réparation des navires en transit. La petite ville d'Ismaïlia, à laquelle ce port a donné naissance, compte aujourd'hui 3,500 habitants.

Le débouché dans la rade de Suez est formé par un chenal de 1,600 mètres de long, et de 150 à 300 mètres de large, sans endiguement. On a seulement construit au sud une jetée de protection en moellons ordinaires, arasée au niveau des plus hautes mers. Un phare à l'entrée de la mer Rouge et deux feux dans le trajet des lacs Amers complètent l'éclairage du canal.

Dans les parties à grande section, le chenal est indiqué par des balises en bois retenues par des chaînes à des corps morts; leur écartement transversal est de 40 mètres et elles sont espacées de 500 mètres. Dans les lacs, les balises sont en fer, avec 80 mètres d'écartement.

Deux bacs sont établis sur le canal, l'un à Kantara pour la route de Syrie; l'autre au nord des lagunes de Suez pour le chemin de La Mecque.

L'exploitation est à une voie et l'évitement des navire a lieu dans des gares espacées de 12 kilomètres en moyenne; ces gares ont de 500 à 700 mètres de longueur sur 5 mètres de largeur; jusqu'aux lacs Amers, elles n'existent que du côté africain; entre ces lacs et Suez il y a un garage sur chaque rive. Trois grandes gares sont, en outre, établies dans les lacs Amers, dans le lac Timsah, et enfin à Kantara, dans le lac Menzaleh.

Il n'y a jamais qu'un seul navire d'engagé dans chacune des sections entre deux garages et des signaux télégraphiques règlent leur départ.

Le niveau moyen de la mer Rouge est à 30 centimètres au-dessus du niveau moyen de la Méditerranée; les plus grands écarts des marées, par rapport à ce niveau, sont de 55 centimètres pour la Méditerranée et de 1^m,60 pour la mer Rouge; au moment du flot, il se produit de la mer Rouge aux lacs Amers, un courant dont la vitesse maximum atteint jusqu'à 1^m,25, pendant les fortes marées et avec vent du sud. Le courant de jusant, des lacs Amers à la mer Rouge, a une vitesse de 1^m,10 à 1^m,20 pendant les plus basses mers, avec vent du nord. Ces courants ne nuisent en rien à la marche des navires.

Le canal d'eau douce est utilisé pour la navigation fluviale; mais c'est avant tout un canal d'alimentation, sans lequel l'exécution des travaux eut été impossible et qui dessert actuellement les centres de population créés le long du canal maritime. Il est divisé en trois parties; la première, d'Abassièh au lac Timsah, a été construite dès le début de l'entreprise pour amener l'eau aux chantiers; c'est le prolongement, sur une longueur de 36 kilomètres de la dérivation déjà existante du canal de l'Ouady. La seconde partie, construite par le gouvernement Égyptien, part du Nil, à la hauteur de Boulak, près du Caire et rejoint la première à Abassièh, après un parcours de 75 kilomètres; soit, au total, 131 kilomètres, partagés en cinq biefs.

Ce canal a 8 mètres de largeur au plafond et son mouillage ordinaire est de 1^m,95. Les talus sont à 3 pour 1 dans les sables et à 2 pour 1 dans les terrains consistants; les banquettes sont à

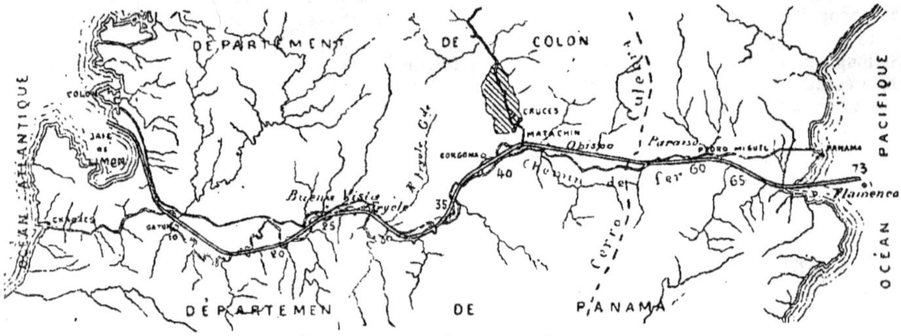

Fig. 112. — Plan du canal de Panama.

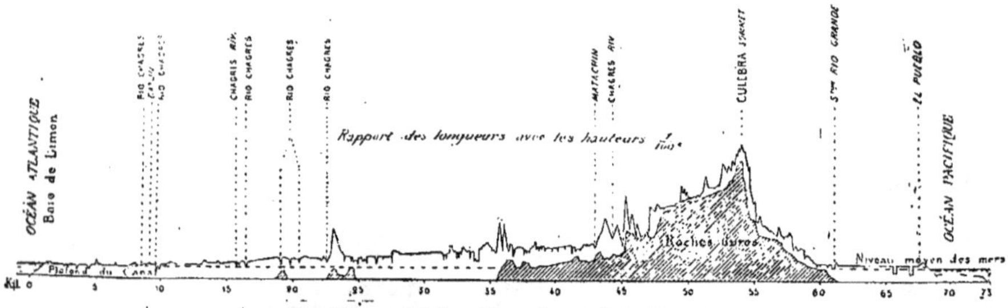

Fig. 113. — Profil en long du canal de Panama.

2^m,95 au-dessus du plafond. La pente normale est de 0,0125 et le débit de 3 mètres cubes 8 par seconde.

Le canal d'eau douce descend dans le lac Timsah par deux écluses de 3^m,30 de chute chacune, séparées par un bief de 1,255 mètres; les sas ont 33 mètres de long sur 8^m,30 de large.

La troisième partie est une dérivation partant d'Ismaïlia vers Suez. Elle a une longueur de 89 kilomètres, partagée en quatre biefs par des écluses de 0,67 de chute moyenne; la retenue dans chacun des biefs est de 1^m,45. Ce canal débouche dans la mer Rouge par une écluse de 2^m,93 de chute. Les autres dimensions du canal et des écluses sont les mêmes que dans les deux premières parties.

D'Ismaïlia à Port-Saïd, l'eau douce du canal est refoulée par des machines à vapeur à travers deux conduites en fonte, l'une de 16 et l'autre de 22 centimètres de diamètre. Cette installation sera prochainement remplacée par une nouvelle dérivation du canal d'eau douce, en cours d'exécution.

Le canal de Suez a été concédé à M. de Lesseps par un firman du 30 novembre 1854; les travaux ont été commencés le 25 avril 1859 et le 20 novembre 1869, 67 navires, portant ensemble 46,000 tonneaux, passaient de la Méditerranée à la mer Rouge. Depuis cette époque, le nombre des navires qui traversent le canal augmente sans cesse; il s'est élevé de 485 en 1870, à 1,477 en 1879, et en 1880, à 2,026 navires portant ensemble 4,344,520 tonneaux.

La durée ordinaire du trajet est de 40 heures environ, dont 17 heures de marche; des navires de guerre de plus de 7 mètres de tirant d'eau et 16^m,45 de largeur ont passé sans difficulté, et les navires postaux franchissent le canal en seize heures consécutives.

Canal de Panama. Le succès éclatant du canal de Suez et les progrès réalisés dans les appareils mécaniques, tant pour son exécution que pour celle des tunnels du Mont-Cenis et du Saint-Gothard, ainsi que de la dérivation du Danube, ont permis d'entreprendre un dernier travail d'une importance encore plus grande au point de vue des travaux et des résultats, le canal interocéanique destiné à relier à travers l'isthme de Panama les deux Océans, Atlantique et Pacifique, en abrégeant de 3,500 lieues le trajet du Havre à San-Francisco et de 4,700 lieues celui de New-York au même point.

L'isthme de Panama, situé dans les Etats-Unis de Colombie, est formé par une bande de terre de 55 kilomètres, que la Cordillière partage en deux versants inégaux ; le point le plus bas de cette ligne de faîte, situé au col de la Culebra, s'abaisse jusqu'à 87 mètres au-dessus du niveau moyen des Océans. De ce col descendent : vers l'Atlantique, le Chagres et ses affluents; vers le Pacifique, le Rio-Grande. C'est sur cette ligne, inclinée du nord-ouest au sud-est, qu'a été construit le chemin de fer de Colon-Aspinwall à Pa-

Fig. 114. — *Profil type dans les terres.*

nama et que doit s'ouvrir la nouvelle route maritime dont le tracé a été fixé par le Congrès international, réuni à Paris, en 1879 (fig. 112).

Le canal projeté part de la baie du Limon par les fonds de 8^m,50, traverse les marais du Mindi et rencontre la rivière de Chagres, près de Gatun ; il se maintient alors dans le voisinage du fleuve dont il coupe le cours plusieurs fois et qu'il abandonne à Matachin pour remonter la vallée de l'Obispo, un de ses affluents. Il franchit ensuite le col de la Culebra à l'aide d'une tranchée d'environ 12 kilomètres de longueur et descend par la vallée du Rio-Grande, vers le golfe de Panama, dans lequel il débouche près des îles Naos et Flamenco, par des fonds de 7^m,30 au-dessous des plus basses mers.

Sa longueur totale sera de 73 kilomètres (fig. 113), divisée en treize alignements, reliés par des courbes dont le rayon minimum sera de 2,000 mètres. Les dimensions de la cuvette seront : dans les terres, de 22 mètres au plafond et 50 mètres au niveau de l'eau, avec une profondeur de 8^m,50 ; dans les roches, de 24 mètres au plafond et 28 mètres au plan d'eau, avec 9 mètres de profondeur (fig. 114, 115 et 116).

Il sera, comme le canal de Suez, établi à une seule voie avec cinq gares doubles d'évitement, pour lesquelles les dimensions du canal seront portées : dans les terres, à 44 mètres au plafond et 72 mètres au plan d'eau, dans les roches, à 64 et 68 mètres. Les gares 1, 2 et 5 auront provisoirement 500 mètres de longueur; les gares 3 et 4 auront 1,000 mètres. Les chenaux en mer

auront 100 mètres de largeur au plafond et une profondeur de 9^m,50.

Le canal sera mis à l'abri des crues du Chagres par l'établissement d'un immense réservoir, formé à l'aide d'un barrage construit à Gamboa, entre Matachin et Cruces ; ce barrage, de 40 mètres de hauteur et environ 1,600 mètres de longueur, permettra d'emmagasiner un million de mètres cubes, soit l'équivalent des crues les plus considérables observées jusqu'à présent. Une rigole

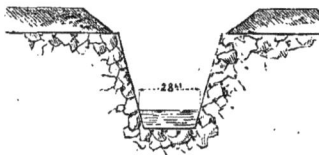

Fig. 115. — *Profil type dans les roches.*

sera construite pour conduire les eaux depuis le barrage jusqu'à la mer, et un immense déversoir réglera la hauteur maxima de la retenue. Une seconde rigole recevra les cours d'eau situés de l'autre côté du canal. Ce barrage sera exécuté avec les déblais rocheux du canal, et sa construction dirigée de façon à réaliser le plus vite possible une retenue suffisante pour fournir la force motrice hydraulique, destinée à mettre en mouvement les compresseurs d'air nécessaires au service des perforatrices.

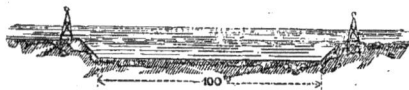

Fig. 116. — *Chenaux en mer.*

Le cube total à extraire a été évalué par la Commission internationale d'études aux quantités suivantes :

39,355,000 mètres cubes de terres ;

1,125,000 mètres cubes de roches d'une dureté moyenne, pouvant être enlevée par les dragues ;

34,520,000 mètres cubes de roches dures ;

Dont 19,091,000 mètres cubes au-dessus de l'eau et 55,909,000 mètres cubes au dessous de l'eau.

La dépense a été évaluée à :

570 millions de francs pour le canal proprement dit ;

100 millions de francs pour le barrage de Gamboa ;

75 millions de francs pour les rigoles de dérivation du Chagres, de l'Obispo et du Rio-Grande ;

12 millions de francs pour les portes de marée sur le Pacifique ;

10 millions de francs pour une jetée de 2 kilomètres destinée à protéger le débouché du canal dans la baie de Limon contre les coups de vent du Nord.

Au total 767 millions, portés à 843 millions en ajoutant 10 0/0 pour les dépenses imprévues.

L'exploitation sera, comme celle du canal de Suez, à une voie. Les navires postaux pourront franchir le canal en huit heures. On espère que le canal du Panama aura une influence favorable pour la navigation à voile qui ne sera pas entravée comme à la sortie du canal de Suez par la navigation de la mer Rouge. — J. B.

HISTORIQUE.

Les premiers travaux de canalisation sur notre sol remontent à l'administration romaine. Nous avons dit plus haut que, d'après les historiens, 102 ans avant l'ère chrétienne, Marius aurait fait creuser, par ses soldats, entre le Rhône et la mer, un canal qui fut une source de richesse pour la ville d'Arles. L'industrie des transports par eau paraît avoir été considérable, à cette époque, sur la plupart de nos rivières navigables; car on constate l'existence de nombreuses corporations de bateliers (*nauter*) dirigées par un chef ou patron.

On ignore si cette organisation, favorisée par l'administration romaine, survécut à l'invasion et à la domination germaniques. Il faut, en effet, remonter à Charlemagne pour trouver la trace d'une intervention de l'Etat dans la navigation intérieure. Protégée par le grand empereur et par ses successeurs immédiats, elle eut à souffrir sensiblement, plus tard, de l'invasion normande et du régime féodal. A la suite des continuelles vexations auxquelles ce régime l'exposait, la batellerie, qui ne trouvait d'appui nulle part, résolut de se protéger elle-même. On vit alors renaître les anciennes corporations qui, à l'imitation des communes, sollicitèrent et obtinrent, moyennant finance, des chartes, d'abord des seigneurs et plus tard de l'autorité royale. On constate, au début du XIIᵉ siècle, l'existence d'une corporation de cette nature pour la navigation de la Seine, sous la dénomination de *hanse des marchands de l'eau de Paris*. Elle fut autorisée, par Philippe-Auguste, à créer le port dit de l'*Ecole* et à acquitter la dépense avec le produit d'un droit d'octroi sur les transports dans la traversée de Paris.

Il y a lieu de penser que des associations de même nature s'étaient formées sur les autres grands cours d'eau. L'une d'elles, dite des *Marchands navigateurs*, obtint, en 1402, du roi Charles VI, l'autorisation de percevoir un droit d'octroi, pendant 4 années, sur les bateaux traversant la Loire *pour pouvoir soutenir ses procès contre les seigneurs!* La perception de ce droit fut prolongée, en 1482, par Louis XI, qui en affecta le produit aux réparations du fleuve. En 1498, Charles VIII en étendit la perception à tous les cours d'eau navigables.

L'entretien et la surveillance de la navigation appartenaient exclusivement aux associations locales, lorsqu'en 1508, une ordonnance royale les plaça dans les attributions des Trésoriers de France. Cette intervention de l'Etat dans un service qui touchait aux plus grands intérêts du pays, rendit possible la prompte application de l'invention italienne des *écluses à sas*. Elle eut lieu tout d'abord sur la *Vilaine*, de 1538 à 1575. On a vu plus haut que l'emploi de ces écluses devait permettre la construction des *canaux à point de partage*, destinés à faire communiquer, par le franchissement des faîtes, les divers bassins entre eux. En 1605, Henri IV, sur le conseil de Sully, ordonna la construction, aux frais de l'Etat, du *canal de Briare*, destiné à joindre la Seine à la Loire par la vallée du Loing. Interrompue par la mort du roi, l'œuvre fut reprise en 1638, sous le ministère de Richelieu, par l'industrie privée, le concours de l'Etat se bornant à l'octroi de titres de noblesse et à l'érection du canal en fief seigneurial au profit des constructeurs. En 1642, le canal était ouvert à la circulation. Il avait coûté 10 millions de francs, valeur actuelle.

Ce système de concessions en matière de travaux publics, que justifiait le mauvais état des finances de l'époque, devait continuer à s'appliquer à la canalisation intérieure. Déjà, en 1632, un sieur Denis de Folligny, bourgeois de Paris, avait été autorisé à rendre navigables dans un délai de deux années, les rivières d'*Ourcq, Velles, Chartres, Dreux et Etampes*, moyennant un monopole des transports sur ces cours d'eau pendant vingt ans, et un titre de noblesse pour lui et huit personnes de sa famille. En 1643, un arrêt du Conseil autorise la marquise de Montlaur à canaliser l'*Ardèche* à ses frais, moyennant la concession d'un droit de péage temporaire et la dispense de certaines charges fiscales. En 1644, la construction d'un canal navigable d'*Agde à Beaucaire* est accordée au sieur Jacques Brun, de Brignole, en Provence. En 1655, deux entrepreneurs sont autorisés à rendre navigables les cours d'eau de *Marne, Blaise, Sans, Rougnon et aultres de la généralité de Champagne*, cours d'eau qui avaient probablement, à cette époque, une importance qu'ils ont perdue depuis.

En 1662, Pierre-Paul Riquet présente à Colbert le projet du *canal du Languedoc* (aujourd'hui canal du Midi), destiné à réunir l'Océan à la Méditerranée. Les travaux lui sont adjugés le 14 octobre 1666; l'Etat s'engage à payer les indemnités de terrains et les trois quarts de la dépense, évaluée à 7 millions (monnaie de l'époque), sous la déduction d'une subvention des Etats du Languedoc. Le canal, commencé par Riquet le père, fut achevé par son fils aîné en 1684. En 1675, une concession perpétuelle est faite à un sieur de Solas de la canalisation d'une partie du *Lez*. Un édit de mars 1679, concède le *canal d'Orléans* au duc d'Orléans, frère de Louis XIV. En 1682, le *canal de la Brusche* est ouvert au commerce; il a été construit en exécution des plans stratégiques de Vauban. En 1679, les élections de Montauban, Cahors et Figeac sont imposées pour l'achèvement des écluses du *Lot*, entre Cahors et la Garonne. Le 11 juillet 1682, un arrêt du Conseil frappe les généralités de Bordeaux et Limoges d'une contribution, dont le produit doit être affecté à diverses améliorations sur l'*Isle* et la *Vezère*.

Un arrêt du Conseil du 23 mai 1702 accorde un droit de péage perpétuel au sieur Pierre de la Gardette sur la *Loire* améliorée depuis Roanne jusqu'à Saint-Rambert au moins. Un édit d'octobre 1704, concède à Mᵐᵉ de Maintenon, des droits de la nature de ceux qui sont perçus sur le canal de Briare, pour indemnité de travaux à faire sur l'*Eure*, depuis Chartres jusqu'à Pont-de-l'Arche et les *ruisseaux affluents*. Un droit de péage est concédé, le 24 mai 1708, à la supérieure de l'Union chrétienne de Luçon pour travaux d'amélioration sur le *Clain*, de Châtellerault à la Vienne.

En 1716, le corps des ponts et chaussées est organisé. La création de ce service doit avoir pour résultat de supprimer définitivement les corporations batelières qui ont, d'ailleurs, sensiblement perdu de leur importance. La pénurie du Trésor, épuisé par des guerres incessantes, oblige toutefois à continuer de recourir au régime des concessions. Un projet d'appel au public pour la souscription d'un capital destiné à la construction d'un canal de la Durance à Donzère sur le Rhône, puis à Marseille, échoue complètement. Le gouvernement est plus heureux pour le *canal du Loing*, concédé à titre perpétuel, en 1719, au duc d'Orléans, et livré au commerce en 1724, et pour celui de *Saint-Quentin* à *Chauny* qui, concédé au sieur Crozot, le 4 juin 1732, est terminé en 1738 sur le produit d'une émission d'actions que prend les souscripteurs. Sous l'administration de Daniel Trudaine, placé à la tête du service des ponts et chaussées (1736), l'Etat entreprend le curage et l'endiguement de l'*Escaut*, entre Valenciennes et Cambrai, avec le produit d'une imposition sur la province du Hainaut. En 1752, l'amélioration du *Tarn* et de la *Vire* est l'objet d'une concession à un ingénieur géographe du nom de Bourriau. En 1760, un horloger de Lyon, le sieur Zacharie, entreprend la construction d'un canal de *Rive-de-Gier à Givors*.

Le *canal de Neuffossé*, entrepris dans le siècle précédent, sur les plans de Vauban, et longtemps abandonné, est achevé en 1771, selon les uns, en 1774, selon d'autres. On y avait occupé la troupe, comme pour beaucoup d'autres travaux antérieurs de même nature. En 1769, on commence, aux frais du Trésor, le prolongement du canal *Crozdot* (de Saint-Quentin à Chauny), de Saint-Quentin à la Somme. En 1776, sous Louis XVI, on tente de prolonger la navigation de la *Charente* en amont de Cognac au moyen d'écluses à sas.

A la date du 24 juin 1777, un arrêt du Conseil, complétant l'organisation des ponts et chaussées, déclare que *tous les ouvrages ayant pour objet la sûreté et la facilité de la navigation et du hâlage font partie des ouvrages publics.* En 1783, les Etats de Bourgogne deviennent concessionnaires de trois projets de canaux à points de partage qu'ils entreprennent simultanément et à leurs frais ; savoir : celui du *Charolais* (aujourd'hui *canal du Centre*) ; celui de *Bourgogne* ; enfin, celui de *Franche-Comté* (partie du canal du Rhône au Rhin, entre la Saône et le Doubs), dont la dépense incombe pour deux tiers à la Franche-Comté. En 1784, est prescrite l'exécution du canal du *Nivernais*, dont les travaux sont commencés immédiatement.

Nous arrivons à la Révolution de 1789. Le décret du 15 janvier 1790, qui divise la France en départements, réunit au domaine public les voies de navigation appartenant aux Etats. En 1791, les canaux d'*Orléans* et du *Loing* et la part dévolue à la famille de Caraman dans le canal du *Languedoc*, sont confisqués au profit de l'Etat.

« A la fin du xviii° siècle, dit M. l'ingénieur Félix Lucas (à l'intéressante brochure duquel nous empruntons, en les abrégeant, les éléments de cette notice, — *Voies de communication de la France, navigation intérieure*, 1873), la longueur des canaux livrés au commerce est d'environ 1,000 kilomètres. Seuls ceux de *Briare*, de la *Dive*, de *Givors*, de *Pont-de-Vaux*, de *Grave* et *Lunel*, ont échappé à la confiscation ; tous les autres sont administrés par l'Etat. »

Nous entrons dans une période féconde en travaux publics. Il est pourvu, par une concession temporaire (loi du 25 ventôse an IX et traité du 27 floréal suivant), à l'achèvement des canaux de *Beaucaire* et de la *Radelle*. L'établissement d'un canal de dérivation destiné à conduire l'*Ourcq* dans le bassin de la Villette, pour de là, être prolongé jusqu'à la Seine par des canaux navigables, est prescrit par la loi du 29 floréal an X. Celle du 30 floréal, même année, établit un droit de navigation sur tous les fleuves et rivières navigables, et l'arrêté du 8 prairial an XI règle les conditions de la perception de ce droit.

Les canaux de *Saint-Quentin*, de *Bourgogne*, du *Rhône au Rhin* et du *Nivernais* sont continués, aux frais du Trésor, sous le Consulat et l'Empire, et on entreprend ceux d'*Arles à Bouc*, d'*Ille* et *Rance*, du *Blavet*, de la *Haute-Seine*, de *Marans à La Rochelle*, de *Mons à Condé*, du *Berry* et des *salines de Dieuze*.

Pour créer des ressources applicables aux travaux de canalisation, un décret du 21 mars 1808 ordonne l'aliénation par l'Etat des canaux d'Orléans et du Loing, ainsi que la part lui appartenant sur le canal du Midi. Mais le produit de ces ventes ne reçoit pas l'affectation projetée.

« De 1800 à 1813, dit M. Lucas, la longueur des canaux livrés à la navigation s'est accrue d'environ 200 kilomètres. »

Dans la première année du gouvernement de la Restauration (fin 1814), le canal de *Mons à Condé* est ouvert à la navigation, moins deux écluses à construire sur la partie française. Il y est pourvu par les ordonnances royales des 9 avril et 22 octobre 1817, qui concèdent à un entrepreneur du nom d'Honorez, un droit de péage sur ces deux écluses et sur celle de *Fresnes* sur l'Escaut. Une loi du 13 mai 1818 concède au même entrepreneur le canal de la *Sensée* et l'écluse d'*Iwuy* sur l'Escaut.

L'argent manquant pour entreprendre les 2,760 kilo-

mètres de canaux à terminer, et ceux dont la construction paraît indispensable au gouvernement de l'époque, les lois des 5 août 1821 et 14 août 1822 autorisent des emprunts qui procurent à l'Etat une somme de 128,600,000 francs. Avec cette ressource, l'Etat entreprend la canalisation de l'*Isle*, de son embouchure à Périgueux, puis la construction ou la continuation des canaux des *Ardennes*, d'*Arles à Bouc*, du *Berry*, du *Blavet*, de *Bourgogne*, d'*Ille* et *Rance*, *latéral à la Loire*, de *Nantes à Brest*, du *Nivernais*, de l'*Oise*, du *Rhône au Rhin* et de *Somme-et-Manicamp*, dont la longueur totale doit atteindre 2,243 kilomètres. Des crédits spéciaux permettent, en outre, de continuer le canal de *Marans à La Rochelle* et de pourvoir à l'amélioration de quelques autres. Il est procédé à l'achèvement du canal de *Saint-Maur* (dérivation de la Marne) avec le produit de la location de la surabondance de ses eaux. Enfin on applique le système des concessions temporaires ou perpétuelles aux canaux des *Etangs*, d'*Aire à la Bassée*, de la *Deule*, de la *Dive*, de *Roubaix*, de la *Sambre*, de *Saint-Quentin* et de *Dunkerque à Furnes*.

M. Lucas évalue à environ 900 kilomètres la longueur des canaux livrés au commerce sous la Restauration.

Au moment du nouveau règne, 115 millions avaient été affectés aux canaux de 1821 et 1822. Le surplus de l'emprunt, soit 13,600,000 francs étant insuffisant pour achever leur construction, le nouveau gouvernement dut consacrer à la même destination près de 100 millions. Les travaux ne furent achevés qu'en 1842.

Parmi les autres travaux de même nature, effectués sous le même règne, citons le canal de la *Haute-Seine*, commencé sous l'Empire et continué aux frais de l'Etat à partir de 1830, des canaux de la *Marne au Rhin*, *latéral à l'Aisne*, de l'*Aisne à la Marne*, *latéral à la Marne* et *latéral à la Garonne*. Mentionnons aussi la concession du canal de la *Sambre à l'Oise*, de la *Scarpe* inférieure et du canal de *Vire* et *Tante*.

De 1848 à 1852, on continue le canal *latéral à la Garonne*, les canaux de la *Marne* au *Rhin*, de l'*Aisne à la Marne* et de la *Haute-Seine* ; on termine avec succès la canalisation partielle ou endiguement de la Seine maritime entre Villequier et Aizier (28 kilomètres).

Parmi les entreprises semblables, auxquelles fait songer la nécessité d'occuper les ouvriers des ateliers nationaux, il faut citer le prolongement du canal de la *Haute-Seine* et l'exécution d'un canal dérivé de la Sauldre pour l'amélioration de la Sologne.

Dans cette période, le réseau des canaux s'est accru de 400 kilomètres.

Le second Empire devait avant tout se préoccuper de l'extension de notre réseau ferré. Il réduit donc les crédits affectés à la navigation intérieure, sans abandonner toutefois les travaux commencés. C'est ainsi qu'il continue l'endiguement de la Seine maritime. On lui doit aussi le rachat des actions de jouissance des compagnies du *Rhône au Rhin*, des *quatre canaux* et de *Bourgogne* (loi du 3 mai 1853).

On lui a reproché, comme une faute grave, la concession du canal *latéral à la Garonne* à la compagnie des chemins de fer du Midi, déjà propriétaire du canal de *Languedoc* ; il supprimait ainsi, en effet, au préjudice du bon marché des transports, la concurrence de la voie fluviale et de la voie ferrée.

Vers 1860, un revirement d'opinion paraît se faire au profit des voies navigables, considérées comme le modérateur indispensable du monopole accordé aux chemins de fer. Diverses mesures sont prises pour faire naître ou renaître une concurrence jugée indispensable. Ainsi l'administration supprime les tarifs de faveur (tarifs dits d'*abonnement*) accordés aux expéditeurs qui s'engagent à renoncer à tout autre mode de transport. L'Etat rachète ceux des canaux de 1821 et 1822 qui n'ont pas été compris dans la loi du 3 mai 1853, ainsi qu'un certain nombre

CANA

d'autres canaux concédés (lois des 28 juillet et 1er août 1860). D'un autre côté, les droits de navigation sur les canaux administrés par l'Etat sont réduits par les décrets des 22 août 1860 et 9 février 1867.

N'oublions pas l'amélioration sur une large échelle des anciens canaux et la continuation des nouveaux, notamment la mise en exploitation, en 1866, du canal des houillères de la *Sarre*, entrepris en 1862, et du canal de la *Haute-Marne*, de Vitry à Chamouilley ; le creuse-

ment, jusqu'à l'embouchure du Rhône, du canal *Saint-Louis.*

M. Lucas estime à un peu moins de 500 kilomètres la longueur totale des canaux ou canalisations de rivières terminés sous le second Empire, qui, selon cet ingénieur, s'est beaucoup plus occupé d'améliorer le réseau navigable que de l'agrandir.

Les dépenses pour les canaux, réparties entre les quatre périodes ci-après, ont atteint les chiffres suivants :

TRAVAUX	1814-30	1831-47	1848-51	1852-70
Extraordinaires. .	142.591.000	248.461.000	17.572.000	65.697.000
Ordinaires. . . .	»	38.852.000	6.842.000	90.099.000
TOTAUX . . .	142.591.000	287.313.000	24.414.000	155.796.000

Il n'existe pas de documents qui nous permettent de déterminer la dépense faite depuis 1870 jusqu'à nos jours.

Nous ne saurions terminer cet historique sans reproduire les principales dispositions de la loi du 5 août 1879, qui a tracé tout un programme de travaux neufs ou d'améliorations destinés à mettre notre réseau de canaux à la hauteur des besoins.

LOI DU 5 AOUT 1879.

Pour bien comprendre l'économie de cette loi, il est indispensable de rappeler que notre réseau est loin d'avoir été construit d'après des règles uniformes au point de vue de la longueur, de la largeur, de la profondeur, ainsi que de la dimension des écluses. Citons quelques exemples en ce qui concerne les écluses et le mouillage (profondeur).

Si nous prenons le groupe des canaux du Nord, nous trouvons que le canal de Saint-Quentin, qui réunit l'Oise à l'Escaut par le canal de Manicamp à Chauny, et fait partie de l'importante voie de communication de Paris à Mons, a deux types différents d'écluses : les unes de 6m,40 et 6m,70 de largeur sur 38 mètres de longueur (de Chauny à Saint-Quentin) ; les autres (de Saint-Quentin à Cambrai) de 5m,20 sur 35 mètres avec un mouillage de 2 mètres.

Le canal de la Sambre à l'Oise (ligne de Paris à Charleroi) a des écluses de 5m,20 sur 42 mètres de largeur, avec un mouillage réduit à 1m,60.

Sur la Sambre canalisée, qui fait suite à ce canal, il existe des écluses de 5m,20 sur 41m,50 avec un mouillage de 2 mètres.

Le canal latéral à l'Oise et de Manicamp, à l'extrémité duquel viennent aboutir les deux lignes de l'Escaut et de la Sambre, présente des écluses de 6m,50 de largeur sur 40 mètres de longueur. Sur l'Oise canalisée, qui fait suite à ce canal, les écluses ont 8 mètres de large sur 51 de longueur. L'Oise débouche à Conflans dans la Seine, dont les écluses ont 12 mètres de largeur sur 113 de longueur.

On voit que, sur la Seine et sur l'Oise, la dimension des écluses permet de faire naviguer des bateaux dits *chalands* ou *picards* portant 400 et même 500 tonnes ; que la Sambre ne peut admettre que des péniches flamandes de 280 tonnes ; mais que, sur la ligne de Mons, le chargement est réduit à 260 tonnes et que, par conséquent, pour qu'un bateau puisse naviguer sur l'ensemble du

réseau, il faut que ses dimensions correspondent aux types d'écluses minima, c'est-à-dire de 5m.20 sur 38 mètres de longueur, qui limitent son chargement à 250 ou 260 tonnes.

Et il s'agit ici de la partie du réseau qui a été établie dans les meilleures conditions. Si l'on faisait la même recherche pour la partie la moins favorisée, on trouverait des différences encore plus considérables. Il en résulte que chacune de nos voies navigables présente des conditions qui lui sont propres et qu'aucune vue d'ensemble, même dans ces derniers temps, n'a présidé à leur établissement.

C'est à ce grave inconvénient, qui rétrécit sensiblement la sphère d'action de nos canaux, en ne permettant pas au même bateau, non seulement de naviguer de l'un sur l'autre, mais encore de parcourir toute l'étendue de la même voie d'eau, — que la loi du 5 août 1879 a entendu remédier, mais dans un avenir plus ou moins éloigné, c'est-à-dire dans la mesure des ressources qui peuvent être mises, chaque année, à la disposition du ministère compétent.

Aux termes de l'art. 1er, les voies navigables sont, suivant la nature et l'importance des besoins qu'elles desservent, divisées en lignes *principales* et lignes *secondaires*. Les premières sont administrées par l'Etat. Les autres peuvent être concédées avec ou sans subvention et pour un temps limité. Aux termes de l'article 2, les lignes principales doivent avoir, au minimum, les dimensions suivantes : profondeur d'eau, 2 mètres ; largeur des écluses, 5m,20 ; longueur des écluses, entre la corde du mur de chute et l'enclave des portes d'aval, 38m,50 ; hauteur libre sous les ponts (pour les canaux), 3m,70. L'article 3 classe comme lignes principales les voies navigables ci-après :

1º Ligne de Paris à la frontière belge vers Mons, empruntant les rivières et canaux ci-après : Seine, Oise canalisée, canal latéral à l'Oise, canal de Manicamp, canal de Saint-Quentin, Escaut, canal de Mons à Condé ; 2º embranchement de la ligne précédente vers Charleroi, empruntant le canal de la Sambre à l'Oise et la Sambre canalisée ; 3º ligne de jonction de l'Oise à la Meuse, empruntant l'Aisne canalisée, le canal latéral à l'Aisne et le canal des Ardennes ; 4º ligne de jonction de l'Escaut à la mer du Nord, empruntant le canal de la Sensée, la Scarpe moyenne, la Deule, le canal d'Aire à la Bassée, le canal de Neuffossé, l'Aa, le canal de Calais et le canal de Bourbourg; 5° embranchement de la ligne précédente vers la frontière belge : canal de Dunkerque à Furnes et canal de Bergues, canal de la Colme, Lys canalisée, canal de la Deule et canal de Roubaix, Scarpe inférieure et Escaut de Condé; 6° canal de la Somme, de Saint-Simon, point d'embranchement sur le canal Saint-Quentin, à la baie de la Somme; 7° ligne de Paris à la frontière de l'Est, par la Marne, le canal à la Marne le canal de la Marne au Rhin, la Moselle canalisée; 8° canal de l'Est, de Givet à Port-sur-Saône, empruntant la Meuse canalisée, le canal de la Marne au Rhin, la Moselle et le canal de la Moselle à la Saône, branches de Nancy et d'Epinal; 9° canal du Rhône au Rhin; 10° jonction des lignes du Nord et de l'Est, canal de l'Aisne à la Marne; 11° ligne de la Manche à la Méditerranée, par la Seine, l'Yonne, le canal de Bourgogne, la Saône et le Rhône; 12° jonction du canal de l'Est avec la ligne précédente : Saône, de Port-sur-Saône à Saint-Jean-de-Losne; 13° canal de la Haute-Marne, s'embranchant à Vitry-le-Français sur le canal de la Marne au Rhin et se prolongeant jusqu'à Donjeux; 14° jonction de la Seine à la Loire : canaux du Loing, de Briare et d'Orléans; 15° ligne latérale à la Loire : canal de Roanne à Digoin, canal latéral de Digoin à Châtillon-sur-Loire; 16° jonction de la Saône à la Loire : canal du Centre; 17° ligne de l'Océan à la Méditerranée : Garonne, canal latéral à la Garonne, canal du Midi; 18° jonction du Rhône à la ligne précédente : canal de Beaucaire, canal de la Radelle, canal des Etangs; 19° lignes du Sud-Ouest : Charente, Sèvre-Niortaise, canal de Marans à La Rochelle; 20° canal de Berry et Cher canalisé;

Les lignes qui précèdent ou existent ou sont en construction. Les lignes à construire et destinées à faire également partie du réseau principal sont les suivantes :

21° Jonction de l'Oise à l'Aisne; 22° jonction de la Marne à la Saône; 23° jonction du Doubs à la Saône, de Montbéliard à Conflandey; 24° jonction de l'Escaut à la Meuse; 25° canal latéral à la Loire, d'Orléans à Nantes; 26° jonction du bassin de la Loire au bassin de la Garonne; 27° canal latéral à l'étang de Thau; 28° prolongement du canal latéral à la Loire, de Roanne à Saint-Rambert et de la Fouillouse; 29° canal destiné à mettre en communication la région industrielle du Nord avec Paris; 30° canal du Havre à Tancarville.

Aux termes de l'article 5, les canaux actuellement concédés qui sont classés, par la loi que nous analysons, comme lignes pricipales seront rachetés au fur et à mesure que les ressources du budget et les circonstances le permettront.

L'article 7 dispose que les travaux de construction ou de transformation des voies navigables énumérées au tableau annexé à la loi seront exécutés successivement, en tenant compte de l'importance des intérêts engagés ainsi que du concours financier qui sera offert par les départements, les communes et les particuliers.

Enfin, conformément à l'article 8, il doit être pourvu à l'exécution de ces travaux au moyen des ressources extraordinaires inscrites au budget de chaque exercice.

A la loi est annexé un tableau qui spécifie sommairement la nature des travaux d'amélioration à faire aux canaux existants ou en cours de construction, et indique, en ce qui concerne les lignes nouvelles à créer, les aboutissants de ces lignes avec la distinction entre celles qui sont classées comme principales et comme secondaires.

Les canaux votés par les Chambres, jusqu'à ce jour, en exécution de cette loi, sont les suivants : canal de navigation dans la vallée de la Chiers, entre Longwy et la Meuse à Mouzon; canal de Pierrelatte; canal (vivement réclamé par les intéressés) du Nord sur Paris; canal du Havre à Tancarville; canal de Couet; canal de Dombasle à Saint-Dié; canal de l'Est; amélioration du canal du Centre.

Une loi a prescrit, en outre, le rachat du canal de Beaucaire et de la Rudelle.

Mentionnons encore, en ce qui concerne les rivières canalisées, l'amélioration de la Seine dans la traversée de Paris; celle de la Garonne maritime et de la Gironde supérieure.

Terminons par un renseignement financier. Au budget du ministère des travaux publics de 1882, les canaux figurent, au service ordinaire, pour une somme de 4,800,000 francs (4,600,000 francs au budget de 1881), et, au service extraordinaire, pour 50 millions (54,500,000 francs en 1881). La diminution s'explique par l'achèvement probable, en 1882, du canal de l'Est.

STATISTIQUE. Le tableau suivant, emprunté aux sources officielles, fait connaître les quantités kilométriques (transportées à 1 kilomètre) des marchandises transportées, de 1869 à 1879, sur les canaux et les rivières canalisées (nous omettons les années 1870 et 1871) :

ANNÉES	MARCHANDISES	BOIS FLOTTÉS
	tonnes	mètres cubes
1869	1.072.140.035	71.257.067
1872	1.023.936.875	65.821.313
1873	1.005.347.765	53.156.120
1874	1.026.099.296	60.786.109
1875	1.133.433.764	51.241.156
1876	1.132.316.520	50.937.532
1877	1.208.763.836	49.704.681
1878	1.159.907.216	34.189.801
1879	1.181.217.365	50.259.009

Il est assez remarquable qu'en ce qui concerne les marchandises, la batellerie semble n'avoir pas trop souffert de la concurrence des chemins de fer, et cela, malgré les imperfections nombreuses de notre réseau de canaux ou de rivières canalisées. Cependant, on constate un état à peu près stationnaire, avec des oscillations peu considérables; mais cet état cessera certainement le jour où, soit les améliorations, soit les créations nouvelles décrétées par la loi de 1879, auront été réalisées, les canaux et rivières canalisées répondant à des besoins d'une autre nature que les chemins de fer et devant jouer un jour, dans l'ensemble des transports, un rôle peut être aussi considérable. Quant aux bois flottés, la diminution, continue jusqu'en 1878, des quantités livrées aux canaux peut s'expliquer aussi bien par la diminution de la consommation des bois combustibles, progressivement remplacés par la houille et l'anthracite, que par la concurrence des chemins de fer.

La statistique de 1879 — la dernière publiée au moment où nous écrivons — appelle particulièrement notre attention.

Et, tout d'abord, il importe de savoir qu'au point de vue de la perception des droits de navigation, la loi distingue deux classes de marchandises. La première comprend : les boissons, les comestibles (denrées coloniales comprises), les métaux ouvrés, les armes, les machines, les voitures, puis les matières premières de l'industrie (soie, coton, laine, chanvre, lin), les tissus et un grand nombre de produits fabriqués d'une certaine valeur.

Pour ces marchandises, le droit de navigation perçu au profit de l'Etat est, sur les canaux et rivières assimilées, de 0 fr. 005 par tonne de 1,000 kilogrammes.

La deuxième classe comprend ce que nous appellerons les produits pondéreux : métaux non ouvrés, minerais, asphalte, bitume, goudron, etc. ; la houille et le coke ; les bois de toute espèce, le charbon de bois, la tourbe, les matériaux de construction de toute nature ; les betteraves, fourrages et engrais ; enfin les drogueries, les substances tinctoriales, les produits chimiques, les sels, soudes, soufres, vernis, mélasse, etc.

Pour ces produits, le droit au profit de l'Etat, est de 0,002.

En ce qui concerne les bois flottés, il est de 0 fr. 002 par mètre cube.

Au 31 décembre 1879, les cours d'eau ci-après *soumis aux droits de navigation* avaient les longueurs qui suivent :

Canaux assimilés aux rivières.	560 kil.
Canaux.	2,787 —
Rivières assimilées aux canaux. . . .	335 —
	3,682 kil.

D'après M. Félix Luças (*opere citato*), le nombre des canaux livrés à la circulation, au moment de la guerre de 1870 était de 56, ayant une longueur totale de 4,754 kilomètres. Le plus grand nombre était administré par l'Etat. La longueur concédée à diverses compagnies ne s'élevait qu'à 964 kilomètres, comprenant : 1° les canaux de *Beaucaire*, de *Coutances*, de *Dive* et *Thouet*, latéral à la *Garonne*, du *Midi*, de *Givors*, de *Paris*, de *Sambre à l'Oise* (y compris la *Sambre* canalisée), et de *Vire* et *Taute*; 2° les embranchements de *Nœux* (Aire à la Bassée) et de *Séclin* (Deule); 3° une longueur de 13 kil. 3 du canal de *Dunkerque à Furnes*, une longueur de 9 kil. 6 du *Lez* et une longueur de 8 kil. 7 du canal de *Lunel*.

Quelques canaux desservent surtout des intérêts maritimes : ce sont ceux de *Bouc à Martigues*, de *Caen à la mer*, d'*Eu au Tréport*, de la *Somme* (partie comprise entre Abbeville et Saint-Valery). Leurs longueurs réunies s'élèvent à 51 kilomètres. Ils ont un tirant de 3 à 6 mètres. Les canaux de *Caen à la mer*, de la *Charente à la Seudre*, de *Coutances*, d'*Eu au Tréport*, de *Luçon*, de *Vire* et *Taute*, ayant ensemble 105 kil. 5, ne sont pas reliés au réseau général de navigation.

Les rivières canalisées avaient, à la même date, une longueur totale de 3,323 kilomètres.

Dans le courant de 1879, les transports kilométriques sur les voies navigables soumises aux droits, pour les marchandises de première classe ont été : sur les canaux assimilés aux rivières, de 2,429,092 tonnes; sur les canaux, de 63,699,658 tonnes; sur les rivières assimilées aux canaux, de 20,433,192 tonnes ; — pour les marchandises de la 2° classe, nous trouvons les chiffres ci-après : canaux assimilés aux rivières 17,402,680 tonnes ; canaux, 855,070,926 tonnes ; rivières assimilées aux canaux, 242,013,589 tonnes.

Pour les bois flottés, nous avons les quantités de mètres cubes transportées, à 1 kilomètre ci-après :

Canaux assimilés aux rivières. .	»
Canaux.	50,058,826
Rivières assimilées	190,183

Ainsi, les bois empruntent presque exclusivement les canaux proprement dits, mais en moindre quantité que les fleuves et rivières, dont le contingent, en 1879, a été de 73,103,649 mètres cubes.

EFFETS ÉCONOMIQUES. Les avantages et les inconvénients des canaux comparés aux chemins de fer sont trop connus pour que nous nous y arrêtions longtemps. Le transport par canal en France — au moins pour les canaux administrés par l'Etat — n'étant soumis qu'à un droit de navigation minime, et le canal n'ayant rien coûté au batelier, qui n'acquitte pas même les frais d'entretien, et,par conséquent, n'a pas de capital à rémunérer et à amortir (hors celui que représente son bateau), ce transport, disons-nous, même en y comprenant les frais de halage et de main-d'œuvre, doit coûter moins cher que celui du chemin de fer qui, (sauf en ce qui concerne le réseau construit sous le régime de la loi de 1842), représente un capital considérable. De là, pour ce dernier, la nécessité d'un tarif plus élevé.

A ce point de vue, le canal procure au pays, — toujours en France et pour les canaux de l'Etat, — de plus fortes économies que la voie ferrée, au moins pour les marchandises dont le transport n'exige ni célérité, ni régularité. Mais, il ne peut donner ce résultat qu'à la double condition : 1° d'opérer, par sa longueur et ses dimensions, les transports sans transbordements à de grandes distances; 2° de permettre, par une profondeur d'eau et des écluses de dimensions suffisantes, l'emploi de bateaux d'un fort tonnage, les frais de traction, sur la voie d'eau, étant en raison inverse de la dimension des véhicules.

Mais, pour apprécier les frais comparatifs de la traction par les deux voies de communication, il importe de raisonner dans l'hypothèse où, comme en Angleterre et autres pays, les canaux construits par des compagnies auraient aussi un capital à rémunérer et à amortir.

Se plaçant à ce point de vue, un ingénieur civil, M. Ch. Cotard, a fait les calculs suivants (*Sur la question des voies navigables, 1880*) :

Le montant des dépenses effectuées au 31 décembre 1879, pour l'établissement de canaux proprement dits s'élevait — y compris les frais d'entretien courant et les grosses réparations — à 785,862,000 francs, soit, pour 4,754 kilomètres, un coût kilométrique de 165,300 francs. La dépense prévue par le ministre (exposé des motifs de la loi 1879) pour l'amélioration des voies navigables existantes est évaluée à 450 millions. En admettant une répartition proportionnelle de cette somme entre les diverses voies navigables, il faut ajouter 40,000 francs au coût de 165,300 francs, soit une dépense totale de 205,300 francs par kilomètre de canal. Quant aux lignes nouvelles à construire conformément aux dispositions de la loi de 1879, leur coût kilométrique est évalué en moyenne à 213,000 francs. En supposant que ces lignes soient établies d'après les nouveaux types adoptés, leur coût moyen, y compris les intérêts des capitaux pendant la construction, ne saurait dépasser 250,000 francs, prix qui s'applique aux lignes principales et qui serait trop élevé si l'on comprenait, dans l'ensemble des voies navigables à construire, les rivières canalisées, dont les frais d'établissement sont sensiblement moindres.

Voici maintenant ce qu'ont coûté les chemins de fer en France. D'après les documents publiés en 1879 par le ministère des travaux publics, les 20,284 kilomètres exploités à cette époque avaient absorbé une somme de 9,002,558,283 francs, dépense à laquelle avaient contribué : l'Etat pour 14,6, les compagnies pour 85, et divers pour 0,4 0/0. Or, ce chiffre de 9 milliards représente une dépense moyenne de 445,000 francs.

Les frais d'entretien sur les canaux — en supposant cet entretien conforme aux besoins — peut être évalué au maximum de 1800 francs par an et par kilomètre. Or, en 1878, les frais d'entretien, de surveillance et de renouvellement de la voie sur l'ensemble des réseaux des grandes compagnies de chemin de fer ont monté à 104,953,840 francs, soit, pour un ensemble de 18,244 kilomètres, 5,750 francs par kilomètre.

Quant aux frais d'exploitation et de traction, M. Molins (*Navigation intérieure de la France*, 1875), examinant, à ce point de vue, la dépense d'un bateau de 260 tonnes pour un voyage de Mons à Paris, arrive à cette conclusion que le prix de revient de la tonne kilométrique transportée sur des canaux bien construits et exploités ne doit pas dépasser un centime. Le coût du transport sur les voies ferrées est beaucoup plus élevé. Dans une communication à la société des ingénieurs civils (19 mars 1880), M. Lejeune a démontré que le prix de revient moyen du transport de l'unité kilométrique sur l'ensemble des réseaux des six grandes compagnies est de 3 centimes 25 ; or ce prix, qui doit être considéré comme le prix moyen de la petite vitesse, peut servir de base à l'établissement du coût, sur les chemins de fer, des transports analogues à ceux des canaux.

De tout ce qui précède, dit M. Cotard, on est amené à conclure, que les canaux nouveaux ou améliorés présenteront, sur les voies ferrées actuelles, une économie kilométrique d'environ 45 0/0 sur le coût d'établissement ; de 60 0/0 sur les frais spéciaux de transport.

Dans ces conditions, il est évident que l'Etat doit au pays de ne pas faire porter exclusivement ses faveurs sur la voie ferrée, et la loi du 5 août 1879, témoigne suffisamment, d'ailleurs, de sa juste appréciation des services que la batellerie rend, même en ce moment, malgré les imperfections de nos voies navigables, et surtout qu'elle rendra plus tard — après la mise à exécution de la loi de 1879 — aux forces productives du pays.

Mais la loi ne pourra jamais supprimer les inconvénients inhérents aux canaux et qui constituent leur infériorité permanente par rapport au chemin de fer.

Les plus graves de ces inconvénients (en dehors de l'irrégularité et de la lenteur des transports), sont les suivants : 1° interruption de la naviga-tion par les glaces, par les sécheresses prolongées, par les nécessités du curage annuel et de l'entretien ; 2° impossibilité de transporter, dans un délai déterminé, au delà d'une certaine quantité de produits, les bateaux, par suite de l'insuffisance de la largeur des écluses et du canal, étant obligés de se suivre et de marcher à la suite les uns des autres ; 3° nécessité, dans l'intérêt d'une construction à bon marché d'éviter les travaux d'art, de s'éloigner des centres de population, et de recourir à des sinuosités qui, en retardant l'arrivée des marchandises à destination, augmentent les frais de transport ; 4° obligation de construire les canaux dans le voisinage d'un cours d'eau destiné à les alimenter.

Ces causes d'infériorité vis-à-vis de la voie ferrée sont telles, qu'on s'est demandé si les deux voies de communication peuvent coexister et non seulement ne pas se nuire, mais encore se prêter un mutuel appui ?

Disons tout d'abord que leur coexistence a, pour le pays, cet avantage d'établir une concurrence qui détermine l'abaissement des tarifs jusqu'au point où ils cesseraient d'être rémunérateurs. Cet effet s'est produit en France et sera bien plus sensible encore quand il aura été procédé à l'ouverture des lignes nouvelles et à l'amélioration des anciennes. Mais, bien que, surtout depuis le vote de la loi de 1879, la lutte entre la voie d'eau et la voie ferrée ait été très vive, cependant les documents officiels témoignent de la force de résistance de la première, puis qu'en 1879, elle a transporté (en réunissant les canaux assimilés aux rivières, les canaux et les rivières assimilés aux canaux), une masse de 1,200,959,137 tonnes kilométriques, sans compter 49,417,972 mètres cubes de bois flottés.

La batellerie et le chemin de fer peuvent donc vivre ensemble et réaliser d'honnêtes bénéfices.

Ce n'est pas, d'ailleurs, qu'en France que cette concurrence existe ; on la retrouve dans d'autres pays. En Allemagne, les chemins de fer construits sur les deux rives du Rhin, ont un excellent trafic et celui du fleuve n'est pas moins important. En Amérique, le New-York central et le chemin de l'Erié transportent chacun 7 millions 1/2 de tonnes et cependant le canal de l'Erié qu'ils côtoient, et qui va de l'Hudson au lac Erié, en transporte 5 millions 1/2. Mais, sans aller chercher nos exemples au dehors, nous ferons remarquer que, chez nous, les lignes ferrées qui transportent le plus de marchandises sont celles qui, au Nord, côtoient la Seine et l'Oise, et, au sud de Paris, la grande ligne de Paris à Marseille, qui suit la haute Seine, l'Yonne, la Saône et le Rhône.

Pour donner aux canaux un nouvel élément de prospérité, un député a demandé à la chambre, dans sa séance du 2 août 1879, la suppression des droits de navigation. Cette demande n'a pas été accueillie.

Le produit de ces droits qui, en définitive, n'est que la rémunération d'un service rendu, a été de 4,390,781 francs en 1879 et de 4,273,303 francs en 1878. Mais il faut déduire de ces sommes la part afférente aux ponts à péage et les frais de perception qui sont d'environ 400,000 francs. — A. L.

Canal. 2º *T. de fact. de mus.* On donne ce nom aux tubes qui, dans les instruments en bois ou en cuivre, permettent de faire communiquer entre elles les différentes parties de la colonne sonore. Le nom de canal s'applique surtout à la portion inférieure du basson qui relie les deux branches d'inégales longueurs, le canal est armé d'une petite pompe pour faciliter l'écoulement de l'eau. || 3º *T. de manuf.* On donne ce nom au morceau de bois creux appliqué sur l'ensuple pour garantir l'ouvrier des pointes d'aiguilles qui fixent le velours ciselé sur le métier. || Cannelure qui reçoit la verge, dans un métier. || 4º *T. d'arqueb.* Dans le bois d'un fusil ou d'une autre arme à feu, creux pratiqué pour y loger la baguette et qu'on nomme *canal de baguette.* || *Canal de lumière,* creux pratiqué dans le tonnerre d'une arme à feu pour conduire l'inflammation de l'amorce jusqu'à la charge. || 5º *T. d'arch.* Refouillement droit ou courbe, simple ou composé.

** **CANALISATION.** *T. de p. et chauss. et de trav. publ.* Action de canaliser un fleuve, une rivière, pour les rendre navigables; de percer de canaux, un pays, une contrée. (V. Canal, Rivière canalisée.) Par extension, on applique le même mot au réseau de conduits ou tuyaux au moyen desquels on transmet et distribue à toutes distances et dans toutes les directions voulues, les fluides tels que l'eau, le gaz, la vapeur, etc.

Les canalisations sont à ciel ouvert ou bien fermées; dans ce dernier cas, elles sont établies au moyen de tuyaux en matières diverses.

Celles à ciel ouvert s'obtiennent par *canaux, aqueducs, égouts, rigoles, gouttières, cheneaux.* — V. ces différents mots.

Les canalisations fermées sont employées pour l'eau, la vapeur et le gaz. Elles comprennent l'étude de la distribution (V. Distribution et Elévation d'eau) et l'étude des tuyaux avec leurs joints; c'est cette partie de la canalisation que nous allons indiquer.

Les tuyaux de canalisation se font en différentes matières; pour l'eau on emploie la terre, le ciment, le zinc, le plomb, le cuivre, la fonte, le fer et la tôle.

TUYAUX EN TERRE CUITE ET EN GRÈS.

Quand la canalisation n'est pas pour l'eau forcée, on peut employer des tuyaux en terre cuite; c'est le cas des drainages que l'on fait pour certains terrains trop humides. Les tuyaux en terre ont, dans ce cas, 0ᵐ,30 à 0ᵐ,40 de longueur; ils sont coniques et s'emboîtent les uns dans les autres, de quelques centimètres; les joints, qui n'ont pas besoin d'être étanches, sont faits en terre grasse.

Lorsque l'eau est forcée, c'est-à-dire quelle a une certaine pression, on emploie des tuyaux en grès fin émaillés à l'intérieur avec joints à manchon; pour l'écoulement des eaux ménagères et pluviales, on peut employer des tuyaux en grès (système Doulton); les joints se font en ciment,

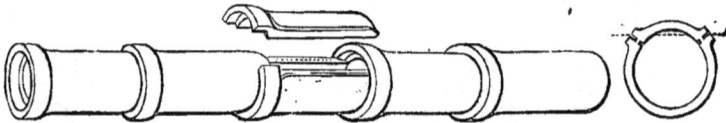

Fig 117. — *Tuyau en grès.*

mais alors les tuyaux portent à une extrémité un renflement qu'on appelle *collet* ou *emboîtement,* tandis que l'autre extrémité est droite pour pouvoir la faire entrer dans le collet du tuyau suivant. Notre figure 117 représente un ensemble de tuyaux dont l'un d'eux est operculaire pour faciliter l'examen et le nettoyage de la conduite.

On garnit de ciment le joint pour le rendre étanche. Ces tuyaux Doulton sont très solides, car ils ont de 2 à 3 centimètres d'épaisseur.

On en fait aussi en ciment, dont la composition est de 1 volume de ciment, 1 volume de sable et 1 à 2 volumes de gravier.

On fabrique le plus souvent ces tuyaux sur place, et dans la fouille même qui doit recevoir la canalisation. On se sert pour cela d'un moule dans lequel on coule le béton au ciment indiqué ci-dessus; on retire ensuite le moule que l'on replace plus loin. Il faut avoir soin de laisser un joint tous les 8 ou 10 mètres pour permettre les quelques retraits qui peuvent se produire. Avant de

remblayer la fouille on a soin de faire un scellement annulaire pour souder les tronçons entre eux.

L'épaisseur des tuyaux varie suivant leur diamètre de 4 à 10 centimètres.

TUYAUX MÉTALLIQUES

Les tuyaux métalliques sont beaucoup plus employés que les autres; à part les tuyaux en zinc qui ne servent que pour l'eau sans pression, et les tuyaux de plomb, qui ne s'emploient que pour l'eau et le gaz, les tuyaux métalliques sont adoptés pour les canalisations d'eau, de vapeur ou de gaz.

Tuyaux en zinc. Ces tuyaux, qui ne conviennent que pour l'eau sans pression, se fabriquent avec des feuilles de zinc roulées et soudées. On les adopte dans certains cas pour tuyaux de descente.

Tuyaux en plomb. Ils conviennent aux canalisations d'eau et de gaz des lieux habités. On les fabrique en coulant un gros tuyau d'une petite longueur que l'on étire ensuite à la filière au moyen du banc à tirer.

La jonction des différents tuyaux s'opère, soit par soudure, soit au moyen de joints à boulons. Pour obtenir un joint à boulons on vient souder aux extrémités des tuyaux des brides ou rondelles en fer percées de trous, la réunion de ces rondelles se fait par des boulons. Comme il faut que le joint soit étanche pour empêcher l'eau ou le gaz de s'échapper, entre ces rondelles on place dans le joint un mastic qui a pour but de remplir le vide qui peut exister entre les deux brides destinées à faire la jonction. Quelquefois au lieu de souder les brides on les laisse mobiles ou flottantes; dans ce cas, pour les empêcher de sortir de dessus les tuyaux, on fait venir sur ceux-ci un rebord ou collet, qui sert aussi à exécuter le joint au moyen du simple serrage des rondelles obtenu par des boulons.

Tuyaux en cuivre. On les emploie surtout pour canalisation de vapeur et quelquefois pour l'eau chaude. On les obtient en prenant des feuilles de cuivre que l'on roule et soude ensuite. Puis on passe à la filière en se servant du banc à tirer.

Pour les réunir on brase à l'extrémité de chacun d'eux une bride en fer. Leur réunion se fait alors au moyen de ces brides et des boulons qui les traversent. Quelquefois on adopte, comme pour les tuyaux en plomb, des brides flottantes. Il faut dans les deux cas, pour obtenir des joints étanches, mettre entre les brides un mastic, destiné à remplir les vides qui existent toujours, quel que soit leur bon ajustement.

Tuyaux en fonte. Les tuyaux en fonte s'obtiennent par moulage dans les fonderies de fer. Ils ont des longueurs qui ne dépassent pas 4 mètres, il faut donc pour composer des canalisations, les réunir ensemble au moyen de joints, qui sont de différents systèmes et que nous allons indiquer.

1° *Joint à brides.* Il s'obtient en faisant venir à la fonte aux deux extrémités des tuyaux un rebord extérieur en forme de rondelle de 4 à 6 centimètres de saillie. Ce rebord circulaire ou rondelle est percé de trous pour passer les boulons qui doivent serrer le joint.

Dans certains cas, ces brides restent brutes de fonte, dans d'autres on les plane en les tournant, et on y fait même venir sur le tour des petites rainures ou stries circulaires pour bien maintenir la matière ou mastic que l'on interpose pour rendre le joint étanche.

2° *Joint à emboîtement ordinaire.* Pour obtenir ce joint, l'une des extrémités des tuyaux est renflée en forme de tulipe, l'autre porte un rebord ou cordon. Le renflement de la tulipe est tel que le cordon du tuyau suivant peut y pénétrer aisément. Après l'emboîtement, le joint est fait de la manière suivante : on commence par bourrer fortement de l'étoupe dans la partie annulaire sur la moitié de la hauteur de la tulipe; puis on coule du plomb dans l'autre moitié. Pour arriver à couler ce plomb, il faut avoir soin de luter avec

de la terre glaise l'entrée de la partie annulaire, on ne réserve qu'un trou de coulé à la partie supérieure pour y laisser pénétrer le plomb fondu. Il est bon de faire remarquer que la tulipe porte à son intérieur, dans la partie correspondante au plomb, une rainure circulaire destinée à maintenir le plomb dans la tulipe. Lorsque le plomb est solidifié, on le matte à coups de marteau avec une espèce de ciseau non coupant; ce qui resserre le métal et empêche toute fuite à travers le joint.

Ce système est encore le plus employé pour les canalisations d'eau forcée qui sont installées dans les villes. Il a l'avantage d'être solide et d'une très grande durée. Le reproche qu'on peut lui faire, c'est de ne pas se prêter aussi facilement aux réparations que certains autres systèmes de tuyaux, comportant d'autres joints.

Ainsi, lorsqu'un tuyau dans la longueur d'une conduite doit être remplacé, on peut très facilement enlever le tuyau cassé, mais il est difficile de le remplacer, à cause de la pénétration des tuyaux dans les tulipes, ce qui fait que le vide entre deux tuyaux posés, est plus petit que la longueur d'un tuyau d'un double emboîtement. Il en résulte que pour mettre en place le nouveau tuyau, il est nécessaire de soulever la conduite de chaque côté pour arriver à avoir une distance suffisante entre les extrémités et pouvoir placer ainsi le tuyau. On peut aussi s'éviter de faire cette manœuvre qui est mauvaise et employer un manchon et deux demi-tuyaux.

Dans le système Fortin Herrmann les tuyaux sont cylindriques et unis sur toute leur longueur. Leur jonction se fait au moyen d'une bague en plomb qui est serrée au moyen d'une autre bague en fonte placée à l'extérieur de la première. Pour effectuer le serrage de la bague en plomb on a eu soin de la faire conique extérieurement, tandis que celle en fonte est conique à l'intérieur. Dès lors, en chassant celle-ci à coups de marteau on arrive à serrer la bague en plomb sur les tuyaux; ce qui constitue le joint. On termine ce dernier en mattant la bague en plomb sur ses deux bords apparents, afin d'empêcher les petites fuites qui peuvent provenir de la rugosité des surfaces extérieures des tuyaux à l'endroit où est placée la bague en plomb.

Dans le système Doré le tuyau est analogue au joint à emboîtement ordinaire; il en diffère seulement par la forme de l'emboîtement qui, au lieu d'être cylindrique, est sphérique. A cet effet, l'une des extrémités du tuyau est terminée par un renflement sphérique extérieurement, tandis que l'autre extrémité porte un emboîtement sphérique à l'intérieur; il est terminé par une petite partie cylindrique, destinée à recevoir le plomb nécessaire à faire le joint. L'avantage de cette disposition est de permettre, en raison de la forme même de l'emboîtement, de faire des courbes, de rayons assez grands, sans employer de coudes. Cet emboîtement étant beaucoup moins profond que l'emboîtement cylindrique ordinaire, le remplacement des tuyaux est plus facile; par contre leur déboîtement est plus à craindre.

Joint élastique. Dans le système Petit les tuyaux en fonte portent un emboîtement et un cordon comme l'indiquent les figures 118 à 122. Le joint est obtenu par une rondelle en caoutchouc, à section carrée, dont la dimension est telle qu'elle occupe le vide laissé entre le cordon et l'emboîtement. Le serrage de la rondelle est obtenu au moyen de deux pattes en fer et de quatre broches

ou clous coniques, qui entrent dans les pattes et les oreilles doubles placées aux extrémités des tuyaux. En enfonçant plus ou moins les broches, ou en prenant des broches d'un plus gros diamètre, on arrive à presser suffisamment la rondelle en caoutchouc pour rendre le joint étanche.

La pose de ces tuyaux est très expéditive et très facile. Ce système présente plusieurs avantages : d'abord le remplacement des tuyaux cassés se fait très facilement, car l'emboîtement

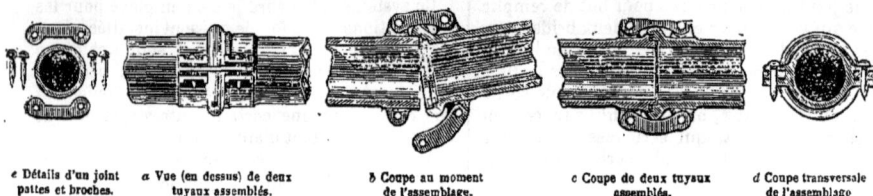

e Détails d'un joint   a Vue (en dessus) de deux   b Coupe au moment   c Coupe de deux tuyaux   d Coupe transversale
pattes et broches.   tuyaux assemblés.   de l'assemblage.   assemblés.   de l'assemblage

Fig. 118 à 122. — *Tuyau à joint élastique.*

étant très peu profond on peut les emmancher sans difficulté, ensuite le joint étant élastique, les tuyaux peuvent se dilater sous l'influence des changements de température. Ce dernier avantage est très important dans le cas de conduite de vapeur, car la dilatation d'un tuyau en fonte est d'environ 1 millimètre par mètre pour une augmentation de température de 100°, ce qui correspond pour un tuyau de 2 mètres à 2 millimètres; or, comme la rondelle de caoutchouc a 8 à 10 millimètres, on voit quelle peut très bien permettre cet allongement; ce qui n'a pas lieu avec un joint non élastique.

Dans le système Lavril le joint s'obtient avec une rondelle en caoutchouc à section triangulaire, qui est placée dans une gorge très peu profonde, faite à l'une des extrémités des tuyaux; l'autre extrémité des tuyaux est terminée par un emboîtement, qui s'appuie sur la rondelle et le serrage de cette dernière se fait par une bague en fonte placée sur le tuyau qui porte la rondelle. Le rapprochement de cette bague de l'emboîtement se fait au moyen de deux boulons.

On voit qu'on obtient ainsi un joint élastique, qui permet la dilatation et la contraction des tuyaux. On n'a d'autre inconvénient que celui de

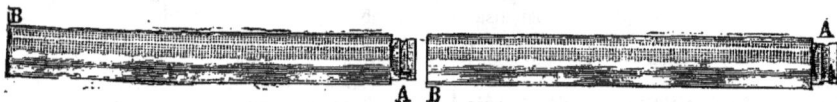

Fig. 123. — *Tuyau en tôle de 4 mètres environ.*

maintenir les conduites à leurs extrémités pour empêcher le déboîtement des tuyaux sous l'influence de la pression qui existe à l'intérieur de la canalisation.

TUYAUX EN FER. Ils se composent de tubes en fer filetés. Pour opérer leur jonction on emploie des manchons filetés à l'intérieur qui recevront les extrémités filetées des tuyaux.

Ils ne sont guère employés que pour les canalisations de gaz. Ils se démontent et se remontent très facilement et comme ils ne supportent que de faibles pressions intérieurement, il suffit pour empêcher les fuites, d'enduire légèrement les parties filetées de blanc de céruse délayé dans de l'huile siccative.

Dans ce système de tuyau on profite des manchons pour faire les embranchements nécessaires à une canalisation de gaz; il suffit, pour cela, de faire venir aux manchons des tubulures filetées à

l'intérieur, qui sont destinées à recevoir les embranchements aussi en fer.

TUYAUX EN TÔLE, système Chameroy. Ils sont faits avec des tôles cintrées, rivées, soudées et plombées. A l'intérieur on les enduit avec un vernis composé de bitume et de cire. La surface extérieure de la tôle est ensuite recouverte d'une couche de 1 à 2 centimètres de bitume, qui est retenue par une corde enroulée en hélice sur la tôle même du tuyau. Le but de cette couche de bitume est de préserver la tôle de l'humidité et donner une certaine rigidité aux tuyaux pour faciliter leur manutention.

La jonction de ces tuyaux s'obtient, comme le montre la figure 123, par des bagues coniques A fixées aux deux extrémités, l'une à l'intérieur B du tuyau et l'autre à l'extérieur A. Ces bagues, faites en plomb et étain, sont coniques de manière à entrer à frottement l'une dans l'autre.

Pour compléter le joint on fait venir à la bague intérieure A une petite rainure dans laquelle on place quelques brins de filasse enduits de céruse délayée dans l'huile. L'emmanchement des tuyaux se fait en les forçant à coups de masse à entrer les uns dans les autres.

Ce système, qui est surtout employé pour le gaz, a plusieurs avantages sur les autres genres de tuyaux. Ils sont d'abord plus légers et reviennent à meilleur marché que les tuyaux en fonte. De plus, ils peuvent se déformer un peu par les pressions du sol sans se briser et même se fissurer.

Par contre, il faut éviter de placer ces tuyaux dans des terrains humides, car malgré le plombage de la tôle et la couche de bitume, on risquerait, si cette dernière se fendillait, de voir la tôle s'oxyder et se détériorer. — F. E.

Dans l'étude qui précède, on a décrit les divers genres de tuyaux employés pour les canalisations souterraines. Il nous reste à parler des principes généraux sur lesquels repose l'établissement de ces canalisations.

Celles qui sont destinées à la conduite des eaux seront l'objet d'un article spécial au mot DISTRIBUTION D'EAU (V. ce mot). Nous ne parlerons ici que des conduites de gaz installées sous le sol des voies publiques, en nous bornant toutefois à énoncer sur ce sujet quelques données sommaires pour ne pas sortir du cadre que nous nous sommes imposé.

Canalisation pour le gaz. La canalisation pour le gaz se fait généralement en tuyaux métalliques; ces tuyaux sont en fonte ou en tôle bitumée, quand il s'agit des grosses conduites souterraines qui distribuent le gaz sous le sol des voies publiques; les tuyaux en plomb et en fer étiré sont employés pour les *branchements* reliant les conduites principales avec les lanternes ou avec les établissements éclairés au gaz, ainsi que pour les distributions intérieures conduisant le gaz jusqu'aux appareils d'éclairage.

NATURE DES TUYAUX A EMPLOYER. On avait tenté naguère l'emploi de tuyaux en terre cuite; un inventeur avait même préconisé l'emploi de tuyaux en bois goudronné; mais l'expérience a condamné ces systèmes, dont le bon marché ne saurait compenser les défauts, et l'on doit se borner à l'usage des tuyaux métalliques décrits dans l'article qui précède.

Si dans l'établissement d'une canalisation on se laisse guider par la considération d'économie, on sera conduit à adopter les tuyaux en tôle bitumée, qui coûtent moins cher d'achat et de pose. Mais les tuyaux de fonte sont assurément ceux qui offrent le plus d'avantages sous le rapport de la résistance, de la durée et de l'entretien. Quand une entreprise de gaz est exposée, comme à Paris, à remplacer au bout d'un temps assez court des conduites de gaz devenues insuffisantes par suite du développement considérable de la consommation; quand on peut placer ces conduites dans un terrain solide et sec, où la conservation des tuyaux est assurée; quand on peut surtout,

comme le fait maintenant la Compagnie parisienne, placer les conduites sous les trottoirs, parfois même dans les égouts, à l'abri des affaissements du sol et des trépidations de la chaussée, l'emploi des tuyaux en tôle bitumée, principalement pour les gros diamètres, présente une économie qui motive évidemment leur adoption.

Les tuyaux de fonte, auxquels on donne souvent la préférence, à cause de leur durée, se font de divers genres dont la description a été donnée précédemment. Nous n'y reviendrons pas ici; mais nous ferons seulement observer que parmi ces divers systèmes, les tuyaux à joint élastique en caoutchouc se recommandent par la facilité et la rapidité de la pose autant que par l'étanchéité et l'élasticité des joints. On avait pu, dès le début, concevoir quelques doutes sur la durée du caoutchouc; il existe même encore certaines préventions à cet égard dans l'esprit de quelques ingénieurs. Mais des preuves évidentes qui, à notre connaissance, remontent actuellement à plus de vingt-cinq années, montrent que ces craintes étaient mal fondées, et l'emploi fréquent que nous-mêmes avons fait de ces joints depuis plus de quinze ans, confirme pleinement la sécurité que présente le caoutchouc, quand il est d'une qualité et d'une préparation convenable, et quand le joint est disposé de telle façon qu'une épaisseur très minime de la rondelle en caoutchouc reste en contact avec le gaz à l'intérieur des tuyaux. Nous avons observé qu'il se produit, à la longue, une réaction chimique par suite de laquelle le soufre que la vulcanisation avait incorporé dans le caoutchouc, se sépare de lui et se porte sur la fonte, en formant une couche adhérente de sulfure qui rend complète l'herméticité du joint, tandis que le milieu de la rondelle revenu à l'état de caoutchouc naturel conserve l'élasticité qui lui est propre et qui est un des avantages caractéristiques de ce système de joints.

Pentes à observer. Syphons. Dans l'établissement d'une canalisation pour le gaz, la principale précaution à observer, après l'étanchéité des joints, c'est le règlement des pentes destinées à faire écouler vers certains points inférieurs, les condensations qui se forment dans les tuyaux. Ces condensations, qui sont un mélange d'huiles essentielles plus ou moins légères et d'eau plus ou moins ammoniacale, doivent être dirigées par les pentes des tuyaux vers des parties basses où on les recueille dans les appareils qu'on désigne sous le nom de *syphons*. La pente naturelle du terrain peut quelquefois suffire pour donner aux tuyaux une inclinaison convenable; on se borne alors à creuser la tranchée à une profondeur uniforme, suivant que la pente de la chaussée monte ou descend; le point où la pente descendante cesse et se transforme en pente ascendante est un point bas où l'emplacement du syphon est naturellement indiqué. Mais quand le terrain n'offre pas de déclivité suffisante, on est obligé d'en donner une aux tuyaux, en creusant les tranchées de manière à obtenir les pentes voulues d'un point à un autre. En général, il ne faut pas donner moins de 1 1/2 à 2 centimètres de pente par mètre aux portions de conduite ayant une grande longueur, et quand on peut obtenir une pente plus forte que ce minimum l'installation et le fonctionnement de la conduite se trouvent dans de bien meilleures conditions.

Le syphon, dont nous avons parlé pour recevoir les condensations, est une sorte de récipient cylindrique en fonte, fermé par un couvercle boulonné, avec joint hermétique, et communiquant, soit directement par des tubulures, soit autrement par un branchement en plomb, avec la conduite en fonte. Ce récipient se trouve ainsi placé en contre-bas de l'axe de la conduite, de façon que les liquides condensés, arrivant au point le plus bas de la pente, s'écoulent dans le syphon et s'y rassemblent constamment. Lorsque la quantité de liquide a fini par remplir le récipient, il faut l'enlever, faute de quoi l'excédent de liquide refluerait dans la conduite et obstruerait peu à peu le passage du gaz. Pour faciliter l'extraction du liquide, le couvercle du syphon porte un tube en fer, ayant un bouchon à sa partie supérieure, et dont l'autre extrémité plonge dans le récipient. On introduit dans ce tube une petite pompe, de construction fort simple, analogue à celles qu'on emploie pour transvaser les vins ou vider les futailles ; et au moyen de cette pompe on extrait facilement les liquides contenus dans le syphon.

Essai des canalisations. Quand les conduites ont été posées avec tous les soins voulus pour assurer leur étanchéité ; quand les pentes ont été observées convenablement pour l'écoulement des condensations, il reste encore à s'assurer de l'étanchéité de la canalisation, avant de la recouvrir de terre et de rétablir la chaussée.

Lorsqu'il s'agit de travaux de réparation ou d'augmentation sur une canalisation existante, on peut toujours, après avoir achevé la pose, envoyer le gaz dans la portion de conduite à essayer, et rechercher par ce moyen les fuites qui pourraient exister. Mais dans l'établissement d'une canalisation entièrement nouvelle, quand on n'a pas encore de gaz à sa disposition, on soumet les tuyaux à une épreuve au moyen de l'air comprimé. A cet effet, on branche une pompe à air sur la portion de conduite à essayer et on comprime l'air dans cette conduite. Il suffit, en général, de pousser la pression jusqu'à une atmosphère au plus, et de s'assurer, par l'inspection d'un manomètre branché sur la conduite, que la pression ne baisse pas au bout d'un certain laps de temps. Quand une canalisation ne présente pas d'indices de fuites, sous cette pression relativement élevée, on peut être certain qu'elle sera étanche sous la pression du gaz qui ordinairement n'excède pas 10 centimètres d'eau, ce qui correspond en moyenne à 1/100° d'atmosphère.

Proportions à donner aux tuyaux. Une des conditions essentielles de l'établissement d'une canalisation est de donner aux tuyaux des dimensions suffisantes pour répondre à tous les besoins du service.

Il faut tenir compte pour cela du nombre de becs à desservir, des embranchements à placer sur chaque tronçon du réseau, et enfin de la *perte de charge*, c'est-à-dire de la résistance opposée à l'écoulement du gaz par le frottement contre les parois des tuyaux. Cette perte de charge varie naturellement avec le diamètre des conduites, la vitesse du courant de gaz, et aussi avec la nature des parois, car le coëfficient de frottement doit se modifier suivant l'état des surfaces frottantes. Cette dernière considération est encore trop peu étudiée pour qu'on ait des données précises sur cette influence des surfaces. Mais pour ce qui concerne le diamètre des conduites et la vitesse d'écoulement du gaz, la perte de charge peut être calculée au moyen des formules établies par les savants et les ingénieurs qui ont cherché à résoudre cette question. Girard, en 1821, et d'Aubusson, en 1827, avaient déjà fourni des données qui ont servi de règle pendant longtemps pour le calcul des dimensions à donner aux conduites. Mais d'Aubusson avait admis que la nature de la surface intérieure n'influait pas sur le mouvement du gaz. Des expériences très intéressantes furent faites en 1863 et 1864, aux usines de Saint-Mandé et de La Villette, sur l'écoulement du gaz en longues conduites, par M. Arson, ingénieur en chef de la Compagnie Parisienne.

M. Arson a déduit de ces expériences des tables pratiques, fournissant immédiatement les pertes de charge correspondantes aux volumes écoulés, et aux vitesses moyennes, pour des diamètres de conduites variant de 0^{m}050 à 0^{m}700. On les consultera toujours avec fruit toutes les fois qu'on voudra établir une canalisation dans de bonnes conditions. Un autre ingénieur, M. D. Monnier, a publié sur ce sujet un travail fort intéressant, dans lequel il a exposé une méthode graphique pour déterminer promptement le diamètre à donner aux conduites pour débiter un nombre déterminé de mètres cubes. Sa méthode repose sur la discussion de formules établissant l'influence du frottement, des changements de direction et des différences de niveau.

Nous sortirions de notre cadre si nous entrions plus avant dans cette partie théorique de la question ; mais nous ne pouvions négliger de signaler les indications précieuses que trouveront dans les tables de M. Arson et dans les tableaux graphiques de M. Monnier les personnes qui s'intéressent spécialement à l'étude et à l'installation des canalisations. — G. J.

• **CANALISER.** *T. de p. et chauss. et de trav. publ.* Rendre navigable, percer des canaux ; établir des tuyaux de distribution d'eau et de gaz.

CANAPÉ. 1° Grand siège à dossier où plusieurs personnes peuvent s'asseoir ensemble. || 2° Chaise de bois qui, chez les raffineurs de sucre, sert à transporter la cuite du rafraîchissoir dans les formes. || 3° *Canapé-lit.* Meuble mécanique offrant l'aspect d'un canapé élégant et que l'on transforme, à volonté, en un coucher solide et de dimensions voulues. Ce meuble, de création récente, a été imaginé pour obvier aux inconvénients de nos appartements exigus ; par un mécanisme invisible et très simple, on renverse sur le siège le dossier du canapé, lequel contient toute la literie disposée sur un sommier élastique.

CANARDIÈRE. Long fusil qui servait autrefois comme arme de guerre et qu'on emploie aujourd'hui à la chasse aux canards.

* **CANARDS.** *T. d'exploit. des min.* Conduits en bois ou en tôle qui distribuent l'air dans une mine.

* **CANDÉFACTION.** *T. de métall.* Chauffage à blanc.

CANDÉLABRE. Grand chandelier à plusieurs branches que l'on place sur les tables servies ou sur les cheminées d'un appartement ; les voies publiques reçoivent aussi des candélabres pour l'éclairage au gaz, ceux de Paris et des grandes villes sont en fonte revêtue d'une couche de cuivre par les procédés galvaniques, et surmontés d'une lanterne porte-bec ; leur forme et leur ornementation sont susceptibles d'une grande variété.

— L'origine des candélabres est très ancienne ; c'était d'abord une sorte de bâton placé sur un disque et surmonté d'une partie plate qui supportait le flambeau ou les bras destinés à recevoir plusieurs flambeaux ; on retrouve souvent dans le fût des candélabres anciens et modernes cette forme d'un bâton ou d'une branche d'arbre. Toutes les collections d'antiquités possèdent des candélabres d'une grande beauté où la perfection du travail le dispute à la richesse de la matière, le palais d'Alcinoüs, dit Homère, .en avait deux et on admirablement ciselé ; les musées de Paris, de Rome et de Londres renferment des candélabres qui doivent être considérés, par les artistes, comme des modèles d'élégance et de goût.

|| *T. d'arch.* Couronnement en balustre en forme de torchère.

* **CANDEL-COAL** (de l'anglais *candle*, charbon ; *coal*, houille). Houille anglaise dure, compacte, qui présente les caractères physiques du jayet ; elle ne tache pas les doigts, sa cassure est conchoïdale et elle donne une belle flamme blanche. Le candel-coal, dont le gisement principal est dans le comté de Warwick (Angleterre), est employé pour la fabrication du gaz et pour les usages domestiques, mais comme il est susceptible de prendre le poli, on peut le travailler au tour pour faire des encriers et des petits objets d'ornement.

* **CANDELETTE.** *T. de mar.* Corde munie d'un crampon de fer, dont on se sert pour accrocher l'anneau de l'ancre lorsque celle-ci sort de l'eau.

CANDI (sucre). Sucre cristallisé régulièrement, obtenu au moyen d'un sirop qu'on a laissé évaporer complètement, puis versé dans un bac où l'on a placé des fils croisés en différents sens. On le laisse refroidir et les cristaux se forment autour des fils ; le sucre ainsi cristallisé ne possède point de propriétés particulières ; on l'emploie dans la fabrication des bonbons, des fruits confits, etc.

CANDIR (Se). Devenir candi, en parlant du sucre, des fruits, des confitures.

* **CANDISATION.** *T. techn.* Opération par laquelle on obtient la cristallisation du sucre-candi.

* **CANDISSOIRE.** *T. techn.* Vase qui sert à faire candir les substances que l'on veut couvrir de sucre cristallisé.

* **CANELLE.** — V. CANNELLE.

CANÉPHORE. *T. d'arch.* Statue de femme ou de jeune homme portant une corbeille et que l'architecture moderne emploie quelquefois en guise de cariatide. — ATLANTE, CARIATIDE.

— Ce nom emprunté à l'antiquité, était, chez les Grecs, donné aux jeunes filles qui, dans certaines cérémonies religieuses, portaient des corbeilles où l'on déposait divers objets destinés aux sacrifices.

CANEPIN. *T. de még.* Epiderme de peau d'agneau ou de chevreau, préparé par les mégissiers, et dont les couteliers et les chirurgiens se servent pour essayer les tranchants délicats, les lancettes, bistouris, etc. ; on l'utilise également pour fabriquer des gants.

CANETTE 1° Sorte de grande chope ayant un bec, dont on se sert dans certaines brasseries pour le débit de la bière ; ou bien encore bouteille ayant la capacité d'une canette. || 2° *Art hérald.* Petite cane représentée de profil et ordinairement en nombre sur l'écu.

CANEVAS. Tissu à mailles très claires et carrées en fil de lin ou de coton, sur lequel on a tracé des dessins pour diriger des ouvrages de tapisserie à l'aiguille ; on fait aussi des tissus de coton ou de soie qui portent le même nom et qu'on emploie pour certains ouvrages de broderie ou de passementerie.

CANIF. Outre ce petit instrument dont on se sert pour tailler les crayons et les plumes d'oie, on donne ce nom à un outil avec lequel les graveurs creusent différentes parties de leurs planches.

CANIVEAU. *T. de constr.* Pierre creusée en son milieu en manière de ruisseau pour faire écouler l'eau dans une cuisine, un laboratoire, etc., et, par extension, toute rigole ménagée pour l'écoulement des eaux ; dans le pavage, on donne ce nom aux pavés qui, étant assis alternativement avec les contre-jumelles et un peu inclinés, forment le fond d'un ruisseau.

I. **CANNE.** Outre le bâton qui fait l'objet de l'article suivant, on donne ce nom, 1° à un tube en fer, d'une longueur variable, qui sert au verrier pour souffler le verre ; 2° à un instrument qui sert à indiquer l'heure en donnant les hauteurs du soleil, et qu'on nomme *canne gnomonique* ; 3° à un tube cylindrique à soupape, ouvert aux deux bouts, qui sert à élever l'eau, et auquel on donne le nom de *canne hydraulique* ; 4° à une canne en bois ou en fer creux, dans l'intérieur de laquelle est renfermé un parapluie que l'on peut déplier et replier à l'aide d'un mécanisme ; on la désigne sous le nom de *canne à parapluie* ; 5° à un long roseau ou bois flexible, divisé en section rentrant l'une dans l'autre, et auquel on attache une ligne ; il prend le nom de *canne à pêche* ; 6° aux baguettes, que, dans les manufactures, on passe dans les envergures des chaînes pour remettre les pièces.

II. **CANNE.** Bâton sur lequel on s'appuie en marchant, et qui sert aussi comme instrument de défense ou de parade. Comparée au bâton, la canne est un objet de luxe ; on la fait en cornouiller, en jonc, en bambou, etc. Son extrémité supérieure est souvent ornée d'une pomme artistique, unie ou sculptée, en ivoire façonné, en métal ciselé, etc. Quelques spécimens renferment une montre, une tabatière, un portrait ; enfin, dans certaines cannes, on dissimule un poignard, une épée.

— L'usage du bâton et de la canne remonte à une très haute antiquité ; le bâton de Diogène était aussi célèbre que sa lanterne et son tonneau. Au temps de Charlemagne, dit M. Quicherat, dans son *Histoire du costume*, les Francs portaient à la main une canne en bois de pommier, surmontée d'un bec de métal doré ou argenté, mais c'est surtout dans les temps modernes que cet accessoire du costume a pris un rôle important. L'habitude de porter une canne se répandit à la cour de Louis XIII ; celle du roi était en ébène surmontée d'une pomme d'ivoire uni ; la canne historique de Louis XIV était d'une grande richesse ; celle du maréchal de Richelieu se distinguait par une splendide ornementation. Le luxe des cannes fut alors poussé si loin, que par les matières précieuses qu'on y employait et le travail artistique dont elles étaient l'objet.

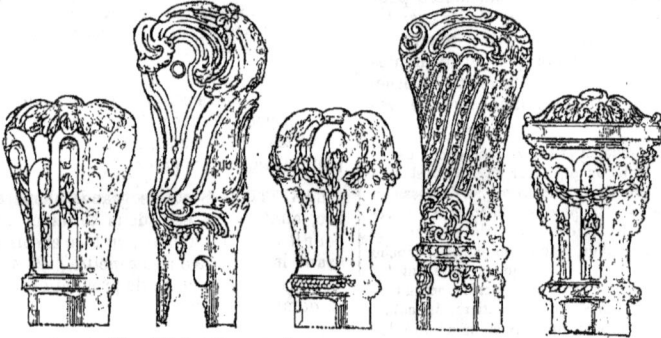

Fig. 124 à 128. — *Pommes de cannes du XVIII° siècle.*

quelques-unes valurent jusqu'à dix mille écus. « La longue canne à pomme d'or, dite à *la Tronchin*, qu'on appela depuis canne à *la Voltaire*, était portée surtout par les vieillards, les magistrats, les personnages notables. La badine souple et pliante, de toutes longueurs, ne convenait qu'aux jeunes gens, qui couraient en *chenille*, c'est-à-dire en petit habit leste et pimpant, dans les rues, le matin. Les femmes, et les plus jeunes, s'approprièrent alors la longue canne à pomme d'or, qu'elles tenaient par le milieu, comme celle d'un suisse de grande maison. Il y eut à cette occasion, un luxe extraordinaire de cannes en bois des îles, en écaille et en ivoire (fig. 124 à 128). » (Paul Lacroix, xviii° siècle, *Institutions, usages et costumes.*)

Voltaire, Rousseau et le grand Frédéric ont illustré les cannes qu'ils avaient coutume de porter, et cette illustration a été habilement exploitée par des faiseurs qui, pendant de longues années, ont vendu à de crédules amateurs un bâton insignifiant pour la canne de l'un de ces trois personnages. Une canne ayant véritablement appartenu à Voltaire a été adjugée, à Paris, au prix de 500 francs.

Napoléon avait une canne en écaille de l'Inde et à musique, elle fut vendue à Londres 56 livres sterling.

— V. *Histoire des cannes*, par M. Maze-Sencier.

III. *CANNE A SUCRE.* La canne à sucre (*Saccharum officinarum*) est une magnifique plante vivace de la famille des graminées, dont la tige ou chaume atteint 4 mètres de hauteur et même quelquefois jusqu'à 8 et 10 mètres (fig. 129 et 130). Ce chaume présente des nœuds éloignés de 8 à 12 centimètres les uns des autres ; il a un diamètre de 4 à 6 centimètres ; il est plein et charnu dans l'intervalle des nœuds et rempli d'un suc doux renfermant une grande quantité de sucre (sucre de canne ou saccharose). Les feuilles, partant de chaque nœud, sont engaînantes à la base, planes, aiguës au sommet, longues de 60 centimètres à 1 mètre et larges de 5 à 6 centimètres. La racine se compose de fibres courtes, minces et peu fournies. Au bout de douze à quinze mois, suivant le terrain et le climat, la canne est parvenue à son entier développement ; c'est alors que la floraison arrive. Un jet allongé, appelé *flèche*, se produit au sommet de la tige et l'on voit apparaître les fleurs sous forme d'une belle panicule argentée ; dans la plupart des pays où l'on cultive la canne, les graines auxquelles ces fleurs donnent naissance, avortent le plus souvent, et ce n'est que dans les régions tropicales qu'elles parviennent à leur maturité complète.

La canne à sucre fournit avec la betterave la presque totalité du sucre consommé dans le monde entier.

Diverses variétés de cannes à sucre. La canne à sucre présente plusieurs variétés cultivées : la *canne de Bourbon* ou *canne créole*, la plus anciennement connue, dont les feuilles sont d'un vert foncé, la tige mince et les nœuds très-rapprochés ; la *canne de Taïti*, variété très-grande, très-robuste et très-productive, qui est aujourd'hui la plus cultivée ; enfin, *la canne à rubans violets, canne de Batavia* ou *de Java*, dont le chaume et les feuilles ont une couleur violacée ; cette dernière variété est principalement employée pour la fabrication du rhum.

HISTORIQUE. La canne à sucre est originaire de l'Asie méridionale ; elle était cultivée très anciennement en Chine, aux Indes orientales et à Java, où elle resta reléguée assez longtemps. Les Grecs et les Romains la con-

Fig. 129. — *Canne à sucre.*

naissaient dès les premiers temps de l'ère chrétienne, car il paraît certain que le nom de Σάκχαρον employé par Dioscoride et celui de *saccharum*, par Pline, indiquent le sucre de canne. Les Arabes l'introduisirent en Egypte, dans les îles de Rhodes, de Chypre et de Candie, puis en Sicile et dans l'Espagne méridionale. Vers 1420, don Henri, régent de Portugal, fit prendre en Sicile des pieds de canne à sucre et les transporta à Madère, et de là, la plante passa aux Canaries, en 1563. La canne était déjà parvenue à Saint-Domingue en 1494, et en 1506, Pierre d'Arrança l'apporta à Hispaniola (Haïti), où elle y prospéra si bien, que douze ans après, cette île possédait vingt-huit sucreries. On la trouve cultivée au Brésil au commencement du XVIe siècle, au Mexique en 1520, à la Martinique en 1560, à la Guyanne en 1600, à la Guade-

loupe en 1644, à Maurice en 1750, à la Réunion dès l'origine de la colonie et à Natal et dans la Nouvelle-Galles du Sud en 1852.

CULTURE DE LA CANNE A SUCRE. La canne à sucre peut être cultivée avantageusement dans les climats tempérés, jusqu'au 40me ou 42me degré de latitude, mais le climat le plus favorable à sa croissance est celui de la zone torride. Pour être très-productive, elle exige une terre meuble et riche, préparée par des labours profonds et fertilisée par des engrais ne contenant que très peu de sels minéraux. Les fumiers n'étant pas assez abondants dans les pays où l'on cultive la canne, on fait depuis quelque temps venir d'Europe des engrais riches en matières animales et en phosphates (sang desséché, chair musculaire, noir animal, etc.) On se sert aussi quelquefois, pour fumer les champs de cannes, de morues avariées, que l'on met au pied des touffes après les avoir divisées ; le guano est aussi employé avec avantage en même temps que d'autres engrais.

Fig. 130. — *Tronçon de canne à sucre.*

La propagation de la canne ne se fait pas ordinairement par les graines, qui, ainsi que nous l'avons déjà dit, ne parviennent que rarement à maturité ; c'est par repiquage de boutures ou par les rejetons, appelés *rattoons*, qui poussent quand la canne a été coupée, que les plantations se regarnissent ; ce dernier mode de reproduction es remplacé par le premier lorsque les cannes son trop anciennes et ne peuvent plus donner un produit abondant, ce qui arrive au bout de trois ou quatre ans dans les climats tempérés, et seulement ou bout de quinze ans sous la zone torride ; on brûle alors les feuilles sèches et les autres débris sur le terrain, après quoi, ayant laissé reposer ce dernier jusqu'à une pluie un peu abondante, on replante au moyen de boutures.

Les plantations de cannes sont ordinairement partagées en pièces carrées d'un hectare de superficie, entre lesquelles on laisse des allées de 6 à 7 mètres de large, pour le passage des charrettes et pour les isoler en cas d'incendie.

Pour établir une plantation de cannes à sucre, on commence par creuser dans le terrain, fumé et préparé par trois ou quatre labours successifs et plusieurs hersages, de petites fosses parallèles, appelées *mortaises*, distantes l'une de l'autre de 1 mètre environ, profondes de 15 à 20 centimètres et larges de 35 à 40. Cela fait, on met au fond des fosses les boutures ou *plançons* dans une position telle qu'elles forment avec l'horizon un angle de 45 degrés, ou en les posant simplement à plat, puis on les recouvre avec une couche légère de la terre extraite des fosses et rejetée sur leurs bords. Les boutures se développent rapidement et jusqu'à ce qu'elles aient une hauteur de 60 à 70 centimètres, il faut avoir soin de les débarrasser des mauvaises herbes, au moyen de trois ou quatre sarclages successifs.

Les boutures ou plançons sont ordinairement formées avec les têtes des cannes ; on leur donne 40 à 50 centimètres de long, suivant que les nœuds sont plus ou moins rapprochés. Chaque nœud donne naissance à une canne nouvelle, qui se développe aux dépens d'un bouton ou *œil*, un peu plus gros qu'une lentille et terminé en pointe.

Animaux nuisibles à la canne à sucre. Les champs de cannes sont souvent attaqués par les rats, qui y causent parfois des dommages considérables. Les moyens mis en usage pour détruire ces animaux sont extrêmement nombreux ; dans certaines localités, on leur fait la chasse avec des chiens dressés à cet effet, ou bien on dépose dans les champs des substances vénéneuses et notamment de la poudre de cantharides mélangée avec de la viande ; quelquefois on est même obligé de mettre le feu à la plantation afin d'empêcher l'envahissement des champs voisins.

Les rats ne sont pas les seuls animaux nuisibles aux cannes. Les larves d'une espèce de calandre (*calandra sacchari*) pénètrent dans les tiges et les désorganisent ; il en est de même de la larve du *diatræa sacchari*, lépidoptère nocturne de la famille des pyralides, qui, aux Antilles notamment, est un des ennemis les plus redoutables de la canne. Les vers appelés *grougrou* et *borer* s'attaquent aux jeunes pousses ou à la tige elle même. Les pucerons dévorent les feuilles. Les termites ou fourmis blanches, en creusant le sol soulèvent les racines de la plante, qui ne tarde pas à s'étioler et à mourir. Enfin, les cannes sont quelquefois attaquées par plusieurs insectes de la famille des chrysomélides, des rynchophores, des bruches et des curculionides.

RÉCOLTE DE LA CANNE A SUCRE. L'époque de la récolte des cannes dépend de celle des plantations, qui ne se font pas partout en même temps ; on doit dans tous les cas commencer par récolter les cannes rejetons qui mûrissent toujours les premières. Aux Antilles, les cannes provenant de boutures ou cannes de plants ne sont ordinairement mûres qu'à quatorze ou quinze mois, tandis que les cannes rejetons peuvent être coupées à onze ou douze mois. On reconnait d'ailleurs la maturité des cannes lorsque les tiges ont acquis, dans presque toute leur hauteur, une coloration jaunâtre encore verte à l'extrémité supérieure. Plusieurs ouvriers sont employés à la récolte des cannes ; les uns les coupent à l'aide d'une serpe aussi près que possible du sol et en ayant soin de les tailler en biseau, afin de leur permettre

de pénétrer facilement entre les cylindres du moulin, à l'aide duquel le jus en est extrait, (V. SUCRERIE) ; d'autres ouvriers, séparent la tête d'un coup de serpe (les quatre ou cinq derniers nœuds), enlèvent les feuilles et coupent ensuite la tige en tronçons, de 1 mètre 50 environ ; ces têtes et ces tronçons sont ensuite mis en bottes, et chargés sur des charrettes, qui les apportent à la sucrerie dans une enceinte appelée *parc aux cannes* ; les têtes servent pour faire les boutures, ou on les emploie comme aliment pour les animaux, ou comme combustible. Les cannes brisées avant la récolte ou attaquées par les rats ou les insectes doivent être mises de côté, parce que le jus qu'elles renferment présente déjà un commencement d'altération qui se communiquerait à celui des cannes saines ; on utilise le jus de ces cannes en le mélangeant avec la mélasse destinée à la fabrication du rhum.

Structure et composition chimique de la canne à sucre. La tige de la canne à sucre est formée par un tissu cellulaire de consistance médullaire ; c'est dans les cellules composant ce tissu que se trouve le jus sucré, et le tissu lui-même est traversé par un grand nombre de filets parallèles, qui, sur une section pratiquée perpendiculairement à l'axe apparaissent sous forme de points durs très-rapprochés vers la périphérie et graduellement écartés en allant vers le centre ; chaque filet consiste en un faisceau de tubes ou vaisseaux entouré de fibres ligneuses. Dans les nœuds le tissu est plus serré, par suite de la prédominance des fibres ligneuses, et les cellules saccharifères sont plus petites et en même temps moins nombreuses. L'épiderme qui entoure la canne est recouvert d'une sorte de cire désignée sous le nom de *cérosie*.

Aucune plante ne renferme une aussi grande quantité de sucre que la canne. Cultivée dans les conditions ordinaires, la canne à sucre contient 90 0/0 de jus, qui, d'après Péligot, renferme de 18 à 20 0/0 de sucre cristallisable. Voici, d'après Payen, quelle est la composition de la canne de Taïti à l'état de maturité :

Eau.	71,04
Sucre.	18,00
Cellulose, matière ligneuse, pectine, acide pectique.	9,56
Albumine et autres matières azotées. . .	0,55
Cérosie, matières grasses, colorantes, résineuses et aromatiques.	0,37
Sels insolubles.	0,12
Sels solubles.	0,16
Silice.	0,20
	100,00

Toutes les parties de la canne ne présentent pas la même richesse saccharine ; c'est la partie inférieure de la tige qui contient le plus de sucre, tandis que la partie supérieure, plus jeune, que l'on retranche ordinairement, en renferme beaucoup moins. — Dr L. G.

Bibliographie : D. CAZEAUX : *Essai sur l'art de cultiver la canne et d'en extraire le sucre*, Paris, 1781 ; DUTRÔNE DE LA COUTURE : *Précis sur la canne et sur les moyens d'en extraire le sel essentiel*, Paris, 1790 ; Du-

MONT : *Guia de ingenios, que trata de la cana de azucar, desde su origen, de su cultivo y de la manera de elaborar sus jugos*, etc., Cuba, 1832 ; ALVARO REYNOSO : *Ensayo sobre el cultivo de la cana de azucar*, La Havane, 1862 et Madrid, 1865 ; BOURGOIN D'ORLY : *Guide pratique de la culture de la canne à sucre*, Paris, 1867 ; William REED : *The history of sugar and sugar yielding plants* ; PAYEN : *Précis de chimie industrielle*, t. II, Paris, 1878 ; R. WAGNER et L. GAUTIER : *Nouveau traité de chimie industrielle*, t. II, Paris, 1879 ; L. FIGUIER, *Les Merveilles de l'industrie*.

* **CANNEAU.** *T. d'arch.* Sorte de cannelure qu'on nomme aussi *godron*.

* **CANNEL-COAL.** — V. CANDEL-COAL.

I. CANNELÉ. *T. de tiss.* Cette dénomination s'applique à tout tissu dont le mode de contexture est tel que la face d'endroit offre des effets bombés ayant l'aspect :

Soit de fines baguettes, tantôt *transversales*, tantôt *longitudinales*, plus ou moins apparentes et séparées les unes des autres par de simples sillons ou filets incrustés (type *reps*) ;

Soit de petites bandes suffisamment espacées les unes des autres pour simuler des dentelures, c'est-à-dire, pour imiter les effets cannelés d'un cylindre denté ;

Soit des flottés de chaîne ou de trame présentant le caractère de dessins dont les limites sont forcément rectilignes (décochements sous forme de gradins plus ou moins accentués).

Les baguettes apparaissent dans le sens *transversal*, lorsque les brides sont produites par le flotté des fils de chaîne. '

Les baguettes deviennent *longitudinales* ou parallèles aux lisières lorsque ce sont les duites qui font brides.

On distingue le cannelé simple ordinaire, le cannelé contre-semplé, le cannelé deux-duites, le cannelé double-face, le cannelé alternatif, le cannelé composé, le cannelé double-fil-double-duite, le cannelé interrompu, le cannelé simpleté, le cannetillé, le cannelé combiné, le cannelé faisant fond, le cannelé-zigzag, etc., etc.

Nous n'entreprendrons pas de décrire chacune de ces jolies combinaisons. On trouvera les renseignements dans les ouvrages modernes qui ont trait au tissage. Nous nous bornerons à dire que le vrai type du cannelé, comporte tantôt deux chaînes et une seule trame ; tantôt deux trames et une seule chaîne ; tantôt, enfin, deux chaînes et deux trames. Dans le premier cas, l'une des chaînes est en fils fins et solides. Elle fait toile avec une trame également fine. De là résulte un simple taffetas ou plutôt un canevas sur le treillis duquel les fils de l'autre chaîne, plus gros, mieux épanouis et en matière plus belle ou plus brillante, viennent en quelque sorte se *coudre*, en passant du dessus au-dessous et en formant, par leurs traînées, des brides qui, parfois, peuvent être de longueurs différentes ; cela donne lieu, sur la face d'endroit, à des effets *transversaux* très variés (briquetés, ondulés, crénelures, motifs détachés, dessins rectilignes à hachures juxtaposées ou bien à hachures superposées). Dans le second cas, le canevas est fourni par l'entre-croisement d'une

chaîne fine (unique) et de l'une des deux trames à employer ; mais c'est l'autre trame qui, plus grosse et plus floche, détermine des effets *longitudinaux* analogues, comme aspect à ceux transversaux que l'on obtient du cannelé par chaîne. Voici, pour chacun de ces deux genres, l'exemple le plus simple que nous puissions donner. Il sera question plus loin du troisième genre.

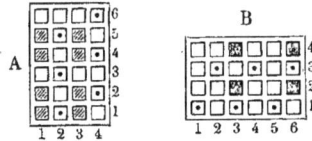

Fig. 131 et 132.

A cannelé transversal ; *B cannelé longitudinal.*

La carte A (fig. 131) contient l'armure d'un cannelé par chaîne, chaque fil de cannelé flottant sur deux duites et plongeant sous une troisième. Ainsi, les gros fils 1 et 3 se lèvent pendant l'insertion des duites 1 et 2 ; celles-ci font alors toile avec les fils fins 2 et 4 ; les gros fils plongent sous la troisième duite de toile, se relèvent sur les duites 4 et 5, et ils replongent enfin sous la sixième duite du canevas. Cela donne conséquemment une dentelure ou reps dans le sens latéral, puisque toutes les traînées de fils gros se font simultanément et que les plongeons s'opèrent sur une même ligne horizontale, d'une lisière à l'autre. Ce sont donc les insertions 3 et 6 qui déterminent un *sillon* transversal ou incrustation très accusée.

La carte B (fig. 132), ainsi qu'il est facile de le voir, n'est que le renversement de la carte A. Les duites 1 et 3 font taffetas avec les six fils de chaîne. Les duites 2 et 4, plus grosses que celles du canevas, flottent d'abord *sur* les fils 1 et 2, passent *sous* le fil 3, puis flottent *sur* les fils 4 et 5 et passent enfin *sous* le fil 6, comme l'indiquent les cases toutes noires, représentant les points de couture. On aura donc ainsi un cannelé vertical ou longitudinal, espèce de reps dont le sillon incrusté sera parallèle aux lisières.

Ces explications doivent suffire pour initier le lecteur au procédé à l'aide duquel on obtient les effets divers dont il vient d'être parlé. Le principe repose, en effet, soit sur l'*évolution* d'une chaîne dite « de figure », en dessus et en dessous d'un tissu servant de canevas ; soit sur l'*insertion* d'une trame, dite également « de figure », insertion conçue de telle façon que les grosses duites se cousent, sur un tissu servant encore de canevas. En un mot, si le cannelé se fait par évolution de chaîne, les effets produits sont horizontaux, c'est-à-dire transversaux (perpendiculaires aux lisières). Si le cannelé se fait par insertion de duites, les effets sont verticaux ou longitudinaux (parallèles aux lisières).

On se sert beaucoup des armures cannelées pour robes, rubans, cravates, gilets et grandes étoffes d'ameublements. — V. REPS.

Mélangés aux tissus *gazes*, les effets de cannelés

sont extrêmement jôlis. Leur opacité contraste avec la diaphanéité du fond, et le brillant des cannelures tranche merveilleusement sur l'aspect placide de la gaze. — E. G.

Cannelé pour ameublement. Les articles cannelés fort à la mode, il y a environ vingt ans, pour gilets, robes, etc., se font encore pour meubles; ils constituent un tissu assez caractéristique, sur lequel se remarquent des *côtes* ou *cannelures* (d'où le nom) et se composent généralement de deux chaînes et de deux trames.

Celle des chaînes qui se remarque à l'endroit du tissu est ordinairement plus fournie que l'autre qui se voit à l'envers, et c'est par leur enla-

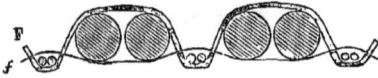

Fig. 133. — *Cannelés-reps, troisième genre.*

cement avec les deux trames, dont une est presque toujours en filés de gros numéros, tandis que l'autre est en filés très fins, qu'est produite la convexité des côtes qui fait la beauté du tissu.

Vu à l'endroit, on remarque à l'article cannelé (fig. 133) que la chaîne la plus fournie et qu'on appelle *cannelé*, recouvre la trame la plus grosse et forme ainsi les côtes ; et que celle la moins fournie et qu'on appelle *fond*, recouvre la trame la plus fine. Comme dans presque tous les articles cannelés, la trame fine pour le liage est en coton de numéro très fin et que, pour la beauté de l'ar-

Fig. 134. — *Autre reps, troisième genre.*

ticle, on cherche à rendre ce liage le moins apparent possible. On lie souvent par une duite seulement en intercalant l'autre duite avec les deux de grosse trame (fig. 134).

Cet article peut être tissé théoriquement avec deux lames, mais pour éviter les tenués, on en emploie généralement huit, dont quatre pour les fils de la chaîne cannelée, deux pour ceux du fond et deux pour les fils des lisières. Le cannelé, tel que nous venons de le décrire, est connu sous le nom de *cannelé-reps*, ou plus simplement *reps*; il se tisse en écru, quelquefois pure laine, d'autre fois mi-laine et coton, et aussi en coton seul. Il est teint en pièces et quelquefois imprimé.

Les cannelés façonnés ne diffèrent du précédent qu'en ce que les fils de chaîne sont rentrés dans un plus grand nombre de lames dont les unes lèvent tandis que les autres restent en fond, au passage des trames qui deviennent apparentes et forment figure. — P. D.

Cannelé (Velours). Velours de coton offrant l'aspect de petites côtes veloutées et parallèles

aux fils de la chaîne. Cette étoffe est, aussi bien que les velours de coton satinés qu'on appelle *Velventines* lisses ou croisées, coupée longitudinalement sur table, après tissage. La coupe s'exécute au moyen d'un *couteau* ou lame tranchante enchâssée dans un *guide* (V. ces mots). Le guide, s'introduisant le premier sous les brides que le couteau doit couper vers leur milieu, dirige parfaitement ladite lame tranchante sous toutes ces petites arcades, espèces de petits tunnels jetés sur un tissu de soubassement ou tissu d'âme. Il y a donc, dans un velours de coton, deux tissus amalgamés, savoir: un tissu devant servir de *plancher* aux pompons, et un tissu de brides formé par des duites spéciales que des milliers d'incisions transforment postérieurement en houppes très fournies et très solides. La contexture du cannelé s'obtient tantôt avec 6 fils au rapport-chaîne, entre-croisés avec 6 duites au rapport-trame, savoir: deux duites pour soubassement en *toile*, et quatre pour brides (carte A) ; tantôt avec 6 fils et 9 duites, dont 3 pour soubassement en sergé de 2-le-3, et 6 pour brides (carte B). Dans ces deux genres de combinaisons, les côtes sont très petites et on les désigne alors plus généralement sous le nom de *mille-raies*.

Le plus souvent on combine 8 fils avec 10 duites et l'on emploie pour soubassement une croisure *batavia* (carte C). Enfin, on entre-croise parfois 8 fils avec 12 duites et alors le soubassement se fait en sergé de 3-le-4 (carte D, tissu extra-fort).

Dans ces deux derniers cannelés la côte est un peu moins fine que dans les deux qui précèdent, attendu que le rapport-chaîne est de 8 fils au lieu d'être de 6, et que conséquemment les arcades flottent sur 7 fils (un pris, *sept* laissés), au lieu de flotter sur 5 fils (un pris, *cinq* laissés). La coupe produit donc des bras xx' plus grands dans les cannelés C et D (fig. 135) que dans les cannelés A et B (fig. 136).

Dans les deux figures ci-après, nous donnons, par des traits ondulés, le profil des brides de trame qui doivent être transformées en pompons par la coupe. Deux brides suffisent ici ; car dans chaque contexture, il n'y a, en réalité, que deux arcades distinctes comme mode de flotté ; les autres sont des *similaires*, ainsi que le font voir les lignes directrices dd et $d'd'$ qui partent de chaque rangée horizontale de cases des mises en carte pour se réunir en r, sur chaque duite de bride distincte. Il était donc inutile de surcharger ces figures ; aussi, pour leur donner toute la clarté possible, nous sommes-nous même abstenu de dessiner le profil des duites de soubassement.

Les petits ronds en *grisé* représentent les fils de chaîne vus en coupe.

On remarque sur les dessins qui suivent, que le guide et son couteau ne coupent les duites-brides que là où elles exécutent leurs arcades *majeures*. Toutes les arcades *mineures* qu'on voit sous les points noirs G G G qui simulent la position prise par le guide, sont exemptes d'incision ; il en résulte que les houppes sont parfaitement liées ou cousues au soubassement, d'où une extrême solidité dans le velours. C'est là un des grands avantages qu'offre le cannelé et ça explique la grande vogue de ce bel article.

La coupe du cannelé est difficile à exécuter. Le moindre nœud, le plus faible obstacle, détermine une déviation du guide dans le sens de bas en haut. Ce guide franchit toutefois cet obstacle et rentre immédiatement sous le *tunnel* ou route longitudinale d'arcades qu'il continuera de couper. Mais, entre le nœud et l'endroit où le guide retrouve sa voie, il y a un certain nombre de brides qui n'ont pas été tranchées, puisque le guide et la lame tranchante ont sauté par-dessus

ces brides. Ce grave défaut, qui est très fréquent dans la coupe du cannelé, nécessite une correction postérieure à la coupe générale de la pièce. Cette correction s'appelle *repassage*. Elle consiste, lorsque le velours a subi un premier apprêt qu'on appelle *grillage* ou *roussissage*, à couper, un à un et avec un petit couteau spécial, tous les passages ou bouts de routes qui ont été escaladés par le grand couteau du coupeur. Ces endroits sont rendus très apparents parce qu'étant en creux dans le velours coupé, ils n'ont pas été roussis par le grillage. Ils restent parfaitement blancs,

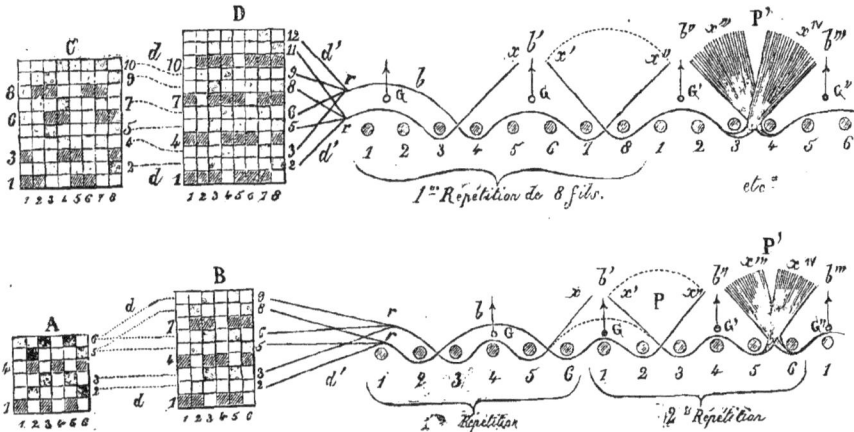

Fig. 135 et 136.

A et *B* Armures du cannelé sur *six* fils : Dans *A*, les duites 1 et 4 font soubassement en toile ; le velours mille-raies est fourni par les duites-brides 2 et 3, et leurs similaires 5, 6 et 8. Dans *B*, les duites 1, 4, 7 font soubassement en sergé 2 - *le* - 3 ; le velours est fourni par les brides 2 et 3, et leurs similaires 5, 6 et 8, 9. — *C* et *D* Armures du cannelé sur *huit* fils. Dans *C*, les duites 1, 3, 6, 8 font soubassement en batavia ; le velours cannelé est produit par les brides 2 et 4, et leurs similaires 5, 7 et 9, 10 (insertion irrégulière des brides entre les duites de soubassement). Dans *D*, les duites 1, 4, 7, 10 font soubassement en sergé 3 - *le* - 4 ; le velours est produit par les brides 2 et 3, et leurs similaires 5, 6 ; 8, 9 ; 11, 12. Le point noir *G*, surmonté d'une flèche, signale la position des arcades *bb'* ; la flèche indique la direction du tranchant du couteau enchâssé dans ce guide (V. GUIDE). Les lettres *b b* montrent sur chaque figure une bride non coupée encore, bien que le guide et son couteau soient en position. Les lettres *b' b'* correspondent à une bride tranchée à son sommet et transformée en deux bras *x* et *x'*. La lettre *G'* signale l'incision de la bride *b"* déterminant la formation des bras *x'''* et *x"*. Enfin la lettre *G"* signale la coupe d'une bride *b'''*, d'où résulte le bras *x'V* et un autre bras non indiqué sur les figures. La lettre *P* donne le plan et la forme d'un pompon formé des deux bras *x'* *x"*. La lettre *P'*, met en évidence un pompon *x'''* *x'V* qu'un brossage énergique et de nombreux lavages ont *épanoui* de manière à rendre très apparente et très solide la houppe des fibres de coton fournies par ces tout petits bouts de trame *x'''* *x'V*.

chose indispensable. L'ouvrière *repasseuse* commence le travail de correction par le bout de pièce qu'a terminé le premier coupeur, c'est-à-dire, en sens inverse de la coupe générale. Il importe qu'elle attaque le nœud de *l'arrière à l'avant ;* car le couteau sauterait encore si elle opérait dans le sens direct, comme l'a fait le premier ouvrier.

REMETTAGE ou passage des fils dans les mailles des lisses : cette opération se fait de la manière suivante pour les quatre cannelés que nous étudions présentement.

Remettage du cannelé lisse A. Dans le rapport-chaîne de cette armure, l'évolution du fil 1er n'a pas de similaire ; donc une lame spéciale pour ce fil. Mais le fil 6 évolue comme le fil 2 : donc une seule lame pour ces deux fils. Le fil 5 évolue comme le fil 3 : donc une seule lame pour ces deux fils. Le fil 4 n'a pas de similaire comme évolution : donc une lame spéciale pour ce fil.

Total 4 lames. — fil 1 remis sur la première ; fils 2 et 6 sur la seconde ; fils 3 et 5 sur la troisième ; fil 4 sur la quatrième. Conséquemment cette première course, de même que toutes les analogues dans la largeur de la pièce, n'exigera que quatre lames ; et, chose à noter, ce remettage sera à *pointe et retour* par suite de la volte-face des évolutions, le fil 1 et le fil 4 pouvant chacun être assimilé à un *fil de pointe*, centre de symétrie.

TISSAGE MÉCANIQUE (métier Robert-Hall, à *tambour, disques et tapettes*). Quatre disques, un pour chaque lame, et deux fois 6 tapettes n° 12 sur chaque disque (il n'y a pas de tapettes n° 6 ; les mouvements de *lève* et *baisse* des lames seraient trop lents). Les tapettes correspondent au duitage.

Remettage du cannelé *croisé* B. Dans le rapport-chaîne de cette armure, le fil 4 évoluant comme le premier, on pourrait théoriquement se contenter de 5 lames. Mais, lorsque l'économie de lames ne porte que sur *une seule*, il est préférable de s'en passer et de donner à chaque fil une lame pour son évolution individuelle. Dans le cas présent nous aurons donc un *remisse* de 6 lames, et le remettage sera tout simplement suivi ou de fil à fil et de maille à maille. — V. REMETTAGE.

TISSAGE MÉCANIQUE. Six disques à neuf tapettes n° 9.

Remettage du cannelé *croisé* C. Le fil 5 évoluant comme le fil 1 et le fil 6 comme le fil 2, nous aurons intérêt à économiser deux lames. Le rentrage pourra être assimilé à un remettage sur deux corps, les deux premières lames faisant chacune évoluer deux fils, et les quatre autres ne mettant chacune qu'un seul fil en évolution. Voici ce rentrage: 1er fil sur 1re lame; 2e fil sur 2e lame; 3e fil sur 3e lame; 4e fil sur 4e lame; 5e fil, similaire de 1, sur 1re lame; 6e fil, similaire de 2, sur 2e lame; 7e fil sur 5e lame; 8e fil sur 6e lame.

TISSAGE MÉCANIQUE. Six disques à dix tapettes, n° 10.

Remettage du cannelé *croisé* D. Même nombre de lames et même remettage que pour C, attendu que le fil 5 évolue également ici comme le fil 1, et le fil 6 comme le 2.

TISSAGE MÉCANIQUE. Six disques à 12 tapettes n° 12.

Inutile de rappeler que chaque disque correspond à une lame, et chaque tapette à un fragment de duite. — V. TISSAGE MÉCANIQUE.

Si cette première initiation au tissage et à la coupe de l'un des principaux velours de coton d'Amiens, a donné lieu à de longs développements, elle aura au moins cela d'utile, qu'elle nous dispensera, pour tous les autres velours à coupe longitudinale, d'entrer dans d'aussi minutieux détails. Nous renverrons souvent le lecteur à la présente étude; cela nous évitera des redites fastidieuses. — E. G.

II. **CANNELÉ** (Cylindre). Par abréviation *cannelé* (*T. de filat*). On emploie aussi, dans le même sens, le mot *cannelure*. Cylindres qui servent à produire l'étirage dans les différentes machines de filature. Ces cylindres sont ceux qui sont directement commandés par engrenages; par dessus reposent les cylindres de pression garnis de drap et de cuir sur lesquels une pression est exercée et qui sont animés d'un mouvement de rotation par entraînement. Les cylindres cannelés sont ordinairement en acier trempé et sur toute leur circonférence, sont pratiquées des cannelures présentant, en section, des demi-circonférences. Comme ces cylindres sont de très grandes longueurs en raison de leur diamètre, ils doivent être faits avec le plus grand soin. Ils sont divisés, dans ce but, en plusieurs parties ou *systèmes;* chaque système est terminé, d'une part, par un trou carré et, de l'autre, par un tenon de même forme et dimension qui pénètre à frottement doux dans le trou du système voisin; les cannelures doivent avoir des dimensions en rapport avec le ruban ou la mèche en manutention sur la ma-

chine. A mesure que le ruban s'affine, les cannelures diminuent de grosseur, leur nombre augmente par conséquent; les chiffres suivants donnent une idée des dimensions adoptées qui varient d'ailleurs un peu suivant les différents constructeurs:

Cylindres d'appel aux cardes : 3,45 cannelures au centimètre.

Cylindres de banc d'étirage : 5 cannelures au centimètre.

Cylindres de bancs-à-broches en gros: 6 cannelures au centimètre.

Cylindres de bancs-à-broches en fin: 6,5 cannelures au centimètre.

Métiers à filer : 7 cannelures au centimètre.

III. **CANNELÉ, ÉE.** 1° *T. techn.* On donne ce nom aux cavités que l'on remarque dans un objet, soit qu'elles aient été faites par le travail de l'homme, soient qu'elles aient été produites par la nature. || 2° *Art hérald*. Se dit des pièces honorables où il y a des renfoncements qui ressemblent aux cannelures des colonnes.

CANNELLE. Substance aromatique fournie par plusieurs arbres de la famille des Lauracées, et qui est constituée par l'écorce, dépourvue de son épiderme. Elle vient surtout de Ceylan et de la Chine.

Origine botanique. Les produits désignés ordinairement sous le nom de *Cannelle de Ceylan* et de *Cannelle de Chine* sont fournis par des plantes suivantes :

1° **Cannelle de Ceylan.** Elle provient du *Cinnamomum Zeylanicum*, Breyne, arbre originaire de Ceylan, mais qui habite également l'Inde et l'Amérique, et dont le tronc atteint 8 à 10 mètres de hauteur et 0m,50 de diamètre. Cet arbre, toujours vert, porte des feuilles ovales, opposées, luisantes, un peu glauques en dessous; elles présentent trois nervures principales (fig. 137) desquelles partent de fines nervures transversales. Les fleurs sont disposées en panicules, elles sont petites, verdâtres, hermaphrodites, régulières, et sont pourvues de quatre verticilles d'étamines dissemblables. Elles répandent une odeur désagréable. Le fruit est une baie peu charnue, à parois minces.

Cet arbre est répandu dans les forêts de Ceylan, jusqu'à 900 mètres d'altitude environ; on admet diverses variétés, le *Cinnamomum obtusifolium*, Nees, le *Cinnamomum iners*, Reinw., qui ne sont d'après Beddome, que des modifications du *Cinnamomum Zeylanicum*, produites par des influences locales.

2° **Cannelle de Chine.** Elle provient du *Cinnamomum cassia*, Nees, arbre qui, au point de vue botanique, offre des caractères très voisins de celui que nous venons de décrire; comme lui il présente de nombreuses variétés et croît entre 300 et 1,200 mètres d'altitude. Il habite le continent indien, Ceylan, Tavoy, Java, Sumatra, le Népaul et même l'Australie.

Espèces commerciales. Il existe, ainsi que nous l'avons indiqué, deux types principaux auxquels se rattachent les diverses sortes de cannelle que l'on trouve dans le commerce : la *cannelle de Ceylan* et celle *de Chine*. Ce sont toujours des écorces privées de leur épiderme et obtenues par la décortication de branches de quatre années environ.

La cannelle nous arrive en morceaux ou baguettes de 0ᵐ, 32 à 1 mètre de longueur, constitués par des écorces dures, plus ou moins cassantes, composés d'écorces lisses, d'épaisseur variable, roulées sur elles-mêmes, de couleur fauve tirant sur le rouge, pour les belles sortes.

On distingue dans le commerce plusieurs variétés différentes, dont quelques-unes constituent des types bien tranchés.

1° *Cannelle de Ceylan.* Elle est en écorces minces, lisses, papyracées, très roulées sur elles-mêmes

Fig. 137. — *Cannellier de Ceylan, fleurs et feuilles.*

et emboîtées les unes dans les autres, parfois jusqu'à dix; sa couleur est citrine, blonde avec teinte rosée; elle possède un arome fin et agréable, une saveur chaude, légèrement piquante et sucrée. Sa cassure est fibreuse, et c'est là un caractère particulier des plus importants. Cette sorte est très estimée, elle doit son parfum à la présence d'une huile volatile très suave, quoique forte. Elle arrive en balles de toile de gummy (toile de l'Inde) et comprend trois variétés: (a) *cannelle fine*, ou lettre rouge première, constituée par des faisceaux d'écorces minces, flexibles, roulées les unes sur les autres; (b) *cannelle mi-fine* ou lettre rouge seconde, qui offre des écorces plus épaisses, de couleur un peu foncée, tirant sur le rouge ocreux; (c) *cannelle commune* ou lettre noire, composée par des écorces moins lisses, encore plus épaisses que les précédentes, et de couleur brune.

La macération d'écorce de cannelle de Ceylan ne bleuit pas par l'action de la teinture d'iode.

2° *Cannelle de Cayenne.* Elle est, comme la précédente, fournie par le *Cinnamomum Zeylanicum*, mais obtenue avec les écorces d'arbres transplantés à Cayenne.

3° *Cannelle de Chine.* Elle provient du *Cinnamomum cassia*, et est moins estimée que les espèces précédentes; les écorces varient en épaisseur de un demi-millimètre à un millimètre, et sont irrégulières comme longueur. La surface de cette cannelle est unie, brune, à reflets rougeâtres peu prononcés; elle est sous forme de tubes non emboîtés les uns dans les autres, et souvent recouverte extérieurement d'une couche grisâtre. Ce produit n'offre plus une texture fibreuse, il est fragile, sa cassure est nette et courte, sans échardes; il offre une odeur aromatique, mais relativement faible; une saveur chaude, piquante, un peu amère, rappelant celle de la punaise, et surtout laissant une sorte de mucilage dans la bouche.

Elle arrive en paquets ou en caisses, enfermés dans des nattes de jonc, et contient une essence aromatique moins suave que celle de la cannelle de Ceylan. La macération bleuit par la teinture d'iode.

4° *Cannelle de Sumatra et de Java.* Ces sortes qui sont fournies par le *Cinnamomum cassia*, comme l'espèce précédente, proviennent d'arbres cultivés dans les îles de ce nom.

5° *Cannelle de Padang.* Ce produit nouvellement importé et décrit par M. E. Collin, tient le milieu entre la cannelle de Ceylan et la cannelle de Chine. Il est en morceaux mal roulés, emboîtés ou non les uns dans les autres. Son principal caractère est celui de la cassure, qui est nette extérieurement, et esquilleuse à l'intérieur.

6° *Cannelle mate.* On donne ce nom à une sorte de cannelle que l'on prépare encore avec l'écorce des *Cinnamomum*, mais qui a été enlevée sur de grosses branches; elle est large de 6 centimètres environ et d'une épaisseur de 3 millimètres. Sa saveur est agréable, mais faible; sa couleur est analogue à celle de la cannelle de Chine; elle se reconnaît facilement à sa face interne qui est comme vernissée et brillante. Au microscope on y trouve une bien plus grande quantité de cellules pierreuses que dans les variétés ci-dessus décrites. — V. plus loin FALSIFICATION.

(a) *Cannelle du Malabar ou de l'Inde.* Elle est fournie par le *Laurus malabathrum*, Burmann, arbre de la famille des lauracées, qui croît spontanément au Malabar et en Cochinchine.

Cette écorce se rapproche de l'écorce de cannelle de Chine commune, surtout pour les jeunes branches, mais c'est souvent un mélange de diverses sortes. Elle est en morceaux de longueur variable, épais, plus durs, plus longs et plus bruns que ceux de l'écorce de cannelle de Chine; ces derniers sont toujours bien roulés, ce qui n'a pas constamment lieu pour l'écorce du Malabar, car on rencontre parfois des fragments tout à fait plats ou d'autres enroulés en sens inverse. L'épiderme est gris-noirâtre, offrant souvent des stries transversales. Dans la bouche elle est visqueuse. C'est la sorte la plus commune et la moins chère. Elle vient en caisses.

(b) *Cannelle blanche.* Elle provient du *Winterania canella*, Lam. (*Cannella alba*, Murr.), de la tribu des Cannellacées. Elle arrive en gros rouleaux de longueur fort variable, de 3 à 5 millimètres d'épaisseur et 3 centimètres de diamètre. Elle est à l'extérieur de couleur jaune orangé, avec parfois des parties blanchâtres; l'intérieur est de nuance cendrée. Sa cassure est grenue, son odeur aromatique, et sa saveur rappelant à la fois celle de la cannelle, du girofle et du gingembre. Elle contient un principe spécial, la *cannelline*, qui est cristallisable (Petroz et Robinet). Elle arrive du Mexique et des Antilles, en ballots de jonc de 50 à 70 kilogrammes.

(c) *Cannelle giroflée.* C'est l'écorce d'une lauracée, le *Dicypellium caryophyllatum*, Lin., que l'on désigne encore sous les noms de *bois de girofle*, *bois de crabe*. Elle est en longs bâtons ayant souvent plus de 1 mètre, constitués par diverses écorces enroulées et emboîtées les unes dans les autres, compactes, de teinte brune foncée, à texture serrée et à cassure fibreuse. Sa surface est unie, l'odeur est aromatique, et sa saveur piquante rappelle celle des clous de girofle, bien qu'elle soit plus faible. Cette cannelle nous vient en balles, des Antilles et de Ceylan.

Composition. L'analyse de la cannelle de Ceylan a été faite par Henry, qui y a trouvé :

Une huile essentielle âcre (1/2 0/0 environ).

Du tannin (8 0/0).

Une matière colorante azotée.

Du mucilage, de l'albumine, de la gomme.

Des acides cinnamique et benzoïque.

De l'amidon, du sucre, de la mannite.

Des sels (chlorure de potassium, acétate de potasse, chlorure de calcium, acétate et oxalate de chaux).

La cannelle de Chine a une composition absolument analogue; son huile essentielle est moins agréable et répand une odeur de punaise.

La cannelle blanche contient de la cannelline, ainsi que nous l'avons indiqué, une matière sucrée, un principe amer, de la résine.

La cannelle giroflée a une composition semblable à celle des autres cannelles, d'après Bucholz.

L'*huile essentielle de cannelle* est la seule matière intéressant le commerce, elle fut préparée, dès 1544, par Valérius Cordus. C'est un principe oxygéné, jaune-clair ou de teinte dorée, faiblement lévogyre, et que l'on obtient en distillant avec de l'eau salée, les feuilles, et surtout l'écorce. Au point de vue de la composition chimique, ce principe essentiel, appelé aussi *eugénol*, peut être considéré, soit comme un phénol-éther $C^{20}H^{12}O^4$ ou $C^{18}H^6(C^2H^4O^2(H^2O^2)...C^9H^8(O, C H^3) O H$, soit comme de l'hydrure de cinnamyle; mais elle contient encore une petite quantité d'un autre hydrure, un peu d'acide cinnamique et de la résine. Exposée à l'air, elle fournit de l'eau, de l'acide cinnamique et de la résine; sa densité est de 1,025 à 1,015; elle bout de 220 à 225°. Elle se colore en vert par l'acide chlorhydrique, qu'elle absorbe avec la plus grande facilité (jusqu'à 27 0/0 de son poids).

Falsification. Il est assez difficile de frauder la cannelle de Ceylan, autrement qu'en substituant à l'écorce venant de cette île, des écorces provenant du même *Cinnamomum* cultivé en d'autres pays. Pour un palais exercé, il sera cependant facile de retrouver une saveur moins prononcée et moins suave, une odeur également moins forte. Les écorces sont souvent plus épaisses que celles de la cannelle de Ceylan, aussi a-t-on essayé de râcler les cannelles de Chine, pour en diminuer l'épaisseur; les écorces de cannelle giroflée sont plus brunes, et se reconnaîtraient aisément.

Si au lieu de considérer la cannelle entière, on s'occupe de la cannelle pulvérisée, on pourra rencontrer au contraire de nombreuses fraudes. La cannelle de Chine, et autres, peut remplacer celle de Ceylan, on a ajouté en outre des poudres d'é-

Fig. 138. — *Poudre de cannelle de Ceylan.*

A Fibres ligneuses, droites, pointues aux deux extrémités.— B Cellules pierreuses, isolées ou groupées en amas; elles sont environnées d'une poussière amylacée très fine.

corces épuisées par la distillation de leur huile essentielle et pulvérisées ensuite; de la farine, du sagou, de la fécule de pommes de terre cuites, des coques d'amandes.

Le microscope permet de reconnaître facilement ces diverses fraudes, depuis les remarquables travaux de Hassal, de Planchon et de Collin, sur la structure anatomique de la cannelle.

Si l'on fait une coupe de l'écorce de cannelle de Ceylan, après avoir laissé en contact avec l'eau pour ramollir les tissus, et avoir traité la coupe par la potasse, on trouve, en allant de la partie la plus externe à la partie la plus centrale : 1° des cellules étroites, pierreuses, en couches multiples, constituant la majeure partie de l'écorce, et remplissant les interstices laissés par les fibres ligneuses; ces cellules sont quadrangulaires ou de forme ovoïde, par conséquent plus longues que larges, avec une cavité centrale et des canaux qui en émanent; 2° des cellules sans canalicules, à parois minces et adhérant fortement les unes aux autres; ces cellules constituent le reste de l'épaisseur de l'écorce, elles contiennent des grains de fécule; 3° les fibres ligneuses (fig. 138) courtes, pointues à chaque extrémité, et pourvues d'un canal central. Ce sont elles qui donnent à l'écorce sa cassure fibreuse caractéristique; 4° des grains de fécule, petits, plus ou moins globuleux, isolés ou soudés deux à deux, avec un hile distinct. Ils sont si peu nombreux que la décoction· de cette cannelle ne bleuit pas l'eau iodée ; 5° des masses granuleuses, assez rares et de couleur brun-roux.

La cannelle de Chine n'ayant pas été, lors de sa préparation, mise à tremper dans l'eau pendant quelques jours, contient deux zônes que la première sorte ne contenait plus : une zône subéreuse et une zône à faisceaux libériens. Dans cette écorce on rencontre : 1° les cellules extérieures étoilées et pierreuses ; mais celles-ci sont, dans cette variété, remplies de granules amylacés bien formés, et les grains y sont plus gros ($0^m,013$ à $0^m,022$) et deux à trois fois plus nombreux que dans la sorte précédente. 2° un grand nombre de cellules féculifères ; 3° des fibres ligneuses, mais plus rares et tordues sur elles-mêmes ; 4° des cellules granuleuses analogues aux cellules déjà décrites dans l'espèce précédente ; 5° des cristaux d'oxalate de chaux, qui manquent dans la première sorte.

Ces caractères bien tranchés permettent facilement de reconnaître les deux sortes de poudre de cannelle ; ajoutons que les grains de fécule sont assez abondants dans l'écorce de Chine, pour bleuir l'eau iodée. Si la poudre avait été faite avec des écorces épuisées, elle serait de couleur plus foncée, d'odeur et de saveur presque nulles, et le microscope y ferait voir des grains de fécule déformés par l'action de l'eau, plus gros, ou manquant même totalement, parce que la chaleur aura pu les dissoudre. Le microscope fera également reconnaître la fécule de pommes de terre, le *sagou*, la *farine* : ces corps ayant des caractères microscopiques spéciaux (V. les mots soulignés); quant aux coques d'amandes, on les reconnaît autrement : on laisse macérer la poudre dans de l'eau froide pendant douze heures ; au bout de ce temps le liquide sera devenu acide, si la cannelle a été fraudée par ce corps, et il ne se colore pas par les sels de fer.

Usages. La cannelle s'emploie dans l'art culinaire comme condiment et comme aromate; elle est utilisée par les confiseurs et dans la parfumerie; la médecine s'en sert comme tonique, excitant, cordial, sous forme de poudre, d'eau distillée, d'alcoolat et de sirop et de vin.

Production. La cannelle de Ceylan a été cultivée à une certaine époque en plus grande quantité qu'à présent. Il y avait dans l'île, en 1864, 14,400 âcres en culture; cette quantité a diminué actuellement d'un tiers environ, et l'exportation suit du reste la même marche décroissante. Les envois qui furent, en 1871, de 1,359,327 livres, d'une valeur de 67,966 livres sterling, ne furent plus, en 1872, que de 1,267,963 livres, représentant 64,747 livres sterling, qui furent expédiées :

En Angleterre, pour.	1,179,516 livres.
Aux États-Unis.	53,439 —
A Hambourg.	10,000 —
Autres pays.	25,008 —
	1,267,963 livres.

Ceylan envoya, en outre, la même année 23,449 livres de *cannelle Bark* (rognures de cannelle et écorces de vieilles tiges).

L'importation diminue aussi dans les pays où se fai-

sait la plus grande consommation, ainsi, en 1869, on en avait reçu 2,611,473 livres, tandis que les quantités expédiées en 1872, sont bien moindres, comme on le voit au tableau précédent. Ces quantités sont celles de la cannelle venant de Ceylan, car les docks de Londres en reçurent cette même année 56,000 livres d'autres provenances..Les balles sont généralement refaites dans les docks.

Depuis quelque temps, on commence à recevoir de l'écorce de Telli-Cherry, qui est presque aussi bonne que celle de Ceylan.

La culture se fait à Java d'une façon régulière et avec soin, depuis 1825. Cette île en a exporté, en 1870, 1,109 péculs.

La cannelle de Chine provient presque toujours d'arbres sauvages. Il en arrive de divers pays : Sumatra en fournit beaucoup, car de Padang il en a été expédié, en 1871, pour l'Amérique seulement, 6,128 péculs. On ne sait exactement ce que purent produire cette même année, Java, le Malabar et les îles Philippines; mais il est probable que l'exportation fut importante, car dans le port de Cadix seulement, on a reçu 93,000 livres des îles Philippines.

De Canton, au contraire, les exportations vont depuis quelque temps toujours en s'accroissant : ainsi, en 1864, les expéditions ne furent que de 14,800 péculs, et, en 1872, elles étaient de 76,464 péculs, représentant une valeur de 267,703 livres sterling. Le sud de la Chine en a expédié à cette époque 28,389 livres en Angleterre.—J. C.

II. ' CANNELLE. 1° *T. de filat.* Cylindre en bois sur lequel s'enroulent les boudins confectionnés par la *boudineuse;* ce cylindre est muni à chaque extrémité d'un goujon, dont un bout taraudé·se visse dans un écrou incrusté dans le corps du rouleau, et dont l'autre bout uni, est garni d'un listel venant faire pression sur une esquive en tôle, qui empêche le boudin de s'ébouler. Au delà du listel qui se trouve environ à $0^m,020$ de l'extrémité, le bout qui reste sert de portée à la cannelle pour lui permettre de tourner à mouvement libre sur les levrettes de la carde. On écrit aussi *canelle.* — V. Bobine. || 2° *T. techn.* Robinet formé d'un morceau de bois ou de métal creusé, adapté à une cuve, à un pressoir, à un tonneau, et destiné à soutirer les liquides ; on dit aussi *cannette.*|| 3° Chez les *éping.,* sorte de couteau dentelé qui maintient dans une rainure le fil de laiton destiné à faire des épingles. || 4° Chez les *boutonn.,* outil placé dans le trou de la jatte, pour empêcher l'ouvrage de s'endommager contre les bords.

I. CANNELURE. *T. d'art.* Dans les arts, c'est une légère cavité, ou sillon, creusée verticalement ou en hélice sur divers membres d'architecture, comme le fût d'une colonne, la face d'un pilastre, la panse d'un vase. La cannelure appartient principalement à l'orde dorique où elle est presque plate. On en trouve aussi de demi-cylindriques, de prismatiques, etc. C'est un détail d'ornementation très souvent employé dans les arts décoratifs parce qu'il se prête à une grande variété de dispositions. En effet, la forme de la cannelure peut varier, ainsi que son tracé qui peut être vertical, brisé ou héliçoïdal; elle est aussi tantôt simple ou nue, tantôt remplie d'un boudin appelé *rudenture,* de fleurons,· de tigettes, de feuilles diverses, de guirlandes, de bouquets, etc., d'entrelacs, de culots. Sur les colonnes et les pilastres les cannelures n'existent que sur le premier tiers inférieur de la hauteur.

II. * **CANNELURE**. *T. de métall.* On nomme *cannelures*, les entailles pratiquées dans les cylindres

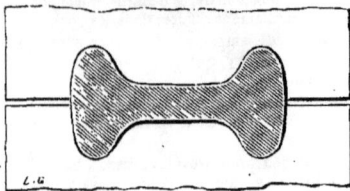

Fig. 139. — *Cannelure roulante pour rail à double champignon.*

lamineurs et qui servent à donner la forme voulue à la barre métallique, que l'on soumet à l'étirage.

Les cannelures sont de plusieurs sortes suivant leur formation par les cylindres.

Les cannelures *roulantes* (fig. 139) sont formées par moitié par le cylindre inférieur et supérieur. Les cannelures *fermées* ou *emboîtées* (fig. 140) sont

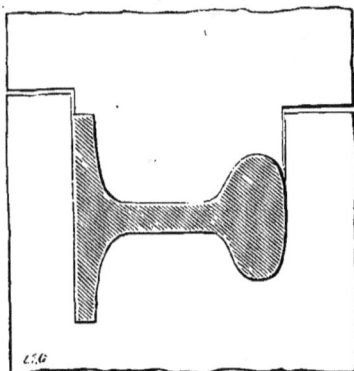

Fig. 140. — *Cannelure fermée pour rail à patin.*

celles qui sont formées surtout par l'un des cylindres s'emboîtant dans les entailles de l'autre. On les emploie pour les profils compliqués, tels que les fers spéciaux.

Cannelure. *T. techn.* Petite cavité formée sur chaque côté du trou de l'aiguille, pour faciliter l'introduction du fil. || Gouttière ou rainure pratiquée sur divers instruments de chirurgie ou autres.

* **CANNER**. Travail qui consiste à garnir, avec un treillis en cannes les fonds de chaises ou de fauteuils.

* **CANNETEUSE** ou **CANNETIÈRE**. *T. de tiss.* Machine qui sert à faire les *cannettes* (V. ce mot), c'est-à-dire à transformer en bobines de forme convenable pour être mises dans la navette du tisserand, le fil reçu en écheveaux ou sur bobines

d'ourdissoir. Dans le tissage des articles de couleur, par exemple, qui a pris de grands développements depuis quelques années, le coton et la laine, pour être teints demandent leur mise en écheveau préalable. Il faut donc, après la teinture, renvider le fil en cannettes.

Comme nous ne pouvons décrire tous les systèmes de machines employés dans ce but, nous nous bornerons à deux types principaux, l'un spécialement destiné aux numéros gros, et l'autre aux numéros fins, et qui peuvent servir l'un et l'autre pour le coton, le lin, la laine, etc.

Le principe de la première de ces machines consiste à renvider le fil autour d'une broche munie d'un tube en papier et qui tourne à l'intérieur d'un godet métallique de forme conique; le fil s'enroule pressé et serré autour de la broche, en prenant la forme du godet conique; au fur et à mesure de l'avancement des couches, la broche s'élève dans le godet jusqu'à la fin de la formation de la cannette.

La figure 141 est une élévation d'une partie de la machine, et la figure 142 une coupe en travers.

Les noix A qui reçoivent le mouvement de rotation du tambour X portent les broches P qui pénètrent à frottement très doux dans un canon Q qui surmonte la noix. La partie inférieure de la broche est plate ou carrée afin d'être entraînée par la rotation de la noix. L'extrémité supérieure de la broche porte un bouton B avec une goupille qui vient se loger dans une encoche du bouchon porte-tube de la cannette. Le bouchon et son tube tournent à l'intérieur du godet conique C, en s'élevant peu à peu jusqu'à ce que la cannette étant assez grande, la partie de la broche prise dans la noix soit sortie de son entaille; la broche cesse alors de tourner.

L'enroulement du fil venant de la bobine V ou T ou de l'écheveau U est guidé par le guide-fil D, mis en mouvement de la manière suivante : une vis sans fin R calée sur l'axe du tambour commande une roue S; sur l'axe de cette roue se trouve un excentrique à gorge E dans laquelle glisse le galet F qui dépend d'une règle G. La rotation de l'excentrique E produit donc le mouvement alternatif de la règle G. Aux deux extrémités de la règle sont deux plans inclinés dirigés dans le même sens, sur lesquels reposent les galets I d'un levier articulé qui commande le guide-fils D. La règle G prend encore un support K muni d'une coulisse inclinée dans laquelle passe le piton L relié à la fourche guide-courroie. Le tambour X étant commandé par deux cônes superposés, la courroie glisse le long des cônes pendant la formation d'une couche, de telle sorte que le tambour marche à une très grande vitesse lorsque le fil s'enroule sur un petit diamètre, c'est-à-dire à l'extrémité inférieure de la cannette (le guide-fils en bas), et à une vitesse moindre lorsque le renvidage a lieu sur le grand diamètre (guide-fils en haut). Grâce à ce changement de vitesse, la pointe de chaque couche est renvidée très serrée, et le fil ne se dévide pas trop facilement dans la navette.

Ce système de renvidage présente, entre autres inconvénients, celui du frottement du fil sur le godet, frottement souvent suffisant pour produire l'échauffement des parties métalliques, et qui peut érailler et fatiguer le fil et produire de fréquentes ruptures. On l'emploie surtout pour les numéros de filés, gros ou moyens, en coton et en

laine; pour les numéros fins, il ne donnerait pas de bons résultats.

Il existe encore d'autres types de machines fonctionnant d'après le même principe que la précédente. Elles en diffèrent surtout par la sup-

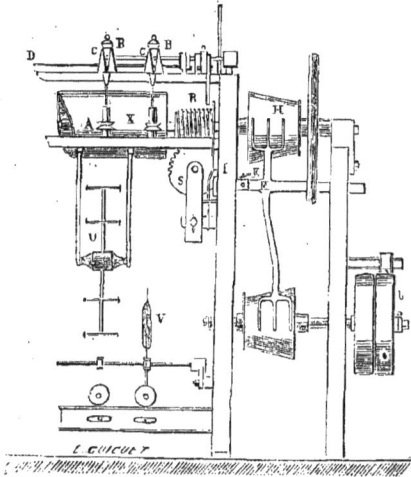

Fig. 141. — Canneteuse, élévation.

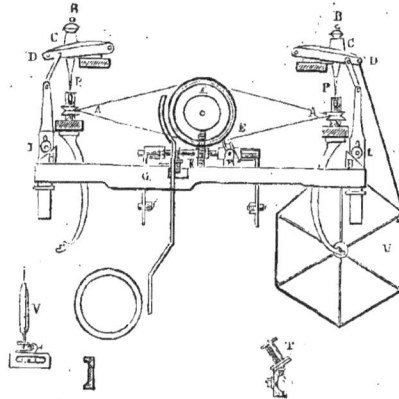

Fig. 142. — Coupe en travers de la fig. 141.

pression des cônes, et par la commande du mouvement alternatif du guide-fils qui est produite par un excentrique. L'écheveau se place, soit sur un asple ou dévidoir qui se trouve à la partie inférieure de la machine, soit de préférence sur un guindre situé au-dessus, ce qui permet de

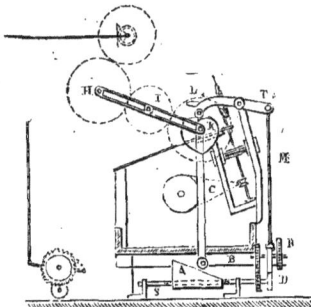

Fig. 143. — Canneteuse pour filés fins.

retrouver plus facilement les fils cassés. On forme souvent le guide-fils d'une traverse recouverte de panne qui débarrasse le fil du duvet et d'une partie des corps étrangers encore adhérents.

Pour les filés fins, on emploie de préférence une machine qui forme les cannettes de la même manière que le métier à filer. La figure 143 représente la disposition très simple adoptée. Le bâti se compose d'un chariot de métier à filer. Les broches sont commandées à la manière ordi-

naire par un tambour [V. FILER (Métier à)]. Le fil est placé sur une guindre au-dessus de la machine et se renvide sur la broche guidé par la baguette L auquel l'excentrique K donne un mouvement de montée et de descente. Cet excentrique est construit de manière que le mouvement de montée qu'il imprime au guide-fils soit beaucoup plus lent que le mouvement de descente, afin de faciliter le dévidage par ce croisement du fil. Afin de faire varier le point de départ de chaque couche pour arriver à la formation de la bobine, l'excentrique est monté à l'extrémité d'un levier à genouillère I mobile au point H et reposant par la tige C et le galet B sur la platine inclinée A. Le mouvement vertical alternatif de la baguette, obtenu par l'intermédiaire du levier F, produit à son tour la rotation de la roue à rochet R au moyen de la tringle M et d'un cliquet D. Le rochet agit sur la vis S qui, par un écrou fixé sur la platine A, provoque le déplacement horizontal de celle-ci. Le point d'appui du galet B se trouve ainsi légèrement élevé à chaque nouvelle couche, et la superposition des couches qui forment la cannette a lieu régulièrement.

Cette machine a l'avantage de produire des cannettes bien faites et bien serrées; la production en est plus grande que celle de la précédente, et l'inconvénient du frottement du fil dans le godet est évité.

Certains constructeurs adaptent des casse-fils à cette machine, c'est-à-dire un dispositif au moyen duquel la rupture d'un fil produit l'arrêt immédiat de la machine. Cette adaptation n'est pas indispensable, car elle n'a pas pour objet de diminuer beaucoup le personnel nécessaire à la surveillance de la machine et les arrêts trop fréquents réduisent considérablement la production. Les rattaches de fils cassés se font au contraire très bien, pendant la marche. — P. D.

* **CANNETIÈRE.** *T. de mét.* Ouvrière qui met la soie sur les cannettes. || Machine qui charge de fil plusieurs cannettes à la fois. — V. l'article précédent.

CANNETILLE. *T. techn.* 1° Fil d'or ou d'argent, fin ou faux, plus ou moins gros et tortillé, que l'on emploie dans les broderies, les crépines et autres ouvrages semblables. || 2° Fil de laiton argenté qui entoure les grosses cordes des basses, des violons, etc. || 3° Sorte de treillis en laiton dont se servent les modistes pour soutenir certains ornements de leurs travaux.

* **CANNETTE.** 1° *T. de filat.* On donne le nom particulier de *cannette* à la bobine de fil de trame destinée à être placée, après sa formation, directement dans la navette du tisserand; le nom de *bobine* est réservé aux fils de chaîne. Les cannettes sont généralement beaucoup plus petites que les bobines (V. Chaîne. trame). Dans la filature de laine, c'est un cône tronqué et évidé composé de plusieurs papiers spéciaux collés et enroulés les uns sur les autres, et qui servent dans les surfilés pour envider le premier fil confectionné sous le nom de *boudin*; la cannette s'enfile sur la broche et prend la place de cette dernière dans l'opération de l'envidage. Cependant, l'emploi de la cannette à boudin, tend de plus en plus à disparaître.

On fait aussi des cannettes en fer-blanc et en bois dont on se sert pour faire, en filature, l'envidage des trames destinées à être employées par les navettes des métiers à tisser mécaniques. || 2° Petit tube rempli de poudre avec lequel on communique le feu à la charge d'une mine. || 3° Robinet. — V. Cannelle. || 4° Vase.

* **CANNIER, ÈRE.** *T. de mét.* Ouvrier, ouvrière qui emploie la canne dans la carrosserie ou la fabrication des sièges.

CANON. 1° *T. d'artill.* Du temps de l'ancienne artillerie lisse, on ne donnait le nom de *canon* qu'aux bouches à feu lançant des projectiles pleins appelés *boulets*, et l'on réservait celui d'*obusier* ou *mortier* aux bouches à feu qui lançaient des obus ou des bombes. Certaines bouches à feu, susceptibles de tirer aussi bien des obus que des boulets, reçurent en France le nom de *canon-obusier* et en Russie celui de *licorne*. Les bouches à feu rayées, dont tous les projectiles sont des obus oblongs, furent tout d'abord appelées également *canons-obusiers*, mais bientôt on supprima le mot obusier pour ne conserver que celui de canon, ce qui avait d'autant plus de raison d'être que la plupart d'entre eux provenaient alors de la transformation d'anciens canons lisses. Dans les nouveaux systèmes de bouches à feu rayées qui ont été adoptés depuis, cette nouvelle dénomination a prévalu, et actuellement on désigne sous le nom

générique de *canon*, toutes les bouches à feu rayées tirant à forte charge et c'est le plus grand nombre, réservant celui de *canon court* ou *obusier* pour un petit nombre d'entre elles qui sont spécialement organisées pour le tir à faible charge, et celui de *mortier* pour quelques autres qui sont destinées au tir sous les grands angles. Quant aux *canons à balles* ou *canons-revolvers*, ils entrent dans la catégorie des *mitrailleuses* (V. ce mot).

À l'article Artillerie, on a essayé de résumer en quelques mots, les principales phases successives par lesquelles ont dû passer les bouches à feu avant d'atteindre le degré de perfectionnement auquel elles sont arrivées aujourd'hui; au mot Bouches a feu, on ne s'est occupé des canons qu'au point de vue de leur tracé et de leur mode de construction; au mot Calibre, des principales relations qui doivent exister entre les différents éléments qui constituent une bouche à feu complète, y compris son projectile et son affût; au mot Projectile, seront données les principales considérations relatives à l'établissement et à l'emploi des différentes sortes de projectiles, il ne sera donc ici question que des canons pris au point de vue de leur service, c'est-à-dire placés sur affût et prêts à tirer. Pour tout ce qui concerne l'établissement et la construction des affûts, avant-trains et autres pièces du matériel nécessaires pour la manœuvre des canons, nous renverrons au mot Matériel.

Par suite des progrès rapides qui ont été réalisés depuis une vingtaine d'années dans la science de l'artillerie, conséquence de l'adoption des canons rayés, on a été conduit, en France aussi bien que dans les autres pays, à changer déjà plusieurs fois de système; la rapidité avec laquelle ont dû se faire ces transformations, la nécessité de ne pas rester désarmé, et enfin la question d'économie, ont obligé à conserver en service des bouches à feu de ces différents systèmes. C'est ainsi que l'artillerie de terre française possède, sans compter un petit nombre de canons lisses que l'on utilise encore, des canons rayés se chargeant par la bouche, des canons en bronze se chargeant par la culasse, du système de Reffye, et enfin des canons en acier frettés ou fonte frettés et tubés se chargeant par la culasse, du système de Lahitolle et du système de Bange. La marine, de son côté, possède des canons rayés, modèle 1858-60, se chargeant par la bouche; des canons en fonte frettés se chargeant par la culasse, modèle 1858-60 ou modèle 1864; des canons en fonte tubés et frettés, modèle 1870, modèle 1870 modifiés ou modèle 1870-79; enfin, des canons en acier tubés et frettés, modèle 1875, modèle 1875 modifiés et modèle 1875-79.

Artillerie de terre. Les canons lisses en service, en 1853, avant la mise en service des canons-obusiers étaient les suivants : canons de siège et de place de 24, 16 et 12; canons de campagne de 12 et de 8.

Toutes ces pièces appartenaient pour la plupart au système Gribeauval, ou étaient du modèle de 1839, ne différant des précédentes que par quelques moulures. À la Restauration, lors de la réorganisation du matériel de l'artillerie à la suite des guerres de l'empire, on avait laissé de côté les canons de 8 de siège et de place, et de 4 de campagne Gribeauval, ainsi que le canon de 6 de campagne, la seule des pièces adoptées en l'an XI, qui eut été réellement mise en service.

L'adoption, en 1853, des canons-obusiers de 12 de campagne entraîna la suppression des canons de campagne du calibre de 8, et il ne resta plus alors qu'un seul et unique calibre pour les pièces de campagne. Le canon de 12 de campagne ne lançait que des boulets ou des boîtes à balles, tandis que les canons-obusiers, tirant à plus faible charge, pouvaient lancer indifféremment des boulets de 12, des obus ou obus à balles de 12^c et des boîtes à balles.

Pour la défense des côtes, l'artillerie de terre utilisait les pièces de siège et de place, ou empruntait à la marine quelques-uns de ses canons en fonte; à l'époque dont nous parlons, les canons du calibre de 30 étaient seuls admis pour l'armement des batteries de côte.

Les affûts du système Gribeauval avaient cédé la place à d'autres modèles, adoptés de 1825 à 1829. Les nouveaux affûts de campagne et de siège, dits *affûts à flèche*, se distinguaient des précédents en ce que les flasques en bois au lieu de se prolonger jusqu'aux crosses, s'arrêtaient à peu près à hauteur de la culasse de la pièce, puis étaient reliés entre eux par une pièce de bois, appelée *flèche*, dont l'extrémité postérieure reposant à terre formait crosse. Cette nouvelle disposition avait pour but d'augmenter, dans les transports, la mobilité de l'affût placé sur avant-train (V. MATÉRIEL). Les affûts de place Gribeauval, ainsi que les affûts de côte du même système, avaient été remplacés par un seul et unique modèle d'affût de place en bois que l'on utilisa également pour l'armement des batteries de côte jusqu'à l'adoption, en 1840, d'un modèle spécial d'affût de côte, en fonte, construit d'après le même principe. Chacun de ces affûts comprenait un *petit châssis* plateau en bois, faisant partie de la plate-forme et portant une cheville ouvrière servant de pivot, à un *grand châssis* monté sur roulettes, de façon à pouvoir se déplacer aisément et faciliter le pointage en direction. Le grand châssis, qui se composait d'un cadre formé par deux grands côtés et une directrice réunis entre eux par des entretoises, servait à supporter l'affût proprement dit et le guider pendant le recul; il avait, en outre, l'avantage de l'élever à une assez grande hauteur au-dessus du sol pour permettre de tirer la pièce par dessus l'épaulement. Lorsqu'on voulait abaisser la pièce, de façon à pouvoir la placer dans une casemate ou la tirer par une embrasure entaillée dans l'épaulement, on remplaçait le grand châssis par un *lisoir-directeur*, reposant directement sur la plate-forme, ainsi que l'affût lui-même, et servant alors uniquement à repérer le pointage en direction et guider l'affût dans son recul. Pour l'affût de casemate de côte, au lieu d'un lisoir-directeur, on avait adopté un châssis bas en bois. L'affût proprement dit, qui était toujours le même, se composait de deux montants avec arcs-boutants, supportant les tourillons de la pièce et reliés entre eux par des entretoises et le corps d'essieu; il reposait sur les côtés du châssis par les moyeux en fonte des roues, et sur la directrice par l'entretoise de crosse pourvue de guides de crosse. Les roues servaient à embarrer dans les manœuvres, et aussi pour le transport de l'affût sur un avant-train de campagne lorsqu'il était descendu de dessus son grand châssis; quand l'affût était monté sur lisoir-directeur, on remplaçait les roues par des roulettes. La figure 145, bien que représentant un ancien affût de place modifié pour le tir d'un canon rayé se chargeant par la culasse, permet de se rendre compte des dispositions générales particulières à ces affûts.

Canon rayé *modèle 1858.* En 1858, fut mis en service le canon de 4 rayé de campagne, dont furent armées une partie des batteries qui firent la campagne d'Italie. L'année suivante fut adopté un canon de 4 rayé de montagne, en même temps fut décidée la transformation en bouches à feu rayées : du canon-obusier de 12 qui prit le nom de canon de 12 rayé de campagne, de l'ancien canon de 12 de campagne qui devint canon de 12 rayé de siège, et du canon de 12 de place qui fut appelé canon de 12 rayé de place; du canon rayé de 24 de siège et place qui reçut la nouvelle dénomination de canon rayé de 24 de place; seul le canon de 16 lisse ne dut pas être transformé. Un peu plus tard, en 1864, fut adoptée une troisième pièce neuve, le canon rayé de 24 de siège, sorte d'obusier ou canon court; enfin, en 1870, on se décida à transformer en canons rayés les anciens canons de 8 de campagne, qui, depuis qu'ils avaient été retirés du service, en 1853, encombraient les arsenaux. Ainsi se trouva constitué le système d'artillerie rayée se chargeant par la bouche, modèle 1858. Comme forme extérieure, les pièces nouvelles ne se distinguaient des anciens canons lisses, que par des détails de peu d'importance; le tracé intérieur ne différait que par la présence de six rayures héliçoïdales, tournant de gauche à droite (V. RAYURE), s'arrêtant à une certaine distance du fond de l'âme, de façon à réserver une partie lisse ou chambre correspondant au logement de la charge. Le profil de la rayure est disposé de façon à assurer le centrage du projectile, une des rayures se termine par une partie rétrécie de façon à assurer à la position de chargement le contact des ailettes du projectile avec le flanc de chargement. Chaque bouche à feu est munie d'une hausse latérale, celles des canons de campagne n'ont pas de planchette mobile pour donner la dérive; mais dans l'opération du pointage, la dérivation du projectile se trouve tout naturellement corrigée par suite de l'inclinaison de la hausse par rapport au plan de tir.

Les projectiles sont de trois sortes : obus ordinaire, obus à balles et boîte à mitraille. Les obus ordinaires cylindro-ogivaux, ont une hauteur égale à environ deux fois leur diamètre ou calibre; il s'en suit que leur poids est sensiblement égal à deux fois celui du boulet rond. Les obus et obus à balles portent chacun extérieurement deux couronnes d'ailettes en zinc, sortes de saillies destinées à s'engager dans les rayures correspondantes de la pièce. Primitivement l'obus ordinaire était armé d'une fusée fusante à deux durées, que dans certains cas on remplaçait par la fusée percutante Demarest ; l'obus à balles d'une fusée fusante à quatre durées. La partie antérieure de l'obus à balles se termine en goulot de bouteille, son chargement intérieur se compose de balles en plomb maintenues avec du soufre fondu, par dessus est placée la charge d'éclatement. Les boîtes à mitraille cylindriques sont formées d'une enveloppe cylindrique en zinc laminé avec culot en zinc fondu, contenant des balles en fer forgé maintenues par du soufre fondu coulé dans leurs interstices.

Pour les canons rayés, modèle 1858, de même que pour les canons lisses, la charge se compose de poudre à canon ordinaire, renfermée dans un sachet en serge de laine ; seulement le sachet et le projectile s'introduisent séparément, tandis que pour les anciens canons lisses de campagne, charge et projectile liés l'un à l'autre s'introduisaient dans l'âme à la fois.

Les canons lisses lançaient leurs boulets à la charge du 1/3 ; pour les canons rayés, modèle 1858, par suite de l'augmentation de poids du projectile, on a dû réduire la charge au 1/8 et même au 1/10 et plus. Il en est résulté une grande diminution de la vitesse initiale, mais grâce à leur poids et leur forme, les projectiles oblongs conservant mieux leur vitesse dans l'air, les portées furent quand même augmentées et surtout la justesse notablement accrue, ce qui permit de s'en servir à de beaucoup plus grandes distances que les anciens canons lisses ; en revanche, aux petites distances, la trajectoire a le grand inconvénient d'être moins rasante.

Avec les canons rayés, provenant de la transformation des canons lisses, on utilisa leurs anciens affûts de campagne, siège ou place ; pour le 4 rayé de campagne on construisit un nouvel affût, modèle 1858, à flèche comme ceux du modèle 1827 et n'en différant que par quelques détails de construction, entre autres, de chaque côté, entre les flasques et les roues, furent placés sur l'essieu des coffrets d'essieu devant servir à transporter quelques coups à mitraille toujours à portée des servants. L'affût du canon de montagne, peu différent de celui de l'obusier de 12e de montagne, se compose uniquement d'un corps d'affût formé de deux pièces de bois accolées l'une contre l'autre et presentant à leur partie antérieure un dégorgement cylindrique pour recevoir la pièce ; leur partie postérieure, qui va en s'amincissant, forme flèche. Pour le canon de 24 de siège, on construisit un nouveau type d'affût métallique organisé de façon à permettre le tir sous les plus grands angles. Il se compose de deux flasques en bronze, reposant chacun sur une demi-flèche en fer à double T qui se prolonge jusqu'à l'entretoise de crosse ; la pièce étant en équilibre sur ses tourillons, on a pu supprimer tout système de pointage, de telle sorte que la culasse de la pièce peut s'abaisser librement entre les demi-flèches.

Pour le tir des canons de 4 rayé de campagne et de montagne dans les casemates, comme pièce de flanquement, on construisait un affût spécial peu différent comme forme générale de celui qui a été adopté plus tard dans le même but pour les canons de campagne de Reffye.

Tel était le matériel d'artillerie avec lequel nous avons eu à soutenir la guerre contre l'Allemagne, non seulement il laissait à désirer comme justesse, portée et surtout tension de la trajectoire, mais encore il était insuffisant comme quantité, et dans un grand nombre de places fortes le nombre des canons rayés était fort restreint. Pendant la guerre elle-même, afin de pouvoir remplacer les pièces tombées entre les mains de l'ennemi, et fournir de l'artillerie aux armées qui s'organisaient de toutes parts, on dut fabriquer, aussi bien dans Paris assiégé qu'en province, un grand nombre de bouches à feu, soit des canons rayés se chargeant par la bouche, soit de nouveaux canons de 7 se chargeant par la culasse dont l'étude avait été entreprise peu de temps avant la guerre à l'atelier de Meudon, par le commandant de Reffye, sur l'ordre de l'empereur. En outre, on acheta à l'étranger un certain nombre de canons rayés de divers systèmes et divers calibres, tels que canons Whitworth, Parrot, Armstrong, Vavasseur, etc.

Voici, d'après l'*Enquête sur le matériel*, faite en 1872, par les soins de l'Assemblée nationale, le détail des pièces existant, tant au 1er juillet 1870 qu'au 12 août 1872, avec l'indication du nombre de celles qui furent prises par l'ennemi.

DÉSIGNATION DE CANONS			EXISTANT AU		PRIS par l'ennemi
			1er juillet 1870	12 août 1872	
Canons rayés se chargeant par la bouche.	de mont. de	4	580	515	193
	de campagne	4	2.647	1.971	
		8	112	909	1.793
		12	532	784	
	de siège	12	943	512	
		24	196	102	
	de place	12	1.275	753	1.474
		24	843	449	
Canons rayés se chargeant par la culasse.	de campagne de	7	»	1.175	»
Canons à âme lisse.	Canons-obusiers de	12	1.828	622	
		12 léger	601	418	1.663
	campagne de	8	1.245	437	
		12	41	40	
	de place	12	93	58	
		16	1.874	1.173	729
	de siège	24	113	92	
Canons achetés à l'étranger pendant la guerre	Whitworth de 12 ou 3 livres				192
	Parrot de 20 ou 10 livres				460
	Armstrong de 9 ou 12 livres				24
	Vavasseur de 12 livres				27
	Divers				103

En résumé, si l'on tient compte de tout le matériel, affût, voitures, harnachement, on pouvait atteler comme pièces de campagne :

DÉSIGNATION DES BATTERIES		1ᵉʳ JUILLET 1870	12 AOÛT 1872
Batteries à 6 pièces.	à cheval de 4.	60	60
	montées de 4.	200	200
	montées de 12.	100	200
	montées de 7.	»	
	Total.	360	460

Telles étaient, avant et peu de temps après la guerre de 1870, les ressources dont pouvait disposer l'artillerie française. Mais tous ces canons, à l'exception toutefois des canons de 7 se chargeant par la culasse qui toutefois, construits à la hâte,

laissaient un peu à désirer au point de vue de la régularité de construction, ne possédaient pas des qualités suffisantes pour pouvoir lutter avec avantage contre ceux qui étaient alors en service chez les autres puissances. L'artillerie dut donc se mettre à l'œuvre de façon à créer à nouveau un système complet de bouches à feu de campagne, siège et place.

Canon de Reffye. Mais comme les études et essais préliminaires devaient exiger un certain temps, on ne pouvait pendant tout ce temps rester désarmé, aussi sur la proposition du ministre, le président de la République décida, en 1872, la mise en service à titre provisoire de canons en bronze se chargeant par la culasse du système de Reffye qui, comme portée et justesse du tir, pouvaient supporter la comparaison avec les canons alors en service à l'étranger. Tous les canons de 7 de

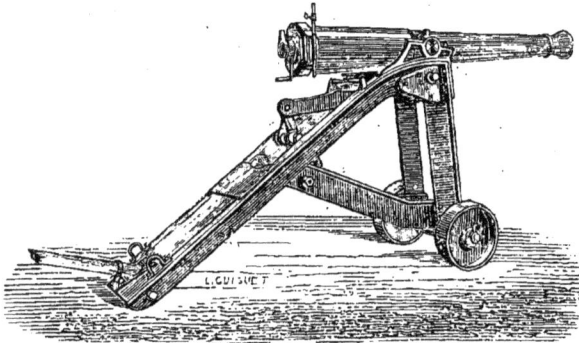

Fig. 144. — Canon de 7 sur affût de casemate.

campagne, construits pendant la guerre, furent renvoyés dans les arsenaux afin qu'on put y apporter les modifications reconnues nécessaires ; un certain nombre de canons de 7 en acier purent également être utilisés après qu'on les eut frettés ; on fit fabriquer comme pièces légères de campagne des canons de 5, d'après le même système. Enfin, pour pourvoir à l'armement des places, on transforma les canons de 16 lisses en canons rayés se chargeant par la culasse, également du système de Reffye, auxquels on donna la nouvelle dénomination de canons de 138ᵐ/ᵐ. L'adoption de ces nouvelles pièces rayées permit de retirer définitivement du service tous les anciens canons lisses à l'exception de quelques canons et obusiers qui, devant tirer uniquement à mitraille, furent encore utilisés comme pièces de flanquement ; quant aux pièces rayées se chargeant par la bouche, elles furent toutes conservées en service afin de compléter, avec les canons de Reffye, l'armement des places, et même en cas de besoin servir pour la formation des batteries de campagne de l'armée territoriale. Seulement les fusées fusantes ont été retirées du service ; provisoirement tous les obus ordinaires ainsi que tous les obus à balles des canons rayés, modèle 1858, durent

être uniquement munis de la fusée percutante Démarest. En outre, une partie des affûts de siège et de place ont été modifiés de façon à rendre possible le tir sous de plus grands angles et permettre d'utiliser ainsi toute la portée de ces bouches à feu.

Les canons en bronze, du système de Reffye, à l'exception toutefois de ceux de 138ᵐ/ᵐ, ont une forme extérieure un peu différente de celle des anciens canons se chargeant par la bouche ; le bouton de culasse et le cul-de-lampe ont cédé la place au mécanisme de culasse, les renforts au lieu d'être tronconiques sont cylindriques, les anses ont été supprimées. A l'intérieur de l'âme les rayures, toujours à pas constant, sont plus nombreuses, mais moins larges et moins profondes que dans le système précédent, elles sont cunéiformes, c'est-à-dire que leur largeur va en diminuant de l'origine à la bouche ; elles tournent de droite à gauche. L'âme se relie avec la chambre du projectile, qui est cylindrique et d'un diamètre un peu supérieur à celui de l'âme pris sur les cloisons, par un cône de forcement ; un cône de raccordement raccorde la chambre du projectile avec celle de la gargousse légèrement tronconique et d'un diamètre encore un peu plus fort. Dans la culasse est vissée une bague en acier dans laquelle est pratiqué le logement de la vis de culasse. Le mécanisme de culasse, du système de Reffye, comprend une vis de culasse à filets interrompus et un volet à charnière s'ouvrant à droite; un verrou automoteur, actionné par un ressort à boudin, sert tantôt à relier le volet à la culasse, tantôt à immobiliser la vis sur le volet (V. Culasse). La manivelle est montée sur un œil à toc de façon que l'on puisse agir par choc; une poignée sert à saisir la vis pour la ramener en arrière ou la repousser en avant. La lumière traverse obliquement la vis et vient déboucher au centre du godet creusé sur la tranche antérieure de la vis; en face de son débouché, à l'extérieur, la poignée se prolonge par une saillie, appelée *pare-étoupille*, destinée à protéger les servants contre la projection d'éclats pouvant provenir de l'étoupille. Un couvre-lumière, fixé sur le volet, empêche de mettre en place l'étoupille, et par suite de mettre le feu à la charge, tant que la culasse n'est pas complètement fermée. La hausse

Fig. 145. — *Canon de 138ᵐ/ₘ sur affût de place modifié.*

placée verticalement dans son canal, est à tige quadrangulaire et munie d'une réglette de dérive; le guidon est du système Broca, c'est-à-dire formé par deux pointes laissant entre elles un petit intervalle.

L'obturation est assurée par l'enveloppe de la gargousse elle-même qui se compose d'un culot en laiton et d'une douille en fer-blanc entourée intérieurement et extérieurement de plusieurs révolutions de papier. Afin de diminuer, autant que possible, l'adhérence de la douille contre les parois de la chambre, les bords de la feuille de tôle sont simplement jointifs et non soudés, le joint est recouvert par une bande de tôle de ferblanc dite *couvre-joint*. Pour faciliter l'extraction, le culot se moule au moment du départ du coup dans des rainures ménagées dans le godet de la tranche antérieure de la vis, si bien que celle-ci entraînant la gargousse dans son mouvement de rotation l'empêche de rester adhérente aux parois de la chambre. Un dispositif spécial, placé au centre du culot et percé d'évents pour la mise du feu, sert à assurer l'obturation de la lumière. La charge est composée de poudre à canon ordinaire, comprimée en rondelles, afin de la rendre moins vive.

Les canons de campagne de Reyffe lancent quatre sortes de projectiles : obus ordinaire, obus à double paroi, obus à balles et boîte à mitraille. Les canons de 138ᵐ/ₘ n'ont que des obus ordinaires. Les trois sortes d'obus, de forme semblable, sont cylindro-ogivaux; ils ont trois calibres de hauteur et sont pourvus de deux cordons de plomb ou revêtus d'une chemise en plomb, qui présente deux couronnes saillantes avec rainures remplies de graisse, l'une à l'arrière près du culot, l'autre à l'avant près de la naissance de l'ogive. L'obus à double paroi se compose d'une enveloppe extérieure et d'un noyau intérieur présentant de petites pyramides quadrangulaires qui pénètrent dans les cavités correspondantes de l'enveloppe; on n'en fabrique plus. Dans l'obus à balles le vide extérieur est partagé en deux chambres par une cloison venue de fonte, qui est percée d'un trou circulaire que l'on bouche au moyen d'un opercule en laiton. Les balles, en plomb durci, sont introduites dans la chambre postérieure par un trou qui est ménagé au culot et que l'on bouche avec un bouchon fileté en fer. La charge est placée dans la chambre avant. Tous les obus, quels qu'ils soient, sont armés de la fusée percutante Budin; pour le tir aux faibles charges, les obus de 138$^{m/m}$ reçoivent une fusée Demarest. Les boîtes à mitraille, à enveloppe de zinc, portent au culot une rondelle arrêtoir en bois avec poignée en corde; les balles sont en plomb durci, leurs interstices remplis avec du soufre fondu.

Pour le tir du canon de 7, on a tout d'abord utilisé les affûts en bois du canon de campagne de 12; puis on a construit pour le 7 comme pour le 5 de nouveaux affûts en fer, dans lesquels la limite de l'angle de tir, au lieu de s'arrêter à 18° environ, comme dans les affûts à

Fig. 146. — *Canon de 138$^{m/m}$ sur affût à soulèvement.*

flèche en bois, a été portée jusqu'à 25° au minimum. Les flasques en tôle de fer, à bords reployés en dehors, sont parallèles entre eux jusqu'un peu en arrière de la culasse, puis ils se prolongent, en se rapprochant l'un de l'autre, jusqu'à la crosse, de façon à former la flèche; ils sont réunis entre eux par des plaques de dessus et dessous de flèche et de tête d'affût. L'espace libre entre les deux plaques a été utilisé, on y a installé un coffret de flèche. L'appareil de pointage se compose d'une vis qui ne peut que tourner sur elle-même, et traverse un écrou qui fait corps avec un support de pointage mobile autour d'un axe placé au-dessous des encastrements de tourillon. Le support de pointage porte lui-même un excentrique à deux têtes; pour le tir sous les angles voisins de l'horizon on fait reposer la culasse de la pièce sur la grande tête, et pour le tir sous les grands angles sur la petite. Les coffrets d'essieu ont été munis de dossiers, garde-bras et marchepieds, de façon à pouvoir servir de siège pour les servants.

Un affût de casemate en fer (fig. 144) a été construit pour le tir des canons de 7 et 5 lorsqu'on les emploie dans les casemates comme pièces de flanquement.

Pour le service du canon de 138$^{m/m}$ on a commencé par utiliser le matériel existant, affût de siège à flèche et affût de place; on a dû seulement les consolider de façon à leur permettre de résister au tir de la nouvelle bouche à feu; en outre, on les a modifiés de façon à permettre le tir sous des angles allant jusqu'à 30°. Dans ce but on a surélevé les encastrements des tourillons, à l'aide d'exhaussements de flasques, et adopté un appareil de pointage spécial. En outre, pour l'affût de place (fig. 145), afin de consolider le châssis, on place sous l'entretoise du milieu une échantignolle, et à l'extrémité de la directrice un support de directrice; afin de réduire le recul de l'affût, sur les côtés, ont été fixés des coins allongés formant un plan incliné sur lequel l'affût est obligé de monter. On a également construit pour le service de l'affût de 138ᵐ/ᵐ un nouvel affût de siège et place, tout entier métallique, dit *affût à soulèvement* (fig. 146). Les flasques en tôle d'acier, de forme triangulaire, sont parallèles et reliés entre eux par des entretoises; à l'arrière se trouve une chape, mobile à la fois autour d'un axe vertical et d'un axe horizontal, et portant un galet qui, lorsqu'on appuie dessus à l'aide d'un levier, permet de soulever la crosse et de la diriger dans n'importe quelle direction. L'appareil de pointage se compose d'une vis de pointage, pouvant monter ou descendre tout en supportant la culasse, et d'un écrou formant pignon à l'extérieur et engrenant avec une vis sans fin sur laquelle on agit à l'aide de deux manivelles placées en dehors des flasques.

Les études entreprises, aussitôt après la guerre, pour la recherche de nouvelles bouches à feu tirant à fortes charges, ayant de grandes vitesses initiales, des portées très étendues et une grande tension de trajectoire, avaient conduit, dès 1874, à renoncer au bronze comme métal à canon, et à adopter en principe des bouches à feu en acier frettées concurremment avec l'emploi des poudres à gros grains pour la confection des charges. (V. Poudre.) A la suite des nombreux essais auxquels furent soumis différents systèmes, le président de la République a prononcé successivement l'adoption : en 1876, du canon de 95ᵐ/ᵐ de Lahitolle comme canon de position; de 1877 à 1878, du canon de Bange, à savoir: canon de campagne de 80 et 90ᵐ/ᵐ, modèle 1877; canon de 80ᵐ/ᵐ de montagne, modèle 1878; canon de 120ᵐ/ᵐ, modèle 1878; canon de 155ᵐ/ᵐ, modèle 1877. A ces bouches à feu il faut ajouter le canon court de

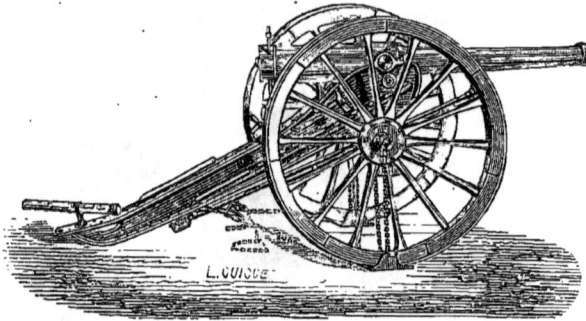

Fig. 147. — *Canon de campagne de 90ᵐ/ᵐ, modèle 1877.*

155ᵐ/ᵐ et le canon de 220ᵐ/ᵐ qui sont encore à l'étude.

Canon de Lahitolle. Dans le canon de 95ᵐ/ᵐ de Lahitolle, le tube étant légèrement renflé à la culasse, les frettes sont mises en place par l'avant; la lumière est percée dans un grain en cuivre rouge logé dans le corps du canon. Les rayures multiples, c'est-à-dire encore plus nombreuses et de plus petite dimension que dans les canons du système de Reffye, sont à pas progressif, au pas final de 7°; elles tournent de droite à gauche. Les rayures se prolongent jusque sur une partie du cône de forcement qui est destiné à assurer la position de chargement du projectile; en arrière de celui-ci se trouvent un cône de raccordement puis la chambre à poudre cylindrique et d'un diamètre sensiblement supérieur à celui de l'âme. Le mécanisme de culasse est peu différent de celui des canons de Reffye; un linguet de sûreté s'oppose au dévirage, la présence de ce linguet a nécessité une disposition un peu différente de la manivelle et de la poignée; il n'y a aucun dispositif de sûreté pour la mise de feu; l'obturation est assurée par un obturateur de Bange. La hausse et le guidon sont semblables à ceux des canons de Reffye.

Les projectiles du canon de 95ᵐ/ᵐ sont l'obus

ordinaire, l'obus à double paroi, l'obus à balles libres et la boîte à mitraille. Tous les obus, semblables extérieurement, sont cylindro-ogivaux, à ogive raccourcie; ils sont garnis à l'arrière d'une ceinture tronconique en cuivre avec gorge; au raccordement de l'ogive et de la partie cylindrique se trouve un renflement venu de fonte et tourné cylindriquement à des dimensions précises de façon à n'avoir qu'un très faible jeu dans l'âme. L'obus à double paroi a le même tracé intérieur que ceux des canons de campagne de Reffye, en n'en fabrique plus également. Dans l'obus à balles libres, qui est du système Voilliard, le vide intérieur est divisé par des nervures en compartiments verticaux dans lesquels on introduit une colonne de balles en fer reposant les unes sur les autres par des méplats; des sillons sont ménagés intérieurement sur le culot et sur l'ogive du projectile pour en faciliter l'éclatement. La charge d'éclatement est placée au milieu dans un tube en cuivre. Les boîtes à mitraille sont semblables à celles des canons de Reffye.

La charge de tir, composée de poudre C₁, est renfermée dans un sachet en toile amiantine.

L'affût, métallique, se compose de deux flasques en tôle d'acier sans rebords, réunis entre eux par des plaques entretoises; l'essieu est en acier, l'affût ne porte ni sièges d'essieu ni coffret de flèche. L'appareil de pointage est semblable à celui de l'affût à soulèvement pour canon de 138^{m/m}; pendant les routes et le chargement, afin de soulager la vis de pointage, on fait reposer la culasse sur un support de chargement mobile autour d'une charnière, de façon à pouvoir être rabattu quand on ne s'en sert plus.

Canon de Bange. Les canons de Bange se distinguent extérieurement du canon de Lahitolle en ce qu'ils n'ont aucun renflement à la culasse; les frettes sont mises en place par l'arrière; les pièces de 120 et 155 sont pourvues d'une anse, rapportée sur la frette tourillon et placée dans le plan de tir. Le canon de 120^{m/m}, au lieu de n'être renforcé par des frettes que jusqu'à hauteur des tourillons comme les autres pièces, est fretté jusqu'à la volée. Les canons de 120 et 155 ont en plus une petite frette de pointage servant à relier la pièce qui est en équilibre sur ses tourillons à l'appareil de pointage de l'affût. Les rayures multiples, comme dans le canon précédent, sont progressives jusqu'à une petite distance de la bouche, puis se terminent par une partie à pas constant; elles tournent de gauche à droite. La partie rayée de l'âme se raccorde directement avec la chambre à poudre par un tronc de cône de faible longueur, fortement penté, de façon à assurer la butée de la ceinture du projectile. La chambre à poudre cylindrique a un diamètre très peu différent de celui de l'âme, mais une très grande longueur. Le mécanisme de fermeture, du système de Bange, est également à vis à filets interrompus avec volet à charnière, se rabattant complètement à gauche contre la pièce; il diffère complètement dans les détails des mécanismes précédents. Le verrou automoteur a été remplacé par un loquet actionné par un ressort en pince. La vis, de dimensions très faibles, de façon à être aussi légère que possible, se manœuvre à l'aide d'une poignée fixe et d'un levier-poignée mobile autour d'une charnière; lorsqu'il est redressé à angle droit ce levier sert de manivelle, au contraire lorsqu'il est rabattu, sa tête, en forme de came, pénètre dans une mortaise du volet et forme système de sûreté contre le dévirage; l'obturation est assurée par un obturateur de Bange; la tête mobile est pourvue d'une longue tige qui traverse de part en part la culasse et n'est maintenue que par une simple bague. La lumière, qui est centrale, traverse la tige de la tête mobile; les fuites de gaz et la projection en arrière du tube de l'étoupille pouvant être dangereux pour les servants, la question de l'obturation de la lumière est à l'étude, mais n'a pu encore être résolue d'une façon suffisamment pratique; provisoirement on se contente de relier par un fil de cuivre le tube de l'étoupille au cordon du tire-feu de façon à le retenir lorsqu'il est projeté en arrière. La tige de la hausse au lieu d'être quadrangulaire comme pour les bouches à feu précédentes est triangulaire; le guidon est du système Broca.

Les approvisionnements des canons de Bange comprennent actuellement trois espèces de pro-

jectiles : obus ordinaire, obus à balles et boîte à mitraille. Les obus de trois calibres environ de hauteur et de forme cylindro-ogivale se distinguent des précédents par la forme très allongée de leur ogive. Ils sont munis, vers le culot, d'une ceinture cylindrique en cuivre rouge; à la naissance de l'ogive est un renflement comme dans les obus de Lahitolle. Les obus à balles des canons de campagne sont du système Voilliard, comme celui de 95 ^{m/m}, mais les balles en fonte, au lieu d'être libres, sont noyées dans la fonte; c'est un obus à couronne de balles, analogue aux obus à anneaux du système Uchatius, plutôt qu'un véritable obus à balles, aussi est-il destiné à remplacer l'obus ordinaire comme obus à fragmentation systématique. La question des obus à balles de campagne, contenant des balles en

Fig. 148. — *Canon de 80^{m/m} de montagne, modèle 1878.*

plomb durci, est actuellement à l'étude et sera bientôt résolue. Les obus à balles adoptés provisoirement pour les canons de 120 et 155 se composent d'un obus ordinaire dans lequel on a introduit des balles en plomb durci maintenues par du soufre coulé, pardessus est placée la charge comme dans les obus à balles des anciens canons rayés se chargeant par la bouche. Les obus ordinaires sont armés, ceux de campagne de la fusée percutante Budin, ceux de 80 de montagne, de 120 et 155 de la fusée percutante de siège et de montagne, modèle 1878; tous les obus à balles ont la fusée à double effet, modèle 1880. (V. Fusée.) Les boîtes à mitraille sont semblables à celles des canons de Reffye qui, du reste, ont été établies sur le même modèle; dans celles que l'on fabrique actuellement, la rondelle en bois a été renforcée, la poignée en corde remplacée par une autre en fil de fer.

La charge des canons de campagne et montagne se compose actuellement de poudre C_1, celle des canons de 120 et 155^{m/m} de poudre SP_1; afin d'augmenter encore les vitesses initiales sans accroître les pressions, on étudie actuellement la question de la substitution de la poudre C_2 ou SP_1 à la poudre C_1 dans les canons de campagne, et de la poudre SP_2 ou même SP_3 dans les autres. La poudre est renfermée dans un sachet en toile amiantine de forme très allongée.

Les affûts de campagne des canons de 80 et 90, modèle 1877 (fig. 147), sont, à part les dimensions qui sont un peu plus fortes, semblables à ceux des canons de 5 et 7 de Reffye; ils n'en diffèrent guère que par la suppression des sièges d'affût, les essieux sont en acier. Afin de limiter le recul, chaque affût est muni de deux sabots qui servent à enrayer les roues pendant le tir.

L'affût du canon de 80 de montagne (fig. 148) ressemble, à part ses dimensions beaucoup plus petites, à l'affût du canon de 95 $^{m/m}$ de Lahitolle; cet affût, par suite du peu de longueur de la flèche, ayant été reconnu trop sujet à se renverser dans le tir sous les petits angles, il a été décidé qu'on y ajouterait une rallonge de flèche, pouvant se fixer sur la crosse ou s'enlever à volonté, et se transportant à part, de façon à ne pas augmenter le poids de l'affût. Les enrayures en corde seront, de même, remplacées par des freins agissant directement sur le moyeu des roues.

Les affûts de siège et de place pour canons de 120 et 155 sont semblables (fig. 149); ils se composent de deux flasques surélevés, en tôle d'acier, se prolongeant parallèlement jusqu'à la crosse; ils sont reliés entre eux par des plaques de dessus et dessous de flèche et de tête d'affût; l'essieu en acier est encastré dans un corps d'essieu en bois. L'appareil de pointage se compose d'un secteur denté engrenant avec un pignon mû par une manivelle; une bielle est articulée sur le secteur denté d'une part et sur la frette de pointage d'autre part; un frein sert à immobiliser tout le sys-

Fig. 149. — *Canon de 155*$^{m/m}$, *modèle 1877.*

tème pendant le tir. Un marchepied permet au pointeur de monter sur la flèche. Deux sabots peuvent servir à limiter le recul. Afin de réduire encore plus le recul dans les batteries de siège et surtout sur les remparts, on essaye actuellement des coins en bois que l'on place en arrière des roues de façon que, lorsque l'affût recule, les roues soient obligées de monter dessus; l'affût redescend ensuite de lui-même en batterie; jusqu'ici ce dispositif n'a pas été rendu réglementaire à cause des à-coups trop brusques que doit subir tout le système.

Pour faciliter le service dans les batteries de siège des canons de petit calibre, tels que le 7, le 90 $^{m/m}$ et particulièrement le 95 $^{m/m}$, on a adopté un affût de siège de forme analogue aux précédents, également à flasques surélevés, dit affût omnibus ou modèle 1880; seul le système de pointage est différent.

Des affûts de place en fer pour canon de 155, avec grand châssis métallique, à pivot antérieur comme ceux des anciens affûts de place en bois, ou pivot central de façon à permettre le tir dans toutes les directions, sont à l'étude. Pour limiter le recul on aura recours à l'emploi, soit de freins à lames, soit de freins hydrauliques (V. Frein). Pour le service du canon de 155 $^{m/m}$ dans les tourelles cuirassées, on a expérimenté comparativement avec d'autres systèmes, un affût à embrasure minimum du système Gruson, à peu près semblable à celui qui a été adopté en Allemagne (fig. 150). Les tourillons de la pièce, supportés par des coussinets qui sont reliés au piston d'une presse hydraulique, se déplacent dans des rainures en arc de cercle ménagées à l'intérieur des flasques; un système de leviers articulés se reliant d'une part aux coussinets de tourillons et d'autre part s'articulant avec un collier placé sur la volée obligent également un second point de la bouche à feu à décrire un arc de cercle concentrique au premier; les centres de ces arcs de cercle coïncident avec le centre de l'embrasure. L'affût est placé sur un châssis à roulettes qui permet de petits déplacements sur la plate-forme de la tourelle tournante, de façon à pouvoir achever le pointage en direction; des freins hydrauliques limitent le recul de l'affût sur son châssis, des galets excentriques facilitent le retour automatique en batterie.

De nombreux essais ont été faits, plus encore à l'étranger qu'en France, pour trouver un affût à éclipse, dans lequel par suite du recul, le canon qui pour le tir est élevé au-dessus du parapet, se rabatte ensuite en arrière de façon qu'on puisse le charger complètement à l'abri. En se rabattant l'affût doit emmagasiner la force nécessaire pour revenir de lui-même en batterie. Le seul affût de ce genre qui ait été reconnu réellement pratique est l'affût Moncrieff, à contre-poids (fig. 151), employé en Angleterre; dans l'affût à éclipse proposé en France, il y a quelques années par l'amiral Labrousse, l'affût en se rabattant comprimait des ressorts Belleville qui, lorsqu'ils se détendaient, ramenaient automatiquement la pièce en batterie.

Canons de côte. Il ne nous reste plus à parler que des canons employés par l'artillerie de terre pour l'armement des batteries de côte dont la défense lui est confiée. Autrefois elle empruntait à la marine ses canons en fonte de 30 lisses, ou de 30 rayés se chargeant par la bouche; après la guerre de 1870, la marine céda à l'artillerie de terre, non seulement pour la défense des côtes, mais encore pour assurer de suite la défense des places, tous ses

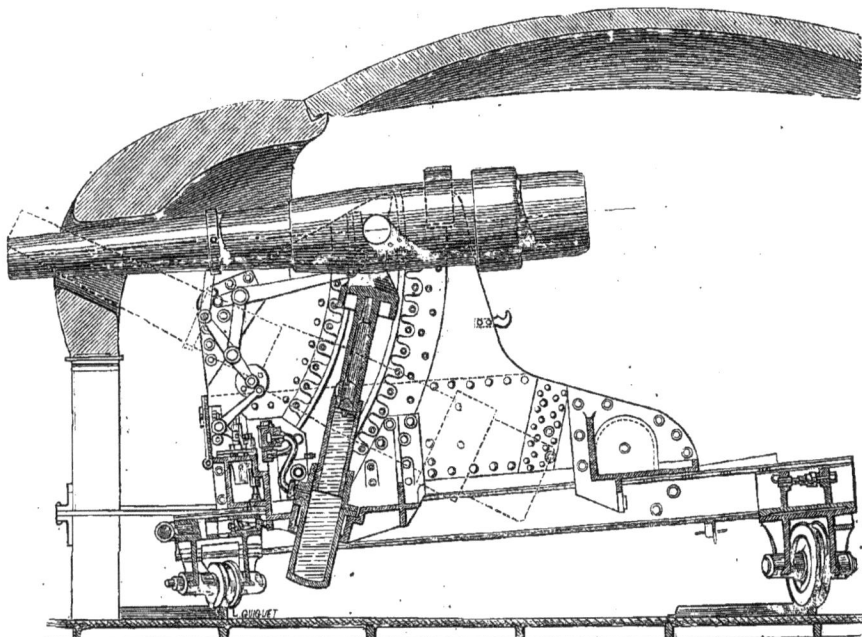

Fig. 150. — *Affût à embrasure minimum (système Gruson) pour tourelles cuirassées allemandes.*

canons de 16ᶜ, modèle 1858-60, en fonte frettés se chargeant par la culasse. Elle devait également lui céder des canons de 19ᶜ, 24ᶜ et 27ᶜ en fonte tubés et frettés se chargeant par la culasse, du modèle 1870; mais les établissements de la marine n'ayant pas eu le temps d'usiner toutes ces pièces, les corps de canon furent livrés à l'artillerie de terre qui se chargea de leur usinage; seuls les canons de 27ᶜ furent livrés complètement terminés, ils sont donc conformes au modèle 1870 de la marine; quant aux canons de 19ᶜ et 24ᶜ on apporta à leur tracé quelques modifications.

Le colonel de Lahitolle fut chargé d'étudier les modifications que l'on pourrait apporter au tracé intérieur du canon de 19ᶜ pour lui adapter l'obturateur plastique de Bange et améliorer en même temps ses qualités balistiques. Dans les premiers canons de 19ᶜ, du modèle 1876, le mécanisme de fermeture est celui de la marine modèle 1870 avec obturateur de Bange, dans ceux du modèle 1878, construits plus tard, le mécanisme de fermeture est, de même que l'obturateur, du système de Bange. Le tracé intérieur de la bouche à feu, ainsi que celui de l'obus ordinaire, dus au colonel de Lahitolle, sont semblables à ceux du canon de 95ᵐ/ᵐ.

Le canon de 24ᶜ et son obus ordinaire furent établis d'après les tracés du colonel de Bange; on y adapta le mécanisme de fermeture et l'obturateur de Bange. On l'a désigné sous le nom de modèle 1876. En même temps le colonel de Bange établit un canon de 240ᵐ/ᵐ, en acier, fretté jusqu'à la volée comme le canon de 120ᵐ/ᵐ.

Actuellement les canons de côte ne tirent que des obus ordinaires : l'artillerie de terre n'a point encore adopté d'obus de rupture.

La poudre employée pour le tir de ces canons

de côte est la poudre SP_2; il est question de la remplacer par la poudre SP_3.

L'ancien affût de côte en fonte a été successivement modifié pour le tir des canons de 30 rayé et de 16ᶜ, modèle 1858-60, se chargeant par la bouche. Des affûts de côtes en fonte de forme analogue au précédent ont été mis en service pour les canons de 19ᶜ et 24ᶜ, ils sont munis de freins à lames. Des affûts en tôle de fer avec châssis également en fer et frein hydraulique sont en essai. Pour le canon de 27ᶜ, l'artillerie de terre a emprunté à la marine son affût de côte en fonte.

Dans le tableau suivant on a réuni les principales dimensions des canons actuellement en service en France, ainsi que quelques données relatives à leur tir, qui permettront de se rendre compte des progrès qui ont été successivement accomplis.

RENSEIGNEMENTS SUR LES CANONS DE L'ARTILLERIE DE TERRE.

DÉSIGNATION des CANONS	CALIBRE	LONGUEUR totale de l'âme en calibres	LONGUEUR de la partie rayée	POIDS total du canon avec fermeture	POIDS total du canon sur affût de campagne ou de siège	CHARGE DE GUERRE	Poids du boulet ou de l'obus chargé	Poids de la charge intérieure de l'obus	VITESSE INITIALE	ANGLE 2° Portée	2° Écart en portée	2° Écart en direction	ANGLE 5° Portée	5° Écart en portée	5° Écart en direction	ANGLE 15° Portée	15° Écart en portée	15° Écart en direction	PORTÉE APPROXIMATIVE sous l'angle de 25
	mil.	calib.	mil.	kil.	kil.	kil.	kil.	gr.	mèt.	mèt.	mèt.	mèt.	mèt.	mèt.	mèt.	mèt.	mèt.	mèt.	mèt.
Canons lisses.																			
De campagne { 4	84.2	16.82	»	304	095(1)	0.732	1.958	»	440	»	»	»	»	»	»	2 700	»	»	»
De campagne { 8	106.1	16.82	»	580	1 165	1.225	3.960	»	486	640	»	»	1 470	»	»	2 700	»	»	»
De campagne { 12	121.3	16.82	»	880	1 514	1.958	5.996	»	488	918	»	»	1 585	»	»	2 800	»	»	»
De place { 12	121.3	23.66	»	1 550	»	2.000	5.996	»	526	964	»	»	1 664	»	»	2 900	»	»	»
De siège { 16	133.7	22.85	»	2 000	2 859	2.667	7.054	»	507	955	»	»	1 665	»	»	3 100	»	»	»
{ 16	152.7	20.67	»	2 740	3 691	4.000	11.992	»	477	1 055	»	»	1 810	»	»	3 300	»	»	»
Canon-obusier de campagne { 12	121.0	15.25	»	620	1 212	1.400	4.162	200	454	»	»	»	»	»	»	»	»	»	»
{ 12 léger.	121.0	14.67	»	540	1 132	1.000	4.162	200	394	»	»	»	»	»	»	»	»	»	»
Canons rayés, modèle 1858.																			
De montagne { 4	86.5	9.30	715	100	231	0.300	4.035	200	237	400	27.9	0.86	866	32.1	2.30	1 956	42.4	6.20	2 470
De campagne { 4	86.5	16.18	1 270	330	758	0.550	4.035	200	343	743	21.3	0.84	1 479	27.5	2.10	2 983	46.7	6.31	3 772
De campagne { 8	106.1	16.45	1 661	570	1 200	0.800	7.360	350	331	720	12.97	0.88	1 504	17.68	2.12	3 217	28.62	7.38	4 170
De siège { 12	121.3	14.96	1 705	610	1 230	1.000	11.500	500	288	588	13.4	0.48	1 279	19.7	1.15	2 960	39.6	3.48	3 937
{ 12	121.3	16.5	1 892	850	1 500	1.200	11.500	500	317	685	14.8	0.54	1 475	21.7	1.29	3 300	43.7	3.93	4 336
{ 24	152.7	13.2	1 690	2 060	3 152	2.500	24.000	1 000	291	606	11.1	0.54	1 370	14.9	1.48	3 320	27.2	8.01	4 286
De place { 12	121.3	23.2	2 515	1 540	»	1.400	11.500	500	332	760	16.1	0.68	1 587	16.1	1.56	3 475	34.3	4.67	4 550
{ 24	152.7	20.2	2 766	2 700	3 940	3.000	24.000	1 000	338	811	»	»	1 740	»	»	3 980	»	»	5 280
Canons de Reffye.																			
De campagne { 5	75.0	24.98	1 535	460	980	0.870 comp.	4.865	210	417.5	1 107	21.1	0.83	2 217	17.2	2.93	4 755	47.2	11.69	6 188
{ 7	85.0	22.12	1 466	650	1 346	1.130 cmop.	7.105	350	390	1 026	14.20	0.69	2 030	15.6	1.58	4 300	34.5	4.58	5 610
De siège et place. 138 mill.	138.0	20.89	2 235	1 940	3 500	3.540 comp.	23.670	1 700	382	1 050	8.3	0.26	2 133	7.3	0.56	4 789	32.1	2.44	6 550
Canons en acier.																			
De montagne 80 mill.	80.0	13.35	933	105	264(2)	0.400	5.605	240	257	600	8.9	0.3	1 200	9.1	0.8	2 775	12.4	5.1	3 770
De campagne { 80 mill.	80.0	25.97	1 689	425	965	1.500	5.605	240	446	1 460	8.1	0.8	2 675	9.2	0.9	5 380	15.3	3.9	7 000
{ 90 mill.	90.0	22.93	1 641	530	1 205	1.900 C_1	7.945	280	455	1 300	8.3	0.3	2 500	9.7	1.0	5 250	16.8	4.5	6 890
De position 95 mill.	95.0	23.83	1 931	706	1 446	2.100 C_1	10.945	370	443	1 215	10.10	0.6	2 406	10.7	1.37	4 968	16.1	4.3	6 564
De siège et place { 120 mill	120.0	24.77	2 442	1 200	2 654	4.500 SP_1	17.800	800	480	1 461	16.4	0.66	2 929	16.6	1.75	6 125	18.9	5.65	7 912
{ 155 mill.	155.0	24.79	3 171	2 530	5 785	9.000 SP_1	40.910	1 600	464	1 425	11.45	0.4	2 900	12.9	0.8	6 386	16.4	1.9	8 570
De côte 240 mill.	240.0	25.62	4 970	13 980	»	38.000 SP_2	155.00	5 600	485	»	»	»	»	»	»	»	»	»	»
Canons en fonte, tubés et frettés.																			
De côte { 19 cent.	194.0	19.07	3 039	7 850	»	16.000 SP_2	76.67	4 050	439	1 417	8.8	0.27	2 680	10.1	0.69	5 955	16.4	3.23	6 960 (3)
{ 24 cent.	240.0	20.12	3 980	16 200	»	28.000 SP_2	120.47	6 000	470	1 400	9.3	0.43	3 071	10.6	1.40	6 900	15.2	3.80	9 450

(1) Affût de campagne Gribeauval.
(2) Affût sans rallonge de flèche.
(3) Sous l'angle de 19 degrés.

ARTILLERIE DE LA MARINE. De tout temps, les canons en usage dans la marine ont été différents de ceux en service dans l'artillerie de terre ; pendant longtemps la marine a donné la préférence à la fonte parce qu'elle était moins coûteuse et beaucoup aussi parce qu'elle n'avait pas cette sonorité qui aurait rendu insupportable le service des canons en bronze dans les batteries des navires. Les canons lisses en fonte, réglementaires dans la marine, lors de l'adoption des canons rayés étaient des calibres de 50 (19ᶜ), 36 (17ᶜ), 30 (16ᶜ), 24 (15ᶜ), 18 (13ᶜ), 12 (12ᶜ) et de 8 ; il y avait, en outre, des canons-obusiers de 30 et des canons-obusiers de 12 en bronze, empruntés à l'artillerie de terre. Toutes ces bouches à feu, à l'exception du canon de 8, lançaient indifféremment des boulets pleins ou des boulets creux chargés, mais les canons-obusiers, pièces plus légères, tiraient à faible charge; le canon de 8 ne lançait que des boulets pleins. Les boulets creux étaient armés d'une fusée fusante en bois, ou bien depuis 1835 d'un mécanisme percutant, on les désignait alors sous le nom de boulets creux à percussion; ils étaient employés pour le tir contre les murailles en bois des navires.

Les affûts, que l'on désigne encore plus particulièrement sous le nom d'affûts marins, étaient construits d'après deux types offrant entre eux beaucoup de points de ressemblance, seulement les uns étaient portés par quatre roulettes, tandis que dans les autres, dits à échantignolles ou à semelles, les roulettes de derrière étaient supprimées et l'arrière des flasques reposait directement sur la plate-forme de façon à augmenter les frottements et diminuer le recul. Ces affûts se distinguaient encore en affûts de batterie, c'est-à-dire disposés pour permettre le tir par les sabords des batteries couvertes et affûts de gaillards, destinés à être placés sur le pont supérieur des navires. Ces derniers donnaient habituellement une plus grande hauteur à l'axe des tourillons et permettaient le pointage sous un angle plus élevé; ils étaient en général à échantignolles afin d'avoir un moindre recul et être moins gênants sur le pont; les affûts de batterie, au contraire, étaient presque toujours à roulettes. L'appareil de pointage se composait d'un coussinet de pointage et d'un coin de mire reposant sur une sole placée horizontalement entre les flasques de l'affût; des adents ménagés à l'arrière des flasques servaient

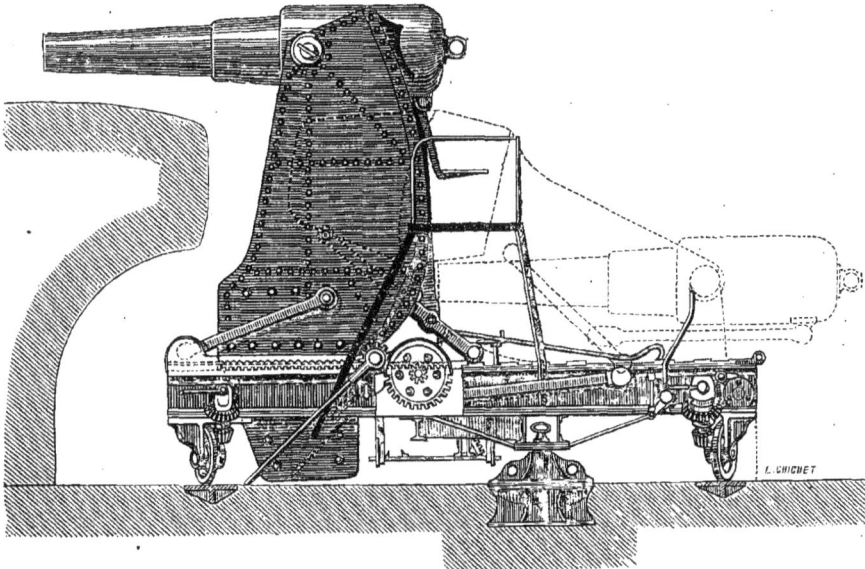

Fig. 151. — *Affût anglais, système Moncrieff*

à embarrer sous la culasse. Pour la mise en batterie ou hors de batterie on avait recours à deux palans de côté fixés d'une part aux flasques et de l'autre à la muraille du navire, et un palan de retraite. Les déplacements latéraux s'obtenaient en embarrant sous les flasques avec des leviers ou anspects (leviers à pince). Une brague, fort cordage traversant les flasques et dont les extrémités étaient fixées à la muraille, servait à limiter le recul; un croissant, pièce de bois mobile autour d'une charnière, placée en avant des flasques était destinée à amortir les chocs au moment du retour en batterie.

A partir de 1844, on construisit quelques affûts de 30, pourvus d'une flèche directrice analogue au lisoir directeur de l'artillerie de terre; enfin, dans les derniers temps, vers 1855, on établit pour le canon de 50 le tracé d'un affût marin, placé sur châssis, destiné à l'armement des bâtiments à vapeur.

Pour le service dans les batteries de côte, dont l'armement était confié à la marine, on employait quelquefois les affûts marins, bien qu'ils fussent construits spécialement pour le service à bord des navires, mais de préférence des affûts de côte en fonte de construction analogue à ceux adoptés par l'artillerie de terre.

Dans certaines batteries de côte, principalement aux colonies, on utilise encore un certain nombre de canons de 30 et 36 lisses.

Le premier canon rayé qui ait été mis en service dans la marine française est le canon-obusier de 16°, modèle 1855, obtenu par le forage au calibre de 30 d'un obusier de 22°; une batterie de ces pièces nouvelles put encore figurer, en Crimée, à la fin du siège de Sébastopol; il n'existe qu'un très petit nombre de pièces de ce modèle. Les rayures, au nombre de deux seulement, sont hélicoïdales, leur profil était une anse de panier. L'obus cylindro-ogival ne porte que deux mamelons ou tourillons venus de fonte placés à hauteur du centre de gravité. A l'origine cet obus recevait le mécanisme percutant Pellé; il est armé actuellement du mécanisme Tardy. — V. Fusées.

Quelques années plus tard la marine adopta définitivement un nouveau système de rayures, dit modèle 1858-60, qui servit à transformer en canons rayés des canons de 30 et 18 qui reçurent la nouvelle dénomination de canons de 16° et 14°, modèle 1858-60, un certain nombre de canons neufs de 16° furent construits. La résistance des canons en fonte rayés ayant été reconnue insuffisante, on se décida à les renforcer à hauteur du premier renfort à l'aide de frettes en acier, seuls un certain nombre de canons rayés de 30, destinés à l'armement des côtes, furent rayés et non frettés. En même temps on entreprit l'application aux canons de 30 ou de 16° rayés du chargement par la culasse.

Les canons rayés se chargeant par la bouche, ou canons-bouche, comme on les appelle dans la marine, en fonte frettés, du modèle 1858-60, diffèrent peu comme forme extérieure des anciens canons lisses; sur les parois de l'âme sont creusées trois rayures paraboliques tournant de droite à gauche dans lesquelles s'engagent des tenons en zinc, placés à hauteur du centre de gravité du projectile; par suite du profil donné à la rayure, ces tenons butant contre l'arrête de la paroi forçante, s'arrasent partiellement pendant le trajet et produisent le centrage du projectile. Afin d'empêcher les battements on a ajouté, peu de temps après, à l'arrière du projectile des plaques de frottement ou plaques isolantes également en zinc, destinées à s'interposer entre la surface de l'obus et la paroi de l'âme; les rayures se continuent vers le fond par un prolongement destiné à recevoir ces plaques isolantes. Le profil de la rayure pour les bouches à feu rayées de 1858 à 1860 est rectiligne, il comprend une paroi forçante et une paroi-talon; dans celles rayées après 1860, le profil présente la forme d'une anse de panier. Dans les canons de 16° se chargeant par la culasse ou canons-culasse, la chambre à poudre a un diamètre un peu supérieur à celui de l'âme; trois rainures d'arrêt, placées dans l'intervalle des rayures et disposées pour recevoir des boutons-arrêts portés par le projectile sont destinées à assurer la position du projectile dans le chargement.

Le mécanisme de culasse, se compose d'une vis à filets interrompus, qui lorsqu'elle est hors de son écrou est supportée par une console pouvant coulisser le long d'un cadran placé à droite de la culasse; l'obturateur est un disque en acier fondu au wolfram muni de rebords élastiques qui doivent, en s'épanouissant, empêcher tout échappement des gaz. Un linguet s'oppose au dévirage et un système de sûreté permet d'immobiliser le tire-feu tant que la culasse n'est pas complètement fermée.

Les bouches à feu, modèle 1858-60, ne tirent que des obus et des boîtes à mitraille; l'obus qui est cylindro-ogival pèse, tout chargé, deux fois le poids du boulet sphérique du même calibre; ces obus recevaient à l'origine le système percutant Tardy, depuis 1868 ils sont tous armés du mécanisme à double réaction. Les boîtes à mitraille ont une enveloppe en tôle avec couvercle et culot en fer forgé, les balles sont en zinc, les interstices entre les balles sont remplis avec de la sciure de bois.

La charge de guerre, composée de poudre à canon ordinaire, que la marine désigne en général sous le nom de poudre du Ripault, parce qu'elle lui était autrefois fournie presque toujours par cette poudrerie, au lieu d'être comme pour les canons lisses, égale au 1/3 du poids du projectile sphérique n'est plus égale qu'au 1/9 environ du poids du projectile oblong. Pour le service des canons lisses, transformés en canons rayés, on se contenta tout d'abord d'approprier au tir du canon de 14° quelques-uns des anciens affûts marins à quatre roues ou à échantignolles de 18 ou de 30, pour les canons de 16°, on prit des affûts de 36; en outre, on construisit quelques affûts neufs à échantignolles dont le tracé était analogue à celui des anciens affûts. Enfin, on établit pour les canons de 16°, des affûts avec châssis à double pivot reposant sur quatre roulettes; l'affût, à semelles, est muni de galets fixes à l'avant et de galets de relèvement à l'arrière de façon à faciliter la mise en batterie ou hors de batterie; la brague au lieu d'être fixée à la muraille relie l'affût au châssis.

Au moment où l'on armait nos bâtiments de canons rayés, modèle 1858-60, apparaissaient les premiers navires cuirassés contre lesquels les obus ordinaires étaient complètement impuissants. Alors commença la lutte entre les canons et les cuirasses. Tout en continuant à se préoccuper de l'amélioration et de l'extension du système de canons rayés, l'artillerie de la marine dut porter de préférence ses recherches sur l'augmentation de puissance nécessaire pour pouvoir traverser les cuirasses. L'accroissement de puissance fut d'abord demandé aux vitesses et au poids des projectiles, et non pas à l'élévation des calibres; on construisit des canons, dits à grande puissance, de 14° et 16°. Puis, étant donnée la faiblesse des résultats obtenus, on dut avoir recours à l'élévation des calibres et à l'emploi de projectiles spéciaux dits de rupture. Ainsi fut créée l'artillerie modèle 1864 qui comprend cinq bouches à feu nouvelles se chargeant par la culasse, des calibres de 14°, 16°, 19°, 24° et 27°. Tout en continuant à employer la fonte frettée on a cherché à augmenter la résistance des canons par une meilleure répartition du métal, fonte de fer et frettes, par l'allongement du frettage jusqu'au delà des tourillons, par l'amélioration de la qualité des frettes et par la détermination mathématique du serrage à leur donner. Pour les calibres à partir du 19° et au-dessus, il y a deux rangs de frettes.

Les rayures paraboliques et au pas final de 6°, comme dans le système précédent, sont au nombre de trois pour les calibres de 14° et de 16°, et de cinq pour les calibres supérieurs; elles tournent de droite à gauche et ont un profil en anse de panier pour les petits calibres, rectiligne pour ceux supérieurs au 19ᵉ; des rainures d'arrêt assurent la position du projectile; une rigole, placée dans le prolongement de la rayure nº 1, traverse la chambre, elle est destinée à guider les tenons du projectile dans le chargement.

Le système de fermeture, à vis comme pour les pièces culasses modèle 1858-60, est à console avec coulisse horizontale, au lieu d'un cadran, pour les premières bouches construites; il est à console avec charnière placée sur le côté droit pour toutes les autres. Il n'y pas de verrou automoteur, mais un loquet à ressort que l'on manœuvre à la main. Un linguet-arrêtoir s'oppose au dévirage et un appareil de sûreté immobilise le tire-feu comme pour les pièces modèle 1858-60. L'obturateur est un disque en acier, avec couronne, analogue à celui du modèle 1858-60; il est fixé sur une rondelle mobile qui est reliée à la vis de culasse de façon à suivre son mouvement de va-et-vient, mais rester indépendant de son mouvement de rotation; il y a deux logements d'obturateur placés à la suite l'un de l'autre, correspondant chacun à une rondelle et un obturateur de dimensions différentes, de façon que lorsque celui d'avant est détérioré on puisse se servir de l'autre et doubler ainsi la durée de la bouche à feu.

A l'exception des canons de 14ᵉ, qui ne tirent que des obus et des boîtes à mitraille, toutes les bouches à feu du modèle 1864, lancent des obus oblongs en fonte ordinaire, des boulets de rupture ogivaux en fonte dure, des boulets de rupture ogivaux ou cylindriques en acier, des boulets d'exercice ogivaux ou cylindriques en fonte, et enfin des boîtes à mitraille; on a aussi mis en service, à titre provisoire, des obus de rupture en fonte dure.

Le poids des obus est sensiblement égal à deux fois celui du boulet sphérique, celui des boulets de rupture au triple. Le montage des projectiles de 14ᵉ et 16ᵉ est le même que pour ceux de même calibre du modèle 1858-60; pour les autres les tenons sont en bronze, à l'arrière les plaques isolantes sont remplacées par des tenons directeurs en bronze. Les obus ordinaires ont d'abord reçu des mécanismes percutants à double réaction, actuellement ils sont armés de mécanismes à friction, modèle 1870; les obus de rupture ne reçoivent pas de mécanisme percutant, leur pointe est entière, la charge s'introduit par l'arrière, le trou du culot est fermé par un bouchon fileté en fer.

La poudre renfermée dans des gargousses en papier parchemin est formée de poudre du Ripault; en avant est placé comme pour les canons se chargeant par la bouche un bouchon en algue; la charge varie entre le 1/6 et le 1/7 et communique à l'obus de rupture une vitesse comprise entre 331 et 345 mètres; dans ces conditions, avec les canons de 24ᵉ et 27ᵉ, on peut traverser à bout portant des murailles revêtues de plaques de 20ᵉ et 23ᵉ.

L'augmentation de puissance de ces nouvelles bouches à feu obligea à apporter de nombreuses modifications aux affûts; on construisit encore des affûts en bois à échantignolle, à flèche directrice ou à châssis pour les canons de 14ᵉ, 16ᵉ et 19ᵉ, seulement afin d'amortir les chocs, on dût relier la brague à l'affût par l'intermédiaire de ressorts; pour les autres calibres, on dut avoir recours à l'emploi d'affûts métalliques. Deux modèles principaux furent adoptés: l'un placé sur châssis bas, dit affût de batterie, destiné principalement à armer le réduit des nouveaux cuirassés; l'autre, dit affût à châssis tournant ou plate-forme tournante, destiné à être placé sur le pont dans les tourelles fixes; dans ce dernier, le pivot est placé vers le centre de façon à avoir le champ de tir horizontal le plus étendu possible. Dans ces nouveaux affûts, le système de pointage se compose le plus généralement d'une chaîne galle passant sous le renfort et engrenant avec un pignon; un frein limite le recul, dans les derniers affûts construits on a adopté le frein à lames pendantes. Une brague fixée par l'intermédiaire de ressorts à l'affût le relie au châssis; des tampons de choc limitent les déplacements de l'affût en avant et en arrière.

Lors de leur adoption, les canons du modèle 1864 avaient une puissance suffisante, mais l'épaisseur des plaques des navires qui, jusqu'en 1867, n'avait été que de 10ᵉ, 12ᵉ et 15ᵉ, ayant été portée à 18ᵉ, 20ᵉ et même 22ᵉ, l'artillerie de la marine dut se remettre à l'étude et adopta en 1870 un nouveau système de bouches à feu comprenant les mêmes calibres que celui de 1864, à l'exception toutefois du 16ᵉ; mais bientôt lors de l'apparition de plaques de 30ᵉ et 35ᵉ on dut créer un nouveau calibre de 32ᵉ, puis on a décidé ensuite la construction de canons de 16ᵉ. Le modèle 1870 comprend donc actuellement un canon de 14ᵉ, un canon de 16ᵉ, des canons de 19ᵉ nº 1 court et nº 2 long, un canon de 24ᵉ, un canon de 27ᵉ, un canon de 32ᵉ nº 1 court, dont il n'existe que 4 spécimens et un canon de 32ᵉ nº 2 long.

Les canons du modèle 1870 se distinguent de ceux du modèle 1864 par leur mode de construction; le corps de canon en fonte est formé de deux pièces, vissées l'une sur l'autre pour les très gros calibres; il est renforcé extérieurement par des frettes en acier, intérieurement par un tube court en acier s'étendant jusqu'à hauteur des tourillons. L'obturateur est un anneau en cuivre rouge, indépendant de la vis de culasse; il est placé à demeure dans un logement ménagé à l'entrée de la chambre. Les bouches à feu modèle 1870 diffèrent encore des précédentes par l'adoption de rayures multiples et d'une ceinture de cuivre pour le montage du projectile de façon à obtenir le forcement complet; enfin, par l'emploi de poudres lentes à gros grain ce qui a permis d'augmenter les charges et par suite la vitesse initiale.

Le mécanisme de culasse est à vis avec console à charnière, loquet à ressort et linguet comme pour le modèle 1864; en avant de la vis est une rondelle en acier dans laquelle est encastrée une couronne en cuivre rouge qui sert d'appui à l'anneau obturateur. La lumière au lieu d'être percée dans un grain en cuivre rouge logé dans le renfort, est centrale, elle traverse de part en part la vis de culasse ; l'obturation de la lumière est assurée à l'aide d'une étoupille obturatrice à percussion qui nécessite l'emploi d'un appareil de mise de feu spécial ; le verrou destiné à maintenir l'étoupille dans son logement est disposé de façon à ne permettre l'introduction de l'étoupille que lorsque la vis est vissée à fond.

Le nombre des rayures est égal à 28 pour le 14e, pour les autres calibres il est égal à une fois et demie le nombre des centimètres qui exprime le calibre, s'il est pair, ou ce même nombre augmenté d'une unité s'il est impair. Elles tournent de droite à gauche, sont paraboliques et ont une inclinaison finale de 4° pour les premiers canons construits, de 7° pour les derniers modèles. La partie rayée de l'âme se prolonge par la chambre du projectile légèrement tronconique et également rayée, puis par la chambre à poudre cylindrique se raccordant avec celle du projectile par un tronc de cône sur lequel se trouve l'origine des rayures.

Les canons du modèle 1870, à l'exception toujours du 14e qui n'a qu'un obus ordinaire, lancent

Fig 152. — *Affût à châssis de demi-tourelle pour canon de 27°.*

des obus ordinaires dont le poids varie entre 2 fois 1/2 et 3 fois celui du boulet sphérique de même diamètre, des obus de rupture en acier coulé, des boulets ogivaux en fonte dure pour le combat, en fonte ordinaire pour l'exercice ; les boulets de rupture cylindriques en acier ont été retirés du service de la flotte et seront utilisés dans les batteries de côte. Les projectiles de rupture pèsent trois fois le poids du boulet sphérique correspondant. Tous les calibres, à l'exception du 32°, ont des boîtes à mitraille. A l'origine, ces projectiles ont été munis d'une ceinture arrière en cuivre rouge et d'une ceinture avant en zinc ; la ceinture avant a été supprimée et remplacée par un simple bourrelet venu de fonte et tourné aux dimensions définitives ; la ceinture en cuivre est tronconique avec des rainures. Les obus ordinaires chargés reçoivent des mécanismes percutants, modèle 1870, à friction, les obus de rupture n'en ont pas.

La charge sensiblement égale au 1/5 du poids du projectile est composée de poudre belge à gros grain, de Wetteren, ou de poudre française également à gros grains ; elle est renfermée dans un sachet en serge forte pour les gros calibres, en papier parchemin pour le 14°.

Le système d'artillerie, modèle 1870, est complété, actuellement, par l'adoption d'un certain nombre de bouches à feu, dites modèles 1875, qui ne diffèrent de celles du modèle 1870, que parce que le corps du canon au lieu d'être en fonte est en acier. L'emploi de l'acier permet, soit d'alléger la pièce sans nuire à sa résistance, soit à poids égal, d'augmenter la charge et par suite la puissance de la bouche à feu.

Les canons du modèle 1875, aujourd'hui en

service, sont : le canon de 10°, les canons de 27ᶜ n° 1 et n° 2, le canon de 34° ; un canon du calibre de 42ᶜ est en construction. Enfin, on compte encore parmi les bouches à feu du modèle 1875, le canon d'embarcation de 90 ᵐ/ᵐ et le canon de débarquement de 65ᵐ/ᵐ tous les deux en bronze laminé, le canon

tout entier étant formé d'un seul bloc. Ces bouches à feu sont destinées à remplacer les canons de 4 de montagne et de 12 de campagne que la marine empruntait à la guerre.

Pour les canons de petit calibre de 65 ᵐ/ᵐ, 90ᵐ/ᵐ et 10°, la console du mécanisme de culasse est

RENSEIGNEMENTS SUR LES CANONS DE LA MARINE.

DÉSIGNATION des CANONS	CALIBRE	NOMBRE DES RAYURES	LONGUEUR totale de l'âme en calibres	LONGUEUR de la partie rayée	POIDS TOTAL avec la fermeture	ESPÈCE DE POUDRE	OBUS ORDINAIRE Charge de guerre	OBUS ORDINAIRE Poids de l'obus chargé	OBUS ORDINAIRE Charge intérieure	OBUS ORDINAIRE Vitesse initiale	PROJECTILES de rupture Charge de guerre	PROJECTILES de rupture Poids du projectile de rupture	PROJECTILES de rupture Charge intérieure des obus de rupture	PROJECTILES de rupture Vitesse initiale	PÉNÉTRATION murailles cuirassées à bout portant sous l'incidence de 0 degré	à bout portant sous l'incidence de 30 degré	à 1,000 mèt. sous l'incidence de 0 degré	à 1,000 mèt. sous l'incidence de 30 degré
	mil.		cal.	mil.	kil.		kil.	kil.	kil.	màt.	kil.	kil	kil.	mòt.	mil.	mil.	mil.	mil.
Artillerie lisse.																		
8.......	106.0	»	24.12	»	1 166		»	»	»	»	1.330	4.02	»	»	»	»	»	»
12	120.7	»	18.0	»	1 174		1.500	4.335	0.289	549	2.000	6.01	»	500	»	»	»	»
Canons en fonte (1) 18	138.7	»	17.04	»	1 716	Ripault	2.250	6.300	0.350	548	3.000	9.00	»	496	»	»	»	»
de............ 24	152.5	»	17.55	»	2 504		3.000	8.650	0.400	538	4.000	11.93	»	491	»	»	»	»
30	164.7	»	16.71	»	3 043		3.750	11.440	0.480	531	5.000	15.14	»	485	»	»	»	»
36	174.0	»	16.85	»	3 545		4.500	13.900	0.500	533	6.000	18.04	»	481	»	»	»	»
50	194.0	»	16.36	»	4 624		6.250	18.250	0.850	520	8.330	25.15	»	470	»	»	»	»
Artillerie rayée, modèle 1855.																		
Canon en fonte de....	165.0	2	14.2	1 900	»	Ripault	3.5	26.443	1.238	»	»	»	»	»	»	»	»	»
Artillerie rayée, modèle 1858-60.																		
Canons-bouche en 14 cent.	138.7		17.04	2 064	2 300		2.0	18.75	0.955	315	»	»	»	»	»	»	»	»
fonte fretté (1) de 16 cent.	164.7	3	16.7	2 300	3 640	Ripault				323	»	»	»	»	»	»	»	»
Canon-culasse en fonte fretté de. 16 cent.	164.7		15.9	2 300	3 640		3.5	31.49	1.300	317	»	»	»	»	»	»	»	»
Artillerie, modèle 1864.																		
Canons-culasse en 14 cent.	138.6		13.5	1 584	1 900		2.0	18.65	0.955	290	»	»	»	»	»	»	»	»
fonte frettés (2) 16 cent.	164.7	3	19.2	2 725	5 000	Ripault	5.0	31.49	1.300	365	7.5	45.0	0.600	345	»	»	127	98
de............. 19 cent.	194.0		18.1	2 905	8 000		8.0	52.25	2.200	356	12.5	75.0	1.000	344	»	»	100	85
24 cent.	240.0	5	17.5	3 250	14 500		16.0	100.0	4.676	362	24.0	144.0	1.850	340	»	»	164	128
27 cent.	274.4		15.4	3 169	20 500		24.0	144.0	7.626	362	36.0	216.0	2.500	331	»	»	200	159
Artillerie, modèle 1864 T. 70.																		
Canons-culasse en 24 cent.			Chambre agrandie.				W 25/30	37.0	120.0	7.700	480	41.5	144.0	2.060	480	»	»	»	»
fonte tubés et frettés de...... 27 cent.							W 30/38	53.6	180.0	10.930	470	59.0	216.0	2.600	475	»	»	»	»
Artillerie, modèle 1870.																		
14 cent .	138.6	28	21.0	2 636	2 090		W 13/16	4.1	21.0	1.115	455	»	»	»	8	»	»	»	»
Canons-culasse en 16 cent.	164.7	50	21.0	2 914	5 000		W 20/25	17.2	45.0	2.420	540	17.2	45.0	»	540	»	»	»	»
fonte tubés et 19 long..	194.0	30	19.7	3 264	7 960		W 13/16 ou AS 13	15.0	62.5	3.230	485	15.0	75.0	1.330	448	202	159	153	119
frettés (3) du .. 24 cent..	240.0	42	19.0	3 792	15 660		W 13/16	28.0	120.0	7.700	474	28.0	144.0	2.060	440	280	222	224	182
24 cent..	274.4	42	17.8	4 054	23 200		W 20/25	42.0	180.0	10.930	470	42.0	216.0	2.600	434	341	271	281	223
32 long..	320.0	48	19.3	5 118	39 000		W 25/30	68.5	285.5	17.000	475.2	68.5	345.0	5 200	438.8	442	353	379	303
Artillerie, modèle 1870 M.																		
Canons-culasse en 19 long..							W 25/30	24.8	62.5	3.230	528	26.0	75.0	1.330	531	»	»	»	»
fonte frettés et 24 cent.								45.0	120.0	7.700	504	50.0	144.0	2.060	504	»	»	»	»
tubés de...... 27 cent.			Chambre agrandie.				AS 30/40	59.5	180.0	10.930	505	66.5	216.0	2.600	501	»	»	»	»
32 cent.								80.5	285.5	17.000	498	94.0	345.0	5.200	498	»	»	»	»
Artillerie, modèle 1875.																		
Canons-culasse en 10 cent..	100.0	20	23.0	3 235	1 200		W 13/16	3.2	12.0	0.550	485	»	»	»	»	»	»	»	»
acier frettés et 27 n° 1..	274.4	54	19.748	»	27 800		W 30/38	55.0	180.0	10.930	505	62.0	216.0	2.600	500	»	»	»	»
tubés (4) de... 34 cent..	340.0	»	18.04	»	43 000		W 30/40	127.0	350.0	19.260	»	127.0	423.0	»	500	»	»	»	»
Canous-culasse en 65 mill..	65.0	26	15.04	961	95		AS 8	0.410	2.700	0.150	346	»	»	»	»	»	»	»	»
bronze laminé de 90 mill..	90.0	28	22.0	1 704	100			1.610	8.000	0.300	455	»	»	»	»	»	»	»	»
Artillerie, modèle 1875 M.																		
Canon en acier fretté et tubé de... 27 c. n° 1.			Chambre agrandie.				W 30/38 ou AS 30/40	»	»	»	»	75.0	216.0	»	533	»	»	»	»

(1) Il existe pour chaque calibre plusieurs modèles ; en général on a pris le dernier modèle.
(2) Il existe un canon en acier de 19 cent., léger, modèle 1864.
(3) Il y a également quelques canons de 19 et 32 cent. courts, modèle 1870.
(4) Il y a aussi des canons de 27 cent., n° 2, modèle 1875.

remplacée par un volet comme pour les pièces de la guerre, c'est la seule différence qui mérite d'être signalée. Le sachet est en toile amiantine comme pour les canons de l'artillerie de terre.

Grâce à l'emploi des poudres à gros grains on avait pu, en passant de l'artillerie modèle 1864 à l'artillerie modèle 1870, porter de 340 à 440 mètres la vitesse initiale des boulets de rup-

ture ; on avait ainsi obtenu, dès l'origine, une augmentation de vitesse de 100 mètres environ ; avec les canons modèle 1875 on a pu atteindre des vitesses voisines de 500 mètres. Depuis lors on s'est aperçu que, sans dépasser les efforts que peuvent supporter avec sécurité les bouches à feu, on pouvait encore, en prenant des poudres mieux appropriées aux différents calibres, augmenter notablement les vitesses aussi bien pour les canons modèle 1870, que pour ceux du modèle 1875. Pour arriver à ce résultat, il fallait augmenter la charge de poudre et, par suite, la capacité de la chambre à poudre ; on y est arrivé en l'alésant à nouveau, de façon à accroître son diamètre. Les bouches à feu à chambre agrandie sont désignées sous le nom de *canons modèle 1870*, ou *1875* modifiés.

Enfin de nouveaux canons, dont l'étude avait été projetée et qui devaient se distinguer des canons réglementaires par une plus grande longueur d'âme, devaient recevoir la dénomination de *canons modèle 1870-79* ou *1875-79*, suivant le cas.

Tel est l'état actuel de notre artillerie navale, elle comprend comme on l'a vu plusieurs modèles de bouches à feu ; celles des modèles 1870 et 1875, à l'exception du 32°, sont spécialement affectées à l'armement de la flotte, qui est complété avec des canons de 16°, modèle 1864, et de 14°, modèle 1864 et 1858-60. Le canon de 32°, modèle 1870, les canons du modèle 1864 ainsi que ceux du modèle 1858-60 qui n'ont pas été cédés à la guerre, sont utilisés pour la défense des côtes ainsi que quelques canons lisses de 30 et 36 encore en service. Afin de pouvoir augmenter la puissance des canons modèle 1864, affectés à la défense des côtes, on a entrepris de les transformer au modèle 1870 en les tubant ; les nouvelles bouches à feu ainsi obtenues sont désignées sous le nom de *transformation modèle 1870* ; on n'a encore appliqué cette transformation qu'aux calibres de 24° et 27°.

Les affûts en usage à bord, pour le service des canons des modèles 1870-75, sont basés sur le même principe que ceux qui furent construits pour le modèle 1864 ; leur mode de construction est analogue ; presque tous sont métalliques (fig. 152), le bois n'est plus employé que pour quelques affûts de 10° et 14°. Les nouveaux affûts d'embarcation, ainsi que ceux de débarquement, sont également en fer, ce dernier ressemble à l'affût de montagne de la guerre. Dans les derniers modèles d'affûts les freins à lames sont généralement remplacés par des freins hydrauliques. Les affûts de batterie sont sur châssis à roulette, tandis que pour les affûts de tourelle, le châssis est en général fixé à demeure sur la plate-forme même de la tourelle et tourne avec elle. Les affûts à plate-forme tournante sont analogues à ceux qui furent construits pour l'artillerie modèle 1864.

Les affûts de côte pour canons de 24° et 27° se composent d'un affût en bois sur châssis en fer ou en fonte avec frein à lames ; l'affût pour canon de 32° est en fonte. Le pivot est placé à l'avant ou bien est central.

Dans le tableau de la page 177 ont été réunies les principales données relatives aux bouches à feu de la marine et à leur puissance de perforation.

La description des canons en service à l'étranger nous entraînerait beaucoup trop loin, au mot BOUCHES A FEU, on trouvera les principes sur lesquels repose leur mode de construction, en particulier pour les canons Armstrong et Krupp,

enfin au mot CALIBRE ont été réunies les principales données relatives à leurs dimensions comparativement avec les canons français.

Canon d'arme portative. Cette fabrication fait l'objet d'une étude spéciale au mot FUSIL.

Canon court. — V. OBUSIER.

Canon cuirassé. — V. CUIRASSEMENT.

Canon à vapeur. Notre illustre Papin, ayant entrevu la possibilité de lancer des projectiles au moyen de la vapeur, imagina une machine qui fut expérimentée devant une foule de curieux ; elle fit explosion et coûta la vie à plusieurs personnes, ce qui n'a point empêché les Français et les Anglais de continuer des essais, d'ailleurs infructueux, pour l'application de la vapeur au canon ; en 1829, à Vincennes, l'anglais Perkins expérimenta son canon à vapeur qui produisit des effets moindres que ceux d'un canon d'un même calibre et tirant avec le même boulet ; en 1870, pendant le siège de Paris, un ingénieur français proposa un canon pour lequel il employait une chaudière à une pression de 30 à 50 atmosphères ; les projectiles devaient être lancés à des distances considérables et produire des effets terribles ; l'ennemi ne pouvait résister à de pareils engins et l'adoption d'un pareil canon pouvait mettre fin aux maux de la guerre, seulement... ce n'était pas pratique.

Canon électrique. Le mode de construction de ce canon, essayé en Angleterre, vers 1845, est resté inconnu ; les expériences ont démontré qu'il pouvait lancer jusqu'à 1,200 balles par minute et que sa force d'explosion provenait des gaz enflammés par l'étincelle électrique.

Canon à air comprimé. Ce n'est autre chose qu'un fusil à vent de grande dimension.

Ces inventions aussi ingénieuses que paradoxales, nous ont paru intéressantes à signaler ; ne fût-ce que pour faire voir avec quel acharnement le genre humain poursuit l'étude de sa destruction.

II. **CANON.** En *T. techn.*, on donne ce nom à une foule d'objets de forme cylindrique ; à l'une des formes du verre avant sa transformation en verre à vitres ; à la partie d'une serrure qui reçoit la tige d'une clef ; à la partie forée d'une clef ; au plus gros filet d'émail ; au bâton de soufre ; à un vase de forme cylindrique, à l'usage des pharmaciens ; au tuyau qui reçoit la pomme de l'arrosoir ; à la boîte cylindrique dans laquelle est renfermée la branche du peson à ressort ; à la gouttière de plomb dans laquelle dégorgent les cheneaux d'un bâtiment ; à la petite bobine qu'on place dans la boîte de l'époulin ; au tube qui reçoit la soie de la trame, dans les fabriques de rubans et de soieries ; à la bobine à rebords qui soutient la devideuse ; au cylindre creux qui, dans un tour, traverse la verge de fer pour joindre la boîte au mandrin ; à la partie où se loge la bougie dans une lanterne de voiture. || En *t. d'impr.*, à quatre dimensions de *caractères* (V. ce mot.) || En *t. de cost.*, à un ornement froncé, enrubanné ou garni de dentelles, qui s'attachait au bas des hauts-de-chausses, fort à la mode au XVIIe siècle ; au haut du bas qui entourait la cuisse et aussi à la partie de la culotte qui enveloppait la cuisse. || En *t. hérald.*, à un meuble d'armoirie qui représente un canon d'artillerie. || *Canon de Volta.* Instrument auquel on a donné la forme d'un canon, que l'on remplit de gaz hydrogène et que l'on fait détoner en enflammant le gaz au moyen d'une étincelle électrique. || *Canon-harpon.* Arme à feu destinée à la pêche des baleines ou autres cétacés, et dont les projectiles sont des harpons.

CANONNERIE. Fonderie de canons ; atelier où l'on coule les canons.

CANONNIÈRE. *T. de mar.* — V. CHALOUPE.

CANOT. Petit bateau léger non ponté, et qui peut être aisément mis en mouvement avec des rames ou avec des voiles. Il y en a de différentes grandeurs. Il n'y a pas de côte, sur toutes les mers du globe, qui n'ait son type, aussi ces types sont-ils innombrables. Il existe également une grande variété dans les modes de construction. Nous ne saurions les énumérer, encore moins les décrire, et nous devons nous borner à faire connaître le système adopté dans les chantiers de la marine nationale, car il résume tous les autres. Après leur avoir emprunté leurs principes les meilleurs on en a déduit des règles certaines, d'une application facile et simple.

D'après un règlement du 13 janvier 1852, les embarcations de la flotte sont réparties en 7 classes ne comprenant, à vrai dire, que 5 catégories distinctes, et donnant en tout 34 embarcations différentes :

1re Catégorie :	Chaloupes :	10 numéros ;	1re classe.
2e —	Grands canots :	—	2e —
3e —	Canots :	8 numéros ;	3e 4e et 5e —
4e —	Baleinières :	3 numéros ;	6e —
5e —	Youyous :	3 —	7e —

Un plan type existe pour chaque catégorie, et toutes les embarcations d'une même série se déduisent de l'embarcation type correspondante, par une méthode très simple que M. Sochet, directeur des constructions navales à Cherbourg, a désignée sous le titre de *Méthode de similitude à trois coefficients.*

Soient L, *l*, *c* la longueur, la demi-longueur et le creux d'une embarcation prise pour type ; L', *l'*, *c'* les dimensions correspondantes pour une embarcation de la même catégorie. Si l'on suppose ces embarcations divisées par un même nombre de couples et de lignes d'eau, et les demi-largeurs des points homologues choisies de manière à être entre elles comme les largeurs au maître, les ordonnées de deux points homologues prises par rapport aux trois plans de projection seront entre elles comme les dimensions principales qui leur sont parallèles.

En appelant x, y, z, x', y', z', les ordonnées ainsi définies on aura :

$$\frac{x}{x'} = \frac{L}{L'}, \quad \frac{y}{y'} = \frac{l}{l'}, \quad \frac{z}{z'} = \frac{c}{c'},$$

ou bien :

$$\frac{x}{L} = \frac{x'}{L'} = \frac{x''}{L''}\cdots, \quad \frac{y}{l} = \frac{y'}{l'} = \frac{y''}{l''}\cdots,$$
$$\frac{z}{c} = \frac{z'}{c'} = \frac{z''}{c'''}\cdots,$$

pour toutes les embarcations de la même catégorie.

Ces relations permettent de déterminer toutes les ordonnées d'une embarcation dont les trois dimensions principales sont fixées, quand on connaît les ordonnées de l'embarcation type de la série. On a en effet :

$$x' = \frac{x\,L'}{L}, \quad y' = \frac{y\,l'}{l}, \quad z' = \frac{z\,c'}{c},$$

et le calcul se réduit à une multiplication si tous les diviseurs sont égaux à l'unité. On obtient ce résultat en choisissant pour type, dans chaque série, une embarcation fictive dont les dimensions principales sont les nombres suivants : longueur, 10 mètres ; largeur, 2 mètres ; creux, 1 mètre.

Voici maintenant comment l'on procède pour la construction des embarcations dont nous venons de faire connaître les devis.

Le plan de l'embarcation à construire ayant été tracé en vraie grandeur sur un plancher bien dressé, afin de pouvoir y relever toutes les données nécessaires, on dispose la quille horizontalement sur des tains, puis on met en place l'étrave et l'étambot. L'*étrave* est généralement droite et d'écarre à demi-bois avec la quille ; l'*étambot* est une pièce également droite, beaucoup plus large au pied qu'à la tête, et qui pénètre dans la quille à l'aide d'un tenon. L'union de ces pièces avec la quille est complétée par deux courbes en bois de la forme et de l'échantillon de celles qu'on nomme *bois de barques*, ou, si l'on n'a pas de courbes, par des pièces convenablement façonnées et prises dans un plançon. La courbe d'étambot s'appuie sur le *tableau* ou *écusson*, lequel est assemblé à queue d'aronde avec la partie avant de l'étambot ; le gabarit de la face arrière du tableau est obtenu à l'aide d'un rabattement sur le plan vertical, ses faces latérales sont travaillées au moyen d'équerrages relevés sur le plan horizontal et présentent souvent une râblure.

Les *faux couples* ou *moules* sont ensuite placés sur la quille, dans des entailles de peu de profondeur qui recevront plus tard les membrures. Ces faux couples sont des assemblages de fortes planches dont le contour extérieur représente le contour entier des couples de tracé. (Tous les couples de tracé sont droits, sauf deux ou trois couples dévoyés à l'avant.)

L'étrave, l'étambot, les moules et le tableau, balancés et perpignés avec soin, sont maintenus dans leur position relative à l'aide de lattes pliantes qu'on fait passer par les traces des *lisses* marquées sur les moules d'après le plan. Cet ensemble est corrigé et modifié au besoin, c'est-à-dire dans le cas où, quelque contour disgracieux, non indiqué pour le plan, apparaîtrait.

Les lisses permettent encore de terminer les *râblures* de l'étrave, de l'étambot et de l'écusson, ràblures, dont les faces externes ont été travaillées avant la mise en place de ces pièces sur les chantiers, mais dont les faces internes ont été seulement ébauchées. Ces faces internes sont travaillées de manière que le bout des lisses vienne s'y appliquer à plat et sans ressaut ; quant à la face interne de la râblure de quille, on la détermine d'une façon identique au moyen de lattes flexibles qu'on applique sur le pied des faux couples et qui doivent venir aboutir dans cette râblure.

On détermine ensuite le can supérieur de la virure de galbord, virure dont la largeur augmente en allant du maître vers les extrémités ; puis on trace la préceinte, dont le can supérieur est déterminé d'après la courbe du plat-bord, et le can inférieur, par une ligne parallèle se relevant un peu devant et derrière. On partage l'intervalle de ces deux virures en un nombre de divisions égal au nombre des virures qu'on veut placer ; ces divisions sont naturellement plus grandes au maître qu'aux extrémités. Le can supérieur et le can inférieur de chaque virure étant ainsi déterminés, on brochette les bordages droits qui devront s'appliquer sur les moules. La plupart des virures peuvent s'appliquer à froid, sauf la préceinte, le galbord, et quelquefois deux ou trois virures voisines du galbord, qu'on fait passer à l'étuve ou dans l'eau bouillante et qu'on applique immédiatement à leur place, où on les laisse se refroidir.

Les virures ayant été mises en place toutes ensemble mais provisoirement, sont rectifiées au besoin et placées ensuite définitivement, à l'exception d'une virure qui ne sera placée qu'à la fin de la construction et qu'on nomme *paraclose* ou *close*. Les virures sont fixées sur les moules au moyen de clous enfoncés à travers de petits taquets ou *chastrots*, qui permettront d'arracher ces clous sans endommager les bordages.

Lorsque le *bordé* est terminé, on met en place des *planches d'ouverture* destinées à s'opposer à la disjonction des côtés de l'embarcation après l'enlèvement des moules et avant la mise en place des bancs, puis on commence le travail de la membrure.

Les membres sont d'abord travaillés de droit fil, comme des pièces droites et de longueur voulue ; ils sont autant que possible d'une seule pièce allant d'un bout à l'autre. On les passe ensuite à l'étuve et on les applique directement à la place qu'ils doivent occuper ; des torons passés à travers la paraclose facilitent cette dernière opération. Les couples sont alors fixés sur chaque bordage au moyen de deux clous en cuivre rouge chassés de l'extérieur et rivés intérieurement sur une petite collerette également en cuivre.

On enlève les moules à mesure que le travail de la membrure avance ; quand ce travail est terminé, on met en place les revêtements intérieurs, carlingues, bauquières et vaigres, les bancs, le plat-bord et la fargue, les emplantures des mâts, les tolets ou les dames, et l'on termine l'embarcation en ajoutant les pitons de drisses et d'écoutes, les boucles, etc. Généralement, un liston extérieur garantit le bordé contre les frottements et les chocs.

Les quilles des embarcations sont en chêne, à l'exception de celles des baleinières qui sont en orme. L'étrave, l'étambot et l'écusson sont également en chêne ; pour les baleinières, le prolongement de la quille chauffée à l'étuve et ployée sur métier forme directement l'étrave. La membrure est en frêne de France ou en orme.

A côté de l'équerre en fer du milieu de chaque banc se trouve un *couple* ; entre deux membres ainsi placés, il y en a deux autres, à distances égales. Pour les bancs des mâts, le couple unique est remplacé par deux couples, passant l'un par le côté avant, l'autre par le côté arrière du banc, et rien n'est changé pour les couples intermédiaires.

Le *plat-bord* est d'un seul morceau ; il est généralement en orme du Canada, rarement en chêne qu'il est très difficile de trouver sans nœuds. Le plat-bord reçoit les extrémités des couples dans des entailles à sifflet ; à l'avant, il est relié à l'étrave par une petite guirlande en frêne ; à l'arrière, il est rattaché à l'écusson par deux petites courbes en fer. Il est réuni à la préceinte par des vis en cuivre ou par des clous en fer zingué.

Les *bauquières* sont en chêne et présentent une disposition du même genre ; elles sont entaillées de la moitié de l'épaisseur des bancs.

Pour les chaloupes et les grands canots, tout le bordé est en pin des Florides, excepté les galbords, les préceintes et la virure supérieure qu'on fait en chêne. Tous les autres canots, les baleinières et les youyous sont bordés soit en pin de Floride, soit en acajou de Honduras ; mais le plus souvent, les youyous, qui ont des formes contournées assez brusquement, sont bordés à clins, en orme de France.

Le bordé à *franc-bord* est le bordé le plus généralement employé. Dans le bordé à clins, le bordage supérieur recouvre ordinairement le bordage inférieur de 3 centimètres ; cependant les clins sont quelquefois formés par un surcroît d'épaisseur laissé à la partie inférieure des bordages. Cette disposition est assez fréquemment adoptée pour les canots n'ayant de clins qu'au-dessus de la flottaison.

Pour les bateaux de sauvetage et pour les chaloupes à vapeur de la flotte, lesquelles ont des formes à peu près semblables à l'avant et à l'arrière, on se sert généralement de bordé *croisé* ou *oblique*. Ce bordé consiste en deux plans de bordages obliques, entre lesquels on place une légère toile goudronnée ; quatre clous à rivet dans chaque croisure relient les deux plans. On a ainsi l'avantage d'une grande solidité, et si les réparations sont un peu plus difficiles, elles sont beaucoup plus rares.

Les *bancs* des chaloupes et des grands canots sont en chêne ; ils sont reliés avec le bord par des pitons à clavette fixés à la bauquière. Pour les autres embarcations, les bancs sont en pin blanc ou des Florides ; ceux des mâts sont les seuls qui soient en chêne ou en frêne de France. Tous ces bancs sont entaillés à queue d'aronde avec les bauquières et reliés avec le bord par des équerres en fer. Pour cacher ces équerres et en même temps pour empêcher les bancs de chavirer, on interpose un garni placage entre le dessus de chaque banc et le dessous du plat-bord. Les bancs sont soutenus au milieu par une petite épontille portant sur la carlingue. Quand un mât passe dans le milieu d'un banc, l'étambrai est garni d'un cercle plat encastré.

La *carlingue*, les *vaigres de marchepied* et de *fond* des chaloupes et des grands canots sont en chêne. La carlingue est entaillée au portage des couples et repose directement sur la quille, avec laquelle elle est clouée ; son extrémité-avant s'appuie sur la courbe d'étrave, son extrémité-arrière est souvent arrêtée sur l'avant du nable, à une petite distance du pied de la courbe d'étambot. Le *nable* est un trou percé dans le galbord au point le *plus creux*, c'est-à-dire vers le milieu de la chambre.

Les *vaigres* sont de simples lattes clouées sur les membrures pour protéger le bordé contre les chocs. Des semelles percées d'un trou carré et clouées sur la carlingue forment les emplantures des mâts. Les deux chevilles à boucles sur lesquelles on encroche les pattes de l'embarcation traversent l'une l'étrave, l'autre l'étambot. Ces quatre chevilles destinées à supporter le poids de l'embarcation lorsqu'elle est hissée, sont rivées à l'extérieur sur des collerettes en fer zingué. Les chaloupes et les grands canots n'ont de *fargues* qu'à l'avant et à l'arrière ; ces fargues sont en frêne de France. Dans toute la partie où l'on nage, elles sont remplacées par un faux plat-bord appliqué à plat sur la lisse de plat-bord et sur le can supérieur de la préceinte ; on perce dans ce faux plat-bord ainsi que dans le plat-bord, et à proximité de chaque banc, un trou destiné à recevoir un tolet de nage.

Toutes les autres fargues sont faites soit en chêne, soit en Honduras, et présentent des dames arrondies et garnies de cuivre ; ces dames sont consolidées par deux montants en bois traversant la lisse de plat-bord et chevillés avec la fargue ainsi qu'avec la préceinte.

Les embarcations de la flotte sont voilées suivant leur forme et leurs dimensions. Les chaloupes et les canots dont la longueur dépasse 8 mètres, portent quatre *voiles* : un foc, grand'voile ou taille-vent et tape-cul. Les canots au-dessous de 8 mètres sont voilés avec un foc, une misaine et une grand'voile.

Le foc s'établit à l'extrémité du bout-dehors, au moyen d'une amure faisant retour dans une galoche fixée sur l'étrave, à la flottaison. La misaine et la grand'voile amurent, soit au pied du mât, sur un croc fixé au banc, soit en avant du mât, sur un banc, ou en abord, et dans ce cas, il faut les amener pour les changer de bord dans les changements d'amures ; cette opération s'appelle *gambier*. Le tape-cul s'amure au pied du mât et se borde à l'extrémité du bout-dehors de tape-cul.

Les baleinières ont une voilure dite à *houari*, qui se compose d'un foc et de deux voiles triangulaires. Ces deux voiles sont portées par des vergues garnies de deux cercles en fer qui glissent le long des mâts.

Les youyous portent un foc et une voile à *livarde*. Cette voile a la forme d'un trapèze ; elle se transfile sur le mât et s'établit au moyen d'une vergue diagonale appelée *livarde*. — L. R.

* **CANSON** (Étienne de), fils de *Barthélemy*, baron de Canson, pair de France, fabricant de papier, est mort en 1859. M. Etienne de Canson a dirigé jusqu'à sa mort, de concert avec son frère, l'usine de Vidalon-les-Annonay, que son père avait reçue en 1810 d'Etienne de Montgolfier, son beau-père, lequel s'est illustré ainsi que son frère Joseph par l'invention des ballons. (V. Aérostation.) Les frères Canson donnèrent aux systèmes anciens et nouveaux de fabrication, l'extension la plus complète, et obtinrent cinq médailles d'or aux expositions de 1819 à 1849. M. de Canson aîné fut hors de concours à l'exposition de 1855 comme membre du jury. L'industrie du papier lui doit le collage du papier par la méthode actuelle. Il inventa aussi un alimentateur automatique des chaudières et une turbine hydraulique brevetée en 1847, remarquable par sa simplicité de construction et sa facile installation. Décoré de la Légion d'honneur en 1849, il mourut en 1860, emportant les regrets de tout un pays dont il avait été le bienfaiteur.

* **CANTHARE.** Dans l'antiquité, on donnait ce nom à un vase à boire en poterie, muni de deux anses.

* **CANTIBAY.** Bois qui n'a de flache que d'un seul côté ; on dit aussi *cantibai* et *cantiban*.

CANTON. *Art hérald.* Figure carrée de l'écu qui se place à l'un des angles, soit à droite, soit à gauche.

CANTONNÉ, ÉE. 1° *Art hérald.* Se dit lorsque les espaces, que les croix et les sautoirs laissent vides, sont garnis de quelque meuble. || Se dit encore d'un lion, d'un aigle ou de toute autre figure principale placée au centre, de pièces ou meubles posés aux quatre angles de l'écu. || 2° *T. d'arch.* Bâtiment dont les encoignures sont ornées d'une colonne, d'un pilastre ; dont les assises sont marquées par des bossages, des refends.

CANTONNIER. Ouvrier chargé de l'entretien d'un chemin, d'une route, d'une voie ferrée.

CANTONNIÈRE. *T. techn.* Se dit des morceaux de métal qui servent à fortifier les angles d'une malle, d'un coffre, etc. || Pièces de fer qui embrassent l'angle du train d'une presse d'imprimerie et qui servent à fixer la forme.

* **CANTRE.** *T. de tiss.* Partie de l'ourdissoir sur laquelle se placent les bobines de chaîne destinées à former l'ensouple. Les cantres sont ou verticales ou horizontales : celles verticales ont la forme d'un V, celles horizontales sont en deux pièces assemblées à charnières formant angle droit. Pour l'ourdissoir à bras, la cantre ne contient que 40 ou 80 bobines et est un simple châssis disposé de façon à recevoir 10 bobines en hauteur sur 4 ou 8 rangs en largeur. La cantre se désigne aussi dans certaines régions sous le nom de *châssis*, *cadre*, ou *rame*. — V. OURDISSOIR.

CANUT. T. de mét. Nom vulgaire par lequel on désigne les ouvriers en soie des fabriques de Lyon. Ce sobriquet tombe en désuétude.

CAOUTCHOUC. Syn : *Gomme élastique*, *India-Rubber*. Matière solide connue par sa grande élasticité et que contient le suc d'un grand nombre de plantes.

— Employée au Pérou depuis fort longtemps, elle n'a été envoyée en France qu'en 1736, par La Condamine, que le gouvernement avait chargé d'aller en ce pays mesurer un degré du méridien. En 1751, Fresnau adressa également de Cayenne, des échantillons de caoutchouc préparé dans cette région. Son emploi industriel ne date que de 1820.

Propriétés. Le caoutchouc, lorsqu'il est pur, se présente sous la forme d'une matière translucide et blanche, acquérant une teinte jaunâtre lorsqu'elle est en fragments d'une certaine épaisseur. Au microscope, il paraît formé de petits tubes et de cavités sphériques communiquant ensemble sans montrer de texture fibreuse; lorsqu'il a été étiré, ce dernier aspect s'aperçoit, et le corps est devenu opaque.

Il est élastique, un fil peut prendre sans se rompre, sept fois sa longueur initiale; fraîchement, coupé il se soude facilement à lui-même, par simple pression. Il est inaltérable à l'air, à moins qu'on ne le maintienne longtemps à une haute température. Par l'action du froid, il se durcit dès + 3° C. (*Caoutchouc gelé*) et perd son élasticité, sans être cassant; il se ramollit par la chaleur sans altération, fond vers 180° et redevient solide par refroidissement. S'il a été porté à une température plus élevée, il reste mou et onctueux. Sa densité est de 0,925. Il brûle avec une flamme éclairante et fuligineuse; distillé en vase clos, il fournit 88 à 92 0/0 d'une huile qui renferme divers carbures d'hydrogène, tels que le *butylène*, le *caoutchène*, l'*hévééne*, l'*eupione* (Bouchardat), tous corps qui sont très bons dissolvants du caoutchouc.

Il est insoluble dans l'eau, l'alcool, mais il absorbe ces liquides et les condense dans ses pores, il est partiellement soluble dans l'éther, dans l'essence de térébenthine; il se dissout bien dans le pétrole purifié, le chloroforme, la benzine, mais son meilleur dissolvant est le sulfure de carbone. Dès 1763, Hérissant avait indiqué le moyen de le dissoudre (Dissolution de caoutchouc : Caoutchouc très divisé, 26; benzine, 50; essence de térébenthine, 70).

Le caoutchouc résiste assez bien à l'action du chlore, des acides faibles, des lessives alcalines; mais il est attaqué par les acides sulfurique et azotique concentrés, et surtout par leur mélange. Chaud il se combine très bien à certains corps, tels que le soufre. — V. CAOUTCHOUC VULCANISÉ, CAOUTCHOUC DURCI.

Jusqu'à présent on n'a pu réussir à le teindre

qu'avec l'orcanette et quelques dérivés de l'aniline.

Provenance. Le caoutchouc est fourni par le suc laiteux d'un très grand nombre de plantes; il est tenu en suspension dans le liquide, grâce à une notable quantité d'albumine végétale.

On ne peut employer pour la préparation du caoutchouc que les sucs laiteux renfermant 30 à 45 0/0 de matière utile.

Les plantes les plus recherchées sont les suivantes :

Le *Ficus elastica* Lin., famille des Artocarpées, que l'on trouve à Assam, dans les Indes Orientales, à Siam, à Java, à la Réunion, au Gabon;

Le *Ficus indica*, Lin., Artocarpées, croissant dans l'Amérique méridionale;

Fig. 153. — *Siphonia élastica.*

L'*Artocarpus integrifolia*, Lin., Artocarpées, abondant au Mexique, dans les Moluques, dans les Indes Orientales;

Le *Siphonia elastica* (fig. 153), Pers., ou *Hevea Guyanensis*, Aubl., de la famille des Euphorbiacées, qui se trouve dans la Guyane, à la Réunion, au Brésil, dans l'Amérique Centrale. Cette plante fournit une grande partie du caoutchouc de bonne qualité, celui que dans le commerce on désigne sous le nom de *para*; c'est là sorte la meilleure, sans contredit, parmi les nombreuses espèces employées. Le para est vendu, soit en pains ou plaques qui sont formés de couches très nombreuses et fort minces, d'un dixième de millimètre environ, lesquelles, quand le caoutchouc est frais peuvent s'enlever et se séparer les unes des autres. Il présente alors l'aspect d'une feuille de papier végétal transparent, mais légèrement teinté comme de l'ambre jaune;

Le *Siphonia Brasiliensis,* Wild., originaire du Brésil; les *Siphonia Guianensis, paucifolia, discolor, lutea, rigidifolia, apiculata, pruceana;*

L'*Urseola elastica,* Rox., famille des Apocynées, qui croit dans l'Archipel indien;

Le *Micrandia major,* Rox., famille des Euphorbiacées, d'Asie;

Le *Periploca grœca,* Lin., famille des Asclépiadées, cultivé à la Réunion;

Le *Vahea gummifera,* Poiret, de la famille des Apocynées, abondant à Madagascar et à la Réunion;

Le *Castilloa elastica,* Cav., Apocynées; employé au Mexique et dans les Antilles;

L'*Hancornia elastica,* Gom., Apocynées, originaire du Brésil, que l'on trouve aussi dans la Malaisie, à Siam, dans l'Archipel Indien;

Le *Landolphia speciosa,* Apocynées, que l'on a signalé au Gabon, le *Willughbeia edulis* (Apocynées) et le *Cinanchum ovalifolium,* (Asclépiadées), quelques *Toxicophlœa* (Apocynées), fournissent encore du caoutchouc.

Pour faire écouler le suc laiteux de ces arbres, le *seringario* (de seringa, caoutchouc) incise l'écorce dans le sens vertical, et fixe à l'extrémité de la plaie, un petit vase de la grandeur d'une tasse, que l'on soude à l'écorce au moyen d'argile; au bout de trois heures environ, le vase est rempli d'un suc blanc, laiteux, visqueux, qui s'est assez épaissi pour que l'écoulement ait cessé de se produire, on réunit alors tout le liquide obtenu, dans des baquets; et, suivant les pays, on évapore le suc de façons différentes (fig. 154). Au Brésil, on trempe des pelles en bois dans le suc aqueux, en plongeant plusieurs fois successives l'instrument dans le liquide; chaque couche a besoin d'être sèche, avant qu'une nouvelle puisse être déposée.

Quand l'épaisseur de la matière gommeuse est suffisante, on coupe latéralement à une extrémité, l'étui formé par le caoutchouc, et l'on obtient ainsi de larges plaques que l'on désigne dans le commerce sous le nom de *lard de gomme.* Ce caoutchouc, dit *de Para,* vaut sur place de 2 à 4 francs le

kilogramme, c'est-à-dire deux à trois fois le prix des autres.

Dans la presque généralité des pays de production, on avait l'habitude de faire, avec de l'argile des moules en forme de souliers, de poires, etc., on plongeait ces corps dans les baquets de suc laiteux, et l'on mettait les moules enduits de caoutchouc, à sécher sur des piquets de bois plantés dans le sol. La dessiccation s'opérait à l'air libre ou à la chaleur; ce dernier procédé est encore le plus employé, parce qu'il permet d'agir plus rapidement, mais, il introduit aussi entre chaque couche, une petite quantité de fumée qui noircit le dépôt, et il fournit un produit dans lequel les dernières traces de parties aqueuses sont enlevées. Ce recuit donne aux objets une teinte luisante; souvent avant de plonger les moules une dernière fois dans le bain, on imprime à la surface, avec des corps durs, des dessins ou ornements divers, lesquels, s'ils ne contribuent pas à enjoliver l'objet, ont pour avantage d'agir sur la masse, en la rendant plus compacte. La dessication étant complète, on écrasait l'argile contenue dans les moules, par une pression convenable, ou bien on l'enlevait par des lavages à l'eau.

On expédie parfois encore le caoutchouc en lanières pelotonnées, ou en morceaux collés les uns sur les autres et pressés dans des sacs de toile ou dans des paniers de bambou.

Fig. 154. — *Extraction du caoutchouc.*

Sortes commerciales. En indiquant les arbres qui fournissent le caoutchouc, nous avons signalé les pays où se fait la récolte. On peut donc les classer ainsi :

Caoutchoucs d'Afrique. Caoutchouc du Gabon (cette sorte est la moins estimée, elle est tellement glutineuse, que l'on ne peut l'employer que fraîche; on en exporte cependant annuellement 400 tonnes environ); caoutchouc de Sierra-Leone, de Liberia, de Mozambique, de Madagascar, de Nossi-Bé, du Sénégal (ces derniers sont encore très rares). Ces sortes arrivent en lanières larges et épaisses, isolées, blanchâtres, hydratées, ont une odeur de tan et sont altérables.

Caoutchoucs d'Amérique. 1° Centre Amérique : Caoutchouc des Antilles (St-Thomas surtout), de Panama, de Carthagène, de Guaya-uil et du Guatemala. Ces produits sont rangés par ordre de décroissance comme valeur commerciale ; ils se présentent en lames brunes, fibreuses, peu élastiques ; 2° Amérique méridionale : Le Brésil fournit les espèces les plus estimées de toutes ; à leur tête il faut citer le caoutchouc de Para, puis ceux de Maraham, Ceara, Bahia et de Fernambouc. Ils sont expédiés en morceaux épais, blanchâtres, hydratés, peu odorants et bien élastiques.

Caoutchoucs d'Asie. Caoutchouc d'Assam, de Bornéo, de Chine (fort rare), de Java, de Rangoon, de Singapore et de Sumatra. Ces sortes sont assez impures et peuvent contenir, comme celui de Java, jusqu'à 20 0/0 de terre et de débris végétaux. Ils sont en masses de $0^m,25$, constituées par des plaques agglomérées ou des lanières de couleur brune et irrégulières ; celles d'Assam surtout, sont très épaisses et répandent une odeur de cuir.

COMPOSITION. Le suc laiteux qui fournit le caoutchouc offre, d'après Faraday, la composition suivante :

Caoutchouc	31.70
Albumine végétale	1.90
Cire	traces
Matière azotée amère, soluble dans l'eau et l'alcool	7.13
Matière soluble dans l'eau, insoluble dans l'alcool	2.90
Eau acidulée par un acide libre (?)	56.37
	100.00

Mais le caoutchouc par lui-même semble constitué par des carbures polymères, multiples de la formule $(C^{10}H^8)^n$ ... $(C^5H^8)^n$, ou d'après les analyses déjà citées de Faraday, confirmées par celles de Gr. Williams (*Journ. of the Chem. Soc.*, xv, p. 110), C^8H^7, puisque la composition élémentaire centésimale est la suivante :

Carbone	87.2
Hydrogène	12.8
	100.0

Ces carbures sont modifiés moléculairement par les acides énergiques, les chlorures acides, le térébenthène, et cette modification paraît exercer un certain rôle dans la vulcanisation.

La chaleur les décompose en carbures moins condensés, tels que le carbure primitif $C^{10}H^8$, la *caoutchine* (Himly) $C^{20}H^{16}$.., $C^{10}H^{16}$; et comme ces carbures s'oxydent lentement à l'air, ils deviennent résineux. C'est leur mélange, et cette cause d'altération, qui amènent la formation dans le suc, du corps que l'on appelle vulgairement *caoutchouc.*

Dans certains produits d'origine spéciale, comme les caoutchoucs de Bornéo, de Madagascar, on retrouve des principes particuliers, tels que la *bornésite* et la *matésite* $C^{12}H^{10}O^{10}(C^2H^4O^2)$ ... $C^6H^{10}O^5(C H^4O)$; tandis que dans celui du Gabon, on rencontre une troisième variété de glucose (car ces corps sont de véritables sucres au point de vue de la fonction chimique), la *dambonite* $C^{12}H^8O^8(C^2H^4O^2)$ ... $C^6H^8O^4(C H^4O)$. Les premiers sont à l'état d'éthers monométhyliques, le second à celui d'éther diméthylique. — J. C.

Le soufre, combiné chimiquement avec une certaine quantité de caoutchouc, c'est-à-dire vulcanisé, change et modifie les propriétés de ce dernier.

Ainsi le caoutchouc naturel qui se durcit quand la température est au-dessous de 20°, ne se durcit plus, même au froid très intense de 20°, au-dessous de zéro, quand il est vulcanisé ; l'application d'une température de 100°, qui le rendait poisseux, et produisait sur lui un commencement de décomposition, ne l'altère en aucune façon ; elle le rend, au contraire, plus nerveux et plus prompt à reprendre sa forme primitive quand on le tire ou le comprime ; il ne peut plus se dissoudre dans les dissolvants, il les absorbe cependant à la manière d'une éponge ; mais en le mettant à l'air, le dissolvant (s'il est volatil), l'abandonne en s'évaporant, et le caoutchouc reprend la forme qui lui était propre avant l'immersion ; en un mot il a les propriétés d'élasticité et de stabilité permanentes que l'on pouvait désirer dans l'emploi de la gomme élastique, mais qu'on ne pouvait obtenir avant la découverte de la vulcanisation.

Si l'on prend de l'huile de lin ou autre, que l'on mélange à 20 ou 25 0/0 de son poids de soufre, et que l'on chauffe peu à peu en remuant le mélange jusqu'à 170°, on voit se former une quantité considérable de bulles qui viennent surnager le mélange, et l'on sent l'odeur de l'hydrogène sulfuré ; à cette température, il y a une combinaison du soufre avec l'huile, et déplacement d'un équivalent d'hydrogène remplacé par un équivalent de soufre. Si l'on conduit bien l'opération, en modérant la chaleur à mesure que la combinaison se produit, l'on arrive à transformer toute la masse d'huile en une substance solide élastique, d'un brun rougeâtre, et qui, lorsqu'elle est refroidie, a beaucoup de rapport avec du caoutchouc vulcanisé.

Il s'ensuit naturellement que dans la vulcanisation du caoutchouc, le soufre agit sur la partie grasse du caoutchouc, comme il a fait sur l'huile, et le transforme en partie solide nerveuse et que, par suite, le froid ne peut arriver à la *figer, durcir* et *geler,* suivant l'expression des fabricants de caoutchouc.

FABRICATION PROPREMENT DITE.

Traitement du caoutchouc naturel. Nettoyage et séchage naturels. Piles à papier, déchiqueteur. Séchage, travail aux cylindres mélangeurs. Agglomération au moyen du loup ou diable. Coupage du fil naturel, filage, couverture de coton, tissage, repassage au fer chaud des tissus. Blocage pour la fabrication de la feuille sciée. Coupage de la feuille sciée, dite feuille anglaise.

Le seul emploi véritablement manufacturier du caoutchouc, tel qu'il arrive des lieux de provenance est celui du fil naturel, obtenu en le découpant dans les plaques arrivant d'Amérique ;

la seule préparation consiste à plonger dans l'eau chaude afin de les ramollir, les plaques épaisses produites comme nous l'avons décrit plus haut, par l'immersion d'une planchette ou pelle en bois, dans le lait frais de caoutchouc. Le caoutchouc, bien dégelé et, devenu souple, est mis sous presse pour régulariser son épaisseur ; puis avec un compas, on trace un cercle sur la surface et on enlève le plus régulièrement possible tout ce qui dépasse le trait. Cela fait, on découpe les plaques en rubans d'une épaisseur égale à celle que devra comporter le numéro du fil. Ce découpage se fait à l'aide d'un couteau circulaire (fig. 155) marchant mécaniquement. Il est fixe et fait environ 1500 à 2000 tours par minute. Le disque de caoutchouc D est traversé par un axe vertical A qui pivote sur lui-même, entraînant dans son mouvement le caoutchouc qui vient présenter sa circonférence au couteau circulaire L. Cet axe

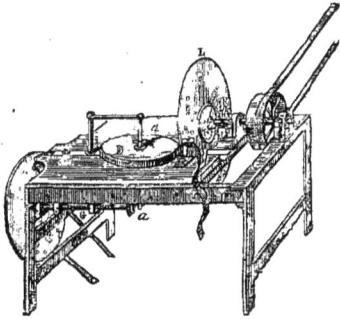

Fig. 155. — *Découpage au couteau circulaire.*

vertical est monté sur un chariot G, qui, par chaque tour, avance vers le tranchant du couteau de l'épaisseur que l'on veut donner au ruban ; une série d'engrenages différents, que l'on change à volonté, donne aisément ce résultat. Un autre mouvement est donné en même temps à l'arbre vertical, de telle sorte, que sa vitesse de rotation, va toujours en augmentant, à mesure que le diamètre du disque de caoutchouc diminue ; ce mouvement est agencé de façon à ce que la partie à couper se présente toujours avec la même vitesse à la tranche du couteau. Ainsi, si le diamètre du disque est de 20 centimètres au moment où commence son découpage, la vitesse avec laquelle il se présente au tranchant du couteau circulaire, devra, quand son diamètre aura été réduit à 10 centimètres, avoir augmenté du double. Grâce à cet agencement, la résistance est toujours la même contre le couteau, et le trait du coupage est toujours de la même largeur. Un filet d'eau coule constamment sur la lame pour faciliter le travail et empêcher son échauffement, et par suite son adhésion avec le caoutchouc.

On est arrivé à obtenir à l'aide de ce couteau, des rubans de caoutchouc à rayures de couleurs variées d'un très joli effet. Après avoir obtenu des feuilles colorées à l'aide de couleurs en pou-

dre et laminées à une épaisseur plus ou moins grande de 1/2 mill. ou 2 à 3 mill., on superpose suivant un ordre quelconque régulier jusqu'à l'épaisseur désirée, 30 ou 40 millimètres ; en supposant ces feuilles fraîchement laminées et découpées en rond, ces ronds se collent les uns sur les autres et forment un disque qui, découpé ainsi que nous venons de le dire, produit un ruban à rayures d'un effet plus ou moins agréable à l'œil suivant le choix avec lequel elles ont été assorties ; on le serre en les enroulant sur un cylindre en tôle en interposant un tissu de toile, et, après la vulcanisation, on a une bande élastique ayant le grain d'une étoffe tissée et à rayures colorées.

Mais revenons à la fabrication du fil naturel : le disque découpé en ruban au moyen du couteau circulaire, est mis à sécher, puis ensuite il est lui-même découpé en fils, à l'aide de deux jeux de lames à angles droits bien vifs dont l'intervalle est égal à celle du ruban de caoutchouc. Ces lames s'emboîtent les unes dans les autres à la façon des fenderies dans les laminoirs des forges.

On met d'ordinaire 8 à 10 lames sur chaque arbre, elles coupent comme des cisailles, et séparent le ruban en un nombre égal de fils. Ce travail est facilité par un arrosage d'eau froide légèrement savonneuse qui empêche leur adhérence entre eux. Un enfant, ou une paire de petits cylindres, tire sur les fils coupés afin qu'ils ne s'entortillent pas autour des axes des lames vers lesquelles le mouvement de rotation les entraînerait. Puis on les tend à leur plus grande extension sur un dévidoir très solidement construit, et on les laisse vingt-quatre heures en cet état. Ils durcissent, se gèlent en perdant complètement leur élasticité. On peut alors les relever sur des bobines en bois épaisses et résistantes, ainsi qu'on le ferait pour le cordonnet, puisqu'ils n'ont plus alors aucune élasticité. On le livre ainsi aux tisseurs, qui n'ont qu'à le tendre sur leur métier comme ils feraient d'un fil de lin ou de coton servant de chaîne.

Ces fils sont vendus au kilogramme, et en même temps au numéro, c'est-à-dire que le n° 1 a 100 mètres au *demi-kilogramme*, le n° 20, 2,000 mètres ; n° 50, 5,000 mètres, etc., celui qui est le plus en usage est le n° 35, c'est-à-dire 3.500 au 1/2 kilogramme, soit 7,000 mètres au kilogramme. Le mesurage est exact, il se fait en même temps que le relevage du fil sur les bobines. On tare la bobine, puis on fait faire au fil un tour entier autour du tambour d'un compteur dont la circonférence est égale à un mètre, le nombre de tours faits par le compteur est indiqué par l'aiguille d'un cadran monté sur le compteur. Quand l'ouvrière suppose avoir relevé 500 grammes, elle vérifie sur sa balance, et quand le poids est exact, elle inscrit sur la bobine le numéro du fil, qui indique sa longueur.

Souvent le tissage fait par des métiers marchant mécaniquement, c'est-à-dire très rapidement, on est obligé de recouvrir le fil de caoutchouc par un fil de coton ou de soie enroulé en spirale, et cela pour éviter le frottement du peigne du métier, qui, par son continuel mouvement de va-et-vient finit par l'écorcher à sa surface, et en détermine la rupture. Ce travail a lieu à l'aide de métiers qui servent à la passementerie.

Quand le tisseur a fait son travail, soit des bandes pour jarretières, bretelles ou autres tissus; il défait sa pièce du métier, et la repasse avec un fer chaud, ou la passe sur une table en fonte chauffée par la vapeur. La chaleur rend au caoutchouc étiré et qui était resté rigide, son élasticité primitive, et en revenant sur lui-même resserre la

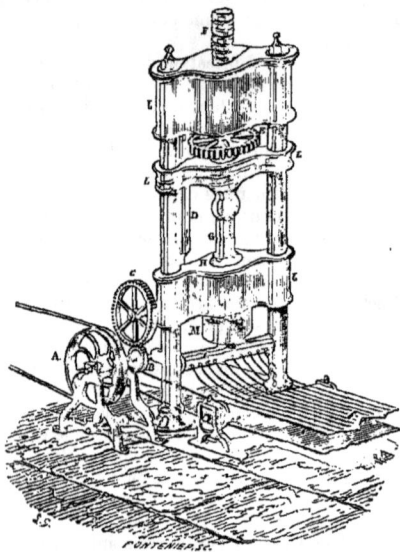

Fig. 156. — *Appareil pour la fabrication des fils ronds.*

M Coffre dans lequel introduit la pâte. — *G* Piston pressant sur la pâte. — *A B C* Poulies et pignons commandant le long pignon *D*. — *I* Porte-filière. — *E* Roue mue par *D* et faisant descendre la vis *F*. — *L L* Guides. — *J J* Montants de la presse.

trame du tissu, que l'on ne fait pas dans ce but, aussi serrée que dans le travail des tissus ordinaires.

Ces fils à section carrée ont un inconvénient: les angles lors du tissage et même malgré le fil fin enroulé en spirale à sa surface, ont toujours tendance à s'écorcher, et souvent ils se cassent, surtout quand le tissage est fait mécaniquement. On est arrivé à éviter cet inconvénient en faisant des fils à section ronde; mais cette industrie, qui remonte à 1850, a été abandonnée depuis la découverte de la vulcanisation, le fil naturel n'ayant plus qu'un emploi insignifiant.

Pour la fabrication de ce fil rond, le caoutchouc, préalablement nettoyé et séché, est mis dans de grands vases, fermant hermétiquement, avec un dissolvant qui le réduit en une pâte tout-à-fait semblable à celle employée pour la fabrication du macaroni ou plutôt du vermicelle, avec lequel il a la plus grande ressemblance.

Pour une partie en poids de caoutchouc de Para

on met une partie et demie de sulfure de carbone contenant 6 0/0 d'alcool absolu. On remue bien la masse, puis quand le liquide est absorbé, on laisse le tout macérer pendant 48 heures. La pâte est alors d'une homogénéité parfaite *non collante*, comme le sont toutes les autres dissolutions de caoutchouc.

Elle se pétrit en gardant la forme qu'on lui donne, tout comme le fait la pâte de pain avec laquelle elle a une certaine analogie. On en remplit le cylindre (fig. 156) d'une presse à peu près semblable à celle dont on se sert pour la fabrication du vermicelle. Dans la partie inférieure de la presse se trouve un gros tube en forme de T garni d'une rangée de petites filières vissées dans sa partie la plus basse, et qui peuvent être changées à volonté pour obtenir des fils plus ou moins fins. Une toile sans fin passe au-dessous de ces filières, et est animée d'une vitesse proportionnée à la sortie des fils. Ces fils passent sous un appareil qui tamise de la poudre de talc de façon à les empêcher en séchant de se coller sur eux-mêmes, propriété que possède le caoutchouc frais. Cette première toile sans fin déverse ces fils sur d'autres toiles sans fin, et après un parcours d'environ 200 à 250 mètres, le dissolvant qui est très volatil, s'est en très grande partie évaporé, et permet de pouvoir recueillir les fils et opérer leur complet séchage dans une étuve. Tout le travail que l'on fait ensuite subir à ces fils est le même que celui décrit pour le fil coupé. Le résultat est un fil rond, pouvant supporter un tissage sans s'écorcher, et par suite rendant les chances de ruptures beaucoup plus rares pendant le travail du tissage.

Nettoyage du caoutchouc. Le premier travail que l'on fait subir au caoutchouc, si l'on en excepte celui employé pour le découpage du fil naturel et que l'on opère sur les plaques telles qu'elles arrivent du lieu de production, consiste à le nettoyer, à en enlever l'eau qui s'y trouve emprisonnée, la terre, les morceaux d'écorce, de bois, etc., etc., qui y sont toujours mélangés en grande quantité.

Dans les premiers essais pour le nettoyage, après les avoir mis à tremper d'abord dans l'eau chaude on les découpait avec un grand couteau circulaire, en tranches minces, puis toujours dans l'eau chaude, à la main et à l'aide d'une brosse on enlevait le mieux ou plutôt le moins mal possible, les impuretés de toutes sortes qu'il pouvait contenir. Ce moyen est tout-à-fait impuissant pour arriver à le rendre propre. Les Américains emploient les piles à papiers, ils coupent d'abord le caoutchouc en tranches minces puis le font passer dans les piles qui opèrent un premier nettoyage et arrachage; ensuite, ils mettent à macérer les morceaux dans une lessive de soude de 10 à 12 degrés pendant au moins 48 heures, afin d'attaquer les menus brins de bois ou d'écorce restant dans le caoutchouc, puis on repasse de nouveau dans les piles. Mais ce nettoyage, qui à la rigueur peut enlever la majeure partie des impuretés, impuissant à faire un nettoyage complet, il en résulte que les gommes contenant beaucoup de corps étrangers sont à des prix trois et quatre fois moindres que ceux des caoutchoucs purs.

M. Gérard a modifié, vers 1853, ce mode de nettoyage de la manière suivante et, depuis on n'en a plus employé d'autres. Après avoir ramolli les blocs de caoutchouc en les laissant tremper dans des cuves pleines d'eau très chaude, il les découpe en tranches de 2 à 4 centimètres d'épaisseur puis il les jette entre deux cylindres, placés horizontalement l'un devant l'autre, et auxquels il a donné le nom de *déchiqueteurs* (fig. 157). Ces cylindres devant être montés dans des bâtis très solidement établis, sont d'un diamètre maximum de 300 millimètres et d'une longueur de 600 millimètres. Leur surface n'est pas polie, mais conserve la trace rugueuse de la passe de l'outil qui a servi à les mettre au rond, l'un d'eux, celui de derrière, fait un tour tandis que celui de devant en fait deux; un tube communiquant avec un réservoir supérieur d'eau froide, placé audessus du cylindre de derrière, et percé de petits trous dans toute sa longueur, fournit un arrosage continuel à la surface des cylindres.

Les morceaux de gomme mis entre ces cylindres, sont soumis à une force qui les entraîne et les oblige à passer entre eux, mais avec des efforts différents, le caoutchouc énergiquement étiré par le cylindre animé de la plus grande vitesse, est retenu par son contact avec le cylindre de derrière qui marche moins vite; il se trouve ainsi constamment déchiré, en même temps qu'entraîné. A la première passe, il tombe dans un petit bac placé au-dessous des cylindres en morceaux écrasés et à moitié déchirés; en repassant 3 à 5 fois dans les cylindres, tout ce caoutchouc finit, par être broyé en grains d'un à deux millimètres d'épaisseur, il est soumis à une espèce de laminage ou à une très forte pression, tous ces grains se soudent entre eux par un de leurs points, et en dernier lieu il en résulte une espèce de toile régulière, ayant un aspect d'une peau de chagrin percée d'une infinité de petits trous; tous les grains de sable, de bois, d'écorce, terre glaise, etc, sont broyés très finement, ils ne peuvent se coller à la gomme mouillée, et ils sont totalement entraînés par les eaux de lavage. Ces espèces de toiles à jours sont ensuite suspendues sur des cordes, et le séchage en raison de leur constitution physique se fait rapidement.

Lorsqu'elles ont été séchées à l'air libre, elles sont passées à l'étuve, ou mises dans un endroit chaud afin de chasser les dernières traces d'humidité,

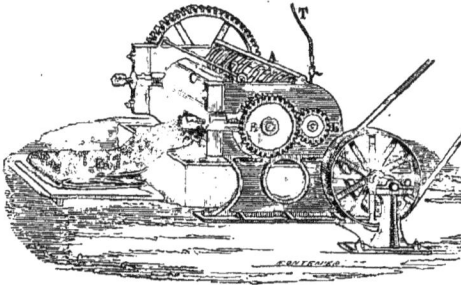

Fig. 157. — *Cylindre à déchiqueter le caoutchouc.*

C C' Cylindres en fonte pouvant être rapprochés par des vis horizontales. — E E' Pignons de commande de diamètres différents. — T Tuyau d'arrivée d'eau. — A Tuyau d'arrosage. — E Gomme déchiquetée.

et elles acquièrent la propriété du caoutchouc pur, de s'agglomérer par contact.

Deux moyens sont employés pour effectuer cette agglomération, toujours nécessaire pour avoir une masse bien homogène, car, comme on peut facilement le concevoir, l'extérieur des caoutchoucs en plaques, poires ou morceaux de forme quelconque, a toujours sa surface extérieure plus sèche et plus coriace que son intérieur qui est resté abrité du contact de l'air.

PÉTRISSAGE DU CAOUTCHOUC. Les toiles du caoutchouc déchiqueté au sortir de l'étuve sont généralement agglomérées dans une machine à pétrir nommée *diable* ou *loup* (fig. 158).

Cette machine se compose d'un cylindre creux dont un tiers environ de sa circonférence peut s'ouvrir, il contient dans son centre un autre cylindre en fonte plein, et garni soit de dents ou saillies en pointe de diamant, soit de cannelures parallèles à son axe. Le diamètre de celui-ci est habituellement le tiers de celui de l'enveloppe. Un arbre, garni de deux poulies, le traverse et tourne avec une vitesse de 30 tours par minute. On met une certaine masse de feuilles déchiquetées dans l'appareil, de façon que celle-ci occupe environ le tiers ou les deux cinquièmes de l'espace compris entre le cylindre plein et l'enveloppe.

Le caoutchouc est entraîné par le mouvement de rotation du cylindre intérieur garni de dents, mais comme il ne peut glisser sur la partie concave de l'enveloppe garnie de son côté de saillies à tête de diamant, il roule sur lui-même en se pétrissant, se chauffe et finit par se souder en un bloc compact. Le travail dure habituellement 15 minutes; quand on retire le bloc du diable on le fend en deux pour en faire rafraîchir l'intérieur, qui, généralement est creux et dont la température s'est fortement élevée.

Si l'on veut obtenir la feuille de caoutchouc pur, connue sous le nom de *feuille anglaise*, on prend, sortant du diable, ces blocs fendus en deux, et encore chauds, on les passe entre deux laminoirs creux et chauffés fortement à 80 degrés environ et dont l'écartement varie entre 3 à 10 millimètres. On peut obtenir des galettes assez égales, mais rugueuses et raboteuses à leur surface; on en réunit un certain nombre lorsque la chaleur qu'elles ont reçue pendant l'opération les rend adhésives, et on les met dans un cadre en fonte de 25 à 30 centimètres de large et de 2 mètres de longueur; on les presse alors très fortement à l'aide d'une presse hydraulique puissante, on les laisse refroidir sous pression. Au bout de quelques jours on les retire des cadres, et on les empile dans une cave fraîche, où on les laisse généralement plusieurs mois : pendant ce long repos, un échange de la partie grasse, plus ou moins abondante dans chaque parcelle des caoutchoucs agglomérés, se fait avec les parcelles plus nerveuses, l'équilibre de dureté s'établit et la masse devient convenablement homogène ; quand on la découpe en feuilles minces, on n'aperçoit plus ni nuages, ni stries provenant du plus ou moins de nerf des gommes mélangées pour la confection du bloc. On pourrait, il est vrai, par un travail prolongé de la gomme, soit dans le diable, soit à l'aide de cylindres mélangeurs chauffés, arriver à rendre bien homogène la masse entière, mais ce résultat a toujours pour conséquence un échauffement du caoutchouc qui devient par cette cause plus mou et moins nerveux : ce qui serait préjudiciable à la qualité d'une gomme destinée à être employée à l'état naturel.

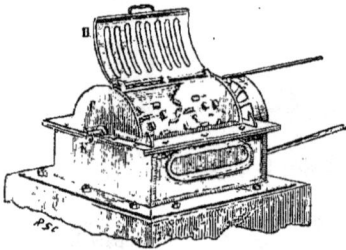

Fig. 158. — *Loup ou diable pour le pétrissage du caoutchouc.*

G Cylindre creux ouvert au tiers environ de sa circonférence. — B Couvercle à jour, s'ouvrant pour l'introduction de la gomme. — C' Cylindre plein garni de pointes à son pourtour et tournant dans deux coussinets K

Cette gomme mise ainsi en bloc, sert à faire soit des plaques ou disques, dans lesquels on découpe à l'aide d'un couteau circulaire mécanique, des rubans pour en obtenir du fil, ainsi qu'il a été dit pour le fil dit *naturel*; celui provenant du caoutchouc aggloméré s'appelle *fil de gomme régénéré*. Sa fabrication est maintenant presque entièrement abandonnée. Il était du reste moins bon que celui découpé dans des plaques ayant toutes les qualités premières du caoutchouc non travaillé. Le grand emploi de cette gomme agglomérée, est dans la fabrication de la feuille sciée connue sous le nom de *feuille anglaise*.

On prend à cet effet un des blocs, mis en cave pendant un temps plus ou moins long. On le fait dégeler doucement à l'étuve, puis on le colle avec une dissolution faite avec de l'essence de térébenthine, et surtout maintenant avec la benzine, sur le chariot d'une scie à placage, dont la lame de scie a été remplacée par une lame *sans dents* bien tranchante; un filet d'eau légèrement savonneuse arrose constamment la lame, pour l'empêcher de s'échauffer et de coller au caoutchouc; pour obtenir des feuilles d'une longueur double, on soude avec un peu de dissolution deux blocs

bout à bout par leurs extrémités qui ont été coupées nettement à angle droit.

Le sciage se fait absolument comme sur un seul pain, il nécessite seulement un chariot double de longueur. On a modifié le mode de sciage, en substituant à un parallélipipède de caoutchouc, un cylindre fait avec la gomme enroulée autour d'un axe en fer à mesure qu'elle sort du cylindre, et pressée énergiquement non plus dans des cadres en fonte, mais dans un cylindre creux. On les découpe en se servant toujours de la lame coupante, mais la gomme au lieu de lui être présentée par un chariot qui avance vers elle, tourne sur son axe en se présentant à la lame. Deux mouvements sont appliqués à cet axe dans des conditions tout à fait semblables à celles indiquées plus haut; seulement la position de l'axe portant le disque de gomme est verticale pour le découpage de ces derniers, tandis que pour les feuilles, elle est horizontale. Ces feuilles ne sont pas talquées, mais légèrement frottées avec une dissolution très claire de savon de Marseille dans l'eau chaude ; en refroidissant, elle se coagule en formant une couche infiniment mince à la surface des feuilles ce qui les empêche de se souder les unes aux autres.

Ces feuilles servent à la fabrication d'une foule de petits objets; petits tubes, bracelets, pelotes pour appareils de chirurgie, coussins à air, etc.

Il est très facile de faire ces divers objets, il suffit de couper les deux bords de la feuille un peu obliquement et juxtaposer ces deux sections en appuyant un peu; on les voit se souder immédiatement, surtout si l'on a eu soin d'y passer un pinceau légèrement imbibé de benzine, qu'on laisse évaporer avant de les réunir, ensuite avec un petit marteau à bouts arrondis on frappe sur le point où la jonction a eu lieu, et la soudure devient aussi solide que la feuille qui n'a pas été coupée. Il faut, bien entendu, si la feuille est *gelée* la faire dégeler soit sur une table à vapeur soit dans une étuve avant de faire le travail. C'est alors seulement qu'elle a toutes ses propriétés adhésives.

Tous ces objets ont généralement à la vente une nuance gris-souris, provenant de la vulcanisation (V. plus loin VULCANISATION); cette nuance qui provient du soufre absorbé en quantité plus considérable que celle qui reste combinée chimiquement avec le caoutchouc, vient peu à peu cristalliser à la surface en cristaux microscopiques et y forme une espèce de poussière adhésive. Si l'on fait bouillir ces objets dans une dissolution de soude caustique, ces petits cristaux sont dissous, les objets perdent cette couleur grise pour prendre la couleur primitive du caoutchouc, c'est-à-dire une transparence ombrée et de couleur tabac.

FEUILLES DE CAOUTCHOUC LAMINÉES. Au lieu de scier à la machine des blocs de caoutchouc, on peut les laminer entre des cylindres chauffés intérieurement par une injection et circulation de vapeur dans leur intérieur. Les calandres qui servent à ce travail sont habituellement formées par l'assemblage de trois cylindres d'un diamètre de 600 millimètres et 1 mètre 500 millimètres de longueur; il y a des calandres à quatre cylindres, mais elles sont d'une marche plus compliquée, et ne rendent pas un service préférable à celui des calandres qui n'en ont que trois.

Le caoutchouc a été d'abord bloqué et aggloméré dans le loup ou diable, puis ensuite il est *travaillé*, suivant l'expression employée, entre deux cylindres horizontaux d'une construction semblable à celle des déchiqueteurs décrits plus haut, mais leurs dimensions sont beaucoup plus considérables. Les cylindres ont habituellement 40 centimètres de diamètre sur $1^m,200$ de longueur, leur vitesse n'est pas égale et est généralement de deux tours pour les cylindres du devant et un à un tour et demi pour celui de derrière. Les cylindres comme ceux des calandres sont creux et chauffés vers 50 à 60 degrés par une circulation de vapeur dans leur intérieur. Il y a aussi une circulation d'eau froide installée par le même moyen, ce qui permet de les réchauffer ou de les refroidir à volonté. C'est une installation tout à fait nécessaire en ce que le travail de la gomme entre ces cylindres développant un effort de friction considérable, il devient de plus en plus chaud; une injection d'eau froide est nécessaire pour les ramener à la température voulue. Si le mélange que l'on

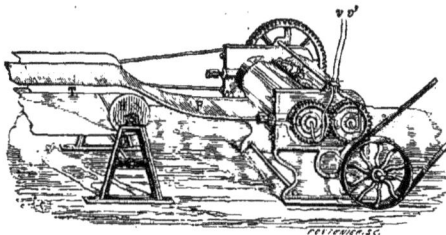

Fig. 159. — *Cylindre pour la fabrication des feuilles de caoutchouc laminé.*

$C C'$ Pignons de commande des deux cylindres. — M Caoutchouc à laminer. — F Feuille laminée reçue sur la toile. — $V V$ Tuyaux d'arrivée de vapeur.

substances additionnées à la gomme est mou, il rend le bloc à travailler de plus en plus plastique, et par suite collant, si les mélangeurs n'étaient pas à une température tiède, toute cette pâte se collerait sur les cylindres et rendrait tout travail impossible.

Le travail que les mélangeurs font subir à la gomme n'est pas, comme on le suppose à première vue, un laminage, c'est un étirage et broyage produit par le cylindre animé de plus grande vitesse sur la masse, en partie retenue par le cylindre à révolution plus lente; c'est un travail du même genre que celui de la molette sur la plaque de marbre où le peintre a mis le mélange d'huile et de matière en poudre.

Le caoutchouc, n'étant pas formé de parcelles isolées, ne se sépare pas, mais il ne s'en fait pas moins un travail de broyage intérieur. Toutes les diverses parties du bloc de caoutchouc, plus ou moins nerveuses ou coriaces, se trouvent étirées et mélangées jusqu'à formation d'une masse uniforme.

C'est avec le mélangeur que l'on fait pénétrer dans la masse du caoutchouc en travail, la fleur de soufre nécessaire pour la vulcanisation, le blanc de zinc à l'aide duquel on obtient des feuil-

les blanches, et toutes les substances en poudre d'une couleur quelconque qui varient l'aspect du caoutchouc.

Quand la masse est arrivée au point voulu, c'est-à-dire d'une homogénéité parfaite, on la passe pendant quelle est chaude dans la calandre; on met le bloc entre les deux cylindres du haut par derrière, la gomme se lamine, passe en feuille entraînée par le cylindre du milieu et vient alors subir un second laminage entre ce second cylindre et le troisième du bas. Ce dernier est un peu plus rapproché du cylindre du milieu que ne l'était celui du haut; il s'ensuit qu'il se forme un petit bourrelet résultant de l'excès de matière fournie par le premier laminage. Mais si, comme cela a toujours lieu, de petites quantités d'air se sont trouvées emprisonnées dans la masse première et ont passé au premier laminage en formant une petite bulle dans l'épaisseur de la feuille, ces petites bulles d'air, quand l'excès de gomme vient former le petit bourrelet devant les cylindres du bas, crèvent leur enveloppe amincie, et le second laminage donne une feuille privée de vents ou *cloques*. On peut laminer des feuilles avec un laminoir à deux cylindres comme celui que nous représentons figure 159.

La feuille alors est relevée sur des tambours où elle s'enroule mécaniquement, en même temps qu'une toile de calicot, de telle sorte que la feuille fraîche de caoutchouc, ne peut se toucher et se coller sur elle-même. Elle sert en cet état à la confection de tous les objets quelconques constituant la fabrication du caoutchouc usuel.

Si l'on veut faire des tuyaux, on prend un mandrin en fer ayant pour diamètre extérieur celui que doit avoir l'intérieur du tuyau en caoutchouc, on commence par humecter ce mandrin, et ensuite on le frotte légèrement avec du talc en poudre impalpable, afin d'empêcher l'adhérence; on coupe une bande de feuille de caoutchouc laminée et on la place sur une longue table, on soulève alors le mandrin par les deux bouts et on le place sur la bande, qui doit avoir comme largeur environ deux à quatre centimètres de plus que la circonférence du mandrin, on relève alors des deux mains à la fois les deux côtés de la bande et en suivant dans toute la longueur pour opérer son collage, on coupe avec des ciseaux l'excès de feuille et l'on arrive à avoir un tuyau de caoutchouc autour du mandrin; pour que la soudure soit solide, on roule une molette sur la partie coupée, on coupe une seconde bande de feuille de caoutchouc, et on exécute exactement la même opération en ayant soin de placer la partie soudée en contact avec le milieu de la nouvelle bande, de façon que les parties soudées dans la précédente opération ne se trouvent pas en contact avec la seconde soudure. On continue ainsi jusqu'à ce que l'on ait atteint l'épaisseur désirée. On enroule alors soit en spirale courte ou allongée une étoffe de calicot mouillée sur l'extérieur du tuyau ainsi constitué, et dont la surface extérieure a été bien talquée. On fixe la toile enroulée, soit au moyen d'une couture à longs points, soit par une ficelle serrée aux extrémités. En cet état, le tuyau n'a plus qu'à subir l'application de la chaleur dans de longues chaudières, dans lesquelles on fait arriver sous pression de la vapeur d'eau produite par un générateur. On laisse dans cette vapeur, le tuyau sur son mandrin jusqu'au moment où le soufre, qui avait été préalablement mélangé à la gomme dans le travail aux mélangeurs, se soit combiné avec le caoutchouc, c'est-à-dire jusqu'à ce que la vulcanisation se soit produite, on laisse échapper la vapeur de la chaudière à vulcaniser, on retire les mandrins, on déroule la toile, puis, en faisant un léger effort, on tire le mandrin de l'intérieur du tuyau, comme une épée de son fourreau.

Si l'on veut faire des rondelles grosses ou petites, deux moyens sont en usage : on se sert de moules en deux pièces, pour des rondelles ou pièces diverses dont les dimensions sont rigoureuses : dans ce but, on façonne toujours avec la feuille étirée qui, comme on sait, a une grande propriété adhésive, la pièce que l'on pèse de manière à avoir toujours exactement la quantité nécessaire pour emplir le moule ; puis ce moule, étant, ainsi que la gomme, légèrement chaud, on en comprime fortement les deux parties de façon à faire épouser sa forme et ses détails par le caoutchouc. On maintient le moule à fond, soit par des boulons, brides, etc., puis on le met à vulcaniser dans une chaudière ainsi qu'il a été dit plus haut pour les tuyaux. Pour empêcher le caoutchouc de se coller aux parois des moules, on se sert de différents moyens ; on leur donne au pinceau une très légère couche, soit d'une dissolution de sulfure de potassium, soit de glycérine, soit enfin de silicate de soude. Ce dernier moyen est celui qui donne le meilleur résultat.

Si les rondelles n'ont pas besoin d'une exactitude très grande et sont formées par deux plans perpendiculaires à leur axe, ce qui est le cas le plus fréquent, on fait alors un manchon, c'est-à-dire un véritable bout de tuyau ; puis après vulcanisation, on monte sur le tour un mandrin généralement en bois de la grosseur du diamètre intérieur de ce manchon, enfin avec une lame affûtée en forme de lancette et généralement montée sur un chariot, on coupe avec la plus grande facilité ce manchon en rondelles, plus ou moins épaisses, en ayant soin de faire couler un filet d'eau sur l'outil.

Si l'on veut obtenir des feuilles minces de caoutchouc, on enroule sur un tambour d'un grand diamètre la feuille laminée, contenant son soufre, et talquée à sa surface, en interposant en même temps une toile fine de calicot légèrement mouillée, puis on soumet à la vapeur pour vulcaniser.

Si ce sont des feuilles épaisses, on les vulcanise sous presse, et l'on arrive ainsi à avoir des plaques de la plus grande perfection, et à surfaces lisses comme des glaces.

Par la réunion d'une quantité de feuilles laminées en nombre plus ou moins considérable, on fait une feuille ou table de l'épaisseur désirée, après avoir talqué les surfaces et ébarbé les bords, on pose le tout sur la table inférieure fixe d'une presse chauffée par la vapeur, puis on fait descendre la partie supérieure chauffée également par la vapeur et on soumet la feuille à une pression très considérable. Des bandes de fer plat, des cadres ou bien encore des cercles, si ce sont des plaques rondes, contiennent le caoutchouc et l'empêchent de s'amincir en s'élargissant, en un mot pour nous servir du terme technique, l'empêcher de foirer, et cette feuille se trouve ainsi en quelque sorte dans un moule.

La chaleur de la vapeur contenue dans les deux tables creuses se communique au caoutchouc et amène ainsi la vulcanisation.

La manière d'opérer parfaitement et économiquement, pour le façonnage des divers objets, varie à l'infini et dépend de l'intelligence et de l'adresse du fabricant, mais elle a comme point de départ les moyens que nous venons d'indiquer.

Une autre fabrication s'opère à l'aide de la pression du gaz se formant dans l'intérieur des objets à vulcaniser, tels que ballons et balles creux, jouets d'enfants creux en caoutchouc moulé, etc., etc.

Voici le moyen employé : pour obtenir un ballon généralement blanc d'aspect, et d'une épaisseur de 2 à 4 millimètres, on lamine de la feuille de caoutchouc fortement mélangée de blanc de zinc, craie, soufre, etc., et on la double quand on la veut très épaisse, afin d'éviter les vents qui pourraient rester emprisonnés par un laminage trop épais. On découpe dans cette feuille quatre morceaux en forme de fuseaux, la coupure est faite obliquement à son plan, de façon à ce qu'en faisant la soudure les parties coupées des fuseaux viennent se recouvrir légèrement et former une espèce de petit renflement qui consolide la soudure sur un des fuseaux en caoutchouc ; on a soudé ou collé une rondelle ou petit bouton plein de caoutchouc qui se trouve dans l'intérieur du ballon quand il est formé, ce bouton ne contient pas de soufre dans son mélange, et par suite, quand le ballon se vulcanisera, ce bouton ne se vulcanisera pas à son centre et y restera avec sa propriété adhésive ; en même temps qu'on le colle sur un des fuseaux on y enfonce un petit clou d'épingle, dit à tête d'homme. Nous verrons dans quel but. On soude les quatre fuseaux dont on a avivé la propriété adhésive des parties coupées par le passage d'un pinceau légèrement imbibé de benzine, mais avant de terminer la dernière soudure, on verse dans l'intérieur une petite quantité de carbonate d'ammoniaque, sel qui a la propriété de prendre à l'état gazeux, vers 80°.

Le ballon étant fermé, on le met dans un moule en deux pièces que l'on maintient fermé avec une forte bride. Puis on le plonge, soit dans un bain de soufre fondu chauffé vers 140 à 150° qui, dans ce cas, agit seulement comme moyen ou source de chaleur (le soufre nécessaire à la vulcanisation du ballon ayant été préalablement mélangé dans la feuille de caoutchouc), soit dans une chaudière où l'on fait arriver la vapeur.

Dans ce dernier cas, qui est sans contredit le meilleur, le plus simple et le plus certain comme application de chaleur, il faut se garder de fermer immédiatement le couvercle de la chaudière à vulcaniser, car la pression ferait introduire de l'humidité dans les moules et empêcherait le gonflement régulier du ballon. Il faut, au contraire, poser simplement ce couvercle de façon que la vapeur puisse s'échapper de la chaudière comme elle le fait dans une bouilloire garnie de son couvercle. La vapeur en arrivant dans la chaudière à vulcaniser se trouve en contact avec les moules, elle se condense en les échauffant et finit par les amener en peu de temps à la température de 100°; et cela sans pression et sans pouvoir par conséquent s'introduire dans les moules. Mais pendant ce temps, le carbonate d'ammoniaque contenu dans les ballons s'échauffe de son côté, et en se volatilisant exerce une très forte pression à l'intérieur du ballon, et le force à appliquer sa paroi extérieure contre la paroi intérieure du moule. Au bout d'un certain temps que l'expérience a démontré, et qui est variable à raison du plus ou moins de moules à échauffer à 100°, on ferme hermétiquement la chaudière à vulcaniser, et la température de la vapeur monte jusqu'au degré voulu pour opérer la combinaison du soufre et produire la vulcanisation. Cette pression de la vapeur étant toujours inférieure à celle du gaz ammoniaque contenu dans l'intérieur des ballons, elle ne peut s'introduire dans les moules et détériorer l'extérieur des ballons.

Quand la vulcanisation est terminée, on lâche la vapeur, on retire les moules que l'on plonge dans l'eau pour les refroidir, on sort les ballons qui ne gardent pas leur forme sphérique, le gaz intérieur s'étant condensé en se refroidissant n'occupe plus le même volume. On ôte alors le petit clou et on fait sortir le gaz ammoniaque puis, à l'aide d'un soufflet garni d'un très petit tube creux et pointu, que l'on entre par le trou qu'occupait le clou, on insuffle de l'air jusqu'au gonflement désiré. Cela fait, on retire à son tour le petit tube et on presse alors le bouchon de façon à l'aplatir; comme il ne contient pas de soufre, il n'a pu se vulcaniser et par conséquent a conservé ses propriétés adhésives, les parois de son petit trou intérieur se soudent et l'air du ballon ne peut plus s'échapper.

Ces quelques exemples suffisent pour faire comprendre la base de la fabrication de presque tous les objets divers en caoutchouc.

L'on fait aussi des objets dans la confection desquels on combine la toile; la plus importante fabrication est celle des *courroies* dites

de caoutchouc. Voici en quoi elle consiste : on prend généralement de fortes toiles à voile, on les enduit soit au moyen de dissolution de caoutchouc, soit au moyen de l'application d'une mince couche de caoutchouc fortement travaillé dans les cylindres mélangeurs de façon à le ramollir et le rendre très adhésif, et le faire par le laminage entrer dans le tissu, puis on plie cette toile dans sa longueur en deux, trois ou quatre épaisseurs, suivant la plus grande résistance que la courroie doit avoir à supporter : on la met alors dans de longs moules en fer ouverts à leurs extrémités ; la partie inférieure a sur ses côtés deux rebords entre lesquels entre à frottement la partie supérieure du moule qui vient presser sur la courroie. On met ce moule entre les deux plateaux de la presse à vulcaniser, et l'on serre fortement. La chaleur des deux plateaux se communique par contact direct au moule, et le caoutchouc se vulcanise en formant un corps homogène et souple de caoutchouc et de toile. Quand une longueur de deux à quatre mètres qui est celle des presses en usage, est vulcanisée, on relève le plateau supérieur, on soulève la partie supérieure du moule, puis en tirant sur le bout de courroie vulcanisé on le fait glisser dans le moule creux, jusqu'à ce qu'on arrive à quinze centimètres environ de l'endroit qui a été déjà pressé et vulcanisé, on replace et on procède à la vulcanisation d'une nouvelle longueur. Il faut toujours laisser dans le moule une certaine longueur ayant subi la chaleur et la pression, car cette partie ne s'est qu'imparfaitement vulcanisée ; par la présence de l'air à l'extrémité du moule, elle reprend par sa seconde pression la chaleur nécessaire pour se vulcaniser complètement : il en résulte de plus que le moulage de la courroie ne présente pas de marque apparente des pressions successives. On est obligé pour que ces courroies puissent résister sans se déformer ou faire des plis, de les former de la réunion plus ou moins grande d'épaisseurs de toiles qui les rendent chères, moins adhésives sur les poulies, et se fatiguant davantage, surtout si elles sont placées sur des poulies d'un petit diamètre. M. Thomas, de Clermont, a trouvé le moyen d'obvier à ces deux inconvénients, et de faire des courroies que l'expérience a démontré de beaucoup préférables, à celles en usage. Voici en quoi consiste cette nouvelle fabrication brevetée:

Il est à remarquer que les courroies dites *en caoutchouc* se font toujours beaucoup trop épaisses, eu égard à la résistance qu'elles doivent offrir dans le travail qui leur est demandé, M. Thomas a fait ressortir dernièrement cette anomalie et ces inconvénients dans un mémoire qu'il a remis à la Société d'encouragement. Il a démontré, tant par le calcul que par des résultats d'expérience, qu'étant donnée la largeur demandée pour obtenir la bonne adhérence de la courroie sur sa poulie, l'effort de traction supporté par la courroie ne saurait rompre une seule épaisseur de toile à voile de coton de bonne qualité, et représente à peine le quart du poids nécessaire à la rupture de deux toiles. Il faut faire remarquer que la largeur pour les courroies de caoutchouc sans enduit extérieur travaillant sur des poulies embrayées à moitié, est de 0ᵐ,100 à 0ᵐ,120 de largeur pour un cheval de force à une vitesse de un mètre par seconde. Or la toile résistant à la traction, peut s'employer en toute sécurité comme les cordages avec une section de moitié seulement de la section correspondant à la rupture : M. Thomas a donc conclu avec raison, et l'expérience a sanctionné son avis, que : à largeur suffisante pour obtenir l'adhérence, deux toiles réunies en épaisseur donnent toujours une courroie assez forte : la toile enduite ne se déformant pas par le travail comme le fait le cuir, et conservant sa résistance primitive indéfiniment dans toutes les conditions variables de froid ou chaleur, sécheresse ou humidité.

Ce qui s'opposait à l'emploi pratique de courroies aussi minces était l'excès de souplesse, on peut dire de *mollesse* du tissu, M. Thomas a obvié à cet inconvénient en insérant entre les deux toiles une toile métallique fine coupée en biais qui donne au tissu la fermeté voulue et lui conserve l'extensibilité nécessaire (ce que ne ferait pas la toile métallique posée en droit fil). Ces courroies dont l'emploi date d'un an déjà, sont à peu près indéchirables, plus légères que celles du cuir, plus adhérentes aux poulies, non sujettes à des décollements dans l'épaisseur en s'effilochant dans les croisements et dans les guides.

Si cette expérience d'un année se confirme dans l'avenir, il nous paraît évident que cette innovation doit avoir des résultats pratiques importants.

Enduits. Quand on veut donner une légère couche de caoutchouc à la surface d'une étoffe, on commence par faire une dissolution de caoutchouc, ou plutôt une espèce de pâte liquide. Pour l'obtenir, on prend du caoutchouc bien nettoyé et travaillé par les mélangeurs avec du soufre, ou couleurs en poudre, et laminé en feuille mince ; on le coupe en petits morceaux et on le met à macérer dans des grands vases fermant le mieux possible, dans la proportion de une partie de caoutchouc pour son poids égal de benzine, si le caoutchouc est mélangé et son poids de substance en poudre, et deux fois son poids de dissolvant s'il est pur : on remue la masse jusqu'à ce que les morceaux aient absorbé tout le liquide, et qu'ils aient formé une masse également compacte. On ferme alors les vases, et on les laisse vingt-quatre à quarante-huit heures s'imbiber bien également. On broie ensuite le mélange entre trois ou quatre cylindres, marchant à vitesses inégales, semblables à ceux employés pour le broyage à l'huile de la céruse ; on passe généralement deux ou trois fois dans les broyeurs pour obtenir une dissolution ou pâte bien égale.

Pour appliquer une couche de cette dissolution on se sert d'un instrument connu sous le nom de *couteau à sparadrap*. C'est une barre de fer plat de 70 à 80 millimètres de hauteur, sur 20 millimètres d'épaisseur et avec un chanfrein en bas de 30 millimètres environ de hauteur : le bas en dessous du couteau est légèrement arrondi. Au-dessous de ce couteau se trouve un sommier

en fonte rabotée, ou un long cylindre en fonte tournée. L'on baisse le couteau jusqu'à toucher presque le sommier en engageant entre eux deux l'étoffe que l'on veut enduire. Cette étoffe a été enroulée préalablement sur un cylindre en bois dont l'axe tourne à frottement doux dans ses patins de façon à éprouver une légère résistance. On cloue l'extrémité de la toile engagée sous le couteau sur une barre plate en bois au milieu de laquelle est attachée une corde qui vient s'enrouler à l'extrémité du tablier (elle doit avoir la longueur de la toile à conduire sur un treuil). En cet état, l'on met une certaine quantité de dissolution de caoutchouc en pâte contre la lame du couteau à sparadrap, et en faisant tourner le treuil on attire la toile qui

Fig. 160. — *Appareil pour étendre le caoutchouc sur les étoffes.*

PP Bàtis soutenant l'appareil, maintenu par l'entretoise B. — R Rouleau sur lequel est enroulée la toile à enduire. — TT Toile. — C Règle en fer dressée avec soin à sa partie inférieure et maintenue à ses extrémités dans les deux coulisses PP.

passe sous l'instrument en entraînant une mince couche de pâte de caoutchouc. On conçoit que la couche est d'autant plus mince que la lame du couteau est plus rapprochée du sommier ; si l'on désire une épaisseur un peu forte, on donne alors une seconde couche d'enduit quand la première est sèche, c'est-à-dire après l'évaporation du dissolvant.

Cet appareil, qui est le plus simple et le plus primitif, a été remplacé par des machines, découlant du même principe, mais pouvant opérer ce même travail avec une très grande régularité et rapidité. Les modifications consistent surtout dans le remplacement du sommier fixe sur lequel vient s'appuyer le couteau, par un cylindre en fonte tournée, qui, actionné dans le sens de l'entraînement de la toile, en facilite le mouvement (fig. 160). La toile après être sortie de dessous le couteau et ayant pris son enduit, passe en s'appuyant sur une table creuse en fer de quatre à six mètres de longueur, et qui est échauffée par la vapeur, de telle sorte que l'évaporation du dissolvant se faisant très rapidement, la toile peut être enroulée au fur et à mesure sur un cylindre et repasser sous le couteau immédiatement pour recevoir une autre couche.

L'on fait souvent, surtout en Angleterre, des feuilles de caoutchouc, au moyen de cette machine à enduire. On monte sur celle-ci une toile sans fin dont la longueur développée est ordinairement de soixante mètres et que l'on tend à l'aide de vis de pression de façon à empêcher son glissement sur les surfaces du cylindre qui la commande. On la recouvre d'une forte couche de colle de pâte mélangée d'un peu de mélasse, et de deux à trois autres couches d'enduits données à l'aide du couteau; le dernier enduit est formé à chaud d'un mélange assez semblable à celui des rouleaux d'imprimerie, c'est-à-dire de gélatine et de mélasse par parties égales. On y met quelquefois de la glycérine au lieu de la mélasse, ou on modifie seulement ces substances dans leurs proportions. Cette surface devient très lisse et ne se sèche ni ne se durcit, en passant au-dessus de la table à vapeur. On donne sur cette toile sans fin, recouverte de son enduit, vingt à cinquante couches successives de caoutchouc et on obtient une épaisseur d'un 1/2 millimètre à 1 millimètre 1/2, moyenne des épaisseurs des fils de caoutchouc, à la fabrication desquels ces feuilles dites *relevées* sont généralement employées en Angleterre. Quand la dernière couche est donnée, on coupe dans le travers cette feuille de caoutchouc sans fin, superposée sur la toile gélatinée, et sur laquelle elle n'a pour ainsi dire pas d'adhérence; on la talque et on l'enroule sur un cylindre en bois pour lui faire subir ensuite l'opération de la vulcanisation.

Elles ont sur les feuilles laminées l'avantage d'être d'une égalité parfaite dans leur épaisseur, ce qu'il est difficile d'obtenir par le laminage, la chaleur des cylindres pouvant varier et le caoutchouc pouvant par suite devenir plus mince ou plus épais. C'est toujours peu de chose, mais appréciable quand on a besoin d'une grande régularité. — G. G.

Production. Statistique. La consommation du caoutchouc va toujours en augmentant; ainsi, pour ne parler que de la France, elle était, en 1836, de 23,000 kilogrammes annuellement; elle fut, en 1862, de 900,000 kilogrammes, de 1.250,000 en 1870. En 1875, la consommation totale fut de 7,500,000 kilogrammes, se répartissant ainsi :

Amérique du Nord	2,000,000	de kil.
Angleterre	1,750,000	—
France	2,000,000	—
Allemagne	1,570,000	—
	7,500.000	kilog.

lesquels avaient été fournis par les pays suivants :

Java	3,500,000	kilog.
Para	2,250,000	—
Guatémala, Carthagène	1,650,000	—
Vénézuéla, Nouvelle-Grenade, Afrique	100,000	—
	7,500,000	kilog.

d'une valeur de 40,000,000 de francs.

En 1877, l'importation en France fut de 6,179,000 francs et l'exportation, après fusion, de 1,506,000 francs.

Usages. Les premiers emplois du caoutchouc furent de servir à effacer les traits de crayon, à nettoyer le papier; puis on en fabriqua des tubes, des cordes, des fils, des plaques, des instruments de chirurgie. On le proposa comme succédané des éponges (india-rubber-sponge). On en fit (Nadler en 1820), des tissus dits *élastiques* (bretelles, jarretières, étoffes destinées à comprimer certains organes, en même temps qu'à les soutenir, tels que les ceintures abdominales, les bas pour varices, etc.), des tissus imperméables (Macintosh en 1823; Rattier, Guibal, Aubert, Gérard, ont successivement perfectionné cette découverte), des appareils de sauvetage ne laissant pas passer l'air, des feuilles sciées ou étirées. Le caoutchouc sert à faire quelques vernis ; mélangé aux couleurs à l'huile, il les rend brillantes et inaccessibles aux intempéries de l'air, il suffit pour obtenir ce dernier produit d'ajouter à chaque kilogramme de couleur prête à employer, 12 grammes d'une dissolution de caoutchouc au 10e, faite avec l'huile de pétrole blanche (M. Martiny). Quant aux vernis, recommandés surtout, parcequ'ils peuvent s'appliquer sur le papier sans le jaunir et sans se fendiller ou s'écailler, ils se préparent en faisant digérer du caoutchouc dans du sulfure de carbone, puis traitant la gelée obtenue par la benzine, et distillant pour enlever le sulfure. Ce vernis sècherait lentement, serait poisseux et paraîtrait d'un mauvais usage. On se sert du caoutchouc dissous dans l'huile de colza (2 0/0) pour le graissage; pour faire des pâtes pour la reliure ou le collage; pour luter.

Un autre emploi du caoutchouc est celui de la préparation d'une colle très adhésive, dite *glu marine*. Elle est élastique, insoluble dans l'eau, et peut s'employer avec le bois, les pierres et les tissus. Elle s'obtient en faisant dissoudre 2 à 4 parties de caoutchouc dans 34 parties d'huile de houille, et en ajoutant à la masse pâteuse 62 à 64 parties de gomme laque pulvérisée. On fond à chaud, et on coule le mélange en plaques. Il suffit pour s'en servir de fondre à la chaleur (120°) et d'appliquer à la brosse. La *gomme d'Assam* est une dissolution qui sert à imprimer à chaud les poudres d'étain ou de bronze. Les industries qui consomment le plus de caoutchouc sont celles du caoutchouc vulcanisé et du caoutchouc durci.

Caoutchouc vulcanisé. C'est du caoutchouc modifié par l'action du soufre.

La découverte de cette matière remonte à 1842, elle est due à Lüdersfoff et Haucock de Newington, près Londres.

Propriétés. C'est une substance de couleur grise, noire ou rougeâtre, qui conserve son élasticité même à une aussi basse température. Elle n'est pas attaquée par les dissolvants ordinaires du caoutchouc, fond à 200°, et offre une grande résistance à la compression. On admet que la modification qui s'est produite par l'action du soufre, a été éprouvée par la partie poisseuse du caoutchouc normal, c'est-à-dire, celle qui se ramollit par la chaleur ou se durcit par le froid. Il contient jusqu'à 20 0/0 de soufre (Payen), mais il n'en renferme que fort peu à l'état de combinaison, la majeure partie étant simplement retenue d'une façon mécanique par les pores du produit.

Cette matière répand presque toujours une odeur assez prononcée d'hydrogène sulfuré; on peut la lui enlever en chauffant l'objet en caoutchouc, à 70°, en présence de charbon poreux ou de noir animal et en vase clos; on colore le caoutchouc en y introduisant avant la vulcanisation des matières pulvérulentes, comme le plâtre, la magnésie, le carbonate de chaux, les sulfures métalliques, etc. Ces additions constituent parfois jusqu'à 80 0/0 du poids de la masse.

Le caoutchouc sulfuré éprouve à la longue une sorte de fermentation, que le contact prolongé de l'eau ou une température de 130 degrés occasionnent rapidement. La masse durcit, s'écaille, devient moins souple et moins résistante; elle ne peut plus servir pour le jointoyage des machines. On évite cet accident en se servant du *caoutchouc alcalin*, produit qui est bien plus tenace que tous les autres, qui résiste pendant des années à une température de 180°, et ne possède presque plus l'odeur sulfhydrique du caoutchouc vulcanisé.

On le prépare en pétrissant le produit naturel avec du soufre additionné de 3 à 10 0/0 de chaux (Girard). — J. C.

VULCANISATION. Ce qu'on entend par vulcanisation est, ainsi que nous l'avons dit, la modification apportée dans la nature du caoutchouc par sa combinaison chimique avec le soufre ou ses composés. Jusqu'à présent on n'a pas trouvé un autre corps pouvant lui donner ces qualités d'élasticité nerveuse et permanente.

VULCANISATION AU BAIN DE SOUFRE. *Système de Hancock*. Le procédé consiste à plonger dans du soufre fondu des feuilles ou menus objets en caoutchouc pur sans mélange, l'épaisseur ne devant pas dépasser deux millimètres, la température de ce bain est de 130 à 140°. On a l'habitude d'attacher à une menue tige en fil de fer un petit morceau de feuille de caoutchouc de la même épaisseur que les objets à vulcaniser, on plonge le tout à la même profondeur dans le bain et quand, par le temps écoulé — une heure et demie deux heures habituellement — on pense que la vulcanisation est à point, on sort du bain le petit échantillon d'épreuve et l'on voit s'il est au point voulu, on retire alors avec certitude les objets que l'on jette dans l'eau froide afin de produire un refroidissement rapide qui fendille le soufre à leur surface; en les frottant, les froissant dans les mains et en les grattant, on enlève le soufre collé à leur surface, et le caoutchouc garde une couleur gris-souris produite par le soufre cristallisé dans son intérieur et à sa surface. Si l'on veut l'obtenir transparent, et sans cette teinte grise qui a l'inconvénient de déposer sur les vêtements de draps ou autres la poussière de soufre, on les met à bouillir dans une dissolution de soude ou de potasse caustique à 5 0/0 au plus; à mesure qu'elle se sature de soufre, on ajoute un peu de soude. Les objets sont ensuite lavés à grande eau, et séchés ensuite à l'étuve.

Procédé Goodyear. Au lieu de plonger et de maintenir le caoutchouc dans un bain de soufre fondu, on introduit de la fleur de soufre dans la masse à l'aide des cylindres mélangeurs. La proportion habituelle est de 10 de soufre pour 100 de caoutchouc. Cette quantité est trop considérable, puisque dans les caoutchoucs *vulcanisés souples* de très bonne qualité, la quantité de soufre combinée chimiquement est de 2 0/0 au plus; mais il est préférable de mettre un excès, et de chauffer moins longtemps, la partie du soufre non combiné reste à l'état de simple mélange. Mais bien entendu il faut que le chauffage soit conduit avec soin et précaution, car on arriverait aisément à avoir des produits trop durs et que l'on appelle *brûlés*, se durcissant et se fendillant à leur surface. Le

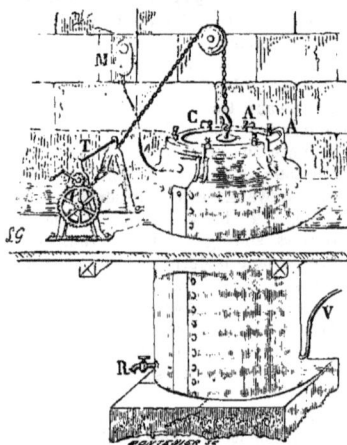

Fig. 161. — *Type d'une chaudière à vulcaniser*

T Treuil servant à enlever le couvercle de la chaudière. — *C* Couvercle mobile. — *A A¹* Pattes en fer destinées à le maintenir. — *V* Arrivée de vapeur. — *R* Robinet de vidange. — *M* Manomètre. — *G* Petit robinet servant à l'échappement de l'air.

chauffage se fait généralement dans des chaudières (fig. 161) où l'on enferme les produits auxquels on a donné la forme demandée, et qui sont maintenus soit entre des plaques, soit enroulés d'étoffes, soit dans des moules ou librement enduits de talc en poudre. Nous verrons que pour le caoutchouc durci on arrive à 30 0/0 de soufre à la masse de gomme, mais alors il devient tout à fait dur et semblable à la corne.

VULCANISATION DE GÉRARD. *Bain de persulfure de potassium ou de sodium*. On met des objets en caoutchouc pur et peu épais (comme on les emploie pour le bain de soufre de Hancock), dans une solution de persulfure de sodium ou de potassium de 25 à 30° Baumé sous pression, 4 1/2 à 5 atmosphères, 150° environ, pendant l'espace de trois à quatre heures. Les objets sont lavés à grande eau, et séchés comme d'habitude à l'étuve; ils sont parfaitement vulcanisés, sans être jamais brûlés et d'une façon très égale; ils sont d'une très grande transparence, et, au toucher, d'une douceur extraordinaire sur toute leur surface ; ils n'ont pas cette propriété un peu happante, sans être collante cependant, des caoutchoucs vulcanisés, et désulfurés au bain de potasse ; leur contact est doux au toucher comme le serait du velours de soie.

VULCANISATION A FROID, AU TREMPÉ. *Procédé de Parkes.* Ce mode de vulcanisation a lieu à froid, contrairement à ceux décrits précédemment, il est dû à M. Parkes, de Birmingham.

Il consiste à plonger le caoutchouc pur en objets peu épais, dans un bain formé de 100 parties de sulfure de carbone, et une partie de protochlorure de soufre. Le sulfure de carbone qui est absorbé par le caoutchouc avec une très grande avidité, le pénètre en entraînant avec lui le chlorure de soufre, qui a la propriété de faire coaguler tous les corps gras exactement comme cela a lieu quand ils sont chauffés avec du soufre, seulement les corps ne noircissent pas, comme cela a lieu par l'action du soufre à chaud. Il se combine avec la partie grasse du caoutchouc et lui donne les qualités de la partie solide, et la vulcanisation est faite.

Ce procédé suffit pour une feuille de 1 millimètre d'épaisseur plongée environ deux minutes dans le bain, on la retire et on laisse évaporer le dissolvant. Si les objets sont plus épais, il faut de les retirer du bain au bout de deux ou trois minutes et les immerger dans de l'eau pure. Le mélange vulcanisateur imbibé a alors le temps de pénétrer jusqu'au centre de l'objet, sans que sa surface soit en contact plus longtemps avec le chlorure qui la vulcaniserait outre mesure. L'eau dans laquelle est plongé l'objet empêche en même temps le dissolvant de s'évaporer avant que l'imbibition soit égale dans la masse.

Cette vulcanisation n'est employée que pour les objets faits avec la feuille anglaise, on fait ainsi les ballons qu'on remplit d'hydrogène sous pression et qui arrivent à une épaisseur égale à peine à un vingtième de millimètre.

Pour les objets un peu épais, 1 à 2 millimètres, on trouve un inconvénient qui en a fait rejeter l'emploi : une réaction acide très forte se manifeste au bout de peu de temps, le caoutchouc durcit et se brise sous le moindre effort ; le chlorure de soufre enlève de l'hydrogène au caoutchouc et lui abandonne son soufre, qui à l'état naissant s'unit au caoutchouc, abandonnant ainsi la combinaison instable qu'il faisait avec le chlore : mais de son côté le chlore s'unit à l'hydrogène à l'état naissant pour former de l'acide chlorhydrique qui, s'il ne peut être enlevé ou neutralisé par un lavage légèrement alcalin, finit par détériorer l'objet fabriqué, et c'est ce qui a lieu pour les objets qui ne sont pas très minces.

VULCANISATION A L'ÉTUVE SÈCHE. Une particularité très singulière dans la vulcanisation du caoutchouc est la suivante : le caoutchouc auquel on a ajouté en mélange une certaine quantité de soufre, se vulcanisera parfaitement dans l'eau chauffée sous pression à 134°, ou dans la vapeur à cette même température (3 atmosphères), mais si on le met dans une étuve sèche à air chauffé à 134°, la vulcanisation n'aura pas lieu ou se fera très mal, le caout-

chouc deviendra poisseux, gluant et une partie de sa surface fondra. S'il est enfermé dans une boîte hermétiquement fermée, comme par exemple les ballons dans leurs moules en fonte, la vulcanisation se fera parfaitement de même qu'entre les deux plaques d'une presse à vulcaniser. Enfin, elle aura toujours lieu quand l'air libre n'aura pas accès et ne sera pas en contact avec lui. Mais si l'on a mélangé en même temps que le soufre un oxyde de plomb, litharge, minium, la vulcanisation pourra se faire dans une étuve en contact avec l'air chaud. Cette particularité est assez singulière et n'est pas restreinte à l'emploi d'un sel de plomb, car si l'on remplit d'hydrogène sulfuré un tube contenant du caoutchouc mélangé seulement avec du soufre, il s'y vulcanisera parfaitement. C'est donc seulement la présence de l'air, ou de l'oxygène en contact avec sa surface qui l'empêche de se combiner avec le soufre.

Rien ne serait plus simple d'ajouter de la litharge aux mélanges que l'on veut vulcaniser, mais en raison de la formation du sulfure de plomb qui a lieu dans la masse, on ne peut l'employer que pour les produits noirs.

Tous les souliers, galoches, etc., qui sont d'un très grand usage, sont façonnés avec de la toile sur laquelle une feuille très lisse est appliquée à l'aide de la calandre, on découpe les morceaux appropriés à la confection de la chaussure, on les soude à l'aide de dissolution au lieu de les coudre ou clouer comme le fait le cordonnier ; puis après cette confection faite sur une forme, on lui donne une couche de vernis formé d'huile de lin cuite avec un peu de soufre, de résine, etc.

Cette huile, devenue très épaisse, est délayée avec de l'essence ou de la benzine et on donne une couche très légère sur la chaussure avant de les mettre à vulcaniser dans l'étuve. Cette dernière opération dure cinq à six heures, et en sortant de l'étuve, qui est chauffée vers 130 ou 132°, les souliers sont parfaitement élastiques et très brillants.

MÉLANGES POUR DIVERS CAOUTCHOUCS EMPLOYÉS. Les produits différents d'objets en caoutchouc, soit comme aspect, soit comme qualité, sont toujours la conséquence des substances étrangères qui sont préalablement mélangées avec lui avant la vulcanisation. Sans donner des détails qui rentreraient plutôt dans le domaine d'un manuel de fabricant, nous croyons devoir indiquer les causes qui amènent des différences si grandes dans les divers produits.

1° *Caoutchouc pur.* Suivant le mode et le temps adopté pour la vulcanisation par les fabricants, on l'obtient sans autre mélange que l'addition du soufre nécessaire pour la vulcanisation avec la composition suivante :

Para . . . . 100 parties.
Soufre . . . . 3 à 10   —

On l'emploie surtout pour la fabrication du fil de bandes ou objets divers qui demandent le plus de souplesse, d'allongement et d'élasticité. Il se conserve bien quand il n'est pas exposé à la lumière directe ou diffuse. Il est d'un aspect grisàtre et si on le fait bouillir dans une lessive de soude ou de potasse, il devient translucide et de couleur de caoutchouc naturel.

2° *Caoutchouc orange* appelé souvent *minéralisé :*

```
Para. . . . . . . . . . . . . . . . . . .    100
Sulfure d'antimoine jaune-orangé précipité    25
```

Ce caoutchouc moins nerveux que le précédent est généralement très bon, très élastique et il a l'avantage de supporter sans s'altérer sensiblement la lumière directe ou diffuse. On l'emploie beaucoup en petits tuyaux, et en bagues minces ou bracelets servant à faire les paquets, ou entourer les rouleaux de papiers.

Le sulfure d'antimoine jaune contient une certaine quantité de soufre libre, ou tout au moins une combinaison instable et qui s'unit au caoutchouc pour en opérer la vulcanisation.

Il est onctueux et doux au toucher.

3° *Caoutchouc blanc :*

```
Caoutchouc, Para ou autres. . . . .    100
Oxyde de zinc. . . . . . . . . .    50, 100 et plus
Soufre. . . . . . . . . . . . . . .      8
```

Ces caoutchoucs sont très bons quand ils sont faits avec du Para fin et autres bonnes espèces. On les emploie surtout à la fabrication des objets de toilette, des vêtements, etc.; ils sont agréables à la vue et résistent bien ; ils se mélangent et font corps ensemble avec le caoutchouc pur.

4° *Caoutchouc noir,* souple et élastique :

```
Para. . . . . . . . . . . . . . . . . . .    100
Soufre. . . : . . . . . . . . . . . . . .      8
Litharge. . . . . . . . . . . . . . . .     15
```

Préparation très bonne, très nerveuse, se maintenant très bien et faisant d'excellents produits, feuilles, tuyaux, etc., etc.

A toutes ces différentes compositions, on ajoute très souvent des substances inertes servant à leur donner plus de résistance et moins de souplesse, et surtout une moindre valeur. Cependant ces mélanges sont souvent nécessaires : ainsi pour les chaussures, qui exigent une certaine raideur analogue à celle d'un cuir élastique, on est obligé d'ajouter des substances diverses.

5° Nous donnons un exemple de ce mélange appliqué à la fabrication de souliers :

```
Para. . . . . . . . . . . . . . . . . . .    150
Craie. . . . . . . . . . . . . . . . . . .    120
Litharge. . . . . . . . . . . . . . . .     60
Noir léger. . . . . . . . . . . . . . .     40
Goudron de gaz . . . . . . . . . . . .     10
Soufre. . . . . . . . . . . . . . . . .      7
Résine. . . . . . . . . . . . . .      5
```

6° Enfin voici le mélange avec lequel on obtient le *cuoutchouc durci,* qui a une très grande ressemblance avec les produits durs et élastiques à la façon de la baleine, de la corne, l'ivoire, etc.

```
Caoutchouc Para ou Java. . . . . . . .    100
Fleurs de soufre. . . . . . . . . . .    25 à 30
```

Les caoutchoucs d'un beau rouge vif, soit souples, soit durcis, sont obtenus par l'addition d'une quantité de vermillon en poudre égale au double ou au triple en poids du caoutchouc.

TRAVAIL DES DÉCHETS DE CAOUTCHOUC VULCANISÉ. Une des choses les plus importantes dans la fabrication actuelle du caoutchouc, est le moyen d'arriver à employer les anciens caoutchoucs vulcanisés de façon à obtenir une économie dans le prix de revient.

Le prix de la matière première s'est augmenté dans des proportions vraiment énormes, et cette augmentation a surtout porté sur les gommes, autres que celles venues du Para. Ainsi pour en donner une idée, en 1852, prix moyen, le Para fin se vendait 8 francs le kilog. La tête de nègre, Para inférieur, 3. fr. 50 et la gomme de Java, 1 fr. 50 à 2 francs le kilogramme. Maintenant le Para fin est toujours à peu près au même prix, 8 à 9 francs ; la tête de nègre, 6 francs ; le Java ou Natal, 5 à 6 francs.

Il est vrai de dire que la facilité de nettoyage, grâce aux cylindres déchiqueteurs, a fait augmenter le prix des gommes qui, quoique de qualité très bonne, perdaient une grande partie de leur valeur par la présence du bois, de l'écorce, du sable et autres impuretés dont on ne pouvait les débarrasser entièrement.

On a beaucoup cherché à employer les caoutchoucs vulcanisés, en leur rendant en partie leurs qualités premières : celles de pouvoir, si non se dissoudre, du moins se travailler de nouveau et faire une masse uniforme pouvant se laminer, se souder et subir de nouveau la vulcanisation.

Voici le traitement qui donne les meilleurs résultats, et qui n'altère pas le vulcanisé retravaillé.

Le premier traitement à faire subir au caoutchouc vulcanisé, après avoir séparé bien entendu les différentes qualités, celle de caoutchouc pur, et celles plus ou moins mélangées, est de le réduire en poudre; le moyen est assez facile : on jette par petites parties le déchet entre les cylindres, qui servent à travailler la gomme et la mélanger avec le soufre ou autres matières. Les cylindres sont chauffés et serrés presqu'à fond; comme ils marchent à inégales vitesses, il en résulte un frottement de leurs surfaces qui déchire le caoutchouc; or, comme en raison de la vulcanisation qui l'a privé de partie grasse, il n'est plus apte à se recoller et pétrir, il tombe au-dessous des cylindres, d'abord tout déchiré ou imparfaitement réduit en grains; mais après trois ou quatre passes entre les cylindres qu'on finit par serrer tout à fait à fond, il se réduit en une poussière élastique et remuante qui semble en quelque sorte animée. On met cette poussière à bouillir dans une dissolution de soude caustique à 5 ou 6 0/0, soit dans des chaudières à l'air, soit sous pression à 1 et 1/2 ou deux atmosphères.

Tout le soufre non combiné qui pouvait rester dans ces caoutchoucs est alors complètement enlevé. On lave cette poudre de caoutchouc avec soin, et on la fait sécher à l'air et ensuite à l'étuve.

Si cette poudre était alors simplement mélangée à du caoutchouc neuf (ce que font certains fabricants), le produit obtenu ne serait pas bien homogène; en le coupant on reconnaîtrait la présence du vulcanisé, et si l'on y découpait un fil, il se casserait facilement sous un léger allongement, la cohésion n'étant pas parfaite et surtout égale entre le caoutchouc nouveau et l'ancien vulcanisé.

Beaucoup de procédés ont été mis en pratique; nous donnons celui-ci comme l'un des meilleurs:

Pour 100 kilogrammes de déchets de vulcanisé désulfuré et mis en poudre, on ajoute 5 kilogrammes d'huile de résine, et 5 kilogrammes d'huile lourde de schiste ou de pétrole. L'on passe au mélangeur chaud pour bien broyer le tout ensemble, puis, on met cette poudre sous une presse à vulcaniser pendant une ou deux heures à 100 ou 110°.

On obtient une espèce de galette que l'on passe de nouveau au mélangeur. Ces opérations ont pour but de faire entrer bien également les liquides dans les grains de vulcanisés. On met ensuite la poudre qui a déjà tendance à s'agglomérer dans une étuve sèche à 120° pendant deux heures. Puis on peut la mélanger avec du caoutchouc neuf avec lequel elle forme un tout bien homogène.

Ce procédé peut s'employer pour des caoutchoucs qui déjà avaient été très mélangés, ils reprennent le gras et le collant nécessaire pour s'unir à la gomme neuve et donner un produit sans grains et bien uniforme d'aspect et de qualité.

On comprend du reste que les nouveaux mélanges sont d'autant meilleurs que le vulcanisé a été lui-même de qualité supérieure; ainsi le meilleur est toujours celui provenant de déchets de fil de gomme de Para qui est formé de caoutchouc pur seulement additionné du soufre nécessaire pour sa vulcanisation. En un mot, il faut que le caoutchouc vulcanisé soit redevenu, après le traitement, en pâte bien égale, de façon que les nouveaux mélanges qu'on veut y ajouter puissent pénétrer bien également dans toutes ses parties.

Usages. On fabrique avec le caoutchouc vulcanisé des vases imperméables, pour l'eau, l'éther, etc.; des rouleaux d'imprimerie, des tubes et des tuyaux, des tampons de chemins de fer, des bandes de billard, des porte-cigares, des brosses à dents, des jouets d'enfant, des tapis, des chaussures, des coussins, des dentiers, des courroies, des ressorts, des genouillères, des rondelles de soupape, du cuir factice et des meubles divers.

La parchemine de M. E. Turpin, de Paris, est du caoutchouc de Para étendu en feuilles très minces, souples et extensibles, qui sert à remplacer le papier glacé, la peau, la baudruche, le parchemin, etc., on le colore par incorporation de poudres minérales (sulfure de zinc, de mercure, de cadmium, vert de chrôme, outremer), et vulcanisé à froid avec du chlorure de soufre dissous dans du sulfure de carbone.

On fabrique des tapis très légers et élastiques, avec du caoutchouc vulcanisé, de la bourre de coton et du liège (*kamptulicon* ou *camptulicon*). Nous donnons à ce dernier mot une autre composition de ce genre de tapis.

Caoutchouc durci. Syn.: *Ébonite*, ou *Vulcanite* lorsqu'il contient des matières colorées. Nous avons vu qu'une certaine quantité de soufre combiné avec le caoutchouc par l'application de la chaleur, lui donnait certaines qualités particulières et qu'il prenait alors le nom de *caoutchouc vulcanisé*; qu'il était sous cet état toujours souple, qu'il obéissait aux différents allongements et compressions avec une grande facilité, et qu'aussitôt abandonné à lui-même, il reprenait sa forme première.

Goodyear découvrit qu'en mélangeant au caoutchouc une quantité de soufre triple de celle employée pour la vulcanisation ordinaire, et en maintenant le mélange à une température plus élevée et pendant un espace de temps beaucoup plus long, on obtenait un produit dur, se coupant comme de la baleine ou de la corne, d'un beau noir et susceptible du plus beau poli.

FABRICATION. On emploie généralement la gomme de Java dans la fabrication du caoutchouc durci; elle est d'abord d'un prix moins élevé que celle du Para, et de plus, le produit est plus liant et moins fragile que celui obtenu avec ce dernier. Tout ce que nous avons dit pour le nettoyage de la gomme, son séchage et sa trituration soit dans le loup ou diable, soit dans les mélangeurs est le même. La première façon donnée aux divers objets avant la vulcanisation est généralement aussi la même, et cela se conçoit puisque la feuille laminée et qui contient la quantité de soufre pour arriver plus tard à le rendre dur par la vulcanisation, se travaille et se soude exactement de la même manière.

La fabrication la plus importante, et qui a été pendant longtemps la seule véritable, était celle de feuilles propres à la confection des peignes; on en a fait des quantités énormes, mais la concurrence a provoqué une mauvaise fabrication de plaques contenant à peine 25 0/0 de caoutchouc *neuf*, et il en est résulté à des prix très bas des produits cassants et fragiles que la consommation a aujourd'hui délaissés.

Pour fabriquer ces plaques on prend la feuille laminée contenant son soufre et on la coupe de la grandeur de grandes feuilles de ferblanc bien brillant et bien uni; on a même employé dans ce but du verre triple ou des glaces minces. On frotte ces feuilles de ferblanc sur l'une de leurs surfaces avec un tampon imbibé de saindoux, de manière à les rendre légèrement graisseuses; on applique alors un carré de feuille sur ce ferblanc où elle adhère, et pour que le contact soit parfait et qu'il ne puisse pas rester des bulles d'air emprisonnées, on passe lentement sur la feuille un rouleau de fer bien poli, qui en même temps produit une adhérence complète.

On met alors toutes les feuilles de ferblanc avec leur caoutchouc, sur des étagères penchées à 45°, toutes ces étagères sont très rapprochées les unes des autres et sont montées sur un bâti en fer garni de roulettes, de façon à pouvoir pousser le tout sur deux rails qui garnissent le bas d'une grande chaudière à vulcaniser placée horizontalement. Au-dessus de chaque rangée d'étagères, on établit un petit toit en pente pour que l'eau de condensation qui se forme en gouttes nombreuses dans le haut de la chaudière, quand on introduit la vapeur pour la vulcanisation, ne viennent pas tomber sur les feuilles, ce qui en ôterait le brillant, en faisant des traînées opaques. On ferme alors le couvercle de la chaudière et on introduit lentement la vapeur.

On met deux à trois heures pour monter à trois atmosphères (135°) puis, on maintient cette température depuis sept jusqu'à dix heures; on lâche alors lentement la vapeur; après avoir ouvert la chaudière, on laisse refroidir les plaques, puis en pliant légèrement le ferblanc la feuille de caoutchouc durci se détache facilement.

Suivant que le caoutchouc est plus ou moins épais après le travail au cylindre, il faut chauffer plus ou moins longtemps, c'est ce qui explique cette marge de sept à dix heures que nous indiquons pour le temps du chauffage.

Ces feuilles sont livrées aux fabricants de peignes qui les façonnent et travaillent comme les plaques de bufle ou de corne employées dans le même but.

On fait une quantité considérable de baguettes, tubes et pièces diverses qui servent surtout aux appareils de physique et à la tabletterie. On tourne facilement cette matière, mais elle use très rapidement le tranchant de l'outil. On la polit facilement avec du suif et de la pierre ponce, puis du tripoli très fin. Quand elle est bien pure, sans mélange de substances étrangères, elle prend un fort beau poli; si elle est très mélangée, on passe en dernier lieu un très léger vernis à la gomme laque sur sa surface. On peut facilement donner à ces plaques, ou à tout autre objet, une forme différente de celle qu'elles avaient primitivement, en les chauffant au-dessus de 120°; à cette température qui est supérieure à celle du soufre en fusion, le caoutchouc devient assez mou pour plier et se prêter à presque toutes les formes que l'on désire lui donner, et qu'il conserve lorsqu'il est refroidi.

Cependant il n'aura jamais la fixité d'un objet moulé, qui, quelque chaleur qu'on puisse lui appliquer, conservera la forme qu'il avait après sa vulcanisation, tandis que les objets façonnés, par emboutissage après avoir été chauffé à 120°, auront tendance à reprendre leur forme première s'ils sont chauffés accidentellement; le contact de l'eau bouillante suffit pour les déformer.

Une des plus jolies applications du caoutchouc durci et sur laquelle on comptait beaucoup était celle de la fabrication des manches de couteaux; en effet, on obtenait non seulement des manches d'un noir d'ébène et d'un poli merveilleux, mais on pouvait, en mélangeant à la pâte des couleurs minérales en poudre non susceptibles de se sulfurer par le contact du soufre, obtenir les imitations les plus variées de marbres, d'agate, etc. Malheureusement un dégagement continuel d'hydrogène sulfuré que le caoutchouc durci produit plus encore que le caoutchouc ordinaire, venait noircir les cuivres et surtout l'argenterie, avec laquelle il se trouvait en contact; ce résultat auquel on n'avait pas songé en a fait rejeter l'emploi. Une application plus heureuse a été celle aux meules artificielles.

Caoutchouc durci obtenu à froid au trempé. Nous avons dit en décrivant les divers procédés de vulcanisation qu'en plongeant une feuille mince de caoutchouc pur dans un liquide formé par 100 parties de sulfure de carbone et une de protochlorure de soufre, il suffisait de l'y laisser deux minutes pour la vulcaniser: si on laisse cette feuille dans ce même bain douze heures, on en retire une feuille qui sera dure comme de la corne et qui sera du caoutchouc durci. Seulement une différence très grande existera entre ces deux produits. Le caoutchouc vulcanisé à la chaleur après y avoir préalablement mélangé 30 0/0 de soufre sortira de la chaudière complètement noir; tandis que celui qui sera devenu dur par l'immersion à froid dans le liquide vulcanisateur, aura gardé sa couleur ambrée et légèrement translucide.

Ce moyen d'obtenir du caoutchouc durci, n'a pas eu un emploi sérieux, vu qu'il n'est pas possible d'opérer sur des feuilles ou objets ayant plus d'un millimètre environ d'épaisseur. Le gonflement considérable du caoutchouc dans le liquide, ne lui permettait pas quand l'action du chlorure de soufre venait le durcir, de reprendre sa forme sans se plisser ou se fendiller.

Les feuilles minces qui, une fois polies, ont un aspect très agréable par leur nuance claire souvent légèrement marbrée, doivent être, après vulcanisation, mises à bouillir dans un bain alcalin, pour neutraliser les traces d'acide chlorhydrique qu'il conserverait sans cela assez longtemps.

EMPLOI DU VIEUX CAOUTCHOUC DURCI. L'on emploie aussi les déchets de caoutchouc durci pour mélanger avec le caoutchouc neuf, dans la fabrication du durci, mais presque tous les fabricants emploient le moyen suivant, qui donne des produits fragiles et cassants, ce qu'il est facile de prévoir.

On réduit généralement en poudre très fine, et presque impalpable, la sciure résultant du coupage des dents des peignes, qui a lieu au moyen de petites scies circulaires animées d'une très grande vitesse. On repasse cette sciure entre des meules horizontales de façon à la rendre presqu'impalpable, et on la mélange au caoutchouc en nature dans une proportion plus ou moins grande : cette poudre qui joue le rôle d'un corps inerte, et qui au moment de la vulcanisation n'a pas repris de propriété collante, ne peut avoir pour résultat que de rendre le nouveau produit mélangé très fragile et cassant. Voici un exemple qui donne un bien meilleur produit : on prend 100 parties de sciure ou râclures de déchets de durci et on les mélange avec 70 parties d'huile lourde de gaz, ou avec 50 parties d'essence de térébenthine, puis on chauffe ce mélange dans un vase clos (sans contact avec l'eau ou la vapeur) à une température d'environ 130°, pendant deux heures.

La masse devient alors bien homogène et forme une pâte qui peut même se laminer et est très apte à se mélanger intimement avec du caoutchouc neuf.

Le durci fait ainsi a des qualités bien supérieures à celles de celui fait avec la poudre sèche; il n'est pas fragile, possède du liant, et donne un fort bon produit, économique. — G.G.

Caoutchouc des huiles. On donne ce nom à une matière trouvée, en 1846, par M. Jonas, de Eilembourg, et que l'on obtient en faisant bouillir dans de l'eau acidulée par l'acide azotique, le résidu que laissent les huiles siccatives exposées à une haute température. Le produit est très élastique, soluble dans l'éther ; il s'obtient surtout avec les résidus d'huiles de noix ou de lin.

Il a été employé à rendre les étoffes imperméables.

Caoutchouc minéral. Syn. : *Elatérite, Bitume élastique.* Substance noirâtre, molle, élastique, légèrement translucide, poissant aux doigts, que l'on a trouvée dans une mine de plomb à Castleton, dans le Derbyshire, puis à Montrelais, en Chine, etc. Sa densité varie entre 0,90 et 1,23.

D'après Boussingault, elle fournit à la distillation :

Huile volatile analogue au naphte.	1.0
Pétrolène.	86.5
Bitume solide.	12.2
	99.7

On en connaît deux variétés appelées *Idrialine* et *Hircine.* Leur composition est variable :

	Henry fils.	Wœhler.	Dumas.
Carbone.	52.250	91.828	94.9
Hydrogène.	7.496	5.299	5.1
Azote	0.154	»	»
Oxygène.	40.100	2.873	»
	100.000	100.000	100.0

Ces sortes de carbures servent depuis quelque temps à préparer un corps appelé *vaseline* qui remplace les corps gras et ne tache pas. — J. C.

Bibliographie : Dictionnaire de chimie industrielle, BARESWIL et A. GIRARD, 3 vol. in-8° ; *Précis de chimie industrielle,* PAYEN, 2 vol. ; *Dictionnaire de chimie,* WURTZ ; *Exposition de 1855,* BALARD ; *Exposition de 1862,* BARRAL ; *Dictionnaire des arts et manufactures,* Ch. LABOULAYE, 3 vol. ; *Chimie industrielle,* WAGNER, 2 vol. ; *Comptes-Rendus de l'Académie des sciences; Journal de pharmacie ; Dictionnaire général des sciences,*

PRIVAT, DESCHANEL et FOCILLON, 2 vol. in-8° ; *Classification de 100 caoutchoucs et gutta-percha,* BERNARDIN, Gand, 1872 ; *Chimie industrielle,* KNAPP.

CAOUTCHOUTER. *T. techn.* Enduire de caoutchouc, préparer avec du caoutchouc.

CAPACITÉ (Mesures de). On désigne ainsi tout vase ou récipient, tels que le *litre* et le *stère,* destiné à servir d'unité pour la mesure des volumes.

Les mesures effectives pour les *liquides* se divisent en trois classes : 1° celles qui doivent être établies en cuivre, en tôle ou en fonte ; 2° celles qui ne peuvent être faites qu'en étain ou en ferblanc ; 3° celles qu'on établit spécialement en ferblanc.

Les mesures en cuivre, en tôle ou en fonte sont des vases cylindriques étamés, dont la profondeur égale le diamètre ; elles sont employées dans le commerce en gros, et sont au nombre de six, savoir : l'hectolitre, le double et le demi-hectolitre, le décalitre, le double et le demi-décalitre.

Les mesures en étain et en ferblanc de la deuxième classe sont des cylindres creux dont la profondeur est le double du diamètre, et qu'on emploie dans le commerce en détail. La série de ces mesures comprend : le litre, le double et le demi-litre, le décilitre, le double et le demi-décilitre, le centilitre et le double-centilitre.

Les mesures qui ne doivent être établies qu'en ferblanc, et qui sont exclusivement destinées à mesurer le lait et l'huile, ont la forme d'un cylindre dont la profondeur égale le diamètre. Elles sont au nombre de huit : le litre, le double et le demi-litre, le décilitre, le double et le demi-décilitre ; enfin, le centilitre et le double centilitre.

Les mesures effectives pour les *matières sèches* sont construites en bois de chêne, de hêtre ou de noyer, et quelquefois aussi en cuivre ou en tôle. Leur forme est cylindrique, et leur diamètre égal à leur profondeur. Ces mesures sont au nombre de douze, savoir : l'hectolitre, le double et le demi-hectolitre, le décalitre, le double et le demi-décalitre, le litre, le double et le demi-litre, le décilitre, le double et le demi-décilitre.

Tableau des mesures de capacités légales françaises (Loi du 18 germinal an III).

LIQUIDES		SOLIDES	
Noms systématiques	Valeurs	Noms systématiques	Valeurs
Kilolitre.	Mille litres, mètre cube.		
Hectolitre.	Cent litres.		
Décalitre.	Dix litres.	Décastère	Dix stères.
Litre.	Décimètre cube.	Stère.	Mètre cube.
Décilitre.	Dixième du litre.	Décistère.	Dixième du stère.
Centilitre.	Centième du litre		

Autrefois, on employait comme unités de mesures de capacité, la *toise,* le *pied,* le *pouce* et la *ligne* cubes. On se servait encore du *muid,* du *setier,* de la *mine,* du *minot,* du *boisseau,* de la *livre,* du *litron,* de la *pinte,* de la *chopine,* du *demi-setier,* du *poisson,* de la *roquille,* etc.

Les tableaux suivants donnent la relation des principales mesures françaises anciennes avec les mesures actuelles, basées sur le système métrique.

Anciennes mesures pour les matières sèches et demi-fluides.

La toise cube équivaut à	. . . .	7.4039 m. c.
Le pied cube —	. . . .	34,28 d. c.
Le pouce cube —	. . . .	20 c. c.
La ligne cube —	. . . .	11 m/m c.

Le muid, contenant 12 setiers, équivaut à.   1,872 litres.
Le setier, contenant 2 mines, 4 minots, 12 boisseaux, 240 livres, équivaut à......   156 —
La mine, contenant 2 minots, 6 boiss., 120 livres, équivaut à......................   78 —
Le minot, 3 boiss., 60 livres, équivaut à..   39 —
Le boisseau, contenant 20 livres, équivaut à   13 —
La livre.............................   0 l. 65
Le litron............................   0 l. 1285

Mesures usitées dans quelques provinces.

Dans le Soissonnais.	Le muid de blé vaut......	13 hectol.
	Le muid d'avoine vaut...	18 —
En Bretagne.	Le boisseau vaut........	30 litres
	La somme vaut.........	2 hectol.
Dans la Gironde.	Le boisseau vaut........	80,5 litres
	La mine vaut...........	78,5 —
	Le sac vaut...........	107,9 —
A Marseille.	La charge vaut.........	160 —
A Nantes.	Le tonneau vaut........	15 hectol.
	Le setier de 4 quarts vaut...........	48,52 à 88,71 l.
	La quarte de 12 coups, de 3 ou 8 prégnères, vaut..	12,13 à 22,17
	La charge, pour les huiles, vaut......	157,11 à 188,53
Dans l'Hérault.	Le quintal, pour les huiles, vaut.....	44,89
	La quarte, pour les huiles, vaut.....	8,98 à 18,80
	L'énime, pour les huiles, vaut.....	20,44
	La canne, pour les huiles, vaut.....	10,80 à 11,36
	La palme, pour les huiles, vaut.....	7,19

Mesures anciennes de Paris pour les liquides.

Le foudre, contenant 8 feuillettes, équivaut à........................... 1072   litres.

Le muid de vin, contenant 2 feuillettes ou 288 pintes, équivaut à...........   268,2144 litres.
La feuillette, contenant 144 pintes, équivaut à.......................   134,1072 —
La pinte, contenant 2 chopines ou setiers, 8 poissons ou 16 roquilles, équivaut à.....................   0,9313 —
La chopine équivaut à ....   0,4656 —
Le demi-setier   —   ....   0,2328 —
Le poisson   —   ....   0,1164 —
La roquille   —   ....   0,0582 —

La tonne (pour la vente en gros de l'huile de colza) équivaut à 91 kilogrammes.

Anciennes mesures françaises pour les liquides.

MESURES DE BOURGOGNE.

	Litres.
La queue, contenant 2 tonneaux, vaut........	456
Le tonneau, La pièce, Le muid, Le poinçon, } contenant 2 feuillettes, vaut	228
La feuillette, contenant 2 quarteaux, vaut.....	114
Le quarteau vaut.....................	57
La pinte de Dijon vaut...................	1,615

MESURES DE BORDEAUX.

	Litres.
Le tonneau, contenant 4 barriques, vaut......	912
La pièce d'eau-de-vie, contenant 50 veltes, vaut	376,438
La barrique, contenant 100 pots, vaut........	226,475
La barrique, contenant 30 veltes, vaut........	228
La velte vaut........................	7,529
Le pot de la Réole vaut.................	2,422
Le pot de Bordeaux vaut.................	2,265

Anciennes mesures françaises pour les alcools.

La pipe de La Rochelle vaut.............   533 litres.
La pipe de Cognac vaut............   600 à 650 —
La pipe Saint-Gilles vaut...............   761 —
La grande pipe vaut...................   900 —

Rapport des principales mesures de capacité étrangères avec les mesures françaises.

	MESURES POUR LES GRAINS.	litres.	MESURES POUR LES LIQUIDES.	litres.
Angleterre.	Peek (2 gallons)	9,09	Gallon impérial	4,55
	Bushel (8 gallons ou 4 peeks)	36,35	Quart (1/4 de gallon).............	1,14
	Quarter (8 bushels)	290,68	Pen (1/8 de gallon)...............	0,57
	Chaldron (4 quarters ou 32 buschels)..	1308,52	Rendlet (18 gallons)...............	81,77
	Bushel d'Irlande	35,24	Puncheon (pour les vins)	318,11
			Pipe butt (pièce de vin).........	477,16
			Firkin (8 gallons, pour la bière).....	36,34
			Anker (pour l'eau-de-vie).	45,43
Autriche.	Metzen	61,50	Maas (4 seitels)..................	1,42
	Muth (30 metzens)....	1845,00	Eimer pour le vin (41 maas).........	58,02
Bavière.	Metzen (2 viertels, 8 maasels)........	37,06	Maas...	1,07
	Scheffel (6 metzens)...............	222,36	Schenk-Eimer, pour le vin	64,14
	Muth (4 scheffels)................	889,44	Visir-Eimer, pour la bière.........	68,42
Brême.	Scheffel...........	74,10	Fuder, pour vin du Rhin, 6 ohms de 4 ankers ou de 45 stubchens	1739,34
	Last de 4 scheffels	296,40	Oxhoft (vin de Bordeaux, eau-de-vie).	212,59
			Tonne de bière.................	169,65
Brésil.	Moio (15 fangas, 60 alqueires)........	1306,20	Gentillas......................	0,66
	Fanga........................	87,04	Canada (4 gentillas).............	2,66
	Alqueire.......................	21,76	Pipo (180 canadas)...............	479,16
Danemarck.	Tonder (144 potts, 32 fjardingkaas, 8 ottingers, 8 skappus)	139,12	Poell (1/2 pott).................	0,48
	Last (22 tonders)................	3060,64	Kanne (2 potts).................	1,93
	Tonder, pour les farines..........	131,39	Anker........................	38,64
			Pipe (2 oxhovds, 3 tierçons).......	463,68
États Romains.	Rubbio (4 quartes, 12 stajas, 16 starellis)	294,46	Baril (32 boccalis de 4 fogliettes)	58,34
			Soma.........................	164,23
Hambourg.	Fass	54,96	Stubchen (2 cannes, 4 quartiers).......	3,62
	Winspell (20 fass)...............	1099,20	Ohm (4 ankers, 5 eimers)...........	144,92
	Scheffel (2 fass)................	109,92	Tonneau (4 oxhofts)...............	869,52

MESURES POUR LES GRAINS.		litres.
Portugal.	Alqueire de Lisbonne...............	13,84
	Mois (15 fangas)....................	830,45
Prusse.	Scheffel (16 metzens)........,......	54,95
	Tonne (4 scheffels).................	219,80
Russie.	Tchetwert (8 tchetveriks, 32 tchetver-kas, 64 garnets, 1920 tschasts).....	209,82
Suède.	Tonne (2 spanns)..................	146,56
	Kann.............................	2,62
Suisse.	Malter (100 ennires)...........	150,00
Turquie.	Quilot.............................	35,27

		litres.
Espagne.	Cantara ou arrobe ma-yor (32 cuartillos)...	16,13 litres.
	Moyo (16 cantaras)...	258,08 —
	Pene (27 cantaras)....	435,51 —
	Bota (30 cantaras)	483,90 —
	Carga de vin de Barce-lone (2 barillons, 4 malals)...........	120,56 —
	Tonne de Barcelone (2 pipes, 8 cargas)....	964,48 —
	Tomolo, mesure......	17,15 —
Deux Siciles.	Carro (36 tomolis), me-sure	1999,80 —
	Salma commune, me-sure	276,69 —
	Salma grosse, mesure.	344,33 —
	Tomolo de Naples	55,55 —
Egypte.	Ardeb du Caire	179 —
	Ardeb d'Alexandrie ..	271 —
	Ardeb de Rosette	244 —
Maroc.	Muld..............	14 —
Piémont.	Starello (8 imbutis)...	49,17 —

MESURES POUR LES LIQUIDES.		litres.
	Almuda (2 pots, 12 canadas)........	16,74
	Baril (18 almudas)..................	301,32
	Eimer (60 quarts)...................	68,70
	Fuder (6 ohms, 24 ankers)..........	824,40
	Vedro	12,29
	Crouchka...........................	1,23
	Botchka...........................	491,96
	Toder (2 pipers, 24 ankers)........	941,40
	Kann.............................	2,62
	Saume	150,00

* CAPACITÉ ÉLECTRIQUE, CAPACITÉ INDUCTIVE SPÉCIFIQUE. Ces deux notions ont une très grande importance dans la télégraphie souterraine et sous-marine; car le *rendement* d'un câble, ou le nombre de mots que l'on peut transmettre par minute à travers un câble, est inversement proportionnel à sa capacité électrique et celle-ci dépend elle-même de la capacité inductive spécifique de la matière isolante, ou diélectrique, dont le câble est formé.

Un câble constitue un condensateur dont les armatures ou armures sont deux cylindres concentriques : l'armature intérieure est le fil ou le toron de fils de cuivre, mis en communication avec la source d'électricité; l'armature extérieure est le revêtement protecteur, en matières textiles et fils de fer, qui se trouve en communication avec la terre par l'eau ou le terrain environnant.

Un condensateur se compose d'un conducteur isolé (armature intérieure) placé dans une enceinte conductrice (armature extérieure) qui l'enveloppe sans le toucher et qui est généralement reliée à la terre. La quantité d'électricité nécessaire pour faire acquérir au conducteur isolé l'unité de *potentiel* (V. ce mot) est ce que l'on appelle la *capacité électrique* du condensateur. Q étant la quantité d'électricité ou la charge de l'armature intérieure, V son potentiel, C la capacité, on a la relation $Q = CV$. Si l'armature extérieure, au lieu d'être reliée à la terre, est maintenue à un potentiel constant V', la relation devient $Q = C (V - V')$.

Les deux armatures étant reliées respective-

ment aux pôles d'une pile de force électro-motrice E, on a $Q = CE$.

La capacité C est, pour chaque condensateur, un coefficient constant qui dépend de la forme, de l'étendue et de la position relative des deux armatures. On la détermine en général par l'expérience, en mesurant le potentiel V qui correspond à une charge connue Q; mais on peut la déduire de la forme et des dimensions du condensateur, quand celui-ci a une forme géométrique telle que l'on puisse calculer la distribution électrique sur les armatures : c'est ce qui a lieu, quand sur chacune d'elles la densité électrique est uniforme.

Les condensateurs qui remplissent cette condition sont dits *absolus :* les condensateurs sphériques sont les seuls qui la remplissent complètement; pour les condensateurs cylindriques ou plans, on ne peut avoir qu'une approximation, parce qu'ils ne sont pas formés de surfaces fermées, et que les bords amènent des irrégularités dans la distribution électrique; l'approximation est très grande quand on considère des portions de surface assez éloignées des bords.

Les formules suivantes donnent les capacités des *condensateurs absolus à air en mesure électrostatique :*

Sphère isolée dans l'espace, de rayon r, $C = r$.

Sphères concentriques (R, r), $C = \dfrac{R\,r}{R - r}$.

Cylindres concentriques (âme d'un câble), longueur l, diamètres D et d,

$$C = \frac{l}{2\,\text{Log. Ne p.}\,\dfrac{D}{d}} = 0,217\,\frac{l}{\text{Log.}\,\dfrac{D}{d}}$$

Fil cylindrique (d) à la distance h d'un plan horizontal *(fil télégraphique suspendu)*,

$$C = 0,217\,\frac{l}{\text{Log.}\,\dfrac{4\,h}{d}}$$

Plans parallèles de surface S à la distance d, et cylindres concentriques dont la distance d est très petite par rapport aux rayons·*(bouteille de Leyde)*,

$$C = \frac{S}{4\,\pi\,d}.$$

Plan conducteur entre deux plans parallèles équidistants mis à la terre, $C = \dfrac{S}{2\,\pi\,d}$.

On obtient la capacité des *condensateurs à diélectrique quelconque* en multipliant par la *capacité inductive spécifique* K de ce diélectrique la capacité du condensateur à air de même forme géométrique et de mêmes dimensions. La capacité inductive spécifique d'une substance est, en effet, le rapport de la capacité d'un condensateur dont les armatures seraient séparées par cette substance à celle qu'il aurait si l'on remplaçait cette dernière par de l'air. On attribue, en général, à Faraday (1837), la découverte de cette propriété; mais la publication des recherches de Cavendish (1771-1781), faite en 1879 par M. Maxwell, a fait connaître que Cavendish avait déjà observé que la capacité électrique d'un condensateur varie avec la nature du diélectrique qui sépare les armatures et avait même effectué des déterminations très précises.

Le tableau suivant donne la capacité inductive spécifique K des substances les plus employées dans la construction des condensateurs, rapportée à celle de l'air prise pour unité.

Air atmosphérique............	1
Résine.............	1,77
Poix.............	1,80
Cire d'abeilles..............	1,86
Verre.............	1,90
Soufre.............	1,93
Gomme laque..............	1,95
Caoutchouc.............	2,8
Caoutchouc vulcanisé d'Hooper......	3,3
Gutta-percha de W. Smith........	3,4
Gutta-percha ordinaire..........	4,2
Mica.............	5
Paraffine.............	1,98

La capacité en mesure électrostatique d'un câble de l mètres de long, de diélectrique K et dont l'âme est définie par les diamètres d et D du conducteur et du diélectrique est donnée par la formule :

$$C = 0{,}217 \frac{K\,l}{\text{Log.}\ \dfrac{D}{d}}$$

L'unité de capacité dans la pratique est le microfarad, qui dérive des unités absolues électromagnétiques : on a la capacité en microfarads, en divisant le nombre fourni par la formule précédente par $\dfrac{v^2}{10^{13}}$, expression dans laquelle $v = 300 \times 10^6$.

La capacité par mille marin, de 1852 mètres, s'obtient en faisant $l = 1852$: la formule devient alors $F = \dfrac{K \times 0{,}0447}{\text{Log.}\ \dfrac{D}{d}} = \dfrac{A}{\text{Log.}\ \dfrac{D}{d}}$.

Pour les âmes en gutta-percha ordinaire, $A = 0{,}1877$; pour les âmes en gutta-percha de W. Smith, $A = 0{,}1516$; pour les âmes en caoutchouc de Hooper, $A = 0{,}1485$.

Pour mesurer les capacités on fait usage de condensateurs étalons. Les condensateurs étalons employés dans la pratique sont des condensateurs plans à diélectrique solide, composés en général de feuilles d'étain superposées et séparées par du mica ou du papier paraffiné; la capacité est donnée approximativement par la formule $C = \dfrac{KS}{2\pi\,d}$, S étant la surface totale des feuilles

d'étain reliées à la source, d l'épaisseur du diélectrique. La capacité des condensateurs à diélectrique solide n'est pas bien définie à cause des phénomènes de la charge résiduelle : elle augmente avec la durée de la communication avec la source, et quand on décharge ces condensateurs, ils gardent de la charge résiduelle. Mais ces condensateurs ont sur ceux à air l'avantage d'être plus faciles à construire et d'avoir une grande capacité sous un petit volume : dans les expériences comparatives, on a soin d'établir la communication avec la source pendant le même temps, une minute ou quinze secondes. Les condensateurs habituels ont une capacité de un microfarad, ou $\dfrac{1}{3}$ de microfarad. $\dfrac{1}{3}$ microfarad représente à peu près la capacité de un mille marin des câbles ordinaires.

On mesure la capacité d'un câble par comparaison avec celle d'un condensateur étalon, en chargeant successivement le condensateur et le câble avec la même pile, et les déchargeant à travers un galvanomètre. Les charges et, par suite, les capacités sont proportionnelles au sinus du demi-angle d'impulsion ou de la demi-élongation de l'aiguille. Avec des galvanomètres à miroir et ramenant les déviations dans les limites de l'échelle, on peut remplacer les sinus par les arcs, et on lit simplement l'élongation de l'aiguille dans les deux expériences. Le galvanomètre dont on se sert doit être un galvanomètre balistique, c'est-à-dire construit de telle sorte que l'air n'oppose pas de résistance sensible au mouvement de son aimant.

Les méthodes de comparaison des capacités sont très nombreuses. La loi de l'équilibre électrique donne un moyen simple de faire cette comparaison : on charge le condensateur inconnu x d'une quantité d'électricité q dont on mesure le potentiel v; on le met ensuite en communication avec un condensateur étalon de capacité connue C_1 et on mesure le potentiel commun v_1 après que la charge s'est divisée entre eux; on a alors $q = vx = v_1 (x + C_1)$, d'où

$$x = \frac{v_1}{v - v_1}.C_1\,.$$

La formule $Q = CE$ peut être mise sous la forme $Q = \dfrac{E}{\dfrac{1}{C}}$, et en posant $\dfrac{1}{C} = R_1$, on voit que la relation entre Q, E et R_1 est la même que celle que la loi de Ohm fournit entre l'intensité, la force électro-motrice et la résistance, $I = \dfrac{E}{R}$. Cette remarque permet d'appliquer à la mesure des capacités les procédés en usage pour la mesure des résistances; il suffit de remplacer les capacités par leurs inverses et on peut alors les traiter comme des résistances ordinaires. L'inverse de la capacité s'appelle la résistance inductive. Ainsi on comparera des capacités en établissant un pont de Wheatstone, dont les quatre branches, ou deux d'entre elles seulement, renfermeront des condensateurs au lieu de résistances, et on appliquera la relation que fournit cette méthode, en mettant les résistances inductives à la place des résistances ordinaires.

Si, *a*, *b*, *c*, *d*, etc., sont les capacités respectives de divers condensateurs, et qu'on mette toutes leurs armatures internes en communication avec la source électrique, et toutes leurs armatures externes à la terre (*charge en surface*), la capacité du système sera $C = a + b + c + d$.

Si l'armature interne du premier est reliée à la source, son armature externe à l'armature interne du deuxième, l'armature externe de celui-ci à l'armature interne du troisième, et ainsi de suite, l'armature externe du dernier étant à la terre (*charge en cascade*), on exprime que la résistance inductive totale est égale à la somme des résistances inductives partielles ou

$$\frac{1}{C} = \frac{1}{a} + \frac{1}{b} + \frac{1}{c} + \frac{1}{d}.$$

Outre son importance pratique dans la question des câbles, la détermination exacte de la capacité inductive spécifique a un grand intérêt théorique, au point de vue des relations de l'électricité et de la lumière. Une des principales conséquences de l'identité de l'éther qui transmet la lumière avec le milieu qui transmet l'induction électrique est l'identité de vitesse de la lumière et de l'induction électrique dans les diélectriques transparents.

Cette identité de vitesse a été vérifiée pour l'air; pour qu'elle le soit dans les autres diélectriques transparents, il faut que leur capacité inductive spécifique soit numériquement égale au carré de leur indice de réfraction, en prenant pour unités les valeurs dans le vide. De là les travaux nombreux dont la capacité inductive spécifique est l'objet depuis dix ans. Faraday croyait que tous les gaz, à toute température et à toute pression, avaient la même capacité spécifique que l'air : il a été reconnu qu'il n'en était pas ainsi et que chaque gaz, dans des circonstances déterminées de température et de pression, avait une capacité propre; on a vérifié qu'elle était sensiblement égale au carré de l'indice de réfraction dans les mêmes circonstances. Pour les solides et les liquides, l'accord a été moins satisfaisant, et les nombres donnés par les divers expérimentateurs diffèrent même assez souvent, à cause des difficultés introduites dans ce genre de recherches par les phénomènes de charge résiduelle que présentent les diélectriques autres que les gaz.
— J. R.

*CAPADE. *T. techn.* Quantité de matière employée pour faire un chapeau.

CAPARAÇON. Couverture de cheval.

— Dans l'ancienne chevalerie, c'était une sorte de housse que les seigneurs faisaient mettre pardessus l'armure du cheval de parade. On donnait aussi ce nom à l'armure même qui couvrait le corps du cheval.

CAPELINE. 1° Sorte de coiffe faite en étoffe chaude, quelquefois ouatée, à l'usage des femmes et des enfants et qui, retombant sur les épaules, garantit du froid la tête et le cou. || 2° *Art hérald.*

Genre de morion, de pot ou de casque ouvert ; on écrit aussi *capelline*. || 3° *Instr. de chir.* Bandage qui a quelque analogie de forme avec une capote ou un capuchon.

*CAPILLAIRE. *T. de fond.* Nom d'un caractère d'imprimerie très allongé et très étroit.

*CAPILLARITÉ. *T. de phys.* Se dit de l'ensemble des phénomènes capillaires ou de la cause qui les produit. Ce mot est derivé du latin *capillus*, cheveu, parce que c'est dans les tubes dont le diamètre intérieur est très étroit que le phénomène est le plus net et le plus facilement mesurable.

La capillarité est un résultat des attractions moléculaires qui s'exercent soit entre les particules d'un même corps solide ou liquide, soit entre les particules d'un solide et d'un liquide. Elle est liée à la forme que prend la surface terminale du liquide dans les interstices où il pénètre.

Si on plonge dans de l'eau un tube capillaire préalablement mouillé à l'intérieur, on voit le liquide s'y élever et s'y maintenir à une certaine hauteur au-dessus de son niveau extérieur. En même temps la surface terminale de la mince colonne liquide devient concave en se relevant sur les bords, ainsi que le fait le même liquide sur la paroi extérieure du tube, sur la paroi intérieure du vase qui le contient, sur la surface de tout corps plongeant dans l'eau, pourvu que ce corps puisse être mouillé par l'eau. Si la nature du corps ou du liquide est telle que la surface de ce dernier reste plane au contact du corps, aucune ascension capillaire ne se produit dans les interstices de ce corps. Si, enfin, la surface du liquide, au lieu de se relever à l'approche du corps, se déprime et devient convexe, comme il arrive pour le mercure au contact du verre, pour l'eau elle-même au contact des corps gras, le niveau du liquide dans les interstices capillaires est notablement au-dessous de son niveau extérieur : la capillarité est renversée.

Les lois de la capillarité dans leurs rapports avec la courbure de la surface terminale du liquide restent les mêmes, que la capillarité soit ascendante ou descendante ; mais la forme de la surface terminale est plus fixe dans l'un des cas que dans l'autre. Nous les examinerons donc séparément.

Capillarité ascendante. Quand un liquide a mouillé les parois intérieures d'un tube capillaire, la hauteur à laquelle il s'y élève est soumise aux lois suivantes :

1° Cette hauteur est indépendante de la nature de la substance mouillée ; elle ne dépend que de la nature et de l'état thermométrique du liquide, et aussi de la forme et des dimensions de la surface de la portion du liquide soulevée dans l'interstice capillaire. En réalité, la substance du tube disparaît sous la mince couche de liquide qui la recouvre et dont l'épaisseur, quoique très faible, est encore supérieure à la distance à laquelle les attractions moléculaires sont encore sensibles ;

2° Cette hauteur est indépendante également de la forme de l'interstice au-dessous du point occupé par la surface terminale de la portion soulevée du liquide : elle ne dépend que de la forme et des dimensions de cette surface terminale. Le poids de la masse liquide ainsi soulevée par une même force capillaire peut donc varier dans des proportions considérables, ainsi que le montre la figure 162 ;

3° La hauteur de la colonne liquide soulevée ne présente aucun rapport simple avec la densité de ce liquide quand la nature de ce dernier vient à changer ;

4° Pour un même liquide, il existe, au contraire, une relation directe entre la hauteur verticale de la colonne soulevée dans un interstice capillaire de forme quelconque, et le degré de courbure que sa surface terminale y a prise ;

5° Si en un point quelconque de la surface terminale du liquide, son point le plus bas par

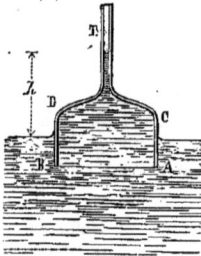

Fig. 162. — *Cloche de verre à tube capillaire.*
A B C D Cloche. — *T* Tube capillaire. — *h* Hauteur à laquelle le liquide s'élève dans le tube, elle resterait la même si le tube *T* descendait au-dessous du niveau extérieur du liquide.

exemple, on mène la normale à la surface, que par cette normale on mène deux plans rectangulaires, ces deux plans couperont la surface suivant deux courbes passant par le point. On peut, par la pensée, construire les deux cercles osculateurs des deux courbes en leur point commun et déterminer leurs rayons *r* et *r'*. La somme des inverses $\frac{1}{r} + \frac{1}{r'}$, mesure la courbure de la surface en ce point. La hauteur *h* dont le même point est élevé au-dessus du niveau extérieur du liquide dans sa partie plane est donnée par la formule,

$$h = A \left(\frac{1}{r} + \frac{1}{r'} \right),$$

dans laquelle A est un facteur lié à la nature du liquide et à sa température.

6° Si le phénomène capillaire se produit dans un interstice qui soit cylindrique au moins dans sa partie occupée par la surface terminale, celle-ci est régulière et symétrique par rapport à l'axe du tube et, dans l'axe même, supposé vertical, les deux rayons de courbure *r* et *r'* sont égaux. Dans ce cas, la formule précédente devient :

$$h = \frac{2A}{r}$$

Quand le diamètre *d* du tube est faible, inférieur à 3 millimètres, *r* est sensiblement proportionnel à *d*; dans ce cas, la hauteur *h* varie à très peu près en raison inverse de *d*, ou du diamètre du tube. Quand ce même diamètre dépasse 3 millimètres, l'écart de proportionnalité entre *r* et *d* s'accentue de plus en plus ; *r* croît plus vite que *d* et la hauteur *h* diminue plus rapidement que *d* n'augmente. Dans des tubes de 20 à 30 millimètres de diamètre la valeur de *h* est sensiblement nulle pour le point le plus bas de la surface intérieure qui est plane dans sa partie centrale ;

7° Quand le phénomène capillaire a lieu entre deux lames parallèles, l'un des deux rayons de courbure devient infiniment grand, la section correspondante étant une ligne horizontale. Dans ce cas, la formule devient :

$$h = \frac{A}{r}$$

D'ailleurs, *r* augmente sensiblement comme la distance *e* qui sépare les deux lames quand cette

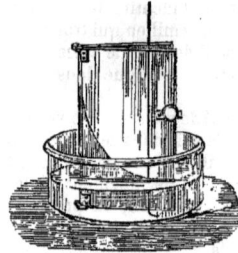

Fig. 163. — *Appareil à lames inclinées d'Hanksbee.*

distance est inférieure à 3 millimètres. Au delà, l'écart de proportionnalité s'accentue de plus en plus ; *r* croît plus rapidement que *e*. Les lois sont donc les mêmes entre les lames parallèles que dans les tubes cylindriques à base circulaire, sauf que pour *d = e*, la force capillaire entre les lames n'est que la moitié de ce qu'elle est dans le tube.

Si les deux lames au lieu d'être parallèles sont faiblement inclinées l'une sur l'autre et se rencontrent suivant une arête verticale (fig. 163), la surface interne du liquide soulevé s'élève du côté de l'arête suivant une hyperbole dont cette arête forme une asymptote ; mais du côté de l'ouverture de l'angle, la courbe change de nature et elle se confond sensiblement dans ses points bas avec la surface extérieure du liquide dès que l'écartement des lames atteint 10 à 15 millimètres.

8° Dans tous les cas, le poids du liquide total soulevé au-dessus de son niveau extérieur s'ajoute intégralement au poids du corps dans les interstices duquel le phénomène se produit ;

9° Généralement, une élévation de température du liquide amène un abaissement dans la hauteur de sa partie soulevée. Ce fait est très nettement accusé pour certains liquides et pour des températures variables avec leur nature. Pour plusieurs d'entr'eux, il existe une température à laquelle la surface terminale devient plane et toute capillarité disparaît. A une température plus élevée, la surface devient convexe et la capillarité devient descendante.

Dans la vérification expérimentale de ces lois, avec des tubes très fins, il convient d'avoir égard à la très mince couche de liquide qui mouille leurs parois; autrement la hauteur du liquide soulevé semblerait croître plus vite que l'indique la diminution du diamètre de ces tubes.

Capillarité descendànte. Elle est le cas normal des liquides qui ne mouillent pas les parois des corps qu'on y plonge. Le mercure et le verre en offrent l'exemple le mieux caractérisé. Dans ce cas, le liquide au lieu d'être soulevé se trouve déprimé dans les interstices capillaires, et la hauteur dont il est ainsi abaissé est soumise aux mêmes lois que la capillarité ascendante. Quelques divergences méritent cependant d'être signalées.

1° Dans un tube mouillé par l'eau, la très mince couche de liquide qui adhère aux parois se sub-

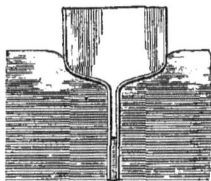

Fig. 164. — *Autre cloche de verre à tube capillaire pour démontrer l'action de la capillarité descendante.*

stitue aux parois elles-mêmes et la nature de ces dernières perd toute influence appréciable. Dans un tube qui n'est pas mouillé par le mercure, il reste entre le mercure et le tube une couche d'air d'épaisseur et de densité variables avec la nature du tube, et qui peut même disparaître dans le vide. La dépression du mercure dans la chambre barométrique est moindre qu'à l'air libre; elle est moindre dans un air très sec que dans un air humide; elle change aussi avec la nature des parois du tube ;

2° L'élévation de température a toujours pour effet d'accroître la capillarité descendante, sans jamais en changer le signe comme il arrive pour la capillarité ascendante (fig. 164).

Il convient d'ailleurs, ici comme plus haut, d'avoir égard à la très faible épaisseur de la couche qui, dans l'air, sépare le mercure du tube. Cette épaisseur cesse d'être négligeable dans des tubes très fins.

APPLICATIONS : La capillarité intervient dans un grand nombre de phénomènes naturels d'ordre physique ou physiologique.

Dans un corps poreux mouillé par un liquide, la pénétration du liquide par voie de capillarité est prompte, mais peu profonde en hauteur verticale quand les pores sont largement ouverts. La

force ascensionnelle du liquide est alors très réduite, mais la résistance au mouvement interstitiel est également faible, en sorte que le mouvement ascensionnel est relativement rapide jusque vers sa hauteur limite. A mesure que les pores deviennent plus fins ou plus étroits, le mouvement du liquide se ralentit ; mais avec le temps il peut acquérir une plus grande hauteur. Sa vitesse, d'ailleurs, dépend à la fois de la fluidité du liquide et de la force capillaire qui le sollicite.

La transmission latérale ou verticale de haut en bas, comme dans les alcarazas ou les filtres peut dépendre au début de la force capillaire ; elle dépend toujours de la fluidité du liquide et de la dimension des pores du solide.

La dessiccation d'un corps poreux et mouillé est soumise exactement aux mêmes lois que son imbibition, sauf qu'il faut, en plus, faire intervenir la vaporisation plus ou moins prompte du liquide quand il est réuni en masse au contact de l'air et en dehors des corps poreux.

Pour la capillarité descendante, les phénomènes sont d'un autre ordre. On peut renfermer du mercure dans un vase poreux sans qu'il s'en échappe. Il suffit pour cela que la pression du mercure à l'orifice de chaque pore soit moindre que la force capillaire correspondante à cet interstice. Imaginons que dans un tube capillaire de diamètre d, le mercure soit déprimé d'une hauteur h ; pour que le mercure s'engage dans le tube, il faudra que le mercure atteigne une hauteur au moins égale à h au-dessus de sa base. Si le tube est descendant, le mercure une fois engagé s'écoulera parce que la charge primitive ne diminuera pas sensiblement par en haut, tandis qu'elle augmentera par en bas de toute la colonne de mercure engagée dans le tube.

Le fond des baromètres à cuvette de Fortin est formé par une peau très poreuse pour l'air et pour l'eau qui la mouillent, mais qui paraît ne l'être plus pour le mercure qui ne la mouille pas. Le mercure y reste en effet retenu tant que sa hauteur libre au-dessus des pores ne dépasse pas une certaine limite ; mais une pression à la surface supérieure ou une aspiration à la surface inférieure, amènent bientôt l'écoulement du liquide. — V. BAROMÈTRE.

L'imperméabilisation des corps poreux peut-être obtenue de deux manières. Par l'obturation complète des pores au moyen d'enduits appropriés : elle est absolue comme l'obturation elle-même ; mais cette obturation existe pour l'air comme pour les liquides, et c'est un grave inconvénient en ce qui concerne les vêtements de l'homme ou des animaux. Par l'emploi d'enduits très minces jouissant de la propriété de n'être pas mouillés par l'eau, les pores ne sont plus supprimés et l'air peut encore les traverser ; mais l'eau s'y comporte comme le mercure sur les bois ou les peaux ; elle passe là où une compression se produit. A ce point de vue, l'obturation complète serait préférable à l'autre.

La capillarité joue un rôle appréciable dans l'ascension de la sève à l'intérieur des plantes ; mais la cause prépondérante réside dans les phénomènes d'endosmose dont la nature est tout autre. Nous n'en parlons donc ici que pour réserve.

Certains mouvements des corps légers sont dus à des influences capillaires que la figure 165 nous permettra d'expliquer.

a, a, sont deux sphères de liège mouillées par l'eau. Le niveau du liquide est plus élevé entre elles qu'en dehors d'elles ; la pression atmosphérique agit pleinement sur leurs parties émergées ; mais sur la zone, qui est mouillée à l'intérieur sans l'être à l'extérieur, la pression atmosphérique est diminuée du poids de la mince couche d'eau soulevée. La très faible inégalité de pression qui en résulte tend à rapprocher les deux sphères. Tous les objets légers flottant sur l'eau qui les

mouille tendent ainsi soit à se ranger sur les bords, soit à se réunir en groupes qui eux-mêmes finissent par un temps calme à se porter sur les bords d'objets fixes également mouillés par l'eau.

Les deux sphères *b, b,* sont également en liège, mais noircies au noir de fumée qui ne se mouille pas. L'eau est alors déprimée sur leur pourtour et à un niveau un peu plus bas entre elles qu'en dehors d'elles. L'effet de translation est le même ; elles tendent à se rapprocher l'une de l'autre, mais elles fuient les objets mouillés. C'est ainsi que les deux sphères *b, a,* dont l'une est mouillée et l'autre pas tendent à se repousser, ou du moins à s'écarter. Un objet léger nageant sur l'eau peut être facilement retenu par le doigt, si le doigt et

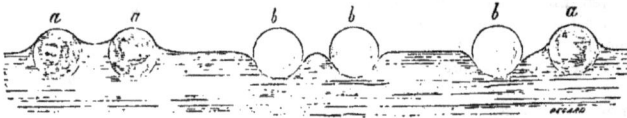

Fig. 165. — *Sphères flottantes.*

l'objet sont tous les deux mouillés ou non mouillés ; on ne peut au contraire le fixer si cet objet et le doigt sont l'un mouillé et l'autre non.

Les deux sphères *a, a,* plongent dans l'eau d'une quantité correspondant non seulement à leur poids, mais à ce poids augmenté du poids de l'eau que chacune d'elles soulève au-dessus de son niveau extérieur. Pour les sphères *b, b,* au contraire, le volume d'eau qu'elles déplacent comprend tout l'espace vide qui règne autour d'elles au-dessous du niveau extérieur. C'est ainsi qu'une aiguille d'acier enduite de matière grasse peut flotter à la surface de l'eau bien que l'acier soit plus dense que l'eau. Il suffit que le volume d'eau déprimée par l'aiguille ait un poids égal au poids de cette aiguille. On peut ainsi rencontrer des grains de sable ou de terre qui, soulevés doucement par des eaux montantes, sans en être mouillés, viennent nager à leur surface. C'est la même cause qui permet à certains insectes de marcher à la surface de l'eau. Leurs pattes sont recouvertes d'un mince enduit que l'eau ne mouille pas ; chacune d'elle creuse à la surface liquide une petite dépression et la somme des volumes de ces dépressions correspond à un poids d'eau égal au poids de l'insecte. — M. D.

Capillarité dynamique. Les lois et les phénomènes qui précèdent ont trait seulement à l'*état statique* des liquides ; mais la capillarité a été étudiée aussi au point de vue *dynamique*, en faisant intervenir un nouvel élément, la vitesse ascensionnelle des liquides dans les tubes et les espaces capillaires. M. Decharme, dans ses recherches sur la *capillarité dynamique*, a déterminé la vitesse d'ascension spontanée d'un grand nombre de liquides ; il a constaté que l'ordre de ces vitesses diffère de celui des hauteurs capillaires des mêmes

liquides. L'auteur a étendu ses recherches comparatives aux papiers spongieux et à différents corps présentant des espaces très étroits (*Annales de chim. et de phys.* de 1872 à 1874.)

Parmi les phénomènes de capillarité dynamique cités par M. Decharme, le plus intéressant est la production d'effets frigorifiques déterminés par la capillarité jointe à l'évaporation, effets qui ont lieu avec divers liquides très volatils, notamment avec le sulfure de carbone. Le liquide, en s'évaporant sur une bande de papier spongieux, amène promptement un dépôt de givre provenant de la condensation de la vapeur d'eau atmosphérique, et c'est sur ce dépôt neigeux, arborescent, très poreux et présentant une surface croissante, que s'effectue l'évaporation, laquelle amène en peu d'instants un abaissement de température pouvant aller jusqu'à — 22° dans les circonstances favorables. Ce qu'il y a d'assez remarquable, c'est que les arborescences se produisent, quoique moins abondantes, en plein soleil, ce qui s'explique par l'activité de l'évaporation. L'auteur a proposé l'emploi d'un *évaporomètre* basé sur ce phénomène.

APPLICATIONS DE LA CAPILLARITÉ. Une des applications directes de la capillarité est celle du *liquomètre* de MM. Musculus et Valson, instrument formé d'un simple tube capillaire, de 0^m,7 à 0^m,8 de longueur, qui donne immédiatement le degré alcoolique des vins, par la hauteur à laquelle le liquide s'élève dans le tube convenablement gradué. — V. LIQUOMÈTRE.

En général, les thermomètres à maxima ou à minima sont fondés sur la capillarité des tubes et sur la propriété des ménisques capillaires d'arrêter les index à leur contact.

Les hygromètres d'absorption (à cheveu, à boyau, à ivoire, à fanon de baleine, etc.), les hygromètres à évaporation fonctionnent en vertu d'effets dus à la capillarité. Il faut tenir compte des effets de cette force dans les observations des baromètres à mercure.

On fait des siphons capillaires s'amorçant seuls et restant amorcés hors des liquides, propriété qui a été utilisée quelquefois dans la détermination de la densité des corps solides et des liquides. On peut, grâce à la capillarité, réaliser facilement de petites lentilles liquides convexes, capables de servir de loupes, en déposant une goutte d'eau ou de sulfure de carbone sur une ouverture circulaire pratiquée dans une mince lame de métal. On peut même former de petits prismes liquides à l'aide de trois fils parallèles convenablement rapprochés et tendus. Un fil de verre, présenté à la flamme d'un chalumeau, produit en se fondant une petite boule de verre qui peut aussi servir de loupe. On sait que la fabrication du plomb de chasse est fondée sur la propriété que possèdent tous les liquides de prendre la forme sphérique. (V. PLOMB). Les compte-gouttes, petits instruments fort commodes et très usités en pharmacie, pour évaluer rapidement, par le nombre de gouttes, le poids des liquides employés, fonctionnent en vertu de la capillarité.

On a souvent recours aux effets de cette force dans la séparation et l'analyse de divers produits industriels, matières colorantes, sucrées, etc. (V. DIALYSE, OSMOSE).

L'usage des *alcarazas*, des *filtres* (V. ces mots) en pierres, éponge, feutre, charbon, sable, etc. ; l'emploi des capsules de liège enfumé ou y faire congeler les liquides qui ne les mouillent pas, sont fondés sur les effets de la capillarité. On fait encore une application de cette force lorsqu'on produit la pénétration de la stéarine dans les statuettes en plâtre, ou celle de la cire dans les moules en plâtre destinés à recevoir des dépôts galvaniques.

L'industrie de l'infiltration des bois est fondée sur les propriétés que possèdent les liquides de s'introduire dans les canaux capillaires des grands végétaux, soit debout, par absorption spontanée, des liquides offerts, soit abattus, en opérant par pression artificielle aidée toujours de la capillarité.

C'est en utilisant l'affinité capillaire que les anciens employaient les résines et les bitumes pour la conservation des cadavres.

Aujourd'hui on met à profit cette force non seulement dans les procédés d'*embaumement* (V. ce mot) mais dans diverses opérations industrielles, comme la *silicatisation* (V. ce mot) des pierres, la pénétration du brai dans les matériaux de construction, bois et pierres. C'est avec le concours de la capillarité que se produisent les *colorations* et *décolorations* naturelles ou artificielles des minéraux et les modifications dans la dureté, la densité et les formes cristallines de ces substances. C'est en faisant intervenir cette même force, et en imitant les procédés de la nature, que M. Kuhlmann a réalisé la formation artificielle de la malachite, de la silice hydratée capable de rayer le verre. (V. pour

ces divers sujets les expériences de M. Kuhlmann : *Académie des sciences*, 1863.)

La fabrication du vinaigre qui n'est qu'une simple oxygénation de l'alcool, est basée sur les effets de la capillarité. L'emploi des copeaux, des cordes, etc., dans cette opération, est connu depuis longtemps, bien que le rôle des corps poreux n'ait été expliqué qu'après la découverte de la composition de l'air atmosphérique. Maintenant on emploie, dans cette fabrication, des substances éminemment poreuses et inaltérables, comme le noir de platine ; avec 20 ou 30 kilogrammes de cette poudre, on peut transformer journellement près de 300 kilogrammes de mauvais esprit de vin en vinaigre de première qualité. — V. VINAIGRE.

Les procédés très ingénieux de gravure en relief et en taille douce de M. Dulos sont basés sur l'observation des effets capillaires des liquides. Ces procédés permettent de convertir rapidement et à bon marché, en gravure typographique, l'œuvre du dessinateur. — V. GRAVURE.

A la suite des applications précédentes plus ou moins directes de la capillarité, on peut citer encore un grand nombre d'effets de cette force journellement observés : ainsi, la difficulté et même l'impossibilité d'introduire un liquide dans un vase dont le goulot est étroit ; la résistance que les poussières, cendres, poudre de lycopode opposent au passage de l'eau ; la lenteur de séchage du coton mouillé, de l'évaporation des liquides dans les tubes très fins ; l'élévation de l'eau par le moyen d'une corde sans fin mue avec vitesse ; la forme sphérique que tendent à prendre les liquides, notamment le mercure ; l'extension d'une goutte d'huile sur le linge ou le papier où elle fait tache, sur l'eau où elle forme des anneaux colorés ; la formation en trémies et le maintien des cristaux de sel marin à la surface de l'eau salée ; la possibilité de tenir le collodion photographique sur les bords d'une plaque de verre sans que le liquide s'écoule au dehors ; la pénétration de l'eau dans les pierres calcaires gélives, tous ces effets sont dus à la force capillaire.

Elle explique aussi pourquoi les plumes des oiseaux aquatiques ne sont pas mouillés par l'eau ; pourquoi les seaux en bois conservent le liquide dont ils sont remplis ; pourquoi la feuille d'or adhère fortement et sans plis sur la mince couche d'essence ou d'huile d'olives dont on a préalablement recouvert la surface à dorer.

Les phénomènes de capillarité qui se passent dans les couches superficielles et même profondes du sol, intéressent l'agriculteur, l'agronome, le chimiste, le naturaliste, le géologue et même l'antiquaire. L'absorption des gaz et des liquides par le sol arable, l'infiltration capillaire de l'eau, le drainage des terres et des maisons, sont autant de questions qui touchent à la capillarité.

La production des efflorescences sodiques et salpétrées, soit dans les habitations, soit dans les grandes plaines de l'Afrique et de l'Asie ou sur les lacs salés d'Egypte, s'expliquent par l'intervention des affinités capillaires. Ces forces vont jusqu'à produire des effets chimiques, des dissociations, des décompositions. Elles jouent le principal rôle dans la condensation des gaz par les corps poreux, dans l'occlusion de l'hydrogène par le palladium, l'acier et d'autres métaux.

On pourrait encore ajouter ici les effets physiologiques que produit la capillarité jointe à d'autres forces, mais ces effets trouveront leur place ailleurs. — V. Diffusion, Dialyse, Endosmose.

On voit, d'après ce qui précède, que la capillarité, cette force singulière et bien incomplètement expliquée, intervient d'une manière plus ou moins évidente et efficace dans un grand nombre de phénomènes physiques, chimiques et mécaniques. Mais il convient d'ajouter qu'elle y joue parfois un rôle si inattendu et tellement prépondérant que les lois générales les mieux établies, trouvées pour les conditions que l'on peut appeler ordinaires, peuvent être, par suite de l'intervention de la capillarité, profondément modifiées et même complètement renversées. En un mot, la capillarité est une force avec laquelle il faut souvent compter dans les sciences expérimentales et dans leurs applications, ainsi que dans les faits les plus usuels, si l'on ne veut pas s'exposer à des mécomptes, à des déceptions fréquentes. C'est ainsi que, contrairement aux lois de la pesanteur et de l'hydrostatique, le mercure, si mobile en grosses gouttes, perd cette propriété proverbiale et adhère aux corps lorsqu'il est en fins globules et ne glisse plus sur un plan incliné ou même vertical ; que les liquides s'élèvent dans les tubes capillaires au dessus de leur niveau ; que leurs surfaces libres ne sont plus horizontales près des parois des vases qui les renferment, ni de même niveau dans les vases communiquants ; que l'écoulement des gaz et des liquides est considérablement ralenti et peut même cesser complètement dans les tubes très fins ; que le principe d'Archimède relatif aux corps plongés ou flottants ne régit plus les phénomènes lorsque la capillarité intervient ; que les lois de la solidification sont profondément modifiées, quand le liquide est placé dans des espaces très étroits. C'est ainsi que l'eau peut être maintenue liquide, dans les tubes capillaires à des températures bien inférieures à 0°, par suite de l'attraction des parois qui empêche les mouvements des molécules. Ce fait explique comment les végétaux, et généralement les corps organisés, résistent à la gelée, grâce à la petitesse des vaisseaux dans lesquels leurs fluides sont renfermés. Les lois de l'ébullition, de la vaporisation, de la propagation de la chaleur et de l'électricité, du frottement, etc. et même la grande loi des combinaisons en proportions définies, se trouvent en défaut lorsque les phénomènes ont lieu sous l'influence de la capillarité. — D.

CAPITALE. 1° *T. de fortif.* Ligne droite idéale qui divise un bastion en deux parties égales, perpendiculairement à la gorge de l'ouvrage. — V. Bastion. || 2° *T. d'imp.* On nomme *lettres capitales* celles que la grammaire appelle *majuscules,* et que l'on met ordinairement au commencement d'un nom propre, d'une phrase, d'un alinéa, d'un chapitre.

* **CAPITEL.** *T. techn.* Extrait d'une lessive composée de cendres, d'eau et de chaux vive, qu'on emploie dans la fabrication du savon.

CAPITON. *T. techn.* Bourre de soie que fournissent les cocons, après qu'on a dévidé toute la bonne soie.

* **CAPITONNER.** *T. techn.* Garnir de capiton, et par extension, rembourrer avec une matière moelleuse un fauteuil, un canapé, etc.

* **CAPONNIÈRE.** (Etym. esp.) *Caponera. T. de fortif.* Dans l'ancienne *fortification bastionnée*, on nommait ainsi tout passage, masqué aux vues de l'ennemi par un parapet défensif en terre et permettant à l'assiégé de traverser à couvert les fossés du corps de place et des dehors.

Dans les fronts types de Vauban et de Cormontaigne, la double-caponnière est un chemin creux à double parapet défensif et à ciel ouvert, qui met en communication, à travers le fossé du corps de place, la poterne de la tenaille avec les escaliers et les rampes conduisant au réduit de demi-lune, aux places d'armes rentrantes et à la demi-lune.

Dans la *fortification polygonale* le mot caponnière a une toute autre acception. On désigne ainsi, non plus un passage, mais bien un véritable bastionnet défensif, casematé, défilé des vues de l'assiégeant et ayant pour but d'assurer le flanquement bas des fossés.

La double-caponnière ou caponnière centrale qui présente parfois deux étages de canons, est un ouvrage très considérable placé en saillie au milieu de chaque grande face et permettant de mitrailler dans les deux sens le fossé du corps de place. C'est sur cet ouvrage que repose le flanquement central qui caractérise le tracé polygonal.

Dans les forts détachés, on a donné aux caponnières, en Allemagne, en Belgique et en France, les formes et les dispositions les plus variées. En général, on se contente d'assurer le flanquement bas des fossés à l'aide de trois caponnières à un seul étage de feux. Au saillant de l'ouvrage, on dispose une caponnière-double casematée et armée de mitrailleuses de façon à flanquer les deux branches du grand fossé et les arrondissements de contrescarpe, les deux autres caponnières qui se nomment aussi *ailerons* sont placées aux angles d'épaule et forment sur chaque flanc de l'ouvrage une saillie qui permet d'assurer la surveillance et la défense des fossés latéraux.

Dans certains forts allemands, ces ailerons ont été remplacés par deux caponnières ménagées dans les arrondissements de la contrescarpe, sous le terre-plein du chemin couvert. — V. Fort, Fortification.

CAPOTE. 1° Sorte de vêtement d'étoffe grossière, très ample et très long, auquel est ordinairement attaché un capuchon, et qui fait partie de l'équipement du soldat. || Par extension, longue redingote. || 2° Dans la coiffure féminine, c'était autrefois un chapeau fait d'étoffe et à coulisse;

on donne aujourd'hui le même nom à un petit chapeau à brides et également fait d'étoffe || 3° Couverture en cuir d'un cabriolet ou de toute autre voiture. || 4° Tuyau en fonte, en tôle ou en terre cuite qui s'élève au-dessus de la maçonnerie d'une cheminée.

* **CAPSULAGE**. *T. de pharm.* Opération qui a pour but d'enrober certains médicaments difficiles à administrer, avec des substances qui en dissimulent l'odeur et la saveur.

De tout temps on a connu là forme pilulaire et l'emploi de préparations pharmaceutiques propres à combattre la répugnance des malades, mais ce n'est que depuis un demi-siècle que la pharmacie, en élargissant son champ d'opérations, a dû demander à l'industrie des moyens plus puissants d'action. C'est ainsi que la préparation des capsules pharmaceutiques, qui se pratiquait autrefois à la main, se fait aujourd'hui mécaniquement et qu'elle donne lieu aux manipulations que nous allons décrire. Nous les désignons

Fig. 166. — *Applicage des pâtes.*

A Bain-marie. — *B* Escabeau. — *C* Couteau rigide servant à régulariser la pâte et ses divers mouvements. — *D* Table d'applicage et ses rails. — *K* Plaques glissant sur les rails. — *F* Plaques chargées de pâtes. — *G* Châssis ou cadres servant à porter les plaques une fois appliquées. — *H* Boîtes servant à porter les plaques avant l'applicage

sous le nom de *capsulage*, bien que l'on se serve aussi, mais à tort, du mot *capsulation*.

Le premier essai de capsulage, approuvé par l'Académie de médecine, est dû à Mothes; son procédé, assez simple d'ailleurs, consistait à former de petites ampoules olivaires en gélatine,

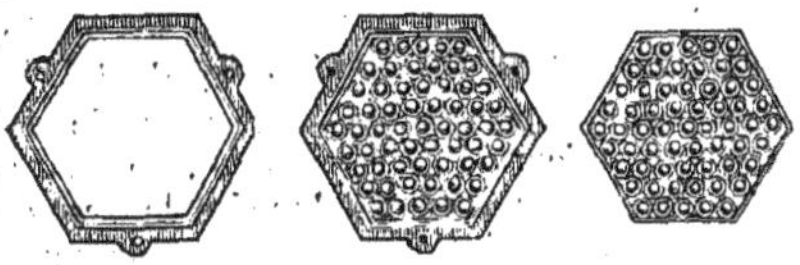

Fig. 167 et 169. — *Capsulier.*

à les remplir successivement de médicaments, et à en boucher l'orifice par une sorte d'opercule adhérente au corps même de l'ampoule. Ce produit a pris le nom de *capsules Mothes.* Raquin imagina une sorte de dragéification à l'aide de la poudre de gluten, les capsules de Mathey-Caylus marquèrent un progrès, et Thévenot se signala par un procédé qui nécessite un outillage et diverses opérations que nous allons étudier.

FABRICATION. Dans le procédé Thévenot, les substances les plus variées, les éthers, les huiles fixes et essentielles, les produits pyrogénés, toutes les poudres, peuvent être facilement et promptement capsulées. Pour obtenir leur transformation en *capsules* de forme pilulaire, on procède d'abord par confectionner les plaquettes de pâtes destinées à servir d'enveloppe, puis on prépare les capsules.

Applicage des pâtes. Sur un double rail en fonte rabotée et polie, disposé sur un plan incliné à 40° environ jusqu'à la moitié de sa course, puis horizontal ensuite, un ouvrier fait glisser des plaques de tôle forte, oblongues, soigneusement planées et étamées; une règle biseautée est fixée en travers des rails de la partie horizontale, elle a pour fonction d'obéir avec une grande justesse à des mouvements d'abaissement ou d'élévation au moyen d'un système de vis et d'engrenages; de cette règle à leur extrémité les rails ne présentent plus de saillies latérales, mais des saillies intérieures qui permettent à l'ouvrier d'enlever rapidement les plaques chargées de pâtes et de les déposer les unes sur les autres sur des cadres en bois. Notre figure 166 représente l'ensemble de cet appareil. Pour distribuer convenablement la pâte liquéfiée sur les plaques de métal prêtes à les recevoir, on fond d'abord au bain-marie une pâte composée de gomme, sucre, gélatine blanche, miel, glycérine et eau ; quatre ouvriers ont chacun une fonction spéciale, l'un prend les plaques, un autre règle l'écoulement de la pâte, accélère ou ralentit la course des plaques, un troisième reçoit les plaques chargées et les dispose sur les cadres qu'un quatrième porte aux étuves.

Confection des capsules. Un capsulier (fig. 167 et 169) et une presse servent à cette confection : ce capsulier est composé : d'une première platine hexagonale en acier de 16 millimètres d'épais-

seur et de 0,08 1/2 de rayon aux sommets de ses angles, d'un cadre de même forme s'adaptant à la platine par des oreillettes et des goujons ; et d'une seconde platine hexagonale de 20 millimètres d'épaisseur et de 0m,06 de rayon, entrant dans le cadre et formant un tout du même diamètre que la première platine. Ces pièces sont percées de soixante et un trous cylindriques, exactement espacés et représentant autant d'emporte-pièces à bords aplatis à 2 millimètres d'épaisseur. Les trous des capsuliers peuvent être ronds ou ovales. La presse (fig. 170) est à double cordon de vis ; le balancier est remplacé par une roue dentée à l'intérieur, et munie de poignées à la partie supé-

Fig. 170. — Presse.

rieure pour la mettre en mouvement, la lancer et la relever rapidement, un pignon d'embrayage est placé un peu en dessous ; en soulevant un levier, on provoque l'embrayage ou la retombée suivant les besoins, le mouvement de rotation est transmis à ce pignon par manivelles et roues d'angle. Le champ de la presse a peu d'étendue ; une platine hexagonale, destinée à porter avec précision le capsulier au point le plus actif de la pression, est ramenée ou poussée rapidement au moyen d'un glissement demi-circulaire.

Manipulations. Les produits employés sont, ou volatiles et très fluides comme les éthers, les essences, le pétrole, etc., ou plus ou moins visqueux comme les térébenthines, le goudron, l'huile de ricin, etc., ou enfin pulvérulents. Prenons, par exemple, les premiers qui exigent le plus de soins. Après avoir détaché la pâte du dessus des plaques sortant de l'étuve, on la divise en deux parties égales et on huile légèrement le centre de l'une d'elles, on mouille ses bords et on applique les deux

parties l'une sur l'autre ; on a de **cette** manière une sorte de sac soudé au pourtour et libre au centre, on écarte les deux lames l'une de l'autre et, par l'ouverture, on verse le produit à capsuler, on referme l'orifice après avoir préalablement chassé l'air et on porte ce sac sur la grande platine du capsulier ; on pose le cadre, on pousse sous la presse et au moyen d'un simple coup du balancier on soude intimement les bords du sac, on ajoute alors à l'intérieur du cadre la seconde platine, on abaisse de nouveau et lentement le plateau de la presse. Après la pression, les trois pièces du capsulier sont séparées et l'on a soixante et une capsules soudées et terminées. On leur donne alors les derniers apprêts, elles sont séchées, vernies en masse, mises en flacons ou en boîtes et livrées à la consommation.

I. CAPSULE. *T. de chim.* Vase en forme de calotte sphérique, servant aux évaporations et autres usages de laboratoire ; on en fait en verre, en cristal, en porcelaine, en terre réfractaire, en grès, en tôle, en cuivre, en platine, en argent, etc. || *T. de pharm.* Enveloppe soluble dont on entoure quelques médicaments pour les administrer plus facilement. — V. l'article précédent. || *T. techn.* Enveloppe de plomb et d'étain qui sert au bouchage de certains produits. — V. Capsule métallique. || *T. d'arm.* Alvéole en cuivre, chargée de poudre fulminante et servant à communiquer le feu aux armes à percussion. — V. l'article suivant.

II. CAPSULE. Les capsules fulminantes, que l'on désigne plus ordinairement de nos jours sous le nom d'*amorces*, sont de petits godets en cuivre, au fond desquels est placée une faible couche de poudre fulminante. Comme le langage ordinaire, nous conserverons le mot *capsule* pour désigner l'amorce employée avec les anciens fusils à piston, réservant plus spécialement le nom d'*amorce* à celles qui servent à amorcer les cartouches des fusils se chargeant par la culasse.

— Lors de la découverte des poudres fulminantes, divers modes d'amorçage furent successivement essayés (V. Amorce); c'est à l'armurier anglais, Joseph Eggs qu'on attribue l'invention des capsules en 1818; elles furent importées, dit-on, en France l'année suivante, par Deboubert, arquebusier à Paris. L'usage des capsules se répandit rapidement et la majeure partie des armes de chasse furent bientôt transformées par leur emploi en *fusils à percussion;* ou comme l'on dit plus généralement, *à piston.* La transformation des armes de guerre ne fut décidée que beaucoup plus tard, en 1840 seulement, après de nombreux essais et tâtonnements.

Nous étudierons séparément les capsules ou amorces de guerre, et les capsules ou amorces de chasse.

Capsule de guerre. La capsule adoptée pour le service de l'armée, en 1840, différait complètement des capsules de chasse alors en usage. C'était une grosse capsule à rebord (fig. 171 et 172) facile à saisir et à mettre en place sur la cheminée avec de gros doigts maladroits, même la nuit ou par les plus grands froids. L'alvéole en cuivre rouge avait la forme d'un petit dé à coudre, avec un rebord ou chapeau rabattu à angle droit et destiné à permettre de la manier encore plus aisément; cinq fentes, ménagées sur le rebord et se prolongeant sur la partie cylindrique étaient destinées à prévenir les éclats, en se prêtant à l'épanouissement du métal au moment de l'explosion. Chaque capsule contenait environ 4 centigrammes d'une poudre fulminante formée par le mélange de 2 parties de fulminate de mercure et de 1 de salpêtre; l'addition du salpêtre n'avait d'autre but que de rendre le fulminate moins vif. Pour préserver le mélange fulminant de l'humidité, on le recouvrait dans chaque capsule d'une goutte de vernis à la gomme laque. Les capsules chargées et vernies étaient mises en sacs de 10,000 pour être expédiées aux directions d'artillerie; dans ces établissements on les réunissait par 12 dans de petits sachets ou paquets en papier; dans chaque paquet de 10 cartouches était placé un de ces sachets. Avec les cartouches à

balles oblongues, le nombre des cartouches ayant été réduit à 6 par paquet, le sachet à capsule ne dut plus contenir que 8 capsules.

La capsule de guerre anglaise, au lieu d'avoir un rebord à 6 ailes comme la capsule française, n'avait que 4 ailes. Celle des Prussiens était un peu plus petite; celle des Hollandais n'avait que deux fentes; enfin la capsule américaine à 6 ailes comme la nôtre, était en forme de cône.

Fig. 171 et 172. — *Capsule de guerre, échelle 3/2.*

Amorces de guerre. L'amorce ou capsule pour cartouche modèle 1866 était, à part ses dimensions un peu plus faibles, semblable à l'ancienne capsule de guerre; comme elle, elle était fendue, et munie d'un rebord ou chapeau qui permettait de la fixer plus aisément contre le fond de la cartouche (V. Cartouche). La charge n'était que de 15 milligrammes d'une composition fulmi-

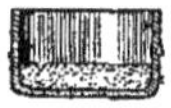

Fig. 173. — *Amorce pour cartouche, modèle 1874, 3/1.*

nante formée de 2 parties en poids de fulminate de mercure, 1 de salpêtre et 1 de sulfure d'antimoine, le sulfure d'antimoine étant destiné à augmenter la sensibilité du mélange. Ces capsules étaient comme les précédentes expédiées par sacs de 10,000.

Les amorces, dont on fait usage actuellement pour la cartouche métallique des armes modèle 1874 ou celle des revolvers en service, sont de petites capsules sans rebord et sans fente (fig. 173). La charge de poudre fulminante est la même que pour la précédente; non seulement elle est recouverte d'un vernis à la gomme laque mais encore, depuis 1875, l'alvéole est vernie intérieurement avant le chargement de façon à protéger le fulminate contre l'action du cuivre. Ces amorces sont placées dans des boîtes en laiton contenant 900 amorces. Ces boîtes sont réunies par 300 dans des caisses en bois blanc, ce qui donne pour le contenu de la caisse 270,000 amorces.

Capsule de chasse. Celle-ci est beaucoup plus petite que la capsule de guerre; en général, elle n'est pas à chapeau. La poudre fulminante est actuellement composée comme celle dont on se sert pour les amorces de guerre : de fulminate de mercure, salpêtre et sulfure d'antimoine. Sauf dans les cas exceptionnels où les capsules sont destinées à des pays humides, on ne met pas de vernis. La maison Gévelot fabrique également des capsules dites *imperméables* dans lesquelles la poudre fulminante est recouverte d'un paillon d'étain. Ce qui différencie entre elles les diverses sortes de capsules, c'est le plus souvent leur forme extérieure, ainsi on en fabrique dont l'alvéole cylindrique est *unie* tandis que pour les autres elle est *cannelée* (fig. 174) ou bien *hexagonale*, ces deux dispositions ont uniquement pour but de permettre de saisir plus aisément la capsule avec les doigts ; les capsules cannelées sont celles dont l'usage est le plus **répandu** ; on en fabrique aussi qui sont *fendues* comme l'ancienne

Fig. 174. — *Capsule de chasse, cannelée, 2/1.*

capsule de guerre. La maison Gévelot avait pris, vers 1847, un brevet pour des capsules, dites à *collier*, dans lesquelles une sorte de petit anneau en laiton, entourant l'alvéole, devait empêcher toute projection d'éclat ; l'usage de ces capsules n'a jamais été bien répandu. On fabrique également des capsules de chasse à chapeau, dites à *pavillon*. Citons encore les capsules à *bombe*, qui ne diffèrent des capsules ordinaires qu'en ce que la poudre fulminante, au lieu d'être placée à plat au fond de l'alvéole, forme une sorte de petite calotte sphérique, disposition qui d'après le brevet pris en 1835, par M. Gévelot, devait mieux assurer l'inflammation du fulminate et la projection de la flamme par le canal de la cheminée.

Bien que de nos jours, l'usage des fusils de chasse à chargement par la culasse se répande de plus en plus, on fabrique encore surtout pour l'exportation une grande quantité de capsules de chasse.

Amorces pour cartouches de chasse. Les amorces pour cartouches des fusils se chargeant par la culasse sont semblables aux capsules unies ; toutefois, les amorces pour cartouches à broches ont, en général, des dimensions un peu plus faibles et une forme un peu plus allongée (fig. 175 et 176). — V. CARTOUCHE.

FABRICATION. La fabrication des capsules ou amorces de guerre ou de chasse est identique ; dans tous les établissements les procédés employés sont les mêmes, à peine pourrait-on signaler quelques différences de peu d'importance, soit dans l'installation des ateliers, soit dans l'outillage ; cette fabrication a atteint aujourd'hui son maximum de perfectionnement comme rapidité, économie et sécurité.

Les feuilles de cuivre rouge destinées à la fabrication des alvéoles doivent être d'excellente qualité, on les découpe en bandes, qui sont ensuite passées au laminoir de façon à les amener au calibre voulu, c'est-à-dire à une épaisseur déterminée ; cette épaisseur varie suivant le genre d'amorces que l'on veut obtenir, elle est plus forte pour les capsules fendues que pour celles qui ne le sont pas. Ces premières opérations se font à l'usine même, ou bien encore les bandes de cuivre

.Fig. 175.

Fig. 176.

Amorce pour cartouches de chasse à broche, 2/1.

Amorce pour cartouches de chasse à percussion centrale, 2/1.

lui sont livrées de calibre. Après le laminage, les bandes de cuivre sont recuites au rouge vif, de manière à redonner au métal toute sa malléabilité, puis on les décape de façon à leur rendre leur belle couleur rose.

Les bandes ainsi préparées sont présentées à une machine spéciale qui en une seule passe à l'aide d'un poinçon et d'une matrice, découpe dans la bande la quantité de métal nécessaire pour faire chaque alvéole et l'emboutit de façon à lui donner sa forme définitive. Le dispositif de

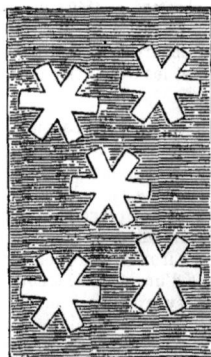

Fig. 177. — *Bande de cuivre.*

la machine peut varier, elle peut frapper horizontalement ou verticalement, mais le principe est toujours le même ; les machines verticales sont aujourd'hui les plus employées. Le plus généralement, chaque machine peut fabriquer à la fois, deux ou trois alvéoles, quelquefois plus, les poinçons sont disposés de façon à utiliser le mieux possible le métal et laisser le moins possible de déchets. Pour fabriquer des capsules fendues, à chapeau ou pavillon, le poinçon, au lieu de découper de simples disques, découpe une étoile (fig. 177), dont les branches se rapprochent dans la matrice de telle sorte qu'après l'emboutissage les fentes sont à peine visibles (fig. 178 et 179); pour les amorces cannelées, la matrice présente des cannelures qui se reproduisent en creux sur l'extérieur de l'alvéole. Tout à l'origine, pour fabriquer les alvéoles, il fallait au moins quatre ou cinq passes; le nombre en fut réduit à deux, en 1824, par Bouché, de Soissons, et enfin à une, en 1840, par le capitaine d'artillerie Tardy, qui avait alors été chargé d'installer la fabrication des amorces fulminantes à la capsulerie de Montreuil.

Avant l'étampage, une petite éponge imbibée d'huile passe sur la bande de cuivre, de telle sorte qu'au sortir de la machine les alvéoles sont grasses; elles ont, en outre, quelquefois de petites ébarbures qu'il faut faire disparaître; pour cela, on commence par les mettre avec de la sciure de bois dans un baril auquel on imprime un mouvement rapide de rotation. On achève ensuite de leur donner le poli qu'elles doivent avoir en les plaçant dans des sacs qu'on remplit à moitié, et que l'on agite ensuite avec une grande rapidité.

Les alvéoles terminées sont transportées dans les ateliers de chargement, pour qu'on y verse la

Fig. 178 et 179. — *Alvéole pour capsule à chapeau.*

poudre fulminante; nous ne parlerons pas ici ni de la fabrication du fulminate de mercure ni de la préparation de la poudre fulminante, bien qu'elles se fassent l'une et l'autre dans les capsuleries mêmes (V. FULMINATE DE MERCURE, POUDRE FULMINANTE). Nous dirons seulement que, généralement, la fabrication du fulminate de mercure ne marche pas d'une façon continue, et ne se fait guère qu'une fois par mois, de façon à assurer la consommation sans qu'il soit besoin d'avoir en magasin des approvisionnements trop considérables. Pour préparer la poudre, on commence par mélanger le fulminate et le salpêtre, on en forme une poudre en grains que l'on fait sécher.

Quant au mélange avec le sulfure d'antimoine, il ne se fait qu'au jour le jour, au fur et à mesure des besoins, de façon qu'il n'y ait jamais que fort peu de poudre en magasin, l'expérience ayant démontré que le mélange de fulminate et de sulfure était susceptible de prendre feu spontanément. De même que dans les poudreries, les ateliers dans lesquels s'effectuent ces différentes manipulations sont construits en matériaux légers et séparés les uns des autres par des levées de terre et des massifs d'arbre; toutes les précautions sont prises pour éviter les explosions ou en rendre les conséquences moins terribles. Le mélange une fois terminé, la poudre fulminante est versée dans des boîtes ou bouteilles en gutta-percha et transportée ainsi dans les ateliers de

chargement, où on a soin de la placer en dehors, du côté où il n'y a pas de circulation, dans une sorte de cage, formée par un bouclier en tôle épaisse, disposé de façon à protéger le mur lui-même en cas d'explosion.

Chaque atelier est partagé en deux compartiments par un autre bouclier : d'un côté sont placés les ouvriers, trois femmes et un ouvrier le plus généralement; l'autre côté, qui communique par

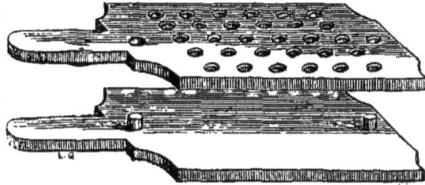

Fig. 180. — *Main de chargement.*

une porte ou une fenêtre, dont les carreaux sont en toile gommée, avec la cage dans laquelle est placée la bouteille, renferme la *trémie de chargement*; seul le chef d'atelier est chargé d'alimenter la trémie.

Une première ouvrière, qu'on appelle *remplisseuse*, charge les mains; ces *mains* (fig. 180) sont des plaques d'acier munies d'une poignée et formées de deux parties assemblées à goupille ou à charnière; la partie supérieure est percée d'un certain nombre de trous destinés à recevoir les alvéoles, la partie inférieure est pleine. La remplisseuse prenant les alvéoles à poignée les dépose sur la

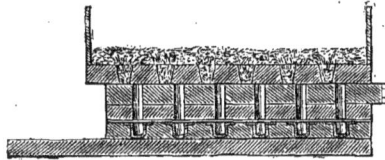

Fig. 181. — *Trémie de chargement.*

main et les fait entrer dans les trous en les promenant en tous sens avec les doigts; en général, par suite de la position de leur centre de gravité qui est plus rapproché du fond, toutes les alvéoles, même lorsqu'elles n'ont pas de rebords, se placent d'elles-mêmes l'ouverture en haut. Pour éviter que les alvéoles ne se placent à l'envers, on peut employer un *peigne*, plaque de la même forme que la main, mais portant au lieu de trous des petits tétons que l'on engage dans les trous de la main; on plonge alors la main ainsi garnie dans un amas d'alvéoles que l'on frotte contre elles à la main. La main une fois remplie passe à la trieuse qui en vérifie le chargement; à l'aide d'une pince elle enlève les alvéoles défectueuses, ouvre la main pour retourner celles qui pourraient se trouver le culot en haut, et la passe ensuite à la troisième ouvrière chargée de placer les mains sous la trémie de chargement. Pour cela celle-ci place une ou plusieurs mains sur un petit chariot, qui passant à travers une ouverture ménagée dans le bouclier, les amène exactement au-dessous de la trémie. La trémie (fig. 181) se compose d'une boîte rectangulaire en bronze, dont le fond est percé d'un nombre de trous correspondant à celui de une ou plusieurs mains ; un double fond porte exactement le même nombre de trous mais pas dans le prolongement des premiers. Entre les deux fonds peut coulisser une plaque, soit en bronze, soit en ivoire, également percée de trous qui, par suite du mouvement de va-et-vient ou de tiroir que l'on imprime à la plaque, peuvent être amenés alternativement en regard des trous du fond ou du double-fond. On peut ainsi, lorsque la trémie est remplie de poudre fulminante faire passer dans chaque alvéole une quantité déterminée et toujours la même de poudre fulminante. Le chargement au lieu de se faire à la trémie, peut également se faire à la main ; on prend alors la poudre avec une chargette en cuivre ayant une capacité déterminée, et on la verse dans un entonnoir en corne qu'on place successivement au-dessus des alvéoles ; ce procédé primitif ne peut être employé que dans de petits ateliers ; dans une fabrication en grand il serait à la fois beaucoup trop lent et trop dangereux.

Une fois les alvéoles chargées, la main est remise à l'ouvrier qui est chargé de comprimer la charge au fond de façon à l'y fixer. Il place sur la main une plaque de fer munie d'autant de petits poinçons que la main porte de capsules, en ayant soin de la disposer de façon que chaque poinçon soit engagé dans une des alvéoles et enfoncé jusqu'à la poudre. Le tout est alors soumis à l'action d'une presse ou d'un balancier ; primitivement on faisait passer la main ainsi disposée entre deux portions de cylindres excentriques auxquels on imprimait un mouvement de rotation à l'aide d'une manivelle ou d'un levier ; on s'en sert encore dans certains ateliers. Dans d'autres ateliers la tige de la presse à comprimer porte elle-même les poinçons, mais alors le socle doit présenter un logement pour la main de façon à lui assurer un emplacement invariable, et permettre aux poinçons dans leur mouvement de descente de s'engager exactement dans les trous correspondants de la main. L'opération de la compression sert en même temps à imprimer sur le fond de la capsule la marque de fabrique du fabricant, dans ce but la plaque pleine de chaque main porte des marques correspondantes aux trous de la plaque supérieure. Pour empêcher qu'un choc trop vif n'occasionne des accidents, la plaque qui porte les poinçons est garnie de cuir ou bien, si les poinçons sont portés directement par la machine entre le support sur lequel repose la main et le socle proprement dit, est interposée une plaque de caoutchouc ; en outre un masque en tôle préserve l'ouvrier. Il se produit fréquemment des détonations isolées, mais elles ne présentent aucun danger ; seulement les capsules voisines, noircies par l'explosion, sont mises de côté pour être vendues meilleur

marché. Une fois la charge comprimée, on dégage les poinçons, on ouvre les mains et on fait tomber les capsules sur un tamis à mailles de cuivre, en les faisant rouler sur une feuille de caoutchouc inclinée et percée de nombreux trous, afin de pouvoir rejeter les capsules dont la composition mal tassée s'échappe de l'alvéole.

Les capsules qui doivent être vernies sont ensuite portées à l'atelier de vernissage ; là on verse les capsules par poignées sur une planchette percée de trous et on agite la planchette pour faire pénétrer les capsules dans les trous ; on visite la planchette pour vérifier chaque capsule, enlever les capsules défectueuses, compléter le chargement de la plan-

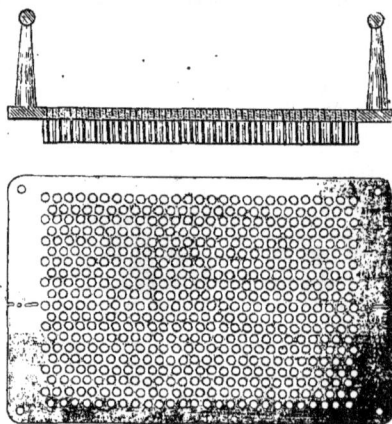

Fig. 182 et 183. — *Planchette et plaque porté-poinçon pour le vernissage.*

chette. Le vernissage se fait ensuite à la main avec une pipette ou mieux à l'aide d'une plaque portant autant de poinçons que la planchette porte de capsules (fig. 182 et 183) ; les poinçons ont été préalablement plongés dans le vernis de façon à n'en retenir qu'une goutte, quatre goujons portés par la planchette servent à guider la plaque porte-poinçons.

Les amorces non vernies sont également vérifiées ; pour cela on les met dans des mains, analogues aux mains de chargement, mais de dimensions plus petites, qui servent en même temps à les compter ; puis on les met en boîte.

Lorsque l'on veut s'assurer de la sensibilité des amorces on a généralement recours pour produire le choc, à l'emploi d'un petit mouton tombant d'une hauteur déterminée, autant que possible on a soin de se placer dans des conditions se rapprochant des conditions d'emploi des amorces que l'on veut éprouver.

DÉMOLITION. Toute amorce défectueuse ou avariée doit être démolie ; pour cela on doit prendre certaines précautions de façon à se mettre à l'abri des éclats, et se tenir au vent de façon à éviter de respirer les vapeurs et poussières vénéneuses qui se dégagent au moment de l'explosion. On ne met à la fois que 10 à 15 amorces dans une marmite en fonte dont le couvercle est percé de trous et sous laquelle on entretient du feu de façon à la porter au rouge; lorsqu'on n'entend plus de détonations, on brasse bien pour être sûr que toutes les amorces sont brûlées; puis on vide la marmite et recommence.

* **CAPSULERIE.** *T. d'armur. et de g.* La fabrication des capsules ou amorces de chasse est concentrée en France dans un petit nombre d'établissements, dont plusieurs ont pris une très grande extension surtout depuis qu'ils ont ajouté à cette fabrication celle des cartouches pour fusils de chasse ou pistolets et carabines de tir et de salon! Presque tous sont situés dans le département de la Seine et de Seine-et-Oise et alimentent de leurs produits non seulement la France mais encore l'étranger. Les principales maisons sont actuellement celles de M. Gévelot dont l'usine située aux Moulineaux, commune d'Issy, a été fondée vers 1828, de M. Gaupillat dont les usines ont été établies au Bas-Meudon et aux bruyères de Sèvres en 1834, enfin celle de M. Barthe dans la commune d'Ivry, qui est également une des plus anciennes.

L'état s'est toujours réservé la fabrication des capsules et amorces de guerre; c'est ainsi qu'en 1840, lors de l'adoption des armes à percussion le service des poudres et salpêtres fut chargé de créer une capsulerie à Montreuil, près Vincennes. En 1848, lors de la mise en service des étoupilles fulminantes, cet établissement fut également chargé de leur fabrication. En 1865 la capsulerie de guerre passa ainsi que les poudreries militaires au service de l'artillerie; en 1866, lors de la suppression de la raffinerie de salpêtre de Paris, on prit une partie des bâtiments qu'elle occupait près de la Bastille pour y installer une annexe de la capsulerie. A Paris, on ne dut fabriquer que les alvéoles, la fabrication du fulminate et le chargement continuèrent à se faire uniquement à Montreuil. Lors de l'investissement de Paris par les Allemands en 1870, l'établissement de Montreuil dut suspendre sa fabrication, en province on fut sur le point de manquer d'amorces pour la confection des cartouches Chassepot. On réussit cependant à organiser à l'école de pyrotechnie de Bourges, des ateliers pour la fabrication des amorces; on en établit également un peu plus tard à Toulouse, Bayonne, Bordeaux, Toulon et Angers. Après la guerre tous ces établissements provisoires disparurent; la capsulerie de Montreuil, en partie démolie, ne fut pas reconstruite, le ministre prononça sa suppression définitive. le 20 juin 1871, l'annexe de Paris fut également fermée; depuis lors la fabrication des amorces fulminantes a été confiée uniquement à l'école de pyrotechnie de Bourges.

De son côté, la marine fait fabriquer les amorces nécessaires pour son service à l'école de pyrotechnie de Toulon qui dépend de son département.

III. * **CAPSULE MÉTALLIQUE.** Enveloppe en étain ou plaqué d'étain qui sert au bouchage des bouteilles et flacons, à la confection des tubes pour couleurs à l'huile, etc. Cette fabrication, relativement récente, a pris depuis quelque temps une importance considérable, grâce à l'emploi de nouvelles machines automatiques à emboutir, au moyen desquelles on obtient une grande régularité de travail, un fonctionnement simple et facile et une main-d'œuvre insignifiante.

Voici comment on procède : le plomb et l'étain arrivés en saumons, sont d'abord soumis à la fonte et coulés en plaques au moyen de lingotières spéciales; les plaques d'étain passent alors dans une série de laminoirs et sont réduites à une très faible épaisseur. On place ensuite une des plaques de plomb entre deux minces lames d'étain, on lamine de nouveau et on obtient le *plaquage* qui va servir à la fabrication des capsules. Le plomb et l'étain font absolument corps et il est de toute impossibilité de distinguer les deux métaux.

Les bandes de métal sont ensuite enroulées sur un dévidoir que l'on fixe à la machine à emboutir, exactement comme les rouleaux de papier des presses typographiques. Le travail se fait automatiquement et la capsule plaquée-étain, arrivée au bout de la course du tiroir de la machine, tombe d'elle-même dans une caisse et entièrement terminée.

Les capsules passent ensuite dans l'atelier des coloristes où au moyen d'ingénieux petits tours mus par la vapeur, on leur applique les nuances les plus diverses, on arrive même avec certains vernis à imiter exactement la cire à cacheter. Comme dernière opération, les capsules passent à l'*estampage* où elles reçoivent les différentes marques de fabrique.

— La production annuelle atteint près de 400 millions de capsules de bouchage; dans ce chiffre, 80 millions environs sont exportés au Canada, en Australie, en Russie, en Allemagne, et dans les Amériques. Ce mode de bouchage est devenu indispensable pour les produits pharmaceutiques, les eaux minérales, la parfumerie, la tôlerie, les vins et eaux-de-vie, etc., etc. Cette industrie est donc en pleine prospérité et tend chaque jour à se développer.

* **CAPSULIER, ÈRE.** *T. de mét.* Celui, celle qui travaille à la confection des capsules de guerre et de chasse. || Moule à capsule. || Ouvrier, ouvrière qui fait le capsulage.

* **CAPTAGE.** *T. techn.* Opération qui consiste à capter les eaux d'une source.

CAPTER. *T. techn.* Recueillir, à l'aide de tranchées, les eaux d'une source.

CAPUCHON. *T. techn.* 1° Vêtement de tête qui se rabat sur le front ou se rejette en arrière à volonté. || 2° Garniture en tôle, de forme conique, que l'on met au-dessus des cheminées, pour empêcher le vent ou la pluie de s'y engouffrer. || 3° Disque de tôle placé à l'orifice supérieur d'une cheminée de fourneau, et disposé de manière à ralentir ou arrêter le tirage.

Dans les cheminées des locomotives ce disque est mobile autour d'un axe vertical ou horizontal, il peut être amené au-dessus de l'orifice de la cheminée, de manière à l'obturer plus ou moins complètement, quand on veut empêcher le dégagement de la fumée. Cette disposition, assez fréquente autrefois, surtout en France, est peu appliquée aujourd'hui, et on supprime souvent les capuchons depuis qu'on emploie des cendriers fermés qui permettent aussi d'arrêter le tirage.

Sur le *Métropolitain* de Londres, il est tout à fait nécessaire d'empêcher le dégagement de la fumée pendant la traversée des nombreux tunnels que présente cette ligne, et on obture alors la cheminée de certaines locomotives à l'aide d'un clapet analogue, seulement on le reporte généralement à l'orifice inférieur de celle-ci dans la boîte à fumée.

* **CAPUCHONNER.** *T. techn.* Action de fermer l'orifice d'une cheminée de locomotive ou autre, à l'aide du *capuchon.* — V. l'art. précédent.

* **CAPUCIN.** *T. d'impr.* Morceau de papier fort, découpé en pointe, que l'imprimeur colle sur la marge pour maintenir la feuille.

* **CAPUCINE.** 1° *T. de carross.* Demi-capote placée à l'avant d'une voiture couverte et destinée à garantir de la pluie celui qui la conduit. || 2° *T. d'armur.* Troisième des garnitures qui servait, dans les anciens fusils ou carabines de munitions, à relier le canon au fût. C'était une boucle ou anneau qui était placée en avant du tonnerre. Dans les fusils se chargeant par la culasse modèle 1866 et 1874, la capucine a été supprimée, on ne l'a conservée que pour les carabines de cavalerie des mêmes modèles. || 3° *T. d'arch.* Entablement qui couronne les bâtiments de peu d'importance.

* **CAPULET.** Sorte de coiffure de femme, en usage dans certaines contrées du midi.

CAQUAGE. *T. techn.* Façon que l'on donne aux harengs destinés à être salés. || Action de caquer la poudre et le salpêtre.

CAQUE. 1° Petit baril dans lequel on met les harengs, après les avoir apprêtés et salés. || 2° Tonneau de bois dans lequel on met le suif fondu destiné à la fabrication des chandelles. || 3° Chez les ciriers, fourneau sur lequel on fait fondre la cire. || 4° Baril pour la poudre ou le salpêtre.

* **CAQUÉ** (Augustin-Armand), graveur en médailles, né en 1793, à Saintes, suivit les cours de l'École de sculpture de Rochefort et vint à Paris, en 1815, pour y étudier la gravure en médailles. Sa carrière se résume à fort peu de chose au point de vue purement artistique car sa production a été surtout considérable au point de vue commercial.

CAQUER. *T. techn.* Préparer les harengs pour les mettre en caque, c'est-à-dire leur arracher les ouïes et les entrailles avant de les encaquer.

* **CAQUERET.** *T. techn.* Petit couteau à l'usage du caqueur.

CAQUEUR. *T. de mét.* Ouvrier qui fait le caquage des harengs, de la poudre ou du salpêtre.

* **CAR.** *T. de chem. de fer.* Vagon à voyageurs sur les chemins de fer de l'Amérique du Nord, et dont l'usage se répand en France. — V. Sleeping-Car.

CARABÉ. Variété d'ambre jaune.

* **CARABIN.** *T. techn.* Pièce d'un gant de peau qui forme la jonction des doigts d'un gant.

* **CARABINAGE.** *T. techn.* Opération qui consiste à carabiner une arme à feu, à en rayer intérieurement le canon par des rainures disposées en spirales très allongées.

CARABINE. *T. d'armur. et d'art milit.* Arme à feu portative rayée et en général plus courte que le fusil.

— Sous le nom de carabine, on désignait d'une façon générale aux xvi°, xvii° et xviii° siècles toutes les armes rayées, ou suivant l'expression alors consacrée, *carabinées;* ces armes, qui ont affecté successivement des formes analogues à celles de l'arquebuse, du mousquet et du fusil, étaient d'ordinaire plus courtes et plus lourdes; construites avec le plus grand soin elles étaient de véritables armes de précision. La balle, d'un calibre un peu supérieur à celui de l'arme, était enfoncée à l'aide d'une forte baguette, sur laquelle on tapait à coups de maillet de façon à l'obliger à prendre la rayure; en général elle était enveloppée d'un calepin, morceau de toile ou de peau graissé, destiné à lubrifier l'âme. Dans ces conditions le chargement était fort lent et peu pratique à la guerre, aussi ces armes n'étaient guère en usage, alors, que pour les concours de tir ou la chasse; peu répandues en France, elles étaient surtout en faveur en Allemagne; les Suisses et les Tyroliens, grands chasseurs de chamois, ont été des premiers à les employer.

- Le Musée d'artillerie, aux Invalides, possède une très belle collection de ces armes rayées qui commencent vers le premier tiers du xvi° siècle et vont jusqu'à la fin du xviii° siècle, en finissant par ces belles carabines allemandes de tir, à double détente, dites *arquebuses butières,* dont l'exécution ne laisse rien à désirer. Toutefois pour être à même de bien apprécier ces anciennes armes rayées, il faudrait connaître leur balle, leur charge, le mode de les charger, et la nature de la poudre employée, éléments qui nous manquent d'une manière absolue. La rayure la plus généralement employée, pour toutes ces anciennes armes, était la rayure dite à *tourelles.* Dans ce système, la section de l'âme est le plus souvent un polygone régulier, dont chaque sommet est occupé par un petit cercle de façon à avoir une rainure destinée à recevoir l'encrassement. Du reste, les dispositions des rayures variaient sans cesse, chaque arquebusier avait ses idées particulières à cet égard; quelques-uns imaginèrent de faire des rayures excessivement nombreuses et fines, c'est ainsi que les carabines à cheveux avaient 33 rayures; celles dites *merveilleuses* en avaient jusqu'à 133; mais ces armes excessivement coûteuses n'étaient pas meilleures que les autres, aussi n'en a-t-on fabriqué que fort peu.

Carabines de guerre. On s'est peu servi de ces armes à la guerre, toutefois à certaines époques on en a armé quelques corps spéciaux. D'après le *Catalogue du Musée d'artillerie,* en 1631, Wilhelm, landgrave de Hesse, avait plusieurs compagnies armées de carabines; en 1641, l'électeur Maximilien de Bavière forma des régiments de chasseurs auxquels il donna la carabine; en 1679, les compagnies d'élite de la cavalerie française reçurent chacune deux carabines rayées; pendant la guerre de sept ans, Frédéric I°r, avait un bataillon de chasseurs armés de carabines; les Suédois se servirent des armes rayées pour les sous-officiers de leurs dragons, en 1691 et 1750. Enfin, en France, on construisit, en 1793, la carabine, dite de *Versailles*, qui a servi pendant les guerres de la Révolution et une partie de celles de l'Empire à l'armement des officiers et sous-officiers des troupes légères ; à la même époque, une autre carabine du même modèle, mais plus courte. avait été également donnée à une partie de la cavalerie, mais fut presque aussitôt retirée du service.

Dans notre siècle, les travaux de M. Delvigne, entrepris en 1826, ainsi que les études qui en ont été la conséquence, ont fait faire un grand pas aux armes rayées comme armes de guerre. Grâce à lui, il n'a plus été nécessaire d'avoir recours à l'emploi d'un maillet pour enfoncer la balle et en assurer le forcement, et le chargement des armes carabinées a pu s'effectuer à balle libre avec la même facilité que dans le cas des armes lisses ; les *carabines à chambre* et la *carabine à tige* dont ont été successivement armés, en 1840 et 1846, les bataillons de chasseurs à pied, ont conduit à l'adoption du fusil rayé pour l'armement de toute l'infanterie. — V. Fusil DE GUERRE.

Les différentes carabines qui, à cette époque, ont été successivement mises en service : carabines à chambre modèle 1840 et 1842, carabines à tige modèle 1846 et 1853, carabine modèle 1859 tirant la balle expansive, se distinguaient du fusil de munition, lisse ou transformé en arme rayée, non seulement par les particularités relatives aux rayures ou à la chambre, mais encore par leur poids plus considérable, l'emploi de balles plus lourdes, la présence d'une hausse permettant d'utiliser toute la précision et la portée de l'arme et enfin l'adaptation au bout du canon d'un sabre-baïonnette.

Lors de l'adoption, en 1866, du fusil Chassepot pour l'armement de l'infanterie française, on enleva aux chasseurs leur carabine se chargeant par la bouche, et on leur donna, comme à l'infanterie, le fusil modèle 1866, qui comme justesse et portée était égal, sinon supérieur, à la carabine, et avait été pourvu comme elle d'une hausse et d'un sabre baïonnette. Depuis la mise en service des fusils se chargeant par la culasse dans les autres armées, on a en général donné la même arme à l'infanterie et aux corps spéciaux tels que chasseurs, tirailleurs, carabiniers, bersagliers, etc. Toutefois, en Allemagne, les chasseurs et tirailleurs (*schützen*) sont armés de la carabine modèle 1871, système Mauser, qui utilise les mêmes munitions que le fusil d'infanterie, modèle 1871, et ne diffère de celui-ci que par la diminution de la longueur du canon, et la plus grande perfection des appareils de visée ; en Belgique, les carabiniers ont la carabine modèle 1848-1868, système Terssen, un peu plus lourde que le fusil d'infanterie modèle 1853-67, Albini Braendlin ; en Suisse, les carabiniers ont la carabine à répétition, modèle 1871, système Vetterli, qui ne diffère également du fusil à répétition du même modèle dont sont armées les autres troupes d'infanterie, que par sa longueur un peu plus faible et l'addition d'une double détente.

Si, comme on le voit, la carabine différant de moins en moins du fusil d'infanterie tend de plus en plus à disparaître de l'armement des corps spéciaux d'infanterie, en revanche on a donné le nom de *carabine de cavalerie* à l'arme à feu portative dont sont actuellement armés, dans tous les pays, la majeure partie des régiments de cavalerie. La carabine de cavalerie à laquelle on avait primitivement donné en France le nom de *fusil de cavalerie* lors de la mise en service des armes modèle 1866, ne diffère que fort peu du fusil d'infanterie du même modèle ; plus légère et plus courte elle a une longueur beaucoup plus grande que celle de l'ancien mousqueton de cavalerie, et un peu plus faible que celle de l'ancien fusil de dragon. Le port de l'arme à la grenadière, indispensable pour le cavalier, a nécessité quelques modifications dans les garnitures, et quelquefois aussi dans certaines pièces du mécanisme de culasse. A l'article Fusil DE GUERRE, où se trouve résumé l'armement des armes des différentes puissances, on trouvera quelques données sur les divers modèles de carabines de cavalerie actuellement en service. En France, par l'addition, soit d'une baïonnette quadrangulaire, soit d'un sabre-baïonnette, on a transformé un certain nombre de carabines de cavalerie, en *carabines de gendarmerie*, destinées les premières à l'armement des gendarmes à cheval, la seconde à celui des gendarmes à pied.

Il existe encore un grand nombre de modèles de carabines qui ne sont en service dans aucune armée, mais n'en devraient pas moins être considérées comme de véritables armes de guerre ; les unes sont à chargement simple par la bouche ou la culasse, les autres à répétition. Quelques-unes de ces armes sont fort employées dans les concours de tir, aussi les classerons-nous comme carabines de tir.

Carabines de salon et de jardin. Sous ce nom on comprend les petites armes à feu légères se chargeant par la culasse, dont l'usage est très répandu aujourd'hui, soit pour le tir à balles dans les appartements ou les tirs qui circulent dans les fêtes foraines, soit pour le tir à plomb des petits oiseaux dans les jardins. Ces armes, des calibres de 6 ou 9$^{m/m}$ en général, sont caractérisées par l'emploi de la cartouche-amorce, genre Flobert, qui ne contient que de la poudre fulminante, dont la détonation fait peu de bruit (V. CARTOUCHE) ; leur portée est très faible et leur justesse assez médiocre, surtout avec le calibre de 6$^{m/m}$; pour le calibre de 9$^{m/m}$ la portée ne dépasse pas 25 à 30 mètres. Les premières armes de ce genre ont été inventées, vers 1845, par l'armurier Flobert, aussi les désigne-t-on communément, ainsi que toutes celles qui ont été imaginées depuis par des concurrents plus ou moins heureux, sous le nom générique de *carabines Flobert*.

La carabine Flobert ordinaire, du premier modèle, est dite à *griffes*, tout le monde la connaît pour l'avoir eue entre les mains. Extérieurement le canon est de forme octogone, le chien remplit, en se rabattant, les fonctions de culasse-mobile et ferme le tonnerre; sa tête porte une petite traverse en acier qui, écrasant le bourrelet de l'amorce, détermine la détonation du fulminate, et deux griffes qui, faisant ressort, saisissent le bourrelet et permettent, après le coup, d'extraire l'étui vide en armant le chien. C'est le système le plus simple que l'on puisse imaginer, seulement dans le cas où les munitions ne seraient pas de bonne qualité rien ne garantirait le tireur contre les crachements ou éclats de capsules ; de plus l'extracteur ne fonctionne pas toujours bien, les griffes s'émoussent, crèvent les capsules, occasionnent de fréquents ratés et ne ramènent pas toujours la douille vide.

Pour éviter ces inconvénients, plusieurs autres modèles du même genre, mais plus ou moins compliqués, ont été imaginés. Dans le système à *extracteur* ou *tirette*, le chien est plein sans griffe, ce qui rend les ratés moins fréquents ; la tranche du canon, au lieu de présenter une saillie au milieu, est complètement plate, on évite ainsi les refoulements, écrasements ou autres altérations de la tranche du tonnerre.

L'extraction de la douille s'obtient au moyen d'un extracteur à charnière, formant la moitié inférieure de la tranche du canon, que l'on manœuvre à la main à l'aide d'une tirette à tête quadrillée placée sur le côté droit de la culasse. Dans le système à *étrier* une sorte de bloc de culasse enveloppe le tonnerre de façon à rendre impossible tout crachement, il est relié au canon par un étrier avec charnière et se relève d'arrière en avant lorsqu'on veut ouvrir la culasse; son mouvement de bascule fait manœuvrer un extracteur analogue au précédent. Le choc du chien est transmis à la cartouche par l'intermédiaire d'une tige percutrice logée dans le bloc de culasse de l'étrier.

Le système *Remington-Flobert* n'est qu'une application aux carabines du genre Flobert du mécanisme de fermeture du fusil de guerre Remington. Entre le chien et la tranche du tonnerre est interposé un bloc de culasse pouvant se rabattre comme le chien d'avant en arrière ; son mouvement de bascule fait fonctionner un extracteur semblable à celui des systèmes précédents; le chien en se rabattant empêche le bloc de cu-

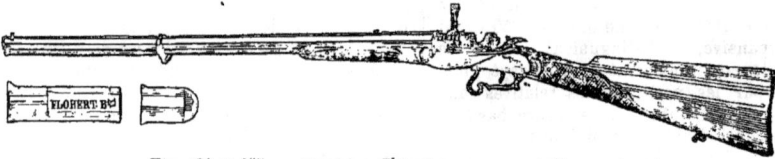

Fig. 184 et 185. — *Carabine Flobert à mouvement Chassepot.*

lasse de pouvoir s'ouvrir, le choc est transmis à la cartouche par un percuteur logé dans le bloc.

Dans ces deux derniers systèmes, le nombre des temps de la charge est de quatre : armer, ouvrir la culasse, charger, fermer la culasse, tandis qu'il est réduit à deux pour la carabine. Flobert du modèle primitif.

On fabrique également des carabines Flobert à bascule comme les fusils de chasse, une clef-volute placée sous la sous-garde en avant du pontet sert à la manœuvre; il faut avoir soin que le chien ne soit pas armé, lorsqu'on fait basculer le canon, parce que c'est le bec du chien qui retient la douille vide.

La maison Flobert, elle aussi, a établi dans ces dernières années un nouveau modèle de carabine, dite à *mouvement Chassepot* (fig. 184 et 185), qui se manœuvre comme l'ancien fusil Chassepot, et dans laquelle la cartouche se trouve enfermée dans la culasse-mobile de façon à éviter toute appréhension de crachements ou projection d'éclats.

Carabines de tir. Aujourd'hui que les sociétés de tir commencent à se développer en France, on s'intéresse de plus en plus aux armes de ce genre, dont l'usage est si répandu dans certains autres pays tels que la Belgique, la Suisse, l'Allemagne, l'Autriche et l'Angleterre. Les systèmes employés sont fort nombreux, nous n'avons pas la prétention de les citer tous, nous dirons seulement quelques mots de ceux que l'on rencontre

le plus fréquemment dans nos tirs ou, pour employer l'expression consacrée, dans les *stand* français. Malheureusement nous serons forcés de constater que la majeure partie de ces armes nous vient de l'étranger; la plupart des systèmes nouveaux sont de fabrication belge, anglaise et surtout américaine.

La carabine de tir est avant tout une arme de précision, tout a été sacrifié à cette condition primordiale; comparée aux armes de guerre proprement dite elle est, relativement à ses dimensions, beaucoup plus lourde, ce qui a pour but de mieux assurer la fixité de l'arme lorsqu'elle est en joue, et de diminuer le recul. Le canon à parois fort épaisses, de façon à l'alourdir, est foré et rayé avec le plus grand soin (V. FUSIL, § *Fabrication du canon*); c'est de cette opération principale que dépend avant tout la justesse de l'arme; un canon bien réussi n'a pas de prix, aussi lui donne-t-on généralement une monture de luxe, mais il ne faut pas oublier que c'est lui seul qui fait toute la valeur de l'arme. Le nombre, les dimensions des rayures ainsi que leur pas varient suivant les systèmes. Le choix du mécanisme de culasse n'a qu'une importance secondaire, aujourd'hui surtout que, grâce aux progrès réalisés depuis quelques années, la plupart des mécanismes en usage sont comparables comme simplicité et solidité, toutefois certains tireurs préfèrent, pour les carabines, le système à bloc au système à verrou (V. CULASSE). Mais en revanche l'appareil de détente doit être fort soigné et avoir une grande sensibilité de façon à rendre le décocher aussi doux que possible; pour arriver à ce résultat, sans rendre le mouvement de l'arme dangereux, on a recours le plus généralement à l'emploi d'une double détente (V. Détente). Les carabines de tir se distinguent encore des armes de guerre par l'emploi d'appareils de visée plus délicats et souvent plus compliqués. Les crans de visière, la forme des guidons varient à l'infini (V. Hausse); chaque tireur doit choisir celui qui lui convient le mieux, car tandis que les uns voient trouble dans tel appareil, les autres, au contraire, y voient très clair. Pour terminer ces considérations générales, nous rappellerons que toute arme, quelque parfaite qu'elle soit par elle-même, ne peut donner de bons résultats qu'à la condition que le chargement soit parfaitement fait et avec la plus grande régularité si l'arme se charge par la bouche, ou bien que les cartouches soient confectionnées avec le plus grand soin (V. Cartouche) si l'arme se charge par la culasse. Si nous supposons entre les mains du tireur, une arme excellente et des munitions parfaites pour qu'il puisse obtenir de bons résultats, il faut encore qu'il règle le tir de son arme; la graduation de la hausse ne peut lui donner qu'une première approximation, et lui fournir des points de repère; c'est à lui seul qu'il appartient de découvrir, par l'expérience, les distances exactes auxquelles elle se rapporte, selon la nature de ses munitions et selon sa manière de viser. Enfin, pour compléter ce qui est relatif aux armes de précision, nous rappellerons qu'une pareille arme ne reste telle qu'à la condition que le tireur en prenne le plus grand soin. Immédiatement après le tir, même n'aurait-on tiré qu'une seule cartouche, il faut nettoyer le canon au moyen d'une baguette garnie d'un calepin de toile graissée; on graisse ensuite légèrement l'intérieur du canon; pendant le tir, après 40 ou 50 coups, il est bon de nettoyer l'arme avec une brosse en crin pour éviter le plombage.

Pour le tir aux petites distances, on emploie beaucoup aujourd'hui des carabines genre Flobert, dites de *précision*, du calibre de 6ᵐ/ᵐ, dont le canon est rayé. Ces armes, dont le prix d'achat n'est pas trop élevé, donnent d'excellents résultats dans le tir à 12 mètres, et sont encore susceptibles de faire un bon service de 15 à 25 mètres; elles conviennent surtout pour les débutants. Pour leur tir on utilise, soit les amorces Flobert ordinaires à balle sphérique, soit de préférence, les amorces Bosquette à balle conique guillochée, qui sont, les unes et les autres, peu coûteuses (V. Cartouche); seulement les amorces Bosquette, quoique du calibre de 6 millimètres comme les autres, sont plus grosses et nécessitent un chambrage plus large, approprié à leur emploi.

En Amérique, on se sert dans un grand nombre de tirs publics, de carabines système Ballard, dite *Gallery Rifle*, du calibre 22 ou 6 millimètres (le calibre des armes anglaises et américaines est désigné en centièmes de pouces), qui utilise une petite cartouche métallique, Smith et Wesson n° 1, contenant une faible charge de poudre et avec laquelle on tire ordinairement à 50 mètres. Certaines carabines Flobert-Remington sont appropriées au tir de la même cartouche et peuvent servir pour le tir à la même distance.

Viennent ensuite les carabines, dites de *cadet*, du calibre de 9 à 10ᵐ/ᵐ, réglées pour le tir de précision de 50 à 150 mètres et même 200 mètres. Telles sont la petite carabine anglaise Martini du calibre 38 ou 9 millimètres, la petite carabine suisse Vetterli, dite *de cadet*; la petite carabine belge Comblain; la carabine américaine Ballard, du calibre 38 ou 9ᵐ/ᵐ. A part les dimensions, ces carabines sont semblables à celles de plus fort calibre dont nous allons parler maintenant.

La véritable carabine de tir ou de *précision* c'est la carabine dite de *stand* qui, avec hausse et guidon découvert, simple détente, sans poignée ou champignon d'appui, atteint à chaque coup, aux distances de 100 à 500 mètres, un visuel de 10 à 50 centimètres de diamètre.

On se sert encore dans un grand nombre de sociétés de tir de carabines à baguette (se chargeant par la bouche) établies, en général, d'après le modèle fédéral suisse ou d'après le modèle belge qui en diffère peu. Ces armes, fort lourdes, d'un maniement peu commode, ont été souvent pourvues d'appareils compliqués ayant pour objet de faciliter la mise en joue, de diriger ou rectifier le viser, d'opérer le chargement d'une manière uniforme et d'entretenir l'âme du canon dans un état de propreté parfaite; elles ne peuvent fournir un tir précis au delà de 200 mètres.

Une autre arme de modèle ancien, que l'on ne fabrique plus, c'est la carabine Ghaye fort répandue dans les sociétés de tir françaises. Elle se charge par la culasse, mais n'utilise pas de cartouche métallique; le canon à glissière se manœuvre à l'aide d'un levier placé en dessous, en avant du pontet; la balle oblongue, avec un léger évidement pour assurer son expansion, est mise directement en place dans la chambre à l'aide d'un poussoir, on verse la charge de poudre avec la poire à poudre; l'amorce est une capsule ordinaire que l'on place sur la cheminée. Cette carabine a eu autrefois une grande réputation, elle est d'une précision remarquable jusqu'à 300 mètres.

Les armes destinées à remplacer ces anciens modèles dans les tirs français, suisses et belges sont les carabines Martini, Vetterli et Comblain qui se chargent par la culasse, et utilisent des cartouches métalliques, soit à percussion périphérique, soit à percussion centrale; actuellement on donne la préférence aux armes à percussion centrale parce que leurs cartouches sont susceptibles d'être rechargées, ce qui pour un tireur, constitue une économie fort appréciable.

La carabine Martini, de construction analogue au fusil de guerre anglais, a le système de fermeture à bloc Martini et la rayure Henry (V. Culasse, Rayure); la carabine Vetterli est une arme à verrou ne différant que par les dimensions du fusil d'infanterie adopté en Italie, et par l'absence de magasin du fusil à répétition réglementaire dans l'armée suisse. La carabine Comblain, modèle de la garde civique belge, est une arme à bloc vertical contenant la platine mobile, c'est une de celles qui présentent la plus grande simplicité unie avec la plus grande solidité.

En France, on ne tire guère aux distances supérieures à 600 mètres; en Angleterre et en Amérique, au contraire, les stands aux longues distances sont les seuls fréquentés. Pour le tir aux distances de 500 à 1,000 mètres, on y emploie en plus des modèles réglementaires de fusils de guerre, des carabines à grandes portées, dites *match rifles*, dont l'usage est à peu près inconnu en France. Les unes se chargent par la bouche, telles sont les carabines Metford, Whitworth, Rigby, Kerr, etc.; les autres se chargent par la culasse, comme les carabines Swinburn-Ingram, Farquharson-Metford, Remington-Creedmoor, la carabine Ballard du calibre 44 ou 11 millimètres. La plupart de ces armes, d'un poids excessif, ne sont pas employées pour le tir debout et à bras franc; on les tire couché sur le ventre, le coude gauche posé sur le sol donnant un point d'appui solide, ou bien encore couché sur le dos, le canon reposant alors sur l'espèce de chevalet formé par les jambes croisées. La carabine Ballard, la plus communément employée aux Etats-Unis, concurremment avec les carabines à répétition dont nous allons dire quelques mots, est une arme à bloc de culasse vertical renfermant la platine comme dans le système Comblain.

On a fabriqué, depuis quelques années, un grand nombre d'armes à répétition et on a cherché à appliquer le système à répétition aussi bien aux carabines de tir qu'aux armes de guerre. Tels sont la carabine Vetterli, la carabine Winchester, la carabine Marlin, la carabine Lee, la carabine Evans, etc.

La carabine Winchester est actuellement celle qui est la plus répandue, c'est une arme à verrou que l'on manœuvre à l'aide d'un levier remplissant l'office de sous-garde, le magasin est logé dans le fût sous le canon. Le premier modèle qui date de 1866 était à percussion périphérique, la boîte de culasse était en bronze; dans les autres modèles, établis depuis, la boîte de culasse est en acier, la cartouche est à percussion centrale. Le modèle 1873, au calibre de 44 ou 10ᵐ/ᵐ,5 lance une balle de 13 grammes avec une charge de poudre de 3 grammes; le magasin peut contenir 14 cartouches. Le modèle 1876, au calibre 45 ou 11ᵐ/ᵐ,5 lance une balle de 25 grammes avec une charge de poudre de 5 grammes; le magasin ne peut contenir que douze cartouches; ce dernier modèle peut soutenir la comparaison avec les armes de guerre actuellement en service. Ce qui fait surtout la grande renommée des carabines Winchester, c'est le soin apporté à leur fabrication et surtout au triage des canons une fois rayés. « On essaie d'abord, au tir *mille* canons rayés, sur lesquels on choisit les *cent* meilleurs, c'est-à-dire ceux ayant fourni les meilleurs résultats. On tire de nouveau ces derniers, et les *dix* qui ont donné les plus belles cibles sont mis

à part. Parmi eux, après un nouvel essai, on réserve celui qui prime les neuf autres, et cet élu entre mille reçoit une monture de luxe, il devient une arme hors ligne. Les neuf autres, qui ne lui cèdent guère en mérite, sont aussi supérieurement achevés; quant au reste, on le termine au type usuel. » C'est avec un de ces canons du modèle 1873, choisi entre mille, que le fameux Dʳ Carver, se donnant en spectacle à Paris, aux Folies-Bergères, pendant l'hiver 1879-80, atteignait, à balle, des boules de verre que l'on jetait en l'air à quelques pas de lui à raison de vingt par minutes; ce résultat était dû au moins autant à la perfection de l'arme qu'à l'adresse du tireur.

Carabines de chasse. Les armes de ce genre sont employées surtout pour la chasse aux bêtes fauves, en Afrique, aux Indes, par exemple, et en Europe pour la chasse aux sangliers; elles sont à un ou deux coups. La plupart des carabines de chasse ne diffèrent des fusils de chasse que

Fig. 186. — *Balle-express.*

par l'emploi de canons rayés et plus étoffés, de façon à pouvoir supporter au besoin, sans danger, le tir à balle explosive. — V. BALLE.

En Angleterre on a établi, dans ces dernières années, un nouveau modèle de carabine de chasse, dit *express-rifle*, qui est caractérisé par l'emploi, avec une cartouche à étui métallique très allongé, d'une balle spéciale, dite *balle-express* (fig. 186). Cette balle de forme oblongue porte en son centre un évidement destiné à l'alléger d'une part et d'autre part à en rendre les effets beaucoup plus meurtriers et comparables à ceux d'une balle explosive, par suite de l'épanouissement qu'elle subit au moment de la pénétration. Afin de ne pas accroître la résistance de l'air, l'évidement est fermé à l'avant par une capsule en cuivre ou bien rempli avec une broche en bois. Avec cette balle, fort légère relativement à son calibre, on emploie une très forte charge de poudre, de façon à obtenir une très grande vitesse initiale et par suite une très grande tension de trajectoire, ce qui permet même aux longues distances de pouvoir tirer un gibier fuyant rapidement et le viser à la tête, pour être sûr de le frapper en plein corps, tandis qu'avec une carabine ordinaire on doit toujours viser un peu en avant, ce qui enlève au tir une partie de sa précision.

L'express-rifle, modèle anglais, ressemble extérieurement à un fusil de chasse ordinaire, mais il est plus lourd, son poids atteint 3 kilogr. 800 à 4 kilogr. 500; sa poignée a généralement la forme de la crosse d'un pistolet ce qui permet de la saisir plus aisément; la balle du calibre de 12ᵐ/ᵐ environ ne pèse que 20 grammes, la charge de poudre est de 6 à 9 grammes.

Les carabines de tir sont aussi 'quelquefois employées pour la chasse; celles de petit calibre en particulier servent pour tirer les corbeaux, on les adapte alors le plus généralement au tir de la cartouche avec balle express.

Les carabines à répétition peuvent aussi être utilisées avec avantage comme armes de chasse; dans ce but l'usine américaine Winchester a établi un modèle spécial de carabine, *express-rifle*, ou modèle 1879, du calibre 50 ou 12ᵐ/ᵐ,25, lançant une balle *express* du poids de 19 gr. 5 avec une charge de 6 gr. 1; le magasin ne renferme que 6 coups.

Bibliographie (1) : *Guide carnet du chasseur, du tireur et de l'amateur d'armes*, par N. Libioulle, armurier à Paris; *Album Galand, traité d'armurerie*, par Galand, fabricant d'armes en Belgique; *The Gun and its Developement*, par W. Greener, armurier à Londres.

* **CARABINEUR.** *T. de mét.* Ouvrier qui fait le carabinage des armes à feu.

CARACO. Sorte de camisole à taille à l'usage des femmes.

CARACOLE. *T. techn.* 1° Outil de sondeur en forme de tire-bouchon pour retirer du trou une tige ou un outil cassé, lorsque la fracture a été faite au-dessus de l'épaulement de jonction. || 2° *T. d'arch.* Escalier en forme de colimaçon, à marches gironées ; on écrit aussi *caracol*.

CARACTÈRE D'IMPRIMERIE. Petit morceau de métal, en forme de parallélipipède qui porte, gravé en relief, à l'une de ses extrémités, une lettre ou quelque autre figure employée dans l'impression typographique.

— Le jour où Gutenberg eut l'idée d'obtenir l'impression d'une page, non plus au moyen d'une planche en bois sur laquelle étaient sculptés des caractères, mais bien au moyen d'un assemblage de lettres en bois, façon-

nées séparément, puis réunies et liées ensemble pour former des mots, l'imprimerie était inventée. On a discuté pour savoir si Laurent Coster n'avait pas droit à la priorité, et quelques bibliographes considèrent l'*Horarium*, imprimé par lui, comme le premier monument typographique (fig. 187). Mais si l'on veut remarquer que l'impression sur planches en bois gravées avait été pratiquée longtemps auparavant par les Chinois, par les Romains peut-être et certainement, vers 1400, par les

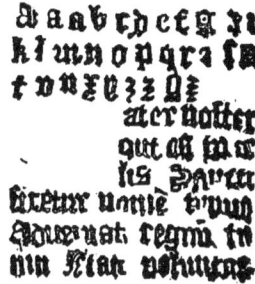

Fig. 187.

fabricants de cartes à jouer et les marchands d'images d'alors, on reconnaîtra que l'imprimeur de Harlem, Coster, s'est borné à étendre un procédé connu autour de lui et que de l'impression des *Donats* (sorte de grammaire à l'usage des écoles) et que du *Speculum humanæ salutis* ne date pas la véritable révolution dans la fabrication des livres.

Henn Gensfleisch de Sulgeloch, dit *Gudinberg*, de Mayence, imprima d'abord à Strasbourg, s'étant associé (1436-37) avec Jean Riffe, puis avec André Dritzehen et André Heilmane. Le procès qu'il eut avec eux nous a appris qu'il se servait de *formes* serrées par des vis et composées *de caractères mobiles*, puisqu'à la mort d'André Dritzehen, et au moment de la rupture de l'association, il est rapporté qu'il avait voulu faire désassembler ses formes (zerlegen) pour soustraire l'invention aux yeux de tous. On pense qu'il s'occupait alors d'une *Bible*, celle

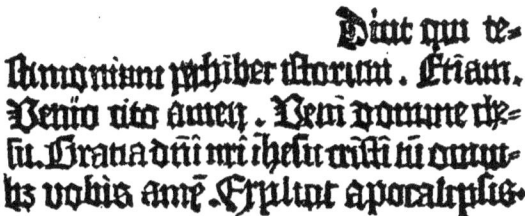

Fig. 188.

dite des trente-six lignes (fig. 188). Peut-être employait-il ces curieux caractères en bois, percés d'un trou, qui permettait de les lier par une corde pour justifier les lignes; peut-être avait-il déjà imaginé de plonger ses types, gravés en bois, dans du plomb fondu pour en obtenir une sorte de cliché, car il est aussi question, au cours du procès, du *plomb nécessaire à ce métier*. Mais comme Gutenberg a toujours caché à ses contemporains les pro-

cédés qu'il employait, on ignorera sans doute toujours comment ont été imprimés le *Catholicon*, de Jean de Janua (de Gênes) et la *Bible de trente-six lignes*.

La première association ayant été rompue (1439), Gutenberg quitta probablement Strasbourg, vers 1445, et peut-être, vers 1450 seulement, époque où il reparaît à Mayence associé avec Jean Faust. Sans doute pour obtenir de lui des fonds, il lui avait montré d'autres procédés que ceux employés pour les premières impressions et il pouvait fondre des lettres au moyen de matrices, soit en plomb, soit en cuivre. A ce moment (1450), Pierre

(1) En l'absence d'ouvrages complets sur les carabines de tir ou de chasse, nous avons dû emprunter à quelques brochures publiées par divers armuriers français ou étrangers la plupart des éléments de cette étude.

Schœffer, habile calligraphe, entra dans l'association. « Cet homme, dit Arnaud de Bergelles, inventa des moules auxquels la postérité donna le nom de *matrices*.

Ille sagax animi præclara toreumata finxit
Quæ sanxit matris nomine posteritas
Et primus vocum fundebat in ære figuras
Innumeris cogi quæ potuere modis.

Le premier fondeur de caractères est donc Pierre Schœffer. Une fois maître du procédé, Faust et Schœffer, devenu son gendre, songèrent à se débarrasser de Gutenberg. On lui intenta un procès en restitution des sommes à lui prêtées, et, faute par lui de pouvoir s'acquitter, on resta maître d'une partie du matériel. Gutenberg s'établit à nouveau. Il est probable qu'il continua

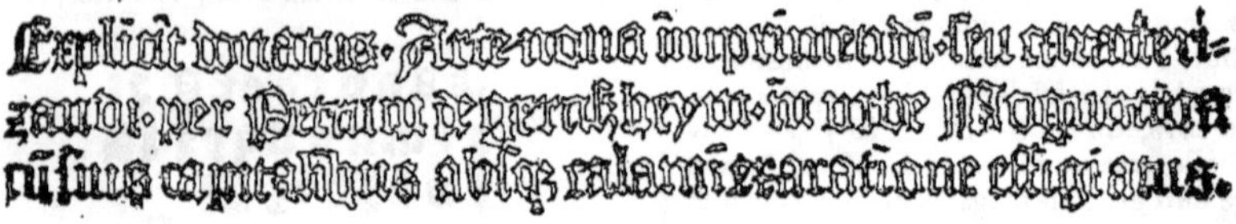

Fig. 189.

avec les anciens caractères et termina la *Bible de trente-six lignes* et le *Catholicon*, tandis que Faust et Schœffer imprimaient la *Bible de quarante-deux lignes* et le *Donat* (fig. 189), qu'on pense avoir été fait vers 1457. A la même époque paraissait le *Psautier* (fig. 190), que les uns attribuent à Schœffer et les autres à Gutenberg.

D'après les spécimens que nous donnons plus haut, on a pu s'apercevoir que la forme des lettres imprimées était celle de l'écriture de l'époque, et, en effet, l'idée première de Gutenberg avait été de faire des livres qu'on put vendre comme manuscrits. Le prototype de l'écriture du xve siècle était le caractère *mœso-gothique*, dit go-

Fig. 190.

thique d'Ulphilas (fig. 191), du nom d'un évêque arien qui passe pour en être l'inventeur. Il est aussi appelé *gothique ancien*. Au xiie siècle, il avait pris la forme que nous donnons ici (fig. 192), et vers le milieu du xiiie, sous le nom de gothique moderne, était devenu d'un usage général ; il régna jusqu'au xve et c'est celui que Laurent Coster

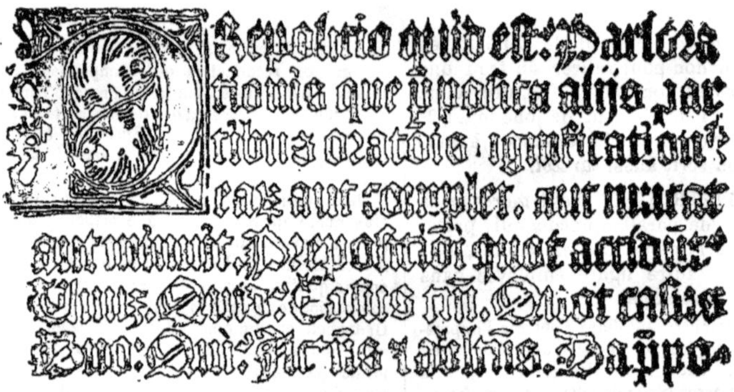

employa (1437) pour le *Donat* (fig. 193). Les lettres du gothique moderne portent le nom de *lettres de forme*, les *majuscules* sont appelées *lettres cadeaux* et les *capitales* (au commencement des chapitres) *lettres tourneures*. Les lettres de forme servirent de modèle à Gutenberg, à Faust et à Schœffer ; mais les Allemands et les Flamands les

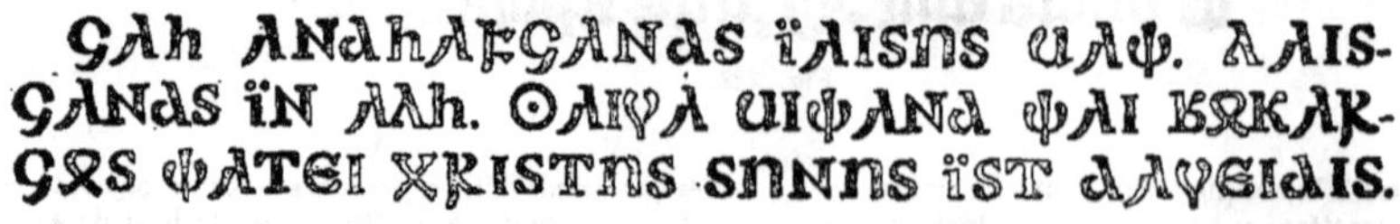

Fig. 191.

dégagèrent bientôt des angles et des pointes qui les surchargeaient et cette modification donna naissance au *demi-gothique* (fig. 194) que les premiers imprimeurs importèrent à Paris (1470) et que Robert Turnour et Caxton introduisirent en Angleterre.

Dans le cours du xve siècle, pour avoir des caractères plus petits, destinés à l'impression des livres d'école, on

simplifia encore les lettres de forme et on obtint ce qu'on appelait *lettres de somme* (fig. 195), parce qu'elles servirent à imprimer la *Somme*, de saint Thomas d'Aquin Alors, en France et en Allemagne, l'écriture la plus en usage était la *bâtarde* (dite l'*ancienne*). Un Allemand, Heilman, demeurant à Paris, rue Saint-Jean-de-Latran, en fit les poinçons (1490) (fig. 196).

Le roi Charles VII, ayant eu connaissance de la découverte de Gutenberg, fit choix de Nicolas Jenson, habile graveur et directeur de la monnaie de Tours, pour l'envoyer à Mayence, afin qu'il étudiât le nouvel art. Jenson s'instruisit à l'école de Faust et de Schœffer et ne quitta la ville qu'en 1462, quand Adolphe de Nassau en fit le siège. Il séjourna deux ans encore à Strasbourg, où il se perfectionna dans son art, et définitivement effrayé par les troubles que faisaient naître en France la guerre du *Bien public*, fut s'établir à Venise. Il y détermina les pro-

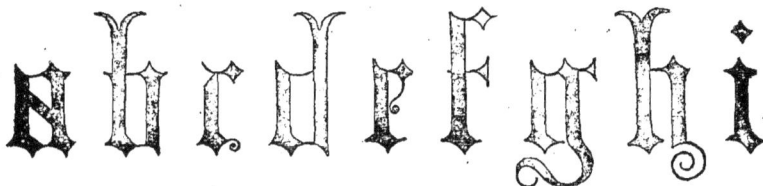

Fig. 192.

portions du *romain* dont l'usage est devenu universel; les capitales romaines servirent de majuscules, et il forma les minuscules de l'adroite combinaison des lettres latines, espagnoles, lombardes, saxonnes, carolines qui se ressemblaient beaucoup. Le premier livre qu'il imprima avec ce caractère fut le *Decor puellarum*, in-4° de 225 pages. Ses travaux (1) sont très remarquables; le caractère en est un peu maigre et allongé. Jusqu'en 1501, il ne fut pas employé en France, et c'est alors que Josse Badius l'introduisit à Paris.

MAJUSCULES.

MINUSCULES.

Fig. 193.

En 1501, Francesco de Bologne, pour Alde Manuce, inventa les caractères appelés depuis *italiques* (fig. 197), parce que la découverte en avait été faite en Italie; on dit aussi *lettres vénitiennes* ou *aldines*. Les Aldes imprimèrent des livres entiers (Horace, Virgile, 1501), et Simon de Colines, héritier d'Henri Estienne, est celui qui les employa le premier en France, où ils restèrent en usage jusqu'à l'introduction de la *cursive* (fig. 198), que Nicolas Granjon fondit à Lyon, en 1556 et pour laquelle il obtint un privilège de dix ans.

MAJUSCULES.

MINUSCULES.

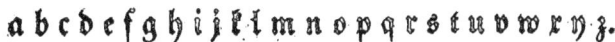

Fig. 194.

Les Aldes perfectionnèrent aussi (1496) les caractères grecs, dont les premières fontes étaient dues à Schœffer et Faust (1465), pour les *Offices*, de Cicéron, et à Sweynheim et Panmartz (1468), de Rome, pour les passages grecs du *Lactance*. Bientôt, Giunti, de Florence; Alde, de Venise, et Calliergo, de Rome, qui avaient tenté de former des caractères grecs élégants et gracieux furent surpassés par Claude Garamond. L'artiste parisien grava les trois types qu'employa Robert Estienne pour son *Nou-*

(1) *Usebium Pamphili evangelica preparatione, Epîtres de Cicéron* (1470), *Quintilien* (1470), *Luctus christianorum ex passione Christi, Gloria mulierum.*

veau Testament (fig. 199); il avait imité les caractères employés par le savant calligraphe Vergèse, qui copia le *Cynégéticon* d'Oppien pour Henri II; on n'a pas mieux fait. A cette époque aussi se rapportent les premières fontes d'hébreu, Abraham fils de Chajim, imprima à Mantoue et à Ferrare avec les lettres seules (1476), puis à Bologne (1482) avec les points et les accents, le *Pentateuque*, et en 1488 à Soncino, la *Bible*. Gilles Gourmond

MAJUSCULES.

A B C D E F G H I K L M N O P Q R S T V X Y Z

MINUSCULES.

a b c d e f g h i k l m n o p q r s t u v x y z.

Fig. 195.

(1508) est le premier imprimeur de Paris qui ait gravé et employé des caractères hébraïques.

Claude Garamond (1520) ne se borna pas à fondre des caractères grecs; heureusement inspiré des types de Jenson et d'Alde Manuce, il créa des *romains* et des *italiques* qui servirent de modèle à Guillaume Le Bé et à Jacques Sanlecque. Sa réputation fut universelle; les Elzevier n'usaient que de ses types, les fondeurs d'Italie, d'Allemagne, d'Angleterre et de Hollande les imitaient et le *petit-romain* était, dans ces pays, connu sous le nom de *garamond*. Ainsi, malgré l'habitude prise de qualifier d'*elzévirien* le caractère employé par les célèbres Elzévier, imprimeurs à Leyde, puis à Amsterdam, ce n'est pas à eux qu'il faut attribuer le mérite de l'avoir inventé; M. Ambr. Firmin-Didot (1) le dit en termes précis: « Leurs plus beaux livres ont été imprimés avec des caractères fondus par Garamond et par Sanlecque; le papier si fin et si beau qu'ils employaient était tiré des fabriques de l'Angoulême; à ces titres nous pourrions les revendiquer comme étant des imprimeurs français. » Aucun doute ne saurait donc subsister à cet égard.

MAJUSCULES.

A B C D E F G H I K L M N O P Q R S T V
W X Y Z

MINUSCULES.

a b c d e f g h i k l m m n n o p q r z ſ s t u v y z &

Fig. 196.

MAJUSCULES.

AABBCCDDEEFGGHIJJKLMMMNN
OPPQQRRSTTVUUVXYZZ

MINUSCULES.

abcdefghijklmnopqrſstuvxyz

Fig. 197.

Garamond eut un élève, Robert Granjon qui s'établit au Vatican, appelé par Grégoire VIII; il fondit des *romains droits* latins, arabes, syriaques, arméniens, illyriens, moscovites. Rival de Garamond, Guill. Le Bé (1552) ne pouvant le surpasser, acquit à sa mort ses poinçons et ses matrices. Son élève, Jacques Sanlecque était célèbre en 1590 et grava les caractères de la Bible polyglotte, de Lejai, imprimée par Vitré.

(1) *Encyclopédie moderne*, Art. Typographie.

Pierre Moréau (1640) invente la *ronde* et la *bâtarde brisée* (fig. 200), qui eurent beaucoup de vogue. Jacques Columbat les retoucha et Fournier (1750) introduisit en France, sous le nom de *financière*, des types de *ronde*, *bâtarde* et *coulée* (fig. 201 et 202). Gando, qui vivait en même temps, et Luce en firent aussi et Gillé, fondeur du roi, publia une *financière*, qui eut un grand succès.

Louis XIV, en 1693, eut l'idée de faire graver, pour l'Imprimerie royale, un type qui lui fut propre. MM. Jaugeon, Desbillettes et le P. Séb. Truchet fournirent les

MAJUSCULES.

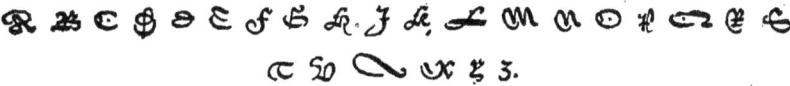

MINUSCULES.

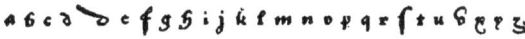

Fig. 198.

modèles; Ph. Grandjean, premier graveur du roi et Alexandre, son élève, les exécutèrent et le *romain du roi* porta, aux lettres longues des traits horizontaux qui barrent assez singulièrement les pleins. « Ces marques consistent dans le doublement du délié supérieur des lettres *b, d, h,* *i, j, k, l.* Au milieu de la dernière est ajouté un trait latéral conservé encore aujourd'hui (fig. 203). » Alexandre succéda à Grandjean, en 1714, dans la direction de l'imprimerie royale et vint au Louvre (1725) quand on joignit la fonderie à l'imprimerie. Luce, directeur après lui, in-

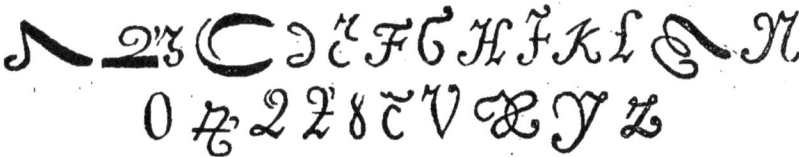

Fig. 199.

venta la *perle*, caractère plus petit que la *parisienne* et corrigea les types d'Alexandre.

Pierre-Simon Fournier, dit l'*artiste* ou le *jeune* (1712-1768) entreprit, en 1736, de graver toute une fonderie; ses types *romains* et ses *italiques*, qui remplacèrent ceux de Garamond, furent employés par les imprimeurs et imités par les fondeurs jusqu'à l'époque où Fr.-Ambroise Didot vint et en créa qui les surpassèrent. Mais le plus grand titre de gloire de Fournier est la tentative heureuse qu'il fit de donner aux corps des caractères (fig. 204) des

MAJUSCULES.

MINUSCULES.

abcdefghijklmnopqrstuvxyz

Fig. 200.

proportions exactes entre elles, ce qui n'existait pas avant lui.

En 1723, par règlement, la *hauteur en papier* était fixée à 10 lignes et demie, ce qui était facile à obtenir; mais il n'en était pas de même pour la *force de corps*, il n'y avait pas de règle, de sorte que chaque fondeur donnant, à sa fantaisie, aux caractères de même nom une force différente, il en résultait une confusion perpétuelle dans l'imprimerie. Fournier, par l'invention des *points typographiques*, établit l'ordre dont on avait besoin. Il prit (1739) une échelle fixe qu'il divisa en deux pouces du pied de roi, chaque pouce en douze lignes et la ligne en *six points typographiques*, de sorte que le point typographique était le double du point du pied de roi. La totalité valait 144 points ou *douze corps de cicéro* et la table de proportion, entre les différents corps, était la suivante :

	CORPS	Points		CORPS	Points
1	Parisienne . . .	5	11	Gros-romain. . .	18
2	Nonpareille. . .	6	12	Petit-parangon .	20
3	Mignonne	7	13	Gros-parangon .	22
4	Petit-texte . . .	8	14	Palestine	24
5	Gaillarde.	9	15	Petit-canon . . .	28
6	Petit-romain. . .	10	16	Trismégiste. . . .	36
7	Philosophie . . .	11	17	Gros-canon. . . .	44
8	Cicéro	12	18	Double-canon . .	56
9	Saint-Augustin..	14	19	Triple-canon . .	72
10	Gros-texte. . . .	16	20	Grosse-noupar..	96

Enfin, les dimensions de tous ces corps étaient propor-

tionnelles entre elles, de sorte qu'un *gros-texte*, par exemple, valait deux *petit-texte* ou une *parisienne* et une *philosophie* ou une *nompareille* et un *petit-romain*, etc. .

La somme de travail que nécessita l'exécution du plan qu'il s'était tracé ruina la santé de Fournier jeune, qui mourut à 56 ans. Ses contemporains, Briquet, Lamesle, Capon, Columbat père et fils, ses successeurs Gando et Gillé ne parvinrent pas à le surpasser. Ce fut alors le moment de la grande vogue de Baskerville. Le *Virgile* qu'il avait publié, en 1757, fut regardé comme un chef-d'œuvre (fig. 205); il en avait gravé le caractère. A sa mort, une société française, à la tête de laquelle était Beaumarchais, acheta tous ses types qui servirent aux éditions de Voltaire, imprimées dans le fort de Kehl.

Les caractères, dont on s'est servi en France jusque vers la fin du XVIII⁰ siècle, avaient une coupe maigre et allongée. François-Ambroise Didot, le premier leur donna plus de rondeur, il fut aidé par Wafflard, habile graveur, qui lui fournit les premiers types de son imprimerie. A ce

Ronde. — MAJUSCULES.

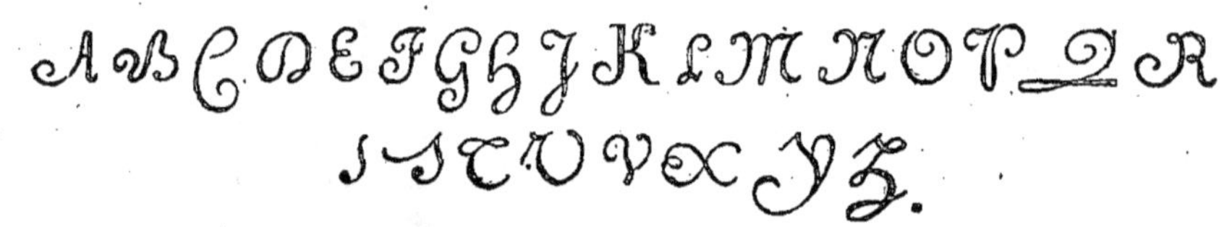

MINUSCULES.

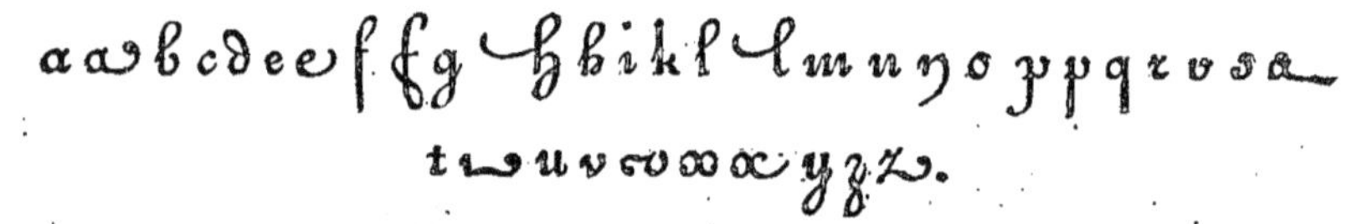

Fig. 201.

moment, Bodoni, de Parme (1740-1813), jouissait d'une réputation universelle (fig. 206). Les caractères qu'il gravait lui-même étaient employés par lui à des impressions de grand luxe, dont la *Gerusalemme liberata* (3 v. in-f°, 1794) est le type.

Firmin Didot, élève de Wafflard, le surpassa bientôt et c'est lui qui grava la plupart des caractères de l'impri-

merie de son père, d'après le système de points que ce dernier avait adopté. Fournier le jeune divisait ses caractères d'après *prototype*, François-Ambroise (1755), d'après un *typomètre*, dont voici le principe : « La ligne de pied de roi, dit M. Pierre Didot, divisée en *6 mètres* ou mesures égales servit à graduer et à dénommer les différents caractères. Le plus petit, qui a les *6 mètres*

Coulée. — MAJUSCULES.

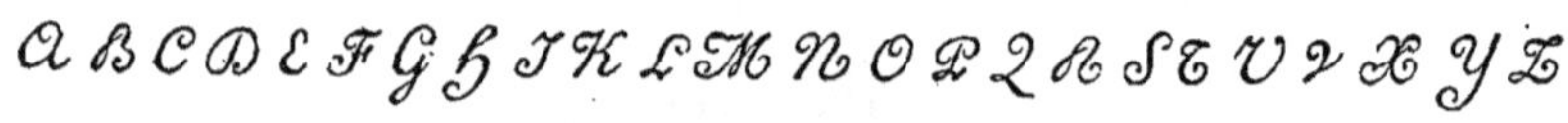

MINUSCULES.

Fig. 202.

complets, ou la ligne de pied de roi se nomme le *six;* celui qui le suit immédiatement est le *sept*, composé d'une ligne et d'un *mètre* de plus, etc., etc. Ainsi l'unité des proportions typographiques est le *point typographique* qui équivaut à deux points du pied de roi et les caractères procèdent de point en point. » Ainsi, la réforme tentée par Fournier était reprise et fut heureusement accomplie

par François-Ambroise Didot; ses dénominations (corps 5, 6, 7, 8, etc.) sont demeurées; on fond d'après son étalon en France, tandis que celui de Fournier règne en Belgique. Comme le pied du roi n'est plus en usage, on a cherché des concordances des *points* avec les millimètres; la meilleure est que 133 points égalent 50 millimètres ou que 1 décimètre vaut 266 points.

Wafflard fut le maître de Pierre-François Didot qui améliora les caractères de son père. Henri Didot, fils de Pierre, qui avait gravé les très beaux caractères de l'*Imitation de Jésus-Christ*, in-f° (Pierre-François Didot 1788), songeait à introduire dans l'art de la fonderie un perfectionnement. A cette époque, voici comment on opérait :

« L'ouvrier, dit Fournier (1), prend de la main gauche le moule garni de la matrice, et de la droite une petite cuillère de fer qui ne tient de métal que ce qu'il en faut pour la sorte de lettre qu'il veut fondre ; il présente cette cuillère, pleine de métal fondu, à l'orifice du moule ; puis il retire un peu la main gauche, et la relève brusquement,

M. de Harlay, archevêque de Paris, étant informé que Louis XIV, qui devait venir à Notre-Dame pour une bénédiction de drapeaux, ne se souciait pas d'être *harangué*, se contenta de dire au Roi, lorsqu'il entra dans l'église au milieu des acclamations : *Sire, vous voyez que je suis le seul auquel Votre Majesté ferme la bouche.*

Fig. 203.

pour faire parvenir précipitamment le métal jusqu'au fond de la matrice, afin qu'il y reçoive sa figure. Sans ce mouvement précipité, le métal ne prendrait point ou prendrait mal sa figure, parce qu'il se fige aussitôt qu'il touche le fer et qu'il passe par une ouverture de deux tiers plus petite que le *corps* qu'il doit remplir. Après que la lettre

est formée, on appuie le pouce de la main droite sur l'extrémité supérieure de la matrice ; ce mouvement lui fait faire la bascule et la détache de la lettre qui était dedans, puis on ouvre le moule et l'on fait tomber la lettre sur le banc avec les crochets ; le moule est refermé sur le champ, on remet l'*archet* sur le talon de la *matrice*

Exemple des caractères de Fournier[1].

Henri IV étant fatigué de la grande retraite qu'il avait été obligé de faire pour venir au secours de CAMBRAY, et passant par Amiens, on vint lui faire une *harangue*. L'orateur la commença par les titres de « *très-grand, très-clément, très-magnanime...* Ajoutez aussi, dit le roi, *et très-las ; je vais me reposer, j'écouterai le reste une autre fois.* »

Fig. 204.

et l'on réitère l'opération jusqu'à deux ou trois mille fois par jour. »

Frappé de la lenteur de cette fabrication, Henri Didot inventa (1816) le *moule à refouloir* ; par ce moyen il fondait cent vingt lettres d'un seul jet. Il nommait son procédé *polyamatype* (c'est-à-dire qui fond plusieurs types

ou lettres en même temps), et voici en quoi il consistait : sur l'un des bouts d'un fort établi est placée une pièce de fonte offrant une rigole assez profonde. Un grand levier en fer, articulé à l'autre bout de l'établi, porte une sorte de piston long, ou *mouton*, qui peut entrer dans la rigole. Au début de l'opération, ce levier, qui est armé d'une

MAJUSCULES ROMAINES.

A B C D E F G H I J K L M N O P Q R S T U V X Y Z Æ Œ W.

MINUSCULES ROMAINES.

La considération naît des relations personnelles : elle est une suite de l'estime et du devoir.

Fig. 205.

double-poignée, est relevé et maintenu à une certaine hauteur, par un verrou à déclic. A droite et à gauche de la pièce de fonte, où est creusée la rigole et parallèlement à celle-ci, sont fixées les règles ou *réglettes*, qui forment le moule multiple ou *polyamatype*. L'une de ces réglettes est creusée de rainures que la matière doit remplir et qui

constituent la force de corps. Perpendiculairement à celle-ci vient s'en fixer une seconde, qui contient les matrices parfaitement justifiées. Une troisième réglette mobile, appelée *dessus*, se fixe sur la précédente et ferme le moule. Ce système de réglettes est double : l'un se met à

(1) *Manuel typographique*, page 91.

droite, l'autre à gauche de la pièce de fonte à rigole qui va recevoir la *matière* en fusion.

L'ouvrier, à l'aide d'une cuillère en fer, la puise dans un creuset, la verse dans cette rigole, et aussitôt, agis-sant sur le déclic, il laisse tomber le levier qui porte lo mouton. Celui-ci, en tombant violemment au milieu de la matière fondue, la refoule à droite et à gauche. Elle est ainsi jetée dans les rainures qu'elle remplit complètement

MINUSCULES ROMAINES.

Rien n'est plus propre à apaiser la colère chez les hommes, que la soumission de celui qui y a donné lieu. Cela est vrai à Paris comme à Moscou

Fig. 206

L'ouvrier relève alors le mouton, retire le lingot et les réglettes qui y tiennent assez fortement, et pour cela il place le tout sur une table spéciale; le lingot apparaît hérissé à droite et à gauche d'une foule de caractères qui sont rompus et distribués. Servi par deux ouvriers, ce moule pouvait produire par jour 45,000 lettres en corps dix ou 60,000 en corps *six* (fig. 207).

Bien que la combinaison en fut très remarquable, on

Caractères polyamatypes.

Machaon, célèbre médecin, fils d'Esculape et frère de Podalire, accompagna les Grecs au siége de Troye, et y fut tué par Euripille.

L'Égypte fut gouvernée par ses propres Rois, jusqu'au temps où Cambyse II en fit la conquête ; elle fut ensuite réunie à la Perse jusqu'au règne d'Alexandre-le-Grand.

Fig. 207.

l'a délaissé depuis l'introduction des nouvelles machines à fondre, dont là production n'est pas plus importante, mais dont la conduite est plus facile; en outre, elles ne

CARACTÈRE DEMI - NONPAREILLE,
GRAVÉ ET FONDU
PAR HENRI DIDOT,
INVENTEUR
DE LA
FONDERIE POLYAMATYPE.
1823

Fig. 208.

demandent pas des matrices aussi parfaites que le moule polyamatype, pour lequel Henri Didot et Marcellin Legrand avaient dû créer des poinçons justifiés et d'approche, excessivement remarquables.

C'est avec ce moule que, dit-on, Henri Didot fondit sa célèbre demi-nonpareille ou *trois points* (fig. 208), ceci est de tradition; cependant MM. Virey, derniers possesseurs du moule, n'ont pu s'en servir pour fondre le corps *trois* avec lequel on a imprimé l'*Imitation* de Mame (1861).

Vers 1789, Gillé fils fondit une remarquable *coulée* et une très belle ronde (fig. 209). Mais il fut surpassé par Firmin Didot, qui semble avoir atteint les limites du possible. Enfin, au commencement de ce siècle, Vibert, élève de Firmin Didot, Molé-Léger, Jacquemin père et Marcellin Legrand, élève de Henri Didot, continuèrent la tradition de l'école française. A ce moment, les graveurs s'ingénièrent à créer des types nouveaux et depuis lors leur imagination fertile a produit des caractères de toute forme et de toute espèce. Puis après avoir grossi outre mesure le romain, dit *gros-œil*, tel qu'il avait été créé par les Didot, jusqu'à lui donner un aspect lourd et désagréable, on a fait grand usage de caractères *anglais*; on a essayé de revenir à l'*elzévirien*, on l'a employé pour les impressions de luxe et il a été fort en faveur. On semble maintenant vouloir revenir au type français.

FABRICATION. Après avoir vu par quelle série d'efforts l'art du fondeur est parvenu à la perfection des procédés qu'il emploie actuellement, il est intéressant d'étudier quels sont ces procédés et quelle série d'opérations il faut pour produire l'objet, qui semble si simple à fabriquer, *le caractère d'imprimerie.* (1)

La fabrication des caractères exige les opéra-

(1) Nous devons les renseignements qui vont suivre à l'obligeance de M. Turlot, qui a bien voulu nous permettre de visiter l'important établissement qu'il dirige avec la connaissance la plus parfaite de son art.

tions suivantes : *création et gravure des poinçons, frappe de la matrice, fonte, romperie, frotterie, composition, façon au coupoir, apprêt, mise en pages.* Le résultat s'appelle une *fonte*.

Gravure et taille des poinçons. Le graveur de poinçons est un artiste et l'on a vu par quels efforts de génie les maîtres français étaient arri-

vés à la création des types parfaits dont nous usons. Cette branche de l'art a toujours été en honneur particulier dans notre pays et, si l'on excepte l'Angleterre, l'Allemagne et l'Amérique, le monde est tributaire de notre fonderie. Le graveur en caractères, qui a reçu d'un fondeur ou d'un imprimeur la commande d'un type d'alphabet, en

Ronde. — MAJUSCULES.

$$\mathcal{A}\mathcal{B}\mathcal{C}\mathcal{D}\mathcal{E}\mathcal{F}\mathcal{G}\mathcal{B}\mathcal{I}\mathcal{J}\mathcal{K}\mathcal{L}\mathcal{M}\mathcal{N}\mathcal{O}\mathcal{P}\mathcal{Q}$$
$$\mathcal{R}\mathcal{S}\mathcal{T}\mathcal{U}\mathcal{V}\mathcal{W}\mathcal{X}\mathcal{Y}\mathcal{Z}.$$

MINUSCULES.

$$a\,b\,c\,d\,e\,e\,f\,f\,g\,g\,h\,i\,j\,k\,l\,l\,m\,n\,o\,p\,p$$
$$q\,r\,v\,s\,t\,u\,u\,w\,v\,x\,x\,y\,z.$$

grave les poinçons (fig. 210), autrement dit la figure de chaque lettre sur une tige d'acier, sain et sans paille. Autrefois l'on fabriquait un *contre-poinçon*, c'est-à-dire qu'on gravait d'abord, sur une tige d'acier, la forme en relief de l'intérieur de chaque lettre ; puis on l'enfonçait dans le poinçon et on dessinait ensuite autour du creux la forme extérieure du caractère. Cette méthode est abandonnée depuis le commencement du siècle ; cependant M. Viel Cazal a encore employé le procédé pour la gravure des caractères des *Évangiles* (Hachette).

pour les lettres courtes, trois et demie pour les petites capitales, cinq pour les longues et sept pour les pleines ; il y a en outre une lame destinée à déterminer l'inclinaison de *l'italique*.

La lettre terminée, on tire épreuve avec du noir de fumée et, rectification faite des défectuosités, s'il le faut, on passe à la fabrication de la matrice.

De la frappe des matrices. Le graveur trempe le poinçon une fois gravé et, sur un morceau de

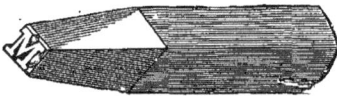

Fig. 210. — *Poinçon.*

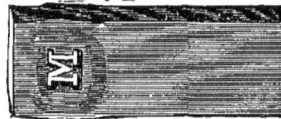

Fig. 211. — *Frappe.*

L'œil de la lettre est dégagé de la masse au moyen d'une grosse lime, puis de plus petites pour approcher la lettre qui, placée ensuite dans *l'équerre à polir* est promenée sur la pierre à huile de façon à ce que le plat en soit bien horizontal.

On se demandera sans doute comment le graveur obtient cette régularité dans la forme de ses lettres qui est si bien combinée qu'elles s'alignent toutes par le bas et que toutes peuvent être fondues sur le même corps, malgré leurs différences de forme. Cela s'obtient au moyen d'un *calibre* dont l'idée est due à Fournier le jeune et qui est divisé en sept parties égales ; on en prend trois

cuivre rouge, trace, à 1 centimètre environ de l'extrémité (fig. 211), la place où il frappera la lettre et l'enfonce, à coups de masse, perpendiculairement jusqu'à la profondeur voulue (2 millimètres environ).

Les poinçons des lettres accentuées (*a, e, i, o, u*) ont une entaille ; on grave l'accent à part et on lie les deux pièces avec un fil ciré. M. Marcellin Legrand gravait, il est vrai, pour son moule polyamatype, les accents avec la lettre et, pour les gros corps, frappé des irrégularités que présentait la place des accents, il avait creusé, le long des poinçons, une rainure qui maintenait l'accent dans toutes ses parties (fig. 212). Cette façon d'opérer donnait des résultats remarquables; elle semble pourtant ne pas avoir prévalu, sans doute à cause de la grande dépense qu'elle causait.

De la fonte des caractères. Nous avons vu quelle était la forme du caractère. Il se compose de deux parties : la *tige* et l'*œil* (c'est-à-dire le relief même de la lettre). On appelle *hauteur en papier* la distance prise du pied de la tige jusqu'à la superficie de l'œil, et *corps*, la dimension de la lettre dans le sens vertical de l'œil (1). La hauteur en papier est en France de 62 points pour Paris et de

Fig. 212. — *Matrice.*

64 points pour certaines villes de province; elle est moindre ou supérieure pour l'étranger. Les caractères sont fondus dans une machine qui les produit à un sans arrêt et sans aucune manœuvre manuelle. Voici comment :

Un creuset où la matière est tenue en fusion (2) porte au fond un corps de pompe dans lequel un piston, sollicité par un ressort, peut descendre vivement. Grâce à ce mécanisme la matière liquide est refoulée dans un conduit, dont l'extrémité s'appelle *nez* et le moule que la matière va remplir, après avoir traversé la *plaque* percée d'un trou en rapport avec la grosseur de la lettre à fondre, vient se présenter devant le nez.

Le moule est limité, à droite et à gauche, par deux parois fixes appelées *grains*; en bas, par la *lame*, pièce d'acier mobile de bas en haut; et dessus par un autre *grain*, qui fait corps avec le *chassoir*, pièce mobile de droite à gauche. En arrière du moule, le nez est approché tout à fait contre le vide ainsi formé, et, à l'opposé du nez est fixée la matrice au moyen d'un archet, sur le *porte-matrice*. Le moule étant fermé par le jeu des différentes cames les opérations se succèdent ainsi : le piston, en descendant, chasse la matière qui, projetée sur l'œil de la matrice, s'y moule, remplit la cavité et forme le caractère. Ensuite le porte-matrice recule, entraînant la matrice et, en même temps le chassoir, qui forme le dessus du moule, recule aussi. Dès lors la lame monte et dégage la lettre, le chassoir, en revenant pour refermer le moule, le pousse devant lui et, dans ce moment, la lame est redescendue à sa place, la matrice s'est représentée, le piston s'est relevé et tout est prêt pour une nouvelle opération.

Avant de mettre sa machine en marche, l'ouvrier doit vérifier la *hauteur en papier*, l'*épaisseur*, la *ligne* et l'*approche*.

(1) Ce sont les définitions données par M. Théotiste Lefèvre, dans son remarquable ouvrage, *Guide pratique du compositeur d'imprimerie*, 2 vol., in-8°, Paris, F. Didot frères.

(2) Métal composé de plomb, antimoine (ou *régule*) et étain. Virey y a même ajouté du cuivre, Colson de la limaille de fer. Mais ce procédé est resté secret. Enfin, nous avons vu un modèle de bronze blanc, composé de régule, cuivre et étain. C'est la matière la plus dure qui se soit faite.

La hauteur en papier est chose fort importante puisqu'on a vu tout à l'heure qu'elle variait suivant les lieux. On l'obtient en ayant toujours la *même profondeur d'œil* et les grains *justifiés à la demande.*

Pour l'épaisseur, la ligne et l'approche, on les vérifie par le moyen d'un instrument appelé *justification*, sorte de règle en cuivre munie d'un rebord et d'un *jeton* qui est une équerre d'acier.

Deux lettres (*m*) prises pour types sont placées dans la justification et trois lettres d'essai étant mises entre elles, on vérifie si l'épaisseur est bien la même en appuyant le jeton en divers points des tiges. Puis on vérifie la *ligne* : le jeton posé dans l'alignement du pied des deux *m* types doit passer par le pied des deux lettres qui leur sont comparées ; suivant que la ligne *monte* ou *descend*, on serre ou on desserre la vis qui agit sur la matrice et comme, dans la position précédente, elle était ou trop à droite ou trop à gauche par rapport à l'axe du moule, l'action exercée sur la vis la pousse dans un sens ou dans l'autre et rectifie la position de l'œil. Enfin on vérifie l'*approche* qui est la *distance* entre l'œil et les bords de la tige, laquelle est réglée de telle sorte que les lettres, une fois composées, ne paraissent pas ou trop près ou trop loin les unes des autres « autrement, dit Fournier, les mots ne paraîtraient pas assez liés. »

Les lettres types pour l'approche sont H O pour les capitales, m, h, o, pour le bas de casse. Si la lettre se trouve trop à gauche ou à droite, on peut, en faisant monter ou descendre le porte-matrice placer la lettre dans la position régulière. Ce qui se vérifie de la manière suivante. Les lettres sont placées entre deux m sur la *justification* comme le montre la figure ci-dessous :

m ɯ m

et les traits extérieurs des lettres vérifiées doivent être alignés malgré le renversement. L'alignement est vérifié avec le jeton.

Quand tous ces préliminaires sont terminés et qu'il y a certitude que la fabrication peut s'opérer dans de bonnes conditions, la machine est mise en mouvement. La production en *corps 9*, qui sert de base est de 2,000 lettres à l'heure. Dans les machines anglaises et allemandes, la fabrication est un peu différente; nous empruntons à la *Typologie* de M. Tucker, la description de la machine anglaise :

« Passons au moule dans lequel se fait le corps de la lettre. Il est en acier trempé, se compose de deux morceaux ou parties. L'une est adhérente à la machine à fondre, l'autre mobile (fig. 213).

« Cette dernière, la partie mobile, s'ajuste pour obtenir les différentes largeurs qu'exige le corps des lettres, telles que l'I et l'M, l'une étant plus large que l'autre.

« C'est ici un point d'une grande importance. Chaque lettre fondue dans ce même moule est nécessairement de la même hauteur.

« La matrice et le moule sont alors ajustés à la machine à fondre (fig. 214), laquelle peut fabri-

quer de 25 à 120 lettres par minute, selon le corps
La production des petits corps exige moins de
temps que les grands, car le refroidissement, on le
comprend aisément, est beaucoup plus rapide.

« La machine à fondre, dont nous offrons le

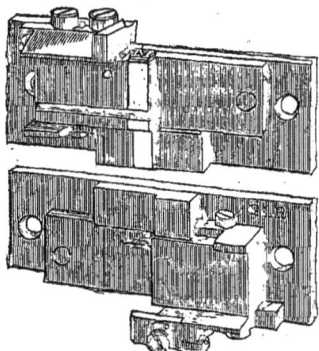

Fig. 213. — Moule.

dessin ci-contre, est munie d'une manivelle; elle
demande l'emploi d'un ouvrier.

« Mais en fait, dans une fonderie de caractères
utilisant la force motrice de la vapeur, des transmissions sont adaptées à ces machines et le même
ouvrier peut surveiller seul et facilement le travail de deux de ces machines.

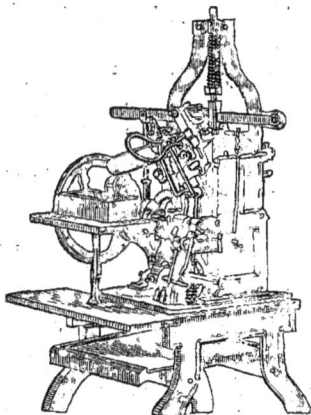

Fig. 214. — Machine à fondre.

« Le métal est tenu à l'état fluide par un petit
fourneau placé sous la machine, et la matière
fondue est lancée dans le moule par l'action de
la pompe que l'on voit en haut.

« Ainsi que nous l'avons dit, la partie qui tient
le moule est mobile; et à chaque évolution de la
manivelle, elle arrive devant le tube conducteur
du métal en fusion. Après avoir reçu une charge
de métal, pour la confection de la lettre, le moule

se renverse mécaniquement; cette partie mobile
s'ouvre et la lettre s'en échappe, grâce à une
saillie qui pénètre dans sa tige, sans laquelle le
type resterait attaché au moule. Depuis quelque
temps, le fondeur utilise cette saillie pour y placer
le nom de sa maison, et ainsi l'imprimeur peut
connaître toujours la provenance de sa fonte.

« Le ressort, en forme de boudin, qui figure à
gauche de la machine à fondre, tient la matrice
en place.

« Pour la production d'une fonte on opère
ainsi : la matrice de la lettre A est fixée devant
le moule. La quantité d'A nécessaire une fois

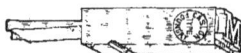

Fig. 215. — Type non fini.

obtenue, on prend la matrice B; et ainsi jusqu'à
ce que la fonte soit complète. »

Romperie. Chaque caractère porte, à sa base, un
jet qui n'adhère à la tige que du tiers de son
épaisseur. On rompait autrefois ce jet à la main
et des femmes le faisaient (fig. 215). La machine
porte actuellement, sur le chassoir, une pièce
d'entraînement; par elle la lettre est amenée sur
un couteau qui frappe perpendiculairement le
jet au point d'étranglement à l'instant précis où
la lettre, sortie du moule, vient s'arrêter contre
un butoir.

Frotterie. L'opération faite, on porte les lettres
à la frotterie. Etendu sur une pièce de peluche
pour éviter que l'œil s'abîme, le caractère est
frotté sur une pierre de grès (ou une composition de grès, d'émeri et de gomme laque)
des deux côtés par lesquels les lettres se joignent pour former les mots, cette opération a
pour but de donner une égale épaisseur à toute
la tige.

Fig. 216. — Type fini.

Composition. Puis les caractères sont placés
sur des composteurs en bois et on les porte au
coupoir.

Coupoir. C'est un assemblage de pièces mobiles
formant serrage qui peut recevoir ce que porte un
composteur en bois. L'ouvrier, tenant le composteur de bois de la main gauche fait, d'un seul
coup, tomber les lettres du côté de l'œil sur la
pièce de dessous du *justifieur* qu'il tient de la
main droite; il les place ensuite de façon à ce
qu'elles soient perpendiculaires et les maintient avec la seconde branche du justifieur puis
place le tout entre les parties mobiles du coupoir,
serre la *vis de corps*, qui agit sur le côté du corps
tandis qu'une autre vis (*vis de la frotterie*) serre
la pièce inférieure du justifieur, le fait reculer et
agit sur le flanc des lettres. Un rabot enlève
alors au pied de la lettre les débris de matière

résultant de la cassure irrégulière produite lors de la romperie et forme ainsi une *gouttière* qui assure la *hauteur en papier* déjà formée par le moule. Le coupeur a soin de la vérifier au moyen d'un calibre en acier, sorte de typomètre basé sur la *hauteur exacte de Paris*, dans un de ses sens; il place ses lettres d'essai dans le calibre et passe un *jeton* sur l'angle formé par le typomètre.

Table d'apprêt. Le caractère est porté sur la table d'apprêt. L'apprêteur passe le caractère sur un composteur d'apprêt où on lui fait subir l'opération du nettoyage de la force de corps. Ensuite on vérifie cette force de corps sur un typomètre, on contrôle la ligne et l'approche en reprenant, comme l'a fait le fondeur, les différentes lettres à examiner et en les mettant entre les lettres types *m*, *h*, *o*, et *H*, *O*. Lorsque la ligne ou l'approche est défectueuse, toute la sorte est à refondre; si les lettres types sont bonnes, l'apprêteur passe à l'examen de l'œil du caractère, et, armé d'une loupe, rejette les lettres mauvaises (fig. 216). Ce travail demande des ouvriers exercés et minutieux.

Mise en page. Quand l'examen est fini, le caractère est mis en page et la fonte peut être livrée (1).
— H.

Caractère de musique. — V. GRAVURE.

CARAFE. Vase de verre ou de cristal qui se distingue des bouteilles par sa limpidité et qui sert à mettre de l'eau, du vin, des liqueurs. || *Carafe frappée.* Carafe dans laquelle l'eau a été congelée par le froid artificiel.

CARAFON. Petite carafe plus particulièrement destinée aux liqueurs; dans les restaurants à bas prix, on en fait usage pour servir une petite quantité de vin, ou d'un liquide qui en a l'apparence.

* **CARAGATE.** Nom usuel d'un textile fourni par le *Tillandria usneoïdes* et qui croît dans les Indes en abondance. On l'appelle encore *barbe espagnole*. — V. CRIN VÉGÉTAL.

* **CARAJURU.** Substance tirée du *Bignone Chica* avec laquelle on obtient une matière rouge, et qui nous vient en pains de la Guyane et du Brésil.

CARAMEL. Produit qui se forme lorsque l'on chauffe le sucre ordinaire à une certaine température.

Caractères. Le caramel est un liquide brun-noirâtre, visqueux, légèrement amer, incristallisable, partiellement soluble dans l'eau, dans l'alcool faible et les alcalis ; il réduit faiblement, par la chaleur, les sels cupro-potassiques, et précipite par les sels de plomb, l'eau de baryte.

(1) Nous devons mentionner, pour épuiser la question, certaines expériences qui ont été faites dans le but de remplacer le métal qui sert à la fonte des caractères par le verre trempé; le caractère fait avec cette dernière matière est plus pur que les caractères ordinaires; les pleins et les déliés sont plus délicats, et tous les détails du cran et de l'aplomb sont obtenus avec régularité et sans difficulté; de plus, la même machine à fondre et les mêmes matrices servent à fondre indifféremment le métal et le verre. Cette découverte n'est point encore entrée dans le domaine de la pratique, et nous devons dire que, malgré les qualités de résistance du verre, nous craignons qu'il ne puisse supporter, comme le métal, la pression des rouleaux des presses typographiques.

Il se forme lorsque l'on maintient pendant longtemps le sucre à une température de 160° ou le porte immédiatement à 210-220°. On voit alors la masse se boursoufler et prendre une coloration brun-rouge. La chaleur amène dans ce cas le dédoublement du principe sucré en glucose et en lévulosane, puis après, il y a décomposition, formation d'eau, d'acide acétique et de matières caraméliques jaunes, amères, solubles, non fermentescibles, dégageant une odeur de sucre brûlé. La chaleur, en agissant sur le sucre, a déshydraté ce corps, absolument comme le font les bases et les acides, et en le carbonisant, elle l'a transformé en matières humoïdes analogues à celles qui par la déshydratation, et une certaine condensation, se forment normalement chaque jour au sein du sol, pour produire le terreau.

La saveur amère du caramel serait due, d'après Reichenbach, à un principe particulier, liquide, qu'il a appelé *assamare* (de *assare*, griller, et *amarus*, amer). Ce corps rouge, de saveur forte, se produirait quand on brûle du pain. C'est lui qui donne à certaines bières anglaises, faites avec le malt torréfié (porter, staout) leur saveur spéciale et leur coloration ; il ne faut pas la confondre avec l'assamare de Voelckel, qui est un produit distillé, extrait des goudrons de sucre, au moyen de l'éther. M. Gélis (*Comptes-rendus de l'Institut*, 1857, t. XLV p. 590) a démontré depuis, que c'est un mélange des divers principes suivants :

La *caramélane* $C^{24}H^{18}O^{18}$ ... $C^{42}H^{18}O^{9}$, corps brun, soluble dans l'eau, l'alcool faible, de réaction acide, inodore, amer, solide et cassant à la température ordinaire ; la *caramélène* $C^{73}H^{50}O^{50}$... $C^{36}H^{30}O^{25}$, corps qui provient du précédent, lorsque celui-ci a été porté à 190° ; il est brun-roux, solide, cassant, soluble dans l'eau et l'alcool faible, altérable par l'action de l'acide chlorhydrique ou de l'acide sulfurique; il réduit les liqueurs cupro-potassiques ; la *caraméline* $C^{96}H^{52}O^{52}$... $C^{96}H^{102}O^{54}$, principe insoluble dans l'eau froide, dont M. Gélis admet trois variétés. C'est le *caramélan* de Voelckel. Il ne faut pas confondre cette caraméline avec le corps de même nom, décrit par M. Maumené, qui s'obtient en traitant une partie de sucre par trente parties de chlorure d'étain.

Ces trois principes différeraient du sucre de canne ordinaire, le premier par deux équivalents d'eau, le second par huit équivalents et le troisième par trente-sept équivalents d'eau.

Le caramel n'est donc pas un principe immédiat ($C^{18}H^{18}O^{9}$) comme l'admit un certain temps M. Péligot.

Usages. Le caramel sert pour colorer et aromatiser un certain nombre de produits alimentaires, comme le bouillon, quelques liqueurs de table, les eaux-de-vie, etc.

Caramel pour vins. On a vendu en 1873 et seulement pendant quelques années, sous les noms de *colorine, cramoisine, scarlatine, purpurine, sanguine, carotine*, des liqueurs à base de caramel, qui étaient colorées par de la fuschine, mêlée souvent d'autres produits plus jaunes. Ces préparations qui étaient, disait-on, destinées à suppléer au manque de coloration des vins naturels, n'ont pas tardé à être poursuivies comme permettant souvent de teinter des vins blancs et de les vendre pour des vins rouges, en leur donnant ainsi une valeur plus grande; elles contenaient d'ailleurs souvent de l'arsenic. L'emploi de ces caramels a été défendu par une circulaire du 18 octobre 1876, et de nombreuses poursuites ont été faites à cette époque. L'addition de ces matières était d'ailleurs une chose bien inutile, car le principe colorant ne tenait pas, et se précipitait rapidement au fond des vases en entraînant avec lui une partie de la couleur naturelle du vin. — J. C.

Caramel. Nom de certains bonbons fondants, vendus par les confiseurs.

* **CARAMÉLISATION.** Décomposition du sucre par la chaleur.

* **CARAMÉLISER.** *T. techn.* Réduire le sucre en caramel par l'action du feu.

* **CARAQUE.** Cacao de Caracas. — V. CACAO.

CARAT ou **KARAT.** Le carat exprime une unité de poids. Un lingot d'or est supposé former un composé fictif de 24 parties ou carats. L'or sans alliage est donc au titre de 24 carats; mais comme pour que l'or puisse être travaillé il convient d'y faire entrer un peu d'alliage, le titre de l'or livré au commerce et à l'industrie reste toujours au-dessous du titre. Dire qu'un lingot d'or est à 23 ou 22 carats c'est donc dire qu'il est entré dans son alliage un ou deux 24ᵉˢ d'autre métal.

Depuis le système décimal, on ne se sert plus de carats pour mesurer l'or, mais l'usage en a été conservé pour les diamants, les pierres précieuses et les perles fines. La valeur du carat a varié dans les différents pays; en France il équivaut à quatre grains, ancienne mesure ou en milligrammes à 0 gr. 205.5. Il se divise en 1/2, 1/4, 1/8, 1/16, 1/64 de carat. En Angleterre, le carat vaut 0 gr. 205,409. En Hollande, il vaut 0 gr. 205,044.

— Ce mot qui s'écrivait aussi autrefois *karat* paraît avoir été transporté de l'arabe dans les langues occidentales de l'Europe; on croit qu'il désignait en Afrique la fève du caroubier qui, dès la plus grande antiquité, servait de poids pour le commerce de l'or. De l'Afrique, l'usage du carat ou karat passa dans l'Inde, où il servit à peser les matières précieuses et notamment le diamant.

* **CARATURE.** Alliage d'or et d'argent; ou d'or, d'argent, de cuivre ou de mercure dans les proportions voulues pour faire des aiguilles d'essai.

CARBATINE. Chaussure de l'antiquité grecque qui était formée d'une pièce de cuir non tanné, sur laquelle le pied était maintenu au moyen de lacets qui l'entouraient.

CARBONATE. *T. de chim.* Sel de l'acide carbonique. L'acide carbonique étant bibasique, il doit pouvoir former deux séries de sels; les sels acides, résultant de la substitution partielle de l'hydrogène de l'acide par un métal, ce sont les *bicarbonates*; les sels neutres, dérivant de la sub-

stitution totale de l'hydrogène de l'acide par un métal, ce sont les *carbonates neutres*.

L'acide carbonique étant :

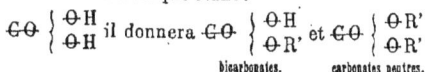

$$CO \begin{cases} OH \\ OH \end{cases} \text{il donnera } CO \begin{cases} OH \\ OR' \end{cases}, \text{ et } CO \begin{cases} OR' \\ OR' \end{cases}$$

bicarbonates.   carbonates neutres.

Quoique l'acide carbonique lui-même soit un corps très peu stable, et qu'il n'existe qu'en solution aqueuse, ses sels, surtout les sels neutres, sont très stables. Seulement, en vertu des faibles propriétés acides de l'acide carbonique, ils sont décomposés avec effervescence par presque tous les acides.

La majeure partie des carbonates est insoluble dans l'eau. Font exception : les carbonates alcalins. Cette propriété permet de préparer facilement les carbonates métalliques; on n'a qu'à additionner un sel soluble du métal dont on veut avoir le carbonate, avec du carbonate sodique ou potassique, pour voir se produire un précipité de carbonate métallique insoluble. Dans ces conditions, il se produit souvent un sel basique (par exemple, cuivre, plomb).

Nous allons décrire les carbonates les plus importants, surtout au point de vue de leurs applications industrielles.

Carbonate d'ammoniaque. Le carbonate du commerce est un mélange de différents sels (bicarbonate et carbonate).

Carbonate neutre $(AzH^3, HO)CO^2 = CO(O \cdot AzH^4)^2$. On le prépare en traitant par l'ammoniaque concentrée le sel commercial; il reste sous forme d'une poudre cristalline. Il perd à l'air de l'ammoniaque en se transformant en bicarbonate,

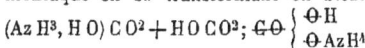

$$(AzH^3, HO)CO^2 + HOCO^2; \ CO \begin{cases} OH \\ O AzH^4 \end{cases}$$

Bicarbonate. $CO \begin{cases} OH \\ O \cdot AzH^4 \end{cases}$. Ce sel se forme lorsqu'on conserve le sel commercial dans des flacons mal bouchés; l'ammoniaque s'évapore et le résidu est constitué de bicarbonate. Il est aussi contenu dans l'eau ammoniacale des usines à gaz.

La préparation industrielle du carbonate d'ammoniaque s'effectue en sublimant un mélange de craie et de sel ammoniac ou de sulfate d'ammoniaque dans des cornues en fer, qui communiquent avec des récipients en plomb. Le produit est resublimé avec addition d'un peu d'eau. On obtient ainsi une masse blanche, cristalline, translucide, à odeur d'ammoniaque et qui répond en général à la formule $C^2Az^3H^{11}O^5$, et est composée d'un mélange de bicarbonate $CO^3H(AzH^4)$

et de carbonate $CO \begin{cases} O \cdot AzH^4 \\ AzH^2 \end{cases}$. — V. AMMONIACAUX (Sels).

Carbonate de baryum. $BaCO^3$ ou $BaOCO^2$. Ce corps se trouve dans la nature; il constitue l'espèce minéralogique connue sous le nom de *withérite*. On peut le préparer artificiellement en précipitant, par le carbonate de soude, une solution d'un sel barytique. C'est une poudre blanche complètement insoluble dans l'eau. Il sert dans l'analyse. — V. BARYUM, § *Minerais de baryum.*

Carbonate de calcium. $CaOCO^2$. Ce corps est très répandu dans la nature: cristallisé dans le système hexagonal il forme la *calcite*, dans le système orthorhombique il forme l'*aragonite*. Outre ces minéraux, qui représentent le carbonate de calcium à peu près chimiquement pur, on trouve dans la nature des quantités énormes de carbonate de calcium qui forme parfois, à lui seul, des chaînes entières de montagnes (marbre, pierre à chaux, craie, pierre lithographique, etc.). Le carbonate de calcium forme la partie principale des coquilles d'œufs et de la carapace des crustacés, des mollusques et des coraux. — V. CALCIUM.

On peut préparer artificiellement le carbonate de calcium par précipitation d'un sel soluble de calcium avec le carbonate de soude. Le carbonate de calcium amorphe est blanc, insoluble dans l'eau pure, plus soluble dans l'eau chargée d'acide carbonique qui le transforme en bicarbonate.

On prépare souvent industriellement le carbonate de calcium qui est utilisé, entre autres, pour apprêter les étoffes. Pour ceci, on soumet le carbonate naturel à une purification toute mécanique, qui a lieu de la manière suivante :

On commence par séparer le calcaire des masses siliceuses qui l'accompagnent et on le soumet à un broyage énergique, la masse broyée est additionnée d'eau de manière à former une pâte demi-liquide et par des lévigations successives, on arrive à obtenir une poudre très fine de carbonate de calcium qui reste longtemps en suspension dans l'eau, les parties siliceuses (sable) incomplètement broyées se déposant rapidement au fond des récipients. On conduit alors le liquide laiteux dans de grandes fosses, au fond desquelles au bout de huit à dix jours la totalité du carbonate se dépose. On entasse alors la craie, et on l'abandonne à l'air; elle perd peu à peu son eau et devient si plastique que l'on peut facilement en faire des cylindres que l'on dessèche à l'air libre.

Ce traitement modifie beaucoup la composition du produit. Ainsi, par exemple, une craie de Meudon présentait avant la lévigation la composition suivante :

Acide silicique	19	0/0
Talc	11	—
Carbonate de chaux	70	—

Le produit purifié ou blanc de Meudon renfermait :

Acide silicique	4	0/0
Talc	8	—
Carbonate de chaux	88	—

Carbonate de cuivre. On ne connaît que les sels basiques, dont deux se trouvent assez répandus, comme espèces minéralogiques.

La *malachite*, $CuCO^2 + Cu(OH)^2$, dont le poids spécifique varie entre 3,7 et 4, forme des cristaux monocliniques, se présente en masses considérables. La malachite se trouve en grandes quantités dans l'Oural, elle est susceptible de prendre un très beau poli et est employée pour la fabrication d'objets d'art. C'est aussi un minerai de cuivre fort estimé.

Lorsqu'on précipite une solution froide de sulfate de cuivre par du carbonate de sodium, on obtient un précipité bleu, répondant à la formule $CuCO^3 + Cu(OH)^2 + H^2O$, qui chauffé se transforme en une poudre verte, qui a la même composition que la malachite. Le vert-de-gris qui se forme sur le cuivre par l'action de l'air et de l'humidité, présente aussi la même composition.

Azurite. $2CuCO^2 + Cu(OH)^2$. Elle accompagne la malachite et d'autres minerais de cuivre. Elle forme des cristaux ou des masses amorphes d'un bleu d'azur; elle est employée dans la peinture comme matière colorante bleue.

Carbonate de fer. Le carbonate de fer, $FeCO^3$, se trouve en grande quantité dans la nature; c'est le spath ferreux qui est employé dans la fabrication de l'acier (V. FER). Il se trouve, entre autres, dans le Erzberg, en Styrie, à l'état de pureté presque absolue.

En précipitant une solution de sulfate ferreux ou vitriol de fer par le carbonate de sodium, on obtient un précipité floconneux blanc qui brunit rapidement à l'air en perdant de l'acide carbonique et en se transformant en oxyde ferrique. En mélangeant le précipité encore humide avec du sucre, il est plus stable et constitue ainsi le *ferrum carbonicum saccharatum* des pharmaciens, qui contient 20 0/0 de carbonate de fer.

Carbonate de magnésium. On trouve dans la nature le carbonate neutre de magnésium à l'état de magnésite. La *magnesia alba* ou magnésie blanche des pharmaciens est un carbonate basique qui sert aussi dans l'apprêt des étoffes. On le prépare industriellement en partant de la dolomie, qui est un carbonate de magnésium et de calcium. On chauffe celle-ci au rouge; l'acide carbonique se dégage et il reste un mélange de chaux et de magnésie caustiques qu'on agite avec de l'eau, de manière à en faire une pâte liquide; on fait passer un courant d'acide carbonique dans le liquide dilué avec beaucoup d'eau. Par l'action prolongée de l'acide carbonique, il se forme du bicarbonate de magnésie soluble qu'on sépare par filtration du carbonate de calcium. En faisant bouillir la solution, l'acide carbonique se dégage et rentre dans la fabrication, tandis que la magnésie blanche se précipite sous forme d'une poudre très légère; on filtre, lave le produit à l'eau et on le forme en pains cubiques qu'on dessèche avec précaution. Ainsi préparée, la magnésie blanche présente la composition suivante :

$$4MgO, 3CO^2, 4H^2O$$

ou bien

$$5MgO, 4CO^2, 5H^2O$$

Carbonate de plomb. Le carbonate normal $PbOCO^2$ se trouve dans la nature. Il constitue la cérusite qui est isomorphe avec l'arragonite. Un carbonate de plomb basique, la céruse, est employé en grandes quantités dans l'industrie. A l'état pur, la céruse correspond généralement à la formule $2PbCO^3 + Pb(OH)^2$. — V. CÉRUSE.

Carbonate de potassium. Il existe deux carbonates de potassium; le carbonate neutre K^2CO^3 et le bicarbonate $KHCO^3$.

Comme ces sels forment l'objet d'une industrie importante, qui sera décrite à l'article POTASSE, nous nous contenterons d'indiquer ici sommairement les caractères chimiques et physiques de ces corps.

Le *carbonate neutre* forme une poudre blanche, du poids spécifique de 2,3 à réaction fortement alcaline et fortement délisquescente. Il fond à 838° et se volatilise au rouge blanc. 100 parties d'eau dissolvent à 0°, 89,4 parties de ce sel; à 20°, 112 parties; à 80°, 140 parties et la solution saturée, qui renferme pour 100 parties d'eau 205 parties de carbonate, bout à 135°.

Le *bicarbonate* s'obtient en faisant passer un courant d'acide carbonique à travers une solution de carbonate neutre; le bicarbonate, qui est moins soluble, cristallise le premier. Le bicarbonate de potasse forme des cristaux blancs, à réaction faiblement alcaline. La solution bouillie perd de l'acide carbonique, en se transformant en carbonate neutre. 100 parties d'eau en dissolvent à la température ordinaire 25 parties; à 70°, 45 parties. Le sel sec se décompose complètement à 200°.

Carbonate de sodium. Ces sels, surtout le carbonate neutre, sont des produits très importants, et qui présentent de nombreuses applications industrielles (V. SOUDE). On connaît, comme pour le potassium, deux carbonates, le carbonate neutre $NaOCO^2$; Na^2CO^3; et le bicarbonate $NaO,2CO^2, HO$; $NaHCO^3$.

Le *carbonate* neutre cristallise avec 10 molécules d'eau de cristallisation et est fortement efflorescent; il fond à 34° dans son eau de cristallisation; chauffé plus fortement, il perd la totalité de l'eau qu'il renferme et donne le carbonate anhydre (soude calcinée), qui fond au rouge, en perdant un peu d'acide carbonique. 100 parties d'eau à 20°, dissolvent 21,4 parties de carbonate de soude et à 105°, 45,1 parties.

Le *bicarbonate* se prépare comme le sel potassique correspondant et jouit de propriétés analogues. . . . . .

100 parties d'eau à 20° dissolvent 9,84 parties de bicarbonate de soude et à 70°, 14,64 parties. Il est anhydre comme le sel potassique.

Carbonate de zinc. Le carbonate neutre $ZnCO^2$, constitue le minerai de zinc connu sous le nom de *calamine*, qui cristallise en rhomboèdres, dont le poids spécifique atteint 4,42. En précipitant le sulfate de zinc par du carbonate de potasse, on obtient un précipité blanc de carbonate normal $ZnCO^3$; avec le carbonate neutre de potasse, il se forme des carbonates basiques à compositions variables. — G. B.

*CARBONATER. *T. de chim.* Transformer en carbonate.

CARBONE. *T. de chim.* Corps simple. Symbole C. Équivalent 6. Poids atomique 12.

Le carbone se présente sous trois états parfaitement distincts et que nous pouvons considérer comme trois états allotropiques du même corps. Ce sont le *diamant*, le *graphite*, le *carbone amorphe*.

Le *diamant* (V. ce mot) est du carbone transparent, incolore à moins de traces d'impuretés, très réfrangible et cristallisé dans le système cubique, le plus souvent en dodécaèdres rhomboïdaux ou en hexakisoctaèdres. Ces cristaux sont fréquemment à faces arrondies. C'est le plus dur des corps connus. Il n'a jamais été reproduit artificiellement.

Le *graphite* (V. ce mot) (Syn. mine de plomb, plombagine) est du carbone d'un aspect semi-métallique, gris foncé, gras au toucher, cristallisé en tables hexagonales.

Le *carbone amorphe*, noir et opaque, se présente sous des aspects très variés qui lui ont valu autant de noms particuliers. Cet article traitant du carbone, corps simple de la chimie, nous renvoyons pour toutes ces variétés, en général formées de carbone très impur, à l'article correspondant; nous bornant ici aux généralités suivantes :

Le charbon amorphe provient toujours soit de la décomposition par la chaleur des matières organiques (*charbon de bois, charbon de sucre, noir animal*), soit de leur combustion vive incomplète (*noir de fumée*), soit de leur combustion lente comme l'étude de la géologie l'a prouvé pour les charbons naturels (*lignite, houille, anthracite*). Ces charbons naturels calcinés donnent de nouvelles variétés (*coke, charbon des cornues*).

De tous ces charbons, le charbon de bois bien brûlé est seul du carbone à peu près pur. Il ne renferme qu'un peu de cendres provenant des matières minérales contenues dans le bois, et des traces d'hydrogène à l'état d'hydrocarbures qu'il perd par une calcination prolongée au rouge vif. Pour avoir du carbone amorphe pur on carbonise le sucre à haute température.

Les charbons provenant de la calcination des matières organiques ou des combustibles naturels sont d'autant plus durs, plus denses, plus difficilement inflammables et meilleurs conducteurs de la chaleur et de l'électricité, qu'ils ont été calcinés à une température plus élevée. Ainsi le charbon provenant du bois calciné en vase clos à basse température est léger, très mauvais conducteur de la chaleur et très inflammable. Calciné à haute température il devient plus dur et on ne peut tenir à la main un morceau allumé à une de ses extrémités. Le charbon des cornues, très dur, beaucoup plus dense, conduit bien la chaleur et l'électricité et se consume fort lentement en servant d'électrodes pour l'arc voltaïque.

Le graphite et le carbone amorphe sont infusibles et fixes à toutes les températures. Le diamant placé dans l'arc voltaïque se boursoufle en se transformant en graphite. La fonte en fusion sursaturée de charbon et refroidie lentement laisse déposer des étoiles de graphite parfaitement pur.

Tous les charbons poreux absorbent les matières colorantes. Cette propriété est très accentuée dans le charbon d'os ou noir animal. Les charbons légers et poreux ont encore la propriété de condenser les gaz. Les gaz les plus solubles dans l'eau et les plus facilement liquéfiables sont les plus absorbés; ainsi le charbon de hêtre absorbe 90 fois son volume de gaz ammoniac, 55 fois son volume d'hydrogène sulfuré, 35 fois son volume d'acide carbonique, 9 fois son volume d'oxygène et 1,25 fois son volume d'hydrogène.

Les vapeurs sont également condensées.

Ces propriétés sont très utilisées. Mentionnons l'usage du noir animal comme décolorant, surtout en sucrerie, l'emploi du charbon de bois dans les filtres pour assainir les eaux, et la pose d'une couche de charbons de toute nature sous le plancher des rez-de-chaussée placés sur un terrain humide surtout s'il est marécageux.

PROPRIÉTÉS CHIMIQUES. En présence de l'oxygène et à haute température, toutes les variétés de carbone brûlent en donnant de l'acide carbonique, si l'oxygène est en excès, et dans le cas contraire de l'oxyde de carbone ou un mélange d'oxyde de carbone et d'acide carbonique. Le diamant se transforme en graphite avant de brûler. La température à laquelle s'effectue la combustion est d'autant plus élevée que le corps est plus dense et plus compact. Le diamant, le graphite et le charbon de cornue ne brûlent qu'au blanc et tant qu'on maintient la source de chaleur.

La chaleur de combustion du carbone en acide carbonique est variable suivant les espèces. Voici quelques chiffres :

Charbon de bois.	8080 calories.
Charbon de cornues.	8047 —
Graphite naturel.	7796,6 —
Graphite des hauts-fourneaux.	7762 —
Diamant	7770 —

Pour les combustibles : houille, coke, charbon de bois, anthracite on adopte le chiffre de 8000 calories.

Le charbon brûle dans la vapeur de soufre à 1000° environ, en donnant du sulfure de carbone CS^2. Si on fait éclater l'arc voltaïque entre 2 pôles de charbon dans une atmosphère d'hydrogène il forme une petite quantité d'acétylène C^2H^2 (Berthelot).

Le carbone s'unit directement à plusieurs métaux tels que le fer, le manganèse, etc. On a isolé quelques-uns de ces carbures en cristaux de composition définie ayant une formule chimique simple. Ils n'ont d'ailleurs aucun intérêt chimique et ne prennent d'importance qu'à l'état d'alliage avec le fer dans les fontes et les aciers. — V. ACIER, FONTE.

Au rouge blanc en présence des alcalis le carbone s'unit directement à l'azote pour former un cyanure. L'ammoniaque passant sur du charbon au rouge donne du cyanhydrate d'ammoniaque.

$$2\,AzH^3 + C = AzH^3.CAzH + H^2$$

Le carbone est un réducteur énergique. Il décompose l'eau au rouge en donnant un mélange gazeux combustible formé d'hydrogène, d'oxyde de carbone, d'acide carbonique et de traces d'hydrogène carboné. Cette réaction explique pourquoi la combustion d'un brasier semble s'aviver quand on y projette une faible quantité d'eau. Au rouge vif le carbone réduit l'acide carbonique pour former de l'oxyde de carbone. Il réduit à l'état métallique les oxydes de tous les métaux autres que les alcalins, mais peut réduire au blanc leurs carbonates. C'est sur cette réaction que repose la préparation du potassium et du sodium. C'est la base de la métallurgie. Suivant la température à laquelle se fait la réduction il se forme de l'acide carbonique ou de l'oxyde de carbone.

Les oxydants énergiques tels que les nitrates et les chlorates forment avec le charbon des mélanges détonants. — V. POUDRE, PYROTECHNIE.

Les acides chlorique et hypochlorique, ou, ce qui revient au même un mélange de chlorate de potasse et d'acide nitrique brûlent complètement quoiqu'avec plus ou moins de rapidité toutes les variétés de carbone amorphe. Le graphite est au contraire transformé en un composé insoluble contenant du carbone, de l'oxygène et de l'hydrogène, découvert et étudié par Brodie sous le nom d'*acide graphitique*. Le diamant même finement pulvérisé ne subit pas trace d'altération. Le carbone se présente donc sous trois états allotropiques parfaitement caractérisés. M. Berthelot a même fondé sur ces réactions une méthode de séparation et de dosage de ces 3 carbones dans le cas hypothétique où on aurait à les déterminer séparément dans un mélange qui les renfermerait tous les trois. (*Annales de Physique et de Chimie* (IV) T. XIX p. 392).

Le carbone est tétratomique dans la presque totalité de ses combinaisons. Parmi les composés où il est diatomique nous n'aurons à citer que l'oxyde de carbone.

Équivalent. L'équivalent du carbone a d'abord été donné par Berzélius et Dulong. En faisant brûler du charbon dans l'oxygène le volume gazeux ne change pas, donc un volume d'acide carbonique contient un volume d'oxygène. Connaissant les densités de l'acide carbonique et de l'oxygène et adoptant la formule CO^2 pour l'acide carbonique on calcule aisément l'équivalent. Dulong et Berzélius ont trouvé :

Densité de l'acide carbonique.	1.5240
Densité de l'oxygène.	1.1026
Différence pour le carbone. . . .	0.4214

d'où $0.4214 : 1.1026 :: \dfrac{C}{2} : 8$ $C = 6.152$. Avec les densités données par Regnault on trouve :

$$C = 6,12$$

Ces nombres sont trop élevés : ils donnaient dans l'analyse des carbures d'hydrogène des poids de carbone et d'hydrogène dont la somme est constamment supérieur au poids du carbure. Or l'équivalent de l'hydrogène avait été confirmé par les expériences de Dumas. Dumas et Stas ont alors fait des expériences pour fixer définitivement l'équivalent du carbone.

La méthode employée était très simple : ils brûlèrent successivement dans l'oxygène pur des poids connus de carbone pur, graphite naturel), graphite artificiel et diamant, puis prirent le poids d'acide carbonique formé en pesant avant et après les tubes à potasse destinés à l'absorber.

L'oxygène était contenu dans un réservoir sur l'eau de chaux; ensuite il passait sur plusieurs tubes à potasse; puis ainsi desséché, il entrait dans un tube en porcelaine qui contenait une quantité pesée de carbone pur dans une nacelle. Ce tube était chauffé au rouge clair et la partie antérieure remplie d'oxyde de cuivre pour brûler tout l'oxyde de carbone qui aurait pu se former, puis venait une suite de 5 tubes : un premier pour dessécher rempli de ponce sulfurique, un tube de Liebig à potasse liquide, puis 2 tubes à fragments de potasse, pour absorber l'humidité enlevée au premier. Enfin un tube à ponce sulfurique pour isoler de l'humidité de l'air.

C'est le tube de Liebig avec les 2 suivants qu'on pesait avant et après l'expérience.

Les nombres très concordants trouvés dans cette analyse donnèrent $C = 6$ et comme le poids atomique du carbone est double de l'équivalent $C = 12$.

Dosage. Le carbone libre est parfaitement insoluble dans tous les dissolvants ainsi que dans les alcalis même fondus et dans les acides; avec l'acide nitrique il ne faut pas chauffer du tout, et avec l'acide sulfurique concentré il ne faut pas chauffer trop fort car le carbone donnerait avec l'acide un dégagement gazeux d'acide carbonique et d'acide sulfureux, mais on peut sans crainte chauffer au bain-marie. Si le résidu obtenu après essai de tous ces dissolvants est du carbone; il brûle à l'air en donnant de l'acide carbonique facile à mettre en évidence par sa propriété de troubler l'eau de chaux. Le dosage du carbone se fait à l'état d'acide carbonique en brûlant la matière qui en renferme par l'oxygène libre ou l'oxyde de cuivre au rouge, absorbant l'acide carbonique formé par la potasse et pesant le tube à potasse avant et après. Les détails de l'opération ont été donnés à l'article ANALYSE CHIMIQUE, § *Analyse organique.*

COMPOSÉS DU CARBONE.

Oxyde de carbone. $CO = 14$; $CO = 28$. L'oxyde de carbone a été obtenu d'abord par Lassone, en 1776, en chauffant au rouge de l'oxyde de zinc avec le charbon. Il a été étudié par Priestley (1796) qui s'en servit comme argument en faveur de la théorie du phlogistique (V. CHIMIE). Sa composition a été fixée par Clément Désormes et par Cruikshank. C'est un gaz incolore, inodore, sans saveur. Sa densité est 0.9678 par rapport à l'air. L'eau, l'alcool en dissolvent une faible fraction de leur volume. Il a été longtemps considéré comme un gaz permanent, mais on sait qu'il n'existe plus de gaz permanents; depuis les récentes expériences de MM. Cailletet et Pictet.

On ne le rencontre jamais à l'état naturel même dans les émanations volcaniques. Il se forme dans la combustion incomplète du charbon et forme en grande partie le gaz combustible des gazogènes pour fours à gaz. Il se forme encore dans la réduction de l'acide carbonique

par le carbone, le fer, le zinc et d'autres métaux; enfin par la décomposition par la chaleur seule, ou en présence d'acide sulfurique de quelques matières organiques. On l'obtient en faisant passer un courant d'acide carbonique à travers une longue colonne de charbon chauffé au rouge :

$$CO^2 + C = 2CO$$

Citons deux préparations plus commodes à employer dans les laboratoires.

1° On chauffe dans un ballon un mélange d'acide oxalique et d'acide sulfurique :

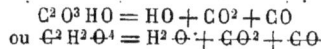

$$C^2 O^3 HO = HO + CO^2 + CO$$
$$\text{ou } C^2 H^2 O^4 = H^2 O + CO^2 + CO$$

On recueille le mélange d'acide carbonique et d'oxyde de carbone sur la cuve à eau et on absorbe l'acide carbonique par la potasse.

2° Le cyanure jaune desséché est chauffé avec un excès d'acide sulfurique concentré. Il se forme d'abord de l'acide cyanhydrique qui en s'unissant aux éléments de l'eau forme de l'ammoniaque et de l'oxyde de carbone qui se dégage seul.

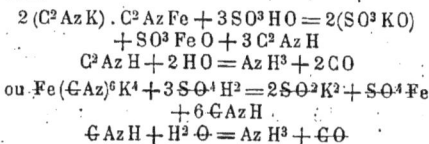

$$2\,(C^2 Az K)\,.\,C^2 Az Fe + 3\,SO^3 HO = 2(SO^3 KO)$$
$$+ SO^3 FeO + 3\,C^2 Az H$$
$$C^2 Az H + 2\,HO = Az H^3 + 2\,CO$$
$$\text{ou } Fe\,(CAz)^6 K^4 + 3\,SO^4 H^2 = 2\,SO^2 K^2 + SO^4 Fe$$
$$+ 6\,CAz H$$
$$CAz H + H^2 O = Az H^3 + CO$$

Quand on veut avoir l'oxyde de carbone tout à fait pur on le fait absorber par le chlorure cuivreux en solution chlorhydrique. Une légère chaleur le dégage.

PROPRIÉTÉS CHIMIQUES. Au contact de l'oxygène ou de l'air l'oxyde de carbone brûle avec une flamme bleue caractéristique en donnant de l'acide carbonique. Le mélange d'oxyde de carbone et d'oxygène détone, si l'un des gaz n'est pas trop dilué.

L'acide chromique l'oxyde à froid. On se sert quelquefois dans l'analyse des gaz d'une boule de plâtre imprégnée d'acide chromique pour transformer en acide carbonique tout l'oxyde de carbone du mélange.

Sous l'influence d'une température élevée l'oxyde de carbone se dissocie, même en présence du charbon en donnant du charbon et de l'acide carbonique. L'étincelle électrique agit de même. L'oxyde de carbone est un réducteur. A une température élevée il réduit à l'état métallique un grand nombre d'oxydes. Dans les hauts fourneaux, c'est lui qui commencerait la réduction de l'oxyde de fer et cela à une température très basse, au-dessous du rouge.

L'oxyde de carbone n'est pas un composé saturé, il lui manque deux valences, et il pourra donc former des produits d'addition. Il s'unit en effet directement au chlore sous l'influence de la lumière solaire pour former l'oxychlorure de carbone $CO\,Cl$ ou $CO\,Cl^2$. Les métaux alcalins s'unissent directement à l'oxyde de carbone.

Nous avons vu qu'il était absorbé par une solution de chlorure cuivreux, acide ou alcaline, et c'est une réaction dont on tire parti dans l'analyse des gaz. M. Berthelot a retiré de cette solution d'oxyde de carbone un composé cristallisé dont la composition probable est :

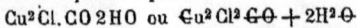

$$Cu^2Cl.CO\,2HO \text{ ou } Cu^2Cl^2CO + 2H^2O$$

En présence d'une solution de potasse ou de soude caustique, l'oxyde de carbone forme un formiate.

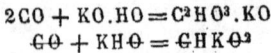

$$2CO + KO.HO = C^2HO^3.KO$$
$$CO + KHO = CHKO^2$$

Avec l'alcool sodé il forme deux composés isomères : le propionate de soude et l'éthylformiate.

Nous sommes loin d'avoir indiqué tous les composés auxquels l'oxyde de carbone, grâce à ses deux valences libres, peut s'unir. Mais nous allons citer une réaction très intéressante, car elle explique l'effet toxique si prononcé de ce gaz, puisque quelques centièmes seulement dans l'air tuent instantanément un oiseau. Cela tient à ce que l'hémoglobine du sang absorbe l'oxyde de carbone en perdant un volume égal d'oxygène. Elle retient ensuite énergiquement cet oxyde de carbone et devient impropre à fixer de nouvelles quantités d'oxygène. (Claude Bernard, Comptes rendus de l'Académie des sciences, t. XLVII p. 393, 1858). L'illustre physiologiste qui a découvert ce fait s'en est même servi pour doser l'oxygène absorbé par le sang : il introduisait une certaine quantité de ce liquide sous une éprouvette d'oxyde de carbone placée sur la cuve à mercure. Au bout de quelques heures tout l'oxyde de carbone était remplacé par l'oxygène et il suffit d'analyser le mélange, ce qui est très aisé. La combinaison d'hémoglobine et d'oxyde de carbone a été isolée par Hoppe Seyler.

C'est à l'oxyde de carbone qu'il faut attribuer l'asphyxie produite par un réchaud dans une chambre fermée. Un chien enfermé dans une chambre close où on avait allumé un réchaud tombait au bout de dix minutes et succombait au bout de 25 minutes. A ce moment l'air ne renfermait que 4,61 0/0 d'acide carbonique (il en faut 30 0/0 pour tuer un chien) et 0,54 0/0 d'oxyde de carbone. (F. Leblanc. *Recherches sur la composition de l'air confiné. Annales de chimie et de physique* (3) t. v. p. 236.)

L'asphyxie par l'oxyde de carbone est accompagnée de vertiges, de nausées et de céphalalgie. Elle est quelquefois progressive et devient très difficile à combattre dès qu'elle est un peu avancée.

Analyse. Les caractères sont la couleur bleue de sa flamme et la formation d'acide carbonique, son absorption par le chlorure cuivreux et sa conversion à froid en acide carbonique par l'acide chromique. Ces deux dernières propriétés donnent facilement l'analyse quantitative. Enfin on le reconnaît à la coloration noire qu'il donne au papier imprégné de chlorure palladeux, $Pd\,Cl^2$. Sa composition s'établit par l'analyse eudiométrique, en faisant détoner un mélange d'oxyde de carbone et d'oxygène. En absorbant ensuite par la potasse l'acide carbonique formé on voit qu'un volume d'oxyde de carbone fixe 1/2 volume d'oxygène

pour former un volume d'acide carbonique. Or, un volume d'acide carbonique renferme un volume d'oxygène, c'est-à-dire deux fois plus que l'oxyde de carbone. L'acide carbonique étant CO^2 l'oxyde de carbone est donc CO.

Chlorure de carbone. On en connaît un assez grand nombre, obtenus en remplaçant par le chlore tous les atomes d'hydrogène d'un hydrocarbure. Leur étude doit donc être faite avec celle de l'hydrocarbure dont ils dérivent.

Nous allons en citer un seul, le tétrachlorure de carbone, CCl^4, liquide incolore et d'une odeur agréable, bouillant à 77°, parce qu'on l'obtient facilement en assez grande quantité en partant d'un produit industriel, le sulfure de carbone, et que par cette raison on l'emploie dans les laboratoires comme dissolvant neutre et inattaquable par le chlore ou le brôme, d'un grand nombre de substances organiques.

Pour le préparer on fait passer un courant de chlore jusqu'à refus dans du sulfure de carbone ; quand l'opération est terminée on le sépare du chlorure de soufre par distillation fractionnée. On peut aussi l'obtenir en faisant passer un courant de chlore dans le chloroforme exposé à la lumière solaire directe.

Acide carbonique. — V. Acides, § *Acide carbonique.*

Sulfure de carbone. Il existe une seule combinaison du soufre avec le carbone ; c'est le bisulfure de carbone, CS^2, ou plus simplement *sulfure de carbone.*

Le sulfure de carbone a été obtenu pour la première fois par Lampadius, en 1796, en distillant une tourbe pyriteuse. On le rencontre dans le gaz d'éclairage, et dans les pétroles et benzines du commerce. On l'obtient d'habitude en faisant passer du soufre en vapeur sur du charbon chauffé au rouge. C'est un liquide incolore, très mobile, d'une odeur éthérée lorsqu'il est pur, d'une saveur âcre et brûlante. Il réfracte fortement la lumière. Sa densité est 1,271 à 15° ; il bout à 46°, sa densité de vapeur est 2,67. Il n'a pas été solidifié et peut servir à construire des thermomètres à basse température ; évaporé rapidement dans le vide, il produit un froid de — 60°. Le sulfure de carbone dissout l'iode, le soufre, le phosphore, le camphre, le caoutchouc. Il est soluble dans l'alcool, l'éther, les huiles essentielles, les huiles grasses, etc. Il est peu soluble dans l'eau (1 0/0) il communique son odeur à ce liquide.

Il forme avec l'eau des hydrates cristallisés. Le sulfure de carbone n'est pas décomposé par un courant de 950 éléments ; cependant le faible courant produit par une lame de platine enroulée d'une feuille d'étain le décompose en carbone cristallisé et en soufre. Il est facilement combustible. Il brûle avec une flamme bleue en produisant de l'acide sulfureux et de l'acide carbonique. Mélangé à l'oxygène, il produit en brûlant une forte détonation. Il s'enflamme à distance à cause de la tension considérable de sa vapeur. C'est un des agents sulfurants les plus énergiques ;

chaûffé en vase clos il transforme les oxydes métalliques en sulfures. Les alcalis caustiques dissolvent peu à peu le sulfure de carbone en formant un liquide brun (V. SULFOCARBONATES). On l'obtient dans les laboratoires par le procédé suivant: on chauffe, dans un fourneau à réverbère, un tube de porcelaine légèrement incliné, rempli de braise de boulanger fortement calcinée. Le tube est muni d'une allonge recourbée, qui va plonger dans le fond d'un vase rempli d'eau et portant un tube de dégagement; l'autre extrémité du tube est fermée par un bouchon de liège. Quand le charbon est porté au rouge, on introduit de temps en temps quelques morceaux de soufre en bâtons et on bouche l'appareil. Le soufre fond, coule vers la partie incandescente du tube et se réduit en vapeurs qui se combinent au charbon. Le sulfure de carbone formé va se condenser en grande partie dans l'eau du flacon refroidi ; une petite portion se dégage en vapeurs avec des gaz acide sulfydrique, oxyde de carbone et hydrogène carboné ou libre.

Schrœtter est le premier qui l'ait préparé en grand (1838). Il employait un cylindre en argile réfractaire, dans lequel on chauffait du charbon de bois ; du soufre liquide était introduit dans le cylindre par une ouverture située près du fond, à la partie supérieure un tube était fixé pour donner issue au sulfure formé. Cet appareil ne donnait que 20 kilogrammes de sulfure de carbone en douze heures, mais il représente le type qui a servi de principe à toutes les dispositions adoptées pour la fabrication en grand.

En 1843, Parkes, en Angleterre, purifiait la gutta-percha et diverses espèces de caoutchoucs au moyen du sulfure de carbone. Marquart de Bonn fabriquait du sulfure de carbone dès 1850 et Clandlon et Perroncel furent les premiers à le préparer en France. Perroncel portait le coke au rouge dans un grand cylindre de fonte de 2 mètres de hauteur et de 0m,30 de diamètre, placé verticalement dans le four. On introduisait le soufre par un tube débouchant au fond du cylindre. La partie supérieure était en communication avec une tourie en terre cuite refroidie, dans laquelle la plus grande partie du sulfure de carbone se condensait, le produit distillé s'écoulait dans un vase placé au-dessous de la tourie ; les parties non condensées traversaient un serpentin.

Deiss, qui est incontestablement celui qui a le plus fait pour le développement de l'industrie du sulfure de carbone, emploie le procédé suivant. L'appareil se compose de quatre cylindres renfermés dans une même enveloppe en maçonnerie. Chaque cylindre a 1m,80 de haut et 0m,50 de diamètre intérieur, il est muni au bas d'un manchon concentrique haut de 0m,15, supportant une grille en terre ; celle-ci reçoit dans une ouverture un peu conique le bout du tube vertical de 5 centimètres de diamètre, en argile, par lequel on introduit le soufre. L'obturateur porte deux autres ouvertures ; l'une qui reçoit le tube de dégagement des vapeurs, ce tube a environ 8 centimètres de diamètre, l'autre plus

grande a 15 centimètres de diamètre, servant à charger le charbon : elle reste close dans les intervalles entre ces chargements. L'opération étant continue, on fait en 24 heures trois charges de charbon ; dans chaque cylindre on introduit, à des intervalles égaux de trois minutes en trois minutes, des charges de soufre grossièrement pulvérisé, en deux cartouches contenant chacune 150 à 156 grammes (on laisse réchauffer pendant une heure et quart après chacune des trois charges de charbon). Les quatre cylindres reçoivent en vingt-quatre heures chacun 125 kilogrammes de soufre. Ces cylindres de 50 à 75 millimètres d'épaisseur, sont scellés dans le mur du four, ils tiennent pendant quelques mois (deux mois en moyenne). Pendant l'opération, la cornue augmente notablement de volume et se change presque entièrement en sulfure de fer. Si la qualité du fer est mauvaise et si le scellement est mal exécuté, la cornue est mise hors d'usage au bout de quelques jours. Les cornues en argile et celles en fonte revêtues en dedans et au dehors d'une couche d'argile ont été abandonnées. L'emploi de cornues en fonte émaillées donnerait peut-être un bon résultat. La flamme du foyer pour se rendre à la cheminée commune se dirige d'abord sous les cornues ou cylindres ; elle circule librement entre l'enveloppe en maçonnerie et les parois externes des cylindres. L'appareil réfrigérant est constitué par dix-huit vases en tôle ou en zinc communiquant entre eux par des tubes. Chacun de ces tubes cylindriques a 66 centimètres de diamètre; sa partie inférieure, ouverte et à bords échancrés, plonge dans une cuvette plus large contenant de l'eau un peu au-dessus des échancrures, de façon à former une fermeture hydraulique qui laisse passer les liquides condensés, en fermant toute issue aux gaz et aux vapeurs. Le faux-fond de ce vase porte, ainsi que les autres, deux tubulures qui doivent recevoir des tubes recourbés en siphon pour faire communiquer tous les vases entre eux et le premier avec le tube abducteur des produits volatils de chaque cornue ; les parois de chaque vase ou cloche cylindrique, s'élevant de dix centimètres plus haut que le faux-fond, contiennent l'eau versée sur ceux-ci servant à refroidir le faux-fond supérieur ainsi que les deux ajutages. Pour chaque groupe de quatre vases une cavité cylindrique située au-dessous du fond des cuvettes permet de siphonner le sulfure de carbone rassemblé au fond de chaque cuvette ; on peut aussi mettre en communication toutes les cuvettes par des siphons amorcés, de sorte qu'en soutirant le liquide du dernier vase de l'appareil on peut vider toutes les cuvettes. Les gaz et vapeurs sortis des quatre cornues, après avoir circulé dans les dix-huit cloches se dirigent par un tube dans une cheminée, soit directement, soit, mieux encore, après être passés par des épurateurs.

Voici comment s'exécute la fabrication du sulfure de carbone dans cet appareil. On remplit les quatre cornues de charbon, on ferme à l'aide d'obturateurs et de lut les ouvertures où étaient engagées les douilles des entonnoirs, on élève la température au rouge clair et l'on commence à introduire le soufre disposé en cartouches. Au moyen du tube dont nous avons parlé, les cartouches arrivent sur le faux-fond de chaque cornue ; on bouche immédiatement l'extrémité supérieure de ce tube avec un tampon de glaise. Les charges de soufre se succèdent de trois minutes en trois minutes ; au bout de sept à huit heures, le charbon est partiellement consumé par la vapeur de soufre et doit être remplacé. On suspend l'introduction du soufre et l'on remplit à l'aide de l'entonnoir en tôle chacun des cylindres de charbon de bois ; on ferme l'ouverture et l'on chauffe pendant une à deux heures pour atteindre la température utile à la réaction indiquée plus haut. Le chargement du charbon se renouvelle donc ainsi trois fois en vingt-quatre heures, il reste vingt heures pour les charges reitérées de soufre et quatre heures pour les trois changements et chauffage du charbon.

Les cornues doivent être chauffées d'une manière très égale au rouge de moyenne intensité, car l'influence de la température est considérable; il faut pour obtenir le rendement maximum atteindre le rouge mais ne pas le dépasser ; M. Berthelot a en effet constaté que le sulfure de carbone se dissocie d'autant plus complètement que la température est plus élevée, il a constaté ce fait curieux *que la décomposition du sulfure de carbone commence aux températures auxquelles il commence lui-même à prendre naissance.* M. Sidot a obtenu au rouge sombre avec 5 grammes de charbon, 17 grammes de sulfure ; avec 6 gr. 3 au rouge, 29 grammes de sulfure; avec 7 gr. 5 au rouge vif, 19 grammes de sulfure.

Dans la fabrication du sulfure de carbone il arrive nécessairement un moment où la quantité de cendres qui s'accumule dans les cornues nécessite un nettoyage ; on enlève alors les tubes qui mettent les cornues en correspondance avec les appareils condensateurs ; l'enlèvement de ces tubes ne présente aucun danger d'explosion, mais il n'en est pas de même lorsqu'on veut les replacer. C'est qu'alors les appareils condensateurs ont eu le temps d'aspirer de l'air, qui, avec les gaz qui s'y trouvent fait un mélange explosif ; pour que cet accident arrive, il faut qu'une étincelle soit projetée d'une cornue dans les appareils condensateurs, cela arrive rarement il est vrai. Une autre difficulté dans cette fabrication est d'absorber en entier l'hydrogène sulfuré qui se dégage à l'extrémité de l'appareil. On ne peut songer à faire plonger le tube qui termine les appareils condensateurs dans de l'eau et à enflammer le gaz car la moindre pression empêcherait l'introduction du soufre dans les cornues, on ne peut non plus brûler les gaz directement, car à un certain moment les appareils sont forcément remplis d'un mélange explosif (lors de l'introduction du charbon). Pour se débarrasser des gaz on les fait passer à travers un lit de paille imprégné d'eau de chaux, mais il faut éviter que cette paille ne se tasse, car il se produirait une certaine pression et l'inconvénient déjà signalé. Deiss a heureusement levé ces difficultés. Les cornues sont mises en communication avec un premier appareil condensateur, de là un tube conduit les vapeurs de sulfure de carbone non condensées dans une série de tubes en communication entre-eux, fermés à la partie supérieure et plongeant à leurs bases de 20 centimètres environ dans l'eau contenue dans un réservoir en plomb ; les tubes d'un mètre sont au nombre de huit et commencent par un diamètre de 40 centimètres pour terminer par un tube de 15 centimètres seulement. A ce dernier tube est adapté un autre tube courbé plongeant dans un appareil fermé au fond de l'eau. Ce petit appareil possède un autre tube qui à un certain moment sert à brûler les gaz soit à l'air libre, soit en les dirigeant dans la cheminée. Dans le premier récipient qui reçoit les quatre tubes partant des cornues se trouve un tube plongeur de 10 centimètres environ de diamètre et plongeant de 15 centimètres au fond de l'appareil. Sur ce récipient se trouve une ouverture ovale de 30 centimètres sur 50 centimètres de longueur, munie d'une cornière qui permet de fermer hermétiquement avec un couvercle cette ouverture. L'appareil étant ainsi disposé on remplit le premier récipient d'eau en entier, on verse également de l'eau dans le petit appareil de sûreté ; cela fait on charge les cornues de charbon de bois léger. Lorsque la masse charbonneuse est devenue incandescente et au moment d'introduire le soufre on siphonne l'eau contenue dans le premier récipient en en laissant cependant assez pour que le tube plongeur plonge de 5 à 6 centimètres. Par le siphonnage le volume de l'eau est remplacé par de l'air qui entre par les tubes servant à introduire le soufre et passe par le charbon où tout l'oxygène est transformé d'abord en acide carbonique puis en oxyde de carbone.

L'appareil étant siphonné on ouvre le petit robinet de l'appareil de sûreté et l'on commence immédiatement l'introduction des cartouches de soufre. Le sulfure de carbone produit, chasse l'oxyde de carbone qui vient brûler le premier, soit à l'air soit dans la cheminée, peu à peu succède l'hydrogène sulfuré qui à son tour brûle tant que dure l'introduction du soufre ; quand le moment est venu, où il faut arrêter pour recharger les cornues de charbon, on remplit le petit appareil de sûreté d'eau, pour empêcher l'absorption de l'air qui ne peut avoir lieu que par les tubes à soufre, mais sans inconvénient comme nous l'avons vu plus haut. On découvre alors les tampons des cornues, on introduit le charbon, et l'on referme, au moment de recommencer on vide l'eau du petit appareil de sûreté et l'opération marche comme précédemment. Lorsqu'on veut nettoyer les cornues, on enlève les tubes qui les mettent en communication avec les appareils condensateurs, on verse de l'eau dans le premier récipient jusqu'à sa partie supérieure et l'on remplit le petit appareil de sûreté; les tubes sont alors enlevés sans le moindre accident. Au moment de recommencer on siphonne l'eau de ce récipient comme il a été dit plus haut.

Grâce à ces perfectionnements, cette fabrication marche maintenant non seulement avec une entière sécurité, mais encore sans aucune émanation de gaz.

M. Hérubel évite les accidents dans l'enlèvement des tubes lors du nettoyage, en introduisant dans les appareils avant le démontage un gaz inerte dont la pression supérieure à celle de l'air atmosphérique en empêche l'introduction ; le gaz employé est l'acide carbonique. Son introduction a lieu par la tubulure conduisant les vapeurs de sulfure de carbone au condenseur par un tuyau.

L'appareil imaginé par Gérard dès 1859 se compose d'un vase en fonte, surmonté d'un tube, par lequel on introduit le charbon ; ce tube porte une tubulure qui conduit la vapeur dans les appareils à condensation. Ce vase porte à sa partie inférieure un ajutage incliné fermé par un obturateur, le soufre est introduit par ce tube lorsque la cornue est chaude. Les cornues de fonte sont protégées de l'usure rapide en recouvrant d'un enduit d'argile les parois extérieures et surtout en augmentant l'espace entre ces parois et celles du fourneau. Le condenseur se compose de trois vases cylindres en zinc communiquant : le vase inférieur, d'un côté, avec le récipient intermédiaire et par la partie supérieure à l'aide de trois tubes verticaux, avec chacun des deux vases superposés ; le dernier portant un tube de dégagement qui s'élève hors de l'atelier, conduisant à l'air libre les gaz et vapeurs non condensés. Le premier vase du réfrigérant sert à la fois à condenser, par ses larges surfaces, les vapeurs de sulfure de carbone et à contenir le liquide condensé dans ce vase et dans les deux autres. Ce liquide est à volonté soutiré par un robinet. Les trois vases cylindriques, ainsi que les tubes qui les font communiquer et les supportent, sont refroidis au moyen d'un courant d'eau.

On charge le vase avec 700 litres de charbon de bois concassé ou de braise, à l'aide d'un entonnoir en tôle, l'entonnoir est retiré et l'ouverture fermée par un obturateur qu'on lute. La température est ensuite portée au rouge vif. Lorsque toute la masse charbonneuse est à cette température on introduit par l'ajutage latéral du soufre qui brûle, se volatilise et se combine au charbon en traversant la masse incandescente. Le soufre entraîné se condense avec une partie du sulfure de carbone dans un vase intermédiaire. Les additions de soufre ont lieu pendant 10 heures (1 kil. 375 par trois minutes), du matin au soir ; le feu est alimenté durant la nuit afin d'achever la volatilisation du soufre. On intercepte le matin la communication avec l'appareil réfrigérant à l'aide d'un tampon de linge humide introduit dans le tube en ôtant l'obturateur. On recharge le vase en fonte en remplissant de charbon toute sa capacité libre ; on vide le vase intermédiaire, on le replace et lorsque la température est de nouveau rétablie au rouge vif, on ajoute peu à peu le soufre par l'ajutage latéral.

Le rendement est en 24 heures de 200 litres de sulfure de carbone pour 215 kilogrammes de soufre et 41 kilogrammes de charbon consommés utilement. La perte est d'environ 5 0/0.

L'appareil de Galy, Cazalat et Huillard diffère de ceux que nous avons indiqués. Il se compose d'une cornue, dans laquelle une partie du charbon, en brûlant, rend incandescente l'autre partie. Un grand four cylindrique est divisé par deux grilles d'argile réfractaire, en deux compartiments de grandeur presque égale. Le supérieur aboutit à une courte cheminée qu'on peut fermer au moyen d'une soupape. Sur le pourtour de la cheminée est un vase annulaire en fer, dans lequel on place du soufre qui, amené à l'état liquide, coule dans la partie supérieure du four. Le compartiment inférieur peut, par un tube débouchant près de la base, être mis en communication avec un réfrigérant. Il est en outre pourvu d'une ouverture se fermant à volonté, par laquelle on introduit le coke ; une seconde ouverture située très près du fond, sert à l'entrée de l'air. La manière de procéder est la suivante : après avoir allumé, dans la partie inférieure du four, un feu de coke, on la remplit entièrement avec du coke ; la soupape de la cheminée étant ouverte, et la communication avec le réfrigérant interrompue, on entretient le feu jusqu'à ce que tout le contenu du four soit devenu rouge et que le soufre dans le vase annulaire soit en fusion. On ferme alors la soupape de la cheminée, on intercepte le passage de l'air, on relie l'espace inférieur avec le réfrigérant et l'on fait couler du soufre sur la grille double portée au rouge. Le soufre se vaporise très rapidement, traverse le coke incandescent de haut en bas et s'échappe à l'état de sulfure de carbone vers le réfrigérant. Au bout de quelque temps, la température du coke s'abaisse au point qu'il ne se forme plus de sulfure de carbone ; on interrompt alors l'écoulement du soufre ainsi que la communication avec le réfrigérant, et l'on ouvre la soupape de la cheminée et le soupirail inférieur pour laisser de nouveau l'air se porter sur le coke. Le sulfure de carbone et le soufre restés dans la cornue s'enflamment, une partie du coke brûle également, le four s'échauffe de nouveau, on remet du soufre dans le vase annulaire, on ajoute du coke et l'opération continue. Il ne se produit pas d'explosion parce que la vapeur de sulfure de carbone s'enflamme avant que son mélange avec l'air ait le temps de se former ; par ce fait une grande quantité de soufre est perdue ou bien n'est utilisée que comme combustible.

Sussex, puis Wagner, avaient proposé de distiller les sulfures métalliques avec du charbon ; M. Labois a appliqué ce procédé dans la fabrication en grand ; il obtient le sulfure de carbone par l'emploi des pyrites de fer et de cuivre. Ce procédé consiste essentiellement à mettre en présence dans un manchon fermé ou tube cornue en terre réfractaire, des pyrites de fer ou de cuivre avec du coke, du charbon de bois broyé fin, et de la pierre à chaux (CaO,CO^2). Industriellement, voici comment l'on opère. Dans un four chauffé à la houille, au coke ou au gaz, on dispose convenablement le manchon, puis on verse les matières précitées dans l'ordre suivant et par lits successifs ; charbon de bois, coke, pyrite, pierre à chaux, en recommençant le lit suivant. On ferme le manchon et on le soumet à la chaleur du four ; la haute température produit la combustion du soufre pour former dans la réaction du sulfure de carbone qui abandonne au fur à mesure l'acide sulfhydrique et les autres gaz étrangers aux couches absorbantes de carbonate de chaux. On recueille le sulfure de carbone de la façon ordinaire et on le rectifie.

Pour l'obtention de 800 à 1000 kilogrammes de sulfure de carbone on emploie :

Charbon de bois pilé	200 à	250 kilos.
Coke	200 à	250 —
Pyrite séchée	340 à	360 —
Carbonate de chaux sec. . . .	1.000 à	1.100 —

La température est poussée au rouge blanc. Comme sous-produit on obtient du sulfate de fer ou de cuivre suivant la pyrite, ou simplement du fer ou du cuivre. Pour extraire tout le soufre contenu dans les pyrites, il faut une grande dépense de combustible : aussi MM. Labois se contentent de distiller 12 à 15 0/0 du poids total de pyrite, soit le tiers du soufre contenu, puis ils utilisent immédiatement après, les résidus incandescents pour la fabrication de l'acide sulfurique. L'appareil consiste essentiellement en une cornue de distillation à trois tubulures ou branchements assise dans un fourneau approprié, recevant en haut le charbon de bois et les pyrites à distiller, conduisant les gaz dans une conduite à fourneau au charbon de bois pour former le sulfure de carbone et se débarrassant par le branchement du bas, des résidus incandescents, branchement continué jusqu'aux grilles à acide sulfurique par un couloir en terre réfractaire ou en fonte. Ce conduit peut se remplacer par un vagonet spécial ou toute autre disposition.

Quelqu'ait été l'appareil employé à la production du sulfure de carbone, celui-ci est loin d'être pur ; il renferme 10 à 15 0/0 de soufre et de l'hydrogène sulfuré. Outre ces impuretés, il doit nécessairement en contenir d'autres formées par des combinaisons de carbone, de soufre et d'oxygène. Deiss rectifie le sulfure de carbone dans une chaudière en tôle à fond plat d'une longueur de 3 mètres, large de 2 mètres et haute de 1 mètre sous le couvercle bombé. Ce couvercle doit être recouvert de corps non conducteurs afin d'éviter une perte de chaleur qui fait condenser et retomber le sulfure de carbone. Chaque distillation est de 5.000 kilogrammes de sulfure. La chaudière est munie d'un trou d'homme à sa partie supérieure et communique par six tubes recourbés en col de cygne avec six serpentins verticaux plongeant dans de l'eau qui se renouvelle à volonté. Au fond de la chaudière et dans un plan horizontal sont disposés deux serpentins indépendants pour le chauffage (recouverts d'un faux fond troué) ; le premier chauffant par contact, reçoit d'abord toute la vapeur qui doit porter tout le liquide à 48° ; la distillation commence aussitôt et dure

trois ou quatre jours ; 100 kilogrammes de vapeur d'eau suffisent en se condensant pour volatiliser 650 kilogrammes de sulfure.

Mais par la distillation seule on ne peut obtenir un produit pur, tel qu'on le demande pour certains usages. Bonière rectifiait le sulfure de carbone et le forçait à passer dans des solutions de potasse, de sels, de fer et de cuivre.

Seyfferth a obtenu un très bon résultat, en précipitant les vapeurs de sulfure de carbone par une pluie d'eau froide. Deiss le purifie par la distillation avec du sodium, de l'eau de chlore et une solution de chlorure de chaux. Sidot agite le sulfure de carbone rectifié avec du mercure pur. Cloëz l'agite avec 1/2 0/0 de sublimé, et distille avec 2 0/0 de graisse incolore. Millon le mélange avec la moitié de son volume de lait de chaux et distille à douce température ; la chaux peut être remplacée par de la litharge ou par du cuivre, du fer ou du zinc, on le conserve dans des flacons renfermant quelques copeaux de chaux, de zinc ou de fer, ou enfin de la litharge. Braun distille plusieurs fois le sulfure de carbone avec de l'huile pure.

Le sulfure de carbone rectifié s'expédie en barils cylindriques en tôle, ayant 75 centimètres de hauteur et 60 centimètres de diamètre à fonds rentrés et bords saillants ; un ajutage fermant à vis et rondelle de cuir clôt hermétiquement ce baril. On emploie également avec succès des bonbonnes en tôle galvanisée dont la tubulure est close par un ajutage fermant à vis.

Hygiène professionnelle. La plupart de ceux qui respirent pendant longtemps de l'air chargé de sulfure de carbone, éprouvent des maux de tête, des nausées, des douleurs dans les membres, particulièrement dans les jambes, et finalement un affaiblissement des forces physiques et intellectuelles, et notamment de la mémoire. Le seul moyen de garantir la santé des ouvriers consiste à employer des appareils clos hermétiquement, et à établir une bonne ventilation dans les ateliers où se prépare le sulfure de carbone.

Administration. La fabrication du sulfure de carbone et les manufactures dans lesquelles on l'emploie en grand appartiennent à la première classe des établissements classés (insalubres, incommodes et dangereux). En effet, il y a pour ces matières grand danger d'incendie, odeur incommode et production de vapeurs délétères de sulfure de carbone ayant une action nuisible sur la santé des ouvriers. Il y a aussi dégagement d'hydrogène sulfuré. Les prescriptions obligatoires sont les suivantes :

Construire les ateliers en matériaux incombustibles, avec combles en fer, les ventiler énergiquement, les éclairer par la lumière du jour, n'y jamais pénétrer avec une lumière, rendre le sol imperméable.

L'atelier de fabrication doit être éloigné des autres ateliers à une distance de 20 ou 30 mètres, et doit être séparé de l'atelier de condensation par un mur en maçonnerie dépassant le comble ; il doit être dallé ou bétonné avec pentes et rigoles pour conduire dans une citerne étanche les liquides répandus accidentellement.

Luter tous les appareils avec le plus grand soin, placer les condensateurs sous l'eau ou les fermer par des obturateurs hydrauliques.

Les gaz non condensés, après avoir traversé des épurateurs contenant de la chaux hydratée pulvérulente, sont dirigés vers la cheminée.

Placer en dehors de l'atelier l'ouverture des foyers.

Recouvrir les cylindres en fonte de hottes destinées à enlever les vapeurs qui s'échappent lors du chargement des appareils, et intercepter toute communication avec l'appareil de condensation au moyen d'un tampon de linge humide ou par tout autre moyen.

Transvaser le sulfure de carbone des appareils condensateurs à l'atelier de rectification au moyen d'une pompe fixe et étanche.

Établir les chaudières de rectification dans un atelier spécial, éloigné d'au moins 30 mètres des autres ateliers.

Opérer la rectification à la vapeur et placer les générateurs et leurs foyers à 20 ou 30 mètres des ateliers, recueillir le sulfure condensé à la sortie des serpentins dans une citerne enduite de ciment et maintenir toujours une couche d'eau d'au moins 1 mètre d'épaisseur surnageant le sulfure pour prévenir la diffusion des vapeurs.

Ne laisser pénétrer les ouvriers dans les chaudières à la fin de l'opération, qu'après y avoir fait une injection de vapeur d'eau au moyen d'un second serpentin troué pour chasser la totalité du sulfure.

Opérer le transvasement de la citerne dans les vases en métal au moyen d'une pompe.

Usages. Nous ne ferons que signaler les principales applications du sulfure de carbone, renvoyant le lecteur aux articles dans lesquels l'emploi du sulfure de carbone est indiqué avec détails. Indépendamment de ses usages dans la fabrication du *caoutchouc* (V. ce mot) et dans le traitement des *vignes phylloxérées*, le sulfure de carbone a reçu depuis un certain nombre d'années des applications nouvelles et très considérables.

Deiss en tire un parti précieux dans l'extraction manufacturière des huiles et de diverses autres matières grasses engagées dans des marcs et autres résidus de diverses industries ; nous donnerons une énumération sommaire des résidus de ce genre : 1° les dépôts bruns dits *glycérine goudronneuse* provenant de la saponification sulfurique, préparatoire à la distillation des acides gras ; ces dépôts doivent être mélangés avec de la sciure de bois pour faciliter la filtration des dissolvants ; on en extrait 18 à 20 0/0 d'acides gras ; 2° les cambouis bruns provenant de substances grasses employées au graissage des essieux de vagons, etc. ; on traite d'abord à chaud par l'acide sulfurique, on lave et on sèche, pour décomposer l'émulsion savonneuse et mettre à nu la matière grasse ; 3° les étoupes et chiffons gras qui ont servi au nettoyage et au graissage ; 4° les résidus lavés et pressés de l'extraction de la cire d'abeilles ; 5° les sciures de bois après qu'elles ont servi à filtrer les huiles de graines épurées par l'acide sulfurique ; les tourteaux de ces sciures fortement pressées cèdent encore 15 à 18 0/0 de leur poids ; 6° les fèces acides ou dépôts boueux des huiles battues avec 25 0/0 d'acide sulfurique ; ces dépôts contiennent 50 0/0 d'huile que le sulfure de carbone extrait après qu'on les a lavés à l'eau bouillante ; 7° les os et fragments d'os des animaux de boucherie ; on en extrait 10 à 12 0/0 de graisse au lieu de 7 que l'on obtient par les moyens usuels ; 8° les

tourteaux de graines oléagineuses (1) ; 9° les pains de cretons (résidus de la pression des suifs bruts fondus) ; 10° les détritus de cacaos ; 11° les résidus ou marcs d'olives. Les appareils de Deiss, Lœwenburg, Braun employés à ces extractions seront décrits aux articles Huile, Os, etc.

Le sulfure de carbone est employé pour le dégraissage des laines (appareil Moison, Braun, etc.) ; à l'extraction du bitume pur normal des grès imprégnés de bitume (Moussu). Millon a basé sur son emploi un élégant procédé d'extraction des parfums qui a été appliqué industriellement par Piver. — V. PARFUMERIE.

Il est utilisé dans le traitement des épices (poivre, girofle, ail, oignon) pour préparer les épices solubles.

Pour la purification de la paraffine brute (d'après la méthode d'Alçan).

Pour la préparation du *feu liquide* qui est une dissolution de phosphore dans le sulfure de carbone, on en a rempli des projectiles incendiaires pour les canons rayés.

Dans la fabrication du prussiate de potasse (Procédé Gélis). — V. CYANURE.

Dans la fabrication du sulfocyanure d'ammonium pour la fabrication des serpents de Pharaon.

Le sulfure de carbone dissout le cyanure de potassium, tandis que le cyanate et le carbonate y sont insolubles ; par suite, on peut obtenir du cyanure pur au moyen des sels préparés selon le procédé de Liébig.

On l'a utilisé dans l'industrie du phosphore pour séparer le phosphore amorphe d'avec le phosphore ordinaire.

On a essayé son emploi pour l'extraction du soufre de ses minerais. A Bagnoli, près de Naples, où fonctionne ce procédé, l'opération constitue un véritable lavage méthodique des minerais. Le sulfure de carbone sort, à l'extrémité du circuit, saturé de soufre, c'est-à-dire qu'il en renferme 25 à 30 0/0. Les liquides sont alors distillés de façon à recueillir le sulfure de carbone. Ce sulfure est préparé sur place.

On a tiré profit dans l'industrie et surtout dans la photographie de la flamme lumineuse de la combustion du sulfure de carbone dans le bioxyde d'azote.

Le sulfure de carbone se transformant facilement en tétrachlorure de carbone, on l'utilise pour la fabrication de ce corps. On fait passer dans un tube de porcelaine incandescent un mélange de chlore gazeux et de vapeur de sulfure de carbone. Le tétrachlorure de carbone en traversant un tube chauffé au rouge, fournit le sesquichlorure de carbone qu'on utilise comme moyen d'oxydation dans les industries tinctoriales.

Dans l'argenture galvanique, on ajoute un moment au bain d'argent une petite quantité de sulfure de carbone pour obtenir immédiatement

(1) *La quantité de tourteaux, deux fois pressés, journellement obtenue à Marseille, s'élève à 200,000 kilogrammes, représentant au moins 20,000 kilogrammes d'huile ; on a eu, pour une année de travail de 300 jours, 6 millions de kilogrammes.*

un dépôt brillant, mais on a été obligé de renoncer à cet usage, les dépôts se piquant.

En raison de ses propriétés vénéneuses, le sulfure de carbone est employé comme mort aux rats, comme insecticide contre les mites, pour la conservation du blé dans les silos.

Le sulfure de carbone comme dissolvant, sert aussi dans les analyses chimiques. Berjot a imaginé un appareil pour mesurer la richesse des graines en huile, en en extrayant le corps gras par le sulfure de carbone.

La solubilité de l'iode dans le sulfure de carbone, permet de le séparer de l'eau, qui y est insoluble. Ce moyen a été indiqué pour déterminer la quantité d'eau de l'iode du commerce.

Enfin rappelons que des tentatives ont été faites en Angleterre et en Amérique pour faire marcher les machines à vapeur par le sulfure de carbone. — A. Y.

CARBONATATION. Saturation artificielle d'une base par un courant d'acide carbonique. — V. Su-CRERIE.

CARBONIFÈRE. *T. de minér.* Qui porte, qui contient du charbon.

CARBONIQUE (Acide). — V. ACIDES.

CARBONISATION. *T. techn.* Opération qu'on fait subir aux matières végétales ou animales qu'on se propose de réduire à l'état de *charbon*, en éliminant, par une combustion incomplète, ou par une distillation à l'abri du contact de l'air, les substances volatiles susceptibles de se dégager à l'état de gaz ou de vapeurs.

Les procédés de carbonisation varient, en général, suivant la nature des matières à traiter et suivant les produits qu'on veut en obtenir.

Nous nous bornerons à énoncer ici, d'une manière succincte, les principales méthodes de carbonisation, en les classant par catégorie de matières, et renvoyant le lecteur aux articles spéciaux que nous consacrons au traitement des différentes substances auxquelles l'industrie applique les divers procédés de carbonisation.

Carbonisation des bois. Cette opération, qui a pour objet de produire le *charbon de bois*, dont les usages domestiques et industriels sont nombreux, s'est pratiquée jusqu'à une époque assez récente, par le procédé dit *des forêts;* c'est la carbonisation en *meules*, qu'on emploie encore aujourd'hui d'une façon presque générale.

Depuis que les progrès de la chimie ont fait connaître les produits qu'on peut extraire du bois, ainsi que les applications importantes de ces produits, on a commencé à substituer au procédé des meules, qui laisse perdre ces substances utiles, une méthode de carbonisation en vase clos qui permet de recueillir toutes les matières volatiles que cette sorte de distillation peut donner. L'acide pyroligneux, l'acide acétique, le méthylène, le goudron, sont les principales substances que fournit ce système de carbonisation, qu'un certain nombre d'usines appliquent maintenant sur une grande échelle. — V. CHARBON DE BOIS.

Les bois légers, destinés à la production du charbon servant à fabriquer la poudre, sont carbonisés en vase clos ; on laisse généralement perdre les gaz et les vapeurs qui se dégagent durant la distillation, mais on peut les amener dans le foyer, et les utiliser ainsi au chauffage de l'appareil où s'opère la carbonisation.

On vient de créer, à côté de Paris, un établissement où, par de nouveaux procédés fort ingénieux, on soumet à la carbonisation en vase clos des déchets de bois jusqu'alors sans emploi, tels que des sciures, des poudres provenant des bois qui ont servi à faire les extraits pour la teinture : on en obtient ainsi par la carbonisation, l'acide pyroligneux et les autres substances que donne la distillation du bois en vase clos.

Carbonisation de la houille. La carbonisation de la houille a pour but de produire le *coke* employé généralement pour les usages métallurgiques.

Cette carbonisation s'effectue dans des fours ouverts, de formes et de dimensions diverses, quand on ne veut pas recueillir les produits volatils ; c'est ainsi qu'on procède ordinairement à côté des houillères, où l'on traite les poussiers de houille restant sur le carreau de la mine, pour les transformer en coke et augmenter par ce moyen leur valeur commerciale.

Mais aujourd'hui que les goudrons de houille sont recherchés à cause des nombreuses substances qu'on sait en extraire, la carbonisation de la houille tend de plus en plus à se faire en vases clos, c'est-à-dire dans des *fours fermés*, dont l'échappement n'est pas en communication directe avec l'atmosphère. Les gaz et les vapeurs se dégagent par un orifice qui les conduit à un appareil de condensation, où l'on recueille les goudrons et les eaux ammoniacales. — V. COKE.

Carbonisation des tourbes. Opération qui a pour but de produire le *charbon de tourbe*, combustible d'un emploi plus avantageux que la tourbe elle-même, surtout dans les usages domestiques, comme charbon de ménage. On carbonise la tourbe en *tas* ou *meules*, à peu près comme on fait pour le charbon de bois dans les forêts : ou bien on la carbonise dans des fours, et même dans des appareils entièrement fermés, quand on veut recueillir les goudrons et autres produits de la distillation. Ces produits ont de l'importance, et la carbonisation en vase clos devrait même être plus répandue qu'elle ne l'a été jusqu'à ce jour. — V. PARAFFINE, TOURBE.

Carbonisation des goudrons. Cette opération, qui se rattache à la série des carbonisations, puisqu'elle a pour but de produire un charbon d'une nature particulière, qu'on appelle *noir de fumée*, s'applique aux goudrons d'origine minérale et végétale, c'est-à-dire aux goudrons provenant de la distillation des houilles, des schistes, des pétroles, comme à ceux qui proviennent de la distillation du bois. — V. NOIR DE FUMÉE.

Carbonisation des os. C'est l'objet d'une industrie importante, la fabrication du *noir* *animal*, dont les produits reçoivent de nombreuses applications. Cette carbonisation ne peut s'effectuer qu'à l'abri du contact de l'air, dans des vases hermétiquement clos par un lut d'argile. La moindre atteinte de l'air sur les os chauffés au rouge laisserait à nu des parties blanches, qui ne seraient autre chose que l'élément minéral de l'os, le phosphate de chaux, séparé du charbon que l'oxygène de l'air aurait brûlé. Deux procédés différents sont en pratique : la carbonisation en *pots* ou *marmites* en fonte, qui laisse perdre les produits volatils ; et la carbonisation en cornues, par laquelle on recueille le gaz, l'eau ammoniacale, les huiles et les goudrons gras, que produit la distillation. Nous étudierons cette fabrication importante, ainsi que les applications diverses de ses produits, au mot Noir animal.

Carbonisation de l'ivoire. Opération qui rentre dans la *carbonisation des os*, et à laquelle nous consacrons une mention spéciale. Le produit de cette opération est utilisé dans l'industrie sous le nom de *noir d'ivoire*. — V. ce mot.

Nous croyons inutile de prolonger l'énumération des autres substances auxquelles peut s'appliquer encore la carbonisation. Nous avons voulu seulement donner ici un aperçu sommaire des industries diverses dont la carbonisation est un des éléments d'action. Quant aux méthodes, elles se rattachent toutes aux deux systèmes que nous avons énoncés : 1° la carbonisation dans des fours, des creusets, des moufles, avec plus ou moins de précautions pour empêcher le contact direct de l'air ; 2° la carbonisation en vases hermétiquement clos, sans aucune communication avec l'atmosphère. Quant aux appareils, ils diffèrent beaucoup suivant les matières à traiter ; nous les décrirons dans l'étude des diverses industries auxquelles ils se rapportent. — G. J.

Carbonisation pharmaceutique. On applique la carbonisation à diverses substances employées en pharmacie, pour mettre en liberté le carbone qu'elles contiennent. Cette opération se pratique surtout pour certaines substances végétales. On emploie aussi en pharmacie des charbons d'origine animale. Tel est dans le règne végétal, le charbon d'éponge, par exemple, qui n'est, en réalité, que le produit d'une torréfaction ; et, dans le règne animal, le noir animal, dont la fabrication appartient au domaine industriel. — V. Carbonisation des os, Noir animal.

Pour l'usage médical, on emploie les charbons de bois blancs légers, comme ceux de peuplier (*Charbon dit de Belloc*), de coudrier, de tilleul, le charbon de quinquina. Ils sont surtout utilisés comme dentifrices, à cause de leur pouvoir absorbant dû à une grande porosité. Le charbon est encore employé dans les digestions difficiles, pour effectuer l'absorption des gaz qui se produisent en trop grande abondance.

La préparation de ces charbons est fort simple. On les obtient en plaçant les jeunes branches des arbres indiqués, ou les écorces du quinquina, dans un creuset en terre, et l'on interpose entre ces fragments du sable fin, bien lavé. On lute au moyen d'argile le creuset avec son couvercle, et on chauffe au rouge sombre ; après un temps convenable, on retire du feu et on laisse refroidir. Les charbons obtenus sont ensuite brossés pour enlever le sable, parfois même lavés à l'eau acidulée, puis pulvérisés avec soin.

CARBONISER. Réduire en charbon.

* **CARBONISEUSE.** Machine employée pour le séchage de la laine après *épaillage*. — V. ce mot.

* **CARBONITE.** *Diamant noir. T. de minér.* La carbonite est aigre, moins fragile que le diamant cristallisé ; elle est combustible au chalumeau. Sa cassure est généralement d'un gris foncé, mais parfois elle passe au noir : dans certains échantillons, le centre est cristallin. Cette variété n'a été trouvée qu'à Bahia, au Brésil (1843) ; elle se vend de 5 à 7 francs le carat. || *T. de chim.* Nom du sel formé par une base et l'acide carboneux.

* **CARBURATEUR.** *T. techn.* Appareil destiné à effectuer la saturation du gaz d'éclairage par des vapeurs d'huiles hydrocarburées, donnant à la flamme une intensité plus considérable. — V. l'article suivant.

* **CARBURATION.** *T. de chim.* On désigne sous le nom de *carburation*, l'opération qui consiste à saturer au moyen de vapeurs d'hydrocarbures volatils, soit le gaz destiné à l'éclairage, afin d'augmenter son pouvoir éclairant, soit l'air lui-même, pour lui donner la propriété de produire, en raison des vapeurs inflammables dont il est chargé, une flamme brillante à l'orifice d'un bec de gaz ordinaire.

Partant de ce principe qu'une flamme est d'autant plus éclairante qu'elle contient plus de molécules de carbone en ignition, il suffit de mélanger avec le gaz courant, même quand ce gaz est de qualité inférieure, une certaine proportion de vapeurs combustibles d'un hydrocarbure léger, tel que la benzine, par exemple ; et si les conditions de la combustion sont réglées de façon que la quantité de carbone soit en rapport avec l'activité du foyer, et n'excède pas la proportion qui peut être introduite dans la flamme sans la rendre fuligineuse, on obtiendra par ce moyen une notable augmentation du pouvoir éclairant. Le principe des *carburateurs*, — c'est ainsi qu'on nomme les appareils destinés à opérer cette saturation du gaz ou de l'air par les hydrocarbures volatils, — est toujours le même : le gaz s'introduit dans un récipient métallique où le liquide est divisé en une surface d'évaporation formée, soit de mèches, soit de toute autre matière, de nature à augmenter le plus possible le contact du gaz avec l'huile volatile. Les carburateurs Levêque, Lenoir, le carburateur Universel, et tous les autres systèmes tour à tour essayés par de nombreux inventeurs, reposent tous sur le même principe, et ne diffèrent que par les dispositions plus ou moins ingénieuses imaginées pour le réaliser. Mais quel que soit le système d'appareils employé, la carburation du gaz présente, à côté de ses avantages, certains défauts inhérents à la nature même de l'opération

D'abord, l'économie de la carburation doit nécessairement varier suivant la qualité du gaz, et suivant la qualité de l'huile employée. Or, la composition des hydrocarbures est loin d'être constante. Les huiles légères qu'on extrait des goudrons de houille, comme celles qui proviennent de la distillation des schistes bitumineux, ne sont pas une substance simple, mais bien au contraire un mélange de divers hydrocarbures, en proportions variables d'une distillation à l'autre. On ne peut donc pas absolument compter sur l'homogénéité du liquide destiné à la carburation ; et comme ces huiles différentes n'ont pas toutes le même degré de volatilité, il arrive toujours que les huiles les plus volatiles s'échappent les premières, de sorte que le liquide, dont la composition se modifie à mesure que le courant gazeux lui enlève les molécules les plus légères, finit par perdre peu à peu sa propriété carburante, et laisse un résidu dont on ne peut obtenir les résultats voulus. Si, pour éviter cet inconvénient, on voulait employer des liquides entièrement volatils, il faudrait avoir recours à des essences très légères, parfaitement rectifiées, dont le prix élèverait considérablement la dépense de l'opération. C'est pour cette raison que les sociétés qui ont tenté de propager l'emploi des carburateurs n'ont pu obtenir quelques résultats qu'à la condition de se charger elles-mêmes de l'entretien et du renouvellement des réservoirs d'huile.

La carburation est d'autant plus facile, que le liquide employé est plus volatil ; mais plus un liquide est facilement volatilisable, plus il est aussi susceptible de se condenser sous diverses influences, particulièrement par les variations de température et le frottement dans les tuyaux. Par conséquent, ces influences produisent nécessairement des variations dans le degré de saturation, et par suite dans le pouvoir éclairant.

Ce que nous disons de la carburation du gaz s'applique à celle de l'air, et dans ce cas les imperfections s'aggravent encore par suite de la différence dans la nature chimique et dans les densités des fluides en présence ; l'air ne peut remplir d'autre rôle que celui de véhicule des vapeurs hydrocarburées ; il ne peut former avec elles qu'un mélange d'autant plus susceptible de modifications que les huiles auront une plus grande volatilité. Malgré le bruit qu'on a fait, et qu'on fait encore autour de certaines inventions qui prétendent réaliser un système pratique d'éclairage par la carburation de l'air, ces tentatives ne peuvent s'empêcher de se heurter aux principaux écueils signalés plus haut. On remédie dans une certaine mesure aux défauts de la carburation, mais on ne les supprime pas, puisqu'ils sont la conséquence, d'abord des lois physiques qui régissent les actions moléculaires, la volatilisation, le frottement, les influences de la température, et qu'ils sont la conséquence aussi de la composition même et de la fabrication des huiles hydrocarburées. — G. J.

‖ T. de métall. Opération par laquelle on soumet le fer à l'action du carbone. — V. Acier, Fer.

CARBURES D'HYDROGÈNE. On désigne sous le nom de *carbures d'hydrogène* ou *d'hydrocarbures* les innombrables combinaisons du carbone et de l'hydrogène. On en rencontre un grand nombre dans les bitumes, les naphtes, les pétroles, le goudron de houille, et les produits de distillation sèche des matières organiques. Un très grand nombre d'autres n'ont été produits qu'en laboratoire.

Tous les carbures d'hydrogène renferment un nombre pair d'atomes d'hydrogène. Ceux qui en renferment le plus sont les carbures saturés répondant à la formule $C^n_2 H^{2n+2}$; $C^n H^{2n+2}$. Ces carbures ne donnent que des produits de substitution, jamais de produits d'addition. Le premier terme de cette série est le méthane $C^2 H^4$; CH^4. C'est au moyen de ce corps qu'on peut fixer nettement le poids atomique et l'atomicité du carbone. Il faut bien admettre qu'il ne renferme qu'un atome de carbone puisque, quoique saturé, c'est le plus léger des hydrocarbures, et il renferme au moins quatre atomes d'hydrogène, puisqu'on y peut remplacer l'hydrogène par quarts au moyen du chlore ou du brome. Sa densité de vapeur indique ensuite nettement qu'il répond à la formule CH^4. D'ailleurs, toute la chimie du carbone vient concorder ce fait au moyen de l'hypothèse si simple de Kekulé, d'après laquelle s'il y a plusieurs atomes de carbone dans une molécule d'hydrocarbure, il faut que ces atomes soient liés entre eux par l'échange d'au moins deux atomicités, car la liaison ne saurait se faire au moyen de l'hydrogène monovalent. On voit alors de suite pourquoi la formule des carbures saturés est $C^n H^{2n+2}$: C^n représente $4n$ atomicités, mais pour lier n atomes il faut $(n-1)$ liaisons, représentant la perte de $2(n-1)$ atomicités. La formule des carbures saturés est donc

$$C^n H^{4n-2(n-1)} = C^n H^{2n+2}$$

en équivalents $C^n_2 H^{2n+2}$.

Voici les premiers de ces hydrocarbures :

$C^2 H^4$	Méthane ou hydrure de méthyle CH^4.		Gazeux.
$C^4 H^6$	Ethane ou hydrure d'éthyle $C^2 H^6 = (CH^3 - CH^3)$		Gazeux.
$C^6 H^8$	Propane ou hydrure de propyle $C^3 H^8 = (CH^3 - CH^2 - CH^3)$.		Bout à — 17°.
$C^8 H^{10}$ Butanes $C^4 H^{10}$	$CH^3 - CH^2 - CH^2 - CH^3$. Butane normal (diéthyle). . . .		Bout à + 1°.
	$CH^3 - CH < {}^{CH^3}_{CH^3}$ Pseudobutane		Bout à — 17°.
$C^{10} H^{12}$ Pentanes $C^5 H^{12}$	$CH^3 - CH^2 - CH^2 - CH^3 - CH^3$. Pentane normal		Bout à + 38°.
	$CH^3 - CH^2 - CH < {}^{CH^3}_{CH^3}$ Diméthylpropane.		Bout à + 30°.
	${}^{CH^3}_{CH^3} > C < {}^{CH^3}_{CH^3}$ Tetraméthylméthane		Bout à + 9°5. Solide à — 20°.

Il est aisé de voir qu'au delà, le nombre des isomères possibles croît assez rapidement, mais on ne les connaît qu'en partie. Il devient aussi plus difficile d'établir leur constitution. La paraffine qui fond entre 45 et 65° et distille vers 300°, renferme un mélange de carbures de cette série et de celle de l'éthylène, qui n'ont pu être isolés.

Les carbures répondant à la formule $C^{2n} H^{2n}$; $C^n H^{2n}$ forment la série des oléfines ou série de l'éthylène, du nom de son premier terme connu $C^4 H^4$; $C^2 H^4$. Ils se combinent directement à deux atomes de chlore ou de brome pour se saturer. Ultérieurement ils pourront donner des produits de substitution. Ils offrent, comme les précédents, des cas d'isomérie nombreux à partir des butylènes $C^8 H^8$; $C^4 H^8$. Le nom d'*oléfines* leur vient de ce que les produits de la combinaison des premiers termes avec le chlore ou le brome ont un aspect huileux. On admet que dans ces carbures il y a 2 atomes de carbone réunis par une double liaison qui se réduirait à une liaison simple par l'addition de 2 éléments monovalents.

Vient ensuite la série de l'*acétylène* $C^{2n} H^{2n-2}$; $C^n H^{2n-2}$ dont le premier terme est l'acétylène $C^4 H^2$; $C^2 H^2$. Ils forment avec le chlore ou le brome 2 produits d'addition, l'un non saturé $C^{2n} H^{2n-2} Cl^2$; et l'autre saturé $C^{2n} H^{2n-2} Cl^4$; $C^n H^{2n-2} Cl^4$. En présence des sels de cuivre et d'argent beaucoup d'entre eux donnent des combinaisons métalliques dont on peut les chasser au moyen d'un acide. Tel est l'acétylène $CH \equiv CH$. Ils peuvent avoir une triple liaison comme l'acétylène ou deux doubles liaisons entre 2 atomes de carbone. Il paraîtrait que ce sont les premiers seuls qui donnent des combinaisons métalliques.

On connaît encore parmi les hydrocarbures à chaîne ouverte désignés sous le nom de *carbures de la série grasse*, un hydrocarbure en $C^n H^{2n-4}$ le vallylène $C^{10} H^6$; $C^5 H^6$ et un hydrocarbure en $C^n H^{2n-6}$ le dipropargyle $C^{12} H^6$; $C^6 H^6$ isomère du benzol.

Cet article ne contenant que des généralités, on trouvera les principaux carbures traités à part aux mots correspondants.

Carbures de la série aromatique. Pour l'étude de ces carbures, nous emploierons exclusivement la notation atomique qui permet de rendre compte des faits plus simplement. La série aromatique comprend la benzine et ses homologues et d'autres carbures dont la constitution se rattache à celle de la benzine. Un grand nombre de ces carbures font l'objet d'industries importantes, car ils servent à la préparation de matières colorantes artificielles. L'étude de ces industries, créées de toutes pièces en laboratoire nécessite la connaissance de quelques généralités que nous allons exposer. D'ailleurs, chacun de ces carbures ayant une application sera étudié dans un article spécial.

La benzine offre une constitution très remarquable qui a été établie, d'abord par M. Kekulé, et depuis prouvée presque mathématiquement par les beaux travaux faits depuis quelques années. (V. *Dictionnaire de chimie*, de M. Wurtz,

supplément, article *série aromatique*.) On peut la représenter par le schema suivant :

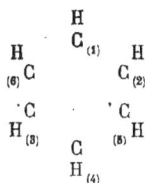

Chaque atome de carbone est uni aux 3 autres qui ne sont pas des voisins immédiats sur le schéma ci-dessus, et on a ainsi un noyau très stable jouissant de propriétés plus électronégatives que les carbures de la série grasse.

En outre, la symétrie parfaite de ce composé va servir à expliquer un certain nombre de faits intéressants. Laissons de côté les produits d'addition qui s'expliquent par la suppression d'une, deux ou trois liaisons. Chacun des six atomes peut être facilement remplacé par divers radicaux monoatomiques. Si on n'en substitue qu'un seul, il n'y aura pas d'isomérie possible. Mais si on en substitue deux, ils pourront occuper trois positions relatives distinctes (1, 2) (1, 3) (1, 4) désignées par les préfixes ortho, méta, para. Ces trois isomères se produisent simultanément, mais suivant la réaction, il y en a un ou deux qui prédominent.

Si on substitue à l'hydrogène des radicaux alcooliques, on aura des carbures homologues de la benzine. Avant d'aller plus loin, indiquons la notation adoptée pour désigner un dérivé quelconque de la benzine : il suffit d'écrire à la suite du reste benzénique les radicaux substitués en notant par un indice la place qu'ils occupent.

Il n'y aura qu'une monométhylbenzine, le toluène. $C^6 H^5 . CH^3$, mais les dérivés monosubstitués de ce corps seront au nombre de trois, car ils sont des dérivés disubstitués de la benzine. Dans l'action de l'acide nitrique sur le toluène on obtiendra presque exclusivement le nitrotoluène liquide $C^6 H^4 < \begin{array}{l} CH^3_{(1)} \\ Az\ O^2_{(2)} \end{array}$ (dérivé ortho) et le nitrotoluène solide $C^6 H^4 < \begin{array}{l} CH^3_{(1)} \\ Az\ O^2_{(4)} \end{array}$ (dérivé para). Ces deux nitrotoluènes donneront deux toluidines qui ont des emplois très différents dans l'industrie des matières colorantes. On aura aussi une éthylbenzine isomère des trois diméthylbenzines ou xylènes et une propylbenzine, le cumol $C^6 H^5 \text{-} C^3 H^7$ isomère des triméthylbenzines.

Des trois diméthylbenzines ou xylènes deux se rencontrent dans des huiles légères bouillant de 136 à 139°, le métaxylène liquide et le paraxylène solide qu'on n'a d'ailleurs pas séparés industriellement.

On trouve encore dans le goudron de houille deux triméthylbenzines : le mésitylène $C^6 H^3 \text{-} CH^3_{(1)} CH^3_{(3)} CH^3_{(5)}$ et le pseudocumène $C^6 H^3 \text{-} CH^3_{(1)} CH^3_{(3)} CH^3_{(4)}$ qu'on n'a pu séparer l'un de l'autre et qui n'ont pas encore d'application.

Au lieu de substituer des radicaux alcooliques monovalents à l'hydrogène de la benzine, on peut y substituer des radicaux alcooliques d'une atomicité supérieure, et on obtient ainsi des dérivés de la benzine non saturés. Citons, comme exemple, le styrol $C^8 H^8 = (C^6 H^5 - CH = C H^2)$ et le phénylacétylène $C^5 H^6 = (C^6 H^5 - C \equiv CH.)$

Il y a encore des carbures aromatiques assez nombreux se rattachant à la benzine mais n'en dérivant plus par substitution. Deux d'entre eux ont seuls des applications jusqu'ici et nous ne parlerons pas des autres. Ce sont la naphtaline $C^{10} H^8$ dont la constitution n'est pas encore parfaitement établie, et dont nous ne parlerons qu'au mot NAPHTALINE; et l'anthracène

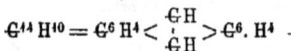

$$C^{14} H^{10} = C^6 H^4 < \begin{matrix} CH \\ CH \end{matrix} > C^6. H^4$$

résultant de la soudure de deux restes de benzine par l'intermédiaire de l'acétylène. Cette constitution parfaitement établie explique la facile formation de l'anthraquinone

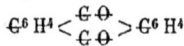

$$C^6 H^4 < \begin{matrix} CO \\ CO \end{matrix} > C^6 H^4$$

par oxydation de l'anthracène. L'alizarine qui en dérive est la dioxyanthraquinone

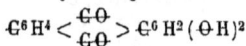

$$C^6 H^4 < \begin{matrix} CO \\ CO \end{matrix} > C^6 H^2 (OH)^2$$

La manière d'obtenir ces produits a été traitée au mot ALIZARINE ARTIFICIELLE.

PRINCIPALES RÉACTIONS DES CARBURES AROMATIQUES. Disons immédiatement que beaucoup de ces réactions se passeront aussi bien sur les dérivés de ces carbures, que sur ces carbures euxmêmes, aussi choisirons-nous indifféremment comme exemples, les carbures ou leurs dérivés.

Lorsqu'on oxyde un carbure dérivé de la benzine au moyen de l'acide nitrique étendu ou du bichromate de potasse avec l'acide sulfurique, les chaînes latérales sont complètement brûlées et chacune, quelle que soit sa complication, est remplacée par le radical $CO-OH$, caractéristique des acides. La chaîne latérale la plus compliquée est d'abord attaquée.

Exemple :

$$C^6 H^5 - CH^3 + O^3 = H^2 O + C^6 H^5 - CO^2 H$$
Toluène.   Acide benzoïque.

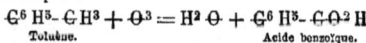

En oxydant le cymène par l'acide nitrique étendu on a une première réaction :

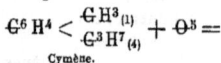

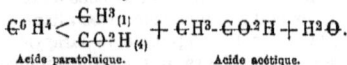

$$C^6 H^4 < \begin{matrix} CH^3_{(1)} \\ C^3 H^7_{(4)} \end{matrix} + O^5 =$$
Cymène.

$$C^6 H^4 < \begin{matrix} CH^3_{(1)} \\ CO^2 H_{(4)} \end{matrix} + CH^3 - CO^2 H + H^2 O.$$
Acide paratoluïque.   Acide acétique.

Par le bichromate de potasse et l'acide sulfurique l'oxydation est plus complète :

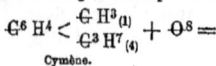

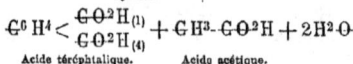

$$C^6 H^4 < \begin{matrix} CH^3_{(1)} \\ C^3 H^7_{(4)} \end{matrix} + O^8 =$$
Cymène.

$$C^6 H^4 < \begin{matrix} CO^2 H_{(1)} \\ CO^2 H_{(4)} \end{matrix} + CH^3 - CO^2 H + 2 H^2 O.$$
Acide téréphtalique.   Acide acétique.

C'est au moyen du permanganate de potasse, qu'on général cette oxydation est la plus régulière.

Les phénols donnent par oxydation des produits de condensation mal connus et les amines donnent des matières colorantes. Cependant au moyen de la potasse en fusion on oxyde régulièrement les phénols.

Exemple :

$$C^6 H^4 < \begin{matrix} CH^3_{(1)} \\ OH_{(4)} \end{matrix} + 2 KHO = C^6 H^4 < \begin{matrix} CO^2 K \\ OK \end{matrix} + H^6$$
Paracrésol.   Paroxybenzoate basique de potasse.

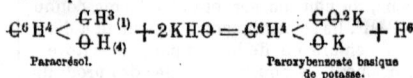

Le chlore et le brome donnent avec la benzine des produits d'addition qui n'ont pas grande stabilité. Les produits de substitution sont plus intéressants. A la température ordinaire ou en chauffant en présence d'un peu d'iode, le chlore et le brome donnent des produits de substitution dans le noyau benzénique.

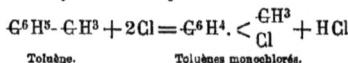

$$C^6 H^5 - CH^3 + 2 Cl = C^6 H^4 . < \begin{matrix} CH^3 \\ Cl \end{matrix} + HCl$$
Toluène.   Toluènes monochlorés.

Si on opère à chaud sans ajouter d'iode en faisant passer le chlore dans la vapeur de toluène on formera du chlorure de benzyle :

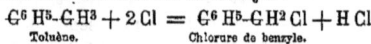

$$C^6 H^5 - CH^3 + 2 Cl = C^6 H^5 - CH^2 Cl + HCl$$
Toluène.   Chlorure de benzyle.

Tandis que le chlore et le brome substitués dans le noyau, opposent une grande résistance aux réactifs, ils deviennent au contraire facilement remplaçables s'ils sont substitués dans une chaîne latérale. Dans le premier cas, on a un éther de phénol et dans le second, un véritable éther d'alcool. Nous allons, en effet, remonter à l'alcool correspondant par des réactions absolument générales à tous les éthers simples d'alcools. Chauffons le chlorure de benzyle avec de l'acétate de potasse en solution alcoolique.

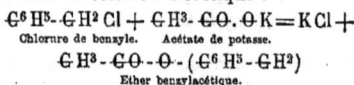

$$C^6 H^5 - CH^2 Cl + CH^3 - CO. OK = KCl +$$
Chlorure de benzyle.   Acétate de potasse.

$$CH^3 - CO - O - (C^6 H^5 - CH^2)$$
Éther benzylacétique.

L'éther benzylacétique formé sera facilement saponifié par une solution alcoolique de potasse

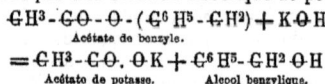

$$CH^3 - CO - O - (C^6 H^5 - CH^2) + KOH$$
Acétate de benzyle.

$$= CH^3 - CO. OK + C^6 H^5 - CH^2 OH$$
Acétate de potasse.   Alcool benzylique.

Cet alcool donnera, par oxydation, d'abord une aldéhyde, l'aldéhyde benzylique ou essence d'amandes amères $C^6 H^5 - CO H$ qui inversement redonnera l'alcool pour l'hydrogène naissant. En poussant plus loin l'oxydation, on aura l'acide benzoïque $C^6 H^5 - CO. OH$. Tout ce que nous venons de dire ne s'applique qu'aux carbures benzéniques, à leurs dérivés chlorés, bromés, iodés, nitrés dans le noyau, et aux acides à chaîne latérale hydrocarbonée. Avec les phénols et les amines on a des produits de condensation noirs.

L'acide nitrique transforme tous les composés aromatiques, sauf les amines qui donnent des produits colorés mal connus, en dérivés nitrés. Le groupe AzO^2 entre toujours dans le noyau.

La concentration de l'acide et la température à laquelle s'opère la réaction sont très variables. Les dérivés nitrés traités par l'hydrogène naissant ou les réducteurs en général donnent des amines.

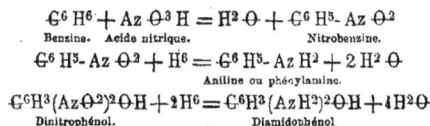

$$C^6H^6 + Az\,O^3H = H^2O + C^6H^5\text{-}Az\,O^2$$
Benzine.   Acide nitrique.   Nitrobenzine.

$$C^6H^5\text{-}Az\,O^2 + H^6 = C^6H^5\text{-}Az\,H^2 + 2H^2O$$
             Aniline ou phénylamine.

$$C^6H^3(AzO^2)^2OH + 7H^6 = C^6H^3(AzH^2)^2OH + 4H^2O$$
Dinitrophénol.   Diamidophénol

L'acide sulfurique ordinaire ou l'acide sulfurique anhydre attaque la plupart des hydrocarbures aromatiques, soit à froid soit à chaud. Il attaque de même les dérivés de ces carbures. La substitution se fait dans le noyau.

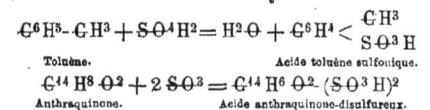

$$C^6H^5\text{-}CH^3 + SO^4H^2 = H^2O + C^6H^4 < {CH^3 \atop SO^3H}$$
Toluène.   Acide toluène sulfonique.

$$C^{14}H^8O^2 + 2SO^3 = C^{14}H^6O^2\,(SO^3H)^2$$
Anthraquinone.   Acide anthraquinone-disulfureux.

Les sels de potasse de ces acides fondus avec la potasse donnent des phénols par la substitution de l'oxhydrile (OH) au groupe SO^3H.

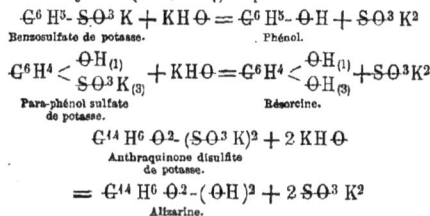

$$C^6H^5\text{-}SO^3K + KHO = C^6H^5\text{-}OH + SO^3K^2$$
Benzosulfate de potasse.   Phénol.

$$C^6H^4 < {OH_{(1)} \atop SO^3K_{(3)}} + KHO = C^6H^4 < {OH_{(1)} \atop OH_{(3)}} + SO^3K^2$$
Para-phénol sulfate   Résorcine.
de potasse.

$$C^{14}H^6O^2\,(SO^3K)^2 + 2KHO$$
Anthraquinone disulfite
de potasse.

$$= C^{14}H^6O^2\text{-}(OH)^2 + 2SO^3K^2$$
         Alizarine.

Nous venons seulement d'indiquer les réactions les plus générales. Les autres trouveront leur place à propos des matières colorantes ou autres produits industriels qu'elles servent à obtenir.

Il y a encore une classe de carbures n'appartenant pas à la série grasse et qu'on n'a pas encore rattaché nettement à la série aromatique : ce sont les *terpénes* $C^{10}H^6$ dont font partie l'essence de térébenthine et différents autres corps qu'on désigne tous sous le nom d'*essences*.

Ces carbures sont tous des isomères ou des polymères du térébenthène qui forme la presque totalité de l'essence de térébenthine. Le térébenthène paraît être un dihydrure de cymène (paraméthylpropyl ou isopropylbenzine), car on en tire du cymène en le chauffant avec de l'iode. Beaucoup de ces corps sont intéressants par leurs propriétés physiques ou physiologiques. Nous renvoyons au mot ESSENCES leur étude particulière. — E. P.

* **CARCAISE, CARCAISSE** ou **CARQUAISE**. *T. techn.* Grande caisse en briques à voûte surbaissée dont on fait usage dans les fabriques de glaces ou de verres à vitres coulés, pour le recuit et le refroidissement des feuilles de glace ou de verre à polir. C'est une sorte de four à recuire à très large surface ; la sole est formée de briques mobiles, parfaitement dressées sur toutes leurs faces, placées de champ, reposant sur une couche de sable tamisé, bien sec et d'un grain uniforme ;

elles sont simplement juxtaposées sans ciment, toutes les parties du sol devant se dilater également et librement. On vérifie souvent la planimétrie de la sole avec une règle et un niveau.

Un ou deux foyers chauffent la carcaise à l'arrière. Une large ouverture placée sur le devant met la sole au niveau soit de la table à couler pour entrer la glace, soit de la table en bois pour la retirer quand elle est refroidie.

Primitivement, les carcaises étaient très grandes ; environ 80 mètres carrés de surface recevaient de 6 à 10 glaces ; actuellement on ne leur donne que la moitié environ de cette surface. On a même diminué encore pour éviter la casse et on fait des carcaises de 25 mètres seulement ; avec ces dernières, un four à 12 cuvettes peut produire 4 à 4,200 mètres de glace ; pour économiser, la main-d'œuvre étant la même, on augmente le nombre des carcaises. On donne aussi en général en verrerie le nom de *carcaisses* aux fours qui servent à la cuisson des briques ou des pots.

* **CARCAS**. *T. de métall.* Matière provenant de la refonte d'un métal dans un four à reverbère. || Fonte que l'on fait couler par le trou qui sert à évacuer le laitier.

CARCASSE. *T. techn.* 1º Assemblage de pièces de charpente destiné à soutenir un ensemble, et considéré indépendamment de ce qui doit le finir ou l'orner. || 2º Assemblage qui soutient le corps d'un piano. || 3º Châssis d'un parquet d'appartement. || 4º Assemblage de fils de fer qui sert à soutenir un abat-jour au-dessus d'une lampe ou d'un autre système d'éclairage. || 5º Sorte de forme sur laquelle les modistes montent les chapeaux.

* **CARCASSIÈRE**. *T. techn.* Sorte de petit four dans certaines verreries où l'on travaille au bois, et qui, étant accolé au four de fusion, sert à dessécher les billettes par l'utilisation d'une portion de sa chaleur.

* **CARCEL** (BERTRAND-GUILLAUME). Inventeur de la lampe à laquelle son nom est resté attaché. Carcel était un pauvre artisan. On voit encore à Paris, dans la rue de l'Arbre-Sec, derrière l'église Saint-Germain-l'Auxerrois, la petite boutique où le patient et ingénieux horloger a fait la découverte de cette lampe qui a été, dans l'industrie de l'éclairage par les huiles, une révolution capitale, un progrès considérable. Ce fut à la fin de l'année 1800 que Carcel, alors âgé d'environ cinquante ans, eut enfin une inspiration heureuse qui couronna ses longues recherches et qui rendit définitivement pratique l'application aux lampes d'un mouvement d'horlogerie ; c'est cette application qui a constitué, en effet, la base fondamentale de l'invention de Carcel, en produisant l'ascension constante de l'huile vers la mèche par l'action toujours régulière du mécanisme moteur. Carcel eut le bonheur de rencontrer un homme intelligent et riche, qui comprit aussitôt la portée et l'avenir de l'invention et qui, en devenant l'associé de l'inventeur, lui apporta les capitaux qui devaient faire fructifier la découverte. Cet homme était un pharmacien nommé Carreau dont la maison était voisine de celle de Carcel.

Un brevet fut pris au nom des deux associés, et, peu de jours après, la boutique de la rue de l'Arbre-Sec était ornée d'une nouvelle enseigne sur laquelle on lisait :

B.-G. CARCEL

INVENTEUR DES LYCNOMÈNES OU LAMPES MÉTALLIQUES

Fabrique lesdites lampes.

Ainsi commença l'exploitation du brevet de Carcel, basé sur l'emploi d'une petite pompe, mue par un mouvement d'horlogerie disposé dans le pied de la lampe. — V. LAMPE.

Carcel perfectionna non seulement tous les détails de son appareil ; il trouva aussi un procédé nouveau d'épuration de l'huile. Ses travaux, couronnés de succès, lui promettaient une récompense digne de tant d'efforts et de sacrifices. Mais les espérances se changèrent trop tôt en déceptions. Les premières années ne produisirent guère de bénéfices ; Carreau se lassa de l'association, et Carcel resta seul, découragé, presque sans ressources. Une éclaircie se fit un jour dans son ciel obscurci : Napoléon Ier ayant décrété l'ouverture d'une Exposition de l'industrie aux Champs-Elysées, Carcel y installa ses lampes, et, grâce à l'intérêt qu'elles excitèrent, aux témoignages de félicitations qu'il recueillit, l'inventeur put espérer encore des résultats florissants. Satisfaction morale, hélas ! qui ne se traduisit que par des succès flatteurs, mais qui n'améliora pas la situation financière de Carcel. Il mourut pauvre, en 1812, accablé par la lutte pénible qu'il n'avait cessé de soutenir contre les difficultés de la vie. Son invention ne devait pas tarder à prendre son essor ; quelques années plus tard, le brevet de Carcel, tombé dans le domaine public, servait de point de départ à un grand nombre de systèmes, dont quelques-uns ont fait la fortune de leurs auteurs. — G. J.

*CARDAGE. T. *de filat.* Le cardage, en général, est un des principaux modes de traitement appliqués à la filature des matières textiles. Il a pour but de dénouer, de démêler les fibres, de les isoler les unes des autres, de les redresser, de les paralléliser autant que possible, de les échelonner par une première opération de glissement, de les nettoyer, d'en faire disparaître les inégalités, les nœuds, boutons, etc., enfin de les condenser et de les transformer en une nappe ou un ruban homogène.

Il faut, pour atteindre ce but d'une manière convenable, opérer avec la plus grande régularité, d'une façon identique et uniforme sur tous les filaments, traiter ceux-ci dans les mêmes conditions sans amoindrir ni leur ténacité ni leur élasticité ; les moyens employés à cet effet consistent, en principe, à faire passer la nappe de filaments, préalablement préparée, entre des surfaces hérissées de pointes plus ou moins fines, d'une égale hauteur et également espacées entre elles. Ces aiguilles font un certain angle avec la verticale passant par le point où elles sont implantées dans la surface, si cette surface est plane ; et avec le rayon, si cette surface est cylindrique.

Il importe que le cardage achève complètement le nettoyage et l'épuration des fibres, parce qu'il devient désormais très difficile, sinon impossible, d'y remédier dans les opérations suivantes (lorsque le cardage n'est pas suivi du peignage). La réalisation de l'ensemble de ces conditions rend le problème du cardage tout à la fois l'un des plus importants et l'un des plus difficiles de la filature, car c'est en grande partie de la façon dont le cardage aura été effectué que dépendent la propreté et la qualité du fil. Le mode d'exécution des surfaces cardantes, la finesse des aiguilles, leur nombre par unité de surface, leur qualité, la manière de les fixer, leur disposition réciproque, leurs vitesses relatives, la forme la plus convenable de chacun des organes pour atteindre surement et économiquement le but, sont autant de points à considérer, et sur lesquels, malgré toutes les études auxquelles on s'est livré, on n'est pas encore entièrement fixé.

Le cardage s'est d'abord opéré à la main, comme le pratiquent encore de nos jours les matelassières ; puis on a eu l'idée de faire des cylindres ou tambours en bois garnis d'aiguilles, et tournant sur un axe horizontal, sous une couverture concave composée de douves ou chapeaux également garnis de dents ; celles du tambour et de la couverture, placées dans des directions opposées, se touchaient presque par leurs pointes. La matière à carder était distribuée à la main sur le premier et transmise par lui aux dents de la couverture. L'échange et le nettoyage des filaments avaient lieu entre ces deux organes avec une grande efficacité à cause de la force centrifuge développée par le cylindre tournant. L'enlevage de la matière travaillée se faisait à la main, au moyen d'un ruban de cardes cloué sur une planchette, et pour faciliter cette opération on arrêtait la machine. Vers 1772, celle-ci fut munie d'un appareil alimentaire, dit *toile sans fin,* d'un hérisson ou cylindre garni d'aiguilles, désigné encore aujourd'hui sous le nom de *peigneur,* et d'un peigne détacheur. La carde ainsi composée donnait de petits rouleaux ; le cylindre peigneur était garni de plaques espacées, la nappe se trouvait divisée entre chaque plaque, roulée et détachée par le peigne sous la forme de petits cylindres de 0^m,025 de diamètre sur 0^m,500 de longueur, désignée sous le nom de *loquettes.* On obtint un boudin sans fin, continu, en substituant des rubans de cardes cloués circulairement sur le peigneur aux plaques espacées et en ajoutant devant ce dernier des cylindres d'appel ou délivreurs.

Ainsi, à la fin du siècle dernier, la carde possédait l'appareil alimentaire à toile sans fin, les cylindres cannelés qui lissent la matière, le grand tambour, les chapeaux ou les hérissons, le petit tambour, vulgairement appelé *peigneur,* le peigne détacheur et les rouleaux délivreurs. Les perfectionnements apportés depuis lors aux machines à carder consistent principalement dans des modifications de détails, des améliorations dans la construction, une facilité plus grande du réglage des diverses parties et de leur entretien en bon état de travail.

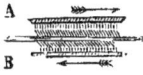

Fig. 217.

La figure 217 montre le principe général du cardage ; une certaine quantité de matière textile étant interposée entre les deux surfaces A et B garnies d'aiguilles dirigées en sens inverse, et marchant chacune dans le sens de la courbure de ses aiguilles, la matière se partagera natu-

rellement entre les deux surfaces ; mais, par suite du mouvement, la surface A, rencontrant les aiguilles de la surface B, lui abandonnera nécessairement une certaine quantité des filaments qu'elle aura pris, et réciproquement, la surface B cédera une partie des siens aux aiguilles de la surface A ; il s'établit ainsi entre les deux surfaces un échange qui oblige tous les filaments à passer d'une surface à l'autre, et à cheminer entre une série d'aiguilles parallèles ; c'est par cet échange qu'on arrive à réaliser le but ci-dessus exposé du cardage.

On voit ainsi, dès à présent, que la direction relative des aiguilles des deux surfaces est loin d'être indifférente pour l'effet à produire. Afin d'atteindre les résultats voulus, il est indispensable que les pointes des aiguilles des deux surfaces agissent en sens opposé ; ces directions inverses facilitent les échanges, les déplacements et le tirage des fibres de la masse.

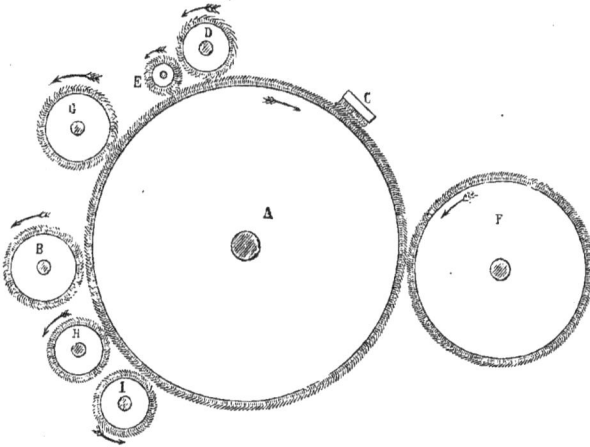

Fig. 218. — Organes essentiels du cardage.

A Grand tambour, diamètre 1 mètre environ, vitesse 120 à 130 tours par minute. — B Briseur ou déchireur, diamètre 200 à 250 millimètres, vitesse 200 tours par minute. — C Chapeau fixe. — D Travailleur, diamètre 180 millimètres, vitesse 10 tours par minute. — E Nettoyeur, coureur, balayeur, déchargeur, diamètre 80 millimètres, vitesse 300 tours par minute. — F Peigneur, diamètre 500 millimètres, vitesse 7 à 12 tours par minute. — G Chapeau tournant, diamètre 180 à 200 millimètres, 1 tour en 80 minutes. — H Intermédiaire, diamètre 200 millimètres. — I Débourreur, diamètre 220 millimètres, vitesse variable. — Les cylindres D et E qui vont toujours par paires sont désignés sous le nom de hérissons.

La réalisation mécanique du principe du cardage a exigé le remplacement des surfaces planes par des surfaces cylindriques : le principe est resté à peu près le même, sauf les modifications dues à l'action de la force centrifuge développée par les organes de rotation en mouvement.

L'épure (fig. 218) montre la disposition des organes essentiels qui servent à produire le cardage ; le sens de courbure des aiguilles, ainsi que le sens de la rotation.

La force centrifuge développée par la vitesse considérable du grand tambour projette les fibres sur les aiguilles des chapeaux fixes ou des hérissons (qui peuvent également être considérés comme fixes vu leur faible vitesse); les aiguilles du grand tambour tendent ensuite à les reprendre et

l'échange est encore réalisé ; seulement les parties les plus lourdes, poussières, corps étrangers, etc., resteront logés au fond des dents des chapeaux. Dans la théorie du cardage, dont nous ne faisons que donner un aperçu, on appelle *point de cardage* tout endroit de la carde où la fibre peut être tenue par un des organes et peignée par l'autre. C'est la disposition qui se rencontre dans les organes ci-dessus, entre le grand tambour et le peigneur et généralement entre les organes dont les aiguilles sont disposées en sens opposé. C'est la multiplicité des points de cardage qui constitue le travail proprement dit du cardage.

Lorsqu'au contraire, les aiguilles des 2 organes sont dirigées dans le même sens (fig. 219), il n'y a que passage de la surface A à la surface B et non échange ; car en supposant les organes marchant en sens inverse l'un de l'autre, dans le sens des flèches, les fibres dont la surface A est chargée tendront à s'écarter et rencontrant les pointes de la surface B seront prises par celles-ci ; celles de B au contraire, quoiqu'écartées par la force centrifuge, ne rencontreront que le dos des aiguilles de A et ne seront pas prises par celles-ci. Donc, pas de point de cardage ; c'est ce qui se passe entre le travailleur et le nettoyeur d'une paire de hérissons ; le nettoyeur qui marche environ 15 fois plus vite que le travailleur le dépouille entièrement.

En supposant la même disposition d'aiguilles, mais les deux surfaces marchant dans le même sens que B, les aiguilles de B s'empareront également de la matière retenue par la surface de A sans lui en donner en échange. C'est le cas du

Fig. 219.

grand tambour et du nettoyeur ; du grand tambour et du briseur.

On voit donc que, suivant la disposition des aiguilles sur les différents organes et les vitesses relatives de ceux-ci, on peut faire cheminer la matière textile de l'un à l'autre, et la recueillir enfin sur le dernier.

Les considérations qui précèdent sont générales et concernent toutes les matières textiles susceptibles d'être soumises à l'opération du cardage, le coton, la laine, les étoupes de lin, de chanvre et de jute, la bourrette ou les déchets de soie, etc.— P. D.

* **CARDAILLAC** (ÉTIENNE DE), membre libre de l'Académie des Beaux-Arts, ancien directeur des bâtiments civils, fut en cette qualité associé aux grands travaux d'architecture qui renouvelèrent Paris sous Napoléon III. C'est notamment sous sa direction que furent entreprises et achevées les constructions du ministère de la guerre et du nouvel Opéra. M. Cardaillac, entré fort jeune dans l'administration, avait accompli hiérarchiquement toute sa carrière. C'était un homme de goût, d'une grande affabilité et un excellent administrateur ; il fut mis à la retraite à la chute du ministère du 16 mai. Il est mort à Paris, à peine âgé de soixante ans, après une très courte maladie, le 14 décembre 1879.

CARDAN (Suspension à la) (du nom de Jérôme CARDAN, savant italien, mort en 1576). Elle est appliquée sur les navires pour supporter les boussoles et les chronomètres, en les soustrayant aux mouvements brusques et désordonnés qui leur seraient communiqués par les vagues de la mer. La boussole, pourvue de cette suspension, que nous avons représentée sur la figure 220, repose à la partie supérieure sur deux pivots u formant

un premier axe horizontal autour duquel elle peut osciller librement. Ces pivots sont supportés eux-mêmes par un anneau métallique mobile, et celui-ci repose à son tour sur deux autres pivots t fixés au cercle extérieur f et à la boîte de la boussole, et qui forment ainsi un second axe horizontal perpendiculaire au premier. Un verrou latéral permet de fixer d'une manière rigide la boussole à la boîte, en immobilisant la suspension quand on le désire.

Le fonctionnement de cet appareil se comprend facilement d'après la description que nous venons de donner : lorsque la boîte extérieure vient à s'incliner parallèlement à l'axe u par exemple, la

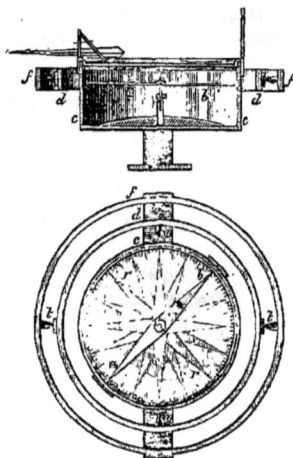

Fig. 220.

boussole elle-même, dont le centre de gravité est situé beaucoup au-dessous de l'axe de suspension, reste immobile en pivotant autour de celui-ci, tandis que l'anneau circulaire s'incline avec la boîte. Si le déplacement était parallèle à l'axe t, au contraire, le cercle intérieur d et la boussole resteraient simultanément immobiles en pivotant autour de cet axe. Dans le cas le plus général, le déplacement est oblique sur les deux axes, et se trouve alors compensé par un mouvement de rotation convenable qui s'établit à la fois autour de chacun d'eux. Cette ingénieuse disposition ne corrige pas complètement les mouvements perturbateurs, lorsqu'ils se répètent fréquemment et avec intensité, mais elle est suffisante en général pour prévenir tout dérangement des appareils si délicats sur lesquels elle est appliquée, et empêcher en même temps toute fausse indication.

M. Bessemer avait songé à en tirer parti sur les bateaux à vapeur pour soustraire les passagers au mal de mer, en les renfermant dans une salle ainsi suspendue toute entière sur deux axes horizontaux perpendiculaires, mais cette idée ne fut malheureusement pas couronnée de succès : l'extrême mobilité du plancher était beaucoup plus désagréable pour les passagers que les mouvements de tangage ou du roulis du navire lui-même. Le *joint à la Cardan* a pour but de transmettre le mouvement de rotation entre deux axes faisant entre eux un angle très obtus, il est connu également sous le nom de *joint universel*, et nous le décrirons avec les autres appareils analogues au mot JOINT.

* **CARDASSE. T.** *techn.* Sorte de carde pour la bourre de soie.

CARDE (Machine à carder les matières textiles). La carde est la machine de filature la plus étudiée et la plus sujette à des modifications de détails. Les divers systèmes imaginés peuvent se résumer en un petit nombre de dispositions fondamentales s'appliquant chacune avantageusement dans les cas principaux. Nous ne décrirons donc que les principales en commençant par les cardes à coton et par celle désignée sous le nom de *carde mixte*. Cette carde, munie à la fois de *hérissons* et de *chapeaux*, est des plus employées; elle convient à presque tous les genres de coton, et donne de bons résultats sous le rapport de la quantité et de la qualité du produit ; sa description facilitera d'ailleurs celle des autres systèmes de cardes, *les cardes à chapeaux et les cardes à hérissons*.

CARDES A COTON.

Carde mixte. Cette carde construite par MM. Vallery et Delarocque est représentée en élévation figure 221, et en coupe figure 222, vue dans toute sa longueur. Les flèches indiquent les sens de la marche des différents organes de la machine, et l'inclinaison des dents.

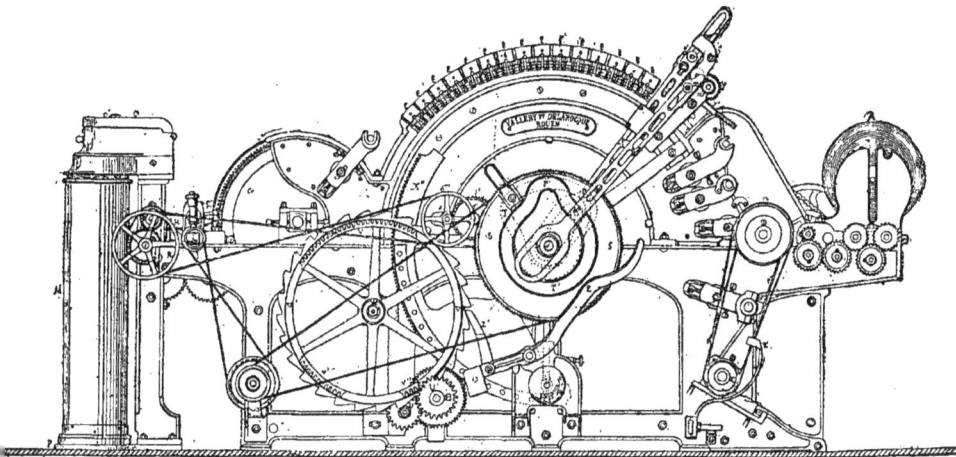

Fig. 221. — *Carde mixte pour coton avec débourrage automatique.*

On y trouve : 1° l'appareil alimentaire ; 2° un grand tambour ; 3° un cylindre briseur placé entre les deux organes précédents et leur servant d'intermédiaire ; 4° une paire de cylindres ayant pour objet de débourrer le grand tambour ; 5° un chapeau tournant ou travailleur et son débourreur ; 6° seize chapeaux fixes ; 7° un cylindre peigneur ; 8° un peigne détacheur ; 9° les rouleaux d'appel avec leur entonnoir-guide ; 10° un pot tournant, recevant le ruban ou cordon formé par la nappe de coton cardé; 11° un débourreur automatique des chapeaux.

L'appareil d'alimentation, qui reçoit la nappe A produite par le batteur, se compose de deux cylindres *a*, d'un cylindre cannelé *a'* et d'une série de pièces *a"* désignées sous le nom de *pédales*. Les cylindres *a*, en tournant librement dans le sens des flèches, déroulent la nappe et l'amènent au cannelé *a'* qui la présente à son tour, avec l'aide des pièces *a"* formant auget, au déchireur B. Ces pièces *a"*, ou *bain divisé*, ont pour but de conduire la nappe A le plus près possible du déchireur B et de remédier aux inconvénients résultant des inégalités qui se trouvent fréquemment dans l'épaisseur de la nappe. Pour faire bien comprendre la fonction des pièces *a"* et leur influence sur le travail de la carde, il suffira de dire que les parties de nappe les plus épaisses fortement serrées entre les cannelés, si on emploie deux cannelés livreurs, ou entre le cannelé et l'auget fixe et d'un seul morceau, si on a recours à ces engins, ces parties sont bien maintenues et parfaitement effilochées par le déchireur B, au fur et à mesure qu'elles sont amenées à la portée des dents de ce cylindre, tandis que les parties minces étant insuffisamment ou mal maintenues, sont entraînées sans avoir subi leur action, et passent dans la carde en mèches plus ou moins grosses. Les pièces *a"* juxtaposées, n'ayant que 20 ou 25 millimètres de largeur, pivotant sur leur axe commun en *b* et sollicitées par leur contre-poids *b'*, serrent également, quelles que soient leurs irrégularités d'épaisseur, toutes les portions de la nappe contre le cannelé *a'* et les soumettent identiquement aux pointes des dents du cylindre B. Les pièces *a''* concourent donc au bon résultat que peut donner la carde, car, on le conçoit facilement, plus la matière est également distribuée, mieux tous les filaments de coton qui composent la nappe reçoivent un travail uniforme.

Le déchireur B, dont nous venons de parler, prend le coton au cannelé *a'*, le livre au grand tambour C et contribue puissamment à le débarrasser d'une partie importante des impuretés qui le salissent. Tournant avec une grande vitesse, il rejette, par la force centrifuge qu'il développe, une masse de petits corps lourds contenus dans la matière et d'autant plus facilement que les filaments de coton sont répartis sur sa surface en une couche excessivement mince.

Comme nous l'avons exposé au cardage, le grand tambour C s'empare des filaments dont est chargé le briseur B et les présente successivement au travailleur D et aux seize chapeaux E dont il est entouré. Le cylindre D se charge assez fortement de coton ; il en est débarrassé par le débourreur ou *nettoyeur e* qui le rend au grand tambour C, mais à un point différent de celui où il a été enlevé, un peu en avant, de sorte que la matière enlevée, recueillie par le travailleur D, rendue par le nettoyeur C, se trouve soumise à

CARDE DEBOURREUSE.

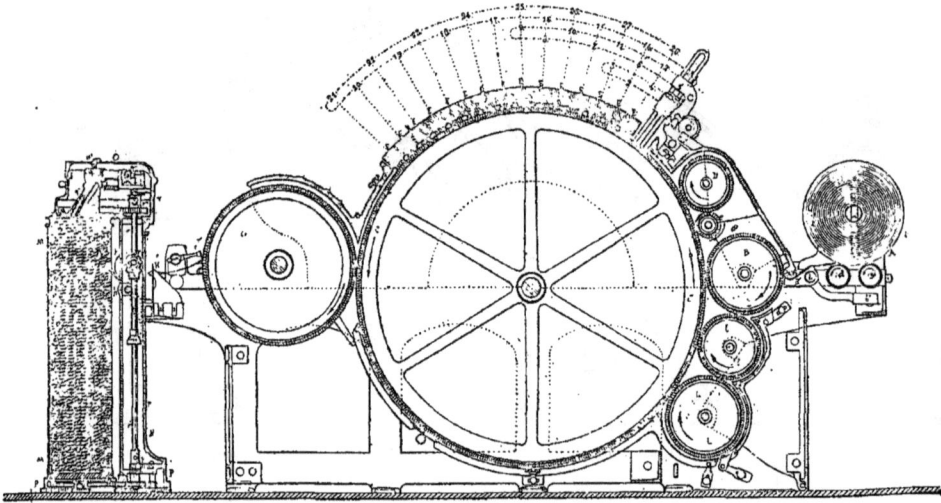

Fig. 222. — *Carde mixte pour coton (coupe longitudinale).*

une nouvelle opération de cardage ou de démêlage. L'échange des filaments entre ces divers agents, le grand cylindre, le travailleur et le débourreur, s'effectue suivant les principes généraux exposés pour le cardage. Ce cardage, sous l'influence de la force centrifuge développée par la rotation de ces cylindres tournants, facilite singulièrement le nettoyage des filaments, mais laisse à désirer sous le rapport de leur rangement, de leur parallélisme, attendu qu'ils sont en quelque sorte jetés dans tous les sens; c'est pour obtenir ce parallélisme que l'on a disposé des chapeaux à la suite du travailleur D. Ces chapeaux sont garnis de dents de plus en plus fines et de plus en plus serrées, à partir du premier jusqu'au dernier.

Il s'opère ainsi un échange successif et continuel de fibres en partie déjà démêlées, entre le grand tambour et chacun des chapeaux avec projection des boutons, poussières et corps étrangers au fond des aiguilles.

Par leur passage à travers cette multitude d'aiguilles, les filaments sont, à la sortie du dernier chapeau, convenablement redressés et d'un parallélisme déjà remarquable.

C'est alors que ces fibres sont enlevées du grand tambour et recueillies par le petit cylindre ou peigneur G; afin qu'elles s'engagent facilement à l'extrémité libre des aiguilles de ce peigneur, celui-ci est armé d'aiguilles ou dents un peu plus longues et plus droites que celles des autres organes. Elles sont détachées ensuite en une couche ou nappe mince, translucide, au moyen du peigne oscillant *g*, à lame dentée, réunies en forme de ruban par un entonnoir H qui les livre aux rouleaux *i*. La poussière et les ordures que le coton pourrait contenir encore sont secouées par ce peigne auquel la poulie I transmet un mouvement de va et vient au moyen d'un excentrique. Enfin à sa sortie des rouleaux délivreurs *n*, le ruban est dirigé dans un pot tournant M et rangé dans ce pot par l'appareil N appelé *coiler*.

Cet appareil se compose d'une tête O et d'un pied P reliés par une colonne carrée P. La partie supérieure de la tête est munie en *o'* d'un trou par lequel on passe le ruban qui est entraîné ensuite par deux petits rouleaux *q* vers un tube incliné *q'*, lequel le dépose en lui faisant décrire des anneaux dans le pot M, tandis que celui-ci est animé d'un mouvement lent de rotation par le pied P, sur lequel il repose. Le ruban est ainsi distribué, empilé et parfaitement rangé dans le pot M en cercles juxta et superposés en même temps. Cette disposition du ruban rend son développement aux opérations ultérieures aussi facile que possible sans occasionner de déchet sensible.

Le mouvement est donné de l'axe des rouleaux délivreurs *n* à tout l'appareil coiler N au moyen de la poulie R, d'une paire de petits pignons d'angle *r*, de l'arbre vertical *r'*; celui-ci commande à son extrémité supérieure les rouleaux *q* par les petits pignons d'angle *q"* et le tube incliné *q'* par le pignon droit *r"*, et à son extrémité inférieure le pied P à l'aide d'une double paire de pignons droits en P'.

Il importe que les aiguilles de la garniture d'une carde soient constamment débarrassées de la bourre qui se fixe dans leurs intervalles pour qu'elles fonctionnent dans de bonnes conditions. La force centrifuge, développée par la rotation des cylindres tournants, dégage de leurs garnitures une partie des impuretés qui ont une tendance à s'y accrocher, et le débourrage à fond des hérissons et des tambours n'a pas besoin d'être pratiqué très fréquemment. Cependant on a imaginé d'appliquer à la partie inférieure du grand tambour un hérisson L ayant pour mission de le débourrer. Ce hérisson est animé alternativement de vitesses différentes, tantôt plus grandes, tantôt plus faibles (à la circonférence) que celle du grand tambour, de sorte que dans le premier cas il débarrasse le grand tambour des matières que ses dents retiennent, et que dans le second il est à son tour débarrassé par le grand tambour des matières qu'il lui a prises. Le cylindre ou hérisson *l* sert à achever de débourrer le hérisson L, et rend ce qu'il enlève à ce dernier au grand tambour. Le mouvement alternatif de vitesses différentes est donné au hérisson L à l'aide des poulies *n n'* et des courroies *p"*. Les quatre poulies *n*, dont deux sont fixes et deux folles, sont de diamètres différents et commandent les quatre poulies *n'*, dont également deux sont fixes et deux folles, mais de même diamètre, de sorte que la tringle de débrayage R', mue dans le sens de sa longueur tantôt en avant, tantôt en arrière, au moyen d'une came placée de l'autre côté de la carde, fait passer tour à tour les courroies P" sur les poulies fixes et folles *nn'* et de telle façon que lorsque l'une des courroies P" est sur les poulies *nn'* fixes, l'autre se trouve sur les poulies *nn'* folles; d'où il résulte que si l'une des

courroies se trouve sur la poulie fixe *n* de grand diamètre, le hérisson L marche plus vite que le grand tambour et en opère le débourrage, que quand l'une des courroies P" est sur la poulie fixe *n* de petit diamètre, le hérisson L marche plus lentement que le grand tambour et lui redonne la matière qu'il lui a prise.

On peut reprocher à l'emploi de ce système de débourrage l'inconvénient d'occasionner des nuances dans la nappe, aux moments où le grand tambour débourre le débourreur. C'est pourquoi un grand nombre de filateurs, tout en maintenant les deux cylindres, conservent au débourreur une vitesse uniforme et supérieure à celle du grand tambour, afin d'avoir une nappe homogène.

D'autres font travailler ensemble le briseur, l'intermédiaire et le débourreur, car si l'on observe que l'intermédiaire n'est jamais embourré, on voit qu'on a un certain avantage en agissant ainsi, l'intermédiaire travaillant alors comme un véritable démêloir et l'ensemble des trois cylindres constituant en quelque sorte une seconde carde réduite à côté de la principale.

Dans les cardes dépourvues du système de débourrage ci-dessus, le grand tambour doit être débourré à fond au moins trois ou quatre fois par jour, tandis qu'avec ce système il est très suffisant de le débourrer une fois. Or, comme toutes les fois qu'un grand tambour a besoin d'être débourré, il faut arrêter la carde et que l'opération du débourrage est relativement assez longue, l'application du cylindre débourreur évite une perte de temps et par conséquent une perte du travail de la carde.

Si le débourrage automatique du grand tambour rend des services, celui des chapeaux est encore bien plus utile, on pourrait même dire qu'il est indispensable. Les chapeaux étant fixes ne peuvent donner aucune issue aux corps étrangers, petites fibrilles ou boutons qui se dégagent dans le travail et se fixent à leurs aiguilles. Aussi ils ont besoin d'être débourrés si souvent que dans les établissements où se trouvent des cardes dépourvues de débourreurs automatiques des chapeaux, des ouvriers spéciaux sont chargés de leur débourrage : travail des plus pénibles et des plus malsains.

Un débourreur peut soigner les chapeaux de 13 ou 15 cardes ; généralement une clochette qui sonne toutes les cinq ou sept minutes règle la succession de ses tournées ; une carde composée de 18 chapeaux, par exemple, est complètement débourrée en 6 tournées, de la manière suivante :

1re tournée. Chapeaux nos	1, 2, 3, 4,	7, 8.
2e —	—	1, 2, 5, 6, 9, 10.
3e —	—	1, 2, 3, 4, 11, 12.
4e —	—	1, 2, 5, 6, 13, 14.
5e —	—	1, 2, 3, 4, 15, 16.
6e —	—	1, 2, 5, 6, 17, 18.

On conçoit que depuis longtemps, les études et les efforts des ingénieurs et des constructeurs soient portés à trouver un moyen automatique d'effectuer ce débourrage de chapeaux. De nombreux essais demeurèrent longtemps infructueux.

et ce n'est que depuis plusieurs années que le problème a été pratiquement résolu et que le débourrage mécanique est devenu d'une application à peu près générale.

Le débourreur automatique des chapeaux que nous allons décrire, a servi de type à tous les débourreurs plus ou moins analogues qui sont employés aujourd'hui. Rendu tout à fait pratique par MM. Vallery et Delarocque, il a été imaginé par Dannery dès 1844. D'abord assez informe, il a reçu successivement de son inventeur, habile directeur de filature, d'importants perfectionnements et a rendu à l'industrie de la filature du coton des résultats assez efficaces pour que l'Académie des sciences, l'appréciant avec justice comme une amélioration apportée aux arts insalubres, décernât en 1855 à son auteur un de ses prix, le prix Monthyon, et plus tard, le jury de l'exposition universelle de 1867, une récompense exceptionnelle.

Cet appareil se compose de deux parties essentielles, dont l'une, le débourreur, a pour mission de débourrer les chapeaux, l'autre, le porteur du débourreur, d'opérer le déplacement de celui-ci, de façon à ce que tous les chapeaux soient, chacun et successivement, par période complète de l'appareil, débourrés un certain nombre de fois et suivant l'ordre reconnu le meilleur par l'expérience.

Le plateau denté S, qui reçoit son mouvement circulaire de l'axe du rouleau inférieur h, à l'aide des pignons s, de la roue s' et du pignon s'', et des poulies s''' s'''', porte de chaque côté une rainure circulaire dont une partie est excentrée; la rainure intérieure T, représentée ponctuée sur la figure 221, fait lever au moyen du petit galet t, la tringle X et par suite, le chapeau qui est à débourrer : à cet effet, la tringle X, est munie en t' d'une mâchoire à ressort qui saisit solidement le chapeau. La rainure T', fait à son tour lever, à l'aide également d'un petit galet t'', la tringle X', et celle-ci, dentée en x, engrenant avec le pignon x', fait par son mouvement d'ascension, au moyen de la roue y et de la crémaillère y', avancer la raclette V sous le chapeau, et par son mouvement de descente, la fait retirer de dessous le chapeau. La forme des rainures excentrées TT', est combinée de telle façon que le chapeau est levé à son point le plus haut lorsque la raclette avance sous lui, et qu'il descend d'une petite quantité lorsque la raclette revient à sa place. De cette manière la raclette ne touche que légèrement le chapeau lorsqu'elle s'engage dessous, au contraire, lorsqu'elle revient, les dents de la carde dont elle est armée, entrent dans celles du chapeau et celui-ci se trouve aussi parfaitement débourré à fond et débarrassé de tout le poil et duvet dont il était chargé.

La pièce la plus à remarquer de l'ensemble de celles qui sont chargées de déplacer le débourreur, est la roue à cames V'. Cette roue est mise en mouvement à chacune des révolutions de la rainure excentrique T', à l'aide du levier z et du cliquet Z', par la partie extérieure de cette rainure et la plus éloignée de son centre, de telle sorte, qu'à chacune de ses révolutions, la roue à

cames V' marche d'une came. Elle est munie en outre de chaque côté de sa jante, de segments dentés v $v'v''$ qui, engrenant alternativement avec la roue U et la roue U', font avancer ou reculer le grand secteur X'', lequel, entraînant dans son mouvement tout l'appareil débourreur, déplace par conséquent celui-ci dans un sens ou dans un autre. Les segments dentés sont placés de chaque côté de la roue à cames et calculés de façon que les chapeaux subissent successivement de deux en deux l'action du débourreur et que dans une révolution complète de la roue à cames, ainsi que l'indiquent les numéros placés au-dessus de chacun d'eux, les quatre premiers chapeaux, ceux qui se trouvent du côté de l'entrée du coton dans la carde, sont débourrés trois fois, pendant que les quatre qui les suivent sont débourrés deux fois, et les huit derniers une fois seulement. Cette manière de procéder, la plus rationnelle, est celle que pratiquent depuis un temps immémorial les filateurs qui possèdent des cardes à chapeaux et les font débourrer à la main.

Pour compléter ce que nous avons à dire sur la carde que nous venons de décrire, nous ferons remarquer que le coton variant suivant sa provenance, de qualité, de finesse et de longueur, et ne devant pas recevoir au même degré l'action du cardage, il suffit pour arriver à travailler convenablement chacune de ses espèces, d'augmenter ou de diminuer la quantité de matière cardée dans un temps donné, en réglant suivant les besoins la vitesse de son entrée dans la carde ainsi que celle de sa sortie; de même qu'il suffit pour l'épurer suffisamment de retarder ou d'activer la marche du débourreur des chapeaux, selon qu'il contient plus ou moins d'ordures et de boutons.

Toutes les cardes de construction actuelle sont généralement munies de débourreurs automatiques; celui qui vient d'être décrit donnera une idée de la difficulté du but à atteindre et des mécanismes ingénieux qui ont dû être imaginés pour y arriver. La description des autres systèmes en usage nous entraînerait trop loin; nous nous bornerons à citer le débourreur Wellmann, modifié récemment par Rieter de manière à opérer d'une manière variable sur les chapeaux, c'est-à-dire sur ceux plus chargés, comme le précédent, les débourreurs Higgins, Dobson et Barlow, etc.

Les cardes mixtes d'autre construction ne diffèrent pas essentiellement de celle-ci; le nombre des hérissons (souvent on en met deux paires au lieu d'une) et celui des chapeaux seul varie. — La figure 223 montre en perspective une de ces cardes, de la construction Dobson et Barlow.

L'explication détaillée que nous venons de faire de cette carde, facilitera la revue des autres cardes à coton les plus employées dans les établissements de filature.

Nous parlerons d'abord de la carde la plus simple, celle dite *à chapeaux*.

Carde à chapeaux. Elle se compose d'un appareil alimentaire, qui est une paire de cannelés, d'un grand tambour prenant directement le coton à ces cannelés; de chapeaux fixes, au nombre de vingt ou de vingt-quatre qui sont placés concentriquement à la partie supérieure de la circonférence du grand tambour, d'un cylindre peigneur, d'un peigne détacheur et de rouleaux délivreurs. Le produit de cette carde est recueilli ou par un coiler séparément, ou est conduit dans un couloir avec tous les rubans d'une même série de cardes, à un réunisseur qui en forme un rouleau que l'on porte ensuite aux autres machines de préparation.

On construit cette carde avec ou sans briseur; elle est généralement munie d'un débourreur automatique de chapeaux. — Dans la carde imaginée et construite par MM. Platt Brothers, et Cᵉ, à Oldham, et connue sous le nom de *carde à chaîne sans fin ou à chapeaux marchants*, les éléments principaux de la carde précédente sont conservés; mais on a adopté pour les chapeaux une disposition spéciale, au lieu d'être immobiles comme les chapeaux à douves ordinaires que l'on enlève à la main ou mécaniquement pour les débourrer, les chapeaux de la carde Platt sont tous solidaires, assemblés de chaque côté, et forment ainsi une chaîne sans fin conduite par des rouleaux, de façon que la moitié de cette chaîne présent

Fig. 223. — *Carde mixte de Dobson et Barlow.*

dans son mouvement ses chapeaux à l'action du grand tambour, tandis que la moitié opposée présente leurs aiguilles libres. Chacun des chapeaux passe dans sa marche sous un cylindre débourreur armé de dents, chargé d'enlever la bourre qui s'est attachée à ses aiguilles. Cette carde a tous les avantages des cardes à chapeaux lorsque ses chapeaux et leur débourrage automatique sont parfaitement réglés. On peut craindre que ce système ne soit susceptible de se déranger et par suite de ne pas travailler avec précision, à cause du mouvement articulé d'un grand nombre de ses éléments; de plus, cette disposition des chapeaux ne permet pas de leur appliquer des garnitures graduées. Cette carde qui est employée surtout en Angleterre, a trouvé moins de faveur sur le continent.

La carde de MM. Schlumberger et celle de MM. Dobson et Barlow ont beaucoup d'analogie entre elles; elles ont, toutes les deux, un briseur placé derrière les cannelés livreurs, deux paires de travailleurs, des chapeaux et un débourreur automatique de chapeaux. La différence entre ces cardes, consiste en ce que la première n'a que dix chapeaux et que ces chapeaux sont débourrés régulièrement, c'est-à-dire, l'un aussi souvent que l'autre, tandis que la carde de MM. Dobson et Barlow a vingt chapeaux et que ces chapeaux peuvent être débourrés irrégulièrement.

MM. Hetherington John et Sohn construisent une carde presque absolument semblable aux précédentes; ils n'en ont modifié que les chapeaux. Ceux-ci sont fixes, mais à charnières, et peuvent à l'aide d'un engin combiné à cet effet, être renversés successivement et dans un ordre déterminé, de manière à présenter leurs aiguilles en dessus, et c'est dans cette position qu'ils sont débourrés par une raclette armée de dents, et même aiguisées par un cylindre garni d'émeri. Cette disposition, comme celle adoptée par M. Platt, est ingénieuse et séduisante; mais comme elle, possède de nombreuses articulations appliquées à des pièces qui, pour fonctionner convenablement et donner un bon résultat, exigent de la précision dans leur réglage et doivent conserver cette précision indéfiniment.

A côté des cardes à chapeaux et des cardes mixtes, on emploie encore dans la filature, la *carde à hérissons*.

Carde à hérissons. Cette carde est composée d'un grand tambour entouré, au lieu de chapeaux, de quatre ou cinq paires de hérissons (travailleur et nettoyeur). Elle comporte comme les autres, les rouleaux alimentaires, les cannelés, le briseur et le peigneur. Comme nous avons déjà exposé le fonctionnement de ces divers organes, à propos du cardage et de la carde mixte, nous pensons qu'on s'en rendra suffisamment compte. Les hérissons, par l'effet du mouvement de rotation dont ils sont animés, ne gardent pas, comme les chapeaux fixes les boutons, qui, par suite, reviennent au grand tambour; aussi le peigneur en prend-il une partie, et quoique le briseur nettoie la matière et projette une certaine quantité de boutons et de corps étrangers, la carde à hérissons ne peut pas nettoyer le coton comme la carde à chapeaux. Nous avons déjà fait remarquer que le travail des hérissons laissait également à désirer sous le rapport du rangement et du parallélisme des fibres. Aussi la carde à hérissons est-elle ré-

servée, dans le cas de cardage unique, aux cotons courts, rudes et grossiers destinés aux numéros gros et moyens, ou s'emploie seulement pour premier cardage de la préparation destinée aux numéros ordinaires, dans le cas du cardage double.

On trouve avantageux de disposer sous le grand tambour de toutes les cardes une grille destinée à recevoir les fibres courtes et les bonnes fibres échappées au grand tambour. Cette grille est percée de trous qui livrent passage aux poussières et duvets; mais elle est assez rapprochée du tambour pour que les bonnes fibres soient reprises par celui-ci. La quantité de déchet se trouve ainsi diminuée. Pour que les poussières ne se dégagent pas dans la salle, les hérissons sont recouverts d'un couvercle à charnières qui peut être relevé et maintenu suivant les besoins.

La production des cardes varie suivant la qualité du produit à obtenir; nous avons dit comment on faisait varier cette production. Tandis qu'avec les cardes à chapeaux travaillant du Louisiane, on arrive à un maximum de 35 kilogrammes par jour; les cardes à hérissons peuvent produire, en cotons de l'Inde, de la Chine, ou similaires, 50 kilogrammes et jusqu'à 60 kilogrammes.

Les cardes à chapeaux construites, il y a vingt ou vingt-cinq ans, ne produisent que 18 à 25 kilogrammes environ.

Pour montrer l'extrême division de la matière sur la carde, nous croyons intéressant de donner ci-dessous un tableau exact des vitesses des différents organes d'une carde mixte ordinaire.

ORGANES	DIAMÈTRES	NOMBRE de tours par minute	VITESSES circonférencielles	ÉTIRAGES	
				partiels	Total
Rouleau alimentaire........	0.151	0.20	0.094	»	»
Cylindre cannelé.........	0.058	0.700	0.105	1.11	»
Briseur..........	0.225	280.	193.200	1840.	»
Grand tambour..........	1.200	120.	453.160	2.76	135
Hérissons (travailleurs)......	0.153	12.	6.000	»	»
— (nettoyeurs)........	0.083	320.	83.200	»	»
Peigneur...........	0.600	6.	11.10	»	»
Rouleau d'appel..........	0.032	127.	12.70	»	»

Les chiffres de ce tableau indiquent qu'une longueur de 0m,105 fournie chaque minute à la carde se trouve tout d'abord étendue sur une surface de 193m,200 divisée en 280 couches successives égales à la circonférence du briseur. La désagrégation se continue de celui-ci au grand tambour, sur lequel la matière se trouve développée par une longueur de 453m,160 soit plus de 5,000 fois la longueur primitive. Après les condensations et désagrégations successives sur les travailleurs et les débourreurs dues aux différences des vitesses de ceux-ci, le grand tambour arrive chargé de la matière en présence du peigneur qui, avec une vitesse ralentie de 11 mètres, s'approprie de celle-ci. En résumé, la longueur de 93 millimètres après avoir été échelonnée successivement jusqu'à fournir un développement de 453 mètres est ramenée à une longueur finale de 12m,70, représentant encore un étirage de 135 fois la longueur initiale.

Pendant longtemps, le coton a été cardé deux fois; quelques filateurs soumettent encore la matière destinée aux numéros ordinaires à deux passages de carde; c'est ce qu'on désigne sous le nom de *double cardage*. Cette seconde opération a surtout pour but une plus complète épuration de la matière et l'enlèvement de la plus grande partie des boutons. Mais depuis les perfectionnements apportés aux ouvreuses et aux batteurs, en vue d'un meilleur nettoyage, et aux peigneuses pour augmenter la production, le double cardage tend à être abandonné, car les résultats ne sont pas en rapport avec l'accroissement du matériel, d'emplacement, de main-d'œuvre qu'il nécessite. En outre par leur passage répété entre les aiguilles, les fibres sont énervées et fatiguées et le fil est moins résistant.

On n'emploie donc plus guère le double cardage que pour les numéros supérieurs à 36 ch[e] et 40 ou 45 tr⁰ Au-delà de 60 et 70, le coton est généralement peigné et n'est plus alors cardé qu'une fois. Quelques filateurs se trouvent bien même de remplacer le double cardage par le peignage pour des numéros inférieurs à ces derniers.

En ralentissant l'alimentation ou en travaillant des nappes plus minces, on peut également arriver à avoir en simple cardage un produit qui s'approche beaucoup de celui du double cardage.

On construit, dans le but de réaliser le double cardage, des *cardes doubles*; ce sont deux grands tambours réunis sur un même bâti et munis chacun de hérissons ou de chapeaux ; en somme, c'est la réunion de deux cardes sur le même bâti; entre les grands tambours se trouvent un ou **deux peigneurs** qui enlèvent les fibres travaillées par le premier et les fournissent au second ; à la suite du second tambour vient le peigneur proprement dit avec son peigne détacheur. L'emploi de ces cardes ne s'est pas beaucoup généralisé.

Carde peigneuse. L'originalité de la carde de MM. Plantrou frères, filateurs, nous engage à en faire ici une analyse complète (fig. 224).

Le dessin ci-dessous représente une élévation de cette carde coupée par son milieu dans le sens de sa longueur.

Ce qui caractérise particulièrement cette nouvelle carde est l'emploi de cylindres G, B, A, C, garnis, au lieu de rubans de cardes, de rangées d'aiguilles droites qui permettent de réaliser une sorte de peignage de la matière. Pour garnir ces cylindres d'aiguilles on pratique à leur circon-

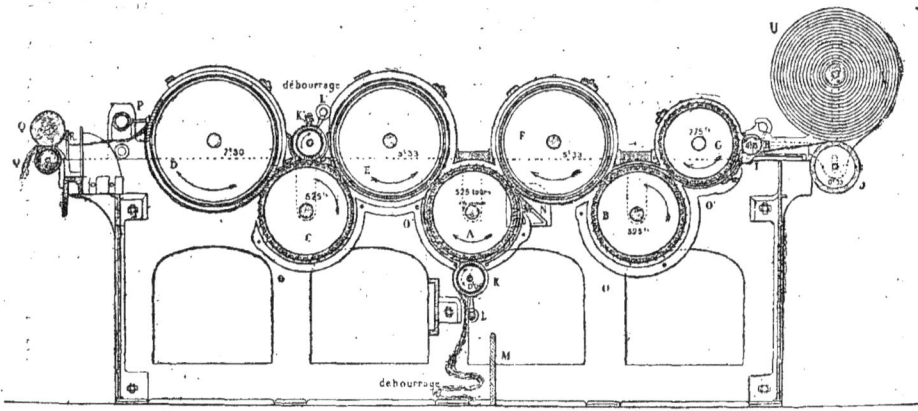

Echelle au ¹/₁₀.

Fig. 224. — Carde Plantrou.

férence un certain nombre de rainures dans lesquelles sont adaptées des barrettes auxquelles sont soudées des aiguilles. Les rainures sont remplies d'un mastic quelconque qui maintient les aiguilles dans la position qu'elles doivent occuper, et cette position est déterminée par la diagonale des rainures. F, E, D sont des cylindres déchargeurs garnis de rubans de cardes comme à l'ordinaire. K est un débourreur cylindrique qui enlève les impuretés contenues dans le coton entraîné par le cylindre A ; ce débourreur est bourré à son tour et maintenu dans un état de netteté convenable par un peigne détacheur L qui reçoit son mouvement de va et vient au moyen d'une combinaison de leviers se rattachant à une roue calée sur l'axe du cylindre F. Le couteau N, placé très près des points de rencontre des cylindres A, F, et celui N', placé très près également des points de rencontre des cylindres C, E, contribuent à détacher et à séparer les ordures des filaments de coton. Les couteaux N, N' sont en outre destinés à retenir quelque peu les filaments sur les dents des cylindres F, E au moment où les peigneurs A et C viennent les prendre et aident à les diviser et à les paralléliser. K' est un débourreur absolument semblable au débourreur K et remplit sur le cylindre C les mêmes fonctions que le premier remplit sur le cylindre A. Du cylindre C la matière cardée est recueillie par un cylindre peigneur D garni de rubans de cardes ordinaires, et enlevée de ce peigneur comme dans toutes les cardes et à l'aide de pièces absolument semblables.

Les fonctions de cette carde sont les suivantes : Le coton, en rouleau U, reposant librement sur le cylindre J, est présenté par le cannelé H qui fonctionne sur l'auget I, au cylindre G et passe successivement sur les cylindres B, F, A, E, C qui tournent respectivement dans les directions indiquées par les flèches, pour arriver sur le cylindre peigneur D, d'où il est détaché par le peigne P ; de là il se rend en ruban dans l'entonnoir R, puis entre les rouleaux d'appel Q Q, à la suite desquels il est recueilli par un coiler.

Nous compléterons ce que nous avons à dire sur cette carde en présentant les conclusions

d'un rapport fait à son sujet par M. Lamer, fila-
teur à Saint-Pierre-de-Varangeville, au nom d'une
commission nommée par la Société industrielle
de Rouen.

« La carde Plantrou est d'une surveillance facile; elle
nécessite peu de main-d'œuvre.

« Un débourrage par jour des trois cylindres peigneurs
est suffisant, et cette opération peut se faire par un
seul homme.

« L'aiguisage de ces mêmes cylindres ne se fait généralement que toutes les trois semaines, et il ne peut, en
tout cas, être utilement rapproché que tous les quinze
jours.

« Un seul homme peut donc avoir la surveillance et la
direction d'un grand nombre de cardes, et il est permis
d'affirmer que sous le rapport de la main-d'œuvre, la
carde Plantrou présente une réelle économie sur les cardes
ordinaires.

« La question de déchet est plus difficile à résoudre;
selon la matière employée, ou la qualité du produit à
obtenir, selon le plus ou moins bon nettoyage au batteur,
selon, enfin, la production de la carde, le déchet peut
varier dans de larges limites.

« Pour établir une comparaison sérieuse, votre commission ne s'est pas contentée de connaître le déchet
obtenu par chacun des industriels utilisant la carde
Plantrou; elle a pris un même coton passé aux mêmes
batteurs, et elle l'a cardé simultanément sur la carde
Plantrou et sur d'autres cardes de construction récente
donnant un résultat absolument satisfaisant.

« Dans ces conditions, la quantité de déchet a été sensiblement la même. Avec la carde Plantrou il dépasse
4 1/2 0/0 en poids; avec les autres cardes il n'a pas atteint
5 0/0.

« Il est donc permis de dire que sous le rapport du déchet, la carde Plantrou donne à peu près le même résultat
que les meilleures cardes ordinaires de construction moderne.

« La question la plus importante, mais aussi la plus
délicate à élucider, était celle de la qualité et de la perfection du cardage.

« Les industriels qui ont remplacé tout ou partie de
leurs anciennes cardes par les cardes Plantrou en sont
satisfaits, ainsi qu'il résulte des renseignements fournis à
votre commission; mais nous ne pouvions perdre de vue
qu'ils auraient, sans nul doute, obtenu également une
amélioration de leurs produits en remplaçant leurs vieilles
cardes par des cardes de même système, neuves et perfectionnées. Votre commission n'a donc pas pensé que
ces renseignements, tout satisfaisants qu'ils étaient, fussent suffisants pour asseoir son opinion, et elle a cru devoir comparer directement la qualité des produits fournis
par la carde Plantrou et par des cardes neuves de système
ordinaire, pourvues des perfectionnements les plus récents
et en parfait état d'entretien.

« Les expériences dont nous venons de vous entretenir
ont pu servir, non seulement à la constatation du déchet,
mais aussi elles ont permis de déterminer la perfection
relative du travail.

« Le cardage, proprement dit, c'est-à-dire la division
des soies, est bon. Le parallélisme est satisfaisant. Sous
ce rapport, la carde Plantrou nous a paru donner des
résultats comparables à ceux fournis par un ensemble de
cardes modernes bien soignées et travaillant bien.

« Nous disons avec un ensemble de cardes; en effet,
le produit d'une carde Plantrou peut paraître moins satisfaisant lorsqu'il est comparé à celui d'une carde ordinaire
nouvellement débourrée, aiguisée et réglée; mais dans la
carde ordinaire, l'effet de l'aiguisage disparaît assez vite,
et entre une carde qui vient d'être aiguisée et celle qui
est sur le point de l'être, ou bien entre une carde débourrée
et celle qui est à débourrer, la différence du cardage

est sensible; il y a donc une qualité moyenne de l'ensemble d'une série avec laquelle il convient de comparer
le produit de la carde Plantrou qui, elle, perd lentement
son feu, et dont le produit ne varie pour ainsi dire pas
avec un aiguisage de tous les quinze jours et un seul débourrage par jour.

« Votre commission vous a fait d'ailleurs observer que
la comparaison établie par elle et basée sur l'aspect de la
nappe à la carde et au laminoir, ne peut présenter une
certitude absolue; il eut été désirable de pouvoir suivre
le même coton passé à la carde Plantrou et à la carde
ordinaire, non seulement jusqu'à l'état de filé, mais même
jusqu'à son emploi au tissage. Votre commission n'a pas
été à même de faire ce complément d'expérience.

« Comme nettoyage, le résultat obtenu n'est pas absolument le même avec les deux systèmes de cardes; la
carde Plantrou donne moins de petits boutons blancs,
d'étoiles, de ce que en terme technique on appelle du
maton; mais elle laisse échapper en plus grande quantité que les cardes ordinaires, des ordures et des boutons
assez gros, que les organes de nettoyage ont été impuissants à arrêter.

« Enfin, les soies paraissent moins fatiguer avec la
carde Plantrou qu'avec les cardes ordinaires.

« Un des avantages incontestables de la carde qui est
soumise à votre examen, avantage qu'il importe de vous
signaler, c'est la grande élasticité de production.

« Cette production qu'il n'est pas nécessaire de faire
descendre au-dessous de 35 kilogrammes en douze heures
(sauf pour la production des numéros fins) peut s'élever
jusqu'à 50 et 60 kilogrammes, sans que la qualité du produit soit compromise; généralement elle varie entre 40 et
45 kilogrammes en douze heures.

« En résumé, votre commission pense que la carde
Plantrou est appelée à prendre une place importante dans
l'outillage de l'industrie de la filature; elle peut, sous le
rapport de la qualité du cardage, soutenir sans désavantage la comparaison avec les meilleures cardes modernes,
en même temps qu'elle assure une économie de travail
que celles-ci ne peuvent atteindre. »

CARDES A LAINE.

La laine, pour être convenablement cardée,
doit, suivant sa nature ou sa qualité, subir successivement l'action de deux et le plus souvent
de trois cardes, formant un ensemble de machines vulgairement appelé un *assortiment*. La
carde qui reçoit premièrement la laine est désignée sous le nom de *briseuse*, celle qui la travaille ensuite, sous celui de *repasseuse*, et enfin
celle qui achève l'opération, sous celui de *finisseuse*.

Ces trois cardes ont beaucoup d'analogie entre
elles, se composent toutes essentiellement des
mêmes agents et ne diffèrent guère que par quelques détails et particulièrement par le mode
d'introduction et de la sortie de la matière.

Carde finisseuse. La fig. 225, qui est une
coupe longitudinale, représente une carde finisseuse, et, comme il sera expliqué ci-après, à
boudins continus; il suffira pour faire comprendre
les explications qui seront données sur les trois
cardes qui composent un assortiment.

Les pièces absolument semblables dans les
trois cardes sont les suivantes : Un tablier alimentaire A; c'est une toile sans fin faite de fort
tissu de lin ou de chanvre, ou mieux de courroies
sur lesquelles sont appliqués des latteaux en
bois ou en fer; ce tablier est tendu sur deux

rouleaux qui servent à le conduire ; deux cylinlindres B, B' livreurs garnis de rubans de cardes armés de dents fortes. Ils servent à prendre la laine déposée sur le tablier A et à la présenter soit à un cylindre déchireur, désigné sous le nom de *roule-ta-bosse*, ainsi qu'on le verra lorsqu'il sera parlé de la carde briseuse, ou au grand tambour C ; ce grand tambour est garni de rubans de cardes dont les dents à crochet sont inclinées de façon à ce qu'il saisisse la matière amenée par les cylindres livreurs et la présente successivement à l'action des autres agents de la carde ; quatre ou cinq paires de hérissons D, E répartis sur la circonférence du grand tambour C à une distance égale les uns des autres, dont la disposition et le fonctionnement sont semblables à ceux de la carde à hérissons pour coton ; le dé

bourreur qui se trouve le premier du côté des cylindres livreurs B, B' est d'un diamètre plus fort que les autres, afin que, développant une plus grande force centrifuge, il débarrasse, autant que possible, la laine des ordures et des corps étrangers qu'elle contient et les fasse tomber dans l'auget A'; enfin un cylindre F dit *volant*, garni de rubans de cardes à dents longues, droites, inclinées et flexibles, que l'on règle sur le grand tambour de façon à ce que ses dents entrent un peu dans celles de celui-ci. Ce cylindre, dont la vitesse de rotation à sa surface extérieure est supérieure d'un cinquième à celle de la circonférence du grand tambour, a pour effet, par la friction qu'il opère sur ce dernier, de soulever à l'extrémité de ses dents tous les filaments qui sont engagés dans leur intérieur par le travail

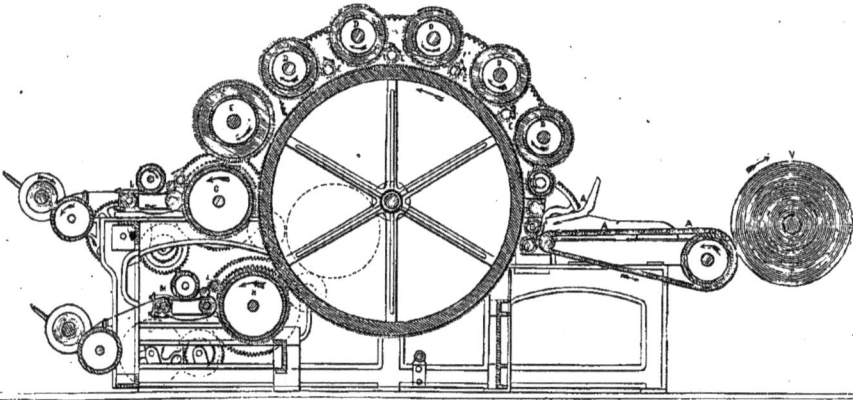

Fig. 225. — *Carde finisseuse pour laine.*

opéré entre lui et les travailleurs et de faire qu'ils soient facilement saisis par le cylindre peigneur.

Les trois cardes qui composent un assortiment possèdent donc, toutes les trois, les agents dont il vient d'être donné la description ; il reste à exposer ceux qui sont particuliers à chacune d'elles.

La carde briseuse est donc munie de ces agents et en plus : 1° d'un cylindre nommé *déchireur* ou *roule-ta-bosse*; 2° d'un autre cylindre armé de lames d'acier désigné sous le nom de *papillon*, d'*éplucheur* ou d'*échardonneur* ; 3° d'un cylindre peigneur ; 4° d'un peigne battant ou d'un petit cylindre déchargeur; 5° enfin d'un gros cylindre en bois sur lequel est recueilli le produit de la carde.

1° Le déchireur ou roule-ta-bosse, qui n'est pas figuré sur le dessin ci-dessous, se trouve placé entre les cylindres alimentaires B, B' et le grand tambour C. Il est garni de rubans de cardes à dents très fortes et très courtes, ne dépassant le cuir sur lequel elles sont boutées que de deux millimètres au plus, et assez rapprochées les unes des autres pour que les corps étrangers,

comme les petits chardons, les pailles, graines que contient encore souvent la laine après avoir subi les premières opérations, ne puissent se loger dans leurs intervalles. Le roule-ta-bosse a pour fonction d'effilocher les mèches de laine qui lui sont amenées par les cylindres briseurs B, B' et de les présenter très ouvertes et divisées au grand tambour.

2° L'échardonneur est un cylindre armé de lames d'acier minces et droites plantées sur sa circonférence parallèlement à son axe. Il est réglé sur le roule-ta-bosse, très près de l'extrémité de ses dents, tourne avec une grande vitesse et enlève et rejette dans l'auget A' en grande quantité les ordures qui sont contenues dans la laine et qui, ainsi que l'on vient de le dire, sont restées à l'extrémité des dents du roule-ta-bosse.

3° Le cylindre peigneur, placé un peu en contre-bas du volant F, remplit le même rôle dans la carde à laine que dans la carde à coton.

4° Le peigne battant ou des rouleaux détacheurs enlèvent cette nappe de laine formée sur le peigneur.

5° Le gros cylindre en bois, qui tourne à une

vitesse égale à celle du peigneur, reçoit cette nappe, l'enroule successivement un grand nombre de fois autour de sa circonférence et en forme à son tour une nappe très épaisse, une espèce de matelas, et c'est de cette espèce de matelas que vient le nom donné à ce cylindre de *tambour à matelas*. Le diamètre de ce tambour est variable et dépend de la largeur des cardes ; il est nécessaire que la développée de sa circonférence soit égale à deux ou trois fois la largeur de celle-ci, parce qu'il faut que la longueur du matelas soit divisée en deux ou trois parties correspondant à la largeur des cardes, les portions de matelas étant présentées à la carde repasseuse, non dans le sens où la nappe a été recueillie sur le tambour à matelas, mais d'équerre à ce sens, afin que les filaments, déjà un peu parallélisés par la briseuse, soient saisis autant que possible par le travers de leur longueur, et que les mèches de laine, qui n'ont pas été suffisamment divisées par l'action de la première carde, le soient plus complètement par la repasseuse.

Carde repasseuse. Elle est absolument la même que la carde briseuse moins le roule-tabosse et l'échardonneur. Le grand tambour prend directement la laine aux cylindres B, B' auxquels on ajoute souvent un troisième B'' placé au-dessus du cylindre supérieur, afin de mieux maintenir la nappe et d'éviter qu'il se produise d'échappement de mèches ou de blocs de laine.

Souvent aussi on remplace le tambour à matelas de cette carde par un appareil, dit *à longues nappes ;* cet appareil donne des nappes d'une grandeur beaucoup plus grande que celles obtenues avec le tambour à matelas, et les transforme en gros rouleaux ou manchons qui sont portés sur le tablier de la carde finisseuse, et dont un spécimen est figuré en A sur le dessin.

La carde finisseuse, composée comme la précédente pour ce qui concerne les agents de cardage, en diffère essentiellement pour ce qui est de la sortie de la matière cardée. Pendant fort longtemps, le produit de cette carde fut recueilli par un cylindre peigneur, garni de plaques de cardes, fixées sur sa surface à des intervalles égaux, distancées les unes des autres de quelques centimètres et présentant ainsi entre elles des solutions de continuité ; chaque plaque se chargeait donc isolément d'une certaine quantité de laine qui, détachée par un peigne battant et roulée par un cylindre disposé à cet effet, formait de petits boudins ayant de 20 à 25 millimètres de diamètre et pour longueur, la largeur de la carde. Ceux-ci étaient portés derrière un métier à tordre que l'on appelait *Bely* (V. ce mot) et jonctionnés par des rattacheurs ; on en obtenait un gros fil qui était ensuite amené au numéro exigé par un métier à filer qui l'étirait en achevant de lui donner la torsion et la finesse convenables à l'emploi auquel il était destiné.

Dans cet état, la carde finisseuse était très onéreuse à cause de la main-d'œuvre excessive qu'elle occasionnait pour la transformation des sous-produits en fil, et ce dernier laissait beaucoup à désirer sous le rapport de la régularité.

C'est vers 1837 que fut imaginée la carde finisseuse produisant des boudins continus que l'on porte derrière le métier à filer et dont on obtient, en une seule opération, la plupart des fils employés dans la fabrication des tissus de laine. On a d'abord appliqué à cette carde un seul peigneur, puis, et c'est aujourd'hui le système le plus employé, deux peigneurs, figurés en G, H sur le dessin, placés comme on le voit, l'un au-dessus de l'autre, à la suite du volant. Dans les cardes à un seul peigneur, ce cylindre est garni de bagues ou anneaux, laissant très peu d'intervalle entre eux, armés de dents dont le crochet opposé à celui des dents du grand tambour, enlève tous les filaments de laine qui se trouvent à sa surface. Dans les cardes à deux peigneurs, ceux-ci sont garnis, chacun d'un nombre égal de bagues de carde, dont les dents à crochets opposées, comme celles du peigneur seul, à celui des dents du grand tambour, recueillent de même tous les filaments de laine qui se trouvent sur la circonférence de ce grand tambour. Les bagues de cardes sont placées sur chaque peigneur de manière à laisser entre elles des intervalles égaux non munis de dents, correspondant réciproquement aux bagues de l'un et de l'autre peigneur, de sorte que l'ensemble des bagues des deux peigneurs présente une suite non interrompue de dents qui recueillent toute la laine amenée par celles du grand tambour. Voici d'ailleurs comment ces peigneurs opèrent ; le peigneur supérieur G qui se trouve placé immédiatement après le volant, forme au moyen de ses bagues, autant de tranchées dans la petite couche de laine qui recouvre le grand tambour, qu'il possède de bagues, et laisse sur ce tambour autant de petites épaisseurs de laine qu'il a d'intervalles entre ses bagues ; le peigneur inférieur H dont les bagues se trouvent placées en face des intervalles du peigneur supérieur G, enlève à son tour les petits rubans de laine laissés sur le tambour par ce peigneur G. Le grand tambour est donc ainsi débarrassé de toute la laine qu'il possédait sur sa surface, lorsqu'il a passé devant les deux peigneurs G et H.

Des détacheurs *h h* composés de deux petits cylindres, dont l'un est garni de rubans de carde, l'autre d'un cuir lisse, en contact avec chaque peigneur G, H, en détachent la laine dont ils se sont chargés, sous la forme de petits rubans qui, passant soit entre le tablier et le rouleau des rotafrotteurs L, M, animés d'un double mouvement de rotation et de va-et-vient, ou bien par le centre de petits tubes appelés *bobineaux* (V. ce mot), tournant sur eux-mêmes avec une grande rapidité, prennent sous la friction qu'ils reçoivent, une forme cylindrique et deviennent autant de petits boudins d'une longueur infinie qu'il y a de bagues sur les peigneurs. Ces boudins viennent ensuite s'enrouler sur les deux bobines ensouples, N, O, que l'on porte derrière les métiers à filer, à l'exception des boudins des bords extrêmes de la carde, un du côté droit et un du côté gauche qui ne peuvent être utilisés à cause de leur peu de régularité, et qui sont recueillis à part; déchiquetés et reportés au tas de la laine à carder. On désigne ces derniers sous le nom de *bouts perdus*.

L'assortiment décrit ci-dessus est ainsi que l'on vient de le voir, à nappes ou à matelas.

On fait aussi des assortiments dits *à cordons*. Dans ces assortiments, le produit de la briseuse est réuni en cordons par un entonnoir et recueilli sous la forme d'une grosse bobine par un enrouleur à va-et-vient. Vingt, vingt-cinq et même trente bobines, suivant la largeur des cardes, provenant de la briseuse, sont installées sur une banque, comme les bobines de fil le sont dans les machines à ourdir, présentées à la repasseuse, puis le produit de celle-ci recueilli en nouvelles bobines, et présenté de la même manière à la carde finisseuse.

Les assortiments disposés ainsi, donnent d'aussi bons résultats que les assortiments à nappes; quelques industriels préfèrent même le système à cordons à ce dernier. Les seuls inconvénients que l'on puisse trouver dans son emploi, consistent en ce que les filaments de la laine sont toujours attaqués dans le même sens par les dents des garnitures de cardes, de là, la difficulté de bien ouvrir les loquets de laine quelque peu feutrés, puis et surtout en ce qu'il exige plus de temps pour la mise en activité de tout l'assortiment. On comprend facilement que la briseuse devant produire de vingt à trente bobines avant que la repasseuse soit utilisée, et cette dernière devant en produire autant avant que la finisseuse travaille, il s'écoule un temps assez long avant que l'assortiment entier soit en fonction. La perte de temps que subissent et la repasseuse et la finisseuse, est inappréciable lorsque le manufacturier

Fig. 226. — Carde à avant-train.

doit carder de grandes quantités de laine de même qualité et de même couleur, mais elle devient sensible et onéreuse, si il a à traiter de petits lots de laine, parceque alors, elle se présente fréquemment.

L'assortiment de cardes que nous venons de décrire, est spécial à la filature de la *laine cardée;* mais la laine destinée à être peignée, subit aussi comme préparation, l'opération du cardage; seulement, dans ce cas, le cardage n'agissant surtout que comme démêlage, afin de mieux disposer la matière à être peignée, l'opération se trouve simplifiée, et au lieu d'employer un assortiment de trois cardes par lesquelles passe successivement la laine, on se borne à la soumettre à un seul passage de carde.

La constitution de la carde employée dans la filature de *la laine peignée*, est la même, dans ses organes essentiels, que pour la laine cardée.

On emploie également avec avantage, des cardes simples ou doubles, avec ou sans avant-train, munies ou non d'un organe échardonneur : le réglage seulement, c'est-à-dire l'écartement à observer entre les organes, la finesse des garnitures et le rapport entre leurs vitesses relatives diffèrent dans ces machines.

Après les descriptions qui ont été données de la carde à hérissons pour coton et des différentes cardes à laine, nous nous bornerons à exposer sommairement la disposition de la carde à *avant-train* qui est très employée. Cette carde représentée en perspective figure 226 a deux séries d'organes groupées l'une après l'autre sur le même bâti; la première a un nombre d'organe moindre et de plus petit diamètre que la seconde. Ce sont en réalité deux cardes, une petite et une grande qui travaillent la matière d'une façon continue et progressive. On a essayé de chauffer la laine pendant le cardage par l'introduction de la vapeur dans l'intérieur des organes de l'avant-train ; mais les inconvénients que cet emploi présente (nécessité de presse-étoupes, perte de vapeur, oxydation des garnitures) y ont fait renoncer.

Nous trouvons dans cette carde, comme dans les précédentes, la toile sans fin qui amène la matière aux cylindres alimentaires, suivi du roule-ta-bosse, au-dessus duquel agit le cylindre échardonneur. Cet organe est disposé de manière à pouvoir être enlevé lorsque la pureté des laines n'exige pas cet auxiliaire.

Une série de hérissons sont placés par paires autour de la partie supérieure d'un premier tambour. Leur nombre varie; il est ordinairement de trois, parfois de cinq, comme dans la carde complète; ils constituent l'avant-train. A la suite de ces organes cardeurs, se trouve le volant et le peigneur qui livre la nappe de filaments ainsi préparée à la carde à grand tambour, qui ne diffère du groupe d'organes précédents, que par le nombre et les dimensions. La matière détachée du peigneur comme dans la carde à coton, est recueillie soit dans un canal aboutissant à une réunisseuse, soit en bobines sur un cylindre animé à la fois d'un mouvement de rotation et d'un mouvement de va-et-vient. Faisons remar-

quer la différence qui existe entre le mode d'attaque de la carde pour la laine et le coton. Pour le coton, l'action du briseur est très énergique; il est l'organe qui est doué de la plus grande vitesse circonférencielle; tandis que pour la laine, l'action de l'organe similaire se fait beaucoup plus lentement.

Le grand tambour en général, marche aussi avec une vitesse moindre que dans les cardes à coton : une vitesse moyenne de 100 tours à la minute paraît convenable pour un tambour d'un diamètre de $1^m,220$. Dans ces conditions, la carde produit environ 4 kilogr. 35 à l'heure. — La production varie entre 3 kilogr. 50 et 5 kilogrammes; et le déchet de 3 à 5 0/0.

Beaucoup de filateurs de laine bourrent les cardes. Cette opération, qui a pour but de donner aux garnitures une certaine force de résistance et d'élasticité, consiste à remplir les vides que laissent entre elles les aiguilles de garnitures avec une sorte de mastic composé de tontisse de drap, exempte d'ordures, d'huile de lin (1/3) et d'huile d'olive (2/3) ; le tout est pétri et travaillé à la main. On l'étend sur la garniture à bourrer et on la fait pénétrer jusqu'au fond des dents au moyen d'une brosse longue et demi-douce en frappant légèrement sur la bourre dans le sens du dos des dents. On recommence plusieurs fois cette opération jusqu'à ce que la bourre soit serrée et la garniture complètement bourrée. Le bourrage des cardes, autrefois universellement en usage, a été délaissé par un grand nombre de maisons renommées par la qualité de leurs produits.

Pour terminer l'étude sommaire de cette question si importante du cardage, dans l'industrie textile, il nous reste quelques mots à ajouter sur le réglage et l'entretien des machines, et le montage des garnitures.

OPÉRATIONS DIVERSES DU CARDAGE. C'est du *bon réglage* d'une carde que dépend principalement la qualité du produit obtenu ; c'est surtout au moyen d'un bon réglage qu'on peut éviter les défauts que cette opération présente : les boutons, coupures, nuances, etc. Tous les organes de la carde se règlent d'après le grand tambour, qu'il importe donc de bien fixer horizontalement dans ses supports. Comme l'examen détaillé de cette question dépasserait le cadre de cet ouvrage, nous nous bornerons à dire en principe général, que tous les organes de la carde doivent être rapprochés l'un de l'autre autant que possible sans néanmoins que les aiguilles se touchent. Pour vérifier cette approche on met les organes en mouvement, à la main, et si l'on entend le frottement des aiguilles les unes contre les autres, on écarte, au moyen de vis de rappel l'organe à régler, de quantités très faibles et progressives jusqu'à ce que le bruit ait cessé. On emploie aussi à cet effet des calibres formés d'une lame d'acier plus ou moins épaisse que l'on promène entre les organes en ayant soin que le frottement soit bien égal sur toute la longueur. Les chapeaux étant placés bien droits et à une distance convenable du tambour, on leur donne une légère inclinaison en les relevant un peu (2 ᵐ/ᵐ) du côté de l'alimentation, les trois premiers chapeaux peuvent avoir une inclinaison plus forte que les autres.

Dans la carde à hérissons, on règle d'abord les nettoyeurs qui ne peuvent se déplacer que dans le sens du rayon du grand tambour ; ensuite les travailleurs, par rapport aux nettoyeurs et au grand tambour ; à cet effet, outre le mouvement dans le sens du rayon, ceux-ci peuvent se déplacer dans le sens de la circonférence du grand tambour.

Le petit peigne détacheur est rapproché aussi près que possible du peigneur, mais sans qu'il touche les aiguilles. Le point le plus bas de sa course doit se trouver dans le plan horizontal passant par l'axe du peigneur, et plutôt légèrement au-dessus, afin que dans son mouvement de descente il s'approche constamment du tambour.

Le réglage des cardes à laine est peut-être plus important que celui des cardes à coton. Il dépend surtout des laines que l'on travaille et varie avec la nature de celles-ci ; le plus grand écartement, celui entre le roule-ta-bosse et le tambour, est ordinairement de 2 millimètres ; les autres vont en diminuant jusqu'au peigneur où il est de 1/2 millimètre environ. Cette opération, qui est surtout du domaine de la pratique, ne doit être confiée qu'à des ouvriers exercés.

Nous avons parlé ci-dessus de la nécessité d'un *débourrage* fréquent des cardes. Les défauts que nous avons signalés peuvent également être causés par le besoin de cette opération. Outre cela, les aiguilles des garnitures perdent en peu de temps le morfil nécessaire à un bon travail : il est donc indispensable d'y remédier ; c'est le but de l'*aiguisage*. L'aiguisage est également une opération des plus importantes ; on doit donc y procéder avec le plus grand soin. L'aiguisage s'opère au moyen de cylindres garnis de gros émeri que l'on fait tourner sur le grand tambour et sur le peigneur de manière que l'émeri effleure légèrement les pointes des aiguilles. Ces cylindres sont animés à la fois d'un mouvement de rotation et d'un mouvement longitudinal alternatif dans le sens de la génératrice. Chaque

Fig. 227.
Appareil Horsfaal.

carde est munie de supports spéciaux destinés à recevoir les axes de ces cylindres. Le sens de la rotation de ceux-ci doit être tel que l'émeri tende à coucher les aiguilles et non à les redresser, par conséquent inverse de celle des organes à aiguiser. On fait marcher à cet effet le grand tambour en sens inverse de la courbure de ses aiguilles ou de sa marche normale. Le grand tambour et le peigneur peuvent être aiguisés à la fois au moyen d'un seul cylindre ; mais, vu les difficultés que présente le réglage sur deux tambours à la fois, il est préférable d'employer un rouleau pour chaque tambour. Ce rouleau est commandé séparément par le tambour à aiguiser, ou les deux peuvent l'être par une seule poulie calée sur l'arbre du grand tambour. L'usage le plus généralement adopté aujourd'hui, contrairement à celui autrefois répandu, est de faire marcher les tambours très vite et les rouleaux d'émeri relativement très lentement.

Aiguisage. L'aiguisage d'une carde exige habituellement une demi-journée. L'opération doit être répétée en raison de la nature des cotons et de leur état de propreté : pour les cotons des Indes très sales et très grossiers, au moins tous les trois ou quatre jours ; pour d'autres cotons, on la fait seulement tous les cinq ou six jours. L'emploi de garnitures à aiguilles d'acier permet de diminuer la fréquence des aiguisages et de n'y procéder qu'à des intervalles bien plus éloignés.

L'emploi des cylindres garnis d'émeri n'est pas sans inconvénient ; malgré les soins apportés à leur construction, il peut arriver que quelque grain trop gros trace un sillon dans la garniture d'aiguilles, aussi l'emploi de l'appareil à va-et-vient, dont nous allons donner la description, construit en Angleterre et breveté, s'est-il rapidement généralisé. On le désigne sous le nom d'appareil Horsfaal (nom de son inventeur). Il est représenté en élévation et partie en coupe transversale (fig. 227).

La différence essentielle qu'il présente avec les cylindres ordinaires est que l'organe aiguiseur est une poulie qui n'a qu'un décimètre environ de largeur. Cette poulie, appelée *trotteuse*, parcourt alternativement toute la largeur des tambours tout en étant animée d'un mouvement de rotation ; toutes les parties de la garniture sont ainsi atteintes, et les parties creuses ne peuvent se produire.

Pour produire ce mouvement de va-et-vient, l'arbre du tambour à émeri est fileté dans les deux sens, à gauche et à droite ; il est entouré d'un manchon creux sur lequel est calée la poulie qui donne le mouvement de rotation au système ; dans ce manchon est pratiquée une rainure longitudinale dans laquelle peut coulisser un prisonnier fixé au tambour à émeri ; ce prisonnier rend le tambour à émeri solidaire du manchon et le fait participer à son mouvement de rotation ; mais, comme le prisonnier est engagé dans l'un des filets de l'arbre, le manchon avance dans l'un ou l'autre sens ; dès que le prisonnier est arrivé à l'extrémité de l'arbre, il ne peut plus avancer, il s'engage alors dans le filet opposé et rebrousse chemin ainsi que la poulie à émeri.

La figure 228 montre une carde, dont le grand tambour et le peigneur, sont en aiguisage au moyen de deux appareils Horsfaal.

On emploie aussi pour l'aiguisage une toile à émeri de 15 centimètres de large fixée sur deux règles en bois réunies par une poignée, on con-duit la toile aussi légèrement que possible le long du tambour et dans les deux sens. Ce mode d'ai-guisage est peu répandu, car il exige, pour être exécuté convenablement, un ouvrier très habile. Il est bon cependant de passer la toile pendant quelques tours, après l'aiguisage au cylindre, pour enlever les bavures qui ont pu être pro-duites.

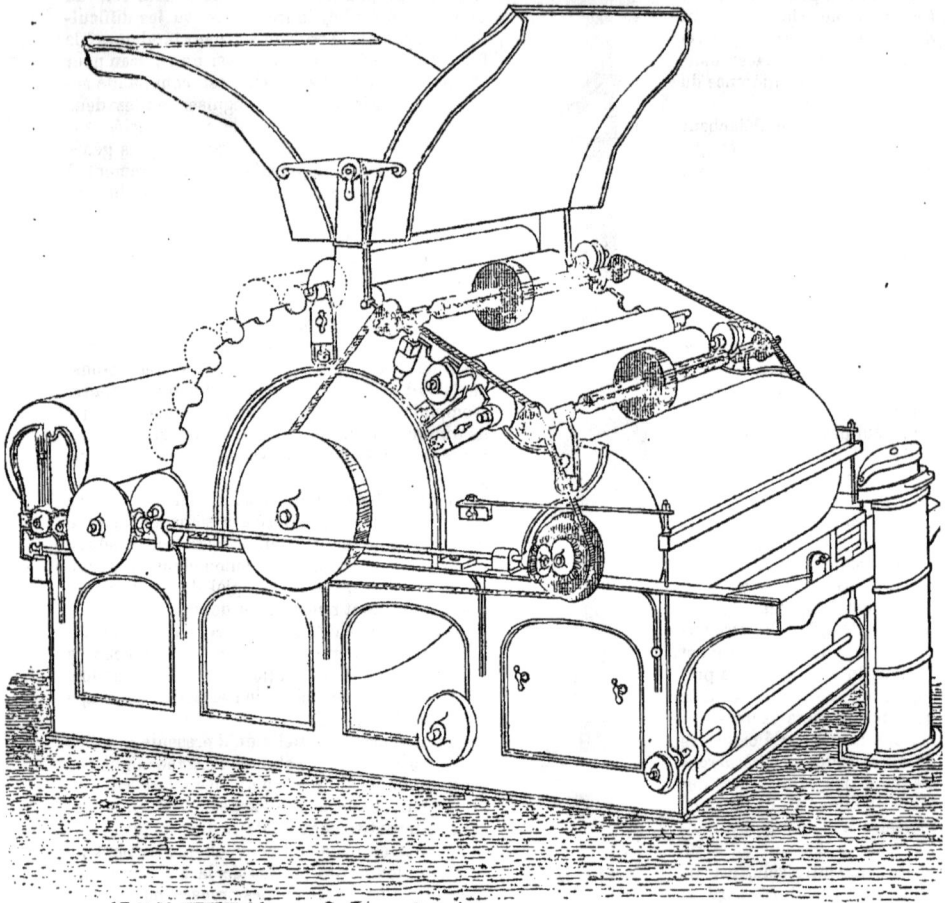

Fig. 228.

Lorsqu'on monte une garniture neuve, il peut se présenter des parties qui ne sont pas exacte-ment concentriques avec le tambour; sur une garniture qui a beaucoup travaillé, il se trouve des aiguilles qu'on a été obligé de relever; dans ces deux cas, il peut être bon de commencer à aiguiser en faisant tourner les cylindres à émeri en sens inverse, en ayant soin d'effleurer les dents aussi peu que possible de manière à couper seulement les pointes qui dépassent; on aiguise ainsi pendant peu de temps; puis on reprend l'aiguisage en sens direct.

Pendant que les tambours s'aiguisent, on pro-cède de la même façon à l'aiguisage des hérissons et des chapeaux sur la machine spéciale à ce destinée.

Les machines à aiguiser, construites par les différents constructeurs, ne diffèrent entre elles que par les combinaisons de mouvements, elles sont généralement disposées de manière à pou-voir aiguiser à la fois deux hérissons et deux chapeaux. L'organe essentiel de la machine est un cylindre garni d'émeri, animé à la fois d'un mouvement de va-et-vient dans le sens de la longueur et d'un mouvement de rotation. Chaque chapeau est placé dans des supports de chaque côté de ce cylindre; l'approche de ces supports peut être réglée au moyen de vis, et ils sont animés d'un mouvement vertical alternatif de manière à présenter les aiguilles au contact de l'émeri. Les hérissons sont également placés dans des supports règlables au moyen de vis au-dessus du cylindre d'émeri et sont animés d'un mouvement de rotation transmis par poulies et courroie. Quelques-unes de ces machines sont construites seulement pour hérissons ; d'autres pour chapeaux.

Nous représentons en élévation (fig. 229) une machine à aiguiser.

Montage. Avant de *monter une garniture* sur un rouleau en fonte ou en stuc, on enveloppe celui-ci, soit de calicot, soit de papier enduit de graisse ou de suif, pour éviter que les aiguilles reposent directement sur le métal et se rouillent. On cloue les plaques (V. GARNITURE) sur un côté d'abord en les tendant parfaitement en longueur; puis

Fig. 229. — *Machine à aiguiser.*

on les tend ensuite en largeur et on les cloue de même de l'autre côté. Pour leur donner la tension voulue, on prend le bout de la plaque entre les deux mâchoires d'une pince que l'on serre au moyen d'une courroie qui s'enroule sur un tambour à l'aide d'une manivelle et dont le déroulement est empêché par un rochet et un cliquet. Le tout peut se déplacer le long de la plaque sur un arbre carré. Le tambour est maintenu fixe pendant le plaquage au moyen d'une tringle en fer recourbée à une extrémité qui prend le tambour dans son épaisseur; l'autre extrémité est serrée très fortement contre le bâti par une vis et un écrou (fig. 230).

Les rubans se disposant sur les rouleaux en hélices, c'est-à-dire obliquement à la génératrice, on commence (lorsqu'on emploie ce genre de garnitures) par enlever les aiguilles sur une partie de la largeur du ruban et sur une longueur de près d'une circonférence (pour des rouleaux de petit diamètre), afin que les aiguilles forment au bord une ligne parallèle à la circonférence directrice. On appelle cette opération *débouter.* Cela fait, on fixe cette extrémité sur le cylindre auquel on adapte une manivelle que l'on tourne très lentement, tandis qu'un ou deux hommes retiennent le ruban pour le tendre parfaitement. Le ruban passe au préalable sur un rouleau quelconque, le cuir contre le cylindre, afin de redresser et d'appuyer les aiguilles contre le cuir. Arrivé à la fin, on déboute de nouveau sur la longueur d'une circonférence, et l'on fixe soit en clouant, soit en vissant. Pour éviter que les spires ne se déroulent pendant le déboutage, on retourne le bout du ruban sur lui-même et on le retient en l'accrochant dent contre dent sur une spire précédente.

On procède de même pour le grand tambour ; seulement on a généralement un appareil spécial dans lequel la manivelle agit sur une vis sans fin, commandant une roue qui imprime au tambour la faible vitesse voulue. On emploie aussi un petit tambour dérouleur qui maintient le ruban parfaitement tendu et se déplace longitudinalement au fur et à mesure de l'avancement des spires. Quand l'opération est terminée, on fixe, sur trois ou quatre points également répartis sur la circonférence, chaque spire par une pointe.

La formule $R = \dfrac{L \times \pi D}{l}$ donnera la longueur de ruban nécessaire pour garnir un cylindre de largeur L et de diamètre D, l étant la largeur du ruban. Il est bon de prendre une longueur un

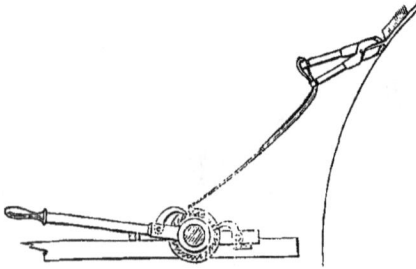

Fig. 230. — *Mode de serrage pour le montage des plaques.*

peu supérieure à celle indiquée par le calcul pour compenser les pertes causées par le déboutage.

Les longueurs des rubans doivent être proportionnelles au diamètre des cylindres à recouvrir, afin que le pas de la spire soit aussi petit que possible.

Les numéros des garnitures que l'on applique aux différents organes des cardes pour coton et pour laines varient de 18 à 28 ; nous ne les donnons pas en détail, ces chiffres n'ayant rien d'absolu et changeant d'un établissement à l'autre.

Il resterait encore à passer en revue :

La *carde pour les déchets de coton.*

La *carde pour les étoupes de lin, de chanvre et de jute.*

La *carde pour la bourrette ou les déchets de soie.*

Nous nous bornons à en indiquer les noms, ces cardes étant toutes munies des principaux agents décrits ci-dessus, et ne s'en distinguant que par des détails et des garnitures appropriés aux matières que chacune est destinée à travailler.

Les considérations et les descriptions que nous venons de développer un peu longuement montreront toute l'importance qu'a la question du cardage dans le traitement des textiles ; elles donneront une idée des nombreuses études et perfectionnements dont elle a été l'objet et qui justifient cette appréciation souvent répétée : « *La carde est l'âme de la filature.* »— P. D.

Carde. *T. techn.* Dans les ateliers de construction, on appelle *carde* une sorte de brosse formée par un morceau de cuir recouvert de pointes métalliques recourbées ayant servi à peigner la laine ou le coton. Cette brosse s'emploie au nettoyage des limes encrassées par le travail des métaux.

Express-Carde. Machine spécialement destinée au travail du coton, intermédiaire entre le batteur et la carde ; elle a pour but de faciliter le travail de cette dernière, soit en permettant de remplacer le double cardage par un cardage unique, soit en produisant avec un cardage simple ou double un travail plus parfait. Cette machine, assez récente, est due à M. Georges Risler, qui s'est fait connaître par un *épurateur* remarqué à l'exposition de Londres en 1851.

Tous les filateurs sont d'accord pour reconnaître les inconvénients du mode actuel de nettoyage des cotons : le battage au moyen de règles ou de très fortes dents en fonte ; aussi, depuis longtemps, de nombreux et ingénieux praticiens se sont-ils efforcés de trouver les moyens de le remplacer ou au moins d'en atténuer les effets par un nombre moindre de passages au batteur. L'épurateur Risler, cité plus haut, remplissait en partie ce but ; son prix, relativement élevé, croyons-nous, en a empêché la propagation. En général, la plupart des machines imaginées dans cet ordre d'idées, avaient surtout pour but d'égaler la production du batteur ; c'est en grande partie à ce motif qu'il faut attribuer l'échec ou le peu de faveur qu'elles ont rencontré.

Après des essais successifs et réitérés, M. Risler semble être arrivé à résoudre le problème d'une façon pratique, et la machine, dont nous allons donner une description sommaire, a rapidement conquis sa place dans un grand nombre de filatures de France et de l'étranger. Le nom d'express-carde que l'inventeur lui a donné, montre que son travail se rapproche plutôt de celui de la carde que du batteur, mais avec une production décuplée, puisqu'elle produit 450 kilogrammes à 500 kilogrammes par jour.

L'express-carde (fig. 231) est un batteur dans lequel le volant à battes est remplacé par le tambour A, garni de pointes ou de lames à dents de forme spéciale, agissant sur le coton qui lui est présenté par un appareil d'alimentation à auge E F ; un second tambour B, garni aussi d'aiguilles, tournant dans le même sens, avec une moindre vitesse, est placée au-dessous du premier. Ces tambours sont entourés d'une série de grilles g, g', g" formées de barreaux parallèles à leurs axes. Une autre grille g''', formée de barreaux longitudinaux, part du dessous du cylindre B et va s'arrêter contre le tambour D, environ à la hauteur de son centre. Le ventilateur N agit sur la matière travaillée, à travers l'enveloppe en tôle perforée des tambours superposés C et D, absolument comme dans les batteurs ordinaires, dont les autres organes se retrouvent, d'ailleurs, à la suite de ces cylindres, dans l'express-carde :

H H, sont des tôles divisant l'espace sous les grilles, pour séparer les déchets et empêcher l'aspiration de l'air.

I Ouverture réglable pour l'entrée de l'air.

T Toile sans fin sur laquelle se placent deux rouleaux de batteurs.

R Arbre moteur.

La partie arrondie du bec de l'auge alimentaire est construite de façon à permettre de varier la distance entre le point de pinçage du cylindre et le point de tangence du tambour, afin de n'atteindre les filaments qu'à l'extrémité.

Le tambour A a 400 millimètres de diamètre et fait 900 à 950 tours par minute ; le tambour B a 200 millimètres de diamètre et fait 650 à 950 tours par minute.

Comme forme, comme organes accessoires, l'express-carde ressemble aux batteurs ordinaires. Le principe nouveau de cette machine, réside entièrement entre la table d'alimentation et la grille g''', c'est-à-dire, dans les cylindres A et B et les grilles g' et g'', et le double but, que s'est proposé l'inventeur, a été le suivant : d'abord ménager les fibres si délicates du coton, en substituant à l'action brutale des règles du frappeur, un travail de démêlage par des tambours armés de dents, ensuite ouvrir mieux le coton et pour ainsi dire par filaments isolés, en rendant ainsi

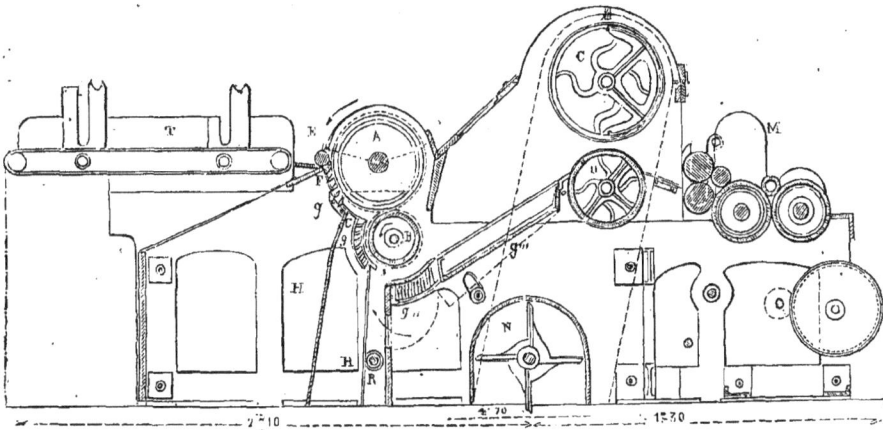

Fig. 231. — *Express-Carde*.

plus facile le départ des feuilles, des écailles, des boutons dont il est mélangé.

A mesure que la nappe alimentaire est livrée par le cannelé, elle se trouve ouverte et démêlée par les dents du tambour A, qui développe 1,130 mètres par minute; et entraînée par celui-ci jusqu'au point de tangence avec le cylindre B. Les dents ont ainsi divisé la masse, l'ont enlevée par filaments isolés, et, en l'agitant, ont facilité le départ des corps étrangers, des boutons, etc., qui, entraînés par leur poids, ont passé à travers les grilles g. Ce coton, ainsi dispersé entre toutes les dents du cylindre A, doit à chaque révolution être recueilli et condensé; c'est le cylindre B, qui ne développe par minute que 378 mètres et qui est réglé à trois quarts de millimètre environ du cylindre A, qui remplit ce but. De plus, grâce aux dents très aiguës dont il est garni, il achève, au point de contact, des deux tambours A et B, la division des mèches de coton et, par cette division, fait tomber par la grille g' beaucoup de petites feuilles et écailles. Le coton ainsi divisé est appelé par le ventilateur N contre les tambours C et D, où il vient se napper, après avoir abandonné encore, en passant sur les grilles g'' et g''', la plus grande

partie des impuretés qui y restaient et, finalement, il se forme en rouleau comme dans les batteurs ordinaires. Le coton des nappes provenant de cette machine est plus ouvert, plus divisé, plus propre que celui d'une nappe de batteur ordinaire et, bien que toutes les feuilles ne tombent pas, elles sont enlevées facilement aux cardes. Les déchets sont bons, c'est-à-dire, ne renferment que peu de coton, et sont composés presqu'exclusivement de boutons, débris de graine, feuilles, sables, etc. Le travail de la carde étant facilité, on pourra en obtenir une production plus grande, tout en ménageant les garnitures. Quant au rôle de l'express-carde, dans la composition d'un assortiment, un batteur finisseur ne peut, vu la différence de production, être remplacé que par deux express-carde. On peut conserver ou supprimer le passage au batteur finisseur, suivant la perfection de travail que l'on veut obtenir ; l'express-carde se place donc entre une série de batteurs plus ou moins complète et les cardes. Si on l'intercale simplement entre des machines existantes, on complètera le battage et le travail de la carde se fera mieux; si on supprime l'un ou l'autre passage de batteur ou de carde, on pourra souvent obtenir une certaine économie en conservant une propreté suffisante.

En résumé, l'express-carde constitue un progrès important dans l'art de la filature ; elle trouve son application dans bien des cas, et rend d'utiles services à l'industrie, surtout pour des cotons inférieurs, courts, chargés de feuilles légères, d'un nettoyage difficile avec les batteurs ordinaires. On la considère comme indispensable pour les cotons des Indes. — P. D.

— V. *Bulletin de la Société industrielle de Rouen; Bulletin de la Société industrielle de Mulhouse.*

* **CARDÉE.** *T. techn.* Quantité de matière que l'on carde à la fois avec les deux cardes.

CARDER. *T. techn.* Peigner, démêler les brins de la laine, du coton, de la bourre, etc.

* **CARDERIE.** Fabrique de cardes ; atelier où l'on carde les matières textiles.

CARDEUR, EUSE. *T. de mét.* Dans sa plus ancienne signification, ce mot désigne celui ou celle qui fait le cardage du coton, de la laine, mais, dans l'industrie, la machine s'est substituée à l'homme, et les cardeurs ou cardeuses n'ont plus aujourd'hui d'autre travail que le cardage des matelas. Les noms de *cardeur* et de *cardeuse* sont également appliqués aux machines à carder. — V. CARDAGE, CARDE.

— Les cardeurs ont été érigés en communauté dès le moyen âge ; leurs statuts furent confirmés par Louis XI et par Louis XIV. Pour être reçus maîtres, ils devaient faire trois années d'apprentissage et trois autres de compagnonnage. Ils ne devaient point toucher aux poils de lièvres, lapins ou autres, dont la préparation rentrait dans le privilège des chapeliers.

* **CARDIER.** Ouvrier fabricant des cardes.

* **CARDINAL.** *T. techn.* Sorte de petite carde de fabricant de draps.

CARÉNAGE. *T. de mar.* Lieu d'un port ou d'une rade où s'exécute l'opération qui consiste à caréner les navires. *Carénage* signifie encore cette opération même, celle de les réparer, de les radouber (V. CALE, RADOUB). Aux Antilles, on emploie le mot carénage pour indiquer l'abri, le cul-de-sac où les navires se rendent pendant l'hivernage.

CARÉNER. *T. de mar.* Remettre en bon état la quille d'un navire.

* **CARENTENIER.** *T. de cord.* Sorte de cordage. — V. QUARANTENIER.

CARET. *T. de cord.* 1° Nom donné au fil simple qui entre dans la composition d'un cordage. La circonférence de ce fil employé pour commerce est de 7 à 8 millimètres ; pour la marine de l'État, le calibre est de 8 à 9 millimètres de circonférence. On fabrique encore beaucoup le fil de caret à la main, mais des usines spéciales le fabriquent à la mécanique pour les fortes adjudications de l'Etat, car le travail manuel ne saurait y suffire. Il est incontestable que le travail à la main coûte moins

cher, énerve moins la matière et ne donne qu'une perte insensible au fabricant, mais la régularité du travail mécanique offre l'avantage de donner plus de puissance au fil pour supporter les épreuves dynamométriques exigées par la marine. (V. CÂBLE EN CHANVRE.) || 2° Rouet du cordier.

* **CARÊTE** ou **CARETTE.** *T. techn.* Cadre en bois, long d'un mètre environ, servant de support aux leviers ou aux poulies qui font mouvoir les lisses d'un métier à tisser.

* **CAREZ,** imprimeur à Toul, mourut dans cette ville en 1801. On lui attribue l'invention du *clichage*. Il a publié plusieurs éditions remarquables auxquelles il a donné le nom d'*éditions omotypes*, pour exprimer l'assemblage en un seul corps de plusieurs caractères d'imprimerie.

CARIATIDE ou **CARYATIDE.** *T. d'arch.* Figure de femme, ou même quelquefois d'homme, qui supporte un entablement. *Atlante* (V. ce mot) désigne mieux la figure d'homme. Les cariatides ont souvent les bras coupés, et quelquefois le bas du corps est en gaîne ; quand elles ont des bras, elles supportent d'une main le fardeau de la construction, tandis que de l'autre, elles tiennent quelque attribut.

— L'origine des cariatides vient, d'après Vitruve, de ce que les Grecs, s'étant rendus maîtres de Carya, dans le Péloponnèse, emmenèrent les femmes qui, réduites à l'esclavage, leur servirent de type pour la décoration de leurs édifices. En Espagne, où cette opinion s'est accréditée, on appelle les cariatides *colonnes de Carya.* Cette origine ne repose sur aucun fondement sérieux, cependant les cariatides vêtues de la longue robe des femmes de Carie sont toujours conformes à la tradition rapportée par Vitruve.

Parmi les belles cariatides à signaler, il faut mentionner les quatre figures célèbres de Jean Goujon, qui soutiennent la tribune de la grande salle du Louvre, dite des *Cariatides,* et les *Victoires* qui décorent le tombeau de Napoléon Ier, celles-ci sont de Pradier, elles ont été terminées par Duret et Simart.

CARILLON (du bas latin *Quadrilio,* quaternaire, parce que les premiers carillons étaient exécutés par quatre cloches). On donne ce nom à un assemblage de cloches de tailles diverses, accordées par intervalles diatoniques et chromatiques, avec lesquelles on obtient des airs et des pièces à plusieurs parties.

— Sans vouloir remonter jusqu'aux Chinois et aux Hébreux, nous trouvons le carillon sous sa forme la plus primitive, dès les VIIIe et IXe siècles.

Pour faire résonner les cloches, suivant les lois de la mélodie et de l'harmonie, trois moyens se présentent. Dans le premier, le musicien armé simplement d'un ou deux marteaux, frappe sur des cloches de différentes grandeurs ; c'est le carillon dont les manuscrits et les sculptures du moyen âge nous présentent de si nombreux modèles du VIIIe au XVe siècle. Le jeu de cloches, disposé généralement de gauche à droite, du grave à l'aigu, se compose le plus souvent de sept instruments, constituant la gamme ou pour mieux dire les tons, ainsi qu'on les comprenait au moyen âge. Le second mode de vibration consiste à faire correspondre, à des touches par des cordes ou des fils métalliques, le battant ou le marteau de chaque cloche. Ces touches, disposées diatoniquement, forment un ou deux claviers. Un musicien placé devant ces claviers fait mouvoir les battants ou les marteaux en agissant sur les touches avec ses pieds ou avec ses poings. Enfin, par un troisième système, les cloches résonnent au moyen d'un cylindre que met en mouvement un mécanisme d'horlogerie.

Le premier carillon à clavier paraît avoir été celui d'Alost établi en 1487. Depuis ce temps, ces instruments aériens ont été en grande vogue, dans le nord de la France, en Belgique et en Hollande. Le jeu de cloches dont se forme un carillon pouvant se composer de 45 ou 50 instruments de différentes tailles, sans compter un cylindre de dimensions considérables exige beaucoup de place; aussi ne trouve-t-on cet instrument que dans les églises ou dans les grands monuments publics. Parmi les plus célèbres carillons du continent, il faut mentionner celui d'Anvers (40 cloches), de Bruges (48), Malines (44), Ghent (48), Tournai (42), Louvain (35).

Dans le carillon à clavier, les cloches, ainsi que nous l'avons dit, sont mises en vibration par un marteau qui communique avec un clavier. Celui-ci se compose de larges chevilles de bois assez éloignées les unes des autres pour que le carillonneur puisse les enfoncer du poing sans les confondre. Ce clavier à main, ou pour mieux dire à bras ne suffirait pas pour les cloches graves de grandes dimensions, mais on y joint un clavier pour les pieds, analogue au clavier de pédales des orgues. La mise en jeu d'un carillon exige une grande dépense de force, et l'artiste est obligé de protéger ses poings au moyen de gants de cuir épais.

Nous disons artiste à dessein, car plusieurs carillonneurs, comme Pothof, par exemple, surent tirer parti des qualités de cet instrument spécial et en corriger les défauts; ils arrivèrent ainsi à exécuter de la véritable musique. On cite, entre autres, Matthias van der Gheyn, de la célèbre famille des van der Gheyn, établis facteurs d'orgues et de carillons à Louvain, au XVIII° siècle, dont les compositions fuguées sont intéressantes et ont été publiées.

Dans les carillons mécaniques, les marteaux qui représentent les battants sont toujours extérieurs. Ils frappent la cloche au moyen d'un cylindre mis en mouvement par un mouvement d'horlogerie armé de poids et remonté périodiquement. Sur ce cylindre sont fixées de fortes chevilles qui sont en contact avec un levier. Ce levier agit sur les marteaux. Ces chevilles correspondent aux notes, qui sont *piquées* sur le cylindre comme dans les orgues de Barbarie. Sept ou huit airs constituent généralement le répertoire d'un carillon. Appliqué sur une grande échelle, ce système un peu grossier ne manque pas d'inconvénients. Les jeux sont durs, les marteaux ne pouvant se mouvoir avec rapidité, répètent difficilement les notes, surtout sur les cloches graves; de plus, les résonnances de ces dernières étant plus longues et plus lentes que celles des petites cloches aiguës, la prolongation des sons rend l'harmonie diffuse; ajoutez à cela la place immense que tient le cylindre.

Les Anglais, en adoptant le carillon, l'ont ingénieusement perfectionné en même temps qu'ils perfectionnaient l'orgue. MM. Gillet et Bland, de Croydon, ont beaucoup contribué à corriger les défauts du carillon, surtout dans la mise en mouvement des marteaux et les proportions du cylindre. A la cathédrale de Saint-Patrick, à Dublin, ce dernier est remplacé par une série de lames. La première machine de ce genre a été faite pour Boston. La nouvelle disposition du cylindre permettait de *piquer* vingt-huit airs sur quarante-quatre cloches. Ce système, encore trop compliqué, fut simplifié, et cette simplification appliquée à l'église de Croydon. On trouvera la description complète du nouveau carillon dans l'*Engineer* du 13 août 1875, avec une planche explicative à laquelle nous renvoyons le lecteur. Cet ingénieux système permet, du reste, d'appliquer au carillon un clavier semblable à celui du piano, et grâce à lui, on peut, sans faire une trop grande dépense de force, improviser à sa guise, et rendre à l'art disparu des vieux carillonneurs son ancien lustre. L'application du clavier a été faite, pour la première fois, à l'église de Greenfield.

M. Collin, de Paris, avait déjà devancé les Anglais par des inventions ingénieuses, qui rendaient plus pratiques et plus musicaux ces instruments traditionnels. Il y a une vingtaine d'années, il fut chargé d'établir un carillon dans la tour de Saint-Germain-l'Auxerrois; les airs devaient être joués automatiquement par un gros cylindre à rouage déclanché par l'horloge, et un clavier avec touches devait permettre le jeu à volonté. La proposition avait été faite, en 1861, par M. Ballu et acceptée. Chargé de ce travail important, M. Collin chercha les meilleurs moyens pour réaliser un carillon qui répondît au plan proposé. Pour mettre en rapport la touche du clavier avec le battant de la cloche, l'inventeur avait imaginé un système pneumatique dans lequel un piston, mû par l'air comprimé, entraînait une tige et lançait le battant de la cloche. Ce système nécessitait la présence d'un moteur; soit que des souffleurs produisissent l'air comprimé, soit qu'on employât comme moteur l'eau ou le gaz, la commission vit de sérieux inconvénients dans l'emploi du moteur, et ce système pneumatique fut rejeté.

Enfin, l'inventeur, obligé de renoncer à tout système exigeant un moteur, eut, après bien des recherches, recours à la pesanteur, et, grâce à elle, finit par établir le carillon de la tour de Saint-Germain-l'Auxerrois. Nous empruntons au travail qu'il a publié à ce sujet la citation suivante:

« On voudra bien remarquer que, du moment où l'on répudiait l'emploi de toute machine motrice à eau ou à gaz, il ne me restait plus, pour trouver la force dont j'avais besoin, qu'à songer à la pesanteur. Mais il fallait, sous peine de retomber dans les anciennes erreurs et de donner prise à la critique, arriver :

« 1° A produire un effet utile se rapprochant le plus possible de la force dépensée;

« 2° A emmagasiner la force motrice, empruntée à la pesanteur, de façon, soit à faire jouer le carillon avec un cylindre automoteur, soit à permettre à un artiste, agissant seul et sans l'assistance d'aucun aide, de reproduire facilement, au moyen des touches du clavier, un morceau de musique quelconque;

« 3° A établir un clavier, semblable à celui du piano ou de l'orgue, n'exigeant de la part de l'exécutant ni études spéciales ni efforts musculaires;

« 4° A employer, pour le jeu automatique, un cylindre d'un diamètre médiocre, ne dépassant pas 40 centimètres, relativement léger et peu coûteux, que l'on pût changer au besoin pour varier les airs.

« Je suis parvenu à réaliser pleinement toutes ces conditions essentielles (fig. 232) :

« 1o En établissant pour chaque cloche un rouage moteur spécial, d'une force proportionnée aux poids de la cloche et de ses marteaux, rouage qui, ne devant et ne pouvant fonctionner que lorsqu'on veut obtenir le son de la cloche, n'use de force que quand il agit.

« De cette façon pas de force inutilement dépensée !

« 2o En faisant en sorte que le rouage de chaque cloche serve d'intermédiaire entre les marteaux de la cloche et le doigt de l'exécutant agissant sur la touche du clavier, de telle manière que ce doigt n'ait d'autre résistance à vaincre que celle du déclanchement du rouage.

« Cela permet, à la fois, et le jeu à volonté, sans effort, et l'emploi de petits cylindres pour le jeu automatique.

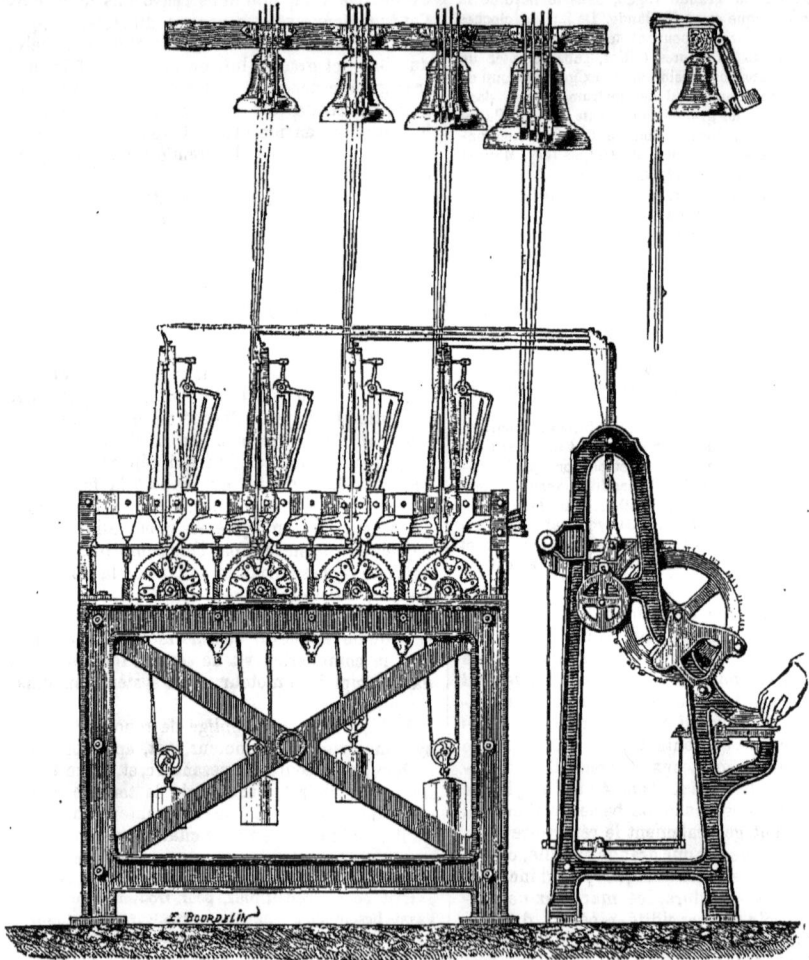

Fig. 232. — *Système définitif du carillon de la tour Saint-Germain-l'Auxerrois.*

« 3o En disposant chaque rouage de telle façon que le déclanchement et la levée des marteaux s'opèrent assez rapidement pour qu'il soit facile de jouer des passages contenant des croches et des doubles croches.

« Pour l'établissement et la disposition des rouages spéciaux à chaque cloche, je m'inspirai de deux mécanismes déjà existants qui, tous deux, ont donné de bons résultats.

« Le premier est le rouage auxiliaire inventé par Tissot. Le second est le rouage des lampes Carcel, ingénieusement modifié par M. Henry Lepaute père; et par lui appliqué aux lampes des phares.

« Ce rouage fait agir quatre pompes, disposées de façon à opposer toujours la même résistance, en sorte qu'on se passe de modérateur ou volant.

« Les études que j'ai faites pour apprécier les efforts nécessaires pour lever les marteaux des différentes cloches, ainsi que pour déterminer le nombre de fois qu'une même note est répétée dans une série de morceaux choisis, me furent également d'un très grand secours.

« La pratique nous a appris que, pour les grosses cloches, celles qui dans le carillon font les basses, les efforts nécessaires pour lever les marteaux sont environ un centième du poids des cloches. Il faudra, par exemple, 20 kilogrammes pour une cloche de 2,000 kilogrammes, 15 kilogrammes pour une cloche de 1,500 kilogrammes, 12 kilogrammes pour une cloche de 1,200 kilogrammes, etc., etc. Pour les cloches petites, qui font le chant, l'effort est plus considérable relativement au poids de la cloche; on doit l'évaluer non plus au centième, mais bien au cinquantième du poids de la cloche. C'est *deux pour cent* au lieu de *un pour cent!* mais, comme ces petites cloches sont peu lourdes elles n'exigent, en somme, que des efforts médiocres, ainsi la cloche de *cent* kilogrammes sonnera sous l'effort de *deux* kilogrammes. Seize cents grammes suffiront à la cloche de quatre-vingts kilogrammes, huit cents grammes à celle de quarante kilogrammes, *deux cents* grammes à celle de *dix kilogrammes!*

« J'étais donc dans le vrai en créant pour chaque cloche un mécanisme spécial, fort et puissant pour les grosses cloches; infiniment plus faible pour les petites cloches n'exigeant que de faibles efforts.

« En procédant ainsi, je réduisais la dépense d'argent et je me donnais la faculté, dont j'ai usé, d'arriver à donner plus d'énergie au chant en exagérant notablement la pesanteur des marteaux des petites cloches.

« On comprendra toute l'importance du résultat réalisé par ce système, quand on saura qu'à la tour Saint-Germain-l'Auxerrois, au lieu d'avoir besoin, comme dans les anciens carillons, du travail de deux ou trois hommes pendant une partie de la journée, pour le remontage, ou du concours de deux ou trois tourneurs de roue, pendant que le carillon joue, comme dans le système à laminoir, je n'emploie que le travail d'un homme pendant *dix minutes* chaque semaine pour remonter les poids du jeu automatique qui est disposé pour donner quatre airs par jour, savoir :

A 8 h. du matin. *Les Cloches de Corneville* (chanson des cloches).
A midi. . . . . . *Si j'étais roi* (air du ballet).
A 8 h. du soir. . *Le Carnaval de Venise* (air).
A minuit. . . . . *Le Noël*, d'Adam.

« On voudra bien remarquer :

« Que lorsqu'on déclanche un des rouages, on fait tomber un marteau sur une cloche, mais qu'en même temps le marteau suivant s'accroche pour être prêt au second touché, etc., ce qui permet de répéter la note avec promptitude, facilité et régularité.

« Que les rouages qui ont pour modérateurs la vis sans fin et la résistance des trois marteaux toujours en prise, ne peuvent se détériorer par les chocs. J'ajoute que les ergots des pièces d'arrêt reposant sur des ressorts, recevraient et amortiraient les petits chocs s'il s'en produisait.

« Enfin, que les touches et leviers du clavier sont réunis aux rouages des cloches par des tringlettes de sapin semblables à celles employées dans les orgues. »

Voici donc en résumé de quoi se compose ce carillon :

1° De rouages à poids en nombre égal à celui des cloches et de forces proportionnées aux poids de ces diverses cloches ;

2° D'un clavier semblable à celui d'un piano et fonctionnant de même ; 3° D'un cylindre, pour le jeu automatique, d'un diamètre ne dépassant pas 40 centimètres, établi de façon à pouvoir être seulement enlevé et remplacé par d'autres semblables donnant d'autres airs.

Ce cylindre fonctionne quatre fois par jour.

On remarquera encore que le caractère tout

spécial de ce carillon, et ce qui en constitue le principal avantage, c'est que les fonctions du cylindre automoteur et le jeu à volonté sur le clavier s'effectuent sans qu'il soit besoin de recourir à aucun aide, le mécanisme une fois renouvelé se suffisant à lui-même.

En dehors du mécanisme permettant de mettre en vibration les cloches, il faut aussi considérer l'instrument par lui-même, c'est-à-dire les cloches. Le plus souvent elles sont fixées à côté les unes des autres, souvent aussi elles ont pour point d'appui une charpente généralement en chêne et de forme pyramidale. Les grosses cloches sont suspendues à la base de la pyramide, les petites au sommet, la série entière étant ainsi disposée

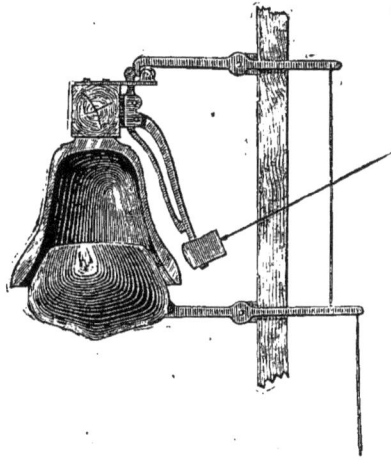

Fig. 233. — *Étouffoir de carillon.*

en échelle diatonique. Les 21 cloches de Manchester Town Hall montent du sol grave au sol dièze, c'est-à-dire dans un intervalle de deux octaves et une septième.

Pour éviter la confusion des accords qui est un des grands défauts du carillon, on avait eu l'idée d'appliquer des étouffoirs, mais on dut y renoncer. Outre que l'application des étouffoirs compliquait encore le mécanisme, il présentait cet inconvénient que les pièces délicates dont ces étouffoirs se composent devaient être facilement détériorées par l'humidité ou la pluie, le vent, etc. Voici un modèle d'étouffoir imaginé par M. Collin (fig. 233):

Les battants sont le plus souvent remplacés par un ou plusieurs marteaux frappant sur la paroi extérieure de la cloche.

On a aussi donné le nom de *carillon* à des jeux de clochettes disposées dans une caisse de bois et dont les touches d'un clavier font mouvoir les marteaux. Mozart a fait usage de cet instrument qui porte dans la partition de la *Flûte enchantée* le nom de *Glockenspiel*.

Il est souvent remplacé par l'harmonica à clavier à lames de verre et de métal. Quelques orgues contiennent aussi un jeu de carillon, mais il est rarement employé par les organistes de goût. — H. L.

Carillon. *Carillon d'alarme.* Appareil destiné à avertir que la pompe alimentaire d'une chaudière à vapeur fonctionne mal. || *Carillon électrique.* Série de timbres qui communique avec une machine électrique ; ces timbres résonnent par l'effet des attractions et des répulsions de petites boulettes de métal mises en mouvement par l'électricité.

* **CARLET.** — V. CARRELET.

* **CARLETTE.** *T. techn.* Sorte d'ardoise de l'Anjou.

* **CARLIER** (Nicolas-Joseph). Mécanicien, mort à Valenciennes en 1804. S'est rendu célèbre par une foule d'ouvrages remarquables et notamment par ses pendules à carillon.

CARLINGUE. *T. de mar.* Nom des fortes pièces de bois de chêne servant à consolider la carène et à soutenir les mâts. La *carlingue de cabestan* est celle qui est établie sur les baux du pont où se trouve le cabestan ; la *carlingue de mât* est l'assemblage de pièces de bois qui reçoivent les pieds des mâts.

* **CARLUDOVICA.** On désigne sous ce nom les bandes de feuilles tenaces fournies par le *carludovica palmata*, dont on se sert surtout pour fabriquer les chapeaux de Panama.

CARMAGNOLE. Habit veste, à plusieurs rangées de boutons métalliques, adopté par la classe populaire pendant la Révolution française ; ce costume était ordinairement en grosse laine noire, mais on vit cependant quelques élégants de cette époque endosser la carmagnole de soie.

* **CARMAUX** ou **CARMEAUX.** Une seule concession, formée dans le bassin de Carmaux, en 1752, fut régularisée en l'an IX, le 17 pluviose, conformément à ce que prescrivait la loi du 28 juillet 1791. La concession s'étend dans les communes de Carmaux, Rosières, Pouzounal, Taix, Saint-Jean-le-Froid, Blaye, La Bastide, Saint-Benoît, Monestiers, Trevien, Almayrac et Vers ; sous un espace superficiel de 8,800 hectares. Le terrain houiller y forme une lisière très étroite d'environ deux kilomètres de longueur, s'appuyant sur des terrains anciens vers Rosières et disparaissant bientôt sous des terrains tertiaires.

On exploite actuellement à Carmaux quatre couches de houille de 1 à 3 mètres d'épaisseur chacune ; ces couches sont faiblement inclinées. Le charbon est collant, de qualité supérieure et un peu friable.

Le bassin paraît moins étendu qu'on pourrait le croire, et d'après l'opinion de l'éminent ingénieur, M. A. Burat, la concession de 8,800 hectares en embrasserait au moins la moitié.

Des sondages faits entre Carmaux et Albi pour reconnaître le prolongement du bassin n'ont donné que des résultats négatifs. Selon M. A. Burat, la région de l'Ouest présente des chances

plus favorables, les grès bigarrés se trouvant liés avec les dépôts houillers, par des passages minéralogiques ou des concordances de stratification semblent indiquer, que la dépression houillère et celle des trias offrent certaines similitudes géographiques.

Il est probable que dans le cas où la concordance est parfaite, certains grès qui ont été pris pour des grès bigarrés ne sont autre chose que des terrains houillers. C'est, en effet, ce qui existe, d'après l'opinion du savant professeur de la Sorbonne pour des grès des environs de Brives.

Des sondages faits à Réalmont, en 1796, puis en 1835, amenèrent la découverte de plantes houillères dans ces sortes de grès.

En 1862 et 1865, de nouveaux sondages furent faits, mais ne donnèrent pas de meilleurs résultats.

La houille de Carmaux alimente surtout les aciéries du Tarn, de l'Ariège, les villes d'Albi, de Castres, de Gaillac, de Toulouse, etc.

La production, suivant la consommation, va chaque jour en augmentant, comme l'indique le petit tableau ci-dessous ;

1815.	7,500 tonnes.
1825.	14,452 —
1845. , ...	45,705 —
1865. . . . . , ...	112,583 —
1869.	153.341 —
1872.	185,540 —
1873.	227.685 —

CARMIN. On donne le nom de *carmin* à différentes matières colorantes, généralement rouges. Il y a le *carmin de carthame*, le *carmin de cochenille* ou *carmin* proprement dit, le *carmin de garance*, le *carmin d'indigo*, le *carmin de naphtaline*, le *carmin d'orseille* et le *carmin de pourpre*.

Carmin de carthame. Le *carmin de carthame* est la carthamine purifiée par dissolution et précipitation ; il est livré au commerce sous forme d'une pâte peu épaisse, de couleur rouge cerise, et employé pour produire sur soie des teintes rouge cerise pâle. — V. CARTHAME, § *Produits industriels dérivés.*

Carmin de cochenille. Le *carmin* proprement dit ou *carmin de cochenille* est une couleur d'un rouge vif magnifique, que l'on obtient en traitant une décoction de cochenille par des sels acides : crème de tartre, alun, bichlorure d'étain, sel d'oseille. — V. COCHENILLE, § *Produits industriels dérivés.*

Le carmin doit être considéré comme de l'*acide carminique* (V. CARMINE) combiné avec des quantités variables, mais faibles, d'une substance animale azotée et quelquefois d'alumine.

Dans le commerce, le carmin se rencontre soit en poudre impalpable (*carmin broyé*), soit en pains enveloppés dans du papier ou enfermés dans les boîtes ou des bocaux. Le *carmin aux œufs* et le *carmin à la gélatine* sont deux autres formes commerciales de cette matière colorante ; le premier est du carmin délayé dans du blanc d'œuf, le second du carmin délayé dans une solution de colle de poisson ; le carmin aux œufs est beaucoup moins estimé que le carmin à la gélatine, qui est celui dont se servent les peintres en miniature. Il y a aussi le *carmin en pâte*, lequel n'est autre chose que du carmin non desséché. La valeur du carmin varie avec sa pureté, sa finesse et la beauté de sa nuance ; tandis que le carmin *fin* vaut 20 francs et plus le kilogramme, le carmin *commun*, qui est quelquefois mélangé avec 50 0/0 de matières étrangères, ne vaut que 6 francs. Le carmin est inodore et insipide ; chauffé sur une lame de platine, il charbonne en répandant une odeur de corne brûlée ; il se dissout entièrement dans l'ammoniaque, en donnant un liquide d'un rouge pourpre magnifique qui peut être employé comme encre rouge sans aucune autre préparation ; il est coloré en violet par la soude et en jaunâtre par l'acide chlorhydrique. A cause de son prix élevé, le carmin est soumis à de fréquentes falsifications, d'ailleurs faciles à reconnaître en traitant par l'ammoniaque caustique un échantillon de la matière colorante ; si celle-ci est pure, elle se dissout complètement, tandis que si elle a été mélangée avec des matières étrangères (vermillon, alumine, kaolin ou fécule), elle laisse un résidu, et, en filtrant, desséchant et pesant celui-ci, on peut déterminer la proportion de ces matières.

Si l'on a du carmin impur, on peut facilement améliorer sa qualité en le soumettant au traitement suivant : On fait digérer la couleur dans l'ammoniaque caustique à une douce température, on filtre la solution, puis on en précipite le carmin en ajoutant de l'alcool et sursaturant par l'acide acétique ; on lave le précipité sur un filtre avec de l'alcool étendu et on le dessèche à l'ombre.

Le carmin est employé dans la peinture, le dessin, l'impression des tissus, la préparation de l'encre rouge ; on s'en sert aussi pour la coloration des fleurs artificielles, des bonbons, des sirops, des pastilles, des poudres dentifrices, et en anatomie microscopique, on l'utilise pour communiquer à certains tissus une teinte rouge qui les rend plus faciles à distinguer ; on fait quelquefois entrer le carmin dans la préparation du rouge pour fard, qui consiste alors en un mélange de 2 à 3 parties de carmin en poudre impalpable avec 100 parties de talc en poudre très fine.

Carmin de garance. Le *carmin de garance* a été proposé par Schwartz pour remplacer la garancine, mais il n'est pas entré dans la pratique à cause de son prix trop élevé. Il consiste en une poudre d'un rouge brique assez beau, que l'on obtient en délayant peu à peu et à froid de la fleur de garance dans 7 à 8 fois son poids d'acide sulfurique à 60°, et en versant le mélange dans une grande quantité d'eau : il se forme un dépôt, qui est ensuite lavé, séché et réduit en poudre. — V. GARANCE.

Carmin d'indigo. Le *carmin d'indigo* ou *carmin bleu* (indigo soluble, bleu soluble, indigo-carmin, céruléine, céruléo-sulfate, indigo précipité) est du sulfindigotate de soude ou de potasse,

que l'on prépare en précipitant une dissolution sulfurique d'indigo au moyen d'un grand excès de carbonate de soude (ou de potasse) ou de sel marin. — V. INDIGO, § *Produits industriels dérivés*.

Le carmin d'indigo est ordinairement livré au commerce sous forme d'une pâte, qui, par la dessiccation, prend un aspect cuivré ; on en distingue trois sortes : le *carmin simple*, le *carmin double* et le *carmin triple*, dont voici, d'après Girardin, la composition centésimale moyenne :

	Indigo.	Sels.	Eau.
Carmin simple. . . .	4,96	5,7	89
— double. . . .	10,20	4,8	85
— triple.	12,40	13,9	73,7

On voit souvent se produire à la surface du carmin en pâte des efflorescences salines, dont on peut éviter la formation au moyen d'une addition de 3 à 4 0/0 de glycérine. Dans le commerce, on donne le nom d'*indigotine* au carmin desséché.

Le carmin d'indigo se dissout dans l'eau en communiquant à ce liquide une belle couleur bleue, qui disparaît lorsqu'on traite la solution par le chlorure de chaux ou qu'on la chauffe avec de l'acide azotique. La pureté de ce carmin est souvent altérée par la présence d'une substance verte, encore mal étudiée, qui offre la propriété de se fixer sur la soie mais non sur la laine, de sorte que si l'on emploie pour teindre la première fibre un produit impur, on obtient de mauvais résultats. On peut facilement reconnaître la présence de cette matière en étendant une petite quantité de carmin sur un morceau de papier non collé ; si le carmin n'est pas pur, on voit bientôt apparaître autour de celui-ci une auréole verdâtre. On peut aussi, dans le même but, faire dissoudre un peu du carmin et enlever à la dissolution acidulée toute la matière colorante bleue avec de la laine mordancée en alun et tartre ; il reste alors, dans le cas de la présence de la matière verte, un liquide qui teint la soie en vert.

Pour déterminer la valeur d'un carmin d'indigo, on en dessèche jusqu'à poids constant une petite quantité, 2 grammes par exemple, la perte de poids fait connaître la proportion de l'eau. On incinère ensuite le résidu pour avoir la quantité des sels, et en retranchant du poids pris pour l'essai l'eau et les sels, on obtient la proportion de l'indigo. Mais pour se rendre un compte exact du pouvoir tinctorial d'un carmin, il faut, d'après Hubert, préparer deux dissolutions à 7 grammes par litre, l'une avec le produit à essayer et l'autre avec un carmin pris pour type, puis effectuer avec ces liquides des expériences comparatives d'après les méthodes en usage pour l'essai de l'indigo : méthode colorimétrique, teinture d'épreuve et méthode volumétrique. — V. INDIGO.

Le carmin d'indigo est maintenant fréquemment employé dans la teinture et l'impression des tissus, à la place de la dissolution sulfurique d'indigo (bleu de Saxe, composition, sulfate d'indigo des fabriques), sur laquelle il a l'avantage de ne pas contenir d'acide sulfurique en excès et les matières brunes et résineuses que renferme la dissolution d'indigo. On s'en sert aussi dans la peinture à l'aquarelle, quelquefois dans la peinture à l'huile, pour azurer l'amidon ; mélangé avec de l'amidon et moulé en tablettes à l'aide d'une substance agglutinante, on l'emploie pour passer le linge au bleu (bleu nouveau).

Du carmin d'indigo, il convient de rapprocher le *bleu pourpré* (*bleu Boiley*), sorte de carmin solide, dont la préparation a été indiquée par L. et E. Boiley (V. INDIGO, § *Produits industriels dérivés*). C'est une masse cristalline de couleur pourpre assez claire, soluble dans l'eau, insoluble dans l'alcool et l'éther et qui paraît essentiellement formée de sulfopurpurate de soude.

Carmin de naphtaline. Le *carmin de naphtaline* ou *carminnaphte*, découvert par Laurent, était resté pendant longtemps dans l'oubli, lorsque tout récemment A. Guyard, en en reprenant l'étude, a indiqué son véritable mode de préparation. Pour obtenir ce corps, Guyard dissout dans des quantités suffisantes d'acide acétique cristallisable, d'une part 128 grammes de naphtaline et d'autre part 600 grammes d'acide chromique. Il ajoute ensuite peu à peu, en chauffant doucement, la solution chromique à la solution naphtalique, jusqu'à ce qu'il se produise une belle coloration verte, puis il fait bouillir pendant quelques minutes. Cela fait, il sature le liquide par un alcali caustique ou carbonaté et il l'acidifie de nouveau ; le carmin de naphtaline se précipite alors sous forme de flocons brun-rouge, qu'on recueille sur un filtre et qu'on dessèche.

Le carmin de naphtaline $C^{18} H^4 O^8$; $C^9 H^4 O^4$ paraît être un corps très stable, qui résiste bien aux agents chimiques ; il teint la laine et la soie sans mordants en rouge brun foncé, et le coton, mordancé aux oxydes métalliques, en tons chamois plus ou moins foncés.

Carmin d'orseille. Le *carmin d'orseille* ou *extrait d'orseille* est un produit que l'on obtient en épuisant par l'eau l'orseille en pâte, et évaporant la dissolution à une température aussi basse que possible jusqu'à consistance sirupeuse ou pâteuse. — V. ORSEILLE.

Carmin de pourpre. On donne le nom de *carmin de pourpre* à la murexide en pâte (purpurate d'ammoniaque), matière colorante rouge dérivée de l'acide urique (V. MUREXIDE). Autrefois employé dans la teinture et l'impression des tissus pour l'obtention de teintes roses, rouge-pourpre ou amaranthe, ce produit n'offre plus maintenant aucune importance industrielle depuis la découverte des couleurs d'aniline. — Dr L. G.

|| *T. de céram.* On donne en céramique le nom de *carmin* à la couleur rouge, ou plutôt rose, dont se servent principalement les peintres de fleurs, ou les peintres de figure sur la porcelaine tendre. Cette couleur est tirée de l'or amené à l'état de précipité pourpre de Cassius. On distingue le *carmin tendre*, le *carmin dur* et le *pourpre carminé* ; quelques variétés sont plus particulièrement connues sous le nom de *cramoisi*, pourpre riche ou rubis, en anglais *crimson*.

Les carmins sont surtout faits en Angleterre avec une rare perfection ; leur prix varie de 60 à 120 francs le kilo, et pour les pourpres de 200 à 300 francs. Ils s'emploient aussi mêlés à des fondants convenables, pour peindre le verre, l'opale et le cristal.

Le carmin est une couleur très utile pour la peinture des chairs sur la porcelaine tendre ; quand on le mélange avec des jaunes clairs, il forme des teintes pâles ou rouge vif d'une très grande ressource pour les artistes. Enfin, le carmin est généralement employé pour guider le cuiseur dans son travail des moufles. Le carmin, en effet, ne prend son ton de beau rose qu'à une certaine température. A un feu très faible, il est briqueté ; à un feu plus élevé, il tourne au rose ; il est franchement rose à une température de 750° ; au-dessus, il se ternit et devient violacé pâle.

Bibliographie : P. SCHÜTZENBERGER : *Traité des matières colorantes*, Paris, 1867 ; P. BOLLEY : *Handbuch der chemischen Technologie*, t. v, livr. 1, Brunswick, 1867 ; WURTZ : *Dictionnaire de chimie*, t. I, Paris ; CRACE-CALVERT : *Leçons sur les matières colorantes*, in *Moniteur scientifique*, 1872 ; MUSPRATT, *Chemie in Anwendung auf Künste und Gewerbe*, t. II, Brunswick, 1874 ; GIRARDIN : *Leçons de chimie appliquée aux arts industriels*, t. IV, Paris, 1875 ; CHEVALLIER et BAUDRIMONT : *Dictionnaire des falsifications*, Paris, 1878 ; R. WAGNER et L. GAUTIER : *Nouveau traité de chimie industrielle*, t. II, Paris, 1879 ; A. GUYARD : *Note sur le carminnaphte de Laurent*, in *Bulletin de la Société chimique*, t. XXXI, 1879 ; F. SPRINGMÜHL : *Lexicon der Farbenwaaren und Chemikalienkunde*, t. II, Leipzig, 1880.

*CARMINE et ACIDE CARMINIQUE. Pelletier et Caventou ont donné le nom de *carmine* au principe colorant de la cochenille, qu'ils considéraient comme une substance azotée, $C^8 H^{13} Az O^5$. Mais Arppe et Warren de la Rue ont démontré que la carmine n'est pas le pigment pur, mais ce pigment mélangé avec une matière azotée ; ayant éliminé celle-ci, ils ont obtenu un corps non azoté, offrant tous les caractères d'un acide, et que pour cette raison ils ont nommé *acide carminique*, $C^{28} H^{14} O^{16}$; $C^{14} H^{14} O^8$.

L'acide carminique, auquel la cochenille du nopal et la plupart des autres gallinsectes colorants, tels que le kermès ou cochenille de chêne, doivent leurs propriétés tinctoriales, est un corps solide, rouge pourpre, d'une saveur acidule prononcée, friable, donnant une poudre d'un beau rouge clair et cristallisant en concrétions mamelonnées. Il est très soluble dans l'eau, l'alcool et l'ammoniaque, presque insoluble dans l'éther. Il n'est pas décomposé par les acides sulfurique et chlorhydrique, mais il est attaqué rapidement par le chlore, le brome et l'iode, ainsi que par l'acide azotique. L'alun, le bitartrate de potasse, le bichlorure d'étain et différents autres sels métalliques déterminent dans les solutions aqueuses de l'acide carminique des précipités diversement colorés ; avec l'alun, en présence de quelques gouttes d'ammoniaque, le précipité est cramoisi ; avec le bitartrate de potasse, il est rouge orangé, et couleur ponceau avec le bichlorure d'étain. C'est sur ces réactions que repose la préparation des *laques de carmin*, pour l'obtention desquelles il faut employer une décoction de cochenille, et non l'acide carminique, la matière animale que l'insecte renferme paraissant nécessaire à la formation de ces produits.

Pour préparer l'acide carminique, on traite la cochenille par l'éther, afin d'éliminer les matières grasses, puis par l'eau bouillante, et à la solution aqueuse on ajoute de l'acétate acide de chaux, qui donne un précipité insoluble de carminate de chaux ; on lave ce dernier avec soin et on le décompose par l'acide sulfurique étendu ; l'acide carminique mis en liberté se dissout dans l'eau, et la solution, séparée par filtration du sulfate de chaux, est évaporée à siccité ; enfin, on reprend le résidu par l'alcool, on évapore, et par le refroidissement on obtient une masse cristalline.

D'après Hlasiwetz et Grabowski, l'acide carminique serait un glucoside susceptible de se dédoubler, par ébullition avec l'acide sulfurique étendu, en une espèce de sucre particulière et une matière colorante nouvelle, appelée *rouge de carmin*. Le rouge de carmin se présente sous forme d'une masse rouge pourpre foncé, brillante, à reflets métalliques verdâtres et donnant une poudre rouge de cinabre ; il est soluble dans l'eau et dans l'alcool, insoluble dans l'éther.

Lorsqu'on abandonne à elle-même une solution ammoniacale d'acide carminique, elle se modifie au bout de quelque temps, par suite de la formation d'un corps nouveau, la *carminamide*, qui n'est plus précipitée en ponceau comme l'acide carminique, mais en violet. Cette réaction, connue depuis longtemps, est utilisée dans l'industrie pour la préparation du produit désigné sous le nom de *cochenille ammoniacale*. — V. Cochenille. — Dʳ L. G.

* **CARMINOIDE.** Nom donné au rouge d'alkanna (anchurine, acide anchurique), principe colorant de la racine d'orcanette (*alkanna* ou *anchura tinctoria*). — V. Orcanette.

* **CARNASSE.** *T. techn.* Nom que l'on donne aux colles-matières tendineuses et membraneuses dont on se sert pour la fabrication de la colle forte.

CARNATION. *Art hérald.* Se dit des parties du corps humain représentées avec les couleurs qui leur sont propres.

* **CARNAU** ou **CARNEAU.** *T. techn.* Trou pratiqué à la voûte d'un fourneau à porcelaine et qui sert de cheminée, et, généralement, conduit qui, partant du foyer d'un four, porte à la cheminée les gaz de la combustion. || Dans une chaudière à vapeur, chacun des tubes par lesquels passent la fumée et les autres produits de la combustion. — V. Chaudière.

* **CARNAVALET** (Musée). — V. Musée.

* **CARNÈLE.** Dans les monnaies, on donne ce nom à la bordure qui paraît autour du cordon de la légende, et, dans le blason, à une bordure placée autour de l'écu.

* **CARNELER.** *Art hérald.* Entourer l'écu de la bordure nommée *carnèle*.

CARNET. Petit livre ou calepin à l'usage des industriels, des négociants, des banquiers, pour prendre des notes ou pour insérer les opérations qu'ils ont à faire. || Le *carnet d'échéances* est un petit registre divisé en douze parties, répondant à chacun des douze mois de l'année ; les effets à payer et à recevoir avec leurs dates, leurs échéances, et les sommes qu'ils portent, s'y trouvent mentionnés. || Le *carnet d'attachements* est un petit registre sur lequel, dans la construction, on consigne quotidiennement les travaux au fur et à mesure qu'ils sont exécutés afin d'avoir, lorsqu'ils sont terminés, les éléments nécessaires pour en faire le métré.

* **CARNY** (De), chimiste distingué, mort en 1830, fut le collaborateur de Monge, Berthollet, etc., et se rendit célèbre, pendant la guerre de la Révolution, par ses procédés expéditifs pour l'extraction et l'emploi du salpêtre.

* **CARONADE** ou **CARONNADE.** *T. d'artill.* Bouche à feu qui était autrefois en usage dans la marine. — V. Bouches a feu.

* **CAROSSE** *T. de mét.* Ustensile de cordier.

CAROTTE. Feuilles de tabac enroulées. — V. Tabac.

CAROUBIER. Arbre toujours vert qui croît en Orient et dans le midi de l'Europe, au bord de la mer et des cours d'eau ; ses fleurs sont d'un pourpre foncé, et ses feuilles, d'un vert bleuâtre, contiennent, ainsi que son écorce, assez de tannin pour servir à la préparation des cuirs ; son bois, connu dans le commerce et l'industrie sous le nom de *carouge*, est très dur, d'un beau rouge varié de nuances, et propre aux ouvrages de marqueterie et d'ébénisterie.

* **CARPEAUX** (Jean-Baptiste), statuaire français, est né le 14 mai 1827, dans le nord de la France, dans cette Flandre française qui est une des riches pépinières où se renouvelle sans relâche le personnel de notre art national, à Valenciennes, patrie de Watteau. Le père de Carpeaux était maçon, chargé d'enfants, aux prises avec une extrême pauvreté. Carpeaux ne reçut aucune instruction, apprit tout juste à lire, écrire et compter à l'école des Frères, où il n'acquit même pas l'orthographe. Son éducation fut celle qu'il pouvait trouver dans le cercle social où il était élevé. A de telles lacunes d'éducation et d'instruction qui sont graves dans la société moderne, il put suppléer, au moins en grande partie, dans son art par sa belle intelligence, par l'élévation de son caractère et sa noblesse de cœur.

Après avoir traversé l'école d'architecture de Valenciennes, où il apprit les éléments, il vint à Paris et suivit les cours de l'école royale et spéciale de dessin et de mathématiques. De Rude il apprit la construction savante, sévère, impeccable de la machine humaine ; il prit l'habitude, devenue constante chez lui, d'introduire l'expression d'une personnalité individuelle dans la représentation des types généraux. Par cette recherche, il échappa toujours à la banalité des poncifs d'académie.

Aussi son regard si vif était-il toujours en éveil, observant sans relâche, dans le va-et-vient de la vie de chaque jour, les gestes, les attitudes, la physionomie du mouvement, de l'effort, du travail, du repos, de la marche, s'ouvrant ainsi la voie des maîtres par l'étude incessante, passionnée des types réels, fournis par la réalité, par la nature, en dehors de toute convention d'école.

De quinze à vingt ans, la vie de Carpeaux fut une bataille sans trêve pour le pain de chaque jour. Pour manger, lui si chétif, il se fit porteur aux halles. Dans cette détresse, en ce dénûment, le pauvre enfant avait dû cesser toute étude. Un jour pourtant, de moins sombre infortune, il modela un groupe, *Deux chèvres mordant à une grappe de raisin*, et le colporta dans le quartier du bronze, au Marais. Péniblement il en trouva quinze francs. Quinze francs et deux pains de huit livres, c'est, vers le même temps, ce que lui furent payés deux modèles de vases, auxquels le fabricant de porcelaine qui les acheta reprochait d'être trop soignés, trop achevés, et d'exiger en conséquence des frais particuliers de moulage.

Dans le monde de ces industries spéciales, on prend rapidement la mesure des artistes ; Carpeaux enfin put vivre en mettant son talent au service des bronziers, orfèvres et porcelainiers, et dès lors, retourna assidûment aux classes du soir de la petite école. Il fut appointé d'abord à deux francs par jour chez un petit bronzier dont la femme modelait des crucifix avec une habileté remarquable. Chez ces braves gens, et pour les besoins de leur industrie, il poursuivit l'étude des animaux. Il disait avoir beaucoup appris à vivre auprès d'eux parce qu'il y avait beaucoup travaillé. Michel Aaron l'occupa ensuite en lui faisant copier et agrandir d'aimables figurines de Carrier-Belleuse.

Etant dans l'atelier de Rude, Carpeaux prit part aux concours de l'Ecole des Beaux-Arts, où il avait déjà remporté une première médaille de figure modelée d'après nature (1847). Il entra ensuite chez Duret. C'est à Duret qu'il doit certains caractères constants de son talent, la belle tournure des masses, la clarté de l'ensemble d'une part, et aussi la pantomime expressive dans les motifs simples, s'élevant à la pompe, parfois même jusqu'à l'aspect théâtral dans les motifs apprêtés et compliqués.

Prenant part à tous les concours de l'Ecole des Beaux-Arts, Carpeaux montait en loge le cinquième en 1848, le troisième en 1849, remportait une mention en 1850, et une deuxième médaille au concours d'esquisse ; en 1851, une médaille pour la figure modelée et rentrait en loge avec le numéro 3 en 1852, une mention au concours de la tête d'expression et, la même année, le second grand prix.

Il touchait à l'heure du triomphe définitif. En 1853, le prix de Rome ne fut pas accordé par le jury qui jugea le concours trop faible. Cependant Carpeaux, classé en tête des concurrents, reçut un premier travail pour l'Etat ; il fut chargé d'exécuter le *Génie de la marine* en trophée pour le pavillon de Rohan, au nouveau Louvre. Et l'année suivante, il obtint enfin le grand prix de Rome.

A Rome seulement commença pour Carpeaux, après ce patient apprentissage du métier de statuaire, la généreuse et vaillante éducation du grand art.

Son premier envoi fut le buste de la *Palombella*. Il ne fit point l'envoi de deuxième année ; son troisième envoi fut le modèle en plâtre du *Jeune pêcheur napolitain* devenu populaire sous le titre de *Pêcheur à la coquille*. Dans le *Pêcheur* de Carpeaux, la réminiscence de l'*Enfant à la tortue*, de son maître, Rude, n'était nullement déguisée. Mais ce n'était déjà plus une œuvre d'élève. Carpeaux y révélait un sentiment très fin des formes grêles de la seconde enfance, sentiment entré par lui dans l'Ecole et dont on a tant usé et abusé depuis.

Aussitôt après l'exécution du *Pêcheur à la coquille*, Carpeaux prépara son envoi de cinquième année. C'est à l'*Enfer* du Dante qu'il emprunta le sujet de son œuvre prochaine, et dans l'*Enfer*, à l'épisode d'*Ugolin*. M. Schnetz, directeur de l'Ecole, voulait qu'il supprimât les quatre enfants et fît d'Ugolin un Saint-Jérôme. La lutte fut longue, acharnée, se renouvela sous toutes les formes, mais Carpeaux triompha. Ce qui reste à jamais admirable en cette œuvre, c'est la construction générale, la science anatomique des détails qui est incomparable ; c'est plus encore le spectacle émouvant, si profondément calculé, des résistances que la vie oppose à la défaillance des énergies, à l'invasion de la mort proportionnée, graduée, en ces quatre corps d'enfants, selon la gradation et la proportion des âges. Il nous reste à suivre Carpeaux dans la seconde partie de sa carrière si douloureuse.

En aucune de ses productions, il n'a poussé si loin que dans la figure du prince impérial, exposée en 1866, la science et la conscience de l'exécution. Il n'est si petit morceau de cette statue qui ne soit un chef-d'œuvre de construction. L'ensemble est jeune, charmant d'une élégance exquise. Le marbre enlevé des Tuileries avant la Commune, est aujourd'hui, sauvé de l'incendie, au château d'Arenenberg. Mais la gloire ne pouvait lui venir que par les grandes œuvres dont l'occasion lui fut fournie par les travaux d'architecture qui s'accomplissaient dans Paris. Aux Tuileries, le pavillon de Flore venait d'être relevé. Les deux façades à angle droit, allaient se couronner de sculptures décoratives. Celle qui se reflète dans la Seine et d'un crépuscule à l'autre baigne dans la pleine lumière du soleil fut confiée à Carpeaux. «La France portant la lumière dans le monde et protégeant l'agriculture et la science, » tel était le sujet principal proposé à l'artiste. Il n'y a pas de description qui puisse éveiller l'idée de l'harmonie et de la légèreté, de l'aisance et de la vie que l'artiste sut donner à ce groupe colossal. Avec son art fait de science et d'imagination, il a inscrit sans raideur dans les lignes mathématiques d'un triangle ces trois figures principales, dont le contraste puissant est calculé par la forme de façon à ne pas altérer l'unité de l'aspect général. Les figures latérales ont, dans leur pondération, la mâle tournure des figures de Michel-Ange au tombeau des Médicis ; le génie français, celui des pompes décoratives de notre xviiie siècle, si bien en son lieu ici et en un tel sujet, anime l'ensemble, et en particulier la figure de la France, ce jeune corps aux formes pleines et pourtant juvéniles et ces hautes draperies moulées dans le pli du vent. Cette œuvre déjà magnifique est complétée par un chef-d'œuvre : le bas-relief, par cette adorable figure de Flore agenouillée, pleine de grâces et de sourires, faisant passer sous ses beaux bras étendus une ronde joyeuse d'enfants tournant et trébuchant parmi les roses. Cette chair vit et frémit, le sang de la jeunesse impétueux et riche anime ces tissus, court abondant et chaud en cette pierre vivifiée. Le corps frais, jeune, souple, se meut à l'aise dans les étroites limites imposées à la composition ; de gêne, de contrainte, d'effort, on ne trouve nulle apparence en ce mouvement difficile qui semble si facile. C'est que la figure est admirablement construite et proportionnée ; c'est que sous l'enveloppe élastique des muscles et des chairs, on devine, on sent le ferme soutien des appuis intérieurs. Je ne sais pas de morceau plus savoureux que la poitrine, les flancs, l'attache des bras, et le genou gauche en saillie de la jeune déesse. La *Flore*, on ne doit pas craindre de le répéter, non seulement est le chef-d'œuvre de Carpeaux, mais au sens absolu est un chef-d'œuvre.

Dans le beau livre qu'il a consacré au nouvel opéra, l'architecte, M. Charles Garnier, a raconté longuement et dans les termes de la plus généreuse sympathie pour Carpeaux, l'histoire très complète du groupe de la danse. C'est là qu'il faut la lire. Qui n'a présent à l'esprit la vision de ces belles filles, — des filles de Rubens, — emportées dans le mouvement vertigineux de leur saltation passionnée. Dominant ce vertige, un dieu jeune, calme, ailé, souriant, s'élève, pur et blanc, dans la lumière du ciel. Du geste, il mène le chœur affolé des danseuses et règle leurs pas ; il en scande le rhythme au son claquant et crépitant d'un tambourin sonore garni de cymbales. A ses pieds, un petit génie, à demi renversé, agite joyeusement les grelots d'une folle marotte. Et les corps s'entraînent, les mains s'enchaînent, les bras s'enlacent, les pieds bondissent, les durs talons retentissent sur l'arène qu'ils frappent en cadence, les jambes se croisent, les jarrets ploient tour à tour et se redressent comme des ressorts d'acier, les reins se tendent et se courbent, les hanches s'accusent, les poitrines se gonflent, les seins se soulèvent, les têtes se renversent, les lèvres s'ouvrent, les narines palpitent, les yeux rient clos à demi, les profils, les faces, les dos nus des femmes, apparaissent tour à tour en cette gymnopédie puissante et se mêlent parmi les évolutions et les excitations de la ronde.

Quand le modèle de la fontaine du Luxembourg fut exposé, au centre de la grande nef, au palais des Champs-Elysées, en 1872, le contraste de cette composition vivante, mouvementée, étrangère aux routines, était si grand avec la froide correction des autres statues, qu'il parut trop remuant et comme désordonné. En place, à l'extrémité des petits jardins du Luxembourg, vis-à-vis de l'Observatoire, il a repris dans l'action la juste mesure. La fontaine du Luxembourg est la dernière grande œuvre de Carpeaux, mais non sa dernière. En 1869, il réalisait un vœu personnel longuement caressé : la statue de Watteau. Après avoir achevé le modèle de son Watteau, si élégant et si fin, il couronnait le fronton de l'hôtel-de-ville de Valenciennes par une belle figure au geste héroïque, représentant sa chère ville « repoussant l'invasion. » Je n'insiste pas sur le douloureux rapprochement que tout lecteur aura fait, entre ce sujet et la cruelle date de 1870, à laquelle il fut exécuté.

A l'exception d'une statue, *l'Amour blessé*, on ne vit plus de Carpeaux, dans les expositions, que des bustes. Assurément, on peut regretter qu'un artiste de cette mesure, un maître fait pour remuer des montagnes de pierre, de marbre ou de bronze, et multiplier les grandes formes de l'art, ait dépensé son temps et son talent en des œuvres de moindre importance. Mais il nous faut compter avec les circonstances, et comment leur tenir rigueur en face de ces admirables surprises de réalité.

Nous ne retracerons pas l'histoire des deux dernières années de la vie de Carpeaux. C'est celle du plus cruel martyre. Il mourut le 12 octobre 1875, à Courbevoie, entre les bras du prince Stirbey, qui fut le dernier ami du grand artiste. Sans avoir eu d'atelier d'élèves, Carpeaux est un des chefs de la statuaire moderne, son influence est restée sensible sur les artistes qui sont venus après lui en action est saine, fortifiante, parce qu'elle se rattache aux belles traditions de notre sculpture française. Aux funérailles du maître, M. de Chennevières, alors directeur des Beaux-Arts a dit, en termes excellents qu'il faut rappeler : » Il a droit à l'éternelle vie, au souvenir éternellement reconnaissant de notre école, celui qui dans l'art, dont il fit sa passion, a rappelé la vie, la vie ! but suprême de sa trop courte, mais laborieuse carrière, cri dernier, vision dernière de ce pauvre Carpeaux, à son heure d'agonie. » — E. CH.

*CARPETTE. Tapis plus grand que ceux qu'on nomme *foyers*, ayant environ 1^m,80 de longueur et 1^m,20 à 1^m,30 de largeur, et que l'on pose au milieu d'une pièce d'appartement.

* CARQUAISE. — V. CARCAISE.

* CARQUERON. — *T. techn.* Levier qui s'interpose entre les marches, dans un métier à tisser, afin de faciliter les mouvements.

CARQUOIS. Etui destiné à contenir des flèches, et qui se portait sur le dos au moyen d'une attache.

— Inséparable de l'arc et des flèches, le carquois était en usage chez les peuples de la plus haute antiquité, et les modernes l'ont conservé jusqu'à l'introduction des armes à feu ; il est remplacé par la giberne.

Dans la mythologie, le carquois est l'attribut de plusieurs personnages, tels sont : Cupidon, Diane, Apollon, Actéon, les Amazones, etc.

CARRARE. Marbre tiré des environs de Carrare (Italie) ; celui que l'on extrait à Crestola, Bettogli, Massa, Polvaccio et Poggiosylvestro, est le marbre statuaire blanc ; les carrières de Belgia, Vara et Fossacava donnent un marbre veiné, et l'on trouve dans la montagne un marbre noir que l'on utilise pour les ouvrages de marqueterie. — V. MARBRE.

— Les carrières de Carrare, au nombre de 547, occupent une étendue d'environ 136,000 mètres carrés.

CARRE. *T. techn.* Nom de chacune des faces ou des côtés d'une lame de fleuret, d'épée, de baïonnette. ‖ *Carre d'un soulier*, bout d'un soulier carré. ‖ *Carre d'un chapeau*, partie plate du haut d'un chapeau. ‖ *Carre d'un habit*, partie du dos d'un habit comprise entre les manches.

CARRÉ. 1° *T. de géom.* Parallélogramme qu'on peut considérer comme un rectangle dont les côtés sont égaux, ou un losange dont les angles sont droits. Cette double définition indique immédiatement toutes les propriétés du carré dont les diagonales sont égales, comme dans le rectangle, et perpendiculaires entre elles, comme dans le losange. Le carré est celui de tous les quadrilatères de même périmètre qui recouvre la plus grande surface. La diagonale et le côté fournissent un exemple de lignes n'ayant pas de commune mesure, car ils sont entre eux dans un rapport égal à $\sqrt{2}$. ‖ 2° *T. techn.* Ce mot s'applique dans l'orfèvrerie, à la base d'un ouvrage, quelle qu'en soit la forme. ‖ 3° Dans la papeterie, à un format de papier. ‖ 4° Chez les cordiers, à un bâti de charpente dont ils se servent pour le commettage. ‖ 5° Au palier d'un escalier sur lequel s'ouvrent les portes d'un même étage.

CARREAU. 1° *T. de constr.* Pavé d'une matière quelconque autre que le bois, de forme variée, et que l'on assemble avec d'autres pour exécuter le pavage d'une église ou d'un édifice public ou privé, le revêtement mural d'une pièce d'appartement, ou la décoration extérieure d'une habitation. — V. plus loin les articles spéciaux (CARREAUX et CARRELAGE) que nous consacrons à cette branche intéressante de l'art industriel. ‖ Pierre dont la plus grande dimension est posée en parement, et la plus petite en boutisse. ‖ *Carreau de bossage*, pierre taillée en bossage avec refend, et qui sert à composer quelquefois un pied-droit ou une chaîne. ‖ 2° *Carreau de vitre*, ou simplement *carreau*, pièce de verre dont on remplit les compartiments d'une croisée ou d'une fenêtre. ‖ 3° *T. de serrur.* Espèce de lime taillée rude sur les quatre faces et servant à ébaucher et limer le fer à froid ; il y en a de plusieurs sortes. ‖ 4° *T. de taill. et de blanch.* Fer plat de grosseur variable et muni d'une poignée, qui sert à repasser les vêtements, le linge, etc. ‖ 5° *T. de fumist.* Faces extérieures et verticales d'un poêle. ‖ 6° *T. d'expl. de min.* Emplacement situé près de l'orifice d'un puits d'exploitation, et où l'on dépose les produits de l'extraction.

‖ 7° Au moyen âge, on donnait ce nom à un projectile de guerre, consistant en un énorme javelot en fer de forme carrée, et qui était lancé par la baliste et les catapultes. De grosses pierres lancées par les mangonneaux étaient généralement désignées par le même nom. Le carreau d'arbalète diffère de la *flèche* en ce qu'il est plus court, plus pesant et n'est empenné que de deux pennes au lieu de trois.

CARREAUX. Les carreaux suivant leur usage sont soumis à une fatigue plus ou moins considérable. Ceux qui ne supportent qu'une fatigue très faible, sont les *carreaux de revêtement* généralement faits de faïence, recevant une couverte et des dessins ; et ceux qui sont soumis à l'usure des pas, c'est-à-dire les *carreaux de carrelage, de dallage, de pavage*. Tels sont, parmi les premiers carreaux les plus communs, ceux qui recouvrent nos fourneaux ; ceux-ci sont faits en terre cuite et recouverts d'émaux à base d'étain. Ils sont décorés ou peints directement sur émail cru au moyen du pochage, ce qui rend cette fabrication très peu coûteuse. Il est rare que l'on peigne sur émail cuit.

Pour des revêtements plus riches, on peut imprimer, sur dégourdi ou biscuit, des carreaux en pâte blanche comme les faïences fines, en couleurs monochromes ou polychromes sous glaçure, ou bien en chromolithographie sur la surface même de la glaçure. Enfin on peut n'imprimer que les traits et remplir les intervalles à la main ; ce travail s'exécute généralement par des femmes ou des jeunes filles pour réduire le prix de main-d'œuvre. Ces derniers carreaux employés comme faïences d'ornement, en revêtement, soit à l'intérieur, soit à l'extérieur des habitations, produisent des effets dont le XVI° siècle nous a laissé de nombreux exemples. A cette époque, les carreaux pour dallage étaient souvent fabriqués ainsi ; mais bien entendu, tous les dessins étaient faits à la main.

Les carreaux pour *dallage* ou plutôt *carrelage*, sont faits actuellement de différentes façons que nous allons passer rapidement et successivement en revue. Ceux en marbre, en pierre, en grès, offrant des teintes uniformes, noirs, blancs ou gris, affectant les formes carrées, hexagonales ou octogonales, constituent le *dallage* proprement dit et n'offrent rien de particulier dans leur fabrication. C'est un véritable taillage de pierre suivi d'un polissage.

Nos ancêtres employaient les carreaux incrustés et émaillés pour les carrelages intérieurs ; aussi les magnifiques exemples parvenus jusqu'à nous à travers les siècles, ont-ils donné l'idée de les imiter, tout en satisfaisant à la condition si nécessaire de durée. Les progrès de la science, mettaient du reste à notre disposition, les moyens pour arriver au but, sans exclure le bon marché,

Carreaux céramiques incrustés. La fabrication de ce que nous appelons aujourd'hui *carreaux céramiques incrustés* date de 1861. De nombreux industriels installèrent depuis des usines en France, Boch de Keramis à Louvroil, près Maubeuge ; Boulanger, à Auneuil, près Beauvais ; MM. Simons au Cateau ; Sand et Cie à Feignies (Nord) ; Duboc-Decaux, à Forges-les-Eaux, etc.

Ces céramistes opèrent généralement de la façon suivante : la pâte est formée d'un mélange de feldspath et de ce qu'il faut d'argile pour donner de la consistance au mélange. Le feldspath arrive du Luxembourg en blocs ; ceux-ci sont broyés, puis porphyrisés. Par une lévigation continuelle, les parties les plus fines sont constamment entraînées avec les eaux, et la bouillie qui en résulte est recueillie avec soin et séchée dans les appareils ordinairement employés en céramique pour le même usage. Cette poudre feldspathique est mêlée en proportion convenable avec l'argile employée, arrosée avec le moins d'eau possible et le mélange passe aux tordoirs ou molletons ordinaires.

Puis au moyen de presses hydrauliques convenablement disposées, on comprime cette terre dans des moules métalliques à parois très résistantes et à section le plus souvent carrée, la surface extérieure du moule est cylindrique et garnie de poignées. Ce carreau, étant bien comprimé et suffisamment résistant pour être pris à la main, on le fait sécher et cuire. On obtient ainsi un carreau sans dessins.

Si l'on veut au contraire l'ornemaniser, suivant un dessin déterminé, à plusieurs teintes, on prépare à l'avance un nombre de réseaux égal au nombre des moules mis en œuvre. Ces réseaux sont faits en feuilles très minces de laiton étamé ou non, soudées ensemble, représentant le dessin dans lequel certains vides devront être colorés. La première ouvrière met le réseau dans un moule, le passe à une deuxième qui met dans les vides déterminés la poudre colorée qu'elle a devant elle, en ayant soin de ne pas en laisser tomber dans les autres compartiments. Cette deuxième ouvrière passe le moule à une troisième et ainsi de suite. Chacune d'elles comprime du reste légèrement dans chaque compartiment la couleur qu'elle emploie, laquelle est composée d'une partie de la composition commune mêlée d'une couleur vitrifiable. L'épaisseur du réseau est très faible, environ un centimètre, et par suite aussi la couche de matière colorée. L'opération précédente terminée, on enlève le réseau avec précaution, on remplit le reste du moule avec de la composition ordinaire, et on passe à la presse. Après le démoulage, le dessin est parfaitement net, la dernière opération consiste à faire ces carreaux le plus méthodiquement possible et l'on passe à la cuisson. Pour celle-ci, les carreaux sont encastrés quatre par quatre dans des cazettes, chacun d'eux posant sur un lit de sable et la cazette elle-même ou étui en étant complètement remplie, afin d'éviter toute déformation.

Ces étuis carrés sont superposés dans un four rond à quatre alandiers et disposés de telle sorte que la température soit aussi égale que possible dans tout le four. La cuisson opérée, on ouvre la calotte supérieure ainsi que la porte par laquelle on avait entré cazettes et carreaux, et l'air qui s'échauffe en refroidissant le four est conduit dans les séchoirs.

Le four refroidi et le défournement opéré, on opère le choix des produits obtenus, en rejetant ceux qui sont défectueux. De plus, le retrait pris au feu n'étant pas parfaitement égal pour tous, on classe par dimensions exactes ceux qui sont bons, afin que, lors de la pose, le raccordement puisse se faire bien exactement entre les parties d'un même dessin, celui-ci étant généralement formé par quatre pièces. Ils sont cuits en grès.

Ces carreaux, grâce à cette cuisson, sont très résistants, s'usent peu sous les pieds et le dessin possédant une certaine épaisseur dure très longtemps.

Encaustica tiles. On a fait en Angleterre sous le nom d'*encaustica tiles*, et l'on peut faire encore, un carreau d'ornement semblable aux carreaux du XIIIe siècle et dont la fabrication est aujourd'hui la même qu'à cette époque ; l'ancienne fabrique de Minton à Stoke-upon Trent en possède des spécimens. Ce carreau est moulé en poudre presque sèche et reçoit à la presse et en creux le dessin qu'on veut lui donner. Les vides sont remplis ensuite avec de la barbotine colorée, de manière à former les nuances voulues ; on arrose, on fait dégourdir, on trempe en couverte et on cuit à un dernier feu.

Carreaux en béton aggloméré. En employant les mêmes procédés que pour les carreaux céramiques, dont nous avons parlé plus haut, mais en changeant la composition et supprimant la cuisson, nous voyons que l'on peut faire des carreaux en béton aggloméré, ne le cédant en rien comme résistance et comme beauté aux carreaux céramiques ci-dessus. Cette fabrication date de 1864 et s'est rapidement répandue à Marseille, Narbonne, le Cateau, Auxerre, Bordeaux, Barcelone, Chercq en Belgique, Saint-Denis, près Paris. Ces carreaux sont formés de deux compositions. La composition fine sur laquelle on marchera et formant, par suite, la partie vue du carreau, est formée, lorsqu'elle est incolore, de : sable, 1/2 hectolitre ; chaux hydraulique, 100 kilogrammes. Quand cette composition doit être colorée et servir pour fonds, on met à la place de la chaux hydraulique indiquée, les mélanges suivants :

Pour fond noir :	Noir de fumée	10 litres.
	Chaux hydraulique. . .	1 hectol.
rouge :	Ocre rouge	1 litre.
	Chaux hydraulique. . .	1 hectol.
rose :	Ocre rouge	1 litre.
	Ocre jaune	2 litres.
	Chaux hydraulique. . .	1 hectol.
gris :	Noir de fumée	1 litre.
	Chaux hydraulique. . .	1 hectol.

La composition servant à faire le dessin proprement dit sera formée de même, du premier mélange indiqué plus haut, dans lequel on mettra, au lieu de la quantité de chaux hydraulique indiquée, les mélanges suivants :

Pour noir :	Noir de fumée	15 litres.
	Chaux hydraulique. . .	1 hectol.
vermillon :	Minium	1 litre.
	Chaux hydraulique. . .	15 litres.
bleu :	Bleu minéral	1 litre.
	Chaux hydraulique. . .	12 litres.

marron : Ocre rouge. . . . .   1 litre.
            Mine orange. . . . .   1/2 litre.
            Chaux hydraulique. . . .   12 litres.

On peut obtenir ainsi toutes les couleurs que l'on veut par des mélanges convenables; mais il est bon de noter que les couleurs minérales seules doivent être employées, la chaux ayant un effet chimique sur toutes les substances de nature organique.

La chaux employée est la chaux hydraulique du Theil en poudre, ou toute autre chaux hydraulique analogue.

Ce qui doit former le dessous du carreau, une fois celui-ci en place, a la composition suivante : Sable, 1 hectolitre; chaux hydraulique, 50 kilogr. Le sable est du sable ordinaire de rivière, tel que celui employé à faire du mortier. Le sable de la première composition est, au contraire, du sable très fin et bien blanc. Au lieu de sable, on peut employer aussi avantageusement de la poussière de marbre blanc. Pour l'emploi, la première composition doit être additionnée de 8 litres d'eau par hectolitre de mélange, et la composition n° 2 de 6 litres, les matières étant supposées sèches.

Afin d'éviter le mélange des matières colorées au moment de la confection du carreau, M. Larmanjat, le promoteur de cette fabrication, a inventé, en 1864, un outil spécial très simple pour les dessins simples, mais se compliquant pour les dessins compliqués. Ce moule pouvant s'appliquer aussi bien aux carreaux céramiques qu'aux carreaux en béton, nous allons en donner une description très succincte en décrivant la fabrication.

Le réseau du moule, au lieu d'être d'une seule pièce comme nous l'avons vu plus haut, est composé d'autant de parties qu'il y a de couleurs différentes; chacune est mobile à frottement dans un plateau découpé suivant la forme du réseau. A chaque portion mobile est fixée une barre transversale, permettant de faire mouvoir celle-ci dans le plateau découpé. Ceci posé, on retourne le moule, on fait saillir de 0,01 la partie formant le dessin du milieu, on remplit de la matière colorée voulue, on essuie bien autour, on fait saillir de 0m,018 le dessin venant immédiatement après, on remplit de la matière colorante différente sur le tout et ainsi de suite, le réseau suivant saillissant toujours plus que le précédent.

On comprime avec la main à chaque fois, afin de donner de la consistance; puis, alors, on retourne le tout dans le moule proprement dit déjà plein de la composition grossière n° 2. On retire alors successivement avec précaution, en soulevant les traverses, chacune des portions du réseau en partant du centre pour finir à l'extérieur. Dans ces conditions, on soumet à la presse, mais à cause du chanfrein donné au carreau on comprend qu'il est nécessaire que la pression s'exerce par dessous ; or, l'action du piston hydraulique s'exerçant par dessus, voici comment on tourne cette petite difficulté : le fond du moule est mobile et à frottement, des ressorts forcent le pourtour à être toujours relevé, de sorte qu'en appuyant dessus, le fond mobile fait piston. Quatre arrêts limitent la course du pourtour dans son mouvement vertical et l'empêchent de se mouvoir horizontalement. Une embase circulaire, adaptée au fond et entrant dans un trou correspondant de la presse donne de la stabilité au moule.

Les carreaux ainsi fabriqués n'ont pas la résistance que leur donnera l'opération suivante, et qui consiste dans leur mouillage. Cette opération est faite sur les châssis où l'on a mis les carreaux, quatre jours après leur sortie de la presse; le deuxième mouillage est fait, quand les carreaux sont bien secs. Enfin, on mouille souvent encore une troisième fois pour accélérer le durcissement.

Les fabricants de carreaux en béton décorés faisaient, en 1874, 500,000 mètres carrés de carreaux par an. Ce chiffre doit être de beaucoup dépassé aujourd'hui.

Carreaux en asphalte moulé. — V. Asphalte.

* **CARREAUTAGE.** *T. techn.* Opération qui consiste à séparer en carrés l'esquisse d'un dessin d'étoffe, de verre peint ou d'ameublement.

* **CARRÉE.** Sorte d'*ardoise*. — V. ce mot.

CARRELAGE. *T. techn.* Assemblage de *carreaux* (V. ce mot) posés de manière à former un pavage ou un revêtement.

— Dès l'époque mérovingienne, on cuisait des briques pour le pavage des églises ou des châteaux, présentant gravés en creux des dessins plus ou moins compliqués. Dans des fouilles faites à l'emplacement de l'église Sainte-Colombe à Sens, dont la date est fort ancienne, puisque le monastère de Sainte-Colombe, situé à deux kilomètres de Sens, fut fondé en 630, par Clotaire II, on a trouvé des briques qui paraissent avoir appartenu à ces premières constructions et qui sont composées d'une terre blanc-jaunâtre assez résistante, mais sans couverte et estampillée d'un dessin (fig. 234).

Quoique l'on ne connaisse aucun carrelage de terre cuite émaillée, antérieur au XIIe siècle, il est probable que dès l'époque carlovingienne, les carrelages en briques de couleur furent en usage.

Ces carrelages, en effet, possédant une couverte peu résistante devaient être souvent remplacés et n'ont pu arriver jusqu'à nous.

Dans l'église de l'ancien prieuré de Laitre-sous-Amance consacrée en 1076, on a retrouvé aussi des carreaux non recouverts d'émail, mais simplement estampés en creux.

On a reporté à une très haute antiquité des carreaux normands ayant appartenu au château de Caen, habité par Guillaume-le-Conquérant et bâti au XIe siècle. Ces carreaux sont actuellement dans le musée de la Société des antiquaires de Sommerset-House; les figures 235 et 236 en montrent deux échantillons; les antiquaires admettent aujourd'hui, d'après M. Marryat, que le style de leur décoration prouverait qu'ils ne sont pas antérieurs au XIIIe siècle.

A Saint-Denis, on découvrit dans des fouilles quelques carreaux, ainsi gravés de cercles et de losanges, et recouverts d'un émail tendre opaque, blanc sale formé par une couche de terre plus fusible que celle de la brique.

Pendant le moyen âge on ne se contenta pas de carreaux estampés, dont les creux étaient remplis ou non de mastics colorés, on fit aussi des carreaux dont les dessins étaient en relief et dont la pâte était très dure afin d'éviter autant que possible les détériorations. Nous connaissons des carreaux paraissant dater du xve siècle et fabriqués par ce système. Dès le xiie siècle, on recouvrait les carreaux estampés, d'une couche d'émail uniforme.

Les carrelages les plus anciens que l'on connaisse et dont nous devons la découverte à notre savant et regretté collaborateur Viollet-le-Duc, ont été trouvés par lui dans les chapelles absidiales de l'église abbatiale de Saint-Denis. Ces carrelages qui datent de Suger, furent conservés sans doute à cause de leur beauté, lorsque sous saint Louis ces chapelles furent reconstruites (fig. 237).

Ces carrelages, qui sont de véritables mosaïques for-

Fig. 234. — *Spécimen trouvé dans l'église de Sainte-Colombe (VIIe siècle).*

mant de magnifiques dessins, sont composés de terre cuite émaillée en noir, en jaune, en vert foncé et en rouge, coupée en carrés, en triangles, en losanges, en pòrtions de cercles, en polygones, etc. L'influence de l'ancien usage de la mosaïque se fait sentir dans ces combinaisons formées de bandes de dessins variés, séparées par des bordures étroites. Ces dessins compliqués étaient des traits caractéristiques de tous les carrelages du xiie siècle consiste dans l'emploi prédominant du noir vert. Les dessins sont d'un ton soutenu et chargé, les couleurs préférées sont, dans l'ordre suivant : le vert, le jaune, l'ocre rouge, le blanc.

Le xiie siècle dénote un soin tout particulier, une recherche dans l'exécution que le xiiie siècle abandonne

Fig. 235.

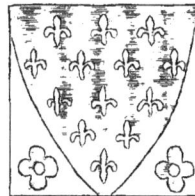

Fig. 236.

ormés de ces morceaux de briques cuites, n'ayant pas plus de 3 centimètres d'épaisseur, enchevétrés les uns dans les autres et collés avec du ciment.

Dans les figures 237 et 238 les tons noirs ou verts sont rendus en noir, le rouge est rendu par des hachures, le jaune par le blanc. Le rouge est couleur brique, le jaune est d'un ton d'ocre clair doux. Les figures 238, et 239 représentant des fragments de carrelage, montrent bien la méthode employée à cette époque. A et B indiquent l'assemblage et le mode de pose.

Les carreaux sont noirs et rouges, les petites pièces tronconiques de A sont seules bordées d'un filet blanc. Un

franchement. Les carrelages de cette époque se distinguent de ceux du xiie siècle en ce qu'au lieu d'être formés de morceaux, de couleurs et de formes si variées, et si petits que ces carrelages rappellent les mosaïques, ils sont composés de carreaux ordinairement carrés, ornés par des incrustations de terre de couleurs différentes, formant des dessins rouges sur fond jaune, ou jaune sur fond rouge.

Les carreaux noirs sont employés comme bordure ou encadrement, le noir vert devient plus rare, le rouge domine. Les surfaces horizontales sont brillantes, claires, tandis que les peintures des parements sont très vigoureuses de tons; les parois verticales noires occupent souvent une place importante. On ne voit, du reste, ces carrelages que dans les chœurs, les chapelles ou les salles peu fréquentées, l'émail s'enlevant facilement sous les

pas répétés. Ce sont les carreaux à dessins en creux, du XIᵉ siècle, qui donnèrent l'idée des carrelages formés de dessins incrustés en couleur. Le XIIᵉ siècle se contente aussi souvent de briques rouges estampées, incrustées

Fig. 237. — *Carrelage de l'église Saint-Denis (XIIᵉ siècle)*

d'une terre blanc-jaune et d'un émail transparent; quelquefois la terre blanche fait le fond mais plus souvent le dessin.

Les carreaux rouges incrustés de blanc n'exigeaient

que quatre opérations successives avant la cuisson : 1º moulage des briques; 2º estampage; 3º remplissage des creux, le battage; 4º l'émaillage.

Ceux qui composaient les carrelages d'un ton sem-

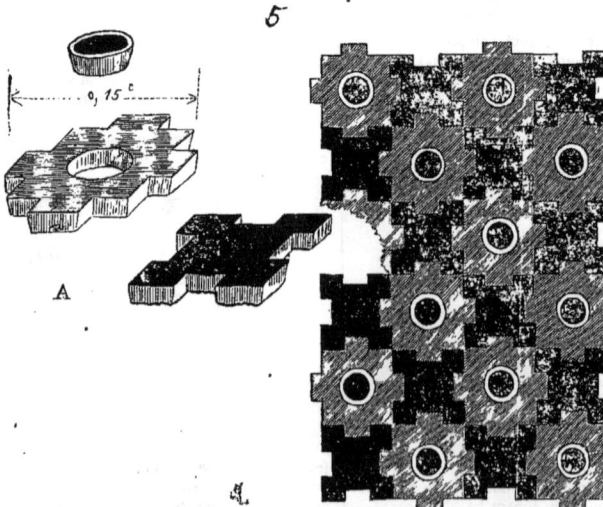

Fig. 238. — *Fragments de carreaux du XIIᵉ siècle. Assemblage.*

blable à ceux du XIIᵉ siècle, dont l'église de Saint-Pierre-de-Dive nous offre un magnifique exemple, nécessitaient cinq opérations : 1º moulage de la brique; 2º première couverte d'une terre fine noircie par un oxyde métallique; 3º estampage du dessin en creux; 4º remplissage des creux par une terre blanche ou jaune, battage; 5º émail-

lage. Les carreaux composant le carrelage de Dive sont formés d'une couche de terre fine noircie, posée sur une argile rouge grossière estampée, incrustée d'une terre jaunâtre et d'une couverte transparente. Ce carrelage offre un dessin noir sur jaune ou jaune sur noir.

Les dessins du XIIIᵉ siècle sont larges, d'une disposition simple; ceux du xive siècle deviennent plus confus, plus maigres, le plus souvent faits avec les matrices du

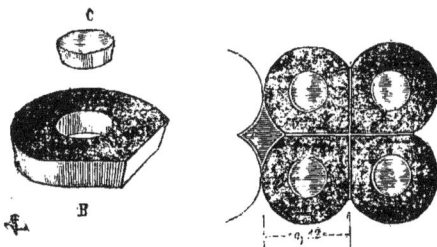

Fig. 239.

fin du xive siècle : ce sont les chiffres et les armoiries qu'on ne voyait pas auparavant, ce sont aussi les tóns

siècle précédent; les moulages ne se modifient guère du xive au xve siècle. Ce qui distingue les carrelages de la

verts, bleus, clairs commençant à se montrer en même temps que le ton noir devient plus rare.

Fig. 240. — Pavement du château d'Ango (XVIe siècle).

La Champagne et la Bourgogne possèdent de nombreux types appartenant à cette époque.

Les carrelages de faïence peinte n'apparaissent qu'au xvie siècle. Les tons bleus, blancs, jaunes, verts domi-

Fig. 241. — Carrelage du palais d'Asbrabad.

nent. Les châteaux d'Ecouen, de Blois, l'église de Brou, nous en offrent de nombreux exemples; mais le plus beau sans contredit appartient à la chapelle nord de la cathé-

drale de Langres. Nous devons citer encore des pavements de la résidence d'Ango, à Dieppe, types originaux d'une sorte d'émail ombrant appartenant au xvie siècle. La figure 240 offre l'exemple d'un panneau de ce carrelage formé de quatre carreaux assemblés, composant un panneau régulier. La pâte est cuite en grès et les dessins sont obtenus par un trait incrusté formé par une pâte qui devait sa coloration à du cobalt oxydé impur.

Pendant longtemps on douta de la provenance d'une faïence, genre porcelaine, toujours classée comme faïence chinoise; les échantillons qu'on en possédait étaient souvent regardés comme provenant des manufactures de Delft, jusqu'à ce que des voyageurs persans eurent reconnu ces carreaux peints comme des productions de leur pays. La figure 241 représente un de ces échantillons provenant du palais d'Asbrabad.

Le XVIIe siècle continua d'imiter le XVIe et l'usage des carreaux de faïence, presque perdu pendant un temps, pour renaître de nos jours, se répandit à cette époque en Italie, en Espagne, en Afrique, en Orient — V. DALLAGE.

Bibliographie : Encyclopédie d'architecture, de BANCE; *Annales archéologiques,* de DIDON; *Etudes sur les carrelages historiés,* de Alfred RAMÉ; *Traité des arts céramiques* (1844), par Al. BRONGNIART, 3e édition, revue et avec annotations et additions, par A. SALVÉTAT, 1875; *Dictionnaire raisonné de l'architecture française,* par VIOLLET-LE-DUC, Ve Morel, éd.; MARRYAT : *Histoire des poteries,* traduit de la deuxième édition anglaise, par M. le comte d'ARMAILLÉ et A. SALVETAT (1866).

CARRELER. 1° Paver avec des carreaux. ‖ 2° Raccommoder de vieux souliers.

CARRELET. *T. techn.* 1° Grosse aiguille, angulaire du côté de la pointe, dont se servent les emballeurs, les selliers, les cordonniers, etc. ‖ 2° Outil du tablettier pour ouvrir les dents des peignes. ‖ 3° Petite carde sans manche à l'usage des chapeliers. ‖ 4° Petite lime moins forte que le carreau. ‖ 5° Sorte de règle à quatre faces égales. ‖ 6° Châssis carré en bois avec une pointe à fer à chaque coin pour y attacher un linge au travers duquel on filtre ou clarifie une liqueur. ‖ 7° Epée légère, de forme triangulaire, avec des faces évidées, qui servait autrefois comme arme de duel ou de parade, et qui fait encore partie de certains uniformes civils.

CARRELETTE. *T. techn.* Petite lime plate et fine.

CARRELEUR. *T. de mét.* Ouvrier qui pose le carrelage. ‖ Ouvrier qui répare les vieilles chaussures.

* **CARRELIER.** *T. de mét.* Ouvrier qui façonne et cuit les carreaux destinés à carreler le sol des appartements, salles, etc.

CARRELURE. *T. techn.* Ressemelage de vieilles chaussures.

CARRICK. 1° *T. de carross.* Nom donné à une caisse de cabriolet et, par extension, à toute la voiture. *Carrick à pompe,* nom donné à une caisse de carrick, à cause de la forme du panneau du dossier. ‖ 2° *T. de cost.* Espèce de redingote à collet ample ou à plusieurs collets, qui fut mise à la mode par Garrick, célèbre acteur anglais.

CARRIER. Entrepreneur qui exploite une carrière de pierre; ouvrier qui extrait la pierre de taille dans une carrière.

CARRIÈRE. Lieu d'exploitation d'où l'on extrait la pierre à bâtir. On donne plus spécialement ce nom aux gisements de calcaire grossier, et l'on désigne sous le nom de *marbrières, ardoisières, sablières, plâtrières,* les carrières d'où l'on tire le marbre, l'ardoise, le sable, le plâtre.

STATISTIQUE.

Après les mines et minières, les carrières jouent un rôle important dans l'industrie extractive d'un pays. Il en est au moins ainsi en France, où le sous-sol contient les pierres les plus variées, soit pour les arts ou l'ornement, soit pour la construction, pour la poterie, etc.

Il est donc à regretter que l'administration des mines ne les fassent pas figurer dans ses comptes-rendus triennaux de l'exploitation des richesses du sous-sol.

Les derniers documents qu'elle ait publiés à ce sujet remontent à 1846. Or, il est évident que, depuis cette époque, le nombre des carrières et l'importance de leurs produits se sont sensiblement accrus, surtout dans ces dernières années où les constructions, tant dans les villes que dans les campagnes, ont pris un développement exceptionnel.

Mais, faute de renseignements très récents, nous ne pouvons qu'analyser ceux qui forment l'objet de la dernière, et sauf erreur, de la seule publication officielle dont elles aient été l'objet.

En 1846, les pierres polies ou taillées (pour les arts et pour l'ornement) étaient extraites de 765 carrières, dont 645 à ciel ouvert et 120 souterraines. Ces 765 carrières occupaient 1,979 ouvriers. On ne sait rien de la quantité des produits extraits.

Les matériaux de construction étaient extraits de 9,111 carrières, dont 7,759 à ciel ouvert et 1,352 souterraines. Leur exploitation occupait 35,010 ouvriers.

Les dalles et ardoises étaient extraites de 470 carrières, dont 434 à ciel ouvert et 36 souterraines. Leur extraction occupait 5,728 ouvriers.

Le kaolin, ainsi que les argiles fines ou réfractaires, étaient extraits de 263 carrières, dont 153 à ciel ouvert et 110 souterraines. Ces carrières employaient 1,646 ouvriers.

L'argile commune était recueillie dans 4,355 gîtes, dont 4,280 exploités à ciel ouvert et 75 souterrainement. Son extraction occupait 5,502 ouvriers.

La pierre à chaux était extraite de 1,440 carrières, dont 1,393 à ciel ouvert et 47 souterraines. Leur exploitation fournissait du travail à 8,367 ouvriers.

867 carrières fournissaient de la pierre à plâtre; 593 étaient exploitées à ciel ouvert et 274 souterrainement. 4,055 ouvriers travaillaient dans ces 867 carrières.

Enfin, la huitième catégorie des matériaux recueillis dans les carrières, comprenant les marnes, les argiles, les sables, les engrais, était extraite de 543 gîtes, dont 374 à ciel ouvert et 169 souterrains. Ces gîtes fournissaient du travail à 2,109 ouvriers.

D'après des renseignements puisés aux meilleures sources, pour le plus grand nombre des produits qui viennent d'être énumérés, les résultats ci-dessus doivent être triplés au moins si on veut avoir une juste idée de ceux d'aujourd'hui, l'ouverture des chemins de fer ayant provoqué l'exploitation de beaucoup de carrières connues qui, faute de moyens de transport, restaient inutilisées, et amené des recherches qui en ont fait découvrir de nouvelles et très riches.

On peut dire que cette branche de notre industrie extractive fera des progrès encore plus considérables quand nos voies navigables auront été améliorées et quand leur nombre se sera accru conformément au programme de la loi du 5 août 1879. Le tarif des chemins de fer est, en effet, malgré des réductions partielles, encore trop élevé pour que des produits aussi lourds puissent être transportés à bon marché.

Si l'administration est muette depuis longtemps sur le produit de nos carrières, elle enregistre les accidents dont elles sont le théâtre. Voici quelques documents à ce sujet pour l'année 1875. Dans les exploitations à ciel ouvert, on a compté, pour 1,000 ouvriers occupés, 0,78 0/0 tués et 2 0/0 blessés.

Dans ces exploitations, les éboulements figurent pour 80 0/0 parmi les causes des accidents.

Le tableau suivant indique la part pour cent des causes les plus importantes d'accidents dans les exploitations souterraines, avec la distinction des tués et des blessés :

	Tués.	Blessés.
Eboulements.	65.90	27.20
Chutes dans les puits	18.18	10.73
Ruptures de câbles, chutes de bennes. . . . , ...	4.55	6.90
Coups de mine.	4.55	3.83
Asphyxie. . . . . , . .	»	»
Inondations.	»	»
Causes diverses.	6.82	51.34
	100.00	100.00

Voici, pour 1,000 ouvriers, le nombre des tués et blessés dans les carrières des deux catégories, en 1853, 1874 et 1875 :

CARRIÈRES	1853		1874		1875	
	tués	blessés	tués	blessés	tués	blessés
Souterraines	1.96	5.44	2.36	10.25	1.95	9.61
A ciel ouvert.	0.56	1.62	0.96	2.15	0.78	2.01

On voit que les carrières souterraines présentent beaucoup plus de dangers pour l'ouvrier que les carrières à ciel ouvert et cela par des raisons faciles à comprendre.

On constate également que le nombre des accidents a plutôt augmenté que diminué ; ce qui indique que, par le fait d'une exploitation plus intensive, le danger s'est accru pour l'ouvrier, et aussi que les précautions extraordinaires qu'exige cet accroissement du péril, n'ont pas été prises au moins suffisamment. — A. L.

CARRIOLE. Nom donné à divers genres de voitures à deux roues, couvertes ou non, munies de ridelles sur les côtés et de hayons mobiles à l'avant et à l'arrière s'assemblant avec les ridelles. On couvre ces voitures au moyen de cerceaux mobiles que l'on assemble à la partie supérieure des ridelles et d'une bâche ordinairement en toile. Les carrioles servent à transporter des provisions, des bagages et même des personnes.

* **CARRON.** *T. de pap.* Coin de la feuille du papier qui, pendant la fabrication, a été renforcée par l'ouvreur pour faciliter l'opération du levage.

CARROSSE. Voiture à quatre roues, suspendue et couverte.

— On fait dériver ce mot du latin *carrucca* ou *carrucha*, qui désignait, d'après Pline, Suétone, Martial et d'autres auteurs, un type de voiture d'apparat dont la caisse, richement ornée, au lieu d'être fixée sur les essieux comme la *rhéda* et tous les véhicules du temps destinés à transporter, sur terre, des personnes ou des objets quelconques, était élevée au-dessus par une charpente en bois, formée de montants et de croisillons.

Notre figure 242 représente la voiture de cérémonie d'un préfet de Rome sous l'empire. La caisse, accessible en avant, a la forme d'un char de guerre retourné bout

Fig. 242. — *Voiture de cérémonie (carrucca) de l'époque romaine.*

pour bout ; mais cette disposition n'était pas nouvelle, puisque des gravures de chars antiques indiquent que leur caisse était semblable à celle-ci ; ces chars étaient en usage bien avant l'Empire romain, chez les Schytes et chez les Grecs pour les jeux du cirque. La seule différence qui caractérise le *carrucca*, parmi les chars que nous signa-

lons ici, est l'*élévation de la caisse au-dessus des essieux*: disposition favorable, dans les cérémonies publiques, pour mettre en évidence les personnages de distinction.

Le mot *carrucca* et, par la suite, *carrozze, carrozza*, servaient dans toute l'Italie, pendant le moyen âge, à désigner une voiture de grand luxe, destinée à transporter les personnes, mais le terme *carrosse* qui en dérive n'a été importé en France que vers le milieu du xvi⁰ siècle, probablement lors de l'arrivée de Catherine de Médicis.

Quelle était la voiture française caractérisée par ce mot? On n'en sait absolument rien. On ne connaît, d'ailleurs, l'histoire des voitures de luxe, à cette époque, que par les anecdotes, les aventures, la description des fêtes ou des cérémonies où elles figuraient. Elles étaient signalées par leur nom et rien de plus. Ce n'est qu'à partir de 1600 que l'on trouve, dans les gravures, des voitures assez bien représentées pour qu'il soit possible d'apprécier leurs dispositions.

Il semble établi que les chariots employés jusque-là n'étaient point suspendus. La caisse était fixée directement

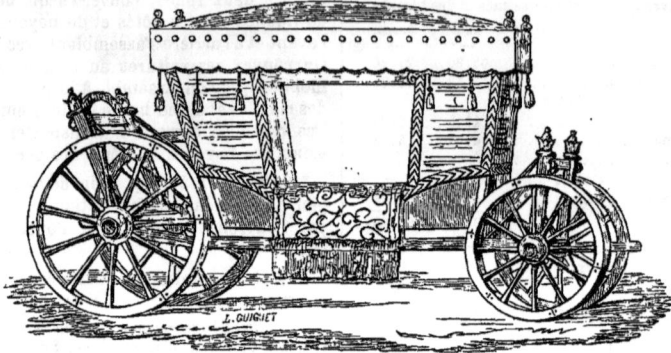

Fig. 243. — *Carrosse de Henri IV.*

sur les essieux. Pour la suspendre il aurait fallu l'isoler du train et cela constituait un changement fort appréciable. Enfin les chariots, comme on les fabrique encore de nos jours, étaient accessibles en avant et en arrière. Les premiers carrosses français ont dû être accessibles sur les côtés entre les roues, c'est évidemment cette disposition qui les a fait distinguer des chariots.

La figure 243 représente un carrosse dont s'est servi Henri IV vers 1608. La caisse est suspendue sur son train par deux grandes soupentes en cuir, passant de chaque côté, sous ses brancards et venant se fixer dans le haut des montants, appelés *moutons*, assemblés sur les essieux et inclinés à peu près parallèlement aux bouts de la caisse. Les essieux que l'on faisait en bois, sont reliés entre eux par une flèche. La caisse est formée d'un plancher horizontal et de huit montants inclinés supportant le

244. — *Carrosse précédé d'un coureur (XVIII⁰ siècle).*

pavillon; le bas, jusqu'à la hauteur de ceinture, est formé au pourtour par des panneaux ordinairement recouverts d'étoffes, et le haut, à partir de la ceinture jusqu'au pavillon, est garni d'étoffes et de galons. Le pourtour du pavillon est muni d'une large gouttière sous laquelle viennent se rouler les mantelets de cuir placés aux ouvertures.

Pour se garantir de l'injure du temps, on baissait le mantelet du côté du vent ou de la pluie. Mais ce mode de fermeture laissait beaucoup à désirer. On le conserva assez longtemps encore en France, quoique dès 1599, le marquis de Bassompierre eût ramené d'Italie un carrosse avec des *stores en glace*.

Vers la fin du règne de Louis XIV, le carrosse a reçu de notables améliorations; le train et le mode de suspension étaient sensiblement semblables à ceux du modèle précédent, mais la caisse avait été modifiée sur plusieurs points. Les ouvertures sont alors remplacées par des portières ouvrant dans toute la hauteur. Les côtés et le devant sont munis de baies fermées par des glaces descendant dans des coulants, absolument comme les berlines que l'on fabrique de nos jours. La surface extérieure est composée de panneaux décorés de riches peintures, au-dessous de l'appui de glace. Au-dessus les panneaux sont recouverts en cuir avec clous dorés. Notre figure 244 représente un carrosse de grand luxe précédé d'un coureur.

Les carrosses les plus riches, les plus somptueux que l'on ait fabriqués en France, datent de Louis XV (1750 à 1770). Ils avaient déjà leur avant-train mobile et pouvant braquer entièrement, les roues passant sous les cols de cigne. La voiture tout entière était ornée et pour la distinguer de toutes les autres, destinées au transport des personnes, auxquelles on avait donné le nom générique de carrosse, on la nommait grand carrosse.

On donna aux premières voitures de louage, établies dans Paris, vers 1650, le nom de carrosses de remise; et plus tard, en 1662, le nom de carrosses omnibus, aux voitures qui furent mises en circulation pour un service public en commun.

Les carrosses de cérémonie, qu'on nomme aujourd'hui voitures de gala, ne servaient que dans les grandes solennités publiques; le carrosse du sacre de Charles X est l'une des curiosités du musée de Versailles, celui du mariage de Napoléon III, celui qui a servi au baptême du prince impérial, celui du vice-roi d'Egypte, exposé en 1867, appartiennent à cette catégorie de voitures d'apparat délaissées aujourd'hui.

Mais le terme carrosse est devenu suranné, il n'en est pas de même de ses dérivés, les mots carrossier et carrosserie subsistent encore.

*CARROSSERIE. On donne ce nom à l'industrie qui s'occupe de la fabrication des voitures de luxe destinées au transport des personnes : voitures à deux ou quatre roues, voitures de maître ou voitures de louage, suspendues et peintes, garnies de matelassures ou non; et, par extension, aux parties de ces voitures telles que caisses, roues, essieux, ressorts, avant et arrière-trains, coffres, glaces, vasistas, lanternes, etc.

La carrosserie joue un rôle important dans la société moderne, ses progrès sont liés à une infinité de causes dont les principales sont : les développements du commerce et de l'industrie, l'extension des voies de communication, l'accroissement de la fortune publique et sa répartition sur un grand nombre d'individus.

— L'archéologie, malgré ses savantes et patientes recherches, n'a point encore percé les ténèbres qui entourent l'origine de certaines choses dont l'usage a dû s'imposer aux premiers hommes; les historiens de l'antiquité nous ont bien transmis les échos d'une civilisation antérieure, mais ils ne nous ont laissé que des données incertaines sur les coutumes de ces temps reculés; quels sont, par exemple, les véhicules qui ont servi de moyens de transport au début de l'humanité? On ne peut que former des conjectures. En consultant les ouvrages en langue sanscrite, et en remontant dans la plus haute antiquité, on voit, dans les combats, les hommes montés sur des chars traînés par des chevaux ou par des bœufs; cet usage se perpétue chez les Indiens, les Assyriens, les Egyptiens, les Grecs, les Perses, les Scythes, les Cimbres, les Celtes et les Galls; puis le char de combat disparut du champ de bataille et fut en honneur dans la vie civile des Grecs. Nous le voyons paraître dans les jeux olympiques et les cérémonies publiques, et d'Olympie passer à Rome, sous Tarquin l'ancien ou, selon quelques auteurs, sous Romulus.

Le traineau ou claie remonte également à une époque reculée, mais il a dû se passer de longues années avant que l'on songeât à y adapter des galets ou roues primitives en bois plein pour accélérer le mouvement.

Il paraîtrait prouvé que c'est la charrue, d'abord simple soc traîné par des hommes qui, la première, reçut des roues pour faciliter la traction; c'est à l'agriculture que l'on doit également la charrette à deux roues ainsi que le chariot à quatre roues, et ce sont ces véhicules destinés au transport des céréales qui ont été l'origine de la locomotion.

Il y a lieu de remarquer que les anciens eux-mêmes ont établi une distinction entre les voitures d'utilité destinées à l'agriculture et au commerce, issus des sociétés primitives, et les voitures de guerre, de parade ou simplement d'agrément, qui ont été la conséquence d'une civilisation plus raffinée; les premières se rapportent au charronnage, tandis que les secondes, considérées comme objets de luxe, ont donné naissance à l'industrie de la carrosserie.

Nous faisons à l'article CHAR l'exposé historique des voitures qui, sous différents noms et avec des formes diverses, ont été en usage jusqu'au XVIe siècle; avant cette époque, il y avait des lois somptuaires qui ne permettaient l'usage des voitures de luxe qu'à un tout petit nombre de privilégiés. De plus, les mœurs et les moyens de communication, étaient tout à fait opposés à leur extension. Les chroniques nous rapportent, qu'en 1550, il y avait seulement trois carrosses dans Paris : l'un appartenant à la reine, l'autre à Diane de Poitiers et le troisième à Jean de Laval. Comment ces voitures étaient-elles construites? Qu'est-ce qui les distinguait des chariots, que l'on avait particulièrement remarqués, et notamment ceux qui sont décrits dans les deux paragraphes suivants ·

« Isabelle, femme de Charles VI, entra dans Paris au mois d'octobre 1405, dans un chariot branlant, couvert de drap d'or et suspendu sur des courroies en cuir. »

« En 1457, les ambassadeurs de Ladislas V, roi de Hongrie et de Bohême, offrirent à la reine, femme de Charles VII, un chariot qui fût fort admiré de la Cour et du peuple de Paris parce qu'il était branlant et moult. »

D'après les belles gravures italiennes du XVIe siècle, que renferme le Cabinet des estampes, de la Bibliothèque nationale, il semble résulter que les carrosses de luxe étaient très répandus depuis longtemps dans toute l'Italie, et il parait probable qu'à son arrivée en France, Catherine de Médicis en a fait adopter l'usage. Les Valois, qui aimaient le luxe et les plaisirs, ne pouvaient manquer d'utiliser les voitures, aussi vit-on, à cette époque, beaucoup de coches. « Le 24 juin de l'année 1584, dit l'Estoile, le roi alla du Louvre à Saint-Magloire jeter de l'eau bénite sur le corps de son frère, le duc d'Alençon, qui y avait été déposé; dans le cortège, on voyait la reine « séant seule en un carroche couvert de tanné, et elle « aussi vestue de tanné; après laquelle suivoient huict « coches plains de dames vestues en noir à leur ordi-« naire. » Les mots carrosse, carroche, coche, paraissent avoir été indifféremment employés, pour désigner les voitures de luxe.

Sous Henri IV, le plus patriote des rois de France, la carrosserie devient une industrie; par son administration paternelle, le commerce se développe et la fortune publique s'accroît; la noblesse et la haute bourgeoisie assurées, après tant de guerres civiles, d'une longue paix et d'un règne florissant, reprennent ou augmentent leurs trains de maisons, donnent des fêtes, des réceptions; les femmes de la bourgeoisie, d'abord hésitantes, suivent bientôt l'exemple de la Cour et veulent aussi avoir carrosse; si le roi n'avait qu'une seule voiture pour lui et la reine, ce qui lui faisait écrire à Sully : « Je ne sçaurois vous aller voir aujourd'hui, parce que ma femme se sert de ma coche, » tous les grands seigneurs et même une grande quantité de bourgeois possédaient plusieurs voitures dans lesquelles ils aimaient à se faire voir. L'usage des voiturcs devint général et le commencement du xviie siècle vit la création des coches de voyage chargés d'un service public entre Paris et quarante-trois villes de France.

En 1662, Colbert accorda au duc de Rouanez, le privilège d'établir des carrosses publics. Ce fut l'origine des omnibus et des voitures de louage nommées *fiacres*, dont nous faisons l'étude rétrospective à VOITURES PUBLIQUES.

« Sous Louis XIV, dit D. Ramée, la voiture de luxe ou destinée au transport des personnes est suspendue. Toutefois, les montants ne sont plus verticaux, mais penchés, en sorte que l'impériale forme une assez forte saillie sur la caisse. Le coche de ville de Louis XIV, dans lequel il fit son entrée à Paris, et dont l'espèce existait encore à la fin du règne de Louis XV, consistait en une boîte ou caisse, à jour ou ouverte par le haut, et recouverte d'une impériale. Après les coches, on imagina des voitures qui pussent être fermées de toute leur hauteur et avoir des portières ouvrantes et solides, à charnières et poignées, non plus en étoffes. Le bouclant en dehors, comme elles étaient auparavant. Ces nouvelles voitures, du temps encore du règne de Louis XIV, furent connues sous le nom de *carrosses modernes*. » Ensuite vint la *berline*, « elle était à quatre places, et elle prenait le nom de *vis-à-vis* lorsqu'elle n'en contenait que deux. On appelait *chaises* les différentes sortes de voitures à deux roues. Puis vinrent les *diligences*, *berlingots* ou *carrosses coupés*, ayant un siège sur le derrière et des glaces sur le devant. Sous Louis XV parurent la *calèche*, le *phaëton*, le *cabriolet*, etc. »

En résumé, le passé de la carrosserie se résume à peu de chose, aussi pensons-nous avoir agi logiquement, en portant à CHAR, l'étude du véhicule antique, transformé en *chariot* au moyen âge, et ce en donnant lieu de l'époque de transition qui se termine au commencement du xixe siècle. Les créations les plus importantes de la carrosserie moderne trouvent naturellement leur place selon l'ordre alphabétique, et l'étude de la locomotion est ainsi répartie entre plusieurs articles. — V. OMNIBUS, TRAMWAY, VAGON, VOITURE.

STATISTIQUE.

Jusqu'à la Révolution de 1789, le nom de *carrosse* fut appliqué à tous les véhicules destinés à la locomotion des individus ; sous le premier empire, on créa quelques noms nouveaux, mais la carrosserie était encore à l'état d'enfance ; vers 1815, on comptait à Paris une vingtaine de maisons s'occupant de la construction des voitures de luxe ; les plus importantes fabriquaient, par année, trente à quarante voitures, dont la moitié se composait de chaises de poste et de berlines de voyage, remplacées par les *chemins de fer*. Les établissements de carrosserie étaient tellement clair-semés qu'il fallait, en France, dans certaines contrées, faire 120 à 150 kilomètres pour trouver un carrossier. Plusieurs départements en étaient dépourvus. Les moyens de fabrication étaient restreints ; une voiture que l'on construit actuellement en six semaines restait six et huit mois en chantier. Les fabricants spéciaux de ressorts, de roues, d'essieux, de bois cintrés et de toute cette quincaillerie dont le nom des pièces s'élève jusqu'à cent dans une voiture, n'existaient pas alors. L'origine de cette fabrication, dont les affaires se chiffrent actuellement par millions, date de 1840 seulement.

C'est depuis 1827 que la direction des douanes a commencé la classification séparée des voitures à leur sortie de France ; jusque-là l'exportation avait trop peu d'importance pour mériter les honneurs d'un chapitre spécial. La progression ascendante de l'exportation des voitures depuis cette époque, telle qu'elle ressort des chiffres ci-après, fait d'ailleurs présumer qu'elle devait être auparavant tout à fait insignifiante.

Exportation française des voitures suspendues, garnies ou peintes.

		Moyenne par année Valeurs en francs.
Période décennale	de 1827 à 1836..........	178.445
	de 1837 à 1846..........	519.881
	de 1847 à 1856..........	1.100.859
	de 1857 à 1866..........	2.628.489
	1867...... 2.284.709	Moyenne pour les sept années.
	1868...... 2.436.577	
	1869...... 3.483.189	
	1870...... 1.952.807	4.506.101
	1871...... 2.503.841	
	1872...... 10.105.248	
	1873...... 8.776.336	

Dans les trois premières périodes décennales de 1827 à 1856, les voitures à échelles, chariots, tombereaux, sont comprises avec les voitures suspendues, et représentent à peu près un dixième du chiffre total. Mais à partir de 1857, les chiffres ci-dessus comprennent seulement les voitures suspendues, garnies ou peintes. La moyenne de la première période décennale de 1827 à 1836, comprenant seulement les voitures suspendues, garnies ou peintes, se chiffrait par 161,450 francs.

La moyenne de 1867 à 1873, malgré les événements de 1870-1871, s'élève à 4,506,101 francs. Si on la compare avec la moyenne de la première période, 1827-1836, qui est de 161,450 francs, on trouve que l'accroissement de l'exportation des voitures, dans une période de 40 ans, a été de 2,791 0/0.

L'importation des voitures en France date seulement du 1er octobre 1861. Jusque-là elles avaient été prohibées. Depuis cette époque, l'importation des voitures a représenté sensiblement le cinquième de notre exportation. La Belgique y occupe le premier rang, mais il est bon de remarquer que les carrossiers belges tirent de Paris une grande quantité d'articles avec lesquels ils construisent leurs voitures, et que de plus, ils y font fabriquer, en blanc, presque toutes les voitures à huit ressorts, les caisses avec les ferrements qu'elles comportent pour les voitures qui offrent quelques difficultés de construction, tels que landaus et landaulets. Il y a lieu de présumer que le chiffre de l'importation belge chez nous est loin de compenser la valeur des articles qu'ils tirent de Paris pour fabriquer leurs voitures.

Voici, d'après les documents officiels, fournis par les administrations des finances, des douanes et de la fourrière, le nombre des voitures soumises à la taxe en 1873, par application de la loi du 23 juillet 1872. (Les voitures suspendues, destinées au transport des personnes, sont toutes soumises à la taxe.)

Voitures à quatre roues....	221.200	786.300
— à deux roues....	565.100	

Dans les nombres ci-dessus, le département de la Seine figure pour les chiffres ci-après :

Voitures à quatre roues...,.....	11.200
à deux roues.......	1.250

Dans ces chiffres, ne sont pas comprises les voitures de louage et les voitures d'enfant. Les premières sont soumises à différentes taxes perçues par les contributions indirectes.

Le nombre des voitures suspendues pour le transport des personnes, tant à Paris qu'en province, est aujourd'hui d'environ 900,000. Si l'on estime à 1,000 francs la valeur moyenne des voitures, celles qui existent en France représenteraient donc un capital de 900 millions ; ce matériel se renouvelant environ tous les dix ans, en tenant compte des réparations et des constructions nouvelles, ce qui donne une fabrication moyenne, par année, de 80 à 100 millions.

Les dernières expositions ont démontré que les

laborieux efforts de la carrosserie française ont été pleinement couronnés de succès, et qu'elle tient aujourd'hui dans le monde entier, la tête de cette industrie; comme bon goût, élégance et solidité, les voitures françaises sont sans rivales et servent de modèles aux carrossiers étrangers. Ajoutons que toutes les matières dont se compose une voiture sont de provenance française; le bois, le fer, l'acier, le cuir, les étoffes, les ressorts, les vernis, etc., pour lesquels nous étions en partie tributaires de l'Angleterre, de l'Allemagne et de la Belgique, sont maintenant sous la main de nos fabricants. Les Anglais se signalent par une grande recherche du confort et de la solidité; les Américains ont des produits excellents sous le rapport de la légèreté et de la solidité, mais de l'aveu de tous les constructeurs étrangers, « le style du travail français est hors ligne. » Où trouver d'ailleurs, artisans plus habiles que nos menuisiers, selliers, bourreliers, tapissiers, peintres, plaqueurs, lanterniers, etc.? Car en ce beau métier, il y faut, non seulement l'habileté de la main, mais encore le goût qui caractérise l'industrie française. C'est en spécialisant les différentes parties de la [voiture que la carrosserie est arrivée à produire des modèles plus variés et mieux appropriés, « mais il reste encore, dit M. Anthoni, dans son *Etude sur la carrosserie à l'Exposition de 1878*, des progrès à faire sous le rapport de la légèreté. » Ces progrès, nous n'en doutons pas, se réaliseront et c'est en perfectionnant sans cesse notre outillage, en continuant à spécialiser les diverses parties de la carrosserie, en répandant l'instruction chez nos ouvriers, que malgré les efforts des autres nations, la carrosserie française conservera son incontestable supériorité.

— V. *La locomotion*, par D. Ramée; *Rapport sur l'enseignement technique de la carrosserie*, par Brice-Thomas; *Rapport sur l'Exposition de 1878*; *La carrosserie*, par G. Anthoni (E. Lacroix, édit.).

CARROSSIER. *T. de mét.* Ce nom désigne le fabricant de voitures, dites *bourgeoises*. Quoique le carrosse ait disparu depuis longtemps, le nom de *carrossier* s'est maintenu dans notre langue, mais ceux de *fabricant de voitures* et de *constructeur de voitures* lui sont aujourd'hui plus logiquement substitués, car ils font supposer que le fabricant peut construire toutes sortes de voitures destinées au transport des personnes, tandis que le carrossier semble devoir se spécialiser dans la construction du *carrosse* ou *voiture de gala*.

— Ce mot a été introduit en France au XVIe siècle, au moment de l'importation du carrosse, et servait à désigner le fabricant de voitures de grand luxe. Les statuts des carrossiers datent du règne de Henri III (1577) et ils étaient constitués sous le nom de *selliers-lormiers-carrossiers*. Ils avaient saint Benoît pour patron.

* **CARS** (Laurent), graveur, né à Paris, en 1699, est mort dans cette ville, en 1771. Il était élève du peintre Lemoine, dont il reproduisit les principales œuvres avec un talent remarquable. Il fut nommé membre de l'Académie des Beaux-Arts, en 1733. Cars avait le dessin libre, facile,

aimable, peu sévère qui convenait au style de l'époque. Parmi ses propres élèves, il faut nommer Beauvarlet, Flipart, Jardinier et surtout le charmant Gabriel de Saint-Aubin, le « croquiste » exquis des mœurs parisiennes du XVIIIe siècle. — Les plus belles planches, gravées par Cars, sont *Hercule et Omphale*, l'*Allégorie sur la fécondité de la reine* et la *Thèse de Ventadour*.

I. CARTE. Feuille de carton très mince et très lisse, qui sert à confectionner une foule de choses, les *cartes à jouer*, les *cartes géographiques*, les *cartes de visites*, etc.; les petits cartons, ordinairement imprimés, qui servent à constater l'identité de quelqu'un; les menus du jour, dans un restaurant; la réunion, sur une même feuille, d'un certain nombre de petits objets qui se vendent par douzaines ou demi-douzaines; les cartons d'épaisseurs diverses qui servent dans les feux d'artifice; la carte de faveur (*carte de circulation*), qui permet à un voyageur de circuler gratuitement sur le réseau entier d'une compagnie de chemin de fer ou autre, ou sur un parcours déterminé, etc.

Fabrication. C'est en collant des feuilles de papier les unes sur les autres, qu'on obtient la *carte*. La colle employée est simplement de la colle de farine appliquée à l'aide d'une grande brosse souple. Les cartons minces revêtus sur l'une de leurs faces ou sur les deux faces, d'une feuille de papier blanc, sont dits *cartons blanchis*. — V. Carton.

Le *bristol* est une des variétés importantes de la carte; on l'obtient par le collage d'un nombre de feuilles qui varie de trois à douze et qui va quelquefois à vingt; le bristol fort est employé pour la carte de photographie; le plus faible sert à confectionner des étuis, des petites boîtes, des cartes de visites. Les bristols anglais, justement renommés, sont obtenus par le collage de deux ou trois feuilles; leur supériorité tient à l'emploi de papiers de belle qualité que l'on réunit avec de la colle d'amidon appliquée, non plus avec une brosse à main, mais à l'aide d'une machine spéciale; ces bristols sont ensuite calandrés.

Le *billet* de chemin de fer ou ticket (V. Billet) est une carte formée par le collage de quatre ou cinq feuilles de papier. Mais la fabrication la plus intéressante est certainement la *carte à jouer*. — V. l'article suivant.

II. CARTE A JOUER. On donne ce nom ou plus simplement celui de *carte*, à de petits cartons fins, taillés en carré long, et portant sur une de leurs faces des figures en couleur, pour jouer à divers jeux, tels que le *tarot*, qui fut longtemps en faveur, et auquel on a vu succéder le *lansquenet*, originaire d'Allemagne; le *piquet* ou *cent*; la *triomphe*, dont l'*écarté* n'est qu'une modification; la *prime*, le *flux*, le *trente-et-un*, l'*hombre*, d'origine espagnole ainsi que le *reversi*, venu en France avec Marguerite de Navarre, sous François Ier. Mentionnons encore la *bassette*, née en Italie et introduite en France vers 1674, par l'ambassadeur de Venise. Le *hocca*, le *pharaon* et le *baccarat* sont également des jeux italiens. Le *boston* et le *whist*, qui n'est que l'ancien jeu de l'*hombre*, nous ont été fournis, le premier par les Américains du Nord, à la fin du dernier siècle; le second, par les Anglais, au commencement de celui-ci. Enfin la *bouillotte* a été créée, sous le Directoire, dans les salons de Barras, au palais du Luxembourg.

— L'origine des cartes à jouer se rattache non seulement à l'histoire des mœurs, mais encore à l'invention du papier, de la gravure et de l'imprimerie. Mais qu'on nous permette tout d'abord, pour bien faire comprendre ce qui suit, d'examiner les principaux genres de cartes qui se fabriquent de nos jours.

Fig. 245. — *Carte d'un jeu de tarots du XVᵉ siècle.*

Les cartes en usage aujourd'hui dans toute l'Europe, et dans les autres contrées qui ont accepté la civilisation européenne, peuvent se distinguer en deux classes, l'une, que nous désignerons sous le nom de *cartes numérales*, est celle dont le jeu complet se compose de 52 cartes, divisées en quatre séries contenant chacune trois figures, roi, dame et valet, ou roi, cavalier et valet, plus dix cartes sans figures, se distinguant par des points depuis un jusqu'à dix; l'autre classe est celle des *tarots*, sorte de cartes dont le dos est taroté, c'est-à-dire marqué de grisaille en compartiments. Soixante-dix-huit cartes forment ce dernier jeu; ce sont d'abord cinquante-six cartes présentant un jeu qui ne diffère des cartes ordinaires que par l'addition d'une figure à chacune des quatre séries, ce qui donne à chaque couleur un roi, une dame, un cavalier et un valet. Les vingt-deux autres cartes qui complètent le tout, et que l'on nomme *atouts*, sont des figures dont l'une représente un fou et les autres sujets qui, dans les jeux allemands,

sont variés à la fantaisie du fabricant, et portent un grand numéro d'ordre en chiffres romains. Pour les tarots restés fidèles au type primitif, ces figures sont des personnages ou des sujets allégoriques portant un nom dont l'ordre, marqué également par des chiffres romains, est le même en Italie, en France, en Suisse, etc. Comme ces types ont de l'intérêt pour l'histoire des cartes, il est nécessaire de les faire connaître:

Le fou (fig. 245) (sans numéro); nᵒ I, le bateleur; II, la papesse; III, l'impératrice; IV, l'empereur; V, le pape; VI, l'amoureux; VII, le chariot; VIII, la justice; IX, l'ermite; X, la roue de fortune; XI, la force; XII, le pendu; XIII, la mort; XIV, la tempérance; XV, le diable; XVI, la Maison-Dieu (ou la foudre); XVII, l'étoile; XVIII, la lune; XIX, le soleil; XX, le jugement dernier; XXI, le monde.

Il existe aussi un jeu florentin, les *minchiate* (fig. 246),

Fig. 246. — *Carte d'un jeu de tarots italiens, du jeu des minchiate (Bibliothèque nationale, cabinet des estampes).*

qui appartient à la classe des tarots. Il se compose de quatre-vingt-dix-sept cartes. C'est le premier des tarots ci-dessus, auquel, dans les atouts, on a ajouté dix-neuf cartes, savoir: les douze signes du zodiaque et sept autres figures, que nous croyons être l'espérance, la prudence, la foi, la charité, le feu, l'eau et la terre, car les *minchiate* ne portant pas, comme les tarots, les noms des objets allégorisés, il y en a quelques-uns dont le sujet est assez incertain. Le pape, la papesse et l'impératrice ne figurent pas non plus dans cette suite; mais on y voit, outre l'empereur, deux têtes couronnées, sans doute un roi et un duc.

A quelle époque faut-il fixer l'invention des cartes à jouer? A qui appartient cette invention? Cette question intéressante est loin d'être résolue. Ainsi, quelques savants ont prétendu trouver en Orient le berceau des cartes à jouer. En effet, un chroniqueur italien de la fin du XIVᵉ siècle, Nicolas de Covelluzo, cité par un historien de Viterbe, rapporte qu'en 1379, le jeu de cartes fit son apparition dans cette ville, venant du pays des Sarrasins (de *Seracinia*), où il est appelé *Naïb;* et sur cette citation, dont peut-être personne n'a vérifié l'exactitude, on s'est empressé d'affirmer que l'invention des cartes est arabe, oubliant qu'aucun monument ne vient à l'appui de cette assertion, et que, de plus, la loi de Mahomet interdit formellement aux vrais croyants toute représentation de figures humaines, ainsi que tout jeu de hasard.

D'autres érudits affirment que c'est de l'Indoustan que ès cartes nous sont arrivées en droite ligne, apportées par cette tribu nomade qui, chassée de l'Inde au XIIe siècle, s'est répandue dans toute l'Europe, mendiant et prédisant l'avenir sous les noms de *Bohémiens*. d'*Egyp-*

tiens, de *Gitanos*, etc. Malheureusement, on oublie que c'est par l'inspection des lignes de la main que dans l'Indoustan, si l'on en croit les *Mœurs de l'Inde*, par l'abbé Dubois, se dit la bonne aventure; que la divination par les cartes est une invention qui n'a peut-être pas deux cents ans d'existence, puisque le livre le plus ancien qui, par son titre : *Le in geniose sorti di Franc. Marcolini da Forli* (Venetia, 1540, in-fol.), semble avoir quelque rapport à ce genre de prédiction, date seulement du XVIe siècle, et que celle qui se fait par les tarots est toute récente et fut imaginée, vers 1775, par Alliette, qui en avait puisé l'idée dans les rêves hermétiques de Court de Gébelin. Donc, quoique les bohémiens actuellement en

Fig. 247. — *La Justice.*

Fig. 248. — *La Lune.*

Cartes tirées du jeu, dit de Charles VI, conservé à la Bibliothèque nationale de Paris (cabinet des médailles).

Europe disent la bonne aventure par les cartes, rien ne prouve que les anciens bohémiens de l'Inde aient employé le même moyen. D'un autre côté, si le mot *nabi* signifie « prophète » en arabe, comme dans les autres langues sémitiques, on ne peut inférer de ce que les cartes se nomment *naypes* en Espagne et en Italie *naïbi*, pour les croire d'invention indienne. Ajoutons que les cartes venues de l'Indoustan et conservées dans les collections, sont des peintures persanes et nullement de style indou ; ce sont de petites rondelles de toiles laquées et vernies, au nombre de quatre-vingt-seize, divisées en huit séries de douze, n'ayant chacune que deux figures, le roi et le vizir.

Une troisième opinion, fondée sur l'affirmation du sinologue Abel Rémusat, veut que les cartes aient pris naissance en Chine, où vers l'an 1120 de notre ère, elles étaient déjà généralement répandues. L'introduction des cartes en Europe par la Chine serait peut-être plus soutenable, car le voyageur Marco-Polo peut en avoir apporté

à Venise, quand il revint dans sa patrie. Mais ce n'est encore là qu'une hypothèse, et, en définitive, quel rapport peut-on raisonnablement trouver entre les cartes chinoises, petites fiches de 9 centimètres au plus de longueur et 12 à 15 millimètres de largeur, décorées comme les bâtons d'encre de Chine, et les premières cartes européennes, hautes de 18 centimètres et larges de près d'un décimètre, entre ces grandes et belles peintures et ces petits grimoires portant des deux côtés, imprimés en rouge et en noir, des caractères microscopiques?

Comme on le voit, rien ne prouve suffisamment que les cartes soient d'invention indienne. Rien non plus n'autorise à penser que les Arabes les aient introduites en Europe. Quant à la Chine, en admettant qu'elle les ait inventées, il faut convenir qu'elles ont bien changé sur leur route. Qu'il nous soit donc permis, avec R. Merlin, de reléguer l'origine orientale des cartes, admise par tant de savants auteurs et de spirituels écrivains, à côté des rêveries de Court de Gébelin, tant qu'il ne se présenterα pas des monuments authentiques, des citations concluantes et des arguments sérieux.

L'origine orientale écartée, il reste encore la question de date et la question de priorité entre les quatre contrées de l'Europe qui prétendent à cette invention. Du Cange, dans son *Glossaire*, suppose que le Synode de Worcester, en 1240, a voulu parler des cartes, lorsqu'il défend au clergé d'autoriser le jeu du roi et de la reine. « *Nec sustineant (clerici) ludos fieri de Rege et Regina.* » Mais on sait par le trouvère Adam de Halle, dans son dialogue de *Robin et Marion*, que ce jeu, considéré à tort comme

Fig. 249. — *Les deux grelots, carte allemande du XVI⁰ siècle (Bibliothèque nationale de Paris, cabinet des estampes).*

l'origine des cartes, consistait à élire deux souverains, qui mandaient successivement tous les assistants, pour leur adresser des questions épineuses, auxquelles il fallait répondre sans hésitation !

> Je voeil o Gauthiers le testu,
> Juer as rois et as roïnes,
> Et je ferai demandes fines,
> Si vous me volés faire roi.

Suivant le bibliophile et érudit Leber, les cartes n'ont pas toujours été condamnables, elles ont eu leur âge d'innocence. Cet âge d'or paraît avoir duré un assez long temps. Effectivement, le roman du *Renard contrefait*, paru en 1328, fait mention des cartes à jouer. D'autre part, si l'on accepte le témoignage de Covelluzo, qui fixe à 1379 leur introduction à Viterbe, les cartes jusqu'alors n'avaient guère fait parler d'elles. On va voir du reste ce qu'elles étaient. L'an 1392, Jacquemin Gringonneur, suivant le compte de Poupart, argentier de Charles VI, reçoit 50 sols parisis, pour avoir prêt trois jeux de cartes à or et à diverses couleurs, *ornés de plusieurs devises*, pour « l'esbattement » de ce roi. En 1393, Jean Morelli, dans sa *Chronique*, conseille à un jeune homme de ne pas jouer au *zara* ou à tout autre jeu de dés, mais aux

jeux qui conviennent aux enfants, aux osselets, à la toupie, aux fers, aux *naïbis*. Les cartes, les *naïbis*, restèrent donc un jeu absolument sans danger jusqu'à l'année 1397, époque où l'on voit apparaître en France une ordonnance du prévôt de Paris qui les défend, ainsi que d'autres jeux, les jours de travail aux gens de métier ; en Allemagne, une autre prohibition de la même année se trouve dans le livre rouge de la ville d'Ulm, et le Synode de Langres les interdit, en 1404, aux ecclésiastiques. Depuis ce moment, l'autorité civile s'unit à l'autorité religieuse, pour les poursuivre à outrance. Quelles étaient

Fig. 250. — *Le roi des glands, carte allemande du XVI⁰ siècle (Bibliothèque nationale de Paris, cabinet des estampes).*

ces cartes prohibées ? C'étaient nos cartes actuelles, c'étaient aussi les tarots, car ces jeux sont des jeux à points, conséquemment des jeux de hasard, puisque c'est par les points que la carte devient la complice du dé.

Il est probable, toutefois, qu'il y eût encore à cette époque un jeu de cartes autorisé, que la morale et la religion ne réprouvaient pas. Ces cartes permises, c'étaient les *naïbis* conseillés aux enfants, par Morelli, en 1393 ; c'étaient les *peintures à devises* de Jacquemin Gringonneur, propres à distraire un roi dont la tête était affaiblie ; enfin c'étaient les *images peintes*, véritables œuvres d'art, avec lesquelles Phil.-Marie Visconti aimait à jouer dans son enfance (vers 1400), et qu'il affectionnait assez pour en acheter 1,500 écus d'or un jeu complet où, suivant Decembrio, son biographe, les *dieux ainsi que les animaux et les oiseaux dessinés auprès de ces dieux*, étaient peints avec une admirable perfection. Aussi, ne peut-on admettre de bonne foi, que les dix-sept cartes conservées à la Bibliothèque nationale sous le nom de cartes de Charles VI (fig. 247 et 248), soient les cartes à devises de Jacquemin Gringonneur, puisque ces cartes n'ont pas de devises, que de plus elles font partie d'un jeu de tarot semblable au nôtre, et qu'aucune fleur de lis ou autre marque de distinction n'autorise à les regarder comme ayant appartenu au roi. Ajoutons que certains sujets spécialement consacrés aux tarots et qui se trouvent dans ces dix-sept cartes, tels que le fou, le pendu, la mort, la Maison-Dieu (la foudre), le jugement dernier, n'étaient guère propres à être mises sous les yeux d'un pauvre prince atteint de folie.

Les *tarots-images*, connus d'abord en Italie, probablement à Venise, sont donc les premières cartes, les cartes innocentes, les cartes permises; c'est à eux que les *tarots à points*, imités du jeu de dés, et d'origine également vénitienne doivent leur naissance.

Il nous reste à trouver maintenant l'époque de l'invention des *cartes numérales*, et la nation de l'Europe à laquelle serait due cette invention. Les cartes numérales sont-elles postérieures ou antérieures au tarot numéral? en sont-elles contemporaines? sont-elles françaises, espagnoles, italiennes, allemandes? Voilà bien des problèmes, qui jusqu'à présent sont restés insolubles. Sans nous hasarder à formuler une opinion sur ces divers points que recouvre un voile épais, contentons-nous de constater l'analogie qui existe entre le tarot numéral ou à points et les cartes numérales, lesquelles se divisent en trois grandes familles : famille *méridionale*, famille *centrale*, famille *septentrionale*. La famille *méridionale*, qui comprend les cartes italiennes, espagnoles et portugaises, se distingue par les coupes, les deniers, les bâtons et les épées. C'est à cette famille qu'appartiennent les diverses espèces de tarots. La famille *centrale*, où se placent les cartes françaises, les cartes anglaises et aujourd'hui une grande partie des cartes allemandes, a pour signes les cœurs, les carreaux, les trèfles et les piques, dont les formes se retrouvent dans beaucoup d'ornements de l'architecture gothique. La famille *septentrionale* s'éteint tous les jours. Ses enseignes sont le cœur, le grelot, le gland et la feuille de lierre, où, selon les expressions allemandes, le rouge, es sonnettes, les glands, le vert (fig. 249 et 250). De ces trois familles, quelle est la plus

ancienne? Lorsqu'on examine avec attention et les dates des documents cités et les débris de vieilles cartes que l'on rencontre encore, on est forcé de convenir qu'il n'est pas possible de trouver de motifs réellement concluants pour décider la question.

En effet, si la famille française peut citer en sa faveur les dates de 1397 (défense du prévôt de Paris), de 1404 (défense du Synode de Langres), de 1407 (engagement notarié de cinq Dijonnais de s'abstenir du jeu pendant une année), de 1429 (prédication du cordelier Richard et auto-dafé des cartes et autres jeux de hasard à Paris): d'un autre côté les Allemands présentent la défense du livre rouge d'Ulm, en 1397, et d'Augsbourg, en 1400, 1403 et 1406. Enfin les Italiens pourraient se prévaloir de l'assertion de Covelluzo (1379), si cette date et celle du Conseil de Morelli (1393) ne s'appliquaient vraisemblablement aux tarots-images, comme celle de 1392 des jeux de Charles VI, payés à Jacquemin Gringonneur. Mais, en 1413, ils avaient le tarot numéral (second tarot de Visconti, possédé par la comtesse Aurélie-Visconti Gonzaga). Avant 1419, Fibia avait inventé à Bologne le *tarrochino*, nouvelle variété de tarot, et rien ne prouve que l'idée du tarot à points soit venue des cartes numérales, comme rien ne peut conduire à penser que ces dernières soient empruntées au tarot à points.

À la vue des monuments, même embarras. Les cartes les plus anciennes, parmi les cartes numérales, sont évidemment celles dont l'anglais, M. Chatto, a donné un *fac-simile* et qu'il croit avoir été exécutées au patron antérieurement à l'invention de la gravure sur bois. Eh bien, ces cartes portent les signes distinctifs de la famille allemande (cœurs, grelots, glands et feuilles), et, d'autre part, M. Chatto les croit vénitiennes au costume des personnages et surtout à la représentation du lion de saint Marc qui se trouve deux fois dans cette suite.

Quant aux cartes, dites de Charles VII, l'opinion qu'elles sont du temps de ce prince n'est fondée que sur

Fig. 251. — *La Demoiselle, d'après un jeu de cartes, gravé par Le Maître (1466) (Bibliothèque nationale de Paris, cabinet des estampes).*

le costume. Or, un costume peut bien prouver qu'un monument n'est pas antérieur à l'époque où a paru ce costume; mais il ne peut démontrer également que ce monument en soit contemporain, puisqu'il peut avoir été imité plus tard. Ce n'est donc qu'une simple présomption. A ce compte, les cartes de M. d'Henneville, que l'on trouve à la planche 20 du *Recueil de la Société des bibliophiles*, seraient du temps de Charles VI, puisqu'elles représentent des personnages velus comme des sauvages dont un est un roi, et qu'elles font évidemment allusion au malheureux ballet des ardents de 1392, où ce prince faillit périr. Ajoutons que, lors même que l'attribution au règne de Charles VII (1422) serait certaine, ces cartes ne sauraient décider pour la France la question de priorité, puisqu'elles seraient postérieures de près de trente ans à la défense du prévôt de Paris de 1397, comme à celles d'Ulm de la même date. Il faut donc attendre, pour connaître le véritable inventeur des cartes numérales, que le temps ait exhumé des monuments matériels ou des documents écrits d'une valeur certaine.

Jusqu'à ce jour, comme nous l'avons expliqué déjà, tout se résume en ceci : les *tarots-images* sont d'origine italienne, probablement vénitienne; le *tarot-numéral* est né du *tarot-image*, et probablement aussi à Venise. Les cartes, comme jeu de hasard, soit tarot, soit cartes, doivent leur origine, non aux échecs, mais aux dés, très en

Fig. 252 à 254. — *Cartes allemandes rondes à la fin du XVᵉ siècle.*

usage au moyen âge, et n'ont commencé à être considérées comme un danger pour les mœurs que vers 1397, date de leur première défense en France et en Allemagne.

A partir du XVᵉ siècle, les cartes à jouer se répandent dans toute l'Europe. Leurs noms, leurs couleurs, leurs emblèmes, leur nombre et leur forme, changent selon le pays, selon le caprice des joueurs (fig. 251 et 252 à 254). On les voit, pour ainsi dire, se nationaliser en Italie, en Espagne, en Allemagne et en France où, depuis les expéditions de Charles VIII et de Louis XII, on avait adopté les cartes italiennes, c'est-à-dire les tarots, tandis que l'Italie, selon la remarque de Pietro Aretino, adoptait les cartes aux couleurs françaises. C'est à cette époque, que fut inventé le *jeu de piquet*. Le P. Menestrier et le P. Daniel ont recueilli la vieille tradition qui attribuait cette invention à Lahire, capitaine du roi Charles VII; d'autres en font honneur à Etienne Chevalier, secrétaire et trésorier du même roi, connu par son talent et sa passion pour les devises; mais ces attributions sont purement hypothétiques.

La multiplicité des joueurs fit dès lors imaginer le moyen de fabriquer les cartes à bon marché par le procédé de la gravure sur bois et l'impression xilographique, et d'en faire, comme l'imagerie populaire, une marchandise que les merciers vendaient avec les épingles employées en guise de jetons de cuivre ou d'argent. On lit dans les comptes de l'argentier de la reine Marie d'Anjou, conservés aux archives nationales, les articles suivants : « Du 1ᵉʳ octobre 1454, à Guillaume Bouchier, marchand de Chinon, deux jeux de quartes et deux cents épingles délivrez à M. Charlés de France, pour jouer et soy esbattre, 5 sols tournois. » Et peu de temps après : « A Guyon, mercier, demeurant à Saint-Aignan, pour trois paires de quartes à jouer, 5 sols tournois. » Apparemment, ces merciers ambulants se fournissaient de cartes dans les diverses manufactures déjà répandues dans le royaume, puisque nous savons, par M. Paul Achard (*Notice sur la création, les développements et la décadence des manufactures de soie à Avignon*), que l'on fabriquait couramment des cartes à jouer à Avignon, en 1498. On en avait trouvé, en 1453, parmi les effets de Jean Isnard, fondateur du collège de Saint-Michel ; mais il n'est pas dit qu'elles aient été fabriquées dans cette ville. Quoi qu'il en soit, l'article 19 des statuts d'Avignon

Fig. 255. — *Valet de carreau, ancienne carte française de Jehan Volay du XVIᵉ siècle (Bibliothèque nationale de Paris).*

en vigueur au xivᵉ siècle, traite en ces termes de *falsariis cartarum* : « Nous décidons que celui qui fait de fausses cartes, ou bien encore celui qui s'en sert sciemment, aura le poignet coupé, s'il ne peut donner tout d'abord la somme de 100 livres.» Si cela devait s'entendre des cartes à jouer, Avignon aurait été une des premières villes où on en aurait fait usage.

Une quittance des *Archives de Joursanvault* nous apprend que le duc d'Orléans, père de Charles VI, perdait beaucoup d'argent aux tables (tric-trac) et au *glic*, sorte de jeu de cartes très en faveur alors. Un de ses descendants, le bon roi Louis XII, si l'on en croit Humbert Thomas, jouait au *flux*, autre jeu de cartes, sous les yeux même de ses soldats. La galante et spirituelle Marguerite de Navarre, sœur de François Iᵉʳ, avait mis à la mode la *condemnade*, jeu de cartes à trois personnes. Enfin Rabelais, voulant peindre l'éducation que l'on donnait aux enfants des rois, du temps de François Iᵉʳ, nous montre, en 1532, son héros Pantagruel faisant déployer « force chartes, force dez et renfort de tabliers, » pour

ouer à deux cents jeux différents, parmi lesquels on remarque quinze ou vingt espèces de jeux de cartes, inconnus la plupart aujourd'hui : la *vole*, la *prime*, la *pille*, la *triomphe*, la *picarde*, le *cent* (piqu₀ t), la *picardie*, le *maucontent*, le *lansquenet*, la *carte virade*, la *sequence*, etc.

Ce n'étaient pas seulement les rois, les princes et les grands seigneurs qui jouaient aux cartes, c'étaient encore les pages, les écoliers, les débauchés. Le poète Villon qui hanta toute sa vie les cabarets et les mauvais lieux, n'a garde d'oublier les dés et les cartes dans son *Grand Testament*, écrit en 1461 :

> *Trois dex plombez de bonne quarte*
> *Et un beau joly jeu de quarte.*

A l'exemple de Villon, les romanciers, les conteurs et les poètes de cette époque parlent tous des cartes, sans

Fig. 256. — *Valet de pique, ancienne carte française de Charles Dubois, du XVIᵉ siècle (Bibliothèque nationale de Paris).*

tenir compte des défenses ecclésiastiques. En effet, le Synode de Paris, en 1512, et celui d'Orléans, en 1525, « conformément aux saints canons, » interdisent aux gens d'église, non seulement de jouer aux cartes, mais encore de regarder ceux qui y jouent. Les Synodes de Lyon (1577), de Bordeaux (1583), de Bourges (1584), d'Aix (1585), d'Orléans (1587) et d'Avignon (1589), reproduisent invariablement les anciennes défenses relatives aux cartes et autres jeux de hasard. Une ordonnance de Charles IX, mars 1577, interdit même aux cabaretiers le privilège de laisser jouer chez eux aux dés et aux cartes.

En présence de ces défenses sans cesse renouvelées, l'industrie des cartiers était peu protégée, et on se contentait de les tolérer sous le manteau des papetiers et des enlumineurs. Le premier règlement qui fixe les statuts des « maistres cartiers » est celui du mois de décembre 1581, et ce règlement n'en relate aucun autre d'une date antérieure. Ces statuts furent confirmés par les lettres patentes du roi, en 1594, en 1613 et en 1681, après quoi ils ne subirent plus de modifications jusqu'en 1776. Suivant l'article 4 de ces statuts : « Nul ne pourra faire fait de maistre cartier, foseur de cartes, tarots, feuillets et cartons, s'il ne tient ouvroir ouvert sur rue. » Suivant l'article 12 : « Nul maître dudit métier ne pourra vendre ni exposer cartes en vente, pour cartes fines, si elles ne sont faites de papier cartier fin, devant et derrière, et des principales couleurs net et vermillon, sous peine de confiscation de la marchandise applicable aux pauvres. » Ajoutons que la confirmation des privilèges de la corporation, accordée en 1613, donna force de loi à un vieil usage, et il fut ordonné que les maîtres cartiers seraient tenus dorénavant « de mettre leurs noms et surnoms, enseigne et devise, au valet de trèfle de chaque jeu de cartes, tant larges qu'étroites, sous peine de confiscation et de dix livres d'amende. » Comme dans les anciennes

naie romaine, signifieraient les finances; les *piques*, la guerre; les *trèfles*, les habitants des campagnes; les *carreaux*, les habitants des villes, dont les logements sont carrelés, à la différence de ceux des habitants des campagnes, qui, au contraire, sont planchéiés. Ce sont autant de conjectures imaginaires.

Les plus anciennes de ces cartes paraissent être celles de Jehan Valay ou J. Volay (fig. 255), qui fabriquait des cartes françaises et des tarots ou cartes italiennes, sous Charles VIII et Louis XII. La plupart des jeux de ce cartier fameux, tarots ou cartes de piquet, n'offrent pas d'autres noms que le sien, sous les deux valets de *coupe* ou de *bâton*, avec son monogramme sur les deux autres valets. Mentionnons encore les cartes de J. Goyrand, qui peuvent appartenir au règne de Louis XII; celles do

Fig. 257. — *Valet de trèfle dans les jeux de cartes de Passerel, du XVIe siècle (Bibliothèque nationale de Paris).*

Fig. 258. — *Roxane, reine de cœur, spécimen des cartes du temps de Henri IV (Bibliothèque nationale de Paris, cabinet des estampes).*

cartes à jouer le valet de *trèfle*, qui se nommait souvent *Lahire*, porte ordinairement le nom et l'adresse du fabricant, on en a conclu, dit M. Paul Lacroix, que le vaillant capitaine Etienne Vignoles, dit Lahire, devait être l'inventeur des cartes, ainsi que la tradition en était restée dans la confrérie des cartiers.

Dans les anciennes cartes, celles du moins que le hasard a permis de recueillir çà et là parmi de vieux débris de reliure ou de cartonnage, les figures ne portent pas de noms, ou bien leurs noms varient selon l'époque et selon le cartier. Il suffit de passer en revue la curieuse collection de cartes originales que possède le Cabinet des estampes, pour se convaincre que toutes les cartes françaises ont été constamment fabriquées d'après le type des cartes de Charles VII, et que les noms des figures se sont modifiés ou corrompus par l'ignorance ou le caprice des fabricants, en s'éloignant plus ou moins des modèles ou étalons primitifs.

On a vu dans les cartes des leçons de la plus haute politique. On n'en finirait pas sur l'emblème des quatre *rois*, des quatre *reines* et des quatre *valets*. Suivant une des interprétations les plus connues, les *as*, nom d'une mon-

Claude Astier et de Jean Hemau ou Emau, fabriquées à Epinal, vers la même époque; celles de R. Le Cornu, du commencement du règne de François Ier, et celles de Ch. Dubois, du temps de la bataille de Pavie (fig. 256). Il faut également citer, parmi les cartiers contemporains, Pierre Leroux, Julian Rosnet, etc. Viennent ensuite, Giov. Panichi, auteur d'un petit jeu de cartes en soie brochée, sans noms et personnages, exécuté probablement pour la Cour de Catherine de Médicis; Borghigiani, italien établi à Paris et qui fabriquait également des cartes françaises; Vincent Goyrand, cartier de Henri III; R. Passerel, cartier de Henri IV (fig. 257 et 258). etc.

Si le XVIe siècle connut les cartes brodées sur satin blanc, le XVIIe siècle vit paraître des cartes sculptées sur nacre, comme celles de la collection Leber, qui proviennent d'une boîte de *reversi* des appartements de Versailles. Mais c'étaient là des exceptions auxquelles les joueurs de profession préféraient les figures imprimées sur carton. Les cartes des fabriques de Thiers, en Auvergne, selon le *Dictionnaire de Savary*, aux mots *cartes*, *cartier*, avaient alors la vogue. A son retour d'Italie et de Suisse, vers 1580, le philosophe Michel

Montaigne passa par Thiers et visita la manufacture de cartes de Palmier. « Il y a, dit-il, autant de façon à cela qu'à une autre bonne besoingne. Les cartes ne se vendent qu'un sou les communes et les fines deux. » La capitale, néanmoins, possédait plusieurs maîtres cartiers qui fabriquaient eux-mêmes les produits de leur industrie.

Citons, entre autres, Gilbert Anglade, maître cartier établi à Paris, dès 1639, dans la rue à laquelle il donna son nom. La rue de l'Anglade, allant de la rue Molière à la rue Sainte-Anne, a disparu lors de la construction, en 1866, de l'avenue de l'Opéra.

Est-ce au bon marché toujours croissant des cartes

Fig. 259 à 262. — *Cartes de la première Révolution, par David.*

qu'il faut attribuer le degré d'intensité auquel monta, sous le règne de Louis XIV, la passion du jeu ? Toujours est-il que cette passion devint une véritable fureur. Les *Mémoires du comte de Grammont* en fournissent des exemples. Mais les hommes n'étaient pas seuls atteints par ce fléau funeste. Si les témoignages contemporains n'étaient là pour l'attester, on se figurerait difficilement l'acharnement des femmes de cette époque pour le jeu et les sommes énormes qu'elles y risquaient. « Le jeu de Mme de Montespan, écrivait le 13 janvier 1679 le comte

de Rebenac, est monté à un tel excès, que les pertes de 100,000 écus sont communes. Le jour de Noël, elle perdoit 700,000 écus ; elle joua sur trois cartes 150,000 pistoles (7,500,000 francs) et les gagna ; et à ce jeu-là on peut perdre ou gagner cinquante ou soixante fois en un quart d'heure. »

Au xviiie siècle, même effervescence. Voltaire, dans sa lettre à Mme du Deffand, du 12 septembre 1760, avoue que « les cartes emploient le loisir de la prétendue bonne compagnie d'un bout de l'Europe à l'autre. » Mais il ne paraît pas que la politique ait influé beaucoup sur la physionomie des jeux, si ce n'est aux approches de la Révolution. Alors il y eut un bouleversement dans les cartes comme dans l'almanach. Dès la fin du règne de Louis XVI, les allusions ne se voilent pas. On publie en 1792 des cartes satiriques à l'effigie du malheureux roi; cela s'appelle *la partie de cartes du roi et du sans-culotte*. Le 10 août renverse la royauté. Dès lors la République transforma entièrement le jeu de cartes, lequel, tel qu'il se trouvait constitué était plus qu'un non sens, et les monarchies de Gringonneur furent abolies. Suivant le *Dictionnaire néologique*, les rois de carreau, de cœur, de pique, de trèfle, passèrent *pouvoirs exécutifs* de carreau, de cœur, de pique, de trèfle; et le *Consolateur* de juin 1792 nous apprend qu'on entendait dans les tripots : « Je fais six fiches, brelan de *pouvoirs exécutifs!* » ou « j'ai le vingt et un et le voici : as de cœur et le *veto* de trèfle. » C'est alors qu'Urbain Jaume et Jean-Démosthène Dugourc, ayant déclaré dans le *Journal de Paris*, de mars 1793, qu'un républicain ne peut se servir, même en jouant, d'expressions qui rappellent sans cesse le despotisme et l'inégalité des conditions, convertirent en leur fabrique de la rue Saint-Nicaise, les rois en *génies : génie de cœur ou de la guerre, génie de trèfle ou de la paix, génie de pique ou des arts, génie de carreau ou du commerce*; ils s'appelaient *Force, Prospérité, Goût, Activité*. Les dames devinrent des *libertés : liberté de trèfle ou du mariage*, carte qui porte le simulacre de la Vénus pudique, et une enseigne sur laquelle est écrit le mot « divorce »; *liberté de carreau ou des professions, liberté de cœur ou des cultes, liberté de pique ou de la presse;* leur noms étaient *Pudeur, Industrie, Fraternité, Lumière*. Les valets enfin passèrent des *égalités : égalité des devoirs, égalité de valeur, égalité des droits, égalité des rangs;* leurs noms étaient *Sécurité, Courage, Justice* et *Puissance*. Quant aux as, ils furent remplacés par les *Lois*.

Lorsque les quatre rois n'étaient pas des génies, ils étaient remplacés par quatre philosophes : *Molière, La Fontaine, Voltaire* et *Rousseau*. De même les dames, au lieu d'être des libertés, étaient parfois des *vertus* : la *Justice*, la *Tempérance*, la *Prudence*, la *Force*. Le crayon de David dessina une série d'autres types d'un goût plus sévère (fig. 259 à 262) : les quatre rois, qui dans l'ancien jeu sont debout, furent remplacés par quatre figures d'hommes assis, coiffés d'un bonnet phrygien et environnés de leurs attributs. Enfin, un jeu à *personnages gallo-romains* remplaça ces jeux et fut à peu près adopté partout jusqu'à l'Empire.

Il existe au *Musée Carnavalet* (collect. *de Liesville*) plusieurs jeux de cartes révolutionnaires très remarquables. La bibliothèque de l'Arsenal est aussi très riche en monuments historiques de ce genre. C'est au point que, pendant de longues années, les bibliothécaires en ont utilisé un nombre considérable pour faire les fiches du catalogue.

La Restauration réforma les cartes naturellement en sens inverse : elle substitua aux génies, aux philosophes, aux libertés et aux vertus, les *rois et les reines légitimes*, et les égalités firent place aux *chevaliers* qui les avaient fidèlement servis. Puis après ces secousses et ces désordres passagers, on revint tout doucement au point de départ. Gatteaux, en 1817, dessina quelques-unes de ces cartes élégantes. Il n'y a pas eu, affirme M. Paul Boiteau, dont le dessin ait été plus coquet et cependant plus simple.

Consacrons maintenant quelques mots aux diverses espèces de cartes en usage de nos jours.

Ainsi qu'on l'a vu ci-dessus, les cartes actuelles peuvent se diviser en deux classes : les *tarots* et les *cartes numérales*. Les minchiates, jeu florentin de *quatre-vingt-dix-sept cartes*, et presque inconnu hors de l'Italie, est un jeu intéressant, varié, où l'esprit de combinaison et de calcul a sa grande part. Le *tarot* de soixante-dix-huit

cartes est en usage dans la Lombardie, en Autriche, où il se joue avec passion, dans diverses parties de l'Allemagne, en Danemark, en Suisse, en Provence, en Franche-Comté. C'est, comme les *minchiates*, un jeu à combinaisons. Les cartes de tarots sont plus grandes, surtout plus allongées que les cartes numérales. Il s'en fabrique à Bologne, à Milan, à Francfort, à Vienne, à Copenhague, à Genève, à Marseille, à Besançon, etc. En Italie, en Suisse, en France, le tarot a gardé sa physionomie primitive; les marques de ses séries sont les coupes, les deniers, les bâtons, les épées, et les atouts sont toujours les vieilles figures allégoriques du moyen âge. Mais en Allemagne et dans le Nord de l'Europe, les coupes, les deniers, etc., se sont changés en cœurs, carreaux, trèfles et piques, et les figures des atouts, variant au caprice des fabricants, sont aujourd'hui des vues, des guerres, des pièces de théâtre, comme, par exemple, la dernière scène de l'opéra du *Freyschütz*, enfin tous les sujets à la mode, toutes les actualités propres à piquer la curiosité et à stimuler l'acheteur.

Parmi les *cartes numérales*, citons d'abord les *cartes espagnoles* ou cartes d'hombre, au nombre de quarante-huit. Ce jeu a pour figures quatre rois, quatre cavaliers, quatre valets qui portent les chiffres de 12, 11 et 10, car il n'y a que neuf points, de un à neuf. Les signes distinctifs des séries sont les coupes, les deniers, les bâtons et les épées. Le dessin des figures espagnoles est plus léger que celui des cartes françaises; le costume sent l'Espagne ancienne; les couleurs dominantes sont le rouge, le jaune, le bleu clair et le vert. Ajoutons que les cartes ne se rangent pas en éventail dans la main d'un Espagnol comme dans une main française, mais elles sont tenues l'une sur l'autre en ne laissant dépasser par en haut que le bord de la carte avec le numéro répondant au rang qu'elle occupe dans la série. Cet arrangement a pour but d'éviter que le joueur puisse lire dans le jeu de son adversaire.

Les cartes *portugaises* et *italiennes* diffèrent peu des cartes espagnoles. Seules les *cartes allemandes* ont changé leurs anciennes couleurs, cœurs, grelots, glands et feuilles de lierre, pour les couleurs françaises, et varient à chaque fabricant et à chaque année.

Arrivons aux *cartes françaises*. Répandues aujourd'hui dans tout l'univers, ces dernières ont remplacé, dans la haute société, presque toutes les cartes nationales. On les trouve dans les Indes où les ont portées les Anglais, qui les ont adoptées dès leur origine, dans le nord de l'Europe, où elles ont détrôné, au moins pour les couleurs ou signes distinctifs des séries, les couleurs primitives allemandes. L'Italie oublie pour elles ses anciens jeux nationaux, l'Espagne en fabrique concurremment avec ses cartes propres, et la Russie les a nationalisées. Inutile de dire qu'elles sont naturalisées en Belgique depuis un temps immémorial.

Il n'y a guère, pour les cartes françaises, que deux sortes de jeux : le jeu complet de cinquante-deux cartes, connu sous le nom de *whist* ou jeu entier, et le jeu de piquet, composé de trente-deux cartes, comprenant, outre les figures, l'as, le sept, le huit, le neuf et le dix. Quant aux figures, les Anglais les ont conservées dans toute leur imperfection primitive, et les tentatives faites par les fabricants, pour les remplacer par des types nouveaux ou de meilleur goût, ont échoué; en France, le type officiel actuel est à peu près celui du XVIe siècle. La seule innovation, qui s'y soit produite, est l'introduction des types à deux têtes, inventés par les Belges et introduits en France, en 1828, dans la fabrication officielle.

Quoique aujourd'hui les jeux de cartes soient fabriqués à l'imitation des anciennes cartes monarchiques, il existe, néanmoins, certains jeux de fantaisie, c'est-à-dire à portraits différents du portrait officiel, et qu'on pourrait appeler *jeux patriotiques* ou *républicains*. Tel est le jeu de cartes de la collection de Liesville, conservé au musée Carnavalet, et qui se colporte actuellement en province : les quatre rois sont devenus les quatre *Présidents : Thiers, Mac-Mahon, Grévy, Gambetta ;*

les quatre *dames* personnifient les *Beaux-Arts*, les *Sciences,* l'*Industrie* et le *Commerce ;* les *valets*, sous les noms populaires de *Paul, Jacques, Pierre* et *Jean,* représentent, avec leurs attributs, un *artiste peintre*, un *mineur,* un *soldat* et un *marin ;* enfin, les *as* offrent le blason des quatre grandes villes de France : *Paris, Lyon, Bordeaux, Marseille.*

Comme les cartes du xvie siècle, les cartes anglaises sont très épaisses ; elles se composent de quatre forts papiers ; les allemandes sont à peu près, sous ce rapport, semblables aux françaises ;

Fig. 263. — *Machine pour imprimer le tarot.*

les italiennes sont de deux feuilles, dont celle de derrière en papier cartier est tarotée, et, dans la fabrication, on le laisse un peu plus large que le papier de la figure, cet excédent se repliant des quatre côtés sur celui-ci en forme de cadre ; quant aux cartes espagnoles, elles sont souvent d'une seule feuille, *de una hoja*, comme il est inscrit sur les enveloppes. Outre le moule officiel, plusieurs fabricants font graver en creux et imprimer en taille-douce des portraits de fantaisie ; nous devons dire qu'on n'est pas encore parvenu à les faire adopter par la mode ; ni en France, où l'on est si inconstant, disent nos ennemis, ni en Angleterre, ces essais n'ont réussi, tandis, que, au contraire, en Allemagne et dans les pays du Nord les portraits de fantaisie sont très goûtés ; chaque fabricant a les siens et il les varie fréquemment. — s. b.

FABRICATION. Dans l'origine, les cartes coûtaient fort cher, car elles étaient enluminées comme les manuscrits, ou au moyen de patrons découpés, qu'il suffisait de poncer sur les cartons avec des encres de diverses couleurs — invention qui remonte à la plus haute antiquité, puisque les Egyptiens se servaient de ce procédé pour tracer les dessins des caisses de leurs momies — mais la découverte de la gravure sur bois (xve siècle), permit de reproduire les jeux à l'infini et de donner à la fabrication un caractère plus industriel. Les cartiers de cette époque ont créé un ensemble d'opérations et de manipulations, qui s'est perpétué jusqu'à nos jours, et que l'on retrouve chez la plupart des fabricants en France et à l'étranger. Il est intéressant de faire remarquer que cette fabrication est une de celles, bien rares, qui n'ont point sérieusement participé aux progrès et aux transformations de l'industrie.

Beaucoup de cartiers pratiquent encore le collage et lissage à la main et impriment, après collage, par les anciens procédés. Nous n'y reviendrons pas ; on trouvera cette ancienne fabrication dans toutes les encyclopédies.

Nous avons dit, dans notre *Avant-propos*, que nous nous efforcions de n'omettre « aucun des perfectionnements de notre outillage industriel, source et moyen du développement incessant de notre fabrication. » C'est bien là, en effet, l'une

de nos plus vives préoccupations, et nous éprouvons une grande satisfaction lorsque, après de longues recherches et de patients efforts, nous faisons pénétrer le lecteur dans ces ateliers où la perfection du travail est un continuel sujet d'étonnement et d'admiration, mais la divulgation des progrès réalisés par les artistes et les industriels, a des limites que nous ne saurions franchir sans nous rendre coupables de trahison ; aussi devons-nous garder le silence sur certains perfectionnements qui sont, pour les fabricants, une cause de supériorité et une source de fortune,

Fig. 264. — *Cisaille circulaire pour couper les feuilles de cartes à jouer..*

et tairons-nous la révolution opérée dans l'une de nos grandes manufactures de cartes, par la substitution aux anciens procédés de machines fonctionnant avec une surprenante précision.

La carte à jouer est généralement formée par le collage de trois feuilles de papier ; la première feuille, nommée *par-devant*, est fabriquée à Thiers et fournie par l'Etat pour toutes les cartes vendues en France ; elle porte le chiffre C. I. (contributions indirectes) filigrané dans sa pâte, ce qui la fait désigner aussi sous le nom de *papier filigrane ;* la deuxième feuille de couleur brune produit l'opacité et se nomme *étresse*, et la troisième, destinée au dos, prend le nom de *tarot*.

L'Imprimerie nationale est chargée de l'impression du contour des figures ; le papier par-devant arrive donc chez le cartier tout préparé pour

recevoir l'habillage, mais les points sont imprimés par lui, au moyen de clichés typographiques, les figures sont ensuite obtenues comme dans la chromolithographie, par l'impression successive des couleurs : le jaune, le gris, le rouge, le blanc et enfin le noir.

La feuille de tarot est imprimée, chez le cartier, au moyen d'une machine que représente notre fig. 263 ; un papier sans fin passe sur des rouleaux gravés, que l'on change selon la disposition des dessins que l'on veut avoir. Après l'impression, on procède aux opérations multiples qui constituent la carte.

Mélage et collage. Le mélage consiste à disposer les feuilles dans un ordre déterminé, sur une grande table, pour que le colleur puisse les réunir en cartons ; la mêleuse ayant posé deux feuilles de par-devant, figure contre figure, elle les couvre d'une feuille d'étresse et ensuite de deux feuilles de tarot gravure sur gravure, l'ouvrier colleur prend deux fois sur le tas des feuilles embouchées et deux fois deux feuilles d'étresse séparément, pour obtenir deux feuilles de carton; par la disposition du mélage, la première feuille de carton est faite en commençant par la figure, et la deuxième par le tarot.

Séchage. Quand le tas forme une *boutée,* c'est-à-dire l'unité de fabrication, contenant 312 jeux, il est porté sous des presses hydrauliques où, par pression progressive, le carton perd l'eau contenue dans la colle; après une pression de une heure à une heure et demie, un apprenti accroche aux étendoirs les feuilles en double; les deux dos qui se baisent depuis le mélage, n'ayant pas reçu de colle, les feuilles, par le séchage, se séparent naturellement.

Lissage et finissage. L'opération du lissage consiste à passer le carton entre deux cylindres à friction chauffés, qui ont pour but de faire disparaître toutes ses aspérités et de lui donner le glaçage nécessaire; il est, ensuite, soumis aux cisailles circulaires (fig. 264) qui le divisent en cartes, que la *tableuse* distribue par sortes, c'est-à-dire, par valeur de figures et de points; cette distribution est faite d'après les tons de couleur, en commençant par le plus foncé pour arriver au plus pâle. Lorsqu'on forme les jeux définitivement, le résultat du travail précédent doit donner une grande uniformité de tons pour chaque jeu. Pour que cette condition soit parfaitement remplie, une autre ouvrière, nommée *recouleuse,* est chargée de vérifier minutieusement les cartes. Les jeux étant réunis, une machine en arrondit les angles, qui sont dorés par les procédés ordinaires. On forme, enfin, des paquets de six jeux, qu'on nomme *sixains.*

Toutes ces opérations sont extrêmement délicates, car on conçoit que la moindre tache, la plus petite défectuosité, le signe le plus insignifiant, peuvent devenir une précieuse indication pour les joueurs peu scrupuleux.

Les cartiers fabriquent quatre types principaux : le *portrait français,* le *portrait anglais,* le *portrait allemand* et le *portrait espagnol;* ces trois derniers sont la copie du premier, mais avec cette différence, que les allemandes et les anglaises conservent une note tout à fait caractéristique; les Allemands donnent à leurs rois la capacité d'un tonneau de bière et leurs valets rappellent les soudards du moyen âge; la carte anglaise se distingue par une certaine naïveté de dessin, mais avec une pointe d'humour; le jeu espagnol se compose de quarante-huit cartes, dans lesquelles les devises de cœur, de trèfle, de carreaux et de pique, sont remplacées ainsi que nous l'avons déjà dit, par l'épée, le bâton, le denier et la coupe.

ADMINISTRATION. L'impôt sur les cartes, général aujourd'hui dans presque tous les Etats, a été plusieurs siècles à se percevoir régulièrement en France. Selon M. Leber, la déclaration royale du 21 janvier 1581, qui impose sur la sortie des cartes un droit d'un écu sol par chaque caisse de cartes et tarots pesant 200 livres, poids

de marc, n'est pas la première ordonnance sur l'impôt des cartes. La régie fut définitivement constituée par Louis XV, et l'impôt sur les jeux de cartes donné en dotation à l'Ecole militaire qui venait d'être fondée. Les cartiers furent alors tenus de déposer leurs moules à la régie, de faire le moulage sur du papier marqué et fourni par elle, et vendre leurs produits couverts d'une bande timbrée, et, en outre, ils se trouvèrent assujettis aux visites des commis de la Ferme des cartes. La Révolution abolit l'impôt, mais il fut rétabli le 3 pluviose an VI et sa perception n'a plus subi d'interruption. Aujourd'hui, quelle que soit la qualité du jeu, qu'il soit de trente-deux ou de cinquante-deux cartes, il est frappé d'un droit de 0,625 représenté par la bande timbrée qui l'entoure. Cette bande est fournie par les contributions indirectes et timbrée par un employé spécial de la régie, à demeure chez le fabricant pour contrôler l'entrée du papier et la sortie des jeux. On estime qu'il est fabriqué annuellement en France environ 3,600,000 jeux destinés à la consommation *intérieure* et 3,000,000 de jeux étrangers, de bonne aventure et de fantaisie sur lesquels deux millions sont exportés sans être soumis aux droits qui pèsent sur les jeux de la première catégorie.

Bibliographie : Le P. MENESTRIER : *Dissertation sur les cartes à jouer,* dans le t. x de la collection de *Dissertations et mémoires relatifs à l'histoire de France;* le P. DANIEL : *Mémoire sur l'origine du jeu de Piquet,* id.; BULLET : *Recherches historiques sur les cartes à jouer;* l'abbé RIVE : *Etrennes aux joueurs ou éclaircissements historiques et critiques sur l'invention des cartes à jouer;* COURT DE GEBELIN : *Du jeu de Tarots, où l'on traite de son· origine,* etc., dans son ouvrage du *Monde primitif;* Gabr. PEIGNOT : *Recherches historiques et littéraires sur les danses des morts et sur l'origine des cartes à jouer;* J.-P. LACROIX : *Origine des cartes à jouer;* Jos. REY : *Origine française de la boussole et des cartes à jouer;* DUCHESNE aîné : *Observations sur les cartes à jouer;* Ch. LEBER : *Etudes historiques sur les cartes à jouer;* CHATTO : *Facts and speculations of the origin and history of playing Cards;* Paul BOITEAU : *Les cartes à jouer et la cartomancie;* MERLIN : *Les cartes à jouer, Rapport du jury de l'Exposition universelle de 1855;* Ch. LEBER : *Catalogue des livres imprimés, manuscrits, estampes, dessins et cartes à jouer, composant la bibliothèque de M. Ch. Leber,* etc., etc.; DUHAMEL DE MONTCEAU : *L'art du cartier;* M. LEBRUN : *Le manuel du cartonnier; Le Code des cartes à jouer,* Paris, Dupont, 1852.

III. CARTE DE VISITE. Petit rectangle de carton léger, sur lequel on a écrit ou fait imprimer son nom, et que l'on dépose au domicile des gens qu'on ne trouve pas ou que l'on est censé ne pas trouver chez eux. Le bon ton exige que les cartes soient gravées et non écrites à la main, cependant et depuis l'invention des petites presses peu encombrantes, et fournissant un travail rapide, la promptitude avec laquelle on peut avoir un cent de cartes imprimées, a sensiblement diminué l'emploi de la carte gravée. Les caractères bizarres, les dessins, les ornements sont de mauvais goût, la carte ne doit contenir que le nom et la demeure de la personne, si c'est un homme; le nom seulement, si c'est une femme.

On emploie pour l'impression et la gravure des cartes de visite, un carton fin que les fabricants désignent sous le nom de *carte.* Entre autres sortes employées, nous avons à mentionner la *carte* dite *porcelaine* dont la fabrication exige une foule d'opérations minutieuses que nous allons résumer.

Les papiers dont on se sert, sont forts et de belle qualité; ils sont vérifiés, épluchés, puis, suivant le travail, envoyés aux divers ateliers. Les papiers forts sont encollés à la colle de pâte, pressés pour chasser l'excès de colle, et étendus sur des fils au moyen de pinces émaillées garnies en caoutchouc. Le séchage opéré, on presse de nouveau. Le blanc de zinc qui doit être employé au travail a été broyé mécaniquement à l'eau et mêlé, dans un pétrin, à de la colle préparée à la vapeur. Le mélange opéré, le liquide est passé au tamis et maintenu à une certaine température.

Les papiers préparés, comme nous l'avons dit plus haut, sont portés dans un atelier chauffé à 40 degrés, où ils reçoivent le couchage ou plutôt l'émaillage. Cette opération se fait au moyen d'un large pinceau et d'un blaireau. La grande difficulté de ce travail est dans la régularité avec laquelle la couche, suivant l'épaisseur demandée, doit être appliquée. L'émaillage fait, on place les feuilles dans des casiers tournants. Le séchage s'opère seul, puis les feuilles sont portées à l'atelier de brossage. Au moyen d'une brosse énergiquement promenée sur la feuille émaillée, on obtient un brillant plus ou moins beau. Cette feuille est placée sur une pierre très lisse, et la brosse est supportée par une longue perche mobile à laquelle on imprime un mouvement de va-et-vient plus ou moins rapide, suivant la nature de l'ouvrage. Deux machines inventées par M. Latry ont beaucoup diminué le travail du brossage; après cette opération, la carte est épluchée, c'est-à-dire qu'une ouvrière enlève de dessus les feuilles les points et les bavures qui peuvent s'y trouver, on essuie ensuite les feuilles et on les porte au laminage. Ce dernier travail a pour but de faire ressortir le lustre du blanc de zinc. Les planches employées sont en acier (cet acier est poli avec beaucoup de soin), la pression doit être d'une force considérable.

— Cette industrie date de 1827; un nommé Lorget, de Francfort-sur-Mein, en fut l'importateur; elle fut spécialement créée pour l'émaillage des cartes de visite au moyen d'un mélange de colle de poisson et de blanc de plomb que l'on étendait sur des feuilles de papier. Pendant de longues années, elle ne put se développer à cause du prix élevé des matières premières et de la main-d'œuvre; les ouvriers ne pouvaient travailler plus de trois mois et cinq à huit heures par jour sans éprouver des coliques saturnines. Préoccupés des dangers auxquels étaient exposés les ouvriers obligés de manipuler le plomb pour cette fabrication, effrayés des accidents survenus à quelques ouvriers imprimeurs, soit en hâlant, soit en découpant le papier, aux enfants qui portaient quelquefois ces cartes à leur bouche, plusieurs industriels firent des essais pour supprimer le blanc de plomb ou blanc de céruse en lui substituant le blanc de zinc, qui n'offre aucun danger. Mais ces tentatives ne furent pas concluantes. La carte était mate et se salissait rapidement. Ce n'est que depuis quelques années, et à l'aide des procédés que nous venons d'exposer, que les fabricants sont arrivés à de meilleurs résultats.

L'usage des cartes est répandu jusque dans l'extrême Orient. En Chine, on échange d'énormes feuilles de papier, dont la couleur et les dimensions varient suivant l'importance des personnages auxquelles elles sont adressées. On raconte qu'un ambassadeur anglais, envoyé en mission dans le Céleste Empire reçut, du vice-roi de Petchilli, une carte de visite de papier pourpre, assez longue pour entourer la colonne Vendôme de la base au faîte.

On a calculé qu'à Paris seulement, il se consomme plus de 80 millions de cartes de visite à l'époque du jour de l'an.

IV. * CARTE (Mise en) *T. de tiss.* Lorsqu'un artiste crée un dessin destiné à être représenté par le tissage, ou qu'un industriel veut reproduire un échantillon de tissu ou un dessin donné, ils en font la *mise en carte*. La mise en carte n'est autre chose qu'une reproduction à une grande échelle des effets, motifs, figures, produits par les divers croisements des fils de chaîne et de trame, destinée à fournir aux praticiens du tissage toutes les indications nécessaires sur le rentrage des fils dans les lames ou maillons, et sur l'ordre dans lequel doivent lever ces fils ou ces lames pour obtenir le dessin ou l'échantillon donné.

Pour la décomposition et la reproduction des tissus ou *armures* élémentaires tels que l'*uni*, le *croisé*, le *sergé*, le *satin*, etc., types qui servent de base à la fabrication des étoffes, la mise en carte est des plus simples : on peut, à cet effet, se servir d'un papier quadrillé quelconque (qui se trouve en mains dans le commerce) dont les lignes elles-mêmes représenteront dans un sens les fils de la chaîne, et dans l'autre sens ceux de la trame; un signe X placé à l'intersection des lignes horizontales et verticales indiquera la levée des fils de chaîne sur la trame: les points restés en blanc indiqueront au contraire le passage de la trame sur les fils de chaîne.

Pour reproduire les armures dessins ou façonnés dont le *rapport* (c'est-à-dire le nombre de fils qui lèvent différemment) est généralement assez étendu, on se sert de papier de mise en carte spécial, beaucoup plus fin et plus serré que le précédent; ce sont alors les interlignes qui représentent les fils. On remplit les petits carreaux en colorant ceux qui doivent indiquer la levée des fils de chaîne sur ceux de la trame. La mise en carte doit donc comporter en hauteur et en largeur autant de carreaux que l'effet du rapport complet du dessin comprend de fils de chaîne et de coups de trame ou duites. Il est clair que les armures fondamentales peuvent aussi être reproduites de cette manière. Dans certaines régions, on désigne cette reproduction sous le nom de *bref* : aussi on dit le bref du croisé, le bref du satin, etc.

En règle générale, dans l'emploi des papiers quadrillés, comme dans ceux de mise en carte, ce sont les lignes ou interlignes verticales qui représentent la chaîne. Néanmoins, pour éviter des erreurs possibles, il est bon d'indiquer le sens de l'un des deux fils, par exemple, en passant simplement sous la première duite un petit filet de couleur.

Les proportions du rapport d'un tissu étant très variable, c'est-à-dire comportant dans un espace donné plus de fils d'un textile que de l'autre, on a créé des papiers dont les divisions concordent avec des différentes réductions qui peuvent se présenter. Ces papiers se désignent par le nombre de leurs divisions, en exprimant comme premier terme celui qui se rapporte à la chaîne, et comme second celui qui se rapporte à la trame. Les plus employés sont le 8 en 8, le 8 en 10, le 8 en 12, le 8 en 14, le 8 en 16, le 8 en 20, etc. Ainsi, si un tissu est mis en carte sur du papier de 8 en 12, cela signifie qu'il sera tissé dans la proportion au carré de 8 fils de chaîne contre 12 duites ou coups de trame. Les 8 en 8 et les 10 en 10 s'emploient pour la mise en carte des tissus comptant au carré autant de fils de chaîne que de duites. Les traits forts ou de démarcations qui limitent les carrés des différentes réductions du papier de mise en carte servent non seulement à faciliter le lisage du dessin lorsqu'il s'agit de percer les cartons mais encore ils permettent de rechercher pour les rectifier les erreurs qui peuvent être faites dans cette opération. — V. Métier Jacquard.

On trouve facilement, au moyen d'une règle de trois, le papier qu'on doit employer d'après le nombre de fils de chaîne et de trame contenus dans un carré parfait de tissu à mettre en carte; on prend celui qui s'approche le plus du résultat obtenu, si ce résultat ne tombe pas exactement sur une réduction existante. On fabrique des papiers réglés et pointés d'avance d'après les armures fondamentales les plus employées. Ces papiers s'emploient entre autres, pour la mise en carte de tissus tels que des damassés, où le fond ou contour des effets façonnés est tissé en une des armures ci-dessus. En peignant alors sur un de ces papiers les effets façonnés seulement, une partie du pointage se trouve masquée par la couleur, tandis que le fond reste tel quel. Le travail du metteur en carte est ainsi considérablement diminué. Généralement, en fabrique, on dessine seulement les effets façonnés et on indique au metteur en carte l'armure suivant laquelle doit être tissé le fond, qui dans ce cas, est resté sans aucun pointé. — V. CARTON JACQUARD. — P. D.

IV. CARTES ET PLANS. Les difficultés que présentent la construction et l'emploi des globes terrestres ou célestes de grandes dimensions, ont fait renoncer à leur usage et conduit à représenter sur des surfaces planes des portions plus ou moins étendues de la terre ou du ciel. Lorsque ces représentations embrassent la surface du globe, on les appelle *mappemondes*, et *planisphères* lorsqu'elles ont la forme circulaire; on les nomme *cartes générales* lorsqu'elles comprennent une portion importante de la surface terrestre, *cartes particulières* lorsqu'elles n'embrassent qu'une contrée restreinte, et enfin *plans* lorsque la surface représentée est assez peu étendue pour pouvoir être considérée comme plane sans erreur sensible.

Les cartes géographiques spéciales se distinguent en *chorographiques*, qui représentent une province avec ses cours d'eau, ses montagnes, ses points principaux, et en *topographiques* qui comprennent, pour une moindre étendue de pays, les détails de la nature du terrain, les grandes constructions, et jusqu'aux habitations isolées et aux divisions des champs.

Les cartes peuvent encore prendre d'autres dénominations suivant l'usage auquel elles sont appropriées; telles sont les cartes *hydrographiques*, *nautiques* ou *marines*, destinées à la navigation, les cartes *géologiques* destinées à l'étude de la nature des terrains, les *cartes physiques* et *météorologiques* sur lesquelles sont figurés les phénomènes physiques ou météorologiques propres à une même contrée, les cartes *synoptiques des vents*, et les *cartes célestes*, etc.

La surface de la sphère n'étant pas développable, c'est-à-dire ne pouvant être étendue sur un plan sans déchirure ni duplicature comme la surface d'un cône ou d'un cylindre, il est impossible d'en donner une représentation plane dans laquelle les configurations, les distances des lieux et l'étendue relative des régions soient conservées dans leurs rapports mutuels. Les géographes sont donc obligés d'altérer sur une carte certains rapports de grandeur plutôt que d'autres, suivant le besoin, ou bien de représenter tous ces rapports par approximation; il en résulte divers systèmes de représentation ou de *projections* qui varient suivant le but qu'on se propose d'atteindre.

Comme la situation des différents lieux du globe se détermine généralement par les cercles de latitude et de longitude, c'est-à-dire les parallèles et les méridiens qui passent par ces lieux, toute la difficulté consiste dans la projection, c'est-à-dire la représentation de ces cercles. Dans les premières cartes qu'on a construites, cette représentation a presque toujours été soumise aux règles de la perspective; l'idée de placer les lieux de la terre comme les verrait un observateur situé à une distance plus ou moins grande du centre du globe, est très simple et très naturelle puisque la voûte céleste se présente à nous sous un aspect analogue, et qu'il en est de même des astres que nous pouvons apercevoir, tels que la lune; mais les cartes géographiques peuvent être considérées sous un point de vue plus général comme des représentations quelconques de la surface du globe; on peut donc tracer les méridiens et les parallèles suivant une loi quelconque donnée, et placer les différents lieux par rapport à ces lignes comme ils le sont sur la sphère par rapport aux cercles de longitude et de latitude. De cette manière il est possible, en construisant une carte, de l'assujettir à certaines conditions déterminées par sa destination même; on peut demander, par exemple, que l'étendue relative des pays soit conservée, c'est-à-dire que des portions égales de la terre soient représentées par des portions égales de la carte; c'est la condition à laquelle satisfait la carte de France dite *carte de l'État-major*; les cartes marines qui doivent figurer la route du navire par la ligne la plus facile à construire et à mesurer en grandeur et en direction, sacrifient dans ce but l'étendue relative des contrées dont la connaissance importe peu pour les besoins de la navigation, et représentent les différents *rumbs* ou aires de vent par des droites faisant entre elles

les mêmes angles que ces rumbs font dans la rose du compas. On peut aussi s'imposer la condition de représenter les méridiens et les parallèles par des courbes d'une nature donnée et, en général, par un système de lignes faciles à construire tout en satisfaisant à une autre condition telle, par exemple, que la conservation des angles. Mais, quelle que soit la condition que l'on impose, quelle que soit la *projection* ou *canevas* que l'on adopte, la carte que l'on dressera sera entachée, par rapport à la portion de la surface sphérique qu'elle représente, de l'une au moins des deux erreurs : *exagération* des surfaces, *altération* des angles ou *déformation*.

Nous avons dit que, les points du globe se déterminant par leur latitude et leur longitude, on cherche dans toute projection à tracer d'abord le canevas, c'est-à-dire l'ensemble des parallèles et des méridiens, puis à placer les différents lieux par rapport à ces lignes comme ils le sont sur la sphère par rapport aux cercles de latitude et de longitude. Parmi toutes les projections qui sont ou qui peuvent être employées, les plus usitées sont :

La projection *orthographique* qui projette réellement chaque point de la surface sur le plan tangent au point central de cette surface ; ce mode de représentation est adopté dans les cartes *sélénographiques* parce que c'est ainsi que nous voyons la lune se projeter sur la voûte céleste ; il a l'inconvénient de déformer considérablement les angles et de réduire les surfaces vers les bords de la carte ;

La *projection stéréographique* qui, en supposant l'œil à l'extrémité d'un diamètre, représente la portion opposée du globe par sa perspective sur le plan du grand cercle perpendiculaire à ce diamètre ; ce système jouit de la propriété de représenter par un cercle tout cercle de la surface sphérique ; il ne déforme pas les contours, mais il dilate les figures vers les bords de la carte ;

La projection *gnomonique* ou *centrale* qui suppose l'œil au centre de la terre, et prend pour plan de perspective le plan tangent au centre de la portion du globe qu'elle représente ; tout grand cercle de la sphère se trouve ainsi figuré par une ligne droite, mais les déformations sont considérables vers les bords ;

La projection de *Bonne* ou du *Dépôt de la Guerre*, adoptée pour la carte de l'Etat-major, et qui remplace une portion de la surface terrestre par celle d'un cône tangent le long du parallèle moyen tout en conservant la longueur relative des arcs de parallèle ; dans ce système, les arcs conservent la même grandeur, ce qui est essentiel dans les cartes topographiques, et les figures sont peu déformées lorsque la surface représentée n'est pas très considérable. — V. l'article suivant ;

La projection de *Mercator* ou des *cartes-marines* qui représente les méridiens par des droites parallèles équidistantes, et les parallèles par des perpendiculaires aux méridiens, espacées suivant une loi telle que toute courbe coupant sur la sphère tous les méridiens sous le même angle soit représentée sur la carte par une ligne droite ; il en

résulte que la *loxodromie*, c'est-à-dire la route que les marins suivent en mer pour aller d'un point à un autre en gouvernant au compas, est figurée par la droite joignant le point de départ au point d'arrivée.

Quel que soit le système de projection adopté pour représenter les méridiens et les parallèles de la carte, on trace ces lignes assez rapprochées pour que la détermination des points intermédiaires se fasse dans chaque quadrilatère avec toute l'exactitude désirable ; les points principaux se placent, à l'aide de la règle et du compas, par les différences entre leur latitude et leur longitude respectives et celles des côtés méridien et parallèle du quadrilatère auxquels ils appartiennent. Les points secondaires et les détails de la topographie s'obtiennent, par un travail de *réduction*, à l'aide d'un plan ou d'une carte préalablement construite à une échelle au moins égale à celle de la carte que l'on veut tracer.

Lorsque la carte embrasse une portion considérable de la surface du globe, les déformations des distances ne peuvent pas être considérées comme égales dans toute son étendue ; les distances des deux points doivent alors se mesurer par la comparaison avec une longueur égale de l'arc du méridien le plus voisin, en se rappelant qu'un degré vaut à peu à peu près 111111 mètres, et que une minute (que les marins appellent *un mille*), c'est-à-dire la soixantième partie d'un degré, vaut environ 1852 mètres. Lorsqu'au contraire, la carte ou le plan n'embrasse qu'une portion restreinte du globe, on en indique l'échelle, c'est-à-dire le rapport entre les distances de deux quelconques de ses points et les distances correspondantes de la terre, à l'aide d'une ligne portant des divisions dont la longueur correspond sur le plan à des longueurs déterminées du terrain, telles qu'un certain nombre de mètres, de kilomètres... de lieues de 4,000ᵐ, etc. Si un centimètre représente 10ᵐ, 100ᵐ, 1000ᵐ, un myriamètre...., on dit que l'échelle est du 1/1000, du 1/10,000, du 1/100,000, du 1/1,000,000.... La carte de France de l'Etat-major est à l'échelle de 1/80,000. — V. l'article suivant.

La gravure des cartes se fait généralement sur pierre ou sur cuivre ; l'emploi de la pierre se prête seul (du moins jusqu'à présent) à la publication des cartes en couleur qui nécessitent plusieurs tirages successifs ; la gravure sur cuivre, à l'eau forte et au burin, beaucoup plus belle que la précédente, mais aussi beaucoup plus coûteuse, est réservée pour les cartes d'une grande précision et qui comportent une abondance de détails à laquelle la gravure sur pierre se prêterait difficilement. La carte de l'Etat-major, les cartes de la marine, les belles cartes de l'Atlas de Vivien de Saint-Martin publiées par la maison Hachette, sont gravées sur cuivre. — A. G.

Carte de l'Etat-major. La carte de l'Etat-major étant un des plus grands documents géographiques existants et certainement l'un des plus parfaits au point de vue de l'exécution, quelques détails sur son établissement montreront rapidement toute l'importance de l'œuvre, *en même temps qu'ils résumeront l'ensemble des opérations nécessaires pour la confection d'une carte à une seule couleur.*

La projection adoptée par l'Etat-major a été celle de Bonne ou de Flamsteed modifiée.

La terre étant considérée comme un ellipsoïde de révolution, on a mené le parallèle et le méridien principal du territoire français. Ces deux lignes sont coupées en A, point à peu près central du pays. Suivant le parallèle du point A, on a fait passer un cône tangent à la surface terrestre et c'est sur ce cône qu'a été projetée, avec les quel-

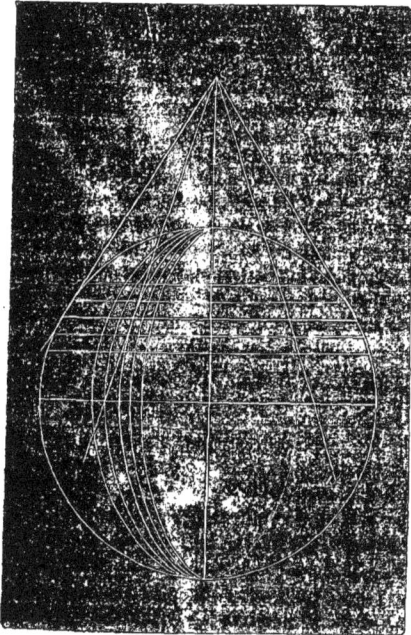

Fig. 265.

ques modifications qui vont être décrites, la portion du globe à représenter (fig. 265).

La longueur S A étant calculée, le cône tangent à la surface terrestre est développé suivant la génératrice S X tangente au méridien principal du point A. Avec un rayon $Sa = SA$, un arc de cercle est ensuite tracé (fig. 266), il représente le développement du parallèle principal; de même les parallèles voisins sont développés en ayant bien soin de les écarter les uns des autres de l'arc rectifié de méridien qu'ils interceptent et non pas de la distance existant entre les projections des parallèles sur la surface conique. En d'autres termes, la longueur $a b$ est égale à l'arc A B et non à la projection de ce même arc sur la surface conique. Les longueurs $A A_1$, $A_1 A_2$ ..... A A', A'A'' sont reportées sur le développement du méridien correspondant; de même, la longueur $B B_1$ est reportée en $b b_1$, $B_1 B_2$ en $b_1 b_2$, etc.; pour avoir le

développement des méridiens, il ne reste plus qu'à joindre par des traits continus les points $a_1 b_1 c_1$ ..... $a_2 b_2 c_2$ ..... $a' b' c'$ (fig. 266).

Dans ce développement, on remarque que les longueurs d'arcs de cercle des parallèles sur la projection sont égales à celles des arcs correspondants de la terre; tandis que les longueurs des arcs du méridien, comprises entre les parallèles allant en s'infléchissant de plus en plus sur ces parallèles, vont ainsi en augmentant à mesure qu'on s'éloigne du méridien principal. Or, sur la terre, ces longueurs d'arcs de méridiens, comprises entre deux parallèles, sont égales; on voit donc que, dans ce système de projection, les déformations se feront dans le sens nord-sud, et cela d'autant plus qu'on s'éloignera davantage du méridien principal.

Il résulte de ceci que, dans les parties est et ouest, les angles qui sont droits sur la terre de-

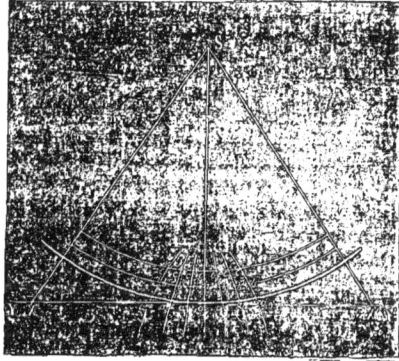

Fig. 266.

viennent de plus en plus aigus sur la projection; ce système est homolographique, c'est-à-dire que les aires d'espaces quelconques y sont proportionnelles à celles des espaces correspondants de la terre.

Il devient impossible dans l'exécution des cartes de tracer les différents arcs de cercle qui représentent le développement des parallèles. A l'échelle du 1/80.000, les rayons atteignent des longueurs parfois voisines de 90 mètres, que nul instrument de précision ne peut permettre de porter sur une feuille de papier. On est alors obligé de déterminer les points de rencontre des méridiens et des parallèles, que l'on suppose espacés de quantités angulaires égales, au moyen d'un système de coordonnées rectilignes rapportées au méridien principal et à sa perpendiculaire tangente au parallèle moyen de la carte. Ces calculs sont consignés dans les tables de Plessis donnant les coordonnées de tous les points dont on connaît la latitude et la longitude en tenant compte de l'aplatissement aux pôles. Les différents points d'un même parallèle ayant même latitude, les recherches tabulaires se simplifient, et on arrive assez rapidement à déterminer un certain nombre de points permettant de tracer la courbe développée.

Le développement du méridien et des parallèles étant effectué, il faut ensuite tracer sur cet ensemble les *axes de la carte*; l'axe nord-sud est le développement S *a* du méridien de Paris, et l'axe est-ouest est la tangente *yy'* menée en *a* au développement du parallèle moyen. Ces deux lignes, S *a* et *yy'*, divisent l'ensemble de la carte en quatre régions N.-O., N.-E., S.-O., S.-E. qui sont ensuite partagées en feuilles par de simples parallèles aux axes principaux. Le format des cartes de l'État-major est de $0^m,80$ de longueur sur $0^m,50$ de hauteur; elles représentent chacune une étendue de 2560 kilomètres carrés.

Pour permettre un classement facile, les feuilles, au nombre de 267, outre le nom de la localité principale qu'elles contiennent, portent un numéro d'ordre dont la suite commençant au nord-ouest finit au sud-est.

L'emplacement de chaque feuille dans le développement général est ensuite précisé par l'indication en mètres des coordonnées de ses quatre angles par rapport aux axes principaux.

Le cadre d'une feuille étant tracé, il faut ensuite y rapporter les méridiens et les parallèles qui serviront à placer les points géodésiques connus par leur latitude et leur longitude.

On détermine d'abord l'intersection des méridiens et des parallèles de 10 en 10 minutes; si cela ne suffit pas pour le tracé de la courbe, on prend un plus grand nombre de points intermédiaires. Les tables de Plessis servent ici de la même façon que dans le tracé des degrés sur l'ensemble du développement, seulement les angles de la feuille étant déterminés en position par rapport aux axes principaux, une simple soustraction permet de ne considérer que les côtés du cadre dirigés dans le même sens que les axes principaux; ils deviennent alors axes de coordonnées pour tous les tracés qui s'opèrent sur cette feuille. La feuille étant complètement projectionnée, l'officier y plaçait ensuite les points géodésiques connus; cette première opération devait être faite avec la plus grande précision, car ces mêmes points devaient servir à grouper et à reporter les différentes indications prises sur le terrain.

Les communes remettaient ensuite à l'officier chargé de la région des réductions au 1/400 des plans cadastraux. Ces réductions, appelées *mappes*, ne renfermaient que les indications principales de la planimétrie. Un assemblage provisoire de ces mappes sur les feuilles minutes permettait, à l'aide des points géodésiques d'abord placés, de reconnaître si la réduction était bien à l'échelle exigée. Cette vérification faite, l'officier se rendait au chef-lieu de la commune et, à l'aide du cadastre même, il complétait les mappes en figurant toutes les indications planimétriques, hydrographiques et même topographiques quand cela était possible; ce travail était complété par les indications fournies par les chefs des services départementaux: ingénieurs des ponts et chaussées, agents du service vicinal, inspecteurs fo-

restiers, etc., qui indiquaient les nouveaux tracés de chemins de fer, les rectifications de routes, les voies forestières, les défrichements et tout le détail des chemins vicinaux.

Les mappes, ainsi complétées, étaient fixées sur les feuilles minutes; on faisait correspondre les points géodésiques; on plaçait tout d'abord les communes qui renfermaient ces points et on intercalait ensuite celles qui n'en possédaient aucun; les routes, les cours d'eau aidaient beaucoup dans la mise en place de ces dernières, surtout quand ces indications se prolongeaient de part et d'autre sur des mappes déjà placées. Parfois, une commune, par suite du retrait du papier, devenait trop petite pour pouvoir s'intercaler bien exactement entre celles qui étaient déjà placées; l'officier la coupait en fragments qu'il faisait ensuite jouer parallèlement au trait de découpage, de manière à ne pas déformer le pays; si, au contraire, une commune était trop grande, on pouvait provoquer une légère contraction du papier en le chauffant bien également en tous ses points. Si on éprouvait trop de difficultés à placer une commune, c'était généralement l'indice d'une erreur cadastrale, il fallait aussitôt rechercher cette erreur sur le terrain et y remédier sur la mappe.

Toutes les réductions cadastrales étant bien assemblées sur la feuille minute, on les décalquait sur cette dernière, en ayant bien soin de laisser des amorces pour effectuer le raccord avec les travaux voisins.

Ce travail préparatoire étant terminé, l'officier se rendait sur le terrain, et là, avec une grande méthode, il contrôlait les indications cadastrales, les rectifiait, les complétait; les constructions isolées: fermes, châteaux, moulins étaient l'objet d'une attention toute particulière; les eaux devaient être reportées très soigneusement, car, outre l'intérêt propre de leur tracé, elles indiquent bien les mouvements de terrain, et aident beaucoup dans le tracé des courbes. On exprimait le relief du terrain, soit au moyen de fragments de courbes horizontales, soit au moyen de hachures. Dans un terrain accidenté, on représentait le terrain sur lequel on marchait au fur et à mesure qu'on s'avançait, en indiquant tout spécialement les crêtes, les sommets, les thalvegs, les arrachements. On répétait ces observations sur différentes voies en ayant soin de les raccorder les unes aux autres. En pays de montagne, il était indispensable de cheminer sur les crêtes; car c'est le seul moyen de bien apercevoir tous les plis de terrain et de vérifier leur forme exacte.

En même temps qu'on procédait au figuré du sol, on recueillait toutes les observations destinées au calcul des cotes du nivellement. On déterminait avec soin la position de ces cotes sur les principaux points remarquables du terrain, les sommets, les lignes de partage, les cols, les ressauts, les plateaux, les confluents de rivières et de ruisseaux, les intersections de routes, les ponts, les villages, les constructions importantes, etc.

Le nombre de cotes, que l'on déterminait sur

un carré de 4 kilomètres de côté, était généralement de 15 à 20.

Les observations faites sur le terrain étaient inscrites sur des cahiers, sur lesquels on portait les azimuts donnés par la boussole et les angles zénithaux fournis par l'éclimètre.

On doit avoir soin, lorsqu'on écrit les observations, de désigner chaque objet visé par son nom, s'il en a un ; ou bien par une désignation caractéristique tirée de sa nature, de sa position, de sa forme ou de sa couleur, etc., de manière à le reconnaître facilement. Les cotes de nivellement étaient prises au moyen de deux, trois, quatre et même cinq points géodésiques. On était obligé parfois de construire des signaux qui servaient de points auxiliaires dans le but de déterminer d'autres points dans les vallées.

Dans les pays de plaines, l'approximation des cotes était de 1 à 2 mètres, elle s'élevait à 3 et 4 mètres dans les pays de montagnes. La reconnaissance du terrain étant effectuée, on terminait le calcul des cotes et le dessin de la mise au net sur la feuille minute.

L'officier procédait ensuite au tracé des courbes de niveau sur les feuilles minutes. A cet effet, il décalquait, sur du papier calque, tous les cours d'eau et les thalwegs portés sur la minute ; il y joignait les principaux points géodésiques. Ce calque était appliqué sur les mappes de manière à faire coïncider les cours d'eau et les points géodésiques et on recherchait ensuite le tracé, sur ce calque, des courbes de niveau de 10 en 10 mètres, en joignant par un même trait tous les points de même cote. Les inflexions des courbes devaient s'adapter exactement aux formes du terrain dessiné sur les mappes et en accuser les moindres détails. Dans les pentes trop raides, on ne traçait les courbes que de 20 en 20 et, au contraire, dans les pays de plaines, on les rapprochait de 5 en 5 mètres.

Dans tous ces différents tracés, l'officier devait assurer ses raccords avec ses collègues ; ce travail très minutieux était indispensable pour l'assemblage des feuilles ; il permettait, en outre, de contrôler les travaux individuels et faisait remarquer dans bien des circonstances des erreurs qui auraient pu échapper si elles se fussent trouvées au milieu des feuilles.

Les travaux compris dans une même feuille, une fois achevés par les officiers. étaient livrés aux dessinateurs qui les réduisaient au 1/80.000. Cette réduction était utile non seulement pour aider le graveur, mais encore pour donner au figuré du terrain cette homogénéité que les dessins des officiers ne pouvaient avoir. Les feuilles parvenues à ce degré d'avancement étaient ensuite livrées à la gravure.

Cette gravure de la carte de l'Etat-major est un véritable chef-d'œuvre. En 1878, à l'Exposition universelle, les 264 feuilles du continent étaient assemblées sur un même panneau de 12m,30 de haut sur 13m20 de large ; l'effet produit était merveilleux : l'ensemble n'y laissait rien à désirer et témoignait de l'unité qui avait présidé à la confection de la carte. C'est surtout la représentation

du relief du sol qui, par ses teintes bien graduées, s'imposait à l'esprit du lecteur même le moins compétent ; les grandes plaines et les vallées ressortaient en blanc avec une telle clarté que cet effet semblait tout naturel et qu'on n'avait plus alors conscience des difficultés qui avaient accompagné la rédaction et l'exécution de cette œuvre grandiose.

Entrons maintenant dans quelques détails sur cette gravure. Un extrait de la *Revue géographique* nous en donnera une idée aussi sommaire que concise :

« La gravure des cartes géographiques se faisait autrefois presque en entier au burin. On a adopté aujourd'hui une méthode qui tient à la fois du burin, de l'eau-forte et de la pointe sèche.

La gravure de la carte d'Etat-major comprend cinq opérations principales, exécutées par des artistes différents : 1º le trait ; 2º l'écriture ; 3º la montagne ou le figuré du terrain ; 4º le fini ; 5º le filage des eaux.

Sur une planche de cuivre de 2 à 3 millimètres d'épaisseur, on commence par tracer les méridiens et la parallèle (à l'envers) avec une pointe d'acier, et l'on place les points géodésiques. On couvre la planche d'une couche mince de vernis et on noircit le vernis.

On fait alors l'opération du trait que l'on décalque à l'envers sur le cuivre ; la pointe qui sert à décalquer imprime sur le vernis un trait grisâtre.

Le décalque terminé, le graveur exécute le trait de la planimétrie, dont il trace le contour sur le vernis avec des pointes d'acier de différentes grosseurs.

Lorsque le graveur a tracé son ouvrage sur le vernis en mettant le cuivre à nu, il passe la planche à l'eau-forte qui achève de creuser dans le cuivre le travail commencé. La planche est alors remise au graveur d'écritures ; les écritures sont gravées en entier au burin par deux artistes ; l'un fait l'ébauche ; c'est l'artiste le plus adroit qui dispose les mots et les lettres, et l'autre fait la liaison. La gravure du figuré du terrain exige beaucoup de talent pour rendre toutes les nuances que donne un dessin bien fait. Le graveur décalque les courbes en ayant bien soin de faire coïncider les points géodésiques du calque avec ceux du cuivre. La gravure du relief du terrain se prépare avec la pointe d'acier, se continue à l'eau-forte et se termine au burin. Le graveur de hachures est aussi chargé de graver les bois et la nature des cultures.

On tire une épreuve pour se rendre compte de la gravure du relief, et l'on exécute alors le fini en retouchant ce qui laisse à désirer et faisant à la pointe sèche les hachures fines qui commencent et terminent les pentes. On achève la gravure par le filage des eaux, qui consiste à tracer au burin une certaine quantité de traits parallèles plus ou moins fins, qui suivent exactement les contours de la mer, des lacs, des fleuves et des rivières. Dans l'exécution d'une carte, la gravure est le travail le plus délicat, le plus long et le plus coûteux.

L'impression des cartes est excessivement simple ; on se sert généralement de papier vélin non collé ; pour des exemplaires de choix, on le mouille légèrement à l'éponge pour que la pression le fasse mieux pénétrer dans les entailles du cuivre. On prépare le cuivre, en chauffant légèrement, et on encre avec un gros tampon ; on essuie le cuivre de manière à ne laisser de l'encre que dans les entailles et on imprime avec un seul tour de presse. Dans une journée de travail de 7 heures, on imprime 25 épreuves avec une même presse.

La gravure sur cuivre s'use promptement au tirage ; après l'impression des 400 ou 500 premiers exemplaires, les épreuves commencent à pâlir et deviennent très effacées après un tirage de 2000 exemplaires. Pour obvier à cet inconvénient, on acière les planches par la galvanoplastie ; on fait déposer sur la planche de cuivre une couche très mince d'acier qui permet de tirer un nombre infini d'épreuves. On tire encore un meilleur parti des procédés galvanoplastiques. Au moyen de la planche de cuivre gravée, on reproduit une planche en relief ; et puis, avec cette planche en relief, on en reproduit une nouvelle en creux. La planche-mère est conservée après avoir été aciérée, et c'est avec la planche reproduite, également aciérée, que l'on tire toutes les épreuves. Les procédés d'électrotypie assurent ainsi indéfiniment la conservation des planches de gravure. »

On fait également des reports sur pierre qui sont d'un prix bien moins élevé.

La perfection apportée dans l'exécution de la gravure de la carte de l'État-major a occasionné une perte de temps trop considérable. C'est ainsi qu'il a fallu 60 années de travail pour produire cette œuvre. Certaines feuilles, comme celle de Castellanne, n'ont pas demandé moins de 18 années et coûté moins de 30,000 francs. La carte tout entière a coûté 4 millions et demi !

Certes, il eut été préférable pour le pays qu'un moindre luxe eût présidé à toutes ces opérations de gravure, et que des cartes plus pratiques, moins coûteuses et surtout plus au courant eussent été mises dans les mains de l'armée. Le dépôt de la guerre a, du reste, compris toute l'importance de ce point, car, depuis quelques années, une révision active de l'ancien travail s'opère sur une vaste échelle, et nul doute qu'avec les nouveaux procédés zincographiques employés on n'arrive à une prompte mise à jour. — L. J. R.

CARTEL. Boite de pendule en forme de cul-de-lampe qui s'applique contre le mur. || La pendule elle-même. || Ornement employé dans les bordures des tableaux, des couronnements des trumeaux, etc. || Dans le blason, écu.

* **CARTELLE.** *T. techn.* Bois de prix, tels que le frêne, l'érable loupeux, débité par petites planches pour meubles.

* **CARTELLIER** (Pierre), sculpteur français, est né en 1757, à Paris, où il mourut en 1831. Fils d'un simple ouvrier mécanicien, sa biographie présente de singuliers rapports avec celle de J.-B. Carpeaux que nous avons retracée plus haut. Il peut être considéré, lui aussi, comme un des chefs de la statuaire française moderne. Il étudia d'abord à l'école gratuite de dessin fondée par *Bachelier* (V. ce nom) et de là, passa dans l'atelier de Ch.-Ant. Bridan dont il y a quelques bonnes statues à Versailles (*Vauban, Bayard*), et au Louvre, un groupe de *Vulcain présentant à Vénus les armes qu'il a forgées pour Enée*. Fort pauvre, Cartellier fut pendant longtemps obligé de faire des modèles de pendules et des ornements d'orfèvrerie. Cependant l'architecte Chalgrin, qui était chargé de la restauration du palais du Luxembourg, l'avait remarqué et le chargea, en 1800, d'exécuter les statues de la *Vigilance* et de la *Guerre*. Mais l'œuvre qui fonda la réputation de Cartellier, fut une statue de la *Pudeur* exposée en 1808. Acquise par l'impératrice Joséphine et placée à la Malmaison, cette statue a depuis été transportée en Angleterre.

Cartellier fut nommé membre de l'Académie des Beaux-Arts en 1810, et professeur à l'École des Beaux-Arts en 1815. Ses œuvres savantes, correctes, correspondent en sculpture à celles de Percier et Fontaine en architecture. Son bas-relief des *Jeunes filles de Sparte dansant devant un autel de Diane* est placé dans la salle de la statuaire moderne au Louvre et un autre bas-relief la *Gloire* remplit le tympan situé au-dessus de la porte principale de ce même palais, sur la façade de la colonnade. Ses autres ouvrages principaux sont : la *Capitulation d'Ulm*, bas-relief à l'arc de triomphe du Carrousel, le bas-relief de *Louis XIV à cheval*, au-dessus de la porte des Invalides ; le *Mausolée de M. de Juigné* dans la cathédrale de Paris, les statues de *Louis Bonaparte*, roi de Hollande, de *Pichegru* et de *Napoléon législateur*, à Versailles ; le cheval de la statue équestre de *Louis XIV* dans la cour de ce château ; la statue d'*Aristide* au Luxembourg, 1804 ; celle de *Vergniaud* ; le *Mausolée de Joséphine*, dans l'église de Rueil ; la statue du général *Valhubert* à Avranches ; celle de *Louis XV* à Reims, et celle du baron *Denon* sur le tombeau de ce savant. Le talent de Cartellier donne l'idée très exacte de ce qu'on nomme « style-empire, » savant, ne manquant pas de noblesse ni même de quelque grandeur, mais dénué de vie.

* **CARTERIE.** Fabrication des cartes ; bâtiment, atelier où l'on fabrique des cartes.

* **CARTERO.** *T. techn.* Lame de bois contenant les fils de la chaîne d'un tissu.

* **CARTEUX, EUSE.** *T. techn.* Se dit quelquefois d'un tissu qui a de la consistance.

* **CARTHAGÈNE.** Bois de teinture. — V. Cuba.

CARTHAME. *Saflor, safranum, faux safran, safran bâtard, safran d'Allemagne.* On désigne sous ces différents noms les fleurs du *carthamus tinctorius*, qui sont utilisées en teinture pour la matière colorante rouge qu'elles renferment.

Le carthame est une plante annuelle de la famille des cynanthérées, originaire du Levant et de l'Égypte et qui est cultivée dans différentes contrées de l'Europe (Espagne, Allemagne centrale, France méridionale, Italie, Hongrie, Russie méridionale), ainsi que dans l'Amérique du Sud (Mexique, Caracas), en Asie (Bengale, Archipel indien, Perse, Chine) et en Algérie. Sa tige est droite, haute de 70 centimètres à 1 mètre ; elle porte des feuilles simples, bordées de dents aiguës, et vers son sommet elle se divise en plusieurs rameaux terminés chacun par une fleur assez grosse ; les fleurs se développent aux mois de juillet et d'août et elles se composent d'une multitude de fleurons allongés, d'un beau jaune de safran, sortant d'un calice globuleux.

Récolte du carthame. La récolte du carthame a lieu vers le milieu du mois de juillet ou dans les premiers jours de septembre, suivant les climats, lorsque les fleurs commencent à s'épanouir. On se sert pour cette opération d'un couteau à lame mousse, à l'aide duquel on arrache les fleurs en les pressant entre le pouce et la lame du couteau. Les fleurs ainsi recueillies sont étendues sur des nattes placées à l'ombre, où on les laisse sécher, après quoi on les met dans des sacs, que l'on conserve dans un endroit sec. Dans quelques contrées, on pétrit les fleurs avec de l'eau, puis on les moule en petits gâteaux, que l'on fait sécher, ou bien, comme cela a lieu en Egypte, on les presse fortement entre deux pierres pour en séparer le suc, ensuite on les lave avec de l'eau salée, on les presse entre les mains et on les fait sécher lentement en les garantissant du soleil pendant le jour et les exposant à la rosée pendant la nuit. Le carthame traité par cette dernière méthode est débarrassé d'une matière colorante jaune sans valeur, et son poids est considérablement diminué. On fait ordinairement deux récoltes ; la première fournit un produit plus riche en matière colorante rouge.

Variétés commerciales du carthame. Suivant la provenance, on distingue dans le commerce les sortes suivantes :

1° Le *carthame de Perse*, de couleur rouge foncé ; il est regardé comme la meilleure sorte ; 2° le *carthame d'Egypte* ou d'Alexandrie (nommé aussi carthame du Levant ou de Turquie), dont les meilleures qualités sont aussi bonnes que le carthame de Perse ; il est d'un rouge plus vif que les sortes d'Europe, un peu humide au toucher, ce qui tient probablement à son mode de préparation ; 3° le *carthame de l'Inde* ou du Bengale ; il est un peu inférieur aux précédents ; 4° le *carthame d'Amérique*, provenant du Vénézuela, du Mexique et de la Colombie, est à peu près de même qualité que celui d'Egypte ; 5° le *carthame d'Espagne* (Andalousie, Valence, Grenade) est également très bon, mais il n'est pas toujours bien purifié ; on le rencontre peu dans le commerce européen, parce qu'il est presque entièrement consommé dans le pays ; 6° le *carthame d'Italie*, se trouve rarement dans le commerce, il est un peu moins bon que celui de l'Inde ; 7° le *carthame de Hongrie*, dont la meilleure sorte provient de Debreczin, est très estimé, surtout lorsqu'il a été lavé ; 8° le *carthame de Russie* ; il

est peu exporté ; 9° le *carthame d'Allemagne* (Thuringe, Palatinat), est une sorte un peu plus pauvre en matière colorante, pas toujours bien purifiée, un peu sèche au toucher.

On reconnaît la bonne qualité du carthame aux caractères suivants : il doit être exempt de folioles calicinales, de paille, de fleurs noires et de sable, il doit être doux et un peu humide au toucher, finement fibreux, son odeur doit être forte et sa couleur rouge feu foncée. Lorsque sa couleur est terne, cela indique que la fleur a été mal desséchée et récoltée trop tard.

Composition du carthame. Le carthame renferme deux matières colorantes, une jaune qui est soluble dans l'eau, et une rouge, la *carthamine* ou *acide carthamique*, insoluble dans l'eau pure, mais soluble dans l'eau chargée d'un alcali. La proportion de la carthamine est extrêmement faible, elle varie, suivant notre excellent collaborateur Salvétat, de 0,3 à 0,6 0/0, tandis que celle de la matière jaune oscille entre 26 et 30 0/0. Outre ces principes colorants, le carthame contient de l'albumine, une matière cireuse, une matière extractive, de la cellulose, de l'acide silicique, des oxydes de fer et de manganèse, de l'alumine et enfin de l'eau, dont les proportions ont été également déterminées par M. Salvétat.

C'est à la carthamine que le carthame doit sa valeur comme matière tinctoriale ; le pigment jaune ne fait que ternir les belles nuances produites par la carthamine. C'est pour cette raison qu'avant d'employer le carthame, il faut éliminer la matière jaune, ce qui est très facile, puisqu'elle est soluble dans l'eau, tandis que la carthamine ne s'y dissout pas.

Préparation et propriétés de la carthamine. Pour isoler la carthamine, on lave le carthame à l'eau pure ou un peu acidifiée, jusqu'à ce que le liquide s'écoule incolore ; on verse sur le carthame lavé de l'eau contenant environ 15 0/0 de carbonate de soude ou de potasse et on laisse le tout en contact pendant quelques heures. On décante, puis on exprime les fleurs ; le liquide ainsi obtenu contient en dissolution la matière rouge, mais celle-ci se trouve encore mélangée avec des principes extractifs dont il faut la séparer. A cet effet, on plonge un écheveau de coton dans le liquide filtré et l'on acidifie avec de l'acide acétique ; l'acide carthamique, ainsi rendu libre, se précipite sur la fibre, qu'il colore en rouge foncé. Au bout de 24 heures, on enlève le coton et on le lave à l'eau pure, puis on l'introduit dans une solution de carbonate de soude à 5 0/0, qui redissout la matière colorante ; on retire le coton au bout d'une demi-heure et au moyen d'acide citrique, on précipite la carthamine en flocons rouge cramoisi ; on décante le liquide et on recueille les flocons sur un filtre, puis on les lave à l'eau pure, on les fait sécher sur un filtre, on déchire celui-ci, puis, avec de l'alcool concentré, on épuise les fragments de filtre ; on distille l'alcool et l'on dessèche le résidu dans le vide en présence d'acide sulfurique ; on obtient ainsi la carthamine sous forme de croûtes, qu'il est convenable, avant la dessiccation complète, de laver à l'eau pure, qui dissout le corps jaune en laissant le pigment rouge à l'état pur.

La carthamine se présente sous forme d'écailles ou d'une poudre grenue de couleur rouge foncé avec reflets verdâtres ; elle est difficilement soluble dans l'eau, facilement soluble dans l'alcool, surtout à chaud, ainsi que dans les liqueurs alcalines, insoluble dans l'éther. La solution alcoolique est d'une belle couleur rouge ou orangée, suivant la température ; elle s'altère rapidement et il en est de même pour les solutions alcalines, desquelles les acides précipitent la carthamine sous forme d'une poudre rouge foncé. La composition chimique de la carthamine correspond à la formule $C^{14} H^{16} O^7$.

Usages du carthame. Le carthame est employé pour teindre le coton, le lin et la soie en rose, cerise, nacarat et ponceau. Les couleurs qu'il donne sont très belles, mais elles manquent de solidité. Depuis la découverte des couleurs d'aniline, le carthame a beaucoup perdu de son importance ; en Angleterre il est cependant encore employé en grande quantité pour obtenir une teinte rose particulière qui trouve un grand débouché dans le Levant ; on s'en sert aussi pour donner au cordonnet de soie sa couleur caractéristique.

Dans les teintures de coton, on suit la marche indiquée dans le procédé de préparation de la carthamine : le carthame, introduit dans un sac en toile, est lavé à l'eau acidulée, jusqu'à élimination de la matière jaune, puis traité par une solution de cristaux de soude à 15 0/0 ; on plonge le tissu ou les écheveaux dans le bain, et on ajoute un léger excès de jus de citron ; la nuance rose devient plus pure par le lavage à l'eau acidifiée avec de l'acide citrique. La soie et la laine sont susceptibles de fixer, non seulement le rouge, mais encore le jaune. Il est donc important, dans ce cas, d'opérer sur un produit complètement débarrassé de pigment jaune. Aussi les produits dérivés du carthame, qui sont déjà purifiés par une première précipitation sur le coton, sont-ils plus avantageux pour la beauté des nuances. On donne quelquefois aux tissus un pied de rocou, de cochenille ou l'on ajoute au bain 1/5 d'orseille (Schützenberger).

Il est très facile de reconnaître le carthame sur tissus. Si l'on dépose sur l'étoffe une goutte d'une solution alcaline, la couleur rouge-rose passe immédiatement au jaune et disparaît complètement par un lavage ultérieur. La couleur n'est pas altérée par les acides étendus, mais le chlore et l'acide sulfureux la détruisent instantanément.

PRODUITS INDUSTRIELS DÉRIVÉS DU CARTHAME. Parmi les produits dérivés du carthame, le plus important est le *carmin de carthame*, que l'on prépare d'après la méthode suivante, analogue à celle décrite précédemment pour l'extraction de la carthamine et qui comprend cinq opérations successives :

1° *Élimination de la matière colorante jaune.* Après avoir désagrégé le carthame, s'il a été fortement comprimé, on l'introduit dans une cuve munie d'un double fond perforé et d'un couvercle

également perforé, sur lequel on place quelques pierres. On fait communiquer l'espace compris entre le fond proprement dit et le fond perforé, avec un tuyau qui amène de l'eau tiède contenue dans un vase établi à un niveau supérieur à celui de la cuve et on remplit celle-ci d'eau jusqu'au bord ; lorsque le liquide est devenu jaune, on le déplace en faisant arriver de nouvelle eau, et l'on recommence ainsi jusqu'à ce que l'eau s'écoule incolore. L'eau déplacée sort par un ajutage adapté près du bord supérieur de la cuve.

2° *Extraction du pigment rouge.* On verse le carthame encore humide dans une cuve plus plate que la précédente, et on l'arrose avec une solution de cristaux de soude contenant 2 kilogrammes de ces derniers par 100 kilogrammes de carthame. Lorsqu'on a ajouté assez de solution alcaline pour avoir une bouillie claire, on brasse bien le tout, jusqu'à ce que le liquide soit devenu rouge et que le carthame ait pris une coloration plus jaune. On jette alors la masse pâteuse dans une caisse en bois munie d'un fond à claire-voie, sur lequel est étendue une toile de chanvre grossière ; cette caisse étant placée sur une cuve en bois, on triture la masse en y faisant arriver de l'eau jusqu'à ce que la solution rouge se soit écoulée dans la cuve inférieure.

3° *Précipitation du pigment sur le coton.* Dans la solution alcaline rouge contenue dans la cuve, on introduit par 100 kilogrammes de carthame 60 à 80 kilogrammes d'écheveaux de gros fil de coton bien lessivé, que l'on manœuvre dans le liquide comme s'il s'agissait d'effectuer une teinture. Au bout de quelque temps, on retire les écheveaux, on les tord légèrement au-dessus du bain et, après avoir chauffé ce dernier à environ 20° au moyen d'un courant de vapeur, on y ajoute de l'acide acétique jusqu'à réaction acide très faible et on y suspend de nouveau les écheveaux qu'on y laisse pendant 6 à 8 heures, en ayant soin de les retourner souvent. Au bout de ce temps, on retire le coton teint en rouge et on le passe dans un bain d'eau et d'acide acétique très faiblement acide.

4° *Extraction du pigment précipité sur le coton.* On introduit les écheveaux dans un bain alcalin contenant 5 à 8 kilogrammes de cristaux de soude pour 100 kilogrammes de carthame et on les y laisse, en les manœuvrant de temps en temps, pendant une demi-heure. Le bain dissout la matière colorante, mais comme le fil en retient encore un peu, on le transporte dans une seconde solution alcaline ne contenant que 2 kilogrammes de cristaux de soude pour 100 kilogrammes de carthame, on le tord et, enfin, on le lave à l'eau tiède pour le faire servir à une autre opération.

5° *Deuxième précipitation du pigment.* On réunit les deux liquides alcalins et on les mélange jusqu'à réaction acide faible avec de l'acide acétique en agitant fortement. La matière colorante se sépare, mais ne se rassemble que lentement au fond du vase. On sépare par décantation le liquide supérieur clair de la couche inférieure rouge, on brasse en ajoutant de l'eau fraîche, on laisse de nouveau déposer pour décanter encore la solution claire et l'on recommence ainsi plusieurs fois, de façon à éliminer tous les sels.

On peut simplifier la préparation du carmin en procédant comme il suit : on mélange immédiatement avec un acide la solution brun-rouge du pigment dans la liqueur alcaline, afin de précipiter la matière colorante, puis on ne verse sur le coton que le liquide épais surnageant le précipité, après l'avoir acidifié plus fortement et l'on opère ensuite comme précédemment. (Bolley.)

Le carmin de carthame, qui n'est autre chose que de la carthamine plus ou moins pure, est livré au commerce sous forme d'une pâte demi-fluide. Il est très commode pour le montage des bains de teinture et donne de bons résultats ; il suffit, en effet, d'en mélanger une quantité déterminée avec de l'eau pure et d'acidifier un peu pour que la matière colorante se précipite immédiatement sur la fibre immergée dans le bain.

Les préparations désignées sous les noms de *rouge en tasse*, de *rouge en assiettes*, de *rouge en écailles*, de *rouge en feuilles* sont obtenues par dessiccation du carmin de carthame sur des assiettes, des plaques de porcelaine ou des feuilles de carton. Elles se présentent sous forme d'écailles minces, d'un rouge brun, avec un reflet vert cantharide très beau, qui donnent par la pulvérisation un rouge magnifique. Le rouge en tasse broyé avec de l'eau et du talc très fin, puis séché sur des vases en porcelaine fournit le *rouge végétal (fard de la Chine)* qui est employé comme fard. — Dr L. G.

Bibliographie. — V. Carmin.

* **CARTHAMINE. Acide carthamique.** — V. l'art. précédent.

CARTIER. *T. de mét.* Celui qui fabrique les cartes à jouer. || *T. techn.* Papier spécial qui entre dans la confection de la *carte à jouer*.

CARTISANE. *T. techn.* Petit morceau de parchemin entortillé d'un fil de soie, d'or ou d'argent, que l'on mettait dans les dentelles ou les broderies pour former un relief.

* **CARTOGRAPHIE.** Art de dresser les cartes géographiques, les mappemondes, planisphères, etc.

I. CARTON. *T. techn.* 1° Feuille plus ou moins épaisse formée de pâte à papier. — V. l'article suivant. || 2° Boîte faite de feuilles de carton pour serrer des papiers, des étoffes, des rubans, des chapeaux, etc. || 3° Objet fabriqué avec du carton. || 4° Grand portefeuille de carton pour serrer des gravures, des dessins. || 5° *T. d'arch.* Planchette quelquefois garnie d'une plaque de tôle ou de ferblanc découpée, qui sert à profiler la moulure d'une corniche ou d'un entablement. || 6° *Carton lithographique.* Pâte de carton que l'on a essayé d'utiliser pour remplacer la pierre lithographique. || 7° *Carton photogénique.* Papier préparé qui, par l'exposition à la chambre noire, donne directe-

ment des images photographiques positives. || 8° *T. de tiss.* Bande de carton de la dimension du cylindre d'un métier à tisser, et percée suivant les exigences de l'armure ou du dessin. — V. plus loin Carton jacquard. || 9° *T. d'art.* Modèle fait sur carton pour servir à l'exécution d'une œuvre d'art, et qui a les dimensions de la reproduction que l'artiste veut en faire. — V. Carton § III. || 10° *T. de minér. Carton de montagne, Carton minéral.* Variété *d'asbeste.* || 11° *T. d'impr. et de libr.* Feuillet d'impression que l'on refait après coup, pour remplacer dans un ouvrage des parties fautives ou un passage que l'auteur ne veut pas y laisser subsister, et qu'on encarte au moyen d'un *onglet.* || Maculature bien unie sur laquelle on colle des hausses pour remédier à l'irrégularité du foulage.

II. CARTON. Produit obtenu comme le papier, au moyen de pâtes, ou par la superposition de feuilles de papier : dans ce dernier cas, on le désigne aussi sous le nom de *carte.* Le carton est ordinairement solide et résistant ; il est souple lorsqu'il doit être utilisé pour le cartonnage.

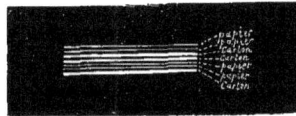

Fig. 267.

Celui qui est fabriqué pour la reliure, les boutons, les joints de machines, et même en Amérique les cloisons, les plafonds et les voitures, est composé de papier et d'eau. On fabrique généralement le carton avec les vieux papiers et la paille, mais toute espèce de matière homogène, le bois, l'alfa, les chiffons, le fumier, la terre, la ficelle, l'amiante peuvent entrer dans sa fabrication ; avec

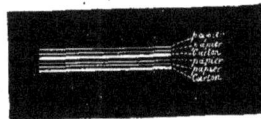

Fig. 268.

le papier, on obtient un carton poreux de teinte grise ; c'est le *carton pâte* : avec la paille, le carton a une teinte jaune, c'est le *carton paille.*

Les cartons minces, revêtus sur l'une de leurs faces ou sur leurs deux faces d'une feuille de papier blanc ou de couleur, sont dits *cartons blanchis.* Si l'on veut blanchir sur une seule face, voici comment on procède (fig. 267) : sur une table, on place la feuille à blanchir, on l'enduit de colle et on la couvre de deux feuilles de papier blanc, la deuxième feuille est enduite de colle, et l'on pose deux cartons, et ainsi de suite ; on comprend que de cette façon, il n'y a jamais qu'une des faces du carton soumise à la colle: si, au contraire, on veut blanchir sur les deux faces, la feuille à blanchir étant sur la table (fig. 268), on l'enduit de colle, et l'on applique deux feuilles blanches, celle de dessus reçoit la colle, on pose le carton que l'on couvre de colle, et l'on recommence la même opération.

Carton pâte. Tout ce que le chiffonnier a recueilli de bouts de papier et de vieux cartons, passent par les chiffonniers en gros, qui en font des balles destinées au fabricant de carton. A l'usine, les papiers sont visités et nettoyés pour les débarrasser des choses étrangères, et souvent étranges, que le chiffonnier a mises dans sa hotte; des ouvrières placées devant un cadre de 1^m.20 de côté, à fond grillagé, secouent chaque morceau au-dessus du cadre, de manière à laisser tomber par le grillage, tout ce qui peut nuire à la fabrication.

Les fabricants de carton mince seuls font un classement de la matière; les papiers de tentures, de journaux, etc., servent à fabriquer une variété gris-jaunâtre de carton-pâte; les autres plus fins sont utilisés pour faire un carton improprement nommé *carte de Paris et de Lyon.*

Le *trempage* est la première opération à laquelle on soumet la matière, on l'abandonne pendant quarante-huit heures dans des cuves d'eau de 5 mètres de hauteur sur 2^m,50 de diamètre chauffée à 32 ou 34°; la colle du papier se ramollit et les fibres sont pénétrées; on procède ensuite à la *mise en pulpe,* ou comme on disait autrefois, à la *mise au pilon*; ce travail se fait avec des malaxeurs analogues aux appareils employés dans la céramique; ils sont composés d'une cuve ou *tine* de 1^m,50 de hauteur sur 0^m,70 de diamètre; au centre, se trouve un arbre en fer forgé, sur lequel sont implantées en spirale des barres horizontales distantes de 0^m,20. Le papier dans le malaxeur, nommé encore *barboteur,* se transforme en une pulpe de couleur grise; les grandes manufactures se servent en outre de *raffineuses* identiques à celles employées dans la papeterie. On emploie 1,800 litres d'eau pour 70 à 75 kilogrammes de pâte au lieu de 50 à 55 kilogrammes employés pour le papier. — V. Papier.

La pâte n'a pas besoin d'être collée, puisque le papier apporte sa colle avec lui, mais on peut cependant la *charger* à 20 ou 25 0/0, au moyen du carbonate de chaux; quelquefois, lorsque le prix du chiffon dépasse 10 francs les 100 kilogrammes, on ajoute de la paille au vieux papier, mais sans dépasser 20 0/0 du poids du produit total; dans ce cas, la paille est coupée au hache-paille, cuite à la vapeur sous deux atmosphères, et jetée encore chaude dans la pâte. Celle-ci étant obtenue, on procède à la confection des feuilles; on distingue, comme dans la papeterie, deux fabrications: la fabrication à la forme, la fabrication à la machine.

Fabrication à la forme. On se sert de formes de grandes dimensions, au moyen desquelles on obtient des feuilles que l'on coupe ensuite aux formats exigés par la consommation. L'ouvrier, qui doit être particulièrement robuste, car il manie des formes chargées de pâte pesant jusqu'à 60 kilogrammes, plonge la forme dans la cuve à pâte, remue celle-ci, et après avoir sorti la forme, l'abandonne quelques instants à l'égouttage. Le moule de la forme mesure quelquefois 0^m,07 d'épaisseur. La pâte ayant pris une demi-solidité, se réduit à environ 0^m,05 d'épaisseur et l'ouvrier l'égalise à la main. Sur la première forme, on en couche une deuxième, munie d'une poignée; l'ouvrier appuie sur cette forme, soit à la main, soit avec un levier ayant son point d'articulation sur le mur contre lequel est fixée la cuve à pâte, soit encore à l'aide d'une presse. Cette opération a pour but de chasser l'eau; la masse se réduit alors de 0^m,015 à 0^m,020 d'épaisseur. L'ouvrier retourne alors la forme qui porte la pâte sur un feutre dont les bords dépassent la feuille de carton de 0^m,15 à 0^m,20 sur chacun des quatre côtés; ces bords sont rabattus sur la feuille, et on les place les unes sur les autres en les séparant par un feutre. Elles sont portées à l'étendoir et on les soumet ensuite à une deuxième pression; dans quelques cas, on termine par un calandrage.

Fabrication à la machine. On l'emploie principalement pour les cartons destinés au cartonnage. En sortant de la raffineuse, la pâte est envoyée dans une cuve-mélangeuse à l'aide d'une écope placée en tête de la machine, et diluée par les eaux d'égouttage: elle passe ensuite sur la toile de la machine précédée de deux épurateurs et elle s'étend sur 6 ou 7 $^m/^m$ d'épaisseur; sur une partie libre de la toile, longue de 3 à 4 mètres, un système de petits rouleaux de 0^m,25 de diamètre oblige un feutre sans fin enroulé sur deux cylindres d'un diamètre supérieur, à appuyer sur la surface du carton. Ce feutre joue le rôle de la forme retournée dont nous avons parlé plus haut.

Carton-paille. La fabrication de ce carton présente une analogie complète avec celle du carton-pâte. On y emploie de la paille coupée au hache-paille, mise à macérer avec de la chaux, puis défilée, raffinée et enfin soumise à la forme. La paille apporte sa colle elle-même. Cette sorte, si elle est faite honnêtement, ne doit point contenir de charge.

Carton-cuir Japonais. Ce produit, importé du Japon en Angleterre et en France, est dû à un secret de fabrication qui n'a pas encore été trouvé par nos fabricants; cependant, M. Girard, chargé de faire un rapport sur ce genre de carton, improprement nommé *papier-cuir,* a constaté que la déchirure fait apparaître des fibres de 0^m,01 de longueur provenant du mûrier à papier. Les irrégularités de ses bords indiquent qu'il est fait à la forme. Les Japonais lui donnent une apparence maroquinée par l'entrecroisement des fils constituant la forme, et lui appliquent des dessins d'une richesse extrême.

Carton-pierre. La pâte de carton, additionnée, suivant le degré de dureté qu'on veut obtenir, de craie, d'argile, de gélatine et d'huile de lin prend, en séchant, la consistance de la pierre ; voici une formule prise dans le brevet de Thibert et Rameaux : colle de Givet 8 parties ; eau 12 ; pâte de papier à carton 12 ; gomme arabique 1 ; craie en poudre fine et blanche, quantité suffisante. On a donné à ces compositions le nom de *carton-pierre*, et au moyen de la compression et du moulage, on en obtient des ornements pour la décoration architecturale, des moulures et corniches, des statuettes, des candélabres, des boîtes de pendules, etc.

Cette matière, presque complètement imperméable et incombustible, a servi à fabriquer des tuiles, auxquelles on a donné le nom *d'ardoises artificielles*. Ces ardoises sont fixées sur les toits par grandes feuilles, et la toiture terminée est recouverte d'une couche de couleur à l'huile.

Carton bitumé. Le carton sec acquiert une grande résistance à l'écrasement, l'humidité seule peut le détériorer ; on a songé à utiliser ses qualités pour la toiture, le parquettage ou le revêtement en l'enduisant de produits hydrofuges, le bitume par exemple.

III. **CARTON.** *T. d'art.* Ce terme s'applique, en peinture, aux grands dessins exécutés sur papier fort ou sur carton, pour servir de modèles aux fresques ou aux grands tableaux. L'artiste ne pouvant dessiner sa composition sur l'enduit frais comme sur la toile ou sur le bois, dessine ses figures sur le carton qu'il découpe ensuite ; les découpures étant appliquées sur le mur, il en trace les contours au moyen d'une pointe qu'il enfonce légèrement dans l'enduit ; ces traits le guident dans son travail qu'il doit exécuter rapidement pour que l'enduit encore humide s'imprègne des couleurs. Quelques peintres, au lieu de découper les figures, piquaient le contour de chacune d'elles, et, après avoir appliqué le carton sur le mur, le frappaient avec un petit sachet de mousseline rempli de charbon pilé ; ils obtenaient ainsi sur le mur un décalque ou *poncif* rigoureusement fidèle. Raphaël se servait de *poncifs*, comme on peut s'en rendre compte par le carton célèbre de la fresque de l'*Ecole d'Athènes* conservé à Milan.

On donne aussi le nom de *cartons* aux dessins qui doivent être reproduits en tapisserie, en mosaïque ou en vitraux. Raphaël, Michel-Ange, Léonard de Vinci, Fra Sebastiano del Piombo, Jules Romain, etc., ont exécuté pour la tapisserie des cartons magnifiques. Parmi les cartons destinés à être reproduits en vitraux, nous devons signaler ceux qui ont été exécutés par Ingres pour les chapelles de Dreux et de Saint-Ferdinand, et qui sont exposés au Musée du Louvre.

IV. * **CARTON-JACQUARD.** Bandes rectangulaires, auxquelles on peut donner divers formats, et que l'on découpe, à l'aide d'une cisaille spéciale, dans de grandes feuilles de cartons fabriquées tout exprès pour l'industrie du tissage artistique. La force du carton doit être calculée de façon à vaincre la résistance des *ressorts* ou *élastiques* qui sont placés dans l'*étui* de la méca-

nique Jacquard, et qui pressent sur le talon des *aiguilles* horizontales, soit pour les maintenir fermement en position initiale ou de repos, soit pour les y ramener lorsque la cause, qui les en a dérangées, vient à cesser d'agir. — V. Métier Jacquard, § *Organes opérateurs.*

Les bandes de carton doivent toujours avoir, comme longueur et comme largeur (cette dernière étant moindre que l'autre), des dimensions exactement conformes à celles de chacune des quatre faces du parallélipipède ou long prisme quadrangulaire en bois, qu'on désigne sous le nom de *cylindre*, — faces sur lesquelles ces bandes viennent successivement s'appliquer lorsque le tisserand fait fonctionner la Jacquard. Chaque face du cylindre contient autant d'*alvéoles* ou petites loges qu'il y a d'aiguilles dans la mécanique. La profondeur de ces alvéoles cylindriques est proportionnelle à la longueur des pointes qui hérissent la planchette faisant vis-à-vis au carton, et qu'on nomme, avec raison, *planchette aux pointes d'aiguilles*. Ces pointes ne sont, en effet, que le prolongement desdites aiguilles en dehors de la planchette qui leur sert de support, du côté du cylindre.

Le carton-Jacquard est une sorte d'écran qui s'interpose entre une face du cylindre et les pointes d'aiguilles. On peut admettre, si l'on veut donner de la clarté à la démonstration, ou bien que le carton est percé d'autant de trous qu'il y a d'alvéoles dans chaque face du parallélipipède ; — ou bien qu'on l'a laissé tout blanc, c'est-à-dire *plein* (terme consacré) ; — ou bien enfin qu'on l'a percé à certains endroits et laissé plein à d'autres. Ces trois exemples étant admis, voici quelles en sont les conséquences.

Dans la première supposition (carton percé partout), aucune des alvéoles n'est masquée, car le carton a autant de petites portes ouvertes qu'il a, sous lui, de petites loges. Les trous du carton ayant un diamètre exactement égal à celui des alvéoles, n'offrent aucun obstacle aux pointes des aiguilles ; il s'en suit qu'aucune de ces aiguilles n'est repoussée lorsque le battant, qui supporte le cylindre, précipite celui-ci, avec son carton, contre les pointes. Chaque trou vient couvrir chaque pointe, en laissant celle-ci en position de repos. Or, l'aiguille, à son tour, commande un *crochet vertical*, dont la partie supérieure affecte la forme d'un bec de corbin. Ce bec, à l'état de repos, prend position un peu au-dessus d'une lame ou *couteau*. L'ensemble des couteaux constitue la *griffe* (à mouvement ascensionnel). Il est facile, alors, de comprendre que si l'aiguille reste immobile ou non repoussée, le crochet ne sera pas dérangé de sa position verticale ; il restera immobile aussi ; donc, si la griffe est soulevée, tous les couteaux prendront, en passant, tous les becs de corbin, et comme les crochets ont pour mission de faire évoluer les fils de la chaîne du tissu, toute la chaîne sera levée (levée *masse*, comme l'on dit). On peut immédiatement déduire de ce fait qu'un *trou* du carton équivaut à un fil *pris*, et *vice versâ*.

Dans la deuxième supposition, le carton sera

entièrement plein, ici plus de portes ouvertes ; les alvéoles seront toutes masquées. Les aiguilles seront donc toutes repoussées lorsque le carton viendra les heurter. Ces aiguilles agiront sur les crochets et forceront ceux-ci à prendre une position suffisamment oblique, pour que chaque bec de corbin se place en dehors du parcours des couteaux de la griffe. Ces couteaux, dans le mouvement ascensionnel, passeront devant les becs des crochets sans les prendre, et conséquemment sans les emporter avec eux. Toute la chaîne restera immobile. Donc un *plein* du carton équivaut à un fil de chaîne *laissé*.

Dans les deux suppositions qui précèdent, il n'y a pas de tissu possible, puisque la navette passerait *sous* toute la chaîne (tous les fils étant pris), ou passerait *sur* toute la chaîne (tous les fils étant laissés). Ces exemples, ainsi qu'il a été dit plus haut, n'ont été donnés ici que pour les nécessités de la démonstration. Passons à la troisième supposition (trous et pleins simultanés). Ici nous arrivons à être dans les conditions exigées pour façonner un tissu ; car nous déterminons dans la chaîne, et suivant les indications fournies par la *mise en carte* (V. Carte, Mise en), un angle d'ouverture rationnel, dans lequel la navette insérera une duite dont les brides seront conformes aux injonctions du carton qui aura déterminé cette séparation de la chaîne en deux nappes, l'une levée, l'autre immobile ou parfois *rabattue*. En effet, partout où le carton aura des trous, les aiguilles resteront au repos, les crochets seront pris et les fils de chaîne correspondants seront levés. L'inverse aura lieu partout où il y aura des pleins dans ce même carton.

Le carton-Jacquard contient trois genres de trous, dont chacun a sa destination spéciale, savoir : 1° les trous dont nous venons de parler, et qui président à l'évolution des fils de chaîne ; 2° les trous d'enlaçage, et 3° les trous de repère.

Trous d'enlaçage. Ces trous sont de même grandeur que ceux qui correspondent aux alvéoles du cylindre ; mais ils n'ont aucune action sur les fils de chaîne. Ils n'ont pas d'alvéoles sous eux quand le carton s'applique sur une face du cylindre. Ce sont de simples *trous de couture*. Ils reçoivent les *cordes d'enlaçage* qui servent à transformer tous les cartons, classés dans l'ordre qu'indique leur numérotage, en un grand ruban qu'on dispose en manchon *continu*, par la réunion du premier carton avec le dernier. Chaque couture nécessite deux cordes d'enlaçage, et il y a un ingénieux moyen de réaliser la couture, qui permet de former, avec ces deux cordes, une spire, *continue* également. Cette spire détermine dans le très petit espace qui sépare les cartons, une charnière suffisamment résistante et très souple. Suivant les formats du carton, il y a deux, trois rangs, et plus, de trous d'enlaçage. Deux rangs sont placés, l'un à l'extrémité droite, l'autre à l'extrémité gauche du carton, et en dehors des trous de repères. — V. Enlaçage.

Trous de repère. On appelle ainsi, dans le carton, les trous beaucoup plus grands qui s'appliquent sur les *pédonnes* que contient chaque face du cylindre. Ces pédonnes sont des boutons de repère en bois ou en cuivre, qu'on rend le plus souvent mobiles pour faciliter le réglage qui consiste à faire parfaitement concorder les trous du cylindre avec les alvéoles. Le carton s'applique et se fixe convenablement à la face du prisme, à l'aide des pédonnes. Celles-ci ont encore pour mission d'entraîner le carton quand le cylindre fait un quart de circonférence ; et c'est grâce à cette rotation, par quarts, que chaque carton est amené, à son tour de rôle, devant les pointes des aiguilles pour y accomplir son acte d'élection entre *pris* et *laissés*.

La grandeur du carton varie suivant la grandeur du cylindre ; ces proportions sont subordonnées au nombre de crochets que contient la Jacquard. Les dimensions de carton, les plus usitées, sont celles qui correspondent à des mécaniques de 624 aiguilles, 520, 416, 208 et 104. Dans les cartons en 624, 520 et 416, il y a trois coutures, dont une centrale et une à chaque extrémité. Dans les 208 et 104, il n'y a que deux rangs d'enlaçage, un à chaque extrémité, toujours en dehors des trous de repère.

Aujourd'hui, de grands perfectionnements ont été apportés dans le mode de construction des organes *opérateurs* et des organes *impulseurs* de la Jacquard. On a plus que doublé le nombre des aiguilles et des crochets, dans un espace équivalant à celui qu'occupent les 624 de la Jacquard, dite *lyonnaise*. Il sera parlé de ces innovations fécondes aux mots Vincensi et Casse. Bornons-nous ici à faire observer que les cartons sont beaucoup plus minces et contiennent des trous presque moitié plus petits que ceux des cartons employés pour les mécaniques ordinaires, et pourtant le travail d'*élection* se fait avec une précision admirable.

Le grand reproche qu'on adresse à la Jacquard, utilisée jusqu'à ce jour, ne porte pas seulement sur la difficulté du *dégarnissage*, en cas d'avarie, mais bien plus encore sur la nécessité, pour le carton, de commencer son action répulsive contre les pointes d'aiguilles, *avant* la chute totale de la griffe, et par suite avant que les becs de corbin, achevalés sur les couteaux, aient été dégagés. On conçoit qu'alors les pleins d'un carton subséquent qui se présentent aux aiguilles des crochets restés *encore en suspension*, n'ont plus seulement à vaincre la résistance des élastiques, mais encore à lutter contre l'effort anormal que leur opposent ces crochets ainsi suspendus et fortement tendus, ce qui rend les aiguilles réfractaires au mouvement de recul et ce qui, conséquemment, fatigue énormément les *pleins* d'un carton, quand ces pleins succèdent, comme nous venons de le dire, à des trous percés dans le carton précédent.

Le problème qui consiste à éviter cet écueil, a été fort élégamment résolu dans les mécaniques nouvelles ; aussi le carton, si mince qu'il soit, suffit pour exercer sa pression contre les aiguilles, sans que ses pleins soient fatigués comme ils le sont dans les mécaniques que l'on pourrait presque, en ce moment, qualifier d'anciennes.

Le lisage qui sert à percer ces *cartons-papier*

est un véritable chef-d'œuvre, au triple point de vue : et de la précision du mécanisme, et de la possibilité d'exécuter la lecture de mises en cartes gigantesques, et enfin de la promptitude du perçage du carton. Nul, mieux que ce grand et bel appareil, ne mérite le titre de *lisage accéléré.* — V. ce mot. — E. G.

CARTONNAGE. 1° Ce mot désigne l'industrie qui emploie le carton pour faire les petits ouvrages, boîtes, coffrets, paniers, petits meubles d'utilité ou d'agrément, auxquels on donne souvent le nom de *cartons.* On conçoit qu'il est impossible d'entrer dans les détails d'une fabrication dont les règles générales n'ont pas d'importance, alors que l'incessante variété et l'extrême bon marché restent la préoccupation du fabricant. Il y a là une question de goût que la mode impose à chaque saison nouvelle et pour chaque genre d'article; les magasins de nouveautés, la confiserie, la parfumerie, etc., livrent aux acheteurs une foule d'objets dans d'élégants cartons; c'est le cartonnage de luxe dans lequel excelle l'industrie parisienne; les cartons de bureau, de magasin, de pharmacien, de bijoutier, etc., font l'objet d'une fabrication courante : c'est le cartonnage d'utilité.

‖ 2° On donne également le nom de *cartonnage* une espèce de reliure en toile ou en papier que l'on orne de différentes manières. On nomme *cartonnage à la Bradel,* celui dans lequel les plats sont formés d'un carton recouvert d'une simple feuille de papier.

CARTONNER. *T. techn.* 1° Relier un livre avec du carton. ‖ 2° Garnir de papier le canal d'une perle fausse. ‖ 3° Mettre un carton sur chaque pli du drap avant le catissage.

CARTONNERIE. Fabrique de cartons; art du cartonnier.

CARTONNEUR, EUSE. *T. de mét.* Celui, celle qui cartonne les livres.

CARTONNIER, ÈRE. *T. de mét.* Ouvrier, ouvrière qui fabrique du carton. ‖ *Cartonnier.* Meuble de bureau composé de plusieurs cartons.

CARTOUCHE. 1° *T. d'arm.* Réunion dans une même enveloppe de la poudre et du projectile qui constituent la charge d'une arme à feu. Pendant longtemps, on ne s'est servi que d'enveloppes en papier qui étaient brûlées par les gaz enflammés de la poudre; mais depuis que l'usage des fusils se chargeant par la culasse est devenu général aussi bien pour la chasse que pour la guerre, on a donné la préférence aux enveloppes ou étuis rigides, composés d'une douille en carton et d'un culot métallique ou mieux encore entièrement métallique, qui ne disparaissant pas pendant le tir peuvent resservir plusieurs fois; la fabrication de ces étuis a pris aujourd'hui une importance industrielle considérable.

— Primitivement, arquebusiers et mousquetaires transportaient leur poudre dans un flasque ou poire à poudre appelé *fourniment,* leurs balles dans un sac ou dans la poche, la poudre d'amorce dans le *poulvérain.* Pour charger, le plus souvent le soldat prenait la poudre à poignée, puis bourrait avec plus ou moins de force, aussi le chargement et par suite le tir de l'arme étaient-ils fort irréguliers. Pour remédier en partie à ce grave inconvénient, augmenter en même temps la rapidité du chargement et surtout éviter la détérioration des munitions dans les transports et leur gaspillage pendant le tir, on donna tout d'abord aux mousquetaires une bandoulière à laquelle étaient suspendus de petits étuis en bois, ferblanc ou cuir destinés à recevoir les charges de poudre mesurées à l'avance, puis plus tard, on prit peu à peu l'habitude de mettre en cartouches la poudre et les balles à distribuer aux troupes. « Ce mode de chargement », dit le général Piobert, dans son *Traité d'artillerie théorique et pratique,* « eu usage, dès 1567, dans les troupes légères espagnoles, fut introduit par elles dans le royaume de Naples, où il était employé généralement, en 1597; en 1629, il fut essayé en Angleterre; en 1620 et 1630, il fut perfectionné par Gustave-Adolphe, qui donna des gibernes à toute son infanterie pour contenir ces charges préparées à l'avance. Les gibernes furent introduites en France, en 1644, et dans le Brandebourg, en 1670. Les cartouches furent adoptées en Angleterre, en 1660, et, dès 1663, l'usage en devint général pour toutes les troupes d'infanterie qui, auparavant, ne pouvaient tirer qu'un coup par minute. » L'introduction de la cartouche fut longtemps combattue dans l'armée française, on lui reprochait de rendre le chargement plus compliqué et plus difficile, quelquefois même impossible lorsque le canon était fortement encrassé. On n'eut recours, tout d'abord, à l'emploi de la cartouche que pour les exercices de tir, parce qu'elle permettait de faire une notable économie de poudre et ce n'est qu'après les essais en grand qui furent faits à l'armée d'Italie, en 1735, que la cartouche fut définitivement rendue réglementaire, en 1737, dans l'armée française. Le général Vallière fit rédiger une instruction sur la manière de faire les cartouches et de s'en servir, qui fut approuvée le 24 avril 1738. La cartouche se composait d'un étui de papier enroulé enveloppant la balle et contenant la poudre placée par dessus; pour ne pas rendre impossible l'introduction de la balle dans le canon, même après un tir prolongé, le papier ne devait faire qu'une ou deux révolutions au plus autour de la balle. Pour charger son arme le soldat, après avoir déchiré la cartouche avec les dents, devait amorcer avec la poudre de la cartouche, puis verser le reste dans le canon; introduire ensuite la cartouche avec la balle dans le canon par le bout déchiré, et enfoncer le tout avec la baguette, de façon à faire bouchonner le papier destiné à servir de bourre.

Telle était la cartouche alors, telle elle est restée, sauf quelques légers perfectionnements, jusqu'au jour de l'adoption des armes rayées; lors de la transformation des armes à silex en armes à percussion, on réduisit la charge de la quantité de poudre employée jusque-là pour amorcer. N'ayant pu réussir à réunir l'amorce à la cartouche, on se contenta de joindre à chaque paquet de cartouches un petit sachet en papier contenant des capsules, en ayant soin d'en mettre quelques-unes en plus de façon à en avoir de rechange en cas de ratés.

Les cartouches, pour les armes rayées se chargeant par la bouche, furent fabriquées d'une façon analogue; toutefois l'enveloppe fut composée de deux parties, un étui en carton contenant la poudre, un trapèze en papier enveloppant l'étui et la balle; celle-ci était placée au fond, le sabot pour les balles sphériques ou le culot pour les balles oblongues en dehors. Après avoir versé la poudre, il fallait retourner la cartouche pour engager d'abord dans le canon, soit le sabot s'il s'agissait d'une carabine à chambre, soit le culot de la balle si celle-ci était cylindro-ogivale. Avant d'enfoncer la balle, on déchirait une seconde fois l'enveloppe de la cartouche, de façon à ne conserver que le papier qui entourait la balle.

Avec les armes se chargeant par la bouche, la même cartouche servait, en campagne, pour le fusil d'infanterie, celui de dragons, ainsi que les mousquetons et pistolets; suivant l'arme, on *saignait* plus ou moins la cartouche, c'est-à-dire qu'avant de verser la poudre dans le canon, on en jetait une quantité plus ou moins grande; par mesure d'économie les cartouches d'exercice ne devaient contenir que juste la quantité de poudre nécessaire.

Quant aux fusils de chasse se chargeant par la bouche, on n'a jamais songé à fabriquer des cartouches pour leur service; de nos jours encore, le chasseur mesure approximativement la charge de poudre à l'aide d'une mesurette à pédale, fixée sur la poire à poudre, et de même pour le plomb le sac à plomb est pourvu d'une mesurette fixe à pédale ou d'une mesurette à godet détaché.

Lors de l'apparition des armes se chargeant par la culasse, on chercha de nouveau à réaliser le desideratum que l'on s'était posé dès le jour où l'on avait commencé à faire usage des armes à percussion à savoir réunir l'amorce à la cartouche. Dès les premiers essais, les cartouches furent classées en deux catégories bien distinctes l'une de l'autre; la cartouche combustible, et la cartouche à étui rigide. L'enveloppe de la première était destinée à être brûlée par les gaz de la poudre et disparaître complètement dans le tir, de même que l'ancienne cartouche des armes se chargeant par la bouche; comme elle était d'une fabrication relativement simple et pouvait être confectionnée à la main avec des éléments, tels que le papier, faciles à trouver partout, on lui donna tout d'abord la préférence pour les armes de guerre; telles étaient la cartouche du fusil à aiguille adopté par la Prusse, en 1844; celle du fusil français Chassepot, modèle 1866; du fusil italien Carcano, du fusil russe, système Karl. Mais on s'aperçut bientôt qu'elle laissait dans l'arme beaucoup de résidus et que de plus elle se conservait mal et était trop sujette à se détériorer dans les transports surtout lorsqu'elle était entre les mains du soldat, on se décida alors à revenir à l'emploi des cartouches à étui rigide qui avaient été, dès l'origine, appliquées aux armes de chasse se chargeant par la culasse et auxquelles on avait tout d'abord renoncé, parce que l'on avait voulu éviter l'inconvénient d'avoir à retirer à chaque coup l'étui vide et parce que l'on considérait leur fabrication comme trop compliquée et exigeant surtout un outillage spécial. Les avantages que les cartouches à étui rigide présentent, au point de vue de la bonne obturation de l'arme, dont elles permettent de simplifier le mécanisme de fermeture, ont encore pesé d'un grand poids dans la balance pour entraîner leur adoption. Les car-

touches à étui rigide sont les seules dont la fabrication ait de l'importance au point de vue industriel, aussi ce sont les seules dont nous nous occuperons dans cet article, nous réservant de donner au mot Fusil la description des cartouches combustibles spéciales à certains fusils se chargeant par la culasse, tels que le fusil à aiguille prussien, et le fusil Chassepot ou modèle 1866. Nous commencerons par dire quelques mots des cartouches-amorces, que l'on emploie pour le tir des armes du genre Flobert, puis nous passerons aux cartouches de chasse et terminerons enfin par les cartouches de guerre.

Cartouches-amorces. Ces cartouches, qui ne peuvent être utilisées qu'avec les armes de salon ou de jardin, pour le tir aux très faibles distances, ne contiennent qu'une charge de poudre fulminante. Elles ne diffèrent des capsules ou amorces ordinaires que par leurs dimensions plus fortes, l'alvéole également en cuivre rouge est un peu renflée au culot de façon à former un bourrelet, ayant pour objet d'arrêter la cartouche à sa position de chargement dans la chambre et de permettre l'extraction de l'étui vide. Les procédés de fabrication sont les mêmes que pour les amorces ordinaires, seulement par dessus le fulminate est placée une petite rondelle de papier qui est découpée, au moment de la compression de la poudre fulminante, par les poinçons eux-mêmes dans une feuille de papier blanc qui recouvre la main de chargement (V. Capsule). Les balles sont placées à la main et introduites simplement à frottement dans l'alvéole. Les premières cartouches-amorces, système Flobert, datent de 1845, elles n'ont guère été modifiées depuis; aujourd'hui encore, on fait surtout usage des cartouches à balle sphérique (V. Carabine, fig. 185). Toutefois, certains inventeurs, cherchant à augmenter la précision du tir des armes du genre Flobert, ont été amenés à modifier la forme de la balle; c'est ainsi que dans les cartouches-amorces Bosquette la balle est guillochée suivant un diamètre, dans d'autres, elle se termine à l'avant par une partie conique. Suivant le système, l'épaisseur du bourrelet varie quelquefois, question commerciale dont le but est uniquement d'obliger à ne se servir dans une arme que d'un seul modèle de cartouches.

Pour le tir des petits oiseaux dans les jardins, on fabrique également des cartouches-amorces chargées à plomb, les grains de plomb renfermés dans une enveloppe en papier sont mis à la place de la balle (V. Carabine, fig. 185).

On emploie également quelquefois pour tirer à des distances un peu plus grandes des cartouches contenant en plus du fulminate une faible charge de poudre, ces petites cartouches peuvent être considérées alors comme de véritables cartouches à percussion périphérique ou annulaire analogues aux cartouches de guerre dont il sera question plus loin.

Les cartouches-amorces Flobert sont les premières cartouches à étui complètement métalliques dont on ait fait usage, mais leur bourrelet étant écrasé par·le choc du chien, elles présentent le grave inconvénient de ne pouvoir être réamorcées.

Cartouches de chasse. Lors de l'apparition, au commencement de notre siècle, des premiers fusils de chasse se chargeant par la culasse, les inventeurs durent se préoccuper d'empêcher les crachements ou fuites de gaz qui se produisaient par les interstices existants entre les différentes pièces de la culasse et qui jusque-là avaient rendu l'usage de pareilles armes à peu près impraticables. Vers 1835, M. Lefaucheux imagina d'employer un culot en cuivre placé à l'extrémité inférieure de la cartouche et dont la dilatation et la pression contre les parois du canon, par l'effort même de la charge, lui sembla devoir intercepter toute issue aux gaz. La même idée vînt, paraît-il, en même temps, ou était déjà venue, à d'autres armuriers; mais empêcher les crachements n'était pas la seule condition à remplir dans la confection d'une bonne cartouche pour fusil se chargeant par la culasse; il y avait aussi à résoudre la question du mode d'amorçage de façon à obtenir une inflammation sûre et convenable de la charge. Dans la cartouche Lefaucheux, sur le pourtour du culot métallique, était pratiqué un trou dans lequel passait une broche en fer destinée à recevoir le choc du chien et faciliter l'extraction de la douille après le tir; une capsule fulminante, placée à l'intérieur contre le bord latéral du culot, était maintenue par l'extrémité de la broche, en sorte que lorsqu'on frappait sur la broche on faisait détoner la capsule. Mais la broche était difficile à fixer convenablement; en outre, le contact de la poudre avec la broche oxydait promptement cette dernière, le fulminate s'altérait et il en résultait de fréquents ratés; enfin, la douille des cartouches dilatée par l'explosion de la charge adhérait fortement à la paroi du canon et il était souvent fort difficile de la retirer pour recharger.

C'est à M. Chaudun, horloger qui se fit plus tard armurier et fabricant de cartouches, que l'on doit les premiers perfectionnements apportés aux cartouches à broche Lefaucheux, dans le but de faire disparaître les inconvénients que nous venons de signaler. Il prit ses premiers brevets en 1841, 1842 et 1847. Nous nous bornerons à signaler, parmi les différentes dispositions auxquelles il a eu successivement recours, celles qui contribuèrent le plus au perfectionnement de la cartouche à broche. Pour former la douille, il se servait d'un papier spécial, dit contractile, tel que lorsque le coup était tiré la douille se crispait et n'adhérait plus aux parois de la chambre. Au fond de la cartouche, il plaçait un culot en carton embouti, d'assez forte épaisseur, dans lequel était ménagé le logement de l'amorce; la broche en cuivre traversait le culot en carton et se trouvait ainsi solidement maintenue et complètement isolée de la poudre.

D'autres perfectionnements de détail ont encore été apportés depuis aux cartouches à broche. Le culot en carton, qui, dans la cartouche primitive

de M. Chaudun, assurait l'obturation, a été remplacé par le culot en laiton, au fond duquel on a introduit un tampon en papier comprimé, dans lequel sont ménagés le logement de l'amorce et de la broche et qui sert en même temps à assurer la liaison de la douille en papier avec le culot. L'amorce, au lieu d'être placée sur le bord, a été placée au centre du culot. Enfin pour éviter les crachements qui se produisent toujours en plus ou moins grande quantité, la maison Gévelot, au lieu de pratiquer au foret le logement (de la broche, ne fait qu'amorcer le trou avec un poinçon; on enfonce ensuite la broche qui, entrant à frottement, refoule sur son passage le cuivre et le carton qui s'appliquent fortement contre elle,

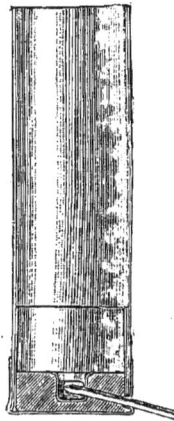

Fig 269. — *Cartouche à broche.*

et ferment ainsi à peu près complètement, au moment de l'explosion, toute issue aux gaz (fig. 269).

Depuis nombre d'années déjà, les cartouches à broche sont devenues d'un usage général, grâce à la vogue dont jouissent les fusils Lefaucheux; aujourd'hui cependant, les fusils à feu central commencent à se répandre en France, et la cartouche à broche devra par suite, un jour ou l'autre, céder le pas à la cartouche à percussion centrale qui présente sur elle plusieurs avantages. En effet, par suite de la suppression de la broche, elle ne laisse aucune issue aux gaz; son maniement 'ne présente aucun danger, tandis qu'une cartouche à broche, tombant sur la broche, peut s'enflammer et éclater; enfin, elle est plus facile à mettre en place, puisqu'il n'y a pas lieu de se préoccuper de placer la broche dans l'évidement destiné à lui servir de logement.

Tandis qu'en France les cartouches à broche ont été pendant longtemps les seules que l'on ait employées, les Anglais, au contraire, ont toujours rejeté la cartouche à broche et fabriqué exclusivement la cartouche à percussion centrale; aussi certains de nos armuriers donnent pour ces dernières la préférence à celles qui sont de fabrication anglaise.

La douille des cartouches de chasse à percussion centrale se compose comme celle des cartouches à broche d'un tube en papier enroulé et d'un culot en laiton réunis entre eux par l'intermédiaire d'un tampon en papier comprimé, dans lequel est introduit à frottement l'alvéole ou godet servant de logement à l'amorce et à son enclume. L'amorçage varie suivant chaque fabricant; ces différents dispositifs font l'objet de nombreux brevets. L'idée première du godet est attribuée à l'armurier français Pottet qui prit pour cela un brevet en 1855.

Nous allons passer rapidement en revue les principales phases de la fabrication des cartouches de chasse. Le culot en laiton est obtenu par un seul emboutissage, il est découpé dans une lame de laiton; la même machine découpe et emboutit à la fois en général trois culots. Le métal ainsi écroui est devenu dur et cassant, on le recuit pour lui rendre toute sa malléabilité; comme il s'est noirci à sa surface, on le décape après. Les culots pour cartouches de première qualité sont ensuite nickelés; ceux pour cartouches bon marché, qui sont en métal blanc, sont recouverts d'une légère couche de cuivre naissant. Ils sont ensuite passés à la sciure de bois et dans le baril tournant d'où ils sortent propres et brillants.

Les douilles se font en roulant très serré à la main, sur un mandrins du calibre voulu, une bande de papier assez large pour pouvoir faire un certain nombre de fois le tour des mandrin et qu'on enduit de colle. La qualité du papier influe beaucoup sur la bonne qualité de la cartouche dont la douille doit avoir assez d'élasticité pour pouvoir, sous la pression des gaz, s'appliquer sans se déchirer et sans y adhérer trop fortement contre les parois de la chambre et reprendre ensuite son diamètre primitif de façon qu'on puisse l'extraire sans difficulté. Les tubes ainsi obtenus sont séchés soit à l'air libre en été soit dans des séchoirs en hiver; une fois bien secs, on les embroche sur un mandrin et les fait passer dans une bague de façon à les étirer, à les amener exactement au diamètre voulu et en même temps à polir leur surface et à la satiner; puis, on les découpe à la longueur voulue pour former plusieurs douilles. La couleur du papier sert à distinguer entre elles les cartouches de qualités différentes.

Les tampons en papier sont également obtenus par l'enroulement d'une feuille de papier gris, enduite de colle, sur un mandrin de petit diamètre; les rouleaux ainsi obtenus sont, une fois secs, découpés en morceaux de hauteur convenable.

On introduit ensuite la douille dans le culot, puis on y engage le tampon en carton que l'on emboutit à l'aide d'un balancier, ou d'une machine à frapper; en même temps, on forme le bourrelet, c'est-à-dire le rebord saillant du culot, qui est destiné à arrêter la chambre et donner prise à l'extracteur pour les cartouches à percussion centrale. On distingue deux sortes de bourrelet : le bourrelet anglais qui est mince, le bourrelet français qui, au contraire, est épais. De même, on fabrique des cartouches à douille ordinaire ou à douille longue; ces dernières permettent d'employer une plus forte charge de plomb. Ces différentes cartouches ne peuvent être tirées indifféremment dans un même fusil, dont la chambre correspond à une épaisseur du bourrelet et une longueur de douille déterminées; toutefois, on peut sans inconvénient employer, avec une arme dont la chambre est appropriée au tir d'une cartouche à douille longue, des cartouches à douille ordinaire.

La hauteur du culot est d'autant plus grande que la cartouche doit être de meilleure qualité; en outre, dans les cartouches de qualité supé-

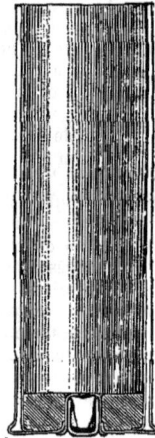

Fig. 270. — *Cartouche à percussion centrale (fabrication anglaise).*

rieure, la douille est renforcée intérieurement par un renfort en papier roulé ou mieux en clinquant, et même en tôle dans certaines cartouches anglaises (fig. 270); dans d'autres cartouches, de fabrication belge, le renfort en clinquant, au lieu d'être placé à l'intérieur, est à l'extérieur; mais il peut alors avoir l'inconvénient de gêner l'introduction de la cartouche dans la chambre. Le renfort augmente la solidité de la douille en même temps que son élasticité, il l'empêche de crever sous la pression des gaz et rend l'extraction plus facile.

Tout ce qui a été dit jusqu'ici se rapporte aussi bien aux cartouches à broche qu'aux cartouches à percussion centrale, le mode d'amorçage seul étant différent.

Dans les cartouches à broche, la machine qui emboutit. le tampon en carton forme en même temps la cavité qui doit servir de logement à l'amorce; pour les cartouches de qualité supérieure, cette cavité est garnie d'une chambre en laiton formant chapelle. On fore ensuite ou perce le trou de la broche suivant le cas, puis met en place l'amorce et sa broche; la pointe de la broche se termine par un petit méplat, au centre duquel est ménagée une petite cavité sphérique de façon à mieux assurer l'écrasement du fulminate; on a soin d'amener la pointe exactement au contact de la poudre fulminante de façon à éviter les ratés et les longs feux.

Pour les cartouches à percussion centrale, on pratique au centre du culot un trou destiné à recevoir la chambre, sorte de petit godet en laiton dont le fond est percé d'un trou ou évent pour permettre aux gaz enflammés d'arriver jusqu'à la charge de poudre. Le godet, maintenu en place par le tampon, y est assujetti par un coup de balancier. Dans le godet, on introduit l'enclume d'abord, puis ensuite la capsule qui doit entrer à frottement. Le plus généralement l'enclume a une forme se rapprochant de celle d'un fer de lance, sa pointe doit être au contact du fulminate, par sa partie supérieure elle prend appui contre le fond du godet, cette partie est légèrement évidée de façon à ne point boucher l'évent.

Gévelot a donné la préférence à une enclume de forme particulière, qui se compose d'une paillette en forme de croix, de telle sorte que l'inflammation du fulminate est assurée aussi bien lorsque le percuteur frappe l'amorce directement au centre que lorsqu'il frappe obliquement sur le côté.

Dans les cartouches de Gaupillat, l'enclume a la forme d'un fer de lance ; une fois l'amorce en place, les rebords du godet sont rabattus par dessus de façon à l'empêcher de sortir (fig. 271).

En France de même qu'en Angleterre, Belgique, Allemagne, la fabrication des cartouches de chasse est la spécialité d'un petit nombre d'industriels dont quelques-uns possèdent des usines fort importantes (V. CARTOUCHERIE). Quant au chargement des cartouches, il est exécuté le plus généralement soit par les armuriers, soit par les chasseurs eux-mêmes. Etant donnée une cartouche vide, amorcée, telle qu'on la trouve dans le commerce, on commence par y verser la charge de poudre ; en France, les chasseurs n'ont toujours à leur disposition que les anciennes poudres de chasse françaises : fine, superfine ou extra-fine (V. POUDRE); certains armuriers recommandent la poudre superfine, d'autres un mélange de deux tiers de fine et d'un tiers d'extra-fine. Toutes ces poudres sont à grains trop fins, encrassent trop les armes ; au point de vue balistique les poudres à fusil françaises, les poudres anglaises de Curtis et Harvey n° 6, ou celles de la poudrerie belge de Wetteren, seraient bien préférables.

Le poids de la charge de poudre doit varier suivant la qualité de la poudre employée et le poids de la charge de plomb ; pour le calibre 16, le plus généralement employé en France, on met ordinairement 3 gr. 5 à 4 grammes de poudre et dix à onze fois le même poids en plomb ; en Angleterre, où l'on fait usage presque exclusivement du calibre 12, les charges de poudre sont de 5 gr. 1/3, 5 gr. 3/4 ou 6 grammes avec toujours la même charge de 32 gr. 1/2 de plomb, ce qui représente seulement cinq à six fois le poids de la poudre. C'est au chasseur qu'il appartient de déterminer par expérience les charges qui conviennent le mieux à son arme.

Par dessus la poudre, il est indispensable de mettre une bourre, sur laquelle on appuie de façon à la mettre en contact avec la poudre en ayant soin de ne pas bourrer, c'est-à-dire frapper violemment de manière à la comprimer ; on s'exposerait ainsi à écraser les grains de poudre, et risquerait de ne pas tasser chaque fois la charge de la même façon, ce qui occasionnerait des irrégularités dans le tir.

Le choix de la bourre et sa bonne qualité ont une grande importance ; on donne le plus généralement la préférence aux bourres en feutre graissées ou cirées qui servent en même temps de lubrificateur pour nettoyer et graisser le canon. Au dire de quelques armuriers, les bourres en feutre anglaises seraient préférables à celles fabriquées en France. La bourre a pour but d'assurer l'obturation à l'arrière de la charge de plomb et, par suite, d'éviter d'une part les déperditions de gaz qui diminueraient la portée de la charge, et, d'autre part, d'éviter l'insufflation des gaz au milieu des grains de plomb à la sortie, ce qui en augmenterait l'écartement. La bourre doit être parfaitement plate et placée perpendiculairement à son axe; si elle était placée obliquement, le coup porterait dans le sens de l'inclinaison.

Les bourres grasses doivent être isolées de la poudre à l'aide d'une rondelle en carton imperméable. En France, beaucoup de chasseurs placent entre la poudre et la bourre en feutre non graissée un culot en papier bleu graissé qui, théoriquement, devrait assurer l'obturation, mais qui, en réalité, est brûlé par les gaz de la la poudre et ne sert qu'à augmenter l'encrassement.

Sur la bourre, on verse la charge de plomb; le numéro du plomb, c'est-à-dire la grosseur des grains (V. PLOMB) doit varier selon la saison où l'on chasse et le gibier que l'on veut atteindre, mais le poids de la charge doit toujours rester le même, de même que la charge de poudre.

A charge de poudre égale, le plomb a une portée d'autant plus grande qu'il est plus gros; mais plus il est gros, moins il y a de grains pour la même mesure et moins on a de chance d'atteindre le gibier.

Par dessus le plomb, on place une seconde bourre en feutre ou simplement en carton et on sertit la douille avec un sertisseur de façon à bien maintenir le tout en place.

Dans le but de diminuer l'écartement des grains de plomb et augmenter la portée efficace de l'arme, on a imaginé différents dispositifs auxquels il ne faudrait pas accorder une trop grande confiance. Telle est la *cartouche grillagée* dans laquelle la charge de plomb est enveloppée dans un réseau en fil de fer extrêmement mince, les vides entre les grains de plomb sont remplis avec de la sciure de bois, le tout est entouré de papier. La charge de plomb ainsi préparée se met directement sur la poudre ; d'après la théorie, le papier doit être brûlé, et, le réseau en fil de fer ne se disloquant qu'à une certaine distance de la bouche du canon, les grains de plomb écartent moins. Dans le même but, on peut employer également des sortes de culots, dits *concentrateurs*, qui se placent sur la bourre et reçoivent la charge de plomb.

Mieux vaut, au lieu d'avoir recours à de pareils expédients, faire usage d'un fusil dont les canons, ou au moins un, soient *chokebore*. — V. FUSIL DE CHASSE.

Les mêmes cartouches peuvent servir pour le tir à plomb et pour le tir à balles; dans le second cas, on remplace la charge de plomb par une balle sphérique pour les canons lisses, cylindro-ogivale avec cannelures pour les armes rayées, seulement il faut avoir soin de ne pas placer de bourre par dessus la balle, afin de ne pas gêner son mouvement, la balle est simplement maintenue par un étranglement de la douille. Il est avantageux de noyer la balle dans de la graisse que l'on verse dans la douille de façon à achever de la remplir. Le poids de la balle étant généralement inférieur à celui de la charge de plomb, on doit réduire proportionnellement la quantité de poudre.

Certains inventeurs ont cherché à donner au tir des balles dans les fusils à canons lisses une précision comparable à celle que l'on obtiendrait avec une arme rayée. C'est ainsi que M. Courtier, de Besançon, a imaginé un culot rayé, c'est-à-dire muni de cannelures sur sa surface extérieure qui se place sur la poudre à la place de la bourre; sur son fond, qui est soit creux, soit plat, on met, soit une balle sphérique ou à bouton, soit une demi-balle. Pendant le parcours dans l'âme ce culot prenant un léger mouvement de rotation entraîne avec lui le projectile. Le même inventeur a modifié les cartouches à broche ou à percussion centrale, de façon à pouvoir s'en servir pour le tir des balles cylindro-coniques dans les armes à canon-lisse. A l'intérieur, la douille est renforcée sur toute sa hauteur par une feuille de clinquant présentant trois nervures héliçoïdales. Après avoir versé la poudre dans l'étui, on met un culot-bourre spécial et une bourre grasse mince; on introduit ensuite la balle en ayant soin de faire concorder les nervures de la cartouche avec les creux ménagés sur la surface du projectile, et par une pression suffisante, on le pousse jusqu'à ce qu'il soit au contact de la bourre.

Lorsque les douilles sont de bonne qualité on peut, lorsqu'elles n'ont point été gonflées par le tir, ce qui en rendrait l'introduction difficile dans la chambre, les réamorcer et les faire servir une seconde fois, ce qui en rend l'usage plus économique que celui des douilles de qualité inférieure, lesquelles ne sauraient supporter, sans inconvénient, le réamorçage. Les cartouches à broche sont moins facilement réamorçables que celles à percussion centrale, la broche pouvant prendre du jeu dans son logement et occasionner des crachements.

Les fusils se chargeant par la culasse exigeant des munitions spéciales, les explorateurs ou chasseurs, qui se rendant dans les contrées éloignées ou doivent visiter des pays inconnus, devaient renoncer à leur emploi et avoir recours aux anciens fusils à baguette, dans l'impossibilité où ils se trouvaient de pouvoir transporter avec eux un approvisionnement suffisant de cartouches. Aussi a-t-on cherché depuis longtemps à construire des douilles pouvant servir un grand nombre de fois, telles étaient les cartouches en tôle d'acier, système Gavard et autres. Aujourd'hui, depuis que l'on a adopté pour toutes les armes de guerre des cartouches métalliques, on fabrique également pour la chasse des douilles en laiton, embouties d'une seule pièce, pouvant se recharger plusieurs fois. Dans les unes, le métal a la même épaisseur partout, le bourrelet est creux et formé par un repli du métal, au fond est placé un tampon en papier comprimé qui est destiné à assujettir l'amorce comme dans les cartouches à douille en carton et culot en laiton (fig. 271). Les autres, au

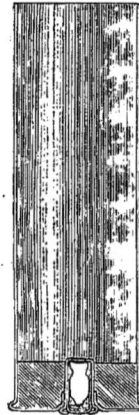

Fig. 271. — *Cartouche métallique.*

contraire, plus perfectionnées sont renforcées au culot, le bourrelet est plein, au centre du culot est pratiqué par emboutissage une cuvette avec téton pour le logement de l'amorce comme dans les cartouches de guerre, dont elles ne diffèrent que par leur forme cylindrique, tandis que les cartouches de guerre affectent généralement la forme bouteille. La figure 272 représente un mode d'amorçage spécial à la maison américaine Winchester, l'amorce elle-même porte son téton ou enclume ce qui rend le réamorçage très facile. On fabrique des douilles en cuivre à percussion centrale et aussi à broche, mais tandis que dans les premières il n'y a jamais de fuite de gaz par l'amorce, dans les autres, au contraire, il se produit toujours autour de la broche, qui prend promptement du jeu, des crachements qui sont désagréables pour le tireur et peuvent même devenir dangereux.

Les douilles de chasse métalliques sont nickelées de façon à empêcher l'oxydation, il suffit après le tir de les bien essuyer; toutefois, lorsque par hasard on les a laissées s'oxyder, on les nettoie en les faisant bouillir dans une eau peu chargée de soude ordinaire; lorsqu'elles sont recouvertes de vert-de-gris il faut ajouter un peu d'acide sulfurique. On les lave ensuite dans l'eau pure puis on les fait sécher. Avant le nettoyage, la douille doit être désamorcée; l'opération du désamorçage doit toujours se faire le plus tôt possible, deux jours au plus après le tir, sans cela l'amorce s'oxydant adhérerait trop fortement à la douille. Avant de recharger une douille métallique, il est indispensable de la recalibrer de façon à lui rendre ses dimensions primitives, si elle a été gonflée par le tir. Cette opération s'exécute à l'aide d'un *recalibreur*, sorte d'outil qui présente une matrice ayant les dimensions exactes de la cartouche dans laquelle on force la douille à pénétrer au moyen d'un maillet en bois.

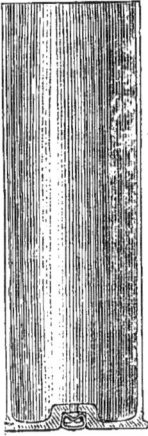

Fig. 272. — *Cartouche métallique (fabrication américaine).*

Les douilles métalliques ne devant pas être serties, ce qui serait un inconvénient lorsqu'on voudrait les recharger, on peut placer par dessus la charge de plomb, au lieu d'une bourre en carton, une bourre en liège que l'on force comme un bouchon dans une bouteille.

Cartouches de guerre. Les Américains, les premiers, ont fait usage, pendant la guerre de sécession, 1861-65, de cartouches à enveloppe entièrement métallique. Ces cartouches, destinées surtout à des carabines à mouvement simple ou à répétition ne tirant qu'à de faibles charges, présentent beaucoup d'analogie avec la cartouche-amorce, système Flobert, dont elles ne sont du reste que le perfectionnement.

L'étui est obtenu par l'emboutissage d'un disque de cuivre, l'épaisseur du métal est la même partout aussi bien au culot que dans la partie cylindrique, le bourrelet est formé par un repli du métal. Mais le chargement est différent, la poudre fulminante au lieu d'occuper tout le fond de la cartouche est rassemblée dans le pourtour du bourrelet, de là le nom de *cartouche à percussion*

périphérique qui a été donné à ce genre de cartouche (fig. 273); la charge de poudre remplit l'étui, par dessus la poudre est placée directement la balle qui, suivant les cas, s'engage simplement à frottement dans la douille ou bien est sertie.

De même que dans la cartouche Flobert, l'inflammation du fulminate est déterminée par l'écrasement du bourrelet; afin de rendre l'amorce plus sensible on mélange le fulminate généralement avec du verre pilé. Au point de vue de la fabrication, les cartouches à percussion périphérique sont excessivement simples et peu coûteuses, mais au point de vue du service elles présentent de nombreux inconvénients. La poudre fulminante étant en assez grande quantité, ses effets ne sont pas négligeables, comme avec une amorce ordinaire, et viennent s'ajouter à ceux produits par la

Fig. 273. — *Cartouche à percussion périphérique*

charge; et comme ils sont généralement assez variables ils occasionnent des irrégularités dans le tir. Par suite de leur mode spécial d'amorçage, ces cartouches ne sont pas réamorçables et l'étui ne peut, par conséquent, servir qu'une seule fois. La nécessité de donner au bourrelet une épaisseur suffisante pour ne pas être rompu par l'action des gaz ou déchiré par l'*arrache-cartouche*, tout en le faisant assez mince pour qu'il puisse être écrasé par le choc du percuteur, exige un métal excessivement malléable comme le cuivre rouge, mais le cuivre rouge a peu de résistance et manque complètement d'élasticité; il en résulte qu'après le coup l'étui adhère fortement aux parois de la chambre; pour remédier à cet inconvénient on a proposé de remplacer le cuivre rouge par le tombac qui est du cuivre allié à un peu de zinc et un peu d'étain, mais cet alliage a à peu près tous les défauts du cuivre, sans en avoir toutes les qualités.

Les cartouches à percussion périphérique ont été surtout employées avec les premières carabines à répétition américaines; les Suisses les ont également adoptées pour le tir de leur fusil à répétition, modèle 1867. Avec ces cartouches, en effet, il n'y a pas à craindre, lorsqu'elles sont dans le magasin, que le choc de la pointe de la balle contre le culot de la cartouche précédente détermine l'inflammation de l'amorce comme cela aurait pu se produire, croyait-on alors avec les cartouches à percussion centrale. L'expérience ayant montré que cette crainte n'avait pas de raison d'être, les armes à répétition anciennes ou nouvelles sont aujourd'hui à peu près toutes appropriées au tir des cartouches à percussion centrale; les cartouches à percussion périphérique sont donc destinées à disparaître à peu près complètement, dans un avenir plus ou moins éloigné.

Comme on le voit, les Américains, utilisant leur outillage et leurs machines perfectionnés et profitant de la bonne qualité des cuivres que l'on trouve

Fig. 274. — *Cartouche Boxer*.

appliquée extérieurement contre la tranche du culot et la débordant, renforce le culot et, tenant lieu de bourrelet, facilite l'extraction. L'alvéole porte-capsule ou godet, qui contient l'amorce et son enclume, passe à travers un trou central ménagé dans la rondelle d'extraction, les deux culots et le tampon en papier, et comme elle est forcée dans son logement, elle sert à assurer la liaison de toutes ces pièces.

Lors de la transformation, en France, des fusils rayés se chargeant par la bouche en fusils se chargeant par la culasse, modèle 1867 ou à tabatière, on adopta une cartouche de construction analogue, c'est-à-dire à douille en clinquant et culot en laiton ; toutefois le bourrelet dut être obtenu par un repli du métal comme dans les

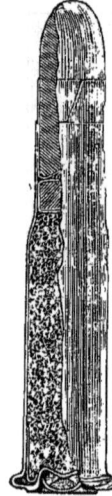

Fig. 275. — *Cartouche Berdan*.

dans leur pays, avaient abordé franchement la fabrication des cartouches à étui métallique embouti d'une seule pièce. Les Anglais, au contraire, cherchaient à tourner la difficulté, et à avoir à la fois un culot parfaitement résistant de façon à obtenir une obturation sûre et certaine, et une douille élastique pouvant être extraite sans difficulté après le tir. Ils prirent, pour point de départ de leurs études, la cartouche de chasse à culot en laiton et douille en papier, avec inflammation centrale, et, vers 1865, le colonel Boxer présenta un type de cartouche de construction particulière qui a été adopté en Angleterre et est aujourd'hui encore réglementaire avec le fusil Martini-Henry. Les cartouches Boxer (fig. 274) se composent de deux culots en laiton emboutis, engagés l'un dans l'autre, et d'une douille obtenue par l'enroulement d'une feuille de clinquant; la liaison de la douille et des culots est assurée dans les cartouches de chasse à l'aide d'un tampon en papier comprimé. Une rondelle en fer,

cartouches de chasse. La fabrication de ces cartouches fut confiée à M. Gévelot qui y appliqua le mode d'amorçage à inflammation centrale employé actuellement pour ses cartouches de chasse à percussion centrale.

Les cartouches à douille en clinquant présentent certains avantages au point de vue surtout de la facilité de fabrication, mais elles ne peuvent être que difficilement utilisées plusieurs fois. Pendant ce temps, le colonel américain Berdan avait fait faire un grand pas à la fabrication des cartouches à étui métallique embouti d'une seule pièce, et avait réussi à leur appliquer également le mode d'amorçage à inflammation centrale (fig. 275). Comme matière première il prit le laiton qui, de tous les alliages du cuivre, est celui qui réunit le mieux, lorsqu'il est fabriqué avec du cuivre rouge de première qualité exempt de métaux étrangers, les qualités nécessaires, c'est-à-dire la malléabilité, la résistance et l'élasticité, sans être d'un prix de revient trop élevé. L'étui obtenu par l'emboutissage d'un disque en laiton, a encore la même épaisseur partout comme celui des cartouches à percussion périphérique, de même le bourrelet est formé par un repli du métal. Mais le culot, au lieu d'être plat, présente en son centre une cavité ou cuvette obtenue aussi par emboutissage et destinée à servir de logement à l'amorce; le fond de la cuvette réembouti en sens inverse forme une sorte de téton destiné à remplir l'office d'enclume; des évents, percés dans le fond de la cuvette, autour de l'enclume, permettent aux gaz enflammés de l'amorce de parvenir jusqu'à la charge. Le bourrelet étant toujours le point faible et celui qui fatigue le plus, soit pendant le tir, soit pendant l'extraction, il plaça à l'intérieur de l'étui et au fond un second culot ou renfort, devant empêcher les gaz d'arriver jusque dans le creux du bourrelet. Ainsi construite la cartouche Berdan était bien supérieure à toutes celles qui avaient été mises en service jusque-là; on pouvait espérer pouvoir fabriquer les étuis dans d'assez bonnes conditions, au point de vue de la résistance, pour qu'on pût les faire resservir plusieurs fois, au moins pour les tirs d'exercice, ce qui devait en diminuer considérablement le prix de revient. La cartouche Berdan fut adoptée, en 1869, par la Bavière pour son fusil Werder, et par la Russie pour son fusil Krink, d'abord, puis pour son fusil Berdan n° 2 ou modèle 1871.

Tel était l'état de la question lorsque, après la

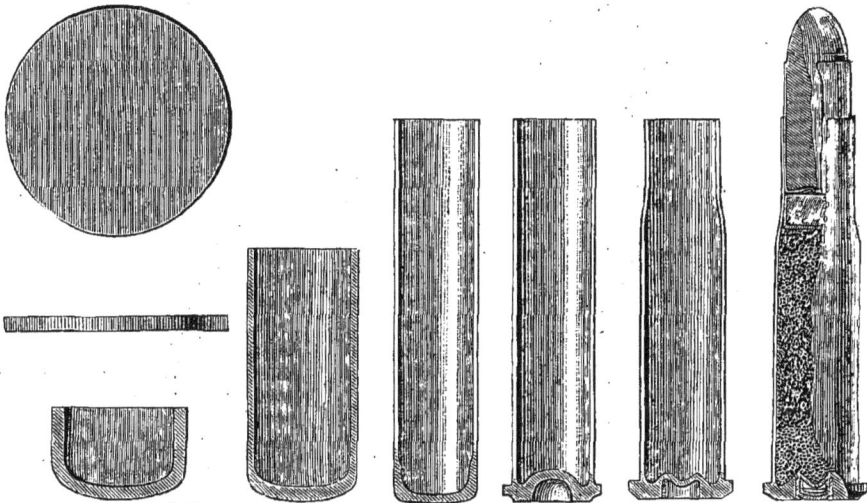

Fig. 276 à 284. — *Fabrication de la cartouche du fusil modèle 1874.*

guerre de 1870-71, l'Allemagne et la France, chacune de leur côté, abandonnant l'une son fusil à aiguille et l'autre son chassepot, se décidèrent à adopter en principe la cartouche métallique. L'une et l'autre puissance prirent pour point de départ de leurs études et de leurs essais la cartouche Berdan, au tracé de laquelle furent apportées successivement plusieurs modifications ayant surtout pour but d'en augmenter la résistance. On posa comme condition, que chaque étui devrait pouvoir servir dix fois, en moyenne, sans se fendre et sans se déformer de façon à donner lieu à des difficultés d'extraction. Pour arriver à ce but on a donné à l'étui une surépaisseur au culot (fig. 276 à 284), puis au lieu de former le bourrelet par un repli du métal, on l'a ménagé dans la partie pleine du culot; enfin, on a donné aux parois de l'étui des épaisseurs allant en diminuant proportionnellement aux efforts qu'elles ont à supporter; la cartouche ayant été ainsi renforcée le renfort intérieur devenu inutile fut supprimé. Au point de vue de la fabrication, les cartouches à bourrelet plein sont beaucoup plus compliquées et plus coûteuses, mais en revanche elles présentent des garanties de solidité. que ne présentait aucune de celles en usage jusque-là; aussi, à l'imitation de la France et de l'Allemagne, toutes les autres puissances l'ont successivement adoptée pour leur armement, seule l'Angleterre a conservé la cartouche Boxer, comme nous avons déjà eu occasion de le faire remarquer. Les différents types, actuellement réglementaires dans les différentes armées, ne diffèrent entre eux que par des détails de peu d'importance, dans la forme générale qui dépend du tracé de la chambre du fusil, dans le tracé de l'étui et le mode d'amorçage, et par les conditions de chargement qui varient légèrement d'un pays à l'autre; ces dernières surtout ont été dans ces derniers temps l'objet de nombreux perfectionnements. Nous allons passer successivement en revue les différentes parties de la cartouche, en prenant pour type la cartouche du fusil français, modèle 1874.

Le plus généralement l'étui a extérieurement

la forme d'une bouteille; il se compose de deux troncs de cône raccordés par une surface courbe; le cône postérieur correspond au logement de la charge de poudre, le cône antérieur ou collet à celui de la balle. On a donné au premier des dimensions diamétrales sensiblement supérieures à celles du second, de façon à augmenter la capacité de la chambre à poudre sans avoir à lui donner une longueur exagérée qui aurait rendu la cartouche d'un emploi peu commode. La conicité de l'étui a pour but de faciliter l'introduction de la cartouche dans la chambre et surtout son extraction. L'épaisseur au culot, ainsi que l'épaisseur et la forme du bourrelet, sont variables; dans le dernier tracé adopté en France en 1879, l'épaisseur au culot doit être au moins égale à celle du bourrelet.

Le *flan* ou rondelle de métal, destiné à fournir par emboutissage le culot qui servira à fabriquer l'étui, est découpé dans une bande de laiton laminée dont l'épaisseur et la largeur ont été calculées d'après le tracé définitif que l'on veut obtenir, et aussi d'après l'espèce de machine employée. La même machine peut découper le flan puis l'emboutir, pour cela, après que l'emporte-pièce a découpé la rondelle, un poinçon de forme convenable refoule le métal dans une matrice de forme déterminée. Le culot ainsi obtenu est ensuite amené par une série d'opérations mécaniques, dont le nombre varie suivant l'outillage dont on dispose, à sa forme définitive. On commence par lui faire subir, au moyen de machines analogues à la machine à emboutir, un certain nombre d'étirages, en ayant soin de modifier chaque fois les poinçons et les matrices, de façon à l'étirer, tout en conservant au fond la quantité de métal nécessaire pour former plus tard le culot et le bourrelet. On procède ensuite, toujours à l'aide de machines à emboutir, à la formation du bourrelet et du logement de l'amorce, c'est-à-dire au bourreletage. Ces différentes opérations devant aigrir le métal, on lui fait subir de temps en temps un recuit au rouge cerise de façon à lui rendre toute sa ductilité et sa malléabilité; après chaque recuit les étuis sont décapés et lubrifiés, de même après certaines de ces opérations on coupe l'étui de façon à enlever le métal en excès. Le bourreletage terminé, on imprime en creux sur la tranche du culot les différentes marques devant indiquer l'origine de l'étui, puis on perce les évents. Jusque-là l'étui a conservé extérieurement la forme cylindrique, on procède alors à l'opération du cônage ou sertissage qui se fait à l'aide de machines à mandriner et qui a pour but de lui donner la forme en bouteille. L'étui terminé est lavé, puis séché, il ne reste plus qu'à couper la tranche antérieure et tourner le bourrelet de façon à donner à son pourtour une netteté suffisante pour assurer un bon fonctionnement de l'extracteur.

Dans toutes les cartouches actuellement en service, le logement de l'amorce est cylindrique. Sauf de rares exceptions, l'enclume, au lieu d'être mobile comme dans les cartouches de chasse à percussion centrale, est formée par le fond du logement embouti en forme de téton; cette disposition permet d'éviter les ratés qui peuvent être occasionnés par la mauvaise position ou le défaut de fixité de l'enclume, soit aussi par l'absence de l'enclume que l'on a oublié de mettre en place. L'amorce est forcée dans son logement à l'aide d'une presse à amorcer; dans la cartouche française, l'amorce, de dimension plus faible que dans les autres cartouches, est placée dans une seconde capsule en laiton servant de couvre-amorce; afin d'éviter toute pénétration d'humidité par le joint du couvre-amorce et de l'étui, on recouvre ce joint d'une couche de vernis rouge.

L'étui amorcé, on y verse la charge de poudre; cette charge a été fixée dans presque tous les autres pays à 5 grammes; en France, elle est de 5 gr. 25 de poudre F_1 (V. Poudre). Dans les grands ateliers, on verse à la fois la charge de poudre dans un certain nombre d'étuis, placés préalablement dans des mains de chargement, à l'aide d'une trémie de chargement; puis on tasse la poudre, le plus régulièrement possible sans la comprimer, à l'aide d'une machine spéciale. Afin de s'assurer de la régularité du chargement, on doit faire de fréquentes pesées de façon à vérifier que le poids de la charge de poudre se trouve bien compris dans les limites de tolérance admises, limites que l'on s'efforce de restreindre le plus possible en perfectionnant les procédés de chargement et de contrôle, de façon à éliminer les causes d'irrégularité du tir provenant de la variation du poids de la charge.

Dans les premières cartouches qui ont été fabriquées, la poudre, qui contient toujours un peu d'humidité, se trouvant directement au contact du métal de l'étui, le cuivre finissait par être décomposé par le soufre, et le zinc, bien qu'inattaquable, favorisait la sulfuration en contribuant à développer une action voltaïque. On a remédié à ce grave inconvénient, qui compromettait gravement la conservation des cartouches chargées en magasin, en enduisant de vernis l'intérieur de la douille. Cette opération s'exécute en France avant l'amorçage, à l'aide d'une machine spéciale. On a aussi proposé, pour préserver la poudre, d'étamer ou nickeler l'étui à l'intérieur, mais peut-être y aurait-il un inconvénient à introduire ainsi un troisième métal, c'est-à-dire un nouvel élément électrique. Jusqu'ici, à notre connaissance, aucun essai de ce genre n'a été expérimenté.

Par dessus la charge est placée la bourre ou le lubrificateur qui, dans les cartouches de guerre comme dans les cartouches de chasse, a une grande influence sur la régularité du tir. Dans les cartouches fabriquées jusqu'ici en France, on s'est servi d'une rondelle de feutre gras placée entre deux rondelles de carton mince glacé, destinées à l'isoler de la poudre d'une part et de la balle d'autre part.

Actuellement, on essaie une bourre en cire analogue à celles qui sont déjà employées à l'étranger, notamment en Allemagne avec la cartouche du fusil modèle 1871 (Mauser). Cette bourre en cire est placée dans un petit godet de papier, qui l'enveloppe tout en laissant sa tranche supérieure découverte. Dans les ateliers de chargement importants, les bourres sont placées à l'aide de machines ; de même c'est à l'aide de machines spéciales que l'on met en place les balles. — V. CHARGEMENT.

Afin de faciliter l'introduction de la balle, l'entrée de l'étui a été préalablement fraisé ; la partie cylindrique de la balle est entourée d'un losange de papier spécial, appelé *calepin* ou *cravate*, qui est tortillé en-dessous ; le tortillon est logé dans le léger évidement ménagé dans le culot de la balle. Si l'on pouvait nettoyer l'arme à chaque coup, ce calepin nuirait à la justesse du tir, car il gêne le centrage de la balle ; mais il augmente, au contraire, cette justesse dans les armes de guerre qui doivent servir longtemps sans être nettoyées, en s'interposant entre la balle et les parois du canon et en entraînant le plomb et les crasses à mesure qu'ils se déposent dans les rayures. Enfin, le papier isole la balle de l'étui et l'empêche d'adhérer trop fortement. Le tortillon du calepin reste quelquefois adhérent à l'arrière de la balle et peut nuire à la régularité du mouvement du projectile dans l'air ; c'est pour parer à cet inconvénient que, dans les cartouches actuellement en essai, la tranche supérieure de la bourre en cire a été laissée à découvert, de façon que le tortillon adhérent à la rondelle de cire se sépare de la balle au départ du coup. La balle n'est maintenue dans le collet que par simple serrage ; ce serrage, qui dans les nouvelles cartouches est déterminé avec soin, doit être très régulier, de façon à ne pas occasionner d'irrégularités dans le tir, on le vérifie fréquemment sur un certain nombre de cartouches à l'aide d'un dynamomètre spécial.

Toutes les cartouches sont ensuite vérifiées et calibrées, c'est-à-dire qu'on en vérifie le poids et la longueur, puis on graisse la partie de la balle qui déborde de l'étui en la plongeant dans un bain de graisse ; les cartouches graissées étant sujettes à se détériorer en magasin, dans certains pays, comme l'Allemagne par exemple, on ne les graisse qu'au moment même de s'en servir.

Les cartouches terminées sont empaquetées ; en France, chaque paquet contient 6 cartouches isolées les unes des autres par une bande de papier ; sur l'enveloppe sont inscrites des marques indiquant la provenance et l'époque du chargement des cartouches.

Dans chaque atelier, une commission locale, composée d'officiers d'infanterie et d'artillerie, procède chaque jour à la vérification des cartouches chargées la veille ; cette opération comprend des épreuves de tir, tirs de vitesse et tirs de justesse, et des épreuves de démolition dans lesquelles on examine successivement toutes les parties de la cartouche. De même, tous les mois la Commission d'expériences de Versailles reçoit de chaque atelier de chargement un lot de cartouches qu'elle est chargée de vérifier de façon à assurer l'uniformité dans la confection.

La cartouche sans balle ou *cartouche à blanc*, pour fusil modèle 1874, ne diffère de la cartouche à balle que par l'absence de celle-ci et de la bourre en cire ; l'étui est fermé par un anneau en carton, placé dans le collet, séparé de la poudre par une rondelle de carton et recouvert d'une rondelle de papier fort.

Tous les étuis vides provenant du tir doivent être ramassés avec soin, soit qu'on veuille les faire resservir, soit parce que le métal a par lui-même une certaine valeur ; les étuis qui après avoir été examinés sont reconnus susceptibles d'être chargés à nouveau doivent être préalablement *réfectionnés*, c'est-à-dire, 1° désamorcés, lavés et séchés, opérations qui s'exécutent le plus tôt possible et en général dans les corps de troupe ; 2° remandrinés de façon à leur redonner leurs dimensions primitives. Les étuis réfectionnés sont ensuite chargés comme des étuis neufs ; on les utilise généralement en France pour la fabrication des cartouches sans balle, et ce n'est que sur un ordre du ministre que l'on peut les charger à balle.

En France, sur le culot de chaque cartouche (fig. 285) sont inscrits : les initiales de l'atelier de

Fig. 285. — *Marques de la cartouche pour fusil modèle 1874.*

fabrication de l'étui, le numéro du trimestre et le millésime de l'année de la fabrication ; chaque réfection pour le tir à balle est indiquée par un coup de pointeau ; lorsque l'étui ne doit plus être employé que pour la confection des cartouches à blanc, on l'indique par une croix de Saint-André, les nouvelles réfections qu'il subit alors sont indiquées par un trait.

Pour toutes les données relatives aux cartouches actuellement en service dans les différents pays, on se reportera au mot FUSIL, où l'on trouvera un tableau comparatif, relatif aux principaux modèles de fusils réglementaires et à leurs munitions.

Cartouches de revolver. Les revolvers ne sont devenus d'un usage réellement pratique que le jour où on a pu utiliser pour leur tir les cartouches métalliques.

On s'est tout d'abord servi, principalement en France, à peu près uniquement de cartouches à broche ; mais ces cartouches étant d'un maniement dangereux par suite de la saillie de la broche, on a fabriqué des cartouches à percussion périphérique et à percussion centrale ; on donne actuellement la préférence à ces dernières. Les cartouches de revolver diffèrent peu des cartouches de guerre ; toutefois, afin de mieux assurer la liaison de la balle avec l'étui, on sertit la cartouche, de cette façon la balle ne peut, dans aucun cas, se séparer de l'étui soit lorsqu'on transporte l'arme chargée, soit lorsque pendant le tir les cartouches placées dans le barillet sont soumises au contre-coup occasionné par le départ de la cartouche voisine.

L'étui est généralement cylindrique avec bourrelet pour les cartouches à percussion centrale, sans bourrelet pour celles à broche; il n'a qu'une très faible longueur, aussi n'interpose-t-on que rarement une bourre entre la balle et la poudre; la balle étant sertie ne peut être entourée d'un calepin; la poudre est de la poudre de chasse. Le mode de fabrication de l'étui et surtout le mode d'amorçage varient suivant chaque fabricant. Quelqu'en soit le modèle, pourvu qu'elle soit de calibre, et appropriée au mode de percussion de l'arme, une cartouche de revolver peut en général, être utilisée avec un revolver d'un système quelconque; seuls quelques revolvers nécessitent des munitions particulières.

La figure 286 représente la cartouche réglementaire pour le tir du *pistolet-revolver* français,

Fig. 286. — *Cartouche pour revolver, modèle 1873.*

modèle 1873, dont l'étui a été fabriqué jusqu'ici par M. Gaupillat.

Pour les revolvers, de même que pour les carabines de chasse, on fabrique des cartouches dites *indestructibles* à étui, en tôle d'acier pouvant resservir un grand nombre de fois et dispensant ainsi le tireur de transporter avec lui un grand approvisionnement de cartouches.

Cartouche de mitrailleuses et canons-revolvers. Ces cartouches sont analogues aux cartouches pour armes portatives, seulement leurs dimensions sont plus grandes. Celles pour le *canon à balle* français et le canon-revolver Hotchkiss ont une douille en clinquant enroulé et un culot en laiton embouti; celle pour canon-revolver a, en plus, une plaque d'extraction en fer, il est question de la remplacer par une autre dont l'étui serait en laiton embouti d'une seule pièce. — V. MITRAILLEUSE.

Cartouche à boulet, à mitraille, à obus. Du temps des anciens canons lisses de campagne, on désignait également sous le nom de cartouche l'ensemble du projectile et du sachet contenant la charge de poudre. Afin de les réunir ensemble, on interposait entre les deux un sabot en bois sur lequel le projectile était maintenu à l'aide de bandelettes en ferblanc. Le sabot était ensuite placé dans le sachet par dessus la poudre et fixé par une ligature. L'introduction

des cartouches à boulet, à mitraille et à obus dans les approvisionnements de l'artillerie de campagne française date de Gribeauval; elle avait pour but, en simplifiant la charge, d'augmenter la rapidité du tir sur le champ de bataille.

Bibliographie : L'armement et le tir de l'infanterie, par CAPDEVIELLE, lieutenant-colonel d'infanterie, Paris. 1872; *Les armes à feu portatives,* par SCHMIDT, major à l'état-major fédéral suisse, directeur de la fabrique fédérale d'armes, Paris, 1877; *Cours d'artillerie* (armes portatives), par LABICHE, capitaine d'artillerie, Paris, 1879; *Aide-mémoire à l'usage des officiers d'artillerie* (chapitre XVII, armes portatives), Paris, 1879; *Digest of cartridges for small arms patented in the United states, England and France,* Washington, 1878; *The Gun and its Development,* par GREENER, Londres, 1881; *Guide-carnet du chasseur, du tireur et de l'amateur d'armes,* par LIBIOULLE, armurier à Paris; *Album Galand,* traité d'armurerie, par GALAND, fabricant d'armes en Belgique.

Cartouche de dynamite. 2° *T. de min.* La dynamite, substance explosive composée d'un mélange de nitroglycérine et d'une matière absorbante, est actuellement livrée au commerce en petits paquets de 100 à 200 grammes que l'on nomme *cartouches.*

Les meilleurs types de cartouches sont ceux qui ont été adoptés par la poudrerie de Vonges où se fabrique toute la dynamite employée dans les services militaires. La cartouche destinée plus particulièrement à l'industrie affecte la forme d'un cylindre de 0^m,03 de diamètre et contient 100 grammes de dynamite. L'enveloppe se compose d'une feuille de papier fort sur laquelle une feuille d'étain a été soudée par un laminage spécial, la surface métallique étant placée à l'extérieur s'oppose à l'effet d'exosmose que produit l'action de l'humidité. Ces cartouches sont livrées au commerce par boîtes de 25, renfermées elles-mêmes dans de solides caisses en bois. Chaque caisse contient 10 boîtes de 25 cartouches, soit 25 kilogrammes de dynamite. — V. DYNAMITE.

Cartouche (de l'ital. *cartoccio*). 3° *T. d'art.* Ornement formant le cadre d'une inscription, d'une devise, d'un titre, etc. On le met quelquefois au bas d'une gravure, d'une carte de géographie, au frontispice d'un édifice, etc.

— Le cartouche, imaginé par les peintres de la Renaissance, était un rouleau ou une banderolle, suivant la fantaisie de l'artiste, qui contenait les paroles que le personnage était censé prononcer; la peinture délaissa bientôt le cartouche qui fut employé dans la décoration architecturale; les édifices du XVIIIe siècle en offrent de nombreux exemples.

*CARTOUCHIER, ÈRE. Ceinture, boîte ou sac divisé par étuis, à l'usage des soldats et des chasseurs pour contenir leurs cartouches.

*CARTOUCHERIE. Sous ce nom on désigne souvent, dans le langage usuel, l'ensemble des ateliers dans lesquels on fabrique les étuis pour cartouches ou exécute leur chargement.

Les usines, dans lesquelles avait été organisée la confection des capsules fulminantes (V. CAPSULERIE), furent des premières à entreprendre cette nouvelle fabrication; c'est ainsi que diverses maisons ont pris une extension considérable et exportent aujourd'hui dans le monde entier non seulement des amorces mais des cartouches de tous modèles.

En général, les étuis pour cartouches de chasse sont livrés dans le commerce vides mais amorcés; ce n'est que sur commande spéciale que l'on exécute le chargement. Au contraire, les différents genres de cartouches pour carabines de tir ou de salon et revolvers sont toujours chargées dans les ateliers même de la cartoucherie. On observe pour l'installation de ces ateliers des précautions analogues à celles qui sont réglementaires dans les ateliers de chargement des cartouches de guerre.

Dans ces usines, on fabrique également, en général, les accessoires nécessaires pour le chargement des cartouches, tels que les bourres et les culots.

Autrefois, la fabrication des anciennes cartouches pour fusils de munition se chargeant par la bouche, pouvait se faire par les soins des corps de troupe eux-mêmes ou dans n'importe quelle direction d'artillerie. La fabrication des cartouches pour fusil, modèle 1866, nécessita l'installation d'ateliers spéciaux.

Lors de la mise en service des cartouches à culot métallique pour le fusil transformé modèle 1867 (à tabatière) le département de la guerre s'adressa à l'usine Gévelot. Pour la fabrication des cartouches à broche pour revolver Lefaucheux, le département de la marine eut recours, dès 1858, à la maison Gaupillat, et a continué depuis à se fournir chez elle; de même en 1873, lors de l'adoption du revolver de cavalerie, la guerre fit également des commandes au même fabricant; les étuis livrés, amorcés mais vides, sont chargés dans certains établissements de l'artillerie.

Enfin, lorsqu'il fut question, après la guerre de 1870-71, de l'adoption pour le nouveau fusil d'infanterie d'une cartouche entièrement métallique, les principales usines françaises furent appelées à fournir des échantillons de leur fabrication qui furent essayés comparativement; puis, après l'adoption du modèle définitif, elles travaillèrent pour former nos premiers approvisionnements concurremment avec les ateliers que l'artillerie avait été chargée d'organiser dans certains de ses établissements.

Actuellement, l'artillerie fabrique elle-même les étuis dans un certain nombre d'ateliers, dont les principaux sont ceux des ateliers de construction de Puteaux et de Tarbes, et de l'école de pyrotechnie à Bourges. Quant au chargement, il est effectué dans les directions d'artillerie, dont quelques-unes possèdent actuellement des ateliers pourvus d'un outillage complet qui leur permet d'opérer mécaniquement avec une grande rapidité et en même temps avec une grande régularité.

De même que les salles d'artifices, les ateliers de chargement de cartouches doivent être formés par trois murs avec une façade légère et un toit léger, de façon à atténuer autant que possible les effets produits par une explosion en cas d'accident. Ils doivent être isolés les uns des autres et séparés par des levées de terre ou des touffes d'arbres, afin d'éviter qu'une explosion arrivant à l'un d'eux n'en provoque pas de nouvelle dans les bâtiments environnants. La pièce, dans laquelle est placée la trémie de chargement destinée à recevoir la poudre, doit être isolée de l'atelier; l'artificier ou chef d'atelier doit seul y pénétrer en prenant toutes les précautions voulues et ayant soin surtout d'arroser le plancher.

CARVIN (Mines de). La concession des mines de houille de Carvin, instituée en 1860, est située au nord du bassin houiller du Pas-de-Calais.

Divers décrets avaient successivement institué, depuis 1852, les concessions de Dourges, Courrières, Lens, Grenay (Cie de Béthune), Nœux, Bruay, Marles, Ferfay, Auchy-au-Bois, Vendin et Fléchinelle. Ces onze concessions semblaient devoir embrasser toute l'étendue du bassin houiller du Pas-de-Calais, depuis la concession de l'Escarpelle à l'est jusqu'à la limite occidentale du bassin. Des travaux plus récents démontrèrent que le bassin houiller se prolongeait au-delà des limites septentrionales des concessions de Dourges, de Courrières et de Lens; et, le 19 décembre 1860, quatre décrets simultanés instituèrent les concessions d'Ostricourt, de Carvin, de Meurchin et d'Annœulin. Les mines de Carvin et de Meurchin sont assez prospères, sans atteindre toutefois les bénéfices considérables réalisés par les compagnies voisines, de Courrières, de Lens, de Béthune et de Nœux, ni même ceux réalisés par les compagnies de Bruay, de Marles, de Liévin et de Dourges. La Compagnie Douaisienne, propriétaire de la mine d'Ostricourt a été, jusqu'ici, moins heureuse que celles de Carvin et de Meurchin; et la concession d'Annœulin est complètement abandonnée pour le moment.

La concession de Carvin a une étendue de 1,150 hectares. Elle est limitée, à l'est, par la concession d'Ostricourt; au sud, par celle de Courrières; et, à l'ouest, par celles de Meurchin et d'Annœulin. Elle s'étend sur les deux départements du Nord et du Pas-de-Calais.

La Compagnie possède un petit chemin de fer, reliant la gare de Carvin-Ville (ligne d'Hénin-Liétard à Don) et la gare de Carvin-Libercourt (ligne de Douai à Lille). Ce petit embranchement est exploité par la Compagnie du Nord, et ouvert au service des voyageurs. La Compagnie a installé au mois de juin 1880, sur le canal de la Souchez, près de l'embouchure de ce canal, un rivage avec quai d'embarquement et appareils de chargement mécanique.

En même temps qu'elle développe ses installations extérieures, la Compagnie poursuit au fond ses recherches avec succès, et expérimente les engins les plus nouveaux, notamment des appareils portatifs, pour la perforation mécanique par l'air comprimé.

La mine de Carvin comprend trois fosses dont l'exploitation est en voie d'accroissement. Les couches sont minces, et, bien que les travaux soient remblayés, on est obligé de sortir constamment au jour une certaine proportion de terres.

Le puits n° 1, profond de 260 mètres, possède deux accrochages au niveau de 220 mètres et deux accrochages au niveau de 250 mètres. Les veines exploitées sont au nombre de quatre, et leurs rendements moyens, par mètre carré de surface exploitée, sont respectivement compris entre 700 et 1,350 kilogrammes.

Le puits n° 2, profond de 195 mètres, ne possède qu'un accrochage au niveau de 191 mètres. Les veines exploitées sont au nombre de six, dont trois sont communes avec le puits n° 1 ; leurs rendements moyens, par mètre carré de surface exploitée, sont respectivement compris entre 700 et 1,450 kilogrammes.

Le puits n° 3, profond de 193 mètres, ne possède qu'un accrochage au niveau de 188 mètres. Les veines exploitées sont au nombre de six, et leurs rendements moyens par mètre carré de surface exploitée, sont respectivement compris entre 600 et 1,700 kilogrammes.

L'extraction journalière est la suivante pour chacune des trois fosses :

	N° 1	N° 2	N° 3
Charbon.	175 t.	121 t.	128 t.
Escaillage.	1	8	1
Terres.	25	21	14
Eau.	175	178	250

Les chiffres suivants donneront une idée des résultats de l'exploitation pendant l'année 1880 :

Ouvriers { Au fond. . . . . 763 }
          { Au jour. . . . . 130 } 893
Salaire annuel moyen, 1,080 francs.

Chevaux { Au fond. . . . . 26 }
         { Au jour. . . . . 10 } 36
11 machines à vapeur (443 chevaux).

Extraction { Gros. . . . . 4,306 t. }
            { Tout venant. . . . . 142,056 t. } 149,824
            { Escaillage. . . . . . 3,462 t. }

Vente { Nord. . . . . 114,444 t. }
       { Pas-de-Calais. . . . 7,584 t. } 140,737
       { Hors de ces départ^ts. 18,709 t. }

Par chemins de fer. . . . . 117,080 tonnes.
Par voitures. 12,807   —
Par bateaux. 10,850   —

Prix net moyen de vente (en 1881), 11 fr. 25.

Dans ces conditions, la compagnie parvient à faire des bénéfices, même avec les bas prix actuels du charbon. Elle en réalisera de bien plus grands, si les prix se relèvent, et si les voies de communication, actuellement insuffisantes, sont mises en rapport avec les besoins du commerce.

* CAS ou KAS. *T. techn.* Dans la fabrication de la pâte à papier, châssis garni d'un crible de toile métallique par lequel passe l'eau sale que donne le triturage des chiffons.

CASAQUE. Sorte de veste de femme un peu ajustée à la taille. || Veste ou chemisette en soie de couleur voyante, que les jockeys portent dans les courses de chevaux. || Dans l'ancien costume militaire, sorte de surtout des mousquetaires et autres corps de cavalerie auquel on a aussi donné les noms de *robe d'armes*, *casaquin* ou *caraquin*.

CASAQUIN. Corsage à basques à l'usage des femmes du peuple ou des paysannes.

* CASCALHO. *T. de minér.* Nom qu'on donne au Brésil, aux fragments de quartz réunis par un ciment ferrugineux, dans lequel le diamant se trouve ordinairement engagé.

* CASHMIR, KASCHMIR ou CACHEMIRE (Laine de). On donne ce nom à une variété de la chèvre ordinaire (*capra hircus, varietas lanigera*) qui habite plus particulièrement l'Asie, ainsi qu'à la toison qu'elle fournit. Cette toison est d'autant plus fine et plus compacte que la chèvre vit dans des endroits plus élevés, aussi les meilleures laines de cashmir viennent-elles de l'Hymalaya, principalement de Rupschu, à 4500 mètres d'altitude. La vallée de Cashmir, qui en utilise une grande partie pour la fabrication des *châles* (V. ce mot), les reçoit du Thibet, de Kaschgar et d'Uetsch-Turfan. On en voit encore de nombreux troupeaux en Perse, surtout dans les monts Abigendéh-Kub, à 1500 mètres d'altitude, dont la laine est assez estimée et tissée surtout à Meschhed. Les qualités inférieures, trop dures pour la confection des tissus auxquels on destine ordinairement cette laine, sont surtout recueillies près de Hamadan (Ekbatane) dans les monts Elwend ; ce sont elles qui fournissent la laine dite d'*angora*.

On a déjà essayé d'acclimater en Europe et en Australie la chèvre du Thibet, mais les résultats n'ont pas donné ce qu'on devait en attendre, principalement parce que les conditions dans lesquelles vivent ordinairement ces animaux ne se trouvent pas, pour ainsi dire, dans d'autres pays, et surtout parce qu'il existe des modes spéciaux de soin et de nourriture connus plus spécialement des bergers indigènes qui les gardent ordinairement et qu'on a toujours oublié de faire venir. Dès le principe, 400 têtes de bétail ont été amenées en France sur la demande du gouvernement, mais on n'est arrivé à rien de satisfaisant ; Fowler en a aussi introduit en Angleterre, dans la province d'Essex, mais ses expériences ont donné le même résultat. On trouve rarement des chèvres de Cashmir blanches, elles sont presque toutes d'une couleur indécise mélangée de blanc, gris et noir ; leurs toisons se présentent sous forme de longs flocons durs et feutrés adhérant à une sorte d'épiderme grisâtre que l'on retrouve souvent dans le commerce, et qu'on enlève facilement dans le pays en épluchant la laine avant de la peigner à la main.

* CASÉATION. Conversion du lait en fromage par la fermentation.

* CASÉINE. *T. de chim.* Nom donné à différents principes, mais surtout à une substance que l'on rencontre dans le lait des mammifères (de 3 à 17 0/0), et qui, d'après MM. Millon et Commaille, y existerait sous deux formes : à l'état insoluble et

en suspension, puis à l'état soluble. Cette matière offre une grande analogie avec l'albumine ; elle a pour formule :

$C^{48}H^{36}Az^6O^{16}$ (Cahours) ou $C^{36}H^{57}Az^9O^{11}, ^5S^{0}, ^5$ (Lieberkühn) ; et d'après A. Vœlcker sa composition centésimale est la suivante :

Carbone	53.43
Hydrogène	7.02
Azote	15.36
Oxygène	21.92
Soufre	1.11
Phosphore	0.74
Cendres	0.42
	100.00

Etat naturel. La caséine se retrouve particulièrement dans le lait ; dans le sang, surtout à l'époque de la gestation ; dans le placenta, le thymus, l'allantoïde, le jaune d'œuf, ainsi que dans certains végétaux.

Propriétés de la caséine du lait. C'est une substance solide, se présentant en masses jaunâtres, transparentes et hygroscopiques, lorsqu'elle est sèche ; blanche et pulvérulente, quand elle est hydratée. Elle est incristallisable, cependant d'après MM. Berthelot et Jungfleich (*Ch. organiq.* 2° éd., t. II), celle qui provient du *Bertholletia excelsa* offre une forme déterminable. Elle est insipide, inodore, à peine soluble dans l'eau, qui la gonfle. Soumise à l'action de la chaleur, et en solution, elle s'oxyde au contact de l'air, en formant pendant l'évaporation une pellicule que tout le monde a vu se produire quand on fait bouillir du lait ; chauffée fortement, la caséine se décompose, en donnant des produits ammoniacaux. Elle est soluble dans les alcalis, les sels à réaction alcaline, pourvu qu'elle soit hydratée, c'est-à-dire nouvellement précipitée, car sèche elle se dissout difficilement, même dans l'acide acétique. Elle forme avec la potasse, la soude, la baryte, la strontiane ou la chaux, des combinaisons insolubles, excepté avec les deux premiers corps ; elle joue, en un mot, le rôle d'acide en neutralisant les alcalis caustiques, voir même les bases métalliques.

Abandonnée à l'air humide, la caséine s'altère et donne lieu à une fermentation fétide, qui produit un nouveau corps appelé *aposédépine*, celui qui se forme aussi, quand certaines autres matières albuminoïdes, comme l'albumine, la fibrine, entrent en décomposition.

La caséine est coagulée par l'alcool, mais elle se redissout, en partie cependant, dans ce véhicule, par l'action de la chaleur. Elle est précipitée par le tannin, par l'acide acétique, ou encore par la présure (matière extraite de l'estomac des jeunes veaux, et qui contient de la pepsine).

Au point de vue des réactions chimiques, la caséine offre la plus grande analogie avec les autres matières albuminoïdes : ainsi, elle est soluble dans l'acide chlorhydrique fumant, en se colorant en bleu-violacé, surtout au contact de l'air ; — elle se colore en jaune par l'action de l'acide nitrique, et la teinte passe à l'orange par l'addition d'ammoniaque ; — l'acide sulfu-rique et un peu de sucre, lui font prendre une couleur rouge pourpre ; — par l'action du sulfate de cuivre, puis de la potasse, elle se colore en violet. Enfin, la caséine, par son contact avec le *réactif de Millon* (mélange à poids égal de mercure et d'acide azotique concentré, que l'on étend de deux fois son poids d'eau distillée), elle se colore en rouge, instantanément à l'ébullition, et plus longuement à froid. Le seul moyen de reconnaître certainement la caséine du lait, est d'examiner son pouvoir rotatoire, qui est spécifique pour la raie D du spectre ; en dissolution dans la potasse concentrée, ce pouvoir est de :

Pour la caséine du lait	91°
Pour l'albumine d'œuf, il est de	47°
Pour l'albumine du sérum, de	86°
Pour l'albumine coagulée, de	58°,5

PRÉPARATION. Il existe dans le lait, d'après MM. Millon et Commaille, deux variétés de caséine ; voici comment on les obtient :

1° *Caséine insoluble.* On étend du lait frais de quatre fois son volume d'eau, puis on filtre sur un papier mouillé pour bien retenir la matière grasse. Alors on recueille cette dernière, puis on la traite successivement par l'alcool, par l'éther, puis le sulfure de carbone, pour la débarrasser des divers principes que contient le lait. On obtient ainsi, après dessiccation, une masse pulvérulente et blanche, qui ne contient que 14.87 0/0 d'azote, alors que la caséine soluble en renferme 17.18 0/0.

2° *Caséine soluble.* On porte du lait à l'ébullition, et on le coagule par l'addition de quelques gouttes d'acide acétique. Il se sépare des flocons blancs volumineux, qu'on laisse déposer un instant, après agitation, puis on jette sur un filtre. On lave ce précipité à l'alcool pour le déshydrater, puis ensuite à l'éther à 62° pour lui enlever tout le beurre qu'il retient. Après quelques lavages à l'éther, la masse est pulvérulente et pure.

On peut également coaguler le lait avec une solution concentrée de sulfate de magnésie.

Usages. La caséine est très nutritive par elle-même, par suite de sa richesse en azote, aussi dès la plus haute antiquité, a-t-elle été employée à la confection des fromages. Nous ne parlerons pas de cette fabrication, renvoyant au mot FROMAGE (V. ce mot) pour avoir des détails précis ; nous dirons cependant, que dans cette préparation il se produit une fermentation à réactions très complexes. Les ferments, et surtout le *Bacillus subtilis*, détruisent les matières protéiques du caséum, et forment des principes digestifs, ou aromatiques, tels que des peptones, des dérivés des acides gras, de l'indol, du scatol, du phénol, etc., qui donnent des propriétés spéciales aux produits.

En Sardaigne, on mange la caséine fraîche et conservée seulement dans l'eau salée, c'est ce que l'on appelle le *casu de margia*.

La caséine étant analogue par ses propriétés chimiques et sa composition, à l'albumine d'œufs, on l'a utilisée dans la préparation du papier pour

la photographie (épreuvespositives) soit pure, soit
mêlée d'albumine. Comme elle forme avec la
chaux un composé insoluble, on s'est servi parfois du lait caillé, pour faire de la peinture à la
détrempe, ou des mastics susceptibles de recevoir toute espèce de peinture ou d'impression ;
pour remplacer l'albumine dans l'application des
couleurs sur toiles. Une dissolution de caséine
dans une solution saturée de borax, fournit une
colle tellement adhésive, que l'on s'en sert pour
préparer les planches plates qui servent à la gravure sur bois ; ce produit remplace avantageusement la colle forte ou la gomme, dans l'ébénisterie,
et autres industries.

M. Wagner a obtenu une écume de mer artificielle, en incorporant à de la caséine six parties
de magnésie calcinée et une d'oxyde de zinc. Le
mélange une fois sec est dur et fort blanc ; il
est susceptible d'être tourné et de prendre un
beau poli.

Gückelberger a proposé de se servir de
caséine pour obtenir par oxydation de l'aldéhyde.

Caséine de sérum. Elle est très voisine de
la précédente, mais n'existe qu'en très minime
quantité dans ce liquide.

Caséine végétale. On en connaît plusieurs :

1° la *caséine végétale* proprement dite, ou *fibrine
végétale* ou *gluten-caséine*. Elle a les propriétés
ordinaires de la caséine animale, et constitue la
partie du gluten qui est insoluble dans l'alcool.
L'acide sulfurique la transforme en tyrosine,
leucine, acides glutammique et aspartique, etc. ;
2° la *légumine*, qui se trouve dans les semences
de légumineuses. On la prépare en faisant macérer, pendant deux ou trois heures, des légumes
dans de l'eau tiède, on exprime ensuite la masse,
puis on filtre le liquide, dans lequel on ajoute une
petite quantité d'acide acétique, assez pour précipiter la matière qui devient soluble dans un
excès d'acide. On recueille le précipité sur un
filtre, puis on le lave à l'eau, à l'alcool et à l'éther.
Pour l'avoir absolument pur, on peut le redis-
soudre dans la potasse, pour précipiter à nouveau par l'acide acétique ; 3° la *conglutine*, qui
diffère à peine de la précédente et existe dans les
amandes.

Usages. La caséine végétale est employée en
Chine pour préparer de véritables fromages.
Suivant Itier, on réduit des pois en bouillie par
la cuisson, puis on passe et fait cailler avec de
l'eau saturée de plâtre. La masse est ensuite
traitée comme le caséum obtenu par la coagulation du lait. Cette matière prend peu à peu l'odeur
et le goût du fromage naturel.

Caséine artificielle. Ce produit, en tout
semblable à la caséine vraie, se forme par l'action d'une lessive de potasse ou de soude sur les
albumines. On la prépare généralement avec le
blanc d'œuf que l'on bat avec son volume d'eau,
puis on concentre dans des vases plats jusqu'à
réduction à moitié du volume primitif. Après

refroidissement, on verse goutte à goutte dans
la liqueur une solution concentrée de lessive
caustique, jusqu'à production d'une gelée épaisse,
que l'on coupe en fragments et on lave à grande
eau pour enlever l'excès d'alcali. Cette opération
terminée, on redissout la masse dans l'eau ou
dans l'alcool, puis on précipite la caséine produite
par l'acide acétique. Il suffit de la laver à l'eau
pour l'avoir pure.

Usages. Les mêmes que la caséine ordinaire.
— J. C.

CASEMATE. (Etym., espagnol, *casa*, maison,
réduit, et *matar* tuer.) Souterrain voûté ou blindé
à l'épreuve des plus gros projectiles, destiné à
abriter les défenseurs et les pièces d'artillerie
dans les places fortifiées.

Autrefois, avant l'école de Montalembert, on a
souvent donné le nom de *casemates* aux flancs
bas étagés en retraite où l'on établissait à couvert, et sous la protection du massif de l'orillon,
les pièces de canon spécialement affectées au flanquement de la courtine et à la défense de la
brèche.

Dans la fortification moderne, on distingue les
casemates ou *caves à canon* des logements casematés. Les premières sont des espaces voûtés
très solidement construits sous un massif de terre
et pourvus d'embrasures resserrées pouvant se
fermer à l'aide de masques en cordages, en bois
ou en plaques d'acier fondu. Ces *caves* sont amé-
nagées intérieurement de façon à permettre la
manœuvre et le *tir direct* des pièces de canon de
fort calibre ; des évents pratiqués dans l'épaisseur du massif, permettent à la fumée de s'échapper et servent à l'aérage de la batterie.

Certaines casemates installées au niveau du
terre-plein intérieur du fort sous le massif antérieur
du *cavalier* (V. ce mot), permettent d'opérer avec
précision le *tir indirect* par dessus l'enceinte
basse ; ces batteries sont surtout armées de mortiers ou d'obusiers rayés disposés de manière à
tirer en bombes sous de très grands angles.

Les logements casematés, actuellement en
usage dans tous les nouveaux forts, sont construits à double enveloppe en employant des ciments spéciaux et de minutieuses précautions
pour éviter l'invasion de l'humidité et pour faciliter l'aération.

Ces casemates sont installées sous les courtines ou bien sous le massif du cavalier central ;
elles sont éclairées par des fenêtres ou des portes
vitrées donnant sur la petite cour intérieure du
fort ; la ventilation s'opère à l'aide d'un système particulier de gaînes d'aérage et de cheminées d'appel. C'est dans ces abris que sont distribués les logements des officiers et soldats formant la garnison du fort.

Enfin, d'autres casemates, placées en sous-sol,
formant un étage souterrain au-dessous des premières, sont destinées aux manutentions, cuisines, magasins aux vivres, aux poudres, aux artifices, etc.

— La première application régulière et pratique des
casemates au logement des troupes est due à Vauban, qui

a installé complètement, suivant ce système, un quartier militaire considérable sous les terre-pleins des bastions et des courtines de la place de Neuf-Brisach.

* **CASEMATER.** *T. de fortif.* Munir, garnir de casemates.

* **CASEREL.** *T. techn.* Petit panier d'osier à claire-voie dans lequel on fait égoutter le fromage.

* **CASERETTE.** Forme dans laquelle *on* fait le fromage ; on dit aussi *caserel.*

CASERNE (Etym. espagnole, *caserna,* de *casa,* maison.) *T. d'arch. milit.* Bâtiment ou groupe de bâtiments spécialement affectés au logement des troupes à pied et à cheval en temps de paix.

— La création de logements spéciaux pour les troupes est une conséquence de l'organisation des armées perma-nentes. Les armées nomades ou improvisées pour la durée de la guerre ont toujours été installées dans des camps provisoires ou logées par force ou par réquisition chez l'habitant. Les Grecs n'ayant pas d'armées permanentes n'ont jamais construit de casernes. Chez les Romains, au contraire, il existait des constructions spécialement affec-tées aux légions permanentes et qui sont parfaitement comparables à nos casernes. On a retrouvé à Pompéi les restes assez bien conservés d'une caserne romaine. Ce bâtiment se composait d'un rez-de-chaussée voûté sur-monté d'un seul étage. Autour de cet étage régnait une galerie intérieure sur laquelle s'ouvraient les chambres occupées par les soldats. En général, les dispositions des casernes romaines se rapprochent beaucoup de celles adoptées par les Espagnols dans les casernes construites par eux au xve siècle. Comme spécimen d'une caserne du moyen âge, on peut citer la belle caserne qu'occupaient les chevaliers de Rhodes pendant la fin du xve siècle, et dont les ruines sont représentées par la figure 287, dans l'état où elles se trouvaient encore en 1828.

En France, ce n'est que vers la fin du xve siècle, après

Fig. 287. — *Ruine de la caserne des chevaliers de Rhodes.*

la création des armées permanentes, que l'on songea à organiser pour les hommes de guerre des logements spé-ciaux. A l'origine, les soldats enrôlés étaient répartis dans les maisons des bourgeois, mais cette obligation im-posée à la population civile était une charge tellement lourde et présentait d'ailleurs de si graves inconvénients, au point de vue du rassemblement et de la discipline, que les communes se mirent généralement d'accord avec les chefs militaires pour affecter à l'installation des troupes un ou plusieurs *quartiers* de la ville, que les habitants consentaient à abandonner en échange d'une indemnité pécuniaire. C'est ce qu'on appelait mettre les troupes en *quartiers,* d'où est venue la dénomination de *quartier mi-litaire* que l'on applique encore de nos jours aux ca-sernes. On affectait alors une maison entière au logement d'une compagnie comptant environ cinquante hommes; les chevaux, lorsqu'il y en avait, occupaient les rez-de-chaussée et les dépendances, et les soldats étaient répartis par chambrées dans les étages. Si l'effectif de la compa-gnie augmentait, on serrait les hommes plutôt que de leur donner une extension de logement. Pendant les trois derniers siècles, le soldat était fort médiocrement installé dans ces quartiers ; il n'y avait qu'un seul lit pour deux hommes dont l'un était censé de garde; les soldats fai-saient la cuisine, blanchissaient leur linge et nettoyaient leurs effets dans leur chambre; ce mode d'habitation laissait donc beaucoup à désirer au point de vue de la ventilation et de l'hygiène. Ce genre de cantonnement entraîna à sa suite de telles difficultés que l'Etat, aussi bien que les communes, comprirent la nécessité de créer des bâtiments publics spéciaux pour y loger les troupes régulières et ce fut naturellement dans les forts, les vieux châteaux et dans les places de guerre que l'on pensa tout d'abord à compléter, par de nouvelles constructions, les locaux déjà existants et susceptibles de servir de loge-ments. Ces premières casernes, imitées des anciens can-tonnements de quartiers, consistaient dans la réunion d'un certain nombre de petites maisons accolées sur un ou deux rangs, ayant chacune un escalier desservant de part et d'autre une chambre à chaque étage (fig. 288).

Ce casernement primitif, dont l'un des types les plus anciens subsiste encore à Grenoble, a été en usage en France pendant toute la seconde partie du xvie siècle jusque vers le milieu du règne de Louis XIV. Les bâtiments étaient généralement irréguliers, mal construits et très inférieurs aux casernes bâties par les Espagnols à la même époque. On peut encore voir à Saint-Jean-Pied-de-Port trois casernes qui datent de 1648. Une des casernes les plus remarquables de l'époque de Louis XIII est celle de l'esplanade du château de Brest. A Marseille, le casernement du fort Saint-Jean, contient un beau bâtiment à deux étages avec arcades superposées, qui a été construit, en 1664, sur le modèle des casernes espagnoles. On peut enfin citer, comme une singularité, la caserne de la Villebourbon à Montauban, qui se réduit à un simple rez-de-chaussée, voûté en ogive et entourant comme un cloître de trois côtés d'une cour rectangulaire dont la face d'entrée est occupée par deux pavillons à étage.

Les Espagnols qui ont tenu le premier rang parmi les puissances militaires de l'Europe, depuis Charles-Quint jusque vers le milieu du xviie siècle, avaient devancé la France dans la construction des casernes. Celles qu'ils ont bâti dans les places fortes des provinces annexées à la France, sous Louis XIV, étaient généralement de beaux grands quartiers complets avec portiques à arcades entourant une cour intérieure. Telles sont les casernes de Givet, de Cambrai, d'Avesnes. Dans le midi, à Perpignan, la caserne dite d'Andalousie et la caserne Saint-Martin (fig. 289) offrent les applications les plus remarquables des bâtiments à galeries superposées, adoptés par les Espagnols pour combattre l'influence des grandes chaleurs.

En résumé, vers la fin du xviie siècle, en 1680, à l'époque où Vauban prit la direction générale des travaux de fortification et de casernement, il n'existait encore en France qu'un nombre restreint de casernes incomplètes, dans lesquelles le rez-de-chaussée pavés et pourvus de cheminées servaient indifféremment de chambres-cuisines pour les hommes ou d'écuries pour les chevaux. Il n'y avait donc alors aucune distinction entre les casernes d'infanterie et celles de cavalerie.

Casernes du type de Vauban.

Vauban, convaincu que dans les bâtiments destinés à loger un grand nombre d'hommes en mouvement, il faut exclure les corridors et multiplier les escaliers dans l'intérêt de la rapidité du service, de l'ordre et de la discipline, adopta en principe après une étude approfondie de la question, le type de casernement qui se compose de la juxtaposition, sur un ou deux rangs, de corps de logis indépendants formés d'une cage d'escalier centrale desservant une chambre ou deux de chaque côté à chaque étage.

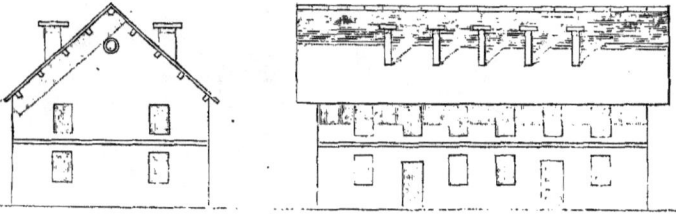

Fig. 288. — Premier type de caserne XVIe et XVIIe siècles.

On a conservé trois des i s du type de caserne de Vauban. L'un d'eux exécuté de la main même de ce célèbre ingénieur et signé par lui à la date du 20 octobre 1689, représente un fragment de caserne terminé par un pavillon pour loger les officiers (fig. 290); les chambres de troupe ont 5m,85 de profondeur sur 7 mètres de longueur, le rez-de-chaussée a 4m,37 de hauteur sous plafond, le premier étage 4m,05, le deuxième 3m,73. Chaque chambre est éclairée par deux fenêtres et munie d'une cheminée appuyée au mur de refend longitudinal et assez vaste pour qu'on y puisse faire la cuisine. On trouvera dans Bélidor, Science de l'ingénieur (livre IV, chap. X, page 288), une description fidèle et complète du casernement adopté et construit par Vauban. Ces casernes ont généralement été établies dans les places fortes en bordure de la rue du rempart où elles occupent souvent une longueur considérable : ainsi celle de Givet a 430 mètres de façade, celle des Pécheurs, à Strasbourg, 300 mètres. Elles sont quelquefois disposées sur deux ou plusieurs rangs parallèles, à une assez faible distance les unes des autres, comme au quartier D à Condé. Dans es petites places des Pyrénées et dans les forts de peu d'étendue, comme au fort Louis à Dunkerque, on ne trouve guère que des bâtiments simples adossés aux murs en forme d'appentis. Les quelques quartiers de cette époque, formant des cours fermées, présentent ordinairement une combinaison de bâtiments simples et doubles.

Dans les bâtiments destinés à la cavalerie, Vauban remplaça en général les entrevous du rez-de-chaussée par des voûtes en berceau, puis par des voûtes d'arêtes, comme on le voit dans la caserne de la citadelle de Besançon. A Avesnes on trouve une heureuse imitation du type des longues écuries espagnoles. Enfin, nous pouvons encore citer comme caserne de cavalerie, celle de Turenne à Thionville, qui se compose d'un bâtiment double dans lequel le mur de refend longitudinal repose sur des arceaux au rez-de-chaussée, ce qui donne des écuries de 13m,40 de longueur, bien éclairées aux deux extrémités. Il y a là une modification importante au type primitif qui s'est généralisé dans le siècle suivant.

Casernement dans les villes ouvertes au commencement du xviiie siècle. Le casernement du type de Vauban n'était installé que dans les places fortes; les villes ouvertes continuaient à loger à leurs frais les troupes de garnison et de passage comme autrefois, leurs ressources ne leur permettant pas de créer des casernes spéciales. Cependant dans les pays du Midi, plus éloignés du théâtre de la guerre et généralement mieux administrés, les municipalités firent en sorte de racheter pour la population l'impôt si lourd du logement des troupes en élevant, pour celles-ci, des casernes qui sont souvent de véritables monuments et marquent un réel progrès sur le type monotone adopté dans les places de guerre.

Les casernes élevées dans ces conditions, à Montpellier, aux frais de la province, en 1697; à Lunel, en 1697, et à Nîmes, en 1702, aux frais de ces deux villes constituent la première application du type. dit à corridor central. Celles de Nîmes et de Montpellier sont identiques et se composent de deux quartiers distincts, l'un pour la cavalerie, l'autre pour l'infanterie, reliés par trois petits pavillons parallèles. Chaque quartier se compose de quatre pavillons d'angles, carrés, à deux étages reliés par des bâtiments oblongs à un seul étage mansardé. Le rez-de-chaussée des pavillons est couvert en voûtes d'arête; les compartiments d'écurie du quartier de cavalerie sont voûtés en plein cintre et ont 6m,50 de largeur sur 12m,50 de longueur et 4 mètres de hauteur sous clef. Cette disposition des bâtiments sur plan carré avec pavillons aux angles, très employés dans le Midi, avait déjà été adoptée, en 1686, par la ville de Perpignan, pour la caserne Saint-Jacques, dont la distribution intérieure appartenait d'ailleurs au type de Vauban.

Ainsi, vers les premières années du règne de Louis XV, le casernement était en partie constitué dans les places de guerre et commençait seulement à s'organiser, mais sur des bases différentes dans les villes du Languedoc et du Dauphiné. C'est alors que parut l'ordonnance du roi, du 25 septembre 1719, qui eut pour but de supprimer le logement chez l'habitant en faisant construire des casernes de passage en forme de grange dans chaque gîte d'étape ou de garnison. Voici quelques extraits de cette très remarquable ordonnance, dont l'initiative appartient au duc d'Orléans, alors régent du royaume :

« Sa Majesté, toujours occupée à chercher les moyens de procurer du repos aux populations, a déjà fait plusieurs règlements en vue de les soulager de toutes les charges des gens de guerre..... Elle a supprimé les étapes, dépense grande qui loin de soulager le peuple, nécessitait l'habitation en commun de l'hôte avec le soldat.... Pour suppléer à ces secours des hôtes, sa Majesté a obligé les troupes à porter avec elles leurs marmites, a augmenté leur solde en route, les fait camper l'été, et pour l'hiver, elle a permis aux habitants de les mettre dans des maisons vides en leur fournissant seulement le bois et la paille.

« . . . . (malgré ces mesures), les lieux pauvres demeurent toujours dans la souffrance et supplient depuis longtemps sa Majesté de vouloir bien les soulager en faisant passer les troupes par ailleurs, ou de vouloir bien ordonner qu'on bâtisse des casernes, pour lesquelles ils contribueront suivant leurs moyens en les faisant aider par ceux qui comme eux doivent supporter le logement des gens de guerre....., etc.

« C'est pourquoi Sa Majesté, voyant l'ordre se rétablir dans ses finances..... et ayant fait examiner à quoi pourrait monter la dépense des casernes dans les généralités, elle a trouvé qu'en se réduisant à faire construire des bâtiments plus simples, mais aussi commodes et solides que les anciens, que s'aidant des voitures du pays pour le transport des matériaux, elle pourrait de ses propres fonds, provenant des généralités, sans aucune imposition

nouvelle, fournir tout l'argent nécessaire pour un établissement aussi grand et aussi utile au repos des peuples. »

« Sur ce fondement, Sa Majesté de l'avis de M. le duc d'Orléans, régent, a ordonné et ordonne que, dans tous les lieux des vingt généralités, destinés pour la couchée des troupes, et qui seront marqués sur la carte qui sera aussi jointe à la présente instruction, il soit incessamment construit un corps de bâtiment en forme de grange dans les proportions suivantes : ..... »

Cette ordonnance ne reçut qu'un commencement d'exécution, et dès 1724, on renonça aux casernes de passage en laissant toutefois aux communes la faculté de construire des casernes à leurs frais. C'est à partir de cette époque que le casernement de l'infanterie devint distinct de celui de la cavalerie.

Sans entrer dans l'examen détaillé des casernes ainsi construites par les architectes municipaux ou royaux, nous constaterons que ce ne fut qu'en 1770, que le gouvernement se préoccupa d'introduire un peu d'uniformité dans la construction des casernes, en substituant des types réglementaires aux divers systèmes qui avaient été tour à tour en faveur. Une dépêche (21 août 1773) du ministre de la guerre, M. de Morteynard au directeur des fortifications de Mézières, le charge de faire des études spéciales dans ce sens et pose à ce sujet les principes suivants :

« 1° Les officiers et bas-officiers seront toujours logés très à portée du soldat, les officiers occupant les pavillons des extrémités des casernes;

« 2° Les logements des colonels, lieutenant-colonels et majors seront proportionnés au grade de ces officiers et à l'état qu'ils doivent tenir dans la simplicité militaire;

« 3° Les chambres des lieutenants et sous-lieutenants seront plus petites que celles des capitaines, mais ils auront chacun une chambre à feu et un domestique de deux en deux logé dans les entresols;

« 4° Les chambres des soldats, cavaliers ou dragons, ouvriront sur un corridor commun où aboutiront les escaliers en nombre suffisant pour le dégagement;

« 5° Les chambres seront garnies de rateliers d'armes et des tablettes nécessaires pour les effets et ustensiles des soldats;

« 6° Les écuries seront divisées par escadrons, les chevaux d'un escadron seront sur deux rangs avec un espace suffisant entre les croupes des chevaux;

« 7° On devra préférer les bâtiments doubles aux simples, éviter les troisièmes étages et adopter, dans le Midi, l'usage des galeries à l'espagnole. »

La caserne Saint-Martin, de Laon, fut construite d'après ces dispositions.

Les études entreprises sur le logement des troupes, à partir de 1773, aboutirent généralement aux conclusions suivantes : que les corridors intérieurs sont à abandonner

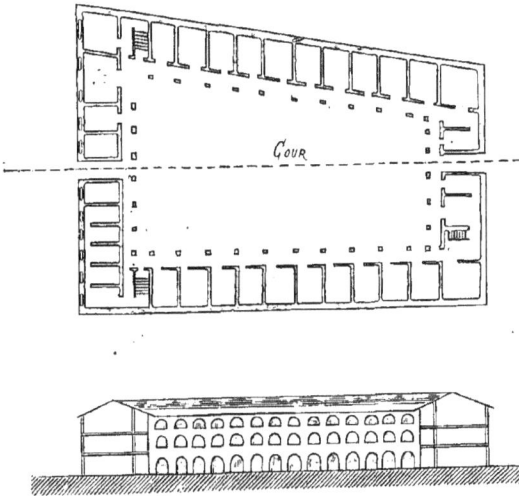
Fig. 289. — *Caserne du type espagnol, XVIIe siècle.*

complètement, que les galeries extérieures peuvent être admises seulement dans les pays chauds et au rez-de-chaussée; que les corridors placés contre les façades ont l'inconvénient d'enlever le jour et l'air aux chambres sur un des côtés; qu'il y a avantage à renoncer aux corridors et à multiplier les escaliers pour éviter les ébranlements, faciliter l'évacuation des bâtiments et séparer les fractions constituées; que les casernes à cour intérieure fermée de tous côtés sont humides, mal éclairées et souvent malsaines; qu'enfin les écuries longitudinales à deux rangs de chevaux contre les façades sont préférables aux écuries transversales. Ces principes ont servi de base au pro-

Fig. 290. — *Caserne du type de Vauban.*

gramme du concours ouvert, en 1788, par le Ministre de la guerre pour la rédaction de deux projets types de casernes, l'une d'infanterie, l'autre de cavalerie. Ce programme contenait en germe les principales améliorations qui ont été réalisées depuis dans le casernement.

Casernes à l'épreuve. L'expérience des premières guerres de la Révolution fit connaître la nécessité de multiplier, dans les places frontières, les casernes voûtées et construites de manière à résister aux boulets et aux bombes. « L'Empereur, dit une circulaire du 24 août 1810, convaincu que les principes d'une bonne défense pour les petites places et les forts exigent qu'il y ait des logements à l'épreuve de la bombe, a prescrit, par un ordre récent, que les casernes et autres établissements militaires de ces places et forts fussent toujours, à l'avenir, construits et voûtés à l'épreuve de la bombe. » De nombreux projets furent étudiés dans cet ordre d'idées. On a proposé, pour ces bâtiments à l'épreuve, des systèmes de voûtes en long, simples ou doubles, des voûtes transversales et des voûtes d'arête; ces divers projets furent presque tous ajournés sous la période active des guerres de l'Empire et ce ne fut réellement qu'à partir de 1818, lorsque le service du casernement fut concentré dans les mains du corps du génie, que l'on mit sérieusement en application les études faites sous la République et sous l'Empire.

Casernes en France au XIX⸱ siècle. (De 1789 à 1880.) Sous la Révolution de 1789, on affecta au casernement une grande quantité de couvents, d'hôtels, de châteaux, de tous temps et de tous styles. L'occupation et le remaniement de tous ces bâtiments ont donné lieu à des combinaisons souvent assez singulières pour le logement des hommes et des chevaux. Du reste, de 1789 à 1815, on construisit fort peu de casernes nouvelles en France. Les troupes étant toujours en campagne, il ne restait guère à l'intérieur que des dépôts auxquels les anciennes casernes et les couvents transformés suffisaient. Ce n'est guère qu'à partir de 1816 que l'on reprit les études et les travaux relatifs au casernement.

En ce qui concerne les casernes d'infanterie, le comité des fortifications, abandonnant définitivement les corridors intérieurs, revient au type de Vauban sur les propositions des généraux Haxo et Emy, qui supprimèrent le mur de refend lon-

gitudinal (fig. 291). C'est dans ce système que l'on a construit, de 1821 à 1830, les casernes des Allées à Foix, la grande caserne de Pau, celle du château de Brest et celle des Petits-Carmes à Angoulême.

En 1823, le colonel Belmas pose les bases d'un nouveau système de casernement qui se trouve décrit dans le n° 6 du *Mémorial de l'officier du génie.* L'amélioration principale de ce type consiste à remplacer le corridor central, qui existait

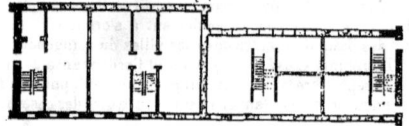

Fig. 291. — *Caserne d'infanterie.*

dans les anciens bâtiments, par deux rangs de colonnes en fonte, qui n'interceptent pas la lumière, et dans l'alignement desquelles sont disposées des armoires surmontées de râteliers d'armes qui forment une sorte de claire-voie. Ce passage longitudinal divise chaque travée en deux chambres, facilite l'aération et permet de diminuer le nombre des escaliers en donnant d'ailleurs à ceux-ci une plus grande largeur.

La première application en grand du système Belmas a été faite à Lyon dans les casernes du glacis du fort Saint-Irénée et du fort Lamothe, construites en 1831 et 1832. En 1842, dans la direction de Paris, le service du génie a cherché à obtenir une fusion complète des types de caserne

Fig. 292. — *Caserne du fort de Nogent.*

Belmas et Emy, en empruntant au premier l'égalité des travées et les baies du milieu du refend, et au second la distribution des escaliers de deux en deux chambres. C'est dans cet ordre d'idées qu'ont été construites, de 1843 à 1846, les casernes des forts de Paris. Elles sont toutes semblables et offrent trois étages, y compris les mansardes.

La figure 292 représente la caserne du fort de Nogent.

Dans ce genre, nous citerons encore la caserne de Saint-Victor à Marseille, construite en 1859. Elle se compose de trois travées de 6m,25 de large sur 17m,90 de profondeur, desservies deux à deux par des cages d'escaliers de 3m,50; les deux pavillons d'accessoires des extrémités sont subdivisés par des murs de refend en un corridor longitudinal et trois compartiments d'inégale largeur sur chaque façade, un des compartiments extrêmes servant de cage d'escalier. Toutes ces travées n'ont qu'une seule fenêtre et l'on communique d'un bout à l'autre du bâtiment par des portes ménagées dans le milieu des refends.

En 1852, le système des chambres à quatre rangs de lits, emprunté au casernement de la cavalerie, fut appliqué à l'infanterie lors de la construction de la caserne Napoléon à Paris. Des conditions d'édilité imposaient au Génie la forme de l'édifice et les dispositions architectoniques, de telle sorte que l'on dût s'efforcer de distribuer chaque étage en chambres à quatre rangs de lits de forme et de dimensions irrégulières. Cette ca-

serne, bâtie sur plan carré avec pan coupé irrégulier sur un des angles, a deux étages et des combles mansardés ; au rez-de-chaussée règne une cour intérieure entourée d'arcades ; huit escaliers, avec lavabos dans les vestibules, sont placés dans les ailes intermédiaires, entre les pavillons.

La belle caserne du Château-d'Eau fut élevée pendant les années 1858 et 1859 sur un plan analogue à celui de la précédente. Elle se compose (fig. 293) d'un sous-sol et d'un rez-de-chaussée à arcades intérieures, tous deux disposés pour les accessoires, de deux étages et de combles mansardés.

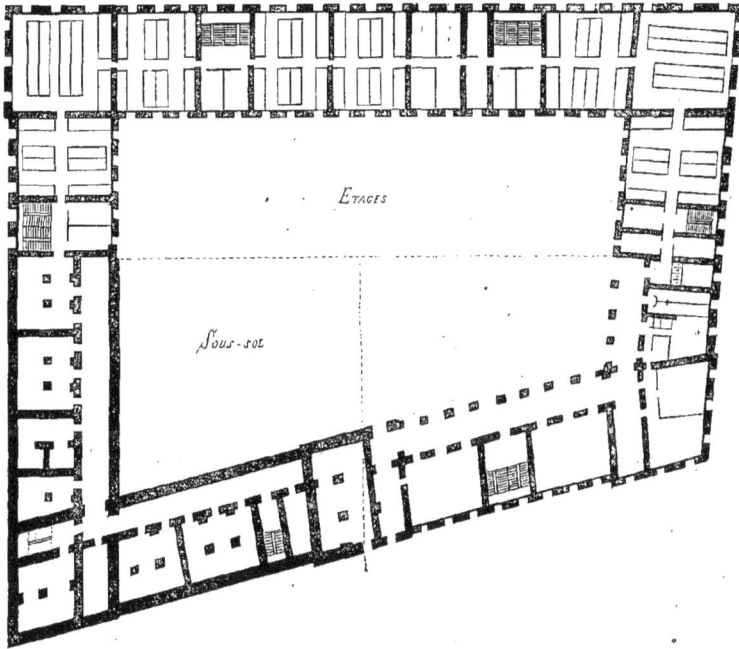

Fig. 293. — *Caserne du Château-d'Eau, à Paris.*

Les pavillons d'angle sont surélevés d'un étage. Les chambres des soldats, occupées par quatre rangées de lits, ont 13 mètres de largeur et sont éclairées et aérées par trois fenêtres. Quatre escaliers à double rampe et trois escaliers simples desservent les étages. Chaque étage est alimenté d'eau et éclairé au gaz.

Cette caserne monumentale est d'un bel effet architectural, malheureusement il n'y règne pas toute la salubrité désirable et les épidémies y sont assez fréquentes, sans que l'on ait pu, jusqu'à présent, en découvrir les causes.

A partir de 1860, la disposition des chambres à quatre rangs de lits est appliquée d'une manière générale à toutes les casernes construites en province. Les figures 294 et 295, qui représentent le plan d'ensemble et le plan du pavillon principal du quartier d'infanterie de Blois, construit

en 1864 pour un régiment, donnent une idée complète de ce système.

Casernes de cavalerie. (de 1815 à 1870). Après la Restauration, les quartiers de cavalerie se trouvaient comme les autres dans un état de délabrement complet, résultant de l'abandon où les avaient laissés les municipalités chargées de leur entretien en vertu du décret de 1808. Lorsqu'ils furent réoccupés, les chevaux trop entassés, manquant d'air, furent décimés par les maladies et notamment par la morve, comme en 1788. Dès que le casernement fut remis entre les mains du ministère de la guerre, on s'attacha tout d'abord à assainir les écuries et à y apporter diverses améliorations de détail. Un règlement officiel, édicté en 1824, attribue 1 mètre de largeur pour chaque cheval et fixe les dimensions minima des écuries doubles à 8m,50 de largeur sur 3m,50 de hauteur. Ce qui donne 15 mètres cubes d'air par cheval. Ces dimensions furent augmentées plus tard. En 1828, la Commission supérieure de cavalerie signale dans certains quartiers le mauvais état des pavés d'écurie et le manque de litière, les courants d'air, le manque d'abris pour le pansage, puis en 1830, les inspecteurs réclament des ventilateurs, des plafonds et diverses améliorations qui furent

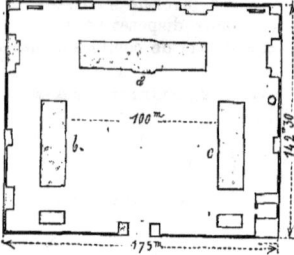

Fig. 294. — Plan du pavillon central de la caserne d'infanterie de Blois.

exécutées mais n'arrêtèrent point les progrès de la morve dont les ravages se continuèrent jusqu'en 1840. Le comité des fortifications, chargé de l'étude des types à adopter pour les casernes nouvelles, éprouva beaucoup de difficultés pour arrêter définitivement ses idées au sujet du logement de la cavalerie. On donna pendant quelque temps la préférence aux casernes à écuries voûtées. La belle caserne de Saint-Cloud. construite

de 1825 à 1827 pour les gardes du corps, celle d'Auch (1821), celles de Vendôme (1823), de Niort, de Castres, etc., ont été construites ou agrandies dans ce système; les écuries occupaient le rez-de-chaussée des bâtiments dont les deux étages supérieurs servaient de logement aux hommes.

En résumé, vers 1840, il restait encore beaucoup à faire pour compléter les écuries et installer les chevaux dans de bonnes conditions hygiéniques: aussi la mortalité était très considérable et emportait chaque année le 1/6 de l'effectif soit environ 8,000 chevaux. Dans ces conditions, la seule économie bien entendue, consistait à n'épargner aucune dépense pour la réorganisation des écuries. En 1838, une commission spéciale fut chargée d'étudier les améliorations à apporter aux écuries; des expériences faites par le commandant du génie Vène, sous la direction du général Haxo, permirent de constater que l'espacement de 1 mètre attribué à chaque cheval était insuffisant. Une mission d'officiers du génie, envoyée en Allemagne pour y étudier l'organisation des casernes de cavalerie, constata que les écuries de Rastadt, Mayence, Sanclain, Durlach, etc., ne valaient pas les écuries françaises, mais que la santé des chevaux ne laissait rien à désirer, grâce à la qualité et à la quotité des rations, à des exercices très fréquents, et à des soins hygiéniques bien entendus.

Le résultat de toutes ces études, auxquelles prirent part les Comités de cavalerie et du Génie, aboutirent aux circulaires ministérielles de 1840, 1841, 1842 et 1843, qui fixent en détail la nouvelle organisation du casernement de la cavalerie et

Rez de chaussée   Étage

Fig. 295. — Plan de la caserne d'infanterie de Blois.

dont les prescriptions principales sont les suivantes :

1° Les chevaux seront espacés de 1m,45, barrés pour les isoler, avec bât-flancs, attachés par une chaîne mobile, munis d'une mangeoire isolée.

2° Les dimensions des écuries seront de 5 mètres sous plafond, 6 mètres de largeur pour les écuries simples; 12 mètres pour les écuries doubles, de façon que chaque cheval ait de 25 à 30 mètres cubes d'air; on ménagera des portes dans les pignons et dans les refends pour produire une ventilation longitudinale pendant l'absence des chevaux; on formera le sol des écuries d'un pavage coulé en mortier imperméable avec une pente de 0m,02 à 0m,03 par mètre.

C'est d'après ces bases qu'ont été construits

la plupart des quartiers de cavalerie en France depuis 1844 jusqu'en 1865. — Tels sont ceux d'Abbeville, Douai, La Fère, Valence, Toulouse, Versailles, Vernon, Tarbes, Angers, Compiègne, Poitiers, Limoges, etc.

En Algérie, les premières écuries construites par le génie, furent de véritables hangars dont les ouvertures pouvaient être fermées par des paillassons. Les avantages hygiéniques de cette disposition, sous un climat chaud, firent adopter en principe par le Comité de fortifications le système des écuries ouvertes pour l'Algérie. En 1860, le général Chauwin présenta un projet d'écurie-hangar, qui, légèrement modifié, donna naissance au type adopté officiellement en 1863, lequel a été appliqué à toutes les écuries construites en Algérie depuis cette époque, notamment à celles du quartier de cavalerie de Mansourah à Constantine.

Le type normal de 1843 avait l'inconvénient d'exiger pour les quartiers de cavalerie, des espaces de terrains très considérables.

Pour obvier à ces inconvénients, en 1852, on eut l'idée de réunir en un seul les deux bâtiments d'escadron en accolant deux écuries simples à l'écurie double, dont l'étage était occupé par les cavaliers. Telle est l'origine du nouveau système de casernement avec écuries à quatre rangs de chevaux.

En 1860, le général du génie Tripier proposait, dans un excellent mémoire, un type de bâtiment comprenant des écuries à 4 rangs tête à tête, avec étage sur les 2 rangs du centre, le tout disposé de telle sorte qu'il en résultait une diminution d'un tiers dans la superficie du terrain occupé par la caserne régimentaire. Les propositions du général Tripier furent unanimement approuvées par le comité de cavalerie. En 1862, le comité du génie, reprenant toutes les études et observations faites sur la question, se prononça en principe pour l'adoption des écuries à 4 rangs et résuma ses conclusions dans les termes suivants :

« Les écuries à construire à l'avenir, devront être, en général, à 4 rangs de chevaux, sans exclusion absolue des écuries à 1 ou 2 rangs.

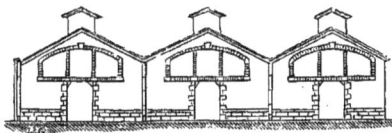

Fig. 296. — Ecurie-dock. Plan.

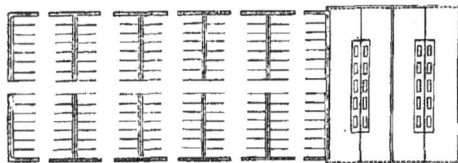

Fig. 297. — Ecurie-dock. Elévation.

« En principe, le logement des hommes de chaque escadron ou batterie sera établi au-dessus des chevaux de la même fraction de corps. On pourra, à cet effet, exhausser les écuries sur deux, trois et quatre rangs, en donnant la préférence à cette dernière combinaison toutes les fois qu'on pourra tirer un parti avantageux des emplacements situés au-dessus, en y plaçant non seulement des hommes, mais tous ceux des accessoires : tels qu'infirmeries, salles d'enseignement, etc., qui peuvent être mis à l'étage. »

Divers bâtiments disposés dans ce nouveau système, ont été élevés de 1862 à 1870, notamment à Grenoble, à Rennes, à Valence.

Ce n'est qu'en 1870 et en 1873 que le Comité des fortifications, après de nouvelles études de la question, a posé le principe de la séparation complète du logement des hommes de celui des animaux. On se trouva alors avoir à choisir entre les écuries à quatre rangs dites écuries-gares et les écuries-docks d'une construction plus économique, et qui avaient été déjà mises en usage par la Compagnie générale des Omnibus.

Dès 1870, le ministre se prononça en faveur de l'adoption des écuries-docks, pour le nouveau quartier d'artillerie de Bourges, malgré les critiques présentées par le Comité d'artillerie qui considérait ces écuries comme imparfaites et qui signalait les grands inconvénients résultant de l'éloignement des hommes et des chevaux. A la suite de diverses observations faites par le général Tripier qui demandait qu'on fît une étude comparative, approfondie des deux systèmes avant d'entreprendre les nombreuses casernes nécessitées par la nouvelle organisation de l'armée, une commission spéciale fut nommée et ses propositions, adoptées par le Comité des fortifications, furent résumées le 14 février 1873 dans un avis dont voici la substance : « Le Comité adopte le principe de la séparation du logement des hommes et des écuries ainsi que celle des selleries d'avec les écuries. Il reconnaît les avantages incontestables des écuries-gares mais constate que les écuries-docks procurent une économie d'environ un quart par rapport aux écuries-gares, tout en présentant au point de vue de l'éclairage et de la

Fig. 298. — Ecurie-dock. Coupe longitudinale.

ventilation des conditions satisfaisantes acceptées par la commission d'hygiène hippique. Il conclut en émettant l'avis que, sans renoncer absolument aux écuries-gares, il soit fait à l'avenir une large application du nouveau système en apportant au type de 1870 certaines modifications.

Les figures 296, 297 et 298 représentent le plan, l'élévation et la coupe d'une écurie-dock du type recommandé par le Comité et exécuté dans le nouveau casernement. Bien que ces nouvelles écuries donnent en général de bons résultats, elles ne sont pas en service depuis un temps assez long pour que l'on puisse porter un jugement définitif sur la valeur de ce système. Du reste, il ne faut pas oublier que l'installation des écuries n'influe que dans une limite assez restreinte sur la santé des chevaux ; une longue expérience a démontré que pour conserver ces animaux pendant la paix, tout en les rendant aptes au service de guerre, il est

indispensable de les soumettre à une alimentation convenable, à des soins hygiéniques continuels et de les endurcir progressivement par de

fréquents exercices en plein air aussi nécessaires
à leur constitution qu'à l'instruction des cavaliers (1).

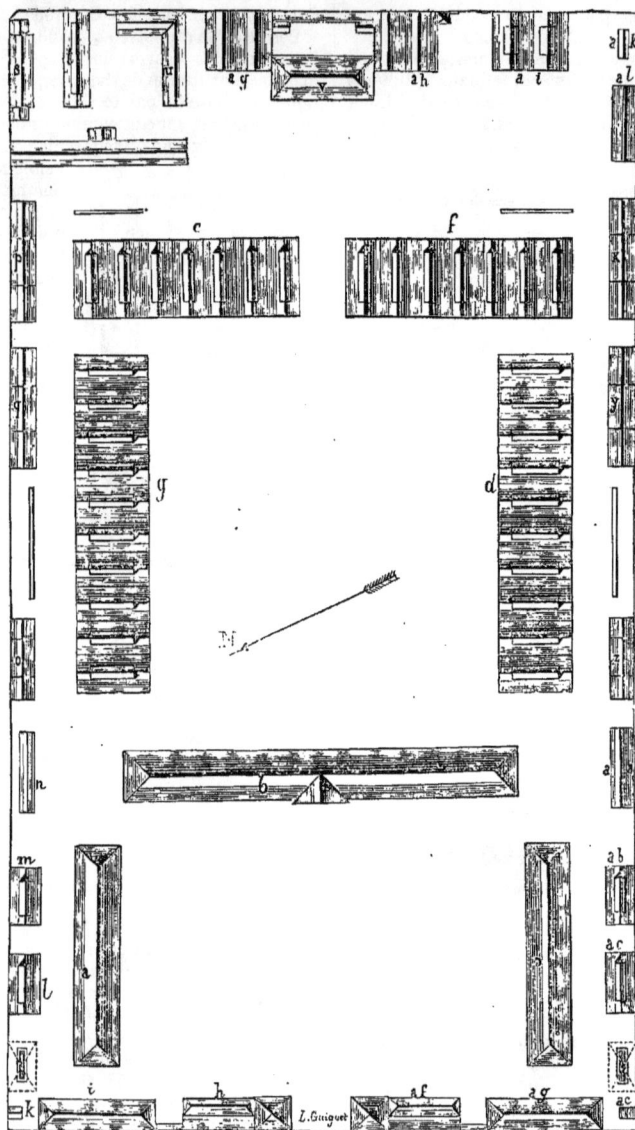

Fig. 299. — *Quartier d'artillerie au Mars*

V. la légende explicative page 341.

Depuis 1872, la perte de deux grandes provinces
et l'application des nouvelles lois militaires, en
exigeant une nouvelle répartition des troupes et
des magasins sur le territoire français, ont entraîné la création de 150,000 places d'hommes et

de 40,000 places de chevaux. Le service du génie
s'est donc trouvé dans l'obligation de construire
aussi promptement et aussi économiquement
que possible de nombreuses casernes nouvelles

(1) *Etude sur le casernement*, par le commandant du génie Grillon.

LÉGENDE DE LA FIGURE 299.

BÂTIMENTS	OCCUPATION	CONTENANCE		
		en hommes		en chevaux
		normale	éventuelle	
	1° Logement des troupes.			
a. 2 étages et mansardes....	4 batteries montées, lavabos, école, enfants de troupe...	424	160	»
b. — — ...	3 batteries à cheval, 2 batteries montées de dépôt, 2 compagnies du train, peloton H R. infirmerie régimentaire, lavabos, bibliothèque....................	674	288	»
c. — — ...	4 batteries montées, lavabos, salle d'escrime........	417	160	»
	2° Accessoires du logement des hommes.			
h. Rez-de-chaussée et combles	Casernier, locaux de punition pour les gradés, magasin des ordinaires.....................	»	»	»
i, ac. 1 étage et combles....	Quatre cantines.....................	4	»	»
k, naa, ad, ah. Rez-de-chaussée	Cinq latrines.....................	»	»	»
l, m, ab, ac.	Cuisines, laveries et magasins aux provisions.......	»	»	»
v. Rez-de-ch., étage et combles	Ateliers, logements des caporaux ouvriers, sous-officiers.	6	»	»
ag, am, ah. Rez-de-chaussée..	Magasins des corps et accessoires............	»	»	»
af. Rez-de-chaussée......	Corps de garde, locaux de punition pour hommes, magasin du génie aux combles...............	»	»	»
an. —	Lampisterie.....................	»	»	»
ao. —	Percolateurs.....................	»	»	»
	3° Logement des chevaux.			
dg. Rez-de-chaussée......	Écuries pour 560 chevaux, 10 batteries montées......	»	»	560
ef. —	Écuries pour 392 chevaux, 6 batteries montées, peloton H R. 2 compagnies du train...............	»	»	392
stu. —	Écuries, infirmeries, 24 chevaux blessés, 12 chevaux contagieux, salle de désinfection, pharmacie, hangar aux opérations, magasin à fourrages, maréchal des logis de l'infirmerie.....................	1	»	»
ai. —	Écurie pour 46 chevaux de la remonte non placés dans les autres écuries.....................	»	»	46
	4° Accessoires du logement des chevaux.			
o, p, q, x, y. Rez-de-chaussée.	Selleries, magasins, 10 batteries montées et 2 batteries à cheval.....................	»	»	»
r. Rez-de-chaussée.....	Maréchalerie, 8 feux.....................	»	»	»
x, al..	Selleries, magasins, 1 batterie à cheval, 2 compagnies du train.....................	»	»	»
		1.526	608	998

pour l'infanterie, la cavalerie et l'artillerie. La dépense totale était évaluée à 140 millions. Afin de répartir cette charge énorme sur un plus grand nombre d'exercices, le directeur du génie, M. le général de Rivières, proposa de constituer immédiatement le capital nécessaire, en demandant aux villes qui sollicitaient des garnisons, de comprendre dans leurs emprunts, à titre d'avance faite à l'État, le complément des fonds nécessaires pour parer aux dépenses des nouvelles casernes, avec la condition pour le gouvernement, de rembourser ces avances au moyen d'annuités à inscrire pendant un certain nombre d'années au budget ordinaire.

Les types adoptés pour ces nouvelles constructions, qui sont aujourd'hui complètement terminées, ont été discutés et arrêtés par le Comité des fortifications en 1873 et 1874. A l'exemple des nations voisines, on a organisé le logement des hommes dans des pavillons à étages dont on a éliminé les causes d'insalubrité telles que les cuisines, cantines, latrines, etc. Le rez-de-chaussée est consacré au logement des sous-officiers groupés deux par deux. Les deux étages sont divisés en chambres de 24 hommes à deux rangs, de 14m,60 de largeur sur 7 de longueur ; ces chambres ont deux fenêtres sur chaque façade, communiquent entre elles par des portes pratiquées au milieu des refends et débouchent chacune sur un escalier par un corridor éclairé à l'aide d'impostes. A chaque étage une chambre pour 16 hommes est réservée aux volontaires d'un an ou aux candidats sous-officiers. Ces deux étages peuvent recevoir l'effectif normal fixé par la loi des cadres ; les effectifs éventuels (réservistes et territoriaux), doivent être logés dans les combles mansardés pendant la durée des appels ou au moment de la mobilisation. Des salles de lavabos sont disposées au rez-de-chaussée à raison d'une par escalier ; enfin tous les accessoires du casernement tels que prisons, magasins, ateliers, cuisines, latrines, écuries, etc., sont organisés dans des bâtiments spéciaux aménagés en conséquence. Quant aux écuries des casernements neufs de cavalerie et d'artillerie, elles sont toutes du type des écuries-docks. Nous donnons (fig. 299) le plan d'ensemble et la légende détaillée du quartier d'artillerie construit au Mans qui résume tout l'ensemble d'une installation régimentaire complète. Au point de vue hygiénique, les nouvelles casernes sont très supérieures aux anciennes, et cette amélioration doit être comptée comme une des causes diverses qui ont réduit de nos jours la moyenne de la mortalité à 10 sur 1000 tandis qu'elle a été de 12 et de 13 avant 1870.

Baraquements Tollet. Lorsqu'il fut question de réorganiser le casernement en France, des propositions diverses furent adressées au ministre de la guerre pour remplacer les bâtiments à étages, par des baraques en briques à simple rez-de-chaussée, dites *baraques Tollet*, dont cet ingénieur préconisait beaucoup les avantages au point de vue de l'hygiène et de l'économie. Le service du génie sans accepter le système en principe consentit à le mettre en expérience à Bourges. Le général Durand de Villers, chargé d'inspecter ce casernement, s'exprimait dans ces termes dans son rapport au Comité du génie : « L'inspecteur général considère en principe les constructions légères à simple rez-de-chaussée comme des combles établis directement sur le sol et présentant à la fois les inconvénients des combles et ceux des rez-de-chaussée. De même les mansardes, ces constructions lui semblent devoir être chaudes en été et froides en hiver. En outre, la création de quartiers baraqués nécessite de très vastes emplacements, souvent difficiles à rencontrer, toujours onéreux à acquérir et entraîne un accroissement considérable des dépenses d'entretien; enfin la grande étendue des quartiers est de nature à rendre très difficile le service journalier. »

Le Comité approuva ces conclusions et fut d'avis dès le 9 octobre 1873 de rejeter en principe le système à rez-de-chaussée. Consulté l'année suivante sur un projet de baraquement présenté pour le quartier d'artillerie de Bourges, le Comité persista dans sa manière de voir et conclut en émettant l'avis que : « les bâtiments d'habitation à deux étages au-dessus du rez-de-chaussée et à murs suffisamment épais sont ceux qui, d'une manière absolue, répondent le mieux aux conditions que l'on doit rechercher pour les casernements définitifs. »

Toutefois, sur l'insistance du commandant du 8ᵉ corps d'armée qui était alors le général Ducros, on continua l'expérience en appliquant le système du baraquement à rez-de-chaussée à Bourges, à Cosne et à Autun. Cette expérience qui dure déjà depuis plusieurs années, n'a fait que confirmer les appréciations du comité. Les chefs de corps, et les généraux consultés ont signalé à l'unanimité, au point de vue du service, la trop grande étendue du quartier, la subdivision des troupes qui rendent difficiles la surveillance et la transmission des ordres. Sous le rapport de l'hygiène, on a constaté que les chambres, froides et humides l'hiver, exigeaient un supplément considérable de com-

bustible pour être habitables, et que ce mode de logement amenait des bronchites et de nombreuses maladies des voies respiratoires chez les soldats. En 1879, le général commandant le 8ᵉ corps, tout en rendant justice à certains avantages inhérents au système Tollet, a reconnu qu'il offrait d'autre part des inconvénients tellement graves, qu'on ne pouvait l'adopter sans de profondes modifications.

Au point de vue de l'économie dans les frais d'installation, de construction et d'entretien, le baraquement Tollet serait moins avantageux pour l'Etat que le casernement réglementaire actuellement en service. Le petit tableau suivant permet de comparer le prix de revient de la place d'hommes de troupe logés dans les deux systèmes de casernement.

LOCALITÉS	PRIX de revient d'une place d'homme logé	ESPÈCE de casernement.
Mont-de-Marsan..	595 »	Casernement ordinaire d'infanterie.
Mamers.....	645 »	Casernement ordinaire d'infanterie.
Cholet......	542 »	Casernement ordinaire d'infanterie.
Tarbes......	667 »	Artillerie.
Cosne......	682 »	Casernement d'infanterie du système Tollet.
Autun......	680 »	Casernement d'infanterie du système Tollet.
Bourges.....	712 »	Casernement d'artillerie Tollet.

La dépense la plus forte du casernement neuf dans toute la France, n'a pas dépassé 670 francs par homme, elle est en moyenne de 580 francs au plus, tandis que le système Tollet entraîne une dépense toujours supérieure à 680 francs par homme.

Cependant nous devons reconnaître que si les dispositions proposées par M. Tollet ne sont pas actuellement assez économiques pour être appliquées au casernement normal des troupes dans de grands quartiers, elles présentent au point de vue de l'hygiène des avantages sérieux qui doivent engager à les appliquer avec quelques perfectionnements, à l'organisation des hôpitaux de 200 à 300 lits, dans les régions tempérées. En effet, ce système se prête parfaitement à l'isolement des pavillons, au renouvellement de l'air et aux mesures d'assainissement exigées dans un hôpital. Mais on ne satisfera aux conditions essentielles de salubrité qu'en adoptant des pavillons à rez-de-chaussée surélevés sur un sous-sol servant de magasin, et en construisant des planchers en chêne posés sur bitume dans toutes les chambres de malades. — V. Hôpital, Ventilation.

CASETTE. — V. Cazette.

* CASÉUM. *T. de chim.* Nom donné en général au produit de la coagulation spontanée ou artificielle du lait. Il est formé par la *caséine* et le *beurre* (V. ces mots). C'est lui qui sert à faire toutes les variétés de fromages gras ou maigres, suivant que le lait employé contenait ou non sa crème.

CASIER. Meuble formé de cases ou de compartiments ouverts, dans lesquels on place en ordre des papiers ou des marchandises.

CASILLEUX. *T. techn.* Se dit du verre qui, étant imparfaitement recuit, se brise en plusieurs morceaux sous le diamant quand on veut le couper.

CASIMIR. Etoffe pour pantalon et gilet. C'est un drap léger, très soyeux et très fin, que l'on fabrique avec de belles laines. La contexture de ce tissu est un croisé *batavia* comme celle du *cachemire de l'Inde.* — V. cette armure, au mot CACHEMIRE.

La désignation de *casimir* vient du nom de celui qui, le premier, fabriqua cette étoffe. Amiens, jadis, dut, en partie, sa réputation comme ville manufacturière à la belle exécution du casimir. Citons également Abbeville, Elbeuf, Louviers, Reims, Sedan, etc. On fait aussi des casimirs en coton.

CASQUE. *T. d'équip. milit.* Le casque faisait partie des armes défensives des guerriers de l'antiquité aussi bien que de celles des chevaliers et hommes d'armes du moyen âge; suivant les époques, et aussi suivant qu'il était destiné aux cavaliers ou aux hommes à pied, le casque a affecté des formes diverses et porté des noms différents. — V. ARMURE.

— Au commencement des temps modernes, le casque, de même que toutes les autres parties de l'armure, avait complètement disparu non seulement de l'armement de l'infanterie mais aussi de celui de la cavalerie; sous le règne de Louis XIV, la grosse cavalerie, y compris le régiment de cuirassiers du roi, avait le chapeau de feutre, qu'elle portait encore à la Révolution. C'est en 1763, que les dragons prirent le casque des volontaires de Saxe; ce casque, dit à la Schomberg, rappelait plutôt par sa forme générale le casque romain de la fin de l'empire que celui des chevaliers du moyen âge. Il se composait d'une calotte ronde avec visière allongée, couvre-nuque et cimier, le tout en cuivre; il était garni d'un turban en peau de chien-marin mouchetée imitant la peau de panthère et d'une crinière noire. Tel a été le premier casque moderne de la cavalerie française, tel il est resté, sauf quelques modifications de détail apportées à la forme de quelques-unes de ses parties, à leurs dimensions et à ses ornements. Le casque n'a été donné définitivement aux régiments de cuirassiers et de carabiniers que vers 1804, ils l'ont toujours conservé depuis. Le casque de cuirassiers était semblable comme forme générale à celui de dragons, mais la bombe, la visière et le couvre-nuque au lieu d'être en cuivre étaient en acier poli, le turban était noir. Le casque de carabiniers, au contraire, tout entier en cuivre avait un cimier de forme beaucoup plus élevée garni d'une chenille rouge.

Les casques qui furent donnés, en 1856 et 1857, aux cuirassiers et dragons de la garde impériale étaient un peu plus petits et plus légers que celui des troupes de ligne, la bombe était moins élevée, le turban en peau de vache-marine avait été supprimé. Enfin, après la guerre de 1870-71, on a adopté, en 1872, un nouveau modèle de casque beaucoup plus léger que ceux d'anciens modèles, la bombe à peu près demi-sphérique a juste les dimensions nécessaires pour emboîter la tête de l'homme, le cimier est très peu élevé; ce casque ne pèse que 1 kil. 250 environ, tandis que le casque de cuirassier ancien modèle pesait plus de 3 kilogrammes. Le même casque sert pour les cuirassiers et les dragons; celui des cuirassiers a le plumet et une houppette ou aigrette, celui des dragons n'a que le plumet (fig. 300).

La bombe en tôle d'acier fondu est emboutie au balancier, planée au marteau et polie au buffle et à la brosse, elle est percée de ventouses; l'intérieur est verni en noir au copal pour prévenir l'oxydation. La visière et le couvre-nuque, également en tôle d'acier, sont bordées l'un et l'autre d'une armature en cuivre; sur le devant de la bombe est placé un turban en cuivre avec orne-

Fig. 300. — *Casque modèle 1872.*

ments estampés. La bombe est surmontée d'un cimier en cuivre se terminant en avant par un masque en relief, la crinière en crin noir est flottante, c'est-à-dire retombe de chaque côté, tandis que dans les casques d'anciens modèles elle formait une simple queue tombant en arrière. La jugulaire est en cuivre, le plumet ne se porte que pour la grande tenue.

Le casque d'officier diffère de celui de la troupe en ce que la bombe est en plaqué d'argent; toutes les garnitures en cuivre sont dorées au mercure mat et brunies.

Le casque moderne de la cavalerie, bien que métallique et pouvant préserver à l'occasion la tête de l'homme contre les coups de sabre, n'a jamais été considéré comme une arme défensive au même titre que la cuirasse; il fait partie non de l'armement mais des effets d'habillement; sa fabrication a été abandonnée à l'industrie privée.

En plus des cuirassiers et des dragons, les gardes municipaux à cheval de la ville de Paris portent également le casque; leur casque avec bombe en tôle d'acier, se rapproche plus comme forme de l'ancien casque de cuirassiers, le cimier est plus élevé, la crinière est tombante.

De même qu'en France, dans presque toutes les autres armées, les cuirassiers portent le casque métallique, mais il n'en est pas de même des dragons qui, suivant les pays, portent le casque en cuir bouilli ou le *shako*. Plusieurs puissances ont adopté, même pour leur infanterie, une coiffure en forme de casque, composée d'une bombe en cuir bouilli ou en liège garni de draps avec visière et couvre-nuque; une pointe, une boule, un cimier ou tout autre appendice saillant placé au sommet de la bombe permet de saisir le casque. Tels sont le casque en cuir bouilli des troupes allemandes, surmonté d'une pointe pour l'infanterie, d'une boule pour l'artillerie et le génie; le casque bavarois, également en cuir bouilli, mais avec un cimier garni d'une chenille; le casque anglais en liège recouvert de drap avec pointe métallique; le casque de l'infanterie de la garde russe, semblable au casque prussien. Citons encore le casque léger, qui est porté aux colonies par les troupes dépendant du département de la marine française, de même que par les troupes anglaises, et dont on réclame depuis longtemps l'adoption pour nos troupes faisant campagne en Algérie.

La question de substituer le casque au shako pour toutes les troupes de l'armée française a été souvent discutée, un peu avant la guerre de 1870, on proposa de nouveaux modèles de casque pour l'infanterie, l'artillerie et la cavalerie légère, mais aucun ne fut alors mis en essai. Depuis la guerre de 1870-71, la question du casque a été de nouveau mise à l'ordre du jour; qui ne se rappelle avoir vu circuler dans Paris, en 1879, nos fantassins, artilleurs et chasseurs à cheval avec un casque en cuir bouilli recouvert de drap tenant le milieu entre le casque anglais et le casque allemand. Malheureusement, cette nouvelle coiffure a produit sur la population une impression pénible, et pourtant elle était beaucoup plus légère et beaucoup plus commode que le shako. En effet, par suite de sa forme, le casque emboîte complètement la tête et repose uniformément sur tout le pourtour, au lieu de porter presque uniquement comme le shako sur l'arcade sourcilière; en outre, le couvre-nuque protège le cou contre la pluie et le soleil. Il est à désirer que cette question soit encore reprise à nouveau et résolue de façon à donner satisfaction à la fois au bien-être du soldat et à l'amour-propre national.

Pour terminer, nous citerons encore le casque des pompiers, casque métallique, entièrement en cuivre, destiné à protéger la tête de ces braves soldats contre les atteintes du feu.

‖ *Art. hérald.* Représentation d'un casque sur l'écusson : ce qui est le véritable signe de la chevalerie.

CASQUETTE. Coiffure d'homme faite de peau ou d'étoffe, qui se distingue du bonnet par une visière dont elle est munie sur le devant.

La fabrication des casquettes se fait à domicile par des ouvriers ou petits entrepreneurs qui travaillent pour le compte des grandes maisons de commerce; celles-ci leur confient par douzaines les pièces et les visières préparées; leur travail consiste à assembler et à coudre les diverses par-

ties de la casquette. Les coutures sont généralement faites à la mécanique, rabattues au fer chaud après un léger humectage, puis *bichonnées*; le bichonnage se pratique au moyen d'une forme en bois pour les casquettes de drap et d'un moule en fonte pour celles de soie; dans le premier cas, on apprête au fer chaud en couvrant le drap d'un linge humide; dans le second cas, le moule de fonte est chauffé et la casquette légèrement humectée à l'intérieur est posée sur le moule qui fait l'office de fer; la vapeur qui s'en dégage traverse la soie sans lui retirer son lustre.

* **CASQUETTIER, ÈRE.** *T. de mét.* Celui, celle qui fabrique ou vend des casquettes.

* **CASSAGE.** *T. d'exploit. des min.* Opération qui consiste à débarrasser le minerai de sa gangue en le réduisant en petits morceaux. — V. Minerais (Préparation mécanique). ‖ *T. de tiss.* Etirage d'un tissu en travers.

CASSE. 1° *T. d'imp.* On nomme ainsi une boîte rectangulaire, divisée en deux parties indépendantes l'une de l'autre, qui sert à contenir les caractères employés par l'ouvrier typographe pour *composer*. Chacune des deux portions de la casse contient des divisions dans lesquelles on place les caractères; ces divisions sont nommées *cassetins*; un cassetin ne contient qu'une seule espèce de lettre. Chaque caractère étant toujours dans le même cassetin et l'habitude aidant, l'ouvrier sait aller l'y chercher avec une grande rapidité; c'est ce que l'on nomme *lever la lettre*. Il en est de même pour le travail appelé *distribution*, qui consiste à remettre dans leurs cassetins réciproques les lettres d'une page qui a été tirée; pour cela, la main du typographe saisit un certain nombre de caractères, et se promène rapidement sur la casse en les laissant tomber une à une dans le cassetin qui leur est propre.

La casse employée dans la plupart des imprimeries est disposée suivant le tableau de la page 345 (1).

Ce classement des lettres dans la casse est au fond le même que celui qui figure dans le manuel de Fertel, publié en 1723, et remonte probablement beaucoup plus haut. Il était très rationnel alors; car, à l'origine et pendant de longues années encore, on faisait usage d'un certain nombre de doubles lettres minuscules et de signes particuliers; mais la suppression successive de ces caractères laissa des cassetins libres dans lesquels les ouvriers, pour ne pas changer l'ordre auquel ils étaient habitués, placèrent presque au hasard les quelques lettres introduites depuis ainsi que des signes de ponctuation, de sorte que la classification générale de la casse devint et est restée tout à fait vicieuse.

Il y avait donc lieu de la réformer; c'est ce qu'a tenté de faire, il y a une quarantaine d'années, M. Théotiste Lefèvre, l'un des typographes les plus autorisés de notre temps : il a calculé le nombre de mouvements en trop que nécessitait l'ancien rangement et, par une nouvelle disposition très logique, a trouvé le moyen d'économi-

(1) La casse que nous représentons est celle de notre Dictionnaire.

ser environ *vingt-trois jours de travail* par année. Son classement, que nous voudrions pouvoir expliquer par le menu, place tous les caractères dans un ordre raisonné et déterminé par des calculs rigoureux. Est-il besoin d'ajouter qu'en dehors de quelques imprimeries il a inutilement

Haut de casse.

A	B	C	D	E	F	G	A	,ʙ	C	D	E	F	G
H	I	K	L	M	N	O	H	I	K	L	M	N	O
P	Q	R	S	T	V	X	P	Q	R	S	T	V	X
â	ê	î	ô	û	Y	Z	J	U	É	È	Ê	Y	z
É	È	Ê	Æ	OE	Ç	W	ffl	Æ	OE	w	ç	]	!
à	è	ì	ò	ù	)	ʙ	fl	ffi	l	m	ɩ	§	?
»	°	U	J	j	°	ͬ	ff	ë	ï	ü	/	...	Cassetin au diable

Bas de casse.

.	ç	é	-	'	1	2	3	4	5	6	7	8
—	b	c	d	e	Espaces moyennes	s		f	g	h	9	0
											œ	œ
z / y	l	m	n	i	o	p	q		;	w	k	Demi-cadratins
								Espaces fines	fi	:		Cadratins
x	v	u	t	Espaces fortes	a	r		.	,	Cadrats		

cherché à faire adopter son système, et que, comme tant d'autres novateurs ingénieux, il n'a pu vaincre la routine!

|| 2° *T. de teint.* Grande cuillère en cuivre avec laquelle le teinturier en soie compose le bain de matière tinctoriale. || 3° *T. de savon.* Poêlon de cuivre avec lequel on puise l'eau et le savon. || 4° *T. de fond.* Bassin, formé vis-à-vis de l'œil, d'un fourneau pour recevoir le métal fondu.

* **CASSE** (JEAN-PAUL), né en 1791, décédé en 1860, est le fondateur de l'importante fabrique de linge de table damassé, située à Fives-Lille (Nord); cette maison apporta, ainsi que l'atteste un brevet pris en France, le 15 mars 1872, aux noms de J. Casse et fils, un notable perfectionnement dans les organes opérateurs de la mécanique Jacquard (V. CROCHET-JACQUARD). M. Adolphe Casse, associé de son père est aujourd'hui son continuateur.

* **CASSÉ** (Papier). *T. de pap.* Papier défectueux qui, étant considéré comme impropre à la vente, est destiné à être refondu.

CASSEAU. 1° *T. de typogr.* Boîte à compartiments servant à contenir certains caractères particuliers, le trop plein des casses ou les sortes excédantes. Il prend quelquefois le nom du caractère qu'il renferme. — V. CASSE. || 2° *T. de dentel.* Petit étui en corne, dans lequel on met le fuseau chargé de fil.

* **CASSE-BOUTEILLE.** *T. de phys.* Manchon de cristal, muni d'une lame de verre qui éclate par le poids de l'air quand on fait le vide dans la machine pneumatique.

* **CASSE-BRAS.** *T. techn.* Nom usuel du maillet qui sert à broyer le lin avant de le teiller.

* **CASSE-CHAINE.** *T. de tiss.* Organe destiné à produire l'arrêt du métier à tisser lorsqu'un fil de chaîne vient à se casser. Divers systèmes ont déjà été imaginés dans ce but. Aucun n'a réussi à s'imposer sur une grande échelle. Un appareil casse-chaîne établi dans de bonnes conditions présente cependant de notables avantages au point de vue de la production et à celui de la perfection du tissu ; un fil de chaîne qui se casse occasionne, en effet, ordinairement dans le tissu des défauts plus ou moins graves qui exigent presque toujours le détissage de l'étoffe jusqu'à ce que le défaut ait disparu, d'où résulte une diminution de production à cause du temps employé à détisser et à remettre le métier en position. De plus, il y a perte de trame détissée et affaiblissement inévitable de la chaîne. Ajoutons,

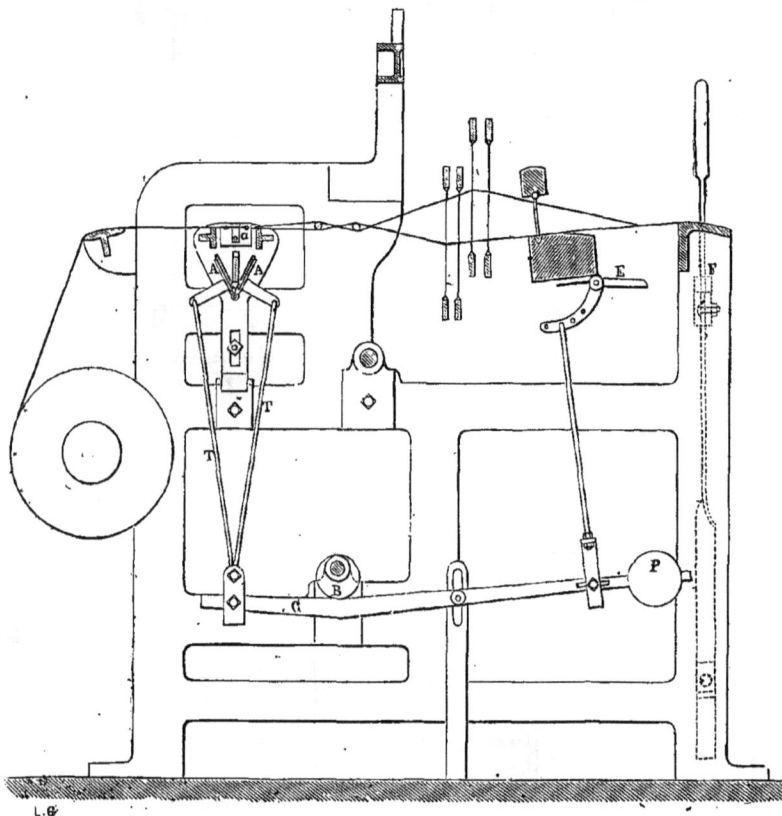

Fig. 301. — *Appareil casse-chaîne pour métier à tisser.*

à l'appui de ces considérations, que la Société industrielle de Mulhouse fait figurer l'application d'un appareil de ce genre, simple, pratique et peu coûteux au programme de ses prix. Nous donnons ici, à titre d'indication (fig. 301), la description sommaire d'un des nombreux appareils imaginés dans cet ordre d'idées et dont le fonctionnement a été satisfaisant. La nécessité, dont on n'a pas encore su s'affranchir, de passer chaque fil de la chaîne dans un organe spécial complique les opérations préliminaires du tissage et est la cause principale de l'emploi restreint de ces appareils.

Celui représenté (fig. 301) se compose d'un certain nombre (moitié de celui des fils) de petites platines *a* en acier trempé, percées au milieu d'une coulisse et à chacune de leurs extrémités d'un trou dans lequel passent deux fils voisins de la chaîne, le premier dans le trou de devant, le second dans le trou d'arrière ou vice-versa. Dans la coulisse passe une tringle en fer qui maintient les platines les unes à côté des autres sur une même ligne droite perpendiculaire à la chaîne et sert en même temps de pivot à ces platines. Deux valves en fer A A formant entre elles un certain angle sur toute la largeur de la chaîne et placées au-dessous des platines à une petite distance de ces organes, sont animées d'un mouvement de va-et-vient autour de leur axe, mouvement que leur communique l'excentrique B en agissant sur le levier C, lequel fait monter et descendre les deux tringles T fixées aux deux valves. Lorsqu'un fil vient à se casser, la platine dans laquelle passe ce fil n'étant plus soutenue que d'un seul côté s'abaisse de l'autre en pivotant sur la tringle, s'interpose entre les valves et arrête leur marche, ainsi que celle du levier C qui, entraîné alors par le contre-poids P, fait lever le butoir E qui vient frapper la partie F de la détente; celle-ci part et arrête le métier. L'ouvrier averti reconnaît facilement, en voyant la platine penchée, quel est le fil qui vient de se casser; il peut alors très bien le renouer et le repasser dans le trou de la platine, s'il y a lieu de le faire, sans perdre beaucoup de temps. Le rentrage des fils dans les platines se fait assez facilement et plus promptement que dans le cas d'emploi d'une aiguille pour chaque fil.

Ce système de casse-chaîne fonctionne bien, trop bien même, car lorsqu'une vrille se présente au trou d'une platine, elle peut s'ouvrir brusquement et détendre le fil; la platine bascule et le métier s'arrête comme lorsqu'il y a un fil de cassé. Il est vrai que l'ouvrier peut immédiatement relever la platine basculée en agissant sur une poignée placée à sa portée (non figurée sur le dessin) qui actionne une tringle placée en dessous des platines; néanmoins, ceci est un certain inconvénient, car dans les chaînes de numéros fins, par exemple, qui ont reçu une forte torsion à la filature, il se produit beaucoup de vrilles et, par conséquent, plus d'arrêts qu'il ne devrait y en avoir. — P. D

* **CASSE-COKE.** *T. techn.* Comme son nom l'indique, le casse-coke sert à réduire en petits morceaux le coke de gaz, pour foyers domestiques, et le coke de fours, pour fonderies, sucreries, etc. Dans la plupart des casse-coke mécaniques actuels, on se sert de la compression pour briser le coke; malheureusement, cette compression a pour inconvénient de produire beaucoup de poussière. On a alors imaginé un appareil mécanique nouveau dans lequel le cassage s'opère de la même façon qu'à la main.

Le cassage de 10 hectolitres de gros coke, au moyen d'un appareil de ce genre, a donné : 4,50 hectolitres de coke moyen; 4,00 de petit; 0,65 de grésillon; 0,75 de poussière; 0,10 de perte.

Cet appareil très simple se compose d'un arbre horizontal portant cinq rondelles en fonte écartées chacune de 4 centimètres.

Par des trous percés près de la circonférence et par chaque paire de rondelles, passe un boulon destiné non seulement à maintenir l'écartement mais encore à porter une massette d'acier de 3 centimètres d'épaisseur taillée à deux tranchants. Ces massettes sont mobiles sur leur boulon, mais pendant la rotation elles sont toutes dirigées de telle sorte que les tranchants sont parallèles au rayon de la circonférence qu'elles décrivent.

Le coke, introduit par une trémie à la partie supérieure, se trouve en présence des hachettes et lancé sur des barreaux fixes en fer à cheval et cintrés, situés dans le plan décrit par chaque marteau. — V. CASSE-PIERRES.

* **CASSE-CROÛTE.** *T. techn.* Petit outil qui ressemble à un casse-noisette, mais plus particulièrement employé à briser les croûtes de pain pour faire une sorte de chapelure, et en général, les mottes de terre ou de toute autre substance que l'on veut broyer à la main.

* **CASSE-FER.** *T. techn.* Petit tas qu'on introduit dans le trou carré de l'enclume pour faire porter à faux le fer que l'on veut casser à froid.

* **CASSE-FIL.** *T. de filat.* Organes ou appareils adaptés à certaines machines de tissage, de filature, de bonneterie, etc., et destinés à produire l'arrêt de la machine lorsqu'un fil vient à manquer (V. CASSE-MÈCHES). Ces différents appareils sont décrits avec les machines auxquelles ils sont appliqués. || Instrument à l'aide duquel on apprécie la ténacité des fils écrus.

* **CASSE-MARIAGE.** *T. de filat.* Il arrive fréquemment qu'au métier à filer renvideur, deux fils se joignent, s'enmêlent et se tordent ensemble, soit que la tension des fils ne soit pas assez forte au début de la sortie du chariot, soit par suite des vibrations produites sur les fils par la rotation des broches; on désigne ce défaut sous le nom de *mariage*. L'appareil casse-mariages ou *brise-mariages* (V. ce mot) a pour but de maintenir chaque fil dans sa direction, et d'empêcher ce défaut dont les conséquences sont ou une augmentation de déchet ou des bobines défectueuses.

* **CASSE-MÈCHE.** *T. de filat.* Ensemble d'organes ou appareil destiné à produire l'arrêt d'une machine lorsqu'une des mèches de la matière qui y est traitée vient à manquer ou à se casser. Comme il est indispensable pour la régularité du produit à obtenir que la machine ne continue pas à fonctionner avec une quantité moindre de matière que celle qui a été déterminée, la surveillance exigerait un bien plus grand nombre d'ouvriers, si les machines n'étaient pourvues de ces organes, grâce auxquels l'arrêt immédiat et automatique est effectué lorsque l'alimentation n'est plus régulière.

La variété de ces appareils étant très grande, puisqu'ils diffèrent avec les diverses machines auxquelles ils sont adaptés, nous renvoyons pour leur description à celle de chaque machine.

Nous signalerons, néanmoins, sommairement à cette place une application assez curieuse de l'électricité, en vue d'arriver à ce résultat.

A la machine est adapté un électro-aimant *f* (fig. 302) relié aux deux pôles d'une pile ou d'une source d'électricité quelconque (dans une usine, une petite machine Gramme, par exemple, mue par la transmission). Lorsque les deux pôles sont en communication, le buteur *e* est attiré contre les extrémités des deux branches du fer à cheval qui se trouvent aimantées, et, dans cette position, il s'oppose par sa rencontre avec le nez en saillie *h* du manchon *a*, à la rotation de ce manchon et de l'arbre *c* sur lequel il est fixé. Ce manchon étant formé de deux parties réunies par des plans inclinés, la partie *a'* se trouve repoussée vers la droite et entraîne avec elle la came *g* qui imprime un mouvement à l'arbre *h* sur lequel elle est fixée. Au moyen de bielles et de leviers convenables, le mouvement de cet arbre produit le passage de la fourche guide-courroie de la poulie fixe sur la poulie folle.

Dans la marche normale de la machine, toutes les parties où peut se produire une rupture sont tenues isolées par l'épaisseur de la mèche de matière elle-même ; lorsque cette mèche vient à manquer, les deux parties (chacune d'elles communiquant d'ailleurs avec l'un des fils positif ou négatif) sont en contact, l'aimantation se produit, le buteur *e* est attiré et l'arrêt de la machine a lieu comme il a été dit ci-dessus. — V. AUTOMATIQUE.

Cette description succincte d'une application intéressante de l'électricité donnera une idée générale de la manière dont les casse-mèches fonc-

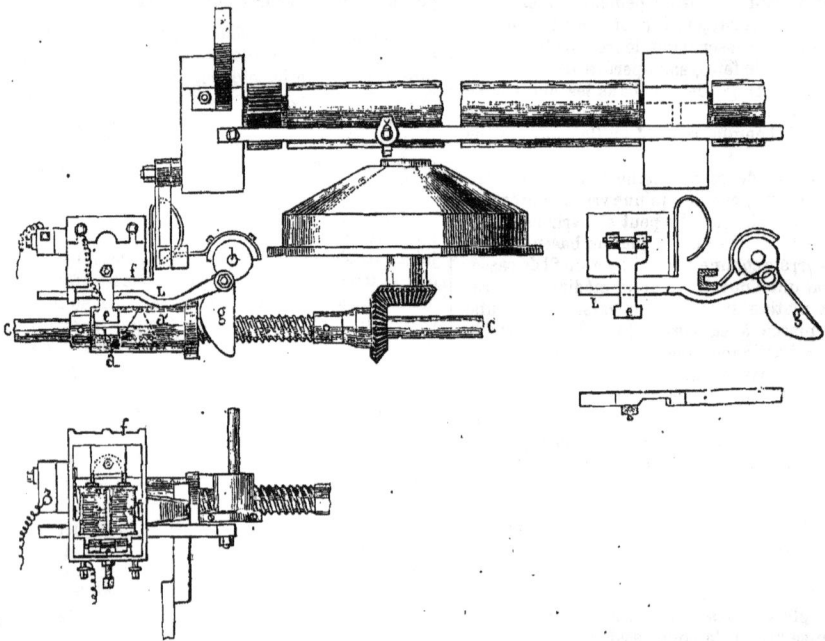

Fig. 502. — *Casse-mèches agissant par l'électricité, appliqué à un banc d'étirage pour le coton.*

tionnent, car le manchon en deux parties est généralement le principe de leur action.

Ce système d'arrêt automatique par l'électricité est d'une application assez étendue dans les bobinoirs pour laine, dans les bancs à broches, les cardes et les bancs d'étirage. Dans un banc d'étirage, par exemple, l'arrêt peut se produire dans quatre cas : lorsqu'il y a rupture du ruban à l'entrée de la machine, qu'une barbe se produit aux cylindres, un engorgement à l'entrée de l'entonnoir ou que le pot tournant est rempli. La main-d'œuvre s'en trouve ainsi diminuée. — P. D.

*CASSE-MOTTES. Masse de bois cerclée de fer qui sert à diviser les mottes de terre dure.

CASSE-NOISETTE. Petit ustensile de table formé de deux branches que l'on rapproche pour briser entre elles l'enveloppe ligneuse des noisettes, amandes et autres fruits semblables.

CASSE-NOIX. Petit ustensile de table de même forme que le précédent, mais un peu plus ouvert, pour casser des noix.

*CASSE-PIERRE. *T. techn.* Outre l'outil que le tailleur de pierres manie à bras, on emploie dans l'industrie un engin du même nom, destiné à diviser les roches dures en fragments plus ou moins gros suivant leur destination. Il ne faut pas le confondre avec les *broyeurs* et *concasseurs*; son but est tout à fait différent, il doit, au contraire, casser les roches sans les broyer, c'est-à-dire sans les réduire en fragments trop menus qui formeraient un déchet qu'on doit éviter autant que possible.

Les casse-pierres rendent de grands services dans les travaux publics, pour casser les pierres destinées au ballastage des voies ferrées, à l'empierrement des chaussées macadamisées, à la fabrication du béton, etc. On les utilise encore, dans certaines industries qui traitent des roches ou des minerais durs, qu'on a besoin de réduire en morceaux d'une certaine grosseur avant de leur faire subir d'autres opérations. Nous décrirons, comme spécimen, un système de casse-pierres basé sur l'emploi de deux puissantes mâchoires qui par leur mouvement de rapprochement brisent la roche avec autant de rapidité que d'efficacité. Ce type est destiné surtout aux entrepreneurs de travaux publics. Il est monté sur un chariot qui permet de le transporter sur les chantiers d'extraction ou de construction, afin d'effectuer à pied-d'œuvre le cassage des matériaux. L'organe essentiel, qui opère le cassage, est formé de deux mâchoires C C, dont l'une est maintenue fixe par le porte-mâchoire A, faisant partie du bâti général de la machine, tandis que l'autre est rendue mobile par le porte-mâchoire B oscillant autour de son axe de suspension sur l'arbre D. Un système de vis de serrage F, au moyen de l'écrou mobile G et du coin de réglage E, permet de faire varier à volonté l'écartement des deux mâchoires. La plaque de buttée de la

Fig. 303. — *Casse-pierres*.

vis H, la plaque de rappel du coin I, une autre plaque en acier J recouvrant la surface frottante de ce coin de réglage, complètent cet organe et permettent d'en régulariser le fonctionnement. Les deux extrémités de l'espace compris entre les mâchoires sont fermées par deux plaques latérales C_1 qui constituent ainsi une sorte de caisse ou trémie dans laquelle on met les pierres à casser. La mâchoire mobile C B est mise en mouvement par le levier K oscillant sur l'arbre M avec lequel il est relié par le chapeau N; quand la bielle S, animée d'un mouvement de va-et-vient, fait osciller le levier K, la came L solidaire du levier avec lequel elle est liée, agit sur la face du coin E, et détermine le mouvement oscillatoire de la mâchoire B C qui, en se rapprochant de A C écrase les pierres engagées entre les deux surfaces. Le ressort de rappel R, avec sa plaque de buttée Q et son guide P, servent à faciliter le mouvement de recul du levier K. La poulie motrice Z est montée sur l'arbre coudé V, auquel se relie la tête de bielle T U (fig. 303).

A la suite de la trémie formée par les deux mâchoires on peut adapter un *trieur-classeur* qui opère le triage du petit gravier, et donne à part toutes les pierres de même dimension.

Avec un casse-pierres de ce genre, employant une force de cinq chevaux-vapeur, on peut casser 2 mètres cubes de cailloux par heure; avec une machine plus forte, exigeant huit chevaux-vapeur on obtient 5 mètres cubes de pierres cassées par heure.

Il existe un autre genre de casse-pierres, qui est basé sur l'emploi de massettes attachées par une tige oscillante, autour d'un arbre animé d'une grande vitesse de rotation. Ces massettes, dans ce mouvement rotatif, obéissant à la force centrifuge se relèvent, et frappent à la volée les morceaux de pierres qu'on laisse tomber sur leur passage par une trémie disposée au-dessus de l'arbre-moteur. On peut comparer cet organe à une série de marteaux de casseurs de pierres frappant successivement les morceaux qu'ils rencontrent, avec la puissante impulsion que leur donne une vitesse considérable de rotation. Cette machine fonctionne bien, elle exige moins de force que celles à mâchoires, et elle est d'un emploi commode sur les chantiers. — G. J.

*CASSERIE. *T. techn.* Atelier où l'on casse le sucre mécaniquement.

CASSEROLE. Ustensile de cuisine en cuivre rouge étamé, avec une queue en fer ; on en fait aussi en ferblanc, en fer battu, en terre vernie.

* CASSE-SUCRE. *T. techn.* Appareil au moyen duquel on casse le sucre en morceaux réguliers.

* CASSETÉE. *T. techn.* Contenu d'un cassetin, d'une casse ; quantité d'objets qui remplissent une cassette.

CASSE-TÊTE. Arme de guerre de l'époque antéhistorique, composée d'un court bâton terminé par une masse de pierre ou d'un bois de cerf ; on s'en est servi jusque dans les premiers siècles, et l'usage en est encore répandu dans certaines tribus sauvages. Cette arme, qui se distingue de la massue en ce qu'elle est faite de manière à pouvoir être maniée avec une seule main, varie à l'infini sous le rapport de la matière, de la forme, des dimensions et de l'ornementation.

CASSETIN. *T. de typogr.* Compartiment d'une casse d'imprimerie. (V. CASSE.) || *Cassetin au diable*, celui qui contient les caractères défectueux.

* CASSE-TRAME. *T. de tiss.* Organe du métier à tisser qui en produit l'arrêt immédiat lorsque la trame ou fil déroulé par la navette vient à se casser ou à manquer. Cet appareil très ingénieux et très simple dû à M. Jourdain, manufacturier d'Alsace, date de 1844 ; il a constitué un des perfec-

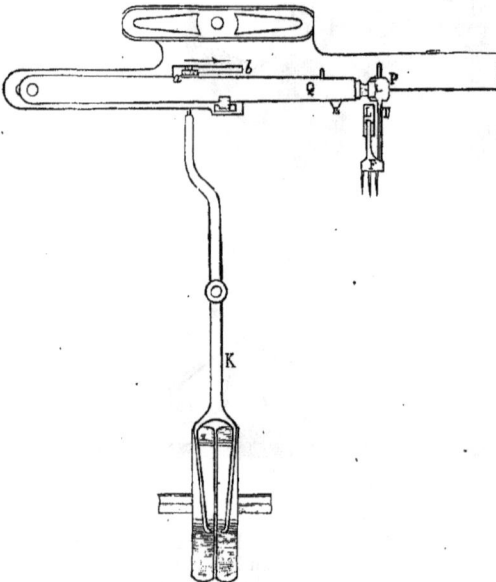

Fig. 304. — *Casse-trame. Vue de dessus.*

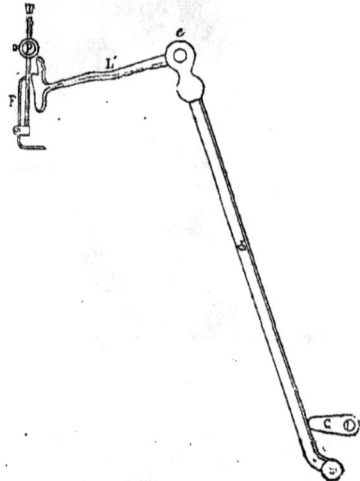

Fig. 305. — *Vue de côté.*

tionnements les plus importants qui aient été apportés aux métiers à tisser, car il a permis de diminuer la main-d'œuvre dans une large mesure, tout en augmentant la production et la perfection du tissu.

Le casse-trame, représenté figures 304 et 305 avec les organes sur lesquels il agit, se compose essentiellement d'une fourchette à trois dents F qui oscille sur une goupille ; la queue de la fourchette, terminée généralement en crochet ou en partie renforcée, équilibre la partie qui porte les dents et même est un peu plus lourde. Elle est

montée à l'extrémité d'une tige T passée dans une pièce P fixée elle-même au levier Q. Le côté du métier sur lequel est appliqué ce levier est un peu allongé. Les autres pièces qui composent le casse-trame sont : un excentrique C fixé sur l'arbre inférieur I, un levier L qui oscille en *e* et dont le talon appuie sur l'excentrique C. Le levier L communique son mouvement d'oscillation à un autre levier L' disposé en équerre avec le premier et se terminant par un butoir muni d'une encoche.

Dans la marche normale du métier, la trame

appuyant sur les dents de la fourchette soulève à son passage l'extrémité opposée, de sorte que le crochet qui la termine n'est pas rencontré par le butoir L' dans son mouvement alternatif. Mais si le fil vient à manquer, les dents de la fourchette n'étant plus maintenues, la partie plus lourde s'abaisse et l'encoche du butoir L' rencontre la queue en crochet de la fourchette ; elle entraîne donc celle-ci dans son mouvement de recul et avec elle le levier Q sur lequel son support est fixé. Le ressort de détente a repoussé par le levier Q sort de l'encoche dans laquelle il est maintenu, et pénètre vivement dans la coulisse b, suivant le sens de la flèche. A ce ressort est reliée la fourche d'embrayage K qui, oscillant autour de son point d'appui, fait passer la courroie de la poulie fixe sur la poulie folle et le métier s'arrête. — P. D.

CASSETTE. 1° Petit coffre où l'on serre d'ordinaire de l'argent et des bijoux. || 2° Boîte divisée en quatre compartiments, à l'usage des tailleurs, pour contenir le fil, les boutons, etc.

* **CASSEUR.** T. de mét. Celui dont la profession est de casser mécaniquement le sucre en morceaux réguliers pour la vente au détail.

* **CASSIER.** T. d'imp. Armoire où l'on renferme les casses.

* **CASSIN.** T. de tiss. Grand châssis placé obliquement au-dessus du système d'accrochage auquel on append, après lecture, les cordes de la chaîne volante qu'on appelle semple. Ce châssis contient, disposées sur plusieurs rangs horizontaux, une quantité de petites poulies égale à la quantité maximum des cordes que le semple comporte sur un même nombre de rangs. Les poulies ont pour mission d'établir, sans danger d'usure rapide pour les cordes spéciales qu'elles supportent, une relation facile et prompte entre la chaîne volante et les aiguilles chargées de pousser dans une plaque receveuse, les emporte-pièce ou poinçons qui doivent servir à l'exécution du perçage des trous dans le carton Jacquard. — V. Lisage.

* **CASSINI** (Jean-Dominique), naquit le 8 juin 1625 à Perinaldo, dans le comté de Nice, mais sollicité par Colbert, il accepta, en 1673, ses lettres de naturalisation. Lors de son mariage avec la fille d'un lieutenant-général, le roi lui dit : « Monsieur de Cassini, je suis charmé de vous voir devenu Français pour toujours. » Cassini, tout jeune encore, trouva un livre d'astrologie, le lut et sa vocation fut déterminée ; sa haute intelligence lui fit bientôt voir, en effet, ce que cette prétendue science avait de chimérique, et le conduisit à s'adonner, avec toute l'ardeur de la jeunesse, aux sciences préliminaires qui lui étaient nécessaires pour étudier l'astronomie.

Ses études portèrent de tels fruits qu'il fut nommé à vingt-cinq ans par le Sénat de Bologne, à la chaire d'astronomie qu'avait occupée le célèbre géomètre Cavalieri. Ses premiers travaux s'exercèrent sur les comètes ; ses observations, ses réflexions furent relatées par lui dans des traités spéciaux. Une méridienne tracée par lui dans l'église de Sainte-Pétrone, travail qui nécessita deux ans, vint montrer au solstice d'hiver, devant une foule de savants, l'exactitude de ses calculs et de ses travaux.

Bologne le jugeant aussi habile dans la diplomatie que dans les sciences, le chargea de régler ses différends avec Ferrare, au sujet de la navigation sur le Pô. La pleine réussite de ses négociations lui valurent du pape une mission analogue au sujet des eaux de la Chiana.

Tout en poursuivant ses recherches astronomiques qui lui faisaient découvrir les vitesses de rotation de Mars et de Vénus, grâce aux taches de ces astres, Cassini s'occupait de la construction du fort Perugia et du port Félix que ses connaissances premières sérieuses et sa vive intelligence avaient initié à l'art de l'ingénieur. D'autres sujets bien différents, l'entomologie, la physiologie, éveillaient son esprit éminemment observateur et nous pouvons lire les résultats de ses recherches dans les œuvres d'Aldrovante.

Cassini compléta, rectifia les œuvres de Kepler en particulier en ce qui concerne la parallaxe du soleil, élucida le système de Copernic, prépara les études de Delambre sur les satellites de Jupiter.

Aussi, tous ces résultats scientifiques, toutes ces études ne restèrent point inconnues pour l'éminent et infatigable Colbert qui voulut dès lors que cette gloire appartînt à la France.

Après avoir attiré Cassini dans notre patrie à la suite de négociations longues et difficiles, Colbert lui fit ouvrir les portes de l'Académie. Ce fut alors sous ses auspices que le voyage astronomique à Cayenne fut entrepris ; continuant ses travaux scientifiques, il trouva que l'axe de rotation de la lune n'était pas perpendiculaire à l'écliptique et que ses positions successives n'étaient pas parallèles. En 1693, il donne de nouvelles tables de cinq satellites de Jupiter plus exactes que celles de 1681. Il contribue à faire connaître la forme de la terre et les lois de la pesanteur, prolonge jusqu'à l'extrémité du Roussillon la méridienne de Paris commencée par Lahire et Picard.

Ces travaux immenses n'avaient point épuisé ce grand homme. Cassini s'éteignit seulement à l'âge de quatre-vingt-sept ans, après avoir perdu la vue.

* **CASSINI** (Jacques-Dominique, comte de), fils de Cassini de Thury (César-François) et arrière-petit-fils de Jean-Dominique Cassini, naquit à Paris le 30 juin 1747. Déjà Français de naissance, ses titres à la reconnaissance publique peuvent se résumer dans une œuvre capitale : son achèvement de la carte topographique de France, commencée par son père sous le patronage de Louis XV et qui fut comme lui directeur de l'Observatoire et académicien. Cet immense travail, vit mourir son auteur à la peine avant son achèvement, Jacques-Dominique continua l'œuvre paternelle primitivement composée de quatre-vingt-et-une grandes feuilles ; rapportées toutes à la méridienne et à la perpendiculaire de l'observatoire de Paris, à l'échelle d'une ligne pour

cent toises, elles devinrent l'atlas de cent-quatre-vingt feuilles à l'échelle de 1/86.400, présenté par lui à l'Assemblée nationale de 1789. Cette carte ne fut cependant réellement terminée qu'en 1793. Une des premières feuilles contenant le plan de Paris parut en 1750 et fut tirée à un très grand nombre d'exemplaires, très rares aujourd'hui. Il existe de cet immense atlas deux autres éditions réduites l'une au tiers, l'autre au quart, parues en 1791 et en 83 feuilles chacune.

Arrêté en 1793 comme suspect, il passa devant le Tribunal révolutionnaire et y perdit, sinon la vie, du moins la somme considérable de 500,000 francs, c'est-à-dire les cuivres de son atlas. Il coopéra au travail de délimitation des départements, et, malgré ses études toutes scientifiques, nous le voyons se livrer aux douceurs de la poésie dans son château de Thury, où il s'éteignit à l'âge de 98 ans.

Ses principaux ouvrages sont : *Voyage fait par ordre du roi en 1768 et 1769, pour éprouver les montres maritimes inventées par Leroy; Voyage en Californie par M. Chappe d'Auteroche; Exposé des observations faites en France en 1787, pour la jonction des observatoires de Paris et de Greenwich; De l'influence de l'équinoxe du printemps et du solstice d'été sur les déclinaisons et les variations de l'aiguille aimantée.*

CASSIS (*Groseiller noir*). Arbrisseau de la famille des Grossulariées qui croît en France et dans le nord de l'Europe; ses fruits d'un noir foncé, ainsi que ses feuilles vertes parsemées de points jaunâtres et résineux, répandent un parfum aromatique. On le cultive dans plusieurs contrées, mais c'est surtout en Bourgogne, grâce à la nature et à l'exposition des terrains de culture, que son fruit acquiert ce goût fin et délicat qui donne à la liqueur du cassis de Dijon une supériorité marquée. La fabrication de cette liqueur est l'objet d'une industrie produisant annuellement plus de 20,000 hectolitres de liqueur; elle donne lieu à un commerce d'exportation assez important. Dans les ménages, on obtient cette liqueur en laissant infuser ensemble, pendant quinze jours, avec un kilogramme de baies de cassis, 2 grammes de girofle et de cannelle, 3 litres d'eau-de-vie et 750 grammes de sucre; on brasse ce mélange chaque jour et, la quinzaine écoulée, on écrase le cassis, et le mélange est passé à travers un linge, puis on filtre la liqueur et on la met en bouteilles.

— Les anciens attribuaient au cassis des propriétés merveilleuses et l'employaient contre toutes sortes de maladies; de tout temps on l'a préconisé, notamment contre les maux d'estomac; Mérat et de Lens dans le *Dictionnaire de matière médicale*, disent que les baies de cassis « renferment une huile volatile et amère qui se retrouve aussi dans l'écorce et les feuilles et que l'on regarde comme tonique, sudorifique et digestive. »

∥ *T. de p. et chauss.* Rigole pratiquée en travers d'une route, pour l'écoulement des eaux.

* **CASSITÉRITE.** *Étain oxydé, pierre d'étain.* T. de minér. La cassitérite, combinaison de l'étain et de l'oxygène, est une substance de couleur brune passant au noir, quelquefois brun-jaunâtre clair, ou d'un gris-clair presque blanc. Les variétés de teintes claires sont transparentes ou fortement translucides. Sa cassure est inégale, conchoïde, son éclat gras ou adamantin, vif sur les surfaces, vitreux dans la cassure; sa densité varie de 6,8 à 6,9; sa dureté de 6,5 à 7 est très peu inférieure à celle du cristal de roche, raie le verre, fait feu au briquet, se casse facilement. Elle cristallise dans le système quadratique ou du prisme droit à base carrée.

Ses cristaux ont une grande tendance à se réunir par juxtaposition, de manière à former une macle ou hémitropie qui détermine un angle rentrant obtus et peu profond désigné sous le nom de *bec d'étain.*

Ses clivages sont difficiles et peu marqués. La cassitérite est infusible au chalumeau; en l'exposant à un feu de réduction vif et soutenu, on la ramène à l'état métallique. Avec le borax et le sel de phosphore, elle fond très difficilement et en petite quantité, en donnant un verre transparent, la soude s'y combine avec effervescence sur le fil de platine, en donnant une masse boursouflée et infusible; sur le charbon, elle se réduit et donne presque immédiatement de l'étain métallique. Elle est insoluble dans les acides azotique, sulfurique; elle est difficilement attaquable par l'acide chlorhydrique, dont la solution précipite en pourpre par le chlorure d'or.

La cassitérite présente deux modes de gisements : elle se trouve dans des alluvions et en filons, en amas dans les granites et les terrains primaires. Les filons stannifères sont coupés et même rejetés par les filons des autres substances métallifères qui les avoisinent, tels que les filons plombeux et cuivreux. Ils sont constamment à la proximité des granites. Les gangues qui accompagnent la cassitérite sont des minéraux essentiels au granite, ce sont la chlorite, la stéatite, l'amphibole, l'émeraude, avec la tourmaline, le mica, l'axinite et la topaze. Le tungstène, le molybdène, le tellure, le platine, l'or, le cobalt, le nickel et quelquefois le fer accompagnent la cassitérite. Cette substance se trouve en Bretagne, au Mexique, en Espagne; elle est exploitée en Angleterre et dans l'Inde anglaise. — V. ETAIN.

* **CASSIUS** (Pourpre de). T. de chim. Lorsqu'on traite une dissolution de chlorure d'or très étendue par un mélange de proto et de bichlorure d'étain, on obtient un volumineux précipité rouge pourpré qui, réuni sur un filtre, puis séché à la température de 100°, devient violet. C'est ce composé qui a reçu le nom de précipité *pourpre de cassius.*

On s'en est servi longtemps pour peindre la miniature. Il a été employé de tout temps pour faire en couleurs vitrifiables les couleurs d'or, le carmin le pourpre et le violet. Il suffit de le mélanger pour le violet avec un fondant plombeux, pour le pourpre avec un fondant peu plombeux et un peu de chlorure d'argent, enfin pour le carmin avec un fondant encore moins plombeux et un peu plus de chlorure d'argent. Mais pour obtenir de beau pourpre et de beau carmin, il faut éviter le séchage du précipité, on le mélange au fondant pendant qu'il est encore hydraté.

Le pourpre de Cassius donne ainsi le plus vif éclat à la palette du peintre en couleurs vitrifiables. — V. CARMIN, POURPRE, VIOLET D'OR.

CASSOLETTE. Réchaud de métal dans lequel on fait brûler des parfums. || Sorte de médaillon où l'on met quelquefois des parfums. || Espèce de vase du sommet duquel s'exhalent des figures de flamme, et qui sert d'amortissement à la partie supérieure d'une maison, ou à la décoration de diverses constructions architecturales.

* **CASSOLLE.** *T. techn.* Réchaud qui sert à chauffer la colle et à la maintenir à un certain degré de fluidité.

* **CASSON. T. techn.** 1° Morceau de glace ; fragments de verre cassé. || 2° Morceau de cacao brisé. || 3° Pain informe de sucre fin.

CASSONADE. Sucre qui n'a été raffiné qu'une fois. — V. SUCRE.

* **CASSOT. T. de pap.** Boîte à compartiments qui sert au triage des chiffons.

CASTAGNETTE. Petit instrument de musique en bois ou en ivoire, composé de deux pièces concaves, en forme de coquilles qui s'attachent aux doigts au moyen de cordons, et que l'on fait résonner en frappant vivement et en cadence leurs parties concaves l'une contre l'autre.

CASTINE. T. de métall. Nom qu'on donne au calcaire ajouté au minerai de fer pour former le lit de fusion dans le traitement de ces minerais. On forme ainsi des silicates plus ou moins fusibles qui permettent au métal de se séparer dans le creuset à l'état de fonte de fer plus ou moins carburée.

CASTOR. 1° **T. de tiss.** Etoffe pour vêtement d'homme. Drap très fort et solide, dont la contexture est celle de 2-le-3 du *cachemire d'Ecosse;* son armure a été donnée au mot CACHEMIRE, fig. 38. Le poil de castor, mêlé à la laine de Ségovie, fournit le tissu connu sous le nom de *castorine.* || 2° **T. techn.** Veau chamoisé auquel on a laissé la fleur et que l'on emploie en noir ou en gris pour faire des chaussures. — V. CHAMOISAGE.

* **CASTOR et POLLUX. Myth.** Fils de Jupiter et de Léda ; ils s'aimaient si tendrement qu'ils ne se quittaient point. Les artistes les représentent ayant chacun une étoile sur la tête.

* **CASTORINE. T. de tiss.** — V. CASTOR.

CATAFALQUE. Décoration funèbre élevée au milieu d'une église, pour recevoir le cercueil d'un mort à qui l'on veut rendre de grands honneurs. C'est ordinairement une estrade élevée, ornée de riches draperies, d'attributs et d'écussons, entourée de cierges et de feux funéraires. Le catafalque prend le nom de *cénotaphe*, lorsque la cérémonie mortuaire est célébrée en l'honneur d'un mort absent.

— L'histoire des arts a conservé le souvenir du catafalque que les artistes de l'Italie élevèrent à Florence

pour les obsèques de Michel-Ange, et de celui qui reçut le cercueil de Napoléon Ier, lors de la translation de ses restes mortels aux Invalides. Au moyen âge, et dès les premiers siècles, on dressait des catafalques pour les funérailles des grands guerriers et des princes, et cet usage, de nos jours, s'est généralisé jusqu'à la vulgarité ; aujourd'hui, une décoration pompeusement banale, indique dans les grands enterrements, non plus toujours les talents ou la haute situation du défunt, mais une position de fortune qui permet la classe élevée des cérémonies mortuaires, réglées et tarifées administrativement ; ce n'est point nécessaire à l'expression des regrets et de la douleur, mais la vanité est satisfaite.

* **CATALANE** (forge). **T. de métall.** La forge ou *foyer catalan* doit son nom d'une part à sa forme, d'autre part à la Catalogne où, pendant des siècles, elle fut exclusivement employée. C'est un bas foyer composé essentiellement d'une sorte de pyramide quadrangulaire, tronquée, séparée du mur du bâtiment par un mur en pierre sèche *piech del soc.* Les quatre faces du foyer s'appellent, en commençant par ce mur, la *porge*, le *laitairol*, *l'ore* ou *contrevent*, toutes les trois formées de barreaux de fer superposés, la quatrième face *cave* ou *rustine* est en briques réfractaires. Le fond est formé d'une pierre de granit. Une tuyère amène le vent à travers la porge sous l'angle de 50°. Un trou de chio permet l'écoulement des scories.

Les feux des Pyrénées espagnoles, les feux de la Finlande, de la Suède, les feux liguriens dans les Alpes liguriennes, les feux corses, les feux russes, qui diffèrent peu des feux catalans, sont généralement désignés sous ce nom. La *méthode catalane* consiste dans l'extraction directe du fer des minerais sans passer par la fonte, en se servant du foyer dont nous avons parlé plus haut. Dans cette méthode, la température produite étant relativement faible et la déperdition de la chaleur étant très grande à cause de la nature du fourneau, on ne peut employer que des minerais contenant au moins 40 0/0 de fer, mais le peu de frais d'établissement que nécessite son emploi a fait qu'elle s'est conservée jusqu'à nos jours.

L'installation comprend simplement : 1° le bas foyer appelé *feu catalan;* 2° une soufflerie qui est généralement une *trompe* (V. ce mot); 3° un marteau ou *mail* mû par une roue hydraulique. Les ouvriers qui travaillent à la forge s'appellent *escola*, chacun a son aide appelé *miaillou.* Le charbon employé est le charbon de bois, quelquefois le charbon de sapin pur, mais plus souvent un mélange où domine les charbons de chêne et de hêtre. Le minerai ne doit pas être trop compact. Le mélange est 1/3 à 1/2 de greillade (menu), avec le reste en mina (morceaux). Dans ces foyers, les matières étrangères au fer, les gangues, doivent former une scorie à leurs dépens et à celui du fer; aussi les minerais doivent-ils être siliceux ou argileux et le minerai, comme nous l'avons dit, très riche en fer. Sous l'action du feu, le minerai en présence du charbon se décompose, donne du fer libre formant avec une partie des scories liquides une masse spongieuse. Cette masse, appelée *massé*, repose vers la fin de l'opération sur un lit de scories durcies appelées *écailles*, est recouverte d'une couche de scories liquides. On fait alors la *balejade*, c'est-à-dire que l'escola réunit les grumeaux de fer au massé, détruit les angles, et fait couler les scories par le trou de chio (ces scories sont noires, bleuâtres, opaques et peu homogènes). La flamme, au lieu de violette qu'elle était, devient blanche tout à coup; l'opération est terminée, le massé est porté au mail; on le forge, pour en expulser les scories et souder les grumeaux de fer. La masse ainsi obtenue en un prisme plus ou moins gros est partagé en trois parties; une massoque et deux massoquettes.

Une opération totale dure six heures.

487 kilogrammes de minerai de fer à 62 0/0 traités ainsi avec 544 kilogrammes de charbon de bois et 2800 kilogrammes d'air, donnent 151 kilogrammes de fer et 200 kilogrammes de ·scories contenant 60 kilogrammes de fer; on perd donc environ 32 0/0.

Le fer obtenu ainsi n'est pas homogène, car dans une même opération on obtient du fer fort ou cédat qui s'est carburé un peu et du fer doux qui ne s'est pas carburé. La partie supérieure du massé est toujours plus décarburée que les côtés. — V. ACIER, § *Fabrication*.

CATAPULTE. *T. d'art milit. anc.* Machine de guerre qui servait à lancer des pierres, ou des traits. Son invention, suivant Pline, serait due aux Syriens et daterait de 200 ans avant Jésus-Christ; Diodore de Sicile l'attribue aux ingénieurs de Denys de Syracuse. Au point de vue de sa forme, même obscurité; cependant, d'après des textes anciens, peu clairs il est vrai, le chevalier Folard a cru pouvoir reconstituer la catapulte. Le musée de Saint-Germain en possède un modèle. Il est, du reste, plus que probable que les modèles de catapulte différaient les uns des autres, suivant le but à atteindre; car nous voyons au siège de Syracuse, d'après Polybe, une catapulte construite par Archimède, lancer des blocs de pierre de 500 kilogrammes. Il existait, du reste, des catapultes de campagne montées sur roues, et des catapultes de siège que l'on construisait sur place.

Ce qu'il y a d'à peu près certain c'est que la catapulte, comme tous les modèles analogues, se bandait au moyen de cordes et de moulinets; les cordes, par leur torsion, formaient ressort, et en laissant reprendre à celles-ci leur position naturelle, le levier actionné par elles et muni d'un cueilleron en fer à son extrémité lançait, soit le javelot placé sur le point de choc du levier, soit les pierres contenues dans son cueilleron. On donnait aussi à la catapulte le nom d'*onagre*. — V. BALISTE.

CATARACTE. *T. de mécan.* Appareil destiné à régler la marche de certains types de machines à simple effet et à mouvement intermittent.

La cataracte est appliquée de préférence sur les grandes pompes d'extraction du type dit *de Cornouailles* qu'on emploie fréquemment dans les mines. Ces machines mettent en mouvement des masses énormes, et il est utile de les arrêter complètement après chaque coup de piston, pour éteindre les vibrations et absorber l'énorme force vive qu'elles accumuleraient autrement; il convient même de ménager entre les coups de piston successifs un temps d'arrêt plus ou moins prolongé pour que la machine, dont le travail varie beaucoup d'ailleurs suivant les saisons, ne marche jamais à vide. La cataracte permet d'opérer ce réglage en quelque sorte d'une manière indépendante de la machine elle-même.

Elle se compose essentiellement d'une petite pompe placée dans une bâche pleine d'eau et dans laquelle oscille un piston vertical chargé d'un contre-poids réglable à volonté. Une queue rattachée au grand balancier de la machine agit à un certain moment de sa course sur un tasseau fixé sur une tringle reliée à la tige de ce piston qu'elle soulève ainsi, et en même temps le petit corps de pompe se remplit d'eau. Le piston redescend ensuite sous l'action de son contre-poids lorsque la queue du grand balancier abandonne le tasseau, et on règle sa vitesse à volonté en étranglant plus ou moins le robinet d'échappement de l'eau hors de la pompe. Ce mouvement très lent du piston soulève aussi lentement la tringle dont les tasseaux viennent agir, dans l'ordre voulu, sur les encliquetages retenant les contre-poids des diverses soupapes de la machine, de manière à leur donner les positions convenables pour que celle-ci se remette en mouvement.

· CATÉCHINE. *T. de chim.* Principe actif du *cachou* (V. ce mot), solide en aiguilles fines, blanches, à éclat soyeux et nacré, fusible à 217°, soluble dans l'alcool, l'éther; obtenu par l'épuisement du cachou à l'eau bouillante et le sous-acétate de plomb.

En présence des alcalis ou des carbonates alcalins, la catéchine absorbe rapidement l'oxygène de l'air et se transforme en acide *japonique* et *rubinique*. C'est sur cette oxydation qu'est fondée l'emploi du cachou en teinture.

CATHÉDRALE. Le mot grec *ἕδρα* siège, d'où l'on a fait, avec deux prépositions, *exèdre*, siège extérieur, et *cathédre*, siège intérieur, a été l'élément formateur de notre mot *cathédrale*. Depuis le xe siècle environ, on appelle ainsi, dans l'Eglise latine, l'église où l'évêque a sa place au chœur, où il officie aux fêtes solennelles. La cathédrale est donc, hiérarchiquement du moins, le principal édifice religieux d'un diocèse; c'était le seul dans les temps primitifs. Quand les fonctions épiscopales y sont exercées par un archevêque, la cathédrale prend le nom de *métropole*, ou église métropolitaine, et, comme les circonscriptions ecclésiastiques se sont calquées partout sur celles du monde romain, le siège métropolitain est toujours au chef-lieu d'une ancienne province gallo-romaine, tandis que le siège épiscopal, la *cathédre* ordinaire, occupe une ville de second ordre. Sens, par exemple, capitale de la IVe Lyonnaise, est, de toute antiquité, une métropole; Paris, malgré son titre de capitale, n'a eu, jusqu'en 1622, qu'une cathédrale suffragante de Sens.

— Dans la *basilique* (V. ce mot), qui a été la cathédrale primitive, le siège de l'évêque, qui avait remplacé celui du juge, était au fond, et l'autel, un peu en avant, sur le tombeau d'un martyr : *quorum reliquiæ hic sunt*, est-il dit dans les prières liturgiques. La basilique de Saint-Pierre, de Rome, conserve encore le siège du prince des apôtres, enfermé dans une chaire de bronze; c'est la plus ancienne et la plus vénérable *cathédra* que possède la chrétienté.

Mais le siège épiscopal n'était pas seulement la stalle de l'évêque ; c'était de plus un signe de juridiction, une sorte de tribunal sacré, et l'église où il était placé servait fréquemment de lieu de réunion ecclésiastique ou civile. Les synodes diocésains, les conciles provinciaux s'y assemblaient de droit, à une époque où les édifices profanes faisaient absolument défaut ; les salles synodales, accolées

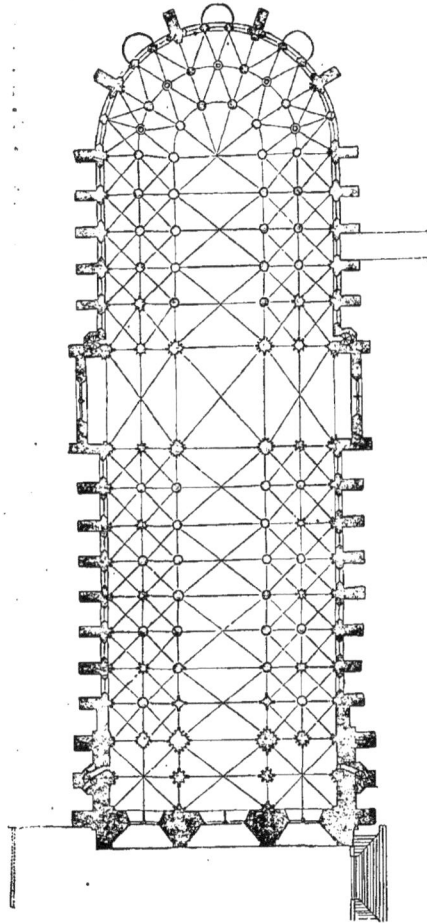

Fig. 306. — *Plan primitif de Notre-Dame de Paris.*

à la cathédrale ou au palais épiscopal, ne vinrent que plus tard.

En Orient, le plan de la cathédrale était une croix grecque, c'est-à-dire quatre nefs d'égale longueur, se coupant à angle droit et inscrites dans un carré. Une coupole s'élevait généralement au point central. Les architectes de l'époque romane ont adopté, en la modifiant plus ou moins, cette disposition générale ; aussi le style qui est résulté de ces diverses adaptations a-t-il été appelé *romano-byzantin*.

Dans l'église d'Occident, la cathédrale figurait en plan une croix latine, c'est-à-dire une longue nef et un transept sensiblement plus court, avec un nombre de nefs,

naves ou *vaisseaux*, toujours impair, une, trois ou cinq. L'autel et le siège de l'évêque y occupaient généralement la même place que dans la basilique romaine.

L'importance des institutions monastiques a longtemps arrêté le développement des églises épiscopales. A Paris et dans ses environs immédiats, Saint-Germain-des-Prés, Saint-Denis, Saint-Maur-des-Fossés possédaient de vastes

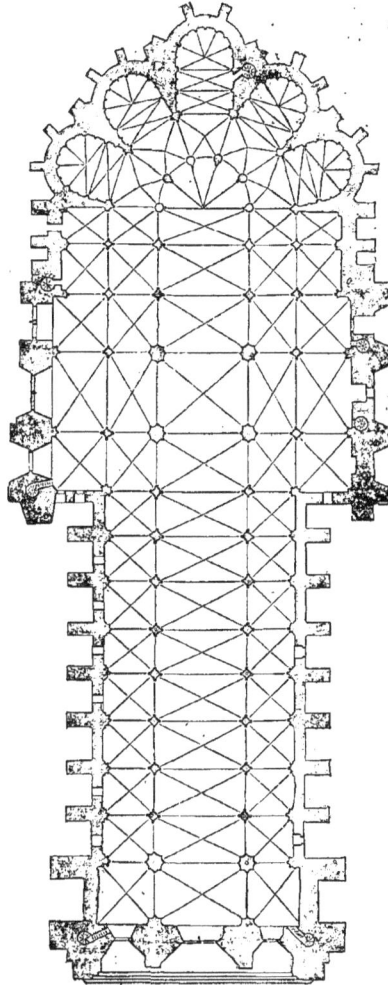

Fig. 307. — *Plan de la cathédrale de Reims.*

sanctuaires, alors que la cathédrale primitive, à laquelle a succédé le monument commencé par l'évêque Maurice de Sully, n'était encore qu'un bien modeste édifice. Il en fut de même ailleurs : Cluny, par exemple, avait sa merveilleuse basilique romane aux sept clochers, tandis que les cathédrales environnantes, Autun, Châlon, Mâcon, Lyon étaient conçues dans de plus humbles proportions.

La raison de cette différence est facile à indiquer. Les grands monastères ont été partout l'œuvre des rois et des hauts barons, qui les dotaient magnifiquement : Saint-Denis, Saint-Germain-des-Prés, Cluny, Cîteaux, quantité d'abbayes et de prieurés de second ordre n'ont pas d'autre origine. Les cathédrales, au contraire, participaient peu ou point aux faveurs royales et seigneuriales; alors que les rois et les possesseurs de grands fiefs se faisaient construire de riches tombeaux à l'ombre des églises monastiques, les évêques et le clergé séculier, aidés par la bourgeoisie des villes, les marchands et les gens de métier, entretenaient avec peine les églises épiscopales, jusqu'au moment où la chrétienté, délivrée des terreurs de l'an mil, se mit à reconstruire, dans de plus vastes proportions, les édifices romains et byzantins où les premiers évêques, successeurs des apôtres, avaient établi leur siège. Les nouvelles cathédrales furent donc l'œuvre des villes croyantes et le témoignage matériel de la richesse bourgeoise, qui commençait à s'élever en face de la grande propriété féodale.

Pendant la longue période des invasions et des installations barbares, le monastère avait sa raison d'être : il assurait la culture du sol et des lettres; il sauvait la vieille civilisation du naufrage. A partir du xıe siècle, cette partie de son œuvre est accomplie; la civilisation nouvelle commence à s'affirmer. Après avoir assis et consolidé l'édifice féodal, dont ils furent d'abord les soutiens, les évêques, vivant au sein des villes, comprennent que les rois et les seigneurs ne sont pas tout; ils voient s'élever, par degrés, en face de l'omnipotence féodale, un pouvoir nouveau, plus rapproché d'eux, avec

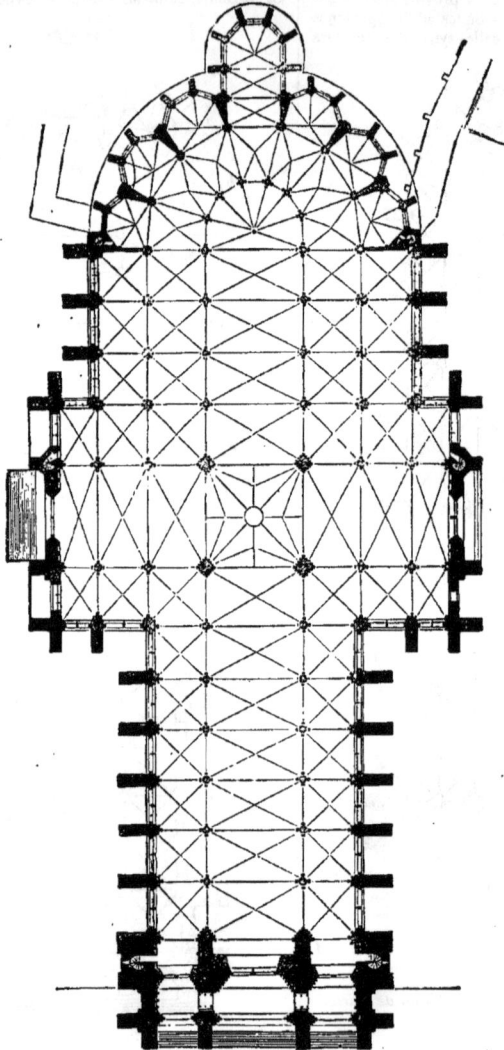

Fig. 308. — *Plan de la cathédrale d'Amiens.*

lequel il leur faudra compter et qu'ils aiment mieux rattacher au leur, en s'appuyant sur lui. Presque partout la construction des nouvelles cathédrales est contemporaine de l'octroi des premières chartes : on les voit s'élever à Noyon, à Laon, à Soissons, à Reims, à Rouen reconquis par Philippe-Auguste, partout enfin où s'affirme l'élément laïque, partout où les bourgeois, comprenant qu'ils doivent être quelque chose dans la ville et plus

tard dans l'Etat, revendiquent leur part d'influence locale.

A ce moment, les évêques sentirent que leur prestige allait leur échapper : s'ils étaient restés barons ecclésiastiques, si, en leur qualité de possesseurs de fiefs, ils avaient fait cause commune avec la féodalité laïque, les villes se fussent détachées d'eux, et le beffroi communal se serait dressé en rival devant la flèche et les deux tours épiscopales. Mais les évêques comprirent que l'heure était venue de transformer leur autorité; ils se firent les chefs d'une juridiction ecclésiastique et laïque, où le droit canon seul était appliqué, garantie considérable contre la rigueur des lois féodales. Dès lors, la bourgeoisie des villes fut avec eux et aida, de tout son pouvoir, à la reconstruction des églises où ils avaient leur siège.

Un vague souvenir de cette participation des villes à l'édification des cathédrales est resté dans la mémoire du peuple : au plus fort de nos discordes civiles, on a vu les populations urbaines surexcitées se ruer sur les monastères, les saccager et jeter bas les splendides édifices construits dans leur enceinte. Presque partout, au contraire, les cathédrales ont été respectées; on s'est borné à gratter les écussons et à mutiler les statues de saints qui les décoraient; vides, fermées, désertes, elles sont restées, même en pleine Terreur, l'honneur et l'ornement de la cité.

Tant que les habitants des villes ont vu leur évêque siégeant en sa cathédrale, armé du droit romain dont il était l'interprète et des canons de l'Eglise, au nom desquels il ordonnait la Trève de Dieu, faire échec au baron féodal qui jetait l'effroi du haut de son donjon, ils se sont groupés autour de lui et ont contribué de leur personne, de leur talent, de leur bourse, à la construction de ces splendides édifices que nous admirons encore aujourd'hui.

Non contents de s'imposer des tailles et des corvées

extraordinaires, de *frayer* aux travaux et de s'atteler eux-mêmes aux chariots, ils ont suscité et payé des architectes civils, sortis de leurs rangs; ils ont opposé à l'art monastique, prépondérant jusque-là, l'art laïque et bourgeois, précurseur de l'art moderne. C'est le moment de la plus grande splendeur du style roman et du style ogival.

Plus tard, lorsque le pouvoir féodal restreint n'inquiète

Fig. 309. — *Vue cavalière d'une cathédrale du XIIIe siècle, construite entièrement d'après le type adopté à Reims.*

plus le peuple; lorsque la bourgeoisie des villes, sentant croître sa puissance avec sa richesse, se masse autour du roi, dont elle grossit l'armée et dont elle remplit les coffres, pour l'aider à triompher des derniers barons, que les anathèmes des évêques n'effraient plus. l'influence épiscopale décroît, au moment même où la foi commence à faiblir avec la succession des schismes et des hérésies.

Les populations moins protégées par l'évêque, moins enthousiastes dans la manifestation de leurs croyances, laissent en suspens les travaux longs et coûteux de leurs cathédrales; on ne les continue plus que lentement, avec les ressources propres du clergé et les dons des personnes pieuses. Pas une seule cathédrale, dit Viollet-le-Duc, n'a été finie comme on l'avait commencée; la période de grand zèle ne dure pas plus de soixante ans, de 1180 à 1240. Mais, pendant ce court espace, on trouve tout : de grands architectes, de grosses sommes d'argent, des matériaux de premier choix, des manœuvres de bonne volonté, des peintres, des verriers, des ferronniers, des tailleurs d'images, etc. Il y a, dans l'histoire de l'art, bien peu d'exemples d'une pareille fécondité.

C'est dans l'Ile de France, en plein domaine royal, que commence ce grand mouvement artistique, pour se continuer, de proche en proche, jusqu'aux extrémités du royaume. A la mort de Philippe-Auguste (1223), toutes les cathédrales comprises dans les domaines du roi sont achevées ou sur le point de l'être; nouvelle preuve du puissant concours que les communes, affranchies par les souverains, prêtent aux évêques bâtisseurs. Plus on s'éloigne de Paris et du domaine royal, moins l'enthousiasme est ardent; l'octroi des chartes communales, qui avait tout d'abord exalté les populations urbaines, n'enante plus le même élan. Toutefois, il se produit encore

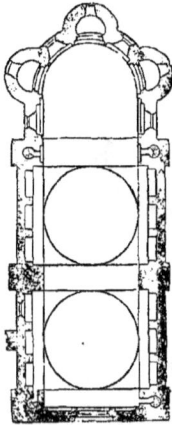

Fig. 310. — *Plan de l'église cathédrale de Cahors.*

un certain entraînement à Reims, à Sens, à Châlons, à Troyes, à Auxerre, villes limitrophes de l'Ile de France. Au delà de ce rayon, les vieilles cathédrales subsistent; on les répare, on les agrandit, on les reconstruit même en tout ou en partie, mais de loin en loin, au moyen de dons, de legs, de sacrifices pécuniaires.que le clergé s'impose; le zèle des anciens jours ne se renouvelle plus. Dans le midi de la France, les édifices anciens restent debout, malgré leur insuffisance, et pourtant l'on ne peut dire que la foi, — qui transporte les montagnes — manquait à ces populations si ardentes et si mobiles. Le mouvement émancipateur du XIIe siècle, qui a fait les communes, a donc été la cause déterminante du mouvement constructeur qui a fait les cathédrales : foi et liberté ont été et seront toujours de puissants ressorts; avec de tels leviers, on soulève le monde.

Bien des révolutions politiques et sociales ont passé sur ces monuments de la piété et de l'indépendance de nos pères : nos cathédrales ont vu les croisades, la guerre de cent ans, Jeanne-d'Arc et Charles VII, Louis XI et Charles-le-Téméraire, c'est-à-dire les dernières grandes luttes féodales, François Ier et la Renaissance, Henri IV et la Ligue, Richelieu et le pouvoir absolu, Louis XV et l'effondrement de la monarchie, la Révolution qui les menaçait et le Concordat qui les a restaurées. Dans l'ordre religieux, elles ont vu saint Louis et le vaste épanouissement de la foi chrétienne, puis le grand schisme d'Occident, la Réforme, le Jansénisme et les jésuites, le culte

de la Raison et la Théophilanthropie; et elles sont encore debout! « Dépouillées aujourd'hui, dit Viollet-le-Duc, mutilées par le temps et par la main des hommes, méconnues pendant plusieurs siècles par les successeurs de ceux qui les avaient élevées, elles apparaissent, au milieu de nos villes populeuses, comme de grands cercueils; cependant, elles inspirent toujours aux populations un sentiment de respect inaltérable. A certains jours de solennités publiques, elles reprennent leur voix, une nouvelle jeunesse, et ceux mêmes qui répétaient la veille, sous leurs voûtes, que ce sont là des monuments d'un autre âge, sans signification aujourd'hui, sans raison d'exister, les trouvent belles encore dans leur vieillesse et dans leur pauvreté. »

Ce même sentiment de respect, qui les a sauvées pendant la tourmente révolutionnaire, les protège encore

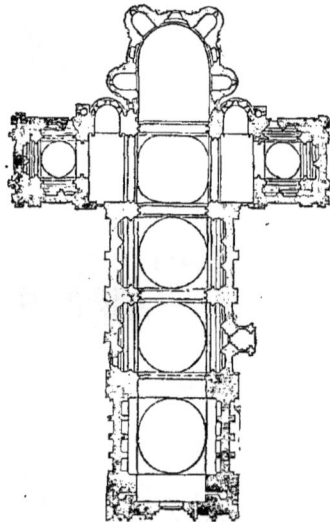

Fig. 311. — *Plan de la cathédrale d'Angoulême bâtie au commencement du XIIe siècle.*

maintenant contre les périls qui les menacent. Les érudits savent qu'elles ont été, au moyen âge, des écoles, des bibliothèques et des musées; ils l'ont dit à la foule oublieuse, et aujourd'hui nul n'ignore qu'elles ont puissamment aidé à l'éducation nationale. A Paris, par exemple, l'école de Notre-Dame a été le berceau de l'Université; l'un des dignitaires du chapitre était chancelier de cette grande corporation enseignante; un autre, le Chantre, ou Précenteur, dirigeait les « petites écoles, » c'est-à-dire l'instruction primaire pour les enfants des deux sexes. Bien avant la célèbre « librairie » de Charles V, la cathédrale de Paris possédait de nombreux manuscrits, qu'elle faisait enchaîner aux pupitres sur lesquels on les plaçait, et dont elle permettait la lecture à tous les clercs. Outre les peintures murales, les vitraux, les statues et les bas-reliefs, qui formaient sa décoration propre, et aujourd'hui nul n'ignore qu'elles ont véritables *curiosités;* elle abritait sous ses arceaux des monuments qu'on érigerait, de nos jours, sur les places publiques, témoin la statue équestre de Philippe-Auguste, sorte d'*ex-voto* rappelant la victoire de Bouvines.

Aujourd'hui, les écoles se sont sécularisées; les bibliothèques occupent de vastes édifices; les musées ont pris, dans les palais, la place des rois et de la cour. Cependant, les cathédrales ont encore leur *maîtrise* ou école de musique, leur *trésor* ou musée religieux, leur collection de livres liturgiques, et toutes ces merveilles d'art qui excitent notre admiration. On va voir, après tant de siècles, les voûtes hardies de Beauvais et de Bourges, les statues de Reims, les bas-reliefs d'Amiens, les verrières de Chartres, les stalles d'Auch: on a fait des volumes et des albums, en écrivant la monographie de ces vénérables édifices.

Dans les temps modernes, la construction d'une cathédrale est chose rare; on a supprimé, en effet, beaucoup plus d'évêchés qu'on en a créé. Mais, alors même qu'on établit un nouveau siège épiscopal, comme à Dijon au siècle dernier, et, de nos jours, à Laval et en Algérie, on se borne à des travaux d'appropriation, et c'est générale-

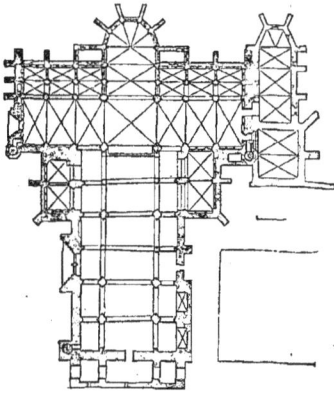

Fig. 312. — *Plan de la cathédrale de Carcassonne.*

ment dans une ancienne église paroissiale, dans une vieille chapelle monastique, dans une mosquée même, qu'on place le siège du ·nouvel évêque. L'une des dernières cathédrales qu'on ait bâties est Saint-Pierre de Rome, chef-d'œuvre dont l'édification a coûté aux Papes la moitié du monde chrétien. Dans ces dernières années, MM. Vaudoyer et Espérandieu ont reconstruit, à Marseille, l'ancienne cathédrale de la Major, et ils lui ont donné un certain air de parenté avec Saint-Vital de Ravenne, Saint-Marc de Venise, la Palatine de Palerme et Sainte-Sophie de Constantinople. Marseille, par son commerce maritime, ne donne-t-il pas la main à l'Italie et à l'ancien empire d'Orient?

Une étude architectonique des principales cathédrales de France et de la chrétienté nous conduirait trop loin. Les édifices les plus caractéristiques seront décrits ou indiqués aux mots ROMAN, ROMANO-BYZANTIN, OGIVAL, RENAISSANCE, etc. Qu'il nous suffise de figurer ici les plans de quelques-uns de ces monuments, choisis parmi ceux qui représentent le mieux les diverses formes de l'art.

Les cathédrales de Paris, 1160-1235 (fig. 306);

Reims, 1212-1300 (fig. 307); Amiens, 1220-fin du XIVᵉ siècle (fig. 308), sont des types parfaits du style ogival dans le nord de la France. Le plan en est régulier, et les architectes qui se sont succédé dans la conduite des travaux ont respecté la pensée du premier, autant du moins que les variations du goût et les exigences des évêques, des chapitres, des fidèles leur permettaient de le faire.

Le plan cavalier, que nous reproduisons et qui est dû à l'habile crayon de Viollet-le-Duc (fig. 309),

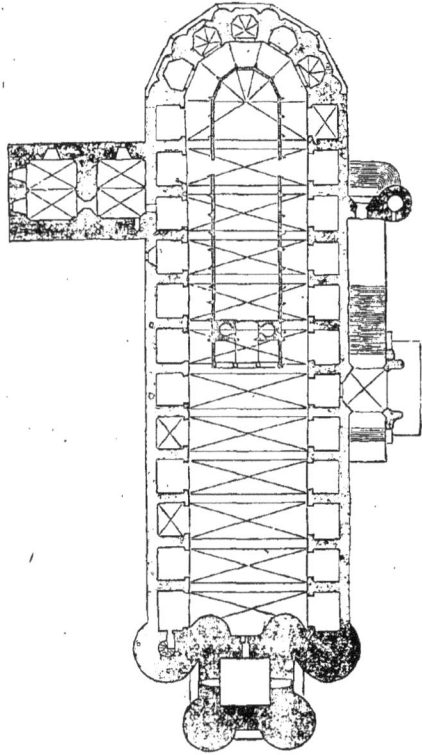

Fig. 313. — *Plan de la cathédrale d'Albi.*

offre, à vol d'oiseau, l'aspect d'un de ces grands édifices du XIIIᵉ siècle, après son complet achèvement.

A côté de ces grands modèles de l'architecture ogivale, nous plaçons quelques spécimens de l'art byzantin et roman : ce sont les cathédrales de Cahors (fig. 310), d'Angoulême (fig. 311), de Poitiers, qui datent de la fin du Xᵉ siècle ou du commencement du XIᵉ, et qui sont, par conséquent, antérieurs au mouvement architectonique d'où sont sorties les cathédrales du nord. Lorsque le nouvel art pénètre dans le midi, il y fait, avec l'architecture romano-byzantine, des compromis plus ou moins étranges, tels qu'on les remarque à Limoges, à Périgueux, à Narbonne, à Carcassonne (fig. 312) et à Albi (fig. 313).

Aux xiv⁵ et xv⁵ siècles, à deux cents lieues au sud de Paris, il ne faut plus chercher ces nefs majestueuses, ces vastes transsepts, cette couronne de chapelles absidales, cet élancement de flèches et de tours qui étonnent le visiteur à Rouen, à Chartres, à Beauvais, à Bourges, à Coutances et dans tout le Nord.

La foi et l'inspiration font également défaut : on n'invente plus ; on copie et on amalgame.

Il nous resterait, pour rendre moins incomplète cette étude sommaire sur les cathédrales, à parler de leur ornementation, sujet multiple qui comprend la peinture sur pierre, sur enduit, sur bois, sur verre, la statuaire, la ferronnerie, l'orfèvrerie, la sculpture sur bois, la fonderie des cloches, la tapisserie de haute et basse-lisse, et, en général, toutes les formes qu'ont revêtues, au moyen âge, l'art pur et les arts décoratifs. Le lecteur trouvera, dans les différents articles du *Dictionnaire*, les éléments de cette seconde étude ; à la suite de la synthèse que nous venons de lui présenter, il pourra faire l'analyse de la cathédrale et il y trouvera de nouveaux et légitimes motifs d'admiration. — L.-M. T.

* **CATHÉTOMÈTRE.** *T. de phys.* Instrument employé dans les laboratoires de physique pour mesurer les différences de hauteur ; il est indispensable lorsque les points dont il s'agit de mesurer la différence de niveau ne sont pas sur la même verticale. On l'emploie dans les expériences sur la dilatation des gaz et des liquides, la tension des vapeurs, l'élasticité de traction, etc.

— Le premier cathétomètre fut construit par Dulong et Petit.

* **CATHODE** ou **CATODE.** *T.* de la nomenclature établie par Faraday pour l'étude des phénomènes de l'*électrolyse* (V. ce mot). C'est le nom donné à celle des électrodes de l'appareil à décomposition qui est reliée au pôle négatif de la pile, et à laquelle se rendent les *cathions* ou éléments électro-positifs de la décomposition, tels que l'hydrogène, les métaux ou les alcalis, tandis que les *anions* ou éléments électro-négatifs, tels que l'oxygène ou les acides, se rendent à l'*anode* (V. ce mot). Dans la galvanoplastie, l'argenture électro-chimique, etc., l'objet qu'il s'agit de recouvrir d'un dépôt métallique est placé à la cathode de l'appareil à décomposition, et le métal, dont la dissolution doit maintenir la constance du bain, est placé à l'anode. — V. ANODE, ARGENTURE ÉLECTRO-CHIMIQUE, etc.

CATI. *T. techn.* Apprêt qu'on fait subir aux étoffes pour leur donner plus de maintien et de lustre.

* **CATIN.** *T. de métall.* Bassin qui sert à recevoir le métal fondu ; il y a le grand et le petit catin ; ils sont garnis intérieurement d'une sorte de mortier composé de terre à four et de charbon en poudre délayés ensemble avec de l'eau.

CATIR. *T. techn.* 1° Donner du lustre aux étoffes. || 2° Appliquer l'or dans les filets d'une pièce soumise à la dorure.

CATISSAGE. *T. techn.* Le catissage est une opération par laquelle on donne à une étoffe le lustre, le brillant, qui en rehaussent l'élégance, la beauté et l'éclat. Cette opération se pratique, en général, à l'aide d'une forte pression combinée avec la chaleur.

Le catissage des étoffes se donne à la presse, en plaçant entre chaque pli du tissu, des cartons spéciaux, bien unis, bien glacés et choisis avec soin ; car la perfection de cet apprêt dépend bien souvent de la qualité des cartons employés. Plus le pressage est fort, plus l'apprêt glacé est beau et durable ; aussi, aujourd'hui, les presses à bras dont on se servait sont presque partout remplacées par des presses hydrauliques.

Dans la draperie, voici la méthode employée pour pratiquer le catissage : le drap est d'abord *faudé*, c'est-à-dire plié en deux sur toute sa longueur, ensuite sur le plateau en bois de la presse on commence par poser un carton commun et épais, puis par dessus deux cartes de presses. Ces cartes viennent de Lyon et ont le plus ordinairement 0ᵐ,80 de longueur sur 0ᵐ,50 de largeur. Au-dessus des deux premières cartes se pose le premier double du drap dont on sépare les endroits par une carte chauffée, il en est ensuite posé une sur l'envers, puis on place le deuxième double de l'étoffe, et ainsi de suite jusqu'au bout de la pièce de drap, en séparant avec des cartes chauffées chaque pli simple de l'étoffe.

Anciennement, le chauffage du catissage ne se pratiquait pas directement sur les cartes ; quand la pièce d'étoffe était arrivée à moitié de sa longueur, on pratiquait ce que l'on appelait un *pont*, c'est-à-dire, que sur le double du milieu, après avoir posé la carte, on mettait deux ou trois cartons épais, puis une plaque de tôle et par dessus des lames de fer rougies au feu ; plus l'étoffe était fine, plus la chaleur devait être intense, par dessus ces lames de fer, on remettait une plaque de tôle, puis deux ou trois cartons épais, une carte à presse, et l'on finissait l'opération du pliage et de l'encartage de l'étoffe.

Aujourd'hui, les presses à catir possèdent un appareil spécial, appelé *chauffeuse*, qui permet de donner le degré voulu de calorique à la carte elle-même. Ce procédé est non seulement plus expéditif mais donne un résultat bien supérieur. La chaleur comme la pression étant bien plus également réparties dans toute la pièce d'étoffe, on n'a plus rien à craindre de ces commencements d'incendie, se présentant si souvent dans les presses à catir, causés par les plaques de fer rougies, et qui nécessitaient jour et nuit une excessive surveillance. — V. DÉCATISSAGE.

CATISSEUR, EUSE. *T. de mét.* Celui, celle qui donne le cati aux tissus.

* **CATISSOIR.** *T. techn.* Outil employé par le doreur, pour appliquer l'or dans les filets avec du coton ou du linge très fin.

* **CATISSOIRE.** *T. techn.* Poêle de petite dimension où l'on met du feu pour faire à chaud le catissage des tissus. Peu usité.

* **CATLINITE** (du nom du minéralogiste *Catlin*). *T de minér*. Variété d'argile rouge que l'on trouve à l'ouest du Mississipi. Les Indiens Sioux en font des pipes.

* **CATODE**. — V. Cathode.

CATOGAN. — V. Cadogan.

* **CATOLLE**. *T. techn*. Nom que l'on donne dans quelques contrées au tourniquet qui maintient le chassis d'une croisée. || Tourniquet employé pour dévider les matières textiles.

* **CAUCHER**. *T. techn*. Cahier de velin ou de parchemin, entre les feuilles duquel le batteur d'or place les quartiers ou morceaux de métal qu'il veut travailler. — V. Batteur, § *Batteur d'or*.

* **CAUCHY** (Auguste-Louis), célèbre mathématicien, né à Paris en 1789, mort en 1857, entra à l'âge de quinze ans avec le n° 2 à l'Ecole polytechnique. En 1816, il fut nommé membre de l'Académie des sciences. Après la révolution de Juillet, il suivit Charles X en exil, et, de 1832 à 1838, il dirigea à Prague l'éducation scientifique du jeune duc de Bordeaux, aujourd'hui le comte de Chambord.

Rentré à Paris en 1839, il fit partie du Bureau des longitudes. En 1848, il fut nommé à la chaire d'astronomie de la Faculté des sciences, mais son refus de prêter serment à l'empire le fit considérer comme démissionnaire. Il fut cependant réintégré dans ses fonctions en 1854. Cauchy était d'une fécondité si extraordinaire, que le budget des comptes-rendus de l'Institut était constamment épuisé par les publications des innombrables calculs de ce savant, auquel l'algèbre et la mécanique doivent de nombreux perfectionnements.

On a de lui : *Méthode pour déterminer a priori le nombre des racines réelles* (1813); *Théorie des ondes* (1815); *Leçons sur les applications du calcul infinitésimal à la géométrie* (1815-1828); *Mémoire sur l'application du calcul des résidus à la solution des problèmes de physique mathématique* (1827); *Mémoire sur la dispersion de la lumière* (Prague, 1836), etc.

* **CAUDÉ**. *Art hérald*. Se dit des étoiles ou des comètes dont la queue est d'un autre émail.

* **CAULICOLE**. *T. d'arch*. On donne ce nom aux tiges qui sortent des feuilles d'acanthe et s'enroulent en volutes sous le tailloir du chapiteau corinthien.

* **CAUNOIS** (Auguste), graveur en médailles, né en 1783 à Bar-sur-Ornain, est mort à Paris en 1858. Elève de Dejoux, il obtint en 1813 le second prix de gravure en médailles au concours de l'Institut. On a reproché à ses œuvres la faiblesse de la composition, le manque d'ampleur et d'élévation. Cependant, quelques médailles à l'effigie de personnages de la Restauration, offrent des qualités de modelé et de ressemblance qui les rendent supérieures à ses sujets composés.

La médaille de la colonne de la Bastille est considérée comme la meilleure œuvre d'art qu'il ait produite ; l'une des faces représente le Génie de cette colonne, l'autre est une effigie vigoureuse de Louis-Philippe. Il a exposé aussi plusieurs statues, entre autre celle du général Foy.

* **CAUS** (Salomon de). Ingénieur français, né en Normandie, aux environs de Dieppe, en 1580, mort au mois de février 1626. C'est lui qui a découvert et utilisé le premier la force élastique de la vapeur. Sa vie nous est presque inconnue, ce qui tendrait à prouver qu'il se déroba aux agitations qui régnèrent à la fin du xvi° siècle, pour se donner tout entier à l'étude. Il est constant, néanmoins, qu'il résida à Londres en 1612, où il fut attaché au service du prince de Galles comme ingénieur des parcs royaux. Il vint ensuite à Heidelberg, où, de 1614 à 1620, il servit en la même qualité qu'à Londres, le prince Palatin. Ce séjour en Allemagne fit dire que Salomon de Caus était Allemand, mais lui-même n'a laissé aucune incertitude à ce sujet. Dans l'un de ses ouvrages, il s'intitule en effet « Ingénieur et architecte de Son Altesse Palatine Electorale »; mais la dédicace en est faite au roi de France et se termine par la formule « très humble et très fidèle sujet ».

Les attributions qu'avait Salomon de Caus le conduisirent probablement à trouver une machine à feu qui pouvait monter l'eau à une certaine hauteur, machine qu'il devait utiliser dans les parcs dont il avait la direction, mais il est à peu près certain que de Caus n'avait pas l'idée de l'appliquer à la locomotion.

M. Arago cite un extrait d'un ouvrage de Salomon de Caus intitulé : *Raison des forces mouvantes*, qui donne le principe de la machine du savant ingénieur. De Caus énonce d'abord le théorème suivant : « L'eau montera par aide du feu plus haut que son niveau. » Il le justifie ensuite en disant : « Le troisième moyen de faire monter l'eau est par l'aide du feu, dont il se peut faire diverses machines. J'en donnerai ici la démonstration d'une. Soit une balle de cuivre, bien soudée tout à l'entour, à laquelle il y aura un soupirail par où on mettra l'eau, et aussi un tuyau qui sera soudé en haut de la balle et dont le bout inférieur approchera du fond sans y toucher; après, faut emplir ladite balle d'eau par le soupirail, puis la bien reboucher et la mettre sur le feu; alors la chaleur donnant contre ladite balle fera remonter toute l'eau par le tuyau. » De Caus n'ignorait pas la cause de l'ascension du liquide, puisque dans son théorème 1er, du même ouvrage, et à la suite d'une expérience analogue il dit que « la violence de la vapeur (produite par l'action du feu), qui cause l'eau de monter, est provenue de ladite eau, laquelle vapeur sortira après que l'eau sera sortie par le robinet avec grande violence ».

La mort de Salomon de Caus a donné lieu à bien des récits apocryphes. C'est Henry Berthoud qui, le premier, a raconté que de Caus étant allé plusieurs fois présenter son invention à Richelieu, celui-ci, importuné, le fit enfermer comme fou à Bicêtre.

C'est là que Salomon de Caus aurait alors communiqué ses idées et remis ses manuscrits au marquis de Worcester. Ces assertions, nous l'avons dit, sont fausses. Ce qui paraît certain, c'est qu'en 1624, lorsque de Caus rentra en France, il s'intitula *ingénieur et architecte du Roy*, et alla habiter aux environs de Bicêtre. Peut-être même coopéra-t-il à la construction de cet hôpital. Il mourut au mois de février de l'année 1626, ainsi que le constate son acte d'inhumation présenté à l'Académie des sciences le 21 juillet 1862.

Le marquis de Worcester qui avait revendiqué la découverte des propriétés de la vapeur n'a fait que copier ce que Salomon de Caus seul avait trouvé.

Les ouvrages laissés par Salomon de Caus sont : *La perspective avec la raison des ombres et des miroirs* (Londres, 1612) ; *Hortus Palatinus* (Francfort, 1818) ; *La pratique et la démonstration des horloges solaires* (Paris, 1624). Son ouvrage capital, où il énonce, le premier, le théorème de l'expansion et de la condensation de la vapeur, a été publié à Francfort en 1615 et a pour titre : *Raison des forces mouvantes avec diverses machines, tant utiles que plaisantes.*

* **CAUSSETIÈRE.** T. de théât. Rainure pratiquée dans le plancher de la scène pour faire manœuvrer les coulisses, et que l'on ferme par un *trappillon* ou *trapisson*.

* **CAUSSINÉ.** T. techn. État du bois qui se déjette après avoir été travaillé. — V. COFFINER.

CAUSTIQUE. T. techn. Matière que l'on étend sur les surfaces que l'on veut peindre, pour augmenter l'adhérence des couleurs.

* **CAUVET** (JULES-PAUL), sculpteur et architecte-décorateur, 1731-1788, naquit dans la vieille ville parlementaire d'Aix en Provence ; il appartenait à une famille honorable et riche qui le destinait à la magistrature. Obéissant à une vocation irrésistible et contrariée par ses parents, il s'échappa de sa ville natale et vint à Paris, où il retrouva des amis qui lui procurèrent le moyen de continuer des études qu'il avait commencées seul, modelant et dessinant jour et nuit. Parmi ses œuvres les plus remarquables on cite la galerie de l'ancien hôtel Mazarin et quatre tables exécutées pour la reine Marie-Antoinette, le corps et les pieds du meuble étaient en acier, avec des parties d'argent rehaussé d'or. Ses dessins de frises, arabesques, meubles, vases, fontaines, intérieurs sont très remarquables ; on en comptait onze à l'Exposition des dessins de maîtres anciens qui eut lieu, en 1880, au palais des Champs-Elysées. Dans le nombre, il en était d'une importance exceptionnelle. Les dessins de Cauvet sont très recherchés par les amateurs. Les plus beaux ont été recueillis par M. le comte de la Béraudière, par M. Bérard et par l'éminent architecte M. Destailleurs. On peut considérer ces dessins comme d'excellents modèles de ce très beau style Louis XVI, dont le goût était si parfait, dégagé des caprices et de l'illogisme qui avaient fait le

rococo de Louis XV, beaucoup plus simple et plus correct, s'inspirant déjà de l'antique, mais dans une mesure exquise et sans aliéner sa liberté, sa fantaisie, comme allait le faire quelques années plus tard l'école de Percier créant le style empire.

* **CAVADIUM, CAVÆDIUM, CAVEDIUM.** Dans l'antiquité romaine, portique couvert d'une petite cour carrée et formant la partie principale de l'*atrium*.

* **CAVAILLÉ** (JOSEPH), frère de Gabriel CAVAILLÉ, artisan de Gaillac (Tarn), et religieux de l'ordre des Frères-Prêcheurs à Toulouse, vivait au XVIIe siècle. Il donna à l'art de fabriquer les orgues une impulsion nouvelle et construisit, avec le Frère Isnard, religieux du même ordre, l'orgue de l'église Saint-Pierre, à Toulouse. Depuis cette époque, l'art du facteur s'est maintenu sans interruption dans la famille Cavaillé.

* **CAVAILLÉ** (JEAN-PIERRE), né à Gaillac vers 1744, mort en 1809, fut élevé par son oncle, le Frère Joseph CAVAILLÉ, dans la profession de facteur d'orgues. Il fabriqua et répara un grand nombre de ces instruments dans le midi de la France où il s'était vu honoré de la confiance de Dom-Bedos, l'illustre auteur de l'*art du facteur d'orgues*. En 1765, il passa en Espagne où il construisit les orgues des églises de Sainte-Catherine, de la Mercie de Barcelonne, de l'église collégiale de Puicerda, et beaucoup d'autres encore. Il se maria à Barcelonne avec Marie-Françoise Coll, puis revint peu après se fixer à Toulouse. C'est de cette époque que date le nom de Cavaillé-Coll, conformément à l'usage espagnol qui veut que les fils ajoutent au nom de leur père celui de leur mère.

* **CAVAILLÉ-COLL** (DOMINIQUE-HYACINTHE), né à Toulouse en 1770, mort à Choisy-le-Roy le 9 juin 1862, était fils du précédent et, comme son père, facteur d'orgues à Toulouse.

Pendant plusieurs années, il exerça son art dans le midi de la France et en Espagne. En 1807, il construisit l'orgue des Cordeliers de Beaucaire. C'est dans cette ville qu'il épousa Jeanne Autard dont il eut deux fils : Vincent de Paul Cavaillé, né le 9 octobre 1808, et Aristide Cavaillé, né à Montpellier le 4 février 1811.

En 1816, Dominique-Hyacinthe Cavaillé-Coll, qui s'était établi à Montpellier, retourna en Espagne pour terminer les travaux commencés par son père dans diverses villes de la Péninsule. En 1822, il revint en France avec sa famille et fit quelques réparations d'orgues, notamment celle de la cathédrale de Nîmes. En 1824, il construisit l'orgue de Saint-Michel de Gaillac. C'est dans cette ville, le berceau de leurs ancêtres, que Vincent et Aristide Cavaillé ont fait, sous la direction de leur père, l'apprentissage de facteurs d'orgues. Etablis à Toulouse en 1827, MM. Cavaillé Coll père et fils firent quelques travaux de réparations et un orgue neuf pour l'église de Saint-Gaudens. En 1829, ils furent rappelés par le chapitre de Lérida, en Espagne, pour terminer les travaux des grandes orgues de cette ville, interrompus en 1820. A cette époque, M. Aristide Cavaillé-Coll, à peine âgé de 18 ans, fut chargé par son père de terminer seul la construction du grand orgue de la cathédrale de Lérida. Ce travail, terminé en 1830, fut l'objet d'un rapport très élogieux de la Commission de réception et du chapitre de la cathédrale.

En 1833, M. A. Cavaillé-Coll étant venu à Paris pour visiter les orgues de la capitale, fut vivement sollicité par Berton, le célèbre compositeur français, à prendre part au concours qui avait été ouvert pour la confection d'un orgue monumental dans l'église royale de Saint-Denis. Cédant aux instances du vieux compositeur et bien qu'il n'eût devant lui que deux jours pour s'y préparer, M. A. Cavaillé-Coll consentit à concourir. Il eut le bonheur de voir ses plans approuvés par la Commission et d'être chargé par le gouvernement de ce gigantesque travail qu'il exécuta en collaboration de son père et de son frère. C'est alors que MM. Cavaillé père et fils transférèrent leurs ateliers à Paris et entreprirent simultanément d'autres travaux qui leur valurent les éloges les plus flatteurs et les mieux mérités. — A. DE V.

* **CAVALET.** *T. de verr.* Couvercle de la lunette.

* **CAVALIER.** 1° *T. de fortif.* Dans la fortification italienne et dans les systèmes de Vauban et de Cormontaingne, on désigne sous le nom de *cavalier* un massif considérable de terre dont la plate-forme, élevée de 8 à 12 mètres au-dessus du niveau du sol naturel, permet de dominer les abords du corps de place, et de donner aux feux de l'artillerie un commandement efficace sur les batteries de l'assiégeant et sur ses travaux d'approche. — Le cavalier est établi, tantôt au milieu d'une courtine, tantôt dans l'intérieur d'un bastion. Dans ce dernier cas le cavalier est séparé du parapet du bastion par un fossé creusé au pied du talus extérieur ; ses faces et ses flancs ne sont pas tracés parallèlement aux lignes de crête du bastion pour éviter les coups d'enfilade. Le massif de terre qui constitue cet ouvrage, est supporté la plupart du temps par des voûtes à l'épreuve de la bombe qui peuvent servir de logements ou de magasins et dont les portes s'ouvrent sur une petite cour du côté de la gorge du bastion. L'armement d'un cavalier se compose de plusieurs pièces de gros calibre tirant à barbette.

Dans la plupart des types de grands *forts détachés* (V. ce mot) de l'école moderne, on a généralement construit un grand cavalier qui constitue une puissante batterie dominante. Les pièces d'angle d'épaule, peuvent être à pivot central ce qui donne à leur tir un champ très étendu. Sous le massif de ce cavalier sont installés deux étages de casemates bien ventilées qui servent de logements à la plus grande partie de la garnison du fort. Un passage voûté et terrassé formant traverse centrale, permet de se rendre à couvert du cavalier dans la galerie enveloppe qui circule sous l'enceinte de la *forteresse.* — V. ce mot).

Cavalier de tranchée. Dans l'art des sièges, on appelle ainsi, un ouvrage que l'assiégeant élève sur le glacis dans une partie de la tranchée. Il se compose de 3 étages de gabions superposés, offrant à la partie supérieure une banquette d'où l'on peut découvrir et enfiler les longues branches du *chemin couvert* et en chasser les défenseurs par des feux plongeants de mousqueterie. Ces cavaliers sur lesquels on peut monter à l'aide de gradins en fascines, sont construits par les sapeurs du génie pendant la nuit et sous la protection des batteries à ricochet de l'assiégeant. — V. CHEMIN COUVERT.

2° *T. de métall.* Nom que l'on donne au marteau qui dans les forges est trop soulevé par les cames. || 3° *T. de p. et chauss.* Excédent des déblais sur les remblais que l'on place en dehors du chemin. On n'emploie les cavaliers que lorsque les transports des déblais au remblai seraient trop onéreux. || 4° *T. de pap.* Papier dont le format est intermédiaire entre le carré et le grand raisin.

CAVE. Endroit voûté au-dessous du sol qui sert généralement à emmagasiner le vin et autres provisions. La meilleure cave est celle qui est exposée au nord, et dans laquelle la température se maintient à 12° centigrades environ. || Partie du foyer catalan (V. CATALANE). || Dans les théâtres et autres établissements, endroit voûté dans lequel les pompes sont installées pour la manœuvre, en cas d'incendie. || Dans les usines à gaz, lieu convenablement disposé pour l'extinction du coke. || *Cave à liqueurs.* Caisse à compartiments munis de carafons et de verres, et dans laquelle on met des liqueurs variées. || *Cave à canons.* — V. CASEMATE.

* **CAVÉ** (FRANÇOIS), mécanicien, né en 1794. Simple ouvrier, il sut, à force de travail et d'énergie, conquérir une place brillante dans la haute industrie. Il alimenta, pendant longtemps, la plupart des bateaux à vapeur de machines, d'hélices et d'appareils de navigation. Il fut décoré de la Légion d'honneur en 1834. Ses ateliers qui ont occupé jusqu'à neuf cents ouvriers furent vendus à MM. Derosne et Cail.

* **CAVELÉE.** *T. techn.* Quantité déterminée de tan.

* **CAVENNE** (FRANÇOIS-ALEXANDRE). Ingénieur, né à Mont-d'Origny-Sainte-Benoîte, en 1773, mort à Paris en 1856. Sorti de l'école polytechnique, il entra à l'école des ponts et chaussées. Après avoir été ingénieur de différents départements, il fut nommé inspecteur général en 1831, puis directeur de l'école des ponts et chaussées, en 1842.

* **CAVENTOU** (JOSEPH-BIENAIMÉ). Chimiste et pharmacien, né à Saint-Omer, le 30 juin 1795, mort à Paris, le 5 mai 1877.

Venu jeune à Paris, il suivit assidûment les leçons de Thénard, dont il devint un des meilleurs élèves, puis soutint ses examens de pharmacien et de docteur en médecine en 1820. Bien qu'il ait pris aussitôt la direction d'une des plus importantes officines de Paris, cela ne l'empêcha pas de se livrer avec ardeur aux travaux scientifiques, et de poursuivre ses études sur les principes actifs des plantes, études qu'il avait entreprises avec Pelletier, dont le nom se retrouve toujours associé au sien, dans les travaux qui furent faits à cette époque sur les alcaloïdes. En dehors de la strychnine, de la brucine, de la quinine et de la cinchonine, qu'ils découvrirent et étudièrent avec soin (1820-1821), il faut surtout mettre en première ligne, leurs recherches sur la fabrication et les propriétés du sulfate de quinine ; d'autant plus, que loin de tenir secrète la découverte qu'ils avaient faite, et de s'en réserver les bénéfices, ils s'empressèrent de publier le résultat de leurs travaux, pour mettre à la portée de tous, le puissant fébrifuge qu'ils avaient trouvé. Ces recherches, des plus remarquables, contribuèrent beaucoup à la renommée de Caventou qui fût, l'année suivante (1821), nommé membre de l'Académie de médecine, dont il fut toute sa vie l'un des plus assidus et des plus laborieux. Caventou et Pelletier furent honorés, en 1837, d'un prix de 10,000 francs pour leurs travaux (prix Montyon).

Après avoir professé pendant plusieurs années la toxicologie à l'école supérieure de pharmacie de Paris, il fut nommé officier de la Légion d'honneur en 1847. Il ne produisit plus de grands travaux à partir de cette époque.

On possède de Caventou les ouvrages suivants : *Nouvelle nomenclature chimique*, d'après la classification de Thénard, 1 vol. in-8°, Paris, 1816; *Examen chimique des fleurs du Cytise des Alpes*, Paris, 1817, in-8°; *Observations chimiques faites dans l'analyse d'un calcul cystique*, Paris, 1817, in-8°; *Recherches sur l'action qu'exerce l'acide azotique sur la nature nacrée des calculs biliaires et sur le nouvel acide qui en résulte*, Paris, 1817, in-8° (avec Pelletier); *Examen chimique de la cochenille et de sa matière colorante*, Paris, 1818, in-8° (avec Pelletier); *Traité élémentaire de pharmacie théorique, d'après l'état actuel de la chimie*, 1 vol. in-8°, Paris, 1819; *Manuel du pharmacien et du droguiste*, traduit de l'allemand de Ebermayer, 2 vol. in-8°, Paris, 1821; *Analyse chimique du quinquina*, Paris, 1821 (avec Pelletier); *Note sur la véritable origine et la nature de l'huile de croton tiglium*, Paris, 1825, in-8°; *Considérations chimiques et médicales sur l'eau de selters ou de seltz naturelle, comparée à l'eau de seltz factice*, Paris, 1826 et 1829, in-8°; *Recherches chimiques sur quelques matières animales saines et morbides*, Paris, 1843; Caventou a publié, en outre, de nombreux mémoires, dans le *Bulletin de l'Académie de médecine*, le *Journal de pharmacie*, les *Annales de chimie*, le *Bulletin de la société médicale d'émulation*. — J. C.

CAVER. *T. techn.* Employé dans certains métiers : *caver le cuir*, c'est l'imprimer; *caver le verre*, c'est l'évider pour y enchâsser un autre verre.

CAVET. *T. d'arch.* Moulure concave dont le profil est d'un quart de cercle, et qui appartient plus spécialement à l'ordre dorique.

CAVOIR. *T. de verr.* Instrument employé pour rogner le verre.

CAVOLINITE. *T. de minér.* Silicate naturel d'alumine, de soude et de potasse.

CAYLUS (Anne-Claude-Philippe de Tubières, comte de), archéologue français, est le fils de la charmante marquise de Caylus qui a laissé de si piquants *Souvenirs* sur les dernières années du règne de Louis XIV. Né en 1692, le comte de Caylus servit fort jeune et brillamment en Catalogne, dans la guerre de la succession d'Espagne. Mais, à l'âge de vingt-trois ans, il quitta le parti des armes et désormais se livra tout entier aux lettres, aux sciences et aux arts.

Après avoir fait le voyage classique en Italie, il accompagna l'ambassadeur de France à Constantinople. On raconte qu'il soudoya les bandits de l'Attique afin de pouvoir visiter et étudier les ruines d'Éphèse et de Colophon, et poussa jusqu'en Asie-Mineure, où, précédant les recherches du docteur Schliemann, il fit des fouilles pour retrouver l'emplacement de Troie.

Ayant ensuite voyagé en Allemagne, en Hollande et en Angleterre, il revint à Paris, s'y fixa et, par ses recherches archéologiques, en même temps que par ses gravures d'après les peintures des artistes contemporains, il se fit successivement recevoir membre honoraire de l'Académie de peinture, 1731, et de l'Académie des inscriptions et belles-lettres, 1742. Il ne fut pas l'un des membres les moins actifs de ces deux illustres compagnies. On lui doit notamment un grand ouvrage intitulé : *Recueil d'antiquités égyptiennes, étrusques, grecques, romaines et gauloises*, qui ne forme pas moins de sept volumes in-4° avec de nombreuses figures, publiés de 1752 à 1767. Ce livre renferme une quantité considérable de documents très précieux, à côté de dissertations savantes, intéressantes, quoique parfois dictées par un esprit aventureux. Les *Mémoires* de l'Académie des inscriptions contiennent quarante-cinq mémoires de Caylus sur le matériel des arts dans l'antiquité, la peinture à l'encaustique, le papyrus, les moyens d'incorporer les couleurs dans le marbre, l'art de tremper le cuivre, d'embaumer les momies, etc. On lui doit encore : *Nouveaux sujets de peinture et de sculpture*, 1755; *Recueil de peintures antiques*, d'après les dessins coloriés de S. Bartoli, Paris, 1757, in-folio, en collaboration avec Mariette, très bel ouvrage devenu fort rare. Pour l'Académie des beaux-arts, il a écrit les *Vies de Mignard, Lemoine, Bouchardon* et celle de *Watteau* qui a été longtemps égarée et retrouvée environ il y a vingt ans, et publiée par MM. de Goncourt. Le comte de Caylus n'était pas seulement un archéologue dont les travaux restent estimés; dessinateur et graveur habile, il a reproduit une grande partie des compositions de Watteau. En outre, il trouvait encore des loisirs pour écrire des ouvrages de littérature légère où il a fait preuve de finesse et d'esprit et qui ont été réunies sous le titre d'*Œuvres badines*, en 12 volumes in-8°, 1787.

Sa bonté, sa générosité égalaient l'activité de son esprit. Si le bien qu'il a fait à ses contemporains est oublié, on garde souvenir de ses libéralités dans les Académies où il a fondé divers prix qui remettent son nom en lumière aux jours de séance annuelle.

CAYORNE. *T. techn.* Poulie à gorge du câble d'extraction dans une *ardoisière*. — V. ce mot.

CAZALET (Jean-André), chimiste et physicien, mort en 1821, à Bordeaux, à l'âge de 71 ans ; il fut professeur à l'école centrale de cette ville, et se distingua par de savantes et nombreuses recherches ; il parvint à obtenir du flint-glass supérieur à ce que l'on fabriquait à cette époque et fit connaître un procédé de conservation des viandes pour les voyages au long cours. En 1821, il fut nommé membre correspondant de l'Académie de médecine.

* **CAZELLE**. *T. techn.* Chez les fileurs d'or, espèce de bobine sur laquelle on dévide le fil.

* **CAZETTE**. *T. de céram.* Etui, sorte de boîte ou *case* dont on fait *cazette* par corruption de langage. On s'en sert pour la fabrication des poteries que l'on veut protéger dans le four contre l'action directe des flammes, contre l'action des cendres du combustible, enfin contre l'influence des fumées et des gaz trop chargés de matières réductrices.

Il y en a de toutes formes et de toutes dimensions ; elles peuvent être à cul-de-lampe, à recouvrement, grandes, petites, simples, doubles pour l'encastage économique des pièces plates sujettes à recevoir des grains. Suivant leur forme, on les appelle *hausses, cerces, étuis, encastage Regnier*, du nom de l'inventeur de l'encastage double.

Il faut qu'elles soient très bien faites, résistantes au feu, réfractaires pour la cuisson des grès et de la porcelaine dure ; qu'elles ne donnent dans leur emploi aucune fissure, aucun éclat qui donnerait des grains aux poteries couvertes d'une glaçure.

* **CAZIN** (Hubert-Martin), libraire-éditeur de Reims, mort à Paris en 1795, a donné son nom à un format petit in-18. Il publia un certain nombre de livres prohibés, entre autres la *Pucelle*, de Voltaire, ce qui lui valut sa destitution de syndic de la corporation des imprimeurs et libraires de Reims. Il quitta cette ville en 1789 et vint s'établir à Paris. C'est alors qu'il eut l'ingénieuse idée de publier, dans un format portatif, la collection des poètes et des écrivains les plus célèbres. Lié avec les philosophes et les encyclopédistes, il publia aussi quelques livres d'opposition au gouvernement, ce qui le conduisit à la Bastille.

Ses principales éditions datent de 1773 à 1786 ; on les reconnaît soit au nom *Cazin* gravé au bas du portrait placé en tête du volume ; soit au mot *Reims* qui indique le lieu de vente ; soit encore aux notes, avertissements, préfaces ou autres indications communes aux livres édités par le libraire Rémois.

CÉDAT. *T. de métall.* Acier naturel de forge, ou fer fort. — V. Catalane.

CÉDRAT. Fruit du *cédratier*, dont l'écorce épaisse est recouverte d'un épiderme qui renferme une huile volatile d'un arôme fort agréable ; cette huile est employée dans la parfumerie ; on fait aussi avec le cédrat des confitures et de la liqueur.

CÈDRE. Arbre célèbre par son port majestueux. Dès l'antiquité, le bois de cèdre, considéré comme étant indestructible, était employé pour les constructions nautiques et l'édification des temples, mais les modernes ne lui reconnaissent pas cette qualité d'incorruptibilité ; il est compacte, solide, résineux, d'un jaune tendre un peu fauve, veiné, moiré de rouge, parsemé de nœuds très durs ; il prend un beau poli et peut être utilisé dans la menuiserie, l'ébénisterie, la marqueterie, etc.

CÉDREL (*cedrela odorata*). Bel arbre de l'Amérique méridionale, que l'on nomme vulgairement *l'acajou à planches* ; son bois est employé pour les boiseries et, par son odeur et surtout par sa saveur amère, il a la propriété d'éloigner les insectes.

CEINTURE. Partie du vêtement qui entoure et serre la taille, ou bien encore cordon, ruban ou écharpe servant d'ornement, d'insigne ou de décoration.

— L'usage de la ceinture remonte à une très haute antiquité ; on lit dans l'*Apocalypse* que les sept anges qui sortent du temple sont vêtus de robes de lin retenues par des ceintures d'or. On n'y employait autre chose que les matières précieuses, les ceintures de peau et de cuir étaient choisies par ceux qui faisaient pénitence, les cein-

Fig. 314. — *Ceinture de côte d'armes (XIVe siècle).*

tures de corde marquaient la douleur et l'humiliation ; ces dernières ont probablement donné naissance au cilice et à la corde de certains ordres monastiques.

Les Grecs, les Romains et les Orientaux, qui portaient la robe la retenaient par une ceinture ; dans les jeux olympiques, les hommes dans l'origine se ceignaient ; plus tard ils durent se dépouiller pour la lutte et la course ; lorsque l'on adopta dans le costume le justaucorps et le manteau, la ceinture resta en usage chez les femmes, les militaires, les magistrats et·les ecclésiastiques; c'était un des insignes de certaines dignités, aussi lorsque l'officier, le magistrat cessait ses fonctions, devait-il déposer sa ceinture.

Dans l'ancienne France, la ceinture servait d'attache aux culottes, mais elle était distincte d'une autre qui ceignait la robe ou le vêtement de dessus et à laquelle on suspendait les clefs, la bourse, le couteau, etc. Les femmes en eurent en soie, en or, en argent, et le luxe devint si grand qu'il fut défendu, par arrêt du parlement de Paris, « aux femmes folles de leur corps de porter la ceinture dorée » (1420). C'est là l'origine de ce proverbe : *Bonne renommée vaut mieux que ceinture dorée*, que les uns attribuent à la jalousie des femmes du peuple, et que d'autres font remonter à l'aventure de la reine Blanche, mère de saint Louis donnant, à l'église, le baiser de paix à une courtisane que son riche costume avait fait prendre pour une honnête femme. Dans le harnais militaire du moyen âge, la ceinture fut l'objet d'un luxe excessif; elle fut d'abord destinée à serrer la cotte d'armes à la taille, puis lorsqu'on fit usage des *braconnières* (V. ce mot), la ceinture descendit à la hauteur des hanches et devint un ornement (fig. 314). Sous Louis XIV, la ceinture fut remplacée par l'écharpe qui devint l'insigne du commandement militaire.

Aujourd'hui les ceintures de femmes donnent naissance à une grande variété de modèles et subissent tous les caprices de la mode et du goût.

Ceinture de sauvetage. Bande de cuir souple et solide d'environ 1ᵐ,10 de longueur sur 0ᵐ,10 de largeur et dont se servent les pompiers et les égouttiers. Elle est munie de trois anneaux de fer. Lorsqu'on veut opérer, dans un incendie, le sauvetage d'une personne, on passe cette ceinture sous ses aisselles et on la descend au moyen d'une corde attachée à deux des anneaux; si des saillies du bâtiment incendié s'opposent à la descente verticale, on attache une seconde corde au troisième anneau fixé au milieu de la ceinture et un homme placé sur le sol dirige le sauvetage en maintenant par cette seconde corde la personne éloignée des saillies qui pourraient la contusionner. On opère le sauvetage d'un puits, d'un égout, d'une fosse d'aisances, en opérant de la même manière mais dans le sens inverse. Pour les naufragés qu'il est nécessaire de maintenir sur l'eau, on se sert d'une matière imperméable que l'on remplit d'air, mais ce genre de ceinture a le défaut d'être promptement mis hors de service; la ceinture de sauvetage généralement adoptée consiste en une matière également imperméable, sur laquelle on fixe des plaques de liège épaisses et de forme rectangulaire, disposées de manière à laisser au naufragé la liberté de ses mouvements; deux bretelles empêchent l'appareil de se déplacer.

CEINTURIER. *T. de mét.* Fabricant ou marchand de ceintures, baudriers et autres objets de même nature. On dit plutôt *ceinturonnier*.

CEINTURON. Ceinture, ordinairement en cuir, que l'on fixe autour de la taille à l'aide d'une boucle, et à laquelle on suspend un sabre, une épée, une cartouchière, etc.

— L'origine du ceinturon remonte à une époque très reculée; chez les Hébreux, il était quelquefois d'un grand prix; on le donnait aux soldats les plus valeureux. Dans l'*Iliade*, Homère parle d'un ceinturon qui terminait

la cuirasse et la maintenait au moyen d'une boucle. A Rome, le ceinturon était un des insignes du service militaire, on dégradait les soldats en le leur arrachant. Au moyen âge, un chevalier félon devait faire amende honorable la tête nue et sans ceinturon, parce que cette partie de l'armure était considérée comme la plus honorable. De nos jours il a généralement remplacé les buffleteries militaires. Malgré les profondes modifications que le costume a subies depuis l'antiquité jusqu'à nos jours, le ceinturon est resté et restera toujours indispensable pour avoir à portée de la main des armes et des munitions. — V. BAUDRIER.

CEINTURONNIER. *T. de mét.* Fabricant de ceintures, ceinturons, baudriers et autres objets analogues. On dit aussi *ceinturier*.

CÉLADON. On a donné ce nom à une nuance vert-pâle, d'une teinte indécise, par allusion sans doute au berger de l'*Astrée*. Amour sentimental et langoureux.

CÉLÉRIMÈTRE. *T. de phys.* Instrument que l'on adapte à la roue d'une voiture pour mesurer la distance du chemin parcouru.

— C'est au moyen du célérimètre que le médecin de Henri II, Fernel, mesura la distance comprise entre Paris et Amiens, villes situées sous le même méridien.

CÉLESTE. — V. PÉDALE.

CÉLESTE. *Myth.* L'un des surnoms de Vénus. La Vénus céleste n'inspirait que des amours poétiques et dégagées des désirs sensuels. On la représentait ailée, jouant de la lyre et la tête ornée d'un diadème étoilé. Phidias qui en fit une statue d'or et d'ivoire la représenta posant le pied sur une tortue, emblème de chasteté et de modestie.

CÉLESTINE. *T. de minér.* Nom que l'on donne à une variété de strontiane sulfatée à cause de la teinte bleue de ses cristaux. Sa composition est en centièmes : 56,5 de strontiane, 43,5 d'acide sulfurique; sa densité varie de 3,9 à 4; dureté 3,5. Elle cristallise en prismes rhomboïdaux. Elle sert, en chimie, à préparer la strontiane et ses divers composés.

CÉLESTINO ou *CŒLESTINO.* *T. d'inst. de mus.* Nom donné autrefois à certains instruments à cordes et à clavier, auxquels on voulut communiquer le moelleux et la continuation des sons, en combinant les cordes de piano avec les tuyaux de l'orgue.

CELLERIER (JACQUES), architecte français, mort en 1814. A construit, entre autres édifices, les théâtres des Variétés et de l'Ambigu-Comique.

CELLIER. Lieu destiné aux mêmes usages que la cave, mais qui diffère en ce que celle-ci est située au-dessous du sol, tandis que le cellier est ordinairement au rez-de-chaussée. Il doit être exposé au nord, suffisamment aéré et à l'abri de l'humidité et des excès de la lumière, de la chaleur et du froid.

CELLINI (BENVENUTO), sculpteur, orfèvre et joaillier, né à Florence le 3 novembre 1500, mort dans la même ville le 13 février 1571. Il n'est pas toujours prudent de chanter trop haut ses propres louanges et de se couronner soi-même du laurier triomphal. Cette outrecuidance peut déplaire. Les artistes qui construisent avec tant de zèle l'édifice de leur renommée sont exposés à le voir démolir par l'impartiale justice de l'histoire. Et cependant, si contestable que soit le système de la glorification personnelle, il a réussi à Benvenuto. Sa plume alerte et vive, son infatigable vantardise, son ardeur à distribuer les horions et les coups de dague l'ont servi autant que ses œuvres. Il a voulu, par tous les moyens, s'assurer contre les risques de l'oubli, et il y est parvenu. Si les rares sculptures et les orfèvreries, plus rares encore, qui restent de sa main, venaient à périr à la fois, son nom et sa méchante renommée seraient sauvés par un livre immortel, le volume des mémoires intimes et compromettants dans lesquels il a raconté sa vie.

Bien que ce récit soit suspect en bien des points et que les événements n'y soient pas toujours présentés selon les exigences d'une chronologie impeccable, il demeure — avec deux pages de Vasari et quelques documents retrouvés dans les archives — la source principale où l'on doit puiser pour résumer la vie batailleuse de l'artiste et dresser le catalogue de son œuvre aux trois quarts perdue. Benvenuto, disons-le d'abord, a pu, grâce à la date de sa naissance et au milieu dans lequel il a grandi, connaître Léonard, Michel-Ange, André del Sarte et même Raphaël, qui allait mourir. Mais, plus jeune qu'eux tous, il n'est pas absolument de leur école, il est d'un temps où la décadence s'annonce, et, à sa manière, il la prépare. Il était fils d'un Giovanni Cellini qui fabriquait des orgues et des luths et qui passait à Florence pour un musicien émérite. Ce Giovanni n'est pas complètement ignoré de l'histoire. Il s'intéressait à toutes les choses de l'art, et on doit croire qu'il n'était pas le premier venu, puisque, en 1504, il fut nommé membre de la commission chargée d'examiner la question de savoir où il convenait de placer le *David* de Michel-Ange. Benvenuto commença par avoir de grands démêlés avec son père. Giovanni voulait faire de son fils un musicien. Pour lui complaire, le jeune Cellini, auquel aucune aptitude n'avait été refusée — c'est lui qui nous l'apprend — consentit d'assez mauvaise grâce à jouer de la flûte; il paraît même qu'il y devint habile. Florence garda longtemps le souvenir de sa musique. Au dire de Baldinucci, Benvenuto fut un *celebre sonatore di strumenti di fiato*.

Tout en soufflant dans sa flûte ou dans son cornet, Cellini vivait dans la contemplation de l'art florentin; il dessinait, il modelait. Il entra, encore enfant, dans l'atelier d'un vaillant orfèvre, Michelagnolo da Viviano. C'était de ces robustes maîtres du XVe siècle — la chronique nous parle déjà de lui en 1468 — qui savaient tout leur métier, car Vasari et Benvenuto lui-même s'accordent à dire que si Michelagnolo excellait dans l'art de nieller et dans l'émaillerie, il n'était pas moins expert à ciseler le métal et à monter les pierres précieuses. Mais Benvenuto ne resta pas longtemps chez cet excellent patron. Vers 1515, il travailla chez un autre orfèvre, An-

tonio di Sandro, qu'on appelait Marcone. L'apprenti devint bientôt un bon ouvrier : il voyagea, sans trop se fixer pourtant dans les villes où il était le mieux accueilli, car ses aventures tapageuses l'obligeaient parfois à déguerpir au plus vite. En 1516, on le voit successivement à Sienne chez Francesco Castoro, à Bologne chez Ercole del Piffero, à Pise chez Ulivieri della Chiostra. Ces orfèvres, dont le nom seul nous est connu, étaient vraisemblablement des artistes qui, comme Michelagnolo da Viviano, prolongeaient dans le XVIe siècle, les fortes méthodes de l'âge précédent. Plus tard, lorsque Benvenuto écrira son traité sur l'orfèvrerie, il se souviendra des recettes que ces vétérans lui ont apprises.

Revenu à Florence, Cellini se remit au dessin, appliquant ainsi l'ancien principe qui était alors à la mode et d'après lequel, ainsi que l'écrit Vasari, *non era tenuto buono orifice, chi non era buon disegnatore*. Il dessina d'après les fameux cartons de Léonard et de Michel-Ange, glorieuse école où venait s'inspirer tout ce qui était jeune. Benvenuto s'aperçut que, son esprit devenant plus savant ou plus orné, ses doigts se faisaient plus agiles. C'est vers 1519 qu'il acheva son premier travail de ciseleur, un fermoir de ceinture. C'était un bas-relief « grand comme la main d'un enfant », où il avait ciselé dans l'argent des figurines, des arabesques et des feuillages à l'antique. Les Florentins admirèrent fort ce fermoir de ceinture, et, tout de suite, l'artiste eut, dans le groupe des jeunes orfèvres, un commencement de renommée.

La même année (1519), Benvenuto fit une première apparition à Rome. Ce voyage ne lui fut pas inutile, car c'est alors qu'il étudia, non sans y mêler un peu de caprice, les ornements qui décorent les édifices ou les ruines de l'antiquité. Il y était déjà préparé par l'étude d'une série de dessins de Filippino Lippi qu'il avait vue à Florence et dont il parle avec enthousiasme, ce qui prouve, en passant, que Benvenuto était vraiment touché des formes heureuses et des inventions élégantes. Il le montra bien, lorsque pendant ce séjour à Rome, au moment où il travaillait comme ouvrier chez le Firenzuola, il fit pour un cardinal un petit coffret d'argent destiné à servir de salière. Il l'avait enrichi de mascarons imités de l'antique, mais en y ajoutant cette fleur de fantaisie qui était dans l'âme de tout artiste au XVIe siècle.

Après avoir passé deux ans à Rome, Benvenuto retourna, vers 1521, à Florence, où son humeur batailleuse ne lui permit pas de rester longtemps. Il travaillait pour l'orfèvre Francesco Salimbene qui rémunérait largement ses services. Il put même, ayant gagné quelque monnaie, installer une petite boutique au Mercato Nuovo; il y faisait de menus joyaux dont la vente était facile et productive; mais il eut avec des voisins ou des confrères des querelles du plus mauvais goût. Compromis dans son quartier et cité devant le tribunal des Huit, il s'évada et revint à Rome (1523).

L'habile artiste qui, à Florence, pouvait vivre

librement dans sa propre *bottega*, fut obligé de reprendre la modeste condition de l'ouvrier. Il entra dans l'atelier de l'orfèvre Lucagnola. Inutile de dire que, là aussi, il eut des disputes et de fâcheuses aventures. Les violences de son caractère ne lui devinrent cependant pas trop fatales. Grâce à l'amicale intervention d'un élève de Raphaël, Francesco Penni, il connut l'évêque de Salamanque, et bientôt il travailla pour ce prince de l'Eglise, qui, s'il faut en croire ce qu'il raconte, oubliait souvent de payer ses dettes. C'est d'après un dessin de Francesco Penni que Benvenuto fit pour cet évêque économe une grande aiguière d'argent décorée de feuillages, de masques et d'animaux. En même temps, il avait la chance heureuse de s'introduire à la Farnesine, chez les Chigi. Madonna Porzia lui fit bon accueil et elle le chargea de monter les plus précieux de ses diamants. Benvenuto composa alors un joyau qui avait la forme d'un lis; mais il sut enrichir cette armature de métal, car, sans nuire à l'éclat des pierres enchâssées dans l'or, il trouva moyen d'y ajouter les colorations de l'émail. Dès cette époque, on le voit, l'artiste florentin connaît et met en œuvre toutes les ressources du métier. Il est joaillier autant qu'orfèvre.

Bientôt il ouvrit une boutique à Rome, et comme il avait le goût subtil, il apprit aux gentilshommes et aux bourgeois le chemin de son atelier. C'est là qu'il fit pour le gonfalonier Gabriello Ceserino une de ces médailles d'or qu'on attachait au chaperon et que les écrivains français appellent des « enseignes ». Cette médaille représentait Léda et le cygne amoureux. Benvenuto déclare qu'elle était superbe. Faut-il l'en croire sur parole ? L'œuvre est-elle perdue ? On l'a dit. Et cependant, il existe à Vienne, au cabinet des antiques, une calcédoine qui, entourée d'un cadre en or émaillé, représente précisément le motif mythologique de l'enseigne que Benvenuto a trop sommairement décrite. L'œuvre date bien des premières années du xviᵉ siècle. Quelques écrivains, notamment le savant auteur de l'*Histoire des arts industriels*, se sont demandé si ce bijou n'est point celui que l'artiste exécuta pour le gonfalonier de Rome. La conjecture n'a rien de téméraire.

Pendant cette période, qui correspond au pontificat de Clément VII (1523-1534), Benvenuto mène une vie agitée et glorieuse. Beaucoup d'amourettes et de coups d'épée, et aussi beaucoup de travaux. Des armes orientales lui ayant été montrées, il s'éprend d'un art qu'il n'avait point encore pratiqué, la damasquinure, et, en incrustant l'or dans l'acier, il fait des poignées de dagues. Il cisèle aussi un certain nombre d'enseignes, et, ici, il se trouve en concurrence avec Caradosso qui vivait alors à Rome. Benvenuto, toujours modeste, déclare que ses médaillons sont jugés meilleurs que ceux du grand artiste de Pavie. Peu après, entraîné par les événements et surexcité par le bruit des armées en marche, le belliqueux Cellini abandonne son métier. Quand, en 1527, le connétable de Bourbon vient

assiéger Rome, l'orfèvre se fait soldat. Il commande d'abord une compagnie de 50 hommes et il s'associe ensuite, en qualité d'artilleur, à la défense du château Saint-Ange. Nul n'est plus habile que lui dans la manœuvre des bombardes et des couleuvrines. « Si je disais tout, écrit-il, j'étonnerais le monde. » Benvenuto avait deviné l'art de pointer les pièces, et comme il a fait mordre la poussière à un grand nombre d'ennemis, Clément VII, enchanté, lui donne sa bénédiction, en lui disant qu'il y a des meurtres autorisés, parole imprudente dont Cellini se souvint toujours.

Après le siège de Rome, Benvenuto fit une rapide excursion à Florence et à Mantoue. Le duc, qui aurait voulu le retenir à son service, n'obtint de lui que quelques menus ouvrages. Cellini se borna à exécuter pour son frère le cardinal Ercole Gonzaga un sceau sur lequel il grava l'*Assomption de la Vierge*; mais c'est à peine s'il resta quatre mois à Mantoue : sa fantaisie l'entraînant ailleurs, on le vit reparaître à Florence.

Là, il s'installa au Mercato Vecchio et recommença à travailler. Il y fit des joyaux et aussi des enseignes d'or comme la *Léda* qui avait eu tant de succès. C'est alors qu'il cisela pour Girolamo Marretti un médaillon représentant *Hercule combattant le lion de Némée*. Le « divin Michel-Ange » le vint voir pendant qu'il y travaillait et il le combla d'éloges. Une autre œuvre exécutée peu après augmenta encore la réputation de Benvenuto. C'était aussi une enseigne de chaperon, *Atlas portant le ciel*. Le travail en était nouveau et compliqué. La figure d'Atlas, ciselée dans l'or, supportait un globe de cristal sur lequel l'artiste avait gravé les signes du Zodiaque. La composition était appliquée sur un fond de lapis lazuli. L'œuvre est malheureusement perdue.

Pendant que Benvenuto s'amusait à ces petites merveilles, Clément VII avait déclaré la guerre à Florence (1529). Le siège allait commencer. Cellini se montra ce jour-là un Florentin assez médiocre. Il ne s'associa pas à Michel-Ange pour défendre sa ville natale. Il se considérait comme l'homme du pape, et il rentra à Rome. C'est à dater de cette époque qu'il commença à travailler sérieusement pour Clément VII qui jusqu'alors avait plutôt estimé en lui le bombardier habile à défendre un château que l'orfèvre expert aux délicatesses de son art. Le pape sut bientôt quel était le talent de Benvenuto. Il lui fit faire un bijou dont l'artiste parle avec complaisance, une agrafe ou un bouton de chape. Il s'agissait d'utiliser et de mettre en valeur un gros diamant auquel le pontife attachait un prix exceptionnel. Benvenuto plaça la précieuse pierre au centre de son joyau : elle brillait, soutenue par trois petits anges, l'un en ronde-bosse, les deux autres en demi-relief. Couvert d'un manteau constellé, Dieu était assis sur le diamant qu'entouraient d'ailleurs des arabesques de métal et des pierreries. Le pape fut si satisfait que Benvenuto obtint bientôt l'office de graveur des coins de la monnaie pontificale. C'est à ce titre qu'il exécuta quelques médailles d'or dont il a donné la description et dont les exemplaires sont aujourd'hui presque introuvables. Benvenuto conserva sous Paul III, devenu pape en 1534, les fonctions et les émoluments de graveur de la monnaie; mais ayant eu, à la fin de l'année, la malechance de tuer d'un coup de poignard l'orfèvre Pompeo, il dut en toute hâte se mettre à l'abri contre les poursuites des sbires. Etrange destinée que celle de Benvenuto! L'art de fuir est évidemment au nombre de ses aptitudes.

Revenu à Florence, qui fut si souvent son refuge dans ses mauvais jours, il aurait pu y planter sa tente : le duc Alexandre de Médicis lui demandait de graver les coins de sa monnaie et lui promettait des travaux ; mais Cellini est partout mal à l'aise, il a la légèreté de l'atome qui va où le vent le mène. Sa vie, pendant deux ans, abonde en aventures romanesques dont il faut lire le récit dans son livre. Et néanmoins le travail n'est pas complètement abandonné. Benvenuto était à Rome lors de l'entrée triomphale de Charles-Quint, le 5 avril 1536. Il eut son rôle dans la cérémonie. Au nom de Paul III, il offrit à l'empereur un beau livre dont il avait exécuté la reliure, une reliure d'or où des pierres précieuses et des émaux s'enchassaient dans le métal autour d'un motif ciselé représentant le *Christ mis en croix*. L'Espagne n'a pas conservé ce trésor. D'autres travaux étaient commandés à Benvenuto ; mais au printemps de 1537, l'artiste est mécontent du pape, il est irrité contre tout le monde, et il imagine de venir en France, où il n'était point appelé. Pour faire ce voyage, il prend le chemin des écoliers; car il va d'abord à Padoue, où il fait le médaillon de Pietro Bembo, il traverse la Suisse, s'arrête à Lyon et arrive enfin à Paris. Là, il retrouve quelques-uns de ses camarades de la colonie italienne, entre autres le Rosso, et il parvient à avoir avec François Ier une conversation qui dure une heure, et qui cependant reste stérile, en ce sens que le roi, fort occupé de graves affaires, ne paraît pas disposé à utiliser ses services. Benvenuto reprend alors le chemin de l'Italie.

Mais s'il faut en croire l'amusant conteur, François Ier avait réfléchi : il s'était aperçu qu'il ne pouvait décidément se passer du concours d'un artiste tel que lui. Sollicité par Hippolyte d'Este, cardinal de Ferrare, Benvenuto se met en route en 1540, amenant avec lui deux élèves, le Romain Pagalo et le jeune Ascanio de Mari. A Sienne, en passant, il tue un homme, mais il continue gaiement son voyage, et il arrive à Paris enflammé du plus beau zèle pour le roi magnanime qui a bien voulu se souvenir de lui.

Dès lors commence pour Cellini une période mêlée de tribulations et de succès. Nous possédons quelques données exactes sur ce moment de sa vie. Au début, François Ier cède à la séduction : il n'a rien à refuser à son Benvenuto. D'après Baldinucci, il lui aurait alloué un émolument annuel de 700 écus.

Au mois de juillet 1542, l'artiste reçut des lettres de naturalisation ; le 8 juin 1544, il faisait baptiser à Saint-André-des-Arcs une fille qui, bien que de naissance irrégulière, fut présentée à l'église par des personnages de conséquence. Le roi avait concédé à son orfèvre favori l'hôtel du Petit-Nesle : Benvenuto y installa ses ateliers. Il y exécuta des travaux aussi variés qu'importants, car sa fantaisie, libre désormais, s'amusa au bijou et ne s'arrêta pas devant le colosse. Il abonde lui-même en détails sur les ouvrages qu'il fit à cette époque, et son témoignage a de l'intérêt, puisque les comptes royaux ne fournissent sur ce point aucune information. En 1543, Cellini termina pour François Ier la salière qu'il avait commencée à Rome pour le cardinal de Ferrare. L'œuvre a survécu. Elle est aujourd'hui au Trésor impérial de Vienne, et l'on en trouve la gravure dans tous les livres modernes relatifs à l'orfèvrerie. Elle a été minutieusement décrite par M. Alfred Darcel, notre collaborateur, dans son *Excursion artistique en Allemagne* (1862) et par Jules Labarte au tome II de son *Histoire des arts industriels*. Ces textes sont connus et nous n'avons pas à les reproduire. Qu'il suffise de dire que, d'après le sentiment des bons juges, la salière de Benvenuto est une composition compliquée et dans laquelle la recherche du symbole tient trop de place. Les concetti de l'invention ne doivent cependant pas empêcher d'y voir la prodigieuse habileté de la main.

C'est durant son séjour à Paris que Benvenuto, dont François Ier encourageait le caprice, commença à faire œuvre de sculpteur, et s'essaya à modeler et à fondre des figures de grande dimension. Tout le monde a vu au Louvre la nymphe de bronze qu'on appelle la *Nymphe de Fontainebleau*. C'est un bas-relief en forme d'hémicycle que l'artiste avait exécuté pour la décoration de la porte du palais, et qui, après la mort du roi, reçut une autre destination. Diane de Poitiers étant dès lors devenue toute puissante, le bas-relief fut placé, non à Fontainebleau, mais à l'entrée du château d'Anet. Nue et couchée au bord d'un rivage fleuri, la nymphe enlace du bras droit l'encolure d'un cerf et appuie sa main gauche sur une urne. D'un côté sont groupés des sangliers et des chevreuils, de l'autre des lévriers et des braques. L'œuvre, à la fois maniérée et puissante, perd beaucoup à être vue dans un musée. Pour la comprendre, il faut, par un effort de l'esprit, la replacer au-dessus d'une porte au milieu des saillies d'un décor architectural.

Sans parler de quelques menus joyaux dont la liste n'a pas été dressée, Benvenuto fit encore pour François Ier ou du moins il commença douze statues d'argent destinées à supporter des candélabres et représentant six dieux et six déesses. Chacune des figures devait être exactement de la taille du roi. Trois modèles furent exécutés en grand, le *Jupiter*, le *Mars* et le *Vulcain*. Pour le piédestal du Jupiter, qui était une glorification de François Ier, Cellini modela deux bas-reliefs, *Ganymède* et *Léda*. Il étudia aussi le projet d'une fontaine qui, surmontée d'une figure nue et entourée d'allégories relatives à la libéralité royale, devait être placée à Fontainebleau.

D'aussi belles entreprises n'allaient pas sans quelques difficultés. A tort ou à raison, Benvenuto se croyait environné d'ennemis : la duchesse d'Etampes le desservait dans l'esprit de François Ier au profit de Primatice qui, on est tenté de le supposer, voyait avec peine l'artiste toscan prendre une si large part au festin. Cellini eut des démêlés avec tout le monde, il se lassa de vivre avec « ces coquins de Français », il voulut revoir l'Italie, et un jour, vers la fin du printemps de 1545, il disparut subitement. Au mois d'août, il était de retour à Florence.

Benvenuto avait alors quarante-cinq ans. Les travaux qu'il laissait en France n'étaient pas pour diminuer sa renommée et l'Italie paraissait vouloir le garder. Quoi qu'il ait eu encore bien des aventures et qu'il n'ait pas toujours été gracieux pour ses voisins — on connaît sa longue querelle avec Baccio Bandinelli — il sembla plus calme pendant cette période de sa vie qui, sauf de courtes excursions à Venise, à Rome, à Livourne, fut presque exclusivement florentine. Cosme de Médicis lui avait commandé un noble travail, le *Persée*. A vrai dire, c'est là son œuvre capitale, celle où il a mis le fruit de ses longues études et la fleur de son italianisme. Ceux qui ont été nourris dans le culte de l'idéal académique peuvent dire que la statue de ce beau jeune homme, tenant d'une main la tête de Méduse et de l'autre son glaive sanglant, est une figure maniérée et peu digne de l'estime des connaisseurs. Mais lorsqu'on a l'esprit ouvert à toutes les manifestations de l'art, on doit reconnaître que le *Persée*, debout sous l'arcade de la Loggia de la place du Palais-Vieux, est un des bronzes où l'école florentine du xvie siècle a mis le plus de grâce hautaine et d'élégance décorative. La statue est posée sur un piédestal dans lequel s'enchâssent des bas-reliefs qui sont aussi des bijoux. L'allongement des figures, la gracilité des formes, les fioritures de l'ornementation ne sont peut-être pas des modèles d'un style indiscutable, mais ces recherches sont des délicatesses qui sortent d'une main à la fois tourmentée et exquise. L'ensemble du monument présente au regard une silhouette exceptionnellement élégante et caractérise admirablement l'inquiétude florentine à cette heure trouble où l'art allait s'égarer. Cette statue a la valeur d'une date. On sait que si le premier modèle du *Persée* est de 1545, l'œuvre ne fut véritablement parachevée et mise en place qu'en 1554.

D'autres travaux occupèrent Cellini vieillissant. La joaillerie, la ciselure lui furent désormais moins chères qu'au temps de sa jeunesse : il était devenu sculpteur, sans toutefois oublier jamais son premier métier. Il fit le buste de Cosme de Médicis, qui est à Florence au musée du Bargello, un charmant petit bas-relief qui représente un lévrier et qu'on peut voir dans la même collection, un *Crucifix* de marbre pour la chapelle du palais Pitti, et il commença divers modèles qui ne furent pas exécutés, entre autres une grande figure de *Neptune*. Ces travaux, mêlés çà et là de quelques amours irrégulières — car

un fils lui tomba du ciel en 1553 — remplirent jusqu'en 1557 la vie de Benvenuto. Et tout à coup il a l'air de devenir plus sérieux, il s'aperçoit qu'il vieillit, et, le 19 juillet de l'année que nous venons de dire, il passe un contrat avec Michele Vestri, qu'il élève à la dignité de secrétaire. Vestri n'était pas seulement un comptable chargé de tenir en bon ordre les livres de dépenses et de recettes : c'était aussi un lettré et son introduction dans la maison de Benvenuto précise le moment où le maître et le scribe commencèrent la rédaction des mémoires qui ont contribué dans une si large mesure à la réputation de l'artiste (1558). C'est vraisemblablement aussi à la même époque qu'il écrivit ses deux traités si précieux et si instructifs sur l'orfèvrerie et sur la sculpture. Le maître n'acheva pas son autobiographie : le récit s'arrête au mois de novembre 1562, au moment où, s'il faut en croire le conteur, Catherine de Médicis songeait à l'appeler en France pour l'associer à l'exécution du monument qu'elle élevait à Henri II.

Quelques notes retrouvées dans les archives permettent de compléter l'histoire de Benvenuto. Une dévotion un peu bizarre — il n'avait jamais été mécréant et il suivait la procession en pourpoint de satin bleu — jette sur ses dernières années comme un voile de tristesse. Ce grand pêcheur eut même des velléités imprévues : le 2 juin 1558, il reçut la première tonsure, mais il ne persista pas dans la voie du renoncement, car deux ans après il lui survenait un fils. Il avait toujours oublié de se marier, et lorsqu'il répara cette omission il était plus que sexagénaire. Ces allures plus ou moins correctes ne déplaisaient pas aux Florentins : Cellini était au premier rang dans la corporation des artistes. Le 16 mars 1564, il fut désigné — avec Ammanati, Vasari et Bronzino — pour assister aux obsèques de Michel-Ange. Malgré son âge, il avait l'ambition de travailler encore. Le 28 juin 1568, il s'associait avec deux orfèvres, Guido et Antonio Gregori. Mais bientôt, il dicta son testament et il mourut en bon chrétien le 13 février 1571, laissant plusieurs œuvres inachevées et une réputation qui, bien que battue en brèche par les puristes, n'est pas près de s'amoindrir. Autant qu'on peut en juger par les rares pièces qui ont été conservées, Benvenuto fut toujours un maître d'un goût alambiqué et précieux, un infatigable chercheur d'arabesques ; la simplicité lui manque, mais quant aux délicatesses de la main et à l'ingéniosité du travail, il a été un ouvrier de premier ordre. Son maniérisme est une des caractéristiques du temps, et, pour l'histoire de l'orfèvrerie italienne, son nom résume une époque. Benvenuto est le chef de cette école ultra-élégante qui met de la violence jusque dans la grâce. — P. M.

V. *Œuvres complètes de Benvenuto Cellini*, traduction Leclanché (1847) ; Vasari : *Degli accademi del disegno* ; l'abbé Texier : *Dictionnaire d'orfèvrerie* (1857) ; Jules Labarte : *Histoire des arts industriels* (1873).

* **CELLULOÏD**. T. de chim. Substance complexe, d'invention toute récente, et qu'emploie déjà considérablement l'industrie. Elle est obtenue avec la *cellulose* et le camphre (V. ces mots), auxquels se joignent souvent quelques matières colorantes.

HISTORIQUE. MM. Isaiah-Smith et John-Wesly Hyatt, après de sérieuses et méthodiques études arrivèrent, en 1869, à produire ce corps remarquable, tel qu'il existe aujourd'hui, à quelques variétés près. Ces deux frères, par leurs courageux travaux, fondèrent à New-Arck (New-Jersey), d'importantes usines produisant uniquement le celluloïd diversement coloré, puis développèrent autour d'eux cette force d'initiative, malheureusement trop rare en France, en encourageant les hésitants, et soutenant les travailleurs auxquels manquaient les moyens pécuniaires. Ils parvinrent ainsi à créer, autour de la fabrique de matière première, des manufactures de bijouterie, de linge, de chapellerie, de peignes et brosses, etc., le tout en celluloïd.

En 1876, MM. Hyatt vinrent d'Amérique pour fonder en France une usine à Stains, près Saint-Denis, laquelle est aujourd'hui en pleine prospérité et fabrique des produits qui sont recherchés pour leur belle qualité. MM. Magnus et Cie, de Berlin, possèdent également une fabrique de celluloïd ; une autre, maison de Londres, se livre aussi à cette industrie ; mais les produits français sont les plus estimés, ils se vendent généralement 1/4 à 1/3 de plus que les autres.

Propriétés. Le celluloïd est un corps solide, absolument homogène, incolore ou jaunâtre, transparent, d'une densité de 1,37, sans saveur, inodore s'il est suffisamment desséché ; par le frottement ou la chaleur, il dégage une faible odeur de camphre ; sa dureté est supérieure à celle du buis. Il est très mauvais conducteur de la chaleur et de l'électricité, son élasticité est comparable à celle de l'ivoire, aux températures ordinaires. Il est très ductile et très malléable à chaud. Il prend, par moulage, les empreintes les plus légères, telles que celles des cartes gravées et même des exemplaires, sur papier résistant, des plus fines gravures en taille douce, et peut servir de cliché pour les reproduire. C'est qu'en effet, si on chauffe ce corps à 80 ou 90°, il se ramollit, prend une consistance de cire à modeler et devient susceptible, de relever les empreintes les plus délicates (qu'il conserve par un brusque refroidissement), ou de servir à faire des incrustations.

Il est inattaquable par l'air, par l'eau, l'oxygène ou l'hydrogène. L'acide azotique l'opalise d'abord, et finit par le détruire en attaquant le camphre combiné, il le décompose rapidement à chaud ; l'acide chlorhydrique produit, mais avec une excessive lenteur, un effet analogue. L'acide sulfurique est sensiblement sans action à froid mais le détruit à chaud, en le charbonnant ; l'acide sulfhydrique ne l'attaque nullement. Dissous dans l'acide acétique cristallisable, il laisse précipiter le camphre et la pyroxyline, par addition d'eau. Il se dissout dans l'éther éthylique ou le mélange de ce dernier avec l'alcool éthylique. L'éther acétique, l'acétone, l'essence de térébenthine, les huiles grasses, les huiles de goudrons, l'attaquent aussi plus ou moins. Il est dissous rapidement à chaud, par la soude caustique. L'alcool pur agit avec une extrême lenteur, en s'emparant du camphre combiné, tandis que l'alcool étendu, le vin, la bière, sont absolument sans action.

Très dur à froid, nous avons vu le celluloïd se ramollir et devenir très plastique à 90°. De 90 à 110°, il devient de plus en plus mou. Au-delà de 110°, il n'est plus employable industriellement. C'est qu'en effet, maintenu longtemps entre 130 et 140°, il éprouve une décomposition qui sépare en partie le camphre de la pyroxyline. Si on pousse la température jusqu'à 195°, il se décompose vivement, en dégageant des gaz divers et des vapeurs de camphre. Il se sublime en vase clos, en donnant des cristaux d'un gris d'acier.

Le celluloïd est combustible à 240° ; si on approche d'une lumière un morceau de celluloïd, il brûle avec une flamme jaunâtre, fuligineuse, intense; mais fond avant de s'enflammer, et si l'on enlève à un fragment en combustion la partie fondue, on éteint le corps. Du reste, même si la flamme est bien vive, on l'éteint facilement en la soufflant comme celle d'une bougie ; il peut encore s'enflammer à distance, près d'un foyer énergique, à 0m,20, par exemple; sa décomposition continue après extinction par suite de la température ; il se dégage d'abondantes fumées blanches, formées de vapeur de camphre et d'acide nitrique, et il reste, après refroidissement, une cendre blanc-gris, identique à celle qu'aurait donnée la cellulose employée à la fabrication cette cendre garde d'ordinaire la forme qu'avait le corps.

On a affirmé que le celluloïd était détonant ! On a essayé de faire détoner ce corps de bien des manières, en effet, soit à l'aide d'amorces de fulminate de mercure, ou par le choc, ou par le frottement, sans jamais y parvenir.

FABRICATION. Ce corps si intéressant a pour base la cellulose ; d'où provient son nom. Sa préparation comprend sept phases distinctes :

1° la transformation de la cellulose en pyroxyline ;

2° le blanchiment, après pilage, de cette pyroxyline, et sa dessiccation partielle ;

3° le broyage de la matière blanchie, avec addition de camphre;

4° la transformation en une sorte de collodion de la matière ainsi obtenue ;

5° la solidification de ce collodion, et l'homogénéisation du corps ;

6° la condensation sous un petit volume relatif ;

7° le débitage et la dessiccation des masses formées.

Nous allons examiner ces sept phases succinctement.

1° *Acidification de la cellulose.* La cellulose peut être employée sous toutes ses formes, mais les plus favorables sont, d'après les dernières études faites, celles de copeaux de bois, de papier, de tourteaux de fécule laminés. On n'a longtemps employé que le papier fin (papier à cigarettes ou à copie de lettres), ce qui provenait d'un manque d'études, et occasionnait d'énormes frais. Ce procédé n'est plus utilisé que par de nouvelles maisons qui suivent, autant qu'elles le peuvent retrouver, les vieux errements.

La cellulose est amenée mécaniquement, en copeaux, dans un bassin en verre contenant un mélange d'acide sulfurique monohydraté, et d'acide azotique fumant; ce mélange devant être maintenu à une température de 22° centigrades. Des tonneaux en grès, d'une contenance d'environ 200 litres, servent à préparer le mélange des acides lequel se compose de 2/3 d'acide sulfurique et 1/3 d'acide nitrique à 48° Baumé. Ces tonneaux sont placés dans des bacs en bois pleins d'eau, et fermés hermétiquement par des couvercles également en grès, de sorte que les acides ne peuvent absorber la vapeur d'eau. En outre, on peut à volonté chauffer ou refroidir le mélange, suivant que l'acide de l'appareil à acidifier, est trop froid ou trop chaud.

La cellulose séjourne, suivant son état de division, de 8 à 20 minutes dans l'appareil à acidifi-

cation qui en reçoit 8 à 10 kilogrammes par opération. Au bout de ce temps, la matière acidifiée est enlevée mécaniquement, égouttée, au-dessus de l'appareil et sous pression, pendant une minute environ, puis jetée dans un barbotteur tournant, où une grande quantité d'eau la débarrasse en partie de son excès d'acide.

Du barbotteur, les copeaux modifiés passent dans un grand réservoir à pyroxyline, où ils restent soumis à l'action d'un énergique courant d'eau, pendant vingt-quatre heures en moyenne.

2° *Pilage et blanchiment de la pyroxyline. Dessiccation partielle.* La pyroxyline, que nous venons de voir soumise à une neutralisation aussi complète que possible, par des lavages à l'eau,

Fig. 315. — *Laminoir.*

est ensuite amenée, toujours mécaniquement, dans une pile à papier ordinaire, où elle est progressivement réduite en fragments fins, lavée au carbonate de soude, puis à l'eau, et d'où elle est enlevée par une pompe centrifuge qui la transporte aux cuves à blanchir. Une de ces cuves est formée d'un réservoir tronconique, en bois, pouvant contenir 10m cubes de matière; ce réservoir est doublé d'un égouttoir en cuivre rouge perforé, écarté de la paroi interne du vase de 20 millimètres.

Des agitateurs, également en cuivre rouge, peuvent, à volonté, remuer la pâte de bas en haut ou circulairement. Le réservoir est percé d'un trou communiquant avec un tuyau de vidanges pour l'écoulement des eaux, le doublage en cuivre communique avec un second tuyau, celui-ci en cuivre rouge, destiné à la descente de la pâte blanchie.

La pâte, amenée dans ces cuves, est additionnée d'environ trois fois son volume d'eau, qu'on fait écouler aux trois quarts, pour enlever encore le carbonate de soude, puis il y est ajouté 2 0/0 de permanganate de potasse préalablement dissous; ce sel a pour but de détruire les matières colorantes d'origine organique. Après une heure environ de contact, la cuve est remplie d'eau, on agite bien, pour que toute la pyroxyline subisse l'action du permanganate, et on vidange l'eau colorée jusqu'à parfait égouttage. Pendant ce temps, on prépare une dissolution saturée de 20 0/0 de sel marin et un mélange de 70 0/0 d'acide sulfurique avec dix fois plus d'eau; quand la pulpe est bien égouttée, on l'arrose séparément avec ces deux liquides, en agitant sans cesse : il se produit de l'acide chlorhydrique naissant, qui ne doit pas rester plus d'une heure en contact avec la pâte. Au bout de ce temps, on vidange de nouveau, on lave à grande eau, puis on ajoute une dissolution aqueuse d'acide sulfureux, jusqu'à parfait blanchiment, car il reste souvent un peu d'oxyde de manganèse fixé sur la pyroxyline. Il faut environ 350 litres de dissolution, par 100 kilogrammes de pâte de pyroxyle. Le mélange est agité pendant au moins deux heures; puis lavé jusqu'à ce que l'eau qui s'écoule soit neutre. Toute la pâte tombe alors par le tuyau de cuivre du doublage à claire-voie, et est amenée dans des égouttoirs, sur lesquels elle repose dix-huit à vingt-quatre heures.

Cette pâte, ainsi débarrassée du plus grand excès d'eau, est chargée dans des essoreuses, et amenée à ne plus contenir que 45 à 50 0/0 d'eau.

3° *Broyage de la pyroxyline blanchie.* Après l'essorage qui termine la préparation de la pyroxyline, commence celle du celluloïd lui-même. La matière est amenée dans des moulins à noix, à chutes successives, et dont elle sort réduite en fine farine, après avoir été additionnée de 15 à 20 0/0 de camphre à la première chute, et des couleurs convenables à la troisième. Ce broyage n'exige environ qu'une heure par 100 kilogrammes de pyroxyline, bien que la masse repasse environ dix fois sous les meules.

4° *Transformation en collodion.* La farine ob-

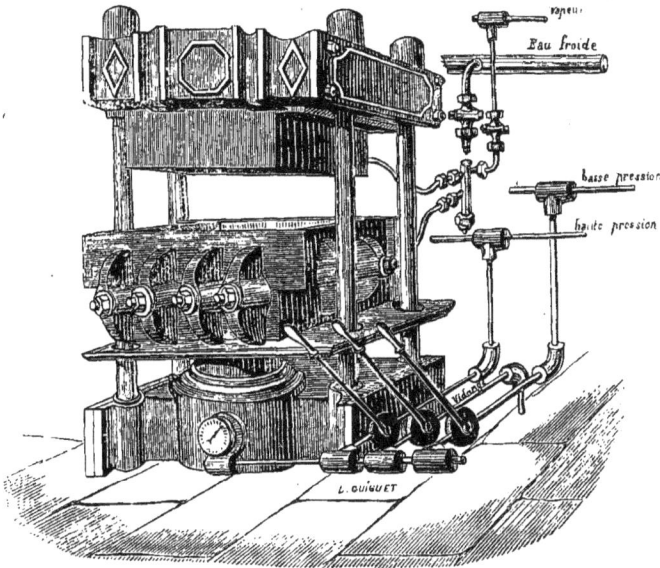

Fig. 316. — *Presse à blocs.*

tenue dans les précédentes opérations renferme environ 40 0/0 d'eau, laquelle était indispensable pour qu'on put travailler la pyroxyline en toute sécurité, mais ce liquide serait nuisible à la qualité du produit fabriqué. On l'en débarrasse facilement en formant avec la masse de minces galettes, qui sont obtenues avec une pression hydraulique de 150 kilogrammes par centimètre carré. Ces galettes sont alors concassées et mouillées avec de l'alcool à 96°, en quantité voulue (25 à 35 0/0) pour en faire une pâte ayant la consistance de la pâte de guimauve pharmaceutique. Cette pâte est ensuite abandonnée au repos pendant au moins 24 heures, dans des récipients hermétiquement clos, afin d'éviter toute déperdition d'alcool.

5° *Solidification et cuisson du collodion.* Après ce laps de temps, la pâte a pris un aspect gélatineux; elle est transparente, si les couleurs additionnées sont solubles dans l'alcool, ou opaque, avec la consistance du blanc d'œuf mal cuit, si celles-ci sont insolubles. On débite ensuite le produit par morceaux d'environ 8 à 10 kilogrammes, qu'on lamine entre deux cylindres chauffés vers 60°, cette température ramollissant la matière et facilitant le contact intime de toutes les parties. Ce laminage ne doit être arrêté que quand la pâte a une consistance que l'expérience seule peut indiquer, et une homogénéité absolue (fig. 315). On enlève alors, à l'état de feuille épaisse de 12 millimètres environ, la matière du laminoir, et on l'enferme dans un récipient bien clos, pendant 12 heures, après l'avoir coupée en feuilles de 80 centimètres sur 60.

6° *Condensation de la matière.* Les feuilles que nous venons de voir se former dans les laminoirs sont criblées de bulles gazeuses. Il faut chasser les gaz et resouder la matière, de façon à n'avoir aucun vide entre les molécules. Ce résultat s'obtient en superposant les feuilles obtenues dans une boîte à vapeur montée sur presse hydraulique, et comprimant le tout dans les conditions que nous allons examiner (fig. 316).

La boîte est formée d'un fond, plaque en fonte à circulation de vapeur, et de côtés, également à circulation. Elle est montée sur le piston de la presse, et fermée par un piston creux, à circulation, fixé sur le chapeau.

Quand la boîte est chargée, on fait monter la presse, et lorsque la pression se maintient fixe à 150 atmosphères, on chauffe par la vapeur, à environ 90°, pendant 5 à 6 heures. L'effet combiné de la température et de la pression, c'est-à-dire du ramollissement de la matière et de l'accroissement de la force attractive, chasse les gaz et les vapeurs, des petites loges qu'ils avaient produites, et rapproche les molécules, sans laisser de solution de continuité. Au bout du temps indiqué, si la matière a été travaillée avec soin et intelligence jusqu'à ce moment, toutes les cavités, même les plus petites, ont disparu de la masse, et les feuilles accumulées dans la boîte, ne forment plus qu'un *bloc* parfaitement homogène, mais d'une grande mollesse. On profite de cet état pâteux pour augmenter encore la pression, en même temps qu'on remplace le courant de vapeur, par un énergique courant d'eau, aussi froide que possible. On laisse circuler l'eau pendant plusieurs heures, et l'on obtient ainsi une masse parallélipipédique de 100 à 120 kilogrammes, à laquelle il reste à donner une forme convenant aux industries qui utilisent cette substance.

7° *Débitage des blocs et dessiccation des feuilles.* Les blocs se débitent en feuilles dont l'épaisseur varie de 1/10 de millimètre à 15 millimètres. Au-delà de 15 millimètres, on fait directement à la presse des blocs de l'épaisseur désirée. Les feuilles coupées sont d'abord essuyées une à une, puis portées dans un séchoir, les unes à côté des autres, et maintenues, pendant une période de temps, variant de 3 jours à 3 mois, suivant leur épaisseur et la nature de la matière produite, à une température de 90°, avec courant d'air sous faible pression.

Les feuilles se gauchissent généralement au séchoir; quand elles sont jugées suffisamment sèches, on les en retire et on les rend planes par une série d'opérations, variant avec la nature du celluloïd obtenu, afin de n'atténuer ni les couleurs, ni les épaisseurs. Ces opérations, très simples et extrêmement économiques (elles coûtent, en moyenne, 1 fr. 80 les 100 kilogrammes), n'ont aucun intérêt scientifique et ne méritent par suite aucune description.

Au lieu de couper les blocs en feuilles, il arrive que pour certains usages, il est nécessaire de les débiter en bâtons carrés, hexagonaux, pentagonaux, méplats, etc., de façon à pouvoir livrer le produit, coûteux par lui-même, prêt à manufacturer pour tel ou tel usage spécial, sans sérieuse perte pour le consommateur. Ce débitage se fait avec une lame unique, qui remplace la lame à couper les feuilles, et donne, sans déchet de fabrication, la totalité du bloc sous la forme demandée, en n'exigeant qu'un petit accroissement de main-d'œuvre.

Nous avons donné ci-dessus tous les détails de la fabrication du celluloïd à une seule teinte, tel que les imitations de corail, d'ivoire, d'écaille blonde, etc.; si l'on veut produire des imitations d'ambre, de malachite, de lapis, de jade, d'écaille jaspée, etc., ou des dessins de fantaisie, comme les produits connus sous les noms de camaïeu, d'algérienne, d'érable, etc., il faut faire séparément chaque couleur, et les mélanger d'après des méthodes qui, variant avec chaque substance, seraient trop longues à décrire séparément dans le présent article.

La fabrication que nous venons d'indiquer est celle de Stains. Elle peut se faire avec de l'alcool méthylique, et les proportions du mélange, fournies par l'analyse chimique, ont donné à Boekmann la composition suivante pour le celluloïd en bâtons :

Pyroxyline. 64,89
Camphre. 32,86
Cendres (matières colorantes). 2,25
                                        _____
                                        100,00

A Berlin, pour dissoudre le camphre, on se sert d'éther alcoolisé. Les proportions employées à Londres, sont différentes de celles indiquées ci-dessus, car le camphre, au lieu d'y être dans la proportion de 1 à 2, y est dans celle de 1 à 3, comme l'indique la formule suivante, pour le celluloïd en plaque :

Pyroxyline. 73,70
Camphre. 22,79
Cendres. 3,51
                                        _____
                                        100,00

Le celluloïd, somme toute, n'est pas une combinaison chimique proprement dite, mais une combinaison particulière analogue au cuir (Boekmann).

Usages. Le celluloïd se travaille comme le bois, l'écaille, la corne. Il se laisse tourner, limer, scier, coller à lui-même ou sur toute autre substance, mouler et polir. Il suffit de le dissoudre dans l'éther alcoolisé pour avoir un liquide qui soude le celluloïd.

Son moulage se fait au moyen d'une pression plus ou moins forte, dans des matrices métalliques chauffées à l'eau ou à la vapeur, et en refroidissant ensuite brusquement dans l'eau froide avant de démouler. Il est également facile de recouvrir, par pression et à chaud, des baguettes, des fils, des plaques de bois ou de métal, d'une couche de celluloïd dont l'épaisseur varie à volonté. C'est ainsi que l'on prépare un grand nombre d'objets pour la sellerie.

Le celluloïd est employé pour la bijouterie, la tabletterie, l'ébénisterie, celle-ci obtient avec lui, par placage, des effets très remarquables; la brosserie et les fabriques de peignes en consomment d'énormes quantités, on lui donne alors la souplesse voulue par l'addition d'une certaine quantité d'huile grasse. On en fait des rapporteurs qui ont sur la corne l'avantage de se dilater également en tous sens, des bouts de pipes imitation d'ambre, des semelles hygiéniques, des billes de billards, des claviers de pianos et d'orgues, des dentiers et autres appareils chirurgicaux, des clapets inoxydables et diverses pièces de machines, que l'eau ou les liquides ambiants, attaqueraient si elles étaient métalliques. On peut se le procurer à l'état liquide pour être employé en vernis. Il peut être fabriqué souple, imitant les cuirs, mais cette variété sert principalement, et en énorme quantité, à la fabrication du linge dit *américain* (poignets, faux-cols, plastrons de chemises, etc.), et est obtenue en comprimant de la toile entre deux feuilles de celluloïd colorées en blanc par l'oxyde de zinc; il imite à s'y méprendre la plus belle toile empesée.

On l'obtient en baguettes ou en tubes de tous diamètres, par refoulement à chaud, à la presse hydraulique.

Le celluloïd a été utilisé pour le clichage des planches d'impression (M. Jamin) planes ou cylindriques; en plaques de 3 millimètres d'épaisseur il peut remplacer l'alliage fusible employé jusqu'alors, et les nouveaux clichés, tout aussi fins que les premiers, en outre plus résistants. En se servant d'une encre spéciale, on peut employer les blocs de celluloïd en guise de pierres lithographiques. La flexibilité qu'il possède peut rendre de grands services à l'impression, car on peut l'appliquer sur les cylindres, aussi bien que sur les presses rotatives à tirage rapide ou aux presses plates; de telle sorte qu'il devient inutile de faire deux sortes de clichés, l'un plat et l'autre courbe, le même pouvant servir aux deux genres de presses.

Dans ces derniers temps on est parvenu à le souffler, et à faire ainsi des jouets très légers et incassables, des têtes de poupées notamment.

CELLULOSE. *T. de chim.* Nom de la substance qui constitue essentiellement la trame des végétaux, et même, d'après Payen, Lœwig et Kolliker, Berthelot, d'un certain nombre d'animaux inférieurs. Son nom lui vient de ce qu'elle affecte d'ordinaire la forme de cellules.

Cellulose végétale. *Etat naturel.* La cellulose existe dans tous les végétaux, mais sous des formes bien différentes. Dans la fermentation alcoolique, le *Saccharomyces cerevisiæ* qui produit cette réaction, et qui constitue la levure, se transforme, en donnant naissance dans les tissus, à une certaine quantité de cellulose. Les lichens, les algues, les jeunes organes des plantes, contiennent ce corps sous une forme qui permet de l'isoler assez facilement; on le rencontre avec un état d'agrégation un peu plus grand, dans la moelle des arbres, les poils végétaux, les fibres textiles, les masses succulentes ou charnues des fruits, les radicelles et les racines qui se développent rapidement. La cellulose des bois proprement dits, des noyaux des fruits, est au contraire incrustée par des matières qui lui communiquent parfois une très grande dureté. Ce produit se trouve souvent à peu près pur dans le vieux linge, la charpie, le coton, le papier blanc, surtout les pa-

piers dits papier Berzelius et papier de riz. D'après M. Fremy, les végétaux contiendraient divers corps constitutifs de la trame élémentaire : de la *cellulose vraie*, soluble dans le réactif de Schweitzer, dans la proportion de 37 0/0 de ce que l'on appelle d'ordinaire cellulose; une *cellulose soluble* dans ce réactif, après l'action des acides (38 0/0); et de la *vasculose*, tout à fait insoluble. La vasculose fournirait le squelette des cellules végétales, manquerait dans le papier de chaux, et la cellulose se formerait à ses dépens, par une modification encore peu connue. Dans les bourgeons, la cellulose est élaborée par le végétal. Le bois contient en plus de la *xylone* ou matière incrustante (4 0/0).

Propriétés. La cellulose est un composé ternaire que l'on considère comme un polyglucoside formé par déshydratation et condensation d'au moins deux molécules du corps. Sa formule est

$$C^{24}H^{20}O^{20}\ldots C^{42}H^{20}O^{40}$$

et sa composition centésimale représentée par :

	BOIS	COTON	LIN	PAPIER
Carbone.......	43.87	43.30	43.63	43.87
Hydrogène.....	6.23	6.40	6.21	6.12
Oxygène.......	49.90	50.30	50.16	50.01
	100.00	100.00	100.00	100.00

c'est-à-dire par du carbone et de l'eau, car la première formule peut également s'exprimer ainsi :

Carbone	43.87
Eau	56.13
	100.00

Pure, elle est solide, blanche, diaphane, inodore et insipide, insoluble dans l'eau froide, l'alcool, l'éther, les huiles grasses ou volatiles. Sa densité est de 1.25 à 1.45. Sous l'action de la chaleur, la cellulose se décompose à 200° en fournissant de l'eau, de l'acide acétique, de la pyrocatéchine, des produits empyreumatiques complexes, et un charbon, qui garde en général la forme du corps que l'on a détruit. Elle est inaltérable à l'air, quand elle est pure; mais dans le bois, elle se décompose par suite de la présence de matières azotées; c'est le phénomène qui se passe, lors de la pourriture des végétaux.

La cellulose en présence de l'eau, se comporte d'une façon variable, suivant l'état dans lequel on la prend : ainsi les noyaux de dattes ne sont nullement attaqués par une ébullition prolongée, tandis que l'eau qui a servi à faire une décoction de plantes marines, se prend en gelée par le refroidissement, par suite d'une modification de la cellulose.

Ce corps est soluble dans l'hydrate de cuivre dissous dans l'ammoniaque (Péligot); dans le *réactif de Schweitzer*; et, si l'on neutralise ces dissolutions par un léger excès d'acide chlorhydrique, on en reprécipite la cellulose sous forme de flocons, sans que ce corps ait subi aucune modification. Cette réaction différentie nettement ce produit, de la matière amylacée. La cellulose est insoluble dans les alcalis faibles, dans les carbonates alcalins, dans la solution aqueuse de chlore. C'est sur cette dernière propriété qu'est fondé l'art du blanchiment, pour les fibres de coton, chanvre ou lin, avec les chlorures ou les hypochlorites, mais il faut se rappeler qu'un contact trop prolongé altère les fils ou les tissus.

L'action des alcalis caustiques à chaud, est peu énergique, quand la cellulose est bien cohérente. L'industrie se sert souvent de cette réaction faible, car elle a pour résultat direct de resserrer les tissus et de leur donner en outre la propriété de se teindre en nuances plus foncées. On évite cependant l'action du lait de chaux, qui enlève parfois aux tissus exposés à l'air, une partie de leur ténacité. Si l'on chauffe à une haute température, les alcalis caustiques modifient complètement la constitution moléculaire de la cellulose, et au delà de 190°, il y a dégagement d'hydrogène, et formation d'alcool méthylique; une plus forte chaleur amène la formation de composés ulmiques, et d'acétate, formiate, oxalate, propionate et carbonate de potasse.

L'action que les acides exercent sur la cellulose est des plus importantes. Si l'on chauffe ce corps avec de l'acide iodhydrique en solution concentrée, vers 180°, il se dégage de l'hydrogène qui décompose le produit et donne des carbures formèniques et surtout de l'*hydrure de duodécylène* $C^{24} H^{26}$ (Berthelot).

L'acide sulfurique agit d'une façon très variable, suivant son degré de concentration; si l'on trempe de la cellulose pure, comme du papier blanc non collé, dans un mélange de deux volumes d'acide et de un volume d'eau, et qu'on ne laisse le contact s'effectuer que pendant trente minutes environ, on modifie totalement l'aspect de ce corps, on sature aussitôt l'acide par un passage en eau ammoniacale, puis en eau pure. Le papier est devenu résistant, translucide, de toucher gras; il ne filtre plus, mais peut servir à l'endosmose, car il laisse passer les liquides par ses pores. On a transformé le papier en ce corps que MM. Poumarède et Figuier, ont découvert en 1846 et désigné sous le nom de *parchemin-végétal* ou *papyrine*. Ce n'est qu'en 1857 qu'un anglais, M. Gaine, s'est livré à la fabrication en grand de ce produit. Depuis que M. Dubrunfaut a employé ce parchemin, sous le nom d'osmogène, dans les raffineries de sucre, on a créé d'importantes usines de papier-parchemin en Angleterre, en Allemagne, en Belgique et en France. Bien préparé ce produit possède les deux tiers de la résistance du parchemin animal et en a une cinq fois plus grande que le papier à filtrer.

Si le contact de la cellulose avec l'acide sulfurique a été trop prolongé, le papier parchemin se désagrège, et se transforme, sans se colorer, en une cellulose soluble qui n'a pas de pouvoir rotatoire, alors que celui de l'amidon soluble est de $+ 211°$, puis en une dextrine spéciale, qui se

colore en bleu par l'iode, comme les matières amylacées, surtout si elle reste un peu acide; cette dextrine est dextrogyre, mais plus faiblement que celle obtenue avec l'amidon. La coloration de la cellulose, par l'iode, en présence de l'acide sulfurique, est employée par les micrographes, depuis les observations de Cramer, pour retrouver la présence de cette substance. Si l'action de l'acide sulfurique sur la cellulose continue, on transforme la dextrine en deux glucoses, surtout par une ébullition prolongée. On prépare de cette manière le corps que Braconnot, en 1819, avait désigné sous le nom de *Sucre de chiffons*. Une action très-prolongée de l'acide amène la production de composés ulmiques, noirs et odorants, mais si on ajoute au produit du bioxyde de manganèse, on obtient de l'acide formique.

L'acide phosphorique concentré agit comme l'acide sulfurique.

L'acide azotique modifie la cellulose d'une manière très remarquable. Lorsqu'on emploie l'acide fumant, on produit, même à froid, une action très vive, car le corps obtenu fait explosion si on le chauffe à 120°, ou le touche avec un corps enflammé. C'est le *pyroxyle*, la *pyroxyline*, le *fulmi-coton*. Braconnot a signalé cette modification dès 1833, mais en 1847 M. Schœnbein a montré que pour obtenir un produit bien préparé, il était préférable de tremper le coton ou la cellulose, dans un mélange de trois volumes d'acide azotique concentré et de cinq volumes d'acide sulfurique. Après un contact de une heure environ la combinaison est effectuée.

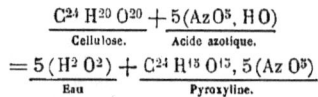

$$\frac{C^{24} H^{20} O^{20}}{\text{Cellulose.}} + 5(\underset{\text{Acide azotique.}}{AzO^5, HO})$$

$$= 5(\underset{\text{Eau}}{H^2 O^2}) + \underset{\text{Pyroxyline.}}{C^{24} H^{15} O^{15}, 5(AzO^5)}$$

D'après Béchamp il existe plusieurs sortes de celluloses nitriques, car la cellulose perd successivement plusieurs équivalents d'eau, pour les remplacer par un nombre égal d'équivalents d'acide azotique. Ce produit garde toujours l'aspect du corps qui a servi à le préparer, à la consistance près, il est, en effet, un peu plus dur au toucher que le coton ordinaire, mais il augmente de poids, puisque 100 parties de coton fournissent 175 parties de pyroxyle.

La cellulose trinitrique a pour formule :
$$C^{24} H^{17} O^{17}, 4(AzO^5)$$
La cellulose tétranitrique :
$$C^{24} H^{16} O^{16}, 4(AzO^5)$$
La cellulose pentanitrique (pyroxyle) :
$$C^{24} H^{15} O^{15}, 5(AzO^5).$$

ces composés dégagent en brûlant un volume énorme de gaz (acide carbonique, oxyde de carbone, azote, vapeur d'eau) puisque l'on a réunis des éléments très combustibles, comme l'hydrogène et le carbone, et un élément très comburant, l'oxygène; aussi a-t-on cherché à remplacer pour les armes à feu, la poudre par le fulmi-coton. Ce corps a été abandonné comme trop brisant. M. Abel, qui a longuement étudié ce produit, a montré que si le pyroxyle ordinaire peut servir sans inconvénient pour les travaux des mines, ou bien lorsque l'on opère sous l'eau, et sans bourrage, on peut éviter la combustion trop instantanée et les dangers d'explosion des armes à feu, en comprimant le coton poudre. M. Ed. Schultze a proposé d'obtenir un produit analogue et destiné aux mêmes usages, par le traitement de la sciure de bois; il y a en Angleterre, à Edgeworthlodge, une fabrique de cette poudre.

Lorsqu'on plonge du coton cardé (55 grammes) dans un mélange d'acide sulfurique concentré (1000 gr.) et d'acide azotique à densité de 1.367 (500 gr.), ou dans un mélange de nitrate de potasse et d'acide sulfurique monohydraté, dans le rapport de 8 : 12, on obtient un fulmi-coton spécial, la *cellulose octonitrique* de L. Maynard (C. tétra-nitrique) après l'avoir lavé à grande eau et débarrassé des traces d'acide, puis séché à l'air. Ce corps, insoluble dans l'alcool ou dans l'éther, se dissout dans l'éther alcoolisé au tiers, pour donner le produit appelé *collodion*, qui sert en photographie et en médecine, voire même dans l'industrie, car, sous le nom de *cuir artificiel*, M. S. Robe a proposé un produit qui n'est que du collodion en feuilles plus ou moins épaisses, trempé dans de l'acide sulfurique étendu de son volume d'eau, pendant quelques secondes. Ce nouveau corps peut se tanner et se colorer très facilement. Le collodion associé au camphre, devient après certaines manipulations, du *celluloid*. — (V. ce mot.)

Les acides organiques monohydratés, comme les acides stéarique, butyrique, benzoïque, forment, avec la cellulose, des composés neutres analogues aux glucosides (Berthelot).

L'acide acétique concentré et bouillant ne désagrège pas la cellulose, mais à 190°, et en vase clos, il forme un produit liquide, jaunâtre, d'où l'eau précipite des flocons blancs de *cellulose acétique*, $C^{24} H^{17} (C^4 H^3 O^2)^3 O^{20}$, (Schutzemberger).

Le fluorure de bore charbonne immédiatement, la cellulose; le chlorure de zinc ne l'attaque pas. Cette dernière réaction est intéressante à connaître, car elle permet de distinguer dans les tissus les fibres végétales des fibres animales; une dissolution neutre du sel, portée à 60°, dissout très facilement la soie, sans toucher au lin, au chanvre ou au coton (Persoz fils). Il en est encore de même de l'oxyde de nickel ammoniacal (Schlossberger).

Préparation. Pour obtenir la cellulose pure, on se sert généralement de papier, de moelle d'arbres (sureau, aralia papyrifera), etc., et l'on soumet ces matières à l'action successive de l'eau, puis de solutions de soude et d'acide chlorhydrique, enfin on lave à l'alcool, puis à l'éther et à l'eau, avant de sécher; on reprend le produit par l'acide acétique cristallisable et bouillant, puis par l'eau à l'ébullition et l'on sèche enfin, à la température de 100°.

Usages. La cellulose sert à un grand nombre d'usages; elle constitue les fibres végétales qui sont utilisées comme fils, cordes ou tissus (coton, lin, chanvre, agave, phormium, bananier, bohemeria utilis, urtica nivea, etc.); elle constitue les papiers, les cartons; elle sert à fabriquer un grand nombre de corps, parmi lesquels nous

avons déjà cité le parchemin végétal, le coton-poudre, le collodion, le celluloïd. Vauquelin et Gay-Lussac ont montré qu'en oxydant la sciure de bois (cellulose impure) par les hydrates alcalins, on transformait celle-ci en acide oxalique; nous avons également montré que sous l'action de l'acide sulfurique concentré, la cellulose se modifie en donnant du glucose.

La cellulose faiblement agrégée constitue un aliment que l'on recherche dans les fécules, certains lichens, quelques semences, et le périsperme de divers fruits. MM. Bachet et Machard ont même installé une usine dans laquelle on se livrait à la fabrication mixte de l'alcool et du papier, au moyen de bois débité en rondelles de un centimètre d'épaisseur. En agissant avec ménagement sur les cellules les moins dures, on arrivait à saccharifier celles-ci, et par suite à les convertir en alcool, tandis que les parties contenant des incrustations ligneuses résistant à l'action de l'acide chlorhydrique faible, et d'une température de 100°, servaient comme résidu à la préparation du papier.

Cellulose animale. Syn. : *Tunicine*. Cette substance, tout à fait analogue à la précédente, a été trouvée par M. Schmidt dans l'enveloppe des animaux tuniciers, des ascidies; par M. Péligot dans la peau du ver à soie. On l'a également rencontrée dans la membrane cornée qui se trouve en dessous de la carapace du homard; d'après M. Wirchow, c'est encore elle qui constitue les globules de Purkinje que l'on rencontre dans le cerveau et dans la moelle épinière.

Propriétés. Cette substance est blanche, elle garde la forme des organes qui l'ont fournie. Elle possède exactement la composition de la cellulose végétale, et comme cette dernière, peut se transformer en glucoses par l'action de l'acide sulfurique. Elle est colorée en jaune par l'iode; mais si la substance a d'abord été imbibée d'acide sulfurique, la teinte produite est bleue. L'oxyde de cuivre ammoniacal a peu d'action sur ce corps, qui résiste à l'action prolongée de l'acide sulfurique étendu; de la potasse, même à une température de 220°; du fluorure de bore. Comme on le voit, s'il y a de l'analogie entre les principes immédiats contenus dans l'enveloppe des invertébrés et ceux qui forment les tissus végétaux, il existe aussi des caractères précis, qui permettent de les distinguer les uns des autres.

Cette cellulose animale diffère de la *Chitine* que l'on retrouve dans le squelette de certains animaux articulés, par l'absence d'azote. Ce nouveau corps serait, d'après M. Péligot, de la cellulose animale unie à une matière albuminoïde.

Préparation. On isole la cellulose animale en faisant bouillir l'enveloppe des tuniciers, d'abord dans de l'acide chlorhydrique étendu, puis dans ce même acide concentré, on lave et retraite à nouveau à l'ébullition par une solution concentrée de potasse. Il ne reste plus qu'à reprendre le produit à l'eau distillée et à le sécher. — J. C.

CÉMENT. 1° T. *de chim. et de métall.* Charbon de bois dur, généralement de chêne, que l'on casse en fragments et que l'on emploie pour produire la cémentation. On ajoute ordinairement au cément proprement dit, un quart de matières ayant déjà servi et n'agissant que comme matière inerte ; on a aussi l'habitude de mêler d'autres matières cyanurées, ou pouvant produire du cyanogène, mais l'action de ces dernières matières ne dure pas le temps total de la *cémentation*. — V. ce mot. || 2° Matière composée de tuiles pulvérisées, de nitre, de sulfate de fer calciné au rouge et d'un peu d'eau qui sert à séparer l'or de l'argent avec lequel il est allié, etc. || 3° *T. de céram.* On donne ce nom aux argiles apyres brûlées et aux corps siliceux employés en mélange avec les terres crues afin de permettre une évaporation convenable de l'eau, et surtout un retrait régulier.

CÉMENTATION. *T. de métall.* L'opération inverse de l'affinage est la cémentation. L'*affinage* prend la fonte (carbure de fer renfermant de 2 à 5 0/0 de carbone), la soumet à des actions oxydantes, lui enlève son carbone, au point de n'en plus laisser que des traces.

La *cémentation* soumet le fer à une action carburante et le transforme en un produit intermédiaire entre le fer et la fonte, auquel on a donné le nom de *fer cémenté* ou *acier poule*, à cause des gonfles ou ampoules d'un centimètre de diamètre que ce corps doit présenter régulièrement à la surface. Si cette action carburante, au lieu d'être ménagée, se prolongeait suffisamment, on arriverait à restituer au fer autant de carbone qu'il y en avait dans la fonte.

Au point de vue pratique, la cémentation se fait en chauffant dans des vases clos placés dans des fours spéciaux du fer en barre, fort et dur, non complètement décarburé, à grain fin, compact à texture homogène, disposé par couches alternatives au milieu de charbon de bois dur concassé en fragments.

La cémentation est une opération qui tend à s'employer de moins en moins. On la réserve pour quelques produits spécialement fins ; ne donnant qu'un métal sans homogénéité et sans résistance, elle doit être suivie de la fusion au creuset.

Nous donnons ici une idée des frais de la cémentation d'une tonne de fer.

Houille.	12 fr. 50
Main-d'œuvre	7 fr. 50
Charbon de bois.	3 fr. 75
Réparations	2 fr. 50
Frais généraux.	5 fr. »
	31 fr. 25

On emploie quelquefois la cémentation pour carburer à la surface certains objets que l'on veut durcir.

Gay-Lussac, Leplay, Laurent, Frémy, Percy, Carron, Boussingault, Bouhis, Rammelsberg, Jordan, etc., ont cherché à expliquer le phénomène de la cémentation. — V. ACIER, § *Carburation du fer en barres;* TREMPE, § *Trempe en paquet.*—F. G.

CÉMENTER. *T. de métall.* Soumettre à la cémentation.

* **CENDAL.** Etoffe de soie que l'on fabriquait au moyen âge pour confectionner des bannières, des pennons, des tentures, des costumes, etc.

CENDRE. *T. techn.* 1° Résidu de la combustion d'un grand nombre de corps. || 2° *Cendre bleue*, oxyde de cuivre précipité de la dissolution du sulfate de ce métal par la chaux ; on l'emploie dans la peinture et dans la fabrication des papiers peints. — V. BLEU, § *Bleues* (cendres). On donne le nom de *cendre bleue native* au cuivre azuré pulvérulent, mélangé naturellement à des matières terreuses ; on l'emploie dans la peinture. || 3° *Cendre verte*, variété terreuse du carbonate de cuivre, utilisée généralement dans la peinture.—V. ARSÉNITES. || 4° *Cendre noire*, variété terreuse de lignite à l'état naturel. || 5° *Cendre rouge*, variété terreuse de lignite brûlé. || 6° *Cendre d'étain*, chaux grise de l'étain calciné, dont se servent les potiers. || 7° *Cendre d'azur*, azur réduit en poudre. || 8° *Cendre d'or*, dorure obtenue au moyen de la cendre de chiffons imbibée d'or dissous dans l'eau régale. || 9° *Cendre gravelée*, résidu provenant du sarment et des vrilles de la vigne, et, par extension, produit de l'incinération du tartre brut ou lie de vin desséchée ; on l'emploie dans la teinture, à cause de la quantité de potasse qu'il contient. || 10° *Cendre de varech*, produit de la combustion de diverses plantes marines, employé dans les verreries et dans les fabriques de savon. || 11° *Cendre du Levant*, cendre végétale, importée de St-Jean-d'Acre et de Tripoli, et qui a été utilisée dans la fabrication du verre et celle du savon. || 12° *Cendre de fougère*, provenant de la combustion de la fougère a été employée dans la fabrication du verre. || 13° *Cendre d'orfèvre*, résidu des foyers où l'on fond l'or et l'argent, des débris de creusets, des balayures d'ateliers, etc., et que l'on brûle pour en retirer les matières précieuses que ces matières peuvent contenir. L'exploitation des cendres d'orfèvre est l'objet d'une industrie spéciale : celle des *laveurs* ou *fondeurs de cendres*.

CENDRÉE. *T. techn.* Nom donné autrefois à l'*écume de plomb.* || Cendre que l'on emploie pour la formation des coupelles. || Menu plomb à l'usage des chasseurs de petit gibier. || Sorte de béton fait avec des cendres de houille et de chaux en poudre, dont on se sert quelquefois dans le Nord pour diverses constructions.

CENDREUX, EUSE. *T. techn.* Qui a la couleur de la cendre. || *Acier cendreux*, celui dont la surface est veinée et se polit mal.

CENDRIER. *T. techn.* Partie d'un foyer située en contre-bas de la grille qui reçoit le combustible, et dans laquelle tombent les cendres. Ses dimensions dépendent de celles du foyer et de la quantité d'air qu'on veut se procurer, et par conséquent de la nature du combustible que l'on emploie.

Cendrier de chaudière à vapeur. Le cendrier des chaudières fixes est souvent une simple fosse en maçonnerie ménagée dans le sol, mais sur les chaudières mobiles, comme celles des locomotives, on emploie souvent, surtout en Angleterre, une caisse en tôle spéciale; celle-ci est alors fermée tant à la partie inférieure que sur les parois latérales, et elle est munie à l'avant et à l'arrière de clapets mobiles que le mécanicien peut ouvrir à volonté. Cette disposition permet d'agir sur le tirage en réglant l'arrivée de l'air sur la grille, mais elle présente l'inconvénient de gêner le courant et de brûler quelquefois par le rayonnement les barreaux de grille, surtout avec les foyers profonds qu'on employait autrefois.

Sur les machines françaises, on rencontre encore quelques cendriers sans fond qui laissent tomber librement les charbons sur la voie; mais cette disposition ne laisse pas que d'être dangereuse, car elle peut entraîner des incendies sur la voie ou même sur le train en marche.

D'après les règlements, les parois latérales de ces cendriers doivent toujours descendre à moins de 0ᵐ,160 au-dessus des rails.

En Amérique, on emploie souvent des cendriers en forme de trappes avec un fond en tiroir qui permet de les vider sans difficulté.

* **CENDRURE.** *T. de métall.* Etat d'un acier piqueté, cendreux, impropre à prendre le poli.

CÉNOTAPHE. Monument funèbre élevé à la mémoire d'un mort, dont on n'a pas le corps.

— Les anciens, dans cette croyance que ceux qui n'avaient point reçu les honneurs de la sépulture erraient, pendant un siècle sur les bords du Styx, sans pouvoir entrer dans le séjour des morts, avaient institué l'usage d'élever un tombeau vide à ceux qui étaient morts à la guerre ou loin de leur patrie sans qu'on eût pu retrouver le corps. Au commencement de la cérémonie funèbre, on appelait trois fois l'âme du défunt pour qu'elle vint prendre possession du monument. Le cénotaphe devenait aussi sacré que le tombeau. Les Gaulois ont élevé des tumulus vides qui peuvent être considérés comme de véritables cénotaphes.

De nos jours, la colonne de la Bastille fut un cénotaphe élevé pour honorer la mémoire des combattants de Juillet 1830, jusqu'au jour où elle devint mausolée, alors qu'on y plaça les restes des victimes des Révolutions de 1830 et de 1848.

CENTAINE ou **SENTÈNE.** *T. techn.* Brin de fil de coton, de soie ou de laine, qui sert à lier ensemble tous les fils d'un écheveau. || *T. de mar.* Lien avec lequel on maintient les paquets de petits cordages.

* **CENTAURE.** *Myth.* Etre fabuleux auquel les artistes de l'antiquité ont donné un torse humain et le corps d'un cheval.

* **CENTRAGE.** *T. techn.* Opération qu'on pratique dans les ateliers d'ajustage pour déterminer le centre de figure, ou quelquefois le centre de gravité des pièces brutes ou finies. On centre les pièces brutes, afin de pouvoir les ajuster avec le moins de perte de matière, et les pièces finies afin de les monter dans la position prévue par les dessins. Pour les pièces tournantes, on s'attache à en amener le centre de gravité en coïncidence avec le centre réel de rotation.

Les procédés de centrage varient naturellement avec la forme des pièces, nous nous contenterons seulement de signaler pour les formes principales la méthode la plus généralement suivie.

Pour déterminer le centre de figure d'une pièce pleine, de forme ronde ou carrée, on la pose sur un *marbre* (V. ce mot) en le soutenant, s'il est nécessaire, par des supports. On trace ensuite sur la base de la pièce avec la pointe d'un *trusquin*, un trait horizontal à la hauteur du centre. On change, à diverses reprises, la position de la pièce en la faisant tourner sur ses supports et on mène autant de traits horizontaux contenant tous le centre. Celui-ci se trouve alors déterminé par l'intersection des lignes ainsi tracées. Lorsqu'on opère sur des pièces de fortes dimensions qu'il serait impossible d'amener sur un marbre, on les soutient par des cales, et on vérifie avec le niveau d'eau si elles sont bien placées horizontalement.

Pour une pièce ayant une certaine longueur, comme un arbre ou un essieu, on déterminera le centre sur les deux bases d'une manière analogue, mais il sera bon de vérifier l'excentration sur toute la longueur. On amène à cet effet l'essieu par exemple sur un tour en le soutenant par les deux pointes, et on le fait tourner sur lui-même devant un curseur qu'on déplace longitudinalement.

Les machines-outils qu'on rencontre aujourd'hui dans tous les ateliers de construction sont toujours disposées de manière à faciliter dans une grande mesure le centrage des pièces à ajuster. Les tours, par exemple, sont munis de plateaux avec des rainures radiales sur lesquelles sont disposées des griffes à écrous qu'on peut rapprocher plus ou moins de manière à saisir et à centrer la pièce. Les plateaux des tours de Westcott, par exemple, sont munis à cet effet d'une couronne mobile percée d'une rainure en spirale sur laquelle glissent les écrous de vis en forme de mordaches qui saisissent les pièces. Cette disposition force les mordaches à se rapprocher simultanément de la même quantité du centre du plateau et permet ainsi de centrer la pièce sans difficulté.

Le centrage d'un cylindre creux s'opère à l'aide d'une pièce en forme de croix qui prend le nom de *centre*, et dont les bras sont terminés par des écrous filetés munis de vis qui permettent de les amener au diamètre de la pièce. Le centre ainsi placé à l'intérieur suivant une section droite, matérialise en quelque sorte deux diamètres perpendiculaires. Sur les pièces brutes, le centre de cette croix sert à tracer la circonférence que doit présenter la pièce finie.

Dans le montage des pièces ajustées, il convient de les centrer bien exactement, car la moindre erreur dans la direction des axes pourrait fausser complètement le mécanisme. Nous citerons comme exemple les cylindres des machines à vapeur, dont l'axe doit être placé exactement dans la direction des glissières, et celles-ci, de leur côté, doivent être rigoureusement perpendiculaires à l'axe de l'arbre moteur. Pour centrer les cylindres, par exemple, on les place horizontalement et on pose à l'intérieur une petite bande de tôle verticale contenant le centre qui a servi à tracer la circonférence d'alésage. Au moment de les fixer définitivement, on tend par ce point un fil qui traverse également le centre du fond plein et on le prolonge en face des glissières. On s'assure qu'il est bien en ligne droite et reste toujours à la même distance de celles-ci. Cette opération convenablement pratiquée permet d'éviter toute erreur, car on apprécie facilement à l'extrémité de la glissière une déviation d'un millimètre seulement.

En dehors des opérations ainsi exécutées pour déterminer le centre de figure d'une pièce d'atelier, on a fréquemment aussi à centrer, au point de vue mécanique pour ainsi dire, des pièces tournantes par exemple, dans lesquelles il importe que le centre de gravité soit en coïncidence avec le centre de figure et le centre réel de rotation pour assurer la régularité du mouvement.

Cette opération présente une importance spéciale pour les roues des voitures de chemins de fer en particulier qui sont animées de vitesses souvent très considérables, et doivent être par suite exemptes de tout balourd; s'il en était autrement, en effet, l'essieu se trouverait soumis, pendant une rotation de la roue, à une pression qui varierait continuellement avec la position du centre de gravité de celle-ci, puisqu'il se trouverait plus chargé quand le centre serait au-dessus de la fusée et déchargé quand il arriverait au-dessous; ces changements périodiques, si fréquemment répétés, seraient tout à fait nuisibles à la marche régulière de la voiture qui resterait soumise à des secousses et oscillations continuelles très fatigantes pour les voyageurs. Il importe également, en outre, que le centre de gravité du système formé par un essieu monté (c'est-à-dire muni de ses deux roues) soit bien au milieu de celui-ci; car c'est là que se trouve appliqué l'effort de traction, qui doit être considéré comme composé de deux forces égales s'exerçant sur les fusées par l'intermédiaire des plaques de garde, et si la résultante de celles-ci ne passait pas exactement au centre de gravité du système, il se produirait un couple qui tendrait à obliger l'essieu, appliquerait les boudins contre les rails et produirait ainsi un mouvement de lacet.

La plupart des Compagnies de chemins de fer n'hésitent plus aujourd'hui à centrer soigneusement les essieux montés qu'elles emploient. La Compagnie du Nord, en particulier, a construit à cet effet une série d'appareils très ingénieux qui figuraient à l'Exposition de 1878, et dont nous allons donner une description succincte, car ils fournissent une solution tout à fait satisfaisante d'un problème des plus délicats.

Les roues montées sont soumises dans les ateliers de la Compagnie à une première vérification purement géométrique, qui a pour but de s'assurer si la roue est bien plane et n'a pas été gauchie sous l'effort des presses hydrauliques qui servent à opérer le calage des essieux. L'essieu monté est amené à cet effet sur un tour en bois à pointes, et on le soutient en serrant celles-ci dans les centres de fusées, de manière à ce qu'il

puisse tourner librement dans l'espace; on examine alors le gauche et le faux rond que présentent les roues en les faisant tourner devant un curseur muni d'un vernier. On vérifie également à l'aide d'un gabarit la position du bandage qui doit être exactement perpendiculaire à l'axe des fusées; en outre, on s'assure que les faces intérieures sont bien maintenues à un écartement déterminé pour éviter tout choc en arrivant auprès des contre-rails.

On étudie ensuite la répartition du poids en plaçant encore l'essieu monté sur un tour et le soutenant par deux pointes; on vérifie alors s'il se tient en équilibre dans une position quelconque. On fait tourner l'essieu à la main à diverses reprises, et, si on constate qu'il s'arrête de préférence dans une position déterminée, ce fait doit être attribué à ce que le centre de gravité ne coïncide pas avec le centre de suspension. On essaie de l'y ramener à l'aide d'un curseur pesant 5 kilogrammes monté sur une tige à bride; on en fait varier la position jusqu'à ce que l'essieu se trouve en équilibre indifférent, et on connaît alors le point où il convient d'ajouter ou d'enlever de la matière pour détruire le balourd.

Dans les roues à centre plein qu'on emploie exclusivement pour les voitures de voyageurs, on peut enlever généralement de la matière au tour sur le rayon opposé pour rétablir l'équilibre; mais si on ne pouvait y parvenir, on n'hésite pas à river sur la tôle un contrepoids convenablement calculé.

On s'assure ensuite en pesant simultanément les deux roues de l'essieu sur deux bascules indépendantes qu'elles présentent bien le même poids malgré les additions de matière qu'on a pu faire, et en suspendant l'essieu par son milieu, on vérifie si le centre de gravité du système passe bien en ce point comme il est nécessaire, afin qu'il ne se produise aucune déviation de l'essieu, comme nous le disions plus haut.

Des expériences directes ont montré avec quelle perfection s'opère le roulement sur les voitures montées avec toutes les précautions que nous venons d'indiquer. Attelées en queue des express, elles ont pu effectuer un parcours de près de 50 kilomètres sans que les boudins vinssent toucher les rails, comme on a pu le constater en examinant les bandages qui avaient été peints en blanc à cet effet. La surface de roulement n'avait pas une largeur supérieure à 2 ou 3 centimètres, ce qui montre bien qu'un essieu convenablement monté n'éprouve aucune déviation en alignement droit, et qu'en courbe la conicité du bandage suffit à déplacer l'axe de la voiture sans l'intervention des boudins; il ne se produit ainsi aucun mouvement de lacet, ce qui assure à la voiture cette régularité d'allure si appréciée des voyageurs.

Du reste, en pratique, on peut être assuré que la suspension est défectueuse, lorsque les boudins des bandages viennent frotter contre les rails, et que la surface de roulement occupe toute la largeur de la section du bandage.

I. CENTRE. *T. de géom.* On appelle, en géométrie, centre d'un corps, un point qui divise en deux parties égales toutes les sécantes menées par ce point. Quand il est unique, on l'appelle plus spécialement *centre de figure.*

Au point de vue du centre, on peut classer les courbes ou surfaces en trois groupes distincts : 1° celles qui sont douées d'un centre unique; 2° celles qui sont douées d'une infinité de centres; 3° celles qui sont dépourvues de centre.

Premier groupe. Figures à centre unique. Les courbes du deuxième degré sont les seules susceptibles d'avoir un centre unique. On le détermine en cherchant le lieu des milieux M M' de toutes les sécantes menées à la courbe parallèles à une direction donnée, et en faisant ensuite varier cette direction (fig. 317). Ce lieu est une droite P Q appelée diamètre, et qui est variable avec la direction de M. L'intersection de deux diamètres quelconques P Q, P'Q' déterminera le centre C.

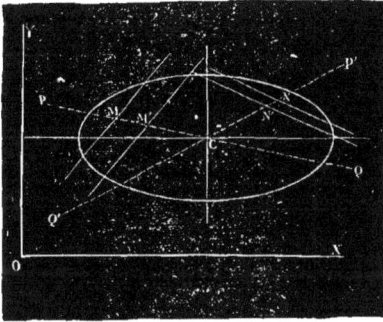

Fig. 317. — *Détermination du centre d'une ellipse*

On démontre d'ailleurs que tout diamètre passe par le centre et réciproquement.

Dans les calculs de géométrie analytique, en rapportant la courbe à deux axes de coordonnées quelconques situés dans son plan, l'équation de la courbe étant $f(x, y) = o$, un diamètre quelconque est représenté par $f'x + mf'y = o$ (m, direction des sécantes parallèles), et en éliminant m, on reconnaît que le centre est défini par le système

$$\begin{cases} f'_x = o \\ f'_y = o \end{cases}$$

et ainsi pour obtenir les coordonnées du point C, il suffit d'égaler à zéro les dérivées partielles de l'équation de la courbe, prises par rapport à x et à y.

L'ellipse a pour diamètres *réels* toutes les droites passant par son centre; le cercle, cas particulier de l'ellipse, a tous ses diamètres égaux, en d'autres termes, le centre du cercle est à égale distance de tous les points de la circonférence. Quant à l'hyperbole, le centre est à l'intersection des asymptotes et la direction limite des diamètres réels est précisément celle des asymptotes : au delà, les droites CK (fig. 318) menées par le centre C ne

rencontrent plus la courbe (V. DIAMÈTRE). Les équations du centre appliquées à la parabole montrent que cette courbe en est dépourvue (troisième groupe).

Par extension, le mot *centre* a été appliqué aux figures rectilignes. Les polygones réguliers sont les seuls doués d'un centre, qui est celui du cercle qui leur est circonscrit.

Surfaces. Les surfaces du deuxième degré sont les seules susceptibles d'avoir un centre unique. La détermination de ce point se fait d'après une méthode analogue à celle des courbes. On cherchera d'abord trois plans diamétraux correspondant à trois directions de cordes $m\,m'\,m''$, puis on déterminera l'intersection de ces plans deux à deux et le point de rencontre des droites ainsi obtenues sera le centre cherché.

Si $f(x, y, z) = o$ est l'équation de la surface rapportée à trois axes de coordonnées, on recon-

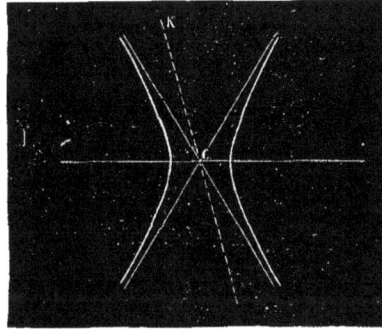

Fig. 318. — *Détermination du centre de l'hyperbole.*

naît que le centre est défini par les trois équations

$$\begin{cases} f'_x = o \\ f'_y = o \\ f'_z = o \end{cases}$$

Ellipsoïde. Le centre est à l'intersection des trois axes rectangulaires. Dans le cas particulier de la sphère (variété de l'ellipsoïde de révolution), il est également distant de tous les points de la surface.

Hyperboloïde. Le centre est à l'intersection des axes réels au sommet du cône asymptote.

Dans le cas de l'hyperboloïde *à une nappe*, ce centre est intérieur, et les droites menées à l'intérieur du cône asymptote ne rencontrent pas la surface; dans l'hyperboloïde *à deux nappes*, il est extérieur et les diamètres réels sont tous compris à l'intérieur des cônes asymptotes.

Les équations du centre appliquées au paraboloïde montrent que cette surface en est dépourvue.

Deuxième groupe. Parmi les figures planes, un système de droites parallèles A B, C D (cas particulier de la parabole) jouit d'une infinité de centres situés sur une ligne X Y, ayant même direction et équidistante des deux premières (fig. 319).

Dans ce cas, deux diamètres quelconques se confondent toujours suivant la droite unique XY.

Pour les surfaces, il peut arriver que les plans diamétraux se coupent suivant une même droite; dans ce cas, au lieu d'un point déterminé par les trois équations du centre, on trouve cette droite d'intersection, dont tous les points deviennent centres de la surface; celle-ci est alors un cylindre à base elliptique ou hyperbolique.

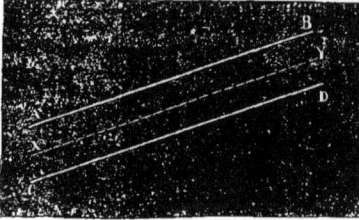

Fig. 319. — *Système de deux droites parallèles ayant une infinité de centres.*

Enfin, la surface peut se réduire à un système de deux plans parallèles; les centres sont alors situés dans un plan équidistant des deux premiers.

Troisième groupe. Parmi les courbes planes, la parabole est dépourvue de centre, ou plutôt, tous les diamètres étant parallèles, le centre est rejeté à l'infini sur leur direction commune.

Cette propriété de la parabole est mise en évidence par l'équation du diamètre $[f'x + mf'y = 0]$

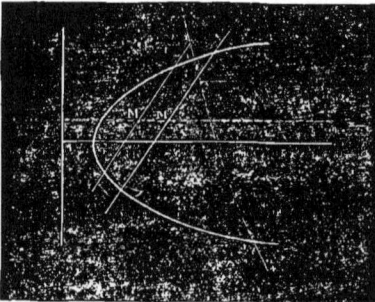

Fig. 320. — *Recherche du centre de la parabole.*

dont la direction devient indépendante de la direction *m* des sécantes (fig. 320).

Pour certaines surfaces, dans la recherche du centre, on trouve quelquefois deux plans diamétraux parallèles, les intersections de ceux-ci avec le troisième donnent alors des droites parallèles, dont l'intersection est ainsi rejetée à l'infini. Les surfaces comprises dans ce cas sont le paraboloïde elliptique ou hyperbolique.

Enfin, si on venait à trouver trois plans diamétraux parallèles, leurs intersections deux à deux seraient rejetées à l'infini suivant une direc-

tion commune, qu'on peut considérer comme une ligne des centres située à l'infini. Ce cas est celui des cylindres paraboliques.

Centre instantané. *T. de méc.* On démontre, en mécanique, que le mouvement élémentaire d'une figure plane dans son plan peut toujours s'obtenir par une rotation infiniment petite autour d'un point variable à chaque instant, qu'on appelle *centre instantané de rotation.* Les normales aux trajectoires décrites par tous les points de la figure mobile passent, au même instant, par ce centre instantané.

La considération du centre instantané permet de définir le mouvement le *plus général* d'une figure plane dans son plan; car un déplacement quelconque de cette figure peut toujours s'obtenir en imaginant une courbe qui lui serait invariablement liée et qui roulerait sans glisser sur

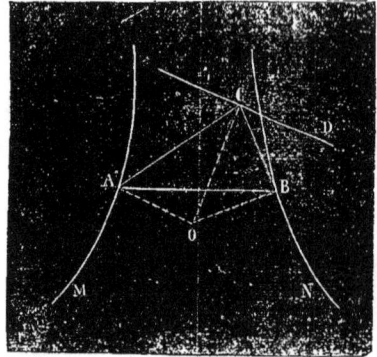

Fig. 321. — *Application du centre instantané pour déterminer la tangente à une courbe en un point donné,*

la courbe formée par les centres instantanés successifs.

La recherche du centre instantané est aussi très utile pour tracer, en certains cas, les tangentes d'une courbe : en effet, si l'on connaît les trajectoires de deux des points d'une figure invariable, on peut s'en servir pour trouver immédiatement la normale, en un troisième point quelconque qu'on suppose appartenir à la courbe en question. Exemples : A B C est un triangle invariable dont deux des sommets A et B sont assujettis à décrire deux trajectoires fixes AM et BN (fig. 321). L'intersection O des normales à ces deux trajectoires, est dans la position actuelle du triangle, le centre instantané de rotation; par suite OC représente la normale, et CD, qui lui est perpendiculaire, la tangente à la courbe décrite par le troisième sommet.

Quand les extrémités d'une droite de longueur constante AB (fig. 322) décrivent deux droites rectangulaires O*x* O*y*, un point M quelconque de cette droite décrit une ellipse ayant pour axes O*x* et O*y* : C, point de rencontre des deux premières normales C B, C A est le centre instantané;

CM est alors la normale, et MT la tangente à l'ellipse.

Centre des forces parallèles. *T. de méc.* Quand un système de forces parallèles est appliqué à un solide invariable, le point d'application de leur résultante prend le nom de *centre des forces parallèles* : ce point reste d'ailleurs constant si on modifie la direction de ces forces et même leurs grandeurs, pourvu toutefois qu'elles varient dans le même rapport. En désignant par XYZ les coordonnées du centre relatives à trois axes de coordonnées, par F une des forces appliquées en un point quelconque (x, y, z), par R la résultante totale, la position de ce centre est définie en mécanique, par les trois équations suivantes :

$$X = \frac{\Sigma F x}{R} \quad Y = \frac{\Sigma F y}{R} \quad Z = \frac{\Sigma F z}{R}$$

Centre de gravité. Les actions de la pesanteur sur un corps situé à la surface de la terre sont toutes des forces *parallèles* entre elles et de

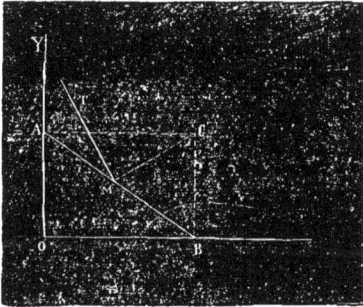

Fig. 322. — *Détermination de la tangente à l'ellipse au moyen du centre instantané.*

même sens : leur résultante est le *poids*, et leur point d'application prend le nom de *centre de gravité* du corps. D'après ce qui précède, les coordonnées du centre de gravité sont :

$$X = \frac{\Sigma p x}{P} \quad Y = \frac{\Sigma p y}{P} \quad Z = \frac{\Sigma p z}{P}$$

p étant le poids d'un point quelconque du corps défini par les coordonnées x, y, z.

P le poids total.

Ou, en faisant intervenir les masses :

$$X = \frac{\Sigma m x}{M} \quad Y = \frac{\Sigma m y}{M} \quad Z = \frac{\Sigma m z}{M}$$

D'une façon générale, le centre de gravité d'un corps n'est autre que le centre des forces parallèles et de même sens qui, appliquées en chacun des points du corps, seraient proportionnelles aux masses de ces points.

Le centre de gravité joue un rôle des plus importants en mécanique, c'est la position qu'il occupe qui règle en effet l'équilibre statique du corps, et, en dynamique, on démontre que la quantité de mouvements du centre de gravité d'un système de points matériels est la résultante des

quantités de mouvements des différents points de ce système transportées parallèlement à elles-mêmes en ce point, et on en conclut facilement que le centre de gravité d'un système de points matériels se meut comme, si toute la masse du système y était concentrée, comme si la résultante de translation de toutes les forces extérieures y était appliquée, et si toutes les quantités de mouvements initiales y avaient été transportées et composées comme des forces. On voit par

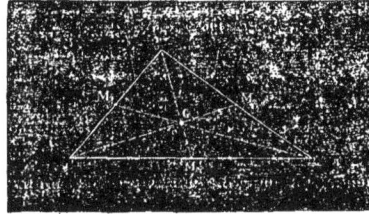

Fig. 323. — *Centre de gravité du triangle.*

là que l'étude du mouvement de ce système se ramène nécessairement à celle du mouvement du centre de gravité. (Si le système se déplaçait uniquement sous l'action de forces intérieures, le centre de gravité resterait immobile.)

On définit, en géométrie, les centres de gravité d'un *volume*, d'une *surface* et d'une *ligne* de la manière suivante : pour le volume, on le suppose rempli par un solide entièrement *homogène*, c'est-à-dire tel que les masses de ses divers éléments soient proportionnelles aux volumes de ces éléments, on prend alors le centre d'une série de

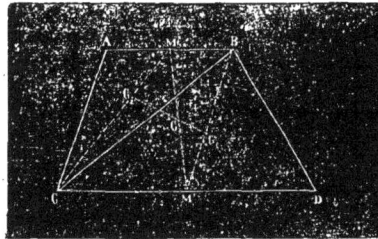

Fig. 324. — *Centre de gravité d'un polygone quelconque.*

forces parallèles et proportionnelles aux différentes masses élémentaires formant le solide total, et on lui donne le nom de *centre de gravité du volume considéré*.

Par extension, le centre de gravité d'une surface peut être défini, en imaginant qu'on ait distribué sur chacun de ses éléments une couche infiniment mince de matière, en quantité proportionnelle à la surface de ces éléments, et en prenant le centre de gravité du volume infinitésimal ainsi obtenu.

Pour une ligne, on la suppose entourée par un cylindre infiniment mince, tel que la matière de ce cylindre soit répandue sur chaque élément de ligne, en quantité proportionnelle à la longueur de cet élément.

On peut arriver d'ailleurs en géométrie à définir le centre de gravité par des considérations purement géométriques, en remarquant que ce point coïncide avec le *centre des moyennes distances* d'un système de points. On donne ce nom à un point tel que sa distance à une droite quelconque du plan est la moyenne arithmétique des distances à cette droite de chacun des points du système. Cette propriété traduite analytiquement donne pour coordonnées du centre des moyennes distances :

$$X = \frac{\Sigma x}{n} \qquad Y = \frac{\Sigma y}{n}$$

x, y étant les coordonnées d'un quelconque des n points du système.

Or, ces valeurs sont précisément celles du centre de gravité dans un système de points ma-

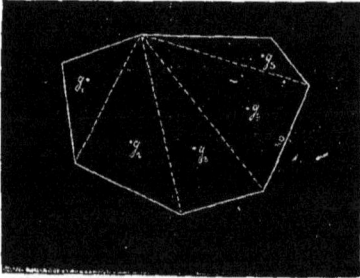

Fig. 325. — *Centre de gravité du trapèze.*

tériels dont toutes les masses seraient égales entre elles : c'est l'hypothèse à laquelle on se trouve conduit quand on veut appliquer en géométrie les définitions données en mécanique.

Détermination du centre de gravité. D'après ce qui précède, il suffira pour obtenir le centre de gravité d'un volume, d'une surface ou d'une ligne, de les décomposer en une infinité d'éléments égaux et d'appliquer à chacun d'eux des forces égales et parallèles. Le point d'application de la résultante sera le centre cherché. On reconnaît facilement que, sur toute figure pourvue d'un plan de symétrie, le centre de gravité est situé dans ce plan; si elle possède, en outre, un centre unique, le centre de gravité coïncidera avec ce point.

On voit immédiatement que le centre de gravité d'une ligne droite est en son milieu, celui d'un parallélogramme en son centre de figure.

Le centre de gravité d'un triangle, G (fig. 323) est au point de rencontre des médianes, et aux deux tiers de chacune d'elles à partir du sommet.

Le centre de gravité d'un polygone s'obtient en décomposant celui-ci en une série de triangles dont on déterminera les centres respectifs g_1 g_2 ... g_5 (fig. 324), le point d'application de la résultante des forces parallèles menées en g_1 g_2 ... g_5 et proportionnelles aux surfaces des triangles cor-

respondants sera par définition le centre de gravité du polygone.

Trapèze. Le centre G se trouve à l'intersection de la droite G_1 G_2 (qui joint les centres de gravité

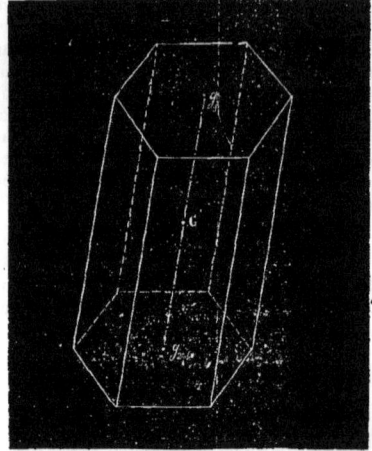

Fig. 326. — *Centre de gravité du prisme*

des triangles ABC, BCD) et de MM' qui joint les milieux des deux côtés parallèles (fig. 325).

Prisme ou cylindre. Le centre de gravité est au milieu de la droite g_1 g_2 parallèle aux arêtes, qui joint les centres de gravité des deux bases (fig. 326).

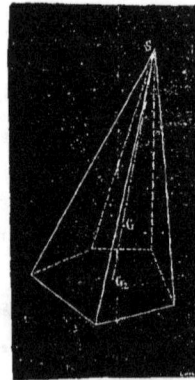

Fig. 327. — *Centre de gravité de la pyramide.*

Pyramide ou cône. G est situé sur la droite qui joint le sommet au centre de gravité G_2 de la base, aux 3/4 de S G_2 à partir du sommet (fig. 327).

La connaissance du centre de gravité permet de donner une mesure simple du volume d'un cylindre tronqué. Le géomètre Guldin (*Traité de centro gravitatis*, 1635) a donné plusieurs propriétés remarquables de ce point. — V. GULDIN.

Il a démontré en particulier que *l'aire de la surface engendrée par une ligne plane qui tourne autour d'un axe tracé dans son plan sans la couper, a pour mesure le produit obtenu en multipliant la longueur de la ligne génératrice par la circonférence décrite par le centre de gravité.*

De même, *le volume engendré par une figure plane qui tourne autour d'un axe tracé dans son plan sans la couper, a pour mesure le produit de l'aire de la figure génératrice multipliée par la circonférence décrite par le centre de gravité.*

Détermination du centre de gravité dans le cas général. L'expression des coordonnées XYZ du centre de gravité

$$X = \frac{\Sigma F x}{R} \quad Y = \frac{\Sigma F y}{R} \quad Z = \frac{\Sigma F z}{R}$$

n'est que la traduction de la propriété suivante du centre de gravité : la résultante d'une série de forces parallèles appliquées en chacun des points d'un solide invariable passe par le centre de gravité du solide, et le moment de cette résultante, pris par rapport à trois axes rectangulaires

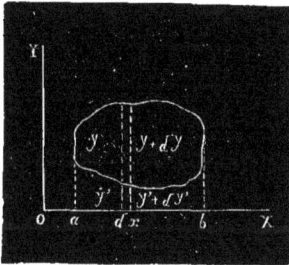

Fig. 328. — *Calcul du centre de gravité dans le cas général.*

quelconques, est égal au moment de toutes les forces parallèles.

Cette remarque permet de déterminer par le calcul le centre de gravité d'une courbe ou d'une surface dont on connaît l'équation.

Si on a, par exemple, la courbe $y = f(x)$, on la décompose en une infinité de petits éléments formés par autant de rectangles ayant pour largeur δx et pour hauteur deux ordonnées successives y et $y + \delta y$, la surface de chaque rectangle ou trapèze infinitésimal est alors égale à $(y - y') \delta x$ en appelant y l'ordonnée supérieure, et y' l'ordonnée inférieure et négligeant les infiniment petits du second ordre formés par les triangles compris entre les rectangles et la courbe (fig. 328).

Le moment de chacun de ces éléments par rapport à l'axe des x est égal à $(y - y') \delta x \times \dfrac{y + y'}{2}$, et la somme totale devient

$$\int_a^b \frac{1}{2}(y - y')(y + y') \delta x = \int_a^b \frac{1}{2}(y^2 - y'^2) \delta x$$

en appelant a et b les ordonnées extrêmes de la courbe.

Le moment de chacun de ces éléments par rap-

port à l'axe des y est égal d'autre part à $y \delta x x$ et la somme totale devient $\displaystyle\int_a^b y x \delta x$.

Enfin, la surface de la courbe est égale à

$$\int_a^b y \delta x.$$

Par suite les ordonnées du centre de gravité deviennent

$$X = \frac{\displaystyle\int_a^b y x \delta x}{\displaystyle\int_a^b y \delta x} \qquad Y = \frac{1}{2} \frac{\displaystyle\int_a^b (y^2 - y'^2) \delta x}{\displaystyle\int_a^b y \delta x}$$

On procéderait d'une manière identique pour déterminer les trois coordonnées X, Y, Z, du centre si on opérait sur un volume connaissant l'équation de la surface qui le limite.

Si on n'avait pas l'équation géométrique de la surface ou du volume considéré, il faudrait les

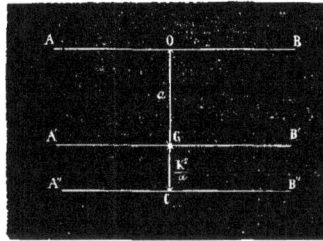

Fig. 329. — *Centre d'oscillation.*

décomposer réellement en éléments très petits, et comme on le suppose dans le calcul, faire la somme des moments de ces éléments pris respectivement par rapport à deux ou trois axes rectangulaires, et diviser les résultats par la surface ou le volume total.

Centre d'oscillation. Le centre d'oscillation est un point dont la considération sert en mécanique à trouver la longueur d'un pendule simple équivalent à un pendule composé quelconque.

Si AB est l'axe de suspension du pendule composé (fig. 329), G le centre de gravité situé à une distance $OG = a$, K le rayon de giration par rapport à l'axe A'B' parallèle à AB mené par G, le *centre d'oscillation* C est un point situé sur le prolongement de OG et déterminé par la condition que

$$GC = \frac{K^2}{a}$$

La droite A''B'' menée par C parallèlement à l'axe de suspension porte le nom d'axe d'oscillation. La droite OC représente la longueur du pendule simple équivalent au pendule composé.

Centre de percussion. — V. PERCUSSION.

Centre de pression. La résultante des pressions exercées par un liquide sur la paroi latérale du vase qui le contient est appliquée en un point qu'on nomme le *centre de pression*. On détermine la position de ce point en cherchant le centre d'une série de forces parallèles et proportionnelles aux pressions exercées sur les éléments de la paroi. Exemples : si on élève en tous les points d'une paroi plane ABCD (fig. 330) des perpendiculaires à la surface libre XY du liquide, dont la longueur soit égale (ou proportionnelle) à la distance de ces points au niveau XY, ces perpendiculaires représenteront les pressions du liquide en chacun de ces points (ou des quantités équivalentes), et la résultante de ces forces parallèles passera par le centre de gravité du prisme ou du cylindre tronqué, limité d'un côté à la paroi et de l'autre à la surface libre.

On démontre que la projection de ce centre de gravité sur la paroi est le *centre de pression* cherché.

Application. ABCD est une paroi rectangulaire ayant son côté AB sur la surface libre (fig. 331), en C et D on élèvera des perpendiculaires au plan

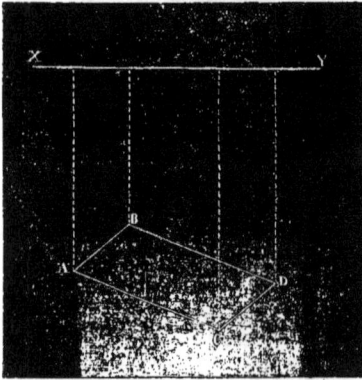

Fig. 330. — *Détermination du centre de pression.*

du rectangle, limitées au niveau du liquide. Le centre de gravité du prisme triangulaire ABCDRQ ainsi déterminé se trouve en G : en menant par G une parallèle aux arêtes du prisme, on obtient le centre de pression P de cette paroi. Le point P est situé au 2/3 de la droite KK' qui joint les deux côtés horizontaux du rectangle.

Centre de poussée. Le centre de poussée d'un corps plongé dans l'eau est le point d'application de la résultante des pressions dirigées de bas en haut par le liquide sur le corps. Ce point n'est autre que le centre de gravité I du volume de liquide déplacé (fig. 332).

Quand un corps flottant demeure en équilibre, les pressions exercées par le liquide ont une résultante égale et directement opposée à la pesanteur; le centre de poussée est par suite sur la verticale du centre de gravité G du corps. Vient-on à déranger le corps de sa position d'équilibre, la poussée du liquide d'une part et la pesanteur de

l'autre forment un couple qui tend à ramener les deux points G et I sur la même verticale.

Le corps étant dérangé de sa position d'équilibre, la droite qui unissait le centre de gravité du corps au centre de poussée s'incline suivant IK, et le nouveau centre de poussée est en I'.

Mais on peut supposer qu'au lieu d'être appliquée en I', la poussée agisse au point M intersection de la verticale I'P' avec la droite GI

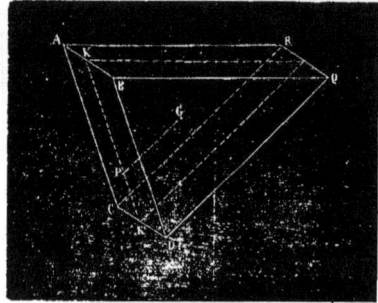

Fig. 331. — *Centre de pression d'une paroi rectangulaire.*

(fig. 333). Le point M, ainsi déterminé, a reçu le nom de *métacentre* (expression due à Clairaut).

Suivant que ce point sera situé au-dessus ou au-dessous du centre de gravité, l'équilibre sera stable ou instable : quand le centre de gravité sera confondu avec le métacentre, l'équilibre sera indifférent.

Il est facile de se rendre compte de ce fait par l'inspection des figures 333 à 335.

Fig. 332. — *Centre de poussée.*

La considération du métacentre trouve une application très importante dans l'étude de l'équilibre des navires. — V. Métacentre.

Centre de courbure. *T. de géom.* Le centre de courbure en un point quelconque d'une courbe plane ou gauche, est un point situé sur la normale à la courbe à une distance intérieure égale au *rayon de courbure*. Ce point se confond avec le centre du cercle osculateur à la courbe.

On démontre, en outre, en géométrie, que ce point O peut être considéré comme déterminé par l'intersection de deux normales infiniment voisines MC et M'C', d'une courbe plane quelconque $f(x, y) = o$, ce qui permet d'en établir analytiquement les coordonnées α et β, pour un point quelconque x, y.

On obtient ainsi les deux formules suivantes :

$$
\begin{cases}
x - \alpha = \dfrac{1 + \left(\dfrac{\delta y}{\delta x} \right)^2}{\dfrac{\delta^2 y}{\delta x^2}} \dfrac{\delta y}{\delta x} \\[4ex]
y - \beta = \dfrac{1 + \left(\dfrac{\delta y}{\delta x} \right)^2}{\dfrac{\delta^2 y}{\delta x^2}}
\end{cases}
$$

La distance ρ du point o centre de courbure au point M sur la courbe détermine, comme on sait, le rayon de courbure, elle est donnée par la formule

$$
\rho = \dfrac{\left(1 + \left[\dfrac{\delta y}{\delta x} \right]^2 \right)^{\frac{3}{2}}}{\dfrac{\delta^2 y}{\delta x^2}}
$$

La courbe CC' (fig. 336), lieu des centres de courbure, forme la *développée* ou *l'enveloppe des normales à la courbe.*

Nous ne calculerons pas ici les centres de courbure des principales courbes planes, nous signa-

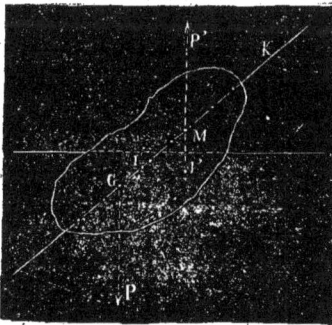

Fig. 336. — *Cas de l'équilibre stable.*

erons seulement deux courbes présentant des propriétés curieuses.

La développée de la cycloïde, par exemple, est une cycloïde égale convenablement transportée, et de même la développée de la spirale logarithmique est aussi une courbe identique différant de la première par une simple rotation autour du point d'origine.

Pour les courbes gauches, on démontre que le centre de courbure est situé sur la droite d'intersection du plan *normal* et du plan *osculateur* à la courbe (cette droite reçoit souvent le nom de *normale principale*) et il peut être déterminé par l'intersection de deux normales principales infiniment voisines.

En partant de cette définition, on établit sans difficulté les coordonnées du centre de courbure α, β, γ d'une courbe donnée $f(x, y, z) = o$ et $f_1(x, y, z) = o$ en un point quelconque x, y, z, et on obtient alors les formules suivantes (en appelant ds l'arc infiniment petit compté à partir du point M, et ρ le rayon de courbure) :

$$
\alpha - x = \rho^2 \frac{\delta^2 x}{\delta s^2}
$$

$$
\beta - y = \rho^2 \frac{\delta^2 y}{\delta s^2}
$$

$$
\gamma - z = \rho^2 \frac{\delta^2 z}{\delta s^2}
$$

$$
\text{et } \frac{1}{\rho^2} = \left(\frac{\delta^2 x}{\delta s^2} \right)^2 + \left(\frac{\delta^2 y}{\delta s^2} \right)^2 + \left(\frac{\delta^2 z}{\delta s^2} \right)^2
$$

Le lieu des centres de courbure est sur la surface réglée engendrée par les normales princi-

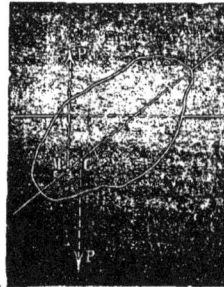

Fig. 334. — *Cas de l'équilibre instable.*

pales; mais il n'est pas l'enveloppe des normales principales, comme il arrive pour une courbe plane; car on démontre que celles-ci ne sont jamais tangentes à une même courbe.

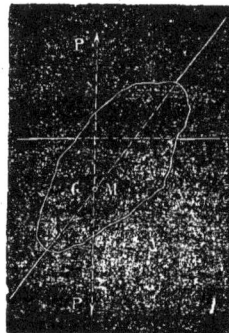

Fig. 335. — *Cas de l'équilibre indifférent*

Pour l'hélice, par exemple, ce lieu se réduit à une autre hélice enroulée sur un cylindre concentrique et ayant pour rayon le produit de r par le carré du pas.

La détermination du centre de courbure est

très utile pour le tracé d'un grand nombre de courbes et de surfaces, elle trouve notamment son application dans l'étude des surfaces réglées, et en cinématique, dans le tracé des engrenages.

Centre optique. *T. de phys.* Point situé sur l'axe d'une lentille et tel que tout rayon lumineux passant par ce point, traverse la lentille sans déviation. Sa position s'obtient en menant par les centres O, O' des surfaces antérieure et postérieure de la lentille (fig. 337) deux rayons parallèles quelconques O A, O'A' et en joignant les

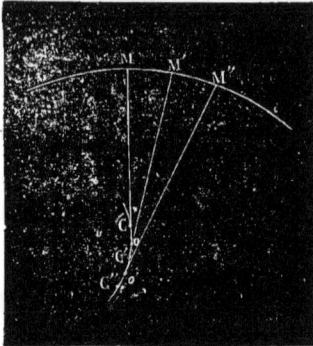

Fig. 336. — *Recherche des centres de courbure et de la développée d'une courbe quelconque.*

points de rencontre A et A' avec la lentille; le centre optique est en C à l'intersection de AA' avec l'axe OO'. Il est déterminé par

l'équation $\dfrac{OC}{r'-r-e} = \dfrac{r}{r'-r}$

OA = r, e épaisseur de la lentille.
O'A' = r'. — B.

II. ° CENTRE. *T. de mar.* On distingue : le *centre de gravité,* le *centre de carène* et le *centre de voilure.*

Centre de gravité d'un bâtiment. Point autour duquel les poids divers, les objets d'armement et toutes les parties du navire sont en équilibre. On lui donne parfois le nom de centre de gravité du système. Sur les anciens vaisseaux de premier rang, ce point se trouve à environ 6 mètres au-dessus du centre de carène et à 2 mètres sur l'avant de la perpendiculaire milieu. Sur les cuirassés modernes, du type *Redoutable,* la distance entre ces deux centres n'est plus que de 3m780, mesurés sur une verticale passant à 1m280 de la perpendiculaire milieu ; avec le bâtiment complètement armé, le centre de gravité est placé à 0m941 en contre-bas du *métacentre.* — (V. ce mot).

Centre de carène. Ce point qu'on désigne aussi sous le nom de *centre de volume* ou de *centre de gravité du volume d'eau déplacé par la carène,* est celui autour duquel tous les autres points de la partie immergée de la carène sont symétriquement placés. C'est le point d'application de la résultante des poussées verticales qui tendent à redresser un navire incliné. Sur les anciens vaisseaux de 1er rang, ce point se trouve à 2m,98 environ au-dessous du plan de la flottaison moyenne en charge et sur la verticale passant par le milieu de ce plan. Sur les cuirassés du type *Redoutable,* il se trouve à 3m,15 environ du plan de la flottaison et à 1m,61 sur l'avant de la perpendiculaire milieu.

C'est de la relation entre ces divers centres et le métacentre que dépendent les qualités nautiques d'un navire, au double point de vue du roulis et de la stabilité. Plus la distance entre le métacentre et le centre de gravité est grande,

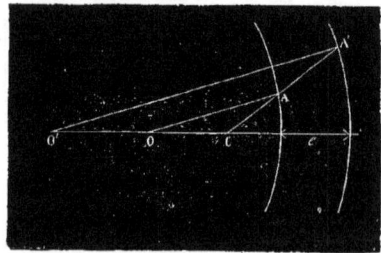

Fig. 337. — *Détermination du centre optique.*

plus le navire roule et plus il est stable. Lorsque cette distance est faible, comme sur le *Richelieu,* par exemple, où elle n'atteint que 0m,58 environ, le navire est, pour ainsi dire, insensible aux mouvements de roulis, mais sa stabilité disparaît sous un angle d'inclinaison beaucoup moindre que sur les navires rouleurs.

Centre de voilure. Ce point n'est autre chose que le centre de gravité de toutes les voiles du navire supposées placées sur leurs mâts respectifs, ouvertes et déployées, dans le plan longitudinal. On le désigne souvent sous le nom de *point vélique.* Il se trouve à 29 mètres environ au-dessus de la flottaison en charge sur un vaisseau de premier rang, et à 7m,15 sur l'avant du grand mât. Sur les cuirassés du type *Redoutable,* il est à 25m,20 au-dessus de la flottaison et sur une verticale passant à 6m,41 de la perpendiculaire milieu.

De la hauteur de ce point et de la surface de voilure dépendent naturellement le moment d'inclinaison du bâtiment. — P. V.

III. ° CENTRE DE ROUE. *T. techn.* Le centre, qui constitue la partie principale d'une roue, est formé d'un disque plein ou à rais, renflé au milieu pour le moyeu, et limité généralement par un bord circulaire et cylindrique qui prend le nom de *jante.* Il est fretté, pour former la surface de roulement, par un bandage en fer ou en acier.

Les centres des roues des voitures ordinaires sont le plus souvent en bois, et garnis à la jante d'une simple bande en fer; sur les voies ferrées, au contraire, les roues ont toujours à supporter une charge considérable, de deux à trois tonnes environ, et on emploie presque exclusivement les centres métalliques en fonte, en acier ou en fer puddlé.

Les premiers sont généralement des centres pleins, tandis que les centres en fer présentent les deux formes, pleines ou à rais, comme nous le dirons plus loin ; nous devons y ajouter les centres en papier comprimé qui sont aujourd'hui d'un usage fréquent en Amérique.

Les centres en fonte sont généralement coulés avec leurs bandages et ils constituent alors une roue complète qui est mise en service sans autre préparation, et il en est de même souvent des roues en acier fondu ; de telle sorte que nous ne nous en occuperons pas ici, et nous en reporterons l'étude au mot Roue pour nous attacher seulement aux centres proprement dits.

Les premières roues qui ont circulé sur les voies ferrées étaient tout entières en fonte, comme l'étaient celles des vagonnets des mineurs ; c'est seulement en 1826 que Nicholas Wood eut l'idée de les garnir d'un bandage en fer pour préserver la surface de roulement, et ces premiers bandages furent ainsi fabriqués, en 1827, par l'usine de Bedlington.

Plus tard, on fut amené à reconnaître la fragilité de ces centres en fonte à mesure qu'on augmenta la vitesse de marche des trains, et on les remplaça alors par des centres à rais en fer avec moyeu en fonte qu'on retrouve encore aujourd'hui sur les roues du matériel à marchandises. Les rais sont formés par de simples barres de fer plates courbées à chaud sur un mandrin, de manière à dessiner un secteur de cercle, au centre duquel sont réunis les deux bouts de la barre qui devront être noyés d'ailleurs dans le moyeu. Le disque entier est constitué par la réunion de ces secteurs égaux, pris en nombre suffisant pour former un cercle, et assemblés deux à deux par des rivets posés sur les barres ainsi juxtaposées. Toutes les extrémités des barres recourbées sont prises au moment de la coulée dans le moyeu en fonte et on a soin d'y ménager des encoches pour faciliter l'assemblage entre le fer et la fonte.

Le moyeu, dont l'épaisseur est plus grande que la largeur des rais, est ordinairement fretté à chaud en dehors de la roue pour prévenir les fissures.

Comme les parties courbes des barres assemblées ne forment pas une circonférence absolument continue, on enroule autour du disque un autre ruban plat qui vient former un anneau appelé *faux cercle*, sur lequel on pourra poser le bandage sans craindre de comprimer les rais.

Un centre ainsi constitué présente un poids assez considérable et n'a pas toujours une consistance suffisante pour résister sans déformation aux chocs si violents parfois que subissent les roues en heurtant contre les rails dans la marche à grande vitesse.

Les rivets qui relient les rais aux faux cercles se détachent assez rapidement, comme on peut le reconnaître en essayant d'enfoncer le moyeu en fonte, sous l'action du piston d'une presse hydraulique, et nous avons pu constater qu'il suffit alors d'une pression de cinquante atmosphères environ pour séparer complètement le faux cercle.

Les centres en fer forgé pleins ou à rais qu'on substitue maintenant aux centres mixtes, pour les roues de voyageurs surtout, présentent une résistance plus considérable aux grandes vitesses, et les roues à centre plein, en particulier, peuvent subir au moyeu une pression de près de cent cinquante atmosphères avant de se déchirer.

Les premiers centres en fer à rais étaient fabriqués en Angleterre de la manière suivante :

On préparait à l'étampe chacun des rais en deux parties qu'on devait ensuite souder à chaud au milieu de la longueur de celui-ci. L'un des morceaux comprenait en même temps la partie correspondante du moyeu, et l'autre l'arc de la jante. Les rais soudés étaient ensuite assemblés à l'intérieur d'une couronne de manière à constituer la roue, le moyeu était chauffé au blanc, et la soudure des différentes parties s'opérait alors d'elle-même sous l'énorme pression due à leur dilatation. On rapportait ensuite une rondelle sur chacune des faces du moyeu pour en augmenter l'épaisseur, et on soudait enfin la jante au marteau en rapportant des coins entre les différents arcs pour obtenir une surface bien continue.

Plus tard, on a simplifié ce procédé en préparant une barre droite, de longueur égale à la moitié de la jante, sur laquelle on soudait à l'avance à angle droit et avec un écartement convenable les rais qu'elle devait recevoir, ceux-ci étaient munis d'ailleurs à leur extrémité d'un renflement destiné à former le moyeu. La barre était ensuite recourbée à chaud, on rapprochait ainsi les différentes parties du moyeu et on obtenait une demi-roue qu'il suffisait de souder à chaud avec une autre moitié obtenue par le même procédé.

On avait essayé également d'appliquer la méthode que nous avons décrite plus haut pour la préparation des roues à rais en fer et moyeu en fonte, en préparant seulement le moyeu au moyen des renflements ménagés sur les rais ; mais ces divers procédés sont généralement abandonnés aujourd'hui, depuis qu'une nouvelle méthode, appliquée pour la première fois par MM. Arbel et Deflassieux, a permis d'effectuer en une seule opération la soudure des différentes parties de la roue.

L'adoption de ce procédé qui constitue une sorte d'étampage d'un paquet de fer porté à la température de ramollissement, a réalisé un progrès considérable, car il a donné beaucoup plus d'homogénéité et de résistance à la roue ainsi préparée, et dans la fabrication des roues de machines en particulier, il a supprimé toutes les difficultés qu'on rencontrait auparavant pour fixer la manivelle et le contre-poids.

Cette méthode de fabrication exige toutefois des précautions spéciales, il faut des fours assez spacieux disposés de manière à concentrer la chaleur sur les parties les plus massives de la roue comme le moyeu pour ne pas brûler celles qui sont plus minces ; l'aménagement du four et la conduite du travail exercent une grande influence sur le succès de l'opération.

On prépare d'abord la jante au moyen d'une barre droite recourbée sur un mandrin dont les extrémités sont soudées à chaud dans les mêmes conditions qu'on soudait autrefois les anciens bandages en fer, puis on pratique à l'intérieur des mortaises convenablement disposées pour recevoir les extrémités des rais qu'on a effilées à cet effet. On assemble ensuite la roue en plaçant les rais dans ces entailles, et réunissant les autres extrémités sur un petit plateau étampé qui est destiné à former le moyeu. On assemble au-dessus un autre plateau semblable également encoché qui forme l'autre face du moyeu. Les rais ont un léger excès de longueur conservé à dessein pour donner une certaine *écuanteur* à la roue. Le paquet, ainsi assemblé et consolidé par des ligatures en fil de fer, est porté au four et amené, comme nous l'avons dit, au rouge dans toutes ses parties en ayant soin de concentrer la chaleur particulièrement sur le moyeu.

On soude ensuite le paquet à l'étampe, et la roue ainsi formée subit alors un travail de compression considérable en raison de l'excès de longueur des rais, de sorte que la soudure est bien plus complète. Deux chaudes sont nécessaires, en général, pour assurer l'homogénéité et la continuité des fibres du métal, et donner enfin à la roue sa forme définitive, en dehors des légères bavures qu'on enlève ensuite facilement à la lime.

Ce procédé de fabrication s'applique d'une manière très satisfaisante aux roues de machines; il permet, comme nous l'avons dit, de souder à la forge le moyeu et le contre-poids, il est plus rapide et plus économique que les anciennes méthodes, et c'est à peu près le seul qu'on adopte aujourd'hui pour les roues de machines qui ont toujours chez nous des centres à rais.

Nous citerons seulement pour mémoire le procédé de l'usine de Seraing qui était beaucoup moins rapide : le moyeu forgé à l'étampe portait une rainure circulaire dans laquelle on engageait les extrémités des rais, on portait à chaud l'espèce d'étoile ainsi formée en l'entourant dans un mandrin et concentrant toute la chaleur du four sur le moyeu ; la jante était ensuite préparée par enroulement comme l'étaient alors les bandages en fer sans soudure, elle était ensuite entaillée pour recevoir les extrémités des rais, puis assemblés sur ceux-ci de manière à compléter le centre de roue, chaque rais était enfin soudé séparément à la main sur la jante et matricé à chaud.

Les centres à rais en fer qui réalisaient un perfectionnement considérable sur les roues à moyeu en fonte, présentent l'inconvénient de soulever beaucoup de poussière en marche, et ils peuvent aussi, ce qui entraînerait des dangers sérieux, projeter quelquefois sur les voitures des fragments incandescents tombés du foyer de la machine et devenir ainsi une cause d'incendie. On a cherché à y remédier en garnissant de bois les intervalles des rais, de manière à former

un disque continu ; plus tard, on est revenu aux roues à centre plein, seulement on a pu les fabriquer entièrement en fer forgé, et les roues de ce type sont en usage aujourd'hui sur un grand nombre de Compagnies ; celle du Nord, en particulier, les applique exclusivement sur les voitures de voyageurs et réserve les roues à moyeu en fonte pour le matériel de marchandises.

Les centres pleins sont fabriqués généralement au laminoir ; les usines de Saint-Chamond, de la Providence à Hautmont, de Bochum en Westphalie, se sont créé une sorte de spécialité de cette fabrication nouvelle si rapidement développée. Le disque forgé à l'étampe est amené à la forme exigée, en passant dans les galets du laminoir ; puis il est ordinairement recuit, pour détruire toute tension intérieure dans le métal. L'usine de Bochum emploie à cet effet de longs fours étroits dans lesquels les centres sont placés verticalement au nombre de 20 à 30 par four.

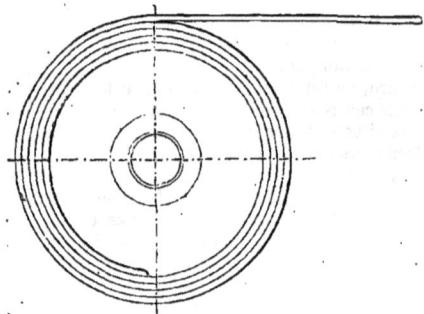

Fig. 338. — *Enroulement de la barre autour du moyeu.*

Nous croyons devoir décrire plus spécialement un procédé curieux et tout à fait récent de fabrication de centres pleins que nous avons pu voir en application à l'usine d'Essen (Westphalie) où il remonte à quelques années à peine (1878).

Dans ce procédé, qui est dû à M. Lindner, ingénieur des forges de l'usine d'Essen, on prépare la toile en enroulant en spirale une tige de fer mince autour du moyeu jusqu'à donner à celui-ci le diamètre exigé ; puis on soude à l'étampe les différentes spires et on obtient une roue parfaitement homogène sans ligne de suture apparente.

Cette fabrication s'opère de la manière suivante, représentée dans les figures 338 à 341.

On prépare d'abord un gateau métallique qu'on débouche sous un pilon de 5 tonnes, on lui donne à l'étampe la forme du moyeu, et on ménage sur la toile un bord aminci taillé en biseau, qu'on a soin d'ébarber pour former l'amorce de la toile.

La tige d'enroulement est obtenue au laminoir et la section présente une forme de V (fig. 339), dont la rainure peut emboîter la partie saillante. La jante est formée par un ruban de fer plat présentant sur l'un des grands côtés une rainure analogue qui devra s'assembler sur le bord en biseau de la toile. Elle est soudée à l'extrémité de la petite barre, afin que l'enroulement complet puisse s'opérer sans interruption.

La tige droite ainsi formée est chauffée dans un four de grande longueur et amenée à la température du blanc soudant; en même temps, le moyeu porté lui-même au rouge est fixé sur un arbre horizontal emmanché dans le trou de l'essieu et placé devant la porte du four à réchauffer.

On sort l'extrémité de la tige d'enroulement qu'on vient souder sur le bord du disque; celui-ci est alors animé d'un mouvement de rotation assez lent, et, en tournant sur lui-même, il entraîne progressivement la tige dont les rainures en venant s'appliquer constamment sur le bord saillant de la spire précédente augmentent ainsi continuellement le diamètre de la toile pleine (fig. 339).

Deux galets verticaux, mobiles chacun autour d'un axe qui se soulève à mesure que le disque s'agrandit, restent toujours appuyés en contact avec celui-ci et servent à guider la barre d'enroulement, de manière à empêcher la toile de se gauchir.

Cinq spires sont nécessaires pour former la

Fig. 339. — *Vue longitudinale et coupes des barres destinées à former la toile et la jante.*

toile; on termine ensuite en enroulant le ruban qui doit former la jante et le centre présente alors la forme indiquée sur la figure 340.

A l'issue de cette opération, le centre est déjà sensiblement refroidi, et la soudure de l'extrémité de la jante serait incomplète, aussi faut-il plus tard réchauffer cette région et reprendre la soudure pour la rendre bien homogène.

La toile du centre est alors entièrement plane et les lignes de rapprochement des différentes spires restent encore apparentes, une dernière opération est nécessaire pour les effacer entièrement, former un assemblage homogène et donner enfin à la toile la forme recourbée qu'elle présente dans le dessin définitif (fig. 341).

L'usine d'Essen fabrique actuellement 60 roues pareilles par journée de travail, et le nombre total de centres ainsi préparés depuis deux années environ que le procédé Lindner est appliqué dépasse 40,000. On en rencontre sur un grand nombre de chemins de fer allemands et même à l'étranger, sur les chemins de fer de l'Etat belge, le Great Northern of Scotland Railway, les lignes de Varsovie-Vienne et de Varsovie-Bromberg, et l'usine en a même livré dans l'île de Java.

Ces types de roues rendent un son bien métallique et sont tout à fait homogènes ainsi que nous l'avons dit plus haut; de plus elles sont robustes et résistantes, tout en ayant cependant, en raison

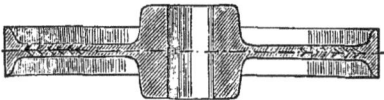

Fig. 340. — *Vue du centre après l'enroulement.*

Fig. 341. — *Forme définitive du centre.*

Ce travail est effectué à l'étampe : le centre, ramené au blanc soudant, est fixé dans un cadre circulaire et martelé à plat.

Pendant le cinglage, on fait tourner lentement sur lui-même, à l'aide d'une chaîne et d'un treuil mû à la main, le cadre et le centre qu'il renferme de manière à le cingler également que possible dans toutes les directions. On enfonce en même temps un coin approprié dans le centre du moyeu, de manière à maintenir le vide au diamètre exigé, et on a soin de jeter un peu d'eau de temps en temps sur la toile métallique afin de la bien décaper. Le poids du pilon employé dans cette opération est de 10 tonnes environ.

Le centre de roue est alors abandonné au refroidissement sur le sol de l'atelier, et on recouvre légèrement la toile de fraisil pour empêcher le refroidissement trop rapide des parties minces et éviter les tensions intérieures qui pourraient en résulter.

de la forme de la toile, une certaine élasticité précieuse pour la conservation du bandage.

En dehors des centres métalliques en fer forgé, nous avons encore à citer les centres en papier comprimé qui sont appliqués aujourd'hui sur une grande échelle en Amérique pour les voitures de luxe en particulier. Le papier, comprimé sous les fortes pressions de près de 400 tonnes, peut acquérir une consistance égale à celle du bois, et il présente, en outre, l'avantage d'être à peu près insensible à la sécheresse et à l'humidité, comme aux différentes variations atmosphériques. Enfin, ces roues seraient moins bruyantes en marche que les roues ordinaires à centre plein.

Nous avons représenté dans la figure 342 l'assemblage des roues Allen qui sont adoptées par la Compagnie des voitures Pullman. Le papier qui forme le centre est comprimé de manière à former un disque plein bien consistant, et le bloc ainsi obtenu est tourné pour être amené au diamètre exigé, puis il est percé en son centre pour recevoir le moyeu qui est forcé sous une pression de 20 tonnes environ.

Le centre est ensuite inséré à force sous un effort de près de 300 tonnes dans un bandage métallique approprié, portant à l'intérieur une rainure saillante formant un anneau qui pénètre dans la pâte du papier. Les deux faces du centre sont munies de flasques métalliques maintenues assemblées par des boulons avec le bandage et le

Fig. 342. — *Coupe des roues à centre plein en papier adoptées en Amérique pour les voitures Pullman.*

moyeu. Cette disposition, qui se comprend immédiatement d'après la figure 342, donne de résultats très satisfaisants, et il n'y a pas d'exemple d'une roue en papier brisée en service.

La Compagnie des Pullmann Cars paie d'ailleurs ses roues seulement d'après le parcours qu'elles ont effectué avant d'être usées ou brisées ; le tarif moyen est de 0 fr. 50 ou 0 fr. 60 par 1,000 kilomètres suivant la nature des lignes parcourues. Elle avait en 1878 plus de 300 roues en papier mises en service depuis 1876, et on en citait déjà 24 qui avaient pu parcourir 200,000 kilomètres sans

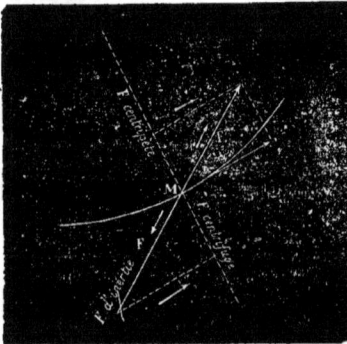

Fig. 343. — *Décomposition des forces qui sollicitent un mobile en un point quelconque de sa trajectoire.*

réparation ; le parcours moyen des autres était de 178,000 kilomètres. Il y a là une application tout à fait curieuse qui mérite d'être signalée chez nous.

Quel que soit le type et le mode de fabrication, les centres de roues doivent présenter une répartition de poids aussi régulière que possible, de manière à ce que le centre de gravité soit bien en coïncidence avec le centre de figure, et, en un mot, que la roue ne conserve aucun balourd. Cette condition exerce une influence considérable sur l'allure de la machine aux grandes vitesses,

et dans les ateliers de chemins de fer on s'assure toujours qu'elle est bien remplie. Les dispositions prises à cet effet présentent une importance particulière, et elles réagissent non seulement sur les centres, mais même sur le montage des roues et des voitures elles-mêmes ; nous n'y reviendrons pas ici, car nous les avons résumées plus haut au mot CENTRAGE. — B.

CENTRER. *T. techn.* Ramener au centre, fixer l'axe central.

* **CENTREUR.** *T. techn.* Machine qui contient le porte-moule dans la fabrication des *chandelles* et des *bougies*. — V. ces mots.

CENTRIFUGE (Force). *T. de mécan.* Force égale et directement opposée à la force centripète (fig. 343), son expression est $m\frac{v^2}{\rho}$; dans un cercle : $m\frac{v^2}{R}$ ou $m\,\alpha^2\,R$. Si un mobile M parcourt une trajectoire en vertu d'une force F (qu'on peut pendant un temps très court supposer constante en grandeur et en direction), il peut être considéré comme étant en équilibre sous l'action de F et d'une force égale et directement opposée à celle-ci, et qui n'est autre que la force d'inertie : cette dernière a pour composantes la force *d'inertie tangentielle* et la force *centrifuge*.

L'existence des deux forces *centripète* et *centrifuge* est mise en évidence dans la fronde, par exemple, la première agit sur le mobile par l'intermédiaire du fil et le ramène constamment vers le centre, la deuxième produit la tension du fil.

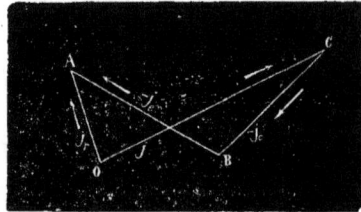

Fig. 344. — *Décomposition de l'accélération totale d'un mobile animé d'un mouvement relatif et d'un mouvement d'entraînement.*

Centrifuge composée (Accélération). Accélération égale et directement opposée à l'accération complémentaire.

Si A O (j_r) représente en grandeur, direction et sens, l'accélération d'un mobile dans le mouvement relatif (c'est-à-dire dans le mouvement pris par rapport à un système de comparaison lui-même mobile) (fig. 344), A B l'accélération d'entraînement (j_e) du système de comparaison (dirigée de A vers B), O C (j) l'accélération dans le mouvement absolu, B C l'accélération complémentaire (j_c), dirigée de B vers C, la figure montre que O A (j_r) est la résultante de O C (j), d'une accélération égale et *directement opposée* à celle d'entraînement ($-j_e$), et enfin de l'accélération centrifugée composée ($-j_c$).

Cette dernière a pour direction (fig. 345), comme l'accélération complémentaire, une droite M A faisant un angle déterminé α avec l'axe instantané de rotation et de glissement, au moyen duquel on obtient à chaque instant le déplacement élémentaire d'un point ou d'un système de points matériels.

La valeur *absolue* de l'accélération centrifuge composée est $2\alpha v_r \sin \alpha$; elle s'annule : 1° si le mouvement d'entraînement est une translation (vitesse angulaire de rotation autour de l'axe, $\alpha = o$); 2° si le mobile ou point matériel est en repos relatif par rapport au système de comparaison entraîné (vitesse dans le mouvement re-

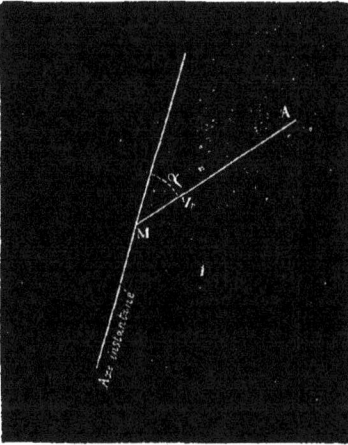

Fig. 345. — *Direction de l'accélération centrifuge composée par rapport à l'axe instantané de rotation.*

latif, $v_r = o$); 3° si $\alpha = o$, c'est-à-dire si le mouvement relatif est une translation parallèle à l'axe instantané.

Centrifuge composée (Force). Force correspondant à l'accélération précédente.

En remplaçant dans le polygone de composition les accélérations par les forces correspondantes, on trouve que la force centrifuge composée est égale à— $m j_c$ ou — $2 m \alpha v_r \sin \alpha$ (fig. 344).

La force centrifuge composée est l'*une* des *deux* forces *fictives* ou *apparentes* qu'il faut ajouter aux forces qui déterminent le mouvement absolu d'un point matériel pour obtenir le mouvement relatif correspondant. (L'autre force fictive ($m j_e$) est égale et directement opposée au mouvement d'entraînement). Par suite, on n'aura pas à s'en préoccuper dans les trois cas précédemment définis, où l'accélération j_c s'annule.

En s'appuyant sur la notion de la force centrifuge composée, Foucault a reconnu que les corps pesants, abandonnés à eux-mêmes sans *vitesse initiale*, à la surface de la terre, ne parcouraient pas exactement la verticale : ils sont constamment déviés vers l'Est.

CENTRIPÈTE (Force). *T. de mécan.* Force qui tend à ramener constamment un mobile sur la trajectoire qu'il parcourt en vertu de sa vitesse initiale (fig. 343). La direction et le sens de cette force sont les mêmes que pour l'accélération correspondante (V. plus bas), sa valeur est $m \dfrac{v^2}{\rho}$, m étant la masse du mobile.

Dans un mouvement *uniforme*, la seule force qui sollicite un mobile M est la force centripète (la force tangentielle est nulle).

Si la trajectoire est un cercle, la force centripète a pour expression $m \dfrac{v^2}{R}$ ou $m \alpha^2 R$.

Centripète (Accélération). *T. de mécan.* On désigne sous ce nom celle des composantes de l'accélération d'un mobile qui est dirigée suivant le

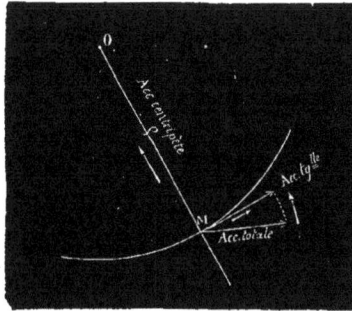

Fig. 346. — *Décomposition de l'accélération totale d'un mobile en un point quelconque de sa trajectoire.*

rayon de courbure (M O) de la trajectoire qu'il décrit.

Cette composante est située dans le plan osculateur à la trajectoire (fig. 346), son sens est celui de M vers O (centre de courbure) et sa valeur est de $\dfrac{v^2}{\rho}$, v désignant la vitesse du mobile M à chaque instant (mouvement varié), ρ rayon de courbure. Si la trajectoire est un cercle de rayon R, cette expression devient $\dfrac{v^2}{R}$ ou en fonction de la vitesse angulaire ω, $\alpha^2 R$.

Dans un mouvement *uniforme*, la deuxième composante de l'accélération totale, en d'autres termes l'accélération tangentielle, est nulle, et le mobile obéit uniquement à la composante centripète.

Dans un mouvement rectiligne $\rho = \infty$ et l'accélération centripète se réduit à zéro. — B.

CEP. 1° Partie de la charrue qui porte le soc. || 2° *Art hérald. Cep de vigne.* Pied de vigne avec son échalas représenté dans l'écu; *cep de vigne pampré,* celui qui est muni de ses pampres; *cep de vigne fruité,* celui qui est chargé de raisins.

__CÉPHALE.__ Myth. Epoux de Procris. Il était, d'après Ovide, d'une beauté si remarquable, qu'il inspira une vive passion à l'Aurore, mais il fut insensible et ne quitta point

Procris dont il était aimé uniquement. Etant à la chasse, il perça involontairement d'un javelot sa chère Procris; désespéré, il se donna la mort. Apollodore prétend au contraire que Procris fit apprécier ses charmes par plusieurs princes, et que si, en effet, l'infidèle fut tuée par mégarde, l'Aréopage croyant à une vengeance de Céphale l'avait condamné à un exil perpétuel. Ce sujet a inspiré quelques artistes.

* CERAME. Les anciens donnaient ce nom à des vases de terre cuite. || Poterie de grès. — V. GRÈS.

CÉRAMIQUE. (Du grec *keramos*, terre à potier, ou, suivant quelques auteurs, du nom d'un quartier d'Athènes où travaillaient les potiers et les tuiliers.) La céramique est l'art de fabriquer des objets en terre de toutes sortes et de toutes formes, décorés ou non et destinés, soit à la construction et à l'ornementation de l'intérieur comme de l'extérieur des édifices, soit aux usages domestiques, soit encore à certains appareils ou ustensiles nécessaires à diverses industries. De tous les travaux de l'homme, ceux qui permettent le mieux de suivre, à travers les âges, les progrès de son intelligence et de ses tendances vers les choses de l'art, appartiennent assurément à la céramique. Les peuples primitifs des âges de la pierre, de même que les sauvages modernes de l'Amérique (*Livre du Nouveau-Monde*, d'Eméric Vespuce, *Arts des naturels du pays*), quoique munis des matériaux les plus simples, ont trouvé l'art de confectionner les ustensiles qui leur étaient nécessaires. De là une progression d'expériences qui a amené partout d'incontestables progrès, témoin l'élégante poterie de l'âge du bronze, décrite par M. Desor, et déjà enduite d'un vernis graphit>ux. L'histoire de ces tentatives, suggérées par le besoin, appuyées par la réflexion, nous initie aux débuts de l'industrie céramique, cherchant avant tout l'amélioration des conditions physiques de la vie. L'art viendra plus tard, épuré par la civilisation, tout en restant soumis aux causes morales et aux influences historiques qui ont modifié tour à tour les idées des artistes et le style de leurs ouvrages.

HISTOIRE.

L'origine de la céramique se perd dans l'obscurité des temps. La première civilisation connue, celle des Egyptiens, nous a laissé dans les chambres funéraires primitives des vestiges de briques séchées au soleil et durcies par la compression. En effet, dit M. Paul Pierret (*Dictionnaire d'archéologie égyptienne*), la brique crue, d'un usage commode, rapide et économique, était employée dans toute l'Egypte. On formait les enceintes des temples, les clôtures des jardins et des fortifications. En raison de l'énorme consommation qui s'en faisait, le moulage de la brique exigeait un grand nombre de bras et fut imposé non seulement, comme on le voit dans la Bible, aux Hébreux, mais à tous les captifs en général.

Pendant la période memphite (5004-3064 avant J.-C.), nous apprend l'égyptologue Mariette (*Sur les tombes de l'Ancien Empire*), aucun ornement, aucun objet précieux n'accompagnait le mort au tombeau, mais des vases en poterie commune à peine lustrés étaient placés à côté du cadavre et renfermaient les provisions qu'on lui donnait pour le voyage de l'autre vie. Pendant la période thébaine (3064-1700 avant J.-C.), époque à laquelle remontent les murailles peintes des tombeaux de Béni-Hassan, où les artistes du Moyen Empire ont représenté les métiers alors

en usage, les potiers égyptiens modelaient déjà et faisaient cuire au four des vases. Avec le Nouvel Empire (1700-500 avant J.-C.) apparaît une poterie rouge, solide et légère, moins pure de forme et couverte d'une glaçure épaisse, qu'on pourrait prendre pour un émail. Telle est la statuette du dieu Bès, salle Civile, au Louvre. La salle Historique du même musée nous montre également des statuettes funéraires en grès rouge, entre autres les statuettes du prince Schra-em-tam et de Séti Ier (xve siècle avant J.-C.). Les Egyptiens de cette période ont de même excellé dans les faïences à émail stannifère, ou émail bleu, vert et blanc. On peut voir au Louvre, salle Historique, une bouteille en faïence verte et divers fragments de figurines en faïence bleue, provenant du tombeau de Séti Ier; salle Civile, un lion très remarquable en émail bleu; salle Funéraire, des masques de momie en faïence verte. Quelle est la nature de cette poterie? se demande Albert Jacquemart, l'auteur de l'*Histoire de la céramique*. « Ce n'est point une porcelaine, puisqu'il lui manque la translucidité; est-ce une faïence? Pas davantage : elle tient le milieu entre la porcelaine et le grès cérame. Si la coloration générale paraît d'abord uniforme, on doit l'attribuer à certaines règles symboliques, plutôt qn'à l'impuissance des artistes antiques. Ce qui prouve d'ailleurs avec quelle certitude les potiers opéraient en combinaisons, c'est qu'on rencontre des poteries d'Egypte où les tons divers occupent des espaces très restreints et tranchent vraiment l'un sur l'autre; une figurine bleue a le visage coloré en jaune doré; des bracelets bleu foncé portent sur leur surface des hiéroglyphes réservés en bleu céleste, ou réciproquement; quelquefois l'objet à décorer a été gravé, puis un émail vif a rempli les cavités pour venir araser la surface ou la dépasser légèrement; il y a donc science complète, expérience consommée, sûreté d'exécution. »

On est donc à peu près d'accord aujourd'hui quant à la nature des produits de l'ancienne Egypte. Les figurines en bleu et bleu turquoise qu'on trouve dans les tombeaux de Thèbes, par exemple, ne sauraient plus être confondues, comme ils l'ont été longtemps, avec la porcelaine telle qu'on la définit actuellement. Toutes les analyses chimiques qu'on a fait à Sèvres et ailleurs, les caractères extérieurs tendent à séparer nettement les produits céramiques de l'Egypte de la poterie qui a pour type la porcelaine orientale.

M. Brongniart, dans son traité classique des poteries, a rappelé qu'aucune tentative de synthèse n'avait été faite jusqu'à ce jour. M. Salvetat a comblé cette lacune, et c'est en suivant la méthode rationnelle suivie à Sèvres qu'il est parvenu à reproduire les figurines d'Egypte exactement avec tous les caractères de la pâte et de la glaçure. Il a fait surmouler plusieurs pièces et a pu constater la difficulté de façonner cette pâte par les procédés de coulage et de moulage.

Il est vraisemblable que ces figurines, de même que les carreaux arabes qui présentent comme matière céramique tant d'analogie et qu'on rencontre aussi dans des conditions semblables d'ancienneté, étaient faites en les sculptant dans des grès naturels, encore tendres par suite de la conservation de leur eau de carrière.

Peut-être trouvera-t-on quelque jour un atelier ou les vestiges d'une officine où ces travaux étaient exécutés; mais tant qu'on n'aura pas découvert de moules, on peut être autorisé, faute de preuves, à regarder comme sculptés les scarabées à pâte sableuse recouverte de glaçure verte ou bleue, qui sont des témoins intéressants de la civilisation de l'antique Egypte.

En tenant compte de ces observations, il serait possible de créer une variété de porcelaines décoratives, en associant avec des pièces en porcelaine ordinaire des parties faites en pâte égyptienne; en les enchâtonnant on pourrait obtenir de la sorte des ornements en relief recouverts du riche coloris turquoise que cette pâte siliceuse reçoit avec tant de facilité (V. Céramique architecturale). M. Salvetat a fait dépôt au Musée de Sèvres de divers objets de cette nature comme reproduction de figurines surmoulées à côté desquelles ils ont été placés.

Quant aux formes des vases, elles sont essentiellement recherchées; ce sont de gracieuses ampoules, des fioles lenticulaires à cartouches royaux, des boîtes cruciformes ornées de lotus, des coupes, des bouteilles à long col, dont les plus charmants spécimens sont en terre siliceuse émaillée de bleu, ou en pâte bleue presque mate (fig. 347).

Ainsi se sont formées les deux branches mères de la poterie européenne : la terre siliceuse qui, d'abord répandue dans les contrées asiatiques, devint chez les Persans et les Arabes, la source de nos faïences émaillées et de nos porcelaines tendres; la terre cuite vernissée, perfectionnée plus tard par les Grecs et les Romains, et qui, introduite chez nous pendant des siècles, survécut même à la découverte et à la renaissance des poteries à pâte dure, plus belles et d'un meilleur usage.

De l'Egypte, si nous passons dans l'extrême Orient, nous rencontrerons en premier lieu le grand empire de la Chine, où la céramique a été portée au plus haut degré de perfection. Les Chinois, en effet, excellent dans

Fig. 347. — Gourde d'Egypte.

la fabrication de la poterie de grès et de la porcelaine en pâte dure. Pour ce qui concerne la poterie de grès, dont les fabriques sont très répandues en Chine, elle consiste principalement en grands vases de luxe et autres objets à l'usage du peuple (tou-ki), tels que des lampes, des tasses, des articles de ménage et des jouets d'enfants. Tous ces objets se distinguent par leur couleur rougeâtre, l'opacité et la grossièreté de la pâte. Mais l'espèce particulièrement estimée est celle du grès cérame à pâte fine, dense, serrée, habituellement d'un brun rouge, connue sous le nom de boccaro ou bucaro, emprunté à la langue portugaise. On en fait des services à reliefs, d'une exquise finesse, des tasses à boire avec légendes gravées, des théières imitant un char à deux roues ou bien un moulin dont la roue à aubes tourne par la seule force de la vapeur du thé bouillant, etc. Comme la terre du boccaro est sombre de couleur, les potiers chinois la relèvent des plus brillants émaux courant en vives arabesques, se tordant en dragons éclatants. On dirait de vieux bronzes enrichis d'émail cloisonné.

Dans un ordre plus élevé, les Chinois font usage de tuiles à émail vivement coloré, de briques creuses à formes géométriques, qui permettent de les ajuster en pilastres, en balustrades ou en galeries, de grandes plaques peintes, susceptibles de s'encadrer dans les murailles intérieures et extérieures des palais, des temples, des portiques et des pavillons. Le P. Cibot, missionnaire à Pékin au xviiᵉ siècle, parle ainsi de ce genre de décoration architecturale : « Autant le gouvernement se montre ennemi du luxe et du faste chez les citoyens, autant il aime à déployer la splendeur et la magnificence en tout ce qui concerne la majesté de l'empereur. Ces grandes idées ont conduit à l'invention des licou-li, ou tuiles vernies, dont sont ornés les palais impérial, les temples, etc. Ces

tuiles sont en espèce de faïence grossière; mais, placées sur les parties élevées d'un édifice, leur brillant vernis et leurs couleurs variées donnent un air de magnificence que le plomb doré ne saurait produire. »

A cette classe appartient la célèbre tour, dite de porcelaine, près Nankin, que les Chinois nomment tour de licou-li, et qui fut totalement détruite en 1862, pendant la formidable insurrection des Taï-ping. Primitivement élevée par le roi A-you, qui, selon la légende, fit construire 84,000 tours semblables, 833 ans avant notre ère, la tour de Nankin fut démolie plusieurs fois, puis enfin reconstruite et terminée en 1431, après dix années de travail. Elle était revêtue de plaques émaillées, de cinq couleurs différentes, blanches, rouges, bleues, vertes et brunes. Sa hauteur était de 70 mètres environ. Quelques fragments de ces plaques de porcelaine ont été données par M. Riocreux au Musée de Sèvres et à M. de Liesville.

Suivant les annales chinoises, c'est sous l'empereur Hoang-ti, de 2698 à 2599 avant notre ère, que Kouen-ou découvrit les premiers secrets céramiques. Mais à quelle

Fig. 348. — Vase chinois trouvé dans les tombeaux égyptiens.

nature d'argile appartenaient les vases de Kouen-ou? vers quelle époque les Chinois firent-ils de la véritable porcelaine? L'état actuel de la science permet d'affirmer qu'à cette époque reculée, la céramique chinoise se bornait simplement à la terre cuite vernissée ou émaillée. En effet, comme l'a tout récemment prouvé M. O. du Sartel (La porcelaine de la Chine, origines, etc.), la fabrication de la porcelaine en Chine remonte tout au plus au premier siècle de notre ère. Un moment on put croire à l'antiquité de la poterie kaolinique; des voyageurs avaient rapporté d'Egypte plusieurs petites bouteilles vendues par des Arabes et trouvées, disaient-ils, dans les tombeaux de Thèbes. Ces bouteilles, à fond vert pâle avec deux médaillons en réserve, l'un décoré d'une plante, l'autre portant des caractères cursifs (fig. 348), excitèrent au plus haut point la curiosité, si bien que l'égyptologue Rosellini, qui déclarait avoir été témoin de la découverte d'une de ces chinoiseries dans un tombeau de la 18ᵉ dynastie, donna à ces prétendues porcelaines plus de 3,600 ans d'âge. Mais la lumière ne tarda pas à se faire. Les Arabes du Caire, pressés de questions par M. Prisse, avouèrent que lesdites bouteilles provenaient des fabriques de Qous et de Qosseyr, célèbres de tout temps par l'habileté de leurs faussaires.

Si, d'autre part, on met de côté les arguments tirés de la découverte de ces bouteilles pour s'en référer aux documents authentiques fournis par les auteurs chinois eux-mêmes à Stanislas Julien (Histoire et fabrication de la porcelaine chinoise), le même embarras subsiste encore, car, comme le fait avec raison observer Albert Jacquemart, l'auteur, aussi étranger que son interprète aux premières notions céramiques, confond sous une même appellation les grès, la porcelaine et même les émaux sur cuivre, en sorte qu'il n'y a aucune théorie à baser sur ses assertions, et qu'en fin de compte l'ouvrage ne mérite aucunement la confiance que lui ont bénévolement accordée la plupart des auteurs qui ont écrit sur la céramique. Il est donc parfaitement démontré que, loin d'être antique, la fabrication de ces petits spécimens de l'art chinois doit être attribuée aux premières années de la dynastie des Ming (vers 1368 de notre ère).

Quoi qu'il en soit, suivant Stanislas Julien, d'accord cette fois avec M. Medhurst et avec les savants du Céleste-Empire, la plus ancienne mention de l'invention de la porcelaine se trouve dans un poème publié sous Wan-ti, de la dynastie des Han (175 à 151 avant J.-C.), et encore elle se rapporte à la *porcelaine verte*. Ces anciens spécimens de la poterie chinoise ne sont pas précisément en porcelaine ; d'une pâte dense, excessivement dure, très colorée en brun, il leur manque le caractère spécial de la translucidité, et ils doivent, en outre, recevoir un émail plus ou moins opaque qui puisse dissimuler la couleur de la pâte ; c'est là l'enduit appelé *céladon* ; sa couleur varie du gris-roussâtre au vert de mer plus ou moins foncé. Ajoutons que le céladon gris-roussâtre est le plus souvent relevé d'un réseau de petites cassures régulièrement espacées, c'est le *craquelé*. Le craquelage, qui est un accident dans les faïences communes, ne peut avoir lieu qu'artificiellement dans la porcelaine dure, à cause de l'homogénéité des éléments de sa pâte et de sa couverte. Le problème a été résolu si savamment et avec une telle exactitude qu'il se

Fig. 349. — *Plat en porcelaine polychrôme (Chine).*

produit, au gré du potier, un craquelé *grand, moyen* ou *petit* ; ce dernier prend le nom de *truité*, à cause de sa ressemblance avec les écailles de la truite.

A mesure qu'on se rapproche des époques modernes, les craquelés et les céladons perdent de leur aspect sombre ; cela tient à la transparence de la pâte, qui devient de plus en plus blanche. Il existe aussi un céladon bleu, généralement connu sous le nom de *bleu empois*. Mais parmi les fabrications de choix, celles dites au grand feu et nommées *yao-pieu* sont bien plus remarquables : on dirait, selon les expressions du P. d'Entrecolles, des verres taillés dans une espèce d'agate. Ce sont les vases dont la *couverte flambée*, d'une date très ancienne et d'une exécution pratique et non point accidentelle. On doit aussi attribuer aux plus anciens céramistes chinois l'invention des couvertes au demi-grand feu, c'est-à-dire le bleu turquoise et le violet. Il y a des variétés nuageuses, jaspées, flammulées ; celles-ci ont parfois des taches métalliques aventurinées du plus piquant effet.

Laissons maintenant de côté ces produits ambigus des temps antiques, qui ne répondent qu'imparfaitement au signalement de la vraie porcelaine, et abordons celle-ci, c'est-à-dire la poterie *blanche* et *translucide*, dont les plus an-

ciens spécimens ont été décorés en bleu, puis en couleurs polychrômes. Pendant plusieurs années, les progrès des fabricants de porcelaine furent lents et presque insensibles ; mais sous la dynastie des Wei (220-264 après J.-C.) elle s'établit sur plusieurs points de l'empire. La couleur des porcelaines a varié suivant le goût de chaque dynastie. Cette diversité est utile aux amateurs pour reconnaître l'âge des différentes espèces. La dynastie des Tsin (265-419) estimait au plus haut point la porcelaine bleue ; celle des Soui (581-618) donnait la préférence à la porcelaine verte. La dynastie des Thang (618-907) la désira très blanche ; celle de Ta-i, entre autres, était gracieuse, blanche et sonore. L'empereur Tchi-Tsong (954-959) donna son nom de famille *Tch'aï* à la porcelaine bleue, la plus estimée, comme on le verra tout à l'heure, même parmi les plus anciennes porcelaines de la Chine.

PORCELAINE. DÉCOR BLEU. Rarement en Chine, sauf pour le *blanc de Chine*, poterie toute particulière qui semble se rapprocher de certaines pâtes tendres, la porcelaine est laissée nue et sans décor. C'est évidemment au *blanc de Chine* que Marryat, l'historien de la porcelaine, fait allusion, lorsqu'il rapporte que les Chinois modernes attachent une si grande valeur aux anciennes pièces de porcelaine blanche, appelées « joyaux précieux, » que les soldats anglais, pendant la guerre de 1860, les trouvaient enfermées comme des bijoux de prix dans des étuis de velours et de soie. Le décor le plus ancien et le plus recherché au Céleste-Empire est celui en camaïeu bleu. L'estime du cobalt a porté les Chinois à l'employer en fonds ; l'un des plus riches est le bleu grand feu, d'un ton profond et velouté, qu'ils relèvent simplement par des inscriptions, des arabesques, des fleurs et parfois des paysages en or. Un autre fond fort estimé est celui *bleu fouetté* ; moins foncé que le premier, il est comme granulé et semé de gouttelettes. Une variété particulière et fort rare est un bleu doux, nuageux, rappelant la nuance d'un firmament printanier, c'est le *bleu du ciel après la pluie*. Pour prouver à quel point les porcelaines bleues étaient estimées jadis, il suffira de rappeler qu'on les appelait *kouan-ki*, vases des magistrats. On les fabriquait particulièrement à King-te-tchin, dans le Feou-liang, grand centre de fabrication céramique qui n'est plus qu'un monceau de ruines, depuis que les Taï-ping ont saccagé le bourg, détruit les usines et anéanti l'industrie de la porcelaine King-te-tchin, il est vrai, n'est pas le seul endroit d'où soient sorties les poteries translucides chinoises. Sans parler des usines anciennes, dont les produits n'ont pu arriver jusqu'à nous, il est des fabriques qui ont continué leurs travaux dans les temps modernes. On peut citer neuf de ces principales manufactures, devenues célèbres.

PORCELAINES POLYCHRÔMES. Celles-ci se classent en plusieurs familles. La *famille chrysanthemo-paeonienne*, qui se caractérise par la prédominance des chrysanthèmes ei de la pivoine (*paeonia*) présente une coloration parti-culière, simple et grandiose, qui fait ressortir l'effet orne-mental de ces éléments décoratifs. C'est là la poterie usuelle, le mobilier commun de la Chine. Autour de l'habitation, dans les jardins, on les voit servant à contenir les fleurs coupées ou les plantes rares; à l'intérieur, les cornets élancés ou vases à fleurs, les potiches ventrues et les plats couvrent les meubles et les étagères. C'est encore cette famille qui fournit en partie le service de table (fig. 349).

La *famille verte*, dont toutes les pièces brillent de l'éclat d'un vert de cuivre tellement dominant qu'il ab-sorbe et efface les autres couleurs, est souvent décorée de sujets historiques, de décors agrestes où des rochers sont chargés et entourés de tiges fleuries d'œillets, de mar-guerites ou de graminées légères autour desquelles vol-tigent des papillons ou des insectes. Les couleurs em-ployées pour ces représentations sont, en dehors du vert de cuivre, le rouge de fer pur, le violet tiré du manga-

Fig. 350. — *Vase chinois réticulé.*

nèse, le bleu toujours fin et variant de la nuance céleste au lapis, l'or brillant et solide, le jaune brunâtre et le jaune paille émaillés, le noir en traits déliés, rarement en touches épaisses. Tout cela se détache sur une couverte mate et parfaitement étendue sur une pâte d'un blanc pur; l'ensemble est à la fois sérieux et charmant.

La *famille rose* a pour base décorante un rouge car-miné dégradé jusqu'au rose pâle et obtenu de l'or; c'est ce qu'on appelle en Europe pourpre de Cassius ou rouge d'or. Les peintres paraissent avoir épuisé en pendentifs, en arabesques, en bouquets de fleurs formant relief, toutes les merveilles de leur palette. La porcelaine rose est donc émaillée par excellence. Lorsque les figures apparaissent, elles ont généralement un caractère familier : ce sont de jeunes femmes promenant leurs enfants ou se reposant sous les arbres fleuris; des jeunes filles se balançant sur une escarpolette; des dames dans un intérieur s'offrant des bouquets. Pour citer un exemple des plus connus, nous rappellerons cette jeune fille qui demeure interdite dans un coin de son jardin tandis qu'un jeune homme en escalade dégradé après avoir pris la précaution de jeter ses chaussures devant lui : c'est un épisode du *Si-siang-ki*, histoire du pavillon d'Occident, drame lyrique écrit par Wang-chi-fou, vers 1110.

Citons pour finir quelques poteries exceptionnelles, telles que les pièces *réticulées*, véritables tours de force des céramistes chinois, qui semblent se complaire dans une lutte incessante contre les difficultés (fig. 350).

Les amateurs conservent avec soin certaines de ces porcelaines dont on a perdu actuellement le secret de fabrication. « Ainsi, dit le missionnaire M. Huc, dans son intéressant ouvrage sur l'*Empire chinois*, il existe des coupes doubles : la partie extérieure est toute ciselée et percée à jour comme une dentelle; la coupe intérieure est unie et d'une blancheur éblouissante. Il en est d'autres qui ont des dessins en quelque sorte magiques, et qui ne paraissent que lorsque la coupe est remplie. Les dessins sont placés sur la partie intérieure et les couleurs ont subi une préparation particulière, qui les rend invisibles quand il n'y a pas de liquide. Le Kiang-si produit toutes les porcelaines célèbres en Chine, depuis ces urnes gran-dioses où sont représentées en relief des scènes richement coloriées de la vie chinoise, jusqu'à ces petites coupes si frêles, si délicates et si transparentes, qu'on leur a donné le nom de *coque d'œufs.* »

Il est impossible de parler de la Chine sans consa-crer quelques mots au Japon. L'origine de la cérami-que japonaise remonte au premier siècle avant Jésus-Christ. A cette époque, on fabriquait déjà des poteries diverses dans la province de Yamato, avec des argiles provenant de la montagne d'*Amanohakuyama*, district de *Tô ichi*. C'est le premier centre de fabrication connu. Les rares spécimens des poteries de cette époque parvenus jusqu'à nous sont faits à la main et de deux couleurs, rouge et noir. En l'an 27 avant notre ère, des Coréens venus de la province d'*Omi*, fabriquèrent des poteries plus dures que celles existant jusqu'alors. 200 ans après J.-C., la céramique avait fait de grands progrès, et les historiens nous apprennent qu'en l'an 400 il y avait des fabriques de poteries dans cinq provinces; mais ce ne fut qu'en 720 qu'un prêtre nommé *Giyôgi* inventa le tour à potier; à partir de ce moment, l'art de la céramique semble prendre son essor et se perfectionner rapidement. On se mit, en effet, à employer les moyens connus des Chinois et des Coréens, et de nouvelles manufactures furent établies. En 1510 seulement on voit apparaître, pour la première fois au Japon, la porcelaine proprement dite. Grâce aux manufactures établies dans les provinces de *Hizen* et d'*Owari*, ainsi que dans la ville de *Kioto*, l'art de la céramique fit des progrès de plus en plus ra-pides, et ces principaux centres prirent une importance qu'ils ont conservée jusqu'à nos jours.

D'après les renseignements fournis par la commission impériale japonaise (*Le Japon à l'Exposition universelle de 1878*), il y a au Japon trois genres distincts de pro-duits céramiques : 1° la faïence représentée par l'*awata yaki*, le *satsuma*, l'*awagi yaki*; 2° les grès cérame à pâte ferrugineuse appelé *banko yaki*; 3° la porcelaine, connue sous les noms d'*arita*, *seto*, *kiyomidzu yaki*, etc. La faïence de Satsuma, d'une jolie couleur blanc-jaunâtre et ornée de fleurs, d'oiseaux, de semis d'argent, est une des plus estimées au Japon. Les grès cérames, les uns recouverts de glaçure, les autres sans glaçure, sont généralement des théières, des tasses et autres ob-jets de ce genre. Leur élégance et leur délicatesse les font apprécier, et ils jouissent d'une grande réputation. Ces produits, exposés à Philadelphie (1876) et à Paris (1878), ont été l'objet d'une grande admiration. Les ar-ticles les plus curieux sont les pièces marbrées que l'on fabrique au moyen d'argiles brune et blanche, qui ont été découvertes récemment. On fabrique aussi des objets d'un brun violacé, contenant des caractères et des dessins blancs, incrustés dans la pâte. Ce genre d'article est tout nouveau. Les décorations se font en employant une grande variété d'émaux. Quant à la porcelaine, on peut consi-dérer cette dernière comme une simple variété de la por-celaine chinoise. Les porcelaines japonaises, qu'elles soient décorées avec de la poudre d'or et d'argent, comme celles d'*Arita*, ou décorées en bleu comme celles de *Seto*, ou bien offrant des tons bleus, rouges, verts, vert-foncé, mauve et jaune pur, comme celles de *Kutani*, représentent presque toujours des scènes empruntées à la vie intime de la haute société chinoise. Les animaux symboliques sont également à peu près les mêmes dans les deux pays. Il ne faut donc pas rechercher un caractère original dans la porcelaine du Japon; néanmoins, un œil exercé sait bien la distinguer de la porcelaine de l'Empire du Milieu. Comme le témoigne un magnifique ouvrage récemment publié sous ce titre : *La Céramique japonaise*, par J.-A. Audsley et J.-L. Bowes, cette porcelaine est d'un blanc plus éclatant, la terre en est d'une meilleure qualité; les dessins en sont plus simples, les ornements moins chargés; les dragons sont moins monstrueux, et les fleurs plus naturelles. Les formes dénotent aussi plus de goût et sont plus correctes que celles de la

Fig. 351. — *Gourde du Japon.* (Collect. Marryat.)

Chine. « En effet, remarque notre excellent collaborateur, M. Ph. Burty, dont la collection japonaise renferme des merveilles, fils d'une race fine, ardente et artiste autant et plus qu'aucune autre du monde, le Japonais saisit rapidement tous les secrets de la fabrication, et imprima au décor un caractère de charme et d'éclat qui certainement n'a jamais été dépassé (fig. 351). »

Quittons maintenant l'extrême Orient pour visiter le continent asiatique. Hérodote constate que les murs d'Ecbatane, en Médie, aujourd'hui Hamadan, étaient peints de sept couleurs; s'il est permis de supposer qu'il s'agit de couleurs vitrifiées sur terre-cuite, l'origine des revêtements polychrômes remonterait à une bien haute antiquité dans l'Asie-Mineure. Il ne serait pas impossible que cela fût, puisque Ninive et Babylone en offrent des spécimens certains dont les échantillons existent à la Bibliothèque nationale de Paris, au Musée de Sèvres et au British Museum. Quoi qu'il en soit, les briques Babyloniennes sont en terre peu cuite, d'un blanc-jaunâtre tournant au rose (V. BRIQUE); les dessins qu'elles portent ne sont pas *émaillés*; c'est une *glaçure* composée de silicate alcalin d'alumine sans trace de plomb ni d'étain; l'argile n'est pas recouverte partout; réservée dans certains points, elle ajoute, par sa couleur carnée, à la vérité de la peinture, où dominent le bleu turquoise des Egyptiens, un gris bleuté plus foncé que la teinte céleste, un

blanc plus ou moins pur rehaussé de quelques points jaunâtres.

Il en est de même des Arabes qui, dès 707, consacrent à Médine un tombeau de Mahomet, et le couvrent de plaques céramiques teintes de glaçures bleues et vertes rehaussées de noir, dont l'une est parvenue au Musée de Sèvres. Les monuments de Korsich, en Asie-Mineure, construits de 1074 à 1275, nous offrent des revêtements du même genre; le minaret de la mosquée de Nicée, élevé en 1369, le monument le plus occidental de l'art arabe, nous montre également des décorations semblables.

Mais à côté des briques aux couleurs vives, à la surface brillante et lustrée, dont l'assemblage par segments géométriques devait former d'élégantes mosaïques à tons tranchés, il y avait une fabrique de plaques peintes et à reliefs coloriés; il devait y avoir aussi une production considérable de vases d'usage et de décoration. C'est alors que les princes Seldjoukidés firent venir de Perse et d'Arabie des artistes capables de relever, par leur talent, l'éclat des monuments publics. De grandes fabriques de faïence et carreaux émaillés furent établies à Nicée et à Brousse; celle de Damas eut une réputation qui pénétra jusqu'en Europe, et fit rechercher les poteries orientales à l'égal des gemmes précieuses.

Puisque nous venons de mentionner la Perse, il est temps d'examiner quelle a dû être aux diverses époques de l'histoire, la nature des poteries de l'Iran. Quoique Albert Jacquemart ait consacré tout un chapitre de son *Histoire de la Céramique* aux prétendues porcelaines persanes, qu'il divise en *porcelaine émail*, en *porcelaine tendre* et en *porcelaine dure*, nous devons avouer que, jusqu'à présent, aucun document authentique ne constate sérieusement l'existence de poteries de cette nature. Chardin, qui écrivait en 1650, parle, il est vrai, de la porcelaine de la Perse qu'il dit être égale à celle de la Chine, « ayant le même grain et la même transparence; » mais puisque dans sa description des carreaux de faïence peinte, il les appelle porcelaine (*china*), et qu'ainsi il paraît avoir ignoré la différence qui sépare la poterie ordinaire de la porcelaine, son témoignage ne saurait être considéré comme décisif, quant au fait de la fabrication de la porcelaine en Perse, surtout lorsqu'il n'est appuyé sur celui d'aucun autre écrivain. Au reste, à cette époque, le mot porcelaine était souvent donné à des objets de nature toute différente, interprétation vicieuse qui dura jusqu'au commencement du siècle dernier. On en trouve un exemple dans le *Génie de la langue françoise*, publié en 1705 : « Il y a des vases dorés et vernissés, il y en a de cristal et de verre, et tout cela est appelé porcelaine. »

Quoi qu'il en soit, les anciennes faïences persanes sont décorées de fleurs plus ou moins naturelles, de rinceaux, de dessins à découpures, d'oiseaux, de papillons, de petits quadrupèdes, tels que lapins, lièvres, gazelles, antilopes, cavaliers portant un faucon sur le poing, etc. Ces compositions se détachent sur un fond blanc, ou d'un ton pâle vert, jaune ou bleu.

Comme on le voit, un trait de goût commun à tous les peuples de l'Orient, c'est la prédilection pour le bleu; nous l'avons rencontrée chez les Chinois; elle se manifeste également dans les plus anciennes comme dans les plus modernes poteries de l'Iran. Beaucoup de faïences, en effet, sont uniquement décorées en bleu turquoise et bleu de cobalt savamment combinés et formant les plus riches arabesques, les compositions florales les plus élégantes.

De tous les céramistes européens, M. Adalbert de Beaumont est le premier dont les produits ont approché le plus près des faïences persanes. Après ses premiers essais, Adalbert de Beaumont s'associa un chimiste praticien, M. Collinot, son successeur, dont tout le monde connaît aujourd'hui les magnifiques plaques de revêtement, les fontaines et les vases artistiques. M. Th. Deck excelle également dans l'interprétation des produits orientaux ou persans.

La Perse, qui eut longtemps une grande influence sur les arts de l'Indoustan, nous servira de transition pour étudier la céramique de cette dernière contrée, incontestablement la plus ancienne de la terre, mais dont les origines historiques sont couvertes d'un voile impénétrable. Les Védas, hymnes antiques réunis en recueil environ 1400 ans avant notre ère, ne font mention que d'une poterie primitive indéterminée. Le *Manava-Dharma-Sastra*, ou Livre des Lois, de Manou, codifié au ix° siècle avant J.-O., est plus explicite : il fait mention d'une caste particulière, nommée *coumbhacara*, mot qui signifie littéralement les *potiers de terre*. M. Rousselet, le dernier explorateur de l'Inde centrale, a rapporté les types des fabrications antiques de cette civilisation mystérieuse. Des urnes funéraires, pétries dans des argiles grises ou rouges ; des jarres en poterie rouge portant des inscriptions en anciens caractères ; des urnes enfin, aussi en poterie rouge, nous offrent des specimens curieux de la céramique primitive de l'Inde. Aujourd'hui, de toutes les industries domestiques de cette contrée, la plus pure comme art, comme droiture et simplicité dans la forme et la décoration, c'est celle des poteries, telles que les poteries de Madura, du Pundjab et du Scinde, les seules qui puissent être classées comme poteries artistiques ; et comme telles elles sont parfaites. La poterie de Madura est recouverte d'un vernis couleur vert sombre ou d'un magnifique brun doré ; la poterie du Scinde et du Pundjab est recouverte, soit d'un vernis bleu turquoise d'une limpidité charmante, soit d'une riche couleur de pourpre foncée, ou vert sombre, ou brun doré. Quelquefois ces poteries sont diaprées partout au moyen de la méthode *pâte sur pâte*, d'une fleur conventionnelle, comme le *seventi* ou lotus, de nuance plus claire que le fond.

Mais les découvertes de M. Rousselet ne s'arrêtent pas là ; il lui était réservé de nous faire connaître l'emploi monumental de l'émaillerie, dans une suite de constructions merveilleuses, palais, temples, forteresses érigés du v° au x° siècle, et portant, parmi les reliefs d'une architecture savante, des espèces de briques rectangulaires alternant de couleurs et colorées en tons vifs, bleu foncé, bleu turquoise, vert, jaune, orange, marron et brun violacé de la couleur du bronze. L'Angleterre possède plusieurs de ces plaques de revêtement. Alexandre Brongniart en a décrit une à fond noir ou bleu éclatant, ornée en relief de dessins blancs. On voit jusqu'à quel point les Indous ont poussé la science de l'émaillerie.

Pour ce qui est de la porcelaine, on suppose qu'elle existe depuis une haute antiquité dans l'Inde. Quand les Athéniens envoyèrent une ambassade en Perse, avant l'expédition d'Alexandre, ils rapportèrent de Suse des vases de verre et d'une matière ressemblant à la porcelaine (Υαλινα ιχπωματα); or, comme les Persans n'ont jamais eu que des manufactures de faïence, quelques historiens en ont tiré cette conséquence qu'ils tenaient ces vases des Indous. Ainsi, les Chinois auraient appris des Indous à fabriquer les porcelaines que le législateur Manou appelle *vases de pierre*; et quoique les premiers, par la découverte qu'ils ont faite dans les provinces orientales de leur empire de la terre kaolinique éminemment propre à la fabrication de la porcelaine, se soient emparés en des temps plus modernes de cette branche lucrative de commerce, il leur est impossible d'opposer aucun document à l'autorité de Manou. Une tribu de *coumbhacaras* ou potiers aurait donc existé dans l'Inde il y a plus de 2700 ans, et les vases de pierre qu'ils fabriquaient pour les sacrifices étaient probablement des vases en porcelaine.

Quoi qu'il en soit, il existe deux sortes de porcelaine dans l'Inde : la *porcelaine bleue*, la *porcelaine polychrome*. La pâte de la première espèce est recouverte d'un vernis bleuâtre très fin, bien lustré, qu'on semble avoir appliqué parfois à deux couches ; le bleu tendre des ornements

semble alors transparaître avec peine à travers la couverte, ce qui lui donne une douceur, un *flou* tout particulier. D'autres bleus à couverte ordinaire sont beaucoup plus vifs de ton. Ils ont des bordures ornementales à rinceaux découpés et pour motif principal des bouquets composés, ou des oiseaux sur des terrasses garnies de plantes. La porcelaine polychrome se fait remarquer par l'emploi des couleurs vitrifiables sur la surface kaolinique. Les Indous, ces artistes délicats amoureux du détail, habitués au fini de leurs miniatures et en même temps très habiles émailleurs, ne pouvaient pas manquer

Fig. 352. - *Vase de l'Alhambra*.

de chercher un équivalent à la famille rose chinoise. Nous le trouvons sur un bol à fond d'or appartenant à M°° la baronne Salomon de Rothschild, simplement décoré en bleu, rouge et vert émaillé. Si l'ensemble rappelle assez bien les ouvrages de la Chine, les détails s'en éloignent complètement. On dirait plutôt la décoration d'une étoffe que celle des poteries ordinaires. D'autres porcelaines indoues imitent à s'y méprendre l'émail cloisonné, et rappellent en même temps et ce travail et celui des incrustations d'or et de pierres précieuses.

On vient de voir combien la céramique indoue est restée originale, même après la conquête musulmane. Déjà maîtres de l'Égypte, de la Syrie, d'une partie de l'Asie-Mineure et de la Perse, les sectateurs de Mahomet cherchèrent à répandre leur doctrine dans le monde entier, et, à la suite de ces envahissements successifs, l'art arabe se manifesta bientôt chez ces diverses nations par l'originalité de ses poteries et l'éclat de ses décorations brillantes. C'est ainsi qu'à Fez, le sol de la plupart des maisons arabes était pavé de carreaux émaillés de diverses couleurs et que, dans les différentes régions de l'Algérie actuelle, les dômes brillaient de l'éclat des tuiles vernissées. La mosquée de Sidi-Bel-Abbès, à Maroc, est encore revêtue de cette éclatante parure. Enfin, dans la relation de son voyage de Tunis à Touggourt, M. Prax témoigne, en parlant de la grande mosquée de *Sidi-Shabi*, que « les murs de la terrasse sont revêtus de carreaux vernis offrant une grande variété de dessins. « Nous entrâmes ensuite dans une salle couverte en coupole et dont les murs présentent de grands dessins à bandes verticales, formés par les carreaux qui les recouvrent. »

Il nous faut maintenant suivre avec les conquêtes de

l'Islam les différentes branches de l'art arabe dans leur importation sur le sol européen, et notamment dans la péninsule ibérique, où elles ont laissé d'ineffaçables souvenirs. Nous voulons parler des célèbres poteries hispano-moresques, lesquelles se caractérisent surtout par l'élégance des formes et par le charme des tons lustrés métalliques dont elles sont recouvertes, ce qui leur a valu par excellence le nom d'œuvres dorées. Transportées par le commerce dans toutes les contrées du globe, ces terres à reflets concoururent à fournir des modèles aux industries naissantes de l'Italie. Selon M. le baron Charles Davillier (*Histoire des faïences hispano-moresques*), ces poteries se subdivisent en groupes délimités par le style et la facture. Celles de Malaga, entre autres, le plus ancien et le plus important centre de la fabrique moresque,

Fig. 353. — *Plat hispano-moresque de l'île de Majorque.*

sont déjà mentionnées en 1350, dans la relation d'Ibn-Batoutah, de Tanger : « On fabrique à Malaga, dit le voyageur Maghrebin, la belle poterie en porcelaine dorée que l'on exporte dans les contrées les plus éloignées. » Or, si l'on cherche parmi les œuvres moresques celles dont la création remonte à la date du voyage d'Ibn-Batoutah, et qui peuvent être attribuées à la ville qu'*il mentionne uniquement pour l'industrie céramique*, on se trouve en présence des admirables vases de l'Alhambra, cités comme des chefs-d'œuvre depuis le moment de leur découverte. Malheureusement, des deux vases de l'Alhambra un seul existe aujourd'hui, et encore lui manque-t-il une anse, cassée et emportée, dit-on, par un visiteur. La forme et la richesse du décor du vase nous sont connus, grâce à la reproduction qui en a été faite par M. Th. Deck, d'après la photographie et les dessins de M. Davillier (fig. 352). Il est en faïence à fond blanc, sur lequel se détachent des ornements en bleu de deux teintes, ou de ces lustres d'or ou de cuivre dont l'analogie avec ceux de trois grands bassins creux du Musée de Cluny, couverts également de dessins à reflets métalliques et d'émaux bleus, est tout à fait frappante.

Après la fabrique de Malaga se place immédiatement celle de Valence. La faveur acquise par cette dernière usine s'explique d'ailleurs par l'ardeur métallique de ses reflets; leur aspect brillant devait avoir plus d'action sur des peuples peu cultivés que les dessins assez sombres des faïences de Malaga, où le bleu absorbe en partie l'effet des rehauts cuivreux, souvent assez restreints dans leur masse. Le caractère de la dégénérescence des produits hispano-moresques est précisément l'augmentation d'intensité des tons, passant du jaune doré associé au bleu, au rouge cuivreux de plus en plus vif. Quoi qu'il en soit, lorsque Jayme ou Jacques Ier d'Arragon se fut emparé de Valence, en 1239, il crut devoir garantir par une charte spéciale les potiers sarrasins de Xativa (San Felipe), « faisant des vases, vaisselles, tuiles, rajolas (carreaux de revêtement); » mais rien, dans cette charte, ne permet de saisir le caractère de ces ouvrages primitifs et de les comparer avec ceux des autres centres hispano-moresques. C'est seulement en 1517 que le livre publié par Marino Siculo en offre le premier signalement dans ce passage : « Quoique, dans beaucoup d'endroits de l'Espagne, on fasse d'excellentes faïences, les plus estimées sont celles de Valence, qui sont si bien travaillées *et si bien dorées.* » Parmi les pièces les plus anciennes mélées de bleu, mais postérieures à la conquête chrétienne, on cite un plat du *British Museum*, un vase important à deux anses en forme d'ailes appartenant à M. le baron Alphonse de Rothschild, un vase à fleurs du Louvre affectant la forme d'une forteresse à tourelles, ainsi que les beaux plats de Cluny. Le chef-d'œuvre de la seconde époque de la fabrication valencienne, c'est-à-dire lorsque les pièces dépourvues de bleu ont des reflets assez vifs, est représenté chez M. le baron Gustave de Rothschild, par deux vases élégants à quatre anses, que M. Davillier fait remonter au xvᵉ siècle.

Avant de quitter l'art moresque plus ou moins pur, accordons une mention aux faïences de Barcelone, à celles de la ville de Biar, qui avait quatorze fabriques, et de la ville de Trayguera, qui en possédait vingt-trois. Enfin, Escolano dit que, *de tout temps,* la faïence s'est fabriquée avec beaucoup d'élégance à Paterna, et le même auteur ajoute : « Les faïences de Manisès sont si belles et si élégantes qu'en échange des faïences que l'Italie nous envoie de Pise, nous expédions dans ce pays des vaisseaux chargés de celles de Manisès. »

Si nous cherchons maintenant parmi les ouvrages hispano-moresques, ceux qu'on doit attribuer aux fabriques de Majorque, la première des îles Baléares, les monuments se pressent, éloquents par leur décor particulier et par certains de leurs emblèmes (fig. 353). On peut en étudier le type principal sur un hanap du Louvre et au Musée de Cluny, dans un plat aux armes de la ville d'Ynca. C'est là, dans l'intérieur de l'île et à quelques lieues de la capitale, qu'était le centre de la fabrication. Les relations commerciales de Majorque étaient fort étendues, et l'exportation de ses produits a dû être considérable. Il n'est donc pas surprenant que le nom de Majorque ait été considéré par beaucoup d'écrivains comme l'origine de l'appellation des terres émaillées italiennes. Jules-César Scaliger, qui écrivait dans la première moitié du xviᵉ siècle, vante les vases qui se faisaient de son temps aux îles Baléares et les compare aux porcelaines de Chine dont il les considère comme une imitation, de telle sorte, dit-il, « qu'il est difficile de distinguer les fausses des vraies ; les imitations des îles Baléares ne leur sont inférieures ni pour la forme ni pour l'éclat, elles les surpassent même par l'élégance, et on dit qu'il nous en arrive de si parfaites qu'on les préfère aux plus belles vaisselles d'étain. Nous les appelons *majolica,* en changeant une lettre du nom des îles Baléares, où, assure-t-on se font les plus belles. » Le *Dictionnaire de la Crusca* est plus explicite encore ; définissant le mot *majolica,* il dit que la poterie reçut une mention de l'île de Majorque où l'on commença à la fabriquer.

Nous ne devons pas oublier de parler des poteries *siculo-moresques,* originaires de Sicile, et qu'il n'est pas possible de confondre avec les précédentes. Ce sont ordinairement des vases dont la forme rappelle le goût oriental ; l'émail entièrement bleu est recouvert d'ornements vermiculés à reflets auréo-cuivreux souvent très vifs. Le Musée de Sèvres possède deux vases de cette fabrique rapportés de Galata-Girone, siège d'une fabrication considérable au temps des Mores du xivᵉ siècle.

Comme on en peut juger par ce qui précède, l'apparition des Arabes et des Mores en Espagne fut, pour la céramique, un éclair éblouissant, et de superbes monuments surgirent de toutes parts. Après la chute des Abbasides, les Mores avaient trouvé la mosquée de Cordoue, œuvre splendide dont les ornements semblaient ciselés dans le lapis et l'or, dont les plinthes étaient enrichies de plaques émaillées du plus bel effet ; ils voulurent à leur tour montrer leur puissance et leur génie en construisant l'Alhambra, palais féerique, étincelant, dont tout le monde connaît l'architecture à dentelles, les portiques aériens et les *azulejos* aux merveilleuses arabesques. Les

azulejos, dont M. Charles Davillier possède des spécimens provenant de Tolède, sont des plaques de revêtement, d'origine arabe ; sur un fond d'émail blanc fluide se détachent, par un relief léger, des rosaces, des rinceaux, des ornements arabesques remplis d'émaux chamois, verts, bleus, et qui sont comme retenus dans les cloisons saillantes du contour.

Le peintre Henri Regnault, dans une lettre à son père, du 28 novembre 1869, donne quelques renseignements sur les *azulejos :* « Les plus anciens sont composés de petits morceaux, chacun d'une seule couleur ; les couleurs noires, jaunes, vertes, bleues, blanches, verdâtres et laiteuses sont à peu près les seules employées. Il y a bien aussi un violet et deux nuances de bleu : bleu turquoise verdacé et bleu plus foncé et plus froid. Les noirs et les verts sont admirables d'éclat et de puissance ; ils sont d'une vigueur dont on ne peut se faire une idée, et les blancs ont des tendresses de demi-tons qui sont admi-

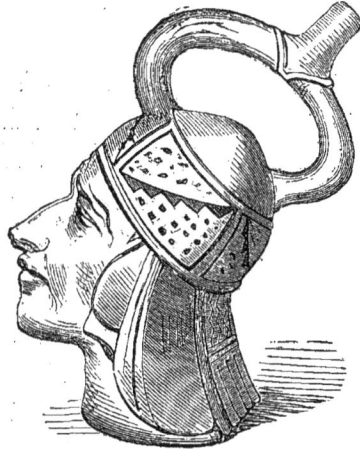

Fig. 354. — *Vase péruvien.*

rables. Les azulejos anciens ne sont donc à vrai dire que des mosaïques de faïence. Tous les morceaux sont réunis entre eux par un peu de ciment. » Ce genre de décoration s'est continué longtemps en Espagne, comme le prouvent les remarquables plaques ornées des plus riches conceptions de la Renaissance, qui décoraient l'Alcazar de Tolède, habitation de Charles-Quint.

Ce fut sous le règne de cet empereur, que Cortez et Pizarre s'emparèrent, l'un du Mexique, l'autre du Pérou. Depuis lors, les voyageurs ont pu retrouver les témoignages imprévus de la civilisation éteinte des vieilles nations américaines. Qu'il nous soit donc permis de jeter un regard sur la céramique *antique* de ce monde qualifié de *nouveau,* et dont la matière, la forme générale, l'ornementation en relief ou peinte, offre une certaine analogie avec quelques vases memphites, grecs et étrusques. D'une pâte tantôt rouge, très fine, dure, lustrée, tantôt noire ou grisâtre un peu moins fine et rendue luisante par le frottement, la poterie américaine est souvent ornée de reliefs, de gravures et même, sur la terre rouge, de dessins tracés en noir ; quelques pièces sont recouvertes d'une glaçure jaunâtre ou brun-verdâtre avec reflets métalloïdes.

Le Mexique possède plusieurs espèces de poteries anciennes mentionnées par Stephens et Catherwood, dans leurs *Incidents of Travels,* en 1839. Les formes en sont extrêmement grotesques. Des vases, des déités, des prêtres, des serpents, des crapauds, etc., composent les collections de cette poterie qu'on voit au Musée Britannique et au Louvre. Néanmoins, la poterie mexicaine que les Espagnols rencontrèrent à l'époque de la conquête est mentionnée avec admiration par les historiens contemporains, surtout par Fernand Cortez lui, dans les dépêches qu'il adressait à son souverain, en 1520, décrit la poterie de la ville de Tlascala comme étant égale à la meilleure des fabriques espagnoles. Mais si la fabrication est ici ce qui frappe le plus, le Pérou a fourni des pièces hors ligne qui prouvent que les Aymaras de la Bolivie et les Quichas du Pérou étaient bien supérieurs aux Aztèques par la simplicité, l'élégance et la pureté du style, surtout dans le portrait. Nous en donnerons comme exemple un vase composé d'une belle tête largement coiffée, qui offre un type réel et grandiose à la fois, imitation naturelle où perce une rare intelligence de l'art (fig. 354). Au reste, l'œil est émerveillé devant la prodigieuse variété de formes que les Péruviens savaient donner à leurs vases. Ils représentent, dit M. Ernest Desjardins (*Le Pérou avant la conquête espagnole*), des animaux de toute espèce, des quadrupèdes, des poissons, puis des fruits, des légumes. Quelquefois ce sont les modèles les plus bizarres qu'ils se sont plu à composer sans que la nature leur en ait suggéré l'idée première. Nous signalerons, comme un des objets les plus curieux de la céramique péruvienne, un vase en terre noire du *Musée Américain*, au Louvre, et représentant un ours assis, rappelant la posture des divinités égyptiennes.

Il est temps maintenant d'aborder l'antiquité classique. Commençons par la céramique grecque, qu'il est indispensable d'étudier avec la même méthode, la même impartialité que nous avons apportées à l'examen des produits égyptiens, chinois, arabes ou indous.

La céramique grecque comprend deux sortes d'œuvres : l'une importée, l'autre nationale. La première vint de l'Orient, qui possédait le secret des plus fines pâtes céramiques. Les Phéniciens, en effet, dans leurs rapports commerciaux avec les peuples d'Occident, échangeaient la poterie contre des produits naturels, c'est-à-dire des vases d'usage et d'un prix inférieur. Aussi les plus anciens vases recueillis en Grèce sont-ils d'une simplicité remarquable, provenant des fabriques phéniciennes ou des centres industriels de l'Asie-Mineure. Ce sont donc des ouvrages de ce genre que les Grecs imitèrent d'abord, mais comme ils appartenaient tout à leur civilisation, Ceramus, fils de Bacchus et d'Ariadne, devint chez eux le prototype et le protecteur du potier, et c'est ainsi, d'après Pausanias, que son nom aurait été imposé au Céramique, quartier d'Athènes occupé par les fabricants de vases. Quoi qu'il en soit, au temps d'Homère, la fabrication était déjà courante, car le poète, en décrivant la danse d'Ariadne, figurée sur le bouclier d'Achille, compare la vélocité des jeunes gens et des jeunes filles formant une ronde, à la rapidité des mouvements que le potier imprime à la roue de son tour.

Les vases grecs de cette période appartiennent tous à l'ordre des poteries tendres, et étaient consacrées aux plus vulgaires emplois. Par la suite, le soin dans la préparation des matières, la beauté des formes et du décor purent seuls élever, chez les anciens, cette terre grossière au niveau des plus estimables œuvres d'art. De là deux divisions bien tranchées : les *poteries tendres mates* et les *poteries tendres lustrées*.

Les vases grecs et surtout les campaniens présentent trois couleurs de fond glacées : le *rougeâtre briqueté*, le *noir*, le *brun-marron* et leurs dérivés. Quant aux couleurs de rehaut qu'enrichissent ces vases, ce sont le *rougebrique*, le *rouge-violâtre*, le *jaune* et le *blanc*, tantôt posés en saillie, tantôt étendus en fond, et relevés alors de dessins en rouge vif, vert, bleu et jaune, soit posés au trait, soit étendus en teintes plates (fig. 355).

Mais quelle était la destination des vases grecs? Il est

à peu près hors de doute aujourd'hui qu'un certain nombre d'entre eux ont dû servir aux usages domestiques. Ce qui a fait dire à M. Fröhner, dans son *Anthropologie des vases grecs* : « Quels profonds penseurs que ces ouvriers grecs! Ils fabriquent des coupes et des amphores de la même terre, dont Prométhée faisait les premiers hommes, mais ils les rendent insensibles à la douleur, et plus heureux que nous, le vase n'a pas conscience de ses peines. On aura beau le mutiler, l'user par mille frottements, lui infliger de cruelles brûlures, il supportera tout sans émotion; bien au contraire, quand la bouilloire est exposée au feu, et que ses tortures et ses anxiétés nous semblent intolérables, elle se met gaiement à chanter, car le son strident que produit l'eau chaude s'appelle le *chant de la bouilloire*. » Néanmoins, il est très peu de ces vases, parmi ceux qui sont parvenus jusqu'à nous, auxquels on puisse attribuer une destination domestique; la plupart, au contraire, surtout ceux de dimension considérable, étaient des objets purement décoratifs: témoins les innom-

Fig. 355. — *Vase grec. (Collect. Dodwell.)*

brables vases funéraires trouvés dans les tombeaux, chefs-d'œuvre céramiques du plus haut prix restés enfouis pendant des siècles pour venir enfin nous révéler toute la splendeur de l'art antique. Les inscriptions de quelques-uns de ces vases nous apprennent qu'ils ont été décernés publiquement aux vainqueurs des fêtes Panathénées. *Je suis le prix donné à Athènes*, lit-on sur la plus ancienne amphore panathénaïque qui existe, conservée au Musée Britannique. Le Louvre en possède aussi plusieurs de ce genre. D'autres étaient destinées à des cadeaux de noces, comme l'indiquent les scènes qui s'y trouvent retracées; d'autres s'offraient comme gage d'amitié ou d'amour; d'autres enfin, telles que les coupes à boire, invitaient le convive à la gaieté : « Réjouis-toi et vide-moi par les dieux! — Salut et bois-moi! — Bois et ne dépose pas la coupe. »

La place nous manque ici pour traiter de l'ornementation des vases grecs. Quant à leur dénomination et à leur classification, nous renvoyons le lecteur aux savants travaux du baron de Witte et de Théod. Panofka (*Recherches sur les véritables noms des vases grecs et sur leurs différents usages*).

Après cette admirable manifestation de l'art grec, il est pénible d'avouer qu'en fait de céramique il n'existe pas d'art romain. Lorsque, sous la République, la nation nouvellement éclairée commença à ressentir les besoins du luxe, ce ne furent point les citoyens de Rome qui contribuèrent au progrès par leur initiative; les Etrusques étaient là, forts de leur propre intelligence et de ce que le contact des Grecs avait pu leur apprendre, et l'on eut recours à eux pour les premières œuvres plastiques destinées à la décoration des temples, ou des habitations particulières (fig. 356). Ce ne fut qu'après la fin de la seconde guerre punique que les Romains, s'étant trouvés en relation avec les Grecs, commencèrent à sentir naître le goût véritable, goût qui se développa de plus en plus par la suite. C'est alors que les artistes grecs, après les victoires des maîtres du monde, formèrent cette cohorte intelligente dont le renom rejaillit sur Rome même, et la fit croire plus avancée dans les arts libéraux qu'elle ne l'était réellement.

Les potiers romains n'en excellaient pas moins dans la fabrication des menus ouvrages de table, tels que coupes et vases façonnés avec une rare perfection, et dont la belle matière les fait rechercher encore aujourd'hui. La pâte de ces poteries est d'un rouge de cire à cacheter, avec un lustre brillant, vitreux, très mince, qui, par lui-même paraît sans couleur, mais qui rehausse le ton de la pâte. On a retrouvé un grand nombre de ces poteries, ainsi que des fragments de vases et de moules, en terre cuite rouge-rosâtre, dans les officines de Montaus, de Banassac, de

Fig. 356. — *Cyathus étrusque, d'après Brongniart.*

Rheinzabern, de Vienne, de Paris, et particulièrement de Lezoux, en Auvergne, centre industriel fondé par les Grecs sous le règne de Néron. Suivant M. le docteur Plicque (*Liusannum, la Métropole des céramistes gallo-romains*), cette dernière fabrique atteignit l'apogée de sa prospérité vers le milieu du IIIᵉ siècle, et fut subitement anéantie par une irruption de barbares. Parmi les monceaux de ruines qui recouvrent cette espèce de Pompéi Arverne, on a retrouvé, outre le matériel et les ustensiles de fabrication, des fours entiers encore garnis de poteries terminées ou disposées pour la cuisson. Tous les produits de cette importante fabrique montrent la beauté de cette inimitable poterie rouge qui a jusqu'à ce jour défié les efforts des faussaires, et dont notre confrère, M. Gabriel Marc, de même que son compatriote, M. le docteur Plicque, possède des échantillons excessivement remarquables. D'autres poteries romaines sont à pâte jaunâtre, rose et même blanche, sans aucun lustre; d'autres enfin sont à pâte grise, noirâtre ou entièrement noire et non vernissées, quoique parfois assez luisantes.

Mais un genre de plastique où les Romains étaient vraiment supérieurs est celui destiné à la décoration des édifices; en effet, jusqu'au moment où Rome, maîtresse tranquille de la Ligurie, eut à sa disposition les carrières de Luna (Carrare), le marbre était excessivement rare, et c'est la terre cuite qui fournissait les antéfixes, les métopes et les bas-reliefs historiés des temples et des riches palais. Le Musée du Louvre renferme un grand nombre d'échantillons de cette plastique sculpturale, qui montrent à quel point de perfection cette branche de l'art était parvenue dans la main des Hellènes établis en Italie. Mais

gardons-nous, sous prétexte de terre cuite, de pénétrer plus avant dans le domaine de la statuaire, et quoique la plus intime liaison existe entre les modeleurs de bas-reliefs et les modeleurs de vases, passons sans plus tarder à l'étude de la céramique au moyen âge.

Le luxe du Bas-Empire devait avoir pour effet d'anéantir l'industrie céramique. Des gens vêtus de pourpre et de soie qui, jusque sur leurs chaussures, se couvraient de camées, de perles et de pierreries, préféraient à la rude poterie de terre, même admirablement décorée, les magnifiques vases d'or, de jaspe, de sardoine, d'onyx, de cristal ou de matière murrhine.

Nous ne décrirons pas ici les espèces de transition des tribus aborigènes qu'on appelle poteries germaines, slaves, scandinaves, celtiques, gauloises, et qui, si originales qu'elles soient, ne sont qu'un dernier reflet de l'art païen désormais condamné à disparaître. Disons seulement que ces poteries, dont la date approximative remonte environ au Iᵉʳ siècle avant notre ère, jettent un grand jour sur l'histoire topographique des peuplades auxquelles elles appartiennent. On trouve de ces poteries dans les anciens *tumuli;* elles contenaient les cendres des morts, lorsqu'il était d'usage de brûler les corps; elles sont placées autour des squelettes, quand plus tard on a renoncé à la crémation, comme hommage rendu aux défunts. Ces poteries sont tendres, très friables, d'une couleur gris cendré, quelquefois noire, préparée probablement avec la mine de plomb. D'ailleurs, il suffira d'indiquer les produits céramiques de ce genre conservés dans le Musée de Saint-Germain, ainsi que dans la curieuse collection de M. Adolphe Moreau, et, citant pour mémoire l'ouvrage de M. H. du Cleuziou (*De la poterie gauloise, étude sur la collection Charvet*), nous aborderons l'époque chrétienne, époque d'aspiration et d'intelligente initiative, qui entreprit les croisades et arracha à l'Orient le secret de la poésie et de l'art.

Déjà, au XIIᵉ siècle, une idée nouvelle surgit presque partout : des briques en terre rouge de formes variées, vernissées et cuites, remplacent à peu de frais, dans les pavements des églises et des châteaux, les pierres de diverses couleurs combinées en mosaïque. Rien n'est plus curieux que l'étude de ces carreaux couverts d'une mince couche d'argile dans laquelle s'incrustent des figures et des méandres d'une terre plus foncée ou plus claire et où, avec des moyens rudimentaires, l'art commence déjà à manifester sa puissance. — V. CARREAUX.

Il serait donc oiseux d'examiner si, comme on l'a prétendu longtemps sur la foi de Schœpflin (*Alsatia illustrata*), l'art de couvrir la terre d'un vernis de plomb fut inventé à Schlestadt par un potier anonyme, mort en 1283. Non seulement alors l'emploi des carreaux vernissés était fort répandu, mais, dès le IXᵉ siècle, l'Égypte et la Syrie faisaient usage de carreaux incrustés ou émaillés. De plus, Alex. Brongniart a démontré qu'un vernis de plomb fut employé à Pesaro, en 1100, et il est prouvé que ce vernis fut bientôt en usage en France. En effet, le fragment de vase conservé à Sèvres et provenant d'une tombe de l'abbaye de Jumièges, qui date de 1120, témoigne que les enduits colorés s'appliquaient aussi bien aux carrelages qu'aux poteries réservées pour la table ou les cérémonies religieuses. Des Grecs de l'Asie-Mineure, le secret du vernis de plomb avait passé aux Romains, qui le transmirent certainement aux Gaulois.

Au moyen âge, comme on le voit par les vases d'ancienne forme représentés dans les sculptures décoratives de l'église de Saint-Benoît, à Paris (XIIᵉ siècle), le commerce de la poterie, en France, avait pris un développement considérable. A Troyes, en Champagne, on fabriquait déjà, en 1225, des terres cuites revêtues d'un vernis plombifère. Il en était de même à Pontailler, situé près de Dijon; les proverbes du XIIIᵉ siècle mentionnent les « hennas (hanaps) de Pontaillé. » A Paris, les potiers de terre indiqués dans le livre de la Taille, de 1292, produisaient, du XIIIᵉ au XIVᵉ siècle, des terres cuites sans vernis ni couverte ; mais le vernis plombifère apparaît sur ces terres cuites de l'an 1300 à l'an 1500, témoin le plat de terre de l'Inventaire de Charles V (1380), « ou il a VI petitz barils d'eaue rose, esmaillez par les fons des XII mois de l'an. » Les sables de nos rivières ont conservé à travers les siècles des fragments de poteries qui nous révèlent l'état des arts dans ces époques si peu connues. Arthur Forgeais, dans son ouvrage intitulé : *Collection des plombs historiés trouvés dans la Seine*, parle de poteries recueillies dans le lit de ce fleuve et dont la fabrication remonte au XIIIᵉ siècle. Ce sont des vases en terre cuite jaunâtre, à panse renflée et à anse, faits sur le tour, et ornés de quelques traits ou raies rouge ferrugineux qui vont de haut en bas. Seulement ils sont dépourvus de vernis. On voit plusieurs de ces vases au Musée Carnavalet, dont les plus intéressants proviennent de la belle suite donnée récemment par M. de Liesville, ainsi que dans la collection de M. Émile Rivière, lequel possède, entre autres, un vase funéraire de la même époque, orné de quatre séries de bandes verticales rougeâtres, et provenant des fouilles faites sur l'emplacement du cimetière Saint-Marcel.

D'autres amateurs ont pu retrouver, à l'extrémité orientale de la Cité, des hanaps de terre ornés de fleurs de lis en relief ou de la légende en lettres gothiques : *Vive le Roi !* car à cette époque les légendes entrent pour la plus grande part dans la fabrication des vases. En somme, le système décoratif de la plupart de ces diverses poteries, modelées en relief et recouvertes d'oxydes métalliques plus ou moins foncés, tels qu'un vert de cuivre ou un brun de manganèse, qui font ressortir des traits, des rinceaux, des fleurs, des perles, des personnages, etc., se rattache, par un côté, à celui employé du vᵉ au IXᵉ siècle, qui n'a jamais été abandonné, et il contient en germe celui des faïences sigillées de la Renaissance. Dans une déclaration des biens situés au village de la Poterie, et faite en 1378, Benjamin Fillon, dans ses *Recherches sur la céramique poitevine*, trouve que le potier Jourdain Bégaud se dit redevable au seigneur de la Motte-Freslon, « par chacun an, d'une buye verde godronnée (à godrons) et d'une poune de buée (vase à lessive). » Or, si une usine du Poitou fournit de pareilles preuves, que seront les produits de manufactures aussi célèbres que la Chapelle-aux-Pots, Beauvais et Savignies ? La poterie du Beauvoisis avait, en effet, une renommée proverbiale : « On fait des godes à Beauvais et des poeles à Villedieu, » dit un vieil adage recueilli par Leroux de Lincy. L'*Inventaire de Charles VI*, daté de 1399, renferme l'évaluation d'un « godet de terre de Beauvais garny d'argent. » Il fallait une poterie de choix pour mériter une monture d'orfèvrerie. Citons un dernier exemple. Lorsque, le

3 janvier 1689, la reine d'Angleterre, Marie d'Este, traversait en fugitive la route de Calais à Saint-Germain, un présent de même nature lui fut offert ; trois siècles n'avaient donc point affaibli la réputation de la célèbre manufacture. Effectivement, A. Loizel, historien de Beauvais, mort en 1617, et Hermant, qui écrivait au temps de Louis XIV, assurent que les fabriques de cette ville et celles de Savignies fournissaient de pots et de vaisselle non seulement la France, mais encore l'Angleterre et les Pays-Bas.

Mais les plus belles poteries de Beauvais, celles où se manifeste une certaine recherche de forme ou de décor, doivent-elles être assimilées au grès ou à la terre vernissée ? « Certes, dit Albert Jacquemart, on peut présumer, d'après les expressions employées au XVIᵉ siècle, pour désigner les vases de Savignies, qu'il s'agit d'un grès, puisqu'on dit : la *poterie azurée*, et que la plupart des grès montrent du bleu ; mais nous avons vu fréquemment des buires, des hanaps, fond brun ou fond vert, à reliefs relevés de vernis jaunes ou violacés, qui ne cédaient en rien, pour la netteté des fleurs de lis, des couronnes, des rinceaux sigillés, aux plus belles cruches azurées à réserves grisâtres et à rehauts de manganèse. »

Jusqu'à présent, la plupart des auteurs terminaient l'histoire de la céramique au moyen âge par les terres vernissées. Mais voici M. Houdoy, de Lille, qui, dans de récentes publications, vient d'exhumer des actes authentiques par lesquels il prouve l'existence à Hesdin d'un four céramique appartenant à Jehan-le-Voleur, peintre attaché à Philippe-le-Hardi, duc de Bourgogne ; cet artiste livrait en 1392 et 1393 des carreaux *peints à images*, à devises et de pleine couleur, qui servaient à la décoration de la *court* d'Arras. Or, M. Houdoy fait observer avec raison qu'au moment où le fils de Jean II accordait un privilège à Jehan-le-Voleur, ce ne pouvait être pour la fabrication des pavages incrustés que se faisait partout, mais pour une chose nouvelle et importante comme peut se considérer l'invention de la terre émaillée, qui serait indiquée par les expressions de *carreaux peints et polis, carreaux de peinture, carreaux à images*. D'ailleurs, on ne saurait perdre de vue que la fabrication de Jehan-le-Voleur était soumise à la surveillance d'un artiste plus illustre encore, Melchior Brœderlin, spécialement attaché à la cour de Bourgogne ; ceci implique les difficultés d'une réussite parfaite, ce qui n'existerait pas s'il s'agissait de simples combinaisons géométriques ou d'entrelacs ordinaires. Il faut donc forcément tenir compte des témoignages de M. Houdoy. On trouve si souvent, dans les documents, l'expression de *poterie blanche*, alors que, d'après l'opinion commune, la faïence n'existait pas, qu'il semble naturel de faire remonter, en France comme

Fig. 357. — *Sainte famille. Faïence émaillée d'Andrea Della Robbia (Marlborough-House).*

en Italie, l'invention de l'émail blanc à une époque bien antérieure à celle qu'on a jusqu'ici attribuée à sa découverte, d'autant plus que, depuis quelques années, les monuments sont venus donner raison à l'auteur lillois. On a trouvé à Hesdin quelques-uns des carreaux émaillés de Jehan-le-Voleur ; ce sont des fragments de draperies émaillées, indiquant un sujet à personnages, dans le genre des *revêtis d'une marche d'escalier en terre émaillée*, de la fin du xvᵉ siècle, conservés au Musée de la Société des antiquaires de Normandie, à Caen ; « la partie sur laquelle on marchait, altérée par le frottement, représentait une joûte. Sur la partie retombante, des dames, assises dans des loges surmontées de lambrequins découpés en trèfles, regardent le tournoi. »

C'est dans ses premières œuvres céramiques qu'il faut chercher le début de la *Renaissance italienne*. Dans l'étude si remarquable que M. Drury Fortnum a faite des anciens disques ou bassins (*bacini*) de faïence incrustés dans les églises d'Italie, le savant auteur a constaté, contrairement aux fables accréditées de longue date, qu'il ne fallait pas voir dans ces disques les trophées rapportés par les Pisans de leurs excursions contre les Arabes, mais bien une décoration inventée, dans le pays même, par suite de la découverte des procédés de l'émaillerie sur terre cuite. Voilà donc, du xiᵉ au xiiiᵉ siècle, la poterie italienne appliquée aux monuments, poterie d'abord couverte d'émail, puis en fin enrichie des reflets métalliques inspirés, non par la vue des ouvrages dorés des Maures des îles Baléares, comme on l'a prétendu à tort, mais par les poteries à reflets métalliques de l'Orient. La Renaissance italienne, au point de vue spécial qui nous occupe, commence par conséquent avec l'invention de l'émail d'étain ou l'*invetriature* de la terre commune ; elle s'épanouit ensuite lors de l'application par Lucca della Robbia de cet émail sur la sculpture en argile cuite, et de son apposition sur une vaisselle élégante qui, décorée habilement de sujets empruntés aux grands maîtres des nouvelles écoles de peinture, devait rivaliser avec l'orfèvrerie.

Lucca della Robbia sut, en effet, appliquer d'une manière parfaite sur la *terra crotta* un vernis stannifère (1440), qui lui donnait une durée presque infinie. Lucca ne fit généralement qu'un usage très sobre des couleurs autres que le blanc et le bleu. Non seulement cet artiste avait trouvé un nouveau genre de décoration, mais encore il l'avait porté à un tel degré de perfection, qu'aucun de ses successeurs ne réussit à l'atteindre. M. H. Barbet de

Fig. 358. — *Majolique de Faenza. Plat à fruits (Musée Britannique. Collect. Barnal).*

Jouy, qui a résumé dans un excellent volume l'histoire des della Robbia, fait observer que Lucca se distingue de ses successeurs par le sage emploi des procédés de la peinture vitrifiable ; statuaire, il ne s'écarte pas des principes de son art ; souvent, il épargne les chairs et jette l'émail blanc sur les seuls accessoires ; toujours une coloration modérée rehausse les draperies ou les encadrements de ses suaves compositions. Le style pur, souvent raphaélesque, des ouvrages de Lucca, n'est pas le seul caractère auquel on puisse le reconnaître ; ses procédés sont tout spéciaux : l'émail qu'il emploie est mince, délié, presque transparent ; le bleu de ses fonds est calme et tendre. A ces divers indices, on peut lui attribuer le bas-relief du Louvre, *la Vierge adorant l'enfant Jésus*. Les œuvres de Lucca, répandues dans toutes les églises de la Toscane, s'arrêtent en 1471 ; l'artiste mourut en 1481, laissant ses traditions et son héritage à Andrea, son neveu et son aide. En général, quoique souvent d'un style maniéré, la fabrication d'Andrea est habile, sa composition est agréable, ses visages expressifs (fig. 357). Lorsqu'il mourut en 1528, ses quatre fils lui succédèrent ; mais leurs ouvrages, presque toujours médiocres, n'ont qu'une valeur secondaire.

Il y a quelques années, un artiste de talent a essayé chez nous de reprendre l'œuvre ou le dessin des Della Robbia, c'est M. Joseph Devers. » M. Devers, écrivait alors M. Philippe Burty, est un artiste piémontais qui, venu fort jeune à Paris, a étudié la peinture chez Ary Scheffer, la sculpture chez Rude, la décoration émaillée chez M. Jollivet. C'est assurément à sa courageuse personnalité qu'il faut attribuer de nos jours le mouvement des esprits en faveur de la faïence décorative. D'autres, meilleurs patriciens, en ont profité et ont fait fortune, mais c'est lui qui a allumé le foyer. En 1853, il exposa au Salon une vaste composition, « les Anges gardiens. » Depuis, outre une grande quantité de travaux isolés pour des demeures particulières en France, en Italie, en Angleterre, il convient de citer quatre hauts-reliefs pour l'église Saint-Eustache et un buste de Della Robbia pour le musée de Kensington.

Pour en revenir à la Renaissance italienne, c'est à cette époque que se place l'apparition de la vaisselle émaillée, c'est-à-dire des plats connus sous le nom de *majoliques*, qui réfléchissent dans leurs concavités les rayons solaires, en produisant des effets magnifiques. Mais, avant d'aborder cette étude, rappelons que les faïences italiennes ont une franchise de ton extraordinaire, un gras et un glacé tout à fait merveilleux. Les reflets nacrés, dorés, ou rouge rubis de ces faïences ne tiennent pas à la nature du vernis, mais à l'emploi de certains métaux revivifiés au four; ce qui le prouve, c'est que, en général, les parties blanches ne sont jamais chatoyantes; le jaune et le bleu s'irisent seuls sous l'influence du rayon lumineux.

Passons maintenant en revue les principales provinces l'Italie célèbres par leurs poteries, et examinons brièvenent les caractères au moyen desquels les œuvres de ces fabriques se peuvent reconnaître.

TOSCANE. C'est de Chaffagiolo, petit village près de Bologne, presque inconnu et à peine indiqué sur les cartes, que sont sorties les premières majoliques toscanes. Il en existe plusieurs qui ne sont émaillées que d'un seul côté, avec des sujets de style gothique expliqués par des légendes en caractères du XIVᵉ siècle. Ce sont là les œuvres primitives. Au siècle suivant, les maîtres ont paru. Vienne le XVIᵉ siècle, et la majolique prendra rang dans le mobilier des palais; les plats gigantesques, les vases da pompa aux riches contours s'étaleront sur les crédences sculptées.

Citons à la hâte les fabriques de Sienne, d'Asciano où, suivant Brongniart, Lucca della Robbia trouva une fa-

Fig. 359. — Majolique. Vase de pharmacie.

brique avec de bons fourneaux, ce qui lui permit d'achever un grand tableau pour l'église des Minori Conventuali; celle de Monte Lupo et surtout de Pise, dont un magnifique vase appartenant à M. le baron Gustave de Rothschild, nous permet de revendiquer les droits, et enfin la fabrique de Florence, d'où sortit, sous l'impulsion des Médicis, la première poterie translucide européenne. Il ne s'agit pas là, bien entendu, d'une porcelaine véritable, c'est-à-dire purement kaolinique; c'était une pâte composée qu'Alex. Brongniart appelait porcelaine hybride ou mixte. La porcelaine des Médicis resta probablement toujours à l'état d'essai, quoique le grand-duc en donnât des spécimens plus ou moins réussis en présent aux autres souverains de l'Europe. Mais c'est à ces princes protecteurs des arts que revient l'honneur d'avoir vulgarisé un secret poursuivi par toute l'Europe et qui ne devait passer dans le domaine industriel qu'un siècle plus tard, grâce à la persévérance du génie français. Le Musée de Sèvres possède deux spécimens de cette porcelaine.

MARCHES. Après Chaffagiolo, la plus ancienne fabrique l'Italie, vient celle de Faenza, dont les premiers produits étaient déjà estimés au XVᵉ siècle. « Les majoliques de Faenza sont blanches et polies, » écrivait Garzoni, en 1485. Toutes les pièces de Faenza sont en effet polies; beaucoup, parmi les plus anciennes, sont émaillées en bleu pâle ou couleur d'empois; dans les autres, le blanc

est assez pur; souvent une large bordure fond bleu porte, en camaïeu plus pâle ou en émaux divers, certains masques de face terminés inférieurement par une barbe élargie en feuille d'acanthe qui se mêlent à d'élégants rinceaux. Ce décor très caractéristique se voit à Cluny, sur une pièce très ancienne représentant la Mort d'Holopherne. Mais les produits les plus intéressants de cette fabrique n'ont fait leur apparition qu'à l'époque où les della Rovere, les Médicis et les ducs de Ferrare prenaient sous leur haute protection les grands céramistes de la Renaissance. Telles sont : 1º la superbe pièce où l'on voit Joseph découvrant dans le bagage de Benjamin la coupe qu'on l'accuse d'avoir dérobée, appartenant à M. le baron Gustave de Rothschild; 2º le plat du Musée de Bologne représentant le couronnement de Charles-Quint; 3º le beau plat à fruits, amours, trophées et arabesques, du Musée Britannique (fig. 358).

Citons encore les fabriques de Forli, de Rimini, de Ravenne, de Bologne et d'Imola, dont les produits sont secondaires.

DUCHÉ D'URBIN. J.-B. Passeri, l'un des antiquaires les plus instruits du siècle dernier, revendique l'invention

Fig. 360. — Encrier de majolique (XVIᵉ siècle), appartenant au colonel Palisser.

des majoliques de Pesaro, ville dans laquelle il prétend que des fabriques ont existé depuis les temps les plus reculés. Il indique en outre les deux genres de poterie à reflets métalliques qui se partagèrent tout d'abord les premières époques de l'art, vers 1450; la terre couverte d'un côté seulement d'une engobe blanche, recevait les dessins tracés au manganèse, et certaines parties étaient remplies de cette couleur jaune que la cuisson rendait étincelante comme de l'or; c'est la mezza majolica « demi-majolique. » Plus tard, les mêmes couleurs furent appliquées sur un émail d'étain, ce qui constitue la majolique fine. Ces attestations du savant archéologue pesarais sont d'un grand poids relativement à l'origine des majoliques, surtout lorsque, trouvant la trace de sommes importantes empruntées en 1462 par Ventura, de Sienne, et Matteo, de Cagli, pour l'augmentation d'une usine et pour l'achat de sable de Pérouse, il en induit que ces négociants sont les importateurs de l'art céramique dans le duché au XVᵉ siècle, et qu'ils l'apportaient en Toscane.

Il est évident qu'à Pesaro comme ailleurs; les essais polychromes ont devancé l'application des couleurs dorées, et qu'il faut renoncer à voir, dans l'importation des faïences hispano-moresques, l'idée première de la poterie italienne et l'origine de son nom.

Outre les pièces ornées de devises galantes et de portraits, qui parfois rappellent les magnifiques médailles des artistes florentins, Pesaro a produit quelques vases aux formes recherchées et superbement décorées; ce sont d'élégantes aiguières, des buires, des salières, des saucières, etc., ou bien encore des vases de pharmacie, dans le genre de ceux de la *Speziera* ou laboratoire médical du palais ducal d'Urbino (fig. 359). Selon la tradition, la reine Christine de Suède offrit vainement des sommes considérables pour posséder quelques-uns de ces vases devenus célèbres. On faisait aussi à Pesaro des pupîtres, des encriers, portant divers emblêmes et des devises variées (fig. 360), des bénitiers et surtout des plats ou coupes nommés *amatorii* qu'il était d'usage de donner et de recevoir comme cadeaux ou gages d'amour. Le donateur y faisait peindre le portrait de sa belle, ou des mains réunies, des cœurs enflammés. Passeri possédait une pièce de ce genre sur laquelle on lisait un nom de femme : PHILOMELA. La belle adorée l'avait, par dépit sans doute, percée d'un trou central (*miseramente bucata*) et s'en était servie comme d'une souricière !

Voilà pour les produits antérieurs au XVIᵉ siècle. Au moment où Guidobaldo II della Rovere devient duc d'Urbin (1538), le goût des *histoires*, comme les appelle Passeri, s'était répandu partout, et les céramistes pesarais abordaient les compositions à figures d'après les maîtres, en y introduisant, suivant les modes du temps, les rehauts brillants de l'or et du rouge rubis (*rosso di rubino*). Il existe au Louvre une conque baptismale trempée dans un émail bleu intense; elle est relevée de larges touches d'or brillant.

CASTEL-DURANTE est également une ville qui a fourni de potiers une grande partie des ateliers de l'Italie, et on ne connaît guère de ses œuvres que celles de la décadence.

Quelle que soit l'importance de ces dernières fabriques, aucune d'elles n'a pu atteindre à la célébrité d'*Urbino*, patrie de Raphaël et résidence d'un prince prêt à encourager tous les genres de talents. Ce ne fut cependant que vers 1530 que l'on y vit se manifester une école sérieuse et des artistes de premier ordre. Tels furent, en ce genre, Francesco Xanto Avelli et Orazio Fontana, dont le Louvre possède une coupe, l'Enlèvement d'Europe, qui est un véritable chef-d'œuvre. Peut-être faut-il attribuer à l'un de ces deux artistes la magnifique salière à grotesques, en faïence d'Urbino, de la splendide collection de M. le baron Gustave de Rothschild, où toutes les richesses ornementales semblent accumulées.

Quant à la fabrique de Gubbio, illustrée par le fameux maestro Georgio Andreoli, elle a produit des ouvrages nombreux et variés (fig. 361). Les plus anciennes pièces ornementales de Gubbio sont généralement ornées de grands rinceaux terminés par des têtes d'oiseaux, des chevaux marins, etc., combinés avec des têtes de chérubins ailés ; ce décor, assez vif de ton, se détache sur un fond bleu pâle. Plus tard, paraît le ton vif par enlevage ; les trophées avec devises entourant des bustes apparais-

sent ensuite au milieu de ces genres déterminés, ainsi que les coupes ouvertes, à pied bas, qu'un buste d'homme ou de femme occupe dans toute leur étendue. Citons en ce genre la jolie coupe de Gubbio du Musée du Louvre.

Enfin une autre coupe avec graffiti de la fin du XVᵉ siècle, appartenant au même Musée, offre un curieux spécimen de poterie de la fabrique de Castello, siège d'une fabrique ancienne et tout particulière qui semble s'être spécialisée pour les vaisselles populaires.

ETATS PONTIFICAUX. La fabrique de Deruta, une des plus importantes, a commencé par des chefs-d'œuvre pour finir médiocrement. La plupart de ses plats, dont l'élégance et le style annoncent les premières années du XVIᵉ siècle, nous montrent, au pourtour, sur fond bleu, des arabesques et des trophées supportés par des têtes de chérubins. Au centre, sur l'ombilic à fond bleu, se détache un délicieux profil de femme, mais dessiné avec une sûreté magistrale. Outre la couleur du jaune doré, plus fauve et moins orientée dans les pièces de Deruta que dans celles de Pesaro, la beauté du dessin peut caractériser les œuvres de la première de ces fabriques. On en sera convaincu après avoir observé au Louvre le plat que nous venons de décrire, à Cluny, la coupe où se voit la Métamorphose d'Actéon, d'après la composition de Mantegna, et le magnifique plat représentant Apollon poursuivant Daphné, dans la collection de Mᵐᵉ la baronne Salomon de Rothschild.

DUCHÉS DU NORD. C'est à Alphonse Iᵉʳ, de la famille d'Este, que l'on doit l'organisation de la fabrique du château de Ferrare, une des plus brillantes de l'Italie. On attribue à ce prince, qui ne dédaignait pas dans sa jeunesse de suivre les expériences de ses céramistes, l'invention du beau blanc laiteux, *bianco allattato*, inauguré à Ferrare, et appelé à tort blanc de Faenza. Alphonse II s'inspira des traditions de son aïeul, et il donna une impulsion nouvelle aux travaux céramiques.

VÉNÉTIE. En 1520, Titien fut chargé par Alphonse Iᵉʳ, duc de Ferrare, de faire exécuter une grande quantité de vases de terre et de majoliques destinés à la pharmacie ducale.

Le Musée de South Kensington et le Musée de Sèvres renferment plusieurs majoliques de cette fabrique renommée, à laquelle M. Ch. Casati a consacré une intéressante notice. Les villes de Trévise, de Padoue, de Vérone, etc., se sont également illustrées dans la fabrication des majoliques.

ETATS DE GÊNES. L'histoire céramique de Gênes remonte au XVIᵉ siècle. En général, les majoliques offrent d'élégantes arabesques, des feuilles aux larges rinceaux, des paysages semés de fabriques et coupés par des eaux. Mais la noble cité de Gênes a été éclipsée par la petite ville de Savone, qui n'est à tout prendre qu'un établissement de décadence, dont les portraits qui datent du XVIIᵉ

Fig. 361. — *Plat de Georgio Audreoli, fabr. de Gubbio.* (Collect. de M. le comte d'Armaillé.)

siècle et où le camaïeu domine, sont reconnaissables à son phare employé comme marque.

ROYAUME DE NAPLES. Dès les premières années du XVIᵉ siècle, les faïences à reflets du royaume de Naples étaient célèbres. Antonio Breuter, dans sa *Cronica generale di Spagna* (1540), cite les faïences de Castelli, dans les Abbruzes, et celles de Pise et de Pesaro, comme pouvant rivaliser avec les antiques vases de Corinthe. Mais au siècle suivant ces deux fabriques étaient déjà en décadence. Il en est de même de la Sicile, où les Arabes exilés d'Espagne fondèrent d'abord des fabriques où les procédés de Malaga furent appliqués avec un certain degré de perfection.

La *Renaissance française*, fille de la Renaissance italienne, fit également faire à la céramique un grand pas dans la voie du progrès. Après des alternatives de succès et de revers, c'est-à-dire après les expéditions de Charles VIII, de Louis XII et de François Iᵉʳ, quelques hommes d'armes ayant rapporté dans leur pays des échantillons de poteries de Chaffagiolo ou de Venise, l'élan ne tarda pas à être donné, et bientôt, sur la terre vernissée en vert où les potiers imprimaient des ornements gothiques, des fleurs de lis et des devises morales, on vit apparaître partout les rinceaux d'acanthe, les masques antiques, les arabesques et les entrelacs élégants. Mais tandis que l'Italie perfectionne de plus en plus ses faïences à émail stannifère, la France paraît se complaire dans la décoration des simples terres à vernis de plomb, comme si, aux yeux de nos ouvriers d'art, la majolique était une importation étrangère faite au détriment d'une matière qu'ils avaient su, si longtemps, parer au moyen d'ingénieux procédés. Un pot à surprise, du Musée du Louvre, nous montre combien alors, sur certaines pièces de la Normandie et du Beauvoisis, le vert, le brun chaud et la terre blanche d'engobe se balançaient en masses sagement pondérées. Cela n'empêchait pas toutefois les amateurs de collectionner les produits remarquables, à quelque fabrique qu'ils appartinssent. L'Inventaire des objets d'art de Robertet (1532), rédigé par Michelle Gaillard de Longjumeau, la veuve de ce riche financier du temps de Charles VIII, Louis XII et François Iᵉʳ, mentionne des faïences françaises « historiées de toutes sortes de pourtraictures colorées, » ainsi que « beaucoup de vaisselles; d'autres belles poteries des meilleures d'Italie, d'Allemagne, des Flandres, d'Angleterre et d'Espagne. »

S'il est extrêmement difficile d'assigner une date précise aux terres françaises de la Renaissance, il ne l'est pas moins de déterminer leur provenance. Une comparaison attentive des pièces originales classées par époque permet du moins de fixer ainsi les caractères dominants de certains ateliers :

1º BEAUVAIS. Terres vernissées en vert pâle; teinte parfaitement uniforme. Elles se succèdent du moyen âge jusqu'à l'époque de Louis XIII, sans autre changement que le style, ainsi que le démontre une charmante veilleuse à jour conservée au Louvre et sur laquelle reposent deux époux couchés côte à côte dans le même lit.

2º SAINTES, LA CHAPELLE-DES-POTS, RENNES. Vases d'un vert vif jaspé de flammules plus foncées.

3º SADIRAC, près Bordeaux. On ignore à quels signes peuvent être reconnues les poteries de cette localité, dont l'importance est constatée par des titres authentiques. En 1520, les céramistes Pey, Bonneau et Papon y travaillaient, et ils devaient fournir en grande partie à la consommation de Bordeaux; car, en 1521, Philippe Petit, marchand de cette ville, acheta à Sadirac « six grosses d'ouvrages de poterie de verderie bonne et marchande, comme sont chauffettes, plats, escuelles et autres ouvrages. »

4º PARIS. De même qu'au moyen âge, Paris a eu aussi, à l'époque de la Renaissance, plusieurs fabriques de poteries sigillées, citées dans les Mémoires de de Thou, année 1603. Des fouilles effectuées rue de la Calandre

ont mis au jour une foule de débris et quelques vases intacts du plus haut intérêt; un vase de pharmacie, recueilli par M. Éd. Pascal, est en terre assez grossière enduite d'un émail gris bleuté semé de jaspures plus vives en bleu et manganèse; une bouteille de chasse à bouchon vissé porte le même émail sur une pâte serrée voisine du grès. M. Emile Rivière possède également une série de poteries du XVIᵉ siècle, où l'on trouve, entre autres, un intéressant fragment de réchaud avec personnages en costume du temps de Henri II et exécutant une danse autour du vase.

C'est alors que, suivant notre savant collaborateur M. Alfred Darcel (*Catalogue des faïences peintes du Musée du Louvre*), des artistes italiens, tels que Sébastien Griffo, accoururent en France pour chercher fortune en fondant des usines nouvelles. Mais comme on le voit dans l'ouvrage d'Agrippa (*De Vanitate scientiarum, Statuaria et plastica*), nos potiers n'avaient pas attendu que le bruit de la découverte de l'émail se fût répandu chez nous : ils étaient allés au devant des secrets étrangers dès le milieu du XVIᵉ siècle, sans pour cela descendre au rang de serviles imitateurs. Ils surent, malgré tout, rester originaux. André Potier, dans sa *Chronologie de l'illustre ville de Rouen*, fut le premier à faire connaître les pavages du château d'Écouen, qui appartiennent aujourd'hui à M. le duc d'Aumale, et où se trouve cette indication : A ROUEN, 1542, étaient dus à un potier rouennais Maclou Abaquesne (*Macutus Abaquesne figulus*), fondateur d'une usine importante, lequel avait, en 1535, décoré une salle faïencée de l'hôtel de ville du Hâvre, et en 1536, une salle semblable dans le manoir de Bévilliers, près d'Harfleur. Enfin, une quittance de 1548, nous apprend qu'Abaquesne livra, cette même année, *un certain nombre de carreaux de terre émaillés*, pour le connétable de Montmorency, grand appréciateur des œuvres du potier normand. Les documents publiés par M. Gosselin nous montrent encore le potier rouennais chargé, en 1543, de la confection de 346 douzaines de pots en *terre émaillée* à l'usage des apothicaires. Ces vases de pharmacie, c'était alors la vaisselle en usage, la platerie de table étant encore en étain.

Ailleurs le mouvement fut le même. A Narbonne, M. le baron Davillier a été presque témoin de la découverte d'un four à poteries dorées, création nationale ayant pour but de lutter contre l'introduction, alors si considérable en France, des ouvrages hispano-moresques. On rencontre également en Poitou des fragments de vases de pharmacie dont quelques-uns, d'origine italo-moresque, sont chargés de feuillage avec reflets métalliques; mais les autres, beaucoup moins fins et simplement décorés en bleu, vert et violet-brun, sont véritablement de fabrication locale, comme l'avait deviné Benjamin Fillon.

Nos potiers se mirent donc à l'œuvre de bonne heure et furent prêts en même temps que les céramistes venus d'Italie pour faire école.

Dans ce conflit d'un moment entre les ouvrages nationaux et ceux de l'étranger, entre les terres vernissées et la faïence, surgit une poterie nouvelle éminemment française : nous voulons parler des œuvres de Bernard Palissy (V. PALISSY), lequel tira tout de son propre fond sans rien emprunter à personne. Après de nombreux essais laborieux et difficiles, sa *faïence rustique* et d'autres belles productions lui acquièrent enfin la gloire et les hauts patronages. C'est au potier saintongeois qu'il faut reporter l'honneur d'avoir élevé l'art d'émailler la faïence à des degrés jusqu'alors ignorés en France. La faïence de Palissy est caractérisée par un style original et beaucoup de qualités particulières : elle n'est pas décorée de peintures plates; ses figures sont généralement correctes de forme, les ornements et les sujets historiques, mythologiques et allégoriques qu'il affectionnait sont exécutés en relief rehaussé par un mélange de teintes chaudes brunes, blanches, bleues, jetées en taches grassement parfondues et indéfinies dans leur forme. Il n'atteint jamais à la pureté de l'émail blanc de Lucca della Robbia, ni même à celle de la faïence de Nevers; l'émail est dur, mais il est inférieur à celui de Delft. Le revers de ses pièces n'est jamais d'une couleur unie; il est bigarré de deux ou trois nuances telles que le bleu, le jaune et le brun, ou, comme il le dit lui-même, de « divers esmaux entremeslez en manière de jaspe. »

Les objets naturels placés sur cette faïence, disent MM. d'Armaillé et Salvetat, dans leur belle traduction de l'ouvrage de Marryat, sont très exacts de forme et de couleur; car, hormis quelques feuilles, ils étaient tous moulés d'après nature, c'est-à-dire sur les objets eux-mêmes. Le choix qu'il en fait indique que ce potier était un savant naturaliste, car les coquilles fossiles dont il a orné ses pièces sont les coquilles tertiaires du bassin de Paris. Les poissons sont ceux de la Seine, les reptiles et les plantes (ce sont ordinairement le cresson, la langue de cerf, de petites fougères, des glands et des feuilles de chêne) sont empruntés au bassin de Paris. On n'y rencontre aucune production naturelle étrangère. Les moules étaient probablement formés sur des objets vivants. »

Outre les carreaux de revêtement, Palissy fit aussi des carreaux de poêle, comme le prouve le bel échantillon de l'ancienne collection du comte de Pourtalès, des vases décorés en plusieurs styles, des aiguières, des vasques, des tasses, des salières, des encriers, des flambeaux et jusqu'à des statuettes; mais ses ouvrages les plus remarquables sont ses *rustiques figulines*, ainsi qu'il les nommait; ce sont des plats ornés de poissons, de serpents (fig. 362), de grenouilles, d'écrevisses, de lézards, de coquilles et de plantes. Ces plats n'étaient pas faits pour l'usage, ils étaient réservés comme pièces de parade, destinées aux dressoirs en grande faveur à cette époque.

La France est riche en faïences de Palissy. Il y en a des collections importantes à l'Hôtel de Cluny, à Sèvres et surtout au Louvre, dans la collection Sauvageot, où se trouve peut-être la série la plus complète de ces admi-

Fig. 362. — *Plat à reptiles de Palissy. (Collect. Soltykoff.)*

rables productions. « Autrefois, disait Sauvageot dans les dernières années de sa vie, quand je consacrais à une belle pièce de Palissy 5 à 6 francs, je croyais avoir donné un prix convenable. Depuis j'ai augmenté un peu, mais aujourd'hui qu'un seul plat avec figures se vend 4 à 500 francs, c'est aux souverains ou bien aux rois de la finance qu'il faut laisser ces objets. » Les continuateurs de Bernard Palissy sont, de nos jours, MM. Pull, Avisseau, de Tours, Barbizet et Ulysse.

Tandis que, misérable et persécuté, Palissy travaillait dans son atelier ignoré, les usines de Normandie fabriquaient avec succès les faïences à relief qu'elle dressait sur ses pignons en bois sculpté : il s'agit ici des *épis* ou *étocs*, déjà en usage dans la première moitié du XIIIe siècle, si l'on croit Viollet-le-Duc, et dont la forme élégante, les vives couleurs relevaient une architecture pittoresque; d'autres pièces de faîtage formaient sur les toits une crête mouvementée qui paraissait plus éclatante encore au voisinage de la tuile rembrunie par le temps. Dans le département de l'Eure, Infreville, Armentières, Chatel-la-Lune, ainsi que Malicorne et Pontvalain dans la Sarthe, unissaient cette fabrication à celle des terres vernissées; mais c'est surtout dans le Calvados, à Manerbe et particulièrement au Pré-d'Auge, que les faïences à reliefs atteignirent une perfection voisine des œuvres de Palissy. Des épis appartenant à Mme d'Yvon, à M. Jubinal, à MM. de Rothschild, se distinguent par leur composition savante et gracieuse : des têtes de chérubins en décorent parfois la base; parfois aussi des fûts à fines jaspures, relevés de rosaces blanches en demi-relief, supportent des vases entourés de draperies; enfin des tiges à feuillages, des nœuds, se superposent pour élever au faîte le pélican entouré de ses petits, symbolique terminaison de la plupart de ces conceptions gracieuses.

La faïence à relief a été également cultivée à l'étranger avec un remarquable talent, surtout dans la ville de Nuremberg. On en a des exemples dans les magnifiques plaques de poêles du Louvre et de Cluny, tantôt d'un beau vert uniforme, tantôt mêlées de teintes vives, de divers émaux d'un brun chaud, jaune orangé, blanchâtre. Des figures mythologiques d'un grand style, des personnages historiques, se dressent et ressortent dans des compositions d'une riche architecture. Le Musée du Louvre possède aussi un vase à portraits rehaussé d'émaux et d'or, un des chefs-d'œuvre sortis de l'usine de Nuremberg.

Un dernier détail. Ce fut par Nuremberg, dit-on, que la majolique s'introduisit pour la première fois en Allemagne. Hirschwogel, artiste de cette ville, voyageant en Italie, en 1503, vint à Urbino, où il apprit l'art d'émailler la faïence. Il revint, en 1507, et établit la première manufacture de majolique; mais la sculpture et la ciselure étant plus de son goût, il préféra décorer ses ouvrages de sculptures en relief; il ne fit aucune peinture sur des surfaces planes comme on en voit sur la faïence italienne. A sa mort, cette fabrication disparut.

Mais hâtons-nous de revenir en France, où nous attendent d'autres merveilles. Comme nous l'avons démontré tout à l'heure, le courant magnétique de la Renaissance avait pénétré presque partout en France. Or, avant que Palissy songeât à créer ses rustiques figulines, une mystérieuse et unique fabrique s'était élevée dans le bourg d'Oiron, commune de Thouars (Deux-Sèvres), petite localité naguère inconnue et aujourd'hui célèbre. Cette fabrique produisit des faïences fines dont la pâte dure et sonore mériterait d'être classée parmi les poteries d'une période plus récente, car elle mit la France, en plein XVIᵉ siècle, en possession d'une poterie dont la découverte devait être attribuée deux cents ans plus tard à l'Angleterre ; et non seulement la matière *était trouvée*, mais la recherche des procédés, comme on le verra bientôt, était poussée à un point dont plus tard on n'eut pas même l'idée. En effet, cette fabrication diffère entièrement par ses formes et ses

Fig. 363. — *Chandelier en faïence d'Oiron. (Collect. de sir A. de Rothschild.)*

ornementations des autres poteries ; elle fut portée tout à coup à la plus haute perfection, et disparut soudainement, d'une manière étrange, sans qu'aucune notion restât, soit sur les fabricants, soit sur l'endroit où elle fut fabriquée. — V. FAÏENCE.

C'est à une découverte récente de Benjamin Fillon (l'*Art de terre chez les Poitevins*) que l'on doit de connaître son origine réelle. Grâce aux investigations de ce savant archéologue, on sait aujourd'hui que les poteries de luxe nommées à tort *faïences de Henri II*, ont été fabriquées à Oiron, par le potier François Charpentier et Jean Bernart, sous la direction et le patronage d'Hélène de Hangest-Genlis, veuve d'Artus Gouffier, femme distinguée à laquelle on doit la création de ces produits. La salamandre et d'autres emblèmes de François Iᵉʳ qui se trouvent sur les échantillons les plus anciens de cette faïence ; le blason de Henri II, sa devise (trois croissants) ou sa lettre initiale *H* entrelacés avec les deux *D* de la duchesse de Valentinois, plus connue sous le nom de Diane de Poitiers, qui se voient sur la plus grande partie des pièces, lesquelles sont d'un dessin pur et d'un travail plus fini ; enfin les couleurs de deuil, noir et blanc, si à la mode à la cour de France et que Henri II porta toute sa vie, amènent à conclure que leur fabrication commença vers la fin du règne de François Iᵉʳ et qu'elle se continua

sous celui de Henri II ; comme on ne trouve sur elles que les emblèmes de ces deux princes, on peut hardiment les regarder comme d'origine française. Le style de la décoration des faïences d'Oiron est unique. A d'élégantes nielures s'adaptent sur la surface ivoirée des ornements en relief ou ronde-bosse, des mascarons, des blasons, des lézards, des grenouilles, des coquilles et des guirlandes. Une couleur rose y domine. Les formes de ces pièces sont toujours dans le style le plus pur de la Renaissance, elles sont si finement moulées et si soigneusement travaillées, qu'on peut les comparer aux ouvrages ciselés et damasquinés des plus célèbres orfèvres du XVIᵉ siècle. Elles sont ordinairement petites et légères, destinées généralement à l'ornementation des pièces de parade, telles que coupes, aiguières et biberons, flambeaux, etc. Le flambeau, dont nous donnons une gravure, chef-d'œuvre d'élégance et de style, fut acheté par sir Anthony de Rothschild pour la somme de 4,900 francs (fig. 363). La surface est enrichie d'arabesques d'un goût ex-

Fig. 364. — *Broc de Shakspeare. (Collect. Fletcher-Gloucester.)*

quis, soit noir sur fond blanc, soit blanc sur fond noir. La forme en est monumentale et du plus haut style ; trois figures de génies supportent des écussons avec le blason de France et les deux *D*. Ces génies sont portés par des socles à mascarons réunis par des guirlandes émaillées en vert. Le flambeau se termine en haut par une sorte de vase portant les armes de France. Cette pièce, d'après la délicatesse de son exécution et la beauté de ses détails, est de la plus grande valeur.

La fabrication des faïences d'Oiron se divise en trois périodes. A la première période appartiennent toutes les pièces dont les ornements incrustés sont d'une seule couleur et n'ont qu'un petit nombre de parties colorées autrement qu'en brun noir, en brun clair ou en rouge d'œillet. On connaît aujourd'hui treize pièces qu'on peut classer dans ce groupe. Celles de la deuxième période sont plus compliquées que la première. On en connaît dix-sept pièces. Elles possèdent une forme architecturale que les premières ne présentent pas, et révèlent une grande modification dans le travail. Jusqu'alors, les potiers avaient procédé, pour exécuter les nielures du fond, à la façon des relieurs, qui ne se servent que de petits fers. Ils trouvèrent ensuite le moyen d'imprimer dans la pâte, d'un seul coup sur de larges surfaces, les creux destinés à recevoir la terre colorée. « Cette idée, dit Benjamin Fillon, leur fut suggérée par le désir de mêler à la décoration de leurs œuvres les entrelacs universellement employés, à partir du règne de François Ier, dans l'imprimerie, la broderie, la reliure, l'orfèvrerie, la ferronnerie et les autres métiers. » On peut classer à la suite de ces pièces, vingt-trois autres objets moins parfaits d'exécution, mais qui sont intéressants, moins par leurs formes que par les écussons dont ils sont ornés. Enfin, pour la troisième période, qui subit l'influence de Palissy, on connaît 14 pièces.

Jusqu'ici, nous avons étudié l'histoire de la céramique à travers les âges sans tenir compte spécialement de la nature des produits et en nous contentant de distinguer, dans une même époque ou chez un même peuple, les diverses espèces de poteries. Nous nous écarterons un moment de cette méthode pour parler des grès, groupe singulier, aussi bien défini sous le rapport technique qu'il est obscur quant à ses origines.

GRÈS CÉRAME. Le grès cérame, auquel Alex. Brongniart

Fig. 365. — *Canette en grès cérame. (Collect. Marryat.)*

a ajouté l'épithète de *cérame*, afin de distinguer cette poterie de la roche quartzeuse qui porte également le nom de *grès*, est divisé en *grès commun* et *grès fin*; tous les deux sont quelquefois très décorés de sujets en relief et coloriés en bleu. La première espèce est la plus grossière. Dès le XVIe siècle, elle était importée de Cologne, sous forme de vases ou de pots à boire destinés aux dressoirs des palais. En effet, dès l'année 1581, un certain William Simpson sollicite l'autorisation d'établir dans le Staffordshire une fabrique de grès cérame (*stone ware*) pour faire concurrence aux produits importés de Cologne. Ce genre de poterie ayant réussi, la fabrication des objets en grès fut regardée comme une industrie protégée par la reine Élisabeth. C'est pourquoi on trouve dans les collections plusieurs grandes cruches rondes qui portent les armes de cette reine; quant au fameux broc de Shakspeare, en grès du Staffordshire, et dont l'authenticité a tant de fois été discutée, on n'en peut faire remonter la fabrication qu'au XVIIIe siècle (fig. 364). Les grès de Cologne d'un gris clair sont très anciens; beaucoup de pièces sont décorées des armes de la ville. Un candélabre, conservé au Musée de Bruxelles, porte le millésime 1550. M. Demmin possède une cannette en grès blanc datée de 1558. Quant aux grès fins, la Hollande excellait, depuis une époque très reculée, dans leur fabrication. Le grès fin du XVIe siècle est très reconnais-

sable à sa forme bizarre, à sa riche ornementation, ainsi qu'à la couleur de son émail. Les plus anciennes pièces sont les vases de table sculptés, appelés *Jacoba's Kannetjes* (cannettes) qu'on fabriquait sur les bords du Rhin (fig. 365). Cette poterie est d'une couleur blanchâtre ou brun chaud, sans aucun vernis, délicatement décorée de sujets mythologiques ou allégoriques, en relief, et exécutés au moyen de moules de cuivre. Dans la *Kunstkammer*, à Berlin, on peut voir un bel échantillon de ce grès ; cette pièce avait été présentée à Luther par la ville d'Eisleben. Citons encore, parmi les poteries de cette période, les *cruches de grès* données en certaines occasions, telles que jours de naissance, de mariage, etc.; les pièces appelées *vases aux apôtres*, avec des figures et des ornements en relief, quelquefois d'une belle couleur turquoise et fabriqués en France vers 1540; les grès de Flandres,

Fig. 366. — *Gourde en grès bleu et blanc. (Collect. Barnal. Musée Britannique.)*

remarquables par leur magnifique couleur bleue, leurs formes bizarres et la richesse de leurs ornements (fig. 366).

TEMPS MODERNES. 1. *Faïences*. On a pu apprécier, par ce qui précède, les efforts du moyen âge et les entreprises glorieuses de la Renaissance. Il restait aux temps modernes à compléter l'œuvre des siècles. Nous allons essayer d'expliquer les causes de cette transformation, en suivant l'ordre des événements. Commençons d'abord par définir les caractères de la céramique française et délimiter ainsi nos principales écoles.

FAÏENCES FRANÇAISES. NEVERS. Cet atelier, regardé comme le plus ancien en France où se soit fabriquée la faïence émaillée, a commencé par faire de simples copies de majolique italienne. Ce fut sous l'influence de Catherine de Médicis, fille d'un duc d'Urbino, le pays par excellence des faïences d'art, que cette imitation prit de grands développements lors de l'installation, dans le duché de Nevers, de son parent Louis de Gonzague. Ce dernier fit venir des artistes italiens qui, ayant trouvé des matériaux propres à la majolique, réussirent dans toutes leurs tentatives et produisirent une très belle poterie italo-française, dont on trouve des traces à Nevers, surtout dans le château de Gloriette. D'après le remarquable travail de M. du Broc de Ségange (*La faïence, les faïenciers et les émailleurs de Nevers*), la fabrication se stabilisa plus tard entre les mains des frères Conrade, venus d'Albinola, dans la rivière de Gênes (fig. 367); mais les potiers nivernais, successeurs des Conrade, parmi lesquels figurent en première ligne les Custode, qui s'illustrèrent à Nevers pendant sept générations, ne tardèrent pas à s'affranchir de l'influence étrangère, et ils créèrent bientôt deux types tranchés : le premier, emprunté aux émailleurs, se manifeste par des sujets mythologiques, héroïques ou familiers, entourés de guirlandes de grosses fleurs, compositions où les tulipes, les œillets et les anémones rappellent les riches et surabondants bouquets de l'émaillerie et des étoffes contemporaines. Là, le bleu foncé et le manganèse dominent, et le jaune orangé, lorsqu'il s'étend en fonds partiels, devient une teinte merveilleuse. Nevers paraît avoir affectionné le type oriental, surtout le genre chinois et persan. Dans ce cas, les fleurons à feuilles pointues contournées, les rinceaux, les oiseaux et les insectes sont plus fréquents que les combinaisons ornementales. Mais ce ne sont là, à tout prendre, que des imitations italiennes et orientales, plus ou moins bien réussies. Le vrai caractère de la faïence de Nevers, appelé *franco-nivernais*, a été mis en relief par M. Champfleury (*La faïence parlante du centre et du midi de la France*) : c'est essentiellement une faïence bourgeoise et populaire, c'est dans ses devises qu'elle triomphe. Pendant le xviiie siècle, elle accepta les gaillardises et les bouts rimés, comme le prouve une fontaine de cette époque, sur laquelle se tient un Bacchus vêtu à la mode de Louis XVI; sur le tonneau, on lit le quatrain suivant, daté de 1788 :

> Ce sac à vin de rouge trogne,
> Qu'on voit assis sur ce tonneau,
> S'indigne comme un franc ivrogne,
> Qu'on le prenne pour pot à l'eau.

Victor Hugo, dans un de ses voyages, ayant lu ce quatrain sur le monument même, le réduisit à un distique :

> Je suis fort triste, quoique assis sur un tonneau,
> D'être de sac à vin devenu pot à l'eau.

Le Musée de Sèvres est très riche en faïences de Nevers. L'introduction de la porcelaine en Europe fit disparaître l'usage de cette poterie, aussi bien que celui de toutes les plus belles faïences émaillées.

ROUEN. Nous avons déjà dit que Rouen, bien avant Nevers, avait appliqué l'émail à la terre cuite, et l'on a vu combien les chefs-d'œuvre sortis de l'usine rouennaise d'Abaquesne et de ses successeurs étaient alors recherchés. Pour ce qui concerne la faïence, on peut ajouter que, contrairement à l'usine nivernaise, la vieille cité normande puisa ses premières inspirations aux sources nationales. En effet, à cette époque où les industries de grand luxe s'inspiraient mutuellement et savaient s'assimiler les genres d'ornementation les plus divers, les artistes se plaisaient à reproduire exactement sur leurs vases, avec l'exagération d'un verre grossissant, les motifs si fréquemment appliqués, sous le règne de Louis XIII, sur les médaillons, les montres et autres bijoux émaillés sur métal, et plus encore sur les étoffes dites *perses*, du commencement du xviie siècle. On en a des exemples dans quelques pièces exceptionnelles du Musée de Rouen, où, autour de paysages émaillés, courent, sur fond blanc, des guirlandes de grosses fleurs, un peu crues de tons, et des bouquets accompagnés de traits contournés en vrilles. Plus tard, quand Edme Poterat, potier établi à Saint-Sever dès 1644, recevra de Poirel, sieur de Granval, la cession du premier privilège officiel et se lancera dans la poterie courante, on verra le drageoir dit *à la centauresse* (dont un curieux spécimen, daté de 1647, appartient à M. Gustave Gouellain), reproduire les mêmes fleurs, les mêmes vrilles, en un mot se

conformer à un goût qui, loin de venir du Nivernais, devait s'y implanter à son tour par une influence identique. Mais la vue des porcelaines orientales modifia bientôt ces tendances et suggéra aux peintres rouennais le vrai type qui devait faire leur gloire et celle de la faïence française tout entière : c'est le décor à *lambrequins et dentelles*, dont la buire en casque, de la riche collection de M. Alph. Maze-Sencier, offre un des plus beaux spécimens. Dans ce décor, exécuté en camaïeu bleu et en bleu et rouge de fer, on reconnaît l'influence orientale mêlée aux délicates combinaisons inventées par Bérain, Boulle et les autres maîtres ornemanistes français; mais, comme le fait remarquer Albert Jacquemart, l'emprunt est tellement déguisé, il y a une originalité si puissante dans les bor-

Fig. 367. — *Aiguière, faïence de Nevers. (Collect. Fountaine.)*

dures arabesques entourant les plats d'une large guipure, les rosaces centrales riches sans surcharge, et parfois dans les colonnes rayonnantes reliant le motif du milieu à la circonférence, qu'on se demande s'il n'y a pas une ingénieuse invention. Il faut que les contemporains en aient jugé ainsi, puisque la faïence rouennaise a été l'objet d'une imitation universelle : la Belgique, la Hollande, l'Italie même, ont multiplié les variétés d'un genre que Lille, Paris, Saint-Cloud, Marseille, etc., exécutaient couramment pour répondre au goût des consommateurs.

Les compositions à dentelles furent remplacées un moment par des corbeilles de fleurs supportées par des rinceaux à guirlandes et formant motif central ou posées dans les créneaux des lambrequins ; ce genre riche et gracieux, dû à l'influence directe des publications littéraires du temps, est un emprunt évident aux culs-de-lampe des splendides éditions de Cramoisy et des autres éditions du xviie siècle.

Ce qui prouve surabondamment la persistance de l'école rouennaise dans la volonté de rester française, dit encore Albert Jacquemart, c'est que, dans ses commencements, elle a su imiter la porcelaine chinoise avec une fidélité et un talent au moins égaux à ce que l'on admire chez les faïenciers hollandais; mais les peintres normands surent bientôt s'affranchir de cette imitation trop servile en créant le genre à la corne. Là, les motifs sont plus larges que dans le typé chinois lui-même; une corne d'abondance d'où s'échapperont des tiges chargées de pivoines, de grenades ouvertes, d'œillets d'Inde, forme motif principal et s'entoure d'oiseaux, de papillons et d'insectes, et quelquefois même de capricieuses rocailles. Cette poterie, moins pure de fabrication et de goût que la vaisselle à lambrequins et dentelles en bleu, rachète par l'éclat de ses vifs émaux la lourdeur de sa pâte et son émail bleuté sujet à la tressaillure.

Parmi les plus beaux produits de la céramique rouennaise, dont la figure 368 offre un élégant spécimen, nous ne saurions oublier les deux sphères monumentales provenant de la manufacture de Mᵉ Lecoq de Villeray et peintes par Pierre Chapelle, en 1725. Ces deux pièces

Fig. 368. — *Vase de Rouen. (Collect. de M. Hope, de Paris.)*

hors ligne, conservées aujourd'hui au Musée de Rouen, représentent un globe terrestre et un globe céleste, où figurent les Quatre Eléments et les allégories de la Grammaire, de la Géométrie, de la Musique et de la Peinture, entourées de guirlandes de fleurs, d'attributs savamment composés et peints en émaux harmonieux et chauds. Un globe céleste du même genre se voyait également dans le vestibule des appartements du roi, à Choisy. Ces spécimens, ainsi que le beau plat du même auteur signé en rouge appartenant à M. de Liesville, montrent l'art à son apogée; comme dessinateur, Pierre Chapelle y est au moins égal aux derniers adeptes de la majolique.

MOUSTIERS-MARSEILLE. Il y a quelques années, toutes les faïences françaises étaient attribuées à Nevers ou à Rouen. L'existence d'une faïence de Moustiers (Basses-Alpes) était ignorée. Les amateurs instruits hésitaient cependant à considérer comme faïences rouennaises de charmants spécimens rappelant, par l'élégance de leur forme et les précieuses arabesques dont elles étaient décorées, le style de Bérain, de Charles Boulle, de Du Cerceau et des autres petits maîtres français. C'est M. Riocreux qui, le premier, a démontré que ces pièces, parfois d'un beau blanc, à émail uni, non vitreux, et peintes d'un bleu intense (1ᵉʳ type), parfois aussi recouvertes d'un émail tellement vitreux qu'il rivalise avec celui de la porcelaine, et donne au cobalt un ton céleste et doux comme

s'il transparaissait sous une glace épaisse (2ᵉ type), n'étaient pas plus de Marseille que de Rouen, et qu'il s'est formé dans Moustiers un centre très important de faïences décoratives.

Suivant M. Ch. Davillier (*Hist. des faïences et porcel. de Moustiers-Marseille, etc.*), une fabrique de poterie existait déjà à Moustiers l'an 1632, dirigée par les Clérissy; Pierre Clérissy et son neveu, *maîtres-faïenciers* d'un grand talent, donnèrent surtout à l'industrie de leurs ancêtres un développement exceptionnel. Parmi les autres fabricants qui ont tenu un rang élevé, on cite Joseph Olery. « Les faïences d'Olery, dit M. Alph. Maze-Sencier, sont le plus souvent polychromes. Elles sont décorées de guirlandes de fleurs et de fruits, de sujets mythologiques et de médaillons renfermant des bustes de guerriers et de déesses, des amours, des oiseaux, etc. La décadence commence avec les dessins à caricatures, rappelant les gueux de Callot. »

STRASBOURG-HAGUENAU. L'histoire céramique de ces deux fabriques, qui se lient très étroitement, peut se résumer par le nom d'une seule famille de potiers, les Hannong. Selon M. Teinturier (*Rech. sur les anc. manuf. de faïence (Alsace-Lorraine)*), la première fabrique d'Alsace remonterait à 1721. Quoique les caractères des faïences alsaciennes se rapprochent beaucoup de ceux de Nuremberg, il était réservé à la ville de Strasbourg de donner son nom à un genre de décor intermédiaire entre celui de la faïence de haut style et la peinture de porcelaine. Ce décor est simple encore dans les spécimens ordinaires; les fleurs sont chatironnées, c'est-à-dire entourées d'un trait noir, et modelées sommairement; du reste, le rouge d'or apparaît brillant, caractéristique, et le vert de cuivre éclate avec une intensité unique. Dans la donnée de ce genre, on ne pouvait faire mieux; aussi l'usine de Strasbourg eut-elle de nombreux imitateurs. Ses plus anciens ouvrages sont à fleurs et à insectes; plus tard, elle a introduit les personnages chinois de ce genre grotesque inventé par l'Europe.

Indiquons maintenant la fabrique de Lunéville (1731), devenue célèbre par les groupes et statuettes en *biscuit* de l'habile modeleur Paul-Louis Cyfflé; celle de Niederwiller (Meurthe, 1746-1765), dont les petits sujets exécutés par Cyfflé et Charles Sauvage, dit *Lemire*, sont d'un travail exquis, et enfin celle de Lille, ville sur laquelle M. Houdoy (*Rech. sur les manuf. lilloises*) a donné des renseignements intéressants. On peut d'ailleurs juger combien cette dernière fabrique était distinguée; deux autels portatifs datés de 1716, l'un qui appartient au Musée de Sèvres, l'autre classé dans la collection de M. de Liesville, portent le nom du fabricant et de deux peintres. Ce fabricant est Jacques Febvrier, mort en 1729; lui et ses successeurs n'ont pas seulement traité supérieurement le camaïeu bleu; les magnifiques pièces polychromes du Musée de Sèvres montrent la souplesse de leur talent; ce sont des assiettes à bord ondulé, forme d'argenterie, où, sur un émail rival de celui de Moustiers s'enlève d'abord une couronne d'élégants motifs rocaille détachés, séparés par des insectes, et exécutés en rouge de fer très vif, bleu pâle, lilas, jaune et vert nuancé; au fond et dans le haut, deux amours soutiennent une bandelette sur laquelle est inscrit le nom du propriétaire; des rocailles, corbeilles, groupes de fruits et de fleurs encadrent ce motif principal et garnissent le pourtour. La richesse et l'harmonie des teintes dépassent ce que Moustiers a fait de mieux en peintures fines.

Mentionnons encore trois centres importants : Rennes, Sinceny et Chauny (Ile-de-France), qui toutes deux ont singé les chinoiseries de Rouen avec une saveur fort plaisante.

Accordons maintenant une mention aux potiers parisiens tels que Claude Réverend (XVIIᵉ siècle) et Digne (XVIIᵉ siècle), faïencier qui livra à la pharmacie de la duchesse d'Orléans des pots armoriés ornementés dans le style de Rouen, et exécutés les uns en bleu, les autres en bleu et jaune citrin. Les pots de pharmacie, mis à la mode par les Italiens de la Renaissance, étaient d'ailleurs très recherchés. Au xviie siècle, les boutiques des pharmaciens brillaient par leurs beaux vases de porcelaine à un tel point que Sauval, dans ses *Recherches*, voulant signaler l'abus du luxe des porcelaines de Chine alors naissant, dit : « La galerie de l'Hôtel de Bullion était couronnée d'une corniche, mais si chargée de porcelaines, qu'on la prend pour une longue et magnifique apothicairerie. » N'oublions pas de citer la *Manufacture royale de Terre d'Angleterre*, établie vis-à-vis la porte du Pont-aux-Choux, à l'angle de la rue Saint-Sébastien, près le Marais, et mentionnée dans l'*Almanach des marchands* de 1772, sous le nom de *Manufacture royale des Terres de France, à l'imitation de celles d'Angleterre*. Elle était dirigée par le sieur Mignon qui « entreprend, dit cet almanach, des pièces extraordinaires pour les personnes qui en commandent, et fait les envois dans le royaume et chez l'étranger. » Cette poterie, rapporte M. Ch. Davillier (*Catal. du duc d'Aumont*, introd.), qu'on appelait aussi *Terre anglaise*, était sans doute une terre de pipe, à l'imitation des produits anglais, tels que le *Qween'ware*, le *Rockingm haware*, etc., fort estimée à cette époque. Ajoutons que des sculpteurs de talent, notamment Sigismond Adam, le frère de Clodion, travaillèrent pour cette fabrique, dont les produits, achetés pour les châteaux royaux, étaient assez recherchés pour qu'on les jugeât dignes d'être montés en bronze doré. Quant à Ollivier, potier parisien dont M. Champfleury possède des faïences parlantes, nous aurons plus tard occasion de revenir à son sujet.

Les environs de Paris ont eu aussi leurs fabriques. Il existait à Sceaux, petit village appelé alors *Sceaux-Penthièvre*, une fabrique qui produisit des pièces do belle forme et de bonne peinture. On lit au mot *Faïence*, dans le *Dictionnaire du Citoyen* (Paris, 1761), au sujet de ces produits : « Les pots à oille, les terrines, les soupières, les corbeilles, les vases y reçoivent des formes élégantes et variées. On y trouve aussi des fruits de toutes espèces, et des figures propres à orner les desserts. » Avant 1765, époque à laquelle elle a commencé à faire de la porcelaine, la fabrique de Sceaux faisait une faïence blanche en manière de porcelaine japonée sur laquelle on appliquait quelquefois de l'or. » Cette *faïence japonée* était une poterie émaillée très fine de pâte, décorée de délicates peintures cherchant à imiter la perfection du décor des porcelaines du Japon. Enrichie de moulures et de reliefs, couverte d'un émail blanc et uni, elle recevait une décoration charmante de bouquets et emblèmes; de groupes d'Amours se jouant dans les nuages; de délicates figures ou de groupes d'animaux dans des paysages; tout cela entouré d'arabesques en couleurs ou en or, de guirlandes de laurier, formant un ensemble des plus élégants, tel que le montre la *Jardinière de Sceaux*, appartenant à M. Alph. Maze-Sencier.

FAÏENCES ÉTRANGÈRES. Pour suivre aussi exactement que possible l'ordre géographique, nous commencerons par la BELGIQUE. La ville de Tournay, qui fut longtemps française, et où la fabrication a été établie par des Français, avait, ainsi que Bruges, un grand nombre de fabriques au commencement du xviiie siècle. Le *Journal du Commerce* (mars 1701) s'exprime ainsi à cet égard : « Il y a une manufacture à Tournay et une à Bruges qui égalent *au moins en beauté et en assortiment* les manufactures de ce genre les plus renommées. Le sieur Peterynck, à qui appartenait celle de Tournay, et le sieur Pulinck, qui a celle de Bruges, ont porté ces manufactures au plus haut point de perfection. » Il en était de même de Bruxelles, qui occupa jadis un rang assez distingué dans la céramique des Pays-Bas.

HOLLANDE. Delft et les villes voisines ont passé jusqu'ici pour avoir été très anciennement renommées pour leur

habileté dans l'art céramique. Haydn, dans son *Dictionnaire des Dates* (Londres, 1845), dit en effet que cette faïence y était fabriquée déjà vers 1300, et, suivant les *Notices* sur l'*Histoire ancienne de Hall*, par Frost, l'importation des faïences des Pays-Bas ou de la Hollande aurait commencé dès le règne de Henri IV d'Angleterre (1399-1413). Mais M. Havard, dans une récente notice sur les faïences de Delft, a reconnu le peu de certitude qu'offrent de pareilles allégations, et il démontre victorieusement que la faïence de Delft n'a réellement commencé à être connue en Europe que vers la fin du xvie siècle. Les produits de cette fabrique étaient alors principalement copiés d'après la vieille porcelaine chinoise et japonaise, non seulement pour la forme, mais encore pour la couleur, nous apprend Marryat. Cette faïence pseudo-orientale était recouverte d'un bel émail légèrement bleuâtre, sur lequel on appliquait des pein-

Fig. 369. — *Grand vase de Delft. (Collect. Hampton Court, Marlborough-House.)*

tures principalement bleues. C'est ce que confirme Reinier Boitet, dans sa *Description de Delft* (Amsterdam, 1667). Le succès qu'obtint cette fabrique fut sans exemple. Selon Van Bleyswych, « elle fut si renommée, non seulement en Brabant, en Flandre, en France, en Espagne et aux Indes, que, dans peu d'années, vingt-huit fabriques furent fondées à Delft même, où l'on put en compter jusqu'à trente. C'est aux poteries à pâte dure de Wedgvood que l'on doit au commencement du xviiie siècle le déclin de ces fabriques célèbres qui s'amoindrissaient alors devant les manufactures anglaises. Macpherson, dans ses *Annales du Commerce*, écrit, à la date de 1765 : « Autrefois, nous mangions tous nos mets dans des assiettes faites à Delft, en Hollande; maintenant les Hollandais se servent de notre poterie du Staffordshire. L'augmentation de nos exportations de cette faïence en Hollande et les pays voisins depuis 1760 est véritablement surprenante. »

La faïence de Delft est trop connue pour qu'il soit nécessaire d'en donner une longue description. Sa perfection consiste dans l'éclat et la netteté de ses couleurs, dont le contour ne se confond pas avec le vernis (fig. 369). Quelques spécimens sont décorés de riches peintures qui brillent de l'éclat du bleu, du rouge et de l'or, à l'égal des porcelaines orientales. C'est ce qu'on appelle le *Delft doré*, devenu en quelque sorte le type du plus remarquable produit de la Hollande. Les célèbres collections de MM. Evenepoel et Fétis, de Bruxelles, sont riches en pièces de ce genre. Le Musée de Sèvres possède un grand plat dont le centre est occupé par des figures et des animaux d'après Berghem; il est considéré comme un des plus beaux spécimens connus du Delft du XVIIᵉ siècle.

Après les faïences de Delft, il faut placer les rarissimes faïences d'Arnheim marquées d'un coq et attribuées jusqu'alors à Amsterdam. Les pièces de la première époque, polychromes et dorées, se confondent avec les produits delftois, mais les plus beaux specimens sont ceux de la seconde période. Ils présentent des scènes galantes en camaïeu bleu d'une extrême finesse, et leur forme est empruntée aux beaux modèles de l'orfèvrerie. On en trouve un exemple dans la fontaine ornée d'un gracieux sujet champêtre à deux personnages, genre Boucher, appartenant à M. de Liesville.

Fig. 370. — *Coupe à boire allemande. (Collect. Paliser.)*

Suède. On compte en ce pays deux fabriques remarquables : celles de Marieberg et de Rorstrand, près Stockholm. La faïence de Rorstrand ou de Stockholm, comme on la désigne indistinctement, mérite d'être recherchée. Elle est souvent décorée de bouquets, soit en camaïeu bleu, soit au manganèse rehaussé de jaune citron. On aime surtout les pièces ornées de fleurs, genre Saxe, et certains services imitant au naturel des fruits et des légumes. Le Musée de Sèvres possède un bol à dessins bleus, daté de 1751, et portant cette galante inscription : *A la santé de toutes les belles filles !*

Allemagne. Quoique M. Demmin, trop souvent sujet à caution *pour tout* ce qui concerne l'Allemagne, ait maintes fois exagéré l'importance des fabrications d'outre-Rhin, la céramique allemande n'en mérite pas moins une étude sérieuse et approfondie ; mais la place nous manque ici pour en entreprendre la classification méthodique. Bornons-nous donc à citer, par ordre alphabétique, la série des usines dont les œuvres paraissent incontestables.

Baireuth (Bavière). Les poteries en sont minces, sonores, bien travaillées et couvertes d'un émail bleuté relevé de dessins délicats en bleu gris assez peu vif. Outre le grand vase que possède le Musée de Sèvres, on voit dans la collection de M. de Liesville un sceau à rafraîchir en forme de bonnet d'évêque et une grande plaque émaillée de la même fabrique, qui sont de la plus grande rareté.

Nuremberg (Bavière). A partir de la Renaissance, la céramique nurembergeoise resta pour ainsi dire stationnaire. Le style archaïque de la plupart des faïenciers du XVIIᵉ siècle le prouvent clairement. Quoi qu'il en soit, les ouvrages d'une date plus récente sont ordinairement d'un

travail très fini. Des ours, des cerfs et des animaux divers du pays en fournissent fréquemment les sujets et forment quelquefois le corps de la pièce tout entière, comme encrier, pot à bière, etc. (fig. 370). De très beaux ouvrages en faïence sont également sortis de l'usine de Höchst-sur-le-Mein, entre autres des services de table composés de plats, vases, compotiers, légumiers représentant avec la forme et la couleur, les légumes, poissons, gibiers, fruits, etc., qu'ils doivent contenir.

Angleterre. Les débuts de l'Angleterre dans la fabrication des poteries de tous genres sont encore entourés d'une grande obscurité ; ce qui paraît ressortir des travaux récents sur ce sujet, c'est que la céramique à pâte dure a particulièrement préoccupé les artistes et que les grès communs ou fins, les cailloutages et autres compositions se rapprochant de la porcelaine, ont précédé celle-ci de beaucoup. Quant à la faïence émaillée, appelée *Delft* chez nos voisins, son nom suffit à démontrer qu'elle est d'importation hollandaise. Vers 1640, on fabriquait en Angleterre des vases de pharmacie et des carreaux de revêtement à paysages en bleu ; certains brocs et pots blancs où sont inscrits en bleu les noms de *sack*, *claret* et *whit*, remontent au règne de Charles Iᵉʳ. On peut citer encore les poteries de Fulhaus, les faïences de Lambeth, de Liverpool, etc., etc. Mais de 1759 à 1770, la ville de Burslam, dans le Staffordshire, devint le centre de la plus brillante usine de l'Angleterre, celle de Josiah Wedgwood, avec Palissy, le plus célèbre de tous les potiers. C'est à cet homme entreprenant et habile que l'on doit les spécimens très précieux de sculpture grecque et romaine, comme vases, camées, médaillons, cachets, qu'il reproduisit par ses procédés particuliers. Il fit aussi de charmantes petites statuettes pour jeu d'échecs, et réussit à donner au grès dur les couleurs vives et le vernis brillant qui jusque-là n'avaient été que sur la porcelaine. La copie du vase antique dit de *Portland*, figures blanches sur fond vert ; les imitations égyptiennes en biscuit noir rehaussé de bas-reliefs rouges et blancs ; les camées et les bas-reliefs d'après Flaxmann sur fond bleu grisâtre, sont ses produits les plus connus et les plus appréciés (fig. 371).

Temps modernes. 2. *Porcelaines.* La faïence fine de Wedgwood, que les potiers anglais désignent sous le nom de *porcelaine*, nous amène tout naturellement à parler de cette dernière espèce de poterie. L'histoire de la fabrication de la porcelaine en France peut se diviser en deux périodes distinctes. La première, de 1695 à 1768, est celle de la fabrication de la porcelaine tendre ; la seconde, que nous pouvons considérer comme commençant en 1769, se rapporte à la fabrication de la porcelaine à pâte dure. Mais, disent MM. d'Armaillé et Salvetat, ce n'est pas à Sèvres qu'elle fut découverte ; ce fut à Saint-Cloud, dont la manufacture peut être considérée comme la souche de toutes les fabriques de porcelaine en France. Le *Mercure* de l'année 1700 annonce que la duchesse de Bourgogne ayant passé par Saint-Cloud pour aller chez la duchesse de Guiche, fit arrêter son carrosse à la porte de la maison où MM. Chicanneau avaient établi depuis quelques années une manufacture de porcelaines fines, qui, sans contredit, n'avait point de semblable dans toute l'Europe. Jusque dans ces derniers temps, les porcelaines de Saint-Cloud ont été peu ou point connues. Pourtant, le voyageur anglais Lister, médecin de la reine Anne, parle de leur mérite et de leur prix élevé. « Il n'y a ni modèle, ni dessin de Chine qu'ils n'aient imité et ils ont ajouté par eux-mêmes beaucoup d'ornements qui produisent le meilleur effet et paraissent de la plus grande beauté. »

De nouvelles recherches ont démontré que, bien antérieurement à la date de 1695, on avait fait en France une poterie présentant tous les caractères de la porcelaine chinoise, moins la dureté. D'après André Potier (*Hist. des faïences de Rouen*), le céramiste Louis Poterat aurait fait, à Rouen, en 1673, de la véritable porcelaine tendre artificielle, que la fabrique de Saint-Cloud ne produisit que quinze ou vingt ans après cette époque. C'est donc à cette date qu'il convient de faire remonter l'origine de la porcelaine européenne. Le sieur Ciquaire Ciroux introduisit cette fabrication à Chantilly (1725), dont la manufacture devint également célèbre et peut être regardée comme la source de laquelle dérive l'établissement de Vincennes. La porcelaine de Chantilly, comme le prouvent plusieurs beaux échantillons de la collection de M. Maurice de La Fargue, est, en effet, fort remarquable ; sur un émail d'étain qui lui ôte un peu de sa translucidité en lui donnant une blancheur mate analogue à celle des poteries fines coréennes, qu'elle cherchait à imiter, on voit courir les plantes orientales, gravir l'écureuil et s'étaler la haie, en tons variés mais un peu froids. Plus tard, on renonça à l'émail opaque et les fleurs façon Saxe, les décors genre Sèvres se fondirent en une couverte vitreuse, lisse et unie. Quant à l'usine de Vincennes (1740), qui créa chez nous une concurrence sérieuse à certains produits de Saxe, elle subit l'influence de la mode et s'empara des fleurs coloriées destinées à orner les lustres, girandoles, pendules et autres objets mobiliers, gracieux petits chefs-d'œuvre aux formes élégantes et les plus variées. En 1753, le roi s'étant intéressé pour un tiers dans les frais de l'établissement, qui prit alors le titre officiel de *Manufacture royale de porcelaine de France*, un immense développement dans la production résulta de cette organisation nouvelle ; alors, les directeurs achetèrent à Sèvres un vaste terrain sur lequel était la maison de Lulli, pour y faire construire les bâtiments encore existants de l'ancienne manufacture. A partir de l'époque de ce changement (1756), le nom même de Vincennes fut oublié, et les anciens produits comme les nouveaux prirent le nom de la nouvelle résidence. Comme la place nous manque ici pour donner à la manufacture de Sèvres toute l'importance qu'elle mérite, nous ne reproduisons ici qu'un spécimen de sa fabrication et nous renvoyons le lecteur à l'intéressante monographie qui lui est consacrée (fig. 372). — V. SÈVRES.

Selon Alexandre Brongniart, la porcelaine tendre se divise en *porcelaine tendre naturelle* et *porcelaine tendre artificielle*. La porcelaine tendre naturelle est une préparation presque exclusivement anglaise, quoique les porcelaines de Bow, de Chelsea et de plusieurs manufactures modernes de l'Angleterre, à l'exemple des porcelaines de Sèvres, de Chantilly, etc.. etc., soient de l'espèce dite artificielle. Mentionnons encore les porcelaines *hybrides* ou *mixtes* d'Italie, d'Espagne et de Portugal, et passons, sans plus tarder, à la *porcelaine dure*. C'est à Ch. Hannong, de Strasbourg, que l'on doit les premiers produits en porcelaine translucide à pâte dure (1721). Par la suite, plusieurs fabriques françaises cherchèrent à imiter cette substance ; mais ce fut Sèvres surtout qui y réussit, au point que, vers 1769, la porcelaine tendre fut abandonnée pour la porcelaine dure. Néanmoins, la vraie porcelaine kaolinique avait été découverte, dès 1709, par Jean-Frédéric Bottcher, alchimiste de l'électeur de Saxe,

et fondateur de la manufacture de Meissen, près Dresde. Après la guerre de Sept ans, quand le style de Sèvres fut introduit dans les productions allemandes, une nouvelle ère de succès fut ouverte, et la réputation des porcelaines de Saxe devint universelle. Les merveilleux produits de Meissen se répandirent alors à profusion dans les cours et parmi l'aristocratie de l'Europe : ce sont des boîtes à pendules, des tabatières ornées de peintures exquises, des fleurs, des figurines à *dentelles*, des vases réticulés et à fleurs d'aubépine, lesquels rivalisent de grâce, de finesse et de perfection. Citons encore les candélabres de cette manufacture, incomparablement plus beaux que ceux de toute autre usine ; le goût déployé dans la forme des figures et des ornements est en général d'une élégance sans pareille (fig. 373). Quant aux ravissants petits groupes exécutés par le modeleur Kandler, et qui ont si bien établi la réputation de la fabrique de Saxe, on les connaît pour la plupart. « Les *Cinq sens*, le *Mariage à la mode*, le *Tailleur du comte de Brühl et sa femme*, à cheval, lui sur un bouc, elle sur une chèvre ; cent petits amours en capitans, en apothicaires, en médecins, en hussards, en hercules, en jardiniers ; des singes musiciens, des soldats et des gens de toutes conditions, un olympe bouffi et rose ; les vertus théologales et la comédie italienne..., c'est, dit M. Ph. Burty, tout un monde qui rit, qui chante, qui minaude, qui piaffe, qui grimace, qui se décollète, qui se rengorge avec une naïveté, une malice, une souplesse, une bouffonnerie vraiment incroyable dans leur diversité. »

Fig. 371. — *Camée de Wedgvood, pâte bleu-grisâtre, ornements blancs, dessinés par Flaxmann (Marlboroug-House).*

N'oublions pas la porcelaine dure de Vienne, plus lourde, moins blanche que celle de Meissen, mais recherchée pour ses belles dorures et ses reliefs délicats. La *Manufacture royale de Prusse*, établie par le grand Frédéric, à Berlin, avec les épaves de l'usine de Meissen, mérite également d'être citée. Ses œuvres sont du dernier fini ; la pâte en est très blanche, et l'on admire particulièrement ses groupes en biscuit, la délicatesse de ses pièces à relief et la perfection de ses camaïeux roses. Il en est de même des produits de la fabrique de Hochst-sur-le-Mein, établie en 1720, et dont la renommée ne tarda pas à se répandre par toute l'Allemagne, grâce au talent du célèbre sculpteur Melchior, qui, de 1760 à 1794, fut mis à la tête du personnel artistique. Les amateurs font grand cas des statuettes de cet artiste ; elles défient la comparaison avec les plus belles œuvres du genre. Terminons par la manufacture de Frankenthal, fondée en 1754, par le strasbourgeois Paul Hannong, alors exilé volontairement dans le Palatinat. « La porcelaine de Frankenthal, lit-on dans le *Journal de commerce* (juillet 1760), a le même fond de richesse que celle de Saxe et de France ; elle est, comme ces dernières, bien au-dessus de celle de la Chine et du Japon, non seulement pour l'éclat du blanc et le brillant de la couverte, mais encore pour l'élégance de ses cartouches, pour la manière dont les fleurs sont groupées, variées et finies, pour le goût, la noblesse des contours, l'exactitude, la netteté et la beauté, la force et la vivacité des couleurs. Cette manufacture excelle surtout dans les figures. Elle a atteint le degré de perfection de celles de Saxe et de

France, pour la variété et le dessin des statues, par la force et le naturel des attitudes et par la vérité de l'expression. On ne peut lui refuser cet avantage, quelque prévenu que l'on soit pour l'industrie et l'art qui brillent dans ces dernières. A cet avantage on a ajouté celui du bon marché; les prix sont de plus d'un tiers au-dessous de ceux des porcelaines de Saxe et de France.»

Le sculpteur Melchior, dont on connaît des groupes modelés d'après Greuze et Raphaël, travailla également

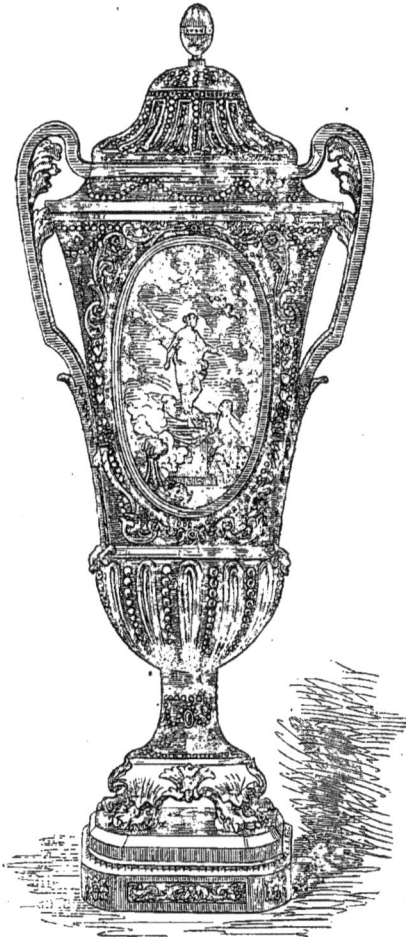

Fig. 372. — *Vase de Sèvres. (Collect. de sir Richard Wallace.)*

pour l'usine de Frankenthal. Mme veuve Chavet possède une très remarquable figurine de cet artiste, avec la marque du palatin Charles-Théodore; elle représente la *Médebac*, célèbre comédienne du XVIIIe siècle, dans le rôle de Paméla, héroïne d'une comédie de Goldoni, qui lui consacra plusieurs pages dans ses Mémoires.

Revenons maintenant en France, où plus que jamais on recherchait alors les objets d'art de toute sorte,

Et le fragile émail pétri par le Chinois.

Les produits de Sèvres surtout se disputaient les étagères. C'est au point que, pendant les dix dernières années qui

précédèrent l'abolition de la monarchie, les étrennes à la mode, dans les hautes classes de la Société, étaient des porcelaines de Sèvres. On peut concevoir jusqu'où cette manie a été poussée, dit de Jouy, en se rappelant qu'à cette époque un des petits appartements de Versailles, pendant la première quinzaine de janvier, était transformé en magasin de porcelaine, et que le roi lui-même s'en était établi le marchand à *prix fixe*. L'*Almanach des Muses* de l'an 1778 a publié un charmant « Impromptu fait à Versailles au magasin des porcelaines » :

Fragiles monuments de l'industrie humaine,
Hélas! tout vous ressemble en ce brillant séjour :
L'amitié, la faveur, la fortune et l'amour,
    Sont des vases de porcelaine.

Mais l'aristocratique porcelaine ne devait pas tarder à disparaître, pour faire place à la faïence populaire, qui, toute grossière qu'elle fût, n'en joua pas moins un rôle

Fig. 373. — *Candélabre de Dresde. (Collect. Bernal.)*

important sous la Révolution. En effet, dès les premiers jours de 1789, de nombreux ateliers répondirent aux sentiments patriotiques de la nation. Si nous commençons par la capitale, on verra qu'à Paris la fabrique d'Ollivier, rue de la Roquette, n'avait pas tardé à devenir célèbre. Le morceau le plus important de ce potier fut un poêle représentant la Bastille, offert à la Convention par le riche manufacturier du faubourg Saint-Antoine. « Ce qui a fait le plus de plaisir à tous les patriotes qui l'ont vu, c'est un poêle d'une forme absolument neuve, un poêle en forme de Bastille, dit Camille Desmoulins, dans un article des *Révolutions de France et de Brabant*; c'est exactement la Bastille avec ses huit tours, ses créneaux, ses portes, etc., colorée au naturel avec des teintes tirées des minéraux et fixées au feu. Sur la forteresse s'élève un canon orné à la base des attributs de la liberté : bonnet, boulets, chaînes, coqs et bas-reliefs; les couleurs de la fonte, du cuivre, du marbre, de l'airain, y sont parfaitement imitées et inaltérables. » Ce poêle est aujourd'hui au Musée de Sèvres. Quoique les pièces patriotiques de la manufacture d'Ollivier soient rares, on connaît cependant des plats en faïence brune, signées de lui, portant dans un trophée composé de feuilles de chêne, de fleurs de lis et du bonnet rouge au bout d'une pique : Vive la liberté sans licence !

Le même esprit ne tarda pas à se manifester dans les principaux centres industriels de la province. Nevers, entre autres, qu'on peut considérer comme le berceau de la faïence nationale, sous la Révolution, répandit sur tous les bords de la Loire une foule de dessins révolutionnaires sous émail, dont il n'est pas possible de méconnaître la portée. Selon M. Champfleury (Histoire des faïences patriotiques), des manufactures nivernaises sont parties la plupart des faïences patriotiques. « Ce qui s'imprimait à Paris de caricatures, de symboles, de placards fut immense. Nevers se servit de la faïence comme de l'imprimerie avec autant de spontanéité que la presse, les potiers firent circuler dans toute la France une imagerie émaillée, plus utile en enseignements que le livre, car combien de paysans savaient lire en 1789? » Les faïences de Nevers arrivant par la Loire et le canal de Briare à Paris, dit un céramographe (Duclos, Art céramique), étaient de là expédiées en Beauce, en Picardie, en Normandie... Elles avaient leur écoulement dans le Berry, l'Orléanais et particulièrement dans les départements de l'Ouest, qui n'en connaissaient pas d'autres. Elles affluaient à Nantes et se distribuaient à Rouen et à Bordeaux, offrant aux populations la curieuse assiette sur laquelle on lit : Je chéris ma liberté ! et répandant avec les idées nouvelles le blason des potiers, lequel se composait des emblèmes du Tiers, de la crosse, de la bêche et de l'épée, « beau blason qui appartient à tous. » Deux autres assiettes nivernaises portent : Aimons-nous comme des frères et Ça ira (1793). Puis le zèle révolutionnaire s'accentue, ainsi que le montre une assiette patriotique décorée du bonnet, au Musée Carnavalet (collection de Liesville) avec un couplet de la Carmagnole.

Enfin un enfant bourre un canon avec des personnages. Pour que le sens du dessin soit bien compris, la légende porte : Je bourre les aristocrates. Mais il y avait à Nevers des faïenciers réactionnaires. Ceux-ci mettaient sur leurs assiettes : Vive le Roi citoyen ! D'autres : Les lis ramènent la paix. Un plat où l'on voit un prêtre et un noble se donner la main a pour légende : Le malheur nous réunit. Un détail assez curieux, nous apprend M. Ph. Burty, c'est que « la palette du faïencier nivernais ne possédant pas le rouge, au moment où le drapeau tricolore vint flotter au milieu des légendes patriotiques, on dut transformer sa glorieuse trinité de tons en bleu, blanc... et jaune. Toute cette série, qui a mérité l'appellation de « faïence parlante » est, en effet, plus éloquente que la prose de bien des écrivains qui passent dédaigneux sans savoir déchiffrer ces naïfs et robustes feuillets de l'histoire de France. »

Après le Nivernais, les campagnes du Beauvoisis sont celles qui ont fourni la plus grande quantité de faïences patriotiques. Toutes ces céramiques proviennent des fabriques de Nevers. Il n'en est pas de même des fabriques d'Auxerre, d'où sortit une assiette représentant un garde national avec la légende : Ma vie et ma patrie. On lit sur un autre plat conservé au Musée de Varzy : Mourir pour la patrie, c'est un sort plein d'appas. L'an II de la liberté. C'est encore d'Auxerre que provient l'écritoire ainsi décrite au n° 159 de la vente Grasset : « Écritoire avec un tiroir sur lequel : Guerre aux tyrans. Une galerie supérieure est supportée par vingt-six colonnes; quatre tambours en trophée sur la tablette supérieure. Sur le côté gauche : Unité et indivisibilité de la République; de l'autre : Paix aux chomières. Sur le derrière, sept canonniers et deux pièces de canon. » (Coll. de M. Champfleury.)

Les faïenceries poitevines ont aussi fourni quelques pièces nationales provenant de la fabrique de Saint-Porchaire (Vendée). Ainsi, sur un saladier daté de 1792, on lit : Le despotisme est confondu. Des assiettes portent

dans un cartouche : A la Montagne ! Une écritoire octogone de la Société populaire de Fontenay offre le bonnet de la liberté sur les quatre faces principales, avec l'inscription au-dessous : Vivre libre ou mourir ! Enfin sur quelques pichets, devant lesquels on politiquait à table, on lit : La liberté ou la mort ! Au-dessous d'un fusil avec sa baïonnette : La clef du cœur des aristocrates ennemis de la liberté !

Quant à l'assiette à la guillotine (exécution de Louis XVI), dont on trouve le fac-simile dans l'ouvrage de F. Pouy (Les faïences d'origine picarde), et dans la brochure de M. Gustave Gouellain, elle n'est pas du temps. C'est l'œuvre d'un faussaire, qui la répandit à un certain nombre d'exemplaires, il y a environ une trentaine d'années. — S. B.

TECHNOLOGIE

Les matières premières employées dans la céramique sont les argiles en général comprenant les kaolins, employés seuls ou mélangés ou associés seuls ou en mélange à d'autres substances.

Les argiles proviennent de la décomposition des roches feldspathiques sous l'influence des sulfures de fer avec lesquels elles ont été en contact, elles sont le plus souvent transportées loin du lieu de leur formation et sont toujours plus ou moins impures; elles contiennent du fer, de la chaux, de la magnésie, de la potasse, de la soude, du sable siliceux libre, etc.; les kaolins sont des silicates d'alumine à peu près purs (V. Kaolin). Les matières argileuses et kaoliniques, suivant leurs compositions et les matières qu'on y ajoute, correspondent à des produits céramiques différents. Ces matières sont de différentes natures et leur qualification varie avec leur composition générale, mais toutes jouissent d'une propriété particulière, à des degrés différents il est vrai, qui consiste à pouvoir faire pâte avec l'eau en conservant une cohésion permettant un façonnage plus ou moins facile des pièces céramiques. On peut les classer comme suit :

1° Les marnes argileuses peu plastiques et les argiles marneuses;

2° Les marnes calcaires et limoneuses dont la plasticité est très faible;

3° Les argiles figulines peu colorées mais contenant beaucoup d'éléments vitrifiables;

4° Les argiles plastiques jouissant à un haut degré de la propriété commune à toutes ces matières;

5° Les Kaolins, silicates d'alumine à peu près purs, peu plastiques, caractérisés par leur blancheur.

A côté des substances plastiques, dont nous venons de parler, viennent s'en placer d'autres, non moins utiles dans la fabrication des produits céramiques et qui ont pour but, dans leur mélange avec les premières, de diminuer la plasticité des terres au besoin, de façon à permettre soit un façonnage plus facile suivant les procédés employés, soit un séchage plus uniforme en évitant les retraits trop brusques et par suite les fendillements, aussi bien pendant le séchage que pendant la cuisson.

Ces substances ont été nommées *antiplastiques* ou dégraissantes ; les principales sont :

1° Le *quartz*, le *silex*, les *cailloux* ou *galets roulés ;*

2° Les *feldspaths* (orthose et albite) et les *pegmatites ;*

3° Les *terres cuites*, dites : *charmot* ou *ciment*, et les *escarbilles* (pour les briques communes);

4° La *craie*, le *sulfate de chaux* et le *sulfate de baryte ;*

5° Le *phosphate de chaux* ;

6° Les *frittes vitreuses.*

Outre leurs propriétés antiplastiques, certaines de ces substances sont fusibles par elles-mêmes, comme les frittes vitreuses et les feldspaths ; d'autres, par leur présence, donnent à la masse totale une sorte de ramollissement rendant la pâte transparente. Les premières entrent dans la composition des glaçures. Aussi croyons-nous utile de présenter ici une liste des différentes matières céramiques avec leur propriété principale correspondante, c'est-à-dire le rôle qu'elles jouent dans la fabrication :

1° *Matières principalement plastiques* : argile, marnes argileuses, magnésite, giobertite, talc, kaolin, collyrite, cymolithe ;

2° *Matières principalement dégraissantes* : quartz, sable, silex, terres cuites dites *charmot* ou *ciment*, escarbilles, amyante, sciure de bois ;

3° *Fondants pour les pâtes* : feldspath, calcaire, marnes calcaires, plâtre, sulfate de baryte, phosphate de chaux, frittes vitreuses ;

4° *Matières spécialement employées pour les glaçures* : quartz, feldspath, gypse, acide borique, borax, sel marin, potasse, soude ; oxydes de plomb, de fer, d'étain ; ocres.

Ces diverses matières, par une entente judicieuse de leurs propriétés, servent à faire : les pièces céramiques les plus communes comme les pièces les plus fines, qui s'étendent depuis les briques et les tuiles jusqu'aux porcelaines les plus riches. Voici leurs noms et les éléments principaux qui les composent et les caractérisent :

Les *briques*, les *tuiles*, les *terres cuites*, les *poteries communes*, ont leur pâte formée d'argiles marneuses, de marnes argileuses, de marnes calcaires, d'argile plastique.

Les *faïences* sont constituées par les argiles figulines, les argiles plastiques mêlées quelquefois de kaolin, presque toujours de matières dégraissantes. La faïence commune est plus ou moins jaunâtre et recouverte du cas d'une glaçure stannifère opaque. La faïence fine est blanche, à peine jaunâtre et recouverte d'une glaçure transparente. Mais dans tous les cas la pâte est opaque, non translucide, poreuse, et non demi-vitrifiée.

La faïence fine est aujourd'hui, après les faïences communes et les terres cuites destinées à l'art architectural, le produit le plus important de l'Europe, surtout si l'on tient compte de la valeur des perfectionnements introduits depuis le commencement du siècle.

Les *grès cérames* communs ou fins (qui se distinguent de tous les produits ci-dessus par leur pâte dure, imperméable et sonore, résistant à l'action corrosive des acides, sont formés, dans le premier cas d'argile plastique dégraissée par du sable quartzeux ou du ciment d'argile ou de grès, et se présentent sous la forme de pièces dures d'une couleur variant du gris de perle au rouge brun ; dans le second cas, la pâte est formée d'argile plastique pure, de kaolin et de feldspath ; elle est blanche ou de couleurs variées offrant souvent des pièces ornées de figures en relief d'une grande netteté, faites avec la même pâte.

Les *porcelaines*, dont la pâte est toujours d'une extrême blancheur, dans les produits les mieux fabriqués, offrent une demi-vitrification, une glaçure toujours transparente et, parfaitement pure, et sont d'une composition bien différente, suivant que la porcelaine est dite : *porcelaine tendre* ou *porcelaine dure*.

La porcelaine à pâte tendre française se rapproche d'un véritable verre à demi-vitrifié à pâte très peu plastique, formée d'une fritte de sable et de soude et d'un mélange de marne argileuse et de craie ; les qualités, la beauté des glaçures qu'elle peut recevoir et sa translucidité l'ont fait préférer à la porcelaine de Chine ; sa découverte date du xvɪɪᵉ siècle et a fait la gloire de la manufacture de Sèvres. La pâte de cette porcelaine se distingue complètement de la pâte tendre anglaise formée de kaolin, d'argile plastique, de silex et de phosphate de chaux, pâte moins fusible que la précédente.

La porcelaine tendre, comme nous le voyons, diffère complètement des produits céramiques précédents, c'est plutôt un verre qu'une porcelaine. — V. Porcelaine.

La *porcelaine dure* est formée de kaolin, de sable siliceux et quelquefois de craie.

Préparation des matières qui doivent former les pâtes. Les matières quelles qu'elles soient qui doivent former les pâtes céramiques subissent avant leur mise en œuvre une préparation plus ou moins importante, suivant les pièces céramiques que l'on veut fabriquer, mais qui, dans tous les cas, a pour but de rendre la pâte aussi homogène que possible dans les éléments des pâtes et glaçures ; on assure ainsi l'homogénéité du produit.

Pour les pâtes formées directement avec la matière argileuse et devant servir à la confection de pièces, très grossières, on se contente le plus souvent d'un malaxage à l'eau dans des appareils convenablement choisis et l'on se borne à séparer par un tamisage les matières grossières, cailloux, pierres, sables, qui pourraient occasionner des accidents, soit pendant la confection des pièces soit pendant la cuisson. Dans tous les cas, la pâte est amenée par son exposition à l'air au degré de consistance désirée pour sa transformation. Pour des pièces plus grossières encore, la matière argileuse, après son arrosage et un abandon de vingt-quatre heures qui permet une imbibition suffisamment parfaite, est mise dans les machines qui complètent non seulement l'imbibition par malaxage entre des cylindres, mais encore broient les pierres et opèrent un mélange définitif auquel la même machine donne la forme commerciale, tel est le cas de beaucoup de machines à briques (intermittentes ou continues).

Les matières plastiques qui entrent dans la composition des pâtes plus fines, nécessitent des soins particuliers dans leur préparation. Le but à atteindre est toujours d'enlever à la matière brute les parties grossières, en conservant seulement une substance très fine, très homogène.

Qu'il s'agisse de marne argileuse, d'argile marneuse, d'argile figuline, d'argile plastique ou de kaolin, on procède d'abord à un *délayage*, puis à un *décantage*.

Le *délayage*, facile en général pour le kaolin, est plus difficile pour les autres matières qui s'agglutinent plus facilement en présence de l'eau.

Pour éviter la formation des mottes par le mélange avec l'eau, les matières plastiques doivent être séchées et écrasées sous des meules roulantes en granit avec meule gisante en granit aussi, afin d'éviter tout mélange de fer surtout quand on traite les matières à porcelaine (V. KAOLIN, PORCELAINE DURE). On peut employer le *molleton* à meule gisante fixe ou courante, dans lequel la meule roulante peut monter sur les corps trop durs sans les broyer.

Toutes les *matières dégraissantes* en général, ainsi que celles destinées aux glaçures, subissent le *triage*, la *calcination*, l'*étonnage*, le *broyage*, la *porphyrisation*.

On commence par *trier* les matières comme on le fait pour les matières plastiques afin d'en séparer les corps nuisibles pouvant surtout donner plus tard une coloration à la pâte, puis on les soumet à la *calcination* dans des fours, afin de produire des fissures dans les masses et faciliter le broyage subséquent. La calcination en produisant des fentes précisément aux points manquant d'homogénéité, ajoute encore aux facilités de faire un triage qui permette l'élimination des corps nuisibles.

Afin de pousser plus loin la désagrégation, on soumet les matières à l'*étonnage* en les trempant dans l'eau froide à la sortie du four de calcination. On procède ensuite au *broyage* qui s'effectue dans des bocards ou sous des molletons semblables à ceux dont nous avons parlé plus haut, mais dont les meules sont plus lourdes; souvent on humecte les matières pendant ce broyage, afin d'éviter les poussières impalpables généralement très nuisibles pour la santé des ouvriers. Puis la poudre obtenue est soumise à la *porphyrisation* dans le but d'obtenir la matière antiplastique dans un état de finesse extrême. L'appareil le plus généralement employé aujourd'hui consiste en une paire de meules, l'une gisante, l'autre tournante, dont la disposition est semblable à celle employée dans la mouture des farines, seulement dans celles-ci la meule tournante agit de tout son poids et doit nécessairement posséder de l'engrain comme la meule gisante, afin de retenir la

matière à broyer. Ces meules doivent être en grès très dur ou en granit, leur diamètre est de 70 centimètres environ; on leur donne quelquefois une forme ovale.

Les matières à porphyriser sont mouillées par un courant d'eau, ce qui facilite non seulement le travail mais évite les poussières nuisibles. C'est au craquement sous l'ongle ou sous la dent que l'on se rend compte de la finesse obtenue, et si l'on juge qu'elle n'est pas suffisante on repasse la bouillie dans les meules jusqu'à ce qu'elle soit au point voulu.

COMPOSITION DES PÂTES. Lorsque les divers éléments ont été préparés comme nous l'avons dit plus haut, on procède aux mélanges convenables, soit en mêlant ensemble des poids déterminés des matières sèches, soit en mêlant les bouillies de composition déterminée, amenées à des densités connues; dans le premier cas, on doit par un délayage convenable transformer le mélange en barbotine. La barbotine obtenue de l'une ou l'autre manière et ayant la composition de la pâte, on procède à son *ressuage* ou son *raffermissement*.

Ressuage. Cette opération se fait de différentes manières, suivant les localités et aussi suivant la plasticité de la pâte. Ce raffermissement s'opère soit : 1° par évaporation à l'air libre; 2° par évaporation à l'aide d'un chauffage; 3° par évaporation avec le concours des matières absorbantes; 4° par filtration; 5° par compression.

Le premier moyen est lent; la matière est abandonnée dans des bassins à la chaleur solaire et abritée tant bien que mal de la pluie; il ne peut guère être employé avec avantage que dans les pays chauds. Dans le deuxième, le séchage s'opère au moyen de foyers placés sous des bacs faits en briques dans lesquels la matière est constamment remuée avec des spatules. Le troisième procédé nécessite l'emploi de vases en plâtre absorbant, mais leur usage fort incommode ne permet pas d'agir sur de grandes masses et par suite n'est employé que dans des fabrications peu importantes ou dans le cas, comme cela a lieu le plus souvent en Angleterre, où l'ouvrier achète les barbotines toutes préparées au dehors et les traite lui-même chez lui.

Par filtration, on emploie des surfaces filtrantes en s'aidant de la pression sur la masse ou de la succion ou des deux moyens ensemble (appareil Arnaud).

Par compression, la matière est mise dans des sacs et soumise à l'action de presses hydrauliques (appareil Grouvelle).

Enfin l'appareil le plus perfectionné, et s'appliquant de plus en plus dans les usines céramiques, est celui imaginé par Needham et Kyte et perfectionné par des fabricants de Limoges. Les sacs remplis de pâte sont placés dans des châssis en bois, cannelés, une toile de calicot sert d'intermédiaire entre le sac et les cannelures, chaque sac est fixé à un ajutage communiquant à un long tuyau par lequel arrive la barbotine sous la pression déterminée par la pompe qui l'envoie dans tous les sacs ; l'eau s'échappe d'abord par les échancrures et les orifices de sortie situés à la partie inférieure de chaque châssis et tombe dans un caniveau *ad hoc*. Tous les châssis sont maintenus les uns contre les autres au moyen de tirants et de contreforts. Une soupape prévient en se levant que tous les sacs sont pleins de matière ressuyée. On a remarqué que la pâte traitée ainsi conservait plus de plasticité que celle qui était soumise à l'action de la chaleur d'un foyer comme dans la méthode indiquée plus haut, quoique à la sortie des sacs la matière soit complétement dure.

Battage. La pâte ainsi préparée n'a pas encore acquis le degré d'homogénéité que lui fournira le battage, soit mécanique, soit plutôt au pied ou à la palette, car rien ne remplace au même degré le travail manuel ou au pied. Dans ce travail ; l'ouvrier placé dans une auge rectangulaire où se trouve la pâte, la coupe en mottes avec une palette et jette vivement celles-ci les unes sur les autres, l'air se trouve ainsi chassé ; il pétrit ensuite la pâte en la marchant, à mesure qu'il a fait une place suffisante en reprenant de la pâte et la projetant comme ci-dessus ; les malaxeurs de tous systèmes n'ont jamais donné le même résultat. Dans le travail à la main, l'ouvrier fait des boulettes qu'il pétrit dans sa main et dont il forme une masse en projetant ses boulettes les unes sur les autres, l'air se trouve chassé ainsi et la pâte parfaitement malaxée. On emploie aussi le procédé des tournassures qui donne de très bons résultats en améliorant la pâte : cette méthode consiste à ébaucher une pièce sur le tour et à en faire des tournassures ou copeaux de terre, avec un outil convenable ; ces tournassures malaxées avec la pâte neuve en proportion convenable lui donne les qualités que l'on peut désirer comme facilité de travail et régularité, c'est-à-dire obstacle à la déformation pendant le façonnage et pendant la cuisson.

Pourrissage. Outre les soins ci-dessus donnés non seulement à chaque partie devant entrer dans la composition des pâtes, mais à celle-ci lorsqu'elle est faite, il en est un sur l'efficacité duquel tout le monde est d'accord depuis des siècles, c'est celui qui consiste à laisser, comme on dit, *pourrir les pâtes* ; à cet effet on laisse les compositions abandonnées à elles-mêmes pendant des mois, soit à l'état de pâtons, soit à l'état de balles dans des caves dont la température est d'environ 20°; on a soin, dans tous les cas, de maintenir l'humidité de la pâte en la couvrant avec des linges mouillés. Dans ces conditions la pâte acquiert non seulement de la plasticité, mais encore peut blanchir en perdant du fer. Si en effet l'eau qui a servi dans toutes les opérations, contenait du sulfate de chaux, voici ce qui s'est passé ; celui-ci en présence des matières organiques amenées par les pâtes et les traitements à la main, aux pieds, etc., se transforme en sulfure de calcium qui forme avec l'oxyde de fer de la pâte du sulfure de fer d'abord, puis du sulfate de fer soluble; il se dégage en outre de l'hydrogène sulfuré. On comprend que par un délayage sub-

séquent et un décantage la pâte se trouve purifiée. Cette transformation s'opère du reste en partie pendant le traitement des matières quand l'eau employée contient du sulfate de chaux, et c'est ainsi que des Kaolins qui contenaient 1,50 0/0 de fer, ont pu être employés au même titre que d'autres qui n'en contenaient que 0,15 0/0.

FAÇONNAGE DES PÂTES CÉRAMIQUES. *Tournage.* Le tournage s'emploie dans la fabrication des pièces communes et dans les usines dont les procédés sont restés arriérés. Il suffit que la forme des objets soit dite *de révolution* autour d'un axe vertical.

Le tournage comprend deux opérations distinctes : *l'ébauchage* et le *tournassage* proprement dit.

L'ébauchage comme son nom l'indique consiste à ébaucher la pièce ; cette opération peut se faire avec ou sans moule, par deux méthodes, savoir : au *colombin* à la main ou directement *sur le tour*. Quand l'ouvrier fait l'ébauche à la main avec colombins, il superpose dans un moule en bois ou sans moule des boudins de pâte qu'il a confectionnés, en produisant la jonction intime des particules sans laisser de soufflures, s'aidant de ses doigts pour faire des arrachements sur la terre aux points de soudure, il fait des boulettes avec ce qu'il a pris de terre et les jette sur les portions déjà en place ; ou bien frappe avec son poing pour faire adhérer la terre d'un colombin aux colombins précédents déjà placés. Cette opération d'ébauchage pratiquée comme nous venons de le dire est souvent, pour certaines grandes pièces symétriques ou non, l'opération définitive de façonnage à part les rebattages subséquents.

L'ébauchage au tour se fait avec un appareil dont l'origine se perd dans la nuit des temps; le tour à potier se compose d'un arbre vertical portant vers son pivot inférieur un disque en bois plein appelé *girelle* et à la partie supérieure un disque plus petit terminant l'arbre. Ces tours sont plus ou moins grands suivant la grandeur des pièces et pour les très grandes pièces, la girelle est un véritable volant auquel des gamins donnent le mouvement de rotation. En général, l'ouvrier assis sur son escabot fait du ou des pieds tourner le grand disque, tandis qu'il travaille avec les mains le *ballon* de terre placé au centre du petit disque, et auquel il donne une forme, aussi rapprochée que possible, de celle que doit avoir la pièce terminée; il donne à cette ébauche une épaisseur aussi régulière que possible, condition très importante et dont l'exécution entre pour une bonne part dans son habileté particulière. Pour ce travail, l'ouvrier doit avoir les doigts constamment mouillés ou s'aider d'un linge ou d'une éponge fortement humide. La pâte ne doit pas être molle afin d'éviter qu'une fois montée la pièce ne se gauchisse en s'affaissant sur elle-même; on laisse ensuite la pièce se sécher assez pour qu'en la coupant avec un couteau, la pâte forme copeaux.

Tournassage. On passe ensuite à l'opération du tournassage qui consiste à donner sur un tour semblable au précédent la forme définitive. Cette forme s'obtient en débitant en copeaux pendant que la pièce tourne, les portions que l'on doit enlever.

Par ce procédé d'ébauchage sur le tour et de tournassage quand on veut fabriquer une pièce dont le col est très étroit comme celui de certains vases, on est obligé de fabriquer l'objet en deux parties, quitte à les rapporter et les coller ensuite.

Dans beaucoup d'usines un peu importantes, l'ébauchage est presque complètement supprimé, les objets de platerie par exemple sont fabriqués sur un moule appliqué au centre de la tournette et sur lequel on met une *croûte* de pâte, l'ouvrier abat un ou plusieurs calibres successivement, et ceux-ci donnent à la pièce sa forme définitive pendant la rotation de la tournette.

Les pièces de creux sont tournées à l'*estèque* ainsi que moulées. Dans cette opération un moule creux en plâtre est placé au centre du tour, l'ouvrier y jette une balle de pâte puis y fait descendre un calibre appelé *estèque* dont le profil en appuyant sur la pâte, la fait monter et répartir sur la paroi interne du moule, en lui faisant prendre sa forme tandis que l'estèque lui fait prendre le même profil intérieur en donnant partout la même épaisseur. (V. FAÏENCE, PORCELAINE, TOUR, MOULAGE.) Le façonnage des pâtes céramiques sur le tour ne peut s'appliquer qu'aux pièces dont les surfaces tant extérieures qu'intérieures sont de révolution ; lorsqu'il n'en est pas ainsi on doit recourir à d'autres moyens.

Au premier rang se place le *moulage* qui nécessite plusieurs opérations successives : la *confection du modèle*, le *surmoulage* ou *confection des mères*, la *confection des moules*, le *moulage proprement dit*, le *démoulage*.

Les modèles en argile ne sont généralement pas très finis, ceux en cire ne peuvent pas fournir un grand nombre de mères, du reste ces deux substances présentent des inconvénients ; l'argile est délayée par l'eau du plâtre employée pour le moulage, la cire abandonne toujours aux mères une partie de sa matière huileuse. Les modèles qui doivent en donner un grand nombre sont généralement confectionnés en métal, en bronze, ou en alliage d'étain ; pour des pièces unies de forme simple, en plâtre durci par des huiles siccatives.

Moules. Les matériaux qui doivent former les moules doivent être en matière poreuse ; les seules qui conviennent, sont le plâtre et la terre cuite quand cette dernière contient assez de sable pour être poreuse.

Le plâtre doit être gâché clair afin d'être suffisamment poreux ; il prend parfaitement les détails les plus délicats, mais a l'inconvénient de s'altérer promptement en s'émoussant dans les angles ou les parties fines ; il ne peut non plus subir de fortes pressions.

Les moules en terre cuite sont d'un usage meilleur, mais à cause du retrait qu'ils prennent à la cuisson, nécessitent la confection de moules spéciaux plus volumineux que les pièces que l'on veut obtenir, afin de tenir compte de ce retrait.

Dans la confection des moules au point de vue de l'industrie céramique, il est un certain nombre de préceptes généraux dont on doit tenir compte :

1° Faire dans le moule général autant de coupes qu'il y a de parties saillantes, et autant de moules qu'on a fait de coupes ;

2° Toujours laisser de la dépouille, afin de faciliter le démoulage ; on peut en laisser moins que pour toute autre matière, la pâte une fois moulée en donnant une naturelle en se raffermissant ;

3° Quand la pâte doit pénétrer dans des cavités profondes ou étroites, on doit encore faire des coupes qui séparent ces parties du moule général ;

4° Le réparage ou effaçage des parties saillantes laissées par les coutures du moule dans la pièce moulée étant souvent très difficile et souvent impossible, ces coutures doivent autant que possible être placées dans les parties profondes, ou peu visibles.

Moulage proprement dit. Le moulage proprement dit consistant à faire épouser à la pâte toutes les formes du moule peut se faire à la main et dans certains cas à la machine. Suivant l'objet à mouler, sa forme, sa dimension ; ce moulage se fait *à la balle*, *à la croûte*, *à la housse*.

La pâte étant convenablement préparée le *moulage à la balle* s'opère en enfonçant avec la main la balle dans le moule en lui faisant épouser toutes les formes de celui-ci. Pour que cette pâte ne colle pas aux doigts, l'ouvrier doit se servir comme intermédiaire d'un linge ou d'une éponge mouillés. La pièce du moule général est formée de deux parties qui doivent se juxtaposer ; on moule donc aussi dans l'autre partie en laissant un peu de pâte en excès et on les comprime l'une sur l'autre en ayant bien soin de faire attention aux repères. Les deux parties sont ensuite liées ensemble.

Le *moulage à la croûte* consiste à préparer à l'avance une croûte ou lame de pâte bien homogène, en écrasant un ballon au moyen d'un rouleau guidé suivant l'épaisseur que l'on veut donner à cette croûte ; c'est avec elle que l'on remplit le moule comme ci-dessus en ayant toujours bien soin de ne pas laisser s'interposer de bulles d'air.

Le *moulage à la housse* s'exécute en employant le tour pour faire l'ébauche de la croûte, on donne ainsi à celle-ci à peu près la forme définitive ; l'ouvrier prend ensuite cette pièce à laquelle on a donné le nom de *housse* et la place dans le moule, qui doit être nécessairement à large ouverture, et applique celle-ci contre les parois du moule avec un linge ou une éponge mouillée, comme ci-dessus. Ce procédé ne peut être employé que pour les moulures simples. Le moule peut encore avoir la forme d'un noyau solide.

Dans toutes ces opérations la pâte doit être répartie le plus uniformément possible de façon à avoir la même épaisseur partout.

Au bout d'un certain temps les moules se graissent, la pâte y adhère, on peut bien les laver, mais ceux-ci perdent leur perméabilité, les angles s'émoussent, on est obligé de les mettre au rebut. Nous voyons que grâce à l'enveloppe dont les pièces moulées sont entourées, on évite ici leur gauchissement.

Démoulage. Au bout d'un certain temps de séjour de la pièce dans le moule, on l'en retire facilement, on facilite encore ce dégagement par l'adhérence momentanée d'une petite balle de pâte humide.

Moulage à la presse. Les essais tentés pour opérer le moulage à la presse n'ont malheureusement pas donné tous les résultats qu'on en attendait, du moins pour les pâtes fines peu plastiques, car nous voyons du reste faire avec des presses fort ingénieuses les cornues à gaz, à zinc, des tuyaux de poterie, etc. — V. Presse.

Moulage à sec ou en pâte humide. Le moulage à sec ou en pâte légèrement humide s'effectue bien à la machine pour les *boutons* en pâte feldspathiques, les *carreaux* céramiques. — V. ces mots.

Façonnage par coulage ou en pâte liquide. La propriété absorbante du plâtre et en particulier des moules faits en plâtre a donné l'idée d'utiliser celle-ci à la confection directe des pièces céramiques. Cette idée a été appliquée à Sèvres sur une grande échelle et c'est là aussi que le procédé primitif reçut les perfectionnements dont nous parlerons plus loin. Cette méthode a permis de donner une très grande légèreté à certaines pièces comme les anses par exemple et d'éviter surtout les gauchissements ou vissages fort à craindre par l'emploi du tour. Quoique d'autres pâtes se prêtent très bien au procédé, la pâte de la porcelaine, plus courte, plus perméable, devait se prêter facilement à ce perfectionnement.

La barbotine bien homogène et sans aucune bulle d'air est coulée dans le moule de plâtre fait en deux ou plusieurs parties suivant les saillies et les détails de la pièce. Les parois intérieures en absorbant l'eau d'une partie de la barbotine font adhérer une couche de la pâte qui était en suspension; après quelques minutes d'attente, on rejette le liquide en excès, on attend un moment et on remplit de nouveau avec de la barbotine; on répète ainsi l'opération plusieurs fois, et nous voyons de suite que pour que la couche de pâte prenne une épaisseur convenable, il est nécessaire que les couches successives conservent une certaine perméabilité. Après quelques minutes d'attente la pâte est assez ressuyée pour que l'on puisse détacher la pièce du moule; on laisse ensuite celle-ci sécher encore pendant quelques jours. Les pièces fabriquées ainsi, offrent un degré de perfection que ne présentent pas celles obtenues par les autres procédés décrits, ou du moins est-ce au prix de très grands soins; ces pièces ne présentent ni vissage, ni bosselage, ni déformation. Ces détails suffisent ici pour faire comprendre les avantages de ce procédé; nous verrons plus loin les perfectionnements qu'on y a apportés. — V. Porcelaine, Moulage.

Réparage. Les pièces une fois confectionnées, il est nécessaire de les réparer, c'est-à-dire : d'enlever les bavures résultant des joints des moules, les excès de matière qui auraient pu se trouver collés par mégarde, les soufflures, etc.; refaire les creux que n'auraient pu produire convenablement le moulage; dans certains cas ces opérations constituent un travail demandant tant de soins, qu'elles constituent un véritable *sculptage*. Souvent le moule n'a fait qu'indiquer dans une pièce les parties creuses, il faut alors évider ces parties, c'est ce qui constitue *l'évidage*. Souvent c'est aussi à ce moment du travail que les pièces reçoivent une ornementation simple, soit par *estampage* au moyen d'une sorte de cachet; soit par *molletage*, ce dernier moyen consiste simplement à produire l'empreinte d'un cachet, dont les dessins sont gravés sur une roulette portée par une poignée, en la faisant rouler sur l'objet.

Garnissage. Les pièces ainsi travaillées sont entières, alors elles n'attendent plus que les opérations ultérieures qui ne changent pas leur forme; ou bien ce sont des pièces détachées; le garnissage consiste alors à garnir la pièce principale avec les pièces accessoires par une opération désignée sous le nom *d'appliçage*. Ces pièces peuvent être pleines ou creuses mais, dans ce dernier cas, on doit percer un trou au point d'attache avec la pièce principale de façon à permettre à l'air de se dilater librement pendant la ou les cuissons. L'appliçage s'appelle aussi *collage* : lorsqu'on y procède on doit faire grande attention à ce que les portions de pièce soient faites avec la même pâte de façon que le retrait se fasse bien dans les mêmes conditions. Les deux portions à souder sont collées ensemble au moyen de barbotine appliquée sur chacune d'elles avec un pinceau long et flexible; il est nécessaire d'empêcher l'absorption de l'eau par chacune des pièces, ce qui empêcherait le collage des parties, on y parvient en enduisant préalablement les deux pièces d'eau gommée et en mêlant encore de la gomme à la barbotine que l'on emploie.

Cuisson, séchage. Les pièces céramiques une fois terminées sont séchées avec soin et progressivement de façon à leur faire perdre toute leur eau d'imbibition. A cet effet on met les pièces sur des étagères à claires-voies, dans des chambres chauffées, soit par des poêles, soit en employant le système Hand qui utilise la chaleur perdue des fours de cuisson; quelquefois même une simple exposition à l'air et au soleil remplit le but désiré.

Ici nous devons diviser les pièces céramiques, qu'elles soient destinées ou non aux usages domestiques ou aux constructions, en deux classes: 1° celles qui seront terminées en passant au four aussitôt après le séchage; 2° celles qui doivent être dégourdies pour être mises en glaçure.

L'enfournement des pièces communes est fait *en charge*, c'est-à-dire que les pièces sont simplement mises les unes sur les autres; la hauteur des piles n'est déterminée que par la résistance des pièces. Si celles-ci doivent recevoir un vernissage; au moment où les pièces sont presque cuites et le four incandescent, on cesse le feu, on ferme les issues et on projette dans le four du sel marin, qui en se volatilisant va former à la surface des pièces, poteries ou grès, des silicates fusibles s'étendant sur toutes les parties en contact avec la vapeur. Le salage ou vernissage par volatilisation (réservé généralement pour les grès cérames) présente comme on peut le voir, un défaut capital résidant dans l'inégalité de la glaçure, toutes les pièces ne pouvant recevoir également le contact des vapeurs ; on préfère alors le *vernissage par saupoudration ou aspersion*, au moyen d'une poussière fusible plombifère le plus souvent, quoique l'on se soit préoccupé des inconvénients graves de ces vernis qui peuvent occasionner, surtout s'ils renferment trop de plomb, des empoisonnements saturnins ; aussi a-t-on proposé des poudres vitrifiables à base feldspathique pour remplacer le sulfure de plomb ou alquifoux employé pour ce vernissage.

Quoiqu'il en soit, il y a trois faits capitaux à noter ; c'est que d'une part ces vernis doivent entrer en fusion à une température presque égale à celle de la cuisson de la pâte ; avoir soin que ces vernis ne s'écaillent pas, c'est-à-dire qu'il y ait combinaison entre les vernis et la pâte ; et enfin que la retraite du vernis et de la pâte soit la même, afin d'éviter les tressaillures.

DÉGOURDI. Les pièces céramiques, quelles qu'elles soient, qui sont destinées à être mises en glaçure, sont donc généralement soumises préalablement à une première cuisson que l'on appelle *dégourdi*. Ce dégourdi s'opère quelquefois dans d'autres fours que ceux qui sont employés pour la cuisson proprement dite. Cette double cuisson appartient aux pièces dont la glaçure exige pour sa fusion une température inférieure à celle à laquelle se cuit la pâte. Tantôt le vernis est un *émail* cachant la couleur plus ou moins rouge ou fauve de la pâte, tantôt c'est un vernis transparent, une *couverte* et alors la cuisson de celle-ci se fait en même temps que celle de la pâte se complète. Une fois la pièce dégourdie avec les soins plus ou moins grands que nous indiquerons pour l'enfournage, on procède à la mise en couverte, comme nous l'indiquons au paragraphe *Cuisson*.

MISE EN COUVERTE. Celle-ci peut se faire par *immersion* ou par *arrosement*.

Le procédé par immersion consiste à plonger la pièce dégourdie dans un bain contenant en suspension la matière vitrifiable dite *glaçure* en général ; *vernis*, *émail* ou *couverte* dans les industries spéciales. Afin de maintenir plus facilement la glaçure en suspension, on ajoute souvent au bain une certaine quantité de vinaigre. L'ouvrier trempe l'objet dans la barbotine vitrifiable et si la pièce, après son dégourdi, est suffisamment poreuse, se dépose à sa surface une couche de matière qui se sèche en peu de temps ; il est nécessaire de proportionner la quantité d'eau au pouvoir absorbant de la pâte, de façon à ne pas en avoir d'excès à sa surface, pour éviter les coulées qui pourraient se produire à la cuisson ; puis l'ouvrier retouche avec un pinceau les parties où la barbotine ne se serait pas appliquée, ce sont généralement celles que l'ouvrier touchait avec ses doigts, pendant l'immersion. Après avoir laissé sécher, on enlève avec un couteau la couverte sur les parties qui doivent n'en pas avoir après la cuisson.

Quand on veut que la pièce ne possède pas d'é-

mail sur d'assez grandes surfaces, on fait avec un pinceau, ce que l'on appelle des *réserves* au moyen d'huile ou plutôt de graisse fondue, sur ces mêmes parties, et ce n'est qu'après que l'on plonge les pièces dans la couverte.

Lorsque la pièce n'a plus de porosité après l'opération du dégourdi, ce qui arrive lorsque celle-ci est en grande partie vitrifiée, on est obligé d'appliquer la couverte par *arrosement* : la barbotine est faite alors très épaisse à consistance de crème, on en arrose la pièce à recouvrir en laissant couler l'excédent, on procède ensuite aux retouches comme ci-dessus.

Défaut des glaçures ou émaux. Lorsque les glaçures ou émaux ne sont pas faits dans les conditions appropriées à la pâte à cuire, lorsque les soins nécessaires n'ont pas été pris dans leur pose, lorsque la température ou les gaz contenus dans le four de cuisson ne sont pas non plus appropriés aux pièces et glaçures, et à la nature des poteries que l'on cuit, celles-ci après cuisson présentent des défauts que nous allons relater sommairement :

Les *tressaillures* résultent d'une couverte trop fusible, d'un manque de feu, de trop d'épaisseur de la couverte ou d'une composition dont le retrait n'est pas en rapport avec celui de la pâte.

Les *coques d'œufs* proviennent de l'infusibilité de la glaçure, ou de son peu d'affinité pour la pâte, ou d'un défaut de feu.

Les *retirements* sont causés par la présence de corps gras ; ils sont aussi la conséquence de la densité inégale du dégourdi.

L'*écaillage* résulte du peu d'affinité de la glaçure pour la pâte.

Les *bouillons* sont produits par un manque ou un excès de feu, ils dénotent des réactions entre la glaçure et la pâte.

Le *ressuie* se produit sous l'influence des gaz contenus dans le four.

La *suée* résulte d'un excès de feu, ou accuse une pâte trop poreuse.

Le *coulage* est la conséquence d'une couverte trop fusible, d'un excès de feu ou d'une glaçure trop épaisse.

Le *ponctage* dont on ne sait jusqu'ici à quoi attribuer la formation.

CUISSON PROPREMENT DITE. *Enfournement.* Les pièces sont enfournées dans les fours soit pour le dégourdi, soit pour la cuisson de différentes manières en *charge* en *échappade* ou *chapelle*, en *cazettes*.

Nous avons décrit plus haut, le chargement en charge ; cet enfournement est employé aussi pour le dégourdi des pièces qui ne craignent pas l'action des poussières du combustible sur leur surface, ni la déformation.

Dans l'enfournement en *échappade*, les pièces sont simplement posées sur des planchers formés de plaques de terre cuite supportées par des chandelles, les pièces de grande dimension ne se touchent pas, on prend toutes les précautions pour éviter les déformations au feu. Les pièces plus petites et simples qui peuvent s'emboîter sont empilées les unes sur les autres.

Dans d'autres cas, et c'est aujourd'hui le cas le plus général avec le chauffage à la houille, l'enfournement est fait en *cazettes*; c'est-à-dire que les pièces sont mises dans des boîtes de terre cuite superposées et lutées avec de l'argile sableuse, de façon à éviter toute entrée de poussière, ce qui aurait lieu si l'argile pouvait se gercer pendant la cuisson. Pour le dégourdi, les pièces sont souvent. mises en charge dans de grandes cazettes; et pour la cuisson définitive, chaque pièce est isolée dans une cazette souvent faite spécialement, ou dans des cazettes pouvant recevoir plusieurs pièces placées les unes à côté des autres ou sur les autres. Dans tous les cas, celles-ci sont mises en piles verticales bien droites sur la sole du four, et sont disposées de telle sorte que la chaleur puisse se répartir bien uniformément dans celui-ci. Les cazettes sont faites en terre réfractaire et sont ordinairement rondes.

Malgré les soins pris dans la disposition des piles de cazettes, il y a toujours dans un four des parties qui chauffent moins que d'autres, aussi doit-on avoir soin de répartir les pièces de telle sorte que celles qui nécessitent moins de feu, comme les pièces minces, soient dans les parties qui sont moins chauffées.

Fours. Les fours ont des formes différentes suivant les pièces céramiques à cuire, formes déterminées souvent par l'usage, par la tradition, car dans ces sortes de choses, tout se lie intimement et il arrive souvent qu'une forme de four propice à telle pâte ne l'est plus à une autre; il est évident que la conduite du feu y est pour beaucoup, mais il est souvent plus simple, moins dangereux pour les pertes d'argent qui peuvent en résulter, de conserver l'outil pour l'ouvrier que de modifier la manière de faire de l'ouvrier pour l'outil qu'on lui donne; aussi devons-nous rendre hommage à ceux qui ne craignirent pas de marcher de l'avant à la plus grande gloire de notre industrie nationale. Nous renvoyons le lecteur aux articles qui traitent spécialement de la tuile, des terres cuites, des poteries, des faïences, des grès, des porcelaines et il pourra y voir pourquoi tel système perfectionné appliqué depuis longtemps dans une de ces industries ne l'est pas dans une autre; il se rendra compte facilement de l'importance de la forme et de la conduite des fours, en songeant qu'une cuisson manquée représente souvent la perte du bénéfice de toute une année.

Nous dirons donc seulement ce qui a rapport à la conduite générale du feu dans tous les fours: la cuisson se fait toujours en deux temps: le *petit feu* et le *grand feu*.

Le petit feu a pour but de chasser l'humidité contenue dans les pâtes, humidité qui ne s'en va qu'à une température bien supérieure à 100°; c'est l'eau de combinaison que contiennent les argiles, les kaolins. Ce départ de l'eau doit se faire progressivement de façon à éviter les gerçures et les fentes, tel est le but du petit feu qui consiste dans un enfumage en quelque sorte, la quantité d'air donnée pour la combustion étant très faible. La chaleur se répartit aussi de cette façon d'une manière aussi régulière qu'on peut le désirer, le

four *monte* comme on dit peu à peu, et quand on est arrivé à la température correspondant entre le rouge sombre et le rouge cerise, on pousse le feu, tout d'un coup, la fumée disparaît et la température arrive rapidement au point qu'elle doit avoir. La durée des petit feu et grand feu est très variable suivant les pâtes; du reste ces deux feux ne sont bien distincts que dans les fours à alandiers, quelles que soient du reste leurs formes.

Diverses causes influent sur la marche des fours; en première ligne nous devons placer l'humidité du sol qui a une influence funeste sur la plupart des enduits vitreux; ce phénomène peut s'expliquer par l'action de transport exercée par la vapeur d'eau à haute température sur les matières siliceuses quelconques. Aussi l'allure normale de certains fours a-t-elle été souvent détruite par la pose de conduites d'eau, d'aqueducs dans le voisinage. Les vieux fours cuisent moins bien que les fours neufs, par suite des tassements qui changent leur forme, des fissures qui donnent entrée à l'air froid dans l'intérieur.

Un vent violent modifie aussi la marche des fours, aussi leur orientation est-elle un point capital dont il faut tenir compte. La chaleur solaire peut aussi influer sur leur marche en frappant sur les cheminées.

Jugement du feu. Malgré tous les essais tentés pour reconnaître d'une manière convenable la température d'un four, on en est encore réduit à la vision plus ou moins bien exercée de celui qui préside à la cuisson; des regards sont ménagés de distance en distance, et, d'après la couleur du feu, on juge de l'état de chaleur du four. On se sert bien aussi de *pyroscopes*, petites pièces céramiques que l'on place dans certains points du four d'un accès plus ou moins facile, et par leur degré de cuisson on doit juger de celui des pièces en cazettes.

Les différentes conditions que doivent remplir les *pyromètres* sont trop nombreuses pour qu'on ait pu jusqu'à ce jour les remplir toutes pratiquement. En effet : ils doivent être d'un emploi facile; faire connaître la température du four où s'opère bien la cuisson des pièces; faire connaître prompttement cette température au moment de l'observation; indiquer la marche du feu dans le four; que les indications soient données d'une manière précise et absolue; cependant on ne peut nier que le pyromètre de Wedgood en terre réfractaire n'ait rendu de réels services.

Nous venons d'examiner les différentes propriétés de la terre à potier et les opérations générales que le céramiste lui fait subir, mais ce n'est là qu'une partie de notre étude. L'importance que nous attachons à cette belle industrie de l'art nous a fait adopter une classification qui, outre le mérite de la nouveauté, a celui d'offrir au lecteur une division méthodique. On trouvera à chacun de leurs mots une étude spéciale de la Faïence, du Grès, de la Porcelaine, de la Poterie, en partant de l'objet le plus commun pour arriver à l'objet d'art. — A. S.

°Céramique architecturale. Avant d'étudier quelle part il convient de faire aux terres cuites et aux terres émaillées dans l'architecture moderne, il est nécessaire de rechercher le rôle que ce genre de décoration a joué dans le passé. Nous en découvrons les débris impérissables et toujours éclatants dans les palais ensevelis de Ninive, dans les hypogées de l'Egypte, dans les ruines des cités grecques, dans les nécropoles étrusques. L'Orient resplendit des feux allumés par le soleil sur les émaux de ses palais et de ses temples. Si l'on entreprenait la longue énumération des exemples innombrables de coloration par la terre émaillée, que nous trouverions dans ces pays de la lumière, l'Inde nous captiverait par les étonnants monuments de Delhi, de Bénarès, de Lahore, et de tant de villes incomparablement curieuses par la somptuosité de leurs vieux édifices. Particulièrement nous serions retenus par les magnificences d'un palais-forteresse assis sur la crête d'un précipice à Gualior. Ses vieilles murailles disparaissent sous la profusion des émaux. Ces émaux sont d'une vivacité de couleur auxquels dix siècles n'ont rien enlevé de leur éclat. Les monuments de la Perse ne sont pas moins remarquables. Ils nous apparaissent tapissés d'émaux depuis le sol jusqu'au faîte dans le bel ouvrage que leur a consacré M. Pascal Coste. Ces monuments nous sont d'ailleurs connus par le voyage de M. Jules Laurens, et un peintre, M. Pasini, a fait miroiter à nos yeux leurs émaux resplendissants dans une suite de tableaux précieux. Rappellerons-nous les produits céramiques de la Chine et du Japon? Recherchés de longue date, ils ont envahi l'Europe. Mais s'ils viennent ici s'enfouir dans l'ombre des collections privées, ils tiennent au grand jour un rôle décoratif important dans l'architecture de ces deux lointains empires. Les émaux sur terre cuite se retrouvent au reste partout; le Mexique, le haut Pérou nous en révèlent aussi de précieux échantillons. Le moyen âge continua en Europe ces traditions anciennes de décoration. Les tuiles, les faîtières, les épis émaillés ou vernissés brillent encore sur les combles de cette époque; les terres cuites, les briques de tons différents ornent et dessinent les façades; aux sommets des clochers, les poteries émaillées allument des étincelles; la vieille église de Saint-Michel à Pavie nous montre de nombreux émaux incrustés dans les sculptures lombardes de sa façade. La Renaissance italienne use avec gloire de ces procédés de décoration bien vite renouvelés par son génie. L'abside de Santa Maria delle Grazie, à Milan, est décorée avec un art incomparable par Bramante, de fines terres cuites, qui malheureusement échappent souvent à l'attention du touriste, et même à celle de l'artiste sollicités tous deux par les ruines du chef-d'œuvre de Léonard de Vinci, la Cène, exposée au culte de l'art dans le cloître voisin. Milan et ses environs sont riches en monuments décorés de terre cuite; mais certaines villes italiennes, Plaisance, Bologne, Ferrare et bien d'autres ne le sont pas moins. Rien de plus charmant et de plus fructueux à étudier que cette architecture si pure de style, si simple de composition, si fine de détails, dont les corniches, les archivoltes, les pilastres, les colonnes, dont tous les membres, en un mot, sont formés de pièces de terre cuite ornées, estampées dans un moule et juxtaposées. C'est là un étonnant exemple de ce que peut devenir un procédé en quelque sorte grossier entre les mains d'artistes délicats, assouplissant les moyens et les rendant propres à la traduction des formes les plus monumentales. Florence devait aussi assister au soudain développement comme aux triomphes de cet art nouveau. C'est pourquoi à Florence et dans les villes voisines les œuvres du céramiste sont dans toute leur gloire. Nous y voyons des chapelles entières, entre autres celle de San-Miniato, qui du sol à la voûte sont revêtues de ces belles faïences dont une longue génération d'artistes fameux, les Della Robbia, ont enrichi les monuments de la Toscane. Citons encore le ravissant

porche de la chapelle des Pazzi, près l'église de Santa-Croce, le cloître de la même église et les portiques de l'hôpital degli Innocenti sur la place de l'Annuniata. — Nous ne saurions dans le même ordre de monuments ne pas nommer l'hôpital de Pistoja, dont la longue frise de personnages est justement célèbre, ni oublier la jolie façade de la petite église de San-Bernardino, à Pérouse, entièrement décorée de terres émaillées formant un ensemble du plus charmant effet.

L'Espagne et le Portugal étaient bien préparés de longue date par les merveilles céramiques laissées sur leur sol par la domination des Maures, pour accueillir favorablement les produits émaillés de la Renaissance italienne et s'en emparer. Aussi trouvons-nous ces deux pays des monuments céramiques d'un art accompli. La place nous manque pour détailler les curiosités de Tolède, pour seulement laisser entrevoir les splendeurs du Mihrab et de l'Atatema, les deux sanctuaires de la célèbre mosquée de Cordoue, et conduire le lecteur au travers des salles du vieux palais d'Al-Hamar à Grenade, resplendissant d'inimitables azulejos. Mais aujourd'hui encore, à Lisbonne et dans sa campagne, il est d'usage de revêtir les maisons particulières de la base jusqu'à la corniche, de ces azulejos ou carreaux de terre émaillée. Ces revêtements partout multipliés, même dans les demeures royales, donnent de loin à la ville étagée en amphithéâtre un aspect très imprévu et pittoresque. Nous trouverions d'autres exemples de ce genre de décoration dans les vieilles villes de l'Allemagne. Nous en verrions sur les bords du Rhin, à Bâle, à Schaffouse, à Stein, à Constance, où subsistent des couvertures en tuiles de formes variées, émaillées de blanc, de jaune, de marron, de bleu foncé. Du reste, le goût de la polychromie semble avoir été si vivace dans ces pays que les maisons y sont toujours peintes de tons divers, et semblent conserver la tradition des fresques anciennes qui de côté et d'autre égaient encore de vieilles murailles. Nous pourrions trouver aussi des traditions très anciennes de polychromie dans les pays les plus septentrionaux, dans ceux même que le soleil semble le moins favoriser. Nous savons quel fut, par un besoin naturel des contrastes, le goût des Normands, des Saxons, des Scandinaves pour les vives couleurs; et au Champ-de-Mars, en 1878, dans les constructions d'ancien style élevées par la Russie, la Suède et la Norwège, on retrouvait la trace de ces vigoureuses polychromies. Si du reste, ne s'attachant pas au sens restreint du mot polychromie, on veut bien regarder attentivement, on reconnaîtra que la coloration est plus qu'on ne pense quelque peu partout dans l'architecture. Dans les constructions hollandaises, dans les châlets suisses, dans les cottages anglais, dans la plus modeste habitation de nos provinces, blanche avec des volets verts et un toit rouge, ou rouge avec des volets gris et un toit bleu, nous trouverions aisément une polychromie réelle sinon cherchée.

La France qui pendant le moyen âge avait largement utilisé les ressources multiples de la terre cuite et de la terre émaillée, la France devait, sous l'influence de la Renaissance italienne, transformer ses industries céramiques. Ces industries prirent dès lors dans notre pays un développement considérable en se livrant aux travaux du grand art décoratif; elles firent merveille au xvᵉ siècle et au commencement du xviiᵉ dans l'ornementation de nos palais et de nos demeures seigneuriales. Leurs précieux produits ruinés par les hommes plus que par le temps sont devenus malheureusement très rares. Mais le château, dit de Madrid, aujourd'hui disparu, est cependant resté dans les souvenirs de notre art comme un type de la décoration par la terre émaillée.

Cependant, malgré tant d'exemples pleins d'encouragements, on est trop disposé à croire que notre ciel, que notre climat ne sont pas faits pour favoriser la coloration extérieure des édifices. On ne saurait d'ailleurs s'étonner de voir le public déshabitué depuis longtemps de toute coloration extérieure un peu franche, rebelle à certains essais modernes de polychromie. Tous n'étaient pas également propres à triompher de sa répugnance pour les tentatives qui semblent porter atteinte à certaines formules consacrées de l'art. Mais ce n'est pas tant leur propre imperfection qui devait faire condamner ces essais encore timides, c'était plus encore, nous le répétons, leur nouveauté même troublant les traditions étroites sur lesquelles s'appuie trop souvent le jugement du plus grand nombre. Depuis Louis XIV, en effet, nous voyons passer sous nos yeux toutes les nuances du blanc, c'est-à-dire toute la gamme des gris fades. Comment pourrions-nous encore goûter la couleur? Ce n'est, en effet, qu'au xviie siècle que la couleur disparaît totalement des façades de nos édifices, par la volonté d'un roi jaloux de ressusciter les grands aspects de l'art romain. Et depuis, nous avons subi une éclipse de la couleur. Notre climat est-il vraiment réfractaire à l'emploi de l'architecture colorée. Et pourquoi? surtout si l'on recherche moins les colorations peintes, superficielles, que les colorations durables par la mise en œuvre de matériaux eux-mêmes colorés. N'avons-nous pas aussi dans notre pays tempéré une large part de soleil? Et somme toute, le soleil et la pluie ne sont-ils pas de tous les pays? Nos constructions peintes du moyen âge n'avaient-elles pas souvent la base dans la boue, le faîte exposé aux intempéries du ciel? Ne pas croire à la convenance des colorations monumentales en notre pays, c'est, en effet, oublier que pendant cette longue période d'art, comme dans l'antiquité, la peinture prêtait à l'architecture le charme et la puissance de ses moyens expressifs? Et en dehors des restes certains de polychromie que nous trouvons sur les monuments de cette époque, les historiens du temps ne signalent-ils pas les peintures qui décoraient alors les édifices religieux et les palais? La peinture décorative ne s'appliquait pas seulement aux parois des intérieurs, elle jouait un rôle important à l'extérieur des édifices. A Paris même nous trouverions de précieux témoins à ce qu'était la polychromie monumentale au xiiie siècle :

« La façade de Notre-Dame de Paris, nous dit Viollet-le-Duc, présente de nombreuses traces de peintures et de dorures; les trois portes avec leurs voussures et leurs tympans étaient entièrement peintes et dorées; les quatre niches reliant ces portes étaient également peintes. Au-dessus, la galerie des rois formait une litre toute coloriée et dorée. La peinture au-dessus de cette litre ne s'attachait plus qu'aux deux grandes arcades avec fenêtres sous les tours et à la rose centrale qui étincelait de dorures..... Les combles étaient brillants de couleurs, soit par la combinaison de tuiles vernissées, soit par des peintures et des dorures appliquées sur les plombs. » Et Viollet-le-Duc ajoute : « Pourquoi nous privons-nous de ces ressources fournies par l'art? » Si l'on nous rendait notre glorieuse cathédrale ainsi peinte, telle que l'ont conçue les artistes du moyen âge, telle que nos ancêtres l'ont admirée, beaucoup d'entre nous sans doute crieraient à la profanation. C'est qu'en toutes choses, il faut se défendre de l'habitude pour juger sainement. Une impression reçue spontanément n'est le plus souvent que relative à la façon dont, par l'habitude, nous concevons les idées et dont nous voyons les choses. Aussi, l'œil peu familier avec les aspects de la couleur extérieure s'étonne-t-il, au lieu de se révolter peut-être, au lieu de se laisser surprendre par le charme. — Mais si la vieille cathédrale avait été colorée d'une façon inaltérable, nos yeux habitués aujourd'hui à ces riches et vives colorations n'auraient pas besoin d'apprentissage.

Nous accepterions volontiers les traditions polychromes du passé et ces traditions ininterrompues nous mettraient en possession de méthodes certaines. Donc, ce qu'il faut de nos jours,

c'est de rechercher une polychromie monumentale durable, une polychromie qui soit la conséquence de matériaux colorés mis en œuvre et non une simple application de peinture superficielle comme on l'avait tenté naguère sous le porche de Saint-Germain-l'Auxerrois. Il faut que les matériaux colorés fassent corps avec l'édifice. On reviendrait ainsi à la construction raisonnée et à la décoration motivée, ces deux formules de notre grand art monumental, formules trop souvent oubliées malgré les constants enseignements du moyen âge, malgré les principes éternels de beauté affirmés par les monuments de la Grèce antique.

D'ailleurs les tentatives en ce sens se multiplient. Ce ne sont pas seulement les maisons de campagne et les villas du bord de la mer qui s'égaient de colorations vives, quelques hôtels parisiens qui ne redoutent pas de paraître de leur temps s'ornent discrètement de mosaïques et d'émaux; et la terre cuite commence à prendre place dans la décoration de plusieurs des monuments récemment exécutés autour de nous. Tant d'efforts témoignent assez des préoccupations esthétiques de quelques artistes novateurs. Parmi ces soldats d'avant-garde qui savent au besoin se risquer pour éclairer des routes inconnues, nous devons très spécialement nommer M. Paul Sédille, l'éminent architecte d'une des portes des beaux-arts au palais du Champ-de-Mars en 1878 (fig. 374). Nul n'a soutenu de meilleur exemple et d'une parole plus vaillante la cause de la polychromie et nous lui avons emprunté les meilleurs arguments de cette étude. Sur cette question de l'avenir de la céramique monumentale laissons-le s'exprimer lui-même :

« Nous voudrions voir ces efforts se généraliser, surtout en province où les conditions de milieu sont moins impératives, où l'architecture semble devoir être plus libre. La terre cuite décorée ou émaillée demandée sans grands frais aux centres importants pourrait suppléer en certains lieux, en certains cas, la pierre qui manque où les tailleurs de pierre et les sculpteurs qui font défaut. Sous la direction de nos confrères de province, ces éléments de décoration pourraient prendre une place importante dans la construction d'un grand nombre de petits édifices municipaux, communaux ou religieux, souvent condamnés par d'insuffisants crédits à une trop réelle pauvreté! Ces éléments décoratifs bien choisis dans les centres de fabrication, s'ils n'étaient faits sur modèles spéciaux, mais relativement peu coûteux en raison de la répétition des pièces, ces éléments apporteraient dans les localités les plus éloignées des milieux d'art et d'industrie quelques spécimens propres, nous le pensons, à éveiller chez beaucoup le goût des belles choses. Ils serviraient ainsi par ces enseignements locaux multipliés à propager le sentiment de l'art et en répandraient partout peu à peu les bienfaits civilisateurs. Je ne puis également qu'indiquer de façon brève comment la terre cuite pourrait économiquement prêter un charme certain aux constructions les plus modestes, et combien, par un sourire d'art elle saurait égayer la demeure du plus humble, ce ne serait certes pas un de ses moindres mérites que de rendre la vue du logis attrayante et chère à celui qui revient des pénibles labeurs.

« Si théoriques que puissent paraître tout d'abord de pareils vœux, nous ne saurions en désespérer, quand nous admirons les innombrables terres cuites que nous a léguées l'antiquité. Nous retrouvons, dans ces charmants motifs de décoration maintes fois répétés, les reflets d'un art vulgarisé par une industrie céramique alors portée à un haut degré de production tout à la fois facile et intelligente. C'est par ces précieux débris, enlevés aux ruines de simples bourgades, que l'art antique nous est le plus intimement révélé! Ce sont aussi ces terres cuites modestes, il faut le dire à leur gloire, qui, par de nombreuses reproductions, souvent quelque peu libres, mais conservant toujours le sentiment

Fig. 374. — *Porte de l'Exposition des Beaux-Arts à l'Exposition universelle de 1878.*

élevé des modèles, ont conservé le principe et la composition de chefs-d'œuvre, consacrés par l'admiration même des anciens. Ces chefs-d'œuvre, à tout jamais perdus aujourd'hui, revivent immortels dans ces terres délicates qu'ils ont inspirées.

« Si dans nos départements la terre cuite doit rendre, comme construction et décoration, d'importants services, elle peut également jouer un rôle très utile à Paris.

« Dans notre ville, l'hygiène et la voirie obligent nos façades à une propreté qui se traduit souvent par la plus détestable apparence et qui, renouvelée tous les dix ans, doit dans un temps donné, détruire absolument les finesses des profils, les délicatesses et les modelés de la sculpture.

Il serait par suite vraiment souhaitable de voir la brique et la terre cuite décorées et émaillées concourir, avec la fonte et le fer apparents, avec les marbres variés et abondants, avec la pierre employée comme soubassements, points d'appui intermédiaires et angulaires, ou accentuation de certaines parties de l'œuvre, à la création d'une architecture en quelque sorte indestructible, très en rapport avec les ressources de nos industries, se prêtant bien aux subdivisions multiples de nos demeures étagées, architecture conséquemment très pratique et bien de notre temps.»

Résumons les principes posés avec une rare compétence par M. Paul Sédille. Pour être vraiment monumentale, c'est-à-dire à la fois calme et grande d'effet, toute décoration par la terre émaillée doit répondre aux conditions suivantes : La composition du décor doit être très lisible à distance ; les tons simples doivent être employés de préférence aux tons composés qui, vus de loin, perdent facilement leur coloration et ne restent qu'une valeur.

Les tons simples, c'est-à-dire le jaune, le bleu, le rouge et leurs dérivés, le vert et le violet, suffisent à former deux par deux la base de coloration d'un motif ornemental avec les appoints tou-

Fig. 375. — Détail d'un panneau de la figure 374.

jours nécessaires du blanc et du noir, pour former délimitation ou contraste. En effet, le noir et le blanc ne comptent pas comme tons, ce sont des valeurs, des intensités. Le blanc, c'est l'intensité dans la lumière ; le noir, c'est l'intensité dans l'absence de lumière ; le blanc rayonne, le noir met en valeur le rayonnement ; le blanc comme le noir donnent aux couleurs voisines une valeur relative par opposition, en plus de leur valeur absolue. Ainsi, par le rapprochement de deux couleurs seulement et l'appoint du noir et du blanc, on peut obtenir un effet très franc et très riche de coloration et une variété très grande d'effets, car les rapprochements possibles différents sont également nombreux. Il suffit pour en être convaincu de se rappeler les harmonies excellentes de coloration possibles par le vert et le jaune avec le noir et le blanc ; le rouge et le

bleu avec le noir et le blanc, le jaune et le rouge avec le noir et le blanc, le vert et le rouge avec le noir et le blanc. L'important, c'est que ces deux couleurs ne soient pas de valeur égale. Il faut que l'une des deux l'emporte sur l'autre et serve à affirmer dans la décoration une tonalité dominante.

Ces principes sont d'ailleurs confirmés par l'observation des monuments du passé. Ce sont deux couleurs : le vert et le jaune ou le marron et le bleu qui le plus souvent colorent les terres émaillées des monuments assyriens.

Ce sont deux couleurs, le bleu et le rouge qui rehaussaient d'habitude l'éclat marmoréen des temples de la Grèce et de l'Asie-Mineure.

C'est le brun et le rouge qui dominent dans les colorations gallo-romaines comme dans la céramique antique ; et le vert et bleu suffisent à la beauté des émaux arabes et persans. Mais toujours ces couleurs sont soutenues par les valeurs du blanc et du noir ou par ces deux valeurs réunies.

Nous nous garderons bien de dire qu'on ne saurait obtenir de bonnes colorations avec trois ou plusieurs couleurs. Nous pourrions en trouver d'excellents exemples.

Ainsi, dans les peintures égyptiennes, nous voyons souvent le bleu, le vert et le rouge employés concurremment avec les oppositions du blanc et du noir. Mais nous croyons toutefois qu'au cas particulier de la céramique monumentale qui nous occupe, il y a plus grande certitude d'obtenir un effet de coloration à la fois accentué et harmonieux par deux couleurs que par trois. Et ce qui semble le prouver c'est que si deux couleurs suffisent à donner un vif éclat aux décorations monumentales, une seule couleur suffit encore à colorer d'une façon saisissante un monument. Quelles riches et belles harmonies ne trouvons-nous pas dans les associations du rouge avec le noir et le blanc, du vert avec le noir et le blanc, etc., ou même encore plus simplement dans le rapprochement du rouge avec le blanc, du bleu avec le blanc, du jaune avec le noir, etc.

« Ce qui a manqué, je crois, à nos modernes essais de polychromie par les tons émaillés, dit encore M. Sédille, c'est la modération et le choix dans l'emploi des couleurs. Au lieu de se contenter d'une coloration simple et par cela même plus sensible à distance, on accumule dans un même motif, sur une même plaque, toutes les richesses ou toutes les nuances de la palette, si bien qu'encadrées dans l'architecture, ces décorations émaillées n'offrent, au lieu d'éclat, qu'un chaos de colorations violentes, ou bien, au lieu d'harmonie, qu'une confusion de tons égaux se neutralisant les uns les autres. »

On en peut voir un exemple dans l'habitation d'un céramiste au parc des Princes.

« Ce que je dis du décor émaillé des surfaces composées de carreaux juxtaposés doit s'entendre aussi, et à plus forte raison, des terres cuites ornées de reliefs et émaillées. Les reliefs produisant des effets d'ombres et de lumières très accentués, qui déjà sont une richesse de décoration.

il est important que les colorations soient d'autant moins multipliées, afin d'éviter toute confusion.

« Prenons pour exemple les œuvres des della Robbia. On n'y trouve, en général, que l'émail blanc et l'émail bleu ; le blanc pour les figures et les accessoires, le bleu pour les fonds. S'ils en cadrent leur composition d'une guirlande de feuillages et de fruits, le vert dominera franchement dans cette guirlande, les notes complémentaires compteront peu, les bruns et les violets de manganèse ne serviront que de vigueurs dans l'ensemble.

« Il faut donc reconnaître, en s'appuyant sur la tradition polychrome de tous les temps, que la richesse de la coloration monumentale s'obtient moins par la multiplicité que par le choix et la simplicité des tons employés, si bien même que la polychromie la plus puissante peut être en quelque sorte une monochromie, c'est-à-dire la combinaison d'une seule couleur avec des noirs et des blancs. »

Pour juger de la polychromie monumentale, le milieu, le cadre manquent le plus souvent à nos modernes essais. On les juge d'une façon relative et non pas absolue, comme il conviendrait pour le moment. A la ville, l'architecture colorée semble trancher bruyamment sur la froideur incolore des façades environnantes ; de telle sorte que les colorations semblent violentes si elles sont franches, et inutiles si elles sont fades. Au milieu de la nature, au contraire, sur le fond des verts éclatants, sous le ciel largement taché de bleu superbe et de blanc éblouissant ou traversé de nuages sombres et tumultueux, les constructions polychromes soutenues par les tons d'ocre des terrains trouvent leur effet juste et leur harmonie. Aussi dans un cadre de paysage sont-elles acceptées avec faveur. Il en serait de même à la ville, croyons-nous, si au lieu d'être isolées elles étaient juxtaposées et formaient groupes. Rapprochées et voisines, elles s'harmoniseraient dans l'ensemble et se feraient valoir par les contrastes. Un tel résultat ne saurait être obtenu qu'à la longue, alors que les constructions polychromes se multiplieraient dans nos villes et viendraient à remplacer les constructions anciennes. Alors se trouverait réalisé le rêve d'artiste, fait par un architecte éminent, partisan non moins résolu de la polychromie que M. Paul Sédille. Nous parlons de M. Ch. Garnier et de son livre si intéressant : A travers les arts. L'architecte de l'Opéra rêve Paris transformé, à la suite d'une vive réaction contre l'architecture froide, guindée et rectiligne : « Les fonds de corniches reluiront de couleurs éternelles, dit-il, les trumeaux seront enrichis de panneaux scintillants et les frises dorées courront le long des édifices ; les monuments seront revêtus de marbres et d'émaux et les mosaïques feront aimer à tous le mouvement et la couleur. »

La couleur est aujourd'hui le grand objectif de tous les arts et de toutes les industries aidées par les découvertes de la science. Une telle somme d'efforts, efforts également manifestés chez les peuples nos voisins, nous entraîne certainement vers une renaissance de la coloration extérieure des monuments. Et ce ne sera qu'une renaissance, car depuis les origines de l'architecture dans tous les temps, sous tous les climats, nous voyons la couleur se produire comme une sensation nécessaire aux peuples et aux individus, et servir de complément expressif à la forme architecturale.

La polychromie ainsi renouvelée ne se réduira plus seulement, comme à certaines époques du passé, aux superficielles colorations qui rehaussent de leur éclat passager les formes monumentales, colorations fugitives mises sous l'abri des cieux cléments. Ces décorations feront désormais corps avec l'édifice et, résultant du mode même de construction, s'éterniseront ou périront avec lui. C'est principalement aux terres cuites et aux émaux sur terre cuite qu'il faudra demander une telle polychromie. — E. CH.

Bibliographie : Albert JACQUEMART : *Histoire de la céramique* ; Edouard GARNIER : *Histoire de la céramique* ; MARRYAT : *Histoire des poteries, faïences et porcelaines*, trad. par MM. d'ARMAILLÉ et SALVÉTAT ; Ph. BURTY : *Chefs-d'œuvre des Arts industriels, Céramique* ; Alph. MAZE : *Notes d'un collectionneur, Recherches sur la céramique* ; DEMMIN : *Guide de l'amateur de faïences et porcelaines* ; CHAMPFLEURY : *Histoire des faïences patriotiques* ; CHAMPFLEURY : *Bibliographie céramique*, nomenclature analytique de toutes les publications faites en Europe et en Orient sur les arts de l'industrie céramique depuis le XVIᵉ siècle jusqu'à nos jours ; *Traité des arts céramiques*, par A. BRONGNIART, revu et annoté par A. SALVÉTAT.

*CÉRAMISTE. Celui, celle qui exerce l'art de fabriquer et de cuire toutes sortes d'objets en terre, faïence, porcelaine.

* CÉRASINE. T. de chim. L'un des principes que Guérin Varry avait trouvés en 1831 dans les gommes. Son nom vient de *cerasus*, cerisier, parce que ce principe se rencontre uniquement dans les gommes qui exsudent nos arbres fruitiers (cerisiers, pommiers, abricotiers).

Propriétés. La cérasine se distinguerait des deux autres principes qui constituent la gomme du Sénégal et ses variétés (*arabine*) ou la gomme adragante (*bassorine*, V. ce mot), par son insolubilité dans l'eau froide, laquelle ne fait que la gonfler, et par l'action de la chaleur qui, par une ébullition prolongée, la retransforme en arabine. Elle entre environ pour 35 0/0 dans la composition de la gomme de nos pays.

En 1860, M. Frémy, en reprenant l'étude des gommes, arriva à conclure que ce principe n'existe pas, et que ce n'est qu'un sel, du *métagummate de chaux* ; actuellement on regarde la cérasine non comme un corps spécial, mais comme une combinaison de l'arabine avec une base, car si les combinaisons de ce polysaccharide avec la potasse, la soude, ou la baryte, sont solubles à la température ordinaire, elles deviennent insolubles par l'action de la chaleur. Une réaction analogue se passe sous l'influence de la végétation, et la preuve en est, dans la transformation qu'éprouvent ces combinaisons lorsque l'on porte la température à l'ébullition de l'eau. Elles redeviennent solubles en même temps que l'arabine régénérée reprend ses propriétés.

Usage. La gomme de pays ou *gomme nostras*, formant avec l'eau un mucilage assez épais, est utilisée par les chapeliers pour l'apprêt du feutre.

CÉRAT. *T. de pharm.* Onguent ou pommade, ayant pour base la cire et l'huile, et que l'on place sur les plaies pour en activer la guérison.

* **CÉRATOTOME.** *Inst. de chirurg.* Espèce de scalpel qu'on emploie, dans l'opération de la cataracte, pour l'incision de la cornée transparente.

* **CERBÈRE.** *Myth.* Redoutable chien, portier des enfers et qui, sur la plupart des monuments anciens, est représenté avec trois têtes, bien qu'Horace lui en ait donné cent. Au moyen âge, on en fit un démon; c'est ainsi qu'il figure sur plusieurs monuments.

* **CERCE.** 1° *T. de céram.* Sorte de cylindre bas, évidé, en terre cuite, qui permet de donner à l'étui la hauteur que nécessite la pièce. On l'appelle encore *hausse.* Il faut en avoir de plusieurs dimension en diamètre et en hauteur. Les cerces possèdent quelquefois un petit rebord en haut ou en bas sur lequel on accote un rondeau en terre réfractaire dit *porte-pièce,* qu'il est alors facile de dresser avec facilité.—V. CAZETTE. || 2° *T. de constr.* Nom que les tailleurs de pierre donnent à une sorte de patron en bois ou en métal, qui leur sert pour tracer sur la pierre la courbure d'une surface quelconque. Les surfaces concaves s'obtiennent avec des cerces convexes et inversement. || 3° *T. techn.* Feuille de bois large et mince servant à monter les cribles et les tamis. || 4° Archure, menuiserie entourant les meules d'un moulin; on dit aussi *cerche.*

CERCEAU. *T. techn.* 1° Lame de fer mince ou de bois flexible, courbée en cercle servant à de nombreux usages, et notamment à maintenir les douves d'un tonneau, d'une barrique, etc.

FABRICATION. C'est ordinairement le bois qu'on emploie pour fabriquer les cerceaux destinés à maintenir les douves des tonneaux, cuves et autres vaisseaux, mais le bois de châtaignier est celui qui doit être choisi de préférence; après lui viennent le frêne, le tremble, le coudrier, le noisetier, le tilleul, le merisier, le bouleau et le peuplier. La fabrication se fait en forêt sur le lieu même de l'exploitation des taillis; l'outillage se compose d'un établi formé d'une pièce de bois de 3 mètres de longueur environ; un *volain,* sorte de serpe courbée et très tranchante; un *piochon* dont la lame, de 0ᵐ,15 de long, est plate et forte; une *plane* à lame droite, dont la base nommée *billard* longue de 0ᵐ,40 à 0ᵐ,45 portant à l'une de ses extrémités une entaille formant rainure dans laquelle on engage le cerceau pour lui faire prendre sa courbure, ce qui se nomme *plier* ou *plager.*

Une botte est composée de vingt-quatre cerceaux liés, mais ce nombre diminue en raison de leur dimension; ainsi il ne faut que six cerceaux de cuve pour former une botte. On estime qu'il se fabrique annuellement en France plus de 200 millions de cerceaux.

Cerceau. 2° *T. techn.* Tringles cintrées, en fer ou en bois, qui servent à supporter les cartons dans le métier à tisser le façonné. || 3° Fil d'or

dont se servent les boutonniers pour façonner les boutons.

* **CERCEAU (Du).** Architecte du xviᵉ siècle. — V. DU CERCEAU.

* **CERCHE.** *T. techn.* — V. CERCE.

* **CERCLAGE.** *T. techn.* Action de cercler les tonneaux. || *Bois de cerclage,* bois propre à confectionner des cerceaux.

I. CERCLE. *T. techn.* Dans les sciences et dans les arts, on emploie ce mot pour désigner certains instruments de forme plus ou moins circulaire. || *Cercle à calcul.* — V. CALCULER (Machines à). || *Cercle d'équation.* Cercle ajouté aux cadrans des pendules pour indiquer l'heure vraie du soleil. || *Cercle horaire.* Celui qui indique les heures d'un cadran solaire.—V. CERCLE MÉRIDIEN. || En *céram.,* vase d'argile sans fond servant d'étui à des pièces de porcelaine plus ou moins garnies. On dit aussi *cerce.* || *Cercle Barbotin.* Cercle inventé par Barbotin pour le virage des câbles-chaînes. — V. BARBOTIN, CABESTAN. || *T. d'iconog. Cercle lumineux.* Nimbe dont on orne la tête des saints. || *Art hérald.* Se dit de ce qui est rond, uni et percé. || *Cercle perlé.* Couronne de comte ou de vicomte. || *T. techn.* Ce mot est parfois synonyme de *cerceau,* mais on réserve ordinairement le nom de *cercle* aux cercles en fer, et *cerceau* aux cercles en bois.

II. CERCLE. *T. de géom.* Surface plane limitée par la *circonférence.*

Dans le langage ordinaire, on confond souvent à tort les mots *cercle* et *circonférence.* Nous étudierons les propriétés de la courbe et par suite aussi celles du *cercle osculateur* au mot CIRCONFÉRENCE. L'aire du cercle s'obtient en considérant celle-ci comme la limite commune des aires de deux polygones réguliers d'un même nombre de côtés, l'un inscrit, l'autre circonscrit à la circonférence; son expression est πR^2, π désignant le rapport de la circonférence au diamètre $(2R)$; elle est égale, comme on sait, au produit de la circonférence par la moitié du rayon. Parmi toutes les figures planes de même périmètre, le cercle est celle qui a la plus grande surface, et parmi toutes les figures de même surface, le cercle est celle qui a le plus petit périmètre.

Le cercle est une surface qui se rencontre fréquemment en géométrie; par exemple, les sections des surfaces de révolution par des plans perpendiculaires à l'axe sont des cercles.

III. CERCLE A RÉFLEXION. *Inst. d'ast.* Le cercle à réflexion est un instrument destiné à la mesure des angles par le déplacement d'un miroir. Il est fondé sur le même principe que le sextant, dont il n'est d'ailleurs qu'une modification imaginée par Borda pour en augmenter la précision et permettre de lui appliquer le principe de la répétition. Nous donnons au mot SEXTANT l'étude complète des instruments à réflexion.

IV. * **CERCLE AZIMUTAL.** *Inst. d'ast.* Lunette adaptée à un cercle vertical mobile autour de son axe, sur lequel cercle on lit les hauteurs observées au-dessus de l'horizon, tandis qu'un cercle horizontal immobile fixé à l'axe vertical donne la valeur de l'azimut dans lequel on a fait l'observation. — V. THÉODOLITE.

V. * **CERCLE CHROMATIQUE.** *T. de phys.* Cercle imaginé par Newton pour trouver dans un mélange de différentes couleurs la nuance dominante. Si on trace un cercle de rayon égal à l'unité et qu'on le divise en sept parties proportionnelles aux nombres $\frac{1}{9}$ $\frac{1}{16}$ $\frac{1}{10}$ $\frac{1}{9}$ $\frac{1}{10}$ $\frac{1}{16}$ $\frac{1}{9}$, on pourra imaginer que les secteurs ainsi déterminés représentent dans leur ordre de succession (du rouge au violet) les sept couleurs du spectre solaire (fig. 376).

On déterminera les centres de gravité de ces différents secteurs et on y supposera appliqués des poids proportionnels à leurs surfaces respectives; la résultante de ces poids passera évidem-

Fig. 376 — *Rouge, 60°45'; orangé, 34°10'; Jaune, 54°40'; Vert, 60°45'; Bleu, 54°40'; Indigo, 34°10'; Violet, 60°45'.*

ment au centre de figure et correspondra, par définition, à la lumière blanche. S'il s'agit maintenant d'un mélange où chacune des couleurs constituantes figure pour une fraction $\frac{1}{n}$ $\frac{1}{n'}$, etc., on appliquera aux centres de gravité des secteurs déjà définis des poids proportionnels aux fractions $\frac{1}{n}$ $\frac{1}{n'}$, etc. Le centre de gravité du système formé par ces poids tombera en un certain point G situé sur l'un des secteurs à une distance D du centre du cercle, et le mélange aura la nuance de ce secteur. La proportion de la couleur dominante sera D et celle du blanc 1 — D. Cette règle est très approximative. — V. COULEUR.

VI. **CERCLE MÉRIDIEN.** *Inst. d'ast.* On appelle *cercle méridien* un instrument formé d'une lunette astronomique fixée à un cercle divisé, et disposée de manière à se déplacer sans sortir du plan méridien.

Le cercle méridien résulte de la réunion en un seul de deux instruments qu'on construisait autrefois séparés et qu'on appelait *lunette méridienne* et *cercle mural*.

C'est l'astronome Rœmer, plus connu par la découverte de la vitesse de la lumière, qui eut le premier, vers 1700, l'idée d'installer une lunette dans le plan méridien, afin de mesurer les ascensions droites des astres. La terre tournant autour de son axe en vingt-trois heures cinquante-six minutes environ, toutes les étoiles du ciel paraissent venir successivement pendant cette période traverser le plan méridien d'un lieu donné; toutes celles qui se trouvent sur un même cercle passent par les deux pôles célestes — cercle que les astronomes appellent un *cercle horaire* — arrivent en même temps dans le plan méridien. On conçoit donc qu'on puisse mesurer l'angle de deux de ces cercles horaires par la durée qui s'écoule entre leurs passages successifs dans le plan méridien.

Une horloge *sidérale* étant réglée de manière à faire vingt-quatre heures exactement pendant une rotation de la terre, et ce *jour sidéral* commençant au moment où un point particulier du ciel vient à passer dans le plan méridien, l'*heure sidérale* du passage d'un astre dans le même plan pourra servir à déterminer sur la sphère céleste la position exacte du cercle horaire sur lequel il se trouve : il suffit de multiplier cette heure par 15 pour obtenir l'angle de ce cercle horaire avec celui qu'on a pris pour origine (24 × 15 = 360). De plus, il est clair qu'une étoile déterminée passera toujours au méridien à la même heure *sidérale*. Cette heure sidérale du passage d'un astre au méridien est ce qu'on appelle l'*ascension droite* de cet astre. La lunette méridienne à laquelle il faut toujours adjoindre une horloge sidérale, sert à faire ce genre d'observation.

On voit par ce qui précède que l'ascension droite d'un astre ne suffit pas à fixer sa position dans le ciel. Il faut encore connaître la position de cet astre sur son cercle horaire, ce qui se fait en mesurant soit sa distance angulaire au pôle — *distance solaire* — soit sa distance à l'équateur ou *déclinaison*. Imaginons que la lunette soit invariablement fixée à un cercle divisé vertical tournant avec elle dans le plan du méridien devant un index fixe, et disposé de manière que la division zéro se trouve sous l'index lorsque l'axe optique de la lunette est dirigé vers le pôle. Si les divisions du cercle vont en croissant du pôle à l'horizon Nord, elles passeront successivement sous l'index lorsque la lunette s'éloignera du pôle vers le zénith et l'horizon Sud; de sorte qu'une fois la lunette braquée vers un point du plan méridien, le cercle fera connaître par une seule lecture la distance polaire de ce point. Dans l'origine et jusqu'à ces derniers temps, il n'a pas été possible, pour des raisons que nous allons indiquer, de fixer le cercle divisé à la lunette méridienne elle-même. On construisait donc ce cercle à part en lui adaptant une lunette spéciale, et l'on obtenait ainsi un instrument qu'on appelait *cercle mural*, parce qu'on l'établissait généralement le long d'un pilier en maçonnerie; il n'était propre qu'à la mesure des déclinaisons ou distances polaires, tandis que la lunette méridienne, privée de ce cercle divisé ne pouvait servir qu'à la détermination des ascensions droites.

Par sa disposition même, la lunette méridienne est la plus simple de toutes les lunettes astronomiques; mais, en raison du rôle important qu'elle est appelée à remplir, puisque la lunette méridienne est l'instrument fondamental d'un observatoire, sa construction exige une foule de précautions minutieuses. Le tube, en cuivre ou en fonte, est formé de deux pièces coniques reliées à un cube central auquel sont fixés extérieurement deux tourillons en acier déterminant l'axe autour duquel doit osciller la lunette. Ces tourillons sont, après la partie optique, les pièces les plus importantes de l'appareil; ils doivent être très exactement cylindriques et parfaitement égaux. Les coussinets qui les supportent sont également en acier et taillés en forme de V, de sorte que les tourillons reposent sur eux par deux génératrices seulement. Ils doivent être établis suivant une ligne horizontale et perpendiculaire au plan méridien, c'est-à-dire dirigée de l'Est à l'Ouest. Leur position doit être invariable, à l'abri des trépidations du sol et de toutes les causes de déplacement. Aussi les fait-on reposer, pour éviter le tassement de la maçonnerie, sur des piliers monolithes pénétrant profondément dans le sol, et parfaitement isolés du plancher de la salle. Derrière l'oculaire, dans le plan focal de l'objectif, se trouve le réticule destiné à fixer la ligne de visée, et formé de certain nombre de fils extrêmement fins d'araignée ou de platine, placés verticalement. Un seul de ces fils, au milieu du champ, suffirait à la rigueur : il faudrait observer l'heure exacte, une fraction de seconde près, du passage de l'astre derrière ce fil qui figurerait ainsi le plan méridien. Il y en a plusieurs pour augmenter la précision; on répète l'observation pour chaque fil et l'on prend la moyenne des temps observés; c'est comme si on avait observé derrière un fil fictif situé dans une position moyenne par rapport à tous les autres.

Enfin un système particulier d'éclairage fait pénétrer dans le cube de la lunette, par l'intérieur d'un des tourillons percé à cet effet, les rayons d'une lampe ou d'un bec de gaz qui viennent illuminer le champ en se réfléchissant sur un miroir incliné ou sur des prismes à réflexion totale; cette précaution est indispensable pour qu'on puisse apercevoir les fils du réticule. On gradue l'intensité de la lumière en agissant sur un appareil fort simple qui ouvre ou ferme partiellement l'ouverture du tourillon.

Une bonne lunette méridienne doit satisfaire à trois conditions essentielles qui, lorsqu'elles ne sont pas remplies, donnent lieu à trois sortes d'erreur :

1º Erreur de *collimation*, lorsque l'axe optique ou ligne de visée de la lunette, figurée par le centre optique de l'objectif et le centre du réticule, n'est pas exactement perpendiculaire à l'axe de rotation de la lunette;

2º Erreur d'*inclinaison*, lorsque cet axe de rotation n'est pas exactement horizontal;

3º Erreur d'*azimuth*, lorsque ce même axe n'est pas rigoureusement perpendiculaire au plan méridien.

Dans la pratique, il est impossible de faire complètement disparaître ces trois sources d'erreur. On se contente de les réduire autant que possible, et de mesurer avec soin les petits écarts qu'on a dû laisser subsister; il en résulte trois sortes de corrections qu'on est obligé de faire subir aux observations. Mais pour mesurer avec précision ces petits écarts dans la position de la lunette, il faut pouvoir la retourner en plaçant le tourillon Est dans le coussinet Ouest et *vice versâ*. C'est justement cette nécessité de retourner la lunette qui a longtemps empêché d'y adapter un cercle divisé, surtout à une époque où l'on donnait à ces cercles de très grandes dimensions.

L'établissement d'un cercle mural demande, comme celui d'une lunette méridienne, certaines précautions minutieuses. Le pilier qui le supporte doit être également monolithe, ou tout au moins formé d'un très petit nombre de très grosses pierres; il doit être également isolé du plancher de la salle. Le cercle est tout en cuivre et la lunette doit y être fixée de manière à ne pas gêner la lecture des divisions tracées de cinq en cinq minutes sur une lame d'argent incrustée dans le cuivre. Le célèbre Gambey, dont les cercles divisés sont si fort admirés, remplaçait l'argent par un alliage particulier renfermant une assez forte proportion de palladium. L'index est formé d'un microscope solidement fixé au pilier et dirigé vers un point du limbe. Dans le plan focal de ce microscope se meut, entraîné par une vis micrométrique, un fil parallèle aux divisions du limbe, et qu'on doit amener en coïncidence avec la dernière de ces divisions qui a dépassé le centre du champ. Le pas de la vis est égal au cinquième de l'espace qu'occupe dans le champ l'intervalle des images de deux divisions consécutives; le tambour qui la termine est divisé en soixante parties égales et tourne devant un petit index fixe. Il résulte de cette disposition que chaque tour de la vis micrométrique correspond à une minute et chaque division du tambour à une seconde. Comme l'œil peut très bien fractionner à 1/10 près les divisions du tambour, les observations peuvent se faire à *un dixième de seconde* près. Pour augmenter la précision, on dispose autour du cercle six microscopes semblables, également espacés de soixante en soixante degrés; on fait pour chaque observation les lectures des six microscopes dont on prend la moyenne. Enfin un index plus grossier placé quelque part le long du limbe sert à lire le numéro de la division, tandis que les microscopes permettent d'apprécier la fraction complémentaire.

L'Observatoire de Paris possède trois couples d'instruments méridiens. Le plus ancien, construit par Gambey, est formé de deux instruments isolés tels que nous venons de les décrire; ces deux instruments sont tout en cuivre, mais la lunette méridienne est plus puissante que celle du cercle. L'objectif a 0ᵐ,15 de diamètre et la distance focale est de 2ᵐ,40. Le retournement se fait avec facilité grâce à un appareil spécial destiné à soulever la lunette hors des coussinets, et monté sur des rails, afin qu'on puisse l'amener à volonté au-dessous de l'instrument.

Le cercle également en cuivre a 2 mètres de diamètre : c'est juste la longueur de la lunette qui y est adaptée et qui n'a que 0m,12 d'ouverture. Les divisions sont tracées sur la partie convexe du limbe ; les six microscopes sont donc dans le plan du cercle et dans le prolongement même des rayons. Un escalier mobile qui peut s'approcher ou s'éloigner du pilier sert à lire les deux microscopes de la partie supérieure. Quatre pinces de calage avec vis de rappel sont disposées autour du cercle, afin de pouvoir le manœuvrer quelle que soit la position de l'observateur. Il est bien entendu qu'il n'en faut jamais serrer qu'une à la fois.

Ces deux instruments, célèbres par la perfection de leur construction, présentent un inconvénient grave qui tient à leur séparation même ; d'abord, il faut, de toute nécessité, deux observateurs pour mesurer, à la lunette l'ascension droite, et

Fig. 377. — Lunette méridienne.

au cercle, la déclinaison d'un même astre ; de plus, s'il y a plusieurs étoiles dans le champ de l'instrument, il peut arriver que les deux astronomes n'observent pas le même astre, et qu'on donne ainsi comme appartenant à une même étoile les coordonnées de deux points différents. Aussi a-t-on cherché le moyen de réunir les deux instruments en un seul, afin de permettre au même observateur de faire à lui seul les deux observations. Le grand cercle méridien de l'Observatoire réalise cette condition. C'est une grande lunette méridienne en fonte de 0m,236 d'ouverture et 3m,85 de distance focale. Elle porte avec elle le cercle divisé qui est placé en dehors du pilier de l'Est. Mais il a fallu renoncer à la possibilité

du retournement. On supplée à cette opération par un système assez compliqué d'observation qui, du reste, ne la remplace pas complétement.

La figure 377, qui représente ce bel instrument, est extraite de l'Astronomie populaire, de notre collaborateur Camille Flammarion. Sur la droite, on aperçoit un bec de gaz servant à l'éclairage intérieur qu'on peut régler au moyen d'une manette qui passe devant la pendule sidérale et que l'observateur peut amener à portée de sa main. Le cercle divisé, tout en cuivre et venu d'une seule pièce à la fonte, se voit sur la gauche, en dehors des piliers, entouré de ses six microscopes dont l'assistant est prêt à faire la lecture, pendant que l'astronome observe l'ascension droite. Ce cercle est beaucoup plus petit que celui de Gambey il mesure à peine un mètre de diamètre. Les divisions y sont tracées sur la partie plate du limbe, c'est pourquoi les microscopes sont perpendiculaires au plan du cercle. Un septième microscope se voit en bas près de la tête de l'assistant ; il grossit beaucoup moins que les autres et sert seulement à lire le numéro du trait du cercle.

Le cercle qu'on aperçoit entre les piliers est le cercle de calage ; il est en fonte et porte sur sa partie convexe une division assez grossière permettant de placer approximativement la lunette dans la position voulue. C'est sur lui qu'agit la pince de calage accompagnée de la vis de rappel. Deux manettes visibles au-dessous de ce cercle et pouvant être mises à la portée de l'observateur servent l'une à serrer la pince, l'autre à manœuvrer la vis de rappel sur laquelle on peut également agir au moyen d'une tige qui traverse le pilier et se termine par un gros bouton du côté de l'assistant. Le gros poids qui pend sur la droite de la lunette est un contre-poids servant à soulager les coussinets ; il y en a un pareil du côté-gauche; tous les deux agissent par un système de levier sur des galets qui soutiennent légèrement la lunette sans cependant la soulever au-dessus des coussinets. De pareils contre-poids existent dans toutes les lunettes méridiennes; ils sont indispensables pour atténuer la pression des tourillons sur les coussinets et empêcher leur trop rapide usure.

Cet instrument, beaucoup plus puissant que la lunette de Gambey, permet d'observer jusqu'à la treizième grandeur d'étoiles; il est employé depuis plusieurs années à l'observation de ces planètes minuscules qui gravitent entre Mars et Jupiter. Cependant des astres d'un aussi faible éclat seraient noyés dans la lumière projetée à l'intérieur pour l'éclairage des fils. C'est pourquoi une disposition spéciale de prismes qu'on met en action en poussant un bouton situé près de l'oculaire fait arriver la lumière dans le plan focal de haut en bas, c'est-à-dire parallèlement aux fils; ceux-ci apparaissent alors comme lumineux sur le champ qui reste obscur, et l'observation devient possible. Cette illumination des fils sur fond noir produit un très bel effet, toujours admiré des personnes qui ont la faveur de visiter le soir les instruments de l'Observatoire.

Nous ne dirons que peu de choses du troisième instrument méridien de l'Observatoire dans lequel on s'est attaché à concilier les avantages du grand cercle méridien avec la possibilité d'un retournement. On y est arrivé en adaptant à la lunette deux cercles divisés à l'Est et à l'Ouest qu'on a placés entre les piliers formés chacun d'un bloc de marbre reposant sur un pilier monolithe. Les microscopes placés en dehors des piliers du côté de l'Est visent l'un ou l'autre des deux cercles, suivant la position de la lunette, à travers sept ouvertures pratiquées dans le marbre. L'instrument, moins puissant mais aussi moins lourd que le précédent, devient alors retournable. Il y a deux cercles de calage en dedans des cercles divisés; les dispositions de détail sont semblables à celles que nous venons de décrire. Le diamètre de l'objectif est 0^m,19 et la distance focale 2^m,32.

Ajoutons enfin, pour compléter, qu'on a construit des cercles méridiens de très petites dimensions et transportables. Ces instruments, toujours susceptibles de retournement, se composent d'une lunette fixée à un cercle divisé, le tout reposant sur deux piliers en fonte faisant corps avec un socle muni de trois vis calantes. On n'a plus qu'à les orienter à leur arrivée dans la station. Ils permettent d'atteindre un degré de précision presque aussi élevé que les grands instruments fixes des observatoires. C'est à l'aide de semblables instruments qu'ont été effectuées la plupart des observations nécessitées par le dernier passage de Vénus en 1874. — M. F.

— Pour plus de détails, et surtout pour la méthode et a réduction des observations, V. DELAUNAY : *Traité d'astronomie;* ARAGO : *Astronomie populaire;* BRUNOW : *Traité d'astronomie sphérique,* traduit par M. ANDRÉ; Camille FLAMMARION : *Astronomie populaire.*

Cercle mural. — V. l'article précédent.

VII. CERCLE RÉPÉTITEUR. *Instr. d'astr.* Peu de temps après l'invention des *lunettes,* Simon Morin eut le premier l'idée d'en adapter une à un instrument divisé, pour remplacer, dans la mesure des angles, les alidades à pinnules.

Cependant cette invention, d'où date l'exactitude de l'astronomie moderne, se prêtait à quelques objections qui l'empêchèrent d'être immédiatement adoptée par les astronomes. Il est, en effet, presque impossible de savoir exactement quel est le rayon du cercle parallèle à l'axe optique de la lunette. On s'affranchit cependant de cette cause d'erreur en retournant l'instrument autour d'un axe vertical et en réitérant l'observation et le pointé. L'angle, dont la lunette a dû se déplacer pour revenir à sa position initiale, mesure exactement le double de la distance zénithale du point visé, et cet angle est immédiatement connu par le nombre des divisions qu'a parcourues sur le cercle fixe l'index de la lunette mobile. Pour rendre ce retournement possible quelle que fût la hauteur des astres observés, Rœmer substitua un cercle entier aux secteurs dont on se servait avant lui, progrès déjà très important. Plus tard, Tobie Mayer, en 1752, imagina de rendre le cercle et la lunette mobiles, afin de se procurer par cet artifice, combiné avec celui du retournement, la facilité de transporter l'arc qu'on veut mesurer sur les différents points du limbe, en prenant chaque fois pour point de départ celui où la lunette s'était arrêtée dans l'observation précédente. La lunette décrit ainsi le long du cercle un arc multiple de celui qu'on veut connaître; l'erreur inévitable de lecture n'est pas plus forte que si la mesure n'avait été faite qu'une seule fois; mais cette erreur étant divisée, à la fin, par le nombre de fois qu'on a *répété* l'observation, peut être atténuée autant qu'on le désire. Tel est le principe de la *répétition* dont Mayer aurait sans doute tiré un parti très avantageux, si une mort prématurée ne l'avait empêché d'utiliser cette ingénieuse invention qui devint plus tard, entre les mains de Borda, l'origine du *cercle répétiteur.*

Le *cercle répétiteur,* que Borda fit construire par un habile artiste du nom de Lenoir, mesure 0^m,4 de diamètre; il se compose d'un cercle divisé monté sur un pied qui lui permet de recevoir toutes les directions possibles, le tout supporté par trois vis calantes; il est muni de deux lunettes à réticules situées sur les deux faces et qu'on peut à volonté, et isolément, ou fixer sur le cercle au moyen de pinces de calage, ou laisser au contraire tourner librement devant le cercle immobile.

L'une de ces lunettes, que nous nommerons la lunette supérieure, est fixée à un cadre formant alidade et portant deux pinces de calage avec vis de rappel pour les mouvements lents, et quatre verniers avec leurs loupes. On ne doit évidemment jamais serrer qu'une pince à la fois pour laisser la liberté des mouvements lents. On lit la division du cercle sur le zéro d'un des verniers; les trois autres servent à augmenter la précision de la lecture en fournissant pour la fraction de division quatre déterminations dont on prend la moyenne. La lunette inférieure, placée excentriquement à cause de l'axe qui supporte le cercle, est munie d'une pince avec vis de rappel, mais elle n'a ni index ni vernier : elle ne fournit donc jamais aucune lecture. Une rainure profonde, ménagée dans l'épaisseur du cercle, le divise en deux limbes afin de permettre aux deux lunettes de tourner tout autour du cercle sans se gêner. Tout ce système est supporté par une tige centrale assemblée avec un croisillon horizontal pouvant tourner sur lui-même entre les branches d'une double équerre, de manière à figurer un axe horizontal. Cette double équerre est montée sur un axe vertical renfermé dans le pied de l'appareil et entraînant dans sa rotation un cercle horizontal divisé situé à la partie inférieure de tout l'instrument. Au moyen de ces deux axes, le cercle peut être orienté d'une manière quelconque. Une grosse vis située sur l'un des montants de la double équerre le maintient dans la position inclinée qu'on veut lui conserver. Enfin le système du cercle et des deux lunettes est équilibré, de l'autre côté de la fausse équerre par un contre-poids en forme de tambour dont la circonférence est dentée et dont on peut approcher ou éloigner à volonté, au moyen d'un ressort, une vis sans fin terminée par un bouton. Quand cette vis est éloignée, on peut faire tourner le cercle autour de son centre en agissant à la main sur le tambour : autrement, le cercle est calé et ne peut plus être déplacé que par les mouvements lents que lui imprime la vis sans fin. Ajoutons, pour terminer, qu'à la lunette inférieure est fixée un niveau à bulle d'air, et qu'un autre plus petit se trouve sur la tige qui unit le cercle au contre-poids. Ce dernier niveau sert à assurer la verticalité parfaite de l'axe de rotation, suivant la méthode constamment employée pour cet objet dans tous les appareils de physique et d'astronomie et que nous n'avons pas à décrire. On obtient encore plus de précision dans ce réglage en se servant, comme faisait Delambre, d'un fil à plomb soutenu par une pince à la partie supérieure du cercle et venant battre le long d'un trait tracé sur une autre pince qu'il serrait à la partie inférieure. Dans tous les cas, la position de l'axe vertical est rectifiée par le moyen des vis calantes du pied. Le niveau de la lunette sert à assurer, lorsqu'elle est nécessaire, la parfaite verticalité du plan du cercle, résultat qu'on obtient à la suite d'opérations analogues à celles du réglage de l'axe.

Une autre précaution très importante et qu'il faut avoir soin de prendre avant de se servir de l'instrument, consiste à s'assurer que les axes optiques des lunettes sont bien parallèles au plan du cercle. Nous n'entrerons pas dans le détail de cette opération qui consiste en un retournement du cercle autour de l'axe horizontal, et en pointés effectués à l'aide des deux lunettes et dans les deux positions sur un objet éloigné à l'horizon. S'il y a une erreur, on la rectifie en déplaçant le réticule des lunettes au moyen de vis spéciales.

Il ne nous reste plus qu'à indiquer comment on peut, à l'aide de cet instrument, appliquer le principe de la répétition de Tobie Mayer. Nous allons le faire aussi rapidement que possible, mais pour la clarté de cette explication, nous prions le lecteur de vouloir bien faire une figure formée d'un cercle et de deux diamètres représentant les lunettes : ces diamètres devront être déplacés suivant la marche que nous allons indiquer. Imaginons qu'on veuille mesurer la distance angulaire de deux points éloignés A et B. Après avoir réglé l'instrument comme il vient d'être dit, on dirige le plan du cercle dans la direction de ces objets et on l'y fixe en serrant la vis de la double équerre. On tourne alors la lunette supérieure S de manière que l'un de ses index, celui qu'on veut, soit sur le zéro du limbe et on le serre contre le limbe, puis on fait tourner le système du cercle et de la lunette jusqu'à ce que celle-ci soit pointée sur l'objet A, et l'on cale le cercle. La lunette inférieure I restée libre est alors dirigée sur l'objet B et fixée au cercle. On la décale sans desserrer les lunettes, et on le fait tourner jusqu'à ce que la lunette I soit pointée sur A, puis on la recale. On desserre alors la lunette S et on la ramène sur B; il faut évidemment la faire tourner d'un angle double de celui qu'on veut mesurer, de sorte que si l'on faisait la lecture en cet instant, la division qu'on trouverait sous l'index de la lunette S mesurerait le double de cet angle. Mais on peut pousser beaucoup plus loin la répétition : en effet, les deux lunettes étant serrées, décalons le cercle et faisons-le tourner pour ramener la lunette S sur A, recalons, desserrons la lunette I, ramenons-là sur B et resserrons la. L'instrument se trouve dans la même position qu'après les deux premiers pointés si ce n'est que l'index, au lieu d'être au zéro, est à une distance en double de l'angle à mesurer. Ramenons donc, en déplaçant tout le système, la lunette I sur A, puis la lunette S seule sur B : elle aura encore décrit le double de l'angle à mesurer, et l'index indiquera par conséquent une lecture quadruple. Faisons encore tourner tout le système jusqu'à ce que la lunette S soit sur A, puis ramenons la lunette I seule sur B. L'instrument sera encore dans la même position qu'après les deux pointés primitifs, si ce n'est que l'index sera à une distance du zéro égale à quatre fois l'angle à mesurer. En continuant de la sorte on pourra obtenir, par une seule lecture à la fin de l'opération, un angle deux, quatre, six fois plus grand que celui qu'il s'agit de déterminer. On pourrait facilement concevoir un autre procédé de répétition plus simple permettant d'obtenir des multiples impairs de l'angle et dispensant de la lunette I; mais l'avantage de la méthode que nous venons d'expliquer consiste en ce que toutes les fois que l'une des lunettes doit être déplacée sans entraîner le cercle, l'autre reste pointée sur un objet fixe, ce qui permet de s'assurer que le cercle n'a subi aucun déplacement pendant la rotation de la lunette, vérification très importante et qui exige l'emploi des deux lunettes et de la méthode ci-dessus décrite.

Le cercle répétiteur peut aussi servir à mesurer les distances zénithales par une série d'opérations analogues combinées avec des retournements de tout l'appareil autour de l'axe vertical.

Le cercle répétiteur a été surtout employé par les deux astronomes chargés de mesurer à la fin du siècle dernier, l'arc de méridienne compris entre Dunkerque et Barcelone. On sait que cette grande opération était nécessaire pour la mesure de la terre et l'établissement du système métrique. Entre les mains habiles de Delambre et Méchain, le cercle répétiteur de Borda a fourni tout un ensemble de mesures géodésiques qui sont restées encore aujourd'hui comme un modèle d'exactitude et de précision. Il faut cependant remarquer que cet instrument si remarquable, d'une perfection si absolue lorsqu'il s'agit de la mesure de la distance angulaire de deux objets terrestres, se prête beaucoup moins bien aux observations astronomiques Cela tient à ce que, lorsque le cercle est vertical, le poids de la lunette fait pénétrer l'axe horizontal tout au fond du coussinet qui le supporte, et où il y a toujours un faible jeu impossible à éviter. Il en résulte une légère excentricité, le centre de rotation de la lunette n'étant plus exactement le même que celui du limbe divisé. Cette erreur d'excentricité qui se reproduit à chaque pointé n'est pas divisée, comme l'erreur de lecture, par le nombre de répétitions et se retrouve toute entière dans le résultat final. C'est pourquoi, on préfère aujourd'hui, pour la mesure des latitudes, les petits cercles méridiens portatifs dont nous avons dit quelques mots (V. Cercle méridien). En résumé, c'est vraisemblablement à l'emploi du cercle répétiteur qu'il faut attribuer en partie, d'une part la perfection du travail géodésique de la Commission du mètre, et de l'autre la très légère erreur qui a été commise dans la détermination des latitudes des extrémités de l'arc, petite erreur qui, combinée avec la valeur trop faible qu'on avait adoptée pour l'aplatissement terrestre, conduisit à trouver pour le quart du méridien une longueur trop petite d'environ 856 mètres, ce qui fait que le *mètre* est en erreur sur sa définition d'environ 9 centièmes de millimètre. — M. F.

CERCLÉ. *Art hérald.* Se dit des barils, quand les cercles qui les entourent sont d'un émail particulier.

* CERCLIER. *T. de mét.* Celui qui confectionne les cercles, des cerceaux.

CERCUEIL. Coffre dans lequel on renferme le corps d'une personne décédée, pour le déposer, soit dans la terre, soit dans un caveau destiné à la sépulture. Le cercueil du pauvre est formé de cinq planches de sapin en long et de deux en travers ; il permet la décomposition plus rapide du corps qu'il renferme ; le cercueil du riche est ordinairement en chêne, quelquefois doublé de plomb, garni de poignées et orné d'une plaque de cuivre sur laquelle on grave les noms et qua-

lités du défunt. Les grands de ce monde sont enfermés dans plusieurs cercueils rentrant les uns dans les autres, et dont le dernier est encore couvert de velours. En province, dans les campagnes surtout, ce sont les menuisiers qui confectionnent le vêtement de bois avec lequel on quitte ce monde ; mais dans les villes, et notamment à Paris, ce sont les administrations des pompes funèbres qui, aux termes de diverses ordonnances, fournissent aux riches comme aux pauvres cette dernière enveloppe à laquelle on donne plus ou moins de solidité, de luxe et d'ornementation, selon le pieux respect de la famille pour la dépouille du défunt et souvent aussi selon la fortune qui échoit aux héritiers.

L'administration des pompes funèbres, qui, grâce à son privilège, fait payer assez cher la modeste bière en sapin, doit, en revanche, la fournir gratis aux indigents et à ceux qui meurent dans les hôpitaux et dans les prisons.

— Dans la plus haute antiquité, les cercueils étaien en terre cuite, en verre, en or et en argent. Chez les Égyptiens, qui vouaient à leurs sépultures un soin respectueux, les cercueils étaient en bois de sycomore ou de cèdre et même en granit, ornés de peintures hiéroglyphiques. Les Grecs et les Romains brûlaient leurs morts, ils n'eurent point de cercueils. Les chrétiens rétablirent l'usage d'ensevelir les morts dans des cercueils qui, aux premiers temps du christianisme, furent en pierre taillée au ciseau ; cependant, les soldats et les manants étaient ensevelis dans des bières en bois. Grégoire de Tours dit, au sujet de la peste en Auvergne (571): « La mortalité fut telle à Clermont qu'on fut forcé d'inhumer jusqu'à dix corps dans une même fosse, parce que les bières en bois et les cercueils de pierre vinrent à manquer. »

M. P. Lacroix, dans son beau volume *Vie militaire et religieuse au moyen âge*, dit « que les plus anciens cercueils sont faciles à reconnaître à leurs grandes dimensions, à leur épaisseur et à leur forme régulière (fig. 378). Ce sont des coffres recouverts d'un massif couvercle de pierre, ayant 2m,25 de long et quelquefois davantage ; ils sont taillés à angles droits et ressemblent à une auge rectangulaire. Le couvercle, surélevé en forme de toiture ou arrondi à dos d'âne, est complètement privé d'ornements décoratifs. »

Au vie et au viie siècles, les dimensions des sarcophages diminuent, ils ont environ 2 mètres de longueur ; le coffre est plus étroit à la place des pieds qu'à celle de la tête du mort ; au viiie siècle, il est plus élevé du côté de la tête ; au xiiie siècle, on pratique dans la pierre inférieure du sarcophage une petite cellule évidée pour y loger la tête du mort.

« A mesure qu'on avance dans le moyen âge, dit M. P Lacroix, il devient de plus en plus difficile de déterminer l'âge d'un cercueil. A partir du xie et du xiie siècles, peut-être même du xe, les couvercles sont décorés de sculptures grossières, de croix en bas-reliefs, de facettes triangulaires, d'écailles imparfaitement figurées, qui rappellent de loin l'ornementation des sarcophages romains. »

Du ixe au xive siècle, on fit des cercueils en plâtre moulé dont le Musée de Cluny possède d'intéressants spécimens ; on imagina même vers la fin du xiie des cercueils en pierre taillée de façon à figurer dans son ensemble un corps enveloppé de son linceul. A partir du xive siècle, le bois et le plomb remplacent la pierre qu'on utilise encore, mais en la tapissant de plomb pour inhumer les grands seigneurs.

Dans certains pays, en Russie, en Hongrie et surtout

en Chine, le luxe des cercueils a été porté jusqu'à la recherche ; chez les Chinois, on consacre ses économies pour en faire l'acquisition à l'avance, et, dit l'abbé Masson, évêque de Laranda, « les enfants des familles aisées se réunissent pour offrir un cercueil à leur père ou à leur mère. Les disciples en font autant pour leurs maîtres. »

L'histoire et les chroniques nous apprennent qu'un nombre considérable de personnages ont eu de leur vivant la manie d'avoir leur cercueil ; celui de Maximilien, celui de Charles-Quint sont historiques. « Jeanne Arnaud, dit Tallemant des Réaux, avait fait faire une bière de menuiserie, la mieux qu'il y eût au monde ; car, disait-elle sérieusement, je ne veux point sentir le vent coulis. Elle fit elle-même un drap mortuaire de satin blanc brodé pour ses funérailles... » De nos jours, on

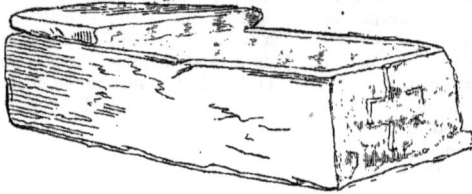

Fig. 378. — *Cercueil en pierre gallo-romain (Musée de Cluny).*

cite le cercueil de Mlle Sarah Bernhardt qui, malgré son grand talent d'artiste, a pensé qu'il fallait occuper l'attention publique par toutes sortes de singularités.

La fabrication des cercueils est en Belgique l'objet d'un commerce de luxe. Les grands tailleurs de nos boulevards n'apportent pas plus de séductions dans l'étalage de leurs dernières coupes, que n'en mettent les commerçants de la rue de la Puterie, à Bruxelles, dans l'exposition de ce dernier habit humain.

* CÉRÈS. *Myth.* Déesse de l'agriculture que l'on représente ordinairement sous les traits d'une jeune femme blonde, aux puissantes mamelles ; elle est couronnée d'épis et de pavots pour symboliser sa fécondité et elle tient un sceptre, emblème de la puissance. Dans un marbre du Musée du Louvre, elle tient des épis dans la main droite et, dans la main gauche, une couronne de fleurs et de feuilles. D'autres attributs, la corne d'abondance, la faucille, le boisseau, le ciste ou van mystique des fêtes d'Eleusis, figurent dans les diverses représentations de Cérès.

CERF. Le nom de cet animal, qui fournit un cuir souple et dont le bois est employé pour faire des manches de couteaux ou autres instruments, entre dans le langage héraldique : *cerf sommé*, se dit d'un cerf ramé de 9, 10 ou 11 cors au moins ; *massacre de cerf*, lorsqu'on ne représente que la tête seule, elle doit alors montrer les yeux et les oreilles ; *cerf ramé*, lorsque le bois est d'un émail distinct ; *cerf corné*, cerf dont les pieds sont d'un émail différent ; *rencontre de cerf*, quand la tête est détachée du corps et représentée de face.

*CERISE. *T. techn.* Belle couleur qu'on obtient dans la teinture. — V. ANILINE, ROUGE. || *T. de métall. Rouge cerise.* Couleur que prend le fer soumis à une haute température.

CERISIER. Arbre de la famille des rosacées, dont le bois est employé par les ébénistes. — V. BOIS.

* CÉRITE. *T. de minér.* Minéral d'un beau rouge, rarement cristallisé, poussière peu colorée, dureté 5°,5, densité 4,9, composé de silice, de cérium et d'eau. C'est dans cette substance que le cérium a été trouvé.

*CÉRIUM. *T. de chim.* Corps simple, métallique, dont l'oxyde a été découvert en Suède, par Cronstedt, et analysé par Berzelius, en 1803 ; ce dernier reconnut dans la Cérite, l'oxyde d'un métal nouveau, le Cérium (Cérès).

Etat naturel. Le minerai de Cérium le plus riche est la *Cérite* ou *Cérérite*, silicate complexe, qui renferme en plus du lantane et du didyme (64,55 0/0 de cérium) et qui est assez abondant à Riddarhytta, et à Bœstnaes, en Suède. C'est un corps amorphe, d'un brun-roux, d'une densité de 4,9. La *Tritomite*, qui a assez d'analogie avec le corps précédent, est moins riche en cérium ; elle cristallise en tétraèdres peu nets, et se rencontre à Brévig (Suède). Comme minerais de cérium on peut encore citer : l'*Allanite* ou *Cérine*, qui peut renfermer, d'après Scheerer, de 13.73 à 23.80 0/0 de cérium, et se retrouve en prismes, dans la Suède et dans le Grœnland, l'*Orthite* qui est en prismes rhomboïdaux droits, allongés en baguettes, à Hitteroë. La *Fluocérine* et la *Basicérine* de l'Oural, sont des minerais contenant en outre du fluor.

Propriétés. Le cérium, $Ce = 92$, est voisin du lanthane, du didyme et du terbium. Il a été obtenu à l'état métallique par Hildebrand et Norton ; il est gris de fer, éclatant, dur et ductile ; $D=6,6$; il fond au rouge, se ternit dans l'air humide, s'enflamme et brûle à l'air ; il décompose l'eau très lentement à la température ordinaire ; il est attaqué très facilement par les acides étendus, mais résiste à l'action des acides sulfurique ou azotique concentrés.

EXTRACTION. On pulvérise la cérite et la mêle dans une capsule avec de l'acide sulfurique, de façon à en faire une pâte molle, que l'on chauffe jusqu'à ce qu'elle soit devenue pulvérulente. On introduit alors dans un creuset de terre et maintient la température au-dessus du rouge sombre ; on délaie ensuite la masse, peu à peu, dans l'eau froide, pour dissoudre les sulfates formés, et filtre la liqueur. On porte le liquide à l'ébullition, ce qui précipite les sulfates de cérium, lanthane et didyme. On purifie les sels par une nouvelle cristallisation, et les précipite à nouveau par l'oxalate d'ammoniaque. La calcination transforme les trois sels en oxydes; on les traite par l'acide azotique, évapore à siccité et calcine à nouveau. En reprenant par l'eau aiguisée de 1/100ᵉ d'acide nitrique, on dissout les oxydes de lanthane et de didyme, sans toucher à celui de cérium.

CARACTÈRES DES SELS	SELS CÉREUX.	SELS CÉROSO-CÉRIQUES
Par la potasse, l'ammoniaque.	Précipité blanc d'hydrate gélatineux, jaunissant à l'air.	Précipité jaune.
— les carbonates alcalins.	Précipité blanc, légèrement soluble dans un excès de réactif.	Précipité blanc, légèrement soluble dans un excès de réactif.
Par le sulfhydrate d'ammoniaque.	Précipité blanc d'hydrate d'oxyde.	Précipité jaunâtre.
— acide oxalique, oxalates alcalins	Précipité blanc pulvérulent.	Précipité jaune devenant blanc.
— ferrocyanure de potassium.	Précipité blanc.	Précipité jaunâtre.
— ferricyanure de potassium.	Rien.	Précipité jaune.
— sulfate de potasse.	Précipité blanc cristallin (sol. conc.).	Précipité blanc cristallin.

Usages. Les composés de cérium n'ont pour ainsi dire pas d'usages. Simpson a préconisé cependant l'emploi de l'oxalate contre les vomissements incoercibles des femmes enceintes, et Deville a proposé le nitrate céroso-cérique pour séparer l'acide phosphorique. — J. C.

* **CÉROLÉINE.** *T. de chim.* Substance particulière qui entre pour 4 à 5 0/0 dans la composition de la cire d'abeilles. Elle a été découverte, en 1844, par Lewy. C'est un corps de consistance molle, qui donne à la cire son liant, et qui fond à +28°5; il a une réaction acide et ne cristallise pas. Pour le préparer, on traite la cire d'abeilles fondue par l'alcool rectifié et bouillant. Ce corps dissout l'acide cérotique (*Cérine* de Boissenot et Boudet) $C^{54} H^{54} O^4 \ldots \ldots C^{27} H^{54} O^2$, et la céroléine, sans attaquer la myricine ou mélissine.

$C^{92} H^{92} O^4 \ldots \ldots C^{46} H^{92} O^2 = C^{16} H^{34} (C^{30} H^{64}) O^2$.

On reprend plusieurs fois par l'alcool pour bien épurer la masse, puis on laisse refroidir. L'acide cérotique cristallise en aiguilles fines, on décante, lave à l'alcool pour purifier les cristaux et évapore. On obtient la céroléine comme résidu.

* **CÉROPLASTIQUE.** La *céroplastique* ou l'art de modeler en cire, est un diminutif de l'ancienne statuaire polychrome.

— Les Grecs cultivèrent d'abord la céroplastique non seulement pour faire des statuettes, mais encore pour confectionner des fleurs et des fruits, qu'ils plaçaient comme décoration dans les temples et les habitations particulières. Ils s'essayèrent ensuite dans la représentation de la figure humaine. Lysistrate de Sicyone, de l'époque d'Alexandre (356-324 avant J.-C.), fut le premier qui, selon Pline, ait exécuté des portraits d'après nature, en moulant avec du plâtre sur le visage même, et en remaniant la cire qu'il avait coulée dans le creux.

Sous les Ptolémées, l'Egypte étant devenue le centre du commerce et des arts de l'Orient, la ville d'Alexandrie se réserva le monopole des objets en cire qui imitaient la nature. Nul autre peuple ne pouvait alors rivaliser avec cette nation pour la fabrication des fleurs et des fruits.

Les Romains, à l'exemple des Grecs, faisaient usage d'objets de toute sorte imités en cire. D'après une inscription du recueil de Fabretti, ceux qui les modelaient portaient la dénomination de *sigillariarii*, « fabricants de statuettes. » Juvénal fait évidemment allusion aux ouvrages de ces artistes lorsque, pour se rendre les dieux favorables, il s'apprête, satire XII, à couronner de fleurs « la cire fragile et luisante dont on forma les petits simulacres de ses pénates. » C'est donc avec raison que Winckelmann pensait que les lares et les pénates étaient quelquefois en cire.

Quelques modeleurs jouirent d'une grande réputation à Rome où, selon Columelle, qui en décrit les procédés, on savait préparer les cires à modeler pour les rendre malléables et pour les durcir. Tel fut, entre autres, cet habile Phrygien qui accompagnait toujours Verrès dans ses voyages, et dont c'était la spécialité de travailler la cire. « Fingere e cera solitus est, » dit Cicéron dans sa IVᵉ *Verrine*. Casatus Caratius, qualifié *Fictilarius*, semble aussi avoir été un de ces sculpteurs qui exécutaient de petites figurines en terre ou en cire, *fictiles*, tels que le *Summanus fictilis* dont parle encore Cicéron, et l'*Herculus fictilis* du poète Martial. Selon Raoul Rochette, l'empereur Valentinien, un des grands protecteurs de l'art au IVᵉ siècle, jouissait de la réputation d'un habile modeleur en cire.

L'art céroplastique pénétra dans les Gaules à l'époque de la domination romaine. Comme en Italie, les modeleurs y faisaient des portraits, des statuettes, des fleurs et des fruits, travaillés de la façon la plus délicate. .

Cultivée de nouveau par les artistes naïfs du moyen âge qui donnaient aux statues de saints des visages en cire colorée, la céroplastique ne tarda pas à prendre une plus grande extension, par suite de l'emploi qu'on faisait alors de certains ouvrages en cire, tels que les *ex-voto* et les effigies des morts. Cette coutume, renouvelée de l'antiquité, donna pendant plusieurs siècles un aliment continu à ces trompe-l'œil si goûtés. Les *ex-voto*, qui consistaient souvent en bras ou en jambes exécutés en cire, comme on le voit par la « jambe de cire pour le duc de Bretagne » (*Chambre des comptes de Nantes*, 1458), avaient parfois un poids considérable. Les *Comptes royaux* de 1466 et de 1467 mentionnent, l'un « un vœu de cire pesant quarante-cinq livres, de la représentation de Madame Anne de France, sa fille, qu'il (le Roy) a fait offrir en juin devant l'image N.-D. de Clery ; » l'autre, « quatre-vingts livres de cire, ouvrée en vœu, pour offrir en mars, au nom de Madame l'Amiralle, pour sa santé, devant l'image N.-D. du Chastel de Loches. »

Mais les plus extraordinaires de ces énormes *ex-voto* sont assurément ceux qui représentaient des cavaliers armés de pied en cap. Le *Petit Jehan de Saintré*, par Anthoine de la Salle, roman écrit en 1455, en offre un exemple, lorsque la dame des Belles-Cousines prie la Vierge de protéger Saintré : « Et de ce, mon vray Dieu, je t'en appelle à tesmoing et aussi ta très-benoiste Mère à laquelle je le voue *tout de chire*, armé de son harnoiz, sur un destrier houssé de ses armes, *tout pesant trois mille livres.* »

Enfin, François Lemée, dans son *Traité des Statues* (1688), parle de statues de cire tout entières exposées dans les églises. « Il y en avait trois au siècle passé (c'est-à-dire au xvie siècle), qui subsistaient encore dans l'église Notre-Dame de Paris. L'une était du pape Grégoire IX (1227-1241) ; l'autre de son neveu et la dernière d'une de ses nièces. »

Quoi qu'il en soit, les plus intéressantes, au point de vue historique, de toutes ces figures, sont sans contredit celles qui, sous le nom de *voults* (vœux de cire), servaient à pratiquer une espèce de sortilège, appelé *envoultement* (de deux mots latins, *in*, contre, et *vultus*, visage). Mais d'où vient cette opération de la magie noire, usitée en France du xiie au xvie siècle? L'orientaliste Reinaud la trouve en Asie et en Afrique, et pense qu'elle nous est venue avec les croisades; d'un autre côté, elle est très en usage chez les sauvages de l'Amérique. Ce prétendu maléfice, légué par l'antiquité au moyen âge, consistait à faire modeler une image de cire représentant la personne à qui l'on voulait mal de mort, et à la piquer au cœur d'une longue épingle, avec l'espoir que la personne ainsi *envoûtée* mourrait d'une pareille blessure. Quelquefois, et l'on en trouve des exemples au xiie siècle, on allait jusqu'à faire chanter des messes par maléfices devant ces images de cire, comme le rapporte Pierre-le-Chantre, au tome XV de l'*Histoire littéraire de France*. Louis-le-Hutin (1315), Philippe de Valois (1333), Henri VI d'Angleterre (1445) et François Ier ne furent pas à l'abri de cette espèce de sortilège. Jusqu'en plein xvie siècle, en effet, l'envoûtement eut, sinon des victimes, au moins des adeptes : « Il nous fault faire de telles ymaiges de cire que ceulx-cy, lit-on dans les *Contes de la reine de Navarre*, que ceulx qui auront les bras pendans seront ceulx que nous ferons mourir, et ceulx qui les auront élevés seront ceulx dont vous vouldrez avoir bonne grâce et amour. »

A partir de la Renaissance, les figures de cire employées encore dans un but de sorcellerie par la superstitieuse Catherine de Médicis, devinrent des œuvres moins grossières, dues en général à des modeleurs italiens, dont le talent consistait à exécuter en cire colorée quantité de figures entières revêtues d'habits et d'ornements imités au naturel, pour servir d'*ex-voto* ou d'*ex-voto*. Jacopo Benintendi et son fils Zanolès avaient adopté le surnom de *Fallimagini* ou de *del Cerajuolo*, en souvenir de cette profession, ce qui prouve que de pareilles figures, rappelant les *imagines majorum* des Romains, étaient communes à Florence dès le commencement du xve siècle.

Les orfèvres italiens, qui modelaient en cire leurs ébauches, rivalisèrent dès lors avec les modeleurs proprement dits; mais les uns et les autres furent bientôt surpassés par les statuaires, tels qu'Andrea del Verrochio et son élève Orsino.

Selon un intéressant article de la *Gazette des Beaux-Arts* (mars 1878), Orsino serait l'auteur de l'admirable buste de jeune fille légué par le peintre Wicar au Musée de Lille, et faussement attribué à Raphaël. Par la suite, les ciriers italiens eurent de nombreux imitateurs. A Lucca della Robbia, à Leonardo, cités avec éloge par Vasari ; à Santorino, qui avait modelé en cire une copie du Laocoon; à Michel-Ange, auquel on attribue une Descente de croix qui existe dans la chapelle du Palais-Royal de Munich, à Jacques d'Angoulême, au Florentin Alex. Abondio, à Benvenuto Cellini, dont Florence possède le modèle en cire de sa statue de Persée, succédèrent une pléiade d'artistes qui, pour balancer le succès que les artistes allemands obtenaient au xvie siècle avec les portraits-médaillons en bois, appliquèrent la céroplastique à la production des mêmes ouvrages en cires de couleur.

Pendant ce temps, quelques artistes français excitaient l'admiration de leurs contemporains, soit en modelant en

cire des portraits-médaillons, soit en exécutant, pour les funérailles royales, des effigies d'une ressemblance parfaite (V. FIGURES DE CIRE). D'autres modeleurs, non moins habiles, exécutaient en cire des effigies consacrées aux monnaies. Tel est le rival de Germain Pilon, Philippe Danfrye, lequel, réfugié à Tours pendant les horreurs de la Ligue, modela dans cette ville plusieurs portraits travaillés « d'après le vif en cire. » Suivant le *Dictionnaire critique de biographie et d'histoire*, par Jal, Philippe Danfrye pourrait être l'auteur d'un médaillon d'Anne de Montmorency que possède le Musée Sauvageot, au Louvre. Il n'en est pas de même de trois autres médaillons également en cire colorée de travail italien et appartenant au même Musée, parmi lesquels deux portraits de femme et le troisième celui d'un seigneur que l'on croit être un duc d'Urbin. Ceux-là sont d'un travail supérieur et remarquable par le style, la grâce et la finesse. Celle des femmes qui est vêtue est surtout charmante; l'autre qui montre une gorge abondante et de beaux bras est belle aussi, mais un nez court et retroussé ôte à sa tête la distinction et les caractères de la beauté de la première. Le ton général des carnations chez ces deux dames est plutôt celui d'une cire blanche que le temps a jaunie, que celui d'une cire dans laquelle fut jadis mêlée une couleur rosée. Celui de la tête du prétendu *Della Rovere* est bien autrement vrai ; il admet des nuances qui lui prêtent un grand agrément. On peut dire de ce morceau qu'il est d'un peintre coloriste. Les vêtements des trois personnages dont il vient d'être question imitent le naturel et sont ornés d'or et de perles qui sont comme les trompe-l'œil de ces trois exemples de la peinture et du modelage en cire au xvie siècle.

On voyait autrefois, chez M. de Nieuwerkerke, parmi les nombreux objets d'art exposés dans le salon de la surintendance, de charmantes effigies de grandes dames et de gentilshommes français du xvie et du xviie siècles, façonnés avec des cires colorées; mais les auteurs de ces fins ouvrages sont restés inconnus. Dans quelques-uns de ces portraits, dont la totalité appartient aujourd'hui à sir Richard Wallace, la cire brune ou blonde demeure monochrome; dans les autres, comme dans ceux du temps des Valois que possédait M. Thiers, elle se colore de tons différents et s'enrichit de perles, de paillettes et de verroteries. Tel est le haut-relief en cire colorée, de 40 centimètres de longueur sur 30 centimètres de large, du Musée Correr, à Venise, et représentant une *bataille de cavaliers romains*. Les combattants, qui brandissent des armes d'acier, portent des vêtements adroitement recouverts de plaques d'or et d'argent. L'encadrement de ce véritable chef-d'œuvre de patience et d'habileté, dont le style rappelle celui de la seconde moitié du xvie siècle, est pareillement en cire et orné d'une quantité de feuilles d'argent doré. Malheureusement, cette réalité fausse, matérielle et brutale, développée par le modeleurs allemands et suisses, et où la paillette et le clinquant jouent le principal rôle, nuit essentiellement au caractère épuré de l'art. L'œil est plus surpris que charmé par ces portraits qui ont des cheveux véritables, des perles aux oreilles, etc. L'art, en effet, n'est pas une copie, mais une interprétation.

Le Musée de Cluny possède également une série de médaillons en cire colorée, avec boîtes en cuir décorées d'ornements au petit fer, qui sont intéressants surtout pour l'iconographie des xve et xvie siècles. Les principaux offrent des portraits de Louis XII, de François Ier, de Charles-Quint, de Charles IX, d'Henri III, du duc de Guise, de Clément Marot, de Catherine de Médicis, et de la célèbre Marguerite, reine de Navarre. Ce dernier médaillon, mieux conservé que les autres, est d'une vérité charmante d'expression.

Aux artistes de la Renaissance succédèrent, du xviie au xviiie siècle, plusieurs modeleurs de talent, parmi lesquels on distingue le peintre-académicien Antoine Benoist, qu'un ouvrage conservé à Versailles dans la chambre à coucher du roi, recommande au souvenir des amateurs et des biographes; il s'agit d'un très curieux et très remarquable médaillon, en cire colorée, représentant au

Fig. 379. — *Portrait de Louis XIV par Benoist.*

naturel, on peut le dire, et certainement d'après le vif, Louis XIV vu de profil, à l'âge de soixante ans environ.

Une sorte d'habit accompagne ce portrait, dont la précision du modelé, la vérité du coloris, l'ardeur de l'œil qui est en émail, l'expression haute et saisissante ont quelque chose d'une apparition. Rien ne peut donner une idée de l'effet saisissant, de l'illusion extraordinaire que produit cette image presque vivante du grand roi. On y distingue les traces très visibles de la petite vérole, détail qui n'existe sur aucune des effigies peintes, sculptées ou gravées. De tous les portraits de Louis XIV qui nous restent, celui de Benoist devra être désormais consulté avant tout autre (fig. 379).

La vogue des portraits exécutés en cire, venue au XVIᵉ siècle d'Italie en France et en Allemagne, puis introduite au XVIIᵉ siècle en Angleterre par Antoine Benoist, qui y fit le portrait de Jacques II, passa ensuite en Pologne et en Russie au commencement du siècle dernier, grâce au sculpteur et graveur en médailles Guillaume Dubut, artiste bavarois, qui s'était acquis une grande réputation par ses travaux céroplastiques. « Il travailla aussi en cire, dit Nagler, et fit dans ce genre de grandes figures et des reliefs qui, dans ce temps-là, jouissaient d'une grande estime. » Dubut exécuta en cire colorée un buste de Stanislas de Pologne et une foule de médaillons pour la cour de Russie ; celui de Pierre-le-Grand, de Catherine, de sa fille, de Pierre Schuwaloff, etc. On pourrait donc, sans trop d'invraisemblance, attribuer à Guillaume Dubut plusieurs ouvrages anonymes restés célèbres, tels que, par exemple, certaines figures du Musée de Berlin, notamment celle de Frédéric II, dont on voyait une répétition au Palais-Royal en 1787. Il en est de même d'une statue assise de Pierre-le-Grand entièrement modelée en cire et conservée à Saint-Pétersbourg.

De pareils ouvrages, demeurés sans attribution, figurent également dans les galeries particulières. M. le duc d'Aumale possède, en effet, dans son château de Chantilly, un superbe buste d'Henri IV, dont on retrouve l'équivalent chez M. Beurdeley père. D'un autre côté, on voit dans la collection de M. le comte de Liesville une série de vingt-huit portraits de peintres italiens et espagnols en cire polychrome, datés de 1715, frappants de ressemblance et de vérité. Le même amateur possède encore trois autres portraits intéressants de Louis XVI, de Louis XVII et de la duchesse d'Angoulême alors dauphine.

Aujourd'hui, les ouvrages d'art en cire polychrome sont devenus une spécialité. M. Ringel et notamment M. Henri Cros déploient en ce genre une habileté vraiment merveilleuse.

Mais la partie véritablement importante de la céroplastique, celle, en un mot, où elle règne sans partage et où la peinture et la sculpture doivent lui céder le pas, consiste à reproduire exactement, de manière à faire illusion, des objets d'histoire naturelle et des préparations anatomiques, dans le genre de celles de l'École de Médecine, du Museum d'histoire naturelle, au Jardin des Plantes, et du Musée Dupuytren, à Paris, où se trouvent les pièces les plus remarquables.

Quelques auteurs ont attribué cette invention à l'abbé Gaetano-Giulio Zumbo, né à Syracuse en 1656. Une étude approfondie de l'anatomie le mit en état de faire à Bologne, à Florence, à Gênes et à Marseille, des ouvrages qui purent passer pour des chefs-d'œuvre. Il apporta à l'Académie des sciences de Paris, en 1701, une tête faite d'une certaine composition de cire, à l'imitation d'une tête naturelle, préparée pour une démonstration anatomique, admirablement exécutée et qui fit une grande sensation. D'autres ont revendiqué l'honneur de cette invention pour de Nones, médecin à l'hôpital de Gênes, vers la fin du XVIIᵉ siècle, et dont l'abbé Zumbo n'aurait été que l'aide et le préparateur. Mais ces deux opinions ont été vivement controversées. De l'avis des savants, l'emploi de la cire pour les préparations anatomiques remonterait à une date plus ancienne, et Ludovico Civoli ou Cigoli, sculpteur florentin de la fin du XVIᵉ siècle au-

rait eu le premier cette idée. Quoi qu'il en soit, dès le milieu du siècle suivant, Ercole Lelli, de Bologne, acquit une grande célébrité dans l'exécution des modèles en cire à l'usage des étudiants qui s'occupaient de chirurgie ou d'art plastique. Son élève et son collaborateur G. Manzollini lui succéda, et la femme de cet artiste, Anna Manzollini, exécuta, dit-on, avec encore plus d'habileté, une foule de préparations remarquables conservées aujourd'hui à l'Institut de Bologne.

La perfection des pièces anatomiques en cire arriva à son apogée en Italie pendant le XVIIIᵉ siècle. Le Musée de physique et d'histoire naturelle de Florence est particulièrement riche en objets de ce genre, œuvres pour la plupart des célèbres modeleurs Antonio Galli, professeur de chimie à Bologne, Ludovico Calza, Filippo Bolugnani, Felice Fontana, Surini, Ferini, etc.

Bien que la France se soit occupée plus tard que l'Italie de la céroplastique anatomique, les artistes éminents qu'elle a produits dans cette spécialité ne sont cependant pas inférieurs aux modeleurs bolonais ou florentins.

Au commencement du siècle actuel, Laumonier, de Rouen, déjà connu avantageusement pour l'expression et la vérité de ses imitations en cire, fit beaucoup parler de lui à l'occasion d'un corps humain mâle, écorché, et dont la plus grande partie des viscères avait été enlevée. « Il a découvert, dit-on dans le Dictionnaire des découvertes en France, de 1789 à 1820, des procédés nouveaux qui donnent à la cire le ton nacré des tendons, la transparence des membranes, l'œil onctueux des graisses, les différents pourpres qu'offrent les veines plus ou moins remplies, et a su prêter à cette substance, naturellement opaque, la transparence que les vaisseaux lymphatiques doivent nécessairement avoir ; enfin il applique tous ces moyens avec tant de patience et un sentiment si parfait de ressemblance qu'il n'y a pour ainsi dire que le tact et l'odorat qui avertissent que ce n'est point un cadavre que l'on voit. » On cite encore Dupont, mort en 1828. Ce dernier acquit une grande célébrité par ses pièces d'anatomie en cire aussi curieuses qu'utiles, entre autres sa série de modèles représentant les diverses périodes du développement du fœtus humain, et celle indiquant tous les symptômes de la maladie syphilitique.

De nos jours, le docteur Auzoux et M. Vasseur ont porté, dans notre pays, cet art à un degré qui n'a jamais été dépassé, si ce n'est par M. Talerich. Ce dernier, qui obtint, en 1855, une médaille d'or à l'Exposition de Londres pour un écorché, est actuellement préparateur à l'École de médecine.

La cire a aussi été employée pour représenter divers objets de botanique, notamment les champignons, dont la conservation dans les herbiers est très difficile. Pinson et Pisaculli se sont fait une réputation dans cette branche de l'art : l'exactitude de leurs champignons est remarquable. Enfin, la cire sert encore pour la confection des objets de luxe et d'agrément, tels que les fleurs et les fruits. Mᵐᵉ Didot, dont les ouvrages furent admis, en 1823, à l'Exposition des produits de l'industrie, est la première qui se soit occupée en France de la reproduction en cire des fleurs et des végétaux. Après elle, M. Monbarbon et plusieurs autres artistes ont obtenu des succès en ce genre, Mˡˡᵉ Louis, entre autres, qui exposa, en 1834, de véritables chefs-d'œuvre. Cet art, tout à fait nouveau chez nous, n'était alors pratiqué que par un petit nombre de fabricants et de dames amateurs qui avaient acquis, à grands frais, des premiers, les procédés de la manipulation des cires, opérations qui exigent beaucoup de soin et d'habileté. Le *Dictionnaire de l'industrie manufacturière, commerciale et agricole* (1836) donne d'intéressants détails à ce sujet. « Les feuilles et les pétales se découpent d'abord dans des feuilles de cire colorées, d'une épaisseur convenable, lustrées d'un côté et veloutées de l'autre. Ces feuilles, panachées ou non, s'emploient de la manière suivante. Les unes, ce sont les pétales, se découpent au ciseau mouillé, et se collent après les tiges au moyen de la pression, soit des doigts, soit d'un ébauchoir en buis ou en ivoire. C'est l'attache des pétales qui exige le plus d'adresse et d'habileté ; car il est souvent nécessaire d'enlever la trop grande quantité de cire que la superposition d'un grand nombre de pétales peut accumuler sur un même point, et de conserver en même temps leur adhérence mutuelle. Les autres, et ce sont les feuilles vertes, subissent une autre préparation qui leur donne les nervùres qu'on remarque dans les feuilles naturelles. On a pour cela de petits moules de plâtre, obtenus sur des feuilles naturelles, et qui portent en creux les reliefs des nervures. On mouille le moule, pour empêcher la cire d'y adhérer, puis on y applique une feuille de cire, soit du côté velouté ou de l'autre, selon la feuille à imiter, et avec le pouce on presse suffisamment pour que l'empreinte du moule soit prise par la cire. Lorsque la feuille est enlevée du moule, on découpe le contour avec des ciseaux et on la fixe, par une petite tige métallique garnie de cire, à la branche qu'elle doit occuper. Les boutons, les pistils, les étamines, s'exécutent avec de la cire pétrie dans les doigts, et dont la forme est définitivement terminée avec de petits ébauchoirs en bois ou en ivoire. »

Aujourd'hui, les fleurs et surtout les fruits en cire ne se font plus qu'en Amérique. — S. B.

*CÉRULÉINE. *T. de chim.* — V. Carmin § *Carmin d'indigo*.

CÉRUSE. Syn. : *blanc de plomb, blanc d'argent, blanc de Krems*.

La céruse est de l'hydrocarbonate de plomb

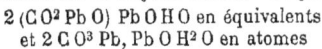

$$2\,(C\,O^2\,Pb\,O)\ Pb\,O\,H\,O \text{ en équivalents}$$
$$\text{et } 2\,C\,O^3\,Pb,\ Pb\,O\,H^2\,O \text{ en atomes}$$

soit pur comme dans les produits de Clichy, soit mélangé de carbonate neutre de plomb, ainsi que cela se rencontre dans les blancs préparés par la méthode hollandaise.

HISTORIQUE.

La céruse était connue des Grecs et des Romains qui l'empruntèrent, très probablement, aux peuples de l'extrême Orient, car on retrouve dans l'Encyclopédie japonaise les procédés décrits par Théophraste et Dioscoride. Il y a là une preuve des relations certainement inconscientes qui existèrent entre les peuples habitant les deux extrémités de l'ancien continent. En Italie, on préparait la céruse dans des outres au fond desquelles on versait du vinaigre; un peu au-dessus du niveau du liquide on suspendait des plaques de plomb et on abandonnait le tout plusieurs mois. Au bout de ce temps on sortait les plaques, on les battait pour faire tomber les écailles de céruse adhérentes au métal, puis on remettait ce dernier

dans les outres pour subir une nouvelle attaque. Les écailles étaient broyées à la main après mouillage et la pâte fine était séchée au soleil.

Les Arabes fabriquèrent la céruse avec succès, puis Venise acquit une véritable réputation pour la beauté de ses produits. De ces pays, la fabrication du blanc de plomb passa en Autriche, en Hollande, en Angleterre et enfin en France où elle ne date guère que du commencement de ce siècle.

FABRICATION

Actuellement les procédés suivis pour la préparation de la céruse sont de deux sortes :

1° Les méthodes hollandaise, autrichienne et anglaise, où l'oxydation et la carbonatation ont lieu simultanément;

2° La méthode française, dite *de Clichy*, où les deux phases de transformation du métal s'exécutent séparément.

1° *Procédé hollandais*. Dans ce procédé, le plomb métallique s'oxyde sous la double influence de

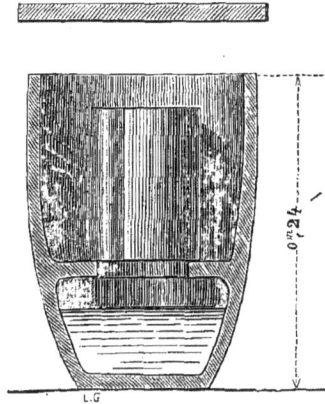

Fig. 380. — *Pot à céruse*.

l'air et de l'acide acétique introduit à l'état de vinaigre inférieur ou d'acide pyroligneux : il se forme un acétate basique qui, en présence de l'acide carbonique dégagé par du fumier ou du tan en fermentation, donne de l'hydrocarbonate de plomb et de l'acétate neutre de plomb. Celui-ci est même décomposé en grande partie par l'acide carbonique humide, grâce à la chaleur produite par les matières en fermentation (la température de ces matières peut s'élever jusqu'à 80° et même plus).

Le plomb employé doit être de première qualité; il est coulé, soit en plaques de $0^m,60$ de longueur sur $0^m,12$ de largeur, soit en grilles à jour de $0^m,02$ d'épaisseur. Ces plaques sont enroulées en spirales qu'on introduit dans des pots de terre vernie (fig. 380) de $0^m,24$ de hauteur. La hauteur des pots est deux fois moindre lorsqu'on se sert de grilles qu'on empile au nombre de 3 à 6 les unes sur les autres. Les plaques ou grilles sont soutenues au-dessus du fond par un rebord annulaire faisant corps avec la poterie, ce qui permet d'éviter au métal le contact direct avec l'acide acétique dilué qu'on verse au fond des pots. Chaque vase reçoit de 1 kilogr. 5 à 2 kilogr. 5 de plomb et de 25 à 35 centilitres de vinaigre. Les pots, recouverts d'une lame de plomb, sont entourés de fumier dans des *loges* dont la figure 381 montre la disposition.

Ces loges (fig. 381) offrent l'aspect de vastes parallélipèdes s'enfonçant plus ou moins dans la terre et maintenus, au-dessus du sol, sur trois de leurs faces par de solides murs en maçonnerie ; la quatrième face reste libre en partie pour le chargement et le déchargement. Le bas de la loge est garni d'une couche de fumier ; on pose dessus une série de pots en laissant entre eux un espace suffisant pour que l'air puisse circuler librement.

On a soin, en rangeant les pots, de ménager entre les plus rapprochés des parois et ces parois elles-mêmes un espace de 0m,40 qu'on remplit de fumier frais.

Les pots sont, comme nous l'avons dit, fermés par des lames de plomb ; lorsqu'une série de pots est placée, on pose sur ces lames des planches qu'on couvre d'une couche de fumier frais de 0m,40 et sur cette couche on dispose une nouvelle série de pots. On continue ainsi jusqu'au haut des murs.

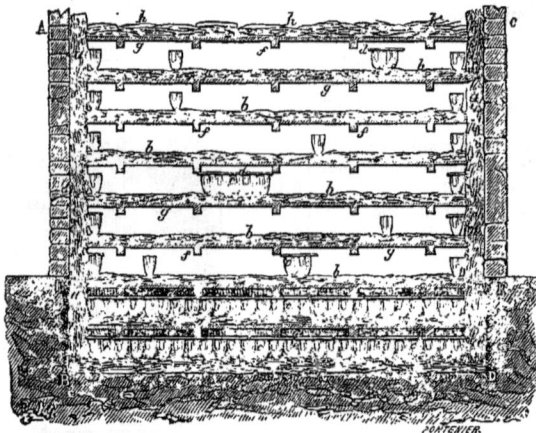

F.g. 381. — *Fosse à céruse.*

A E, c F Murs du hangar. — E B, F D Hauteur de la fouille. — a a Contre-murs en fumier.
c c Lits de pots reposant sur les couches de fumier b. — g Planchers. — f Traverses.

Les loges comprennent, en moyenne, 8 à 10 séries de 1,000 à 1,200 pots chacune, soit 8,000 à 12,000 pots renfermant :

280 kilogrammes de vinaigre,
et 200 à 240 quintaux de plomb.

Le fumier employé doit provenir du cheval et non de carnivores tels que le porc, car les excréments de ces derniers dégagent de l'hydrogène sulfuré sous l'influence de la fermentation. Ce gaz est produit en telle quantité que la céruse, soumise à son influence, tournerait au gris, grâce au sulfure de plomb noir qui se formerait.

Le fumier de cheval dégage bien un peu d'hydrogène sulfuré, mais il paraît que le sulfure de plomb produit en aussi petite proportion a une heureuse influence sur le pouvoir couvrant de la céruse en augmentant son opacité.

Dans quelques pays, en Angleterre notamment,

on remplace le fumier par du tan qui a l'avantage de fermenter moins vivement et par cela même d'être d'une conduite plus facile ; en outre, on évite avec lui tout dégagement d'hydrogène sulfuré. Le tan fermentant beaucoup plus lentement que le fumier, il s'ensuit qu'il faut laisser séjourner les pots plus longtemps dans les loges ; de sorte, qu'au lieu d'extraire la céruse après quatre ou six semaines on ne peut la retirer qu'après dix ou treize, dans le cas de la tannée.

Chez MM. Bezançon, à Paris, on utilise les tans épuisés des fosses comme combustible dans des fourneaux spéciaux à alimentation automatique.

Les loges de leur fabrique renferment sept couches, dont chacune reçoit 3,000 kilogrammes de plomb ; la loge contient donc 210 quintaux de métal ; il existe trente-cinq loges pareilles dans leur usine.

Les grilles sont employées de préférence aux plaques ; l'acide qu'on verse dans les pots est un mélange d'eau et d'acide pyroligneux marquant 3°. On ménage, au milieu de la loge, une sorte de cheminée destinée au dégagement des vapeurs qu'on laisse plus ou moins ouverte pendant les quatre premières semaines, mais qu'on ferme au bout de ce temps. La température atteint, pendant le premier mois, 60 à 70° ; elle est moins élevée pendant la seconde phase de la réaction qui dure en totalité quatre mois et demi.

2° *Procédé autrichien ou de Krems.* La céruse fabriquée autrefois à Krems, puis à Klagenfurt, en Carinthie, et maintenant à Vienne, a une réputation de beauté qui l'a placée depuis longtemps à la tête des blancs de plomb.

Le métal employé est très pur ; extrait à Bleiberg, où il est purifié avec le plus grand soin, il porte, dans le commerce, le nom de *plomb de Villach.*

Dans le procédé autrichien, on évite d'une façon absolue tout dégagement d'acide sulfhydrique en ne se servant, pour la production de l'acide carbonique, que de matières sucrées en fermentation.

Dans des caisses en bois goudronné de 1 mètre à 1m,50 de longueur sur 0m,35 de largeur et autant de hauteur, on tend des lames de plomb très minces, de manière qu'elles ne se touchent pas entre elles et qu'il y ait entre leurs bords inférieurs et le fond de la caisse un espace suffisant pour mettre un mélange de vinaigre et de marc de raisin ou de moût de pommes additionné de raisins secs du Levant.

On place quatre-vingt-dix à cent de ces caisses dans une chambre dont la température est maintenue à 25° centigrades pendant la première semaine ; à 38° pendant la seconde ; à 45° pendant la troisième, et enfin à 50° pendant la dernière. Sous l'influence de la chaleur, l'acide acétique se volatilise, le marc de raisin fermente et produit l'acide carbonique nécessaire à la formation de la céruse.

Au lieu de mettre le plomb dans des caisses, certains fabricants l'introduisent directement dans les chambres chaudes, au fond desquelles se trouve alors le vinaigre et les matières sucrées. Les lames sont pliées en deux et posées à cheval sur des lattes occupant toute la longueur des chambres. Les lames sont assez espacées pour que leurs bords ne se touchent pas.

Séparation de la céruse. Qu'on opère par l'un ou l'autre des procédés que nous venons d'indiquer le résultat est le même : le plomb n'est transformé que partiellement en céruse, dont le poids atteint en moyenne 80 0/0 de celui du métal, tandis que, théoriquement, ce dernier en donnerait 125 0/0 si la transformation était entière.

La séparation des écailles de céruse s'opère encore, chez quelques fabricants arriérés, suivant l'ancienne méthode. Les plaques de plomb, telles qu'on les retire des pots du procédé hollandais ou des chambres de la méthode autrichienne, sont déroulées et frappées les unes contre les autres, afin de faire tomber la plus grande partie du carbonate. On enlève ce qui adhère encore au métal en empilant ces plaques les unes sur les autres et frappant sur la plaque supérieure à l'aide d'un marteau ; puis, on défait le tas et on secoue les plaques.

Il est évident qu'en opérant de cette façon on répand dans l'atmosphère de la poussière de céruse qui expose les ouvriers à de graves accidents dus à la toxicité du plomb. Dans l'usine de MM. Levainville et Rambaud, à Lille, l'épluchage se fait à sec, mais mécaniquement et en vase hermétiquement clos. Les lames de plomb ne sont pas dans les pots à vinaigre mais dans des caisses en bois dont le fond est formé d'une toile de laiton. Ces caisses reposent sur les rangées de pots, lesquels sont beaucoup plus bas que dans le procédé ordinaire ; elles sont couvertes de planches formant couvre-joint l'une sur l'autre. Lorsqu'on démonte les loges, ces caisses sont débarrassées de leurs couvercles et élevées à l'aide d'un monte-charge à la partie supérieure d'une chambre où se meuvent plusieurs systèmes de cylindres, dont le premier s'empare des feuilles de plomb qu'un appareil basculeur fait tomber des caisses. Les feuilles passent de cylindres en cylindres et les écailles détachées passent au broyage. Généralement, le procédé d'é-

pluchage *à sec* est remplacé par l'épluchage *humide*.

Chez MM. Bezançon, les grilles de plomb carbonatées sont jetées dans un vagon contenant de l'eau, et les ouvriers ne procèdent au battage que lorsque le mouillage est parfait.

Dans la fabrique de M. Lefebvre, à Lille, les loges de fumier sont arrosées avant le démontage, de façon à abaisser brusquement la température de la masse qui atteint quelquefois 75°. Cet abaissement brusque fait crépiter et fendiller la céruse qui recouvre le plomb, si bien qu'en frappant à petits coups sur les grilles mises en tas dans un bac, tout le blanc se détache sans aucune opération mécanique.

Chez Walkers, Parkers et Cᵢᵉ la séparation de la céruse s'effectue dans une auge en bois fermée par le haut. Au fond de cette auge se meuvent en sens inverse deux rouleaux en bois cannelés qui s'emparent des lames, écrasent au passage la céruse qui les recouvre et les déposent sur une lame de zinc percée de trous placée à mi-hauteur d'une caisse pleine d'eau ; lorsque plusieurs lames sont superposées, un ouvrier les agite et favorise ainsi le départ du blanc qui est complet après deux ou trois passages entre les rouleaux.

Broyage de la céruse. La bouillie de céruse qu'on obtient dans les divers procédés de séparation indiqués plus haut, est transportée aux meules qui doivent porphyriser le blanc. Ces meules sont en granit ; les métaux, et surtout le fer, doivent être repoussés absolument, sous peine de nuire beaucoup à la blancheur de la céruse. Dans les usines bien installées, la pâte est transportée d'une meule à l'autre, au moyen de norias qui évitent ainsi tout transport à bras d'hommes. La bouillie de céruse sortant des broyeuses étant abandonnée au repos, une portion de l'eau vient surnager, la pâte ferme qui se dépose est introduite dans des pots de terre non vernissée où a lieu d'abord l'égouttage puis la dessiccation qu'on achève dans une étuve à courant d'air chaud. Quelques fabricants essorent cette bouillie dans des toiles et achèvent la séparation de l'eau en la soumettant à la presse hydraulique ; la dessiccation est toujours achevée par passage dans l'étuve. On a, de cette façon, les *pains de céruse* qu'on livre quelquefois en nature au commerce ; mais, en général, les marchands de couleurs préfèrent la *céruse* réduite *en poudre.*

La pulvérisation de la céruse est une opération fort dangereuse, à raison de la poussière qui se répand dans les ateliers malgré la précaution qu'on prend en général d'entourer les meules de garnitures en bois ou en tôle.

La mouture est suivie d'un blutage à travers un tamis cylindrique en soie ou en toile de laiton ; la portion qui passe au travers des mailles tombe dans des trémies dont les coiffes sont serrées sur les barils d'expédition ; quant à la portion qui reste sur le tamis, elle est broyée de nouveau.

MM. Bruzon, à Portillon, près Tours, opèrent la pulvérisation de la céruse dans un appareil hermétiquement clos où se meut un mécanisme fort ingénieux qui charge et décharge sans demander autre chose qu'un peu de surveillance. Un ouvrier suffit pour la garde d'un appareil produisant par jour 15 à 20,000 kilogrammes de poudre. Un aspirateur établit un courant d'air continuel dans l'appareil, si bien qu'on peut l'ouvrir quand on veut sans avoir à redouter les poussières toxiques. De plus, cette ventilation opère le tamisage de la poudre; les parties entraînées se déposent dans des chambres à chicanes d'autant plus rapidement qu'elles sont moins ténues.

3° *Procédé anglais*. Dans ce procédé on fait agir l'acide carbonique sous pression sur une bouillie de litharge mélangée de 1 0/0 d'acétate de plomb. La matière doit être agitée continuellement; Gossage et Benson arrivent à ce résultat en triturant la pâte de litharge sur une table à l'aide d'un cylindre cannelé.

De nombreux chimistes ont cherché à remplacer l'oxyde de plomb, dans cette méthode, par le métal lui-même très divisé.

Wood opère la division du plomb par le frottement du métal grenaillé sur lui-même dans un cylindre horizontal en plomb de $3^m,50$ de longueur et de $0^m,40$ de largeur à parois épaisses de $0^m,09$, et contenant 100 kilogrammes de plomb et 30 litres d'eau.

Ce cylindre tourne avec une vitesse de 45 à 50 tours par minute, pendant cinq heures. Les deux tiers du métal sont pulvérisés au bout de ce temps, et en faisant arriver un courant d'air par une ouverture latérale, on opère très vite la transformation en hydrate plombique. Ce corps est, à son tour, carbonaté par un courant de gaz carbonique. La bouillie est lévigée pour séparer le plomb métallique plus dense.

Grüneberg cherche à éviter le passage par l'oxyde de plomb en soumettant le métal dans un cylindre en terre rotatif à l'action simultanée de l'air, qui passe par deux orifices disposés au centre des bases verticales et des acides acétique et carbonique qui arrivent par des trous percés dans l'axe creux du cylindre.

Les parois internes de ce dernier sont munies de nervures longitudinales qui favorisent l'agitation et la division. Il ne faut que huit jours pour un poids de plomb qui exigerait huit semaines par la méthode hollandaise. La chaleur nécessaire à la réaction est produite par le mouvement et l'action chimique.

L'arrivée des acides est ménagée de façon à ce que la masse soit toujours basique et qu'il se forme bien de l'hydrocarbonate de plomb et non du carbonate neutre; d'autre part, comme la présence d'un excès d'oxyde plombique serait également fâcheuse à cause de la coloration jaune qu'il communiquerait ultérieurement à l'huile, il y a, à la fin de l'opération, un moment critique où il faut doser presque chaque élément actif de façon à approcher autant que possible de la formule $2 (CO^2 PbO) + PbOHO$.

Le procédé que nous venons d'exposer est monté en grand chez MM. Adams et Cie, à Baltimore (Etats-Unis), où, en dix jours, on prépare de la céruse un peu inférieure comme qualité aux produits hollandais, mais qui revient beaucoup moins cher, grâce au prix peu élevé du combustible et par cela même de la force mécanique. C'est d'ailleurs à cette seule condition que le procédé anglais peut être mis en œuvre avec profit.

Un autre moyen de division du plomb a éŝé proposé par Chenot; il consiste à réduire le sulfate de plomb en bouillie acide, au moyen du zinc ou du fer. La pâte de plomb qu'on obtient après lavages est abandonnée, en couches minces, au contact de l'air; après quelques semaines, la transformation en céruse est complète.

4° *Procédé français, dit de Clichy*. C'est à Thénard qu'on doit ce procédé (1801). Il fut mis en pratique d'abord à Toulouse par Brechot et Lesueur, puis à Clichy par Roard.

La préparation de la céruse présente deux phases:

1° Transformation de l'oxyde de plomb en sous-acétate.

2° Production de l'acide carbonique et union de cet acide avec l'oxyde basique du sous-acétate.

1° Le *sous-acétate de plomb* se forme dans une cuve en bois goudronnée, afin d'éviter le contact direct de la solution saline qui détériore rapidement les matières ligneuses.

Cette cuve renferme un mélange de litharge et de solution d'acétate neutre de plomb qu'on agite au moyen d'un arbre à palettes ou à hélice jusqu'à ce que le liquide marque de 17 à 18° Baumé. On laisse déposer un peu et on fait couler, à l'aide d'un robinet, le liquide surnageant dans une caisse en cuivre étamé ou en bois goudronné.

Lorsque l'éclaircissement de la liqueur est parfait, on la fait couler dans l'auge de *carbonatation* où s'opère la transformation de l'oxyde de plomb en hydrocarbonate.

L'*acide carbonique* est produit dans un four par la calcination de 2 parties 1/2 de calcaire au moyen d'une partie de coke.

Le gaz est aspiré par une vis d'Archimède qui le force à passer dans de l'eau avant de se rendre dans le compartiment qui surmonte cette dernière. L'eau retient les matières solides entraînées par l'aspiration ainsi que l'acide sulfureux produit dans la combustion du coke.

Un tuyau conduit l'acide carbonique dans l'auge au moyen de tubes de moindre diamètre qui lui sont soudés. On arrête le passage du gaz lorsqu'il ne reste que peu de sous-acétate en solution, point qui est atteint généralement après dix heures de barbotage.

La bouillie de céruse étant abandonnée au repos, la solution d'acétate neutre de plomb vient surnager la pâte de carbonate. Cette solution qui ne marque plus que 5° Baumé, est écoulée au moyen d'un robinet dans un bassin, d'où une pompe l'envoie dans la cuve à oxyde; dans cette cuve, le sous-acétate se reforme et peut rentrer dans la fabrication. La pâte de céruse est extraite de l'auge pour être conduite dans une citerne où on la lave à trois eaux, dont la première est renvoyée dans la cuve à litharge et les autres mises de côté pour de nouveaux lavages. La céruse est essorée et traitée comme nous l'avons dit ci-dessus.

M. Ozouf avait monté à Saint-Denis une usine qui n'a pas réussi, où chaque opération était l'objet des soins les plus minutieux. L'acide carbonique était produit par la combustion du charbon ; après plusieurs lavages il était absorbé par une solution de carbonate de soude pesant 9° Baumé, à froid ; il se formait ainsi du bicarbonate sodique, qu'on décomposait, après saturation de la liqueur, par une élévation de température. L'acide carbonique, débarrassé de tout gaz étranger, était emmagasiné dans un gazomètre d'où il passait dans une enceinte où le sous-acétate de plomb tombait sous forme de pluie.

Le courant de gaz était réglé de façon à former le corps 3 $(PbOCO^2) + PbO, HO$ (équiv.)

La bouillie de céruse, abandonnée au repos dans un cuvier, laissait surnager la solution d'acétate neutre de plomb qu'on envoyait au bac à oxyde, puis on lavait à deux reprises : les dernières traces d'acétate étaient décomposées par un peu de carbonate de soude.

La dessiccation de la céruse se faisait dans l'usine de M. Ozouf d'une façon fort ingénieuse. La pâte de carbonate était introduite dans une auge dont une des parois verticales était formée par le quart de la surface d'un cylindre creux intérieurement, et animé d'un mouvement de rotation tel que la pellicule de céruse qui s'attachait à sa surface ait le temps de sécher pendant la durée d'un tour. Cette pellicule était détachée par une râcle située un peu au-dessous de l'auge, et tombait dans une trémie sous laquelle se trouvait un tonneau. L'appareil étant hermétiquement clos, les ouvriers n'avaient pas à redouter les poussières plombiques.

Barreswill (*Bulletin de la Société d'encouragement*, 1865) dit que la céruse obtenue par ce procédé avait presque le pouvoir couvrant des produits hollandais. Ce résultat est remarquable, car les blancs de plomb obtenus par le procédé français sont toujours inférieurs à ceux du procédé hollandais, et c'est ce qui fait que ce dernier l'emporte de plus en plus sur le premier. A Clichy même, où la méthode de Thénard était employée jadis à l'exclusion de toute autre, on ne fabrique plus que de la céruse hollandaise.

Tous ces procédés donnent bien sans exception de la céruse, mais leur pouvoir couvrant est inférieur à la céruse du procédé hollandais décrit plus haut ; en outre, et comme conséquence, la densité est bien moindre.

Il n'y a plus en France que l'usine de Portillon, près Tours, où la céruse soit produite entièrement par le procédé de Clichy. M. Pallu, naguère directeur de cette usine où il a laissé beaucoup de perfectionnements, avait remarqué que la céruse qui se dépose au début de la carbonatation du sous-acétate de plomb avait un pouvoir couvrant égal à celui de la céruse hollandaise et que le produit final de l'action du gaz

carbonique ne devait son infériorité qu'à la formation du carbonate neutre de plomb léger, floconneux, qui a lieu à la fin de l'opération. Aidé des conseils de M. Dumas, M. Pallu opéra avec succès la carbonatation des liquides plombiques très denses auxquels il restituait au fur et à mesure l'oxyde de plomb précipité à l'état de céruse, de façon à ce que l'acide carbonique ne se trouvait jamais en présence d'une faible quantité d'oxyde de plomb basique.

L'acide carbonique utilisé dans l'usine de M. Bruzon est produit par les fours Siemens qui servent à chauffer les cornues de la fabrique de blanc de zinc qui dépendent de cet établissement.

L'acide carbonique naturel est utilisé à Bourgbrohl, village se trouvant près de l'ancien volcan Eifel, pour la préparation de la céruse ; du haut d'une tour construite au-dessus de la source gazeuse dont le débit est de 3,000 pieds cubes d'acide carbonique par vingt-quatre heures, tombe une solution de sous-acétate de plomb ; la bouillie de céruse est reçue hors de la tour dans une cuve de dépôt.

AUTRES PROCÉDÉS DE PRÉPARATION DE LA CÉRUSE. Nous allons décrire rapidement quelques procédés proposés pour la préparation de blancs de plomb notablement inférieurs à la céruse, et qui sont peu employés.

Payen a conseillé de transformer en carbonate le sulfate de plomb au moyen d'une solution de carbonate de soude ou d'ammoniaque ; le sulfate de plomb est un résidu de la préparation de l'acétate d'alumine employé en teinture, et qu'on obtient en traitant l'alun par l'acétate neutre de plomb.

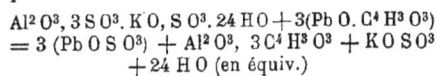

$$Al^2O^3, 3SO^3. KO, SO^3. 24HO + 3(PbO. C^4H^3O^3)$$
$$= 3(PbOSO^3) + Al^2O^3, 3C^4H^3O^3 + KOSO^3$$
$$+ 24HO \text{ (en équiv.)}$$

Spencer prépare le sulfate de plomb en grillant avec soin le sulfure de ce métal ou galène.

Philips chauffe à 300° du carbonate de plomb naturel ; le gaz carbonique est reçu dans une solution acétique du résidu d'oxyde de plomb laissé dans une précédente calcination (1862).

Usages de la céruse. La céruse est la meilleure des couleurs blanches employées en peinture, au double point de vue du pouvoir couvrant et de la propriété, qu'elle possède à un haut degré, d'augmenter la siccativité des huiles.

Calcinée avec précaution, la céruse donne la *mine orange*. Un mélange à parties égales de céruse, de minium et d'huile de lin, forme un *mastic* qui acquiert à la longue une grande dureté.

Les imprimeurs sur étoffes, les fabricants de papiers peints, les porcelainiers et les fabricants de papiers glacés pour cartes de visite consomment de la céruse.

On admet généralement que toute la céruse livrée par les fabricants se décompose comme suit :

10 0/0 en poudre et 80 0/0 broyée à l'huile.

On tend de plus en plus à demander aux fabricants la céruse broyée à l'huile, depuis qu'on a réussi à pratiquer le mélange en partant de la pâte aqueuse de céruse, ce qui évite tous les frais de dessiccation et de mouture à sec. En 1834, M. Clément Désormes avait signalé ce mode d'expulsion de l'eau à M. Théodore Lefebvre, de Lille, qui l'appliqua industriellement en 1848.

Cette opération s'exécute de la façon suivante dans la plupart des usines. La pâte molle sortant des meules et renfermant environ de 15 à 20 0/0 d'eau, est versée dans un malaxeur circulaire dans l'intérieur duquel tourne une série de tiges disposées en hélice de manière à diviser et mélanger la matière ; chaque malaxeur reçoit environ 400 kilogrammes de pâte ; au-dessus de l'appareil est un tube amenant l'huile de pavot contenue dans un réservoir muni d'un niveau extérieur jaugé ; après que la pâte a été versée dans le malaxeur, on met l'agitateur en mouvement et on fait couler 7,5 0/0 d'huile sur la céruse ; on voit l'huile s'incorporer très rapidement à la masse et en chasser l'eau qu'on laisse écouler. On ajoute encore 2,5 0/0 d'huile et, après une demi-heure, l'opération est terminée ; le produit, qui ne renferme plus guère que 1 0/0 d'eau, subit un finissage entre rouleaux de granit et est prêt à être vendu. La proportion d'eau restant dans la céruse broyée à l'huile dans ces conditions peut descendre à 0,5 0/0, mais par suite de négligences apportées dans le travail, elle peut s'élever à 2 et 3 0/0 et elle a l'inconvénient de donner, lorsque le peintre étend la peinture, des gouttes aqueuses fort désagréables ; les produits soignés sont toujours obtenus par mélangeage de l'huile et de la poudre dans des malaxeurs mécaniques, opération suivie de broyages entre rouleaux de granit ou d'acier.

Succédanés de la céruse. La céruse, en dehors du danger qu'offre sa manipulation, a le grave inconvénient de noircir en présence des émanations sulfurées telles que celles qui se dégagent des fosses d'aisances. Ce défaut grave a engagé depuis longtemps beaucoup d'industriels à rechercher un blanc inaltérable. Jusqu'à présent le produit qui a donné les meilleurs résultats dans cette voie est l'*oxyde de zinc* (V. BLANC DE ZINC) dont la consommation augmente de jour en jour, quoi qu'il ait contre lui son pouvoir couvrant moindre que celui de la céruse et sa non-aptitude de combinaison avec l'huile.

Un autre produit qui n'en est qu'à ses débuts mais auquel un grand avenir semble réservé, est le *sulfure de zinc*, présenté par plusieurs fabricants à l'Exposition de 1878, soit pur, soit mélangé d'oxyde de zinc, ainsi que le montrent les analyses exécutées au laboratoire du Ministère de l'agriculture et du commerce sous les ordres de M. Riche (*Journal de pharmacie et de chimie*, année 1878). — V. le tableau ci-après.

Le sulfure de zinc, d'un blanc très pur, est absolument inoffensif et inaltérable sous l'influence des gaz sulfurés. Il jouirait, paraît-il, d'un pouvoir couvrant considérable, double de celui de l'oxyde de zinc et supérieur d'un quart à celui de la céruse.

BLANCS DITS	Silicate Paint	Paymithiophane
Sulfure de zinc	65.88	65.90
Oxyde de zinc	30.90	31.46
Sulfate de zinc	0.81	0.46
Oxyde de fer, chaux, etc.	2.20	2.00
	99.79	99.84

M. Parker prépare ce blanc, à Argenteuil, en précipitant le sulfate de zinc en solution par le sulfure de sodium.

A Courtray, M. Soudan Bouley combine la préparation du sulfure de zinc avec celle du sulfate de baryte. Il obtient, par la calcination du sulfate de baryte naturel avec le charbon, le sulfure de baryum qu'il dissout dans l'eau et traite par le chlorure de zinc ; il se passe la réaction suivante :

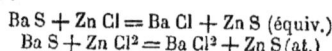

$$Ba\,S + Zn\,Cl = Ba\,Cl + Zn\,S \text{ (équiv.)}$$
$$Ba\,S + Zn\,Cl^2 = Ba\,Cl^2 + Zn\,S \text{ (at.)}$$

Le sulfure de zinc obtenu est lavé et séché ; quant au liquide tenant en solution le chlorure de baryum, il l'additionne de sulfate de zinc.

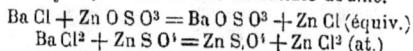

$$Ba\,Cl + Zn\,O\,S\,O^3 = Ba\,O\,S\,O^3 + Zn\,Cl \text{ (équiv.)}$$
$$Ba\,Cl^2 + Zn\,S\,O^4 = Zn\,S\,O^4 + Zn\,Cl^2 \text{ (at.)}$$

Le sulfate de baryte qui se dépose est recueilli et la solution de chlorure de zinc sert à la précipitation de nouveau sulfure de baryum.

Outre les deux usines que nous venons de citer, il en existe d'autres en Angleterre ; la fabrique de MM. Griffiths, Flechter et Berdac, de Liverpool, entre autres, qui augmente actuellement son matériel en vue d'une production de 50 tonnes de sulfure par semaine, soit 2,600 tonnes par an (*Rapports du jury de l'Exposition universelle de 1878*, cl. 47, p. 222).

STATISTIQUE. On estime généralement à 15,000 tonnes le poids de la céruse produite en France, ce qui correspond sensiblement à la consommation, car notre exportation n'a dépassé, en moyenne, que d'une demi-tonne l'importation, pendant ces dernières années.

Quant à la consommation européenne, on est loin d'être d'accord sur son importance, puisque les appréciations varient entre 50 et 75,000 tonnes.

ALTÉRATIONS ET FALSIFICATIONS DE LA CÉRUSE. La céruse renferme quelquefois de l'*oxyde de plomb non combiné* qui se rencontre surtout dans les produits obtenus par la méthode anglaise. La présence de ce corps a pour effet, lorsqu'on mélange la céruse à l'huile, de communiquer à cette dernière une coloration jaune qui ne disparaît qu'au bout d'un certain temps d'exposition à l'air, grâce à la décomposition du savon plombique formé, sous l'influence de l'acide carbonique de l'atmosphère.

La céruse, dite *rouge*, doit cette coloration à un sous-oxyde de plomb qui se forme dans les loges du procédé hollandais, lorsque l'oxygène vient à manquer ; on a cru longtemps, mais à tort, que cette coloration était imputable aux métaux étrangers qui accompagnent toujours le plomb.

On rencontre dans le commerce des blancs portant des noms spéciaux, où la céruse est alliée au sulfate de baryte dans les proportions suivantes :

	CÉRUSE	SULFATE de baryte
Blanc de Krems	100 0/0	»
Blanc de Venise.	50 0/0	50 0/0
Blanc de Hambourg.	33 0/0	66 0/0
Blanc de Hollande.	25 0/0	75 0/0

Outre ces blancs dénommés, il en existe beaucoup d'autres décorés le plus souvent du nom de *céruse pure* et où cette dernière est associée au *sulfate de plomb*, au *sulfate de chaux*, aux *carbonates de baryte ou de chaux*, au *phosphate de chaux*, à l'*oxyde de zinc* et quelquefois à des *silicates* plus ou moins bien broyés.

Le sulfate de baryte, qui forme la base des mélanges que nous avons cités plus haut, est recherché à cause de son poids fort élevé et de la propriété qu'il aurait, d'après Zink, de ne pas trop diminuer le pouvoir couvrant de la céruse (*Polytechn. Centralb.*, 1855).

Voici la composition de diverses variétés de céruse ; les résultats de ces analyses pourront guider le chimiste lorsqu'il aura à apprécier la pureté d'un blanc de plomb :

	BLANC de Krems	BLANC de Krems	CÉRUSE du procédé hollandais	CÉRUSE du procédé hollandais	CÉRUSE du procédé hollandais	CÉRUSE du procédé hollandais	CÉRUSE de Clichy
Oxyde de plomb.	83.77	86.25	84.42	85.52	86.11	86.51	85.93
Acide carbonique.	15.06	11.37	14.45	12.58	11.53	11.26	11.89
Eau	1.01	2.21	1.36	1.38	2.34	2.23	2.01

Un mode d'essai rapide de la céruse consiste dans la calcination de 10 grammes du produit, par exemple, dans un creuset ou une capsule de porcelaine.

La céruse pure perdant, en moyenne, 14,5 0/0 de son poids, un mélange de :

80 0/0 céruse. . . . . } perdra   13 0/0
et 20 0/0 sulfate de baryte. . . }

50 0/0 céruse. . . . . } perdra   10 0/0
et 50 0/0 sulfate de baryte. . . }

66 0/0 céruse. . . . . } perdra 6, 5.7 0/0
et 34 0/0 sulfate de baryte. . . }

34 0/0 céruse. . . . . } perdra 5, 4.5 0/0
et 66 0/0 sulfate de baryte. . . }

La méthode, que nous allons exposer, comprend la recherche de toutes les matières qui servent à falsifier généralement la céruse ; nous réunirons les diverses réactions dans un tableau synoptique, afin de rendre l'examen plus clair. Si la céruse est broyée à l'huile, on commence à la laver au sulfure de carbone ou à l'essence, afin d'enlever le corps gras.

On traite une portion du blanc par l'acide chlorhydrique dilué qui dissout immédiatement tous les *carbonates*, sauf celui de baryte. Ce carbonate n'étant pas facilement attaquable, on doit laisser digérer quelque temps avant de filtrer.

S'il n'y a pas de résidu insoluble dans l'acide, c'est une première indication de la pureté de la céruse. Dans le cas, au contraire, où il y a un produit inattaqué, on le recueille sur un filtre où on le lave.

L'acide chlorhydrique.	a tout dissous. On précipite le liquide par l'hydrogène sulfuré, on filtre, sature par l'ammoniaque et verse du sulfhydrate d'ammoniaque.	1° Il n'y a pas de précipité on verse dans la liquide du carbonate d'ammoniaque.	Il se forme un précipité.	Carbonate de chaux ou baryte.
			Il n'y a rien.	Céruse pure.
		2° Il y a un précipité plus ou moins abondant ; on traite par l'acide acétique dilué ce précipité recueilli sur un filtre.	Il y a dissolution. Il y a peu ou pas de dissolution ; le précipité est soluble dans l'acide chlorhydrique avec dégagement d'hydrogène sulfuré.	Phosphate de chaux. Oxyde de zinc.
		Le résidu se colore en noir.		Sulfate de plomb.
	laisse un résidu qu'on filtre et lave bien, on en arrose une portion avec une solution d'hydrogène sulfuré.	Il n'y a pas de coloration ; on calcine une partie du résidu séché, avec du charbon et on traite la masse, après refroidissement, par l'acide chlorhydrique.	Il y a dissolution avec dégagement d'hydrogène sulfuré, additionné de solution de sulfate de chaux. Il n'y a pas de dégagement de gaz sulfuré.	Précipite. { Sulfate de baryte. Ne précipite pas. { Sulfate de chaux. Silicate.

HYGIÈNE DE LA FABRICATION DE LA CÉRUSE. *Le Saturnisme*. Les accidents dus à l'emploi des corps à base de plomb, tels que les alliages employés pour la soudure, les couleurs, comme le minium, la céruse et le chromate de plomb, sont compris sous la dénomination de *saturnisme professionnel*.

L'introduction du plomb dans l'économie, qui est le point de départ de cette terrible affection, peut se faire par trois voies différentes : 1° le tube digestif; 2° les voies aériennes; 3° les muqueuses.

Quant à l'absorption cutanée, quoique admise par plusieurs hygiénistes, elle a été niée par d'autres; Tanquerel, notamment, a montré que lorsque la peau est couverte de son épiderme l'absorption du plomb n'a pas lieu.

Pour que la fabrication de la céruse ait lieu dans de bonnes conditions d'hygiène, il faudrait donc que les ouvriers évitassent de toucher leurs aliments avec les mains souillées de blanc de plomb, ce qui est facile, et que l'atmosphère qu'ils respirent soit indemne de poussière plombique, ce qui est fort difficile à réaliser. En effet, tant que le commerce demandera des cérusiers du blanc de plomb en poudre, on ne pourra pas éviter le broyage de la céruse sèche, qui est le point de départ de ces poussières infiniment tenues, traversant les tissus les plus serrés et les joints les plus hermétiques et venant recouvrir d'un enduit blanc tout ce qui entoure les meules.

Les cérusiers soucieux de la santé de leur personnel ont su limiter au broyage la partie insalubre de leur fabrication, mais beaucoup de fabricants n'en sont pas encore arrivés là.

Le rapport de M. Gautier nous signale des fabricants de céruse par le procédé hollandais où l'épluchage des lames de plomb carbonatées a encore lieu à sec. Le danger de cette manière d'opérer ressort clairement lorsqu'on compare, par exemple, le nombre des saturnins fournis par l'usine de M. Lefebvre, à Lille, où l'épluchage a lieu en présence d'eau, et le nombre de ceux fournis par les autres usines de la même ville où on opère généralement à sec; ainsi, tandis que chez ces derniers il y a par an de 22 à 50 malades pour 100 ouvriers, il n'y en a que 4 à 6 chez M. Lefebvre.

Les premiers symptômes du saturnisme sont caractérisés par l'inappétence, la faiblesse musculaire très grande de l'individu et l'insomnie; puis apparaît un liséré bleu sur les gencives qui ne laisse plus de doute et qui est accompagné de la terrible *colique* dite *des peintres*. La constipation est opiniâtre; le malade a des nausées fréquentes suivies de vomissements bilieux; les urines sont rares. Si le saturnin veut continuer son travail quand même, les accidents prennent un caractère aigu aboutissant à l'encéphalopathie saturnine qui se traduit d'abord par du délire et de la stupeur, puis par la paralysie des muscles extenseurs; enfin, arrive la cachexie qui plonge le malade dans le marasme et le conduit quelquefois à la mort.

Plusieurs remèdes ont été proposés contre ce terrible mal. Le *lait* donne de bons résultats, à la condition qu'on le boive en dehors des ateliers; ce breuvage étant légèrement laxatif, il combat la constipation qui est le premier effet de l'absorption du plomb.

La *limonade sulfurique*, très en faveur à un certain moment, est à peu près abandonnée aujourd'hui. On croyait que le sulfate de plomb auquel elle donne naissance dans l'économie était inof-

fensif à raison de son insolubilité, mais il a été prouvé que ce corps pouvait se dissoudre dans une foule de circonstances, à la faveur de matières organiques, telles que le sucre, les tartrates, etc., et occasionner les mêmes troubles que la céruse.

Les *iodures*, tels que ceux de fer et de potassium, donnent les meilleurs résultats, à condition que leur emploi soit surveillé de près; il résulte, en effet, des expériences du Dr Pouchet que l'élimination du plomb par les urines a lieu d'une façon très satisfaisante pendant les six ou dix premiers jours du traitement, mais qu'après ce temps l'iodure est sans action sensible. Un repos de deux à trois semaines est nécessaire avant la reprise du traitement. La dose d'iodure doit varier entre 0 gr. 6 et 1 gramme par jour et ne jamais dépasser ce dernier poids.

Nous venons d'exposer les remèdes qu'on emploiera contre le saturnisme, il nous reste à signaler les moyens de prévenir autant que possible cette terrible maladie en appliquant les mesures que conseille le Dr Gautier à la fin de son savant rapport :

1° Immerger dans l'eau les plaques de plomb carbonatées avant l'épluchage;

2° Broyer et bluter la céruse dans des espaces *hermétiquement* clos;

3° Embariller le blanc sous un hangar simplement couvert, en prenant la précaution de recouvrir le tonneau d'une toile humide afin d'éviter le dégagement de la poussière de céruse;

4° Donner aux ouvriers des blouses et tabliers destinés à préserver leurs vêtements; veiller à ce que ces blouses soient laissées à la sortie de l'atelier;

5° En quittant l'atelier, l'ouvrier devra plonger ses mains dans une solution faible de sulfure alcalin, puis dans une bouillie terreuse et se rincer ensuite à l'eau. Il se lavera ensuite le visage et la bouche;

6° Une salle de bains devra être ouverte aux ouvriers qui pourront y prendre des bains sulfureux;

7° Chaque semaine, les ouvriers passeront à la visite du médecin. Aussitôt qu'un symptôme de saturnisme apparaîtra chez un individu, on lui fera prendre quelques jours de repos;

8° On renverra les ouvriers chez lesquels le saturnisme réapparaîtra à intervalles rapprochés, quand cette affection semblera provenir de l'incurie de l'individu et de son infraction aux règlements, ou de l'abus de boissons alcooliques qui favorise l'intoxication saturnine.

Nous ajouterons à ces prescriptions une mesure que plusieurs fabricants de céruse appliquent avec succès : c'est le changement d'occupation des ouvriers. Un éplucheur, par exemple, à qui on fera faire de temps en temps un travail à l'air libre, comme le démontage des loges de fumier, pourra éliminer, pendant cette période, le plomb accumulé dans son organisme.

A Portillon, près Tours, où une fabrique de blanc de zinc fonctionne à côté de la céruserie, les ouvriers passent du plomb au zinc et ce chan-

.gement continuel se traduit par un chiffre extrêmement faible de saturnins.

Céruse de Mulhouse. Ce nom est donné,
dans le commerce, au sulfate de plomb que produisent, en grande quantité, les teintureries de
cette ville. Il couvre très mal.

Céruse d'antimoine. L'oxyde d'antimoine
se rencontre, à l'état naturel, à Bornéo. Broyé et
lévigé, il donne un blanc qui couvre, paraît-il,
très bien, mais qui est peu employé. — ALB. R.

* CÉRUSIER. Celui qui travaille à la fabrication
de la céruse.

CERVELAS. Outre une espèce de saucisse remplie de chair hachée et épicée, on donne ce nom
à une sorte de marbre que sa couleur rouge vei-
née de blanc a fait ainsi nommer. || Au XVIIᵉ
siècle, on donnait ce nom à une sorte de basson
dont les tuyaux repliés étaient renfermés dans
une boîte cylindrique.

* CERVELIÈRE. *Art milit. anc.* Coiffure du moyen
âge consistant en une calotte enveloppant exactement la
partie supérieure du crâne et faisant partie du *camail*
(V. ce mot); elle était faite de peau et servait de serre-

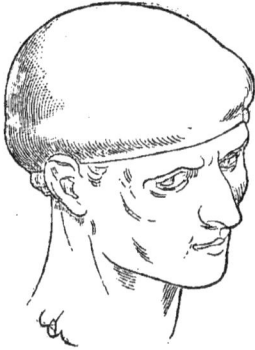

Fig. 382. — *Cervelière.*

tête sur lequel on posait le camail, comme dans l'exemple que nous donnons figure 382, ou elle était en fer
forgé attachée au camail, ou posée par-dessus. — V. AR-
MURE.

° CERVICALE. *Art milit. anc.* Pièce composée de
lames de fer articulées qui, au XVᵉ et au XVIᵉ siècles,
couvrait le cou du cheval de guerre ou de tournoi, depuis
le chanfrein jusqu'au devant de la selle.

CERVOISE. Bière que les anciens fabriquaient
avec du blé ou de l'orge macéré, puis séché, rôti
et moulu, et qu'ils faisaient ensuite fermenter. —
V. BIÈRE, BRASSERIE.

— C'était la boisson des anciens Gaulois qui, selon
Pline, l'avaient reçue des Egyptiens. Les latins ont ensuite emprunté aux Gaulois la chose et le mot, en l'appelant *cervisia.*

° * CERVOISIER. *T. de mét.* Nom donné autrefois aux
fabricants de *cervoise.*

* CÉSIUM ou **CÆSIUM.** *T. de chim.* Métal alcalin
découvert en 1860, par Bunsen et Kirchhoff, en
examinant au spectroscope, le résidu des eaux-
mères de l'eau minérale de Dürkheim. Son nom
vient de *cæsius*, bleu, parce qu'il produit dans le
spectre deux raies bleues caractéristiques.

$$Cs = 132,6.$$

Etat naturel. Les minerais contenant ce métal
sont fort rares. Le plus riche est le *pollux*, que
l'on rencontre dans les granits de l'île d'Elbe avec
le castor et la tourmaline; il est en petits cubes
d'une densité de 2,86. C'est le seul minéral
qui contienne de l'oxyde de césium; il en renferme 34,07 0/0, d'après Pisani. On trouve encore
des dérivés de ce métal dans la *lépidolithe*, sorte
de mica abondant dans l'état du Maine (Amérique) (0,3 0/0), dans la Triphylline, la Carnallite,
de Strassfurt.

Un certain nombre d'eaux minérales contiennent aussi des sels de césium, telles sont les
eaux de Bourbonne-les-Bains (0,032 de chlorure
par litre), de Dürkheim (0,00017 ⁰⁰/₀₀), de
Kreutznac, Ems, Nauheim, Vichy, Aussée, Hall, etc.

Propriétés. Le césium est à peine isolable à
l'état métallique, on l'obtient assez difficilement
à l'état d'amalgame. C'est le plus électro-positif
des métaux connus. Ses combinaisons présentent
la plus grande analogie avec celles du potassium,
avec lesquelles elles sont isomorphes. C'est donc
un métal alcalin; il est monoatomique.

Il est toujours allié au rubidium. Pour l'extraire, on emploie d'ordinaire la lépidolithe. On
attaque ce minerai par l'acide sulfurique et le
fluorure de calcium, on évapore pour chasser l'excès
d'acide, on épuise le résidu par l'eau bouillante,
puis on additionne de carbonate de potasse. On concentre et par le refroidissement on obtient des cristaux d'alun ordinaire, mélangés d'aluns de césium
et de rubidium. On se sert alors pour séparer ces
corps, de leur solubilité différente : 100 parties
d'eau à 17°, dissolvent 13,5 parties d'alun potassique, 2,27 parties d'alun de rubidium et 0,619
parties de césium (Redtenbacher).

On peut encore séparer ces deux métaux par le
chlorure stannique, qui forme avec le chlorure
de césium un sel double peu soluble, tandis qu'il
ne précipite pas le chlorostannate de rubidium.
On fait cristalliser à nouveau le sel de césium
pour le purifier (Stolba).

Caractères des sels de césium. Ils ont une grande
analogie avec les sels potassiques. Ils donnent :

    Par les sulfures alcalins $= 0$
    par les carbonates solubles $= 0$
    par l'acide tartrique $=$ précipité cristallin
    par l'acide hydrofluosilicique $=$ précipité opa-
        lin et transparent
    par l'acide perchlorique $=$ précipité grenu et
        cristallin
ils colorent la flamme en violet-rouge.

Leur caractère le plus essentiel est de donner
dans le spectre deux raies bleues très nettes et
une troisième moins tranchée; il y en aurait en
tout, d'après Johnson et Allen, dix-huit qui ca-
ractériseraient ce métal. — J. C.

* **CESSART**. (Louis-Alexandre), ingénieur, né à Paris en 1719. Il embrassa d'abord la carrière militaire et se distingua à Fontenoy et à Raucoux; il entra ensuite à l'Ecole des ponts et chaussées. Nommé en 1751, ingénieur de la généralité de Tours, il construisit, avec l'ingénieur Voglie, le pont de Saumur dont les piles furent fondées par caissons, sans épuisement ni batardeau, invention hardie de Labelyie, perfectionnée par Cessart. En 1755, il passa à Rouen comme ingénieur en chef de cette généralité. On s'occupait alors de la digue de Cherbourg, dont le capitaine de vaisseau La Bretonnière avait eu l'idée. Cessart fut chargé de son exécution, qui fut commencée en 1786; malheureusement, une fâcheuse économie empêcha les beaux plans de cet ingénieur d'avoir tout le succès qu'on en devait attendre. Cessart se retira et mourut à Rouen en 1806.

Les manuscrits de Cessart ont été publiés par M. Dubois d'Arnouville. L'auteur y mentionne, outre la digue de Cherbourg et le pont de Saumur, les écluses de chasse du Tréport et de Dieppe, le pont tournant du Hâvre, etc. C'est l'ingénieur Cessart qui, le premier, a proposé d'employer un rouleau compresseur pour hâter l'agglomération de l'empierrement des routes.

* **CESTE**. *Myth*. Ceinture mystérieuse, sorte de talisman qui renfermait les grâces, les charmes séducteurs; l'imagination des poètes de l'antiquité avait pris plaisir à en doter Vénus. Cette ceinture rendait irrésistible la personne qui la portait et rallumait une passion près de s'éteindre. Hymen lui-même n'était pas à l'abri de son effet merveilleux, Jupiter s'en aperçut sur le mont Ida, lorsque Junon se présenta à lui parée du ceste magique de Vénus.

‖ Le ceste était, chez les anciens, une espèce de gantelet composé de plusieurs courroies ou bandes de cuir, quelquefois hérissées de clous et de pointes et dont les athlètes se servaient dans les jeux et les combats.

* **CÉTINE**. *T. de chim*. Matière grasse fournie par plusieurs espèces du genre cachalot, et qu'on appelle encore *blanc de baleine*. — V. Blanc.

* **CEYLANITE**. *T. de minér*. Pierre du genre spinelle ; elle raye le quartz, sa cassure est vitreuse. Composition : 68 d'alumine, 2 de silice, 12 de magnésie et 16 d'oxyde de fer. Son nom lui vient de ce qu'elle a été trouvée pour la première fois à Ceylan.

* **CHABERT** (J.-B., marquis de), vice-amiral, hydrographe et astronome, né à Toulon en 1724. Cet officier a eu une carrière extrêmement active; il a exercé de nombreux commandements et pris part à plusieurs des engagements maritimes de la fin du XVIIIᵉ siècle. On lui doit d'importants travaux hydrographiques ; son *Neptune de la Méditerranée* entre autres a rendu de très grands services à la navigation. Comme astronome, il a publié un mémoire sur l'*Usage des horloges marines*, qui a été le signal de progrès remarquables dans le domaine de la science chronométrique. Chabert était membre du Bureau des longitudes, et il a publié dans les recueils de l'Aca-démie des sciences une série de mémoires que l'on consulte encore. Il est mort en 1805.

* **CHÂBLE**. *T. techn*. Grosse corde passé dans une poulie, pour soulever des fardeaux.

* **CHÂBLEAU**. Câble dont les bateliers se servent pour tirer les bateaux. On dit aussi *câbleau, cabliau, câblot, châblot, chabot*.

* **CHÂBLER**. C'est attacher un fardeau à un châble pour le soulever ou le tirer.

* **CHABLON** *T. de céram*. Calibre qui sert au potier pour façonner les poteries.

* **CHÂBLOT**. *Syn. de châbleau*. Cordage de maçon.

* **CHABOT**. *Art hérald*. Meuble d'armoiries qui représente un chabot (poisson) en pal, la tête en haut et montrant le dos. ‖ *T. techn*. — V. CHÂBLEAU.

CHABOTTE. *T. techn*. Masse de fonte qui constitue la base d'une grosse enclume ou du marteau-pilon.

CHABRAQUE. — V. SCHABRAQUE.

* **CHACHIA**. *T. de cost*. Calotte en laine rouge ou bleue que portent les Arabes, et qui a été adoptée par nos zouaves.

* **CHAFÉE**. *T. techn*. Dans la fabrication de l'amidon, on nomme ainsi le son qui reste après qu'on a exprimé toute la farine du froment.

* **CHAGNELAIE**. *T. de min*. Veine de houille tendre. On dit aussi *chaignelaie*.

CHAGRIN (Peau de). *T. techn*. On nomme ainsi toutes les peaux grainées servant à la chaussure, la maroquinerie, la gaînerie et la reliure. Les premières peaux employées en France pour la reliure, nous venaient de l'Orient où l'on prépare encore en chagrin les cuirs destinés à l'équipement de l'armée, et à l'ameublement des maisons riches. Les Orientaux fabriquent ainsi non seulement la peau de chèvre et de mouton, mais aussi celle de vache, de bœuf et de veau, lesquelles sont chez nous l'exception.

Ces peaux sont tannées, en Orient, à l'aide de plantes contenant un tannin puissant. C'est ordinairement d'un sumac beaucoup plus actif que le nôtre et du garat, que sont faits les bains *(bassement)* où l'on plonge ces peaux après en avoir enlevé le poil, de manière à donner au gonflement un grain assez épais. Puis, lorsqu'on estime le tannage suffisant, on retire les peaux qui sèchent naturellement; le grain reste alors sur la peau qu'on teint ensuite suivant l'emploi auquel on la destine. Le jaune, le rouge sont leurs principales couleurs. Le jaune s'obtient avec l'épine-vinette et surtout avec le bois de Santal, et le rouge avec la cochenille.

Lorsque ces premiers cuirs grainés vinrent en France, ils prirent le nom de *peaux du Levant*, nom qui se donne encore pour désigner le grain de certaines peaux chagrinées, ainsi qu'on le verra plus loin.

.. Les premières peaux de chagrin faites chez nous le furent avec la peau de l'âne et du cheval, sur lesquelles, lorsqu'elles étaient tannées, mais encore à l'état humide, on répandait de grosses graines de moutarde que l'on faisait entrer dans la peau, pour les laisser sécher ensuite.

Supprimant bientôt ce moyen par trop primitif, on obtint le grain de ces peaux à l'aide d'un outil appelé *paumelle*. La paumelle est un morceau de bois dur, dont le dessus est plat et le dessous, celui qui doit rouler sur le cuir, bombé au milieu et cannelé parallèlement. Une bride permet à l'ouvrier de passer cet outil sous son bras, et c'est en le roulant sur la chair, la fleur de la peau étant repliée sur elle-même, que cette façon fait naître sur la fleur de cette peau humide les grains qu'elle conservera à l'état sec.

Mais cela n'est déjà plus guère employé que chez quelques petits fabricants. Aujourd'hui que la peau de chagrin se vend par milliers de douzaines et presque tout en chèvres et moutons, on la tanne avec du sumac lorsque l'on veut du vrai maroquin, et simplement avec de l'écorce lorsqu'il s'agit de l'imitation du maroquin.

Lorsque la peau est *en humeur*, c'est-à-dire encore humide, on imprime sur sa fleur, ainsi qu'on le pourrait faire pour de l'étoffe, le grain que l'on veut obtenir, lequel est gravé sur une planche de cuivre à l'aide de la galvanoplastie ou autrement.

Cet outil, coûtant fort cher, on en a fait une réduction d'environ 6 à 10 centimètres de large, qu'un ouvrier habile fait passer avec soin sur la peau. L'important et la difficulté de ce travail, c'est de faire les raccords, de manière à ce qu'ils disparaissent à l'œil, et que ces grains semblent avoir été obtenus d'un seul morceau.

La peau maroquinée, c'est-à-dire celle tannée à l'écorce, est surtout employée pour la chaussure et la malleterie.

Le vrai maroquin, c'est-à-dire la peau tannée au sumac, s'emploie pour les beaux articles dits de maroquinerie, de gaînerie et de reliure.

Il y a plusieurs sortes de grains, le *grain d'orge* ou *gros grain* naturel, dit encore *grain du Levant*, le *petit grain*, le *grain long* et le *grain quadrillé*. Du reste, avec les outils en question, on peut obtenir sur la peau toutes les fantaisies désirables. A l'Exposition de 1878, on a beaucoup remarqué des peaux étranges façonnées par Burc, depuis les peaux écailleuses du crocodile, du serpent, et les peaux de chagrin de toutes sortes, à grains plus ou moins bombés, jusqu'à de petites peaux simulant la soie à s'y tromper : l'œil y trouvait en effet le chatoiement de l'étoffe, et la main la souplesse du tissu. — C. V.

* **CHAGRIN.** *Iconol.* On représente le chagrin avec un visage altéré, l'attitude chancelante, et pressant dans une coupe de l'absinthe pour s'en abreuver ; des gouttes de sang tombent d'une plaie faite au cœur.

CHAGRINER. *T. techn.* Travailler une peau de manière à produire le grain particulier à la peau dite de *chagrin*.

* **CHAGRINIER.** *T. de mét.* Ouvrier qui travaille les peaux de manière à les convertir en chagrin.

* **CHAI.** Magasin au rez-de-chaussée tenant lieu de cave pour emmagasiner les vins et les eaux-de-vie. On écrit aussi *chais*.

* **CHAIDEUR.** *T. de mét.* Ouvrier qui broie le minerai à bras.

* **CHAÎNAGE.** *T. de constr.* Nom que l'on donne aux divers systèmes employés pour empêcher l'écartement des murs d'une construction.

— Les Grecs et les Romains reliaient entre elles les assises de pierres de taille au moyen de goujons de fer, de bronze ou de bois ; les blocs d'une même assise étaient réunis par des crampons ou par des agrafes à queue d'aronde.

Depuis l'époque mérovingienne jusqu'au XIIe siècle, l'emploi du bois pour les chaînages était généralement

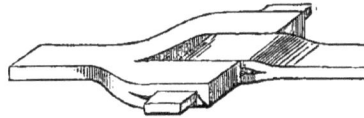

Fig. 383.

répandu. Des poutres étaient noyées dans la maçonnerie pour en relier toutes les parties. Les inconvénients de ce mode de chaînage ne tardèrent pas à se faire sentir : le bois tomba en pourriture, se réduisit en poussière et laissa dans la maçonnerie des vides continus, qui eurent pour effet de diminuer la force des murs et de provoquer, dans les parements, des lézardes longitudinales.

Les chaînages en fer furent employés à partir du XIIe siècle. Un système à double rang de crampons relie entre elles les pierres composant la corniche de couronnement du chœur de la cathédrale de Paris (1). La Sainte-Cha-

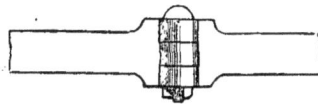

Fig. 384.

pelle du Palais, dans la même ville, offre l'exemple d'un chaînage formé de crampons s'agrafant les uns dans les autres et formant une suite continue.

Plus tard, les architectes employèrent les barres de fer plat noyées entre les lits des assises et scellées avec du plomb. Au XVe siècle, on plaça souvent les chaînes libres le long des murs, au-dessus des voûtes, suivant la longueur et la largeur ; ces barres étaient, en général, réunies à leurs extrémités, par un assemblage à boucle et à double coin dont on se sert encore aujourd'hui, mais en l'établissant en fer méplat ; on lui donne le nom d'*assemblage à moufle*.

L'emploi du fer pour les chaînages offre également de grands inconvénients. Ce métal, pour peu qu'il soit en contact avec l'humidité, s'oxyde, augmente de volume et acquiert une telle force d'expansion qu'il produit les plus graves désordres dans les constructions où il est employé

(1) VIOLLET-LE-DUC, *Dictionnaire raisonné de l'architecture française.* Vve Morel et Cie, édit.

à cet usage. C'est ainsi que le chaînage placé au-dessous des appuis des grandes fenêtres de la Sainte-Chapelle, à Paris, est parvenu à soulever les assises formant ces appuis, de telle façon que les meneaux placés au-dessus ont dévié de leur position verticale ou même ont été brisés.

Parmi les édifices plus modernes, on peut citer comme ayant éprouvé des préjudices dus au gonflement du fer, le pavillon situé au sud-est de la colonnade du Louvre,

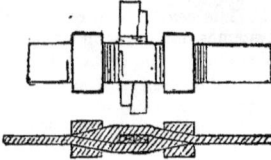

Fig. 385.

le fronton de l'église Saint-Roch, le portail de Saint-Sulpice, où des pierres formant angles, couronnement ou claveaux ont éclaté et sont tombées par fragments; il a fallu remplacer ces blocs ou les rattacher au moyen de crampons en bronze.

Un autre danger des chaînages en fer est celui qui résulte de la dilatation de ce métal : témoin la rupture du chaînage qui maintenait l'écartement d'un des pignons du

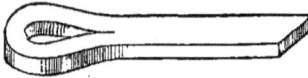

Fig. 386.

transept de la cathédrale de Troyes. Ce chaînage se composait de cinq barres de fer posées au XVIIe siècle. Il se rompit en 1840, pendant une forte gelée, qui fit éprouver au fer un retrait considérable.

Aujourd'hui, on emploie, dans les constructions, des chaînages composés de barres de fer méplat, reliées entre elles par divers assemblages. On a reconnu, par l'expérience, que les fers méplats

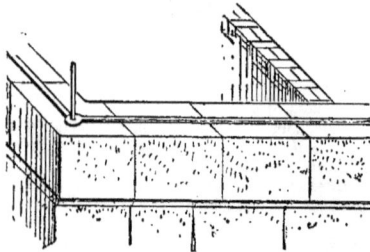

Fig. 387.

sont, à section égale, beaucoup plus forts que les fers carrés. Cet avantage vient de ce que, pour un même volume, le fer méplat a plus de surface périmétrique. Quand on le forge, c'est la surface externe qui reçoit la plus forte impression du marteau. Cette opération allonge le métal en filaments qu'on appelle *nerfs*, ce qui lui procure une force beaucoup plus grande que celle du fer

à gros grains sortant des filières ou des laminoirs. Mais l'action des plus forts marteaux ne s'exerçant pas à une distance de plus de 0m,0045 de la surface, il en résulte que le milieu d'une barre de fer, qui a plus de deux fois 0m,0045, c'est-à-dire 0m,009 d'épaisseur, n'acquiert pas de force par le martelage; on est donc conduit à donner aux fers la section méplate, comme plus avantageuse au point de vue de la résistance, que la section carrée.

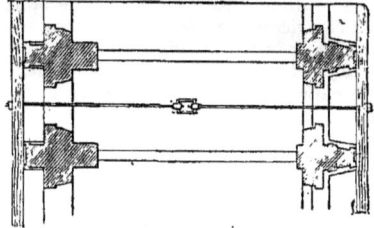

Fig. 388.

Les procédés actuellement employés sont : l'assemblage à charnière et à clavette (fig. 383); l'assemblage à charnière avec boulon à vis (fig. 384); l'assemblage dit *à talons* (fig. 385).

L'extrémité des chaînages se termine par un œil (fig. 386) dans lequel passe une ancre, que l'on noie dans la maçonnerie ou qu'on laisse apparente sur les façades. La figure 387 représente le chaînage de deux murs d'angle.

On emploie encore les chaînages avec tirants en fer, soit pour relier entre eux les murs des hangars, des combles à grande portée, soit pour maintenir provisoirement la poussée des voûtes

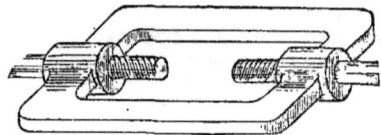

Fig. 389.

dont les points d'appui sont soumis à des réparations.

Nous citerons, comme exemple, le système de chaînage provisoire qui servit à remplacer les étaiements nécessaires à la reprise en sous-œuvre des contreforts, dans la restauration du château de St-Germain par E. Millet; des tirants de fer (fig. 388 et 389) furent placés transversalement d'une baie à l'autre, à la hauteur où s'exerce la poussée des voûtes; chaque tirant était composé de deux parties en fer rond, réunies ensemble à l'aide d'une boucle percée de deux trous taraudés en sens inverse et permettant de serrer l'assemblage; les extrémités de ces pièces de fer retenaient à l'extérieur, au moyen de boulons, des plates-formes de bois embrassant deux contreforts à la fois.

Dans le métré des ouvrages, la part qui revient au maçon pour l'établissement des chaînages dans les murs en pierre est ainsi comptée : 1° 0,075 de taille par chaque face, avec arêtes bien dressées pour les tranchées faites sur les quatre côtés conservés : cette évaluation est réduite aux trois quarts si le dressage des arêtes est imparfait; 2° 0,10 courant de légers pour les scellements des chaînes; 3° 10 0/0 de taille pour les entailles destinées à loger les bagues des chaînes au point de jonction de deux chaînes. Si le chaînage est fait dans une autre construction qu'un mur en pierre, les évaluations sont les mêmes, mais se comptent en légers (1). — P. C.

* **CHAÎNASSE.** *T. de minér.* Nom vulgaire d'une terre argileuse mêlée de sable quartzeux.

I. **CHAÎNE.** 1° Espèce de lien composé d'anneaux engagés les uns dans les autres et faits avec du fer, de l'acier, du cuivre, de l'or, de l'argent, de l'ivoire, du bois, des cheveux, etc. Les chaînes servent de parure, de décoration, de marque de distinction, de service ou de servitude.

— Dans l'origine, chez les Gaulois, par exemple, les chaînes étaient un des ornements de ceux qui avaient le pouvoir; plus tard, elles furent l'un des insignes de l'huissier du conseil privé du roi (*huissier à la chaîne*) qui, dans l'exercice de ses fonctions, devait porter une chaîne d'or au cou; quelques titulaires de cette charge la portèrent au poignet. Cet usage s'est transmis aux huissiers

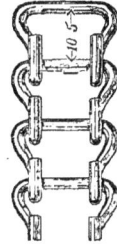

Fig. 390. — *Chaîne Vaucanson.*

de la chambre des princes, des ministères et des particuliers; il n'est plus, comme dans l'origine, une marque d'honneur, mais plutôt celle d'un service ou d'une servitude.

Les chaînes reçoivent dans la mécanique et dans la marine de nombreuses destinations. Nous ne

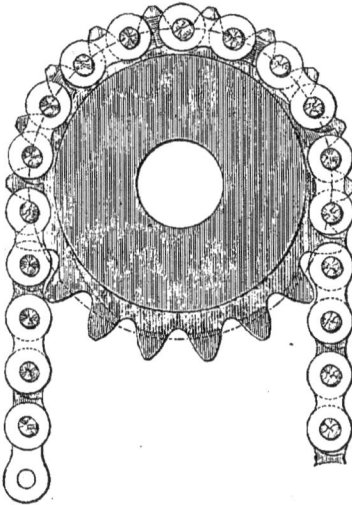

Fig. 391 et 392. — *Chaîne Galle sur sa noix.*

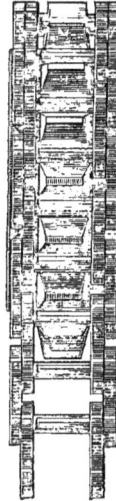

pouvons énumérer toutes les chaînes que fabriquent la grande et la petite industrie, nous indiquons cependant les plus importantes, réservant une étude spéciale à celles qui présentent un réel intérêt. || 2° *T. techn. Chaîne Vaucanson* ou *à la Vaucanson.* Elle est formée d'anneaux non fermés de forme trapezoïdale accrochés les uns aux autres comme l'indique la figure 390. Ces chaînes peuvent faire l'office de courroies métalliques, mais s'enroulent dans un sens seulement, elles ne peu-

vent offrir une bien grande résistance à la traction, les parties formant crochets non soudés tendant toujours à s'ouvrir. Elles sont surtout employées dans les petites machines où il y a peu de résistance à vaincre; on les fait en fer, en laiton, en cuivre. || 3° *Chaîne Galle* ou *de Galle.* Elle atteint beaucoup mieux le but d'une courroie; très résistante, formée de portions métalliques articulées comme des charnières, elle peut se plier dans deux sens comme elles. Ces chaînes sont très employées pour transmettre la force motrice et servent en même temps comme câbles

(1) *Dictionnaire des termes employés dans la construction*, de P. CHABAT, Vve A. Morel et Cⁱᵉ. éd.

dans certaines grues. Les fig. 391 et 392 représentent une chaîne galle simple maille sur sa poulie ; cette chaîne, suivant la résistance à vaincre, peut être à double, triple mailles et plus, les goupilles ou boulons sont aussi plus ou moins gros. Les chaînes de ce système peuvent se faire aussi sans fuseaux, on peut en faire aussi des crémaillères en donnant aux maillons une forme évidée sur une face. En un mot, ces chaînes sont généralement employées toutes les fois que la résistance à vaincre dans une machine est très grande, la vitesse faible et les distances assez considérables ; on soutient dans ce dernier cas la chaîne sur des galets. ‖ 4° *Chaîne à la catalane*, celle qui est composée de plusieurs anneaux ronds ou elliptiques disposés de telle façon que chaque anneau en renferme deux. ‖ 5° *Chaîne carrée*, dont les anneaux sont de figure elliptique et ployés en deux. ‖ 6° *Chaîne en gerbe*, celle dont les maillons sont courbés en 8. ‖ 7° *Chaîne en S*, celle dont les maillons ont la forme de l'S. ‖ 8° *Chaîne sans fin*, celle dont les deux bouts sont unis de façon à n'avoir point d'interruption. ‖ 9° *T. d'horlog.* Petite chaînette d'acier qui, dans l'ancienne fabrication, tenait le grand ressort d'une montre, en se roulant sur la fusée ; elle avait remplacé la corde à boyau qui était sujette aux variations de la température. ‖ 10° *Chaîne de montre.* Celle à laquelle on suspend la montre que l'on porte sur soi. — V. l'article § V. ‖ *Chaîne d'ornement*, § VI. ‖ 11° *T. de tisser.* Assemblage des fils qui forment la longueur de la pièce mise sur le métier, et entre lesquels passe la trame qui forme la largeur. — V. l'article suivant. ‖ 12° *T. d'arch.* Rangée de pierres de taille superposée, soit pour fortifier un mur de maçonnerie, soit pour porter l'about d'une poutre. ‖ *Chaîne d'encoignure* ou *de liaison*, celle qui sert à lier les deux côtés de l'angle formé par le mur de pignon et par le mur de face. ‖ 13° *Chaîne-câble.* — V. Câble et l'article § VII. ‖ 14° *Chaîne d'arpenteur.* — V. l'article § III. ‖ 15° *Chaîne de charron.* Outil composé de plusieurs chaînons carrés, avec lequel le charron rapproche les rayons d'une roue et les fait entrer dans les mortaises des jantes. ‖ 16° *Chaîne-gills. T. de filat.* On désigne sous ce nom une chaîne dont les maillons servent à conduire, dans les machines à étirer certaines matières textiles, les barrettes munies de *gills* ou pointes qui aident à maintenir les fibres bien parallèles entre elles, du passage d'un cylindre sous le cylindre suivant. ‖ 17° *Chaîne d'attelage. T. de chem. de fer.* — V. l'art. § IV. ‖ 18° *Art herald.* Meuble de l'écu qui est souvent un témoignage d'honneur. ‖ 19° *Chaîne de Pulvermacher.* Cet appareil, qui porte le nom de son inventeur, est plus spécialement destiné aux applications médicales ; mais il est aussi en usage chez les doreurs, argenteurs, bijoutiers, horlogers, etc., pour dorer ou argenter de très petits objets, au lieu d'employer une batterie galvanique. Chaque maillon de cette chaîne, dit M. Roseleur, est à lui seul un élément voltaïque réel, en sorte que la chaîne ou réunion de ces maillons n'est autre chose qu'une véritable batterie dont l'énergie est proportionnelle au nombre des maillons qui la

composent, et dont les deux extrémités forment les deux pôles.

II. CHAÎNE. *T. de filat. et de tiss.* Ensemble des fils disposés d'avance parallèlement, sur une longueur indéterminée en forme de nappe et destinés à produire un tissu par leur enlacement avec un autre fil déroulé par la navette, appelé *trame.* On désigne aussi sous le nom de *chaîne* les filés spéciaux, en coton, en laine ou en scie qui, par leur réunion, formeront la chaîne à enrouler sur l'ensouple du métier à tisser. Ainsi on dit : le calicot est fait en chaîne n° 28 et trame n° 37.

En raison des opérations multiples que la chaîne doit subir avant sa transformation en tissu : bobinage, ourdissage, parage ou encollage, remettage, etc., elle demande à être plus résistante que la trame, c'est pourquoi on lui donne à la filature plus de torsion qu'à la trame, et à numéro égal, on emploie pour sa confection des matières supérieures en qualité à celles employées pour la *trame.* — V. ce mot.

La chaîne se subdivise en *forte chaîne*, *chaîne mécanique*, *mi-chaîne* et *chaîne douce*, suivant le degré plus ou moins élevé de torsion qu'elle a reçue, torsion qui varie suivant qu'elle est destinée à la production des fils retors ou câblés, des fils à coudre, à broder, ou au tissage des articles courants ou à la teinture, ou encore à la bonneterie et aux dentelles.

La chaîne est produite à la filature en fuseaux désignés sous le nom spécial de *bobines.* Les bobines sont plus grosses que les *cannettes.* — V. ce mot.

Le fil de chaîne doit être régulier, solide et élastique ; il se reconnaît au léger bruit sec que produit sa rupture, lorsqu'il est soumis à une certaine traction.

III. CHAÎNE D'ARPENTEUR. *T. techn.* Instrument destiné à mesurer la longueur d'une droite sur le terrain ; il se compose (fig. 393) de 50 petites tiges de fer ou chaînons rectilignes, ayant

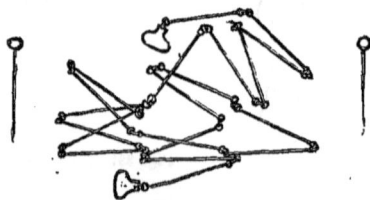

Fig. 393. — *Chaîne d'arpenteur.*

$0^m,2$, et qui sont réunis par des anneaux ; les deux tiges extrêmes sont plus courtes que les autres et sont terminées par deux poignées. La longueur totale de la chaîne est de 10 mètres quand elle est tendue, mais comme il est rare qu'on la tende exactement, on lui donne en général quelques millimètres de plus. Le cinquième anneau, le dixième, le quinzième, et ainsi de suite de cinq en cinq, sont ordinairement en cuivre et divisent la chaîne en longueurs égales de 1 mètre chacune; celui du milieu porte une petite fiche en fer qui permet de mesurer le demi-décamètre.

Pour mesurer une droite A B avec cette chaîne, deux personnes, l'arpenteur et un aide, la tendent dans la direction de cette droite. L'arpenteur se place au point A et y fixe une des poignées de la chaîne, tandis que son aide, qui tient à la main un jeu de dix fiches, la déroule en se dirigeant vers le point B. Quand la chaîne est bien tendue, l'aide marque au moyen d'une fiche en fer le point où aboutit son extrémité. Ensuite, les deux opérateurs transportent la chaîne de manière que la première extrémité corresponde à cette fiche, et l'aide plante une nouvelle fiche au point où se trouve alors la seconde extrémité. L'arpenteur relève successivement toutes les fiches plantées par son aide, et qui représentent chacune un décamètre.

Si la droite A B ne contient pas un nombre exact de fois la longueur de la chaîne, il est facile d'obtenir la mesure du reste à l'aide des su di-

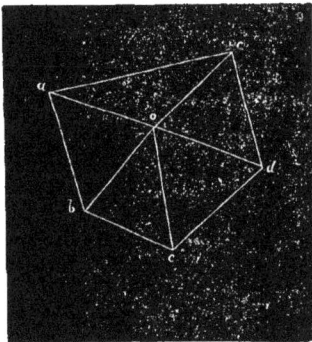

Fig. 394.

visions qu'elle porte. Si, par exemple, la chaîne a été portée en entier quinze fois, et que le reste contienne six anneaux de cuivre, plus quatre anneaux de fer et les trois quarts de la longueur d'un chaînon, on en conclura que la longueur mesurée équivaut à 15 décamètres, plus 6 mètres, plus quatre fois 2 décimètres, plus les trois

Fig. 395.

quarts de 2 décimètres ou 15 centimètres, ce qui fait en tout 156^m,95.

Si avant d'être arrivé en B tout le jeu de fiches est épuisé, l'arpenteur le rendrait à l'aide et inscrirait sur son cahier de notes un trait qu'on est convenu d'appeler une *portée*; chaque portée correspond à 100 mètres, et on ajoute la longueur restante après la dernière portée complète.

Quand la ligne à mesurer n'est pas droite, on approche les jalons et l'on tend de l'un à l'autre un cordon horizontal que l'on mesure ensuite avec la chaîne.

La chaîne d'arpenteur peut, au besoin, servir à lever le plan d'un terrain, autrement dit à exécuter un *levé au mètre*.

Soit A B C D E (fig. 394) le terrain dont il s'agit, après l'avoir décomposé en triangles en joignant tous les sommets à un point O, pris à l'intérieur du polygone, on jalonnera et l'on mesurera les côtés A B, B C, C D, D E, E A, ainsi que les lignes auxiliaires O A, O B, O C, etc. On tracera ensuite sur le papier une ligne a b (fig. 395), ayant avec A B un rapport déterminé, puis, des points a et b, comme centres, avec des rayons proportionnels à A O et B O, on décrira deux arcs de cercle qui se

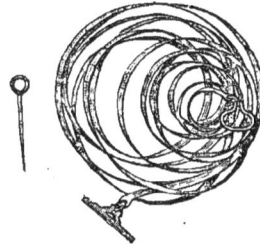

Fig. 396. — *Ruban d'arpenteur.*

couperont en un point o. Les triangles A O B et a o b seront alors semblables comme ayant leurs côtés proportionnels; on construira de même les triangles b o c, c o d, d o e, e o a respectivement semblables aux triangles B O C, C O D, etc., et l'on aura deux polygones égaux, comme se composant d'un nombre égal de triangles égaux, et semblablement disposés. Le polygone a b c d e sera le plan du polygone A B C D E.

On emploie quelquefois, de préférence à la

chaîne, la *roulette d'arpenteur*. Cet instrument, qui est fait d'un ruban de chanvre ou de soie recouvert d'un enduit, est beaucoup moins sujet que la chaîne aux dilatations produites par les différences de température. En outre, la chaîne finit toujours par s'allonger et donne alors de fausses indications. Du reste, la roulette est plus commode et d'un transport plus facile.

Avec le ruban d'acier (fig. 396), il faut tenir compte de l'allongement qu'éprouve le métal par suite de la chaleur. Cet allongement est de 0m,00012 par un degré centigrade. On doit donc, à chaque opération, déterminer la température à laquelle la division marquée 10 mètres sur le ruban a exactement 10 mètres de longueur, puis y ajouter l'allongement qui correspond à l'excès de température.

IV. CHAÎNE D'ATTELAGE. *T. de chem. de fer.* On donne ce nom aux chaînes qui servent à accoupler les wagons dans la composition d'un train. Ceux-ci sont toujours maintenus dans l'axe longitudinal par une chaîne dont les maillons extrêmes qu'on vient passer dans les crochets de traction, sont reliés par un tendeur à vis à deux filets à pas contraires. Cette disposition permet, au moment de l'attelage, de rapprocher les maillons en serrant le tendeur et d'amener au contact les tampons des deux voitures, de manière à tendre à la fois les ressorts de choc et ceux de traction.

Le serrage des attelages qu'on ne doit jamais négliger sur les voitures de voyageurs prévient seul les mouvements de ballottements auxquels elles sont soumises en marche. Les attelages des trains de marchandises ne sont pas serrés dans les mêmes conditions afin de permettre le démarrage progressif; d'ailleurs la vitesse de ces trains est beaucoup plus faible.

Outre la chaîne centrale qui supporte seule l'effort de traction, deux chaînes ordinaires dites *de sûreté* sont attachées également à des pitons fixés sur les traverses de tête des wagons par l'intermédiaire de rondelles élastiques. Ces chaînes sont remplacées avantageusement sur les voitures allemandes par une seconde chaîne à tendeur à vis plus longue que la première, et rattachée comme celle-ci aux deux tiges de traction, elle reste seulement pendant pendant que l'autre est tendue, mais elle entrerait en action si celle-ci venait à se rompre, de sorte que l'effort se trouverait ainsi transmis dans les mêmes conditions qu'auparavant. Les chaînes de sûreté, au contraire, suppriment en quelque sorte les ressorts de traction, et, d'ailleurs, elles sont presque toujours brisées sous la violence du choc; enfin, l'effort qu'elles transmettent est toujours un peu oblique sur l'axe de la voiture et peut amener un déraillement, surtout si l'une des deux chaînes vient seule à se rompre.

V. CHAÎNE DE MONTRE. Chaîne ou chaînette d'or, d'argent, de cuivre doré, de fer de Berlin, de corail, de passementerie, etc., à laquelle pend soit un médaillon, soit un cachet, soit des breloques,

et qui se trouve retenue au vêtement par un crochet, une clef ou une barrette.

— Les chaînes de montre existaient déjà au xvie siècle. Le *Contrat de mariage de Françoyse de Schomberg* (1597), mentionne « deux petites chennes à jazeran et ung autre bout à pendre une montre et deux petits cachets en or. » Cette mode si naturelle offusquait le sévère Casaubon. « Aujourd'hui, écrivait-il en 1596, les horloges sont de formes extrêmement variées et de la plus grande élégance. Ce sont des objets de luxe et non d'utilité. Les femmes mêmes des prolétaires en portent suspendues à leur ceinture, tant les mœurs publiques sont corrompues, ou plutôt tant il n'y a plus de mœurs. »

Depuis cette époque, les chaînes de montre restèrent en grande vogue, particulièrement chez les femmes. Sous Louis XV, les dames portaient de petites montres attachées à des chaînes de cou. Si l'on en croit le *Cabinet des modes* (1er décembre 1786), le règne suivant inaugura les chaînes de montre en or à deux et à trois branches avec la plaque émaillée, ou en diamants avec des glands (V. CHATELAINE). Selon le même recueil (15 décembre), les hommes avaient des goûts beaucoup moins dispendieux : ils se contentaient d'un « cordon de montre en soie, à boucle et large clef d'or, » ou de « chaînes de montre à maillons d'agate herborisée, montées en or. » Cette mode dura jusqu'en 1787. « Nous avons vu chez la dame Mignot, marchande bijoutière au Palais-Royal, des cordons de montre d'un goût nouveau, qui ne sont que des cordons de soie, où pend, à chacun, une large clef de montre, en argent ou en or. On n'y attache point de breloques. La clef est seule. On a imaginé ces cordons pour éviter le bruit que faisaient deux cordons chargés de breloques » (1er juin 1787).

C'est vers ce temps, en effet, qu'on vit paraître les breloques. Dans *Arlequin sauvage,* comédie du commencement du xviiie siècle, Arlequin, parlant des ces pièces, dit : « Quoi ! en donnant de ces *breloques,* on a tout ce dont on a besoin ? » Depuis lors on appela *breloques* les menus objets qu'on suspendait à une chaîne de montre et qui sont comme l'accessoire et l'accompagnement de ce bijou. Dans le *Singe et le Petit maître,* conte publié par l'*Almanach des Muses,* en 1786, l'auteur montre le singe revêtant le costume de son maître,

> Et le voilà qui se métamorphose;
> Deux beaux cordons, de breloques chargés,
> Sur ses goussets descendent allongés.

Vers la fin du règne de Louis XVI, l'anglomanie amena des modes excentriques. On vit alors se promener, le manchon sous le bras, « des élégants à doubles breloques, » comme Debucourt les a représentés dans la *Promenade de la galerie du Palais-Royal* (1787), et lorgnant de jolies femmes ayant elles-mêmes « deux chaînes de montre, battant la jupe. » Une planche du *Magasin des modes nouvelles françaises et anglaises* (décembre 1788) nous fait voir effectivement un jeune homme portant « dans ses goussets deux montres d'or, garnies, l'une d'une chaîne d'or avec breloques d'or, l'autre d'un cordon de ruban rose. » Sur la même planche, on voit une jeune femme en toilette de ville; elle a également dans ses goussets deux montres d'or « garnies de chaînes et de breloques d'or. »

C'est alors que les bijoux d'acier, introduits par l'Angleterre et mis à la mode par Granchez, fondateur du *Petit Dunkerque,* détrônèrent pour un temps les bijoux de métal précieux. En 1788, on voulait que les chaînes de montre fussent en *acier uni*. L'année suivante, il était de bon ton de porter de l'acier travaillé, c'est-à-dire à facettes. « Chaînes d'acier travaillé; — breloques d'acier travaillé, » avec montres d'or, lit-on dans le même journal, en janvier 1789. Mais bientôt les goûts se modifièrent de nouveau; la plus grande simplicité régna dans toutes les parties du costume. Désormais, suivant le *Magasin des modes* (1er juin 1789), les hommes portèrent deux montres « garnies de simples rubans noirs, dits par les jeunes gens, *chaînes à la Mont-de-Piété*.

Après la Révolution, la bijouterie d'or un moment anéantie reprit faveur, et l'on porta de nouveau des chaînes de montre. Sous le premier empire, les breloques s'attachaient aux chaînes en si grand nombre, qu'on leur donna le nom de *charivari*, à cause du bruit qu'elles faisaient au moindre mouvement. De Jouy, à la date du 22 février 1812, cite dans son *Hermite de la Chaussée-d'Antin* une annonce d'objets perdus, au nombre desquels figure « une montre d'homme avec sa chaîne garnie d'un charivari de breloques. »

Aujourd'hui les chaînes de montre sont d'un usage général. Quant aux breloques, on les remplace par d'élégants médaillons, souvent aux initiales du possesseur.

— S. B.

VI. CHAÎNE D'ORNEMENT. On a dit longtemps *chaene*, *chesne*, *chaisne* (de *Catena*). On les portait au col, à la taille, dans les cheveux.

— Nous ne parlerons point ici spécialement ni des *colliers* (V. ce mot), ni des autres sortes de bijoux dont quelques parties sont faites de maillons enchaînés. Nous nous bornerons à dire quelques mots des chaînes longues qui n'entouraient pas seulement le cou, mais qui des épaules descendaient sur la poitrine et sur les flancs. Cet ornement, dont l'Egypte et l'Asie semblent avoir donné les premiers exemples, se retrouva par la suite chez les Grecs, chez les Etrusques et les Chypriotes, héritiers du luxe asiatique, et plus tard chez les Romains.

Une figure de femme couchée sur un sarcophage trouvé dans les nécropoles de l'Etrurie et appartenant aujourd'hui au Loùvre, est excessivement curieuse par la claire représentation des détails de sa parure. Outre le collier qui entoure le cou, on remarque une large chaîne plate, qui paraît faite de cinq rangs de tresse et bordée de perles; elle est attachée sur l'épaule droite et passe en travers sur la poitrine; une autre formant ceinture se relie à une rosace qui sert apparemment de fermoir; enfin, une *double chaîne* carrée descend des épaules sur l'estomac et se relève de chaque côté sur les hanches.

Chez les Romains, les élégantes préférèrent longtemps les colliers de perles; mais sous les empereurs, quand la passion du luxe devint une frénésie, elles les remplacèrent par des chaînes d'or massif qui tombaient sur la poitrine. « Les femmes se plaisent dans les chaînes, » dit à ce sujet saint Ambroise, « pourvu que la charge qu'elles portent soit précieuse. » Guattini a décrit, dans ses *Monuments antiques inédits*, un joyau de ce genre, trouvé dans un sarcophage à Rome. Il est composé de deux chaînes ornées de topazes et d'hyacinthes; au milieu pend une autre chaîne au bout de laquelle est attachée une amulette.

Les chaînes d'or paraissent avoir été déjà en usage du temps des Gaulois. On en a des exemples dans les chaînes d'ornement de l'époque celtique, publiées en 1861 par la *Revue archéologique*.

Sous le règne de Charles VI, non seulement les carcans (colliers) d'orfèvrerie étaient communs aux hommes et aux femmes, mais les chaînes battaient la poitrine, puis des chaînettes, avec breloques au bout, pendaient à la ceinture. La plupart des chaînes se faisaient à toutes sortes d'emblèmes; les *ne m'oubliez mie* étaient les plus goûtées.

Item mouchouers déliez,
Chesnettes à fleurs d'oubliance,

lit-on dans l'*Amant rendu cordelier* (1450).

Par la suite, on préféra de simples « jazerans, » chaînes d'or tissues de mailles plates, couchées, entrelacées, comme nous l'apprend l'*Inventaire des deux langues latine et française*, par le P. Monet (1663).

Mais les excès de luxe ayant enfanté toutes sortes d'abus, les souverains se virent forcés de promulguer des lois somptuaires, qui défendaient toute espèce de collier.

Premièrement ne porteras
Carcans dorez ni jazerans,

disent les *Quatrains sur la superfluité des habitz des dames de Paris* (xve siècle). Au bout de quelque temps, les défenses étaient oubliées, et comme par le passé les femmes rivalisaient entre elles de parure et de coquetterie.

A l'époque de Charles VIII et de Louis XII, le goût de la magnificence se répandit partout à un tel point que les soldats, lorsqu'ils en avaient le moyen, se donnaient le luxe d'une chaîne d'or qu'ils étalaient sur leur large poitrine.

C'est alors que, en 1532, François Ier rendit une ordonnance concernant les financiers et les gens d'affaires, et intimant aux personnes de cette classe de s'abstenir de fourrures et de chaînes d'or d'un trop grand poids. Quelquefois même, suivant l'ordonnance de juillet 1549, relative aux parures, les jeunes clercs du Palais et les jeunes marchands voulaient passer pour de grands seigneurs et se donnaient des airs de porter des chaînes d'or, des ferrements d'or, etc. Les auteurs contemporains, particulièrement Erasme, dans son *Eloge de la Folie*, ont souvent bafoué les sots de cette espèce, « qui se regardent avec complaisance, parce qu'ils portent au cou une lourde chaîne qui *témoigne* autant de *leur force que de leur opulence.* »

Quant aux femmes, elles s'adonnèrent à un luxe si effréné qu'une nouvelle loi défendit, en 1540, les principales pièces de leur parure, entre autres les chaînes d'or que l'on appliquait comme bordure aux robes de parade; celles qui se mettaient au cou furent seules exceptées de la proscription.

Cet édit étant tombé par la suite en désuétude, on vit, sous Henri III, les femmes porter des chaînes d'or partout, dans la coiffure, au cou, sur la poitrine, aux entournures de la robe, et d'autres encore qui pendaient sur les flancs des deux côtés de la ceinture. A l'une de ces dernières était pendu un *tout petit miroir*, à l'autre un éventail.

L'*Inventaire de Gabrielle d'Estrées* (1599) nous montre que, sous le règne de Henri IV, la mode des chaînes d'or n'avait pas diminué. Dans ce curieux document on trouve décrite une chaîne qui, par sa longueur et sa disposition, paraît avoir été destinée à tomber de la ceinture au bas de la robe. « Une *chesne* de cristal, de fleurs de lis, avec autres pièces faites en olive, garnie de flammes d'or, et entre deux, de nœudz esmaillés de rouge et de vert, ayant quinze fleurs de lis et quinze autres pièces de cristal à trois piliers. » Le cristal était alors en vogue et entrait dans la confection des bijoux.

Enfin, sous Louis XIII, l'usage des chaînes d'or reprit plus que jamais.

L'auteur du *Discours nouveau sur la mode* (1613) parle d'une femme galante à laquelle

Il fallait des carquans, chaînes et bracelets,
Et aimait mieux payer tous les ans une rente,
Que n'avoir pas au col une chaisne pendante.

En outre, les dames de qualité portaient des bourses et des étuis de ciseaux et d'aiguilles riches, pendants au côté avec une belle chaîne d'or. Mais le grand luxe des femmes du peuple, particulièrement des chambrières, consistait dans des chaînes d'argent qui servaient également à suspendre tout l'équipement d'une bonne ménagère : les clés, les ciseaux, un couteau, une bourse, etc. Toute servante un peu huppée attachait effectivement ses ciseaux sur le côté avec une chaînette d'argent. De plus pauvres, comme la Marinette de Molière (*Dépit amoureux*) se contentaient de la chaîne de laiton que leur donnait Gros-René. C'est pourquoi, dans la *Responce des ser-*

vantes aux langues calomnieuses qui ont frotté sur l'anse du panier ce caresme, il est dit que dès qu'une servante a « un petit Populo » en mariage, l'argent des économies est bien vite mangé, et « il faut commencer à vendre la chaisne des ciseaux, et après les chaisnes de demy-ceing. » « C'était, dit Cotgrave, en parlant de cette parure des servantes, une sorte de ceinture dont tout le devant était d'or ou d'argent, et dont l'autre partie était de soie. On l'enjolivait, comme on le voit ici, de chaînes et de brimborions. C'étaient les premières choses vendues dans les temps de détresse. »

Au XVIIe siècle, les femmes avaient conservé l'habitude d'orner leur cou de chaînes élégantes retombant sur la poitrine, et dont on peut voir les gracieux modèles (fig. 398 à 403) dans le recueil de Gédéon Légaré, habile orfèvre de cette époque; mais il y avait longtemps que les hommes ne portaient plus, suivant les expressions du poète Saint- Amand :

> La grosse chaisne et cent beaux affiquets
> Qui du bon siècle attiraient les coquets.

Cependant Sully, devenu vieux, n'avait pas voulu changer ses habitudes. Au rapport de Tallemant des Réaux, quand le célèbre ministre sortait de son hôtel pour aller se promener sous les porches de la place Royale, « ce bonhomme, plus de vingt-cinq ans après que tout le monde avait cessé de porter des chaînes et des enseignes de diamants, en mettait journellement pour se parer. Tous les passants s'amusaient à le regarder. »

Lorsque la reine Christine de Suède vint à Versailles. en 1657, visiter la cour de Louis XIV, elle offrit à Ménage, à Balzac, à Saumaise et autres, des colliers d'or en récompense des poèmes que ceux-ci lui avaient dédiés. On cite à ce propos un trait de Scudéry qui lui fera éternellement honneur. Cet auteur avait dédié à la reine de Suède Alaric ou Rome vaincue. Cette princesse lui destinait une chaîne d'or de 10,000 livres, à condition qu'il retrancherait de son ouvrage les louanges qu'il y donnait au comte de la Gardie, qu'elle avait disgracié; Scudéry osa déclarer que des présents plus riches encore, ne le détermineraient jamais à cette lâche complaisance. « Quand la chaîne d'or, dit-il, serait aussi pesante que celle dont il est fait mention dans l'histoire des Incas, je ne détruirais jamais l'autel où j'ai sacrifié. » Christine ne lui donna rien.

Sous le règne de Louis XV et de Louis XVI, les chaînes

Fig. 397 à 402. — Spécimens de chaînes XVIIe siècle.

d'or furent délaissées pour les colliers de perles. On ne les vit reparaître qu'à la fin du Directoire. quand les modes grecque et romaine furent à l'ordre du jour. Le tableau général du goût, des modes et des costumes de Paris en donne un exemple lorsque, dans son numéro du 1er vendémiaire an VII (1799), il nous montre une jeune personne en costume du matin, avec une chaîne d'or à l'esclavage, posée sur les épaules et retombant sur la poitrine. « Ces chaînes en or, à maillons plats, s'emploient aussi pour la coiffure; elles servent alors de bandeau. » Deux années après on était revenu à des goûts plus simples. En effet, l'an IX (1801), si l'on en croit le Journal des dames et des modes, « les grands sautoirs à jour, à plaques et chaînes rectangulaires étaient passés de mode. »

La Restauration reprit les chaînes de cou. En juillet 1834, si nous en croyons le journal le Protée. celles du joaillier Fossin (rue de Richelieu) étaient de longues chaînes d'or avec des pierres de couleur; en août, celles de Jeanisset (passage des Panoramas) étaient d'un seul rang tressées de fil d'or, serrant le cou par une espèce d'agrafe en diamant de la forme d'une feuille de vigne; une même agrafe fixait la chaîne à la place d'une sévigné, d'où elle descendait jusqu'à la ceinture, y retenant une cassolette. Enfin, on lit dans le numéro d'octobre : « Les chaînes de cou sont en or lisse, à chaînons arabesques; elles sont de petite dimension, plus ou moins travaillées comme dessin, mais toujours en or uni, sans émail ni ciselure. »

Les chaînes d'or ou d'argent ont disparu, pour ainsi dire aujourd'hui, de la toilette féminine, sauf en Angleterre où la mode s'inspire encore des coutumes de la Renaissance. — S. B.

VII. *CHAÎNES EN FER ET EN ACIER. Ces chaînes sont composées de maillons (V. CÂBLE-CHAÎNE). Ces maillons, lorsqu'ils sont faits en fer, sont soudés et dans une chaîne de 20 millimètres de diamètre, par exemple, on trouve 1640 soudures

Fig. 403. — Noix.

sur une longueur de 100 mètres, aussi comprendra-t-on facilement · les difficultés que l'on éprouve pour obtenir des chaînes offrant toute sécurité, surtout si l'on ajoute à cette difficulté la rareté des bons ouvriers chaîniers.

L'épreuve d'une chaîne à 12 à 14 kilogrammes par millimètre carré de la double section, est souvent insuffisante pour déterminer sa résistance et la bonne qualité de sa fabrication. On a souvent vu des chaînes ayant résisté aux premières épreuves, céder dès les premiers temps de service par suite du défaut de soudure. Bouquié a bien imaginé d'augmenter la sécurité en faisant les maillons en deux pièces emboîtées l'une dans l'autre et en croisant les joints de soudure, mais sans parler de la résistance diminuée

Fig. 404.

de près de moitié, puisque la chaîne ne présente plus à la résistance qu'une section simple à poids égaux, les frais de fabrication augmentent dans une forte proportion.

Les bonnes chaînes bien soudées se font avec le fer doux et malléable, c'est lui qui donne les meilleurs résultats, mais malheureusement sa résistance au frottement est relativement faible. Il ne faut pas songer à l'emploi du fer fort très nerveux dont la bonne soudure est très difficile et pour lequel les allongements sont tels que l'essai sous la charge de 12 kilogrammes n'est pas même admissible. L'acier doux Bessemer à 0,20

ou 0,25 0/0 de carbone présentant en barre droite un allongement de 18 à 25 0/0 au moment de la rupture et sous l'effort de 45 à 50 kilogrammes employé dans la fabrication des chaînes, paraît permettre toute garantie de résistance. Ce métal permet, de plus, d'éviter les soudures. D'après l'ingénieur Greiner de Seraing, un acier un peu plus dur contenant 0,35 à 0,40 0/0 de carbone et se rompant sous une charge de 70 à 75

Fig. 405.

kilogrammes avec un allongement de 8 à 10 0/0, conviendrait mieux pour les chaînes de faible diamètre. Cependant, il vaut mieux sacrifier à la sûreté l'excès de résistance, en employant l'acier dont nous avons parlé plus haut. Dans ces chaînes en acier et sans soudure, chaque chaînon à double maille est par une tige pleine ronde portant deux boucles qui lui sont solidaires à chaque extrémité, lesquelles sont aplaties et demi-rondes. Cette tige à deux boucles ou mailles développées était primitivement obtenue par une succession d'étampages et de martelages; aujourd'hui ces maillons s'obtiennent par

Tableau comparatif des poids et des résistances des chaînes en fer et des chaînes sans soudure en acier forgé.

Diamètre en millimètres	Pas des chaînes	Diamètre extérieur des chaînes	Double section en m/m²	Poids du mètre courant des chaînes		Charges d'épreuves en kilogrammes		Charges de rupture								Chaînes étançonnées pour la marine	
				En fer	En acier	Chaînes en fer à 14 kilogram. par m/m²	Chaînes en acier à 19 kilogram. par m/m²	Chaînes en fer à		Chaînes en acier à		Par kilogr. de chaîne				Poids du mètre courant	Charges d'épreuves à la traction
								20 kilogr. par m/m²	25 kilogr. par m/m²	38 kilogr. par m/m²	45 kilogr. par m/m²	En fer	En fer	En acier	En acier		
8	36	29	101	1.5	1.7	1400	1900	2000	2500	3800	4500	1333	1666	2235	2647	»	»
10	45	35	157	2.4	2.4	2200	3000	3100	3900	6000	7100	1291	1625	2500	2958	»	»
12	54	43	226	3.5	3.2	3200	4300	4500	5600	8600	10200	1285	1600	2687	3187	»	»
14	63	49	308	4.6	4.4	4300	5700	6200	7700	11500	13900	1347	1673	2613	3159	»	»
16	72	55	402	6	5.6	5600	7500	8000	10000	15000	18100	1333	1666	2678	3232	6.5	6500
18	81	62	509	7.5	7	7100	9200	10200	12700	18500	22900	1360	1693	2642	3271	8	8608
20	90	68	628	9.1	8.5	8800	12000	12500	15700	24000	28300	1373	1725	2823	3329	10.5	10500
22	99	75	760	11	10.2	10600	14500	15200	19000	29000	34200	1381	1727	2843	3352	12.5	13000
24	108	82	905	13	12	12600	17000	18100	22600	34000	40700	1392	1738	2833	3391	14.7	15500
26	117	89	1062	15.2	13.8	14800	20000	21200	26500	40000	47800	1396	1743	2898	3463	16.4	18000
28	126	95	1232	17.7	16.2	17200	23500	24600	31300	47000	55500	1389	1768	2901	3425	18.3	20500
30	135	103	1414	20.3	18.5	19800	27000	28300	35300	54000	63800	1394	1738	2918	3448	21	24000
32	144	110	1609	23	21.1	22500	30000	32200	40300	60000	72400	1400	1739	2817	3431	24.5	27000

laminage, opération qui augmente la régularité de la fabrication dans une notable proportion. La soudure, qui serait très difficile par l'emploi de l'acier, devient inutile en employant des *nabots* pour la jonction de deux bouts de chaîne. On peut

en employer deux sortes. La noix qui correspond à ces chaînes est représentée (fig. 403).

Le *nabot à chaud* formé de deux pièces d'acier étampées, identiques comme forme et dimension, aplaties à leur extrémité et se réunissant par simple agrafe (fig. 404), en ayant soin simplement de chauffer l'une des parties de l'agrafe d'une branche.

Le *nabot à froid*, également à agrafes, se pose à froid (fig. 405), plus coûteux, il nécessite l'emploi de goupilles destinées à maintenir l'agrafe. Nous donnons ci-dessus un tableau comparatif des résistances des chaînes en fer et des chaînes sans soudure en acier forgé.

* **CHAÎNEMENT.** *T. d'arch. et de constr.* Armature en fer ayant pour but d'empêcher l'écartement des murs. — V. CHAÎNAGE.

* **CHAÎNETIER.** *T. de mét.* Ouvrier qui fait les petites chaînes.

I. **CHAÎNETTE.** *T. techn.* Petite chaîne. || *T. d'arm.* Sorte de petite bielle ou levier articulé qui, dans les platines à percussion des fusils de chasse ou de guerre, des pistolets et des revolvers, sert à transmettre à la noix du chien l'action du grand ressort. Dans les premières platines, le ressort agissait directement sur la noix, la chaînette a pour but de rendre le mouvement plus doux et plus régulier. Elle est disposée de façon que son axe soit perpendiculaire au rayon de la noix passant par le point d'articulation, le chien étant à l'abattu ; au contraire, le chien étant au bandé, elle prend une position oblique. De cette façon, lorsque le ressort se débande à mesure que son énergie diminue, le bras du levier, par l'intermédiaire duquel il agit sur la noix, va en augmentant. La force du ressort et les dimensions de la chaînette sont calculées de façon que ces deux effets se compensent sensiblement. — V. PLATINE. || Chaîne du harnais des chevaux qui sert à soutenir le timon et à le faire reculer. || Petites chaînes du mors qui empêchent les branches de s'écarter. || *T. de tiss.* Manière de relever les chaînes de dessus l'ourdissoir et d'en former des anneaux entrelacés. || *T. de cout. Point de chaînette.* Point noué qui sert à rabattre une couture et dont l'ensemble imite une chaîne. || *Broderie en points de chaînette.* Points rentrant l'un dans l'autre en forme de lacs continus. — V. BRODERIE. || *T. d'arch.* Voûte dont le cintre est comme la courbe d'une chaîne suspendue par les deux bouts. || *T. de broch.* Entrelacement du fil pour donner plus de solidité au brochage d'un livre.

II. * **CHAÎNETTE.** *T. de mécan.* La chaînette est la courbe qu'affecterait une chaîne formée de maillons infiniment petits, ou un fil pesant inextensible, mais parfaitement flexible qui serait soutenu à ses extrémités en deux points fixes.

Cette courbe peut être assimilée à un polygone funiculaire dont les côtés seraient formés par les maillons de la chaîne, de longueur infiniment petite ds, et aux sommets duquel on supposerait appliquées des forces verticales $p\,ds$ égales au poids de chacun de ces éléments. On en détermine l'équation en appliquant les conditions d'équilibre des polygones funiculaires, et on reconnaît ainsi qu'elle forme une courbe plane, et que la projection horizontale de la tension de chacun des brins $T \cos \alpha$ est une quantité constante, égale à la

tension T_0 de l'élément du milieu qui est horizontal. On arrive enfin à l'équation différentielle suivante qui est celle de la chaînette

$$d.\ tg\,\alpha,\ \left(\text{ou } \frac{d\,y^2}{d\,x^2}\right) = p\,\frac{ds}{T_0} = \frac{p}{T_0}\,\sqrt{d\overline{x}^2 + d\overline{y}^2}.$$

En intégrant deux fois, on obtient :

$$y = \frac{T_0}{2p}\left(e^{\frac{p}{T_0}\,x} + e^{-\frac{p}{T_0}\,x}\right) + \text{Constante}$$

équation qui reçoit par un choix convenable d'axes coordonnés la forme suivante :

$$y = \frac{h}{2}\left(e^{\frac{x}{h}} + e^{-\frac{x}{h}}\right)$$

h est alors l'ordonnée du point le plus bas de la courbe, amené sur l'axe des y, et sa valeur est choisie de manière à ce que l'on ait $h = \dfrac{T_0}{p}$

L'équation de la chaînette sert à résoudre différents problèmes relatifs à cette courbe, notamment le suivant, qui est le plus fréquent en pratique : étant donnée une chaîne dont on connaît la longueur L, le poids par mètre p, et les coordonnées des points de suspension, trouver la forme de la courbe, et la tension du point le plus bas. On reconnaît d'ailleurs que la tension est minima en ce point, et qu'elle va en croissant jusqu'aux points d'attache proportionnellement à l'ordonnée y de la courbe d'après la formule suivante : $T = T_0\,\dfrac{y}{h}.$

La chaînette est une courbe qui jouit de propriétés curieuses que nous ne pouvons pas développer ici ; nous renverrons aux traités de mécanique rationnelle, notamment aux ouvrages de Poisson et de Duhamel qui l'ont étudiée complètement.

Disons seulement que toutes les chaînettes forment des courbes semblables, et que, *parmi toutes les courbes de même périmètre aboutissant aux mêmes points de suspension, la chaînette est celle dont le centre de gravité est le plus bas.*

Chaînette. La chaînette est la forme qu'affectent les câbles ou les chaînes qui servent à amarrer ou à hâler les bateaux. On trouve dans certains ouvrages que c'est aussi celle des câbles des ponts suspendus : il n'en est rien. Les câbles de ponts suspendus ne pourraient prendre la forme d'une chaînette, que si l'épaisseur du tablier allait en croissant depuis le milieu du pont jusqu'aux extrémités, de manière que le poids de chaque tranche transversale fût proportionnel à la longueur de la portion de câble qui se projetterait dessus. Ce serait-là un mode de construction que rien ne justifierait. Lorsque le tablier a partout la même épaisseur, comme cela doit être, la forme des câbles est une parabole.

* **CHAÎNIER.** *T. de mét.* Ouvrier qui fabrique les grosses chaînes métalliques.

* **CHAÎNISTE.** *T. de mét.* Ouvrier, ouvrière, qui fabrique les chaînes de montre ou de parure.

CHAÎNON. *T. techn.* Chacun des anneaux d'une chaîne. — V. CÂBLE-CHAÎNE. || *T. de mar.* Anneau du câble-chaîne nommé aussi *maillon*, et portion d'un câble-chaîne d'une longueur d'environ 30 mètres.

CHAIR. En *techn.*, ce mot est employé par les ouvriers qui travaillent le cuir, pour désigner le côté de la peau qui adhérait à la chair de l'animal vivant, le côté opposé est la *fleur*; les peaux de vaches, de veaux sont à *chair grasse* lorsqu'on leur a donné le suif des deux côtés; elles sont à *chair douce* lorsqu'elles ont reçu du suif d'un côté et de l'huile de l'autre. || *Chair de poule.* Plis qui se grainent au-dessus, tandis que la peau se durcit. Ce fait a lieu lorsque la peau sèche lentement et difficilement, ou lorsqu'elle est saisie par le froid. La fleur ainsi durcie ne peut plus reprendre sa première souplesse. || *T. de minér. Chair minérale.* Variété d'asbeste à feuillets tressés épais et solides.

CHAIRE. On distingue la chaire *à siéger*; l: chaire *à prêcher* et la chaire *à lire*. La première est l'objet d'un article que nous avons consacré à la *cathédrale* (étymologiquement *cathedra*,

Fig. 406. — *Chaire d'un cloître de la cathédrale de Saint-Dié. Gravure extraite du* Dictionnaire d'architecture *de Viollet-le-Duc (Vve Morel et Cie, éd.).*

chaire); la seconde et la troisième, qui en procèdent, mais qui s'en séparent, exigent quelques éclaircissements.

Viollet-le-Duc, à l'érudition duquel il faut toujours en appeler, définit ainsi la chaire dont nous parlons : « Sorte de petite tribune, élevée au-dessus du sol des églises, des cloîtres ou des réfectoires de monastères, et destinée à recevoir un lecteur ou un prédicateur. » Cette « petite tribune » n'était primitivement qu'un double pupitre, placé à droite et à gauche du chœur, pour la lecture de l'épître ou de l'évangile. On y substitua plus tard une estrade, mobile ou fixe, plus ou moins riche, du haut de laquelle le prédicateur parlait à la foule. Ces chaires primitives, en marbre ou en bronze, qu'on admire à Sienne, à Venise, à Florence, à Palerme, étaient de véritables objets d'art.

— En France, le *jubé*, sorte de tribune en pierre fermant l'entrée du chœur, tint pendant longtemps lieu de chaire : on y installait les *ambons*, ou pupitres, sur lesquels étaient placés l'épistolier et l'évangéliaire, et le prédicateur y montait, dans les grandes circonstances, quand il avait à parler à la foule assemblée.

La chaire ne prit de l'importance et ne devint partie intégrante de l'église qu'avec l'apparition des ordres prêcheurs; ce fut alors une véritable institution. L'officiant n'ayant plus à porter la parole, le disciple de saint Dominique ou de saint François d'Assise, chargé de la prédication, voulut avoir, non dans le chœur auquel il n'appartenait point, comme membre du clergé paroissial, mais dans la nef, une estrade du haut de laquelle il put s'adresser au peuple. A partir de ce moment, les architectes introduisirent dans leurs plans la chaire à prêcher: ils en firent une sorte de tourelle, tantôt en retrait, tantôt en saillie, comme les échauguettes des châteaux fortifiés, et il en résulta un ornement nouveau pour l'intérieur des églises, déjà si richement sculpté et mouluré.

Le même besoin d'enseignement religieux introduisit la chaire à *prêcher* et à *lire* dans les réfectoires des monastères. Pendant le repas des moines, on lisait le martyrologe romain, les commentaires de l'Ecriture sainte, les homélies et les traités des Pères de l'Eglise. Dans les ordres voués à la prédication, les novices s'exerçaient à la parole, durant la collation, et la chaire servait ainsi alternativement, au sermon et à la lecture.

Parmi les plus belles chaires de réfectoires, on cite celle de Saint-Germain-des-Prés qui était, dit Sauval, « portée sur un gros cul-de-lampe, chargé d'un grand cep de vigne coupé et fouillé avec une patience incroyable. » A Saint-Maur-des-Fossés, le réfectoire avait aussi sa chaire : Lebeuf la représente comme « revêtue de dix images ou petites statues de saints, d'un travail antique mais grossier. » Celle du prieuré de Saint-Martin-des-Champs subsiste encore dans l'ancien réfectoire transformé en salle d'exposition par l'administration du Conservatoire des Arts-et-Métiers.

Dans le monde chrétien, la prédication et les lectures pieuses n'ont pas toujours eu lieu à huis clos : souvent elles rayonnaient de l'église et du réfectoire dans les charniers, les cimetières, les préaux et jusque sur les places publiques. A Paris, il existait, au centre du cimetière des Innocents, une sorte de chaire, en forme de fanal; le prédicateur y montait, à l'occasion de certaines funérailles pompeuses et tonnait de là contre les vanités humaines. Le *Journal d'un bourgeois de Paris* pendant l'occupation anglaise, parle du fameux Frère Richard, cordelier, qui transformait les charniers, ou *galetas* du cimetière, en autant de chaires, du haut desquelles il lançait de virulentes apostrophes à ses auditeurs. En Italie, l'habitude de la prédication en plein air s'est conservée jusques dans ces derniers temps; la chaire n'était là qu'une estrade volante apportée de l'église voisine, et le prédicateur y grimpait, comme eut fait un bateleur — sauf la différence du sujet — pour captiver l'attention de son auditoire.

La chaire, contemporaine des grandes hérésies des XIIe, XIIIe et XIVe siècles, devait naturellement acquérir une importance nouvelle avec la Réforme; mais, en même temps, devant les dissidences qui pouvaient se produire, les prédicateurs jugèrent prudent d'abandonner la place publique pour se réfugier dans les temples. Quelques églises seules, à Saint-Dié, à Saint-Lô, à Besançon, à Strasbourg, etc., conservèrent leurs chaires extérieures, avec l'auvent, ou *abat-voix*, comme un souvenir de l'ancienne prédication en plein air. L'exemple que nous donnons figure 406, emprunté à Viollet-le-Duc, appartient au cloître de la cathédrale de Saint-Dié. C'est un petit monument en pierre, recouvert par un abat-voix de pierre également.

Avec la fin du moyen âge et l'abandon du style ogival, la chaire cessa de figurer dans les plans des architectes; ce ne fut plus une partie intégrante de l'édifice, mais un meuble, et le bois ou le fer se substitua à la pierre et au marbre qui en avaient été les seuls matériaux jusque-là. Sous cette nouvelle forme, la chaire a produit encore de petits chefs-d'œuvre : les églises de la chrétienté possèdent de véritables merveilles de marqueterie et d'ébénisterie, comparables aux stalles les plus ouvragées et qu'il faut, par conséquent, ranger dans la même catégorie. Les dernières expositions universelles en ont montrées

de fort remarquables, conçues dans tous les styles et exécutées par de véritables artistes.

Aujourd'hui, la chaire à prêcher et à lire, la chaire des églises, des réfectoires et des écoles n'est plus qu'un motif de menuiserie, de charpente et de sculpture sur bois, motif plus restreint, mais qui peut encore se prêter à de magnifiques développements. — L. M. T.

— V. les deux savants dictionnaires de VIOLLET-LE-DUC (Vve Morel et Cie, éd.).

I. **CHAISE.** 1° Siège à dossier sans bras. — V. l'article spécial. || 2° *Chaise longue.* Espèce de canapé qui n'a de dossier qu'à l'un de ses bouts. || 3° *Chaise percée* ou simplement *chaise.* Siège muni d'un vase sur lequel on s'assied pour satisfaire un besoin naturel. || 4° *Chaise de poste* ou simplement *chaise.* Voiture légère attelée de plusieurs chevaux et dont on se servait autrefois pour voyager rapidement. — V. VOITURES PUBLIQUES. || 5° *Chaise à porteurs.*—V. plus loin l'article spécial. || 6° Assemblage de quatre fortes pièces de charpente, sur lequel on établit la cage d'un moulin à vent, d'un campanile, d'un clocher. || 7° Pièce de l'établi du tourneur servant de support et d'appui à l'outil qui coupe l'objet à travailler. || 8° Partie de la roue du coutelier. || 9° Bâti de bois qui sert à exhausser une chèvre ou une grue.

II. *CHAISE.* T. techn. La chaise est une sorte de palier employé dans les ateliers de construction pour supporter les arbres de transmission en en reportant le poids sur des longrines parallèles maintenues à une certaine distance de l'arbre. Cette disposition laisse autour de celui-ci l'écar-

Fig. 407. — *Vue d'une chaise avec palier supérieur*

tement nécessaire pour loger les poulies de renvoi, et elle supprime les colonnes verticales qu'il faudrait autrement placer au-dessous de l'arbre pour soutenir les paliers.

La chaise est ordinairement en fonte, elle présente une forme variable suivant les constructeurs, elle comprend toujours néanmoins une plaque de fondation qui la rattache à la longrine de support et elle se termine à l'autre extrémité, comme on le voit dans les exemples représentés figures 407 et 408 par un palier ou un crochet qui reçoit directement les coussinets. Le corps de la chaise est renforcé par des nervures extérieures, ou présente quelquefois la forme d'un cylindre creux.

Le montage des chaises exige toujours une

grande précision, car il faut arriver à maintenir dans un même axe horizontal toutes celles qui

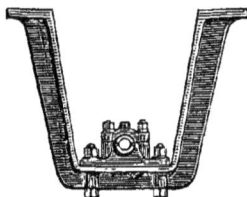

Fig. 408. — *Vue d'une chaise avec palier intérieur.*

supportent un même arbre, autrement il se produit des torsions qui amènent une usure inégale des coussinets et déterminent quelquefois l'échauffement des paliers. Souvent, on se contente

d'excentrer les trous de fixation du palier, pour faciliter le réglage au moment du montage.

Les figures 407 et 408 représentent deux chaises de type ordinaire non articulées, avec les coussinets placés directement dans l'axe de la suspension ; le palier de la figure 407 est placé au-dessus de la chaise, celui de la figure 408 est reporté à l'intérieur. Cette dernière disposition, applicable aux chaises soutenues par en haut, facilite l'entretien, mais elle oblige à allonger la chaise.

Certains constructeurs emploient, d'autre part, des coussinets reposant sur une portée sphérique, au moyen de laquelle ceux-ci peuvent s'incliner à la demande du montage ; mais il paraît préférable d'adopter des chaises entièrement articulées pour ainsi dire, permettant d'obtenir sur place tous les déplacements nécessaires du coussinet pour assurer un bon montage.

On rencontre en Allemagne certains types de chaises articulées, dont les coussinets peuvent

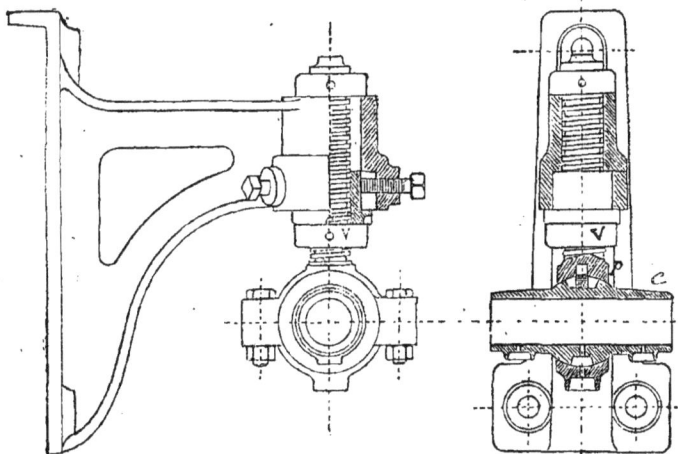

Fig. 409. — *Palier à potence avec coussinet articulé de Sellers.*

recevoir différents mouvements, translation verticale et horizontale, et rotation autour de deux axes rectangulaires, malheureusement ces chaises d'une disposition très ingénieuse, sont toujours un peu délicates.

Le palier à potence de Sellers (fig. 409) est installé plus simplement, mais en même temps d'une manière beaucoup plus robuste. Une forte vis à filet carré V soutient un coussinet reposant sur une portée sphérique P qui permet d'amener le coussinet à la hauteur nécessaire, et donne en même temps à l'arbre une certaine latitude de direction.

III. **CHAISE.** Siège à dossier, sans bras, fait de différentes espèces de bois ou de métal, et garni de rotin, de paille, d'étoffe, etc.

— Le meuble que nous appelons *chaise* remonte à la plus haute antiquité, et recevait, chez les anciens, la même variété de formes que chez les modernes. Des chaises représentées sur les monuments égyptiens et

assyriens sont tellement semblables à celles d'aujourd'hui, qu'on les croirait sorties des ateliers de nos fabricants.

Déjà, au vi⁰ siècle avant J.-C., les Grecs faisaient usage de sièges avec dossier. Homère dit souvent : « Ils étaient assis sur des chaises (*klismos*). » La chaise qu'on appelle *klismos*, explique Athénée, « est disposée de manière à pouvoir s'y incliner, mais ce qu'on appelle *diphros* (banc pour s'asseoir à deux) est un siège beaucoup plus simple. » Les chaises les plus estimées venaient alors de Thessalie. « Les sièges les plus doux, pour reposer avec volupté, sont ceux de Thessalie, » rapporte le poète Critias.

Par la suite, les anciens appliquèrent le nom de *cathedra* à plusieurs sortes de sièges avec dossier, mais sans bras, comme ceux dont se servaient particulièrement les femmes dans leur intérieur, et dont la chaise de Léda, sur une peinture de Pompéi, offre un curieux spécimen. Mais cette espèce de siège paraît avoir été commun aux deux sexes. Il semble même qu'il y en eût ordinairement pour les visiteurs dans les salles où on les recevait. Quand Auguste mande Cinna près de lui, d'après le récit de Sénèque (*De la Clémence*), c'est sur une *cathedra* qu'il le fait asseoir. Nous savons également par les lettres de Pline le Jeune, que le célèbre épistolier latin avait des *cathedrae* dans la chambre où il réunissait ses amis, à sa campagne du Laurentin. Néanmoins, quand les poètes emploient le mot *cathedra*, en parlant des hommes, c'est souvent pour faire entendre qu'ils étaient oisifs, voluptueux ou efféminés.

Telle était la *cathedra sapina*, chaise avec un siège long et profond, et un dos incliné, comme nos *bergères*. C'est la *cathedra longa* de Juvénal. Un marbre du Capitole, à Rome, montre l'impératrice Agrippine assise dans une chaise de ce genre.

Quelques peintures antiques offrent la représentation de chaises dont le dossier est courbé dans le sens horizontal et développé au point de former le demi-cercle, tantôt largement ouvert, tantôt assez resserré pour que la personne assise y soit comme enveloppée.

Les *cathedrae* dont on faisait usage habituellement pouvaient être garnies de coussins et d'étoffes, qu'il était facile d'y placer ou d'en enlever à volonté. Outre le bois, la pierre, le métal, dont les *cathedrae* étaient fabriquées aussi bien que les autres meubles, Pline signale l'osier, comme très propre à faire des sièges de ce genre, et on voit, en effet, dans les peintures et les sculptures antiques, des sièges où il est facile de reconnaître l'osier entrelacé.

Les Romains avaient encore une chaise d'une espèce particulière, la *chaise curule* (*sella curulis*), dont l'emploi constituait un privilège honorifique réservé aux titulaires de certaines dignités. Ce siège, ordinairement incrusté

Fig. 410. — *Fauteuil de Dagobert.*

d'ivoire, était sans dossier, et consistait en un tabouret à pieds recourbés en bras d'X que l'on fermait et que l'on ouvrait comme nos pliants, afin que celui qui avait le droit de s'en servir pût le transporter commodément partout avec lui.

L'usage de la *sella* s'étant perpétué à Rome parmi les grands, les nobles Gaulois, qui dans l'origine ne se servaient que de paille et de nattes, adoptèrent ces sièges, formés d'X arrondis, dans le genre du pliant en fer recouvert d'argent, avec têtes de béliers en argent massif, appartenant à M. Enrico Penelli, et envoyé à l'Exposition du métal, en 1880.

Si l'on en croit les lettres de Sidoine Apollinaire, les Gallo-Romains avaient également adopté les bancs, les escabeaux et les sièges de bois recouverts de tapis. Sous les Mérovingiens, les canapés à coussins remplacèrent les lits de l'antiquité. C'est alors que vous voyons saint Eloi, le célèbre artiste en métaux, fabriquer et ornementer pour Clotaire deux sièges d'or et un trône d'or pour Da-

gobert. Quant au siège attribué à saint Eloi, et connu sous le nom de *Fauteuil de Dagobert* (fig. 410), c'est une chaise antique consulaire, qui n'était primitivement qu'un pliant (*sella curulis*), auquel l'abbé Suger, au XIIe siècle, fit ajouter des bras et un dossier.

Pendant la période romane, on trouve des chaises avec dossiers hauts, mais elles sont peu communes. Cependant des vignettes de manuscrits des IXe, Xe et XIe siècles en laissent voir quelques-unes : elles paraissent être des sièges d'honneur réservés aux grands personnages. Souvent ces chaises étaient garnies de bancs ou d'appuis, et le dossier peu élevé (fig. 411). Ces dossiers, à même hauteur que les bras, étaient généralement circulaires et enveloppaient les reins, comme la chaise antique.

Dès le XIIe siècle, on employait très fréquemment les bois tournés dans la fabrication des chaises; non seulement les bois tournés entraient dans la composition des montants, mais ils servaient encore à garnir les dossiers, etc., comme le prouve la jolie chaise de ce genre représentée sur le linteau de la porte de droite de l'église Saint-Lazare d'Avallon (fig. 412). En général, ces sortes de chaises, garnies le plus souvent de coussins cylindriques servant à soutenir les reins, étaient parfois très décorées. On lit au livre III, chap. VII de la *Diversarum artium schedula* ou *Essai sur divers arts*, par le moine Théophile (XII° siècle) : « On fait aussi des lames de cuivre, on les creuse, on les noircit, on les râcle ; on les met ensuite dans un vase contenant de l'étain fondu, pour que les râclures deviennent blanches, comme si elles étaient argentées. Elles servent à consolider les sièges peints, les chaises, les lits, etc. » Il semble en effet que, dès les premiers temps du moyen âge, on ait voulu donner aux sièges une élégance et une richesse particulières. « Mais, dit Viollet-le-Duc, ces sortes de meubles étaient rares ; dans la pièce principale de l'appartement, il n'y avait, la plupart du temps, qu'une seule chaise, place d'honneur réservée au seigneur, au chef de la famille ou à l'étranger de distinction que l'on recevait. Autour de la pièce, on ne trouvait pour s'asseoir que des bancs, des bahuts, des escabeaux, des petits pliants ou même par-

meubles usuels. On voit dans les monuments contemporains, tels que peintures, bas-reliefs et manuscrits, des chaises figurées qui rappellent certaines formes encore usitées dans presque tout l'Orient.

Pendant la dernière période des Croisades (1244-1290) il fut de mode parmi les grands d'abandonner l'usage des chaises, appelées *chaires* ou *chaières*, pour s'asseoir à l'orientale sur des coussins et des tapis ; à leur défaut le lit même servait de siège. « Je vis le roi, dit Joinville, l'ami et l'historien de Louis IX, un chapel carré blanc sur sa teste et faisoit estendre un tapis pour nous asseoir autour li, et il (le roi) s'asseoit au piés de son lit. » Mais le luxe des tapis orientaux ne fut qu'une mode passagère, particulière d'ailleurs aux classes fortunées. Avec la fin du XIII° siècle reparut l'usage général des chaises. Aux XIV° et XV° siècles, les sièges sont essentiellement nobles ; le banc reste l'apanage du roturier. En effet, on ne se contenta pas longtemps de dossiers bas, on les éleva beaucoup au-dessus de la tête du personnage assis. Les

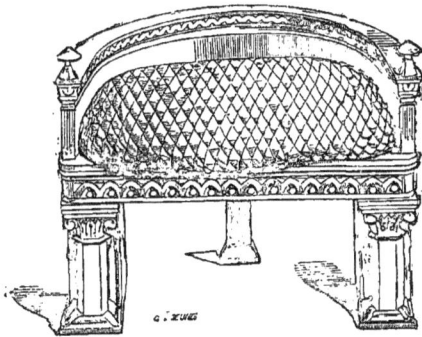

Fig. 411. — *Chaise d'honneur XI° siècle.*

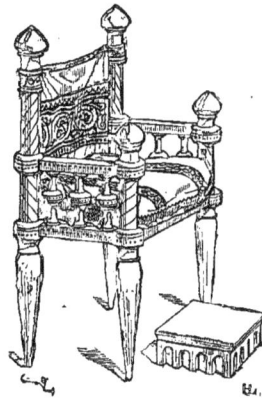

Fig. 412. — *Chaise du XII° siècle.*

fois des coussins posés sur le carreau. Dans les chambres à coucher, il y avait aussi une seule chaise et des bancs ; et même dans la salle où l'on mangeait. La chaise est toujours le trône du maître ou de la maîtresse ; cet usage est d'accord avec les mœurs féodales. »

Jusqu'à la fin du XIII° siècle, le plus grand rapport avait existé entre la forme des vêtements et celle des meubles usuels. Au XIII° siècle, la modification du costume est sensible ; elle existe également dans le mobilier. On remarque, en effet, que les chaises antérieures au XIII° siècle sont assez étroites entre bras ; c'est que jusqu'alors, bien que les vêtements fussent amples, ils étaient faits d'étoffes souples, fines, et leurs nombreux plis se collaient au corps (fig. 413). Ainsi, un vitrail de la cathédrale de Bourges (commencement du XIII° siècle), nous montre un roi assis dans une chaise longue et étroite, et le vêtement du personnage, quoique très ample, dessine la forme du corps ; il est fait d'une étoffe souple qui n'avait rien à craindre du froissement, et pouvait, sans gêner le personnage, tenir avec lui dans un espace assez resserré. Mais à partir des premières années du XIII° siècle, on se vêtit d'étoffes plus roides, doublées de fourrures et de tissus assez épais ; on fit usage des velours, des brocarts, qui forment des plis larges ; ces vêtements se collaient moins au corps, ils tenaient plus de place, produisaient des plis amples et très marqués ; il fallut élargir les sièges et leur donner des formes plus en rapport avec ces nouveaux habits, afin qu'ils ne fussent pas froissés et que les plis pussent conserver leur jet naturel.

La Syrie eut à cette époque une influence sur les

sièges d'honneur du XV° siècle, conservés encore en grand nombre dans les musées, présentent une foule d'exemples de chaises à hauts dossiers richement sculptés, décorés souvent d'écussons armoriés. La figure 414 représente une belle chaise de ce genre, qui faisait partie de la collection du prince Soltykoff, et qui date de la fin du XV° siècle. Le siège sert de coffre, et est muni d'une serrure. Mais c'était là un meuble destiné à un riche. Une chaise semblable, figurée sur un des bas-reliefs de la cathédrale d'Amiens, reproduit une de ces chaises vulgaires, comme celles que l'on voyait dans les appartements des marchands, des particuliers, dont l'intérieur était modeste.

L'ébénisterie parisienne excellait dans ces sortes d'ouvrages. Nous savons par les inventaires contemporains que les tourneurs tournaient avec autant de légèreté que de goût les pieds, les pommes, les poteaux, et les traverses des bancs et des chaises. Ce devait être même leur plus grande occupation, si l'on en juge par les meubles et boiseries du XIV° siècle, publiés dans les *Monuments français inédits*, de Wilmin. Les tourneurs de Paris surtout jouissaient d'une véritable renommée ; aussi les commissaires-priseurs, comme le prouve l'*Inventaire du mobilier de l'évêque de Langres*, année 1395, ne manquaient pas de spécifier dans leurs expertises, à l'article de ces meubles, que tel ou tel objet était de fabrique parisienne, *ex operagio Parisiensi*. On commençait alors à faire quelques chaises garnies de jonc ou de paille, appelées *chaières de fouerre*, dans le genre de celles cataloguées dans l'*Inventaire des meubles de Jehan de Neufchâtel* (1380). C'était une innovation à l'usage des gens peu aisés.

Quoi qu'il en soit, c'est seulement à partir de la Renaissance que le siège prit en France une allure sérieusement étudiée, mais les chaises étaient encore en petit nombre. Les gravures du *Virgile*, imprimées en 1517; celles des *Métamorphoses*, d'Ovide (1527), et des *Héroïdes* (1529), nous montrent beaucoup d'escabelles, de petits bancs et quelques chaises seulement recouvertes de draperies. Suivant les *Blasons* des xve et xvie siècles, entre autres le *Blason de la Chaire*, ces chaises étaient sculptées, cirées, frottées. La *Bibliothèque françoise*, de Goujet, art. *Pierre Michaut*, prouve même que quelques-unes de ces chaises, telles que les chaises à *dosseret*, en bois de chêne ou de châtaigner sculpté, étaient peintes et dorées; mais celles-ci furent bientôt abandonnées, même dans les châteaux royaux, comme trop lourdes et trop

Fig. 413. — *Chaise du XIIe siècle.*

incommodes, à cause de leur énorme dimension. Pendant le xve siècle, elles étaient souvent drapées au moyen d'une housse à larges plis, et faite de brocart d'or ou d'argent (fig. 415). D'autres chaises, comme celles décrites dans l'*Inventaire des biens de la veuve Nicolaï* (1597), étaient dépouillées de leur housse de serge noire, afin de laisser voir leur garniture en maroquin ou en drap vert ou noir, ou en velours, ou en tapisserie, ou en broderie : « Item, deux petites chaises basses couvertes de drap vert chacune de troys pieds de long ou environ... Item, quatre chaises de noier et poirier couvertes de cuyr; servant à asseoir à table... Item, trois haultes chaises couvertes de tapisserie en gros poinct fait à l'esguille. »

Le xvie siècle, qui paraît avoir en grande estime les meubles de fabrication étrangère, témoin la « chaize de Florance » et la « chaize de bois d'ouvraige de Naples, » citées dans l'*Inventaire du duc de Bourbonnoys* (1507), fit usage également des *chaises tournantes*, pivotant sur un axe, excellente invention pour faire face à plusieurs interlocuteurs à la fois sans se déranger, et dont M. le baron Davillier possède deux échantillons fort intéressants; il employa encore les chaises qui « s'ouvroient et se refermoient » ainsi que les « chaises brisées » imaginées par les délicats. Suivant l'*Isle des Hermaphrodites*, pamphlet sur la cour efféminée de Henri III, ces dernières « s'allongeoient, s'eslargissoient, se baissoient et se haus-

soient par ressorts, ainsi qu'on vouloit. » L'*Inventaire de Catherine de Médicis* mentionne sept chaises de cette espèce « qui se brisent. »

Non seulement le xvie siècle connut encore les *chaises pliantes*, à *roulettes*, à *ressorts*, pour les malades ou les infirmes, décrites dans l'*Art du serrurier*, par Jousse, chap. LVII (*Chaises pour advancer, reculer*, etc.), mais il fit usage aussi de chaises à deux places. Il existe encore de ces vieilles chaises dans le fond de nos provinces, où on les trouve, soit dans les greniers, soit dans les salons. Alexis Monteil raconte à ce sujet que, dans sa chambre d'écolier, à Rodez, il y avait une de ces chaises « à quatre places d'écolier, équivalant au moins à deux places d'hommes. »

Sous Louis XIII, le siège garde une forme essentiellement stable et correcte. Les courbures, dont l'intention affaiblirait la pensée du meuble, sont proscrites. L'élégance cède le pas à l'idée de force et de domination. L'unité avec laquelle marche le pouvoir se fait sentir dans le dessin même des objets les plus vulgaires. Les différentes espèces de sièges étaient faites alors par les menuisiers-huchers; les statuts qui furent accordés aux membres de cette communauté, en 1645, leur recommandent « de proprement assembler à mortaises et tenons carrés les chaises ou escabelles, carrées ou rondes, chaises basses vulgairement appelées *caquetoires*, de n'importe quelle grandeur, largeur, hauteur. » N'oublions pas de mentionner les meubles sataniques dont on accusait Richelieu de faire usage, c'est-à-dire les sièges où il ne fallait que s'asseoir pour y être enchaîné. On aurait à coup sûr loué ces chaises infernales beaucoup moins cher que celles qu'on louait dans les églises, lorsqu'il y avait un prédicateur à la mode. Le *Théophraste moderne* (La Haye, 1700, ch. *Prédicateurs*) nous apprend qu'on les payait parfois jusqu'à 24 livres.

Pendant le règne de Louis XIV, les chaises présentent des formes magistrales. L'établissement de la manufacture royale dans les bâtiments des Gobelins profita à leur fabrication comme à celle des autres meubles. D'après une lettre datée de Paris, juin 1673, et adressée au *Mercure de France* par un gentilhomme qui écrit à une dame de province pour la renseigner sur les modes de la capitale, on voit qu'à cette époque « on commençait à dorer les chaises de mesme que les couchettes, et à faire mettre beaucoup de sculptures dans le haut des dossiers, et qu'on les faisait toutes grandes avec des dossiers fort hauts. » Vers le même temps, la mode des meubles à l'*antique* se répandit beaucoup chez les gens d'un certain rang. Boileau, qui représentait la bonne bourgeoisie parisienne, figure parmi les habitants de la Cité qui furent appelés à faire leur déclaration devant le commissaire De Lamarre, et sur les procès-verbaux on lit ces quelques lignes écrites de sa main : « Je déclare, pour satisfaire à l'ordonnance du roy, que j'ay un lict à pentes de velours rouge galonné d'argent, et dont les rideaux sont de toile d'or, *tout cela très antique*, aussi bien que les six chaizes qui en sont l'accompagnement, et qui sont aussi galonnées de la même manière. » C'est pourquoi Saint-Amant, dans la préface de son *Moïse sauvé*, pour s'excuser des termes archaïques qu'il a mêlés aux mots nouveaux, dit : « Une grande et vénérable *chaize à l'antique* a quelquefois très bonne grâce et tient fort bien son rang dans une chambre parée des meubles les plus à la mode et les plus superbes. » Cela n'empêchait pas, il est vrai, les meubles nouveaux de pénétrer dans les salons. La Marquise, dans les *Mots à la mode*, par de Callières (1672), fait remarquer que quantité de jeunes gens se présentaient dans le monde avec un sans gêne déplorable; — « s'il y a de grandes *chaises de commodité*, ils s'en saisissent d'abord, et ils auront l'incivilité de ne pas les offrir à une dame; ils s'y étendent, ils s'y renversent à demy-couchez, ils s'y bercent. »

Jusqu'au xviie siècle, les pliants furent très en usage.

Déjà nous en trouvons la trace dans les premiers âges. Sauval, dans ses *Antiquités de Paris*, parlant de la simplicité des meubles de nos rois, dit : « il n'y avait que la reine qui eût des chaises de bois pliantes, garnies de cuir vermeil et de franges de soie attachées avec des clous dorés. » Sous Louis XIII, le pliant était imposé aux jeunes seigneurs comme une forme de la galanterie. Très bas, ces sièges laissaient en réalité le sexe fort dans une apparence de soumission galante et presque aux pieds de la moitié gracieuse du genre humain. Bientôt la tradition des salons *précieux* se perdant, le pliant disparut peu à peu de l'usage particulier. Longtemps encore il demeura à la cour, notamment près du roi, chez les princes, les ambassadeurs, et généralement chez tous ceux qui étaient obligés de garder ce qu'on appelle l'étiquette, c'est-à-dire les usages attachés aux différentes préséances. Ce fut grand scandale lorsque certaines favorites obtinrent un *tabouret*. Ce tabouret n'était qu'un pliant. A mesure que l'usage du pliant se perdait, la mode du siège devenait générale, et on en faisait l'objet d'une étude presque rationnelle.

Avec le xviiie siècle, en effet, les sièges se multiplièrent sous les formes les plus avantageuses au point de vue du bien-être et de la commodité. L'art du menuisier-ébéniste se combina alors avec celui du tapissier pour les établir dans des conditions de confortable inconnues jusqu'à ce moment. Le *Rôle des meubles restants de M. l'abbé Vence*, fait le 10 octobre 1700, mentionne parmi les chaises alors en vogue plusieurs « chaises noyer à *tournerie*, garnies de crin, point à fond jaune... quatre *chaises perspectives*, bois noyer à la capucine, garnies de cartouches de point vieux, et une *chaise inquiétude* de paille. »

Nos lecteurs seront peut-être bien étonnés d'apprendre que les maîtres menuisiers ne dédaignaient pas d'écrire de véritables traités sérieux où l'on était venu à discuter les mérites de la *chaise cabriolet* à dos concave ou de la *chaise à la reine* à dos plat. Pareillement on réforma le ceintre du devant, et l'on a retrouvé sur ce sujet un curieux plaidoyer à la bibliothèque de Nancy. Il fut écrit en 1772 par le sieur Roubo le fils, maître menuisier : « Le devant, dit-il, doit être ceintré, ce qui est nécessaire pour qu'on puisse être assis commodément ; puisque les cuisses tendent naturellement à s'évaser lorsqu'on est assis, il est bon qu'elles portent naturellement partout, mais encore plutôt en dedans, qui est le côté des os, par conséquent le plus exposé à être fatigué. » Combien peu de tapissiers actuels se doutent que leurs devanciers ont poussé si loin l'étude rationnelle des formes et ont appuyé leurs préférences sur une aussi subtile analyse?

Les chaises dont nous nous occupons d'ailleurs ici étaient encore construites suivant l'ancien système de dossiers qui prévalut sous Louis XIV. Bientôt la hauteur de ce dossier diminua. Le même curieux mémoire nous en donne la raison généralement ignorée. « On construit aujourd'hui, dit-il, des dossiers de 18 ou 19 pouces au-dessus du siège, afin qu'on puisse s'y accommoder les épaules sans que la tête porte en aucune manière, de crainte moins de déranger la coiffure, soit des femmes, soit des hommes (qui ne sont pas moins curieux de sa

Fig. 414. — *Siège d'honneur du XVe siècle (Extrait du Dictionnaire du mobilier, de Viollet-le-Duc, Vve Morel et Cie, édit.)*

conservation), ou de gâter avec la poudre et la pommade le haut de ces mêmes sièges. C'est pourquoi, dis-je, on a diminué la hauteur des dossiers de chaises qui dans le dernier siècle allaient jusqu'à trois pieds, de sorte qu'ils surpassaient encore la tête de ceux qui étaient assis dessus, laquelle alors pouvait s'y appuyer commodément. » Avions-nous tort de dire que l'histoire du mobilier se lie intimement à celle du costume et des mœurs de nos pères? Combien peu soupçonnent que la pommade seule nous a privés de ces grands dossiers auxquels on tend à revenir aujourd'hui dans les sièges en chêne sculpté de nos salles à manger!

Ajoutons que les *chaises cannées* datent chez nous du règne de Louis XV. Quoique le palmier indien dont on tire la canne soit le *rotang*, cette espèce de jonc reçut en principe le nom de *rotin*, qu'il a depuis conservé, parce

Fig. 415. — *Chaise du XVᵉ siècle.*

que l'introduction en France des garnitures de sièges faits de canne, telles que les deux chaises de cette époque appartenant à M. G. de Ludre, est due aux Hollandais, qui firent pendant longtemps seuls le commerce des Indes orientales. « C'est, dit un auteur contemporain (1772), des Indes que nous viennent les cannes ou roseaux nommés en hollandais *rotings*; on ne s'en sert guère en France que pour garnir les sièges, ce qui est en même temps plus solide et plus propre que la paille et le jonc.»

L'abbé Legendre, dans sa *Vie privée des Français* (1779), dit à cet égard : « Les chaises et les fauteuils de paille ne se trouvent que chez la simple bourgeoisie; les sièges de canne sont à l'usage des gens d'étude; les canapés, les sophas et les ottomanes ne datent que du siècle dernier, » c'est-à-dire du XVIIᵉ siècle.

La première Révolution opéra un changement radical dans le mobilier. Les sièges devinrent alors froids et sévères dans leur forme comme dans leur ornementation; les bois peints et dorés furent seuls en usage avec l'acajou, qui détrôna le chêne, l'ébène et les autres bois exotiques. Après la prise de la Bastille, quand le goût grec et romain eut tout envahi, la classe riche, devenue spartiate, se reposait sur des chaises étrusques, en acajou, dont le dossier en forme de pelle, suivant le *Journal de la mode et du goût* (juillet 1790) était orné de camées peints en grisaille, ou bien composé de deux trompettes et d'un thyrse liés ensemble. Cette simplicité exclusive continua pendant les premières années de la Restauration. Bientôt, avec les ameublements gothiques, renaissance, Louis XIII, Louis XIV, Louis XV et Louis XVI, revinrent les sièges de ces différentes époques. Le chêne, le noyer, le palissandre, l'acajou furent tournés et sculptés de nouveau; les appartements se meublèrent de chaises de toutes formes, et les petites chaises en laque et en bois doré remplacèrent les anciens tabourets et les pliants.

Aujourd'hui, les industries de la menuiserie, de l'ébénisterie et de la sculpture des chaises réunissent dans leurs produits toutes les conditions de goût, de bonne fabrication qui leur assurent chez nous une supériorité incontestable sur les produits étrangers. Il en résulte qu'une grande partie des chaises fabriquées au faubourg Saint-Antoine se répandent par toute l'Europe et s'exportent même pour l'Amérique, où leur excellente constitution brave les variations de la température.

Mentionnons, pour finir, les chaises à dossier à jour, en rotin et en sparte, inventées à Amsterdam, en 1854, par Casper, de Berlin; les chaises en fer très élégantes et très légères, inaugurées par Gaudillot et Tronchon; puis les chaises avec ou sans dossier et appuie-bras, également en fer découpé et formant ressort, de la société des Hauts-Fourneaux et fonderies du Val-d'Osne, dont on peut voir les spécimens dans nos promenades et nos jardins publics. — S. B.

Bibliographie : SAGLIO : *Dictionnaire des antiquités grecques et romaines;* Anthony RICH : *Id.;* DEMMIN : *Encyclopédie des arts plastiques;* VIOLLET-LE-DUC : *Dictionnaire du mobilier;* Paul LACROIX : *Les arts au moyen âge,* Ameublement; Albert JACQUEMART : *Histoire du mobilier; Statistique de l'industrie à Paris,* publiée en 1867 par la Chambre de commerce, *Chaises et fauteuils;* E. AUGUIN : *Impressions et souvenirs,* Exposition rétrospective de Nancy, 1875.

CHAISE A PORTEURS, ou simplement **CHAISE.** Petite caisse de voiture, fermée de glaces et couverte, restée en usage jusqu'à la Révolution, et dans laquelle une seule personne était portée par deux hommes, au moyen de bretelles et de deux longues barres, entre lesquelles ils se plaçaient, l'un devant, l'autre derrière.

— La chaise à porteurs, répandue chez les Chinois et chez tous les Asiatiques sous le nom de *palanquin* (du sanscrit *palangha*), est d'un usage très ancien. Les peuples primitifs de l'Amérique n'avaient pas d'autre moyen de locomotion. Les monuments figurés nous ont conservé la forme du palanquin du roi Montézuma, dont l'américaniste de Waldeck a donné une reproduction dans son tableau représentant le *Combat des gladiateurs.*

L'antiquité a connu également la chaise à porteurs. Les Romains l'appelaient *sella gestatoria, fertoria* ou *portatoria,* dont l'expression française n'est qu'une traduction. Chez eux, comme chez les modernes, elle consistait en une espèce de fauteuil porté à bras au moyen de deux brancarts et presque toujours couvert et fermé. Les hommes s'en servaient aussi bien que les femmes, à la ville et à la campagne. Suétone cite l'édit de Claude, qui interdisait aux voyageurs de traverser les villes d'Italie autrement qu'à pied, en chaises à porteurs (*sella*) ou en litière (*lectica*). Mais, en général, la chaise servait plus particulièrement aux femmes, ce qui lui fit donner aussi le nom de *sella muliebris,* comme on le voit dans Suétone, lorsque le conspirateur Othon, avant d'être nommé empereur, se jette dans une *chaise de femme* pour s'emparer du camp et attaquer Galba dans son palais.

On assure que la chaise à porteurs tomba dans l'oubli pendant le moyen âge. Quoique ce fait ne soit pas bien prouvé, il est du moins certain que ce genre de véhicule existait déjà du temps de Charles-Quint. On sait, en effet, que cet empereur fut obligé d'assez bonne heure, à cause de ses fréquentes attaques de goutte, de se faire porter en chaise; les porteurs soulevaient la chaise pourvue d'un dossier mobile et dont les quatre montants pouvaient porter un espèce d'abri en toile ou en cuir (fig. 416).

L'usage de la chaise à porteurs fut mis à la mode en France par Marguerite de Valois, première femme de Henri IV, qui se faisait ainsi porter par les rues de Paris, dans les derniers temps de sa vie, c'est-à-dire au commencement du xviiᵉ siècle. Ce moyen de transport parut tout d'abord si commode pour les femmes et les malades que, dès les premières années du règne de Louis XIII, un certain Jean Drouet, sieur de Romp-Croissant, fit une innovation dont il se déclara l'inventeur, dans son livre philanthropique intitulé la *France guerrière*, ouvrage curieux offert tour à tour à la reine régente. à Mazarin et à M. de Morangis. Une association se forma ensuite entre Jean Drouet, Jean Regnault d'Ezanville, bailleur de fonds, et Pierre Petit, capitaine des gardes du roi, qui se chargea de demander à la reine-mère l'autorisation d'en rendre l'usage public. Un privilège fut aussitôt accordé aux trois associés, par lettres patentes du 11 décembre 1617, qui leur permettaient d'organiser, à Paris et dans les autres villes du royaume, un service de *chaises à bras* ou chaises à porteurs, « pour y faire porter des rues à autres ceux ou celles qui désireroient s'y faire porter. » L'annonce des associés nous a été conservée : « Ceux qui désireroient avoir permission de se servir du privilège pour porter des chaises devront s'adresser au bureau établi en la rue du Grand-Huleu, en la maison de Charles Chaignet, maître menuisier, où l'on voit le modèle desdites chaises. »

C'est vers cette époque (1619), si l'on en croit le *Dictionnaire critique de biographie et d'histoire*, par Jal, que le fameux Buckingham aurait introduit l'usage des chaises à porteurs en Angleterre, où on ne tarda pas à les perfectionner.

Jusqu'alors ces chaises avaient été découvertes, ce qui en diminuait beaucoup l'utilité. Aussi leur préféra-t-on les chaises couvertes aussitôt que celles-ci furent connues. Suivant Tallemant des Réaux, ce fut Souscarrière, un chevalier d'industrie que le duc de Bellegarde consentit, moyennant finance, à reconnaître pour son fils naturel, qui introduisit en France l'usage des chaises à porteurs couvertes.

Delamare, dans son *Traité de la police*, nous apprend que ce Souscarrière, marquis de Montbrun, et Cavoy, capitaine des gardes de Richelieu, obtinrent en 1639 par brevet et lettres patentes le privilège des chaises à porteurs, « pour en jouir, tant à Paris que dans les autres villes, pendant dix années. » En 1644, Montbrun en de-

Fig. 416. — *Chaise à porteurs de Charles-Quint.*

vint seul propriétaire, et son fils naturel le conserva après lui jusqu'en 1679. A cette époque, le privilège rentra dans la maison de Cavoy, à qui il fut confirmé pour quarante années, à partir de 1719.

Un grand nombre de ces chaises, comme le montrent les charmants spécimens conservés au Musée de Cluny, étaient en bois sculpté et rehaussées de sujets peints et d'armoiries sur fond d'or. Plusieurs passent même pour avoir été décorées par le célèbre Robert Martin, « peintre vernisseur du roi. »

L'invention des fiacres, en 1640, ne fit pas disparaître les chaises portatives; elles continuèrent à être employées dans certaines classes de la société. En effet, la plupart des ouvrages écrits sous le règne de Louis XIV, ainsi que les comédies de Molière, nous prouvent qu'à cette époque les gens de qualité et ceux qui voulaient les imiter se servaient également de chaises à porteurs. « Vous pouvez ainsi pour plus de commodité, écrivait, en 1644, l'auteur des *Lois de la galanterie*, vous faire porter en chaize, dernière et nouvelle commodité si utile. » Mais il n'était pas donné à tout le monde de parcourir la capitale en chaise à porteurs, car le prix de la location était trop élevé pour les petites bourses.

Cela n'empêchait pas, il est vrai, la plupart des valets rusés et fripons d'aller en chaise sans payer exactement, comme le fait Mascarille dans les *Précieuses ridicules*, qui datent de 1659.

A Versailles, où les voies sont larges et moins encombrées, les chaises à porteurs jouirent d'une très grande vogue. On en trouvait sur les places publiques comme des fiacres. Dans les autres villes de province, point de famille aisée qui n'eût alors ses porteurs et sa chaise placée ordinairement dans le vestibule de la maison. Le héros du *Gazettin*, poème inédit de Gresset, était un médecin d'Amiens qui, non moins sensible au froid qu'avide de nouvelles, avait fait solidement assujettir la caisse de sa chaise à porteurs dans sa chambre auprès de son feu, et s'y tenait renfermé avec une multitude de journaux. Quand on venait le consulter, il baissait les glaces de sa chaise et les relevait jusqu'à l'arrivée d'un nouveau consultant. En un mot, c'est en chaise à porteurs qu'on allait en visite, à l'église, au spectacle. Devant tous les lieux de grandes réunions, la file des chaises à porteurs était plus nombreuse que celle des voitures. La duchesse de Nemours, morte en 1707, allait tous les ans en chaise à porteurs, de Paris dans sa principauté de Neufchâtel, en Suisse ; quarante porteurs la suivaient dans des chariots et se relayaient alternativement ; elle faisait ainsi en dix à douze jours un voyage de cent trente lieues, sans fatigue et sans péril (fig. 417 et 418).

C'est alors qu'on imagina des chaises portées par devant sur une roue et qu'un seul homme poussait par derrière comme une brouette. Déjà, en 1669, un sieur Dupin avait imaginé une espèce de chaise qui par derrière était portée sur deux roues et traînée au moyen de deux petits brancards entre lesquels s'attelait celui qui la tirait. « La brouette qui a deux roues, raconte à ce sujet Mercier, dans son *Tableau de Paris*, tombe rarement sur le côté ; mais aussi quand elle se renverse les brancards en haut, et qu'une demoiselle parée, ajustée, se trouve dans cette voiture, jugez de l'attitude ! Elle est obligée de se pâmer pour voiler son désordre et ne point entendre ce que disent les spectateurs. » Plus tard, pour remédier à cet inconvénient, comme nous l'apprend un manuscrit conservé à la Bibliothèque nationale, un brevet de 1,000 fr. fut accordé par le roi, le 18 février 1692, au sieur Guyot, ingénieur, en considération de la dépense qu'il avait faite « pour une chaise roulante à trois roues qu'il avait inventée. »

Quoi qu'il en soit, ces sortes de chaises traînées par un valet, et que l'on appelait *roulettes* et par corruption *vinaigrettes*, furent très longtemps en usage. On en voit encore dans quelques villes du nord de la France. Il y en avait d'autres, découvertes, qu'on appelait « chaises à parasol, » qui n'étaient employées que pour promener les dames dans les jardins ou les parcs. Seignelay les avait mises à la mode, lorsqu'il avait reçu le roi à Sceaux au mois de juillet 1685 : « Ce fut là, dit l'abbé Lebœuf (*Histoire du diocèse de Paris*), qu'on vit les premières chaises tirées par des hommes pour se promener dans les jardins. On les connaissait à Versailles, mais elles étaient plus simples. Les chaises de Sceaux étaient à quatre personnes et à quatre parasols. Les hommes qui les conduisaient ne marchaient pas devant, mais de chaque côté. » A Marly, le roi fit établir dans les grandes allées un système

Fig. 417 et 418. — *Chaises à porteurs conservées au Musée de Versailles.*

de rainures de fer, pour que le mouvement de ces chaises roulantes y fût plus facile et moins cahoté. Ce sont, remarque Edouard Fournier, nos premiers tramways.

Sous le règne de Louis XVI (1779), les chaises portatives et les chaises roulantes avaient plusieurs places dans Paris, où l'on pouvait les prendre à l'heure, à la journée ou à la course. Elles ne sortaient guère de la ville. Ces places étaient : le pont Saint-Michel, le pont Marie, les places du Palais-Royal, Sainte-Opportune et Baudoyer, les rues Montmartre, Richelieu, de Venise, des Bons-Enfants, de l'Echelle, des Petits-Champs, des Graviliers et du Temple, près la rue Portefoin.

L'usage des chaises à porteurs se maintint jusqu'aux premières années de la Révolution. Néanmoins, si ces légers véhicules disparurent depuis lors du centre de Paris, où ils risquaient à chaque instant d'être renversés par les voitures ou écrasés dans le tumulte des équipages, on en rencontrait encore vers 1830, mais rarement, dans les rues tranquilles de quelques faubourgs.

Aujourd'hui, la chaise à porteurs ne se retrouve plus guère que dans quelques villes de province et en Suisse, à l'usage des voyageurs, surtout des voyageuses qui, de cette façon, escaladent les montagnes sans crainte et sans fatigue. — s. b.

Bibliographie : Dissertation sur les chaises à porteurs, les dais, les baldaquins, etc., etc., par Christian Schramm (texte allemand), Nuremberg, 1737, in-f° ; V. ce qu'en dit le *Journal des savants*, 1738, p. 441.

* **CHAISIER.** *T. de mét.* Artisan qui fait les chaises.

* **CHAIX** (Napoléon), imprimeur-libraire, né en 1807 à Châteauroux, mort à Paris le 30 août 1865, est un des hommes qui ont le plus honoré l'industrie française. La première période de son existence fut celle d'un artisan laborieux auquel la vie de province enserrait l'intelligence dans un cadre trop étroit ; il vint de bonne heure à Paris, où, par l'élévation de son caractère, sa hauteur de vues et son intelligence pratique, il conquit rapidement une situation exceptionnelle. La création des chemins de fer était alors à ses débuts. N. Chaix comprit qu'elle allait donner un puissant élément à l'imprimerie typographique et il pensa qu'un établissement spécial où seraient exécutées les formules administratives appropriées aux besoins des Compagnies naissantes, pourrait rendre d'utiles services, et devenir le centre de production des publications que l'emploi du nouveau mode de viabilité ne tarderait pas à faire naître. Cette conception était juste. Les Compagnies naissantes confièrent à M. Chaix leurs travaux, et il créa pour elles une série de formules et de modèles administratifs qui sont encore employés aujourd'hui. D'un autre côté, l'active circulation de voyageurs et de marchandises à laquelle donna lieu l'établissement des voies ferrées, rendit bientôt nécessaire la publication de recueils spéciaux, contenant l'horaire des trains et les tarifs de transport. C'est ainsi que le *Livret-Chaix* et l'*Indicateur* vinrent constituer le premier fonds de la Librairie nouvelle, et que furent fondées, en 1845, l'*Imprimerie et la librairie centrales des chemins de fer.*

La Révolution de 1848, qui causa la ruine de plusieurs maisons de premier ordre, loin de porter atteinte à cet établissement, y produisit, au contraire, un redoublement d'activité, par le tirage énorme des journaux, des brochures politiques, des manifestes électoraux qui se distribuaient alors.

Ceux qui étaient, à l'époque des élections présidentielles de 1848, employés à l'Imprimerie centrale des chemins de fer, racontent que le grand salon de la rue Bergère présentait à ce moment le plus curieux spectacle; on y rencontrait à toute heure les principaux personnages politiques qui se disputaient le pouvoir; pendant que Ledru-Rollin, aidé de son ami Verdaveine, surveillait l'expédition de ses bulletins de vote tirés par les presses à plusieurs millions d'exemplaires, le prince Louis-Napoléon Bonaparte, assis devant un bureau, en compagnie de M. de Persigny, corrigeait les épreuves de son manifeste.

L'importance de cet établissement ne devait pas tarder à grandir sous l'active direction de son fondateur. Tout en embrassant dans la spécialité qu'il avait créée la plupart des imprimés qu'emploient les chemins de fer et les industries qui s'y rattachent, N. Chaix se consacra plus particulièrement à la fabrication des actions et des obligations; c'est une branche aujourd'hui importante des travaux de l'Imprimerie centrale des chemins de fer. Dans l'établissement de la rue Bergère ont été exécutés, en grande partie, les titres émis par les Compagnies françaises et étrangères, par les grands établissements financiers, par les Etats, par les villes.

Dix ans après la fondation de l'Imprimerie, le personnel se composait de deux cents ouvriers environ; le nombre des presses mécaniques, mises en mouvement par un moteur à vapeur de quinze chevaux, était de douze, et une grande quantité de travaux s'exécutaient encore aux presses à bras.

En 1865, la maison occupait quatre cents ouvriers, et cinq nouvelles machines à imprimer avaient été installées. Aujourd'hui elle emploie plus de mille personnes, réparties dans les ateliers et les bureaux. Transformée, en 1881, en

société anonyme, l'entreprise a fait l'acquisition de l'imprimerie de la préfecture de police et de l'imprimerie artistique dirigée par M. J. Chéret, enfin une succursale importante a été construite à Saint-Ouen, à peu de distance des fortifications. Ces différents ateliers contiennent plus de cent machines typographiques et lithographiques.

Si depuis la mort de M. Napoléon Chaix, certaines modifications ont été apportées dans l'établissement, en raison des besoins nouveaux que faisait naître le développement des affaires, rien n'a été changé dans les dispositions essentielles qu'avait prises le fondateur, et l'organisation primitive a été en grande partie conservée.

N. Chaix a été l'un des promoteurs du mouvement économique et social qui a trait aux améliorations données au sort des ouvriers. Il comprit que si, légalement, un patron doit le salaire à ses ouvriers, socialement et pour lui, il est d'un grand intérêt que ses ouvriers s'attachent à sa maison, aussi fonda-t-il diverses institutions de prévoyance qui constituent, en quelque sorte, le côté moral de son organisation.

C'est par la création d'une école professionnelle, un aménagement hygiénique de ses ateliers, l'organisation d'une société de secours mutuels, d'une caisse de retraite, d'une assurance contre les accidents et surtout par la participation aux bénéfices de la maison, que M. Chaix a cherché à mériter et a conquis l'attachement de ses collaborateurs.

De toutes ces institutions, que l'on retrouve actuellement dans la plupart des grandes entreprises industrielles, il en est une qui est plus particulièrement développée dans la maison Chaix, c'est l'école professionnelle des apprentis. Notre étude ECOLE PROFESSIONNELLE fait l'exposé de cette très intéressante question.

M. A. Chaix continue aujourd'hui les généreuses traditions paternelles. L'habile impulsion qu'il a donnée à tous les services et sa constante sollicitude pour les institutions de bienfaisance qu'il a mission de développer encore, ont fait de l'*Imprimerie Chaix* un établissement que la grande industrie peut considérer comme un modèle à suivre.

CHAKO. — V. SHAKO.

* CHALAN ou **CHALAND.** *T. de mar. et de nav.* Bâtiment à fond plat qui transporte des marchandises sur les rivières et les canaux; il sert à alléger les navires en prenant une partie de leur chargement, et on le destine aussi, dans les rades militaires, à l'embarquement ou au débarquement des troupes.

* CHALCÉDOINE. *T. de minér.* — V. CALCÉDOINE.

CHALCOGRAPHE. *T. de mét.* Graveur sur métaux et principalement sur cuivre.

CHALCOGRAPHIE. Synonyme de *gravure en taille douce*, rarement usité dans cette acception. On se sert parfois de ce mot pour nommer l'atelier même ou l'établissement où l'on exerce cet art. Mais il est couramment employé pour désigner une *collection de gravures* et, en particulier, la magnifique institution de la chalcographie du Louvre si peu connue et qui mérite de l'être.

— Louis XIV, ayant résolu de créer un cabinet des estampes, chargea Colbert d'acquérir la magnifique collection de gravures formée par M. de Marolles, abbé de Villeloin, collection qui ne comprenait pas moins de 274 *portefeuilles*, presque *tous de la forme de grand atlas*, où les œuvres des maîtres étaient rangées méthodiquement, depuis l'origine de la gravure jusqu'en 1660. Cette acquisition première d'un prix inestimable s'accrut successivement par de nouveaux achats, et vers 1670, le roi décida, afin d'encourager l'art de la gravure et d'en continuer l'histoire, que les événements militaires de son règne, les fêtes, les vues de palais, de châteaux et de parcs, les fontaines, les bassins, les tableaux, plafonds et galeries, les statues, vases et médailles seraient reproduits sur le cuivre. Ces planches devaient être exécutées par Edelinck, Gérard Audran, Sébastien Leclerc, etc., et former un recueil d'estampes ayant pour titre le *Cabinet du roi*. Le classement en fut confié à un érudit nommé Nicolas Clément. Le roi faisait don de ces estampes aux amateurs, aux artistes ou écrivains, et les distribuait même dans les cours étrangères. Le public pouvait également se les procurer. En effet, le *Mercure galant* d'août 1699 (page 89 et suivantes), nous donne de curieux détails sur la publication des premiers volumes de ce cabinet et sur les motifs qui faisaient vendre à bas prix des estampes dont les planches, ainsi que nous l'apprennent les registres des comptes royaux, étaient payées aux artistes un prix souvent élevé.

Ce premier fonds reçut un rapide accroissement; nous nous bornerons à citer quelques-unes des plus importantes acquisitions qui vinrent l'enrichir, d'après les renseignements que fournit le livre intéressant de l'*Essai historique sur la bibliothèque du roi*, par Joly, garde de cet établissement en 1782.

Gaston, duc d'Orléans, avait légué à Louis XIV, son neveu, dans le nombre des raretés de son cabinet, une suite d'objets d'histoire naturelle exécutés en miniature et sur velin, d'après les plantes de son jardin botanique et les animaux de la ménagerie de Blois, par le célèbre Nicolas Robert. Louis XIV la fit augmenter considérablement par Jean Joubert et par Nicolas Aubriet qui l'un et l'autre se montrèrent les émules de Robert. Sous Louis XV cette collection unique et précieuse fut continuée par le même Aubriet et par Magdeleine de Basseporte, son élève.

Le roi se proposait de faire retracer les principales productions des trois règnes de la nature et réunit plus de 6,000 dessins, partie en gouache, partie en miniature, qui furent payés 100 francs chacun et formèrent 60 volumes in-folio richement reliés. Ces dessins furent ensuite gravés par N. Robert qui en avait peint le plus grand nombre, par Abraham Bosse et par L. de Châtillon. Depuis 1670 jusqu'en 1682, on publia plus de 300 planches sur la botanique seulement, de la grandeur même des originaux et d'après des dessins à la sanguine, très soignés, faits par les graveurs eux-mêmes afin d'éviter tout accident. M. Dodart donne la description des vingt-sept premières planches qui parurent sous le titre de *Mémoires pour servir à l'histoire des plantes* (Impr. royale, 1678, in-folio).

C'est à l'usage de la broderie qui, sous Henri IV et Louis XIII, était très à la mode qu'on doit le commencement de ce superbe ouvrage. La nécessité d'avoir de modèles de belles fleurs pour les peindre en soie de diverses couleurs avait fait naître la curiosité de cultiver les plantes rares que les brodeurs cherchaient à imiter.

Ce recueil fut longtemps confié à la garde de M. Marchand, de l'Académie royale des sciences. Fagon, premier médecin du roi, voulant avoir ces dessins sous les yeux,

engagea Louis XIV à se les faire apporter à Versailles. Ils y restèrent tant que Fagon fut en place, puis Louvois obtint du Régent de les faire entrer à la Bibliothèque royale, vers 1717. Ils se trouvent maintenant à la *bibliothèque du Jardin des plantes*.

La collection s'augmenta. en 1699, d'une suite de planches connues sous le nom d'*Œuvres du chevalier de Beaulieu*.

Sébastien de Pontaut, sieur de Beaulieu, chevalier de l'ordre de Saint-Michel, premier ingénieur du roi et maréchal de camp, ayant eu le bras droit emporté par un boulet *en conduisant la tranchée au siège de Philipsbourg*, en 1644, résolut d'employer la main qui lui restait à dessiner les plans de villes, les batailles, les sièges auxquels il avait assisté dans le cours de sa carrière militaire. Un certain nombre étaient déjà gravés et publiés lorsque la mort surprit ce brave et vaillant officier, en 1674. M. des Roches qui avait épousé Reine de Beaulieu, sœur du chevalier de Beaulieu, dessina aussi et fit graver plusieurs autres planches dans le même goût. Après sa mort, sa veuve et l'abbé des Roches, son frère, voulurent continuer le même travail; mais n'en pouvant soutenir la dépense, ils prirent le parti d'offrir au roi tout ce qu'il y avait de fait. Ils s'adressèrent à M. de Pontchartrain, alors contrôleur général des finances, qui d'abord n'accepta pas toutes les planches et n'en retint que cent soixante-dix-neuf seulement. Le reste d'autres gravures entreprises aux dépens du roi furent réunis plus tard à la collection précédemment acquise.

En 1712, le sieur Mortain, marchand imagier, ayant eu à un encan les vingt-neuf planches gravées du livre intitulé *Description des Invalides*, dont le sieur de Boulaincourt s'était indûment attribué la paternité, offrit à M. de Louvois de les céder à la Bibliothèque royale. Ce ministre saisit avec empressement cette occasion d'augmenter encore le recueil du cabinet, et il en fit payer le prix au sieur Mortain. Ces vingt-neuf planches n'étaient pas tout ce qui devait composer la *Description des invalides*. On s'aperçut dans la suite qu'il fallait encore les planches et profils de l'église, en quatorze planches, dont on avait eu à la Bibliothèque cent épreuves, en 1687, et dont il ne restait plus rien depuis longtemps. Il en résulta que tous ceux à qui le roi, jusqu'à cette époque, avait fait présent de ces estampes n'eurent que des exemplaires incomplets, les uns manquant des quatorze planches épuisées, les autres des vingt-neuf planches acquises postérieurement.

Louis XV et Louis XVI continuèrent l'œuvre commencée par Louis XIV, et le cabinet du roi formait déjà une magnifique collection, lorsque la République fut proclamée. En 1792, la nation prit possession des objets d'art ayant appartenu à la couronne. Aux planches du Cabinet du roi, vinrent se joindre celles qui provenaient de l'Académie de peinture, de la surintendance de Versailles, du dépôt des Menus-Plaisirs, de la Maison de ville de Paris et de plusieurs établissements scientifiques et religieux. Frappé de l'immense parti qu'on pouvait tirer de tant de richesses, le général Pommereul conçut l'idée de fournir une nouvelle branche de revenu pour l'Etat et de soutenir l'art de la gravure, naguère si florissant, alors menacé d'une décadence imminente, faute d'encouragement. Afin d'atteindre ce double but, il proposa de fonder un établissement supérieur, dès son origine, à celui de la *Chalcographie apostolique* de Rome, et un musée de gravure national. Suivant le projet du général, projet fort bien conçu et qui lui fait le plus grand honneur, la chalcographie française devenait à la fois le magasin des estampes, dont on avait réuni les cuivres, le lieu où elles s'imprimeraient et se vendraient, l'atelier où les nouvelles planches destinées à l'accroissement du fond primitif seraient gravées par d'habiles artistes. Le *Musée* étalerait aux yeux du public les richesses de la chalcographie; des cadres d'estampes, catalogues pittoresques et variés épargneraient aux amateurs l'obligation pénible de feuilleter des cartons ou des portefeuilles difficiles à manier et offriraient aux graveurs modernes, jugés dignes de prendre place à côté de leurs glorieux prédécesseurs, une honorable publicité. Un projet de loi en dix-neuf articles fut remis, en vendémiaire an V, par le général Pommereul, à Ginguené, directeur de l'instruction publique, qui l'approuva et en fit un rapport très favorable au ministre de l'intérieur, Benezech. Après avoir subi quelques légères modifications, il fut renvoyé au Directoire qui le jugea digne de devenir l'objet d'un message particulier au conseil des Cinq-Cents. Ce conseil nomma pour l'examiner, ainsi qu'un plan d'école de gravure adressé d'un autre côté par une Société qui avait exploité à son profit les idées du général, une commission spéciale de trois de ses membres, les citoyens Louvet, Lakanal et Mercier. Sur les conclusions de Mercier, rapporteur, le conseil ajourna jusqu'à la paix le projet d'établissement proposé par Pommereul, sous prétexte qu'il exigeait des frais, ce qui était inexact, et renvoya au Directoire celui de la Société, qui au fond n'avait pour but qu'une spéculation particulière et offrait de donner à l'Etat vingt-cinq exemplaires seulement des cuivres dont il était propriétaire, à condition d'en obtenir la jouissance complète pendant dix ans.

Le ministère heureusement n'adopta pas les conclusions de Mercier et, le 23 floréal an V, il autorisa l'administration centrale des arts à joindre à ses produits celui des planches gravées dont elle avait été mise en possession. Ainsi se trouva fondée la Chalcographie nationale qui bientôt prit une grande extension et produisit les plus heureux résultats. Deux cents épreuves distribuées gratuitement aux écoles centrales des départements y répandaient le goût des arts et popularisaient les chefs-d'œuvre des grands maîtres. L'impression des estampes, leur vente, leur conservation furent soumises à un règlement rempli de prévoyance; un catalogue fut rédigé, distribué et, le 1er ventôse, an IX, l'administration du Musée central des arts, placée au Louvre, adressa aux professeurs des écoles centrales et spéciales des départements une circulaire dont nous croyons utile de reproduire ici la partie essentielle.

« Citoyens professeurs, l'administration centrale des arts vient de mettre au jour un nouveau catalogue des estampes que le public peut se procurer à la chalcographie française au Musée.

« Aux objets intéressants qu'elle renfermait sont réunis le recueil précieux, connu par la curiosité sous le titre de Cabinet du roi et plusieurs autres suites non moins recherchées, tant en estampes qu'en cartes géographiques, etc. Les artistes et les amateurs apprendront sans doute avec satisfaction qu'on y trouve les Batailles d'Alexandre-le-Grand, la Tente de Darius dont les traductions pittoresques ont en même temps immortalisé Lebrun, Edelinck et Gérard Audran. On remarque de même dans cette collection nombreuse composée de près de trois mille planches, la Sainte Famille, de Raphaël; la Nappe, par Masson; le Silence, de Carrache; et les statues, les bustes antiques et autres chefs-d'œuvre sortis des burins des Edelinck, des Audran, des Picart, des Leclerc, des Baudet, des Mellan, la plus grande partie des productions aussi philosophiques que pittoresques du Poussin, l'œuvre de Van der Meulen, que les peintres de paysages et de batailles ne dédaignent pas de prendre pour modèle, l'œuvre de Beaulieu qui a tracé fidèlement les campagnes de Louis XIII et de Louis XIV.

« Les amateurs de botanique pourront se procurer le recueil des plantes dont Dodart avait commencé la description par ordre de Louis XIV et devenu si rare dans le commerce. Ceux qui s'attachent à l'histoire y trouveront des portraits, des plans et profils des lieux les plus intéressants de la France; une grande collection de cérémonies, de fêtes, de catafalques, de pompes funèbres; la

grande galerie de Versailles peinte par Lebrun et gravée d'après les dessins de Massé, par les plus habiles graveurs du dernier siècle; les conquêtes de Louis XIV gravées par Leclerc, enfin les recueils des médailles antiques et modernes.

« Pour ajouter à l'intérêt que présente cette collection, l'administration chargée de la direction de cette précieuse chalcographie va bientôt réaliser le projet qu'elle a conçu depuis longtemps de faire graver les chefs-d'œuvre que renferme le Musée et d'augmenter, par ce moyen, la richesse nationale..... »

Grâce à ces excellentes mesures, la chalcographie fut à son origine un établissement prospère, qui rendait à l'art d'immenses services. Des commandes intelligentes furent faites à des artistes distingués et le résultat prouva bientôt que les encouragements bien placés, loin d'être une charge pour le Trésor tournent à son profit. Ainsi la planche gravée d'après le tableau de la Belle jardinière, de Raphaël, par Desnoyers, et payée 5,000 francs, rapporta de l'an XII à l'an XIII environ 15,000 francs.

Mais cet état de prospérité ne dura pas longtemps; peu à peu l'impulsion première se ralentit et par une négligence coupable, on laissa tarir une source déjà féconde. De 1801 à 1804, le Musée ne fit graver que huit planches, d'après les tableaux de la galerie et abandonna à des entreprises particulières, telles que celles de Bouillon, de Laurent, de Filhol, le soin d'illustrer nos tableaux et nos statues. Malgré la protection qui leur était accordée par l'administration, les spéculateurs, loin de s'enrichir, perdirent des sommes considérables, n'éditèrent que des ouvrages imparfaits et le produit de la vente de la Chalcographie qui, en l'an XI, s'élevait à 8,788 fr. 75, baissant chaque année descendit, en 1847, à 924 fr. 25. Ces faits prouvent jusqu'à l'évidence qu'il est de l'intérêt de l'Etat d'encourager la gravure des œuvres sérieuses; que seul il peut faire les avances nécessaires à l'exécution des planches dont le débit n'est point rapide, comme celui des gravures éditées dans l'espoir d'un succès de vogue; que cet encouragement enfin, loin de nuire au commerce, le stimule par une utile concurrence, car la Chalcographie n'a d'autre privilège exclusif que celui des estampes dont elle possède les cuivres, ce qui n'empêche pas les graveurs de reproduire les mêmes peintures comme ils le jugent convenable. C'est ainsi qu'à Rome, quoique la Chalcographie vende les Chambres de Raphaël, les Loges, la chapelle Sixtine, ces mêmes œuvres n'en ont pas moins été aussi gravées par Cunego, Lori, Volpato, Morghen, etc., et sont vendues par eux avec profit et sans nuire à la prospérité de l'établissement national.

Sous l'empire, la Chalcographie s'augmenta des planches du sacre de Napoléon, de son mariage avec Marie-Louise, des bas-reliefs de la colonne de la Grande-Armée, enfin du traité de Lebrun concernant le rapport de la physionomie humaine avec celle des animaux.

Pendant la Restauration, l'administration ne fit graver que le portrait de Louis XVIII, d'après Gérard; le sacre de Charles X, ouvrage en trente planches exécutées par les plus habiles graveurs de l'époque, mais qui resta inachevé par suite de la Révolution de Juillet. Un portrait de la reine Marie-Antoinette, commencé en 1789, par le célèbre Tardieu, fut livré en 1815.

La liste civile, sous le règne de Louis-Philippe, ne fit graver que le portrait du roi par Henriquel Dupont, d'après Gérard. Ses libéralités, en ce qui concerne l'art de la gravure, ne se manifestèrent que par de très importantes souscriptions à la publication des Galeries historiques de Versailles, entreprise par M. Gavard.

La République de 1848 donna une impulsion remarquable à la Chalcographie par l'acquisition de trois-cent-dix planches, qui, aussitôt leur mise sous presse, eurent un succès de vente. Nous citerons notamment la galerie du Luxembourg de Rubens (27 planches), la collection des villes, châteaux et maisons royales de France, par Rigaud (121 planches), l'iconographie de Van Dyck (126 planches, dont 12 gravées par Van Dyck lui-même) comprenant des portraits d'artistes et de personnages célèbres et enfin une suite de fac-similés de dessins de grands maîtres (30 planches).

Le second empire suivit le bon exemple du gouvernement qui l'avait précédé. On avait remarqué l'accueil aussi favorable que mérité fait par le public aux fac-similés, et l'on ajouta aux trente planches mentionnées plus haut quatorze fac-similés de dessins appartenant à la collection du Louvre. A ces quarante-quatre planches viendront s'en ajouter d'autres dans l'avenir. Grâce aux encouragements de l'Etat, disons aussi grâce aux habiles artistes dont les travaux exigent la mise en œuvre de toutes les ressources du métier, une intelligence parfaite du style des maîtres et une patience à toute épreuve, aucun pays ne pourra se vanter d'avoir produit des modèles plus profitables aux études sérieuses, un recueil plus précieux pour les amateurs, un monument plus glorieux dans les fastes de l'art.

L'empereur, à la suite de l'Exposition de 1853, commanda, pour une somme de 350,000 francs, aux plus célèbres de nos graveurs, la reproduction de plusieurs des chefs-d'œuvre de notre galerie : le *Galant militaire* de Terburg, par J. François ; le *Buisson*, de Ruysdaël, par Daubigny ; l'*Antiope*, du Corrège, par Lefèvre ; la *Charité*, d'André del Sarte, par Salmon ; l'*Hérodiade*, de Luini, par Bertinot ; le *Coup de soleil*, de Ruysdaël, par Daubigny ; les *Pèlerins d'Emmaüs*, de Paul Véronèse, par Henriquel-Dupont ; le *Couronnement de la Vierge* de Fra Giovanni de Fiesole, par A. François ; la *Vision de saint Benoît*, de Lesueur, par Dien ; le *Concert*, de Giorgion, par Salmon ; la *Vierge entourée de saints*, du Pérugin, par A. Caron ; la *Nativité de la Vierge*, de Murillo, par A. Martinet, etc.

Le ministre de l'instruction publique donna à la Chalcographie, en 1855, toutes les planches gravées qu'il possédait, au nombre desquelles se font remarquer la statistique monumentale de Paris par Albert Lenoir, les monographies des cathédrales de Chartres et de Noyon par Lassus et Daniel Ramée.

La ville de Paris céda également à la Chalcographie l'œuvre de Baltard sur les monuments de Paris, de Fontainebleau, etc.

Enfin, par suite de dons, de commandes ou d'acquisitions, il est entré 804 planches, auxquelles il convient d'ajouter les 906 du grand ouvrage de la *Description de l'Egypte* provenant de la Bibliothèque nationale.

En même temps, on installa au rez-de-chaussée de l'aile nord du vieux Louvre, dans une des salles appropriées à leur destination, l'établissement de la Chalcographie où le public trouve un accès facile et les dispositions les mieux entendues pour le choix des estampes.

La République de 1870 a tenu à honneur d'ajouter de nouveaux chefs-d'œuvre à la collection déjà si précieuse de la Chalcographie. Malgré de notables réductions du budget, une somme de 133,200 francs a été affectée depuis dix ans à dix-sept commandes de planches. Plusieurs sont en vente et parmi les plus importantes on apprécie le *Christ en croix* par Bertinot, d'après Philippe de Champaigne, le portrait de Charles Ier par Desvachez, d'après Van Dyck, le portrait de Descartes par Huot, d'après Hals ; les *Cervarolles* par Levasseur, d'après Hébert ; un portrait de Mme Vigée Le Brun peint par elle-même et gravé par Massart fils, etc. Un arrêté ministériel récent attribue à la Chalcographie 16 planches qui avaient été commandées antérieurement par l'ancienne direction des beaux-arts et décide que cette mesure s'appliquera également aux commandes ultérieures. De ce fait, elle possède le *Saint Paul à Ephèse* de Martinet, d'après Lesueur ; quatre planches de l'histoire de *Sainte Geneviève* par Masson (Alph.) d'après les peintures murales de Puvis de Chavannes, au Panthéon ; l'*Apothéose d'Homère* par Martinet (Jules), d'après Ingres ; la *Collaboration* par Morse, d'après Gérôme ; un portrait d'homme par Laguillermie, d'après Antonello de Messine ; *Gloria victis* par Jules Jacquet, d'après le groupe sculpté par Mercié ; la *Charité* et le *Courage militaire* gravés par Bellet et Jacquet, d'après le groupe de P. Dubois pour le tombeau du général La Moricière ; la *Jeunesse* par Jacquet, d'après la statue de Chapu pour le tombeau de Henri Regnault ; les *Premières funérailles* par Levasseur, d'après le groupe de Barrias ; la *Pensée* par Levasseur, d'après la statue de Chapu, pour le monument de Daniel Stern (Mme d'Agoult).

Sept planches seulement, sur un grand nombre de propositions, ont été jugées dignes d'entrer au Louvre et de combler quelques lacunes de notre collection. Citons parmi elles le *Petit Saint Jean de Luini* gravé par Müller, deux planches de Raphaël-Urbain Massart et de Laugier, d'après les deux tableaux de David, les *Sabines* et *Léonidas aux Thermopyles*.

Enfin, vingt-quatre planches importantes sont dues à la générosité de donateurs particuliers, une série de fac-similés donnée par M. Gatteaux, membre de l'Institut, et trois portraits du cardinal de Fleury, gravés d'après H. Rigaud par Drevet, Thomassin et Chéreau.

Plusieurs planches du grand prix de Rome figuraient déjà sur les catalogues. L'Ecole des beaux-arts a complété cette suite intéressante par l'envoi de tout ce qu'il lui en restait jusqu'à ce jour.

Enfin le projet de musée chalcographique conçu par le général Pommereul en l'an V a été réalisé par l'administration actuelle. Plus de deux cent cinquante estampes appartenant au fonds de la Chalcographie sont exposées comme specimens dans les deux salles situées sur le même palier que les salles de vente.

La Chalcographie, comme les musées nationaux dont elle fait partie, relève actuellement du ministre des arts.

A différentes époques on publia des catalogues du cabinet du roi. Celui de 1743, petit in-folio de 34 pages, sorti des presses de l'imprimerie royale, classait les estampes de cette collection en vingt-trois volumes. Il avait pour titre : *Catalogue des volumes d'estampes de la Bibliothèque du roi* et ne donnait aucun renseignement, aucun prix, aucune dimension.

En ventôse an VII, on imprima un *Catalogue des estampes des trois écoles, portraits, catafalques, pompes funèbres, cartes géographiques,* etc., *qui se trouvent à Paris au Musée central des arts et dont le produit est destiné à subvenir en partie aux dépenses ordinaires et annuelles de cet établissement* (20 pages in-4°).

En ventôse an IX, ce catalogue fut réimprimé; il portait le titre précédent avec cette addition : *augmenté des estampes qui forment le recueil connu sous le nom de* Cabinet du roi, *de plusieurs autres suites d'estampes qui appartiennent à ce recueil et non comprises dans le catalogue qui fut dressé en 1743* (40 pages in-4°). Ce catalogue, devenu fort rare, est précédé d'un avertissement de deux pages sur les richesses de la collection et l'accroissement qu'elle prendra par les commandes faites aux artistes les plus habiles. Il est terminé par une table des chapitres et une autre table fort sommaire des noms de graveurs seulement. Dans cette édition, les dimensions des planches et les prix sont indiqués.

Le catalogue publié en mars 1808 (27 pages in-4°) ne donne pas l'avertissement de celui de l'an IX, supprime les dimensions, la table des chapitres et la table alphabétique. Il serait tout à fait superflu d'entreprendre la critique détaillée de l'apparente classification qu'on a cru devoir adopter à l'époque de sa rédaction. En effet, il suffit de le parcourir pour reconnaître qu'il est à la fois confus, incomplet et dénué des renseignements les plus nécessaires dans un ouvrage de ce genre. L'indication en bloc des planches dont se composent beaucoup de recueils intéressants dissimule aux yeux du public l'étendue des richesses de cette collection précieuse, et l'absence d'une table alphabétique du nom des artistes dont la Chalcographie possède des œuvres, ajoute à chaque instant à la difficulté des recherches.

Le catalogue publié en 1851 par M. Villot se signalait déjà par de notables améliorations; mais c'est dans celui du même auteur, daté de 1860, qu'on trouve l'inventaire complet des cuivres de la Chalcographie : inscription de toutes les planches séparément et suivant un ordre méthodique, dimensions, prix. Déjà les prix ne sont plus les mêmes que ceux portés sur le catalogue de 1808 et ont dû subir des modifications, car plusieurs estampes isolées, plusieurs recueils étaient vendus au-dessous du prix de revient.

« Enfin, disait M. Villot, les gravures ont été classées en catégories ou chapitres, renfermant chacun une collection tellement spéciale d'estampes analogues qu'il suffit de le parcourir pour connaître immédiatement toutes les planches d'un même genre dont la Chalcographie peut fournir des épreuves. Une table générale alphabétique des noms des artistes, peintres, dessinateurs ou graveurs formant la suite complète des numéros d'ordre sous lesquels chacune de leurs œuvres est inscrite dans le corps du catalogue relie comme en un même faisceau des planches qui, en raison de la variété du sujet, ont dû être classées dans des chapitres différents et permettra d'acquérir les œuvres d'un même maître considéré soit comme inventeur, soit comme dessinateur, soit comme graveur. » Un autre avantage que le public et les artistes ne manqueront pas d'apprécier, c'est que maintenant toutes les planches des recueils souvent fort chères qu'on ne détachait pas autrefois se vendent séparément. Il en résulte pourtant un abus que nous ne saurions trop blâmer. Certains marchands ne craignent pas de vendre à des prix fort élevés des estampes qu'ils ont seulement la peine d'aller chercher à la Chalcographie, et dont le prix sur lequel il leur est fait une remise n'atteint pas un quart de celui auquel ils les revendent. Il est donc important de faire connaître au public l'existence trop ignorée de ce magnifique établissement d'Etat. — E. CH.

* **CHALCOGRAPHIER.** *T. techn.* Graver sur cuivre.

* **CHALCOGRAPHIQUE.** Qui a rapport à la chalcographie, qui renferme des gravures et des planches gravées.

* **CHALCOLITE** ou **CHALKOLITHE.** *T. de minér.* Minéral d'un vert émeraude ou d'un vert d'herbe, composé d'acide phosphorique (14,4 0/0), d'oxyde d'urane (61,5 0/0), d'oxyde de cuivre (8,6 0/0), d'eau (15,5 0/0); sa dureté est de 2,5, sa densité 3,6; soluble dans l'acide azotique en donnant une dissolution d'un vert jaunâtre; fusible au chalumeau en une masse noirâtre et colorant la flamme en vert bleuâtre.

La chalcolite cristallise dans le système quadratique en affectant des formes cristallines, octaédriques ou de tables carrées.

Cette espèce minérale est l'un des rares sels naturels d'uranium; on la trouve en Saxe, en Bohème, dans le Cornouailles, en Sibérie.

* **CHALCOPHYLLITE** ou **CHALKOPHYLLITE.** *T. de minér.* Minéral d'aspect et de structure micacés, d'un vert émeraude, en lames hexagonales transparentes. La chalcophyllite, d'une densité de 2,6, d'une dureté de 2, est un arséniate hydraté de cuivre qui se trouve dans plusieurs filons du Cornouailles, de la Saxe, de la Hongrie.

* **CHALCOPYRITE** ou **CHALKOPYRITE.** *T. de minér.* La chalcopyrite ou cuivre pyriteux, *Kupferkies* des Allemands, possède l'éclat métallique avec une couleur jaune laiton foncé tirant un peu sur le verdâtre, quelquefois le jaune d'or avec des teintes irisées dues à un commencement d'altération superficielle, ayant d'ailleurs une certaine ressemblance avec les irisations de la *phillipsite* ou *cuivre panaché.* La chalcopyrite est cassante à un faible degré, à cassure raboteuse et imparfaitement conchoïde; sa densité varie de

4,1 à 4,3; sa dureté égale 4, ne fait pas feu au briquet; elle cristallise dans le système quadratique ou de prisme à base carrée avec des formes du sous-système sphénoédrique; ses cristaux les plus habituels sont des sphénoèdres et des quadroctaèdres, qui simulent souvent le tétraèdre régulier. Elle se trouve aussi en masses amorphes, en concrétions, en dendrites, etc. La chalcopyrite est soluble dans l'acide azotique, en donnant une solution verte où l'ammoniaque précipite l'oxyde ferrique et l'oxyde cuivrique; elle fond au chalumeau en un globule noir attirable à l'aimant qui, fondu avec le carbonate de soude, donne un globule de cuivre métallique. Elle est généralement composée de 36 0/0 de soufre, de 34 à 35 de cuivre et de 29 à 30 0/0 de fer; c'est un des minerais de cuivre les moins riches, mais des plus abondants et des plus exploités. Cette teneur de 34 à 35 0/0 de cuivre s'applique à la chalcopyrite pure; en réalité, elle est toujours mélangée de gangue, ce qui réduit considérablement son rendement industriel et fait descendre le cuivre à 12, à 10 et même jusqu'à 4 à 5 0/0.

La chalcopyrite forme des filons ou des amas, des veines, des rognons; elle se trouve dans les Cornouailles, dans l'Irlande, en Suède, en Norwège, en Allemagne, en Toscane, en Espagne; dans tous ces pays, elle forme la base de plusieurs exploitations célèbres de cuivre; en France et en Algérie nous possédons plusieurs gisements de chalcopyrite.

* **CHALCOSINE** ou **CHALKOSINE**. T. de minér. Substance d'une couleur gris de fer plus ou moins sombre, ou d'un gris de plomb noirâtre, souvent avec une teinte bleuâtre à la surface; sa densité varie de 5,5 à 5,8, sa dureté de 2,5 à 3; elle se laisse couper au couteau en donnant des copeaux à surface luisante. C'est un sous-sulfure de cuivre formé de 79,50 cuivre et 19,50 soufre, soluble dans l'acide azotique; il fond à la flamme d'une bougie et se réduit facilement au chalumeau. Les cristaux de ce minéral, d'ailleurs assez rares, présentent les apparences de prismes hexaèdres, limites simulant les formes du système hexagonal; mais Mohs et Delafosse admettent pour sa forme primitive un prisme ortho-rhombique. La chalcosine est un des minerais de cuivre les plus riches; elle se trouve en gîtes accidentels dans les gisements cuprifères des Cornouailles, de la Hesse, de Mansfeld, de la Hongrie, de la Saxe, de l'Espagne, de l'Italie, etc. — V. CUIVRE, § Sulfures.

* **CHALCOTRICHITE** ou **CHALKOTRICHITE**. T. de minér. Variété de cuprite capillaire en petites aiguilles ou en filaments déliés, d'un éclat soyeux et d'un rouge vif.

CHÂLE (Le mot français châle, d'origine sanscrite (en indoustani châl, en arabe schâl), s'est d'abord écrit indistinctement schal, shall et schall; le voyageur français Bernier (1664) employa le premier l'orthographe châle, qui a prévalu de nos jours.) Pièce de laine tissée ou brodée, lon-

gue ou carrée, dont les Orientaux se servent comme turban, manteau, ceinture ou tapis et qui, en Europe, a été adoptée par les femmes comme complément de leur toilette. Banni momentanément du monde élégant par l'usage de la confection, le châle eût longtemps une vogue légitime; c'est un vêtement décent dont les plis drapés avec grâce laissent deviner les formes tout en les voilant, et qui donne à la femme, grande dame ou grisette, un charme particulier. La Parisienne notamment se drape dans le châle de l'Inde, ou dans le petit châle de mousseline de laine, avec un talent qu'aucune autre femme ne peut égaler; aussi n'est-il point condamné à disparaître : la mode qui l'a chassé le ramènera un jour.

Le châle est l'objet d'une fabrication intéressante que nous allons suivre dans ses détails. Nous diviserons cette étude en deux parties : le châle de l'Inde et le châle français. On désigne aussi les deux genres sous le nom de châles-cachemire.

Châle cachemire de l'Inde. Ce tissu précieux est vulgairement appelé cachemire, parce que c'est à Sirinuggur, dans la province de Kaschmyr, dont il a pris le nom, que se trouve le siège principal de sa fabrication.

— L'industrie des châles doit être fort ancienne, car le tissage des étoffes remonte, chez les nations de l'Asie, aux temps les plus reculés. Le riche voile de Sara, femme d'Abraham, les voiles ou les manteaux de Thamar et de Ruth, cités dans la Bible, ainsi que les fameux Scindons de Babylone, étaient probablement de véritables châles. Plusieurs passages d'Aristophane, notamment la première scène du troisième acte des Guêpes, donnent même à entendre que les châles expédiés à grands frais à Ecbatane et à Suze, en Perse, n'étaient pas tout à fait inconnus des élégants d'Athènes. Il est également probable que les dames romaines eurent plusieurs fois occasion de s'en parer. Or, comme l'Asie a été la première partie du monde habitée et civilisée, et que l'Inde a toujours été la plus belle, la plus riche et la plus industrieuse contrée de l'Asie, il est évident que c'est dans l'Inde que l'industrie des châles a pris naissance, et qu'elle se répandit de très bonne heure dans toutes les parties de l'Asie centrale et occidentale. En effet, l'historien Aboul Fazel, auteur de l'Ayin Akbery (1572), vante la prospérité des manufactures de la vallée de Cachemire et la beauté des châles qu'il regarde comme des ouvrages superbes. C'est la première trace écrite des châles.

Les châles cachemiriens étaient encore très rares en Europe à la fin du dernier siècle; on ne connaissait pour ainsi dire ces précieux tissus en France que de réputation et d'après les relations des voyageurs. Les femmes de nos ambassadeurs à Constantinople, de nos consuls dans les échelles du Levant, qui pouvaient en avoir reçu en présent, les accueillirent froidement et les gardèrent comme de simples objets de curiosité. Il en fut de même des châles que les ambassadeurs de Tippoo-Saïb laissèrent à Paris en 1787. Legoux de Flaix en apporta quelques-uns en 1788, qui ne flattèrent pas davantage les dames auxquelles il en fit hommage. « Une d'elles me dit même cette serge, c'est ainsi qu'elle désignait ce beau tissu, serait peut-être bonne à doubler ses jupons pour l'hiver.» Enfin Titsingh, gouverneur de Theinsora pour les Hollandais, envoya également des châles à sa famille en Europe. A son retour, il trouva que, par un innocent vandalisme, on en avait couvert des tables à repasser le linge. « Une dame, rapporte Rey, l'historien français des châles, m'a confié ses regrets d'avoir autrefois usé, en robe de chambre, un cachemire dont elle ne soupçonnait point le mérite, et qui, de nos jours, passerait pour magnifique. Une autre dame que l'on m'a nommée (car les faits de cette nature sont nombreux), une autre dame reçut de son mari revenant du Caire, un superbe châle à fond plein. La mode alors, prête à naître, n'était cependant point née encore. Ignorant l'usage auquel cette étoffe pouvait être employée, elle l'étendit à terre et s'en fit un tapis de pieds. Mais, à quelque temps de là, ayant vu que des élégantes en portaient de semblables dans leur habillement, elle ramassa son tapis, et le porta désormais sur ses épaules. »

Quels étaient donc les châles qui, vers la fin du siècle, couvraient les épaules et la poitrine des femmes? Des fichus de mousseline unie ou imprimée, des écharpes en soie, en soie et coton, en gaze, à bordure satinée, etc. C'est avec de pareilles étoffes, dont la plus distinguée ne valait pas vingt francs, que se couvraient, en grelottant, les dames à la mode qui sortaient des bals du Directoire. Ces châles ne pouvaient guère les préserver du froid, avec leurs robes légères à la grecque, à manches courtes et collantes, à cette époque où les merveilleuses ne portaient ni corset, ni busc, ni jupons. Mais il était de bon ton de se geler, de n'être pas vêtue en. public. Les pelisses, les manchons étaient dédaignés, et le petit châle tenait lieu de tout. « On ne portait pas encore de châles de l'Inde, dit Mᵐᵉ Vigée-Lebrun dans ses mémoires, mais je disposais de larges écharpes légèrement entrelacées autour du corps et sur les bras, avec lesquelles je tâchais d'imiter le beau style des draperies de Raphaël et du Dominiquin. »

Les choses changèrent en 1798, avec l'expédition d'Egypte, qui fit connaître les châles indous et en introduisit la mode. Suivant l'usage immémorial dans tout l'Orient, les châles servaient de turbans, de ceintures ou de manteaux aux riches mameluks, et l'idée vint à nos soldats d'envoyer en France une partie de ceux qu'ils avaient ramassés sur les champs de bataille. Les châles de Cachemire commencèrent dès lors à se montrer sur les épaules de quelques femmes du monde qui, grâce aux formes bizarres des fleurs de l'Inde, étalées à plat sur l'étoffe comme dans un herbier, sans essai de perspective, de dégradation de teintes, grâce surtout à la finesse du tissu, à l'éclat et au contraste des couleurs admirablement disposées pour produire un maximum d'effet souvent merveilleux, firent le succès des premiers cachemires appelés alors *schalls en poil d'Angora*. Mᵐᵉ de Staël, comme le montre son portrait peint par Gérard, portait un châle en turban. Telle était également la vaporeuse allemande que Mᵐᵉ Vigée-Lebrun a représentée s'élançant dans les airs costumée en Iris, ou bien la pâle polonaise qu'elle a peinte se dépouillant de son cachemire pour exécuter le *pas du châle*, danse de tout temps célèbre aux Indes.

Mais cette apparition fut de courte durée, car la majorité des élégantes, comme l'indique le *Tableau général du goût, de la mode et des costumes de Paris* (1799), préférait aux cachemires les « schalls orange unis jetés à l'abandon, » manière avantageuse et pittoresque de porter le châle qui plaisait surtout aux artistes. Alors les châles d'été étaient des châles « jaune serin brodé, » d'une étoffe transparente, très souvent de filet de soie. Le numéro de brumaire de la même année assure même qu'il y avait des commandes faites de châles « de casimir serin, avec des bordures en soie de couleurs foncées, telles que puce, vert ou cramoisi. » Quinze jours plus tard, le même recueil préconisait les « schalls de laine avec broderie étrusque, » châles d'hiver jetés sur l'épaule et croisés sur la poitrine, qu'on quittait volontiers en société. Suivant le *Journal des dames et des modes*, le pacha arriva à Paris le 20 thermidor an X (1802), et les « schalls fond de boue du Nil, avec un simple ruban cannelé pour bordure, » firent leur apparition. Le 30 du même mois vit éclore des châles « fond de terre d'Egypte, » carrés, d'une excessive grandeur, « et d'un goût oriental très baroque.»

Mais, lit-on dans le numéro du 10 fructidor, « la fraîcheur des soirées a ramené les schalls de Cachemire, dont le principal mérite est de valoir soixante louis. »

C'est à Mᵐᵉ Emile Gaudin, depuis duchesse de Gaëte, que revient l'honneur d'avoir remis définitivement en vogue, à Paris, les châles de cachemire. Grande, belle et grecque de naissance, elle portait avec autant de noblesse que de grâce ce tissu précieux, fort convenable, d'ailleurs, au costume léger que les dames de ce temps affectionnaient (1801). L'admiration cette fois fut générale, et ces fameux châles cachemires qui, en raison de leur prix élevé, donnent aujourd'hui aux femmes une sorte de brevet de richesse et de haute position, furent bientôt imités par nos fabricants. C'est alors que le *Dictionnaire des gens du monde* (1818), par un jeune ermite, et attribué à de Jouy, définit ainsi le mot *cachemire* : « Talisman devant lequel la vertu des femmes résiste rarement. Moyen usuel d'obtenir une place, une décoration ou un article de journal. »

Depuis cette époque, remarque un écrivain contemporain, le commerce des châles indiens se fait sur une vaste échelle. « C'est surtout l'Angleterre, où la Compagnie des Indes envoie tous les produits de l'Asie, qui en tire un profit considérable. Londres, Saint-Pétersbourg, Vienne, Berlin sont, avec Paris, les capitales où les véritables châles de l'Inde sont écoulés en plus grande quantité. Certains châles indous coûtent 1,500 francs, 2,000 francs et plus ; les grandes villes seules peuvent offrir des acheteurs pour des objets de cette valeur. »

Il est indubitable que la laine et le poil des animaux ont été les premières matières employées dans le tissage des étoffes, longtemps avant le chanvre, le lin, le coton et la soie, de même qu'elles furent également les premières trempées dans la teinture ; et puisque c'est dans le nord de l'Inde, dans le Thibet et dans les autres parties de la Haute-Asie que se trouvent de temps immémorial les plus belles laines, les poils et les duvets les plus fins d'animaux, nul doute que ce ne soit là où l'on a dû le plus anciennement les mettre en œuvre. « C'est, au reste, une opinion générale, dit Victor Jacquemont, que l'air de Cachemire est le seul dans lequel on puisse travailler avec succès à la fabrication des châles très fins ; à Islamabad et à Pampour, c'est-à-dire à quelques lieues de Cachemire, on ne fabrique que des châles communs. »

Mais quelle est la matière primitive des châles? Est-ce la laine des moutons, est-ce le poil de quelques espèces particulières de chèvres ou de chameaux? Les voyageurs, les historiens, les érudits, les fabricants ont longtemps été divisés sur cette question. Ainsi la *touz*, ou laine des moutons de Cachemire, était citée comme fournissant la laine la plus fine, et, par conséquent, les plus beaux châles. Une autre opinion voulait que les chèvres du Thibet, du Kerman, d'Angora, des pays voisins du Caucase et de la mer Noire, donnassent un duvet plus ou moins doux qui servait à faire des châles, dont quelques-uns égalaient, disait-on, ceux de Cachemire. Enfin, certains voyageurs, sur l'autorité de Ctésias, qui écrivait 400 ans avant J.-C., soutenaient que les fabricants indous se servaient également de poils de chameau.

Des observations plus récentes semblèrent démontrer que certaines petites chèvres particulières au Thibet, et nommées *tchangrah*, fournissaient ce fin duvet exclusivement vendu aux négociants cachemiriens qui fabriquent les châles. La majorité des voix était pour les chèvres; mais les plus prépondérantes étaient pour les moutons.

Les Anglais ont, aujourd'hui, résolu définitivement la question. On sait avec certitude, en effet, que les manufactures de Cachemire fabriquent une immense variété d'étoffes à châles. La laine qu'on emploie pour les châles de Cachemire, nous apprend M. Baden Powel, dans son remarquable ouvrage sur les *Manufactures de Pendjab*, est un duvet qu'on nomme *pushm*, du nom de la chèvre cachemirienne de Ladak. L'étoffe de laine appelée *putta* est faite en poil de chameau ; c'est donc une véritable étoffe de camelot. On la brode au Cachemire et dans le Pendjab, dans le Scinde et à Delhi, et on fait généralement des robes en forme de burnous flottants nommés *chogas*, dont les officiers anglais font un grand usage comme robes d'apparat.

Les moyens, les ingrédients employés au dégraissage de ces matières doivent ajouter à leur perfection. Quant à la fabrication des châles de Cachemire, au mécanisme de la filature et du tissage, à la forme des métiers, aux procédés relatifs à la nuance des couleurs, à la symétrie du dessin, des fleurs, des palmes, tant pour le fond que pour les bordures, voici ce que rapporte Malte-Brun : « La fabrication des châles emploie dans la vallée de Cachemire 80,000 individus ; on porte le nombre des métiers à 30,000. Un seul châle peut occuper tout un atelier pendant une année, si le tissu est d'une grande finesse ; tandis que dans beaucoup d'autres ateliers on en fabrique six ou huit dans le même espace de temps. Chaque atelier se compose ordinairement de trente ouvriers ; et lorsque le châle est d'une qualité supérieure on n'en tisse pas plus d'un quart de pouce par jour. Toute la famille est employée à cette fabrication : les femmes et les enfants séparent le duvet de chèvre par qualité, et en retirent toutes les matières hétérogènes ; les jeunes filles le cardent avec leurs doigts sur de la mousseline, et le remettent ensuite au teinturier. Le métier à tisser est horizontal et très simple ; le tisserand est sur un banc, tandis qu'un enfant, placé plus bas, a les yeux fixés sur les dessins, et l'avertit des couleurs qui manquent et des bobines qu'il faut employer. »

Après que le châle a été tissé, on le lave une fois. La bordure, qui est ordinairement chargée de figures et bigarrées de différentes couleurs, s'attache après que le châle est sorti de dessus le métier ; mais la couture est imperceptible. Ce travail, extrêmement difficile, dit Legoux de Flaix, se fait par une classe d'ouvriers nommés *radt-fougor* ; ils l'exécutent avec une broche très longue, très déliée et plate, et en passant de la même laine entre les fils du tissu et ceux de la bordure, de la manière dont les ravaudeuses font une reprise dans le linge.

Le prix de fabrique d'un châle ordinaire est de huit roupies harrisingheer ou 8 à 9 francs ; mais ceux dont la bordure est plus chargée coû-

tent jusqu'à cent cinquante roupies. Il sort annuellement de Cachemire 100,000 châles.

Suivant M. Baden Powell, les indigènes distinguent par différents noms les dessins d'ornementation de leurs châles. La *hashia* ou bordure est disposée dans toute la longueur, et suivant qu'elle est simple, double ou triple, elle donne au châle sa dénomination particulière. Le terme *pala* désigne toute la broderie des deux extrémités, ou, comme on dit en termes techniques, les têtes du châle. Le *zanjir* ou chaîne court au-dessus et au-dessous de la masse principale du *pala*. Le *dhour*, ou ornement courant, est situé à l'intérieur de la *hashia* et du *zanjir*, enveloppant en entier le champ du châle. Le *kunjbutha* est un ornement de fleurs ou grappes relégué à un coin du châle. Le *mattan* est la partie décorée du champ ou fond du châle, et la *butha*, terme générique servant à désigner les fleurs, s'applique seul à l'ornement de forme conique, que représente le trait distinctif du *pala*. Quelquefois il n'y a qu'une rangée de ces cônes. Lorsque la rangée est double, la *butha* s'appelle *dokad*, *sekhad*, jusqu'à cinq, et *tukadar* au-dessus de cinq.

Dans la collection indienne du prince de Galles, exposée au Champ de Mars en 1878, et actuellement à Londres, on remarque plusieurs châles de Cachemire qui sont de la plus grande finesse ; les uns représentent les dessins habituels du châle ; d'autres, couleur de tabac, sont faits du tissu le plus doux et mélangés d'or. Sur un de ces châles, le brodeur a « peint à l'aiguille » une vue de la ville de Sirinuggur, la capitale du Cachemire, les rues, les maisons, les jardins, les temples et les personnages qui s'y promènent ; les bateaux qui reposent sur les eaux du Djehloum, fleuve aux eaux calmes et azurées, sont aussi distincts, dans le dessin original de cette peinture moyen âge, que dans une photographie. Un autre châle, aux couleurs plus sombres, forme une broderie en masse des plus délicates, représentant un désert de fleurs, dans le style conventionnel de Perse et de Cachemire, et des oiseaux au plumage ravissant, chantant parmi les fleurs, des animaux admirables et des hommes étonnants de vérité. — S. B.

La laine touz employée par les cachemiriens leur est vendue à Ladak où ils échangent leurs châles contre la matière première. Comme ces contrées sont privées de routes, les voyages se font en caravane, et on aura une juste idée des difficultés que l'on rencontre en songeant qu'il faut quarante et un jours pour aller de Sirinuggur à Ladak.

C'est dans la vallée de Cachemire que se font les plus beaux châles, ceux du Kerman, de Lahore, de Surat, leur sont bien inférieurs, quoique dans le commerce on distingue difficilement des premiers ; ceux de Patna, Agra, Amritsar ne sont ni aussi doux ni aussi délicats ; dans le Bengale on se sert de matières peut-être plus fines, plus brillantes, mais le travail est moins soigné.

Ce que nous savons aujourd'hui de cette industric a été très long à nous parvenir, par suite de l'isolement en quelque sorte forcé dans lequel se trouvent ces contrées privées de moyens de communication faciles sans parler des difficultés inhérentes au sol. Le commerce n'a pu se faire, pendant longtemps, que par Jumbo, dont les abords, du côté de Pendjab, sont défendus par une chaîne de très hautes montagnes, et même la

Fig. 419. — *Tisseur de cachemire indien.*

route nouvelle des douaniers donnant lieu à des droits quelquefois arbitraires; les Indiens aiment souvent mieux suivre, chargés de leur balle, le chemin auquel ils se sont habitués. Dans le nord, le commerce se fait par Ladak, Gortope, Lassa. Vers l'ouest, l'entrepôt de Peïchour, ville fondée par le grand Akbar, sert de comptoir intermédiaire entre la Perse, la Boukharie, l'Afghanistan et l'Inde.

La matière première, la laine touz, avant d'être filée est d'abord blanchie et teinte; par suite de l'imperfection des procédés employés, les tons obtenus sont toujours plus beaux que les nôtres, qui donnent souvent des couleurs crues qu'on ne peut mieux comparer qu'à celles de nos vitraux modernes, quoique des remarques judicieuses nous fassent copier aujourd'hui les imperfections des anciens, afin d'arriver à faire ce qu'ils faisaient sans y songer, ces tons indécis si riches et si harmonieux.

Les femmes prennent la laine teinte ou blanche et la filent avec le rouet traditionnel, le filage se fait à deux brins.

Les châles dans l'Inde sont tissés ou brodés :

Fig. 420.

les châles tissés sont *espoulinés* ou *spoulinés*, c'est-à-dire que les chaînes étant disposées sur le métier le plus primitif que nous ayons connu; (fig. 419) le tisseur, au moyen de fuseaux sur chacun desquels est entourée une laine d'une couleur différente, vient entrelacer les fils de chaîne en exécutant un travail analogue à celui d'une dentellière, de telle sorte que le tissu se soutiendrait encore si les fils de chaîne pouvaient être enlevés. Nous ne pouvons donner une plus juste idée de cette fabrication qu'en la comparant à celle de nos tapis de Beauvais sur métier à basse lisse, seulement dans l'Inde l'ouvrier travaille à l'endroit du tissu, c'est le mode de tissage désigné sous le nom de *broché crocheté*.

La faculté de pouvoir employer une multitude de couleurs sans plus de dépenses permet d'obtenir des dessins d'une grande richesse de coloris, de plus, le tisserand, quoiqu'il doive frapper avec le battant de son métier pour serrer les points de trame, n'est pas tenu cependant à exercer un grand effort, grâce à la faible largeur sur laquelle il travaille ; enfin, les chaînes en passant sur l'ensouple étant soumises à une faible tension s'usent peu par leur frottement dans les peignes et les lames. Si les fils sont à deux brins retors, c'est surtout pour leur permettre de donner un relief plus grenu ; la faible tension des fils d'autre part permet d'obtenir aussi un tissu présentant une grande souplesse à la main.

Parmi les dessins indiens que la maison Verdé-Delisle a bien voulu mettre à notre disposition, nous avons fait reproduire d'une façon très exacte celui que nous donnons (fig. 420), il nous permet d'offrir au lecteur la vue de l'une des phases de la fabrication, avec toute sa couleur locale.

Devant l'ouvrier se trouve un papier sur lequel est écrit en caractères particuliers le travail qu'il doit faire, ces signes sont lus et traduits par lui, comme un pianiste traduirait sur le piano la musique qu'il aurait devant lui.

La bande d'étoffe une fois terminée, l'ouvrier la coupe et c'est avec des fragments semblables ou symétriques, faits soit par le même tisseur soit par d'autres à côté de lui, que le ratfougar, au moyen d'une longue broche plate et très fine, recoud ensemble ces fragments. On comprend immédiatement toute la difficulté qui existe à obtenir par ce procédé des dessins de la même grandeur et se raccordant exactement ; mais l'Indien n'est pas embarrassé pour si peu et c'est au moyen de coupures, de reprises si bien faites qu'il est impossible à l'œil le mieux exercé de les distinguer, qu'il obtient ces châles magnifiques que nous connaissons.

Ces imperfections mêmes sont des beautés que nous cherchons souvent à imiter. Ce sont les cachemires les plus beaux qui sont fabriqués en plusieurs parties et c'est aussi à ceux-ci que l'on donne les franges les plus riches. Les bordures sont des bandes étroites de 8 à 10 centimètres représentant des dessins analogues à ceux du châle et formant un premier cadre sur quatre côtés. Les franges représentent des guirlandes, des dessins d'une grande richesse, de véritables broderies faites sur des fonds faits d'avance suivant des dessins déterminés. On brode aussi ces franges en Europe à la méthode indienne. Le ratfougar réunit les franges aux châles comme il a déjà réuni les diverses parties de ceux-ci. Il arrive quelquefois cependant, pour les cachemires à bordures étroites et dont la dimension est faible, que ces dernières sont tissées à côté du tissu du centre, ces talons sont alors enchevêtrés de façon à faire corps avec le tissu lui-même.

Les procédés imparfaits de blanchiment, de préparation de la laine tour employés par les Indiens tout en donnant, grâce à la multiplicité des couleurs, une richesse de coloris sans égale, ne permettent souvent pas d'obtenir dans les châles à fond uni, que nous ne connaissons pas en France, cette uniformité de couleur si nécessaire à un fond de ce genre. Aussi les châles ou plutôt les ceintures qui sont employées dans le pays ou dans les contrées environnantes abondent-elles en imperfections de toutes sortes pour nous autres Européens. Ainsi ces cachemires sont souvent bigarrés de plusieurs dessins dissemblables et dont les fonds ne sont pas de la même teinte. L'inégalité des coups de battant sème le tissu de fausses barres qui sont réparées ensuite par de fausses passées de trame ; les fuseaux, couverts de laines inégales de grosseur et de teintes différentes, occasionnent des ribaudures et inégalités dans les couleurs du dessin et du fond, enfin des duites bouclées le parsèment souvent aussi.

Dans les châles tissés indiens que nous connaissons en France, la chaîne est toujours rouge. A mesure que le travail du tissage avance, l'ouvrier enroule l'étoffe devant lui sur un rouleau en ayant soin d'humecter la surface au moyen d'eau de riz qu'il pulvérise avec sa bouche (exactement comme nos fondeurs lorsqu'ils veulent humecter la surface de leur moule). Grâce à l'enduit qui se forme ainsi, l'étoffe se trouve un peu protégée contre les malpropretés de toute nature qui l'entourent pendant sa fabrication.

Peu travailleurs et se trouvant heureux s'ils gagnent assez pour se soutenir, les Indiens conservent un châle sur le métier un temps infini avant de le terminer. Enfin lorsque les châles sont faits, et nous sommes loin de l'activité dont semblent animés les tisseurs de nos gravures, ils sont mis sur des rouleaux coupés longitudinalement, puis tendus au moyen de coins enfoncés entre les deux pièces ; grâce à l'élasticité du tissu, celui-ci se trouve très bien égalisé au bout de quelque temps ; on le reprend alors, on le lave à l'eau courante d'une rivière, puis on le frappe, on le foule aux pieds sur les rochers des rives et on le laisse sécher. Afin de faire partir les matières insolubles dans l'eau et qui imprègnent encore le tissu sec, on le foule de nouveau aux pieds, afin de permettre aux malpropretés de s'échapper plus facilement lors de son battage et de son brossage. Ces deux opérations se font presque simultanément, quatre hommes tendent le cachemire pendant qu'un autre le bat, puis on l'enroule sur un rouleau *ad hoc* placé sur deux coussinets, pendant qu'un homme armé d'une brosse plate en chiendent nettoie l'étoffe majestueusement, tout en fumant sa pipe. On coupe ensuite avec des ciseaux à l'envers les fils qui dépassent et on égalise le tissu; c'est alors que le chef pose sur le châle une étiquette indiquant tous les signes qui le caractérisent, le nom du fabricant, etc.; pendant ce temps, un ouvrier retouche au pinceau les blancs qui ne sortent jamais immaculés après ces opérations multiples, et l'on passe à l'empaquetage. Les châles sont à cet effet pliés et mis en pile sur une étoffe de coton, on recouvre la pile d'une autre toile semblable à la première et l'on met sous presse.

Cette presse est formée de deux plateaux et de barres transversales au moyen de cordes attachées à ces barres et serrées successivement; le volume désiré étant donné à la pile, on coud alors les deux toiles de coton ensemble; on a ainsi un ballot que l'on enveloppe d'une autre toile de coton enduite d'une matière grasse jaune élastique qui protège le tout contre les avaries; sur cette balle se trouvent marqués tous les signes voulus pour indiquer le contenu; un bordereau spécial l'accompagne partout où elle va et il est rare qu'on fasse une vérification du contenu avant son arrivée en Europe.

Châle brodé. A côté de ces châles tissés, il s'en fabrique d'autres brodés à l'aiguille et qui coûtent moins cher.

Voici comment s'exécute la confection de ces châles : Sur une étoffe rouge en cachemire on trace le dessin d'un châle, puis sur les portions du dessin ci-dessus, le brodeur coud des pièces de cachemire ayant la forme et la couleur qu'il désire avoir; c'est ensuite sur ces fonds variés que le brodeur fait à l'aiguille en composant son dessin lui-même ces arabesques de toutes formes, de toutes couleurs qui produisent de si riches effets. Si le fond est très nettement de la couleur rapportée et ne comporte pas de rouge, il découpe à l'avance cette portion rouge qui lui sera inutile; sinon, en brodant, il prend les deux étoffes superposées et fait ressortir les portions de fond rouge aux points où il peut en avoir besoin.

En dehors des bordures dont nous avons parlé, on coud encore autour de ces châles une frange généralement brodée comme nous venons de le dire.

Châle cachemire français. En 1788, ainsi que nous l'avons dit plus haut, Legoux de Flaix apporta des Indes un magnifique cachemire qui fut fort peu goûté. Les dames se servirent alors de ces châles comme tapis de pieds, tapis qu'elles reprirent plus tard pour s'en couvrir, lorsqu'on leur en apprit la valeur, et surtout lorsque la mode en fut venue.

L'industrie française, toujours désireuse d'imiter ce qu'elle voit faire au dehors et d'enrichir notre pays en s'enrichissant elle-même, se mit aussitôt au travail. Quoique les procédés indiens fussent connus, l'inspection seule du tissu suffisait pour les indiquer, les matières premières n'avaient point à cette époque, leurs similaires en France, et même les eussions-nous possédées, la main-d'œuvre était relativement trop chère pour que nous pussions lutter avec quelque chance de succès.

Le *métier à la Jacquard* n'était point connu alors, à peine connaissait-on le *métier à la tire* et ce n'est guère qu'en 1804 ou 1805 qu'apparurent dans le commerce les premiers châles exécutés à la tire sur chaine de soie avec trame de quatre ou cinq couleurs en coton; au lieu de

l'espoulin, on se servait comme aujourd'hui pour la majorité des châles français de la navette lancée.

M. Bellanger, de la maison Dumas-Bellanger-Descombes, fabricant de gaze à Lyon, fit monter le premier métier à la tire; il inventa un harnais à grande coulisse et composa son armure en établissant la lisse de rabat et de liage, la chaîne était en soie, la trame était en coton. Le jeu de lames spéciales mis en mouvement par le pied du tisserand, agissant sur une marche, reçut le nom de *pas de liage*; il avait pour fonction de serrer le tissu, afin d'empêcher les duites de se débrocher. Les dessins en couleur ne furent d'abord que de faible dimension et brochés sur le fond, c'est-à-dire que la navette n'allait pas d'un bout à l'autre de l'étoffe, on n'avait alors que fort peu de laine en trop sous le châle; mais, plus tard, les dessins en couleurs devenant de plus en plus grands et la trame de ces dessins étant formée par la navette lancée d'un bout à l'autre, on eut des surépaisseurs considérables, 40 0/0 environ, inutiles une fois le châle terminé; ces fils inutiles furent d'abord coupés avec des ciseaux appelés *forces*. On imagina plus tard d'employer, comme on le fait aujourd'hui, des cylindres garnis de couteaux en hélice devant lesquels on fait passer l'envers de l'étoffe; on sépare ainsi toute la laine en trop. Cette opération s'exécute, même aussi aujourd'hui pour l'endroit, au moyen de cylindres semblables à ceux dont nous venons de parler, mais dont les lames sont beaucoup moins saillantes.

L'Exposition de 1806 donna un grand essor à cette fabrication, et les grands industriels employèrent bientôt pour trame des laines filées très fines à soixante-dix échets le demi-kilogramme au lieu de coton, mais les chaînes étaient toujours en soie.

En 1782, un fabricant de Paris, Santerre, avait formé à Bohain en Fresnay des établissements pour la fabrication de la gaze de soie, c'est là que l'industrie parisienne vint chercher les ouvriers pour la fabrication des châles.

C'est en 1818 seulement que l'on commence à appliquer le métier Jacquard dans cette industrie, après bien des tâtonnements, des modifications et grâce à l'habileté de certains filateurs qui parvinrent à obtenir un fil très fin de soie, sur lequel était enroulé un fil de laine à deux brins; les tisseurs travaillaient déjà à cette époque avec des chaînes de laine. La contexture du travail indien fut donnée par le sergé.

Le cylindre Vaucanson avait été remplacé par les cartons Jacquard; mais leur nombre, que nécessitaient alors les dessins d'une certaine dimension, faisait qu'on revenait encore souvent au métier à la tire. Depouilly, Bellanger furent les promoteurs des perfectionnements apportés au métier Jacquard, et Schirmer, associé de Depouilly, trouva la première mise en carte pratique applicable au premier métier. Ce n'est cependant qu'en 1824 que l'on put fabriquer couramment des châles-cachemires pouvant lutter comme comparaison avec les châles de l'Inde, quoique ceux-là fussent bien inférieurs à ces derniers. Bosche, Rostaing, Petiot furent les inventeurs de la mécanique dite *brisée*; Gaussen, de la mécanique à double griffe, avec laquelle, en mettant deux anneaux à chaque aiguille, on peut faire mouvoir deux corps de fourches et faire fonctionner deux crochets par aiguille, cette disposition rend possible l'exécution d'assez grands dessins. Un ouvrier, resté inconnu, fut l'inventeur du mécanisme qui sert au déroulage des cartons. Eck, dessinateur, mort pauvre, avait imaginé une nouvelle combinaison de mise en carte permettant d'imiter le croisé indien.

La lecture et le piquage des dessins contribuèrent pour une grande part dans les résultats obtenus. Certaines machines, dites *piquages accélérés*, permirent de rendre ce travail beaucoup moins coûteux; on chercha bien à substituer le papier au carton, afin de pouvoir doubler le nombre des trous, mais les résultats obtenus ne sont pas encore assez certains. La mécanique, système Acklin, donna 60 0/0 d'économie sur l'emploi des cartons; Macaigne neveu et Jules Macaigne exposèrent, en 1867, un carton piqué en losanges présentant une économie de près de moitié sur les cartons ordinaires; Cauchefert imagina un système permettant de piquer deux couleurs sur un même carton, ce qui diminue de moitié ces mêmes frais. Les perfectionnements réalisés, un ouvrier put exécuter un dessin de 1ᵐ,75 de largeur nécessitant la levée de 6,400 fils de chaîne, travail qui aurait nécessité huit métiers Jacquard primitifs, la force à développer pour soulever la masse de plomb étant trop considérable.

Nous avons vu que les chaînes étaient primitivement en soie, la trame d'abord en coton puis en laine, plus tard la chaîne se fit en organsin entouré d'un fil à deux brins retords de laine. La laine n'aurait pu faire alors des chaînes d'une force assez considérable.

Ces fils, en effet, après les opérations du dévidage, de l'ourdissage étaient soumis entre les rouleaux de devant et de derrière à une trop grande tension, tension encore augmentée par les coups de battant nécessaires pour faire entrer les duites, les serrer, afin de donner au dessin toute la solidité nécessaire pour qu'après le coupage des fils inutiles de l'envers, celui-ci ne s'enlevât pas. Les mécaniques ayant diminué de volume, toutes les pièces devenant plus délicates et pouvant produire avec un même effort un travail près de cinq fois plus considérable, on put faire peu à peu les chaînes en pure laine, les efforts tendirent donc à remplacer aussi la trame de laine mérinos par la trame de laine touz cachemire, afin d'obtenir sinon le grenu du moins la douceur des châles de l'Inde.

Les essais sur ce point furent tentés presque simultanément; on employa d'abord comme trame la laine la plus fine du chevron de Perse, puis la laine touz de la chèvre du Thibet, lainé touz khirghiz; aussi les promoteurs de l'emploi de cette laine se disputèrent-ils longtemps la priorité.

Les relations de la France avec la Russie, si souvent interrompues par des guerres continuelles, ne permirent à Ternaux de continuer ses essais si souvent interrompus que lorsque la paix de Tilsitt fut signée. En 1820, il achetait un troupeau de chèvres khirghiz entre la mer Noire et la mer Caspienne et, avec l'appui du gouvernement qui mit tous les moyens d'action à sa disposition, il tenta l'acclimatation de ces chèvres en France; les essais furent infructueux, mais le bruit fait autour des efforts et des sacrifices de ce grand manufacturier fit que pendant longtemps on donna au châle-cachemire français le nom de *châle Ternaux*. Pendant ces tentatives les races de moutons mérinos importées en France s'amélioraient par des croisements, par une entente plus judicieuse des conditions qui produisent de belles laines, et quand le commerce des laines touz qui nous venaient de Nijni Novgorod fut bien établi, la nécessité de satisfaire au bon marché fit qu'on leur préféra nos produits qui satisfaisaient suffisamment la clientèle. Aujourd'hui, les chaînes et les trames sont faites en laine très fine d'Australie paraissant provenir de mérinos qu'on y a importés; les filatures d'Amiens et de Mulhouse les fournissent filées au consommateur, et les laines touz employées rarement aujourd'hui à la fabrication des châles sont réservées pour des tissus spéciaux.

Cependant les châles fabriqués sans espoulins présentent toujours les défauts inhérents au lancé; le tissu serré n'a ni le grain, ni la douceur, ni la solidité des châles espoulinés indiens à la main. Ce dernier problème ne pouvait être résolu économiquement que par la mécanique, aussi l'espoulinage fut-il tenté avec tout l'acharnement, toute la persévérance et tout le désin-

téressement dont sont capables les grands industriels à la tête de cette belle industrie.

Quand on songe que, pendant près d'un siècle, pour établir cette fabrication, on a résolu les problèmes de conception mécanique les plus difficiles, quand on songe aux sacrifices immenses faits pour rendre cette industrie une industrie vraiment française, que le problème seul de l'espoulinage a coûté près d'un million à un industriel qui est arrivé au but laissant derrière lui combien d'autres ayant fait les mêmes efforts sans avoir pu réussir, on ne peut s'empêcher de regretter que la mode ne rende pas un plus bel hommage au cachemire français, de quelque prix qu'il soit, car c'est un objet d'art industriel qui, aussi bien que le plus beau cachemire de l'Inde, se distingue souvent par l'harmonie de son dessin et le charme d'une belle coloration.

Deinérouss exposait, en 1851, un châle espouliné, résultat d'un vrai tour de force; le procédé employé n'était pas pratique. En 1855, François Durand trouvait une combinaison mécanique à laquelle MM. Hebert fils, MM. Pradel, Huet et Cⁱᵉ apportaient non seulement le concours de leurs capitaux, mais encore celui de leur usine et de leur organisation. On pensait le problème résolu; on faisait, en effet, des bandes très étroites garnies de fleurs, mais lorsqu'il s'agit d'aborder de grands dessins on se butait à des difficultés telles que, malgré les récompenses accordées à M. Voisin pour les perfectionnements apportés et les résultats obtenus, le métier n'entra pas dans le domaine de la pratique. Cependant, au lieu d'un espoulin par cinq centimètres, MM. Hebert et Voisin étaient arrivés à en faire fonctionner quinze mécaniquement.

Souvray, Chevron, Cleo travaillaient de leur côté, mais quel que soit l'enthousiasme légitime qu'ait provoqué plus d'une fois ces gigantesques conceptions mécaniques, auxquelles peu à peu chacun tentait d'apporter un rouage, ces chefs-d'œuvre n'étaient que des ébauches. Il était donné à Fabart de résoudre la question; en 1862, un premier métier était mis au jour et pendant que les autres continuaient leurs recherches, Fabart poursuivait ses études non sans passer par mille épreuves; Lecoq y apporta les derniers perfectionnements.

Avant de décrire la *spoulineuse* mécanique, telle qu'elle fonctionne aujourd'hui et donner les quelques détails que nous devons à l'extrême obligeance de M. Bréant, nous croyons bon de relater ici les diverses sortes de tissus formant la contexture des châles-cachemires français; ce sont :

1° Le *tissu lisse*, fait à navettes lancées courses simples; il ne produit qu'un fond toile ou taffetas, mais il a l'avantage de présenter un aspect fin spécialement favorable à la fabrication des châles bas prix, la fig. 1 (421) en indique l'armure. Le liage général, servant à donner de la solidité au tissu, comme nous l'avons vu plus haut par le pas de liage, est indiqué comme contexture dans la fig. 2 (422).

2° Le *tissu trois lisses* qui se fait à navettes lancées courses simples et par une combinaison ingénieuse de la mise en carte; le croisé de tiers s'obtient d'une exécution parfaite et produit un joli sergé quoique sans déroulage; on l'emploie pour les châles d'une qualité moyenne et pour certains genres spéciaux; l'armure est indiquée par la fig. 3 (423), la contexture du tissu par la fig. 4 (424).

3° Le *tissu croisé de quart* est le tissu classique; il se fait à navettes lancées avec déroulage des cartons ou courses doublées. Le sergé obtenu est très joli, aussi ce genre de tissu est-il employé

pour les châles les plus fins (fig. 5 et 6 [425, 426]).

4° Le *tissu croisé Batavia* ou croisé de moitié est celui employé dans le cachemire des Indes et s'applique spécialement à différents genres français, imitation spéciale des Indes même dans son imperfection (fig. 7 et 8 [427, 428]).

5° Le *tissu croisé satin* peut s'obtenir à des titres différents : satin de 6, de 8, etc.; il a pour objet de couvrir entièrement la chaîne en faisant dominer le broché. Ce genre de tissu s'emploie

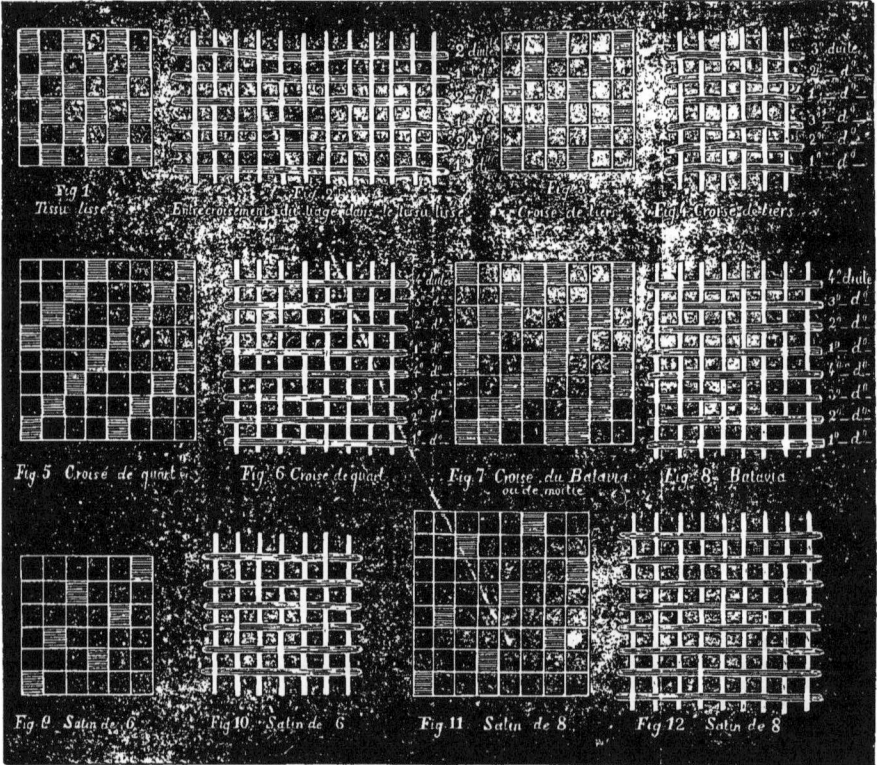

Fig. 421 à 432. — *Armures et contextures employées dans la fabrication des cachemires.*

rarement seul, on s'en sert plus spécialement pour brocher certaines parties des châles, pour mettre en relief et rendre très purs de couleur certains médaillons pleins, rivières ou motifs quelconques brochés en couleurs spéciales. L'influence de ce tissu sur la couleur est facile à comprendre en remarquant qu'un seul fil de chaîne paraît sur six fils de trame dans le satin de 6, sur huit dans le satin de 8, etc. (fig. 9, 10, 11 et 12 [429 à 432]).

Les châles-cachemires français en tissu spouliné se font au croisé Batavia ou de moitié; c'est la reproduction exacte du cachemire des Indes. Le métier servant à cette fabrication est dû, comme nous l'avons dit, à Fabart; son invention

remonte à une vingtaine d'années et les perfectionnements apportés depuis par Lecoq lui permettent de fabriquer d'une façon irréprochable des cachemires français qui ne le cèdent guère en beauté aux cachemires de l'Inde; il faut un œil bien exercé pour les distinguer.

Sans vouloir dévoiler les détails d'une machine dont la possession est la fortune du propriétaire unique actuel, ni dévoiler non plus des secrets de fabrication, nous pouvons cependant dire en deux mots en quoi consiste le spoulinage mécanique. Des séries de bobines portant chacune une même couleur sont mues mécaniquement de façon à entrer entre les chaînes du tissu; les chaînes qui doivent recevoir la couleur étant relevées, le dessin est à l'envers de la partie vue. Ces bobines reçoivent de plus un mouvement qui les fait travailler sur place comme l'Indien travaille lui-même à la main. Le point fait, en quelque sorte, tout revient à sa place primitive, pour recommencer sur une autre série de chaînes soit avec la couleur de la même série, soit avec celle d'une autre série. Toutes les opérations se font mécaniquement et le tisserand n'est en quelque sorte là que pour surveiller le travail de son métier, recharger ses bobines, enfin s'occuper des quelques détails qui ne peuvent s'opérer automatiquement. Afin de donner aux chaînes toute la résistance nécessaire à un travail qui, malgré tous les ménagements pris, ne peut jamais égaler la délicatesse des doigts, on donne à celles-ci une âme en soie que l'on entoure de deux fils retors de laine; la trame est faite en cachemire. La laine cachemire prend la couleur d'une façon un peu différente de la laine et produit les tons exacts de l'Inde. Ce que nous appelons des imperfections chez les Indiens est imité par nous avec le plus grand soin, et au moyen de celles-ci l'on arrive à la perfection comme richesse de tissu et richesse de ton.

En moins d'un siècle, toutes les questions relatives à cette grande industrie ont donc été résolues complètement.

Les villes qui se sont particulièrement fait remarquer dans cette industrie sont : Paris pour le châle-cachemire proprement dit et le châle de laine; Nîmes et Lyon pour les châles en bourre de soie, les châles rayés sans découpage, genre indien, et les châles imprimés sur tissu de laine.

Châle broché. Les châles brochés sont faits avec des battants-brocheurs étalant les fils qu'ils portent perpendiculairement à la direction de la chaîne : les cannettes, dans ce cas particulier, ont besoin, pour accomplir leur course, d'un espace libre égal à leur longueur; les battants-brocheurs ne peuvent, par suite, opérer que de place en place et à des distances sensibles et ne conviennent pas à l'exécution d'effets continus analogues à ceux des châles imitation des Indes. Cependant, nous devons dire que le battant-brocheur est souvent employé dans la fabrication des châles au lancé pour faire ressortir une rivière de couleur et lui donner du relief. Ces châles sont donc dans ce cas en partie brochés, mais tout à fait accessoirement.

Châle tartan. Le type primitif du châle tartan est le plaid écossais caractérisé par des carreaux de couleurs variées et non moins harmonieusement mariées. Après avoir copié les fabricants de Paislay et de Glascow, nous sommes arrivés à varier les armures à l'infini; les principales sont les diagonales, les grains de poudre, etc. On emploie pour ce genre de tissu les fils de laine peignée, mais le genre écossais, c'est-à-dire le type classique, se fait avec des laines cardées. Les châles tartans sont faits généralement aujourd'hui en laines d'Australie et de la Plata. Reims et Halluin sont les principaux centres de fabrication en France.

Châle imprimé. En présence du bon marché auquel se vendent aujourd'hui les châles-cachemires courants faits au lancé, la production des châles imprimés en laine a considérablement diminuée et n'est guère pour nous qu'un produit d'exportation pour l'Espagne ou l'Italie. Saint-Denis, Puteaux, Le Pecq, Chantilly, Coye, ont conservé encore aujourd'hui ce genre de fabrication qui se rapporte en quelque sorte plus à l'impression sur étoffe qu'aux châles. — A. L. C.

Châle de dentelle. — V. DENTELLE.

Châle de guipure. — V. GUIPURE.

Bibliographie : PEUCHET : *Dictionnaire de géographie commerçante, Dictionnaire de police de l'encyclopédie méthodique;* BEZON : *Dictionnaire des tissus,* Lyon, imprimerie et lithographie Th. Lepagny, tome IV; BERNIER : *Voyage au Kachmir,* tome II, *Lettres édifiantes des pères,* tome IV; FLACHAT : *Observation sur le Levant,* tome II; TOOKE : *Histoire de la Russie sous l'impératrice Catherine II;* OLLIVIER : *Voyage en Perse;* KLAPROTT : *Nouvelles annales des voyages; Bulletin de la Société d'encouragement,* 1852, 1858, 1862, 1871; ALCAN : *Etude sur l'Exposition de 1867;* GAUSSEN : *Rapports officiels sur les Expositions de 1867 et 1878;* DE MARLÈS : *Histoire de l'Inde, chap. Arts mécaniques;* LEGOUX DE FLAIX : *Essai sur l'Indoustan,* t. II, ch. *Châles de Cachemire;* REY : *Histoire des châles;* BADEN POWEL : *Manufactures du Pendjab.*

CHÂLET. Cabane de paysan suisse, faite de troncs et de branches d'arbres et recouverte de chaume; par extension, maison de plaisance construite dans le goût des châlets suisses.

CHALEUR. T. de *phys.* Ce mot est pris dans diverses acceptions : il signifie d'abord la cause première des sensations que l'on éprouve près d'un corps chaud; il est employé aussi pour indiquer la nature de ces sensations elles-mêmes; il est surtout usité pour exprimer la quantité, l'énergie thermique plus ou moins grande qu'un corps possède, ou qu'il abandonne, ou qu'il absorbe, dans des conditions déterminées; enfin, on donne encore le nom de *chaleur* à l'ensemble des phénomènes qui dépendent de cette cause; la chaleur est alors une partie de la physique, au même titre que la *pesanteur,* l'*acoustique,* l'*électricité,* le *magnétisme* et la *lumière.*

L'idée que l'on s'est faite successivement de la chaleur, comme cause première des sensations de chaud et de froid (sensations trop connues pour qu'il soit nécessaire de les définir), a beaucoup varié avec le temps. Sans parler des diverses manières dont les anciens philosophes envisageaient le principe du feu, l'un des quatre éléments qui, selon eux, concouraient à la production de tous les phénomènes de la nature, on peut dire que jusqu'au commencement de notre siècle, on le considérait comme un fluide particulier, *matériel,* extrêmement subtil, impondérable, pouvant circuler facilement entre les molécules des corps et passer de l'un dans l'autre avec une très grande vitesse; on le nommait *calorique* (V. ce mot). Dans cette hypothèse, lorsqu'un corps s'échauffe, c'est qu'il reçoit du calorique, venant s'ajouter à celui qu'il contient déjà;

lorsqu'il se refroidit, c'est que du calorique sort de lui. La conséquence la plus simple à déduire de cette hypothèse c'est qu'un corps ne peut contenir qu'une quantité limitée de ce fluide. Or, des expériences de Rumford et d'autres, ont montré que le frottement de deux corps produit du calorique indéfiniment, comme une cloche frappée produit du son indéfiniment. L'hypothèse de la matérialité du calorique n'a pu résister au contrôle des expériences contemporaines et se soutenir devant l'évidence des résultats probants de la *thermodynamique* (V. ce mot).

Aujourd'hui on admet que la chaleur est un mode de mouvement des molécules mêmes des corps; mouvement qui peut leur être communiqué par les vibrations de l'*éther* ou inversement. Dans cette manière de voir, les molécules sont animées de mouvements plus ou moins rapides, selon les conditions des milieux ou des corps voisins. Ces molécules vibrent ou se choquent sans cesse les unes les autres. La sensation plus ou moins vive de chaleur que nous éprouvons en touchant un corps chaud, est due aux chocs ou aux vibrations plus ou moins rapides des molécules de ce corps

EFFETS GÉNÉRAUX DE LA CHALEUR

A. **Effets physiques.** 1° *Echauffement.* L'effet de la chaleur le plus facile à constater est l'échauffement des corps. La chaleur, en effet, a la propriété de se communiquer d'un corps à un autre (on verra plus loin comment se fait cette propagation, à distance ou au contact). Mais la constatation de cet effet ne peut s'opérer sûrement par l'intermédiaire de nos organes ; car, suivant leurs dispositions, nos jugements, à cet égard, pourraient nous induire en erreur (V. THERMOMÈTRE). Le froid et le chaud ne sont point d'ailleurs produits par des agents particuliers, opposés, comme on l'a cru; mais des effets provenant certainement d'une même cause.

L'échauffement des corps ne se produit pas avec la même facilité chez tous : les uns se laissent traverser par la chaleur, sans s'échauffer (corps diathermanes); d'autres, mis en contact avec une source de chaleur, ne s'échauffent qu'à une petite distance et très lentement (corps mauvais conducteurs); d'autres enfin, placés dans les mêmes conditions, s'échauffent plus ou moins vite et plus ou moins loin (médiocres et bons conducteurs). D'autre part, des corps différents et de même poids, placés dans une même source de chaleur, n'absorbent pas des quantités égales de chaleur. — V. § CHALEURS SPÉCIFIQUES.

Quant aux moyens de produire l'échauffement, V. plus loin SOURCES DE CHALEUR.

2° *Changement de volume. Dilatation.* Cette modification que la chaleur produit sur les corps est rarement perceptible à la vue; mais il est facile, en amplifiant ses effets, de la rendre très apparente. Ainsi, on constate aisément la dilatation en longueur au moyen du *pyromètre à cadran* (fig. 433). Une tige *t* en métal, fixée à l'une de ses extrémités *m* et chauffée par une lampe à alcool, pousse à l'autre bout libre *m'*, un levier coudé dont l'aiguille s'élève sur un cadran à mesure que la

tige s'échauffe et montre ainsi l'effet de la *dilatation linéaire*. Pour la dilatation en volume, on se sert d'un boulet qui, à froid passe librement dans un anneau métallique et qui à chaud n'y peut plus passer. C'est l'*anneau de S'Gravesande* (fig. 434).

Pour montrer la dilatation d'un liquide on en remplit un ballon de verre surmonté d'un tube où le liquide s'élève à une faible hauteur, à froid.

Fig. 433. — *Pyromètre à cadran.*

Dès qu'on chauffe le ballon, le niveau (après avoir baissé un peu par suite de la dilatation de l'enveloppe) s'élève dans le tube à une grande hauteur.

Les gaz sont tellement dilatables qu'il suffit de tenir entre les mains un ballon qui contient de l'air pour voir monter rapidement l'index d'eau mis dans le tube qui surmonte le ballon.

En multipliant les expériences, on constatera que la chaleur produit toujours un changement

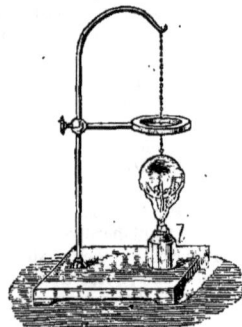

Fig. 434. — *Anneau de S'Gravesande.*

de volume sur les divers corps de la nature; généralement une augmentation, par l'élévation de température. Cependant, il y a des exceptions à cette règle, qu'à prime abord, on aurait pu croire générale. Ainsi, l'argile se contracte par la chaleur et c'est sur ce fait qu'est basé le *pyromètre* de Wedgwood. L'émeraude se contracte aussi par la chaleur. M. Fizeau a montré que l'iodure d'argent subit une contraction jusqu'à une certaine température, au delà de laquelle il se dilate. L'eau et quelques alliages font aussi exception; l'eau que, par certains moyens, on peut maintenir liquide jusqu'à — 20°, se contracte depuis cette température jusqu'à + 4° et se dilate au delà, comme les autres liquides.

La glace, à quelque température qu'on la prenne, se dilate par la chaleur, même plus que le zinc.

Pour démontrer d'une manière frappante l'inégalité de dilatation des divers métaux, on soude ou on rive l'une à l'autre deux lames droites, égales, l'une en cuivre, l'autre en zinc. On place le système sur un fourneau ardent, et on le voit bientôt se courber dans un sens qui montre que le zinc est plus dilatable que le cuivre.

L'inégale dilatabilité des métaux a servi de base à la construction des appareils compensateurs des horloges et des chronomètres. Le *pyromètre* de Borda est fondé sur l'inégale dilatation du cuivre et du platine.

Quant à la force mécanique de la dilatation des corps, un grand nombre de faits témoignent de l'énergie de cette action. C'est ordinairement sous l'influence des variations de température, que les tuyaux métalliques des conduites d'eau et de gaz se désoudent, se disjoignent; c'est pour éviter que les rails de chemin de fer ne se courbent par la dilatation, qu'on est obligé de laisser entre eux un léger intervalle. De même, dans les constructions, l'on évite d'assembler des matériaux de dilatations trop inégales; c'est encore en vue de parer aux effets de la dilatation, que les monuments en bronze, comme la colonne Vendôme, sont composés de morceaux qui peuvent se dilater séparément, sans inconvénient; on utilise les effets et la force de dilatation du fer, dans le frettage des roues de voitures et des grandes cuves; les essieux des wagons sont introduits et forcés dans la boîte chauffée des roues; le retrait produit par le refroidissement suffit pour les maintenir en place.

Les effets de la dilatation nous expliquent un grand nombre de phénomènes : par exemple, la rupture des vases en verre par l'eau bouillante qu'on y verse, sans les avoir préalablement chauffés; il en est de même des corps mauvais conducteurs de la chaleur. Les toitures en plomb ou en zinc des grands édifices sont quelquefois arrachées à la partie supérieure, par suite d'une inégale dilatation vers le haut et le bas. Une chaudière en plomb dans un fourneau en briques le fend fréquemment.

3° *Changements d'état*. Après l'échauffement et la dilatation, l'un des effets les plus remarquables de la chaleur sur les corps est leur changement d'état. On nomme ainsi le passage de l'état solide à l'état liquide (*fusion*), ou de l'état liquide à l'état gazeux (*vaporisation*), et inversement, le retour de l'état gazeux à l'état liquide (*liquéfaction* ou *condensation*) et le passage de l'état liquide à l'état solide (*solidification* ou *congélation*). On sait que si l'on chauffe de la glace dans un vase, elle fond peu à peu; si l'on continue à chauffer l'eau résultant de la fusion, elle passera à l'état de vapeur; inversement, si l'on refroidit, en vase clos, de la vapeur d'eau, elle se liquéfiera; et si l'on continue à abaisser la température, le liquide passera à l'état de glace. Dans toutes ces transformations, la nature chimique de l'eau est restée la même;

ses propriétés physiques seules ont été changées. Un grand nombre de corps sont dans le même cas.

A l'époque où l'on n'avait pas les moyens dont on dispose aujourd'hui pour produire des températures élevées, on rangeait sous le nom de corps *réfractaires*, ceux que l'on n'avait pu fondre. Mais depuis, on a fondu les pierres précieuses, le bore, le silicium, etc.; le carbone même, à l'état de diamant et de graphite, s'est ramolli et a donné, entre les mains de Despretz, sous l'action d'un courant électrique de 600 éléments, des traces non équivoques d'un commencement de fusion. Ces expériences, et d'autres analogues, autorisent à croire qu'il n'y a pas de corps véritablement *infusibles*. Cette conclusion ne s'applique pas aux substances qui, comme la plupart des matières organiques, se décomposent avant de changer d'état.

Certains corps, tels que la craie, le marbre, la houille, qui se décomposent, lorsqu'on les soumet à l'action de la chaleur, sous la pression atmosphérique, peuvent être fondus en vases hermétiquement clos et très résistants. Les gaz provenant de la décomposition partielle, exercent sur le reste de la masse une pression qui empêche toute décomposition ultérieure. C'est ainsi que Hall a pu fondre des morceaux de marbre renfermés dans un canon de fusil hermétiquement bouché.

D'autre part, le nombre des liquides que l'on regardait comme non solidifiables, diminue à mesure que les moyens de produire le froid deviennent plus énergiques. Cependant, il y a encore bien des liquides volatils, comme l'éther, le sulfure de carbone qu'on n'a pu congeler encore, malgré un abaissement de température de — 150°.

Enfin, il n'y a que quelques années qu'on est parvenu à liquéfier les six gaz (hydrogène, oxygène, azote, bioxyde d'azote, oxyde de carbone et hydrogène protocarboné) qu'on avait regardés comme *permanents*. Grâce aux moyens énergiques de compression et de refroidissement, employés par M. Cailletet d'une part, et M. Pictet de l'autre, il n'y a plus aujourd'hui de *gaz permanents*. Les gaz ne sont que des vapeurs plus ou moins éloignées de leur point de liquéfaction. Il est bien évident d'ailleurs que tous ces changements se font, pour les divers corps, à des températures différentes et souvent même très éloignées les unes des autres; car elles occupent toute l'étendue des échelles thermométriques et pyrométriques, depuis — 140° jusqu'à 2500°. — V. les mots suivants qui se rattachent aux changements d'état FUSION, DISSOLUTION, SOLIDIFICATION, CONGÉLATION, VAPORISATION, EVAPORATION, EBULLITION, LIQUÉFACTION, CONDENSATION, DISTILLATION.

4° *Effets électriques*. La chaleur peut produire de l'électricité sous deux modes distincts : lorsqu'on chauffe certaines pierres nommées *tourmalines*, elles acquièrent les propriétés de l'électricité statique, et de plus l'*électricité polaire*; c'est-à-dire que non seulement elles attirent les corps légers, mais qu'un bâton de résine frotté attire l'une des extrémités de cette pierre et repousse l'autre (on la suppose placée sur un support à pivot). C'est ce mode d'électricité que les minéralogistes ont nommé *pyro-électricité* (ou électricité engendrée par le feu, c'est-à-dire par la chaleur). Diverses substances jouissent de cette propriété. La chaleur joue d'ailleurs un rôle important dans l'électricité statique dont elle favorise le développement, ainsi que dans l'électricité dynamique, par exemple, en galvanoplastie.

Le second mode, sous lequel l'électricité peut être produite par la chaleur est le suivant. Un physicien allemand, Seebeck a remarqué, le premier, en 1821, qu'en chauffant une des soudures de deux métaux (bismuth et antimoine), il se produisait un courant électrique, accusé par la déviation d'une double aiguille aimantée disposée dans le cadre formé par ces métaux (fig. 435).

Tel est l'origine de la *pile thermo-électrique*, imaginée par Nobili et perfectionnée par Melloni et surtout par Tyndall, qui en ont fait un instru-

Fig. 435.

ment d'une extrême délicatesse, relativement à la constatation des très faibles changements de températures et à la mesure de ces dernières. L'appareil a été modifié de diverses manières pour l'approprier aux recherches spéciales. — V. Thermo-électricité.

On ne parle pas ici de l'électricité engendrée par les machines à vapeur qui mettent en mouvement des appareils dynamo-électriques; ce n'est là qu'une transformation de la chaleur en force mécanique, laquelle produit à son tour de l'électricité par l'intermédiaire du magnétisme.

C'est la chaleur solaire qui engendre les courants électriques qui circulent autour de la surface de la terre et dirigent la boussole. On explique cet effet par le contact des matières hétérogènes qui constituent l'écorce terrestre et qui, sous l'influence variable de la chaleur solaire, forment des espèces de piles thermo-électriques d'une immense étendue. Le mouvement diurne rend compte à la fois de la continuité et du sens des courants telluriques qui attendent qu'on les utilise autrement que pour diriger l'aiguille aimantée.

5° *Effets magnétiques.* La chaleur modifie profondément les propriétés magnétiques des corps.

Ainsi l'acier perd sa polarité et même toute aimantation par la chaleur. Le fer lui-même cesse d'être attirable à l'aimant lorsqu'il est porté à la température du rouge sombre (environ 525°). Les autres corps magnétiques se comportent d'une manière analogue, bien que les limites dans lesquelles ils sont magnétiques ou aimantés, soient différentes. On peut dire qu'en général, les propriétés magnétiques des corps sont d'autant plus marquées que leur température est plus basse.

6° *Effets sonores*. Un timbre d'horlogerie, en bronze ou en acier, qui résonne clairement à froid, lorsqu'on le frappe, perd peu à peu de sa sonorité à mesure que la température s'élève. Si la source de chaleur à laquelle on le soumet est assez intense, il arrivera un moment où le timbre aura *perdu complètement sa sonorité;* il sera, à cet égard, comme un morceau de plomb. Si l'on retire le timbre du foyer de chaleur, il reprendra peu à peu sa sonorité première. M. Decharme, qui a fait ces remarques, a expérimenté aussi sur de simples disques, sur des tiges de différents métaux, tous de même forme, et il a trouvé entre eux la relation suivante : *les points critiques des métaux sonores* (ou les températures auxquelles ces métaux perdent complètement leur sonorité) *croissent à mesure que s'élèvent les points de fusion de ces corps;* ces points se trouvent sur une courbe ayant pour axes d'une part, les températures des points de fusion, et de l'autre, les températures des points critiques. La chaleur agit aussi très sensiblement sur les qualités sonores des cordes, tiges, diapasons, etc., autrement que par l'effet de la dilatation.

La chaleur qui peut détruire la sonorité des corps est aussi capable d'engendrer des sons. L'appareil de Trevelyan produit cet effet. Il est fondé sur la dilatation considérable du plomb et sa bonne conductibilité. Un morceau de cuivre ou de fer, de la forme d'un demi-cylindre creux à rigole longitudinale et muni d'une longue queue en fil de fer, terminée par une petite boule métallique, repose, en équilibre instable, sur un morceau de plomb. Le fer, ou berceau, étant chauffé au-dessous de la température de fusion du plomb, on lui imprime un mouvement oscillatoire. Bientôt ses oscillations propres deviennent assez rapides pour produire un *son musical,* qui dure aussi longtemps que la température ne descend pas au-dessous d'une certaine limite qui dépend de la forme, du poids du berceau et de diverses circonstances. On peut d'ailleurs maintenir le son continu, en plaçant à l'extrémité du berceau une source de chaleur convenable. Il est facile d'expliquer ce phénomène : la chaleur du berceau détermine l'échauffement rapide et la dilatation du plomb sur l'arête de contact des deux métaux; il se produit là un petit bourrelet qui soulève le berceau; celui-ci bascule, le contact cesse d'un côté pour se produire sur l'autre arête, qui vient toucher une autre place sur la surface du plomb; celui-ci s'échauffe, se dilate et soulève le berceau sur sa seconde arête; nouvelle bascule et ainsi de suite. Cet appareil a été modifié de diverses manières

Dans l'*expérience de Rijke*, on fait produire un son très fort à un large tube de verre dans l'intérieur duquel on a fixé une rondelle de toile métallique qu'on chauffe au rouge avec une flamme d'alcool. Lorsque le tube est tenu vertical, il s'établit un vif courant d'air qui détermine un son plus ou moins grave qui dure une dizaine de secondes, et que l'on pourrait rendre continu en entretenant dans la toile métallique une température convenable.

Les *flammes sonores* sont produites par la combustion de l'hydrogène ou du gaz d'éclairage dans un tube enfoncé verticalement sur la flamme. Le son produit est dû encore au courant d'air intérieur qui détermine les vibrations sonores de la flamme (1). M. Decharme a fait connaître *d'autres flammes sonores;* ce sont celles qu'on obtient en insufflant de l'air par un tube effilé dans l'intérieur d'une flamme où la combustion est incomplète.

Les *flammes sifflantes* de M. Lissajous sont produites par un courant d'air très vif, déterminé par l'inflammation du gaz dans un tube en cuivre dont la partie inférieure est garnie d'une toile métallique à travers laquelle passe le gaz qui'ne brûle que dans le tube.

On sait que la célèbre statue de Memnon rendait des sons au lever du soleil. Il est probable que ces sons étaient dus à des courants d'air montant par les fentes de la pierre, quand elle s'échauffait sous l'action des premiers rayons solaires.

7° *Effets lumineux. Incandescence.* La chaleur peut produire de la lumière. On sait, en effet, que les corps chauffés à une température suffisamment élevée, deviennent lumineux. M. Pouillet a construit un pyromètre fondé sur les divers degrés *d'incandescence* que présentent les métaux inoxydables, tels que l'or, le platine, lorsqu'ils sont portés du rouge sombre au blanc éblouissant (c'est-à-dire de 525 à 1,500°, point de fusion du fer). M. Becquerel a poussé plus loin l'observation et lui a donné un degré d'exactitude qui faisait défaut à l'instrument de M. Pouillet. Il en a déduit une table assez exacte des températures de fusion des métaux. — V. Fusion, Pyromètre

Irradiation. Lorsqu'un corps est porté à une température supérieure à 525°, il devient, en même temps qu'une source calorifique, une source lumineuse. Il émet vers 525° une faible lueur de teinte rouge sombre bien connue. A mesure que sa température s'élève, non seulement l'intensité de sa lumière augmente, mais cette lumière renferme des rayons de plus en plus réfrangibles; et, arrivé à une température qui ne dépasse guère celle de la fusion de l'or, il émet de la lumière sensiblement blanche, c'est-à-dire renfermant des rayons de toutes les réfrangibilités, comprises entre les deux extrémités du spectre visible.

Effets de coloration et de décoloration par la chaleur. L'oxyde rouge de mercure chauffé à une température bien inférieure à celle de sa décom-

position, prend une teinte plus foncée, tirant sur le carmin. Par le refroidissement, le corps reprend sa nuance primitive. Les miniums et plusieurs autres substances sont dans le même cas. Ces modifications ne sont dues qu'à des effets physiques, la nature chimique des substances n'est pas altérée. On a vu certains diamants, incolores à froid, prendre une coloration rose bien marquée, à une température de 300 ou 400°, et revenir incolores après refroidissement, sans avoir rien perdu de leur limpidité et sans avoir subi d'altération chimique. Au contraire, certains spaths-fluor perdent leur coloration par la chaleur, sans la reprendre par refroidissement.

Phosphorescence par l'action de la chaleur. La chaleur, comme la lumière, comme les actions mécaniques, peut produire, sur certaines substances, les phénomènes de phosphorescence, c'est-à-dire qu'elle est capable de les rendre spontanément lumineux dans l'obscurité. Cet effet se produit sur les diamants, sur plusieurs pierres précieuses, sur un grand nombre de minéraux de nature diverse, et particulièrement sur ceux qui sont formés en majeure partie de fluorure de calcium. Les minéraux phosphorescents par la chaleur, étant suffisamment calcinés, perdent cette propriété : mais l'étincelle électrique peut la leur rendre.

La température à laquelle les substances doivent être élevées pour devenir phosphorescentes, est variable avec la nature des corps. Il existe une variété de chlorophane qui devient phosphorescente à 25 ou 30°. Certains diamants, les spaths-fluor colorés deviennent lumineux lorsqu'on les projette, soit sur le mercure bouillant, soit sur une pelle de fer ou de cuivre chauffée au-dessous du rouge.

Quant à la *couleur* de la lumière phosphorescentes, elle varie du rose au bleu et au violet; la chaux fluatée verte émet une nuance verte, qui passe par l'orangé, le bleu et le violet. La couleur peut être perdue sans que la phosphorescence disparaisse.

La *durée* de la phosphorescence est extrêmement variable avec la nature et l'état des substances, en morceaux, en poudre; pour les unes elle est presque insaisissable et il faut employer des moyens particuliers pour la mettre en évidence, avec d'autres elle est intense et dure plusieurs minutes, et même plus. La lumière que le phosphore émet spontanément dans l'obscurité (ce qui lui a valu son nom) est due à une combustion lente. C'est seulement au-dessus de 27°,5 que sa lumière apparaît.

B. Effets mécaniques. La chaleur peut produire, en agissant directement sur les corps, des effets mécaniques puissants, par suite des changements de volume qu'elle amène dans les solides, les liquides et les gaz. Ainsi, une barre de fer, fixée à ses extrémités et chauffée suffisamment sur une grande partie de sa longueur, repousse les obstacles qu'on lui oppose ou se courbe, sous la force de dilatation calorifique. M. Molard a pu, en utilisant cette force, redresser les murs d'une galerie du Conservatoire des Arts-

---

(1) Le pyrophone de M. Kastner est fondé sur la propriété des flammes sonores.

et-Métiers. On fait éclater une bombe pleine d'eau en la chauffant. On pourrait, en utilisant la très grande dilatabilité des huiles, réaliser une *presse thermique*. On connaît la force, pour ainsi dire illimitée de la vapeur et les terribles effets qu'elle produit parfois, lorsqu'elle est portée à une température telle que sa force élastique surpasse la résistance des vases qui la renferment. Les *éolipyles à réaction* sont des appareils qui montrent la force mécanique de la vapeur et la transformation directe de la chaleur en mouvement. Ils font mouvoir, par un effet de recul (analogue à celui du char à réaction et du tourniquet hydraulique), un petit chariot qui porte l'éolipyle même (fig. 436). Le *recul* qui se produit dans les armes à feu provient de la même cause; la chaleur détermine l'inflammation de la poudre et l'expansion des gaz qui en proviennent; ceux-ci agissent comme la vapeur d'eau dans l'éolipyle à recul. L'emploi de la poudre ou de la dynamite, et généralement des matières explosibles dans les

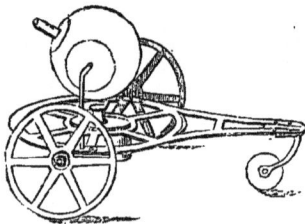

Fig. 436 — *Eolipyle à réaction.*

mines, dans les torpilles, etc., est fondé sur la force mécanique développée par l'expansion subite des gaz, provoquée par la chaleur.

Les machines à air chaud tiennent leur puissance de la dilatation et du refroidissement rapide et alternatif de l'air.

Par l'intermédiaire d'organes mécaniques, la vapeur est utilisée pour mettre en mouvement des machines d'une puissance énorme qui peut atteindre la force de 5,000 chevaux-vapeur. Il y a en France un nombre considérable de machines à vapeur dont la force totale est dix fois plus grande que celle de toute la classe ouvrière.

Le rôle de la chaleur, comme force motrice, dans la nature, est accusé par la circulation de ces espèces de fleuves marins dont le Gulf-Stream est le type dans notre hémisphère, et par les mouvements de l'air atmosphérique. — V. § Source de chaleur.

Enfin, toutes les forces physiques, pesanteur, chaleur, électricité, magnétisme, lumière, actions chimiques ou mécaniques, sont susceptibles de se transformer les unes dans les autres et reviennent finalement à des effets mécaniques. — V. § Equivalent mécanique de la chaleur et le mot Thermodynamique.

C. Effets chimiques. Lorsque la chaleur détermine des changements d'état physiques dans les corps, elle ne lutte que contre la cohésion;

mais lorsqu'elle s'attaque à l'affinité, il en résulte des changements chimiques dans leur nature; *décomposition, dissociation, combinaison*. Il faut dire cependant que certains changements chimiques, déterminés par la chaleur seule, sont regardés comme des modifications de la cohésion : ainsi la transformation du phosphore blanc en phosphore rouge, celle du soufre cassant en soufre mou, etc.

La chaleur agit le plus souvent pour *décomposer* les corps, en combattant plus ou moins efficacement les effets de l'affinité; c'est-à-dire que, sous l'influence de la chaleur, les molécules ou les atomes qui les constituent se groupent pour former des corps plus simples ou des composés plus stables, dans les conditions nouvelles que la chaleur détermine. Ainsi, en chauffant la pierre à chaux ou la craie, on sépare le composé en deux parties, en acide carbonique gazeux qui se dégage et en chaux, résidu solide.

Il suffit d'ouvrir un livre de chimie pour se convaincre que la plupart des substances dont on indique les préparations, s'obtiennent en décomposant les corps par la chaleur. C'est ainsi qu'on prépare l'oxygène, le chlore, les acides sulfureux, sulfurique, azotique, chlorhydrique, etc.; un grand nombre d'oxydes, de sulfures, chlorures, de sels, etc. Toute la métallurgie repose sur les effets de la chaleur appliquée aux minerais.

Nombre d'analyses chimiques s'effectuent avec le concours de la chaleur. Les décompositions de matières organiques, les fermentations, putréfactions, etc., ont pour agent principal et essentiel la chaleur.

Un autre mode de décomposition des corps sous l'influence de la chaleur est celui que M. H. Sainte-Claire-Deville a nommé *dissociation*. Il consiste en ce que, dans certains composés, les éléments qui se sont séparés, par la chaleur seule, à une température déterminée et sous une pression donnée, se recombinent dès que la température diminue. Si, au contraire, la pression augmente, il suffit d'élever la température pour atteindre et dépasser la *tension de dissociation*. Des expériences, déjà nombreuses, exécutées par M. Deville sur la vapeur d'eau, sur l'acide carbonique, l'oxyde de carbone, l'acide sulfureux, l'acide chlorhydrique, etc.; par M. Debray sur le carbonate de chaux, par M. Isambert sur les corps définis, ont montré que la dissociation est un mode très général de la décomposition des corps, et que « les tensions de dissociation croissent d'une manière continue et peuvent être représentées graphiquement par une courbe semblable à celle de la vapeur d'eau. »

D'autres fois, la chaleur provoque les *combinaisons*, comme celles de l'hydrogène et de l'oxygène (ordinairement c'est en déterminant une explosion dans le mélange de deux gaz, mais elle peut aussi le transformer graduellement en vapeur d'eau, à une température suffisamment élevée), du cuivre et du chlore, les oxydations de la plupart des métaux, etc.

Les *combustions* diverses, comme celles du bois, de la bougie, des huiles, du gaz, du charbon ou du phosphore dans l'air, du fer dans l'oxygène, etc., combustions qui se continuent par la chaleur dégagée dans le phénomène chimique, sont dues à l'intervention initiale de la chaleur. C'est elle aussi qui provoque l'inflammation du fulmi-coton, des poudres, etc.

La chaleur d'une flamme détermine, par oxydation, sur divers métaux, notamment sur le cuivre poli des *anneaux colorés* d'une grande beauté, qui ont été étudiés et décrits par M. Decharme. Ces anneaux sont analogues pour les nuances et l'éclat, à ceux qu'on obtient par l'électricité et qui portent le nom d'*anneaux de Nobili*.

C'est par un effet prolongé de la chaleur, que M. Frémy a pu produire artificiellement des rubis, des topazes, etc.

D. Effets physiologiques. Il a été dit précédemment que les sensations de chaud et de froid que nous éprouvons en présence ou au contact de divers corps, ne pouvaient nous donner une idée exacte du degré de chaleur de ces corps, parce que nos impressions, à cet égard, dépendent de la disposition de nos organes; ajoutons que les propriétés des corps eux-mêmes viennent aussi augmenter les causes d'erreur de ces jugements. Ainsi, lorsque

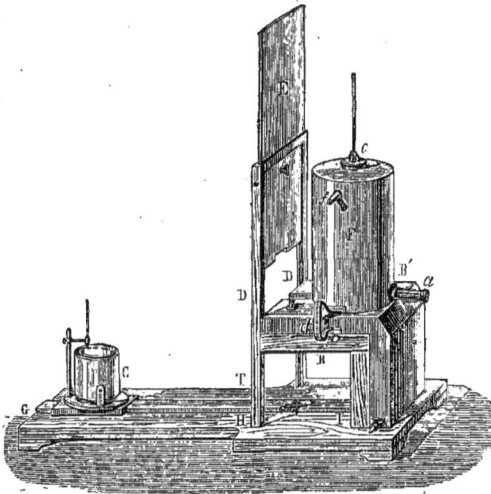

Fig. 137. — *Appareil de Regnault, pour déterminer la chaleur spécifique des corps.*

nous touchons un morceau de métal et un morceau de bois, placés dans les mêmes conditions de température, nous n'éprouvons pas la même sensation de chaleur ou de froid. Cela tient à la bonne conductibilité de l'un et à la mauvaise conductibilité de l'autre pour la chaleur; le premier prend rapidement la chaleur de notre main, ou nous communique rapidement la sienne, tandis que le second ne nous cède ou ne nous emprunte presque pas de chaleur.

Le rôle de la chaleur sur les animaux et sur les plantes est considérable. Mais si la chaleur est indispensable à la vie, elle doit rester comprise entre certaines limites, assez étendues en somme, et variables avec les espèces. L'homme peut supporter des variations de température comprises entre — 40° et + 60°, c'est-à-dire de 100°, non sans souffrance, il est vrai, mais sans mourir, et sans que sa température propre varie de 2°. Une chaleur de 45 à 80° fait périr les animalcules divers, infusoires, ferments, causes des maladies

des vins, etc. Les œufs de vers-à-soie supportent sans danger un froid de — 10°, qui leur est plutôt favorable que nuisible, comme l'ont prouvé les expériences de M. Duclaux. La violence des secousses que donnent les poissons électriques croît avec la température. On sait qu'une basse température est avantageuse pour la conservation des viandes, des poissons, et pour la fabrication de la bière.

En résumé, la chaleur est indispensable à la vie animale ou végétale; sans elle, tout languit, tout meurt. On s'explique ainsi le culte des anciens pour le feu qui symbolisait à leurs yeux le rôle de la chaleur dans la nature.

Chaleur spécifique ou **Capacité thermique.** On ignore absolument la quantité de chaleur qu'un corps possède à une température déterminée et celle qu'il faut lui communiquer pour élever sa température d'un nombre de degrés donnés. Mais l'expérience démontre que cette quantité diffère selon la nature de chaque corps et qu'elle n'est pas du tout accusée par la température de ces corps; en d'autres termes, tous les corps, sous le même poids, absorbent, pour s'échauffer du même nombre de degrés, des quantités de chaleur différentes.

On définit la *chaleur spécifique* d'un corps : la *chaleur nécessaire pour élever de 0° à 1° la température d'un kilogramme de ce corps*. D'après cette définition, la chaleur spécifique de l'eau est l'unité de chaleur spécifique; c'est ce qu'on nomme une *calorie*. La mesure des chaleurs spécifiques est basée sur quelques principes simples desquels il résulte que la quantité de chaleur que possède, absorbe ou abandonne un corps, est proportionnelle à son poids, ou à sa masse m, à l'élévation de sa température t et à sa capacité calorifique c; c'est-à-dire au produit $m\,c\,t$. Si le corps passe de la température t à t', la chaleur qu'il absorbe ou qu'il abandonne sera représentée par $m\,c\,(t'-t)$ ou $m\,c\,(t-t')$, suivant que t' sera plus grand ou plus petit que t. La *mesure* des chaleurs spécifiques se détermine par différentes méthodes : *Méthode par la fusion de la glace; Méthode des mélanges; Méthode par refroidissement,* etc., exposés à l'article Calorimétrie. Dans ces déterminations, la plus grande difficulté est l'évaluation exacte de la température initiale du corps en expérience, car la moindre erreur sur ce point amène des différences notables sur la température finale du mélange et par suite dans celle de la chaleur spécifique cherchée.

C'est pour obtenir avec toute l'exactitude possible cet élément essentiel, que M. Regnault a imaginé diverses dispositions ingénieuses, dont nous allons exposer sommairement la plus importante.

L'étuve F (fig. 437) dans laquelle on place le corps en expérience, est analogue pour sa disposition intérieure, à l'appareil destiné à fixer le 100° degré du thermomètre. Elle se compose d'une triple enveloppe. Entre la première (extérieure) et la seconde, circule de la vapeur amenée par le tube a et produite par un générateur placé très près de l'appareil. Cette vapeur à 100° circule de bas en haut, puis redescend entre la deuxième et la troisième enveloppe pour déboucher dans l'atmosphère. C'est dans cette troisième enveloppe, ouverte en haut et en bas, que se trouve le corps, ainsi qu'un thermomètre c placé comme lui dans un petit panier en toile métallique retenu au moyen d'un fil serré par le bouchon qui ferme l'ouverture supérieure et à travers lequel passe le thermomètre. La partie intérieure est fermée par un tiroir que l'on manœuvre à l'aide du registre à poignée d.

Pour garantir le calorimètre C de la chaleur rayonnant du générateur et de l'étuve, M. Regnault a disposé, sur un châssis en bois BB', une caisse en cuivre recourbée en équerre et contenant de l'eau froide. C'est sur cette caisse que l'étuve repose. L'écran E étant baissé, le calorimètre se trouve ainsi abrité. On attend que l'appareil fonctionne régulièrement depuis quelques instants et que le corps ait bien pris la température de l'enceinte où il se trouve ; ce dont on est averti par la constance des indications du thermomètre.

Pour faire une expérience, on soulève l'écran, on amène sous l'étuve le calorimètre en le faisant glisser dans sa coulisse horizontale GHI ; on tire le registre, on soulève le bouchon avec son thermomètre et on laisse glisser le fil portant le panier. Celui-ci, avec le corps en expérience, tombe dans le calorimètre qu'on éloigne aussitôt ; on baisse l'écran et il ne reste plus qu'à suivre la marche du thermomètre calorimétrique, après avoir agité le mélange.

On doit prendre la précaution de ne pas s'approcher trop près du calorimètre de peur d'influencer le thermomètre de quelques dixièmes de degré. Pour cela, on l'observe à distance, au moyen d'une petite lunette pouvant glisser verticalement sur une règle fixe. Le thermomètre extérieur, des indications duquel on peut aussi avoir besoin, s'observe par le même moyen. Il est avantageux que les corps en expérience aient la plus grande surface possible ; à cet effet, on leur donne la forme d'anneaux plats.

On tient compte, dans l'évaluation de la chaleur fournie au calorimètre, de celle qui est apportée

par le panier en toile métallique qui contient le corps.

Pour appliquer la méthode aux liquides, et aux substances qui agissent chimiquement sur l'eau, on les met dans une enveloppe hermétiquement fermée, en verre ou en métal, dont on a préalablement déterminé la chaleur spécifique et l'on tient compte de la chaleur apportée au calorimètre par ce corps étranger.

Diverses formes de calorimètres ont été imaginées pour des recherches spéciales, par M. Regnault, par MM. Favre et Silbermann, par M. Bunsen, par MM. Bussy et Buignet, par M. Berthelot. — V. § CHALEUR DE COMBINAISON, et § SOURCES DE CHALEUR.

Les tableaux suivants contiennent les résultats des recherches de M. Regnault sur les chaleurs spécifiques :

CHALEURS SPÉCIFIQUES (D'APRÈS M. REGNAULT).

La chaleur spécifique de l'eau étant 1.

Solides.

Glace.	0,504	Laiton.	0,09391
Diamant.	0,2468	Cuivre battu à	
Carbone (charbon		froid.	0,09350
de bois). . .	0,2415	Sélénium. . . .	0,08370
Plombagine. . .	0,2180	Arsenic.	0,08140
Marbre blanc. .	0,2158	Palladium. . . .	0,05927
Soufre.	0,2026	Argent.	0,05701
Verre.	0,1977	Cadmium.	0,05669
Phosphore. . . .	0,1887	Etain (des Indes)	0,05623
Fonte blanche. .	0,1298	Iode.	0,05412
Acier	0,1182	Antimoine. . . .	0,05077
Fer	0,1138	Or.	0,03244
Nickel.	0,1086	Platine.	0,03243
Cobalt.	0,1079	Mercure (solide).	0,03241
Zinc.	0,0955	Plomb.	0,03140
Cuivre recuit . .	0,0949	Bismuth.	0,03084
— fondu . . .	0,0941		

Liquides.

Eau.	1,000	Ether.	0,520
Alcool très étendu.	0,940	Essence d'orange. .	0,488
— à 36°. . . .	0,672	— de citron. .	0,487
— pur. . . .	0,62	— de genièvre. .	0,477
Vinaigre	0,920	Benzine.	0,395
Esprit de bois . .	0,801	Huile d'olive. . .	0,309
Acide acétique. .	0,658	Mercure	0,033

Les tableaux numériques précédents donnent lieu à diverses remarques : De tous les corps, solides ou liquides, c'est l'eau qui a la plus grande chaleur spécifique ; propriété qui lui fait jouer un rôle important dans la nature. L'eau absorbe une grande quantité de chaleur pour s'échauffer d'un petit nombre de degrés ; par compensation, elle se refroidit lentement. Elle est, autour de la terre, comme un immense réservoir de chaleur solaire ; et, par sa circulation, elle va porter cette chaleur de l'équateur aux contrées polaires. On a comparé son rôle modérateur des températures à celui du volant des machines qui empêche les grandes variations de sa vitesse.

L'eau étant, de tous les liquides, celui qui dégage le plus de chaleur, en éprouvant le plus faible abaissement de température, on s'explique son emploi dans le chauffage par circulation d'eau chaude. D'autre part, son grand pouvoir refroidissant est utilisé dans la trempe de l'acier.

Les tableaux numériques précédents nous montrent que les liquides ont, en général, une chaleur spécifique plus grande que celle des solides; et que, généralement aussi, la chaleur spécifique d'un même corps est plus grande à l'état liquide qu'à l'état solide : ainsi la chaleur spécifique de l'eau à 0° est double de celle de la glace à la même température, la première étant 1 et la seconde 0,504.

Il résulte encore de sa grande chaleur spécifique que l'eau bouillante contient, à poids égal, plus de chaleur que le fer porté au rouge, quoique la température de celui-ci soit beaucoup plus élevée. En effet, pour porter de 0° à 100° la température de 1 kilogramme d'eau, il faut 100 calories; cette quantité de chaleur appliquée au fer en élèverait la température de 0° à près de 1,000°.

La chaleur spécifique d'un même corps n'est pas absolument constante; elle augmente à mesure que sa température s'élève; cette variation est plus sensible sur les liquides que sur les solides. L'état physique, ou le mode d'agrégation des molécules d'un corps, influe sur sa chaleur spécifique. On peut dire, en général, que tout ce qni augmente la densité diminue la capacité calorifique. Ainsi, la chaleur spécifique des métaux diminue par l'écrouissage, le martelage, le passage à la filière.

D'autre part, la variation de capacité calorifique est d'autant plus marquée que le corps approche plus de son point de fusion. Enfin, le passage de l'état solide à l'état liquide a pour conséquence, dans un grand nombre de cas, un accroissement *brusque* de la chaleur spécifique. Ainsi, entre —78° et 0° la chaleur spécifique moyenne de la glace est 0,474; celle de l'eau à 0° est 1.

Dulong et Petit ont trouvé, en 1869, la loi suivante qui est une des plus remarquables de la physique : *Pour tous les corps simples, le produit du poids atomique par la chaleur spécifique est un nombre constant.* Il en résulte que pour échauffer du même nombre de degrés les poids atomiques des divers corps simples, il faut la même quantité de chaleur, ou en d'autres termes : *les atomes de tous les corps simples possèdent la même capacité pour la chaleur.*

« Ainsi, tous les atomes élémentaires, grands ou petits, pesants ou légers, lorsqu'ils sont à la même température, possèdent la même quantité d'énergie que nous appelons *chaleur*, les atomes plus légers compensent par leur vitesse ce qui manque à leur masse pour produire le même effet. » Cette belle loi, qui a jeté un jour nouveau sur la constitution chimique des corps, est appelée à nous éclairer de plus en plus sur leur structure intime. Elle a été étendue, plus tard, par Newmann, puis par M. Regnault, aux composés chimiques de même formule.

Chaleurs spécifiques des gaz. On définit la chaleur spécifique d'un gaz sous une certaine pression, *la quantité de chaleur nécessaire pour élever*

de 1° *l'unité du volume de ce gaz.* Elle se détermine par une méthode analogue à celle des mélanges : on fait passer un certain volume d'un gaz, à une température et sous une pression connues, à travers un serpentin entouré d'eau froide; on note l'élévation de température de cette masse d'eau et du calorimètre, puis on égale la quantité de chaleur absorbée à la quantité cédée par le gaz; ce qui permet de déduire la chaleur spécifique.

CHALEURS SPÉCIFIQUES DES GAZ RAPPORTÉES A L'EAU
(d'après M. Regnault).

Gaz simples.

Air.	0,23741	Azote.	0,24380
Oxygène. . . .	0,21751	Chlore	0,12099
Hydrogène. . .	3,4090	Brome.	0,05552

Gaz composés.

Acide carbonique.	0,21690	Acide sulfureux.	0,1544
Oxyde de carbone	0,24500	— chlorhydrique. . . , . . .	0,1852
Protoxyde d'azote.	0,22616	Hydrogène sulfuré.	0,24318
Bioxyde d'azote.	0,23173	Ammoniaque. . .	0,50836
Hydrogène protocarboné. . .	0,59293	Sulfure de carbone.	0,1569
Hydrogène bicarboné. .`. . . .	0,4040	Ether chlorhydrique.	0,27376

Il est à remarquer que l'hydrogène, à poids égal, a une chaleur spécifique 3,4 fois plus grande que celle de l'eau, et 14,3 fois plus grande que celle de l'air.

L'air, à volume égal, a une chaleur spécifique 3080 fois plus petite que celle de l'eau.

Chaleur latente. Toutes les fois qu'un corps change d'état, c'est-à-dire lorsqu'il se fond ou se vaporise, ou qu'il repasse de l'état de vapeur à l'état liquide, ou de celui-ci à l'état solide, il y a, dans tous ces passages, une absorption ou un dégagement de chaleur, d'un caractère particulier, qui n'a été aperçu et expliqué que depuis une centaine d'années.

C'est Black qui, le premier, a décrit le phénomène et mesuré, avec une approximation déjà grande, la quantité de chaleur mise en jeu dans la fusion des corps. Si l'on met sur le feu un vase contenant de la glace et un thermomètre, la glace se fondra peu à peu et le thermomètre restera stationnaire pendant la durée totale de la fusion (le liquide étant convenablement remué), et cela malgré la cause d'échauffement provenant de la source de chaleur. Il faut bien admettre que, dans cette circonstance, la chaleur fournie à la glace a été employée à produire son changement d'état. Si l'on fait l'expérience inverse, qui consiste à déterminer la congélation de l'eau par le moyen d'un mélange réfrigérant dont on entoure le vase, on constatera que le thermomètre placé dans l'eau de ce vase demeurera stationnaire pendant toute la durée de la solidification, malgré la cause de refroidissement qui l'environne; car un thermomètre, placé dans le mélange réfrigérant, peut atteindre jusqu'à 20° au-dessous de zéro.

Dans l'hypothèse de la matérialité du calorique,

on expliquait le phénomène en disant que la chaleur était absorbée pendant la fusion, car elle était restituée lors de la solidification du corps; elle restait donc cachée dans le corps à l'état liquide; de là le nom de *chaleur latente* (du latin, *latens*, caché) qu'on a donné à cette chaleur, par opposition à la *chaleur sensible*, accusée par le thermomètre.

Dans la nouvelle hypothèse, où la chaleur est considérée comme un mode de mouvement moléculaire, on dit que la chaleur absorbée pendant la fusion a été employée à vaincre la cohésion du corps solide et à changer son volume. Elle a été *transformée en travail moléculaire*. Lors de la solidification, c'est le travail moléculaire qui se change en chaleur. Il n'y avait donc pas de chaleur cachée dans le liquide. La chaleur avait disparu dans la fusion; elle avait été réellement consommée. Ce qui vient d'être dit de ce changement d'état est aussi applicable à la vaporisation et à la liquéfaction.

En général, lorsque, par un moyen quelconque, l'on communique de la chaleur à un corps solide, liquide ou gazeux, une portion de cette chaleur est employée à imprimer aux atomes de ce corps l'espèce de mouvement qui élève sa température et qui est sensible au thermomètre; l'autre portion force les atomes à prendre des positions nouvelles, et cette portion est perdue en tant que chaleur; elle est transformée en travail atomique ou moléculaire. Réciproquement, quand ce même corps se refroidit de la même quantité, les atomes, reprenant leurs positions primitives, restituent, d'une part, la chaleur employée à leur échauffement et, d'autre part, celle qui avait été nécessaire au déplacement des atomes; c'est ce travail intérieur qui se transforme alors en chaleur.

On peut, sans inconvénient, employer l'expression de *chaleur latente*, qui rappelle les circonstances de sa production, pourvu qu'on y attache le sens qui vient d'être indiqué en dernier lieu.

Chaleur latente de fusion ou **chaleur de fusion**. On nomme ainsi la quantité de chaleur qu'absorbe l'unité de poids (1 kilogramme) d'un corps, uniquement pour se fondre, sans que la température s'élève. Ainsi, la chaleur latente de fusion de la glace est la quantité de chaleur qu'il faut fournir à 1 kilogramme de glace à 0°, pour qu'elle se transforme en eau à 0°. Black qui, le premier reconnut le fait de la chaleur latente de la glace, en donna une évaluation bien voisine de la vérité. Il trouva, en effet, qu'un mélange de poids égaux de glace fondante à 0° et d'eau à 80° déterminait la fusion complète de la glace, sans que la température finale du liquide fût sensiblement au-dessus de 0°. Il en concluait que la chaleur de fusion de la glace est égale à 80 unités de chaleur ou calories.

Des déterminations dues à Wilke, puis à Lavoisier et Laplace s'écartèrent du résultat de Black. MM. de La Provostaye et Dèsains trouvèrent, par la méthode des mélanges, le chiffre de

79 cal.,25, confirmé par les expériences de M. Person et celles de M. Regnault, est aujourd'hui adopté partout.

La quantité de chaleur nécessaire pour opérer la fusion n'est pas la même pour tous les corps et paraît dépendre de la force de cohésion qui unit leurs molécules, et non du volume qu'ils prennent en changeant d'état. Ordinairement, dans le passage de l'état solide à l'état liquide, il y a augmentation de volume; mais quelquefois aussi, il y a diminution : l'eau, le fer, le bismuth, l'antimoine et quelques alliages nous en offrent des exemples.

CHALEURS LATENTES DE FUSION DE QUELQUES SUBSTANCES

	CHALEUR latente	POINT de fusion
	cal.	
Mercure............	2.82	— 40°
Phosphore...........	5.3	+ 44.3
Plomb.............	5.57	335
Soufre.............	9.37	115
Iode..............	11.7	107
Bismuth............	12.64	260
Etain.............	14.25	235
Zinc..............	28.13	450
Argent.............	31.7	954
Eau..............	79.25	0

Pour les corps qui passent graduellement de l'état solide à l'état liquide, et n'ont pas, à proprement parler, de point de fusion, il n'y a pas de chaleur latente de fusion; tandis que pour tous ceux qui passent brusquement du premier état au second, sans traverser une période de ramollissement, il y a toujours absorption d'une certaine quantité de chaleur.

La glace est, de tous les corps, celui qui absorbe le plus de chaleur pour se fondre. Ce fait a une très grande importance dans la nature; grâce à cette propriété, la fusion de la glace et de la neige, accumulées pendant les froids rigoureux, se fait, lors du dégel, avec une lenteur salutaire, ce qui évite les désastres que cette fusion trop rapide ne manquerait pas de causer.

Chaleur latente de vaporisation ou **chaleur de fluidité**. Lorsqu'un liquide est en ébullition, sa température reste invariable, quelle que soit l'activité du foyer de chaleur auquel il est exposé; il faut bien admettre qu'une quantité de chaleur plus ou moins considérable est absorbée par le seul fait de la vaporisation; et ce n'est pas seulement à l'ébullition qu'il y a de la chaleur absorbée; ce phénomène a lieu à toute température, d'une manière plus ou moins marquée, toutes les fois qu'un liquide se vaporise. Ne sait-on pas, en effet, que si l'on verse sur un thermomètre un liquide volatil on observe un abaissement de température souvent considérable? ce qui serait inexplicable si l'on n'admettait pas la chaleur latente de vaporisation (entendue dans le sens expliqué précédemment).

Quant au phénomène inverse, c'est-à-dire au dégagement de chaleur qui accompagne la liquéfaction d'une vapeur, il est aussi très facile de la mettre en évidence. Pour cela, on prend deux vases pareils contenant des poids d'eau égaux et à la même température.

Dans l'un, on verse une certaine quantité d'eau bouillante et dans l'autre on fait condenser le même poids de vapeur d'eau. On constate que l'élévation de température est beaucoup plus considérable dans le second vase que dans le premier. La mesure de la chaleur latente de vaporisation de l'eau est un élément important dont les physiciens se sont occupés à diverses reprises et par différentes méthodes. Black et Watt firent usage de la méthode de la fusion de la glace et de celle des mélanges; cette dernière a été employée par Rumford et par Dulong et modifiée avantageusement par M. Despretz. Elle consiste,

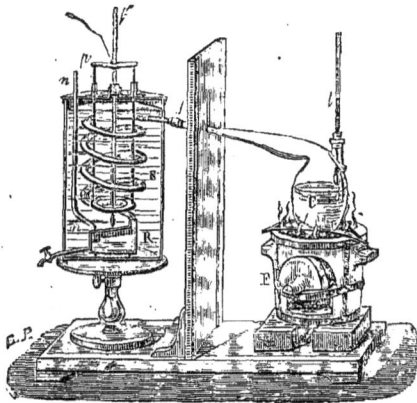

Fig. 438. — *Appareil de Despretz.*

C Cornue contenant le liquide chauffé sur le fourneau F. — t t' Thermomètres. — S Serpentin. — R Récipient où se rend le liquide provenant de la liquéfaction de la vapeur. — u u Tube communiquant avec l'air extérieur — p Agitateur, pour rendre uniforme la température de l'eau du réfrigérant.

en somme, à faire arriver un poids déterminé de vapeur d'eau à une température connue, dans un serpentin entouré d'eau froide, de poids et de température également connus, en prenant les précautions nécessaires pour éviter les causes d'erreurs (fig. 438).

M. Despretz a trouvé, comme moyenne de ses expériences, 537 cal. et M. Regnault 536cal.,6. Ainsi 1 kilogramme de vapeur d'eau à 100° abandonne en se liquéfiant et sans changer de température 537 cal., quantité capable d'élever de 1° la température de 537 kilogrammes d'eau. M. Berthelot a trouvé 536cal.,2.

La grande chaleur de vaporisation de l'eau nous explique pourquoi le liquide qui entoure les serpentins des appareils distillatoires s'échauffe si vite et doit être constamment renouvelé ; car ce qui produit cet échauffement, c'est bien plus la chaleur dégagée par le fait du changement d'état que celle qui est nécessaire à l'abaissement de sa température, lorsqu'elle est à l'état liquide. De là aussi l'emploi de la vapeur dans le chauffage des bains et pour porter à l'ébullition les cuves des ateliers de teinture. Outre l'avantage de n'avoir à chauffer qu'un seul générateur à vapeur, on a celui de pouvoir arrêter le chauffage instantanément et de faire usage de cuves en bois. Lorsque, dans les chaudes journées d'été, on verse de l'eau sur le sol, celle-ci se transforme en vapeur, en absorbant une quantité de chaleur considérable, ce qui refroidit sensiblement l'air.

CHALEURS LATENTES DE VAPORISATION
DE QUELQUES LIQUIDES

Alcool	208	Acide acétique.	102
Esprit de bois	264	Acide formique.	169
Ether sulfurique.	91	Essence de térébenthine.	69

Chaleur totale de vaporisation. La chaleur *totale* qu'un corps réduit en vapeur possède à une température T, se compose de sa chaleur latente à cette température, plus de la chaleur acquise à l'état gazeux depuis la température 0° jusqu'à T. M. Regnault a démontré que la chaleur latente, que l'on croyait constante, diminue à mesure que la température s'élève, tandis que la chaleur totale va en croissant. C'est ce que représentent les deux formules suivantes :

$$\text{Chaleur totale} = 606^{cal.},5 + 0^{cal.},305 \ T.$$
$$\text{Chaleur latente} = 606,5 - 0,695 \ T.$$

CHALEURS LATENTES ET CHALEURS TOTALES
de la vapeur d'eau à différentes températures
(d'après M. Regnault).

Températures	CHALEURS latentes	CHALEUR totale	Température	CHALEURS latentes	CHALEUR totale
	cal.	cal.		cal.	cal.
0°	607	605	120°	522	642
10	600	610	130	515	645
20	593	613	140	508	648
30	586	616	150	501	651
40	579	619	160	494	654
50	572	622	170	486	656
60	565	625	180	479	659
70	558	628	190	472	662
80	551	631	200	464	664
90	544	634	210	457	667
100	537	637	220	449	669
110	529	639	230	442	672

Chaleur rayonnante. Lorsque la chaleur pénètre dans l'intérieur des corps, elle y produit des effets divers : dilatations, changements d'état, etc. Mais si on la considère en elle-même, on trouve qu'elle jouit de propriétés qui lui sont propres, soit quand elle se propage librement dans l'espace, à toute distance, avec une grande vitesse, soit lorsqu'elle se communique lentement, de molécule à molécule, par le contact des corps aux uns des autres de chaleur. Dans le premier cas, elle est dite *rayonnante*; dans le second, elle se propage par *conductibilité*; pour ce dernier mot, V. CONDUCTIBILITÉ. Il ne sera question ici que de la chaleur rayonnante.

Lorsque deux corps inégalement chauds sont

en présence l'un de l'autre, l'expérience démontre qu'ils ne tardent pas à se mettre à la même température, l'un perdant de la chaleur, l'autre en gagnant. La chaleur peut donc traverser l'intervalle, le milieu, qui sépare deux corps. On prouve de différentes manières que cette transmission peut se faire à des distances quelquefois très grandes, instantanément, et, ce qui est remarquable, à travers le vide le plus parfait qu'on puisse réaliser, comme le démontre l'expérience suivante due à Rumford.

Dans un ballon de verre (fig. 439) où l'on a fait le vide barométrique, se trouve fixé un petit thermomètre dont la boule est au centre du ballon. En mettant celui-ci dans l'eau chaude, on voit le thermomètre monter rapidement, indiquant par là que la chaleur a dû traverser le vide pour atteindre le thermomètre.

Une expérience de Prevost, de Genève, qui se fait en disposant une nappe d'eau continue entre

Fig. 439. — Ballon de Rumford. Rayonnement de la chaleur dans le vide.

une source de chaleur et un thermomètre prouve que la chaleur rayonnante traverse aussi les liquides.

D'ailleurs, on sait que la chaleur, comme la lumière solaire, arrive jusqu'à nous, après avoir traversé les espaces planétaires vides de toute matière pondérable. *La chaleur se propage donc dans le vide*, mieux même que dans l'air et dans les divers milieux, car ceux-ci en absorbent toujours une portion plus ou moins grande selon leur nature. Une seconde loi, non moins évidente, et aussi facile à constater, est celle-ci : *La chaleur se propage en ligne droite*, dans un milieu homogène, ou plutôt en ondes sphériques, à partir du centre de chaleur, s'étendant dans toutes les directions.

On sait, en effet, que la lumière et avec elle la chaleur se propagent en ligne droite dans la chambre obscure. Quant à la *vitesse* de propagation de la chaleur rayonnante, elle est du même ordre de grandeur que celle de la lumière qu'elle accompagne ordinairement, c'est-à-dire de 75,000 lieues par seconde. Elle nous vient, en effet, du soleil, à la distance de 37,200,000 lieues en 8

minutes 17 secondes. Dans les éclipses de soleil, on n'a jamais remarqué un retard entre l'apparition de la lumière solaire et la manifestation de sa chaleur.

Tout porte à croire qu'il en est de même de la chaleur obscure, comme celle qu'émet un vase contenant de l'eau bouillante, ou un boulet chauffé et non visible dans l'obscurité.

La chaleur se propage à toutes distances, il est vrai, mais ce n'est pas sans perdre de son *intensité*. Cette diminution est même très rapide : *L'intensité de la chaleur rayonnante décroît comme le carré de la distance :* ainsi, aux distances 1, 2, 3, 4.... l'intensité de la chaleur devient 1, 1/4, 1/9, 1/16, et on en donne des démonstrations géométriques et physiques (comme pour la lumière).

D'autre part, *la chaleur émise ou reçue par une surface oblique, plane ou courbe, est équivalente à celle qu'émettrait ou recevrait sa projection.* On a un exemple de cet effet dans la chaleur que la terre reçoit du soleil. Bien qu'elle soit plus rapprochée de l'astre en hiver qu'en été, elle en reçoit moins de chaleur, principalement parce que, dans le premier cas, les rayons solaires lui arrivent obliquement, tandis qu'en été ils la frappent perpendiculairement. La même remarque s'applique aux terrains en pente ou disposés de manière à recevoir les rayons solaires plus ou moins obliquement.

Si la chaleur elle-même rayonne instantanément d'un corps à un autre, le *refroidissement* d'un corps chaud est loin d'être instantané ; ses molécules, une fois ébranlées, conservent longtemps leur mouvement. D'après Newton : *La vitesse de refroidissement d'un corps est proportionnelle à l'excès de sa température sur celle du milieu qui l'entoure.* Cette loi n'est pas rigoureusement vraie et n'a pas la simplicité sous laquelle Newton l'a formulée. On peut en dire autant de la loi d'échauffement qui est l'inverse de celle-ci.

Réflexion de la chaleur. Une des propriétés les plus importantes de la chaleur rayonnante est celle qu'elle manifeste en rencontrant une surface polie, un miroir-plan, par exemple. Elle est renvoyée à la façon de la lumière et comme une bille d'ivoire ou de marbre qu'on laisse tomber sur un plan oblique, en faisant avec la surface *un angle de réflexion égal à l'angle d'incidence.* Ces expressions doivent s'entendre des *rayons* de chaleur ou de lumière ; et l'on nomme ainsi toute droite suivant laquelle de la chaleur ou de la lumière se propage. Cette loi, qu'il serait difficile de démontrer par une expérience directe peut être vérifiée facilement au moyen des *miroirs réflecteurs* (fig. 440), surfaces sphériques ou paraboliques, polies à l'intérieur, qui ont la propriété de concentrer en un même point, qu'on nomme *foyer*, les rayons de chaleur qui arrivent sur les miroirs parallèlement à leurs axes. Une construction géométrique montre que le foyer est sensiblement à la moitié du rayon du miroir. La distance du centre de figure du miroir à ce point est nommé *distance focale*.

Miroirs conjugués. Deux miroirs égaux disposés

en face l'un de l'autre et à quelques mètres de distance, de manière que leurs axes coïncident, sont appelés miroirs conjugués (fig. 440). C'est Pictet, de Genève, qui le premier en a signalé l'emploi. Avec un tel système on réalise l'expérience suivante qui est très démonstrative : au foyer de l'un on met une source de chaleur, un boulet chauffé au rouge, ou une grille en forme de coupe remplie de charbon embrasé. Au foyer de l'autre miroir on dispose un corps facilement inflammable, des allumettes, du coton-poudre ou de l'amadou. Dès qu'on enlève l'écran qui séparait les deux miroirs et arrêtaient les rayons de chaleur, on voit les corps combustibles s'enflammer spontanément, tandis qu'à la distance de 0^m,20, ces corps n'eussent pas pris feu.

Les rayons de chaleur partis de la source se réfléchissent sur le premier miroir et se dirigent, parallèlement à l'axe commun, sur le second miroir et vont se croiser à son foyer où ils produisent l'effet observé.

Une construction géométrique, qui repose sur la loi énoncée plus haut, justifie les résultats de l'expérience.

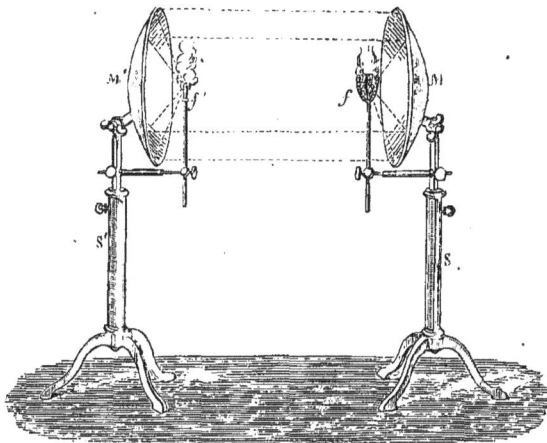

Fig. 440. — *Miroirs réflecteurs conjugués de Pictet.*
M M' Miroirs. — S S' Supports. — ff' Foyers.

L'expérience suivante, due à Davy, prouve que la *chaleur se réfléchit dans le vide*. Deux petits miroirs M et M' (fig. 441) sont placés en regard l'un de l'autre dans un récipient C de machine pneumatique. Au foyer de l'un est la source de chaleur qui consiste en une spirale *f*, en fil de platine qu'on peut faire rougir en la mettant en communication avec les deux pôles d'une pile, par le moyen de gros fils extérieurs, scellés à la cloche en *a* et *b*. Lorsqu'on a fait le vide et que la spirale rougit, on voit le thermomètre *t*, placé au foyer du second miroir, monter de plusieurs degrés; ce qui n'aurait pas lieu si ce thermomètre n'était pas au foyer, lors même qu'il serait plus près de la source de chaleur.

Réflexion apparente du froid. Si l'on met au foyer de l'un des miroirs conjugués un mélange réfrigérant à la place d'un foyer de chaleur, et si, l'on dispose au foyer de l'autre miroir la boule d'un thermomètre différentiel, on voit l'instrument indiquer un abaissement de température.

Les choses se passent comme s'il y avait

réflexion de rayons frigorifiques au lieu de rayons calorifiques. L'explication du phénomène est assez simple : tout corps, chaud ou froid, rayonne de la chaleur; s'il en envoie plus qu'il n'en reçoit, sa température s'abaisse, dans le cas contraire, elle s'élève. Dans l'expérience présente, le thermomètre envoie de la chaleur et en reçoit fort peu de la part du mélange réfrigérant, sa température doit donc s'abaisser.

Réfraction de la chaleur. De même que la lumière, la chaleur est déviée en passant d'un milieu dans un autre; elle se *réfracte*, en suivant les mêmes lois. En effet, si l'on place, sur le trajet des rayons solaires, une lentille convexe en verre, la lumière la traversera et ira se concentrer de l'autre côté de la lentille, en un point qu'on nomme *foyer* de la lentille. C'est en ce point lumineux que viennent aussi se réunir les rayons de chaleur qui accompagnent la lumière, car si l'on y met un corps combustible, du papier, par exemple, il s'enflamme comme au foyer d'un miroir concave. On a donné le nom de *verres ardents* à ces lentilles de grandes dimensions. Tschirnhausen en avait construit un de 1^m,32 de diamètre ayant près de 4 mètres de distance focale; une seconde lentille plus petite, placée parallèlement à la première et sur le même axe, concentrait en un point le faisceau convergent produit par la grosse lentille.

Buffon fit aussi construire des lentilles en verre, moins épais, absorbant moins de chaleur et formées de plusieurs couronnes concentriques ayant leurs foyers au même point. C'étaient les *lentilles à échelons* qui, plus tard, ont été perfectionnées par Fresnel et appliquées aux phares.

Décomposition de la chaleur. La chaleur rayonnante se décompose, comme la lumière blanche, en rayons de réfrangibilités inégales. On le constate en plaçant, sur le trajet d'un faisceau de rayons solaires, un prisme qui sépare les radiations diverses et les étale sur un écran, c'est ce qu'on nomme le *spectre solaire*. Si l'on promène sur ces diverses nuances, non pas un thermomètre ordinaire, mais un instrument bien plus délicat, la pile thermo-électrique de Melloni (V. Thermo-Électricité), on trouve que la chaleur va en croissant de l'extrémité visible du spectre jusqu'au rouge et bien au-delà de cette nuance dans la partie invisible ; c'est là qu'est le *maximum de température*. Il y a donc un *spectre calorifique* deux fois plus étendu que le spectre lumineux. On a même distingué dans ce spectre des *bandes froides*, comme il y a des bandes obscures, des *raies* dans la partie lumineuse.

L'analogie entre les propriétés de la chaleur et de la lumière se maintient relativement aux phénomènes de *polarisation*, d'*interférences*, de *diffraction*, etc. Les lois sont les mêmes.

Pouvoirs des corps relativement à la chaleur. L'expérience montre que des corps de nature différente, placés dans les mêmes conditions de température, de formes, etc., n'émettent pas ou n'absorbent pas autant de chaleur les uns que les autres. De là la distinction de divers *pouvoirs* des corps relativement à la chaleur : *pouvoir rayonnant* ou *émissif*, propriété que possèdent les corps d'émettre ou d'envoyer dans toutes les directions une partie plus ou moins grande de la chaleur qu'ils possèdent ; *pouvoir absorbant* ou *admissif*, l'inverse et l'égal du précédent ; *pouvoir réflecteur* ou *réfléchissant*, faculté de renvoyer une partie plus ou moins grande de la chaleur reçue à la surface. Ces pouvoirs ont été mesurés comparativement à l'un d'eux, celui du noir de fumée, en employant, soit l'appareil de Leslie, soit celui de Melloni (V. Pile Thermo-Électrique) beaucoup plus sensible.

Le tableau suivant contient les principaux résultats de ces mesures :

	POUVOIR rayonnant et pouvoir absorbant	POUVOIR réflecteur
Noir de fumée.	100	0
Blanc de céruse.	100	0
Papier (à écrire).	98	2
Verre. . . , ...	90	10
Encre de chine.	85	15
Gomme laque.	72	28
Acier.	17	83
Platine.	17	83
Laiton poli.	7	93
Cuivre rouge.	7	93
Or poli.	3	97
Argent poli	3	97
Mercure.	2	98

Les physiciens Dulong et Petit, Ritchie, ont démontré par l'expérience l'égalité des pouvoirs émissif et absorbant. En admettant, ce qui est peu éloigné de la vérité, que de toute la chaleur qui arrive à la surface d'un corps une partie est réfléchie et l'autre absorbée, il s'ensuit que le pouvoir réflecteur est complémentaire de chacun des deux autres. Mais une partie de la chaleur réfléchie est renvoyée irrégulièrement, dans toutes les directions ; elle est ce qu'on appelle *diffusée*. Toutefois, comme la relation précitée ne s'éloigne pas beaucoup de la vérité, dans un grand nombre de cas, on peut dire que tout ce qui mo-

difie le pouvoir réflecteur dans un sens, modifie chacun des deux autres en sens contraire.

Le *pouvoir réflecteur* augmente généralement avec le degré de poli des surfaces, avec l'angle d'incidence, surtout pour les substances transparentes comme le verre, et diminue avec l'intensité calorifique de la source. Ce pouvoir est plus grand avec la chaleur obscure qu'avec la chaleur lumineuse, du moins pour les métaux.

Le *pouvoir émissif* augmente lorsqu'on recouvre de plusieurs couches de vernis un cube métallique contenant de l'eau chaude (expérience de Leslie). Les corps réduits en poudre paraissent avoir le même pouvoir émissif. Ce pouvoir varie avec la température, avec l'obliquité des rayons par rap-

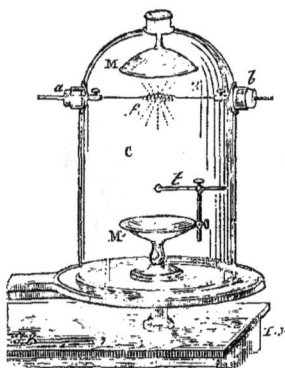

Fig. 441. — *Réflexion de la chaleur dans le vide (expérience de Davy).*

port à la surface qui les émet, excepté pour le *noir de fumée*. Il varie aussi avec le degré de poli de la surface.

Le *pouvoir absorbant* varie avec la nature de la source de chaleur et aussi avec l'inclinaison des rayons incidents.

Corps diathermanes. La chaleur peut traverser certains corps sans les échauffer et sans déperdition sensible et être arrêtée plus ou moins complètement par d'autres. Les premiers sont nommés *corps diathermanes* ; tel est le sel gemme en cristaux bien purs ; les autres, *athermanes*, comme les métaux.

Cette propriété de laisser passer, avec plus ou moins de facilité, les rayons de chaleur, varie aussi pour un même corps, suivant que la chaleur provient d'une source lumineuse comme celle du soleil, ou d'une source obscure comme celle d'un corps simplement chaud, à une température au-dessous de 500°. La chaleur lumineuse qui a traversé plusieurs lames de verre et qui devient obscure par suite de refroidissement, est incapable de traverser de nouveau les mêmes lames ; fait qui a une grande importance dans les applications.

SUBSTANCES RANGÉES PAR ORDRE DE DIATHERMANÉITÉ
DÉCROISSANTE.

La quantité de chaleur incidente étant égale à 100.

Sel gemme.	92	Essence de térében-	
Flint-glass.	67 à 64	thine.	31
Sulfure de carbone.	63	Huile d'olive.	30
Spath d'Islande.	62	Ether.	17
Verre à glace.	62 à 59	Alcool.	15
Verre à vitres.	58 à 50	Alun.	12
Cristal de roche.	57	Eau distillée.	11
Crown anglais.	49		

Le sel gemme noirci est plus diathermane que le sel gemme transparent; il en est de même du quartz enfumé qui est plus diathermane que le quartz diaphane.

L'alun, le verre, le spath, le cristal de roche, sont diathermanes pour la chaleur lumineuse et arrêtent la chaleur obscure. Une dissolution concentrée d'iode dans le sulfure de carbone est tout à fait opaque mais très diathermane. L'eau pure est le corps le moins diathermane.

La chaleur solaire possède à un haut degré le pouvoir de traverser les corps; la chaleur des foyers traverse peu le verre et la chaleur obscure ne le traverse pas du tout.

Les corps diathermanes correspondent aux corps diaphanes. Les corps athermanes aux corps opaques.

On a vu, par des exemples précédents, que la diathermanéité est indépendante de la diaphanéité.

Une expérience qui montre bien que la chaleur peut traverser, sans déperdition sensible, certains corps, est celle qui consiste à diriger un faisceau de lumière solaire ou électrique à travers un vase en verre à faces planes et parallèles, contenant une dissolution d'iode dans le sulfure de carbone. Tous les rayons lumineux sont arrêtés, mais si l'on concentre avec une lentille la chaleur obscure qui sort de l'autre côté du vase, on peut alors, avec elle, enflammer des corps combustibles. Cette propriété de la chaleur obscure est nommée *calorescence*.

On a vu qu'une lame de verre absorbe les 0,62 de la chaleur qui lui arrive; mais une seconde lame placée à la suite de la première en absorbe comparativement beaucoup moins, une troisième moins encore, par une sorte de *tamisage* des rayons. La plupart des substances diathermanes se laissent traverser plus particulièrement par certains rayons de chaleur que par d'autres, comme les corps colorés doivent leurs couleurs propres à ce qu'ils absorbent mieux certaines couleurs que d'autres. Pour la chaleur, les rayons sont d'autant plus transmissibles qu'ils se rapprochent plus de la partie bleue du spectre. C'est ce phénomène que Melloni a nommé *thermochroïsme* ou *thermochrose*.

La chaleur rayonnante devient chaleur ordinaire quand elle est absorbée par les corps et qu'elle se répand dans leur masse par voie de conductibilité; réciproquement, la chaleur qui s'échappe des corps, à mesure qu'ils se refroidissent, devient chaleur rayonnante.

L'air et les gaz qui le composent, oxygène et azote, sont tout à fait diathermanes et donnent un libre passage aux rayons solaires; mais la vapeur d'eau, qui se trouve toujours dans l'air, absorbe un grand nombre de rayons de chaleur; voilà pourquoi le soleil paraît moins chaud à son lever ou à son coucher qu'au zénith, quoi qu'il soit à la même distance de nous; mais lorsqu'il est près de l'horizon, ses rayons ont à traverser une couche d'air beaucoup plus épaisse que quand il est à la moitié de sa course.

Avant les travaux de Melloni, on n'avait établi que l'analogie entre les propriétés des rayons de lumière et des rayons de chaleur. Depuis les recherches du savant italien, continuées par M. Desains, on affirme maintenant l'identité des deux sortes de radiations.

Un rayon de lumière simple reste, quelles que soient les modifications qu'il éprouve dans son intensité, toujours accompagné d'une quantité de chaleur correspondante. Au lieu d'admettre la simultanéité des deux sortes de rayons, il est plus simple d'admettre une radiation d'espèce unique, mais capable de produire les deux effets que nous appelons chaleur et lumière.

APPLICATIONS DE LA CHALEUR RAYONNANTE. Sans parler ici du *chauffage* ni de l'utilisation de la *chaleur solaire* (V. ces mots), nous devons citer quelques applications usuelles de la chaleur rayonnante : Puisque le noir de fumée possède le plus grand pouvoir émissif, il serait rationnel d'enduire de noir les poêles et les tuyaux; car les surfaces polies rayonnent et ne font que chauffer l'air qui arrive en contact avec eux. Si l'on veut conserver des liquides longtemps chauds, il faut les renfermer dans des vases d'argent ou de cuivre polis, ou de porcelaine blanche vernie. Pour faire chauffer rapidement un liquide, il est avantageux de se servir d'un vase noirci du côté du feu et brillant ailleurs. On peint en noir les murs contre lesquels sont appliqués des espaliers, des vignes, afin que le mur s'échauffe davantage et envoie plus de chaleur aux arbustes.

Le pouvoir rayonnant ne dépend pas absolument de la couleur; ainsi un vase entouré de velours rouge, blanc ou noir, rayonne de la même manière. On fait application, dans les serres, de la propriété du verre, qui est diathermane pour la chaleur lumineuse et athermane pour la chaleur obscure. C'est pour la même raison que la chaleur s'accumule sous les cloches en verre et les châssis des jardiniers.

La chaleur rayonnante donne aussi l'explication de divers phénomènes : La neige préserve la terre d'un froid excessif par son faible pouvoir absorbant; elle ne fond que lentement au soleil parce qu'elle diffuse la plus grande partie de la chaleur incidente. En répandant du charbon en poudre sur la neige, elle fond plus rapidement.

On a cru longtemps que les vêtements de couleur blanche devaient être préférés aux vêtements noirs, en été, parce qu'ils renvoient la chaleur extérieure, en hiver comme ayant un faible pouvoir émissif; mais des expériences de M. Tyndall ont montré que certains corps blancs avaient le même pouvoir diathermane que des corps noirs. Il y a d'ailleurs à tenir compte dans cette application, non seulement du pouvoir diathermane des substances, mais de la texture, de la conductibilité et aussi de la nature de la source calorifique ; car les rayons de chaleur obscure ne se comportent pas de la même façon que les rayons de chaleur lumineuse. — C. D.

SOURCES DE CHALEUR.

On donne ce nom à tout corps solide, liquide ou gazeux, porté à une température plus ou moins élevée, capable de communiquer aux autres corps une quantité de chaleur plus ou moins grande, constante ou variable. On peut classer les sources de chaleur en *sources naturelles* et en *sources artificielles*. Nous citerons parmi les premières : la *chaleur lunaire*, la *chaleur solaire*, la *chaleur terrestre*.

Chaleur lunaire. Il est impossible de douter que chaque rayon lumineux ne soit aussi un rayon calorifique. Bien qu'il ne soit pas appréciable d'une façon évidente pour tous, il est certain cependant que la lune nous envoie quelque chaleur. Le pouvoir calorifique d'un rayon lumineux n'est pas forcément égal à son pouvoir éclairant ; il en résulte qu'il est difficile de mesurer l'intensité des rayons lunaires dont la paleur est proverbiale. L'expérience n'en a pas moins été tentée.

Melloni est le premier qui ait obtenu un résultat digne d'attention. Il fit converger sur sa *pile* (V. art. spécial) un ensemble de rayons lunaires préalablement concentrés au moyen d'une lentille polyzonale ; mais le froid extérieur rendit vaine cette première tentative de mesure. Il eut alors l'heureuse idée de préserver sa pile du refroidissement extérieur au moyen d'un écran formé d'une feuille de verre très transparent. La lumière traversant l'écran pouvait arriver librement sur la face noircie de sa pile où elle était convertie en chaleur. « *Cette chaleur ne pouvait, grâce à l'écran de verre, revenir sur ses pas.* » C'est ainsi qu'en accumulant ses effets et en les mettant à l'abri du refroidissement extérieur, Melloni obtint une déviation galvanométrique de 3 à 4 degrés, indice de chaleur. Toutefois, l'expérience ainsi faite restait incomplète. La chaleur émise par la lune est en effet composée d'un grand nombre de rayons obscurs absorbés en partie par la vapeur d'eau de l'atmosphère et la lentille employée devait, par sa grande épaisseur, absorber la majeure partie des rayons susceptibles d'arriver jusqu'au sol.

L'expérience a été répétée depuis plus judicieusement par l'éminent professeur anglais Tyndall. Pour concentrer les rayons lunaires sur la pile de Melloni toujours préservée du refroidissement extérieur par un écran de verre, Tyndall employa, en 1860, au lieu d'une lentille, un réflecteur métallique affectant la forme d'un tronc de cône. Comme Melloni, il obtint des indices de chaleur, mais il ne paraît pas que le brumeux ciel d'Angleterre lui ait permis de pousser plus loin ses investigations. On ne peut enfin citer que pour mémoire les recherches faites en France dans le même but par M. l'ingénieur Abel Pifre qui n'a pu également recueillir que des indices, sans arriver encore à aucune mesure exacte.

Chaleur solaire. La chaleur solaire est de beaucoup la plus grande de toutes les sources de chaleur naturelle. Moteur universel de toutes les actions météorologiques, elle est aussi le principe du mouvement et de l'énergie vitale sur la terre.

Sa production est incessante. Elle dépasse ce que peut concevoir l'imagination : la combustion d'une couche de houille de 3 mètres d'épaisseur enveloppant le soleil tout entier n'engendrerait pas un nombre de *calories* égal à celui qui résulte de la radiation solaire pendant une heure.

Depuis des millions de siècles, cette source de calorique réchauffe l'univers sans qu'il soit possible d'apprécier la plus faible diminution de son intensité et, malgré les nombreuses et brillantes hypothèses faites sur la constitution du soleil, il reste encore impossible de fixer exactement son origine.

Le soleil est-il un globe pourvu dès sa formation d'une provision de chaleur infinie, une masse en combustion, ou bien, ce qui est peu probable, un corps engendrant une somme constante de chaleur par son frottement avec d'autres corps pendant sa rotation? Les milliers de millions d'atômes cosmiques composant la *lumière zodiacale* attirés constamment vers la masse du soleil y déterminent-ils, ce qui paraît possible, une source de chaleur permanente par suite de leurs chocs incessants sur la masse solaire, ou bien faut-il, avec M. Helmoltz, faire retour à l'hypothèse de Laplace?... Autant de problèmes encore insolubles d'une façon complète.

Quoi qu'il en soit, la chaleur du soleil fécondant la terre fournit aux moteurs animés la nourriture, source de toute leur énergie. Elle provoque l'évaporation à la surface des mers, remonte à leur source l'eau des rivières, alimente nos moteurs hydrauliques et engendre les vents. Emmagasinée dans le sol par les végétaux des âges antérieurs, elle alimente, sous forme de houille, la machine à vapeur, l'un des plus puissants moteurs de notre civilisation actuelle.

HISTORIQUE.

Tributaire du soleil sous toutes ses formes, l'industrie humaine a cherché de tout temps à utiliser directement, au fur et à mesure de sa production, cette mine inépuisable de travail gratuit et constant pour un grand nombre de pays, tels que l'Afrique, l'Amérique méridionale, les Indes, etc.

Dès l'époque de Moïse, les Egyptiens étaient déjà fort habiles dans l'art de fabriquer les miroirs. Trois cents ans avant notre ère, Euclyde enseignait à Alexandrie le moyen de concentrer les rayons du soleil par des miroirs spéciaux et ses leçons étaient mises à profit par Archimède dont les *miroirs ardents* incendièrent la flotte romaine qui assiégeait Syracuse, sa patrie. Procus brûla ainsi les vaisseaux de Vitalien au siège de Byzance. Environ 100 ans avant notre ère, Héron d'Alexandrie décrit dans ses pneumatiques une sorte de pompe solaire. Les

Romains connaissaient aussi les *miroirs ardents*. Ils employaient pour les fabriquer un alliage de cuivre et d'étain et leur donnaient une forme très judicieuse. Après ces premiers essais, la question sommeilla dans un assez long oubli. Mais elle fut reprise au moyen âge et l'on voit successivement Vitellius, Kircher, Salomon de Caus, le plus justement célèbre de tous, la poursuivre à leur tour.

Descartes mit en doute la possibilité des effets obtenus par Archimède et ses émules. Comme Kircher, Buffon voulut reconnaître la vérité de ces traditions historiques et fit, en 1747, une série d'expériences directes. A l'aide d'un ensemble de 128 glaces planes de 0^m,22 sur 0^m,16 mobiles sur un châssis et dont il réglait les positions de manière à réfléchir les rayons solaires sur une petite surface, il enflamma du bois à une distance de deux cents pas et parvint à fondre de l'étain et du plomb à cent vingt pas, de l'argent en lames minces à cinquante pas. Ces expériences faites en France aux mois de mars et d'avril où la chaleur solaire est notablement plus faible qu'en Sicile, ne permettent pas de mettre en doute l'efficacité des moyens analogues employés par Archimède. On a fait des miroirs ardents en bois verni ou recouvert de paille. Mariotte en réalisa en glace provenant de la congélation pure privée d'air par l'ébullition et parvint ainsi à enflammer de la poudre.

On peut encore citer parmi les miroirs célèbres celui de Septala de Milan qui, exposé au soleil d'été, mettait le feu à des morceaux de bois à la distance de quinze pas; celui d'Eschirrhansen (1687) qui avait 1^m,69 de large et avec lequel cet expérimentateur fondait un alliage d'étain et de plomb, de l'argent en lingots, et portait au rouge de la pierre et des briques; celui de Villette, ouvrier de Lyon, dont les effets étaient comparables aux précédents; celui de Bernières (1757), miroir en verre étamé au moyen duquel l'argent et même le fer fondaient en quelques secondes.

Vers la fin du siècle dernier, les expériences d'Herschel l'aîné, celles de Ducarla et de Saussure qui consistaient à emmagasiner la chaleur solaire sous des châssis vitrés, furent justement célèbres et devaient, combinées avec les précédentes, conduire la science à la solution du problème poursuivi avec une persévérance qui témoigne de sa haute importance. Mais c'est surtout depuis les travaux de Pouillet, de sir John Herschell, de MM. Ericsson, Violle, Crova, qui se sont occupés et dont les derniers s'occupent encore de déterminer exactement l'intensité de la radiation solaire à la surface du sol, que les tentatives d'utilisation directe de la chaleur solaire sont entrées dans une voie pleine de promesses.

Les expériences de Pouillet en France, celles de sir John Herschell faites au cap de Bonne-Espérance à peu près à la même époque; celles que poursuivent actuellement M. Violle et M. Crova ont démontré que le soleil déverse en moyenne, à Paris, dix à douze calories par minute et par mètre carré de surface lorsque le ciel est clair.

Ces chiffres sont naturellement variables avec la latitude du lieu où l'on opère. L'épaisseur de la couche d'air traversée, sa limpidité, ont une influence considérable sur la radiation solaire à la surface du sol. Ainsi M. Violle, professeur à la Faculté de Lyon, opérant en Algérie où l'air est plus sec, le ciel plus pur que dans nos régions, a trouvé jusqu'à 18 calories réparties par minute sur chaque mètre carré de surface.

Cette quantité de chaleur ne peut être convertie en travail sans déperdition. Pour en tirer un parti utile, il faut, de toute nécessité, passer par l'intermédiaire d'appareils qui en absorbent une partie (V. CONCENTRATEUR). Mais en estimant seulement à 12 calories par minute et par mètre de surface la chaleur qui peut être utilement recueillie en Afrique, aux Indes, etc., on voit qu'il suffirait de la recueillir pendant une heure, sur une surface de un mètre carré, pour porter 1 kilogr. 13 d'eau de la température de 15° à celle qui correspond à une pression de 5 atmosphères, soit 152°. En recueillant la chaleur répartie, non plus seulement sur un mètre carré, mais sur 20 mètres carrés, par exemple, on pourrait obtenir en une heure 22 kilogr. 60 de vapeur à la pression de 5 atmosphères et alimenter ainsi un petit moteur de 1 à 2 chevaux vapeur. Faible en apparence, cette force de un cheval est cependant suffisante pour élever à 5 mètres de hauteur, dans une journée de 10 heures, 380,000 litres d'eau. La possibilité de produire une pareille quantité de vapeur sous pression implique, à plus forte raison, celle de distiller de l'eau, des alcools, des parfums, de cuire des aliments, etc.

De tels résultats sont inappréciables pour ces vastes contrées que brûle un soleil sans nuages, où le combustible fait presque toujours défaut où l'eau n'est souvent potable qu'à la condition d'avoir été distillée, où la végétation n'est possible qu'avec le secours des irrigations.

Il y a longtemps que M. Bertrand, l'éminent secrétaire perpétuel de l'Académie des sciences, exprimait l'espoir de voir un jour l'emploi de la chaleur solaire modifier favorablement les conditions économiques de l'agriculture et de l'industrie des pays chauds : notre époque déjà si féconde en progrès utiles a vu cette espérance réalisée.

Appliquant aux rayons du soleil les procédés successivement employés par Melloni et Tyndall pour recueillir la chaleur émise par les rayons de la lune (V. CHALEUR LUNAIRE), M. Mouchot, professeur au lycée de Tours, a obtenu d'intéressants résultats d'utilisation directe de la chaleur solaire et fait les premiers pas dans la voie où l'on devait faire de rapides progrès. Ses appareils figurèrent à l'Exposition de 1878 et excitèrent la curiosité publique. Ils se composaient essentiellement d'un réflecteur concentrant les rayons du soleil sur une chaudière préalablement noircie.

Le réflecteur du grand appareil que l'on a pu voir en 1878 sur les pentes gazonnées du Trocadéro était formé de feuilles de cuivre argentées. Il avait, comme celui dont Tyndall s'est servi pour concentrer les rayons de la lune et dont il est fait mention dans la première édition française des œuvres de ce savant professeur publiée en 1864 à Paris, la forme d'un tronc de cône dont les génératrices forment avec l'axe un angle de 45°. Lorsqu'il était orienté de telle sorte que cet axe coïncidât avec la direction du soleil, les rayons calorifiques, après avoir frappé la surface argentée, venaient s'entrecouper le long de la ligne axiale. La chaudière qui avait la forme d'un cylindre allongé était disposée suivant cette ligne; elle recevait par conséquent tous les rayons renvoyés par le réflecteur. Comme la pile thermo-électrique employée par Melloni pour la mesure de la radiation lunaire, cette chaudière était entourée d'écrans en verre laissant passer la chaleur lumineuse envoyée par le réflecteur mais retenant les rayons de chaleur obscure. L'ensemble de l'appareil était supporté par un bâti sur lequel s'appuyaient des axes et des engrenages permettant d'obtenir un mouvement parallactique destiné à l'orientation de tout l'ensemble.

Le réflecteur de cet appareil avait 5ᵐ,50 de diamètre. Il permit d'obtenir de la vapeur sous pression en quantité trop faible il est vrai pour être employée utilement, si ce n'est pendant quelques minutes à intervalles assez éloignés, mais affirmant la possibilité de tirer parti de l'immense source de calorique fournie par le soleil.

Depuis, en 1880, M. Mouchot a écrit à l'Académie des sciences qu'il avait obtenu de meilleurs résultats avec son système de réflecteur à géné-

Fig. 442. — *Appareil pour l'utilisation de la chaleur solaire.*

ratrice droite, mais il faut reconnaître qu'après avoir annoncé à la Société savante qu'il obtenait en Algérie une force de 8 kilogrammètres, il ajoute, pour le prouver, qu'il a élevé 6 litres d'eau par minute à la hauteur de 3ᵐ,50. Or, cela ne représente en réalité qu'un travail de

$$\frac{6^k \times 3,50}{60''} = 0 \text{ kilogrammètre},35$$

c'est-à-dire le vingtième seulement de ce qu'il croyait avoir obtenu. Résultat trop minime pour être pris en considération au point de vue industriel.

Il faut arriver aux travaux de M. l'ingénieur

Abel Pifre pour constater des résultats sérieux et commençant la série des applications vraiment industrielles des procédés employés pour utiliser la chaleur solaire.

M. Abel Pifre s'est attaché à rendre pratiques les essais de M. Mouchot. Les améliorations successives qu'il a apportées aux appareils de ce dernier lui ont permis de présenter au monde savant, dans le beau jardin du Conservatoire des arts et métiers, pendant l'été de 1880, un appareil dont le dessin est représenté figure 442. Nous l'avons vu fonctionner régulièrement et faire marcher d'une manière continue sous le soleil de Paris une machine à vapeur et une pompe élévatoire, bien que son réflecteur n'eut que 3ᵐ,50 de diamètre.

Entre autres perfectionnements, M. Pifre a eu l'heureuse idée de concentrer le foyer calorifique de manière à atténuer considérablement les pertes par rayonnement vers l'extérieur et à obtenir un chauffage rationnel. A cet effet, il a brisé la génératrice du réflecteur dont la surface se trouve dès lors composée de trois troncs de cônes se raccordant suivant deux parallèles : le tronc de cône inférieur ayant un angle au centre plus ouvert que les autres.

En outre, les divers détails du support, de la chaudière, et surtout du mouvement substitué au mouvement parallactique plus astronomique, mais d'une construction difficile et trop coûteuse,

Fig. 443.

ont été soigneusement étudiés et ont décidé l'entrée de ces appareils dans la pratique. L'industrie construit maintenant ces derniers de toutes dimensions. Les plus grands, qui atteignent les proportions de celui qui figurait à l'Exposition de 1878, servent à la production de force motrice. Les plus petits destinés à la cuisson des aliments sont représentés par la figure 443. Ils sont facilement transportables et peuvent rendre d'utiles services aux explorateurs et même aux touristes.

Avec un appareil du genre de celui que nous avons vu au Conservatoire des Arts-et-Métiers (fig. 442), on produit une force de un cheval vapeur dans les pays chauds (actuellement en Egypte, Compagnie des eaux du Caire, Algérie, etc.). On obtient partout où brille le soleil, aussi bien dans le désert que sur la cime d'une montagne, le travail de plus de 10 hommes, sans foyer à entretenir, sans trace de combustible. On met enfin à la disposition du premier venu dix ouvriers ne coûtant rien, ne mangeant pas !

Il est entendu que nos latitudes sont hors de

cause. Mais dans toutes les vastes contrées où le soleil luit du matin au soir pendant de longs mois, on peut, sans dépense de charbon, avoir un moteur souple, régulier, commode, se prêtant à tous usages. Or, que de personnes accepteraient à l'heure actuelle un moteur consommant du combustible si ce moteur pouvait être mis entre les mains d'un indigène. Malheureusement, lorsque dans les pays éloignés des grands centres on essaye de se servir des machines, les chauffeurs ne se créent pas du jour au lendemain ; les foyers sont mal entretenus, les chaudières reçoivent des coups de feu. On renonce à la machine à vapeur.

Avec le soleil, pas de coup de feu, pas de chauffeur, pas de foyer. La chaudière ne pourrait que voir sa pression baisser si toutes les demi-heures on ne prenait soin d'orienter le réflecteur d'un tour de main.

On ne peut comparer, comme on l'a souvent fait à tort, la chaleur solaire avec les autres forces gratuites, le vent et l'eau. Celles-ci sont variables. Celle-là est d'une admirable constance. Elle reste à très peu près la même dans la zône torride et aux environs. C'est du matin au soir un approvisionnement permanent de combustible : il n'y a qu'à puiser en Algérie, en Egypte, au Sénégal, en Amérique centrale, dans les Indes, etc. Dans tous ces pays, le problème de la production des petites forces est donc résolu pour les irrigations, le fonctionnement des machines agricoles, la distillation, la production de la glace, l'épuration des eaux insalubres, etc.

Il faut bien abréger ; mais il faut reconnaître que jamais l'esprit humain ne trouva matière à spéculation d'un ordre plus élevé et plus séduisant. — L.

Chaleur terrestre. La terre elle-même est une source de chaleur. Peut-être ira-t-on chercher dans ses profondeurs la chaleur nécessaire aux usages de la vie et aux besoins de l'industrie.

En creusant les mines et les puits artésiens, on a constaté que la température s'y élève de 1° pour une profondeur de 30 mètres environ. Si cette loi se maintient, on peut conclure qu'à la distance de 60 kilomètres au-dessous de sa surface, tous les corps sont en fusion. La température de certaines sources, venant des profondeurs du sol, justifie cette explication. Les matières fondues que lancent les volcans, sont une preuve que les corps sont à l'état liquide sous ce qu'on nomme l'écorce du globe. La terre, primitivement fluide et portée à une très haute température, s'est refroidie durant une longue période de siècles. Maintenant que la croûte est très épaisse, le refroidissement est très lent. C'est néanmoins la chaleur centrale qui maintient la température constante à une certaine profondeur au-dessous du sol, 15 à 25 mètres, température qui, pour la latitude de Paris, est de 11°,5 ; c'est la température de la couche invariable, au-dessous de laquelle ne se font pas sentir les changements de saisons.

L'Océan est pour la terre un modérateur de la

chaleur. L'eau répandue en grande masse sur le globe émet en hiver une partie de la chaleur qu'elle a reçue en été, et, grâce à sa grande capacité calorifique, elle rend les climats des îles ou des côtes plus doux que ceux de l'intérieur des grands continents. Sa faible conductibilité calorifique est encore un obstacle à la déperdition de la chaleur terrestre. Les Geyser d'Islande, ces sources naturelles d'eaux bouillantes, dont plusieurs · sont intermittentes, ont été utilisées comme sources de chaleur, par les habitants des lieux voisins. D'autres sources naturelles, mais indirectes de chaleur, sont les mouvements des eaux de la mer, les cataractes des fleuves, les chutes d'eau en général. Il y a, dans toutes ces circonstances, du travail détruit et par suite de la chaleur produite. Le frottement de l'air est en-

core une source de chaleur. Les volcans, la chute des météorites, la foudre sont aussi des sources naturelles de chaleur.

L'origine de la *chaleur animale* dans sa série d'actions chimiques, la quantité dépensée en un temps donné et mesurée à l'aide de calorimètres, pour les diverses espèces d'animaux, sont des questions qui intéressent la physiologie, mais dont l'industrie ne peut guère tirer parti. On en dira autant de la *chaleur végétale* que certaines plantes dégagent en quantité appréciable.

SOURCES DE CHALEUR ARTIFICIELLE.

Actions mécaniques (*frottement*). Une foule de phénomènes journaliers montrent que le *frottement* dégage de la chaleur. On en a des exemples dans l'emploi des outils tels que la scie, le

Fig. 444. — *Dégagement de chaleur par le frottement (appareil de Tyndall).*

rabot, la lime, le foret, etc. On sait, en effet, qu'ils s'échauffent facilement par le travail du frottement et qu'il en est de même des axes et des tourillons des machines qu'on est obligé de graisser pour éviter l'échauffement et diminuer les frottements. Les sauvages allument du feu en frottant l'un contre l'autre deux morceaux de bois. On carbonise facilement du bois sur un tour par le frottement. Les enfants échauffent un bouton plat métallique ou un clou à tête ronde en le frottant vivement contre un banc de bois. Lorsqu'on n'a pas soin de graisser les essieux des roues en bois, la rapidité du mouvement de rotation peut y mettre le feu. Quand les essieux et les moyeux sont métalliques, comme dans les vagons des chemins de fer, le frottement peut, faute de graissage convenable, déterminer une élévation de température capable de mettre le feu aux voitures. On a vu des essieux en acier fondu soudés aux moyeux par suite de la chaleur développée par le frottement. Les freins des voitures ou des trains s'échauffent très sensiblement quoique leur action dure peu.

Dans le lancement des navires, les poutres contre lesquelles se fait le frottement de glissement sont carbonisées. Le frottement d'une roue

d'acier contre un morceau de silex produit des étincelles assez nombreuses et assez éclairantes pour qu'on ait proposé ce moyen d'éclairer les mines sans danger d'inflammation du grisou. Un couteau qu'on repasse sur une meule tournante dégage des étincelles. C'est par le frottement que nous enflammons les allumettes chimiques. Enfin, Davy a fait fondre deux morceaux de glace en les frottant l'un contre l'autre. Après avoir constaté que dans tout frottement il y a dégagement de chaleur, on a cherché à en évaluer la quantité et à la comparer au travail accompli. La première expérience faite dans cette voie est celle de Rumford en 1798. Il constata que le forage d'un morceau de bronze au sein d'une masse d'eau avait porté 11 kilogrammes de ce liquide à l'ébullition en 2 h. 1/2.

Mayer, en faisant tourner à frottement un cône en bois dans un tuyau en fonte, au milieu d'une chaudière contenant une masse d'eau assez considérable, parvint à élever cette eau à la température de 130° en quelques heures.

Pour montrer la production de chaleur par le frottement et en même temps la transformation du travail en chaleur, M. Tyndall met en mouvement de rotation rapide (fig. 444), au moyen d'une roue R munie d'une manivelle *m* et d'un volant V, un tube de cuivre *t* fermé à sa partie inférieure et contenant de l'eau. Au moyen d'une pince P en bois, on serre fortement le tube qui s'échauffe au point de porter l'eau à l'ébullition en 2 minutes 1/2, et de faire sauter le bouchon dont ce tube est muni. On peut même, par ce moyen, fondre un alliage qui ne se liquéfie qu'à une température de 110°. « Partout où il y a frottement vaincu, il y a chaleur produite et cette chaleur est la mesure de la force dépensée à vaincre le frottement. »

Chaleur développée par le choc. Un morceau de plomb, une barre de fer s'échauffent sous le *choc* répété d'un marteau. Une balle qui frappe la cible s'aplatit, s'échauffe et peut même se fondre en partie. Un boulet de canon, frappant un blindage épais en acier, est porté au rouge. L'inflammation des poudres fulminantes est déterminée par le choc du chien sur la capsule ou de l'aiguille dans les fusils nouveaux. Le choc de l'acier sur le silex détermine des étincelles. Les outils tels que le marteau, le ciseau à froid, s'échauffent sous le choc. Les médailles, les pièces de monnaie frappées par le balancier s'échauffent sous le choc ou sous une très forte pression. Une foule de substances détonent sous l'action d'un choc par suite de la chaleur dégagée.

Chaleur dégagée par la compression. Quand on comprime subitement de l'air dans un *briquet à gaz*, la chaleur dégagée est telle qu'il se produit de la lumière et que l'amadou placé au bout du piston s'enflamme. Quand on donne issue à un gaz comprimé, il y a, au contraire, production de froid ; on doit donc admettre que la chaleur de compression est égale à la chaleur latente d'expansion. En comprimant un morceau de bois de sapin, on en élève la température d'une manière appréciable. Le dégagement de chaleur par les actions mécaniques peut être observé avec les solides, les liquides et les gaz. La quantité de chaleur produite est proportionnelle à la force employée (pourvu qu'il n'y ait pas de changement dans la nature des corps). Si le travail effectué équivaut à 425 kilogrammètres, la quantité de chaleur est égale à 1 calorie. C'est ce nombre qu'on désigne sous le nom d'*Equivalent mécanique de la chaleur*. — V. plus loin l'article spécial.

Chaleur produite par les actions physiques. Il y a dégagement de chaleur dans les changements d'état : *solidification, liquéfaction* ou *condensation* (V. Effets physiques, § *Changements d'état*). L'*électricité*, sous forme d'étincelle ou de courant, développe aussi de la chaleur, celle de l'arc voltaïque est même la plus puissante, car on y fond tous les corps. Le *magnétisme* peut aussi produire de la chaleur. On le démontre avec l'appareil de Foucault : un disque de cuivre est mis en mouvement de rotation rapide autour de son axe. Il est placé entre deux électro-aimants. Tant que le courant électrique ne passe pas dans ceux-ci, le disque tourne sans s'échauffer ; mais dès que les électros sont actifs, des courants d'induction se développent dans le cuivre et tendent à arrêter le disque. Si l'on emploie une force suffisante pour vaincre la résistance, le disque s'échauffe et peut atteindre la température de 95°. Quand le courant cesse, le disque tourne facilement et se refroidit.

Les sources de lumière sont en même temps des sources de chaleur ; il n'y a d'exceptions que pour les lumières phosphorescentes.

Imbibition. Absorption. Les phénomènes moléculaires, comme l'imbibition, l'absorption, les actions capillaires, sont, en général, accompagnés d'un dégagement de chaleur très faible entre les liquides et les substances minérales en poudre, mais pouvant atteindre jusqu'à 10° avec les matières organiques, comme l'amidon, les racines, les éponges, etc.

L'absorption des gaz par les solides très divisés, comme le *noir de platine*, la *mousse* ou l'*éponge de platine*, peut déterminer une élévation de température considérable. Ainsi, un courant d'hydrogène dirigé sur l'*éponge de platine*, s'enflamme par suite du développement de chaleur causé par l'absorption du gaz. Le métal, en cette circonstance, absorbe plusieurs centaines de fois son volume de gaz. C'est sur cette propriété qu'est fondé le briquet chimique ou lampe hydroplatinique. Le charbon de bois a la propriété d'absorber les gaz en quantité considérable selon leur nature ; et alors il y a toujours production de chaleur.

Chaleur produite par les actions chimiques. Une des sources artificielles les plus énergiques et les plus usitées est celle que l'on provoque par les actions chimiques et surtout par la *combustion* du bois, de la houille, des huiles, etc. (V. Combustion, Chauffage) ; si l'on y joint celle des gaz, on aura les moyens les plus puissants pour produire des températures élevées.

Dans toute action chimique il y a dégagement de chaleur ; certaines combinaisons en dégagent beaucoup, d'autres peu. Les moyens employés sont : les brûleurs à gaz, à courant d'air, les éolipyles, les chalumeaux à gaz et air, ou à gaz hydrogène et air, ou à gaz oxygène et hydrogène (V. Chalumeau) ; le fourneau de MM. Deville et Debray à gaz oxhydrique où la température peut être portée à 2500° et dans lequel on fond le platine. Les feux de forge n'atteignent pas ce degré de chaleur.

La mesure de la chaleur dégagée dans la combustion, dans les combinaisons et décompositions diverses s'effectue à l'aide de calorimètres appropriés, tels que ceux de Rumford, de Dulong, de Despretz, de MM. Favre et Silbermann, de M. Berthelot.

SOURCES DE FROID.

La production artificielle du froid est devenue une industrie importante depuis qu'on a trouvé les moyens de réaliser promptement et sur une grande échelle des abaissements de température considérables. On a recours tantôt aux changements d'état, *fusion*, *dissolution* (mélanges réfrigérants), *vaporisation*, *évaporation*, tantôt à l'expansion et à la raréfaction des gaz, tantôt au rayonnement nocturne. Dans le passage d'un corps de l'état solide à l'état liquide, ou de l'état liquide à l'état gazeux, il y a toujours absorption de chaleur qu'on nomme *chaleur latente*. On a expliqué précédemment cette expression. La simple dissolution de certains sels dans l'eau, comme l'oxalate d'ammoniaque amène un abaissement de température de +10° à —16°. Dans les mélanges réfrigérants, l'abaissement de température est dû à la fusion d'un solide, l'action chimique étant ici très faible et dominée par le phénomène physique. — V. MÉLANGES RÉFRIGÉRANTS.

L'emploi des gaz liquéfiés pour produire du froid repose sur les propriétés que possèdent ces corps en reprenant l'état gazeux, d'absorber une quantité de chaleur considérable. C'est ainsi que l'ammoniaque a été utilisée par M. Carré, l'acide sulfureux par M. Pictet, pour produire en grand de la glace artificielle (V. GLACE). En raréfiant un gaz, l'air par exemple, au moyen d'une machine pneumatique, on abaisse sa température. On peut faire congeler l'eau en opérant le vide à sa surface et en ayant soin de faire absorber la vapeur par l'acide sulfurique. Une autre machine de M. Carré est basée sur ce principe.

L'évaporation des liquides volatils, comme l'éther, le sulfure de carbone, produit un abaissement de température notable.

L'acide carbonique solide devient un puissant frigorifique, lorsqu'on verse sur lui de l'éther dont on active l'évaporation sous le récipient de la machine pneumatique; la température est alors abaissée à — 120°. — V. LIQUÉFACTION DES GAZ.

On a vu qu'en *comprimant* fortement et subitement un gaz, il y a production de chaleur; si, au contraire, on le dilate brusquement, il y a absorption de chaleur. Ainsi, l'air comprimé à 5 atm. absorbe, en se détendant, une telle quantité de chaleur qu'en versant sur son trajet de l'eau par un arrosoir, le liquide est congelé instantanément et tombe en boulettes de glace, qui sont emportées au loin par le courant d'air froid.

Quant au rayonnement nocturne, on en tire parti pour produire de la glace, dans certains pays chauds, comme au Bengale. — C. D.

ÉQUIVALENT MÉCANIQUE DE LA CHALEUR.

§1er. GÉNÉRALITÉS. L'extrême importance qu'ont acquise dans le régime économique de notre siècle les machines où l'on demande à la puissance du feu la production de la force motrice, et le prodigieux développement industriel qui a été la conséquence de cette admirable invention, ne pouvaient manquer d'attirer l'attention des physiciens sur l'ensemble des phénomènes qui accompagnent la production du travail mécanique à l'aide de la chaleur : étude dont les résultats ont été des plus féconds aussi bien pour la science que pour l'industrie.

En même temps que l'on parvenait à rattacher à une même cause des phénomènes d'un aspect fort dissemblable, rapprochant ainsi les théories physiques de cette simplicité grandiose, de cette unité de conception qui est le but définitif vers lequel tendent toutes les recherches scientifiques, on expliquait à l'industrie les causes des progrès réalisés, et on lui en préparait de nouveaux, en lui montrant la voie dans laquelle il fallait s'engager.

Cette fois, comme en bien d'autres circonstances, la science et l'industrie se sont prêté un mutuel appui, et la découverte de l'équivalence de la chaleur et du travail mécanique, non seulement à cause des conséquences qu'on en a su tirer, mais aussi par la précision qu'elle a apportée dans les esprits et la tournure féconde qu'elle a imprimée aux recherches de notre temps, doit être considérée comme l'un des faits principaux qui dominent l'histoire scientifique et industrielle du XIXe siècle.

Pour bien apprécier l'importance de cette véritable révolution scientifique, il faut se reporter à l'époque peu éloignée où la chaleur, la lumière, l'électricité, le magnétisme, les agents physiques en un mot, étaient considérés comme des substances particulières, des *fluides* pouvant s'unir aux molécules matérielles, pénétrer leurs interstices, passer d'un corps à l'autre et leur communiquer ainsi des propriétés nouvelles. Chacun de ces fluides était d'une essence particulière, indestructible, et dans toutes leurs actions et réactions, il fallait admettre que la quantité qui en avait disparu rigoureusement égale à celle qui s'en était produite, comme dans une réaction chimique le poids des corps en présence reste invariable à travers toutes leurs modifications. De là les mots de *chaleur dissimulée, chaleur latente*, imaginés pour faire rentrer dans cette conception les phénomènes où l'on pouvait constater facilement, comme dans la fusion et la vaporisation, une véritable création ou une véritable destruction de chaleur.

Parmi les hommes de génie qui, malgré les idées de leur époque, ont considéré la chaleur comme un mode de mouvement, il faut citer Bacon, Humphry Davy et Rumford qui porta le coup le plus funeste aux anciennes théories en montrant qu'on pouvait par le frottement tirer d'un même système de corps une quantité indéfinie de chaleur. Mais la portée de son expérience ne fut pas bien comprise à son époque, et la théorie de l'indestructibilité de la chaleur continua de régner dans la science. Ce n'est qu'en 1842 que Joule, en Angleterre, Mayer, en Allemagne, et Colding, en Danemark, formulèrent presque en même temps le principe qui devait renouveler la physique, et démontrèrent que la chaleur n'était autre chose qu'un *mode de mouvement*, faisant ainsi rentrer tous les phénomènes calorifiques dans la catégorie des simples actions mécaniques.

Il importe dès lors de préciser quel est l'élément mécanique qui correspond à la notion de chaleur, quel est celui qu'on mesure dans les expériences de calorimétrie.

Rappelons d'abord quelques principes de mécanique dont l'importance est extrême pour notre sujet.

On sait ce qu'il faut entendre par travail des forces : c'est un élément qui dépend à la fois de l'intensité des forces et du chemin que parcourent les corps sur lesquels elles agissent. Ce travail est considéré comme positif si le mobile se déplace dans le sens même où les forces le sollicitent, négatif s'il se déplace en sens inverse. Dans l'industrie mécanique, la plupart des travaux qu'on accomplit se ramènent à rendre négatif le travail de certaines forces, c'est-à-dire à obliger un corps à se déplacer en sens inverse des actions qui le sollicitent ou qui gênent son mouvement : on élève un poids *malgré* la pesanteur ; on fait pénétrer un outil dans le métal *malgré* la cohésion de celui-ci ; on fait voyager un train de chemin de fer *malgré* la résistance de l'air et des rails. Il n'y a que deux circonstances qui permettent d'obtenir de semblables résultats : c'est lorsque le corps est animé d'une certaine vitesse qui lui permet de vaincre les résistances, mais qui s'épuise peu à peu dans cette lutte jusqu'à ce que tout mouvement ait disparu ; ou bien lorsque l'on dispose de forces sollicitant le corps mobile en sens inverse des résistances et auxquelles il obéit de préférence. Dans le premier cas, la vitesse du mobile se transforme en travail utile ; dans le second, le travail positif des forces motrices sert à compenser le travail négatif des résistances. Enfin si la force motrice agissait sur un corps qui ne serait soumis à aucune résistance, la vitesse du mobile irait en augmentant ; le travail positif se transformerait en vitesse. On se rappelle seulement que ce n'est pas la vitesse même du mobile qui varie proportionnellement au travail des forces, mais bien le carré de cette vitesse ou, pour employer le mot consacré, la *force vive*, qui est le produit de la masse en mouvement par le carré de sa vitesse. Tous ces résultats sont compris dans le théorème si connu des forces vives :

L'accroissement de force vive d'un système matériel est égal au double de la somme algébrique des travaux de toutes les forces qui agissent sur lui.

Ainsi quand le travail est positif, la force vive augmente ; elle diminue au contraire si le travail est négatif. Une conséquence importante de ce principe fondamental est la suivante : nous venons de voir que l'on pouvait produire du travail négatif en utilisant le travail positif de certaines forces ; mais il faut pour cela que ces forces puissent, en effet, produire du travail, c'est-à-dire que les corps auxquels elles s'appliquent aient la faculté de se mouvoir dans le sens même de ces forces. On peut bien utiliser le travail d'un poids qui tombe ; mais une fois à terre, ce poids, si lourd qu'il soit, n'est plus d'aucun usage mécanique. Toutes les fois donc que des forces agissent sur un système matériel, et qu'il reste aux parties du système la faculté de se déplacer dans le sens même où elles sont sollicitées, on pourra quand on le voudra utiliser le mouvement du système : on dit alors qu'il renferme du travail *disponible*, en quantité égale au travail

que devraient produire les forces pour amener les différentes parties du système dans une position où aucun mouvement ne leur sera plus possible dans le sens même des forces. Tel est le cas d'un corps pesant suspendu : il renferme une quantité de travail disponible égale au produit de son poids par la distance qui le sépare du sol. On pourra, quand on le voudra, utiliser ce travail en lâchant le crochet qui le retient. Si on le laisse tomber à vide, sa vitesse augmente et le travail disponible se transforme peu à peu en force vive. Au bas de la chute, la transformation est complète : il n'y a plus de travail disponible, mais la force vive peut encore être utilisée, au moyen d'un choc, par exemple, pour déformer un autre corps ou l'obliger à pénétrer dans le sol. Si le corps qui tombe, au contraire, est parfaitement élastique ainsi que le sol, le choc qui termine sa chute n'absorbe point de travail, et il rebondit juste à la hauteur d'où il est parti ; pendant toute son ascension, sa force vive va en diminuant, mais, en même temps, le travail disponible reparaît à mesure qu'il s'élève, si bien qu'au bout du mouvement ascensionnel, les choses sont rétablies dans l'état primitif : il n'y a plus de force vive, et tout le travail disponible est reconstitué. On voit donc, que tant que notre poids n'accomplit aucun travail extérieur, *la somme du travail disponible et de la force vive reste constante.*

Les physiciens ont donné à ces deux éléments le nom commun d'*énergie* ; ils distinguent l'*énergie potentielle* ou en puissance lorsqu'elle existe sous la forme d'un travail disponible, et l'*énergie actuelle* ou en action quand elle se manifeste en force vive. L'énergie se mesure comme le travail en kilogrammètres. Un kilogrammètre est l'énergie potentielle que possède un corps pesant un kilogramme quand il est soutenu à un mètre du sol, ou l'énergie actuelle que possède le même corps après une chute d'un mètre. Si l'on applique le principe des forces vives à un système abandonné aux seules actions et réactions de ces parties, et qui ne peut évidemment alors produire aucun travail extérieur, on arrive à cet énoncé remarquable : *La quantité totale d'énergie du système est invariable.*

L'univers, considéré dans son ensemble, est évidemment dans ce cas, et par suite, la somme de l'énergie répandue dans l'univers est constante. On n'en peut ni créer ni détruire. En pratique, cependant, nous sommes à chaque instant témoins de phénomènes qui semblent impliquer création ou destruction d'énergie. Une machine à vapeur peut en produire d'une façon indéfinie ; le frottement peut en absorber des quantités illimitées. Mais il ne faut pas oublier que toutes ces circonstances sont accompagnées de phénomènes calorifiques qui font disparaître la difficulté. Toutes les fois, en effet, qu'il y a création d'énergie, il y a en même temps disparition de chaleur ; celle-ci apparaît, au contraire, partout où l'énergie semble se détruire. Dans la machine à vapeur, l'eau ne rend pas au condenseur la totalité de la chaleur qu'elle a reçue du foyer ; tout le monde sait que le frottement dégage de la chaleur. La compression d'un gaz, qui exige une certaine dépense de travail, dégage de la chaleur; la dilatation en absorbe parce qu'elle produit au contraire un travail extérieur. Aussi la chaleur doit être considérée comme une des formes de l'énergie, et c'est en cela que consiste le *principe de Mayer*.

On doit admettre que la chaleur est une sorte de mouvement des dernières particules des corps : ce que l'on mesure dans les expériences de calorimétrie, c'est la *force vive* de ces particules, et quand la chaleur se transforme en travail, c'est que leur mouvement se communiquant à la masse devient sensible; mais dans toutes ces transformations, la loi de conservation de l'énergie doit être respectée et c'est pourquoi : *il existe un rapport constant entre la quantité de chaleur disparue, et le travail ou la force vive produite, et inversement.*

Ce rapport est ce qu'on nomme l'*Equivalent mécanique de la chaleur* : c'est le nombre de kilogrammètres que peut produire la transformation *d'une calorie en travail.*

Toutes les lois de la mécanique peuvent ainsi être appliquées aux phénomènes calorifiques, et à plus forte raison aux phénomènes qui accompagnent la transformation de la chaleur en travail, soit que cette transformation s'accomplisse dans les laboratoires des physiciens, ou qu'elle s'opère dans les machines de nos usines.

L'étude de ces transformations a donné lieu à une branche particulière de la science qui tient à la fois de la physique et de la mécanique et qui a reçu le nom de *Thermodynamique* (V. ce mot). Les conséquences auxquelles on est parvenu intéressent au plus haut point l'industrie moderne qui tire presque tout son travail de la chaleur produite par la combustion de la houille. Aussi l'effort général de tous les industriels est-il de restreindre le plus possible la consommation de ce précieux combustible, et l'on conçoit qu'on n'y puisse parvenir qu'en transformant en travail la plus grande partie de la chaleur du foyer, afin de réduire à son minimum celle qui ne sert qu'à échauffer l'atelier ou les pièces de la machine. De là résulte que ce qui intéresse le plus l'industrie dans la question, ce n'est pas seulement de connaître la valeur numérique de l'équivalent mécanique de la chaleur; c'est surtout de pouvoir déterminer, dans chaque circonstance, quelle est la fraction de la chaleur produite que l'on peut transformer en travail, afin de modifier la disposition des machines de manière à augmenter cette fraction, et, en même temps, de les construire avec assez de perfection pour que le rendement réel se rapproche le plus possible du rendement théorique.

Ce rapport de la quantité de chaleur véritablement utilisée à celle qui a été produite, on l'appelle le *coefficient économique* de la machine, et c'est à l'étude des considérations qui ont permis de le calculer que nous consacrerons la seconde partie de cet article, réservant pour la fin du récit des expériences qui ont servi à déterminer l'équivalent mécanique de la chaleur, et à démontrer, par l'accord de leurs résultats, la vérité du principe. Cet ordre nous est imposé par ce fait que certaines considérations théoriques, indispensables pour la détermination du coefficient économique, ont pu fournir aussi des méthodes propres au calcul de l'équivalent, de sorte que nous pourrons ainsi, sans nous répéter, grouper tous les moyens qui ont été employés pour cette importante détermination. Nous en indiquerons cependant dès maintenant le résultat, en disant que la quantité de chaleur nécessaire pour élever de 0° à 1° centigrade une masse d'eau pesant un kilogramme, est capable de produire un travail mécanique de 425 kilogrammètres environ :

1 calorie équivaut donc à 425 kilogrammètres : c'est ce nombre qui est l'équivalent mécanique de la chaleur et que nous représenterons dans la suite par la lettre E.

§ 2. CONSIDÉRATIONS THÉORIQUES QUI CONDUISENT A LA DÉTERMINATION DU COEFFICIENT ÉCONOMIQUE. La question du rendement des machines à feu a été abordée longtemps avant la découverte de l'équivalent mécanique de la chaleur. Sadi-Carnot est le premier dont les recherches aient avancé sensiblement la question, parce que, tout en conservant l'idée fausse de l'indestructibilité de la chaleur, il était cependant parti de cette idée fort juste que le travail ne peut se produire que lorsque la chaleur passe d'un corps chaud à un corps froid, passage qu'il assimilait à la chute d'une masse d'eau. Comparant ainsi la température à une sorte de niveau hydraulique, il attribuait le travail produit à la chute de la chaleur d'un niveau plus élevé à un autre inférieur. Les résultats des travaux de Sadi-Carnot subsistent presque en entier parce qu'*on ne peut en effet transformer de la chaleur en travail qu'à la condition de faire passer une certaine quantité de chaleur d'un corps chaud à un autre plus froid.* Le rapport entre la quantité de chaleur qui a été transformée et celle qui a été empruntée au corps chaud est précisément le coefficient économique. Clausius et Clapeyron ont adapté plus tard les travaux de Sadi-Carnot aux théories modernes, et peuvent être considérés, après Joule et Mayer, comme les fondateurs de la thermodynamique. Nous allons exposer les principaux résultats de leurs recherches, en nous restreignant à ce qui intéresse le plus particulièrement l'industrie.

Considérations générales sur l'action de la chaleur. L'état physique d'un corps est caractérisé par trois éléments : la *pression*, le *volume* et la *température*; mais ces trois éléments ne sont pas indépendants l'un de l'autre. On peut agir artificiellement sur deux d'entre eux : le troisième se trouve alors déterminé. On peut, par exemple, soumettre un corps à une compression déterminée et élever en même temps sa température à un certain degré; mais alors il prendra un volume dépendant à la fois de sa température et de la pression à laquelle il est soumis. On pourrait aussi le comprimer jusqu'à ce que son volume se réduisît à une quantité fixée d'avance, pendant que sa température serait maintenue à un degré déterminé; mais la pression qu'il faudrait lui faire subir dépendrait alors et de sa température et du volume auquel on le voudrait réduire. Il existe donc entre ces trois éléments une certaine relation qui peut servir à caractériser le corps considéré et qu'on peut représenter algébriquement par une équation de la forme :

$$f(p\,v\,t) = o,$$

où p désigne la pression, v le volume et t la température du corps. Cette équation sert à définir l'une quelconque des trois quantités p, v, t en fonction des deux autres et s'appelle l'*équation caractéristique de chaque corps*.

Dans les gaz parfaits, en vertu de la loi de Mariotte et de la constance du coefficient de dilatation α qui est égal pour tous les gaz à $\dfrac{1}{273}$, la fonction caractéristique se réduit à la forme simple : $\dfrac{pv}{1 + \alpha t} = p_0 v_0$, où p_0 et v_0 désignent la pression et le volume à la température de $0°$.

Les molécules d'un corps sont animées de certaines vitesses, et soumises en même temps à l'action des forces moléculaires. Il y a donc dans chaque corps, outre l'énergie actuelle ou force vive des molécules révélée par la température, une certaine quantité d'énergie potentielle, qui dépend de la position des molécules, les unes par rapport aux autres. La somme de ces deux énergies s'appelle l'*énergie totale* : nous la représenterons par U, et nous devons admettre qu'elle reprend la même valeur toutes les fois que le corps repasse par le même état physique, sans quoi il nous faudrait admettre qu'en répétant plusieurs fois la transformation, on arriverait à accumuler dans un même corps des quantités indéfinies d'énergie, sans cependant modifier son état physique. U est donc une fonction des éléments du corps, et par conséquent de deux seulement d'entre eux; on pourra donc poser à volonté : $U = \varphi\,(p, v)$ ou bien $U = \psi\,(p, t)$ ou encore $U = \chi\,(v, t)$.

Lorsqu'on communique à un corps une certaine quantité de chaleur, le corps se dilate, en général, et accomplit par cela même un travail extérieur dont l'expression, très facile à obtenir, est :

$$\int p\,dv$$

Une certaine quantité de chaleur dQ qui a été communiquée à un corps et qui n'est autre chose que de l'énergie, doit donc se diviser en trois parties :

La première sert à accroître la force vive des molécules; la deuxième, à modifier l'énergie potentielle des forces moléculaires en déplaçant les molécules, et la troisième, à produire un certain travail extérieur.

Les deux premières parties, qu'il est à peu près impossible de séparer l'une de l'autre, se réunissent pour produire l'accroissement d'énergie totale $d\,U$; la dernière produisant un travail $p\,dv$ doit être égale à $\dfrac{1}{E}\,p\,dv$, puisque E est le nom-

bre de kilogrammètres que peut produire une calorie, et l'on peut poser en définitive

$$dQ = dU + \frac{1}{E}\,p\,dv$$

équation qu'on peut mettre sous la forme suivante, en se rappelant que U est fonction de p et v

$$dQ = \frac{dU}{dp}\,dp + \left(\frac{dU}{dv} + \frac{1}{E}\,p \right)\,dv$$

Intégrons, et supposons que le corps ait reçu la quantité de chaleur Q_1 et qu'il en ait abandonné la quantité Q_0. Il viendra :

$$Q_1 - Q_0 = U_1 - U_0 + \frac{1}{E} \int p\,dv$$

Si le corps est ramené à l'état primitif, l'énergie totale se retrouve la même et l'on a simplement :

$$Q_1 - Q_0 = \int p\,dv$$

de sorte que la totalité de la chaleur détruite $Q_1 - Q_0$ est transformée en travail extérieur.

Théorie des cycles. Mais peut-on, en ramenant un corps au même état physique, lui faire produire un travail extérieur? Sans doute et c'est le cas de presque toutes les machines motrices : la machine à vapeur prend l'eau dans le condenseur, et la lui rend finalement sous la même pression et à

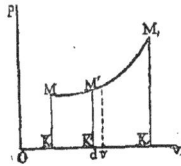 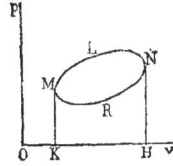

Fig. 445.   Fig. 446.

la même température. Pour mieux nous rendre compte de ce qui se passe dans tous les cas semblables, traçons sur un plan deux axes de coordonnées rectangulaires Ov et Op (fig. 445). Nous représenterons le volume d'un corps par une certaine longueur OK comptée sur l'axe Ov, et la pression par une longueur KM comptée sur une perpendiculaire à Ov. L'état physique d'un corps sera ainsi représenté par un point M du plan, et les modifications qu'il devra subir pour passer à un autre état par une certaine courbe $M\,M_1$ dont les abscisses et les ordonnées représenteront à chaque instant le volume et la pression du corps. La température sera donnée par l'équation caractéristique.

Enfin le travail extérieur $\int p\,dv$ accompli pendant la transformation est évidemment représenté par l'aire du segment $M\,M_1\,K_1\,K$, car l'élément $p\,dv$ est figuré par le petit rectangle élémentaire $K'\,M'$.

Pour amener le corps de l'état M à l'état M_1, on peut lui faire décrire une infinité de lignes différentes; le travail produit, et par conséquent la chaleur absorbée dans chaque cas, dépendront essentiellement de la forme de cette ligne. Si l'on veut le ramener à l'état primitif, il faut lui faire décrire une ligne fermée M L N R (fig. 446), et alors le travail produit est représenté par l'aire plane comprise à l'intérieur de cette courbe. En effet, quand le corps va de M en L et N, il produit un travail positif égal à l'aire M L N H K ; quand, au contraire, il revient de N en R et M, le travail est négatif et égal à l'aire N H K M, de sorte que l'excès du travail positif sur le travail négatif, c'est-à-dire le travail véritablement produit, est bien représenté par l'aire M L N R. Si l'on faisait décrire au corps la même courbe, mais en sens inverse, M R N L, il n'y aurait plus production, mais au contraire dépense d'un travail égal, par conséquent production d'une quantité de chaleur équivalente.

On voit qu'en faisant ainsi décrire à un corps un *cycle* fermé, suivant l'expression de Sadi-Carnot, on peut à volonté transformer de la chaleur en travail ou du travail en chaleur. Il nous reste à examiner quelles sont les conditions qui permettent de faire décrire à un corps un semblable cycle, et quels sont ceux de ces cycles qui offrent le plus d'avantage économique. Pour y arriver, il nous faut examiner d'abord deux genres particuliers de modifications que peut subir l'état d'un corps.

Le premier est celui dans lequel la température du corps reste constante pendant toute la durée de la modification. La pression et le volume varient seuls, et le point qui représente l'état du corps décrit alors une courbe qu'on appelle ligne d'égale température ou ligne *isotherme*. L'équation d'une ligne isotherme s'obtient immédiatement pour chaque corps en donnant dans la fonction caractéristique une certaine valeur constante à la température. Dans le cas des gaz, ces lignes se réduisent à des hyperboles équilatères, dont l'équation

$$pv = \text{constante}$$

n'est que la traduction algébrique de la loi de Mariotte ; la constante dépend évidemment de la densité du gaz et de sa température.

Deux lignes isothermes de température différentes ne peuvent généralement pas se couper, sans quoi le corps pourrait revenir au point d'intersection avec le même volume et la même pression sans reprendre la même température. Il en résulte que, par chaque point du plan, il ne passe qu'une seule ligne isotherme. Comme, en général, le volume ou la pression augmente avec la température, les lignes isothermes différentes correspondent à des températures de plus en plus élevées à mesure qu'elles s'éloignent de l'origine des coordonnées.

La seconde espèce de modification correspond au cas où le corps ne reçoit ni ne perd aucune quantité de chaleur. Les trois éléments p, v, t varient simultanément, mais la condition $dQ = o$ donne l'équation différentielle

$$\frac{dU}{dp} dp + \left(\frac{dU}{dv} + \frac{1}{E} p \right) dv = o$$

qui permet de déterminer, quand on connaît la fonction U, la forme de la ligne décrite ar le

point représentatif, comme nous le verrons pour les gaz. Ces lignes ont une grande importance. On les a nommées lignes de nulle transmission, ou lignes *adiabatiques*. La connaissance de leur forme est indispensable pour la résolution du problème qui nous occupe. De même que pour les lignes isothermes, il passe par chaque point du plan une ligne adiabatique et une seule comme cela résulte de l'équation différentielle linéaire précédente. Il s'en suit que deux lignes adiabatiques différentes ne peuvent jamais se couper.

On peut ajouter qu'aucune ligne adiabatique ne peut présenter de boucle fermée ; autrement un corps, en décrivant cette boucle, produirait un travail équivalent à l'aire comprise à l'intérieur sans absorber aucune chaleur ; de sorte qu'en répétant plusieurs fois l'opération, on pourrait produire indéfiniment du travail, sans aucune dépense d'énergie.

La conséquence la plus importante est qu'on ne peut faire décrire à un corps un cycle fermé qu'à la condition de disposer d'au moins une source de chaleur capable d'en fournir et d'en absorber. Mais une source de chaleur a toujours une température déterminée et ne peut céder de chaleur qu'aux corps moins chauds comme elle n'en peut recevoir que des corps plus chauds qu'elle-même. De là résulte que si l'on ne dispose que d'une seule source de chaleur, les cycles que l'on pourra faire décrire à un corps quelconque ne pourront servir qu'à transformer du travail en chaleur, et nullement à transformer de la chaleur en travail. Considérons en effet le cycle ABCD (fig. 447), et supposons qu'on dispose d'une source de chaleur à la température t_0 de laquelle le corps décrirait la ligne isotherme AC. On pourra bien dilater le corps de A en C, en lui faisant produire le travail représenté par l'aire ABCHK : la chaleur nécessaire sera puisée à la source AC dont la température est plus élevée. On pourra ensuite le ramener en A par la ligne CDA au moyen d'une compression, avec dépense de travail, car le corps plus chaud que t_0 pourra céder à la source la chaleur produite ; mais alors le travail total est négatif : il y a eu dépense de travail et production de chaleur. On ne pourrait pas faire décrire au corps le cycle en sens inverse, car pendant la période de dilatation ADC, il faudrait emprunter la chaleur nécessaire à une source plus froide que le corps, et pendant la période de contraction CBA il faudrait céder de la chaleur à une source plus chaude.

Nous arrivons ainsi à la condition essentielle de toute transformation de chaleur en travail : il faut disposer de deux sources de chaleur à des températures différentes, capables l'une de fournir, l'autre d'absorber de la chaleur.

Seulement, en général, les cycles ainsi obtenus ne sont pas *réversibles*, c'est-à-dire qu'après avoir décrit le cycle dans un certain sens, si on le décrit dans le sens inverse, on ne ramène pas les choses dans leur état primitif. Considérons en effet le cycle ABCD (fig. 448) compris entre les deux lignes isothermes t_0 et t_1 correspondant aux températures des deux sources. Décrivons le cycle dans le sens ABCD. Il y aura, dans la période ABC, production de travail et absorption de chaleur puisée à la source t_1; dans la période CDA, il y aura dépense de travail et abandon de chaleur à la source t_0. Le résultat définitif est la transformation d'une certaine quantité de chaleur en travail avec passage d'une autre quantité de chaleur de la source t_1 à la source t_0. Décrivons maintenant le cycle dans le sens inverse ADCB. Dans la période de travail positif ADC, la chaleur nécessaire ne pourra être puisée qu'à la source t_1 de température plus élevée, et dans la période de travail négatif CBA, la chaleur cédée ne pourra l'être qu'à la source de température inférieure t_0. Quoi qu'il y ait eu cette fois transformation de travail en chaleur, on a toujours transporté de la chaleur de la source la plus chaude à la plus froide.

Pour obtenir la réversibilité il faut décrire un cycle particulier, qu'on a nommé *cycle de Carnot*, et qui est formé de deux lignes isothermes AB, CD (fig. 449) et de deux lignes adiabatiques AC, BD.

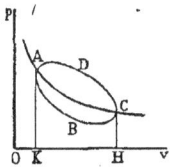

Fig. 447.

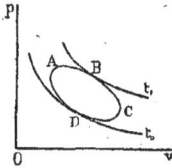

Fig. 448.

Les deux lignes isothermes sont aux températures des deux sources, de sorte que le corps ne recevant et ne cédant aucune chaleur le long des lignes adiabatiques, n'emprunte jamais ou ne cède jamais de chaleur qu'à une source de même température que lui, ce qui assure la réversibilité du cycle. Quand il y aura production de travail, une certaine quantité de chaleur passera de la source t_1 à la source t_0. Si le cycle est décrit en sens inverse ACDB, il y a dépense de travail, et la chaleur reprise à t_0 dans la période CD, sera restituée à t_1 dans la période de contraction BA. Cette considération de reversibilité est d'une extrême importance pour le calcul du coefficient économique, car elle permet d'établir que *tous les cycles de Carnot fonctionnant entre les mêmes températures ont le même coefficient économique*. S'il en était autrement, on pourrait employer le cycle de plus grand coefficient, e, à transformer en travail une fraction eQ d'une certaine quantité Q de chaleur prise à la source t_1, le reste de la chaleur passant à la source froide t_0; puis, on se servirait du cycle de plus petit coefficient, e', pour retransformer le travail produit en la même quantité de chaleur. La chaleur restituée alors à la source t_1 serait $\dfrac{eQ}{e'}$ qui serait plus grande que Q de sorte qu'on aurait pu sans dépense de travail transporter de la chaleur d'un corps froid à un corps chaud, ce que l'on doit considérer comme absurde (1).

(1) Le raisonnement précédent suppose que les deux cycles de Carnot ont la même surface. S'il en était autrement, et que le rapport de leurs surfaces fût $\frac{m}{n}$ il suffirait de décrire le premier n fois et le second m fois pour égaliser les deux travaux positifs et négatifs.

Nous pourrons donc, pour calculer le coefficient économique des cycles de Carnot, nous servir d'un agent quelconque, et nous choisirons les gaz parce que ce sont eux dont les propriétés sont les plus simples et les mieux connues. Mais, avant d'aborder ce calcul, il nous faut signaler une autre propriété des cycles fermés qui est d'une haute importance.

C'est que : *de tous les cycles fermés qui fonctionnent entre les mêmes températures, le cycle de Carnot est celui dont le coefficient économique est le plus élevé*.

Considérons, en effet, le cycle ABCD inscrit dans un cycle de Carnot (fig. 450). Il nous suffira de faire voir qu'en substituant à l'élément de chemin GH le trajet GKLH formé par deux lignes adiabatiques GK et HL et un élément de ligne isotherme, on augmente le coefficient économique. Or, par cette substitution, on produit en plus le travail représenté par l'aire GKLH, de

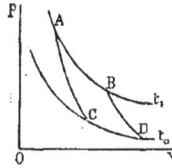

Fig. 449.

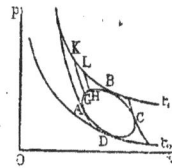

Fig. 450.

sorte que le second trajet implique une plus grande absorption de chaleur que le premier. Seulement, comme dans les deux cas, l'état physique du corps est le même à la fin, lorsque le corps est arrivé en H, l'énergie intérieure se retrouve aussi la même, et tout l'excès de la chaleur absorbée dans le second trajet a dû se transformer en travail, ce qui a nécessairement augmenté le coefficient économique.

Calcul du coefficient économique. Nous allons maintenant aborder la détermination du coefficient économique d'un cycle de Carnot, dans le cas où l'agent de la transformation serait un gaz parfait.

L'équation d'une ligne isotherme de température, t, est

$$pv = p_0 v_0 (1 + \alpha t)$$

Il nous faut aussi l'équation d'une ligne adiabatique. On l'obtiendra en partant de la relation fondamentale :

$$dQ = \frac{dU}{dp} dp + \left(\frac{dU}{dv} + \frac{1}{E} p \right) dv = 0$$

puisque l'accroissement de chaleur est nul.

Au lieu de considérer U comme fonction de p et de v on peut aussi bien le considérer comme fonction de t et de v, et alors, pour une même modification élémentaire du corps, on aura :

$$dU = \frac{dU}{dp} dp + \frac{dU}{dv} dv = \frac{dU}{dt} dt + \frac{dU}{dv} dv,$$

et notre équation deviendra :

$$dQ = \frac{dU}{dt} dt + \left(\frac{dU}{dv} + \frac{1}{E} p \right) dv = 0$$

Mais cette équation ne nous serait d'aucun usage si nous n'avions aucune donnée sur la forme et la nature de la fonction U, qui représente l'énergie intérieure du corps.

Une célèbre expérience de Joule (1) a prouvé que l'énergie intérieure d'un gaz ne dépendait que de la température. Joule a pris deux vases de cuivre d'une capacité d'un ou deux litres, communiquant par un tube muni d'un robinet. Dans l'un, il a comprimé de l'air à 22 atmosphères, tandis qu'il a fait le vide dans l'autre. Les deux vases ont été placés dans un calorimètre, et le robinet fut ouvert : l'air se précipita dans le récipient vide, et quand l'équilibre fut établi, on constata qu'il n'y avait eu aucune absorption de chaleur; la température était restée constante. Il en résulte que la dilatation d'un gaz n'absorbe de chaleur qu'autant qu'elle produit un travail extérieur. A la vérité, celui des deux vases où l'air est primitivement comprimé se refroidit, mais l'autre s'échauffe et la compensation est parfaite, comme on peut le constater en mettant les deux récipients dans des calorimètres séparés. On doit en conclure que l'énergie intérieure du gaz n'a pas varié, car toute variation de cette énergie aurait déterminé une absorption ou un dégagement de chaleur qui se serait traduit par une variation de température.

L'énergie intérieure dépend donc seulement de la température et nullement du volume, de sorte que la dérivée partielle $\dfrac{dU}{dv}$ est nulle, et l'équation se réduit à

$$\frac{dU}{dt}\,dt + \frac{1}{E}\,p\,dv = o$$

La dérivée $\dfrac{dU}{dt}$ est ce qu'on nomme la *chaleur spécifique du gaz* sous volume constant; nous la représenterons par c'. Il ne faut pas la confondre avec la chaleur spécifique sous pression constante, c, qu'ont déterminée les travaux des physiciens. Si, en effet, on laisse le gaz se dilater librement par l'élévation de température, il accomplit un travail extérieur, et absorbe plus de chaleur que si l'on maintenait son volume invariable.

Reprenons alors notre équation que nous écrirons :

$$E\,c'\,dt + p\,dv = o.$$

D'autre part, l'équation caractéristique

$$pv = p_o\,v_o\,(1 + \alpha t)$$

nous fournira par la dérivation une relation entre dv, dp et dt; et l'on pourra, entre ces trois équations, éliminer t et dt, ce qui conduit à une simple relation entre p et v, laquelle n'est autre chose que l'équation différentielle d'une ligne adiabatique :

$$c'\,\frac{dp}{p} + \left(c' + \frac{1}{E}\,p_o\,v_o\,\alpha\right)\frac{dv}{v} = o$$

On peut facilement introduire dans cette relation la chaleur spécifique ordinaire c. Si, en effet,

(1) L'expérience de Joule avait d'abord été faite par Gay-Lussac, mais le physicien français ne s'était pas placé dans des conditions aussi favorables, et les importantes conséquences qu'on en aurait pu tirer sont restées inaperçues.

le gaz s'échauffe et se dilate sous pression constante, dp est nul et l'équation caractéristique différentiée devient :

$$E\,\frac{dv}{v} = \frac{\alpha\,dt}{t + \alpha t},$$

qui, combinée avec

$$dQ = c'\,dt + \frac{1}{E}\,p\,dv$$

donne :

$$dQ = \left(c' + \frac{1}{E}\,\frac{pv\,\alpha}{1 + \alpha t}\,dt\right),$$

ou, d'après l'équation caractéristique :

$$dQ = \left(c' + \frac{1}{E}\,p_o\,v_o\,\alpha\right)dt$$

Or, si l'on a opéré sur l'unité du poids de gaz, le rapport $\dfrac{dQ}{dt}$ fourni par cette équation est précisément la chaleur spécifique c, et l'on a :

$$c = c' + \frac{1}{E}\,p_o\,v_o\,\alpha$$

L'expérience ayant appris que c est constant pour un même gaz, il en sera donc de même de c'.

L'équation d'une ligne adiabatique est enfin :

$$c'\,\frac{dp}{p} + c\,\frac{dv}{v} = o$$

qui donne par l'intégration :

$$pv^{\frac{c}{c'}} = k$$

k étant une constante qui varie d'une ligne à l'autre.

Ce qu'il y a de plus remarquable, c'est que le rapport $\dfrac{c}{c'}$ que nous désignerons par γ est le même pour tous les gaz simples. On déduit, en effet, de la relation trouvée plus haut entre c et c' :

$$1 - \frac{c'}{c} = \frac{p_o\,v_o\,\alpha}{c}$$

Or, v_o est l'inverse de la densité, puisque la masse gazeuse est égale à l'unité de poids, et, pour tous les gaz simples, la densité est proportionnelle au poids atomique ϖ; on aura donc, h étant une constante

$$1 - \frac{c'}{c} = \frac{1}{E}\,\frac{p_o\,\alpha\,h}{\varpi\,c}$$

Enfin, d'après la loi de Dulong et Petit, le produit ϖc du poids atomique par la chaleur spécifique est le même pour tous les corps simples : il en résulte que le second nombre de l'équation précédente est invariable; il en est donc de même du rapport des deux chaleurs spécifiques.

On peut ajouter que la connaissance de ce rapport permettrait de déterminer l'équivalent E, puisque tout alors serait connu dans l'équation à l'exception de E. Nous verrons, en effet, deux déterminations basées sur cette considération.

Revenons maintenant au calcul du coefficient économique d'un cycle de Carnot. Il faut calculer le rapport entre la quantité de chaleur définitivement détruite et celle qui a été empruntée à la source la plus chaude. Le long des deux lignes adiabatiques AC, BD (fig. 449), il n'y a aucune chaleur absorbée ou dégagée; il nous suffira de calculer, d'une part la quantité de chaleur absorbée le long de la ligne isotherme t_1, et de l'autre, celle qui a été dégagée le long de la ligne isotherme t_0. Soit, pour caractériser l'état du corps aux quatre sommets du cycle :

En A : $p_1 v_1$
En B : $p'_1 v'_1$
En C : $p v$
En D : $p' v'$

Entre ces huit quantités on aura pour exprimer que les contours du cycle sont des lignes isothermes ou adiabatiques les quatre équations :

Lignes isothermes : $p_1 v_1 = p'_1 v'_1$;
—   — $p v = p' v'$.
— adiabatiques : $p v = p_1 v_1$:
—   — $p' v' = p'_1 v'_1$.

d'où l'on déduit : $\dfrac{v'_1}{v_1} = \dfrac{v'}{v}$.

Or, le travail effectué pendant le chemin AB ou t_1 est constant, a pour expression :

$$\int p \, dv \quad \text{et} \quad p = \frac{p_0 v_0 (1 + \alpha t_1)}{v}$$

d'où en substituant et intégrant :

$$\int p \, dv = p_0 v_0 (1 + \alpha t_1) \, L \, \frac{v'_1}{v_1}$$

La quantité de chaleur empruntée à la source t_1 sera donc

$$Q_1 = \frac{1}{E} \cdot p_0 v_0 (1 + \alpha t_1) \, L \, \frac{v'_1}{v}$$

De même, la quantité de chaleur cédée à la source t_0 a pour valeur :

$$Q_0 = \frac{1}{E} \, p_0 v_0 (1 + \alpha t_0) \, L \, \frac{v'}{v}$$

La différence $Q_1 - Q_0$ est la portion de chaleur utilisée, et son rapport à Q_1, c'est-à-dire le coefficient économique C prendra, grâce à la relation trouvée entre les volumes, la forme très simple :

$$C = \frac{Q_1 - Q_0}{Q_1} = \frac{t_1 - t_0}{\frac{1}{\alpha} + t_1}$$

$\dfrac{1}{\alpha}$ est égal à 273. Si les gaz suivaient exactement les lois de Mariotte et de Gay-Lussac pour toutes les températures, leur pression deviendrait nulle à la température de — 273° qu'on a appelée le *zéro absolu*; si l'on compte les températures *absolues* T, à partir de ce zéro absolu, l'expression du coefficient C devient :

$$C = \frac{T_1 - T_0}{T}$$

On voit ainsi que le coefficient économique dépend surtout de l'écart des températures extrêmes.

Equation de Clausius. Avant de faire l'application de cette formule à la machine à vapeur, nous devons en faire ressortir une importante conséquence.

Les valeurs des quantités de chaleur Q_1 et Q_0 que nous venons de trouver satisfont à la proportion :

$$\frac{Q_1}{T_1} = \frac{Q_0}{T_0}$$

et, si l'on considère comme négative la chaleur cédée à la source froide on aura :

$$\frac{Q_1}{T_1} + \frac{Q_0}{T_0} = 0$$

Si l'on fait parcourir au corps une série de cycles de Carnot, on aura une équation semblable pour chacun d'eux, et en les ajoutant :

$$\Sigma \, \frac{Q}{T} = 0$$

Cette équation peut être étendue à un cycle fermé quelconque, car celui-ci peut être décomposé au moyen de lignes isothermes et de lignes adiabatiques, en une série de cycles de Carnot infiniments petits. En faisant décrire au corps chacun de ces cycles successivement, on lui fera parcourir dans les deux sens chacune des lignes intermédiaires, ce qui ne changera ni la somme de travail effectuée, ni la quantité de chaleur absorbée, et l'équation précédente devient :

$$\int \frac{dQ}{T} = 0$$

Mise sous cette forme, elle porte le nom d'*équation de Clausius* qui l'a signalée le premier. Elle va nous servir immédiatement pour calculer le coefficient économique des machines à vapeur.

Application de la théorie précédente aux machines à feu. Dans une machine à vapeur, l'eau puisée dans le condenseur à la température de 40 à 50° est envoyée dans la chaudière où elle s'évapore à 150 ou 180° environ; elle passe alors dans le cylindre pour y produire le travail utile et revient abandonner au condenseur la chaleur qui n'a pas été transformée en travail. L'eau décrit ainsi un cycle fermé dont les températures extrêmes peuvent être évaluées, dans les cas les plus favorables, à 50° d'une part et 180° de l'autre. Si l'on applique à ces nombres la formule de Carnot,

$$C = \frac{t_1 - t_0}{273 + t}$$

on trouvera que le coefficient économique ne pourra pas dépasser la fraction :

$$\frac{130}{453} \quad \text{ou environ} \quad \frac{1}{3,5}$$

Ce nombre est même un maximum qu'on sera loin d'atteindre, car il s'en faut de beaucoup que le cycle décrit par l'eau de la machine soit un cycle de Carnot.

Il était intéressant de déterminer jusqu'à quel point on s'écarte en pratique du rendement maximum. M. Hirn a entrepris à ce sujet une série d'expériences effectuées directement sur les machines des usines qu'il dirige à Colmar. Les formules de Regnault sur la chaleur latente de vaporisation de l'eau permettent de calculer, au moyen de la température de la chaudière, la quantité de chaleur cédée à l'eau; on conçoit qu'on puisse aussi déterminer par l'expérience celle que reçoit le condenseur. Une simple soustraction fait alors connaître la quantité de chaleur disparue, et l'on en déduit immédiatement la valeur du coefficient économique. C'est ainsi que M. Hirn a trouvé cette valeur égale à $\frac{1}{6}$ environ.

Ses expériences sont décrites en détail dans un petit ouvrage sur la thermodynamique qu'il a publié en 1865, et auquel nous renverrons les lecteurs désireux d'approfondir la question. Nous nous contenterons de faire remarquer que les expériences de M. Hirn ont appelé l'attention sur un fait fort important et peu remarqué jusqu'alors : c'est que, pendant la détente, une certaine quantité de vapeur se condense dans le cylindre. Ce qu'il y a de plus curieux, c'est que c'est à cette circonstance qu'il faut attribuer la valeur relativement élevée du coefficient économique $\frac{1}{6}$ et le peu de différence qu'il présente avec le coefficient maximum, car toute la chaleur latente de condensation est transformée en travail, au lieu d'être rendue au condenseur comme cela arrive pour la portion de la vapeur qui va s'y condenser. Si l'on cherche, en effet, à calculer le

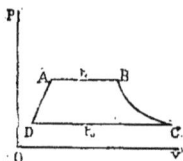

Fig. 451.

coefficient d'après les principes précédemment exposés, et en supposant qu'il n'y ait aucune condensation pendant la détente, on trouvera seulement $\frac{1}{20}$ environ; on a même cru pendant quelque temps que tel était le coefficient économique théorique des machines à vapeur.

L'équation de Clausius permet de prouver qu'il doit y avoir, en effet, condensation dans le cylindre, et de déterminer la quantité de vapeur qui s'y condense.

Le cycle décrit par l'eau de la machine peut être représenté par le diagramme ABCD (fig. 451). De A en B l'eau se vaporise et se dilate sous la pression correspondant à la température t_1 de la chaudière. La quantité de chaleur qu'elle reçoit est donnée par la formule bien connue de Regnault (V. CHALEUR LATENTE) :

$$Q_1 = 606,5 - 0,695\, t_1$$

Dans cet intervalle, ou

$$T = 273 + t_1$$

on aura :

$$\int \frac{dQ}{T} = \frac{606,5 - 0,695\, t_1}{t_1 + 273}$$

Pendant la phase BC, la vapeur se détend dans le cylindre sans recevoir ni perdre de chaleur :

$$\int \frac{dQ}{T} = 0$$

Représentons par x la fraction de la vapeur qui se condense pendant la détente. Si le calcul nous donne une valeur positive pour x, c'est qu'effectivement la vapeur se condensera en partie.

Pendant la phase CD, la vapeur passe dans le condenseur et s'y condense. Dans une machine bien construite, la communication ne doit être établie que lorsque la vapeur du cylindre a pris, en se dilatant, la même pression que dans le condenseur, ce qui implique qu'elle a pris aussi, par le refroidissement dû à la dilatation même, la température du condenseur, puisque la vapeur est partout saturée. Donc la portion $1 - x$ de vapeur restée gazeuse va se condenser sous la température constante t_0. La chaleur cédée est alors :

$$606,5 - 0,695\, t_0$$

et : $\int \frac{dQ}{T} = -\dfrac{606,5 - 0,695\, t_0}{t_0 + 273}\,(1 - x)$

Le signe — provient de ce que cette quantité de chaleur est dégagée et non absorbée par la vapeur.

Enfin, pendant la phase DA, la totalité de l'eau s'était échauffée de t_0 à t_1; on avait à chaque instant

$$dQ = dt$$

et par suite :

$$\int \frac{dQ}{T} = \int_{t_0}^{t_1} \frac{dt}{t + 273} = L\,\frac{t_1 + 273}{t_0 + 273}$$

L'équation de Clausius fournit alors :

$$\frac{606,5 - 0,695\, t_1}{t_1 + 273} - \frac{606,5 - 0,695\, t_0}{t_0 + 273}\,(1 - x)$$
$$+ L\,\frac{t_1 + 273}{t_0 + 273} = 0$$

Pour les valeurs ordinaires des températures extrêmes $t_0 = 50°$ et $t_1 = 150°$, on déduit de cette équation : $x = 0,177$.

Ainsi, près du cinquième de la vapeur se condense dans le cylindre, ce qui explique la présence si commune d'une certaine quantité d'eau dans les cylindres des machines à vapeur.

Quand au coefficient économique, il se déduit sans peine du calcul précédent :

$$C = \frac{(t_1 - t_0) + (605,5 - 0,695\, t_1) - (1 - x)\,[606,5 - 0,695\, t_0]}{t_1 - t_0 + (606,5 + 0,695\, t_1)}$$

ou : $C = \dfrac{0.305\,(t_1 - t_0) + x\,(606,5 - 0,695\, t_0)}{606,5 + 0,305\, t_1 - t_0}$

Pour des températures extrêmes de 50 et 150°, on trouve presque exactement $\frac{1}{6}$, nombre qui concorde tout à fait avec ceux qu'a trouvés M. Hirn dans ses expériences.

On voit ainsi qu'on peut utiliser environ la sixième ou la septième partie de la chaleur du foyer.

Lorsqu'à la suite du calcul inexact qui a été rapporté plus haut, on ne croyait pas possible d'atteindre avec la machine à vapeur un rendement de 1/20, on eut l'idée d'employer la chaleur latente de la vapeur qui se condense, à vaporiser un liquide très volatil, comme l'éther ou le chloroforme. Telle est l'origine des machines à deux liquides qui ont été complètement abandonnées.

On fut aussi conduit, par l'expression du coefficient économique maximum, à augmenter l'écart des températures extrêmes. On est très limité sous ce rapport par l'emploi de la vapeur d'eau, à cause de la rapidité avec laquelle s'accroît la pression quand la température augmente. C'est pourquoi l'on imagina les machines à air chaud qui étaient certainement préférables au point de vue du rendement; mais on a dû y renoncer à cause de l'action oxydante que l'air fortement chauffé exerce sur les pièces de la machine, et qui

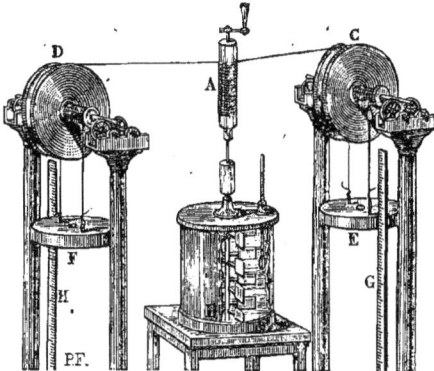

Fig. 452. — *Appareil de Joule pour la détermination de l'équivalent mécanique de la chaleur.*

détermine une usure extrêmement rapide. Un procédé qui paraît devoir donner de très bons résultats consiste à surchauffer la vapeur avant de l'introduire dans le cylindre. On peut alors élever beaucoup la température parce que la vapeur *n'étant plus saturée* se comporte comme un gaz.

Il est enfin un autre genre de machines qui semblent prendre dans l'industrie une importance de plus en plus considérable. Ce sont les machines à gaz; on en a vu fonctionner de très puissantes à l'Exposition d'électricité de 1881, et les résultats de l'expérience paraissent jusqu'à présent très satisfaisants. La transformation de la chaleur en travail s'y opère d'une manière tout autre que dans les machines à vapeur. La source de chaleur est en effet transportée dans le cylindre lui-même; la force d'expansion des produits de la combustion est utilisée, et l'on ne voit que l'excès d'air contenu dans le cylindre qui puisse décrire un cycle fermé. Sous ce rapport cet air se comporte comme celui des machines à air chaud; les écarts de température sont consi-

dérables, ce qui est tout à l'avantage du rendement. Quant à la chaleur de combustion utilisée directement par l'expansion du gaz, il ne serait guère possible de déterminer par le calcul quelle est la fraction de cette chaleur véritablement transformée en travail; car il est difficile de savoir au juste comment les choses se passent dans les premiers instants de l'explosion. On peut du moins assurer que la température très élevée produite par la combustion du gaz est une circonstance des plus favorables, et c'est ce qui explique les excellents résultats qu'on a pu apprécier jusqu'ici. Le seul reproche qu'on pourrait peut-être leur adresser, c'est que les explosions répétées dans l'intérieur même du cylindre doivent amener une usure assez prompte; heureusement cet inconvénient a déjà été très notablement atténué.

§ 3. DÉTERMINATION EXPÉRIMENTALE DE L'ÉQUIVALENT MÉCANIQUE DE LA CHALEUR. Les expériences qui ont été entreprises pour cette importante détermination peuvent se répartir en trois groupes.

Dans le premier, nous rangerons toutes celles qui reposent sur une transformation de travail en chaleur.

Dans le deuxième, seront celles qui ont été tentées par le moyen de la transformation inverse.

Enfin nous placerons dans le troisième, les déterminations indirectes, déduites des considérations théoriques précédentes.

1° Les expériences du premier groupe sont fort nombreuses : on a cherché à les varier de toutes les manières. La plus célèbre est celle dont le résultat a été publié par Joule en 1845. Ce sera la seule que nous décrirons avec quelques détails.

Le travail moteur est produit par la chute de deux poids E, F (fig. 452) pesant ensemble P et qui, par l'intermédiaire de deux cordes enroulées en sens inverse sur un tambour A, font tourner un axe vertical. Cet axe porte à sa partie inférieure un système de palettes qui agitent par leur déplacement l'eau d'un calorimètre B. Le frottement du liquide dégage une certaine quantité de chaleur Q qu'il est facile de mesurer et qui correspond au travail disparu. Celui-ci s'obtient aussi facilement : les deux poids se déplacent le long des règles divisées H G, afin qu'on puisse mesurer la hauteur h de leur chute : le travail moteur est $P h$.

On doit aussi mesurer la vitesse u de ces poids au bas de leur chute, afin d'en déduire leur force vive $\dfrac{P u^2}{g}$. L'excès du travail moteur sur cette force vive est précisément égal à la portion du travail disparue. Il faut seulement en déduire le travail absorbé par les résistances passives, lequel n'a pas été transformé en chaleur, du moins dans le calorimètre. On cherche d'abord à atténuer cette perte le plus possible : c'est pourquoi les axes des poulies sont supportés par des galets qui produisent beaucoup moins de frottement que les coussinets. Enfin pour mesurer la perte de travail T qu'on n'a pu éviter, on retire le calorimètre et l'on fait tourner l'appareil *à vide*; seulement on prend la précaution d'enrouler les cordes sur le tambour *dans le même sens*, afin que les actions des deux poids se détruisent sans que les pressions, supportées par les différentes pièces, soient modifiées. La force motrice est alors obtenue en ajoutant à l'un des poids E ou F une masse additionnelle p qu'on peut choisir après quelques tâtonnements, de manière que la vitesse finale soit à peu près la même que dans l'expérience. Le travail absorbé par les résistances passives est alors égal à la différence : $T = p\,h - \dfrac{P+p}{g}\,u^2.$

L'équivalent mécanique de la chaleur E n'est autre que le rapport à la chaleur Q du reste du travail disparu :

$$E = \frac{P\,h - \dfrac{P}{g}\,u^2 - T}{v}$$

Joule a ainsi trouvé : $E = 424$ kilogrammètres.

On peut varier l'expérience en remplaçant l'eau du calorimètre par du mercure.

Joule a aussi substitué aux palettes un disque de cuivre frottant sur un disque immobile, le tout plongé dans le calorimètre, et il a trouvé la nouvelle valeur $E = 416$ kilogrammètres.

En mesurant le frottement de l'eau qui circule dans des tubes étroits, Joule a encore obtenu : $E = 422$ kilogrammètres.

M. Violle a repris une série d'expériences tentées d'abord par Joule et qui reposent sur une propriété singulière des métaux diamagnétiques. Foucault avait démontré que si l'on fait tourner rapidement un cercle de cuivre, par exemple, entre les deux branches d'un électro-aimant, on éprouve une résistance considérable, qui exige une grande dépense de travail moteur. En même temps, il y a production de chaleur; le disque s'échauffe rapidement, comme par le frottement. Cet échauffement peut servir à mesurer la chaleur dégagée; le travail consommé se détermine en faisant tourner le disque avec la même vitesse, d'abord entre les branches de l'électro-aimant actif, et ensuite après avoir interrompu le courant. On n'a qu'à faire la différence des travaux moteurs dans les deux cas. Le rapport de cette différence à la quantité de chaleur produite est l'équivalent cherché. En opérant sur différents métaux, M. Violle a trouvé une moyenne de 436 kilogrammètres.

Puisque l'énergie intérieure d'un gaz ne dépend que de la température, comme le démontre une expérience de Joule rapportée plus haut, on conçoit que si l'on pouvait comprimer un gaz sans que sa température s'élevât, tout le travail produit se transformerait en chaleur, et l'on aurait encore ainsi un élément de détermination. C'est ce qu'a fait Joule en comprimant de l'air dans une enceinte placée dans un grand calorimètre. Le travail se détermine facilement par la formule $\int p\,dv$ appliquée à chaque coup de piston. A la vérité, la température du gaz ne reste pas invariable, mais, en prenant un calorimètre suffisamment grand, on peut arriver à rendre négligeable l'élévation de température. Du reste, il est facile d'en tenir compte quand on connaît la chaleur spécifique du gaz sous volume constant. Ces expériences ont donné en moyenne :

$$E = 440 \text{ kilogrammètres.}$$

Enfin, un physicien suédois, M. Edlund, a opéré d'une manière toute différente. Ses expériences consistaient à allonger un fil métallique au moyen d'un poids tenseur qu'on en détache ensuite brusquement. Le fil se raccourcit alors en s'échauffant, et revient à l'état primitif quand il a abandonné toute la chaleur produite : il décrit ainsi un cycle fermé dont on peut déterminer l'aire quand on connaît le coefficient d'allongement. La température du fil observé à l'aide d'une pile thermo-électrique fait connaître la chaleur absorbée pendant l'allongement, et celle qui a été dégagée lors du raccourcissement : la différence est la chaleur détruite. L'aire du cycle fait connaître le travail dépensé. Les résultats ont été les suivants :

Avec un fil d'argent $E = 444$ kilogrammètres.
—   de cuivre   430   —
—   de laiton   428

2° L'expérience de M. Favre nous servira de transition pour passer à la seconde catégorie, car elle consiste dans l'emploi d'un moteur électromagnétique que l'on chargeait de produire tantôt de la chaleur et tantôt du travail. Cette petite machine était placée dans le calorimètre à mercure si connu de Favre et Silbermann (V. Calorimétrie). Quand on la faisait marcher à vide, le courant électrique échauffait les conducteurs, et il y avait un dégagement de chaleur facile à mesurer. Si, au contraire, on lui faisait produire un travail extérieur, le dégagement de chaleur était moindre et la différence comparée au travail produit a fourni la nouvelle détermination :

$$E = 440 \text{ kilogrammètres.}$$

Le premier procédé qui ait été imaginé pour la mesure de l'équivalent consistait à transformer en chaleur le travail produit par la dilatation d'un gaz : il a été décrit dans le premier mémoire de Mayer en 1842; mais cette méthode se réduit en définitive à la comparaison des deux chaleurs spécifiques sous volume constant et sous pression constante, étude que nous placerons dans la troisième catégorie.

Nous avons déjà dit quelques mots des expériences de M. Hirn sur le coefficient économique des machines à vapeur. Nous avons vu comment M. Hirn a pu déterminer la quantité de chaleur perdue pendant le travail de la vapeur. Or, ce travail est très facilement évalué au moyen de l'indicateur de Watt. Une simple division donne l'équivalent. M. Hirn a trouvé :

$$E = 413 \text{ kilogrammètres.}$$

3° On se rappelle que le rapport des deux chaleurs spécifiques c et c' des gaz simples est un nombre constant qui dépend de l'équivalent mécanique de la chaleur. Nous avons trouvé :

$$\frac{c'}{c} = 1 - \frac{k}{E}$$

k étant une constante qu'on peut facilement calculer, car elle dépend de la pression atmosphérique, de la densité de l'hydrogène, du coefficient de dilatation des gaz et enfin du produit constant de la chaleur spécifique d'un corps simple par son poids atomique. On pourra donc calculer E si l'on parvient à déterminer le rapport $\frac{c'}{c}$ ou son inverse $\frac{c}{c'}$. C'est ce qu'ont fait directement Clément et Desormes, par une expérience fort ingénieuse dans laquelle ils mesuraient la variation de pression produite par le refroidissement d'un gaz. Un ballon contenait de l'air légèrement raréfié, à une pression connue. En ouvrant un robinet, l'air extérieur pénètre et la compression détermine une légère élévation de température. Si on ferme alors le robinet et qu'on laisse le ballon se refroidir, il y aura diminution de pression. Le calcul montre que la variation de température s'élimine, de sorte qu'il suffit de mesurer les deux pressions initiale et finale ainsi que la pression atmosphérique.

Cette expérience a donné pour le rapport $\frac{c}{c'}$ la valeur : $\frac{c}{c'} = 1,42$, d'où l'on déduit : $E = 423$ kilogrammètres.

Enfin, la vitesse de propagation du son dans les gaz est donnée par la formule théorique

$$a = \sqrt{g\, \frac{p_0}{\delta_0} \left(1 + \alpha t\right) \frac{c}{c'}}$$

ou p_0 et δ_0 désignent la pression et la densité de la masse gazeuse à $0°$.

La vitesse du son dans l'air a été déterminée avec une grande précision par Regnault qui l'a trouvée égale à $330^m,6$, on en déduit :

$$\frac{c}{c'} = 1,3945 \quad \text{et} \quad E = 436 \text{ kilogrammètres.}$$

La moyenne générale de toutes les déterminations donne, comme valeur la plus probable :

$$E = 425 \text{ kilogrammètres.}$$

Les divergences assez notables que l'on a pu remarquer entre les nombres précédents s'expliquent facilement par la délicatesse des expériences, la difficulté des mesures et le peu d'approximation des valeurs que l'on possède pour certains coefficients nécessaires aux calculs, tels, par exemple, que la chaleur spécifique des gaz. Aussi peut-on dire que l'accord général qui existe entre les résultats de tant de déterminations obtenues par des méthodes aussi différentes, est la preuve la plus éclatante qu'on puisse invoquer en faveur du principe de Mayer.

Sources d'énergie. Nous croyons utile, en terminant, d'appeler l'attention sur ce fait remarquable que presque tous les travaux mécaniques qui s'accomplissent à la surface de la terre doivent leur origine à la transformation de la chaleur solaire.

Les moteurs animés sont de véritables machines à feu : ils transforment en travail une partie de la chaleur produite par la combustion des aliments, et ceux-ci sont toujours, en dernière analyse, élaborés par les végétaux qui décomposent l'acide carbonique de l'air et fixent le carbone dans leurs tissus. Or, cette décomposition ne peut s'opérer qu'à la condition d'absorber une quantité de chaleur précisément égale à celle que dégagera plus tard la combustion de ce même carbone. Le soleil seul peut fournir aux végétaux la chaleur ainsi nécessaire à leur développement.

La houille est d'origine végétale, et la chaleur qu'on utilise en la brûlant, a été autrefois puisée à la même source.

C'est encore la chaleur du soleil qui élève l'eau de l'Océan sous forme de vapeur et la transporte aux sources des fleuves et des rivières. Elle se transforme ainsi en énergie potentielle qu'on utilise en partie, toutes les fois qu'on installe un moteur hydraulique que cette eau fait mouvoir en retombant vers la mer.

La force du vent, enfin, est due aux dilatations inégales que subissent sous l'action du soleil les différentes régions de l'atmosphère.

Il n'y a que deux exceptions à faire : la première est relative au travail que l'on pourrait produire en utilisant le mouvement des marées : il serait fourni par une diminution correspondante dans la force vive du mouvement diurne de la terre. La deuxième concerne le travail des machines électromagnétiques actionnées par *une pile* : dans ce cas, la chaleur nécessaire est fournie par la combustion du métal dans l'acide et paraît empruntée de la sorte à l'énergie potentielle originelle de la terre.

On voit combien ces exceptions sont restreintes, si on les compare à la somme considérable d'énergie qui se dépense journellement sous nos yeux, et l'on peut, en les négligeant, affirmer que toutes les actions physiques ou mécaniques qui s'accomplissent autour de nous, dans la nature aussi bien que dans l'industrie, et qui constituent, pour ainsi dire, la vie du globe terrestre, ne sont que les manifestations diverses de cette prodigieuse quantité d'énergie que chaque jour le soleil nous envoie sous forme de chaleur. — M. F.

* **CHALGRIN** (Jean-François-Thérèse), architecte, naquit en 1739 à Paris, où il mourut en 1811. Elève de Servandoni et de Boullée, il remporta le grand prix de Rome en 1758. Quand Chalgrin revint d'Italie, le duc de la Vrillière le chargea de construire son hôtel de la rue Saint-Florentin.

En 1777, on lui confia l'achèvement de l'église Saint-Sulpice commencée en 1646 par Levau, continuée par Gillard, puis par Oppenord et dont son maître, Servandoni, avait terminé le beau portail en 1745. Maclaurin, quatre ans plus tard, élevait la tour du sud. La tour du nord est l'œuvre de Chalgrin. Il construisit, en même temps, l'église Saint-Philippe-du-Roule qui ne fut terminée qu'en 1784. Il faisait partie de l'Académie d'architecture depuis 1770 et devint architecte de Monsieur, plus tard Louis XVIII. Sous l'Empire, il fut nommé architecte du palais du Luxembourg, où il détruisit l'admirable galerie de Rubens, œuvre de Jacques Debrosse, pour lui substituer un grand escalier qui passe pour son chef-d'œuvre. Les parterres du jardin qui s'étendent au sud du palais de Marie de Médicis ont aussi été dessinés par Chalgrin. On lui doit enfin la chapelle des fonts et le buffet d'orgues de Saint-Sulpice, ainsi que les bâtiments du Collège de France. Il fit partie de l'Institut dès la fondation, en 1799.

*CHÂLIER. *T. de mét.* Fabricant de châles, ouvrier en châles.

*CHALILITHE. *T. de minér.* Pierre siliceuse, hydratée, d'un brun-rougeâtre sale, que l'on trouve en Irlande et qui a, par son aspect, quelque analogie avec certains silex ferrugineux.

CHÂLIT. Bois de lit, ou charpente en fer ou en fonte, qui reçoit les matelas.

CHALOUPE. *T. de mar.* Bateau non ponté et le plus grand des canots embarqués à bord d'un vaisseau pour son service particulier (V. CANOT). Les chaloupes de pêche ou de ronde sont dites *chaloupes mâtées* ; les *chaloupes pontées* le sont d'une extrémité à l'autre ; les *chaloupes canonnières* sont pontées et gréées en goëlettes ; les *chaloupes percées* ont une espèce de puits percé à travers leur fond, pour servir de passage de l'orin ou du cordage à l'aide duquel on tire une ancre du fond de l'eau ; les *chaloupes biscayennes* sont des petits bâtiments gréés en chasse-marée.

Nous donnons les règles qui président à la construction des chaloupes au mot CANOT.

Un grand nombre de canots, chaloupes, embarcations diverses, sont mus par la vapeur. C'est M. Mazeline, constructeur français, qui, en 1857, eut l'idée de pourvoir de machines les petites embarcations.

Les premiers bateaux construits étaient lourds, compliqués et marchaient lentement, mais, grâce aux leçons de l'expérience, ils sont devenus légers et gracieux, d'une rapidité remarquable ; leurs machines perfectionnées et simplifiées, consomment peu et sont très faciles à conduire. Ces bateaux ont des coques très solides, d'un dessin soigné, des chaudières légères et résistantes, produisant beaucoup de vapeur sèche avec très peu de combustible, des machines d'un faible poids, à grande vitesse, fonctionnant sans secousses et utilisant la vapeur très économiquement. La marine nationale possède un assez grand nombre d'embarcations à vapeur, soit pour le service général, soit pour celui des *torpilles* (V. ce mot). Lorsqu'elles atteignent une certaine dimension et qu'elles sont pourvues d'artillerie elles prennent le nom de *canonnières*.

Les ingénieurs sont loin d'être fixés sur les règles qui doivent présider à la construction d'une canonnière et sur la meilleure forme à donner à ce genre de bateaux. Leur incertitude apparaissait clairement à l'Exposition de 1878. Nous y avons vu les modèles de six canonnières: le *Crocodile* (France), *Parana* et *Constitucion* (République argentine), *Fu-Sheng* (Chine), *Medina* (Angleterre), *N...* (Espagne), qui toutes différaient les unes des autres, ainsi qu'on peut le voir par le tableau ci-joint dans lequel nous avons réuni les chiffres relatifs à ces petits navires, qui représentent exactement les types les plus parfaits du genre à l'heure actuelle.

	Longueur	Largeur à la flottaison	Creux	Tirant d'eau moyen	Déplacement	Surface immergée du maître couple	Force de la machine	Nombre d'hélices	Vitesse	Approvisionnement de charbon
	m.	m.	m.	m.	ton.	mq.	cb.		n.	
Crocodile.	43.20(1)	7.30	3.47	2.51	460	15.00	457	1	9.7	50
Parana	46.36	7.63	4.12	3.05	550	17.75	475	1	11.»	80
Constitucion.	32.33	9.15	3.20	2.28	416	18.30	420	2	9.5	40
Fu-Sheng.	26.54	7.93	2.75	1.98	260	14.00	180	»	8.»	»
Medina	33.55(1)	10.37	»	1.78	386	15.22	319	»	9.52	»
Canonnières espagnoles .	24.00(1)	4.90	2.10	1.17	81.500	»	79	1	8.19	»

(1) À la flottaison.

Le *Crocodile* a été construit à Cherbourg en 1873 (ingénieur : Bertin). La construction de sa coque est du système composite ; son poids est à peu près égal à la moitié du déplacement ; l'avant, en forme d'éperon, a 1m,50 de saillie. Sa machine (Claparède) est du système Woolf, à 2 cylindres ; les chaudières sont cylindriques et fonctionnent à haute pression (4 k., 21).

Dans les expériences de giration, le bateau a décrit en 2 minutes 45 un cercle de 225 mètres de

diamètre, et en diminuant la vitesse le diamètre a été réduit à 170 mètres avec une durée de 4 minutes 25.

L'artillerie du *Crocodile* se compose d'un canon de 19 c. sur affût à pivot central placé au centre du navire, et de deux canons de 12 c., l'un à l'arrière, l'autre à l'avant.

Le *Parana* sort des chantiers de Birkenhead (Laird frères). Sa coque est en fer avec étrave saillante dans le haut. Sa machine est du système composé (*compound*). Il est voilé en trois-mâts barque. C'est avec cette voilure qu'il a fait en grande partie la traversée de l'Atlantique.

La *Constitucion*, plus petite que le *Parana*, est ce que les Anglais nomment un *gun-boat;* le *Parana* est un *gun-vessel* et répond à ce que nous appelons en France une canonnière de 1re classe. Ce sont MM. Laird qui l'ont construite. Sa coque est en fer à étrave droite, et divisée en nombreux compartiments étanches; ses pavois ne se prolongent pas à l'avant, sur un quart environ de la longueur; le champ de tir en chasse est, par conséquent, laissé entièrement libre à un canon Armstrong de 28 c., monté sur plate-forme et

manœuvré par un appareil hydraulique. Ce canon, placé dans l'axe, est entouré devant et latéralement par des murailles convergentes d'une sorte de réduit qui se prolonge jusqu'à la cheminée, un peu sur l'arrière du milieu de la longueur du navire; la hauteur de ces murailles est double de celle du pavois courant; en cours de navigation, le canon ne reste pas au sabord et rentre de sa longueur.

La *Medina* (Palmer, de Newcastle sur Tyne) est en fer avec soufflage en bois, doublé de zinc; elle est divisée en compartiments étanches; le franc-bord est très largement arrondi et, par suite, le pavois est en retrait sensible sur la ver-

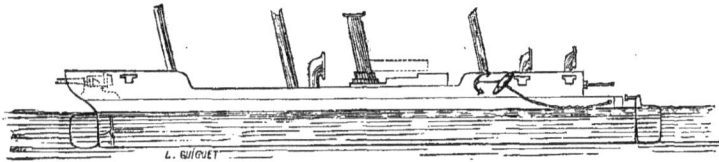

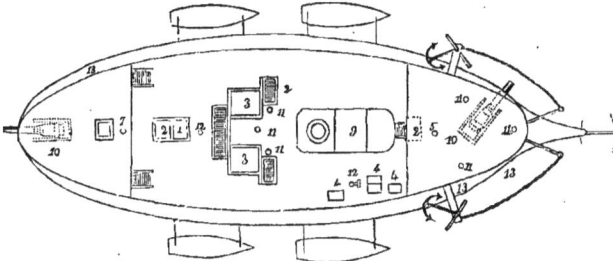

Fig. 453 et 454. — *La Medina.*

1 Claire-voie. — 2 Panneaux de descente. — 3 Panneaux de la machine. — 4 Panneaux d'aération. — 5 Mât de misaine. — 6 Grand mât. 7 Mât d'artimon. — 8 Cheminée. — 9 Rouf. — 10 Canons de 16 centimètres. — 11 Manches à air. — 12 Pompes. — 13 Sabords.

ticale à la flottaison. Elle porte 3 mâts-goëlettes et elle a un second gouvernail, celui-ci à l'avant. Son artillerie se compose de 2 canons de 16 c., placés l'un à l'avant sous une teugue et pouvant tirer par quatre sabords dont trois en chasse et deux par le travers, et l'autre sous une petite dunette à l'arrière comportant trois sabords, un en retraite directe et deux par le travers. Dans ses expériences de giration, la *Medina*, avec ses deux machines marchant en avant à toute vitesse, a décrit un cercle de 147 mètres de diamètre en 3 minutes 17; avec une machine marchant en avant et l'autre en arrière, le diamètre est réduit à 78 mètres et la durée est de 2 minutes 22 (fig. 453 et 454).

Enfin, la canonnière *N...*, construite par la Société des forges et chantiers pour la marine espagnole, possède une coque fer et acier. Sa machine est du système composé, à pilon; sa chaudière est cylindrique et fonctionne à haute pression (5 k.). 2 canons de 12 c. en bronze placés dans une tourelle tournante en tôle d'acier, à l'avant du navire, constituent son artillerie.

On voit, par les chiffres de notre tableau et la rapide description que nous venons de donner de ces canonnières, qu'elles diffèrent sensiblement sans toutefois être inférieures l'une à l'autre. Ces six canonnières sont considérées avec raison par les esprits compétents comme de bons petits navires, très propres au service auquel ils sont destinés, et dont l'imitation peut être tentée avec profit.

Nous serions incomplets toutefois si nous négligions de signaler dans cette note un modèle déjà ancien, mais qui n'a point vieilli, et auquel se rattachent de glorieux souvenirs; c'est la canonnière *Farcy*, qui a joué pendant le siège de Paris un rôle si important (fig. 455).

Ce navire, véritable affût flottant, a été construit par MM. Claparède. Il mesure 15 mètres de longueur à la flottaison et 4m,60 de largeur. Son tirant d'eau en charge n'est que de 1 mètre et son déplacement 44 tonneaux. Les formes cannelées de la carène donnent à la chaloupe une vitesse de 6 nœuds sans forcer la machine, malgré la grande largeur, avec 2 machines de 5 chevaux nominaux développant 40 chevaux sur les pistons. Chaque machine fait mouvoir une hélice indépendante. La stabilité est parfaite et l'on peut ajouter extraordinaire, puisqu'elle permet de mettre sur une coque complètement vide, pesant 10,000 kilogrammes, un canon du poids de 22,000 kilogrammes (avec son affût), à 25 centimètres au-dessus du centre de gravité. Ce canon est une pièce rayée de 24 c. monté sur un affût, qu'un mécanisme particulier, dû à l'inventeur de la canonnière (M. le lieutenant de vaisseau Farcy, aujourd'hui député de Paris) fait mouvoir avec cinq hommes, chef de pièce compris.

La tôle de la coque du bâtiment n'a qu'une épaisseur de 0m,0025; mais un système particulier de construction donne une grande rigidité à cette mince enveloppe; ce qui a permis au bateau de supporter sans avarie les chocs du tir avec 24

Fig. 455. — *Canonnière Farcy*.

kilogrammes de poudre et les secousses de la mer par de très mauvais temps. Il est d'ailleurs rendu insubmersible par le moyen de caissons étanches qui font comme une double enveloppe.

A une époque où la torpille est destinée à jouer un si grand rôle dans les luttes navales, les canonnières Farcy présentent cet avantage, grâce à leur petitesse, de pouvoir échapper à leurs effets destructeurs, comme elles échappent déjà à ceux du boulet. De plus, elles peuvent s'approcher assez près de terre pour se mettre dans les angles morts des créneaux des forts, ou dans l'angle négatif des parapets. Elles repondent donc parfaitement aux besoins de l'attaque et à ceux de la défense; aussi nous paraissent-elles le meilleur type que l'on doive employer, celui qu'adoptera l'avenir. — L. R.

I. **CHALUMEAU**. *T. techn.* Petit tube en métal (fer verni, laiton, maillechort, cuivre argenté, argent, platine) et quelquefois en verre, dont se servent les chimistes, les essayeurs de monnaies, les minéralogistes, les bijoutiers, les orfèvres, les fabricants de bronze, les monteurs, les fer-blantiers, les émailleurs, les dentistes, etc., pour produire par insufflation sur la flamme d'une lampe, d'une bougie, du gaz d'éclairage ou autre, un rapide courant d'air qui détermine un dard de feu dont la température élevée permet de

fondre ou de souder les métaux qu'on y place, d'oxyder ou de désoxyder les substances minérales et d'en reconnaître la composition chimique.

Le *chalumeau des bijoutiers* est un simple tube conique, très effilé à son extrémité et recourbé, souvent muni d'une boule destinée à arrêter l'humidité de l'haleine.

Le *chalumeau des chimistes*, des essayeurs et des minéralogistes, imaginé par Berzélius, et tel qu'il est généralement employé aujourd'hui, après les divers perfectionnements que la pratique lui a successivement apportés, se compose de quatre parties : le *tube* droit *tt* (fig. 456) de

Fig. 456. — *Chalumeau de Berzélius*.

forme conique de 0m,20 à 0m,25 de longueur, dont la partie évasée est munie d'une embouchure, en corne, en os ou en ivoire, destinée à être placée à la bouche: la *chambre* C ou *réservoir*, de forme cylindrique, de 12 à 15 millimètres de diamètre et de longueur double, pièce destinée à arrêter la vapeur d'eau que l'haleine introduit avec l'air insufflé, s'adaptant au tube à frottement doux; l'*ajutage* ou *porte-vent* *ab* nommé aussi *tuyère*, tube également conique mais beaucoup plus court que le premier, car il n'a que 7 à 8 centimètres de longueur, faisant coude avec le réservoir dans lequel il pénètre à frottement; enfin, le *bout*, *bec* ou *gland* terminé par une ouverture très étroite qu'on appelle *lumière*.

Le diamètre de cette ouverture varie avec les effets que l'on veut produire; il faut, par conséquent, plusieurs becs de rechange. Ces bouts sont en platine, afin qu'ils ne puissent ni s'oxyder ni se fondre. En changeant d'ajutage (le bout reste également fixé au porte-vent), on fait varier la température. Plus l'ouverture est petite, plus le dard est fin et la température élevée.

Elle est supérieure à celle des meilleurs feux de forge et estimée à plus de 1400°.

On s'explique aisément les effets calorifiques et chimiques que peut produire le dard du chalumeau. En soufflant dans ce tube conique, le bec étant placé dans la flamme d'une bougie, par exemple, et près de la mèche, on porte dans l'intérieur de cette flamme une masse d'air condensé (car l'ouverture par laquelle l'air sort est beaucoup plus petite que celle par laquelle il entre) qui chasse devant lui un flux de matières combustibles pouvant alors brûler très rapidement. La flamme se courbe sous cette impulsion et s'étire en un *dard* d'autant plus allongé et mince que le courant d'air est plus fort. Il ne faudrait pas cependant que cette impulsion dépassât certaines limites, car la flamme s'éteindrait, ou l'on enlèverait au moins une bonne partie de la chaleur produite. Il faut, dans tous les cas, fournir un

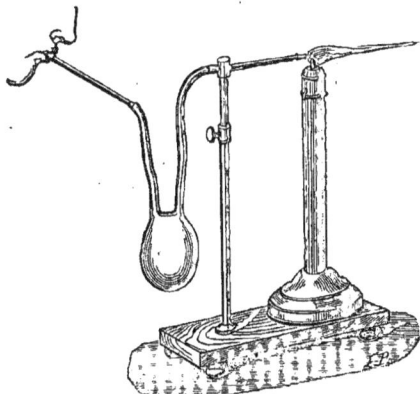

Fig. 457. — *Chalumeau (à bouche) de M. Luca.*

jet continu et régulier, ou, comme on dit, un *bon feu*, ce qui exige une certaine habitude du chalumeau. Pour faire usage de cet instrument, il faut d'abord s'habituer, lorsqu'on souffle, à ne pas faire agir les organes de la respiration, ce qui deviendrait bientôt très fatigant. Les joues doivent simplement faire l'office de soufflet; on remplit la bouche d'air que l'on aspire par le nez, comme à l'ordinaire, et l'on fait passer cet air dans le chalumeau par la seule contraction des muscles des joues.

Les modifications qu'on a su apporter au chalumeau pour l'adapter à divers usages en ont fait autant d'instruments particuliers et spéciaux, parmi lesquels on peut distinguer les suivants :

Chalumeau à bouche muni d'une lampe à alcool. C'est le chalumeau de Berzélius auquel s'adapte, à l'aide de tiges à vis de pression, une petite lampe à huile et à alcool, disposition qui permet de diriger le dard dans tous les sens, en laissant le bec et la flamme dans la même position relative. Elle est fort commode pour sceller les tubes.

Chalumeau à bouche et à boule de caoutchouc de M. Luca (fig. 457). Il a été fait pour dispenser de l'insufflation continue qui est très fatigante. Le tube du chalumeau communique avec une boule en caoutchouc dans laquelle on insuffle l'air. Quand cette poche est gonflée et qu'on cesse de souffler, la soupape, dont le tube est muni, se ferme. L'air comprimé sort par un autre tube qui se termine au bec or-

Fig. 458. — *Chalumeau à bouche fonctionnant au gaz.*

dinaire. Le tout est maintenu par un support à la hauteur constante de la bougie mue par un ressort dans son chandelier.

Grâce à l'élasticité du caoutchouc, il suffit de souffler de temps à autre dans l'appareil, pour obtenir un jet d'air égal et continu. On peut aussi comprimer la boule avec la main dans le but d'obtenir un jet plus fort.

Chalumeau à bouche, fonctionnant au gaz. La figure 458 en montre suffisamment

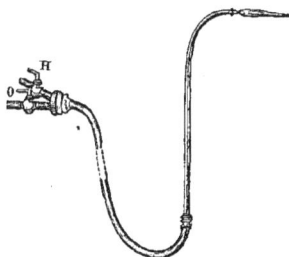

Fig. 459. — *Lance à souder.*

la disposition. Il peut être muni d'un souffleur en caoutchouc, analogue au précédent.

Chalumeau de Barruel. Le premier, à une vessie que l'on comprime soit à la main soit par le moyen d'une pédale ou d'un poids, est destiné à fournir un dard continu d'hydrogène enflammé, ou à projeter de l'oxygène sur la flamme d'une lampe. Le second est à deux vessies, dont l'une contient de l'oxygène, l'autre de l'hydrogène. Les deux tubes se réunissent pour former le mélange des gaz qui en brûlant donnent une très haute température. On règle les robinets de manière que le volume de l'hydrogène soit double de celui de l'oxygène consommé. On

peut encore se servir, dans ce cas, de deux vessies, dont l'une pour l'hydrogène, a un volume
double de celui de l'autre. Mais alors, il faut employer le chalumeau de Daniell.

**Chalumeau de Daniell à gaz oxy-
hydrogène.** Il consiste en deux tubes métalliques concentriques à robinet se terminant par
une petite chambre unique, percée, qui est le
bec du chalumeau. Le tube intérieur se visse au

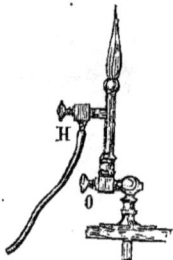

Fig. 460. — *Chalumeau à gaz oxygène et hydrogène
remplaçant la lampe d'émailleur.*

robinet de la vessie à oxygène; le tube extérieur
s'adapte au robinet de la vessie à hydrogène. En
comprimant également les deux vessies, la quantité de gaz écoulé de l'une est double de celle qui
s'échappe de l'autre.

Si aux vessies on substitue des gazomètres séparés et qu'au système des robinets, on adapte
un assez long tube de caoutchouc, on a ce qu'on
nomme une *lance* (fig. 459) permettant de porter
le dard de feu dans toutes les directions. Cet
instrument ne présente pas de danger puisque

les gaz ne se mêlent qu'à l'extrémité du tube; et
si une petite explosion partielle pouvait avoir
lieu dans la lance, il n'en résulterait rien de
fâcheux pour l'opérateur.

**Chalumeau à gaz remplaçant la
lampe d'émailleur** (fig. 460). Il est alimenté par le gaz de l'éclairage et remplace avantageusement les lampes fumeuses et malpropres.
Il est composé de deux tubes concentriques dont
l'un extérieur amène le gaz et l'autre intérieur,

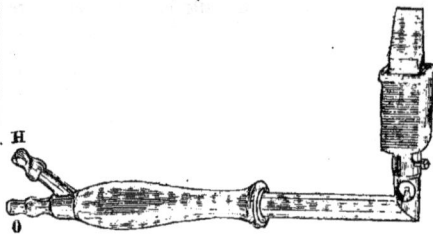

Fig. 461. — *Chalumeau des ferblantiers.*

terminé par un bec de chalumeau, donne passage
à l'air envoyé par un soufflet.

Chalumeau pour les ferblantiers.
Employé pour la soudure à l'étain sur métaux laminés (fig. 461), il se termine par un fer à souder qui est porté au rouge par la combustion des
gaz arrivant par les ouvertures O et H.

Chalumeau à main pour monteurs
(fig. 462). On s'en sert pour souder l'étain, le
laiton, le maillechort, le cuivre ou l'argent, sur
les métaux forgés, étirés ou fondus.

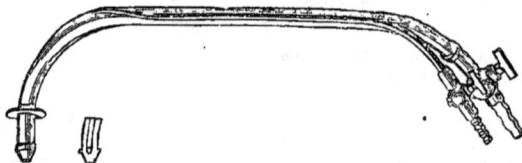

Fig. 462. — *Chalumeau à main des monteurs*

**Chalumeau à gaz oxygène et hydro-
gène condensés ou chalumeau de Clarke**
Le professeur Robert Hale, de Philadelphie, est
le premier qui ait construit un chalumeau à gaz
oxygène et hydrogène condensés, dans le but
d'obtenir une température plus élevée que par
les gaz non condensés. Clarke a modifié l'appareil et lui a donné son nom.

L'appareil se compose d'une caisse métallique
de forme presque cubique dans laquelle on comprime le mélange des deux gaz à l'aide d'une
pompe foulante. Une ouverture munie d'un robinet
donne issue au gaz. La caisse métallique destinée
à recevoir le mélange d'un volume d'oxygène et de
deux d'hydrogène comprimés à plusieurs atmos-

phères, doit avoir des parois très résistantes.
L'inventeur n'ignorait pas qu'il est dangereux de
mettre le feu, même par un tube capillaire, à un
mélange détonant de la puissance de celui-ci;
aussi avait-il imaginé, pour que l'inflammation
à l'extrémité du chalumeau ne pût se communiquer à l'intérieur du mélange, de diviser la
caisse en cloisons à travers lesquelles le gaz ne
peut s'échapper qu'en traversant une couche
d'huile et plusieurs toiles métalliques très
fines.

Chalumeau de Newmann. Le chalumeau
de Clarke a été perfectionné par Brok, puis par
Newmann. L'appareil de ce dernier, produit la

température la plus élevée. Il se compose d'un vase en fer très résistant, dans lequel on introduit et l'on comprime, à l'aide d'une pompe foulante, le mélange formé de 1 vol. d'oxygène et de 2 vol. 66 d'hydrogène. Un ajutage à robinet, terminé par un tube capillaire en verre, donne passage au mélange gazeux qu'on allume à l'extrémité du tube. Pour éviter que la combustion se propage dans l'intérieur de la caisse, ce qui produirait une très violente explosion, l'inventeur a placé dans l'ajutage, qui précède le bec, un grand nombre de rondelles de toiles métalliques très fines. Il faut dire toutefois que ce moyen n'est pas une garantie absolue contre les explosions et que cet appareil est d'un usage dangereux.

Des accidents terribles se sont, en effet, produits plusieurs fois par des causes diverses avec cet instrument ou ses analogues ; c'est pourquoi on a dû substituer au réservoir unique, des gazomètres

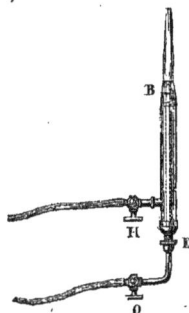

Fig. 463. — *Chalumeau de MM. Sainte-Claire-Deville et Debray.*

où l'on peut recueillir et comprimer chaque gaz séparément, le mélange ne se faisant, comme il a été dit, qu'à la sortie des gaz par le bec du chalumeau ou à une petite distance en deçà. On peut aussi comprimer les gaz dans des sacs caoutchoutés que l'on charge de poids.

Chalumeau à gaz oxhydrique de MM. Sainte-Claire Deville et Debray (fig. 463). Dans cet appareil, l'hydrogène venant d'un gazomètre, pénètre par le robinet H dans un tube en cuivre et on l'enflamme à sa sortie par l'orifice B, lequel est entouré d'un large anneau en platine. L'oxygène, venant d'un second gazomètre, pénètre par le robinet O dans un tube fin, concentrique au premier jusque près de l'anneau terminal. Un écrou E permet de régler la position du bec au sein de la flamme d'hydrogène. Le courant d'oxygène arrive donc au centre de la flamme d'hydrogène et opère la combustion complète et rapide de ce gaz, en rendant toute explosion impossible. C'est à l'aide de ce chalumeau que MM. Deville et Debray sont parvenus à fondre à la fois jusqu'à 20 kilogrammes de platine.

Chalumeau de M. Debray (fig. 464), employé dans les expériences spectrales.

EMPLOI DU CHALUMEAU OXHYDRIQUE A LA PRODUCTION DE LA LUMIÈRE DRUMMOND. La flamme du chalumeau oxhydrique a été utilisée non seulement à produire de très hautes températures et fondre les corps les plus réfractaires ou réputés infusibles, mais encore pour obtenir une lumière très vive qui rivalise d'éclat avec celle de l'électricité. M. Hure, de Philadelphie, en dirigeant la flamme oxhydrique sur un fragment d'argile obtint le premier une lumière d'un éclat extraordinaire. Plus tard, MM. Gurney et Drummond remplacèrent l'argile par la chaux qui n'a pas besoin d'une température aussi élevée pour devenir resplendissante. Depuis, on a substitué à la chaux, qui se délite assez rapidement, le marbre, la zircone et même des fils de platine. Mais le prix élevé de ce métal n'a pas permis de rendre ces essais pratiques.

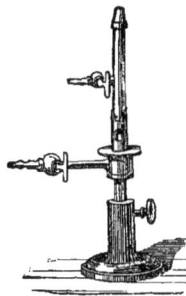

Fig. 464. — *Chalumeau de M. Debray pour l'analyse spectrale.*

M. le comte E. Desbassayns de Richemont a inventé deux chalumeaux d'un fréquent usage dans l'industrie des métaux : le premier est aérhydrique, le second est à vapeurs combustibles.

Chalumeau aérhydrique. La flamme est produite ici par la combustion d'un mélange d'hydrogène et d'air. Elle est volumineuse, très intense et capable de puissants effets de chaleur. L'appareil se compose de trois pièces principales : le générateur d'hydrogène, le soufflet et le chalumeau proprement dit.

Le générateur d'hydrogène, dit *appareil de sept litres*, le plus généralement usité, est un cylindre doublé intérieurement de plomb et divisé horizontalement en deux compartiments principaux. On verse dans la cavité supérieure un mélange d'eau et d'acide sulfurique marquant 20° Baumé (ou 1 partie d'acide et 8 parties d'eau). Le liquide descend par un conduit vertical au fond du compartiment inférieur. Celui-ci est muni d'un faux-fond, percé de trous, sur lequel on a jeté des rognures de zinc (ou de ferraille) par un orifice que l'on a fermé ensuite hermétiquement. A mesure que le liquide descend, il comprime l'air que renferme ce compartiment. Or, la quantité de liquide employé est telle que l'écoulement s'arrête précisément lorsque le niveau n'atteint pas encore le double fond. Si alors on ouvre le robinet, qui donne issue à cet air comprimé, l'eau acidulée monte immédiatement, atteint le zinc et se décompose en produisant de l'hydrogène. Si maintenant, quand l'air est complètement chassé, on ferme le robinet, l'hydrogène, à son tour, comprime le liquide et finit bientôt par en refouler le niveau plus bas que le zinc, lequel dès lors reste inattaqué et la production du gaz s'arrête nécessairement. On dit alors que l'appareil est *chargé*. Si l'on donne écoulement au gaz, en en faisant un usage quelconque, le *liquide montera*, atteindra de nouveau le zinc, produira un dégagement d'hydrogène qui continuera aussi longtemps qu'on le voudra. En fermant le robinet, la production du gaz continuera encore quelques instants et, par sa pression croissante, mettra bientôt le zinc à sec ; l'appareil sera chargé de nouveau.

On peut répéter ces alternatives jusqu'à épuisement du métal et de l'eau acidulée qui finit par se transformer en sulfate de zinc, dissolution à laquelle on donne issue par un orifice inférieur.

Pour l'usage de l'hydrogène au chalumeau, la prise de gaz ne se fait pas directement dans le compartiment inférieur, parce que l'hydrogène entraîne avec lui des particules de liquide acidulé qui attaquerait les tubes. Il faut préalablement le laver. A cet effet, un tuyau de communication recourbé, partant de la partie supérieure du compartiment en question, se rend dans une capacité ménagée dans le compartiment supérieur. Là, ce tube plonge dans une petite quantité d'eau pure ; le gaz qu'il y amène s'échappe, après ce lavage, par un orifice auquel est adapté un tube de caoutchouc qui aboutit à l'une des branches du robinet portant le chalumeau proprement dit. A la seconde branche du robinet s'adapte un second tube de caoutchouc amenant l'air du soufflet renfermé dans un cylindre sur lequel s'assied l'ouvrier et que celui-ci met en jeu avec une pédale. L'appareil est alors prêt à fonctionner. Il suffit d'ouvrir les robinets, puis d'enflammer le gaz au bec du chalumeau en mettant le soufflet en jeu.

L'air qui arrive se mêle à l'hydrogène et forme un mélange inflammable dont la température est très élevée. Grâce à la flexibilité des tubes abducteurs, l'ouvrier qui prend le chalumeau a en main un instrument aussi mobile qu'un crayon, c'est un véritable *outil de feu* dont il peut disposer pour nombre d'opérations industrielles : soudure du platine par l'or, brasure du cuivre et surtout pour la *soudure autogène* du plomb sans emploi d'aucun alliage d'étain ; procédé très usité dans la construction des chambres de plomb pour la fabrication de l'acide sulfurique. Dans toutes ces opérations, le chalumeau oxhydrique remplace avantageusement le fer à souder, longtemps employé dans les opérations de cette nature.

Chalumeau à vapeurs combustibles. M. Desbassayns a construit un autre appareil destiné à produire des effets analogues, quoique moins intenses, mais plus commodément et à moins de frais. L'hydrogène est remplacé par des vapeurs combustibles, comme celle de l'essence de térébenthine. Le feu de ce chalumeau est donc produit par un mélange d'air et de ces vapeurs inflammables.

Une courte description de l'appareil fera suffisamment comprendre le principe et l'emploi de cet instrument sans qu'il soit nécessaire d'en avoir une figure sous les yeux.

Les vapeurs combustibles sont produites par l'essence de térébenthine (on pourrait employer l'essence de pétrole ou un autre carbure d'hydrogène très volatil) dans une petite chaudière où le niveau est entretenu constant au moyen d'un flacon de verre renfermant le liquide. Une petite lampe à esprit de vin brûle sous cette chaudière et entretient la chaleur nécessaire à la vaporisation du liquide. Un thermomètre, dont le réservoir plonge dans la chaudière, indique à l'extérieur la température convenable pour l'expérience. L'air est amené d'un soufflet par un tuyau à deux branches munies chacune d'un robinet. En ouvrant le premier, on fait arriver l'air dans la partie supérieure de la chaudière où il se sature de vapeurs ; il en sort pour se rendre au chalumeau où on l'allume. Ce mélange brûle avec une flamme molle et blanchâtre. Si l'on ouvre le second robinet, le courant d'air qui en résulte, injecté dans l'intérieur de cette flamme vient la rendre bleuâtre, l'allonger en forme de dard plus ou moins épanoui, et lui donner la vivacité et la chaleur qui manquaient. Alors elle est propre à remplacer avantageusement dans les ateliers les flammes des anciens chalumeaux à huile dont l'odeur et la malpropreté en faisaient des instruments d'un emploi fort désagréable sous tous les rapports.

ESSAIS AU CHALUMEAU.

L'essai, comme l'indique le mot, est une opération préliminaire qui doit servir de guide dans les analyses et quelquefois de contrôle aux résultats obtenus par voie humide. L'essai peut cependant donner des indications définitives si l'on n'a besoin que de constater la présence de certains éléments métalliques dans la substance soumise à l'expérience. En tous cas, c'est un procédé rapide, commode, permettant d'opérer sur de très petites quantités de matière. Les essais se font au chalumeau des laboratoires qui a été décrit précédemment (fig. 456). Toutefois, les résultats qu'on obtient par son emploi se rapportent aussi bien aux arts industriels qu'à la chimie ou à la minéralogie. L'usage du chalumeau, comme moyen analytique, ne date que des recherches de Gahn et surtout de Berzélius; Plattner, professeur à l'Ecole des mines de Freyberg, y apporta des perfectionnements importants ; aujourd'hui, l'instrument est très répandu et la méthode fort appréciée.

Flamme. Pour comprendre les effets thermiques

et chimiques que l'on peut produire avec le dard du chalumeau, convenablement employé, il est nécessaire de connaître la constitution de la flamme elle-même. — V. FLAMME.

Lorsque la flamme d'une bougie se trouve dans le courant d'air du chalumeau, elle s'infléchit et s'allonge en un dard où l'on peut remarquer facilement deux parties distinctes qui, dans les analyses et les essais pyrognostiques, jouent

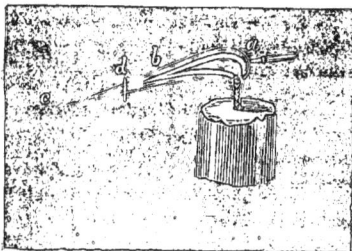

Fig. 465. — *Flamme oxydante.*

chacune un rôle particulier et contraire : l'une, *intérieure*, petite, bleue, appelée *flamme réduisante* ou désoxydante *a b* (fig. 465), l'autre, *extérieure*, *ac*, grande, jaunâtre, appelée *flamme oxydante*. Ces deux parties de la flamme permettent, ainsi que l'indique leur nom, de produire à volonté sur les substances qu'on y expose, deux effets contraires ; ce que l'on peut contrôler facilement, et comme exercice, à l'aide d'un petit grain de plomb ou d'étain qu'on place sur un

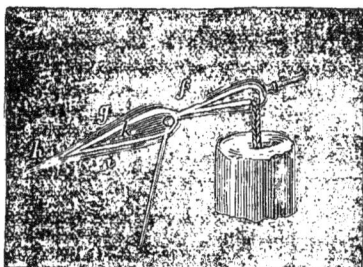

Fig. 466. — *Effet de la flamme oxydante sur la substance.*

morceau de charbon où l'on a creusé une légère cavité. En dirigeant la pointe de la flamme extérieure sur le métal, on l'oxyde facilement, car c'est là, en effet, qu'afflue l'oxygène ; si on le présente alors à la flamme intérieure, il se désoxyde ; car en cet endroit la flamme est chargée d'hydrogène carboné, provenant de la décomposition de la matière combustible, lequel gaz ne peut brûler par défaut d'oxygène qui n'y a pas accès.

Pour obtenir un *bon feu d'oxydation* (fig. 466), il faut placer le bec du chalumeau presqu'en contact avec la mèche et de manière à diriger un

courant d'air dans le milieu de la flamme. C'est à la pointe du dard qu'on présente la substance à oxyder ; car c'est là que la combustion est complète et qu'il y a excès d'oxygène. Le maximum de température est entre la pointe bleue intérieure et l'extrémité du dard c'est-à-dire en *d* (fig. 465).

La *flamme de réduction* (fig. 467) est moins facile à obtenir que la précédente ; elle exige une plus grande pratique, et l'emploi d'un bec plus fin, qu'il ne faut pas engager trop avant dans la flamme, mais placer contre la face latérale. On obtient ainsi une flamme brillante, résultat d'une combustion incomplète très propre à enlever l'oxygène à la matière d'essai. Dans ce cas, le dard est composé de trois flammes enveloppées l'une dans l'autre ; c'est entre la pointe de la flamme bleue intérieure et celle de la flamme brillante, en *e*, qu'il faut placer la substance à désoxyder.

Combustible. La bougie est le combustible le plus ordinairement employé dans les essais au

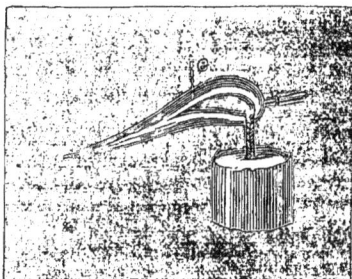

Fig. 467. — *Flamme désoxydante.*

chalumeau ; la chandelle donnerait un meilleur feu ; mais elle a l'inconvénient de couler et de donner une fumée épaisse et désagréable. La flamme de la lampe à huile est préférable ; sa température est supérieure à celle de la bougie, on la remplace quelquefois par la lampe à vapeurs combustibles, comme l'essence de térébenthine. Quant à la lampe à alcool, sa flamme n'est pas assez chaude ; d'ailleurs, elle ne donne pas de dard bien tranché, l'air passant au travers de sa masse sans la projeter.

Supports. La pièce d'essai doit être placée sur un support ; celui qui convient le mieux, dans la plupart des cas, est le *charbon de bois* blanc, bois de pin, de saule, de peuplier, d'aune ou de buis, convenablement cuit, c'est-à-dire ne dégageant pas de fumée, sous l'influence du chalumeau et, d'autre part, ne se consumant pas trop vite, sous l'action prolongée de la chaleur. On choisit un morceau sans écorce, à grain fin et sans fissure à l'intérieur, de 0m,015 de diamètre environ. On débite le morceau à fil droit, en le façonnant à la scie en parallélipipède de 0m,10 de longueur. On pratique à l'extrémité, sur une face perpendiculaire aux couches du bois, une petite cavité destinée à recevoir le corps d'essai et qui en ait les dimensions.

Les charbons ainsi confectionnés doivent être conservés dans un vase fermé, pour empêcher qu'ils n'absorbent l'humidité de l'air.

Le *fil de platine*, employé comme support, est devenu d'un usage général et remplit toutes les conditions. On le prend de 0^m,0004 à 0^m,0006 de diamètre, sur une longueur de 0^m,06 à 0^m,08, que l'on recourbe par un bout en forme de crochet, et c'est celui-ci qui sert de support. Après avoir trempé ce crochet dans l'eau pure, on l'applique sur la matière réduite en poudre qui adhère au fil et qu'on présente ainsi au dard du chalumeau. Ordinairement, le fil est d'abord chauffé au rouge et plongé ainsi dans le fondant (borax, sel de phosphore, etc.), réduit en poudre qui s'attache au fil; mis ensuite sous le dard, le flux entre en fusion et forme une goutte qui s'arrête et se fige dans le crochet. On humecte la pièce d'essai pour la faire adhérer au fondant, préalablement solidifié, et l'on chauffe le tout ensemble. On obtient une perle dont la couleur ou la transparence constituent des caractères pour les substances en expérience. Ce support est très commode à employer. On fait aussi usage quelquefois de lames, de cuillers et de pinces en platine.

Divers essais préliminaires, dont les indications sont très utiles, se font dans des *tubes en verre*, les uns fermés à un bout, les autres ouverts aux deux bouts; les premiers pour reconnaître si la matière dégage de la vapeur d'eau, de l'oxygène, de l'acide carbonique, des vapeurs rutilantes, ou forme un sublimé provenant de la combustion du soufre, de l'arsenic, du mercure, de sels ammoniacaux, ou un dépôt de charbon provenant de matières organiques; on emploie aussi dans le même but de *petits matras* qui ne sont autres que des tubes de verre dont l'extrémité fermée présente un renflement. Les tubes ouverts aux deux bouts servent au grillage des substances qui ne sont pas volatiles par elles-mêmes, mais qui le deviennent par oxydation; l'odeur, la couleur, l'éclat du sublimé donnent des indications caractéristiques connues en chimie.

Les *coupelles de Lebaillif* sont de petits disques presque plats, en terre à porcelaine non émaillée, d'environ 1 millimètre d'épaisseur et de 7 à 8 millimètres de diamètre. Elles servent à mettre sur la face concave le fondant que l'on veut colorer par un oxyde métallique. Ce large bain montre mieux les effets de coloration que le globule épais.

La *cendre d'os*, réduite en poudre fine, sert à la *coupellation* (V. ce mot) des métaux ou minerais contenant de l'or ou de l'argent. On en tapisse une cavité peu profonde, faite dans un morceau de charbon et l'on place dans cette petite coupelle la matière préalablement fondue avec du plomb. La matière entre en fusion sous le dard oxydant, le plomb s'oxyde et la litharge fondue est absorbée par la coupelle; il ne reste qu'un globule du métal précieux.

Instruments accessoires. Pour faire des essais au chalumeau, on doit être muni des quelques instruments suivants: Un *petit mortier d'agate*,

avec sa molette, pour réduire en poudre fine les substances dures; un *marteau d'acier durci*, pour détacher de petits fragments de la substance à essayer; une petite *enclume* d'acier poli de 0^m,04 de longueur sur 0^m,03 de largeur et 0^m,01 d'épaisseur, pour briser les substances dures et constater la malléabilité ou la friabilité des produits du chalumeau; une *biloupe* à deux grossissements; un *barreau aimanté*; un *couteau d'acier*; des *pinces à détacher*, pour entamer les minéraux durs; des pinces, dites *brucelles*, pour saisir les parcelles et les produits de l'essai.

Réactifs. Les trois plus importants et dont l'application est générale dans les essais sont: le *borax* ou biborate de soude, fondant par excellence de tous les corps, acides ou basiques; le *sel de phosphore*, ou phosphate double de soude et d'ammoniaque (sel microcosmique), dissolvant spécial des oxydes; le *sel de soude*, ou carbonate de soude, dissolvant spécial des acides. On voit que ces deux derniers réactifs se complètent l'un l'autre, le sel de phosphore éliminant les acides de leurs combinaisons, et le sel de soude expulsant les oxydes et facilitant la réduction des métaux.

Outre ces trois réactifs principaux, on emploie aussi les suivants, qui, dans des circonstances spéciales, fournissent des caractères utiles: le *salpêtre* ou azotate de potasse qui sert à suroxyder les métaux; le *bisulfate de potasse*, pour les recherches de l'iode, du brome, des acides borique, nitreux, fluorhydrique, etc.; l'*acide borique*, pour rechercher des traces de cuivre dans le plomb; le *nitrate de cobalt*, qui donne aux oxydes des colorations caractéristiques qui seront exposées plus loin; l'*oxyde de cuivre* pour découvrir le chlore, le brome, l'iode; le *cyanure de potassium*, mélangé à la soude pour faciliter les réductions; l'*étain en feuille*, pour opérer les réductions; le *fer en fil*, pour désulfurer le cuivre, le plomb, le nickel, l'antimoine; le *plomb pur en lames*, pour les coupellations.

ESSAI SUR LA FUSIBILITÉ Une des recherches fréquentes au chalumeau est celle de la fusibilité plus ou moins grande des substances; mais cette opération ne peut fournir de renseignements certains sur la nature des matières soumises à l'expérience. Il y a bien quelques particularités, pendant et après la fusion, qui sont autant d'indications dont on peut tirer parti; mais ce n'est généralement qu'avec les fondants que les résultats sont caractéristiques; nous dirons seulement que les métaux, l'or lui-même, et leurs minerais fondent à un bon feu du chalumeau qui peut atteindre 1,400°; que les oxydes terreux, baryte, strontiane, chaux sulfatée et phosphatée, spath fluor, sel gemme, sont d'une fusion difficile, ainsi que la plupart des silicates.

ESSAIS SUR LE CHARBON. Les essais se font quelquefois sur le charbon seul, sans emploi de réactifs. A la manière dont la substance se comporte sur ce support, on peut souvent juger de sa nature: tantôt elle fond simplement au fond et pénètre dans les pores du charbon, tantôt elle reste infusible, tantôt elle change de couleur ou répand des fumées, ou est réduite à l'état métallique avec ou sans enduit, tantôt enfin elle déflagre, etc. Mais ordinairement les essais sur charbon se font avec les réactifs précités.

Caractères tirés de l'auréole sur le charbon. Lorsque certains essais ont été faits sur le charbon, ils laissent, autour du point chauffé, des dépôts plus ou moins abondants qui ont souvent la forme d'une *auréole.* Celle-ci provient de la volatilisation de diverses matières dans une zône circulaire, plus ou moins étendue et variable de ton, selon la nature des substances ; voici quelques unes des principales indications que peut fournir cette sorte de dépôt :

Auréole blanche, en couche épaisse, très éloignée du point d'essai . . . . Arsenic (acide arsénieux).

—   —   —   bleuâtre sur les bords . . . . Oxydes d'antimoine ou de tellure.

—   jaune faible, blanche à froid, peu étendue . . . . Oxyde d'étain.

—   — citron, blanche à froid, très peu étendue . . . . Oxyde de zinc.

—   — orange foncé, très rapprochée du point d'essai . . . . Oxyde de plomb ou de bismuth.

Grillage. Lorsque, par un premier essai dans le tube ouvert, on a reconnu qu'une substance renferme des sulfures et des arséniures, on la soumet au grillage pour éliminer les matières volatiles qui nuiraient à la netteté des effets produits avec les réactifs auxquels on doit soumettre la substance. Le grillage se fait sur le charbon dans lequel on a creusé une petite cavité peu profonde où l'on comprime légèrement la matière réduite en poudre. On dirige sur elle la pointe de la flamme extérieure, sans cependant élever la température de la substance au-delà du rouge, et en amenant sur elle un grand excès d'air. Dans ces conditions, la plus grande partie du soufre ou de l'arsenic s'élimine ; mais une partie s'oxyde et reste en combinaison à l'état de sulfate et d'arséniate. Quand toute odeur a disparu, on porte la matière dans la flamme de réduction ; les sels repassent à l'état de sulfures et d'arséniures qu'une nouvelle exposition à la flamme oxydante détruit presque complètement. On répète sur la seconde face de la matière les mêmes opérations, jusqu'à ce que toute odeur ait disparu. Alors seulement la substance peut être exposée aux réactifs fondants qui ne s'appliquent qu'aux corps oxydés.

Coloration du dard de la flamme. La coloration que certaines substances, en petit nombre, donnent directement à la flamme extérieure du chalumeau, sans emploi de réactifs, peut être assez nette pour servir à caractériser une substance.

RÉACTIONS DES OXYDES MÉTALLIQUES AVEC LE BORAX.
(Tableau se rapportant à la page 530.)

	COULEUR DE LA PERLE OU DU VERRE	
	A la flamme d'oxydation	A la flamme de réduction
Oxyde de fer.	Rouge sombre à chaud, jaunâtre ou incolore à froid.	Vert-bouteille ou vert-bleuâtre.
— de manganèse.	Violet-améthyste.	Incolore, s'il est refroidi promptement.
— de cobalt. . . .	Bleu.	Bleu.
— de nickel. . . .	Orangé-rouge à chaud, jaunâtre ou incolore à froid.	Opaque et grisâtre, quand il est saturé.
— de plomb. . .	Jaune à chaud, incolore à froid.	Se réduit en partie (en globules métalliques).
— d'antimoine .	Jaune à chaud, presque incolore à froid.	Opaque et grisâtre.
— d'urane.	Jaune sombre.	Vert sale.
— de cuivre. . . .	Vert, bleu-céleste par faible quantité.	Rouge-brique.
— de chrôme. . .	Vert-jaune à chaud, vert-bleuâtre à froid.	Vert-émeraude.
— de bismuth. . .	Incolore.	Se réduit, opaque.
— de tellure . . .	Incolore.	Gris et opaque.
— de titane. . . .	Incolore à chaud, blanc opaque à froid.	Passe du jaune au violet et au bleu.
— de nickel. . . .	Rouge à chaud, incolore à froid.	Rouge brun.
— d'argent . . .	Blanc de lait opalin.	Grisâtre.

Cette opération se fait avec le fil de platine, pour les substances fusibles, ou avec la pince à bouts de platine, ou avec le charbon, pour celles qui attaquent le platine. La parcelle de matière se place à la surface du dard, mais seulement au bord de la flamme. Alors celle-ci s'allonge et s'élargit considérablement et prend la forme *f g h i k* que montre la figure 466. Il est avantageux de se placer dans une demi-obscurité :

Coloration jaune : soude et sels de soude. L'action prolongée de la chaleur augmente la coloration.

Coloration violette : potasse et sels de potasse ; réaction qui peut être masquée par la soude et la lithine.

Coloration rouge-carmin : sels de lithine ; passe au violet par la présence de la potasse.

Coloration verte : baryte, oxyde de cuivre, acide borique, acides phosphorique, tellureux, molybdique.

Coloration bleue : arsenic, antimoine, plomb, sélénium, chlorure et bromure de cuivre.

ESSAI AU BORAX. Ce qui justifie l'emploi du borax dans cette opération, c'est sa grande tendance à s'unir aux oxydes métalliques et à former avec eux des sous-borates fusibles. Quoique l'acide borique soit un acide fusible à la température ordinaire, il peut, à une haute température, grâce à sa fixité, chasser de leurs combinaisons les acides moins fixes, même très forts. Il a d'ailleurs la propriété de dissoudre les acides, notamment l'acide silicique. Il est le fondant par excellence des substances minérales et forme avec elles des *verres* qui conservent généralement leur transparence après le refroidissement. On emploie dans cet essai le fil de platine. Les caractères que fournit le borax sont surtout concluants lorsqu'il y a *coloration de la perle*, comme dans les cas suivants. Il faut remarquer que dans tous ces essais, les métaux ont dû passer préalablement à l'état d'oxydes, sous le feu d'oxy-

dation du chalumeau (V. le tableau de la page 529):

ESSAI AU SEL DE PHOSPHORE. Ce sel, sous l'action de la flamme du chalumeau, se boursoufle et se décompose; son eau et son ammoniaque se dégagent et il se transforme en métaphosphate. de soude, qui agit à la manière du borax en s'emparant des oxydes métalliques, pour former des sels basiques fusibles. Il fait mieux ressortir que le borax les couleurs caractéristiques et expulse les acides qui, alors, restent en suspension dans la perle, ce qui permet de distinguer la silice des autres bases terreuses.

RÉACTIONS DES OXYDES MÉTALLIQUES SUR LE SEL DE PHOSPHORE.

	COULEUR DE LA PERLE	
	À la flamme d'oxydation	À la flamme de réduction
Oxyde de fer	Rouge sombre à chaud, jaunâtre ou incolore à froid.	Vert-bouteille.
— de manganèse.	Violet.	Incolore.
— de cobalt. . . .	Orangé ou rougeâtre à chaud, incolore à froid.	Orangé ou rougeâtre à chaud, incolore à froid.
— de plomb. . .	Incolore.	Incolore.
— d'antimoine . .	Incolore.	Incolore.
— d'urane.	Jaune à chaud, jaune paille à froid.	Vert à chaud, plus intense à froid.
— de cuivre. . . .	Vert.	Rouge brique.
— de chrôme. . .	Vert, teinté forte.	Vert.
— de bismuth. . .	Brun-jaunâtre à chaud, incolore à froid.	Incolore à chaud, opaque et gris à froid.
— de tellure . . .	Incolore.	Gris et opaque.
— de titane. . . .	Incolore.	Jaune à chaud, brun-violet à froid.
— de nickel. . . .	Incolore.	Gris.
— d'argent	Jaune opalin.	Grisâtre.

ESSAI AU SEL DE SOUDE. Le carbonate de soude, très facile à fondre et à décomposer, formé d'un acide volatil et d'une base puissante, est très propre à s'emparer des acides, sous le feu de réduction. Il est employé pour juger de la fusibilité des substances, pour décomposer les combinaisons salines, réduire les oxydes et isoler les métaux. Mélangé au *cyanure de potassium*, il devient le corps réducteur le plus puissant par voie sèche. Le carbonate de soude doit être pur et sec. Il s'emploie sur le charbon, sur le fil ou la lame de platine. Les réactions les plus importantes sont les suivantes :

Si la matière se combine avec la soude, fond et pénètre dans les pores du charbon, c'est le caractère des sels de *potasse, soude, baryte, strontiane ;*

Si le sel de soude fond seul et pénètre dans les pores du charbon, le résidu est : *chaux, magnésie* ou *alumine ;*

Si la matière se dissout dans la soude avec vive

effervescence et formation d'un verre incolore, limpide : *silice ;*

S'il n'y a pas réduction, mais coloration, c'est la réaction du *manganèse* et du *chrôme ;*

S'il y a *insolubilité* de la matière et réduction d'une poudre métallique attirable à l'aimant : *fer, nickel, cobalt ;*

Si la matière laisse un culot métallique avec enduit blanc: *zinc,* enduit rouge-brun : *cadmium;* avec enduit jaune-mou : *plomb;* avec enduit brun et grains : *bismuth;* avec enduit blanc : *antimoine ;*

S'il y a un culot brillant, sans enduit : *étain, cuivre, argent, or.*

ESSAI AU NITRATE DE COBALT. Les colorations que ce sel communique aux substances blanches et incolores sont caractéristiques. La matière, placée sur le charbon, humectée avec une goutte de la solution aqueuse de ce sel, est soumise à une forte calcination, elle donne :

Avec les *phosphates, borates* et *silicates* alcalins.	Un verre *bleu;*
Avec l'*alumine,* plusieurs de ses combinaisons et quelques silicates . . .	Une masse *bleue* non fondue;
Avec l'oxyde de *zinc*.	— d'un beau *vert;*
Avec l'oxyde d'*étain*.	— bleue-verdâtre;
Avec la *magnésie*.	— rouge de chair;
Avec la *strontiane* et la *chaux*.	— grise ou noire. — C. D.

II. CHALUMEAU. T. *de fact. instr.* Dans la facture instrumentale ce mot a trois sens différents. Il désigne : 1° un instrument primitif qui n'est plus en usage, du moins dans la musique artis-

tique; 2° le registre le plus grave de la clarinette; 3° un des jeux de l'orgue.

1° Dans la famille des hautbois, le chalumeau tenait le soprano ou partie supérieure. L'anche analogue à celle des hautbois est cependant plus petite et se compose de deux fines lames de roseau. Le chalumeau n'a pas de clefs et il est généralement percé de cinq trous. Il s'étend du *fa* du médium au *la* aigu, mais la série chromatique de cet intervalle est incomplète. Le chalumeau est quelquefois employé seul dans la musique populaire, mais on le trouve surtout combiné avec les instruments à anche graves dans les cornemuses, musettes, binious et autres engins sonores à réservoir d'air. Le chalumeau est au hautbois ce que le flageolet est à la flûte à bec ;

· 2° Par sa nature même, la clarinette possède deux voix bien distinctes séparées par le *la* du médium. La voix aiguë porte le nom de *clarinette* (V. ce mot), l'autre celui de *chalumeau*. Une des grandes difficultés de l'instrument consiste à marier sans secousse ces deux timbres si différents. Le registre grave ou de chalumeau s'étend du *mi* grave au *si-bémol* du médium et produit les notes les plus belles et les plus pathétiques de l'instrument;

· 3°. Dans la facture d'orgue, le chalumeau est un fort agréable jeu d'anche, les pédales font agir un jeu de chalumeau grave. Du temps de Prœtorius, c'est-à-dire au XVII° siècle, cette voix de l'orgue était déjà employée car elle est décrite dans le *Syntagma musicium* de 1680.

Chalumeau. Instrument d'or ou d'argent, à l'aide duquel autrefois on buvait le sang eucharistique contenu dans le *calice*. — V. ce mot.

* **CHALY** ou **CHALYS**. Tissu de laine et de bourre de soie qui eut autrefois une certaine vogue.

* **CHAM** (AMÉDÉE DE NOÉ, dit), dessinateur, naquit le 26 janvier 1819 à Paris où il mourut au mois de septembre 1879.

Fils du comte de Noé, pair de France, ses premières études furent dirigées en vue de l'École polytechnique. Mais il céda de bonne heure au penchant irrésistible qui l'entraînait vers les arts du dessin. Il entra tour à tour dans les ateliers de Paul Delaroche et de Charlet. C'est auprès de Charlet que se développa sa vocation pour le dessin comique. Sa famille, qui ne pouvait prévoir qu'il y eut la carrière possible et une fortune, résistait aux désirs du jeune homme qui, dès lors, se jeta bravement dans la bataille de la vie et signa ses premiers dessins du spirituel pseudonyme de *Cham*. Depuis 1842, Cham a, sans un jour de fatigue, animé de son génie caricatural un grand nombre de publications illustrées, notamment le *Musée Philippon*, le *Charivari* et le *Monde illustré*; une foule d'albums et d'almanachs, en particulier l'*Almanach prophétique*. Toute publication qui s'était assuré le concours de sa verve inépuisable entrait aussitôt dans la faveur publique. Le succès, qui lui resta fidèle jusqu'au dernier jour, tenait peut-être plus encore à la bonne humeur, à l'à-propos des légendes qui accompagnaient ses dessins, qu'à la supériorité artistique de son talent. Daumier, qui est un bien plus grand artiste que Cham, n'a jamais

atteint au même degré de popularité. La plupart des dessins de Cham ont été réunis en albums. Nous citerons : *Souvenirs de garnison, Impressions de voyage de M. Boniface, Mélanges comiques, Nouvelles charges*, la *Grammaire illustrée*, l'*Exposition de Londres, En Carnaval, Punch à Paris, Croquis en noir, Croquis de printemps et d'automne, Revues comiques du Salon, Soulouque et sa cour, Proudhon en voyage, Les représentants en vacances, Histoire comique de l'Assemblée nationale de 1848, Les Cosaques*, etc.

Il s'essaya au théâtre sans grand succès : *Le Serpent à plumes* (1865), *Le Myosotis* (1866) au Palais-Royal.

* **CHAMBERT** (GERMAIN), peintre et graveur, mort en 1821, fut l'un des ardents propagateurs de la lithographie. Il a laissé un grand nombre de planches gravées et d'eaux-fortes.

* **CHAMBIGES** (LES), architectes français du XVI° siècle.

Parmi les noms d'artistes français que des recherches récentes ont tirés de l'oubli, celui des Chambiges mérite une attention particulière. Il a été porté avec honneur pendant plus d'un siècle par plusieurs générations d'architectes distingués, de « maçons », comme on disait autrefois, qui ont présidé aux travaux les plus importants de la Renaissance.

On a longtemps fait honneur aux artistes étrangers, surtout aux Italiens, de toutes les constructions originales et élégantes dont le XVI° siècle a couvert le sol de notre pays. La critique moderne a rétabli la vérité en restituant aux modestes artistes du terroir la part qui leur appartient dans ces chefs-d'œuvre. En somme, la part des Italiens se réduit à bien peu de chose, et leur intervention a souvent été plus funeste qu'utile. Mais ils avaient ce mérite de savoir exalter leurs minces talents et de venir de loin.

Le plus ancien membre connu de la famille des CHAMBIGES s'appelait *Martin*. Il habitait Paris en 1489, quand il fut appelé par les chanoines de Sens pour élever les deux bras du transept de leur cathédrale. C'était sous le long et prospère épiscopat de Tristan de Salazar. Martin Chambiges donne les dessins du portail nord dont un autre architecte, Hugues Cuvelier, conduit la construction en son absence. Mais il reste directeur des travaux et revient, pour cet effet, à Sens, en 1497, 1499 et 1503. Il est appelé en consultation, avec plusieurs autres architectes, au sujet de la reconstruction du pont Notre-Dame, à Paris, qui venait de s'écrouler le 15 octobre 1499. Le plus ancien des registres des délibérations du Bureau de la Ville de Paris nous a conservé de précieux détails sur ces conférences. En 1506, il élève le transept de la cathédrale de Beauvais qu'on avait entrepris de continuer et qui jusquelà ne se composait que d'un chœur. Il avait donné, quelques années auparavant, le dessin et le plan du portail et des deux tours de la cathédrale de Troyes dont il ne cessa de surveiller ou de diriger les travaux jusqu'en 1532. A cette dernière date, il était retiré à Beauvais, et son âge ne lui permettait plus les déplacements. Les comptes de construction de la cathédrale de Troyes nous ont conservé les détails les plus minutieux sur les voyages de Chambiges dans cette ville, sur ses honoraires et sur les présents qui lui furent offerts à plusieurs reprises. Dans un de ces comptes paraît un tailleur de pierres (peut-être un appareilleur) nommé Legier Chambiges, appartenant évidemment à la famille de l'architecte.

* **CHAMBIGES** (Pierre), fils de Martin, prit une part considérable à la construction des principaux châteaux royaux édifiés au xvi⁰ siècle. Il dirigea notamment les bâtiments de la Cour du Cheval-Blanc à Fontainebleau, donna les plans des châteaux de Saint-Germain et de La Muette. Son nom revient fréquemment dans les comptes du xvi⁰ siècle publiés par M. Léon de Laborde. Il avait débuté, en 1509, comme inspecteur des travaux de la cathédrale de Troyes sous la surveillance de son père. Il continue à visiter les chantiers de cette église jusqu'en 1532. En 1536, en qualité de maître des œuvres de maçonnerie et pavement de la ville de Paris, il visite, avec le prévôt et les échevins, les fortifications de la ville. Vers la même époque, il conduit les travaux de l'Hôtel-de-Ville de Paris, sous Dominique de Cortoue. Il recevait 25 sous par jour d'honoraires. En 1539, il prend le titre de « maître des œuvres du Roi au bailliage de Senlis pour les formes et portraicts que le Roi a commandés lui faire de certains bâtiments que ledit seigneur entend et délibère édifier en son hôtel et environs de Nesle à Paris, pour la fondation du Collège des Trois Langues. » Il mourut le 19 juin 1544, ainsi que nous l'apprend l'épitaphe placée autrefois dans la nef de l'église de Saint-Gervais et sur laquelle il prenait le titre de « maistre des œuvres de maçonnerie et pavement de la ville de Paris. »

* **CHAMBIGES** (Pierre), probablement fils du précédent, prend dans les actes officiels le titre de « juré du Roi en l'office de maçonnerie. » Comme son père, il travailla aux bâtiments royaux élevés dans le cours du xvi⁰ siècle. On le voit apparaître dès 1566 ou 1567; il construit à cette époque la petite galerie du Louvre. Le 14 mars 1582, il soumissionne les travaux de la chapelle des Valois à Saint-Denis. Il paraît avoir été lié assez intimement avec le grand architecte Jean Bullant qui lui demande de présenter une de ses filles sur les fonts baptismaux, à Ecouen, le 27 mai 1568.

Ces relations prouvent que Pierre Chambiges marchait de pair avec les artistes les plus considérables de son temps et doit être tenu pour un homme d'une réelle valeur. Il est chargé, vers 1600, avec son confrère François Petit, de visiter, pour le compte de la ville de Paris, la porte Saint-Germain. On a recours à ses lumières dans d'autres circonstances délicates, en 1602 et en 1608. Il est encore cité en 1613 sur un censier de l'évêché de Paris; il avait cessé de vivre en 1620.

On rencontre fréquemment dans les comptes et les titres du xvi⁰ siècle, d'autres personnages du nom de Chambiges : Un certain *Robert* Chambiges figure comme bourgeois de Paris dans un accord du 16 décembre 1564, intervenu au sujet de certains travaux de construction. Un autre Chambiges est chargé, le 23 février 1615, de donner son avis sur l'état des voûtes de l'église de Saint-Pierre des Arcis, en la Cité. Peut-être ce dernier est-il un fils de l'architecte de la petite galerie du Louvre. On rencontre encore d'autres constructeurs de ce nom vers la même époque; mais les plus célèbres, ceux qui ont maintenu la célébrité de la famille pendant toute la durée du xvi⁰ siècle sont Martin, Pierre Ier et Pierre II dont nous venons d'indiquer les principaux travaux.

* **CHAMBORD.** Tissu en laine de belle qualité, pour robes de deuil, que l'on fabrique à Amiens et à Roubaix; il est à côtes longitudinales, produites par effets de trame, et il a l'aspect d'un reps. Quelquefois on fait retordre la laine de la chaîne avec un fil de soie grège.

CHAMBRANLE. T. de constr. Cadre de bois, de pierre ou de marbre, qui borde les cheminées, les portes et les fenêtres, et composé de deux montants verticaux et d'une traverse supérieure horizontale. Ils sont unis ou décorés de sculptures, de moulures, etc. Le *chambranle à crossettes* est celui qui est muni d'oreillons à ses encoignures; le *chambranle à cru* est celui qui porte directement sur le sol ou sur un appui de croisée sans plinthe.

I. CHAMBRE. Outre la désignation d'une pièce d'appartement, et particulièrement de celle où l'on place le lit, ce mot s'applique en *techn.* à diverses choses que nous allons énumérer. || 1⁰ *Chambre de plomb*. Pièce tapissée de plomb qui sert dans la fabrication de l'acide sulfurique. — V. Acides, § *Acide sulfurique*. || 2⁰ *Chambre de vapeur*. Espace compris entre la paroi supérieure de la chaudière et la surface du liquide, et où la vapeur se rassemble avant de passer dans les tuyaux de distribution. || 3⁰ Vide pratiqué dans une selle, un bât ou un collier de cheval, pour garantir du frottement une blessure qu'aurait l'animal. || 4⁰ Ouverture à la base d'une enclume. || 5⁰ Fente qui sépare deux dents du peigne du tisserand et par où passent deux fils. || 6⁰ Creux de la verge de plomb dans lequel le vitrier insère le carreau de vitre. || 7⁰ Ouverture pratiquée dans la muraille d'un four à poterie pour manœuvrer les pièces en cuisson. || 8⁰ *Chambre de colle*. Dans les papeteries, endroit où s'exécute l'opération du collage du papier. || 9⁰ *Chambre des cuves*. Dans plusieurs industries, atelier où sont placées les cuves. || 10⁰ *Chambre d'écluse*. Espace compris entre deux portes d'écluse. || *Chambre des portes*, la partie d'une écluse dans laquelle on manœuvre les portes. || 11⁰ Dans une bouche à feu, partie postérieure de l'âme, et destinée à recevoir la charge. — V. Bouche a feu, § *Tracé intérieur*, Fusil. || On désigne aussi sous le nom de *chambre*, un défaut de fabrication des bouches à feu en bronze ou en fonte; c'est une sorte de cavité à parois grenues provenant du retrait du métal. ||

12º Galerie souterraine, construite pour l'exploitation d'une ardoisière. || Pièce où se fait la manœuvre de certaines machines. || 14º *Ouvrier, ouvrière en chambre,* celui ou celle qui exécute à son domicile les ouvrages de sa profession, soit pour le compte de ses clients, soit pour celui d'un patron. || 15º *Chambre de mine* ou *chambre aux poudres.* — V. l'art. spécial § V. || 16º *Chambre à oxyder.* — V. l'art. spéc. § III. || 17º *Chambre barométrique.* — V. Baromètre. || 18º *Chambre de chaleur.* — V. Calorifère. || 19º *Chambre à sable.* Sorte de coffrage rempli de sable qui est destiné à servir de butte et arrêter les projectiles dans les petits polygones d'essai, que l'on est obligé d'installer à portée des principaux établissements producteurs de l'artillerie, tels que fonderies et poudreries. Les côtés et le ciel du coffrage en bois sont renforcés par des plaques de blindage et recouverts d'une épaisse couche de terre de façon à empêcher les projectiles de s'échapper. On doit donner à la couche de sable une profondeur de 20 mètres environ ; elle ne doit pas remplir complètement le coffrage, de façon que lorsqu'un projectile pénètre, la poussée qu'il exerce sur les parois ne soit pas trop considérable. Après un certain nombre de coups, on doit faire des fouilles pour retirer les projectiles enfouis dans le sable, de façon à éviter les accidents qui pourraient être occasionnés par le choc d'un projectile contre un autre.

II. CHAMBRE A AIR, CHAMBRE A EAU, CHAMBRE HUMIDE. CHAMBRE CHAUDE. On nomme *Chambre à air* l'espace occupé par l'air dans les pompes à jet continu, comme les pompes à incendie ; cette expression s'emploie aussi pour désigner la partie supérieure de la cloche à plongeur. || Dans ces derniers temps, on a construit de véritables *chambres à air* ou *à gaz,* pour des expériences physiologiques et dans lesquelles une ou plusieurs personnes peuvent se tenir.

Les observateurs au microscope transforment souvent, pour leurs études particulières, les porte-objets creux ou à cuvettes, en véritables *chambres* ou cellules closes par différents moyens. Tantôt ces chambres sont remplies d'eau, pour observer les infusoires, les algues, les petits têtards, etc. ; véritables aquariums formés de lames de verre soudées au bitume de Judée ; tantôt elles contiennent de l'air sec ou un gaz quelconque dont on veut étudier les effets, sur les globules sanguins, par exemple ; une autre fois elles sont remplies d'air humide, dans le but de placer les éléments anatomiques dans les conditions qui se rapprochent de l'état vivant. Les figures 468 et 469 montrent une de ces dispositions ; elles représentent une *chambre humide* à

Fig. 468.

circulation de gaz ou de vapeur, avec écartement

Fig. 469.

facultatif entre les verres, effet que l'on produit avec une vis micrométrique, située dans l'épaisseur de la plaque métallique servant de base à cette chambre. Par ce moyen, on peut augmenter ou diminuer à volonté, et mesurer l'épaisseur de la couche liquide dont on recouvre les objets observés.

Quelquefois, on fait usage de *chambres chaudes* pour placer les sujets dans les conditions de chaleur voulue. M. Nachet a imaginé pour ces expériences des appareils qui permettent d'avoir à volonté, séparément ou ensemble : chambre chaude, chambre humide, chambre à gaz. — V. Microscope.

III. CHAMBRE A OXYDER. *T. d'impr. sur ét.* Lorsque les pièces sont imprimées et séchées, les sels déposés sur l'étoffe ne sont pas encore intimement fixés à la fibre, il est même nécessaire de ne pas les y fixer trop rapidement, car la fibre n'en serait qu'imparfaitement pénétrée et certaines combinaisons passeraient à un tel degré d'oxydation, que la teinture ne se ferait que difficilement ou imparfaitement. Pour favoriser

Fig. 470. — *Etendage à lattes ou à barrettes.*
A barrettes ou lattes, — B pièces suspendues.

cette précipitation des oxydes ou mordants sur le tissu et évaporer en même temps l'excès d'acide contenu dans la couleur, on se sert des chambres à oxyder, que l'on désigne aussi sous le nom d'*étendages à mordants* (fig. 470).

Ce sont généralement d'immenses salles garnies dans le haut de roulettes sur les barrettes ou lattes dans le bois sur lesquelles on suspend les pièces à oxyder. On introduit dans la salle, de la vapeur d'eau et de la chaleur. La température varie suivant les genres, on donne généralement de 25 à 30º centigrades, avec un écart variant de 2 à 3 degrés à la boule mouillée du psychromètre d'August. — V. Psychromètre.

Quand la différence est moins sensible, c'est-à-dire qu'il n'y a qu'un degré et que par conséquent la chambre contient plus d'humidité, la réaction se fait bien, mais les couleurs risquent de s'étendre et, par suite, de déformer l'impression primitive, en terme de fabrique : de *couler*; dans ce cas, la marchandise est perdue. Si, au contraire, l'humidité manque, la fixation ne se produit pas convenablement, et l'on risque des inégalités sur l'étoffe. La durée du séjour des pièces dans la chambre à oxyder varie avec le climat, la nature des mordants, l'état hygrométrique de l'air, la composition des couleurs, etc.; elle peut aller de douze heures à six jours. Dans le temps où l'on employait beaucoup de cachou, on laissait séjourner les pièces plus longtemps qu'aujourd'hui où la

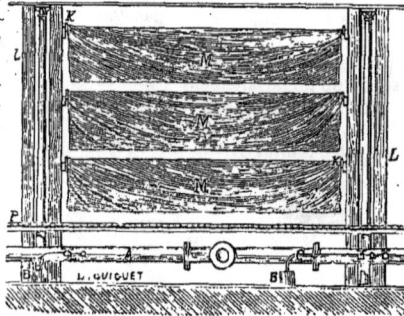

Fig. 471. — *Oxydation à crochets*

A tuyau de vapeur pour chauffage et humidité. — B réservoir d'eau chauffée. — C tube de vapeur. — L poteaux sur lesquels sont fixés les crochets. — M pièces à oxyder. — K crochets de la fig 473.

fabrication a complètement changé depuis l'emploi du noir d'aniline et de l'alizarine artificielle. C'est à M. Daniel Kœchlin, de Mulhouse, qu'est due l'idée de la chambre à oxyder (1827). L'application en a été tentée pour la première fois, en 1833, chez MM. Kœchlin frères.

Les chambres à oxyder peuvent se disposer de plusieurs manières. Dans l'un des systèmes déjà indiqué, on emploie des roulettes ou des lattes comme dans les étendages (fig. 470); dans l'autre système, on accroche les pièces, dans le sens horizontal, à des crochets (fig. 471) au-dessous des pièces, et à environ 0m,50 du plancher se trouve un faux plancher fait de lattes espacées de 5 à 6 centimètres. Au-dessus de ce faux plancher sont placés les tuyaux de vapeur donnant la chaleur, ou un chauffage quelconque quand on ne peut chauffer à la vapeur. Dans ce cas, naturellement, il faut donner plus d'espace pour éviter tout risque d'incendie. Mais, aujourd'hui, on préfère installer le chauffage à la vapeur. A côté des tuyaux de chauffage se trouvent des tuyaux plus petits, terminés en demi-cercle, munis de robinets et allant plonger dans des réservoirs, toujours remplis d'eau. La vapeur, en passant dans l'eau de ces réservoirs, la chauffe et donne for-

cément une vapeur d'eau plus régulière et plus humide que celle que l'on obtient directement par l'ouverture du robinet dans l'air libre. Tout le système est muni de robinets, de façon à pouvoir régler à volonté la chaleur aussi bien que l'humidité.

Les systèmes de suspension des pièces sont assez variés et sont appliqués suivant les locaux que l'on a à utiliser. Dans les bâtiments élevés et étroits, on emploie le système à lattes ou à roulettes. Dans les salles qui n'ont que trois ou quatre mètres de hauteur, on emploie de préférence le crochet pointu et en cuivre (fig. 472 c), mais

Fig. 472. — *Crochets.*

celui-ci a l'inconvénient de déchirer souvent les pièces et de faire des trous dans les lizières. Le crochet en fer étamé (fig. 472 b) avec pointe à vis est aussi souvent employé, mais il arrive souvent que les plis se touchent de trop près à l'endroit de la suspension et la couleur s'oxyde mal. Le crochet (fig. 472 a) à tête tient mieux l'étoffe, sans la fatiguer comme ceux décrits, mais il a le défaut de se casser facilement à l'angle, ce qui force de le renouveler plus souvent.

Enfin, on se sert d'une sorte de crochet en bois (fig. 473) d'un usage plus commode et d'un prix de revient inférieur aux précédents. Ce système a, en outre, l'avantage de n'être pas attaqué par les émanations acides, d'éviter les déchirures des lizières et de laisser mieux pénétrer l'humidité et la chaleur entre les plis. Ce crochet

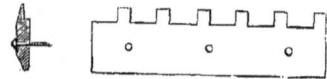

Fig. 473.

est taillé dans une planchette de bois dur, découpée de façon à avoir des saillies angulaires un peu amincies vers le bout et sur lesquelles se place la pièce à accrocher. Les planchettes ont de six à huit crochets. En mettre plus, serait nuisible car le bois joue sous l'influence de la chaleur et de l'humidité. Si, au contraire, on fait les planchettes plus petites, les frais de pose sont sensiblement augmentés. Il faut, à peu près, 30 à 32 crochets par mètre de longueur que l'on veut accrocher.

La figure 471 représente une oxydation munie de crochets de ce système. L'espace entre les deux colonnes est de 5 mètres, ce qui fait que, sur un mètre de longueur de crochets, on peut suspendre environ 61 mètres de tissu, c'est-à-dire qu'en supposant trois hauteurs de tissu superposés on a trois fois 5 mètres, sur 31 crochets et autant pour le retour au crochet suivant, ce qui fait sur un espace d'un mètre de large et 5 mètres de long environ 930 mètres de tissu ou

186 mètres par mètre carré de surface d'éten-dage.

Il existe encore un autre mode d'oxydation qui nous vient de l'Angleterre. On le désigne sous le nom d'*oxydation continue* ou *ageing room*. Dans une chambre hermétiquement close, mais appropriée de façon à être facilement ventilée, on a des supports en fonte, munis de roulettes en tôle galvanisée (fig. 474) de deux diamètres différents. Les roulettes de grand diamètre B sont reliées entre elles par un axe longitudinal muni de roues d'angles. Ces rouleaux fonctionnent par les dents de roues d'engrenage fixées sur l'une de leur extrémité et engrenant avec les roues de l'axe transversal. Les petits rouleaux sont mus par l'entraînement donné par le tissu. Au-dessous du système se trouve un tuyau de chauffage T à la vapeur et un autre tuyau V également plein de vapeur, mais muni de sortes d'entonnoirs E par lesquels s'échappe la vapeur qui doit donner l'humidité nécessaire. La vitesse de l'appareil est telle qu'un mètre de tissu peut séjourner de 15 minutes à 60 minutes. On laisse généralement marcher l'appareil à la vitesse de 20 minutes et on chauffe à 35° R avec 3° en moins à la boule mouillée. Cet appareil, avec quelques modifica-

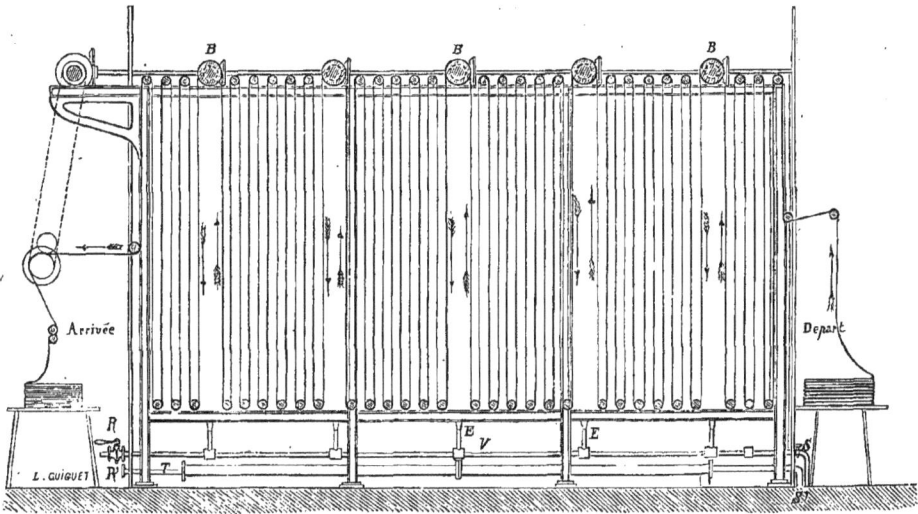

Fig. 474. — *Oxydation continue ou ageing room.*

tions de construction, rend aujourd'hui de grands services pour l'oxydation rapide des noirs d'aniline et sert à donner une fixation provisoire à certains genres vapeur avant le vaporisage définitif. Il est surtout employé en Angleterre. — V. VAPORISAGE.

L'appareil que nous venons de décrire a été inventé, en 1849, par M. John Thom.

M. Pincoff a fait breveter, en 1850, un appareil du même genre ; le mode de distribution de vapeur était quelque peu modifié. Swendele, en 1852, a proposé un autre système dans lequel on faisait passer du gaz oxygène ; mais la pratique n'a pas adopté ce genre trop dispendieux. Ridge, en 1863, et Lightfoot, en 1863, ont fait breveter d'autres systèmes du même mode. Ce dernier employait le gaz ammoniac qui avait déjà été préconisé, en 1846, par M. Henry Schlumberger. Citons encore pour mémoire, bien qu'ils n'aient pas été adoptés par les fabricants, les systèmes de Dawson et Slates (1874), Jones (1875), Clark (1875), Knowles et Kay (1876). — J. D.

Chambre chaude. *T. d'impr. sur ét.* — V. HOT-FLUE et SÉCHOIR DE ROULEAU.

IV. CHAMBRE CLAIRE (*Camera lucida*). *T. de phys.* Petit instrument à l'aide duquel on p ut dessiner ou plutôt décalquer l'image d'un objet quelconque, en se bornant à suivre avec la pointe d'un crayon les contours de cette image. La chambre claire est employée par les dessinateurs, les paysagistes, les naturalistes, les physiologistes, etc. Elle a été inventée, en 1804, par Wollaston, physicien anglais ; mais il paraît que l'idée première est due à Hooke. Elle a été successivement perfectionnée par Lüdke en 1812, par Amici en 1816, puis par Sœmmering ; plus tard, par Chevalier, par Oberhaüser, et, de nos jours, par M. Laussedat et M. Nachet.

Le fait simple qui sert de principe à la chambre claire était connu depuis longtemps ; voici en quoi il consiste : Si l'on dispose en regard d'un paysage une glace sans tain, ou simplement une lame de verre à vitre, inclinée de 45 degrés au-dessus de l'horizon, en sens opposé aux objets, et si l'on place l'œil au-dessus de cette lame en regardant au travers une feuille de papier blanc posé sur une table, on y verra l'image du paysage que l'on pourra facilement dessiner ; car l'œil peut voir en même temps cette image et la pointe du crayon qui en suit les contours. C'est la plus simple des chambres claires à la portée de tous; mais elle est loin d'être parfaite.

La lame de verre peut être remplacée avantageusement par une glace étamée sur la face qui regarde le papier, et dont le tain a été enlevé sur une petite étendue par où l'on peut voir la pointe du crayon qui dessine l'image des objets.

Ainsi disposée, la chambre claire donne des images renversées, ce qui est fort incommode pour les dessinateurs; d'autre part, si l'œil change de position, l'image se déplace sur le papier, ce qui est plus grave encore. Pour redresser l'image, il n'y a qu'à faire subir aux rayons lumineux qui la produisent une seconde réflexion sur une nouvelle lame de verre. C'est l'idée que Wollaston a réalisée.

Chambre claire de Wollaston. A l'origine de l'invention, l'instrument du physicien anglais se composait de deux miroirs plans fai-

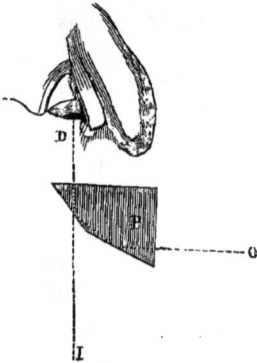

Fig. 475. — *Chambre claire de Wollaston.*

sant entre eux un angle de 135°. Un rayon lumineux venant de l'objet arrivait à l'œil après deux réflexions. Wollaston prenait pour dernier miroir une lame de verre non étamée, ce qui lui permettait de voir d'abord l'image se projetant sur une feuille de papier, et la pointe du crayon qui en suivait les contours. L'angle de ces deux miroirs pouvait être quelconque; mais en le prenant de 135°, les rayons réfléchis pour la seconde fois forment avec leur direction primitive un angle droit; il en résulte que la ligne d'intersection des surfaces réfléchissantes est horizontale. Par suite, tout objet vertical se projettera sur un plan horizontal, sans aucune déformation.

Mais avec un tel système, il y avait une grande quantité de lumière perdue; aussi l'image était-elle trop peu intense. Wollaston remplaça bientôt cette disposition par un prisme de verre P à quatre faces. La figure 475 en représente une coupe perpendiculaire aux arêtes principales. Deux de ses faces forment, comme précédemment, un angle de 135°, l'angle opposé est droit et chacun

des deux autres est de 67°. 1/2. Ce prisme est porté horizontalement par un pied (fig. 476) que l'on peut fixer à une table, au moyen d'une vis de pression; il peut tourner librement autour de son axe.

On amène la face verticale perpendiculaire à la direction des rayons lumineux venant des objets. L'œil se place au-dessus de la face et près de l'arête horizontale. Il reçoit les rayons lumineux qui, venant de l'objet, traversent perpendiculairement la face antérieure, pénètrent sans déviation dans le prisme et rencontrent la seconde face, sur laquelle ils subissent ce qu'on appelle la *réflexion totale*, car ils se présentent à cette face dans un angle de 67° 1/2, plus grand que l'angle limite de réfringence, lequel est pour le verre de 41°49.

Fig. 476. — *Dessin à la chambre claire.*

Tout rayon venant de l'objet se réfléchit donc sur cette face comme sur un miroir, mais sans déperdition de lumière. Il rencontre ensuite la troisième face sur laquelle il éprouve le même phénomène et sort du prisme perpendiculairement à la face horizontale, pour venir à l'œil qui le reçoit en même temps que le rayon parti de la pointe du crayon qui suit les contours de l'image.

PERFECTIONNEMENTS DE LA CHAMBRE CLAIRE. Mais dans cette opération, l'œil doit faire un travail d'accommodation pour amener à superposition et à distance de la vision distincte, l'image des objets et celle du crayon, situées à des distances très différentes. Il en résulte bientôt un sentiment de fatigue pour la vue. On a cherché à y remédier par l'emploi d'une lentille périscopique divergente ou convergente (suivant que l'œil est myope ou presbyte), que l'on place à une petite distance au-dessus du prisme. On peut aussi mettre une lentille divergente entre le prisme et l'objet. On a recours également à l'emploi de verres colorés dans le but d'égaliser les teintes ou l'éclat des deux images.

L'emploi de la lentille divergente a un autre avantage; elle évite en même temps l'erreur de *parallaxe*, due aux petits mouvements de l'œil, car l'image des objets et le papier sont en parfaite coïncidence. Le spectateur peut se déplacer sans que la position relative de ces images change. On a remplacé aussi cette lentille par une autre, plan-concave, faisant corps en quelque sorte avec le prisme. On a même supprimé la lentille en la remplaçant par une cavité creusée dans le prisme; et c'est au-dessus de cette cavité que l'œil doit se placer. La face supérieure du prisme sur laquelle est pratiquée cette cavité est recouverte par une lame de métal, et ne laisse voir que par l'ouverture laissée libre au-dessus de cette forme lenticulaire.

Lorsqu'on n'est pas habitué à l'usage de la chambre claire, il arrive qu'on ne voit distinctement que l'une des deux images, celle du papier et du crayon, ou celle de l'objet à dessiner ; cela tient à ce que l'une de ces images est trop éclairée par rapport à l'autre. Si c'est celle du papier, on interpose entre celui-ci et le prisme un verre coloré qui en atténue l'éclat, ou bien on se sert de papier bleu-pâle. Si c'est l'objet qui est trop éclairé, on met entre l'œil et le prisme l'un des verres colorés que porte la chambre claire. Lorsque l'image des objets est trop peu intense, on dessine sur un papier transparent sous lequel on a placé un papier noir. On recouvre quelquefois la pointe du crayon avec du blanc d'argent ou de plomb préparé pour la gouache; elle devient alors facile à suivre de l'œil. Il ne faut pas oublier aussi que, malgré l'emploi de la lentille précédente, l'image n'est réellement en bonne lumière, en grandeur et à distance convenables, que pour une certaine position de l'œil que l'usage fait promptement connaître.

Le choix du papier et celui du crayon ne sont pas indifférents pour dessiner à la *camera lucida*.

Le papier à employer doit être lisse, très fort et d'un très beau grain, comme le papier dit *de Bristol*, quelquefois teinté en gris, ou en bleu-pâle.

Le crayon doit pouvoir, selon les cas, donner des lignes pâles et nettes ou des lignes noires et fermes: crayons Conté, Faber, graphite de Sibérie n° 3 et 4, le n° 1, le plus tendre, ne sert que rarement.

Le dessin à la chambre claire présentant toujours, quoiqu'on fasse, des contours plus ou moins troublés, hésitants, il convient de les affaiblir d'abord au moyen du caoutchouc; et alors on les repasse au crayon pour les rendre plus fermes.

Chambre claire d'Amici. Elle se compose d'un prisme isocèle dont l'une des faces fait un angle de 45° avec une lame de verre dont les faces sont parallèles à celle du prisme tourné

vers l'objet. Un rayon lumineux, venant de l'objet, pénètre dans le prisme par cette face, se réfléchit totalement sur la face et partiellement sur la lame de verre, pour arriver à l'œil qui, placé au-dessus, voit ce rayon dans la direction prolongée et, en même temps (à travers la lame de verre), le papier et la pointe du crayon dans cette même direction, et de plus, par les mêmes parties de la pupille, ce qui est avantageux. Mais, d'un autre côté, lorsque les différents points de l'image n'ont pas la même intensité lumineuse, on ne peut pas, par un simple déplacement de l'œil, parvenir à égaliser l'éclat du papier et celui des diverses portions de l'objet, comme on le faisait avec la chambre claire de Wollaston.

Chambre claire de Sœmmering. Elle est formée d'un petit disque d'acier parfaitement poli, dont le diamètre est un peu moindre que celui de la pupille. La face réfléchissante est tournée vers l'œil et inclinée à 45° sur l'horizon. Il résulte de cette disposition que l'on pourra tracer, sur une feuille de papier horizontale, l'image d'un objet vertical; car les dimensions du miroir permettent aux rayons venant du papier de passer autour du petit disque et d'arriver à la pupille, tandis que les rayons partant de l'objet viennent à l'œil, après réflexion sur le miroir. Cette chambre claire ne s'emploie qu'avec le microscope ou les lunettes. On la fixe à un anneau qu'on glisse sur le tube oculaire de l'instrument. Sœmmering s'en servait avec **avantage** dans ses dissections.

Modification de la chambre claire de Sœmmering. Pour éviter la perte de lumière par réflexion sur le miroir, on a imaginé d'agrandir celui-ci et de le percer d'un trou plus petit que la pupille. Cette chambre claire se place comme l'autre sur un anneau qui entoure l'oculaire du microscope et l'on incline le miroir de manière qu'il fasse un angle de 45° avec l'oculaire de l'instrument. La face polie est ensuite tournée vers l'œil ; c'est le miroir qui réfléchit l'image du papier et du crayon, tandis que l'œil voit, par l'ouverture du miroir, l'image des objets microscopiques. L'inconvénient de cette chambre claire est que l'image des objets est renversée, ce qui constitue une grande difficulté à suivre les contours de l'objet à dessiner. Amici a ajouté à l'appareil, pour redresser l'image, un prisme à 45° qui renvoie sur le miroir métallique l'image de la main et du papier.

M. Ch. Chevalier a réalisé des dispositions avantageuses pour l'application de la chambre claire d'Amici aux microscopes horizontaux et verticaux.

Chambre claire de Nachet. M. Nachet a imaginé pour les microscopes verticaux une chambre claire spéciale, très commode et très simple.

Elle consiste en un prisme à section parallélogramme (fig. 477) ABCD. L'œil placé au-dessus et près de la face A D reçoit, d'une part, les rayons lumineux venant du microscope, c'est-à-dire de l'objet observé, rayons passant perpendiculairement à travers un prisme additionnel E (collé au premier) et traversant sans déviation le prisme A B C D ; d'autre part, les rayons venant du papier et du crayon, après avoir suivi la route G m n o, subissent deux réflexions totales en m et en n. Une très mince couche d'or, reconnaissable seulement à la coloration verte qu'elle produit, placée entre les deux prismes, laisse passer les rayons visuels et augmente le pouvoir de réflexion.

Un verre coloré V se place quelquefois au-dessous du prisme, du côté du papier, pour éga-

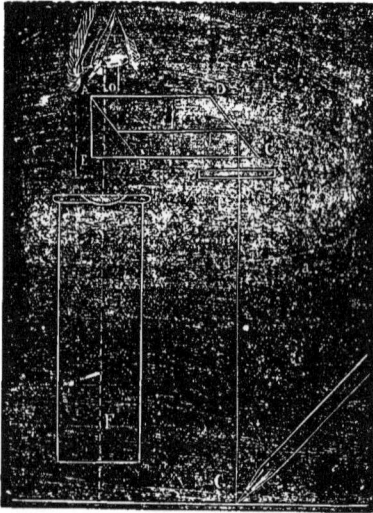

Fig. 477. — *Chambre claire de Nachet.*

liser l'éclairement des images de l'objet et du crayon.

La figure 478 montre la disposition de cette chambre claire sur le microscope. Le prisme est entouré d'une garniture métallique et l'on voit une petite cavité, au-dessus de laquelle se place l'œil de l'observateur. Cette cavité creusée dans le prisme remplace la lentille divergente et fixe la position de l'œil, condition essentielle.

Un des derniers perfectionnements de la chambre claire est relatif à la position du centre optique de la lentille divergente, ou plutôt de la cavité faite dans le prisme pour remplacer cette lentille. La position de ce point est importante à considérer ; Wollaston ne s'en était pas préoccupé. M. Laussedat, voulant utiliser la chambre claire pour le lever des plans et ayant besoin de trouver facilement ce point sur le prisme, « l'a transporté sur l'arête près de laquelle on place l'œil, en prenant le centre de la sphère qui entaille la face du prisme, sur une perpendiculaire à cette face menée par un point de l'arête elle-même. »

« Les avantages de cette construction résul-

tent de ce que l'œil qui regarde est placé sur l'axe principal de la lentille et la vision est dès lors très distincte. Mais le principal avantage, c'est que, lorsqu'on dessine une perspective, le centre optique de l'appareil peut être considéré comme le *point de vue mathématique* de la perspective. Par conséquent, dès qu'on sera sûr qu

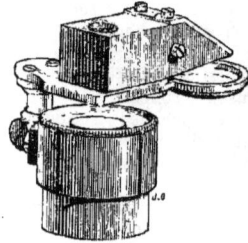

Fig. 478. — *Chambre claire de M. Nachet adoptée au microscope.*

les angles du prisme ont exactement la grandeur voulue, la verticale, menée par le centre optique, rencontrera, sur le dessin, le point même qu'aurait rencontré l'horizontale, menée par le même point, dans le plan perpendiculaire aux arêtes du prisme » (fig. 479).

Enfin, la figure 480 montre une disposition particulière de la chambre claire, dont le but est d'é-

Fig. 479. — *Chambre claire de M. Laussedat.*

clairer l'image ou le crayon par réflexion de la lumière diffuse, au moyen d'un miroir plan dont on peut régler à volonté l'inclinaison.

D'après ce qui précède, on peut dire qu'il y a trois sortes de chambres claires en usage maintenant, mais toutes fondées sur le même principe : La chambre claire des dessinateurs, des paysagistes, celle qu'on emploie spécialement au lever des plans et celle qu'on applique aux microscopes, soit verticaux, soit horizontaux, pour dessiner les images ou mesurer le grossissement des objets. Pour ce dernier usage, l'instrument permet, en effet, de voir simultanément deux images : la première représentant une échelle tracée en millimètres, vue par réflexion et de grandeur naturelle, l'autre représentant le micromètre (au 10e ou au 100e de millimètre) vue par réfraction et plus ou moins grandement amplifiée. Or, ces deux images se superposant, le nombre de divisions de l'échelle, recouvertes par une seule division du micromètre, fera facilement connaître le grossissement. — V. MICROSCOPE, MICROMÈTRE.

La chambre claire s'applique aussi aux lunettes et aux télescopes.

La chambre claire est l'instrument le plus portatif que l'on connaisse pour dessiner, celui qui convient le mieux aux artistes, aux amateurs. Les lignes de perspective y sont reproduites avec une exactitude mathématique; de plus, son champ est illimité dans le sens vertical; car lorsqu'on fait tourner le prisme autour de son axe horizontal, c'est-à-dire autour de l'intersection commune des deux faces réfléchissantes, l'image reste immobile, et, quelle que soit la hauteur des objets, la chambre claire, la plus petite, permet de les dessiner dans toute leur étendue. Son usage est facile; mais il faut, comme avec tous les outils, un peu de pratique pour en tirer le meilleur parti.

Les goniomètres à réflexion (instruments servant à mesurer les angles des prismes ou des

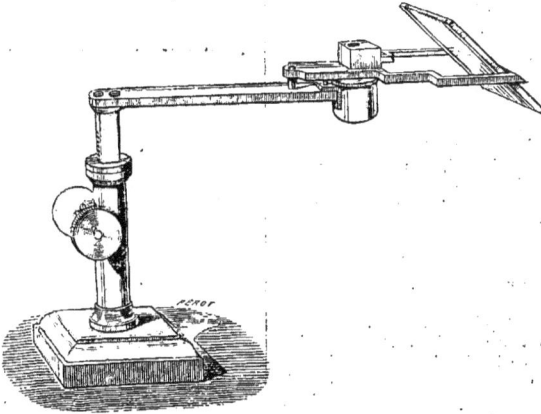

Fig. 480. — *Chambre claire à miroir.*

cristaux naturels), de Wollaston, de Mitscherlich, de Babinet, etc., sont de véritables chambres claires. — V. GONIOMÈTRE.

Les *diagraphes* se rattachent encore à la chambre claire, car ils servent à transporter sur le papier l'image des objets sans connaître ni la perspective. — V. DIAGRAPHE.

Les images de la chambre claire peuvent être reproduites très amplifiées, au moyen du *mégalographe*, en employant soit la lumière diffuse, soit celle d'une lampe ordinaire. — V. MÉGALOGRAPHE. — C. D.

V. CHAMBRE DE MINE. On appelle ainsi l'espace préparé sous terre à l'extrémité d'un rameau, d'un forage ou d'un puits, pour disposer la quantité de poudre ou de dynamite destinée à produire une explosion. Quand les poudres y sont en place, la chambre de mine prend le nom de *fourneau*.

Les *chambres de mines* ou *chambres aux poudres*, dont les dimensions varient selon l'importance du fourneau, affectent généralement la forme d'une excavation cubique ou parallélipipédique creusée en retour d'équerre dans le sol ou dans la paroi de la galerie (fig. 481). Quand la charge

du fourneau doit être très considérable, elle se compose de plusieurs barils de poudre de 50 kilogrammes disposés les uns à côté des autres.

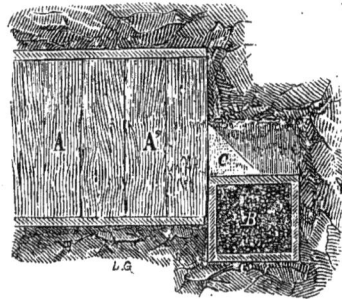

Fig. 481. — *Chambre de mine, coupe verticale 1/50.*

A A' Rameau. — *C C'* Chambre de mine. — *B* Boîte aux poudres.

Dans ce cas, la chambre devient un véritable caveau dont les dimensions sont calculées en raison du nombre de barils qu'on doit y loger.

Les opérations à faire pour l'établissement d'une chambre sont les suivantes :

1° Pratiquer dans la paroi du rameau un retour d'équerre, auquel on donne en largeur les dimensions même de la chambre aux poudres ;

2° Faire la fouille jusqu'à la profondeur voulue en évitant de coffrer, en se contentant, si le terrain est peu consistant, de soutenir le ciel de l'excavation par quelques planches qu'on maintient au moyen d'étais obliques ;

3° Approfondir la fouille de façon que la boîte cubique qui doit recevoir la charge, si on en emploie une, y entre aisément et soit en contre-bas du rameau de la moitié de sa hauteur. — L.

VI. CHAMBRE NOIRE ou CHAMBRE OBSCURE.

Camera oscura. T. de phys. La chambre obscure était, à l'origine, comme l'indique son nom, une chambre dans laquelle la lumière ne pouvait pas pénétrer, si ce n'est par une petite ouverture pratiquée dans un volet de cette pièce. Grâce à cette ouverture, les objets extérieurs, situés en face, venaient faire leur image sur la muraille opposée à l'ouverture ou sur un écran.

— Jean-Baptiste (Giambattista) Porta, physicien napolitain, paraît être le premier qui, vers 1560, remarqua les effets produits dans la *camera oscura.* Il les décrivit dans un de ses ouvrages, *Magia naturalis.* Il observa que ces images ont dans toutes leurs parties les proportions et les couleurs naturelles des objets ; qu'elles sont plus grandes lorsqu'on les reçoit plus loin de l'ouverture et d'autant plus nettes que cette ouverture est plus petite ; mais que leur éclat diminue avec le diamètre de l'orifice puisqu'alors elles reçoivent moins de lumière.

Pour remédier à cet inconvénient, Porta imagina d'adapter à l'ouverture de la chambre noire une lentille convergente. Par ce moyen, on pourrait dire par ce trait de génie, les images reçues au foyer de la lentille prirent beaucoup d'éclat et de netteté.

Porta dit à ce sujet : « Vous verrez les objets beaucoup plus distinctement, et au point de pouvoir reconnaître les personnes qui se promènent au dehors, comme si vous les voyiez de près. »

Avant l'emploi des lentilles, dont il fit longtemps mystère, Porta se servait d'un miroir concave pour recevoir l'image et la renvoyer sur un écran placé près de l'ouverture.

Il paraîtrait qu'avant Porta, un géomètre-physicien de Messine, Maurolyco (qui vivait de 1496 à 1575) avait étudié les apparences que l'on observe dans la chambre obscure ; mais il n'eut pas l'idée de se servir de lentilles.

Le phénomène le plus frappant de la chambre obscure est le renversement des images par rapport aux objets dont elles sont d'ailleurs la représentation fidèle. Il est facile de se rendre compte de ce phénomène fondamental qui n'est qu'une conséquence de la propagation de la lumière en ligne droite. Pour cela, il n'y a qu'à suivre la marche des rayons partis d'un point A (fig. 482) le plus élevé d'une droite A B de l'objet. Parmi ces rayons, dirigés dans tous les sens (car l'œil, en quelque position qu'il soit placé, voit toujours le point A), il en est qui viennent à l'ouverture O, pénètrent dans la chambre obscure, en formant un cône ayant pour sommet le point A et pour directrice l'ouverture elle-même. Ces rayons rencontrent un écran disposé perpendiculairement à l'axe du cône et y dessinent une image

de l'orifice qu'ils ont traversé. Si ce dernier est très petit et l'écran suffisamment rapproché, la trace lumineuse sera sensiblement un point A' qui pourra être considéré comme l'image du point A. De même, le point B fera son image en B' et les points intermédiaires entre A et B feront leurs images entre A' et B'. On voit alors clairement que A'B' est l'image renversée de la droite A B.

On conçoit, d'après ce qui précède, que si l'on agrandit l'ouverture, ou si l'on éloigne l'écran, les images des différents points tendront à s'agrandir aussi et à se superposer ; de là, le défaut de netteté que l'on remarque sur les images en cette circonstance. Si l'ouverture est munie d'une lentille convergente, le renversement de l'image s'explique par les propriétés de ces sortes de verres. Mais avec ces lentilles, les images sont toujours très nettes au foyer principal quelle qu'en soit d'ailleurs la distance focale ; en-deçà

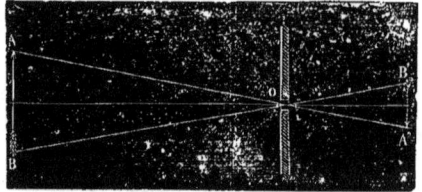

Fig. 482. — *Image d'un objet renversé dans la chambre obscure.*

et au-delà de ce point les images perdent de plus en plus de leur netteté à mesure qu'on s'éloigne du foyer. — V. LENTILLE CONVERGENTE.

Il n'est pas moins facile de concevoir que la forme de l'image est indépendante de celle de l'ouverture, pourvu toutefois que celle-ci soit très petite. En effet, chaque point tel que A de l'objet, donne une petite image ronde, carrée ou triangulaire, suivant que l'ouverture a elle-même cette forme ; mais les points voisins donnant des images contiguës, rondes par exemple, toutes ces petites images se juxtaposent, pour reproduire la forme générale de l'objet.

Si c'est le soleil, dans les conditions ordinaires, l'image est ronde quelle que soit la forme de l'ouverture, pourvu que celle-ci ne dépasse pas deux ou trois centimètres. Si l'astre est en éclipse partielle ou annulaire, si c'est la lune au premier ou au dernier quartier, l'image de la chambre obscure reproduira toutes ces formes.

Si l'ouverture est remplacée par une lentille de dimensions quelconques, le même phénomène se produit, mais les images ne sont nettes qu'au foyer de la lentille ; en deçà et au-delà de la distance focale principale ou secondaire, les images perdent d'autant plus de leur éclat, de leur netteté que l'écran qui les reçoit s'éloigne davantage du foyer.

Ce qui précède explique la forme ronde ou ovale des taches brillantes que l'on voit sous les arbres dont le feuillage épais est éclairé par un soleil pur et assez élevé au-dessus de l'horizon. Ces plaques blanches sont des images de l'astre dont les rayons, en passant à travers les intervalles plus ou moins étroits et irréguliers, que les feuilles laissent entre elles, viennent peindre sur la terre l'image du soleil, comme dans une chambre obscure. Ces facules sont le plus souvent elliptiques, parce que le plan qui les reçoit n'est pas généralement perpendiculaire à la direction des rayons venant de l'astre. Il est évident d'ailleurs que si les intervalles laissés par les feuilles sont considérables, les formes précédentes ne se produisent pas.

Les effets de la chambre noire servent à donner une idée de la manière dont l'image des objets extérieurs se peint sur la rétine. C'est Képler qui le premier assimila l'œil à la chambre obscure. La rétine est le tableau, le cristallin remplace la lentille, toutefois avec cette différence essentielle,

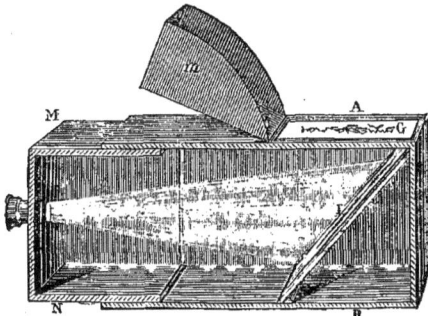

Fig. 483. — *Chambre obscure portative des dessinateurs.*

que l'œil peut s'adapter aux distances, non par le déplacement du cristallin d'avant en arrière, mais par les changements de forme de cette espèce de lentille composée d'un nombre très considérable de pièces mobiles.

Porta et d'autres physiciens après lui songèrent à réduire la chambre obscure à un petit volume et à en faire un instrument portatif, de forme et de dimensions variables, suivant les expériences auxquelles on la destinait. Celle de S'Gravesande avait « la forme d'une chaise à porteurs ; le dessus était arrondi en arrière, courbé en avant, et saillant vers le milieu ; mais son volume et son poids la rendaient incommode. »

Porta lui donna la forme d'une boîte prismatique à tiroir, sur la partie antérieure de laquelle était placée la lentille. Cette disposition primitive a servi de modèle aux chambres obscures qu'on a faites depuis.

On pourrait dessiner à la chambre obscure les images des objets qui viennent se peindre sur un carton perpendiculaire à la direction des rayons lumineux ; mais il est plus commode de disposer un miroir, convenablement incliné, sur le trajet de ces rayons, de manière à recevoir l'image sur une surface horizontale. C'est ce moyen qui a été adapté d'abord à la chambre noire des dessinateurs, au fond de laquelle est disposé un miroir incliné à 45° (fig. 483). Un rayon partant de l'objet traversera la lentille pour aller faire son image

sur le fond vertical de la boîte. Mais avant d'y arriver, il rencontre le miroir I qui le renvoie verticalement sur une lame de verre dépoli G placée, par rapport au miroir, comme le fond l'est lui-même.

On aura donc sur la plaque de verre l'image G du paysage, du monument placé en regard de la chambre obscure, et l'on pourra la dessiner en mettant sur la plaque une feuille de papier à décalquer.

On peut remarquer que, grâce aux effets de la lentille et du miroir, l'image se trouve redressée.

Ce qui précède suppose que la lame de verre sur laquelle on dessine l'image est placée au foyer de la lentille par rapport à l'objet ; mais comme cette position focale varie nécessairement avec la distance des objets à la lentille, il faut que l'appareil se prête à cette modification. Dans ce but, la chambre prismatique est à tirage, l'une des parties MN pouvant rentrer dans l'autre AB ; quelquefois même, le tube qui porte la lentille est à rallonge. Par le moyen de ces pièces mobiles, on peut toujours amener l'image à coïncider avec la plaque sur laquelle ou dessine ; c'est ce qu'on appelle *mettre au point*. Le couvercle *m*, à charnière, noirci à l'intérieur, est destiné, en l'abaissant plus ou moins, à tenir l'image dans une demi-obscurité qui en facilite le dessin.

Lorsque la lumière extérieure est assez intense par rapport à l'éclat de l'image, il est difficile de dessiner celle-ci autrement qu'en faisant l'obscurité autour d'elle. On a imaginé, pour réaliser cette condition, d'entourer la chambre d'un rideau en forme de tente sous laquelle le dessinateur se place, en face d'une tablette portant le papier (fig. 484). A l'origine de cette disposition, on employait au lieu du prisme ABCDEF (fig. 485 et 486), qui surmonte l'appareil, un système formé d'un miroir et d'une lentille d'assez long foyer, destinée à faire converger les rayons lumineux, qui viennent alors peindre l'image sur la tablette horizontale devant laquelle on peut se placer de façon à voir l'image redressée.

Le dessinateur pouvait, sans se déranger, faire mouvoir les pièces du système pour amener une image nette sur le papier.

Cette disposition présentait divers inconvénients ; d'abord celui de donner une image peu nette ou plutôt double lorsqu'on employait une glace étamée, puis celui d'absorber beaucoup de lumière. M. Charles Chevalier lui a substitué le prisme à réflexion totale. Les rayons partant de l'objet entrent normalement dans le prisme, par la première face, se réfléchissant totalement sur la face hypoténuse du prisme, sont renvoyés sans déperdition et concentrés au foyer de la face courbe qui est en-dessous du prisme.

La propriété que possèdent les rayons lumineux de produire les images des objets sur des écrans placés en arrière de l'ouverture qui leur donne passage, a permis de disposer des appareils au moyen desquels plusieurs personnes peuvent voir simultanément, dans une chambre obscure, tout un paysage, un monument, une place publique, une rue. On a utilisé à cet effet soit la réflexion simple sur un miroir, soit la réflexion totale dans un prisme, soit la réfraction à travers les lentilles, soit ces divers moyens combinés. C'est ainsi qu'au Conservatoire des Arts-et-Mé-

tiers, à Paris, on a adapté une disposition de cette nature dans la dernière salle du bâtiment. Les rayons lumineux venant de la rue voisine passent par une ouverture pratiquée dans le mur; ils rencontrent un miroir sur lequel se

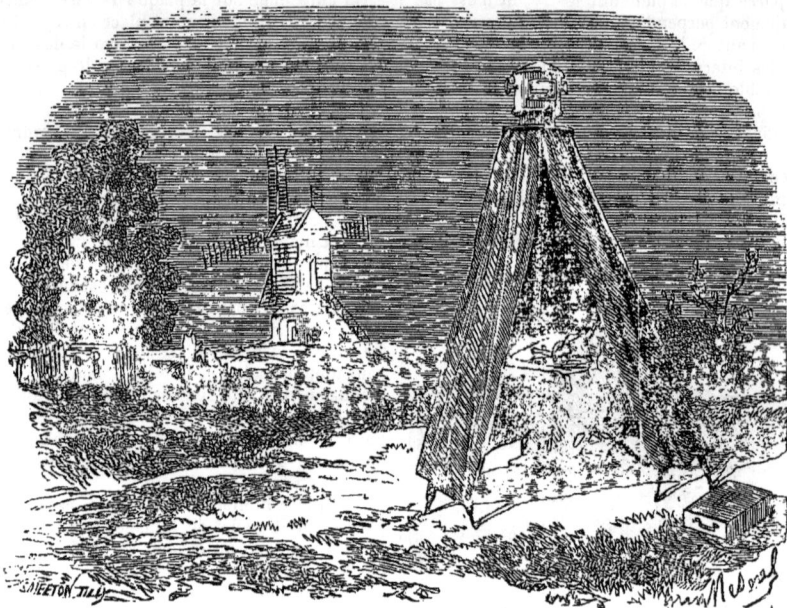

Fig. 484. — *Chambre obscure des dessinateurs.*

réfléchissent, puis une lentille qui les concentre sur un écran convenablement placé au foyer du système. On y distingue parfaitement les passants, les voitures, les groupes; tout y est reproduit, proportions, mouvements, couleurs, avec la plus parfaite exactitude.

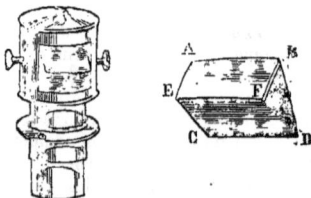

Fig. 485 et 486. — *Port -prisme t prisme de la chambre obscure des dessinateurs.*

La chambre obscure n'a été employée pendant longtemps que pour faire des expériences d'optique ou pour dessiner les objets. Depuis l'invention du daguerréotype et de la photographie, la chambre noire, qui est la base de cet art, a reçu de nombreux perfectionnements. La lentille ou, comme on dit, l'*objectif* a été rendu achromatique, c'est-à-dire qu'on l'a composé de deux verres, ou plutôt de deux systèmes de verres de

nature différente, dont l'ensemble a pour résultat de corriger les défauts d'aberration de sphéricité ou de ramener à un foyer unique les rayons qui viennent aboutir aux différents points de la face extérieure de la première lentille, même ceux qui sont éloignés de l'axe. Ce système fait disparaître les irisations qui se manifestent sur le pourtour des images lorsqu'on emploie des lentilles simples. De plus, comme le foyer des rayons lumineux ne coïncide pas avec celui des rayons chimiques, ces systèmes de lentilles ont aussi pour effet d'amener ces rayons à un même foyer dont l'habitude apprend à connaître, selon les cas, la distance au foyer apparent des rayons physiques. — V. Photographie.

Lorsque les objets, dont l'image doit être reproduite sur un même plan, sont à des distances très différentes de la chambre obscure, les foyers de ces divers points ne peuvent coïncider sur le papier qui les reçoit. C'est alors que certaines parties de l'image sont confuses. Dans ce cas, on en est réduit nécessairement à faire un choix des parties où l'on désire voir le plus de netteté, au détriment des autres, en amenant les premières à leur foyer particulier.

Toutefois, quand les objets à reproduire sont tous très éloignés de la chambre obscure, leurs distances focales sont alors sensiblement les mêmes, comme on le constate par la netteté et l'éclat de l'image entière.

L'emploi d'objectifs taillés en ménisques périscopiques, tout en étendant le champ de l'instrument, contribue à l'exactitude des proportions des diverses parties de l'image et à sa clarté.

L'inconvénient du renversement des images dans la chambre obscure, pour les reproductions photographiques, n'est pas assez grand pour qu'on cherche à y remédier; car le redressement ne pourrait se faire qu'aux dépens de leur éclat, puisqu'il faudrait pour cela employer deux ou trois verres de plus; et comme ces verres doivent être achromatiques, c'est-à-dire composés chacun de deux lentilles, on voit qu'il y aurait alors une trop grande déperdition de lumière. L'emploi d'un ou de deux prismes à réflexion totale ne ferait que diminuer cette déperdition toujours fâcheuse.

La chambre obscure a reçu, dans ces derniers temps, une application assez inattendue : on a utilisé les images qu'elle produit pour faire sauter, en temps utile et avec le concours de l'électricité d'induction, les torpilles sous-marines, ces engins destructeurs qu'on place à l'entrée des ports, des fleuves, des passes, que l'on veut défendre de l'approche des bâtiments ennemis.—C. D.

VII. *CHAMBRES CONSULTATIVES DES ARTS ET *MANUFACTURES.

Ce sont des Conseils du genre des Chambres de commerce dont la mission a l'industrie pour objet spécial.

Leurs fonctions consistent à faire connaître les besoins et les moyens d'amélioration des manufactures, fabriques, arts et métiers. Elles sont, en outre, appelées à donner leur avis sur les règlements d'administration publique relatifs aux produits des manufactures françaises destinées à l'exportation (loi du 22 germinal an XI).

Par suite de cela, l'arrêté organique du 10 thermidor an XI prescrivait que nul ne pouvait faire partie d'une Chambre consultative s'il n'était manufacturier, fabricant, directeur de fabrique ou s'il n'avait exercé une de ces professions pendant cinq ans au moins; mais il a été dérogé à cette disposition par l'interprétation donnée notamment au décret du 30 août 1852 et à la loi du 21 décembre 1871. Les conditions électorales sont depuis lors les mêmes pour les Chambres consultatives que pour les Chambres de commerce, qu'il s'agisse de l'électeur ou de l'éligible. — V. l'art. suivant.

Il est établi des Chambres consultatives des arts et manufactures dans tous les lieux où le gouvernement le juge convenable et le plus ordinairement sur la demande des Conseils municipaux. Il en existe aujourd'hui une centaine environ.

Ces Chambres consultatives, depuis l'ordonnance du 16 juin 1832, correspondent directement avec le ministre du commerce et celui des travaux publics; elles ont également la faculté de correspondre avec les Chambres de commerce dans la circonscription de laquelle elles se trouvent.

Dans les communes où il n'existe pas de Chambre consultative des arts et manufactures, leurs fonctions sont exercées par les Chambres de commerce qui y sont établies.

VIII. *CHAMBRES DE COMMERCE.

Une Chambre de commerce est un conseil composé de notabilités commerciales et industrielles dont la principale mission consiste à donner son avis au gouvernement soit sur sa demande, soit d'office, sur toutes les questions qui intéressent le commerce et l'industrie. Elle a, en outre, diverses attributions de surveillance et d'administration qui seront précisées plus loin.

Origine des chambres de commerce. La création des chambres de commerce remonte assez haut, dans les siècles passés. Dès le jour où l'on sentit l'influence du commerce sur la prospérité d'un État, l'on comprit la nécessité pour son gouvernement d'être exactement renseigné sur les moyens les plus propres à le rendre florissant, et l'on reconnut que « la pratique renfermant une multitude de circonstances que la théorie ne peut embrasser ni prévoir, les négociants instruits et expérimentés sont seuls en état d'apprécier les effets de la législation et les restrictions ou extensions qu'il convient d'y apporter (1). »

Cependant, la première date que l'on puisse indiquer, s'applique à la chambre de commerce de Marseille, et porte le millésime de 1612: mais le curieux monument qui le fournit dénote qu'il s'agissait plutôt là d'une réorganisation que d'une fondation (2).

A vrai dire, l'institution à cette époque n'avait encore qu'un caractère local. On ne cite, en effet, avec Marseille que Dunkerque qui fut en possession d'une chambre de commerce. En 1700, seulement, parut sous la date du 29 juin, un arrêt du Conseil du roi qui en ordonna l'établissement général; mais cette mesure ne reçut une sérieuse exécution qu'à la suite d'un autre arrêt du 30 août 1701. Des chambres de commerce furent alors successivement créées à Lyon, en 1702; à Rouen et à Toulouse, en 1703; à Montpellier, en 1704; à Bordeaux, en 1705; à La Rochelle, en 1710; à Lille, en 1714, et à Bayonne, en 1726 (3).

Ces chambres durent subir le sort des diverses organisations commerciales qui existaient à l'heure où la tourmente révolutionnaire brisa tous les liens qui pouvaient rattacher, même par le souvenir, l'ère nouvelle au régime déchu. Un décret du 27 septembre 1791 les supprima ; mais, ainsi que cela eut lieu pour les tribunaux consulaires, leur utilité commanda leur restauration, et elles furent rétablies dès le 3 nivôse an XI (23 décembre 1802), par un arrêté des consuls. Le nombre en fut immédiatement porté à vingt-deux, seize dans les villes de France dont les noms suivent : Lyon, Rouen, Bordeaux, Marseille, Nantes, Dunkerque, Lille, Nîmes, Avignon, Strasbourg, Montpellier, Bayonne, Toulouse, Tours, Carcassonne, Amiens, Le Havre; et six dans des villes qui faisaient, en ces temps, partie du territoire français : Anvers, Bruxelles, Genève, Mayence et Turin. On remarque que Paris, qui ne possédait point de chambre de commerce sous l'ancien régime, ne fut pas compris dans ce premier arrêté; celui qui l'appela à jouir du bénéfice

(1) V. V° Chambre de commerce : *Encyclopédie*, édit. de 1782, vol. VII, page 74.

(2) « La chambre de commerce fut *rétablie*, en l'année 1612, et dès l'année 1618, elle usurpait divers pouvoirs et même l'autorité consulaire. Elle fut supprimée par les factions de la ville, et rétablie en 1649 ; mais lors des grands désordres de Marseille, elle fut « d'abondance » supprimée en 1659 et dès 1680 réorganisée par le nouveau règlement de Sa Majesté. » (*Histoire de Marseille*, par M. S. Bertheaut.)

(3) *Dictionnaire universel du commerce et de la navigation*, vol. 1, page 578.

de cette institution est daté du 6 ventôse an XI (25 février 1803).

On peut être surpris, au premier abord, que la nécessité de doter d'une Chambre de commerce la capitale de la France ait aussi longtemps tardé à se faire sentir. On s'explique cependant cette exception, par le grand nombre de branches d'industrie que compte la grande ville, ce qui rend difficile la composition d'un conseil réunissant des hommes ayant des connaissances assez variées pour les embrasser toutes, et, en même temps, assez désintéressés, pour garder, entre tous les intérêts, une juste mesure. A ce point de vue, l'organisation des Chambres syndicales a fourni, lorsqu'elle a été comprise, un complément des plus heureux.

Aujourd'hui, la France, bien que dépouillée de l'Alsace et de la Lorraine par la sinistre guerre de 1870-71, compte 81 Chambres de commerce, y compris les cinq établies à Alger, Bône, Constantine, Oran et Philippeville (Algérie). Les 76 autres sont réparties entre les centres où les relations commerciales ont le plus d'activité et la production industrielle le plus d'importance, sans tenir compte de leur titre administratif. Ainsi, sur les 87 départements, y compris le territoire de Belfort, il n'y a que 39 chefs-lieux principaux qui soient dotés chacun d'une Chambre de commerce, tandis que 30 chefs-lieux d'arrondissements et 7 chefs-lieux de cantons en sont pourvus. En outre, si certains départements ne possèdent aucune Chambre de commerce, il en est d'autres qui en renferment jusqu'à 4 et même 6 dans leur circonscription, tel le département du Nord où l'on trouve une Chambre de commerce dans chacune des villes suivantes : Lille, Douai, Dunkerque, Roubaix, Tourcoing et Valenciennes.

COMPOSITION DES CHAMBRES DE COMMERCE. Il est remarquable que pour la composition des Chambres de commerce, de même que pour celles des tribunaux de commerce, c'est, de tout temps, au régime électoral que l'on a eu recours. Le droit de suffrage y est encore fort restreint, il est vrai, mais accordé d'abord à quelques commerçants privilégiés, le nombre des électeurs a été sans cesse en grossissant, et nous sommes à la veille de l'adoption d'une loi qui doit le rapprocher très sensiblement du suffrage universel. Ce ne sera d'ailleurs qu'un retour au régime qui a été en vigueur de 1848 à 1852 (1).

L'arrêté du 3 nivôse an XI, qui a rétabli les Chambres de commerce, porte de 40 à 60 le nombre des commerçants appelés à l'élection de leurs membres. Ces électeurs étaient choisis entre les commerçants les plus distingués de la ville, par le préfet ou à son défaut par le maire. C'était là une sorte de réminiscence du procédé électoral antérieur employé, et qui remettait à 60 marchands-bourgeois l'élection des juges-consuls (ordonnance du 18 mars 1728).

En 1832, on modifia les éléments du collège électoral, en y introduisant les membres du Tribunal de commerce, de la Chambre de commerce et du Conseil des prud'hommes ; dans cette combinaison, les notables commerçants ne venaient plus que comme appoints, mais ils devaient représenter un nombre égal à celui des électeurs de droit, sans qu'il pût être inférieur à vingt. Ces notables étaient choisis chaque année moitié par le Tribunal de commerce, moitié par la Chambre de commerce, c'est-à-dire par les corps mêmes au recrutement desquels ils devaient coopérer, ce qui était assez anormal (ordonnance royale du 16 juin 1832).

En 1848, un arrêté du 19 juin accorda le droit électoral à tout commerçant inscrit depuis un an au moins au rôle des patentes ; ce minimum fut élevé à cinq ans par un décret du 3 septembre 1851 ; mais le 30 août 1852, un autre décret établit que les électeurs des Chambres de commerce seront soumis aux conditions prescrites par les art. 618 et 619 du Code de commerce. Seuls, dès ce moment, sont appelés à l'élection, les notables commerçants inscrits sur une liste dressée par le préfet et approuvée par le ministre de l'intérieur. Leur nombre ne peut être au-dessous de 25 dans les villes où la population n'excède pas 15,000 âmes ; dans les autres villes, il est augmenté à raison d'un électeur par mille habitants. Ce régime a été maintenu jusqu'à ce jour, après beaucoup d'hésitation ; seulement la confection de la liste a été confiée par la loi du 21 décembre 1871 (1) à une commission présidée par le président du Tribunal de commerce et composée de membres de ce Tribunal, de membres de la Chambre de commerce, de trois conseillers généraux, du président du Conseil des prud'hommes et du maire de la ville (à Paris, du président du Conseil municipal).

Sont électeurs de droit, les anciens membres du Tribunal et de la Chambre de commerce et les anciens présidents des Conseils de prud'hommes. Les électeurs sont choisis par la Commission, entre les commerçants « recommandables par leur probité, esprit d'ordre et d'économie. » Le nombre doit être égal au dixième des commerçants inscrits à la patente, sans pouvoir dépasser mille ni être inférieur à cinquante. Dans le département de la Seine, il est fixé à 3,000. La loi maintient les incapacités édictées par les précédents arrêtés et décrets contre les individus ayant subi certaines condamnations judiciaires.

Tout commerçant inscrit sur la liste des électeurs ou réunissant les conditions voulues pour y être inscrit, peut être nommé membre d'une Chambre de commerce, s'il est âgé d'au moins 30 ans, et s'il exerce le commerce ou une industrie manufacturière depuis 5 ans au moins. Les anciens négociants ou manufacturiers domiciliés dans la circonscription de la Chambre peuvent également être élus ; mais leur nombre ne peut

(1) Le projet de loi dont il s'agit enté sur une proposition de MM. Boysset. Menier et Laroche-Joubert a été voté par la Chambre des députés, dans sa session de 188 et présenté le 23 décembre de la même année au Sénat qui ne l'a pas encore adopté.

(1) C'est la première fois que le législateur intervient pour réglementer l'institution des Chambres de commerce, jusque-là elle a été soumise entièrement au régime des décrets et ordonnances.

jamais excéder le tiers de celui des membres de la Chambre (décret du 20 mars 1852).

Le nombre des membres appelés à composer une Chambre de commerce est déterminé par le titre de son institution ou par un décret postérieur ; il ne peut être au-dessous de neuf ni excéder vingt-et-un. Les fonctions de membres durent six ans, et peuvent être indéfiniment continuées par des réélections successives (décret du 3 septembre 1851). Le préfet (ou, dans les villes qui ne sont pas chef-lieu de département, le maire) est président né de la Chambre de commerce ; mais le bureau tout entier, y compris un président temporaire, est élu par les membres de la Chambre et entre eux. Enfin, dans les cérémonies publiques, les Chambres de commerce prennent rang après les Tribunaux de commerce (Art. 16, décret du 3 septembre 1851).

ATTRIBUTIONS DES CHAMBRES DE COMMERCE. Dès l'origine, comme de nos jours, les Chambres de commerce sont établies en vue d'éclairer le gouvernement sur les besoins du commerce et de l'industrie, et sur les moyens les plus efficaces de travailler à leur prospérité. Leurs attributions, toujours les mêmes en principe, n'ont subi d'autres modifications que celles exigées par le progrès industriel et commercial.

Ainsi, d'après les arrêtés du Conseil de 1700 et 1701, que nous avons cités plus haut, ces Chambres étaient instituées pour « recevoir des marchands négociants des autres villes et provinces du royaume, des mémoires contenant « les propositions qu'ils auraient à faire sur ce « qui leur paraîtrait le plus capable de faciliter « ou augmenter leur commerce, ou leurs plaintes de ce qui peut y être contraire, pour être « lesdites propositions ou sujets de plainte discutés et examinés par celles desdites Chambres particulières à laquelle lesdits mémoires « auront été adressés et ensuite envoyés par les « dites Chambres, avec leur avis, au Conseil de « commerce » (1). En outre, elles devaient donner leur avis sur les matières industrielles et commerciales toutes les fois qu'elles étaient consultées.

Or, l'arrêté des consuls du 3 nivôse an XI et, après lui le décret du 3 septembre 1851 qui régit aujourd'hui la matière, n'ont fait que développer successivement ce principe pour répondre aux exigences des temps, et déterminer plus expressément les attributions, en en précisant mieux la portée. De ces attributions, les unes sont subordonnées à l'action du gouvernement, les autres sont abandonnées à l'initiative des Chambres de commerce.

Ainsi elles doivent être mises en mouvement par le gouvernement, lorsqu'il s'agit : 1° d'apporter des changements dans la législation commerciale ; 2° de créer soit des Chambres de commerce ou de les réglementer ; soit des Tribunaux de commerce dans leur circonscription ; soit des banques locales, des comptoirs d'escompte, des succursales de la Banque de France ; 3° de fonder

des bourses de commerce, et d'établir des agents de change ou des courtiers ; 4° de modifications au tarif douanier, au tarif ou aux règlements des services de transport et autres, établis dans l'intérêt du commerce ; 5° des usages commerciaux et des tarifs et règlements de courtage de toute nature ; 6° de projets de travaux publics locaux relatifs au commerce ; 7° enfin de projets de règlements locaux en matière de commerce.

Sur toutes ces matières, le gouvernement ne peut se dispenser de prendre l'avis des Chambres de commerce. Il peut, d'ailleurs, les consulter quand bon lui semble sur tout autre sujet, et exiger d'elles les renseignements qui lui sont nécessaires sur les faits industriels et commerciaux.

De leur côté, les Chambres de commerce ont le droit de présenter leurs vues : « 1° sur les « moyens d'accroître la prospérité de l'industrie « et du commerce ; 2° sur les améliorations à introduire dans toutes les branches de la législation commerciale, y compris les tarifs des « douanes et d'octrois ; 3° sur l'exécution des « travaux et l'organisation des services publics « qui peuvent intéresser le commerce et l'industrie, tels que les travaux des ports, la navigation des fleuves et des rivières, les postes, les « chemins de fer, etc. »

Indépendamment de ces attributions, les Chambres de commerce sont chargées de l'administration des bourses de commerce, magasins de sauvetage, *entrepôts, conditions pour les soies* (V. ce mot) et cours publics pour la propagation des connaissances industrielles et commerciales.

Les Chambres de commerce ont, dans nos grandes villes, notamment Paris, Lyon, Marseille, Rouen, Le Havre, fondé des écoles spéciales pour le commerce. La Chambre de Paris, comme couronnement de l'œuvre d'enseignement par elle entreprise, vient de fonder une Ecole des hautes études commerciales qui a été ouverte cette année.

Les Chambres de commerce correspondent directement avec le ministre de l'agriculture et du commerce, et elles lui doivent la communication immédiate des réclamations ou avis qu'elles adresseraient aux autres ministres, soit sur leur demande, soit d'office ; elles peuvent correspondre avec les Chambres consultatives des arts et manufactures de leur circonscription (ordonnance du 16 juin 1832). Mais les ordonnances et décrets sont tous muets en ce qui regarde leurs rapports entre elles.

Pour leur permettre de remplir efficacement leurs attributions administratives, les Chambres de commerce ont été déclarées établissements d'utilité publique (décret du 3 septembre 1851) et il a été mis à leur disposition les ressources indispensables pour faire face aux dépenses que nécessite leur fonctionnement. C'est d'abord une contribution proportionnelle sur les patentes, laquelle est fixée par décret ; ensuite les recettes que leur procurent les services qu'elles administrent ; enfin, les revenus spéciaux provenant des

---

(1) Le Conseil de commerce, institué par le même arrêt était une des parties du Conseil royal et portait le titre de *Conseil royal du commerce*.

subventions, dons et legs qui leur sont faits. Leurs budgets et leurs comptes de recettes et dépenses sont, chaque année, soumis à l'approbation du ministre de l'agriculture et du commerce.

L'énumération que nous avons présentée des objets sur lesquels les Chambres de commerce peuvent d'office faire connaître leurs vues, offre, par la généralité des termes, un vaste champ à leur activité. Cependant, jusqu'en ces derniers temps, soit du fait de l'administration, soit apathie des membres de ces Chambres, on considérait que ces corps n'avaient point le droit d'initiative, et qu'ils devaient attendre qu'il plût à l'administration de les mettre en mouvement. Aussi, a-t-on pu écrire avec quelque raison « qu'il « était impossible qu'il ressortit de leur organi- « sation rien de réellement efficace, attendu que « leurs avis étaient demandés toujours à bref « délai, de sorte qu'ils n'étaient que trop sou- « vent, par ce fait, le résultat d'études incom- « plètes, et manquaient de l'autorité qu'ils au- « raient dû avoir (1). »

Depuis une dizaine d'années, ce reproche n'est plus exact : le régime électif a fini par triompher des préjugés et des traditions. Les électeurs, qui jusque-là avaient négligé d'exercer sérieusement leurs droits, se sont enfin décidés à s'en occuper. Ils appelèrent alors aux Chambres de commerce des hommes plus jeunes, plus actifs, plus ardents, et par cela même mieux disposés à s'émanciper des liens administratifs, en ce qui concernait les questions nombreuses laissées à leur initiative.

Depuis lors, les Chambres de commerce ont montré par leurs études et leurs travaux qu'elles sont à la hauteur de leur mission, et elles ont acquis une autorité et une influence qui leur avait été jusque-là refusée. Elles sont même parvenues à rompre avec des traditions ombrageuses qui leur interdisaient de correspondre entre elles, et à associer leurs lumières et leurs efforts, en vue de la réalisation de projets favorables à la prospérité industrielle et commerciale de plusieurs départements. En persévérant dans cette voie et en complétant les lumières et l'expérience de leurs membres, par les connaissances spéciales qu'elles peuvent trouver dans le concours des Chambres syndicales (V. l'art. suiv.), les Chambres de commerce serviront de mieux en mieux les véritables intérêts du commerce et de l'industrie et rempliront ainsi de plus en plus efficacement l'objet de leur importante mission.— J. L. H.

IX. CHAMBRES SYNDICALES DU COMMERCE ET DE L'INDUSTRIE.

On a donné le nom de *Chambres syndicales* à des collèges dont les membres sont élus par des associations soit de patrons, soit d'ouvriers, avec mission de les diriger, de les représenter et de les administrer.

Bien que les Chambres syndicales de patrons et celles d'ouvriers soient, tant pour leur existence que pour leur fonctionnement, soumises

(1) *Dictionnaire du commerce et de la navigation*, v° *Chambre de commerce.*

aux mêmes conditions, c'est-à-dire entièrement subordonnées à l'arbitraire de l'autorité administrative, il existe entre elles des différences qui nous engagent à ne pas les confondre sous la même rubrique. Nous nous occuperons d'abord des Chambres de patrons qui sont les premières en date (1).

1° Chambres syndicales de patrons.

Les associations dont ces Chambres émanent et qu'elles sont appelées à représenter sont généralement composées de personnes exerçant la même branche d'industrie, et constituent des groupes professionnels. Nous avons dit *généralement*, parce que certaines de ces associations réunissent des personnes de professions différentes ayant le plus souvent entre elles certains rapports, mais quelquefois aussi n'en ayant absolument aucun. Il en est ainsi lorsque, dans la même ville, une seule profession ne peut fournir un assez grand nombre d'adhérents pour composer un groupe de quelque importance. A Paris même, au sein de l'*Union nationale et du commerce*, il existe un groupe syndicalé qui, sous le nom d'*industries diverses*, compte au moins une trentaine de branches d'industrie, n'ayant, pour la plupart, absolument rien de similaire ; on y trouve, par exemple : l'horlogerie et l'épicerie, les bouchers en gros et les éditeurs, etc.

Origine des Chambres syndicales. La loi des 14-17 juin 1791, en abolissant le régime étroit des *corporations* (V. ce mot), délivra le travail des liens qui l'avaient entravé jusque-là ; mais la liberté entière, qui lui fut octroyée, joignit à des avantages considérables, cet inconvénient grave que la concurrence qui en découlait nécessairement, divisa les hommes exerçant la même profession ou le même métier, d'abord en adversaires, puis bientôt en ennemis déclarés.

Cet état de choses n'était profitable ni aux intérêts généraux du pays — car il faisait obstacle à l'association des lumières et des forces, et, par conséquent, au progrès moral et matériel de l'industrie et du commerce, — ni aux intérêts particuliers les plus respectables — car il laissait libre carrière aux fraudes éhontées, aux pratiques de mauvais aloi ; — il était uniquement favorable aux individus sans conscience qui, ne trouvant aucun frein à l'esprit de lucre, s'y abandonnèrent sans vergogne, au grand détriment de leurs concurrents et même du public.

Cela dura ainsi tant que, par suite des préjugés survivants au régime qui les avaient engendrés, l'industrie et le commerce demeurèrent le partage de ce que la classe moyenne de la société

(1) Voici, en effet, ce qu'on lit à ce sujet dans le rapport du ministre de l'agriculture et du commerce, approuvé par l'empereur, le 3) mars 1868 : « Les raisons de justice et d'égalité, invoquées par les délégations ouvrières pour former à leur tour des réunions analogues à celles des patrons, ont paru dignes d'être prises en considération, et conformément aux ordres de V. M. Les ouvriers de plusieurs professions ont pu se réunir librement et discuter les conditions de leurs syndicats. — En adoptant *les mêmes règles pour les ouvrir rs que pour les patrons*, l'administration n'aura pas à intervenir dans la formation des Chambres syndicales. Elle ne serait concernée à les interdire que si contrairement aux principes posés par l'Assemblée constituante, dans la loi du 17 juin 1791, les Chambres syndicales venaient à porter atteinte à la *liberté du commerce et de l'industrie, ou si elles s'éloignaient* de leur but, pour devenir à un degré quelconque, des réunions politiques non autorisées par la loi. »

comptait de moins lettré. Mais vint un temps où les pères de famille mieux éclairés ne crurent plus déroger, parce qu'ils avaient conquis des grades universitaires, en se consacrant ou en consacrant leurs fils, également diplômés, à l'industrie ou au commerce. Dès lors, on rencontra, dans ces carrières, des hommes d'un esprit plus cultivé et, partant, plus large et plus élevé, dont le nombre, s'accroissant de jour en jour, forma le noyau d'élite d'où surgit la pensée de travailler en commun, au moyen de l'association, à l'amélioration des mœurs commerciales.

Ainsi, les premières Chambres qui furent fondées (celles des entrepreneurs de charpente et des entrepreneurs de maçonnerie, dans la rue de la Sainte-Chapelle, en 1808 et 1809) avaient pour objet principal de « prévenir tous vices et mal-« façons dans les constructions neuves. » De même celles qui formèrent les premières assises de l'*Union nationale du commerce et de l'industrie* (les Chambres syndicales des cuirs et des peaux, de l'éclairage au gaz et des produits chimiques) se constituèrent en 1859, dans le but principal « de réprimer la contrefaçon indigène et étrangère. »

Les Chambres syndicales sont donc nées, dans deux milieux différents, d'une pensée moralisatrice, visant un but essentiellement moral. Avec le temps, le nombre de ces Chambres augmenta, et en même temps que leur organisation se perfectionnait, leurs attributions se développèrent.

FORMATION DES GROUPES PROFESSIONNELS ET CONSTITUTION DES CHAMBRES SYNDICALES. Le groupe professionnel se forme par la réunion d'un plus ou moins grand nombre de personnes de la même branche d'industrie, provoquée sur l'initiative de quelques-unes d'elles. Cette réunion pose les bases d'une association en vue de la sauvegarde des intérêts communs, et fonde la Chambre syndicale chargée de représenter le groupe et d'agir en son nom. Chacun des groupes professionnels existant aujourd'hui comprend un nombre d'adhérents qui varie de 50 à 500. En même temps que, dans une assemblée générale de tous ses adhérents, il se déclare constitué, le groupe procède à l'élection de 12 à 25 de ses membres, selon son importance, pour composer la Chambre syndicale qui le doit représenter ; puis, la Chambre se constitue à son tour par l'élection, en son sein, d'un président, d'un ou de deux vice-présidents, d'un ou de plusieurs secrétaires et d'un trésorier. Aucune de ces fonctions n'est rémunérée. Lorsque le groupe renferme plusieurs branches d'industrie, on divise les fonctions de la Chambre entre ses membres, de façon à ce que chacune des branches soit représentée au bureau, dans une équitable proportion. Les Chambres syndicales tiennent séance une fois au moins par mois. La plupart y admettent les adhérents, leur accordant, les unes, voix consultative, les autres voix délibérative, sur toutes les questions d'intérêt général.

Chaque année au moins, il y a une assemblée générale du groupe ; on y entend le rapport des travaux de la Chambre ; on y procède au renou-vellement partiel ou total de ses membres, et l'on y prend les résolutions que nécessite l'intérêt commun et les circonstances.

Aucun groupe n'est fermé ; tous les commerçants peuvent être admis dans celui qui concerne des intérêts similaires aux siens, à la condition « de n'avoir pas été flétri par une condamnation afflictive ou infamante, et de ne pas être en état de faillite. » Chaque adhérent d'ailleurs est toujours libre de se séparer du groupe sans que sa personne en soit amoindrie. C'est en cela surtout que les groupes professionnels se distinguent des corporations d'autrefois. Le principe d'égalité y est sincèrement respecté, la confraternité y règne ainsi que la liberté la plus absolue ; tandis que les anciennes corporations, cercles étroitement fermés, formaient autant de petites féodalités armées de privilèges et de monopoles. On ne parvenait à en faire partie qu'à des conditions impossibles à remplir pour le plus grand nombre, et il n'était pas toujours permis d'en sortir à son honneur.

ATTRIBUTIONS DES CHAMBRES SYNDICALES. La Chambre syndicale représente, dans toutes les circonstances, le groupe professionnel dont elle émane ; par conséquent, ses devoirs consistent à étudier toutes les questions qui l'intéressent, à faire toutes les démarches, et à prendre toutes les mesures qu'elle juge utiles aux intérêts qui lui sont confiés. Elle intervient, en outre, gratuitement dans toutes les contestations qui s'élèvent entre ses adhérents, à titre soit d'arbitre nommé par les tribunaux (1), soit d'amiable compositeur choisi par les parties. Enfin elle administre et dirige son groupe, et veille à l'observation de la discipline.

Il ne s'agit jusque-là que du cercle d'action de chaque Chambre prise isolément, nous allons voir comment à Paris ce cercle s'est élargi.

ORGANISATION FÉDÉRATIVE DES CHAMBRES SYNDICALES. Les Chambres syndicales de Paris n'ont pas toutes le même *modus vivendi*. On en compte seulement 25 environ qui perçoivent une somme de cotisations suffisante pour couvrir leurs frais généraux et avoir un siège particulier ; parmi les autres qui ont des sièges communs, environ 75 sont groupées sous le nom d'*Union nationale du commerce et de l'industrie*, dans un hôtel, rue de Lancry, n° 10 ; 13, dans un autre hôtel, rue de Lutèce ; 3, sous le nom de Groupe du bâtiment, dénommé autrefois *Chambres syndicales de la Sainte-Chapelle* ; enfin, 3, place des Vosges, n° 9.

Les nombreuses Chambres de l'*Union nationale*, par leur rapprochement et les relations fréquentes qui en résultaient, ne tardèrent pas à s'entendre pour s'occuper en commun des intérêts généraux du commerce et de l'industrie.

(1) Une circulaire du Garde des sceaux Tailhand, datée de janvier 1875, a interdit aux Tribunaux de désigner, à l'avenir, une Chambre syndicale comme arbitre-rapporteur, cela étant contraire à l'art. 429 du Code de procédure civile. Cet usage existait depuis près d'un demi-siècle, sans qu'on eût songé à cette illégalité nouvellement découverte par le ministre, et tout le monde s'accordait à se féliciter des services que le commerce en retirait. Depuis 1875, pour ne pas en perdre tout le bénéfice, les tribunaux renvoient les affaires à ceux des membres des Chambres qui leur sont désignées par celles-ci.

Elles fondèrent dans ce but le Syndicat général qu'elles composèrent de tous les membres formant leurs bureaux respectifs.

La plupart des Chambres isolées et les groupes du bâtiment et de la rue des Vosges reconnurent bientôt qu'il fallait faire un pas de plus dans la voie ouverte par l'*Union nationale*, si l'on voulait obtenir sur les questions intéressant tout le commerce, un avis commun et une action unique, ce qui était indispensable pour le succès. Elles ont, en 1867, constitué le Comité central des Chambres syndicales. Composé des présidents de toutes les Chambres adhérentes, (aujourd'hui au nombre de quarante), ce Comité a, comme le Syndicat général, pour principal objet l'étude en commun des questions qui touchent aux intérêts généraux du commerce et de l'industrie. et la représentation des Chambres adhérentes dans toutes les circonstances où une action commune est jugée nécessaire. Mais il ne fallait pas en rester là, et pour compléter l'œuvre le Comité central et le Syndicat général ont fait un accord qui les engage à se concerter et à s'unir toutes les fois que l'urgence en est démontrée. Chacun de ces deux corps a des réunions mensuelles, échelonnées de manière à pouvoir se communiquer leurs résolutions, et chacun d'eux possède un organe périodique qui donne à leurs délibérations une suffisante publicité (1).

Voilà comment on est parvenu à associer toutes les forces collectives du commerce parisien, en vue d'étudier et de faire résoudre au mieux et au plus vite toutes les questions qui intéressent le commerce et l'industrie tant au point de vue moral qu'au point de vue matériel. C'est une véritable fédération économique ou, en d'autres termes, une association à deux degrés des intelligences et des forces. On y voit au premier degré les Chambres syndicales traitant de leurs intérêts professionnels, dans une indépendance absolue, et au second degré, ces Chambres, unies par leurs sommités, travaillant ensemble et d'un commun accord au profit des intérêts généraux du pays.

Les services que, grâce à cette intelligente organisation, les Chambres syndicales ont rendus sont considérables par leur nombre, par leur nature et par leur importance; en outre, bien que n'ayant aucun caractère officiel, ces chambres n'en sont pas moins parvenues à se tenir en correspondance avec les pouvoirs publics. Elles ont même été consultées par eux, en maintes circonstances, et plus d'une fois elles ont vu porter à la tribune, leurs avis comme des arguments dont il y avait lieu de tenir un grand compte.

L'espace nous étant mesuré, nous avons dû nous en tenir aux traits principaux de l'organisation et en négliger les détails, tels que ceux concernant l'administration des Chambres, leurs budgets, etc. L'énumération des services que le commerce a tirés de cette institution nous entraînerait également trop loin pour que nous cédions

au désir de les signaler. Nous citerons cependant, en dehors des services gratuits dus à leur intervention journalière dans les contestations commerciales, leur intelligente initiative provoquant, en 1871, pour parer à la crise monétaire, la création de bons de monnaie, leur énergique opposition, en 1872, à l'établissement de l'impôt sur les matières premières, et leur action décisive dans l'acquiescement de la France à l'Union postale. (Voir l'exposé des motifs du projet de la loi du 3 août 1875.)

Les Chambres syndicales concourent au recrutement des Chambres de commerce de Paris et du Tribunal civil de la Seine; malgré cela, elles ont toujours reconnu la suprématie de ces deux corps officiels, et, tout en se réservant leur liberté d'appréciation et d'action, elles n'ont montré d'autre ambition que celle d'être leurs auxiliaires les plus utiles et de vivre avec eux dans une cordiale entente.

Les Chambres syndicales dans les départements. Cinquante départements seulement, en dehors de celui de la Seine, possèdent des Chambres syndicales; le nombre s'en élève au total à 150, qui réunissent environ 8,000 adhérents. Les départements où l'idée syndicale groupe le plus d'adeptes sont : la Seine-Inférieure avec 16 Chambres, la Gironde avec 13, le Rhône avec 10 ; les branches d'industrie ayant le plus de racines sont celle des vins et spiritueux qui, à elle seule, compte des Chambres syndicales dans 36 villes, et celles du bâtiment qui, ensemble, en possèdent dans 41 villes.

Les Chambres syndicales des départements n'ont pas l'organisation complexe qui distingue celles de Paris; cela leur serait difficile, parce que le nombre de branches d'industrie qu'elles représentent est ordinairement limité à 2 ou 3 et, le plus souvent, à une seule, par ville ou par département; dans ce dernier cas, cette branche d'industrie est celle dominante dans la localité. Cependant, il est à noter : 1° que les 8 Chambres qui existent à Orléans se sont reliées par un syndicat général, à l'instar de celles de Paris; 2° que les 36 Chambres des vins et spiritueux se sont associées avec la Chambre de Paris et forment aussi un syndicat général qui tient ses assemblées générales, chaque année, au siège de cette dernière; 3° que les 41 Chambres du bâtiment et celles de la boulangerie (au nombre de 14), si elles n'ont pas adopté le régime fédératif, entretiennent pour la plupart des relations soit entre elles, soit avec celles de Paris, se tenant ainsi mutuellement au courant de tout ce qui, dans chaque circonscription, intéresse leurs communes industries.

2° **Chambres syndicales ouvrières.** L'origine n'en remonte pas au-delà de 1868. Avant cette époque, il existait bien des associations d'ouvriers du même état, sans compter les divers ordres de *compagnonnage* (V. ce mot), mais elles n'avaient d'autre but que de former un fonds commun permettant de soutenir les *grèves* (V. ce mot), lorsque s'élevait entre pa-

---

(1) Le syndicat général a pour organe l'*Union nationale du commerce et de l'industrie*, journal hebdomadaire. Le Comité central, le *Recueil des procès verbaux de ses séances*, publication mensuelle.

trons et ouvriers un conflit au sujet des salaires. Elles étaient généralement secrètes et connues sous le nom de *Sociétés de résistance.*

C'est pourquoi, parmi les vœux que la Commission ouvrière, constituée après l'Exposition de 1867, soumettait au ministre de l'agriculture et du commerce, dans une audience qu'il donna à ses délégués le 19 janvier 1868, on voit figurer en première ligne celui de pouvoir organiser des Chambres syndicales d'ouvriers dans toutes les professions, comme moyen d'éviter les grèves; elle émit aussi le vœu de faire représenter les ouvriers, par des arbitres pris dans leur sein, dans tous les cas de litige (1). Le premier de ces vœux n'a pas été stérile, ainsi qu'on a pu le voir par le document cité en note supra p. 546. Un rapport du ministre approuvé par le chef de l'Etat, en même temps qu'il reconnaît l'existence des Chambres de patrons, autorise, par mesure d'équité, l'organisation des Chambres syndicales d'ouvriers, mais en les maintenant, l'une et l'autre, sous la dépendance arbitraire de l'autorité administrative.

La guerre néfaste de 1870-71 paralysa le mouvement encouragé par cet acte du gouvernement. Il ne fut repris qu'en 1872, mais avec moins d'ardeur peut-être, et, en tous cas, sur des bases plus modestes. Il est vrai de dire que, sous l'impression des sinistres événements qui ont marqué le passage de la Commune de Paris et de l'effroi qu'inspirait l'*Internationale,* cette fameuse société ouvrière qu'il venait de proscrire, le gouvernement mit toutes sortes d'entraves à l'organisation des Chambres d'ouvriers. Cette suspicion n'était pas très justifiée, car il résulte d'une déposition faite par M. Dewinck, président de la Commission d'encouragement aux études des ouvriers délégués à l'Exposition de 1867, que, sur les 400 ouvriers délégués, 14 seulement ont été compromis dans l'insurrection du 18 mars. (Enquête sur les associations syndicales par la Société d'économie charitable, en 1874, p. 88). Peu à peu cependant, l'autorité se relâcha de ses rigueurs, et aujourd'hui les Chambres ouvrières jouissent d'une tolérance aussi grande que celle accordée aux Chambres des patrons; elles ont même pu se fédéraliser en 2 groupes : ainsi, au 1ᵉʳ janvier 1881, on comptait environ 45 Chambres groupées sous le nom d'*Union fédérative* et à peu près 40 sous celui d'*Union des Chambres syndicales ouvrières de France.* Ce dernier groupe passe pour celui qui s'occupe le plus sérieusement des questions professionnelles, l'autre se préoccupe davantage des questions sociales, et on lui reproche de trop s'abandonner à l'impulsion de meneurs politiques du parti révolutionnaire. Chacun de ces deux groupes peuvent représenter 15 à 1600 adhérents environ. Le nombre total des Chambres syndicales ouvrières connues à Paris ne s'élève pas à moins de 193. Beaucoup d'elles n'auraient pas reconnu l'utilité de se fédéraliser, puisqu'elles sont restées en dehors des deux seuls groupes existants.

(1) *Recueil des procès-verbaux de la Commission ouvrière de 1867.* 2ᵉ volume, p. 151 et 177.

Chaque Chambre syndicale a des statuts qui ont dû être soumis à l'autorité administrative. Le but qu'on y trouve défini est généralement exprimé dans les termes suivants :

« 1° Créer un lien de solidarité entre tous les « membres, afin de résister à l'abaissement des « salaires et d'élever le niveau de la moralité, en « assurant à chacun d'eux le moyen de faire res- « pecter sa dignité;

« 2° Protéger les intérêts généraux de la cor- « poration et ceux particuliers des adhérents, « tant au point de vue moral qu'au point de vue « matériel. »

Contrairement aux Chambres syndicales de patrons, les Chambres syndicales ouvrières n'ont d'autre fonctionnaire qu'un secrétaire, entouré d'un conseil de 15 à 20 membres, auxquels sont confiées l'administration et la représentation de la Chambre. L'organisation de chacun des deux groupes est la même. En général, le secrétaire reçoit une indemnité.

Dans le programme présenté en 1868 au ministre de l'agriculture et du commerce, les Chambres syndicales projetées devaient avoir pour objet : l'organisation d'assurances contre le chômage, la maladie, les infirmités, la vieillesse, la surveillance des contrats d'apprentissage, la création de sociétés coopératives de production et autres, la garantie de la jouissance des brevets obtenus par des ouvriers, l'organisation de l'enseignement professionnel et mutuel, etc. Mais lorsque l'on passa à l'application, on reconnut l'impossibilité d'embrasser un programme aussi large, et l'on se contenta de le condenser dans les termes généraux qui précèdent. Dans quelques corporations, on tenta cependant de répondre à certains de ces *desiderata* dans la mesure du possible, soit par la fondation de caisses de secours mutuels, soit en imposant à la Chambre de faire, pour les adhérents, le service d'un bureau de placement.

Il existe aussi des Chambres syndicales ouvrières dans les départements, à Bordeaux, au Havre, à Lyon, à Marseille notamment. Il est probable qu'elles sont organisées à peu près de la même façon que celles de Paris. Presque toutes ces Chambres, celles de Paris et celles des départements, ont entre elles une correspondance plus ou moins active. Leurs relations et leur entente se sont d'ailleurs ouvertement manifestées aux divers congrès ouvriers qui, depuis quelques années, se tiennent, en France, périodiquement.

3° Les Syndicats mixtes. Ce sont des groupes professionnels qui sont ouverts aux ouvriers et aux patrons sur un pied de parfaite égalité. On ne compte à Paris que trois professions où il en ait été formé : les graveurs, les peintres fileurs décorateurs et les tailleurs sur acier. Il en existe également trois dans les départements, une à Besançon et une à Dijon, pour les entrepreneurs de bâtiment, puis une à Lyon pour les perruquiers-coiffeurs.

Dans les professions où cette fusion a paru

impraticable, on a tenté d'y suppléer par une alliance de la *Chambre de patrons* avec la *Chambre ouvrière*, au moyen de l'établissement d'un *Conseil syndical mixte* composé de. délégués en nombre égal de l'une et l'autre Chambre. Mais cette idée n'a pas encore fait un chemin rapide; car on ne connaît qu'une seule branche d'industrie qui ait fondé un en 1874, et l'ait maintenu en fonction jusqu'à ce jour, c'est celle de la papeterie de Paris.

Ce *Conseil* est formé de cinq membres du deuxième comité de la Chambre syndicale du papier et des industries qui le transforment, et de cinq membres de la Chambre syndicale des ouvriers papetiers et régleurs. Il a pour mission : 1° de s'occuper de toutes les questions qui peuvent donner matière à conflits entre la collectivité des patrons et celle des ouvriers, et, par conséquent, d'éviter les grèves; 2° et d'intervenir, *comme amiable compositeur,* dans tout désaccord entre un ouvrier et un patron, pour cause de salaire ou de malfaçon. Dans cette dernière partie de ses attributions, ce Conseil complète heureusement l'institution des prud'hommes, tant en inspirant à l'ouvrier l'esprit de conciliation, qu'en économisant son temps et son argent, puisque son intervention est entièrement gratuite, et que ses séances ont lieu quand la journée de travail est close.

Il serait à désirer qu'il fût possible de généraliser les Syndicats mixtes; mais, en l'état actuel des mœurs, l'entreprise n'est guère praticable : tandis qu'il ne faudrait qu'un peu d'efforts et de bon vouloir dans la plupart des branches d'industrie pour constituer des Conseils syndicaux mixtes. Il ne s'agit que d'organiser, entre des délégués ouvriers et des délégués patrons pris au sein de chaque Chambre syndicale, des réunions périodiques, dans lesquelles seraient examinés et réglés les conflits d'intérêts entre patrons et ouvriers. Ne serait-ce pas le meilleur moyen d'arriver à résoudre les questions que soulèvent les rapports du capital et du salaire? Car, comme l'a dit M. V. Duruy, c'est bien là chose à discuter entre patrons et ouvriers, et pour laquelle l'intervention de l'Etat est non seulement impuissante, mais dangereuse (1).

CHAMBRES SYNDICALES EN DEHORS DE FRANCE. On ne connaît que la Belgique qui ait emprunté à la France l'organisation des Chambres syndicales. En 1875, le gouvernement belge supprima les Chambres de commerce qui existaient en ce pays depuis le commencement du siècle, dans les mêmes conditions que celles qui fonctionnent en France. Ce fut alors que les commerçants de Bruxelles, pour suppléer au défaut de ces corps officiels, s'inspirèrent des statuts de l'*Union nationale du commerce et de l'industrie*, et du *Comité central des Chambres syndicales de Paris,* pour fonder sur de semblables bases l'*Union syndicale de Bruxelles.* Cette nouvelle institution n'a pas tardé à rendre les services qu'on en espérait, et elle a pris, en ces quelques années, une

importance et une situation telles qu'elle n'a rien à envier à ses aînées de France. Jusqu'ici, on ne voit pas que les ouvriers belges aient songé, de leur côté, à constituer des Chambres syndicales. Le régime syndical ne s'est cependant pas exclusivement cantonné en France et en Belgique. Depuis un quart de siècle au moins, il s'est établi en Angleterre, et, un peu plus tard, s'est introduit au Canada. Il est vrai qu'il ne s'est pas fait connaître sous le nom de Chambres syndicales; mais le nom importe peu dès que l'organisation est la même.

Ainsi, dans ces deux pays il existe des *Chambres de commerce* dont l'objet est absolument pareil à celui des Chambres syndicales de France et de Belgique et qui, comme ces dernières, sont dues à l'initiative privée des chefs d'établissements, sans aucune attache officielle; en outre, comme elles, ces diverses Chambres fonctionnent, en ces deux pays, chacune dans leur pleine indépendance, en vue des intérêts particuliers de leur circonscription, puis composent par leur réunion, une association dont le but est de s'assurer, pour les questions d'intérêt général, par l'unité de vues et d'action, les avantages qu'isolément elles ne sauraient obtenir. Cette association a été instituée en Angleterre, dès 1860, sous le titre : *Association of chambers of commerce of the united Kingdom,* et au Canada, en 1870, sous le nom de *Dominion Board of Trade* (1).

Les Chambres syndicales se sont constituées, en France, malgré les prescriptions prohibitives de la loi des 14-17 juin 1791 et de l'art. 291 du Code pénal; mais leur existence répondait si bien à un besoin impérieux, qu'elles ont surmonté toutes les difficultés d'une telle situation, et sont parvenues par leur persévérance et leur sagesse à s'imposer aux pouvoirs publics.

Certains, pour les sortir de cette position illégale, demandaient qu'elles fussent autorisées par une loi spéciale, et même élevées à l'état d'établissements d'utilité publique. Mais, les esprits les plus influents des Chambres syndicales de patrons, ont toujours refusé de prêter leur appui à une telle demande. « Nous ne voulons, disaient-ils, ni faveur, ni privilège, qu'on laisse à notre organisation, son caractère d'initiative privée; accepter une délégation de la puissance publique, si modeste qu'elle soit, c'est renier notre origine et compromettre notre indépendance, et, par suite, arrêter l'institution dans son développement. »

Dans les Chambres ouvrières, on ne pensait pas absolument de la même façon, et c'est à leurs sollicitations que le gouvernement a cédé, en présentant à la fin de 1880, un projet de loi qui, adopté avec de larges amendements, par la Chambre des députés, consacre, sous le nom de *Syndicats professionnels,* l'existence et le fonctionnement des Chambres syndicales de patrons et d'ouvriers. Si ce projet, qui attend encore le

(1) *Abrégé de l'histoire universelle.* V. Les syndicats professionnels Chambres de patrons], par J.-L. Havard, p. 138.

(1) V. le *Recueil des procès-verbaux du Comité central des Chambres syndicales,* vol. VI, 1875, p. 89 et 223. — *Revue pratique du commerce et de l'industrie,* t. I, 1876, p. 275 et 382.

sanction du Sénat, passe à l'état de loi, nous aurons à en faire connaître l'esprit et la portée au mot : Syndicats professionnels. — J. L. H.

CHAMBRÉ, ÉE. *T. de fond.* Se dit des vides provenant d'un défaut dans l'opération d'une fonte. || *T. de min.* Trou de mine terminé à sa partie inférieure par une grande cavité destinée à contenir la charge. || *T. d'ard.* Se dit des différentes profondeurs d'une carrière d'ardoise.

CHAMBRELAN ou **CHAMBRELAND.** *T. de mét.* Se disait autrefois d'un ouvrier en chambre. On a longtemps donné ce nom aux artisans qu'on nomme aujourd'hui *décorateurs de porcelaine.* C'était une profession spéciale qui, peu à peu, s'est modifiée de manière à se transformer en une véritable industrie.

CHAMBRER. *T. de sell.* Pratiquer dans une selle des vides qui doivent correspondre avec la blessure d'un cheval.

CHAMBRIÈRE. 1° *T. de charron.* Sorte de bâton vertical reposant sur le sol et servant à maintenir horizontalement le plancher d'une charrette quand elle est dételée ; la chambrière est mobile, elle est emmanchée à sa partie supérieure dans une douille ordinairement à œil pour l'articuler sous le plancher de la charrette, et maintenue à son autre extrémité au moyen d'une chaînette ou d'une courroie. || 2° *T. techn.* Espèce de chandelier en usage chez les charrons et autres ouvriers. || 3° Appareil destiné à soutenir l'extrémité d'une longue pièce de fer dont l'autre extrémité est soumise à l'action du feu de la forge ou engagée dans les mâchoires d'un étau. || 4° Outil de forgeron pour manier le fer dans le feu. || 5° Chez le tréfileur, bâton fixé près de l'établi.

* CHAMEAU. 1° *T. de mar.* Double ponton qu'on place de chaque côté d'un bâtiment pour le soulever et lui faire franchir des passages où l'eau est peu profonde. La forme des chameaux doit être telle que chacun d'eux puisse adhérer assez exactement par un de ses côtés aux flancs du bâtiment qu'on veut soulever. Après avoir été remplis d'eau, ils sont réunis par de gros câbles fortement raidis qui passent sous la quille du bâtiment de manière à ne plus former qu'un seul système flottant ; on pompe ensuite l'eau et peu à peu les chameaux en se relevant soulèvent le bâtiment qu'ils embrassent. Quand on veut que l'effet soit moindre, on se sert de chapelets faits avec des barriques. || 2° *T. de tiss.* Dans le département de la Somme, on appelle *chameau* l'ensemble de tous les fils de chaîne qui, sous le nom de *poils,* servent à faire la partie veloutée des *moquettes,* de la *panne,* du *velours d'Utrecht,* de la *pallas* et autres tissus à pompons. — V. Velours coupés *sur métier pendant l'opération du tissage.*

* CHAMOIS. *T. d'impr. sur ét.* On désigne sous ce nom la couleur jaune particulière rappelant la teinte de la peau du chamois. Cette couleur, pour être très solide, doit être faite par la précipitation d'une quantité déterminée d'oxyde fer-

rique sur le tissu. Si l'on emploie un bain trop concentré, on obtient d'autres nuances beaucoup plus intenses auxquelles on a donné le nom de *rouille, aventurine, abricot* ; un bain plus faible produit les couleurs dites *paille* ou *bis.* La nuance chamois s'obtient aussi, en fond, par le plaquage des tissus en un bain contenant des ocres délayés avec de l'eau, quelquefois avec de l'albumine si l'on désire une plus grande solidité. || 2° *T. de peaux.* On donne le nom de *peau de chamois* à certaines peaux travaillées et destinées à divers usages. — V. l'art. suivant.

* CHAMOISAGE. *T. techn.* Le chamoisage n'est pas un tannage à l'huile, comme on l'a dit souvent, c'est un simple *passage* de la peau. L'huile ne vient pas là, comme l'écorce dans la tannerie et les œufs dans la mégisserie, nourrir la peau et lui donner du corps ; l'huile, au contraire, doit pénétrer entièrement la peau et y séjourner de façon à entraîner avec elle, lorsqu'on en provoque l'expulsion, toutes les matières grasses ou gélatineuses qu'elle peut contenir pour ne plus lui laisser que le tissu assoupli et non pas tanné, mais simplement *passé.* On demande au cuir tanné de la force avec un peu d'élasticité ; du chamois proprement dit, on ne réclame qu'une résistance à peu près semblable à celle que pourrait fournir un tissu de laine moelleux. Ajoutons cependant que le chamois offre en plus une souplesse qui n'est pas exempte d'une certaine fermeté.

Ainsi que nous le disons à l'article Chamoiserie, les peaux de mouton et d'agneau forment la presque totalité de ce qui se fait en chamois ; le reste se compose de peaux de daim, de cerf, de chevreuil, de chamois, de renne, de chèvre, etc. Certains pays, l'Angleterre entre autres, chamoisent en grand la peau de chien pour gants.

En somme, toute peau peut être chamoisée et il n'est guère de peaux d'animaux domestiques et autres qui n'aient servi à cette industrie : l'âne et le cheval, l'élan et le loup, etc.

La chamoiserie n'emploie guère que de la peau fraîche que l'on soumet naturellement tout d'abord au *trempage.* Après un coup de fer toujours utile avant la *mise en chaux,* la peau est mise simplement dans des pelains qui commencent par un pelain *mort,* puis à un pelain *faible* succède un pelain *neuf* et enfin un pelain *vif,* c'est-à-dire n'ayant jamais servi. Ces quatre pelains forment ce que l'on appelle un train de *pelamage* ou *plamage.* De cette façon, la peau n'est point saisie par la causticité de la chaux, au contact de laquelle elle s'est peu à peu habituée. Ce travail des pelains varie de 6 à 10 jours, suivant la température ; on travaille toujours plus vite l'été que l'hiver.

La peau en laine réclame des soins particuliers, il faut d'abord enlever cette laine dont la valeur est plus importante que celle de la peau. On se sert pour cela de sulfhydrate de calcium ou d'orpin mélangé avec de la chaux : un d'orpin contre cinq de chaux, matières dangereuses à l'emploi et qu'on étale avec un gipon sur la chair de la peau; les ouvriers qui font ce travail étant obligés de replier ces peaux chair sur chair, se servent de doigtiers en caoutchouc pour échapper au danger de l'orpin et du sulfhydrate qui contiennent plus ou moins de matières arsenicales. Des procédés nouveaux sont aujourd'hui mis en pratique et ont la prétention de combattre les dangers des industries où l'on travaille la peau de mouton ce sont la *Psylose*, de M. Chesnay et l'*inoffensif* de MM. Moret et Mangin ; quand nous arriverons à la maroquinerie, ces produits d'invention récente auront dit leur dernier mot. Autrefois, on se servait de l'*échauffe*, on s'en sert encore aujourd'hui en Angleterre, mais on y a complètement renoncé en France.

La peau délainée ou épilée se nomme *cuirot*; dans certains pays on dit *cuiret*; c'est ainsi qu'elle est expédiée de nos mégisseries de Paris aux chamoiseurs de la province.

Après le plamage cité plus haut, on donne un coup de fer sur la chair de la peau pour enlever les mauvaises chairs qu'elle contient toujours, en plus ou moins grande quantité, et qui fournissent la colle dite *fausse-brochette* employée surtout dans la peinture et la dorure.

Si l'on ne continue pas le travail immédiatement, on remet ces peaux dans un pelain mort pour les *sauver*, c'est-à-dire pour ne pas les laisser se piquer, mais moins elles séjournent dans, ce pelain et mieux elles se comportent ensuite.

Les peaux, ainsi écharnées, sont mises dans de l'eau propre où on les laisse séjourner deux ou trois jours, suivant la température de l'eau; l'hiver on a le soin de dégourdir l'eau de façon à ce qu'elle ne gèle pas la peau.

Après ce séjour, il s'agit de vider les peaux de leur chaux, ce qui se fait soit au pilon à la main, soit aux foulons mécaniques. Le foulage s'opère dans de l'eau très propre et dure de un à trois jours, suivant que la température est plus ou moins chaude; on a toujours intérêt à employer de l'eau attiédie, si possible est, surtout dans le travail des peaux qui, comme celles-ci, n'exigent pas de fermeté; on obtient ainsi une économie de temps et de main-d'œuvre.

Vient ensuite le *travail de rivière* qui consiste à nettoyer à fond les peaux qui, malgré les opérations précédentes, ont encore en elles des matières qu'il importe de chasser, notamment la chaux, les matières calcaires et savonneuses. Pour cela, on donne une première façon avec un couteau rond, une queurce, qui pèse sur la fleur de la peau, que l'on étale bien de tête en queue, de haut en bas, de long en large et de large en long, de manière à ce que toutes les parties de la peau subissent la pression de ce couteau à deux manches. Une seconde façon a lieu du côté de la chair, mais avec un couteau tranchant qui permet de détacher les *longues chairs* que la peau peut porter encore. La troisième façon se donne du côté de la fleur avec le couteau rond qui doit être conduit délicatement, car, malgré sa rondeur, la lame pourrait effleurer une peau déjà ramollie. On laisse encore tremper les peaux de façon à les reposer, mais en les surveillant, car

un séjour prolongé, surtout l'été, pourrait leur nuire, les peaux se piqueraient. Une fois retirée de cette eau, on donne une façon nouvelle avec le couteau rond et sur la fleur; puis, on fait boire la peau dans de l'eau bien propre mais sans séjour, et avec le même couteau rond, on donne un dernier coup sur la chair; les peaux sont alors claires et purifiées de toutes matières hétérogènes.

La *mise en confit* va commencer l'opération du *passage*, ou plutôt la préparer. On s'est longtemps servi des excréments de chien qui sont aujourd'hui rendus à l'engrais ; on n'emploie plus que des bains d'eau aigrie par du son de froment, dont on a, par un lavage préalable. fait précipiter les mauvaises parties. Le son de bonne qualité remontant immédiatement à la surface du bain, on le recueille avec soin et à mesure que l'on met les peaux dans des cuves, où l'on a eu le soin de verser de l'eau, on jette ce son par poignées sur chaque peau de manière à ce qu'il s'attache à sa chair. Quand la cuve est remplie de façon à ce que les peaux puissent être agitées dans le liquide qui doit toujours les recouvrir, on remue ces dernières pendant une dizaine de minutes, puis on ferme les cuves le plus hermétiquement possible et la fermentation se produit promptement.

La mise en confit dure de 24 à 48 heures en été et de 3 à 4 jours dans les plus grands froids. On fait bien l'hiver de maintenir l'eau à 20 degrés. Le confit doit être brassé de deux à trois fois par jour et plus souvent même en temps orageux.

Nous allons maintenant passer aux opérations proprement dites de la chamoiserie.

TORDAGE. Cette opération a pour but de débarrasser les peaux de l'eau qu'elles renferment. On se sert d'un outil que l'on nomme *tordoir* ou *bille*; dans les usines de certaine importance où, au lieu de tordre 5 à 6 peaux, on veut agir sur 5 à 600 à la fois, on met les peaux dans une espèce de grand tonneau en fonte percée de trous et par une pression hydraulique, on les débarrasse promptement de la presque totalité de l'eau qu'elles contiennent.

On passait autrefois du *tordage* à l'*effleurage*, aujourd'hui cette façon n'a plus de raison d'être, car on perdrait alors la fleur qui a une valeur sérieuse, puisque, après le sciage et tannée au sumac, elle se vend un prix relativement élevé.

MISE EN HUILE. Il n'y a pas à s'inquiéter de savoir s'il faut donner l'huile sur la chair ou sur la fleur, puisque cette dernière est enlevée tout d'abord pour faire toutes sortes d'articles dits *de Paris* et notamment les bourses à bon marché dont l'emploi va toujours grandissant.

Le choix de l'huile n'est pas sans intérêt; les chamoiseurs se sont généralement mis d'accord sur l'emploi de l'huile de morue au début, car elle est plus chaude, plus pénétrante que l'huile de baleine. Donc, pendant l'opération du foulage, les trois premiers jours les peaux sont mises au foulon ayant reçu de l'huile de morue, et ce n'est qu'à partir du quatrième jour qu'on emploie l'huile de baleine.

Le chamoisage ayant deux buts : produire de la peau chamoisée et cette matière grasse nommée *dégras* qui donne lieu à un commerce considérable, l'emploi exclusif de ces deux huiles est le plus propre à la production d'un bon dégras. Or, le bon dégras est en quelque sorte l'âme de la bonne corroierie, c'est lui qui donne à la peau pour empeigne cette souplesse et cette durée tant recherchées par le fabricant. — V. Dé-GRAS.

Les huiles provenant de graines oléagineuses donnent un dégras inférieur qui nuit à la peau, rendent son travail plus pénible et ne lui donnent pas tout le moelleux désirable. On a renoncé aux huiles de sardine, qui sont plus actives encore que l'huile de morue, mais qui donnent un dégras moins corsé lequel, au travail de corroierie, rend, comme l'huile de graines d'ailleurs, l'action du dégraissage des peaux plus lente et plus difficile. L'important est donc de ne se servir que d'huile de morue et de baleine, et encore les plus pures qu'il soit possible de trouver.

Le dégras n'étant ici qu'un incident, revenons à notre *mise en huile* qui s'opère dans l'espace d'un mois environ. L'huile se donne par *foulée*, c'est-à-dire qu'on étend les peaux sur une table, que l'on jette de l'huile dessus avec la main et qu'on l'étale sur chaque peau et que, lorsqu'il y a quatre ou cinq peaux ainsi placées l'une sur l'autre, on les replie en quatre, ce qui forme une sorte de pelote; puis on les passe sous les maillets des foulons et pendant la première quinzaine, suivant la température, on les foule pendant une heure ou deux : une heure l'été, deux heures l'hiver. La seconde quinzaine, on les remet au foulon 2 à 3 fois seulement, à intervalles à peu près égaux.

Pour ce foulage, on se sert d'un outil dû à M. Lambert. C'était d'abord une caisse en bois contenant les peaux et sur lesquelles venaient frapper horizontalement des maillets en bois dur; les peaux baignaient dans l'huile et chaque foulage aidait l'huile à pénétrer dans les peaux, que les dents des maillets ouvraient de façon à ce que la pénétration de l'huile soit facilement opérée. Aujourd'hui, le même ingénieur fait la caisse en fonte, et les maillets sont également munis de dents en fonte. L'emploi de la fonte ne présente aucun inconvénient et l'on a l'avantage d'avoir une plus grande solidité, moins d'usure et de n'avoir aucune perte d'huile, comme il arrive infailliblement avec les foulons en bois. En dehors du système de caisses et de maillets en fonte, l'ensemble de la nouvelle machine présente les avantages suivants: elle ne nécessite aucune fondation spéciale comme les anciens foulons à marteaux; il suffit de poser la machine sur quatre petits dés en pierre. Les maillets sont mis en mouvement par un arbre à deux coudes et deux bielles à articulation, de manière à obtenir un double mouvement de va-et-vient alternatif. Les maillets sont, en outre, guidés par trois leviers-guides articulés, dont un en dessous et deux en haut et sur les côtés. Le tout constitue un ensemble fort léger comme

marche ; et si l'action du coup de maillet est moins violente qu'avec le maillet, frappant par son poids, actionné par une came, suivant l'effet du marteau, on peut d'un autre côté, marcher à une vitesse triple, et obtenir ainsi une production aussi grande sans craindre la moindre déchirure.

VENTS. Cette partie de la fabrication est très délicate; on doit donner du vent à la peau et cela par quatre à cinq fois dans toute l'opération du foulage. On étend les peaux sur des cordes à hauteur d'appui ordinaire et bien exposées à l'air afin qu'à son action, l'eau qui a pu rester dans les peaux s'évapore et laisse l'huile prendre peu à peu la place qu'occupait l'eau disparue. On conçoit combien il est nécessaire de suivre attentivement l'action de l'air sur ces peaux que l'on remue et change de côté suivant que l'action de l'air agit. Le vent que l'on donne à la peau varie depuis une demi-heure jusqu'à deux heures. Un quart d'heure peut quelquefois suffire mais c'est là une exception. Il importe de ne pas laisser la peau à une action trop prolongée de l'air, sinon les peaux seraient ce que l'on appelle *prises de vent*, c'est-à-dire *vitrées*, expression très juste, puisqu'à l'endroit où l'huile a été enlevée par l'air, il se forme une partie claire et solide qu'aucun travail ne pourra faire revenir. Ce sont les premiers vents qui demandent le plus de soins, car moins la peau est nourrie et, naturellement, plus elle est susceptible.

Suivant la force des peaux, il faudra plus ou moins de foulage et de vents ; ce n'est que la pratique qui peut donner une juste appréciation de ce que nous expliquons ici théoriquement.

Aussitôt le foulage terminé et les vents réunis, on accroche les peaux dans une étuve chauffée de 25 à 30 degrés au plus, afin de compléter le passage de l'huile ou plutôt d'en amener la pénétration parfaite, de former enfin entre l'huile et toutes les parties constitutives de la peau un mélange d'une intimité telle que, lorsqu'on enlèvera l'huile, on entraînera avec elle tout ce qui, sauf les réseaux fibreux, formait en quelque sorte la nourriture animale de la peau.

DÉGRAISSAGE. On doit ensuite *dégraisser* les peaux, c'est-à-dire en extraire le dégras qu'elles contiennent :

Première opération. Dans les fabriques outillées mécaniquement, on a une grande cuve en fonte que l'on emplit à moitié d'eau chauffée environ à 45 degrés. On remplit le tout de peaux étalées l'une sur l'autre, et à l'aide d'une presse hydraulique, on en fait sortir comme d'un pressoir le premier dégras, appelé *moellon*; le peu d'eau qui reste dans ce moellon s'en sépare au repos,

Deuxième opération. On prépare une lessive à la potasse ou à la soude (7 kilogrammes à 7 kil. 500 de potasse et de 8 à 9 kilogrammes de soude pour le traitement de 25 douzaines de peaux de mouton)..

On laisse ces peaux quelques heures dans cette lessive maintenue à 45 degrés environ; puis après un foulage à la main d'environ deux heures, on sort les peaux des cuves que l'on soumet à la torsion à l'aide de la bille en fer par quatre ou cinq peaux à la fois; le second dégras qu'elles contiennent tombe dans la lessive. Le tordage fini, on précipite les corps gras contenus dans ces cuves au moyen de l'acide sulfurique; on laisse ensuite s'échapper l'eau et l'on purifie enfin ce second dégras de l'acide dont on vient de se servir.

ÉTENDAGE. Après le dégraissage vient l'*étendage*, c'est le *séchage* que l'on devrait dire puisque l'on n'étend ainsi les peaux que pour les sécher.

Comme il faut avant tout éviter de tacher les peaux qui sont très susceptibles, il faut, si l'on se sert de cordes, les tenir dans un état constant de propreté et, si l'on se sert de perches, n'employer que des perches en bois blanc. Après avoir secoué fortement les peaux, on les plie en deux, de tête en queue, fleur contre fleur et, par une légère tension, on leur donne toute l'étendue qu'elles sont en état de recevoir; puis on les repose, avec *légèreté*, sur les cordes ou les perches, pour éviter que cordes et perches marquent les peaux qu'elles reçoivent, ce qui serait dangereux surtout pour celles destinées à la teinture.

L'été, le séchage généralement ne dure que 24 heures; l'hiver, il faut jusqu'à 15 même 20 jours; l'étuve alors donne une économie de temps qui compense largement la dépense du calorique, mais il faut avoir le soin de distribuer la chaleur le plus également possible dans toute la pièce.

PALISSONNAGE. Ce travail consiste à ouvrir la peau, à la délivrer de toutes les parties restées rigides soit sur les bords, soit même dans la largeur de la peau où il y a quelques petites croûtes qui ont pu se former. La première opération s'appelle *déborder*, la seconde *décroûter*. Un fer large de 30 à 32 centimètres, de forme convexe et dont le tranchant est arrondi, est fixé dans une planche et posée comme elle verticalement dans une masse de bois quelconque, de façon à ce que l'ouvrier puisse passer la peau dans tous les sens sur cette lame de fer et la débarrasser ainsi de tout ce qui nuit à sa souplesse. En même temps, par cette façon la peau s'élargit d'un tiers environ dans le sens de la largeur, sans augmenter sensiblement dans la longueur.

Pour rendre plus facile ce travail si pénible, il est nécessaire que les peaux soient ramollies. On les trempe dans de l'eau claire, environ cinq minutes, puis on les met en pile de façon à ce que toutes s'imprègnent d'une certaine humidité, *dont la pratique peut seule faire apprécier le degré*.

PARAGE. Les peaux amenées par le palissonnage à toute l'étendue et la souplesse possibles, il s'agit de les parer, c'est-à-dire de leur donner une façon qui les débarrasse complètement de toutes parties inutiles à la peau. Pour cela, l'ouvrier tend la peau à un *paroir*, outil en bois composé d'une bille de bois maintenue entre deux montants verticaux. Accrochée dans sa largeur par des crochets en bois ou de toute autre manière, l'ouvrier, qui a une pince volante attachée après lui à la hauteur des cuisses et à l'aide de

laquelle il peut produire une tension sur la peau, est, en outre, armé d'un couteau spécial nommé *lunette*.

Cette lunette est un couteau rond de 30 à 35 centimètres de diamètre, en forme de sebile, dont le fond serait ouvert au milieu, de façon à ce que les mains puissent faire manœuvrer le couteau. La partie convexe permet à l'ouvrier, en s'appuyant sur la peau déjà tendue, de passer légèrement la lame aux endroits qui ont besoin d'être égalisés. Ensuite, un mouvement de haut en bas termine l'opération. Lorsque la fleur n'a pas été enlevée, ce qui est très rare aujourd'hui, cette façon ne se fait que du côté de la chair.

REDRESSAGE. C'est la dernière façon donnée à la peau. Au cas où quelques plis se formeraient encore malgré toutes ces façons, on les repasse à nouveau sur le palisson, puis on fait le triage et l'empaquetage à la douzaine.

On teint le chamois pour la sellerie, la gaînerie et les bourses en nuances diverses; les teintes les plus employées sont le gris, l'amadou et le jaune d'œuf. Du reste, le chamois est apte à recevoir toutes les couleurs.

Dans la ganterie, article dont la fabrication n'est, pour ainsi dire, limitée que par la quantité de peaux propices à sa fabrication et que le mouton fournit si largement, il est un article supérieur connu dans le commerce sous le nom de *peau de castor*. Ce castor n'est autre chose que de l'agneau effleuré à la main, c'est-à-dire qu'au lieu d'enlever la fleur du mouton, à l'aide de la scie mécanique, on enlève cette fleur à la main, ce qui exige une délicatesse d'exécution qui fait très apprécier les bons ouvriers chargés de cette spécialité. L'effleurage à la main, qu'on appelle aussi le *remaillage*, a l'avantage sur celui de la scie de ne laisser aucune trace, tandis que la scie, si bonne qu'elle soit, marque toujours plus ou moins légèrement son passage sur la peau.

FABRICATION DU BUFFLE.

On donne le nom de *buffle* à un gros cuir chamoisé, très employé autrefois dans l'équipement français, et dont l'usage est encore très répandu à l'étranger, notamment en Italie. Ce cuir n'est pas fait aujourd'hui, comme il l'a été au début de sa fabrication, avec la peau du buffle qui nous venait de la côte occidentale d'Afrique et qui fut longtemps connue en France sous le nom de *guinée*, du lieu de sa production; aujourd'hui, le buffle est entièrement fabriqué avec des grosses peaux provenant de Buenos-Ayres et de Monte-Vidéo : bœufs et vaches élevés librement dans les pampas de l'Amérique du Sud.

Le buffle se chamoise à peu près comme la petite peau, mais au lieu de souplesse on lui demande de la fermeté, et s'il ne sert plus à faire de ces cuirasses presque impénétrables dont se servaient les reîtres du XVIe siècle, s'il a perdu beaucoup de son emploi pour les buffleteries de l'armée et de la gendarmerie française, il a trouvé des emplois divers et sa fabrication, au lieu d'avoir diminué, a, au contraire, sensiblement augmenté. Des industries nombreuses en font aujourd'hui un usage constant et par des quantités relativement considérables. Les fabriques de MM. Poullain frères et Salleix-Labeige produisent annuellement en moyenne de 80 à 100,000 frottoirs pour filatures de laine et de soies peignées, et garnissages de rouleaux et bobinoirs.

On utilise les têtes de la peau de buffle pour le polissage des métaux, de la corne, de l'écaille et diverses matières qui ont besoin d'être polies. Avec les débris de buffle on fait des milliers de planches à couteaux dont l'emploi est si répandu. Mais une spécialité qui en emploie aussi largement que les frottoirs, si ce n'est plus, c'est la

semelle dont il ne se fabrique pas moins de 70 à 80,000 douzaines de paires par an, soit pour les chaussons de lisière, soit pour ceux dits de Strasbourg. Le buffle est même employé pour la chaussure dite *retournée*, c'est-à-dire une chaussure supérieure comme qualité au chausson ordinaire. Le *Moniteur de la cordonnerie* annonce même, dans un numéro de janvier 1882, que l'on commence à en faire des *sous-bouts* pour les talons de chaussures de luxe : ce cuir offrant les avantages de n'être point glissant et d'être presque inusable.

En effet, le cuir de buffle est d'un usage tel

Fig. 487. — *Butteuse*

qu'on peut lui donner cette qualité d'inusable, il ne s'émousse guère au frottement et ce serait un cuir parfait s'il n'était accessible à l'action de l'eau. Pour l'appartement et même dans la rue par le temps sec, rien n'est plus doux au pied ni plus solide. Enfin nos arsenaux en emploient beaucoup en bandes et en rondelles pour les garnitures intérieures des caissons de munitions pour canons de campagne.

Nous n'avons pas à nous étendre beaucoup sur sa fabrication qui a beaucoup d'analogie avec celle du chamois.

Le *reverdissage* des peaux toujours sèches s'opère par une trempe qui varie suivant la température, de quinze à vingt jours. Cette opération se nomme *plamage*. On ne purge pas ces peaux de chaux ainsi qu'on le fait dans le chamoisage ; l'action de la chaleur se combinant avec l'huile au foulage, est utile à la préparation de cette

sorte de cuir. Les maillets qui doivent opérer le foulage frappent verticalement et non horizontalement comme pour le chamois. Les peaux sont mises en piles dans une espèce d'auge, et une première huile se donne généralement avec de l'huile de morue très pure, puis après on ne se sert plus que d'huile de baleine également très pure. Il faut au moins cinq à six huiles et autant de foulages qui ne durent pas moins de cinq à six heures chacun. Chaque foulage demande deux vents et le tout s'opère dans l'espace d'environ trois semaines. On dégraisse les buffles, comme les moutons, mais comme on ne peut, avec d'aussi grosses peaux, se servir de tordoir, l'opération du dégraissage se fait à la presse.

Lorsque les peaux ont donné tout le dégras qu'elles contiennent, et qu'on a enlevé les chairs, grâce à l'*estrek* qui remplace le *palisson*, et que l'on a passé le fer avec vigueur sur toutes les peaux, on les *cadre* sur des châssis afin de faire disparaître les plis et de sécher entièrement les cuirs.

Un travail très délicat est le *remaillage*, car ces peaux doivent être effleurées avec un soin tout particulier. Il faut en effet enlever la fleur de façon à laisser les veines à découvert, et donner à la peau un velouté qui constitue la beauté de ce cuir, lequel obtient ensuite sa blancheur naturelle, comme la toile, par l'action de l'air et du soleil.

On pratique aujourd'hui cet effleurage à l'aide d'une *étire* adaptée à la machine très simple et très commode de MM. Carpentier frères. Nous en donnons le dessin figure 487.

On remplace aussi l'auge pour le foulage par une machine de M. H. Lambert indiquée plus haut, et qui offre des avantages incontestables sur l'ancien outillage. — CH. V.

* **CHAMOISER.** *T. techn.* Préparer les peaux à la façon de la peau de chamois. || Dans l'impression sur étoffes, c'est donner à un tissu la nuance dite *chamois*.

CHAMOISERIE. L'industrie qui a pour objet la transformation des peaux en une matière imputrescible forte ou légère, mais toujours souple ou moelleuse, est beaucoup plus importante qu'on ne le croit généralement. L'emploi de la peau du chamois, qui a donné son nom à ce travail particulier et celui de la peau du daim, bientôt employée de même, fut d'abord limité au vêtement civil et militaire, la culotte et le gilet notamment, et à la chirurgie pour les bandages de toutes sortes.

Aujourd'hui, à part le plastron et le gant du maître d'armes, le vêtement civil a rejeté complètement l'usage de cette peau, et si les gaîniers et les bandagistes l'emploient toujours, c'est en raison de sa douceur et de sa force relative justement appréciées.

Le chamois, qui habite les cimes escarpées de quelques montagnes, franchit en bondissant les précipices les plus dangereux; aussi pour le poursuivre et l'atteindre, les chasseurs s'exposent-ils à mille périls; cependant cet animal devient de plus en plus rare. Il en résulte que pour suffire aux besoins de l'industrie, ainsi qu'à ceux des usages domestiques, l'entretien de l'argenterie, de la carrosserie, de la sellerie, etc., il ne faut pas moins que la race si prolifique du mouton pour donner les quantités réclamées par la ganterie européenne. La sellerie, quoique venant après la ganterie, est aussi un élément sérieux de cette fabrication dont l'importance est très grande. M. Floquet, de Saint-Denis, ne fabrique pas moins de dix mille douzaines de peaux chamoisées par an, et la chamoiserie est la principale industrie de la ville de Niort, où la peau d'agneau pour gants est spécialement traitée et avec grand succès. Mais, ainsi que nous le disons plus haut, si l'on chamoise encore les peaux de toutes sortes, la peau de mouton entre au moins pour les quatre-vingt-quinze centièmes de la fabrication de la petite peau dite *chamois*. La grosse peau,

dite de *buffle*, dont nous avons étudié la fabrication à l'article CHAMOISAGE, se chamoise principalement dans la vallée de l'Eure.

Ce nom de *chamoiserie*, appliqué à l'art de préparer les peaux à la façon de la peau de chamois, s'emploie aussi pour désigner l'atelier où se fait le chamoisage. — CH. V.

CHAMOISEUR. *T. de mét.* Fabricant, ouvrier qui fait le chamoisage.

* **CHAMOISITE.** *T. de minér.* La chamoisite est un silico-aluminate d'oxyde ferrique hydraté; elle se trouve en masses d'un brun foncé ou d'un gris verdâtre, ayant une forte teinte bleuâtre; avant d'avoir été exposée au contact de l'air, elle a une nuance verte assez prononcée; elle est oolithique. Elle est attirable à l'aimant; sa densité = 3,4, sa dureté = 3; elle est à demi-fusible au chalumeau et donne à la flamme réductrice un globule attirable à l'aimant; elle est soluble dans les acides.

La chamoisite est exploitée dans la vallée de Chamoison (Valais), près d'Ardon, dans la *craie inférieure* (grès vert), où elle forme un minerai d'un gris verdâtre. A Sainte-Brigitte, dans le Morbihan, et au Pas-de-Moncontour, près Saint-Quentin, elle forme dans le terrain primaire une couche de minerai de deux mètres de puissance exploitée pour les forges du Pas. Dans la vallée de la Moselle, à Hayange, près de Thionville, elle forme un minerai bleu-verdâtre, associé au minerai oolithique. On y exploite une couche horizontale qui a 3 à 4 mètres de puissance et qui fournit trois sortes de minerais, savoir : 1° minerai brun, qui est un peroxyde de fer hydraté en grains; 2° minerai bleu, contenant de la chamoisite, du calcaire et de la sidérose (chamoisite 48,50, sidérose 40,30, calcaire 11); 3° minerai gris, mélange du minerai brun et du minerai bleu.

* **CHAMOND** (SAINT-). — V. SAINT-CHAMOND.

I. **CHAMP.** 1° *T. de constr.* Côté étroit d'une pièce de bois équarrie, d'une pierre de taille, d'une brique, dans le sens de la longueur. || Dans la construction, on *pose de champ* les poutres et poutrelles en fer, les briques, les pierres, etc., parce que la résistance est beaucoup plus considérable, s'exerçant alors dans le sens de la plus forte épaisseur et variant proportionnellement au carré de cette épaisseur. || *T. de charp. et de men.* —V. ASSEMBLAGE. || 2° *T. de mécan.* Roue de champ. Roue dont les dents sont perpendiculaires au plan de rotation. || 3° *T. d'art.* Toile ou cuivre d'attente où l'artiste n'a encore rien tracé. || 4° *T. d'arch.* Le fond d'un ornement, d'un compartiment. || 5° *T. de tabl.* Dans un peigne, espace uni entre deux rangées de dents. || 6° *Art héral d.* Fond de l'écu qui reçoit les diverses pièces ou meubles dont se composent les armoiries.

II. * **CHAMP DE FORCE, CHAMP ÉLECTRIQUE, CHAMP MAGNÉTIQUE.** On appelle *champ de force* la portion de l'espace dans laquelle se fait sentir l'action d'une force que l'on considère. La présence d'une masse pondérable, d'un corps électrisé ou d'un aimant modifie l'espace environnant, puisque une autre masse pondérable, un autre corps électrisé, un autre aimant que l'on apporte dans cet espace subit une attraction ou une répulsion. De là les expressions de *champ de gravitation* ou *de la pesanteur*, *champ électrique*, *champ magnétique*, pour indiquer une certaine portion de l'espace considérée exclusivement, soit au point de vue de l'action qu'y exerce la pesanteur, soit au point de vue de ses propriétés électriques ou magnétiques. On fait alors abstraction de la cause qui donne naissance au champ et on considère les effets comme produits par le champ lui-même. Cette manière d'envisager les phénomènes donne à leur étude une plus grande généralité, car on peut par des causes différentes placer dans des conditions analogues un espace déterminé. Ainsi, on peut obtenir un champ magnétique, sans la présence d'un aimant, par le passage d'un courant électrique dans le voisinage. Un corps conducteur à l'état neutre placé dans un champ électrique, c'est-à-dire dans l'espace où un corps électrisé produit son influence, s'électrise par induction et subit une attraction. Un corps électrisé placé dans ce champ subit une attraction ou une répulsion.

De même un aimant ou un morceau de fer doux placé dans le champ magnétique produit par un aimant ou un courant est influencé par le magnétisme de ce champ.

Un champ de force est en général un espace indéfini ; mais, dans la pratique, il suffit d'étudier les régions peu éloignées du corps ou du système de corps dont on étudie les effets. Dans certains cas, le champ est réellement limité : ainsi, quand on fait des expériences d'électricité dans l'intérieur d'une salle fermée conductrice et communiquant avec la terre, aucune action n'est sensible au-dehors et le champ est limité par les parois de la salle. Pour étudier le champ de force résultant de la présence d'un certain agent (masse pondérable, électricité, magnétisme), on suppose placée aux divers points du champ une quantité du même agent égale à l'unité, et on détermine l'intensité et la direction de la force que le champ exerce sur cette unité d'agent. Cette intensité est ce qu'on appelle l'*intensité du champ* en ce point.

On a une représentation géométrique d'un champ de force, soit par les *surfaces de niveau* ou *surfaces équipotentielles*, soit par les *lignes de force*. Les surfaces de niveau sont des surfaces perpendiculaires en chacun de leurs points à la direction de la force en ces points. On les appelle ainsi parce qu'elles jouent relativement à la force considérée le même rôle que la surface d'un liquide en équilibre relativement à la pesanteur. Une ligne de force est une ligne telle que la tangente en chacun de ses points donne la direction de la force en ces points. Cette ligne est évidemment en chaque point normale à la surface de niveau qui passe par ce point : ce qu'on exprime en disant que les lignes de force sont les trajectoires orthogonales des surfaces de niveau.

Le champ de force le plus simple est celui qui est tel que la force exercée sur l'unité d'agent en chacun de ses points est constante en grandeur et en direction ; c'est ce qu'on appelle un *champ uniforme*. Les surfaces de niveau sont alors des plans parallèles et les lignes de force sont des droites parallèles. On a des exemples d'un champ uniforme dans l'action de la pesanteur et dans celle du magnétisme terrestre en un lieu donné. En effet, dans un espace restreint, comme celui d'une salle d'expériences, la pesanteur peut être considérée comme une force constante ; les surfaces de niveau sont des plans horizontaux et les lignes de force sont des verticales. Si g est l'intensité de la pesanteur dans ce lieu, m une masse pondérable placée en un point, la résultante des actions que la pesanteur exerce sur cette masse, ou son poids P, est donnée par $P = mg$.

De même, dans une salle, l'intensité du magnétisme terrestre est sensiblement constante, et sa direction donnée par l'aiguille d'inclinaison est sensiblement la même aux divers points.

Au lieu de considérer le champ produit par la force totale du magnétisme terrestre, on peut considérer le champ produit par l'une de ses composantes, la composante horizontale ou la composante verticale. De là les expressions de champ horizontal et de champ vertical du magnétisme terrestre. H étant, par exemple, l'intensité horizontale du magnétisme terrestre en un point, la force F qui agit sur un pôle d'aimant renfermant une quantité m de magnétisme sera $F = mH$.

Un autre cas simple est celui d'un champ produit par un agent concentré en un point, un pôle d'aimant, par exemple. Pour les agents naturels, la force qui s'exerce entre deux quantités du même agent en présence est proportionnelle à ces quantités et en raison inverse du carré de la distance qui les sépare. Si f est l'action de la quantité d'agent, qui donne naissance au champ, sur l'unité du même agent à l'unité de distance, la force F qu'exerce le champ sur une quantité m à la distance r du centre d'action est $F = f\frac{m}{r^2}$.

Les surfaces de niveau sont des sphères concentriques, et les lignes de force sont des droites rayonnant du centre.

La considération des surfaces de niveau ou équipotentielles et des lignes de force est souvent employée dans l'étude des champs de force produits par les corps électrisés, les aimants ou les courants.

La notion des surfaces équipotentielles dérive de celle du *potentiel* ou *fonction potentielle*, qui s'applique à toutes les forces suivant la loi de l'attraction universelle, ou loi de la nature. Cette fonction découverte par Laplace, a été employée dans l'étude de l'électricité et du magnétisme par Poisson, puis par Green, qui lui a donné son nom, ensuite par Gauss, Neumann, Kirchoff, Helmholtz, Clausius, W. Thomson, etc. C'est Faraday qui a introduit la considération des lignes de force et les expressions de champ électrique ou magnétique pour désigner l'espace à travers lequel un corps électrisé, un aimant ou un courant fait sentir son influence. Ces expressions ont passé aujourd'hui dans la pratique courante, notamment dans les traités anglais. — J. R.

III. * **CHAMP DU MICROSCOPE.** C'est l'espace circulaire dans lequel doit être compris un point extérieur pour que son image puisse être vue nettement par l'œil à l'oculaire. Le champ est limité par un cône ayant pour sommet le centre optique de l'objectif et pour base le contour de l'oculaire, ou plutôt du diaphragme qui arrête les rayons périphériques impropres à former une image nette.

On donne le nom de *verre de champ* ou *lentille collective*, à une lentille convergente que l'on dispose entre l'oculaire et l'objectif dans le but d'augmenter le champ.

Champ des lunettes astronomiques et terrestres. Il est analogue au précédent.— V. LUNETTE.

Champ de la lunette de Galilée. Il est limité approximativement par un cône qui a encore pour sommet le centre optique de l'objectif, mais dont la base est le contour de la pupille.

I. * **CHAMPAGNE.** *T. de teint.* La champagne est une sorte de *cadre* servant à divers usages dans la teinture, mais surtout dans la teinture en bleu d'indigo. Quand la champagne ne sert que pour le vaporisage, elle se compose d'un noyau central auquel sont fixées six ou huit branches formant rayon : chacune d'elle garnie de crochets métalliques qui sont placés de telle façon qu'en les

Fig. 488. — *Champagne simple.*

rejoignant entre eux, par une ligne partant du centre et aboutissant à la circonférence, cette ligne formera une spirale (fig. 488).

La champagne, employée pour l'indigo, se compose généralement de deux disques analogues à celui de la figure 488, rejoints ensemble par le milieu, au moyen d'une tige en fer garnie d'une vis et d'un écrou fixe sur le moyeu. Cette vis a pour but de *tendre la pièce* une fois que celle-ci s'est allongée par l'effet du bain de teinture (fig. 489). De chaque côté du cadre se trouve un anneau A destiné à suspendre le cadre et un crochet B également affecté au même usage dans le cas où l'on veut retourner la champagne, les branches du cadre sont reliées entre elles par des tringles en fer C (fig. 490) destinées à donner plus de solidité à l'ensemble. Les crochets se placent de diverses manières, généralement on perce un trou dans le bras du cadre et l'on y force le crochet, mais ce moyen est peu pratique en ce que les crochets ne tiennent que très peu; d'autre fois, on visse le crochet en cuivre dans le bras en fer,

ce moyen est préférable mais a encore un grave inconvénient. Quand le crochet se casse et généralement il se casse au ras de la barre, il faut

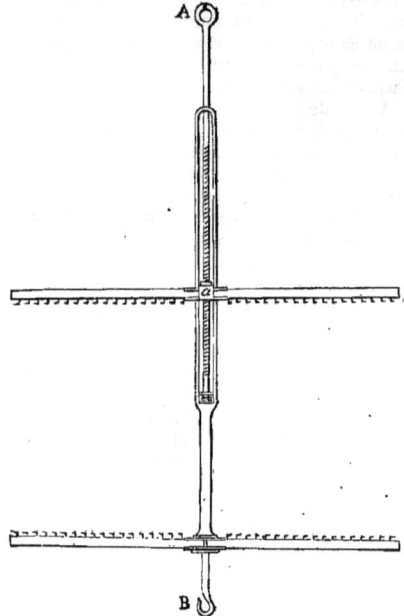

Fig. 489. — *Champagne double.*

forer la pièce pour enlever la vis restante, et refaire un nouveau pas pour introduire convenablement le crochet à changer.

Un meilleur système consiste à employer des

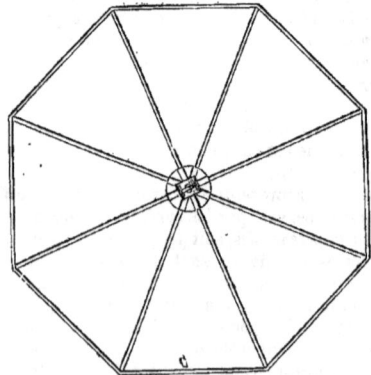

Fig. 490. — *Champagne double vue de haut.*

barres doubles se plaçant l'une sur l'autre, l'une des barres est découpée de façon à ce que l'on puisse y placer le crochet G (fig. 491) vu en perspective. Ce crochet est double et remplit exactement la partie évidée de la barre (marquée en *a* et *b*, fig. 492); pour le maintenir, on place la partie

Fig. 491. — *Crochets mobiles.*

de la branche sur celle contenant les crochets et on visse les deux pièces ensemble. Quand l'un des crochets casse on n'a qu'à ouvrir la branche,

Fig. 492. — *Barres à crochets.*

et renouveler les crochets hors d'usage. La champagne, telle que nous venons de la décrire, ne sert que pour teindre des deux côtés. Quand on

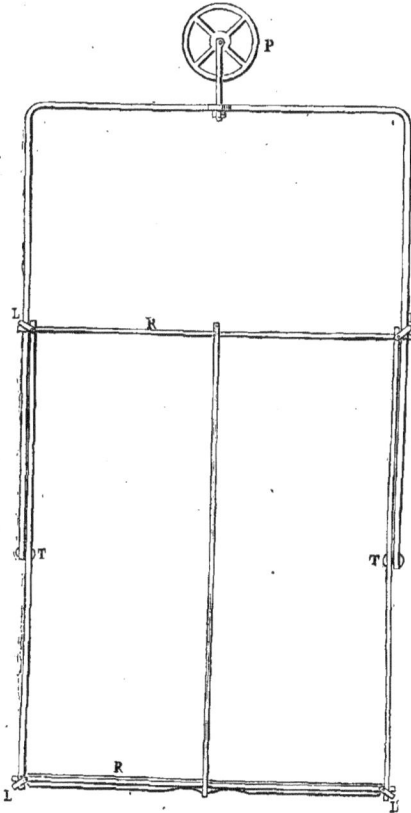

Fig. 493. — *Cadre pour cuve carrée.*

veut ne teindre que d'un seul côté, il faut *rabattre la pièce*, c'est-à-dire commencer à crocher la pièce par le milieu et la crocher en double; les deux côtés exposés à l'air se teignent et la partie inté-

rieure de la pièce ne pouvant se déverdir, prend notablement moins d'indigo.

Un autre système de cadre est celui qui, tout en pouvant être employé avantageusement dans les cuves rondes, est encore meilleur dans les cuves carrées. Dans ce dernier cas, il y a moins de perte de place et l'on peut, par conséquent, teindre plus de marchandise dans le même espace; enfin, avec ce système de cadre, on teint très facilement d'un seul côté, les crochets se trouvant placés de telle façon que les envers de la pièce se touchent toujours.

Le cadre carré, assez cher et assez compliqué, se compose d'abord : d'une carcasse (fig. 493) à laquelle est adaptée une poulie P destinée à per-

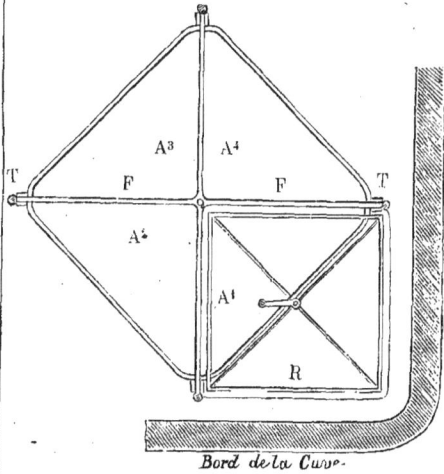

Fig. 494. — *Carde à champagne carrée avec une champagne.*

mettre de monter ou de descendre le cadre à teindre, lequel est fixé en F (fig. 494) qui est la partie recevant les quatre champagnes; car, avec cet appareil, on immerge quatre champagnes en une trempe. À l'extrémité inférieure de la carcasse en T se trouve un boulon de support autour duquel peut tourner librement le cadre récepteur R. Celui-ci se fixe à la carcasse au moyen des clavettes L et L'. La figure 493 n'en indique que deux, mais en réalité il y en a quatre, deux de chaque côté de la carcasse. Le récepteur fixé en T à la carcasse, se compose de deux branches se croisant à angles droits et reliées par des tringles (fig. 494). Dans chacun des angles A^1 A^2 A^3 A^4, on place une des champagnes. Dans la figure 494, se trouve le cadre avec une seule champagne. Sur les côtés est figuré le bord de la cuve. On voit qu'il n'y a pour ainsi dire pas d'espace de perdu, et que l'on peut facilement retourner les quatre champagnes en une seule fois. On fixe ces quatre champagnes sur le récepteur au moyen d'une pince à ressort qui n'est pas figurée sur la figure.

La champagne carrée (fig. 495 et 496) se compose de deux cadres en fer à T reliés par le haut et le bas par deux pièces métalliques placées en diagonales D. Deux montants M relient les deux

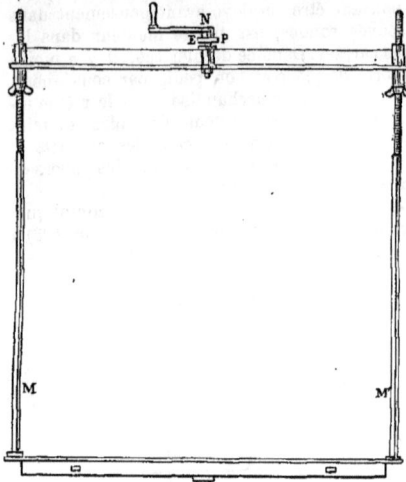

Fig. 495.

cadres qui se fixent sur le récepteur par le moyen des pièces à gorge P. En N est une manivelle qui fait mouvoir une vis fixée à la partie supérieure du cadre, et laquelle vis tourne librement dans

l'écrou E; de sorte que, si l'on tourne la manivelle après que la champagne a été placée sur le récepteur, les deux pièces P font résistance et la pièce est tendue par la vis. Pour maintenir la

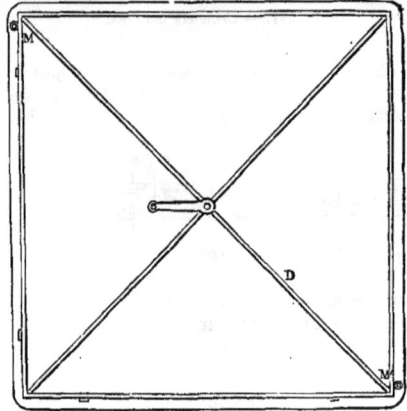

Fig. 496.

tension, il y a deux vis à ailettes placées sur les montants M et M'. Les crochets sont disposés de façon à être en regard les uns des autres et un petit mécanisme à charnière B (fig. 497) permet de décrocher instantanément tout le cadre. A cet effet, le bas du cadre est fixé au fer à T au moyen

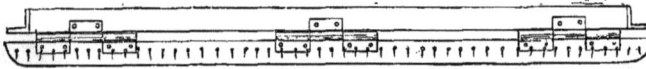

Fig. 497. — *Mécanisme à charnière pour décrocher instantanément les pièces.*

d'une tige en fer passant dans le petit anneau indiqué en D; en sortant la tige, les crochets décrivent un quart de cercle et laissent la pièce s'échapper, D indique le mécanisme avec la pièce accrochée et D' montre la position de l'appareil après la sortie de la tige en fer.

Les crochets, dans ces champagnes, sont disposés de façon à ce que le crochage se fasse de deux façons différentes, ainsi que l'indique les

deux figures 498 et 499, en passant directement d'un crochet à l'autre sans revenir sur le précédent, on teint les deux côtés. Si, au contraire, on accroche d'un côté, puis de l'autre, que l'on revienne

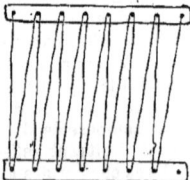

Fig. 498. — *Crochage où la pièce se teint à l'envers et à l'endroit.*

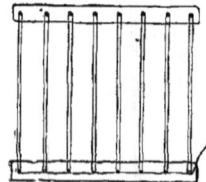

Fig. 499. — *Crochage où la pièce ne se teint que d'un seul côté.*

sur le même pour ensuite passer sur le suivant, on aura une teinture dans laquelle l'envers sera pour ainsi dire blanc. — J. D.

II. CHAMPAGNE. — V. Vin mousseux. || *Fine champagne*, eau-de-vie de qualité supérieure. —

|| *Art hérald.* Se dit du tiers de l'écu, pris à la partie inférieure; on dit aussi *plaine.*

* **CHAMPAGNISER** ou **CHAMPANISER.** Préparer à la façon du vin de Champagne. — V. Vin mousseux.

* **CHAMPÉ, ÉE.** *Art hérald.* Qualité du champ.

* **CHAMPER** ou **CHAMPESER.** *T. techn.* Dans une saline, jeter du bois sur la grille pour entretenir le feu.

* **CHAMPEUR.** *T. de mét.* Ouvrier qui champe la grille d'une saline.

* **CHAMPIGNON.** Ce mot s'emploie en *techn.,* pour désigner : 1° un défaut de fabrication des bouches à feu en fonte, provenant de ce que la surface intérieure du moule s'est gercée et de ce qu'une partie de la fonte est passée en dessous des bords de la gerçure; 2° la partie arrondie qui se trouve en avant de la tête mobile, dans les mécanismes de culasse des bouches à feu pourvues d'un obturateur plastique, tel que l'obturateur de Bange. — V. Culasse, Obturateur; 3° un support en forme de champignon destiné à recevoir, dans les étalages, les chapeaux, les perruques, etc.; 4° l'embout de métal terminé par un bouton qui garnit un fourreau d'épée; 5° un rond de tôle placé au-dessus de l'orifice d'un tuyau, d'une cheminée; 6° la forme du brûleur de certains appareils à gaz; 7° l'épatement arrondi sur les bords des rails de chemins de fer. — V. Rail; 8° en *T. d'hydraul.,* à un jet d'eau peu élevé, dont l'eau en retombant présente la forme d'un champignon sur pied.

* **CHAMPLEVAGE.** *T. d'émail.* Façon d'abaisser partiellement le champ d'une pièce de métal à une profondeur donnée et suivant un contour déterminé pour y introduire, soit des émaux, soit une autre pièce ou un fil de métal différent. On obtient le champlevage au moyen des acides qui rongent le métal ou du burin qui le creuse. — V. Email, Incrustation, Nielle.

* **CHAMPLEVER.** *T. techn.* Creuser le champ d'une pièce de métal pour y placer des émaux ou y incruster des ornements.

CHANCELIÈRE. Petit sac fourré intérieurement qui sert à tenir les pieds chauds lorsqu'on reste longtemps assis; sa fabrication est comprise dans celle des objets de *campement.*

CHANDELIER. 1° Ustensile destiné à recevoir une chandelle pour l'usage domestique, ou un cierge pour le service du culte.

— L'usage du chandelier dans les cérémonies religieuses est constaté par l'Ancien Testament; on y lit que Moïse fit placer dans le tabernacle un chandelier d'or; sept branches courbées en demi-cercle partaient de sa tige et étaient terminées chacune par une lampe ciselée en forme de fleur. Lors de la construction du temple de Salomon, le chandelier de Moïse, auquel on a attribué des proportions gigantesques, fut remplacé par dix chandeliers à peu près semblables, et qui furent placés cinq au nord et cinq au midi. A la prise de Jérusalem, Nabuchodonosor les transporta en Assyrie.

Lorsque dans les premières années de l'ère chrétienne,

les Romains pillèrent Jérusalem, ils s'emparèrent du chandelier de grandes dimensions qui se trouvait dans le temple; il fut transporté à Rome avec les dépouilles de la Judée, et représenté plus tard sur l'arc triomphal de Titus.

Les chandeliers de l'antiquité se terminaient par un plateau sur lequel on posait une lampe; celui qu'on a trouvé dans les fouilles d'Herculanum est en bronze travaillé avec beaucoup d'art. Le chandelier n'était alors qu'un porte-lampe, fixe ou mobile, mais lorsqu'au moyen âge, on sut fabriquer des chandelles de résine ou de suif, on dut modifier les dispositions de cet ustensile qui se faisait en bois, en fer, en cuivre, en argent et même en or. Il y en avait une variété considérable de formes et de dimensions, ainsi que l'attestent les chandeliers que renferment nos musées et nos trésors d'églises. On les appelait chan-

Fig. 500. — *Chandelier.*

délabres (d'où candélabre) flambiaux, chandeliers, etc., et leur usage paraît avoir été très répandu au début du moyen âge. Vers la fin du XII° siècle et au commencement du XIII° on se servait de chandeliers en cuivre battu et émaillé; « ils possèdent, dit Viollet-le-Duc, une bobèche, une bague et un pied émaillés-champlevés, la tige est simplement burinée, le tout était doré, l'émail appelant nécessairement la dorure. » Cet ustensile avait à sa partie supérieure un large plateau surmonté d'une longue fiche conique sur laquelle on plantait le cierge ou la chandelle. Au XIV° siècle, on remplace la pointe par une douille dans laquelle entre le pied du cierge, comme cela se pratique de nos jours. Au XV° siècle, apparaissent les flambeaux à deux douilles; on s'en servait alors, pour l'éclairage des tables, et ils étaient souvent fabriqués en argent; celui que nous représentons figure 500 est du XVI°. Les grandes salles étaient éclairées par de grands chandeliers à plusieurs lumières étagées, ainsi que le démontre le candélabre en fer forgé conservé au Musée de Cluny.

Les chandeliers d'église étaient remarquables par leur forme, la matière et la main-d'œuvre (V. Bronze d'art). Parmi ceux que l'histoire de l'art a mentionnés, il faut citer celui de l'abbaye de Saint-Rémi, à Reims, dont on admire le pied au musée de cette ville.

Chandelier. 2° *T. de mar.* Nom de divers supports fixés sur les bastingages et notamment des fourches de fer qui servent à suspendre la chaloupe ou le canot de service. || 3° *T. d'hydraul. Chandelier d'eau.* Espèce de fontaine dont le jet est élevé sur un pied portant un petit bassin. || 4° *T. de chim. Chandelier pour saccharimètre.* — V. SACCHARIMÉTRIE. || 5° *Chandelier d'amphithéâtre.* Appareil composé de tuyaux assemblés, dont la forme rappelle celle du chandelier et qui permet d'obtenir d'un bec d'éclairage assez fort, quatre

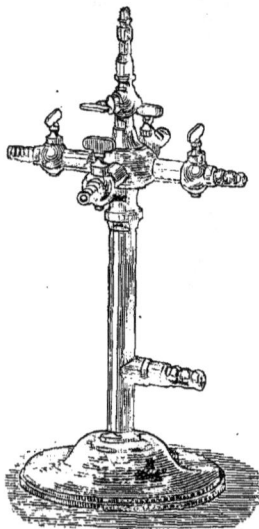

Fig. 501. — *Chandelier d'amphithéâtre.*

prises de gaz que l'on peut employer sur une table de cours, là où une installation d'éclairage rapide est nécessaire aux expériences (fig. 501). || 6° *T. de céram.* Pilier de terre cuite au milieu du four, et autour duquel on place les pipes à cuire. || 7° *Chandelier de jauge.* Lorsqu'on façonne les poteries par les procédés d'ébauchage, pour opérer un travail très rapide et régulier, on fait usage pour régler les dimensions de la pièce, de petits outils qui portent le nom de *chandeliers de jauge* ou de *porte-mesure;* les calibres sont encore une variété de ces mêmes outils; ils sont généralement très simples, placés sur la table de l'ouvrier, en face de son tour et de sa place. Le plus simple se compose d'une tige de bois montée sur un pied assez pesant, à portée de la main du tourneur, en un endroit déterminé qui règle la distance du centre de la pièce en travail. En travers de cette pièce verticale, on place horizontalement une ou plusieurs baleines, à différente hauteur, placées de telle sorte que leur extrémité étant dirigée vers l'axe du tour vienne affleurer la circonférence du cercle que la pâte décrit lorsqu'on vient à la presser entre les doigts pour l'étendre et créer la

pièce. || 8° *Chandelier revolver.* Dispositif imaginé par M. Jablochkoff pour transmettre successivement le courant électrique à plusieurs bougies. — V. BOUGIE ÉLECTRIQUE.

Chandelier. 9° *T. de fortif. anc.* On donna ce nom, au XVII° siècle, à des pièces de bois destinées à soutenir les fascines et les planches qui masquaient la vue de l'enceinte fortifiée.

CHANDELIER, ÈRE. *T. de mét.* Celui, celle qui fabrique de la chandelle.

CHANDELLE. *T. techn.* Petit cylindre de matière grasse, généralement de suif de bœuf ou de mouton, dont l'axe est occupé par une mèche de fil de coton, et qui sert à l'éclairage. L'emploi de la chandelle tend à disparaître, aussi sa fabrication est-elle limitée aux demandes encore importantes qui viennent des campagnes où elle est toujours en usage. On peut dire que sans l'impôt maladroit qui frappe actuellement les bougies d'acide stéarique de 20 0/0 de leur valeur, la consommation de la chandelle diminuerait sensiblement.

Le prix moyen d'un kilogramme de chandelle est aujourd'hui de 1 fr. 10, tandis qu'un même kilogramme de bougie stéarique pourrait, grâce aux nombreux perfectionnements apportés à cette industrie si française, être livré sensiblement au même prix, mais la consommation doit y ajouter un droit d'impôt de trente centimes par kilogramme, et dans presque toutes les villes un droit d'octroi égal, soit 50 à 60 francs pour une valeur de 140 francs.

— On attribue aux Celtes et aux Gaulois l'invention de la chandelle. On prétend que les premiers ils trouvèrent dans la graisse de leurs troupeaux l'éclairage de leurs demeures primitives.

Rien n'était plus facile que de fabriquer cette chandelle primitive; il suffisait de tremper quelques fibres végétales de lin ou de chanvre dans la graisse fondue et par diverses immersions successives d'en former des petits cylindres plus ou moins gros, c'est ce qu'on a appelé la *chandelle à la baguette.*

En Chine, on se sert encore d'une espèce de moelle de sureau pour constituer la mèche des chandelles chinoises. Il en est de même au Japon. Ce mode d'éclairage a existé surtout dans les pays du Nord, car dans le midi de la France, en Italie, en Grèce, en Espagne et dans tout le bassin méditerranéen, l'abondance et le bas prix des huiles d'olive rendaient inutile l'éclairage par les corps gras solides.

Nous trouvons la première mention de la chandelle dans une ordonnance du roi Philippe I° qui établit en France une corporation de chandeliers vers l'an 1018, corporation régularisée seulement en 1470. C'est à cette époque qu'apparaît la lanterne, et sous Louis IX, le prévôt des marchands ordonna aux bourgeois de Paris d'avoir aux carrefours des rues des lanternes munies de chandelles. L'éclairage public des rues ne fut définitivement obligatoire que sous Louis XIV, et c'étaient de chandelles de 4 à la livre qu'étaient munies les lanternes.

Tout le monde sait que nos premiers théâtres n'étaient éclairés qu'à la chandelle et qu'il existait des charges d'allumeurs et de *moucheurs* de chandelles.

Mme de Maintenon considérait la chandelle comme un éclairage de luxe, et les splendeurs du Versailles de Louis XIV n'étaient éclairées qu'avec cet affreux luminaire.

Les inconvénients attachés à la chandelle et surtout la

nécessité du mouchage étaient si nombreux que l'on ne tarda pas à sentir la nécessité d'avoir un autre mode d'éclairage; aussi, il y a environ cent vingt ans, en 1760, M. de Sartine, lieutenant de police, proposa-t-il une récompense à celui qui trouverait un moyen nouveau d'éclairer les lanternes des rues, en réunissant ces trois conditions, de facilité dans le service, d'intensité et de durée de la lumière. Ce concours ne produisit rien, mais, peu après, Quinquet et Argand découvrirent la lampe à huile dite *quinquet* qui fut appliquée aux réverbères, et, jusque-là, la fumeuse chandelle constitua seule l'éclairage et même l'éclairage de luxe.

Aujourd'hui, nous avons le gaz qui probablement sera lui-même remplacé par la lumière électrique! Quels progrès!

Nous n'avons pas à rappeler les inconvénients de la chandelle, son odeur désagréable, sa fusibilité si grande que, pendant la chaleur de l'été,

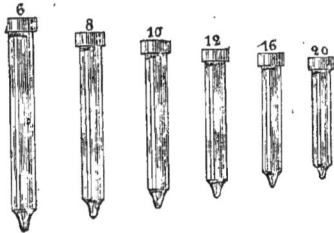

Fig. 502.

elle se ramollit au point de pouvoir à peine être touchée, enfin la nécessité de couper à chaque instant sa mèche, *de la moucher*, sous peine de la voir perdre les trois quarts de son pouvoir éclairant.

On distingue deux sortes de chandelles, la *chandelle à la baguette* et la *chandelle moulée*.

La chandelle à la baguette se fabrique en attachant autour d'un cerceau, suspendu horizontalement, une série de mèches de coton qu'un ouvrier arrose successivement de suif liquide. La matière grasse se solidifie par couches successives autour de cette mèche et forme le cylindre cons-

Fig. 503.

tituant la chandelle. Ce mode de fabrication n'est plus employé que dans quelques localités éloignées.

La plus grande partie des chandelles est fabriquée au moule. Les machines analogues à celles employées pour le moulage des bougies n'ont, jusqu'à ce jour, donné lieu qu'à d'assez rares applications.

Dans la plupart des cas, les chandeliers fondent eux-mêmes le suif brut provenant des abats d'animaux de boucherie. La fonte du suif sera décrite plus loin. D'autres achètent le suif fondu et n'ont plus qu'à le clarifier en le fondant avec un peu d'alun.

Le matériel d'une chandellerie se compose d'une chaudière en cuivre chauffée à feu nu, et d'une série de moules en composition d'étain et de plomb. Il existe en outre divers menus accessoires, bancs à couper les mèches, cylindre pour démouler, etc., etc. La capacité de la chaudière à fondre le suif varie avec l'importance de la chandellerie. Près de la chaudière se trouve un bassin en cuivre ou en bois, nommé *caque*, dans lequel on laisse refroidir le suif avant de le couler dans les moules, car il ne faut le verser qu'à un degré voisin de son point de solidification; coulé trop chaud, le suif adhérerait aux moules et la chandelle ne pourrait sortir.

Souvent, il existe une seconde petite chaudière pour la refonte des *culots* et résidus, puis une presse à vis, pour épuiser les résidus de suif ou

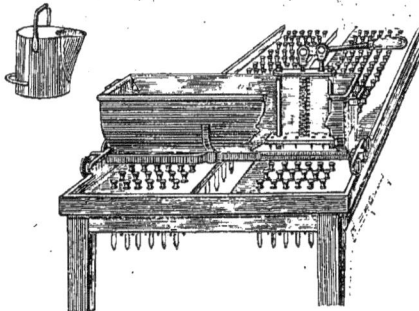

Fig. 504.

boulers. Par la pression, le suif fluide s'écoule de la masse et les impuretés restent sous la presse.

Le moule à chandelle se compose d'un cylindre ou tube en étain, rétréci à son extrémité inférieure en forme de cône, et surmonté à la partie supérieure d'un évasement ou bourrelet, dans lequel se place un godet, conique, sorte de petit entonnoir en étain, muni à l'intérieur d'un crochet pour attacher la mèche.

Chaque moule a la dimension appropriée à la sorte de chandelle que l'on veut obtenir (fig. 502). Il existe des moules de 6, 8, 10, 12, 16, 20 chandelles au demi-kilogramme. Le godet qui se pose dans l'évasement de la partie supérieure de chaque moule, possède un crochet, fondu avec le godet même, c'est à ce crochet (fig. 503) que se fixe la mèche destinée à occuper l'axe du cylindre de suif et former la chandelle.

Dans une chandellerie, tous ces moules sont rangés sur une série de tables percées de trous, comme dans les planches à égoutter les bouteilles. Ces tables sont garnies de rebords ou rails sur lesquels on fait avancer au moyen de roulettes un vase en cuivre, percé au fond d'une série de petits trous correspondant à chaque moule à chandelle (fig. 504).

Dans chacun de ces petits trous s'engagent des tringles métalliques pouvant faire fermeture, et à leur tour toutes ces tringles sont fixées à une plaque métallique articulée, de bas en haut, par un levier extérieur. On comprend qu'en abaissant ou en levant cette plaque, on ferme ou l'on ouvre à la fois toutes les ouvertures du vase de coulée. L'ouvrier chandelier commence par couper toutes les mèches en ayant soin de leur laisser une longueur double de celle nécessaire à la chandelle.

Il replie ensuite ces mèches sur elles-mêmes et les range à plat dans une petite caisse ouverte d'un côté. Chaque caisse correspond à une table de moules. L'ouvrier place cette caisse sous les moules, puis à l'aide d'une aiguille figurée à droite du dessin 505, il passe chaque mèche dans l'extrémité inférieure du moule, la ramène en haut et la fixe au crochet du godet. Il n'y a plus qu'à l'assujettir et à la tendre en la tirant par l'extrémité inférieure du moule.

Tous les moules d'une table ayant reçu les mèches (*étant enfilés*), on apporte le suif liquide

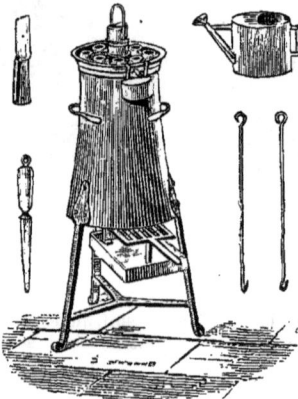

Fig. 505.

dans le vase de coulée qui surmonte la table, et l'on remplit successivement chaque rangée de moules. L'ouvrier doit avoir soin que le suif possède une température qui le maintienne assez fluide pour pouvoir entrer dans les moules, mais il faut cependant que ce suif soit assez froid pour pouvoir se solidifier rapidement, surtout dans le bas du moule, là où sera la tête de la chandelle, afin qu'il ne s'écoule pas par l'ouverture à travers laquelle on a passé la mèche.

La température de coulée du suif varie avec la matière grasse et suivant la saison. Il en est de même de la durée du refroidissement. L'hiver et dans les saisons moyennes, la chandelle se démoule naturellement en soulevant le godet qui entraîne avec lui la chandelle formée, mais dans la saison chaude le suif adhère au moule d'étain et le démoulage se fait au cylindre.

Le cylindre se compose d'un vase métallique rempli d'eau, chauffé par dessous au moyen d'une grille à charbon de bois. La partie supérieure de ce vase cylindrique (*d'où son nom de cylindre*) possède une plaque percée d'ouvertures, à tra-

vers lesquelles on introduit successivement chaque moule à chandelle.

Le contact de l'eau chaude dilate le moule, fond légèrement le suif adhérent au moule et la sortie de la chandelle est ainsi facilitée.

Après avoir enlevé toutes les chandelles des moules, on sépare le *culot* ou *masselotte*, dont le suif est refondu à nouveau, puis en retournant la chandelle ainsi moulée, on l'attache par le bout de mèche restant en dehors de la tête à une série de clous fixés sur des bâtons horizontaux de façon à y suspendre toutes les chandelles les unes à côté des autres.

Ces bâtons sont ensuite emportés dans la cour, où ils sont maintenus sur des tréteaux, de façon à laisser pendre les chandelles en les exposant à l'influence de la lumière solaire qui les blanchit considérablement, tout en leur donnant de la fermeté. C'est ce qu'on nomme l'*étendage*.

La chandelle à la machine se fabrique à l'aide de machines à enfilage continu de P. Morane, analogues aux machines à mouler les bougies.

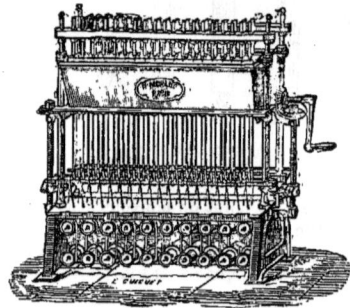

Fig. 506.

Les moules sont rangés dans une cuve métallique renfermant de l'eau pour le refroidissement, les mèches sont préparées en dessous des moules, et naturellement quand on enlève une chandelle moulée, la mèche étant continue vient se placer d'elle-même dans le moule. On n'a plus alors qu'à verser du suif pour former une nouvelle chandelle (fig. 506).

Les ouvriers chandeliers ont acquis une telle dextérité dans les diverses opérations de la mise en place de la mèche, de la coulée et du démoulage de la chandelle au moule simple, que le coût de sa fabrication étant resté le même avec la machine, l'emploi de cet instrument perfectionné n'a pu se répandre.

Si la chandelle était toujours fabriquée avec de bonnes mèches de coton fin, et surtout avec du suif pur, bien fondu et bien clarifié, ce serait encore un mode d'éclairage passable, mais trop souvent les chandeliers emploient de mauvais coton, et mélangent les suifs de graisses inférieures. La chandelle devient alors un luminaire fumeux, à odeur infecte et d'une fusibilité telle qu'il est difficile de la manier. Cependant, quelques fabricants livrent des chandelles perfectionnées composées de suifs de mouton ou de suifs de bœufs épurés, et qui constituent un mode d'éclairage qui a sa raison d'être, mais il ne faut pas perdre de vue que toute matière grasse neutre, non saponifiée, contiendra toujours de la glycérine, et que celle-ci ne se transformant pas en gaz volatils, comme le font les acides gras dans une bougie, empâtera la mèche, en fermera les pores, et qu'il faudra toujours moucher la chandelle. Il en résulte qu'une bonne chandelle se rapproche trop du prix de la bougie stéarique pour n'en pas conclure que la chandellerie est destinée à disparaître. — L. D.

Chandelle. *T. de constr.* Pièce de bois ou de fer posée verticalement pour servir d'étai. || *T. d'imp.* Pièce de bois qui empêche la presse de varier. || *T. de pyrotechn.* Cartouche de carton, longue de 30 à 40 centimètres, chargée d'une composition fusante et qui lance des étoiles d'un éclat très vif. || *Bois chandelle.* — V. Bois, § XVI.

* **CHANDELLERIE.** Fabrique de chandelles.

* **CHANE.** *T. techn.* Outil qui sert à souder.

* **CHANÉE.** *T. techn.* Cannelure du métier à tisser la soie. || Tuyau qui conduit l'eau sur la roue du moulin à papier.

* **CHANELETTE.** *T. de pap.* Petite chanée.

I. **CHANFREIN.** *T. techn.* Petite surface que l'on forme en abattant une arête. Les machines à chanfreiner ont remplacé le travail à la main. || Petit creux de forme conique que l'horloger pratique dans une pièce de montre.

II. **CHANFREIN.** *T. d'art milit. anc.* Partie de l'armure (V. ce mot) qui couvrait le devant de la tête du cheval de guerre, depuis les oreilles jusqu'aux naseaux; elle était composée d'un *frontal*, quelquefois armé d'une pointe de fer très allongée, des *œillères*, du *nazal* ou *moufflard* et des *oreillères*. On voit au Musée d'artillerie de Paris une têtière avec son chanfrein qui date de la fin du XIVe siècle. Cette pièce de harnais est faite de feuilles de parchemin collées formant un carton résistant, une plaque d'acier garnit le milieu; l'œil est protégé par une paupière d'acier rivée au carton ainsi que les pièces qui couvrent les oreilles et les naseaux. Le chanfrein des XIVe et XVe siècles était aussi fabriqué en cuir bouilli agrémenté de cuivre, d'or ou d'argent; quelques-uns étaient d'une extrême richesse. Au mot ARMURE, nous donnons quelques détails intéressants sur ce harnais de guerre du moyen âge et l'une de nos figures représente un cheval bardé, la tête protégée par un chanfrein.

* **CHANFREINDRE.** *T. techn.* — V. CHANFREINER.

CHANFREINER. *T. techn.* Abattre l'arête d'une pièce de bois, d'une pierre, pour former un chanfrein. || Pratiquer un trou conique.

* **CHANGEMENT.** *T. de drap.* Arrêts qu'on effectue pendant l'opération du lainage, pour renouveler les chardons usés.

* **CHANGEMENT DE MARCHE.** *T. de chem. de fer.* Appareil qui sert au mécanicien pour renverser la marche de la locomotive ou pour modifier la distribution de la vapeur dans les cylindres. Il se compose d'un levier commandant par une tringle, un arbre de relevage qui agit par l'intermédiaire

de bielles, soit directement sur la coulisse de distribution, comme dans le type Stephenson, soit sur le coulisseau lui-même, comme dans celui de Gooch; il relève ainsi le coulisseau qu'il amène d'une extrémité à l'autre de la coulisse de manière à le faire commander par l'excentrique d'avant ou d'arrière suivant le sens de la marche, ou autrement il le rapproche ou l'écarte du point milieu de la coulisse, lorsqu'il s'agit simplement de modifier la distribution. C'est, en effet, comme on sait, lorsque le coulisseau occupe le milieu de la coulisse que la dépense de vapeur est le plus réduite, tandis qu'elle est plus élevée lorsqu'il est reporté aux extrémités.

La manœuvre du changement de marche était autrefois très pénible pour le mécanicien, car il lui fallait au moyen d'un simple levier déplacer les pièces de distribution et surtout le tiroir qui exerce une résistance très considérable, lorsqu'il est appuyé sur la table de friction par la pression de la vapeur. Aussi, le mécanicien était obligé de fermer le régulateur avant de manœuvrer son levier, et malgré cette précaution, il se produisait encore parfois des accidents, car le levier pouvait se trouver subitement entraîné par le poids des pièces et venir blesser le mécanicien qui essayait de le retenir.

Dans les dispositions actuelles, ce levier porte toujours un écrou fileté commandé par une vis à la main du mécanicien, qui peut le déplacer facilement et sans danger même lorsque l'admission de vapeur est ouverte.

En outre, cette disposition permet de graduer à volonté la dépense de vapeur et de la proportionner exactement à l'effort que la machine doit développer, puisqu'on peut amener le levier de manœuvre dans une position quelconque.

D'ailleurs, ce levier est muni généralement d'un curseur qui se déplace devant une échelle graduée, et même dans certaines compagnies comme celle de Lyon, par exemple, cette graduation est établie d'après la valeur de l'admission dans les cylindres (en dixièmes de la course du piston pendant l'admission), de manière à ce qu'on puisse apprécier exactement la dépense de vapeur.

Quelquefois, on combine même le changement à vis avec l'ancien levier à action directe, de façon à pouvoir renverser brusquement la marche à l'aide du levier dans certains cas pressants, tout en agissant ordinairement à l'aide du volant de la vis. L'écrou articulé sur le levier est alors séparé en deux pièces, et peut à l'aide d'un déclenchement spécial être rendu indépendant de la vis. La simple pression de la main sur le levier de manœuvre suffit alors à écarter l'écrou.

Cette disposition présente un certain intérêt pour les locomotives de manœuvre, par exemple, sur lesquelles il faut continuellement renverser la marche.

* **CHANGEMENT DE VOIE.** *T. de chem. de fer.* Appareil permettant de faire passer un véhicule, une machine ou un train d'une voie sur une autre.

Un changement est dit à *deux* ou à *trois voies,*

selon qu'après l'appareil la voie d'arrivée se subdivise en deux ou trois voies secondaires. Un changement à deux voies est dit à droite ou à gauche, lorsque la voie déviée est *à droite* ou *à gauche* de la voie principale; il est symétrique lorsque la voie d'arrivée se subdivise en deux autres qui s'écartent symétriquement par rapport à l'axe de la voie primitive. Un changement à trois voies est toujours symétrique.

Quel que soit le système adopté, on doit éviter, d'une manière absolue, dans un changement de voie, toute solution de continuité dans les files de rails, quelle que soit la position des aiguilles. Le système Wild, qui est le plus généralement employé, remplit cette condition; le principe en est sommairement indiqué par la figure 507.

Cet appareil se compose essentiellement de deux files de rails extérieurs, R. R, d'un profil

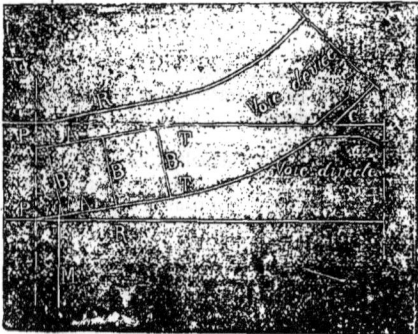

Fig. 507.

quelconque, appelés *rails contr'aiguilles* et de deux barres mobiles A A, laminées et rabottées, s'amincissant en lame aux extrémités, et pouvant s'appliquer sur les rails voisins; ces barres constituent les *aiguilles* proprement dites. Elles sont reliées par des tringles B. B. B, dites de *connexion* qui les entretoisent et leur imposent un mouvement commun; chaque couple d'aiguilles est actionné par une tringle de manœuvre M, qui est elle-même commandée par un levier spécial.

On appelle *pointe des aiguilles* la partie effilée des barres mobiles A; l'autre extrémité porte le nom de *talon*.

Les pièces qui précèdent sont montées sur des châssis ou traverses en bois par l'intermédiaire de coussinets spéciaux en fonte, dits *coussinets de glissement*, qui permettent l'oscillation des aiguilles.

On voit facilement, à l'examen du croquis, que la position des aiguilles, par rapport aux rails contr'aiguilles, détermine la direction d'un véhicule ou d'un train abordant l'appareil par la pointe. Tout train prenant un changement en talon ne peut changer de voie, quelle que soit la position des aiguilles; dans le cas où ces dernières seraient placées pour desservir la voie

déviée, les boudins des roues les ramènent dans la position voulue.

C'est pour éviter toute chance d'accident pouvant résulter d'aiguilles mal faites, que les changements placés sur les voies principales sont toujours abordés en talon pour les trains de vitesse.

Les leviers qui commandent le mouvement des aiguilles sont généralement munis de contrepoids, tendant à maintenir ces pièces dans la position qui leur a été assignée.

Lorsque les aiguilles doivent être manœuvrées à une certaine distance, elles sont réunies aux leviers par des organes de transmission, qui sont généralement des tubes rigides, en fer creux, ou, par exception, des fils de fer ou d'acier.

Le changement à trois voies comporte deux aiguillages, dont les positions relatives permettent de diriger les trains sur l'une quelconque des trois voies, en lesquelles se subdivise le tronc commun. Ces derniers appareils, présentant plus de chances de déraillement, sont moins employés que les changements à deux voies; l'emploi en est même proscrit sur les voies principales parcourues par les trains rapides.

Un changement à deux voies se complète nécessairement par un *croisement* C (V. ce mot); le changement à trois voies en exige trois, symétriquement disposés. — F.

* **CHANOT** (FRANÇOIS), ingénieur de la marine, né à Mirecourt en 1787, était fils d'un luthier. Il fut admis à l'Ecole polytechnique et sortit dans le corps des ingénieurs de la marine. La Restauration le mit à la demi-solde, et, retiré à Mirecourt, il se livra à la construction des instruments de musique. Il présenta à l'Institut un violon de sa fabrication que les grands artistes de l'époque déclarèrent aussi parfait qu'un Stradivarius. Le gouvernement de Louis XVIII le rétablit dans le cadre d'activité de la marine et il mourut à Brest en 1823.

* **CHANTARILLE.** — V. CHANTERILLE.

CHANTEAU. *T. techn.* 1° Pièce centrale du fond d'un tonneau et la plus longue de toutes. || 2° Espèce de pointe que les tailleurs ajoutent sur les côtés d'un vêtement, robe, manteau, soutane, etc. || 3° Morceau d'étoffe coupé à une grande pièce. || 4° Les jantes du rouet; on ne l'emploie qu'au pluriel : les *chantęaux*.

CHANTEPLEURE. *T. techn.* 1° Fente étroite et verticale pratiquée dans un mur de clôture ou de terrasse pour l'écoulement des eaux; on dit aussi *barbacane*. || 2° Rigole ouverte pratiquée dans la berge d'une rivière. || 3° Petit cuvier qui sert d'entonnoir, et dont le fond est percé d'un trou muni d'une douille qu'on entre dans la bonde du tonneau pour faire couler le liquide sans le troubler.

CHANTERELLE. 1° *T. d'instr. de mus.* On donne ce nom à la corde la plus aiguë du violon, de l'alto, du violoncelle, de la contre-basse et de la guitare. Aussi, nous ne dirons ici que ce qui est spécialement relatif à la corde la plus fine et la plus aiguë, et nous envoyons le lecteur au mot CORDE pour l'étude des autres cordes.

La chanterelle, dans le violon, est la plus importante du jeu et aussi la plus délicate, c'est à elle qu'est due, en grande partie, la beauté du son de l'instrument; si elle porte ce nom de *chanterelle*, c'est qu'à elle, en général, revient l'honneur de *chanter* la mélodie principale.

Les chanterelles sont le plus souvent, comme les autres cordes, en intestins de mouton; celles de Naples sont les plus réputées pour des raisons que nous dirons plus loin. La chanterelle, mise au ton de l'opéra, doit avoir une tension de 7 kilogr. 50 et elle ne doit rompre que sous l'effort de 12 à 13 kilogrammes. Plus résistante, elle perd en qualité, manque de moelleux et devient criarde; plus faible, elle se casse facilement. La plus parfaite égalité dans toutes les parties de la corde est une condition indispensable à une bonne chanterelle. Les chanterelles se composent de 4, 5 ou 6 fils, selon la grosseur du boyau, et chaque fil est formé d'une moitié de boyau divisée dans sa longueur; cependant souvent les mi de violon ont de 3 à 4 fils pleins mais très fins.

Voici, d'après Savaresse, à quoi on reconnaît à la vue si une chanterelle est bonne ou mauvaise : « Les chanterelles doivent être transparentes, parfaitement unies et régulières de grosseur. Elles ne doivent pas être trop blanches, ce qui prouverait qu'elles ont été faites avec des agneaux trop jeunes, et lorsqu'on serre un paquet de chanterelles dans la main elles doivent paraître élastiques et revenir promptement comme le ferait un ressort d'acier. »

Comme nous l'avons dit, c'est Naples qui a la réputation de fournir les meilleures chanterelles. Cette supériorité, qui est réelle, est attribuée à la qualité des eaux vives, froides et presque glaciales de Naples, dans lesquelles on fait macérer les boyaux. Il est à remarquer qu'à leur sortie de l'eau les boyaux sont intacts à ce point que les raclures sont sèches et inodores, tandis que les fabricants de Paris, très habiles dans leur art, éprouvent quelquefois le désagrément de ne pouvoir mettre obstacle à la putréfaction. De là vient la supériorité de la matière première pour la fabrication des cordes d'Italie et surtout de Naples.

On emploie aussi quelquefois des chanterelles de métal ou de soie, mais au mot CORDE nous aurons à revenir sur ce sujet.

|| *T. techn.* 2° Pièce de l'arçon du chapelier. || 3° Petite bobine du tisseur d'or qu'on nomme aussi *chanterille.* || 4° Fausse équerre des charpentiers et des menuisiers.

*CHANTERILLE. *T. techn.* Petite bobine qui reçoit l'or et l'argent au sortir du moulin. On dit aussi *chanterelle* et *chantarille.*

CHANTIER. *T. techn.* 1° Endroit où l'on empile les bois de chauffage, le charbon et les matériaux de construction. Ce mot est souvent employé comme synonyme d'*atelier.* || 2° *T. de mar.* Dans la construction navale, on nomme *chantier de* *construction* l'espace où l'on établit la quille du navire en construction; les tins ou blocs de bois qui la soutiennent sont aussi désignés sous le nom de *chantiers.* || *Chantier plein* ou *faux-chantier.* Plate-forme en bois établie au fond d'un bassin de radoub. || 3° *T. de cord. Chantier de commettage, chantier à commettre.* Appareil composé de plusieurs poteaux fixes munis de manivelles qui reçoivent le fil à commettre. || 4° *T. techn.* Sorte de cale qui sert à maintenir le bloc, la pièce que l'on veut travailler et qui sert à lui donner la position et la fixité voulues. || 5° Solives garnies sur lesquelles on dépose les glaces. || 6° Pièces de bois sur lesquelles on pose les tonneaux dans les caves. On fabrique des *chantiers articulés* qui soulèvent insensiblement le tonneau à mesure qu'il se vide, ce qui permet au liquide de s'écouler jusqu'à la fin sans se troubler.

CHANTIGNOLE. *T. de charp.* Petite pièce de bois assemblée dans l'arbalétrier à tenon et mortaise, et chevillée pour soutenir les pannes d'une charpente. Nous représentons en A figure 508 la forme d'une chantignole que l'on nomme aussi *échanti-*

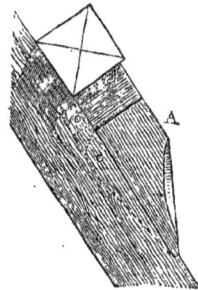

Fig. 508. — *Chantignole.*

gnole. || 2° *T. de briquet.* Sorte de brique qui a la moitié d'épaisseur de la brique commune, mais de même longueur et de même largeur, et qu'on emploie dans la construction des contre-murs des cheminées et pour certains parages.

*CHANTILLY (Dentelle de). On désigne sous ce nom un genre spécial de dentelles noires à fond clair, qui servent à la fabrication de grandes pièces, telles que robes, fichus, éventails, etc.

C'est à Catherine d'Orléans, duchesse de Longueville, que la ville de Chantilly est redevable de l'industrie dentellière. Elle fit, en effet, venir en son château d'Etrepagny, au commencement du XIII° siècle, des ouvrières de Dieppe et du Havre auxquelles elle fit confectionner des dentelles, et dota ainsi le pays d'une fabrication lucrative. On y fit tout d'abord les articles étroits et ordinaires, puis ensuite la guipure et les dentelles de fil blanc et de soie noire. En 1805, suivant les exigences de la mode, on confectionna des blondes blanches en bandes et des dentelles noires. Ce fut en 1835 que la dentelle noire reprit seule faveur et que les ouvrières s'occupèrent de faire des fonds de champ noirs d'abord, puis ensuite des fonds clairs, dits d'*Alençon*, qu'elles fabriquent supérieurement aujourd'hui. — V. DENTELLE.

• CHANTONNÉ. *T. techn.* Papier défectueux offrant au toucher des callosités, des flaches.

• CHANTOURNAGE. *T. techn.* Opération qui consiste à découper différentes matières, le bois en général, suivant une ou plusieurs lignes courbes, pour les besoins de l'ébénisterie, du charronnage, du modelage, du découpage et des ornementations de toutes sortes employées dans le bâtiment. Ce travail, qui se faisait autrefois péniblement avec une scie à main, se fait aujourd'hui sur une grande échelle en employant la scie

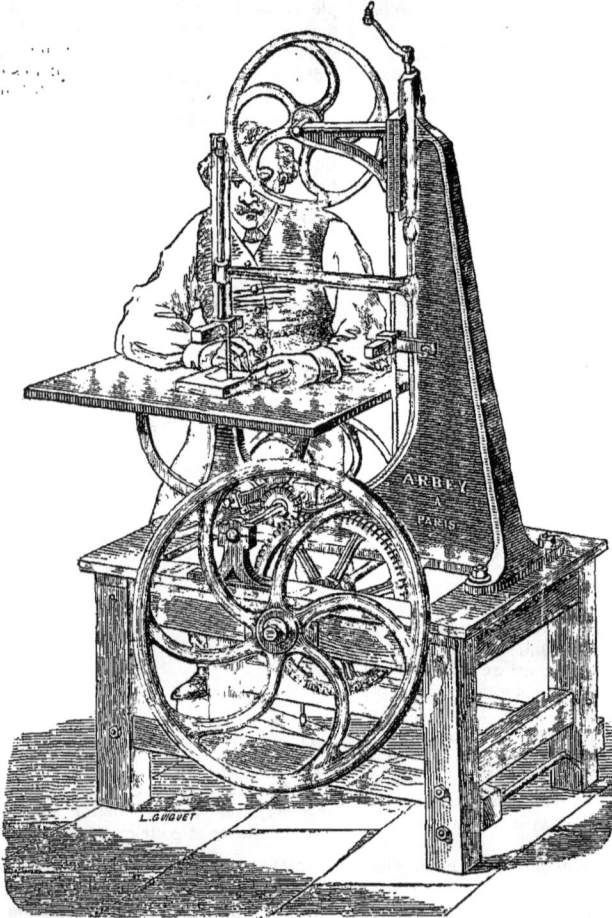

Fig. 509. — *Machine à chantourner.*

à ruban, mue par une machine ou par le pied, comme l'indique la figure 509. C'est par une suite de tâtonnements et de progrès, tant dans la construction de l'appareil que dans le traitement de l'acier en bande, que l'on parvint à appliquer ce précieux outil.

Les conditions qui sont à remplir pour qu'une chantourneuse soit bonne sont assez importantes pour que nous les relations ici : faire mouvoir le ruban suivant une vitesse convenable; propor-

tionner la largeur de ce ruban à son développement; éviter le glissement de cette lame sur les poulies; lui donner une tension facultative, de manière qu'elle ne puisse se déranger pendant le travail; suspendre d'une manière convenable le guide-lame en bois fendu de manière à maintenir la lame au point même où elle travaille; et éviter les vibrations que produirait la grande vitesse dont elle doit être animée pour bien fonctionner; enfin donner au bâti une stabilité indispensable.

Pour répondre aux exigences du débillardement, la table sur laquelle on chantourne peut, dans certaines scies, s'incliner à volonté dans le plan de la scie. Les poulies porte-lame sont entourées chacune d'une rondelle en caoutchouc collée sur elle avec des soins particuliers.

Une disposition spéciale permet de détendre la scie aussitôt que l'ouvrier ne travaille plus; on évite ainsi les ruptures de lame. Il n'y a pas que le bois qui puisse subir le chantournage ; grâce à cet outil garni de lames appropriées, le drap, le coutil, le cuir, etc., n'ont plus besoin du ciseau du découpeur. On ébauche par le chantournage les balustres en pierre tendre, les ornements de toutes sortes, le zinc, le fer même, avec une scie à chantourner appropriée à ce travail.

L'art décoratif du xviii° siècle a fait dans le mobilier un emploi aussi heureux que fréquent du bois chantourné et doré. C'est là un des caractères du style Louis XV.

* **CHANTOURNEMENT.** *T. techn.* Profil, contour d'une planche qui a été chantournée.

CHANTOURNER. *T. techn.* Tracer un dessin sur une pièce de bois, de marbre ou de métal; couper ou évider le profil donné.

CHANVRE. La plante qui fournit le chanvre est le *cannabis sativa*, de la famille des cannabinées. Il est peu facile de dire d'où elle est originaire, mais il est fort à croire qu'elle nous vient de l'Asie, en raison de l'analogie qui existe entre son nom latin et grec *cannabis* et le nom arabe *kinnub*.

On reconnaît le chanvre à son feuillage palmé (fig. 510), à ses tiges élancées et à son odeur forte. Il s'accommode très bien de tous les terrains, tout en s'acclimatant de préférence dans les terres végétales et riches en humus. Il n'est pas non plus difficile sous le rapport du climat, car on le rencontre croissant parfaitement au nord de la Russie et dans le midi de l'Italie. Ceci tient sans doute à ce que, dans l'une comme dans l'autre contrée, la température moyenne au moment de la croissance est peu variable; cependant son aspect diffère un peu suivant la latitude et la tige acquiert une hauteur d'autant plus grande qu'on s'avance vers le midi. Dans le nord, aussitôt la floraison, toute végétation s'arrête, la plante cesse de grandir et les graines se réunissent au sommet; dans le midi, la floraison n'empêche pas le chanvre de monter et la tige comprend plusieurs étages de fleurs très espacées. Dans le premier cas, la filasse obtenue est plus fine; dans le second cas, elle est plus grossière. Ces différences d'aspect dans le port de la plante ont même donné naissance à cette opinion, qu'il pouvait y avoir plusieurs espèces de chanvre, mais on a acquis maintenant la certitude que si le chanvre n'arrivait dans le nord qu'à une hauteur de 1ᵐ,50 et atteignait dans le midi de 3 à 4 mètres, c'est qu'il se trouvait d'un côté dans des conditions de végétation moins favorables que de l'autre. En transportant sous le climat de Paris des pieds de chanvre géant, provenant du Piémont, et en semant

des grains d'Italie, on a vu rapidement, au bout de deux ou trois ans, les plantes de chanvre revenir au type primitif de nos contrées.

Pour préparer une *chènevière*, on fume en automne la terre avec des engrais chauds et bien consommés. On laboure à l'époque de la fumure, puis ensuite au printemps, une ou deux fois, mais moins profondément. Les semis ont lieu, suivant les localités, de mars à juin; ils se font drus, à la volée, à raison de 260 à 300 litres de graine par hectare. Cette graine est, ou celle de la dernière récolte, ou de la graine du midi regardée comme meilleure. On la sème généralement après

Fig. 510. — *Chanvre d'Europe (individu femelle).*

les gelées printanières et par un temps humide et chaud. Il est très important de bien choisir le moment où l'on doit effectuer ces semis; quarante-huit heures de retard peuvent influer d'une façon très significative sur les résultats. On tâche de répandre le *chènevis* aussitôt après le second labour superficiel du printemps, afin que la germination de la graine ne trouve pas d'obstacle dans la dessiccation du sol; dans certains pays on recouvre même cette graine par un hersage avec un fagot d'épines, et dans tous les cas, on prend les précautions nécessaires pour en éloigner les oiseaux et les mulots qui en sont très friands.

Bientôt le chanvre couvre le sol et étouffe les mauvaises herbes, ce qui la plupart du temps dispense de sarcler. Dans le cours de sa végétation, il craint surtout la sécheresse, les vents violents et arides, et il ne réclame guère de soins. Il a d'ailleurs peu d'ennemis; on cite surtout parmi les insectes, la larve du sphinx tête de mort, parmi les plantes l'orobanche rameuse et la cuscute. Les oiseaux redeviennent nuisibles lorsque la graine paraît à nouveau sur les tiges prêtes à être récoltées. Les bestiaux ont de la répugnance à s'approcher des chènevières.

Le chanvre est une plante dioïque et il y a une différence sensible dans le port et la stature de l'individu femelle, généralement plus fort et plus grand que le mâle. La différence est telle qu'en raison du préjugé qui attribue au sexe masculin la supériorité et la force, les cultivateurs donnent le nom de chanvre mâle à l'individu femelle; mais il est évident que le chanvre femelle est le chanvre porte-graines.

Au moment de la maturité, le mâle laisse échapper son pollen sous forme d'une poussière jaune très abondante. Aussitôt qu'ils défleurissent, les pieds mâles sont arrachés les premiers; ce sont eux qui donnent la meilleure filasse; cet arrachage se fait brin à brin, puis on met les tiges sèches au soleil en petites bottes verticales. Ce n'est qu'un ou deux mois après qu'on arrache le chanvre femelle, lorsque sa tige jaunit et que les graines inférieures commencent à mûrir : on dit que si l'on attendait que les semences fussent complètement mûres, la filasse serait moins bonne. Une fois le chanvre femelle arraché, on l'étend par terre, et le jour même ou le lendemain on le lie en petites bottes de 25 à 30 centimètres de circonférence qu'on dispose sur le champ en petits cônes ou bien en chaîne, c'est-à-dire en formant avec deux bottes une sorte de compas en les appuyant graine contre graine et en alignant d'autres bottes contre les premières que l'on soutient avec un bâton.

On commence aujourd'hui à contester l'utilité de cet arrachage en deux fois et, dans beaucoup de localités, on se contente de l'arrachage unique.

Après récolte, on sépare la graine du chanvre femelle, soit en faisant passer la tête des tiges à l'égrugeoir, soit en battant l'extrémité. Une fois ressuyée, on la met en sacs. On peut semer tous les ans le chanvre sur le même terrain pourvu qu'on lui applique beaucoup d'engrais chauds. Lorsque l'orobanche envahit la chènevière, c'est un signe de dépérissement du sol.

La quantité de filasse produite par un hectare planté en chanvre varie de 700 à 1,200 kilogrammes suivant les pays, la quantité de graine est d'environ 6 hectolitres pesant chacun de 48 à 55 kilogrammes.

Production du chanvre. Nous résumons dans le tableau suivant les différents chiffres qui se rapportent aux diverses statistiques agricoles de la France. On pourra juger par là de la situation la plus récente :

ANNÉES	HECTARES ensemencés	PRODUCTION en filasse	VALEUR totale
		kilogrammes	francs
1840	176.148	67.507.676	86.287.341
1852	123.357	64.173.200	49.654.983
1862	100.114	57.433.900	45.861.863
1871	96.395	49.097.400	49.558.057

D'après la statistique de 1872, qui est la plus récente,

les principaux départements qui représentent la production française du chanvre, sont par ordre d'importance :

Sarthe	47.744	quint. mét.
Maine-et-Loire	33.750	—
Isère	25.144	—
Indre-et-Loire	23.850	—
Lot-et-Garonne	19.860	—
Morbihan	19.200	—
Côtes-du-Nord	18.000	—
Ille-et-Vilaine	14.830	—
Haute-Vienne	13.910	—
Saône-et-Loire	13.885	—
Somme	13.000	—

Dans les départements de la Sarthe et de Maine-et-Loire qui cultivent le plus de chanvre, la terre est louée de 25 à 30 francs la *boisselée* (1/15 d'hectare) et le rendement en filasse est de 9 à 11 *poids* (6 kilogrammes) la boisselée, soit en moyenne 990 kilogrammes par hectare.

ROUISSAGE DU CHANVRE. Nous étudierons le *rouissage* à sa place alphabétique; nous ne citerons ici que les légères différences qui existent entre le rouissage du chanvre et celui du lin.

Ces différences n'existent que lorsqu'il s'agit du rouissage *dans l'eau,* usité dans la Sarthe. Elles sont nulles lorsqu'on rouit le chanvre *sur terre* comme cela se pratique particulièrement dans le département de la Somme.

Lorsqu'on rouit le chanvre à l'eau, les procédés que l'on emploie sont des plus primitifs. Le chanvre est arraché à la main et lié immédiatement en petites bottes que l'on nomme *poignées,* qui ont une circonférence d'environ 25 centimètres. On le porte immédiatement à la rivière ou quelquefois dans des routoirs qui sont tout simplement des trous assez peu profonds creusés en terre sans aucune précaution. Il est mis à l'eau en tas rectangulaires formés de couches horizontales, on augmente l'épaisseur du tas suivant la profondeur de l'eau et on le charge de pierres pour le maintenir à fleur d'eau. Au bout de cinq ou six jours, suivant la température, on retire le chanvre, on le ramène à la ferme, et l'on dépose les poignées couchées horizontalement sur un champ ou un pré. On les laisse quelques jours ainsi. Quand elles sont à moitié sèches, on les dresse debout une à une en écartant les tiges du pied de manière à former un cône. Le chanvre achève ainsi de sécher, et l'on profite d'une belle journée pour rattacher les poignées, et les rentrer dans la grange ou dans les greniers en attendant le broyage.

En Allemagne, le rouissage du chanvre se fait avec plus de perfection qu'en France; on a remarqué que la pointe rouit plus difficilement que le pied et que d'un autre côté le rouissage marche plus vite à la surface de l'eau qu'au fond; en conséquence, on place le chanvre non pas horizontalement, mais verticalement, ou dans une position inclinée, la pointe en haut. Pour faciliter le renouvellement de l'eau au milieu du chanvre qui rouit, au lieu de l'entasser on le place dans de grandes cages en lattes où il n'est pas pressé. On sait aussi construire des routoirs dont l'eau se renouvelle peu à peu pendant le rouissage. (Le Conseil général de la Sarthe a voté pendant quelques années des primes pour encourager les routoirs voisins des cours d'eau, afin d'éviter l'infection des rivières et la destruction des poissons; plusieurs routoirs ont été établis et ont donné de bons résultats, mais cet exemple n'a pas eu d'imitateurs.)

BROYAGE ET TEILLAGE DU CHANVRE. Le broyage et le teillage du chanvre se font le plus souvent à la main, on y emploie aussi quelquefois des machines de divers modèles, mais leur prix relativement élevé ne leur a pas permis de se répandre beaucoup dans les pays de petite culture où l'on récolte le chanvre. Nous étudions cette question, avec tous les détails qu'elle comporte, au mot TEILLAGE. — V. ce mot et BROYEUSE, § Broyeuse-teilleuse.

Lorsque le chanvre a été broyé et teillé, on lui fait subir dans certains cas l'opération du moulageage ou maillochage dont le but est de provoquer une plus grande division des fibres. Cette opération se fait au moyen d'une machine (beetling machine) munie de meules, disposée à peu près de la même manière que l'appareil employé pour le broyage du chocolat; on redresse ensuite les fibres entremêlées au moyen d'une sorte de moulin teilleur à spatules émoussées.

FILATURE DU CHANVRE. La filature du chanvre et la filature du lin se pratiquant d'une façon identique, nous n'en parlerons pas ici. — V. LIN.

VARIÉTÉS COMMERCIALES.

Chanvre français. Les chanvres français sont désignés dans le commerce du nom des anciennes provinces qui les récoltaient : Picardie, Champagne, Anjou et Bourgogne.

Le chanvre de Picardie est resté, dans les belles qualités, le plus estimé des chanvres français. On le récolte aux environs de La Fère, Chauny, Abbeville. Les filaments en sont généralement très longs, soyeux, doux, d'une odeur spéciale et fraîche; ils comprennent deux genres; les blancs et les gris.

Les chanvres de Champagne sont recherchés presque à l'égal des chanvres de Picardie, et peuvent, dans tous les cas, être classés parmi les meilleures espèces. Leurs filaments sont de longueur moyenne et un peu gros. Quelques commerçants les distinguent en chanvres fins femelles, demi-fins, premiers moyens (tous trois blonds et de première qualité), seconds moyens et moyens (bruns ou verts et de deuxième qualité), mais ces dénominations tendent à disparaître. C'est à Châlons-sur-Marne et aux environs que s'en fait le classement.

Les chanvres dits d'Anjou et de Touraine, fournis par les départements de Maine-et-Loire, Indre-et-Loire, Mayenne et Charente, sont avant tout réputés pour leur solidité. Ce sont ceux qui entrent pour la plus grande part dans le commerce des chanvres français. Les chanvres de Touraine (Saumur, Bourgueil, Chinon, etc.) sont appelés chanvre de Loire, ils comportent des qualités très diverses; ceux qui viennent de la vallée qui dépend du bassin de la Loire (Chalonnes, Saint-Jean-de-la-Croix, Pont-de-Cé, etc.) sont appelés chanvres de vallée, et comportent deux

sortes remarquables par leur blancheur et leur finesse; d'autres enfin qui viennent des cantons de Blaison, Briollay, Daguenières et Corné, conservent parfois le nom spécial du pays d'où ils ont été extraits et sauf ceux de Briollay, sont peu estimés en fabrique.

Nos chanvres les plus grossiers, dits chanvres de Bourgogne, ressemblent beaucoup aux chanvres de Champagne. Ils sont très forts, surtout ceux récoltés dans les environs de Vitaux et de Semur et par la vallée d'Epoisse. On en connaît plusieurs qualités : les chanvres en couleur, comparables aux plus beaux seconds moyens de Troyes, et les chanvre à corde de Châlon-sur-Saône, les plus longs peut-être que l'on connaisse dans le commerce français, mais bruns-verdâtres, sales et fort chargés de chènevotte.

Les environs de Saint-Amand, dans le département du Nord, et quelques localités de Bretagne fournissent aussi du chanvre, mais presque toujours employé dans le pays et ne donnant lieu à aucune transaction.

Chanvre de Russie. Les chanvres qui viennent en France de la Russie arrivent surtout de la Russie-Blanche et de l'Ukraine; ils s'expédient principalement par Riga ou Cronstadt.

Les qualités en sont très variées. Les plus beaux ont de 1m,65 à 2 mètres de long, ils sont d'une couleur pâle, jaunes-verdâtres et doux au toucher. La qualité moyenne est plus foncée, les fibres en sont plus courtes et cotonneuses. Les chanvres communs sont d'un vert-roux facilement reconnaissables, les filaments en sont très courts et mélangés de chanvre mort.

On divise les chanvres de Russie en chanvres de Riga et chanvres de Saint-Pétersbourg.

Les chanvres de Riga sont ceux que l'on reçoit le plus, ils comprennent trois qualités désignées dans le commerce français : 1° Pass; 2° Outshott; 3° Net.

A chacune de ces qualités correspondent, comme pour le lin, autant de marques différentes indiquées par des lettres. — V. BRAQUE.

La variété Pass comprend cinq marques : KSPH, LSPH, PPH, FPPH, SFPPH;

La variété Outshott, trois marques : PAH, FPAH, SFPAH.

Et la variété Net, quatre marques : PRH, FPRH, SFPRH, MRH.

On peut trouver parfois d'autres marques, mais celles-ci sont les seules adoptées par la Chambre de commerce de Riga.

Quant aux chanvres de Saint-Pétersbourg, ils comprennent trois sortes : Net, Outshott, Mi-net. Aucune marque spéciale ne correspond à chacune de ces qualités.

Chanvre d'Allemagne. Les ports russes d'Allemagne, Kœnigsberg et Memel, nous expédient des chanvres qui se rapprochent de ceux de Russie.

Les chanvres de Kœnigsberg comprennent trois sortes : 1° Net; 2° Coupé; 3° Schuking.

Les chanvres de Memel se divisent en deux qualités : 1° Schuking; 2° Pass.

Les deux variétés *schuking* de Kœnigsberg et de Memel sont de qualité identique.

Il nous vient encore d'Allemagne des *chanvres badois*, secs et jaunâtres, et des *chanvres d'Alsace* faciles à reconnaître à leurs fibres longues et aplaties, s'affinissant beaucoup par un second broyage et qui sont réputés pour **soutenir facile**-ment l'action prolongée de l'eau.

Chanvre d'Italie. De tous les chanvres connus, ceux d'Italie sont de beaucoup les plus beaux; ils ont l'aspect de lins soyeux et de bonne qualité, leurs filaments sont longs, secs, d'un beau blanc, très fins, mais peu tenaces. Nous les recevons bruts ou peignés.

Les plus estimés sont ceux de Bologne, qui comprennent quatre genres :

1° Les chanvres bruts de filature, appelés *mazzoni* (bottelés) ou *londrini* (principalement destinés à Londres), lorsqu'ils sont de bonne qualité et *bassi* lorsqu'ils sont de qualité inférieure. Les premiers comprennent trois genres désignés par les lettres PL, SL, TL; et les seconds trois autres genres représentés par les lettres PB, SB, TB;

2° Les chanvres bruts de corderie qui comprennent aussi trois qualités : PC, SC, TC, et que l'on connaît sous le nom de *cordaggi*;

3° Les arrachures, divisés en *strappature I* et *strappature II*;

4° Enfin, les chanvres peignés, *pettinati* ou *gargioli*, désignés par les lettres PG, SG, TG ou PP, SP, TP.

Le Ferrarais, voisin du Bolonais, produit des chanvres tout aussi estimés, mais moins beaux.

Les *chanvres de Ferrare* se classent ainsi :

1° Les chanvres de filature, dont on a deux marques : PG et GA;

2° Les chanvres de corderie, qui comprennent les trois marques de Bologne : PC, SC et TC.

La Toscane, le Modenais, la Lombardie, la Vénitie et le Piémont, voisins du Ferrarais, produisent des chanvres de même aspect et de même couleur.

Enfin, les deux Siciles (Terra di Labore et Sicile) nous envoient des chanvres tout peignés, en toutes qualités et prix, et des chanvres bruts moins fins et moins longs, parmi lesquels on distingue :

1° Les chanvres de corderie, dits *marcianisi*;

2° Les chanvres de filature, qui comprennent deux qualités : les *paesani* et les *forestieri*.

Commerce du chanvre. La majeure partie du chanvre récolté en France est consommée dans le pays, nous n'en exportons qu'une quantité relativement minime, principalement en Belgique et en Allemagne. Voici les derniers chiffres d'exportation en chanvre *teillé* :

	1878	1879	1880
	kilogr.	kilogr.	kilogr.
Angleterre. . . .	12.132	542	3.402
Belgique.	92.099	192.403	213.019
Allemagne. . . .	32.585	66.205	41.430
Autres pays. . . .	43.286	61.431	65.585
Totaux . . .	180.102	320.581	323.436

Mais, par contre, les importations de ce textile sous la même forme sont considérables. Elles se sont élevées pendant la même période aux chiffres suivants ;

	1878	1879	1880
	kilogr.	kilogr.	kilogr.
Angleterre. . . .	663.621	196.121	676.321
Russie.	984.213	1.121.639	1.528.633
Italie.	6.122.234	8.933.399	5.021.925
Autres pays. . .	4.686.017	5.859.541	4.922.390
Totaux . . .	12.456.085	16.110.700	12.149.269

Outre cela, nous recevons une certaine quantité de chanvre *peigné*. Voici, pendant la même période, quelles ont été les importations sous cet état :

	1878	1879	1880
	kilogr.	kilogr.	kilogr.
Italie.	2.089.099	1.917.733	1.452.749
Autres pays. . .	234.890	276.577	238.314
Totaux . . .	2.324.889	2.194.310	1.691.063

Presque tout ce chanvre peigné est consommé en France, il ne faut en déduire que des exportations de plus en plus insignifiantes qui, dans ces dernières années, ont été :

1878. . . . . 122.218 kilogrammes.
1879. . . . . 56.196 —
1880. . . . . 30.216 —

Ainsi qu'on le voit, les chanvres étrangers nous sont fournis en grande partie par l'Italie, la Russie vient ensuite, puis l'Angleterre qui nous envoie principalement des chanvres de Russie en transit chez elle, et enfin l'Allemagne.

BLANCHIMENT. La matière qui colore le chanvre est complètement insoluble dans l'eau, mais elle devient soluble dans les lessives caustiques aussitôt qu'elle a été résinifiée par le contact de l'air ou par l'action du chlore. On a vu à l'article BLANCHIMENT toutes les préparations que l'on fait subir au chanvre pour arriver à le blanchir, nous voulons simplement ici insister sur quelques points spéciaux.

Avant toute opération sur la matière colorante, il faut d'abord enlever le parement et les saletés apportées sur le tissu par la main de l'ouvrier. Le mieux alors est, soit de plonger les pièces dans l'eau tiède comme on l'a expliqué, soit de les placer dans une eau à 35°, contenant par hectolitre 100 grammes d'orge germé, celui-ci par sa diastase transforme alors l'amidon en dextrine soluble; on y laisse les pièces six heures en élevant lentement la température à 60°. Ce procédé vaut mieux que celui qui consiste à employer, soit de vieilles lessives, soit des mélasses, du son ou enfin de l'eau de chaux, tous moyens qui, sauf le dernier, déterminent l'altération spontanée *du parou* et une fermentation alcoolique et acétique.

On a vu, par la citation qui a été faite des diverses opérations que l'on fait subir au chanvre pour le blanchir, que ces opérations sont très multipliées. Aussi les lessives caustiques employées ne sont pas très concentrées, elles n'agissent que progressivement, et surtout lorsque la matière y a été prédisposée par des gonflements et des retraits successifs et répétés. Le mieux est d'employer, au lieu d'alcali caustique pur qui attaque le tissu lorsqu'il est trop abondant et qui l'énerve lorsqu'il est en petite quantité, une lessive de carbonate de soude faiblement caustiquée; on arrive ainsi à l'aide de la partie non caustique, à prédisposer la fibre au brillant et au moelleux, et on a, en outre, à sa disposition un liquide plus fluide qui permet ensuite, chose très importante, de pousser le rinçage complètement à fond. Comme dit l'axiome : *bien rincer, c'est bien blanchir.*

Pour arriver aux lessives dont nous parlons, il faut employer le sel de soude à 80°, les cristaux de soude à 36° ou la potasse à 65°, dissoudre dans au moins dix fois le poids d'eau maintenue bouillante, enlever les écumes, puis clarifier avec un peu de lait de chaux. On emploie pour chaque coulage une quantité de lessive égale à 1, huit fois le poids du tissu en écru. La durée des lessivages est de six heures pour les lessives caustiques dans le chauffage à la vapeur, et de 5 heures dans le chauffage à feu nu à double fond ; de quatorze heures à la vapeur pour les lessives peu caustiques, et de douze heures pour le feu nu.

En employant la chaux, on produit sur la fibre une sorte de tumescence qui la prépare très avantageusement à l'oxygénation à l'air. — V. BLANCHIMENT.

Usage du chanvre. En dehors de l'utilisation du chanvre (V. CÂBLE, § III; CORDAGE, FILASSE), nous avons encore à signaler l'emploi qui est fait de sa tige, de sa graine et de ses feuilles.

Avec la tige on fait, soit des allumettes soufrées, très employées dans certains pays, soit un charbon léger, employé pour la fabrication de la poudre à tirer, mais dont la préparation est difficile à cause de la rapidité de l'incinération.

Avec la graine, on fait de l'huile, ou bien on l'emploie intacte. L'huile de chènevis, très bonne à brûler, est employée dans la peinture grossière et la fabrication du savon noir. Le tourteau qui en résulte est un excellent aliment pour les bestiaux, mais surtout un très bon condiment pour les terres. Enfin, lorsque la graine n'est pas employée pour les semis, on s'en sert dans les fermes pour échauffer les poules et les faire pondre, et tous les oiseaux de la famille des fringilles en sont très friands.

Les feuilles de chanvre, dans une grande partie de l'Orient, sont fumées à la manière du tabac et procurent une ivresse semblable à celle de l'opium. — A. R.

On donne encore le nom de chanvre à un grand nombre de plantes, dont la plupart fournissent de la filasse, et dont les principales sont les suivantes :

Chanvre d'Afrique. — V. BOARI, SUNN.

Chanvre d'Amérique. — V. PITTE.

Chanvre de Bombay. — V. HIBISCUS.

Chanvre de Calcutta. — V. JUTE.

Chanvre de Campêche. — V. PITTE.

Chanvre de Canada. Plante herbacée (*apocynum cannabinum*, Datistacées) vivace, croissant dans l'Amérique et l'Asie boréales et très rarement dans l'Europe australe, cultivée ordinairement comme plante d'ornement, mais qui mériterait les honneurs d'une culture en grand pour utiliser l'excellente filasse que contiennent ses tiges.

Chanvre de Crète. Plante annuelle (*datista cannabina*, Datistacées) indigène du centre de l'Asie et du Népaul, où elle fournit encore parfois de la filasse, cultivée en Europe dans les jardins botaniques; c'est d'elle que Braconnot a extrait la datiscine, substance voisine de l'inuline.

Chanvre du Deccan. — V. HIBISCUS.

Chanvre de Saint-Domingue. — V. PITTE.

Chanvre d'eau. Plante annuelle (*bidens repartita*, composées) qui habite ordinairement le bord des eaux et qui n'a jamais été utilisée industriellement.

Chanvre de Haïti. — V. PITTE.

Chanvre de l'Himalaya. — V. CHINA-GRASS.

Chanvre de l'Hindoustan. — V. JUTE.

Chanvre du Japon. Arbuste très répandu dans nos jardins *keria japonica*, Rosacées). Il a été décrit dès le principe sous le nom de *corchorus japonicus*, par Thunberg; plus tard, Cambes lui donna le nom de *spirea japonica* et ce dernier nom a été changé à la création du genre *keria*.

Chanvre de Jubbelpoore. — V. SUNN.

Chanvre de Madras. — V. SUNN.

Chanvre de Mahot. — V. HIBISCUS.

Chanvre de Manille. — V. PITTE.

Chanvre de la Nouvelle-Zélande. — V. PHORMIUM.

Chanvre de Sisal. Nom commercial d'une variété de l'aloès pitte (V. PITTE) qui nous vient de l'Amérique centrale (ainsi nommé du port d'exportation de Sisal).

Chanvre de Tampico. — V. PITTE (crin de Tampico).

Chanvre de Wuckonoor. — V. SUNN.

* CHANVRIER, ÈRE. Celui, celle qui prépare, qui travaille le chanvre; qui s'occupe de l'industrie du chanvre.

I. CHAPE. *T. techn.* 1° Nom de certains objets destinés à couvrir ou à envelopper d'autres objets. || 2° *T. de mécan.* Pièce terminée en forme de fourche entre les branches de laquelle on peut disposer une pièce plane qu'on veut assembler avec la pièce. Cet assemblage s'opère généralement à l'aide d'un boulon d'articulation passé à travers les joues de la chape, et qui laisse aux deux pièces ainsi réunies une certaine liberté d'oscillation. La *chape de poulie* est mobile autour d'un pivot qui lui sert d'axe. || 3° *T. de fond.* Enveloppe dans laquelle le fondeur assujettit les différentes pièces d'un moule. — V. BRONZE D'ART § *Moulage.* || Généralement dans les industries qui se servent du principe du moulage on donne ce nom, lors de l'établissement des moules, quelle que soit la matière qu'on emploie à leur confection, au remplissage, à la partie du moule qui permet de maintenir, pendant l'opération du moulage, les autres parties en place; dans quelques cas, la chape est une sorte de cuvette, dans d'autres, c'est une sorte de couvercle qui les emprisonnent pour faciliter le transport. On écrit aussi *chappe.* || Mélange dont on recouvre les cires des objets que l'on jette à la fonte. || 4° *T. d'imp.* Petit calibre de tôle taillé à l'extrémité, comme une matrice de caractère. || 5° *T. d'horlog.* Monture d'une ou plusieurs poulies. || *T. de constr.* Enduit de ciment que l'on pose sur la partie extérieure d'une voûte pour la garantir contre les filtrations d'eau pluviale. Nous consacrons à ce sujet un article qui, bien que spécial au génie militaire, peut s'appliquer à la construction en général. — V. l'article suivant. || 7° *T. de p. et chauss.* Lit de mortier sur lequel on pose le pavé. || 8° *T. de fact. de mus.* Planches qui servent de couverture au sommier de l'orgue. || 9° *T. de cost.* Vêtement d'église en forme de manteau, s'agrafant par devant et descendant jusqu'aux talons, et que portent, pendant le service divin, l'officiant et certains officiers du chœur. Les chapes sont faites en étoffes précieuses, rehaussées de broderies d'or, d'argent ou de soie. || Habit des cardinaux muni d'un capuce

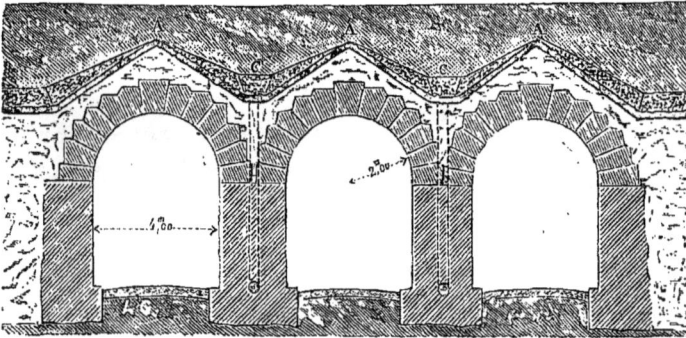

Fig. 511. — *Coupes d'une série de casemates montrant la disposition des chapes A C.*

doublé d'hermine. || 10° *T. techn.* Couvercle d'un alambic. || 11° Morceau de métal bordant l'extrémité supérieure d'un fourneau. || 12° Trou percé dans le bois, le fer, le cuivre, etc., et destiné à recevoir les extrémités d'un tour, d'un essieu, d'une balance, etc. || 13° Pierre d'agate sur laquelle repose l'aiguille de la *boussole.* || 14° Pièce de cuivre du touret des graveurs sur pierres fines. || 15° Partie d'une boucle par laquelle elle tient à la ceinture, au soulier, etc.

|| 16° *Chape de saint Martin.* Etendard, suivant quelques auteurs, et suivant d'autres, oratoire portatif contenant les reliques de saint Martin, et qui servait d'insigne principal dans nos armées de la première race.

II. **CHAPE** (Etym. esp. et provenc., *capa, cape, chapeau*). Dans l'architecture militaire, on désigne sous le nom de *chape* un dispositif de maçonnerie que l'on applique sur les extrados des voûtes des magasins à poudre, des casemates et en général de toutes les constructions qui doivent être recouvertes de terre, afin de garantir ces abris des infiltrations et de l'humidité du sol. On n'obtient cette imperméabilité des chapes qu'à la condition d'employer des matériaux de choix et d'apporter dans l'exécution les précautions et la surveillance les plus attentives. Pour les voûtes en berceau, qui sont les plus employées dans la fortification, on donne aux chapes (fig. 511) la disposition d'une série de toits à deux égouts dont les faces inclinées sont dressées sur la maçonnerie en béton hydraulique qui fait corps avec les extrados des voûtes. Les surfaces planes imperméables des chapes sont formées d'un enduit en bon ciment ou en asphalte. On a reconnu par expérience que les chapes en asphalte sont plus étanches et plus durables que celles en ciment. Cette supériorité provient de ce que l'asphalte éprouve moins de retrait à la prise que le ciment et que cette matière conserve, même sous l'action de l'eau, une certaine élasticité qui l'empêche de se fendiller (comme cela arrive fréquemment au ciment) par suite de la légère déformation que la voûte éprouve vers les reins sous le poids de la masse de terre dont elle est surchargée. Les eaux d'infiltration sont drainées par les plans de la chape dont elles suivent l'inclinaison et viennent se réunir aux points bas C, où elles sont reçues dans un tuyau de descente en fonte ou en poterie dont l'orifice supérieur est garni d'une plaque en terre cuite percée de trous. Lorsque les voûtes présentent une grande largeur, de 12 à 15 mètres, ou qu'elles sont d'un appareil compliqué, on doit multiplier les plans de chape et faciliter l'écoulement des eaux en disposant sur ces chapes un réseau de tuyaux de drainage distribué de façon à recueillir toutes les infiltrations.

*CHAPÉ, ÉE. Art hérald. Pièce de l'écu faite en forme de chevron, depuis le milieu du chef jusqu'au milieu des flancs. On dit aussi *chappé, ée.*

I. **CHAPEAU.** 1° *T. de cost.* Coiffure d'homme ou de femme, dont la forme varie suivant les exigences de la mode et qui est ordinairement faite de feutre, de peluche de soie, de laine ou de poil, de paille, de carton, etc. — V. CHAPELLERIE, COIFFURE, MODISTE. || *Chapeau de cardinal.* Pris absolument, ce mot désigne la coiffure distinctive des cardinaux; c'est un chapeau rouge à forme plate et à bords très larges, ornés de ganses rouges qui retombent sur les épaules. || 2° *Art hérald.* Figure de chapeau qui marque la dignité ecclésiastique : les évêques ont six houppes au cordon du chapeau et les archevêques quinze comme les cardinaux. || 3° *T. d'exploit. des mines. Chapeau de filon.* Partie d'un filon qui se rapproche de la surface du sol. || 4° *T. techn.* Se dit de certains objets qui ont pour fonction d'envelopper ou de couvrir d'autres objets. || 5° *T. de méc.* Partie supérieure d'un palier maintenue elle-même par des boulons, qui sert à fixer la moitié supérieure du coussinet logé dans celui-ci. Elle porte également le graisseur du *palier* (V. ce mot). || 6° *T. de carross.* Calotte de cuivre fondu fixée sur la boîte d'essieu, et qui la ferme hermétiquement. || 7° *T. techn.* Bobine du tireur d'or pour rouler l'or avant qu'il soit dégrossi. || 8° Dans la roue du cordier, planche courbée portant plusieurs molettes qui reçoivent le chanvre qu'on file. || 9° *T. de tann.* Nom que l'on donne à l'épaisseur de tannée dont on recouvre la dernière couche de tan neuf, dans les fosses à tan. || 10° *T. d'arm.* Petit rebord extérieur de certaines capsules fulminantes pour les manier plus facilement. || 11° *T. de mar.* Tourteau de bois percé de mortaises qui, dans le cabestan, reçoivent les leviers sur lesquels on agit. || 12° *T. de constr.* Dernière pièce qui termine un pan de bois, et qui porte un chanfrein destiné à recevoir une corniche de plâtre. || 13° Pièce servant d'appui aux plus hautes marches d'un escalier en bois, et qu'on nomme *chapeau d'escalier.* || 14° *Chapeau de lucarne.* Pièce de bois formant la fermeture d'une lucarne. || 15° Pièce de bois posée horizontalement sur la partie supérieure d'une charpente. || 16° Pièce de bois qui soutient des solives. || 17° Pièce de bois fixée sur les couronnes d'une pile de pieux par des chevilles en fer. || 18° Rond de tôle à l'extrémité d'un tuyau ou d'une cheminée; on le nomme *chapeau de cardinal* ou *rondelle.* || 19° Dans la fabrication du vin, mousse qui se produit à la surface du liquide pendant la fermentation, et qui entraîne avec elle les matières en suspension. || 20° *T. d'imp.* Traverse supérieure qui réunit les deux jumelles de la presse en bois et qu'on nomme aussi *chapiteau.* || 21° *T. de filat.* Pièce qui recouvre la partie supérieure du tambour des cardes. — V. CARDE et l'article suivant. || 22° *T. d'instr. de mus. Chapeau chinois* ou *Pavillon*

chinois. Nom d'un instrument de musique militaire, aujourd'hui inusité en France; il est formé d'un bâton terminé par une sorte de tulipe en cuivre renversée et garnie de clochettes. || 23° *T. de ponton.* Dans la construction des ponts militaires, c'est une pièce de charpente horizontale formant la partie supérieure du chevalet à quatre pieds ou à deux pieds. C'est sur ce chapeau que reposent les extrémités des poutrelles qui supportent le tablier du pont (V. CHEVALET). || 24° *T. de min. milit.* On donne ce nom, dans un châssis de mine, à la pièce de bois horizontale qui s'appuie sur les deux montants et qui supporte le coffrage supérieur formant le ciel de la galerie. Les chapeaux portent comme les semelles au milieu de leur longueur une *coche* ou un trait de scie, ayant pour but de faciliter la pose du châssis en permettant de vérifier son aplomb et son alignement. Dans la galerie majeure, les chapeaux ont 2^m,10 de long sur 0^m,17 de large et 0^m,20 de haut; dans la demi-galerie, le chapeau n'a que 1^m,30 et 11/16 d'équarrissage. — V. CHÂSSIS.

II. *CHAPEAU. T. de filat.* Organe fixe des cardes disposé en certain nombre autour du grand tambour (V. CARDAGE, CARDE). Dans les cardes dites *à chapeaux,* on en compte ordinairement 16 à 24; dans les cardes *mixtes,* 12 à 16.

Les chapeaux se font en bois, mais pour éviter le gauchissement que pourraient occasionner les variations de température, on les fait en trois couches d'épaisseur et d'essence différente : la couche inférieure destinée à recevoir la garniture se fait en tilleul, son épaisseur est de 15 millimètres; la couche intermédiaire en sapin a une épaisseur de 25 millimètres; enfin la couche supérieure de 15 millimètres d'épaisseur se fait en bois très dur, habituellement en chêne ou en acajou. La longueur du chapeau est un peu supérieure à la largeur du grand tambour; sa largeur est environ de 50 à 60 millimètres et la largeur de la partie garnie d'aiguilles est de 45 millimètres; plus large, la moitié du chapeau ne travaille plus; plus étroit, les boutons et autres impuretés restent au bord de la garniture au lieu de se loger au fond des duits. Les chapeaux en bois sont munis d'une armature métallique à leurs extrémités. On a construit également des chapeaux en fonte qui ont donné des résultats assez satisfaisants; leur grande fragilité est une des raisons qui les font délaisser.

On distingue encore dans les cardes les *chapeaux tournants* qui sont cylindriques et les *chapeaux marchants* qui sont articulés sur une chaîne sans fin. Nous avons décrit à l'article CARDE ces divers organes.

CHAPEAUDER. T. techn. Procédé qui consiste, dans l'industrie des papiers peints, à recouvrir les saillies des rouleaux de petites lames de feutre qui forment pinceau, prennent et déposent la couleur avec netteté. Ce mot vient de ce que l'on emploie pour cette opération le feutre des vieux chapeaux.

*CHAPEL. Se disait autrefois pour *chapeau* et désignait ce qui se mettait sur la tête, non seulement comme coiffure, mais encore comme ornement. — V. Armure.

CHAPELET. 1° Objet de dévotion, en forme de collier, fait de grains enfilés et composé de cinq dizaines d'*Avés*; entre chaque dizaine, on dit le *Pater*. || 2° Dans les arts, ornements qui se suivent et s'enchevêtrent les uns dans les autres. || 3° T. *d'arch.* Baguette formant une suite de perles, d'olives ou de grains qui entre dans la décoration architecturale. || 4° T. *de fond.* Assemblage de barreaux d'acier en forme de croix, qui sert à maintenir le noyau droit dans la chape du moule d'une pièce de canon.

Chapelet hydraulique. Machine qui sert à élever l'eau. Lorsque l'on veut élever à de faibles hauteurs, 4 à 6 mètres, par exemple, de l'eau bourbeuse ou mêlée de limon fin, ou de gravier

Fig. 512. — *Le chapelier au XVIᵉ siècle, d'après une gravure sur bois de J. Amman.*

qui pourrait empêcher l'emploi d'appareils plus perfectionnés, comme les pompes à clapets, on emploie le chapelet, organe de construction simple qui peut marcher malgré l'introduction de corps étrangers. Comme son nom l'indique, l'organe principal du chapelet est une chaîne sans fin à laquelle se trouvent fixés de 15 en 15 centimètres des grains ou patenôtres de 0ᵐ,06 à 0ᵐ,07 de diamètre garnis chacun d'une rondelle de cuir; la chaîne ainsi formée passe à frottement dans un tuyau de métal (fonte ordinairement) appelé *buse*, plongeant dans l'eau et laissant déboucher celle-ci dans un canal au moyen d'un ajutage situé à la partie supérieure de la buse. La chaîne, en sortant du tuyau, passe sur une poulie à gorge convenablement disposée suivant les grains du chapelet, et mue à bras d'homme

ou par machine au moyen d'une manivelle et d'engrenages intermédiaires de façon à donner au chapelet sans fin une vitesse de 1ᵐ,50 à 2 mètres par seconde. La base de la buse peut être inclinée sous des angles variant généralement jusqu'à 45°. Le chapelet rend environ 0,65 du travail développé, l'eau élevée est environ les 5/6 de l'eau puisée, l'appareil étant en bon état.

CHAPELIER, ÈRE. T. *de mét.* Celui, celle qui fabrique ou vend des chapeaux d'homme.

— Les premiers statuts des chapeliers remontent à 1578; confirmés par Henri IV en 1594; modifiés en 1613 par Louis XIII, ils ont reçu de nouvelles additions en 1706, sous Louis XIV. Notre figure 512 représente un atelier de chapelier au XVIᵉ siècle, reproduit d'après une gravure du temps. La corporation des chapeliers comprenait quatre classes de maîtres : fabricants, teinturiers, marchands en neuf et marchands en vieux. Les bonnetiers se sont appelés *chapeliers de coton*, et lorsqu'il leur fût accordé le droit de travailler la laine, ils prirent le titre de *chapeliers de bonnets de coton et de laine*. La communauté des chapeliers se réunit, en 1776, aux corps des bonnetiers et des pelletiers.

*CHAPELINE. Armure de tête des chevaliers du moyen âge, nommée aussi *cervelière*. — V. ce mot.

I. CHAPELLE. 1° Petite église. — V. l'article suivant. || 2° T. *d'imp.* Ancien privilège des ouvriers typographes qui leur donnait le droit de prélever à leur profit un certain nombre d'exemplaires des ouvrages imprimés dans leurs ateliers, et qu'ils revendaient ensuite aux libraires. Le prélèvement qui se fait aujourd'hui constitue une infraction qui devrait être sérieusement réprimée, car elle porte un grave préjudice aux imprimeurs et aux éditeurs. || 3° T. *techn.* Voûte surbaissée qui recouvre la sole d'un four de boulangerie ou de pâtisserie. || 4° Couvercle d'un alambic. || 5° Bâti en bois qui supporte la châsse ou le porte-lame d'un métier de tissage. || 6° Cintre qui recouvre la roue d'une vielle. || 7° T. *de céram.* *Chapelle* ou *enfournement en chapelle*. Méthode qui s'applique à la cuisson des poteries simples ou composées. On dispose dans l'intérieur du four, au moyen de tuiles et de piliers ou pillets, des sortes de capacité dans lesquelles on place les pièces à cuire; elles reposent sur les planchers inférieurs, et sont couvertes par les planchers supérieurs qui les protègent contre la poussière et les cendres. Dans l'emploi des moufles en remplacement des fours, la moufle elle-même fait l'office d'une chapelle, elle est fermée quand la porte est mise en place, et complètement close lorsque la murette et la porte sont fermées. — V. Céramique, § *Technologie.*

II. CHAPELLE. T. *d'arch.* Edicules ou petits édifices de destinations très diverses, mais dont la classification peut être limitée aux trois catégories suivantes : *chapelles isolées*; *chapelles englobées* dans certains établissements publics, tels qu'hôpitaux, prisons, lycées ou collèges, châteaux, couvents ou séminaires; *chapelles annexées* aux édifices religieux, cathédrales, églises abbatiales ou paroissiales.

Parmi les chapelles isolées, il faut citer tout d'abord, comme étant les plus anciennes, celles dites *saintes* ou *votives*, destinées à consacrer le souvenir des saints et construites sur le lieu même de leur martyre. Généralement, ces édicules se composaient d'une crypte renfermant le corps ou du moins des ossements du saint et surmontée d'une salle de forme circulaire ou polygonale destinée à recevoir les fidèles venant en pélerinage. C'est sans doute en souvenir de cette coutume et par tradition que, de nos jours, l'usage s'est répandu d'élever, dans les cimetières au-dessus des caveaux renfermant les corps, de petits édicules dans lesquels la famille des défunts vient faire ses dévotions. Dans les cimetières des grandes villes et notamment dans ceux de Paris, les architectes ont, surtout depuis un demi-siècle, fait de louables efforts pour trouver l'expression artistique qui convient à ce genre de tombeaux, mais en général ces petites chapelles sont exécutées sur des types d'une triste banalité et dans des conditions qui sont loin de leur assurer la durée qu'ont eue les chapelles des morts, élevées au moyen âge, qui ont avec elles une certaine analogie et dont quelques exemples existent encore, tels que la chapelle d'Avioth (Meuse), celle de Blésé (Indre-et-Loire), etc.

— Dans les châteaux et autres édifices du moyen âge et de la Renaissance, les chapelles n'étaient souvent que de simples oratoires situés au premier étage, mis en communication directe avec les pièces habitées et portées en encorbellement sur les façades, comme, par exemple, à l'hôtel de Cluny (xvᵉ siècle) à Paris, au château de Blois et dans celui de Chenonceaux (xvıᵉ siècle). Parfois, au contraire, ces chapelles prenaient l'importance de véritables petites églises, notamment la Sainte Chapelle du Palais à Paris, celle du château primitif de Saint-Germain-en-Laye, et plus tard celle du château de Versailles.

Les édifices modernes possèdent aussi des chapelles plus ou moins importantes qui sont intéressantes à étudier, au moins en ce qui concerne leur disposition; il faut citer particulièrement celle de l'asile des aliénés Sainte-Anne à Paris, pour laquelle l'architecte a adopté un plan permettant de faire assister, à la même messe, les hommes et les femmes sans qu'ils puissent s'apercevoir. Pour les prisons communes on a recours à des dispositions analogues. Dans certains hôpitaux et pénitentiers cellulaires, notamment dans celui récemment construit à Nanterre (Seine), les chapelles sont conçues de telle sorte que les malades et les prisonniers puissent assister à la messe et voir l'autel, sans quitter leurs quartiers et même leurs cellules.

Les chapelles des lycées et collèges ne doivent pas répondre à de semblables exigences, mais être toutefois installées dans l'établissement même, être facilement accessibles et à couvert. Dans les collèges des xvııᵉ et xvıııᵉ siècles et même dans ceux construits il y a quelques années, on admettait que la chapelle devait occuper le centre de l'établissement et s'affirmer d'une façon très apparente et monumentale; cependant, une telle conception présente de graves inconvénients, en ce sens qu'elle rend difficile et en tout cas défectueuse l'installation des autres services d'un usage plus journalier, et qu'elle entraîne à des dépenses

considérables, aussi en France du moins, dans les nouveaux plans exécutés sous la direction de l'administration de l'instruction publique, la chapelle tout en étant convenablement disposée n'a plus, par sa position et son aspect, la même importance et est-elle généralement reportée vers l'extrémité des bâtiments, de telle sorte que les locaux scolaires et les cours de récréation profitent, plus amplement, de l'espace disponible. Cette disposition ne s'étend pas bien entendu aux séminaires et surtout aux couvents.

Les chapelles annexées aux églises font partie du plan même de l'édifice et concourent à son effet, tant à l'intérieur qu'à l'extérieur.

— Les basiliques antiques ne possédaient qu'un seul autel et par suite ne renfermaient pas de chapelles. Ce n'est que vers le xᵉ siècle que les absides sont accompagnées de ces annexes mais en petit nombre; au xıııᵉ siècle au contraire les chevets des églises sont entourés de chapelles nombreuses, rayonnantes, et dont l'une, celle située dans l'axe de l'édifice est plus importante que les autres; celle-ci est habituellement consacrée à la Vierge.

Les transepts étaient également pourvus de chapelles absidales, et au xıvᵉ siècle les églises à trois et même cinq nefs, ainsi que celles consistant en un vaisseau unique, sont flanquées, dans toute leur étendue, de chapelles établies entre les contreforts; cette dernière disposition a été conservée d'une façon très accusée dans les églises de communauté et surtout dans celles construites par les Pères jésuites dont l'architecture présente d'ailleurs un caractère tout spécial.

Actuellement, pour la composition des édifices religieux, les architectes s'inspirent beaucoup des exemples du moyen âge et ménagent la place de deux chapelles au moins dans les plus petites églises. Dans les monuments plus importants, ils ont même, dans bien des cas, adopté un parti tout nouveau qui consiste en l'établissement de deux chapelles situées vers l'entrée et destinées, l'une à recevoir les fonts baptismaux, l'autre au dépôt des corps, avant le service des morts. Malgré bien des tentatives faites dans ce sens, les solutions connues ne sont pas heureuses, ces chapelles se rattachent médiocrement à l'ensemble du monument, ne produisent pas bon effet et enlèvent de la simplicité à la composition générale. Cependant, on ne saurait méconnaître la valeur du motif qui a amené les architectes à donner aux services dont il s'agit, des emplacements spéciaux, qu'il est bon de prendre en dehors de la nef et des bas-côtés en faveur de la circulation.

En ce qui concerne la construction proprement dite des chapelles, il est à remarquer que, quel que soit leur style, aux bonnes époques de l'art, elles sont conçues, non pas comme des réductions d'églises, mais avec des données qui conviennent aux dimensions restreintes de ces édicules. Pour fermer ces chapelles, on a adopté, suivant les époques et les provinces, la voûte en berceau, la voûte ogivale ou bien le lambris cintré en bois; parfois même le plafond à compartiments. Dans les églises, les chapelles annexées sont en général traitées avec une certaine richesse relative qui est la conséquence de la place qu'elles occupent directement près de l'œil extérieurement et intérieurement. — A. B.

III. * **CHAPELLE.** *T. techn.* On donne, dans les ateliers de constructions, le nom de *chapelle* à une pièce spéciale en forme de boîte qui est destinée à recevoir une soupape. Les soupapes des tuyaux des pompes d'alimentation ou des injecteurs des chaudières à vapeur sont renfermées dans des chapelles rapportées sur ces tuyaux. La chapelle d'entrée d'eau voisine de la chaudière porte, en outre, un robinet qui permet de l'isoler de celle-ci. La soupape renfermée dans la chapelle est toujours formée par un clapet ou un boulet dont le jeu est réglé par une vis fixée sur le couvercle; dans ce dernier cas la chapelle renferme à l'intérieur une lanterne servant de siège pour le boulet et présentant une forme de dôme d'où est venu sans doute le nom de *chapelle* donné à la pièce entière. — V. Soupape.

CHAPELLERIE. Cette industrie se subdivise en autant de branches qu'il y a de matières différentes propres à la fabrication des chapeaux; nous allons étudier les plus importantes, au point de vue de la technologie, et nous prions le lecteur de se reporter au mot Coiffure pour la partie historique.

La fabrication des chapeaux subit, vers 1825, une transformation importante et devint une véritable industrie. On distinguait alors, comme aujourd'hui:

1° Le chapeau de feutre de laine;

2° Le chapeau de feutre de poil;

3° Le chapeau de luxe en poil velu;

4° Le chapeau de luxe en soie;

5° Le chapeau mécanique n'a été inventé qu'en 1834;

6° Le chapeau verni;

7° Le chapeau de paille.

De 1825 à 1852, les seuls procédés mécaniques qui furent introduits dans la fabrication des chapeaux de laine et de poil, de beaucoup la plus importante, furent la *souffleuse* et la *tondeuse*. En 1852, une révolution totale s'opéra dans cette branche de la chapellerie, et afin de montrer toute l'importance des progrès accomplis, nous allons exposer d'une façon très rapide comment s'opérait alors cette fabrication, pour donner ensuite à cette industrie l'attention que réclament les résultats acquis de nos jours (1).

La laine ou le poil, après les préparations appropriées aux matières employées, était arçonné avec une sorte d'arc de 1m,50 de longueur environ, armé d'une corde à boyaux que l'ouvrier mettait en vibration avec une coche en bois; cet arçonnage avait pour but d'ouvrir et de mélanger parfaitement toutes les parties de laine ou de poil; on aplatissait ensuite l'ensemble au moyen de pièces de cuir, puis on soudait les filaments, en rabattant les extrémités l'une sur l'au-

(1) Les études qui ont été faites jusqu'ici sur la *chapellerie* n'offrent que des renseignements inexacts ou incomplets, aussi avons-nous dû suivre dans les principales manufactures, les différentes phases de leurs intéressants travaux ; MM. Laville, Petit et Crespin, pour la chapellerie en général, et M. Kampmann pour les chapeaux de paille, qui ont imprimé une si vigoureuse impulsion aux développements de leurs fabrications spéciales, ont bien voulu se mettre à notre disposition, et c'est à l'obligeance toute gracieuse de ces grands industriels que nous devons une partie des documents de cet article.

tre pour en former un cône arrondi, tout en donnant à la base une triple épaisseur nécessitée par la rigidité plus grande demandée par les bords du chapeau. Ce cône ainsi établi, ou *bastissage*, était soumis ensuite à un travail de marchage dans une toile appelée *feutrière*. *Marcher* et *remarcher* consistait à plier et replier l'étoffe avec la feutrière en arrosant de temps en temps et légèrement avec de l'eau; on appelait *croisées* l'ensemble de tous les plis, de tous les mouvements que l'ouvrier était obligé de faire en bastissant.

Les pièces d'*étoupage* étaient des *capades* ou pièces arçonnées que l'on rajoutait sur le bastissage pour parfaire les parties trop minces. L'ouvrier, en appuyant sur le bastissage avec ses mains et en donnant un mouvement de va-et-vient, donnait encore du corps au bastissage; toutes ces opérations formaient ce qu'on appelle le *semoussage*.

De là la cloche passait à la foule, où le même ouvrier la travaillait à l'eau bouillante acidulée d'acide sulfurique pendant une demi-heure, trois quarts d'heure, souvent une heure et demie, deux heures suivant la nature de la matière traitée et la qualité à obtenir.

L'opération suivante du dressage se faisait ensuite à la main sur des moules ou formes en bois.

D'après cet aperçu rapide, nous voyons combien était primitive cette fabrication et combien elle exigeait d'habileté. C'est seulement en 1852 qu'un mouvement se produit dans cette industrie; les procédés mécaniques s'introduisent rapidement pour arriver enfin à cet ensemble, si complet aujourd'hui, que toutes les opérations faites mécaniquement tendent chaque jour à s'exécuter automatiquement, le travail manuel de l'ouvrier n'étant plus qu'un accessoire, son intelligence seule devant jouer un certain rôle.

Certaines des opérations étant communes à la fabrication des chapeaux de laine et de poil, nous donnerons au titre *chapeau de feutre de laine* tout ce qui se rapporte spécialement à cet article, renvoyant au chapitre *chapeau de feutre de poils* pour les opérations qui sont communes à ces deux fabrications.

Chapeau de feutre de laine. Les laines employées à la chapellerie de laine sont celles d'agneau, provenant aujourd'hui pour la plupart de l'Australie (Adélaïde, Port-Philippe, Sydney) et de Buenos-Ayres. qui en fournissent de très belles. Les laines de qualité moyenne viennent de la Beauce, du Berry, du Poitou. Le nord de l'Espagne fournit les laines communes; on emploie encore les laines de Silésie. Les laines de Vigogne, d'un prix assez élevé ne possèdent pas une grande propriété feutrante, mais présentent à la main une grande douceur.

Les poils de chameau sont aussi employés dans certains articles, de même que le poil de veau pour chapeaux tout à faits communs et en mélange avec des laines communes.

Les laines d'agneau sont toujours préférées aux mères-laines, parce qu'elles sont toujours plus fines et plus courtes que ces dernières.

TRIAGE. Les laines à leur arrivée à l'usine sont toujours plus ou moins malpropres et sont classées en deux catégories. Après le désuintage et le lavage, les plus propres sont soumises à l'opération de l'*échardonnage*, les autres à l'*épaillage* chimique. Ce deuxième traitement a beaucoup d'importance au point de vue de la teinture, qui, ne prenant pas aux points où existeraient des corps étrangers à la laine, laisserait des taches en ces points.

EPAILLAGE CHIMIQUE. Cette opération consiste à tremper les laines dans un bain acidulé d'acide sulfurique. Sous l'influence de l'acide, les matières organiques végétales sont désorganisées et la laine reste intacte.

Après un lavage à grande eau et un essorage, la laine est mise dans un séchoir. Ce séchoir est analogue à celui employé pour les fécules et disposé comme suit : des boîtes se manœuvrant comme des tiroirs, sont placées sur les maillons d'une double chaîne sans fin disposée pour les recevoir; elles reçoivent un mouvement ascensionnel pendant lequel l'air chaud arrivant par en haut est aspiré par en bas au moyen d'un ventilateur, de telle sorte que l'air le plus sec passe sur la laine la plus séchée et va toujours en se saturant passer sur la laine la plus humide jusqu'à ce qu'il soit évacué au dehors. L'ensemble est placé dans une caisse fermée avec porte en haut et en bas, en haut pour retirer les laines séchées, en bas pour mettre les laines à sécher; chaque tiroir est envoyé en bas au moyen de la même chaîne, une fois qu'on a retiré la laine.

Les matières organiques végétales que contenaient la laine sont à l'état de charbon pulvérulent; un battage énergique effectué avec une batteuse appropriée les élimine facilement.

Les laines sont alors emmagasinées par sorte et provenance comme celles qui ont subi l'échardonnage.

BASTISSAGE. Ici commence la suite des opérations qui concourent à la confection des chapeaux. La laine est cardée dans une carde préparatoire garnie d'un loup pour l'ouverture de la laine et l'*ensinage*, puis dans une autre dite *briseuse* avec roule-ta-bosse, *échardonneur* et grand tambour à matelas, enfin dans la carde bastisseuse avec peigne battant rapide sans roule-ta-bosse ni échardonneur, mais garnie d'une enrouleuse spéciale formée d'un double cône fait de deux cônes appliqués par leur base. Les sommets de ce double cône sont portés sur deux couples de petits cônes dont les supports reçoivent un mouvement de va-et-vient tel que les sommets des cônes enrouleurs s'approchent et s'éloignent successivement de la carde. De cette façon, les sommets des cônes qui doivent former les fonds reçoivent moins de laine que les bords qui doivent offrir plus de rigidité.

La laine nécessaire à une paire de chapeaux est exactement pesée d'avance, et amenée à la carde au moyen d'une chargeuse mécanique composée d'une boîte dans laquelle une chaîne sans fin garnie de dents vient prendre la laine et en charge la carde d'une façon très régulière. Lors-

qu'un double cône est ainsi formé, l'ouvrière les divise, suivant l'arête, au moyen de *forces* et les enlève de leur support; elle a eu soin, pendant cette opération, de rendre par un simple mouvement de levier le mouvement rotatoire parallèle à la face de déroulement.

Ces cônes portent, comme l'opération qui a servi à les faire, le nom de *bastissages*; ils n'ont pas encore une grande consistance et ne pourraient subir dans cet état l'opération du foulage; on les soumet alors au sémoussage.

SÉMOUSSAGE ou SIMOUSSAGE. Cette opération se fait de plusieurs manières, il y a eu divers

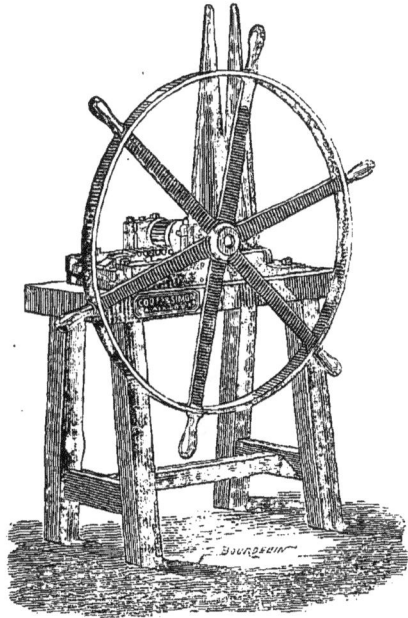

Fig. 513. — *Machine à ouvrir les peaux.*

systèmes; nous donnons ici le détail de celui qui paraît être le plus pratique. Le sémoussage donne un commencement de feutrage produit par la pression et la friction en présence de l'humidité et de la chaleur. A cet effet, le bastissage, recouvert préalablement d'une toile mouillée extérieurement et intérieurement, est posé sur une plaque de fonte chauffée à la vapeur. On applique sur le tout un plateau de bois auquel on imprime un mouvement de va-et-vient en ayant soin d'ouvrir de temps en temps le bastissage pour empêcher l'adhérence à l'intérieur. Lorsque les bords ont ainsi reçu la consistance désirée; on semousse la tête sur un petit cône placé latéralement, ce cône est en fonte et chauffé par la vapeur, on le couvre avec le bastissage après avoir interposé préalablement un linge mouillé. En frappant avec une calotte en bois sur le cône pendant sa rotation, on donne au fond la consistance convenable, et le bastissage peut alors supporter l'opération du foulage. A partir de ce moment, les opérations étant les mêmes pour le feutre de laine que pour le feutre de poils, sauf quelques légères modifications tenant à la matière que l'on traite et à l'expérience propre du fabricant, nous renvoyons le lecteur au chapitre suivant. Nous devons dire cependant que les appareils, dont nous venons de parler, sont, sans aucun doute, appelés à disparaître ; la laine pouvant être traitée comme les poils lorsqu'elle se trouve dans les conditions de longueur des poils eux-mêmes. De plus, beaucoup de déchets de draps, après déchiquetage convenable de fa-

çon à bien séparer les fibres et les obtenir sous une faible longueur, peuvent parfaitement servir à la confection des chapeaux de feutre, car la teinture des matières peut s'effectuer aussi bien avant le bastissage et le foulage qu'après ces opérations.

Chapeau de feutre de poils. Les matières premières qui servent à cette fabrication sont :

1° Les poils de castor, de loutre, de rat musqué, de rat grondin. Ces matières sont de qualité supérieure et servent à la fabrication de chapeaux extra-fins de luxe ;

Fig. 514. — *Machine à couper les poils.*

2° Les poils des lièvres de France, d'Allemagne, d'Angleterre, de Belgique, de Russie, d'Asie ;

3° Les poils des lapins de garennes ou domestiques provenant de France, d'Angleterre, de Belgique, d'Allemagne et d'Australie. Ces dernières matières servent à fabriquer les qualités courantes ou intermédiaires.

Ces différentes sortes sont employées quelquefois seules, mais le plus souvent en mélange dans des proportions déterminées par l'industriel, de façon à satisfaire surtout l'aspect extérieur et la clientèle à laquelle il s'adresse. Autrefois, pour les lièvres et les lapins entre autres, on séparait bien soigneusement le poil du ventre de celui du dos qui possède une valeur plus considérable; aujourd'hui, ce travail n'est guère fait que dans les usines importantes où les matières premières

arrivent à l'état de peaux. Lorsque les matières arrivent de chez le coupeur à l'état de poils, ces derniers sont mêlés. Les fabricants sont obligés de les classer eux-mêmes; ils emploient pour cela la souffleuse dont nous parlerons plus loin.

PRÉPARATION DES PEAUX. Les peaux sont soumises, à leur arrivée à l'usine, à un mouillage qui leur donne la souplesse nécessaire à leur ouverture. Cette ouverture se fait au moyen d'un instrument analogue à celui dont les gantiers se servent pour ouvrir les doigts de gant, mais, bien entendu, proportionné à l'usage auquel il est affecté. La figure 513 donne une idée bien nette de l'outil sans qu'il soit nécessaire d'en faire une description.

Les peaux sont ensuite coupées dans la longueur près du ventre, et soumises au *déga-*

lage en les frottant dans le sens du poil avec un carrelet, sorte de petite carde à main. Une fois frottées ainsi, on les soumet au battage, afin d'en séparer complètement les poussières, les peaux sont séchées préalablement pour cette opération. Puis on *borde* ou *ébarbe* les peaux, c'est-à-dire on coupe toutes les inégalités, les parties dures, les pattes, etc.; ces parties mises de côté s'appellent *chiquettes*. Les peaux, sauf quelques exceptions très rares, sont toujours éjarrées avant le secretage. Le soufflage finit d'épurer le poil en séparant les jarres et les petites mèches qui nuiraient à la fabrication.

Classement des peaux. Les peaux une fois ébarbées, le fabricant en fait plusieurs triages pour les assortir suivant leur beauté ou leur qualité. Les peaux, qui doivent être coupées de suite, se nomment en *veule*; elles sont séparées des autres qui doivent être soumises au *secretage*. Les peaux de lapins de clapier sont classées par couleurs. Ceux de garennes sont mis à part, les peaux de castor gras sont séparées des peaux de castor sec. Les peaux mal bordées, mal ébarbées, sont renvoyées à l'atelier *ad hoc*.

SECRETAGE. Les poils par eux-mêmes ont une très faible propriété feutrante, le secretage a pour but de la leur donner. On soumettait autrefois, pour obtenir ce résultat, les poils de la peau à une infusion de guimauve et de grande consoude, mais les poils se feutraient toujours imparfaitement. En 1730, un ouvrier, du nom de Mathieu, importa d'Angleterre le secretage au nitrate de mercure.

La dissolution employée chez les fabricants

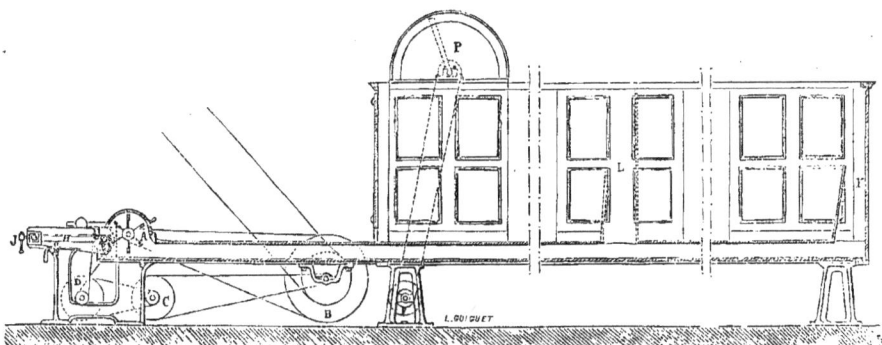

Fig. 515. — *Souffleuse*.
A Ventilateur. — *H* Toile sans fin. — *P* Nettoyeur. — *J* Tendeur. — *L*, *Y* Canaux d'arrivée des poils.

varie de concentration suivant chaque industriel, ainsi tandis que les uns emploient le mélange formé de :

Acide nitrique . . . . 1 litre.
Mercure. . . . . , . . 16 grammes 8.
Eau. . . . . 5 à 6 litres.

D'autres emploient :

Acide nitrique . . . . 500 grammes.
Mercure. . . . . 32 —
Eau. . . . . 1/2 à 3/4 de litre.

Enfin, on a employé, il y a bien longtemps, le mélange suivant :

Acide nitrique . . . . 1 litre.
Mercure. . . . . 16 grammes 2.

auquel on ajoutait une décoction de guimauve et de grande consoude.

Le mystère que l'on fait souvent de ces compositions n'a pas sa raison d'être; suivant la concentration plus ou moins grande des liqueurs, on doit agir en se conformant à une règle générale dont nous parlerons plus loin.

Ce travail malsain, comme tous ceux où l'on est obligé de manier du mercure, s'exécute encore aujourd'hui à la main de la façon suivante : on étend sur une table ou un chevalet les peaux ébarbées, puis on trempe dans la dissolution mercurielle une brosse circulaire, garnie de poils de sanglier, que l'on tient par une poignée centrale, on frotte avec celle-ci dans le sens et à contre-sens des poils et en ayant soin de prolonger le travail en raison de la raideur de ceux-ci. On a soin d'effectuer ce secretage dans un endroit aéré. On réunit ensuite les peaux deux par deux, poils contre poils, pour que l'action du mercure soit aussi régulière que possible, puis on porte les peaux dans une étuve où le séchage doit s'effectuer très rapidement. On a remarqué, en effet, que le secretage n'est point opéré convenablement, si cette condition n'est pas remplie, on comprend alors que la température doive être d'autant plus élevée dans l'étuve que la liqueur secretante est plus étendue. Après le secretage, les poils ont une couleur jaune dorée plus ou moins intense suivant les différentes parties de la peau.

Hygiène. La chapellerie de poils ayant pour base de sa fabrication le secretage, qui permet le feutrage ultérieur, on comprend qu'on ait cherché à remplacer cette opération dangereuse ou plutôt l'ingrédient dangereux par un autre inoffensif.

Cette question hygiénique de premier ordre intéresse au plus haut point cette industrie, et nous rendrons ici un juste hommage à ceux qui, certainement sans aucun bénéfice personnel, ont cherché à sauvegarder la vie de leurs semblables, en relatant leurs recherches qui engageront peut-être d'autres industriels à reprendre ces études.

C'est en 1817 que les premières recherches eurent lieu. L'opinion publique s'était alarmée des ravages épouvantables qui se produisaient dans la santé des ouvriers peu soucieux de prendre les soins préconisés aujourd'hui, car les exemples ne les mettent pas en garde contre les dangers d'un poison qui n'opère que peu à peu et sûrement.

Guichardière présenta à la Société d'encouragement des chapeaux dont les poils avaient été traités par l'acide sulfurique dans le but de remplacer le secretage au mercure. Ces chapeaux étaient en poils d'ours marins, de loutre indigène, de raton du Mexique. Les essais n'eurent pas de suite.

Morel essaya de secreter les poils de lapins en les abandonnant sur les solives d'une étable pendant des semaines entières, ces essais réussirent, car ces poils se feutrèrent très bien. Les poils de lièvre traités dans les mêmes conditions ne donnèrent aucun résultat. Molard et Desfossés essayèrent avec la soude et la chaux, mais n'obtinrent que des résultats tout à faits imparfaits.

En 1867, un industriel en poils de Paris, M. Maumey, espéra atteindre le but tant désiré, non plus en remplaçant le liquide secreteur, mais en opérant mécaniquement le travail du secretage et du brossage ultérieur. Cette machine n'existe

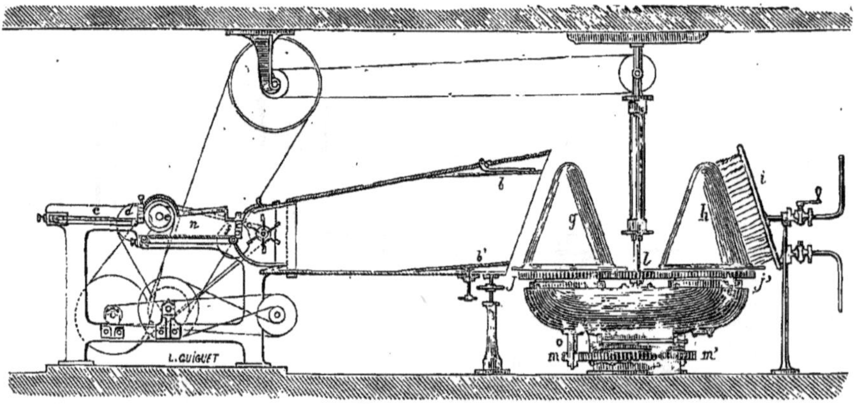

Fig. 516. — Baslisseuse.

e Toile sans fin. — d Cylindres. — c Arçonneuse en toile sans fin. — f Cylindre enrayant sur le deuxième arçonneur ventilateur. — b b' Palettes dirigeant le poil à volonté. — g h Cônes. — i Injection d'eau bouillante. — Vis directrice de la buse. — o Bâtis porte-cônes. — m m' Engrenages.

aujourd'hui nulle part à notre connaissance, malgré les renseignements pris aux meilleures sources.

Cette machine n'était autre que celle que l'on emploie au brossage des peaux après secretage, afin que les poils soient bien aplatis dans leur sens, et dans laquelle était placé devant la brosse circulaire un récipient d'où s'écoulait le liquide mercuriel sur la peau, passant ainsi mouillée sous la brosse de chiendent. En admettant même que les poils fussent soumis assez longtemps à l'action du liquide secreteur, on aperçoit immédiatement un vice rédhibitoire à cet appareil pour tout observateur non ignorant des principes d'hygiène : les poisons s'absorbant très facilement et très rapidement par les poumons, le liquide étant pulvérisé, devait se répandre dans l'atmosphère d'une façon bien autrement dangereuse pour l'opérateur qu'avec la brosse à main, surtout si l'opération se faisait à l'air libre, comme il est probable. Puissions-nous, par ces remarques et ces exemples, favoriser les recherches et les encourager.

Coupage. Après le séchage à l'étuve, avant de procéder au coupage, on humecte les peaux au moyen d'une éponge imbibée d'eau, pure ou légèrement alcalinisée avec de la chaux en ayant soin de ne pas mouiller les poils; on empile ensuite les peaux deux par deux les unes sur les autres, les poils en dehors, sur une épaisseur de 50 centimètres environ et on les laisse ainsi sous pression pour que l'eau pénètre bien également partout; ce travail préparatoire permet un coupage plus facile, surtout si les peaux une fois assouplies on a soin de les brosser dans le sens du poil.

On a tenté quelquefois d'arracher les poils au lieu de les couper, mais l'expérience est faite depuis longtemps sur ce point, les bulbes qui restaient nuisaient au feutrage.

Le coupage ou séparation des poils de la peau se faisait autrefois à la main au moyen d'un couteau spécial analogue à un couteau de vitrier que l'ouvrier conduisait sur la peau en enlevant les poils par bandes par une sorte de rasage en zigzag. Ce procédé, très long et dangereux pour la santé des ouvriers, a été remplacé par un travail mécanique qui remplit le même but, en permettant à un ouvrier de couper 1,000 à 1,500 peaux de lièvres, lapins ou autres par jour, c'est-à-dire de faire le travail qui nécessitait dix personnes autrefois.

Cette machine (fig. 514) se compose d'un cylindre muni de plusieurs lames en spirales, auquel on donne une vitesse de 1,500 à 2,000 tours.

Ce cylindre est précédé de deux cylindres cannelés possédant chacun un mouvement lent de rotation en sens inverse. La peau est introduite entre les cylindres cannelés le poil en dessous,

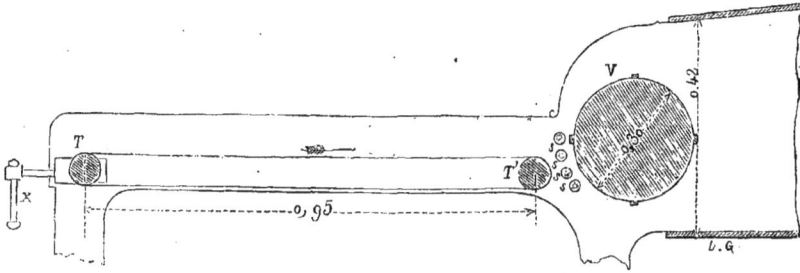

Fig. 517. — *Détail de la première arçonneuse de la bastisseuse.*

X Tendeur. — TT' Pignons de la toile sans fin. — *s s s s* Petits rouleaux conduisant le poil sous le cylindre arçonneur. — V Arçonneur.

les lames héliçoïdales coupent la peau qu'elles jettent dans la caisse de la machine, tandis que les poils tombent en dessous complètement séparés du cuir.

Les fines poussières qui se déposent dans la cheminée d'échappement sont reprises plus tard et sont utilisées dans la fabrication des chapeaux en les faisant entrer entre deux couches de poils.

Soufflage. Les poils ainsi obtenus sont de différentes grosseurs plus ou moins mêlés de corps étrangers, de particules de peaux entraînées et de jarres ; afin de les nettoyer complètement et en même temps de les classer par ordre de densité, on emploie un appareil appelé *souffleuse* (fig. 515). L'imagination des constructeurs s'est largement étendue sur cet appareil, aussi voit-on aujourd'hui beaucoup de souffleuses en service employées au même titre, car le principe est toujours le même.

Dans la souffleuse, les poils sont amenés par une toile sans fin entre deux rouleaux cannelés où les poils sont battus par un cylindre batteur dont la forme varie à l'infini, un peu comme les cylindres des batteuses à blé, la vitesse est d'environ 3,000 tours et doit être en rapport avec le diamètre du batteur. En même temps qu'ils sont battus, les poils sont ventilés d'une façon éner-

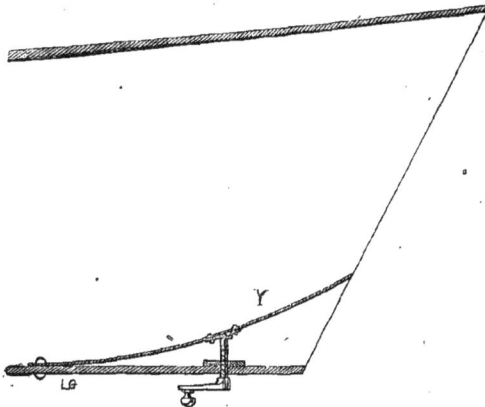

Fig. 518. — *Détail d'une buse indiquant la manœuvre de la palette régleuse Y.*

gique par le cylindre et sont conduits par ce soufflage dans un conduit d'une vingtaine de mètres garni d'un feutre où viennent se piquer les jarres, et au bout duquel une première chambre reçoit encore des jarres et les poils les plus gros, les plus lourds; puis d'autres chambres placées en retour reçoivent les poils de moins en moins lourds, à mesure que le parcours fait par ceux-ci est plus considérable.

La dernière chambre est garnie d'une toile métallique souvent circulaire qui retient les poils les plus fins. Afin d'éviter l'obstruction de cette toile, une petite brosse placée sur un arbre actionné par la commande générale vient constamment passer sur la toile et la nettoyer.

Pour que les poils soient convenablement soufflés, il est nécessaire de les faire repasser 5 ou 6 fois dans la souffleuse ou dans d'autres placées à la suite.

Dans cette opération, on perd sur les poils une certaine quantité qui varie avec la qualité même du poil et qui justifie les différences de prix des différentes peaux brutes. Ainsi, la première qualité de poil de lapin éjarré de garenne ne fait perdre que 15 0/0 de son poids, tandis que le poil de lapin domestique non éjarré perd 25 à 30 0/0 de son poids. Ces poils ainsi classés sont mis en dépôt et employés en mélange convenable suivant le résultat que l'industriel veut obtenir.

Chaque fabricant a ses mélanges qu'il croit nécessairement les meilleurs. Dans tous les cas, ces mélanges sont relatés d'une façon journalière dans un registre spécial qui permet de faire les observations utiles en se rapportant aux sources et de modifier, s'il y a lieu, la composition première de façon à satisfaire à la fois l'aspect, la solidité et le bon marché comme prix de revient et par suite, s'il est nécessaire, comme prix de vente. Les bulletins de ce registre contiennent en outre les titres suivants : taille, cône, bastissage, fouleuse, foule, grattage, dressage.

BASTISSAGE. Le bastissage mécanique des poils est un perfectionnement d'origine américaine. La première bastisseuse que nous avons vue, en 1867, remplissait le but d'une façon très satisfaisante sauf, peut-être, pour les qualités extra. Les perfectionnements apportés à cette machine lui permettent aujourd'hui de faire aussi bien les chapeaux fins que les autres. MM. Coq fils et Simon ont apporté diverses modifications sérieuses et sont parvenus non seulement à diminuer la force motrice demandée par la bastisseuse, mais encore à augmenter la production de celle-ci.

Dans le dernier type adopté (fig. 516), le poil posé sur une première toile sans fin est

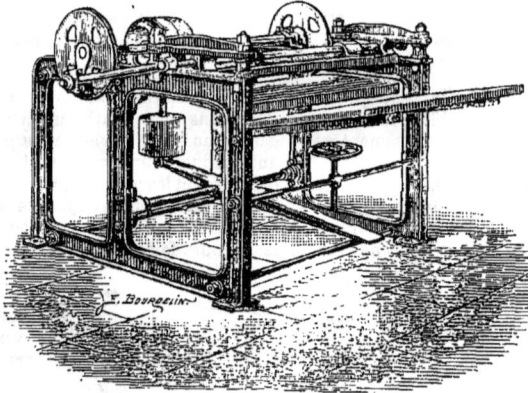

Fig. 519. — *Machine à cailloter.*

pris par deux petits cylindres et présenté à un hérisson animé d'un mouvement circulaire qui divise les poils en produisant un véritable arçonnage, une deuxième toile sans fin les conduit à une deuxième arçonneuse formée, soit de brosses circulaires métalliques, soit mieux de lames hélicoïdales, qui prennent le poil et le lancent dans un canal terminé par une buse garnie de lames mobiles à volonté, permettant d'envoyer le poil en plus ou moins grande quantité en bas ou en haut.

Des prises d'air placées au-dessous et au-dessus de l'arçonneur ventilateur et pouvant laisser pénétrer l'air appelé par celui-ci, favorisent encore l'arçonnage des poils.

Les poils ainsi lancés sont reçus par un cône récepteur en cuivre rouge, percé de trous très fins et très rapprochés, ou en toile métallique de laiton très fine montée sur une armature en très gros fils de fer, et placé sur un porte-cône animé d'un mouvement lent et circulaire autour de son axe; un ventilateur aspirant très énergique produit un vide sous le cône et favorise l'adhérence des poils sur lui.

Lorsque le cône est couvert de la quantité de poils voulue, on donne un mouvement de rotation au bâti porte-cône et le bastissage va se présenter tout en tournant sous une pluie d'eau bouillante qui réunit les poils et commence leur adhérence. Dans le mouvement de rotation du bâti, un autre cône vide vient se présenter à la bastisseuse pour y être couvert de poils à son tour, de telle sorte que le travail a lieu sans interruption.

Après la pluie d'eau chaude, le bastissage possède une résistance suffisante pour pouvoir être enlevé du cône et porté au sémoussage. Cet arrosage qui remplit très simplement le but était autrefois un mouillage fait d'une façon beaucoup plus compliquée nécessitant une bâche de plongeage, une calotte pour couvrir le premier cône, en un mot, un double matériel coûteux inutile aujourd'hui. On obtient ainsi 450 à 600 bastissages, suivant le poids des chapeaux qui varie de 90 à 100 grammes. Les figures 517 et 518 indiquent des détails de la bastisseuse.

Ce sont les perfectionnements apportés au bastissage qui amenèrent les industriels à faire les autres opérations mécaniquement. L'ouvrier fouleur qui faisait autrefois toutes les opérations depuis l'arçonnage jusqu'au foulage proprement dit voulant être payé aussi cher après qu'on lui eut enlevé le bastissage, on dût chercher à se passer d'ouvriers spéciaux.

On tenta bien de faire le sémoussage d'une façon mécanique, mais jusqu'ici quoiqu'ayant parfaitement réussi dans certaines usines, ce travail est encore assez généralement fait à la main.

SÉMOUSSAGE ou SIMOUSSAGE. Le bastissage enlevé du cône est fortement imprégné d'eau. On l'essore légèrement, on l'entoure d'une flanelle à l'extérieur et à l'intérieur et on le roule par petits mouvements saccadés sur une table de sémoussage, table en fonte simplement chauffée par un courant de vapeur. On arrive ainsi, en roulant tantôt dans un sens, tantôt en sens inverse, à donner un commencement de feutrage permettant le travail suivant appelé *caillotage*.

CAILLOTAGE. Le feutrage des poils devant s'opérer d'une façon aussi progressive que possible, afin d'obtenir une rentrée régulière des poils et éviter les défauts dont nous parlerons plus loin, on soumet le bastissage au sortir du sémoussage à l'opération du caillotage qui ressemble beaucoup à la première, mais dans laquelle les surfaces de contact avec le poil sont plus dures. La *cailloteuse* (fig. 519) se compose, en effet, de deux tables en bois portant des cannelures, la table inférieure est tenue rapprochée de l'autre par un contre-poids, une pédale avec laquelle on diminue ou supprime l'action du contre-poids permet de l'éloigner à volonté. La table supérieure reçoit un mouvement alternatif de va-et-vient horizontal. Ceci posé pour cailloter, on met entre les tables le bastissage entouré d'une couverture, sorte de toile grossière analogue à celle employée pour l'emballage des marchandises du Levant; et cette sorte de sémoussage mécanique continue le travail de feutrage.

FOULAGE. Les bastissages sont alors assez résistants pour passer au foulage proprement dit. Ce foulage s'opère encore aujourd'hui dans un certain nombre d'usines avec la fouleuse pour couvertures de laine dans laquelle les marteaux, au lieu d'être côte à côte, sont superposés; mais on a trouvé avantageux aujourd'hui pour satisfaire aux conditions dont nous avons parlé plus haut d'opérer le commencement du foulage, avec un appareil beaucoup plus délicat que le précédent et parfaitement approprié à la nature de l'objet à traiter.

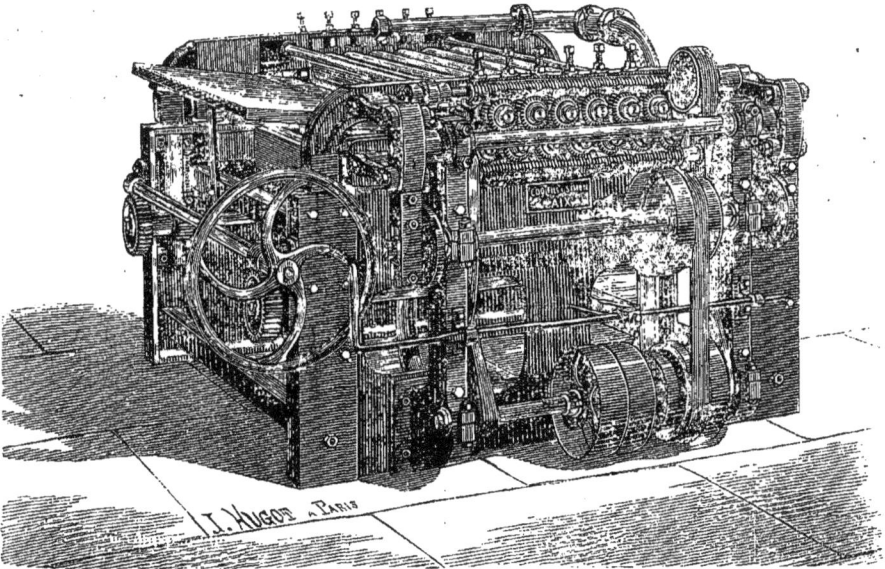

Fig. 520. — *Fouleuse à rouleaux*

La fouleuse à rouleaux se compose (fig. 520) de deux séries de rouleaux superposés entre lesquels on met les bastissages; ces rouleaux possèdent à chaque étage des mouvements de rotation en sens inverse, en même temps que les vitesses de rotation vont en diminuant par couple du commencement à la fin, de plus ils possèdent un mouvement de va-et-vient alternatif dans le sens de leur longueur. D'abord formés de rondelles de feutre superposées, les rouleaux étaient d'un entretien coûteux, à cause de leur usure rapide; de plus, les diamètres diminuant, il en résultait forcément une inégalité dans le foulage et les bastissages pouvant passer entre les intervalles agrandis, tombaient dans la bâche à eau chaude.

Tous ces inconvénients sont évités aujourd'hui, les cylindres sont formés de rondelles en bois ayant subi une préparation spéciale et comprimés ensuite fortement, leur vitesse de rotation peut être diminuée ou augmentée à volonté, la course transversale elle-même est variable à la main et peut ainsi donner à chaque matière traitée le foulage qui lui convient. En supprimant le mouvement transversal des rouleaux, on peut à la fin du foulage, supprimer les plis de la *cloche* formée. Le châssis portant les rouleaux supérieurs peut recevoir un mouvement vertical permettant à l'ouvrier, au moyen d'un petit volant situé à sa portée, d'écarter plus ou moins les cylindres fouleurs et de serrer à volonté la matière à fouler. L'égalité dans les diamètres, permet un remplacement facile des rouleaux et évite ainsi les arrêts. Disons cependant que beaucoup d'usines préfèrent cependant les cylindres en feutre.

Pendant ce foulage, le mouillage est opéré au moyen d'un courant de vapeur qui entraîne l'eau de la bâche, en même temps qu'elle maintient une température voisine de 100°.

Au lieu de fouler chaque chapeau en particulier, on peut en fouler, grâce à la disposition du châssis mobile, 12 à 60 par passe, la production journalière de cette machine est de 250 cloches régulières sans plis de foule. L'eau employée pendant le foulage est de l'eau acidulée d'acide sulfurique. Le chapeau de laine seul se foule au savon liquéfié ou à l'acide.

La *fouleuse à cône* (fig. 521) a été employée pour les chapeaux de laine, mais, comme nous l'avons dit, il faut un temps indispensable pour le retrait des filaments et leur agglomération définitive. Les industriels qui possèdent la fouleuse à cuve et la fouleuse à rouleaux emploient la seconde pour commencer et terminer le foulage, et la pre-

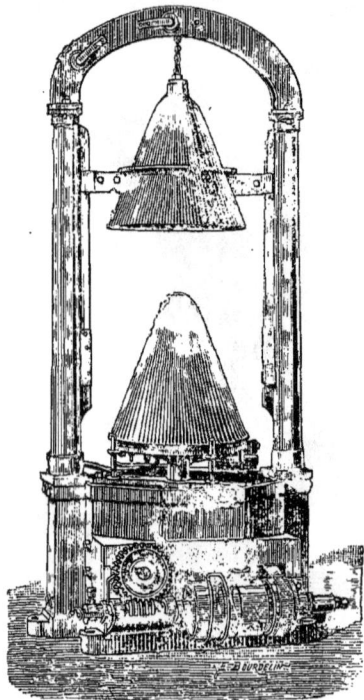

Fig. 521. — *Fouleuse à cône.*

mière pour le moment où le bastissage peut être traité énergiquement sans inconvénient.

DRESSAGE DE FOULE. Les bastissages, une fois semoussés, caillotés, foulés, portent le nom de *cloches*, c'est à ce moment qu'ils reçoivent une première forme qui est l'ébauche de la forme définitive qu'aura le chapeau une fois terminé. De même que pour le foulage, cette opération doit se faire successivement si l'on ne veut voir apparaître deux défauts redhibitoires, la *grigne*, les *écailles*; le premier appartient aux chapeaux mal tirés présentant des aspérités, le second aux chapeaux tirés trop brusquement et présentant des parties claires sans résistance.

Le dressage de foule s'opère pour cette raison au moyen de trois machines qui, tout en per-

mettant un travail successif, assurent en même temps d'aller très vite, grâce à la division du travail.

La cloche est mise d'abord sur la *tirante* à triple effet (fig. 522) qui a pour but de faire le fond du chapeau ou rosette. L'outil proprement dit se compose de dix ailettes en bronze retenues en contact lorsqu'elles sont au repos, au moyen d'une bague en caoutchouc. Dans cette position, on peut placer la cloche sur ces ailettes réunies; en appuyant avec le pied sur une pédale inférieure, on fait tourner le plateau et grâce aux bielles attelées sur un noyau excentré, celles-ci font écarter en même temps les ailettes, de plus le mouvement de la pédale commande un robinet qui envoie de la vapeur sous la cloche. La chaleur humide ramollit le feutre en facilitant son changement de forme.

En même temps que les branches s'écartent et forment la rosette, le plateau creux porte-tirantes,

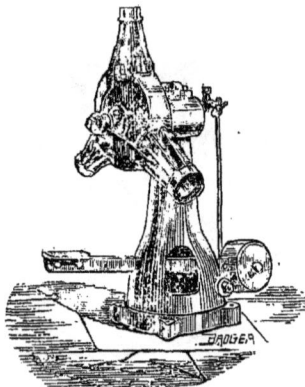

Fig. 522. — *Tirante à triple effet.*

tourne et vient présenter un outil à couvrir, pendant que la troisième tirante diminuant de volume permet de prendre la cloche dont la rosette est faite. De cette façon, non seulement le travail est fait d'une façon graduelle, mais encore le fond de la cloche reste un certain temps sous tension.

De cette machine, la cloche passe à une autre (fig. 523) qui termine la tension du fond jusqu'à la carre, la machine est assez semblable à la précédente comme principe, seulement le travail est fait d'un ou plusieurs coups de levier agissant en saccade, et le fond de la rosette est formé régulièrement par le plateau mobile supérieur qui se meut en même temps que les branches intérieures s'écartent.

De là, la cloche passe à la machine à abattre les bords en une fois (fig. 524), la cloche étant posée sur les lames inférieures on la couvre avec les lames supérieures qui, tombant dans les intervalles de celles qui sont au-dessous, produisent l'étirage du feutre. Afin que la tension ne se fasse pas brusquement, les lames du couvercle supérieur appuient sur des tiges légèrement inclinées formant ressorts, on relève le couvercle, on fait tourner le volant de façon à amener une autre étoile, et on continue comme précédemment; un courant de vapeur injecté pendant le dressage facilite l'extension.

MACHINE A PRESSER. A la sortie du dressage, le feutre a conservé l'empreinte des branches des différents outils employés, la machine à presser lui enlève ces défauts, presse le fond et les bords, tend les flancs et coupe le *lien* sous l'influence du piston de la presse présentant en relief la forme du chapeau, tandis que la matrice en zinc la présente en creux; après cette opération, le chapeau est d'une épaisseur égale partout, on n'aperçoit plus la rosette du fond qui se

poussières que fait voltiger le mouvement de rotation du tour, au-dessous du porte-chapeau se trouve placé un ventilateur qui aspire et rejette dans un canal les poussières et les poils.

Le ponçage terminé, les chapeaux se divisent en deux classes; doit-il être *souple*, alors il peut passer par les transformations suivantes, ou bien il doit être *imper* ou ferme; c'est dans ce dernier cas le moment de l'apprêter.

APPRÊT. L'apprêt est donné en trempant le chapeau dans une dissolution de gomme laque ou de gomme copal dans l'alcool, la colle forte employée autrefois a été rejetée à cause de sa solubilité dans l'eau.

Le durcissement à donner au chapeau, c'est-à-dire la quantité de gomme résine à lui incorporer

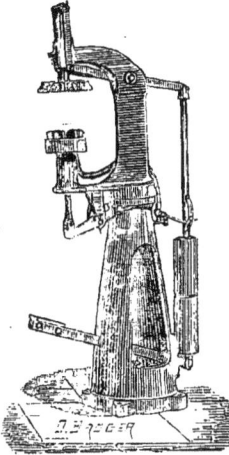

Fig. 523. — *Machine pour terminer la tension du fond.*

Fig. 524. — *Machine à abattre les bords en une seule fois.*

montre le plus souvent dans le dressage à la main.

La manœuvre du pressage est facilitée par des rainures placées dans le bâti de la presse, rainures dans lesquelles glissent toujours deux moules, un ayant subi la pression et qu'on retire, un autre que l'on amène pour être soumis au piston; celui-ci comme les matrices est chauffé à la vapeur. Cette opération facilite le ponçage qui se fait ensuite.

PONÇAGE. Le ponçage a pour but d'enlever les poils qui ressortent de la surface du feutre, il s'exécute en frottant les surfaces du chapeau avec de la pierre ponce et du papier émeri collé sur des morceaux de bois de forme convenable. La ponceuse (fig. 525) est un véritable tour à axe vertical à la partie supérieure de l'arbre duquel se trouve un moule porte-chapeau qui permet de poncer non seulement la calotte, mais encore les bords; les différentes formes sont vissées à volonté sur l'arbre.

Afin que l'ouvrière qui travaille à la ponceuse ne soit pas soumise à l'influence pernicieuse des

est toujours en rapport avec le climat dans lequel il doit être porté, les climats humides nécessitent plus d'apprêt que les climats chauds. Le chapeau une fois imbibé de liquide est soumis à la compression dans une presse spéciale, afin que la gomme s'y incorpore bien également (fig. 526).

DRESSAGE D'APPROPRIAGE. Que les chapeaux doivent rester souples ou qu'il soient apprêtés pour être imper, ils doivent recevoir : le dressage d'appropriage qui donnera la forme définitive, le repassage au fer accompagné de mouillages successifs devant donner le brillant, le lustre particulier et enfin la tournure qui consiste, en un mot, à donner au chapeau une tournure caractéristique qui s'harmonisera plus ou moins bien avec le reste du vêtement, la physionomie de l'individu et la tyrannie de la mode. Ces diverses opérations sont faites par le fabricant.

Pour les belles qualités on fait souvent encore ce dressage à la main sur des formes en bois, des ouvriers spéciaux donnent le brillant, d'autres ouvriers donnent la tournure en s'aidant de matrices ordinairement en bronze.

Pour les *qualités ordinaires et courantes* de chapeaux souples, le dressage d'appropriage s'exécute avec une presse semblable à celle dont nous
avons parlé au chapitre *machine à presser*, mais
dont les matrices et pistons sont la reproduction
de la forme réelle, définitive, que l'on veut donner au chapeau.

Pour les *chapeaux impers et confortables*, l'opération est un peu plus délicate. On se sert aujourd'hui d'une machine que l'on doit à MM. Coq
fils et Simon, et qui atteint parfaitement le but
désiré. Cette machine est une modification de la
machine à presser, elle se compose d'un bâti possédant deux rainures dans lesquelles glisse un
cylindre manœuvrable à la main ; à la partie supérieure de ce cylindre se trouve un plateau cintré suivant la forme que l'on veut donner aux
bords du chapeau (fig. 527).

Deux colonnes adaptées au bâti possèdent une
traverse supérieure servant de guide à deux tiges

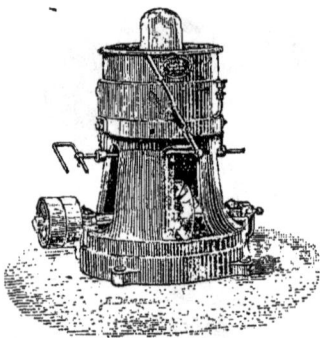

Fig. 525. — *Machine à poncer ou ponceuse.*

actionnées par le petit volant latéral, qui les fait
presser un plateau cintré correspondant au premier. Une tige filetée centrale actionnée par le
volant supérieur sert à faire descendre une forme
correspondant à la tête du chapeau, et passant à
frottement dans les entrées des deux plateaux
cintrés ; le cylindre possède en creux la place de
cette forme et peut de plus être chauffé par un
courant de vapeur. Ceci posé, on place une plaque en cuivre sur le plateau, puis le chapeau
dont la tête passe par l'entrée de la plaque et une
autre plaque de cuivre semblable à la première,
on pousse alors le cylindre sous les presseurs, on
fait descendre d'abord le plateau cintré, on serre
et on fait descendre la forme de tête qui fait
prendre au feutre la forme du moule. Le courant de vapeur facilite les changements de
forme.

PASSAGE AU FER. Le passage au fer se fait toujours à la main, malgré les nombreux essais
pour le faire mécaniquement, c'est ce passage au
fer qui donne le lustre qui plait à l'œil et que
l'on est habitué à voir.

MISE EN TOURNURE. La mise en tournure est un
des travaux qui nécessite le plus d'habileté et de

goût ; aussi des ouvriers spéciaux, dits *tournu-*
riers, font-ils spécialement cette transformation
du chapeau. C'est au moyen du fer chaud et sans
s'aider de matrices en bronze que le travail de
relevage des bords et de tournure proprement
dite est exécuté. Les matrices montées sur des
cylindres creux en bois recevant la tête du chapeau nécessitent un matériel coûteux, aussi ce
travail spécial est-il fait, comme nous l'avons dit,
chez l'industriel lui-même par des ouvriers non
tournuriers.

De nombreux essais ont été tentés pour opérer mécaniquement ce travail ; des machines anglaises basées sur l'emploi du caoutchouc donnent des résultats excellents. La machine imaginée par Legat, qui parut en 1867 et qui reçut depuis de nombreux perfectionnements, permet de
faire la mise en tournure sans dressage d'appro-

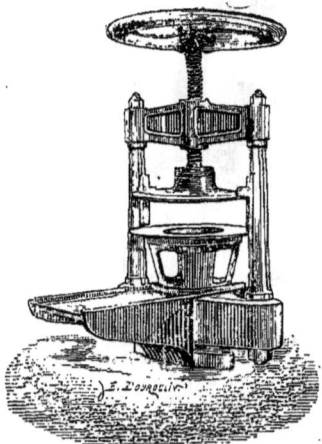

Fig. 526. — *Presse pour l'apprêtage.*

priage et cela d'un seul coup. On n'emploie cependant encore généralement cette machine que pour
les qualités et formes courantes, quoiqu'elle soit,
sans aucun doute, appelée à un emploi général.

Le principe de cette machine est basé sur l'emploi du caoutchouc ; ce dernier pouvant prendre
sous l'influence de la pression toutes les formes
qu'un moule lui permet d'épouser, on comprend
que si entre ce moule et ce caoutchouc se trouve
placé un chapeau ayant reçu le dressage de foule,
celui-ci pourra peu à peu prendre toutes les
formes du moule. La machine est composée (fig.
528) d'un bâti en fonte à la partie supérieure duquel se trouve adaptée la chambre de chauffe au
moyen d'oreilles et de boulons ; cette chambre
est disposée de façon à pouvoir recevoir le moule
de forme quelconque, sur lequel ou dans lequel
le chapeau viendra prendre sa forme définitive et
sa tournure ; les anciens moules tournuriers peuvent tous y être adaptés. Sur le bâti se trouvent
fixées deux oreilles servant de charnières à un
couvercle à contre-poids, dit *couvre-moule*. Le

cercle du porte-moule possède des vides correspondant aux crans du couvre-moule. Une manette permet, en faisant tourner le cercle supérieur, de faire la fermeture par emmanchement à bayonnette.

Une membrane en caoutchouc dont le bord est serré par un cercle, est contenue dans le couvre-moule et reçoit la pression par l'intermédiaire d'un accumulateur spécial actionné par une pompe hydraulique. Sous l'action des pompes, chez lesquelles le mouvement des pistons est continu, l'eau passe dans l'accumulateur de pression et de là se rend sur la membrane en caoutchouc. Un robinet, au sommet de la coupole, permet de

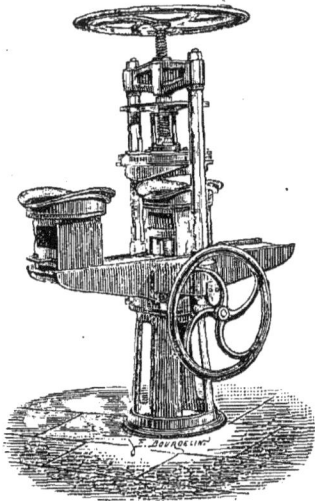

Fig. 527. — *Presse pour dressage d'appropriage des chapeaux impers et confortables.*

chasser l'air au commencement de la mise en pression.

L'accumulateur de pression se compose (fig. 529) d'un récipient en fonte divisé en deux parties par une membrane en caoutchouc, l'eau envoyée dans la partie inférieure soulève la membrane, qui, elle, comprime l'air placé dans l'autre partie du récipient, air mis dans cette portion à la pression à laquelle on veut comprimer le chapeau. Afin que la membrane ne se déchire pas sous une tension trop grande lorsque le caoutchouc est levé d'une certaine hauteur, il actionne un levier qui, en ouvrant une soupape, fait marcher les pompes à vide. De cette façon, l'ouvrier qui conduit la metteuse en tournure est sûr d'avoir toujours la même pression sur le caoutchouc par une simple ouverture de robinet et l'opération terminée l'accumulateur n'envoie plus d'eau. Un manomètre indique la pression obtenue, un robinet de vidange permet de faire écouler l'eau dans la bâche, l'opération étant terminée et le robinet d'arrivée une fois fermé. Par précaution et pour

plus de sécurité encore, une soupape de sûreté garantit des excès de pression.

Le chapeau terminé est garni, c'est-à-dire qu'on y met les galons des bords, le cuir, la coiffe, le bourdalou.

Cette metteuse en tournure sert non seulement aux chapeaux de feutre de poil et de laine, mais encore aux chapeaux de paille de toutes sortes, aux chapeaux de crin, etc. Un ouvrier peut conduire deux machines à feutre de poil et faire ainsi le travail de 30 à 40 ouvriers.

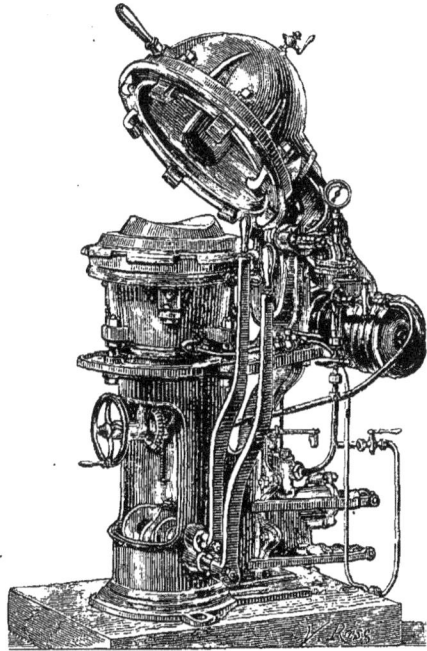

Fig. 528. — *Machine à mettre les chapeaux en tournure mécaniquement sans dressage d'appropriage.*

TEINTURE. Pour obtenir les teintes claires, dites *nuances de foule*, c'est généralement au moment du foulage qu'on procède à ce travail. A cet effet, lorsque le foulage est presque terminé, on laisse couler dans le foulon la teinture, et les chapeaux sont colorés et foulés en même temps.

Pour les teintures foncées ou noires les cloches sont mises dans les chaudrons de teinture et lorsqu'elles en sont sorties on les nettoie des grumaux, des ingrédients en poudre qui sont restés dans le feutre, par un lavage rapide et complet en les passant en même temps entre deux cylindres polis, dont l'un est à ressorts, se serrant à volonté suivant la pression que l'on veut obtenir. A la sortie de ces cylindres le séchage est suffisant pour rendre inutiles les essoreuses.

La teinture du poil ou de la laine peut aussi bien s'exécuter avant la mise en œuvre du chapeau que lorsque les cloches sont faites.

Chapeau de luxe velu. Ce chapeau fut l'origine du chapeau en peluche de soie. Le chapeau de feutre velu pour homme se voit tout à fait exceptionnellement aujourd'hui, tandis que nous le voyons très répandu comme coiffure de femme, mais dans tous les cas on distingue encore dans cette classe de chapeaux : le feutre de poil flamand, le feutre doré, ou feutre à plume. Le *feutre en poil brossé* ou *flamand* est formé de poils de lièvre de Saxe, de Russie et de France en veule ou de leurs équivalents.

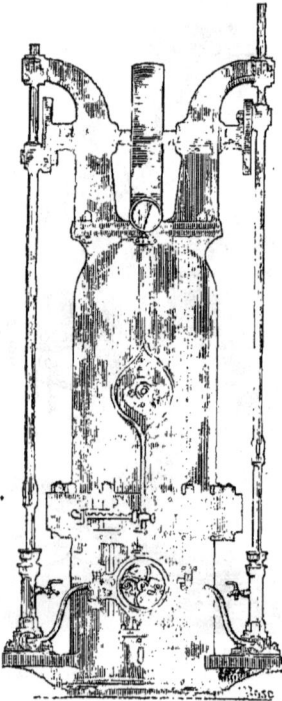

Fig. 529. — *Accumulateur de pression.*

On fait ces chapeaux à la main de la façon suivante : la cloche une fois faite, on brosse le poil dans tous les sens et on l'amène ainsi à l'extérieur sous forme velue. Après une heure et demie de travail, on tire à poil avec un carrelet, c'est à ce moment qu'autrefois on enlevait les jarres, comme on le fait du reste encore aujourd'hui, on refoule un peu, on lave le poil, on le brosse, puis on dresse le chapeau à la forme, on apprête, on dégage de nouveau le poil avec un carrelet et on brosse.

Feutre doré, mi-poil ou poil à la main. Il est formé d'une carcasse composée de poils de qualité inférieure ou ordinaire, poils de lièvres ou de lapins ; cette carcasse étant faite à la taille convenable, on lui applique un apprêt imperméable et on le laisse sécher, puis on recouvre ensuite la surface externe d'une couche mince de poils de meilleure qualité arçonnés préalablement et disposée en feuille pouvant s'appliquer sur la forme conique de la carcasse.

La dorure se distingue ensuite en *dorure au bassin* et *dorure à la foule*. Dans le premier cas, on fait la dorure quand le bastissage est garanti, l'ouvrier la fait prendre en donnant deux ou plusieurs croisées dans la feutrière ; dans le deuxième cas, on pratique la dorure lorsque le feutre est marché à la foule, l'incorporation de la dorure est de cette façon beaucoup plus difficile.

Dans tous les cas, une fois la dorure bien adhérente, on met le cône sur un moule et on l'étire pour l'empêcher de faire des plis, on le fait ensuite sécher et au moyen d'un peigne on fait lever le poil, on le tond au moyen d'une tondeuse mécanique, puis on dresse ensuite à la forme définitive.

Feutre dit à plumes, doré, posé ou ourson. Ces chapeaux ont une dorure beaucoup plus riche, pour laquelle on fait usage des plus beaux poils de lièvre et de castor qu'on applique en plusieurs couches.

Suivant le nombre de ces couches de poils, ces chapeaux se classent en diverses catégories. La carcasse est toujours flambée après avoir été égouttée. Après le flambage, on donne même un léger coup de frottoir, afin de bien nettoyer les surfaces, les poils qui couvrent la calotte à l'origine nuiraient en effet à l'introduction de ceux qui doivent composer la plume, quand il y a plusieurs couches qui doivent concourir à sa formation. Les chapeaux une fois dorés ou posés sont mis dans une couverte en crin et trempés dans une cuve d'eau bouillante acidulée pendant une période de temps qui peut varier de quatre à huit heures, suivant les genres de chapeaux et la qualité de la dorure ; c'est ensuite après séchage et lavage du poil que ces chapeaux sont tondus plus ou moins long et mis en forme selon les besoins de la mode.

Chapeau de peluche de soie. Telle a été l'origine du *chapeau de soie* ; les grands centres industriels de la chapellerie étaient Paris et Lyon ; cette dernière ville avait alors une importance de premier ordre et rivalisait avec Paris. On peut dire qu'à cette époque la soierie et la chapellerie étaient les deux principales branches industrielles de la cité lyonnaise ; à peine y existe-t-il encore aujourd'hui deux ou trois maisons de peu d'importance.

Le chapeau de peluche de soie, d'origine italienne, apparut en 1825 (il paraît avoir été inventé à Florence, vers 1760) ; il est probable que ce genre de chapeau fut abandonné par son créateur, puisqu'il ne fut pas exploité dans son pays d'origine. On fut d'abord réfractaire à ce chapeau qui était plus brillant et présentait moins de solidité que le chapeau de feutre. Sa confection laissait aussi beaucoup à désirer, il était formé d'une carcasse, semblable à un chapeau de feutre enduit de gomme laque ou de vernis copal dissout dans l'alcool, sur laquelle on venait appliquer la peluche de soie au moyen d'un fer chaud. Ces chapeaux étaient chers, on avait employé précédemment le carton, le cuir couvert de toile, les tissus de paille, de crin, de sparterie et enfin après le feutre on employa la toile.

Cette carcasse est formée aujourd'hui de deux où trois toiles superposées et passées chacune dans la gomme laque dissoute dans l'alcool alcalinisé par l'ammoniaque; elle se compose de trois parties, la partie cylindrique formée d'une toile croisée fine recouverte de deux mousselines une de chaque côté, le fond formé de même, les bords faits avec une toile molletonneuse recouverte d'une mousseline de chaque côté. On fabrique la carcasse avec ces différentes pièces de la façon suivante : la première partie se fait en posant un morceau de toile apprêtée sur un moule possédant la forme voulue et en réunissant les bords coupés obliquement par une bandeline collée à l'extérieur d'abord, puis à l'intérieur, le fond est formé d'un disque de toile apprêtée et joint à la partie cylindrique au moyen d'une bandeline très étroite apprêtée et que l'on colle sur les deux parties. Quant aux bords fabriqués à part comme toutes les toiles ci-dessus avec des entrées faites d'avance aussi et formant rebord, on les entre dans les cylindres, auxquels on les colle.

C'est sur la carcasse ainsi faite que l'on vient coller la peluche dont le fond et le flanc sont cousus ensemble, en l'appliquant sur le pourtour et en appuyant en même temps dessus un fer chaud, de façon à faire fondre la gomme et permettre l'adhérence. On a eu soin de couper la peluche obliquement aux génératrices du corps cylindrique, de façon à cacher autant que possible les points de jonction, on colle ensuite de la même manière la peluche des bords. On passe ensuite à la confection du *bridé* qui est la légère *courbure*, on retrousse des bords de chaque côté, au moyen de fers et à la main; ce sont des ouvriers tournuriers qui font ce travail.

Puis des ouvrières cousent les bordures à la main le plus ordinairement; quand la pose se fait à la machine, le bridé ne peut se faire qu'après que la bordure est mise, puis on pose le cuir intérieur, la coiffe et enfin le bourdalou ou ruban de tête.

Le *bichonnage* est donné en dernier lieu; il consiste à donner le lustre et l'aspect nécessaire à la vente. Les opérations qui concourent à la fabrication de ces chapeaux sont complétées par des tours horizontaux sur lesquels on monte les formes et les chapeaux, afin d'enlever avec un velours ce peu de gras qu'aurait laissé l'ouvrier ou celui résultant d'autres causes.

Chapeau refait. Une industrie qui occupe une certaine catégorie de chapeliers de Paris, consiste dans l'utilisation des matières premières des vieux chapeaux de soie pour la confection de nouveaux chapeaux ayant la forme commandée par la mode.

Comme ces vieux chapeaux sont généralement gras, on commence par séparer la peluche de la carcasse et la dégraisser; on enlève cuir, coiffe, bordure, etc., puis on reprend la carcasse et la met sur une forme pour lui donner la tournure à la mode. On recolle le fond; la peluche nettoyée, on refait le bridé, puis les garnitures et l'on revend ces chapeaux comme neufs; mais le dégraissage de la peluche rend celle-ci facile à roussir et ces chapeaux se reconnaissent au bout de peu de temps.

Chapeau mécanique. Les chapeaux mécaniques qui servent dans les soirées, les bals, les théâtres et même les voyages par suite du peu de place qu'ils peuvent tenir, ont été imaginés par Gibus, dont ils ont porté le nom longtemps. Les premiers chapeaux avaient l'incon-

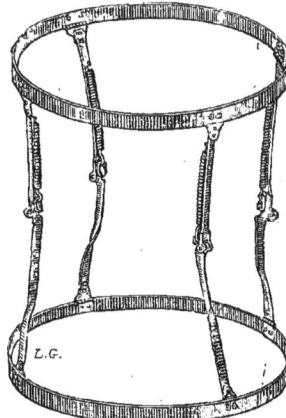

Fig. 530. — *Monture de chapeau mécanique avec ressort n° 1.*

vénient de nécessiter une secousse donnée avec les bras pour s'ouvrir, aussi furent-ils bientôt perfectionnés par Dufresne qui, en plaçant de petits ressorts en cuivre aux articulations, rendit le mouvement plus facile, en même temps qu'il donna une rigidité plus grande à l'ensemble. Par un simple mouvement des doigts, faisant légèrement écarter le fond des bords, le chapeau se dresse de lui-même; en rapprochant le fond des bords, après passage du point mort de l'articulation, le fond revient de lui-même et le chapeau conserve son plus petit volume.

Le chapeau mécanique se compose de trois parties distinctes, la monture (fig. 530), la carcasse composée de la galette ou rosette et des bords, et la garniture.

De ces trois parties, la première, la plus importante, porte des numéros désignant les espèces de ressort. Les n° 1 et 6 sont les plus employés, le n° 1 correspond au ressort Poussin, le n° 6 au ressort Picard.

Dans le n° 1, lorsque le chapeau est fermé, le ressort est tendu, ce qui fait qu'il vaut mieux laisser le chapeau dressé quand on ne s'en sert, pas, si l'on ne veut, au bout d'un certain temps, l'élasticité du ressort étant perdue, voir celui-ci se décrocher de la branche inférieure et, par suite, se pencher de ce côté, ce qui rend le port du chapeau totalement impossible (fig. 531 et 532).

Si par les gelées en ouvrant son chapeau brusquement, le ressort casse, le chapeau est mis hors de service sans qu'il soit possible de le porter.

Avec la monture n° 6, lorsque le chapeau est fermé, le ressort est comprimé, la tige à ergot qui comprime le ressort le traverse dans la longueur; un guide possédant un anneau inférieur à travers lequel passe la tige soutient le ressort par en bas,

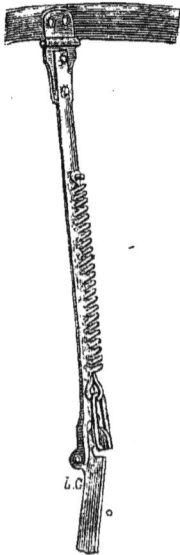

Fig. 531.
Détail du ressort n° 1
le chapeau ouvert.

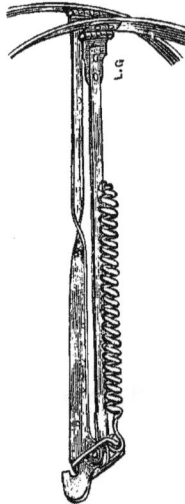

Fig. 532.
Détail du ressort n° 1
le chapeau fermé.

tandis qu'il est guidé vers le haut par un anneau faisant corps avec le guide. La partie inférieure de la tige est accrochée à la branche inférieure par l'intermédiaire d'un anneau comme dans le premier cas (fig. 533 et 534).

Comme dans le cas du ressort du n° 1, le chapeau doit rester ouvert pour éviter la fatigue du ressort, beaucoup moins à craindre cependant dans le cas de compression.

Si le ressort se casse par une cause quelconque, la tige le maintient et le chapeau, quoiqu'ayant besoin d'une réparation, n'est pas mis séance tenante hors de service.

Une autre monture, très peu plus légère, est aussi employée, c'est la monture n° 7, dont les branches sont cylindriques au lieu d'être plates.

Ces montures constituent, comme nous l'avons dit, une fabrication très importante, annexe de la fabrication proprement dite des chapeaux, ou

plutôt distraite de celle-ci et formant une industrie toute parisienne, comme toutes celles qui résultent de la division du travail.

La monture entière est en acier, les parties circulaires sont en lames très minces et étroites trempées au bleu; elles sont percées à des distances marquées d'avance à l'emporte-pièce, puis coupées de longueur; elles sont ensuite cintrées au marteau sur une bigorne et rivées. Pour le lien (partie qui touche la tête), on donne au cercle un certain cintre; la galette est plate. Les branches relient la galette au lien. Une branche est composée de deux parties : le couteau formant la partie inférieure et dont le crochet à sa partie supérieure, relie par l'intermédiaire de l'anneau; la fourche partie supérieure de la branche qui, elle, est munie du ressort. La partie inférieure est formée au moyen de coupures faites à l'emporte-pièce dans des lames d'acier laminé doux de 0m,65 de large sur 1m,40 de longueur coupées préalablement à la cisaille suivant des bandes un peu plus larges que la longueur des portions de branches.

On passe ces bandes sous un emporte-pièce qui découpe à plat les couteaux ou les fourches. Les emporte-pièces sont appropriés, bien entendu, à ce genre de travail, les couteaux de devant étant un peu plus longs que ceux qui seront derrière la tête, une fois les pièces montées; les trous sont percés en même temps dans les oreilles. On passe ensuite sous une étampe qui donne à la fourche une gouttière longitudinale pour le ressort n° 6 et, en même temps, relève légèrement les deux oreilles qui formeront la fourche. Un troisième étampage donne aux oreilles leur place définitive.

Le couteau, après l'étampage qui suit le coupage et poinçonnage, est tordu dans sa longueur et peut ainsi présenter son plat à la charnière correspondante qui l'unit au lien.

Les charnières sont faites en laiton de la façon suivante : on prend des lames possédant en largeur un peu plus du double de la demi-largeur de la demi-charnière finie, puis on passe à l'emporte-pièce, celle-ci perce dans le milieu des trous carrés, également espacés. On a ainsi des lames de un mètre environ, percées de trous; on plie chaque lame au bout et on introduit en même temps une tige dans la partie dont les contacts s'effectuent le moins facilement, c'est-à-dire à l'endroit où sont les trous; on passe dans cet état dans un laminoir qui rapproche les deux lames et en même temps les perce également de distance en distance; en enlevant la tringle, on a une longue demi-charnière; on opère de même sur une autre lame; les vides faits dans celle-ci correspondent aux pleins laissés dans l'autre, puis on réunit les deux parties ainsi faites au moyen d'une tringle semblable à celle qui a servi aux opérations ci-dessus, et l'on passe l'ensemble à l'emporte-pièce qui coupe la charnière suivant le contour qu'elle doit posséder et, en même temps, perce les trous qui devront servir à la rivure, soit aux cercles, soit aux branches. Les trous, dont nous avons parlé plus haut, servent uniquement de points de repères pour bien placer la charnière sous l'emporte-pièce; les trous sont contenus dans la portion qui est inutile une fois la charnière coupée de forme.

Les ressorts sont faits à la main sur un petit tour à tige. Les différentes pièces, branches et ressorts sont trempés; on les cuit à cet effet dans des fours *ad hoc*, en ayant soin de mettre préalablement les pièces dans des boîtes en fer à couvercle; on cuit au bleu et on trempe à l'huile.

Toutes ces pièces ainsi fabriquées passent à l'atelier de montage, où elles sont réunies. Le travail mécanique est assez parfait pour qu'il n'y ait pas besoin d'ajustage.

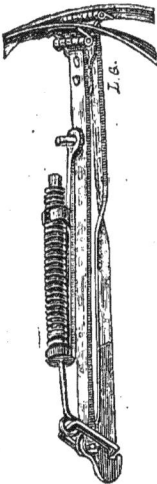

Fig. 533.
Détail du ressort nº 6,
le chapeau fermé.

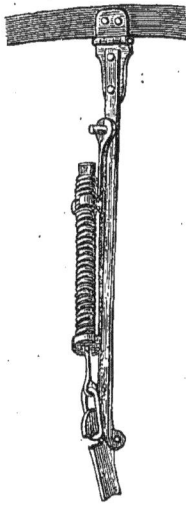

Fig. 534.
Détail du ressort nº 6
le chapeau ouvert.

La monture, une fois terminée, pèse environ 75 grammes; elle coûte à peu près un franc.

Le poids des chapeaux mécaniques est un peu plus grand que celui des chapeaux de soie, à cause du poids du satin qui vient s'ajouter au poids de la monture.

La monture est envoyée ainsi nue chez le fabricant de chapeaux, il y adapte le fond et le bord qui serviront à maintenir ou à coller l'étoffe. La rosette fond du chapeau, est faite au moyen d'une galette composée d'une toile enduite par trempage, d'une dissolution de gomme laque dans l'alcool; elle est maintenue sur la monture au moyen d'une bandeline en toile plus fine enduite aussi de gomme laque. Quand on exécute le collage à la colle liquide, on a toujours soin de précéder ce collage d'un enduit de la gomme laque alcalinisée faiblement par de l'ammoniaque, qu'on ajoute à l'alcool; sans cette précaution, non seulement les deux surfaces n'adhéreraient pas, mais encore la gomme laque liquide, c'est-à-dire dissoute dans l'alcool, étendue avec un pinceau sur une carcasse quelconque contenant naturellement la même résine, s'écaillerait facilement.

Les bords sont formés d'une toile molletonneuse enduite de gomme laque et recouverte sur les deux faces de mousseline gommée aussi. Ces sortes de cartons arrivent tout fabriqués, suivant les pointures de tête demandées et forment la base d'une industrie spéciale : fabrication des bords. Cette fabrication très simple consiste à coller les trois surfaces molletons et mousselines sur des cadres où les étoffes sont parfaitement tendues et conservent leur plat une fois sèches ; puis au moyen de rouleaux de fer chaud, auxquels on donne un mouvement circulaire, on chauffe leur surface, on découpe ensuite une portion plus faible que la pointure de tête et au moyen d'un piston creux chauffé, mû par un balancier et possédant exactement la pointure voulue, on agrandit le trou primitif en produisant un bourrelet, on laisse ensuite refroidir.

Ce sont ces bords ainsi fabriqués que l'on coud par leur bourrelet à la monture métallique, on donne préalablement sur une forme et au fer chaud la courbure générale, les bords n'arrivant pas chez le fabricant avec la courbure désirée. Les bords sont généralement becqués, c'est-à-dire qu'ils sont renforcés d'un demi-cercle de mousseline gommée et collée sur l'avant et l'arrière du chapeau, la surépaisseur ainsi formée est tellement faible qu'on la distingue difficilement à l'œil. Le chapelier coupe alors les bords à la dimension que commande la mode, en réservant un excès de largeur pour le *bridé* ou le *retroussé*. La pose du satin sur la galette se fait à sec en interposant entre le fer très chaud et le satin coupé à la dimension, une étoffe molletonneuse légèrement humectée d'eau avec une éponge. Sous l'influence de la chaleur, la gomme se ramollit et fait adhérer le satin; on retourne ensuite le chapeau et on active le refroidissement en passant un fer froid dans le fond. Le satin des bords et le mérinos qui forme la partie vue du dessous, sont posés de même. On opère alors le bridé, c'est-à-dire que l'on donne une tournure aux bords en relevant ceux-ci suivant la forme désirée; ce travail est fait par des ouvriers tournuriers, au moyen de fers chauds ou des ouvriers non spéciaux en s'aidant plus ou moins de formes.

On borde ensuite le chapeau à la main; on met la garniture intérieure et l'on pose le bourdalou. Si la bordure est posée à la machine, ce qui coûte moitié moins cher, ce travail doit se faire avant l'opération du bridé; on conçoit qu'ici l'action du fer enlève une partie de la qualité du bord; on n'agit ainsi, du reste, que pour les chapeaux communs.

De même que nous avons vu que l'on faisait ce qu'on appelle des chapeaux refaits avec les vieux chapeaux de peluche, de même dans cette industrie les satins des vieux chapeaux sont décollés et utilisés pour faire des chapeaux avec des montures ayant la forme commandée par la mode.

Chapeaux vernis. Les chapeaux vernis sont ceux employés par les cochers ; ils ne diffèrent des chapeaux en peluche de soie que par la carcasse qui est construite plus solidement, c'est-à-dire faite avec de la toile molletonneuse au lieu de toile ordinaire, et par le remplacement de la peluche par des couches de vernis superposées que l'on colore dans la masse en noir ou en blanc, suivant les besoins. On les fait aussi en enduisant de vernis des chapeaux de feutre de laine dont on a cylindré la surface. — A. L. C.

Chapeaux de paille. On appelle *chapeaux de paille* tous les genres de coiffures plus ou moins légères dont le type le plus anciennement connu était confectionné avec de la paille de graminées. On a conservé le même nom à tous les chapeaux qui avaient leurs têtes une analogie de matière première ou une analogie d'usage. C'est ainsi que les chapeaux confectionnés avec les matières les plus diverses, les plantes exotiques comme les feuilles de palmier, le bambou, les joncs ou roseaux, le crin, les pelures de plumes, les copeaux de bois et autres, sont compris dans la dénomination générique de *chapeaux de paille.*

— Né du besoin de se protéger contre l'ardeur du soleil, le chapeau de paille, ou ce qui peut être considéré comme tel, doit avoir été en usage dans les temps les plus reculés. Les premiers bergers, les premiers laboureurs ont certainement réuni de la paille ou des roseaux pour abriter leurs têtes contre les rayons du soleil et probablement ils ont mis un certain art à en faire une chose de durée, capable de répondre à un besoin journalier. Si, dans les villes, les anciens Grecs et Romains ne semblent avoir porté aucune coiffure civile, les artistes grecs, romains et étrusques nous représentent souvent des habitants des campagnes coiffés d'une espèce de chapeau de paille.

Dans les contrées tropicales on a trouvé chez tous les peuples arrivés à un certain degré de civilisation un art très développé de travailler la paille, ou les matières similaires. On en confectionnait, outre les coiffures, maint objet usuel et il n'est pas étonnant d'ailleurs qu'on ait été porté à tirer parti de matières premières qui s'offraient à l'emploi sans préparation compliquée.

Dans quelques contrées, le travail de la paille s'est conservé et perfectionné au point qu'il est devenu une véritable industrie qui exporte ses produits dans le monde entier.

Nous ne voyons en Europe que peu de traces du port de chapeaux de paille au moyen âge et jusque vers la fin du xviiie siècle. Quelques anciens tableaux nous en montrent cependant : on raconte que Marie Stuart, pendant un séjour à la cour de Lorraine, a fait apprendre à des jeunes filles de Nancy à tresser de la paille destinée à la confection de chapeaux. L'industrie toscane doit être fort ancienne ainsi que quelques autres industries locales ; mais les obstacles qui s'opposaient autrefois aux relations lointaines limitaient forcément la propagation de leurs produits. Ceux-ci ne s'adressaient, au surplus, qu'à des modes ou usages locaux et presque exclusivement aux populations des campagnes. Pendant une grande partie du xviiie siècle le chapeau de paille n'a pas trouvé sa place dans le costume des villes, la mode des perruques et du chapeau bas pour les hommes, celle de se coiffer en cheveux pour les dames n'en permettaient pas l'emploi et ce n'est que sous le règne de Louis XVI que nous le voyons sérieusement apparaître. Mais ce n'est que sous la République, qui révolutionna le costume comme toutes

choses, que le chapeau de paille devient d'un usage plus général pour ne plus disparaître jusqu'à nos jours.

Ce n'est pas le lieu de parler ici de l'infinie variété des formes que la mode s'est plu à lui donner successivement, elle appartient à l'histoire du costume qui est l'objet, dans ce dictionnaire, d'un grand nombre d'études.

Le mode de fabrication des différents genres de chapeaux de paille varie selon la matière première employée ou les pays où l'industrie s'exerce. Car il est à remarquer que le travail immédiat de la paille ou de ses congénères, est toujours resté localisé dans des contrées généralement assez restreintes, et que chacune d'elles a conservé à ses produits un caractère spécial qui les distingue de tous les autres.

A part certaines imitations, ces différences existent toujours.

Toute fabrication de chapeaux de paille comprend :

1º La préparation de la matière première ;

2º La fabrication proprement dite ou immédiate, c'est-à-dire la confection du tissu, que le chapeau se produise directement ou indirectement par des opérations qui se succèdent ;

3º Le finissage, comprenant : le blanchiment, teintures, apprêts, la mise en forme, le repassage.

Il ne reste plus alors qu'à garnir le chapeau, selon son espèce, de rubans, de plumes, de galons, de cuir, etc., pour le livrer au consommateur.

La préparation de la matière première est trop différente pour les diverses espèces pour en parler d'une façon générale.

La confection du tissu se fait de quatre manières principales :

1º Par un simple *nouage* des brins ou fils de la matière première les uns aux autres ; exemple : chapeaux noués de Saint-Loup ;

2º Par un *tressage*, d'une pièce, de tout le chapeau ; ceci ne se peut que lorsque la matière première présente des brins d'une longueur suffisante ; exemples : chapeaux de latanier, panamas ;

3º Par la réunion, au moyen d'une couture, de nattes ou *tresses* préalablement faites ; exemples : chapeaux de paille cousue, chapeaux d'Italie ;

4º Par le tissage, l'étoffe produite étant ensuite formée en chapeaux ; exemple : chapeaux de sparterie.

Les blanchiment, teintures et apprêts sont assez semblables pour toutes les espèces et ont d'ailleurs leur place dans d'autres parties de cet ouvrage. L'agent principal du blanchiment est l'acide sulfureux employé à l'état gazeux ou liquide, puis viennent les alcalis, les sels de plomb, les acides oxalique et citrique, le sel d'oseille, etc. Les apprêts se font avec la colle, la gélatine, la gomme, la colle de poisson, des résines, des vernis.

La mise en forme se fait au fer à la main, au moyen de tours spécialement appropriés, de presses à vis, à ressorts ou à pression hydraulique. Les formes, variant selon le goût du jour, sont en bois, en métal.

Malgré les différences qui existent entre les produits des diverses industries de chapeaux de paille, il y a entre tous ceux d'une même catégorie une identité de procédés qui dispense d'une description détaillée de tous les genres. Nous ne nous étendrons donc que sur les principaux, nous bornant à indiquer, en les nommant, les caractères distinctifs des autres produits et les particularités qui méritent d'être mentionnées.

Nous allons passer en revue les différents genres groupés selon leur mode de fabrication.

Chapeaux noués. Les chapeaux noués sont faits avec de la paille proprement dite. Il y a deux manières de procéder : la première, la plus élémentaire, consiste à réunir par des liens une petite botte de paille, en chaume telle qu'elle est naturellement, à briser les brins à angle droit et à les maintenir ainsi par d'autres liens. Ce ne sera pas précisément un chapeau mais bien une espèce de galette surmontée d'une tige.

Telle est la coiffure encore usitée dans le Mâconnais et la Bresse.

La deuxième méthode pour faire des chapeaux noués est moins primitive et permet de donner au produit toute espèce de formes. On se sert d'une forme en bois représentant ce qu'on veut obtenir : au centre du fond on fixe une rosette de gros fils ou ficelles qui rayonnent de là régulièrement et en tout sens, deux par deux. Un brin de paille en tuyau, bien dépouillé de sa gaine et de ses nœuds, est plié autour de cette rosette et maintenu au moyen d'une ligature à la rencontre de chaque paire de ficelles; la brisure forme angle et permet ainsi de tourner en rond, quoique avec des lignes droites brisées, et à former une pièce de plus en plus grande à mesure que les tuyaux de paille s'ajoutent et se juxtaposent. Il faut avoir soin, à mesure que le travail s'étend, d'ajouter aussi de nouvelles ficelles entre les premières pour éviter que par l'écartement progressif des liens l'ouvrage ne perde de sa solidité. On est arrivé à des produits fort jolis par ce procédé, soit en variant les couleurs de la paille, teinte au préalable, soit en pliant diversement la paille entre deux ligatures pour former des jours, des festons.

Cette fabrication est connue dans la Haute-Saône, aux environs de Saint-Loup. Ses produits étaient de mode vers 1830, pour des chapeaux d'hommes. On fait aussi de cette manière des bourrelets d'enfants. En Alsace on faisait de grands chapeaux de femmes, en paille nouée qui se portaient dans une région limitée, le long du Rhin, aux environs de Strasbourg. Il y a peu d'années, le canton d'Argovie (Suisse), a fait de fort jolis chapeaux pour dames ou enfants par le même procédé. Cette industrie n'a jamais acquis d'importance sérieuse.

Chapeaux tressés d'une pièce. On a fait des chapeaux tressés d'une pièce avec des matières premières diverses. Le travail est manuel, la manière de procéder est assez semblable, quoique les différents genres présentent quelquefois peu d'analogie à la vue, soit que cela tienne à la matière première, soit au genre de tressage. Pour tresser un

chapeau, on réunit un certain nombre de brins ou fils, superposés deux par deux, au moyen d'une ligature; on fixe ce commencement sur une forme en bois ayant la taille du chapeau qu'on veut produire, et on tresse en croisant, les brins de dessus, pouvant être considérés comme la trame, et ceux de dessous, qui seraient la chaîne, en tours concentriques en ayant soin de rajouter des brins en les intercalant à mesure qu'il faut étendre les cercles. On cesse de rajouter quand on a la taille voulue pour le fond, on tresse le flanc et on rajoute de nouveau pour étendre le bord. Le chapeau tressé est muni d'une bordure ou ourlet pour l'empêcher de se défaire.

Le tressage peut se faire *sur un*, c'est-à-dire que chaque brin de la trame ne passe, dans le croisement, que sur un seul brin de la chaîne; *sur deux* quand il passe sur deux brins; *sur trois* et même plus; mais le tressage le plus solide et le plus usité est celui sur deux. On fait des tissus façonnés en tressant alternativement sur un, deux ou trois. On tresse aussi avec deux ou trois brins voisins à la fois, ce qui produit des quadrillages. Nous verrons plus loin des exemples de ces différentes manières de faire. La beauté du travail dépend de la régularité des croisements ou tours, de leur tissu serré et aussi du choix minutieux de la matière première.

Le chapeau tressé est blanchi ou teint, selon les besoins; il reçoit un apprêt et il est mis en forme selon le goût ou la mode du pays auquel il est destiné. On confectionne aussi beaucoup de chapeaux mélangés de couleur dont la matière première est teinte au préalable.

Les principaux genres de chapeaux tressés d'une pièce sont les suivants :

Chapeaux de latanier. Panamas français. Le chapeau de latanier est fabriqué avec des feuilles de latanier ou palmier de *Cuba*; le chapeau panama avec de la paille dite de *Panama*. Le tressage des chapeaux se fait à domicile dans les campagnes, par des femmes, des jeunes filles; les autres travaux se font en atelier par des hommes.

Les chapeaux de latanier et les panamas font généralement, en Europe, l'objet d'une même industrie, la confection proprement dite du chapeau étant sensiblement la même.

Cependant, le tressage de la paille de Panama, au brin rond, exige plus de temps et d'habileté que celui du latanier, au brin plat, qui se réunit plus aisément. La paille de Panama, sauf un premier blanchiment qu'on lui fait subir, est tressée telle quelle est importée. Il suffit de couper les parties ligneuses qui réunissent tous les brins d'une tigelle.

Le latanier demande quelques préparations. La feuille fermée à l'arrivée, comme un éventail, doit être défeuillée d'abord, ce qui revient à séparer chaque foliole, ou lame, de sa voisine. On blanchit ensuite la feuille, on tranche les parties ligneuses et on fend chaque foliole en brins au moyen de couteaux disposés comme les dents d'un peigne et écartés selon le degré de finesse qu'on veut obtenir, ou que la beauté de la feuille comporte. Le latanier est ainsi prêt pour le tressage.

Le temps nécessaire à la confection d'un chapeau dépend nécessairement de sa finesse. Un chapeau peut avoir de 350 à 2,500 brins, et tandis qu'une ouvrière pourra tresser plusieurs chapeaux par jour des premiers, un panama fin peut exiger des semaines de travail. Le salaire varie selon l'habileté de l'ouvrière et l'article qu'elle fait : il peut s'élever à 3 francs par jour et descendre à 75 centimes pour les dernières qualités.

Les deux genres de chapeaux sont originaires des lieux où se récolte la matière première et s'y produisent encore. Le chapeau de latanier est le plus anciennement connu. Vers 1833, des chapeaux de latanier grossièrement faits arrivaient en France: on remarqua cependant la légèreté, la souplesse de ces chapeaux, leur grande solidité, et l'on conçut bientôt l'idée d'en produire de meilleurs en perfectionnant leur fabrication.

Après de longs tâtonnements, sur les relations à établir pour l'approvisionnement de la matière première, l'étude et l'enseignement du travail, la recherche de la consommation d'un article nouveau, à une époque où les communications étaient encore difficiles, et après divers essais, notamment à Limoges, la fabrication du chapeau de latanier s'est établie en Alsace; elle s'y est développée ensuite rapidement et y est devenue une industrie importante et toute locale, qui expédiait ses produits dans le monde entier. A part quelques tentatives dans les pays allemands limitrophes, elle était restée confinée dans ce coin de la France, répandue dans les campagnes du Bas-Rhin, des confins de la Moselle et de la Meurthe jusqu'en 1871. La paix de Francfort réunit toutes ces contrées à l'Allemagne. La France perdit ainsi une industrie dont elle avait presque le monopole et devint tributaire de l'Allemagne pour ses besoins futurs. Mais de patriotiques efforts l'ont fait revivre en deçà de nos nouvelles frontières, et, sans protection douanière, elle s'est développée de telle façon qu'il est permis de prévoir le moment où la France pourra ne plus consommer que des produits français.

La fabrication du chapeau de Panama, ou simlement *panama*, n'est venue s'adjoindre au chapeau de latanier que vers 1852, elle s'est développée simultanément, à partir de cette époque, et a suivi les mêmes conditions. La fabrication française a produit des articles parfaitement faits, moins coûteux que les produits américains de belle qualité et meilleurs que ceux qui sont à bas prix. On en exporte considérablement dans les pays les plus lointains.

L'industrie des chapeaux de latanier et de panama a, dans les contrées où elle s'exerce, une importance exceptionnelle. Nous disions plus haut que le tressage des chapeaux se faisait à domicile, dans les campagnes. Aussi cette industrie a-t-elle rendu prospères des communes que leur sol était insuffisant à nourrir. Le travail du tressage n'est suivi régulièrement que par les femmes et les jeunes filles, mais les hommes, les enfants, les vieillards, les infirmes peuvent y contribuer et remplir les longs et fréquents chômages des travaux agricoles par un travail rémunérateur. L'argent comptant, si rare dans les campagnes privées d'industries, entre dans les familles les plus pauvres, les enfants ne mendient plus et vont à l'école, les jeunes filles restent sous le toit paternel et y créent l'abondance, au lieu de le quitter et servir au loin pour alléger le fardeau de la famille, ou d'aller travailler dans les fabriques exposées aux influences délétères des milieux souvent vicieux. Grâce au tressage des chapeaux, certains hameaux sont devenus des villages; leur population s'est accrue parce que tous les habitants y ont trouvé l'existence et ne s'expatrient plus, les terres ont été amendées, les friches mises en culture, les marais drainés et l'aisance est entrée dans les plus humbles demeures.

Le finissage des chapeaux de latanier et panama n'offre rien de très particulier à signaler : il faut dire cependant qu'il a été fait dans les dernières années des progrès très grands dans le blanchiment et le dressage ou mise en forme.

Une petite fabrication de chapeaux de latanier existait à St-Albans, non loin de Londres.

Panamas exotiques. Les panamas exotiques nous viennent de l'Equateur, des environs de Guayaquil ; ce sont pour la plupart des articles parfaitement confectionnés, d'un tissu ferme et régulier.

Les chapeaux de Colombie, Maracaïbo, Carthagène, sont très inférieurs, d'une matière première moins nerveuse et d'un tissu moins régulier. Les Curaçaos sont tout à fait mauvais, à peine dignes d'être mentionnés. D'autres chapeaux venant des mers du Sud et ayant l'apparence des panamas, quoique faits avec une matière différente, ont été portés aussi sur les marchés d'Europe.

Les panamas s'expédient pliés en deux, en balles, en surons, emballés en toile, en feuilles de musa ou en peaux de vaches.

Chapeaux Manille, rotin. Les chapeaux rotins et Manille nous viennent des îles de la Sonde, de Java, des Philippines. Le caractère particulier de ces chapeaux est d'être doubles, c'est-à-dire qu'en raison de la trop petite épaisseur de la matière première on fait deux chapeaux superposés et rajoutés près du bord, pour donner un soutien suffisant au produit.

Il y a des chapeaux d'une finesse de travail admirable, et leur prix, sur place, est tel que la main-d'œuvre d'Europe ne saurait rivaliser.

Les chapeaux dits *manille* viennent de Manille, ceux dits rotins viennent de Java. Les deux sont faits avec des lames tirées du bambou, mais traitées différemment dans les deux pays. A Manille on fait bouillir dans l'eau les lames de bambou et on obtient des produits blancs ou à peu près, à Java les lames ne subissant pas ce traitement conservent leur couleur naturelle un peu brune. Outre le chapeau fait avec des lames de bambou, on fait encore à Manille des chapeaux d'une couleur brun-rouge confectionnés avec l'épiderme d'un jonc. On passe sur la matière première un couteau disposé comme le fer d'un rabot ou d'une bastringue de menuisier, et on en détache un copeau, ou lame mince, lisse et brillante qui en est l'épiderme. Quelquefois, on prend une seconde et troisième couche; celles-ci sont bien inférieures n'ayant plus de surface lisse; on dit alors que c'est le cœur et les chapeaux qui en sont confectionnés valent beaucoup moins. Les copeaux obtenus sont refendus en brins à la finesse désirée et cela d'une façon fort primitive en général. L'instrument est tout simplement un éclat de bambou taillé en pointe et muni d'un petit épaulement qui sert de guide pour conserver toujours la même largeur. On teint quelquefois les brins avant le tressage, à Manille comme à Java, pour faire des chapeaux mélangés de couleur.

Le chapeau dit *rotin* est toujours jaune plus ou moins foncé à moins que la teinture n'intervienne ici, comme dans le cas précédent.

L'importation de ces chapeaux en France est très importante; reçus bruts ils reçoivent un apprêt, une forme, une garniture variant sans cesse, et sont réexportés pour une très grande part, et cela avec une valeur très supérieure que leur a donnée non seulement la main-d'œuvre attribuée, et les fournitures nécessaires au garnissage, mais encore celle, très appréciée dans les objets de vêtements, que leur donne le cachet de la mode du jour.

Chapeaux Sumatra, Bankok. Les chapeaux de ce nom viennent des îles de la mer des Indes. Ils ne sont pas tous confectionnés avec la même matière première. Il y en a de verts et de blancs faits avec la feuille d'une plante du genre palmier, d'autres, blancs également, dont la matière première est la fibre d'une plante du genre aloës ou chanvre de Manille. Il y en a de ces derniers d'une finesse extrême et d'une beauté de tissu remarquable. Le caractère de ce groupe est d'être tressé *sur un*, et de telle façon que les brins d'un côté sont très peu inclinés dans le croisement, tandis que les brins de l'autre le sont fortement; ce qui lui donne l'apparence de certains travaux de vannerie. La différence de longueur de course des deux séries de brins, trame et chaîne, oblige à un point donné, à la naissance du bord, de renverser le tressage pour faire passer à droite les brins de gauche et arriver à l'extrémité du chapeau à compenser les longueurs. Ces chapeaux sont beaucoup moins importants dans la consommation que ceux précédemment décrits.

Chapeaux Yoko. Les chapeaux yoko viennent de la Chine, par balles, en quantités énormes, depuis peu d'années. Leur prix à l'état brut, tout rendus dans les ports d'Europe, est d'environ 15 centimes. Ils n'ont aucune prétention à la beauté ou à la qualité et, vu leur prix, il n'y a pas non plus lieu d'être exigeant. Néanmoins, c'est un article qui a pris une grande place dans la consommation, au détriment de plusieurs produits européens, et c'est un exemple de l'incomparable puissance de main-d'œuvre, comme masse et bon marché, de l'extrême Orient sur nos pays. La matière première du yoko est un jonc pareil à

ce qu'en Espagne on nomme *esparto* ou *l'alfa* d'Algérie.

Le tressage ordinaire fait marcher les brins *trois par trois sur trois*; on tresse aussi *deux par deux sur deux* et même à un seul brin *sur deux*.

Le travail et le prix augmentent progressivement selon ces trois manières, le nombre des croisements augmentant en raison inverse du nombre de brins qu'on saisit à la fois dans une maille. On teint quelquefois ces chapeaux et on les met en forme, mais la plus grande partie est livrée brute au consommateur.

Articles divers. Bien d'autres matières premières ont été tressées en chapeaux d'une pièce; ce n'ont été que des tentatives sans suite ou des productions qui n'ont eu cours que peu de temps, mais qui parfois sont reprises. Nous citerons les éclisses de baleine, les pelures de plumes, des mélanges de deux matières premières comme le latanier et la paille de Panama, du coton apprêté

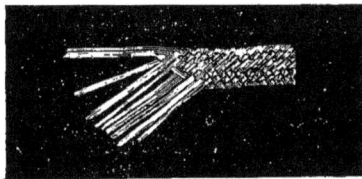

Fig. 535. — *Tresse d'Italie, pédale toscane, 11 bouts, unie.*

et laminé en brins plats, l'osier, et quelques plantes exotiques comme la paille de Mocora, le chanvre de Manille.

Chapeaux faits de tresses. La fabrication des chapeaux faits de bandes ou tresses préalablement confectionnées et réunies par une couture comprend donc deux opérations successives. Elle donne lieu à deux industries distinctes qui peuvent être réunies, mais qui ne le sont pas forcément; et de fait elles sont généralement séparées, le fabricant de tresses fournissant son produit comme matière première au fabricant de chapeaux. Bien que la tresse puisse avoir d'autres emplois que la confection des chapeaux, et qu'elle fasse l'objet d'une fabrication complète à elle seule, elle doit avoir sa place dans l'article sur les chapeaux de paille pour le compléter.

Tresses de paille et autres matières pour chapeaux. La très grande majorité des tresses servant à la confection des chapeaux est faite de paille de graminées : l'espèce varie selon les contrées. La paille est généralement l'objet d'une culture spéciale. Pour l'obtenir fine et abondante, on la sème très drue dans des terrains plutôt pauvres et on la coupe avant la maturité. Le séchage et l'exposition au soleil et à la rosée, pour la blanchir, sont les premières opérations qu'on lui fait subir; viennent ensuite l'ablation des épis, la section ou l'arrachage des tuyaux hors de leurs gaines et nœuds, leur triage par grosseurs par un tamisage successif, et la paille ensuite peut être livrée au tressage. Cette préparation sommaire ne suffit pas cependant à tous les genres de tresses; nous verrons, à leur place, les opérations qui peuvent encore être nécessaires.

Le tressage se fait manuellement; on prend le nombre de brins voulu pour la tresse qu'on veut faire, et on les réunit par un lien. On tient ce commencement devant soi, le lien vers le bas, en prenant entre le pouce et l'index de chaque main la moitié des brins, ou la moitié plus un dans le cas d'un nombre impair; on replie celui du bord d'un mouvement de doigt suivi d'une légère pression pour former la brisure à l'endroit voulu et aplatir le brin rond de la paille s'il y a lieu, on le passe sur ou sous ceux qui le suivent jusqu'à ce qu'il se place à côté des brins de l'autre main.

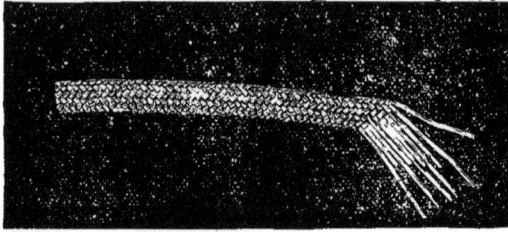

Fig. 536. — *Tresse d'Italie, pédale, 11 bouts, unie.*

On procède de même vis-à-vis de l'endroit où on a commencé et ainsi alternativement de la main droite et de la main gauche. Lorsqu'un brin devient trop court, on le remplace par un autre par superposition et pour qu'il ne se forme pas de trous, les deux brins sont ordinairement tressés ensemble pendant une ou plusieurs mailles.

La tresse achevée à la longueur désirée, on enlève les bouts des brins remplacés qui dépassent, soit en les coupant, soit par un simple froissement dans les mains après que la tresse a été très séchée. Pour avoir une tresse dont l'une des lisières soit très nette, on fait tous les remplacements du même côté. On fait des tresses avec un nombre variable de brins, selon les genres; on dit alors que la tresse est à *4 bouts, 7 bouts, 11 bouts,* etc. Le mode de tressage peut être sur un, sur deux, façonné, etc., comme pour les chapeaux tressés d'une pièce; la tresse peut être blanche, teinte et mélangée de couleurs ou chinée. Une tresse qui se distingue de toutes les autres et qui semble être une des plus anciennes est la tresse *4 bouts à dents*; elle présente sur ses deux bords une dentelure aiguë, comme une scie. Pour obtenir cette disposition, le brin extrême d'une main passe droit du côté opposé où il tourne autour du brin extrême de l'autre et se relève suivant l'inclinaison des brins au repos. L'angle ainsi formé produit les dentelures. Cette tresse faite de paille formait les chapeaux de plusieurs

Fig. 537. — *Tresse d'Italie, pédale, 7 bouts, à picots.*

costumes locaux : le chapeau à calotte ronde et à larges bords de la Bretagne, le chapeau des paysans alsaciens et badois, des chapeaux de matelots. La marine française en employait, qui étaient faits des mêmes tresses mais en latanier; les Maltais en fournissent encore qui sont confectionnés en fibres de dattier. L'industrie des tresses de paille est presque partout exercée librement, en ce sens qu'il n'y a pas de fabricant proprement dit : l'ouvrier prépare ou achète sa matière première, produit la tresse et l'offre en vente. Le fabricant est donc plutôt un commerçant qui rassemble les produits manufacturés auxquels il se borne à donner quelque préparation pour les mieux présenter au consommateur.

Les principaux centres de production sont les suivants, par ordre de pays, :

ITALIE. *Tresses de Toscane.* La fabrication toscane a, dans l'industrie des tresses de paille, un rang prépondérant; ses produits, très distincts de tous les autres, s'exportent dans tous les pays. Elle est fort ancienne et s'exerce comme véritable industrie nationale dans un large rayon autour de Florence.

La culture de la paille est l'objet de soins particuliers : on emploie des espèces de blé bâtard appelées Semone, Marzolo, Santa-Fiore. On les sème de préférence dans les terrains de bois défrichés et on récolte la paille avant maturité. Après les préparations préliminaires décrites plus haut, les tuyaux de paille triés par grosseurs sont coupés en plusieurs parties pour obtenir une égalité de nuance. La partie inférieure qui était protégée par la gaîne ou feuille de la plante est la plus blanche, elle est désignée sous le nom de *pédale,* l'extrémité, qui est la plus colorée mais aussi la plus fine, est la *pointe;* le milieu, quelquefois appelé *poignée,* est le plus inégal de nuance et sert aux tresses pour teinture.

La paille pédale sert à faire de la tresse à 11 bouts, unie, c'est la tresse classique de Toscane appelée couramment pédale d'Italie (fig. 535 et 536). Le mode de tressage est celui *sur deux,* les brins de lisière seulement passant sur un. Les finesses varient naturellement selon la paille, les largeurs courantes allant de 5 à 12 millimètres.

. On fait en outre des tresses à 7 bouts, unies (fig. 537), à picots, ou des tresses façonnées (fig. 538). Le mode de tressage de la tresse 7 bouts est le même que celui du 11 bouts, il n'y a qu'un double croisement de moins dans la largeur; dans la tresse à picots c'est le brin de l'une des lisières qui diffère; au lieu d'être replié à plat il est repassé sur lui-même pour former une espèce de bouclette. Le tressage à 15 bouts est peu usité. La paille pointe, la plus fine du chaume, est tressée en 11 bouts, unie comme la pédale, dont elle se distingue par sa nuance plus jaune et son poids plus grand; on en tresse à 13 bouts, différente de celle à 11 en ce que les brins de lisière passent aussi *sur deux*.

C'est cette tresse qui, par son mode de tressage, peut s'engrener par les lisières, et sert à faire les articles si connus appelés *chapeaux de paille d'Italie*. Nous en verrons plus loin le mode de confection. La tresse pointe est quelquefois d'une finesse extrême au point qu'il paraît incompréhensible qu'on ait affaire à un produit manuel. Les tresses de Toscane, autrefois presque sans concurrentes, ont à compter aujourd'hui pour bien des emplois avec des produits exotiques; les conséquences sont la diminution des prix, des salaires, des avantages qu'elles pouvaient donner au commerce, conditions subies

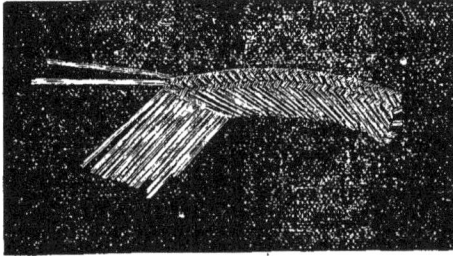

Fig. 538. — *Pédale d'Italie, 16 bouts, façonnée.*

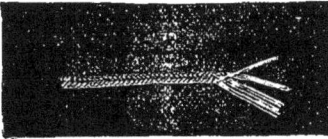

Fig. 539. — *Tresse suisse simple, 7 bouts, unie, paille refendue.*

d'ailleurs par toutes les industries de la paille qui toutes luttent contre l'envahissement des produits des pays lointains où la main-d'œuvre est à des prix dérisoires. Nous avons déjà vu les chapeaux Manille, rotins, Sumatra, Yoko, nous verrons tout à l'heure les tresses de Chine.

Tresses de Casentino ou de *montagne*. Ce sont des tresses à 11 bouts qui ne diffèrent de la tresse de Toscane qu'en ce que la paille est coupée à maturité; elle est très inférieure.

Tresses de Carpi ou *paille de riz*. On a décoré du nom de *paille de riz* des filaments de copeaux de bois tressés. Le bois employé est une espèce de saule (vetrice); le tronc et les grosses branches sont coupés en blocs de 20 à 25 centimètres de

long, ceux-ci sont recoupés en copeaux, et les copeaux divisés en petites lames avec un outil approprié. On tresse de différentes manières. La tresse reçoit souvent une couche d'apprêt ou de peinture à la céruse pour la rendre bien blanche; on a aussi des procédés de blanchiment pour atteindre le même but. Il a paru, il y a quelques années, des chapeaux très communs en tresses de Carpi, on les a appelés *Bombayos*, la tresse dont ils étaient confectionnés était faite de manière à s'engrener par les lisières comme celle à 13 bouts de Toscane; cet engrenement seul maintenait les tresses du chapeau ensemble de sorte que la plus légère traction défaisait le tout.

Tresses de Marostica, Bassano, Vicence. Ces produits sont semblables mais bien inférieurs à ceux de Toscane. La matière première est la paille de blé et de seigle, on ne prend pas soin dans le tressage de séparer la pédale de la pointe. On fait surtout des tresses à 13 bouts, à engrener, pour la confection des chapeaux dits de *Venise*.

SUISSE. La Suisse a d'importantes fabrications de tresses de paille. La principale est localisée dans le canton d'Argovie et a pour centre la ville de Wohlen. On emploie la paille de seigle. Le caractère essentiel de cette production consiste en ce que la tresse est faite de paille fendue. La difficulté d'obtenir la paille fine comme celle d'Italie a fait recourir au fendage du brin, ce qui permet d'utiliser les tuyaux de toute grosseur. Pour fendre la paille, on se sert d'un petit instrument formé d'une tige droite pointue, plus ou moins grosse selon le tuyau qu'il s'agit de fendre, au bas de laquelle sont fixées deux ou trois petites lames de couteau qui se croisent dans l'axe de la tige. Cette tige est introduite dans le tuyau de paille, on presse celui-ci sur les couteaux et il se fend en quatre ou six parties selon le nombre de lames; on n'a qu'à tirer sur les bouts ainsi séparés et le tuyau entier se fend exactement dans toute sa longueur. La majeure partie des tresses est à paille double, c'est-à-dire que deux filaments obtenus se superposent pour former un brin : sans compter qu'on a plus de solidité, on évite ainsi d'avoir un envers et un endroit.

Le mode de tressage est variable, le 7 bouts uni (fig. 539) ou à picots, ou à festons, est le plus usité pour des tresses blanches, teintes et surtout chinées. C'est la fabrication qui produit le plus d'articles appelés *de fantaisie*; outre la variété des genres de tresses de paille, on y emploie encore diverses matières premières et on fait des tresses de crin, de coton, de chanvre de Manille; quelques-unes sont produites avec des machines semblables à celles qui servent pour les lacets de la mercerie.

Il faut mentionner aussi les objets de garniture, les cordonnets de paille, fleurs, nœuds, etc., et les *bordures*, véritables passementeries faites au métier où toutes sortes de matières se combinent à la paille.

Fribourg et le Tessin ont aussi des fabrications de tresses, ainsi que les environs de Rafz où se font des tresses à 4 bouts, en paille non fendue.

ALLEMAGNE. C'est dans la Forêt-Noire badoise et wurtembergeoise que s'est établie une fabrication de tresses de paille. On emploie la paille de seigle. En se bornant longtemps à des articles spéciaux destinés à des consommations presque locales, elle a fait des progrès, mais elle ne s'est jamais élevée au-dessus des sortes moyennes. On y fait aujourd'hui toute sorte de genres, en blanc, teint et chiné. L'importance de cette industrie est plus locale qu'extérieure, car elle nourrit des populations montagnardes qui ne sauraient trouver dans leur sol des ressources suffisantes. Une autre fabrication de tresses de paille a son siège en Saxe.

AUTRICHE. L'Autriche n'a d'autre fabrication de tresses de paille qu'aux environs de Laybach ; c'est la fabrication de Marostica qui y a été transportée lorsque l'État vénitien a été détaché de l'empire d'Autriche.

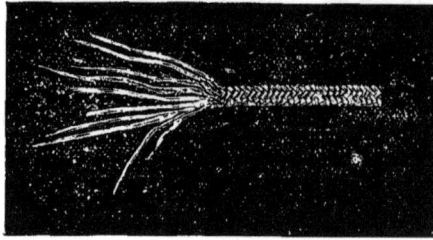

Fig. 540. — *Tresse anglaise, 11 bouts, à picots.*

BELGIQUE. La fabrication belge est localisée dans la province de Liège, près de Glons, Roclenge. La tresse est faite de paille fendue mais toujours tressée simple de sorte qu'on voit alternativement l'envers et l'endroit. Elle est ainsi extrêmement légère ; quelques genres se désignent quelquefois sous le nom de *paille de Monaco*. On en fait différentes sortes de tressage ; 7 bouts, 11 bouts et plus, et façonnées.

ANGLETERRE. L'industrie anglaise des tresses de paille est fort importante ; elle est localisée autour de Luton. Son développement date du commencement de ce siècle, et on assure que les prisonniers français des guerres du premier empire, gardés sur les pontons anglais, ont occupé leurs loisirs forcés au tressage de la paille. Le produit étant devenu objet de commerce, on organisa et répandit le travail de la paille dans les campagnes après que la main-d'œuvre momentanée que les hasards de la guerre avaient procurée, eût disparu de nouveau. Le type de la tresse anglaise est la tresse 7 bouts à picots, elle est remarquablement bien faite, supérieure aux produits semblables de la Suisse, plus chère aussi. On en fait aussi à 11 bouts (fig. 540). Les procédés de blanchiment et de teinture anglais sont aussi les plus perfectionnés. La tresse anglaise est l'objet d'un grand commerce et est nécessaire à tous les fabricants de chapeaux de tresse de belle qualité.

FRANCE. La France, que nous plaçons après ces divers pays, n'a qu'une petite fabrication de tresses de paille et de qualité ordinaire seulement. L'une est localisée dans le département de Tarn-et-Garonne, autour de Septfonds ; l'autre, dans l'Isère, près de Grenoble. La première ne faisait autrefois qu'une tresse très étirée, peu solide, défaut occasionné surtout par une mauvaise manière de remplacer les brins devenus trop courts. On a fait mieux depuis, mais toujours dans les genres très communs et à bon marché. A Grenoble, on fait des tresses à 7 bouts, 11 bouts et 13 bouts à engrener, toujours très ordinaires.

Tresses de Chine, de Canton, de Pékin. Il nous vient, depuis une quinzaine d'années, de la Chine, une espèce de tresse de paille à 7 bouts, régulière, de bonne apparence généralement, d'un tressage un peu gonflé mais néanmoins légère et d'un bas prix qui défie toute concurrence européenne (fig. 541 et 542). Les chapeaux confectionnés avec cette tresse sont aujourd'hui consommés dans une proportion immense au détriment de tous les autres genres de chapeaux de qualité ordinaire et moyenne, et ils tendent à les remplacer peu à peu.

L'industrie du vieux monde, agissant dans un milieu social où les charges et les besoins sont considérables, ne peut que succomber dans la lutte partout où elle se heurtera contre les produits des contrées où l'homme est presque dénué de tout, mais se contente de sa condition misérable et ne travaille que pour la conserver, sans idée d'amélioration et de progrès. C'est la Chine avec sa population immense, vivant depuis des siècles dans des conditions sociales immuables, disposant de sommes colossales de main-d'œuvre, d'une valeur infime, qui pèsera toujours du poids le plus lourd sur tout travail pour lequel elle voudra se mettre en concurrence.

Couture des chapeaux. La couture des chapeaux, pour la formation même du chapeau avec les tresses de toute provenance, se fait de deux manières principales : la couture par superposition d'une tresse sur une partie de la suivante, et la couture par juxtaposition ou engrenement par les lisières, dite *remmaillage*. Les deux travaux se faisaient autrefois toujours à la main, mais l'invention d'ingénieuses machines qui seront décrites avec les *couseuses mécaniques* (V. ce mot), ont remplacé depuis quelque temps le travail manuel pour un grand nombre d'articles à couture par superposition. On coud presque toujours en commençant par le centre du fond du chapeau, on contourne le bout libre de la tresse sur lui-même, on le fixe et on continue à coudre en spirale à la forme et à la dimension que l'on veut obtenir.

La couture par superposition peut être telle que les tresses successives se recouvrent juste assez pour que le point puisse tenir, c'est ce qu'on fait quand on veut économiser sur la quantité de tresse employée; elle peut être plus serrée, et même de telle sorte que les lisières de la tresse seules débordent et que le point saisisse 2 ou 3 tresses des tours précédents. On obtient ainsi un produit très épais et solide, mais lourd quelquefois, selon la tresse employée. Nous trouvons,

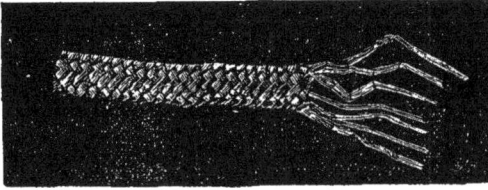

Fig. 541. — *Tresse de Chine, 7 bouts. à picots.*

comme exemple de ce genre de couture, le coquet chapeau niçois, peint en blanc, garni de rubans de velours et doublé de rose ou de bleu de ciel. Puis la cornette flamande des environs de Gand, cousue avec la tresse belge, mise en blanc également, doublée de rose ou de bleu de ciel, comme le chapeau niçois; ouatée même pour l'hiver, mais de forme fort peu gracieuse. Le large chapeau à cocarde multicolore de la Basse-Alsace et celui à pompons de laine du duché de Bade sont aussi cousus de la même manière; mais dans ceux-ci la tresse a sa couleur naturelle. Ces derniers chapeaux sont fabriqués dans la Forêt-Noire.

La production des chapeaux de tresses cousues, proprement dits, c'est-à-dire par superposition, est de beaucoup la plus nombreuse; les chapeaux de dames et d'enfants appartiennent la plupart à cette catégorie ainsi que bien des chapeaux d'hommes. On fabrique ces chapeaux dans tous les pays avec des tresses de toute provenance, ce qui est une nécessité pour pouvoir répondre à tous les besoins, même dans les localités où l'on possède une fabrication de tresses.

La simplicité des procédés permettait autrefois de se livrer à la fabrication des chapeaux cousus très en petit, et le nombre des fabricants était nombreux. Les exigences croissantes, la nécessité d'un outillage coûteux pour y répondre et

celle de produire en grand pour pouvoir livrer à un bon marché suffisant, ont fait disparaître la plus grande partie des petits fabricants qui ont trouvé plus d'avantages à acheter les chapeaux tout faits. A Paris même, où la couture des chapeaux de paille était autrefois importante, surtout pour les beaux articles de mode, la majeure partie des chapeaux qui y sont vendus vient aujourd'hui d'Angleterre et d'Allemagne. En France, les centres de fabrication principaux sont, outre Paris; Lyon, Nancy, Toulouse, Grenoble. L'Angleterre fabrique considérablement. L'Allemagne : Dresde, Berlin, la Forêt-Noire, et la Suisse, exportent beaucoup; les Etats-Unis ont aussi des productions importantes. Les autres pays ne fabriquent guère que pour leur consommation propre.

La couture par *remmaillage* se fait avec les tresses 13 bouts ou avec toute tresse unie dont les brins de lisière passent *sur deux*. Cette disposition laisse un vide dans la boucle formée par la maille, et la boucle correspondante du bord d'une autre tresse semblable peut s'y loger. Pour faire cette couture, on passe l'aiguille dans une maille de lisière de l'une et l'autre tresse qu'il s'agit de

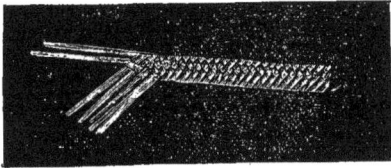

Fig. 542. — *Tresse de Chine, 7 bouts, unie.*

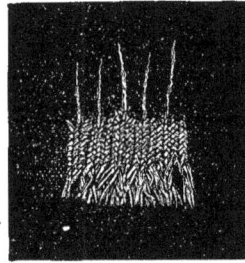

Fig. 543. — *Paille d'Italie indiquant les fils de remmaillage des tresses.*

réunir, une légère traction fait engrener les deux mailles, et en poursuivant ainsi elles se trouvent comme enfilées alternativement sur un fil tendu. Dans cette couture (fig. 543), le fil courant à l'intérieur de la tresse n'est pas visible, aussi croirait-on, à première vue, voir un chapeau fait d'une pièce, si ce n'étaient les légères épaisseurs que produit le fil à la jonction des lisières remmaillées. Ce genre de couture est celui des chapeaux dits *de paille d'Italie*. Comme nous l'avons vu en parlant de la tresse 13 bouts de Toscane, du chapeau de Venise en tresses de Marostica et du chapeau de Grenoble en tresses à engrener; tous les chapeaux remmaillés se cousent aux lieux mêmes où se font les tresses. Les chapeaux de paille d'Italie sont seuls importants et quoique la mode les ait beaucoup délaissés depuis que tant d'autres espèces de chapeaux de paille ont été faites, la fabrication de cette sorte est toujours considérable. On ne fait plus guère que des chapeaux d'hommes, des chapeaux ronds ou capelines pour fillettes et enfants, mais il n'y a pas bien longtemps encore le chapeau de paille d'Italie était un objet de fond dans le costume d'une élégante. On l'achetait en cornet ayant la forme d'un cône tronqué, puis il était mis à la forme du jour et garni de fleurs, de plumes, de rubans. Alors, la coiffure des dames était ample, le chapeau montrait son tissu, remarquablement fin souvent, et témoignait de sa haute valeur. .

Avec la mode des chapeaux exigüs dont la garniture couvre tout, ou presque tout le tissu, le cornet d'Italie disparaît. La beauté du chapeau lui-même étant devenue sans importance, il se réduit, pour ainsi dire, au rôle de carcasse à laquelle on ne demande que de supporter tout ce qu'on veut poser dessus en objets de toute nature. Tel chapeau de quarante sous reçoit une garniture de 150 francs ; elle seule se voit, qu'importe le reste ! Le respect des dessous, du bon, du durable tend à disparaître de plus en plus pour tous les objets de vêtements pour dames, c'est l'apparence seule qu'on recherche, et l'extrême variabilité des modes, jointe aux complications toujours croissantes des ornements du costume, fait de l'emploi d'objets apparents, mais fragiles et de moins de valeur, une nécessité inévitable.

La couture du chapeau de Toscane se faisait souvent avec les fibres d'un roseau appelé *sericciolo* ; celui-ci n'avait pas l'inconvénient de se contracter comme le fil quand le chapeau était mis dans l'eau pour le blanchiment. Les fils bien câblés qu'on a aujourd'hui ont fait disparaître cet usage.

On pourrait mentionner encore comme chapeaux remmaillés les grands chapeaux Kabyles cousus en tresses de palmier Chamærops.

Chapeaux faits de tissus. On a confectionné et on confectionne encore des chapeaux en tissus faits de matières premières diverses. Le tissu découpé comme la forme à produire l'exige, est apprêté et embouti ou pressé selon les besoins ; on arrête les parties coupées par une couture, des remplis, un bordage.

La plupart des chapeaux de cette espèce sont en sparterie, tissu de copeaux de bois qui vient de Bohême, d'autres en brins de latanier tissés, d'autres encore en tissu à chaîne de coton et à trame de paille de Panama. Les chapeaux de sparterie ont un emploi considérable pour des coiffures d'enfants à bon marché.

Ce qui résulte de cette revue de toutes les industries principales du chapeau de paille est que la France est peu productrice, mais très marchande. Ce qui a contribué à accentuer son rôle de commerçant est le régime douanier qui date des traités commerciaux de 1860 et qui a ouvert nos frontières à tous les produits étrangers. La main-d'œuvre est la plus chère en France, la concurrence était facile, aussi de nombreuses industries ont-elles été créées bientôt en Angleterre, en Allemagne, etc., pour l'exploitation de la consommation française. Il faut ajouter cependant que beaucoup de ces produits sont réexportés et que, devenue entrepôt central des fabrications les plus diverses, la France, arbitre reconnu de la mode, fait un commerce important de chapeaux de paille avec toutes les parties du monde.

STATISTIQUE.

C'est à partir du XVIᵉ siècle que la chapellerie française a acquis la réputation dont elle jouit encore aujourd'hui. En 1720, les exportations s'élèvent à deux millions de douzaines de chapeaux, suivant Peuchet.

En 1785, la perte de nos colonies faisait tomber ce chiffre à 150,000 douzaines.

Au XVIIIᵉ siècle, les principales fabriques étaient à Rouen, Paris, Lyon, en Languedoc, en Provence, en Bretagne, à Lille, en Bourgogne et en Champagne. Paris, Rouen et Lyon accaparaient presque toute l'exportation. La production de Lyon seul, vers la fin du XVIIIᵉ siècle, était de 8 à 10,000 chapeaux par jour. Aix avait déjà la réputation qu'elle a conservée. Le Languedoc produisait 25,000 douzaines de chapeaux par an. En 1750, il existait à Paris cent trente maîtres chapeliers.

Depuis cette époque, la chapellerie française a pris un développement toujours croissant malgré les points d'arrêt qui furent la conséquence des guerres du premier empire, de la guerre d'Amérique et de notre malheureuse guerre de 1870.

En 1836, nous voyons l'exportation des chapeaux atteindre 500,000 francs. En 1840, 1,529,582 francs. En 1847, 2,600,000 francs ; en 1850, 2,378,153 francs ; en 1859, 6,568,681 francs ; en 1879, 10,380,057 francs. Dans ces chiffres n'entrent pas les chapeaux de soie et de feutres garnis, comptés comme objets de mode dans les tableaux de douane.

En 1860, il a été recensé à Paris 109 fabricants de chapeaux, occupant : 1,850 ouvriers et faisant 15,653,997 francs d'affaires ; 392 chapeliers en boutique, occupant 933 ouvriers et faisant 9,772,087 francs d'affaires ; 103 fabricants d'articles pour chapellerie occupant 571 ouvriers et faisant 4,402,880 francs d'affaires ; 323 façonniers, occupant 177 ouvriers et faisant 695,701 francs d'affaires. Soit un total de 29,823,964 francs, dont 22,645,464 pour la France, 1,543,000 pour l'Amérique, 754,000 pour l'Allemagne, 504,000 pour la Russie.

Au moment de mettre sous presse, nous n'avons pas encore les renseignements relatifs au dernier recensement de 1881.

Les poils de blaireau, de castor, de rat musqué, de rat grondin, de lièvre, de lapin, venant d'Allemagne, de Belgique, d'Angleterre, d'Italie, de Suisse et d'autres pays, ont été importés en France, en 1879, pour une somme de 4,026,654 francs. Nous avons réexporté des mêmes marchandises en Allemagne, en Belgique, en Angleterre, en Portugal, en Autriche, en Espagne, en Italie, aux Etats-Unis, au Mexique, au Brésil et dans d'autres pays pour 10,864,568 francs.

En 1879, l'importation en France des nattes ou tresses *de bois blanc* devant servir à d'autres usages qu'à faire des paillassons, s'est élevée à 1,637,320 francs, l'exportation à 2,905,400 francs ; l'importation des tresses de *paille*, d'écorce et de *sparterie* de plus de trois bouts, *grossières*, mais devant servir à d'autres usages qu'à faire des paillassons a été de 1,527,260 francs, l'exportation de 7,479,960 francs ; les tresses *fines de paille d'écorce* et de *sparterie* ont été importées d'Allemagne, d'Angleterre, d'Italie, de Suisse et d'autres pays pour une somme de 21,780,990 francs ; on a réexporté pour

11,906,895 ; les *joncs* et *roseaux préparés, filés* ou *autre-ment ouvrés*, venus d'Allemagne, de Belgique ou d'autres pays sont représentés par 516,200 francs.

La même année, les chapeaux de paille grossière ou fine ont été importés principalement d'Allemagne, d'Angleterre et surtout d'Italie, pour 20,969,496 francs, la quantité réexportée est représentée par 14,818,264 francs.

CHAPERON. 1° *T. de cost.* Bourrelet placé sur l'épaule gauche de la robe d'un magistrat, d'un docteur, et duquel tombe, devant et derrière, une bande d'étoffe garnie à son extrémité d'une frange ou d'hermine.

Dans la coiffure du moyen d'âge, c'était un bonnet de drap orné d'une bande d'étoffe nommée *cornette*, qui pendait sur l'épaule; au xve siècle, la cornette se transforma en une queue finissant en pointe et tombant sur les talons. Au xive siècle, les partisans d'Etienne Marcel adoptèrent le chaperon comme signe de ralliement, il était en drap rouge et bleu avec petite plaque émaillée portant la devise : *à bonne fin*; il servit encore, dans les guerres civiles du règne de Charles VI, à distinguer les Armagnacs des Bourguignons. — V. Coiffure.

|| 2° *T. de mécan.* Pièce placée aux extrémités de chaque lame de scie verticale et servant non seulement à l'attacher aux chapeaux du châssis porte-lames. mais encore à leur donner la tension nécessaire à leur travail. Nous donnons

Fig. 544. — *Chaperon de scie.*

figure 544 un dessin de *chaperon de scie* du modèle ordinaire. || 3° *T. de charp. et de men.* Sorte d'assemblage. — V. ce mot. || 4° *T. techn.* Plaque ronde qui se monte sur l'extrémité du pivot d'une roue d'horlogerie. || 5° Dessus d'une presse à imprimer les estampes. || 6° Egratignure au papier. || 7° Pièce de cuir qui recouvre les fontes des pistolets. || 8° *T. de constr.* Partie supérieure d'un mur de clôture, formant une couverture en dos d'âne pour rejeter l'eau. || 9° *Art hérald.* Meuble d'armoirie qui représente la coiffure nommée *chaperon.*

CHAPERONNÉ. *Art hérald.* Se dit d'un oiseau de proie, et quelquefois d'un quadrupède dont la tête est couverte d'un chaperon.

CHAPIER. Meuble de sacristie composé de tiroirs semi-circulaires tournant sur un pivot central, et sur lesquels on étale les chapes pour les renfermer après l'office.

I. CHAPITEAU. 1° *T. d'arch.* Partie qui couronne le fût d'une colonne et qui est l'objet de

l'article § II. || 2° En *T. de men.*, on donne ce nom aux corniches et autres couronnements des buffets, armoires et autres ouvrages. || *T. techn.* Dôme en cuivre ou en étain d'un alambic dans lequel se condensent les vapeurs qui s'élèvent de la cucurbite. || *T. d'impr.* — V. Chapeau. || *T. d'artill.* Se dit du couvercle en forme de petit comble que l'on place sur la lumière d'un canon, pour la garantir de la pluie; on dit aussi *chaperon.* || Saillie qui termine la chape du fourreau de certaines armes blanches. || *T. de chem. de fer.* Pièce qui termine l'orifice supérieur des cheminées de locomotion. — V. § III.

II. CHAPITEAU. *T. d'arch.* Mot qui vient du grec χεφαλη, signifiant *tête* et qui désigne l'ensemble des moulures et des ornements couronnant le fût d'une colonne, d'une ante, d'un pilastre.

Au point de vue de la structure même de l'édifice, le chapiteau a pour destination propre d'élargir l'assiette que présente le support à la chose portée. Au Parthénon, par exemple, la fonction du chapiteau est nettement indiquée : c'est un encorbellement placé sur le fût cylindrique de la colonne pour donner plus d'assiette à la plate-bande.

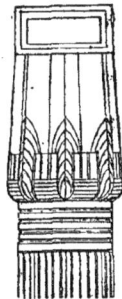

Fig. 545. — *Chapiteau égyptien.*

Dans ce dernier cas et sous le rapport de la forme, le *chapiteau* est un arrêt, une transition jugée nécessaire entre la verticalité du support et l'horizontalité des parties soutenues. Cette double destination n'est pas toujours pleinement réalisée par les chapiteaux de formes très diverses que l'on rencontre dans les différents styles d'architectures; tantôt l'aspect de la solidité, l'accentuation de la fonction même dominent; tantôt la recherche de la forme est plus ou moins nettement accusée. Quoi qu'il en soit, cet élément architectural appartient à tous les styles.

De tous les peuples, les Chinois sont les seuls qui n'en fassent pas usage; cela tient à leur système d'architecture, dans lequel les colonnes sont moins les supports d'un comble pesant que les montants d'un ouvrage de menuiserie. C'est aussi par exception que l'on ne trouve pas de chapiteaux dans certains monuments très anciens de l'Egypte, tels que les tombeaux de Beni-Hassan et de Kalaphe; encore ces supports sont-ils surmontés d'un abaque.

Les premiers chapiteaux égyptiens qui méritent véritablement ce nom semblent avoir pour éléments le bouton et la fleur de lotus. Le tronc de cône (fig. 545) et la campanule épanouie (fig. 546) tous deux à section horizontale circulaire ou en

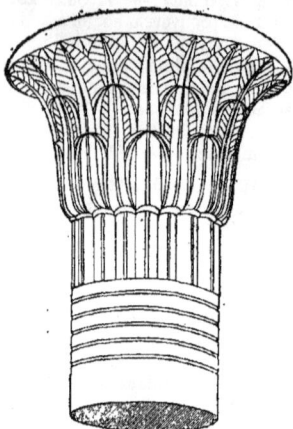

Fig. 546. — *Chapiteau égyptien.*

plusieurs lobes sont les formes primitives. Recouverts tout d'abord d'ornements au trait, les chapiteaux campaniformes furent ensuite décorés de feuillages et de diverses plantes à reliefs plus ou moins prononcés. Certains de ces cou-

Fig. 547. — *Chapiteau égyptien.*

ronnements semblent être une imitation du palmier, dont on aurait coupé les feuilles inférieures.

Ces ornements sculptés des chapiteaux égyptiens étaient, en outre, accusés dans leurs détails, par des couleurs très vives : le bleu, le vert, le iaune et le rouge. Un troisième type est le cou-

ronnement du fût par quatre têtes à coiffure égyptienne, surmontées d'un petit édicule à base carrée (fig. 547).

L'architecture indienne n'offre pas de types consacrés de chapiteaux; cependant les piliers qui soutiennent les plafonds souterrains de cette époque sont souvent couronnés de sphères apla-

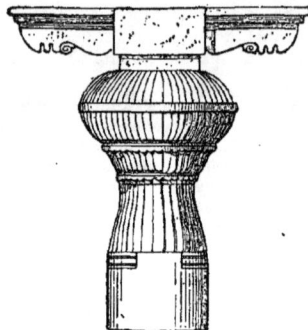

Fig. 548. — *Chapiteau indien.*

ties (fig. 548) que surmontent des consoles diminuant la portée des linteaux.

Dans les monuments qui nous sont parvenus de l'architecture persane, on observe des chapiteaux formés des deux moitiés antérieures de taureaux ou de licornes qui couronnent des fûts simplement cylindriques et cannelés ou ressemblant à des panaches superposés (fig. 549 et 550).

L'architecture grecque présente trois sortes de

Fig. 549 et 550. — *Chapiteau persan.*

chapiteaux correspondant aux trois ordres *dorique*, *ionique* et *corinthien*.

La chapiteau dorique se compose d'un plateau dit *abaque* ou *tailloir* de forme carrée, que supporte une *échine* ou solide de révolution engendré par la rotation, autour de l'axe de la colonne, d'une courbe se rapprochant plus de la ligne droite que de la parabole. Cette courbe est plus ou moins raide, plus ou moins aplatie; elle est presque droite dans les chapiteaux du Parthénon

(Fig. 551), à peu près elliptique dans ceux du temple de Pæstum. Au-dessous de l'échine sont placés plusieurs petits listels ou annelets séparés par des cavets et, plus bas, l'ensemble de cette décoration est complétée par une ou plusieurs rainures taillées en biseau. Ce chapiteau a-t-il pour origine l'imitation de la construction primitive en bois, comme l'ont affirmé quelques auteurs? La forme carrée du tailloir n'est-elle pas,

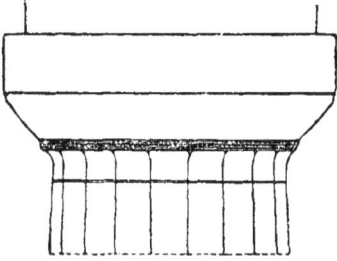

Fig. 551. — *Chapiteau dorique.*

au contraire, suivant d'autres témoignages, justifiée par les nécessités, surtout des moyens mécaniques alors employés? Nous n'avons pas à discuter ici cette question archéologique qui nous entraînerait hors de notre cadre (1).

Nous nous contenterons de faire remarquer ici, que dans l'architecture grecque on reconnaît facilement l'existence de règles définies au milieu de la multiplicité des formes et de la variété des proportions et des ornements.

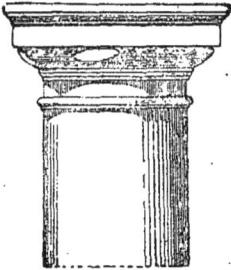

Fig. 552.

La hauteur moyenne du chapiteau dorique grec est d'un demi-diamètre de la colonne prise à sa base, et cette hauteur s'applique, dans les exemples antiques, au corps du chapiteau, tantôt en y comprenant seulement les listels au bas de l'échine, tantôt jusques et compris les rainures placées au-dessous.

L'abaque, qui ordinairement a pour hauteur un peu plus que le tiers de celle du chapiteau, est une dalle simple et carrée. La saillie de cet abaque est plus considérable dans les chapiteaux des colonnes des temples de la Sicile et de Pæs-

(1) VIOLLET-DE-DUC, *Entretiens d'architecture*, t. I, p. 47 et suivantes.

tum que dans ceux qui appartiennent aux temples d'Athènes et à d'autres temples doriques construits à la même époque. Dans ces derniers édifices, la saillie de l'échine, qui est toujours égale à celle de l'abaque, est à peu près égale à sa hauteur; dans les chapiteaux des premiers, au contraire, elle est sensiblement plus grande.

En résumé, le chapiteau dorique grec est aussi beau qu'il est simple; l'accentuation et la saillie

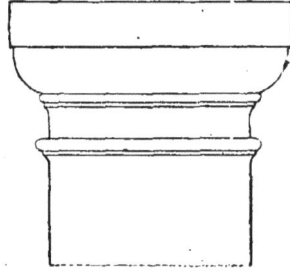

Fig. 553. — *Chapiteau toscan.*

de son abaque, le profil sévère et élégant de son échine lui impriment un air de grandeur et de dignité tout particulier. L'ordonnance que l'on donna, par la suite, à ce chapiteau lui enleva beaucoup de cette belle apparence.

Le chapiteau dorique romain diffère beaucoup, en effet, de celui des Grecs; l'abaque, moins saillant, est couronné d'une moulure et d'un listel; l'échine se rapproche du quart de rond; les rainures sont remplacées par un astragale,

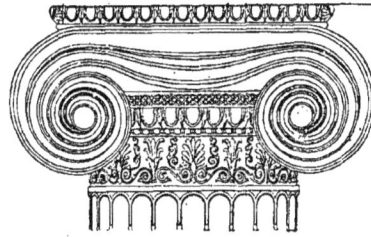

Fig. 554. — *Chapiteau ionique.*

qu'un espace lisse, appelé *gorgerin*, sépare des listels supportant l'échine. Le chapiteau dorique du théâtre de Marcellus (fig. 552) peut être regardé comme un type de l'ordre dorique romain.

Le chapiteau toscan, souvent employé par les modernes, n'est autre que le chapiteau dorique simplifié (fig. 553).

Le chapiteau ionique diffère essentiellement du chapiteau dorique par les grandes volutes qui s'y trouvent disposées de telle façon que le chapiteau, vu de face, présente un autre aspect que lorsqu'on le voit latéralement. Ces volutes, appelées aussi *coussinets* ou *balustres*, forment une sorte de coussin. Le support, ainsi constitué par

les volutes, repose lui-même, par les faces antérieure et postérieure, sur un quart de rond. Parfois un gorgerin avec astragale termine le chapiteau, comme on le voit à l'Erechthéion d'Athènes
(fig. 554).

La proportion du chapiteau ionique est, en
moyenne, d'un tiers de diamètre, du dessus de
l'abaque à l'astragale, et de trois quarts de diamètre au bas de la volute.

Fig. 555.

Le chapiteau dorique est resté, chez les anciens,
dépourvu d'ornements, tandis que le chapiteau
ionique en reçut de plusieurs sortes. De la partie
supérieure de la volute on faisait sortir des tiges
d'acanthe qui se répandaient sur l'échine. Ce
dernier membre était orné d'oves entre lesquels
on plaçait des langues de serpent. Quelquefois, on
appliquait aussi des ornements sur l'abaque et sur
la baguette placée au-dessous de l'échine. L'œil
de la volute est ordinairement tout uni; quelque-

Fig. 556. — Chapiteau corinthien.

fois, cependant, il est orné d'une rosette, comme
on le voit aux colonnes du temple de la Fortune
virile, à Rome.

Les chapiteaux ioniques grecs les plus riches
se trouvent au temple d'Erechthée et de Minerve
Poliade, à Athènes; tous les membres y sont
décorés d'ornements, comme le montre la figure
554 ; la ligne circulaire des volutes y est enrichie
de nombreuses moulures et des fleurs sont
sculptées sur le gorgerin.

La forme grecque a été maintenue dans la plupart des constructions romaines, ainsi qu'on le
voit sur la figure 555, qui représente un des cha-

piteaux de l'ordre ionique du théâtre de Marcellus.

Le chapiteau corinthien est de tous les couronnements de colonnes le plus riche et le plus orné;
l'origine en est indéterminée, bien qu'une légende attribue son invention au sculpteur Calli-
maque. Quoiqu'il en soit, la forme de ce chapiteau est celle d'une campane ou cloche renversée.

Le type le plus parfait que l'on puisse citer du
chapiteau corinthien grec est celui du monument
de Lysicrates à Athènes (fig. 556). La hauteur est
d'un diamètre et demi du pied de la colonne.
Au-dessus de l'astragale du fût de la colonne,
qui manque aujourd'hui et qui vraisemblablement était de bronze, il y a une rangée de feuilles
peu élevées et unies. Viennent ensuite de grandes
feuilles d'acanthe doublées, entre lesquelles on
voit sortir des roses. Au-dessus, s'élève un bouquet de fleurs et de petites volutes ou enroulements, qui entourent le vase du chapiteau et

Fig. 557. — Chapiteau corinthien.

montent jusqu'au-dessous de l'abaque; il se termine, sur les coins, en volutes élégantes et étend
une fleur jusqu'au milieu de l'abaque.

Vitruve attribue pour hauteur au chapiteau corinthien le diamètre entier du pied de la colonne;
la septième partie de cette hauteur détermine,
selon lui, la hauteur de l'abaque. Mais les variétés du chapiteau corinthien annoncent que les
Grecs n'ont suivi aucune règle fixe dans l'ordonnance et l'ornement de ce chapiteau et que
chaque artiste lui assignait l'ordonnance la plus
convenable au caractère de son édifice, et lui
donnait tantôt plus, tantôt moins de richesse et
de magnificence.

Ce ne fut que sous les Romains que le chapiteau corinthien reçut la forme déterminée qu'il a
encore aujourd'hui. L'ordonnance de ses ornements de feuilles d'acanthe, de volutes, ressemble
parfaitement, en effet, à celle déterminée par
Vitruve; mais il se distingue par son élévation, à
laquelle on donna environ deux modules et un
tiers, ce qui lui procura une forme plus svelte.
C'est ainsi que nous le trouvons employé dans le
temple d'Auguste, à Pola, et dans beaucoup d'é-
difices de Rome, tels que le portique du Panthéon, le temple d'Antonin et de Faustine, le
portique d'Octavie et de Septime Sévère, l'arc de

Constantin, etc. Il est d'une beauté remarquable dans les colonnes qui nous restent encore du temple de Jupiter Stator et de Jupiter Tonnant.

Fig. 558. — *Chapiteau composite.*

Les chapiteaux du portique d'Octavie, exécutés du temps d'Auguste, se distinguent non seulement par la délicatesse de leur travail, mais en-

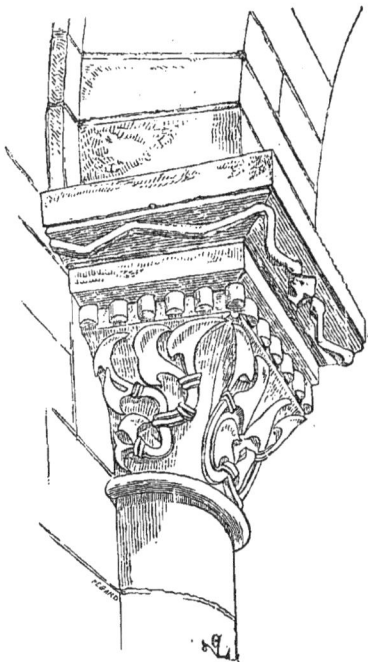

Fig. 559. — *Chapiteau du XI⁰ siècle.*

core par un ornement particulier, placé entre les petites volutes et qui est formé d'un aigle posé sur des foudres et ayant les ailes déployées.

Enfin, nous donnerons (fig. 557) comme l'un des types les plus parfaits du chapiteau corin-

thien romain un exemple tiré du temple de Mars Vengeur à Rome. La campane ou cloche renversée, qui forme le corps du chapiteau, est surmontéé d'un tailloir à faces concaves et ornée d'un double rang de feuilles d'acanthe, d'olivier, de persil, de chardon, etc. Celles du second rang sont à peu près doubles des autres ; de leurs intervalles partent des tiges d'où s'échappent d'autres feuilles dites *caulicoles*, donnant elles-mêmes naissance à des volutes de dimensions différentes; les plus grandes vont s'enrouler sous les angles saillants de l'abaque ; les autres, au milieu de chacune des faces du chapiteau, où elles se rencontrent deux à deux. C'est entre ces dernières

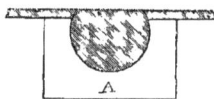

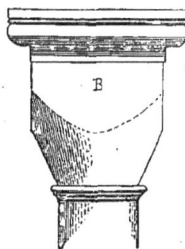

Fig. 560.
A Projection horizontale. — *B* Projection verticale.

volutes que passe la tige supportant la rose du chapiteau.

La combinaison des éléments des chapiteaux ionique et corinthien a donné naissance au chapiteau composite (fig. 558), dont quelques auteurs ont fait un ordre spécial, mais qui ne présente qu'une variété de détails dans la décoration du chapiteau; on y retrouve les volutes ioniques associées au double rang de feuilles de l'ordre corinthien.

Dans les premiers temps du christianisme, on employa tous les anciens fragments que l'on put recueillir, chapiteaux, fûts de colonnes, etc., à la construction et à la décoration des édifices nouveaux. Lorsque les débris des monuments antiques vinrent à manquer, les sculpteurs cherchèrent à imiter ceux qu'ils avaient sous les yeux. Ces imitations, faites par des mains inhabiles, durèrent du vi⁰ au ix⁰ siècle. Il faut reconnaître toutefois que ce membre de la colonne reçut, dès cette époque reculée, une destination plus vraie que celle qui lui avait été affectée par les Grecs et les Romains : ainsi l'entablement antique fut supprimé et le chapiteau avec un tailloir porta l'archivolte sans intermédiaire ; ce rôle essentiellement utile fut conservé par le couronnement

Les figures 557 à 561 sont extraites du *Dictionnaire de l'Architecture* de VIOLLET-LE-DUC. — V⁰ Morel, édit.

de la colonne, jusqu'à l'époque de la Renaissance. Bien plus, l'évasement même du chapiteau servait d'encorbellement pour porter un sommier dont le lit de pose débordait le diamètre de la colonne.

Fig. 561. — *Chapiteau de l'Eglise de Déols, près de Châteauroux.*

Cette nouvelle fonction est bien mise en évidence par la figure 559, qui représente l'un des chapiteaux du tour du chœur de l'église de Saint-Etienne de Nevers; on voit que ce chapiteau possède un double tailloir, le premier embrassant exactement la surface donnée par le lit de

Fig. 562. — *Chapiteau du commencement du XIII⁰ siècle.*

pose du sommier. Dans les monuments religieux appartenant à l'architecture romane proprement dite, la décoration des chapiteaux se compose de feuillages, de figures humaines ou d'animaux fantastiques. C'est surtout pendant le XII⁰ siècle que cette ornementation atteignit une singulière perfection ; il était alors admis que les chapiteaux d'un même monument, en se renfermant dans un galbe uniforme, cône tronqué renversé, pénétré par un cube, et représenté par la figure 560 en projections horizontale et verticale, devaient être tous variés; c'était là pour les sculpteurs une occasion de se surpasser les uns les autres. Aussi, là où les matériaux le permettent, ces

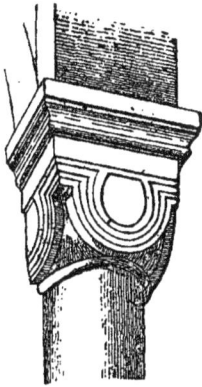

Fig. 563. — *Chapiteau de l'église de Neuwiller.*

membres d'architecture sont exécutés avec une grande délicatesse de ciseau.

Nous citerons comme exemple le chapiteau représenté par la figure 561, qui appartient aux ruines de l'église de Déols (Bourg-Dieu), près de Châteauroux; il présente ces singuliers enchevê-

Fig. 564. — *Chapiteau de l'église de Neuwiller.*

trements d'animaux que l'on remarque dans les chapiteaux du xiie siècle.

A côté de ces formes et de cette ornementation caractéristiques de l'architecture romane, il faut noter l'influence des traditions romaines, que l'on trouve représentée par de nombreux exemples vers la fin du xiie et le commencement du xiiie siècles. Ainsi, l'on remarquera dans le chapiteau représenté par la figure 562 et faisant partie de

la cathédrale de Langres, la disposition générale du chapiteau corinthien, les divisions des feuilles, les restes des volutes avec leurs caulicoles et les bagues, puis les retroussis, et un beau crochet appartenant franchement à la sculpture des premières années du xiiie siècle.

Dans les provinces de l'Est, sur les bords du Rhin et de la Moselle, on trouve conservée l'influence du goût oriental des derniers temps de l'empire romain, époque à laquelle on avait vu apparaître un type spécial qui caractérise le style

Fig. 565 et 566. — *Chapiteaux de Notre-Dame de Paris.*

byzantin. Les chapiteaux byzantins s'étaient réduits, d'une manière générale, à des surfaces courbes ornées de sculptures peu saillantes. Ainsi, les chapiteaux de Ste-Sophie de Constantinople, qui datent du xvie siècle, ont la forme d'ovoïdes tronqués, ornés de feuilles méplates et de volutes avec coussinets. Ceux des églises de Saint-Vital et Saint-Apollinaire, à Ravenne, qui datent de la même époque, ont l'aspect de cônes renversés, tronqués et coupés par quatre plans inclinés, sur lesquels sont sculptés des entrelacs, des enroulements et des fleurons.

Le goût byzantin se retrouve dans les chapi-

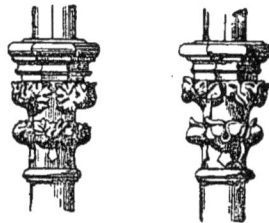

Fig. 567 et 568. — *Chapiteaux du XIVe siècle.*

teaux cubiques des édifices des bords du Rhin. La figure 563 représente un chapiteau cubique provenant de l'église de Neuwiller, en Alsace; le même édifice possède des chapiteaux décorés de têtes d'animaux et d'ornements bizarres (fig. 564).

Au xiiie siècle, l'ornementation est tirée de la flore même des pays où les édifices sont construits; les tailloirs des chapiteaux sont très accentués, comme le montre les figures 565 et 566, qui donnent deux chapiteaux de la galerie des rois à Notre-Dame de Paris.

Au siècle suivant, on voit diminuer la saillie des abaques (fig. 567 et 568).

Pendant les xve et xvie siècles, la décoration végétale devient prédominante; les tailloirs s'atrophient et les chapiteaux eux-mêmes finissent par disparaître.

A côté de l'architecture occidentale, l'art arabe,

Fig. 569 et 570. — *Chapiteaux de l'Alhambra, de Grenade.*

après avoir conservé les traditions antiques en utilisant les débris des monuments romains, subit l'influence chrétienne et prend un caractère original. Deux types caractéristiques se remarquent dans les chapiteaux des édifices mauresques : l'un est composé de plusieurs séries de

Fig. 571. — *Époque Renaissance.*

petites niches posées les unes sur les autres en encorbellement; l'autre, dont nous donnons deux exemples (fig. 569 et 570), appartenant à l'Alhambra de Grenade, est formé d'une corbeille décorée de feuilles ou d'arabesques et d'une partie cubique portant une ornementation du même genre.

Fig. 572. — *Époque Renaissance.*

C'est la Renaissance qui ramena le goût de l'antique, abandonné du xe au xvie siècle; les ordres reparurent alors, mais furent interprétés par les artistes d'une façon très originale; la richesse et la variété du détail sont très remarquables dans les chapiteaux de cette époque. Nous donnons des exemples des trois types principaux : le dorique représenté par la figure 571 est du palais Sciarra à Rome; l'ionique (fig. 572)

provient du palais des Tuileries, à Paris; enfin le composite est celui des trois ordres dont l'ornementation est la plus variée (fig. 573).

Après la Renaissance, l'art moderne est revenu à l'imitation pure et simple de l'antiquité.

Il nous reste à dire quelques mots au sujet des chapiteaux qui forment le couronnement des colonnes isolées, votives, honorifiques ou élevées

Fig. 573. — *Époque Renaissance.*

avec une destination quelconque. On trouve sur les vases grecs un grand nombre de colonnes de ce genre, représentées avec des chapiteaux dont la forme rappelle ceux qui supportent des entablements.

On peut en dire autant des chapiteaux qui appartiennent aux colonnes votives romaines, telles que la colonne corinthienne de Dioclétien à Alexandrie et celle de Trajan et d'Antonin, qui sont de style dorique. — P. C.

— V. *Dictionnaire des termes employés dans la construction* (2e édit.), par P. Chabat, Vve A. Morel et Cie, éditeurs, Paris.

Chapiteau de balustre. Partie supérieure d'un *balustre.*

Chapiteau de niche. Petit dais couvrant une statue portée par un cul-de-lampe au-devant d'une niche qui n'est pas assez profonde pour contenir la statue.

Chapiteau de triglyphe. Plate-bande avec un cavet en-dessous qui couronne un *triglyphe.*

III. * **CHAPITEAU.** *T. de chem. de fer.* Les cheminées des locomotives se terminent généralement en France, à l'orifice supérieur par une partie plus ou moins évasée appelée *chapiteau.* Cette pièce est ordinairement peu développée et constitue plutôt un ornement pour la cheminée dans les pays qui brûlent de la houille, comme la France et l'Angleterre par exemple; dans les limites où elle est alors maintenue, elle exerce peu d'influence sur le tirage. Toutefois, la forme entièrement droite sans chapiteau présente cependant l'avantage de dévier le vent d'une manière plus marquée, et bien qu'elle soit la moins élégante, elle paraît préférable sous ce rapport. Quelquefois, on surmonte à l'avant le chapiteau d'un petit paravent qui le prolonge de ce côté pour mieux faire face aux courants d'air extérieurs. Il est bon alors que ce paravent puisse se rabattre, car autrement, il nuirait au tirage pendant la marche arrière. Dans les pays qui brûlent du bois, on est obligé de disposer à l'orifice de la cheminée un pare-étincelle ayant une surface très développée, et on est conduit alors à évaser le chapiteau d'une manière parfois démesurée, ce qui donne à la cheminée un aspect caractéristique et un peu étrange. — V. Cheminée.

* **CHAPLOIR.** *T. techn.* Petite enclume.

.* **CHAPON.** *T. de métall.* Support d'une tuyère.

* **CHAPONNER.** *T. techn.* Fendre la tête d'une peau depuis les yeux jusqu'à la bouche, et en retrancher les oreilles.

* **CHAPOTER.** *T. techn.* Dégrossir du bois avec une plane. || Détacher, nettoyer avec le chapotin les parties inutiles collées aux poteries pendant la cuisson.

* **CHAPOTIN.** *T. de céram.* Outil de forme spéciale employé pendant le défournement par l'ouvrier défourneur; il a la forme d'une palette en fer aplati d'un bout et terminé de l'autre par une sorte de pointe. On s'en sert comme marteau et pic à la main. Son usage est de détacher les crasses, machefer, collés après les étuis, de séparer les morceaux de cazette collés sous l'influence des cendres vitrifiées ou les fragments collés sous l'action des cendres; en un mot, de nettoyer les parties qui jouent leur rôle dans l'acte de l'encastage.

* **CHAPPE.** *T. de filat.* Ensemble d'un organe de la bobineuse, composé d'une pièce de fonte dans laquelle se place le *bobineau* qui sert à enrouler le fil de chaîne. Cette pièce amène le mouvement circulaire par la pression que son poids exerce sur l'ensouple de la bobineuse. || *T. techn.* — V. Chape.

* **CHAPPE** (Claude), neveu de Chappe d'Auteroche, astronome français (1722-1769), naquit en 1763 à Brûlon (Sarthe) et mourut à Paris le 25 janvier 1805. Il commença ses études au collège de Joyeuse, à Rouen, et les continua à la Flèche; à sa sortie, il embrassa l'état ecclésiastique et obtint à Bagnolet un bénéfice qui lui fournit les moyens de se livrer à ses goûts pour les recherches de physique. Tout jeune encore, il avait déjà publié plusieurs articles remarquables dans le *Journal de physique*. Plus tard, il essaya d'appliquer l'électricité à la transmission des signaux télégraphiques. Dans son rapport à la Convention nationale (an II), Lakanal dit que Chappe avait imaginé de correspondre à l'aide du synchronisme de deux pendules, reliées par des conducteurs isolés et marquant électriquement les mêmes valeurs. L'insuccès de cette tentative découragea l'ingénieux physicien qui regarda dès lors comme chimérique l'application de l'électricité à la télégraphie. Reprenant les travaux de d'Amontons, de Marcel, de Dupuis, l'auteur de l'*Origine de tous les cultes*, de Linguet et de Monge sur la télégraphie optique, Chappe imagina le *télégraphe aérien*, dont la première expérience officielle fut faite le

12 juillet 1793. Cette fois le succès fut complet: en treize minutes quarante secondes on put, grâce à cette nouvelle machine, transmettre une dépêche à la distance de quarante-huit lieues. Le comité chargé de l'examen du télégraphe aérien, qui avait Romme pour rapporteur, fit voter par la Convention une somme de 6,000 francs pour l'établissement d'une ligne télégraphique entre Paris et Lille. En récompense de sa découverte et de ses travaux, Claude Chappe fut nommé, sur la demande de Lakanal, ingénieur-télégraphe et reçut la paye de 5 livres 10 sous par jour. Il composa, en collaboration avec Delaunay, son parent et ancien consul de France à Lisbonne, un vocabulaire secret de 9,999 mots, dans lequel chaque mot était représenté par un chiffre. Découragé du peu de cas que Napoléon Ier paraissait faire de son invention; attristé, d'autre part, par les attaques de Bréguet et de Béthancourt qui lui disputaient ses droits d'inventeur; enfin cruellement éprouvé par une maladie chronique, Claude Chappe résolut d'en finir avec la vie. Il se suicida dans la cour intérieure du ministère des postes et télégraphes, au pied même de la tour des signaux. Un monument typique lui a été élevé au cimetière du Père-Lachaise où il repose.

* **CHAPPE** (Ignace-Urbain-Jean), frère du précédent, né à Rouen en 1760, mort à Paris en 1829, fut nommé membre de l'Assemblée législative en 1811. Il participa aux recherches de Claude Chappe et publia une histoire de la télégraphie (2 vol., 1824).

* **CHAPPÉ, ÉE.** *Art hérald.* — V. Chapé.

* **CHAPPELLE.** *T. techn.* On donne ce nom aux petits morceaux de houille.

* **CHAPSKA.** *T. de coiff. milit.* Coiffure empruntée aux Polonais et que portaient autrefois les lanciers.

* **CHAPTAL** (Jean-Antoine), comte de Chanteloup, né à Nozaret (Lozère), mort à Paris en 1832. Chimiste, industriel célèbre. Il fit ses études médicales à Montpellier. Dès qu'il fut reçu docteur, il alla à Paris étudier la chimie sous la direction de Sage, de Macquer et autres célébrités qui préparaient la rénovation de cette science, grand mouvement qui fut réalisé peu après par Lavoisier et la pléiade des chimistes qui l'entouraient. A l'âge de 25 ans, Chaptal fut appelé à occuper la chaire de chimie que les Etats du Languedoc venaient d'instituer à Montpellier. Les débuts du jeune professeur eurent un grand succès. Deux ans après, en 1783, il publia le *Tableau analytique* de son *cours de chimie*. En 1790, il donna les *Eléments de chimie* qui furent traduits dans toutes les langues et dont la 4e édition parut en 1803.

Les Etats du Languedoc, qui avaient souvent recours à ses lumières dans les questions relatives à l'industrie, aux arts, au commerce, à l'agriculture, obtinrent pour lui, en 1787, le cordon de Saint-Michel et des lettres de noblesse.

Chaptal fut un des rares savants qui aient joint la pratique à la théorie. Jouissant d'une belle fortune, il n'hésita pas à l'engager au service de la science, en créant une grande fabrique de produits chimiques. Par ses connaissances, son esprit d'observation, son jugement sûr et son activité infatigable, il fit prospérer cette industrie qui acquit, en peu d'années, une renommée européenne. La célébrité du professeur et du fabricant devint telle qu'il reçut de divers pays des offres séduisantes pour aller y porter ses talents, son industrie. Washington le sollicita jusqu'à trois reprises différentes pour qu'il vint se fixer près de lui; vers la même époque, le roi d'Espagne lui fit offrir 36,000 francs de pension et un premier don de 200,000 francs s'il voulait professer dans ses états. Chaptal refusa tout, désirant se consacrer exclusivement au service de la France. La reine de Naples, pendant la Terreur, lui offrit un asile à sa cour; mais Chaptal ne pouvait accepter une émigration qui eut été considérée comme une désertion. Il se devait à son pays. Peu de temps après, le Comité de Salut public l'appela à Paris et le chargea de diriger les ateliers de Grenelle pour la fabrication du salpêtre et de la poudre. Chaptal déploya, dans ces fonctions, une activité telle qu'il put livrer jusqu'à 35 milliers de poudre par jour.

Lors de la création de l'École polytechnique, il y fut appelé pour professer la chimie végétale, et, peu de temps après, envoyé à Montpellier pour réorganiser l'Ecole de médecine, où il occupa la chaire de chimie, science qu'il enseigna d'après les idées de Lavoisier, Fourcroy, Berthollet et Guyton Morveau.

En 1797, il entra à l'Institut et en devint l'un des membres les plus actifs. Fixé à Paris, il y créa de grands établissements de produits chimiques. Après le 18 Brumaire, il fit partie du Conseil d'Etat; en l'an IX, Bonaparte l'appela au ministère de l'intérieur où il rendit d'immenses services à la science et à l'industrie, signalant son administration par de nombreuses mesures utiles, telles que : le retour quinquennal des Expositions des produits de l'industrie, l'établissement des Bourses et des Chambres de commerce, des Chambres consultantes des arts et manufactures, la création du Conseil général des hospices, la réorganisation des Monts-de-piété, la réforme du régime des prisons, la création de la société de vaccine, etc.

Au sortir du ministère, en 1804, il fit partie du Sénat. En 1814, l'empereur le choisit pour organiser à Lyon les moyens de résister à l'invasion étrangère, et, pendant les Cent-Jours, il lui confia la direction générale du commerce et des manufactures.

Sous la Restauration, Chaptal fut compris dans la réorganisation de l'Institut et devint pair de France en 1819. La Société d'encouragement pour l'industrie nationale, dont il était un des fondateurs, le choisit, pendant trente années consécutives, pour son président.

Au milieu de ses nombreuses occupations administratives, Chaptal trouvait encore le temps de cultiver sa science de prédilection. Il a publié plus de quatre-vingt mémoires sur les arts chimiques, indépendamment d'ouvrages spéciaux qu'on lui doit : Sur les salpêtres et les goudrons, 1796; Sur le perfectionnement des arts chimiques en France, 1800; Sur le blanchiment, 1801; Sur la culture de la vigne, 1801 et 1811; Sur l'art de faire le vin, les eaux-de-vie, les esprits et les vinaigres, 1801 et 1819; un important Traité de chimie appliquée aux arts, 1807, 4 vol. in-8°, traduit dans toutes les langues; L'art de la teinture du coton en rouge, 1807; L'art du teinturier et du dégraisseur, 1808; un grand ouvrage Sur l'industrie française; un Mémoire sur le sucre de betteraves, et enfin une Chimie appliquée à l'agriculture, 1823, 2 vol. in-8°.

On a encore de lui un grand nombre de mémoires, notes, rapports à l'Institut et dans les Annales de chimie : Sur un moyen de fabriquer la bonne poterie à Montpellier; Vernis qu'on peut employer; Sur quelques phénomènes de combustion du soufre; Sur les sucs de quelques végétaux; Sur le perfectionnement des arts chimiques en France; Sur la fabrication de l'acétate de cuivre; Sur la distillation des vins; Sur l'analyse de diverses soudes; Sur la culture de la barille; Notice sur les couleurs trouvées à Pompéia; Recherches sur la peinture encaustique des anciens, etc.

On voit, par la diversité de ses travaux, que Chaptal était doué d'heureuses aptitudes et qu'il a su les utiliser en rendant à son pays et à la science d'éminents services. Sous le rapport de l'invention, on lui est redevable : de la fabrication de l'alun artificiel, du salpêtre, des ciments remplaçant les pouzzolanes d'Italie; de l'art de teindre le coton en rouge d'Andrinople; du blanchiment à la vapeur; de perfectionnements dans la fabrication de l'acide sulfurique et des savons, dans le vernis des poteries; de l'amélioration des vins, etc. — V. l'article suivant.

En sorte que, sans avoir fait aucune grande découverte en chimie, Chaptal fut néanmoins un des hommes qui ont le plus contribué aux progrès de cette science. Par son enseignement, par ses écrits, et surtout par ses créations d'établissements industriels, il imprima une impulsion considérable aux idées théoriques aussi bien qu'aux applications dont il avait le génie. Ses mémoires, ses traités, tous ses écrits sont rédigés avec méthode et clarté; son style se fait remarquer par la pureté et l'élégance, sans exclure la concision.

Chaptal fut un chimiste industriel hors ligne, professeur et écrivain de talent, administrateur actif, consciencieux et clairvoyant, agronome distingué; il fut successivement professeur, membre de l'Institut, sénateur, comte de l'empire, pair de France.

Il mourut à Paris le 30 juillet 1832, d'une hydropisie de poitrine, à l'âge de 76 ans.

*CHAPTALISAGE ou CHAPTALISATION. Procédé d'amélioration artificielle du moût et du vin, imaginé par Chaptal et consistant dans l'emploi de la poudre de marbre pour éliminer l'excès d'acide libre du vin, et dans l'addition d'une certaine quantité de sucre au moût avant la fermentation.

Les raisins qui servent à faire les vins d'Espagne, d'Italie et du midi de la France, contiennent des quantités de sucre assez considérables pour qu'une partie échappe à la fermentation et reste dissoute dans le liquide; ces vins sont appelés, pour cette raison, *vins sucrés, vins de liqueur*. Plusieurs sont dits *vins cuits*, parce que, pour les obtenir, on ajoute au moût, tel qu'il sort du foulage, une certaine quantité du même liquide réduit, par évaporation, au quart ou au cinquième de son volume primitif; moyen déjà employé chez les Romains pour bonifier les vins trop acerbes et trop pauvres en sucre.

Chaptal, dans le but de rendre applicable à tous les vins de France ce procédé d'amélioration, fit une étude approfondie de la culture de la vigne, des raisins, du moût et de la préparation des vins; il éclaira la question des lumières de la théorie et, comme conséquence de ses recherches, il indiqua divers moyens d'accroître la qualité des vins et conseilla, entre autres procédés fort simples, l'addition d'une certaine quantité de sucre ordinaire au moût; ce dernier précepte est généralement suivi en Bourgogne, en Champagne et dans presque tout le centre et le nord-est de la France, dans les années où la chaleur ayant fait défaut, le raisin n'a pas atteint toute sa maturité et manque par suite de principe sucré. Mais, au lieu d'employer à cet usage du sucre ordinaire, ou mieux encore du sucre fait avec le raisin même, comme le conseillait Chaptal, afin de ne rien changer aux qualités des vins, on a malheureusement adopté le glucose ou sucre de fécule qui a toujours une saveur désagréable plus ou moins marquée. On conçoit que l'emploi d'un tel sucre n'est pas de nature à produire l'amélioration que Chaptal avait en vue. Les cassonades de sucre, en *belle quatrième*, sont les seules qui, à défaut du sucre de raisin, devraient être employées, à raison de 6 à 10 kil. 1/2 par hectolitre de moût.

Pour compléter le procédé, Chaptal indiquait d'éliminer préalablement l'excès d'acide dans le moût, en traitant ce liquide par le marbre en poudre. C'est à l'ensemble de ces deux opérations, le traitement du moût par le marbre et l'addition du sucre avant la fermentation, qu'on a donné le nom de *chaptalisage*. On admet généralement que le vin ne doit pas contenir plus de 6 p. 1000 d'acide libre; si donc l'essai du moût indique une teneur de 8 p. 1000, par exemple, on doit en éliminer 2 p. 1000. A cet effet, on part de ce principe que 50 parties de poudre de marbre éliminent 60 parties d'acide libre. Lorsque l'excès d'acide est ainsi enlevé, on ajoute le sucre en morceaux, ou mieux à l'état de sirop, dont la quantité devra dépendre de la richesse alcoolique que l'on veut donner au vin. Si, par exemple, un essai a montré que le moût contient 15 0/0 de sucre, ce qui signifie que sa richesse alcoolique sera de 7,5 0/0; et si l'on veut élever cette richesse à 10 0/0 c'est-à-dire ici de 2,5 0/0 ou 25 p. 1000, on part de cette supposition que 100 parties de sucre donnent 50 parties d'alcool, et l'on devra ajouter, dans le cas présent, 50 kilo-

grammes de sucre par 1,000 kilogrammes de moût.

De vives discussions se sont élevées, dans ces derniers temps, au sein des congrès de vignerons, relativement aux inconvénients que présenterait le *sucrage* ou la *chaptalisation*. On a reproché à ce procédé de dénaturer les vins en leur enlevant leur bouquet et leur délicatesse, en les rendant très spiritueux et échauffants, enfin d'introduire dans les vins un principe permanent de fermentation nuisible à leur bonne conservation. Le congrès de Lyon s'est prononcé contre le sucrage et par suite contre l'égrappage, le tannin de la grappe étant indispensable à la conservation des vins.

Le procédé de Chaptal (ou *chaptalisage*) a servi de point de départ à divers autres moyens employés depuis dans le but de diminuer l'excès d'acide ou d'augmenter la richesse alcoolique des vins, tels que : l'addition d'eau et de sucre (procédé de Gall ou *gallisage*); la fermentation du marc avec de l'eau sucrée (procédé Pétiot); l'addition de miel ou de réglisse au moût; l'élimination de l'acide au moyen du saccharate de chaux ou du tartrate neutre de potasse; l'addition directe d'alcool aux vins trop faibles, etc.

*CHAPUIS. *T. techn.* Charpente en bois des bâts et des selles.

*CHAPUISEUR. *T. de mét.* Ouvrier qui fait la charpente des bâts et des selles.

*CHAPUS. *T. techn.* Billot de bois sur lequel, dans les ardoisières, on équarrit les ardoises; on écrit aussi *chaput*.

CHAR. Voiture de l'antiquité, et de nos jours, chariot allégorique employé dans certaines fêtes publiques.

L'usage des chars remonte à la formation des premières sociétés politiques; on les voit représentés sur les monuments de la plus haute antiquité. Ils servaient à la guerre pour porter les chefs, et dans les jeux publics, pour disputer le prix de la course. La Genèse nous apprend qu'ils étaient connus en Égypte du temps de Joseph.

Les anciens guerriers avaient la *biga*, char composé d'une caisse ouverte par derrière et fixée sur un essieu maintenu par deux disques pleins ou quelquefois deux roues à rayons et jantes; deux chevaux étaient attelés au timon adapté soit à la caisse, soit à l'essieu. C'était essentiellement un char de combat destiné aux chefs guerriers, il était monté par deux hommes dont l'un combattait pendant que l'autre conduisait l'attelage. Plus tard, on reconnut que l'un de ces deux guerriers était une non-valeur et, en modifiant l'assiette du char, on mit le conducteur à même de combattre, ce qui permit d'augmenter le nombre des combattants. On fit plus encore, les Perses d'abord, puis les Grecs armèrent le char et le rendirent meurtrier. Notre figure 574 représente un char guerrier dont le timon est muni de deux lances destinées à percer l'ennemi de face, et les roues de lames tranchantes qui fauchaient l'ennemi lorsque cette machine roulante pénétrait dans les rangs des cohortes.

Le char à deux chevaux, destiné aux jeux publics, était connu dans la plus haute antiquité grecque; on fait remonter au xixe siècle avant J.-C. l'origine des courses de chars.

Erichthonius, roi d'Athènes, se montrait, dit-on, aux fêtes des Panathénées sur un char attelé de quatre chevaux de front; dès lors, le quadrige devint la voiture des grands et on le décora magnifiquement. Les jeunes Lacédémoniennes excellaient à conduire un quadrige les jours de *cérémonies publiques* (fig. 573).

Les Romains, subissant l'influence des peuples qu'ils avaient conquis, introduisirent chez eux les choses dont ils avaient apprécié l'utilité chez les autres; ils adoptèrent l'emploi des véhicules et ils en eurent un grand nombre; ils se servaient de litières, de chars à deux roues et de chariots à quatre roues attelés de deux chevaux, dont

Fig 574. — *Char guerrier.*

l'invention a été attribuée aux Phrygiens; ils avaient le char ordinaire ou *carrus*, la *biga*, le *quadrige* attelé de quatre chevaux, d'autres encore attelés de six, huit et même dix chevaux de front, mais au dire de dom Bernard de Montfaucon, ces derniers n'ont servi que pour les jeux du cirque ou pour les triomphes. La richesse des nombreux véhicules romains fut extrême, on commença par couvrir les roues de lames d'étain, puis on décora la caisse, et l'on vit bientôt des chars garnis d'or, d'argent et d'ivoire; ce luxe fut à ce point excessif que César dut réglementer l'ornementation et limiter l'emploi des voitures. Les ordonnances de César furent abolies plus tard par l'empereur Sévère.

L'*arcera*, voiture de création romaine, était à quatre

Fig. 575. — *Quadrige.*

roues et destinée aux malades et aux impotents; puis vint le *carpentum*, représenté sur des monnaies; c'était une longue caisse posée sur deux ou quatre roues, et, pour se garantir du soleil, couverte par des étoffes plus ou moins riches. Le carpentum passa dans les Gaules et fut en usage jusqu'au moyen âge; ces chars pouvaient contenir une dizaine de personnes; ainsi que le montre notre figure 576, la couverture était fixée sur une armature de bois et percée de trous latéraux fermés par des rideaux, ou bien encore elle était posée sur des cercles et quatre montants, l'étoffe se rabattait sur les côtés ou se relevait à volonté.

Le *carrucca*, dont nous donnons un dessin au mot Carrosse fut la voiture des dignitaires romains; le *cisium* se distinguait de la *biga* en ce qu'on y accédait par devant et qu'on y était assis; c'était une voiture légère et propre aux voyages, aussi fut-elle utilisée par Auguste lorsqu'il organisa les courriers de l'empire. C'est là l'origine du service public des postes.

Parmi les autres chars ou chariots en usage chez les Romains, signalons encore la *rheda* à deux ou à quatre roues ; le *birotum*, le *synoris* et l'*arcima*, petits chars ; la

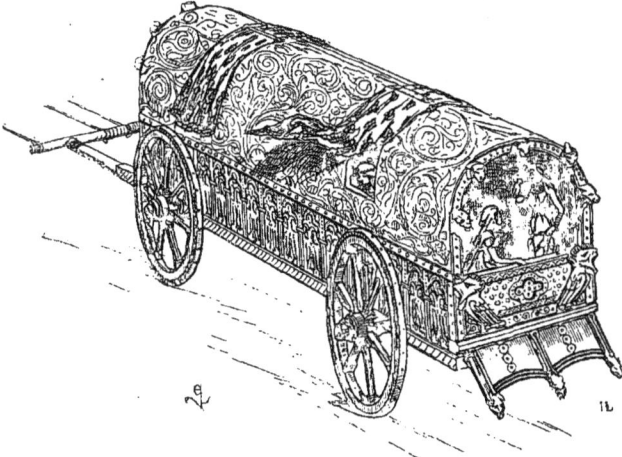

Fig. 576. — *Carpentum.*

thensa, sur laquelle on portait l'image des dieux ; le *sarracum* et le *plaustrum*, utilisés pour le transport des fardeaux ; le *pilentum* destiné aux matrones romaines et interdit aux hommes ainsi qu'aux hétaires ; c'était une voiture de grand luxe surmontée d'un ciel soutenu par des montants ou colonnettes en bronze, en or, en argent ou

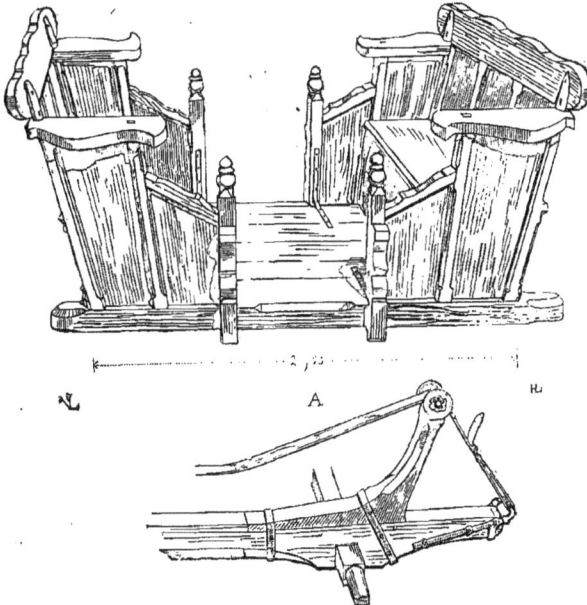

Fig. 577.

en ivoire ; et enfin la *basterne*, sorte de grande chaise attelée de bœufs, de mules ou de chevaux ; elle passa d'Italie dans les Gaules et servit au mariage de Clovis.

Les Gaulois fabriquaient une sorte de véhicule à quatre roues formé d'un panier d'osier qu'ils appelaient *benna* ; ils s'en servaient pour le transport des personnes et des choses, et, selon la saison ou l'usage auquel on le destinait, il était ou non couvert.

La féodalité voulut avoir des hommes de fer, trempés comme l'acier de leurs armures, habiles cavaliers et toujours prêts à guerroyer ; aussi voyons-nous, au moyen-âge, les maîtres et les valets, les prêtres et les laïques aller à cheval ; les femmes et les moines eux-mêmes montaient des mules et des ânesses ; les voitures, devenues inutiles, disparurent alors presque totalement. Ce n'est qu'après les croisades qu'elles reparaissent pour devenir d'un usage fréquent sous la Renaissance. Ce fut d'abord de véritables charrettes à quatre roues attelées de chevaux montés par des postillons. « Les femmes nobles, dit Viollet-le-Duc, les abbés, voyageaient dans des chariots... Si ces voitures étaient fort simples comme forme et combinaison, elles étaient enrichies de peintures, de dorures, recouvertes d'étoffes posées sur des cercles, comme nos voitures de blanchisseurs ; à l'intérieur, des coussins étaient jetés sur les banquettes disposées en travers. Le coffre, jusqu'à la fin du xve siècle, reposait sur deux essieux, sans courroies ni ressorts ; et les essieux étant fixes, parallèles, il fallait s'y prendre de loin pour tourner. » En 1294, Philippe-le-Bel publia une ordon-

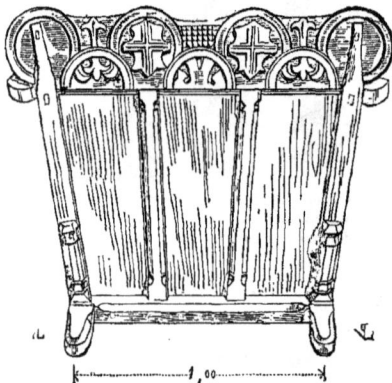

Fig. 578.

nance qui interdit aux classes moyennes l'emploi de ces voitures qui, par leur forme, rappelaient le *carpentum* des Romains.

Le xvie siècle amena de sérieuses modifications dans la construction des chariots, on fit alors des entrées latérales entre chaque paire de roues comme le montre notre figure 577. Ces deux entrées étaient munies de marchepieds garnis de tapis et les deux banquettes faisant vis-à-vis étaient également recouvertes de tapis mobiles ainsi que le plancher et les accoudoirs ; on y ajoutait encore au-dessus de chaque dossier des capotes à soufflet pour abriter les voyageurs lorsqu'ils le désiraient. Ces voitures prenaient le nom de *coches*. « Il ne paraît pas, dit Viollet-le-Duc, qu'elles fussent suspendues avant le milieu du xvie siècle. Ce premier système de suspension consiste en deux courroies passant longitudinalement sous le coffre (fig. A). » Cette suspension constituait sans doute plutôt un perfectionnement qu'une invention nouvelle, car il y eut, au siècle précédent, des chariots posés sur des courroies de cuir. La figure 578 donne les extrémités du véhicule représenté figure 577.

Le char a donné naissance au *chariot*, dont la forme a varié selon les pays et les époques, mais il s'est maintenu et restera le véhicule indispensable pour le transport des lourds fardeaux. — V. CARROSSE, CARROSSERIE.

Char funèbre. Corbillard, voiture sur laquelle on transporte le corps dans une cérémonie funèbre.

L'antiquité nous a transmis la description du char funèbre qui transporta le corps d'Alexandre, de Babylone en Egypte ; il avait 4 mètres de largeur et 6 de longueur, des colonnes soutenaient une haute voûte d'or ornée de pierres précieuses et surmontée d'un trône d'or, aux angles s'élevaient des Victoires ailées portant des trophées. Il fallut, d'après Diodore de Sicile, deux années pour fabriquer ce char magnifique.

« Il est un autre char, dont le souvenir est resté profondément gravé dans la mémoire de tous ceux qui le virent passer au milieu d'une population émue, le 15 décembre 1840 : c'est celui qui servit à la translation des restes de l'empereur Napoléon aux Invalides. Ce char, monté sur quatre roues massives et dorées, se composait d'un soubassement et de panneaux encadrés dans des colonnettes à chapiteaux, surmontés du mausolée. Le socle était revêtu jusqu'à terre d'une draperie de velours violet et or, parsemée d'abeilles et d'étoiles, avec des aigles dans des couronnes. Il était rehaussé d'un aigle à chaque angle de l'entablement. L'avant et l'arrière-train étaient décorés de quatre trophées de drapeaux de toutes les nations (1). Le mausolée, supporté par quatorze figures entièrement dorées, représentant nos grandes victoires, était décoré du manteau impérial, du sceptre et de la couronne. Le char entier couvert d'un crêpe, était traîné par seize chevaux richement caparaçonnés de housses aux armes de l'empereur. » (*Dictionnaire de* LAROUSSE. (V. fig. 579.)

— V. *Histoire des chars, carrosses et voitures de tous genres*, par D. RAMÉE ; *Dictionnaire du mobilier*, par VIOLLET-LE-DUC, Vve Morel, éd., Paris ; *The World on Wheels or carriages* par EZRA M. STATTON (New-York) ; *Dictionnaire de* LAROUSSE.

Char. Voiture à quatre roues non suspendue employée au transport des fardeaux. || Corps du moulin à papier. || *Char de gloire*. Sorte de trône suspendu dont on se sert, au théâtre, dans les féeries, pour y placer les divinités et les génies. || *T. d'iconol.* Le char représenté sur les médailles a diverses significations ; lorsqu'il est traîné par des lions, des chevaux ou des éléphants, il symbolise le triomphe des princes ou des guerriers ; lorsqu'il est traîné par des mules, il indique le transport de l'image du prince dans les jeux publics.

*CHAR-A-BANCS. *T. de carross.* Voiture découverte à quatre roues, ayant dans le sens de sa largeur plusieurs sièges ordinairement de même forme, et placés, soit à la même hauteur, soit en amphithéâtre, mais de façon à laisser commodément asseoir les personnes au transport desquelles ce genre de voiture est destiné.

* CHARAVAY (JACQUES), libraire et expert en autographes, né à Lyon le 8 août 1809, eut de bonne heure le goût des livres et des manuscrits rares. Huissier à Lyon, il vendit son étude et le fonds de librairie ancienne qu'il avait formé, pour se consacrer exclusivement à la science des autographes. Il vint à Paris en 1840 où il se fit bientôt connaître comme expert habile. Il créa, en quelque sorte, le commerce des autographes dont le goût était alors peu répandu et lui donna une vigoureuse impulsion. La sûreté et l'étendue de ses connaissances lui avaient conquis la con-

---

(1) Nous croyons que l'arrière-train seul était décoré de drapeaux, ainsi que le montre notre figure 579 ; ajoutons aussi que le cercueil du grand capitaine reposait sur un immense bouclier. — *N. d. l. r.*

fiance des collectionneurs et il dirigea jusqu'à sa mort (23 avril 1867) un nombre considérable de ventes; parmi les plus célèbres, nous devons mentionner celles de MM. Villenave (1850), Amant (1855), Esterhazy (1857), Amédée Renée (1860), de Lajarriette (1860), Riva (1862), Succi (1863), d'Hunolstein (1864), Saint-Georges (1865), Drouin (1865), Gilbert (1865), Dubois (1866).

J. Charavay a publié plus de cent catalogues qui constituent pour les historiens et les érudits des documents d'une grande valeur; il a commencé, en 1846, la publication d'un *Bulletin d'autographes*, continué par son fils et parvenu à son 210e numéro. On lui doit encore l'*Amateur d'autographes*, seul journal spécial fondé en 1862 et la réimpression des *Bulletins du département de Rhône-et-Loire pendant le siège de Lyon*.

Son fils aîné, *Etienne* CHARAVAY, archiviste-paléographe, maintient aujourd'hui dans le public le goût des *autographes*. — V. ce mot.

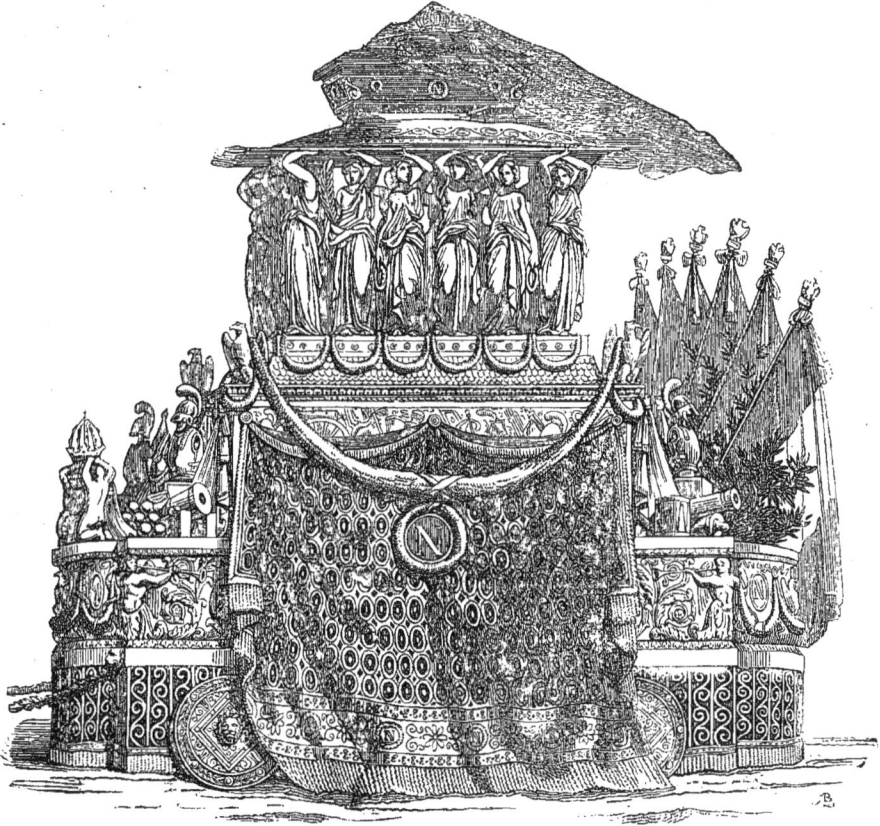

Fig 579. — *Char funèbre de Napoléon Ier.*

I. CHARBON. Substance particulière qui est le résultat d'une combustion incomplète et, dans certains cas, de la distillation des matières organiques (V. CARBONE). Les charbons peuvent se subdiviser en deux classes : ceux qui proviennent du règne végétal, et ceux que nous fournissent le règne animal.

Les premiers, comprennent : l'*anthracite*, la *houille*, le *lignite*, la *tourbe* (V. ces mots); la *tourbe carbonisée* ou le *charbon de tourbe*, que nous étudions au § II, le *coke*, que l'importance de son emploi appelle à sa place alphabétique, et le *charbon des cornues* (V. § III); le *charbon de bois*, qui est plus loin l'objet d'une étude spéciale à laquelle appartiennent le *charbon roux* et le *charbon à poudre*.

Les seconds forment, au point de vue industriel, une autre série étudiée plus loin. — V. § *Charbon animal*.

Enfin, le *noir de fumée* qui est le résultat de la décomposition des matières animales aussi bien que des matières végétales. — V. NOIR DE FUMÉE.

Pour compléter cette nomenclature, il nous reste à dire que l'industrie et l'économie domestique ont recours à divers produits demandés aux poussiers des charbons que nous venons d'in-

diquer, et auxquels on a donné les noms de *charbons moulés* ou *agglomérés* et *charbons de Paris*. —
V. plus loin § VI et § VII les articles spéciaux.

D'après la classification qui précède, nous aurions à traiter ici les charbons d'anthracite, de
houille, de lignite et de tourbe, auxquels on
donne généralement le nom de *charbons de terre*,
mais la place considérable que ces combustibles
tiennent dans l'industrie, nous oblige à leur consacrer des études particulières que le lecteur
trouvera dans l'ordre alphabétique. Cependant,
nous résumerons ici le caractère de chacun de
ces charbons.

L'anthracite ne forme pas de coke par la carbonisation en vase clos, mais laisse un résidu
pulvérulent de carbone représentant environ
90 0/0 de la matière carbonisée. L'anthracite ne
contient en outre que des traces de carbures
d'hydrogène condensables. La houille donne par
sa calcination en vase clos, un coke plus ou
moins bien formé ou un résidu en poudre légèrement agglomérée, des matières volatiles carbu-
rées condensables. La calcination à l'air libre
donne de 3 à 15 0/0 de cendres. Le lignite rappelle souvent la forme des bois de la décomposition desquels il provient et en possède aussi la
sonorité, il donne par la distillation en vase clos
des produits volatils condensables, ne donne pas
de coke et laisse après calcination à l'air libre
une très forte proportion de cendre, 15 à 30 0/0.

La tourbe est un charbon de terre imparfait,
les végétaux dont elle est formée n'ayant subi
souvent qu'une décomposition très incomplète se
trouvent en entier dans la masse imprégnée de
sable d'alluvion; de plus les débris d'animaux
aquatiques qui l'accompagnent toujours communiquent à la fumée du feu de tourbe une odeur
sui generis fort désagréable. Par la distillation en
vase clos, la tourbe donne des produits condensables; par sa calcination à l'air libre elle laisse
une proportion de cendre très variable.

Pour rester dans la logique de notre sujet,
nous retiendrons ici la tourbe carbonisée, qui
donne un produit connu sous le nom de *charbon
de tourbe*.

II. CHARBON DE TOURBE. La carbonisation
de la tourbe constitue une opération relativement
facile; la forme régulière des briquettes permet,
en les empilant, d'éviter les vides qui sont si nuisibles à la carbonisation du bois; d'autre part, on
n'a pas besoin de prendre autant de précautions,
la tourbe s'enflammant moins facilement. On
peut alors carboniser avec profit des meules d'un
plus petit volume.

CARBONISATION EN MEULES. Les meules les plus
employées contiennent de 700 à 1,000 briquettes,
elles ont de 2 mètres à 2^m,50 de diamètre et 1^m,20
environ de hauteur, soit un volume de 4 à 6 mètres cubes. Pour les établir, on construit sur une
aire préparée comme pour la carbonisation du
bois, une cheminée autour de laquelle on dispose
les briquettes concentriquement. On superpose
alors 4, 5 ou 6 couches de diamètres décroissants;
on ménage des évents sur les côtés pour per-

mettre à l'air de pénétrer et de manière à bien
répartir la chaleur. On revêt la meule d'une
couverte de terre ou de gazon que l'on bat et on
met le feu par la cheminée centrale ou par les
évents. On conduit la marche de l'opération
comme pour le *charbon de bois* (V. cet article);
l'inspection de la fumée permet de constater la
marche de la carbonisation qui varie d'ailleurs
avec la nature, l'âge et la densité de la tourbe.

Rendement. Le rendement est de 24 0/0 en poids
et de 27 0/0 en volume avec de la tourbe encore
un peu humide.

Avec de la tourbe sèche, on obtient 27 0/0 en
poids et 32 en volume; enfin avec de la tourbe
excellente on arrive à un rendement de 35 en
poids et de 49 en volume.

Le charbon de tourbe est difficile à éteindre, il

Fig. 580. — *Four d'Oberndorf.*

s'émiette et perd par cela même toute sa valeur;
aussi ne doit-on démolir les meules que quand
elles sont complètement froides.

CARBONISATION EN FOUR. L'emploi des fours
n'augmente pas sensiblement le rendement, mais
permet de conduire plus sûrement le feu. L'emploi de fours est mieux justifié pour la tourbe
que pour le charbon de bois puisqu'on opère toujours sur le même emplacement, tandis que dans
le cas du charbon de bois on est obligé de se déplacer au fur et à mesure des progrès de l'abattage.

Four d'Oberndorf (Wurtemberg). Dans le Wurtemberg, on emploie des fours de forme cylindrique fermés à la partie supérieure par une
voûte hémisphérique; ils ont 3 mètres de hauteur, 1^m,80 de diamètre à l'intérieur et un volume
de 5 mètres cubes environ. Le four proprement dit
B (fig. 580) est entouré d'un second mur A formant
revêtement; l'intervalle ainsi ménagé est rempli de
sable conduisant mal la chaleur; de mètre en
mètre des pierres DD relient les deux murs. Au-
dessus de la sole sont ménagées trois séries d'é-

vents qu'on peut boucher à volonté. La porte qui sert à l'extraction du charbon est formée par une double plaque de fonte laissant entre elles un intervalle rempli de sable. En chargeant le four on ménage une cheminée dans l'axe pour permettre l'allumage. Au commencement du travail, on laisse ouvert l'orifice supérieur et les évents inférieurs; aussitôt que la tourbe est enflammée on ferme cette série d'évents et on ouvre ceux du rang supérieur. Lorsque toute la fumée a disparu, on bouche les ouvertures, on remplit de sable l'intervalle *m* et on en garnit le dessus du tampon. Cette suppression de l'accès de l'air s'effectue au bout de deux jours et on laisse ensuite refroidir pendant une semaine. D'habitude on juxtapose plusieurs fours de ce genre pour avoir un travail continu.

Fours anglais. Dans les tourbières d'Angleterre on se sert de grandes fosses en maçonnerie analogues à celles proposées par La Chabeaussière pour la carbonisation du bois; on a soin, en arrangeant les briquettes de tourbe, de ménager des canaux de circulation pour la flamme. Une fosse de ce genre contient 3 à 4 charretées de tourbe et la arbonisation dure de 24 à 36 heures.

Fours d'Islande. A Bog-d'Allen, en Islande, on emploie des fours en tôle percés de trous, mobiles sur des rails disposés des deux côtés d'une fosse en maçonnerie qu'on peut remplir d'eau à un moment donné. Chaque salle de dessiccation contient 4 fosses et sur chacune d'elles on peut placer 5 fours communiquant avec autant de cheminées d'appel. Une fois le four chargé, on allume la tourbe par le bas et, grâce au tirage, la combustion se propage rapidement dans la masse. Lorsque la fumée est devenue claire, que la tourbe est solide et résiste au ringard, la carbonisation est achevée; à ce moment on remplit rapidement la fosse avec de l'eau dont le niveau dépasse un peu la partie inférieure des fours et forme, ainsi, joint hydraulique en empêchant l'accès de l'air. Une fois éteints et la masse refroidie, les fours sont conduits à l'extérieur, vidés et chargés de nouveau.

Ces foyers contiennent chacun environ 300 kilos de tourbe; le rendement en charbon est de 23 à 24 0/0.

A Staltach, près de Munich, on carbonise la tourbe dans des fours du système *Schwartz*; on dirige à travers la tourbe, les gaz de la combustion, produits par un foyer voisin. Ce four est un large cylindre en tôle de 4^m,75 de diamètre, de 1^m,10 de hauteur enveloppé d'un revêtement en maçonnerie. A la partie inférieure se trouve un plancher métallique à grillage sur lequel repose la tourbe. Pour l'extraction, le cylindre est muni en haut d'un couvercle sur lequel aboutit un large tuyau communiquant avec un foyer analogue à ceux des fours à porcelaine. Le tirage est assuré par une machine aspirante qui règle le feu de manière à ce que la flamme ne contienne pas un excès d'oxygène. Les gaz chauds du foyer décomposent la tourbe en passant à travers sa masse et entraînent les produits volatils qu'on recueille dans un condenseur; on obtient ainsi le goudron comme produit accessoire. Le four contient environ 14 mètres cubes de tourbe et exige 175 kilogr. de bois de chauffage; l'opération dure 15 heures; on laisse refroidir 12 heures et on retire alors une quantité de charbon qui représente, en poids, la moitié et, en volume, les trois quarts de la matière primitive. Le charbon ainsi obtenu est sonore, dur, souvent brillant comme le coke et bien plus lourd que le charbon de bois; on l'utilise dans les ateliers de construction.

Vignoles, en 1849, employa la vapeur surchauffée à une pression de 3 1/2 à 4 atmosphères pour carboniser la tourbe.

Enfin, dans les environs de Paris, on emploie des fours particuliers, formés de quatre moufles d'argile avec un foyer par couple.

Rendement. L'expérience montre que le rendement en poids de la tourbe, d'après les divers procédés employés, est en charbon:

de 1/4 pour la tourbe légère,
de 1/3 » » moyenne,
de 1/2 » » de la meilleure qualité.

COMPOSITION DU CHARBON DE TOURBE

	CARBONE	HYDROGÈNE	OXYGÈNE	AZOTE	CENDRES
Charbon de tourbe, d'après la méthode de Vignoles.	78.4	4.0	14.8	»	2.8
Charbon de tourbe de Bog-d'Allen-Phillips	79.2	2.2	6.4	0.54	11.6

III. CHARBON DES CORNUES. C'est le charbon qui incruste les parois intérieures des cornues à gaz de l'éclairage, son épaisseur dépasse souvent 15 centimètres. Pendant longtemps cette matière a été abandonnée aux ouvriers qui en tiraient profit; mais aujourd'hui que l'on connaît ses propriétés, la Compagnie parisienne du gaz exploite elle-même ce précieux résidu qui ne vaut pas moins de 60 francs les 100 kilogrammes, quand il est de bonne qualité.

Le charbon des cornues est extrêmement dur, résistant, sonore; sa densité est presque égale à celle du diamant; il est très bon conducteur de la chaleur et de l'électricité. On le façonne en creusets réfractaires et en tubes qui servent à opérer des réductions à de très hautes températures. Il s'emploie avec avantage comme combustible dans les laboratoires, quand on dispose d'une cheminée à bon tirage, parce que grâce à sa densité, il produit une très grande quantité de chaleur dans un très petit espace, et, par conséquent, donne une température plus élevée qu'aucun autre combustible, il ne laisse que très peu de cendres, il n'attaque donc pas les creusets.

Le charbon des cornues forme un des pôles de la pile de Bunsen. — V. plus loin CHARBON POUR PILES ÉLECTRIQUES. — P. E.

— V. KNAPP : *Chimie technologique;* VINCENT et A. PAYEN : *Chimie industrielle;* TROOST : *Traité de Chimie.*

IV. CHARBON DE BOIS. Le bois chauffé à l'abri de l'air à une température d'environ 350° se décompose en donnant des produits divers qui se condensent, et il reste un résidu qui est le charbon de bois.

Avantages de la carbonisation. Le bois naturel contient presque la moitié de son poids d'oxygène, ce qui diminue la quantité de chaleur qu'il peut fournir. Cette matière, ainsi que tout combustible, doit être regardée comme déjà en partie brûlée par le fait même de sa teneur en oxygène. On comprend, dès lors, que cet oxygène se dégageant pendant la carbonisation d'une manière à peu près complète, le résidu que l'on recueille soit susceptible de produire ensuite par une combustion ultérieure, un degré de chaleur notablement plus élevé que le combustible pri-

mitif ; d'un autre côté, l'eau que renferme le bois réduit la chaleur de combustion. Aussi, ces raisons ont-elles motivé depuis longtemps la substitution du charbon de bois au bois comme combustible toutes les fois qu'il s'agit de produire un degré de chaleur intense; comme dans les forges (KNAPP).

Le charbon de bonne qualité conserve la forme du bois qui l'a produit; il est noir, sonore, ne s'écrase pas facilement, ne tache pas les doigts ; il flotte sur l'eau à cause des nombreux pores qu'il contient et brûle sans grande flamme ; c'est un mauvais conducteur de la chaleur et de l'électricité. Le charbon de bois s'enflamme d'autant plus facilement qu'il a été fabriqué à une température plus basse ; ainsi, celui préparé à 350° prend feu presque subitement, tandis que celui préparé vers 1,500° est très difficile à enflammer.

Le bois, desséché à l'air et carbonisé, donne comme rendement moyen de charbon de bois de 22 à 27 0/0, d'acide pyroligneux, goudron et eau de 50 à 55 0/0 et de gaz combustibles de 20 à 24 0/0. La composition des charbons de bois analysés sur les lieux de production est donnée dans le tableau suivant :

ESPÈCES DE BOIS	DENSITÉ	COMPOSITION DES CHARBONS					OBSERVATIONS
		Carbone	Hydrogène	Oxygène	Azote	Eau hydraulique	
Bois de sarment . . .	1.45	87.60	3.05	5.23	4.2	»	Werther.
— bourdaine . .	1.53	90.93	3.03	4.48	1.56	»	»
— saule	1.55	89.87	2.94	5.53	1.66	»	»
— peuplier . . .	1.45	87.48	2.02	7.54	2.06	»	»
— tilleul. . . .	1.46	87.38	2.65	6.47	3.50	»	»
— aulne.	1.49	90.96	2.60	4.82	1.62	»	»
— chêne.	1.53	88.20	2.80	7.40	1.60	»	»
Charbon de hêtre . .	»	85.89	2.41	1.46	3.02	7.23	Faisst.
Bois tendres} des fabriques d'acide	»	85.18	2.88	3.44	2.46	6.04	»
Bois durs . .} pyroligneux	»	87.43	2.26	0.54	1.56	8.21	»

Le charbon de bois est très hygrométrique ; il peut absorber jusqu'à 12 0/0 de son poids de vapeur d'eau et de gaz de toutes sortes ; aussi, il augmente rapidement de poids en se refroidissant. On a constaté que le charbon de bouleau accusait pour 100 kil. les augmentations de poids ci-après :

Au bout de 6 jours . . . . · 4 kil. 3
— 13 jours . . . . 5 » 6
— 22 jours . . . . 6 » 6
— 35 jours . . . . 7 » 60
— 56 jours . . . . 8 » 16
— 85 jours . . . . ; 8 » 44

Ce tableau n'indique pas les cendres qui sont dans une proportion de 3 à 5 0/0.

Le charbon de bois employé dans les usines, a un poids assez variable suivant les essences. On admet comme moyenne pour le poids du mètre cube les chiffres suivants :

Bois tendres. . . . . 140 à 180 kilos.
Bois résineux . . . . 130 à 120 »
Bois durs . . . . 220 à 280 »
Chêne vert et racines de bruyères 300 à 350 »

Le pouvoir calorifique du charbon de bois est généralement compris entre 6,500 et 7,000 calories.

FABRICATION DU CHARBON DE BOIS. Les diverses méthodes peuvent se diviser en trois classes: 1° Carbonisation en vase clos ; 2° Carbonisation en meules ; 3° Carbonisation en fours.

1° *Carbonisation en vase clos.* Ce procédé a été décrit aux mots ACIDE PYROLIGNEUX et ACIDE ACÉTIQUE (V. ces mots); il permet de recueillir tous les produits de la carbonisation du bois par la condensation du goudron, des huiles empyreumatiques, de l'acide acétique, de l'acide pyroligneux ou esprit de bois et les gaz condensés sont utilisés pour produire la plus grande partie de la chaleur nécessaire à la carbonisation.

Les appareils employés sont très compliqués, très chers et ne peuvent pas se transporter : de plus, la densité du charbon ainsi obtenu est très faible, son pouvoir calorifique moins fort; aussi, ce procédé n'est-il recherché que pour la fabrication de la poudre, à cause de l'inflammabilité très grande de ce charbon.

2° *Carbonisation en meules ou procédé des forêts.* La carbonisation du bois dans les forêts est connue depuis 2,000 ans environ ; ces procédés sont décrits par Théophastus Erosius, 300 ans avant notre ère, ainsi que par Pline. La longue expérience a fini par en faire un procédé simple et rationnel.

Le meilleur charbon est fourni par le bois abattu en hiver, quand la sève est descendue, et carbonisé ensuite dans la belle saison. En général, pour réduire la dépense des transports, on transforme le bois en charbon dans les forêts mêmes, sur le lieu d'abattage ; loin de toute habitation, on ne peut songer qu'à effectuer la carbonisation de la manière la plus avantageuse, avec les matériaux qu'on trouve sur place ; or, on doit, avant tout, garantir le bois en combustion de l'action de l'air et, à cet effet, on construit des meules.

On prépare sur un emplacement sec et à l'abri du vent une aire circulaire appelée *faulde* ; le terrain ne doit être ni léger ni sablonneux, car l'air filtrerait à travers le sol ; d'un autre côté, il ne doit être ni argileux, ni compacte, car les liquides ne pourraient pas être absorbés. Si on ne trou-

Fig. 581. — *Type de meule généralement employé en France pour la carbonisation du bois en forêt.*

vait pas un emplacement convenable, on ferait une aire factice. Quand on le peut, on se sert d'une faulde ayant déjà servi, le rendement est plus considérable. L'aire doit être inclinée du centre vers la circonférence avec un fossé circulaire.

On prétend que le rendement diminue sur des fauldes neuves de 16, 20 et même 25 0/0, comparativement à une aire ancienne, et que la perte est encore de 4 à 6 0/0, quand l'aire n'a servi qu'une fois.

Construction des meules. L'ouvrier chargé de ce travail doit veiller à empiler le bois de façon à ce que la masse soit le plus compacte possible et aussi à bien établir le revêtement. Les meules doivent avoir le plus grand volume possible et leur forme se rapprocher de la demi-sphère ou du paraboloïde. On plante au centre un piquet ou mât dans le procédé slave, ou bien on en plante trois formant une sorte de cheminée dans le procédé du nord. Dans le premier cas, on met les matières combustibles à la base; dans le second, on les introduit à l'intérieur de la cheminée la meule une fois construite (fig. 581). Ceci une fois-fait, on range les bûches en les faisant rayonner autour du point central, les unes contre les autres, et de manière à former plusieurs étages. Les meules toutes à bois couché ou toutes à bois debout sont peu employées ; on fait plutôt des

meules mixtes. C'est-à-dire, qu'une partie des bûches sont placées verticalement et les autres horizontalement. Pendant le montage de la meule on a soin de ménager à la base un certain nombre, de carneaux en rangeant les bûches de manière à pouvoir introduire la perche d'allumage et être sûr ainsi que le feu prendra facilement. On doit n'employer qu'une essence de bois, afin que la conduite du feu soit plus facile.

La meule une fois élevée, on fait le revêtement ou *couverte* ; on place pour cela des branchages sur le dessus et on recouvre de mottes de gazon et de terre que l'on bat de manière à former une enveloppe imperméable à l'air et aux gaz. On a soin de laisser une ouverture au sommet ; enfin, au bas, on ménage une ceinture libre pour permettre aux gaz de s'échapper, car ils pourraient faire éclater la meule ; pour plus de sécurité on dispose le plus souvent tout autour de la meule à la partie inférieure une murette en pierres sèches de 15 à 20 centimètres de hauteur, sur laquelle on place en travers des morceaux de bois ; c'est sur cette espèce de fondation que repose la couverte qui a de 15 à 25 centimètres d'épaisseur dans le bas et 8 à 10 seulement en haut. Ce revêtement doit toujours conserver une certaine cohésion et une certaine plasticité pour lui permettre de suivre, sans se fendre, les affaissements de la meule.

Pour allumer le feu on choisit une journée où l'air soit calme, l'ouvrier introduit alors par le carneau horizontal dans le procédé slave, au moyen d'une longue perche une boule de résine enflammée de façon à allumer les matières combustibles mises au centre, et dans le procédé du nord, en jetant dans la cheminée des matières incandescentes. Lorsqu'on n'a plus à craindre que le feu s'éteigne, on bouche le carneau d'allumage et alors commence la *suée* du bois. Sous l'influence de la chaleur, la vapeur d'eau se dégage et vient se condenser à l'intérieur de la couverte. Cette eau vient couler le long de la couverte ; il faut arriver le plus vite possible à cette *suée*, car c'est pendant cette période que peuvent se produire les explosions. Les ouvriers rebouchent les crevasses qui se produisent et remédient aux affaissements. La suée est finie quand la couverte se dessèche et que la fumée devient claire à la base, alors l'ouvrier gazonne la partie inférieure de la meule et la cuisson du noyau commence, la meule s'affaisse, l'ouvrier la règle en augmentant l'épaisseur de la couverte, et s'il reste des bosses, il enlève le revêtement afin d'attirer le feu dans ces parties.

Après quelques jours de cette cuisson intérieure commence la cuisson à l'extérieur ; l'ouvrier conduit le feu en perçant avec une perche quelques trous appelés *évents* à la partie supérieure, puis quand il ne sort plus qu'une fumée bleuâtre il bouche ces évents, perce une couronne au-dessous et ainsi de suite jusqu'au bas de la meule. La carbonisation semble rayonner du centre à la circonférence.

Quand la fumée a disparu, l'ouvrier met une couverte fraîche, au fur et à mesure qu'elle s'affaisse, il la rafraîchit; mais quelque tassée qu'elle soit, elle n'est jamais absolument imperméable à l'air, et si l'on voulait attendre que le charbon s'éteigne par le fait même du refroidissement, il faudrait un temps excessif; ainsi, au bout de six semaines et deux mois les meules sont encore assez chaudes à l'intérieur pour que le feu s'y mette dès qu'on les ouvre. On se borne donc dans les forêts à étouffer le charbon. Ce travail ne prend que quelques jours. On ouvre, à cet effet, le tas d'un seul côté, et on retire à l'aide d'un crochet en fer un certain volume de charbon, puis on rebouche l'ouverture, en prélevant d'autre part une nouvelle quantité et ainsi de suite. On ne prend à la fois et chaque jour seulement, que 25 ou 30 hectol. de charbon, c'est-à-dire la quantité que l'on peut aisément transporter.

Quand le charbon est encore allumé, on l'éteint immédiatement dans l'eau ou on l'étouffe avec de la poussière, on assortit alors les morceaux, on sépare ceux d'essences différentes quand on a dû exceptionnellement mélanger plusieurs espèces de bois, et on opère un triage par grosseur.

Les charbons les plus gros et les meilleurs conservent encore la forme des buches et ont une valeur plus considérable que les autres. Les morceaux mal carbonisés ou les fumerons, sont réservés comme bois de couverte pour garnir les vides de la meule suivante.

Quand les meules sont grandes et qu'elles dépassent 15 mètres de diamètre, l'opération entière dure un mois environ. En Autriche, où les meules n'ont guère que 12 mètres de diamètre, l'opération dure trois semaines.

En général, la hauteur des meules est égale au tiers du diamètre. Les meules circulaires ne s'emploient pas partout; en Suède et en Styrie, pays riches en forêts, on les fait rectangulaires, le feu peut alors se conduire plus facilement. On prépare une aire inclinée dont la plus grande dimension est dans le sens de la déclivité du sol. Des madriers et des jambes de forces soutiennent le tas, les bûches de bois qui ont plusieurs mètres de longueur sont rangées horizontalement. On met le feu au point bas de la partie déclive, la carbonisation va en s'élevant, quand les tas sont un peu longs, on arrache le charbon à l'avant lorsqu'il n'est pas encore brûlé à l'autre extrémité. Enfin, en Chine, on fait la carbonisation du bois dans des fosses en maçonnerie.

Rendement. Le rendement en volume dans le procédé des meules circulaires est moindre que dans celui des meules rectangulaires.

Af-Uhr a trouvé les résultats suivants donnés par une série d'expériences :

	Minimum	Moyenne	Maximum
Pour 28 meules rectangulaires	59.3	70.3	78.5
Pour 11 meules circulaires ..	50.5	62.8	75.1

Beschorn avec les meules verticales a trouvé :

Pour le chêne.	71.8
—	74.3
— hêtre.	73
— bouleau	68.5
— charme	57.2
— pin.	63.6

CARBONISATION EN FOURS. La carbonisation en usine n'est possible qu'à la condition d'avoir des transports économiques; on a inventé beaucoup de systèmes différents; ceux qui ont fourni les meilleurs résultats se limitent tous à des fours employés pour réduire les vides au minimum; tous ces systèmes ont été accompagnés d'appareils pour recueillir les goudrons et l'acide pyroligneux. Nous donnons les principes des différents types employés.

Four de la Chabeaussière. Ce four a pour but de recueillir outre le charbon de bois, une partie des produits secondaires de la distillation du bois.

La carbonisation s'opère dans des fosses en maçonnerie légèrement coniques ayant 3 mètres de profondeur, 3 mètres de diamètre au fond, et 3m,50 de hauteur; ces fosses sont fermées par un couvercle en tôle bombée percé d'un trou central permettant d'allumer par le haut et de quatre autres ouvertures servant à surveiller l'extinction du charbon; des évents amènent l'air nécessaire à la carbonisation et permettent en même temps de régler le tirage.

On empile les bûches horizontalement dans le fourneau en ménageant une cheminée au centre, on ferme au moyen du couvercle et on allume. Une fois le bois enflammé, on bouche toutes les ouvertures du chapeau et on le recouvre d'une couche de terre ou de fraisil. Une partie du goudron et de l'acide pyroligneux viennent se condenser dans une caisse latérale, fermée. Pour conduire la carbonisation on se sert d'une sonde qu'on introduit par les évents et qui permet de se rendre compte de l'état d'avancement et de la marche régulière de l'opération qui dure environ quatre jours, après quoi on laisse refroidir pendant une période à peu près égale; quand le charbon est éteint on enlève le couvercle et on classe par grosseur.

Four rectangulaire. Ce four est une transition entre le procédé des meules et celui des fours, il est établi à demeure dans les usines. Il se compose d'une étuve rectangulaire en briques qui peut se fermer hermétiquement. Aux quatre angles sont des évents permettant de régler la marche de l'opération; on empile le bois en ménageant des conduits menant aux ouvertures; le feu est mis alors au centre par un foyer situé à l'extérieur dans l'axe de la chambre, les flammes suivent une certaine courbe qui ne leur permet pas de pénétrer au milieu du bois.

La carbonisation se fait alors seulement au moyen des gaz chauds. Le goudron et l'acide pyroligneux se recueillent au fond de l'appareil. On empile dans cette chambre de 200 à 250 stères de bois. On a fait des fours circulaires sur le même principe, mais ils donnent du charbon de moins bonne qualité que par le procédé des meules.

Fours à foyers extérieurs. Tous les systèmes de fours supposent, comme les meules, l'admission de l'air à l'intérieur de la masse, d'où il résulte que la chaleur de carbonisation se produit aux dépens d'une partie de la matière à transformer; il n'en est pas de même quand la carbonisation s'effectue exclusivement à l'aide de la chaleur extérieure et où par conséquent on a deux espaces distincts, l'un pour le chauffage, l'autre pour la carbonisation. La figure 582 représente un type de ce système. Le bois est rangé dans un cylindre en tôle fermé par un couvercle, la chaleur est produite par une grille chargée de combustible, et les gaz chauds circulent autour du cylindre. Les produits volatils de la distillation viennent déposer leur goudron dans un réfrigérant; quant aux produits gazeux, ils sont ramenés au-dessus de la grille et brûlés. Ces appareils donnent une assez grande économie théorique; mais l'utilisation du gaz est nulle ou presque nulle, car le bois distille seul une fois que la distillation a commencé.

Four Reichenbach. Le principe de ces fours est de faire circuler la chaleur à l'intérieur même de

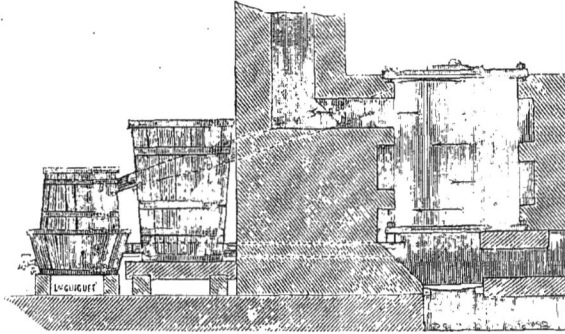

Fig. 582. — *Four à foyer extérieur pour la carbonisation du bois.*

la masse à carboniser, par un système de tuyaux en fer aboutissant à un foyer commun. Chaque four renferme deux tuyaux qui se replient sur eux-mêmes à la partie supérieure, de cette façon l'allumage et la carbonisation s'opèrent à la fois sur toute la surface des tuyaux.

Les avantages de ce système sont neutralisés par la dépense supplémentaire de combustible tenant à ce que le feu n'est pas en contact immédiat avec le charbon.

Four Schwartz (fig. 583). Le principe de ces fours repose sur ce qu'une flamme ne contenant pas d'oxygène libre ne peut pas brûler le bois, bien qu'elle puisse le décomposer.

La chambre de carbonisation a la forme d'un rectangle allongé recouvert par une voûte, deux car-

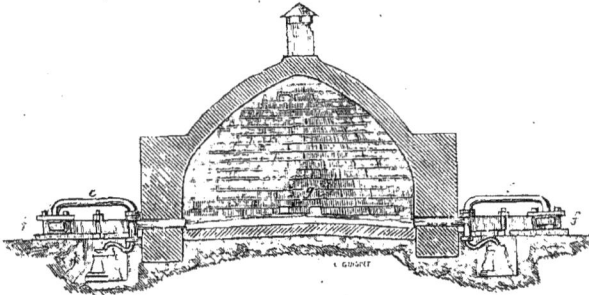

Fig. 583. — *Four Schwartz.*

neaux *g* fournissent une flamme sans oxygène au milieu des grandes faces; au milieu des petits côtés sont ménagés les tuyaux d'échappement pour les gaz et les liquides qui se condensent au fond et sont ensuite recueillis par les siphons *ee* dans les récipients *f*. Dans ce système les produits volatils ne peuvent pas circuler à travers les condenseurs, en vertu de leur pression propre, car cette pression réagirait à son tour sur la marche des foyers de combustion. Les flammes de ces foyers renferment toujours de l'acide carbonique et de l'eau, dont les proportions influent notablement sur le rendement.

Four de Grill, à Dalfors. Installés par Grill, à Dalfors, en Suède, ces fours reposent sur le même principe que ceux de Schwartz, mais avec certaines modifications. Comme ceux de Schwartz, ils ne sont applicables que dans les contrées où le bois se trouve amené à l'emplacement des fours sans trop de dépenses.

Rendement. Les rendements peuvent se mesurer soit en volume soit en poids.

En volume, pour les meules, on obtient de 30 à 35 0/0.

Avec des charbonniers habiles, on arrive de 45 à 48 0/0. Dans les fours suédois le rendement est monté à 80 0/0.

Le bois change peu de volume quand on le transforme en charbon ; le rendement en volume des bois résineux est généralement plus fort que celui des bois que nous carbonisons en France.

Avec de gros rondins on obtient un rendement plus fort.

En poids le rendement varie de 15 à 28 0/0.

En France on ne compte que de 19 à 20 0/0, à Audincourt de 22 à 23 0/0.

En forêt la carbonisation ne se fait que dans la belle saison, car l'humidité fait éclater le charbon de bois. On explique cet éclatement par la dissolution des sels alcalins qui se cristallisent ensuite ; aussi est-on forcé de conserver le charbon dans des halles.

Le charbon nouvellement fabriqué ne donne pas un aussi bon rendement que celui qui a huit à dix mois d'enmagasinage. — V. CARBONISATION, COMBUSTIBLE.

Charbon roux. Le charbon roux ou bois *torréfié* est un *produit intermédiaire entre le bois et le charbon de bois* ; dès le commencement du siècle, on a torréfié le bois dans des vases clos chauffés par les flammes perdues des hauts fourneaux pour rendre son emploi plus avantageux dans les verreries. MM. Houzeau et Fauveau l'obtinrent en carbonisant incomplètement le bois placé dans des caisses en fonte fermées, au moyen des gaz provenant des hauts fourneaux.

Ces charbons ont souvent appelé l'attention des industriels, et ont donné des résultats réels dans la pratique en particulier dans les fours de verreries au bois soufflés, qui ont précédé les fours à gaz à récupération de chaleur. Le bois pour cet usage était torréfié dans des fours spéciaux d'une façon méthodique ; les plans de ces fours, qui ont été publiés et sont en quelque sorte classiques, existaient aux cristalleries de Baccarat.

On a essayé de fabriquer le charbon roux en forêt par le procédé Echement. Il consistait à projeter, par un courant d'air forcé, au milieu de la masse du bois à torréfier, les produits de la combustion de menus bois et de branchages provenant d'un foyer placé au dehors de la meule. Les produits de la combustion suivaient un long canal sur lequel le bois était disposé en voûte et s'échappaient ensuite de toute la surface de la meule, recouverte d'une enveloppe de terre. On arrive à éviter l'inflammation de la meule en augmentant la masse d'air par rapport aux produits de la combustion ; mais on comprend que le bois placé près du conduit sera toujours dans un état plus avancé d'altération que les autres parties de la meule. — V. COMBUSTIBLE. — P. E.

Bibliographie : Chimie technologique, KNAPP ; Chimie industrielle, VINCENT et A. PAYEN ; Traité de chimie, TROOST ; Traité de métallurgie, GRÜNER ; Traité de métallurgie, JORDAN ; Annales des mines, t. XVIII. SAUVAGE.

Charbon pour la fabrication de la poudre. La qualité du charbon est une des causes qui influe le plus sur les qualités de la poudre, en particulier sur son mode d'inflammation et de combustion ; c'est, en effet, le charbon qui prend feu tout d'abord, le soufre ne s'enflamme et le salpêtre ne se décompose qu'ensuite. L'espèce de bois employé, le mode de préparation du charbon et son degré de carbonisation ont donc une grande importance.

Les bois dont la fibre est raide et serrée donnent un charbon dur, sonore et pesant qui ne brûle que difficilement et lentement en laissant beaucoup de résidus, tandis que les bois tendres et légers fournissent au contraire un charbon friable, léger et spongieux, s'allumant avec facilité et se consumant rapidement en donnant peu de cendres. C'est pourquoi on donne la préférence à ces dernières essences.

Depuis l'ordonnance de 1686, le bois de bourdaine à sève rouge (*rhamnus frangula*) est le seul admis en France dans la fabrication réglementaire des poudres de guerre, ainsi que pour les poudres de chasse. Cette essence est d'un prix de revient assez élevé (15 à 17 francs les 100 kilogrammes) et devient de plus en plus rare, aussi cherche-t-on à la remplacer par le fusain. Pour la préparation de la poudre de mine on emploie des bois blancs tels que le saule, l'aune, le peuplier, le tremble, le châtaignier, le coudrier, le fusain qui ne coûtent que de 4 à 8 francs les 100 kilogrammes. Des essais faits autrefois à la poudrerie de Saint-Chamas ont également montré que l'on pouvait employer pour la fabrication des poudres de guerre des charbons provenant de la carbonisation du bois de tamaris, essence très commune en Algérie.

Les essences varient un peu avec les pays. En Angleterre, on employait autrefois l'aune et le saule, aujourd'hui on se sert de préférence de l'aune noir ou épine de haies et on n'a que rarement recours à la bourdaine à cause de son prix trop élevé.

En Allemagne, Autriche et Belgique, on donne, comme en France, la préférence au bois de bourdaine, tandis qu'en Espagne et en Italie on se sert surtout de la chénevotte ; en Suisse, du coudrier ; en Danemark et en Russie, de l'aune ; en Hollande, du saule ; en Suède, de l'aune et du saule ; aux Indes orientales, des espèces connues sous les noms de *cajan* (faux ébénier), *parkinsonia, euphorbia tiraculli*.

Lorsqu'on emploie les bois de saule, on doit opérer avec prudence, certaines espèces, tel que l'agaric de saule produisant des charbons qui donnent très facilement lieu à des inflammations spontanées. Les bois doivent être coupés au printemps, c'est-à-dire en pleine sève, de façon qu'on puisse facilement les débarrasser de leur écorce qui donnerait trop de cendres. Ils doivent avoir, en moyenne, de 2 à 10 ans ; la bourdaine doit avoir, au moins, de 5 à 6 ans. On enlève les menues branches, les pattes de souche, les bois morts, ainsi que les gros nœuds et les bois tortillards.

Les brins sont livrés en bottes de longueur et de diamètre déterminés, mais variables suivant les poudreries (1m,25 à 1m,30 sur 0m,30 à 0m,40 de diamètre pour la poudrerie de Sevran-Livry); les brins trop gros sont refendus; pour le bois de bourdaine leur grosseur peut varier de 10 à 35 centimètres seulement, tandis que pour les bois blancs elle peut être de 27 à 70 centimètres.

La réception se fait au poids en déduisant le poids des harts; pour éviter les fraudes on fait pour chaque lot une épreuve de dessiccation. On prélève par lot de 25,000 kilogrammes, un échantillon de 20 kilogrammes que l'on chauffe, après l'avoir pesé, à la température de 125° environ, et d'une nouvelle pesée on déduit le déchet d'humidité.

Dans les poudreries françaises, les bois empilés, sous forme de meules, restent exposés à l'air libre pendant un hiver et un été; on les rentre ensuite sous des hangars bien aérés. Les approvisionnements sont de 2 ans 1/2 pour le bois de bourdaine, 1 an 1/2 pour les bois blancs. En Angleterre, les bois sont exposés 3 ans à l'air libre; de même à la poudrerie de Spandau ils restent 2 à 3 ans sur un emplacement abrité par des arbres, tandis qu'à Dresde on les conserve uniquement sous des hangars.

La carbonisation s'effectue dans les poudreries mêmes, au fur et à mesure des besoins, le charbon étant difficile à conserver à cause de son hygrométricité.

On appelle rendement, la quantité de charbon fournie par 100 parties de bois desséché à la température de 150°. Au delà de 150° le ligneux commence à se décomposer, il se dégage de la vapeur d'eau, formée aux dépens de l'hydrogène et de l'oxygène du bois, qui se produit sous forme de fumée blanchâtre à reflets bleus. Viennent ensuite les composés oxygénés acides, acide carbonique, acide acétique, acide pyroligneux et une huile empyreumatique, enfin de la suie qui se dégage en nuages épais; les gaz combustibles brûlent, si on les enflamme, avec une flamme rougeâtre. Peu à peu l'oxyde de carbone se substitue à l'acide carbonique, la fumée s'éclaircit, la flamme devient violacée, la température obtenue est alors d'environ 260°.

Jusque-là le bois ne s'est encore transformé qu'en fumeron, de 260 à 270° il se transforme en brûlot qui brûlerait à l'air sans fumée, mais possède encore une tenacité et une élasticité qui s'opposent à sa pulvérisation. A partir de 270° les produits volatils oxygénés sont remplacés par les carbures d'hydrogène, gaz oléifiant, gaz des marais et un grand nombre de composés liquides de plus en plus carburés, parmi lesquels ceux qui composent le goudron de bois. Dès que ces carbures commencent à se dégager la température s'élève très rapidement jusqu'à 340°, quelquefois même malgré les précautions qu'on prend pour s'y opposer.

Si on arrête l'opération entre 280 et 300°, on obtient un charbon roux, couleur brun chocolat, qui commence à être friable, il est éminemment inflammable et on l'utilise pour la fabrication de la poudre de chasse; il a une cassure vive et unie, les morceaux minces se laissent plier; il rend un son mat et se dissout presque en entier dans une solution bouillante de potasse, sa poussière est grasse au toucher. Il renferme 73,5 de carbone, contenant une assez forte quantité d'hydrogène, il donne des poudres brisantes.

Vers 340° le charbon commence à devenir noir, la flamme des gaz qui se dégagent est passée au jaune et de 350 à 400° on obtient la qualité de charbon noir qui convient aux poudres de guerre et de mine. Ce charbon, d'un noir bleu, est dur et cassant, il rend un son clair, et est insoluble dans la potasse caustique, sa poussière est sèche au toucher; il contient au moins 78 0/0 de carbone. On lui donne la préférence sur le charbon roux parce que, absorbant moins l'humidité, il permet à la poudre de se mieux conserver et parce qu'il donne à la poudre des propriétés moins brisantes. Si l'on pousse l'opération au delà, la flamme s'éclaircit de plus en plus, vers 430° le dégagement des gaz s'arrête, et l'on n'obtient plus que de la braise.

A mesure que la température s'élève le rendement du bois en charbon diminue, mais en même temps la teneur en carbone augmente.

La condensation rapide des gaz et surtout de la vapeur d'eau à la surface et dans les pores du charbon, peut occasionner une élévation de température assez brusque pour déterminer l'inflammation spontanée du charbon; aussi doit-on prendre des précautions pour sa conservation et ne le préparer qu'en petites quantités.

Primitivement on avait recours dans les poudreries pour la carbonisation du bois au procédé des meules employé pour la fabrication du charbon ordinaire. Mais on renonça bientôt à ce mode de fabrication à raison de la grande quantité de terre et autres corps étrangers que le revêtissement de la meule introduisait dans le charbon; de plus la carbonisation n'était pas uniforme et le rendement excessivement faible.

Aussi le siècle dernier et jusque vers le milieu de notre siècle a-t-on eu recours exclusivement au procédé des fours ou à celui des fosses.

Le sol et la voûte du four étaient en maçonnerie, à chaque extrémité était une porte qui restait ouverte au moment de l'allumage. Quand le feu était en activité, on fermait la porte du côté où on avait allumé, la fumée sortait par la porte opposée. Au bout de une heure un quart on faisait tomber le charbon dans des étouffoirs. Les substances volatiles ne trouvant pas un espace suffisant pour se dégager, les produits étaient presque toujours souillés de suie ou de goudron, qui, se carbonisant à la surface du charbon, formaient un dépôt brillant très difficilement inflammable.

C'est pourquoi on donnait généralement la préférence à l'emploi de fosses carrées revêtues en maçonnerie de briques. On plaçait sur la fosse une forte barre de bois en travers, contre laquelle on adossait la première couche de bottes, en ménageant au fond un espace libre pour mettre le feu. Une fois toute la masse enflammée, la barre transversale brûlait et en se rompant laissait tomber les bottes au fond de la fosse; on en remettait d'autres pardessus de façon à remplir la fosse de charbon, et une fois la combustion complète on aplanissait la surface et la recouvrait d'une couverture en laine mouillée sur laquelle on jettait de la terre glaise en ayant soin de la tasser en marchant dessus de manière à ne pas laisser d'espace vide entre la couverture et le charbon. Après trois ou quatre jours, la fosse une fois refroidie, il fallait enlever avec précaution la terre et la couverture, puis retirer le charbon en le séparant des brûlots. Le rendement était variable et ne dépassait guère 16 à 17 0/0.

On a aussi employé des fosses rondes, de plus petites dimensions, dans lesquelles la combustion s'effectuait sur des barres de fer placées à la partie supérieure de la fosse, de telle sorte que le charbon tombant au fond, se trouvait dans un espace presque complètement fermé à l'accès de l'air où il ne pouvait continuer à brûler. Ce mode de carbonisation est encore en usage en Espagne pour le bois de chénevotte.

Dans la première moitié de notre siècle on a substitué dans les poudreries françaises au procédé des fosses le procédé des *chaudières* déjà en usage depuis longtemps dans certains pays. Ces chaudières en fonte de forme tronconique, avec un fond en forme de calotte sphérique, étaient enterrées à fleur de terre. Elles étaient munies d'un

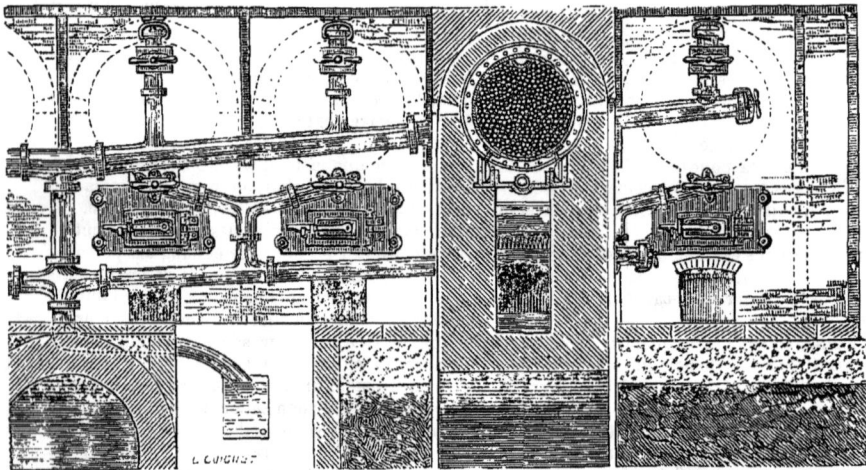

Fig. 384. — *Appareil de distillation à cylindre mobile employé dans les poudreries pour la préparation du charbon (vue postérieure avec coupe transversale).*

couvercle en tôle percé de un ou plusieurs évents pouvant se fermer à volonté. On commençait par allumer dans le fond un feu de copeaux, sur lequel on jetait une petite quantité de bois à carboniser, puis à mesure qu'en se carburant il s'affaissait, on jetait du bois pardessus jusqu'à ce que la chaudière fut convenablement remplie. On la recouvrait alors du couvercle, sur lequel on entassait de la terre ou de la cendre pour bien le lutter tout autour. Afin de laisser échapper la fumée, on ne bouchait les évents qu'au bout de quelques minutes. On ne retirait le charbon que deux jours après; le rendement était de 20 à 22 0/0 environ. Ce procédé peut encore être employé dans les petites installations où l'on n'a à produire qu'une faible quantité de charbon, mais on préfère aujourd'hui les procédés de carbonisation en *vase clos* qui sont beaucoup plus rapides et moins coûteux et donnent des produits plus purs et plus réguliers.

En effet, tandis que dans les procédés précédents la carbonisation s'opère au moyen de la combustion, en présence de l'air, d'une partie du char-

bon déjà obtenue, ce qui, sans tenir compte des fumerons qu'il faut rejeter, diminue d'autant le rendement; dans l'autre procédé, au contraire, l'opération s'exécute à l'abri de l'air au moyen d'un combustible auxiliaire, le plus souvent même, comme nous le verrons plus loin, on utilise pour cela les produits gazeux provenant de la distillation du bois, tandis qu'on recueille les résidus liquides qui ont une valeur marchande. Dans ces nouvelles conditions on a pu réduire de près de moitié les approvisionnements de bois à charbon ce qui atténue les pertes que le bois peut subir pendant son séjour dans les poudreries et réduit aussi l'étendue des locaux destinés à son emmagasinement. Enfin, le charbon provenant de la carbonisation en vase clos contient moins de matières siliceuses que celui des fosses ou des chaudières, dans lequel, malgré toutes les précautions, il s'introduit toujours une certaine quantité de graviers. Or, on a toujours supposé que la cause d'explosion la plus probable et la plus certaine au moment de la trituration du mélange ternaire destiné à former la poudre, était due à la présence de corps siliceux apportés par le charbon, les autres matières soufre et salpêtre étant par le raffinage amenées à un degré de pureté à peu près parfait. — V. Poudre.

Le procédé de carbonisation en cylindres ou par distillation fut découvert par un évêque anglais Landloff et appliqué en Angleterre dès 1797; tenu d'abord secret il ne fut connu en Europe qu'en 1802. Vers 1825, lors des perfectionnements apportés en France à la fabrication des poudres de chasse, on installa des appareils du même genre dans les trois poudreries du Bouchet, d'Angoulême et d'Esquerdes.

Pendant longtemps les charbons obtenus par distillation ne furent employés que pour la fabrication des poudres de chasse; il était défendu de s'en servir pour les poudres de guerre, des expériences faites à plusieurs reprises par l'artillerie ayant semblé démontrer que les poudres fabriquées avec ces charbons détérioraient plus rapidement les bouches à feu. Ce n'est qu'en 1862 que ce procédé a remplacé dans toutes les poudreries l'ancien procédé des chaudières. Voici la description des premiers appareils qui furent employés en France.

Deux cylindres en fonte étaient encastrés horizontalement par leurs deux extrémités dans la maçonnerie d'un four; un foyer était placé suivant toute la longueur du four dans l'intervalle laissé libre entre les deux cylindres qui étaient

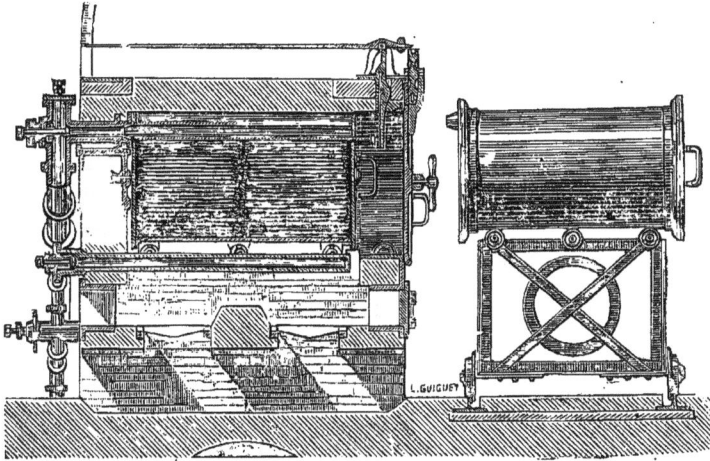

Fig. 585. — *Appareil de distillation à cylindre mobile employé dans les poudreries pour la préparation du charbon (coupe longitudinale).*

protégés contre les coups de feu par un revêtement en argile. Les gaz montaient entre les deux cylindres, redescendaient à droite et à gauche en échauffant les parties extérieures et aboutissaient ensuite à la cheminée. L'un des fonds des cylindres était fixe et portait des tubulures destinées à recevoir soit des tuyaux de dégagement pour les produits volatils, soit des cylindres éprouvettes renfermant des morceaux de bois destinés à indiquer la marche de l'opération; l'autre fond mobile était luté avec soin après le chargement. Un peu plus tard on a songé à utiliser les vapeurs se dégageant de la distillation en les recueillant dans un tuyau qui les conduisait sous les cylindres voisins.

Mais les cylindres fixes présentaient de nombreux inconvénients; le chargement et le déchargement étaient peu commodes et donnaient lieu à une perte de temps et de chaleur; les produits manquaient d'uniformité, le cylindre n'étant pas régulièrement chauffé sur tout son pourtour, les parties encastrées dans la maçonnerie ne recevant pas directement la chaleur et, enfin, l'accumulation des gaz vers l'unique orifice de sortie au fond de la cornue augmentant en ce point la température.

Pour remédier au premier de ces inconvénients au lieu de charger le cylindre brin à brin, opération fort longue et fort pénible lorsque le cylindre est chaud, on préparait à l'avance des bottes ayant juste les dimensions voulues et que l'on introduisait en une seule fois. En 1864, M. Maurouard, ingénieur des poudres et salpêtres, installa à la poudrerie de Metz, puis en 1869 à Sevran-Livry de nouveaux fours à cylindres mobiles permettant d'obvier à tous les inconvénients que nous venons de signaler. Les cylindres mobiles sont aujourd'hui préférés aux cylindres fixes pour toutes les installations nouvelles; à la suite de la guerre les Allemands ont copié cette installation à la poudrerie de Spandau.

Dans ce procédé (fig. 584), chaque cylindre en tôle est chauffé par un foyer spécial et peut au moyen d'un système de rails et de galets être enlevé lorsque la carbonisation est opérée, placé sur un chariot qui l'emmène au dehors et remplacé par un autre cylindre chargé à l'avance (fig. 585).

Chaque cylindre porte à sa partie supérieure un tuyau, percé de trous, dans lequel se rendent les gaz avant de s'échapper par une buse tronconique qui vient s'engager dans un orifice ménagé au fond du fourneau et communiquant avec un tuyau dans lequel se rendent les gaz de toutes les cornues. Les goudrons se séparent des gaz et s'écoulent par un tuyau horizontal dans un bassin, tandis que les produits volatils sont dirigés par d'autres conduits dans des tuyaux placés horizontalement dans les fours, un sous chaque cylindre. Ces tuyaux laissent échapper les gaz enflammés par deux rainures. Une fois l'opération mise en train à l'aide de combustible auxiliaire, les gaz qui se dégagent suffisent pour la continuer indéfiniment; la carbonisation pour des

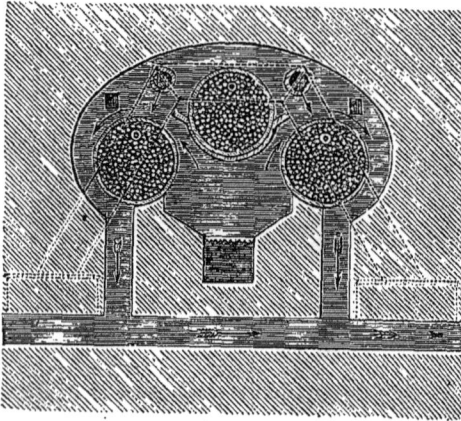

charbons noirs demande de 2 h. 1/2 à 3 heures. Dans certaines poudreries un appareil pyrométrique composé d'une barre horizontale en laiton placée dans le cylindre et agissant par l'intermédiaire de leviers sur une grande aiguille installée au dehors permet de régler l'opération; le plus généralement il suffit pour cela d'observer la couleur de la flamme des gaz qui brûlent sous les cylindres.

On s'est aussi préoccupé de perfectionner l'installation des cylindres fixes encore existants dans certaines poudreries. A la poudrerie de Bouchet, par exemple, chaque fourneau se compose (fig. 586 et 587) d'un groupe de 3 cornues ou cylindres en fonte, celle du milieu étant un peu plus élevée que les deux autres. Le bois est placé uni-

Fig. 586. — *Coupe transversale.*   Fig. 587. — *Coupe longitudinale.*

Appareil de distillation à cylindre fixe employé dans les poudreries pour la préparation du charbon.

quement dans la partie centrale du cylindre non encastrée dans la maçonnerie. Les produits de la distillation sont réunis dans un grand tuyau recourbé placé derrière le fourneau. Les goudrons liquides s'écoulent par les grandes branches, les produits gazeux montent au contraire dans la partie supérieure, de là ils sont conduits dans deux tubes en fonte placés horizontalement dans le four au-dessus et de chaque côté du cylindre supérieur. Ces tubes portent des fentes latérales qui permettent aux gaz enflammés de se répandre en nappe de chaque côté.

Pour décharger les cylindres, après avoir ouvert le couvercle, on introduit dans la cornue un étouffoir cylindrique de dimension convenable qui reçoit d'un seul coup tout le contenu de la cornue, on la retire et ferme immédiatement, afin d'éviter que le charbon au contact de l'air s'enflamme spontanément. Lorsque cet accident se produit on est forcé de projeter quelques gouttes d'eau avant de fermer l'étouffoir.

A la poudrerie italienne de Fossano, les cornues en fonte sont également fixes, le bois est chargé dans des cylindres de tôle mince ouverts à une

extrémité et supportés par des galets fixés sur la cornue. Une clef permet pendant l'opération de faire tourner le cylindre de façon à obtenir une carbonisation plus uniforme. En Suède, on a imaginé de faire tourner la cornue elle-même.

Dès 1847, un commissaire des poudres et salpêtres, M. Violette, avait imaginé un procédé permettant de carboniser le bois au moyen d'un courant de vapeur surchauffée jusqu'à la température de 300 à 350°. Ce nouveau système fut mis en pratique à la poudrerie d'Esquerdes en 1848 et un peu plus tard à celle de Saint-Chamas et essayé comparativement avec celui des cylindres fixes qui étaient alors également à l'essai. Il avait l'avantage de permettre de régler plus facilement la température et d'effectuer la carbonisation du bois dans une atmosphère neutre où il ne pouvait entrer en combustion. Mais les appareils étaient très compliqués, les frais d'installations, les dépenses en main-d'œuvre et en combustibles beaucoup plus élevés. En 1854, le prix de revient à Esquerdes des différents procédés était de 60 fr. pour le charbon préparé dans les chaudières, 54 fr. pour celui préparé à la va-

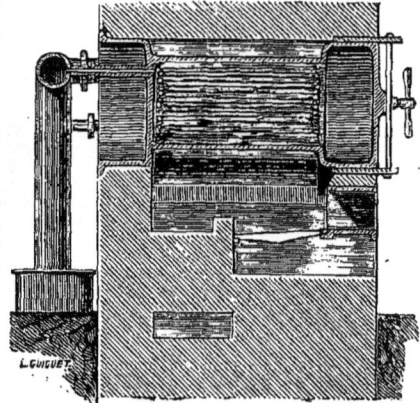

peur et 43 fr. seulement pour celui distillé dans les cylindres. En 1853, un autre commissaire des poudres, M. Gossart, chargé de continuer à Esquerdes les recherches sur la fabrication du charbon par la vapeur surchauffée, commencées par M. Violette, proposa un nouveau dispositif dans lequel il avait cherché à obtenir le même résultat avec plus d'économie. Les essais du nouvel appareil furent interrompus en 1858 par la mort de l'inventeur et n'ont plus été repris depuis en France; on a également renoncé à l'étranger à l'emploi de la vapeur surchauffée.

Le rendement des charbons préparés par distillation varie de 28 à 32 0/0 pour le charbon noir, de 36 à 40 0/0 pour le charbon roux destiné aux poudres de chasse; il est d'environ 35 0/0 pour celui destiné à la poudre de mine.

Une fois refroidi dans des étouffoirs le charbon est soumis à un triage ayant pour but d'enlever le poussier et le menu qui sont trop hygrométriques, ainsi que les fumerons ou incuits et les produits trop calcinés, et enfin, s'il y a lieu, les graviers ou autres matières étrangères. Le charbon trié est enfermé de nouveau dans des étouffoirs jusqu'au moment de son emploi.

Bibliographie : *Traité de l'art de fabriquer la poudre à canon*, par Bottée et Riffault, membres de l'administration des poudres et salpêtres de France, 1811; *Traité sur la poudre, les corps explosifs et la pyrotechnie*, par les docteurs Upmann et von Meyer, ouvrage traduit de l'allemand, revu et considérablement augmenté par Désortiaux, ingénieur des poudres et salpêtres, 1878.

V. CHARBON ANIMAL. *T. de chim.* Nom donné au produit de la calcination en vase clos, d'un certain nombre de corps, tels que, le.sang, les tendons, la corne, les plumes; mais employé le plus généralement pour désigner le charbon d'os, lequel est surtout intéressant au point de vue industriel.

Charbon d'os : Syn. : *Noir d'ivoire, noir de Cassel, noir de Cologne, noir de velours.*

Historique. L'importance du charbon d'os a été signalée, en 1811, par Figuier, de Montpellier, qui reconnut le premier le grand pouvoir décolorant de ce corps. Lowitz confirma ces résultats peu de temps après; puis, en 1813, Derosne et Payen, à Grenelle; Pluvinet, à Clichy, se servirent du noir d'os pour la décoloration et l'épuration du sucre. En 1822, MM. Bussy et Payen furent récompensés pour leurs travaux sur le charbon animal; en 1828, Dumont attacha son nom à un genre de filtre, dans lequel le corps nous occupe est l'agent utilisé. Depuis cette époque l'emploi du noir animal s'est universellement répandu, non seulement dans les raffineries françaises, mais aussi dans toutes les sucreries d'Europe et d'Amérique.

La consommation du charbon d'os est actuellement tellement grande que l'on ne pourrait jamais obtenir assez de matière première pour répondre aux besoins de l'industrie, si l'on n'avait également trouvé le moyen de faire servir le noir qui a déjà été employé; on consomme, en effet, un kilogramme de charbon animal pour obtenir un même poids de sucre raffiné.

Les fabriques de noir d'os se trouvent toujours, comme on peut facilement le comprendre, dans le voisinage des grandes villes, où l'on trouve plus aisément à réunir la matière première. D'après les dernières statistiques, il a été travaillé à Paris, en 1865, 28,129,468 kilogrammes d'os, dont la plus grande partie a été transformée en noir animal.

Propriétés. Le Charbon animal offre, quand il vient d'être préparé, la forme des os qui ont servi à l'obtenir, mais on le livre au commerce divisé en grains de grosseur variable, ou en poudres plus ou moins fines. Il est assez léger. Il possède à un très haut degré le pouvoir d'absorber les matières colorantes, ainsi que certaines substances minérales, telles que les sels de potasse et de chaux, l'acétate de plomb, etc. D'après M. Anthon, il devrait cette dernière propriété à la présence, au milieu de ses pores, d'une certaine quantité d'acide carbonique; les expériences de M. Bussy sont en opposition avec cette théorie. La décoloration avec le charbon animal se fait mieux à chaud qu'à froid, et plus vite avec des liqueurs neutres ou légèrement acides qu'avec des liqueurs alcalines. Ce charbon enlève l'iode à une solution d'iodure de potassium; il a peu d'action sur les sels neutres et réduit à la longue l'oxyde de plomb à l'état métallique.

Calcinés, même avec grand soin, les os gardent toujours de l'azote, environ 0,95 pour 100 du poids du charbon. Pour enlever ce gaz, il ne suffit pas d'une forte température, il faut calciner avec de la potasse; l'azote se combine à l'hydrogène, pour faire du cyanogène, lequel, en présence de l'oxyde de potassium, forme un cyanure. Il n'y a qu'à lessiver le charbon avec de l'eau distillée, et traiter par un sel de protoxyde ou de sesqui-oxyde de fer, pour obtenir du bleu de Prusse et, par conséquent, la preuve de l'existence de l'azote.

Le charbon animal absorbe facilement l'humidité, lorsqu'on l'abandonne à l'air (7 à 10 pour 100); il est mélangé, à environ dix fois son poids d'éléments minéraux, comme l'indique la composition suivante (Bobierre) :

Charbon	10.8
Phosphate de chaux	81.7
Carbonate de chaux	3.0
Silice	2.8
Alumine et fer	0.7
Magnésie	0.2
Sels solubles	0.8
	100.0

Les matières non combustibles accroissent sa puissance décolorante. Ainsi, en interposant entre les molécules du charbon des corps qui peuvent augmenter la surface poreuse, on élève considérablement le pouvoir décolorant ou absorbant du charbon. Le noir animal calciné avec de la potasse est dix fois plus actif que le noir ordinaire; celui obtenu avec le carbonate de cette base a un pouvoir décolorant encore deux fois plus grand. D'après M. Bussy, on peut ainsi ranger ces charbons :

Charbon d'os ordinaire	1	(ou pouvoir normal)
Charbon d'os lavé à l'acide chlorhydrique.	1.6	
Charbon d'os calciné avec de la potasse	10	
Gélatine calcinée avec du carbonate de potasse	15.5	
Charbon d'os calciné avec du carbonate de potasse	20	
Sang calciné avec des carbonates de potasse ou de chaux	20	

Tableau du pouvoir décolorant des différents charbons mis en présence d'une solution de mélasse ou d'indigo, chaque sorte étant prise à la dose de 1 gramme (d'après M. Dumas).

	DISSOLUTION d'indigo décolorée	DISSOLUTION de mélasse décolorée	RAPPORT d'après l'indigo	RAPPORT d'après la mélasse
1° Charbon d'os bruts	32	9	1	1
2° Charbon d'huile végétale ou animale calciné avec phosphate de chaux artificiel	64	17	2	1.90
3° Charbon d'os lavé à l'acide chlorhydrique . .	60	15	1.87	1.60
4° Charbon d'os lavé à l'acide chlorhydrique et calciné avec potasse	1450	180	45	20
5° Noir de fumée calciné.	128	30	4	3.30
6° Noir de fumée calciné avec potasse.	550	90	15.20	10.60
7° Charbon du carbonate de soude décomposé par le phosphore.	380	80	12	8.80
8° Charbon de l'acétate de potasse	180	40	5.60	4.40
9° Fécule calcinée avec potasse.	340	80	10.60	8.80
10° Albumine ou gélatine calcinée avec potasse.	1115	140	35	15.50
11° Sang calciné avec phosphate de chaux.. . . .	380	90	12	10
12° Sang calciné avec craie.	570	100	18	11
13° Sang calciné avec potasse.	1600	180	50	20

PRÉPARATION. Pour faire le charbon animal, on commence par fendre les os dans le sens de leur longueur, afin de bien mettre à nu toutes les parties poreuses. Cette opération, ou *cassage*, se fait d'ordinaire à la main, parce qu'on peut ainsi, plus facilement qu'à la machine, choisir les endroits où il faut opérer la section pour arriver aux parties poreuses, et prendre toujours les os dans le sens de leur grand axe. On fait ensuite bouillir les *os frais*, c'est-à-dire ceux qui ne sont pas restés très longtemps exposés au contact de l'air, avec de l'eau, dans une chaudière hémisphérique en fonte, en agitant sans cesse, pour faciliter le départ des matières grasses, que l'on réunit ensuite à la surface du liquide, en faisant passer un jet de vapeur. La graisse, recueillie à la cuillère, est passée au travers de tamis, et vendue à part. Les os, bien débarrassés de toute la matière grasse qu'ils pouvaient contenir, sont égouttés, et, dès qu'ils sont à peu près secs, introduits dans les fours pour y subir la calcination, laquelle, en décomposant la matière organique, volatilise les gaz qui se produisent sous l'influence de la chaleur.

Pour utiliser les os qui sont restés longtemps au contact de l'air, il faut les traiter à la température de 40 degrés environ, par le sulfure de carbone, et dans un appareil à distillation continue, car l'eau bouillante seule ne les dégraisserait pas suffisamment; par ce traitement, ils perdent 95 0/0 de leur graisse. Ils peuvent servir alors à la fabrication du noir, et sont vendus sous le nom d'*os débouillis* ou *os fondus*.

La *carbonisation* s'effectue au moyen de fours dont la construction varie peu, mais dans lesquels on peut recueillir ou non les résidus autres que le charbon, et qui sont utilisables.

Le procédé le plus ancien, qui est encore celui auquel on revient maintenant, à cause de la valeur des sels ammoniacaux, consiste à calciner les os dans une série de fours contenant, soit des cylindres de tôle placés verticalement les uns à côté des autres, soit une série de vases en terre entrant à frottement les uns dans les autres, de façon à n'avoir besoin de couvercle qu'à la partie supérieure, le fond de chaque vase fermant celui qui se trouve placé en dessous. Ces cylindres, d'une capacité de 25 litres environ, donnent, paraît-il, un rendement supérieur aux cylindres de fonte horizontaux ou verticaux. Les fours une fois lutés à la terre, on chauffe au rouge, pendant huit à douze heures, selon la consistance des os. Suivant les systèmes, la partie inférieure des appareils porte des robinets, par lesquels on laisse écouler dans des vases placés en dehors et refroidis, les produits qui se dégagent pendant la calcination, en même temps que l'on dirige sous les cendriers les gaz combustibles. Cette dernière disposition permet, vers la fin de l'opération, de n'employer qu'une quantité minime de houille, mais la dépense est toujours plus grande qu'avec les fours continus à tubes ou à cornues, comme ceux qu'ont préconisés MM. Siemens, Gits et Du Rieux, Steinhauser ou Sehor.

Dans les usines où l'on fabrique de grandes quantités de noir animal, on dispose d'ordinaire sur deux rangs les fours que nous avons indiqués, de façon à n'avoir pas de temps d'arrêt. On défourne sans attendre que les vases soient complètement refroidis, et souvent même, dans les appareils Crespel-Dellisse, on place entre les fours un fourneau à revivification, lequel reçoit les flammes perdues venant des fours précédents.

La calcination doit être bien conduite pour obtenir un produit, qui, sans avoir été trop chauffé, ne contienne plus de matière organique. Un charbon trop cuit est compact, et, par conséquent moins poreux, par suite du retrait qu'a éprouvé le phosphate de chaux sous l'influence de la chaleur; il décolore mal. Un charbon peu calciné, par défaut de chaleur, est également peu décolorant, mais il cède en plus au liquide des produits pyrogénés, qui le souillent, en donnant une matière brune. Les os refroidis dans les pots, il reste à diviser le produit en grains de diverses grosseurs, en évitant autant que possible la formation de poudre fine, ou *folle farine*, qui n'a que peu de valeur. On arrive à ce résultat en faisant passer les os entre des cylindres cannelés, formés de disques dentés, que l'on peut écarter ou rapprocher à volonté, suivant la grosseur à donner aux grains ; puis on passe sur des toiles métalliques, de moins en moins serrées, pour séparer dans des cases spéciales, les grains de diverses grosseurs.

Le procédé de calcination dans des pots ou, dans des cylindres en tôle, est surtout suivi en France et en Allemagne; en Angleterre et en Écosse, on préfère la calcination dans des cornues, qui donne, assure-t-on, un noir plus décolorant.

En suivant le procédé de calcination dans les cylindres, on obtient avec 1000 kilos d'os gras, ou 980 kilos d'os secs débouillis :

475. kilogrammes de charbon en grains ;
125 kilogrammes de charbon fin;
60 kilogrammes de graisse.

ESSAI DU NOIR ANIMAL. La valeur du noir en grains est en raison directe de son pouvoir décolorant, et de la capacité qu'il possède d'absorber les sels de chaux. M. Brimmeyr, et après lui M. H. Schulz, ont montré : 1° que le pouvoir absorbant du noir ne dépend pas de la structure du charbon ou de la cohésion mécanique de ses particules, mais bien de la proportion réelle de carbone pur qu'il possède ; 2° que la proportion de matière absorbée n'est pas influencée par la nature chimique de ces corps ; 3° qu'un charbon saturé d'une substance conserve sa faculté absorbante pour d'autres, de nature différente ; 4° que, plus la nature capillaire du charbon est grande, et moins vite il agit; 5° que son pouvoir décolorant maxima est en raison directe de sa richesse en charbon, et en raison inverse de sa densité.

On doit donc essayer le noir animal en grains, avant de l'employer, et rechercher: 1° si la calcination a été convenablement faite ; 2° si son pouvoir décolorant est comparable au pouvoir décolorant d'un échantillon type connu ; 3° si son pouvoir absorbant pour la chaux est suffisant.

1° (a) Pour rechercher si un noir n'a pas été trop peu calciné, on délaye un peu du charbon à essayer dans une solution de soude caustique à 2° Baumé; on agite quelque temps, et l'on filtre. Si le liquide filtré est coloré, c'est qu'il a enlevé au charbon des matières empyreumatiques, ayant échappé à la destruction ignée. (b) Pour retrouver si un noir a été trop calciné, il faut traiter celui-ci par l'eau bouillante. Les sulfates existant dans les os auront été transformés en sulfures par la chaleur, dès lors, il se dégagera une odeur d'acide sulfhydrique bien reconnaissable, et que le papier réactif à l'acétate de plomb révèlerait par sa coloration en noir.

2° Pour comparer le pouvoir décolorant d'un charbon, avec celui d'un autre charbon connu, on peut se servir des *colorimètres* (V. ce mot), mais on emploie le plus fréquemment l'instrument construit par Payen et désigné sous le nom de *décolorimètre* (fig. 585). Il se compose essentiellement d'un tube en cuivre vertical, dont la partie inférieure porte un second tube horizontal creux,

fermé à ses deux extrémités par des plaques de verre, et qui peut s'allonger par traction, comme une lorgnette. Pour se servir de l'appareil, on commence par raccourcir le tube aussi complètement que possible, puis on verse dans le tube vertical un liquide coloré ; on remplit alors un second tube semblable avec le liquide, traité par le charbon, puis l'on allonge la partie horizontale jusqu'à ce qu'en regardant au travers de ce tube, on obtienne une teinte égale avec les deux liqueurs. En supposant, par exemple, que l'épaisseur du liquide décoloré soit cinq fois aussi grande que celle de la liqueur d'épreuve, c'est que le produit traité par le charbon a perdu 1/5 de sa coloration ; il a donc perdu par le traitement les 4/5 de ses principes colorés. Reprenant alors l'expérience, en se servant d'un charbon dont on connaît la valeur, on trouvera, par exemple, trois fois plus d'épaisseur de liquide que dans le premier essai, fait avec une liqueur non décolorée ; il y aura eu perte de 1/3, c'est-à-

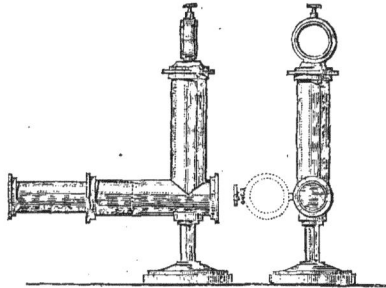

Fig. 588. — *Décolorimètre de Payen.*

dire que ce charbon aura retenu les 2/3 de la matière colorante. Le rapport qui existe entre les deux échantillons de noir est : : 4/5 : 2/3, soit comme 12 : 10. Le premier charbon essayé est donc supérieur au second.

3° Pour connaître le pouvoir absorbant d'un échantillon de charbon animal par rapport à la chaux, on dose directement la quantité de cette substance que peut absorber un poids connu de charbon. D'après M. Corenwinder on se sert d'une liqueur de saccharate de chaux dont on fixe la richesse en chaux au moyen d'acide sulfurique titré. On met 50 grammes de noir avec 100 centimètres cubes de solution de saccharate de chaux, on agite quelque temps, puis on filtre. On titre alors la liqueur filtrée, pour connaître combien elle contient de chaux. La différence entre le premier et le second résultat donne la quantité de chaux absorbée, et la qualité du noir est proportionnelle à la perte éprouvée par la liqueur.

REVIVIFICATION. Le charbon animal ne tarde pas à être hors d'usage, par suite de la condensation dans ses pores, de matières colorantes et de sels de chaux ; comme la production de cette substance n'est pas suffisante pour répondre aux besoins de l'industrie, on la régénère par les procédés connus sous le nom de *revivification*, que nous donnerons en détail à l'article Noir animal. — V. ce mot.

Falsification. Le charbon animal est souvent frelaté par l'addition de diverses substances. Une fraude assez fréquente consiste dans le mélange du noir obtenu, comme nous l'avons indiqué, avec le charbon animal qui sert dans la prépara-·tion du prussiate de potasse. Ce charbon est préparé avec le sang, la·corne, les débris de plumes et autres matières organiques. On a ajouté aussi au charbon animal, du poussier de bois, du carbonate de chaux, de la limaille ou des scories de· fer, des schistes noirs, enfin des matières terreuses.

Pour retrouver ces divers corps, on doit faire plusieurs opérations. En jetant sur de l'eau, une pincée du charbon à essayer, on reconnaîtra la présence du charbon végétal; ce dernier surnage, et dans les cendres obtenues avec le noir contenant des produits végétaux, on retrouverait de la potasse, que le charbon d'os ne donne pas. Pour constater les autres falsifications, on commence par incinérer un poids donné de charbon animal, reconnu comme étant pur. Ces cendres sont d'un vert grisâtre ; on en prend exactement le poids. L'addition de charbon de bois, de charbons de sang, de cornes ou de plumes, de carbonates de chaux, aurait pour effet de diminuer la proportion normale de cendres, tandis que le fer, les schistes ou les matières terreuses augmenteraient notablement le poids du résidu.

On reconnaîtrait la présence·du fer, en traitant les cendres par l'acide chlorhydrique, additionnant d'eau, et filtrant ; le prussiate jaune ou le sulfocyanure de potassium indiqueront les réactions du métal. Le noir le plus pur donne des traces de fer, l'abondance du métal pourrait indiquer la présence de charbons animaux étrangers ou des schistes, ces derniers contenant presque toujours du sulfure de fer, qui se sera transformé en sulfate. Quant aux scories ou à la limaille, elles se voient souvent à l'œil nu. De plus, les cendres ferrugineuses sont la plus part du ιemps rougeâtres.

Quant aux carbonates, on aura pu constater leur existence à la vive effervescence qui se sera produite lors du traitement des cendres par l'acide chlorhydrique. La perte de poids du résidu en indiquerait la proportion ; on doserait alors l'acide carbonique par les procédés ordinaires. Un bon charbon animal ne doit perdre que 8 0/0 de son poids par le traitement acide.

Usages. Nous avons signalé l'un des principaux emplois du charbon animal, et son utilité dans la fabrication et le raffinage du sucre. Il sert encore dans les laboratoires, et dans la fabrication des produits chimiques, comme agent décolorant, et aussi pour purifier certains produits organiques. Dans ces circonstances, le noir doit être préalablement lavé à l'acide chlorhydrique pour entraîner les carbonates de chaux et de magnésie, les phosphates des mêmes bases, qu'il contient d'ordinaire ; un second lavage à l'eau distillée le débarrasse de l'excès d'acide qu'il peut avoir gardé.

Le charbon animal sert à purifier les eaux stagnantes ou par trop calaires, en retenant les matières organiques ou les sels de chaux. L'addition de 4 kilogrammes de charbon, par hectolitre de liquide, suffit pour rendre ces eaux potables. L'emploi du noir pour les filtres Dumont est basé sur les mêmes propriétés.

On utilise le charbon animal finement pulvérisé, comme matière colorante. Le produit que l'on connaît généralement sous les noms de *noir d'ivoire*, *noir de velours*, *de Cassel* ou *de Cologne* est obtenu avec des rognures d'ivoire ou des pieds de mouton bien nettoyés. Pour l'avoir en poudre impalpable, on broie le charbon en grains avec de l'eau, afin d'éviter l'entraînement de cette poudre légère. Cette opération se fait, soit avec des meules verticales tournant sur un plan horizontal, soit avec des meules horizontales. Un premier broyage suffit, quand la poudre doit entrer dans la composition du cirage. Il en faut plusieurs quand on veut utiliser la poudre en peinture ou pour l'impression sur tissus par fixage à l'albumine. — J. c.

VI. **CHARBON MOULÉ.** Le charbon moulé qui porte aussi les noms d'*agglomérés*, de *briquettes* et de *péra*, est le produit obtenu au moyen de machines spéciales de compression, par l'agglomération du poussier de charbon, à l'aide d'agents agglutinants qui sont le brai gras, le brai sec et dans quelques cas particuliers (*Charbon de Paris*), le goudron de houille.

La méthode·générale de fabrication du charbon moulé se divise en quatre périodes :

1° Mélange et broyage du poussier de charbon et de brai dans un broyeur spécial ;

2° Préparation de la pâte dans un malaxeur chauffé par des jets de vapeur qui, pénétrant dans la masse, fondent le brai et amènent la pâte au degré voulu pour une bonne compression ;

3° Arrivée de la pâte dans un distributeur dont les dimensions sont calculées pour ne laisser entrer dans le moule à compression que la quantité nécessaire du mélange ;

4° Moulage dans la machine à compression, démoulage et enfin transport des briquettes sur le lieu d'embarquement.

Nous devons à présent, pour compléter ce court exposé sur le charbon moulé, entrer dans quelques détails au sujet du *chariot Middleton*, de la *machine Revollier modifiée*, et de plusieurs systèmes d'invention récente et dont l'industrie des agglomérés de houille a déjà largement profité. Le lecteur pourra aussi se convaincre que peu d'industries ont réalisé plus de progrès et de bénéfices que celle-là.

·*Chariot Middleton.* Pour arriver à obtenir des briquettes ˙de petites dimensions, M. Middleton a eu l'idée de réunir plusieurs moules sur un même chariot circulaire et de les amener par la rotation de ce dernier, l'un après l'autre, sur un piston agissant à la façon d'un marteau-pilon; une plaque de fonte pleine, sert de base commune aux moules pendant la compression. Quand celle-ci est terminée, un nouveau mouvement de rotation amène la briquette au-dessus de l'orifice percé dans la plaque inférieure et au-dessous d'un deuxième piston qui effectue le démoulage.

Machine Révollier modifiée. M. Révollier a eu l'idée de remplacer le mouvement circulaire des moules par un mouvement rectiligne ; cette nouvelle disposition n'exige que l'emploi de deux·séries de moules. Les opérations du démoulage et de l'emplissage des moules de la série qui sort·de la presse à comprimer s'effectuent en même temps qu'on soumet l'autre série à la compression ; on voit que par ce mode il n'y a pas de temps perdu et qu'on peut arriver, en définitive, à une production de briquettes aussi considérable que par le système à moules tournants.

L'ensemble de l'appareil de moulage comprend trois corps de·presse disposés en ligne droite : le plus fort, celui qui se trouve au milieu, est la presse à comprimer, les deux autres qui doivent servir au démoulage n'en diffèrent que par leurs dimensions. Les deux séries de moules sont composées chacune d'une pièce unique, de forme circulaire, fondue avec des ouvertures qui la traversent sur toute son épaisseur et qui ont une section ronde, carrée ou rectangulaire, suivant la forme qu'on veut donner aux briquettes. Chacune de ces pièces repose sur un chariot muni de galets dont la gorge s'engage dans les saillies du bâti ; les deux chariots sont reliés l'un à l'autre d'une manière complètement rigide, par deux liens en fer, de telle sorte que le mouvement, transmis à l'un, puisse se communiquer à l'autre en conservant un écartement constant.

Le mouvement alternatif, nécessaire pour le transport des chariots, porte-moules de la presse à comprimer à l'une des presses à démouler, puis à l'autre et réciproquement, est obtenu au moyen d'une crémaillère et de trois poulies. Un ouvrier détermine le mouvement de translation des chariots qui s'arrêtent, au contraire, automatiquement.

Grâce à cette disposition, les deux chariots s'arrêtent bien, l'un entre les sommiers de la presse à comprimer, l'autre dans l'axe d'une des presses à démouler. La pression de 40 atmosphères suffit pour opérer le démoulage et pour faire parcourir au piston de la grande presse, la majeure partie de sa course, tandis que pour achever la compression, une force beaucoup plus considérable est nécessaire. Un double jeu de soupape permet d'appliquer à volonté et successivement la petite pression, d'abord, et la grande ensuite ; l'emploi de l'accumulateur a pour avantage immédiat de régulariser et d'accélérer la marche du piston.

Machine de la Société nouvelle des forges et chantiers de la Méditerranée. Le mélange de brai broyé et de charbon, formé dans les proportions convenables passe dans un broyeur Carr où s'opère l'union intime des matières. Ces matières tombent ensuite dans une fosse d'où elles sont reprises par une chaîne à godets qui les déverse dans le malaxeur de la machine à briquettes. Toutes ces opérations se font mécaniquement, sans autre secours de l'ouvrier que celui de la surveillance et du graissage des différents organes.

La machine à briquettes (fig. 589) se compose :

1° D'un *malaxeur* dans lequel la matière est amenée progressivement à la température convenable pour l'agglomération. Le cylindre vertical est formé d'une double enveloppe entre laquelle circule un courant de vapeur qui maintient les parois à une température élevée ; sur le même axe que le cylindre, tourne, d'un mouvement continu, un arbre muni de palettes qui divisent, mélangent et malaxent la matière ; des jets de vapeur arrivent en même temps par des tubulures disposées sur les parois, de façon à envelopper le mélange de toutes parts pendant le malaxage et à l'amener au degré nécessaire devant donner une bonne agglomération lorsqu'elle arrive au bas du malaxeur.

On ouvre alors les deux portes-registres qui se trouvent à la partie inférieure et la pâte tombe dans l'appareil de distribution.

2° *Remplisseur.* Cet organe sert à distribuer la pâte dans les moules ; il se compose d'une cuve en fonte dans laquelle tourne, d'une manière continue, un rateau dont les branches à palettes mobiles amènent la matière sur les moules qui passent successivement sous l'organe de distribution et le remplissent.

3° *Mouleurs et Démouleurs.* De chaque côté et sous le remplisseur se trouvent deux formes tournantes, composées de forts disques en fonte présentant vers leur circonférence des alvéoles rectangulaires avec chemises en tôle d'acier correspondant aux formes et aux dimensions que l'on veut donner aux briquettes. Ces formes tournent d'un mouvement intermittent à frottement doux, sur un axe faisant partie de la plaque de fondation de la machine, et entraînent dans leur mouvement des tasseaux compresseurs, logés et ajustés dans chacune des alvéoles. Ces tasseaux reposent et glissent sur des plans horizontaux et inclinés qui font partie de la plaque de fondation, et leur donnent un mouvement ascendant et descendant dans les moules.

En observant dans son parcours l'une des alvéoles et son tasseau, on comprend le mode de la fabrication de la briquette. La forme étant arrêtée, l'un des moules se trouve sous le remplisseur : le tasseau au bas de sa course repose sur un plan horizontal : la matière poussée par les rateaux tombe dans le moule : le remplissage se fait, la forme tournante se met en mouvement, puis s'arrête. Le moule se trouve encore sous le remplisseur ; le tasseau a glissé sur le plan horizontal, le remplissage s'achève. Au mouvement suivant de la forme, l'alvéole passe sous un sommier de compression, le tasseau monte sur un plan incliné, et par suite, comprime légèrement la matière. Cette première compression amène la pâte à un état compacte et, dans le cas de charbons mouillés, la débarrasse de la plus grande partie de l'eau qu'elle contient ; en outre, elle économise d'autant le travail nécessaire pour la forte compression qui, sans cela, serait dépensé en pure perte en agissant alors qu'une pression faible est suffisante.

L'alvéole reste sous le sommier de compression,

et le tasseau termine la compression initiale en achevant son ascension sur le plan incliné, puis passe sur un plan horizontal dont le niveau est le même que celui de la presse hydraulique. Dans le mouvement suivant de la forme tournante, le tasseau passe sur la presse et pendant le temps d'arrêt qui suit, est poussé par le plongeur de manière à agglomérer fortement la pâte.

Fig. 589. — *Machine à briquettes de charbon, de la Société nouvelle des forges et chantiers de la Méditerranée.*

Le mouvement intermittent de la forme continuant, l'alvéole sort de dessous le sommier de compression ; le tasseau monte sur un nouveau plan incliné, chasse la briquette hors du moule et le démoulage s'opère. Lorsque le moule a parcouru une demi-circonférence, la briquette se trouve tout à fait libre, une main de fer débarrasse la forme et pousse la briquette sur une chaîne sans fin qui la transporte au point d'embarquement.

4° Le *compresseur* se compose du sommier de compression relié à la plaque de fondation, par de fortes colonnes en fer forgé, et de cylindres à vapeur et hydrauliques qui produisent la compression, en agissant successivement sur chacun des tasseaux. Le cylindre placé au-dessus du sommier est un cylindre à vapeur, sa tige de piston sert de plongeur à une pompe hydraulique reposant sur la plaque de fondation, puis en communication avec cette pompe se trouve la presse hydraulique. Au-dessus du cylindre à vapeur et sur le même axe est monté un cylindre à petit diamètre, dont le bas est toujours en communication avec le tuyau d'arrivée de vapeur; de sorte que tout le système plongeur hydraulique, piston à vapeur et petit piston sont maintenus à haut de course et la presse hydraulique à bas de course.

Le cylindre à vapeur est muni d'un tiroir de distribution, commandé par un excentrique qui agit et ramène tout le système à la position initiale. Entre la pompe et la presse hydraulique le mouvement est en relation avec celui de la forme tournante. La machine à briquettes étant en marche; au moment où chaque tasseau vient s'arrêter sur la presse, le tiroir ouvre l'orifice d'introduction et la vapeur agissant sur la face supérieure du piston, entraîne tout le système au bas de la course. Le plongeur hydraulique descend, et la pression d'eau transmise intégralement dans la presse hydraulique opère la compression.

Le tiroir ferme alors l'introduction et ouvre à l'évacuation, le piston du petit cylindre à vapeur trouve une boîte à soupape contenant deux clapets, l'un maintenu sur son siège pas des ressorts, l'autre pouvant se soulever librement en faisant retour d'eau. Le jeu de ces soupapes est le suivant : l'eau refoulée par la pompe hydraulique soulève le clapet à ressorts avant d'agir sous la presse : de sorte que, dans le cas où la distribution de la pâte dans les moules se trouve arrêtée ou même incomplète et que, par conséquent, l'effort de compression se trouve supprimé ou réduit, la résistance éprouvée par l'eau, en soulevant le clapet, empêche un mouvement trop rapide des pistons et des plongeurs pouvant donner lieu à des chocs. La soupape de retour permet à l'eau de passer librement de la presse à la pompe hydraulique dans le mouvement suivant. Cette disposition rend les mouvements des organes de compression indépendants, jusqu'à un certain point, de la régularité de distribution de la matière dans les moules. Dans le cas où les pistons arrivent à fin de course avec une certaine vitesse, ce qui a lieu régulièrement à haut de course, leur force vive est détruite par des tampons de choc, logés dans la partie supérieure du grand cylindre à vapeur et dans la partie inférieure du petit cylindre.

TYPE de la machine ou poids des produits	PRODUITS PAR 24 HEURES	
	Simple	Double
Kilogrammes	Tonnes	Tonnes
10	290	580
5	160	320
2.5	85	170
1.25	48	96

Le tableau ci-dessus indique la puissance de production par 24 heures des différents types de machines dont la désignation correspond aux poids des produits qu'elles sont appelées à fabriquer.

La machine qui vient d'être décrite se fournit à elle-même son eau comprimée, mais il est évident que si l'on avait intérêt à utiliser une distribution d'eau sous pression, l'on supprimerait les cylindres à vapeur et la pompe, en ne conservant que la presse hydraulique à laquelle on adjoindrait une boîte de distribution, commandée d'une façon analogue au tiroir du cylindre à vapeur.

M. Sigaudy, chargé par la Compagnie de faire une série d'expériences sur les machines à briquettes, s'est principalement occupé des organes de compression et a étudié leur fonctionnement en recherchant quel était le travail produit par la vapeur ou *travail moteur*, et le travail produit par la pression hydraulique ou *travail résistant*; à cet effet, il a relevé des courbes d'indicateur de travail à la fois sur le cylindre à vapeur et sur la presse hydraulique.

De ces expériences en même temps que de la pratique, il résulte que cette machine répond aux besoins actuels de l'industrie des agglomérés de houille, elle possède les avantages de la production successive et continue qui avaient fait apprécier les machines Mazeline et elle donne les fortes compressions hydrauliques reconnues de plus en plus nécessaires ; elle est débarrassée de tout l'attirail de pompes et accumulateurs qui accompagnent les appareils hydrauliques ordinaires ; enfin, son rendement est supérieur au rendement d'engins très perfectionnés.

Machine Durand et Marais. Cette machine est destinée à fabriquer des agglomérés de toutes substances ; elle peut faire à volonté des produits cylindriques ou prismatiques suivant la forme du moule. Les briquettes ainsi obtenues sont irréprochables tant au point de vue de la forme qu'à celui de la résistance, de la cohésion qui atteint de 60 à 80 0/0, chiffres supérieurs à ceux exigés par la marine de l'Etat et les Compagnies de chemins de fer. De plus, elle ne demande pas le concours d'ouvriers spécialistes.

La machine primitive de Durand et Marais offrait plusieurs inconvénients. Construite surtout en vue de la fabrication des briques, elle se prêtait plus difficilement à la fabrication du charbon moulé, MM. Dupuy et fils, de Paris, y apportèrent certaines modifications qui en ont fait une des meilleures machines. Sa production varie, suivant les modèles, entre 15 et 150 tonnes de briquettes par 24 heures.

Pour faire marcher convenablement le type moyen, avec les accessoires, il faut une force de 10 chevaux environ, avec un générateur un peu plus considérable pour fournir la vapeur nécessaire à la fusion du brai dans le malaxeur. La machine est composée d'un fort bâti en fonte qui porte quatre coussinets supportant deux arbres parallèles. L'arbre moteur porte les poulies fixe et folle, les pignons engrenant avec les roues dentées RR' fixées sur l'arbre; deux volants et une

poulie à joues pour la commande du distributeur N.

L'arbre mis en mouvement par les roues den-

tées RR' porte trois cames ; la principale E, fixée
au milieu de l'arbre fait mouvoir le piston compresseur B par l'intermédiaire du galet en acier

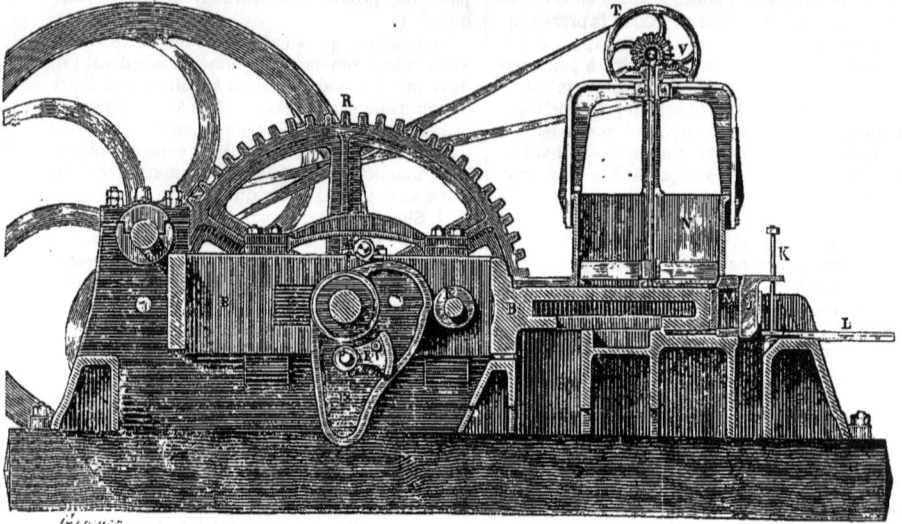

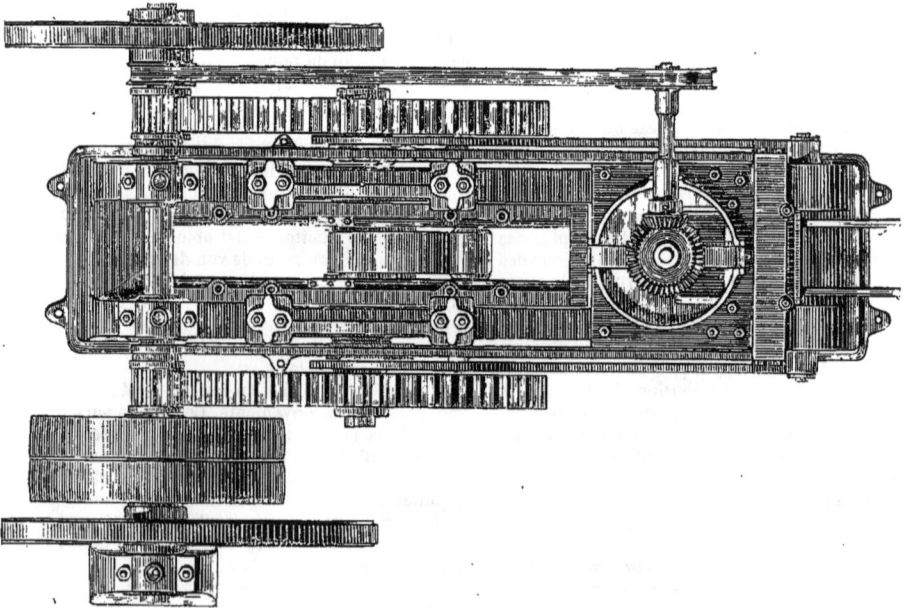

Fig. 590 et 591. — *Machine Durand et Marais. Elévation et plan*

F. Cette même came, qui produit le mouvement
en avant du piston, a une forme telle qu'elle provoque successivement :

    1° Le rapprochement et la compression pro-
gressifs de la pâte à agglomérer ;

    2° Une énergique compression ;

    3° L'expulsion de la briquette terminée.

Le mouvement arrière a lieu sous l'action des
petites cames de recul E', montées de chaque
côté de la grosse came E ; ces cames agissent sur

les galets en acier F fixés, au moyen de supports en fer, sur le dessus du piston B, elles permettent d'obtenir des ouvertures variables de la chambre de la machine en reculant plus ou moins loin le piston suivant la position qu'elles occupent et qu'on fait varier en desserrant un seul boulon ; on peut donc proportionner l'ouverture de la chambre à la cohésion que l'on veut obtenir. Les deux cames extérieures, également en acier, agissent simultanément sur deux leviers latéraux articulés sur un axe fixe, les deux autres extrémités de ces leviers sont fortement boulonnées à une plaque J en acier qui sert à fermer le moule M, et qui, par son soulèvement, ouvre l'orifice de sortie de la briquette. Deux sous-leviers actionnés par les boutons latéraux des cames extérieures servent à produire le décollage initial de la plaque J et diminuent ainsi l'effort à exercer sur les leviers pour effectuer le soulèvement de J.

La matière arrive directement du malaxeur dans le distributeur par un plan incliné. Le distributeur N, dont l'arbre vertical est mis en mouvement par la poulie T· et les engrenages d'angle V, porte une palette qui fait deux révolutions par briquette produite et assure ainsi l'uniformité du poids des produits obtenus. La briquette est moulée en M par le piston et ensuite expulsée de la machine après le soulèvement de la plaque J, et les produits viennent s'aligner sur les barres L, d'où on les enlève. Une ouverture ménagée dans la chambre du piston compresseur permet l'échappement du surplus de matière et rend la pression uniforme sur toute la surface de la briquette.

L'aggloméré, à la sortie du moule M, pose sur un étrier ou cadre K qui, par un léger mouvement de bas en haut, produit par la plaque J, le détache de l'extrémité du piston auquel il était tenu par son adhérence. — V. notre article AGGLOMÉRÉ qui contient sur cette question d'utiles renseignements. — V. aussi l'article suivant CHARBON DE PARIS. — P. E.

VII. CHARBON DE PARIS.

Charbon moulé composé de différentes matières combustibles agglomérées en cylindres analogues aux formes ordinaires du charbon de bois.

L'agglomération et l'adhérence des parties charbonneuses est produite au moyen d'une substance susceptible, non seulement de relier ces débris entre eux, mais encore de les maintenir après sa propre carbonisation. Le goudron des usines à gaz est une des matières qui remplit le mieux ces conditions ; ce goudron laisse en effet 0,20 à 0,25 de son poids de charbon interposé ; il fournit en outre, par ses carbures d'hydrogène les plus volatils, des gaz combustibles qui suffisent en partie à la carbonisation des cylindres moulés et à la production de la vapeur nécessaire au fonctionnement des diverses machines employées. Le goudron est versé dans des citernes en maçonnerie, de là des pompes le puisent au fur et à mesure de la fabrication des cylindres de charbon. On substitue parfois au goudron brut le brai gras fondu, ou même le brai sec pulvérisé.

Les principales matières charbonneuses employées sont : le poussier de charbon de bois et le poussier de charbon de tourbe, résidus des fonds de bateaux et de différents magasins ; le charbon de brindilles de forêts de bruyères ; le tan épuisé et carbonisé ; les résidus charbonneux et pulvérulents d'usines à gaz et de magasins de coke.

Ces différentes matières employées isolément ou mélangées en certaine proportion donnent des produits de qualités diverses, contenant plus ou moins de cendres, et par conséquent d'une valeur plus ou moins grande.

BROYAGE. Les matières charbonneuses, humectées avec 10 à 12 centièmes d'eau, sont réduites en poudre grossière en les faisant passer entre deux cylindres en fonte cannelés ou hérissés de pointes taillées en diamant, tournant en sens contraire, et dont l'un a une vitesse double de celle de l'autre ; le broyage se termine entre deux autres cylindres à surface unie. Une force de quatre chevaux suffit au broyage de 300 hectolitres en 24 heures.

MÉLANGE. La substance pulvérulente est ensuite versée dans l'auge d'un moulin à triple meules coniques (fig. 592), deux de ces meules M, M sont cannelées, la troisième E est à surface lisse. Un racloir R, entraîné dans le mouvement des meules, soulève la matière déposée au fond de l'auge et détermine un mélange plus intime. On ajoute, par le goulot H, 33 à 40 litres de goudron par 100 kilogrammes de charbon ; soit huit litres par hectolitre de poussier. Les meules mélangent et pétrissent à la fois la matière de façon à produire une pâte épaisse et bien homogène. Lorsque la trituration est complète, on ouvre une porte pratiquée dans la paroi de l'auge, le racloir chasse par cette ouverture le mélange trituré qui est reçu dans un petit chariot V.

Ce moulin n'emploie guère que la force d'un cheval pour mélanger 300 hectolitres en 24 heures.

MOULAGE. Le moulage s'effectue à l'aide d'une machine inventée et perfectionnée par Popelin-Ducarre, représentée figure 593.

La matière charbonneuse est versée sur une tablette T, d'où elle pénètre dans des moules légèrement coniques, sous l'action de pistons fouleurs, F, F, F. Ces pistons sont fixés à un fort sommier P, qui reçoit le mouvement vertical à l'aide de deux bielles articulées à ses deux extrémités ; ce même sommier P porte, en outre, des pistons R analogues aux premiers, plus longs cependant, et dont la fonction est d'enlever les cylindres de charbon formés ; on les appelle les débourreurs.

Les pistons fouleurs refoulent la pâte et la compriment dans des cavités cylindriques ouvertes pratiquées dans la pièce K ; ce sont les entonnoirs, une seconde pièce K', animée d'un mouvement horizontal de va-et-vient donné par un excentrique E, porte également des cavités cylindriques correspondant aux entonnoirs de K ce sont les moules. La pièce K' glisse aussitôt que les pistons fouleurs se relèvent, présentant ainsi sous l'entonnoir une deuxième cavité vide semblable à la première. Dans une plaque en fonte fixe O sont pratiqués des trous correspondant aux débourreurs, de sorte que pendant que de nouveaux tubes se remplissent, ces pistons pous-

sent les premiers cylindres de pâte comprimée et les font sortir sur un récepteur BB. On peut facilement avec ces machines confectionner 150 hectol. de pâte charbonneuse. La force consommée est représentée par six chevaux vapeur

Fig. 592. — *Moulin mélangeur à triple Meules.*

Dans quelques localités on emploie avec succès des machines moulant la pâte en la comprimant parallèlement aux génératrices du cylindre.

Séchage. Les paniers remplis de cylindres de pâte moulée sont mis dans un endroit aéré pen-

dant 36 ou 48 heures, afin que ces cylindres prennent plus de consistance par une première dessiccation.

Carbonisation. La carbonisation s'effectue dans des fours à moufles chauffés par un foyer (fig. 594).

Fig. 593. — *Machine à mouler de Popelin-Ducarre.*

Les cylindres moulés sont rangés d'abord dans une pelle en tôle P. On les enfourne ensuite sur la sole du moufle à l'aide d'un outil plat R et d'un crochet C. Pendant qu'un premier ouvrier presse sur les cylindres à l'aide de R, un second tire, avec C, la pelle hors du four. Cela fait, le moufle est fermé par une porte en fonte.

Dès les premiers instants de la carbonisation, l'eau, qui avait pu rester dans les cylindres moulés, s'échappe en vapeur par de petits ouvreaux pratiqués dans l'épaisseur du moufle; puis une partie des carbures d'hydrogène du goudron, décomposés par la haute température, déposent une certaine quantité de leur carbone dans les interstices des cylindres de charbon ; les vapeurs et les gaz exhalés des carbures se dégagent à leur tour par des ouvertures pratiquées dans la paroi du moufle et s'enflamment aussitôt sous l'action du courant d'air arrivant par les prises, O, O, O, O. Les gaz incandescents s'échappent du four par une cheminée traînante H qui les ramène sous un générateur à vapeur. Cette flamme suffit ainsi, non seulement, à la production de la chaleur nécessaire pour opérer la complète carbonisation du charbon moulé, mais encore à la production de la vapeur, qui développe toute l'action mécanique.

Afin de maintenir la température régulière et assez élevée pour enflammer les carbures d'hydrogène, on a soin de charger à six heures de distance les moufles de chaque four; on a ainsi un moufle à vider toutes les six heures, puisque la carbonisation dure douze heures. La carbonisation est terminée quand il ne se dégage plus de fumée par les ouvreaux pratiqués dans les moufles.

ÉTOUFFAGE. Le contenu de chaque moufle est versé dans des étouffoirs en tôle, dont on lute les couvercles afin d'éviter toute rentrée d'air, qui produirait infailliblement une consommation de combustible en pure perte; six ou huit heures après, l'étouffement est complet et le charbon est envoyé aux magasins.

Applications. Le charbon végétal moulé s'emploie au chauffage des opérations culinaires et de laboratoires. Il réalise, par sa combustion lente et régulière, une économie notable sur le charbon de bois. Pour les analyses élémentaires en particulier, le chauffage au moyen du charbon moulé

Fig. 594. — *Four à moufles pour la cuisson des charbons moulés.*

offre l'avantage de produire une température bien plus facilement réglable, bien moins de rayonnements de calorique, qui fatigue l'opérateur.

En un mot, dans les opérations de laboratoire et dans l'économie domestique, ces charbons présentent de notables avantages toutes les fois qu'on n'a pas besoin d'un feu vif et rapide. — L. J. R.

— V. la *Revue industrielle*, année 1879, et les ouvrages de KNAPP, PAYEN et VINCENT, BURAT et GRÜNER.

Notre article CHARBON serait incomplet si nous omettions les autres charbons de composition et d'emploi différents. Nous allons donner un aperçu sur ceux qui sont les plus importants.

Charbon pour la lumière électrique. Lorsque sir Humphry Davy fit la belle expérience qui a donné naissance à la lumière électrique, il se servit pour produire l'arc de baguettes de charbon de bois éteintes dans l'eau ou le mercure. Ces baguettes, d'une très faible densité, brûlaient très rapidement dans l'arc et ne pouvaient par conséquent servir que pour une expérience de quelques instants. Aussi, lorsque l'on a voulu faire de l'expérience de Davy une application pratique, a-t-on dû chercher à les remplacer par des charbons plus denses et se consumant avec une moins grande rapidité.

Foucault fut le premier à employer dans ce but des baguettes taillées dans l'espèce de charbon connu sous le nom de *charbon de cornues.* On sait que la distillation de la houille en vase clos pour la fabrication du gaz donne, dans les cornues, le coke comme résidu ; mais on retrouve, en outre, adhérant aux parois des cornues, une certaine épaisseur d'un charbon beaucoup plus dense que l'on a appelé *charbon de cornues,* § III. Il provient des parties volatiles de la houille qui, arrivant au contact des parois portées au rouge de la cornue, se trouvent carbonisées et se déposent ainsi en couches successives en formant une masse plus ou moins homogène de plusieurs centimètres d'épaisseur.

En taillant dans cette masse des tiges quadrangulaires, Foucault obtint des charbons d'une bonne conductibilité électrique et ne s'usant pas trop rapidement dans l'*arc voltaïque* (V. ce mot), mais ces charbons avaient d'autres défauts; ils contenaient toujours une partie des impuretés contenues primitivement dans la houille et particulièrement de la silice. Tantôt ces impuretés faisaient éclater le charbon, tantôt elles donnaient naissance à des jets de gaz conducteurs qui produisaient une décharge obscure partielle, et affaiblissaient ainsi l'intensité de la lumière. Enfin, même en taillant les baguettes dans les parties les plus denses de la masse, ou en purifiant les charbons par l'immersion dans divers liquides, comme le firent Lacassagne et Thiers, on n'obtenait qu'un résultat peu satisfaisant.

Dans le même ordre d'idées, M. Jacquelain, vers 1857, prépara une masse de meilleure qualité que celle recueillie dans les cornues à gaz, en faisant arriver sur des parois incandescentes des hydrocarbures qui avaient été déjà soumis à une distillation. La décomposition de ces carbures donnait lieu à une masse très pure et les charbons qu'on y découpait étaient de très bonne qualité. Mais dans ce cas la main-d'œuvre était beaucoup trop coûteuse; le procédé ne put devenir industriel et l'on se sert aujourd'hui uniquement de charbons obtenus par l'agglomération de différentes substances.

Les charbons de ce genre ont été fabriqués pour la première fois vers 1838, par Bunsen, non pas pour la lumière électrique, mais pour la fabrication des cylindres de ses piles. Son procédé consistait à agglomérer avec de la colle, de la houille sèche réduite en poudre fine et à faire cuire au four les blocs ainsi obtenus. La houille et la colle se décomposaient sous l'influence de la chaleur et il restait une masse de carbone conservant la forme cylindrique qu'on lui avait précédemment donnée. Mais cette masse était fendillée; pour remédier à cet inconvénient, Bunsen trempait ses cylindres dans du sirop de sucre qui remplissait tous les interstices, les laissait sécher, puis les cuisait de nouveau. Le sucre se carbonisant, les pores se trouvaient remplis de carbone et les cylindres devenaient très compacts, surtout lorsqu'on leur faisait subir une nouvelle cuisson avec le sirop de sucre.

Le principe de la fabrication artificielle des charbons était donc connu dès cette époque, mais non encore appliqué aux charbons à lumière. C'est seulement en 1846 qu'un anglais, M. Staïte Edwards, prit un brevet pour cette application : « Je prends, dit-il dans ce brevet, des quantités à peu près égales de houille de moyenne qualité et de l'espèce de coke purifié connue sous le nom de *Church's patent coke;* je réduis ces deux substance en poudre et les mêle intimement ensemble. Je chauffe le mélange et le comprime dans des moules en tôle de fer jusqu'à ce qu'il forme une masse solide; je plonge ensuite cette masse dans une solution concentrée de sucre; enfin, quand la masse est suffisamment sèche, je la soumets pendant quelques heures à la chaleur du rouge blanc très intense, dans un vase clos contenant des morceaux de charbon. » La méthode de Staïte était donc sensiblement la même que celle employée par Bunsen pour la préparation de ses charbons de pile.

Au même principe se rattache le procédé Lemolt (1849), qui ajoutait du goudron au sirop de sucre et se servait d'un mélange de poudres de différents charbons qu'il faisait cuire pendant une trentaine d'heures et purifiait ensuite par immersion dans des acides, et le procédé de Watson et Slater qui trempaient dans l'alun, puis dans la mélasse des brindilles de bois purifiées à la chaux et les soumettaient ensuite à diverses cuissons.

Tous ces charbons, doués d'une certaine homogénéité, constituaient un perfectionnement, mais le véritable progrès date du jour où l'on a employé une filière pour transformer en cylindres, destinés à être cuits ensuite, une pâte formée de charbon pulvérisé et d'un aggloméré liquide.

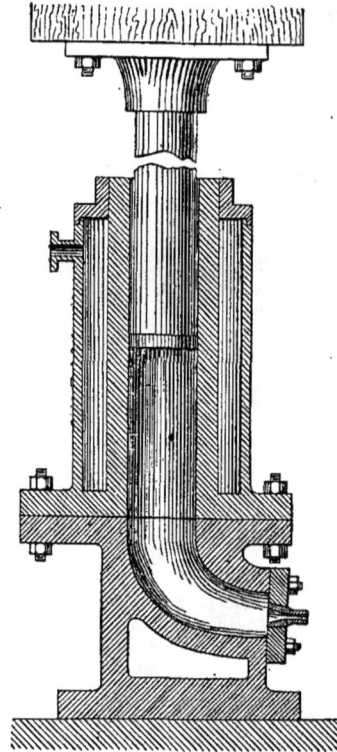

Fig. 595.

L'emploi de la filière, indiqué d'une façon générale, en 1855, par Archereau, a été introduit dans la pratique, en 1876, par M. Carré et à peu près à la même époque, par M. Gauduin. Il est adopté aujourd'hui par tous ceux qui s'occupent de la fabrication des charbons à lumière.

Le procédé général de fabrication est le suivant : les matières charbonneuses pulvérisées et purifiées par différentes opérations sont mêlées avec l'aggloméré de manière à former une pâte plastique. Cette pâte est ensuite introduite dans la filière et soumise à une pression très forte, de 100 atmosphères environ. Les figures 595 et 596 que nous empruntons au journal *la Lumière électrique* représentent un des types de filière en usage, celui dont se sert M. Napoli. Cette filière a l'avantage d'être disposée pour pouvoir servir à l'étirage de pâtes très peu fluides. La figure 595 représente l'ensemble de l'appareil : il se compose d'un cylindre creux, entouré d'une double enveloppe pour permettre le chauffage par la vapeur et terminé en courbe à sa partie inférieure. Cette partie courbe a son utilité en ce sens que dans un semi-fluide les pressions ne se transmettent pas intégralement dans tous les

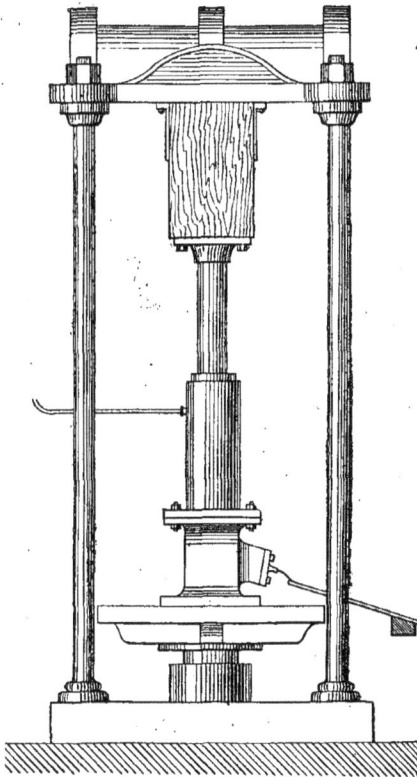

Fig. 596.

sens. L'extrémité de la partie courbe est fermée par une plaque portant trois filières proprement dites.

En sortant de l'appareil malaxeur où a été faite la pâte, celle-ci est introduite dans le cylindre ; le piston étant mis en place, on dispose tout l'appareil, comme le montre la figure 596, sur une presse hydraulique et on l'y soumet à une forte pression. Sous l'influence de cette dernière, le mélange comprimé s'écoule par les filières, on le reçoit sur une planche munie de cannelures rectilignes. Pendant l'opération, le cylindre est maintenu à une température élevée par un jet de vapeur. Les tiges ainsi obtenues sont ensuite cuites dans un four spécial, sur des plaques en

fonte cannelées et l'on obtient ainsi des charbons durs et compactes.

Dans certains cas, les tiges après avoir été soumises à une seconde cuisson, sont imprégnées de nouveau d'un liquide susceptible de se carboniser et cuites une seconde fois. C'est ce que l'on appelle nourrir les charbons et cette opération augmente beaucoup leur densité. Plusieurs nourritures successives améliorent très notablement la qualité des crayons obtenus.

Quant aux matières employées, elles diffèrent quelque peu suivant les inventeurs. La formule indiquée par M. Carré, dans son brevet du 15 janvier 1876 est la suivante :

Coke très pur en poudre fine. .	15 parties.
Noir de fumée calciné.	5 —
Sirop de sucre.	7 à 8 —

M. Gauduin se sert d'un coke spécial préparé par la décomposition en vase clos de brais de goudron, résines, bitumes, essences et autres matières organiques susceptibles de laisser du carbone suffisamment pur après la calcination. Ce coke pur pulvérisé est aggloméré à l'aide de carbures, soit seul, soit mélangé avec du noir de fumée. M. Napoli, voulant que le corps fourni par la décomposition de l'agglomérant fut identique avec le charbon lui-même, se sert de coke en poudre fine aggloméré à l'aide de goudron. Le mélange est fait dans les proportions de 25 parties de goudron pour 75 de coke.

Il existe encore quelques autres fabricants de crayons pour la lumière électrique ; parmi eux nous citerons MM. Siemens ; mais leurs formules et méthodes sont tenues secrètes.

La Société Jablochkoff fabrique également elle-même les charbons nécessaires à la préparation de ses bougies électriques (V. ce mot) et le nombre des fabricants tend à s'accroître de plus en plus, mais les charbons les plus répandus sont certainement ceux de Carré et ils jouissent d'une juste réputation. On peut dire que leur auteur a largement contribué au progrès de cette industrie et par suite à celui de la lumière électrique.

D'après des expériences faites par M. Fontaine, une lumière qui avec des charbons de cornue était égale à 103 becs, devenait égale à 150 becs avec les crayons de MM. Archereau et Carré et à 205 becs avec ceux de Gauduin.

L'usure rapportée à la lumière produite était pour 100 becs :

Pour les charbons Gauduin (charbon de bois).	32 millim.
—	Archereau.	39 —
—	Carré.	40 —
—	Gauduin, n° 1.	40 —
—	de cornues.	50 —

On a cherché à introduire dans la composition des charbons des substances minérales, telles qu'oxydes métalliques, phosphates, etc., en vue de modifier les qualités de la lumière produite. Un léger accroissement d'intensité lumineuse a été obtenu par l'emploi de la chaux, de la magnésie, de la strontiane, du fer ; cependant ces corps ne sont pas entrés jusqu'ici dans la pratique. Enfin, M. E. Reynier; partant de ce fait qu'une partie de l'usure des charbons provient de ce qu'ils brûlent latéralement, a imaginé en 1875 de les recouvrir galvanoplastiquement d'une couche de métal. Il s'est servi pour cela de nickel ou de cuivre. Ce dépôt augmente évidemment la conductibilité électrique des charbons et l'on a constaté que quand la couche de cuivre atteint seulement 1/695 du diamètre, la conductibilité devient 4 fois 1/2 plus grande; pour une épaisseur de 1/60 de diamètre, la conductibilité devient 111 fois plus grande. En même temps la durée du charbon est augmentée de 14 0/0.

Ces charbons s'emploient facilement avec les courants alternatifs; avec les courants continus l'action n'est pas égale. des deux côtés et sur le charbon négatif le métal donne lieu à la formation d'un bourrelet nuisible. Aussi est-il bon de n'employer de charbon métallisé que pour le pôle positif. Ceux-ci, on le voit, peuvent rendre des services, néanmoins ils ne se sont pas encore beaucoup généralisés et les charbons ordinaires, du type de ceux de Carré, sont encore ceux qui sont le plus employés. Leurs bonnes qualités de densité, de conductibilité et d'homogénéité répondent suffisamment aux besoins actuels et c'est surtout en améliorant encore leur composition intime que l'on pourra faire accomplir de nouveaux progrès à cette branche de l'industrie. — A. G.

Charbon pour piles électriques. Nous avons vu à propos des charbons à lumière que l'on peut se procurer des tiges de cette matière soit en les découpant dans des masses de charbon de cornue, soit en les fabriquant artificiellement par agglomération et cuisson subséquente. Ces deux modes de fabrication sont employés également pour les charbons servant aux piles électriques. Seulement, dans ce cas, le charbon de cornue n'a pas les mêmes inconvénients que pour la lumière électrique et il n'y a guère d'intérêt spécial à se servir de charbons artificiels. Aussi les charbons de cornue, d'un usage général à l'époque où les charbons artificiels étaient encore dans l'enfance, sont-ils encore le plus employés aujourd'hui pour les piles, malgré les progrès faits par les procédés de fabrication des charbons agglomérés.

Charbon de sucre. La distillation sèche du sucre donne lieu à un charbon très pur de nature particulière, qui, considéré seul, n'a guère d'applications, mais qui est intéressant au point de vue technique en ce qu'il entre dans la composition des charbons employés pour l'éclairage électrique. — V. Charbon pour la lumière électrique.

Charbon animalisé. On donne ce nom à un produit complexe, dans lequel entre le charbon, et que l'on obtient, ainsi que l'a indiqué Salmon, dès 1826, en désinfectant les matières solides des fosses d'aisance, avec des boues, de la tourbe, de la sciure de bois ou du tan épuisé, ou bien des argiles. La masse étant parfaitement mélangée au moyen d'agitateurs mus par une force quelconque, on calcine le tout dans des fours. La destruction des matières organiques donne un ré-

sidu très poreux et très divisé, que l'on utilise comme engrais. Ce charbon est plus efficace, quand on ajoute à la masse, avant la calcination, et ainsi que l'a recommandé M. J. Girardin, 1/12e de plâtre et 1/12e de sulfate de fer impur. —

Charbon chimique. *T. d'imp. s. ét.* Les manufactures de toiles peintes emploient pour certains gris, du noir de fumée, mais, comme ce corps contient passablement de matières étrangères, soit matières grasses, sels, etc., on donne un traitement spécial, et le produit obtenu porte le nom de *charbon chimique.* Voici comment on opère. Le noir de fumée est d'abord traité par la soude caustique, puis bien lavé, traité par l'acide sulfurique, lavé à neutralité et enfin, après dessication, calciné, en vase clos. Le charbon chimique contient encore, malgré ces opérations, près de 20 0/0 de substances étrangères et est loin d'être du carbone pur. Préparé dans de bonnes conditions, il doit fortement adhérer à la langue, et parfaitement se délayer avec de l'eau; il doit aussi pouvoir se réduire en poudre impalpable; fixé sur tissus avec l'albumine, le gluten, etc.; il donne des gris jaunâtres, aussi est-on obligé de corriger sa teinte par l'addition de matières bleues.

Charbon sulfurique. *T. de teint.* En traitant la poudre de garance par son poids d'acide sulfurique, Robiquet et Colin, en 1827, obtinrent un produit brun, auquel ils donnèrent le nom de *charbon sulfurique.* Ce produit n'est autre que la *garancine.* — V. ce mot.

Charbon à souder. Charbon spécial taillé en tablettes, sur lequel les bijoutiers posent les pièces pour les porter à la soudure. || *Charbon à polir.* Charbon doux spécial pour les polisseurs; on dit *charbonner une pièce.*

Charbons pharmaceutiques. — V. Carbonisation. § *Carbonisation pharmaceutique.*

* CHARBONNAGES. Ce mot générique est employé pour désigner indistinctement les exploitations de *charbon de terre,* quelle que soit la nature du combustible extrait. Quand il s'agit spécialement de *houille,* on remplace fréquemment le mot de *charbonnage* par celui de *houillère,* mais aucun mot spécial n'est employé dans le cas des *anthracites* ou des *lignites.* Les *tourbières* ne sont pas comprises dans les charbonnages.

Nous nous bornerons à indiquer ici quelques renseignements sur la répartition des charbonnages à la surface de la terre et sur les caractères qui les distinguent des autres exploitations minières, et nous renverrons, pour plus de détails, aux articles que nous consacrons à l'industrie des mines. — V. Coke, Combustible, Cuvelage, Grisou, Mines (exploitation des), Ventilation, etc., ainsi qu'aux monographies des principaux charbonnages.

HISTORIQUE.

Les combustibles minéraux ont été découverts en Europe dès la conquête de la Grande-Bretagne par les Romains, mais ils n'ont été exploités qu'à partir de la fin du moyen âge. D'après les chroniques belges, la houille devrait son nom à un forgeron de Plainevaux, nommé Hullos, qui le premier, aurait utilisé vers 1190 le combustible minéral affleurant près de Seraing. Un peu plus tard, l'exploitation des mines de houille a commencé en Angleterre sous le règne de Henri III. En même temps, en Allemagne, quelques exploitations très restreintes de combustible minéral prenaient place à côté des mines métalliques déjà prospères. Depuis cette époque, jusqu'à la fin du siècle dernier, l'exploitation des combustibles minéraux s'est assez peu développée; mais depuis lors elle a pris un essor inouï. Le chauffage domestique a cessé d'être un luxe pour devenir un besoin, et la houille a généralement remplacé le bois; et pourtant, ce n'est plus que la moindre de ses applications depuis l'invention des machines à vapeur et leur application aux transports sur terre et sur mer, depuis l'invention et la vulgarisation de l'éclairage au gaz et surtout depuis la transformation subie par la métallurgie. Il est possible que l'application de l'électricité à la production de la force et de la lumière diminue dans une certaine mesure la consommation du combustible, mais c'est encore extrêmement douteux.

STATISTIQUE. La production de la houille en 1876 a été la suivante pour les diverses parties du monde :

Europe. . . . . . . 233 millions de tonnes.
Amérique 50   —
Asie 4   —
Australie 1   —
              288 millions de tonnes.

La *Grande-Bretagne* produit, à elle seule, près de la moitié de toute la houille du globe. Elle doit cette situation privilégiée à l'étendue de ses gisements, au grand développement de ses côtes, à l'activité et à la densité de sa population et au vaste réseau de voies ferrées, que, grâce à ces circonstances, elle a pu construire et utiliser. La production de la houille en Grande-Bretagne semble rester stationnaire depuis quelques années; elle s'est élevée, en 1879, à 133,720,000 tonnes.

Cette énorme production est affectée aux usages indiqués dans le tableau suivant, relatif à 1872 :

Industrie du fer	40.600.000	
Fabriques	27.400.000	
Consommation domestique.	20.500.000	
Usines à gaz.	8.100.000	
Mines	8.100.000	125.400.000
Navires à vapeur . . .	3.600.000	
Chemins de fer	2.200.000	
Usines à cuivre	900.000	
Divers	900.000	
Exportation	13.200.000	

L'*Allemagne* occupe le second rang en Europe pour la production des combustibles minéraux. Cette production a atteint, en 1878, le chiffre de 39,590,000 tonnes de houille et 10,930,000 tonnes de lignite. La houille se trouve particulièrement en Prusse, dans les provinces de Silésie, de Westphalie et du Rhin; le lignite se trouve surtout dans la province de Saxe. La Saxe royale fournit aussi des quantités notables de houille et de lignite.

La *France* occupe en Europe le troisième rang. Sa production, en 1880, se décompose de la manière suivante entre les principaux bassins producteurs :

Bassin du Nord et du Pas-de-Calais	8.398.689	
Saint-Étienne	3.542.219	
Alais	2.050.758	
Le Creuzot et Blanzy. . . .	1.119.675	
Commentry et Doyet. . . .	831.759	
Aubin	666.045	
Fuveau (Aix en Provence). .	460.487	(lignite)

Carmaux	306.870	
Brassac.	250.799	
Graissessac.	227.536	
Decize.	217.851	
Ronchamp	184.546	
Ahun.	164.790	
Epinac et Aubigny-la-Ronce	131.974	
Saint-Eloy	130.000	
Le Drac (la Mure)	105.420	(anthracite
Divers petits bassins. . . .	622.694	(houille, anthracite et lignite)
	19.412.112	

La *Belgique* est l'un des pays les mieux favorisés sous le rapport des mines de houille, surtout si l'on tient compte de son peu d'étendue. Sa production approchait déjà de 4,000,000 tonnes en 1840. En 1879, elle a atteint le chiffre de 15,447,000 tonnes, représentant une valeur de 145,000,000 de francs et le travail de 97,714 ouvriers. Cette production provenait de 291 sièges d'extraction d'une profondeur moyenne de 361 mètres et avait nécessité l'emploi de 1871 machines. savoir :

482 machines d'extraction de la force de 51.350 chev.
194   —   d'épuisement   —   32.440 —
372   —   d'aérage   —   13.350 —
823   —   d'usages divers   —   9.745 —

La production des combustibles minéraux dans l'empire d'*Autriche* (la Hongrie non comprise) s'est élevée, en 1877, à 12,012,000 tonnes se décomposant en 7,126,000 tonnes de lignites, provenant principalement de Bohême et de Silésie, et en 4,886,000 tonnes de houille provenant principalement de Bohême et de Styrie.

La *Russie* consomme plus de 3,000,000 tonnes de combustibles minéraux et ses mines ne suffisent pas à cette consommation. Leur production, en 1876, se décompose de la façon suivante :

Houille (Dombrowa, Donetz, Moscou, etc.)	1.250.000 tonnes.
Anthracite du Donetz et des autres bassins	546.000 —
Lignite provenant principalement de la province de Kief	29.000 —

L'*Espagne* possède d'assez nombreuses mines de houille mais les exploite très faiblement. En 1876, elle n'a produit que 676,000 tonnes de houille et 31,000 tonnes de lignite.

Les *États-Unis* sont extrêmement riches en houille et en anthracite et l'exploitation de ces matières s'y est considérablement développée depuis un demi-siècle. Elle dépassait à peine 1,000,000 de tonnes en 1830, et en 1875 elle a atteint le chiffre de 48,273,000 tonnes se décomposant de la façon suivante :

Houille	26.448.000
Anthracite.	20.985.000
Lignite	840.000

Depuis lors, cette production s'est encore accrue. La production de l'anthracite en Pensylvanie, pendant l'année fiscale 1879 (1er juillet 1878 — 30 juin 1879) a atteint le chiffre de 26,143,000 tonnes se décomposant de la façon suivante entre les trois bassins :

Wyoming	12.589.000
Schuylkill.	8.960.000
Lehigh.	4.594.000

Le *Canada* produit environ 700,000 tonnes de combustibles minéraux.

On extrait en *Chine* près de 3,000,000 tonnes de houille par an et il est vraisemblable que ce vaste pays contient à ce point de vue de très grandes richesses.

Il est de même du *Japon* qui, d'après M. Lyman, ingénieur en chef du gouvernement japonais, posséderait un bassin houiller équivalent aux 2/3 des bassins houillers de la Grande-Bretagne. Toutefois, la production actuelle du Japon ne dépasse guère 400,000 tonnes par an.

L'*Australie* a produit, en 1876, 1,380,000 tonnes de houille.

Il est vraisemblable qu'il y a en *Afrique de très riches* bassins houillers, mais ils sont presque complètement inexploités.

En résumé, l'Angleterre produit à elle seule près de la moitié de la production du globe et les Etats-Unis, l'Allemagne, la France, la Belgique et l'Autriche, produisent les quatre cinquièmes de l'autre moitié.

L'Angleterre est le pays producteur de la houille par excellence; elle exporte ses charbons dans toutes les parties du monde, mais principalement vers la France, l'Allemagne, l'Italie, la Russie, la Scandinavie, l'Espagne. La Belgique exporte environ 5,000,000 tonnes de houille principalement vers Paris par le chemin de fer du Nord et les canaux. L'Allemagne, de son côté, exporte environ 5,000,000 tonnes de houille qui vont principalement dans les Pays-Bas, en Autriche et en France; mais elle importe environ 2,000,000 tonnes de houilles anglaises et 2,500,000 tonnes de lignites de Bohême.

La France importe environ 6,000,000 tonnes de houille venant d'Angleterre, de Belgique et d'Allemagne, et elle exporte 800,000 tonnes de houilles françaises.

L'excédent de l'importation sur l'exportation est en voie de diminution notable.

L'Autriche exporte en Allemagne une grande partie des lignites de Bohême et importe en échange des houilles de Silésie. Les Etats-Unis consomment à peu près intégralement toute leur production et se protègent contre les houilles anglaises par des droits extrêmement élevés. L'Espagne et la Turquie ont également des droits élevés. Dans tous les autres pays, l'entrée des combustibles minéraux est complètement ou presque complètement exempte de droits.

GISEMENT. Au point de vue de la nature du gisement, les combustibles minéraux se présentent toujours en couches, mais ces couches varient singulièrement comme étage géologique, comme puissance, comme inclinaison et comme régularité.

On trouve des combustibles minéraux à peu près indistinctement dans toutes les formations sédimentaires. D'une manière générale, on peut dire que la houille se rencontre, en général, dans le terrain houiller, l'anthracite dans les terrains antérieurs et le lignite dans les terrains postérieurs. Mais cette règle souffre de fréquentes exceptions.

La puissance des couches varie depuis 0 jusqu'à 40 ou 50 mètres; mais les couches sont rarement exploitables au-dessous de 35 centimètres et jamais au-dessous de 28 centimètres. Il arrive fréquemment que plusieurs couches voisines et séparées seulement par des lits très minces de matière incombustible, ou même simplement par plan de joint sont considérées dans l'exploitation comme ne constituant qu'une seule et même couche. On trouve aussi quelquefois, à côté du charbon, une matière mixte formant la transition entre les roches imprégnées de matières organiques et les combustibles minéraux chargés de cendres; cette matière est quelquefois extraite en même temps que le combustible proprement dit; on la désigne habituellement sous le nom d'*escaillage*.

Les couches de combustibles minéraux sont quelquefois horizontales, mais il est très fréquent qu'elles soient redressées jusqu'à la verticale et même renversées quelquefois totalement. Le mineur s'en aperçoit par la différence des caractères physiques et paléophytiques que présentent presque toujours le toit et le mur d'une couche. Les irrégularités que présentent les couches de combustibles minéraux portent quelquefois sur la puissance, mais le plus souvent sur l'inclinaison. Quand une couche est pliée, elle forme une *selle* ou un *fond de bateau*, et la ligne d'intersection des deux portions de la couche, en d'autres termes l'axe de la selle ou du fond de bateau présente généralement une inclinaison assez faible, quelquefois variable d'une région à l'autre du bassin, et qu'on nomme *ennoyage*.

On désigne sous le nom de *plateurs* les portions de couches qui sont dans leur position normale, c'est-à-dire qui ont leur vrai mur au-dessous du vrai toit, et *dressants* les portions de couches renversées par suite d'un déplacement supérieur à 90°. Une même couche présente souvent des successions de dressants et de plateurs qui se raccordent quelquefois sous des angles très aigus; le coude qui raccorde un dressant et un plateur s'appelle un *crochon*.

La plupart du temps, les *failles*, qui ont découpé les terrains, sont assez voisines de la verticale et la région du toit a ordinairement glissé en descendant suivant la plus grande pente sur la région du mur, mais cette règle n'est pas générale, et elle est même souvent en défaut quand les failles sont peu inclinées sur le plan horizontal.

Souvent les formations qui contiennent les couches carbonifères ont subi des *érosions* énormes qui ont fait disparaître des lambeaux de couches, en supprimant les inégalités de la surface du sol. Tel a été le cas, par exemple, en Belgique et dans le nord de la France, avant le dépôt des terrains crétacés. Quelquefois, par suite de toutes ces circonstances, les couches présentent l'aspect d'amas ou de chapelets.

Les matières qui accompagnent le plus souvent les combustibles minéraux sont les grès, les schistes, le fer carbonaté lithoïde et quelquefois la pyrite et le gypse.

Quelquefois, les couches affleurent à la surface du sol, et alors le combustible est, dans cette région, oxydé et désagrégé. D'autres fois, la formation est recouverte en stratification discordante par une formation postérieure; dans ce cas, l'affleurement des couches à la partie inférieure des morts-terrains prend plus volontiers le nom de *chef*.

EXPLOITATION. Puisque les couches de charbon présentent les formes les plus variées, il en résulte que la plupart des méthodes d'exploitation décrites dans l'article EXPLOITATION DES MINES peuvent être applicables dans les charbonnages, à l'exclusion, bien entendu, des méthodes par dissolution et des méthodes réservées aux matières d'un prix élevé.

Le travail à ciel ouvert, très économique pour

le début de l'exploitation des couches puissantes qui affleurent au jour, présente le grave inconvénient de compromettre l'avenir par les inondations et les incendies auxquels il donne lieu.

Dans le cas de l'exploitation souterraine, les travaux peuvent se classer de la façon suivante :

1° Les travaux d'établissement et de recherche comprenant le percement des puits, des galeries à travers-banc prenant leur origine soit au jour, soit à partir du fond d'un puits, des voies de fond ou galeries horizontales taillées en tout ou en partie dans une couche, des descenderies ou voies inclinées suivant la ligne de plus grande pente d'une couche et taillées en tout ou en partie dans la couche, et enfin des bures ou puits intérieurs;

2° Les travaux d'exploitation comprenant le percement de voies éphémères, horizontales ou inclinées, et taillées autant que possible en totalité dans la couche et le *déhouillement* proprement dit.

Les roches stériles provenant du traçage des galeries horizontales ou inclinées, sauf quand elles sont complètement inscrites dans une couche, et les terres provenant des lits intercalés dans les couches, ou d'un faux toit peu solide, sont, autant que possible, conservées dans l'intérieur de la mine et utilisées pour remblayer les vides de l'exploitation. L'emploi des remblais est une excellente garantie de sécurité pour les ouvriers, surtout quand le remblayage suit de près l'abattage. Tous les remblais se tassent à la longue et perdent ainsi le tiers et quelquefois la moitié de leur volume. Ce tassement lent, graduel, donne lieu à un affaissement du toit qui se transmet à peu près intégralement jusqu'à la surface du sol. Les mines qui exploitent des couches minces ou qui font beaucoup de travaux préparatoires sont obligées de sortir une quantité souvent considérable de stériles au jour. Au contraire, dans les mines où l'on exploite des couches puissantes, et où l'on fait peu de travaux préparatoires, on ne peut pas remblayer les exploitations; le charbon est une matière de trop peu de valeur pour qu'il soit économiquement possible, sauf dans certains cas particuliers, de recourir à l'emploi de remblais venus du jour. Dans ce cas, on laisse le toit s'ébouler, et on s'arrange seulement par la conduite du travail et par l'emploi d'étançons provisoires, de façon que les ouvriers ne soient pas pris sous l'éboulement. Quand l'éboulement se produit, le toit se brise; ses fragments se coincent et remplissent les travaux à la façon d'un excellent remblai; les cassures ne se propagent dans le toit qu'à une certaine distance au-delà de laquelle l'ébranlement ne se transmet pas. Il en résulte cette conclusion, en apparence paradoxale, qu'une couche moyenne exploitée par éboulement peut souvent donner lieu à des affaissements de terrains moins perceptibles à la surface du sol qu'une couche plus mince exploitée par remblai.

Pour l'abattage du charbon, on emploie généralement le pic, et quelquefois la poudre. Quand le mur est friable, et se prête à l'établissement d'un havage préalable, quand le toit est nettement séparé du mur par un plan de joint, quand il est solide et exempt de fissures, on arrive à opérer le déhouillement dans des conditions très rapides et très économiques. Le havage est souvent obtenu par l'emploi d'engins mécaniques spéciaux. Pour obtenir du charbon propre, il faut prendre les précautions suivantes :

1° Boiser devant la taille avec un garnissage plus ou moins complet, afin d'éviter la chute de fragments du faux toit;

2° Enlever à la pelle, ou même balayer les terres provenant du havage de la couche, ou même du toit ou du mur si on a dû les entailler pour l'établissement d'une galerie voisine;

3° Éviter autant que possible l'emploi de la poudre, et faire en sorte que la tombée se fasse toute seule après l'établissement du havage;

4° Dans le cas d'une couche puissante, séparée par des lits ou nerfs intercalés dans le charbon, abattre successivement les divers bancs de charbon et isoler les nerfs par l'opération du *déschistage.*

Pour l'abattage des roches stériles, on emploie généralement la poudre et quelquefois la dynamite. L'emploi des perforatrices à air comprimé est assez fréquent dans ce cas pour percer les trous de mine avec une très grande rapidité.

Dans l'immense majorité des cas, les travaux des charbonnages exigent un boisage provisoire ou définitif. En raison de la pression exercée par le toit, les bois sont rapidement mis hors d'usage et il est nécessaire de remplacer fréquemment les bois des galeries principales. Le boisage se compose principalement de cadres formés de deux montants, d'un chapeau et souvent d'une semelle; il est complété par des queues et des palplanches reliant les cadres voisins. Souvent le chapeau est remplacé par un vieux rail. On a même essayé de consolider les galeries en employant exclusivement des rails courbés. Il y a souvent économie à maçonner les galeries qui doivent avoir une longue existence. Les puits sont quelquefois boisés, mais la plupart du temps ils sont muraillés. Dans la traversée des niveaux aquifères, on est obligé d'avoir recours à des procédés spéciaux qui sont décrits à l'article Cu-VELAGE.

Pour le transport du charbon à l'intérieur des mines, on emploie généralement des vagonnets posés sur des rails; dans les galeries horizontales ils sont, suivant l'importance de la production, poussés isolément par des enfants ou des hommes ou formés en trains et remorqués par des chevaux, par des machines fixes ou par de petites locomotives à vapeur ou à air comprimé. On évite autant que possible de faire circuler le charbon en montant dans l'intérieur des mines; on y arrive cependant quelquefois par l'emploi de petits treuils mus par des hommes, des chevaux ou des machines à vapeur ou à air comprimé. On fait quelquefois descendre le charbon par des *balances sèches*, mais le cas le plus habituel est l'emploi des *plans inclinés automoteurs.*

Dans les pentes qui varient de 1 à 16 0/0, on peut se contenter de laisser glisser les vagons, en enrayant totalement ou partiellement leurs roues. Il convient également de citer, bien que ce soit une exception, l'emploi des canaux pour la circulation dans les travaux souterrains des charbonnages. Quand on est obligé de transporter des remblais à l'intérieur d'un charbonnage, on s'arrange autant que possible pour leur faire suivre un chemin descendant.

Les charbons amenés au puits sont remontés jusqu'au jour par des machines d'extraction. En raison de la grande activité qui règne dans le service de l'extraction, on s'arrange, dans la plupart des charbonnages, de façon à extraire toujours au même niveau, en faisant au besoin descendre à l'étage inférieur les charbons provenant d'un étage supérieur. Le service de l'extraction présente généralement une importance plus grande dans les charbonnages que dans les autres mines, mais il n'emploie pas d'appareils spéciaux. Le seul trait caractéristique est l'emploi assez habituel des menus charbons et de l'escaillage sur les grilles des chaudières. Les procédés d'extraction sans câble n'ont encore été essayés à notre connaissance que dans le charbonnage d'Epinac, mais ils pourraient être appliqués dans des mines profondes d'une nature quelconque.

L'épuisement se fait par les mêmes procédés dans les charbonnages que dans les mines métalliques, mais il a généralement une importance beaucoup moindre, et est très fréquemment assuré par la machine d'extraction.

Les charbonnages sont situés dans des contrées généralement moins accidentées que les mines métalliques, et se prêteraient généralement mal à l'établissement de galeries d'écoulement; ils ont généralement beaucoup moins d'eau que les mines métalliques à égalité de développement de travaux; enfin ils ont à leur disposition le combustible nécessaire à l'alimentation des machines d'épuisement. Ces diverses circonstances expliquent la rareté des galeries d'écoulement dans les charbonnages. On n'y trouve guère que quelques galeries navigables dont le but principal est le transport des matières, et quelques galeries d'écoulement restreintes, uniquement destinées à empêcher l'introduction dans les travaux actuels, des eaux qui pourraient s'infiltrer par les vieux travaux situés sur les affleurements au-dessus du niveau de la vallée. L'épuisement présente dans les charbonnages une importance considérable mais transitoire pendant le fonçage des puits ou avaleresses au travers des niveaux aquifères.

La ventilation des charbonnages présente une importance exceptionnelle en raison du grisou dont la présence est une menace constante pour le mineur. Aussi l'emploi de ventilateurs puissants est-il tout particulièrement recommandé dans les charbonnages.

La circulation des hommes a lieu dans les mêmes conditions et par les mêmes moyens dans les charbonnages que dans les autres mines, avec cette différence que les engins d'extraction étant généralement plus puissants il est facile de les utiliser pour la descente et la remontée des ouvriers. Il est indispensable d'avoir toujours des échelles dans un compartiment spécial du puits pour permettre aux hommes de descendre, en cas d'accident à la machine.

L'éclairage présente une importance exceptionnelle dans les charbonnages dès que la présence du grisou y a été constatée. On doit dès lors renoncer à la lampe à feu nu, habituellement employée dans les mines, et la remplacer par une lampe de sûreté construite soit d'après le modèle primitivement imaginé par Davy, soit d'après les modèles perfectionnés, par exemple, d'après le modèle construit par Mueseler, dont l'emploi est règlementaire dans les mines grisouteuses de Belgique. Cette question est traitée en détail à l'article LAMPE DE SURETÉ. Il est vraisemblable que les lampes électriques par incandescence sont appelées à rendre de grands services à l'industrie des mines.

INSTALLATIONS SUPERFICIELLES. Les charbonnages comprennent indépendamment de leurs travaux souterrains, des installations superficielles, qui ont souvent une très grande importance.

Le commerce distingue en général les variétés suivantes de charbon, d'après la grosseur :

1° Les gros ou gaillettes ne renfermant que des blocs de plusieurs décimètres cubes;

2° Les grelassons, morceaux ayant au moins la grosseur du poing et au plus un ou deux décimètres cubes;

3° Les menus, formés de morceaux plus petits que le poing. Quelquefois, en faisant passer les menus sur une grille de 3 centimètres, on les sépare en menus criblés et en fines.

Le charbon qui sort de la mine porte le nom de tout venant. Il conserve ce nom quand on en retire seulement les gaillettes et les fines. Quelquefois les mines se contentent de classer le charbon en le faisant passer sur des grilles et de trier à la main les pierres qui peuvent s'y trouver mêlées.

Quelques charbonnages possèdent pour le lavage des charbons, et plus particulièrement des menus charbons, des appareils plus ou moins analogues à ceux qui sont employés pour la préparation mécanique des minerais; ils s'en distinguent néanmoins par les deux caractères suivants: 1° on doit généralement éviter de broyer le charbon, car le broyage diminue beaucoup sa valeur; 2° les matières qui accompagnent le charbon et dont il faut le séparer sont, en général, plus lourdes que le charbon, tandis que les gangues des minerais métalliques sont en général plus légères que ces derniers. Cependant, en Pensylvanie, le commerce exige pour les anthracites un classement par grosseur extrêmement soigné, et ce classement n'est obtenu qu'au moyen d'un broyage préalable dont les conditions dépendent de l'état du tout venant et des conditions des marchés. Dans les mines de houille d'Europe, on broie quelquefois les fines destinées à la fabrication des agglomérés ou des cokes afin de répartir les impuretés dans la masse et de lui donner un aspect plus homogène. On emploie à cet effet les cylindres broyeurs, les moulins à noix et les broyeurs Carr.

Les engins les plus habituellement employés pour obtenir le classement par grosseur sont les grilles pour la séparation des gros et des grelassons, les trommels pour le classement des menus et la séparation des fines, les spitzkasten pour le classement des fines.

Les principaux engins employés au lavage proprement dit sont : le bac à piston, le lavoir de la Grand'Combe, le crible Lührig et Coppée à grenailles de feldspath, le labyrinthe, le lavoir Berard, le laveur classificateur d'Evrard, le lavoir Marsaut, etc.

Un certain nombre de charbonnages transforment leurs menus charbons en coke, en agglomérés ou simplement en briquettes économiques.

Les charbonnages n'expédient plus aujourd'hui par voitures qu'une faible fraction de leur production. Tout charbonnage qui n'est pas situé dans le voisinage immédiat d'un chemin de fer ou d'une voie navigable est dans l'obligation de faire construire une voie ferrée ou un canal pour le transport de ses produits. Cette nécessité résulte de l'importance du chiffre de l'extraction et de la faible valeur marchande du charbon. Les mêmes considérations rendent très opportune pour les grands charbonnages l'établissement d'installations très perfectionnées pour le chargement du charbon en bateau.

Le grand développement des travaux souterrains et superficiels dans les charbonnages, l'importance du matériel employé, tant au fond qu'au jour, nécessitent l'emploi de magasins et d'ateliers de réparation ou même de construction, parfois considérables.

Le développement si rapide et si important des charbonnages a rendu nécessaire, dans la plupart des cas, la création de cités ouvrières dans les régions où l'industrie des mines ne pouvait plus recruter l'excédent de son personnel ouvrier. La question ouvrière, l'établissement de cités ouvrières appelées *corons* dans le nord de la France et en Belgique, les caisses de secours et autres institutions fondées dans un but philanthropique ou social, exercent sur les charbonnages une importance considérable, d'autant plus que les populations minières des districts houillers n'ont pas, comme celles des districts métallifères, des traditions de confraternité remontant au moyen âge. — A. B.

. *CHARBONNAILLE. *T. techn.* Composé de sable, d'argile et de charbon, avec lequel on fait la sole des fourneaux à réverbère.

CHARBONNÉE. *T. techn.* Couche de charbon dans un fourneau à briques. ‖ Lit de charbon entre deux lits de pierre à chaux.

CHARBONNER. *T. techn.* Réduire en charbon. ‖ Enlever à l'aide d'un charbon de bois les raies faites sur le cuivre par la pierre ponce.

CHARBONNIER, ÈRE. *T. de mét.* Celui, celle qui fait ou vend du charbon.

— Sous l'ancienne monarchie, les charbonniers formaient une corporation qui avait, entre autres privilèges, celui d'envoyer, lors des naissances et des mariages dans la famille royale, une députation chargée de présenter leurs hommages. Ces jours-là, la Royauté donnait la main au Peuple. Aux représentations gratuites, les deux grandes loges d'avant-scène, dites du Roi et de la Reine, étaient mises à la disposition des charbonnières et des dames de la halle qui jouissaient du même privilège. La Révolution abolit ces faveurs en même temps qu'elle supprima toutes les communautés. L'Empire réorganisa ces corporations des charbonniers ou *porteurs de charbon*, mais la Révolution de Juillet, en consacrant le principe de la liberté de l'industrie, les fit rentrer dans le droit commun.

CHARCUTERIE. Profession de celui qui prépare la chair de porc, et généralement toute la chair cuite ou hachée dans laquelle il entre du porc. Elle consiste à abattre, saler et fumer le porc; à en faire des jambons, des andouilles, des saucisses, des cervelas, des boudins, etc. Outre les produits extrêmement variés que le charcutier tire du cochon, dont toutes les parties sont propres à l'alimentation, la charcuterie prépare encore des pâtés et des mets froids composés de volaille, de gibier et de veau, et dans lesquels la chair de porc entre pour une faible partie.

— Il y avait des charcutiers chez les anciens; les Romains nommaient *salsamentarii* les marchands de salaisons et *botularii* les marchands de boudins. Au moyen âge, les bouchers et les rôtisseurs (*oyers*) pouvaient débiter la chair de porc, mais les premiers devaient la vendre crue, tandis que les seconds ne pouvaient la livrer que rôtie; les aubergistes se firent aussi marchands de porc cuit et de saucisses, puis, ce commerce étant lucratif, les corroyeurs, les chandeliers et d'autres encore cumulèrent avec leur profession celle de *charcutier* ou de *saucissier*. Le Parlement, en 1419, dut réglementer le métier, et il fut interdit aux chandeliers et aux corroyeurs, dont la profession exclut toute idée de rapprochement avec les comestibles, de vendre la viande de porc; en 1475, les charcutiers furent établis en communauté; leurs statuts démontrent que l'administration se préoccupait de l'hygiène publique, il y était dit : « Que nul ne cuise chair de porc si elle n'est suffisante et à bonne moelle; » ils avaient le privilège de vendre du porc cuit, excepté cependant pendant le carême; ce n'est qu'en 1705 qu'ils furent autorisés exclusivement à vendre également le porc frais, privilège qu'ils avaient jusque-là partagé avec les bouchers.

Aujourd'hui, la charcuterie est libre, mais elle est soumise à des règlements municipaux dont le but est de garantir l'alimentation publique contre les falsifications et la fraude.

CHARCUTIER, ÈRE. *T. de mét.* Celui, celle qui prépare et vend la chair du porc cuite ou crue, des boudins, des andouilles, des saucisses, etc.

*CHARDIN (JEAN-BAPTISTE-SIMÉON), peintre, naquit à Paris le 2 novembre 1699, et mourut dans la même ville le 6 décembre 1779. Son père, menuisier habile et fabricant des billards du roi, le plaça d'abord chez Cazes. Il fit peu de progrès dans cette école où l'on ne peignait pas d'après le modèle, le maître se contentant de donner ses propres ouvrages à copier à ses élèves. Noël-Nicolas Caspel le prit ensuite comme aide, et le premier objet qu'il lui fit faire fut un fusil dans un portrait de chasseur. Le soin que le maître prit à éclairer et à placer cet accessoire de la manière la plus convenable à l'effet du tableau et la difficulté que lui-même éprouva à le bien rendre, révélèrent tout à coup au jeune Chardin l'importance de l'imitation directe de la nature, de la justesse des plans, de la couleur et du clair-obscur. Ce fut, dit le *Livret du Louvre,* dans sa première jeunesse qu'il peignit pour un chirurgien, ami de son père, un plafond ou enseigne destinée à orner le dessus de sa boutique. Au lieu de la représentation d'instruments de son art, que le chirurgien demandait, Chardin eut l'idée de peindre un homme blessé d'un coup d'épée, apporté dans la boutique d'un chirurgien, qui pansait sa plaie et était entouré d'une foule de curieux. Cette enseigne eut beaucoup de succès et fit connaître son auteur avantageusement. Jean-Baptiste Van Loo, ayant été chargé de restaurer une galerie du château de Fontainebleau, prit pour l'aider dans ce travail les meilleurs élèves de l'Académie et Chardin fut du nombre. Quelque temps après, Van Loo lui acheta un tableau imitant un bas-relief qu'il avait exposé à la place Dauphine, le jour de l'octave de la Fête-Dieu, exposition en plein air qui ne durait que deux heures et où ne manquaient pas d'envoyer des ouvrages les artistes qui, n'étant pas académiciens, n'avaient pas droit aux honneurs du Salon. Une de ses premières études, d'après la nature morte, fut un lapin. La vérité d'imitation à laquelle il parvint, par suite de nombreuses observations que lui fit faire un sujet si simple en apparence, l'entraîna à peindre toute sorte d'objets immobiles d'abord, auxquels il joignit plus tard les animaux vivants. Il fut reçu dans la corporation des maîtres-peintres de l'Académie de Saint-Luc; puis, encouragé par les éloges des artistes, il envoya à l'Académie royale une dizaine de tableaux placés comme au hasard dans une première salle. Ces ouvrages furent pris par Largillière, Louis de Boulogne et par Cazes pour des tableaux de maîtres flamands. Chardin s'étant fait connaître comme l'auteur de ces peintures, fut agréé et reçu le même jour, 25 septembre 1728. Jusqu'en 1737, il se borna à peindre des objets inanimés. Ce fut à la suite d'un espèce de défi qu'il se mit à faire des figures, genre qu'il avait abandonné depuis son essai dans l'enseigne du chirurgien. Il débuta par un petit tableau représentant une femme qui tire de l'eau à une fontaine. L'Académie le nomma conseiller le 28 septembre 1743, et trésorier le 22 mars 1755. Il conserva cette place jusqu'en 1774, et présida pendant vingt ans à l'arrangement des tableaux aux époques d'exposition. Il obtint, en 1757, un logement au Louvre, et recevait du roi, dès 1752, une pension de 800 livres portée ensuite à 1200. Le 31 janvier 1765, il remplaça à l'Académie royale des sciences, belles-lettres et arts de Rouen, Michel-Ange Slodtz, qui venait de mourir. Chardin travailla jusqu'à son extrême vieillesse et, quelques années seulement avant sa fin, essaya du pastel; mais il n'exécuta de cette façon que des études de têtes de grandeur naturelle. Les ou-

vrages de Chardin, remarquables par la vérité du geste et de l'expression, par l'harmonie de la couleur et l'entente du clair-obscur, par le moelleux et la fermeté de la touche, après avoir joui d'un grand succès ainsi que d'autres productions du xviiie siècle, étaient tombés dans un oubli complet au commencement de celui-ci. Ils ont reconquis maintenant l'estime que méritent les tableaux où brillent à un haut degré des qualités essentiellement pittoresques. Les tableaux de Chardin ont été gravés par Lépicié, Cochin, Surrugue, Le Bas, Fillœul, Flippart, L. Cars, J. Simon. Il a exposé aux salons de 1737, 1738, 1739, 1740, 1741, 1743, 1746, 1747, 1748, 1751, 1753, 1755, 1757, 1759, 1761, 1763, 1765, 1767, 1769, 1771, 1773, 1775, 1777 et de 1779. Chardin eut un fils qui obtint le grand prix de peinture à l'Académie en 1754 et mourut jeune. — E. CH.

CHARDON. *T. techn.* La tête du chardon sert à lainer ou garnir les tissus de laine et notamment les draps, avant teinture. Le chardon qu'on emploie le plus généralement pour développer la surface duveteuse des draps est la *cardère* sauvage (genre de la famille des *dipsacées*). Sa tige est anguleuse et hérissée d'épines, sa fleur est d'un bleu rougeâtre. C'est à l'état sec que les têtes sont utilisées. Les pointes des crochets qui terminent les paillettes des fleurs, ont une finesse, une flexibilité et une élasticité qui s'approprient merveilleusement à l'opération du *garnissage* ou *lainage.* La cardère sauvage est désignée sous les noms de *carde à foulon, chardon bonnetier, cardère à foulon.*

Voici comment on dispose l'appareil. On réunit sur deux rangs superposés un certain nombre de têtes de chardons et on les monte sur une espèce de croix qu'on nomme *croisée.* La partie transversale de cette croix se compose d'une double traverse dont les deux barres, espacées convenablement, reçoivent et maintiennent serrées les queues des chardons. Ceux-ci sont, d'autre part, fixés à la croisée par une ficelle s'appuyant sur une entaille pratiquée dans le haut de la barre verticale de la croix. Cette corde est liée aux extrémités de la double traverse. L'ouvrier prend la croisée par la partie inférieure de la barre verticale, perpendiculaire à la traverse, et il exécute, sur la pièce d'étoffe, le nombre de passages voulus pour former le lainage. — V. GARNISSAGE.

Le chardon à foulon est cultivé en grand dans la Normandie, la Picardie et le Midi de la France. Chaque plante donne moyennement 10 à 15 têtes. Les chardons plus estimés viennent des environs d'Avignon.

Chardon. || *T. d'arch.* Ornement qui entrait dans la décoration des chapiteaux du xve siècle. || Pointes de fer courbées que l'on place sur les murs ou les grilles de clôture pour empêcher de passer par-dessus.

* **CHARDONNER.** *T. techn.* Faire ressortir les poils d'une étoffe au moyen des chardons à foulon.

* **CHARDONNET.** *T. techn.* On donne ce nom au parement vertical courbe qui termine l'enclave d'une porte d'écluse, du côté où se trouve le poteau-tourillon ; la courbe doit être tracée de façon que les portes, lorsqu'elles sont fermées, s'appuient sur la maçonnerie et empêchent l'eau de passer ; mais aussitôt qu'une porte est mise en mouvement pour l'ouverture de l'écluse, la surface du poteau-tourillon doit abandonner la ma-

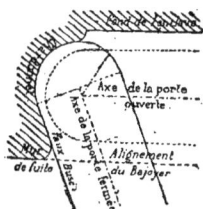

Fig. 597

çonnerie afin qu'il ne se produise pas de frottement. Pour obtenir ce résultat, on donne au poteau et au chardonnet la forme demi-circulaire et on place l'axe de rotation du poteau en dehors de l'axe commun aux deux surfaces qui ne sont alors en contact que lorsque le vantail est fermé.

Pour tracer l'épure du chardonnet (fig. 597), on place les axes de figure du vantail quand il est ouvert et fermé, et on détermine le point d'intersection de la bissectrice de l'angle ainsi formé avec un plan parallèle à l'axe de figure du vantail et passant par le centre de gravité ; on abaisse de ce point une perpendiculaire sur l'axe du vantail

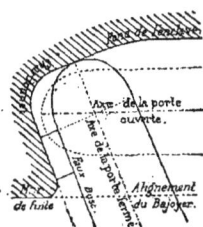

Fig. 598.

fermé et le pied de cette perpendiculaire est le centre cherché. On limite le chardonnet à la rencontre d'un plan parallèle au busc et passant par l'axe de rotation ; enfin on le raccorde par des arcs de cercle avec la face extérieure du bajoyer et avec le fond de l'enclave.

Pour les portes en métal, dont le poteau-tourillon est terminé par une surface demi-elliptique (figure 598), et dont le vantail appuie sur le chardonnet par l'intermédiaire d'un madrier vertical, l'axe de rotation se trouve à l'intersection des projections de l'axe de figure du vantail, dans ses deux positions extrêmes, et le vantail s'appuie par le sommet de son ellipse contre une face plane ménagée dans le chardonnet. — V. CANAL, § *Canal à point de partage*.

Chardonnet. Pièce de bois des portes co-

chères du côté des gonds, et sur lesquelles pivotent les battants.

I. CHARGE. *T. techn.* Ce mot a plusieurs significations : 1° dans la *constr.*, maçonnerie que l'on pose sur les solives d'un plancher pour recevoir un carrelage. || 2° dans la *métall.*, combustible, minerai et fondant que l'on jette dans un fourneau ; dans l'*arch. hydraul.*, pression que l'eau exerce sur les parois d'une conduite ; dans les *trav. publ.*, poids considérable réparti sur un pont pour éprouver sa solidité avant de le livrer à la circulation publique ; || 3° dans la *céram.*, on donne le nom d'*enfournement en charge* à l'une des différentes manières dont on place les pièces pour les cuire dans le four à poteries. Ce système de cuisson et d'enfournement s'applique principalement aux poteries simples, c'est-à-dire à celles qui n'ont pas d'encastrage dans des étuis spéciaux ; généralement aussi, l'enfournement et la cuisson se définissent par la même expression : en charge. — V. CÉRAMIQUE, § *Technologie, cuisson, séchage*. || 4° dans la *pap.*, quantité de substances minérales ajoutées au papier ; || 5° dans l'*arm.*, poudre, projectile que l'on met dans une arme à feu en une seule fois ; || 6° dans les *min.*, la quantité de poudre qu'il faut placer dans la chambre de mine pour produire, par son explosion, un effet destructeur déterminé. Le volume de cette charge s'obtient en multipliant le poids par le chiffre de 1,20 qui représente le volume occupé par un kilogramme de poudre de mine. En extrayant la racine cubique de ce nombre, on aura la longueur du côté intérieur de l'espace cubique et de la boîte capable de contenir la charge de poudre. — V. FOURNEAU DE MINES.

IIᵉ. CHARGE. *T. de tiss.* Poids ou contre-poids servant à maintenir en tension convenable les fils des chaînes enroulées, soit sur l'ensouple ou les ensouples de derrière, dites *dérouleuses*, soit sur des bobines qui ont une conformation spéciale et qu'on nomme *roquets* ou *roquetins*. (V. ENSOUPLE et ROQUETS). On réalise, suivant la disposition de la charge, divers genres de tension, savoir : la tension *fixe et résistante*, la tension *résistante et mobile*, la tension *mobile et rétrograde* (V. TENSION). Il est un procédé de charge qui est avantageusement employé pour maintenir en tension *résistante et mobile* les chaînes enroulées sur de grandes ensouples. Il consiste dans l'accroissement calculé du poids P par l'addition de rondelles R (fig. 599 à 603).

Le poids P est d'une seule pièce en fonte.

Dans l'anneau *a* on passe la corde qui soutient ce poids et va s'enrouler sur l'ensouple dérouleuse. Au-dessous de l'anneau, il y a un étranglement *e* qui facilite l'introduction de la rondelle. Puis vient la partie cylindrique ou tige C, dont le diamètre est calculé sur celui du vide *v* ménagé au centre de chaque rondelle R. Enfin, la tige C se termine, à sa partie inférieure, par une rondelle D plus grosse que R et devant servir de support à cette dernière et à toutes celles qu'on lui superpose. Chaque rondelle R ne contient pas seulement une ouverture circulaire *v* à son

centre; elle a en outre une échancrure *o* qui, sous
forme de secteur trapézoïdal, se rétrécit vers le
trou central *v*. Le rétrécissement minimum est
calculé sur l'étranglement *e* de la tige C. A l'oppo-
site de l'échancrure *o*, se trouve un secteur trapézoïdal en relief *m*, pouvant, lorsqu'on retourne
une deuxième rondelle, s'emboîter dans l'échancrure *o*, d'une première rondelle placée sous cette
deuxième. Le dessin *f* donne une rondelle R vue
par sa tranche, du côté de l'échancrure *o*, avec
sa face plate en dessous. Le dessin *s* montre une
seconde rondelle R' vue du côté convexe de la
saillie *m*. Le troisième dessin *t* représente la rondelle R' *retournée* et ayant sa saillie *m* emboîtée

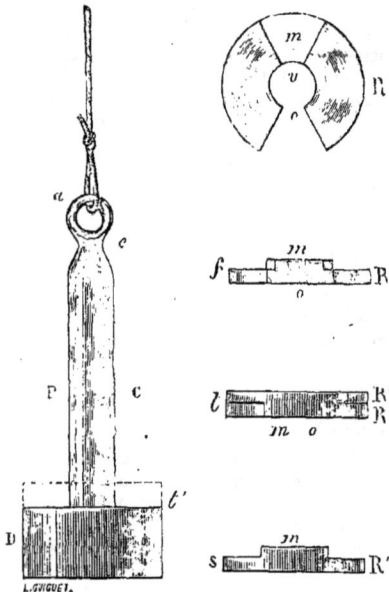

Fig. 59) à 603.

dans l'échancrure *o* de la rondelle R. On voit que
le dessin *t* fournit une rondelle *doublée* R'R dans
laquelle, il n'y a plus de vide; elle se présente sous
la forme d'un disque plein et plat sur ses deux
faces. Cet accouplement peut se répéter un certain nombre de fois le long de la tige C du poids
P. Voici comment on s'y prend pour placer les
rondelles sur le support D. On présente l'échancrure *o* devant l'étranglement *e*, et on pousse la
rondelle de façon à faire arriver son trou *v* au-
dessus du cylindre vertical C. On lâche cette rondelle et elle tombe sur le point d'appui D, en
glissant sur C, ainsi que l'indique le pointillé *t'*.
L'essentiel est de bien faire l'assemblage de R'R,
autant de fois que cela est nécessaire pour arriver à donner une tension parfaite et *voulue* aux
fils de la chaîne. Inutile de faire observer que
toute rondelle descendue au-dessous de l'étranglement *e*, se trouve complètement emprisonnée

sur la tige C, puisque le diamètre de cette dernière est plus grand que le rétrécissement minimum de l'échancrure de la rondelle.

Disons, pour terminer, que la corde qui soutient le système de charge P R' R, doit contenir,
à son autre extrémité, un léger contre-poids qui
assure la pression de l'enroulement de cette corde
sur le contour de l'ensouple. Le gros poids P est,
comme sens de tirée, l'antagoniste des fils de
chaîne; mais, s'il résiste suffisamment, il cède,
quand besoin est, tout en conservant une tirée
constante sur les fils de chaîne.

III°. CHARGE ÉLECTRIQUE. La charge d'un conducteur électrisé est la quantité d'électricité qu'il
renferme. Quand un conducteur est mis en communication avec une source électrique, il se
charge; le conducteur chargé, mis ensuite en
communication avec la terre, se *décharge*. Si la
source électrique est à potentiel constant et si C
est la *capacité électrique* (V. ce mot) du conducteur, la charge Q est donnée par Q = C V. Un condensateur peut être chargé par une pile soit en
mettant ses armatures en communication respective avec les pôles de la pile, soit en mettant l'un
des pôles de la pile à la terre ainsi que l'armature
externe et l'autre pôle en communication avec
l'autre armature. E étant la force électromotrice
de la pile, on a alors Q = C E. On décharge un
condensateur en reliant ses deux armatures par
un fil métallique ou par les branches d'un *excita-
teur*; si l'armature externe est à la terre, on obtiendra la décharge en mettant l'autre armature
également à la terre.

**Charge d'une batterie, charge en sur-
face, charge en cascade.** Une *batterie*, ou
ensemble de condensateurs reliés entre eux, peut
être chargée en surface ou en cascade. Dans le
premier cas, on relie ensemble d'une part toutes
les armatures internes, de l'autre toutes les armatures externes; la batterie équivaut alors à un
condensateur unique dont la capacité est la
somme des capacités de tous les condensateurs
séparés. Dans le second cas, on joint l'armature
externe du premier à l'armature interne du second, l'armature externe de celui-ci avec l'armature interne du suivant et ainsi de suite. L'armature interne du premier est mise en communication avec la source, et l'armature externe du dernier avec la terre. La chute totale du potentiel
d'un bout à l'autre de la batterie se fait alors par
échelons d'une armature à l'autre de chaque condensateur; si les condensateurs sont identiques,
la capacité de la batterie est en raison inverse
de leur nombre. Cette disposition fait donc perdre
en capacité; son rôle est le suivant : lorsque la
différence de potentiel des deux armatures d'un
condensateur est trop grande, la décharge se fait
d'elle-même à travers le diélectrique. La disposition en cascade permet d'opérer avec des poten-
tiels trop différents pour que chacun des condensateurs puisse les supporter isolément. Cette propriété est utilisée dans plusieurs machines électriques.

Charge résiduelle. Si, après avoir déchargé une bouteille de Leyde, ou plus généralement un condensateur à diélectrique autre que l'air ou les gaz, on l'abandonne quelque temps à elle-même, on trouve qu'elle reprend une faible charge. C'est ce qu'on appelle la *charge résiduelle*. En déchargeant de nouveau la bouteille, on constate quelquefois à plusieurs reprises la présence d'un résidu. Ce phénomène peut être attribué à une pénétration de l'électricité dans le diélectrique. Il en résulte que la grandeur de la charge, dans le condensateur à diélectrique solide, dépend dans une certaine mesure de la durée du contact avec la source.

MESURE DE LA CHARGE. La formule $Q = CV$ permet de calculer la grandeur de la charge d'un conducteur de capacité C quand on sait mesurer le potentiel V. Dans la pratique, on intercale un galvanomètre entre le condensateur et la pile, et on observe la déviation brusque et passagère ou *élongation* de l'aiguille au moment où l'on envoie le courant. La charge est proportionnelle au sinus de la moitié de cet angle. On a soin d'employer un galvanomètre construit de telle sorte que l'air n'oppose pas de résistance sensible au mouvement de l'aiguille (galvanomètre balistique).

Charge des fils télégraphiques. La charge est sensible sur les longs fils télégraphiques aériens, à plus forte raison sur les fils souterrains et sous-marins qui constituent de véritables condensateurs. Considérons un fil conducteur uniforme AB communiquant en A avec le pôle de la pile. Si le fil est isolé à l'extrémité B, le potentiel et la charge sont égaux à tous les points du fil et en représentant par A C la force électro-motrice de la pile, le potentiel à tous les points sera égal à A C et la charge totale sera figurée par le rectangle A C D B (fig. 604). Si on met le fil à la terre en B, et que la résistance du fil soit assez grande par rapport à la résistance intérieure de la pile pour que le potentiel à l'origine A soit encore représenté par A C, le potentiel et la charge décroissent d'une manière continue de A en B, et sont nuls en B; la surface du triangle A C B mesure alors la charge totale, qui est égale à la moitié de la surface du rectangle A C D B. La charge d'une ligne mise à la terre à son extrémité est donc sensiblement moitié de celle de la ligne isolée. Si la ligne A B est divisée en un certain nombre de parties égales et qu'aux points de division on élève des perpendiculaires jusqu'à la rencontre de la diagonale A C, on voit qu'en représentant par 1 l'aire de la section voisine de l'extrémité qui est à la terre, les aires qui représentent les charges des autres sections sont proportionnelles aux nombres impairs successifs 3, 5, 7, etc.

La charge d'un fil se manifeste dans la pratique télégraphique par le courant de *retour* ou de *décharge* qui fait fonctionner l'appareil récepteur, quand, en manipulant, on passe subitement de la position qui établit le contact de la pile avec la ligne à celle qui substitue la terre à la pile au point de départ.

La charge d'un fil n'est pas instantanée et sa durée augmente avec la longueur de la ligne ; la mesure par le galvanomètre balistique suppose que la durée du phénomène est négligeable par rapport au temps nécessaire à l'aiguille pour se mettre en mouvement.

La durée de la charge d'un fil est proportionnelle au carré de sa longueur; si l'on considère, en effet, deux fils dont l'un ait une longueur double de l'autre, la charge du plus long devra être double, et, d'un autre côté, la distance moyenne à parcourir par l'électricité sera également double. Chaque partie du conducteur exigera donc quatre

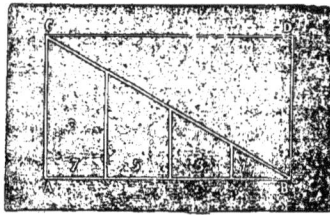

Fig. 604.

fois plus de temps pour arriver à sa charge complète.

Les phénomènes de charge et de décharge sont la principale cause du ralentissement qu'éprouve la transmission des signaux sur les longues lignes aériennes et surtout sur les câbles.

PERTE DE CHARGE. Un câble électrique isolé et chargé d'électricité conserve d'autant plus longtemps sa charge qu'il est mieux isolé. On peut apprécier le degré d'isolement d'un câble par la perte de charge au bout d'un temps donné, ou par le temps qu'il met à perdre la moitié de sa charge.

C étant la charge d'un câble au début de l'expérience, c la charge restant au bout de t minutes, F la capacité du câble en microfarads, R la résistance d'isolement en megohms au bout de t minutes, on a la relation

$$R = \frac{26{,}06\,t}{F\,(\text{Log. C} - \text{Log. } c)}$$

Si $c = \dfrac{C}{2}$, la formule devient $R = 86{,}56\,\dfrac{t}{F}$.

Quand un câble est isolé par suite de la rupture du conducteur dans l'intérieur de la gutta-percha, la grandeur de la charge permet de déterminer la position du point de rupture, si l'on connaît la valeur de la charge qui correspond à l'unité de longueur du câble. On sait, en effet, que la charge est proportionnelle à la longueur du fil. — J. R.

* **CHARGÉES.** *T. de tiss.* Cet adjectif s'emploie pour désigner les lames qui, dans un *remisse*, contiennent un plus grand nombre de lisses, et conséquemment une plus grande quantité de mailles que les autres lames.

I. * **CHARGEMENT.** *T. de tiss.* Réunion de toutes les chaînes qui concourent au montage d'un métier à tisser, et principalement d'un métier pour fabriquer les rubans. Il se dit de la réunion de de tous les objets renfermés dans un véhicule quelconque : voiture, vagon, navire, etc., et qui constitue sa charge.

II. CHARGEMENT. *T. d'artill.* On désigne par ce mot : 1° tout ce qui est nécessaire à un canon pour faire feu : charge, obus, étoupille ; 2° les munitions, les outils et les différents accessoires qui entrent dans les coffres et les caisses qui composent la charge des voitures de l'artillerie, l'opération de mise en place de ces différents objets ; 3° le placement de la poudre, des balles, des autres artifices dans les obus ; le remplissage des sachets, des gargousses et des boîtes à mitraille ; 4° la confection des cartouches et des autres artifices de guerre.

Le chargement des obus, des sachets, des gargousses, des boîtes à mitraille, la mise en place de ces munitions et des accessoires dans les cais-

Actuellement on évite les premières de la manière suivante : le plomb est étiré en fil au moyen d'un appareil spécial muni d'une presse hydraulique. Ce fil est enroulé sur des rouets qu'on place sur des machines qui découpent le fil en petits bouts ayant la longueur de la balle et qui les compriment dans une matrice pour leur donner la forme voulue. On trie les balles qui ont des soufflures intérieures en les pesant une à une. Ce pesage peut être exécuté rapidement par des machines automatiques très précises qui pèsent 25,000 balles par jour. Ces machines (fig. 605) dues à M. H. Gauchot non seulement rejettent les balles trop légères, mais elles rejettent encore celles qui présentent un excès de poids ou un excès de diamètre.

Les balles ainsi contrôlées sont enveloppées de papier ; cette enveloppe se nomme le *calepin de la balle* (1). Cette opération s'exécute à l'aide

Fig. 605. — *Machine à peser les balles.*

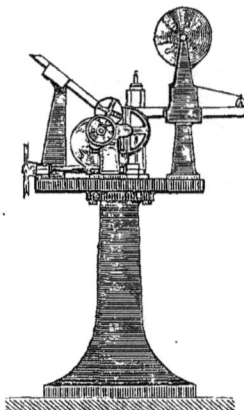

Fig. 606. — *Machine à mouler le papier autour des balles.*

ses, dans les coffres et dans les voitures sont des opérations qui s'exécutent dans des ateliers spéciaux appelés *salles d'artifices.*

La confection des cartouches se fait dans les cartoucheries de l'Etat qui comprennent deux sortes d'ateliers : celui qui confectionne les étuis de cartouches et celui qui charge les cartouches ; ce dernier s'appelle *atelier de chargement.*

Ateliers de chargement. Les ateliers de chargement occupent un nombreux personnel civil et emploient dans l'exécution de leur travail des procédés mécaniques remarquables.

Le travail des ateliers de chargement comprend : 1° la fabrication des balles ; 2° la fabrication des bourres ; 3° la vérification et le triage des autres éléments de la cartouche : poudre, étuis, amorces ; 4° la réunion des différents éléments de la cartouche ; 5° l'empaquetage et l'encaissage des cartouches terminées.

1° FABRICATION DES BALLES (V. ce mot). On sait que les balles présentent deux genres de défauts fort nuisibles à la justesse de tir : les doublures et les soufflures. Tous les efforts des ateliers de chargement tendent donc à faire disparaître ces défectuosités.

de machines automatiques (fig. 606) imaginées par le même constructeur. Le papier en roulette est placé sur les machines qui le découpent et dont elles forment des sortes de cornets dans lequel elles introduisent les balles ; puis elles assujettissent le calepin en tortillant le papier du côté de la base de la balle et coupent l'excédent de ce papier. Chacune de ces machines enroule de 35 à 40,000 balles par jour.

2° FABRICATION DES BOURRES. Un mélange de cire vierge et de suif est fondu à la vapeur, coulé dans les trous de plaques de laiton placées sur une table de fonte refroidie par un courant d'eau ; chaque trou des plaques forme une bourre qu'on enveloppe de papier de la manière suivante : le papier est découpé à l'aide d'une presse portant trente-neuf emporte-pièces qui laissent le cercle découpé adhérent par deux points seulement à la feuille. Celle-ci est placée sur une plaque à trou vide ; on la recouvre d'une plaque de coulée ; au

(1) Le mot *calepin* est ici improprement employé ; on devrait dire le canepin de la balle, comme on dit le canepin de la bouteille, le canepin de la fleur artificielle, etc.

moyen d'une presse à trente-neuf poinçons, on fait passer les bourres de la plaque supérieure dans la plaque inférieure; dans ce mouvement, chaque bourre s'entoure de papier. On replie sur la bourre l'excédent du papier et on l'y fait adhérer au moyen d'un petit appareil à replier et d'une seconde presse à trente-neuf poinçons.

3° VÉRIFICATION ET TRIAGE DES ÉLÉMENTS DE LA CARTOUCHE fournis à l'atelier par d'autres établissements. Quoique la poudre, les étuis et les amorces aient été soumis à des vérifications et à des réceptions rigoureuses, les ateliers de chargement ne doivent en faire usage qu'après s'être assuré de leur bonne qualité. — V. CAPSULE, CARTOUCHE.

Les amorces et les étuis sont examinés un à un. La vitesse de la poudre est mesurée pour chaque caisse ou baril; toute poudre donnant plus de 440 mètres et moins de 430 mètres de vitesse initiale, est renvoyée à la poudrerie qui l'a fabriquée.

4° RÉUNION DES DIFFÉRENTS ÉLÉMENTS DE LA CARTOUCHE. Ce travail est fait avec un soin extrême, non seulement pour éviter les accidents graves, mais encore pour obtenir des cartouches absolument identiques comme forme et comme effets balistiques. On s'attache surtout à éviter tout ce qui pourrait amener des variations dans le mode d'action de la poudre: l'absorption de l'humidité atmosphérique, la différence de poids dans les

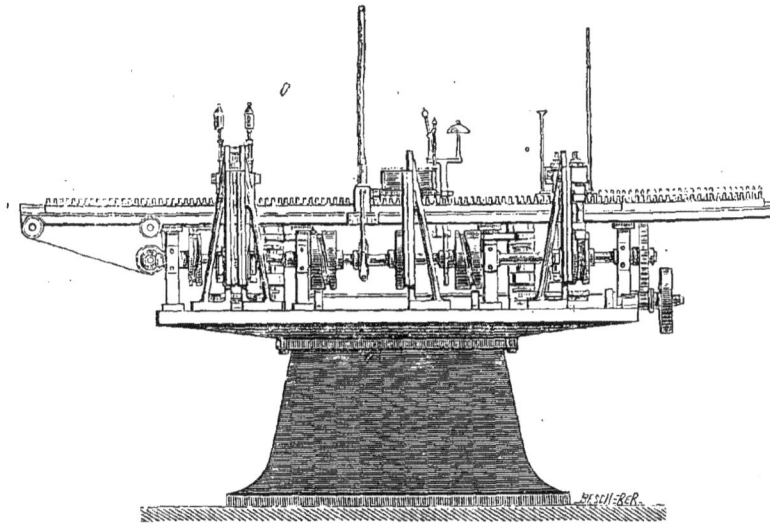

Fig. 607. — *Machine à charger les cartouches.*

charges, la différence de grosseur des grains, la différence de tassement de la poudre, la compression de l'air dans la cartouche, l'irrégularité du serrage de la balle dans l'étui.

La cartouche terminée doit être d'une conservation assurée; aucun de ses éléments ne doit pouvoir s'altérer dans les magasins.

Cette partie de la confection des cartouches comprend les opérations suivantes : 1° la mise en place de l'amorce; 2° le vernissage du joint de l'amorce, pour empêcher l'air de pénétrer jusqu'à la poudre; 3° le fraisage, qui consiste à pratiquer à l'entrée de l'étui, une sorte de plan incliné destiné à faciliter l'introduction de la balle; 4° l'ouverture des étuis qui consiste à faire passer une bague en acier dans l'entrée de l'étui pour en régulariser le diamètre et obtenir un serrage uniforme de la balle; 5° la mise en place de la charge; 6° le placement de la bourre; 7° le tassement de la poudre; 8° le placement de la balle, opération qui consiste à enfoncer la balle dans le collet de l'étui de manière à l'y fixer par force-

ment, assez solidement pour qu'elle ne puisse pas s'en détacher pendant les transports, ni par un simple effort de la main. L'effort nécessaire pour extraire la balle de l'étui ne doit pas être inférieur à 10 kilogrammes ni dépasser 30 kilogrammes; 9° le calibrage de la cartouche terminée qui consiste à faire passer chacune des cartouches dans un calibre ayant la forme du fusil minimum; 10° le graissage de la balle.

Dans le début de la fabrication des cartouches métalliques toutes ces opérations se faisaient à la main, puis on fit usage d'instruments à l'aide desquels on put charger 39 cartouches à la fois. A l'heure présente toutes les opérations peuvent se faire avec une seule machine mue par la vapeur et dite *machine à charger*.

Machine à charger les cartouches. La première machine à charger les cartouches fut construite en Amérique, par l'*Union metallic cartridge Company* de Brigport (Connecticut); elle se compose essentiellement de deux plateaux circulaires percés de trous, l'un recevant les étuis amorcés, l'autre recevant les bourres et les balles.

Les étuis entraînés par un mouvement circulaire interrompu, passent successivement sous une trémie (communiquant par un tube en caoutchouc avec un réservoir à poudre situé à l'étage supérieur) où ils reçoivent la charge, puis sous le second plateau où ils reçoivent les bourres et les balles. Ces machines furent adoptées par la Russie et elles sont aujourd'hui d'un usage général dans la grande cartoucherie de Saint-Pétersbourg. L'usine Greenwood et Batley de Leyds a construit une machine à amorcer basée sur le même principe que la machine à charger, mais cette machine ne donna jamais de bons résultats. Dans ces dernières années un constructeur italien, M. Marelli Sante, de Rome, construisit une machine à amorcer et une machine à charger qui sont les mêmes que les précédentes, mais perfectionnées par des organes de contrôle et par l'addition d'un calibreur automatique de la cartouche terminée.

Toutes ces machines ont été étudiées en France et jusqu'en 1880, aucune d'elles n'a pu être adoptée, leur travail n'étant ni assez complet ni assez rigoureux.

A cette époque, Gauchot proposa une nouvelle machine à charger toute différente des premières et qui, après quelques perfectionnements de détails, est actuellement employée en France dans les principaux ateliers de chargement. Elle exécute toutes les opérations de chargement, contrôle le travail exécuté, s'arrête ou prévient par une sonnerie dès qu'une opération cesse d'être rigoureusement faite (fig. 607).

Tous les organes de la machine sont placés en ligne droite au-dessus d'un couloir étroit dans lequel on engage les règles de chargement; ces règles reçoivent les étuis qui n'y sont engagés que de la moitié de leur diamètre et forment ainsi les dents d'une crémaillère, les organes de la machine s'engrènent dans ces dents et font avancer les règles qui amènent successivement chacun des étuis sous les différents appareils du chargement; puis, la cartouche terminée, contrôlée et calibrée par la machine, on enlève les règles qui servent encore pour vernir le joint du couvre-amorce, pour graisser les balles et pour faciliter l'empaquetage des cartouches.

Chaque machine produit 25,000 cartouches par jour; son adoption amène une économie considérable dans la main-d'œuvre de la cartouche.

5° EMPAQUETAGE ET ENCAISSAGE DES CARTOUCHES. Les cartouches terminées et graissées sont mises en paquets de six, isolées les unes des autres avec soin, le papier qui constitue l'enveloppe du paquet est fort, résistant et lisse pour ne pas s'user dans le transport, il porte des inscriptions indiquant la provenance des étuis, de la poudre et le jour où le chargement a été effectué. Ces paquets sont réunis par série de 28 au moyen d'une sangle munie d'une poignée pour faciliter le transbordement des munitions. Ces séries de 28 paquets appelées *trousses* sont mises dans des caisses en bois blanc contenant chacune 9 trousses ou 1,512 cartouches. Ces caisses solidement confectionnées sont fermées avec de fortes vis; les trousses sont assujetties avec des étoupes pour empêcher tout ballottement pendant les transports.

* **CHARGEOIR.** *T. techn.* Sorte de sellette à trois pieds qui sert d'appui et de support à la hotte.

CHARGER. *T. techn.* Souder du fer à une pièce trop mince. || Couvrir de feuilles d'argent, appliquer de l'or sur une pièce de métal ou de bois. || Appliquer certains ingrédients sur les peaux pour les apprêter. || *Charger une cuve.* Mettre dans la cuve ce qui est nécessaire pour faire un bain de teinture, ou pour la fabrication du salpêtre. || Dévider la soie des bobines sur les fuseaux. || Mettre du minerai ou du charbon dans un haut-fourneau. || *Charger le grain*, le porter sur la touraille afin de l'y faire sécher. || *Charger les broches.* Enfiler sur les broches à chandelles la quantité de mèches nécessaires. || Orner de broderies, de passementeries, un habit, un costume, etc. || Rehausser le marbre, la pierre, le métal de sujets décoratifs. || *Charger la coupelle d'affinage*, y jeter le métal qu'on veut affiner. || *Charger un apprêt.* Y incorporer des substances minérales destinées à rendre l'étoffe plus lourde et à la garnir. || *Charger une soie*, c'est augmenter artificiellement son poids par le dépôt de substances métalliques; on emploie généralement à cet effet des oxydes.

CHARGEUR, EUSE. *T. de mét.* Nom des ouvriers cardiers. || On nomme *chargeur* le manœuvre qui entretient le feu d'une forge, et, dans les mines, celui qu'on emploie au chargement des bennes, vagons, etc. || *Chargeuse mécanique.* Appareil qui, dans les cardes briseuses, fait la distribution automatique de la laine, sur la toile sans fin de la table d'alimentation. Cet appareil se nomme aussi *ploqueteuse* (V. ce mot).

* **CHARGEURE.** *Art hérald.* Se dit des pièces qui en chargent d'autres.

* **CHARIBARDON.** *T. techn.* Grosse étoffe qui sert à faire des bâches pour couvrir des bateaux de charge.

CHARIOT. 1° *T. de charron.* Terme générique opposé à charrette, et qui sert à désigner toutes sortes de voitures à quatre roues en usage pour le transport des fardeaux. La caisse du chariot se compose d'un plancher horizontal sur lequel sont montées des ridelles au pourtour, des cornes ou de simples ranchers, pour maintenir les objets. || En *techn.*, on donne ce nom à une foule d'appareils ou d'ustensiles qui ont pour fonction de supporter, de faire mouvoir d'autres pièces. || 2° *T. de filat.* véhicule qui sert à imprimer un mouvement de monte et de baisse aux presses des peigneuses à lin, ou aux bobines de certains bancs à broches ou métiers à filer continus. || 3° *T. de théât.* Sorte d'échelle qui glisse dans les rainures du plancher de la scène, et qui sert à faire mouvoir les décors de cour et de jardin. || 4° *T. de* *mécan. Chariot d'un tour.* Le chariot d'un tour est le support mobile sur lequel vient se placer l'outil en *crochet* qui doit opérer le travail. Il se compose essentiellement de deux plateaux rectangulaires pouvant se mouvoir suivant deux axes perpendiculaires, et tourner ou glisser sur une semelle qui peut elle-même se déplacer longitudinalement sur le banc de tour soit à la main soit automatiquement. || 5° *T. d'art. mil.* Pour les transports à la suite des armées en campagne ou dans les villes de garnison, on utilise des chariots de différents modèles suivant le service auquel ils sont destinés; les uns font partie du matériel de l'artillerie, les autres du matériel du génie, d'autres enfin, du matériel des équipages militaires. — V. MATÉRIEL DE GUERRE. || 6° *T. de cord.* Appareil muni de roues pour le faire avancer ou reculer, que l'on charge selon le commettage à obtenir et qui est muni d'un émerillon lorsqu'on fabrique des cordages. — V. CÂBLE EN CHANVRE, CORDERIE. — || 7° Métier du fabricant de lacets. || 8° Dans les manufactures de glaces, on donne ce nom à trois instruments : le *chariot à potence* est un levier de fer, porté sur des roulettes et sur un essieu qui sert de point d'appui; le *chariot à ferrasse* est une feuille de tôle portée sur deux roues et deux barres qui forment la queue du chariot; le *chariot à tenailles* est un outil qui sert à tirer les cuvettes du four et à les y replacer. || 9° *T. de filat.* Dans la filature de laine cardée, partie mobile des métiers à filer et qui porte le banc à broches et l'appareil de torsion des fils.

|| 10° *T. d'art milit. anc.* Dans les combats, les anciens se servaient de chariots armés de faux; presque tous les peuples d'Orient en ont fait usage, mais ils furent peu employés par les peuples d'Occident. Cependant, les Gaulois avaient des chariots, armés de pointes et de piques, qu'ils lançaient à toute vitesse sur les légions ennemies; ces chariots étaient attelés de deux chevaux et montés par des guerriers. Ils s'en servaient aussi pour entourer leurs camps et en former de solides retranchements. — V. CHAR.

Chariot roulant. 11°. *T. de chem. de fer.* Chariot employé spécialement dans certaines remises ou grandes gares de chemin de fer renfermant plusieurs voies parallèles, et qui est destiné à opérer directement le transbordement des véhicules d'une voie sur une autre. Ces chariots roulent sur une voie transversale établie de manière à ne pas interrompre la continuité des voies principales. Le plancher du chariot est supporté, à cet effet, sur des essieux recourbés, dont le coude est abaissé presque au ras des rails, et les roues font saillie au-dessus. Les rails du chariot, dont l'écartement est égal à ceux des grandes voies, sont raccordés à ceux-ci par des extrémités en biseau formant une sorte de plan incliné sur lequel on fait monter, à la main, le véhicule pour l'amener sur le chariot. Dans les grandes remises, ces chariots sont souvent établis d'une manière plus robuste, et sont commandés par une petite machine à vapeur servant également de treuil pour amener le véhicule, ils deviennent alors, en quelque sorte, de véritables *ponts roulants* (V. ce mot). L'emploi des chariots roulants permet de

supprimer les plaques tournantes, et il augmente ainsi beaucoup la rapidité des manœuvres.

CHARIOTER. *T. techn.* Travail effectué à l'aide de l'outil du tour fixé entre les mordaches du support à chariot. La pièce, montée en pointes sur les poupées du tour, présente sa surface extérieure au tranchant de l'outil qui se déplace avec le chariot parallèlement à l'axe du tour, et enlève ainsi la matière nécessaire pour amener la pièce aux dimensions demandées.

CHARITÉ. Dans l'art chrétien, la Charité est le nom de l'amour divin, amour parfait et désintéressé. Dans sa manifestation extérieure Dieu est tout charité, *Deus charitas est.*

— A l'époque des catacombes, la Charité est représentée par le bon Pasteur, qui apparaît sur un tombeau entre deux époux chrétiens entourés de leurs esclaves affranchis, tandis que les autres esclaves meurent sous les coups de leurs maîtres et que les gladiateurs s'égorgent pour le plaisir du peuple romain. Après Galère Maxime qui se débarrassait des pauvres en les faisant noyer, vient Constantin qui fait entrer la Charité dans les lois. Au xII° siècle, les moines, qui bâtissent des palais, et les princes fondent des hospices pour le salut de leur âme en expiation de leurs fautes, comme Henri d'Angleterre le fit à Angers, après le meurtre de saint Thomas, de Canterbury. Le xIII° siècle sculpte la Charité et la représente sur les murs de nos cathédrales. Elle est alors figurée par une femme qui partage ses vêtements avec un pauvre. Elle porte une brebis sur son écusson. Elle a été figurée aussi par une femme à cheval tenant un soleil et un cœur avec le nom de Jésus-Christ. Le xIV° siècle l'honore par les peintures de Giotto à l'*Arena* et de Simone Memmi à la chapelle des Espagnols.

Au xV° siècle brille le modèle des artistes chrétiens, le bienheureux fra Angelico qui mettait l'aumône au-dessus des chefs-d'œuvre, comme le dit son épitaphe composée par Nicolas V. Le peintre de Fiesole nous montre les frères de Saint-Marc donnant l'hospitalité à Notre Seigneur, et le diacre saint Laurent distribuant les biens de l'Église aux pauvres avant d'aller au martyre. Vient enfin la Renaissance avec ses belles figures et son sentiment payen qui, pour représenter la Charité, n'a su imaginer, il faut bien le dire, qu'un symbole assez grossier, une nourrice puissante, capable d'allaiter de nombreux enfants. On connaît la composition célèbre qu'Andrea del Sarte a conçue dans cet esprit. Elle est au Musée du Louvre. Dans ce tableau, la Charité est représentée par une femme assise sur un tertre avec deux enfants sur ses genoux; l'un d'eux lui prend le sein avec avidité; l'autre lui montre en souriant un bouquet de noisettes qu'il tien dans la main; à ses pieds, à gauche, un troisième enfant dort la tête appuyée sur une draperie. C'est ainsi, avec quelques variantes, qu'on la comprend encore aujourd'hui et elle a inspiré de belles œuvres de nos jours au statuaire Paul Dubois, pour le tombeau du général Lamoricière, à Nantes.

Le xvII° siècle et surtout le xvIII° adoptent saint Vincent de Paul comme la personnification de la Charité. Jouvenet, Restout, de Troy, Natoire lui consacrent leurs meilleurs tableaux. Ce n'est pas sous les traits d'une nourrice ni d'un bon vieux saint homme que la comprenait la grande école du Giotto, à laquelle il faut revenir et dont la noble inspiration n'a pas été retrouvée. Alors la Charité chrétienne n'est pas une mère, c'est une vierge. Elle conçoit le Christ et adopte tous les hommes pour ses enfants. Elle foule aux pieds les richesses de la terre qu'elle distribue aux pauvres. Elle porte des fleurs et des fruits, parce qu'elle a donné tout son cœur à son divin époux qui le fera triompher éternellement dans le ciel.

Parmi les fleurs symboliques de la charité, nous citerons la mauve avec ses feuilles et ses fleurs onctueuses qui entourent la figure de la Charité, sur le prie-Dieu monumental exécuté par un simple ouvrier du Mans, pour le clergé de Tours, qui l'offrit au pape Pie IX, en 1852. Parmi les métaux, c'est l'or qui est le symbole de la Charité; parmi les oiseaux, c'est la colombe ou la tourterelle qui rachetait autrefois le premier né de la femme pauvre; parmi les pierres précieuses, c'est le grenat; parmi les arbres, le platane. Enfin, l'attribut essentiel de la Charité, comme vertu théologale, est un cœur, comme les attributs de la Foi et de l'Espérance sont une croix et une ancre.

* CHARLES (JACQUES-ALEXANDRE-CÉSAR), physicien français, né à Beaugency, le 12 novembre 1746, mort à Paris, le 7 avril 1823. Après avoir rempli un modeste emploi dans les finances, Charles s'occupa exclusivement de physique expérimentale et fit des conférences publiques qui obtinrent un très grand succès. Volta et Franklin, dont il popularisa les découvertes, l'avaient en haute estime et le considéraient comme un des plus éloquents et des plus habiles professeurs de son époque. « La nature, disait Franklin, ne lui refuse rien; il semble qu'elle lui obéisse. »

Lors de l'invention des aérostats par Joseph Montgolfier, Charles, afin de donner aux nouvelles machines une force ascensionnelle plus considérable, tout en diminuant leurs dimensions, imagina de gonfler ces appareils à l'aide du gaz hydrogène. (Ascension du 2 août 1783). C'est encore lui qui appliqua le premier aux étoffes employées dans la construction des aérostats, un enduit imperméable protégeant le ballon et empêchant le gaz de s'échapper aussi rapidement (V. AÉROSTATION). Comme Pilâtre de Rosier et le marquis d'Arlandes, les deux premiers aéronautes, Charles voulut aussi entreprendre un voyage aérostatique. Il partit en compagnie de Robert, le 1ᵉʳ décembre 1783, avec un ballon de 26 pieds de diamètre, gonflé de gaz hydrogène. Les intrépides voyageurs s'élevèrent à 7,000 pieds et firent, en quelques minutes, un trajet d'environ neuf lieues. Le même jour, et malgré la défense de Louis XVI, Charles remonta en ballon, s'éleva à une hauteur de plus de 1524 toises et redescendit sain et sauf au milieu des applaudissements enthousiastes de la foule qui l'attendait dans la plus vive inquiétude. Le roi lui-même, bien que ses ordres n'aient pas été suivis, fut tellement satisfait de la révélation de cette audacieuse ascension, qu'il accorda au hardi physicien une pension sur sa cassette particulière.

En 1785, Charles obtint un fauteuil à l'Académie des sciences et un logement au palais du Louvre, dans la galerie d'Apollon. On raconte que dans une vive discussion qu'il eut avec Marat au sujet des attaques ridicules que ce dernier dirigeait contre les ouvrages de Newton, Charles, lâchement menacé d'un coup d'épée par son interlocuteur, le saisit, le terrassa et brisa l'arme sous ses pieds. Il paraîtrait même qu'il lui infligea une correction que Fournier n'a pas qualifiée en propres termes dans son éloge académique.

Lors de l'envahissement des Tuileries, le 10 août 1792, Charles, grâce à sa présence d'esprit et à son audace, échappa aux mains de la multitude furieuse qui voulait le massacrer.

Aussitôt le calme rétabli, il reprit ses études et ses expériences. C'est à ce moment qu'il étudia la dilatation des gaz et qu'il inventa le *mégascope*. Bientôt après, il fut nommé membre de la nouvelle Académie des sciences, bibliothécaire de cette savante corporation et professeur de physique au Conservatoire des arts et métiers.

Charles ne laissa que quelques mémoires; ses travaux nous ont été transmis par M. Biot, dans son *Traité de physique expérimentale et mathématique*. On lui doit la découverte de la loi de l'égale dilatabilité des gaz, attribuée à tort à Gay-Lussac; la détermination de la distance à laquelle s'étend l'action protectrice d'un paratonnerre; l'invention du *mégascope* et du *goniomètre* par réflexion; le perfectionnement de l'*aéromètre* de Farenheit et la construction de l'*hydromètre-thermométrique* et de l'*aéromètre-balance* qui lui servit à déterminer la densité d'un grand nombre de corps solides.

* CHARLET (NICOLAS-TOUSSAINT), peintre et dessinateur, né à Paris, en 1792, mort en 1845, était le fils d'un dragon des armées de la République. Il fit ses études à l'Ecole centrale républicaine puis au Lycée Napoléon. Il était commis aux écritures dans une mairie de Paris, quand, en 1814, ses opinions bonapartistes le firent congédier. Il avait alors vingt-deux ans, sa passion pour le dessin, qui datait de loin, le détermina à se consacrer définitivement à la carrière des arts. En 1817, il entrait dans l'atelier de Gros, où il se liait d'amitié avec Géricault, le peintre du *Radeau de la Méduse* et Eugène Delacroix qui devait plus tard remplir nos palais d'admirables peintures décoratives. De cette époque datent les premières lithographies de Charlet. On rapporte que Gros les ayant vues, les admira vivement et, avec la largeur d'esprit d'un vrai maître, lui dit: « Allez, travaillez seul, suivez votre impulsion, abandonnez-vous à votre caprice, vous n'avez rien à apprendre ici. » En 1838, Charlet fut nommé professeur de dessin à l'Ecole polytechnique où il introduisit l'excellente pratique du dessin à la plume qui forme l'élève à la certitude du premier jet. Charlet devint populaire sous la monarchie de juillet par la passion de l'honneur national qui se révélait dans toutes ses œuvres. Nul n'a célébré avec une telle ardeur le soldat de la République et de l'Empire. Ses motifs d'enfants et de la vie du peuple sont également célèbres. L'œuvre lithographique de Charlet est considérable, il dépasse 1,000 pièces et l'on estime à plus de 3,000 le nombre de ses dessins, aquarelles et sépias. Parmi les quelques tableaux qu'il a laissés, il faut citer l'*Episode de la retraite de Russie* au musée de Versailles. Son ami le colonel de la Combe a publié un très curieux volume intitulé « *Charlet, sa vie et ses lettres* ». Eugène Delacroix qui a également publié une importante étude sur Charlet dans la *Revue des deux Mondes*, du 1ᵉʳ janvier 1862, écrivait la même année à l'auteur de la présente notice « Charlet n'est pas un caricaturiste, c'est un homme d'une fécondité énorme qui a peint avec le crayon. »

CHARLOTTE. Compote ou crème flanquée de pain grillé au beurre ou de biscuits.

CHARME. Genre d'arbre comprenant cinq ou six espèces; la plus importante est le *charme commun*, très répandu dans nos forêts, son bois dur, compacte et blanc, est employé pour les manches d'outils et pour les ouvrages du charron, du menuisier et du tourneur; on l'emploie pour faire des maillets, des vis de pressoir, des roues d'engrenage, des instruments aratoires, des formes de chaussures, etc. C'est aussi un excellent bois de chauffage. — V. Bois.

*CHARMOT. *T. de céram.* Terre cuite pulvérisée dont on se sert pour diminuer la plasticité de la pâte.

CHARNIÈRE. *T. techn.* Pièce de quincaillerie en fer ou en cuivre, employée par les serruriers pour la ferrure des portes, croisées, volets de boutique, trappes, abatants, etc.

— L'usage de cet objet, qu'il ne faut pas confondre avec les *gonds, pentures, fiches, agrafes bouclées*, concourant au même but que la charnière, mais affectant des formes différentes, était connu des anciens, comme l'attestent les nombreux spécimens renfermés dans les collections publiques et privées. Les Grecs donnaient à la charnière le nom de γιγγλυμος. littéralement, articulation qui s'emboîte; quant aux Romains, ils devaient employer, pour désigner cet objet, un terme spécial, que nous ignorons, mais qui devait être distinct du mot *cardo*, pris souvent dans le même sens et signifiant *pivot, crapaudine.*

La charnière, dont on fait habituellement usage aujourd'hui, se compose de deux feuilles de métal, dites *ailettes*, qui sont pourvues, sur l'une de leurs rives, d'anneaux ou *charnons*, s'enclavant les uns dans les autres, de manière à former, par leur jonction, une sorte de tube, appelé *nœud*, dans lequel on place une goupille ou *broche*, rivée par chaque bout. Le nombre des charnons est indéterminé; mais il y en a ordinairement trois dans une ailette et deux dans l'autre. Les vides qui séparent les charnons d'une ailette doivent naturellement être de la même longueur que les charnons de l'ailette opposée, qui viennent s'y placer. Les deux feuilles de métal ainsi assemblées peuvent opérer un mouvement de rotation dont la broche forme l'axe. Une charnière bien faite doit même décrire avec ses ailettes un peu plus des trois quarts d'un cercle entier. Telle est la construction de cet appareil; voici maintenant comment il fonctionne: l'une des branches est posée par entaille et maintenue, à l'aide de vis, sur le *dormant*, c'est-à-dire sur la partie fixe, montant ou traverse, de la fermeture; l'autre branche, placée sur la partie mobile, vantail de porte, volet ou trappe, se meut avec le battant autour de la broche, qui sert d'axe de rotation.

Il y a plusieurs sortes de charnières employées dans l'industrie: les charnières *carrées longues ordinaires*, dites aussi *en feuillure* et dont l'une des branches est vissée sur l'épaisseur d'un mon-

tant de porte; *carrées longues renforcées*, plus épaisses que les précédentes; les *charnières carrées*, à branches plus larges que celles décrites ci-dessus, les charnières *coudées*, qui embrassent le battant; les charnières *à pans* employées, surtout autrefois, pour la fermeture des portes d'armoire; les charnières *à nœuds carrés*, faites pour bien affleurer les bois; les charnières *à hélice*, dans lesquelles les charnons sont coupés en hélice et non perpendiculairement à l'axe du cylindre, disposition qui donne aux charnons la forme d'une vis à un ou plusieurs filets, force les portes à s'élever, en s'ouvrant d'une quantité proportionnée à l'amplitude de l'ouverture et au rampant de l'hélice, les empêche ainsi de frotter sur le plancher et les fait retomber seules; les charnières *à nœuds à boules*; les charnières *à briquets*, *à trappes*, *à nœuds soudés*, employées spécialement à la ferrure des abatants de comptoir, trappes, volets de boutique, etc.; les charnières *à tête de compas*, utilisées pour ferrer les échelles; les charnières *à nœuds de compas*, dont on fait usage pour les vantaux brisés des grilles et qui ont la forme d'une tête de compas.

Charnière universelle ou **Genou de cardan.** Le *genou de cardan* sert à transmettre le mouvement d'un arbre à un autre quelque soit du reste l'angle fixe que font ces deux arbres entre eux. Ce genou est formé de deux arcs de cercles adaptés par le milieu de chaque courbe à chacun des arbres, un croisillon D, dont les extré-

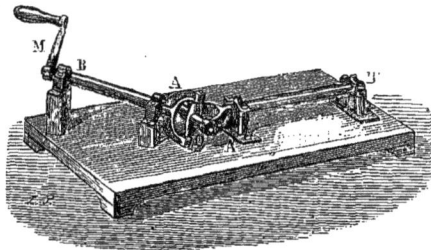

Fig. 608.

mités sont engagées dans les yeux des extrémités des arcs, réunit ces derniers. Dans ces conditions, en donnant un mouvement de rotation à l'un des arbres A B, ce mouvement se communique à l'autre A'B'. La figure 608 nous représente un appareil de démonstration pour les cours. Une manivelle M permet de faire tourner l'arbre A B et de montrer comment le mouvement est transmis à l'arbre A'B'.

* **CHARNON.** *T. techn.* Nom que l'on donne à chaque œil de la charnière, c'est-à-dire aux cylindres creux placés sur les lames de cet objet et qui s'enclavent les uns dans les autres, pour recevoir la broche destinée à réunir ces lames et à leur servir d'axe de rotation. La plus simple des charnières a cinq charnons, trois sur l'une des branches et deux sur l'autre. — V. CHARNIÈRE.

|| On donne le nom de *charnons* aux extrémités du marbre d'une presse formant pitons dans lesquels s'adaptent les tenons du tympan qui fonctionne alors comme s'il était établi à charnière.

* CHARPAGNE. *T. techn.* Bâton courbé en forme d'ellipse, servant au transport des pierres.

. **CHARPENTE.** Depuis l'époque déjà éloignée où le sens du mot *charpente* — qui, chez les Romains et selon l'étymologie, était limité à la confection des chars — a été détourné de cette acception, on entend généralement, en construction, par « *charpente* » un ensemble de dispositions dans lesquelles le *bois* (V. ce mot) est exclusivement ou principalement employé. Ces dispositions sont très variées, non seulement dans l'agencement de leurs parties, mais encore par destination ; toutefois, ce qui les caractérise c'est qu'elles sont en général constituées d'éléments dans lesquels la longueur l'emporte toujours et souvent de beaucoup sur les autres dimensions, largeur ou hauteur et épaisseur. Ainsi, pour citer des dispositions bien connues, qu'il s'agisse de poteaux ou de pans de bois, de poutres et solives ou de planchers, de fermes de combles droites ou courbes, d'échelles ou d'escaliers, d'échafaudages ou d'estrades, d'estacades ou de barrages, de piles ou pilônes, de tours ou de clochers, de chevalements ou d'étrésillons, de galeries ou de puits blindés, de cintres pour ponts ou tunnels, de viaducs sur chevalets ou palées avec travées droites ou courbes, de caissons ou de pontons, de bateaux fluviaux ou de navires à la mer, de bâtis pour machines ou d'engins — tels que plans inclinés, sapines, grues, etc. — destinés à déplacer ou à mouvoir les fardeaux, etc., chacune de ces dispositions, dans ses parties principales, est toujours formée d'éléments ou « pièces » plus ou moins longs, mais dans lesquels la longueur l'emporte toujours, et souvent de beaucoup, sur la section transversale ou « équarrissage ».

C'est là d'ailleurs une conséquence de la nature de la matière employée. Le bois étant fibreux et présentant une résistance et une cohésion plus grandes dans le sens de la longueur que dans le sens transversal « des fibres », il suit de là, qu'il faut couper ou « débiter » les bois en longueur, c'est-à-dire dans le plan de moindre cohésion ; on a ainsi un débit facile, et les pièces obtenues se présentent non seulement sous la forme longue propre à utiliser au mieux la résistance qu'on peut obtenir du bois, et qui est plus grande longitudinalement que transversalement, mais encore ces pièces s'offrent sous le meilleur aspect, qui est celui que forment les fibres dans le bois vu de « fil » comparé au bois vu de « bout. »

Tous les ouvrages en bois ont d'ailleurs la même caractéristique que la charpente ; en effet, qu'il s'agisse de menuiserie ou de parquetage, d'ébénisterie ou de tabletterie, de charronnage ou de carrosserie, etc., on trouve toujours une réunion d'éléments dans lesquels l'une des dimensions, la longueur dans le sens des fibres, prédomine sur les autres dimensions ; et, ce n'est

qu'exceptionnellement que l'une de ces dimensions, la largeur, devenant supérieure à l'épaisseur, arrive à égaler la longueur, et cela non dans l'ossature résistante même des ouvrages, mais dans les parties en remplissage, comme les panneaux de menuiserie, par exemple.

La charpente, œuvre de construction ou partie d'une construction, et qu'elle soit provisoire ou définitive, doit toujours être conçue et exécutée en tenant compte de certains principes généraux, primordiaux, qui sont toujours les mêmes pour toutes sortes de constructions, quelle que soit la nature des matériaux choisis pour construire, quel que soit le genre de travaux, quelle que soit la destination des ouvrages. Ces principes sont exposés à l'article CONSTRUCTION. Quant aux principes spéciaux à l'emploi même du bois dans la conception et l'exécution des charpentes en général, ils sont énoncés à l'article CONSTRUCTIONS EN BOIS, et suivis de l'étude des dispositifs spéciaux employés pour réunir entre eux les éléments constitutifs d'une charpente pour en former un tout ; à l'article ASSEMBLAGE il a déjà été donné un aperçu de quelques-uns de ces dispositifs. Quant aux constructions ou parties de construction en charpente, il en sera question aux mots correspondants : MAISONS, HANGARDS, PONTS, etc., pour les ensembles ; POTEAUX, PANS DE BOIS, POUTRES, PLANCHERS, COMBLES, etc., pour les parties.

D'après ce qui précède, on voit la place importante qu'occupe la charpente dans l'art de construire ; cela résulte de l'abondance du bois dans la nature ; abondance qui n'est surpassée que par celle de la pierre.

Cette abondance du bois a été telle autrefois et est encore assez grande aujourd'hui, dans certaines contrées, pour que des édifices entiers aient été ou soient construits en bois à l'exclusion d'autres matériaux, au moins dans toutes les parties principales.

— A l'origine des sociétés, les premiers abris durent être construits en pierre là où cette matière était abondante, et au contraire en bois là où il abondait ; mais, il paraît probable que, le bois étant plus facile à travailler que la pierre et nécessitant, vu sa moindre densité, des moyens moins puissants pour être mis en œuvre d'une façon expéditive, les progrès en charpenterie ont dû être plus rapides qu'en maçonnerie ; de sorte que, lorsque des immigrants charpentiers s'implantaient, par conquête surtout, dans un pays où l'on construisait en pierre, leur manière de procéder devait influer sur les procédés locaux, en même temps qu'ils étaient entraînés tout d'abord, mais contrairement à la logique, à rappeler jusqu'à un certain point les formes des constructions en bois de leur pays dans les édifices en pierre. Il a dû en être de même quand dans une même région les constructions en pierre se sont substituées à celles en bois.

Quoi qu'il en soit, on trouve le bois comme la pierre, comme matières naturelles, employées principalement et dès le début dans la construction. Naturellement, les constructions primitives présentaient des dispositions simples, exigeant le moins de main-d'œuvre possible et le plus de facilités pour l'édification, l'homme à l'origine des sociétés ayant une intelligence limitée, des connaissances réduites, sa force seule pour la mise en œuvre et des outils peu nombreux et très imparfaits pour travailler les matériaux.

De là, et tout d'abord, l'emploi de troncs ou de branches, avec leur écorce, puis écorcés, enfin équarris, disposés de façon à former la hutte, la cabane, enfin de progrès en progrès on en est arrivé à la mise en œuvre de bois bien préparés, avec des surfaces bien nettes, des assemblages soigneusement faits, et on a réalisé des dispositions de plus en plus complexes en vue d'obtenir des constructions solidement assises et à l'abri de l'humidité du sol, bien closes et abritées, à étages superposés communiquant par des escaliers, etc.

L'histoire des origines de la charpente, de ses transformations, de tous ses progrès, appartient à celle de la construction en général; car, de même que pour la pierre, l'emploi du bois résulte du milieu, des mœurs, de certaines traditions, des moyens de mise en œuvre, etc. D'autre part, si en certains points l'étude des œuvres de charpente peut être distincte de celle des œuvres de pierre — dans les pays où l'un ou l'autre de ce genre de constructions existe seul — dans d'autres points, où les édifices en bois se sont élevés en même temps que ceux de pierre, et où nombre de constructions sont édifiées en employant ces deux matériaux, l'histoire de l'emploi de l'un d'eux se trouve liée à celle de l'utilisation de l'autre matière.

Néanmoins, laissant de côté les constructions en pierre bien entendu, ainsi aussi les constructions mixtes, on peut à grands traits faire un historique des constructions en charpente.

Comme nous l'avons dit plus haut, on trouve d'abord la hutte ou la cabane formés de troncs non écorcés fichés en terre, disposés sur plan circulaire ou rectangulaire, inclinés l'un vers l'autre reliés au sommet, le tout formant une sorte de paroi à claire-voie dont on garnit les intervalles de branches, de feuilles enfin, pour compléter l'abri.

Plus tard, ces troncs ont dû être dressés verticalement, en gardant une partie fourchue à la partie supérieure, de sorte qu'en formant deux parois verticales parallèles on pouvait former un toit en en venant loger les pièces dans les fourches d'une paroi à l'autre. Un progrès a dû être de donner de l'inclinaison à ce toit; un autre de garnir les intervalles des bois avec de la terre; un autre, non seulement de laisser des portes, mais encore des fenêtres, et aussi des ouvertures pour l'échappement de la fumée.

Enfin, la main-d'œuvre se perfectionnant, on en est arrivé à ces constructions dont les parois sont formées de bois empilés horizontalement, avec l'écorce d'abord, puis écorcés, enfin soigneusement dressées aux joints, pour en arriver à ces maisons suisses, russes, norwégiennes et suédoises, qui sont les types complets d'œuvres de charpenterie.

D'autre part, dans les pays occidentaux notamment, le système de construction en charpente avec les parois en pan de bois se développait préférablement, car il exige moins de matière et permet une édification plus rapide. Depuis la construction à un étage jusqu'à celle à plusieurs étages, de nombreux exemples sont à citer; il en est encore beaucoup qui sont debout, offrant à l'œil des combinaisons aussi rationnelles que variées comme construction, en même temps que satisfaisantes comme aspect.

Dans les pays où il n'y avait pas assez en abondance de bois propre à la construction et où on le réservait pour les édifices publics, et dans ceux où il n'y en avait pas et où l'exploitation de la pierre n'était pas encore connue, on a suppléé au bois et à la pierre, par l'emploi de roseaux comme en Egypte et par celui de bambous comme en Chine.

Soit avant, soit en même temps que la construction des habitations, s'élevaient des édifices publics. L'histoire parle de nombreux édifices construits complètement en bois; dans l'histoire de la Judée il est question d'un temple à Jérusalem, dans celle de Rome on parle de théâtres en bois, enfin de nos jours on trouve en Chine et au Japon des temples et palais construits avec cette matière. En Occident, les constructions totalement en bois, édifiées avant et pendant le moyen âge, ont été nombreuses, mais les incendies les ont presque toutes détruites. Toutefois s'il ne reste que de rares exemples d'édifices anciens tout en bois, il en subsiste beaucoup dans lesquels la charpente entre comme complément de l'œuvre en maçonnerie, et à cet égard on peut citer les combles à charpente intérieure apparente ou non, les clochers, beffrois et tours des églises ou cathédrales, des hôtels de ville et des châteaux, les planchers de grandes salles de réunion, etc., dont il sera donné des exemples aux articles correspondants.

A partir du XIIᵉ siècle on commence à posséder des documents certains sur l'art de la charpente. Les bois étant encore abondants à cette époque, la solidité des charpentes n'était obtenue que par la grande dimension et le fort équarrissage des bois, les combles étaient formés d'une suite de fermes peu inclinées et portant des pannes sur lesquelles reposaient des chevrons. Plus tard l'adoption des toitures à pente raide, variant de 45° à 63° permet d'employer des bois de plus faible équarrissage; les pannes furent supprimées et l'intervalle des fermes fut occupé par des chevrons à peu près armés comme elles. Ce système eut l'avantage de répartir également les pesanteurs sur la longueur totale de la tête des murs, de n'employer que du bois d'un équarrissage faible relativement à leur longueur et de poser au sommet d'édifices très élevés des charpentes très légères relativement à la surface couverte.

La charpente de l'église Notre-Dame de Paris est d'une exécution parfaite, celle de la cathédrale de Chartres, brûlée en 1836, et qui paraissait appartenir à la seconde moitié du XIIIᵉ siècle, a passé pour être le chef-d'œuvre du moyen-âge en ce genre de construction.

La charpente de l'église de Saint-Ouen de Rouen, qui date du XIVᵉ siècle, mais qui toutefois n'a que des dimensions médiocres, est aussi un bel exemple de l'art de la charpenterie à cette époque; on y remarque l'emploi de croix de Saint-André et des liens assemblés à mi-bois ayant pour fonction d'empêcher le renversement des fermes, et aussi l'usage de moises pendantes soulageant l'entrait et attachées à l'arbalétrier à l'aide de chevillettes en fer à tête carrée. Là est une des premières applications du fer à la liaison des bois de charpente.

C'est vers la fin du XVᵉ et le commencement du XVIᵉ siècle que l'art de la charpenterie atteignit son apogée; le bois se prêtait mieux d'ailleurs, que toute autre matière, à nombre de combinaisons architectoniques de cette époque; on l'employait à profusion dans les constructions civiles et religieuses. Dans les grandes salles des châteaux, des abbayes, des évêchés, des édifices publics, les charpentiers du moyen âge durent déployer toutes les ressources de leur art; ces salles, généralement situées au premier et même au second étage n'étaient couvertes que par la toiture; mais de magnifiques charpentes apparentes, lambrissées à l'intérieur, formaient un abri sûr contre les intempéries de l'atmosphère. Dans ces charpentes laissées en vue, tantôt l'entrait était conservé, tantôt il était supprimé; ce dernier cas se présentait particulièrement dans les charpentes anglo-normandes qui se distinguent de celles exécutées en France, pendant les XIIIᵉ, XIVᵉ et XVᵉ siècles, par la grosseur des bois employés, puis par des combinaisons ayant des rapports frappants avec les constructions navales et enfin par une perfection rare apportée dans la manière d'assembler les bois. Dans ces charpentes apparentes, anglo-normandes, la panne joue un rôle important et ne cesse d'être employée, seulement au lieu d'être indépendante, posée sur l'arbalétrier, elle s'y lie intimement et forme avec lui un grillage, une sorte de châssis sur lequel viennent reposer les chevrons.

Un magnifique exemple de ces immenses constructions de bois qui se trouvaient alors dans le nord de la France et qui se rencontrent encore en Angleterre est la charpente qui couvre la grande salle de l'abbaye de Westminster. Autant qu'on peut en juger, sans démonter une charpente, les assemblages, les tenons sont coupés avec un soin rare, c'est grâce à cette précision dans l'exécution et aussi à la qualité des bois employés plus qu'à la bonté du système que cet ouvrage s'est conservé jusqu'à nos jours.

Quant à l'application du bois à la construction des maisons, des palais et même des églises, il ne reste d'exemples complets que ceux qui sont postérieurs au xive siècle. Le bois se prêtait bien à la nécessité, dans laquelle se trouvaient les habitants de villes encloses de murs, d'économiser le terrain ; les maisons prenaient aux dépens de la voie publique plus de largeur à chaque étage ; elles se composaient d'une série d'encorbellements obtenus par le système suivant : on faisait saillir les poutres des planchers à chaque étage en dehors des pans de bois inférieur, soutenant leur extrémité par des liens et on élevait le pan de bois supérieur presqu'au nu de l'extrémité de ces poutres.

Les maisons luxueuses étaient alors décorées de compartiments formés par les bois mêmes de façades lesquels, dressés pour la justesse des assemblages et la régularité de leurs faces apparentes, étaient chargés de sculptures représentant des ornements et des figures. Quelquefois ces bois étaient peints de brillantes couleurs. Dans les façades des habitations communes les pièces, grossièrement équarries, étaient couvertes par des bardeaux ou des ardoises. Plus tard, on étendit les crépis de hourdis de remplissage sur les bois, dont on laissa les faces raboteuses.

Quant aux charpentes des planchers, elles sont généralement simples pendant le moyen âge ; peu ou point d'enchevêtrures, mais des poutres posées de distance en distance sur les murs de face ou de refend, et recevant les solives, qui restaient apparentes comme les poutres elles-mêmes. Ces pièces étaient travaillées comme celles des pans de bois.

Notons ici qu'un des caractères particuliers à l'art de de la charpenterie du moyen âge c'est la sincérité de formes, la connaissance des bois et l'emploi de cette matière en raison de ses propriétés : assemblages simples, proportionnés à la force des bois ou à l'objet particulier auquel ils doivent satisfaire, renforts, également ménagés dans une pièce de bois pour ajouter à la force d'un assemblage, choix des bois, soin de ne pas les engager dans les maçonneries mais de les laisser libres et aérés, précision, juste proportion de ces assemblages mêmes. Le fer ne vient pas, comme dans les charpentes modernes, relier, brider, serrer les pièces de bois, en un mot suppléer à l'imperfection ou à la faiblesse des assemblages.

Toutefois, la consommation du bois toujours de plus en plus grande, inspira, il y a trois siècles, à Philibert de l'Orme, l'idée d'appliquer à la construction un système ingénieux qui réunit les avantages de la légèreté et de l'économie dans les bois ; au lieu des fermes, des entraits et des poutres, qui exigent des bois de fort échantillon, très longs et très pesants, de l'Orme composa des courbes d'un diamètre considérable, avec des planches de bois longues de 1 mètre à 1ᵐ,30, large de 0ᵐ,33 environ, épaisses de 0ᵐ,027, assemblées en coupe et en liaison et posées de champ. Le bois de sapin, choisi pour ce genre de comble, le rendait fort léger. Cependant le système de Philippe de l'Orme n'eut point de partisans jusqu'à l'heureuse application qu'en firent Le Grand et Molinos à la coupole de la halle au blé de Paris, en 1783.

En même temps, pour éviter le débit coûteux du bois

en petites planches, on essaya de laisser aux grands bois leur longueur et leur largeur, diminuant seulement leur épaisseur pour les employer de champ. C'est ainsi que s'établit l'usage des charpentes dites en *bois plats*. On continua aussi à combiner avec ce système des applications variées de la méthode de Philibert de l'Orme, Citons enfin le système imaginé par le charpentier Lacase, qui présente, comme le précédent, l'avantage de bâtir avec économie de bois et à petits frais, en n'employant que de petites pièces, sans qu'il soit besoin de le débiter en planches.

Emy cite un mode d'utilisation des bois basé sur leur seule flexibilité, il a construit de grandes charpentes dans lesquelles des bois très longs et minces courbés sur le plat et sans le secours du feu. Enfin, l'un des plus étonnants ouvrages de charpente que l'on puisse signaler est le comble de la salle d'exercice de Moscou, exécuté en 1817 par M. de Bettancourt, comble qui n'a pas moins de 150 mètres de longueur sur plus de 45 de largeur.

L'emploi du bois qui a donc joué un rôle prépondérant dans la construction totale ou partielle des habitations et des édifices, tend à se réduire, au moins dans les parties principales ou constitutives des constructions définitives ; s'il a encore un rôle dans les œuvres provisoires, telles que les échafaudages, et aussi dans les dispositions complémentaires, comme les parquets, portes, fenêtres, etc., il disparaît de plus en plus de la construction des planchers, parois verticales, combles, etc.: une matière très anciennement connue, le fer, le remplace.

L'augmentation du prix des bois et de leur main-d'œuvre, leur durée relativement limitée et en outre les chances de destruction par l'incendie, la nécessité de franchir de grands espaces et d'avoir des appuis élevés et peu encombrants, les progrès dans la fabrication du fer et dans les moyens de sa mise en œuvre, expliquent la substitution graduelle du fer au bois, non seulement dans le gros œuvre des constructions, mais aussi dans les menus ouvrages.

Quant aux procédés d'exécution des charpentes en bois ou en fer, s'ils dépendent des qualités différentes de ces deux matériaux, ils exigent, pour le bois comme pour le fer, des joints et un ajustement très exact des assemblages ; car le plus petit vice toléré dans les jonctions, ou même quelques inexactitudes appréciables dans les longueurs de quelques pièces peuvent, en se multipliant et en se combinant avec la flexibilité du bois, laisser dans une charpente un jeu d'autant plus nuisible que cette charpente aurait une plus grande portée. Toutes sortes de causes, pesanteur des neiges, secousses résultant du fait même de l'habitation ou de la circulation extérieure, changements de température, alternatives d'humidité et de sécheresse, s'ajoutent pour faire à la longue prendre du jeu aux charpentes. Il faut donc que les assemblages soient tracés et coupés avec la plus rigoureuse justesse, et qu'ils soient tenus très serrés, afin de ne renfermer aucun vide ni aucun principe d'altération. La bonne façon du bois et la netteté avec laquelle leurs faces sont dressées et planées, contribuent considérablement aussi à la conservation des charpentes, en laissant moins de prise que les inégalités à l'action des variations hygrométriques de l'atmosphère, au logement des insectes et à l'attaque de la pourriture.

Il est encore utile d'abattre les vives arêtes par de petits pans réguliers, ou par des arrondissements cylindriques partout où les pièces de bois ne forment point d'assemblages, afin de soustraire ces crêtes aux mêmes causes de détérioration qui agissent sur elles avec plus de rapidité que sur les faces, aussi bien que pour prévenir leurs dégradations par l'effet de chocs qu'elles pourraient éprouver.

La charpenterie emprunte à la science et à l'art :

1° La connaissance *théorique* de certains principes fondamentaux de géométrie et de statique ;

2° L'application de ces principes à la combinaison des assemblages et à *l'appareil*, art de tracer les épures, de disposer les assemblages et de choisir les bois qui doivent être employés. (On appelle *épures* les dessins que font les charpentiers sur un sol horizontal, convenablement préparé, et qui représentent les pièces avec leurs dimensions réelles, leurs joints et leurs assemblages ; ces dessins prennent le nom d'*ételons*, quand les bois n'y sont représentés que par leurs lignes d'axe) ;

3° *pratique*, nécessaire pour le tracé sur le bois, d'après l'épure, des différentes coupes nécessaires pour la taille des joints, l'exécution des assemblages, le levage et la mise en place.

Quoique par extension on donne aussi le nom de *charpente* aux constructions métalliques, dans lesquelles le fer, la fonte, l'acier jouent le rôle principal, on doit réserver cette appellation aux œuvres construites en bois. Les dispositions des parties, les modes d'assemblage des éléments, les moyens de mise en œuvre des métaux, étant distincts de ceux qui caractérisent l'emploi du bois dans ce qu'on a eu coutume d'appeler « charpente » même quand on a fait appel au métal comme élément d'assemblage ou de consolidation, il est nécessaire de ne pas laisser s'établir dans l'emploi des mots une confusion qui peut conduire à celle des idées.

CHARPENTER. T. *techn.* Tailler, équarrir des bois de charpente pour les mettre en état d'être employés aux constructions.

CHARPENTERIE. Art de travailler le bois suivant certaines règles, pour former une ossature sur laquelle on exécutera d'autres travaux destinés à terminer une construction ; ouvrage de charpente.

CHARPENTIER. T. *de mét.* Artisan qui façonne les bois de charpente, qui les assemble suivant certaines règles, pour la construction des édifices et des maisons particulières. Dans la marine, on nomme aussi *charpentiers* les artisans qui travaillent à la construction et à la réparation des navires. Les charpentiers ont formé de tout temps des corporations puissantes, intelligentes, instruites, actives et travailleuses, qui renfermaient des hommes habiles, non seulement pour la

main-d'œuvre mais, dans l'organisation du travail et l'installation d'un chantier et aussi par leur coup d'œil pour l'édification rapide des charpentes. A notre époque, le rôle du charpentier a beaucoup diminué, par suite de l'emploi de plus en plus prépondérant du fer dans les constructions, et de ce que l'emploi du bois se limite d'une part de plus en plus aux travaux provisoires, et d'autre part aux menus ouvrages ou menuiserie ; il en résulte que le niveau moyen de la main-d'œuvre, qui ne trouve plus que rarement son application dans la confection de charpentes apparentes et soignées, tend à baisser ; d'autre part, les moyens mécaniques restreignent encore l'emploi de cette main-d'œuvre.

— Au moyen âge, tous ceux qui travaillaient le bois *du tranchant et en merrain* étaient désignés sous le nom de *charpentiers*. Les premiers règlements de cette corporation remontent au XIIIᵉ siècle. Cependant leurs statuts ne datent que du XVᵉ siècle. Il y était dit que les aspirants à la maîtrise, devaient posséder la science du trait. Ces statuts furent confirmés en 1467, 1557, 1570, 1639 et 1649. En 1681, Louis XIV créa deux offices, l'un de maître général des bâtiments royaux, l'autre de maître général de la charpenterie. Au début de l'organisation du travail, on distinguait les *charpentiers de la grande coignée*, et les *charpentiers de la petite coignée ;* les premiers qui avaient pris le nom de l'un de leurs outils, n'employaient que les gros bois, les bois carrés destinés à la construction des édifices et des maisons ; les seconds ne s'occupaient que de la confection des pièces ouvrages. En 1454, les uns et les autres reçurent des statuts, ceux de la petite cognée prirent le nom de *menuisiers*, ouvriers en menus. La division du travail amena d'autres subdivisions ; les menuisiers formèrent deux branches ; les menuisiers d'assemblage et les menuisiers en placage ou *ébénistes*, puis les charpentiers de grande cognée se détachèrent des charrons qui se livrèrent exclusivement à la confection des charrettes et des véhicules. L'ordonnance de 1649 fixait les conditions pour arriver à la maîtrise. Les charpentiers avaient, et ont encore, saint Joseph pour patron.

* CHARPENTIER (FRANÇOIS-PHILIPPE), mécanicien et graveur, né à Blois le 3 octobre 1734. Il fit ses études au collège des jésuites de sa ville natale et on le mit ensuite en apprentissage chez un graveur. Passionné pour la mécanique, il cherchait sans cesse la solution des problèmes qui se présentaient à son esprit inventif. En burinant le cuivre, il découvrit la manière de graver sur cuivre au lavis ; ses premières planches furent la *Décollation de Saint-Jean*, d'après le Guerchin ; *Persée et Andromède*, d'après Vanloo ; la *Bacchanale d'enfants*, d'après Jean de Witt, etc., et d'autres œuvres encore qui témoignent d'un réel talent d'artiste. Le brevet de mécanicien du roi qui lui fut accordé eût une influence décisive sur sa vie, car à partir de cette époque il abandonna l'art pour se livrer exclusivement à la mécanique. Il construisit une pompe à feu, une machine pour forer les métaux, une lanterne à signaux, de nouveaux modèles de phares, etc. Les nombreuses découvertes de Charpentier firent connaître son nom à l'étranger ; l'Angleterre, la Russie et d'autres puissances lui firent des offres brillantes pour qu'il consentît à aller porter son génie chez elles, mais Charpentier fut sourd à toutes les promesses et à toutes les séductions. Le grand désintéressement de cet honnête homme fut si habilement exploité par les fabricants qu'il dut se retirer à Blois, chez ses enfants, où il mourut pauvre et oublié, en juillet 1817,

* CHARPENTIER (Gervais), libraire-éditeur, né à Paris, en 1805, mort dans la même ville le 14 juillet 1871. Il commença, vers 1849, la publication d'une collection d'auteurs dans un format in-18, auquel on a donné le nom de *format Charpentier*. Cette collection, dont le bas prix de chaque volume constituait, en librairie, un progrès important, se compose aujourd'hui de plus de 500 volumes; elle valut à son créateur plusieurs procès dont il publia les comptes-rendus dans des *Notes et mémoires* qui eurent un certain succès. Il fonda aussi le *Magasin de librairie* qui devint plus tard la *Revue nationale*.

* CHARPENTIER-COSSIGNY. — V. Cossigny.

* CHARPI. *T. techn.* Billot sur lequel le tonnelier taille les douves.

CHARPIE. La charpie est une substance molle, spongieuse et souple, constituée par des filaments de longueur et de finesse variables et préparée avec le linge de toile à demi-usé; c'est la *charpie effilée brute*. Quelquefois elle est à l'état de duvet pulvérulent : c'est la *charpie râpée*.

La charpie effilée brute qui est généralement employée est formée de filaments retirés du linge qu'on a effilé, soit avec les doigts, soit à l'aide d'appareils spéciaux qui ne sont plus guère en usage.

Pour préparer la charpie, on prend du linge demi-usé, blanc de lessive et autant que possible non blanchi à l'eau de Javelle ou à la chaux; ce linge est déchiré par petits morceaux de quatre à cinq travers de doigt, puis il est effilé brin à brin. La bonne charpie est exempte de nœuds, longue de 6 à 10 centimètres; trop courte, elle devient dure au toucher et noueuse, ce qui lui retire une grande partie de ses propriétés.

Pour conserver la charpie dans de *bonnes conditions*, il faut choisir un endroit très sec, parfaitement aéré, et éviter de la tasser fortement dans des boîtes de peur de lui faire perdre sa souplesse et son élasticité. C'est précisément grâce à ces deux qualités qu'il est permis de donner à la charpie différentes formes suivant la manière dont on en dispose les filaments.

En les disposant parallèlement, on obtient le *plumasseau*, la *mèche en brins*, la *mèche en faisceaux*. En les mêlant, sans plus s'occuper de leur direction, on a, suivant la forme qu'on imprime avec la main, le *gâteau*, les *boulettes*, les *rondeaux*, les *bourdonnets*, dont la partie moyenne est étranglée par un fil et dont la réunion constitue la *queue de cerf-volant*, la *pelote* qui n'est autre chose qu'un amas de charpie enfermé dans un linge on noue les bords.

La charpie a été encore jusqu'à ces derniers temps d'un usage journalier afin d'exciter légèrement les plaies sans les irriter, de les échauffer, de les maintenir à une température constante, de les garantir du contact des agents extérieurs, dans

le but aussi d'absorber les liquides et principalement le pus secrété à la surface des plaies.

Nous devons ajouter que maintenant, grâce aux nouvelles méthodes de pansements, elle tombe quelque peu en désuétude. — Dʳ A. B.

CHARRÉE. On donne le nom de *charrée de soude*, aux résidus provenant du lessivage des matériaux qui ont donné le sel de soude. Le traitement de ces charrées, leur utilisation et enfin la suppression des dégagements infects de gaz qui se produisaient et avaient une influence pernicieuse sur la santé publique, sont les résultats trouvés par M. Paul Buquet, directeur général des salines de l'Est, et M. Hoffmann, après dix ans de constantes recherches. Nous ne pouvons mieux faire que de décrire ici les procédés actuellement en vigueur à l'usine de Dieuze.

A l'extraction du sel qui s'y fait aujourd'hui par puits salés, on a joint la fabrication de la soude au moyen des deux opérations ordinaires : transformation du sel en sulfate de soude par l'acide sulfurique, transformation du sulfate en carbonate de soude par la craie et le charbon. Les matières premières employées sont alors le sel, le charbon, la craie, le soufre destiné à produire l'acide sulfurique; le produit de l'opération est le sel de soude, tandis qu'on obtient comme résidus, d'une part, l'acide chlorhydrique résultant de l'action de l'acide sulfurique sur le sel, d'autre part, les marcs de soude ou *charrées* provenant du lessivage des matériaux qui ont donné le sel de soude. La difficulté qu'ont les industriels à placer dans le commerce de grandes quantités d'acide chlorhydrique les a engagés à en consommer eux-mêmes le plus possible; aussi, fabrique-t-on en outre les chlorures décolorants. On emploie à cet effet l'acide chlorhydrique, la chaux et une nouvelle matière première d'un prix relativement élevé, le bioxyde de manganèse.

On produit du chlorure de chaux ainsi qu'un nouveau résidu, le chlorure de manganèse, dont l'utilisation jusqu'ici a été très bornée. Nous donnerons donc une idée générale de l'exploitation de l'usine de Dieuze en disant qu'elle fabrique du sel, de l'acide sulfurique, du sulfate de soude, du sel de soude et du chlorure de chaux. Elle emploie, à cet effet, comme matières premières, le sel, le soufre, le bioxyde de manganèse, la craie, la chaux, le combustible, et obtient comme résidu un excès d'acide chlorhydrique non employé à la fabrication des chlorures décolorants, 20 mètres cubes environ par jour d'une dissolution très acide de chlorure de manganèse, enfin 25 mètres cubes à peu près de *charrées*. Les résidus liquides étaient écoulés jusqu'ici dans les rivières, et quant aux résidus solides on en augmentait chaque jour l'accumulation, de manière à former un immense cavalier qui atteignait au moment de la découverte du procédé plus de 200,000 mètres cubes; quand l'occasion s'en présentait, on les abandonnait au chemin de fer comme matériaux pour les remblais.

De graves inconvénients résultaient de l'introduction dans les cours d'eau de résidus fortement acides : de plus les eaux de pluie en tombant sur les masses de charrées y établissaient un véritable drainage avec production de liquides infects et malsains. Telles sont les difficultés contre lesquelles avaient à lutter les fabriques de soude et dont l'usine de Dieuze a triomphé.

M. Buquet a trouvé, en effet, le moyen d'exploiter les résidus de manière à en diminuer autant que possible le volume, à leur ôter toute influence fâcheuse sur la santé publique et à en extraire des produits utiles, soufre et manganèse. Les difficultés étaient nombreuses : si l'on considère, en effet, le point de vue industriel de la question, il faut remarquer que le soufre de Sicile coûte 16 francs les 100 kilos, et que la même matière si on emploie les pyrites, revient seulement à 10 francs. Comme les charrées en contiennent seulement de 12 à 15 0/0, il faudra, pour avoir 100 kilogrammes de soufre, traiter environ 800 kilogrammes et au moins 1,700 à 1,800 kilogrammes, si, comme l'expérience le prouve, on ne peut retirer de ce produit que la moitié environ du soufre qui s'y trouve renfermé. Il est évident que d'un traitement opéré sur 1,800 kilogrammes de matières et devant fournir 10 francs de produits utiles, on devra bannir tout emploi de combustible ou de réactifs ayant une valeur quelconque et qu'il faudra utiliser seulement d'autres résidus repoussés par le commerce. Si nous envisageons le problème sous le rapport de l'hygiène, nous rencontrons un obstacle qui avait paru jusqu'ici insurmontable; le soufre existe dans les charrées à l'état d'oxysulfure et s'en dégagera sous forme d'hydrogène sulfuré dès qu'on fera intervenir un acide; nous n'hésitons pas à condamner tout procédé dont l'application entraînerait la production d'un gaz aussi terrible par ses effets toxiques, alors même qu'on prendrait, comme dans l'origine à Dieuze, la précaution de le brûler. Ces conditions étant posées, voyons comment le procédé de Dieuze les remplit; les réactions que les deux espèces de résidus, marcs de soude et chlorure acide de manganèse, exercent l'un sur l'autre, y sont tellement enchevêtrés qu'il devient indispensable de suivre chacun d'eux pas à pas dans cette série de transformations. Les charrées contiennent comme élément fondamental un composé insoluble de chaux et de sulfure de calcium :

Analyse des charrées de Dieuze, suivant M. Hoffmann :

Eau.	35,7
Oxysulfure de calcium Ca O, 2 Ca S. . .	34,7
Sulfure de sodium.	6,5
Carbonate de chaux.	17,4
Alumine	1,9
Oxyde ou sulfure de fer.	1,7
Sulfate de soude.	1,7
Chlorure de sodium	0,1
Résidu insoluble dans H Cl	3,5
	103,0

Par une exposition à l'air, prolongée pendant 8 ou 10 mois, ce composé peut s'oxyder et se transformer en sel de chaux soluble (polysulfure,

hyposulfite) et en sulfate de chaux. On réduira la durée de cette oxydation à quelques jours, si on a soin d'ajouter aux charrées fraîches ou desséchées un peu de sulfure de fer, sel qui possède la propriété d'absorber rapidement l'oxygène de l'air.

Après l'addition de cet excitant dont nous verrons tout à l'heure l'origine, les charrées sont exposées pendant quelques jours sous forme de tas fréquemment retournés pour renouveler les surfaces et faciliter l'oxydation. Un premier lessivage méthodique fournit alors les *eaux jaunes sulfurées* marquant 16° à 18° Baumé et contenant du polysulfure de calcium. Une nouvelle exposition à l'air des matériaux lessivés y amène une seconde oxydation tellement vive que la température du centre des tas peut monter jusqu'à 70° environ; au bout de trois jours, on lessive une seconde fois et on obtient un liquide désigné à l'usine sous le nom d'*eaux jaunes oxydées* et riche en hyposulfite de chaux. Quand on traite un polysulfure par un acide, il se dépose du soufre et il se dégage de l'hydrogène sulfuré; si l'on opère sur un hyposulfite, il y a également dépôt de soufre, mais dégagement d'acide sulfureux; en faisant agir l'acide successivement sur les deux espèces d'eaux jaunes, on aurait donc du soufre et deux dégagements infects et délétères d'acide sulfureux et d'hydrogène sulfuré; mais ces deux gaz à l'état humide peuvent réagir l'un sur l'autre en donnant du soufre et de l'eau. Si donc on mêle en proportion convenable les eaux jaunes sulfurées aux eaux jaunes oxydées, on n'aura plus en les traitant par un acide qu'un abondant dépôt de soufre sans production sensible de gaz odorant. Emploie-t-on à cet effet l'acide chlorhydrique, on obtient un soufre pulvérulent et d'un beau jaune; opère-t-on avec le chlorure acide de manganèse, le soufre qui se précipite est coloré en gris par un peu de sulfure de fer dont la présence n'aura pas d'inconvénients quand on brûlera le soufre. Il y a plus : les résidus acides provenant de la fabrication du chlore sont préférables, pour cette opération, à l'acide chlorhydrique. Ils contiennent, en effet, toujours du perchlorure de fer, qui, se réduisant au contact de l'hydrogène sulfuré, agit comme régulateur de dosage des deux espèces d'eaux jaunes; si le gaz infect tend à se produire, il est arrêté par le perchlorure de fer qui le décompose en donnant du soufre et du protochlorure de fer. Quant au soufre obtenu par l'un ou l'autre des deux traitements, il ne reste plus qu'à le laisser égoutter et sécher. On a donc pu l'extraire des charrées et transformer celles-ci en un résidu final que l'on retire des bassins après un second lessivage et qui ne renferme plus alors de sulfures, mais seulement de la chaux, du sulfate de chaux et autres matières dont l'agriculture essaie déjà de tirer parti :

Sulfate de chaux.	66,25
Carbonate de chaux.	1,37
Chaux	20,9¾
Fer et alumine.	7,06
Oxyde de manganèse	1,50
Matières insolubles	2,80
	99,85

Suivons maintenant dans ces transformations le second résidu, le chlorure acide de manganèse et de fer :

Composition des résidus de chlorure.

Chlorure manganeux	22,00
— ferrique	5,50
— barytique	1,06
Chlore libre	0,09
Acide chlorhydrique.	6,80
Eau	64,65
	100,00

On commence par le neutraliser et pour cela on l'emploie, ainsi que nous venons de le voir, à précipiter le soufre du mélange des eaux jaunes ; quand on voit le dépôt de soufre prendre une teinte grise, on est averti que la neutralisation est complète et qu'il commence à se former des sulfures de fer et de manganèse ; il faut arrêter l'opération, laisser déposer le soufre, et décanter le liquide composé de chlorures de calcium, de manganèse et de fer. Vient alors le *déferrage* pendant lequel ce mélange est mis au contact des charrées fraîches et soumis à leur action jusqu'à ce que tout le fer ait été précipité à l'état de sulfure ; il donne ainsi aux marcs de soude l'excitant nécessaire à leur oxydation et par une nouvelle décantation on obtient un mélange formé de chlorures de calcium et de manganèse. Pour séparer ce dernier métal, on a recours à l'action d'une proportion convenable d'eaux jaunes sulfurées qui fournissent un dépôt de soufre et de sulfure de manganèse coloré par une proportion plus ou moins grande de sulfure de fer. Le liquide qui ne contient plus alors que du chlorure de calcium peut être rejeté ; le sulfure de manganèse mélangé de soufre fournit par la combustion de l'acide sulfureux qui rentre dans la fabrication de l'acide sulfurique et des cendres formées de sulfate et d'oxyde salin de manganèse.

Cendres de sulfure de manganèse.

Sulfure de manganèse		44,5
Oxyde salin de manganèse {	Mn O . . .	36,6
	Mn O² . . .	18,9
		100,0

On a trouvé à Dieuze un emploi très ingénieux de ces cendres ; calcinées avec du nitrate de soude, elles donnent des vapeurs nitreuses pour les chambres de plomb avec un résidu formé d'oxyde de manganèse régénéré et de sulfate de soude que l'on sépare au moyen du lessivage.

Oxyde de manganèse régénéré.

Oxyde salin {	Mn O	45
	Mn O²	55
		100

On extrait donc aujourd'hui à Dieuze presque la moitié du soufre contenu dans les charrées à l'état de sulfure ; l'autre moitié reste dans un nouveau résidu sous forme de sulfate de chaux ou de plâtre, c'est-à-dire à un état tout à fait inoffensif ; le prix de revient du soufre régénéré est d'ailleurs assez inférieur à celui du soufre du commerce pour que l'usine se soit mis à exploiter comme une véritable mine la masse de ses anciens résidus avec une telle activité qu'elle n'a pas eu à faire depuis un seul achat de soufre de Sicile.

Le manganèse régénéré y est employé aux mêmes usages que le manganèse neuf et revient aussi à un prix moindre. En outre, les résidus liquides autrefois fortement acides ne contiennent plus guère que du chlorure de calcium, ils sont parfaitement neutres et peuvent être jetés à la rivière jusqu'à ce qu'un emploi leur ait été trouvé.

On peut donc résumer ainsi les résultats obtenus par MM. P. Buquet et Hoffmann ; d'une masse considérable de résidus inutiles, encombrants, insalubres, ils sont parvenus à extraire, d'une part, des produits qui rentrent dans la fabrication et y jouent le rôle de matières premières, d'autre part, des résidus nouveaux inoffensifs au point de vue de l'hygiène et dont l'agriculteur tirera sûrement parti. Les auteurs du procédé actuel sont arrivés, par une savante combinaison des réactions que les divers résidus peuvent exercer les uns sur les autres, à ne faire intervenir dans l'application de leurs méthodes l'emploi d'aucun combustible, mais seulement l'action de l'air et une manutention conduite d'une manière intelligente. Aussi l'usine réalise-t-elle des bénéfices annuels considérables en substituant, dans son travail, les produits régénérés à une quantité équivalente de matières premières qu'il aurait fallu demander au commerce. — P. E.

· CHARRETIN. *T. techn.* Espèce de charrette sans ridelles.

CHARRETTE. *T. de charron.* Voiture à deux roues destinée au transport des fardeaux ; elle est composée d'un plancher dont les brancards de chaque côté, qui en forment les bâtis principaux, sont prolongés en avant d'une longueur et d'un écartement suffisants pour y atteler un cheval ou un homme. Elle est préférable au chariot dans un certain nombre de cas : moins lourde, elle tourne plus facilement et elle est mieux utilisée sur les chemins unis et peu montueux. Comme le chariot, la charrette est munie de ridelles, de ranchers, de cornes, etc... servant à maintenir les fardeaux ; celle qui est destinée à être traînée par des bœufs a, à point de brancards, une *flèche* ou *timon* traverse longitudinalement le véhicule, et sert de maîtresse pièce dans la construction de ce genre de charrette.

CHARRIER. *T. de blanch.* On donne ce nom aux toiles de jute ou de coton qui garnissent le fond et les parois des cuves à lessiver pour empêcher les tissus de se tacher, soit par la rouille des cuves quand celles-ci sont en fer, soit par les impuretés que les pièces abandonnent par le lessivage. Ces matières étrangères restent alors sur le charrier. On s'en sert également dans le lessivage du linge de ménage qui se fait dans certains pays avec des cendres de bois, aussi dans ce cas ces oilest portent-t-elles le nom de *toiles à cendres.·*

*CHARRIÈRE (Joseph-François-Bernard), fabricant d'instruments de chirurgie, né le 18 mars 1803 à Cerniat, canton de Fribourg (Suisse), mort à Paris le 28 avril 1876.

En 1818, dans une sorte de boutique appliquée le long des murs d'un vieux cloître, dans la cour des hospitaliers de Saint-Jean-de-Latran, aujourd'hui démolie et située presque en face du collège de France, un jeune apprenti d'une quinzaine d'années se faisait remarquer par son ardeur au travail et par son assiduité; arrivé le premier à l'atelier, il en sortait un des derniers, et pendant toute la journée il recherchait le travail et les plus rudes labeurs. La boutique était tenue par un nommé Vincent, coutelier, fabriquant spécialement les instruments de chirurgie; l'apprenti était le jeune Charrière, dont les parents avaient quitté la Suisse pour venir s'établir à Paris, le père comme garçon de recettes, la mère comme couturière. Les sacrifices ne coûtèrent pas aux parents et après avoir donné à leur fils une certaine éducation, par une sorte de divination ils en firent un apprenti coutelier.

A l'âge de 18 ans, Charrière était déjà patron et sans crainte de concurrence à son protecteur, il s'établissait dans une petite échoppe, voisine de celle de Vincent, et aux vitrines de laquelle il exposait des lancettes aux manches de buis ou de bois noir, des lancetiers bien modestes, des clefs de Garengeot, des ciseaux, des pinces, des forceps, le tout en fer et de forme grossière et primitive. Les vides étaient remplis par des sondes en étain et par des spéculums en fer.

Dans ce milieu, travaillant jour et nuit, Charrière eut une idée lumineuse qu'il mit à exécution en appelant à la rescousse toute son énergie, toute son intelligence, toute sa puissance de travail. Il voulut, par une sorte d'intuition, faire sortir de ses langes la coutellerie chirurgicale, et en faire, un art qui pût, jusqu'à un certain point, marcher de pair avec l'art chirurgical lui-même. Une circonstance heureuse le favorisa au milieu de ses efforts. Dupuytren put apprécier un jour son ingéniosité et dès lors il se l'attacha pour ainsi dire; lui inspirant chaque jour de nouveaux modèles d'instruments, alimentant, excitant le feu d'invention, de perfectionnement qui animait l'esprit du jeune Charrière. Le grand chirurgien était heureux d'avoir enfin un esprit qui pût le comprendre et qui sût réaliser d'une façon matérielle les conceptions de son talent, nous allions dire de son génie. Aussi s'en fit-il le protecteur et dès ce moment la fortune de Charrière suivit une ascension qui fut presque sans interruption. Mais nous devons dire dès maintenant que ce qui contribua pour beaucoup à la fortune de Charrière, ce fut l'idée ingénieuse qu'il eut de remplacer le fer par l'acier dans la construction de tous les appareils de chirurgie. Nous insisterons plus tard sur ce point.

En 1825, Charrière fut nommé fournisseur de la Commission des hospices. Il avait alors 22 ans, mais il était déjà à la hauteur de la mission qu'on lui confiait.

En 1833, il s'installa rue de l'Ecole de médecine et ses efforts constants étaient récompensés, en 1834, par une médaille d'argent, en 1839 par une médaille d'or. Cette dernière récompense, extraordinaire à cette époque, était due à un nouvel effort qu'avait fait Charrière. En effet, en 1837, inquiet, préoccupé de la supériorité qu'affectaient les couteliers anglais, contrarié de la préférence que les chirurgiens français eux-mêmes leur accordaient, il entreprit le voyage de Londres, pour étudier de plus près les secrets de la fabrication anglaise.

A son retour, il se rendit auprès des premiers parmi les chirurgiens des hôpitaux de Paris et leur présenta des instruments, des bistouris, qu'il rapportait d'Angleterre. Ces instruments furent trouvés parfaits, sans reproches, et la surprise des chirurgiens fut grande quand sur la lame des bistouris Charrière leur fit lire son nom. Ces instruments avaient été fabriqués en France, à Paris, par Charrière, par des ouvriers français et avec de l'acier français. Ainsi se trouvait renversée, dès cette époque, la supériorité relative des fabricants anglais et de l'acier anglais. L'avenir donna raison à Charrière.

En 1842, il s'installait dans les bâtiments où se trouvent encore aujourd'hui les ateliers qu'il a créés. En 1876, il mourut, après avoir eu la douleur de perdre sa femme et ses deux fils, dont l'un était appelé à lui succéder. Nommé chevalier de la Légion d'honneur en 1844, il avait été promu officier en 1851, après l'exposition de Londres.

Charrière a perfectionné tous les instruments de chirurgie, et il en a créé un bon nombre. Il serait trop long d'énumérer les inventions et les découvertes qui ont rempli sa grande et noble carrière. Citons rapidement ce qu'il y a de plus important dans son œuvre.

D'une manière générale, il a perfectionné les instruments de chirurgie en rendant leur action plus efficace, par un changement des plus simples dans leur construction. Il a, par exemple, débarrassé les ciseaux du clou à vis destiné à en joindre les deux branches, perfectionnement qui permettait de nettoyer les ciseaux et de les remonter rapidement. Il a modifié les instruments faisant pinces à anneaux, que ces instruments soient faibles comme les pinces à pansement, ou qu'ils soient, au contraire, destinés à vaincre une grande résistance, comme les tenettes. Il les a modifiés d'abord par le croisement simple ou le croisement double, ou même par le décroisement des branches, de manière à en réduire considérablement le volume, soit au dehors, soit en dedans d'une plaie, soit en deçà des mors, soit au-dessus des anneaux. De plus, à l'aide d'un système à crémaillère, il les a rendus aptes à exercer une pression continue, sous l'action permanente de la main du chirurgien.

La seringue est devenue, grâce aux perfectionnements qu'il y a apportés, un instrument presque nouveau. Il en emprunta une partie à la pompe de Bramah et surtout il appliqua au piston le système du double parachute, ou, si l'on

veut, du double diaphragme, ou de la double val-
vule. Il a perfectionné les scies et inventé, en
quelque sorte, tous les instruments qui servent à
la lithotricie, de telle façon qu'on peut dire que
cette méthode n'existerait guère sans lui. Il a
employé le maillechort dans la construction des
instruments qu'on ne faisait qu'avec le cuivre.
Mais surtout il a remplacé le fer, dont on se
servait avant lui, par l'acier fondu, de telle manière que depuis son intervention, les chirurgiens
sont sûrs qu'ils ont entre les mains des instruments avec lesquels ils peuvent entreprendre
n'importe quelle opération, sans craindre qu'ils
ne se cassent, ne se recourbent, ne se déforment
et n'entravent ainsi la marche régulière de l'opération qu'ils ont projetée. — Dr A. B.

CHARRON. *T. de mét.* Artisan qui fabrique les
chariots et, en général, les grosses voitures destinées au transport des denrées ou des matériaux;
dans les campagnes, le charron fabrique aussi
des charrues et autres instruments aratoires.
Son travail consiste encore à faire ce qui constitue la charpente des voitures plus légères, les
roues, brancards, timons. — V. l'article suivant.

— Les charrons ont été constitués en communauté par
Louis XII; leurs statuts qui datent de 1498 ont été sanc-
tionnés par une ordonnance de 1668.

CHARRONNAGE. Art de construire les voitures
destinées au transport des produits agricoles, des
matériaux de nature quelconque ou utilisées

Fig. 600. — *Fac simile d'une gravure de l'Encyclopédie du XVIIIe siècle.*

pour certains usages de l'industrie et du commerce.

On conçoit que l'origine du charronnage remonte à la formation des groupements humains,
car la nécessité de transporter les choses indispensables à l'existence s'est tout d'abord impo-
sée aux colons qui ont pris possession du sol; le
charron, se mettant au service du laboureur,
facilita l'échange des produits d'un lieu à un
autre, et c'est dans son modeste atelier que le
commerce prit naissance.

Les premiers véhicules furent extrêmement
grossiers; leurs roues étaient d'un seul morceau,
pris dans un gros tronc d'arbre, ainsi qu'en témoignent les monuments antiques; de nos jours,
les voitures de charronnage peuvent affecter
des formes différentes mais elles sont toujours
grossières d'aspect.

Les bois qui servent au charronnage doivent
être employés dans les conditions les plus favorables à leurs qualités propres. Tout en donnant
au véhicule la forme qui convient à l'usage auquel il est destiné, on doit encore le disposer de
façon que les différentes parties employées
à la traction et au roulement soient dans les
conditions les plus convenables à la facilité de
traction et au moindre effort à exercer pour
celle-ci.

L'industrie du charronnage a conservé les
grands principes qui la régissent, mais elle a
introduit de nombreux perfectionnements dans
le mode d'exécution des pièces qui composent
une voiture. Ces perfectionnements ont porté sur
l'outillage qui permet, dans les grands ateliers,
de substituer le travail de la machine à celui de
l'ouvrier.

Ces machines-outils fournissent non seulement des pièces qui sont parfaitement semblables et égales s'il le faut, mais encore produisent incomparablement plus vite et avec beaucoup plus d'exactitude que la main de l'homme. C'est là le côté purement industriel du charronnage, et avant d'en aborder l'étude, nous devons l'examiner tel qu'il se pratique toujours avec l'ancien outillage au hameau comme à la petite ville.

Nous diviserons donc ce travail en deux cha-

Fig. 610. — *Fac simile d'une gravure de l'Encyclopédie du XVIII⁰ siècle.*

pitres distincts, le premier comprenant les *procédés manuels* et le second les *procédés mécaniques.*

§ I. La matière principale mise en œuvre dans le charronnage est le bois appartenant à diverses essences ; ces essences elles-mêmes ayant poussé dans des terrains différents et jouissant

Fig. 611. — *Fac simile d'une gravure de l'Encyclopédie.*

pour ces diverses causes de propriétés particulières, le charron devra savoir quel emploi il en devra faire.

Le charron doit donc pouvoir juger à l'aspect du bois, non seulement son essence, mais encore dans quel terrain le bois a poussé et par suite toutes les qualités ou les défauts qui doivent en découler.

Les bois qui sont les plus propres à la profession du charron proviennent des terrains de bonne nature, ni trop secs, ni trop humides.

D'après Duhamel : 1° les bois poussés dans les terrains secs, dans les contrées chaudes, sont peu sujets à se pourrir, ils sont plus durs, plus compacts que ceux des pays froids et humides, mais en revanche se soumettent moins facilement au cintrage que ces derniers.

2° Les bois poussés sur les côteaux autour des futaies, sur la lisière des forêts ou isolément sont quelquefois de meilleure qualité que ceux de l'intérieur, mais d'autre part ils sont souvent sujets aux défauts inhérents à leur exposition qui les rend rebours, tortillards, et possèdent souvent des défauts de gelivures, de roulures, etc.

3° Les bois qui proviennent au contraire de l'intérieur des futaies sont ordinairement sains, d'une belle venue, d'un fil droit, mais d'un tissu moins dur ;

4° Les arbres exposés au midi sont souvent branchus parce qu'ils cherchent l'air et le soleil ; leur bois est ordinairement dur et de bonne qualité ;

5° Les arbres exposés au levant sont souvent tortillards mais durs ;

6° Les arbres qui poussent au couchant sont généralement d'un tissu moins résistant que ceux des autres expositions.

En ce qui concerne les défauts que peuvent présenter les bois et qui sont la conséquence du vent, de la gelée, de la chaleur, de la pourriture, nous renvoyons le lecteur au mot Bois où tous ces défauts sont passés en revue d'une façon complète.

Chaque essence de bois, avons-nous dit, a un emploi différent dans le charronnage. En tête de ces essences se place le chêne, et parmi ses variétés : 1° le *chêne blanc* pédonculé (*quercus racemosa*), il possède, lorsqu'il est jeune, une écorce unie, luisante, de couleur olive rembrunie, et très peu d'aubier. Son bois a les fibres fines, élastiques, de couleur jaune paille. On peut faire indistinctement avec lui les *limons*, les *barres*, les *rais* ; c'est le bois presque uniquement employé dans la construction du matériel de guerre en France. 2° Le *chêne rouvre* ou chêne commun de Bourgogne (*quercus robur* ou *sessili-folia*) possède une écorce gris-roux, présente peu d'aubier, ce dernier tranche par sa couleur claire sur le bois parfait beaucoup plus foncé que celui du chêne pédonculé. Ce bois plus dur et plus raide que le précédent est surtout employé à la confection des *rais*. 3° Le *chêne blanc* ou *châtaignier* (*quercus castanea*) possède une écorce très mince d'un gris blanc. Il pousse dans les terrains humides, son bois est plus blanc que le précédent et est employé surtout à la confection des *caisses* à cause de sa mollesse. 4° Le *chêne vert* ou *yeuse* (*quercus virens*) possède un bois très lourd, très compact, d'un brun clair, l'aubier est presque

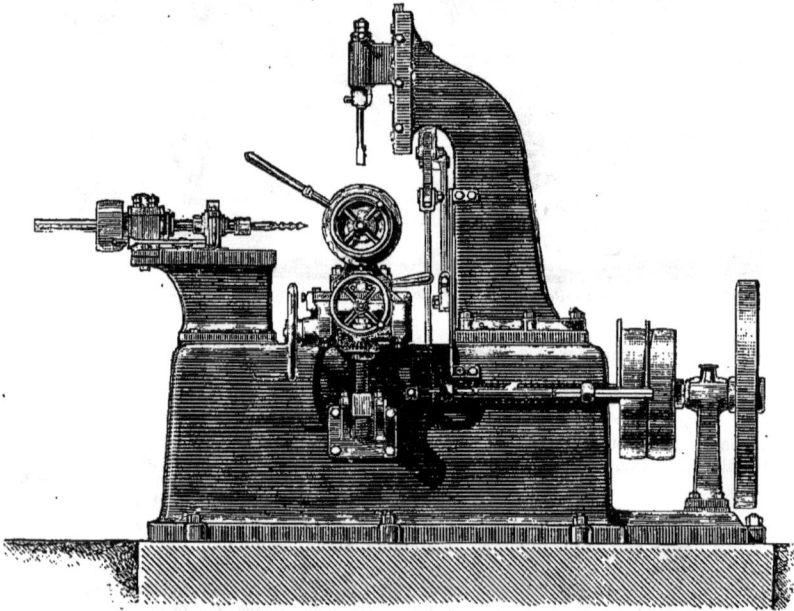

Fig. 612. — *Machine à mortaiser les moyeux, vue de profil.*

blanc. L'yeuse se conserve très bien, on en fait des *rais* et des *moyeux*, quoiqu'il se tourmente beaucoup.

En général, les meilleures qualités de chêne proviennent d'un bon terrain siliceux profond légèrement humide. C'est à trente ou trente-cinq ans que le bois possède toute sa vigueur.

Immédiatement après le chêne vient l'orme. Les variétés employées dans l'industrie qui nous occupe sont : 1° l'*orme champêtre* (*ulmus campestris*). Son écorce est peu épaisse, grisâtre et côtelée ; son bois est jaune clair, marqué de brun vers le cœur ; on l'emploie à la confection des *jantes* et des *moyeux*. 2° L'*orme ormille* possède une écorce écailleuse d'un gris blanchâtre, son bois est dur et élastique, on l'emploie à la confection des *jantes* et des *moyeux*. 3° L'*orme à écorce fougueuse* (*ulmus cortice fungoso*) possède une écorce épaisse, molle, remplie de loupes, les fibres du bois, plus grosses que celle des variétés

précédentes, forment une contexture molle, aussi l'emploie-t-on surtout à faire les *bâtis* des caisses de voitures. 4° L'*orme tortillard* (*ulmus enodiolina*) a son écorce dure, écailleuse, d'un brun foncé tirant sur le roux ; son bois formé de fibres entrelacées possède une grande résistance, aussi l'emploie-t-on pour faire des *jantes*, des *moyeux* et même des *essieux*.

Les meilleurs bois d'orme proviennent des terrains siliceux secs et sablonneux.

Le *frêne* dont les diverses variétés employées sont : 1° le *frêne commun* (*fraxinus exelsior*) présente une écorce unie grisâtre, son bois est d'un blanc légèrement verdâtre et d'une grande élasticité, aussi lorsqu'on juge par son aspect extérieur que ses fibres sont bien droites et parallèles entre elles, on en fait des *brancards*, des *limonières*, des *armons*, des *flèches*. Il pousse très bien dans les terres grasses et humides. 2° Le *frêne blanc* (*fraxinus alba*) possède un bois blanc compact et luisant, analogue comme qualité au chêne rouvre, il est très bon pour les assemblages, on en fait des *sellettes*, des *encastrures*, des *traverses*. Son cintrage est difficile. 3° Le *frêne noir* possède une écorce noirâtre et sillonnée, mais d'une épaisseur moins grande que dans le cas précédent, ses fibres ligneuses sont fortes, peu élastiques, on le réserve pour les *caisses des voitures*. 4° Le *frêne rouge* présente une écorce d'un gris roux, forte, un peu cotonneuse, il possède un bois d'un rouge brillant, moins élastique que celui des variétés précédentes, aussi

Fig. 613. — *Machine à mortaiser les moyeux.*
Vue de face.

. l'emploie-t-on à faire des *jantes*, des *lisoirs*, des *traverses*.

Les frênes poussés dans les terrains humides argilo-calcaires sont préférés pour le cintrage, ceux qui proviennent de vallées humides à sol siliceux conviennent mieux pour les travaux qui exigent de la rigidité.

Le *hêtre* (*fagus*) a son écorce blanche unie, un peu piquetée, mais non côtelée comme celle du charme à laquelle elle ressemble beaucoup. Il se plaît dans les terrains granitiques ou calcaires, dans les terres légères et sèches; poussé dans les terrains calcaires, il est plus doux à travailler. Le bois est d'un jaune plus ou moins rougeâtre, peu élastique, n'est pas très apprécié pour le charronnage, mais cependant est employé dans certaines contrées pour faire des *moyeux* et des *jantes*, on l'emploie surtout pour des *bâtis de caisse* à cause de la solidité de ses assemblages. Il a le défaut d'être piqué facile-

ment des vers lorsqu'il n'a pas été abattu dans la bonne saison.

L'*acacia* ou *robinier* est dur et d'une grande rigidité, son écorce est brune et sillonnée, le bois est lourd, jaune veiné de bandes d'un brun verdâtre. Il peut être employé depuis le tronc jusqu'aux branches inclusivement pour faire des rais.

Le *peuplier* n'est guère employé dans le charronnage qu'à la confection des doublures intérieures de voiture, il comprend les variétés suivantes : le *peuplier blanc de Hollande, ypreau* (*populus alba*), son écorce est unie d'une couleur mêlée de noir, de gris et de blanc lorsqu'il est jeune, et crevassée lorsqu'il a une dizaine d'années. Son bois est doux et liant. Les terrains de toute nature, pourvu qu'ils ne soient pas trop secs lui conviennent également. 2° Le *tremble* (*populus tremula*) a son écorce verdâtre et blanchâtre dans sa jeunesse et blanc roux parsemée de sillons dans sa maturité. Son bois est plus mou, plus spongieux, plus cassant que celui de l'espèce précédente. 3° Le *peuplier noir* (*populus nigra*) s'élève à une grande hauteur, son écorce est jaunâtre couverte de sillons; son bois est assez dur. 4° Le *grisard*, autre variété de peuplier.

Les autres bois employés dans le charronnage sont ceux : de châtaignier qui remplace quelquefois le chêne blanc, mais plutôt dans les parties qui rentrent dans la menuiserie; le charme qui sert quelquefois à remplacer le hêtre, mais qui donne des assemblages beaucoup moins résistants; l'érable sycomore, dont on fait des bâtis de caisses de voiture, mais qui a l'inconvénient d'être un peu mou. Le sapin est employé aussi comme doublage.

Nous n'avons parlé que des bois qui servent absolument au charronnage, ceux qui sont employés à la confection des voitures plus ou moins confortables et des voitures de luxe trouveront leur place aux articles qui traiteront de ces diverses classes de voitures.

Nous avons donné l'aspect de l'écorce pour chaque essence de bois parce que celui-ci arrive le plus souvent en grume chez le charron où il est équarri sur place, puis débité suivant les besoins et placé dans les conditions les plus propices à son séchage et à sa conservation, afin d'éviter les gerçures, les pourritures, les échauffements, les champignons, etc.

Au nombre des outils employés dans les ateliers de charronnage dans lesquels aucun perfectionnement mécanique n'a été apporté, un petit nombre seulement est encore employé dans les grands ateliers mécaniques où les machines font presque tout le travail; les petits sont analogues à ceux employés dans la menuiserie, mais de dimension plus grande et les gros outils sont tout à fait spéciaux au charronnage.

Il y a donc lieu de distinguer deux classes d'outils ; la première se compose : d'une *planche à dessin* de 3ᵐ,50 de longueur sur 0ᵐ,60 de hauteur, pouvant se diviser en deux au moyen d'une coulisse, les accessoires sont un té de 1ᵐ,50 de long avec tête de 0ᵐ,50; une petite équerre, une fausse équerre, deux réglets, une règle de deux mètres divisée en millimètres et une règle de 1ᵐ,50; d'un *établi* à une presse verticale située dans sa partie inférieure et à gauche de l'ouvrier lorsqu'il travaille; ses accessoires comprennent; deux valets, un maillet en bois, une varlope,

une demi-varlope, des rabots ronds sur la longueur, concaves et convexes sur la largeur et un rabot debout. L'établi est placé dans l'atelier contre le mur de façon à recevoir le jour du nord sans faux-jour, les outils ci-dessus sont placés sous l'établi ou sur une planche latérale

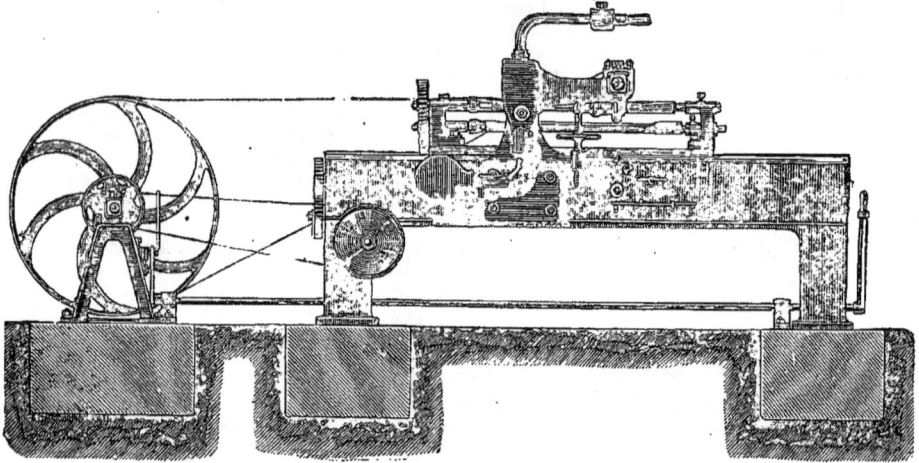

Fig. 614. — *Machine à tailler les rais mécaniquement. Vue d'ensemble.*

en contre-bas d'un centimètre et prolongeant l'établi en laissant un jour, pour laisser couler les copeaux. Les outils qui peuvent être mis sur cette planche sont: quatre bouvets de différentes dimensions suivant les besoins et de un, trois, quatre centimètres ordinairement; un bouvet double, un bouvet à allégir, un bouvet à angle intérieur arrondi, un bouvet à scie, plusieurs

bastringues de différentes grandeurs, des guillaumes. En dehors des guillaumes, les outils proprement dit à moulures portent le nom de ces mêmes moulures et s'appellent *boudins, baguettes, congés, doucines, filets ou carrés, gorgets, mouchettes, quarts de rond, tarabiscots*, etc.

Des ciseaux, six à huit becs-d'âne, trois ou

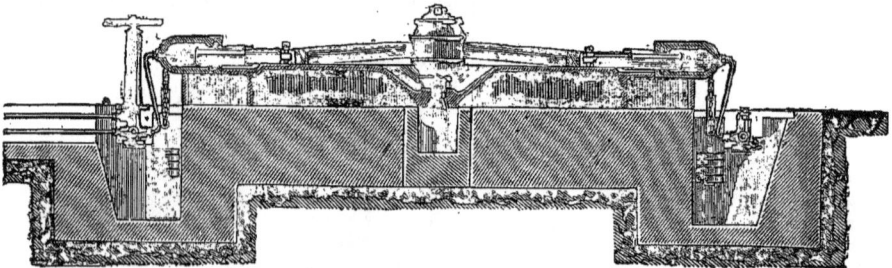

Fig. 615. — *Machine à enrayer et enjanter. Coupe verticale passant par deux presses et l'axe de la caisse.*

quatre limes et râpes de diverses dimensions et deux ou trois tournevis. Un compas droit, un compas calibre, une équerre à chapeau, une sauterelle ou fausse équerre, un mètre ployant, un ou deux grattoirs et une équerre d'onglet. Des vrilles, des mèches et un fût de vilebrequin. Quatre sergents ou serre-joints de diverses grandeurs avec leur vis en fer, des brides à talons et **vis**, une barre à bouger, un bâti à panneaux.

Une pierre à huile pour l'affûtage des outils, et enfin un pot à colle forte.

La deuxième classe comprend les *outils à débiter* qui sont : la cognée, la hache, les coins en fer et en bois, les scies à refendre et à chantourner dont les dents sont faites en crochet, la scie de travers avec son chevalet, les ciseaux, le maillet et les gros outils analogues à ceux de menuisier. L'*essette* qui est une sorte de marteau dont la panne perpendiculaire au manche est tranchante et recourbée vers lui. Du côté de la tête, aux trois quarts du taillant, se trouve une douille soudée dans laquelle passe le manche, l'essette peut servir de marteau et de taillant et sert principalement à dégrossir les parties con-. caves comme les jantes.

Le principal outil servant à *corroyer*, *planer*, *polir* et *allegir* employé par le charron après les outils de menuisier employés à cet usage est la *plane*, lame terminée à chacune de ses extrémités par une soie recourbée perpendiculairement à la face plane, le taillant est pris sur la face supérieure sans toucher à la face inférieure, de façon à toujours frotter avec la face plane les parties que l'on travaille, la lame forme de plus dans son plan une légère ligne courbe convexe.

Les outils *à percer* comprennent, outre ceux

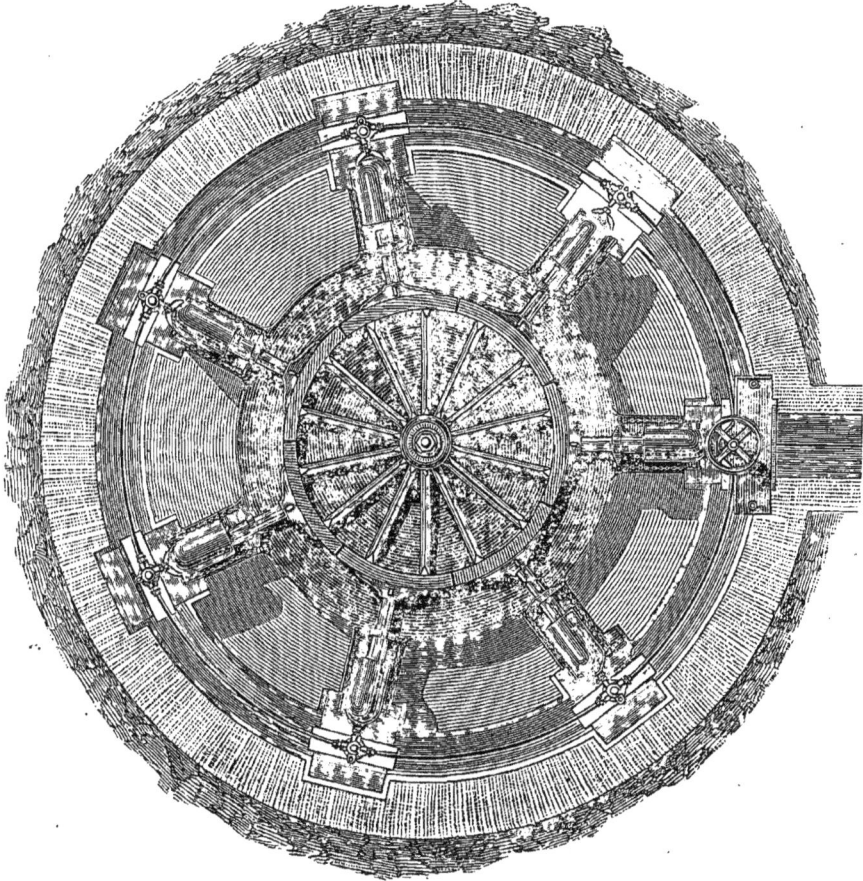

Fig. 616. — *Plan général de la machine à enrayer et enjanter.*

qui ressemblent à ceux du menuisier, la gouge carrée, les tarières, les tarauds, les tarières à mouches, à cuillers, à spirale, à un ou deux couteaux. Les tarauds de charron sont de grandes tarières à cuiller, de forme conique et ayant dans leur partie la plus étroite un petit crochet relevé du côté de la partie concave pour enlever les copeaux découpés.

Les outils *à tracer* sont semblables à ceux de menuisier, on se sert en outre du *temple*, sorte de règle en bois de cinq centimètres d'épaisseur et de sept centimètres de largeur par un bout et

de huit à neuf par l'autre bout arrondi et percé d'un trou par lequel on peut faire passer la cheville de la selle. Le *temple* sert à enrayer, c'est-à-dire à marquer la distance à laquelle il faut marquer la place des mortaises dans les jantes,

Le *cintre*, *règle de charron* ou *alilade*, est une règle plate qui sert à mettre les roues à la hauteur voulue, à leur donner le bouge, à tracer à la pierre noire les coupes des joints des jantes ; on fixe à cet effet l'alilade au centre du hérisson placé sur la selle.

L'*évidoir* est formé de deux pièces de bois entaillées sur leurs faces supérieures, deux entre-toises réunissent les deux pièces à leurs extrémités et les empêchent de s'écarter. Les jantes sont placées dans les échancrures et fixées au moyen

ce coins pour être entaillées avec l'*essette* qui sert à régler leur partie concave.

Le *jantier* se compose de deux pièces de bois rectangulaires supportées par des poteaux en

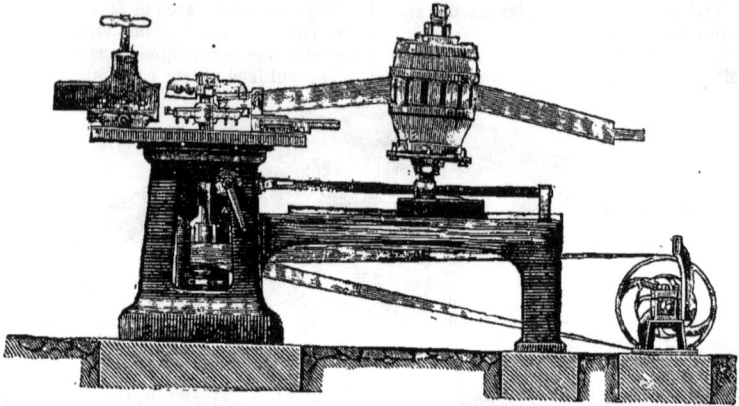

Fig. 617. — *Machine à tailler les pattes et les broches des rais. Élévation.*

bois de même forme et dont les têtes dépassent les pièces ci-dessus de vingt centimètres environ, des entre-toises empêchent l'écartement. C'est entre ces quatre têtes qu'on vient accoler les jantes les unes à côté des autres en les serrant au moyen de coins, la partie concave de ces jantes

étant en-dessus. Dans cette position on peut percer les mortaises dans lesquelles doivent entrer les broches des rais des roues.

Le *moyoir* est un châssis carré formé de quatre pièces de bois rectangulaires formant deux lits de pièces parallèles posés l'un sur l'autre. Ce

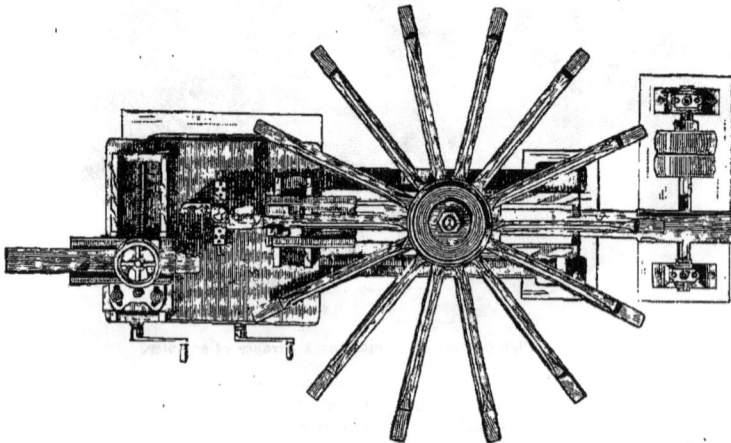

Fig. 618. — *Machine à tailler les pattes et les broches des rais. Plan.*

châssis est supporté par trois pieds de cinquante centimètres de hauteur. Une pièce de bois garnie d'une broche en son milieu peut glisser sur les pièces inférieures entre les deux pièces supérieures. Une autre broche faisant face à la première permet de fixer le moyeu, au moyen de coins placés derrière la pièce de bois mobile et

de percer les mortaises qui devront recevoir les pattes des rais.

La *selle* est formée d'un tronc d'arbre de 60 à 70 centimètres de diamètre coupé perpendiculairement à l'axe et supporté sur trois pieds. Une cheville en fer placée en son centre sert à placer le moyeu de la roue et permet de *présenter*, com-

passer et *marquer* les jantes posées sur le hérisson.

La *chaîne* est un des outils à assembler, il sert à réunir les rais aux jantes, par exemple, en forçant deux rais à se rapprocher pour entrer dans les mortaises. Elle est formée d'une chaîne terminée à chaque bout par une tige filetée entrant dans un anneau. En tournant l'une des têtes des vis au moyen d'une clef, on diminue le pourtour formé par la chaîne et on oblige les parties embrassées par elle à se rapprocher.

La *chèvre* n'est autre qu'un levier ou bascule

tournant autour d'un axe soutenu par une sellette qu'on approche du poids à soulever, cette sellette est formée de deux morceaux de bois assemblés angulairement, de manière à être écartés dans le bas d'au moins 50 centimètres pour se réunir dans le haut à l'épaisseur de la bascule de la chèvre ; les pieds sont assemblés par deux traverses qui en maintiennent l'écartement. Un troisième pied ou queue d'environ 2^m,50 forme trépied avec les deux autres. Le levier de la chèvre s'appelle *bascule,* la partie que l'on sai-

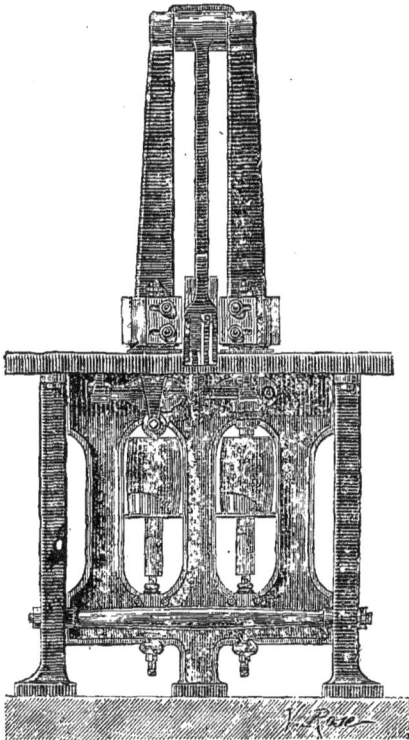

Fig. 619. — *Machine à corroyer les jantes.*
Vue de face.

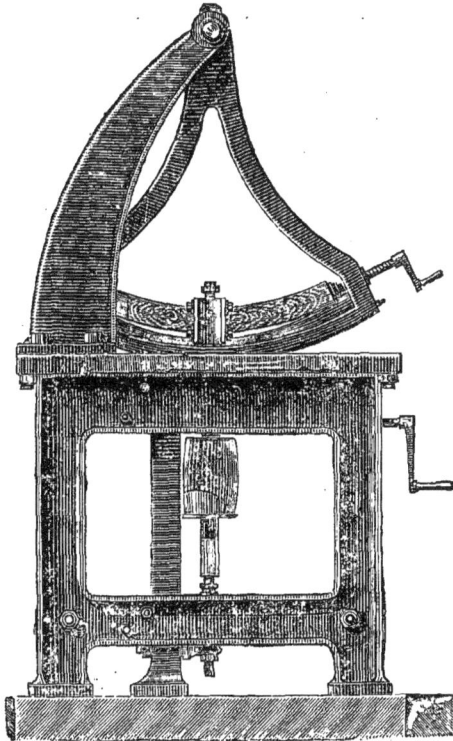

Fig. 620. — *Machine à corroyer les jantes.*
Vue de profil.

sit à la main porte le nom de *mancheron*. L'axe de rotation de la bascule est disposé de telle sorte que le mancheron puisse s'appuyer sur les traverses ; le talon de la bascule étant courbe le poids ne tend pas à le déplacer, la queue aidant. La chèvre sert surtout à soulever les essieux pour enlever une roue ou pour tout autre besoin (la fig. 609 indique à droite derrière la selle un type de chèvre).

Le *chevalet* est composé de deux croix de Saint-André assemblées à mi-bois et réunies par une traverse placée au centre, on donne aussi à ce chevalet le nom de petite chèvre (fig. 609 au milieu). Enfin on se sert encore d'un tour à bois.

Les figures que nous mettons sous les yeux du

lecteur montrent tout le travail du charronnage à la main résumé dans la partie la plus compliquée, la confection d'une roue. Les outils dont nous avons parlé plus haut sont du reste presque tous mis en œuvre dans les opérations successives que nous représentons, et qui semblent en quelque sorte effectuées sous les yeux du lecteur (fig. 609, 610 et 611).

Le moyeu une fois travaillé au tour, est percé de ses mortaises espacées convenablement. Pour ce travail on le fixe sur le moyoir et on agit successivement avec les tarières appropriées aux trous à percer ; les arêtes sont parfaites au ciseau et au marteau. On laisse tremper ensuite le moyeu tout fretté dans l'eau bouillante.

Les rais sont taillés à l'établi et planés une première fois; les pattes sont faites au ciseau, les broches à la scie. Les jantes sont taillées d'autre part autant que possible dans des bois courbes (fig. 609), on en dégrossit les faces à la cognée et on les place ensuite dans l'*évidoir* où on les maintient avec des coins, la partie courbe en dessus. Au moyen de l'*essette* on complète l'entaillage suivant le tracé que l'on a fait sur les faces du bois, en ayant soin d'agir

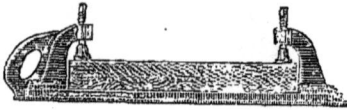

Fig. 621. — *Cale gabarit. Élévation.*

toujours suivant le fil; on emboîte alors les pattes des rais dans les mortaises taillées suivant une certaine inclinaison, celle-ci se trouvant combinée avec celle de la patte, donne au rais l'écuanteur voulu.

Cet emboîtage (fig. 610) s'effectue à grands coups de masse en ayant bien soin de conserver aux rais leur inclinaison On comprend toute l'habileté nécessaire à l'ouvrier pour opérer ce tra-

vail. Le moyeu est fixé convenablement dans la broche en fer inclinée d'un tas disposé à cet effet, ou bien encore dans une fosse garnie sur ses bords de deux coussinets en bois sur lesquels vient reposer une broche passant par le trou percé dans l'essieu. On a soin de mouiller l'essieu avant ce travail, afin de permettre une introduction plus difficile des rais facilitant leur stabilité, une fois qu'ils sont entrés ; les coups de marteau

Fig. 622. — *Cale gabarit. Plan.*

donnés sans cela sur l'un des rais feraient sortir son voisin de sa mortaise.

Une fois les rais posés on porte le hérisson formé, sur la *selle* (fig. 610) et c'est là que le charron trace les joints des jantes, la position des mortaises de ces mêmes jantes correspondant à chaque rais. Il pose à cet effet les jantes sur les broches, et aidé du *cintre* pour les coupes des joints, du *temple* pour les mortaises, il fait les

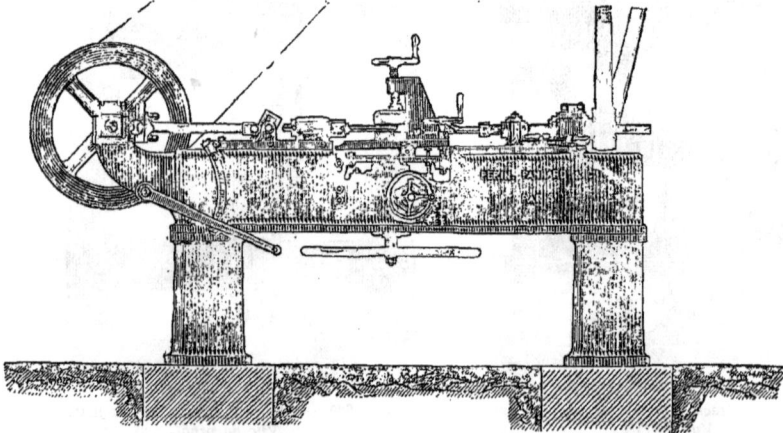

Fig. 623. — *Machine à mortaiser les jantes. Élévation.*

tracés convenables qui permettent de couper d'abord les jantes à la scie, suivant leur dimension définitive et ensuite de faire les mortaises en se servant de la tarière et du ciseau. Ce percement des mortaises s'effectue (fig. 611) sur le *jantier* dont nous avons parlé plus haut et dans lequel les jantes sont accolées les unes aux autres et maintenues solidement. Une fois les mortaises terminées, on fait l'enjantage en s'aidant de la chaîne et de la masse, et en produisant un enfonçage aussi énergique que possible; on se sert soit du tas, soit de la fosse ci-dessus comme support.

L'embattage s'exécute ensuite en posant à

chaud les cercles des roues, chauffés, presqu'au rouge et en les arrosant d'eau le plus vite possible pour les refroidir et leur donner le retrait.

Le perçement de la chambre de l'essieu se fait à la gouge à mains; cette chambre manque alors bien souvent de précision par suite de la difficulté qui existe à enfoncer la gouge bien verticalement; aussi, est-on le plus souvent obligé de racheter avec des cales les vides inutiles, pour centrer exactement la boîte. La roue est ensuite planée, polie, rabotée sur toutes les parties qui peuvent en avoir besoin. Les broches mises dans les cercles après perçage des trous servent à donner plus de fixité à ceux-ci.

Les autres parties de la voiture de charronnage sont en quelque sorte du ressort de la menuiserie et de la charpenterie. Ces parties étant formées de pièces droites assemblées à tenon et mortaises, et formant des assemblages eux-mêmes maintenus par des ferrures qui servent à les consolider en augmentant la résistance des portions recouvertes. Tous ces travaux sont faits à l'établi avec les différents outils dont nous avons parlé dans la première partie de ce travail.

L'industrie du charron proprement dite travaillant à la main tend à disparaître chaque jour, par suite de la division du travail qui permet d'avoir à meilleur compte des roues toutes faites fabriquées dans de grands ateliers. La présence elle-même de ces grands ateliers offre non seulement des choix nombreux de toutes sortes de voitures, mais encore permet toutes les réparations que peut nécessiter la détérioration de ces voitures. Nous allons voir dans la deuxième partie de cette étude quelles garanties de solidité et de bonne confection présentent les ouvrages de charronnage, fabriqués avec l'emploi de machines convenablement appropriées au travail qu'elles doivent exécuter.

§. II. — Le charronnage est fait à la mécanique dans les grands ateliers auxquels la guerre de 1870 a donné un essor considérable, obligés que nous avons été de reconstituer rapidement un matériel considérable perdu ou détruit. Aussi prendrons-nous pour type de notre étude une installation complète comprenant les derniers perfectionnements con-

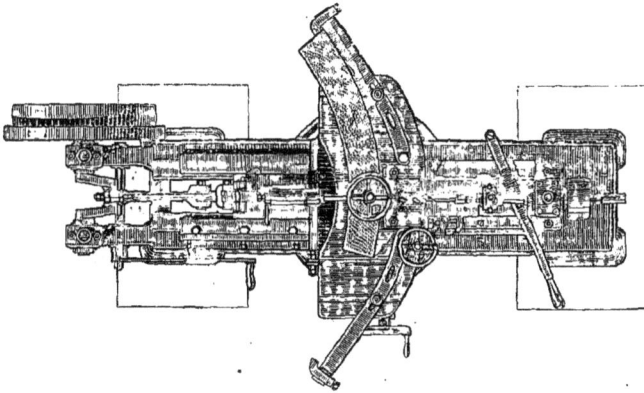

Fig. 624. — *Machine à mortaiser les jantes. Plan.*

nus, non seulement pour la rapidité obtenue dans l'exécution, pour l'économie réalisée sur la main-d'œuvre, mais encore pour la précision des pièces obtenues.

Les bois arrivant à l'usine sont mis en dépôt suivant leur essence et le parti qu'on en peut tirer. L'approvisionnement en bois est forcément variable suivant les facilités que l'on a à se les procurer, suivant le fond de roulement que l'on possède, aussi donnerons-nous seulement ici des proportions entre les quantités de bois que l'on doit avoir en magasin bien plutôt qu'un approvisionnement normal. Il n'y a rien d'absolu.

Chêne.	3,000	décistères.
Orme.	2,000	—
Orme tortillard.	1,000	—
Hêtre	100	—
Peuplier.	500	—
Grisard.	200	—

Charmes, quelques plateaux.
Assortiment de moyeux.
Tas de 30,000 rais à couvert à l'abri de la pluie.
Acajou, quelques panneaux.

Le charme et l'acajou sont là pour les besoins de l'usine et non du charronnage.

Les bois sont équarris à la cognée, et suivant les essences ils sont débités en plateau au moyen d'une scie à ruban et à chariot; une scie circulaire et une scie à ruban à petit plateau permettent de tirer parti des dosses ou des morceaux d'une faible dimension relative restant après le débitage ci-dessus. Les déchets de l'usine suffisent à l'alimentation des chaudières d'une machine de 50 chevaux et au chauffage des étuves.

Les plateaux débités sont déposés en piles après le ressuage et l'étuvage qui détruit les principes putrescibles, nuisibles à la conservation du bois.

Une règle traditionnelle qui est loin d'être toujours suivie, mais qu'il est bon de relater puisqu'elle est connue de tous les charrons, assure que le bois des moyeux peut être employé au bout de trois jours, celui des jantes au bout de trois mois, celui des rais au bout de trois ans.

La roue étant la partie de la voiture qui fatigue le plus, on conçoit qu'elle soit aussi un criterium de la qualité des bois en usage. Sans vouloir donner une nomenclature de tous les véhicules qui rentrent dans le domaine du charronnage proprement dit, le nombre de ces véhicules variant à l'infini, suivant le goût ou les exigences de chacun, nous devons cependant ici relater les principaux.

Ce sont :

1º Le traineau ;

2º Les voitures à train simple : la charrette, la guimbarde, le tombereau, le tombereau à bascule, le haquet, etc.

3º Les voitures à train double : le chariot dont les roues de derrière sont plus grandes que celles de devant, et à ridelles le plus souvent fixes ; le fourgon à roues plus grandes derrière que devant et possédant une caisse couverte ; le camion dont les roues sont basses et les ridelles le plus

souvent mobiles ; l'effourceau, la tapissière, la tapissière de déménagement du type chariot, le vagon capitonné à roues basses partout, enfin les voitures de logements pour industrie foraine, cirques, théâtres ambulants, etc.

Afin de faire suivre autant que possible le travail dans ses détails, nous ferons ce que nous avons fait pour le charronnage à la main, c'est-à-dire que nous décrirons tout le matériel d'un grand atelier de charronnage construit avec les derniers perfectionnements connus. Nous remarquerons que la plus grande partie du travail mécanique se trouve concentré sur les roues, partie la plus importante et nous nous attache-

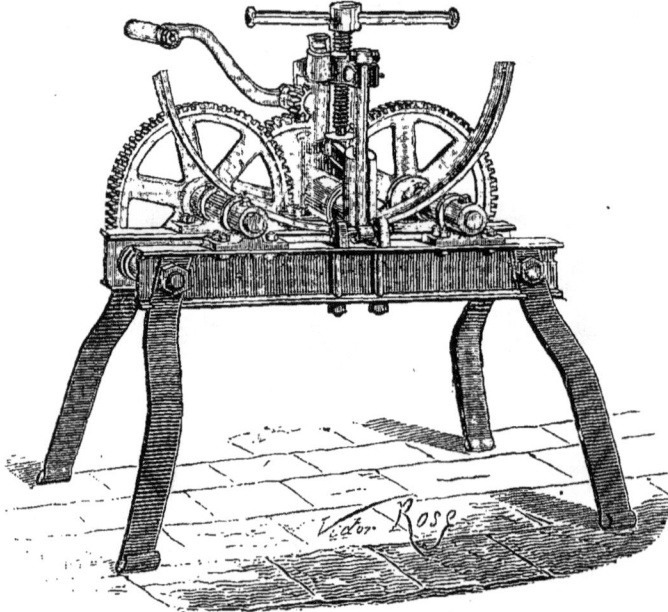

Fig. 625. — *Machine à cintrer les fers de cercles de roues.*

rons à la description de cette fabrication, les autres parties se faisant encore en partie avec les outils anciens et le travail variant à l'infini, nous serions obligés de décrire la fabrication de chaque type de voiture ci-dessus, ce qui n'aurait aucun intérêt au point de vue du charronnage proprement dit. Nous reportons de plus au mot roue toutes les conditions mécaniques qui président à la forme d'une roue, à sa résistance, au nombre de ses jantes, à l'écuanteur, aux dispositions spéciales des mortaises dans les moyeux, aux avantages et aux inconvénients que peuvent présenter les moyeux en métal, aux dispositions particulières adoptées pour les broches et les pattes, etc, etc., nous bornant ici à la partie mécanique de leur construction les dispositions particulières n'entraînant pas de modifications dans les machines, mais simplement la position ou la disposition des outils.

Les *moyeux* bruts dont on a généralement un

approvisionnement en blocs, sont percés à la machine (généralement on perce les moyeux avant le séchage afin de diminuer les fentes et plus le trou est grand, moins les fentes ont de tendances à se produire) d'un trou de deux à trois centimètres dans leur axe puis tourné au tour à bois, suivant le gabarit demandé. Ce travail s'opère en faisant éprouver au chariot de l'outil les mouvements produits par les formes d'un gabarit en tôle ayant exactement le profil qu'on veut obtenir, l'ouvrier n'a qu'à surveiller le travail qui se fait pour ainsi dire seul, l'outil n'agissant que là où il est nécessaire. Il est bien entendu que le guide ne peut suivre le gabarit qu'en descendant les lignes, aussi l'ouvrier doit-il s'arranger de façon à le faire agir dans ces conditions. Les moyeux terminés sont mortaisés et enrayés on enjante et l'on frette. Les frettes sont de plus maintenues par des goujons.

Machine à mortaiser les moyeux. Dans cet état

le moyeu peut être mortaisé. La machine (fig. 612 et 613) peut mortaiser des moyeux de 30 centimètres de diamètre au maximum. Elle se compose de trois parties. D'un plateau muni de deux poupées servant à maintenir le moyeu. Un diviseur et des buttées d'arrêt permettent de faire les mortaises sans tracé préalable et sans aucune hésitation. Ces mortaises sont faites au moyen d'une mèche horizontale qui amorce le trou et sont terminées par un bec-d'âne agissant verticalement, pour l'écuage le moyeu pivote autour d'un axe incliné. Cette machine permet de mortaiser quatre moyeux de 0,30 par heure ; à la main on ne pourrait guère en faire que dix fois moins et encore n'auraient-ils pas la précision que donne la machine. D'autres machines semblables mais plus grandes permettent de travailler des moyeux de 55 centimètres de diamètre.

Rais. Le corps des rais est découpé suivant un gabarit en fonte, type, qui sert de guide et commande la position de l'outil agissant sur chaque rais. On trouve des machines pouvant faire un, deux, quatre, six rais à la fois ; nous en donnons le type d'une (fig. 614) pouvant faire quatre rais

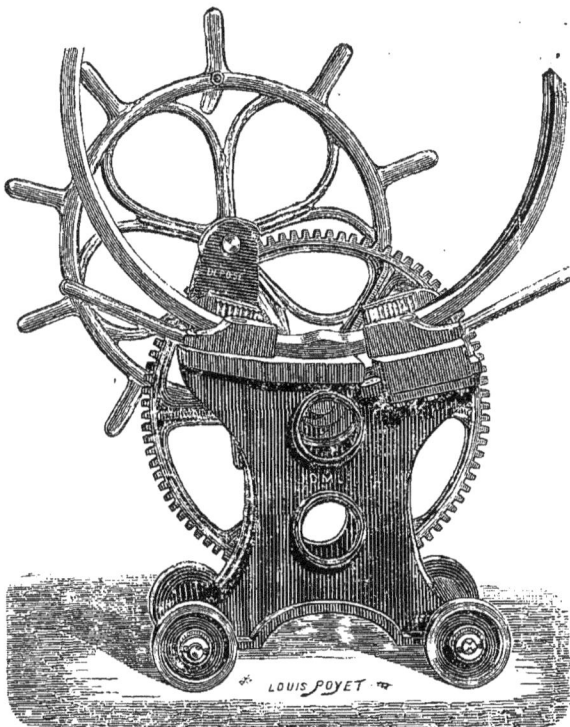

Fig. 626. — *Machines à refouler et à souder les cercles de roues.*

à la fois et pour laquelle on peut compter environ une force de un cheval par place de pièce.

Le temps nécessaire à la confection est environ de 6 à 7 minutes par rais de dimension moyenne; la production est d'environ 250 à 300 par jour et pour une machine à 4 rais ; le travail manuel de 12 à 15 ouvriers serait nécessaire pour exécuter la même quantité

Ces mêmes machines servent à la confection des volées et des palonniers, la forme du gabarit change seulement et aussi le plus souvent la forme des couteaux qui est en rapport avec la touche qui appuie sur le type. Dans ce cas il est bien entendu que les machines doivent avoir une force suffisante.

Le corps une fois taillé, il s'agit de faire la patte et la broche de chaque rais ; la patte est la partie qui sera placée dans une mortaise du moyeu, la broche celle qui entrera dans une mortaise des jantes. Ces deux parties se font avec la même machine (fig. 617 et 618) dans laquelle un arbre vertical tournant avec une grande vitesse est muni de deux plateaux porte-outils; ceux-ci peuvent s'éloigner ou se rapprocher à volonté suivant les épaisseurs à donner aux pattes et aux broches. Un chariot placé sur le côté permet de fixer chaque rais successivement suivant l'inclinaison qu'il doit posséder pour que la patte se fasse elle-même suivant l'inclinaison convenable par rapport au rais, cette inclinaison, en se combinant avec l'inclinaison déjà donnée aux mortaises du moyeu, correspond à l'écuanteur ou écuage de la roue.

Enrayage. Les pattes une fois faites, on emboîte les rais dans les moyeux en se servant de la machine à enrayer et enjanter les roues. Cette machine (fig. 615 et 616) se compose d'un plateau portant un axe en son milieu et de sept presses hydrauliques en son pourtour. Ces presses au nombre de sept, parce que généralement les roues ont sept jantes, communiquent entre elles au moyen d'un tuyau circulaire et peuvent agir ensemble ou séparément par l'intermédiaire de robinets et suivant les besoins. Lorsque l'on veut enfoncer les rais on ne fait agir qu'une même presse successivement sur chaque rais à enfoncer, les rais pénétrant ainsi dans une direction bien constante. L'opération ne prend que 8 minutes au maximum.

Confection des broches. Les rais bien enfoncés, on peut passer ensuite à la confection des broches, elle s'effectue sur la machine à faire les pattes et les broches des rais dont nous n'avons vu

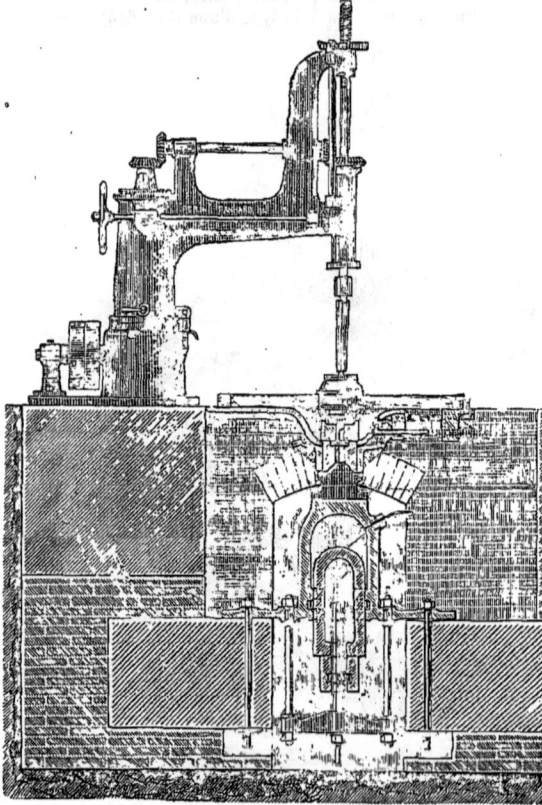

Fig. 627. — *Machine à percer la chambre d'un moyeu et à placer la boîte de roue. Figure indiquant le bras porte-outil à sa position de travail.*

qu'une partie jusqu'à présent. La partie complémentaire est formée d'un chariot qu'une vis sans fin permet d'avancer ou de reculer à volonté des outils, l'écrou du chariot est muni d'un axe possédant une inclinaison correspondant à l'écuanteur de la roue. Cet axe est muni d'un plateau sur lequel est placé le moyeu, maintenu du reste par un écrou qui s'engage sur la tige filetée inclinée et avec lequel on sert fortement le moyeu. Le plateau possède un mouvement de rotation.

Dans cette position, en avançant successivement les rais devant l'outil, les broches se trouvent faites les unes après les autres. Un buttoir maintient du reste chaque rais et lui donne de la fixité pendant que l'outil opère. Les broches sont faites ainsi dans un même plan et sur une même circonférence décrite avec le moyeu pour centre, les figures 617 et 618 indiquent une des machines employées dans les arsenaux militaires. Lorsque les moyeux sont en bronze les pattes touchent les unes contre les autres; un porte-outil spécial est nécessaire dans ce cas à la confection de celles-ci. La force prise par la machine ci-dessus est de un cheval.

Jantes. Les jantes sont formées de pièces de bois courbes. Des industriels fournissent ces bois tout courbés non seulement suivant des gabarits déterminés, mais encore suivant les rayons demandés par le charronnage. Cette industrie toute spéciale de courbage des bois s'adresse à toutes celles, qui ont besoin de bois courbe et les mettent en œuvre pour quelqu'usage que ce soit. Cependant nous devons dire que dans le charronnage on emploie bien souvent des jantes, découpées dans des plateaux à l'épaisseur normale. Les américains ont en particulier un bois, appelé bois d'Ichorie, qui est d'une qualité et d'une souplesse merveilleuse pour ce travail. Aussi faisons-nous venir des jantes toutes faites de ces contrées depuis quelques années. Les bois ainsi courbés arrivant à l'usine ont besoin d'être sciés exactement suivant le gabarit correspondant à chacune des portions de la jante de la roue que l'on veut fabriquer. Le sciage ainsi opéré à la scie à ruban, les jantes sont soumises au

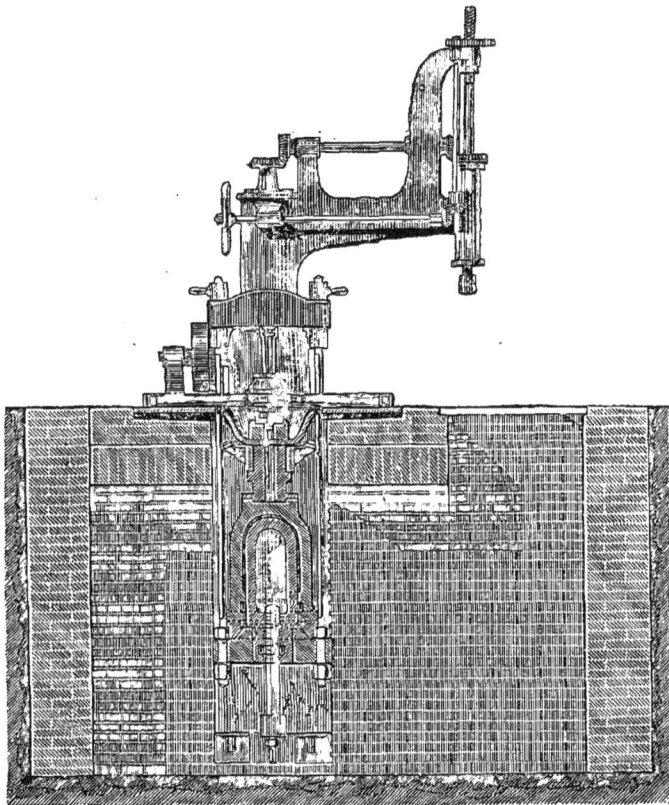

Fig. 628. — *Machine à percer la chambre d'un moyeu et à placer la boîte de roue. Figure indiquant le bras porte-outil mis de côté et le chapeau mobile de la presse hydraulique mis en place. La boîte de roue est placée sous le chapeau et prête à être enfoncée.*

corroyage qui leur donne le poli et la forme convenable. Ce corroyage s'opère sur une machine (fig. 619 et 620) composée d'un bâti en fonte supportant deux arbres verticaux munis de porte-outils tournant en sens contraire. Un pendule fixé à un point supérieur du bâti porte à l'une des extrémités de sa partie cintrée une vis de serrage qui maintient le bois. En faisant osciller le pendule à la main on rabote les deux faces planes à la fois. Lorsqu'on a ainsi raboté un certain nombre de jantes sur leur face plane, pour raboter les faces courbes on place la jante sur une cale gabarit de courbure voulue (fig. 621 et 622) et on la présente à la main devant l'un ou l'autre rabot suivant le fil du bois, en ayant soin de toujours faire agir le rabot dans le sens du fil, deux guides placés sur la table permettent du reste de diriger convenablement la cale suivant la courbure qu'elle possède.

Le mortaisage des jantes de roue s'effectue ensuite au moyen de la machine à mortaiser spéciale à ce travail (fig. 623 et 624); celle-ci se compose d'un banc en fonte reposant sur des pieds en fonte aussi. A l'une des extrémités de la machine se trouve une mèche à percer pour amorcer la mortaise, de l'autre un bec-d'âne qui peut être animé à volonté d'un mouvement alternatif. La jante à mortaiser repose sur un chariot qui peut recevoir tous les mouvements convenables permettant de faire la mortaise avec les pentes voulues et sans tracé préalable. On conçoit que les intervalles de ces mortaises puissent être ici mathématiquement exacts, et qu'il soit inutile de passer par le travail du traçage sur la selle.

La machine ci-dessus permet de mortaiser plus de deux cents jantes de moyenne dimension. Nous remarquerons que l'on donne indifféremment le nom de jante à l'ensemble des parties réunies, aussi bien qu'aux parties elles-mêmes comme dans le cas actuel.

L'enjantage des roues se fait alors sans aucun tâtonnement au moyen de la machine (fig. 615 et 616), qui nous a déjà servi à l'enrayage. Pour enjanter, on amorce toutes les jantes sur les broches des rais et on place la roue sur la caisse en tôle. La tige centrale passe par le moyeu et maintient celui-ci par l'intermédiaire d'un écrou fortement

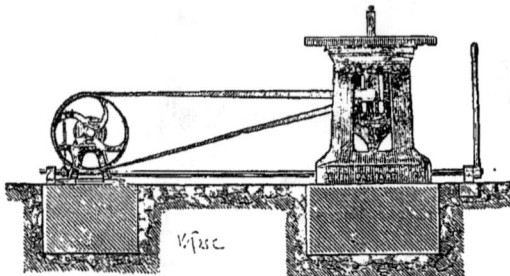

Fig. 629. — *Toupie. Élévation.*

serré. Chaque sabot de chaque presse correspond à une jante et la roue est placée de façon que la pression de chaque pompe agisse d'une façon parfaitement égale sur chaque rais. Tous les robinets du tuyau de pourtour étant ouverts, on ouvre le robinet principal peu à peu, les jantes entrent par saccades en faisant entendre un craquement caractéristique qui guide l'ouvrier sur le moment où il doit s'arrêter, il n'existe aucun autre guide que l'oreille et celle-ci ne trompe

pas avec l'habitude. Du reste lorsque des rais par hasard ne sont pas suffisamment résistants, c'est surtout à ce moment que les défauts apparaissent. La pression de l'eau dans les cylindres est de deux cents atmosphères, les pistons ont chacun sept centimètres de diamètre, le temps nécessaire au travail est d'environ cinq minutes. La force prise par la machine est de un cheval. Afin que la pression s'exerce à la fois d'une façon bien régulière et de plus utiliser le mouve-

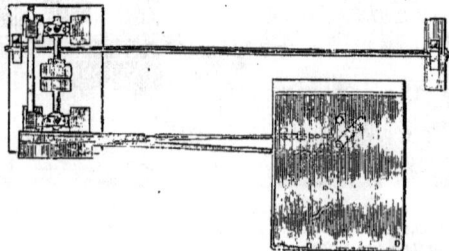

Fig. 630. — *Toupie. Plan.*

ment des pompes pendant qu'on laisse écouler l'eau pour enlever la roue, l'eau injectée pendant ce temps soulève le poids d'un accumulateur de pression. Cependant vu la dépense qu'il entraîne, on s'en passe souvent. La roue ainsi faite n'est pas terminée, c'est le moment de la soumettre à l'*embattage* qui consiste dans le cerclage soit à chaud, soit à froid de la roue.

Le cercle de la roue est fabriqué par cintrage et soudure. Le cintrage s'exécute dans la cintreuse à bandage dont la figure 625 indique suffisamment le fonctionnement. C'est en abaissant le rouleau du centre de plus en plus et en tour-

nant la manivelle que le fer prend peu à peu sa courbure définitive. Les extrémités du fer ainsi courbé sont portées au rouge blanc et le cercle placé sur la machine à refouler et à souder. Cette dernière (fig. 626) permet, au moyen des mâchoires à main et des mâchoires mues par l'intermédiaire d'engrenages recevant leur mouvement de la manivelle, de rapprocher les extrémités de soudage, de les refouler et d'en opérer la soudure. Celle-ci terminée et le cercle au diamètre voulu, on enlève le bourrelet au burin, ou mieux maintenant à la meule d'émeri.

Les cercles ainsi préparés d'avance servent à

l'embattage des roues. A cet effet, ceux-ci sont placés dans un four spécial circulaire garni de plaques de fonte extérieurement et de briques à l'intérieur, un couvercle en tôle garni de briques intérieurement sert de calotte au four. Cette calotte peut être soulevée afin de pouvoir mettre les cercles ou les enlever à volonté, ceux-ci du reste reposent sur la sole où un grillage en fer diminue la section centrale d'arrivée des produits de la combustion provenant d'un foyer chauffé avec des déchets de bois. Les gaz s'écoulent de là par des ouvertures communiquant avec des carneaux et se rendent ensuite à une cheminée. Lorsque les cercles sont arrivés à la température convenable soit presque au rouge, on les enlève un à un avec des pinces et on les pose à mesure sur la roue placée dans une cuve en fonte autour de laquelle des tuyaux d'arrivée d'eau sont placés et dirigés vers le centre de la roue. Le cercle posé et soutenu on ouvre un robinet, l'eau afflue sur le cercle et le refroidit rapidement. On comprend aisément que moins l'enrayage et l'enjantage auront été faits énergiquement, plus le cercle devra être chauffé rouge,

Fig. 631. — *Guide pour le travail à la toupie.*

afin que son retrait puisse produire ce que la main de l'homme n'aura pu faire; mais le bois se carbonise sous l'influence du fer presque rouge et pour éviter un mal on tombe dans un pire, puisque le charbon interposé, perdant peu à peu sa cohésion, laisse un vide entre le cercle et la roue. C'est pour parer autant que possible à cet inconvénient que l'on refroidit rapidement le cercle par les injections d'eau ci-dessus.

Au moyen de la machine à enjanter et enrayer mécaniquement; par suite de la précision et de l'énergie avec laquelle les pièces sont assemblées on peut chauffer les cercles à une température beaucoup plus basse et par suite ne produire qu'une décomposition partielle du bois ne donnant un quelque sorte qu'un dégagement de goudron, celui-ci, par sa présence, prévient la décomposition de ce dernier entre le fer et le bois.

Avant que l'on eut imaginé tous ces procédés mécaniques, on avait essayé de tourner la difficulté ci-dessus en opérant l'embattage à froid. Voici comment on opérait; la roue était placée sur un cercle fixe, les rais seuls reposant vers leur extrémité, une presse hydraulique agissant sur le moyeu forçait les rais à former une surface conique d'un diamètre plus faible et on plaçait le cercle à froid. Nous voyons l'inconvénient qui résultait de l'embattage opéré dans ces conditions. Les moyeux étant mouillés au moment de la pose des rais dans le travail à la main et les jantes n'étant pas enfoncées avec une force suffi-

sante, il en résultait une dislocation de tous les joints et par suite un très mauvais travail pour les grosses roues. Le procédé était cependant acceptable pour les roues légères. Nous avons dû relater ces faits qui ont vivement intéressé à une certaine époque toutes les personnes s'occupant de charronnage.

Les roues ne sont point encore terminées, il faut opérer l'alésage du moyeu pour y permettre la pose des boîtes. Cette opération se fait avec la même machine, ou plutôt avec une machine possédant les engins nécessaires à ces deux travaux. L'alésage à la main se fait à la gouge conique, mais manque totalement de précision et nécessite l'adjonction de cales pour donner à la boîte sa position et racheter les malfaçons. L'alésage mécanique se fait avec la machine que nous représentons (fig. 627 et 628). La plate-forme est cintrée immédiatement par un système de chiens conjugués qui agissent sur sa circonférence; l'extrémité du bras radial qui porte la barre d'alésage arrive après qu'on l'a fait pivoter exactement au-dessus du centre du moyeu, et l'examen de la figure

Fig. 632.   Fig. 633.   Fig. 634.
Outil à moulure.   *Rabot.*   *Scie montée sur rotule.*

montre comment se termine l'opération. L'alésage fait; on enlève la barre, on se débarrasse du bras en la faisant pivoter, on amorce la boîte sur le moyeu, on place la traverse supérieure sur les deux tiges verticales qui correspondent à une traverse inférieure fixée au piston d'une presse hydraulique, on fait agir la pression, et la boîte s'enfonce lentement et sans secousses pouvant ébranler les assemblages de la roue.

Les essieux sont généralement fabriqués en dehors des ateliers de charronnage, on les reçoit sous forme de bouts d'essieux que l'on soude ensuite. Les boîtes de roue arrivent aussi des mêmes usines.

Cependant certains ateliers réputés pour leur bonne fabrication préfèrent fabriquer leurs essieux eux-mêmes, cette fabrication n'étant du reste que peu de choses relativement au travail du bois et de plus des voitures venant en réparation ayant souvent besoin d'un changement d'essieu, cette fabrication est une adjonction qui peut être utile. Elle nécessite un petit four à réchauffer, un marteau pilon, un ou deux tours, des forges. Les essieux devant être coudés à cause de l'écuanteur, on les fait d'abord droits, les fusées sont tournées cône et ce n'est qu'après qu'on les plie pour donner aux fusées l'inclinaison voulue. Ces fusées sont en acier corroyé, on les trempe avant leur montage.

C'est à l'atelier de montage et de réparation que l'on fabrique les pièces diverses qui ne peuvent être faites mécaniquement où qui ont besoin d'un complément de travail à la main pour être terminées avant leur assemblage. Mais les machines outils qui coopèrent à la préparation des pièces de bois formant la voiture proprement dite sont la machine dite *toupie* avec laquelle on confectionne une foule de pièces. Cette machine (fig. 629 et 630) se compose d'un arbre vertical en acier pouvant monter et des-

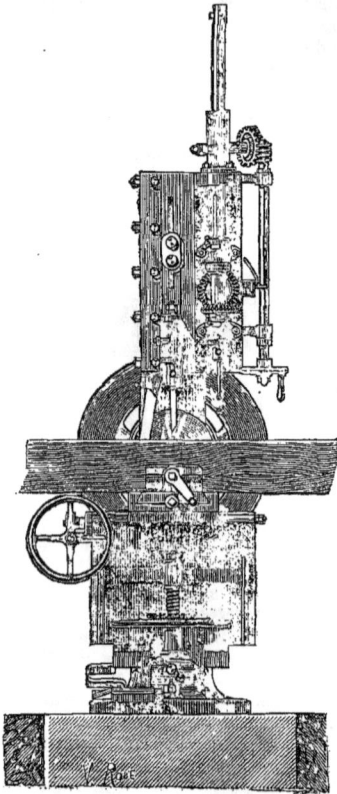

cendre à volonté, il porte à sa partie supérieure une mortaise dans laquelle se met un couteau ayant exactement la forme du profil que l'on veut obtenir.

Le guide dont on se sert dans cette machine est indiqué figure 631 ; la force prise par elle est de un cheval. Ajoutons que lorsqu'il est nécessaire d'agir suivant le sens du fil du bois, on doit se servir de préférence d'une toupie double, chacune d'elle pouvant recevoir un mouvement en sens inverse. Nous devons faire observer ici que

Fig. 635. — *Machine à mortaiser. Vue de face.*

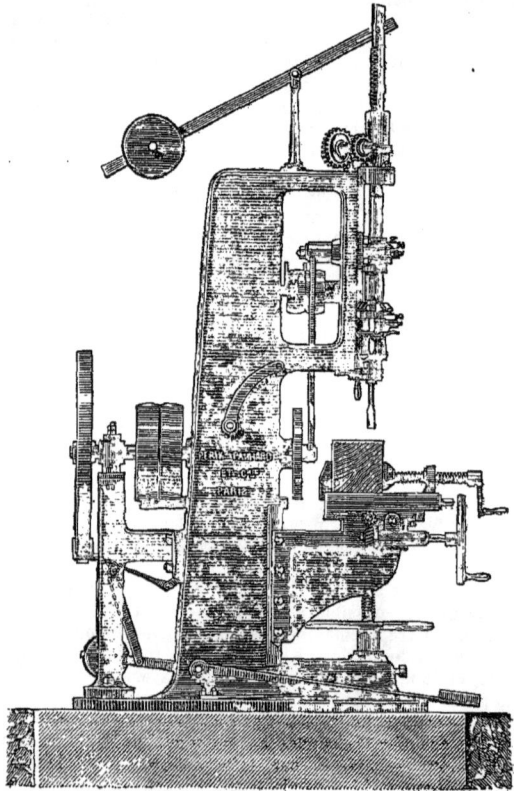

Fig. 636. — *Machine à mortaiser. Vue de profil.*

les outils de cette sorte, c'est-à-dire marchant à grande vitesse, doivent toujours être maintenus avec des cales en acier trempé quand celles-ci sont nécessaires.

La toupie est un outil précieux et très employé dans le charronnage, en plaçant en effet à l'extrémité de l'arbre vertical de la toupie un porte-outils avec fer et contre fer (fig. 632) on peut raboter des pièces de bois de 12 centimètres de hauteur. Pour les moulures droites, hautes et profondes on emploie un porte-outils spécial à deux lumières qui facilite le travail et le rend plus rapide (fig. 633). Enfin en plaçant une scie circulaire montée sur rotule, à l'extrémité de l'arbre

de [la toupie (fig. 634) on peut, en variant seulement l'inclinaison de la lame, faire des rainures de dimensions variées.

La machine à mortaiser (fig. 635 et 636) spéciale au charronnage se compose d'une mèche à percer ordinaire et d'un bec-d'âne animé automatiquement d'un mouvement alternatif. Le bois est fixé sur un chariot possédant deux mouvements, dans deux sens perpendiculaires, la mèche ne sert qu'à percer le premier trou afin de permettre l'entrée du bec-d'âne, qui finit complètement la mortaise. Comme nous le voyons, l'outil peut être employé aussi comme perceuse. La force prise par lui est de un demi-cheval environ.

Les tenons simples peuvent être faits avec la machine américaine suivante. Les bois sont fixés les uns à côté des autres sur un chariot de un mètre de longueur (fig. 637), les deux porte-outils (fig. 638) situés sur des plateaux mobiles, sur des glissières verticales, sont fixés à la distance convenable pour les épaisseurs des tenons que l'on veut obtenir. On peut encore faire les tenons obliques avec des machines appropriées à ce travail.

D'une seule passe en faisant mouvoir le chariot de sa longueur, on fait les deux premières faces du tenon, on retourne ensuite les pièces de bois et écartant à la distance convenable les porte-outils, on fait de même des deux autres faces.

Le complément presque indispensable des assemblages du charronnage consistent dans des tés en fer, des équerres, des armatures qui, non seulement donnent plus de résistance à l'ensemble, mais encore protègent les parties les

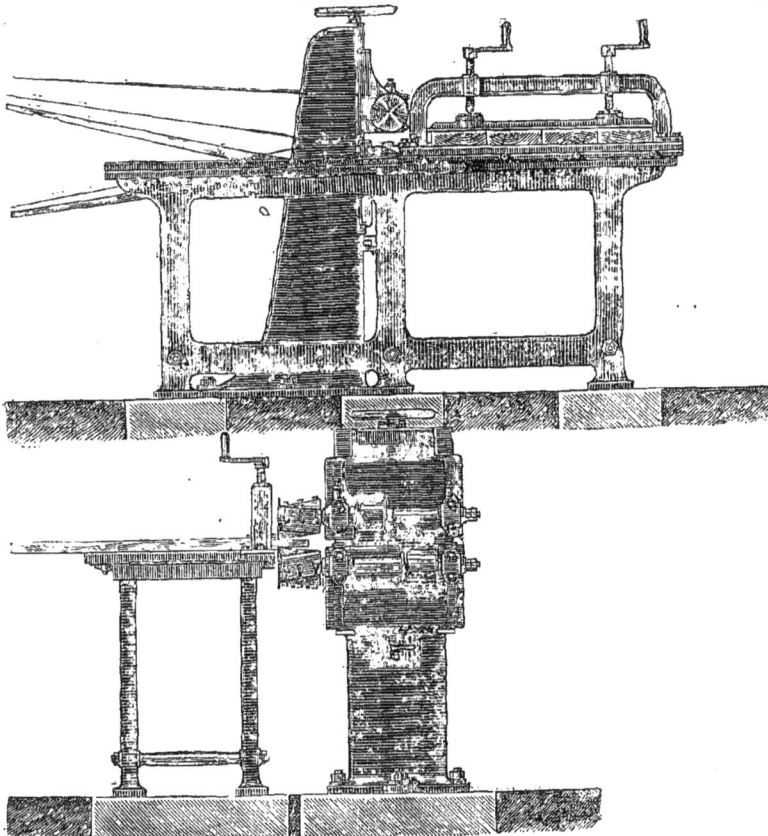

Fig. 637 et 638. — *Machine à faire les tenons. Vue du chariot portant les bois et vue du profil indiquant le porte-outil.*

plus exposées ; ces pièces qui varient nécessairement suivant les besoins sont presque toutes faites à l'atelier du charron ou plutôt dans les ateliers annexes comprenant un nombre de forges en rapport avec la production de l'atelier. Pour une production de 1000 à 1200 voitures par an, le chiffre de vingt-quatre forges paraît suffisant et la force nécessaire au ventilateur qui leur est nécessaire peut être prise sur la machine de cinquante chevaux suffisant à tous les besoins mécaniques de l'usine.

Un magasin compris dans les bâtiments con-tient tous les boulons, vis, écrous, ferrures de toutes sortes, se trouvant dans le commerce et qui sont destinés aux voitures que l'on construit. Les ressorts arrivent aussi tout fabriqués et sont montés suivant les besoins. L'atelier de peinture, séparé des autres ateliers et occupant une surface égale à toutes les machines réunies, comprend un atelier de broyage des couleurs ; en outre une place suffisante est réservée pour les dépôts de fer à bandages, essieux, et gros travaux.

Enfin, ajoutons qu'il faut avoir bien soin de placer l'atelier d'embattage dans un bâtiment séparé, la présence du four à embattre chauffé avec des déchets de bois pouvant occasionner des incendies, dont les compagnies d'assurances ne voudraient pas supporter les risques (1). — A. L. C.

CHARRUE. Instrument destiné à labourer la terre et qui est, selon les contrées, traîné par des chevaux ou par des bœufs.

Aucune industrie ne présente, dans son matériel, plus de variété que l'agriculture. Tandis que certaines exploitations du midi de la France n'offrent aux visiteurs que des charrues et des herses copiées plus ou moins fidèlement sur l'*aratrum* et le *rostrum* romains, et ne valant, les premières, que quelques écus, et, les autres, qu'une dizaine de francs; nos grandes fermes du Nord montrent avec orgueil des machines à vapeur de six à dix chevaux actionnant toute la série des appareils de préparation des produits; depuis la batteuse avec ses appareils de nettoyage et de triage jusqu'aux coupe-racines et aux barattes. Dans les champs de l'exploitation, on voit, suivant les saisons, des charrues simples et multiples, des herses énergiques et de lourds rouleaux, des scarificateurs et des extirpateurs, des semoirs mécaniques et des houes, des faucheuses et des moissonneuses, des faneuses et des rateaux. Sans compter les véhicules, l'ensemble de cette machinerie agricole représente une vingtaine de mille francs.

La soule énumération des appareils qui constituent le matériel des grandes exploitations rurales françaises exigerait plusieurs pages de ce *Dictionnaire*; et, loin de tendre à se restreindre, la *machinerie agricole* s'accroît chaque année. Aussi, la construction des machines agricoles a-t-elle, pour une nation comme la France, une importance considérable. Cependant, la plus grande partie de nos ateliers de construction d'instruments aratoires, sont, comme organisation et outillage, bien au-dessous de ce qu'ils devraient être pour assurer une construction sérieuse et économique. La plupart des constructeurs de charrues, de herses et de scarificateurs sont des forgerons de village, fort habiles ouvriers souvent, mais toujours trop mal outillés pour pouvoir appliquer, dans leur fabrication, le principe si fécond de la *division du travail*.

Quelques usines importantes fabriquent en France des machines à vapeur rurales et des batteuses, des faucheuses et des moissonneuses; mais toutes ne sont pas montées assez largement en machines-outils spéciales pour lutter avec les grandes compagnies qui construisent des appareils semblables en Angleterre et aux Etats-Unis d'Amérique. C'est du moins une des raisons qui expliquent l'importance de l'importation en France des machines agricoles anglaises et américaines, malgré les droits de douane, de 6 à 18 francs par 100 kilogrammes, et les frais de transport à grandes distances.

On ne peut, en effet, attribuer cette importa-

tion au bas prix de vente des machines anglaises et américaines (1); car, malgré le plus haut prix du fer, de la fonte et de la houille en France, le prix actuel de la main-d'œuvre permet à nos constructeurs de livrer les appareils agricoles aux mêmes prix que les fabricants étrangers; ce n'est pas non plus une supériorité de la fabrication étrangère, car nos bons constructeurs font souvent aussi bien et parfois mieux que leurs concurrents. La bonne organisation des usines anglaises, l'importance de leur outillage, assurent une construction économique et rapide, permettant aux fabricants de laisser aux intermédiaires un fort bénéfice, tout en payant une très large publicité.

Il est réellement fâcheux que, dans l'état actuel de notre industrie mécanique, les constructeurs français ne puissent fournir à nos dix-huit millions de cultivateurs le matériel dont ils ont besoin, et qu'ils laissent entrer pour plusieurs millions de francs chaque année en machines agricoles qu'ils auraient fort bien pu construire. Une autre raison de l'infériorité relative de nos fabriques d'instruments aratoires, c'est le défaut de connaissances agricoles de la plupart de nos fabricants. Le *Dictionnaire de l'industrie et des arts industriels* en joignant à son programme *le matériel et les procédés des exploitations rurales*, montre quel prix il attache aux progrès de l'agriculture; en consacrant à chaque machine agricole un article propre à servir de guide au fabricant et au cultivateur, il rendra à l'industrie nationale un service de premier ordre. La charrue nécessite, par son importance plus grande qu'on ne le pourrait croire à première vue, un article assez étendu, et dont une partie s'applique du reste à divers autres appareils de préparation du sol.

La charrue, jusqu'à ces derniers temps, était à juste titre considérée comme l'instrument caractéristique de l'agriculture. A la fin du XVIIIᵉ siècle, et au commencement de celui-ci, des savants et des personnages importants, un ministre en France, le président de la République aux Etats-Unis, faisaient de la charrue l'objet de leurs études. Il n'en est plus tout à fait ainsi aujourd'hui : le matériel agricole a pris une telle importance que la charrue ne semble plus autant préoccuper les agronomes et les savants. En présence des grandes batteuses, des moissonneuses et des appareils si nombreux, nécessaires pour remplacer la main-d'œuvre, qui fait défaut ou devient trop chère, la charrue semble, en raison de son prix peu élevé, perdre de sa suprématie, et son étude paraît avoir perdu toute importance et tout attrait. C'est un déni de justice et une erreur grave qu'il faut combattre. Quelque complexe et coûteux que devienne l'ensemble du matériel agricole, la charrue y tiendra toujours la première place, non par sa valeur matérielle ou son prix d'achat, mais par l'importance du travail qu'elle est appelée à faire. Le *labour* (labor), comme son étymologie l'indique, est le *tra-*

---

1) Nous devons à plusieurs industriels une partie des documents qui nous ont permis de rédiger cette étude. MM. Périn, Panhard et Cⁱᵉ, notamment ont bien voulu mettre à notre disposition les éléments de nos illustrations relatives aux machines employées par les arsenaux.

(1) L'Allemagne et la Suisse font, depuis quelques années, comme l'Angleterre et les Etats-Unis.

vail par excellence. C'est le point de départ de la préparation du sol avant l'ensemencement ; et, de cette préparation dépend en grande partie la réussite de la récolte. La bonne exécution des labours a une grande influence sur les travaux secondaires de préparation du sol, tels que les *scarifications*, les *hersages* et les *roulages* ; elle en a aussi sur la facilité d'emploi des appareils d'ensemencement, des instruments de culture interlinéaire ; et sur le passage des appareils de récolte et de transport.

Le labour est une opération qui, pour certaines cultures, doit être répété deux ou trois fois et dont le coût entre pour une part notable dans les frais de production. Le temps n'est même pas toujours favorable à cette opération dans les terres fortes ou collantes. De l'exécution opportune des labours dépend le succès des récoltes ou la bonne utilisation des engrais et des éléments naturels de nutrition des plantes. La perfection de la charrue ménage les attelages, permet de les maintenir en bon état : les chevaux, pour une longue période de travail, et les bœufs pour une bonne retraite à l'étable lors de leur fin naturelle, l'engraissement. La charrue mal faite exige de son attelage des efforts exceptionnels, et la meilleure alimentation ne peut alors empêcher les chevaux d'être fourbus et de mal utiliser leurs forces, et les bœufs de devenir rebelles à l'engraissement. Aussi, malgré l'espèce d'abandon dans lequel les modernes agronomes laissent la charrue, cet instrument reste le plus important par le travail qu'il doit exécuter.

L'étude des diverses parties de la charrue, comme de leur assemblage, s'impose à l'ingénieur agricole ; car le moindre perfectionnement dans la forme d'une des pièces ou dans leur réunion peut se traduire par l'amélioration du labour et une économie notable dans les frais de production. L'histoire même de la charrue n'est pas sans utilité puisqu'elle permet de déterminer l'objet des perfectionnements successifs, et par suite de prévoir ce qu'à l'avenir le cultivateur pourra demander à la charrue.

— La charrue, d'après ce que nous venons de voir, est donc un instrument assez important pour que le lecteur nous pardonne de prendre son histoire de loin ; c'est-à-dire probablement avant le déluge. Qu'était la première charrue ou, pour mieux dire, le premier instrument de culture *attelé?* Si nous nous reportons aux documents les plus anciens qui nous soient parvenus sur ce sujet, les premiers labours ont dû consister dans un simple *grattage* ou *écroûtement* des sols naturellement meubles et fertiles.

Le fer n'étant pas connu, le premier instrument de culture à bras fut très probablement une espèce de pioche (fig. 639) formée de deux morceaux de bois bruts reliés entre eux par un moyen quelconque, filaments végétaux roulés en cordes, boyaux desséchés, etc. La pointe travaillante était sans doute durcie au feu. Cet outil assez efficace dans les fonds meubles et fertiles devint insuffisant quand la population rapidement accrue dût en partie s'expatrier des *Edens* pour aller vivre sur des terres plus ingrates et moins fertiles ; la pioche est alors une pierre taillée avec manche de bois, ou la corne d'un ruminant ; plus tard enfin, l'homme reconnaît la nécessité d'une force supérieure à la sienne, il dompte le taureau et ne

lui laissant que son énergie musculaire, il l'assouplit et l'attache au *manche de son pic*, en ajoutant seulement à cet outil primitif un *gouvernail*, un *mancheron* (fig. 640), pour diriger d'une main, et à son gré, la marche du nouvel instrument, tandis que, de l'autre, il *aiguillonne* son docile esclave. Telle a dû être, suivant toutes les probabilités, l'origine de la charrue, quelle que soit l'époque de son invention ; les médailles, les sculptures anciennes confirment cette opinion. Parfois même, la pioche attelée, qui constitue l'araire primitif, est d'un seul morceau de

Fig. 639. — *Pioche primitive*

bois fourchu, comme le montre une figure du bas-relief (fig. 641) de l'urne funéraire du héros grec, *Echetlus*, qui, « *armé d'une charrue* », combattit les Perses à Marathon. Cette charrue débarrassée de son manche était une simple fourche d'*orme* et s'appelait en grec εχετλη. La charrue étrusque (fig. 642), copiée sur un bas-relief en bronze, montre de même la pioche primitive.

Dans cette forme antique, l'araire ne peut être conduit que par un homme fort et adroit..... « Qu'on nous donne à chacun, dit Ulysse, une bonne charrue ; qu'elle soit attelée de deux bœufs au poil roux, de même âge et de même taille, nous les conduirons dans une terre qui n'ait pas

Fig. 640. — *Charrue primitive, d'après une médaille ancienne.*

été défrichée et on jugera lequel de nous deux aura mieux renversé le gazon et tracé les sillons les plus droits. »

Les progrès de l'araire primitif furent lents, jusqu'à l'invention du bronze et surtout du fer ; ce dernier métal permit de faire des *socs*, d'abord sous forme de pointe doublant et précédant la pointe en bois ; c'est le *dentale*, l'embryon du soc moderne. Lorsque le travail du fer fut perfectionné, la pointe fut terminée en fer de lance, le *vomer*, étroit d'abord, large ensuite. L'ancienne fourche en bois ainsi armée d'un soc change de nom ; dans sa partie massive c'est le *buris* ou corps de charrue, et le manche du pic est le *temo* ou timon reposant sur le joug des bœufs. Les premières *buris* sont à double dos (*duplex dorsum*) et font, en ouvrant leur sillon, refluer la terre des deux côtés également. On améliora le labour en tenant la charrue alternativement droite et penchée, afin de ne laisser aucune partie du sol non travaillé ; puis, pour éviter cette difficile manœuvre, on ajouta du côté où l'on voulait jeter la terre une cheville ou l'on fixa contre la buris une saillie ou oreille. Cheville et saillie sont les embryons des *versoirs* modernes. L'adoption de ces versoirs primitifs est presque contemporaine de l'invention du contre qui fut d'abord un simple repli de la lame du soc, puis un véritable couteau, *culter*, fixé sur la *buris*. L'araire romain, conservé presque sans modification dans les anciennes provinces romaines et, par exemple, dans le Languedoc, est le résultat de ces perfectionnements successifs. Mais, toutefois, les Romains, du temps de Caton, se servaient déjà de charrues à versoir et sans versoir, à coutre et

Fig 641. — *Charrue primitive grecque.*

sans coutre, à roues et sans roues..... « Les charrues à roues, d'après M. de Lasteyrie, furent imaginées du temps de Pline, ou quelque peu auparavant. Pline en attribue l'invention aux habitants de la Gaule cisalpine. »

L'auteur anglais, H. Stephens, cite comme charrue primitive des *Celtes*, le caschrom (fig. 643) employée encore de notre temps en quelques parties des îles Hébrides (extérieures) et dans l'île de Skye, en Écosse. Cet instrument est formé d'une pièce de bois choisie avec une forme naturelle coudée, ou une portion de fourche d'arbre telle

Fig. 642. — *Charrue étrusque.*

que la partie antérieure étant placée horizontalement, le manche soit assez incliné pour être soutenu par une des épaules de l'homme qui laboure, en poussant de tout le corps, mais surtout en pressant du pied droit la cheville. Le soc a la forme d'une bêche étroite à large douille.

Ainsi, il y a plus de deux mille ans, la charrue présentait déjà l'ensemble des pièces nécessaires : le soc, le *mancheron*, le *corps* et le *timon*, le *coutre*, le *versoir* et même les *roues*. Le *sep* et le *régulateur* n'y étaient qu'à l'état d'embryon et non de pièces détachées. Jusque vers la fin du XVIIIe siècle, les perfectionnements furent assez restreints : les modèles de charrues étaient nombreux, chaque région agricole avait le sien; et quelques-uns subsistent encore. Le sep ou la *semelle* sont bien établis, les socs, en fer aciéré, plus ou moins larges et bien tran-

chants, à une seule aile; les versoirs, le plus souvent en bois, parfois garnis de bandes de fer, sont plus longs et plus écartés du corps de la charrue que dans les modèles antiques; enfin, les régulateurs apparaissent. C'est vers la fin du XVIIIe siècle, et surtout au commencement du XIXe, que les agronomes s'occupèrent avec ardeur du perfectionnement de la charrue. Le versoir surtout, dont la forme a tant d'influence sur la perfection du labour, fut alors l'objet des études de tous, de Jefferson, de Lambruschini, de Hachette, etc. Plus tard, l'illustre Dombasle comprit que toutes les parties de la charrue méritaient d'être étudiées à nouveau. Il construisit le modèle connu sous son nom et qui restera l'un de ses plus beaux titres à la reconnaissance de l'agriculture. Toutefois, le progrès ne s'arrête jamais : depuis Dombasle, quelques savants se sont occupés de perfectionner la charrue, le versoir surtout; et, en première ligne, il faut citer Ridolfi qui s'aida des principes de la mécanique rationnelle et expérimentale.

La tâche actuelle de l'ingénieur agricole n'est plus limitée; il doit étudier chacune des parties de la charrue sans exception et dans leur ensemble, en y appliquant les principes de la mécanique rationnelle et expérimentale et en s'aidant de la connaissance des conditions d'un bon labour. Cette étude a été faite, dès 1854, par M. J.-A. Grandvoinnet dans son *Traité de mécanique agricole*, puis, pour la théorie seulement, en 1860, dans l'*Encyclopédie de l'agriculteur*. Mais, depuis cette date, de nombreux documents nouveaux, des inventions ingénieuses, des expériences dynamométriques précises ayant augmenté nos connaissances, nous pouvons ici faire une étude plus complète de la construction des charrues pour les diverses circonstances que la culture peut présenter. Non que nous admettions qu'il faille autant de charrues distinctes que de régions agricoles, comme quelques personnes le croient en voyant la diversité des modèles encore employés, depuis l'araire le plus primitif jusqu'à la meilleure charrue pour labour à plat. Si, malgré tout, de mauvaises charrues de pays se perpétuent, c'est le fait de l'inertie de l'esprit des masses et non d'exigences particulières du sol de ces localités. On peut avoir à faire des labours profonds au nord comme au midi, et l'on peut trouver des terres fortes à l'ouest comme à l'est. L'étude rationnelle de la charrue s'impose donc aux agriculteurs comme aux fabricants.

L'aperçu historique, qui précède, montre que les perfectionnements successifs de la charrue ont eu pour premier but l'amélioration du travail fait par cet instrument. Les araires primitifs, dérivés du *pic à main*, n'opéraient qu'un fort grattage du sol, comme le font encore aujourd'hui, dans quelques pays arriérés, les araires dérivés des araires grec et romain. Ces charrues rompent plus ou moins bien la croûte superficielle du sol, en enterrant partiellement les mauvaises plantes venues spontanément. Sur ce labour élémentaire, le blé est semé à la volée et enfoui par le passage de fagots d'épines ou de herses grossières. La récolte d'épines, après cette préparation élémentaire du sol, suffisait autrefois, comme elle suffit encore à des pays à population clairsemée, où la terre peut être laissée en jachère nue pendant plusieurs années. La charrue est, en ce cas, le seul instrument de préparation du sol. La tâche des charrues, dans les pays bien cultivés tout au moins, est aujourd'hui bien différente; elles n'ont plus seulement à remuer le sol en l'ameublissant directement, mais bien à ouvrir plus ou moins profondément le sol en y découpant et retournant des bandes de terre que les agents atmosphériques désagrègent et améliorent. La charrue n'est donc plus un instrument d'ameublissement direct; si les agents atmosphériques gratuits ne suffisent pas à ameublir au degré voulu les bandes retournées, on agit sur ces bandes avec des instruments spéciaux d'ameublissement; des scarificateurs et des herses énergiques suivis de lourds rouleaux à surface unie ou accidentée. Le premier ordre de perfectionnements consiste donc dans l'amélioration du coutre et du soc au point de vue du découpement de la terre en tranches, et du versoir pour le retournement régulier de ces tranches; ce qui implique le perfectionnement des appareils de conduite, de direction et de règlement. Le second ordre de perfectionnements a trait à la construction même : le choix et le bon emploi des divers matériaux pour les nombreuses pièces de la charrue; aux points de vue de la solidité, de la durée et de la facilité d'entretien de l'ensemble de l'instrument.

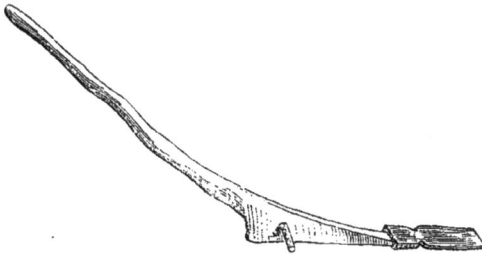

Fig. 643. — *Charrue celtique primitive.*

Le travail capital de la charrue n'est donc plus d'ameublir directement le sol, mais de découper et de retourner des bandes de terre que les agents atmosphériques et, à leur défaut, des appareils spéciaux ameublissent avec la moindre dépense possible. C'est méconnaître le rôle actuel de la charrue que d'en attendre un ameublissement direct du sol, qui devrait se faire alors par des pièces impropres à ce travail et exigeant, par suite, une plus grande dépense de force que les bons appareils spéciaux d'ameublissement, les scarificateurs, les herses et les rouleaux. C'est pourquoi nous croyons devoir caractériser la charrue par une définition précise :

La charrue est un instrument traîné par des bœufs, des chevaux ou tout autre moteur, et disposé pour découper le sol en tranches contiguës, d'épaisseur et de largeur uniformes, et pour les retourner plus ou moins complètement. A ce but général peut s'ajouter, suivant les circonstances culturales, des conditions particulières telles que le soulèvement de la terre, la rupture des bandes par leur torsion, etc.

Pour être complet, notre article sur la charrue doit d'abord donner aux constructeurs toutes les indications nécessaires à l'établissement rationnel des diverses pièces, qui doivent être étudiées en prenant pour guides les principes de la mécanique rationnelle et expérimentale; puis faire ressortir les particularités que doivent présenter ces diverses pièces dans les diverses espèces de labour et dans les divers sols; enfin, notre article fera la revue des charrues anciennes et modernes qui constituent des types ou sont dignes d'être recommandées. Pour la première partie de cet article, surtout théorique, nous ne pouvons que suivre, en les résumant, les études précédentes que nous venons de citer, en laissant à notre maître la seconde partie entièrement pratique.

« L'étude positive de la charrue peut seule donner aux cultivateurs, aux juges des concours et aux fabricants les moyens de faire de justes appréciations de cet instrument. Sans cela, la meilleure charrue, pour le praticien, c'est le modèle dont il a l'habitude de se servir; pour les jugeurs de hasard, dans les journaux, les expositions ou les concours, c'est la charrue dont l'extérieur est le plus agréable, ou celle qui présente quelque chose d'original, de bizarre même; enfin, pour les juges les plus timorés, c'est la charrue qui, grâce souvent à un habile charretier aidé d'un bon attelage, a fait le meilleur travail dans un essai de quelques minutes.

Dans les diverses catégories de charrues, correspondant aux divers labours et aux différents sols, chaque *pièce* doit opérer d'une façon convenable le travail qui lui incombe, en dépensant le moins possible de force motrice; ce qui se traduit par le minimum de fatigue de l'attelage, en bœufs ou chevaux, ou la moindre dépense de combustible si le moteur est une machine à vapeur. En outre, chaque pièce doit être établie et conformée de façon à présenter la plus grande résistance possible à la rupture, avec des dimensions aussi restreintes que possible.

« De la *forme* d'une pièce dépend l'*exécution du travail* agricole qui lui est demandé et la *résistance* qu'elle aura à supporter en opérant ce travail. Cette forme ne peut donc être déterminée que par l'application des principes de mécanique, de même que la forme la plus convenable au point de vue de l'économie de la matière.

L'étude de l'arrangement relatif des diverses pièces et de l'application de la force motrice vient ensuite et doit se faire aux divers points de vue suivants : facilité et précision de la conduite de la charrue; solidité et durée de l'ensemble; facilité de montage et de démontage des diverses parties, du remplacement ou de la réparation des pièces usées, brisées ou faussées.

Des résistances à vaincre par la charrue. Les résistances qu'éprouvent les diverses pièces d'une charrue dépendent de leur fonction, de l'état et de la nature du sol. Certàines pièces éprouvent des résistances dues à l'accomplissement d'un travail directement utile : *fendre, diviser* la terre ou la soulever, la *pousser* ou la faire *tourner* ; d'autres pièces ne font aucun travail directement utile, bien qu'elles aient à vaincre des résistances notables, mais elles sont nécessaires pour maintenir la charrue dans son mouvement rectiligne et parallèle à la surface du sol et à la limite du champ.

« Quelques mots sur ces diverses résistances et sur les causes qui les font croître ou diminuer sont indispensables à l'étude ultérieure des diverses pièces de la charrue. Dans le travail ayant pour but le *tranchement* de la terre et son *retournement*, il y a toujours deux espèces de résistances à vaincre : 1° la *cohésion* ou *affinité* et les *répulsions* qui s'opposent à l'*écartement* ou au *rapprochement* des molécules terreuses ; 2° la résistance qu'oppose la terre elle-même, comme plan d'appui, au mouvement des diverses pièces de la charrue. L'exi**s**tence de la force de cohésion ou d'affinité est bien reconnue : le *tranchement* de la terre exige une force considérable pour vaincre cette cohésion. Il faut de même dépenser une certaine force pour comprimer la terre en rapprochant ses molécules. Malheureusement, on n'a pas mesuré ces forces d'une manière précise. Il faudrait, pour déterminer la résistance à la division et à la compression des diverses terres, entreprendre des expériences assez délicates exigeant un outillage spécial et coûteux. Nous donnerons par la suite les quelques chiffres que notre maître a pu déterminer.

La résistance qu'oppose la terre. comme appui, au mouvement des pièces de charrues qui se meuvent contre cette terre n'est pas plus connue que les précédentes ; c'est un *frottement* compliqué de l'*adhérence* dans nombre de cas et presque toujours d'un entraînement moléculaire qui n'a pas été jusqu'ici étudié. Lorsque la terre est sèche et la vitesse de la charrue médiocre, cas le plus général, la résistance de la terre au *glissement* et au *roulement* est un simple frottement dont on connaît les lois ; le frottement de glissement étant en raison directe de la pression normale à l'appui et indépendant de la grandeur des surfaces et de la vitesse. Le frottement de roulement est, d'après la théorie de l'auteur déjà cité, proportionnel à la puissance 4/3 du poids, en raison inverse de la puissance 2/3 du rayon et de la puissance 1/3 de la longueur du cylindre qui roule. Les coefficients des frottements de glissement et de roulement varient avec la nature et l'état des surfaces en contact immédiat. Nous renvoyons pour plus de détail à l'article FROTTEMEMT. Nous aurons à tenir compte du *frottement de glissement* dans notre étude sur les diverses parties de la charrue. Il suffit pour comprendre l'influence de cette résistance de se rappeler que, dans le glissement, il naît une force parallèle au plan d'appui ou de glissement et qu'elle est une fraction constante *f* de la pression normale N sur le plan d'appui : Les deux forces N et *f*N peuvent être remplacées par leur résultante R qui fait avec la normale au plan d'appui un angle γ, dit *de frottement*, qui a pour tangente le coefficient *f* du frottement. Cet angle a son ouverture du côté opposé au mouvement de glissement. La grandeur du coefficient *f* du frottement de glissement dépend de l'état de poli des surfaces en contact et de la dureté des corps frottants. Le coefficient est d'autant moindre que les corps sont plus durs et plus polis. Il convient donc, pour réduire autant que possible la résistance au glissement, de choisir, pour les pièces frottantes de la charrue, des corps durs et pouvant être polis ; la bonne fonte et l'acier surtout sont dans ce cas. Lorsque la terre adhère aux pièces frottantes, l'adhérence change quelque peu les lois du frottement. Il faut alors choisir des matériaux adhérant peu à la terre humide, comme le bronze, la fonte émaillée, le bois, etc. L'effet de l'adhérence est de recouvrir les surfaces frottantes de couches minces de terre qui s'accumulent bientôt au point de nuire au travail même de la charrue ; le frottement est alors très grand, et on peut dire qu'il a lieu entre deux surfaces terreuses ou *terre contre terre*. Il semble résulter des observations de l'auteur que l'adhérence diminue si la pression normale spécifique augmente ; de sorte qu'en réduisant la grandeur des surfaces frottantes, pour une pression normale donnée, òn diminue la résistance due à l'adhérence ; un versoir étroit en acier reste poli dans une terre collante, tandis qu'un large versoir s'encrasse.

ÉTUDE DES DIVERSES PIÈCES DE LA CHARRUE

pour labours moyens en terre de moyenne consistance.

« Nous avons fait remarquer que de la forme et de la disposition relative des pièces travaillantes d'une charrue, dépendent la bonté du travail qu'elle effectue et la force motrice dépensée. Avant de faire une étude rationnelle des pièces, il faut donc résoudre cette question : qu'entend-on par *bon labour?* La réponse variera quelque peu suivant les localités, les *conditions économiques et culturales* et même suivant les idées particulières des cultivateurs.

« D'après son étymologie, le mot *labour* n'indique pas une opération spéciale de préparation du sol, mais bien le *travail* complet. Ainsi, dans les temps primitifs, toute la préparation du sol se faisait par la charrue, le seul instrument attelé employé par le cultivateur. Dans quelques localités arriérées, il en est encore à peu près ainsi ; la charrue n'est suivie que de mauvaises herses ou de rouleaux sans énergie. Mais, dans les pays bien cultivés, la préparation du sol n'est pas le lot de la charrue seule ; on y emploie des scarificateurs et des extirpateurs, des herses énergiques et de forts rouleaux. Par suite de cette diversité du matériel de préparation du sol, il est facile de présumer que le mot *labour*, employé pour désigner le travail de la charrue, ne signifie pas la même chose dans tous les pays et que, par suite, un bon labour n'est pas, dans un pays arriéré, la même chose que dans les contrées où l'agriculture est arrivée à un haut degré de perfection. Qu'une charrue *rompe* le sol à la façon de la pioche ou du pic, et le *renverse* en *mottes* tombant pêle-mêle, les unes complètement retournées, d'autres dressées et le reste dans leur position primitive; cette façon pourra bien passer pour un bon labour en certains pays, surtout si les mottes obtenues sont d'assez petit volume; mais, en culture avancée, pour des cultivateurs disposant des nombreux appareils spéciaux d'ameublissement, un bon labour est celui qui présente des bandes de largeur et d'épaisseur uniformes, renversées régulièrement (sans être nécessairement rompues) suivant l'inclinaison la plus propre à les faire profiter de l'action gratuite si favorable des agents atmosphériques, et à rendre efficace et régulier le fonctionnement ultérieur des instruments spéciaux aux façons secondaires. Pas de bon labour d'enfouissement de graines, de fumier ou d'engrais verts sans un découpement régulier de la terre en bandes bien uniformes et sans le retournement précis de ces bandes. On ne doit plus chercher à faire avec la charrue un travail complet de culture mais seulement le découpage, et le retournement de la terre sous forme de bandes régulières : soit pour exposer la partie encore neuve du sol actif aux actions de la gelée, du soleil, de l'air, etc. ; soit pour retourner et détruire un gazon, soit pour enfouir des graines, du fumier ou des engrais verts. La charrue moderne ne doit pas avoir pour but de briser directement le sol en mottes ; aucune de ses pièces travaillantes n'est faite dans ce but : découper le sol sur une épaisseur uniforme en tranches parallèles et retourner celles-ci, tel est l'objet spécial de l'ensemble des trois pièces travaillantes, *coutre, soc* et *versoir.* Si cette dernière pièce *soulève* les bandes et les *brise,* le retournement, qui est le but principal, n'est plus aussi régulier, aussi certain même ; et la *force dépensée* pour briser une bande de terre au moyen d'une pièce telle que le versoir, est plus considérable que celle qui serait employée par un instrument spécial d'ameublissement. Cela n'est pas contestable. Cependant un grand nombre de cultivateurs préfèrent une charrue *faisant des mottes* plus ou moins éparses, à celle qui renverse régulièrement des bandes continues. On peut, il est vrai, craindre que ce renversement de bandes intactes ne soit défavorable dans les terres argileuses durcissant rapidement. Si ces terres sont labourées pendant qu'elles contiennent un petit excès d'humidité, elles s'attachent aux instruments d'autant plus que les surfaces frottantes sont plus étendues ; et si l'excès d'humidité est plus grand, les bandes glissent mieux, mais alors, les bandes renversées, sans être brisées, durcissent promptement et, *couchées,* restent soudées les unes aux autres comme des briques indéfinies, que des herses même énergiques ont ensuite beaucoup de peine à entamer. Un inconvé-

nient analogue se présente du reste dans ces terres, même avec les charrues disposées pour faire des mottes. Il faut alors un attelage plus fort qui fatigue énormément pour donner des mottes irrégulières, éparses, qui durcissent très vite et sont difficiles à briser, car elles fuient devant les dents de herse. Du reste, quelque charrue que l'on emploie dans ces terres à briques ou plutôt à tuiles, le labour est mauvais si elles sont quelque peu humides. L'époque favorable aux labours dans ces terres est très limitée, quelques semaines au plus chaque année, pendant lesquelles elles ne sont ni trop humides ni trop sèches : aussi doit-on employer autant que possible d'autres instruments de préparation que la charrue, de forts scarificateurs par exemple. Dans ces terres, il faut avant tout drainer et faire usage, toutes les fois que cela est possible, des scarificateurs et des extirpateurs, de herses énergiques, de rouleaux piocheurs, et en limitant au strict nécessaire l'emploi de la charrue proprement dite. Il ne faut donc pas baser la construction de la charrue ordinaire en terres moyennement compactes, sur cette condition particulière de labour motteux qui semble préférable dans les terres tenaces seulement. Nous admettons donc comme base de l'étude des pièces de la charrue que, dans un bon labour, *chaque tranche de terre détachée par le coutre et le soc doit être retournée sans être nécessairement rompue par le versoir.*

CLASSIFICATION DES PIÈCES COMPOSANT UNE CHARRUE : A. *Pièces travaillantes :* 1° le coutre destiné à enlever par un plan vertical de coupe la bande à retourner ; 2° le *soc* détachant la bande en dessous suivant un plan parallèle au sol; 3° le *versoir* renversant la bande de terre détachée par les deux pièces précédentes ; 4° le *pelloir* ou la *rasette* destinée à écroûter le bord de la bande sur l'arête qui formera le fond des rayons entre les bandes couchées; 5° l'*enrayage* destiné à coucher les herbes à enfouir et à ramener le fumier dans la raie pour le recouvrir. B. *Pièces de conduite, de direction et de réglement :* 1° l'*âge* ; 2° les *mancherons* ; 3° le *sep* ; 4° le *régulateur* ; 5° les *supports, patins* ou *roues.* C. *Pièces d'assemblage ou de liaison :* 1° l'*âge* ; 2° les *étançons* ; 3° l'*ensochure* ; 4° la *coutrière :* 5° les diverses entretoises, contreforts et arcs-boutants.

Du coutre. Cette pièce, que l'on trouve dans d'autres instruments que les charrues proprement dites, a pour but de trancher la terre suivant un plan à peu près vertical. Le coutre avance dans la terre par l'action d'une partie de la *traction motrice* ordinairement dirigée suivant une certaine inclinaison au-dessus de l'horizon et, en projection horizontale, parallèlement aux bandes de labour.

Forme du coutre en projection horizontale. Si l'on suppose un coutre à tranchant vertical coupé par une série de plans horizontaux infiniment rapprochés, on obtient une série de coins élémentaires : chacun d'eux est maintenu en mouvement de translation uniforme par l'action d'une petite fraction de la force de l'attelage, égale à la résistance même de la terre contre ce coin élémentaire. L'équilibre du coutre est donc ramené à l'équilibre d'une série de coins pouvant avoir entre eux une relation quelconque.

Or, la théorie du *coin* pénétrant un corps *mou* et compressible (1) permet de déterminer la résistance qu'un coutre éprouve dans une terre dont on connaît la compression spécifique. D'après des essais de Gasparin et de H. Stephens, pour 15 centimètres de tranchant du coutre, il faut, en terre propre à la culture, 38^k,325 ; en sol compacte, dans le même état, 54^k,765 ; en terre un peu trop sèche, 101^k,670, et en terre sèche et tassée, 145^k,365. Si, dans les essais qui ont donné ces chiffres, les coutres avaient 65 mil. de largeur au niveau du sol et une épaisseur au dos partout égale au cinquième de la largeur, il en résulterait que la compression spécifique p était égale respectivement à 2^g,379, 3^g,399, 6^g,310 et 9^g,023. Ainsi, l'on voit que nos chiffres d'essais directs en sol et sous-sols n'ayant pas été

laboures depuis longtemps ou même tassés, correspondent à ce que Gasparin et H. Stephens appellent une terre propre à la culture, le premier, de moyenne résistance ; le second, un peu compacte.

« *Position du coutre en projection horizontale.* Dans ce qui précède, nous avons supposé un tranchant vertical, décrivant un plan vertical se confondant avec le plan de symétrie du coin, dans une terre résistant avec la même énergie contre les deux faces. C'est le cas des essais de Gasparin et de H. Stephens, mais non pas celui d'un coutre de charrue. La résistance de la terre, du côté de la bande que le coutre détache, est moindre que du côté du guéret ; de sorte que si les coins élémentaires marchent symétriquement, le coin n'est pas en équilibre de rotation comme dans le cas où les réactions sont égales sur les deux faces (fig. 644). Les résultantes R R des réactions sont égales et semblablement placées ; elles font un

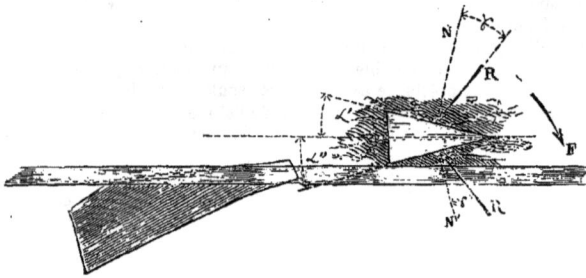

Fig. 644. — *Coutre marchant symétriquement.*

même angle γ avec la normale à la face sur laquelle elles agissent et passent au centre de gravité du demi-triangle correspondant. Donc elles se rencontrent sur l'axe du coin et par suite leurs moments, par rapport au tranchant vertical, sont égaux et de sens contraire ; il y a donc équilibre de rotation. Mais si la terre résiste plus du côté du guéret, le moment de R est là plus grand que l'autre, par rapport à l'arête verticale du tranchant ; donc la réaction du guéret contre le coutre tend à faire tourner la charrue suivant la flèche F, en entraînant le soc qui *déraye* ou au moins tend à prendre moins large. Pour éviter cet inconvénient, il faut obliquer un peu l'axe du coin, de façon que l'angle d'action du côté du guéret α', soit moindre que celui du côté de la bande α'' (fig. 645 et 646).

L'obliquité que l'on doit donner au plan de symétrie du coutre ne peut se déterminer que par tâtonnement, et les bonnes coutrières donnent des moyens précis pour effectuer ce règlement. C'est le conducteur de la charrue qui apprécie, en tenant les mancherons, si le coutre donne à la charrue une tendance à dérayer ou à enrayer et il *braque* le coutre en conséquence : ordinairement, il oblique assez le plan médian du coutre pour que la

réaction du côté de la bande soit plus grande que du côté du guéret ; ce qui donne au coutre une tendance à mordre qui permet au conducteur de maintenir facilement la largeur uniforme de la bande par une petite pression continuelle, de droite à gauche, sur le mancheron de gauche surtout. Les anciens auteurs, d'après la pratique des constructeurs, donnaient même, comme une règle importante de la construction et de l'emploi des charrues, que le *tranchant du coutre seul puisse toucher la muraille* ou plan vertical de coupe (fig. 647). Le coutre donne alors à la charrue une forte tendance à mordre ; mais on augmente ainsi, sans grande utilité d'ailleurs, la traction exigée par le coutre. Nous croyons que la théorie du coin suffit pour faire comprendre que s'il est avantageux, au point de vue d'un bon travail, de *braquer* un peu le coutre en écartant légèrement son plan de symétrie du plan de la muraille, il ne faut pas exagérer ce règlement, si l'on ne veut pas augmenter très notablement la résistance. Dans tous les cas, nos chiffres montrent de quelle importance peut être la faculté, que laissent les bonnes coutrières, de changer à volonté la position du coutre, dans le plan horizontal, pour donner ou ôter à la charrue de la tendance à prendre de la raie suivant les nécessités du règlement. Lorsqu'on donne une forte tendance à

(1) Voir la nouvelle théorie du COIN, par M. J.-A. Grandvoinnet à ce dernier mot.

prendre de la raie, on dépense plus de traction. Comme compensation, l'énorme compression exercée par l'unique face active du coutre pousse la bande du côté où elle doit être versée et aide à sa rupture, ce qui engage nombre de cultivateurs à adopter avec les anciens constructeurs, comme *régle*, cette position extrême du tranchant du coutre; en outre, un coutre ainsi placé descelle les pierres; enfin, le laboureur *sent*

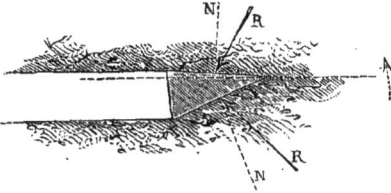

Fig. 645. — *Coutre ne marchant pas symétriquement.*

sa charrue dans ses déplacements horizontaux. Tout cela est vrai, pour les araires surtout, quand les moyens de règlements précis de la traction manquent; mais ces exagérations de tendance à mordre doivent être évitées dans les charrues à règlements précis et munies de supports. Une légère déviation du coutre, comme l'indique la figure 645, suffit et ne présente pas d'inconvénients sensibles; d'autant plus que la facilité de mordre est plus grande pour une plus faible déviation.

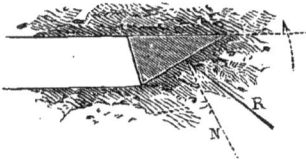

Fig. 646. — *Coutre longeant la muraille sans la comprimer.*

Forme du coutre dans le plan vertical. Le tranchant rectiligne du coutre considéré d'une manière générale fait avec la verticale un angle δ, et l'effet de la traction qui lui incombe varie suivant la direction de cette traction : tantôt, il faudra une force verticale dirigée de haut en bas pour empêcher le coutre de sortir de terre, ou une force opposée pour l'empêcher de pénétrer indéfiniment en terre. C'est-à-dire que, pour une nature de terre donnée et une inclinaison donnée de la traction, le coutre peut avoir une tendance à faire sortir de terre la charrue ou, au contraire, à la faire piquer en terre comme une ancre.

Supposons d'abord que la résistance de la terre devant le tranchant du soc, et devant chaque élément de face parallèle à ce tranchant, soit telle que le coutre ne puisse avancer et qu'il glisse alors sur la terre comme appui pour s'élever et sortir de terre. Dans cette hypothèse, il faut une

force verticale V appliquée au coutre et dirigée de haut en bas pour empêcher ce mouvement de déterrage de naître ou de s'accélérer. La réaction de la terre (fig. 648) fait alors, avec la normale au tranchant, un angle NMR égal à l'angle de frottement du fer contre la terre γ, la traction est inclinée sur l'horizon d'un angle β et le tranchant fait avec la verticale un angle δ. Pour qu'il y ait équilibre de translation entre ces trois forces, il

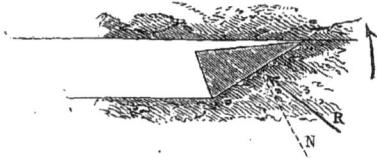

Fig. 647. — *Coutre ne touchant pas la muraille.*

faut que la somme de leurs projections sur la verticale et sur l'horizontale soit nulle. On a donc

$$T \sin \beta = V + R \sin (\delta + \gamma)$$
$$\text{et } T \cos \beta = R \cos (\delta + \gamma)$$

d'où l'on tire, après élimination de R... :

$$V = T [\sin \beta - \cos \beta \, tg \, (\delta + \gamma)]$$

Pour que V soit positif; c'est-à-dire qu'il faille presser sur l'âge de la charrue pour l'empêcher

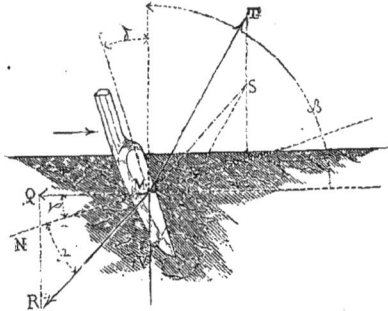

Fig. 648. — *Coutre ayant une tendance à sortir de terre.*

de sortir, du fait du coutre, il faut que $\sin \beta$ soit plus grand que $\cos \beta \, tg \, (\delta + \gamma)$ ou que $tg \, \beta$ soit plus grande que $tg (\delta + \gamma)$, ou que l'inclinaison β de la traction soit plus grande que celle de R, ce qui est visible sur la figure. La tendance à sortir de terre sera nulle quand β sera égal à $(\delta + \gamma)$. T et R seront directement opposées. Et l'on aura $\delta = \beta - \gamma$ pour le cas de nulle tendance, et $\delta < \beta - \gamma$ pour qu'il y ait tendance à sortir (fig. 649).

Si nous supposons maintenant au contraire que le coutre tende à *piquer* en terre, en glissant sur la terre parallèlement au tranchant (fig. 650), la réaction est placée alors de l'autre côté de la normale et, en raisonnant comme ci-dessus, on a :

$$V = T [\cos \beta \, tg \, (\delta - \gamma) - \sin \beta]$$

Pour que V soit positif; c'est-à-dire pour qu'il soit nécessaire de soulever l'avant de la charrue afin que le coutre ne la fasse pas piquer, il faut que $\cos\beta\ tg(\delta-\gamma)$ soit plus grand que $\sin\beta$, ou, en divisant tout par $\cos\beta$, que $tg(\delta-\gamma)$ soit plus grande que $tg\ \beta$; ou, enfin, que β soit plus petit que $(\delta-\gamma)$ ou que δ soit plus grand que $\beta+\gamma$.

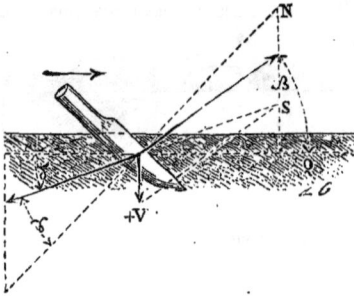

grand que $\delta+\gamma$; et, tendance à piquer, tant que β est plus petit que $\delta-\gamma$. Soit, par exemple, $\delta=40°$ et $\gamma=26°,34'$, il y aura tendance à sortir tant que l'inclinaison β de la traction sera plus grande que $66°,34'$; et tendance à piquer tant que β sera plus petit que $13°,26'$ (fig. 648 à 650).

Si le tranchant est vertical, δ est nul et, par suite, pour qu'il y ait tendance à sortir de terre, il faut que l'inclinaison de la traction soit plus

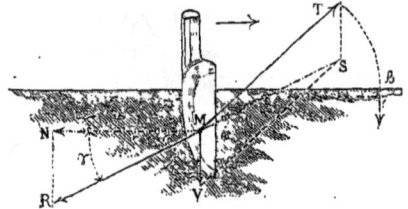

Fig. 651. — Coutre à tranchant vertical, tendant à sortir de terre.

Fig. 649. — Coutre ayant une faible tendance à sortir de terre.

Pour qu'il n'y ait nulle tendance, il faut que δ soit égal à $\beta+\gamma$.

Ainsi, en résumé ; quand β est, comme γ, une donnée, il y a : 1° *tendance à sortir* de terre tant que δ est plus petit que $(\beta-\gamma)$, et cette tendance cesse quand $\delta=\beta-\gamma$; 2° *tendance à piquer* tant que δ est plus grand que $(\beta+\gamma)$ et cette tendance cesse quand δ égale $\beta+\gamma$.

grande que l'angle de frottement γ, et pour qu'il y ait tendance à piquer, que β soit plus petit que $-\gamma$, c'est-à-dire que l'inclinaison de la traction soit en dessous de l'horizontale (fig. 651).

Lorsque le tranchant rectiligne du coutre est incliné la pointe en arrière, on arrive à des résultats analogues (fig. 652). Il y a tendance à sortir tant que δ est plus petit que $\beta-\gamma$. Comme alors δ est négatif, il faut que β soit plus petit que γ. Soit, par exemple, $\beta=18°$ et $\gamma=26°,34'$, il faudrait que δ soit plus petit que $18°-26°,34'$

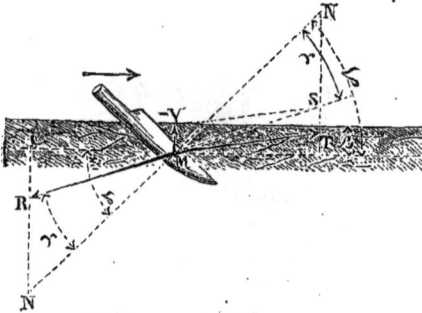

Fig. 650. — Coutre ayant une tendance à piquer en terre.

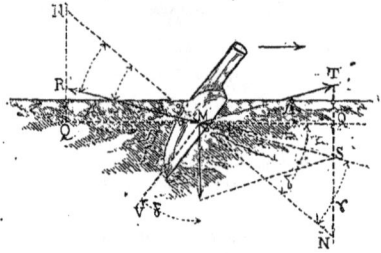

Fig. 652. — Coutre décrochant, tendant a sortir de terre.

Soit, par exemple, $\gamma=26°,34'$ et $\beta=40°$. Pour qu'il y ait tendance à sortir, il faut que δ soit plus petit que $40-26°,34'$ ou que $13°,26'$ et il cesse d'avoir cette tendance pour la valeur $13°,26'$. Pour qu'il y ait tendance à piquer, il faut que δ soit plus grand que $40°+26°,34'$, ou que $66°,34$ et cette tendance cesse par $\delta=66°,34'$ (fig. 650). Si $\beta=18°$ il n'y a tendance à sortir que pour δ négatif et égal au moins à $8°,34'$ et il y a tendance à piquer pour $\delta=44°,34'$ au moins.

Si δ est une donnée comme γ, il y aura tendance à sortir de terre tant que β sera plus

ou que $-8°,34$: pour un angle négatif moindre que $8°,34'$ il y a tendance à sortir.

Si δ est une donnée comme γ, il y aura tendance à sortir tant que β sera plus grand que $-\delta+\gamma$ ou que $\gamma-\delta$, c'est-à-dire plus grand que la différence entre γ et δ; et il y aura tendance à piquer tant que β sera plus petit que $\delta-\gamma$ ou que $-(\delta+\gamma)$. Ainsi, pour $\delta=-30°$, on aurait tendance à sortir de terre pour toute position de la traction au-dessus d'une droite inclinée sur l'horizon de $25°,34'-30°$ ou de $3°,26'$ en dessous de l'horizon; et il y aura tendance à piquer, si la traction est au-dessous de l'horizon d'un angle égal à $26°,34'+30°$ (fig. 652).

Ainsi, il est bien certain qu'en inclinant plus ou moins, par rapport à l'horizon, le tranchant du coutre dans son plan vertical de coupe, on diminue ou l'on augmente la tendance qu'a la charrue à piquer en terre, et que, pour une certaine inclinaison du tranchant, il peut y avoir tendance à sortir de terre pour toute inclinaison donnée de la traction. Il est donc utile que la coutrière permette de faire varier aussi l'inclinaison du tranchant du coutre : on donne ainsi à volonté à la charrue une tendance à piquer plus ou moins, sauf à limiter la pénétration, soit par l'action du laboureur pressant sur les mancherons, soit par le règlement d'un support à l'avant de l'âge.

« Dans ce que nous venons de dire, nous avons supposé une terre homogène et de résistance uniforme dans toute la hauteur de coupe. Cette

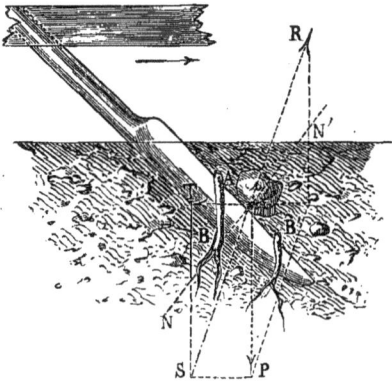

Fig. 653. — *Coutre agressif déterrant une pierre et arrachant une racine.*

hypothèse ne se réalisant pas toujours, le problème peut se compliquer ; toutefois les observations que nous avons faites ont une utilité incontestable, au point de vue du règlement de la charrue. L'inclinaison du tranchant doit être étudiée dans ses effets en terres sales et pierreuses.

Supposons que le tranchant d'un coutre, incliné la pointe en avant, rencontre une pierre sphérique dans son plan vertical de symétrie (fig. 653) ; la pierre est maintenue en place par la réaction de la terre placée en avant et sur les côtés ; si le coutre par l'effet d'une traction suffisante continue à avancer, il presse énormément contre la terre antérieure, par l'intermédiaire de la pierre : cette terre réagit avec une égale intensité sur la pierre qui ne peut que s'élever sur le tranchant incliné du coutre jusqu'à ce qu'elle arrive à la surface ou dévie à droite ou à gauche.

L'ascension de la pierre commence dès que la réaction antérieure motrice peut équilibrer le poids de la pierre, le frottement et la résistance qu'elle éprouve pour soulever la terre ; or, cette résistance dépend de la nature du sol et du vo-

lume de la pierre. On ne peut donc pas la déterminer *a priori*, mais il est clair que l'ascension sera d'autant plus facile que l'inclinaison du tranchant sur l'horizon sera plus faible : ainsi, en sols pierreux, un coutre très *agressif* déterrera facilement les pierres.

Si le tranchant incliné rencontre une racine traçante horizontale ou un peu inclinée, ou les

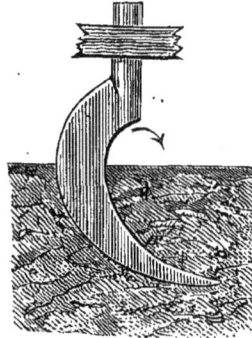

Fig. 654. — *Coutre en faucille se nettoyant de lui-même.*

radicelles d'une racine pivotante, il les scie, car en les soulevant, il est visible que les divers points du tranchant passent au même point de la racine et l'usent. C'est un mouvement relatif d'élévation de la racine à cheval sur le tranchant et maintenue par ses extrémités, jusqu'à ce qu'elle soit sciée, cassée ou arrachée. Ainsi, le coutre, incliné la pointe en avant, a le

Fig. 655. — *Age cintré pour empêcher le bourrage.*

bon effet de scier, casser ou déterrer les racines qui peuvent se trouver dans un sol sale ou dans les défrichements de trèfle, de luzerne ou autres prairies artificielles.

Lorsque le tranchant du coutre est vertical, il ne peut déterrer les pierres et il ne peut qu'arracher les racines traçantes sans les casser, ce qui parfois du reste peut être préférable. Enfin, le coutre incliné, la pointe en arrière, loin de déterrer les pierres, les comprime et les enfouit dans le sol, il comprime les racines et peut les casser mais il les enfouit, ce qui peut être avantageux en certains cas.

« Le coutre ordinaire incliné la pointe en **avant**

présente, dans les terres collantes et sales ou dans les labours d'enfouissement de fumier pailleux, un inconvénient assez grave, les racines arrachées et chargées de terre s'élèvent jusqu'au manche du coutre, s'y agglomèrent et forment une masse qui bientôt engorge tout l'avant du coutre jusqu'à l'âge. Non seulement cette masse d'herbes ou de fumier augmente la résistance que doit vaincre l'attelage, mais elle empêche de faire un labour propre et régulier. Avec de l'at-

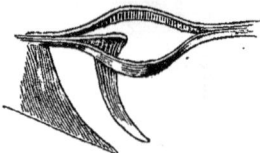

Fig. 656. — *Age ouvert pour éviter le bourrage.*

tention et du soin, un bon laboureur empêche cet encombrement du coutre, en le nettoyant de temps en temps; mais, comme on ne peut pas toujours compter sur le soin des ouvriers, il convient d'éviter autant que possible l'accumulation des herbes, des racines ou du fumier sous l'âge par une des dispositions suivantes:

1° On donne au tranchant du coutre une direction verticale au niveau de la surface du sol et au-dessus, tandis qu'au-dessous, ce tranchant est incliné la pointe en avant après un raccordement courbe avec la verticale. On a ainsi un coutre

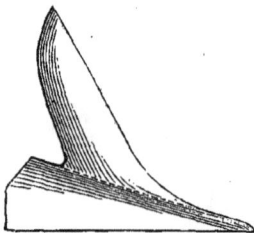

Fig. 657. — *Coutre se nettoyant lui-même,
à tranchant droit.*

en faucille et si on prolonge un peu le tranchant au-dessus du sol par une contre courbure, les herbes arrivées à la surface, si elles n'ont pas été coupées par le tranchant vertical, retombent sur le sol et n'atteignent pas le manche (fig. 654).

2° On courbe l'âge au point où s'y fixe le coutre, de façon à laisser entre celui-ci et l'âge un espace considérable difficile à encombrer (fig. 655).

3° On ouvre l'âge au-dessus du coutre de façon à y laisser un vide où les racines, les herbes et le fumier élevés viennent se précipiter (fig. 656).

4° On fixe le coutre sur le flanc du soc, de façon que la lame soit libre du haut, les herbes et racines s'élèvent sur le tranchant incliné, puis s'échappent au-dessus, surtout si l'on courbe

légèrement la lame du côté où la terre est versée. Ce genre de coutre adhérent au soc est dit *self-cleaning*, c'est-à-dire qui *se nettoie lui-même* (fig. 657). Le tranchant peut être concave (fig. 658) ou convexe (fig. 659).

De la position de l'ensemble du coutre. — Au premier abord, il paraît naturel de placer le coutre de façon qu'il coupe la terre suivant un plan

Fig. 658. — *Coutre adhérent à tranchant concave.*

vertical et que sa pointe soit aussi près que possible de celle du soc pour couper la bande de terre sur toute sa hauteur et verticalement. Il n'en est pourtant pas tout à fait ainsi: la face du coutre tournée du côté de la muraille est parfois légèrement inclinée par rapport à la verticale, de sorte que sa pointe pique vers la gauche. Cette obliquité est très variable en grandeur sui-

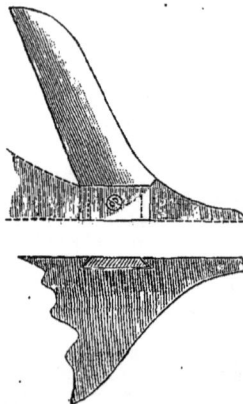

Fig. 659. — *Coutre adhérent à tranchant convexe, vu en
élévation et en coupe horizontale.*

vant les diverses charrues; mais elle existe en général et a pour but d'augmenter la tendance de la charrue à mordre; elle est très visible dans les charrues avec lesquelles on fait des labours en crémaillère, en penchant un peu la charrue du côté de la muraille: elle peut atteindre 4 et même 8 degrés par rapport à la verticale. Les bonnes coutrières permettent de régler cette inclinaison transversale du tranchant du coutre, suivant les circonstances ou la volonté du laboureur.

« Souvent le coutre est placé sensiblement en avant du soc ; l'avantage de cet avancement du coutre est l'augmentation de stabilité qu'il donne à la charrue, le coutre se frayant un passage dans une terre encore ferme est retenu par des réactions énergiques sur deux faces ; mais cette stabilité ne s'obtient qu'aux dépens de l'attelage qui doit exercer une plus grande traction.

Le célèbre constructeur Small recommandait de mettre la pointe du coutre à 2 ou 3 pouces (50,8 à 76,2 millimètres) en avant de celle du soc, à un demi ou un pouce (12,7 à 25,4 millimètres), à la gauche, et autant au-dessus de cette même pointe. Ces écarts que nous trouvons trop grands s'expliquent par l'habitude des laboureurs écossais de faire les labours en crémaillère et en mottes. L'écartement vertical des deux pointes ne présente aucun inconvénient grave, car la portion de terre qui n'est point coupée est insignifiante et peut être facilement arrachée par la gorge du versoir ou plutôt du soc.

La nature particulière du sol doit être consultée pour le règlement de l'écartement des pointes du coutre et du soc. Ainsi, dans une terre graveleuse qui éclate plutôt qu'elle ne se laisse trancher, on peut pousser ces écartements à 25 millimètres sans inconvénient. Des expériences directes ont même démontré que, dans certaines terres, la traction reste la même que le coutre soit ou non adapté à la charrue (H. Stephens). L'arrachement de la bande par la gorge doit, ce nous semble, exiger plus de traction que n'en demande la séparation de la terre au moyen d'un coutre. Toutefois, on comprend que les réactions sur un coutre mal fait ou mal réglé peuvent à très peu près compenser, en certains cas, l'augmentation de traction résultant de l'arrachement. Le coutre ne peut être supprimé sans augmentation de traction que dans quelques terres légères et pierreuses ; et, même alors, le travail est moins propre.

Dans la presque généralité des cas, le coutre est donc avantageux ; il exige moins de force que l'arrachement par la gorge ; et, en outre, il détache la terre suivant une surface régulière, propre et constituant un bon guide pour la face verticale du corps de charrue ; tandis que si la tranche de terre est arrachée, par suite de la suppression du coutre, la muraille présente verticalement une surface irrégulière formée de creux et de saillies et une *partie de la terre retombe dans la jauge*. En résumé, le labour manque alors de régularité et de propreté.

Forme générale du coutre. Le coutre ordinaire étant encastré ou solidement fixé par le haut, résiste comme une pièce encastrée d'un bout et poussée vers son autre extrémité par une force P égale à la résistance qu'éprouve le coutre à diviser le sol en le comprimant pour se faire place. On doit lui donner la forme d'égale résistance (fig. 660 et 661) en prenant comme effort fléchissant vers la pointe, 160 kilos. Cette résistance peut être supposée remplacée par une autre équivalente (au point de vue de la rotation autour du point d'encastrement) appliquée

à la pointe même. Pour économiser le fer ou l'acier nécessaire à l'exécution du coutre, en lui conservant une solidité suffisante et une acuité convenable, il faut donner à la lame et au manche la forme d'égale résistance. En appelant *e* l'épaisseur au dos et *b* la largeur correspondante à une hauteur *l* comptée à partir de la pointe, il faut que l'on ait toujours : $P . l = \dfrac{R\, e\, b^2}{12}$

Dans cette formule, P est la pression appliquée à la pointe et tendant à rompre le coutre au point considéré ; R, la résistance de sécurité du fer et de l'acier employé. Pour les coutres en fer

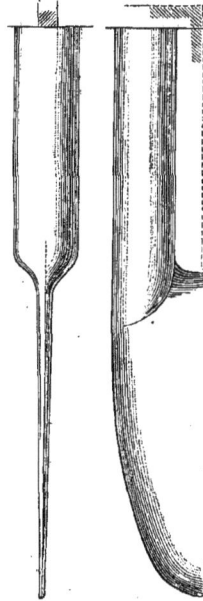

Fig. 660.

à tranchant d'acier, on peut admettre que partout la largeur est égale au quintuple de l'épaisseur au dos. L'effort P peut être estimé à 160 kilogrammes au plus. Dans ces hypothèses, on aura : $e^3 = 0^m,000009846152 . l$. En donnant à *l* des valeurs croissantes égales à 0,01, 0,02, 0,03, ... 0,20 on obtient pour l'épaisseur au dos les valeurs suivantes, en centièmes de millimètres : 462, 582, 666, 733, 790, 839, 883, 923, 960, 995, 1027, 1057, 1086, 1113, 1139, 1164, 1187, 1210, 1232 et 1253 ; les largeurs sont quintuples de ces chiffres. Si le manche est rectangulaire et encastré à $0^m,35$ de la pointe, il devra avoir 12 millimètres d'épaisseur sur 60 de large. Un manche cylindrique de 42 millimètres de diamètre sera aussi résistant. Lorsque le coutre est fixé sur la face latérale et verticale du soc, il doit être en acier ; alors on peut admettre que son épaisseur au dos doit être le dixième de la largeur correspondante. Ces épaisseurs, en partant de la pointe et, de centimètre en centimètre, seront égales en centièmes de millimètres à 231, 291, 333, 366, 395, 419, 442, 462, 480, 497, 513, 528, 543, 556, 569, 582 et 594. Nous avons supposé pour ces calculs que la résistance du sol était considérable et que le tranchant du coutre était droit et vertical ; mais les chiffres trouvés peuvent être admis même pour un tranchant droit incliné ou même un peu courbe, à condition de prendre les largeurs normalement au tranchant.

L'adoption d'un coutre d'acier se fixant sur le soc a l'avantage de supprimer la coutrière et par conséquent de simplifier la charrue ; en outre, comme nous l'avons déjà dit, elle prévient tout engorgement sous l'âge ; ce genre de coutre convient donc parfaitement aux cas d'enfouissement de fumier ou d'engrais verts. On peut reprocher à ce genre de coutre l'impossibilité de lui donner

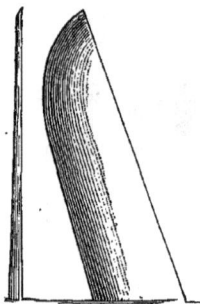

Fig. 661. — *Coutre adhérent de forme d'égale résistance.*

quelque tendance à prendre de la raie ; mais, à notre avis, toutes les pratiques d'écartement de là pointe du soc pour donner une forte tendance à prendre de la raie sont sinon nuisibles, au moins sans avantages sensibles lorsque le régulateur de la charrue est suffisamment précis.

Ce coutre se fixe de diverses façons : 1° On le soude à l'âme même du soc (fig. 657) ; 2° on le glisse dans une rainure en queue d'hironde ménagée sur le flanc du soc en fonte (fig. 658 et 659), ou sur une pointe distincte du soc. Ce coutre peut être très mince s'il est fait en bon acier. On peut le faire à tranchant convexe (fig. 659) pour les labours ordinaires et à tranchant concave (fig. 658) pour les charrues à défricher les vieilles prairies. A première vue, on peut reprocher à ce genre de coutre la difficulté de sa fixation qui exige une grande précision ; mais il a de grands avantages ; d'ailleurs, le coutre ordinaire est loin d'être sans reproche. En effet : 1° Cette pièce n'agit en réalité que sur une faible partie de sa longueur dont la plus grande partie ne sert que comme le *manche* d'un outil et nuit par son poids ; 2° elle force à employer un appareil particulier pour la fixer dans ou contre l'âge ; 3° la résistance agit sur le coutre ordinaire à une grande distance de son point d'encastrement ; c'est-à-

dire que cette résistance a un grand bras de levier, ce qui force à donner au manche du coutre, aux pièces qui l'assujettissent, ainsi qu'au coutre lui-même de grandes dimensions. Qu'on se représente, en effet, deux ou trois chevaux tirant sur le coutre, première pièce de la charrue ; l'effort moteur dans un coup de collier peut être très considérable ; aussi quand le coutre ordinaire n'a pas des dimensions exagérées (en épaisseur surtout), eu égard au travail réel qu'il fait habituellement, il est facilement tordu ou même brisé. La recherche d'une disposition de coutre assemblé sur le soc est donc intéressante ; mais la grande difficulté paraît consister dans le moyen de fixer simplement et solidement d'une manière amovible ce genre de coutre. On peut fixer une mince lame d'acier tranchante, tendue entre le soc et l'âge pour servir de coutre.

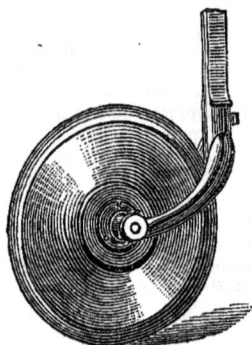

Fig. 662. — *Coutre roulant.*

Du coutre rotatif. C'est une espèce de disque en fer mince aciéré sur ses bords et tournant autour de son axe (fig. 662). Il agit par conséquent comme un couteau ou une scie circulaire et a beaucoup d'effet pour couper les racines et les herbes ; aussi l'a-t-on souvent employé dans les terrains tourbeux et les vieilles prairies, dans lesquelles son action est remarquable. Mais il est facile de comprendre qu'en terrains pierreux il serait sujet à de fréquentes ruptures ; car il tend à enfoncer les pierres au lieu de les écarter ; en outre, il est plus coûteux qu'un coutre ordinaire. Dans toutes les charrues ou appareils servant à dégazonner sur quelques centimètres seulement, le *coutre roulant* est d'un bon emploi. On peut même maintenir le disque tranchant entre deux rondelles épaisses d'un moindre diamètre et qui serviraient comme roulette de support de l'âge.

La figure 662 représente le coutre roulant de MM. Deere et Cⁱᵉ de Moline (Illinois, U. S. A.). Le moyeu a ses extrémités coniques en fonte, fondue en coquille, refroidie brusquement. Les portées du moyeu sont donc très dures comme de l'acier trempé et forment les tourillons du disque roulant. Ces tourillons tournent dans des boîtes en fonte malléable, maintenues par leur ergot dans les branches de la fourche du manche. Que les tourillons ou les boîtes s'usent, elles sont peu coûteuses et faciles à remplacer. La dureté des tourillons diminue du reste notablement le frottement, c'est pourquoi ce système est dit *anti-friction Rolling Cutter*. La boîte est disposée avec des feuillures de façon que les moyeux fassent l'effet de pointes tournant en crapaudines creuses, mais sans pouvoir ballotter. Un boulon traverse le tout et permet de maintenir, au degré voulu, la pression des moyeux dans les boîtes, malgré l'usure.

« *Du Soc. Fonction du soc.* Le soc fait horizontalement, ou mieux parallèlement au sol, ce que le coutre fait verticalement; mais si, à la rigueur, dans quelques cas, le coutre peut être supprimé, il n'en est plus de même du soc, partie si indispensable que quelques auteurs l'ont appelée l'*âme* de la charrue, et qu'anciennement on désignait cette pièce sous le nom de *fer* de la charrue; car, seule, elle était de ce précieux métal. La fonction du soc, beaucoup plus importante que celle du coutre, a un certain rapport avec celle d'une bêche qui serait poussée horizontalement; mais la différence essentielle provient de ce que l'action du soc étant continue, on ne peut le faire, d'un coup, trancher sur toute la largeur de la motte à enlever, comme on le fait avec la bêche ordinaire; car une lame large marchant de front, une ratissoire, par exemple, est sujette à rencontrer des pierres qui tendent à la faire dévier de sa direction ou même l'arrêtent net, tandis qu'une lame triangulaire écarte peu à peu les obstacles, et cela d'autant plus facilement qu'elle est plus aiguë. La déviation dans une bêche est peu importante, parce que l'homme qui emploie l'instrument peut immédiatement y remédier, ce qui ne peut se faire instantanément dans la charrue. Cependant quelques instruments dérivant de la charrue, comme le *butteur*, peuvent avoir des socs plats à tranchant normal à la direction du mouvement et même on a donné comme charrue primitive le caschrom (fig. 643, p. 687) à soc en forme de bêche étroite. L'*inclinaison du tranchant* par rapport à la droite horizontale, direction du mouvement, est donc la première condition à laquelle doit satisfaire un soc de charrue ordinaire. On a toujours donné, en outre, comme raison de l'obliquité du tranchant du soc, la facilité de pénétration et la moindre traction qu'exige cette pièce ainsi faite. La facilité de pénétration provient de ce qu'après chaque arrêt, plus ou moins complet, qui suit la contraction musculaire des animaux d'attelage, toute la traction de ceux-ci porte sur un seul point, ou du moins sur une très faible surface, la pointe; quelque dure que soit la terre, il y a donc un commencement d'action qui se continue· en éloignant les obstacles accidentels qui peuvent se présenter; il reste à la charrue, de son premier ancêtre, le *pic*, une marche quelque peu saccadée, pour laquelle la pointe du soc est avantageuse. Dès que la marche de la charrue devient uniforme, le soc n'agit plus que comme une lame ou une suite de demi-coins ordinaires

dont les sections actives sont verticales. Presque forcément l'angle d'action de ces demi-coins élémentaires composant le soc, va en décroissant de la pointe à l'aile. Le tranchant seul du soc touche le fond de la raie, ou le plan qu'il a décrit; de sorte que la résistance de la terre à la division presse sur la face supérieure du soc et tend à faire piquer en terre la charrue; l'action de l'homme sur les mancherons ou la présence de supports à l'avant de l'âge empêchent cette pénétration au-delà de la profondeur fixée. Ce que nous avons dit du tranchant du coutre et de la

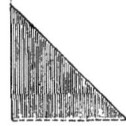

Fig. 663. — Soc à *tranchant rectiligne.*

résistance qu'il doit vaincre s'applique donc au soc; la traction qu'il exige est d'autant moindre que les angles d'action des coins qui le constituent sont plus petits; l'obliquité du tranchant dégage les pierres, scie, coupe ou arrache les racines pivotantes.

« Le soc n'est, pour ainsi dire, que le commencement ou le tranchant d'une autre pièce, le versoir; aussi ne pouvons-nous l'étudier que sous le rapport de la forme du tranchant, de son inclinaison et de la largeur de l'*aile* par rapport à celle de la bande que l'on veut séparer. Quant à la forme de la surface **supérieure** de l'aile, elle est entièrement dépendante de celle du versoir qui, pour

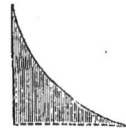

Fig. 664. — Soc à *tranchant concave.*

être dans de bonnes conditions, doit commencer à renverser la terre dès le tranchant même du soc. Et, il est clair, d'après ce que nous avons dit du coin, que, pour économiser la traction, l'angle du soc avec le plan horizontal doit être le plus petit possible. Si le soc est fortement incliné, il fait éclater, plutôt qu'il ne coupe, la tranche de terre, et, sauf en des cas exceptionnels, c'est un accroissement de la résistance.

« *Tranchant.* Nous avons indiqué précédemment les avantages de l'inclinaison du tranchant du soc; mais, de nos observations précédentes, il résulte immédiatement qu'il est inutile de chercher à donner au tranchant des courbes particulières dans le but de diminuer la traction. La résistance au passage d'un soc dans la terre, d'un mouvement uniforme, ne dépend que de l'inclinaison de la face supérieure de ce soc par rapport au plan décrit par le tranchant, c'est-à-dire de son *acuité*, comme coin entrant dans la terre ou la soulevant. Ceci posé, nous allons toutefois examiner les diverses formes que peut affecter le tranchant d'un soc. Le tranchant peut être *rectiligne* (fig. 663) et plus ou moins incliné sur la direction du mouvement; il peut être *curviligne concave* (fig. 664) ou *convexe* (fig. 665). Dans ces trois formes simples du tranchant, le soc peut

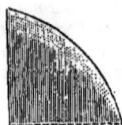

Fig. 665. — *Soc à tranchant convexe.*

être armé d'une pointe adhérente en avance sur le tranchant (fig. 666). On peut adopter des formes mixtes en combinant les trois tranchants simples par deux et même par trois.

« Le tranchant rectiligne simple, à égalité de longueur, est moins pénétrant ou moins agressif que le tranchant concave et plus que le tranchant convexe. La pointe du tranchant concave

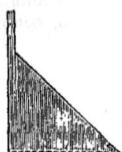

Fig. 666. — *Soc à tranchant rectiligne avec pointe.*

est très promptement usée; celle du tranchant convexe est durable mais peu pénétrante. Le tranchant convexe a pour autre avantage d'offrir une grande surface d'appui difficile à user lorsque, dans les tournées, on fait reposer la charrue renversée sur l'aile du soc. Du reste, par l'usure, les tranchants curvilignes sont assez promptement ramenés à la forme rectiligne. L'adjonction d'une pointe à chacune de ces formes de tranchant (fig.

Fig. 667. — *Soc Valcourt, à pointe.*

667) a pour bon effet de faciliter la pénétration dans tous les terrains et, en particulier, dans les sols pierreux ou durcis qui *éclatent* plutôt qu'ils ne se laissent trancher. Ces pointes sont assez faciles à réparer ou à remplacer; nombre de constructeurs même les font mobiles.

Les tranchants mixtes jouissent des avantages propres à chacune des formes simples dont ils sont composés. Ainsi, le soc dit de Valcourt (fig. 667) pénètre facilement grâce à l'addition d'une pointe et présente une grande surface d'aile à user pendant les tournées; en outre, sur les deux

tiers de sa longueur, il est rectiligne et assez agressif. Le soc à souche, convexe et concave (fig. 668) offre les mêmes avantages que le précédent tout en étant plus agressif. En général, les tranchants courbes des socs en fer ont l'inconvénient d'être d'une exécution difficile, et, par suite, d'un prix plus élevé; en outre, leurs réparations exigent des ouvriers très habiles qu'il est rare de trouver dans les campagnes; et leur ajustage, après les mises neuves et les rebattages, est difficile ou onéreux.

« *Largeur du soc.* La largeur du soc paraît naturellement devoir être précisément égale à celle de la bande que l'on veut détacher; cependant, les opinions sont tellement différentes sur

Fig. 668. — *Soc à souche, à tranchant mixte.*

ce point que certaines personnes veulent des socs plus larges que la bande à détacher tandis que la presque généralité des constructeurs anglais et écossais font leurs socs des trois-quarts ou même de moitié de la largeur de la tranche à soulever. Nous ne voyons aucune bonne raison de faire le soc plus large que la bande; en le faisant aussi large, on est certain de couper toute la terre et toutes les racines qui peuvent se rencontrer; l'excès de largeur n'a donc aucun avantage et entraîne même, sans aucun doute, une augmentation de résistance. Quant au système anglais ou plutôt écossais, d'assez bonnes raisons militent en sa faveur; en laissant le quart ou, au plus, la moitié de la bande non coupée, les cons-

Fig. 669. — *Crêtes laissées au fond de la raie par un soc trop étroit.*

tructeurs anglais prétendent empêcher que la bande ne soit jetée hors du versoir, sur la droite. On peut craindre, en effet, qu'une bande complètement séparée du sous-sol ferme puisse être ainsi repoussée; mais, cependant, ce déplacement serait surtout dû à une mauvaise forme ou à une génération irrationnelle du versoir qui tendrait à pousser à droite, au lieu de la faire tourner seulement, la bande de terre détachée. On remarque, en effet, dans la souche du soc des charrues écossaises, une surface précédant le versoir et qui est éminemment propre à pousser la bande vers la droite. Cependant, appliqué sans l'exagération qu'y mettent certains constructeurs, c'est-à-dire en ne laissant non tranchée qu'une très faible partie de la bande, trois à quatre centimètres au plus, vers la droite, ce principe nous semble excellent. Cette petite portion de terre non tranchée par le soc assure une bonne rotation de la terre en formant comme une charnière qui est brisée ensuite peu à peu par le passage du bord inférieur du versoir. Si ce même principe est aussi exagéré que dans les charrues écossaises, il en résulte une augmentation de la résistance à vaincre par l'attelage; en outre, une partie de la terre reste adhérente au sous-sol, car la rupture de la charnière laissée intacte ne peut se faire qu'obliquement; et alors le fond des auges présente une série d'arêtes non remuées; ce qui diminue un peu le bon effet du labour (fig. 669).

Forme d'ensemble et assemblage du soc. Ce que nous venons de dire détermine la forme du tran-

Fig. 670. — *Soc à tige.*

chant du soc, son inclinaison par rapport à la direction de la charrue dans le plan horizontal et enfin sa largeur même; sa surface supérieure doit avoir une forme dépendant de celle du versoir; il ne nous reste donc plus qu'à examiner les différentes formes d'ensemble que cette pièce peut présenter en vue de son assemblage avec le corps de charrue ou seulement avec le soc ou le versoir. Nous n'avons rien à dire des socs primitifs formés d'une simple barre de fer prismatique ou conique dont le seul effet ne pouvait être qu'un grattage plus ou moins profond du sol et qui ne remplit pas la véritable fonction du soc actuel — *détacher en dessous une tranche de terre suivant un plan parallèle à la surface du sol.* — Ces socs primitifs se rencontrent encore parfois

Fig. 671. — *Soc à souche.*

dans les araires de quelques pays arriérés où ils ont un succès apparent, parce qu'ils pénètrent mieux en terre dure, pierreuse ou sèche que des socs plats et larges. Ceux-ci peuvent jouir du même avantage si leur tranchant fait un angle assez faible avec la direction du mouvement et surtout s'ils sont armés d'une pointe d'acier mobile pouvant être avancée au fur et à mesure qu'elle s'use. Lorsque le soc est formé d'une simple barre de fer, on le pousse en avant lorsque sa pointe est usée; et, elle est retenue dans la position convenable par une ou deux frettes et par des coins qui permettent de la faire piquer en terre plus ou moins à volonté. La pointe mobile, en addition à un soc ordinaire, a été adoptée surtout dans le midi de la France, entr'autres par MM. Rouquet, Armelin, Bouscasse, etc. Elle est avantageuse partout où l'on trouve des sols pierreux ou très tenaces.

« Les socs complets peuvent être rangés dans trois genres : 1° socs à tiges; 2° socs à souche; 3° trapézoïdaux ou américains.

Les socs à tiges (fig. 670) sont ordinairement assez minces et plats et ne se rencontrent aujourd'hui que dans de vieux modèles de charrues dites de *pays*; ils se fixent contre le sep par leur tige, soit à l'aide de frettes ou d'anneaux et de coins, comme les socs primitifs, soit avec des boulons.

Dans les socs à souche (fig. 671) on distingue deux parties principales : la souche et l'aile. La souche peut être une douille complète ou seulement en partie fermée; elle s'adapte sur l'extrémité antérieure de la pièce appelée *sep* ou *semelle* et elle y est retenue soit par une clavette, soit par une simple *goupille* en fer ou une cheville en bois. Les socs américains (fig. 672) sont formés d'une plaque de fer et acier de forme trapézoïdale assemblée au moyen d'un ou deux boulons sur la partie antérieure du sep. Cet

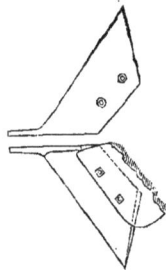

Fig. 672. — *Soc trapézoïdal vu en dessus et en dessous.*

assemblage peut se faire de plusieurs façons. 1° Par deux boulons ayant leurs têtes en gouttes de suif très aplaties (fig. 673) et leurs écrous placés en dessous du soc. Cette disposition exige sous le soc un écartement considérable pour éviter que les écrous ne touchent le fond de la raie ou s'en approchent assez pour que la terre y adhère et donne à la charrue une tendance à sortir de terre; cette augmentation forcée de l'inclinaison du soc augmente la résistance qu'éprouve cette pièce à pénétrer en terre à la façon d'un demi-coin; la tête saillante offre, en outre, une certaine résistance au glissement de la terre; et, bientôt usée, elle ne maintient plus assez fermement l'assemblage du soc et du sep; 2° l'écrou ordinaire peut être remplacé par un coin enfoncé dans une mortaise ménagée dans le corps du boulon (fig. 674); cet assemblage, suivant nous, n'est pas assez solide; 3° les écrous peuvent être à encoches (fig. 675) placés en dessus du soc et logés dans sa demi-épaisseur; la tête du boulon est en dessous, et, comme elle présente une saillie plus faible que celle d'un écrou, on peut donner au soc une moindre inclinaison. Malheureusement, l'écrou est forcément très peu épais; il y a trop peu de filets en prise pour que l'assemblage puisse être très solide sans une grande précision dans l'exécution; 4° les boulons sont remplacés par des vis ayant leur tête en dessous

et entrant dans le soc qui est *taraudé* (fig. 676).
Cet assemblage présente au moins autant d'avantages que le précédent ; mais, il est rare qu'après
les réparations qu'exigent si souvent les socs en
fer, les trous taraudés soient en état de recevoir
les vis. On a quelquefois disposé le soc de telle
façon sur le sep qu'un seul boulon suffit pour le

Fig. 673. — *Assemblage du soc.*

maintenir fermement ; dans ce cas, on adopte le
boulon avec écrou en dessous du soc, la tête
placée en dessus est en goutte de suif ou même
fraisée (fig. 677).

Réglement du soc. Quelque soit le genre de soc
adopté, il faut que le tranchant seul et la pointe
touchent le fond de la jauge ; cette disposition
empêche l'adhérence de la terre du sous-sol en

Fig. 674.

dessous du soc et la compression du fond de la
raie qui réagirait avec une énergie suffisante
pour déterrer la charrue. Le dessous du soc ne
touchant pas le fond, la terre ne réagit que sur la
face supérieure du soc et presse celui-ci contre le
fond pour le faire pénétrer de plus en plus ; en
outre, la pointe pique vers le bas plus encore que
le tranchant ; c'est ce qu'on appelle donner au
soc de l'*embéchage*, ou du *fer*, ou de la tendance

Fig. 675.

à *piquer* en terre. De même, la pointe est dirigée
un peu vers la gauche pour donner à la charrue
une tendance à prendre de plus en plus de largeur de bande. Ces dispositions donnent de la
stabilité aux araires, car le laboureur contre-
balance ces deux tendances en appuyant légèrement sur les mancherons et en les poussant un
peu contre la gauche ; mais si l'on exagère l'*embéchage* et le *rivotage*, on augmente inutilement
les résistances, et les efforts continus que le
conducteur doit exercer sur les manches pour
maintenir la largeur et la profondeur du labour,
doivent être trop énergiques. Cette déviation plon-

geante et latérale de la pointe, des plans du fond
et de la muraille, était donnée jadis comme une
règle de bonne construction et de bon règlement
de la charrue. Avec un régulateur précis et surtout
avec l'emploi rationnel de supports pour l'avant
de l'âge, cette prétendue règle de la charrue
perd beaucoup de son importance. Dans tous les
cas, l'*embéchage* et le *rivotage* doivent être d'autant moins accusés que la charrue est plus lourde
et plus parfaite.

« De même qu'il est avantageux de pouvoir
régler la position du tranchant du coutre dans

Fig. 676.

tous les sens à l'aide d'une coutrière bien disposée, il est bon de se ménager des moyens de
régler l'embéchage et le rivotage du soc sans être
forcé de le porter chez le forgeron. Nous parlerons plus tard des dispositions de *sep* qui permettent ces règlements.

Matière employée. Le soc peut être fait en fer,
en fonte, ou en acier. Lorsque le corps du soc
est en fer, son tranchant est en fer aciéreux ou
plutôt en acier. Le tranchant du soc s'usant
beaucoup plus rapidement que les autres parties
travaillantes de la charrue, doit être réparé ou
remplacé assez souvent, de façon que l'entretien
du soc entre pour une assez forte part dans

Fig. 677.

les frais de labourage. Si le soc tout entier est
en fer et du premier genre, ou à tige, une fois le
tranchant usé et rebattu autant que possible, il
faut y faire une mise d'acier, travail dont le prix
de revient est assez élevé ; enfin, au bout d'un
certain temps, le soc ne peut plus être réparé
parce que le fer est devenu trop cassant ; il faut
le mettre à la ferraille et il y a un poids considérable de fer perdu inutilement. Il en est de même,
à un plus haut degré, des socs à souche ou du
second genre. Seuls, les socs trapézoïdaux ou
américains remplissent la condition d'être réduits à très peu près à la partie travaillante,
c'est-à-dire à un tranchant d'acier assez large
seulement pour pouvoir être fixé sur l'avant du
sep ou du versoir. Lorsque ce genre de soc est
mis hors de service, la perte de matière première
est moindre que dans les deux premiers genres ;
son prix d'achat est en outre relativement très
faible, ce qui permet de faire une certaine pro-

vision de socs de rechange et de continuer par suite les labours, dans tous les cas, sans avoir à craindre d'interruption ou attendre une réparation du forgeron.

Lorsque la fonte de fer est employée à la fabrication des socs, leur prix de revient, à égalité de poids, est beaucoup moindre et par suite, on peut sans trop d'inconvénient adopter le second genre ; toutefois il convient de pousser à l'extrême l'économie de la matière à remplacer en faisant en fonte les socs du troisième genre ou trapézoïdaux. L'assemblage, le montage et le démontage des socs à souche sont, il est vrai, plus faciles que

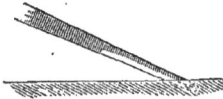

les mêmes opérations faites sur un soc américain. C'est pourquoi les constructeurs anglais emploient beaucoup les socs à souche en fonte.

Cependant il est indéniable que les socs trapézoïdaux sont préférables qu'ils aient à être faits en fer forgé, en acier ou en fer fondu.

La fonte est assez peu employée en France pour la fabrication des socs. On leur reproche de casser sous le moindre choc : cela est vrai de quelques fontes dures blanches, ou de mauvaise qualité, mais il est certain que, par de bons procédés de moulage et un bon choix de matières premières, on peut établir des socs de fonte d'une grande résistance quoique peu épais et d'une durée égale et parfois supérieure à celle d'un soc de fer forgé

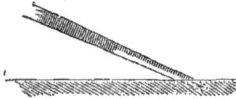

ordinaire. La fonte résiste enfin mieux au frottement dans les terres siliceuses. La réparation d'un soc en fonte est impossible, il est vrai, mais son remplacement coûte moins que la réparation d'un soc en fer ou en acier et peut se faire sur place sans l'intervention d'un forgeron.

« Un autre reproche fait à la fonte c'est de ne pouvoir couper les racines, le tranchant n'étant pas aussi mince et vif dans les socs en fonte que dans ceux de fer aciéré. Cette objection tombe devant le procédé de moulage dû à Robert Ransome qui prit en 1785 un brevet d'invention pour la construction de *socs en fer fondu* et, en 1803, pour un procédé de moulage durcissant la fonte. Ce procédé a pour but de durcir le dessus du tranchant du soc sur la moitié de l'épaisseur, et sur une certaine largeur. Pour cela, le châssis plein de sable où l'on coule la fonte qui remplit le vide fait par l'empreinte du modèle, présente une coquille en fer remplaçant le sable à l'endroit où la fonte doit être durcie. Dès que la

fonte est coulée, on projette un filet d'eau froide sur l'extérieur de cette coquille ce qui refroidit brusquement la fonte sur une certaine épaisseur. Dans ce refroidissement brusque, la fonte blanchit et devient dure ou trempée par une disposition particulière des molécules de fer et de carbone (fig. 678). Un soc de fonte ainsi trempé sur une certaine largeur du tranchant et dans la moitié de l'épaisseur en dessus s'aiguise par l'usage. En effet, la plus forte usure a lieu parallèlement au fond de la raie ou sous le tranchant. La face supérieure du tranchant s'use aussi, mais moins vite. Alors, comme l'indique la figure 679, la partie durcie présente un tranchant aigu qui se renouvelle constamment par l'usure :

Les socs en fonte ordinaire non durcie suffiraient même à la rigueur, dans les sols cultivés depuis longtemps, pour des labours ordinaires

Fig. 680. — *Bande de terre en renversement.*

et surtout pour les second et troisième labours. Aucune raison sérieuse n'empêche donc l'adoption de la fonte pour tous les socs et l'économie ainsi réalisée par le cultivateur est considérable.

Depuis l'invention de procédés rapides et économiques de fabrication de l'acier, cette matière a tellement baissé de prix qu'elle peut être employée à la fabrication des socs à l'exclusion du fer, surtout si on les fait par compression.

« Du versoir. *Fonction.* Le coutre et le soc détachent, sous la forme d'un long parallélipipède, une bande de terre que, dans le même temps, le *versoir* doit renverser. Cette dernière opération devant se faire au moyen d'une pièce de longueur limitée, animée d'un mouvement de translation dans le sens AZ (fig. 680), il est visible que la bande au point Z n'a encore fait aucun mouvement quand la portion C est complètement retournée ; il faut donc, si l'on suppose la terre douée d'assez de cohésion pour que son mouvement s'opère sans rupture, que chaque portion infiniment petite de la bande puisse tourner indépendamment de ses voisines ; c'est-à-dire que l'on doit considérer la bande entière, à cet état hypothétique de torsion continue, comme composée d'un nombre infini de petits parallélipipèdes ayant pour hauteur une portion infiniment petite de l'axe central de torsion ou. de la droite AZ, suivant que l'on considère cette bande comme douée d'une certaine élasticité ou, au contraire, sans aucune élasticité, et pour base le rectangle C. On peut admettre en effet, ce qui s'éloigne peu de la vérité, que le soc coupe la terre suivant un plan horizontal, le coutre, suivant un plan vertical et que les tranchants de ces pièces sont minces et uniformes.

On peut donc considérer ces petits parallélipipèdes comme aussi près d'être réduits à de simples *rectangles matériels* qu'on voudra l'imaginer, et ces rectangles seraient comme des sections idéales faites, dans la bande de terre tordue sur le versoir (fig. 680), par des plans infiniment rapprochés perpendiculaires à un axe 00' de torsion de la bande ou à la droite AZ si cette bande n'est pas considérée comme élastique.

« *La surface travaillante du versoir doit être une surface réglée.* Le côté inférieur d'un élément rectangulaire CD de la bande devra prendre, pendant le passage du versoir, toutes les inclinaisons depuis l'horizontale CD jusqu'à la position extrême m; or, l'influence seule de la surface du versoir devant faire prendre ces positions à la ligne CD, il faut que, dans chacune d'elles, cette droite soit toute entière sur le versoir au fur et à mesure de l'avancement de ce dernier ; c'est-à-dire que la surface du versoir est le *lieu géométrique* des positions successives relatives que doit prendre ou que l'on veut faire prendre à la droite CD, depuis l'horizontale, jusqu'à la position finale m reconnue · nécessaire pour un bon labour ; par suite, la surface du versoir doit être composée d'une suite continue de droites, c'est-à-dire enfin quelle doit être ce qu'on appelle une surface *réglée*.

« Comme il y a un nombre infini de surfaces réglées et qu'il n'est pas probable que l'une quelconque d'elles soit convenable pour opérer le renversement de la bande de terre, il faut examiner à quelles nouvelles conditions la surface du versoir doit satisfaire pour effectuer un *renversement régulier*, avec le *moindre dépense* de force motrice. Et ces conditions définies caractériseront la surface réglée propre au versoir. La surface réglée, constituant le versoir, mise en mouvement par la force motrice, agit par *déplacement* c'est-à-dire que la bande de terre étant retenue, en avant par la réaction de la terre non encore détachée, et en arrière, par la résistance de la bande déjà renversée, les petits parallélipipèdes ou rectangles matériels formant la bande doivent constamment se trouver sur la surface même du versoir et, comme nous l'avons dit précédemment, cette surface n'est pas autre chose que le lieu géométrique des positions relatives du côté inférieur d'un des rectangles, éléments de la bande, dans toutes les phases de son renversement, de son retournement et parfois même de son déplacement ou de son élévation.

Pendant sa rotation, l'élément de bande considéré quitte-t-il le plan vertical dans lequel il se trouve au moment où le versoir vient agir ? Il est

maintenu dans ce plan par la réaction du rectangle matériel antérieur qui résiste à la compression, donc il tournera en glissant sur ce plan comme appui, et la force motrice du versoir aura à vaincre la résistance qu'éprouvent toutes les molécules à glisser ainsi sur le plan vertical d'appui. Le déplacement angulaire infiniment petit de chaque file de molécules parallèles à CD, entre cette première et l'extrême m, exigera dans ce plan vertical une dépense de force ou plutôt un moment Pp égal à $G\theta \times \frac{1}{3} lh(l^2 + h^2)$.

Dans cette formule, P est une force agissant avec un bras de levier p pour effectuer la torsion, dont la résistance est représentée par

$$G\theta \times \frac{1}{3} lh(l^2 + h^2).$$

Dans cette dernière expression, G est un coefficient numérique de résistance au glissement d'une molécule terreuse d'une. section contre l'appui terreux ; θ, le déplacement angulaire pour une distance égale à l'unité entre les deux sections qui ont glissé ou tourné l'une par. rapport à l'autre ; l, la largeur de la bande tordue, et h, son épaisseur. On peut donc dire que la force nécessaire pour faire tourner la bande a, par rapport à l'arête de rotation AZ, un moment égal à $G\theta \times \frac{1}{3}(hl^3 + lh^3)$ par unité de longueur du versoir et si l'on fait $l = nh$, on aura

$$Pp = \frac{1}{3} G\theta(n^3 h^4 + nh^4) = \frac{4}{3} G\theta(n + n^3) h^4.$$

Dans le cas d'une . charrue ordinaire, le seul but est le renversement de la bande découpée. L'observation sur la rotation des éléments de cette bande montre que toutes les génératrices droites du versoir, représentant les positions successives du bord BC qui ne quitte pas son plan vertical, doivent être *normales à l'axe de rotation* AZ. Et cet axe parallèle à la direction du mouvement reste invariable, car il n'y a aucune raison pour que le versoir soulève ou écarte la bande de terre qui vient d'être découpée; il doit la laisser en place en la faisant seulement tourner pour la renverser. Cette arête AZ peut donc être considérée comme une *directrice* de la surface réglée, dont les génératrices droites, de longueur constante l, doivent être normales à cette directrice.

« Si la bande, après avoir tourné sur une de ses arêtes, continue forcément en tournant autour d'une autre de ses arêtes, la directrice de la nouvelle portion du versoir sera, pour les mêmes raisons, une droite horizontale, parallèle à la direction du mouvement général de translation; car la condition d'un renversement opéré sans élévation ni déviation latérale de la bande doit être satisfaite pour cette seconde rotation aussi bien que pour la première, en admettant toujours l'hypothèse de la torsion de la terre sans rupture et ne tenant pas compte de son élasticité rarement appréciable. Donc, pour première condition, la surface réglée constituant le versoir doit avoir pour directrice deux droites définies placées au fond de la raie et parallèles à la direction du mouvement de translation. Chacun des rectangles matériels composant la bande doit, pour venir se placer dans une position convenable, tourner autour d'un ou deux de ses sommets successivement, jusqu'à ce que son poids le fasse tomber de lui-même; ils doivent donc se mouvoir l'un contre l'autre dans une certaine limite. Or, si le versoir tendait à faire faire cette rotation dans un plan oblique à la direction du mouvement de la charrue, on pourrait supposer le mouvement oblique de rotation comme décomposé en deux : un mouvement de rotation dans le plan normal à la directrice et un mouvement de translation rectiligne dans la direction même du mouvement de la charrue. Or, ce mouvement longitudinal des rectangles, est évidemment inutile et même nuisible à l'effet que l'on veut produire. Du reste, tout mouvement de la terre dans cette direction, est empêché : en avant, par la réaction de la portion de terre non encore retournée; en arrière, par la réaction de la portion de bande déjà renversée. Ces deux réactions lorsqu'elles sont suscitées par une mauvaise forme du versoir tendent à faire *mousser* la terre devant le versoir, à rompre la bande ou enfin à l'élever plus que cela n'est utile au renversement.

Donc le versoir doit faire ou tendre à faire tourner les rectangles terreux normalement à la direction du mouvement de translation de la charrue ; c'est-à-dire que, comme nous l'avons déjà dit, la surface réglée du versoir doit avoir ses génératrices normales à ses directrices ou aux axes de rotation de la bande.

« *Cas particulier d'une bande élastique.* Dans le cas très rare où l'on devrait tenir compte de l'élasticité de la bande, cette condition se modifierait en ce sens que les génératrices devraient être normales à l'axe central de torsion de la bande pour que la force employée à la torsion soit la plus petite possible et pour empêcher la rupture de la bande. Mais la différence serait très peu sensible vu le peu d'élasticité de la plupart des terres qui, au lieu de se tordre comme une bande de caoutchouc, se tordent en se rompant insensiblement partout pour se mouler sur le versoir. Il convient donc de laisser la bande, supposée élastique, se rompre peu à peu et régulièrement par l'effet d'une surface à axes rectilignes et génératrices normales à ces droites; car cette rupture est plutôt utile que nuisible et n'empêche pas que le renversement se fasse régulièrement lorsqu'elle n'a lieu que successivement et dans la partie moyenne du versoir. Si cependant on veut tenir compte de cette nouvelle condition posée pour la première fois par M. Barré de Saint-Venant, on ne doit pas oublier la précédente et par conséquent prendre pour directrices des lignes dépendant en même temps de l'axe de torsion et des axes de rotation ; ces directrices seront en général assez peu différentes de celles que nous avons précédemment définies. Nous admettons dans notre étude du versoir que la bande n'est pas élastique, sauf à tenir compte des observations précédentes pour les versoirs destinés aux vieilles prairies en terres tenaces.

Analyse du mouvement de rotation de la bande : *deux phases.* Nous supposerons d'abord que la bande est rigoureusement *rectangulaire*, c'est-à-dire qu'elle a pour section un rectangle. Si nous analysons le mouvement de rotation qui doit être opéré au moyen du versoir, nous voyons qu'on y peut distinguer deux phases : La première consiste (fig. 681) dans le redressement de la bande, de la position initiale ABCD à la position verticale ou dressée BA′C′D′; chaque point ayant dans cette phase décrit un quart de circonférence de cercle autour du point B comme centre. Dans la seconde phase, la bande est amenée de la position verticale à la position inclinée D′A″C″, telle que la bande soit un peu au delà de la position d'équilibre par rapport à l'arête D′ et tende à tomber d'elle-même sur les bandes précédemment renversées. Le versoir peut même, à la rigueur, conduire la bande jusque sur la dernière bande renversée en dernier lieu, sans la comprimer, ou en l'y comprimant sensiblement si la

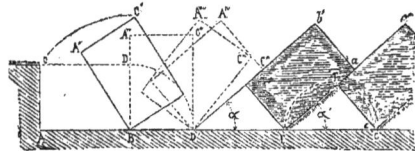

Fig. 681. — *Mouvement réel d'un élément de la bande de terre.*

bande est un peu élastique comme une bande de vieux gazon en terre tenace.

« Pour que le rectangle matériel tende à tomber de lui-même, il faut que sa diagonale D′A″ ait un peu dépassé la verticale (fig. 681). La dernière génératrice du versoir B′A″ aurait alors, par rapport à l'horizon, une inclinaison égale ou complémentaire de l'angle CBA puisque le triangle CBA est rectangle. Or, on a :

$$\cot BCA = \tang. CBA = \frac{CA}{AB}; \text{ ou, en dési-}$$

gnant la largeur du labour par l, sa profondeur par h et l'inclinaison de la dernière génératrice, par α, on a : $\cot. \alpha = \frac{h}{l}$. Si, par exemple, la largeur est égale à 1,4 — 1,5 — 1,6 — 1,7 — 1,8 — 1,9 et 2,0 fois la profondeur, on aura, pour les inclinaisons α correspondantes : — 54° 27′ 44 — 56°, 18″, 36″ — 57°, 59′, 40″ — 59°, 32′, 04″ — 60°, 56′, 43″ 5 — 62°, 14′, 30″ — et 63° 26′ 06″. Ainsi plus est large la bande, par rapport à la profondeur, plus grand aussi doit être l'angle de la dernière génératrice. Mais la bande amenée ainsi à la position où sa diagonale est verticale pourrait aussi bien revenir sur le versoir que tomber sur la bande précédente puisqu'elle est en équilibre instable; pour assurer sa chute sur les bandes déjà couchées, il faut donc que le versoir la pousse au delà de cette position d'équilibre c'est-à-dire que la dernière génératrice soit moins inclinée que nous venons de l'indiquer pour diverses largeurs; les angles donnés sont les maxima d'inclinaison; la plus petite inclinaison de la dernière génératrice est celle que prend la bande une fois couchée stablement sur la précédente; autrement dit, l'inclinaison de la droite EF. Or, l'angle F étant droit, nous avons, en désignant l'angle FEG par α', et remarquant que EG $= l$: sin $\alpha' = \dfrac{h}{l}$; ce qui donne pour les précédents rapports entre l et h; α' égal à 45°, 35′, 26″ — 41°, 48′, 37″ — 38°, 40′ 56″ — 36°,01′, 54″ — 33°,44′ 56″ — 31°, 45′,25″, — et 30°. La moyenne inclinaison de la dernière génératrice est pour ces divers rapports respectivement, en nombre rond, 50°,02′ — 49°, 04′ — 48°, 20′ — 47°,47′ — 47°,21′, — 47° — et 46°,43′. Lorsque la bande de terre est un peu élastique, il faut la conduire jusqu'à sa position de stabilité, c'est-à-dire adopter par la dernière génératrice du versoir l'inclinaison minima correspondant au rapport entre l et h.

Ainsi, il est bien démontré que, dans tous les cas, soit que l'on veuille conduire chaque élément rectangulaire de la bande jusqu'à ce qu'il tende à peine à tomber de lui-même, soit que l'on doive le *coucher* sur la bande précédemment retenue, les *inclinaisons* dépendent du rapport entre les deux dimensions de la bande. Il convient donc, avant d'examiner en détail le versoir, de déterminer le rapport entre la largeur et la profondeur du labour. Au seul point de vue du labour, le rapport entre la largeur et la profondeur n'est pas indifférent; il en est de même au point de vue de la force dépensée, nous avons donc à étudier l'influence de ce rapport pour une bande de section rectangulaire et il convient même de rechercher si la forme rectangulaire est réellement la meilleure.

Bandes à section rectangulaire. Lorsqu'un labour est à effectuer, la *profondeur* est déterminée par le but que l'on se propose en labourant ou par les conditions culturales; c'est pour cela que l'on dit : « Un labour de *tant* de profondeur »; et l'on ne désigne jamais comme caractère d'un labour la largeur des bandes. Dans la discussion sur la forme de la bande et sur le rapport entre ses dimensions, la profondeur doit donc toujours être considérée comme connue, déterminée; comme une *donnée* enfin. La question à résoudre est donc celle-ci : étant donnée la profondeur h du labour, quelle largeur doit-on adopter pour que le labour soit le plus convenable et fait avec la moindre dépense de force.

Le labour de jachère sera le meilleur possible quand la surface de terre neuve exposée à l'air par hectare sera la plus grande possible pour la profondeur h donnée. Or, lorsque les bandes rectangulaires sont couchées l'une sur l'autre, stablement (fig, 681), la surface exposée à l'air extérieur est, pour chaque bande, la somme des côtés $b'ac'$ égaux aux côtés EF, FC du triangle rectangle EFC. Comme EC est nécessairement égal à la largeur l du labour et FC, à la profondeur, la surface exposée à l'air extérieur, comme à l'air enfoui sous les bandes cachées sera proportionnel au développement EFC. La somme des côtés AB, AC de l'angle droit d'un triangle rec-

tangle, dont l'hypoténuse BC est donnée, a son maximum quand les côtés AB et AC sont égaux, c'est-à-dire quand le triangle rectangle BAC est isocèle. On peut, en effet, démontrer le théorème suivant : *De tous les triangles rectangles ayant même hypoténuse, l'isocèle est celui dont la somme des côtés comprenant l'angle droit est la plus grande.* Soit (fig. 682) BC l'hypoténuse égale à l, largeur du labour. Sur BC comme diamètre décrivons la circonférence ABDC; tous les angles BAC, BDC inscrits dans le demi-cercle sont droits; donc les triangles BAC et BDC sont rectangles et ont pour hypoténuse la même droite BC. Si A est sur la perpendiculaire menée au milieu de BC, le côté BA est égal à AC; tandis que BD et DC sont forcément inégaux. Il suffira donc de prouver que, quelle que soit la position du sommet D entre A et C, la somme BD+DC est moindre que BA+AC. Pour cela, de A, comme

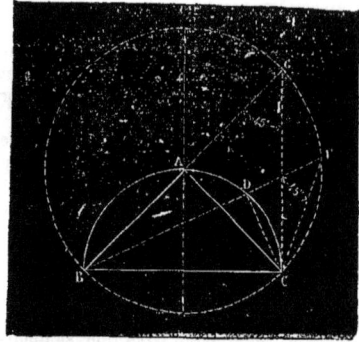

Fig. 682. — *Maximum de développement d'une crête de bande rectangulaire.*

centre, avec AB pour rayon, décrivons une circonférence. BA et AC sont des rayons égaux; ABC est un demi-angle droit : donc BGC est aussi égal à la moitié d'un angle droit et par suite GC est égal à BC. Donc BA+AC est la même chose que BA+AG ou BG. Dans le triangle BDC, l'angle D est droit comme inscrit dans une demi-circonférence; l'angle BFC est égal à l'angle BGC, comme inscrit dans un même segment capable d'un demi-droit; donc le triangle rectangle CDF est isocèle, puisqu'un de ses angles aigus est la moitié d'un droit; donc CD égale DF; et, par suite, DB+DC est égal à BD+DF ou BF. Or, on sait que le diamètre BG est plus grand que toute corde BF inscrite dans le même cercle. Donc enfin, la somme AB+AC (fig. 682) est la plus grande possible quand les côtés AB et AC sont égaux, c'est-à-dire quand la bande est inclinée à 45°. Or, pour que la bande soit inclinée à 45°, il faut que le rapport entre BC, largeur de la bande et AC, profondeur du labour soit tel que l'on ait :

$$\frac{AC}{BC} \text{ ou } \frac{h}{l} = \sin 45° = 0{,}7071.$$

c'est-à-dire que la largeur doit être égale à

1,4142 la largeur : alors, par hectare, il y a 14142 mètres carrés exposés à l'air. On sait que les variations sont d'autant plus petites que l'on s'approche plus du maximum ; c'est-à-dire que l'on peut prendre un rapport un peu plus faible ou un plus grand que celui qui donne le maximum sans pourtant que la surface exposée à l'air soit sensiblement plus petite. Soit, par exemple, une inclinaison de 42°, 30′ ou de 47°, 30′ au lieu de 45°, la surface exposée à l'air au lieu d'être 14142 mètres carrés par hectare sera 14128^m,67 bien que le rapport de la largeur soit 1.480 et 1,356. Ainsi, la surface exposée à l'air ne diminue que de un pour mille, au plus, quand le rapport de la largeur à la profondeur change de 4 0/0 en moins ou de 4,7 0/0 en plus de celui qui donne le maximum de surface exposée à l'air.

« Lorsque les crêtes $b'ac'$ (fig. 681) du labour restent longtemps exposées à l'air et aux alternatives de gels et de dégels, l'action de ces météores se propage à l'intérieur sur une épaisseur d'autant plus grande que la durée d'action se prolonge davantage. A la limite, le volume entier de ces crêtes pourrait être émietté. On peut donc désirer, pour les labours qui passent l'hiver, que le volume de crêtes soit le plus grand possible par hectare, afin que la masse de terre émiettée gratuitement soit aussi maximun. Or, le volume d'une crête est égal à la moitié du produit de ac' par ab' ou par la profondeur h. L'inclinaison de la bande sur l'horizon étant α et le rapport entre la largeur et la profondeur, égal à n, on aurait : $ac' = l \cos \alpha$ ou $ac' = nh \cos \alpha$. Et le volume v d'une crête serait par mètre égal à

$$\frac{1}{2} nh^2 \cos \alpha.$$

Pour un champ d'un hectare, de 100 mètres de large sur 100 mètres de long, on aurait, comme nombre d'arêtes $100 : nh$. En multipliant le volume d'une crête par 100 mètres et par le nombre des crêtes $\dfrac{100}{nh}$ on aura le volume total des crêtes par hectare, c'est :

$$V = \frac{10000}{nh} \times \frac{nh^2 \cos \alpha}{2} = \frac{1}{2} 10000\, h \cos \alpha.$$

Or, le volume total remué par hectare pour une profondeur h du labour est 10000 h. Donc enfin, le volume des crêtes est une fraction de la moitié du volume remué égale au cosinus de l'angle d'inclinaison. Si la largeur est très grande par rapport à la profondeur, l'inclinaison α est très petite et, par suite, son cosinus est presque égal à l'unité ; donc alors, le volume des crêtes approche de son maximum, la moitié du cube total remué, ou de 5000 h. Si la largeur n'est plus que 1,4 — 1,5 …. deux fois la profondeur, les inclinaisons sont : 45°,35′,26″ — 41°, 48′ 37″ — 38°, 40′, 56″ — 36°, 01′, 54″ — 33°,44′,56″ — 31°, 45′, 25″ et 30°. Le cube des crêtes par hectare prend alors les valeurs successives de 0,700 — 0,745 — 0,781 — 0,809 — 0,831 — 0,850 — 0,866 du volume total remué. Le volume des crêtes pour une profondeur donnée du labour croît donc quand la largeur croît. Le volume d'air enfoui sous les bandes

est évidemment égal à celui des crêtes et il a, comme lui, une certaine influence sur l'efficacité du labour. Ces deux considérations engageraient donc à prendre une largeur très grande par rapport à la profondeur, pour avoir un grand volume de terre ameublie par les actions météoriques et un grand volume d'air enfoui. Toutefois, comme la désagrégation extérieure et intérieure des bandes de terre, est d'abord et très longtemps tout à fait superficielle, le développement de la surface des crêtes a plus d'influence et par suite, tout en prenant une largeur plus grande que celle qui donne le maximum de développement de la surface exposée à l'air, il ne faut pas trop s'en écarter. Au lieu de $l = 1,414\, h$, on peut, par exemple, prendre $l = 1,5\, h$ ou quelque peu plus.

Un labour en bandes bien dressées donne plus de prise aux dents des herses. On peut donc pour les terres très tenaces, qui durcissent rapidement et fortement, désirer une largeur de bande qui permette la plus forte inclinaison possible des

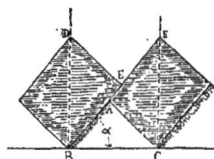

Fig. 683. — *Labour en bandes dressées autant que possible.*

bandes couchées. C'est évidemment celle que présenteraient des bandes couchées l'une contre l'autre dont les diagonales seraient verticales. Elles sont le moins couchées possible puisqu'elles sont en équilibre instable et tendent autant à revenir dans leur position primitive qu'à rester dressées. Dans ce cas (fig 683), l'angle α ou ABC est égal à EDB. Pour le premier, on a :

$$\frac{AC}{BC} \text{ ou } \frac{h}{l} = \sin \alpha.$$

Pour le second :

$$\frac{DE}{BE} \text{ ou } \frac{h}{l} = \cot \alpha.$$

Donc, quand les bandes sont couchées le plus *verticalement* qu'il est possible, l'angle α d'inclinaison des bandes a son sinus égal à sa cotangente, ce qui n'a lieu que pour l'angle 51°, 49′, 38″,24708. Et la largeur est alors égale à la profondeur multipliée par 1,272. C'est le rapport minimum de la largeur à la profondeur ; et il faut toujours se tenir notablement au-dessus.

La profondeur du labour étant donnée, le travail dépensé par le soc pour un hectare est constant quelle que soit la largeur des bandes retournées, tandis qu'il est évident que le travail exigé par le coutre est d'autant plus petit que les bandes sont plus larges. A ce point de vue, il y aurait donc avantage à adopter de larges bandes : mais, si le coutre exige la dépense d'un certain travail, il divise la terre ; en prenant des bandes par trop larges, on tomberait donc dans l'inconvénient de faire des masses trop volumineuses, moins accessibles aux influences atmosphériques.

Le travail moteur dépensé par le versoir se compose de celui qu'exige l'élévation relative du poids de la bande ; et ce travail dépend, comme nous le verrons, de la nature du versoir et de sa longueur. Toutefois, une petite portion de ce travail dépend de l'élévation du centre de gravité de la bande pendant les deux phases de son retournement. Bien que, par rapport au travail total, celui qu'exige cette élévation soit très petit, il convient de voir s'il y a un rapport entre la largeur et la profondeur pour lequel il soit minimum. Pendant la première phase du retourne-ment, ou pendant le redressement, le centre de gravité du rectangle matériel, élément de bande, s'élève de G en G' (fig. 684) pour retomber en G'' ; et, dans la seconde phase, le renversement, le centre de gravité doit s'élever de G'' en G'''. Lors-qu'un rectangle matériel tombe au delà de la première position d'équilibre, il entraîne ses voi-sins et son poids devient ainsi moteur, si la cohésion entre les rectangles matériels est suffi-sante. Dans ce cas, la véritable élévation du centre de gravité est la différence de hauteur ver-ticale entre sa position définitive dans la bande couchée et sa position primitive dans la bande adhérente encore au sous-sol ou entre G et G''''.

TABLEAU A.

Pour des rapports n égaux à...........	1.4	1.5	1.6	1.7	1.8	1.9	2.2
L'inclinaison de la bande est sur l'horizon.....	45° 35' 26"	41° 48' 37"	38° 40' 56"	36° 01' 54"	33° 44' 56"	31° 45' 25"	30° 00' 00"
L'inclinaison de la diago-nale, sur la bande....	35° 32' 25"4	33° 41' 24"2	32° 00' 19"4	30° 27' 55"84	29° 03' 16"6	27° 45' 30"78	26° 33' 54"1
L'inclinaison de la diago-nale, sur l'horizon....	81° 07' 51"4	75° 30' 01"2	70° 41' 15"4	66° 29' 49"84	62° 48' 12"6	59° 30' 55"78	56° 33' 54"1
Demi-diagonale en fonc-tion de h........	0.860	0.901	0.943	0.986	1.030	1.073	1.118
Hauteur finale du centre de gravité en fonct. de h.	0.850	0.873	0.890	0.904	0.916	0.925	0.933
Hauteur initiale du centre de gravité en fonct. de h.	0.500	0.500	0.500	0.500	0.500	0.500	0.500
Élévation totale du centre de gravité en fonct. de h.	0.350	0.373	0.390	0.404	0.416	0.425	0.433

Le poids du mètre cube de terre étant environ 1,500 kilogrammes, son élévation exige donc, pour ces diverses largeurs de bandes, et une pro-fondeur de labour de 0ᵐ,20 : 105 — 111,9 — 117 — 121,2 — 124,8 — 127,5 — 129,9 kilogram-mètres. Or, le labour dans la terre la plus légère exige, par mètre cube, découpé et retourné, envi-ron 2,200 kilogrammètres. L'élévation proprement dite de la terre n'est donc, tout au plus, que de 1,5 à 1,6 0/0 de ce qu'exige la charrue toute en-tière ; et la variation due à la différence de largeur n'est, pour passer de n égal à 1,4 à n égal à 2, que de 1,5 0/0 du travail total, ce qui est à peu près insignifiant. Toutefois, on voit qu'à ce point de vue, il y a un petit inconvénient à prendre des bandes trop larges.

Si nous supposons la terre assez inconsistante pour que les rectangles matériels en tombant ne puissent entraîner leurs voisins et agir comme moteurs, l'élévation dans la première phase est :

$$\frac{1}{2} h \left(\sqrt{1 + n^2} - 1 \right)$$

et dans la seconde phase :

$$\frac{1}{2} h \left(\sqrt{1 + n^2} - n \right) ;$$

ou, en totalité :

$$\frac{1}{2} h \left(2 \sqrt{1 + n^2} - (n + 1) \right)$$

tant que n est plus grand que l'unité, c'est-à-dire tant que la largeur est plus grande que la pro-fondeur, ce qui est une nécessité dans le labour

rationnel, la quantité entre parenthèses est plus grande que l'unité et pour les valeurs de n égales à 1,4 — 1,5 — 1,6 — ...2,00, la quantité entre pa-renthèses devient successivement 1,04 — 1,106 — 1,174 — 1,245 — 1,318 — 1,394 et 1,572. C'est-à-dire que la hauteur à laquelle il faut élever en deux fois le centre de gravité croît avec la largeur du labour et peut atteindre pour l = 2 h, 0,786 de

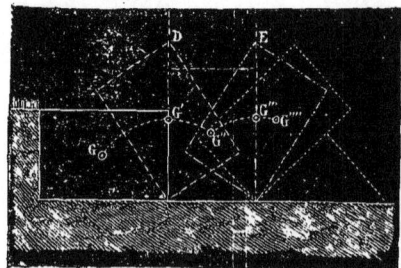

Fig. 684. — *Élévation de la terre par le labour.*

hauteur ou pour h = 0,20, 0ᵐ,1572 ; ce qui, pour 1 mètre cube pesant 1,500 kilogrammes, exige un travail moteur net de 156 à 235,8 kilogram-mètres, quand, pour la terre la plus légère, le labour complet exige au moins 2,200 kilogram-mètres. L'élévation proprement dite de la terre ne consomme donc dans le cas le plus défavo-rable que 7,09 à 10,7 0/0. Pour la terre tenace, consistante, le travail net d'élévation de la terre serait cinq fois moins important relativement que pour la terre inconsistante. Ainsi, au point de vue du travail moteur exigé par le versoir, le rapport entre la largeur et la profondeur du labour peut varier sans qu'il y ait une perte ou une économie sensible; surtout s'il s'agit de terre un peu consistante.

En pesant toutes ces considérations, autant que cela se peut faire, pour les circonstances si diverses du labour, on voit qu'il faut prendre une largeur égale à une fois et demie la profondeur pour labours ordinaires en terres de moyenne consistance; un peu moins, soit 1,33 h, pour les terres très tenaces non engazonnées; et un peu plus, ou 1,66 h, pour les terres fortes engazonnées. Lorsqu'il faut dégazonner une vieille prairie, on peut même admettre une largeur égale au double de la profondeur.

La plupart des auteurs qui nous ont précédé admettent que le meilleur rapport est celui donné par les bandes couchées stablement à 45° par rapport à l'horizon. C'est-à-dire quand la largeur est à la profondeur comme 1,414 est à l'unité. Mais cela n'est vrai qu'autant que l'on ne tient aucun compte du cube des crêtes et de la traction exigée pour

le versoir. Donc, sauf pour le développement de la surface exposée à l'air et pour le travail net de l'élévation de la terre, il y a intérêt à prendre pour le rapport entre la largeur et la profondeur un nombre supérieur à 1,414. Ce rapport ne sera adopté que pour les cas où l'on a besoin d'un labour droit; on prendra pour les labours ordinaires 1,5 et même 1,667 si la terre est un peu élastique. Enfin, pour le défrichement de vieilles prairies on peut aller jusqu'à 2.

Nous arrivons à cette conclusion pratique, fort différente de ce que les auteurs copient l'un sur l'autre depuis longtemps, en prenant la question sous toutes ses faces et en admettant, ce qui est la vérité, que la profondeur du labour est donnée. Si nous ne donnons pas, pour le rapport entre la largeur et la profondeur, un seul chiffre absolu, celui que pose la théorie du développement maximum de la surface exposée à l'air, c'est que nous tenons compte des divers éléments qui caractérisent un bon labour.

Bandes à sections parallélogrammatiques. Pour couper une bande de cette espèce il faut que le haut du coutre soit écarté (fig. 685) ou rapproché de l'âge (fig. 686). Dans le premier cas, les arêtes

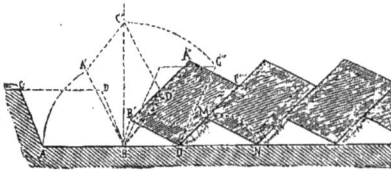

Fig. 685. — *Bandes parallélogrammatiques à muraille stable.*

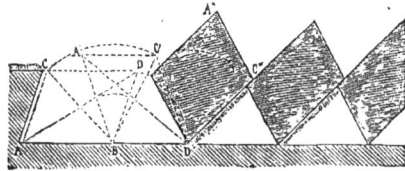

Fig. 686. — *Bandes parallélogrammatiques à muraille éboulable ou surplombante.*

le coutre et l'élévation nette de la terre, qui engagent toutes à prendre un rapport plus grand que 1,414. Ainsi, pour $l = 1,3 h$, ou une inclinaison de 50°, 17', 05' 1/2, le développement des crêtes est par hectare de 14,081 mètres carrés; pour $l = 1,565 h$, ce développement est de 14,083 mètres carrés, les bandes étant inclinées à 39°, 42', 54' 1/2. Le maximum de développement, pour les bandes inclinées à 45° est, comme on sait, 14,142 mètres. Ainsi, pour deux rapports, s'écartant assez de celui qui donne le maximum; l'un en dessous et l'autre en dessus, on ne perd en développement de surfaces de crêtes que 60 mètres carrés sur 14,142, soit 4 1/4 pour 1,000, ce qui est insignifiant.

On peut donc, sans cesser d'avoir le développement maximum de surfaces de crêtes, s'éloigner en plus ou en moins assez notablement du rapport n qui donne théoriquement le maximum. Or, il y a avantage à prendre un rapport plus grand que 1,414 pour avoir de plus grands volumes de crêtes et d'air enfoui. Ainsi, ces volumes sont par hectare de 700, 745, 781, 809, 831, 850 et 866 mètres cubes, pour les rapports 1,4, 1,5, 2,0 et une profondeur de 0^m,20. Il est avantageux aussi d'adopter une grande largeur pour économiser un peu du travail moteur dépensé par le coutre, mais on augmente un peu celui qu'exige

aiguës de la bande peuvent être déformées avant le complet retournement puisque l'une d'elle B sert d'abord d'axe de rotation; dans le second cas, la muraille terreuse surplombant peut s'ébouler. On ne peut donc adopter une section parallélogrammatique à angles notablement aigus que dans une terre très tenace. Lorsque la bande parallélogrammatique est enlevée suivant le premier mode (fig. 685) les arêtes exposées à l'air sont celles des faces formant entre elles un angle obtus; la herse n'aurait alors qu'une faible action sur ces crêtes, ce qui est un inconvénient grave. Si le talus est à deux de hauteur pour un de base. ou incliné de 26°, 33', 58" sur la verticale, l'angle des crêtes serait de 116°, 33', 58"; et il est facile de voir que le développement des flancs de ces crêtes serait moindre que dans les bandes rectangulaires présentant le même rapport entre la largeur et la profondeur : il en est de même du cube des crêtes exposé à l'air et du cube d'air enfoui.

Dans le second genre de bande parallélogrammatique, les bandes retournées présentent des arêtes aiguës faciles à briser par la herse (fig. 686); ainsi qu'un grand cube de terre en saillies et d'air enfoui. Ce sont d'assez grands avantages pour les terres tenaces qui seules peuvent être ainsi découpées; mais ne seraient-ils pas compensés par les inconvénients que nous allons faire connaître ? 1° On ne peut soulever et faire tourner la bande qu'après l'avoir dégagée en la poussant un peu vers la droite ; le versoir doit être disposé pour opérer cet écartement ; 2° la hauteur à laquelle on élève le centre de gravité est un peu plus grande que dans le cas d'une bande à section rectangulaire. En n'exagérant pas l'obliquité du parallélogramme, ce genre de bande peut être admis, malgré l'accroissement de surface coupée par le coutre. Dans le premier genre de bandes parallélogrammatiques, le seul avantage est une moindre élévation du centre de gravité de la bande, ce qui a, comme nous l'avons vu, très peu d'importance.

Bandes à section trapézoïdale. Cette forme de bandes (fig. 687) donne, après le renversement ou retournement, des arêtes aiguës, saillantes, faciles à rompre par les herses ; le renversement est plus facile ; les gazons sont mieux enfouis, car un plus grand cube de terre tombe dans les intervalles des crêtes. Ces avantages peuvent engager à adopter la forme trapézoïdale de préférence à la forme rectangulaire, surtout s'il s'agit de terres tenaces ou de rompre une prairie. Mais les bandes

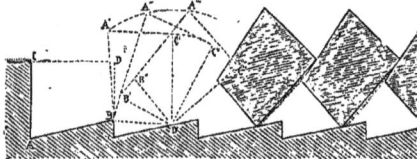

Fig. 687. — *Labour en bandes trapézoïdales.*

trapézoïdales présentent deux inconvénients sensibles : 1° il faut plus de traction par hectare puisqu'il y a plus de développement de coupe horizontale et verticale pour un même cube remué ; 2° la terre est inégalement travaillée, le fond des raies formant une espèce de crémaillère. On peut diminuer de moitié ce dernier inconvénient en faisant couper le coutre un peu obliquement : on a la même acuité des angles des crêtes et une profondeur plus proche de l'uniformité parfaite. En résumé, la bande rectangulaire est préférable à toute autre dans la presque généralité des cas ; et sa largeur doit être comprise entre 1,33 et 2 fois la profondeur donnée du labour, et le plus généralement égale à une fois et demie. Les bandes parallélogrammatiques à angle peu aigu, enlevées d'une muraille surplombant, conviennent aux terres tenaces, au point de vue de l'ameublissement de la terre des crêtes aiguës que les dents de herses rompent aisément, mais elles présentent quelques inconvénients. Les bandes trapézoïdales tranchées dans une muraille surplombant ont le même avantage et un inconvénient de plus : l'inégalité de profondeur du labour.

Nous admettons dans ce qui va suivre que la section transversale de la bande est un rectangle parfait.

Examen de la génération de la surface du ver-

soir. 1° *Partie antérieure opérant le dressement.* Dans la première phase du mouvement que doit prendre la bande, *chacun des rectangles terreux* qui la composent, doit faire un quart de tour autour de l'arête B, (fig. 681, p. 703) ; par suite, dans la partie antérieure du versoir, la première génératrice est horizontale et la dernière BA'' est verticale ; les intermédiaires étant chacune, dans son rang, plus inclinée que la précédente ; car il n'y a aucune raison pour que la rotation commencée ne continue pas sans interruption ni recul. La directrice définie de la surface antérieure du versoir est l'axe rectiligne B parallèle à la muraille ou à la direction de la charrue et distant de la face verticale du guéret de la largeur même du labour, et nous savons, d'après ce qui a été dit précédemment, que les génératrices doivent être normales à cette directrice et, de plus en plus inclinées.

2° *Partie postérieure du versoir provoquant le renversement.* Dans la seconde phase du retournement de la bande, le centre ou l'axe de rotation change et devient D' distant du premier axe de l'épaisseur de la bande de terre ou de la profondeur. Deux genres de surface peuvent être employés pour ce retournement ; c'est-à-dire que l'on peut faire deux genres de partie postérieure pour le versoir. 1° Le versoir conduira la bande par le petit côté BD' et les nouvelles génératrices seront par conséquent de plus en plus inclinées à partir de l'horizontale BD' jusqu'à une inclinaison un peu plus grande, B'D', telle que la diagonale A''D' ait un peu dépassé la verticale, et que la bande puisse alors tomber d'elle-même ; ou, si cela est nécessaire, C'' D' telle que la bande soit conduite jusqu'à sa position de stabilité. Cette surface est évidemment du même genre que celle de la partie antérieure ; son axe seul est différent. Toutes les génératrices s'appuieront sur un axe rectiligne passant par D' et parallèle au mouvement de la charrue.

2° Le versoir conduira la bande de terre par le grand côté BA'' (fig. 681) placé verticalement par la partie antérieure du versoir, et ce côté devra prendre des positions de plus en plus inclinées depuis la verticale BA'' jusqu'à l'inclinaison B'A''' où la bande est en équilibre, ou plutôt un peu au-delà, et même jusqu'à l'inclinaison de stabilité des bandes B'''A''', si l'on veut conduire la bande jusqu'à ce qu'elle soit couchée sur les précédentes, pour éviter que l'élasticité la ramène dans sa position primitive ; ou l'empêcher de se briser en tombant brusquement après le passage du versoir. Cette surface n'est plus absolument de la même espèce que celle de la partie antérieure ; mais elle la continue puisque la même génératrice engendre les deux surfaces sans discontinuité, tandis que, dans la première hypothèse, la surface postérieure ne continue pas la partie antérieure, ce qui est un inconvénient pratique réel ; et, de plus, le versoir devant saisir alors la bande par une nouvelle face, peut trouver celle-ci déjà brisée en partie ou contournée, ce qui amènerait un renversement irrégulier. Il est facile de voir que si l'on détermine cette première espèce de surface postérieure, la deuxième est, par suite, connue ; car ses génératrices sont perpendiculaires à celles de même rang de la première.

Dans le premier genre de surface postérieure, la directrice est l'axe de rotation D' parallèle à l'axe B de la surface antérieure et distant de celui-ci de la profondeur du labour ; et toutes les génératrices s'appuient normalement sur cet axe D'. Dans la seconde hypothèse, les génératrices de la surface postérieure du versoir sont perpendiculaires à celles que nous venons d'indiquer pour le premier genre, ou normales aux génératrices d'un cylindre ayant D' pour axe et la profondeur du labour pour rayon. L'axe rectiligne du premier genre de surface postérieur est remplacé dans le second genre par un noyau cylindrique. Du reste, quelle que soit l'espèce de surface postérieure adoptée, elle doit remplir, par rapport au nouvel axe de rotation, ou au noyau qui représente l'axe, les deux conditions reconnues nécessaires précédemment pour la surface antérieure ; c'est-à-dire qu'elle doit être une surface réglée à génératrices normales à la direction même de la charrue ou à des directrices définies parallèles à cette direction.

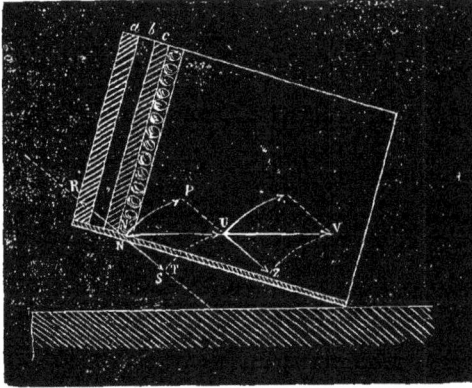

Fig. 688. — *Mouvement relatif des molécules terreuses.*

« *Force nécessaire pour le renversement.* L'examen des conditions relatives au bon emploi de la force motrice nous permettra d'achever de particulariser les surfaces convenables pour l'établissement du versoir. Cherchons donc quel est le mouvement qui doit être produit pour opérer le renversement de la terre. Si l'on considère chacun des rectangles matériels composant la bande comme divisé (fig. 688), par des plans normaux à leur base et infiniment rapprochés, en un grand nombre de rectangles aussi près d'être des lignes droites qu'on voudra l'imaginer, on verra, 1°, que ces droites matérielles a, b, c, se soutiennent l'une contre l'autre par la cohésion ; 2° que chacun des points de ces lignes matérielles doit décrire un cercle autour de l'axe de rotation, quelle que soit d'ailleurs la forme du versoir. Donc le point N' (molécule terreuse) a pour mouvement absolu, ou propre, l'arc de cercle N'P décrit avec la distance du point N' à l'axe comme rayon. Les points N du versoir se meuvent avec toute la charrue et ont par suite pour mouvement absolu ou propre la droite NR. Donc, pendant que le point N du versoir parcourt la droite N R, la terre qu'il supporte décrit l'arc de cercle N'P. Or, on sait que lorsque deux points matériels ont chacun leur mouvement propre, ils ont l'un par rapport à l'autre un mouvement dit relatif ; et que la force qui produit ce mouvement ou l'entretient est la seule à considérer.

« Le mouvement relatif du point N' par rapport à N est, par définition, celui que semblerait avoir ce point pour un observateur transporté avec le point de comparaison N. Pour être dans la situation de cet observateur, il suffit donc de supposer le point N immobile, sans rien changer au mouvement relatif des deux points. Il en sera ainsi quand les deux points N et N' seront *entraînés* par un mouvement de translation de sens contraire et de même vitesse que le mouvement propre de N. Le point N est alors immobile comme soumis à deux vitesses, l'une sa vitesse propre et l'autre, la vitesse d'entraînement, égale et de sens contraire : tandis que la molécule terreuse N' est soumise à son mouvement propre, en arc de cercle, N'P ; et à la vitesse d'entraînement N'T égale et directement opposée à celle du versoir. La résultante de ces deux mouvements est le mouvement relatif de la molécule terreuse par rapport au versoir, ou celui que cette molécule semblerait avoir pour un observateur entraîné avec le versoir : c'est la diagonale N'U. Or il est visible que l'arc N'P et la droite N'T sont sur la surface d'un cylindre circulaire et que la diagonale N'U est sur la même surface : composant les deux mêmes mouvements pour l'instant suivant, UV serait le mouvement relatif à cet instant et en procédant ainsi, on déterminerait la trajectoire N'UV.... du mouvement relatif de la molécule terreuse N' par rapport au versoir. Cette trajectoire est donc une courbe tracée sur le cylindre circulaire ayant pour axe l'arête de rotation de la bande de terre. Pour une molécule de terre voisine de N' on aurait une courbe analogue tracée sur un cylindre de même axe. Donc, chacune des molécules terreuses en contact avec le versoir a un mouvement relatif représenté par une *ligne* tracée sur un cylindre droit circulaire dont l'axe est l'arête de rotation de la bande, et dont le rayon est égal à la plus courte distance de cette molécule à l'axe. Lors donc qu'un versoir passe sous la bande de terre découpée, tout se passe comme si chaque molécule de terre montait sur ce versoir immobile en parcourant les lignes parallèles tracées sur des cylindres concentriques ; et dont la génération dépend du rapport, constant ou variable, des vitesses de translation du versoir et de rotation de la terre.

Nous avons vu que la *rotation* doit être continue et dans le même sens : elle peut être uniforme, accélérée ou retardée, ou mixte, pour une *translation* uniforme de la charrue. A chacune de ces hypothèses correspond une surface réglée particulière à directrice droite et génératrices normales.

Si la rotation est supposée uniforme, la trajectoire du mouvement relatif pour chaque molécule sera une courbe tracée sur un cylindre et faisant en chaque point avec les génératrices de ce cylindre un angle constant. C'est une droite inclinée tracée sur la surface cylindrique développée, ou une *hélice*, car pour des arcs égaux N'P, U'P',... on a des translations égales aussi N'T, UZ... etc. Toutes les molécules de chaque rectangle matériel décrivent donc des *hélices* ayant le même pas, la longueur de la partie antérieure du versoir. Donc la surface active de celui-ci ne pouvant être que le lieu géométrique des mouvements relatifs des molécules qui la touchent, doit être une surface réglée composée d'*hélices concentriques* du même pas, partant toutes d'une droite horizontale normale à l'arête de rotation. Ce genre de versoir est dit *hélicoïdal*. Il reste à prouver qu'il exige moins de force que tout autre pour *opérer* le *dressement* de la bande de terre. Pour cela, rappelons que, quel que soit le genre de mouvement de rotation, la trajectoire du mouvement relatif sera toujours une courbe tracée sur un cylindre. Or, cette courbe peut être supposée décomposée en petites parties *droites* plus ou moins inclinées par rapport aux génératrices du cylindre. Et l'on peut dire par suite que chaque molécule terreuse reposant sur le versoir doit suivre une succession de *plans inclinés* infiniment petits, d'inclinaisons allant en croissant ou en décroissant si le versoir n'est pas hélicoïdal.

Élément de versoir. Soit donc (fig. 689) un plan incliné AB (élément de la trajectoire d'une molécule terreuse) poussé par une force horizontale T et s'avançant d'un mouvement uniforme sous la bande de terre tournant par cela même autour d'une de ses arêtes comme nous l'avons dit. Tout se passe comme si le versoir était immobile tandis que la molécule monte sur ce plan incliné poussée par une force T égale et directement opposée à la portion de traction T qu'exige l'élément de versoir. Cette molécule posée sur le versoir supporte une certaine portion P du poids de toutes les molécules placées au-dessus d'elles. Nous avons donc à déterminer les conditions d'équilibre d'un poids de terre P qu'une force horizontale T fait monter sur un plan incliné d'un angle α. Nous

supposons connu le poids P, en direction et en grandeur ; la force T a sa direction déterminée normale au poids ; la troisième force nécessaire pour l'équilibre, est la réaction du plan incliné sur la molécule ; et nous savons qu'elle fait avec la normale au plan un angle γ égal à l'angle de frottement de la terre sur le versoir. Pour déterminer les relations de grandeur entre ces trois forces, prolongeons RO jusqu'à sa rencontre avec PU parallèle à T. Le triangle OPU a ses trois côtés proportionnels aux intensités des trois forces en équilibre : OP représentant, à une certaine échelle, la pression P que supporte la molécule terreuse, OS représente la réaction du plan incliné sur cette molécule et PU la traction motrice horizontale nécessaire. Or, l'angle UOP est évidemment la somme de deux angles : UOS, égal à γ ou à NOR

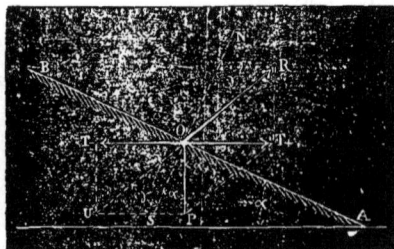

Fig. 689. — *Equilibre d'une molécule terreuse en mouvement relatif sur un élément de versoir.*

comme opposé par le sommet, et SOP, égal à α comme ayant ses côtés perpendiculaires sur le plan incliné et sur l'horizontale ; donc l'angle UOP est égal à α + γ et par suite le triangle rectangle UOP donne l'équation

$$UP = OP \times \text{tang.} (α + γ) \text{ ou } T = P.\text{tang.}(α + γ)$$

Si nous cherchons la valeur de la traction pour des plans inclinés d'angles différents α, toutes choses restant d'ailleurs égales, nous verrons que la traction croît lorsque l'angle du plan incliné croît, et que ces accroissements sont d'autant plus grands que l'angle α + γ s'approche plus de la valeur 90°. Nous donnons dans le tableau suivant ces valeurs de la traction pour différents angles α, le poids P étant *un* kilogramme et γ égal à 26° 34'. On voit que pour deux degrés d'inclinaison, la traction est un peu plus que la moitié du poids, tandis que pour 30° elle est déjà une fois et demie et pour 54°, six fois.

TABLEAU B.

Angle α	Tractions T	Angle α	Tractions T	Angle α	Tractions T	Angle α	Tractions T	Angle α	Tractions T	Angle α	Tractions T
	kilogr.		kilogr.		kilogr.		kilogr.		kilogr.		kilogr.
2°	0.54446	12°	0.79734	22°	1.1329	32°	1.6361	42°	2.5473	52°	4.9446
4	0.59061	14	0.85610	24	1.2160	34	1.7723	44	2.8344	54	6.0188
6	0.63871	16	0.91848	26	1.3065	36	1.9265	46	3.1845	56	7.6647
8	0.68900	18	0.98499	28	1.4054	38	2.1029	48	3.6222	58	10.5136
10	0.74176	20	1.05603	30	1.5147	40	2.3072	50	4.1868	60	16.6680
										62	39.965

Pour 63°, 25′ ce serait 3637 fois le poids de la terre. Il est clair qu'avant d'atteindre ce chiffre la traction de l'attelage comprimerait assez la terre pour qu'elle soit brisée et reste devant le versoir, à l'état de masse ameublie et refluant de tous côtés.

Ainsi, l'accroissement de la traction ou de la résistance éprouvée par un élément de versoir est excessivement rapide lorsque la somme des angles α et γ approche de 90° — ; et l'on comprend même que lorsque α est le complément de γ, la réaction R étant très près d'être horizontale, le triangle rectangle UPO a son hypoténuse OU presqu'horizontale : alors, quelque petite que soit le poids OP, l'hypoténuse OU presqu'horizontale ne rencontre PU qu'à l'infini ; c'est-à-dire que le côté PU qui représente la traction est alors infiniment grand : quand α + γ égale 90°, la tangente de cet angle est en effet infinie. Ceci fait comprendre que si le but du versoir est seulement de faire tourner la bande de terre sans la briser, l'inclinaison des divers éléments linéaires des cour-

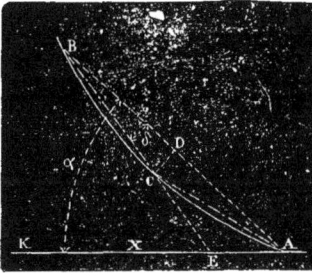

Fig. 690. — *La droite est le chemin de moindre traction entre deux points donnés.*

bes-trajectoires des mouvements relatifs des molécules a une limite dépendant de l'angle de frottement des terres avec la matière employée pour former le versoir, et de la résistance de cette terre à la compression. Ainsi, en adoptant l'angle de frottement de 26° 34′ indiqué par Ridolfi pour les terres de Toscane, la traction horizontale devrait être infinie, lorsque l'inclinaison du plan ou de la courbe sur lequel monte relativement la terre, atteindrait 63°, 26′. Or, il est clair qu'avant cette inclinaison, la résistance serait assez forte pour que la terre soit brisée devant le versoir.

Des paragraphes précédents, nous pouvons tirer les conséquences pratiques suivantes : 1° Quelle que soit la forme de la surface d'un versoir, aucune courbe tracée sur les cylindres, comme trajectoire du mouvement relatif d'une molécule, ne peut avoir un de ses éléments incliné de l'angle complémentaire de celui du frottement qui a lieu entre la terre considérée et la matière composant le versoir : car alors la force nécessaire pour faire monter la terre sur le versoir, ou pour faire avancer celui-ci sous la bande, devrait être infinie. 2° Les inclinaisons des divers éléments de chacune de ces courbes des mouvements relatifs doivent être toujours au-dessous de cette limite,

car d'après la formule et le tableau donnés ci-dessus, il est évident que la traction horizontale nécessaire devient très rapidement considérable lorsqu'on s'approche un peu de la limite d'inclinaison. 3° La détermination de l'angle de frottement de la terre avec la matière formant le versoir est nécessaire pour éviter de faire aucune portion des trajectoires du versoir trop inclinée si l'on veut économiser la traction et ne pas rompre les bandes de terre. 4° Si l'on tient à rompre la terre sur le versoir, il suffit de donner aux éléments courbes de celui-ci une inclinaison à peu près égale à la limite déterminée ci-dessus (90° — γ).

Le plan est la surface exigeant le moins de traction pour élever un même poids de terre d'un point à un autre. Soit en effet (fig. 690) un arc de courbe ACB assez petit pour pouvoir être remplacé par deux cordes égales AC, CB; on peut démontrer qu'il faudra moins de traction pour conduire le poids sur le plan de A en B que pour le conduire de A en C, puis de C en B. Si α est l'angle BAX du plan incliné, il est visible que BEK est égal à

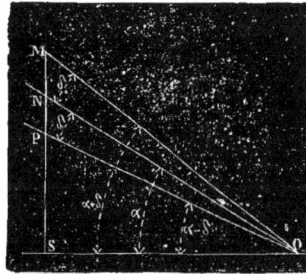

Fig. 691. — *Accroissements de la tangente trigonométrique.*

l'angle BAX augmenté de CBD ou à α + δ ; par contre, l'angle CAX est égal à BAX — BAC ou à α — δ ; car le triangle BAC est isocèle, par construction. La traction pour élever un poids P le long de AC est égale à P × tang. $\left((\alpha - \delta) + \gamma\right)$ et comme le point d'application de cette force de traction parcourera la droite AC, le travail sera égal à AC × P. tang. (α — δ + γ). De C en B la traction nécessaire sera P × tang. (α + δ + γ) et le travail : CB. P. tang. (α + δ + γ) ; ou, pour l'élévation de A en B, par le point C :

$$AC \times P. \times \left[tang.(\alpha + \delta + \gamma) + tang.(\alpha - \delta + \gamma) \right].(a)$$

Sur le plan incliné AB, la traction est

$$P \times tang. (\alpha + \gamma)$$

et le travail pour l'élévation de A en B, en passant par D, égale AB × P. tang. (α + γ). BD, moitié de AB est égal à AC × cos δ. Donc le travail pour élever le poids P suivant ADB sera égal à AC cos δ. P. 2 tang (α + γ). (b).

Quelque petit que soit l'angle δ, son cosinus est toujours moindre que l'unité ; donc le facteur AC. cos δ. P de la valeur (b) est moindre que le facteur AC × P de la valeur (a) ; en outre, la figure 691 prouve que $2.\tan(\alpha+\gamma)$ est moindre que $\tan(\alpha+\gamma)-\delta+\tan(\alpha+\gamma)+\delta$. En effet, si NOS est égal à $\alpha+\gamma$; MON égal à δ, ainsi que NOP; en prenant OS égal à l'unité de longueur, NS représentera la tangente de $(\alpha+\gamma)$; MS, la tangente d'un angle $(\alpha+\gamma)+\delta$, et PS, celle d'un angle $(\alpha+\gamma)-\delta$. Il s'agit donc de prouver que deux fois NS est moindre que MS+PS. Or,

$$2\,\mathrm{NS} = 2\,\mathrm{PS} + 2\,\mathrm{NP};$$
$$\text{et } \mathrm{MS}+\mathrm{PS} = (\mathrm{PS}+\mathrm{NP}+\mathrm{NM})+\mathrm{PS},$$
$$\text{ou } \mathrm{MS}+\mathrm{PS} = 2\,\mathrm{PS}+\mathrm{NM}+\mathrm{NP}.$$

La différence entre MS+PS et 2NS est donc égale à NM+NP−2NP ou à NM−NP. Si NM est plus grand que NP, le travail nécessaire pour élever le poids P de A en B par C sera plus grand que celui nécessaire de A en B par D, quelque petit que soit l'angle CBD. Or, on sait que d'après les tables des tangentes trigonométriques des angles de 0° à 90°, l'accroissement de la tangente, pour chaque minute, est de plus en plus grand. Donc, NM étant toujours plus grand que NP, le

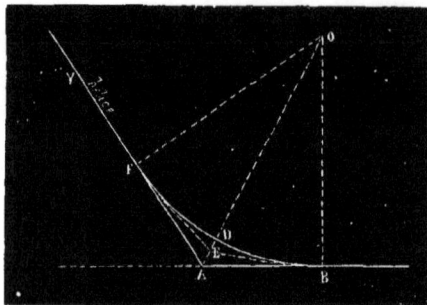

Fig. 692.

travail nécessaire pour élever un poids donné est moindre sur le chemin droit incliné A'B que sur le chemin brisé ou courbe ACB.

On prouverait de même que le travail nécessaire pour élever la terre suivant la courbe AC est plus grand que pour l'élever suivant la corde AC. Autrement dit, le travail nécessaire pour l'élévation d'un poids donné sur la courbe AECFB est plus grand que sur la ligne brisée ACB inscrite dans la courbe.

Ainsi la traction exigée par le versoir est la plus faible possible quand, pour chemin relatif de chaque molécule posée sur le versoir, l'inclinaison, par rapport aux génératrices du versoir, reste constante. Or, le versoir formé d'hélices concentriques du même pas, ou le versoir hélicoïdal, jouit seul de cette propriété. Il est nécessaire de remarquer que la démonstration précédente de la supériorité du versoir hélicoïdal suppose la terre placée sur le versoir. Or, la bande d'abord horizontale doit se plier brusquement au passage du versoir pour prendre l'inclinaison des diverses hélices concentriques dont il est formé. Ce passage ne peut être brusque sans entraîner parfois la rupture de la bande et toujours un accroissement de traction. Pratiquement, on raccorde presque toujours l'inclinaison du versoir avec l'horizontale par une courbe tangente aux deux directions. Et, comme nous l'avons fait voir ci-dessus, il faudra moins de travail pour le mouvement relatif de la terre sur ce raccordement BDF que sur la ligne brisée (fig. 692) circonscrite BAF. Mais comme l'inclinaison AY de l'hélice du versoir est exigée pour le travail de renversement, il faut réduire l'étendue BF du raccordement au strict nécessaire. BDF peut être un arc de cercle ou mieux de parabole.

En résumé, la face travaillante du versoir doit, d'après ce qui précède, satisfaire aux conditions suivantes: 1° génératrices droites de longueur constante; 2° s'appuyant d'un bout sur des directrices droites ou axes parallèles à la direction de la traction et de positions définies; 3° génératrices normales aux directrices; 4° rotation uniforme de la génératrice primitive pour des avancements égaux sur les directrices, ou chemins relatifs hélicoïdaux. Le versoir hélicoïdal, étant le seul qui satisfasse à ces quatre conditions, doit être adopté: Nous allons l'étudier en détail.

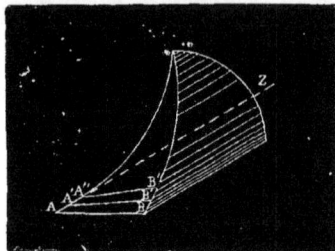

Fig. 693. — *Première génération du versoir hélicoïdal.*

Versoir hélicoïdal. Ce versoir a été adopté dans sa forme mathématique pure avec une seule directrice par l'abbé Lambruschini d'abord; puis, avec la distinction de la partie postérieure, hélicoïde à noyau, par M. Ridolfi qui, le premier, en a fait la théorie complète. Depuis, un grand nombre de constructeurs ont adopté franchement ce versoir avec des modifications plus ou moins utiles; d'autres fabricants ont des versoirs de génération empirique qui ne sont que des versoirs hélicoïdaux déguisés ou détériorés. Nous espérons démontrer qu'en adoptant la génération hélicoïdale pour le versoir, on peut satisfaire à tous les *desiderata* des labours de divers genres dans les différentes terres. Le versoir hélicoïdal mathématique est un thème sur lequel on peut faire d'infinies variations.

« *Générations diverses de la surface hélicoïdale. Première génération.* On peut considérer la surface hélicoïdale comme engendrée par une droite AB (fig. 693) s'appuyant d'un bout constamment sur la droite directrice ZA', normalement et ayant deux mouvements simultanés: l'un de *translation uniforme*, suivant la directrice ZA'; et l'autre, de *rotation uniforme*, autour de la même directrice, considérée comme axe. C'est-à-dire que la génératrice avancera parallèlement à elle-même de

15 millimètres par exemple pour chaque degré de rotation uniforme : aussi une surface hélicoïdale coupée par des plans normaux à l'axe ZA', et également distants l'un de l'autre, a pour sections des droites qui, projetées sur un même plan normal à l'axe font entr'elles une suite d'angles égaux. Dans la figure représentant en projections horizontale et verticale un versoir hélicoïdal mathématique pur, complet, les génératrices ont des numéros d'ordre, les mêmes dans les deux projections.

Si l'on emploie un versoir hélicoïdal mathématique, ce mode de génération montre que, lorsque la charrue marche d'un mouvement uniforme, la bande de terre détachée par le coutre et le soc tourne en chacun de ses éléments autour d'une de ses arêtes d'un mouvement uniforme ; c'est-à-dire que pour des avancements égaux de la charrue, chaque élément rectangulaire de la bande tourne de quantités égales.

Deuxième génération. La surface hélicoïdale peut être considérée comme engendrée par une droite

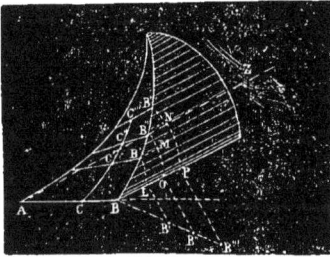

Fig. 694. — *Deuxième génération du versoir hélicoïdal.*

A B (fig. 694) s'appuyant normalement d'un bout sur l'axe droit ZA et de l'autre sur une hélice B B' B".... tracée sur la surface d'un cylindre ayant pour axe ZA et la longueur de la droite pour rayon. Il est facile en effet de prouver qu'une surface ainsi engendrée est la même que la précédente. Soient les trois positions B', B" et B"' de la génératrice, telles que B"M soit égal à B"N, distances comptées sur les arêtes ou génératrices du cylindre. Lorsque le développement de la surface cylindrique sera fait et rabattu sur le plan horizontal comme la figure 694 le montre, à droite, les arcs de cercle B"MO, B"'NP seront développés suivant des droites normales à B ; les arêtes du cylindre, suivant des parallèles à cette même droite et la courbe hélicoïdale, seconde directrice, suivant une droite inclinée BB'B" ..... Cela étant, il est facile d'en conclure que les arcs MB' et NB" sont égaux, si les génératrices B', B", B"' sont également distantes ; c'est-à-dire si B'M égale B"N. Or les arcs B"M et B"'N mesurent les angles que font les trois génératrices. Donc en tous les points de la surface, engendrée suivant la seconde manière, les génératrices également distantes sont aussi également inclinées l'une sur l'autre, ce qui correspond à la condition de la première génération.

Troisième génération. Enfin, on peut considérer la surface hélicoïdale comme formée d'une série d'*hélices* du même pas tracées sur des cylindres concentriques de rayons croissants depuis 0 jusqu'au rayon du cylindre limite, égal à la largeur du labour prise comme génératrice dans les deux premiers modes de génération.

En effet, prenons (fig. 694) des points C', C", C"' situés sur les trois génératrices de la première ou seconde génération et à une même distance de l'axe AZ parallèle à B : cette distance commune peut être une fraction quelconque de la largeur du labour, la moitié par exemple. Développons le cylindre ayant cette distance pour rayon et AX pour axe ; les trois génératrices étant également distantes inclinées l'une à l'autre, après le développement du cylindre, les trois points C', C", C"' seront sur une ligne droite inclinée qui, réenveloppée sur le cylindre, est ce qu'on nomme une hélice. Si donc, sur la surface obtenue par le premier et le second mode de génération, on prend des points C C' C" et C"' à

Fig. 695. — *Troisième génération du versoir hélicoïdal.*

la moitié de chaque génératrice et qu'on les joigne par une courbe continue c'est une hélice. Les points situés au quart de chaque génératrice réunis par une courbe donnent de même une hélice (fig. 695). En résumé, en joignant les points également distants sur les génératrices transversales normales, et par séries, on obtient des hélices concentriques du même pas dont la réunion forme la surface hélicoïdale. Ces hélices ont toutes les inclinaisons depuis 0° jusqu'à une inclinaison limite, celle de l'hélice tracée sur le cylindre ayant pour rayon la largeur du labour et un pas égal au quadruple de la longueur que l'on veut donner à la partie antérieure du versoir. Cette longueur du versoir ne peut être arbitraire, comme nous essaierons de le démontrer plus loin. Les hélices concentriques d'un versoir hélicoïdal ont une inclinaison qui croît suivant une loi assez compliquée, en fonction de l'accroissement de leur écartement de l'axe et de la longueur du versoir.

Dans le mouvement relatif de la terre et du versoir hélicoïdal, chaque molécule en contact avec le versoir *monte* sur un plan d'inclinaison constante sur toute la longueur du versoir, par rapport à la direction du mouvement de translation de la charrue.

Pour étudier plus facilement le versoir hélicoï-dal, nous le supposerons formé de deux parties distinctes : 1° la surface antérieure chargée de *dresser* la bande, c'est-à-dire de la faire tourner jusqu'à ce que sa face inférieure horizontale soit dressée verticalement ; 2° la surface postérieure ayant pour fonction de pousser cette face verti-cale de la bande pour renverser stablement celle-ci sur les précédentes : soit que cette surface ne conduise la bande qu'à sa position d'équilibre instable, soit qu'elle l'accompagne jusqu'à sa position de stabilité.

Partie antérieure du versoir. La première géné-ratrice de cette surface est horizontale et la der-nière, verticale ; c'est donc le quart d'une spire entière de surface hélicoïdale ; donc si l'on sup-pose un grand nombre de points également dis-tants sur la première génératrice horizontale et que l'on suppose que, par chacun de ces points, passent les surfaces de cylindres concentriques,

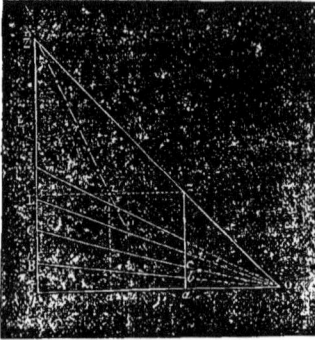

Fig. 696. — *Développement des éléments hélicoïdaux d'un versoir.*

on aura sur chacune d'elles pour courbe ou tra-jectoire du mouvement relatif une hélice. Si l'on développe tous ces cylindres sur le même plan horizontal, l'axe étant le même pour tous (fig. 696), les hélices se développeront suivant des droites convergentes. En effet, *ab* étant le rayon d'un quart de cylindre développé, AB est égal à ce rayon augmenté d'un quart de la circonférence décrite avec ce même rayon ; en appelant *r* ce rayon, on a donc $ab = r$ et $AB = r + 0,5\pi r$. De même, *ac* est égal à *r'* ce rayon et $AC = r' + 0,5\pi r'$; ou $AB = r(1 + 0,5\pi)$ et $AC = r'(1 + 0,5\pi)$. Donc on a

$$ab : AB :: ac : AC ;$$

et par suite toutes les hélices développées passent par le même point O. Toutes ces hélices ont le même pas ; ce sont donc des plans inclinés ayant même base, mais des hauteurs variant de 0 à $0,5\pi l$, si *l* représente la largeur de la bande de terre. Le poids de terre placé sur chaque hélice est le même puisque l'épaisseur et la longueur de la bande qui appuie sur le versoir restent les mêmes. Les tractions partielles nécessaires pour ces plans inclinés vont donc en croissant de Aa en Zz. La résultante des résistances que la terre

oppose au versoir ne passe donc pas par le milieu de la largeur du soc comme l'ont avancé quelques auteurs : mais entre ce milieu et la muraille.

Nous avons à déterminer actuellement quelle doit être la longueur du versoir. On voit de suite que si l'on augmente cette longueur, les inclinai-sons de toutes les hélices diminuent : alors la force de traction nécessaire pour chaque kilo-gramme de terre à élever diminue. Mais le ver-soir ainsi allongé supporte une plus longue por-tion de la bande de terre en retournement. On peut donc prévoir qu'il y a une longueur telle que la résistance qu'éprouve le versoir est la plus petite possible : et c'est alors cette longueur qu'il faut adopter, à moins que des considérations autres que l'économie de traction engagent à prendre une longueur moindre ou plus grande que celle qui correspond à la moindre résistance.

Dans le cas où l'on veut un court versoir, il convient de ne pas prendre une longueur moindre que celle qui donne des hélices exigeant une force infinie pour l'élévation de la terre. Si l'on veut déterminer quelle doit être la longueur de la partie antérieure du versoir pour qu'aucune des hélices ou trajectoires du mouvement relatif ne fasse avec l'axe un angle égal à l'angle-limite $(90° - \gamma)$ pour l'espèce de terre qu'il s'agit de la-bourer, il suffit de considérer la dernière hélice développée qui est évidemment toujours la plus inclinée. On peut faire cette détermination par deux méthodes différentes : la construction gra-phique ou le calcul trigonométrique.

Méthode graphique. Prenons AZ égal à $l + 0,5\pi l$ et normal à OA ; en Z faisons avec ZA un angle égal à l'angle de frottement γ ; puis sur AZ pre-nons AL égal à la largeur du labour ; en menant par L une parallèle à OA ; on détermine z' et par suite la normale $a'z'$; la longueur Aa est la plus petite que l'on puisse donner au versoir. Pour γ égal à 26°, 33', 58", on trouverait que la longueur minimum Aa du versoir devrait être égal à 0,7854 de la largeur de la bande.

Méthode trigonométrique. L'angle AOZ doit être au plus égal à $90° - \gamma$. Si γ est égal à 26°, 33', 58", on a pour AOZ un angle égal à 63°, 26', 02". Pour avoir le rapport *n* entre la longueur du versoir Aa et la largeur de la bande az, il suffit d'expri-mer la valeur de la tangente de l'angle AOZ ; on a :

$$\text{tang. AOZ} = \frac{AZ - az}{Aa},$$

ou en appelant *l* la largeur et *nl* la longueur du versoir :

$$\text{tang. AOZ} = \frac{l + 0,5\pi l - l}{nl} = \frac{0,5\pi}{n}.$$

D'où :

$$n = \frac{0,5\pi}{\text{tang. AOZ}},$$

en général ; et pour $\gamma = 26°, 33', 58"$, ou AOZ $= 90° - 26°, 33', 58"$ ou 63°, 26', 02" ;

$$n = \frac{0,5\pi}{2} = \frac{\pi}{4} = \frac{3,1416}{4} = 0,7854.$$

Lorsque l'on veut déterminer la longueur de versoir qui donne la moindre résistance à la traction, il faut se rappeler l'observation faite ci-dessus qu'en prenant un versoir trop court, toutes les hélices sont fortement inclinées; et il faut beaucoup de force de traction pour chaque kilogramme de terre à élever, surtout si l'on s'approche un peu de l'angle-limite; mais, en revanche, le versoir étant très court il ne supporte qu'un faible poids, c'est-à-dire une faible longueur de bande. En prenant un versoir très long, il faut très peu de traction pour chaque kilogramme de terre à élever; mais, en revanche, le versoir soulevant une large portion de la bande supporte un grand poids. En résumé si, pour retourner une même tranche de terre, on emploie une *hélice courte* on a peu de terre à mouvoir; mais la traction motrice est une grande fraction de ce poids. Si, au contraire, on fait usage d'un *plan ou hélice longs*, le poids de terre à élever est plus grand mais la traction motrice nécessaire est une très faible fraction de ce poids.

On prévoit donc, tout d'abord, que puisqu'il y a augmentation de traction lorsqu'on raccourcit

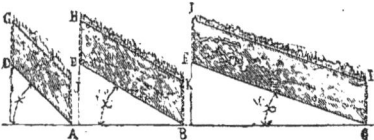

Fig. 697, — *Plans diversement inclinés élevant la terre à la même hauteur.*

trop le plan incliné, et qu'il en est de même pour un allongement exagéré, c'est qu'il y a une longueur, ou un certain rapport entre la base et la hauteur du plan incliné chargé de terre, qui correspond à la moindre résistance. C'est de la recherche de cette meilleure longueur pour une hélice ou plan incliné chargé de terre, que nous allons d'abord nous occuper.

« Soient divers plans inclinés de même hauteur mais d'inclinaisons différentes (fig. 697) constamment recouverts pendant leur translation d'une même épaisseur de terre, les poids supportés seront évidemment proportionnels aux bases mêmes. Si D est le poids du mètre cube de terre, *s*, la petite largeur de chacun de ces plans, *h* l'épaisseur de terre qui les couvre nous aurons pour l'expression du poids chargeant un de ces plans inclinés : ZA × *h*. *s*. D. En représentant par *c* le produit constant *hs* D, on a P = *c*.ZA. Comme *c* serait le même pour chacun des plans, il est visible que les poids qui chargent ces plans sont proportionnels aux bases ZA, ZB..... Pour ne pas introduire la base du plan dans l'expression de la traction on peut remplacer ZA par sa valeur en fonction de l'inclinaison *α* : on a, en effet : ZA = *l* cotang. *α*. Nous avons vu précédemment que la traction horizontale nécessaire pour élever un poids P sur un plan incliné d'un angle *α* est donnée par la formule : T = P. tang. (*α* + *γ*); et, comme nous venons de le voir : P = *c*. *l*. cotang. *α*. En mettant cette valeur de P dans l'équation précédente, on

a : T = *c*. *l*. cotang. *α* × tang. (*α* + *γ*)... Voyons comment varie cette traction lorsque l'inclinaison *α* varie entre ses limites *α* = 0° et *α* = 90° — *γ*. Lorsque l'inclinaison *α* est presque nulle, la base du plan incliné est extrêmement grande par rapport à la hauteur constante *l*; autrement dit cotang. *α* est presque infinie; et par suite la traction est infiniment grande, car quelque faible que soit la traction par kilogramme de terre à remuer, elle est infiniment grande parce que le poids de terre à remuer est infini. Dès que *α* croît à partir de 0°, le facteur cotang. *α* diminue et le dernier tang. (*α* + *γ*) augmente; la traction qui était infinie diminue pendant un certain temps; mais elle augmente bientôt et de plus en plus vite, malgré la diminution de cotang. *α* parce que la valeur de

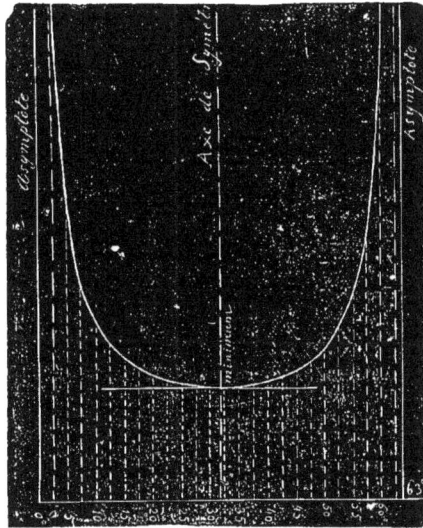

Fig. 698. — *Loi des variations de la traction horizontale par des plans inclinés chargés d'une épaisseur donnée de terre.*

tang. (*α* + *γ*) croît très vite lorsque (*α* + *γ*) approche de 90°. Alors, il y a un très petit nombre de kilogrammes de terre sur le plan; mais la traction que nécessite chaque kilogramme est extrêmement grande; à la limite, quand (*α* + *γ*) est égal à 90°, sa tangente étant infinie, il en est de même de la traction. Donc la traction T a un minimum, pour une valeur de *α* comprise entre 0° et 90° — *γ* qui chacune correspondent à des tractions infinies.

On peut représenter graphiquement la loi de variation de la traction. Soit une épaisseur de 0m,18, une largeur de plan incliné de 0m,0135, et un poids de terre de 1,500 kilogrammes, on aura

$$T = 0^m,18 \times 0^m,0135 \times 1,500^k \times \text{cotang. } \alpha \times \text{tang. } (\alpha + 26°, 34')$$

ou T = 3^k,645. cotang. *α* tang. (*α* + *γ*).

Valeurs de *α* : 2°, 30′ — 5° — 7°, 30′ — 10° — 12°, 30′ — 15° — 17°, 30′ — 20° — 22°, 30′ — 25°

— 27°, 30′ — 30° — 32°, 30′ — 35° — 37°, 30′ —
40° — 42°, 30′ — 45° — 47°, 30 — 50° — 52°, 30′ —
55° — 57°, 30′ — 60° — 62°, 30′.

Valeurs correspondantes de la traction : 46ᵏ,403
— 25,598 — 18,722 — 15,334 — 13,346 — 12,063
— 11,190 — 10,5777 — 10,1468 — 9,8505 — 9,661
— 9,56255 — 9,5473 — 9,6142 — 9,7683 — 10,0223
— 10,3987 — 10,936 — 11,699′ — 12,805 — 14,479
— 17,214 — 22,344 — 35,077 — 116,47.

Prenons (fig 698) pour abscisses des longueurs
égales représentant des degrés ; et, pour ordonnées, les tractions correspondantes aux valeurs
successives de α. Chacune des distances égales
sur l'axe des abscisses représente 2°, 30′ ; les hauteurs ou ordonnées représentent les tractions
correspondantes à l'échelle de 1.75 millimètres par
kilogramme. Les points obtenus étant joints par
une courbe continue, elle représente la loi des
variations de la traction lorsque α croît de 0° à
90° — γ. Le point le plus bas de la courbe, où la
tangente est horizontale, correspond à l'angle
donnant le minimum de traction.

Cette détermination graphique laisse peut-être,
pour les esprits mathématiques, quelque chose à
désirer ; mais elle est suffisante pour faire comprendre à tout lecteur n'ayant que des connaissances élémentaires, en mécanique et en géométrie, qu'il y a réellement, pour chaque nature de
terre, une longueur de plan incliné telle que ce
dernier exige alors le minimum de traction motrice ; et même la courbe fait très clairement voir
les particularités de la loi des variations de la
force motrice pour les diverses inclinaisons des
plans ou hélices, éléments des versoirs hélicoïdaux. Ainsi, pour une valeur de α égale à 0°,
la cotangente α étant infinie, la traction l'est
aussi ; donc, l'axe des ordonnées est une des
asymptotes de la courbe qui s'approche indéfiniment de cet axe sans jamais l'atteindre. Lorsque
α + γ égale 90°, sa tangente est infinie, par suite
aussi la traction. La seconde asymptote est donc
l'ordonnée correspondante à l'abscisse égale à
90° — γ, soit 63°, 26′ quand γ est égale à 26°, 34′.
En outre, si, à partir de chaque asymptote, on
prend des ordonnées également distantes de ces
asymptotes, elles seront égales ; c'est-à-dire que
la courbe est symétrique par rapport à un axe vertical situé au milieu de l'écartement des deux
asymptotes. En effet, soit δ la distance de l'ordonnée à chaque asymptote, elle est égale à

$$3^k,645 \times \text{taug.} (\delta + \gamma) \text{ cotang. } \delta ;$$

et l'autre ordonnée est égal à

$$3^k,645 \times \text{tang.} \left((90° - \gamma - \delta) + \gamma \right) \cot \left((90° - (\gamma + \delta)) \right)$$

Or, δ est le complément de 90° — δ ; et γ + δ le
complément de 90° — (γ + δ). Donc, les deux ordonnées ont pour valeur le produit des mêmes facteurs intervertis seulement ; car

$$\text{tang.} (\gamma + \delta) = \text{cotang.} \left(90° - (\gamma + \delta) \right)$$

et cot δ = tang. (90° — δ). L'ordonnée ayant pour
abscisse la moitié de 90° — γ est l'axe de symétrie,
et se trouve la plus petite. Ainsi, l'inclinaison du

plan chargé de terre pour lequel la traction horizontale est la plus petite possible, est la moitié
du complément de l'angle de frottement ou
1/2 (90° — γ). Pour γ = 26°, 34′ le minimum de
traction a donc lieu pour l'inclinaison de 31°, 43′.

Le calcul infinitésimal permet de déterminer
sans construction graphique, la valeur particulière de α pour laquelle l'expression

$$F = c l . \text{ tang. } (\alpha + \gamma) \cot \alpha$$

devient minima. Il suffit pour cela de prendre la
dérivée du produit tangente (γ + α) cot α et de
l'égaler à 0°, pour déterminer la valeur de α qui
est donnée par l'équation :

$$\sin 2\alpha = \sin 2(\alpha + \gamma).$$

Cette équation ne peut exister qu'autant que
2α et 2(α + γ) sont supplémentaires ; c'est-à-dire
que 2α + 2α + 2γ = 180, ou α + α + γ = 90°, ou
2α = 90° — γ, ou enfin α = $\frac{1}{2}$ (90° — γ). La dérivée étant négative, c'est bien un minimum de
traction que donne cette valeur de α.

D'une manière plus simple on peut dire que le
produit tang. (α + γ) cot α sera minimum quand
les deux facteurs tang. (α + γ) et cot α seront
égaux. Or, pour que la tangente d'un angle soit
égale à la cotangente d'un autre, il faut que ces
deux angles soient complémentaires : donc, pour
le minimum, on a : α + (α + γ) = 90°

$$\text{ou } 2\alpha = 90° - \gamma \text{ et } \alpha = \frac{1}{2} (90 - \gamma).$$

Valeur de la traction minima. En mettant dans
la formule donnant la valeur de la traction, la
valeur de α qui donne le minimum ou $\frac{1}{2}$(90° — γ)
on a :

$$T(\text{minimum}) = c l \times \text{tang} \left(\frac{90° - \gamma}{2} + \gamma \right)$$

$$\cot \left(\frac{90° - \gamma}{2} \right) = c l . \text{ tang.} \left(\frac{90° + \gamma}{2} \right) \cot \left(\frac{90° - \gamma}{2} \right)$$

Or, les angles $\frac{90° + \gamma}{2}$ et $\frac{90° - \gamma}{2}$ sont évidemment

complémentaires et par suite on peut écrire :

$$T(\text{minimum}) = c. l. \text{ tang. }^2 \left(\frac{90° + \gamma}{2} \right)$$

$$\text{où } T = c. l. \text{ cotang. }^2 \left(\frac{90° - \gamma}{2} \right).$$

Dans le cas particulier ci-dessus, γ = 26°, 34′ et
c l = 3ᵏ,645. Donc, le minimum de traction est
égal à 3ᵏ,645 × tang.²58°,17′

ou à 3ᵏ,645 × cot²31°, 43′ ; soit : 9ᵏ,543332.

*Importance de la connaissance de l'angle de frot-
tement.* On voit que la meilleure longueur à donner à un élément de versoir ou à un plan incliné
chargé de terre, dépend de l'angle de frottement
de la terre avec la matière composant le versoir ;
c'est-à-dire que, suivant qu'une terre donnera
plus ou moins de frottement avec le fer, l'acier,
la fonte ou le bois, la longueur du plan incliné
ou de l'élément du versoir devra être plus ou
moins considérable par rapport à l'élévation ou à
la largeur. Ainsi certaines terres exigeront de

longs versoirs et d'autres, de moindre frottement, devront avoir de courts versoirs, à des degrés variables suivant que le versoir pour la même terre sera de fer, d'acier, de bronze, de fonte ou de bois.

« L'inclinaison que nous venons de déterminer est celle qu'il faudrait donner à un seul plan incliné pour que la force nécessaire à l'ascension d'une même épaisseur de terre, soit la plus petite possible; mais, dans un versoir hélicoïdal, les divers plans inclinés ont forcément des angles différents; par suite il ne peut y en avoir qu'un qui satisfasse à la condition indiquée. D'ailleurs toutes les hélices concentriques supportent un même poids de terre; les résistances partielles que supportent ces hélices vont donc en augmentant depuis l'axe jusqu'à l'hélice extrême. Pour déterminer la longueur de versoir donnant le minimum de résistance, il faut supposer ce versoir décomposé en un grand nombre d'hélices de même largeur, entre lesquelles la masse de terre à remuer est partagée; puis, à l'aide de la formule connue : $t = p.\ \text{tang.}(\alpha + \gamma)$, déterminer les tractions partielles et en faire la somme. La longueur de versoir qui, pour une largeur donnée et un angle de frottement connu, donne la moindre somme des tractions partielles est évidemment la meilleure. On peut exprimer la valeur de l'angle α de l'une quelconque des hélices intermédiaires en fonction de l'inclinaison i de l'hélice extrême; chercher la dérivée de $p.\ \text{tang.}(\alpha + \gamma)$ et intégrer entre les valeurs extrêmes $0°$ et i. On aura ainsi la somme des tractions des hélices élémentaires remplaçant le versoir, ou plutôt un élément de la surface hélicoïdale.

Prenant un *élément de versoir hélicoïdal* compris entre deux génératrices droites infiniment rapprochées, et le considérant comme formé d'une infinité d'hélices d'inclinaisons croissantes de $0°$ à l'angle i de l'hélice extrême, M. Ridolfi détermine par le calcul infinitésimal, la valeur de cette inclinaison i donnant le versoir le moins résistant.

La force F parallèle à l'axe de l'hélicoïde, et nécessaire pour maintenir en mouvement uniforme la masse de terre reposant sur cet élément, est déterminée par l'intégration entre $0°$ et i de la valeur de la force élémentaire f exigée par une seule des petites hélices composant cet élément. On trouve :

$$F = M\left[-\frac{1}{tg.\gamma.\,tg.\,i} - \frac{1 + tg^2\gamma}{tg^2\gamma\,tg^2 i}.\right.$$

$$\left. \log(1 - tg\,\gamma\,tg\,i) \right] \ldots (a)$$

Cette valeur de F est positive, en réalité, quoiqu'en apparence négative; en effet, nous avons vu qu'aucun élément de versoir ne doit avoir une inclinaison égale ou supérieure au complément de l'angle de frottement ou à $90° - \gamma$. Donc, pour que F ne soit pas infinie, il faut que l'on ait $i < 90° - \gamma$ ou $\text{tang.}\,i < \frac{1}{tg\,\gamma}$ ou $tg\,\gamma\,tg\,i < 1$. Donc, le produit $\text{tang.}\,\gamma.\,tg\,i$ est toujours une fraction et par suite $1 - tg\,\gamma\,tg\,i$ est moindre que l'unité,

son logarithme est négatif et par suite le secon : terme de la grande parenthèse de l'équation (a) est négatif par lui-même.

Prenant la dérivée de cette valeur de F, on reconnaît qu'elle est négative, et l'égalant à $0°$, on détermine ainsi la valeur de l'inclinaison i qui

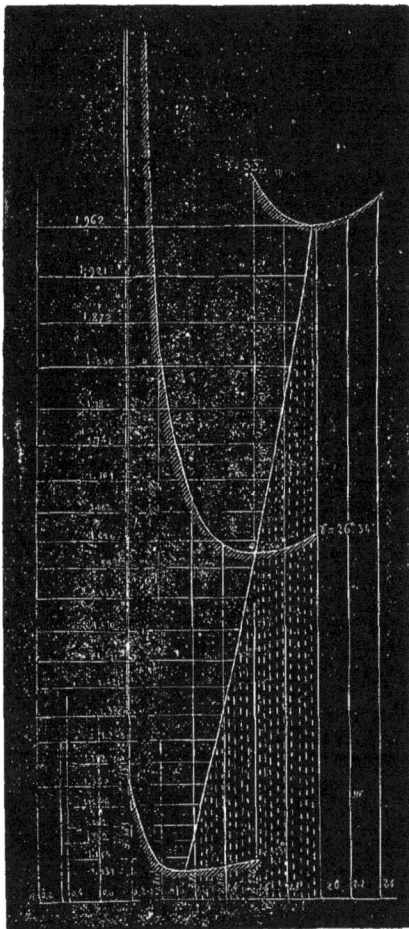

Fig. 699. — *Loi d'accroissement du rapport, de la longueur du versoir à sa largeur, qui donne le minimum pour des angles de frottement croissants.*

rend la résistance F minimum. On a pour cette détermination les équations suivantes :

$$\text{tang.}\,i = \frac{p. - 1}{p.\,\text{tang.}\,\gamma}.(b).\ (p - 1)\Big[p(1 + \text{tang.}^2\gamma) + 1\Big]$$

$$\log.\,e - 2(1 + \text{tang.}^2\gamma)\,p.\,\log p. = o \ldots(c)$$

Pour une valeur donnée de l'angle de frottement γ, l'équation (c) donne la valeur de p à mettre dans l'équation (b) qui sert alors à déterminer l'angle i.

Si nous mettons dans ces formules pour $\text{tang.}\,\gamma$ les valeurs $0,3 - 0,5$ et $0,7$ qui conviennent à la terre légère sèche, à la terre moyennement consistante et aux terres fortes moites, on aura les résultats consignés dans le tableau ci-dessous et représentés par la loi (fig. 699) :

TABLEAU C.

Coefficients du frottement f ou tang. γ	Angles de frottement γ	Valeurs de p	Inclinaison de l'hélice extrême	Rapport entre la longueur du versoir et la largeur du labour
0.3	16° 41′ 57″ 26	1.560	50° 07′ 30″	1.131
0.5	26 33 54.18	1.941	44 16 42.4	1.611
0.7	36 59 31.27	2.244	30 23 39	1.962

Si le rapport entre la longueur de la partie antérieure du versoir et la largeur du labour est représenté par n, on peut admettre la formule empirique suivante :

$$n = 1. + 0,769\,f + 0,906\,f^2$$

qui donne, pour

$f = 0,2 - 0,3 - 0,4 - 0,5 - 0,6 - 0,7 - 0,8 :$
$n = 1,190 - 1,312 - 1,452 - 1,611 - 1,787 - 1,982 - 2,195.$

On peut aussi admettre la formule empirique :

$$n = 1. + 1,562\,f^{1,325}$$

qui donne à très peu près les mêmes valeurs pour n : les différences sont au maximum de 3 0/0.

On peut aussi déterminer la meilleure longueur à donner au versoir sans le secours du calcul infinitésimal. En effet, considérons plusieurs versoirs hélicoïdaux de longueurs différentes, destinés à renverser une même bande de terre, le poids de terre supporté par le versoir entier sera proportionnel à sa longueur et se répartira (la bande restant intacte) également entre toutes les hélices constituant le versoir. La pression de la terre sur le versoir ne sera en réalité qu'une fraction du poids de cette terre, mais une même fraction quelle que soit la longueur du versoir, si la largeur et l'épaisseur de la bande restent constantes. La recherche de cette fraction, qui peut être de 0,405 environ (1), est donc inutile, puisqu'elle n'influe aucunement sur la conséquence à tirer de nos calculs.

Soient donc neuf versoirs devant tous renverser, dans la même terre, une bande de 0,24 sur 0m,18, la terre pesant 1,400 kilogrammes le mètre cube ; l'angle de frottement étant de 26°, 34′ et ces versoirs ayant des longueurs égales à des multiples de la largeur égaux à 0,8 — 1 — 1,2 — 1,4 — 1,6 — 1,8 — 2 — 2,2 et 2,4, ou en mètres : 0m,192 — 0m,24 — 0m,288 — 0,336 — 0m,384 — 0m,432 — 0m,48 — 0m,528 et 0m,576 et supportant des poids égaux à 7k,640 — 9k,55 — 11k,56 — 13k,37 — 15k,28 — 17k,19 — 19k,10 — 21k,01 et 22k,92.

On voit que les versoirs très courts supportent de faibles poids de terre; mais les inclinaisons des hélices qui les constituent étant fortes, les tractions qu'ils exigeront seront une très notable

(1) M. J. A. Grandvoinnet a établi ce chiffre dans sa *Mécanique agricole*, parue en 1854-55 et aujourd'hui épuisée.

fraction des poids. Au contraire, les versoirs longs auront des hélices faiblement inclinées et par suite les tractions ne seront qu'une petite fraction des poids ; mais ceux-ci seront très grands. Il faut donc éviter également de trop raccourcir le versoir ou d'en exagérer la longueur. Entre ces

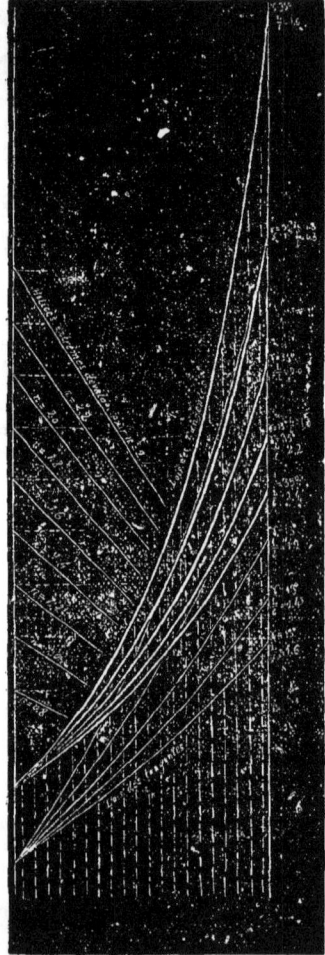

Fig. 700. — *Loi d'accroissements des tangentes d'inclinaison des hélices, pour diverses longueurs de versoirs en terres légères et fortes.*

limites exigeant chacune une grande force motrice, il y a donc une longueur particulière de versoir exigeant moins de traction que toute autre.

Les équations (b) et (c) ci-dessus permettent de déterminer cette longueur, ou, ce qui revient au même, la tangente de l'angle fait par la génératrice hélicoïdale extrême avec l'axe de l'hélicoïde. Malheureusement l'équation (c) est difficile à résoudre, et la méthode du calcul infinitésimal ne peut être comprise de tous nos lecteurs. Nous allons donc employer la méthode graphique.

Supposons la partie antérieure d'un versoir hélicoïdal divisée en bandes longitudinales, assez étroites pour qu'on puisse les considérer comme des plans d'une inclinaison constante pour chacune, mais croissant depuis la bande proche de l'axe, dont l'inclinaison est presque nulle, jusqu'à l'hélice extrême la plus fortement inclinée. Chacune des vingt bandes hélicoïdales supportera un vingtième de la pression due à toute la terre dont est chargé tout le versoir, et ce poids connu, ainsi que l'inclinaison de chacune des bandes, on pourra, pour chacune, déterminer la traction horizontale nécessaire pour élever la terre; les tractions seront différentes sur les diverses bandes quoique le poids à élever y soit le même, car leurs inclinaisons sont différentes. La somme de ces tractions représentera, à très peu de chose près, la traction totale; et, comme les tractions partielles sont parallèles et ont leur point d'application au milieu de la longueur des bandes, on pourra déterminer le point d'application de la résultante des résistances du versoir (partie antérieure).

Soit un premier versoir d'une longueur égale aux 0,8 de la largeur l du labour : et divisé en vingt bandes hélicoïdales concentriques et d'égale lar-

TABLEAU D.

Place de l'hélice quarantièmes	INCLINAISONS MOYENNES DES VINGT BANDES HÉLICOÏDALES D'UN VERSOIR Le rapport de la longueur du versoir à la largeur du labour étant								
	0,8	1,0	1,2	1,4	1,6	1,8	2,0	2,2	2,4
1	2°48'37"	2°15'00"	1°52'30"	1°36'20"	1°34'20"	1°15'00"	1°07'30"	1°01'20"	0°56'10"
3	8 22 38	6 43 10	5 36 30	4 48 40	4 12 40	3 44 40	3 22 10	3 03 50	2 48 30
5	13 47 24	11 06 30	9 17 30	7 59 00	6 59 50	6 13 30	5 36 30	5 06 00	4 44 00
7	18 57 48	15 22 10	12 54 10	11 06 30	9 44 30	8 41 00	7 49 40	7 07 20	6 35 30
9	23 50 07	19 27 20	16 24 40	14 10 10	12 27 20	11 06 30	10 01 20	9 07 40	8 26 00
11	28 21 53	23 21 50	19 47 50	17 08 50	15 06 30	13 29 40	12 11 20	11 06 30	10 15 30
13	32 32 36	27 02 40	23 02 50	20 02 00	17 41 50	15 50 00	14 19 10	13 03 50	12 03 50
15	36 21 53	30 30 00	26 08 40	22 49 10	20 12 40	18 07 10	16 24 40	14 59 20	13 50 40
17	39 50 40	33 43 40	29 05 20	25 29 40	22 38 50	20 21 00	18 27 30	16 52 50	15 35 50
19	43 00 17	36 43 40	31 52 20	28 03 20	25 00 00	22 30 50	20 27 30	18 44 00	17 19 20
21	45 52 12	39 30 40	34 29 50	30 30 00	27 16 00	24 37 10	22 24 30	20 32 50	19 00 50
23	48 28 04	42 05 20	36 58 00	32 49 40	29 26 40	26 38 50	24 18 20	22 19 10	20 40 20
25	50 49 28	44 28 30	39 17 10	35 02 20	31 32 00	28 36 30	26 08 40	24 02 50	22 17 50
27	52 51 54	46 40 40	41 27 50	37 08 20	33 31 50	30 30 00	27 55 50	25 43 50	23 53 00
29	54 54 46	48 42 50	43 30 10	39 07 40	35 26 30	32 19 10	29 39 30	27 22 10	25 25 50
31	56 41 20	50 36 00	45 24 40	41 00 30	37 16 00	34 04 20	31 19 40	28 57 30	26 56 30
33	58 18 43	52 20 40	47 12 00	42 47 20	39 00 20	35 45 10	32 56 30	30 30 00	28 24 40
35	59 47 54	53 57 10	48 52 40	44 28 20	40 39 40	37 21 50	34 29 50	31 59 40	29 50 30
37	61 09 48	55 27 50	50 26 50	46 03 50	42 14 40	38 54 40	35 59 50	33 26 30	31 14 00
39	62 25 10	56 51 30	51 55 10	47 34 10	43 44 50	40 23 30	37 26 40	34 50 40	32 35 00
40	63 00 38	57 31 06	52 37 20	48 17 30	44 28 20	41 06 40	38 08 50	35 31 40	33 12 20

geur (0^m,012). La première hélice placée au milieu de la première bande hélicoïdale a une inclinaison telle que sa tangente est égale à

$$0,5\,\pi \times \frac{1}{40} \text{ de } l$$

divisé par la longueur 0,8 l du versoir; la seconde bande $0,5\,\pi\,{}^3/_{40}\,l$ divisé aussi par 0,8 l, et ainsi de suite. De sorte que les tangentes des inclinaisons des hélices, depuis l'axe jusqu'à l'hélice extrême, ont pour valeurs :

$$\frac{0,5\,\pi\,l}{0,8\,l} \times \left(\frac{1}{40}, \frac{3}{40}, \frac{5}{40} \ldots \text{ et } \frac{39}{40}\right)$$

$$\text{ou } 1,9635 \times \left(\frac{1}{40}, \frac{3}{40}, \frac{5}{40} \ldots \text{ et } \frac{39}{40}\right).$$

Il est donc facile de déterminer ces inclinaisons et la figure 700 représente la loi de leur accroissement. Et il en serait de même pour tout rapport autre que 0,8 entre la longueur du versoir et la largeur du labour. Le tableau suivant, D, donne les inclinaisons des vingt bandes égales hélicoïdales pour neuf longueurs différentes. Le poids de terre chargeant ces versoirs est *proportionnel* à leur longueur, les dimensions du labour et la nature de la terre restant les mêmes. Pour une bande de 0^m,24 de largeur, 0^m,18 d'épaisseur et une densité de 1,400 kilogrammes, le poids par mètre est de 60^k,48 et la pression sur le versoir est 24^k,512.

Il est donc facile à l'aide de la formule :

$$t = p.\,\text{tang},\,(\alpha + \gamma)$$

de déterminer la traction sur chacune des vingt bandes de ces divers versoirs. En faisant la somme des tractions partielles pour chacun d'eux, on a les tractions totales qu'ils exigent; elles sont données dans le tableau E suivant. On voit que, dans les terres dont le frottement avec le versoir est le plus faible possible, ou les 0,231 de la pression, c'est le rapport 1,2 qui, approximativement, donne le meilleur versoir (partie antérieure). Lorsque le frottement est la moitié de la pression, c'est le rapport 1,6 qui correspond au minimum de traction; enfin, le meilleur rapport est 2,0 quand le frottement est les sept dixièmes de la pression. En représentant (fig. 701) par des courbes les lois de variations des tractions de versoirs de différentes longueurs, on se rend bien compte de l'existence d'un minimum de traction pour une longueur particulière du versoir, et l'on voit que la grandeur du rapport entre la longueur du versoir qui donne ce minimum et la largeur du labour dépend uniquement du coefficient ou

de l'angle de frottement c'est-à-dire de la nature de la terre et de celle du versoir. Bien que nous n'ayons fait nos calculs que pour trois coefficients de frottement, la représentation graphique de traction nous permet de fixer le meilleur rapport de longueur du versoir pour tous les angles de frottement compris entre 13 et 35°. Nous donnons ces

TABLEAU E.

Rapport entre la longueur du versoir et la largeur du labour	Inclinaison de l'hélice extrême du versoir (partie antérieure)	TRACTION TOTALE POUR CHAQUE VERSOIR L'angle de frottement étant égal à			POIDS sur le versoir en terre moyenne	RAPPORT de la traction au poids
		13°	26°, 34'	35°		
		kilogr.	kilogr.	kilogr.	kilogr.	kilogr.
0.8	63° 00' 38"	9.385	36.454	»	11.612	3.140
1.0	57 31 06	7.851	17.029	»	14.515	1.173
1.2	52 37 20	7.770 ⊙	14.531	»	17.418	0.834
1.4	48 17 26	7.814	13.716	»	20.321	0.675
1.6	44 28 20	7.926	13.535 ⊙	20.437	23.224	0.583
1.8	41 06 36	»	13.589	19.698	26.127	0.520
2.0	38 08 46	»	13.865	19.548 ⊙	29.030	0.477
2.2	35 31 36	»	»	19.697	31.933	»
2.4	33 12 17	»	»	20.064	34.836	»

rapports dans le tableau F. Il est évident que nos chiffres ne sont que des approximations; mais ils s'éloignent infiniment peu des résultats que donnerait la solution des équations de *Ridolfi*. En outre, ces courbes montrent mieux que les équations la manière dont la traction croît lorsque l'on prend une longueur de versoir (partie antérieure) plus grande ou plus petite que celle qui

TABLEAU F.

Angles de frottement	Rapports de la longueur du versoir à la largeur	Angles de frottement	Rapports de la longueur du versoir à la largeur
13°	1.140	25°	1.560
14	1.164	26	1.600
15	1.190	27	1.635
16	1.220	28	1.665
17	1.252	29	1.710
18	1.283	30	1.750
19	1.320	31	1.800
20	1.353	32	1.840
21	1.394	33	1.890
22	1.435	34	1.940
23	1.495	35	1.980
24	1.515		

correspond au minimum de traction. Il est visible que : 1° tant que l'on ne s'éloigne pas trop de la longueur particulière qui donne le minimum pour un angle de frottement donné (13° —, 26°, 34' ou 35°) la traction varie assez peu; 2° qu'il y a moins d'inconvénients à prendre une longueur supérieure à celle qui donne le minimum, qu'à adopter un versoir trop court et que cette différence est d'autant plus marquée que l'angle de frottement est plus petit. Ainsi quand le coefficient de frottement n'est que 0,23, (γ = 13°) en prenant le rapport 1,6 au lieu de 1,2 (le meilleur) on n'accroît la résistance du versoir que de 3 0/0 au plus de la résistance minima; tandis qu'en prenant 0,8

au lieu de 1,2, ou l'accroît de 20 0/0. Pour le plus fort coefficient de frottement 0,7, (γ = 35°), il y a, à très peu près, autant d'inconvénient à faire le versoir trop long qu'à le faire trop court, tant qu'on ne s'écarte pas trop de la longueur qui correspond au minimum de résistance.

Dans la série de raisonnements et de calculs qui précédent nous n'avons pris en considération que l'économie de résistance de la terre au passage de la partie antérieure du versoir, ou du minimum de traction qu'exige cette résistance dans le mouvement relatif d'élévation du poids de la terre qui charge la partie antérieure du versoir. Mais il y a lieu de tenir compte des autres résistances de la terre telles que son adhérence et la résistance de la bande à la torsion.

Adhérence. Les effets de l'adhérence de la terre pour la matière constituant le versoir, sont assez peu connus. Tout ce que nous avons pu tirer de l'observation c'est que, 1° le versoir, dans une terre *collante*, se couvre très vite d'une première couche infiniment mince de terre mouillée ou motte, sur laquelle de nouvelles couches s'accumulent jusqu'à ce que le versoir soit chargé d'une masse de terre d'une épaisseur variable suivant la nature du sol et son état hygrométrique; après un certain parcours, la couche de terre qui *double* le versoir fonctionne elle-même comme surface renversante; la terre nouvelle glisse par dessus cette surface terreuse qui prend l'inclinaison permettant le glissement de la terre nouvelle; le frottement a lieu alors *terre contre terre* et il est considérable. 2° la formation de la couche de terre sur le versoir paraît d'autant plus rapide que le versoir présente plus de surface pour la même section de bande. Quelle que soit la longueur de la partie antérieure du versoir, si les dimensions de la bande de terre restent les mêmes, la pression par centimètre carré sur ce versoir est constante: on ne peut augmenter cette pression spécifique qu'en diminuant la largeur du versoir qui supporte alors une bande plus large que lui. On peut ainsi doubler la pression spécifique, or l'expérience prouve qu'alors la cohésion de la terre en mouvement ayant augmenté, l'adhérence pour le versoir a diminué. Dans les terres collantes, argileuses ou argilo-calcaires, la bande ne se brisant pas sur le versoir, on peut très bien restreindre la largeur de celui-ci aux trois quarts, aux deux tiers et même à *moitié* de la largeur de la bande. C'est ainsi que certaines anciennes charrues de pays ont pour versoir de longues et étroites planches de bois à peine contournées qui fonctionnent mieux dans les terres collantes que les versoirs modernes en fonte de fer. 3° le raccourcissement de la partie antérieure du versoir dans les terres collantes a cependant un bon effet. Comme la résistance au passage dans la terre d'un versoir trop court est considérable, la réaction de la terre antérieure contre ce versoir est si grande qu'il y a compression de la bande, augmentation de sa cohésion propre et par suite le versoir se maintient plus poli.

4° La nature et l'état du versoir pour une terre donnée ont une grande influence : l'acier adhère moins que la fonte et le bois, moins que l'acier, surtout dans les terres humides. Les versoirs en bronze paraissent aussi se maintenir plus propres en terre collante que ceux de fonte ou même d'acier. Il y aurait lieu d'essayer des versoirs en fonte émaillée.

En résumé, pour les terres collantes, il faut suivant nous : 1° adopter un versoir dont la longueur soit strictement celle qui correspond au minimum de traction pour le coefficient ou angle de frottement de cette terre avec le versoir, ou une longueur un peu moindre ; 2° choisir, pour ce versoir, la matière qui présente avec la terre le moins d'adhérence ; 3° restreindre la largeur du versoir autant que possible, à la moitié de la largeur de la bande si la consistance de la terre le permet.

Torsion de la bande. Le *moment* nécessaire pour tordre une bande de terre rectangulaire d'une largeur *l* et d'une épaisseur *h* autour d'un axe se confondant avec une arête est donné par l'équation :

$$P.p = G\theta \times \frac{lh}{3}\left(l^2 + h^2\right) \ \ldots\ (d)$$

Dans cette équation P est une force normale à l'arête de rotation et distante de cet axe de la quantité *p*, son bras de levier ; G est la résistance particulière des molécules terreuses l'une contre l'autre ; θ est égal au déplacement angulaire par unité de longueur du versoir. Le déplacement angulaire pour un centième de la longueur du versoir est le même, quelle que soit cette longueur, puisque la torsion totale est toujours de 90°. Donc le moment moteur nécessaire pour la torsion est indépendant du rapport existant entre la longueur de la partie antérieure du versoir et la largeur du labour. Et comme ce moment moteur est produit par le fonctionnement du versoir comme coin, la traction est minimum pour la torsion dans les mêmes conditions que pour l'élévation relative de

la terre sur les hélices considérées comme plans inclinés. L'influence sur la résistance à la torsion du rapport entre la largeur et la profondeur du labour est clairement indiquée dans la formule ci-dessus que nous allons établir.

θ est l'arc mesuré sur une circonférence d'un mètre de rayon et correspondant au déplacement pour un mètre de longueur du versoir, d'une des sections du parallélépipède. La résistance à la torsion, ou au déplacement moléculaire par glissement est naturellement proportionnelle au déplacement angulaire. Pour un élément de surface $d\omega$ situé à une distance *r* de l'axe de torsion et pour une distance, entre sections considérées, égale à *e*, le déplacement angulaire est θre et si G représente un coefficient de résistance moléculaire, par unité de surface, particulier à la terre considérée, on aura pour l'expression de la résistance moléculaire $F = G\theta red\omega$ et pour le moment de cette force $G\theta red\omega \times r$ ou $G\theta\, r^2 ed\omega$. Et, pour la section entière, on aura une infinité de forces telle que F et pour lesquelles G, θ, et *e* restent les mêmes, *r* variant seul. En représentant ce moment résistant d'une section par P*p*,

on a : $Pp = G\theta e \int r^2 . d\omega$.

L'intégrale $\int r^2 d\omega$ est ce qu'on appelle le moment d'inertie polaire de la section. Pour une bande parallélépipédique tournant autour d'une de ses arêtes, il est égal à $\frac{1}{3} l . h (l^2 + h^2)$. Donc, pour un écartement *e* d'un centimètre, par exemple, entre deux sections, le moment résistant est représenté par $Pp = G\theta e \times \frac{1}{3} l.h (l^2 + h^2)$.

Pour la section suivant d'un même écartement longitudinal *e*, on aurait un moment résistant égal et pour l'ensemble des sections composant la longueur L de la bande tordue sur le versoir, on aurait alors

$$Pp = G\theta L \times \frac{1}{3} l.h (l^2 + h^2)$$

Mais la torsion totale, quelle que soit la longueur du versoir est toujours d'un quart de tour ; donc, le pas de l'hélice de torsion est toujours quatre fois la longueur antérieure du versoir et l'on a par suite $4L\theta = 2\pi \times 1^m$. Donc en place de L$\theta$ on peut mettre le nombre constant $0,5\pi$ et par suite quelle que soit la longueur du versoir, le moment résistant total à la torsion est $Pp = 0,5026$ G. $lh (l^2 + h^2)$.

La force nécessaire à la torsion est donc bien, comme nous l'avons dit, indépendante de la longueur de la partie antérieure du versoir. Mais, dans chaque section, le déplacement angulaire étant en raison inverse de la longueur du versoir pour une torsion de 90°, le moment résistant par section est d'autant plus petit que le versoir est plus long. Pour un versoir deux fois plus long la résistance à la torsion pour chaque section est deux fois plus petite ; mais il y a deux fois plus de tranches matérielles à faire tourner.

Toutefois, la force nécessaire à la torsion doit être prise en considération. Le moment de résistance dans une section devant être d'autant plus grand que le versoir est plus court, la terre peut céder ou se désagréger avant que la torsion ne soit complète. Si le versoir est très long, le moment de résistance étant très petit dans chaque section, la cohésion la plus faible peut suffire à empêcher la désagrégation.

Ainsi dans les terres légères, où l'on doit éviter autant que possible la désagrégation, si l'on veut que les bandes se renversent régulièrement, il faudra prendre une longueur de versoir plus grande que celle qui correspond au minimum de traction, et qui dépend essentiellement, comme nous l'avons vu, du coefficient ou de l'angle de frottement. Pour les terres argileuses tenaces, que l'on doit chercher à désagréger le plus possible, il faut prendre une longueur de versoir moindre que celle qui correspond au minimum de traction. Mais, en diminuant ainsi la longueur du versoir, on augmente la traction et d'autant plus qu'on s'écarte plus de la longueur donnant le minimum. Il y a beaucoup moins d'inconvénients à dépasser la longueur normale pour les terres légères, car la traction croît très peu quand on prend des longueurs plus grandes que celle qui donne le minimum. Ainsi pour une terre très légère sèche à frottement minimum, la longueur du versoir étant 1,13 fois la largeur du labour, il faut le minimum de traction, $7^k,75$; et la traction ne s'élève qu'à $7^k,926$ pour une longueur égale à 1 fois 6 de la largeur. En terre tenace, à frottement maximum, le rapport entre la longueur du versoir et la largeur du labour correspondant au minimum de traction ($19^k,695$) étant 1,98, si l'on prend seulement 1,6, on augmente la traction de $0^k,742$.

Cette considération de l'influence de la longueur du versoir sur la désagrégation de la terre conduit donc à resserrer les limites de longueur que l'économie de traction indiquait ; et on pourrait, sans grande erreur, prendre même le chiffre moyen 1,611 comme étant, pour toutes les terres, le meilleur rapport entre la longueur du versoir et la largeur du labour.

Il peut être intéressant de déterminer comment varie la résistance à la torsion pour des bandes de terre plus ou moins larges pour une profondeur donnée ou exigée par l'espèce de labour à exécuter. On sait que la largeur doit toujours être supérieure à l'épaisseur pour que les bandes puissent se coucher stablement les unes après les autres. Pour la moindre stabilité, il faut que le rapport de la largeur à l'épaisseur de la bande soit supérieur à 1,2723.

Soit k le rapport adopté, on aura :

$$Pp = 0,5026\,Gh^4(k + k^3)$$

Ainsi le moment moteur Pp nécessaire pour tordre une bande d'épaisseur donnée est proportionnel à la quatrième puissance de cette épaisseur h et croît plus vite que le cube du rapport k entre la largeur et l'épaisseur.

Pour une bande deux fois plus épaisse et deux fois plus large le moment Pp devrait être 160 fois plus grand : il est vrai que la section tordue serait quatre fois plus grande.

Si la cohésion de la terre est assez grande pour que sa résistance à la torsion (coefficient G) soit sensible par rapport à la traction exigée par le soulèvement relatif de la bande, il y aura donc avantage à restreindre autant que possible la largeur de la bande. C'est le cas des terres tenaces, surtout lorsqu'elles sont *enherbées* et durcies par la sécheresse.

La surface hélicoïdale sur laquelle la bande doit s'élever présente une inclinaison sensible par rapport au plan horizontal ; de sorte que lorsque ce versoir est en translation sous la bande de terre, celle-ci doit se tordre brusquement ; et parfois elle se brise avant d'être renversée. Pour éviter cet inconvénient d'une torsion brusque exigeant probablement plus de travail moteur qu'une

Fig. 702. — *Raccordement des hélices du versoir avec le tranchant du soc.*

torsion lente, et nuisant au renversement régulier des bandes, on raccorde chaque bande hélicoïdale avec le plan horizontal par une petite surface que nous allons définir.

Soit (fig. 702) AZ une des hélices concentriques formant la partie antérieure du versoir ; elle est supposée développée sur un plan et EZ est une génératrice du cylindre sur lequel est tracée cette hélice. AZR est l'angle α de l'hélice. Pour que la torsion de la bande, d'abord horizontale, se fasse insensiblement jusqu'à ce qu'elle soit sur l'hélice, il faut remplacer une portion AZ de celle-ci par une courbe ABCDE telle que l'inclinaison de ses éléments rectilignes AB, BC, aille en diminuant d'une même quantité pour des longueurs égales de courbe. S'il y a n éléments, il faudra que, pour chaque élément, la diminution d'inclinaison soit égale à $\frac{\alpha}{n+1}$. Ces deux conditions admises, on a donc ABS égal à $\alpha - \frac{\alpha}{n+1}$. Comme ASI est égal à α, il en résulte que, dans le triangle BAS, l'angle BAS est égal à $\frac{\alpha}{n+1}$. De même BC doit avoir pour inclinaison $\alpha - 2.\frac{\alpha}{n+1}$. Comme BJT, égal à ABS, vaut $\alpha - \frac{\alpha}{n+1}$, le petit angle

CBJ est égal, dans le triangle CBJ, à $BJT - BCT$ ou à $\left(a - \dfrac{a}{n+1}\right) - \left(a - 2\dfrac{x}{n+1}\right)$ ou à $\dfrac{a}{n+1}$.

On verrait de même que chacun des côtés égaux, tel que CD, est incliné, par rapport à celui qui le précède et à celui qui le suit, d'un même angle $\dfrac{a}{n+1}$; les côtés égaux AB, BC, CD... également inclinés forment donc un polygone régulier; et lorsque le nombre n de ces côtés est infiniment grand, c'est un arc de cercle. Donc, chaque hélice de la partie antérieure du versoir doit être raccordée, avec l'horizontale ou la parallèle à l'arête de rotation, par un arc de cercle tangent aux deux droites. Ce raccordement augmente un peu la traction employée, pour celles des hélices du versoir qui ont une inclinaison moindre que celle qui correspond au minimum de traction, mais non pour les hélices trop inclinées, du moins tant que l'étendue du raccordement ne dépasse pas une certaine portion AZ de l'hélice. EZ, nécessairement égal à ZA sur l'hélice extérieure, devra être pris égal à moitié au moins de la longueur attribuée au soc. Si le tranchant de celui-ci, comme en terre facile, est incliné de 45° dans le plan horizontal, EZ serait égal à moitié au moins de la largeur du labour; pour les terres dures ou tenaces, l'inclinaison du tranchant devant être de 36° avec l'arête de rotation, le raccordement EZ sera de 0,6884 la largeur du labour, au moins : la largeur du raccordement diminue depuis l'hélice extérieure, jusqu'à l'arête de rotation où elle est nécessairement nulle. Grâce à ce raccordement, la torsion de la bande se fait progressivement et dès qu'elle est sur la surface hélicoïdale pure, elle a atteint le maximum et reste constante sur le reste du versoir, c'est-à-dire que deux rectangles matériels voisins ayant été écartés angulairement de la quantité voulue, ils restent l'un par rapport à l'autre dans la même situation pendant le passage du versoir hélicoïdal tout entier. Ayant ainsi défini complètement la surface formant la partie antérieure du versoir, nous allons entreprendre le même travail pour la partie postérieure.

Nous avons déjà donné un aperçu de la disposition de la partie postérieure du versoir. Il est nécessaire d'y revenir avec détails pour déterminer la meilleure longueur à donner à cette dernière partie du versoir dont l'influence sur la bonté du labour est plus grande que celle de la partie antérieure. La partie antérieure du versoir hélicoïdal n'a pour but que de *dresser* la bande de terre en faisant faire un quart de tour à chacun des rectangles matériels qui la composent. La partie postérieure que nous devons actuellement étudier doit prendre successivement chaque élément parallélipipédique ou chaque rectangle matériel (fig. 703) posé sur son petit côté BD' et le faire tourner autour de l'arête D' comme axe de rotation, en le renversant jusqu'à ce qu'il tende à tomber de lui-même ou soit couché sur la dernière bande de terre renversée. Lorsque la terre ne présente pas une

très grande cohésion, le rectangle D'BA'''C''' tend à tomber de lui-même dès qu'il est conduit un peu au delà de la position où sa diagonale est verticale. Cette position d'équilibre instable doit être d'autant plus dépassée que la terre a plus de consistance ou de cohésion, que les arêtes s'émoussent plus facilement et que la bande est plus étroite. Lorsque la terre à labourer est très compacte et présente une certaine élasticité, c'est-à-dire tend à se redresser après le passage du versoir qui l'a tordue d'un bloc, les parties placées sur le versoir retenant celles qu'il a déjà renversées, il est nécessaire de prolonger suffisamment la partie postérieure du versoir pour conduire chaque rectangle jusque sur la dernière bande renversée et même l'y comprimer légèrement pour assurer sa stabilité. Cette dernière disposition se rencontre dans quelques belles charrues anglaises; elle y est même parfois exagérée. Il suffit d'atteindre la position de stabilité pour que la bande reste couchée, à moins qu'elle ne soit trop étroite par rapport à la profondeur. Lorsque, au contraire, la terre à labourer est très meuble, il est aussi nécessaire de pro-

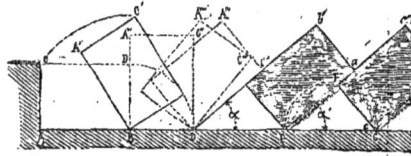

Fig. 703. — *Analyse du mouvement de rotation d'une bande de terre.*

longer suffisamment la partie postérieure pour que la raie soit bien ouverte et les bandes bien rangées.

Les raisons qui nous ont fait poser en principe que la partie antérieure du versoir doit être : 1° une surface réglée; 2° à génératrices s'appuyant sur une directrice droite parallèle; 3° *normalement*; et, 4° que le mouvement de rotation de la terre soit uniforme pour une translation uniforme de la charrue, subsistent aussi pour la partie postérieure; c'est-à-dire enfin que la surface postérieure doit être formée de bandes hélicoïdales dirigées exactement suivant les hélices représentant le mouvement relatif de la terre en retournement ou rotation uniforme.

Suivant que l'on voudra agir sur le petit ou le grand côté des rectangles matériels, le renversement pourra se faire par deux surfaces hélicoïdales bien distinctes satisfaisant d'ailleurs aux quatre conditions que nous venons d'énoncer.

Première espèce de surface hélicoïdale postérieure. Elle est absolument semblable à la partie antérieure, mais moins large; sa première génératrice A B, (fig. 704) est horizontale et les suivantes, B.2, B.4, etc. sont de plus en plus inclinées jusqu'à l'inclinaison complémentaire de l'angle que font les grands côtés des rectangles couchés stablement ou seulement jusqu'à ce que la diagonale de la bande ait un peu dépassé la verticale ou la position d'équilibre instable, B A'.

L'inclinaison de la dernière génératrice de cette surface postérieure hélicoïdale est facile à trouver par une construction graphique ; il suffit de faire, à une échelle quelconque, le rectangle ABCD (fig. 704) dont la base AB est égale à la profondeur du labour et la hauteur AC à la largeur de la bande à renverser ; puis de prolonger la verticale BD et, du point B avec le rayon BC décrire l'arc de cercle CC' ; BC' est alors la diagonale du rectangle placée dans sa position d'équilibre instable ; pour figurer le rectangle dans cette position, il faut, des points B et C' et successivement, avec la profondeur et la largeur du labour comme rayons, décrire des arcs de cercle dont les intersections donnent les points 6 et D' ; 6 B représente alors la dernière génératrice de cette petite surface hélicoïdale ; mais, pour

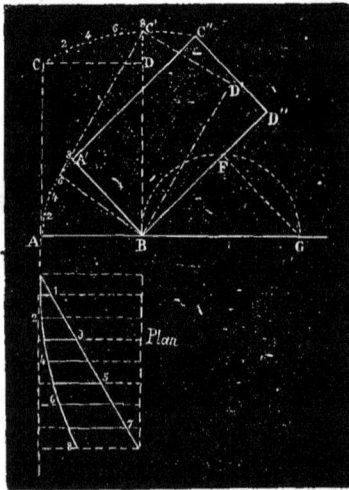

Fig. 704. — *Epure des parties postérieures d'un versoir hélicoïdal en projection verticale et horizontale.*

assurer la chute du rectangle, il faut dépasser cette inclinaison AB6 de 3° ou 4° au moins et d'autant plus que la terre est plus compacte ; alors le rectangle est poussé jusqu'en BC'', par exemple, où il tend à tomber de lui-même pour se coucher stablement sur la bande précédemment renversée.

On peut calculer l'inclinaison AB6 en observant que l'angle 6C'B est égal à l'angle AB6 comme ayant ses côtés perpendiculaires à ceux de ce dernier angle. Or, l'angle 6C'B a pour tangente trigonométrique le rapport B6 : 6C' ou $\frac{h}{l}$; h représentant la profondeur du labour et l sa largeur. Pour des rapports entre la largeur et la profondeur égaux à 1,4 — 1,5 — 1,6 — 1,7 — 1,8 — 1,9 et 2,0, l'angle 6C'B a pour valeurs respectives : 35°, 32' 16" — 33° 41', 24" — 32°, 00' 20" — 30°, 27', 56" — 29°, 03', 16" — 27°, 45' 30" et 26°, 33', 54". Si l'on doit conduire chaque élément de bande jusqu'en sur la dernière

bande de terre renversée, l'angle de la dernière génératrice est l'angle FBG que l'on peut déterminer graphiquement en prenant BG égale à la largeur du labour et décrivant sur cette droite, comme diamètre, une demi-circonférence BFG sur laquelle on détermine le point F, en prenant la corde GF égale à la profondeur du labour. En effet, quand les bandes sont couchées l'une sur l'autre, l'angle F est droit ; il est donc inscrit dans une demi-circonférence et le côté FG devant être la profondeur du labour, on a bien ainsi la véritable position de la bande. Or, l'angle FBG a pour sinus le rapport $\frac{FG}{BG}$ ou $\frac{h}{l}$; c'est donc, pour les rapports de l à h précédemment indiqués, des inclinaisons égales à 45°, 35', 05" — 41°, 48', 37" — 38°, 40', 56" — 36°, 01', 55" — 33°, 44', 56" — 31°, 45', 25" et 30°,00.

On voit que cette première espèce de surface hélicoïdale postérieure est absolument de même disposition que la partie antérieure ; sa première génératrice étant aussi horizontale, la longueur donnant le minimum de résistance est la même que pour la partie antérieure par degré de rotation : en terre légère, $\frac{1,31\,h}{90}$; en terres moyennes, $\frac{1,61\,h}{90}$; en terres difficiles, $\frac{1,98\,h}{90}$, et enfin en terres fortes et tenaces, $\frac{2,20\,h}{90}$; soit, respectivement, $0,0145\,h$ — $0,0179\,h$ — $0,022\,h$ et $0,0244\,h$. Pour une bande de 0ᵐ,27 de large sur 0ᵐ,18 de profondeur que l'on voudrait conduire à moitié chemin entre la position d'équilibre instable et la position de stabilité, ce serait en terre moyennement compacte, une inclinaison de 37°, 45' et par suite une longueur égale à 37°,3/4 × 0,003222 ou 0ᵐ,1216. Pour les terres tenaces,

$$37°,3/4 \times 0,0045 \text{ ou } 0^m,17.$$

Cette première espèce de surface postérieure est, comme on le voit, très facile à définir et à déterminer ; elle n'est pourtant jamais adoptée et elle n'a été essayée que par M. F. Bella, vers 1856. Voici les raisons qui s'opposent à son adoption : 1° la première génératrice devant être horizontale, il serait difficile d'établir solidement cette fin de versoir, tout à fait indépendante de la partie antérieure, puisqu'elles n'ont en principe qu'un point commun ; 2° si peu que la tranche de terre se soit déformée sur la partie antérieure, il en résulterait que la partie postérieure saisirait mal le petit côté de la bande et le renversement pourrait se faire dans de mauvaises conditions. Chacune de ces raisons suffirait à elle seule pour empêcher l'adoption de cette première espèce de surface postérieure, malgré son apparente simplicité.

Seconde espèce de surface hélicoïdale postérieure. Au lieu de *soulever* les rectangles matériels en dessous, par leur petit côté, on peut les *pousser* de gauche à droite, par leur grand côté, de manière à faire tourner ces rectangles autour de l'arête B (fig. 704) ; les génératrices droites de cette nouvelle surface seront précisément normales aux extrémités des génératrices de la précédente surface. Toutes les génératrices de cette surface postérieure s'appuient d'une part sur l'hélice 6-8 (plan) tracée sur un cylindre ayant pour rayon la profondeur du labour, et d'autre part sur une hélice 6-8,..... tracée sur un cylindre ayant pour rayon la diagonale du rectangle

$$\text{ou } \sqrt{l^2 + h^2}.$$

En effet, si l'on admet que la rotation de chaque rectangle se fait normalement à l'arête B de la bande et que cette rotation soit uniforme, quand le versoir s'avance avec une vitesse constante, le mouvement relatif de la terre pour chaque molécule terreuse est une hélice; de sorte que cette surface postérieure est composée d'hélices concentriques tracées sur des cylindres ayant le même axe et des rayons dont les longueurs sont comprises entre la profondeur du labour et la diagonale du rectangle constituant la section de la bande de terre.

« Ce second genre de surface hélicoïdale postérieure est souvent désigné sous le nom de *Ridolfi*, juste hommage rendu à l'auteur qui le premier a défini exactement la génération du versoir hélicoïdal; elle est, comme on le voit, perpendiculaire à la première surface postérieure, jouit de propriétés semblables et satisfait aux quatre conditions posées précédemment. C'est-à-dire que les distances des génératrices droites transversales normales à l'arête de rotation, étant égales, les écartements angulaires successifs sont aussi égaux; de sorte qu'en divisant chaque génératrice droite en un même nombre de parties égales et joignant tous les points homologues, on trouve sur cette surface une série d'hélices toutes parallèles et du même pas que l'on peut considérer comme génératrices courbes d'une surface hélicoïdale qui, développée sur un plan, serait formée d'une suite de plans élémentaires ou de droites représentant ces hélices séparées pour permettre le développement de la surface. La différence entre cette deuxième espèce de surface hélicoïdale et celle qui compose la partie antérieure, consiste en ce que les génératrices droites transversales égales au lieu de s'appuyer sur une droite, axe de rotation, sont tangentes à un cylindre de rayon égal à la profondeur du labour; c'est une surface hélicoïdale *plus générale* que l'hélicoïde ordinaire formant la partie antérieure. Dans cette surface, les génératrices droites sont normales à l'axe d'un cylindre et ont des inclinaisons croissant d'une même quantité pour des avancements égaux, suivant la direction de l'axe; enfin, ces génératrices restent tangentielles au cylindre précédemment désigné. La surface antérieure n'en diffère qu'en ce que le noyau creux de la surface postérieure est remplacé par un axe ou est réduit à un rayon infiniment petit.

Longueur de la surface postérieure hélicoïdale donnant le minimum de résistance. La surface postérieure du versoir pousse la bande pour la renverser: cette bande résiste, partiellement en rai-

son de son poids, que l'on doit faire tourner jusqu'à la position d'équilibre instable, et partiellement par sa roideur qui s'oppose à la torsion. La pression de la terre n'est qu'une fraction assez faible et de plus en plus faible du poids de la bande, mais elle est toujours proportionnelle à la longueur de la surface postérieure. De sorte que si l'on restreint cette longueur, la pression de la terre en mouvement est réduite, mais la traction nécessaire sur des hélices plus raides est plus grande pour chaque kilogramme de cette pression. Si, au contraire, on allonge cette partie postérieure, elle supporte une grande pression; mais la terre en mouvement relatif sur des hélices plus douces n'exige que très peu de traction pour chaque kilogramme de pression. Il y a donc une longueur présentant la moindre résistance possible dans son passage sous la bande, et on peut la déterminer, soit par le calcul infinitésimal, soit graphiquement, comme nous l'avons fait pour la partie antérieure.

Soit une terre moyennement compacte pour laquelle le coefficient de frottement sur la fonte polie est 26°, 34'. Considérons quatre parties postérieures de versoirs ayant pour une rotation de 90° des longueurs égales à 1,6 — 1,8 — 2,0 et 2,2 fois la diagonale du rectangle matériel, élément de la bande de terre. Supposons la bande divisée en vingt files de molécules telles que A, B.... etc. La première molécule de la file A décrira un arc de cercle pendant que le versoir marchera de toute sa longueur; par suite l'hélice du mouvement relatif sera tracée sur un cylindre ayant pour rayon la diagonale d'un rectangle

$$\sqrt{h^2 + (39/40\, l)^2}$$

la seconde hélice BV sera tracée sur un cylindre ayant pour rayon $\sqrt{h^2 + (37/40\, l)^2}$ et ainsi de suite, le côté vertical du triangle BOX diminuant d'un vingtième de XY pour chaque nouvelle molécule en allant vers l'axe, pour un quart de spire; ces hélices auront donc un arc de cercle YZ, BV......, etc., égal à

$$0,5\,\pi \times \sqrt{h^2 + (39/40\, l)^2} \text{ ou } \sqrt{h^2 + (37/40\, l)^2}$$

$$\text{ou } \sqrt{h^2 + (35/40\, l)^2} \ldots\ldots \text{ ou } \sqrt{h^2 + (1/40\, l)^2};$$

et la base de ces hélices sera la même, la longueur L de la partie postérieure pour un quart de tour. Donc, la tangente de l'angle fait par chacune de ces hélices avec l'axe de rotation aura pour valeur

$$\frac{0,5\,\pi\sqrt{h^2 + (39/40\, l)^2}}{L}, \text{ puis } \frac{0,5\,\pi\sqrt{h^2 + (37/40\, l)^2}}{L}$$

$$\text{puis } \ldots\ldots \frac{0,5\,\pi\sqrt{h^2 + (1/40\, l)^2}}{L}$$

On peut donc déterminer l'inclinaison moyenne de chacune des vingt bandes hélicoïdales composant la partie postérieure du versoir. Nous donnons, dans le tableau G, les inclinaisons de ces hélices pour les sept versoirs considérés. Connaissant la pression de la terre en renversement, on pourra calculer la traction partielle exigée par chacune des hélices de ces versoirs; et par suite la traction totale pour chacun d'eux. Remarquons

toutefois que la valeur vraie de la pression sur le versoir est inutile à connaître pour le problème que nous avons à résoudre : il suffit de savoir qu'elle est proportionnelle à la longueur même de la surface postérieure du versoir. Le tableau H donne la valeur de la traction totale

TABLEAU G.

Place des hélices en quarantièmes	INCLINAISONS MOYENNES DES VINGT BANDES HÉLICOÏDALES DE LA PARTIE POSTÉRIEURE DE 7 VERSOIRS Le rapport de la longueur de cette surface à la diagonale du labour étant						
	1,2	1,4	1,6	1,8	2,0	2,2	2,4
1	36° 00′ 09″	31° 54′ 54″	28° 35′ 20″	25° 50′ 42″	23° 33′ 20″	21° 37′ 12″	19° 58′ 00″
3	36 09 15	32 03 32	28 43 20	25 58 19	23 40 23	21 43 47	20 04 10
5	36 27 19	32 20 33	28 59 20	26 13 10	23 54 20	21 56 50	20 16 23
7	36 53 44	32 45 34	29 22 50	26 35 10	24 14 52	22 16 03	20 34 25
9	37 27 52	33 17 58	29 53 20	27 03 41	24 41 36	22 41 05	20 57 55
11	38 08 52	33 57 00	30 30 10	27 38 15	25 14 00	23 11 30	21 26 28
13	38 56 12	34 42 15	31 12 50	28 18 31	25 51 47	23 47 00	21 59 52
15	39 47 50	35 31 47	31 59 50	29 02 50	26 33 30	24 26 15	22 36 50
17	40 43 54	36 25 50	32 51 20	29 51 30	27 19 25	25 09 30	23 17 40
19	41 43 08	37 23 12	33 46 10	30 43 32	28 08 38	25 56 00	24 01 34
21	42 44 41	38 23 09	34 43 40	31 38 20	29 00 35	26 45 13	24 48 08
23	43 47 50	39 25 00	35 43 20	32 35 20	29 54 45	27 36 38	25 36 53
25	44 51 53	40 28 04	36 44 20	33 33 54	30 50 40	28 29 49	26 27 25
27	45 56 16	41 31 50	37 46 30	34 33 44	31 47 52	29 24 22	27 19 22
29	47 00 34	42 35 52	38 49 10	35 34 14	32 46 02	30 20 01	28 12 27
31	48 04 20	43 39 44	39 51 50	36 35 10	33 44 42	31 16 17	29 06 21
33	49 07 13	44 43 06	40 54 25	37 36 10	34 43 40	32 13 00	30 00 43
35	50 09 01	45 45 40	41 56 30	38 36 55	35 42 40	33 09 52	30 55 25
37	51 09 26	46 47 17	42 58 00	29 37 18	36 41 25	34 06 46	31 50 14
39	52 08 26	47 47 40	43 58 30	40 36 58	37 49 47	35 03 25	32 44 59
à 0.	35 59 00	31 53 49	28 35 18	25 49 48	23 32 27	21 36 23	19 57 12
à 40.	52 37 20	48 17 25	44 29 32	44 06 36	38 08 46	35 31 36	33 12 17

calculée ainsi pour chacun des quatre versoirs. On voit que le minimum de résistance a lieu quand le versoir (partie postérieure) a une longueur égale à deux fois environ la longueur de la diagonale de la bande, pour une rotation supposée d'un quart de tour. Le plus souvent, une rotation d'un huitième de tour suffisant au ren-

TABLEAU H.

Rapport entre la longueur de la surface et la diagonale de la bande	Traction totale pour chaque surface l'angle de frottement étant		
	13°	26.34	35°
	kilogr.	kilogr.	kilogr.
1.2	36.440	»	»
1.4	36.099 ☉	»	»
1.6	36.143	61.243	»
1.8	36.420	60.349	»
2.0	»	60.307 ☉	86.310
2.2	»	60.787	85.367 ☉
2.4	»	»	85.425

versement, la longueur de la partie postérieure donnant le minimum, devrait être seulement la moitié de celle qu'indique le tableau pour un quart de tour.

En faisant les mêmes calculs pour quatre versoirs de longueurs différentes pour de la terre à très faible frottement pour laquelle l'angle γ n'est que de 13° ; puis, pour trois versoirs dans de la

terre à frottement maximum ou pour un angle de frottement de 35°, on trouve les tractions indiquées dans le tableau H.

En représentant graphiquement la loi de variation de ces tractions pour des longueurs diverses

TABLEAU I:

Angles de frottement	Rapports de la longueur de surface à la diagonale	Angles de frottement	Rapports entre la longueur de la surface et la diagonale
13°	1.438	25°	1.842
14	1.464	26	1.887
15	1.491	27	1.928
16	1.518	28	1.972
17	1.550	29	2.008
18	1.581	30	2.046
19	1.618	31	2.080
20	1.655	32	2.126
21	1.690	33	2.163
22	1.730	34	2.210
23	1.766	35	2.234
24	1.808	»	»

de versoirs (fig. 705) on détermine avec plus de précision, le rapport de la longueur du versoir à la diagonale de la bande qui correspond au minimum de traction pour les trois natures de terre supposées. Il n'est pas inutile de faire remarquer que si la meilleure longueur à donner à la partie antérieure du versoir ne dépend que de l'angle γ, il n'en est pas ainsi pour la partie postérieure : ici le rapport entre la largeur et la profondeur du labour a une influence que les chiffres du tableau I font suffisamment ressortir, sans autre explication.

La figure 706 représente, à l'aide des chiffres du tableau H, la loi des variations de la traction

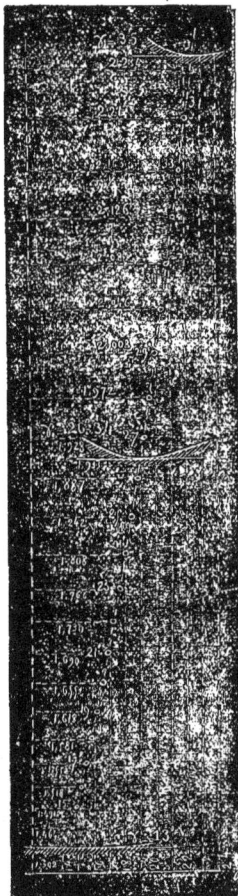

Fig. 705. — *Loi d'accroissement des tractions exigées par la partie postérieure de versoirs pour des longueurs croissantes et différents coefficients de frottement.*

pour la partie postérieure du versoir hélicoïdal, lorsque l'angle du frottement est de 13° — 26°, 34′ et 35°. Ces courbes permettent de déterminer avec une précision suffisante le véritable rapport donnant le minimum de traction; c'est 2,234 pour $\gamma = 35°$ — 1,933, lorsque $\gamma = 26°, 34′$ et 1,438 pour $\gamma = 13°$. Approximativement, les rapports pour les divers angles de frottement, de degré en degré. sont donnés dans le tableau I établi d'après la figure 706.

Pour permettre de comparer les longueurs de

la partie postérieure avec celles de la partie antérieure pour les mêmes natures de terre et de versoirs, il faut nécessairement se donner le rapport entre la largeur et la profondeur du labour. Si, par exemple, on a une largeur égale à une fois un tiers, une fois et demie ou une fois et deux tiers de la profondeur, la meilleure longueur du versoir (partie postérieure) sera égale pour 90° de rotation à la largeur du labour multipliée par 1,7975 — 1,7256 et 1,6767 si l'angle de frottement est de 13°; — ou par 2,4162 — 2,3196 et 2,2539 si $\gamma = 26°, 34′$; enfin, par 2,7925 — 2,6808 et 2,6048 si l'angle de frottement atteint 35°. Comme la partie postérieure n'effectue en réalité qu'un huitième de tour environ, sa vraie longueur n'est que la moitié des longueurs ci-dessus, plus

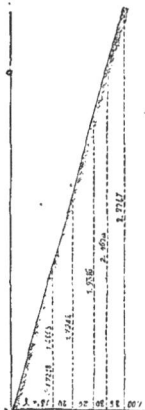

Fig. 706. — *Loi d'accroissement des longueurs de parties postérieures.*

ou moins, suivant que l'on veut conduire la bande plus ou moins près de sa position de stabilité. Les chiffres vrais sont donnés dans le tableau J.

Les courbes-lois des variations de la traction montrent que l'on peut, sans augmenter sensiblement celle-ci, s'écarter un peu, en plus ou en moins, du rapport qui donne le minimum de résistance. On peut donc, comme pour la partie antérieure, tenir compte de l'adhérence et de la torsion.

Ainsi, pour une bande de terre moyennement compacte, on peut prendre pour longueur de la partie antérieure 1,632 de la largeur du labour et pour la partie postérieure conduisant à moitié chemin de la position la plus stable, 0,973, soit pour le versoir entier une longueur de 2,605 fois la largeur du labour.

Pour une bande d'une largeur égale à 1,2/3 la profondeur et une terre légère, que l'on ne veut pas déformer, on prendrait pour la partie antérieure 1,6 de la largeur et pour la postérieure conduisant à la position la plus stable 0,6869, soit en tout 2,2869 de la largeur.

Pour une bande étroite, la largeur ne dépassant la profondeur que d'un tiers, pour avoir le moins d'adhérence, on prendrait pour la partie antérieure une longueur égale à 1,6 de la largeur et pour la partie postérieure conduisant à la stabilité parfaite, 1,5076 de largeur : soit en tout

3,1076. Et, en moyenne générale pour toutes terres et toutes bandes, 2,666 de la largeur, sans compter le raccordement du soc qui prendrait à la pointe environ les deux tiers de la largeur.

L'inclinaison de l'hélice extérieure de la partie

TABLEAU J.

Rapports entre la largeur et la profondeur du labour	RAPPORTS ENTRE LA LONGUEUR DE LA PARTIE POSTÉRIEURE ET LA LARGEUR DU LABOUR pour conduire la bande dans la position (avec 1 minimum de traction)					
	LA MOINS STABLE l'angle de frottement étant			LA PLUS STABLE l'angle de frottement étant		
	13°	26°,34'	35°	13°	26°,34'	35°
1.333	0.7364	0.9898	1.1440	0.9705	1.3045	1.5076
1.500	0.6359	0.8683	1.0035	0.8016	1.0776	1.2454
1.667	0.5355	0.7198	0.8318	0.6869	0.9233	1.0671

antérieure sera d'environ 42°,3/4 comme pour la partie postérieure; il n'y aura donc pas là changement de torsion de la bande, mais il n'en ést pas de même pour l'hélice inférieure qui a plus de 28° et qui continue l'axe de rotation ou une

hélice horizontale. Il serait donc avantageux de raccorder par un petit arc de cercle ces deux hélices et les supérieures jusqu'à moitié de la largeur de la partie postérieure.

Enfin, pour que la bande tordue sur le versoir

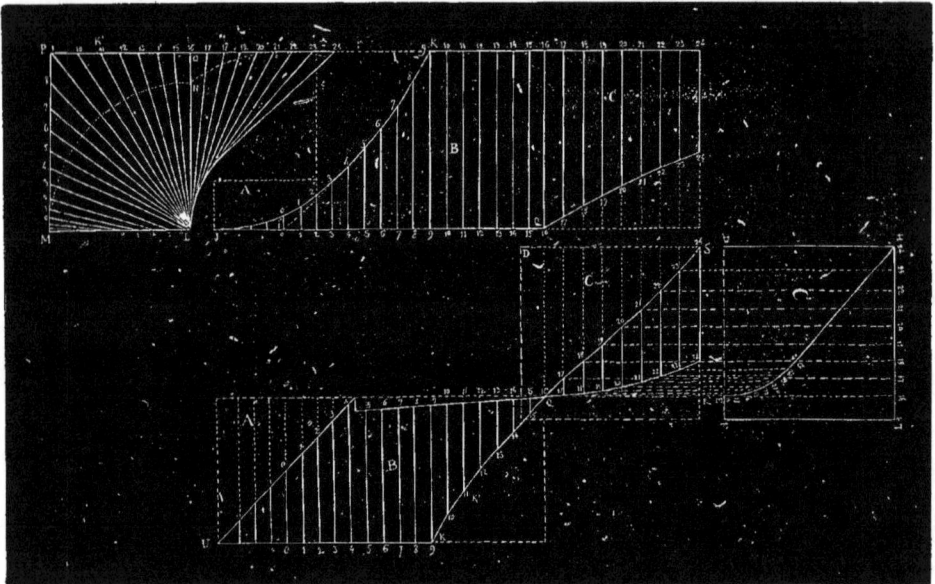

Fig. 707 à 710. — *La première représente le profil du bloc-versoir, vu de l'arrière. — La deuxième représente l'élévation transparente du bloc-versoir, vu côté de la muraille. — Le dessin inférieur représente le plan du versoir, vu en dessus. — La troisième représente un profil du bloc dégrossi C formant la partie postérieure, vu de l'arrière.*

ne se brise pas dès que celui-ci l'abandonne, on peut raccorder la fin de la partie postérieure avec le plan incliné de stabilité de la bande.

Nous avons donné tous les renseignements nécessaires pour fixer les dimensions d'un bon versoir hélicoïdal pratique dans tous les cas. Il nous reste à indiquer un moyen d'exécuter un modèle de versoir.

Nous nous proposons d'obtenir la surface du

versoir en *débillardant* un bloc ou prisme de bois dont la base serait un quadrilatère particulier déterminé comme l'indiquent les fig. 707 à 710.

Pour réduire autant que possible les dimensions des bois, nous adoptons trois blocs distincts pouvant se fixer l'un après l'autre : le premier A (fig. 708) sert à faire le soc avec le raccordement du versoir. Pour une largeur de labour de 0m,27 il a exactement cette largeur, une

longueur utile égale aux deux tiers ou à 0^m,18,
et une épaisseur de 0^m,09. En prolongement de
la longueur utile, il y a une partie de 4 1/2 centimètres d'épaisseur seulement qui sert à le fixer
contre le second bloc. Celui-ci, B, a pour longueur
totale les 5/3 de la largeur ou 0^m,45, une largeur
de 0^m,27 et une épaisseur de0^m,315. Une feuillure
de 45 millimètres de largeur et de profondeur est
ménagée au bas de ce second bloc pour y fixer le
premier et à l'arrière verticalement une deuxième
feuillure pour l'assemblage du troisième bloc.
Celui-ci est un prisme ayant pour base un penta-
gone mixtiligne vu rabattu à gauche (fig. 710);
E F est la partie destinée à l'assemblage, elle a
45 millimètres de largeur ; D E est égal à la profondeur ou à 0^m.18 ; H G est une tangente à l'arc
E G ayant son centre entre D et E à une distance de ce point égale à la profondeur du labour,
et une inclinaison égale à celle de la bande
pour le minimum de stabilité (56° 18′ 40″) ou
pour le maximum (41°, 48′, 40″).

Sur la face verticale dite de la muraille, vue
dans la figure 709, on prend la distance I J
égale à moitié de la largeur ou à 135 millimètres ; à partir de I commence la surface hélicoïdale pure ; la courbe I K est l'intersection de
cette surface prolongée par le plan vertical de la
muraille. Pour déterminer cette courbe, on fait
l'épure (fig. 707) : M L, égale à la largeur ou à 0,27,
est le rayon du quart de cercle M N, représentant
la base du quart de cylindre sur la surface duquel
est tracée la dernière hélice de la partie antérieure du versoir. On divise ce cercle en 16 parties
égales que l'on numérote. On divise de même
I Q avec le numérotage : L7 étant la septième génératrice de la partie I, elle rencontre la muraille
M P à la hauteur M 7 et sur la verticale 77 (fig. 709),
donc en menant une parallèle de 7 (situé sur PM)
jusqu'à 77 de la muraille, on a le point 7 de la
courbe dite de gorge. On fait de même pour
toutes les génératrices dont le prolongement rencontre la muraille. On trace ensuite l'arc de cercle
3 J tangent à cette courbe.

La surface hélicoïdale antérieure prolongée vers
le haut rencontre la face supérieure horizontale
du deuxième bloc, suivant une courbe K Q que l'on
détermine de la même façon que la précédente.
Ainsi, par exemple, dans les figures 707 à 710, la
génératrice L — 11 rencontre en K' le plan P O.
On prend dans la distance P K' que l'on reporte
sur le plan et en traçant la parallèle K' — 11 on
a le point 11 de la courbe K Q. Chaque point de
cette courbe se détermine ainsi.

Le surface postérieure a deux directrices : d'a-
bord une hélice tracée sur la surface cylindrique
concave G E : pour la tracer on fait en papier un
triangle rectangle ayant pour base la longueur
Q R de la partie postérieure et, pour hauteur, le
développement de l'arc G E ; on suit avec un
crayon l'hypoténuse du triangle rectangle en papier
après l'avoir placé bien exactement sur la surface
cylindrique, sa base sur l'arête inférieure E et sa
hauteur sur l'arc G E.

La seconde directrice est la courbe d'intersection
de la surface hélicoïdale, prolongée, avec le plan

horizontal supérieur du troisième bloc, ou Q S (fig.
709, plan). Pour déterminer cette courbe, on divise
G E en huit parties égales que l'on numérote à partir de 17, 18, etc., jusqu'à 24. A l'un des points de
division, 20, par exemple, on mène une tangente à
l'arc G E et on la prolonge jusqu'à la droite H T
qu'elle rencontre au point 20 ; de ce point 20 on
mène une parallèle à T F jusqu'à ce qu'elle rencontre sur le plan la parallèle 20 — 20 à S R. On a
alors le point 20 de la courbe Q S ; et l'on trouve
de même tous les autres. Toutes ces épures faites,
on les reporte exactement sur les faces correspondantes des blocs. Sur les arêtes inférieures 4 Q, D S,
on marque les points de division des longueurs
des deux surfaces hélicoïdales et on trace normalement à ces arêtes, sur toutes les faces, des droites
représentant les traces de plans normaux successifs. Alors, avec une scie maintenue dans un plan de
mouvement bien normal aux arêtes, on donne des
traits de scie s'arrêtant d'une part à l'arête de rotation Q 4 pour la partie antérieure et aux courbes
de gorge J 3 K et de sommet K Q. Pour la partie
postérieure, les traits de scie s'arrêtent, d'une
part, à l'hélice tracée sur la surface cylindrique
concave G E et de l'autre à la courbe de sommet
Q S. Pour le soc, les traits de scie restent compris
entre le tranchant O U et la courbe de raccordement de la gorge J L.

On enlève, par des coins, le bois compris entre
deux traits de scie et on obtient une surface formée de degrés comme un escalier à vis des anciennes tourelles ; on refend ces degrés en deux
par de nouveaux traits de scie parallèles aux
premiers, en s'arrêtant aux mêmes directrices ;
puis on enlève de même le bois à l'aide de petits
coins. La surface nouvelle est composée d'un
nombre double de degrés deux fois plus étroits,
on refend ceux-ci en deux et en continuant ainsi
on obtient une surface presqu'unie que l'on achève
à petits coups de scie et de ciseau, en suivant toujours la même marche. Enfin, on peut terminer
avec une râpe convexe, puis avec du papier de
verre. Il faut évidemment mettre une grande précision dans tout ce travail de *débillardage* des blocs.

Le bloc ainsi débillardé peut servir de matrice
pour des versoirs en tôle mince d'acier ou de
cuivre qui peuvent eux-mêmes servir de modèles
pour le moulage de versoirs en fonte.

On peut aussi débillarder le même bloc, en
arrière, de manière à ne garder qu'une épaisseur
uniforme d'un centimètre de bois pour avoir un
modèle en bois pour le moulage des versoirs.

EXAMEN DES PRINCIPAUX VERSOIRS CONNUS. Les
meilleurs versoirs pratiques, ceux être adoptant
hélicoïdaux, s'éloignent très peu de cette forme
mathématique. Mais les caprices des constructeurs ou des agronomes ont conduit à des diversités de modèles qu'il serait presqu'impossible
d'étudier utilement. Donnons seulement ici les
principes qui semblent guider les inventeurs.

Le versoir hélicoïdal mathématique suppose que
la rotation de la terre se fait uniformément et que
la bande de terre de section rectangulaire n'est
pas déformée par le versoir. Le raisonnement conduit à l'emploi d'une petite surface gauche pour

raccorder le tranchant du soc avec le versoir. Deux autres modifications rationnelles peuvent être adoptées : 1° la rotation très lente sur le soc peut aller en croissant jusque vers la fin de la partie antérieure, puis décroître lentement jusqu'à la fin de la partie postérieure. On dit alors que le versoir est *agressif* à son origine et *atténué* à la fin, pour ne pas abandonner brusquement la bande.

Ces modifications, lorsqu'elles ne sont pas trop étendues, laissent au versoir hélicoïdal tous ses avantages en les complétant au point de vue pratique d'une bonne exécution du labour surtout. Quelques autres modifications peuvent être faites pour les terres tenaces et collantes comme nous le verrons plus tard. Mais lorsqu'il s'agit, comme dans notre théorie, de terres moyennement consistantes, dans lesquelles la bande de terre reste parallélipipédique pendant le labour, aucune autre modification ne peut être admise d'une manière générale.

1° Quelques constructeurs remplacent les génératrices transversales *droites* du versoir par des courbes *concaves*, sous le prétexte de mieux saisir les terres légères : si la concavité est très forte, la bande se courbe transversalement, ce qui peut faciliter le retournement sens dessus dessous. En revanche, la désagrégation de la terre légère est très rapide et la précision du retournement peut en souffrir.

2° Plus fréquemment, les génératrices transversales sont *convexes*. On a alors surtout pour but de diminuer l'adhérence des terres tenaces au versoir. Si cette convexité est quelque peu exagérée, elle a le mauvais effet de courber transversalement les bandes de terre de façon à compromettre leur bon renversement.

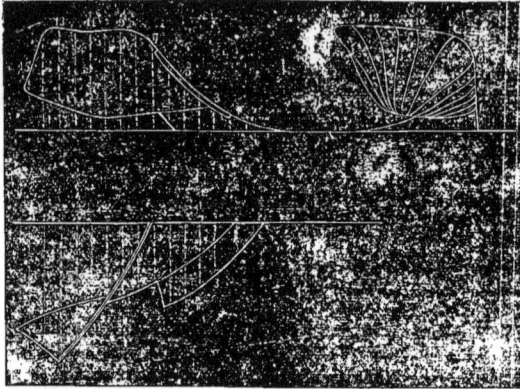

Fig. 711 et 712. — *Elévation, profil et plan du versoir du vieil araire brabançon de Schwertz.*

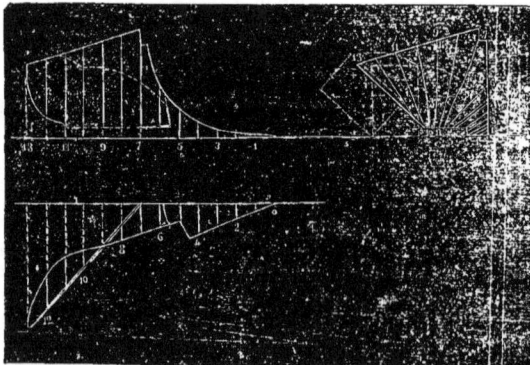

Fig. 713 et 714. — *Elévation, profil et plan du versoir de Small.*

3° Nombre de versoirs ont été faits par tatonnements pour convenir à peu près à des largeurs et à des profondeurs très différentes : ils pèchent alors surtout dans leur partie postérieure, qui est presque toujours trop courte et parfois mal conformée et n'assure pas un renversement stable et régulier des bandes de terre surtout dans les terres engazonnées.

Les trois parties de la figure ci-contre donnent la véritable forme d'un brabant de Schwertz ou représentent par trois projections le versoir de cette vieille et célèbre charrue. Les génératrices transversales sont déterminées par des plans de coupe verticaux espacés régulièrement de 5 centimètres. On voit dans le profil du versoir que les génératrices, d'abord à peu près droites ou légèrement concaves, deviennent peu à peu légèrement convexes vers la fin de la partie antérieure; puis dans la partie postérieure elles sont concaves dans le haut et convexes dans le bas : mais en moyenne on peut les considérer comme droites. Leur écartement angulaire va en augmentant assez vite jusqu'aux deux tiers de la partie antérieure, puis il reste presqu'uniforme et diminue lentement ensuite pour devenir à la fin presque nul. La bande pourra peut-être se briser par la rotation trop brusque au milieu du versoir. Mais en somme c'est un assez bon versoir comme forme et longueur. Nous le voudrions un peu plus long dans sa partie antérieure,

Versoir Small ou de l'East Lothian (Ecosse) (fig. 713 et 714). Le soc de cette célèbre charrue écossaise ne coupant guère que sur les deux tiers de la largeur de la bande et la face supérieure du soc étant à son raccordement avec le versoir déjà inclinée à 45°, la bande est ployée transversalement, puis redressée peu à peu pendant l'arrachement de la partie non coupée par le soc. Dans sa partie réellement travaillante, située en dessous de la ligne ponctuée, ses génératrices sont sensiblement droites et paraissent convenir surtout à une bande étroite n'ayant en largeur que les 7/6 de la profondeur. Ce versoir doit briser brusquement les bandes de terre.

Versoir de Wilkie (fig. 715 et 716). Ce versoir est destiné aux terres du Lanarkshire. Le tranchant du soc n'est pas dans un plan horizontal: la pointe pénètre plus profondément que l'extrémité de l'aile de ce soc. Etroit comme celui de Small, le soc est convexe transversalement; les génératrices du versoir conservent cette convexité (fig. 715 et 716). La bande trapézoïdale se ploye un peu sur le soc, puis est poussée par les génératrices successives en même temps qu'elle tourne autour d'un centre mobile qui est sur la charnière de terre non coupée, et s'éloigne constamment de la muraille. L'écartement angulaire des génératrices croit quelque peu de l'avant à l'arrière.

Versoir de l'ouest du Fifeshire. Ce versoir a ses génératrices plus convexes que celles du précédent au-

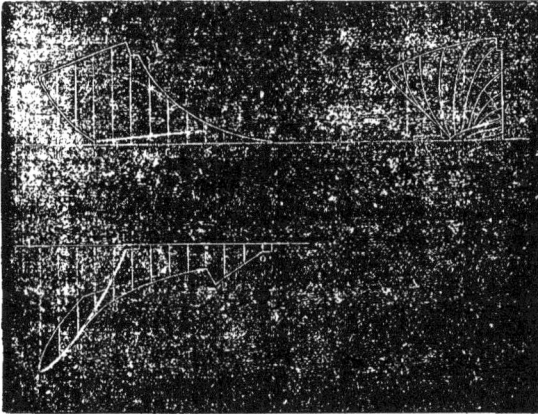

Fig. 715 et 716. — *Elévation, profil et plan du versoir de Wilkie.*

quel d'ailleurs il ressemble assez: la forme bizarre de la partie supérieure des génératrices n'a aucune importance puisqu'au delà de la ligne ponctuée la surface du versoir ne travaille qu'exceptionnellement.

Versoir de Currie ou du Mid-Lothian. Ce versoir nous paraît le meilleur des versoirs écossais: il dérive du Small dont il paraît être un modèle perfectionné. Le soc plonge sensiblement du côté de sa pointe et fait un labour en crémaillère; mais la face supérieure du soc est moins raide que dans les trois précédents versoirs écossais. Il est un peu agressif en avant et ses génératrices sont sensiblement droites.

Versoir d'une charrue danoise. Il dérive visiblement du versoir de brabant étudié précédemment. Les génératrices, d'abord un peu concaves, se redressent à partir du milieu de la partie antérieure. L'écartement angulaire des génératrices va en croissant jusque vers la fin de la partie antérieure, puis il diminue constamment jusqu'à la fin du versoir. Ainsi le versoir est agressif à l'origine et atténué à la fin: la torsion va d'abord en croissant puis en diminuant pour éviter de rompre la bande au moment où elle va se

coucher sur la précédente; et le versoir la conduit jusqu'à sa position de stabilité.

Versoir Dombasle (fig. 717 à 719). Le soc est assez plat et coupe la bande horizontalement. Les génératrices du versoir d'abord un tant soit peu concaves se redressent peu à peu surtout dans la partie réellement travaillante de la surface: l'écartement angulaire va en croissant lentement, ce qui donne une torsion progressive et non trop brusque: la seule partie défectueuse dans le modèle que nous avons levé, c'est le peu de longueur de la partie postérieure: la bande n'est pas conduite assez près de sa position de stabilité. Si on étudie plus en détail le profil de ce versoir, on voit que les premières génératrices sont un peu concaves; les suivantes à peu près droites, puis, un peu au delà de la moitié de la partie antérieure, elles deviennent un peu convexes, puis droites, puis un peu concaves. Le versoir n'est agressif que jusqu'à la génératrice 9, au delà l'écartement est sensiblement constant.

Versoir Howard. Ce versoir, employé par les célèbres constructeurs J. et F. Howard, de Bedford, dans une de leurs charrues championnes (1855) est en parfaite concordance avec la théorie. Les génératrices sont très sensiblement droites et dans leur projection verticale, elles convergent depuis l'horizontale jusqu'à la verticale en un seul point, projection de l'arête de rotation de la partie antérieure. Les génératrices de la partie postérieure sont bien tangentes à l'arc de cercle décrit avec la profondeur (0^m, 16 environ). Le raccordement avec le sol est un peu long et tel que la rotation de la bande et sa torsion sont progressives au commencement du versoir; puis elles restent uniformes sur le reste de la partie antérieure et sur la moitié de la partie postérieure; puis la rotation et la torsion vont en décroissant, ce qui est d'accord avec ce que nous avons précédemment indiqué. Ce versoir paraît un peu long, bien qu'il ait très sensiblement la longueur indiquée par la théorie pour le minimum de résistance, parce que sa largeur est restreinte à la partie réellement travaillante, la seule utile. Dans les versoirs précédents, la surface s'élève jusqu'à l'âge et se continue jusqu'à la muraille sans utilité si la forme de la partie travaillante du versoir est irréprochable; c'est-à-dire si le versoir fait tourner la bande de terre sans la soulever ni l'écarter.

Nous pourrions encore citer comme s'approchant du versoir hélicoïdal, ceux des principaux modèles de charrues de Ransomes, de Hornsby, des brabants de MM. Delahaye-Bajac, Forét-Colin, etc. Tous les bons constructeurs ont plusieurs modèles de versoirs, pour satisfaire aux diverses terres et aux divers genres de labour.

DE QUELQUES PIÈCES TRAVAILLANTES EXCEPTIONNELLEMENT EMPLOYÉES. *Pelloir, peleur, écrouteur, rasette.* Ces divers noms désignent une espèce de petit corps de charrue (fig. 720) placé en avant

du soc, et qui a pour but de détacher à gauche de la bande une petite bande de gazon qu'il rejette au fond de la raie et qui se trouve ensuite complètement couverte par la bande même du labour. Il est impossible alors que l'herbe des grandes bandes retournées repousse dans les creux des sillons, comme cela peut arriver en climats humides lorsque l'on n'emploie pas la rasette (fig. 721).

Le plus souvent la rasette est faite d'une tôle d'acier formant un petit versoir à bord inférieur

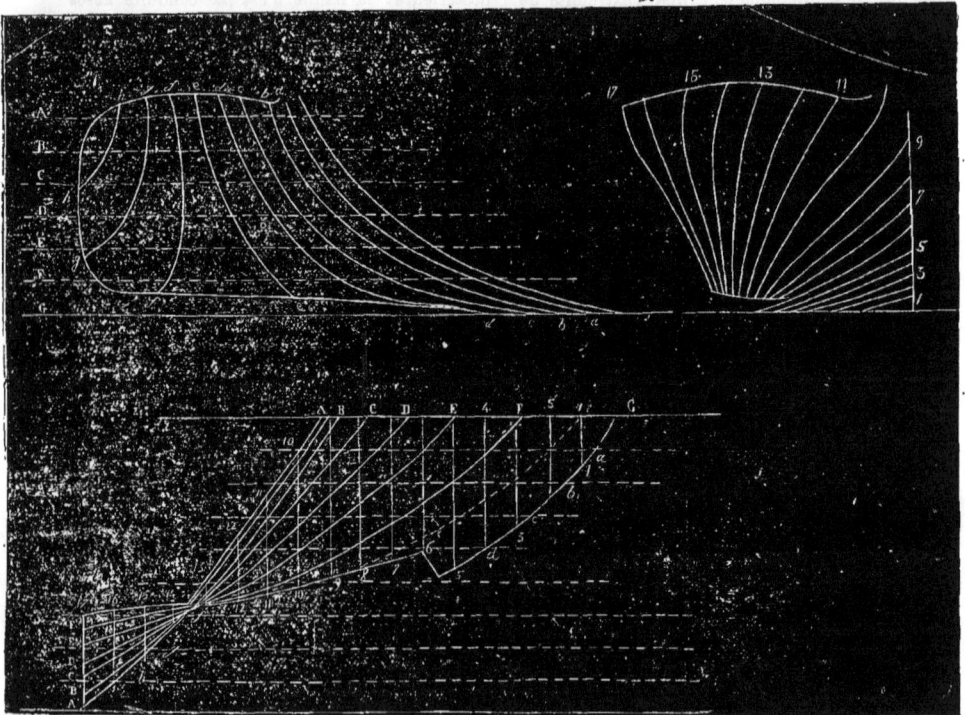

Fig. 717 à 719. — *Elévation, profil et plan du versoir Dombasle avec l'indication de ses sections verticales et horizontales parallèles à la muraille et au fond de la raie.*

tranchant. Parfois, le versoir et le soc sont distincts, comme dans la célèbre charrue de Ball. Le petit versoir en fonte pousse fortement la petite bande coupée par le petit soc très tranchant à douille enfilée sur le petit sep fixé sur le manche. Le petit versoir retourne la bande tout en la poussant dans la *jauge* avant que la grande bande ne soit retournée ou renversée.

Le pelloir ou rasette est surtout utile dans les labours retournant une prairie ou des *éteules* en herbées : il ne doit prendre qu'une petite bande peu épaisse.

Enrayage. Lorsqu'on laboure pour enfouir du fumier ou un engrais vert, les bandes se renversent difficilement. On facilite alors beaucoup le labour et on assure un parfait enfouissement des herbes et du fumier en attachant, soit à l'âge en avant du

coutre soit au dos même du coutre une chaîne appelée *enrayage* qui, par l'action d'un poids ovoïde, reste tendue obliquement devant le versoir et couche les herbes dans la raie ou y entraîne le fumier.

PIÈCES DE CONDUITE OU DE RÈGLEMENT. Lorsque les pièces travaillantes (coutre, soc et versoir) sont exécutées d'après les principes rationnels que nous venons de poser, le premier pas est fait dans la construction d'une charrue parfaite, et c'est, de beaucoup, le plus difficile. Mais, cependant il serait absolument inutile si l'instrument n'était, en outre, muni des pièces nécessaires à la conduite, à la direction et au règlement de la marche. C'est de l'examen de ces différentes pièces que nous devons actuellement nous occuper; notre tâche est aussi difficile en ceci que pour les pièces travaillantes. Rien n'a été fait jusqu'en ce moment (décembre 1881), en France, sur la question qui va nous occuper après l'auteur déjà cité.

AGE. Dans toute charrue, on remarque une longue pièce, de bois ou de fer, sur laquelle sont fixés, vers l'arrière, le corps de charrue avec les pièces travaillantes, puis le mancheron nécessaire pour maintenir la charrue dans la direction voulue. C'est sur l'avant de cette pièce qu'agit l'attelage, soit directement par un *joug*, soit par l'intermédiaire de balances ou palonniers et de chaînes ou tringles de traction. Cette pièce que l'on nomme actuellement *âge*, *haye*, *flèche*, *suivant*, etc., est le *temo* de l'antique araire romain. Temo vient, dit-on, de *tenendo* et ce mot prouverait que la pièce dont il s'agit *maintient* le joug. Il est plus juste, suivant nous, de dire que la grande longueur de l'âge permet de *maintenir* sans trop de peine la charrue dans la direction du sillon commencé; en effet, les écarts possibles de l'attelage, s'exerçant très loin du soc, n'ont qu'une faible influence sur cette pièce dont les déviations correspondantes ne sont qu'une très minime frac-

Fig. 720. — *Rasette.*

tion des écarts de l'avant de l'âge. C'est donc grâce à cette pièce que le conducteur, aidé du mancheron, maintient assez facilement la charrue dans la direction voulue et à une profondeur constante. L'avant de l'âge sert aussi comme point de mire au laboureur qui maintient dans la ligne de deux points éloignés choisis dans la direction du sillon. Tel est le double rôle de l'âge qui agit ainsi d'autant mieux pour la conduite et la direction de la charrue qu'il est plus long. Les araires, à bœufs tirant à l'aide d'un joug pour deux têtes, ont une grande longueur d'âge (2ᵐ,15 à 3ᵐ,40); mais, lorsque le tirage se fait par des chevaux ou par des bœufs attelés au joug simple ou en collier, l'âge est beaucoup moins long (1ᵐ,20 environ à partir du corps de charrue). Dans les charrues modernes munies de bons régulateurs et parfois de supports à l'avant de l'âge, cette dernière pièce a moins d'importance, comme pièce de conduite ou de direction, que dans les araires antiques; toutefois sa longueur ne doit pas être trop restreinte.

SEP. Au repos, la charrue repose de tout son poids sur le fonds de la raie ou jauge, par l'intermédiaire d'une pièce nommée *sep* ou *semelle*. Pendant la marche, bien réglée, cette pièce doit reposer sur toute sa longueur et elle presse alors le fond de la raie non seulement en raison du poids de la charrue mais en outre de la réaction

verticale due à la bande de terre en retournement et de la composante verticale de la traction. Marchant ainsi, le sep ne sert pas seulement comme support mais comme guide pour maintenir la largeur et l'épaisseur de la bande. La face de dessous du sep agit à la façon du bois ou *fût* d'un rabot de menuisier, c'est-à-dire de guide pour *prolonger* le plan déjà exécuté sur lequel il repose. Le soc est lé fer du rabot et la bande est le copeau enlevé par ce fer. Si le sep repose constamment sur le fond de la raie, de toute sa longueur, la bande reste d'épaisseur uniforme.

La face latérale du sep doit de même appuyer de toute sa longueur contre le plan vertical tranché par le coutre, ce qui assure l'uniformité de largeur de la bande.

L'action d'un sep, pour maintenir ainsi la charrue *en raie* et assurer l'exécution d'un labour de largeur et de profondeur uniforme, est d'autant plus marquée que le sep est plus long. En effet, un même obstacle, ou une même déviation à la pointe du soc, ou au talon, produira un moindre angle d'écart en dessus ou sur le côté d'un long sep que d'un petit; par suite, le chan-

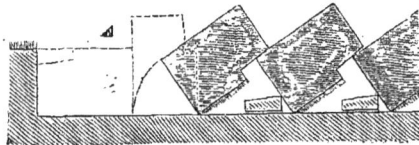

Fig. 721. — *Labour avec une charrue armée d'une rasette.*

gement de direction, dû à cet obstacle, sera moindre avec un long sep qu'avec un sep court. Une longueur excessive du sep aurait pour inconvénient de rendre difficile pour le conducteur le moindre changement de direction qui pourrait être nécessaire en certains cas. En résumé, une grande longueur de sep est très avantageuse pour l'uniformité du labour; mais il ne faut pas d'exagération : les seps ont de 0ᵐ,75 à 1 mètre de la pointe au talon.

L'aire de la surface frottante inférieure doit être assez considérable pour que la pression supportée par le sep ne puisse faire enfoncer celui-ci dans le fond de la raie, ce qui augmenterait le coefficient de frottement; mais le sep ne doit pas présenter une surface assez étendue pour que l'adhérence de la terre devienne considérable et annule ou dépasse même l'avantage de la non pénétration. La pression du sep, par centimètre carré de surface d'appui, ne doit pas dépasser un certain chiffre dépendant de la nature du sol, 0ᵏ,25 pour les terres faciles et le double pour les terres fortes. Autrement dit, la surface d'appui du sep doit croître avec le poids de la charrue et les réactions verticales de la bande détachée.

La surface latérale d'appui du sep peut être assez petite, car elle ne supporte que les pressions résultant de l'action momentanée du laboureur sur les mancherons, de gauche à droite, ou réciproquement, et de la pression constante due à ce que le laboureur doit appuyer constamment pour empêcher la pointe du soc d'avancer latéralement, en augmentant la largeur, lorsqu'il y a, comme d'habitude, du *rivotage* ou de la tendance à mordre.

Nous avons supposé, jusqu'ici, que les deux faces frottantes du sep étaient planes. Il serait, en effet, tout naturel de les faire ainsi, comme pour les fûts du rabot, si l'action du laboureur sur les manches n'avait pour mauvais résultat d'user plus rapidement la pointe du soc et le talon du sep que la partie intermédiaire; lorsque le laboureur soulève les manches d'un araire pour le faire piquer davantage en terre, tout le

Fig. 722. — *Coupe transversale d'un sep ordinaire en fonte.*

poids de la charrue et toute la réaction verticale de la bande portent sur la pointe du soc qui s'use vite; lorsqu'au contraire, le conducteur appuie fortement sur les manches pour restreindre l'entrure du soc, toute la pression porte sur le talon qui s'use en conséquence. Aussi, après un temps assez court, la face inférieure plane du sep est devenue légèrement convexe, et n'est plus propre par suite à servir de guide pour l'exécution d'un plan. On retarde autant que possible cet inconvénient en faisant les faces frottantes du sep légèrement concaves au lieu de les faire planes; l'usure qui se produit à la pointe du soc et au talon tendent à diminuer de plus en plus la concavité du sep, mais il est clair que pendant longtemps un sep concave peut

Fig. 723. — *Coupe d'un sep à nervure latérale.*

agir comme un bon guide pour la charrue. La concavité de la face latérale du sep, qui s'use très lentement, peut être notablement plus faible que celle de la face inférieure.

D'après une ancienne règle de construction et de règlement de la charrue, une *règle* bien droite, placée sous le sep, puis contre sa face latérale, ne devait toucher que la pointe et le talon, dans les deux épreuves.

Le sep éprouve, dans son mouvement de translation sur le fond de la raie, une résistance due à la pression qu'il supporte et qui est connue sous le nom de *frottement de glissement*. Tant que la terre n'adhère pas au sep et que la pression par centimètre carré n'est pas par trop grande, ce frottement est une fraction de la pression : environ moitié pour les terres moyennement compactes ou terres franches un peu légères. Le rapport entre

le frottement et la pression est ce qu'on appelle le coefficient de frottement, *f;* il reste constant si la nature et l'état de la terre et du sep ne varient pas; il est indépendant de la grandeur des surfaces d'appui et de la vitesse de marche de la charrue. De sorte qu'alors le frottement ne dépend que de la pression. Si la terre adhère après le sep, la résistance est d'autant plus grande que la surface d'adhérence est plus étendue. En terres collantes, il y a donc avantage à rétrécir le sep; mais, si la surface d'appui est trop restreinte, le sep pénètre fortement en terre et le coefficient de frottement augmente assez rapidement. Il y a donc dans la largeur à donner

Fig. 724. — *Plan du sep à nervure*

aux seps glissants des limites qu'il ne faut pas dépasser.

Le sep, comme toutes les pièces frottantes, doit être fait d'une matière pouvant être *polie*, présentant peu d'adhérence avec la terre et d'une grande résistance à l'usure par le frottement. La fonte de fer d'un grain fin et homogène prend par l'usage un assez beau poli; elle est très résistante et coûte peu ; c'est donc la matière généralement employée aujourd'hui pour les seps de charrue. Jadis le sep était en bois et garni parfois de bandes de fer en dessous et de côté. Bien que le bois, en certaines terres, présente moins d'adhérence que la fonte, on ne peut guère

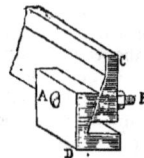

Fig. 725. — *Talon du sep de la charrue de Grignon.*

le conseiller pour faire des seps. L'acier, plus coûteux que la fonte, ne présente pas sur celle-ci une supériorité sensible.

La forme de la section transversale du sep peut varier beaucoup. La plus naturelle et la plus simple est une *équerre* (fig. 722) dont les faces extérieures sont les faces frottantes ou d'appui. Nous avons vu quelques charrues américaines (fig. 723 et 724) portant au bas de la face latérale du sep une nervure, C, dont la saillie au talon atteignait 12 millimètres et diminuait à partir de ce point jusqu'au milieu A de la longueur du sep, où elle était tout à fait nulle. Cette nervure pendant la marche de la charrue s'encastre dans la muraille terreuse et donne ainsi de la stabilité à l'instrument tout entier. Cette disposition de la face latérale du sep peut être très utile en certains cas; mais, comme elle doit accroître sensiblement la résistance et qu'elle a peu de raison d'être avec un bon régulateur, nous n'osons la conseiller. La portion de traction qu'exige cette nervure n'est pas tout à fait inutile, puisqu'elle prépare la *section* que doit achever le soc dans le passage suivant de la charrue; il conviendrait alors de faire cette nervure assez épaisse au talon et de plus en plus mince au fur et à mesure qu'elle diminue de saillie.

Quelque concavité que l'on donne à un sep, il finit par devenir plan puis convexe, par l'usure qu'il subit au talon et vers la pointe; s'il est fait tout d'une pièce, son remplacement est assez coûteux. Pour parer à cet inconvénient, on peut employer trois moyens :

1° L'arrière du sep est muni d'une partie mobile, dite *talon*, d'un faible poids et par suite d'un remplacement peu coûteux. La figure 725 représente le talon du sep de la charrue de Grignon ; sa face intérieure est oblique comme celle du sep sur laquelle elle s'appuie. Un trou oblong percé dans le sep est traversé par un boulon C qui permet de fixer le talon de plus en plus bas au fur et à mesure de l'usure de sa face inférieure. En même temps, grâce à l'obliquité de sa face interne, l'abaissement du talon entraîne aussi son écartement vers la muraille ; on remédie ainsi, en même temps, à l'usure du dessous du sep et de sa face latérale. La tête du boulon AB est fraisée et ne saille pas sur le talon. Ces talons mobiles ont l'inconvénient de présenter des rebords brusques en avant. Il conviendrait de raccorder les surfaces frottantes par des courbures bien étudiées pour éviter toute arête en avant des surfaces d'appui; c'est assez difficile pour le genre de talon que nous venons de décrire.

2° On peut adopter un sep en deux parties : celle d'arrière, aussi petite que possible, se réduit à la partie frottante en dessous et latéralement et est articulée avec la partie antérieure par un boulon. Une vis de rappel ou de pression permet de régler l'angle que font entr'elles ces deux parties, en le diminuant de plus en plus au fur et à mesure de l'usure. On ne peut ainsi parer qu'à l'usure en dessous du talon. Il serait possible, en obliquant légèrement l'axe ou en adoptant un second, de parer à l'usure latérale, mais alors la construction se complique un peu trop.

3° Pour conserver au sep de la charrue une bonne surface d'appui-guide sur les deux faces, il ne suffit pas de parer à l'usure du talon; mais, en outre, à celle de la pointe du soc. On peut, dans ce but, adopter une pointe mobile. C'est le plus souvent une barre en fer et acier ou tout en acier placée un peu obliquement à l'horizon, dans une rainure ou coulisse et maintenue par un coin ou une vis de pression. On la pousse en avant au fur et à mesure de l'usure. Parfois ces pointes sont à deux faces travaillantes ; c'est-à-dire que la partie centrale est en fer et les deux bouts en acier. Quand l'un des bouts est usé, on retourne bout pour bout la barre et on use la nouvelle pointe d'acier; la partie centrale nécessaire à la fixation est seule à mettre, en définitive, à la ferraille.

4° Le soc est porté par une espèce de long *cou* pouvant tourner, vers l'avant, soit seulement autour d'un axe horizontal, soit autour d'un point, centre d'une espèce de noix ou rotule. Dans le premier cas, on ne peut que faire piquer plus ou moins le soc pour parer à l'usure en dessous de la pointe ; dans le second cas, on peut, en outre, pousser la pointe à volonté vers la muraille pour parer à l'usure latérale de la pointe du soc. La figure 726 représente en plan et en élévation ce mécanisme de règlement tel qu'il est disposé dans la charrue Hornsby, primée dans un concours spécial de la Société royale agricole d'Angleterre. D est le soc fixé sur l'avant du cou C. Un boulon, mobile dans la

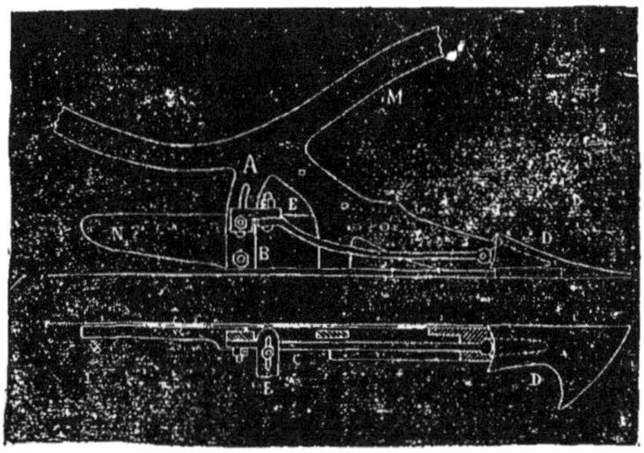

Fig. 726. — *Élévation et plan du mécanisme de règlement du soc dans la charrue Hornsby.*

rainure B, permet de mettre le cou plus ou moins obliquement dans un plan horizontal, ou de régler le rivotage du soc ; comme la rainure B est percée dans une pièce qui peut elle-même glisser de bas en haut dans la coulisse A, on peut aussi régler l'embéchage. Il n'y a donc qu'à desserrer et resserrer deux boulons pour modifier à volonté l'embéchage et le rivotage en déplaçant convenablement le *cou* du soc. Certains modèles des excellentes charrues de Ransomes et de Howard présentent des dispositions analogues. La figure 727 représente le mode adopté par MM. Howard. E est le cou du soc, maintenu à l'inclinaison voulue par l'écrou G serrant une plaque cannelée contre un arc cannelé de même, H est un tirant à crochet I qui saisit le soc; le soc a été représenté démonté.

Il est nécessaire, pour la perfection du labour malgré l'usure, que l'on ait en même temps les moyens de parer à l'usure de la pointe du soc et à celle du talon du sep. Le plus souvent on se contente d'un seul de ces moyens, à tort selon nous.

Le frottement de glissement sur les deux faces travaillantes du sep ordinaire constitue une partie notable de la résistance totale que l'attelage doit vaincre. Il était donc naturel de chercher à remplacer ce frottement par celui de *roulement*, beaucoup moindre. C'est ce qu'on a tenté dès la fin du XVIIIᵉ siècle. Les seps roulants ont été disposés de différentes manières ; parfois une grande roue supporte le corps de charrue en arrière, comme dans la charrue dite perfectionnée de *Coke*; ou bien ce sont deux petites roues à axe horizontal ; quelquefois l'arrière du corps de charrue est supporté par une petite roue, tandis qu'un rouleau à axe vertical appuie contre la face verticale de la raie ouverte. Nous avons depuis plus de vingt ans recommandé (dans notre cours) pour sep roulant une grande roue à axe incliné roulant en même temps sur le fond de la raie et contre sa face verticale: si la jante de cette roue est convexe on en obtient de bons effets. Les autres dispositions de seps roulants, tout en compliquant la construction ne donnent pas toute l'économie de traction que l'on en pourrait espérer ; en effet, dans les araires, l'action presque continue du laboureur sur les mancherons fait naître des résistances latérales de glissement sur le rebord de la jante qui frotte contre la muraille. Dans les terres collantes, les seps roulants à petits diamètres et larges jantes se salissent assez vite, vers leur axe surtout. Ces seps jouant le rôle de supports d'arrière de l'âge, nous aurons à en reparler plus tard.

Plaques de muraille. Pour éviter que la terre de

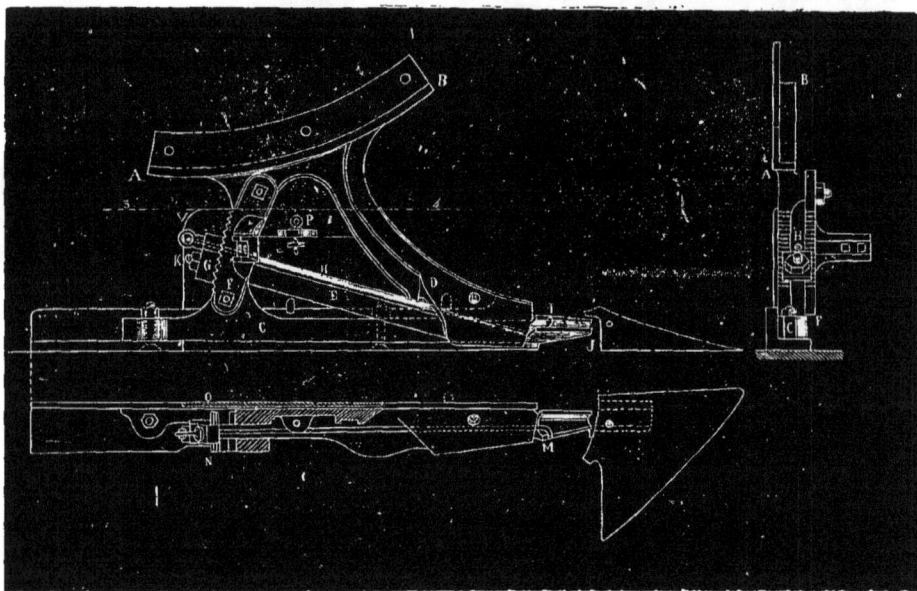

Fig. 727. — *Elévation, plan et profil du mécanisme de réglement du soc de la charrue Howard.*

la face verticale de la jauge ne retombe en dedans du corps de charrue, quelques constructeurs ferment cet espace creux par une plaque de tôle ou de fonte placée immédiatement au-dessus du sep et prolongeant presque la face verticale de cette pièce de direction. Cette plaque de muraille ne doit pas presser contre la terre ; elle ne sert donc pas comme guide. Si nous en parlons ici c'est qu'elle semble au premier abord faire partie du sep. On en voit une, N, dans la figure 726.

Mancherons. Dans un araire réglé et marchant bien, les manches n'ont pour fonction que de permettre au laboureur d'empêcher la charrue de dévier horizontalement ou verticalement par l'effet d'un obstacle accidentel. Dans les araires primitifs, faute de moyens suffisants de règlement, l'homme devait par de grands efforts sur le mancheron maintenir la charrue à la profondeur voulue. Alors, il fallait que le laboureur exerçât continuellement un effort considérable et parfois des efforts extraordinaires. Avec un bon règlement, les mancherons d'un araire moderne bien fait, n'exigent qu'un faible effort constant de la part du laboureur et une attention continue. Dans les bonnes charrues à support ou à avant-train, les manches ne servent même que de temps en temps pour éviter des obstacles accidentels, ou déterrer la charrue pour opérer les tournées.

Lorsque le conducteur d'un araire presse de haut en bas sur les mancherons, l'instrument tout entier joue le rôle d'un levier (fig. 728) de premier genre, en tournant autour d'un axe horizontal idéal situé vers l'arrière du sep, dont le talon tend à servir d'appui à ce levier. L'homme doit alors vaincre une résistance dirigée de haut en bas et résultant du poids de la charrue et des réactions de la bande de terre sur le coutre, le soc et le versoir. On peut donc dire que les mancherons d'un araire doivent être d'autant plus longs que le sep et le corps de charrue sont eux-mêmes plus longs et la charrue plus lourde. Par longueur des mancherons, il faut évidemment entendre leur *bras de levier*, c'est-à-dire la perpendiculaire abaissée du talon du sep sur la direction de l'effort vertical exercé par le laboureur, soit la projection horizontale du talon du sep au milieu de la poignée des manche-rons. La résultante des réactions de la terre sur la charrue et du poids de celle-ci a une direction obli-que, et elle agit avec un bras de levier *m*, plus courte distance entre l'axe de rota-

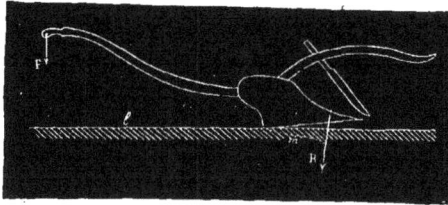

Fig. 728. — *Araire actionné en levier du premier genre pour déterrer le soc.*

tion et la direction de cette résultante. Si nous appelons F l'effort que doit exercer le laboureur sur les manches et R la résultante des résis-tances dont nous venons de parler, on aura pour condition d'équilibre au moment où le conduc-teur tend à déterrer la charrue, en appuyant sur les mancherons : $Fl = Rm$ d'où l'on tire : $F = R\frac{m}{l}$. L'effort vertical F que peut exercer un homme est égal à son poids, 70 kil. en moyenne. Il convient donc d'a-dopter pour *l* une longueur telle qu'en aucun cas, l'effort F n'approche de son ma-ximum. Une grande *longueur* des manche-rons est donc indis-pensable pour les charrues lourdes de-vant prendre une bande épaisse en sols tenaces.

Quand le laboureur appuie de droite à gauche pour dimi-nuer la largeur ou *dérayer*, la charrue agit aussi comme le-

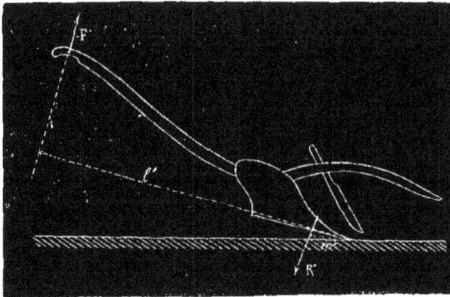

Fig. 729. — *Araire actionné en levier du second genre pour enterrer le soc.*

vier du premier genre tournant autour d'un axe vertical ; mais, l'effort à vaincre n'est plus que le frottement, sur le fond de la raie, dû à la pression R ci-dessus et une réaction horizontale de la terre, assez peu importante.

Lorsque le laboureur doit soulever les manche-rons d'un araire pour augmenter momentané-ment la profondeur du labour ou l'empêcher de diminuer, l'instrument fonctionne comme un levier du second genre ; il tourne autour d'un axe horizontal situé près de la pointe du soc servant alors d'appui (fig. 729). L'équation d'é-quilibre est alors : $F'l' = Rm'$, d'où $F' = R \times \frac{m'}{l'}$.

l' est égale à la projection des manches du milieu de leur poignée jusqu'à la pointe du soc ; tandis que *m'* est la plus courte distance entre l'axe passant par la pointe du soc et la direction de la résultante R' des réactions de la terre et du poids de la charrue.

L'effort F' est sensiblement moindre que F dans les mêmes circonstances ; car *m'* est plus petit que *m* et *l'* plus grand que *l*. En revanche, la force qu'un homme peut exercer pour soulever est beaucoup moindre que celle dont il peut disposer pour appuyer de haut en bas.

En général, donc, il faut que les araires aient de longs man-cherons ; l'homme alors n'a qu'un léger effort à exercer ; mais il doit faire parcourir à la poignée des manches un plus long arc, que dans le cas de courts mancherons. C'est une raison pour ne pas exagérer la longueur de ceux-ci.

Lorsque l'âge de la charrue est supporté à l'avant par des patins, des roulettes ou la sellette d'un avant-train, l'effet des mancherons, pour maintenir la charrue ou faire varier les dimen-sions du labour, se produit d'une façon absolu-ment contraire. Lors-que l'homme presse fortement sur les mancherons, il ap-puie tout le corps de charrue sur le fond de la raie et soulève ou tend à soulever l'âge avec ses sup-ports, ce qui tend à faire piquer la char-rue ou à augmenter la profondeur. En soulevant les man-cherons, on fait tour-ner la charrue autour de son point d'appui sur la sellette de l'a-vant-train ou de l'ap-pui des supports et par suite on diminue la pro-fondeur d'entrure ; en continuant à soulever les mancherons on finit par déterrer complètement la charrue. La grandeur des effets produits par l'action de l'homme sur les mancherons dépend beaucoup du mode d'attache des supports à l'âge ou de la disposition de la sellette de l'avant-train sur laquelle l'âge peut parfois glisser facilement. L'action latérale de l'homme sur les mancherons comporte les mêmes observations.

Les mancherons donnent beaucoup moins de latitude pour augmenter ou diminuer accidentel-lement la profondeur ou la largeur, dans les charrues à support que dans les araires purs qui ont, en cela, un avantage marqué ; avec un araire en sols pierreux ou rarement cultivés, un laboureur habile et attentif évite les obstacles accidentels par son action instantanée sur les mancherons ; tandis qu'avec une charrue à supports, le conducteur ne s'aperçoit des obstacles que lorsqu'ils sont presque dépassés, et ont déplacé la charrue ou même rompu quelque partie de l'instrument. L'araire est presque un outil, il exige de celui qui le tient de la force, de l'attention et un long apprentissage ; les charrues à support sont presque des machines, dans la signification vulgaire de ce mot ; elles exigent moins de force, d'adresse ou d'apprentissage.

La forme, en longueur, des mancherons est indifférente au point de vue de leur efficacité. S'ils sont en bois, ils doivent être de fil et par suite droits ou artificiellement courbés et non découpés dans un madrier ; s'ils sont en fer, on les courbe ordinairement pour leur donner plus de *raideur* et plus de grâce. La forme en longueur des mancherons, quelle que soit la matière dont ils sont composés, doit être celle d'un solide d'égale résistance encastré d'un bout ; c'est-à-dire que leur section transversale va en diminuant depuis le corps de charrue jusqu'à la poi-

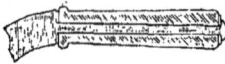

gnée. Celle-ci est toujours faite en bois pour éviter, en hiver, au conducteur, une désagréable impression de froid. Lorsque le manche est en fer il se termine à l'arrière par une espèce d'embase au-delà de laquelle le mancheron est réduit à une mince tige cylindrique ou carrée sur laquelle on enfile la poignée, en bois tourné, d'un diamètre assez petit pour que la main puisse l'embrasser facilement. Entre l'embase de fer et le bois, on interpose parfois une rondelle en fer ou en laiton ; on place aussi une rondelle au bout de la poignée que la tige en fer dépasse de quelques milli- mètres. La poignée en bois placée, on rive avec soin l'extrémité de la tige de fer (fig. 730).

La forme de la section transversale des man- cherons est ordinairement rectangulaire ; deux des faces sont arrondies ou les quatre arêtes rabattues s'ils sont en bois. Pour économiser le fer on pourrait adopter pour les mancherons une section en T ou en I.

Les charrues à supports peuvent n'avoir qu'un mancheron ; mais les araires purs à court âge se conduisent mieux quand ils sont munis de deux mancherons. Le laboureur peut momentanément abandonner celui de droite qui sert surtout dans les labours difficiles. Lorsqu'il y a deux manche- rons, ils doivent être assemblés entr'eux d'une manière absolument rigide afin qu'ils ne puissent plier sous les efforts qu'exerce sur eux le laboureur en maintenant la charrue ; toute flexion des manches gênerait l'action régulatrice de ces pièces. On obtient une rigidité convenable par

l'interposition entre les deux mancherons d'en- tretoises convenablement agencées comme nous l'indiquerons plus loin.

Une charrue devant convenir à toutes les tailles d'homme, il serait bon de disposer les manche- rons pour qu'ils puissent être élevés ou abaissés à la convenance de l'homme qui conduit la char- rue. Cette mobilité des mancherons, très rare- ment adoptée, nuit un peu à leur fixité.

Dans la position la plus ordinaire des manches, le laboureur doit marcher au fond de la jauge ouverte, ce qui présente quelques inconvénients dans les terres humides, collantes ou molles. Lorsqu'il n'y a qu'un mancheron, le laboureur peut marcher sur le guéret ou terre non labourée. Les charrues belges ou flamandes peuvent être conduites ainsi : leurs versoirs renversent la terre à la gauche du laboureur.

DU RÈGLEMENT DES CHARRUES ET DES RÉGULA- TEURS. Nous avons vu que les pièces travaillantes et le sép éprouvaient des résistances à leur mou- vement de progression dans la raie qu'ouvre le corps de charrue. Or, il est facile de se con- vaincre que ces résistances sont de directions diverses pour le soc, le coutre, le versoir et les deux faces du sep. Ces directions n'étant, en général, ni concourantes ni parallèles, ne peu- vent être composées en une seule force, mais bien en une force R, résultante de toutes les résistances transportées avec leurs directions propres en un même point, et un *couple ré- sultant* P-P (fig. 731) tendant à faire tourner la charrue autour d'un axe oblique par rapport à l'horizon. Si la traction pouvait être appli- quée de façon à agir exactement dans le pro- longement même de la résultante R des résis- tances, l'homme n'aurait à agir, par une pression constante, sur les mancherons que pour équili- brer le couple résistant et empêcher la charrue de tourner. Cette tendance de l'araire à tourner dès qu'on abandonne les mancherons est bien connue ; on ne peut la supprimer puisqu'elle est le résultat de la résistance de la bande de terre. On doit du moins éviter de l'augmenter par une mauvaise application de la force de l'attelage. Il faut donc une pièce donnant le moyen de déter- miner la meilleure position, *en largeur et en hau- teur*, du point d'application des traits ; cette pièce est ce qu'on appelle le *régulateur* de la charrue. Il faut, en outre, déterminer la meilleure direction du tirage en allongeant ou raccourcissant les traits. On arrive ainsi, grâce au régulateur, et par des tâtonnements rationnels, au minimum de *tendance à tourner*, pour la largeur et la profon- deur de labour que comporte la charrue par son poids et la forme de ses pièces travaillantes et de son sep, dans la terre à labourer. Tel est le but général du règlement d'une charrue, mais les moyens de règlement varient suivant que la charrue est sans support ou portée à l'avant par un sabot, une roulette ou la sellette d'un avant- train, nous allons examiner séparément ces di- vers cas.

Règlement des araires purs. Soient A' (fig. 731) le point d'attache des traits au collier et BO la distance horizontale de la verticale AB à la pointe du soc; quel que soit le point d'attache que l'on choisisse sur la verticale GH du régulateur de hauteur, la traction ne pourrait être directement opposée à la résultante R des résistances de la terre; et, par suite on ajouterait à la tendance naturelle que l'araire a déjà à tourner une nouvelle tendance qui peut, il est vrai, se trouver de sens contraire : mettre plus ou moins haut le point d'attache sur l'avant de l'âge ne suffit donc pas pour donner à l'araire toute la stabilité qu'il peut comporter ou plutôt la moindre tendance à tourner ; il faudrait, en outre, dans le cas de la figure, allonger les traits d'une longueur telle que le collier vienne en A sur le prolongement de la résistance R. Si, d'autre part, on attache le palonnier exactement en M, la traction AM de l'attelage sera directement opposée à la résultante R des résistances de la terre, Alors, l'araire sera aussi stable qu'il peut l'être dans le plan vertical, et la pression verticale exigée du laboureur sur les mancherons sera la plus petite possible. C'est même à la seule constatation de ce minimum de tendance à tourner que le laboureur peut reconnaître que sa charrue est réglée pour la hauteur aussi bien que possible. Et l'on voit qu'il faut pour atteindre à ce règlement non seulement chercher un point d'attache convenable sur la verticale GH du régulateur, mais aussi augmenter ou diminuer la longueur des traits. Ordinairement, d'après la hauteur moyenne des épaules des chevaux de trait, la distance du

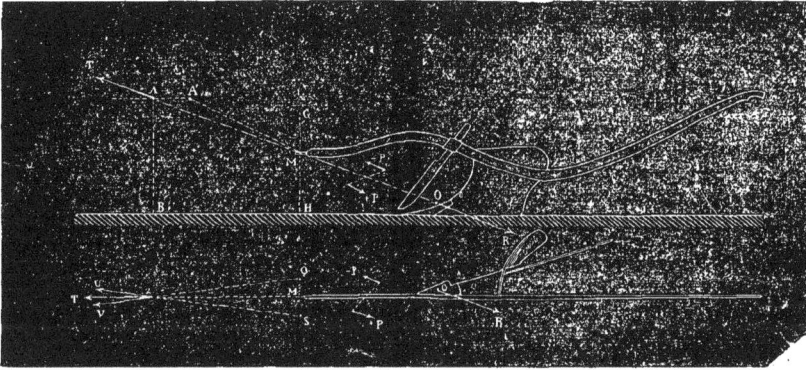

Fig. 731 et 732. — *Théorie du règlement d'un araire, en hauteur et en largeur.*

centre des résistances au collier est de 2^m,90 à 3^m50; ce qui, pour une moyenne longueur d'âge, exige une longueur de traits (palonniers compris) de 2^m,60 jusqu'au régulateur.

Soient actuellement R (fig. 732) la direction de la résultante des résistances en projection horizontale et HE la direction de la résultante des efforts de l'attelage, Pour ne rien ajouter à la tendance qu'a naturellement l'araire à tourner autour d'un axe vertical, il faudra d'abord chercher par tâtonnements, sur l'horizontale SQ du régulateur de largeur, le point d'attache M placé dans le prolongement de la résultante des résistances R ; puis, disposer l'attelage pour le faire tirer suivant une résultante aussi rapprochée que possible de la direction oblique R de la résultante des résistances. Cela est malheureusement impossible; mais, en attachant le palonnier à une tringle passant par le régulateur et allant jusqu'à la gorge du corps de charrue, et s'attachant elle-même plus ou moins près de l'âge sur un second régulateur de largeur, on peut approcher de cette direction assez près pour que la tendance à tourner soit assez faible pour n'exiger de la part du laboureur qu'un faible effort horizontalement sur les mancherons. C'est même à la constatation de ce minimum de tendance à tourner dans le plan horizontal que l'on recon-

naît que l'attelage est bien disposé et les points d'attache des traits et de la tringle convenablement placés.

Si deux chevaux seulement sont attelés de front, à la charrue, il convient que le plus fort soit dans la raie (en lui donnant, sur la balance ou le palonnier, un moindre bras de levier qu'à son compagnon de travail); ce qui, tout en équilibrant les efforts des deux chevaux, rapproche la ligne de traction du centre des résistances qui est un peu à droite de la muraille. Comme le second cheval marche sur le guéret, il est visible que la résultante de la traction des deux chevaux de front passe parallèlement à la muraille, un peu à gauche de cette muraille et le plus souvent à plus de 0^m,22. La résultante des deux tractions fait donc avec celle des résistances un *couple* qui tend à faire tourner la charrue dans le plan horizontal de façon à faire dérayer cette charrue. Le conducteur doit donc constamment appuyer de gauche à droite sur les mancherons pour empêcher la charrue de dérayer. Lorsque le sol est collant et humide ou lorsqu'on laboure pour repiquer on est forcé de mettre les deux chevaux en file sur la terre non labourée; l'inconvénient que nous venons de signaler est alors plus marqué. On attache les traits du cheval de tête à ceux du cheval d'arrière un peu au-delà de la sous-ventrière et on soutient ces traits à l'aide d'une petite courroie.

Lorsque l'attelage comporte trois chevaux, on en place deux de front à l'arrière comme s'ils devaient travailler seuls ; le troisième cheval marche dans la raie en avant des deux autres et tire par son palonnier sur une chaîne passant entre ses deux compagnons et accrochée du bout au crochet du régulateur de la charrue. Si l'on ne considère d'abord que les deux chevaux d'arrière, il est clair d'après ce qui précède que la résultante de leurs tractions fait, avec la résultante des résistances, un couple qui tend à faire dérayer la charrue ; mais le cheval de tête, agissant aussi sur l'avant de l'âge, tend à remettre la charrue en raie ; la tendance à dérayer est donc moindre que lorsqu'il n'y a que deux chevaux de front. Toutefois, le conducteur doit encore ici appuyer un peu sur les mancherons, de gauche à droite, pour empêcher la charrue de dérayer. Il convient suivant nous de mettre les deux plus forts chevaux dans la raie. Lorsqu'on croit devoir mettre les trois chevaux de front, l'inconvénient signalé est encore plus grand ; le plus fort cheval doit marcher dans la raie et le plus faible à la gauche des deux autres.

Lorsque l'attelage est composé de quatre chevaux, on met chaque paire comme si elle devait travailler seule ; les observations faites sur l'attelage de deux chevaux de front s'appliquent donc absolument ici. Il est bon de mettre un jeune homme pour veiller à cet attelage et surtout à la première paire, qu'il doit faire marcher et tirer très régulièrement. En effet, quand la première paire tire plus que l'autre, la charrue tend à piquer et réciproquement. L'uniformité de marche et de tirage est surtout ici de première nécessité.

Les remarques que nous venons de faire montrent que dans tous les modes d'attelage il est nécessaire que la charrue ait, par la disposition de son coutre et de son soc, une tendance à prendre de la raie puisque par elle-même la traction tend toujours à la faire *dérayer*. L'homme qui conduit agira donc sur les manches pour maintenir la profondeur si elle tend à augmenter en appuyant sur les manches ou en les soulevant dans la tendance contraire. Il maintiendra la largeur voulue, si elle tend à diminuer, en appuyant sur le mancheron droit et élevant le gauche tout en les pressant un peu de gauche à droite ; si la tendance est inverse, le conducteur fait exactement le contraire. Mais, pour que l'action demandée au conducteur soit la plus petite possible, il faut d'abord régler la charrue pour prendre la largeur et la profondeur de labour qu'elle comporte par son poids et la forme de ses pièces dans la terre dont il s'agit. On fait ce règlement par deux moyens : 1° En modifiant, en hauteur et en largeur, le point d'attache de la chaîne de traction à l'avant de la charrue, à l'aide du régulateur ; 2° en allongeant ou raccourcissant la longueur des traits et de la chaîne de traction.

Lorsque la charrue paraît au conducteur *marcher sur sa pointe*, il abaisse le point d'attache sur le régulateur ou il raccourcit les traits. Pour la tendance contraire, on élève le point d'attache ou on allonge les traits. On agit ainsi alternativement jusqu'à ce que la tendance à piquer ou à sortir soit la plus petite possible, sinon nulle, et alors la charrue marche à une profondeur qui lui convient dans le sol, le sep portant sur toute sa longueur.

Lorsque la charrue paraît enrayer de plus en plus, le conducteur porte un peu à gauche sur le régulateur le point d'attache de la traction. Pour une tendance inverse, il fait le contraire. Après de nombreux tâtonnements il arrive à une position telle du point d'attache en largeur que la charrue marche sans exiger de grands efforts sur le manche, avec une largeur uniforme ; la face latérale du sep appuie bien de toute sa longueur contre la muraille. Tel est, suivant nous, le véritable rôle du régulateur ; il donne le moyen de placer le point d'attache de la traction, de façon que dans la terre à labourer la charrue marche bien sur son sep en dessous et de côté, c'est-à-dire prenne la largeur et la profondeur de labour qui lui convient. C'est outrepasser le rôle du régulateur que de le faire servir à prendre une profondeur ou une largeur plus petites ou plus grandes que celles qui conviennent à l'instrument. C'est pourtant ce que l'on fait habituellement afin de faire avec une même charrue des labours de toutes largeurs et de toutes profondeurs. C'est un abus que nous réprouvons d'une manière absolue. L'étude que nous avons faite des pièces travaillantes de la charrue prouve suffisamment qu'une charrue propre *à tous les labours* ne peut être bonne au point de vue de la précision du renversement et de l'économie de la force motrice. Une grande exploitation doit, selon nous, avoir des charrues propres aux petits labours (0^m,09 de profondeur) ; d'autres, pour les labours moyens (0^m,18) et quelques-unes pour les labours profonds (0^m,27) et les défoncements (0^m,36 ou 0^m,45).

Dans le cas où une même charrue doit effectuer des labours de largeurs et profondeurs diverses, on se sert du régulateur pour faire varier à volonté les dimensions du labour. Il convient de faire ressortir les inconvénients de cette pratique afin d'engager les cultivateurs à ne pas en abuser.

Supposons un araire équilibré, marchant bien sur son sep, sans efforts notables du conducteur sur les mancherons. Le labour obtenu a la profondeur et la largeur qui conviennent à la charrue même dans la terre où elle fonctionne. Si l'on a besoin d'une profondeur plus grande, on élève sur le régulateur le point d'attache des traits. L'équilibre obtenu précédemment est rompu ; la traction qui était en opposition directe avec la résultante des résistances (fig. 733) forme avec celle-ci un couple énergique qui fait tourner la charrue d'arrière en avant et de haut en bas ; la charrue marche sur sa pointe et, si le conducteur ne pressait énergiquement sur les mancherons, la profondeur croîtrait indéfiniment. Le conducteur limite cette profondeur à volonté par la pression qu'il exerce, et, en marchant ainsi avec úne pression continue, il obtient la profondeur désirée. En chargeant la charrue d'un poids convenable sur la verticale du centre des résistances, on serait dispensé de la pression sur les mancherons. Ce mode d'emploi du régulateur pour obtenir une profondeur plus grande que celle que comporte la charrue entraîne donc une augmentation notable du frottement en dessous du sep.

Si, au contraire, la profondeur propre à la charrue est plus grande que celle qu'exige le travail à faire, on abaisse, sur le régulateur, le point d'attache des traits, l'équilibre de rotation que nous avions supposé tout d'abord est rompu, la traction n'est plus en opposition directe avec la résistance ; elle forme avec celle-ci un couple qui tend à faire tourner l'araire d'avant en arrière et de bas en haut ; la charrue tend ainsi à sortir

de terre et cela ne tarderait pas si le conducteur ne soulevait convenablement les mancherons pour limiter le déterrage. La charrue tend ainsi à marcher sur son talon et c'est en supportant une partie du poids de l'araire que le laboureur maintient la profondeur dont il a besoin. Si elle était possible, la diminution du poids de la charrue aurait le même résultat que le soulèvement des mancherons, très pénible pour le laboureur.

On ferait voir de même que pousser sur le régulateur le point d'attache des traits du côté droit ou du côté du versoir, c'est augmenter la largeur du labour; mais qu'il faut que le laboureur limite cette largeur en appuyant contre les manches de la droite vers la gauche. Le contraire a lieu lorsque l'on veut prendre une largeur moindre que celle que comporte l'équilibre normal de la charrue ; on pousse le point d'attache des traits vers la muraille sur le régulateur et le laboureur

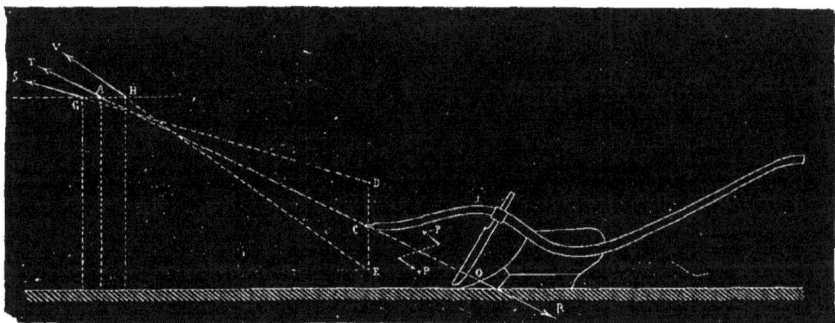

Fig. 733. — Théorie de l'emploi du régulateur pour augmenter ou diminuer la profondeur.

maintient la largeur voulue en poussant constamment les mancherons de la gauche vers la droite. On voit que si le régulateur permet de prendre les largeurs et profondeurs que l'on veut avec une même charrue, cette faculté entraîne pour le conducteur de l'araire une fatigue et une attention continuelle. Il faut, en outre, un long apprentissage pour arriver à maintenir avec l'araire une largeur et une profondeur uniforme, condition première et essentielle d'un bon labour.

Il convient donc de ne pas se servir d'une même charrue pour des profondeurs et des largeurs notablement différentes. Le versoir, du reste, ne peut être parfait dans sa partie postérieure pour plusieurs profondeurs.

L'allongement ou le raccourcissement de la chaîne d'attelage peut se faire sans appareil spécial. L'emploi de balances de compensation pour un, deux ou trois chevaux donne le moyen de rapprocher en plan la ligne de traction de la direction de la résultante, Enfin, la position du point d'attache des traits à l'avant de l'âge peut être changé en hauteur et en largeur par un appareil spécial que l'on nomme *régulateur* et dont nous allons nous occuper.

Régulateur. Pour atteindre sûrement son but,

un régulateur doit satisfaire aux conditions suivantes : 1° Donner dans les deux directions une latitude de déplacement suffisante, sans exagération ; 2° permettre des déplacements très petits, ce qui constitue sa précision ; 3° permettre de faire varier la hauteur et la largeur indépendamment l'une de l'autre ; 4° conserver la position que lui a donnée le laboureur (fixité); 5° être assez simple pour que le jeu en soit parfaitement compris de tous les laboureurs et pour qu'il soit d'une facile exécution. Le nombre des régulateurs est si grand que leur étude exige tout d'abord une classification. Le déplacement d'un point (l'attache des traits) étant un *mouvement*, les genres et les espèces de mouvement que comportent les régulateurs serviront à la classification. Nous diviserons donc les régulateurs ou plutôt les parties intégrantes d'un régulateur complet en deux grandes classes : 1° Ceux dans lesquels le changement de position ne peut se faire d'une manière continue; c'est-à-dire dans lesquels le nombre de positions que peut occuper le point d'attache est limité; le mouvement de déplacement y est *discontinu*; 2° les régulateurs continus permettant des déplacements infiniment petits du point de traction. Chacune de ces classes sera divisée en genres suivant que le mouvement de déplacement se fera suivant une ligne droite, un arc de cercle, ou une combinaison de ces mouvements simples. Enfin, dans chaque genre, le mode de fixation caractérisera les espèces et les variétés. Le tableau suivant résume notre classificatisn.

1ʳᵉ CLASSE Régulateurs à mouvements *discontinus.*	1ᵉʳ genre : un mouvement *rectiligne simple.*	1ʳᵉ espèce : à *crans*, variétés suivant la forme des crans et le nombre d'anneaux. 2ᵉ espèce : à *chevilles*, variétés suivant la forme des chevilles et le nombre d'anneaux. 3ᵉ espèce : à *trous*, variétés suivant le nombre des rangs de trous et des anneaux.
	2ᵉ genre : un mouvement *rectiligne différentiel.*	1ʳᵉ espèce : à *crans*, variétés suivant qu'il y·a un ou deux rangs de *crans*. 2ᵉ espèce : à *trous*, variétés suivant qu'il y a un ou deux rangs de *trous*.
	3ᵉ genre : un mouvement *circulaire simple*.	1ʳᵉ espèce : à *crans*, deux variétés, un ou deux rangs de *crans*. 2ᵉ espèce : à *trous*, deux variétés, un ou deux rangs de *trous*.
	4ᵉ genre : un mouvement *circulaire différentiel.*	1ʳᵉ espèce : à *crans*, deux variétés, un ou deux rangs de *crans*. 2ᵉ espèce : à *trous*, deux variétés, un ou deux rangs de *trous*.
	5ᵉ genre : un mouvement *recto-circulaire.*	1ʳᵉ espèce : à *trous*, variétés suivant le nombre et la direction des rangs de *trous*. 2ᵉ espèce : à *coulisse*, variétés suivant le nombre et la direction des rangs.
	6ᵉ genre : un mouvement résultant de *deux circulaires.*	1ʳᵉ espèce : à *barres-rotatives*, variétés suivant la disposition des trous sur une ou deux barres. 2ᵉ espèce : à *barre et chaîne*, variétés suivant la disposition des trous sur une ou deux barres.
	7ᵉ genre : un mouvement résultant de *deux rectilignes.*	1ʳᵉ espèce : à *chaîne unique*, deux variétés, un ou deux crochets.
2ᵉ CLASSE Régulateurs à mouvements *continus.*	1ᵉʳ genre : un mouvement *rectiligne simple.*	1ʳᵉ espèce : *tringle glissante*, deux variétés : 1° à simple vis d'arrêt; 2° à rondelles à crans d'arrêt. 2ᵉ espèce : *coulisseau glissant*, deux variétés : 1° à simple vis d'arrêt; 2° à rondelles à crans d'arrêt. 3ᵉ espèce : à *boîte glissante*, deux variétés : 1° à simple vis d'arrêt; 2° à rondelles à crans d'arrêt. 4ᵉ espèce : à *boîte glissante sur coulisse glissante*, deux variétés : 1° à simple vis d'arrêt; 2° à rondelles à crans d'arrêts.
	2ᵉ genre : un mouvement *circulaire simple*.	1ʳᵉ espèce : à *coulisse-guide*, deux variétés : 1° à simple vis d'arrêt; 2° à rondelles à crans d'arrêt. 2ᵉ espèce : sans *coulisse-guide*, deux variétés : 1° à simple vis d'arrêt; 2° à rondelles à crans d'arrêt.
	3ᵉ genre : un mouvement résultant *d'un rectiligne et d'un circulaire dans un plan.*	1ʳᵉ espèce : à *coulisse*, variétés suivant le nombre de coulisses droites ou circulaires et suivant le mode d'arrêt.
	4ᵉ genre : un mouvement résultant de *deux circulaires en un plan.*	1ʳᵉ espèce : à *barres*, variétés suivant la forme des coulisses et le mode d'arrêt.
	5ᵉ genre : un mouvement résultant *d'un circulaire et d'un rectiligne non dans un plan, ou hélicoïdal.*	1ʳᵉ espèce : *écrou fixe, vis courante*, variétés suivant la forme et la place de l'écrou. 2ᵉ espèce : *vis fixe, écrou courant et tournant*, variétés suivant forme et place de l'écrou. 3ᵉ espèce : *vis fixe, écrou courant guidé*, variétés suivant la disposition du guide.

1ʳᵉ *Classe*, 1ᵉʳ *genre*, 1ʳᵉ *espèce*. La figure 734 représente cette espèce de régulateur disposé pour régler la largeur seulement. On voit que le réglement se fait ici en accrochant un anneau long, terminant la chaîne de traction, dans une des sept encoches séparant les crans ménagés sur la barre horizontale qui souvent est mobile autour d'un axe horizontal. On a ainsi à choisir entre sept positions différentes pour le point d'attache de la traction : ou, par extension, on peut prendre sept largeurs différentes; le plus grand nombre de crans est du côté du versoir. Comme tous les régulateurs discontinus à mouvement simple, il est peu précis puisque d'un cran à l'autre, dépla-

cement minimum, il y a 35 millimètres environ; la position vraie de la traction peut tomber entre deux crans. Pour lui donner autant de précision qu'il en comporte, il faut faire la barre de ce régulateur très large et les crans très proches en adaptant un anneau long, fait en acier plat. Entre la barre d'arrière et le bout des crans, il ne faut laisser strictement que la largeur nécessaire pour le passage de l'anneau d'un cran à l'autre; il n'y aura pas alors à craindre le déplacement de cet anneau pendant les haltes que comporte le labour d'un champ. On peut doubler la précision de ce régulateur en employant, outre l'anneau, un S en acier que l'on engage dans un cran voisin, celui de droite ou celui de gauche, lorsque l'on veut opérer le déplacement par demi-cran et que l'on dégage lorsque la traction doit passer dans un cran.

Ce régulateur dressé devant l'âge peut servir pour régler la hauteur ; et, il peut parfois osciller autour d'un axe vertical. Si l'espace laissé du bout des saillies à la barre d'arrière est limité au strict nécessaire pour le passage de l'anneau, celui-ci n'est pas exposé à se déplacer pendant les arrêts de l'attelage, parce que le poids de la chaîne le fait alors tenir obliquement.

Fig. 734. — *Régulateur à crans pour la largeur seulement.*

On fait cependant, parfois, pour éviter la plus petite chance de dérangement, les crans légèrement crochus (fig. 735). L'addition d'un S à l'anneau peut, comme pour la largeur, augmenter la précision de ce régulateur de hauteur.

Une seconde variété de cette première espèce est le régulateur dit à crémaillère (fig. 755), la barre est ici placée de champ ; cette disposition est nécessaire lorsque la chaîne de traction est attachée sous l'âge comme dans la charrue Dombasle ; dans cette chaîne il y a une longue maille au droit du régulateur ; pour changer de place la chaîne, on dresse l'anneau long, dont la lar-

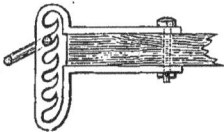

Fig. 735. — *Régulateur rectiligne à crans pour la hauteur.*

geur intérieure est strictement restreinte à ce qui est nécessaire pour faire le déplacement ; dès que l'attelage tend la chaîne de traction, l'anneau long est maintenu entre les deux saillies verticales de la crémaillère où il a été placé et il ne peut se déplacer sous l'aide du laboureur.

2ᵉ *espèce. Régulateur à chevilles.* Il ne diffère de la crémaillère que par le mode de construction ; les crans sont formés par des chevilles implantées dans une barre horizontale cylindrique. Il est à peine employé.

3ᵉ *espèce. Régulateur à trous.* Il se compose d'une barre plate, percée de trous, pouvant ordinairement tourner autour d'un axe horizontal placé à l'arrière, au travers de l'âge. On accroche un crochet terminant la chaîne de traction dans l'un des trous suivant la position que l'on veut en largeur ; ou bien ce crochet est en forme

d'étrier embrassant la barre à trous et percé lui-même d'un trou pour le passage d'un boulon de fixation (fig. 736). Lorsqu'on emploie ce régulateur pour la hauteur, on peut aussi employer le crochet simple ou le crochet-étrier comme précédemment ; en outre, on peut le composer de deux barres parallèles identiques entre lesquelles se place le crochet de traction terminé par un œil pour le passage du boulon de fixation. On peut même y passer un maillon de la chaîne de traction. On augmente la précision de ce régulateur en faisant deux ou trois lignes de trous non correspondants (fig. 737).

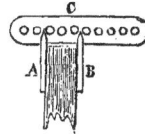

Fig. 736. — *Régulateur à un seul rang de trous.*

Les régulateurs du premier genre, comme on le voit, sont *simples, fixes,* mais non précis. Ils sont pourtant très employés.

2° *genre. Régulateurs à mouvement rectiligne différentiel.* Nous avons imaginé ce genre tout entier. Nous conseillons de faire ces régulateurs à trous, pour la partie fixe, et à crans, pour la partie mobile (fig. 738). Ce régulateur est fait sur le même principe que le *vernier* ; s'il ne peut être considéré comme continu, sa précision est pourtant à peu près sans limite et la pratique ne peut exiger plus de précision qu'il n'en comporte : soit une barre AB portant d'un côté des crans demi-circulaires distants d'axe en axe de

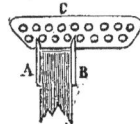

Fig. 737. — *Régulateur à deux rangs de trous.*

40 millimètres ; et, de l'autre, des encoches semblables distantes seulement de 35 millimètres. Cette barre glisse dans une boîte ou coulisse plate fixée sur l'avant de l'âge ou pouvant tourner autour d'un axe horizontal, traversant cet âge, si cette rotation est nécessaire pour le règlement de la hauteur. Cette coulisse porte deux lignes de trous : dans l'une, ces trous sont distants de 35 millimètres et ils correspondent à la ligne de crans de la tige, distants entr'eux de 40 millimètres ; dans la seconde ligne de trous, l'écartement est de 40 millimètres et elle correspond à la ligne de crans qui, sur la tige, ne sont distants que de 35 millimètres. Dans ces conditions, on peut déplacer la tige qui porte le crochet de traction de 5 en 5 millimètres ; car la différence entre la distance des trous et crans correspondants est de 5 millimètres. Il est clair que si l'on veut pouvoir déplacer la tringle de 2 en 2 millimètres, on prendra pour distances

correspondantes 35 et 37, ne différant que de 2 millimètres ; c'est, pensons-nous, l'extrême précision désirable : une longue cheville fixe la position désirée. La barre antérieure passant très près de la coulisse peut être divisée par des traits en demi-centimètres ou en doubles millimètres suivant le degré de précision adopté. On facilite ainsi l'usage de ce régulateur qui est fixe et précis ; le seul défaut qu'il présente c'est d'être d'une exécution difficile. Ce défaut serait insignifiant pour une grande fabrique qui s'outillerait pour faire ce genre de régulateurs. Pour ceux de nos lecteurs qui peuvent ne pas connaître le principe du vernier, nous allons décrire le mode de fonctionnement de notre régulateur différentiel. Dans la position de la figure 738 le premier trou de gauche de la première ligne de trous correspond à un cran du premier rang de la barre et une cheville, traversant le tout, maintient le crochet de traction à une certaine position ; aucun autre trou ne correspond à un cran. Pour le

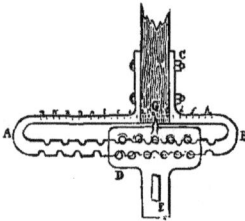

Fig. 738. — *Régulateur rectiligne différentiel.*

second trou de la première ligne, il s'en faut d'une fois 5 millimètres ; pour le second, de deux fois 5 millimètres ; pour le troisième, de trois fois, et ainsi de suite ; de sorte que si, ôtant la cheville, on pousse la tige de cinq millimètres, c'est le second trou qui se trouvera en concordance avec un cran et c'est là que l'on mettra la cheville s'il y avait lieu de déplacer le crochet E de cette quantité et dans ce sens ; si l'on pousse encore la barre de 5 millimètres, c'est le troisième trou à partir de la gauche qui viendra en concordance et l'on y pourra placer la cheville, et, ainsi de suite : donc il est visible que l'on peut déplacer la barre et la fixer dans des positions distantes de 5 millimètres. Quand aucun trou de la première ligne ne correspond à un cran, il n'y a qu'à chercher la concordance sur la seconde ligne de trous. En mettant deux crochets sur la barre antérieure, on augmente l'expansion possible du déplacement ; le crochet de gauche sera employé pour les petites largeurs ; celui de droite, côté du versoir, pour les grandes.

2º *espèce*. La barre glissante, au lieu de porter des crans, peut être percée d'une ou deux lignes de trous comme la boîte.

3º *genre : Régulateur à mouvement circulaire simple :* 1ʳᵉ *espèce, à crans.* L'avant de l'âge est coiffé d'une boîte en fonte (fig. 739) portant en avant, suivant un arc de cercle C, des crans demi-cylindriques ou rectangulaires ; une double barre, portant en avant habituellement le régulateur de

hauteur B, tourne autour d'un boulon vertical traversant l'âge A. Cette barre est percée d'un trou en correspondance avec l'axe des crans ; et on y place la cheville d'arrêt, cylindrique ou plate, lorsqu'on a la position voulue pour la largeur cherchée. En adoptant une clavette plate, mince, on peut faire les crans très serrés, d'où plus de précision qu'avec une cheville cylindrique. On peut doubler la précision de cette première variété en adoptant deux arcs à crans alternants (fig. 740) ; la clavette plate G et H peut avoir sa face anté-

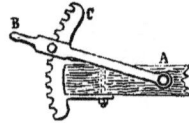

Fig. 739. — *Régulateur circulaire à crans pour la largeur.*

rieure dans le cran ou contre la dent. Cette disposition exige une très grande précision.

2º *espèce. Régulateur circulaire à trous.* Ce genre a de nombreuses variétés : l'âge porte à l'avant un arc percé de trous ; une pièce double tournant autour d'un axe horizontal embrasse les deux faces verticales de l'âge et porte à l'avant ordinairement une plaque horizontale comme régulateur de largeur. La cheville d'arrêt pouvant être mise à travers le tout à l'un des neuf trous, on a ainsi neuf positions diverses en hauteur. L'arc de cercle sera horizontal s'il doit servir pour la largeur. On double la préci-

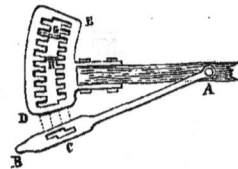

Fig. 740. — *Régulateur circulaire à double ligne de crans pour la largeur.*

sion de ce régulateur en adoptant deux arcs concentriques, à trous, alternants.

4º *genre. Régulateur à mouvement circulaire différentiel.* C'est l'application du vernier au régulateur à mouvement circulaire simple. Tout ce que nous avons dit de cette application au régulateur à mouvement rectiligne s'applique ici, absolument, à la seule condition de remplacer par arc le mot *droite*.

5º *genre. Régulateur à mouvement résultant d'un mouvement circulaire et d'un mouvement rectiligne dans un même plan.* Ce genre, qui nous est dû, comporte un grand nombre d'espèces et de variétés. La première espèce est la plus simple (fig. 741 et 742) : la pièce mobile autour d'un axe est percée d'une ligne de trous et la pièce fixe, l'âge, d'une simple coulisse. La pièce tournante double embrasse l'âge en fer ; elle peut être fixée sous un angle plus ou moins ouvert par rapport à l'axe longitudinal de l'âge suivant que l'on place la cheville de fixation dans l'un des trous de la pièce mobile ; la largeur de la coulisse doit être strictement égale au diamètre de la cheville pour éviter les ballottements. Pour une longueur donnée de la rainure, l'amplitude est d'autant plus grande que la forme en Z affectée par la pièce mobile est plus accentuée La précision est, au contraire, d'autant plus grande que le Z se rapproche plus d'une droite. Les variétés sont

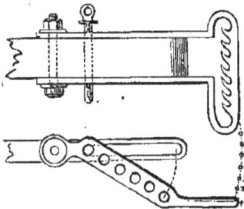

Fig. 741 et 742. — *Régulateur recto-circulaire simple en élévation et en plan.*

nombreuses : 1° La pièce mobile porte deux lignes droites de trous convergents en avant ; 2° un cercle ou plutôt une courbe spéciale percée de trous ou même deux courbes (fig. 743), formant une espèce d'ovale A B portant en avant le régulateur de hauteur. Quand la cheville est au trou 3, amené sur la rainure de l'âge, le bout du régulateur est à l'avant au chiffre 3. Si le trou *f* amené sur la coulisse, reçoit la cheville d'arrêt, l'avant du régulateur est en *f*. On voit que ce mode de régulateur donne tout ce que l'on peut

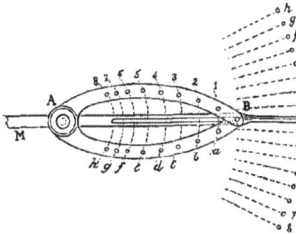

Fig. 743. — *Régulateur recto-circulaire double.*

désirer : *amplitude suffisante, précision et fixité.* Il ne présente d'ailleurs aucune complication.

Dans la deuxième espèce, c'est la pièce mobile qui est percée d'une rainure rectiligne et l'âge qui est percé d'une ou plusieurs lignes de trous. Du reste, sauf cette interversion, tout est identique. Nous donnons seulement une variété ; mais il est très facile d'en imaginer d'autres (fig. 744).

6° *genre. Régulateur à mouvement résultant de deux mouvements circulaires.* La fig. 745 représente la disposition la plus simple de ce genre de régulateur : il se compose de deux barres A, B, tournant chacune autour d'un point de rotation fixe pris sur l'essieu de l'avant-train, par exemple, et pouvant, l'une, B, s'accrocher à l'un des trous per-

cés sur un ou deux rangs dans une plaque adhérente à l'autre barre A. Il est à peu près inapplicable aux araires. Dans une variété de cette première espèce, la seconde barre est percée de deux ou plusieurs trous pouvant être placés de façons diverses ; suivant que l'on veut seulement augmenter l'amplitude ou la précision seulement, ou les deux qualités simultanément. Ce genre de régulateur a l'inconvénient de ne pas laisser juger assez visiblement de la quantité dont on avance ou recule le point d'attache de la traction ; ce qui rend plus difficiles les tâtonnements qu'exige le

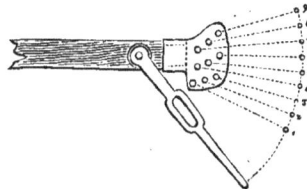

Fig. 744. — *Régulateur recto-circulaire à trois lignes de trous.*

règlement, à moins que le laboureur n'ait la précaution de se marquer des points de repère.

Dans la 2° espèce, l'une des barres rigides est remplacée par une simple chaîne.

7° *genre. Régulateur à mouvement résultant ellipsoïdal.* Une chaîne attachée par ses deux extrémités à des points fixes pris sur l'essieu reçoit le crochet de traction dans l'un quelconque de ses maillons. Ce système que l'on pourrait considérer comme une troisième espèce du genre précédent est peu applicable aux charrues (fig. 746).

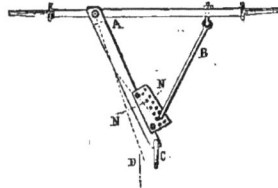

Fig. 745. — *Régulateur à double mouvement circulaire.*

3° CLASSE. RÉGULATEURS CONTINUS. 1er *genre:* mouvement rectiligne ; 1re *espèce : à tringle glissante.* Sur l'âge ou dans l'âge se trouve une espèce de mortaise ou de douille horizontale ou verticale dans laquelle glisse à frottement une barre plate, carrée, ronde ou ovale ; une vis de pression presse à volonté, directement ou indirectement, sur la barre mobile et permet de la fixer au point voulu en hauteur ou en largeur. L'une des extrémités de la barre est percée pour recevoir la chaîne de traction ou laisser passer une tringle sur laquelle se fait le tirage. On augmente l'amplitude de cette espèce de régulateur en retournant la barre bout pour bout. L'inconvénient, propre à tout ce genre, c'est le peu de fixité obtenue par le serrage de la vis. Par suite des violents efforts momentanés qu'exercent les chevaux, la vis se desserre peu à peu et peut laisser glisser la tringle, ce qui dérange brusquement le règlement et peut entraîner une rupture. On diminue cette chance de glissement en faisant, au marteau et avec une espèce de poinçon, une ligne de petites cellules rondes dans lesquelles appuie la pointe de la vis de pression; mais on diminue ainsi quelque peu la précision du règlement.

Fig. 746. — *Régulateur à mouvement ellipsoïdal.*

2° *espèce: à coulisseau glissant.* Sur l'âge est invariablement fixée une forte broche carrée ou rectangulaire terminée en haut par une partie cylindrique filetée. Un écrou engagé sur cette partie filetée appuie, après serrage, contre une rondelle qui s'appuie sur le coulisseau. Si l'on desserre légèrement l'écrou, on peut faire marcher le coulisseau plus ou moins vers la droite; et en serrant fortement l'écrou on maintient la position choisie en largeur; même défaut, plus marqué,

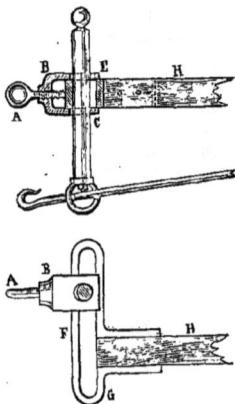

Fig. 747 et 748. — *Elévation, coupe et plan d'un régulateur complet à coulisse et à tringle.*

que dans le précédent. La variété *à deux broches-guides* présente un peu plus de fixité. Un boulon permet de fixer, par le serrage de son écrou, le coulisseau amené dans la position voulue; les deux taquets guident bien le coulisseau et annulent presque les effets des oscillations de l'âge sur l'écrou. On peut *strier* la face supérieure du coulisseau, et le dessous de la plaque pressée par l'écrou afin que ces deux pièces engrènent l'une dans l'autre après serrage, ce qui accroît la fixité de ce régulateur.

3° *espèce à coulisse fixe et boîte glissante.* Une barre plate G (fig 747 et 748), deux fois repliée, est fixée sur l'avant de l'âge et sert de guide à une boîte B qui porte la pièce réglante en hauteur; cette pièce

est une tringle glissant dans la boîte et appuyant en avant sur l'intérieur de la coulisse. La boîte peut glisser d'un bout à l'autre de la coulisse fixe G et la tringle réglant la hauteur peut en même temps être plus ou moins élevée avec la chaîne de traction qu'elle supporte. Une vis de pression A maintient le tout. Il faut à cette vis un fort écrou à filets nombreux, faiblement inclinés, capable d'opérer une énorme pression: sinon, la boîte

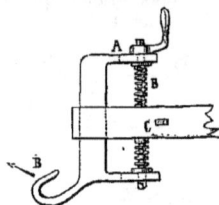

Fig. 749. — *Elévation du régulateur à vis protégée.*

peut glisser au moment de forts coups de collier. La fixité, dépendant encore du serrage d'une vis, n'est jamais absolue; et l'emploi des crans ou *stries* est assez difficile. Ce régulateur a souvent été adopté en raison de sa précision.

4° *espèce: à coulisse et coulisseau combinés.* Dans ce régulateur, la coulisse G du précédent glisse elle-même dans une boîte fixée sur le bout de l'âge: il donne une grande amplitude, mais est

Fig. 750. — *Coupe au-dessus de l'âge.*

peu recommandable. On peut au besoin mettre la coulisse tout à droite de l'âge ou tout à gauche suivant les nécessités du règlement.

2° *genre: mouvement circulaire simple;* 1re *espèce: à coulisse-circulaire-guide.* Une pièce à deux branches, pouvant porter en avant une plaque horizontale pour le règlement en largeur, tourne autour d'un boulon horizontal et peut être arrêtée à la hauteur voulue par le serrage d'un vis,

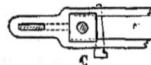

Fig. 751. — *Coupe dans l'âge.*

qui exerce une grande pression sur les bords de l'arc fixe. On peut ainsi régler la hauteur de traction avec une précision absolue; malheureusement, la traction opérée sur la pièce mobile par l'attelage étant saccadée et parfois très forte, la vis de pression peut se desserrer et le règlement est brusquement changé. Les modifications de détail constituant des variétés dans cette espèce sont faciles à imaginer. On peut, par exemple, rendre ce système assez fixe en striant les faces verticales de la coulisse circulaire et le dessous des plaques qui appuient sur ces faces lorsque l'on serre fortement la vis. Ce palliatif diminue la précision.

2° *espèce : sans coulisse.* Au lieu d'opérer le serrage sur une coulisse circulaire, on peut le faire au centre même de rotation de la pièce mobile et employer des stries rayonnantes pour empêcher autant que possible le desserrage.

3° *genre: régulateur à mouvement résultant d'un circulaire et d'un rectiligne.* Ce genre ne diffère du cinquième genre de la première classe que par le remplacement des lignes de trous par des coulisses; et, de la cheville d'arrêt, par un boulon traversant les coulisses superposées et les maintenant en place par la pression de l'écrou. Il y a de nombreuses espèces et variétés que nous réprouvons en bloc parce que, sans fixité comme les précédentes, elles ont de plus l'inconvénient d'être compliquées.

4° *genre: mouvement résultant de deux circulaires.* Il ne diffère du 6° genre de la première classe que par le remplacement des lignes de trous par des coulisses; et des chevilles ou boulons d'arrêt par des vis de serrage. — Peu recommandable: aux deux défauts du genre précédent, il joint la difficulté, pour le laboureur, de juger de la grandeur du déplacement qu'il opère.

5° *genre; mouvement hélicoïdal ou régulateurs à*

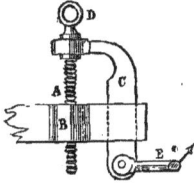

Fig. 752. — *Régulateur à vis protégée, pour la hauteur.*

vis; 1re espèce: écrou fixe; vis avançant en tournant. Si l'âge est en fer, sa tête est forgée en forme de cylindre vertical que l'on perce et taraude ensuite. On a ainsi un écrou fixe dans lequel court en tournant une tige filetée portant à sa partie supérieure une manivelle solidaire; et, en bas, un anneau rotatif dans lequel passe la tringle de traction. Lorsque l'âge est en bois on y loge un écrou carré qui reste fixe. Le reste comme pour l'âge en fer. Si la traction fait fléchir la vis, elle ne peut plus tourner: nous avons imaginé un moyen de la protéger par un étrier dont les branches horizontales lui servent de coussinets et dont la barre verticale appuie dans une mortaise de l'âge. La figure 752 montre en plan d'abord l'écrou maintenu par un simple coin dans la coulisse de l'âge en fer; puis à part la coupe de la barre à étriers et enfin l'élévation de tout le régulateur.

Un autre mode très simple de protection de la vis est représenté par la figure 752. C'est une lame sur laquelle se fait en E la traction. La vis A D en tournant entraîne cette lame C.

2° *espèce: vis fixe, écrou tournant et courant, libre.* Sur une vis fixe on fait tourner, à la main, un écrou formant crochet de traction ou muni d'un prolongement à œil pour le passage de la trin-

gle de traction; ou de rebords emprisonnant et entraînant le maillon plat de la chaîne de tirage.

3° *espèce: vis tournant sur son axe fixe; écrou-guide courant sans tourner.* La vis fixe A (fig. 753 et 754) tourne et pousse son écrou B, empêché de tourner par un des moyens suivants: 1° cet écrou est carré et emprisonné entre deux barres plates formant une coulisse comme dans les figures. Les deux bandes de fer D D sont boulonnées sur les deux supports de la vis, et l'écrou porte un appendice maintenu entre ces lames: en courant, lorsque l'on fait tourner la vis, il entraîne un étrier C

Fig. 753. — *Plan-coupe.*

auquel la traction est appliquée. Par cette disposition, la traction ne se fait pas sentir sur la vis qui reste alors sans déformation; 2° l'écrou porte un appendice à douille guidé par une tringle fixe. L'écrou peut, comme précédemment, porter le crochet de traction, ou mieux des rebords ou un appendice guidant et entraînant la tringle ou la chaîne de traction.

Les *éléments de régulateurs* que nous venons d'examiner peuvent être plus ou moins facilement combinés deux à deux pour constituer un régulateur complet ou pour la hauteur et la largeur. Théoriquement, le nombre possible de combinaisons est fort grand; mais les nécessités de la construction en rendent un grand nombre pres-

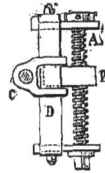

Fig. 754. — *Élévation d'un régulateur à vis fixe et écrou courant sans tourner.*

qu'impossibles ou peu recommandables. Il est vrai qu'il y a de nouvelles raisons de combinaisons. En effet, 1° outre ces régulateurs complets fixés sur l'avant de l'âge sur lesquels le laboureur agit directement, on peut employer des mécanismes mus de l'arrière de l'âge. Le laboureur, sans quitter les mancherons et sans arrêter l'attelage, peut alors faire varier la traction en hauteur et en largeur, ou parfois simplement en hauteur; 2° les moyens de réglement sont placés à l'arrière et ont pour but de faire tourner l'âge autour d'un axe horizontal, et d'un axe vertical pour porter plus ou moins haut et plus ou moins à droite l'extrémité antérieure de l'âge dont la chaîne de traction est solidaire; 3° ces régulateurs d'arrière au lieu d'être mus directement à la main ou discontinus peuvent être continus et manœuvrés par des leviers ou des manivelles ou même des mécanismes plus compliqués; 4° enfin le réglement de la hauteur peut se faire à l'arrière et celui de la largeur à l'avant ou réciproquement. Nous allons examiner ces différents systèmes de régulateurs complets.

RÉGULATEURS COMPLETS A L'AVANT DE L'AGE : 1° MUS DIRECTEMENT A LA MAIN. *Régulateur dit en T.* C'est le plus simple que l'on puisse employer. Il est à trous pour la hauteur (fig. 755) et à crémail-

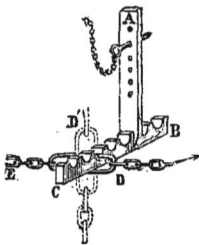

Fig. 755. — *Régulateur à crémaillère ou en T, dit de Dombasle.*

lère pour la largeur. Dombasle l'ayant adopté, il porte le nom de l'illustre agronome : c'est une grande recommandation ; mais il est trop peu précis. La chaîne de traction s'accroche sous l'âge et comprend, au droit du régulateur, un long maillon D qui ne peut être déplacé que lorsqu'on le place dans la position verticale. En tordant la chaîne à l'arrière du régulateur, on peut faire passer la ligne de tirage par le milieu même d'une des dents de la crémaillère. Cet expédient double

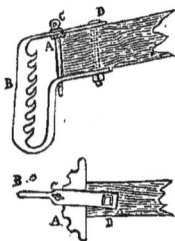

Fig. 756 et 557. — *Elévation et plan du régulateur de la charrue du général Sambuy.*

la précision en largeur. Il serait assez facile d'adopter pour la hauteur une tige à mouvement rectiligne différentiel surtout lorsque l'âge est en fer.

Régulateurs à crans, circulaire pour la largeur, rectiligne pour la hauteur (fig. 756 et 757). La pièce verticale se termine à l'arrière par deux branches horizontales qui frottent contre les faces supérieure et inférieure de l'âge en tournant autour d'un boulon vertical D. Une longue cheville C maintient cette pièce en position à l'un quelconque des six crans de l'arc en fer ou en fonte fixé sur l'avant de l'âge. On accroche la chaîne de traction à l'un des crans de la barre verticale B.

Dans une ancienne charrue de Ball, l'âge en fer est terminé à l'avant entr'autres par un arc en fer percé d'une ligne circulaire de trous pour le règlement de la largeur. Une pièce en fer, analogue à celle du précédent régulateur, tourne autour d'un axe et peut être maintenue à la position voulue en largeur par une simple ou double cheville ; la chaîne de traction est accrochée à l'un de cinq crans de cette pièce. Ce régulateur est une combinaison des 1er et 3e genres de la 1re classe : il

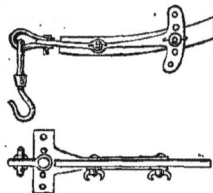

Fig. 758 et 759. — *Elévation et plan du régulateur de Small.*

pourrait être amélioré par l'emploi de deux lignes de trous alternés, comme dans la charrue Howard. Ce régulateur est trop peu étendu en hauteur et pour les deux règlements il manque de précision ; la double cheville d'arrêt peut être recommandée.

Régulateur circulaire à trous pour la largeur et rectiligne à crans pour la hauteur. Nous avons plusieurs régulateurs de ce genre.

Le *régulateur de la célèbre charrue de Small* (fig. 758 et 759) est une combinaison du 1er genre (largeur) avec le 3e. Une pièce en fer, tournant autour d'un boulon horizontal, porte en avant cinq trous

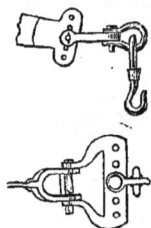

Fig. 760 et 761. — *Elévation et plan du régulateur de Wilkie.*

disposés en ligne droite ; et, en arrière, un arc percé de cinq trous. Un boulon avec écrou à oreilles permet d'arrêter l'arc à l'un des cinq trous donnant autant de hauteurs différentes. Un boulon à clavette permet de fixer le crochet d'attache de la chaîne à l'un des cinq trous de la barre droite. Ce régulateur a trop peu d'amplitude et manque de précision, mais ne peut se déranger.

Régulateur de Wilkie (fig. 760). La profondeur et la largeur sont réglées par deux lignes droites de cinq trous chacune : deux boulons à clavettes servent à la fixation du point d'attache. Comme le précédent, ce régulateur est peu étendu et peu précis ; en revanche il est parfaitement fixe ; ce que semblent exiger les laboureurs écossais.

Le *régulateur de Currie* est fait sur le même principe que les deux précédents ; mais il a beaucoup plus d'amplitude, en hauteur surtout. En outre, il est relié, à sa partie inférieure, à une tringle attachée sous l'âge, un peu en avant du coutre (fig. 762 et 763).

Le *régulateur Parquin* est une combinaison du 1er, et du 3e genre (hauteur). L'âge en bois est assemblé à l'avant dans un long arc en bois vertical, percé de huit trous. Une pièce double en fer, embrassant l'âge, tourne autour d'un boulon horizontal et se termine à l'avant par une barre armée de chevilles. Une cheville permet d'arrêter cette pièce à la hauteur de l'un des huit trous de l'arc en bois ; et le crochet d'attelage, libre, peut être placé dans l'un quelconque des intervalles existant entre les chevilles. Ce régulateur est très étendu, mais peu précis. Le régulateur Du Seutre montre une autre manière de combiner le 1er et le 3e genre et même le 2e et le 4e, en appliquant le principe du vernier. Il rappelle le régulateur à cadran.

Régulateur d'une charrue belge (fig. 766). Le règlement en largeur se fait en plaçant le crochet

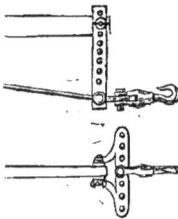

Fig. 762 et 763. — *Elévation et plan du régulateur de Currie.*

d'attelage dans l'un des crans de la barre horizontale ; celle-ci est prolongée par des tringles en fer rond qui d'abord font l'office de tourillons dans deux barres parallèles ou rayons mobiles autour d'un boulon horizontal. Les deux tringles se réunissent à l'arrière et sont articulées à l'extrémité du petit bras d'un levier, ayant D pour axe de rotation. La grande branche de ce levier se meut dans une fausse mortaise qui lui sert de guide et qui porte une série de trous suivant un arc de cercle. Une cheville permet de fixer le levier à l'inclinaison voulue pour que la barre soit à la hauteur convenable pour le labour à faire. Ce régulateur est un peu compliqué.

Régulateur à mouvement rectiligne différentiel en hauteur et largeur. Sur l'avant de l'âge est fixée solidement une barre plate, portant en arrière une ligne de crans distants, de centre en centre, de 30 millimètres ; et, en avant, une autre ligne de crans distants de 27 1/2 millimètres seulement. Sur cette barre plate glisse une boîte en fonte malléable, portant en arrière deux lignes de trous: la première, est composée de trous distants de 30 millimètres ; et la seconde, de trous écartés de 27 1/2 millimètres seulement. De cette façon, les lignes de trous de la boîte ne

correspondent point avec les crans de la tige ; ou, du moins, il n'y a jamais qu'un trou qui puisse correspondre à un cran, dans n'importe quelle position de la boîte. On peut donc faire avancer, dans un sens ou dans l'autre, la boîte de 2 1/2 en 2 1/2 millimètres et la fixer dans l'une de ces positions. Il convient de marquer sur la tringle, formant l'arrière de la pièce fixe et sur l'avant de l'âge, vingt-cinq traits indiquant les vingt-cinq positions que la boîte peut prendre (par quart de centimètre): le laboureur voit mieux ainsi les changements qu'il opère. La boîte porte en avant une coulisse percée de deux lignes verticales de trous en correspondance avec les deux lignes de crans d'une barre verticale disposée comme la barre horizontale, mais pour régler la hauteur, et donnant aussi vingt-cinq positions distantes d'un quart de centimètre. Le crochet d'attache des traits est fixé au bas de la barre verticale qui peut aussi porter en ce point un œil pour le passage de la tringle de traction. On peut assez facilement

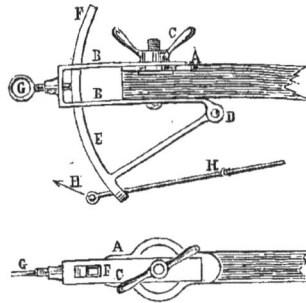

Fig. 764 et 765. — *Elévation et plan du régulateur de l'abbé Didelot.*

combiner le 2e et le 4e genre pour obtenir un régulateur complet, précis et fixe.

Les diverses espèces de régulateurs appartenant au cinquième genre, peuvent être assez facilement combinés avec le premier genre. Les 6e et 7e genres ne sont guère employables que pour régler la position, en largeur, du point d'attache des traits à un avant-train : ils ne sont pas faciles à combiner avec les genres précédents.

Régulateurs complets de la 2e classe. La figure 763 représente un régulateur complet composé de deux mouvements rectilignes continus (1er genre).

Les figures 764 et 765 représentent en plan et en élévation le régulateur complet d'une charrue Didelot. L'arc en fer EF tourne autour de l'axe D et peut être maintenu à la hauteur voulue par le serrage de la vis G. Le bas de cet arc est percé d'un œil que traverse la tringle de traction.

L'écrou de la vis G est taraudé dans l'étrier BB pouvant tourner tout entier autour du boulon vertical C. On peut donc porter l'avant de l'étrier plus ou moins à droite en entraînant l'arc en fer EF qui règle la hauteur ; et l'on règle ainsi la largeur. Le serrage de l'écrou C suffit pour maintenir, à l'obliquité voulue, l'étrier B ; car les lames de celui-ci portent sur le rebord circulaire de la pièce A fixée sur l'âge : il y a forte pression par le serrage de l'écrou, et le frottement est si grand que la traction ne peut déplacer l'étrier.

Le second genre est facile à combiner avec le premier et nous pouvons en donner plusieurs exemples plus célèbres que recommandables. Le type est le régulateur américain, dit à cadran. Nous en représentons tous les détails dans les figures, faites d'après la belle charrue de MM. Rugle, Nourse et Mason de New-York. L'âge est coiffé d'une boîte en fonte, portant en avant un plateau ou cadran circulaire. Ce plateau présente un large bord un peu saillant et armé de crans à section triangulaire très nombreux. Un boulon mortaisé, dont le corps cylindrique, non fileté, est enfoncé dans l'âge et fixé par une clavette, sert d'axe au cadran et dépasse celui-ci par une partie filetée, destinée à recevoir l'écrou de serrage. Un coulisseau, portant sur chaque face deux nervures saillantes à section triangulaire, peut tourner comme une aiguille de montre autour

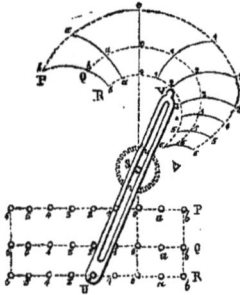

Fig. 766. — *Théorie du guide nécessaire au régulateur à cadran.*

du boulon comme axe : en même temps, on peut faire glisser ce coulisseau pour amener l'œil M plus ou moins bas. Les nervures du coulisseau pénètrent dans les crans du cadran, et on maintient ce coulisseau après l'avoir plus ou moins allongé et plus ou moins incliné, en serrant fortement l'écrou au-dessus de la rondelle F qui appuie sur les nervures extérieures du coulisseau. Au lieu de fixer par une clavette un boulon enfoncé dans l'âge, on peut noyer dans cet âge un écrou immobile et opérer le serrage par une vis à tête carrée, enfilée dans cet écrou. Nous préférons le boulon fixe. Ce régulateur est très séduisant à première vue : des mouvements aisés d'une pièce mobile unique permettent de régler la largeur et la hauteur ; le boulon et son écrou, ou la vis, sont seuls en fer ; le cadran et le coulisseau sont en fonte et peu coûteux. Ce sont là des avantages visibles. Malheureusement, ce régulateur présente un inconvénient très grave, suivant nous : lorsque, la profondeur étant trouvée convenable, on veut changer seulement la largeur, il faut faire tourner d'un certain angle le coulisseau, représenté par la verticale ponctuée ; mais en obliquant ce coulisseau pour augmenter ou di-

minuer la largeur, on élève le point d'attache et, par suite, on augmente ou on diminue la profondeur, ce que l'on ne voulait ni devait faire. Pour remédier à cela, il faudrait pousser le coulisseau pour que le point d'attache revienne au niveau de la position convenable. Mais en allongeant ainsi le coulisseau, on diminue la largeur et ainsi de suite. On peut, par un long tâtonnement, arriver pourtant à trouver la bonne position du point d'attache, en hauteur comme en largeur ; mais, pendant cette opération de règlement, on ne sait trop ce que l'on fait : changeant les deux choses à la fois, sans point de repère possible, on ne sait ce que l'on obtient. Le règlement, qui en principe devait être très précis, est si difficile à obtenir que le conducteur de la charrue se contente d'un règlement approximatif.

Pour permettre de faire varier la largeur sans toucher à la hauteur, il (fig. 766) faut déterminer, *pour chaque hauteur* R, la ligne courbe VV, lieu géométrique des positions de l'extrémité supérieure du coulisseau pendant que le point U restant sur une ligne horizontale, passe de R en U6. Si cette courbe est une rainure percée dans une

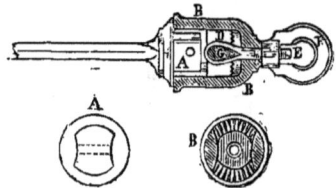

Fig. 767 à 769. — *Régulateur de Grignon, coupe horizontale ; A vue de bout de la tête d'âge ; B coupe transversale de la botte.*

plaque verticale, on maintiendra facilement le sommet du coulisseau dans cette rainure tout en obliquant convenablement cette pièce pour obtenir la position voulue en largeur, sans changer la hauteur G. Le nombre de ces courbes ou rainures est limité ; c'est-à-dire que la précision de ce genre de régulateur continu se trouve amoindrie par le perfectionnement proposé. En outre, si, ayant obtenu en largeur la bonne position du point de tirage, on veut faire varier la hauteur, seulement on ne peut le faire puisqu'il n'y a aucun repère propre à guider le laboureur qui, en faisant glisser le coulisseau, changera nécessairement la largeur bien qu'il ne veuille faire varier que la profondeur. Il faut donc autant de courbes nouvelles 1-1—2, 2-2—2, ..6-6—6, que l'on veut de largeurs différentes, dans ce guide à deux séries de courbes, ce genre de régulateur doit être proscrit. Il a été fort souvent imité en France : M. Bousçasse, à Puilboreau, remplaçait le coulisseau en fonte par une barre de fer à coulisse et il supprimait le plateau à crans, ce qui diminue la fixité du règlement ; car, le coulisseau, serré par l'écrou, peut glisser dans les secousses que donne l'attelage. Ce genre de régulateur avait été adopté par M. F. Bella, à Grignon.

Les figures 767 à 772, représentent la dernière forme de ce régulateur. L'age A se termine par une tête cylindrique, avec flancs concaves, vue à part dans la figure 768, cette tête est coiffée par une boîte en fonte B, vue en coupe transversale (figure 769), en coupe longitudinale, fig. 767, en plan, en élévation et de bout dans les figures 770 à 772. Une simple goupille maintient cette boîte solidairement sur la tête de l'âge. Dans la mortaise de cette boîte peut glisser une tringle G dans l'œil du boulon E (fig. 767) serré par l'écrou F. La tringle joue le rôle de l'aiguille d'un cadran : elle peut être mise à toute inclinaison et porte à sa partie inférieure un œil par lequel passe la tringle de traction. En abaissant la tringle plus ou moins et faisant varier son inclinaison, on règle simultanément la largeur et la profondeur; et le serrage de l'écrou F suffit pour maintenir la tringle à la position voulue, grâce aux crans dont est muni le bord antérieur de la mortaise, comme on le voit dans les figures 770, 771 et 772. La tringle a une section ovale et présente en avant une arête aiguë qui entre dans ces crans.

Toutes les habiletés de construction dépensées pour ce régulateur n'ont pu supprimer l'inconvénient de la solidarité des mouvements réglant

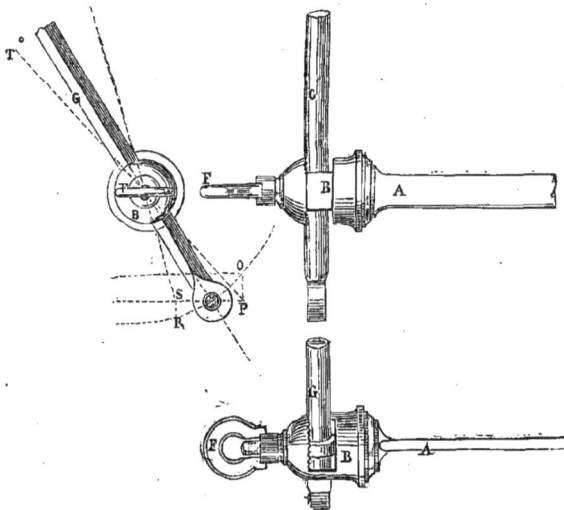

Fig. 770 à 772. — *Régulateur de Grignon, vu de bout, de côté et en plan.*

la hauteur et la largeur. L'emploi de guide à courbes que nous proposons peut seul remédier à ce défaut.

Les régulateurs à vis peuvent se combiner entr'eux plus facilement qu'avec tous autres genres. Citons en premier lieu, le régulateur écossais à double vis (fig. 773). L'âge en fer A se termine à l'avant par un renflement cylindrique taraudé servant d'écrou à la vis verticale B, qui supporte une barre pliée deux fois d'équerre D. Cette barre peut être maintenue normalement à la direction de l'âge par deux chaînes allant de ses extrémités jusqu'à un axe ou un crochet placé en dessous de l'âge, un peu avant le coutre. La barre D sert de support aux extrémités d'une vis fixe sur laquelle peut courir en tournant un crochet taraudé auquel on attache les traits. Ce régulateur n'est pas à conseiller ; les efforts de l'attelage ont très promptement faussé les deux vis. Si, au lieu de faire tourner un crochet-écrou F à la main on lui donne une forme telle que la barre D l'empêche de tourner, il faut faire à la vis une tête carrée E qui permet de la faire tourner avec une clé à boulons.

Le régulateur à deux vis de M. Renault-Gouin est beaucoup plus convenable. Un écrou à longues oreilles permet de soulever ou d'abaisser la tige glissant dans une mortaise verticale de l'âge, ce qui permet de régler la hauteur avec une précision absolue ; au bas de la tige, est soudée une barre plate repliée deux fois d'équerre et servant de support aux extrémités d'une vis horizontale que l'on peut faire tourner à l'aide d'une double *manette* ; un écrou court sur cette vis sans pouvoir tourner, car la barre horizontale lui sert de guide ; il porte en dessous un prolongement à œil pour le passage de la tringle de traction.

Régulateurs composés de 1re et 2e classe. Il est facile de comprendre que la largeur peut varier par un régulateur de la première classe, tandis que la hauteur varie par un régulateur à mouvement continu ou de 2e classe, ou réciproquement. C'est le cas du régulateur de la charrue Howard et de quelques autres.

Régulateurs antérieurs mus de l'arrière. Si l'on pouvait faire varier, en hauteur et en largeur, la position du point d'attache des traits pendant la marche de la charrue, on la réglerait plus vite et avec plus de précision. C'est ce que l'on remarque dans une charrue construite, à Mettray, et primée, en 1860, à Paris. Le régulateur de hauteur est un levier courbe tournant autour d'un axe et articulé avec un arc passant dans une mortaise percée à l'avant de l'âge. Une vis à manivelle, articulée avec le levier courbe *attire* ou *repousse* ce levier, et, par suite, élève ou abaisse la coulisse que porte l'arc à son extrémité inférieure, ce qui *soulève* ou abaisse le point de tirage.

Le régulateur de la largeur est une double manivelle ; la manivelle supérieure, repoussée ou attirée par la vis, tourne dans un plan horizontal et fait décrire au *maneton* un arc de cercle ; comme ce maneton est très long, il reste toujours dans la coulisse de la tringle de traction et l'entraîne, en tournant à droite ou à gauche, avec le crochet de traction. Le conducteur peut donc, tout en marchant, régler sa charrue en tournant successivement et dans le sens voulu les vis. Des échelles, peintes sur les traverses des mancherons indiquent au laboureur la largeur et la profondeur qu'il donne, ou du moins lui servent de repères.

Tous les règlements de ce genre, à l'aide de vis,

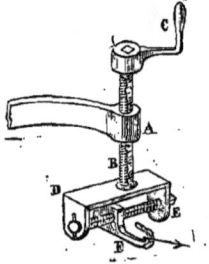

Fig. 773. — *Régulateur à deux vis.*

sont assez séduisants ; mais ils présentent un inconvénient assez grave ; c'est que tous les efforts de l'attelage se reportent en définitive sur les *filets des vis réglantes* qui s'usent ou plient. Les tringles de transmission des mouvements des vis tendent elles-mêmes à plier lorsqu'elles sont comprimées, même lorsqu'elles sont guidées.

Réglement à l'aide d'âges mobiles. Au lieu d'abaisser plus ou moins le point de traction par rapport à l'avant d'un âge fixe, on peut faire baisser plus ou moins l'extrémité d'un âge mobile tournant autour d'un axe horizontal ; et, au lieu de déplacer plus ou moins en largeur le point de traction par rapport à un âge fixe, on peut porter plus ou moins à droite ou à gauche l'extrémité antérieure d'un âge mobile tournant autour d'un axe vertical. Nous ne connaissons que deux exemples complets de ce mode de règlement : le premier de Horsky (agronome hongrois) ; la rotation de l'âge autour de deux axes normaux est provoquée par de simples coins placés à l'arrière ou par des vis (fig. 774 et 775). En faisant tourner la vis C, fixe entre les mancherons, on entraîne la pièce B et l'âge qui tourne autour d'un axe vertical, au droit de l'étançon d'avant. En agissant sur la vis verticale A on entraîne l'âge F qui tourne autour d'un axe horizontal. Ainsi par

le jeu de ces deux vis on fait baisser ou lever et aller à droite ou à gauche, le bout antérieur de l'âge portant le crochet de traction. Le second est donné par une charrue faite, en 1862, sur nos dessins et dans laquelle la rotation de l'âge est provoquée par deux vis placées à l'arrière (fig. 776). Le jeu des vis de règlement est semblable à celui que nous venons de décrire : la différence principale est dans la position de l'axe vertical représenté par l'axe d'une douille portant deux tourillons enfilés dans les deux lames de l'âge et autour desquelles ce dernier tourne lorsqu'on agit sur la vis verticale.

Dans le modèle de charrue Pinel représenté figure 776, l'âge a bien la double rotation dont nous venons de parler ; mais, la largeur est réglée directement à la main, par le déplacement d'une cheville traversant et l'axe horizontal percé de trous. Or, il n'est guère possible de faire le changement de position de la cheville sans arrêter l'attelage ; tandis qu'avec

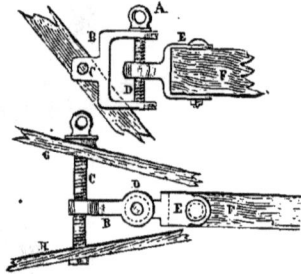

Fig. 774 et 775. — *Elévation et plan des vis d'arrière réglant la charrue de Horsky.*

la vis, mue par une manivelle, on peut faire tourner l'âge autour de son axe horizontal.

Dans nombre de cas, l'âge mobile n'a qu'un axe de rotation, l'horizontal ; la largeur est réglée directement à la main, à l'avant de l'âge, après arrêt de l'attelage. La rotation de l'âge est alors provoquée par le jeu d'une vis qui, placée à portée de la main du laboureur, lui permet de régler la profondeur en marchant ; ce qui rend facile et précis la partie la plus importante du règlement. La disposition la plus ordinaire est la suivante : Une vis traverse un écrou à tourillon oscillant dans un étrier fixé à l'arrière de l'âge mobile autour de l'axe horizontal. Cette disposition est employée dans une des belles charrues de M. Meugniot pouvant marcher avec ou sans avant-train. On peut disposer sur le support supérieur de la vis un disque à crans et faire la manivelle à charnière et pouvant se rabattre dans un des crans du disque pour assurer la fixité du règlement comme dans l'avant-train Dombasle.

Dans une charrue de M. Boquet (Exposition de Paris, 1855), l'âge mobile est relié au corps de charrue par un étrier supportant la vis qui passe dans un écrou noyé dans l'âge, et, tournant à sa partie inférieure avec les tringles articulées, en bas, avec le corps de charrue et à la partie supérieure avec l'âge mobile. Lorsque l'on fait tourner la manivelle, la vis soulève ou abaisse l'arrière de l'âge qui s'élève ou s'abaisse parallèlement à lui-même.

Réglement de l'angle fait par l'âge et le sep. On règle parfois la profondeur par la variation de l'angle que fait le sep avec l'âge comme dans certains araires antiques dans lesquels un coin simple ou double interposé entre l'âge et le sep peut être enfoncé plus ou moins pour donner plus ou moins de profondeur. En réalité, ce changement d'angle n'a d'autre effet que d'augmenter ou de diminuer la tendance du soc à pénétrer en terre, ou ce qu'on nomme le *trempage* ou l'*embéchage*. Cette mobilité du sep par rapport à

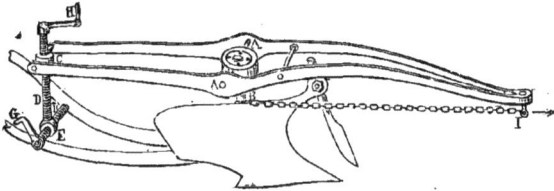

Fig. 776. — *Charrue à âge tournant autour de deux axes (système Grandvoinnet).*

l'âge ne dispense pas du règlement de la hauteur du point d'attache des traits. Elle a le même effet que le règlement de l'inclinaison du soc ou du talon du sep. Nous en donnons un exemple, emprunté à une charrue Merk. L'axe de rotation de l'âge est sur le premier étançon ; l'étançon d'arrière est courbé en arc de cercle ayant aussi son centre et passant dans une mortaise de l'âge. Une barre solidement boulonnée sur le mancheron gauche et sur l'étançon d'arrière, porte un renflement taraudé en écrou et traversé par une vis à manivelle. L'âge est libre à son extrémité postérieure. Lorsque l'on fait tourner la vis, de façon à faire appuyer sa pointe libre sur l'arrière de l'âge, l'avant de celui-ci s'élève. En faisant tourner la vis en sens contraire, la traction, qui agit directement ou indirectement

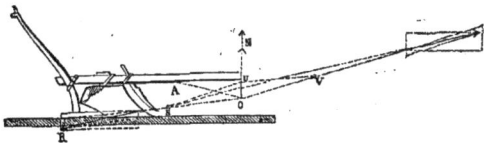

Fig. 777. — *Du choix à faire pour le point d'attache de la traction de l'attelage.*

sur l'avant de l'âge, l'abaisse jusqu'à ce que l'arrière de l'âge vienne presser sur la pointe de la vis. Ce mode de règlement ne dispense pas de modifier la position du point d'attache des traits à l'avant.

Dans la disposition adoptée par M. Bernet, l'axe de rotation du corps de charrue est celui du boulon horizontal traversant l'âge et le haut de l'étançon d'arrière. L'autre étançon se termine à la partie supérieure par une tige filetée qu'un écrou à manette permet d'élever ou d'abaisser entre certaines limites. On élève ou abaisse ainsi la pointe du soc par rapport à l'âge, ce qui fait varier l'entrure en conséquence.

Du point d'attache de la chaîne de traction à l'âge. Nos lecteurs ont pu remarquer que cer-

tains régulateurs complets portent directement la chaîne de traction qui agit ainsi sur l'avant de l'âge ; les autres régulateurs guident seulement la chaîne ou tringle de traction qui est attachée *sous l'âge*, soit devant le coutre, soit entre le coutre et l'étançon d'avant et même sur cet étançon ; dans quelques charrues la tringle de traction agit même sur l'étançon d'arrière. Ces deux modes d'attache de la chaîne de traction ont leurs avantages et leurs inconvénients qu'il s'agit de faire connaître. D'excellents constructeurs la proscrivent tandis que d'autres, non moins renommés, l'adoptent.

Le centre des résistances qui agissent contre la charrue est à peu près à moitié de la profondeur et au tiers de la largeur à partir de la muraille sur le haut du soc, un peu en avant du centre de gravité de la charrue. Si la chaîne de traction pouvait être fixée en ce point et librement tendue jusqu'au palonnier de l'attelage, l'âge ne supporterait aucun effort transversal et sa grosseur pourrait être très faible sans que sa rupture soit à craindre ; l'âge il est vrai n'aurait plus d'action pour le maintien en ligne de la charrue, à moins de relier cette chaîne à l'avant de l'âge. Si le régulateur presse sur cette chaîne de traction, de manière à lui faire faire un angle en projections horizontale et verticale, il résulte de cette déviation de la chaîne une pression normale N sur l'avant de l'âge qui, à chaque contraction musculaire des chevaux, reçoit des chocs qui le font vibrer *coniquement*. L'effort normal sur l'âge est d'autant plus grand, toutes choses égales d'ailleurs, que le point d'attache de la chaîne est plus en avant du centre des résistances, car l'angle de déviation est d'autant plus grand. Au point de vue de la fatigue de l'âge par les vibrations que lui communique l'attelage, il y a donc avantage à écarter de l'avant le point d'attache des traits en restant dans la direction prolongée de la résultante R des résistances (fig. 777) ; mais si, en l'éloignant, on est forcé de hausser ce point d'attache jusqu'à l'âge, on perd la plus grande partie de l'avantage obtenu. Il y a donc, suivant la disposition de l'ensemble de la charrue, une certaine position d'attache de la traction au-dessous de l'âge, un peu en avant du soc, ou en arrière, qui est préférable à toute autre et limite le plus possible l'étendue des vibrations de l'âge dues aux efforts périodiques de l'attelage.

L'emploi d'une tringle ou chaîne de traction, placée sous l'âge, a donc surtout pour bon effet de diminuer la fatigue de cette pièce ; mais, la diminution de ses vibrations assure, en outre, une marche régulière du sep dispensant le laboureur de presser snr les mancherons, ce qui doit produire une diminution dans le frottement résistant des deux faces du sep. M. Bajac adopte une tringle de traction attachée à l'arrière du corps de charrue et partant d'une pièce, dite tête d'âge, sur laquelle la traction agit de manière à refouler l'âge (fig. 778). A E est une tige plate verticale portant, en avant, le régulateur de largeur E, auquel la traction T est appliquée. Cette tige a un axe de rotation en B, dans la tête de l'âge, et, plus bas, un centre d'articulation avec la tringle qui s'attache, de l'autre bout, au corps de charrue sur l'étançon d'avant ou sur celui d'arrière. La partie supérieure A de la tige A E est pressée par un ressort A F fixé en F sur l'âge. Lorsque la charrue fonctionne, la traction T des chevaux fait équilibre à la résistance R de la terre contre le coutre, le soc, le versoir et le

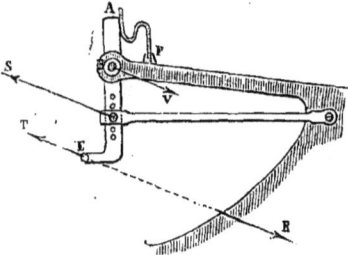

Fig. 778. — *Tête d'âge refoulante de M. Bajac.*

sep. Pour plus de simplicité, nous admettrons que T et R sont absolument sur la même droite. Or, la charrue est attachée, par les points B et C, au régulateur qui reçoit l'action de l'attelage ; donc, en réalité, la traction agissant en E est la résultante des deux forces parallèles agissant sur la charrue en B et C, et dirigées en sens contraires l'une de l'autre, puisque leur résultante T est en dehors des points B et C ; la force S sur la tringle est donc de même direction que la traction, mais plus grande ; car, T appliquée en E doit être égale à la différence entre les forces appliquées à la tringle et en B, on a donc : T = S — V. La traction motrice T sur le régulateur se transforme donc en une traction plus grande S de la tringle, sur la charrue, et en un refoulement V sur la tête de l'âge qui se manifeste par une pression sur le ressort A F.

La barre A E étant percée de plusieurs trous pour recevoir le boulon qui sert d'axe d'articulation à la tringle, on peut régler l'énergie de refoulement ; si le point d'attache de la tringle est élevé, le refoulement est plus grand par rapport à la traction, car la valeur de V est donnée par l'équation :

$$V = T \times \frac{CG}{BC} ;$$

CG étant la distance entre S et T et BG, celle entre V et S, la traction S de la tringle sur la charrue est donnée par la formule :

$$S = T \times \frac{BG}{BC}.$$

C'est-à-dire que le refoulement est à la pression comme la distance C G est à la distance totale B G. Le refoulement ne pourrait être égal à la pression que si la tringle était attachée en dessous de B, mais infiniment près de ce point.

En abaissant le point d'attache de la tringle, on diminue l'énergie du refoulement qui sera nul quand la tringle de traction sera attachée sur le prolongement de la droite de tirage E R. L'emploi intelligent de cette tête refoulante doit limiter les oscillations de l'âge, malgré les écarts de l'attelage ; par suite, le corps de charrue est plus stable dans sa translation et le sep appuie également sur toute sa longueur.

En résumé, l'emploi d'une tringle de traction reportant l'attache de la *force motrice*, aussi près que possible du centre des résistances, a pour bon effet de limiter les vibrations de l'âge et par suite sa fatigue ; ses fibres éprouvent moins de traction ou de compression dans les sections qui avoisinent l'encastrement dans le *corps de char-rue*, lieu où la rupture de l'âge tend à se faire.

La marche de l'attelage a lieu suivant une ligne légèrement ondulée, horizontalement et verticalement ; par suite, si la traction, qui se fait par secousses brusques, agit directement sur le régulateur ou sur l'avant de l'âge, celui-ci suit ces ondulations et vibre à chaque contraction musculaire des bêtes d'attelage. La main du laboureur doit continuellement agir sur les manches pour maintenir le corps de charrue dans sa ligne de translation, malgré les ondulations et les vibrations de l'âge. Ces vibrations sont surtout très marquées dans les araires purs, ce qui leur a fait donner par les anglais le nom de *swing-ploughs*. La tringle de traction limitant les oscillations et les vibrations, diminue les efforts du laboureur sur les mancherons et par suite les frottements du sep, d'où une faible diminution de traction.

Si la tringle ou chaîne de traction est placée trop en dessous de l'âge et trop près du soc et du coutre, elle arrête les mauvaises herbes et la charrue peut bourrer. Le même inconvénient se présente si l'on doit enterrer du fumier. Il convient donc de se laisser la possibilité d'attacher la chaîne ou la tringle de traction en différents points, suivant l'état de la terre à labourer ou suivant le labour à faire, et même de la supprimer.

Il peut être utile aussi de porter à droite ou à gauche de l'âge, suivant les cas, le point d'attache de la chaîne sous l'âge ou sur l'étançon d'avant. Cette précaution rentre dans ce que nous avons appelé le double règlement des charrues et dont nous allons nous occuper.

Du double règlement des araires. Nous avons déjà fait observer qu'il est impossible de trouver un point d'attache des traits tel que l'araire n'ait aucune tendance à tourner. Avec un régulateur précis, cette tendance est assez faible lorsqu'on ne prend que des profondeurs et des largeurs peu différentes de celles pour lesquelles la charrue a été construite ; et lorsque le soc et le coutre n'ont pas trop de tendance à piquer et à enrayer. Mais si l'on veut avec un même araire faire tour à tour des labours superficiels et profonds, larges et étroits, le règlement, quelque précis qu'il puisse être, laisse une forte tendance à tourner que le laboureur doit vaincre, en appuyant fortement sur les manches, ou en les soulevant. Dans de tels cas, le labour est difficile et fort irrégulier. On peut employer divers moyens pour parer en partie à ces inconvénients et empêcher, comme on le dit, que l'araire ne marche sur le nez ou enraye trop ; ou, au contraire, qu'il marche sur le talon du sep ou déraye. Voici ces moyens :

1° Au lieu d'attacher la chaîne de traction à l'âge ou à l'étançon, dans l'axe même de l'âge, (fig. 779 et 780), on se ménage deux autres crans, l'un à droite et l'autre à gauche. En attelant du côté de la muraille, on tend à redresser dans le

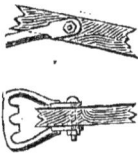

Fig. 779 et 780. — *Elévation et plan de l'anneau à crans régulateurs auquel s'attache la tringle de traction.*

plan horizontal une charrue qui enraye trop ; on fait naturellement le contraire, en attachant la chaîne de traction au cran placé du côté du versoir ; on trouve cet avant-régulateur dans quelques bonnes charrues américaines ; 2° le règlement du coutre donne un résultat analogue, mais assez restreint ; le soc, s'il est mobile, peut être poussé de la pointe plus ou moins à gauche ; 3° on complète le règlement en hauteur de la charrue, fait sur le régulateur proprement dit, en allongeant les traits si la charrue ne pique pas assez ou en les raccourcissant si elle tend à pénétrer par trop en terre ; 4° on arrive au même résultat, en faisant plonger plus ou moins le soc, supposé mobile ; ou, dans le cas contraire, en variant l'inclinaison du sep, ou seulement la hauteur du talon. Enfin, quelques constructeurs adoptent des corps de charrue réglables dans leur position par rapport à l'âge, soit par rotation autour d'un point fixe, soit par abaissement ou relèvement ; ou enfin, **par les deux moyens simultanément** employés.

Dans la disposition adoptée par M. Bernet (Ménil-s-Saulx), l'étançon d'arrière présente en haut un axe de rotation autour duquel tout le corps de charrue peut tourner ; l'autre étançon se termine à sa partie supérieure par une tige filetée qu'un écrou attire ou repousse suivant le sens de la rotation qui lui est imprimé, on élève ou abaisse ainsi la pointe du soc. Un moyen analogue, d'apparence plus compliquée,

était employé par M. Letessier, dit Pays, de Lava. L'étançon d'arrière est assemblé dans un levier qui, à l'arrière, fait écrou et, à l'avant, est libre dans une douille ou anneau fixé sur l'âge ; tout le corps de charrue tourne autour de l'axe lorsque l'on agit sur la manivelle pour faire tourner la vis qu'elle termine, dans un sens ou dans l'autre. Cette manivelle se trouve un peu en avant des mancherons, mais à la portée du laboureur qui peut la faire tourner pendant la marche de la charrue. Nous verrons plus loin que des dispositions analogues se retrouvent souvent dans les charrues à avant-train.

Du règlement des charrues a support. Quelque précis que soit le régulateur d'un araire et quelque soin qu'on mette au règlement complet de cette espèce de charrue, elle présente toujours une petite tendance à tourner d'avant en arrière, ou réciproquement, autour d'un axe horizontal normal à la direction du mouvement de translation ; et, de droite à gauche, ou réciproquement, autour d'un axe vertical. Un habile laboureur, par de faibles efforts et une attention constante, sait contrebalancer à chaque instant ces tendances et maintenir, malgré tout, la charrue dans la ligne droite qu'il veut suivre, en conservant à très peu près une largeur et une profondeur constantes. Comme les laboureurs habiles sont de plus en plus rares, il est avantageux, dans nombre de circonstances, de réduire autant que possible le rôle du conducteur de charrue et d'assurer ainsi, même avec un laboureur médiocre, l'exécution d'un labour régulier, en profondeur surtout. Tel est le but des divers supports, placés sous l'âge, en avant ou en arrière, et qui reçoivent les noms de patins, roulettes ou roues, et d'avant-trains. Nous allons examiner sommairement chacun de ces supports.

Supposons un araire du brabant parfaitement réglé en profondeur et en largeur, sans l'aide du patin ; c'est-à-dire par le seul emploi du régulateur et de l'allongement ou du raccourcissement des traits. Il peut servir ainsi en araire pur et faire un labour régulier si le conducteur qui tient le mancheron est suffisamment habile. Toutefois, si l'on abaisse le patin jusqu'à ce qu'il presse légèrement sur le sol, on diminuera de beaucoup la tâche du conducteur : en effet, si dans le sol il se présente un obstacle tendant à faire piquer la charrue, le patin, en appuyant sur le sol, empêchera la charrue de pénétrer à une profondeur plus grande que celle qui est déterminée par l'abaissement du patin. Réciproquement pour qu'un obstacle fasse sortir de terre la charrue, il faut qu'il dépasse en intensité la pression que le patin exerce sur le sol : or, cette pression peut être fixée à volonté par le règlement. Alors le laboureur qui tient le mancheron n'a plus qu'à maintenir la charrue dans la ligne droite du rayage : la profondeur fixée se maintient par le seul fait de la présence du support, à moins que les obstacles tendant à faire sortir ne dépassent la tendance à l'enture, donnée par le règlement. Si le sol présente de fréquents et forts obstacles, on doit donc donner à l'araire une forte tendance à l'entrure, puis abaisser le patin ou sabot pour restreindre la profondeur au chiffre voulu : mais alors le sabot appuyant *fortement* sur le sol, il en résulte un frottement qui s'ajoute à la résistance qu'aurait eu à vaincre l'araire pur.

L'emploi du patin donne aussi une certaine stabilité. Si l'attelage dévie de la ligne du rayage ou si un obstacle tend à faire enrayer ou dérayer la charrue, le frottement, dû à la pression du patin, ou de la roue (fig. 781), résiste dans une direction normale à l'âge, c'est-à-dire que, si une cause quelconque tend à faire aller le soc suivant la flèche A, la charrue tournant autour d'un axe vertical, le frottement agit dans la direction B en opposition directe au déplacement circulaire du sabot, provoqué par le déplacement du soc. Plus le patin est éloigné de l'âge, plus le bras de levier du frottement est grand et, par suite, à égalité de pression, plus le sabot est efficace pour maintenir en largeur la charrue. Avec un support à l'avant de l'âge, on peut donc rendre un araire aussi stable que cela est nécessaire si les moyens de règlement sont complets ; plus le terrain est difficile et hétérogène, plus ce support *doit presser* sur le sol pour agir efficacement dans la moyenne de la résistance du sol. Il en est de même si le labour doit être profond. Ainsi, en principe, les supports ont d'autant moins d'inconvénients que le sol est plus facile et plus homogène et le labour moins profond.

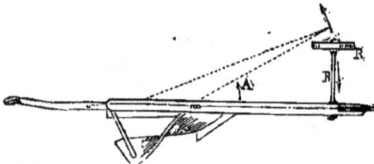

Fig. 781. — *Mode d'action d'un patin ou d'une roulette pour maintenir une charrue en raie.*

Lorsque le rôle des supports se borne à empêcher que les moindres obstacles fassent dévier la charrue en profondeur ou en largeur, ils n'ont aucun inconvénient bien sensible, car la traction n'est pas notablement augmentée puisqu'on évite, par l'emploi de ces supports, la pression que le laboureur doit constamment exercer sur les mancherons d'un araire pur. Mais comme le laboureur a intérêt, pour diminuer sa fatigue, à rendre la charrue le plus stable possible, il la règle de façon que le support appuie très fortement sur le sol, ce qui sans aucun doute augmente la résistance de la charrue. Pour un avant-train, Dombasle estimait cette augmentation à un quart. Une trop grande stabilité de la charrue a aussi l'inconvénient de ne pas rendre sensibles pour le laboureur les obstacles que rencontre la charrue dans le sol : il ne s'en aperçoit que trop tard ou même par une rupture ou l'arrêt de l'attelage ; tandis que le laboureur qui conduit un araire pur s'aperçoit instantanément de la rencontre des moindres obstacles, et il peut agir sur les manches pour les éviter ou empêcher toute déviation ou la

rupture de quelque pièce. L'araire pur est donc plus convenable, en sols pierreux, hétérogènes et difficiles, que les charrues à supports.

Nous avons vu que les patins ont pour premier inconvénient d'accroître la résistance à vaincre par l'attelage de tout le *frottement de glissement* dû à la pression du sabot sur le sol. On peut diminuer cet inconvénient en remplaçant le patin par une petite roue ou roulette au lieu d'un frottement de glissement, égal à la moitié de la pression, on n'a alors à vaincre qu'un *frottement de roulement* notablement plus petit. Nous prouvons dans notre étude sur le *roulement* que la traction T, nécessaire pour traîner une roue de poids P portant sur ses tourillons une surcharge P', est donnée par la formule :

$$T = K \frac{(P + P')^{4/3}}{L^{1/3} . D^{2/3}} + 0,12 P'.$$

Dans cette formule, K est un coefficient numérique très petit, surtout pour un sol ferme ; L est la largeur de la jante et D son diamètre extérieur.

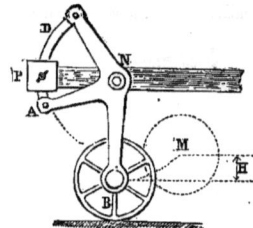

Fig. 782. — *Mode de règlement de la hauteur d'une roulette en avant de l'âge.*

On voit qu'il y a avantage à adopter un grand diamètre et une certaine largeur de roue. Le coefficient 0,12 du second terme de la valeur de T suppose un tourillon de diamètre assez petit (1/12 de D) et bien graissé.

Les patins sont ordinairement fixés au bas d'une tige de fer plat passant dans une mortaise de l'âge, ou dans une fausse mortaise boulonnée sur la face verticale extérieure de l'âge. Cette barre peut être élevée plus ou moins et maintenue à la hauteur voulue par un coin, la face antérieure de cette tige porte alors une crémaillère engrenant avec une bande de fer, fixée sur l'âge au bord de la mortaise. Parfois la tige est simplement percée de trous : une cheville traversant l'âge maintient alors la tige du patin. Les roulettes peuvent être fixées de même dans l'âge ; mais, le plus souvent, on adopte une disposition plus stable. La figure 782 représente la roulette adaptée à une charrue Perrot. L'arc en fer AD glisse circulairement dans une mortaise qui termine l'âge en avant. Lorsque la roulette est à la hauteur voulue, on l'y maintient en serrant une vis de pression placée sur la face extérieure de la mortaise. MM. Rugles, Nourse et Mason, de New-York, fixent la fusée de la roulette sur une pièce courbe tournant autour d'un boulon horizontal traversant l'âge et glissant dans une mortaise. Une vis de pression suffit aussi à la fixation de cette pièce. Dans l'examen des diverses charrues, nous aurons l'occasion de signaler d'autres modes de fixation de la roulette.

Souvent on fixe sur l'avant de l'âge deux roulettes indépendantes l'une de l'autre : la première, d'un petit diamètre, roule à l'extérieur de la charrue sur le sol non labouré ; l'autre, d'un plus grand diamètre, roule sur le fond de la raie le plus près possible du bord interne de la bande en renversement. Les charrues anglaises présentent divers moyens pour fixer ces deux roulettes.

Du choix à faire entre le patin et la roulette. Lorsque le terrain est naturellement uni et régulier, la roulette est préférable, comme donnant moins de frottement pour une même pression sur le sol, ou pour le même degré de stabilité de la charrue ; mais, dans les terrains pierreux ou motteux, la roulette tend à *monter* sur les mottes et, par suite, à faire dévier la charrue en hauteur ; le patin est alors préférable, car, au lieu de monter sur les mottes, il les pousse ou les brise, surtout si à l'avant sa forme est analogue à celle d'une proue de bateau. Certains constructeurs du Nord ou de Belgique mettent sur la même tige, d'un bout, une roulette et de l'autre un patin. Suivant l'état de la surface du champ, on fait travailler l'une ou l'autre. Il est bon que la jante un peu large des roulettes ait une section transversale convexe pour écarter les pierres et les mottes. Si la jante est très étroite, elle fait une ornière dans le sol et fait naître une plus grande résistance.

Règlement des araires à support. Les araires antiques à long âge ou timon, reposant sur le joug d'une paire de bœufs, sont des araires à support. Pour accroître la profondeur, il faut : 1° éloigner du joug le corps de la charrue. Pour permettre ce règlement, le timon à l'avant est percé de plusieurs trous. Ou 2° ouvrir l'angle fait par le sep avec l'âge. En appuyant fortement sur le mancheron, on augmente aussi la profondeur.

Lorsque l'araire est supporté en avant par un patin ou une roulette, on le règle absolument comme les araires purs pour la largeur et la profondeur et l'on ne fixe la hauteur du support qu'après ce règlement. En abaissant le point d'attache des traits, on diminue la profondeur et réciproquement. En appuyant sur les mancherons, on accroît la profondeur.

De l'avant-train. Un avant-train se compose essentiellement de trois parties : 1° un essieu portant ses deux roues ; 2° un bâti à peu près horizontal reposant sur l'essieu et à l'avant duquel la traction est appliquée : de l'arrière, part une chaîne reliant l'avant-train à la charrue ; 3° un bâti vertical fixé sur l'essieu comme le précédent et muni, à sa partie supérieure, d'une pièce nommée *sellette* sur laquelle s'appuie l'avant de l'âge. Le caractère distinctif de l'avant-train consiste dans une complète indépendance de la charrue par rapport à ce genre de support. La charrue peut être éloignée ou rapprochée de l'avant-train, élevée ou abaissée. Elle peut aussi tourner autour de l'axe longitudinal de son âge.

Lorsque la charrue à avant-train est en mouvement, la chaîne est tendue et l'on a, par suite,

un triangle particulier comme longueurs de ses trois côtés : il en résulte une certaine profondeur de labour et nous supposerons d'abord que le sep reste alors horizontal. Si l'on veut augmenter la profondeur, on peut : 1° diminuer le côté en portant la cheville à l'un des trous *a* : la longueur de la chaîne restant la même, le tirage de l'attelage soulèvera l'essieu et, par suite, le soc pourra pénétrer plus profondément avant que les roues ne portent sur le sol. Si, dans cette position, le corps de charrue marche sur le nez ou sur le talon du sep, on élève ou l'on abaisse la

Fig. 783. — *Rondelle de précision du règlement.*

sellette mobile entre les montants du bâti vertical. Si ce moyen ne suffit pas, il faut avoir un régulateur de traction à l'avant du bâti horizontal, et chercher par tâtonnement la position du point d'attache, en hauteur, qui maintient le sep horizontalement pour la profondeur voulue. On peut, en outre, pour compléter le règlement, allonger ou raccourcir les traits, suivant le besoin ; et surtout allonger ou raccourcir la chaîne de traction.

Ainsi, outre le règlement, par un régulateur ordinaire, de la hauteur du point d'attache des traits en avant, on règle la position du point où la chaîne, qui réunit l'avant-train à la charrue, est

Fig. 784 et 785. — *Cheville réglante, élévation et plan.*

accrochée ; on raccourcit plus ou moins cette chaîne et l'on élève plus ou moins la sellette. Nous n'avons pas à examiner le régulateur de hauteur placé en avant, c'est un de ceux que nous avons précédemment examiné. Pour l'élévation de la sellette les montants sont percés de trous et avec deux chevilles on maintient cette sellette à la hauteur voulue. On peut adopter un ou deux rangs de trous, un mouvement simple ou un mouvement différentiel. Pour le règlement de la position du point d'attache, l'âge est percé de trous suivant son plan vertical de symétrie : l'anneau C qui termine la chaîne peut glisser aisément sur l'âge et s'arrête derrière la cheville, placée dans l'un des trous A. Les trous étant forcément assez distants l'un de l'autre, il faut, pour rendre plus précis ce mode de règlement, interposer une ou plusieurs *rondelles* (fig. 783) entre la cheville d'arrêt et l'anneau. Si cinq épaisseurs de rondelles correspondent à l'écartement de deux trous, on emploie quatre rondelles au plus et l'on peut

ainsi, en mettant une, deux, trois ou quatre rondelles, régler à un cinquième de l'écartement des
trous.

Au lieu de ces rondelles on emploie parfois une
cheville particulière à quatre rayons inégaux (fig.
784 et 785). Suivant la face, mise devant l'anneau,
on règle par quart de la distance entre deux trous.
Nous avons vu cette espèce de cheville dans une
charrue de M. Lefebvre.

On voit qu'en général le règlement parfait d'une
charrue à avant-train est plus compliqué que
celui d'un araire pur ou d'un araire à supports
solidaires de l'âge. En revanche, le règlement parfait en profondeur étant obtenu, on peut dire que
la charrue marche sans que le laboureur ait à
agir sur les mancherons. Toutefois, si un obstacle
tend à faire piquer le soc, il faut soulever les
mancherons pour maintenir la profondeur voulue;
réciproquement, si quelqu'obstacle tend à déterrer la charrue, le laboureur doit appuyer fortement sur les mancherons. Parfois l'avant de l'âge
est relié par une chaîne au cadre horizontal de
l'avant-train pour empêcher le déterrage.

Le règlement de la largeur du labour dans les
charrues à avant-train exige à l'avant, en U, un
régulateur de largeur comme les araires ; en outre,
on fait glisser le haut de l'âge sur la sellette, pour
faire varier l'angle de l'âge avec la direction du
tirage. La sellette présente, par exemple, deux ou
trois encoches demi-circulaires, permettant de
placer l'âge dans trois inclinaisons différentes
pour autant de largeurs ; d'autres fois, l'âge est emprisonné dans une pièce mobile glissant sur la sellette à la main et maintenue à une place déterminée
par une cheville, passant dans l'un des trous de la
sellette. Cette pièce mobile, portant l'âge à l'avant,
peut être mue par une vis. Il est bon que la roue
de droite puisse être plus ou moins écartée.

Nous allons donner quelques exemples de régulateurs de charrues à avant-train.

Dans la charrue de M. Ch. Grégoire, le levier
étant pressé de haut en bas, l'arrière du corps de
la charrue est soulevé en tournant autour de l'axe
horizontal ; une cheville, placée dans l'un des trous
de l'étançon d'arrière, permet de donner au
sep l'inclinaison voulue par rapport à l'âge ;
en tournant ensuite la vis, on met l'essieu des
roues à la hauteur voulue pour la profondeur que
l'on veut atteindre. La largeur se règle en faisant
glisser la sellette tout entière dans la rainure de
l'essieu, à droite ou à gauche et en tournant la
vis qui pousse du côté voulu l'écrou à rebord,
portant l'anneau auquel on attache la balance de traction. Il y a ainsi deux règlements :
celui de la traction et celui des supports.

Dans une autre disposition de règlement d'une
charrue à avant-train, l'âge se termine à l'avant
par une douille verticale, pouvant glisser le long
d'une tige verticale, terminée au bas par une
boîte embrassant l'essieu ; en appuyant sur le levier qui tourne autour de l'axe, on soulève l'âge
par rapport à l'essieu, et, par suite, on peut déterrer entièrement l'avant de la charrue. Des trous,
percés sur la tige verticale, permettraient de fixer
l'âge à la hauteur voulue. Une vis, traversant la

douille, suffit aussi, mais elle donne moins de
fixité. Enfin, ce levier permet de déterrer complètement la charrue pour tourner à chaque bout de
raie. L'extrémité supérieure de la tige verticale
porte une douille glissant sur une traverse horizontale et solidaire de l'écrou traversée par une
vis fixe que l'on peut faire tourner à l'aide de la
manivelle. Suivant le sens de rotation de cette
vis, l'écrou et la tige, glissent de gauche à droite
ou en sens contraire, en entraînant l'avant de
l'âge. Ainsi, on peut à l'avant soulever plus ou
moins l'âge et l'écarter plus ou moins de la ligne
de traction. En arrière, une vis permet de faire
tourner l'âge autour de l'axe. Une seconde vis,
horizontale, a pour écrou le coude d'une coulisse
et appuie par sa pointe contre l'arrière d'un sous-
âge réunissant le haut des deux étançons. La coulisse se relève verticalement pour embrasser la
queue de l'âge. Par la vis on peut donc faire
tourner l'âge horizontalement autour d'un axe
vertical. Ainsi nous avons là un double règlement qui permet pour les diverses profondeurs et largeurs de faire marcher la charrue
sur son sep et contre sa muraille. Mais cela
ne dispense pas d'un régulateur de traction à
l'avant que notre croquis n'indique pas. Ce système est trop compliqué : nous ne le citons que
pour faire comprendre ce qu'il est nécessaire
de faire pour régler une charrue à avant-train
pour qu'elle puisse marcher à peu près seule.

Dans la charrue à avant-train avec double
règlement, de M. Pardoux, l'âge courbé d'équerre,
repose sur une sellette en forme de simple barre
horizontale dont les extrémités en douilles plates
glissent sur les tiges verticales portant les fusées
d'essieu des deux roues indépendantes l'une de
l'autre. Un régulateur à coulisse horizontale est
attaché, par deux tiges, à la sellette où elles
sont articulées. Dans la coulisse passe un boulon vertical qu'un écrou aidé d'un contre-écrou,
permet de fixer en un point quelconque de cette
coulisse, en soulevant plus ou moins la tringle
de traction attachée, au bout antérieur de l'âge.
La hauteur des deux roues-supports, ainsi que
la position en hauteur et en largeur du point
d'attache des traits peuvent donc être fixées d'une
manière assez précise.

Lorsque l'âge repose sur le joug d'une paire
de bœufs, on peut faire cet âge à articulation et
y appliquer un simple ou double règlement
faisant varier l'inclinaison relative des deux
portions d'âge en hauteur seulement ou en
hauteur et largeur. Dans la première figure,
les deux bouts d'âge sont emboîtés dans un
manchon, l'arrière y est assujetti solidement
par deux clavettes, tandis que la partie antérieure peut y osciller dans un plan vertical
en tournant autour de l'axe horizontal. Les
deux vis à tête percée permettent de maintenir l'avant de l'âge ou timon dans l'inclinaison
voulue.

Dans une autre disposition une vis horizontale
pénètre dans un écrou à deux pivots tournant
dans le bout de l'arrière-âge qui l'embrasse :
suivant le sens de la rotation imprimée à cette

vis, l'arrière-âge s'incline plus ou moins dans le plan horizontal par rapport au timon. Une seconde vis, appuyant sur l'arrière-âge, permet de le faire baisser plus ou moins par rapport à l'axe de la vis. La chaîne de traction venant du dessous du joug est attachée à un anneau fixe.

Nous avons cherché, dans cet examen du règlement des diverses charrues, à faire comprendre l'importance d'un règlement précis, ce qui, jusqu'au travail, déjà cité, sur la charrue, avait passé presqu'inaperçu pour la plupart des auteurs qui ont écrit sur les machines agricoles.

DES RÉSISTANCES QUE FONT NAITRE LES DIVERSES
PARTIES·DE LA CHARRUE.

Résistance sur le coutre. Dans notre étude sur le coin nous prouverons que la résistance que la terre exerce sur l'une des faces d'un coutre, marchant symétriquement ou non, est donnée par la formule $T = 0,0154 L^2 H p$ tang $(a + \gamma)$. L représente la largeur maximum du coutre en millimètres, H la profondeur du labour, p la résistance de la terre à la pression par millimètre cube de compression, a l'angle d'action de la face du coin considéré, et γ, l'angle de frottement. Lorsque p est déterminé par expérience ainsi que γ, on peut donc calculer, *a priori*, la traction qu'exige un coutre.

Dans le cas particulier, où le même coutre fonctionne dans une terre donnée à des profondeurs diverses, tous les termes de la formule, sauf L et H, restent les mêmes ; et l'on a par suite $T = k . L^2 H$, la lettre k représentant un coefficient particulier à la terre à trancher. D'autre part, si le coutre a la forme d'un solide encastré d'égale résistance, il y a entre L et H la relation $L^2 = n H$; la lettre n représentant un coefficient numérique dépendant de la forme de la section transversale du coutre. On peut donc en définitive écrire $T = k n H^2$. et plus simplement $T = K H^2$. C'est-à-dire que la résistance de la terre contre un coutre croît comme le carré de la profondeur du labour.

Comme il est très rare que la décroissance de l'épaisseur et de la largeur soit aussi régulière que nous l'avons supposée, en général, pour les petites profondeurs, la résistance vraie est notablement plus grande que celle qu'indique notre formule ; on conserve vers la pointe une épaisseur trop forte et l'angle a y est plus grand que dans la partie large du coutre. Les essais de M. de Gasparin confirment cette observation. Les résultats sont consignés dans le tableau suivant :

TABLEAU K. — *Tractions exigées par un coutre.*

Nature des terres	Tractions nettes observées pour des profondeurs égales à		Enfoncement de la bêche dynamométrique	Formules empiriques	Formules arrangées
	75 millim.	150 millim.			
	kilogr.	kilogr.	millim.		
Terre propre à la culture.	16.375	41.318	59	$t = 0,05133$ H ^{1,3353}	$t = 0,051842$ H $^{4/3}$
— un peu trop sèche..	46.250	106.118	30	$t = 0,26008$ H ^{1,1982}	$t = 0,13315$ H $^{4/3}$
— sèche et tassée.. . .	62.710	155.062	22	$t = 0,36610$ H ^{1,3061}	$t = 0,19456$ H $^{4/3}$

On voit qu'au lieu de croître comme le carré de la profondeur, les tractions exigées par le coutre d'essai ne croissent que comme la puissance 1,3 de la profondeur.

Résistance due au soc. Elle est du même genre que la précédente ; mais l'épaisseur au dos du soc diminue (de la muraille à l'arête horizontale du versoir) moins vite que dans le coutre, tandis que la largeur diminue uniformément.

Dans le cas particulier où le même soc avec un tranchant plus ou moins développé coupe la terre sur une plus ou moins grande largeur, il est visible que la résistance augmente peu avec l'accroissement de la largeur de coupe.

Des essais de Gasparin, on peut conclure qu'un soc de 0m25 de largeur de coupe exige, en terre propre à la culture, 147k,165, si le tranchant avance en restant normal à la direction du tirage, et 73k,376 seulement, s'il est oblique. En terre un peu sèche, respectivement 421k,897 et 293k,585. C'est-à-dire que le découpage horizontal de la bande emploie, par décimètre, en terre propre à la culture, à peine 10 0/0 de plus que le coupage par le coutre ; en terre un peu sèche, c'est deux tiers de plus ; soit, pour une terre entre les deux états indiqués, environ 35 0/0 de plus pour chaque décimètre de largeur que pour la même mesure en hauteur. Si l'on admet ces chiffres, et un rapport à peu près constant entre la largeur et la profondeur du labour, il est facile de reconnaître que la portion de traction exigée par le découpage de la bande est d'autant plus faible par décimètre carré de section de cette bande que la profondeur est plus grande : Quand la profondeur et la largeur doublent, le découpage exige deux fois plus de force ; mais, comme la section de la bande est quadruple, la force nécessaire par décimètre carré est seulement moitié. On ne peut admettre cette conséquence dans toute sa rigueur ; mais du moins il est indubitable que, pour chaque mètre cube remué, le découpage exige d'autant moins de travail moteur que la section de la bande est plus grande.

Résistance due au versoir. Nous avons vu que cette résistance dépend essentiellement : 1° du coefficient de frottement de la terre avec la matière composant le versoir ; 2° du poids de la terre chargeant le versoir : et 3° de la résistance à la torsion.

Lorsque la section de la bande augmente, le poids de la terre (2°) augmente proportionnellement à cette section ; d'autre part, la résistance à la torsion croît comme le produit de la section de la bande par le carré de la diagonale de cette section. Nous n'avons pas de chiffre certain sur l'intensité de la résistance de la terre à la torsion. Pour l'élévation relative de la terre sur les hélices, la force nécessaire est environ les 0,55 du poids de la bande de terre moyennement consistante. En résumé, on peut admettre que la portion de travail moteur employée à vaincre la résistance de la terre sur le versoir croît un peu plus vite que la section de la bande, par mètre cube remué, surtout en terre dure forte ; mais, en terre de moyenne consistance, le travail varie assez peu, bien qu'il croisse avec la profondeur.

Résistance due au sep. C'est un frottement engendré par une pression qui croît avec la section de la bande et s'ajoute au poids de la charrue et à l'action du conducteur sur les mancherons. Par mètre cube remué, le travail moteur exigé par le sep doit donc varier assez peu.

De la traction exigée par les charrues, d'après les essais dynamométriques.

En 1807, la Société d'agriculture fit faire des essais au dynamomètre. Pour un labour de 0ᵐ,135 de profondeur et 0ᵐ,215 de largeur, la charrue de Brie exigea 390 kilogrammes et celle de Guillaume 200 kilogrammes seulement ; soit 13374 et 6859 kilogrammètres par mètre cube découpé et renversé. La charrue-bêche exigeait autant que la charrue de Brie ; celle de M. Barbé de Luz, 50 kilogrammes de moins et celle de M. de Salme, 95 kilogrammes de moins.

M. Pictet, à peu près à la même époque, fit

au dynamomètre Régnier des essais sur les charrues Dombasle, Schwertz et Machet. L'araire pur de Dombasle pesait 36ᵏ,5 seulement ; son soc ayant 0ᵐ,216 de large, on pouvait prendre des bandes de 0ᵐ,27 de largeur au plus et de 108 à 162 millimètres de profondeur. La charrue Schwertz est une brabant à sabot, à versoir assez long, du type original ; elle pèse 45ᵏ,25 ; le caractère de cette charrue consiste dans la possibilité de labourer à 54 ou 81 millimètres seulement de profondeur ou à 216 et même 243 : toutefois, lorsque cette profondeur dépasse 6 pouces en terres légères ou moyennes, une portion de la terre passe au-dessus du versoir. La charrue Machet est aussi un brabant à sabot ; mais à versoir très court, concave, divisant la bande en morceaux inclinés de 30 à 40° sur le trait de charrue ; les morceaux ont de 0ᵐ,325 à 0ᵐ,487 de long, lorsque l'on rompt un trèfle. On peut avec cette charrue ne prendre que 27 à 54 millimètres de profondeur ou 216 au besoin, avec des largeurs de 0ᵐ,325 à 0ᵐ,376 et même 0ᵐ,405.

Pour un labour de 162 de profondeur et de 324 millimètres de largeur, l'araire Dombasle exigea de 185 à 220 kilogrammes de traction, la Schwertz, 180 à 245 et la Machet, 175 à 230; soit, par mètre cube découpé et remué, respectivement : 3933, 3820 et 3661. La terre devait être assez peu consistante.

Voici des chiffres d'expériences faites à Clayes, près Paris, dans de bonnes terres à blé, légèrement humides. Les deux premières charrues prenaient une bande de 0ᵐ,216 sur 0ᵐ,135; les autres 0ᵐ,230 sur 0ᵐ,135; soit des sections respectives de 2ᵈᵐ,931 et 3,114.

TABLEAU L. — *Essais dynamométriques en 1807.*

Espèces de charrues	Traction moyenne indiquée par l'aiguille du dynamomètre		Travail mécanique dépensé par mètre cube remué		Observations
	en jachère	en culture	en jachère	en culture	
Charrue de Brie ancienne.....	293.700	208.037	10022	7099	Tirage très var. parfois 490 k.
— — de Molard....	225.170	171.325	7683	5846	— moins pénible.
Charrue de Lord Somerville...	205.590	156.640	6624	5050	— à avant-train.
— américaine perfectionnée	159.087	122.375	5126	3943	
Araire écossais..	195.800	146.850	6309	4732	Tout en fer.
Charrue du Brabant.......	195.800	154.192	6309	4968	Très difficile à tenir.
Moyennes.....	212.525	159.903	7012	5273	

Ainsi, en labourant une terre laissée en jachère, il faut, en moyenne, une traction de un tiers plus forte que celle qu'exige la même terre en période de culture.

La charrue qui exige le plus de force en dépense 34,25 0/0 en plus de la moyenne ; et la charrue la moins *tirante*, 44,19 0/0 de moins.

Recherches des causes diverses qui font varier la résistance qu'éprouve une charrue dans les divers cas. La vitesse des attelages dans ces essais était de 1ᵐ,083 par seconde.

On a essayé des charrues à diverses profondeurs et les tractions ont conservé leur parallélisme.

Pour labourer à une profondeur double, la traction était moindre que le double : à égalité de largeur, la traction croît donc moins vite que la profondeur.

La surface que peut en un jour labourer un attelage dépend essentiellement de la vitesse qu'il peut conserver pendant le travail. Et cette vitesse dépend elle-même de la résultante des résistances qu'éprouve la charrue dans son mouvement de translation. Il est donc de première importance d'étudier toutes les causes qui peuvent accroître ou diminuer les résistances. En parlant du *coutre*, du *soc* et du *versoir*, nous avons fait voir comment varient leurs résistances suivant la forme qu'on leur donne; le constructeur peut donc adopter les formes de coutres, de socs et de versoirs qui exigent le moins de traction, de même, en étudiant le sep, nous avons vu comment la résistance qu'il présente varie avec sa nature et sa surface, s'il est assujetti au frottement de glissement ; et, si c'est un sep roulant, l'influence de son diamètre et de la largeur de sa jante. Enfin, notre étude sur le règlement des araires purs et des charrues à supports, ou à avant-train, a fait comprendre l'influence d'un règlement précis de la traction et de l'action du laboureur sur les mancherons. Lorsque tous ces éléments de résistance de la charrue sont pris en considération, on peut a priori indiquer, sans grande erreur, ⸢ telle charrue exigera peu ou beaucoup de traction dans une terre donnée. Mais on comprend que les praticiens aient plus de confiance dans des expériences dynamométriques. Aussi, depuis longtemps, et surtout

dans les concours de charrues, on s'est efforcé de déterminer les tractions exigées par les differents modèles, à diverses profondeurs ou largeurs, dans des terres de natures variées, etc. Nous allons examiner succinctement les divers essais dont nous avons pu recueillir les résultats et ensuite ceux que nous avons pu faire nous-même. Tous ces essais n'ont pas la même précision; car elle dépend essentiellement de l'espèce de dynamomètre adopté: nous espérons, toutefois, en tirer des conclusions très nettes, ou plutôt des espèces de théorèmes dont la démonstration sera donnée par les chiffres des essais.

Dans une même terre, la traction nécessaire pour un labour de largeur et de profondeur données varie avec les divers modèles de charrues. Il suffira pour cette démonstration de donner le tableau suivant des résultats des essais faits par M. Pusey, en Angleterre, avec diverses charrues dans des sols de natures très différentes.

TABLEAU M. — *Essais dynamométriques de diverses charrues en sols différents.*

Noms des charrues	Tractions nécessaires pour une raie de 0ᵐ,2285 de largeur et de 0ᵐ,1268 de profondeur dans une terre					Travail en kilogrammètres par mètre cube remué dans une terre					Poids des charrues
	d'argile bleue	franche forte	de marais	franche sablonneuse	de sable un peu gras	d'argile bleue	franche forte	de marais	franche sablonneuse	de sable un peu gras	
	kilogr.	kilogr.	kilogr.	kilogr.	kilogr.						kilogr.
Araires purs.											
Ecossais de Ferguson....	317.4	222.2	146.0	120.6	120.6	10954	7668	5039	4162	4162	95.214
— de Clark.....	330.1	209.5	146.0	126.9	107.9	11392	7230	5039	4382	3724	95.214
De Ransomes.......	279.3	190.4	133.3	114.3	101.6	9639	6572	4607	3943	3505	63.476
De King.........	304.7	171.4	120.6	114.3	195.2	10540	5916	4162	3943	6737	50.781
Charrues à une roue.											
De Hart (genre Berkshire).	272.9⊙	146.0⊙	101.6⊙	188.9	176.2	9420⊙	5039⊙	3505⊙	6510	6080	76.171
Vieux modèle de Berkshire.	330.1	228.5	158.7	146.0	133.2	11392	7887	5477	5039	4607	95.214
De King.........	272.9⊙	190.4	114.3	107.9⊙	107.9	9320	6572	3943	3724⊙	3724	63.476
Charrues à deux roues.											
De Ransomes.......	272.9⊙	209.5	188.9	114.3	82.5⊙	9420⊙	7230	6518	3943	2848⊙	82.519
— (genre Rutland).	317.4	228.5	133.3	187.9⊙	101.6	10954	7837	4607	3724	3505	»
De Holkham.......	»	»	»	114.3	»	»	»	»	3943	»	»
Moyennes de l'ensemble des diverses charrues....	299.7	199.6	138.1	125.5	125.2	10336	6883	4761	4328	4317	

Les charrues qui exigent le moins de traction dans l'argile bleue sont celles de Hart et de King (à une roue) et celle de Ransomes à 2 roues. La moyenne traction de six autres charrues essayées dans la même terre est de 14,7 0/0 plus forte que le minimum et un des araires écossais exige, avec le vieux modèle de Berkshire, 20,9 0/0 de plus.

Dans la terre franche forte, la charrue à une roue de Hart est celle qui exige le moins de traction; la moyenne traction des huit autres est de 41,3 0/0 au-dessus du minimum; et deux de ces charrues, l'une à une roue et l'autre à deux, exigent même 56.5 0/0 de plus.

Dans la terre de marais (landes ou bruyères), c'est encore la charrue de Hart qui exige le moins de traction : la moyenne des huit autres est de 40,3 0/0 plus élevée. Une charrue à deux roues exige même près de 86 0/0 de plus.

En terre franche sablonneuse et dans le sable gras, les charrues éprouvent à très peu près les mêmes résistances, comme moyenne générale.

Dans la première terre, les charrues qui exigent le moins de traction sont : la charrue à une roue de King et celle à deux roues de Ransomes (genre Rutland) ; la moyenne des huit autres est de 20,4 0/0 plus élevée ; et, l'une des charrues exige même 75 0/0 de plus. Enfin, dans le sable un peu gras, la charrue à deux roues de Ransomes est celle qui exige le moins de traction, la moyenne des huit autres est au-dessus de plus de 58 0/0. L'araire pur de King exige même plus de 136,5 0/0 au-dessus du minimum.

Il est donc démontré qu'une charrue bien faite peut, relativement aux modèles ordinairement employés, économiser au moins 12 0/0 dans l'argile pure, 29,2 0/0 dans la terre franche forte, 28,7 0/0 en terre de marais ; 16,9 0/0 en terre franche sablonneuse et 36,7 0/0 dans le sable un peu gras. Cette économie n'est pas à dédaigner et doit engager à donner à la forme des pièces travaillantes et à la disposition des pièces de conduite, de direction et de règlement, toute l'attention possible.

Une partie de la traction dépensée est due à la résistance du sep qui dépend en partie du poids de la charrue. Le travail en kilogrammètres, par mètre cube de terre remué, comprend donc une portion relativement perdue; c'est celle qu'exige le transport de la charrue glissant sur son sep. Il est impossible de déterminer exactement cette portion perdue dans les essais précédents. Toutefois nous croyons pouvoir l'estimer à une moyenne de 40 0/0 de la traction moyenne totale.

Les énormes différences de traction que l'on remarque dans ce tableau bien que chaque charrue ait fait la même raie, proviennent-elles de la présence ou de l'absence de roues? Évidemment, non. En effet, les araires écossais (construits il est vrai pour une moyenne profondeur supérieure à 0m,13) sont toujours parmi les charrues exigeant le plus de traction, tandis que la charrue à une roue de Hart es au premier rang dans les trois premières espèces de terre. Dans les terres légères ce sont deux charrues à deux roues qui n'exigent que le minimum de traction.

Afin d'éviter les erreurs dont ces essais peuvent être entachés par l'effet de l'action du laboureur sur les mancherons des charrues à roues, nous tiendrons surtout compte des moyennes. On peut donc, d'après les essais ci-dessus, admettre : 1° qu'en terre d'argile bleue, il faut 103 kilogrammes de traction par décimètre carré de section de bande ou 10300 kilogrammètres par mètre cube découpé et renversé, ou remué; 2° en terre franche forte 69 kilogrammes de traction, ou 6900 kilogrammètres par mètre cube; en terre moyennement consistante 48 kilogrammes et 4800 kilogrammètres; enfin, dans les terres légères (franche sablonneuse ou sable un peu gras) 43 kilogrammes et 4300 kilogrammètres.

Dans un concours spécial de charrues pour labours profonds ou de défoncement, voici quels ont été les résultats d'essais dynamométriques faits, avec le plus grand soin, à Saint-Quentin.

TABLEAU N. — Résultats d'essais dynamométriques faits à Saint-Quentin.

Noms des exposants	Largeurs	Profondeurs	Sections de bande en décimètres carrés	Tractions totales	Travail en kilogrammètres par mètre cube remué	Observations
	mètres	mètres				
Domesmay.	0.23	0.18	4.14	250	6039	Charrue à versoir du genre Bonnet.
Forest-Colin.	0.30	0.20	6.00	300	5000	Double-brabant.
Henry frères.	0.36	0.23	8.28	400	4831	—
Paris.	0.30	0.30	9.00	525	5833	—
Briquet. . . :	0.33	0.31	10.23	700	6843	—
Lefebvre.	0.40	0.32	12.80	700	5469	Charrue Howard.
Fondeur de Jussy. . .	0.45	0.33	14.85	900	6061	Double-brabant.
Fondeur de Senlis. . .	0.35	0.35	12.23	1000	8177	—
Vallerand	0.45	0.38	17.10	1200	7018	—

Bien que les charrues essayées n'aient pas pris des bandes de même section, il est visible qu'il y a entre les diverses charrues des différences de traction énormes pour de très petites différences de largeur ou d'épaisseur.

Le tableau O donne les résultats d'essais faits par nous, au milieu d'octobre 1869, dans une terre argilo-calcaire qui n'était pas encore bien raffermie du labour reçu en juillet; elle était assez moite pour coller un peu aux versoirs. On peut conclure de nos chiffres : 1° que les charrues de diverses provenances exigent des tractions parfois très différentes pour un travail à peu près semblable; 2° que le travail mécanique dépensé par mètre cube remué paraît être d'autant plus petit que la profondeur est plus grande.

La plupart des autres essais que nous aurons à citer confirment aussi cette proposition que, dans les mêmes circonstances, les charrues diverses exigent des tractions souvent fort différentes.

D'après des essais, cités par Morton, dans son Encyclopédie d'agriculture, voici quelles ont été les tractions exigées par diverses charrues, dans une terre franche sablonneuse profonde, sans pierres, à l'état de prairie de trèfle d'un an, n'ayant été que scarifiée l'année d'auparavant (tableau P).

L'araire de Wilkie, par suite d'un accident, n'a pu être essayé à la petite profondeur. — La charrue de Barrett n'était pas destinée à une profondeur de 0m,152; mais bien disposée au contraire pour la petite profondeur, de même que celle de Ransomes.

Les différences de traction d'une charrue à l'autre, pour un même travail, sont ici tout aussi sensibles que dans les essais précédents; la charrue qui exige le plus de traction, l'araire écossais de Barrowman en dépense de 53 à 60,6 0/0 de plus que la charrue à une roue de Beverstone. L'araire de Ferguson, essayé à une largeur de 0m,2285 et une profondeur intermédiaire entre celles des essais de Morton, donne un moyen de comparaison entre la résistance de la terre franche sablonneuse nue et la même terre en trèfle fauché. Dans le premier cas, la traction pour cette charrue est 120^k,6 et, dans le second, une moyenne arithmétique entre 253,7 et 209,5 ou 231^k,7. On voit de quelle influence est : 1° l'état de la terre, raffermie depuis longtemps, et 2° la présence des racines de trèfle. La traction est presque doublée par ces deux circonstances.

A une exception près, le travail nécessaire par mètre cube diminue, quand augmente la profondeur du labour ; il diminue de 20,3 0/0 en moyenne des trois charrues pour un accroissement de profondeur de 50 0/0 (tableau P).

D'après des essais en un sol friable déjà labouré avant les gelées, la traction varie suivant les charrues de 116^k,47 à 147^k,26 pour ouvrir une raie de 0^m,21 à 0^m,25 de largeur et 0^m,15 environ de profondeur : soit pour la meilleure charrue 3,449 kilogrammètres par mètre cube remué.

D'après les essais du Jury du concours agricole

TABLEAU O. — *Résultats d'essais faits à Grignon par l'auteur.*

Désignation des charrues	Dimensions de la bande			Traction enregistrée	Travail en kilogram. par mètre cube remué	Observations
	Largeur	Profondeur	Section			
	mètres	mètres	diam.	kilogr.		
Araire de Grignon...	0.225	0.160	3.600	141.951	3943	
—	0.200	0.142	2.840	116.142	4089	
Charrue Ransomes..	0.215	0.150	3.225	174.150	5400	Charrue un peu lourde, long versoir.
— — ..	0.210	0.140	2.940	186.500	6343	— — —
— Howard...	0.175	0.125	2.187	105.195	4810	— . — —
—	0.170	0.105	1.785	92.866	5202	— — —
Ruchaldo allemand..	0.260	0.167	4.342	199.230	4590	Versoir très court et très raide, char. pelle.
—	0.174	0.125	2.175	173.198	7963	— —
Araire Grandvoinnet.	0.305	0.170	5.185	174.800	3371	— hélicoïdal mathématique.
—	0.220	0.150	3.300	136.200	4127	— — —

international de Paris en 1856, dans une terre de moyenne consistance argilo-calcaire, en bon état de culture mais collante, sale et un peu tassée, la traction a varié, suivant les charrues, de 194 à 305 kilogrammes pour une largeur de 0^m,20 et une profondeur de 0^m,17, soit de 5706 à 8970 kilogrammètres par mètre cube remué.

Influence de l'état de la terre. Nous avons vu précédemment que la traction exigée par une terre d'argile bleue est plus que double de celle qui suffit dans un sable un peu gras. *Dans une même terre, la résistance varie suivant l'état hygrométrique de cette terre.* Rien ne démontre mieux cette proposition que les essais dont le comice de Lunéville nous a chargés il y a quelques années. Les tableaux Q, R, S présentent les résultats de ces essais. Le premier montre la terre légère au dernier jour d'une très longue sécheresse ; le second tableau R, après une période d'humidité.

Chacun de ces tableaux montre, comme les

TABLEAU — P. *Résultats d'essais d'après Morton.*

Noms des charrues	Tractions nécessaires pour une bande de		Travail en kilogrammètres par mètre cube remué	
	0^m,2285 sur 0^m,152	0^m,2285 sur 0^m,1014	à la profondeur de 0,152	à la profondeur de 0,1014
	kil.	kil.		
Araire écossais de Wilkie............	263.426	»	7584	»
— de Barrowman...........	330.075	260.252	9503	11232
— de Ferguson............	253.904	209.471	7310	9041
Charrue à une roue de Beverstone	215.819	171.385	6214	7397
— — de Barrett (D. P.).....	257.078	161.864	7402	6986
— — de Ransomes (un mancheron).	»	180.907	»	7808

précédents, que, dans une même terre, pour un même cube remué, le travail dépensé varie suivant les charrues employées. La moyenne générale, après une longue sécheresse, étant de 3289 kilogrammètres par mètre cube pour les charrues simples, quelques charrues exigent jusqu'à 4837, et l'une d'elles 2564 seulement. C'est-à-dire qu'entre la meilleure charrue et la moins bonne, il peut y avoir 2273 kilogrammètres de différence, ou 88,65 0/0 de la dépense de la meilleure charrue. Autrement dit, la plus mauvaise charrue exige 47,78 0/0 de plus du travail moteur que la moyenne générale ; et, la meilleure, 27,65 0/0 de moins. La bonne conformation des pièces travail- lantes et la bonne disposition des pièces de direction, de conduite et de règlement permettent donc d'économiser au moins 27,65 0/0 du travail moteur qu'exige l'ensemble des charrues essayées.

Les polysocs dans la même terre et à la même époque ont dépensé par mètre cube remué un peu plus que la moyenne des charrues simples : soit 3500 au lieu de 3289, ou moins de 7 0/0 de plus. Cela provient très probablement de ce que les bandes découpées par les polysocs ont une moyenne section de 18,4 0/0 moindre que celle des charrues simples.

Le tableau R montre qu'après la période d'humidité le travail dépensé par mètre cube de terre légère n'est que de 5 0/0 plus élevé qu'après la période d'extrême sécheresse. Cet accroissement insignifiant peut même être indépendant de l'état hygrométrique de la terre ; puisque les charrues essayées aux deux époques ne sont pas toutes les mêmes. D'autre part, la section moyenne de bande découpée est un peu plus forte dans la terre moite que dans la terre sèche. Si l'on compare, pour chacune des charrues ayant été essayée dans les deux périodes, les chiffres obtenus, on arrive à un résultat un peu différent : en général, il faut un travail moteur de 12 1/2 0/0

TABLEAU Q. — *Essais de charrues diverses en terres légères très sèches.*

Noms des charrues	Dimensions de la bande			Traction enregistrée	Travail en kilogram. par mètre cube	Observations
	Largeur	Profondeur	Section			
	mètres	mètres	diam.	kilogr.		
Durand (Brabant double)	0.242	0.165	3.99	193.00	4837	
Boulanger	0.293	0.161	4.71	142.00	3014	
Cargemel (araire à roulette)	0.320	0.159	5.08	136.35	2684	
Meugniot (ch. fixe à avant-train)	0.270	0.194	5.23	165.00	3155	
— (araire)	0.312	0.184	5.54	195.00	3556	
De Meixmoron de Dombasle (avant-train)	0.310	0.184	5.72	167.00	2918	
Breton (petite charrue)	0.302	0.189	5.72	192.40	3363	Versoir d'acier.
Cargemel (charrue légère)	0.355	0.169	5.99	153.70	2564	— en bois.
— (charrue moyenne)	0.330	0.195	6.44	216.60	3363	—
De Meixmoron de Dombasle (monosoc fixe)	0.352	0.192	6.76	249.00	3687	—
Fondeur (Brabant double)	0.308	0.220	6.77	223.00	3295	—
De Meixmoron de Dombasle (araire) . . .	0.340	0.205	6.87	208.40	3033	—
Moyennes	0.3109	0.1846	5.735	186.796	3289	
Ransomes (bisoc)	0.500	0.180	4.50	294.50	3271	Versoir.
Meugniot —	0.495	0.194	4.815	282.00	2928	—
Breton —	0.630	0.186	5.855	428.50	3658	—
De Meixmoron de Dombasle (bisoc) . . .	0.692	0.176	6.110	428.00	3502	—
Ransomes (trisoc)	0.747	0.170	4.23	428.90	3379	—
— (quadrisoc)	0.920	0.146	3.61	535.80	3986	En montant.
—	0.920	0.146	3.61	508.00	3779	En descendant.
Moyennes	0.2581	0.1711	4.676	152.93	3500	

TABLEAU R. — *Essais de charrues diverses en terres légères après une période d'humidité.*

Noms des charrues	Dimensions des bandes			Tractions enregistrées	Travail par mètre cube remué
	Largeur	Profondeur	Section		
	mètres	mètres	diam.	kilogr.	kilogrammèt.
Corny (à roulette pour houblonnières)	0.244	0.180	4.3920	162.000	3688
Corny	0.274	0.176	4.8224	132.740	2753
Boulanger	0.297	0.168	4.9896	198.100	3970
Collet (charrue à avant-train)	0.270	0.191	5.1570	196.920	3818
Parmentier	0.309	0.171	5.2839	220.960	4182
Cargemel	0.301	0.177	5.3277	193.780	3637
Didelot (charrue petit modèle)	0.326	0.181	5.9006	168.600	3162
Corny (charrue à avant-train)	0.311	0.207	6.4377	178.200	2768
Corgemel	0.323	0.209	6.7507	208.950	3095
Denin	0.327	0.207	6.7689	214.115	3163
Collet (monosoc fixe de Dombasle)	0.3547	0.214	7.4842	217.900	2911
De Meixmoron, de Dombasle (charrue avant-train) . .	0.372	0.202	7.5144	268.950	3579
Didelot (charrue grand modèle)	0.378	0.210	7.9380	307.500	3874
De Meixmoron, de Dombasle (monosoc fixe)	0.401	0.198	7.9298	343.700	3951
—	0.395	0.215	7.4925	275.330	3242
Moyennes	0.3264	0.1944	6.3466	218.383	3453
Meugniot (bisoc)	0.534	0.178	4.7570	286.400	3010
Didelot —	0.507	0.190	4.8165	340.600	3536
De Meixmoron, de Dombasle (bisoc), moyen	0.578	0.171	4.9419	319.680	3234
— — grand	0.574	0.209	5.9983	417.520	3480
Howard (trisoc)	0.717	0.1668	3.9865	351.400	2938
Ransomes —	0.850	0.1698	4.8440	423.900	2937
Moyennes pour une seule bande	0.2686	0.1808	4.8152	152.820	3189

plus élevé en terre légère moite que dans la même terre sèche. En trois cas sur dix, il y a même eu une petite diminution de travail.

On peut donc admettre que l'état de moiteur d'une terre légère n'augmente le travail dépensé que de 5 à 12 1/2 0/0.

Si l'état hygrométrique a peu d'influence sur la résistance que les terres légères opposent à la charrue, il n'en est plus de même pour les terres fortes. Après la sécheresse, ces terres ont exigé

par mètre cube remué 4798 kilogrammètres, en moyenne générale, la plus mauvaise charrue a dépensé 5993 kilogrammètres ou 23,65 0/0 en plus, et la meilleure 4,110 ou 16,74 0/0 en moins. L'économie due à la perfection de la charrue est relativement moindre ici que dans la terre légère : mais, en kilogrammètres, c'est à très peu près le même chiffre. Dans cet état de siccité absolue, la terre forte n'était pas découpée en bandes : elle éclatait en mottes parfois plus

TABLEAU S. — *Essais de diverses charrues en terres fortes, après une extrême sécheresse (Lunéville).*

Noms des charrues	Dimensions des bandes			Tractions enregistrées	Travail par mètre cube remué
	Largeur	Profondeur	Section		
	mètres	mètres	diam.	kilogr.	kilogrammèt.
Marchal (charrue à avant-train)	0.287	0.146	4.19	248.60	5933
Cargemel — —	0.318	0.142	4.53	202.40	4468
Breton — —	0.305	0.188	5.45	252.00	4623
Collet (monosoc fixe Dombasle)	0.365	0.154	5.66	266.90	4733
De Meixmoron, de Dombasle (araire)	0.370	0.156	5.89	324.30	5508
Marchal (double charrue à avant-train)	0.387	0.161	6.24	273.20	4378
Cargemel — —	0.405	0.175	7.02	332.30	4733
Breton — —	0.442	0.160	7.08	356.96	5041
De Meixmoron, de Dombasle (monosoc fixe)	0.430	0.168	7.21	366.20	5079
— (petite charrue)	0.387	0.190	7.35	370.10	5030
Cargemel (charrue fixe monosoc)	0.465	0.161	7.54	319.10	4232
Meugniot (petite charrue)	0.377	0.204	7.63	341.10	4476
Meugniot (araire)	0.407	0.189	7.69	297.40	4110
Breton (petite charrue)	0.410	0.190	7.79	376.40	4832
Moyennes	0.3826	0.1703	6.5193	309.068	4798
De Meixmoron, de Dombasle (bisoc)	0.597	0.163	4.855	454.000	4675
Breton (bisoc)	0.606	0.181	5.500	514.800	4680
Moyennes	0.300	0.172	5.1775	484.400	4677
Même terre après une longue saison humide.					
Didelot (petite charrue)	0.269	0.148	3.9812	486.135	12211
Corny (grande charrue)	0.278	0.154	4.2812	454.350	10613
Cargemel (petite)	0.260	0.165	4.2900	465.080	10841
Didelot (grnde)	0.269	0.163	4.3847	529.050	12066
De Meixmoron, de Dombasle (monosoc)	0.308	0.165	5.0820	564.900	11116
Cargemel (avant-train)	0.290	0.180	5.2200	423.890	8120
Breton	0.310	0.181	5.6110	488.360	8704
De Meixmoron, de Dombasle (versoir échancré)	0.350	0.163	5.7050	564.840	9901
Denin	0.316	0.183	5.7974	535.060	9229
Collet (avant-train, petit modèle)	0.338	0.177	5.9791	464.280	7765
Collet (monosoc)	0.329	0.187	6.1523	541.740	8805
Marchal (avant-train)	0.337	0.183	6.1671	523.030	8481
Cargemel	0.338	0.184	6.2192	462.520	7437
De Meixmoron, de Dombasle (avant-train)	0.339	0.185	6.2715	547.650	8732
— — (partie basse du champ)	0.363	0.181	6.5630	560.800	8545
Cargemel (charrue moyenne)	0.356	0.195	6.9420	555.890	8008
Moyennes	0.3164	0.1751	5.5404	521.398	9411

larges que la charrue ; ce qui explique que la largeur moyenne atteigne 0^m,383. Les deux bisocs essayés ont exigé en moyenne 4677 kilogrammètres par mètre cube , soit 2 1/2 0/0 de moins que la moyenne des charrues simples ; bien que la section moyenne de bande soit moindre dans les bisocs.

Après la période d'humidité, les terres fortes ont présenté une résistance énorme : le travail moyen, dépensé par mètre cube, a été de 9411 kilogrammètres ; la plus mauvaise charrue a dépensé 12213 kilogrammètres ou 29,77 au-dessus

de la moyenne ; et, la meilleure, 7437 ou 20,97 0/0 au-dessous. La traction moyenne par charrue était de 521 kilogrammes pour une section moyenne de 5^dm,54 (largeur 0,316, prof. 0,175).

Ainsi la terre forte assez humide, quoique abordable, exige par mètre cube presque le double du nombre de kilogrammètres suffisant pour la même terre absolument sèche (exactement 96,14 0/0 de plus). Pour faire en terre humide la même surface de labour, il faudrait donc doubler les attelages ou au moins mettre 5 chevaux pour les charrues n'en exigeant que 3 en temps sec. Peu de cultivateurs sont en état de renforcer ainsi leurs attelages: aussi exigent-ils de leurs chevaux des efforts dépassant de beaucoup leurs forces et, faute de connaître le chiffre de la résistance des terres fortes humides, ils peuvent tuer leurs chevaux ou les affaiblir au point de les rendre incapables de résister plus tard aux moindres influences morbides. Il ne serait peut-être pas difficile de trouver en pays de terres fortes des exemples de pertes d'attelage dues surtout à l'excès de travail exigé des chevaux dans les années humides.

Si au lieu de comparer la moyenne générale des résistances des charrues en terres fortes aux deux états extrêmes hygrométriques, on prend les

charrues une à une, dans les deux circonstances, on arrive à des conséquences à peu près identiques.

Pour huit charrues ayant été essayées dans les deux états de la terre forte, l'accroissement de résistance, due à l'humidité, a été de 85,53 0/0; au maximum, 129 et au minimum, 43 0/0: il y a en effet des charrues mieux faites que d'autres pour le travail en terres humides. La plupart des versoirs employés étaient en bois. Le tableau des essais de diverses charrues en terres fortes montre clairement que le travail par mètre cube diminue quand la section de la bande augmente. La loi des variations ne peut pas être bien nette; car

TABLEAU T — *Essais en diverses terres de quelques charrues.*

Noms des charrues	Dimensions des bandes			Tractions enregistrées	Travail en kilogram. par mètre cube	Observations
	Largeur	Profondeur	Section			
	mètres	mètres	diam.	kilogr.		
Charrue de Grignon, nº 1...	0.140	0.090	1.26	82.500	6547	Terre en bon état de culture.
— —	0.180	0.120	2.16	100	4630	— — —
	0.210	0.140	2.94	134	4556	— — —
Araire en fer de Frederickwœrk	0.200	0.140	2.80	137	4890	— — —
Charrue belge de Tixhon...	0.230	0.180	4.14	222	5328	Sol très dur, depuis longtemps non labouré.
Araire en fer de Frederickwœrk	0.22	0.16	3.52	174	4924	Sol en bon état de cult., chaume de froment.
	0.20	0.14	2.80	124	4427	
Charrue de Kleyle (Bohème).	0.20	0.166	3.33	280	8400	Terre consistante en bon état, mais pierreuse.
Charrue Dombasle (araire)..	0.20	0.166	3.33	260	7800	—
Charrue Howard à 2 roues..	0.23	0.160	3.68	145	3929	1ᵉʳ labour après la coupe du colza en sol sec et meuble.
Bisoc de Grignon........	0.46	0.120	5.52	176	3185	1ᵉʳ labour après la coupe du colza en sol sec et meuble.
—	0.46	0.170	7.82	184	3929	Même terre, moite et un peu plus tenace.
—	0.46	0.140	6.44	350	5432	Labour rompant un trèfle, terre argilo-calcaire trop moite.
—	0.46	0.180	8.28	375	4500	Labour rompant un trèfle, terre argilo-calcaire trop moite.
Charrue de Grignon, nº 3...	0.26	0.170	4.42	243.44	5501	2ᵉ labour, terre en bon état, sous-sol pierreux avec soc fouilleur à l'arrière.
—	0.26	0.16	4.16	187	4488	2ᵉ labour en sol moite et assez tenace.
—	0.23	0.16	3.68	268	7263	2ᵉ labour dans le même sol, trop humide.
—	0.23	0.16	3.68	234	6364	Sol calcaire un peu pierreux en bon état hygrométrique...
—	0.29	0.19	5.51	339	6164	Sol calcaire un peu pierreux en bon état hygrométrique.

toutes les charrues essayées n'étaient pas de même construction. Toutefois, en éliminant, dans la représentation graphique de cette loi, les chiffres donnés par les plus mauvaises charrues, on arrive à une loi assez simple, ou à une équation donnant le travail moteur T par mètre cube remué en fonction de la section S de la bande en décimètres carrés.

$$T = 5350^{kgm} + \frac{115^\circ 95}{S^2} \text{ ou } T = 2728^{kgm} + \frac{59087}{S^2};$$

suivant que la terre forte est humide ou sèche, et pour les charrues prises dans leur ensemble.

Pour les meilleures charrues essayées, ces équations seraient pour la terre forte humide ou sèche:

$$T = 4454 + \frac{96433}{S^2} \text{ et } T = 2271 + \frac{49194}{S^2}.$$

Il est bien entendu que ces formules empiriques ne se vérifient que pour des valeurs de S comprises dans les limites des essais, ou entre 4 et 7 décimètres carrés. Le tableau T donne les

résultats moyens de nombreux essais faits par nous à Grignon, dans une terre calcaire assez facile à labourer lorsqu'elle n'est ni trop sèche ni humide : la sécheresse la durcit beaucoup et l'humidité la rend collante.

Ce tableau fait ressortir l'influence de l'état du sol et de la diversité des charrues.

Influence de la profondeur du labour sur la résistance qu'éprouve la charrue dans son mouvement de translation. Cette influence n'est pas facile à mesurer. Si l'on prend une même largeur et des profondeurs diverses avec une même charrue, la résistance au renversement peut varier beaucoup par le seul fait que le versoir, établi pour une certaine profondeur, ne convient pas à des profondeurs plus petites ou plus grandes. Si l'on essaie des charrues diverses pour la profondeur qui leur convient, l'influence de la profondeur peut être en partie masquée par des différences diverses dans la construction. On ne pourrait résoudre le problème entièrement qu'en faisant construire spécialement des charrues de mêmes formes pour des profondeurs diverses. Nous allons cependant chercher à déterminer approximativement l'influence de la profondeur du labour, d'après les essais divers dont nous avons pu recueillir les résultats.

M. Pusey fit avec un même araire écossais de Ferguson des essais à des profondeurs diverses, la largeur restant toujours égale à $0^m,2284$. Voici les résultats obtenus sur une terre pauvre de bruyères ou de landes.

TABLEAU U. — *Essai d'une même charrue à diverses profondeurs.*

Profondeurs. . . .	5 pouces $0^m,127$	6 pouces $0^m,152$	7 pouces $0^m,178$	8 pouces $0^m,203$	9 pouces $0^m,228$	10 pouces $0^m,254$	11 pouces $0^m,279$	12 pouces $0^m,304$
Tractions *observées.*	$146^k.0$	$139^k,6$	$158^k,7$	$190^k,4$	$196^k,8$	$253^k,9$	$317^k,4$	$317^k,4$

Ces essais sont très peu précis, car le dynamomètre n'inscrivait pas les résultats. En représentant graphiquement la loi des variations et la rectifiant d'après son apparence générale, on peut adopter comme tractions vraies les chiffres du tableau ci-dessous :

TABLEAU V. — *Après régularisation à l'aide d'une courbe représentant les résultats de ces essais peu précis.*

Tractions *probables.*	136^k	$145^k,6$	$159^k,6$	$182^k,4$	$209^k,2$	$244^k,4$	$288^k,2$	349^k
Sections en décimètres carrés. . .	2.9032	3.1839	4.0645	4.6451	5.2258	5.8064	6.3871	6.9677
Travail par mètre cube remué . . .	4684 kilogr.	4179 kilogr.	3927 kilogr.	3927 kilogr.	4003 kilogr.	4209 kilogr.	4512 kilogr.	5009 kilogr.

Il en résulterait que la traction à égalité de largeur croît avec la profondeur à la puissance 1,134 et serait donnée par la formule $t = 0,5465 h^{1,134}$: la profondeur h étant exprimée en millimètres, pour une largeur de $0^m,2285$ ou $t = 38 + 10 h^{4/3}$ si h est exprimé en pouces anglais et $t = 38 + 2,8855 h^{4/3}$ si h est en centimètres.

Le travail par mètre cube décroît lorsque la profondeur augmente de 5 à 7 pouces. puis croît avec la profondeur. Il y a donc une profondeur (7 1/2 pouces) pour laquelle, avec une largeur de 9 pouces, le travail par mètre cube est minimum : il semble résulter de là que l'araire de Ferguson est fait pour 9 pouces de largeur et 7 à 8 pouces de profondeur ou un rapport entre les dimensions de la bande compris entre 1,286 et 1,125, ou plus exactement 7 pouces 1/3 et un rapport entre la largeur et la profondeur égal à 1,227.

Dans un sol de sable gras, le même expérimentateur a trouvé les résultats consignés dans le tableau suivant pour les diverses charrues essayées déjà dans divers sols.

TABLEAU W. — *Essais de quelques charrues à diverses profondeurs, en sable gras.*

Noms des charrues	Tractions employées pour ouvrir des raies larges de $0^m,2285$ et profondes de				Travail par mètre cube pour $0^m,2285$ de largeur et des profondeurs de			
	0,1016	0,127	0,152	0,178	0,102	0,127	0,152	0,178
	kilogr.	kilogr.	kilogr.	kilogram.				
Araire écossais de Ferguson.	114.2	120.6	120.6	139.6	4917	4154	3462	3435
— de Clark.	107.9	107.9	114.2	133.3	4646	3717	3278	3280
— de King.	95.2	95.2	114.2	126.9	4099	3279	3278	3122
Araire pur de Ransomes.	101.6	101.6	114.2	133.2	4374	3500	3278	3280
Charrue à une roue du genre Berkshire, de Hart.	69.8	76.2	101.6	114.2	3005	2625	2916	2810
— — vieux modèle.	133.3	133.3	152.3	196.8	5739	4591	4372	4842
— — de King.	101.6	107.9	133.3	146.0	4374	3717	3826	3592
— à deux roues, de Ransomes..	76.2	82.5	114.2	133.3	3281	2842	3278	3280
— — (genre Rutland).	101.6	101.6	114.2	126.9	4374	3500	3278	3122

Ces essais n'étant pas très précis, il convient de tenir compte surtout de la loi probable d'après la représentation graphique. On peut alors dire que le travail par mètre cube diminue lorsque la profondeur augmente, tant que celle-ci ne dépasse pas trop la profondeur qui convient à la charrue. En moyenne. la traction est donnée par la formule : $t = 71^k,8 + 20,6 h^2$, la hauteur h étant exprimée en décimètres. Le travail T, en kilogrammètres par mètre cube remué, est donné par l'équation : $T = \frac{3140}{h} + 902 h$, la profondeur étant exprimée en décimètres. On voit que, comme nous l'avons déjà constaté, le travail par mètre cube remué diminue quand la profondeur du labour augmente.

M. J.-C. Morton a fait des essais de charrues pour déterminer l'influence de la profondeur, en restant dans les limites de la force des charrues. Le travail total par mètre cube remué est le moindre possible, à la profondeur de $0^m,152$ pour les 2 premières charrues; à la profondeur de 0^m216 pour la troisième et à la plus petite profondeur pour la dernière. En retranchant de la traction totale, le frottement dû au poids de la charrue sous le sep, le coefficient de frottement étant 0,6, on a les chiffres des huit dernières colonnes, ou la traction et le travail nets des quatre charrues (tableau X).

Cela ne change rien aux conclusions précédentes.

Les essais faits par nous à Nancy, dans une terre calcaire de consistance moyenne, et dont les résultats sont consignés dans le tableau Y conduisent à des conséquences presque identiques aux précédentes :

Pour la charrue Didelot, le travail par mètre cube diminue lorsque la profondeur augmente de

TABLEAU X. — *Essais de quatre charrues à trois profondeurs différentes.*

La largeur étant de 0,2286 la profondeur était	Tractions totales exigées par les charrues de				Travail par mètre cube remué pour les charrues de				Tractions nettes pour les charrues de				Travail net pour les charrues de			
	Ferguson (araire)	Beverstone (1 roue)	Barrowman (araire)	Barrett (1 roue)	Ferguson	Beverstone	Barrowman	Barrett	Ferguson	Beverstone	Barrowman	Barrett	Ferguson	Beverstone	Barrowman	Barrett
mètres	kil.	kil.	kil.	kil.					kil.	kil.	kil.	kil.				
0.1016	209.5	171.4	260.2	158.7	9020	7551	11203	6833	159.5	133.3	201.2	122.5	6867	5739	8662	5274
0.1524	253.9	215.8	330.1	253 9	7288	6194	9475	7288	194.9	177.7	271.1	217.7	5594	5101	7781	6249
0.2159	380.9	406.2	387.2	»	7717	8230	7845	»	321.9	368.1	328.2	»	6522	7458	6650	»

9 à 17 centimètres, puis il croît un peu pour 0m,18 de profondeur.

Pour l'araire *Dombasle* à versoir d'acier, le travail par mètre cube diminue quand la profondeur augmente de 0m,18 à 0m,21 et il croît un peu

lorsque la profondeur atteint 0,217 et 0,23. Pour la forte charrue à versoir de fonte, le travail par mètre cube varie assez peu mais irrégulièrement.

Avec la charrue à avant-train de MM. Breton

TABLEAU Y. — *Essais de diverses charrues à plusieurs profondeurs.*

Noms des charrues	Dimensions du labour			Tractions enregistrées			Travail par mètre cube remué	Observations
	Largeur	Profond.	Section	Moyenne	Maxima			
					Totale	pour 0;0		
				kilogr.	kil.			
Didelot (à Mare).	0.300	0.090	2.700	138.00	160.0	116.0	5111	Araire à 2 supports.
—	0.280	0.100	2.800	134.70	164.0	122.0	4811	—
—	0.275	0.160	4.400	180.00	210.0	117.0	4091	— —
—	0.300	0.170	5.100	195.00	224.0	115.0	3823	— —
— (moyenne de 6).	0.305	0.180	5.4954	230.50	253.9	109.8	4201	—
— (moyenne générale). . .	0.299	0.160	4.7976	204.50	230.88	112.9	4304	—
De Meixmoron, *de* Dombasle (Nancy)	0.310	0.140	4.34	198.00	210.0	106.1	4562	Araire.
De Dombasle.	0.340	0.150	5.10	246.57	279.0	113.1	4835	—
—	0.330	0.160	5.28	268.00	281.0	104.8	5075	—
—	0.354	0.180	6.372	211.00	233.0	110.4	3312	— versoir d'acier.
—	0.390	0.190	7.410	241.00	275.0	114.1	3252	Versoir d'acier.
— (moyenne de 4). . .	0.3275	0.190	6.2225	299.50	310.75	103.9	4817	Versoir en fonte.
— (moyenne de 2). . .	0.365	0.210	7.7650	243.00	267.5	110.0	3172	Versoir d'acier.
—	0.350	0.210	7.3500	399.80	418.5	104.7	5439	Versoir ordin., char. forte.
—	0.350	0.217	7.595	261.00	286.0	109.6	3434	Versoir d'acier.
—	0.360	0.230	8.280	276.00	294.0	106.5	3333	— —
— moyenne des versoirs d'acier	0.364	0.206	7.4978	245.833	270.5	110.0	3279	—
— — de fonte	0.335	0.1966	6.5983	332.933	346.7	104.1	4820	Versoir de fonte, ch. forte.
Breton frères, à Einvaux (moy. 2).	0.300	0.170	5.100	239.665	288.5	120.4	4699	Charrue à avant-train.
—	0.300	0.180	5.400	256.750	300.0	116.85	4755	—
—	0.300	0.190	5.7	289.330	326.0	112.67	5076	—
— (moy. gén.).	0.300	0.178	5.34	256.432	300.6	117.20	4797	— —
Rouard, à Regneville (Vosges). .	0.360	0.120	4.32	277.00	328.0	118.4	6412	—
—	0.340	0.130	4.42	282.60	305.0	107.9	6394	—
— (moyenne de 2).	0.325	0.140	4.55	260.00	305.0	117.3	5719	—
— (— générale)	0.3375	0.1325	4.46	269.90	310.75	115.1	6061	—

frères, le travail par mètre cube croît avec la profondeur; tandis que pour la charrue Rouard c'est exactement le contraire. Toutefois, l'ensemble de ces essais montre que le travail par mètre cube remué décroît un peu quand la profondeur croît et surtout jusqu'à la profondeur qui convient le mieux à la charrue essayée.

Le tableau Z donne les résultats des essais faits par nous au concours de Bourges, en 1870, sur diverses charrues; la terre argilo-siliceuse engazonnée depuis longtemps et durcie par la sécheresse était un peu détrempée par la pluie tombée la veille des essais; le sous-sol était cailouteux par place et à des profondeurs diverses.

Ce tableau montre, comme les précédents, que la traction exigée dans la même terre, à la même profondeur, varie avec les divers modèles de charrue.

La charrue Boitel essayée à la même largeur et à trois profondeurs différentes, montre que la traction ne croît pas tout à fait aussi vite que la profondeur. Le travail par mètre cube remué croît beaucoup moins vite que la profondeur. L'araire Bruel, à versoir ordinaire, n'a été essayé

qu'à deux profondeurs différentes ; la traction paraît croître à peu près comme la profondeur, mais un peu moins vite ; le travail par mètre cube diminue quand la profondeur croît.

Des trois essais faits sur le brabant double de Coutelet aucune loi ne ressort. Pour le brabant double Delahaye, le travail moteur dépensé par mètre cube remué est sensiblement constant et de 5000 kilogrammètres pour 16 et 19 centimètres de profondeur. Il en est de même pour l'araire

TABLEAU Z. — Résultats des essais faits à Bourges sur diverses charrues, en 1870.

Noms des charrues	Dimensions du labour			Tractions enregistrées par le dynamomètre	Excès des maxima ordinaires sur la traction moyenne	Travail par mètre cube remué	Observations
	Largeur	Profondeur	Section				
	mèt.		diam.	kil.	p. 0/0		
Bisoc en fer de Howard.	0.50	0.12	1 — 6.00	281.98	13.6	4699	Le dynamomètre ne permettait pas plus de profondeur.
1 Boitel, de Soissons (Aisne).	0.32	0.14	5 — 4.48	212.64	13.8	4746	Double brabant à bascule.
1 Bruel frères, de Moulins (Allier).. . . .	0.30	0.14	2 — 4.20	210.26	43.13	5006	Araire à versoir ordinaire.
2 Boitel, de Soissons (Aisne)	0.32	0.15	9 — 4.80	254.83	14.18	5309	Double brabant à bascule.
1 Coutelet, à Etrepilly (Seine-et-Marne).	0.35	0.15	16 — 5 25	274.60	0.15	5230	—
1 Delahaye-Tailleur, à Liancourt (Oise).	0.30	0.16	9 — 4.80	239.20	19.9	4983	—
2 Bruel frères (précité)	0.32	0.16	13 — 5.12	262.00	30.14	5117	Araire à versoir défonceur.
1 Pottier, à Mehun-sur-Yèvres (Cher). .	0.29	0.16	7 — 4.64	342.43	8.28	8184	Araire.
Renault-Gouin, à Ste-Maure (Ind.-et-L.)	0.27	0.17	6 — 4.59	241.74	31.16	5267	Araire à deux roues.
Marchand fils, à Tours (Indre-et-Loire)	0.31	0.17	17 — 5.27	263.56	12.12	5001	—
Blanvillain-Breton, à Chinon (I.-et-L.)	0.25	0.17	3 — 4.25	257.38	32.24	5823	—
3 Boitel (précité).	0.32	0.18	20 — 5.76	323.54	24.20	5617	Double brabant à bascule.
1 Wargnier, à Jussey (Aisne).	0.28	0.18	11 — 5.04	306.66	16.25	6084	— —
2 Coutelet (précité).	0.29	0.18	15 — 5.22	353.10	10.26	6764	— —
Quantin-Rabillon, à Mehun.	0.24	0.18	4 — 4.32	309.74	34.27	7170	— —
1 Moreau-Chaumier, à Tours (Ind.-et-L.)	0.26	0.18	8 — 4.68	233.33	33.10	4986	Araire à roues.
1 Charrue Howard.	0.27	0.185	10 — 4.995	287.33	37.23	5746	Araire à deux roues.
2 Delahaye-Tailleur (précité)	0.32	0.19	22 — 6.08	303.66	35.11	4994	Double brabant à bascule.
2 Charrue Howard.	0.27	0.19	14 — 5.13	272.13	16.17	5305	Araire à deux roues.
2 Moreau-Chaumier (précité)..	0.31	0.19	21 — 5.89	243.12	23.3	4128	Araire à roue.
3	0.34	0.20	26 — 6.80	273.03	28.2	4015	— —
1 Pajot, au Châtelet-en-Berry (Cher). .	0.32	0.20	24 — 6.40	314.51	23.5	4538	Araire.
3 Coutelet (précité).	0.27	0.20	18 — 5.40	308.00	30.21	5704	Double-brabant.
3 Bruel frères (précité).	0.30	0.21	23 — 6.30	298.14	9.7	4732	Araire.
Montigny, à Cléry (Loiret).	0.26	0.21	19 — 5.46	312.70	10.22	5727	Araire à une roue.
4 Moreau-Chaumier (précité).	0.33	0.21	27 — 6.93	286.36	28.4	4132	Araire à roue.
2 Wargnier (précité).	0.30	0.22	25 — 6.60	356.55	12.19	5402	Double brabant.
2 Pajot (précité).	0.33	0.22	28 — 7.26	240.00	0.1	3305	Essai trop court.
2 Pottier (précité).	0.23	0.22	12 — 5.06	414.12	9.28	8184	Araire.

Pottier. Pour le brabant double Wargnier, le travail moteur par mètre cube diminue quand la profondeur augmente.

L'araire à roue, de Moreau-Chaumier, a été essayé à quatre profondeurs. Le travail par mètre cube remué diminue quand la profondeur augmente de 18 à 20 centimètres, puis augmente pour 21 centimètres, ce que nous avons constaté précédemment dans d'autres essais. Pour l'ensemble des essais, le travail par mètre cube est en moyenne de 5376 kilogrammètres, le minimum, qui correspond à la plus grande section de bande, est de 3305 et le maximum de 8184. Nous avons déjà constaté des différences aussi grandes dans d'autres essais.

En 1856, le Jury de l'Exposition agricole inter-

nationale de Paris fit faire des essais dynamométriques sur un certain nombre de charrues françaises et étrangères. Le tableau suivant, AA, donne les résultats sommaires de ces essais.

L'examen des résultats des essais faits par le Jury de 1856, à Neuilly, dans une terre argilo-calcaire moyennement compacte, conduit à des conséquences analogues aux précédentes : 1° pour le même cube remué, le travail moteur varie avec les divers modèles ; 2° il paraît diminuer un peu quand la profondeur, ou plutôt quand la section de la bande croît.

Le tableau AB des essais du concours de Hull montre : 1° que la dépense de travail moteur, par mètre cube remué, varie beaucoup avec les divers modèles de charrues. Dans la terre sèche et tenace, c'est au minimum 6617 kilogrammètres ou 12,13 0/0 au-dessous de la moyenne; au maximum, c'est 8709 ou 15,64 0/0 au-dessus de la moyenne;

2° Le travail moteur dépensé *décroît* quand la

section de la bande croît. Pour une moyenne section de 2^{dm},9749, le travail dépensé est de 7774 par mètre cube; et de 7287 seulement quand la moyenne section est de 3,929.

Dans une terre plus facile que la précédente, le

TABLEAU AA. — *Essais de diverses charrues.*

Noms des charrues	Dimensions du labour			Tractions enregistrées	Travail par mètre cube
	Largeur	Profondeur	Section		
	mètres	mètres	diam.	kilogr.	kilogrammèt.
Howard, nᵒˢ 142 et 143 du catalogue.	0.22	0.16	3.52	217	6165
Ziegezar, nᵒ 52 (charrue Dombasle)	0.24	0.17	4.08	200	4902
Ransomes.	0.20	0.17	3.40	194	5706
Odeurs, nᵒ 431 (charrue belge)	0.20	0.17	3.40	271	7971
Gibont, nᵒ 1295.	0.20	0.17	3.40	210	6176
Delstanche (charrue belge).	0.20	0.17	3.40	228	6706
Parquin, nᵒ 1650.	0.20	0.18	3.60	268	7444
Tixhon (charrue belge), nᵒ 445.	0.20	0.18	3.60	234	6500
F. Bella (charrue de Grignon), nᵒ 807	0.24	0.18	4.32	241	5579

travail dépensé varie aussi suivant les modèles de charrues : au minimum, c'est 5332 kilogrammètres ou 19,42 0/0 au-dessous de la moyenne; au maximum, c'est 8493 ou 28,34 0/0 au-dessus. Les bisocs légers dépensent en moyenne 5908ᵏ,7

ou 10,7 0/0 de moins que la moyenne; au minimum 5332 ou 9,75 0/0 au-dessous de la moyenne spéciale de ces bisocs; au maximum, 6,549 ou 10,83 0/0 au-dessus de cette moyenne. Les bisocs lourds dépensent en moyenne 6601 kilogram-

TABLEAU AB. — *Essais faits à Hull.*

Désignation des charrues	Dimensions de la bande			Tractions enregistrées	Travail dépensé par mètre cube	Poids des charrues	Observations
	Largeur	Profond.	Section		Classement.		
	mètres	mèt.	diam.	kilogr.		kilogr.	
En terre sèche assez tenace.							
W. Hunt	0.227	0.122	2.7694	187.7	6777.6 — 2	100.6	Charrue à roues.
Corbett et Peele. . . .	0.233	0.118	2.7730	192.6	6945.5 — 5	101.6	—
W. Ball et fils. . . .	0.238	0.123	2.9274	247.1	8441.0 — 11	98.4	—
Corbett et Peele. . . .	0.226	0.137	3.0962	256.2	8274.7 — 10	77.5	Araire.
W. Ball et fils. . . .	0.238	0.132	3.1416	257.1	8183.7 — 9	»	Araire de moins de 126ᵏ,9.
J. Hodgson..	0.238	0.132	3.1416	252.1	8024.6 — 8	91.6	— — —
Robinson.	0.229	0.143	3.2747	285.2	8709.2 — 12	»	— — —
J. D. Snowden.	0.260	0.127	3.3020	218.5	6617.2 — 1	»	— — —
G. W. Murray.	0.231	0.146	3.3726	256.2	7596.5 — 7	98.8	— — —
J. Tison.	0.249	0.138	3.4362	235.8	6862.2 — 2	»	— — —
W. Hunt.	0.296	0.172	5.0912	363.6	7141.7 — 7	119.2	Charr. à roues de moins de 126ᵏ,9.
W. Ball et fils. . . .	0.288	0.177	5.0976	346.4	6795.4 — 3	»	— — —
Moyennes.	0.247	0.140	3.4519	259.9	7530.8	»	
En terre plus facile.							
W. Ball et fils. . . .	0.208	0.135	2.8080	174.1	6200.2 — 5	139.6	Bisoc pesant au plus 178ᵏ,7 (moitié des chiffres.)
Corbett et Peele. . . .	0.226	0.125	2.8250	185.0	6548.7 — 7	176.8	—
G. W. Murray.	0.222.5	0.129	2.8702	159.6	5560.5 — 2	168.7	—
C. Perkins.	0.237	0.127	3.0099	160.5	5332.4 — 1	165.0	—
J. D. Snowden.	0.244.5	0.134	3.2763	193.35	5001.5 — 3	177.6	—
G. W. Murray.	0.219.5	0.152	3.3364	238.70	7154.4 — 8	215.8	Bisoc pesant au plus 253ᵏ,9.
W. Ball et fils. . . .	0.242.5	0.143	3.4677½	225.80	6511.4 — 6	152.3	—
W. Ball et fils. . . .	0.238	0.150	3.5700	303.20	8493.0 — 11	»	Char. à roues pesant au plus 126ᵏ,9.
J. Davey.	0.248	0.146	3.6208	273.40	7550.8 — 10	»	Tourne-oreille.
J. D. Snowden.	0.255	0.145	3.6975	226.9	6136.6 — 4	203.1	Bisoc pesant au plus 253ᵏ,9.
Mellard	0.245	0.159	3.8955	288.4	7403.4 — 9	»	Pulvérisateur à disque.
Moyennes. , . .	0.235	0.141	3.3070	218.8	6617.5		

mètres ou 11,75 0/0 de plus que la moyenne des bisocs légers. La seule charrue simple essayée dans cette terre moins tenace exige notablement plus l'un le plus mauvais bisoc.

Dans la terre sèche, la charrue Ball, à roues, dépense 8441 kilogrammètres à la faible profon-

deur de 0,123 et 6795 seulement quand la profondeur atteint 0,177; la section étant de 2^{dm},93 dans le premier cas et de 5^{dm},10 dans le second. C'est la confirmation de conséquences tirées précédemment d'autres essais.

Influence de la pente du sol sur la résistance à

vaincre par l'attelage d'une charrue. Nous avons fait à Grignon des essais dans un champ de trèfle enherbé, dont la terre calcaire, assez argileuse, était un peu trop humectée mais abordable; la pente que devait suivre les charrues variait de 0 à 6 centimètres par mètre. Le tableau AC donne les résultats de nos essais du 16 novembre 1876.

Pour la charrue de Grignon, la traction en descendant est de 11 0/0 au-dessous de celle qui est exigée pendant la montée. La charrue Boully-Joly exige dans les deux cas, à très peu près le même tirage; mais comme la section de la bande ne restait pas la même, il faut prendre en considération le travail par mètre cube remué : en montant la rampe il est de 7046 kilogrammètres et de 5780 en descendant, pour la charrue de Grignon, ou 18 0/0 de moins. La charrue Boully-Joly économise en descendant 8 0/0 de la traction à la montée. Enfin, la charrue Dombasle économise 13 0/0. Ces chiffres sont assez concordants.

Une expérience de M. Morton n'est pas en parfait accord avec nos chiffres. Les diagrammes que donne cet auteur pour l'araire de Wilkie en montant une rampe assez faible et en la descendant diffèrent assez peu en moyenne : à la montée, la traction paraît être un peu plus forte qu'à la descente, mais la différence, difficile à apprécier exactement, est beaucoup moindre que celle qui résulte de nos essais.

Influence du poids des charrues sur la traction qu'elles exigent. Le frottement de glissement qui s'oppose à l'avancement du sep est dû à la pression du dessous du sep contre le fond de la raie

TABLEAU AC. — *Essais de charrues sur sols en pentes notables.*

Désignation des charrues	Dimensions des bandes			Tractions enregistrées		Travail dépensé par mètre cube remué	Observations
	Largeur	Epaisseur	Section	Moyennes	Max. fréquents		
			diam.				
Charrue n° 3 de Grignon, avec avant-train Dombasle.	0.240	0.126	3.02	213.08	240	7046	En montant une rampe de 1 à 6 centimètres.
Charrue n° 3 de Grignon, avec avant-train Dombasle.	0.278	0.118	3.28	164.68	230	5021	En descendant une rampe de 6 centimètres.
Charrue n° 3 de Grignon, avec avant-train Dombasle.	0.278	0.118	3.28	197.20	230	6012	En descendant une rampe de 3 centimètres.
Charrue n° 3 de Grignon, avec avant-train Dombasle.	0.278	0.118	3.28	206.85	230	6306	En descendant une rampe de 1 centimètre.
Charrue de Boully-Joly, avant-train, âge libre.	0.235	0.136	3.20	182.88	230	5722	En montant, de 1 à 6 centim.
Charrue de Boully-Joly, avant-train, âge libre.	0.285	0.121	3.45	181.72	190	5270	En descendant, de 1 à 6 cent.
Ch. Dombasle av.-tr., polie par l'usage	0.284	0.143	4.06	236.65	260	5829	En montant, de 1 à 6 centim.
— — —	0.284	0.143	4.06	205.72	245	5067	En descendant, de 1 à 6 cent.
Bisoc de Ransomes.	0.410	0.130	5.33	338.07	420	6343	En montant une rampe de 3 c.

et de la face latérale contre la muraille. Or, les pressions qui engendrent ces frottements sont d'origines diverses : 1° le poids de la charrue qui appuie le talon du sep et le dessous du tranchant du soc sur le fond de la raie; 2° la réaction verticale de la terre contre la face supérieure du soc; 3° le poids de la terre qui couvre le soc et une partie de celui de la bande tordue sur le versoir; 4° la pression due à l'action de l'homme sur les mancherons, pression qui peut même être négative.

Contre la face verticale du sep, la pression qui engendre le frottement a une composante de la réaction de la terre contre le coutre et le versoir, et en second lieu l'action de l'homme sur les mancherons.

Il est donc à peu près impossible de déterminer même approximativement *a priori* la grandeur de ces pressions sur le sep et par suite celle des frottements qu'elles engendrent; le coefficient de frottement est lui-même très variable. L'influence du poids de la charrue sur la résistance qu'éprouve le sep dans son mouvement, peut donc être en partie masquée par une grande résistance de la terre à sa division par le soc et surtout par un mauvais règlement de la charrue en marche, forçant le conducteur à appuyer sur les mancherons ou à les soulever. Il est toutefois certain que l'exagération du poids de la charrue aurait pour effet d'augmenter la traction, surtout si la charrue marche à la profondeur qui convient et peut être réglée avec une grande précision; mais, dans quelques cas, l'augmentation du poids de la charrue peut dispenser le conducteur d'appuyer sur les mancherons et il en résulte que la traction peut rester la même : la pression sur les mancherons faisant naître sous le sep un frottement égal à celui que l'augmentation du poids de la charrue donnerait. C'est ainsi que Dombasle a pu dire qu'il est possible d'ajouter 50 à 75 kilogrammes au centre de gravité de la charrue sans augmenter sensiblement sa résistance. L'observation de Dombasle a dû être faite sur un *araire* ayant, par la direction de la pointe de son soc, une grande tendance à pénétrer en terre; tendance que le laboureur compensait par une forte pression sur les manches. Dans ce cas, l'addition de 50 à 75 kilogrammes au centre de gravité de la charrue, situé à une certaine distance en arrière du centre des résistances, remplaçait l'effort de l'homme sur les mancherons.

Les essais directs que nous allons rapporter montrent, du reste, si clairement l'influence de l'accroissement du poids des charrues, sur la traction qu'elles exigent, qu'il ne peut y avoir de doute sur ce point.

Voici, d'après les essais de M. Pusey, dans le sable gras, les tractions nécessaires pour traîner seulement la charrue au fond de la raie et pour ouvrir une raie de neuf pouces de large (0m,2286) et cinq (0m,127) de profondeur (tableau AD).

Bien que ces expériences ne présentent pas une très grande précision, on peut en tirer quelques utiles indications. Tout d'abord on voit que le coefficient brut de frottement est plus grand pour les araires que pour les charrues à roues. Cette

TABLEAU AD. — *Essais destinés à montrer l'influence du poids de la charrue.*

Noms des charrues	Tractions		Poids de la charrue	Coefficient brut de frottement
	en marche	à vide		
	kil.	kil.	kil.	
Araire écossais de Ferguson.	120.644	76.171	95.214	0.80
— — de Clark.	107.909	76.171	95.214	0.80
— de Ransomes.	101.562	63.476	63.476	1.00
— de King.	95.214	50.781	50.781	1.00
Charrue à une roue, genre Berkshire, de Hart	76.171	19.043	76.171	0.25
— — — — vieux modèle. . .	133.300	50.781	95.214	0.53
— — de King.	107.989	31.738	63.476	0.50
— — à deux roues de Ransomes.	82.519	50.781	82.519	0.615
— — — genre Rutland.	101.562	50.781	»	»

différence tient à plusieurs causes : 1° dans les charrues à roues, une partie du poids de l'instrument peut être supporté par les roues, ce qui diminue beaucoup la résistance au mouvement de translation ; 2° la pointe et le tranchant du soc des araires peuvent pénétrer le fond de la raie et opérer une espèce de râclage plus marqué que dans les charrues à roues supportées à l'avant. En supposant que la hauteur des roues a été réglée de façon que le sep porte bien réelle-

ment, du talon à la pointe, et de tout le poids de la charrue pour toutes les charrues à roues, le coefficient du frottement de glissement vrai serait compris entre 0,25 et 0,615, ce qui n'est pas très éloigné du coefficient 0,5 trouvé directement pour des terres de consistance moyenne, sèches. En éliminant le coefficient 0,25 qui peut provenir de ce que la charrue de Hart, grâce à sa roue, ne pressait pas de tout son poids sur le fond de la raie, on voit que la moyenne serait de 0,5483. Et,

TABLEAU AE. — *Essais de Morton.*

Eléments des résistances pour un labour de 0 m. 2286 sur 0 m. 1016	Charrue de Beverstone				Charrue Garrett		Araire de Ferguson			Sommes	Moyennes
	sans surcharge	chargée de 38 k. 10	chargée de 95 k. 24	chargée de 171 k. 4	sans surcharge	chargée de 38 k. 10	sans surcharge	chargée de 101 k. 5	chargée de		
	kil.	kil.	kil.	kil.	kil.	kil.	kil.	kil.	kil.		kil.
Traction totale enregistrée	108.214	180.507	253.004	330.075	158.690	190.428	209.471	257.078	330.075	2078.842	230.982
Traction employée au travail (par hypothèse) . .	111.083	111.083	111.083	111.083	95.214	95.214	136.473	136.473	136.473	1044.179	116.020
Portion de la traction due au poids et à la charge de la charrue.	57.128	69.824	142.821	218.992	63.476	95.214	72.998	120.605	193.602	1034.660	114.962
Poids de la charrue simple ou surchargée. . . .	63.476	101.562	158.690	234.861	60.302	101.562	98.383	199.949	276.121	294.911	143.879
Coefficient de frottement brut.	0.9000	0.6875	0.9000	0.9324	1.0526	0.9375	0.7419	0.6032	0.7012	7.4563	0.8285
Portion de traction due au poids de la charrue nue ou surchargée dans notre hypothèse d'un coefficient de frottement réel de 0,55 seulement	34.912	55.359	87.279	129.173	33.166	55.859	54.113	109.972	151.866	712.199	79.133
Reste pour le travail du labour et du râclage . .	133.302	125.048	166.025	200.902	125.524	134.563	155.358	147.106	178.209	1366.643	151.849

en appliquant ce coefficient moyen aux araires, on aurait pour la résistance due au frottement du sep, 52k,206 au lieu de 76k,171 pour les deux premiers araires, ce qui suppose que dans l'essai à vide, le râclage par la pointe et le tranchant du soc exigeait près de 24 kilogrammes de traction. Pour l'araire Ransomes, ce serait 28k,672 employés au râclage et pour l'araire de King, 22k,938. Cette hypothèse du râclage du soc des araires essayés à vide est, croyons-nous, parfaitement justifiée.

Le tableau ci-dessus AE donne les résultats d'essais de J.-C. Morton, dans lesquels on a fait mar-

cher les charrues avec des surcharges très grandes. Ces essais sont de beaucoup plus précis que les précédents.

Si l'on admet que le travail net du labour exige une traction égale à celle qu'exige la charrue non surchargée en travail, diminuée de la traction à vide, on obtient avec Morton les chiffres de la seconde ligne trop faibles suivant nous ; mais si, tenant compte des observations faites ci-dessus, à propos des essais où la charrue traîne à vide sur le fond de la raie, on admet un coefficient de frottement de glissement moyen probable égal à 0,55, on a pour valeurs des tractions exigées par le labour seulement, les chiffres de la dernière ligne : en moyenne, 156^k,469 pour la charrue Beverstone, 130^k,046 pour la charrue de Barrett et 160^k,224 pour l'araire de Ferguson. D'après l'hypothèse de M. Morton, le coefficient moyen de frottement serait de 0,8 au lieu de 0,55 que nous admettons, bien qu'il soit probablement un peu trop fort pour une terre moyennement tenace exigeant comme celle-ci par mètre cube remué 7242, 6832 et 9018.

Influence de la vitesse de marche. Par des expériences directes, M. Pusey a montré que la vitesse de l'attelage n'a aucune influence sur la résistance qu'éprouve la charrue dans son mouvement de translation. Ainsi pour des vitesses de 0^m,670, 0^m,782, 1^m,229 et 1^m.564 la traction pour un labour de 0^m,2286 de largeur est restée à peu près la même, ou 145^k,995, — 145^k,995, — 139^k,647 et 152^k,342. On sait, du reste, que le frottement est indépendant de la vitesse du mouvement.

M. Morton a fait avec la charrue Beverstone des essais dans le même but pour une vitesse de 1^m,117 et une vitesse double : la traction, dans ce dernier cas, était un peu plus grande que dans le premier, mais d'un vingtième au plus. Mais si la rapidité de la marche n'augmente pas sensiblement la traction moyenne, il n'en est pas de même des maxima, qui excèdent la moyenne de 20 0/0 ; quant à la faible vitesse, cet excédent n'est guère que de 10 0/0.

Influence des supports sur la résistance à vaincre par l'attelage. Dans les divers tableaux qui précèdent, on a vu que les charrues à roues exigent souvent moins de traction que les araires pour le même labour : cependant *a priori* il semble que l'addition de supports, roues ou patins, doit augmenter la traction de tout le frottement que font naître la faible pression, toujours réglés pour appuyer plus ou moins sur le sol. Ce que nous avons dit du règlement et de la conduite des charrues à roues suffit pour faire comprendre que, suivant le règlement plus ou moins précis de la ligne de traction, les supports augmenteront moins ou plus la traction ; et que parfois même l'addition d'un support à un araire peut diminuer la traction parce que ce support *roulant* dispense le conducteur d'appuyer sur les manches pour maintenir la profondeur voulue. Les essais directs rapportés par M. Morton confirment notre théorie.

D'après des essais de M. Handley, les charrues à une roue exigeraient 15 0/0 de traction de moins que les araires. Cet avantage pouvant provenir en tout ou en partie de la perfection des pièces travaillantes des charrues à roues, ces essais ne sont pas concluants.

D'après une expérience de M. Pusey, la charrue FF de M. Ransomes exige, *sans roues*, 114^k,257 de traction ; et 88^k,866 seulement lorsque l'avant de l'âge est muni de ses deux roues. La terre était facile à labourer et la bande retournée avait 0^m,2286 de largeur et 0^m,127 d'épaisseur. Dans une terre plus lourde et à une grande profondeur, la traction avec ou sans roues était à très peu près la même.

M. Morton a lui-même fait des essais pour la résolution de ce problème. En comparant les chiffres obtenus, on arrive aux conséquences suivantes : 1° l'*addition* d'une roue à un araire pur *diminue* la traction qu'il exige ; 2° l'*enlévement* des roues d'une charrue *diminue* la traction ; 3° la traction parfois n'est pas changée par l'enlèvement de la roue. La contradiction apparente entre ces conséquences des essais ne doit pas nous étonner : en effet, d'après ce que nous avons dit précédemment, l'influence, sur la traction, de la présence des supports dépend essentiellement du règlement de la ligne de traction. Suivant les cas la roue appuiera peu ou beaucoup sur le sol et, par suite, augmentera peu ou beaucoup la traction ; en second lieu, la présence d'un support *limitant l'entrure* d'un araire trop agressif dispense le conducteur d'appuyer fortement sur les mancherons et d'augmenter par ce fait le frottement du sep.

Influence sur la traction de la résistance de la terre sur les diverses pièces travaillantes. L'araire Ferguson disposé pour renverser une bande de 0^m,2286 de largeur et 0^m,1524 d'épaisseur exige, avec un soc tranchant 0^m,254 de largeur, environ 276^k,122 de traction ; avec un soc de 0^m,1524 de largeur seulement, la traction n'est plus que de 258^k,665.

La même charrue, découpant et versant une bande de 0^m,2286 de large et 0^m,1016 d'épaisseur, exige 215^k,818. En enlevant le versoir, ce n'est plus que 196^k,776. Le même araire exige, on l'a vu précédemment, 76^k,171 pour être traîné à vide sur le fond de la raie. D'après cela, M. Morton croit pouvoir ainsi décomposer la traction totale exigée par l'araire Ferguson. 76^k,171 ou 35,294 0/0 de la traction sont employés au transport seul de la charrue (chiffre exagéré ; le soc râclait la terre) 120^k,605 ou 55,883 0/0 de la traction sont employés au découpage de la bande (chiffre trop faible par suite de l'exagération du précédent) ; 19^k,042 ou 8,823 0/0 de la traction sont employés au renversement de cette bande.

En tenant compte de toutes les observations faites au sujet des résistances que la terre oppose à la charrue en translation, on peut déterminer approximativement la part des diverses pièces de la charrue. Soit, par exemple, une terre moyennement compacte exigeant, à l'état sec, 4,000 kilogrammètres par mètre cube remué et 6,500 à l'état moite ; soit, en moyenne, 5,250 ou 52^{k}5 par décimètre carré de section. Pour faire un labour de 0,2286 de large et 0,1524 d'épaisseur ou de 3^{dm},48 de section, il faudra 182^k,963 de traction que l'on peut décomposer ainsi :

Coutre 45 kilogrammes : soit 24,6 0/0 ou, au moins, 40 kilogrammes : soit 21,858 0/0 ; soc 90 kilogrammes : soit 49,2 0/0, ou au moins 80 kilogrammes : soit 42,716 0/0; versoir 16 kilogrammes : soit 8,7 0/0, ou au moins 16 kilogrammes : soit 8,743 0/0; sep 32 kilogrammes : soit 17,5 0/0, ou au moins 47 kilogrammes : ou 25,683 0/0.

Nous supposons une charrue assez bien faite et réglée avec une grande précision.

Le perfectionnement de la forme du versoir ne peut pas avoir une grande influence dans l'économie de la traction; mais bien dans la bonté du labour. Au contraire, l'amélioration du soc et du coutre comme pièces destinées à fendre la terre aurait une grande influence sur la traction. Il en est de même du perfectionnement des pièces de règlement de la charrue qui permet d'employer, avec succès, les roues pour supporter l'avant et même l'arrière de l'âge. Les efforts des constructeurs doivent donc se porter sur toutes les parties de la charrue sans exception.

PIÈCES DE LIAISON ET D'ASSEMBLAGE. Le constructeur de charrues ayant arrêté la forme et la grandeur des pièces travaillantes et *dirigeantes*, ainsi que leurs positions relatives, il doit, pour compléter son œuvre, les réunir entre elles pour en faire un tout capable de supporter sans disjonction les efforts moteurs et résistants qui s'y trouveront appliqués pendant le passage de la charrue dans la terre. A cet effet, les pièces travaillantes et dirigeantes sont *fixées* sur des pièces particulières dites de liaison, à l'aide de pièces *d'assemblages* destinées à opérer une pression énergique tels que *coins, vis* et *rivets*.

PIÈCES D'ASSEMBLAGE. *Coins.* La théorie du *coin* (V. ce mot) montre que la pression qu'il peut effectuer dépend surtout de son acuité. On

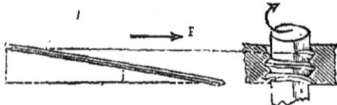

Fig. 786 et 787. — *Filet de la vis déroulé et filet de la vis dans les filets de l'écrou.*

ne peut donc adopter pour assembler deux pièces par pression que des coins très minces, c'est-à-dire ayant une épaisseur tout au plus égale au dixième de leur longueur; sinon le desserrage de ces coins étant assez facile, l'assemblage est peu solide.

Il y a ainsi un double avantage à faire les coins d'assemblage très aigus : serrage énergique et desserrage difficile; malheureusement on est en cela assez limité; car un coin trop aigu doit avoir une très grande longueur pour un assez faible rapprochement des deux pièces, On diminue cet inconvénient en employant deux coins conjugués ou d'angles opposés. Cet assemblage est dit à *clavette et contre-clavette* : il permet l'emploi de coins très aigus.

Vis. Nous venons de voir qu'en faisant des coins excessivement aigus, on peut arriver à opérer un serrage très énergique; mais alors l'étendue du serrage avec un seul coin ou même deux coins opposés serait très limitée, à moins que l'on adopte des coins d'une grande longueur dont la saillie deviendrait gênante. Aussi, lorsque l'on a de grandes pressions à exercer et une certaine étendue de serrage ou de rapprochement des pièces, le coin ne suffit plus : on se sert alors de la vis (fig. 786 et 787) que l'on peut considérer comme un coin indéfini (le filet) enroulé sur un cylindre et glissant, en tournant, sur un coin opposé d'égale inclinaison (le filet de l'écrou). De même

que pour un coin, plus faible est l'inclinaison du filet de la vis par rapport au plan normal à l'axe du cylindre, plus grande est la pression que cette vis produit pour un même effort moteur tangentiel F au noyau cylindrique de la vis. Or, une vis peut facilement avoir des filets inclinés de 3° à 2° seulement; et, par suite, pour chaque kilogramme d'effort moteur tangentiel, on exercerait une pression de 19^k à 28^k. En outre, comme l'effort moteur agit ordinairement à l'extrémité d'un bras de levier ou d'une clé, de 4 à 20 fois plus grand que le rayon de la vis, il s'ensuit que pour chaque kilogramme d'effort sur ce bras de levier ou cette clé on exerce une pression de 94 à 170 kilogrammes. Un homme pouvant, pendant un temps peu prolongé, exercer un effort de 38 kilogrammes produirait alors, sur les pièces assemblées par la vis, une pression de 570 à 1,786 kilogrammes. L'énorme pression qu'une vis peut exercer explique le fréquent emploi de cette pièce dans les assemblages, et surtout dans ceux qui doivent être fréquemment serrés et desserrés. Cependant, nombre de personnes proposent de supprimer les vis dans la construction des instruments aratoires, et de les remplacer par des coins; cela n'est possible que pour les assemblages de pièces soumises à de faibles efforts et *travaillant* peu.

Non seulement le coin n'exerce généralement qu'une pression insuffisante, mais il a l'inconvénient de ne pouvoir être mû que par *choc*, ce qui est très dangereux pour les pièces de fonte qu'un choc direct ou indirect brise parfois si facilement. En outre, comme les diverses parties de la charrue sont sujettes à des vibrations produites par les coups de collier de l'attelage, les coins peuvent se desserrer et se perdre. Enfin, dans les chocs qu'ils reçoivent sur leur tête pour le serrage et sur leur pointe pour le desserrage, ils sont déformés et bientôt sont mis hors d'usage. La vis est un double coin continu qui par la rotation presse sans choc, à l'aide d'un levier multipliant à volonté son énergie de serrage.

On reproche à la vis employée dans les charrues, ou autres instruments de préparation du sol de se salir par l'adhérence des poussières et de la terre et d'être exposée à la rouille. Ces inconvénients réels sont peu importants si les vis sont maintenues constamment grasses, ce que l'on peut exiger des charretiers. La vis présente donc plus d'avantages par rapport au coin que d'inconvénients, surtout si elle est bien exécutée. Actuellement, la fabrication des vis et des boulons est devenue une spécialité, et tout constructeur peut, en demandant ses modèles aux fabriques, avoir des vis d'une exécution parfaite.

PIÈCES DE LIAISON. *Age.* « Cette pièce porte toutes les autres, soit directement, soit indirectement : intermédiaire entre la *traction* de l'attelage et les *résistances* de la terre, l'âge est soumis à de grands efforts surtout dans les coups de colliers nécessités par un obstacle accidentel rencontré dans le sol. Ce n'est qu'en étudiant la manière d'agir des forces qui tendent à rompre l'âge que nous pourrons déterminer la forme et les dimensions qu'il faut donner à cette pièce.

La traction, nous l'avons vu, agissant directement ou indirectement sur l'avant de l'âge exerce sur cette pièce un effort normal tendant à la faire fléchir ; les moments de *rupture* vont en croissant de la pointe de l'âge à son encastrement dans le corps de charrue. Par suite la section de résistance d'un âge doit aller en croissant dans le même sens. Si l'on veut qu'en un point quelconque de sa longueur, il résiste également bien, il faut lui donner une des formes *d'égale résistance* que la théorie de la *Résistance des matériaux* permet de déterminer. Les figures 788 et 789 montrent un âge horizontal dont les deux dimensions vont en diminuant exactement comme l'indique la théorie. Habituellement on se contente de se rapprocher de cette forme théorique, en exagérant surtout à l'avant les largeurs et épaisseurs déduites du calcul. Les âges en bois ne peuvent avoir que des sections transversales rectangulaires, ou à pans coupés ou cylindriques, tandis que les âges en fer ou en fonte peuvent avoir des sections en T ou en I, ménageant la matière. Les âges en fer ou en acier peuvent être aussi composés de deux ou trois lames unies ensemble par des entretoises,

Fig. 788 et 789. — *Elévation et plan d'un âge de forme d'égale résistance.*

des frettes et des boulons ; ce sont alors des âges *armés* ou en *trousse* dont la célèbre maison Ransomes a donné l'exemple, suivi par les constructeurs Suédois et Norwégiens. Les âges en bois sont forcément droits ou peu courbés. En fer, ils peuvent recevoir la courbure désirable et même le travail que nécessite cette courbure et l'amincissement progressif de ces âges, corroie le fer et le rend plus résistant.

Nous n'avons vu que deux exemples d'âge en fonte.

Enfin on renforce souvent des âges en bois par des bandes de fer plat placées en dessus et en dessous, ou par du fer cornière mis sur les arêtes.

Il convient de rechercher les modes d'assemblages qui affaiblissent le moins cette pièce principale de la charrue ; et c'est un des avantages des âges en trousse que de permettre de supprimer bon nombre des trous d'assemblage.

Etançons. Ces pièces ont pour but de rendre solidaires l'âge et le sep, ou plutôt l'âge et le corps de charrue tout entier. Placés entre l'âge qui reçoit l'effort de traction et le corps de charrue sur lequel agissent les diverses réactions de la terre, les étançons ont à supporter des efforts considérables dans les coups de colliers de l'attelage ; aussi doivent-ils être très résistants. L'étançon d'avant doit résister le plus souvent, sinon toujours, à un effort d'*extension*, puisque le soc est soumis à une réaction du sol dirigée de haut en bas, tandis que l'âge est soumis à la composante verticale de la traction dirigée de bas en

haut : on doit donc faire cet étançon en bon fer, de préférence à la fonte. Au contraire, l'étançon d'arrière pendant la marche normale de la charrue, est soumis à un effort de compression puisque le conducteur appuie constamment sur les mancherons, et que l'arrière de l'âge appuie sur l'étançon pendant que la terre réagit pour soulever le talon du sep. L'étançon d'arrière doit donc être en fonte.

Dans les charrues du Brabant et leurs dérivées, les étançons sont encore en bois : l'étançon antérieur est droit et traverse l'âge sous forme de tenon, maintenu par deux chevilles ou coins ; l'étançon d'arrière n'est autre que le prolongement du mancheron que l'âge, aminci en forme de tenon, traverse de part en part, maintenu aussi par deux chevilles. Des liens en fer, très ingénieusement placés, consolident ces assemblages à tenon et empêchent l'âge et le mancheron de se fendre.

Comme on le verra dans la charrue de Dombasle et dans celles qui en dérivent, les étançons en bois des brabants ont été remplacés par des étançons à peu près semblables en fer ou en fonte. L'étançon d'avant, lorsqu'il est en fonte, prend la forme du versoir sur la face opposée à la muraille. Enfin on verra dans les charrues écossaises et anglaises les deux étançons remplacés le plus souvent par une pièce unique en fonte de forme très complexe, déterminée avec soin pour faciliter les assemblages de l'âge, du versoir, du sep et de diverses pièces accessoires, telles qu'arcs-boutants, entretoises, etc.

Coutrières. En étudiant le mode d'action du coutre nous avons reconnu qu'il peut être utile et même nécessaire de faire varier sa position de plusieurs façons : 1° en faisant tourner le manche autour d'un axe parallèle au tranchant ; 2° en le faisant tourner autour d'un axe normal à ce tranchant ; 3° en faisant tourner le coutre autour d'un axe parallèle à l'âge ; 4° en faisant avancer plus ou moins le coutre tout entier ; 5° en élevant ou abaissant le coutre tout entier. Ainsi le réglement du coutre comporte cinq mouvements : trois de rotation et deux de translation.

Le premier mouvement de rotation a pour but de tourner le tranchant plus ou moins vers le plan de la muraille, suivant que la charrue a besoin de plus ou moins de tendance à prendre de la largeur ; la seconde rotation a pour but de donner au tranchant du coutre une inclinaison plus ou moins grande sur l'horizon, suivant l'état du sol, plus ou moins enherbé ou pierreux ; la dernière rotation a pour but d'écarter plus ou moins horizontalement la pointe du coutre du plan de la muraille, suivant que le sol est plus ou moins dur. Le premier mouvement de translation a pour but d'avancer plus ou moins le coutre pour donner à la charrue plus ou moins de stabilité ; enfin, au fur et à mesure de l'usure de la pointe du coutre, il faut pouvoir le descendre de manière à trancher la terre sur toute la hauteur. En outre, la pointe du coutre doit être descendue d'autant plus près de celle du soc, que le sol est plus compact sans être dur. Au contraire on soulève la pointe du coutre si la charrue doit travailler dans un sol durci et pierreux.

Parmi les moyens employés pour fixer directement ou indirectement le coutre à l'âge, très peu satisfont à ces cinq conditions d'un règlement complet du coutre. On peut les ranger dans cinq genres : 1° assemblage direct du coutre dans une ·mortaise percée dans l'âge suivant son plan longitudinal de symétrie; 2° assemblage direct ou indirect du manche du coutre dans une coulisse ménagée sur la face gauche de l'âge, sur le prolongement de l'étançon antérieur ou enfin sur la

Fig. 790. — *Coutrière Dombasle.*

face verticale du soc; 3° assemblage, indirect, dans une *pièce* à coulisse ou mortaisée boulonnée sur l'âge et appelée *coutrière*; 4° assemblage du manche du *coutre* contre l'âge, par l'intermédiaire d'un anneau ou cadre en une ou deux pièces dit *étrier américain*, qui peut être accompagné de plaques d'ajustage ou de règlement; 5° assemblage du coutre à l'âge par l'intermédiaire de pièces rappelant la *coutrière* ou l'*étrier*: mais permettant les cinq mouvements de règlement énumérés ci-dessus. Nous allons brièvement examiner tous ces modes d'assemblage, en nous bornant à ce qui est absolument indispensable pour choisir avec compétence parmi les divers moyens d'assemblage. 1° *Mortaise dans l'âge.* Dans la plupart des anciennes charrues en bois, et dans quelques charrues modernes en bois et en fer, l'âge est percé, suivant son axe longitudinal, d'une mortaise dans laquelle passe le manche du coutre. Ce manche est retenu plus ou moins haut par une simple vis de pression, une cheville ou même un coin. Ce mode primitif d'assemblage des coutrières et même de celles du genre Dombasle (fig. 790), doit être proscrit.

On a essayé d'améliorer la *mortaise-coutrière* en ˉ la faisant assez large et longue pour faire prendre au manche du coutre C (fig. 791) toutes les positions utiles. 1° En serrant ou desserrant l'écrou F et son contre-écrou, on attire ou repousse

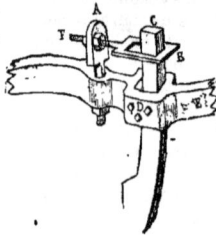

Fig. 791. — *Coutrière danoise.*

le manche C du coutre par l'étrier B dont la tige filetée traverse le support A boulonné sur l'âge E, on règle ainsi l'inclinaison du tranchant du coutre par rapport à l'horizon. Trois vis D dont les pointes pressent .sur le manche plat du coutre permettent de lui donner les deux inclinaisons utiles pour faire mordre plus ou moins le tranchant ou faire saillir à volonté la pointe du coutre sur le plan de la muraille.

4° *Etriers américains.* Dans sa forme la plus simple, c'est un cadre assez large intérieurement

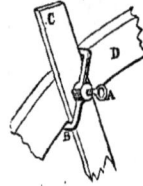

Fig. 792. — *Etrier cadre et d'une seule pièce.*

pour qu'il puisse recevoir entre l'âge et un de ses côtés le manche du coutre et assez long pour être plus ou moins avancé sur l'âge sans peine. Une vis (fig. 792) ayant pour écrou un renflement ménagé dans un côté du cadre, maintient le manche du coutre à la hauteur voulue. Du reste, dès que la terre agit sur le coutre, le tranchant prend une inclinaison qui dépend du rapport qu'il y a entre la longueur du cadre à l'intérieur, la largeur du manche du coutre et la hauteur de l'âge. Car le coutre tout entier tourne autour de la pointe de la vis, comme centre, jusqu'à ce que les côtés

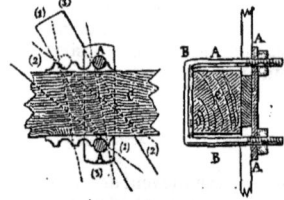

Fig. 793 et 794. — *Etrier de deux pièces.*

horizontaux du cadre pressent en dessus et en dessous de l'âge et que les bords du manche portent aussi contre ces côtés. C'est la résistance de la terre qui opère cette rotation et, tant que cette force agit, le cadre ne peut avancer ni reculer.

L'étrier peut être formé de deux pièces : la première B B, est en fer rond plié deux fois d'équerre et fileté à chaque bout ; la seconde A A est une barre plate percée de deux trous pour le passage des bouts filetés de la première, accompagnée naturellement de ses deux écrous (fig. 793). Lorsqu'il n'y a aucun intermédiaire entre le cadre de l'étrier et l'âge, l'étrier prend une position d'équilibre stable qui décide de l'inclinaison unique du tranchant, si l'on représente par *a* la largeur du manche du coutre, par *b* la hauteur intérieure du cadre ou étrier, par *c* l'épaisseur de l'âge et enfin par A l'angle du manche avec l'âge : il est facile de voir que cet angle est la somme de deux autres dont les cosinus sont égaux à a/b et c/b. L'angle A est donc facile à déterminer et dépend uniquement des longueurs a, b et c faciles à mesurer. L'étrier simple ne peut donc donner qu'une inclinaison au manche du coutre. Si l'on veut faire varier à volonté cette inclinaison, il faut changer l'une des dimensions a, b et c. On fait varier l'épaisseur c de l'âge en interposant entre l'étrier et l'âge, soit en dessus, soit en dessous, soit en même temps par dessus et par dessous, une plaque qui peut être munie d'encoches demi-cylindriques pour mieux maintenir l'étrier. On peut faire varier la hauteur de l'étrier b en perçant la plaque de plusieurs trous. Enfin, en interposant deux plaques à crans demi-cylindriques (fig. 794), ayant leurs centres sur une circonférence décrite du milieu de la hauteur de l'âge, on peut mettre l'étrier dans trois obliquités différentes et par suite obtenir trois inclinaisons différentes du tranchant Si, entre l'âge C et le manche du coutre, on interpose comme le fait M. l'abbé Didelot, une baguette en fer contre

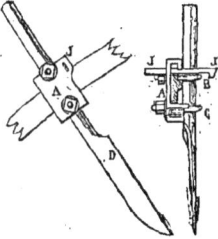

Fig. 795 et 796. — *Coutrière de Howard.*

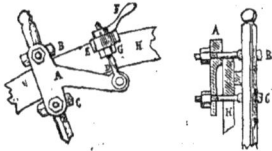

Fig. 797 et 798. — *Coutrière Hornsby.*

laquelle appuie le manche du coutre, on peut obliquer celui-ci en serrant plus un écrou que l'autre, car le manche tourne autour de l'arête de la baguette d'appui.

On peut faire l'étrier de 4 pièces : 2 boulons horizontaux et deux plaques percées. Si l'âge est courbe en avançant ou reculant l'étrier, on change l'inclinaison du coutre sur l'horizon.

Coutrières perfectionnées. Les modes d'assemblage du coutre qui permettent tous les règlements dont nous avons parlé précédemment nous sont fournis par des charrues anglaises. Une des plus simples est la coutrière Howard, représentée (fig. 795 et 796). Elle se compose : 1° d'une plaque A recourbée deux fois d'équerre pour embrasser l'âge ; 2° de deux boulons à œil C et B et 3° d'un coin J, placé dans une mortaise de la plaque

et s'appuyant sur l'âge. Le coutre a un manche cylindrique qui passe à frottement doux dans l'œil des boulons C et B. On peut donc soulever plus ou moins le coutre et le faire tourner autour de l'axe de son manche, ce qui constitue déjà deux des règlements nécessaires. L'âge porte une saillie ou nervure longitudinale, contre laquelle appuie le manche du coutre, si l'on serre également les deux écrous B et C, le tranchant du coutre peut être dans un plan vertical : mais, comme on peut serrer plus à fond un écrou, en desserrant l'autre, on a la possibilité de faire tourner le coutre autour de la saillie ou nervure de l'âge, ce qui donne un troisième moyen de règlement. Si l'on serre plus ou moins le coin J K, on peut faire varier l'inclinaison du tranchant du coutre par rapport à l'horizon. Enfin, on peut faire glisser cette coutrière sur l'âge pour donner plus ou moins de stabilité à la marche de la charrue. La manœuvre de cette coutrière est beaucoup plus facile qu'on ne le croirait au premier abord. Pour faire un règlement, il suffit de desserrer légèrement les

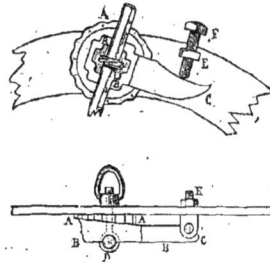

Fig. 799 et 800. — *Coutrière Ransome.*

deux écrous, puis le règlement fait, de les resserrer à fond, ou l'un plus que l'autre. Rien de plus curieux que de voir la rapidité avec laquelle on fait les cinq règlements dès qu'on est un peu familiarisé avec cette coutrière. Dans leurs récents modèles de charrue, MM. J. et F. Howard remplacent le coin J, par une vis de pression traversant le rebord horizontal supérieur de la plaque et appuyant par sa pointe sur l'âge.

La coutrière adoptée par MM. Hornsby (fig. 797 et 798), permet bien les quatre règlements du coutre : 1° On peut hausser ou abaisser le manche cylindrique du coutre après avoir desserré légèrement les écrous des boulons à œil B, C ; 2° on peut faire tourner le manche autour de son axe longitudinal ; 3° en serrant un écrou et desserrant l'autre on fait sortir plus ou moins la pointe du plan de la muraille ; 4° en serrant plus ou moins l'écrou F et le contre-écrou G, on attire ou repousse la tringle filetée et articulée qui entraîne la branche A et fait varier l'inclinaison du tranchant sur l'horizon. E est une oreille percée enfilée dans l'âge H.

MM. Ransome et Cie emploient diverses coutrières dans leurs nombreux et beaux modèles de charrues. Les figures 799 et 800 représentent la plus originale. Le manche cylindrique D du coutre est saisi par un anneau terminé par une queue cylindrique traversant la coutrière et l'âge et servant d'axe de rotation ; l'extrémité est filetée et reçoit un écrou à oreilles bien visible sur la figure 800, en plan. Le coutre repose en B et B dans deux encoches demi-cylindriques de la coutrière qui se termine par un appendice C sur lequel appuie la vis réglante F dont l'écrou est une oreille taraudée plate fixée contre l'âge par sa queue filetée E. Après avoir légèrement desserré l'écrou à oreille on peut 1° hausser ou abaisser le manche du coutre, ou, 2°, le faire tourner sur lui-même ; en agissant sur la vis F, on fait, 3° varier l'inclinai-

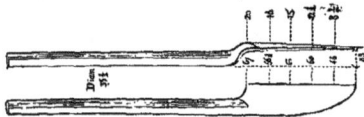

Fig. 801 et 802. — Coutre de Ransome.

son du tranchant du coutre sur l'horizon. Enfin, pour faire entrer plus ou moins la pointe du coutre dans le plan de la muraille on agit sur une pièce AA dont nous n'avons pas encore parlé : c'est une rondelle taillée en biseau et interposée entre l'âge et la coutrière. Si, après avoir desserré l'écrou à oreille, on fait tourner la rondelle A, on peut amener sa partie mince, moyenne, ou épaisse en haut ou en bas et par suite faire varier l'inclinaison du coutre par rapport au plan de la muraille.

Pour les âges en trousse, MM. Ransomes et Cⁱᵉ ont une coutrière spéciale et le coutre (fig. 801 et 802) est coudé.

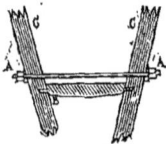

Fig. 803 — Entretoise américaine.

Nous aurons l'occasion, dans l'examen de l'ensemble des charrues diverses, de signaler les divers modèles de pièces de liaison et d'assemblage que nous n'avons pas pu examiner ici. Citons seulement l'entretoise pour mancherons adoptée en Amérique (fig. 803). La traverse en bois B empêche tout rapprochement des deux mancherons et le tirant AA empêche leur écartement. — L. J. G.

DIVERSES CHARRUES.

Dans les exploitations agricoles, la charrue peut jouer des rôles très différents. Dans l'état ancien d'organisation auquel l'agriculture actuelle est encore plus ou moins soumise, sur la presque généralité de la surface du globe, pour les grandes comme pour les petites exploitations, chaque exemplaire de charrue sert à *tous les labours*. Dans l'état moderne ne s'observant que dans une partie assez restreinte des pays où l'agriculture est parvenue au plus haut degré des divers perfec-

tionnements, l'instrument appelé charrue s'est *spécialisé :* il y a des charrues pour les labours les plus ordinaires ou *moyens ;* d'autres, pour les labours superficiels, quelques-unes pour les labours *profonds* et même pour les *défoncements ;* d'autres pour les sous-solages . Il y a des charrues pour les terres légères, d'autres pour les terres *tenaces* et *fortes ;* des charrues à *plusieurs socs,* et, enfin, des charrues pour les labours faits réellement à *plat.* Entre ces deux états extrêmes, on trouve évidemment des exploitations où la spécialisation est plus ou moins avancée.

Nous avons à étudier ces différentes variétés de charrues, en nous basant sur les principes établis dans la première partie de cet article.

La manière dont la spécialisation de la charrue s'est produite peut être résumée dans le tableau suivant :

Le PIC ou la PIOCHE,

Charrue primitive,

POUR TOUS LABOURS en TOUTES TERRES,

en se perfectionnant engendre

LA CHARRUE MODERNE A TOUS LABOURS, EN TOUTES TERRES,

qui se spécialise, pour les labours

en planches ou en billons à plat

en CHARRUES ORDINAIRES et en CHARRUES TOURNE-OREILLE

qui se spécialisent chacune
en charrues pour

sols légers sols moyens sols tenaces

et chacune en charrues
pour labours

superficiels moyens profonds

pouvant prendre

une seule raie plusieurs raies

Le moteur de la charrue primitive est l'homme d'abord, puis le bœuf et le cheval ; enfin, la vapeur dans quelques exploitations privilégiées. Dans l'avenir, la charrue pourra être traînée par un moteur quelconque, vapeur, eau, vent, dont la force sera transmise à la charrue par l'électricité.

1ʳᵉ CATÉGORIE. CHARRUES A TOUS LABOURS. Bien que cette désignation soit généralement adoptée, faute d'autre, elle est quelque peu impropre : en réalité, si une charrue donnée peut à la rigueur marcher en tous sols, elle ne peut faire avec quelque précision que des labours peu différents en profondeur et surtout en largeur. Nous avons fait connaître les différents moyens qui permettent de faire prendre à une même charrue plus ou moins de profondeur et de largeur ; mais nous n'avons pas dissimulé les inconvénients qu'il faut subir pour faire prendre à une charrue une profondeur plus grande que celle pour laquelle son versoir est fait.

En réalité, les charrues dites à tous labours, de beaucoup encore les plus communes, doivent être considérées comme plus spécialement destinées aux *labours moyens* : mais ce terme est loin de désigner une largeur et une profondeur fixes; car en tels pays le labour moyen est de 5 à 6 centimètres et ne dépasse jamais *neuf* centimètres en profondeur; tandis qu'en d'autres il est le

Fig. 804. — *Araire du XIᵉ siècle.*

double. Il faut donc s'attendre à ce que les charrues dites à tous labours soient fort différentes de *force*, de *grandeur* et de *forme*, suivant les localités: car non seulement elles sont faites pour des largeurs et des profondeurs diverses ; mais pour des terres de diverses natures. Cette première catégorie de charrues, à part quelques modèles

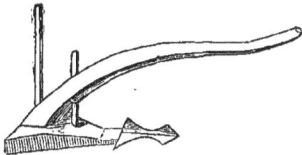

Fig. 805. — *Araire des environs de Rome.*

généraux, renferme donc surtout ce qu'on appelle les charrues *de pays*.

Le nombre de types de charrues de pays est si considérable que l'on a depuis longtemps essayé de les soumettre à une classification; et cela sans grand succès, faute d'une méthode convenable. La meilleure nous paraît être celle de M. Rau, conseiller au ministère du commerce de Carls

Fig. 806. — *Charrue polonaise.*

ruhe qui l'appuyait, en 1867, par l'exposition d'une série de petits modèles très intéressants. Le but de cette collection était de démontrer la métamorphose des outils à bras en appareils de trait, et le développement progressif de la charrue, de la forme la plus simple à la plus perfectionnée. M. Rau classe les charrues en les supposant dérivées des trois formes principales des *outils* de culture : la *pioche* ou la houe étroite, la *bêche* et la *fourche*. Il a ainsi trois groupes: les *charrues-pioches*, les *charrues-bêches* et les *charrues-*

fourches. Les caractères secondaires sur lesquels s'appuie cette classification sont : 1° la forme et la position du *soc* ; 2° la présence ou l'absence de *versoir* ; 3° le nombre, la forme et la position des *versoirs* ; 4° la forme du *bâti*. Dans sa classification, M. Rau fait abstraction du *coutre*, des

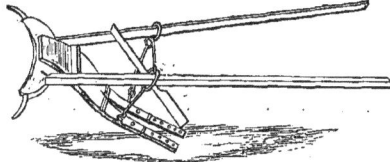

Fig. 807. — *Ancien araire d'Osterobothnia.*

divers moyens d'appliquer la *force de l'attelage*, de l'absence ou de la présence des *supports*, sabots ou patins, roues, ou avant-train ; car il ne considère comme pièces essentielles d'une charrue que le *soc*, le *versoir* et le *bâti*.

Bien que nous n'adoptions pas cette classification, le travail de M. Rau est très intéressant, mais trop long pour que nous puissions le donner ici.

Fig. 808. — *Charrue égyptienne primitive.*

Charrues antiques. Etat Ancien. La charrue d'Hésiode se composait de trois pièces, le corps-sep, armé du soc, l'âge et le mancheron. L'auteur Gouguet pense qu'il ne devait guère différer d'un araire encore employé en Grèce et anciennement près de Marseille; d'autres croient la retrouver dans la charrue de la grande Grèce et de la Sicile (colonie grecque). D'après l'abbé Rosier, la charrue romaine antique était identique avec les anciens araires du midi de la France. D'autres reconnaissent l'araire romain dans celui employé de temps immémorial à Valentia. La *buris* était le

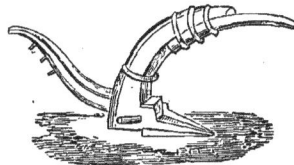

Fig. 809. — *Ancien araire de Castille.*

corps ou tête ; le *temo* était l'âge ; la *stiva* était le manche ; le *dentale*, dental du midi de la France, une tête de soc jouant le rôle du sep; le *vomer* était le soc. Parfois, il y avait des chevilles, jouant le rôle de versoirs à droite comme à gauche; le mancheron avait parfois une poignée ou cheville transversale, dite *manicula*. Avec cette charrue on labourait à plat comme avec une tourne-oreille. D'autres modèles avaient des versoirs plans, d'autres des roues, Lasteyrie en donne deux figures assez mauvaises, d'après Caylus, et une troisième, d'après une médaille de Sicile Le corps de la charrue avec long soc est supporté par l'essieu de deux grandes roues et on distingué deux mancherons courbes. Les charrues romaines, données d'après Caylus, avaient aussi deux mancherons et un coutre.

Dans un ouvrage de Strutt, sur les anciens costumes du VIIIe siècle, on trouve la figure d'une charrue à roues,

Fig. 810. — *Ancienne charrue de la Morée.*

à coutre et à versoir (fig. 804). Du XIe au XIIIe siècle, en Angleterre, une charrue semblable à la précédente semble avoir été en usage dans les terres fortes et l'araire (fig. 804) dans les terres légères.

Dans les temps modernes, l'araire des environs de Rome (fig. 805) est un instrument très fort, à soc large et

Fig. 811. — *Araire persan.*

plat; le conducteur se fait porter par l'arrière du sep et son poids fait pénétrer profondément la charrue. Parfois *deux chevilles de bois de* 0m,46 *de long jouent le rôle* d'un double versoir, le *binæ aures*, de Virgile.

Loudon dit avoir vu en Pologne labourer·avec une vache liée par les cornes au tronc d'un jeune pin; l'une des racines affilée en coin jouait le rôle de soc,

Fig. 812. — *Araire arabe.*

et une autre servait de mancherons. En d'autres parties du même pays, il a vu, traînée par deux bœufs, une charrue tout à fait primitive fabriquée par le paysan même (fig. 806) forcé d'être aussi bien charron que charpentier ou maçon. La meilleure charrue polonaise n'avait aucune trace de versoir distinct : aussi les récoltes dépendaient plus de l'excellence du sol et de l'effet bienfaisant des gelées que des travaux de culture.

Fig. 813. — *Araire de Hongrie.*

A l'époque où écrivait Loudon (le premier quart de ce siècle), l'araire employé généralement en Gothland (Suède), avait un versoir en fer et elle était traînée par deux chevaux. Mais l'araire d'Osterobothnia (fig. 807) n'exigeait qu'un cheval et parfois même un seul paysan la traînait. Pour le docteur Clarke, « elle rappelait la vieille charrue samnite, telle qu'elle était encore employée dans le voisinage de Bénévent, en Italie, où un paysan, à

l'aide d'une corde, passée sur une épaule, tire la charrue qu'un second paysan conduit. Cette charrue ne diffère de la plus ancienne charrue égyptienne, représentée

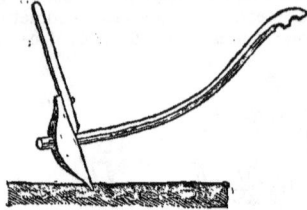

Fig. 814. — *Araire mangalore.*

sur les Osiris (fig 808), que parce quelle a deux pointes au lieu d'une. »

Les anciens instruments de l'agriculture espagnole sont très simples. D'après le même auteur, l'araire de

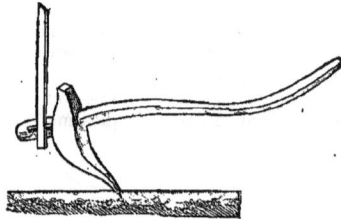

Fig. 815. — *Araire Chatrakal.*

Castille et de la plupart des autres provinces (fig. 809), date des anciens romains. Townsend la décrit ainsi : l'âge a environ 0m,914 de long, il est courbe et aminci à l'avant pour recevoir l'âge proprement dit d'environ

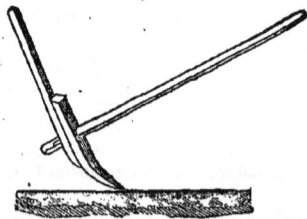

Fig. 816. — *Araire de l'Indoustan,*

1m,524 de longueur. Ces deux parties de l'âge sont assujetties ensemble par trois *frettes* en fer.·L'*arrière-bout* de l'âge touche la terre et est percé d'une mortaise pouvant recevoir en même temps le soc, le mancheron et un

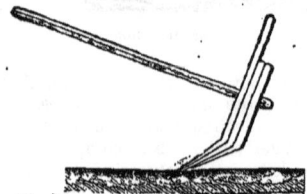

Fig. 817. — *Araire de l'Indoustan.*

coin de serrage, et peut être de règlement, de l'ouverture de l'angle fait par l'âge et le soc. Deux chevilles de bois près du talon du soc soulèvent et écartent la terre. L'ancienne charrue de la Morée (fig. 810) se compose d'un soc, d'un âge et d'un mancheron d'une position tout à fait différente de la position générale observée jusqu'ici ; il y a aussi un étançon qui constitue, avec l'âge et le manche, un triangle de forme invariable. Le soc rappelle un peu une branche d'ancre et la partie tranchante est en fer. Suivant la nature du sol, cet araire est tiré par un cheval,

deux ânes ou par des bœufs ou buffles. L'ancienne charrue d'origine persane d'Erzerum (fig. 811) diffère notablement des précédents araires. Le conducteur est supporté sur l'arrière du sep-soc : il se trouve ainsi transporté et son poids fait pénétrer le soc qui du reste ne fait guère qu'égratigner le sol. L'araire arabe (fig. 812) présente un

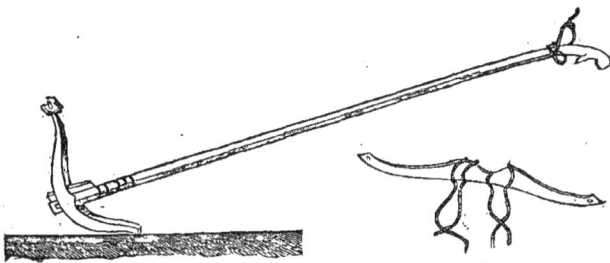

Fig. 818 et 819. — *Charrue de Ceylan avec son joug.*

corps avec un étançon, un sep, un âge en deux parties et une paire de mancherons. La figure 813 représente une ancienne charrue Hongroise ayant toutes les pièces nécessaires. Les araires divers de l'Hindoustan ne sont guère autre chose, dit Loudon, que des perches avec une partie pointue que le cultivateur emporte au champ sur l'épaule, comme il ferait d'une bêche. Elles peuvent gratter assez bien les hautes terres sablonneuses ou la vase des deltas des fleuves ; mais les fortes terres du Bengale ne peuvent être défrichées par ces instruments primitifs. Les champs y paraissent aussi verts après le labour qu'auparavant ; on aperçoit bien quelques lignes de terre remuées, plus semblables aux traces du passage d'une taupe qu'au travail d'une charrue. Pour arriver à ameublir de telles terres, il faut que le laboureur répète

est une pièce de bois courbe rappelant la forme des branches d'une ancre, un coin fixe l'âge dans une mortaise de ce corps dont une des pointes forme le soc, l'autre, le manche : on voit à part le joug des deux buffles chargés de tirer cet araire. Loudon donne trois modèles de charrues chinoises. Le modèle (fig. 820) peut être tiré par des femmes, celui que la figure 821 représente est destiné à la culture de la terre inondée des rizières.

Fig. 822 et 823. — *Araire actuel du Maroc.*

La charrue moderne du Maroc (fig. 822 et 823) appartient encore à l'état ancien du matériel agricole. Nous l'avons dessinée à l'Exposition de Paris en 1878. Il en est de même de l'araire de Rokitzau (fig. 824) (Autriche) ; et de la charrue des Indes néerlandaises (fig. 825 à 827).

ÉTAT MOYEN. Les charrues appartenant au moyen âge du matériel agricole ont régné exclusivement jusque vers

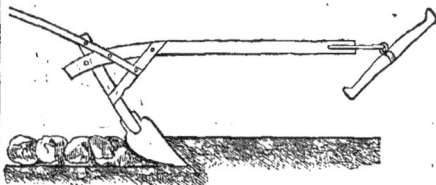

Fig. 820.
*Charrue chinoise
à bras.*

Fig. 821.
*Charrue chinoise
pour rizière.*

l'opération de cinq à quinze fois ; et même c'est à peine s'il obtient assez de terre pour recouvrir la semence. Aussi, faut-il une charrue et une paire de bœufs pour deux hectares de terre arable. La figure 814 représente un araire *mangalore* de face et de profil : par derrière, on voit que le corps a une courbure qui lui permet de jouer le rôle de versoir du côté droit. La figure 815 représente une forte charrue, dite de Chatrakal, exigeant quatre paires de bœufs. La charrue de Benawasi ressemble à la précédente, mais est beaucoup moins forte (fig. 816). Enfin, la charrue de Pali-ghat affecte une forme un peu différente. L'âge est endenté, de façon à éloigner plus ou moins le corps de charrue du joug des bœufs pour le règlement de l'enture. Le soc porte à l'arrière de chaque côté une saillie soulevant et écartant la terre rompue par la pointe ; le haut du manche porte une cheville transversale ou poignée : un autre araire indien est vu figure 817.

La charrue de Ceylan est des plus simples (fig. 818 et 319). L'âge est incliné, long et droit. Le corps de la charrue

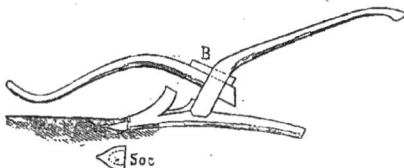

Fig. 824. — *Araire de Rokitzau.*

la fin du dernier siècle ; personne n'a mieux exposé cet état que François de Neufchâteau, dans un mémoire que nous regrettons de ne pouvoir transcrire ici. Nous le résumons très succinctement.

Le rapport de François de Neuf-Château avait pour but de proposer un concours et de provoquer des essais et des travaux sur la charrue. Jefferson, président de la République des États-Unis envoya à la Commission de la Société d'agriculture de Paris, un mémoire sur la construction du versoir.

Versoir Jefferson. La théorie de Jefferson peut être résumée comme suit :

Le versoir est un demi-coin dont l'arête d'abord horizontale recule, en restant toujours dans un plan normal à un axe parallèle au mouvement de translation de la charrue : le bout de droite de cette arête reste pendant toute cette reculade sur l'axe même, tandis que l'autre bout, d'abord au niveau de l'axe, s'élève constamment. On réalise

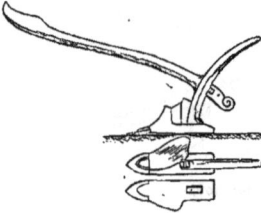

Fig. 825 à 827. — *Araire des Indes néerlandaises.*

ainsi l'ensemble d'un coin élevant la terre et d'un coin la poussant pour la renverser, idée reprise par Dombasle. Autrement dit, le versoir Jefferson est une surface réglée ayant pour directrice (fig. 831, plan) l'axe de rotation AD horizontal et une droite oblique BE telle que son extrémité B étant sur le fond de la raie, l'autre bout E est à $0^m,3048$ au-dessus du sol et à $0^m,1143$ à droite de l'axe AD, de sorte que la génératrice de cette surface est la droite AB allongée jusqu'en F et ayant en tout $0^m,3048$. Cette génératrice marche d'un bout sur l'axe en restant *normale à cette droite* et s'appuyant sur l'oblique BE : la longueur AD, d'après Jefferson, doit être le double de la génératrice AB. Nous avons représenté en détail ce versoir qui est un paraboloïde-hyperbolique d'après les indications de l'inventeur.

Le profil vu de l'arrière (fig. 828) montre : 1° que, pour des avancements égaux sur l'axe, les écartements angulaires des génératrices vont en croissant, depuis la première jusqu'à la huitième ; puis, en décroissant très rapidement jusqu'à la dernière. Le versoir est donc agressif, puis atténué ; 2°. la dernière génératrice ne renverse pas assez la bande pour qu'elle tende à tomber d'elle-même. Jefferson ne parlant point du raccordement du tranchant du soc avec le versoir, il est probable que la première génératrice de son versoir, était le bord d'arrière du soc, déjà incliné de quelques degrés, ce qui aurait pour bon effet d'augmenter assez l'inclinaison de la dernière génératrice : pourtant cette hypothèse ne s'accorde pas du tout avec les termes du mémoire de Jefferson qui dit que le versoir doit « recevoir horizontalement du soc la motte de terre ». Il trouve que l'inclinaison de sa dernière génératrice ($20°,33',20''$ avec la verticale) suffit pour que la bande de terre se renverse. Or, nous avons vu que, pour amener la bande de terre à l'équilibre instable, avec la moindre inclinaison possible

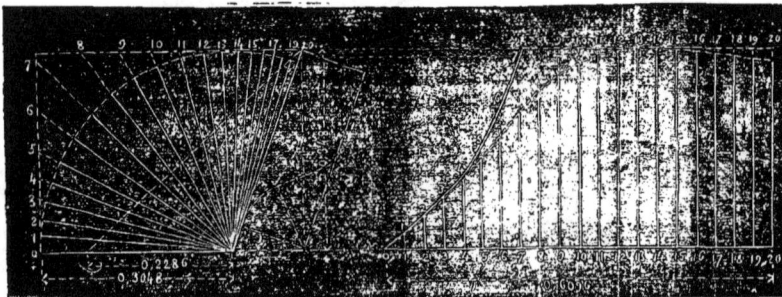

Fig. 828 et 829. — *Profil donné par coupes verticales équidistantes normalement à l'axe et courbe de gorge dans l'hypothèse où les génératrices seraient prolongées jusqu'au plan vertical de la muraille. Le trait courbe ponctué 0 - 13 - 20 est la limite de la partie travaillante du versoir à génératrice de longueur constante.*

avec la verticale, il faut que la dernière génératrice du versoir fasse avec l'horizon un angle tel que sa cotangente égale son sinus et le rapport de la profondeur à la largeur. Or, cet angle ne peut être que $51°,50'$ qui correspond à $38°,10'$ avec la verticale. Pour que la chute soit possible avec l'inclinaison de la fin du versoir Jefferson, il faut que la largeur de la bande soit égale aux 8/3 de la profondeur, ce qui est notablement plus de largeur que l'on ne peut en prendre pour un labour convenable.

A partir du mémoire de François de Neufchâteau et des essais qui le suivirent, les charrues qui furent remarquées sont celles de M. Guillaume, qui en 1807 reçut un prix de 3,000 fr. de la Société d'agriculture de France, après un essai au dynamomètre Regnier ; pour un labour de 5 pouces sur 8 ou 0^m135 sur $0^m 216$, la charrue Guillaume n'exigea que 200 kilogr. et la charrue de Brie, 390.

Ensuite, vint Dombasle avec son premier modèle de charrue ; l'araire à Sabot de Schwertz et quelques charrues belges qui furent recommandées par Pictet qui préférait la charrue Machet, dont le versoir tord très brusquement la bande et la rompt, à toutes les charrues laissant les bandes intactes et même les comprimant. Les charrues Belges, comme la charrue Schwertz, semblent avoir pour caractère de permettre des labours de 2 à 3 pouces aussi bien que de 8 à 9.

Mais au delà de 6 pouces (0 k. 162) une partie de la terre retombe dans la raie : c'est pourquoi les charrues belges ont souvent un *allonge-versoir* qui s'accroche à l'étançon d'arrière à une pièce spéciale trouée ; et un aide, marchant sur la terre non labourée, maintient cet allonge-versoir avec le manche : cette pièce est une petite planche de bois dur, de 4 pouces de large et de deux pieds de long, terminée par un manche.

ÉTAT ACTUEL. Il est encore un grand nombre de pays ou de localités qui, de nos jours, conservent les araires antiques plus ou moins améliorés ou les vieilles charrues de pays ; mais, les pays bien cultivés, comme l'Angleterre et le Nord de la France, et les bonnes exploitations de nombre de nos départements emploient les charrues modernes caractérisées par la perfection des formes dans leurs pièces travaillantes, la précision dans celles de direction, de conduite et de règlement, et, enfin, dans le bon emploi des divers matériaux de construction, bois, fer, fonte et acier. Notre examen des charrues à tous labours actuelles ne peut donc se faire en adoptant l'ordre géographique. Nous suivrons, autant que possible, l'ordre chronologique des perfectionnements.

Charrues belges. La charrue de Schwertz représente la meilleure charrue du dernier siècle per-

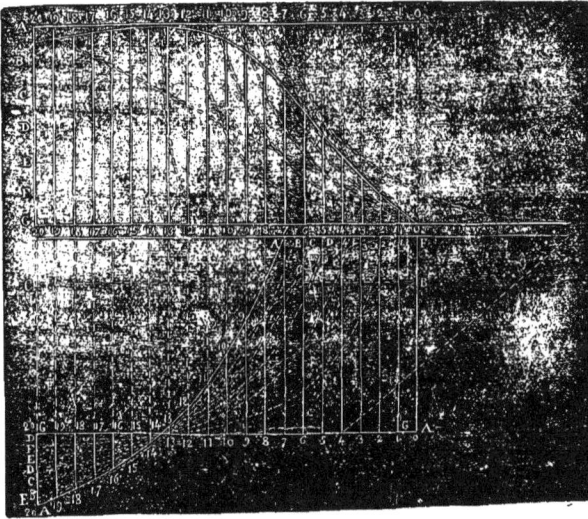

Fig. 830 et 831. — *Elévation du versoir Jefferson réduite à sa partie travaillante limitée par le trait plein 0 - 13 - A - B. Les courbes ponctuées sont les section du versoir par des plans verticaux parallèles à la muraille et équidistants. — Plan du versoir Jefferson supposé prolongé jusqu'à un plan horizontal supérieur. La courbe ponctuée F - 1 - 2 - 6, etc. est la limite supérieure de la partie travaillante. Les autres courbes ponctuées sont les sections du versoir par des plans horizontaux équidistants.*

fectionnée dans sa construction, à Hohenheim, mais ayant conservé les divers caractères originels. Le coutre passe dans une mortaise de l'âge et y est maintenu, à la hauteur voulue, par un coin. Le manche du coutre est courbe et le tranchant légèrement concave ; un lien en fer empêche l'âge de fendre à la mortaise. Le soc est très grand, à tranchant légèrement convexe, et armé d'une pointe plate. Le versoir, d'une génération non définie, est agressif et tord très brusquement la bande dès qu'elle a tourné d'environ 39 degrés ; à partir de là, il est légèrement atténué, mais irrégulièrement, jusqu'au bout.

Un des défauts de cette charrue c'est de n'avoir pas de régulateur de profondeur. La bride qui reçoit la chaîne de traction peut être placée plus ou moins à droite ou à gauche, grâce à trois trous percés dans l'âge et dans l'un desquels on place la cheville d'arrêt de ce régulateur de lar-

geur. La longueur de l'âge et sa hauteur à l'avant sont telles que la charrue tend à pénétrer assez profondément. On limite l'entrure, en *réglant* ainsi, soit-disant, la profondeur, par l'abaissement du sabot : celui-ci peut être retenu à la hauteur voulue par le serrage d'un coin qui fait engrèner la crémaillère de la tige avec un lien en fer plat entourant l'âge en avant de la mortaise.

L'âge est droit et très solide, bien que percé de trois mortaises, grâce à l'emploi des liens, frettes ou écharpes en fer placées en avant de chacune de ces mortaises. La queue de l'âge est amincie en tenon ; elle traverse le mancheron mortaisé et est arrêtée par deux coins ou chevilles en bois. Le mancheron paraît plus court que dans la plupart des charrues actuelles. Le sep est en bois : il est percé de deux mortaises et garni de fer au talon.

Le versoir en fer recouvre à moitié le soc auquel il s'accroche par un crochet terminant la pièce de gorge.

La plupart des charrues belges actuelles rappellent, dans ses caractères généraux, l'ancien brabant, nous donnons, d'après M. Lœillet, une

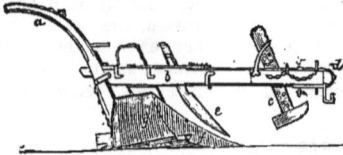

Fig, 832. — *Araire belge à sabot.*

vue d'une de ces charrues dans la figure 832. Nous n'avons pas besoin de faire remarquer que les charrues belges pourraient être avantageusement remplacées par des modèles plus convenables anglais ou américains. Cependant, plusieurs constructeurs de Belgique ont amélioré les anciens modèles du pays en y ajou-

tant des régulateurs de hauteur et en employant le fer forgé au lieu de bois pour le sep, les étançons et même l'âge. Nous donnons fig. 833 à 835 l'épure d'un versoir belge actuel.

Charrues écossaises. La *charrue Small* ou de l'*East-Lothian*, la plus ancienne des charrues écossaises, procède d'un araire du brabant introduit en Angleterre au XVIIIᵉ siècle et connue sous le nom de charrue de Rotherham (1742). Les modifications du type primitif ont été assez importantes pour former un nouveau type conservé, en Écosse, par suite d'habitudes locales des laboureurs.

Les figures 836 et 837 représentent la charrue Small à âge en bois (1763).

Le côté de la muraille est complètement fermé, depuis le sep jusqu'à l'âge, par trois pièces de fer. L'inférieure est repliée en dessous pour former la semelle du sep ; elle est assemblée comme les deux pièces supérieures, à l'arrière, sur le mancheron gauche, et à l'avant sur l'étançon d'avant en fonte et sur le soc dont la souche à demi-fermée est très allongée. L'étançon d'avant

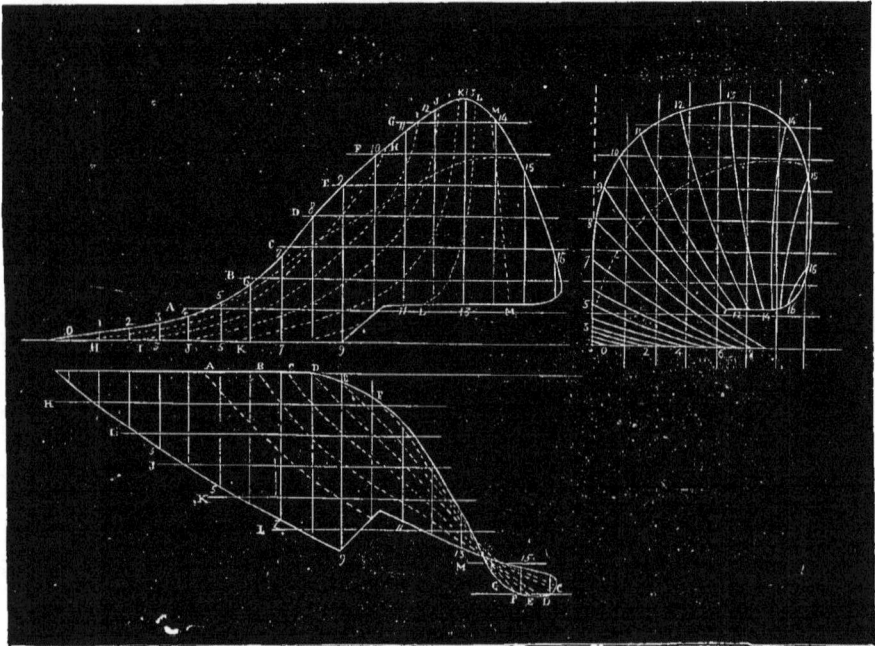

Fig. 833 à 835. — *Elévation, profil et plan du versoir belge de Berkmans.*

passe dans une mortaise de l'âge et y est retenu par un seul boulon. L'extrémité de l'âge, amincie en forme de tenon, passe dans une mortaise du mancheron gauche et y est chevillée. Le coutre passe aussi dans une mortaise de l'âge, et y est fixé à la hauteur et à l'inclinaison voulue par des coins. Un étrier à vis de rappel retient le coutre et l'empêche de céder en arrière. Le régulateur se compose d'un étrier dont la traverse horizontale

porte sept trous dans l'un desquels on peut fixer le porte-crochet ; les deux branches verticales de l'étrier sont percées chacune de trois trous, ce qui permet de prendre trois profondeurs différentes. Cet étrier est relié par une chaîne au point d'attache placé sous l'âge, amélioration due à Small et qu'il avait peut être vue dans de vieilles charrues à roues. Le régulateur qui peut osciller autour de la cheville horizontale qui le suspend à l'âge est tenu plus ou moins incliné à l'arrière ou à l'avant suivant que la chaîne s'accroche en F par le premier, le second ou le troisième anneau, ce qui donne un moyen de règlement de la hauteur complémentaire du régulateur et donne à volonté, plus de précision ou d'amplitude. Le soc étroit caractérise aussi la

Fig. 836. — *Araire Small en bois, vu du côté du versoir.*

charrue Small et toutes les charrues écossaises ses dérivées. Cela tient plus aux habitudes culturales du pays qu'à la difficulté de faire un large soc à faible inclinaison; bien que ces deux raisons aient pu décider de l'adoption des socs étroits. Nous avons précédemment fait ressortir l'inconvénient que présentent les socs trop étroits. Dans le modèle de charrue Small que nous donnons ici, ce défaut n'est pas très sensible, car le

soc a 0^m,178 de largeur pour un écartement de 0^m,229 au bas du versoir à l'arrière. La commission d'agriculture de la Société des Arts de Londres a fait jadis un essai direct avec une charrue de Rotherham, munie successivement d'un soc de 0^m,127 et d'une autre de 0^m,203 de largeur, destinés tous deux à ouvrir un sillon de

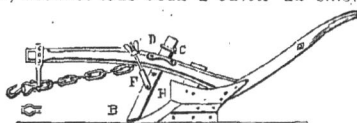

Fig. 837. — *Araire Small en bois, vu du côté de la muraille.*

0^m,254 sur 0^m,152 de profondeur. Avec le soc le plus étroit, la charrue exigeait un effort moteur de 279^k,3, tandis qu'avec le soc large la traction nécessaire était réduite à 253^k.9. Cela veut dire que la traction exigée par le soc seul étant environ les 3/10 de la traction totale dans le second cas, ou 76^k.17 elle est de 101^k,57 dans le premier ou plus forte d'un tiers environ; l'arrachement de la terre sur une largeur de 76 millimètres

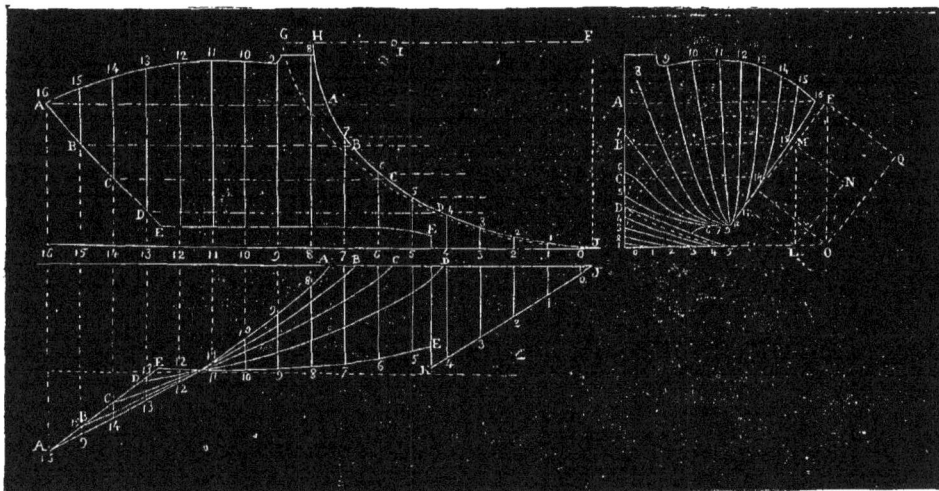

Fig. 838 à 840. — *Elévation, profil et plan du versoir Arbuthnot.*

exige 25^k,4 de plus que la coupe. Small fut un des premiers à employer le fer et la fonte à la construction des charrues. Le type de sa charrue se caractérise alors définitivement (fig. 836 et 837); le soc est plus étroit que dans le modèle précédent et la chaîne de traction passant sous l'âge est supprimée. Cette charrue est propre à des labours de largeurs et de profondeurs très variées; son mode de construction est bien entendu; enfin, grâce à ses bonnes proportions, elle est facile à tenir en raie. La Small est tirante; le soc et le coutre ont trop d'embêchage et de rivotage; la bande est arrachée et non coupée sur un tiers de la largeur; le versoir un peu trop court brise la bande; le régulateur manque de précision.

Charrues anglaises. Il est difficile de déterminer l'origine des charrues anglaises modernes. Les anciennes charrues du pays, celles du Norfolk, du Kent et du pays de Galles, par exemple, n'ont aucun point de ressemblance avec les types perfectionnés de Ransomes, Howard, etc. Un araire de Ducket, muni d'un skim-coulter paraît dériver quelque peu de la charrue de Rotheram, mais il a deux mancherons; l'araire d'Arbuthnot est le second pas des charrues anglaises.

Le versoir de cet araire bien que tout à fait empirique est assez remarquable pour mériter d'être cité. Il est représenté par les figures 838 (élévation), 839 (profil) et 840 (plan). La courbe de gorge d'après l'inventeur, doit être une demicycloïde ou une demi-ellipse dont l'âge principal a 0ᵐ,813 pour une profondeur de labour de 0ᵐ 279. La distance du foyer de cette ellipse à son centre est de cette longueur. Le cercle générateur de la cycloïde à 0ᵐ,406 de diamètre. Outre la courbe de gorge, Arbuthnot prenait la droite AE à l'inclinaison qu'elle a dans notre épure. A part cela, le reste de la surface résulte, dit l'inventeur, d'observations. Les courbes horizontales du plan sont donc

déterminées par expériences ou tâtonnements. L'araire de F. Bailley paraît un des types auxquels ressemblent les anciens araires en bois de Ransome.

Les charrues anglaises à tous labours actuelles sont personnelles. Autant de constructeurs, autant de types, de championnes destinées aux concours de charrues ; mais chaque constructeur a de nombreux modèles de forces différentes et une série de versoirs adaptés aux usages des divers

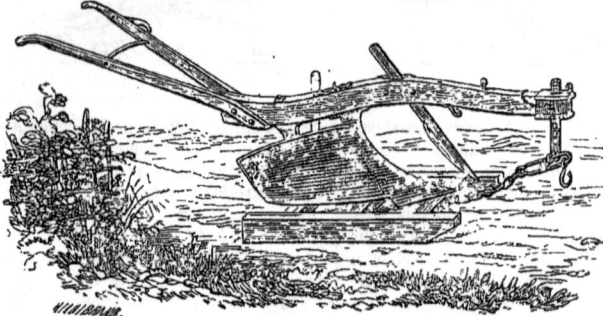

Fig. 841. — *Charrue Dombasle en araire sur son traineau.*

comtés et aux variétés de terre qui peuvent s'y rencontrer. Aussi, pourrait-on dire que l'Angleterre est assez avancée dans le matériel agricole pour que les charrues à tous labours soient l'exception plutôt que la règle.

La maison Ransome a commencé à construire des charrues dès 1785. Le premier brevet pour la trempe des socs de fonte date de cette année ; et, depuis, de nombreux perfectionnements ont été apportés à toutes les variétés de charrues

que cette ancienne maison continue de fabriquer.

Le mode de construction des charrues modernes anglaises est celui que fit breveter Robert Ransome, en 1808. Il consiste à disposer les parties sujettes à l'usure et à la rupture de telles façons que le laboureur puisse aisément les enlever et les remplacer dans le champ même, avec la certitude que ces pièces de rechange s'adaptent avec la plus grande précision. C'est en 1803 que R. Ransome découvre l'art de faire des

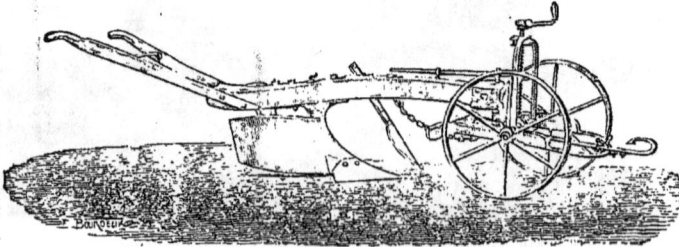

Fig. 842 — *Charrue Dombasle avec son avant-train.*

socs en fonte de fer durs en dessous ou trempés comme l'acier le plus dur, et *doux* en dessus. Cette invention est généralement adoptée aujourd'hui par les constructeurs anglais. Des brevets furent pris en 1816, 1820 et 1843; pour l'âge en trousse qui réunit la force de résistance à la légèreté ; et dans les derniers temps l'âge est fait partie en *trousse* et partie en *plein*. En 1864, un brevet est pris pour la fabrication de socs en fonte malléable destinés aux terres pierreuses exigeant jusqu'alors des socs d'acier.

Nous devons mentionner tout particulièrement la charrue à tous labours actuelle de la maison Ransome, avec les pièces de rechange qui

en font pour ainsi dire une charrue universelle.

MM. James et Fr. Howard, sont depuis longtemps renommés pour la construction des charrues.

La maison Hornsby a été plusieurs fois primée. Nous pouvons citer encore MM. Cook et Cⁱᵉ.

Charrues françaises. Nous avons vu que c'est surtout à Dombasle que l'on doit le perfectionnement des charrues françaises. En effet, nombre de charrues de pays ont été améliorées par le remplacement de leurs informes versoirs par celui de l'araire Dombasle. Plusieurs constructeurs firent après Dombasle des araires copiés à très peu près sur l'araire de l'illustre agronome;

mais parfois notablement améliorés. Il faut citer en première ligne M. François Bella, M. Bodin, M. Tritschler, M. Meugniot, à Dijon ; M. Garnier, à Redon, etc.

Les perfectionnements avaient trait aux détails surtout. La coutrière Dombasle a été remplacée par l'étrier américain, le régulateur en T à crémaillère par nombre d'autres, en général plus précis. Les changements n'étaient même pas toujours des améliorations. La fabrique de Dombasle a eu le privilège, rare en France, de se perpétuer jusqu'à nos jours ; le petit-fils de l'illustre agronome, M. Meixmoron de Dombasle, dirige aujourd'hui les ateliers de Nancy, qui còntinuent à fournir aux cultivateurs les anciens modèles adoptés par la pratique (fig. 841 et 842) et quelques modèles nouveaux. Citons, entr'autres, le nouvel araire à une roue (fig. 843). L'étançon d'avant est

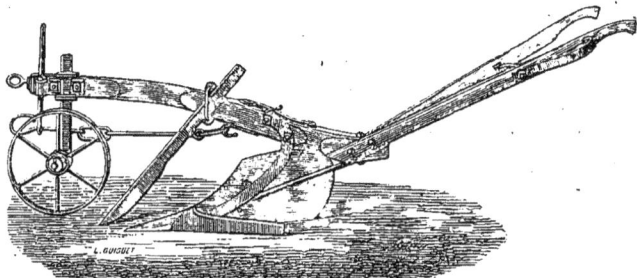

Fig. 843. — Nouvelle Charrue de Meixmoron, de Dombasle.

remplacé par une lame cintrée en fer, fixée contre l'âge par deux boulons ; et l'étançon d'arrière par un contrefort. en fer rond fixé à l'arrière de l'âge. Le coutre est maintenu par un simple étrier américain. Le régulateur est à coulisse pour la largeur et à tringle verticale glissante pour la hauteur.

Une roue se fixe, à volonté, à l'avant de l'âge par un étrier à vis. Citons, en outre, l'araire à deux roues, dit *monosoc* (fig. 844), caractérisé par un levier de déterrage facilitant beaucoup les tournées. L'essieu des deux roues étant solidaire de l'âge par ses supports, le monosoc est pour ainsi dire une charrue fixe que la main du laboureur ne sent plus comme l'araire pur. Dans ce modèle, l'ancienne coutrière est remplacée par l'étrier américain simple. Une vis verticale permet de régler la position relative des roues et de l'âge ; une vis horizontale règle la position en largeur de la chaîne de traction et une vis verticale, la hauteur du crochet d'attache de l'attelage. Lorsqu'on abaisse le levier à manette, on fait appuyer les roues sur le sol qui réagit et soulève

Fig. 844. — Monosoc, de Dombasle.

d'autant la charrue, que l'on maintient ainsi déterrée en plaçant une cheville dans l'un des trous de l'arc-guide-régulateur. Le monosoc est fait de trois forces : le grand, pour labours de 22 à 28 centimètres de profondeur sur 28 à 34 en largeur, en terres fortes avec 4 à 6 chevaux ; le moyen, pour labours de 15 à 20 centimètres sur 22 à 28, en terres ordinaires avec 3 ou 4 chevaux ; le léger, pour labour de 11 à 15 centimètres sur 18 à 22, en terres légères avec 2 ou 3 chevaux. Les poids de ces modèles sont respectivement 167, 155 et 135 hilogrammes et les prix, 190, 175 et 160 francs, soit par kilogramme 1 fr. 138, 1 fr. 129 et 1 fr. 185. En terre légère, ces araires monosocs exigent une traction donnée par la formule suivante : $T = 48^k + 32^k,26 \times S$. En terre forte, c'est $T = 120^k + 59^k,88 \times S$. La lettre S représentant la section de la bande en décimètres carrés.

Dans quelques parties du midi de la France on trouve encore des araires primitifs à double versoir (fig. 845 et 846). L'âge est en deux parties assemblées, en B, en trait de Jupiter, consolidé par deux frettes en fer. L'extrémité postérieure de l'arrière-âge A, forme le talon du sep et doit représenter ce que les latins appelaient la *buris*. Cette pièce est percée d'une grande mortaise pour le passage du mancheron D qui, à l'avant, s'appuie sur l'axe longitudinal du soc. Cette dernière pièce a une longue tige H et présente à l'avant la forme d'un long et large fer de lance. Un coin en bois I, placé entre la tige du soc et le mancheron D, permet de faire varier l'entrure de la charrue,

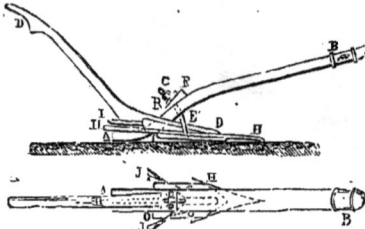

Fig. 845 et 846. — *Élévation et plan d'un araire antique du midi de la France.*

par le changement de l'angle fait par le soc avec l'âge. Deux boulons de tirage ou *tendilles* E achèvent de fixer le soc, le mancheron et l'âge à l'aide d'une semelle en bois placée sous le soc et qui doit être le *dentale*. Une plaque de fer R sert d'appui aux écrous C des tendilles et un coin F passant entre la plaque R et l'arrière-âge sert à régler l'angle du soc avec l'âge, concurremment avec le coin en bois I et les tendilles E. Pour augmenter la profondeur, on ouvre l'angle en

desserrant les écrous C et en enfonçant le coin I; puis on enfonce plus ou moins le coin F et on serre les écrous. Enfin, on recule l'âge sur le joug. Pour diminuer la profondeur d'entrure de la charrue, on fait exactement le contraire. Les deux versoirs en bois J écartent la terre soulevée par le soc et l'on obtient un sillon ouvert.

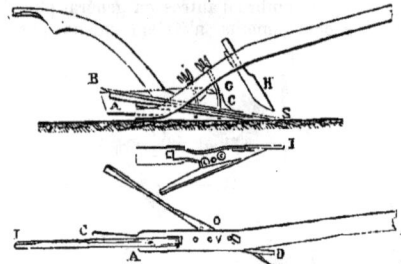

Fig. 847 à 849. — *Élévation et plans d'un araire ancien amélioré du midi de la France.*

La figure 847 représente l'élévation d'un araire perfectionné du Midi. L'âge à l'arrière est percé d'une grande mortaise dans laquelle pénètre facilement le mancheron malgré sa tête C. En dessous du manche, dans la même mortaise, passe d'abord le soc en pointe SB; puis le coin H et enfin un doublage ou dentale en bois, au-dessous duquel sont les têtes des boulons dits *tendilles*, dont les écrous sont au-dessus de l'âge.

La figure 848 montre le dessous du corps de

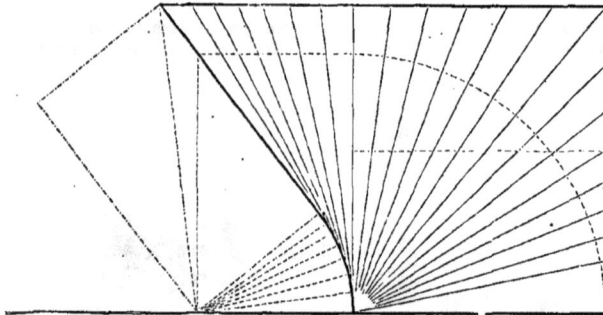

Fig. 850. — *Versoir de l'abbé Didelot.*

charrue; les têtes de boulons et, entre elles, la cheville qui relie le versoir au sep dans lequel il est encastré. Le manche du coutre passe dans une mortaise de l'âge et y est maintenu, par un coin, à la hauteur voulue. La figure 849 est une vue en dessus de cet araire, montrant bien la position relative du versoir en bois, de la tige de fer D formant le soc, de la pointe du coutre et enfin de l'unique mancheron.

M. l'abbé Didelot a adopté (fig. 850) un versoir hélicoïdal agressif, qui fait tourner la bande d'abord d'un mouvement uniformément accéléré sur la partie antérieure, puis d'un mouvement retardé uniformément sur la partie postérieure. Il donne pour raison que la bande, au fur et à mesure de

son soulèvement jusqu'à la position verticale, presse de moins en moins contre le versoir et qu'il importe alors de lui opposer des angles de plus en plus *offensifs* (autrement dit de tordre la bande de terre d'autant plus fortement qu'elle presse moins sur le versoir); sans cela, dit M. Didelot, la terre *dort* et ne tarde pas à adhérer à la surface en nombre de cas. Pour justifier le mouvement angulaire retardé de la partie postérieure, l'auteur dit que la vitesse de rotation acquise à ce moment par la bande de terre ferait bloquer et tasser la bande contre la terre déjà renversée; il croit donc devoir diminuer, dès ce moment, la vitesse de rotation de la terre. Ce tracé est conforme à la théorie et à l'observation pour la partie antérieure surtout. L'essentiel c'est de donner alors au versoir une longueur un peu plus grande que dans le cas d'un hélicoïde pur ou à rotation uniforme.

M. Didelot fait des araires purs, des araires à supports et des charrues avec avant-train (fig. 851 et 852). Dans ces charrues, le coutre est maintenu par un étrier américain à plaque de serrage; le manche du coutre pressant contre une saillie ou nervure encastrée dans l'âge; on

Fig. 851. — *Araire à âge en bois de M. l'abbé Didelot.*

peut en serrant plus ou moins l'un des deux écrous faire varier le degré de *rivotage* du coutre. Le régulateur employé dans les araires à roulettes (fig. 851) à âge en bois est très précis; pour la hauteur, c'est une tringle en arc de cercle glissant par rotation dans les mortaises d'une bride et maintenue à la hauteur voulue par une vis de pression à œil; pour la largeur, la bride tourne autour d'un boulon vertical en frottant sur la nervure circulaire d'un disque fixe. Une vis de pression suffit pour maintenir cette bride dans la position voulue. Un verrou permet de *braquer* la charrue

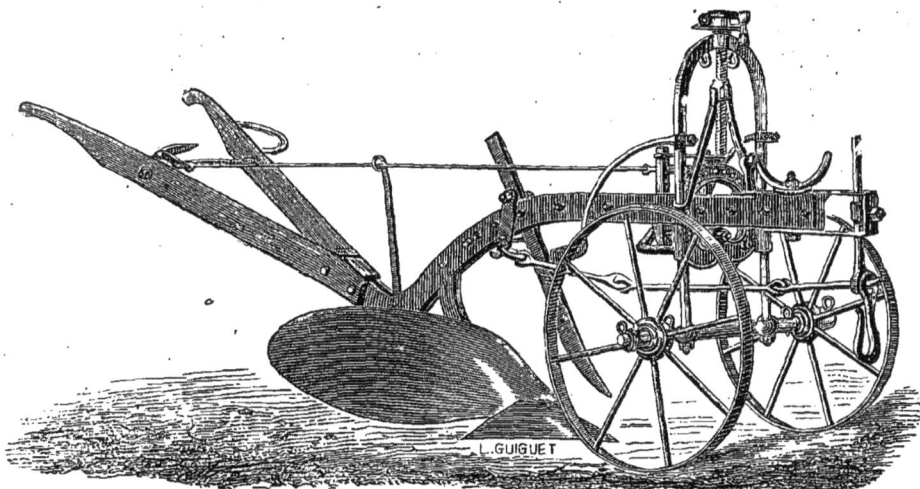

Fig. 852. — *Charrue à roues, avec âge en fer, de l'abbé Didelot.*

transversalement en la faisant tourner autour de l'axe longitudinal de l'âge pour la pencher plus ou moins. En dégageant le verrou l'âge devient libre. On a ainsi à volonté un araire fixe ou un araire à supports, libre.

Le modèle à âge en fer (fig. 852) a le même régulateur de largeur que le précédent; mais la hauteur est réglée par une tige verticale, glissant dans deux mortaises de la bride horizontale, à l'intérieur de laquelle elle est saisie par la douille d'un boulon dont l'écrou est en dehors. Au bas, cette tige verticale laisse passer, en la guidant, la tringle de traction, accrochée à un crochet forgé au bout de la plaque de serrage de l'étrier maintenant le coutre.

On voit la tringle horizontale que le conducteur

peut mouvoir de l'arrière pour décrocher le verrou à ressort qui permet de régler l'inclinaison transversale de la charrue. Ce verrou peut, en effet, pénétrer dans l'un des trous, percés dans un arc en fer solidaire de la sellette. Les mancherons sont en bois.

La figure 853 représente la charrue Didelot à avant-train. L'âge est formé de deux lames de fer plat entretoisé. Deux douilles fixées sur la droite de cet âge maintiennent la tige horizontale d'une douille cylindrique formant l'écrou de la vis verticale de l'avant-train. Lorsqu'après avoir re-

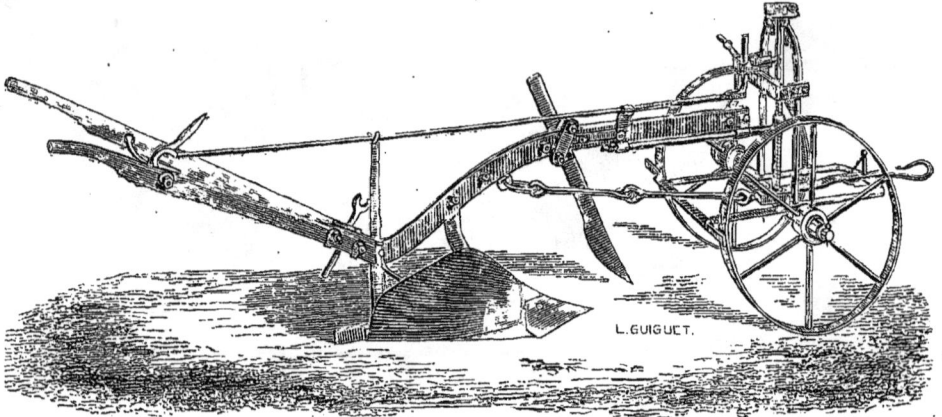

Fig. 853. — *Charrue avec avant-train de l'abbé Didelot.*

dressé la manivelle, articulée dans le haut de cette vis, on fait tourner celle-ci, l'âge s'élève ou s'abaisse par rapport à l'essieu de l'avant-train. Une vis horizontale, ayant pour écrou une pièce glissante contre l'intérieur de la sellette, entraîne l'âge à droite ou à gauche, suivant le sens de la rotation qu'on lui imprime. On peut donc à l'aide de ces vis hausser ou baisser l'âge et le reporter plus ou moins à droite. Le crochet de traction est à l'extrémité d'une pièce en fer plat tournant autour de l'axe de la vis verticale; et pouvant être inclinée vers la gauche ou vers la droite plus ou moins, puis maintenue dans là direction voulue par une cheville traversant un axe en fer ré-

Fig. 854. — *Araire de M. Tritschler.*

gulateur, placé au devant de l'avant-train : à l'arrière de cette pièce à crochet, s'accroche la chaîne de traction, allant sous l'âge entre le coutre et la gorge.

L'araire de M. Tritschler dérive de la charrue Dombasle par son ensemble et la forme de ses pièces travaillantes. Le coutre est maintenu par un simple étrier. Le régulateur est à coulisse pour la largeur; et à tringle en crémaillère pour la profondeur. Une vis à œil maintient cette tringle à la hauteur voulue (fig. 854). Le brabant simple de M. Bajac-Delahaye est adapté à un avant-train pareil à celui du brabant double. Un levier, ayant son point d'appui (fig. 855) sur le mancheron droit, permet de décrocher le verrou et de rendre l'âge mobile dans la sellette pour braquer la charrue au besoin. L'âge a la tête brevetée que nous avons fait connaître précédemment.

Charrues américaines. Il serait assez difficile de déterminer la charrue qui a servi de type ou de modèle aux constructeurs américains. Nous avons vu des charrues canadiennes dérivant visiblement de l'araire écossais de Wilkie et il y a une certaine parenté entre les araires américains et celui de Small à âge en bois : mais les fabricants des États-Unis ont tellement modifié leurs

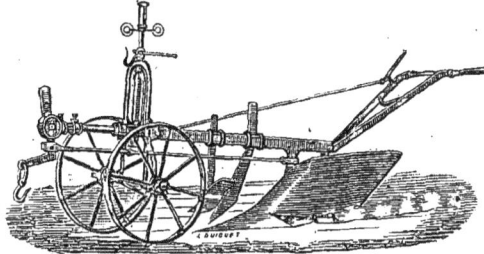

Fig. 855. — *Brabant simple de Bajac-Delahaye.*

anciennes charrues dans les détails, que le soc, le versoir, les supports et même les régulateurs sont devenus typiques.

La figure 856 représente, dans son ensemble et dans ses détails, l'araire l'Aigle (Eagle), de MM. Nourse et Mason de New-York. L'âge en bois cintré est assemblé à tenon et mortaise dans le mancheron gauche. Le mancheron droit, solide-

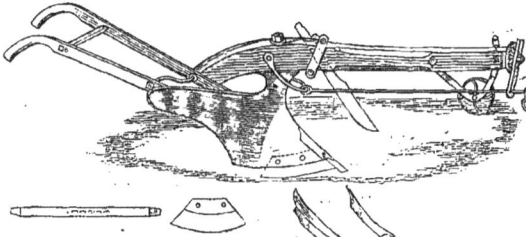

Fig. 856 à 860. — *Ensemble de la charrue Nourse et Mason ; pointe de soc ; soc ; coutre adhérent à une pièce de gorge ; pièce de gorge simple.*

ment relié au premier, se fixe aussi derrière le versoir. Le corps de charrue et le versoir sont d'une seule pièce de fonte. La partie de la gorge, sujette à l'usure, peut être remplacée. Le soc est trapézoïdal mais à tranchant convexe et se fixe par deux boulons au versoir ; une pointe mobile en acier est à retournement et peut aussi être

dans une mortaise ; à l'arrière, une cheville permet de maintenir l'arc à la hauteur convenable pour maintenir la profondeur voulue du labour. Une gorge mobile de rechange peut être munie d'un coutre se nettoyant seul.

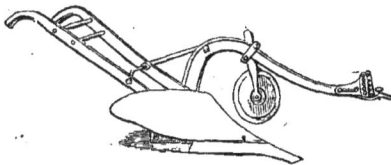

Fig. 861. — *Araire de J. Deere.*

usée des deux bouts successivement. Le régulateur est à cadran, en fonte. La chaîne de traction, guidée par le régulateur, a son point d'attache sur l'âge immédiatement derrière la gorge. Une roulette, destinée à marcher sur la terre non labourée, a sa fusée d'essieu fixée dans une pièce en fer tournant autour d'un boulon horizontal traversant l'âge. L'avant de cette pièce est terminé par un arc de cercle percé de trous et glissant

Fig. 862. — *Charrue tilbury de J. Deere.*

On voit à part, au-dessous de la figure 856 la pointe-soc (fig. 857), le soc (fig. 858) ; un coutre adhérant à la pièce de gorge employée au lieu et place du coutre ordinaire en terre sale ou couverte de fumier (fig. 859) ; enfin, une pièce de gorge de rechange (fig. 860).

MM. Collins et Cte font un araire présentant comme particularité un étançon en fonte à deux oreilles : l'inférieure se fixe contre la muraille et la moyenne, contre le versoir. Le dessus de l'étançon est une plaque rectangulaire percée de deux trous oblongs traversés par les boulons qui fixent l'âge sur cette plaque. On peut faire varier l'angle fait par l'axe de l'âge avec la mu-raille, en desserrant ces deux boulons, amenant l'âge à la position voulue, puis en resserrant fortement les deux boulons. Certains modèles travaillent sans coutre ; d'autres ont un coutre ordinaire avec étrier américain et quelques-uns ont le coutre roulant dont la position est réglable, car les tiges de support sont percées de rainures pour le passage des deux boulons de fixation. Le soc est

Fig. 863. — *Araire Eckert, genre américain.*

très large et très épais à la pointe. Le soc, le sep et le versoir sont faits en acier de la manière suivante : on met de l'acier fondu dans des moules en fer fondu ayant exactement la forme requise pour le versoir, le sep et le soc.

Les différentes parties sont ensuite trempées, aiguisées et polies. MM. Collins font aussi l'âge en acier fondu.

Leurs charrues à un cheval, N° 7, 8 et 9, coupant 7, 8 ou 9 pouces (0^m,176, 0^m,203 et 0^m,229) ne pèsent que 18^k,136, 19^k,042 et 19^k,950. Les charrues à deux chevaux au moins, coupant 10, 11, 12 et 14 pouces (0^m,254, 0^m,279, 0^m,305 et 0^m,356) pèsent 32^k,645, 38^k,539 ; 40^k,306 et 43^k,073.

MM. Deere et Cte font des araires très simples (fig. 861). Ils sont caractérisés par l'emploi du fer pour l'étançon, par la grandeur du soc et la simplicité du régulateur à crans ou à trous pour la hauteur et à trous pour la largeur.

Le modèle d'araire à âge en fer de MM. J. Deere

Fig. 864. — *Charrue avec avant-train, d'Eckert, vue renversée sur sa muraille.*

a pour caractère particulier la courbure en demi-cercle de l'âge au-dessus de la gorge. Ces charrues sont faites pour les sols d'alluvions du Mississipi : mais travaillent bien dans les prés, les terres tenaces, les éteules et les jachères. Leur principal avantage est de ne pas s'encrasser même dans les terres collantes.

La traction exigée par ces modèles dans les terres d'alluvions, non trop collantes, est donnée par la formule empirique suivante : T = 40^k + 33^k,3 × S. S représentant en décimètres carrés la section de la bande découpée par le coutre et le soc.

MM. Deere construisent aussi la charrue de l'a-venir, dispensant les laboureurs de suivre à pied leur attelage pendant dix heures par jour, marche qui constitue, à elle seule, une des plus grandes fatigues journalières que puisse supporter un homme. Cette charrue tilbury dite *de Gilpin* est tout en fer et acier, sauf la flèche et les palonniers; elle est ordinairement attelée de trois chevaux de front, dont un dans la raie avec l'une des deux grandes roues. Le laboureur, placé sur le siège, conduit les chevaux et, à l'aide d'un levier à portée de sa main droite, il règle l'entrure et au besoin *déterre* la charrue complètement (fig. 862).

Quelques constructeurs anglais font actuellement des charrues américaines en modifiant plus ou moins les types. M. Eckert de Berlin fait de très belles charrues ayant aussi pour point de départ les charrues américaines, mais avec des modifications assez notables pour en faire des types nouveaux.

L'araire pur (fig. 863) rappelle par son versoir surtout quelques charrues américaines : moins raide que le versoir du Ruchaldo, il convient assez bien aux terres moyennement compactes, et même aux terres fortes lorsque l'on veut un labour motteux. Le régulateur est à coulisse circulaire pour la largeur et à tige crémaillère glissante pour la hauteur. L'âge en fer est très élevé au-dessus de la gorge et fortement cintré : la tringle de traction s'accroche à l'âge, un peu en avant de l'étrier qui maintient le coutre. L'âge est fait avec du fer en I

Fig. 865. — *Vue de bout de la charrue à avant-train d'Eckert.*

et présente, par suite, sous un faible poids, une très grande résistance à la flexion. La partie antérieure de la gorge peut être remplacée après l'usure ; le soc est accompagné d'une pointe plate mobile que l'on avance à volonté, suivant les difficultés du labour.

Ce modèle de charrue peut être adapté à un avant-train particulier, vu dans la figure 864. La charrue est renversée pour montrer la position de la pointe mobile du soc et la forme du dessous du sep. On voit plus aisément cet avant-train dans la figure 865 représentant la charrue dite universelle avec un versoir très raide de Ruchaldo. La figure 866 montre l'agencement de la tête d'âge. Sur l'essieu commun aux deux roues, est enfilée une boîte en fonte portant en dessus et en son milieu une coulisse dans laquelle *glisse* la tête plate de la tige verticale, bien visible dans la figure 866. On peut arrêter cette tige en un point quelconque de la coulisse par une simple clavette pénétrant dans les crans des bords de cette pièce. Sur cette tige verticale, peut glisser une pièce *a* que l'on maintient à la hauteur voulue par la

pression de la vis *b*. La pièce *a* est verticale à l'arrière avec une pièce *d*, plaquée contre la tête d'âge *e*. Une vis à tête percée, passant dans l'écrou *f* (fig. 867), permet de régler l'inclinaison transversale du corps de charrue. Le cliquet ou verrou *g*, placé dans l'œil de la vis, rend l'âge fixe. L'essieu est coudé ; et, du côté de la roue de droite, le coude peut être mis à plusieurs inclinaisons et maintenu dans l'une d'elles par une simple cheville.

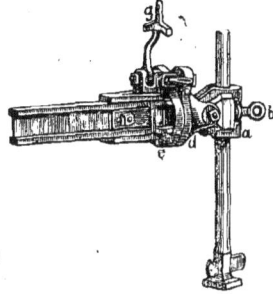

Fig. 866. — *Vue latérale de la tige de l'avant-train d'Eckert et de son articulation avec l'âge.*

Le modèle A P.4 (fig. 868) rappelle les charrues américaines dans sa forme générale : mais le régulateur est à coulisse et tige glissante.

M. Eckert fait, pour une même charrue, trois formes de versoir : le Ruchaldo, très court, très raide à l'avant, soulevant fortement la terre en la brisant ; le versoir de culture plus allongé que le précédent et soulevant un peu la terre en la retournant, moins raide en avant que le précédent ; enfin, le versoir américain, assez doux à l'avant, soulevant et écartant un peu la bande en la retournant bien.

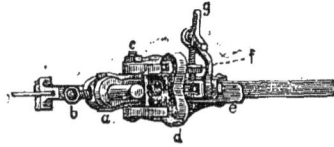

Fig. 867. — *Vue en dessus de la tête articulée de l'âge.*

L'araire (fig. 869) à âge en fer est muni d'un versoir de Ruchaldo amélioré. Il en est de même de l'araire à âge et mancherons en bois (fig. 870).

La charrue du colonel Sambuy date d'une quarantaine d'années. Son versoir hélicoïde est fait d'après la théorie de Ridolfi ; le sep et l'étançon sont d'une seule pièce de fonte. Une petite pièce de bois relie cet étançon avec l'arrière de l'âge sur lequel les deux mancherons sont boulonnés. Le coutre est maintenu à la hauteur voulue dans une coutrière ordinaire à l'aide d'un simple coin. Le régulateur est à crans, en ligne droite pour la hauteur et, en arc de cercle pour la largeur (*atlas de charrues, 1855*).

Dans notre examen théorique des diverses

pièces de la charrue, nous avons admis que le sol était moyennement compact ; c'est-à-dire assez consistant pour rester, pendant sa torsion sur le versoir, en bande intacte. Pour des sols très meubles ou très tenaces, il y a lieu de modifier quelques-unes des indications données précédemment.

Charrues pour sols légers. *Coutre.* Dans les pays à terres légères, on trouve nombre de charrues sans coutre ; si la gorge du versoir est un peu tranchante, elle arrache à peu près convenablement la bande de terre, nue, des seconds labours ; mais lorsque le sol est engazonné, le coutre nous paraît absolument nécessaire. On peut adopter le petit coutre adhérent au soc et tous deux peuvent être en fonte de fer trempée : mais on ne peut avoir de labour propre qu'avec un coutre quel qu'il soit.

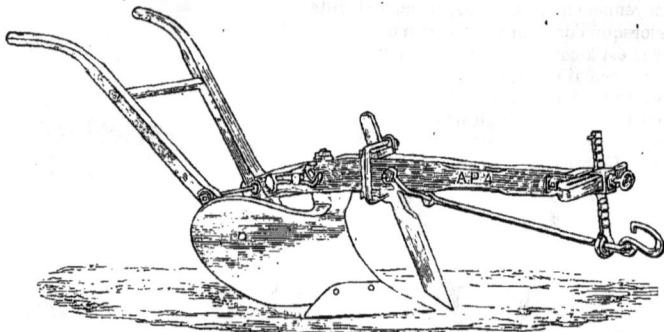

Fig. 868. — *Araire américain de Eckert.*

Soc. En sols légers, siliceux, les socs de fer, et même ceux d'acier, s'usent très rapidement : comme ils sont coûteux, il est naturel de n'employer que des socs en fonte trempée, suivant le système Ransomes.

Versoir. D'après la théorie, les versoirs destinés aux terres légères, doivent être assez courts (1,4 de la largeur) pour réduire au minimum leur résistance : mais la bande de terre étant alors trop brusquement tordue, se brise et s'émiette ; il peut donc y avoir avantage à faire le versoir plus long que ne l'indique la théorie ; s'il en résulte une petite augmentation de traction, elle est plus que compensée par le meilleur retournement de la bande. Pour bien nettoyer le fond de la raie de la terre meuble, qui s'éboule pendant le retournement, il faut adapter au bas du versoir un bord traînant facile à remplacer, dès qu'il est

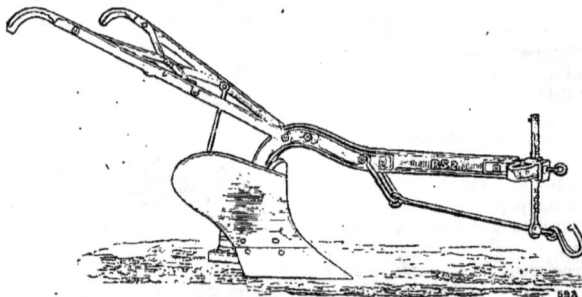

Fig. 869. — *Araire à âge en fer d'Eckert.*

trop usé. Certains versoirs de charrues en sols légers ont leurs génératrices transversales concaves, comme la charrue dite *de Thaër.* Nous avons peine à croire à l'utilité de cette concavité qui, exagérée, aurait pour mauvais effet de rompre la bande transversalement. Le versoir s'use très vite dans les terres siliceuses ; on ne peut donc pas le faire en fer ; on emploie la fonte.

Sep. L'usure au talon et à la pointe étant rapide, il est nécessaire d'adopter ou un soc réglable ou un talon de sep mobile, en lui donnant même une large surface d'appui pour retarder autant que possible cette usure.

Ensemble d'une charrue pour sols légers. La résistance des terres légères sur le soc et le versoir étant très faible, toutes les pièces de liaison de la charrue, l'âge, les étançons, etc., ont peu d'effort à supporter ; leurs sections peuvent donc être réduites et la charrue tout entière est légère. Pour un labour ordinaire de 0m,25 à 0m,27 sur 0,17 à 0,18 la traction ne serait que de 120 à 140 kilogrammes : elle pourrait donc être traînée par deux petits chevaux marchant à un bon pas. Il est préférable alors d'employer pour les labours ordinaires en terres légères des bisocs, marchant avec deux ou trois chevaux ; et pour les labours moins profonds des trisocs, avec trois ou quatre chevaux ; les labours superficiels ou de 0ᵐ,09 à 0ᵐ,10 d'épaisseur peuvent même être faits avec des quadrisocs à deux ou trois chevaux.

Les constructeurs anglais font des charrues pour sols légers qui ne diffèrent pas sensiblement de leurs charrues à tous labours : elles sont plus légères et parfois ont un versoir plus court. Il en est de même, en France, pour quelques constructeurs seulement. En résumé, en Angleterre, en France et en Amérique, les diverses charrues pour sols légers ne se distinguent guère des autres que par la moindre force de résistance de leurs pièces de liaison. La figure 871 montre un araire à roulette de Ransomes du modèle R H B, pour sol léger.

Le modèle Y de R. Hornsby (fig. 872) est aussi destiné aux terres légères ; il pèse 76ᵏ,1775, et convient surtout pour des labours à larges bandes. Il en est de même de la charrue de Cooke, marquée R U S. Le versoir est court et haut (fig. 873),

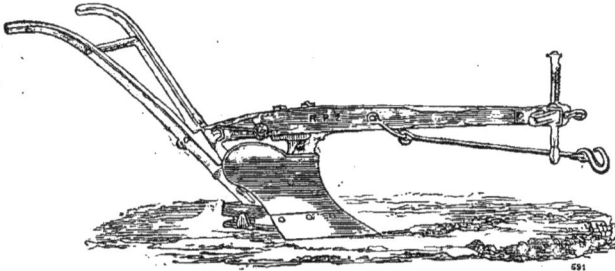

Fig. 870. — *Araire à âge en bois d'Eckert.*

ce qui permet en terre légère de faire des labours larges et profonds.

Charrues pour sols tenaces. Les terres argileuses et argilo-calcaires, le plus souvent très bonnes au point de vue de l'alimentation des plantes, sont très difficiles à cultiver. A moins d'être parfaitement drainées, si leur sous-sol est imperméable, elles ne peuvent être labourées qu'à certains rares moments et, en toutes saisons, elles exigent beaucoup de force de l'attelage. Or, ces terres, pour produire tous leurs bons effets, doivent être souvent façonnées ; la gelée en hiver et la multiplicité des façons culturales, en temps favorables, ameublissent les terres tenaces et permettent à l'air de les pénétrer et de rendre leurs éléments assimilables par les plantes.

Lorsqu'une terre tenace est absolument sèche, elle exige beaucoup de force : la charrue la fait éclater en larges plaques ou mottes difficiles à briser ensuite. Si cette terre est humide, elle exige encore plus de force parce qu'elle adhère à toutes

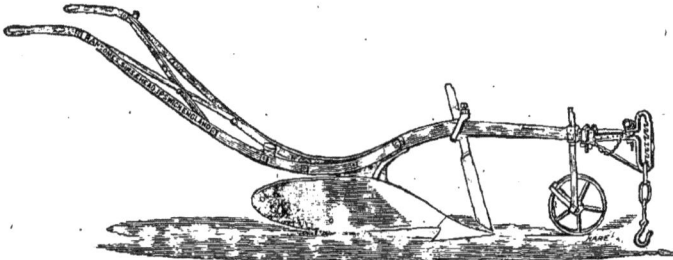

Fig. 871. — *Charrue R H A ou R H B, de Ransomes, pour sols légers.*

les pièces glissantes et les bandes de terre obtenues peuvent durcir promptement par le hâle et devenir comme de grandes briques difficiles à briser par les herses les plus fortes. L'automne paraît l'époque la plus favorable pour labourer les terres tenaces argileuses : les gelées de l'hiver en augmentant le volume de l'eau renfermée entre les molécules terreuses, émiettent la terre, la *pourrissent*, suivant l'expression vulgaire, surtout s'il y a de nombreuses alternatives de gels et de dégels. Au printemps, après les moindres pluies, il est par fois impossible de faire entrer les attelages dans ce genre de terre.

Ainsi, en tout temps, les terres tenaces sont difficiles à labourer : il y a donc lieu de rechercher quelles sont les conditions particulières que doivent présenter les charrues destinées à ces terres, pour exiger la moindre traction de la part de l'attelage et faire le meilleur labour. Nous croyons devoir supposer des charrues pour terres tenaces sèches, et d'autres pour les mêmes terres humides.

Les *terres tenaces à l'état sec* sont très difficiles à couper : le coutre doit donc être très résistant, tranchant et agressif ; le soc, très tranchant, long et agressif, armé même d'une pointe mobile en avance sur le tranchant. La torsion d'une bande de ce genre étant très difficile, il est nécessaire qu'elle reste adhérente au sous-sol jusqu'à la partie postérieure du versoir; le soc doit donc ne couper que les deux tiers ou les trois quarts de la largeur réelle de la bande et le bord inférieur du versoir doit servir à arracher peu à peu la bande du fond de la raie. Sur un versoir trop court, la torsion trop brusque exige beaucoup de force, mais on obtient des mottes préparant l'ameublissement définitif. Sur un long versoir, la

bande glisse sans se briser et se retourne assez mal parce qu'elle n'est pas assez maintenue pour se tordre. Une moyenne longueur de versoir est donc surtout à conseiller.

A l'état humide les terres tenaces exigent aussi un coutre et un soc très tranchants et assez agressifs. Mais si le soc est plat, la terre y adhère comme sur le versoir qui bientôt perd sa forme et ne renverse plus régulièrement la bande tout en exi-

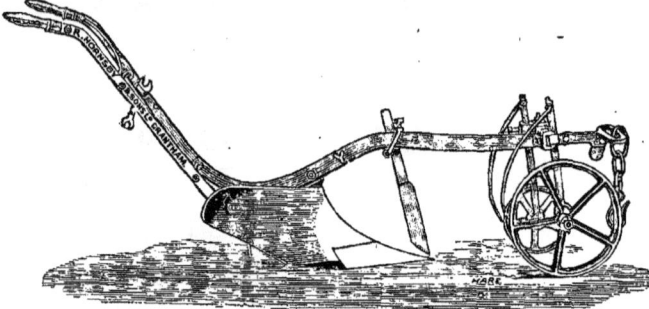

Fig. 872. — *Charrue Y, de Hornsby, pour terres légères.*

geant une énorme traction. Il faut donc restreindre autant que possible le raccordement du versoir avec le soc, tout en faisant celui-ci tranchant et agressif; et disposer le versoir pour que la terre y adhère le moins possible. Les procédés imaginés dans ce but sont très nombreux et caractérisent surtout les charrues destinées aux sols tenaces ; 1° L'adhérence de la terre au versoir varie avec la matière dont il est fait: l'adhérence est très grande sur les versoirs en fer et en fonte

douce; elle est moindre avec l'acier à grain fin susceptible d'un grand poli; elle paraît moindre encore avec le bronze et surtout avec le bois si la terre est très humide. La fonte émaillée doit aussi présenter peu d'adhérence. Dans les pays à terres fortes on se sert de versoirs en bois pour labourer les terres humides et de versoirs en fonte de fer ou en acier pour les terres sèches. On met à la même charrue, le versoir qui convient à l'état de la terre ; 2° La résistance à l'adhérence est propor-

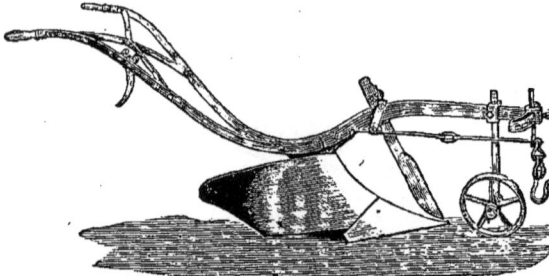

Fig. 873. — *Charrue pour sols légers, de Cooke.*

tionnelle à l'étendue des surfaces frottantes. Il convient donc de diminuer la longueur du versoir ou sa largeur, ou ces deux dimensions simultanément. En adoptant un versoir trop court, on augmente sensiblement la traction; il n'en est pas de même de la diminution de largeur. Il faut donc rétrécir le versoir autant que possible. Les bandes de terre tenace se maintiennent intactes assez bien pour qu'une faible largeur de versoir en contact avec cette bande, suffise à la faire tourner autour des arêtes successives de rotation qu'indique la théorie. La terre s'attache du reste plus difficilement après ce versoir étroit parce que la

pression par centimètre carré de la part de la terre est plus forte; le versoir reste plus facilement propre.

3° Au lieu de rétrécir le versoir, quelques constructeurs écossais adoptent des génératrices transversales convexes qui ne touchent la bande en rotation que par leur milieu, ce qui équivaut au rétrécissement du versoir. On peut évidemment employer simultanément ces deux moyens de diminuer l'adhérence, en adoptant un versoir assez rétréci et à génératrices transversales convexes.

4° Au lieu de diminuer la surface du versoir en le rétrécissant, on peut le faire en forme de grille comme Finlayson, il y a plus de cinquante ans. Cette charrue, dite *charrue squelette* du Kent, était faite, dans toutes ses parties, en vue d'une terre collante. L'âge est fait de deux pièces écartées en dessus du coutre pour que celui-ci se nettoie de lui-même des herbes et des racines; le versoir se compose de cinq barres étroites contournées convenablement pour retourner la terre. Voici comment le *British farmer* appréciait cette charrue:

     « La terre, dans une grande partie du comté de Kent, est une argile extrêmement collante ». Lorsque cette terre est dans un état intermédiaire entre la sécheresse et l'humidité, elle adhère au corps de la charrue comme de la *glu*, ce qui double et même triple la traction nécessaire. En remplaçant le versoir par quatre ou cinq barres de fer, la terre n'adhère plus et la charrue peut être traînée par deux chevaux au lieu de quatre. Cet avantage est dû à ce que la surface du versoir est réduite à un tiers ou un quart de celle d'un versoir plein. De même que pour défoncer à bras une terre argileuse, il est plus facile d'employer une fourche à deux ou trois dents qu'une bêche.

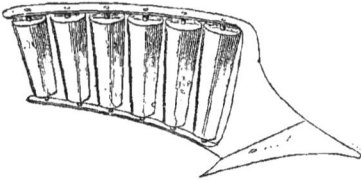

Fig. 874. — *Versoir avec rouleaux coniques (système Grandvoinnet).*

Nous croyons ce principe excellent, mais à la condition que les barreaux du versoir en grille soient dirigés suivant la trajectoire des molécules terreuses; c'est-à-dire suivant les hélices concentriques. En outre, la largeur des barreaux doit être plus grande du côté de la terre qu'à l'opposé afin que la terre ne puisse s'arrêter entre les barreaux en y faisant l'effet de coins. Sans ces deux correctifs, que nous avons indiqués depuis longtemps, la terre adhère à l'intérieur des barreaux, dans les intervalles qui sont bientôt remplis, et alors le versoir squelette est aussi mauvais que les versoirs pleins.

5° On a essayé de remplacer, sur le versoir, le frottement de glissement par celui de roulement, beaucoup moindre. Dans les premiers essais dont nous ne pouvons fixer la date, le versoir est un cadre : ses côtés inférieur et supérieur servent d'appuis aux tourillons de rouleaux en bois dont les axes doivent être les génératrices transversales de l'hélicoïde théorique. Ce système est basé sur un fait vrai. Dans les machines à faire les tuyaux de drainage, on reçoit ceux-ci, poussés par le piston foulant, sur des rouleaux et la force nécessaire pour ce roulement est très faible. Il en serait de même pour la bande de terre, si tous ses points devaient avoir la même vitesse: mais la molécule terreuse placée près de

la muraille doit parcourir une hélice tracée sur un cylindre dont le rayon est égal à la largeur du labour, tandis que les molécules plus rapprochées de l'axe de rotation ont à parcourir des hélices de longueur de plus en plus petite puisqu'elles sont situées sur des cylindres de diamètres de plus en plus petits. Si le haut des rouleaux est entraîné par la terre à la grande vitesse, le bas du rouleau est en avance sur la terre qui s'y présente. Il faudrait donc remplacer les cylindres par des cônes, ce qui n'a pas été essayé, à notre connaissance, bien que nous ayons fait cette observation il y a plus de vingt ans (fig. 874).

On a fait les rouleaux de versoirs en bois durs tournés cylindriquement ou en fuseaux. Nous avons vu aussi des rouleaux en marbres polis fusiformes. Enfin, pour forcer ces rouleaux à tourner, on les a même faits (M. Salomon) à profondes cannelures. Ce dernier genre de rouleaux *gaufraient* la bande et la traction était énorme.

Pour réussir un versoir à roulement, il faut, comme nous l'avons dit, des cônes dont les géné-

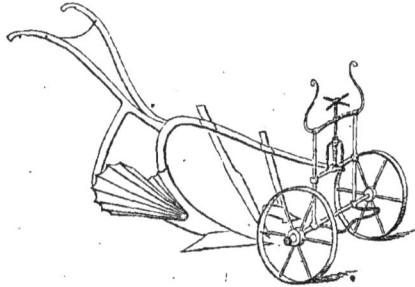

Fig. 875. — *Charrue à versoir conique, cannelé, rotatif.*

ratrices travaillantes aient la place même des génératrices d'un versoir hélicoïdal; la conicité doit être telle que le contour du cercle de petite base soit à celui du cercle de grande base comme la longueur de la partie antérieure est au développement de l'hélice extérieure. Soit l la largeur du labour $n.l$ la longueur de la partie antérieure du versoir; le développement de l'hélice est $1,8621 \times ln$; donc le diamètre du cône doit être en haut une fois 7/100 celui du bas, ou presque double si la longueur du versoir est les cinq tiers de la largeur. Pour la partie postérieure, les bases sont plus différentes. En admettant que la largeur est égale à une fois et demie la profondeur du labour, les bases des cônes de la partie postérieure devraient être entre elles comme 2,172 à 3,204, ou comme 1,475 à 1. En moyenne, le diamètre de la grande base des cônes devrait être égale à 1,425 fois celui de la petite base. On doit protéger les tourillons contre l'adhérence de la terre.

6° Vers 1836, M. Cougoureux a imaginé un versoir à partie postérieure rotative en disque, d'un mauvais effet au point de vue dont nous nous occupons actuellement et que nous étudierons pour les labours profonds;

7° A Lille, en 1863, nous avons vu une charrue dont le versoir pour la partie postérieure surtout était remplacé par un cône cannelé (fig. 875).

Les divers moyens que nous venons d'indiquer pour faciliter le dégagement de la terre sur le versoir et diminuer la traction qu'exige cette pièce, laissent subsister un inconvénient des labours en terre tenace. Les bandes humides retournées se dessèchent et forment souvent des espèces de longues briques crues extrêmement dures que les herses, mêmes énergiques, ont de la peine à entamer. C'est pour éviter cet incon-

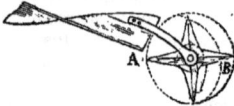

Fig. 876. — *Molette fixée sur l'arrière d'un versoir.*

vénient que nombre de cultivateurs, malgré l'accroissement de traction qui en résulte, emploient des charrues à versoir très court qui brisent la bande en la retournant et donnent un labour *motteux*; on a ainsi plus de surface terreuse exposée à l'air et par suite un ameublissement plus prompt. Pour obtenir cette division de la bande de terre retournée, sans une trop forte dépense de traction, on a imaginé d'ajouter au versoir des appareils ou des pièces capables de *diviser* la bande au fur et à mesure de son retournement.

Nous trouvons une charrue diviseuse (pulverising) signalée dans les concours de la Société

royale agricole d'Angleterre dès 1842. Le versoir était muni de couteaux diviseurs placés horizontalement, dont l'invention était due à un M. Brown qui l'avait réalisé dès 1822. Il avait d'abord placé l'un des couteaux verticalement et l'autre horizontalement; cette dernière position était la meilleure. L'inventeur reconnut bientôt, du reste, que les couteaux n'avaient pas grand effet lorsque la terre était trop humide et qu'il n'en fallait même qu'un pour un bon travail; mais qu'aux époques favorables, les couteaux avaient un très bon effet en provoquant l'ameublissement du sol ou en empêchant la formation de longues bandes durcies. On économisait alors un hersage qui, sur ces terres, est parfois difficile, car les chevaux enfoncent dans la terre détrempée ; on a pu même parfois semer immédiatement sur un labour fait avec cette charrue diviseuse.

Pour des terres non trop tenaces, les couteaux peuvent être placés sur l'extrémité du versoir; mais suivant ce premier inventeur, il convient de les placer au delà du versoir pour les terres très argileuses, afin qu'ils n'agissent sur la bande que lorsqu'elle est déjà couchée. En outre, si la bande doit être couchée un peu à plat, c'est-à-dire si elle est très large par rapport à l'épaisseur, l'inventeur conseille de mettre le couteau supérieur horizontal pour couper les crêtes, et l'inférieur vertical, pour couper le bord inférieur des bandes. Si, au contraire, les bandes sont relativement épaisses, et bien dressées après le passage de la charrue, il faut mettre trois couteaux horizontaux. Enfin, il fait remarquer que cette addition

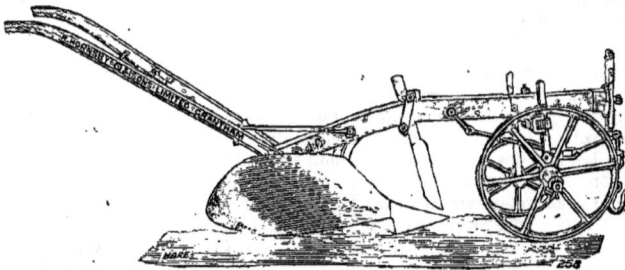

Fig. 877. — *Charrue à âge en bois de R. Hornsby.*

est plus facile à faire aux charrues à deux roues qu'aux araires purs.

Depuis cette première invention, l'addition de couteaux au versoir a été plusieurs fois proposée. En 1856, nous avons signalé dans notre rapport sur les opérations de la troisième section du Jury des instruments, l'addition faite par M. Plissonnier, de trois couteaux sur le bord extrême du versoir d'une charrue Dombasle; plus tard, dans un article paru dans le *Journal d'agriculture pratique*, nous avons fait connaître une charrue diviseuse de M. Bouthier de la Tour, du même genre que les précédents. M. Bella a essayé un versoir armé de saillies de bois en demi-coins, sans succès.

En 1855, M. van Maële, constructeur belge,

exposait à Paris, sous le n° 425, une assez belle charrue, dont le versoir était armé à l'arrière d'un éperon destiné à *déchiqueter* la bande de terre au moment même où elle va se coucher sur les précédentes (fig. 876). A représente la fin du versoir (gauche) et B la molette diviseuse. En 1856, M. le comte Aventi (des Etats-Romains) ajoutait derrière le versoir une herse pour diviser la terre.

En 1862, nous retrouvons les deux couteaux diviseurs de l'inventeur de 1822, dans une patente anglaise de M. Bowles. Il laboure les terres tenaces peu profondément avec son versoir à deux couteaux et enterre le fumier ainsi à 10 ou 13 centimètres, mais comme la charrue est suivie par un pied sous-soleur, le sous-sol est remué à 10 centimètres sous ce fumier, ce qui lui paraît très avantageux.

, En résumé, les charrues propres aux sols tenaces, doivent être solidement construites, avec un coutre et un soc très tranchants et très agressifs ; le versoir doit être en bois pour la saison humide ou en acier et en fonte de fer pour les temps secs. Ce versoir doit être modérément long (plutôt long que trop court), très étroit, à génératrices un peu convexes à partir du tiers de sa longueur.

Nous croyons pouvoir ajouter que *la plupart des labours en terres fortes, tenaces, doivent être remplacés par des façons au scarificateur, avec* des pointes ou des socs de formes variables suivant l'état hygrométrique de la terre.

On peut aussi retourner des bandes minces, en sous-solant simultanément.

Les constructeurs anglais font tous des charrues propres aux labours tenaces ne différant guère de leurs charrues à tous labours que par le versoir, très long avec planche additionnelle

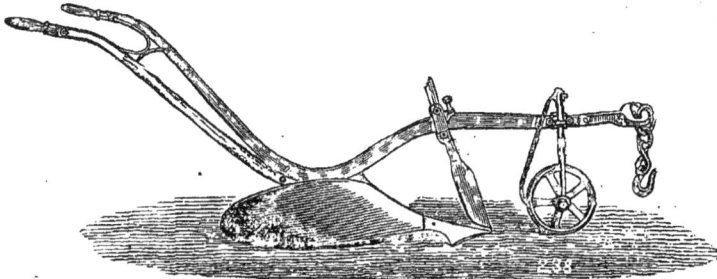

Fig. 878. — *Charrue de Hornsby, pour labours superficiels.*

pour les terres du Kent. Pour les terres fortes ordinaires, ils ont des modèles spéciaux, comme le montre la figure 877 représentant la charrue marquée J. C., pour terres fortes, de M. Hornsby, pesant 44^k,5 et pouvant faire un labour de 0^m,254 de largeur et 0^m,178 de profondeur. Le régulateur est à cadran, imité des charrues américaines. Parfois même il n'y a d'autres différences que dans la plus grande solidité de l'ensemble.

Les charrues pour terres tenaces américaines

ne paraissent différer des charrues ordinaires que par une plus forte membrure. M. John Deere en fait même sans coutre.

Charrues pour labours superficiels. Lorsqu'une charrue ne doit faire qu'un labour de *neuf* centimètres de profondeur, la largeur des raies ne doit pas dépasser vingt centimètres ; la section de la bande retournée n'étant que de 1 décimètre carré 8 dixièmes, la traction exigée variera, suivant l'état et la nature du sol, entre

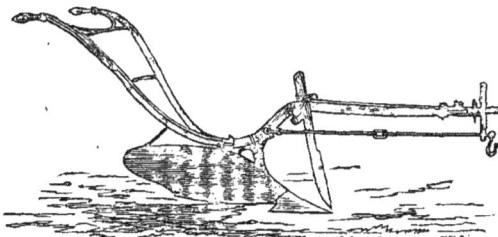

Fig. 879. — *Charrue LN de Cooke.*

54 et 180 kilogrammes. Dans les sols légers, la charrue n'exigera donc qu'un petit cheval et dans les terres tenaces, deux chevaux moyens. Au point de vue économique, il est] mauvais d'employer un homme à conduire un seul cheval. Il faudra donc en terre légère employer aux labours superficiels des charrues ouvrant, dans un seul passage, deux, trois ou quatre raies et exigeant au plus respectivement un fort cheval, deux petits chevaux et deux forts.

Dans les terres tenaces, les labours superficiels pourront être faits avec une charrue simple avec un attelage de deux chevaux moyens, ou, ce qui

serait plus économique, avec un *bisoc* attelé de trois bons chevaux.

Dans le cas où la petitesse de l'exploitation ne permet pas d'employer les charrues faisant plusieurs raies, voici quels sont les caractères des charrues pour labours superficiels.

Pièces travaillantes. Le soc doit être très plat et très tranchant, le *coutre* très tranchant et presque vertical ; l'emploi du coutre roulant est même à conseiller ; les coutres ordinaires agressifs soulèvent la bande de gazon et le labour est salement fait. Un coutre en acier mince adhérant au soc est d'un bon emploi. Le *versoir* ne présente aucune particularité que celles exigées par la nature du sol.

Pièces de conduite et de direction. L'emploi d'un support en avant de l'âge, sabot, roues ou avant-train, nous semble tout à fait forcé ; on ne pourrait sans cela maintenir une profondeur aussi faible et le labour serait mauvais.

Pièces de liaison. La faible résistance qu'éprouve une telle charrue dans le sol n'exige pas de force dans le bâti. Les charrues monosocs pour labour superficiel seront donc des charrues légères.

La figure 878 représente la plus petite-charrue de R. Hornsby, destinée aux labours superficiels; elle ne pèse que 50ᵏ,78.

La petite charrue de J. Cooke, marquée L. N. (fig. 879), est du même genre et peut être aussi traînée par un cheval.

Charrues pour labours profonds. Il n'y a pas longtemps encore que la presque généralité des cultivateurs s'effrayaient des labours profonds. Ramener la moindre parcelle de ce sous-sol à la surface, c'était frapper le champ de stérilité. Aujourd'hui, il est admis en principe que la masse des récoltes est proportionnelle au cube de la terre remué. Il y a peut être quelques exceptions, et la masse de fumier disponible doit être en rapport avec la profondeur des labours: mais, dans la plupart des cas, le labour profond est admis et, par suite, il faut déterminer les caractères des charrues destinées à ce travail.

Nous appelons labour profond celui qui atteint 27 centimètres de profondeur. Une bande de cette épaisseur doit avoir au moins 0ᵐ,345 de largeur pour rester couchée stablement sur les précé-

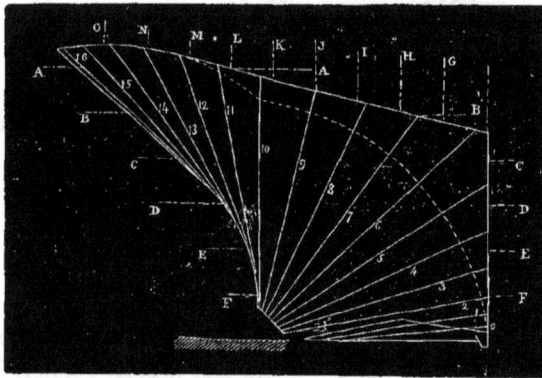

Fig. 880. — *Profil d'un versoir rationnel pour labour profond.*

dentes. La section d'une telle bande sera donc de 9 décimètres carrés, 315, ce qui exigera en terre légère 279, et, en terre tenace, 931 kilogrammes de traction; soit de trois à dix chevaux. La charrue destinée aux labours profonds d'environ 0ᵐ,27 aura donc les caractères suivants :

Pièces travaillantes. Le *soc*, rencontrant un sol neuf plus tassé qu'à la surface, doit être tranchant et assez plat, mais très résistant; l'adjonction d'une forte pointe, fixe ou mobile, est surtout nécessaire en terre forte, tenace, durcissant par la sécheresse. Le *coutre*, ayant à vaincre une grande résistance, est exposé à se tordre s'il n'est pas relativement un peu épais au dos; il doit être très agressif, c'est-à-dire peu incliné sur l'horizon. Le *versoir* sera fait pour l'espèce de terre à retourner ; et, pour toutes, il devra être agressif; c'est-à-dire que l'écartement angulaire des génératrices équidistantes sur l'axe devra croître uniformément jusque vers la fin de la partie postérieure, puis aller en décroissant quelque peu : en outre, l'axe de l'*hélicoïde ainsi modifié*, doit être un peu incliné sur l'horizon et aller un peu en s'écartant de la muraille (fig. 880 à 882). On voit sur le profil (fig. 880) que les génératrices ont leurs centres de rotation sur une droite inclinée sur l'horizon et sur la muraille.

Les courbes ponctuées de la figure 882 sont les sections faites par des plans verticaux équidistants parallèles à la muraille tels que HH (fig. 882). Sur cette dernière figure, les courbes en traits ponctués sont les sections du versoir par des plans horizontaux équidistants, tels que CC de la figure 881.

Pièces de conduite et de direction. Un bon araire bien réglé peut être maintenu à une profondeur uniforme de 0ᵐ,27, sans l'aide de supports. L'araire peut donc être conseillé pour les labours profonds, surtout dans les sols pierreux, et toutes les fois que le sous-sol renferme des racines; car, alors le conducteur peut éviter les obstacles accidentels. En terre homogène, légère ou même un peu forte, un avant-train, muni de tous les moyens de règlements, ou tous autres supports peuvent être adoptés, à la condition que le conducteur n'abuse pas de ces pièces de conduite, en réglant la traction, pour qu'elles appuient fortement sur le sol et le dispensent, lui, conducteur, de toute fatigue ou attention.

Pièces de liaison. Les charrues pour labours profonds en terres moyennement compactes et en sols tenaces ont à supporter des résistances considérables; toutes les pièces de liaison, l'âge et les étançons surtout, doivent être calculés pour résister à des coups de colliers énergiques. Si l'âge est en bois, ses dimensions d'équarrissage au droit des étançons doivent être considérables : les âges en fer seront faits avec section en T ou en I, ou même en trousses. Tous les constructeurs de charrue ont des modèles pour labours profonds ne différant guère de leurs modèles ordinaires que par les dimensions.

La figure 883 représente en élévation la charrue marquée RN n° 3, de Cooke. Elle est très forte; munie d'un haut versoir, elle peut faire un labour profond. Pour faciliter les tournées aux bouts du champ, le mancheron gauche est muni d'un support en demi-cercle ; et une roulette, placée à l'extrémité d'une tige presque horizontale fixée sous l'âge, sert de second appui pendant les tournées. On voit la charrue renversée, pour opérer la tournée, dans la figure 884.

Le modèle X L U du même constructeur est destiné au labour profond en terres fortes. Les trois rasettes d'une forme convenable sont employées lorsqu'il y a beaucoup de mauvaises herbes que l'on enterre ainsi parfaitement (fig. 885).

La nouvelle charrue pour labour profond de

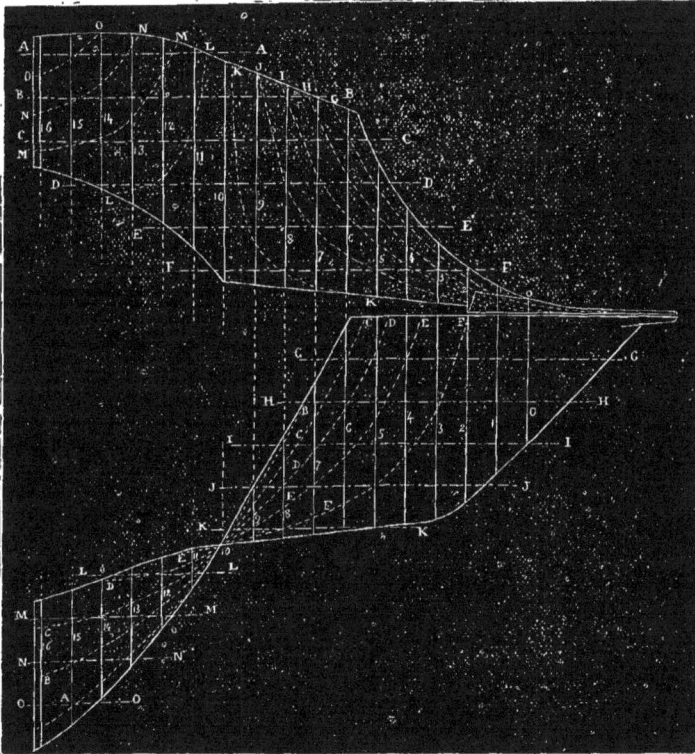

Fig. 881 et 882. — *Elévation et plan du versoir rationnel pour labour profond.*

MM. J. et F. Howard, représentée par la figure 886, a une forme de versoir qui rappelle l'épure de notre versoir rationnel pour labour profond (fig. 880 à 882) et le versoir de quelques charrues américaines, trop court à l'avant et trop raide selon nous. Il est vrai que cette forme émiette la bande de terre pendant le renversement. Les constructeurs recommandent ce modèle pour les labours de jachère en été, pour la destruction des mauvaises herbes et pour les labours d'automne: elle laisse, dans ce dernier cas, des bandes brisées, ouvertes aux influences des gelées d'hiver. Le modèle J J, N° 5, avec deux roues, pèse 114k,250 et coûte 113 francs en Angleterre.

Charrues pour défoncements. Tout labour atteignant 36 centimètres est un défoncement. Cependant, la charrue qui ne peut dépasser ce chiffre est dite *demi-défonceuse* et on réserve le nom de *défonceuses* aux charrues pouvant atteindre 45 centimètres. Un aussi grand approfondissement de la couche arable paraîtra dangereux surtout aux paysans qui professent une telle crainte de ce qu'ils appellent la *terre morte* du sous-sol qu'ils croient rendre leurs champs stériles en ramenant, à la surface, la moindre parcelle de ce sous-sol. Ils reprochent d'abord aux labours profonds d'exiger une plus grande dépense de force, ce qui n'est vrai que relativement puisque nos essais dynamométriques montrent que le travail mécanique moteur dépensé est à très peu près proportionnel au cube de terre découpé et remué. Le second reproche, l'accroissement de fumure exigé, est justifié en grande partie aussi; mais ces deux inconvénients apparents des labours profonds sont insignifiants en regard des avantages que l'approfondissement de la couche arable procure, comme le montre, sans le moindre raisonnement, les résultats obtenus par les jardiniers dans toutes les terres. Ce que le jardinier fait en petit au moyen de deux fers de bêche, le cultivateur doit l'exécuter en grand au moyen de la charrue ; et la mécanique lui permet d'atteindre la profondeur de 36 à 45 centimètres par trois méthodes, entre lesquelles il peut choisir suivant la nature du sol et la masse de fumier dont il peut disposer :

1° La charrue détache une bande ayant en épaisseur toute la profondeur que l'on veut atteindre;

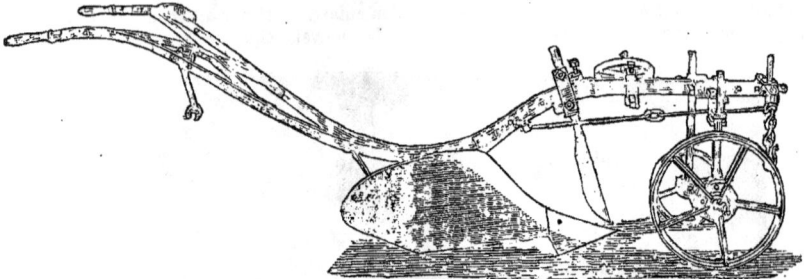

Fig. 883. — *Charrue RN, pour labours profonds, de J. Cooke.*

2° une charrue spéciale suit pas à pas une charrue ordinaire et enlève une épaisseur de 20 centimètres du sous-sol qu'elle jette sur la bande superficielle ; l'épaisseur de 46 à 45 centimètres est ainsi obtenue en deux bandes superposées ; 3° la charrue ordinaire est suivie d'un instrument particulier découpant, remuant et ameublissant le sous-sol en le laissant à sa place. On peut même, comme nous le verrons, adopter simultanément les *deux derniers* procédés.

Charrues révolutions. On appelle ainsi les charrues qui d'un seul coup atteignent la profondeur du défoncement et retournent la terre, de façon que le sous-sol soit ramené à l'extérieur.

Pour qu'une bande de terre de 36 à 45 centimètres d'épaisseur puisse être retournée par le procédé des charrues ordinaires, c'est-à-dire en tournant autour de deux de ses arêtes successivement et pour qu'elle se couche stablement, il faut que

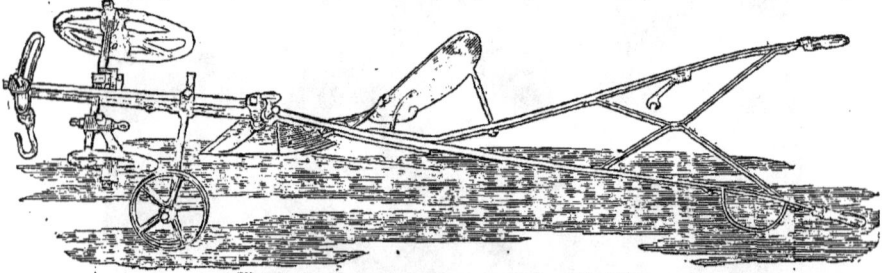

Fig. 884. — *La même charrue pendant une tournée.*

sa largeur dépasse son épaisseur et nous avons démontré qu'il faut que la largeur soit au moins égale à 1,272 de l'épaisseur ; soit, pour 36 à 45 d'épaisseur, des largeurs minima de $0^m,458$ et $0^m,572$ et des sections de bande de 16,488 à 25,74 décimètres carrés. De telles bandes exigeront, d'après les essais dynamométriques : en terres légères, de 495 à 772 kilogrammes de traction, ou de 4 à 6 forts chevaux, et en terres moyennement consistantes le double, ou de 8 à 12 chevaux. En terres tenaces, les tractions exigeraient des attelages à peu près impossibles. Les charrues à *révolution* ne sont donc guère applicables que dans les terres légères ou moyennement

consistantes, n'exigeant par décimètre carré que de 30 à 50 kilogrammes de traction.

Les caractères particuliers de ces charrues sont absolument les mêmes que ceux des charrues pour labours profonds, mais plus accentués. Le *coutre* ordinaire est souvent remplacé par deux coutres successifs : le premier ne pénétrant qu'à la moitié de la profondeur et le second achevant la coupe verticale. Le versoir doit être très agressif avec un axe oblique comme nous l'avons déjà indiqué.

Dans le modèle de M. Vallerand, qui a donné à ce genre de charrues défonceuses le nom de *révolution*, le versoir a une forme particulière rappelant le paraboloïde hyperbolique de Jefferson ; la terre n'est pas à proprement dire retournée sans dessus dessous ; elle est surtout émiettée par la courbure trop raide du versoir soulevant et poussant la terre qui foisonne beaucoup ; on peut dire que le sol et le sous-sol se trouvent en partie mélangés. Cette charrue exige une grande trac-

tion. Le seul avantage que présente ce genre de versoir, c'est de permettre de prendre des bandes d'une largeur égale à leur épaisseur, ou même un peu moindre, ce qui permet de réduire les attelages. Une bonne vitesse de marche paraît nécessaire pour que ce versoir lance bien la terre.

La charrue Vallerand est un double-brabant

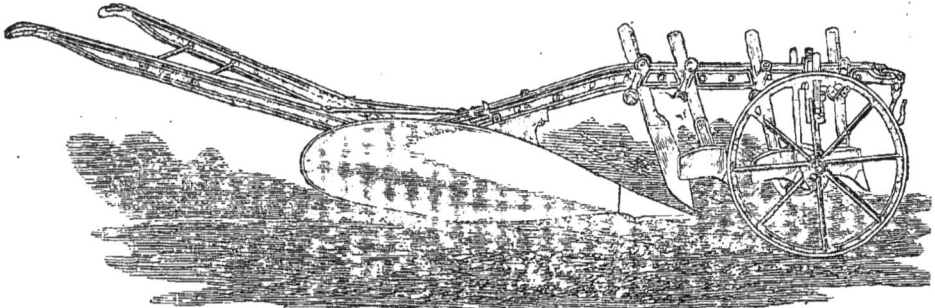

Fig. 885. — *Charrue X L U, de J. Cooke, pour labour profond en sol tenace.*

que nous étudierons plus loin. Elle a été portée aux nues par nombre de cultivateurs : d'autres ont craint le mauvais effet d'un sous-sol inerte ramené à la surface et quelques-uns ne comprennent pas qu'il faille employer douze bœufs pour atteindre une profondeur de 0m,35, en terre moyennement consistante. Voici ce qu'écrivait à ce propos M. de Garidel (1863) : « on propose de

mettre douze bœufs sur une même charrue ; mais c'est déjà beaucoup d'en mettre six. Y a-t-il en France beaucoup de cultivateurs capables de mettre douze bœufs en ligne ? Il est évident que c'est restreindre la pratique des défoncements à des cas exceptionnels, ce n'est pas là ce qui enrichira la France. Bien plus, il y a un mauvais emploi de la force. En effet, quand nous mettons

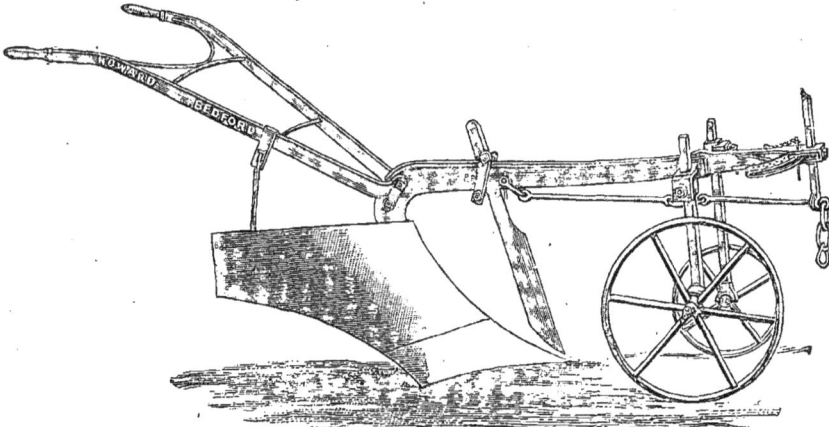

Fig. 886. — *Charrue de MM. Howard pour labours profonds.*

sur une charrue deux ou trois couples, nous ne les faisons pas tirer les uns sur les autres, mais directement chaque couple sur l'âge. C'est une bonne méthode qui exige de l'attention de la part du laboureur et il faut aussi que les bœufs de devant soient très sages, autrement ils peuvent tirer brusquement la pointe du soc sur les bœufs de derrière. Mais comment faire tirer directement six couples ? Considérez encore qu'un défoncement ne se fait guère dans les saisons sèches, et que le piétinement de tant de bêtes détruit votre

propre ouvrage, s'il est fait en terre mouillée. Toutes ces questions sont déjà résolues depuis plus de vingt ans (en 1863), pourquoi y revient-on et fait-on plus mal ?... Il faut se hâter de protester contre cette conclusion qu'il faut douze bœufs pour labourer à 0m,40 de profondeur en retournant complètement la bande de terre, ou c'en est fait des labours profonds en France. Il n'y a pas un cultivateur de garance ou de tabac, dans les départements de Vaucluse ou des Bouches-du-Rhône, qui ne s'inscrive en faux contre un pareil résultat, qui est trop fort d'un tiers en ce qui concerne le nombre des bœufs. »

Charrues Bonnet. Le principal inconvénient, signalé par M. de Garidel, est évité par le second système de défoncement consistant à faire suivre une charrue ordinaire d'une charrue Bonnet : elle enlève, au fond de la première raie, une seconde bande de terre que son versoir particulier élève jusqu'au-dessus des bandes du labour ordinaire. La charrue ordinaire retournant une bande de 0^m,18 d'épaisseur devra prendre une largeur d'environ 0^m,262, soit une section de 4,716 décimètres carrés exigeant en terre légère 141^k,48 et en terre assez consistante le double ; soit de deux à trois chevaux. En tout, quatre à six chevaux avec deux hommes pour pénétrer à 0^m,36 en ne prenant que des bandes de 0^m,262 de large, et faisant environ 50 ares par jour. C'est une méthode d'un emploi plus général que le défoncement par les charrues à *révolution* et qui donne le même résultat, le sous-sol ramené à la surface.

La première charrue renversant sa bande dans une raie défoncée doit la retourner sans dessus dessous, ce qui exige un versoir à partie postérieure bien développée. La seconde charrue devant soulever la terre avant de la retourner, a un versoir particulier inventé par M. Bonnet et qui se compose, en principe, d'un plan incliné précédant un versoir ordinaire, ou s'y raccordant peu à peu. La charrue de ce genre, fabriquée par M. Bruel, de Moulins, donne une idée de ce versoir. Il peut être considéré comme composé de trois parties : la première est un plan incliné destiné à soulever la bande à une hauteur égale à la profondeur à prendre ; la seconde partie, la partie antérieure d'un versoir ordinaire, et la troisième, la partie postérieure. Le plan incliné doit avoir l'inclinaison i donnant le minimum de traction dans la terre qu'il s'agit de renverser. Or, nous avons vu qu'alors $i = 1/2$ de $(90° - \gamma)$. Et γ, représentant l'angle de frottement de la terre avec le versoir, varie, comme nous avons vu, de 13 à

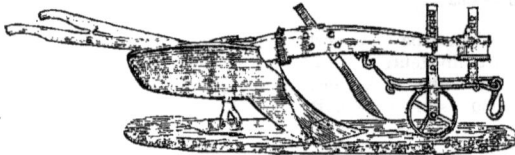

Fig. 887. — *Charrue défonceuse de M. de Meixmoron de Dombasle.*

35°. Par suite i variera entre 38 1/2 et 27° 1/2. Le tranchant du soc étant horizontal, on raccordera le plan incliné avec ce tranchant par une petite surface courbe ayant pour directrice, du côté de la muraille, un arc de cercle et, de l'autre côté, le tranchant. L'hélice directrice de la surface antérieure du versoir sera le prolongement de la plus grande pente du plan, ou aura l'inclinaison i à l'origine et croîtra peu à peu jusqu'à ce qu'elle atteigne l'inclinaison voulue pour la meilleure longueur de cette partie antérieure. On peut même commencer la rotation aux deux tiers ou aux trois quarts du plan incliné, par un raccordement en arc de cercle tangent au bord extérieur du plan et à l'hélice directrice de la surface hélicoïdale. La figure 887 montre une *nouvelle* charrue de la fabrique Meixmoron de Dombasle qui a le même but que la charrue Bonnet : enlever du fond d'une raie de charrue ordinaire une certaine épaisseur du sous-sol en le ramenant à la surface pardessus la première bande.

Lorsque la charrue ordinaire est en marche, elle passe le long d'une raie de 0^m,36 de profondeur et découpe une bande de 0^m,18 seulement qui doit être renversée sans dessus dessous, dans cette jauge par un versoir très court et très versant. La charrue Bonnet, suivant immédiatement, enlève une seconde bande de même épaisseur qu'elle élève et renverse sur la précédente. On dépensera par mètre cube remué plus de travail moteur avec ces deux charrues se suivant qu'avec une charrue à *révolution* atteignant la même profondeur ; mais on emploiera environ moitié moins

d'animaux pour faire dans la journée moitié moins de travail.

Au lieu de faire suivre la charrue ordinaire d'une charrue Bonnet, on peut réunir leurs deux corps sur un même âge. Une charrue de ce genre, pour *labour étagé*, connue en Angleterre sous le nom de Sack, était autrefois construite par la maison Garrett. Le premier corps, à versoir très restreint, enlève une bande peu épaisse qu'il retourne un peu et pousse au fond de la grande jauge ; le second corps, dont le soc est profondément enterré, coupe la nouvelle bande qu'il soulève et retourne en recouvrant la précédente. Le sep est roulant pour économiser la traction. La profondeur du premier labour ou du premier corps se règle en fixant l'étançon à l'un des trois trous percés dans l'âge à trois hauteurs différentes. L'enture de l'ensemble des deux corps se règle, en outre, à l'aide d'une vis qui soulève plus ou moins la sellette portant l'avant de l'âge. D'après le constructeur, ces charrues étaient employées de préférence à toutes autres dans la Russie méridionale pour la culture des betteraves. Faite pour atteindre 0,30 à 0,45, elle coûtait 200 francs. Cette charrue peut être considérée comme une charrue pelleteuse retournant la terre en deux fois en l'émiettant et en mélangeant les deux couches.

On imite cette charrue Sack, en plaçant, en avant du corps d'une forte charrue, une très grande rasette qui prend une première bande peu épaisse et la pousse dans la jauge que la dernière bande recouvre entièrement.

La charrue dite *universelle* de Howard est disposée de cette façon pour un profond labour ou un demi-défoncement. La forme particulière du grand versoir donne une bande rompue comme l'aurait fait une bêche. La grande roue peut être réglée en hauteur, car la tige de sa fusée passe dans la douille d'une sellette en T et y est maintenue par une vis de pression. La petite roue a sa tige à coulisse solidaire d'une vis à écrou fixe. En tournant cette vis, on élève ou on abaisse la petite roue suivant le sens de la rotation : ce mode de règlement est très précis et rapide. En outre, la pièce en T qui porte les deux roues est cylindrique et passe dans une douille de l'âge. Un levier, mû de l'arrière, agit par une tringle sur un verrou, placé sur l'âge et le décroche pour permettre à l'avant-train de tourner au bout du champ, ce qui facilite les tournées. C'est la même charrue que celle de la figure 884, sauf l'addition de la rasette et de l'avant-train.

La maison Ransomes a un modèle de charrue à forte rasette (fig. 888) qui permet un demi-défoncement, en deux bandes superposées. Une roulette, fixée sur l'âge par une barre presqu'horizontale, facilite les tournées ainsi que la grande roue du fond de la raie qui est fortement inclinée sur l'horizon.

M. Demesmay, de Templeuve (Nord), a d'abord essayé d'approfondir ses labours en faisant suivre une charrue ordinaire d'une charrue de son invention analogue à celle connue sous le nom de Bonnet; mais il y trouva de tels inconvénients qu'il préfère aujourd'hui employer le troisième moyen d'approfondir le sol. C'est-à-dire qu'il fait suivre la charrue ordinaire d'une charrue dite de sous-sol, divisant et remuant le sous-sol en le laissant en place.

Charrues sous-sols. Il nous paraît indubitable qu'en certains cas, il est dangereux de

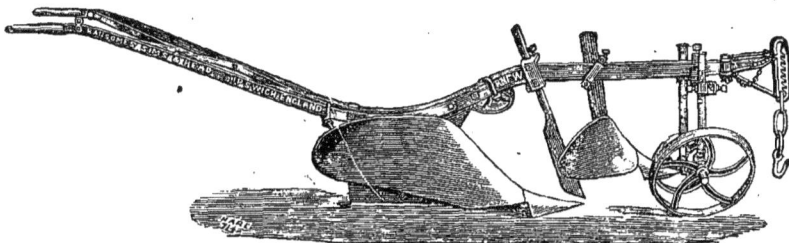

Fig. 888. — *Charrue pour labour profond, en deux raies, de Ransomes.*

ramener le sous-sol à la surface. L'expérience d'un agriculteur aussi intelligent que M. Demesmay suffirait du reste à prouver cette assertion. Voici ce qu'il écrivait il y a longtemps déjà :

« J'ai aussi essayé l'emploi d'une défonceuse dans mon terrain *glaiseux*, et j'ai même construit pour cela une charrue dont le versoir ramène fort bien à la surface la terre du sous-sol, imitant économiquement ce qu'on pratique souvent dans un arrondissement voisin du mien, en faisant suivre la charrue par des bêches qui entament le fond du sillon. Mes voisins m'avaient prédit que cette culture ne me réussirait pas, malgré la fumure abondante qui l'accompagnait et malgré le soin que je prenais d'appliquer le fumier sur la terre renversée par la première charrue. Leur prédiction s'est vérifiée chaque fois que le sous-sol était imperméable à l'air, que les parties solubles des fumures antérieures ne l'avaient pas complètement pénétré, et j'ai dû renoncer à une pratique sur laquelle j'avais fondé un grand espoir, en voyant ce que le *pelleversage* avait produit autour de Valenciennes où le sol est beaucoup moins glaiseux que le mien. C'est alors que j'eus recours à une fouilleuse énergique, divisant le sous-sol sans le ramener à la surface, qui d'abord pénétra à 0m,30 de profondeur et qui, aujourd'hui que la terre a été ameublie par son action, n'arrive jamais à moins de 0m,35 et pénètre parfois à 0m,40. Ce système suivi pour la préparation des terres destinées à la betterave et

à l'avoine a accru de beaucoup mes récoltes, et il a été bien vite adopté dans tout l'arrondissement de Lille où le sous-sol ressemble au mien et où la betterave occupe une grande place. »

Du travail exécuté par les charrues sous-sol. Le but définitif de la charrue sous-sol est le même que celui des charrues à défoncer, c'est l'approfondissement du sol actif. Mais il y a une grande différence dans la manière de procéder et même dans les résultats obtenus. Par l'action des charrues sous-sol, la terre du fond des raies est *coupée, rompue, remuée* et *ameublie* sans être amenée à la surface; sans être *mélangée* d'une manière appréciable avec le sol ou la bande de terre renversée par la charrue ordinaire que suit, pas à pas, la sous-soleuse.

Ce mode d'approfondissement de la couche active du sol est extrêmement avantageux, partout où le sous-sol est mauvais; car alors le *défoncement* ordinaire qui ramènerait ce sous-sol à la surface pourrait être désavantageux, pour la première récolte surtout. Le *sous-solage*, en effet, n'appauvrit pas la couche arable superficielle en la surmontant d'une couche de terre neuve, ou en y mélangeant un sous sol *inerte*; mais il permet cependant à l'air et à l'eau de pluie de pénétrer librement dans le sous-sol, en atteignant ainsi deux buts, l'*assèchement* de la surface et l'*amélioration du sous-sol* par l'air et l'eau.

Si le sous-sol pouvait contenir quelque principe nuisible au chevelu des racines, la filtration de l'eau de pluie au travers de ce sous-sol, entraînerait assez rapidement ce principe à une plus grande profondeur où il n'aurait plus de mauvais effet.

Il résulte de cette explication sommaire des bons effets du *sous-solage* que, comme le défoncement, il ne présente tous ses avantages que s'il est fait en sols naturellement sains ou complètement *drainés*; et si la pratique du sous-solage a rencontré beaucoup d'opposition et a donné quelques *déboires*, on ne peut les attribuer qu'à l'humidité du sol; car il n'y a aucun doute que les inconvénients d'une terre humide sont aggravés par le défoncement et le sous-solage.

La terre sous-solée est remarquable par la propriété qu'elle a acquise de résister parfaitement à la sécheresse, tout en ne souffrant nullement d'une pluie persistante.

Voici l'explication de ces deux faits, contradictoires en apparence : pendant la sécheresse, l'humidité s'élève du fond par la capillarité; donc, si

le sous-sol a été rendu perméable, il humecte aisément, avec l'eau souterraine, le sol actif supérieur. Dans la saison humide, la pluie passe facilement au-dessous du sous-sol actif, si celui-ci a été ameubli par une sous-soleuse; et, par suite, la couche superficielle du sol reste toujours en état d'être travaillée, sans excès d'eau.

Le sous-sol des terres argileuses doit être rompu pendant qu'il est sec; autrement, le travail de l'attelage est mal employé et les résultats sont bien peu satisfaisants.

Les instruments propres à ameublir, sur place, le sous-sol, les sous-soleuses, peuvent agir de plusieurs façons différentes : 1° à la façon de charrues ayant des socs ou des coutres coupant la terre et des versoirs la soulevant; ou 2° comme de fortes herses ou des scarificateurs fendant la terre et l'ameublissant en la faisant éclater; ou 3° comme des herses roulantes, *piochant* le sous-sol. En outre, la partie active des sous-soleuses peut être seulement une annexe d'une charrue ordi-

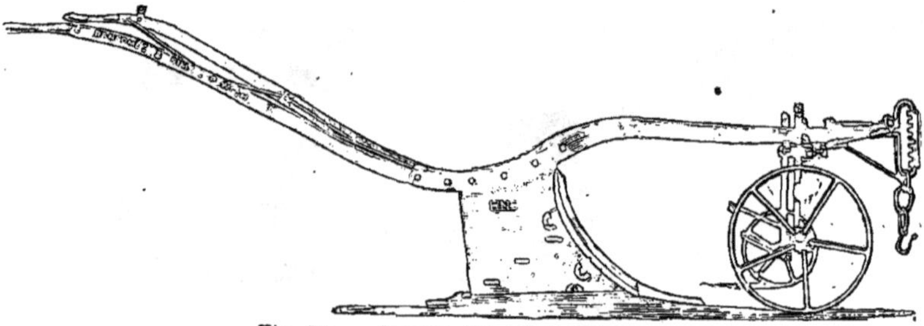

Fig. 889. — *Charrue sous-sol de Ransomes.*

naire qui a ainsi un appendice *sous-soleur*. Enfin, une charrue peut être disposée pour faire le soussolage en même temps que le labourage ordinaire et que le défoncement, comme l'appareil dit pulvériseur de Hancok et la charrue de *Coatgreave*. On peut donc classer ainsi les sous-soleuses :

Sous-Soleuses	Spéciales	1er genre : charrues sous-sol	1° sans élévateur.
			2° avec élévateur.
		2e genre: fouilleuses traînantes	
		3e genre : fouilleuses roulantes	
	Mixtes	1er genre : charrue ordinaire avec appendice sous-soleur.	1° coupeur
			2° fouilleur
		2e genre : charrue ordinaire avec défonceur élévateur et sous-soleur.	

ÉTUDE DES DIVERSES SOUS-SOLEUSES. *Pièces travaillantes.* La pièce travaillante la plus importante des sous-soleuses du premier genre est le soc. Il est ordinairement assez étroit et souvent même réduit à une pointe large à tranchant émoussé, ou même à une pointe obtuse sans tranchant. En revanche, si le soc est presque toujours étroit, il est fort épais, de manière à comprimer fortement la terre verticalement de bas en haut, pour la faire éclater et la soulever.

Un coutre est nécessaire pour fendre la terre

verticalement. Il doit être très résistant. Souvent l'étançon portant le soc est aminci sur son *chan* antérieur et fait ainsi fonction de coutre. D'autrefois, c'est une lame verticale ou inclinée fixée sur l'étançon et l'avant du soc. Quelquefois, un second coutre est placé parallèlement au plan de la muraille et incliné sur l'horizon. Enfin, le soc peut porter de petits coutres destinés à fendre verticalement la terre que détache le soc. Nous aurons l'occasion, dans notre examen des diverses sous-soleuses, de donner des exemples des diverses formes de ces pièces travaillantes.

L'élévateur de la terre, détachée par le soc et les coutres, peut être un simple plan incliné, mis à la suite du soc. Son inclinaison α est la meilleure possible, au point de vue de l'économie de la force motrice, lorsqu'elle est égale à la moitié du complément de l'angle de frottement de la terre sur ce plan. Pour une terre sèche forte, ce serait alors environ 30°. Ce plan porte parfois de petits coutres verticaux destinés à diviser la terre pendant son élévation.

PIÈCES DE CONDUITE, DE DIRECTION ET DE RÈGLEMENT. Dans une charrue sous-soleuse, on trouve, comme dans les charrues ordinaires, des *mancherons*, un *régulateur*, des *roues* ou des *patins*. Comme nous avons fait connaître le rôle de ces diverses pièces, dans notre étude sur les pièces des charrues ordinaires, il suffira de quelques

mots sur les particularités de ces pièces dirigeantes des sous-soleuses.

1° La résistance que doit vaincre une charrue
sous-sol est ordinairement assez forte et surtout
très variable. Des roues-supports limitant l'entrure sont donc très utiles, sinon indispensables :
sans ces roues, le conducteur de la charrue est
astreint à de continuels efforts sur les manches ;
soit pour empêcher la sortie de terre, soit pour
limiter l'entrure du soc. Aussi, presque toujours,

les sous-soleuses ont des roues à l'avant, limitant
l'entrure. Parfois, même, on emploie aussi des
roues d'arrière pour empêcher la charrue de
sortir de terre ;

2° L'emploi de ces roues serait mauvais au
point de vue de l'économie de la traction, si la
charrue n'était munie d'un très bon régulateur,
très précis et très étendu pour la hauteur ; précis,
mais d'expansion très limitée, pour la largeur.

Pièces de liaison. L'âge, les étançons et, en

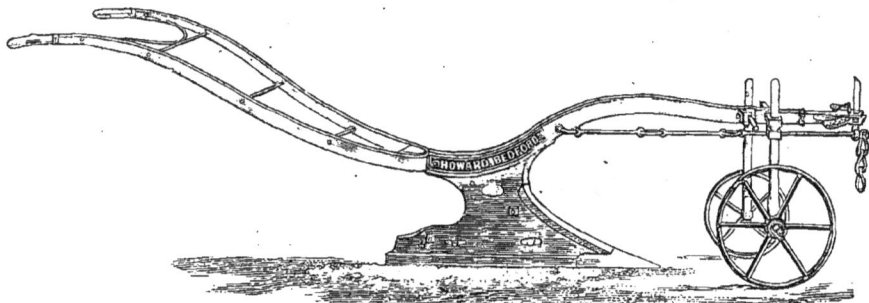

Fig. 890. — *Charrue sous-sol à semelle de Howard.*

général, toutes les parties d'une sous-soleuse
doivent être très fortes pour résister aux énormes
réactions qu'elles ont à subir lorsque l'on travaille
un sous-sol vierge ou une terre dure et caillou-
teuse.

1er genre. **Charrues sous-sol.** *1re espèce :
sans élévateur. 1re variété :* à *semelle.* Le système
de sous-sol le plus simple se compose le plus
souvent d'une charrue ordinaire dont on a enlevé
le versoir et le coutre et dans laquelle on a rem-

placé le soc large, à une aile, par un soc étroit
en fer de lance. Les charrues ordinaires de Ransomes, dites *de Newcastle,* peuvent être transformées en sous-soleuses à soc et semelle. La
charrue sous-sol spéciale de Ransomes est représentée dans la figure 889. Le corps en fer forgé
est fixé par trois boulons sur un âge de charrue
ordinaire ; la partie travaillante se compose d'un
soc étroit suivi d'une gorge tranchante, et de trois
couteaux horizontaux étagés, placés dans les
mortaises, vues en blanc sur le corps de charrue.

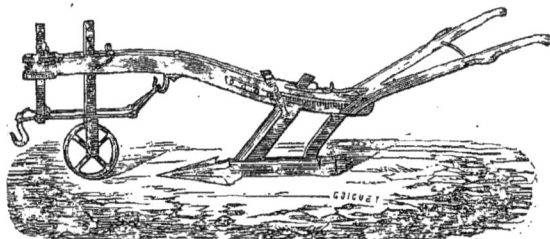

Fig. 891. — *Sous-sol de Dombasle.*

Les charrues de MM. J. et F. Howard peuvent
aussi se transformer en sous-soleuses (fig. 890).
La gorge, un peu tranchante, fait fonction de
coutre et une espèce de pointe large plus ou
moins aplatie remplace le soc. Parfois, comme
dans la charrue H. H. de Howard, on a un corps
spécial de charrue sous-soleuse que l'on fixe à
l'âge de la charrue ordinaire : la gorge est alors
doublée d'une pièce à arête-vive. Tout en conservant la forme d'ensemble de la charrue ordinaire,
ou à très peu près, on a fait parfois des charrues
sous-sol spéciales ; telle est la charrue sous-sol
Dombasle (fig. 891). On voit que les parties travaillantes se réduisent encore à un soc en fer de

lance et à une gorge tranchante, faisant fonction
de coutre. Le sep est cylindrique et agit quelque
peu pour diviser le sol à la façon des anciennes
charrues *mineuses* ou *taupes,* types de ces sous-
soleuses. La sous-soleuse de Delahay-Bajac (fig.
892) est du même genre : l'âge est à tête refoulante.

Nous devons signaler ici la charrue sous-sol,
brevetée, de Bentall ; et celle de Smith qui se
distingue par un coutre à tranchant presque
horizontal dans un plan parallèle à la muraille,
outre la gorge tranchante en courbe (fig. 893 et 894).

Charrues semelles à deux pointes.
La charrue mineuse de MM. Barrett attaque le

sous-sol à deux hauteurs par deux *socs-pointes* très énergiques qui pourraient être suivies de gorges à arêtes vives. L'âge et les mancherons sont en bois et il n'y a que deux roues en avant dont la tige sert à limiter l'entrure, ce qui ne peut suppléer tout à fait à l'absence de régulateur pour la traction.

Charrues sous-sol du genre Read. A la fin du dernier siècle, Read, en Angleterre, préconisait la complète pulvérisation du sous-sol, en même temps que Jethro Tull croyait pouvoir se passer de fumier en multipliant les façons d'ameublissement du sol, avant le semis et après la levée des plantes. La sous-soleuse de

Fig. 892. — *Sous-sol de Bajac-Delahaye.*

Read a servi de type à un grand nombre d'autres, jusqu'à nos jours. Nous allons décrire trois bons modèles anglais de cette espèce de sous-soleuse.

La première est la sous-soleuse de MM. Barrett, Exall, etc. L'âge est en fer, les tiges des deux paires de roues sont dentées en avant et fixées dans des mortaises de l'âge, par un coin placé à l'arrière. Il en est de même pour la tige du coutre-soc. On ne peut donc régler que la

profondeur. Dans un essai de concours, elle prit, en dessous de la bande de terre enlevée par une charrue ordinaire, une profondeur de 15 centimètres d'un sous-sol si dur qu'aucun autre instrument n'y put mordre. Le régulateur de hauteur est une tige glissant dans le bout de l'âge, terminé en forme de douille, et qu'une vis à long écrou retient à la hauteur voulue. Pour régler l'entrure du soc fouilleur, on ôte le coin, on élève ou l'on abaisse la tige en dégageant les

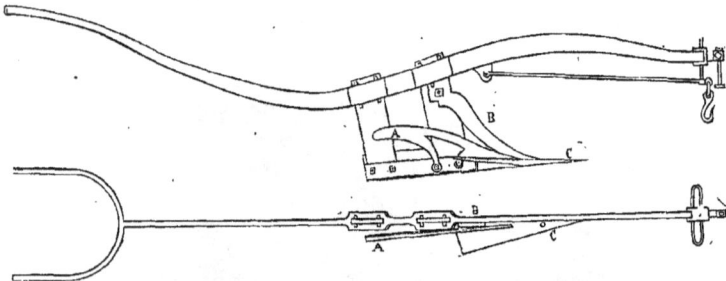

Fig. 893 et 894. — *Charrue sous-soleuse de Smith.*

crans qui mordent dans les faces supérieure et inférieure de l'âge; puis, on remet le coin qui opère un serrage suffisant grâce aux crans de retenue. Le même mode de règlement est applicable à chaque paire de roues.

Charrues sous-sols, munies d'un élévateur. La première amélioration de la sous-soleuse de Read s'observe dans la charrue de Tweeddeal. Le soc est prolongé par un plan incliné soulevant la terre détachée par le soc et le coutre; on obtient ainsi un sous-sol mieux ameubli, foisonnant beaucoup. La tige du corps de charrue, ainsi que les tiges des deux avant-trains, sont à crémaillères et passent dans des mortaises

de l'âge où elles sont retenues par un coin. Il y a un régulateur de largeur, ce qui permet de compenser la réaction venant du côté de la muraille où la terre est plus résistante que du côté du versoir.

La charrue n° 3 de Rugles, Nourse et Mason avec ses deux plans inclinés, accolés au-delà d'un soc en fer de lance est du même genre; mais elle paraît plus solidement disposée. Ces constructeurs américains ont quatre modèles de sous-soleuses construites sur le même principe que la charrue de Tweeddeal, sauf le corps en fonte long et lourd qui remplace l'unique étançon de la charrue Read.

Les constructeurs recommandent l'emploi de

la tringle de traction pour leurs quatre modèles ; ils la croient indispensable pour permettre aux animaux de marcher sur la terre solide, et à la charrue de travailler aisément dans la raie ouverte par la charrue ordinaire.

La sous-soleuse d'Eckert (fig. 895), rappelle un

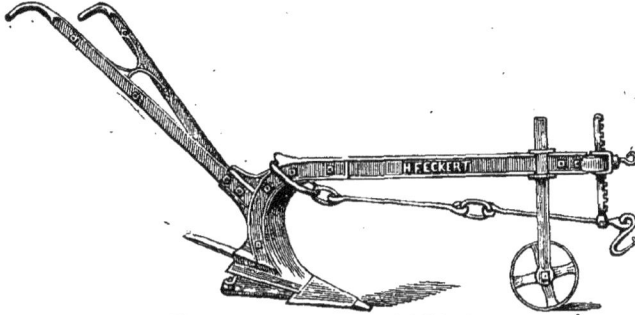

Fig. 895. — *Charrue sous-sol d'Eckert.*

qu'il prenne l'épaisseur de sous-sol que l'on veut ameublir. La partie travaillante est un large soc incliné d'environ 30 degrés sur l'horizon et dont l'effet est de trancher le sous-sol en le soulevant notablement tandis qu'il est fendu verticalement par une lame tranchante C et les petites saillies placées à droite et à gauche sur l'avant du soc. Les petites figures supérieures 896 et 897 montrent en coupe verticale la gouttière ou douille du soc recevant la tige verticale ; à côté, on voit le dessus du soc en plan. Puis à droite le corps de l'âge creux (fig. 898), et en dessous, le plan du régulateur (fig. 899). La figure 900 est l'élévation de la charrue entière, et en dessous (fig. 901), on voit le plan.

Dans une autre disposition de la pièce travail-

peu les modèles américains. La pointe du soc est mobile.

La charrue sous-sol de J. Slight est un perfectionnement de la charrue Read. Lorsqu'elle est en travail, les roues sont élevées par rapport au fond de la raie et le soc descendu de façon

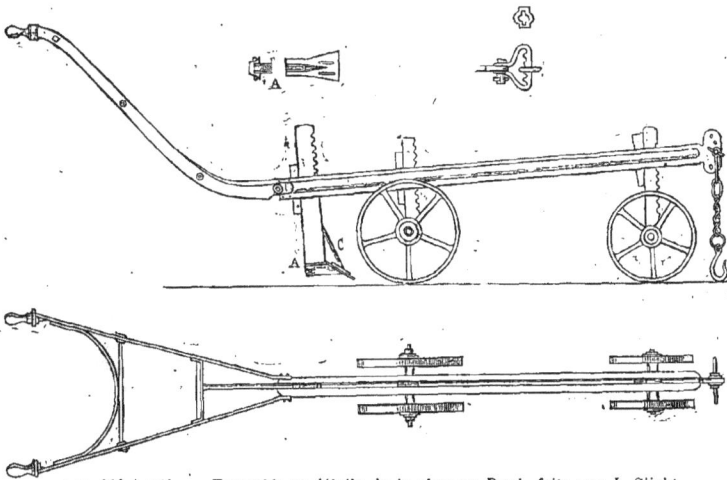

Fig. 896 à 901. — *Ensemble et détails de la charrue Read, faite par J. Slight.*

lante, le soc, d'abord assez plat, à deux tranchants et large, se prolonge, en forme de plan incliné un peu convexe transversalement, qui soulève le sous-sol pour l'aérer et le faire foisonner, tandis que la lame de gorge le coupe verticalement ainsi que les lames plus petites placées en avant (fig. 902-903).

La section transversale de l'âge est une espèce de double gouttière, qui présente une grande résistance sous un faible poids de matière.

La sous-sol *archimédienne* de Beauclerck, autre-

fois construite par M. Ransomes, doit être considérée comme munie d'un élévateur. Aux pièces travaillantes des charrues Read, c'est-à-dire au soc et à la gorge tranchante, on a, en effet, ajouté une hélice rotative à trois spires. Lorsque l'attelage marche, la réaction de la terre, placée en avant des ailes de l'hélicoïde, fait tourner celles-ci qui remuent ainsi le sous-sol en l'élevant à une certaine hauteur, pour le laisser ensuite retomber. L'effet serait très satisfaisant si l'hélice tournait toujours librement ; mais, il est à craindre que la rotation ne devienne promptement difficile, ou même cesse, les axes se chargeant de terre. Les constructeurs ont ajouté deux roues sur une seule tige immédiatement à l'avant du corps de la charrue. On a ainsi toute la stabilité voulue pour un bon sous-solage.

Charrues fouilleuses. Une charrue fouilleuse se compose essentiellement d'une, deux ou trois dents ou pieds de *scarificateur* solidement fixés sur un âge, ordinairement supporté par un

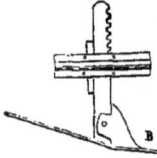

Fig. 902. — *Sous-sol de J. Slight (détails).*

patin ou une roue ; et muni, à l'avant, d'un régulateur ; et, à l'arrière, de mancherons.

Cette charrue, comme les sous-soleuses précédentes, est destinée à suivre une charrue ordinaire, dans la même raie ; et à rompre le fond de cette raie durcie par les piétinements successifs des attelages ; une terre labourée, de temps immémorial, à la même profondeur, présente, en effet, un sous-sol tellement dur que les racines n'y peuvent presque pas pénétrer. La couche de terre active est ainsi réduite strictement à l'épaisseur du labour traditionnel. La fouilleuse, en ameublissant le sous-sol, donne aux plantes une nouvelle source d'aliments ; mais, il faut

Fig. 903. — *Plan de la figure précédente.*

remarquer que l'ameublissement, sur place, du sous-sol ne suffit pas pour le rendre tout à fait apte à nourrir les plantes ; une longue exposition à l'air peut seule transformer le sous-sol d'une manière complète. Mais, au moins, le travail de la fouilleuse, s'il est fait à propos pendant l'hiver, augmente l'épaisseur de la couche active et permet plus tard de ramener à la surface le sous-sol, en partie bonifié, pour le mélanger à la couche active sans avoir à craindre le danger signalé plus haut, lorsqu'on ramène immédiatement le sous-sol à la surface.

On reconnaît aisément qu'une fouilleuse travaille bien quand la terre qu'elle a ramenée foisonne au point de remplir presque entièrement la raie.

Pièces travaillantes. Dents. La forme des dents doit être telle, en hauteur, que, dès qu'elles ont *mordu* un peu de terre, la réaction de celle-ci tende à les enfoncer de plus en plus lorsque l'attelage continue d'agir.

Pour cela, il suffit que les dents présentent une

courbure progressive telle que l'inclinaison de l'arête de la dent, très faible d'abord, augmente lentement, puis de plus en plus rapidement jusqu'à la partie verticale qui vient se fixer sur l'âge. La pointe peut être légèrement aplatie, en fer de lance, ou en *panne* de pioche ; et l'arête saillante doit être celle d'un angle obtus, car la dent n'a pas pour but réel de fendre la terre, mais de la faire éclater et de la soulever en mottes.

La hauteur des dents est d'environ 40 centimètres entre l'âge et la pointe ; plus longues, elles devraient avoir une section plus considérable à leur point d'assemblage avec l'âge. Cette section, du reste, doit toujours avoir une aire assez considérable ; car une seule dent peut avoir à supporter, dans le cas d'obstacles accidentels, une énorme pression contre sa pointe ; et, comme cette réaction du sol agit avec un bras de levier égal à la hauteur de la dent, elle a un effet de rupture d'autant plus considérable sur le point d'assemblage.

Les dents doivent laisser, dans la largeur de la raie à défoncer, chacune, une trace distincte ; et ces traces doivent être également distantes et embrasser toute la raie ; de sorte que s'il y a trois dents, l'écartement des traces doit être du tiers de la largeur ou de 8 à 10 centimètres au plus. S'il n'y a que deux dents, leurs traces doivent être distantes de la moitié de la largeur ou de 115 à 145 millimètres. En outre, elles doivent agir l'une après l'autre ou être placées sur des rangs transversaux successifs, de manière à diminuer les chances d'engorgement par les racines en terres collantes. Pour placer trois dents, sur un âge en bois ou en fer, on mettrait la première dent du côté de la muraille où la réaction du sous-sol est la plus forte : elle serait ainsi fixée contre la face verticale gauche de l'âge. La seconde dent, placée un peu en arrière de la première, serait fixée dans l'âge au milieu de sa largeur ; et, la troisième, plus en arrière encore, serait fixée contre la face droite verticale de l'âge. On pourrait aussi mettre la première dent dans l'axe de l'âge, la seconde à gauche et la troisième à droite. Dans ces deux cas, si un obstacle accidentel se présente, il n'est attaqué que sur un point et par une seule dent, sur laquelle tout l'effort de l'attelage peut agir, de façon à vaincre la résistance exceptionnelle du sous-sol.

Si l'on n'emploie qu'une seule dent, elle doit être assez grosse pour faire éclater le sous-sol sur toute la largeur de la raie ; s'il y a deux dents, leur grosseur doit être moins forte, et évidemment, pour le nombre maximum de dents, trois, leur épaisseur doit être assez faible. La forme de la section des dents dépend aussi de leur nombre, comme leur épaisseur.

Le travail moteur dépensé ne doit pas varier beaucoup avec le nombre des dents. S'il n'y en a qu'une, elle doit être épaisse et large, et les angles des coins d'action, horizontaux et verticaux, assez forts pour provoquer l'éclatement de la terre, en faisant naître une énorme réaction ; si, au contraire, il y a trois dents, leur épaisseur devant être faible, les réactions sont elles-mêmes relativement médiocres, mais elles sont trois fois plus nombreuses, et dirigées surtout de haut en bas.

Le mode de fixation des dents sur l'âge varie avec la matière dont l'âge est fait et la place qu'occupent ces dents. Dans la fouilleuse du système Fellemberg, qui a été connue, en France, sous le nom de fouilleuse Bazin (fig. 904 et 905), les dents traversent un âge en bois très large, et se terminent en dessus (après une embase buttant sous l'âge) par une partie filetée. Un écrou, placé en dessus de l'âge, sur cette partie taraudée, constitue l'assemblage comme dans les herses à

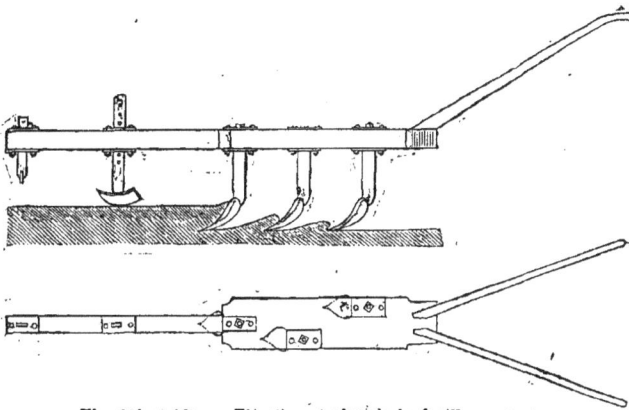

Fig. 904 et 905. — *Elévation et plan de la fouilleuse Bazin.*

dents de fer à écrou. Cet assemblage n'est pas assez résistant pour un sous-sol très dur, comme on en rencontre assez souvent.

Dans la fouilleuse Howard, les dents se terminent, en haut, en forme d'équerre et sont fixées sur l'âge par deux boulons passant dans la branche horizontale de l'équerre. Dans un retour horizontal, est une vis de pression qui appuie sous l'âge. On peut régler ainsi l'obliquité, et par suite l'entrure de la dent ; car si l'on agit sur la vis, la dent entière tourne autour du boulon ; le boulon passe dans une rainure en arc de cercle, percée dans la dent.

La sous-soleuse de Howard (fig. 906), peut être considérée comme une Read à deux socs ou comme une fouilleuse.

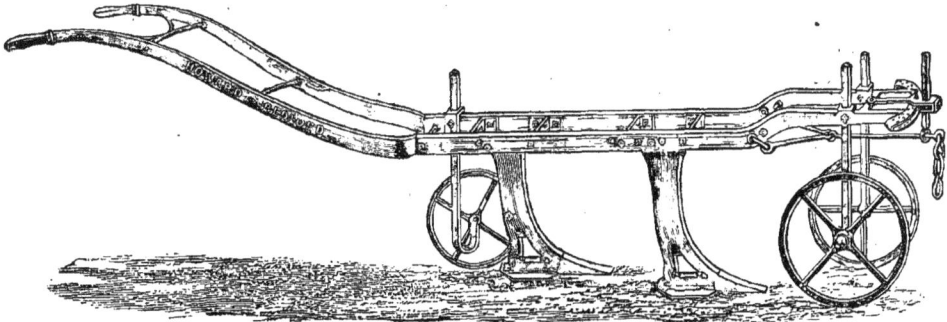

Fig. 906. — *Sous-soleuse ou fouilleuse de Howard.*

Dans quelques fouilleuses françaises, celle de M. Forest-Colin, entr'autres, les dents ont par derrière un étai en fer, soudé, se terminant, en haut, comme la partie antérieure verticale, par un boulon qui traverse l'âge ou des appendices fixés transversalement sur ce dernier. Cette dernière disposition de fixation des dents nous paraît de beaucoup la meilleure lorsqu'elle est bien comprise dans ses détails d'exécution ; et elle convient aux âges en bois, comme aux âges en fer.

La difficulté du travail d'une fouilleuse étant fort variable, même pour une profondeur uniforme d'entrure, la ligne de traction prend des inclinaisons très diverses; il convient donc que le régulateur de hauteur présente assez d'étendue pour qu'il soit possible de hausser ou baisser suffisamment le point d'attache des traits au bout de l'âge. Le règlement en largeur n'a pas besoin d'autant d'étendue ; il n'a de raison d'être que la nécessité de tenir compte de l'excès de réaction du sous-sol du côté de la muraille et de la pente du terrain lorsque la fouilleuse marche transversalement à cette pente. — V. Régulateur des charrues ordinaires.

Une fouilleuse peut marcher sans patins ni roues, si le conducteur est aussi fort qu'habile ; mais l'instabilité de cet instrument est ordinairement telle qu'un laboureur ordinaire fatiguerait trop, si les mouvements brusques de la charrue n'étaient pas limités par des supports de l'âge, patins ou roues. Et même, comme le soulèvement de la fouilleuse est autant à craindre

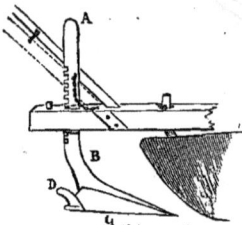

Fig. 907. — *Appendice ou soc sous-soleur de la charrue de Grignon.*

que son enfouissement, l'arrière de l'âge doit avoir son support, comme l'avant. Nous avons déjà vu ces doubles supports employés pour les sous-soleuses Read qui marchent ainsi régulièrement sans sep ; car l'ensemble de l'arrière-train et de l'avant-train forme alors un véritable sep roulant, préférable au sep glissant des charrues ordinaires, surtout lorsqu'un régulateur parfait et ample permet de régler à volonté la pression des roues sur le sol. Les supports antérieurs peuvent être des roues d'inégale grandeur ; l'une appuyant sur le sol non labouré, et la

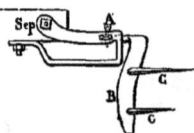

Fig. 908. — *Plan d'une lame sous-soleuse.*

plus grande, sur le fond de la raie que doit défoncer la fouilleuse. M. Howard, en outre, met, à l'arrière de sa fouilleuse, une troisième roue qui empêche le déterrage. L'âge de cette dernière fouilleuse est formé de deux barres de fer parallèles maintenues à distance par des entretoises. Les fouilleuses peuvent être employées entre les lignes de plantes sarclées, des racines surtout, pour les binages énergiques, lorsque la *terre est durcie* ; ce sont en réalité de petits scarificateurs. De sorte que les fouilleuses sont pour ainsi des *intermédiaires* entre la charrue ordinaire et les scarificateurs ou les houes.

Fouilleuses roulantes. M. Guibal a imaginé, il y a longtemps, une défonceuse roulante qui porte son nom et que nous examinons à l'article Herses roulantes.

Charrues sous-soleuses mixtes ou combinées. *Charrues ordinaires avec appendices sous-soleurs.* Lorsqu'il ne s'agit que de remuer, sur une faible épaisseur, le sous-sol, on peut adapter à une charrue ordinaire une pièce travaillante, soc simple ou composé, dent ou fourche, capable d'ameublir le sous-sol au fond de la raie qu'ouvre actuellement la charrue ordinaire, ou au fond de la raie qu'elle a ouverte précédemment. Dans le premier cas, l'appendice sous-soleur est placé derrière le corps de la charrue ordinaire : et le laboureur marche sur le sous-sol défoncé, ce qui présente un double inconvénient, très visible. Dans le second cas, l'appareil sous-soleur est placé en avant du corps de la charrue ordinaire, à une certaine distance de la face verticale droite de l'âge, ce qui est préférable puisque le laboureur peut marcher sans inconvénient dans la raie.

Nous allons examiner quelques-uns des appendices employés :

Une des dispositions les plus simples est représentée par la figure 907. Une tige à crémaillère A passe au travers d'une mortaise creusée dans l'arrière de l'âge et s'avance, en courbe tranchante, en B, où elle est assemblée ou soudée à un soc C, en forme de triangle rectangle allongé et qui porte un petit coutre vertical adhérent D. On peut abaisser, à volonté, ce soc-sous-soleur pour couper et remuer le sous-sol plus ou moins profondément. Cette disposition est appliquée aux charrues de Grignon : mais on n'a jamais pu en obtenir qu'un effet médiocre.

La figure 908 représente un appendice sous-soleur qui se place à l'arrière du sep d'une charrue. La tige A est assez longue et verticale dans toute sa partie supérieure : elle peut être plus ou moins abaissée, pour enfouir à volonté le couteau horizontal, B, portant deux petits coutres verticaux C.

Les charrues ordinaires de Ransome, du modèle dit de Newcastle, peuvent recevoir à l'arrière une ou deux dents fouilleuses que l'on abaisse plus ou moins jusqu'à 0m,30 du sol pour rompre et pulvériser le sous-sol (fig. 909). Une disposition analogue est adoptée dans un modèle de Howard (fig. 910) : à l'arrière de l'âge est fixée une barre de fer repliée d'équerre, sur laquelle on peut fixer une ou deux dents fouilleuses. Le versoir de cette charrue est squeletté ou fendu pour pulvériser le sol.

Lorsque les appendices sous-soleurs sont placés en avant de la charrue ordinaire, ils sont fixés sur l'âge ou plutôt sur des pièces appliquées contre la face de droite de l'âge (fig. 911). Parfois, le pied portant le sous-soleur a un axe horizontal autour duquel il peut tourner lorsque l'on agit sur un levier, placé à l'arrière, à portée de la main droite du laboureur : celui-ci peut régler à volonté l'entrure du sous-soleur et même le déterrer complètement, au moment de tourner, par exemple : voir le modèle Ransome (fig. 911).

Le pied fouilleur travaille le sous-sol sur une profondeur de 0m,10 en dessous de la bande de 0m,15 qui le recouvre immédiatement. Une chaîne reporte la réaction du sous-sol contre l'avant de l'âge.

Il y a aussi des appendices sous-soleurs destinés à remuer le sous-sol et non à le couper, comme le font les précédents. Voici la disposition d'un de ces appendices fouilleurs : une fourche fouilleuse, est soudée à une douille pouvant glisser le long de l'étançon d'arrière d'une charrue ordinaire : deux clavettes, formant coins, permettent d'arrêter la fourche plus ou moins bas, suivant

que l'on veut remuer le sous-sol plus ou moins profondément. Il serait bon que l'étançon fût, à l'arrière, découpé en crémaillère; pour donner plus de fixité à la douille.

Une autre disposition était exposée à Paris en 1856. Un levier tournant porte à sa partie inférieure, un trident destiné à remuer le sous-sol; à son extrémité supérieure, il est articulé avec une crémaillère qu'un pignon appelle ou repousse, suivant le sens de rotation d'une manivelle. Une

Fig. 909. — *Charrue ordinaire de Ransome avec pieds fouilleurs.*

roue à rochet, placée sur l'arbre de cette manivelle, empêche la crémaillère de reculer. On peut, à chaque bout de raie, relever rapidement le trident pour tourner plus facilement sans rien briser. Une autre fourche fouilleuse est représentée (fig. 912). Elle peut être déterrée et suspendue en B pour les tournées.

M. Horsky (Autriche) exposait en 1855, à Paris, des Ruchaldo améliorés, armés à l'arrière de dents fouilleuses en forme de ciseaux.

Au lieu de mettre le pied fouilleur à l'arrière de la charrue ordinaire, M. Meugniot le met avec raison à l'avant et à droite : le laboureur peut alors sans inconvénient marcher au fond de la raie. On pourrait placer en avant du versoir, et à droite de l'âge, une petite défonceuse roulante à dents en développante de cercle qui piocherait énergiquement le sous-sol de la raie précédente, tout en agissant comme support efficace de la charrue ordinaire. C'est peut-être la meilleure solution

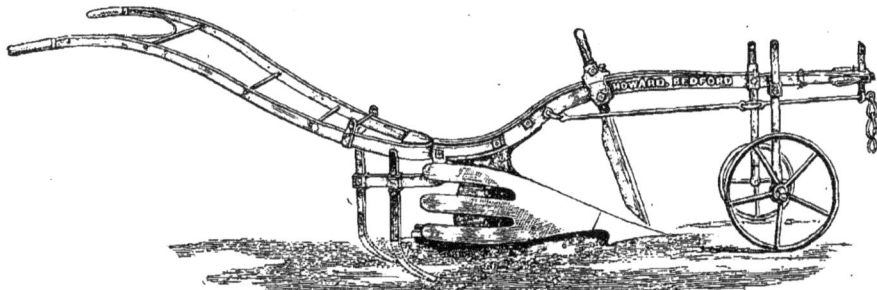

Fig. 910. — *Charrue pulvériseuse de Howard avec dents de fouilleuse à l'arrière.*

que nous puissions proposer pour avoir une charrue à appendice sous-soleur.

Charrues faisant simultanément un labour ordinaire *et ramenant à la surface un peu du sous-sol et fouillant le reste.* Nous avons fait observer précédemment qu'il pourrait y avoir un grave inconvénient à ramener un sous-sol neuf très compact au-dessus du sol actif: la première ou la seconde récolte venant après un tel défoncement, par retournement, pouvant souffrir beaucoup et même manquer presque complètement. C'est, du moins, l'opinion de beaucoup de cultivateurs préférant, pour cette raison, améliorer le sous-sol sur place, par l'emploi de charrues sous-soleuses. Mais, d'autre part, les partisans

du défoncement direct, par retournement ou *révolution* d'une bande très épaisse, ou par l'emploi après une charrue ordinaire d'une défonceuse Bonnet, affirment que le sous-sol remué au fond de la raie ne peut s'améliorer réellement et notablement qu'au bout d'un certain nombre de sous-solages. L'exposition complète, à l'air libre, à la surface du sol, peut seule, suivant eux, avoir raison d'un sous-sol tenace. Entre ces deux opinions extrêmes que leurs partisans exagèrent toutes deux, il y a un moyen terme consistant à ne *ramener* à la surface, à chaque défoncement, qu'une petite épaisseur du sous-sol, en *remuant* le reste sur place, en le mélangeant en partie avec le sol proprement dit. L'instrument destiné à faire ce travail, si complexe, est la charrue appelée Coatgreave ou Cotgreave, du nom de son inventeur. Elle se compose : 1° d'un corps de charrue ordinaire ; 2° d'un petit soc sous-soleur ordinaire prolongé par un versoir défonceur et élévateur Bonnet ; 3° d'un pied de sous-soleur ordinaire. Pendant que le corps de charrue ordinaire découpe et retourne une bande de terre, le soc-versoir défonceur enlève un copeau de sous-sol qu'il amène au-dessus de la bande renversée. En même temps, le soc sous-soleur ameublit une seconde épaisseur de sous-sol. On peut régler ainsi, à volonté,

le volume de sous-sol neuf que l'on croit pouvoir, sans danger, ramener à la surface ; et on peut l'accroître à chaque nouveau défoncement avec d'autant plus de sécurité que la portion de sous-sol à élever à la surface a été remué au précédent défoncement. Dans les vrais modèles anglais, un levier, percé de trous, que l'on peut mouvoir de l'arrière, permet de déterrer les deux socs fouilleurs, au bout de chaque raie, pour faciliter les tournées. Le coutre ordinaire est précédé d'un coutre roulant donnant beaucoup de stabilité à

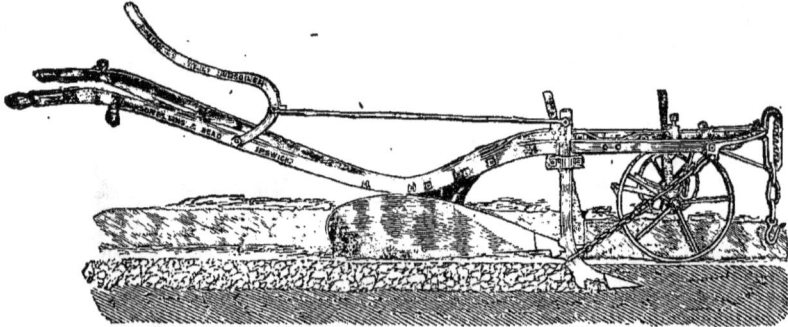

Fig. 911. — *Charrue Ransome avec pied fouilleur à l'avant et levier pour le déterrer.*

a charrue. Un modèle que nous pouvons citer est celui que construit la maison Bruel de Moulins. M. Bodin, de Rennes, en fait de semblables aux modèles de Ransome.

Charrues sous-soleuses tourne-oreille mixtes. *Quand on veut sous-soler un champ, il faut, simultanément, un attelage conduisant la charrue ordinaire, suivi d'un second, traînant la sous-soleuse dans la raie ouverte par la première charrue. Il faut alors deux laboureurs et deux attelages de deux chevaux, au moins, chacun; et parfois de trois et quatre. Cette dépense*

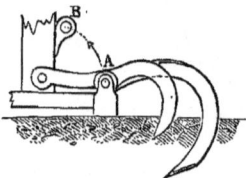

Fig. 912. — *Fourche fouilleuse.*

d'hommes et d'attelages, travaillant simultanément, n'est pas toujours possible dans les fermes moyennes; et la petite culture ne pourrait jamais y prétendre. Ce serait donc rendre un réel service à nombre de cultivateurs que de leur donner le moyen de faire du sous-solage avec une seule charrue.

Nous avons vu précédemment qu'on peut ajouter à la charrue ordinaire, un soc-sous-soleur, à l'arrière ou à l'avant; mais il faut alors doubler la force de l'attelage : on économise seulement ainsi un charretier sur deux.

MM. Henry frères, de Dury, ont eu l'heureuse

idée de faire une charrue à bascule, de l'espèce dite *double-brabant*, dans laquelle un des corps ordinaires est remplacé par celui d'une sous-soleuse ou d'une fouilleuse. M. Bajac-Delahaye en fait de semblables (fig. 913).

On fait, avec cet instrument mixte, un seul laboureur et un seul attelage, le labour à plat et le sous-solage : à la condition toutefois que le sous-solage n'exige pas notablement plus de traction que le labour lui-même. Au lieu d'une charrue sous-sol, on pourrait accoupler à la charrue ordinaire, une défonceuse Bonnet, pour faire avec un seul homme et un attelage le défoncement en deux *coups*.

Charrues pour usages spéciaux. On a donné le nom de charrues à des appareils qui ressemblent à ces instruments par l'âge, les mancherons et les régulateurs ; mais dont les pièces travaillantes ont un but autre que le labour proprement dit. Ces charrues *arracheuses, draineuses, rigoleuses, semeuses, universelles.* etc., doivent être étudiées au point de vue des travaux spéciaux d'arrachage de betteraves ou de pommes de terre, de drainage et d'irrigations, de semis et de binages. Les seules charrues spéciales que nous croyons devoir examiner sont les charrues dites à défricher et à écobuer.

Le défrichement des tourbières, des marais ou des vieilles prairies naturelles, peut se faire avec des charrues ordinaires à la rigueur, à labour superficiel, prenant une grande largeur afin de faire un labour fermé. Les particularités que comporte ce labour particulier sont: l'extrême difficulté de couper franchement le lacis de racines qui se trouvent à quelques centimètres au-dessous de la surface. Le coutre roulant, ou disque d'acier tranchant, est alors d'un emploi forcé. Le soc doit être très plat et très tranchant aussi. Enfin le versoir doit être disposé de façon à retourner sens dessus dessous des bandes larges et peu épaisses. Le bisoc à deux étages de Ransomes peut être employé pour que les bandes de gazon soient bien recouvertes de terre aussi bien que pour faire un labour profond dans les cas ordinaires.

La charrue pour *éteules* et gazon, de MM. Vipan et Headly, est destinée au *déchaumage* ou à l'*écobuage* ; elle peut couper des tranches de 25 à 76 millimètres d'épaisseur seulement. Avec une paire de chevaux, on fait de 61 à 80 ares par jour (fig. 914).

Si la terre à défricher est une ancienne forêt dont les souches ont été enlevées aussi complètement que possible, à la main, il faut pour le

Fig. 913. — *Charrue à bascule mixte de Bajac-Delahaye.*

premier labour employer une charrue pour labour profond dont les pièces principales, l'âge et les étançons surtout, soient capables de résister aux très grands efforts qu'exerce l'attelage lorsque le soc rencontre des racines et parfois des pierres. La maison de Meixmoron de Dombasle fait des charrues de ce genre. Les meilleures étaient jadis celles que faisaient fabriquer M. Trochu, à Belle-Isle en mer. Elles avaient deux coutres.

Actuellement, nous conseillons la charrue dé-

boiseuse de M. Bajac-Delahaye. Il y a trois ou quatre coutres se suivant et prenant de plus en plus profonds : s'ils rencontrent une souche, ils font l'un après l'autre chacun une entaille, et la section de la racine est ainsi assurée : le soc, très agressif et armé d'une pointe en forme de ciseau, vient après les coutres achever l'extraction de la racine rencontrée. Si, par impossible, une souche résiste et que le soc s'y encastre, on attelle les chevaux à l'arrière sur un crochet fixé derrière le

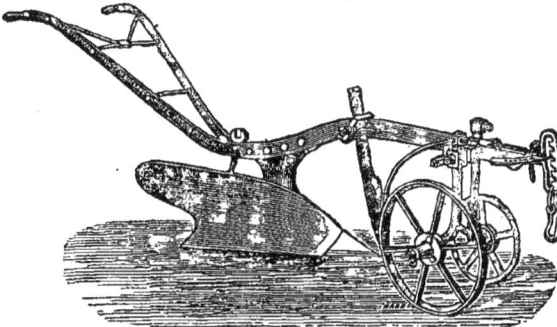

Fig. 914. — *Charrue écobueuse de MM. Vipan et Headly.*

sep et l'on peut ainsi retirer la charrue (fig. 915).

Les charrues à *écobuer* sont à proprement dire des charrues à défricher les prairies. Toutefois, le but principal étant le découpage du gazon et non son renversement, ce sont des charrues à larges socs sans versoirs et parfois même sans coutre. Il convient encore ici d'employer le coutre roulant. M. Snowden a imaginé une écobueuse qui paraît avoir eu un certain succès à divers concours en Angleterre. Pour les vieux gazons, la profondeur atteinte ne dépasse pas 25 millimètres : le gazon soulevé est découpé en plaques de 0m,3 à 0m,6 de long, sur 0,30 de large, faciles à sécher

pour être brûlées, dans les pays où les mauvaises herbes sont abondantes. Le versoir retourne complètement ces plaques en laissant de l'air par dessous. Une roue placée à l'arrière marche dans la raie déjà ouverte et porte sur son axe un manneton qui, par une bielle, donne un mouvement de va et vient à une espèce de soc-bêche qui détache et soulève le gazon. Un contrepoids à tige verticale fait soulever cette bêche, une fois par tour de la roue. A l'avant, une petite roue placée à l'intérieur et qui peut être armée d'un disque tranchant pour trancher longitudinalement le gazon, porte sur son axe un excentrique qui fait abaisser vivement un couteau transversal. On peut couper tous les 0^m,30 ou tous les 0^m,6.

On emploie aussi cet instrument, après en avoir enlevé le couteau transversal, pour peler un chaume et en détruire les mauvaises herbes : on peut alors aller jusqu'à 0^m,10 d'épaisseur. Enfin, on peut l'employer à soulever et décolleter les navets et les raves. C'est donc un instrument complexe. On trouve des peleuses-bisocs dont les pièces travaillantes se réduisent à deux socs plats triangulaires ordinaires. Enfin, d'autres peleuses de gazon se rapprochent ou des extirpateurs ou des ratissoires et par suite ne peuvent plus être confondues avec des charrues.

Depuis l'adoption à peu près générale du drainage dans les champs rendus humides par l'imperméabilité de leur sol ou de leur sous-sol, ou par leur situation hydrologique, il n'y a plus guère de raisons en faveur des labours en billons et il y en a beaucoup, au contraire, pour proscrire ce genre de labour.

Les *labours en planches*, faits par les charrues ordinaires ne versant la terre que d'un seul côté, n'ont pas tous les inconvénients des labours en billons, mais ils se rapprochent d'autant plus de ces derniers que les planches sont plus étroites ; et ils conservent toujours assez d'inconvénients pour que les labours à plat soient généralement préférables à tous les autres. On appelle *labour à plat* celui que fait une charrue versant la terre alternativement à sa droite et à sa gauche. On commence alors le labour par l'un des côtés du champ, et on le continue en renversant toujours la terre de ce côté jusqu'à ce que la pièce entière ait été labourée. Si nombre de charrues *tourne-oreille*, nécessaires pour faire un labour à plat, sont encore forcées de tourner à chaque bout de raie, au moins elles ne tournent plus que sur place, et même certaines travaillent sans avoir à tourner sur elles-mêmes dans les fourrières.

Dans le labour en planches, comme dans le labour en billons, la charrue à chaque bout de

Fig. 915. — *Charrue déboiseuse de Bajac-Delahaye.*

raie doit tourner, en parcourant dans les *fourrières* ou les *cheintres* un espace de plus en plus long, depuis la largeur d'une raie jusqu'à l'entière largeur de la planche ; ce qui force les chevaux et le charretier à faire un parcours inutile et fatiguant. La longueur de ces tournées fait perdre ainsi (1°) du *temps*, et (2°) de la *force motrice.*

Deux planches contiguës sont forcément séparées par une raie qui reste ouverte et que l'on nomme *dérayure*. Ces raies peuvent être plus ou moins profondes suivant la manière de terminer les planches ou suivant la volonté du *laboureur;* mais elles présentent toujours de graves inconvénients. En effet, elles constituent, sinon totalement, au moins partiellement (3°) une perte de terrain, d'autant plus importante relativement que les planches sont plus étroites ; (4°) elles gênent beaucoup le fonctionnement de tous les instruments ou machines qui doivent passer dans les champs après la charrue ; tels que : *herses, scarificateurs, rouleaux, semoirs, houes, faucheuses, moissonneuses, faneuses, rateaux* et *véhicules;* (5°) elles rendent difficile l'exécution des labours en travers et même des façons au scarificateur, normalement aux raies du premier labour. Pour labourer un champ en *planches* ou en *billons*, il faut diviser celui-ci dans sa largeur par des droites *parallèles* représentant les axes longitudinaux des planches. Cette *division* exige une certaine habileté de la part du charretier et fait perdre (6°) un certain temps ; en outre, si elle n'est pas mathé-

matiquement faite, il faut, pour terminer les planches, prendre des raies plus étroites d'un bout que de l'autre ; d'où (7°) perte de *temps* et même (8°) de force *motrice.*

Pour enrayer en *adossant*, il faut enlever, à droite et à gauche de l'axe de la planche deux bandes de terre de section triangulaire qui se soutiennent l'une l'autre ; entr'elles il reste forcément une certaine largeur non labourée ; la troisième et la quatrième bande ne peuvent pas même avoir la profondeur normale du labour, et elles sont plaquées contre les deux premières ; enfin, les cinquième et sixième raies peuvent avoir l'épaisseur voulue. Il résulte, de cette manière de procéder au labour des planches, que, dans l'axe longitudinal de chaque planche, il y a une petite largeur peu ou point labourée, flanquée, à droite et à gauche, de petites largeurs labourées moins profondément que le reste de la planche. Cela constitue (9°) une perte de récolte ou de terrain, relativement d'autant plus grande que les planches sont plus étroites. L'inégalité de profondeur du labour entraîne une inégalité dans la végétation et la maturation des plantes qui sont moins luxuriantes dans l'axe des planches que sur les côtés, ou réciproquement, suivant la nature du sol, son épaisseur et sa richesse et suivant la nature et l'état du sous-sol. Ainsi, outre les *obstacles très fâcheux* que présentent les *dérayures* au passage des herses, rouleaux, scarificateurs, semoirs, houes, faucheuses, moissonneuses, faneuses, rateaux et véhicules, elles font perdre au laboureur et à son attelage du *temps* et de la *force motrice* ; et occasionnent une perte de *terrain* ou de *récolte*. Nous allons essayer de déterminer l'importance relative de ces diverses pertes.

Dans une grande partie de la France et plus spécialement dans la partie qui comprend le littoral océanien du N. O. O. au S. S. O., on cultive en *billons* ou petites *planches convexes* de 4, 6 ou 8 raies seulement (1ᵐ,08, 1ᵐ,62 et 2ᵐ,16), dans le but de faciliter l'assèchement du sol ; surtout lorsque le drainage paraît trop coûteux ou d'une réussite douteuse. Parfois, on agit ainsi pour obtenir au milieu des billons une suffisante épaisseur de sol actif. Si des observations bien ordonnées avaient été faites, on aurait pu constater qu'en ces pays le labour exige plus de temps qu'ailleurs. Mais les diversités de conditions sont telles que nous ne pouvons pas donner des chiffres quelque peu positifs. Ce qui est certain, c'est que partout ailleurs on cherche à faire un labour plat ou presque plat ; et que la charrue tourne-oreille gagne du terrain en France, chaque année.

Lors même que l'on ne se décide pas à l'adoption des charrues tourne-oreille, on cherche à faire un labour presque plat avec la charrue ordinaire ne versant la terre que d'un seul de ses côtés. Pour cela, on fait des planches assez larges pour que leur convexité ne soit pas sensible ; la présence des dérayures seule montre clairement que le labour n'est pas réellement fait à plat.

Les planches, quelle que soit leur largeur, sont forcément un peu convexes. En effet, les deux premières bandes adossées sont un peu élevées au-dessus du sol et leur centre de gravité a été ainsi notablement élevé, et, en outre, poussé vers l'axe de la planche. Le centre de gravité de chacune des troisième et quatrième bandes a été aussi un peu élevé et poussé vers l'axe de la planche. Il en est de même pour les deux bandes suivantes, mais à un moindre degré ; et, ainsi de suite. Si à cela on ajoute que la plupart des charrues ont des versoirs contournés dans le but de soulever et pousser un peu la terre tout en la retournant, il est facile de comprendre qu'il y a une espèce de transport et d'élévation de la terre de proche en proche vers l'axe de la planche. De sorte que si l'on fait plusieurs labours successifs, en adossant toujours au même axe, on augmente chaque fois la faible convexité de la planche qui devient ainsi assez sensible pour les petites planches et même pour les moyennes, surtout quand le versoir de la charrue ordinaire est fait de façon à pousser et soulever notablement la bande de terre au lieu de la retourner seulement.

On peut éviter cet inconvénient, ou du moins le réduire beaucoup en refendant, les planches à chaque nouveau labour.

Dans les pays où l'on dispose le sol en billons pour assécher la terre sans la drainer, on aurait avantage à faire des labours à plat, en automne et au commencement de l'hiver ; sauf à transformer ensuite la terre en petits billons, à la fin de la préparation du sol pour l'ensemencement. *La*

perte de temps par les tournées dans les cheintres ou fourrières varie avec la largeur des planches, la longueur des raies et la largeur du labour.

Le rayage étant donné, le rapport du temps perdu au temps utile est exactement proportionnel à la largeur des planches. Donc, à ce point de vue, il convient de faire des planches étroites. Mais, à d'autres points de vue, elles doivent, au contraire, être faites aussi larges que possible.

La perte de force pendant le parcours inutile dans les tournées, peut être déterminé d'après les bases suivantes. La traction qu'exige, à vide, une charrue est égale aux trois quarts de son poids environ.

La perte de terrain par les dérayures est d'environ une demi-raie par planche ; de plus, par l'insuffisance de la profondeur du labour pour les deux ou trois bandes adossées les premières à l'axe de la planche, on a une perte à peu près égale : on tout une raie par planche, de sorte que pour des planches de 5ᵐ,75, 10...... 40 mètres de large, la perte de terrain productif est de 5, 3 1/3, 2 1/2, 1 2/3, 1 1/4, 1, 0,833 et 0,62 0/0. Il est très difficile d'exprimer en argent cette perte de surface productive : elle est d'autant plus forte que le terrain est meilleur et dans une période de productivité plus avancée. En admettant un bénéfice net de 84 fr. par hectare, la perte, de ce fait, serait de 4 fr. 20, 2 fr. 80, 2 fr. 10, 1 fr. 40, 1 fr. 05, 0 fr. 84, 0 fr. 70 et 0 fr. 525. En ajoutant ces pertes au prix de revient du labour, on aura le prix du labour avec charrues ordinaires, pertes de temps non comprises. Nous supposons en effet que l'on peut prolonger assez la durée du travail journalier pour que chaque cheval attelé dépense ses deux millions de kilogrammètres. Cette hypothèse ne peut évidemment pas se réaliser en hiver. Pour les diverses largeurs de planches, ces prix seraient: 26 fr. 232, 24 fr. 904, 24 fr. 285, 23 fr. 729, 23 fr. 532, 23 fr. 475, 23 fr. 479 et 23 fr. 610.

On voit que le minimum du prix de revient correspondrait à une largeur de planche d'environ 28 mètres.

La dépense de force en fourrières fait donc perdre de 0 fr. 95 et 1 fr. 78 à 0 fr. 13 et 1 fr. 07 ce qui a une certaine importance. En y ajoutant les pertes de production qu'entraînent les dérayures et en rayages, la perte totale serait, par hectare, pour les planches de 5 mètres de 4 fr. 74 et pour les planches de 40 mètres de 1 fr. 95 seulement.

Une tourne-oreille économiserait donc de 1 fr. 95 à 4 fr. 74 suivant qu'on compare son labour plat à celui de grandes ou de petites planches, sans compter l'économie de temps. Une tourne-oreille dos à dos, outre cette économie de force ou d'argent, économiserait la fatigue des tournées, et plus de temps que les autres tourne-oreilles.

Ainsi, on peut considérer comme démontré que le labour en billons et en planches coûtera plus que le labour à plat et d'autant plus que les planches seront plus étroites en dessous d'une largeur donnant le minimum de perte et qui dans nos hypothèses serait égale à 28 mètres. Cette perte serait d'environ 10 0/0 pour les grandes planches et 25 0/0 pour les petites. Plus, pour les champs dont le rayage est inférieur à 100 mètres et moins, si le rayage dépasse 100 mètres. A cette perte réelle, en *force* ou en *argent*, très importante, surtout dans les petites parcelles de terre et les champs irréguliers, viennent s'ajouter les divers inconvénients résultant de la présence des *dérayures*, pour le passage de tous les instruments de préparation des terres venant après la charrue; de semis, de sarclage et de récolte; en outre, les *pertes de temps* : pour le tracé des enrayures et pour l'exécution de l'adossement des premières bandes; pour l'achèvement des dérayures ; pour le labour des parties triangulaires;

pour le parcours inutile dans les cheintres qui, outre la perte de force motrice que nous avons estimée, cause dans les travaux de culture des retards très préjudiciables.

Une très bonne tourne-oreille fera donc le labour à un prix notablement plus bas par hectare qu'une charrue ne versant la terre que d'un côté.

Ces avantages des tourne-oreilles, se traduisant par une économie de *force*, de *terrain* et de *temps*, existent en tout terrain; mais il y a un avantage spécial aux champs en pente très forte: c'est la possibilité de labourer en travers de la pente, en versant toujours et suffisamment bien, la terre vers l'amont du champ, s'il y a des chances de

Classe	Genre	Forme	Sous-forme	Mouvement
1re CLASSE — TOURNE-OREILLES proprement dites	1er genre : *la partie postérieure du versoir ou l'oreille est seule mobile.*	Plane : elle se transpose *sans rotation.* Courbe : elle se transpose *après rotation.* De forme rationnelle : il y en a a *deux fonctionnant alternativement.* Plan : il se transpose *sans rotation.*		
	2e genre : *le versoir entier est mobile.*	Courbe	Concave-convexe : deux informes versoirs confondus en partie, symétriques par rapport à un plan longitudinal. Il se transpose après rotation autour de l'axe longitudinal. Gauche : le plan de symétrie est transversal; il se transpose après avoir été retourné bout par bout.	
		De forme rationnelle : il y a deux versoirs travaillant alternativement.		
	3e genre : *deux versoirs mobiles symétriques solidaires.*	*Tournant autour d'un axe presque vertical,* en mouvement de va-et-vient *transversal.*		
	4e genre : *deux versoirs mobiles symétriques indépendants.*	*Tournant autour d'un axe oblique,* en mouvement de va-et-vient *longitudinal* incliné. *Tournant autour d'un axe horizontal.*		
2e CLASSE — CHARRUES A DEUX CORPS SYMÉTRIQUES CONFONDUS	Genre unique : *le plan de symétrie est incliné de 45° sur l'horizon et passe par l'axe du sep.*	Le corps double tourne autour de l'axe du sep.	1° d'un quart de tour par-dessus le sep. 2° de trois quarts de tour par dessous.	
3e CLASSE — CHARRUES A DEUX CORPS SYMÉTRIQUES DISTINCTS	Le plan de symétrie est : 1er genre : *vertical et normal à l'âge.*	Charrues dites dos à dos.	*Age fixe. Age tournant.*	
	2e genre : *oblique à l'horizon et passe par une normale à l'âge.*	Charrues dites tête à tête.	L'âge tourne autour d'un axe horizontal solidairement avec les corps.	
	3e genre : *horizontal et passe par l'axe longitudinal de l'âge commun.*	Double-brabants.	Age fixe : les corps seuls tournent. Age tournant avec les corps.	
	4e genre : *oblique à l'horizon et passe par l'axe longitudinal de l'âge commun.*	Charrues noriques.	Age tournant avec les corps. Age fixe.	

ravinement ; ou vers l'aval si l'on veut créer des terrasses. Avec la charrue ordinaire, il faut labourer suivant la plus grande pente ou obliquement et alors, à chaque bout de raie, changer l'écartement du versoir, ou l'inclinaison de son oreille, pour verser assez bien du côté de *l'amont* et ne pas verser trop vers l'*aval*.

Cette supériorité spéciale des charrues tourne-oreille dans les champs à forte pente, les a fait parfois nommer *charrues de côteaux;* mais elles sont aussi adoptées, et avec raison, même dans les pays de *plaine*, où la culture est le mieux entendue. Aussi avons-nous dit et professé, depuis longtemps, que les charrues tourne-oreille de bonne disposition sont les charrues de l'*avenir ;* c'est-à-dire celles de la culture améliorée, em-

ployant des *machines* pour tous ses travaux de préparation du sol, d'ensemencement, de nettoyage et de récolte : seules, en effet, outre les économies qu'elles donnent, les charrues tourne-oreilles laissent la surface des champs dans l'état le plus favorable à l'emploi des divers instruments ou machines qui doivent suivre la charrue.

On ne peut reprocher aux bonnes charrues tourne-oreille que d'être d'un prix un peu plus élevé que les charrues simples: celles qui ont deux corps symétriques ont aussi l'inconvénient d'être assez lourdes. Enfin, elles exigent que les deux chevaux de l'attelage soient accoutumés à marcher chacun à son tour dans la raie. En regard des avantages que nous avons signalés, ces inconvénients sont à peu près insignifiants, dans les bons systèmes de tourne-oreilles. Quant aux charrues tourne-oreilles faites sur de mauvais principes, elles présentent des inconvénients particuliers que nous ferons connaître et qui annulent en grande partie les avantages des labours à plat.

Ayant prouvé l'excellence des labours à plat et par suite l'avantage de l'emploi des charrues dites tourne-oreilles, il nous reste à étudier les diverses dispositions imaginées par les inventeurs pour permettre à leurs charrues de verser la terre toujours du même côté du champ. Avant tout, faisons observer qu'en ce qui concerne les pièces travaillantes (coutre, soc et versoir), les pièces de règlement et de conduite (régulateurs, sep, manches et roues) nous ne pourrions que répéter ce que nous avons dit dans la théorie de la charrue ordinaire, simple ; et suivant qu'elles sont destinées à faire des labours superficiels ou profonds, en sols légers on tenaces. Il nous suffira d'examiner et d'apprécier les charrues tourne-oreilles au seul point de vue du système mécanique permettant de verser la terre alternativement à droite et à gauche de la charrue. Les systèmes de tourne-oreilles étant fort nombreux, une classification est nécessaire pour faciliter notre étude. Le tableau, p. 818, nous paraît suffisamment explicite.

ETUDE DES TOURNE-OREILLES PROPREMENT DITES.
1ᵉʳ GENRE : *oreille mobile.*

Les araires primitifs n'avaient point de versoir : le soc faisait dans la terre un sillon que le corps-sep agrandissait en soulevant et poussant la terre des deux côtés. Lorsqu'on voulut verser la terre d'un seul côté, on mit d'abord une forte cheville horizontale, oblique à la direction de l'attelage, ou oblique à l'horizon et à l'âge. Cette cheville, embryon du versoir, peut facilement, à chaque bout du champ, être transposée de la droite à la gauche, et réciproquement, afin de donner à la charrue la faculté de verser la terre alternativement à sa droite et à sa gauche. La transposition de la cheville-versoir dans les araires primitifs est donc l'origine des tourne-oreilles. Au lieu d'une cheville, on mit plus tard une planchette plane, prismatique ou convexe qui pût fonctionner aussi bien sur la droite que sur la gauche. La partie antérieure du versoir ou plutôt du corps soulevant et poussant la terre restant fixe, la cheville ou la planchette représentant la partie postérieure d'un versoir moderne était seule mobile. On peut faire cette oreille mobile rationnelle : ce serait la troisième espèce du 1ᵉʳ *genre*, trop peu recommandable pour nous arrêter. La vieille charrue Picarde est de ce genre (fig. 916 à 919), 2ᵉ *genre* : les araires primitifs armés de socs en fer plus ou moins inclinés, ou même horizontaux, en forme de fer de lance, ou de lame étroite en ciseau, présentaient des versoirs en bois distincts, plans, convexes ou gauche. Lorsqu'ils sont plans, ils peuvent servir alternativement à droite ou à gauche pour soulever ou pousser la terre suivant leur position. Lorsque l'on veut que ce versoir ait la forme rationnelle tout en restant propre à verser la terre sur la droite ou sur la gauche de

la charrue, il faut en principe le former de deux versoirs hélicoïdaux symétriques par rapport à un plan incliné de 45° sur l'horizon et passant par l'axe du sep.

En principe, ces deux versoirs accolés ont leurs génératrices d'abord normales, puis leur angle, mesuré en dessus, va en croissant. Pour 5° de rotation l'angle augmente de 10°. De sorte que pour la génératrice moyenne de la partie antérieure, après 45° de rotation, l'angle des deux génératrices est de 180°, c'est-à-dire qu'elles sont dans le prolongement l'une de l'autre ; au-delà, leur angle continue à augmenter, mais tandis que la première des deux surfaces formait, jusqu'à une rotation de 45°, une gouttière, on a, au delà, une arête, au lieu d'un *thalweg*. Les génératrices de la partie postérieure sont d'abord normales entr'elles, et leur angle, mesuré au-dessous, va en diminuant. Pour passer de 90° à 130°, on a des angles diminuant de 90° à

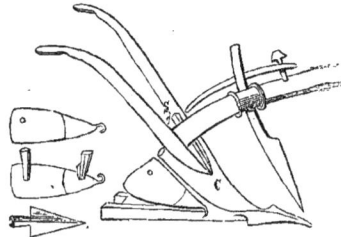

Fig. 916 à 919. — *Vieille charrue tourne-oreille, dite Picarde : C versoir, S coin de serrage; versoir mobile, vu en dessus : versoir mobile, vu en dessous avec les chevilles qui le maintiennent; soc, vu à part.*

10°. On raccorde chaque paire de génératrices par un arc de cercle tangent : de sorte que l'ensemble du versoir est d'abord très concave et sa concavité va en diminuant jusqu'à la moitié de la partie antérieure, où elle est nulle, puis il devient convexe, et sa convexité augmente jusqu'à la fin, où elle est énorme.

Avec un versoir de ce genre, long et bien établi, on a une charrue tourne-oreille, du modèle ancien des Flandres, dite Wallone.

Le modèle que nous avons représenté dans la figure 920 et 921 est tout en fer.

L'âge, droit jusqu'au coutre, commence, en avant, par une partie cylindrique filetée traversant la sellette et arrêtée par un écrou D. En arrière du coutre, l'âge se courbe brusquement vers le bas pour se souder à l'unique mancheron qui est le prolongement de l'avant du sep. Immédiatement derrière la mortaise du coutre, l'âge est armé d'un talon E, contre lequel butte un très long anneau, embrassant l'âge et terminant la tringle de traction.

L'étançon d'avant G se termine, en haut, par une fourchette embrassant l'âge et traversée par un boulon ; en bas, par une même fourchette : cet étançon embrasse le sep, en fer plat posé de *chan*, et il est embrassé lui-même par deux plaques repliées d'équerre deux fois et formant deux fausses mortaises verticales.

Le sep, en avant de l'étançon antérieur, forme une embase et s'aplatit pour recevoir en dessus la douille du soc en fer de lance : cette douille est fixée sur le sep par deux boulons.

Le sep à l'arrière se divise en deux branches, toutes deux de champ : l'une s'élève pour former le mancheron, l'autre s'abaisse et porte, fixée par un boulon, une plaque de fer en gouttière formant le *talon* du sep H.

Le mancheron tout en fer, sauf la poignée, porte en haut un croisillon en fer destiné à former une seconde poignée à gauche ou à droite, suivant que l'on verse de l'un ou de l'autre côté.

Au point de jonction de l'âge et du mancheron, sont percés, dans l'âge, deux trous pour recevoir

le tourillon de la poignée intérieure I du versoir.

Ce versoir, à deux fins, est à peu près plat à l'avant, mais assez bombé à l'arrière pour y former le tiers au moins d'un cylindre circulaire.

A l'avant, il se termine par un crochet J qui vient embrasser l'étançon d'avant en dessous d'une saillie.

Le manche du coutre est très long et de section un peu trapézoïdale afin que, placé dans la mortaise (à section trapézoïdale très évasée), percée dans l'âge, il puisse un peu virer à droite ou à gauche, ce qui permet de pointer le tranchant vers la droite ou la gauche : plusieurs trous percés dans le manche permettent de placer le coutre

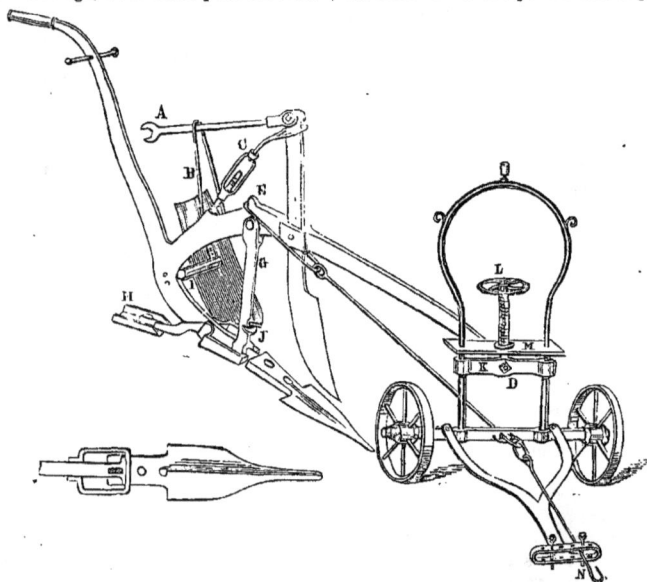

Fig. 920 et 921. — *Plan du soc et d'une partie du sep ; vue de la charrue Wallone, dite Harna.*

plus ou moins haut. A sa partie supérieure, le manche du coutre est embrassé par une fourchette dont la tige est plate et sert de clé d'écrou : en la mettant alternativement à droite et à gauche de la pièce flexible B, on pointe le coutre vers la gauche ou la droite.

La sellette K peut être plus ou moins élevée au-dessus de l'essieu à l'aide de la vis à volant L, dont l'écrou est solidaire de la pièce fixe M.

La tringle de traction N passe entre les barres parallèles du régulateur de largeur, de façon que la largeur est limitée spontanément quand on change de raie, par l'une des deux chevilles symétriquement placées. C'est un perfectionnement important que l'on ne trouve pas dans les Harna les plus répandus.

Cette espèce de tourne-oreille est encore assez répandue dans le département du Nord et en Belgique : c'est une des preuves nombreuses que de bons cultivateurs peuvent conserver de mauvais instruments par la force des habitudes locales.

Nous avons vu en 1855 une charrue belge de ce genre, munie de deux coutres placés l'un à droite et l'autre à gauche de l'âge ; le coutre qui ne devait pas travailler était maintenu relevé horizontalement le long de l'âge.

Les inconvénients de cette espèce de tourne-oreille sont nombreux et graves : le versoir ne peut avoir une forme convenable, surtout à l'avant, et il ne peut se raccorder avec un soc bien fait et suffisamment large ; à chaque bout de raie, il faut dépenser un certain temps pour disposer la charrue à verser en sens contraire : il faut, en effet, décrocher le versoir et le raccrocher ; puis braquer le coutre et attirer la tringle de traction du côté où la terre doit être versée. Dans la seconde espèce de tourne-oreille de ce deuxième genre, le versoir se compose, à proprement dire, de deux versoirs *aboutés*, confondus, tandis que dans l'espèce précédente ils étaient accolés.

Une de ces charrues était exposée à Paris, en 1855, par M. Pean-Albiar.

Sur l'étançon d'avant, fait d'une lame de fer plat découpée en col de cygne, on chausse le double soc versoir ; cette pièce porte à l'intérieur et au bas un crochet qui peut accrocher l'avant du sep, sa pointe en dessous. En haut, se trouve un ressort à saillie venant butter par dessus le taquet que présente à droite et à gauche l'étançon antérieur. Un crochet, articulé à un anneau enfilé dans un trou, percé au milieu de l'étançon d'arrière, s'accroche, soit à droite, soit à gauche, à un autre anneau rivé au milieu du versoir ; ce qui achève la fixation de celui-ci, du côté voulu.

Ce mode de construction exige que le sep soit plat et que les étançons soient fixés exactement suivant son axe longitudinal.

Le manche du coutre traverse l'âge dans une mortaise trapézoïdale et le manche flexible de la *curette* permet de faire passer la pointe du coutre vers la gauche, si l'on verse à droite et ré-

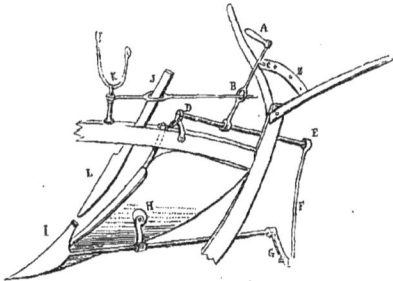

Fig. 922. — *Charrue Brabant-Wasse, de Henry Andrieux.*

A Manivelle de changement d'oreille : par l'œil *B*, elle fait pointer le coutre *J* du bon côté, et fait tourner l'arbre *D E* et par suite la bielle *F* qui entraîne la manivelle à coulisse *G* et rabat le soc, en même temps que la roulette *H* pousse le versoir au travail.

ciproquement. Le coutre est limité dans sa descente par une chaînette qui le retient à un anneau entourant l'âge. Pour changer le sens du renversement, on décroche le versoir, on le retourne bout pour bout, on le raccroche du côté voulu, puis on fait pointer le coutre à l'opposé du sens de renversement. Le versoir est pour ainsi dire composé de deux portions de versoirs symétriques par rapport à un plan normal au milieu de la droite qui joint les deux pointes. Ils ne peuvent avoir la courbure convenable puisque chaque moitié agit, tantôt comme partie antérieure, tantôt comme partie postérieure à l'opposé. Les défauts de cette espèce de tourne-oreille sont donc les mêmes que ceux indiqués pour la précédente charrue.

La troisième espèce de ce genre aurait deux versoirs distincts d'une forme rationnelle : l'un fait pour verser à gauche et l'autre pour verser à droite : ils portent chacun leur lame tranchante remplaçant le soc et s'accrochent sur une pointe de soc pouvant servir de verrou pour maintenir le versoir. Le coutre devrait être disposé comme précédemment ou être réduit à une mince lame d'acier fixée sur la pointe du soc que nous venons

d'indiquer. L'arrière du versoir serait maintenu par un crochet.

Une charrue de ce genre est en usage dans le sud-sud-est de la France, aux environs de Montélimar surtout.

Une mauvaise charrue de cette espèce (1855, Paris), avait son soc à rabattement. La partie inférieure des étançons est faite en douille pour recevoir l'arbre portant à l'avant le soc plat à deux faces, et un arc à deux taquets qui s'arrête contre l'étançon d'avant, soit à droite, soit à gauche, et ne permet que la rotation du soc par dessous le sep, réduit aux saillies des deux douilles des étançons. C'est sur cet arc que l'on peut fixer un des deux versoirs après le rabattement voulu du soc. Un crochet maintient le versoir à l'arrière.

Le troisième genre a pour type moderne, la charrue connue, dans le nord de la France, sous le nom de Brabant-Wasse, du nom du cultivateur qui a amélioré l'idée première de deux versoirs unis en avant et écartés en arrière, que l'on fait tourner autour de leur arête commune pour ame-

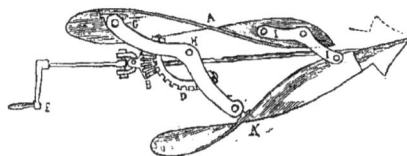

Fig. 923. — *Charrue tourne-oreille de Ransomes (1er modèle).*

ner l'un d'eux en travail, tandis que l'autre se dissimule dans la muraille.

Dans la charrue de Fleur, de Lille, le soc est en fer de lance terminant un arbre incliné passant entre les versoirs, et muni à sa partie inférieure d'un coude armé d'une roulette. Lorsque l'on tourne la poignée, la manivelle inférieure à roulette pousse l'un des versoirs en travail. Le coutre se pointe à droite ou à gauche, par un levier, comme dans les charrues précédentes.

Le second perfectionnement qui transforme la vieille charrue tourne-oreille du Nord, en véritable Brabant-Wasse, c'est le remplacement du soc en fer de lance étroit, par un soc large et tout à fait plat, à double face, fixé à l'extrémité d'un long cou horizontal tournant, ce qui permet de rabattre ce soc, à une aile, alternativement à la droite et à la gauche de la charrue.

A chaque bout de raie, il y avait donc (sans compter le règlement de la largeur), trois opérations à faire : 1° Rabattre le soc ; 2° pousser le versoir ; 3° pointer le coutre.

Les inventeurs depuis cette seconde amélioration de la vieille tourne-oreille, se sont ingéniés pour faire deux ou trois de ces opérations par la manœuvre d'une seule pièce. Ainsi dans la charrue Brabant-Wasse de Henry-Eloi, exposée à Paris en 1855, et que nous avons fidèlement représentée dès 1854 dans notre mécanique agricole (A Goin), le rabattement du soc et la rotation des versoirs se fait d'un seul coup.

Pour cela, sur le cou du soc, entre les versoirs, est rivé normalement un bras terminé par une roulette qui, lorsque le soc se rabat, pousse le versoir voulu. L'extrémité de l'axe de rotation du soc, à l'arrière, est articulée avec une bielle qui s'élève entre les mancherons ; c'est en faisant faire à cette bielle un mouvement conique que l'on rabat le soc et pousse le versoir en travail : la bielle s'arrête soit à droite, soit à gauche, dans

des crans, ménagés à cet effet dans une entretoise fixe des mancherons. On pointe ensuite le coutre séparément.

Depuis cette époque, M. Henry Andrieux a modifié le mécanisme de cette espèce de charrue de façon que le soc versoir et le coutre sont changés de sens par une seule manœuvre de la manivelle que l'on passe de droite à gauche ou de gauche à droite, et que l'on arrête dans la position voulue

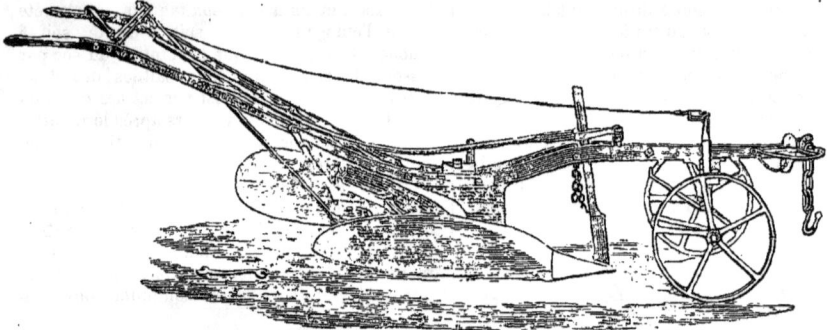

Fig. 924. — *Charrue tourne-oreille de Ransomes* (1er modèle).

en plaçant la pointe dans l'un des deux trous d'un arc en fer placé comme entretoise entre les deux mancherons (fig. 922).

M. Coutelet fait aussi des Brabants-Wasse, dans lesquels un seul mouvement d'une manivelle (comme dans la charrue Henry Andrieux), rabat le soc, pousse le versoir et braque le coutre. Une manivelle, placée au-dessus de l'âge permet de faire tourner la vis placée à l'avant de la sellette, par une paire de pignons coniques, ce qui règle la hauteur.

La charrue tourne-oreille anglaise, de Comins,

Fig. 925. — *Charrue tourne-oreille de M. de Beaumont.*

que nous avons donné aussi, en 1855, dans notre traité de mécanique agricole, est du même genre.

Dans la charrue tourne-oreille, de Nassau, à versoir en forme de bêche comme les *Ruchaldos*, les pièces travaillantes sont réduites au minimum. Le soc-versoir est solidaire d'un axe vertical pouvant tourner dans l'âge et dans un palier fixé sur le sep ; lorsqu'on agit sur la poignée à fourche. Suivant que cette poignée est arrêtée à la droite ou à la gauche d'un arc fixe, la charrue verse à gauche ou à droite.

Dans le 4e *genre* (1re classe), nous ne connaissons que la charrue tourne-oreille de Ransomes. Le premier modèle, représenté par la figure 923, est au premier aspect un perfectionnement du

système Brabant-Wasse; mais, en réalité, le mode de déplacement des versoirs est absolument différent. D'abord, les versoirs ne sont pas solidaires et ils peuvent avoir la forme nécessaire à un renversement parfait de la bande de terre. La charrue dans la figure est disposée pour verser à droite. Le versoir A' en fonction, est pressé contre l'arrière du soc, tandis que A est à une telle hauteur au-dessus du fond de la raie qu'il ne peut gêner le travail, et en même temps, placé en arrière. L'arbre oblique que peut tourner la manivelle F, est, en bas, articulé par un genou de cardan avec un arbre presque horizontal portant à son extrémité d'arrière un pignon denté B, et à l'avant le soc à rabattre, de façon qu'en faisant tourner la manivelle F de droite à gauche, par exemple, on fait passer le soc à double face, de la droite où il travaille actuellement à la gauche ; en même temps, le pignon conique B commande une demi-roue dentée D, reliée à un levier à branches égales G, pivotant sur un axe fixe H, tournant dans l'étançon et relié par articulation, à chacune de ses extrémités, à un des versoirs. Plus en avant un levier à branches égales I, placé un peu plus bas que le précédent mais parallèlement, est aussi articulé aux versoirs ; de sorte que ces deux leviers et les deux versoirs forment un parallélogramme articulé, oblique à l'horizon. Dès que la manivelle F fait tourner le pignon B, celui-ci entraîne la demi-roue dentée et le levier G solidaire d'arrière en avant, les deux versoirs se meuvent alors, A' s'élève et s'écarte du soc tandis que A s'abaisse d'autant et se rapproche du soc qui s'est rabattu de son côté par la rotation de l'arbre horizontal provoqué par le genou de cardan. Le coutre est déplacé à l'aide d'un levier dont la poignée est entre les mancherons. Les roues sont du même diamètre et fixées à la hauteur convenable sur une barre horizontale ou sellette sur laquelle l'âge est articulé, de manière que la charrue puisse être braquée à toutes inclinaisons, transversalement.

Depuis 1867, MM. Ransomes, Sims et Head ont relié le levier destiné à pointer le coutre, avec la manivelle F, de façon que les trois mouve-

ments, rabattement du soc, élévation du versoir et pointage du coutre se font d'un coup (fig. 924).

La seconde espèce du 4e *genre* est représentée par la charrue Humbert, datant de 30 ans (1852). Par sa forme générale et son avant-train, elle rappelle la charrue Dombasle. L'âge porte deux versoirs. munis de leurs socs. Pendant que l'un d'eux travaille, l'autre est retroussé contre l'âge.

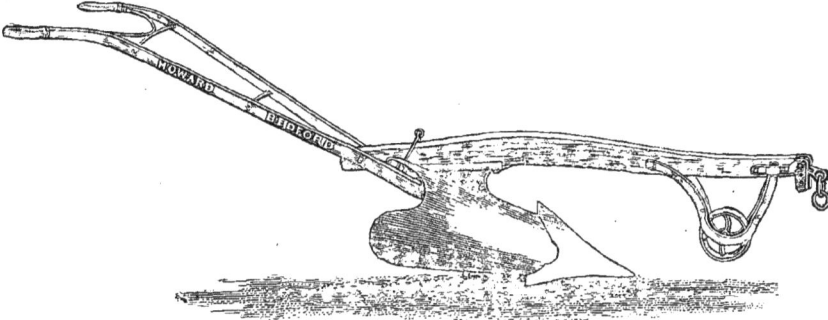

Fig. 926. — *Charrue tourne-sous-sep de Howard.*

Pour cela, chaque versoir est terminé en haut par un anneau vertical qui passe dans un des anneaux horizontaux solidaires de l'étançon d'avant. Dans l'étançon d'arrière, au milieu de sa hauteur, est un axe autour duquel peuvent tourner deux tringles fixées par leur extrémité aux versoirs. Chaque versoir est ainsi à charnière autour de cet axe. On peut relever séparément chacun des versoirs.

La deuxième classe forme pour ainsi dire un intermédiaire entre la première et la troisième. Il y a deux corps symétriques ayant chacun leurs trois pièces travaillantes, ce qui les rangerait dans la troisième classe, si les versoirs n'étaient pas confondus. Parfois, un coutre, distinct des deux corps, doit être pointé à chaque changement de sens de renversement; la partie mobile est donc réduite à un versoir double armé de ses socs, ce

Fig. 927. — *Charrue tourne-sous-sep de M. Meixmoron de Dombasle.*

qui range les charrues de ce genre dans la première classe, après la seconde espèce du 4e genre.

La première espèce, dans le genre unique de cette classe, a pour caractère le *rabattement* du corps double *par dessus le sep;* de la droite sur la gauche, ou réciproquement. La figure 925 représente la charrue de M. B. de Beaumont disposée pour verser à gauche. B est la gorge tranchante qui sert de coutre. On voit, à l'envers, la partie travaillante actuelle du versoir, et, à *l'endroit,* la partie postérieure seulement du versoir renversant la terre à droite, qui n'est pas actuellement en fonction. Les deux oreilles sont reliées en haut par une barre percée de trous dans l'un

desquels passe le crochet de retenue A; la tige de ce dernier traverse l'âge et se termine en haut par une fourche à laquelle s'articule un levier D, servant à rabattre le corps double. Le régulateur de hauteur est un arc C percé de trous et celui de largeur un anneau à trois crans. Une roulette limite l'entrure. La charrue brevetée, de M. Véron, à Tarzy (Ardennes), est de la même espèce: elle est munie d'un coutre à pointage.

Le versoir, d'une forme assez mauvaise et rappelant assez peu la forme rationnelle qu'il devrait avoir, est concave en avant et convexe en arrière; avec sa pointe et ses ailes ou gorges tranchantes, il peut tourner autour de l'axe même du sep, et se rabattre à droite ou à gauche. Aux versoirs, à l'arrière, est boulonnée une pièce portant une patte à rainure dans laquelle passe le bout crochu d'une tringle que l'on peut faire tourner à la main : suivant le sens de la rotation, on rabat le corps double à gauche ou à droite. Une douille portant un verrou descend d'elle-même pour arrêter le mouvement dès que le versoir est dans la position voulue. Pour pointer le coutre

du côté opposé au renversement, on agit sur un levier à fourche. Le manche du coutre passe dans une mortaise de l'âge et ne peut descendre, arrêté qu'il est, par une cheville ; en outre, un coin en bois permet de placer un étrier en fer, qui empêche l'âge de se fendre. Lorsque le coutre a sa pointe du côté opposé au versoir, on le retient en place, en appuyant l'un des bords tranchants du levier contre un des crans d'une pièce d'arrêt.

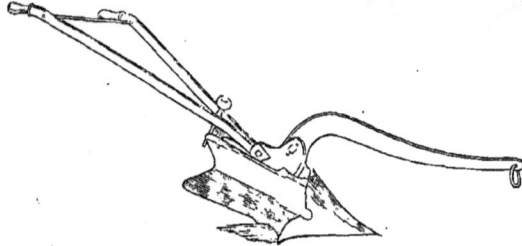

Fig. 928. — *Charrue tourne-sous-sep de MM. Al. Speer et Sons.*

La seconde espèce est très répandue. Un grand nombre de constructeurs fabriquent de ces charrues *tourne-sous-sep.* Un des plus beaux modèles est celui de Ransome.

La figure 926 montre une charrue du même genre fabriquée par M. J. et F. Howard ; elle est représentée du côté du versoir versant à droite ; l'axe de rotation est l'axe longitudinal du sep.

M. Meixmoron, de Dombasle, a un modèle de cette espèce de charrue (fig. 927).

MM. Al. Speer et Sons ont deux modèles de cette espèce de tourne-oreille, en araire pur ; l'un avec âge et mancherons en bois ; l'autre, en fer. Dans ce dernier, le règlement de la hauteur se fait en faisant varier l'angle de l'âge avec la direction du sep (fig. 928).

On doit à M. Tritschler, de Limoges, plusieurs modèles de ce genre de charrues tourne-oreilles, parfaitement exécutées. La figure 929 représente un des grands modèles. Bien que la

Fig. 929. — *Charrue tourne-sous-sep de M. Tritschler.*

gorge tranchante puisse faire fonction de coutre, M. Tritschler en adopte un que l'on pointe alternativement à droite et à gauche avec le levier vu sur la figure.

Charrue navette ou dos à dos proprement dite. La première idée de ce système est réalisée dans la vieille charrue Valcourt, puis dans la charrue dos à dos de M. Delanney. Deux charrues parfaitement symétriques, versant l'une à droite et l'autre à gauche sont placées dos à dos. Les mancherons ordinaires sont remplacés par deux poignées, placées à chaque

bout de l'âge commun. A part les mancherons, ce sont bien deux charrues ordinaires adossées. Lorsque le règlement en profondeur et en largeur a été fait pour les deux sens du labour, les chevaux tirent alternativement la charrue, de chacun des deux bouts, en faisant la navette dans le champ à labourer.

La charrue n'est donc pas assujettie à tourner, elle est simplement avancée à chaque raie, latéralement de la largeur du labour.

Dans les premiers modèles, on détachait d'un bout, pour accrocher les traits à l'autre bout, et réciproquement ; mais depuis on s'est dispensé fort habilement de cette nécessité de dételer les chevaux à chaque bout de raie. Pour cela, on a réuni les deux régulateurs par une tringle, ou par une chaîne sur lesquelles glisse l'anneau de la chaîne d'attelage, pour passer d'un bout à l'opposé : le palonnier, tiré par les chevaux glisse sur cette chaîne jusqu'à ce qu'il arrive au bout opposé.

La perte de temps pour le changement de direction à chaque bout de raie, se réduit ainsi,

grâce à ce premier perfectionnement, à la durée du passage des chevaux de l'avant à l'arrière, c'est-à-dire au minimum. A ce point de vue, les charrues dos à dos sont supérieures à toutes les précédentes.

La charrue d'Odeurs, exposée à Paris en 1855, était déjà munie d'une tringle directrice des deux régulateurs.

Les charrues dos à dos n'ont pas, comme les doubles Brabant, l'inconvénient d'être très éle-

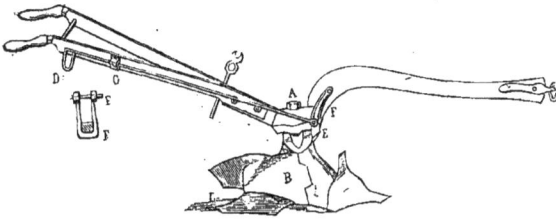

Fig. 930 et 931. — *Charrue à âge tournant de Speer, versant a droite ; vue de face de la bride de fermeture.*

vées au-dessus du sol, ce qui rend ces dernières instables sur les pentes un peu fortes ; mais il reste un défaut commun à ces deux systèmes : le prix élevé de l'instrument, puisqu'il est réellement formé de deux charrues à très peu de chose près. Les divers perfectionnements ont donc dû avoir pour but la réduction des pièces et surtout la diminution de la longueur totale presqu'égale au double de celle d'une charrue simple ordinaire.

Ce système de tourne-oreille permet de donner

aux pièces travaillantes : soc, coutre et versoir, la forme et la position les plus convenables pour un bon travail ; mais la grande distance entre les deux pointes, rend la charrue trop stable, c'est-à-dire difficile à déplacer, soit qu'il faille la déterrer, soit qu'il s'agisse de la faire piquer.

Le second perfectionnement a consisté à accoler les versoirs par la dernière génératrice de leur partie antérieure génératrice, qui doit être verticale ou à très peu près, si l'on construit le versoir suivant les principes établis par nous précé-

Fig. 932. — *Charrue à âge tournant de Speer, versant à gauche.*

demment avec des détails suffisants. On diminue ainsi la longueur totale de la charrue de la longueur des deux parties postérieures des versoirs.

Ces compléments des versoirs forment ensemble une pièce unique tournant autour d'un axe vertical, et que la réaction de la terre, dès que la charrue marche, place dans le sens voulu pour le travail, sans qu'il soit nécessaire de se préoccuper du déplacement de cette pièce.

Un troisième perfectionnement, ayant encore pour effet de diminuer la longueur d'appui du sep et un peu la largeur totale, consiste à ne faire reposer la charrue que par un seul des deux seps, le second étant incliné sur l'horizon pendant que l'autre travaille ; il suffit pour cela de disposer les deux seps de manière qu'ils fassent entr'eux un angle très obtus. Il y a ainsi toujours un soc un

peu en l'air, tandis que l'autre travaille. Une des figures suivantes représente une charrue dos à dos ayant ce perfectionnement que Valcourt proposait dès 1832.

Un quatrième perfectionnement existe dans la charrue de Lowcock, telle que la construisait jadis M. Ransome ; les deux mancherons peuvent tourner autour d'un axe commun horizontal traversant l'âge au milieu même de sa longueur. Un verrou formant ressort est suspendu entre les mancherons, et quand ceux-ci tombent librement du côté où ils doivent servir, le verrou se place de lui-même dans une mortaise convenablement placée, et s'y fixe en s'ouvrant. Pour déplacer les mancherons ainsi fixés, on les soulève après avoir fermé le ressort-verrou pour le faire sortir de la mortaise, et l'on fait passer les mancherons dans la position symétrique, le verrou, suspendu à ces mancherons, reste vertical et vient se fixer dans la mortaise opposée à la précédente. Ce perfectionnement est de peu d'importance. Les deux régulateurs étaient réunis par une tringle sur laquelle pouvait glisser la chaîne d'attelage par l'anneau de tirage.

Le perfectionnement principal est celui qui tend à supprimer un régulateur, un âge et une paire de mancherons sur deux, en rendant l'âge simple, mobile autour d'un axe vertical placé au milieu même du corps de charrue, ou ce qui reviendrait presque au même, si cela était facile et pratique, en faisant tourner le double corps autour de ce même axe, l'âge simple restant fixe : mais alors il faudrait faire tourner la charrue sur

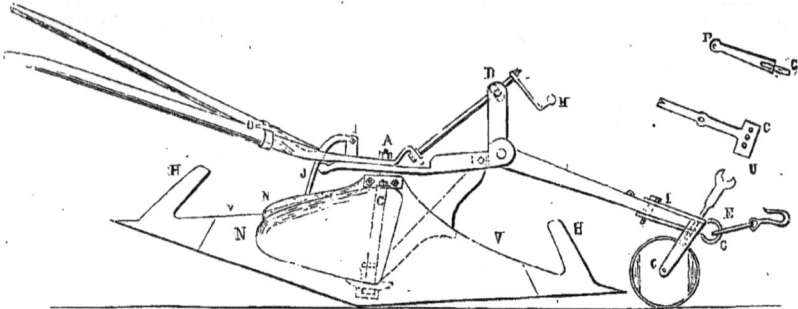

Fig. 933 à 935. — *Charrue dos à dos à âge tournant, vue de face ; bout antérieur de l'âge vu à part en plan ; vue de côté de la fourche terminant l'avant de l'âge pour embrasser la roulette.*

place, ce qui est supprimé par la rotation même de l'âge, le corps restant fixe.

En principe donc, les charrues dos à dos, à âge simple tournant, sont les meilleures de toutes les tourne-oreilles ; sans être aussi compliquées que les précédentes, elles suppriment *toute perte de temps et de force* au bout de chaque raie, et ce qui complète leur avantage, elles peuvent être faites sans supports. Il ne s'agit plus que de choisir entre les divers systèmes de charrues dos à dos, à âge tournant, ou plutôt entre les divers systèmes de fermeture après rotation.

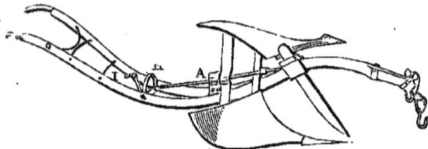

Fig. 936. — *Charrue de Wilkie.*

Le modèle de MM. Al. Speer et Sons (fig. 930 à 932), est simple et d'une manœuvre rapide. On voit en A l'axe vertical, autour duquel l'âge peut tourner lorsqu'en agissant sur la poignée D, en la soulevant et la repoussant, on dégage la bride E qui était passée sous le mentonnet saillant de l'étançon. En ramenant la poignée D en arrière, après l'avoir soulevée pour la dégager de l'anneau plat G, où une saillie l'arrête, on referme la bride E. On voit que les socs en acier portent des coutres adhérents. Les versoirs B de cette belle petite charrue de coteau, sont peut-être un peu courts, mais l'ensemble est bon. L'avant de l'âge est percé de quelques trous pour le règlement en hauteur et la bride où s'attache la charrue d'attelage porte des crans pour régler la largeur.

La dernière charrue tourne-oreille de ce genre

que nous ayons à décrire est dans la collection de Grignon depuis 1852. Nous l'avons récemment perfectionnée. Dans sa disposition primitive, elle est recommandable comme principe, mais non comme forme des pièces travaillantes ; le règlement lui-même laisse beaucoup à désirer. Les figures 933 à 935 représentent cette ancienne charrue.

Les deux seps du double corps ne sont pas

Fig. 937. — *Détail du règlement du coutre.*

dans un même plan ; de sorte que le soc qui ne travaille pas se trouve la pointe en l'air un peu en avant des pieds du laboureur ; on évite ainsi que la charrue ne soit trop stable ; elle est plus à la main du conducteur et, en outre, elle se salit moins sous le sep en terres collantes.

L'âge est brisé et tourne autour de l'axe vertical A ; il est libre de tourner quand le verrou à levier J O est soulevé et rejeté vers A ; dès que l'âge a été entraîné par l'attelage du côté où le labour doit se faire, il suffit de laisser retomber ce levier dans la position où le montre la figure pour que le verrou J en calant le versoir d'arrière rende le corps solidaire de l'âge. L'avant de l'âge est un levier coudé d'équerre pouvant tourner autour d'un axe horizontal; en tournant la manivelle H on fait tourner la vis dans l'écrou D articulé dans le petit bras de levier formant l'avant de l'âge; alors le point D s'approche ou s'éloigne de A suivant le sens de la rotation; et par suite l'avant de l'âge où est le crochet d'attelage s'élève ou s'abaisse en entraînant une roulette-support en bois plein, cerclé en fer.

Dans toutes les charrues à âge tournant, il faut que le coutre, s'il est fixé sur l'âge, soit muni d'un mécanisme permettant de la pointer vers la gauche, si l'on verse à droite, et réciproque-

Fig. 938. — *Charrue double-brabant de R. Hornsby.*

ment. Ici, pour éviter cette complication, un coutre en acier est soudé à chaque soc,

La double oreille postérieure tourne autour du même axe de rotation que l'âge. On doit à chaque bout de raie, changer le régulateur, à moins qu'il ne puisse être placé exactement dans le prolongement de l'axe de l'âge, ce qui n'a lieu que pour une certaine largeur.

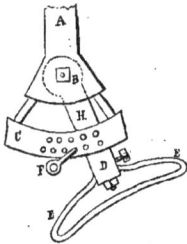

Fig. 939. — *Plan d'un régulateur de double-brabant.*

Nous avons récemment amélioré cette charrue en remplaçant les versoirs empiriques par des versoirs mathématiques rationnels de diverses générations, longueur et largeur, suivant la nature des terres et le genre de labour; en appliquant au corps même de charrue un coutre réglable de chaque côté; un modèle, à bon marché, est muni seulement des coutres adhérents au soc; mais au lieu d'être soudés, ils sont assemblés à queue d'hironde dans la pointe en fonte de ce soc aussi en fonte, ce qui rend l'entretien aussi facile qu'économique.

Enfin, le régulateur a été étendu en largeur et disposé de façon que la pièce rotative portant le crochet d'attelage se mette d'elle-même à droite de l'âge, si l'on verse à droite et à gauche, si la bande doit être renversée sur la gauche de l'âge; deux chevilles verticales limitent l'écartement à volonté; également ou inégalement pour les deux côtés, *également* en terrain plat, inégalement sur les pentes.

En cet état, nous pouvons affirmer sans crainte que c'est la meilleure tourne-oreille. En effet :

1° Toutes ses pièces travaillantes peuvent avoir et ont réellement *la meilleure forme* et la meilleure disposition;

2° La charrue, dans son ensemble, est réduite au minimum de *pièces*, à la plus faible longueur possible et à la moindre hauteur;

3° Elle *pèse et coûte moins* que les charrues double-brabant, car les pièces travaillantes et dirigeantes ne sont pas en double exemplaire; elle peut être faite partie en fonte et partie en fer, sans roues ni support;

4° *Elle n'a pas à tourner* sur elle-même au bout des raies (Économie de temps et de force sur toutes les charrues sans exception);

5° Elle ne demande au laboureur que *le soulévement d'un verrou* à chaque bout de raie.

Le seul inconvénient qu'elle présente est la difficulté d'y adapter un avant-train ou même deux roulettes.

Lorsque les deux corps de charrue distincts au lieu d'être placés dos à dos sont mis tête à tête (2° genre), il faut que le corps non travaillant soit soulevé assez haut pour qu'il ne puisse gêner le travail. L'âge commun est alors en ligne brisée et tourne autour d'un axe horizontal qui est le plus souvent celui de l'essieu d'une ou deux roues porteuses. M. Lemaire-Auger, de Bresles, a seul fait des charrues simples de ce genre. En revanche, toutes les charrues à vapeur polysocs sont faites ainsi ; nous aurons plus tard à les examiner.

Les charrues symétriques du 3ᵉ genre pour labours à plat sont connues en France, sous le nom de *doubles-brabants*, et sont fort répandues.

Dans la première espèce, l'âge commun est fixe et l'ensemble des deux corps tourne autour d'un axe horizontal qui peut être placé au-dessus ou au-dessous de l'âge.

La plus ancienne des charrues de la première variété est celle de Wilkie, perfectionnée, il y a

Fig. 940. — *Brabant-double de Delahaye-Tailleur avec deux pieds sous-soleure.*

une cinquantaine d'années, par M. Smith de Deanston. La figure 936 la représente en perspective. On voit en A l'arbre qui traverse les étançons communs aux deux corps de charrue ; l'un est en travail et l'autre soulevé au-dessus et un peu à gauche de l'âge. L'extrémité antérieure de cet arbre porte un excentrique emprisonné dans une fourche C qui est reliée au manche D du coutre passant dans une mortaise solidaire de l'âge (fig. 937). Lorsque l'arbre A tourne de droite à gauche pour amener en travail, le corps de charrue de gauche, l'excentrique B pousse la fourche C à gauche, ce qui fait *pointer* le coutre à droite. La manivelle I placée sur l'arrière de l'arbre peut être arrêtée à droite ou à gauche dans un cran de l'arc H contre lequel elle frotte (fig. 936).

Le double brabant de Cooke est de la seconde variété. Les socs, coutres et versoirs sont fixés

Fig. 941. — *Double-brabant de M. Bajac-Delahaye.*

solidement sur un étançon double portant les seps, qui peut tourner autour de son axe de symétrie placé au-dessous de l'âge. Un verrou à levier maintient le corps de charrue pendant le travail, un second levier permet de braquer la charrue plus ou moins de côté, en tirant un verrou à ressort qui pénètre dans les trous d'un arc fixé sur la sellette qui supporte l'âge. Le régulateur de largeur est un arc percé d'une ligne de trous où l'on fixe deux chevilles pour limiter la position de la chaîne de traction à gauche ou à droite. Pour régler la hauteur, un arc percé de trous maintient la bride plus ou moins haut.

La seconde espèce de ce 3ᵉ genre est le vrai type des doubles brabants ; il y a deux seps de charrue solidaires d'un âge qui tourne à l'avant autour de son axe longitudinal. Les variétés de cette seconde espèce se distinguent surtout par les modes d'arrêt et de règlement. Dans le modèle T C de Hornsby, l'âge tourne dans la sellette sans entraîner le régulateur fixé sur cette sellette même (fig. 938), c'est une imitation de double-brabants français du modèle Foret-Colin entr'autres. Nous avons vu une charrue de ce genre, à long âge, reposant sur le joug d'une paire de bœufs.

Chaque soc plat a une tige qui peut être placée plus ou moins à droite ou à gauche dans les crans du talon du sep pour faire mordre plus ou moins la charrue. Sur les étançons deux crochets dans l'un desquels peut entrer un verrou dont la poignée est fixée sur l'unique mancheron à l'aide duquel on soutient la charrue pendant le temps nécessaire pour l'amener par rotation à la position voulue. L'âge en fer est placé dans une boîte boulonnée sur l'âge antérieur en bois ; et, à l'aide

Fig. 942. — *Double-brabant sous-soleur de Bajac-Delahaye.*

de deux vis, on peut faire tourner l'âge en fer autour d'un boulon pour régler la profondeur. Les coutres sont des lames d'acier, accrochées aux socs et boulonnées sur le haut des étançons.

Un grand nombre de constructeurs français de l'Oise, de la Somme, de Seine-et-Marne, etc., fabriquent des charrues *doubles-brabants* ; nous pouvons citer entr'autres : MM Bajac-Delahaye, Fondeur, Boitel et Paris. Nous avons donné une représentation exacte de la charrue de ce dernier dans notre ancien traité de mécanique agricole.

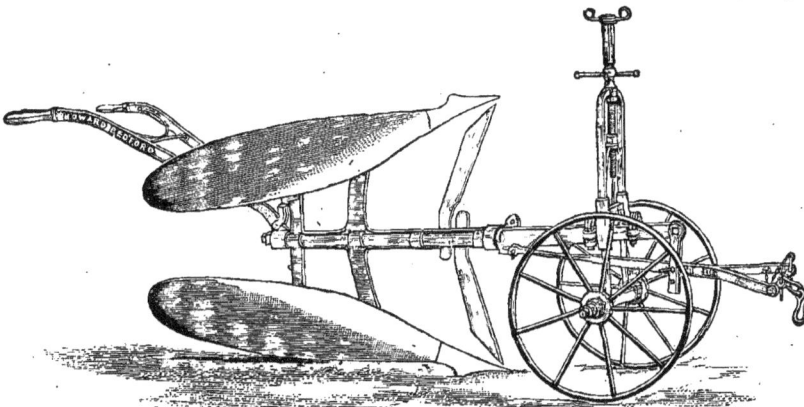

Fig. 943. — *Double-brabant ordinaire de Howard.*

M. Paris ajoute au besoin un pelloir ou rasette fixé par une tige filetée dans une rainure de la lame du coutre. Un écrou suffit pour fixer solidement cette rasette à la hauteur voulue. Le régulateur est actuellement fait comme l'indique le détail de la figure 939. La bride arquée E est le régulateur de hauteur dont la douille D peut être fixée par une vis de pression à toute inclinaison ; la pièce H qui porte cette douille peut elle-même tourner autour du boulon vertical B et on la maintient à la largeur voulue par une simple cheville F.

La plupart des *doubles-brabants* sont faits tout en fer et acier à l'exception de la sellette et des moyeux de roues : si l'on a ainsi le petit avantage de diminuer le poids total de l'instrument, en revanche, on rend son entretien très coûteux et incommode, puisque les pièces sujettes à une prompte usure, les socs et les talons de sep, ne peuvent être remplacées ou réparées que par un forgeron ayant la charrue dans son atelier. Plusieurs constructeurs ont adopté le petit soc trapézoïdal facile à remplacer par le laboureur, ce qui constitue un utile perfectionnement. M. Denin, cultivateur à Beaulieu, emploie systématiquement la fonte, autant que possible, dans sa charrue double brabant; elle est peut être un peu lourde ; mais elle est d'un emploi avantageux. Les étançons d'avant sont d'une seule pièce de fonte et ont la forme de l'étançon d'avant de la charrue Dombasle ; les versoirs y sont fixés par deux petits boulons à tête fraisée passant dans deux oreilles. Les étançons d'arrière avec les deux seps forment une seconde pièce de fonte, assemblée par deux boulons aux étançons d'avant. L'âge repose à l'avant sur une sellette en fonte qui peut être plus ou moins soulevée,

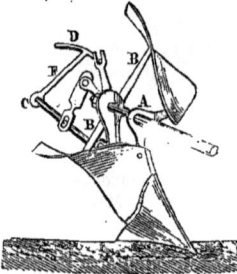

Fig. 944. — *Tourne-oreille mixte de M. Bichet.*

tout en étant guidée par les tiges verticales qui passent dans les douilles de cette sellette. Une vis actionne un écrou relié à la sellette par deux pièces obliques en fer.

Un verrou poussé par un ressort dans l'encoche d'un des arcs ou clichets fixés à l'aide d'un boulon sur les côtés de la sellette, arrête la charrue dans la position de travail voulue.

L'encoche peut être placée plus ou moins haut par rapport à l'axe de l'âge, puisque le boulon de fixation passe dans une coulisse de règlement. On peut ainsi incliner la muraille plus ou moins suivant les nécessités du labour.

L'unique mancheron oscille autour d'un axe fixé dans l'âge et il permet de décrocher par son abaissement le verrou qui y est relié par une longue tringle. Le corps de charrue est libre de tourner dès qu'on abaisse le mancheron dans la position horizontale ; et, dès que la charrue nouvelle est en position, en achevant d'abaisser le levier on le retrouve placé comme mancheron et le verrou est dans la nouvelle encoche ; la manœuvre à faire à chaque bout de raie est donc très simple.

Le régulateur est en fonte, à douille enfilée sur l'avant de l'âge qui est cylindrique et tourné. Les extrémités des deux branches en fonte de ce régulateur sont réunies par une tringle en fer

boulonnée à chaque bout, et sur laquelle glisse facilement le long anneau de la chaîne de traction de façon que quelque soit le côté de la charrue où l'on verse la terre, la chaîne est toujours à l'inclinaison voulue si l'on a réglé à l'avance l'inclinaison des branches par rapport au plan vertical passant par l'axe longitudinal de l'âge. La vis de pression, qui fixe la douille de l'âge, permet ce règlement simultané de la hauteur et de la largeur.

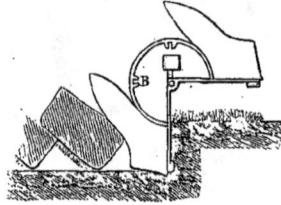

Fig. 945. — *Charrue norique, en coupe transversale ou vue de bout, de M. Chauvet-Pillement.*

M. Delahaye-Tailleur, exposait en 1867 un double Brabant, ayant ses socs trapézoïdaux. Le régulateur de largeur de cette charrue est représenté dans la figure 940. Lorsque l'on fait tourner la tête d'une vis emprisonnée dans un collier pouvant tourner autour d'un axe vertical, le bout du régulateur, où est accrochée la chaîne de tirage, va plus ou moins à droite. En outre, on complète le règlement de largeur en mettant plus ou moins de rondelles sur la fusée de l'essieu, entre l'embase et le moyeu des roues. Le règlement de la hauteur est, en réalité, une simple

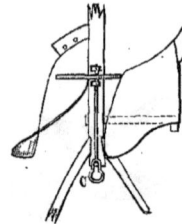

Fig. 946. — *Plan de la charrue norique de M. Chauvet-Pillement.*

limitation de l'enture par le plus ou moins grand abaissement de la sellette qui supporte l'avant de l'âge. M. Boitel divise l'âge commun aux deux corps en deux âges distincts, à partir de l'arrière des coutres ; ces deux âges forment une fourche qui embrasse les étançons à peu près au milieu de leur longueur.

La figure 941 représente un double-brabant de M. Bajac-Delahaye, avec sa tête d'âge refoulante et des rasettes composées d'un versoir et d'un coutre d'acier chacune.

Un double-brabant du même genre est disposé pour marcher en *fouilleuse à deux dents* d'un côté (fig. 942), de façon à faire avec un seul attelage un labour avec soussolage du fond de la raie. Mais on peut rétablir ce double-brabant pour le labour ordinaire en fixant sur ces dents, considérées alors comme étançons, le versoir versant à gauche, vu à la gauche de la figure.

MM. Howard ont un beau modèle de double-brabant à avant-train d'une disposition analogue (fig. 943).

On remarquera le verrou très simple articulé sur le bas des mancherons et qui saisit l'étançon d'arrière pour fixer le corps de charrue après la bascule.

Le corps de charrue est enfilé sur l'arrière-âge cylindrique par trois douilles. L'âge d'avant peut être réglé d'inclinaison par rapport à celui d'arrière par un arc percé de trous visibles sur la figure en avant des coutres. Son prix, en Angleterre, est de 226 fr. 80 avec versoirs d'acier et complète. Le poids de cette charrue est de 165 kil.

Enfin, M. Eckert fait une tourne-oreille sans roues pouvant être rangée dans la classe des-dou-

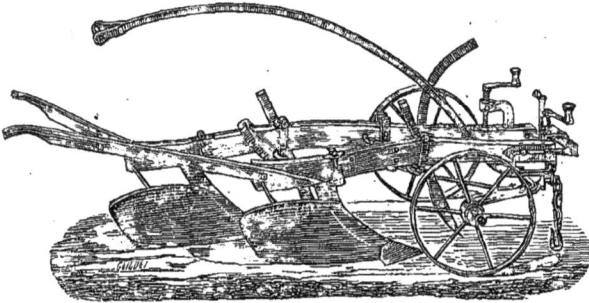

Fig. 947. — *Bisoc de M. de Meixmoron, de Dombasle.*

ble-brabants, bien que son aspect général rappelle plutôt les charrues tourne-sous-sep.

L'axe de rotation permettant de faire basculer le corps double est en avant du sep et à une certaine hauteur au-dessus du fond de la raie. Il est incliné et va en s'abaissant jusqu'au talon du sep. Pour changer de versoir, on décroche le crochet qui part de la pièce de bois placé entre les mancherons, puis on soulève les mancherons, et, par un mouvement brusque, on fait passer le

corps à deux versoirs de la droite vers la gauche ou réciproquement, puis on raccroche le versoir.

La charrue Bichet (fig. 944), est un intermédiaire entre l'un des systèmes précédents de Ransome et la tourne-oreille de Wilkie. Les deux versoirs sont fixés sur deux barres enfilées sur l'âge, autour duquel elles peuvent tourner; en faisant tourner la manivelle DC, on fait tourner l'arbre C du soc double qui se rabat à droite ou à gauche, suivant le sens de la rotation. Cet arbre

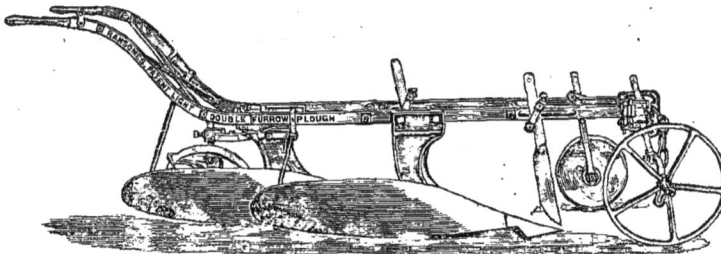

Fig. 948. — *Bisoc simple, de Ransome, en travail.*

entraîne par une goupille une petite bielle à coulisse articulée en haut avec une saillie de la barre B; de façon qu'en agissant sur la manivelle D, après l'avoir soulevée de son cran d'arrêt, on rabat le soc et on fait basculer les versoirs.

Le 4ᵉ *genre* de la troisième classe est peu répandu. Il dérive de l'ancienne charrue Norique. De notre temps, nous ne connaissons que deux charrues de ce genre: celle projetée par Moysen, vers 1852, et celle de M. Chauvet-Pillement, exposée en 1878. Les deux murailles ou cadres, des étançons et des seps composées sont normales entre elles, et peuvent tourner ensemble autour d'un arbre horizontal, placé sous l'âge en bois

(fig. 945 et 946). Les étançons antérieurs sont reliés par un arc en fer A de 270 degrés d'ouverture, ayant pour centre l'axe de rotation, et portant des encoches B, dans l'une desquelles un verrou C, à poignée, poussé par un ressort, s'arrête pour fixer le corps en travail, tandis que l'autre reste en l'air au-dessus de la terre non labourée.

Charrues Polysocs. L'idée de faire des charrues capables d'ouvrir simultanément deux ou plusieurs raies, est très ancienne. François, de Neufchâteau cite un livre de Jacques Besson, imprimé à Lyon en 1578, dans lequel est décrite et figurée une charrue à trois socs, avec seps roulants: Lord Somerville, qui a beaucoup fait à la fin du XVIII° siècle pour la propagation des bisocs, en attribuait l'invention à Walter Blith qui n'écrivait que vers 1650.

Rien n'est plus propre à donner une idée de la difficulté d'introduction ou de vulgarisation d'une bonne pratique agricole que l'oubli dans lequel sont restées, jusqu'à ces dernières années, les charrues polysocs. Pour ne parler que des *bisocs*, il est évident que leur emploi économise un laboureur sur deux ; que le même travail, si l'on dispose d'attelages suffisants, se fait en deux fois moins de temps. On peut même dire que l'on économise un peu de traction par la plus grande régularité dans la résistance. Des essais directs, par suite de défis, faits en Angleterre, en présence d'un grand nombre de cultivateurs, prouvèrent qu'un bisoc laboure aussi bien dans un temps moindre, la même surface que deux char-

Fig. 949. — *Le même bisoc pendant la tournée au bout du champ.*

rues simples de construction analogue, attelées chacune de deux chevaux, dans les mêmes circonstances. Et même, avec un bisoc, un homme et trois chevaux, on a fait le même travail qu'avec deux charrues simples, deux hommes et quatre chevaux.

Suivant nous, les avantages des polysocs sont tels que, partout où le sol n'est pas exceptionnellement difficile à labourer, les déchaumages et les labours superficiels doivent être faits par des quadrisocs ou des trisocs, et les labours moyens par des bisocs ; la charrue simple ne devant être employée que dans les terres difficiles, pour les labours moyens et pour les labours profonds, en terres assez faciles.

L'économie de chevaux que la pratique constate, résulte de ce que la résistance totale des deux corps de charrue contigus reste entre des

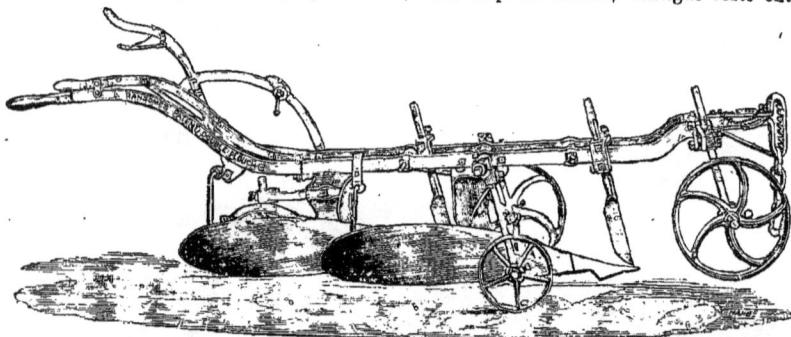

Fig. 950. — *Bisoc à levier de déterrage, vu déterré pour tourner au bout du champ.*

limites très restreintes, tandis que la charrue simple éprouve des résistances alternativement très fortes et très faibles, relativement ; les diagrammes dynamométriques donnés par les bisocs ne présentent que des oscillations assez restreintes en dessus et en dessous de la traction moyenne ; tandis que ceux d'une charrue simple offrent des écarts relativement très grands. Dans ce dernier cas, pour une même traction moyenne, la fatigue des chevaux est plus grande, car elle croit plus rapidement que la résistance au-delà d'une certaine limite.

La stabilité d'une charrue polysoc *bien réglée*, est telle que le conducteur n'a aucun effort à exercer, pour la maintenir en profondeur et en largeur. Il n'a qu'à suivre la charrue, et dans les bons modèles, un levier permet le déterrage aux bouts du champ. Enfin, un progrès déjà acquis consiste dans la disposition sur le polysoc d'un siège pour le conducteur, dont la fatigue est ainsi réduite au minimum.

Dans une exploitation donnée, pour un nombre donné de laboureurs, les bisocs et trisocs permettent de faire les labours en temps favorables et d'employer ensuite les attelages à des travaux secondaires utiles que l'emploi des charrues simples ne permet pas de faire ordinairement.

Pour que les charrues polysocs produisent tous

leurs bons effets, il est absolument nécessaire que tous les corps de charrues prennent exactement la même profondeur et la même largeur ; sinon la terre labourée présente des bandes alternativement épaisses et minces, le labour est *jumellé* et l'ameublissement définitif n'est pas régulier. Il faut donc que tous les corps de charrues, sauf un à la rigueur, puissent être réglés en hauteur,

de façon que tous prennent des bandes de même épaisseur, soit que le polysoc marche transversalement à la plus grande pente d'une côte ; soit que les socs soient plus ou moins inégalement usés ou pointés. Le règlement de chaque corps en largeur, quoique moins nécessaire, est utile ; car l'égalité de la largeur des bandes est aussi une des conditions d'un parfait labour. On l'ob-

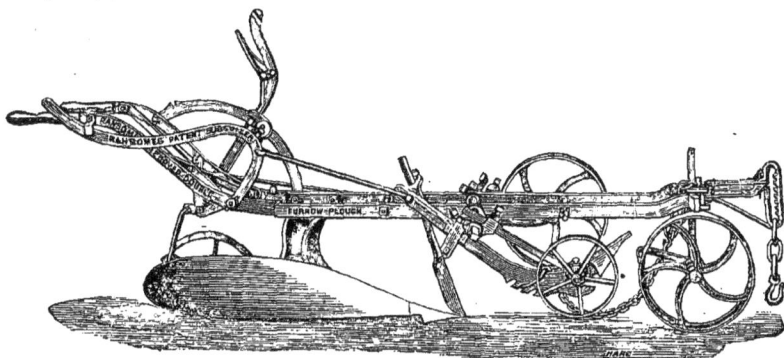

Fig. 951. — *Bisoc faisant le labour et le sous-solage après deterrage du fouilleur.*

tiendra si les socs et les coutres sont régiables, et si les corps de charrue peuvent être plus ou moins écartés l'un de l'autre et parallèlement.

On peut faire des charrues polysocs tourneoreille. Certains systèmes se prêtent mieux que d'autres à cette pluralité de corps de charrue. Le système des Brabant-Wasse, des tourne-sur ou sous-seps, les double Brabant et les charrues tête à tête, sont (les deux derniers surtout) les plus souvent employés.

Après cet aperçu général sur les charrues polysocs, il ne nous reste plus qu'à passer en revue les divers modèles connus.

Bisocs. Les bisocs anciens laissent tellement à désirer sous le rapport du règlement de la position relative des deux corps de charrue, que nous ne croyons pas devoir nous en occuper. Dans son rapport sur le concours des charrues de 1810, M. François de Neufchâteau, ancien ministre et membre de la Société centrale d'agriculture, si-

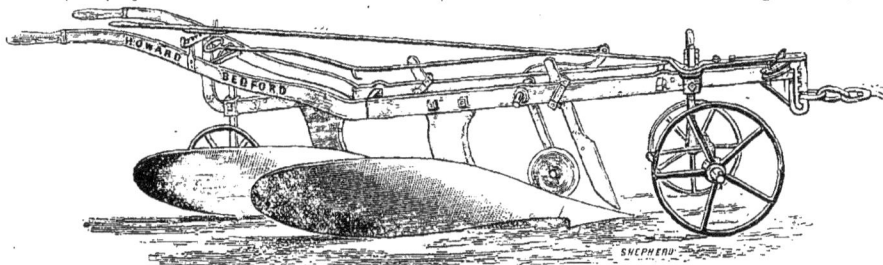

Fig. 952. — *Bisoc Howard après deterrage spontané et gouvernail.*

gnale un bisoc et un trisoc de M. Fessart, fermier de la Ménagerie (aux portes de Versailles) : « Le mérite principal..... est dans la facilité ménagée au laboureur, d'*étremper*, c'est-à-dire, d'enfoncer les socs de la charrue à sa volonté, sans même faire arrêter les chevaux, et de renverser plus ou moins la terre suivant l'espèce de labour. » « Le moyen mécanique qui donne cette facilité est aussi simple qu'ingénieux ; c'est un écrou avec des clavettes. Chaque soc a son écrou qui *étrempe* et *détrempe* particulièrement. S'il plaît au laboureur de travailler avec le premier soc, à la profondeur de deux décimètres, avec le

deuxième ou le troisième, à des profondeurs inégales et moindres, on peut le faire à volonté et sans s'arrêter..... On a contesté sa découverte en avançant que ces écrous étaient déjà connus dans le ci-devant Dauphiné..... » Dans le bisoc Guillaume, qui prit part au même concours, l'étançon d'avant de chaque corps de charrue, se termine en haut par une tige filetée traversant l'âge et munie de deux écrous, l'un sous l'âge et l'autre dessus. En serrant l'un et desserrant l'autre, on peut faire varier l'inclinaison du sep par rapport à l'âge ; ce qui permet de faire prendre à chaque corps de charrue la profondeur convenable.

Nombre de constructeurs, venus bien après Fessart et Guillaume, négligèrent ce règlement indépendant des deux corps de charrue, ce qui a suffi probablement à empêcher la propagation de bisocs et de trisocs bien faits pourtant dans leur ensemble.

Le bisoc a été fabriqué jusqu'en 1867, par M. F. Bella, à Grignon. D'une exécution parfaite

comme pièces travaillantes, il pèche par l'impossibilité de régler la position relative des deux corps pour assurer la même épaisseur aux deux bandes. L'âge est en fer, d'une seule pièce contournée de façon à recevoir les corps de charrue placés parallèlement à l'écartement voulu. Chaque corps formé d'un sep, d'un étançon et d'un versoir est une seule pièce de fonte. Le soc est en

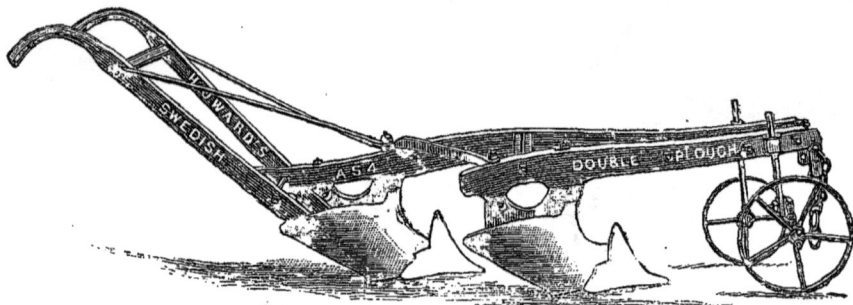

Fig. 953. — *Bisoc, dit Suédois, de Howard.*

fer et acier, et le dernier corps a un talon de sep réglable. Grâce à ce talon et aux deux roues, on peut assez bien approcher d'un bon règlement.

Les bisocs de M. Ch. Meixmoron de Dombasle (fig. 947), se composent de deux âges en bois parallèles maintenus à la distance voulue par les étriers; l'un est en avant, et dans ses branches horizontales tournent les extrémités

d'une vis qui sert à régler la traction en largeur, le second est à l'arrière : ils permettent à l'âge du fond de s'élever ou de s'abaisser de l'arrière, lorsque l'on fait tourner la vis du haut dans un sens ou dans l'autre. Cette vis permet donc d'obtenir deux bandes d'égale épaisseur. L'âge repose sur l'essieu coudé des deux roues par l'intermédiaire de l'équerre qui porte l'écrou

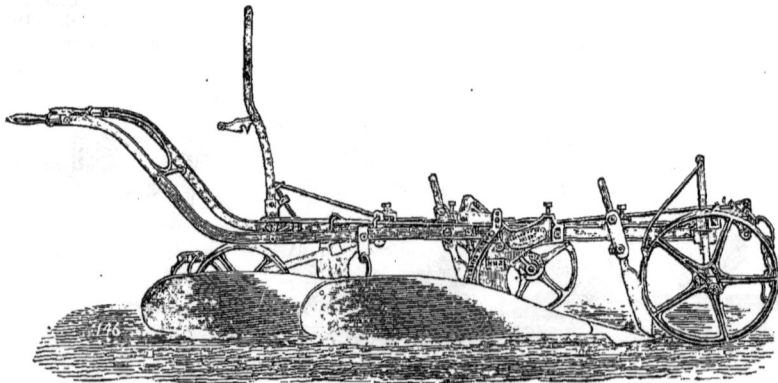

Fig. 954. — *Bisoc Hornsby avec sep roulant.*

oscillant de la vis du haut. De sorte que si l'on abaisse le levier, on appuie les deux roues sur le sol qui, en réagissant, soulève l'âge du fond; celui-ci par les étriers, entraîne l'autre âge et la charrue est ainsi déterrée, ce qui facilite les tournées aux bouts du champ. On limite la pénétration des deux corps de charrue par une cheville d'arrêt mise au-dessus du levier dans un des trous de l'arc régulateur. On règle la traction en largeur par une vis horizontale, et en hauteur par une autre verticale, dont l'écrou est solidaire de celui de la première, qui marche de droite à gauche,

pendant que cette vis horizontale tourne sur elle-même, et entraîne la vis verticale avec son écrou, et par suite la chaîne de traction. Ce bisoc est d'un très bon emploi et se répand, dans l'Est de la France surtout. Le grand bisoc marqué B 1, a les trois vis de règlement, les avant-corps ou étançons en fonte, les versoirs en acier; il coûte 290 francs, et pèse 247 kilogrammes; il laboure de 15 à 20 centimètres de profondeur sur 0^m,55 à 0^m,60 de largeur. Le bisoc moyen, B 2, pour labour de 11 à 15 centimètres de profondeur et 0^m,40 à 0^m,45 de largeur avec trois vis, versoirs d'acier et étançons en fer, coûte 240 francs, et pèse 174 kilogrammes. Le petit bisoc, B 3, fait de même, pèse 122 kilogrammes et coûte 175 francs : il peut labourer de 36 à 40 centimètres de largeur et 0ᵐ,10 à 0ᵐ,14 de profondeur.

Les constructeurs anglais font des bisocs de divers modèles, dont plusieurs ne laissent rien à désirer. En première ligne, on peut mention-ner MM. Ransomes. L'examen des divers modèles nous mènerait trop loin. Les plus récents peuvent être rangés dans deux classes : ceux qui n'ont pas de mécanisme de déterrage et ceux qui en sont munis.

La figure 948 représente le bisoc marqué RLCD, pour terres légères, muni d'une roue support demi-sphérique, qui facilite beaucoup les tour-

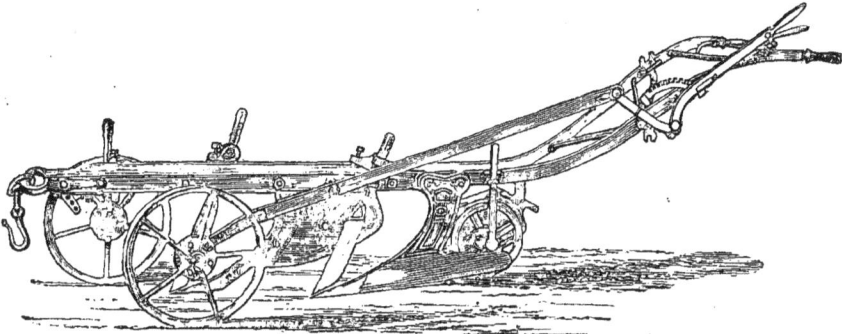

Fig. 955. — Bisoc de J. Cooke.

nées aux bouts du champ (fig. 948 et 949). Les deux âges parallèles peuvent être plus ou moins écartés à l'aide d'entretoises filetées, ayant un écrou et un contre-écrou chacune. Le dernier corps a seul un sep, et c'est une roulette oblique. Ce bisoc pèse environ 152 kilogrammes. Il peut prendre de 0ᵐ,191 à 0ᵐ,254, sur 0ᵐ,076 à 0ᵐ,203 de profondeur. Un modèle plus fort pouvant attein-dre 0ᵐ,152 de profondeur en terre légère, est marqué RHBDW, il pèse 114ᵏ,255.

Le modèle WOLD, a les mêmes dispositions que les précédents, sauf que les mancherons et l'âge sont en bois. Le corps antérieur est fixé sur deux pièces saillantes de l'âge, et peut être plus ou moins écarté de l'autre corps et même supprimé, si l'on veut avoir une char-

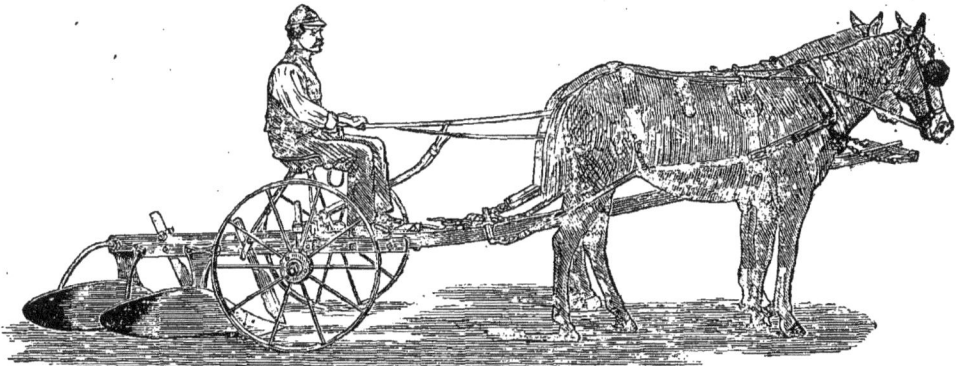

Fig. 956. — Bisoc à siège et déterrage.

rue simple. Deux chevaux suffisent, en sols légers, pour ce bisoc, bien qu'il soit très résistant ; il pèse 133ᵏ,30.

Les bisocs RNDD6 et RNCD, de MM. Ransomes (fig. 950), sont munis d'un mécanisme de déterrage breveté. Un levier placé à gauche des mancherons, permet de faire tourner un arbre transversal, placé au milieu de la longueur des âges et coudé deux fois pour recevoir les axes de la roue de guéret et de celle du fond de la raie, d'un petit diamètre. Lorsque le conducteur attire à lui ce levier et l'abaisse, il appuie les deux roues sur le sol qui réagit et soulève le bâti assez haut pour déterrer complètement les deux corps de charrue. On peut alors faire tourner le bisoc entier dans la direction que l'on veut. Le levier de déterrage peut être arrêté à une hauteur quelconque sur l'arc fixe qui le guide ; de façon que, sans quitter les mancherons, le laboureur peut modifier la profondeur ou plutôt la limiter à sa volonté. Les âges ont leur écartement réglable par deux fortes vis, de façon à pouvoir prendre une largeur de 0ᵐ,178 à 0ᵐ,305 sur une profondeur de 0ᵐ,102 à 0ᵐ,229. Le corps

de charrue antérieur peut être plus ou moins soulevé pour régler son entrure indépendamment de
l'autre. On peut donc, non seulement assurer
pendant le travail, la parfaite uniformité de profondeur des deux bandes, mais régler aussi les

Fig. 957. — *Bisoc tilbury de Galpin.*

deux corps pour l'enrayage et le dérayage comme
on le fait avec une charrue simple. On peut enlever un corps de charrue et travailler alors
comme avec une charrue simple.

Le modèle R N D D 6, pèse environ 228^k,5 et est
fait pour tous labours. R N C D, qui ne pèse que

203 kilogrammes, est destiné aux sols moyens ou
légers. On peut adapter à ces charrues un gouvernail.

Le corps antérieur de ces bisocs peut être enlevé et remplacé par un pied sous-soleur (fig. 951),
qu'un levier placé à droite des mancherons
permet de déterrer. Le sous-soleur travaillant
au fond de la raie, en avance sur la charrue,
et à sa droite, il est visible que le sous-sol pulvérisé est recouvert immédiatement par la bande
de terre retournée par la charrue, de façon que
le sous-sol n'est pas piétiné, après son ameublissement, par les chevaux qui marchent toujours
sur le sous-sol solide. On peut atteindre ainsi
une profondeur de 0^m,254 à 0^m,305. Il y a trois
modèles de ces charrues avec sous-soleurs. Les
modèles R N D D 6 et R N C D, pèsent environ
203 kilogrammes, et R L C D, 152,3 seulement.

La figure 951 montre que le pied sous-soleur
tourne autour d'un arbre transversal fixé sous les
âges, et que le levier de déterrage de droite, en
s'abaissant, attire le haut du manche de ce sous-
soleur, et par suite, soulève le soc hors terre. En
dessous de ce soc, est une dent accrochante qui
vient en contact avec la terre, dès que le levier de
déterrage est laissé libre. Cette dent mord dans
le sol, l'accroche, ce qui entraîne tout le sous-
soleur en arrière et le met en travail, la résistance qu'il éprouve alors de la part de la terre
le redresse de plus en plus jusqu'à ce que la
chaîne soit tendue ; comme cette chaîne est attachée en avant à l'âge, elle supporte toute la résis-

Fig. 958. — *Bisoc Didelot*

tance du sous-sol, et l'âge en son milieu n'a pas
à souffrir sensiblement de la présence du sous-
soleur.

MM. J. et F. Howard ont plusieurs modèles de
bisocs. Le plus simple a un âge double ou en
trousse, contre la droite duquel peut s'appliquer
une barre plate portant le corps antérieur, son
coutre et la roue du fond de raie. Ce second corps

est réglable en profondeur indépendamment du
premier. Le haut de l'étançon peut tourner
autour du boulon horizontal antérieur, qui le
fixe contre l'âge, et il est percé d'une coulisse
circulaire dans laquelle passe un second boulon de fixation qui détermine l'inclinaison du
corps antérieur ou de droite. On peut évidemment enlever la barre qui porte ce corps, et l'on

a alors une charrue simple avec une roulette sur la gauche de l'âge.

Les deux lames formant l'âge proprement dit sont d'acier, amincies et rétrécies du milieu aux deux bouts de façon à avoir de la résistance où elle est nécessaire en conservant la plus grande légèreté à la charrue. Les deux roues sont réglables en hauteur par une vis à poignée ce qui permet de régler la profondeur du labour sans arrêter la charrue. Ce bisoc pèse 165 kil. et coûte en Angle-

terre 245 fr. 70 (1 fr. 489 le kil.) avec versoirs d'acier. Un autre modèle a un âge en bois contre lequel se fixe la plaque portant le corps antérieur ou de droite. L'âge est doublé par dessus d'une bande de fer qui le renforce beaucoup sans augmenter sensiblement le poids. Ce modèle coûte 201 fr. 16 avec versoirs en fonte et 214 fr. 20 s'ils sont en acier.

La figure 952 montre un fort bisoc des mêmes constructeurs. Le déterrage au bout du champ

Fig. 959. — *Trisoc Ransomes déterré pour tourner au bout du champ.*

est fait entièrement par les chevaux, le laboureur n'ayant qu'à décrocher le levier ; car alors l'attelage continuant à marcher, la roue est poussée en arrière par la résistance du sol et l'âge s'élève jusqu'à ce que les socs soient déterrés, ce qui facilite beaucoup les tournées. Un levier-gouvernail dont la poignée est entre les mancherons permet de faire pivoter les deux roues d'avant et on peut aussi les maintenir à la direction voulue en appuyant le levier dans un des crans de la crémaillère placée entre les manche-

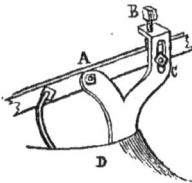

Fig. 960. — *Règlement de l'entrure d'un des corps d'un trisoc.*

rons. On peut dans ce modèle remplacer le corps antérieur de charrue par un pied sous-soleur, muni d'un levier de déterrage.

Le modèle N B U, fait pour tous labours avec déterrage, gouvernail et âges d'écartement variable, pèse 190ᵏ,425 et coûte 302 fr. 40 en Angleterre.

Le modèle O B U, fait pour tous labours avec déterrage, gouvernail et âges d'écartement variable, pèse 177ᵏ,730 et coûte 277 fr. 20 en Angleterre.

Le modèle F B, moyenne force, avec déterrage, gouvernail et âges d'écartement variable, pèse 139ᵏ,645 et coûte 226 fr. 80 en Angleterre.

Le modèle F B, moyenne force, avec déterrage, mais sans gouvernail et avec les âges fixes, pèse 126ᵏ,950 et coûte 176 fr. 40 en Angleterre.

Le modèle F B, moyenne force, sans déterrage, ni gouvernail et avec âges d'écartement fixe, pèse 114ᵏ,255 et coûte 157 fr. 50 en Angleterre.

Le modèle F D, plus faible, sans déterrage, ni gouvernail et avec âges d'écartement fixe, pèse 101ᵏ,560 et coûte 132 fr. 30 en Angleterre.

Le modèle N B U, monté avec un pied sous-soleur pèse 228ᵏ,515 et coûte 315 francs.

Le modèle N B U, monté avec un pied sous-soleur et le corps de charrue antérieur pèse 266ᵏ,595 et coûte 352 fr. 80.

Enfin, MM. J. et F. Howard ont un bisoc porté par deux grandes roues à essieu commun coudé qu'un levier de déterrage permet de déterrer rapidement : il est plus facile à faire tourner que le précédent système. L'entrure du corps d'arrière peut se régler par une vis d'arrêt appuyant sur le haut de l'âge (fig. 960). C'est le bâti des trisocs du même constructeur.

La figure 953 représente un bisoc très simple, dit Suédois, de Howard. Les corps sont imités des charrues américaines pour labours superficiels.

MM. R. Hornsby et fils ont aussi plusieurs modèles de bisocs. Le plus simple, marqué N B doit être déterré par le soulèvement des mancherons au bout du champ, ce qui ne présente pas une trop grande difficulté tant que le labour ne dépasse pas 0ᵐ,152 en profondeur; le bisoc ne pèse que 165 kil. et coûte 201 fr. 6. Les modèles N L et N sont les plus forts et pèsent respectivement 215ᵏ,815 et 190ᵏ,425 : ils sont propres à tous labours ; le premier peut aller assez profondément et le second atteint 0ᵐ,180 à 0ᵐ,229 de profondeur. Ces modèles ont des roues à boîtes et fusées faciles à remplacer après usure. Un levier de déterrage agissant sur la petite roue de gauche permet de déterrer assez complètement la charrue pour faciliter les tournées. Ce levier agit par une tringle pour abaisser un bras, articulé derrière la muraille du corps de charrue antérieur, et solidaire du support de la roue de gauche. Pendant le travail, ce bras est dans la raie ouverte par la charrue antérieure et hors d'atteinte de la terre. Une vis d'arrêt limite l'abaissement du levier de déterrage pour maintenir la profondeur voulue. Le corps antérieur est réglable de façon à lui faire prendre la profondeur voulue soit pour que les deux bandes soient bien d'égale épaisseur, ou pour marcher en travers d'une pente, enrayer ou dérayer.

La profondeur des deux raies peut être réglée entre 51 et 229 millimètres pendant la marche même de la charrue. La largeur des bandes peut être réglée entre 178 et 305 millimètres, en faisant glisser le corps d'arrière sur le bâti, tout en le maintenant parallèlement à la muraille du corps antérieur. Les modèles N L et N ainsi que N N (fig. 954) qui est un peu plus petit, car il n'atteint que 0ᵐ,152 à 0ᵐ,178 de profondeur, sont munis d'un sep roulant oblique et d'un levier de déterrage.

Enfin, MM. Hornsby ont aussi un bisoc porté par deux grandes roues à levier de déterrage du même genre que leurs trisocs.

M. Cooke fait de très simples bisocs à âge et mancherons en bois à corps fixes : l'un placé en avant à droite de l'âge ; l'autre, en arrière, à gauche. Les coutres sont adhérents aux socs et se

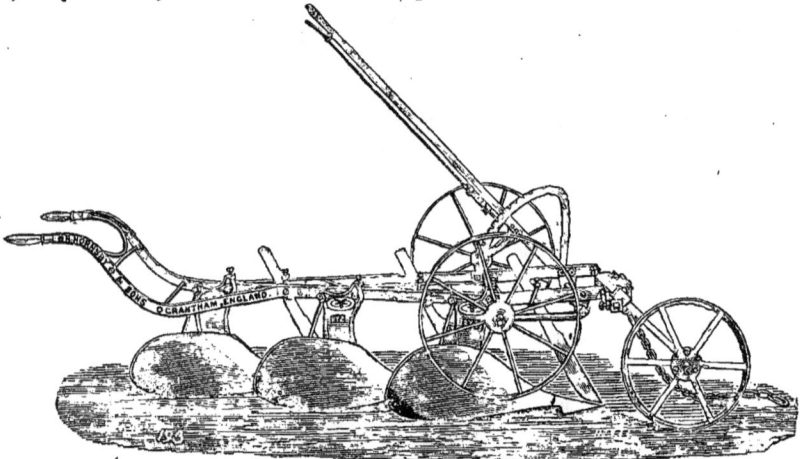

Fig. 961. — Trisoc Hornsby.

nettoient d'eux-mêmes, avec les versoirs en fonte. Ce modèle W D coûte 144 fr. 90. Le modèle à âge double en fer (fig. 955) marqué D R N, peut être muni d'un levier de déterrage agissant sur la roue de gauche. Une vis à l'arrière du bas de ce levier limite à volonté son relèvement et par suite l'entrure de la charrue bisoc. Avec versoirs de fonte et sur trois roues, complet, ce bisoc coûte 176 fr. et en plus 25 fr. 20 pour le levier de déterrage. Pour avoir des versoirs en acier, il faut ajouter 12 fr. 60.

M. Cooke fait aussi un bisoc muni d'un siège pour le conducteur (fig. 956) : la flèche fixée à l'âge reçoit à l'avant les chaînes d'attache des colliers et à l'arrière une balance pour les palonniers des deux chevaux : elle sert de très bon guide au conducteur qui conduit les chevaux et trouve à portée de sa main gauche un levier de déterrage avec arrêt à ressort. Vers l'avant de l'âge double, les deux grandes roues porteuses sont fixées sur des barres glissantes placées en travers du bâti. La roue de droite ou du fond de la raie est réglée en hauteur comme d'habitude ; seule la roue de gauche, de même diamètre que

la précédente, est actionnée par le levier. Le conducteur peut régler pendant la marche la profondeur et déterrer pour tourner. L'inventeur fait observer qu'un laboureur suivant une charrue ordinaire emploie la plus grande partie de sa force à se transporter sur le fond de la raie inutilement : aussi est-il porté à faire marcher son attelage aussi lentement que possible. Transporté par l'instrument et bien assis, le laboureur peut faire marcher son attelage avec la vitesse que comporte le travail. Avec des roues supports de grand diamètre, le poids de l'homme n'augmente la traction que d'une quantité insignifiante, soit au plus 6 à 7 kilogrammes pour 360 qu'exige le labour.

MM. W. Tasker et fils font des bisocs présentant les perfectionnements désirables ; un levier de déterrage agissant sur la roue de gauche ; un corps antérieur réglable séparément dans son entrure ; un corps d'arrière pouvant glisser sur l'âge pour régler l'écartement ou la largeur des bandes et réglable aussi en hauteur ; enfin un levier gouvernail pour la roue d'avant pivotant dans l'âge ; enfin un sep roulant.

MM. John Deere et Cie de Moline (Illinois, Etats-Unis) fabriquent un bisoc à grandes roues porteuses et flèche pour deux chevaux. Le conducteur, assis sur un siège, peut de la main gauche régler la profondeur pendant la marche et déterrer le bisoc aux bouts du champ, pour tourner (fig. 957).

Les bisocs, nous l'avons vu, peuvent se transformer en charrue avec sous-soleuse pour faire une raie de profond labour. On peut aussi disposer les deux corps à deux étages différents comme le font MM. Ransomes, H. et J., pour leur modèle RNDD6. Le corps de charrue d'arrière ordinaire est remplacé par un corps spécial prenant peu de profondeur. Comme il est placé, il renverse la croûte superficielle au fond de la raie précédente, et au tour suivant le corps de charrue antérieure renverse sur cette première bande, une

bande plus épaisse, le sous-sol en l'air. Le corps déchaumeur ou écobueur d'arrière peut être ajusté pour prendre de 51 à 152 millimètres d'épaisseur et la profondeur totale est de 0^m,154 à 0^m,305. Ce bisoc exige de 3 à 4 chevaux. Prix 277 fr. 20.

M. l'abbé Didelot fait un beau bisoc en fer (fig. 958).

M. H. F. Eckert, à Berlin, fabrique des bisocs, à deux grandes roues et leviers de déterrage, imités des modèles anglais. En général, les versoirs Eckert sont plus courts et du modèle dit *américain*; quelques modèles ont même des versoirs très raides du genre des charrues-bêches dites *ruchaldo*. On peut aussi remplacer le corps antérieur par un pied sous-soleur.

Trisoc, quadrisoc, etc. La plupart des construc-

Fig. 962. — *Quadrisoc de Hornsby.*

teurs de bisocs font aussi des trisocs, et parfois même des quadrisocs.

Le trisoc Ransomes est destiné aux terres légères; il renverse trois bandes de 0^m,229 de largeur chacune (soit en tout 0^m,686), et atteint 0^m,152 de profondeur, avec trois ou quatre chevaux, en faisant de 121 à 161 ares par jour (soit environ 11 francs par hectare). Le levier de déterrage fixé sur l'essieu coudé peut être abaissé pour sortir la charrue de terre et arrêté dans son redressement, à la hauteur voulue pour la profondeur du labour. La figure 959 le représente tout à fait déterré. Ce trisoc, marqué RLM, pèse 253^k,9, avec versoirs d'acier et coutres, il coûte 321 fr. 30. Le quadrisoc Ransomes est destiné à recouvrir les blés semés à la volée, les murailles des quatre corps sont à 0^m,152 de distance l'une de l'autre. La largeur de travail est donc de 0^m,609 sur 51 à 102 millimètres de profondeur. Les semences lèvent après ce labour suivant des lignes assez régulières et également espacées, comme au semoir. Ce quadrisoc est aussi très bon pour déchaumeur ou écobueur. Il a le même

mode de déterrage que le trisoc ; il pèse 139,^{k}645, et coûte 170 fr. 10, en Angleterre.

Le trisoc que nous avons vu chez MM. Waite Burnell et Cie, a deux de ses corps réglables en profondeur (fig. 960). D est le versoir, l'étançon peut tourner autour du boulon A qui traverse l'âge, et il est maintenu à la hauteur voulue par le boulon C traversant l'âge et une coulisse de l'étançon, une vis de pression B achève le règlement et empêche tout dérangement du corps de charrue en profondeur, car la résistance de la terre fait toujours presser la vis B sur le haut de l'âge. Les roues porteuses avaient 0^m,92 de diamètre, l'excentricité du coude de l'essieu était de 0^m,415, et les bandes avaient environ 0^m,203 de largeur. La roue d'avant marchant au fond de la raie, pour limiter l'entrure, n'avait que 0^m,63 de diamètre.

Les trisocs de MM. Hornsby sont très bien disposés. Les trois corps de charrue (fig. 961), peuvent être réglés en profondeur, indépendamment l'un de l'autre, et un levier avec verrou à ressort permet le déterrage. Ce trisoc, marqué RYY, est destiné aux terres légères ; il prend 0m,762 de largeur (0m,254 pour chaque corps), en pénétrant de 51 à 178 millimètres. Il pèse 253k,9 : avec ses trois roues et les versoirs en acier, il coûte 302 fr. 40.

Le quadrisoc de Hornsby a de très grandes roues (fig. 962), chacun des corps se règle indépendamment des autres en profondeur.

Polysocs tourne-oreilles. Il y a des bisocs double-brabant ; entre autres, le beau modèle de MM. Ransomes, H. et J. L'âge, formé de deux barres parallèles, maintenues à écartement fixe par des entretoises, tourne autour de sa partie antérieure dans la barre transversale portant les deux petites roues en avant, et autour d'un axe solidaire du bas des mancherons. Un verrou à ressort fixe l'âge, enfin les seps sont des roulettes obliques.

M. Bajac-Delahaye fait aussi un bisoc à bascule dit en *double-brabant* (fig. 963).

C'est spécialement pour le labourage à vapeur que l'on a imaginé les polysocs tourne-oreilles ; ils sont généralement du système dit *tête à tête.* A part la disposition d'ensemble des deux poly-

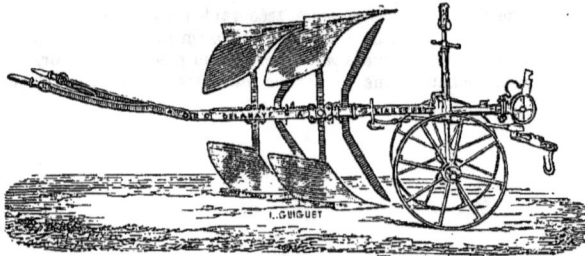

Fig. 963. — *Bisoc tourne-oreille de Bajac-Delahaye.*

socs à bâti formant deux plans obliques entre eux, et se faisant équilibre par rapport à l'essieu d'une paire de roues porteuses, ces charrues doivent satisfaire aux conditions reconnues nécessaires pour le règlement des corps. Le conducteur, placé sur son siège, dirige l'instrument à l'aide d'un gouvernail ordinairement à volant. Les divers systèmes de traction adopté pour ces charrues seront examinés au mot CULTIVATION A VAPEUR ET PAR L'ÉLECTRICITÉ ; car l'adoption du labourage à vapeur implique forcément le hersage, les scarfiages et les roulages avec le même moteur (1). — J.-A. G.

* CHARTIL. Sorte de charrette employée dans les exploitations rurales. ‖ Se dit du corps d'une charrette. ‖ Remise dans laquelle on serre les chariots, charrues, etc.

CHARTREUSE. Liqueur tonique fabriquée par les moines de la Grande-Chartreuse (près de Grenoble). Elle jouit, depuis fort longtemps, d'une grande réputation, mais qui, depuis quelques années, ne se justifie pas d'une manière absolue. Le secret le plus grand a toujours régné sur cette fabrication, sans que personne n'ait pu le pénétrer, et quelques nombreux qu'aient été les imitateurs, pas un n'a pu faire de la véritable chartreuse. Cette liqueur agréable au goût devait sa finesse, non seulement à la perfection de sa fabrication, mais à ce fait, que les Pères n'employaient que d'excellent 3/6 de vin et qu'ils laissaient vieillir leurs produits avant de les livrer à la consommation. Maintenant, il n'en est plus de même, les 3/6 de vin sont devenus une illusion, il a fallu les remplacer par des alcools d'industrie qui, quelque rectifiés qu'ils soient, n'ont pas la finesse des 3/6 du pur vin ; puis, la grande consommation ne leur a plus permis de laisser vieillir leurs liqueurs. Cependant, malgré cela, c'est encore une des meilleures liqueurs livrées au public et absolument inimitable.

On peut cependant arriver à faire à peu près de la chartreuse au moyen des recettes que voici :

Chartreuse verte.

	grammes.
Cannelle de Chine................	1,50
Macis.......................	1,50
Mélisse citronnée sèche..........	50
Sommités fleuries d'hysope........	25
Menthe poivrée..................	25
Thym.........................	3
Balsamite	12,50
Génipi	25
Fleurs d'arnica	1,50
Bourgeons de peuplier baumier....	1,50
Semences d'angélique.............	12,50
Racine d'angélique..............	6,50
	litres.
Alcool à 85°	6,25

Contuser les matières, les faire macérer pendant trois jours dans l'alcool, distiller et rectifier avec parties égales d'eau, et ajouter à froid un sirop composé de 2 kilogr. 500 de sucre et 2 litres d'eau. Compléter le volume de 10 litres avec de l'eau. Colorer et conserver quelques mois avant de livrer à la consommation, sans cela la liqueur est dure et manque de fondu.

(1) Pour satisfaire les nombreux correspondants et souscripteurs qui, de France et de l'étranger, nous ont demandé une étude approfondie de la CHARRUE, nous avons dû laisser prendre à nos savants collaborateurs, MM. Grandvoinnet, plus de place que ne l'exige un article de Dictionnaire, mais nous avons la satisfaction de publier un travail remarquable et qui sera très apprécié, nous l'espérons, par un nombre considérable de lecteurs.
N. d. l. r.

Chartreuse jaune.

	grammes.
Mélisse	25
Hysope	12,50
Génipi	12,50
Semences d'angélique	12,50
Racines d'angélique	5
Fleurs d'arnica	1,25
Cannelle de Chine	1,50
Macis	1,50
Coriandre	150
Aloès succotrin	4
Cardamome mineure	3
Girofle	1,50
Alcool à 85°	5 lit.
Sucre blanc	2500 gr.

Opérer comme pour la chartreuse verte et obtenir 10 litres de produit par l'addition d'eau en quantité suffisante.

Chartreuse blanche.

	grammes.
Cannelle de Chine	12,50
Macis	3
Girofle	3
Muscade	1,50
Fèves de Tonka	1,50
Mélisse citronnée	25
Hysope	12,50
Génipi	12,50
Semences d'angélique	12,50
Racines d'angélique	3
Petite cardamome	3
Calamus aromaticus	3
Alcool à 85°	5 lit. 25
Sucre blanc	3,750 gr.

Opérer comme pour la chartreuse verte et obtenir 10 litres de liqueur.

Elixir de la Grande-Chartreuse. Pour cette liqueur, qui est un cordial très énergique et très satisfaisant, il n'a été fait aucune tentative d'imitation, la vente n'ayant que fort peu d'importance. Nous n'avons donc aucune recette à donner.

Le commerce des chartreux a pris un développement considérable, et on peut dire, sans crainte, que la chartreuse est peut-être, sur le globe, la liqueur la plus répandue. Le mystère le plus profond entoure tout ce qui touche à cette fabrication, nous ne pouvons constater que, en raison de leurs prix de vente, les chartreux doivent réaliser des bénéfices considérables, car ils n'ont pour ainsi dire pas de main-d'œuvre, et ils n'emploient que des produits d'un prix très modique.

CHAS. *T. techn.* Trou d'une *aiguille* (V. ce mot). || Plaque de métal de forme carrée, percée d'un trou par lequel passe un fil auquel on suspend un plomb. || Colle d'amidon qu'on tire du grain par expression. || Colle à l'usage des tisserands pour conduire les fils de la chaîne et les rendre moins flexibles.

CHASLES (Michel), géomètre français, né à Epernon (Eure-et-Loir) le 15 novembre 1793, mort à Paris le 18 décembre 1880, entra en 1812 à l'Ecole polytechnique et en sortit en 1814 avec les épaulettes d'officier du génie. Ayant démissionné en faveur de l'un de ses anciens condisci-

ples, Michel Chasles s'adonna définitivement à l'étude des mathématiques et particulièrement de la géométrie. Ses travaux remarquables l'ont placé au premier rang parmi les savants de l'Europe ; il s'illustra comme s'étaient illustrés avant lui Viète, Roberval, Pascal, Desargues, Clairaut, Carnot, Monge, Poncelet, les gloires des sciences mathématiques.

En 1841, à la mort de Savary, et sur la protection d'Arago, Michel Chasles fut nommé professeur de machines et de géodésie à l'Ecole polytechnique ; quelques années plus tard, en 1846, une chaire de géométrie fut créée pour lui à la Faculté des sciences (Sorbonne). Enfin, en 1851, il remplaça le fameux Libri comme membre de l'Institut de France. A peine âgé de 19 ans, en 1813, Michel Chasles publia dans la *Correspondance* de Hachette un *Mémoire* et des *Notes* contenant la démonstration géométrique des théorèmes de Monge sur les surfaces du second degré. On lui doit aussi un *Aperçu historique sur l'origine et le développement des méthodes en géométrie* (1830) ; un *Traité de géométrie supérieure* (1880) et un *Exposé historique concernant le cours de machines dans l'enseignement de l'Ecole polytechnique.* Ce travail est resté inachevé, la mort ayant surpris le célèbre mathématicien au moment où il le terminait. Citons enfin, parmi les travaux de Michel Chasles, ses *Théories de l'attraction et de l'électricité statique* et ses *Théorèmes sur le déplacement des corps solides.*

Michel Chasles était membre de l'Académie des sciences de Bruxelles, fondateur de la Société amicale des anciens élèves de l'Ecole polytechnique et membre de la Société des amis des sciences. Il était, à sa mort, commandeur de la Légion d'honneur.

Michel Chasles a réuni une magnifique collection d'autographes pour laquelle il a dépensé des sommes considérables. Emporté par sa passion de collectionneur et aveuglé par sa trop grande confiance pour tous ceux qui l'entouraient, il fut, de 1867 à 1869, la victime d'un éhonté faussaire, et l'on se rappelle les discussions qu'il eut avec Le Verrier qui parvint à lui dévoiler les infâmes supercheries de Vrain-Lucas.

Grand par le cœur autant que par l'esprit, Michel Chasles s'attira, de son vivant, le respect et l'admiration de tous. La France a perdu en lui l'un de ses enfants les plus illustres, et la science l'une de ses plus grandes gloires.

I. **CHASSE.** 1° *T. de tiss.* Nom de l'appareil de livraison qui servait autrefois dans l'ancien métier à filer nommé *bély* (V. ce mot) ; il est encore en usage dans le métier à la main pour le retordage des fils. || 2° *T. de mécan.* Liberté de course qu'on laisse à quelques parties d'une machine pour qu'elle puisse se prêter à des irrégularités accidentelles de mouvement, ou pour en augmenter ou en faciliter l'action. || 3° *T. de p. et chauss.* Ecoulement rapide de l'eau pour chasser ce qui obstrue un chenal ou une rivière. || 4° *Ecluse de chasse,* celle qui, fermée, permet d'élever le niveau de l'eau, pour produire, en l'ouvrant, un violent courant destiné à nettoyer le lit d'un canal, d'un bassin, d'une rivière, etc. — V. l'article suivant. || 5° *T. techn.* Outil du raffineur de sucre pour cercler les formes neuves et capter les formes cassées. || 6° Maçonnerie qui garantit le verrier de l'action du feu. || 7° Outil du fabricant d'ancres. || 8° Niveau à l'usage des maçons. || 9° Partie oscillante du métier de tisserand qu'on désigne aussi sous le nom de *battant.* Elle contient un peigne qui, après le coup de navette, frappe sur la trame pour *appliquer* plus ou moins énergiquement contre la *façure*, ou tissu exécuté. || 10° Se dit de la courbure des dents d'une scie. || 11° Excès de la longueur d'une scie sur celle de la pierre à scier, pour que toute l'action du *scieur* soit utilisée sans lui donner un poids de scie superflu. || 12° Sorte de marteau avec lequel on *chasse* et enfonce des cercles de fer, des moyeux des roues, etc.

|| 13° *T. de pyrotechn.* Charge de poudre mise au fond d'une pièce d'artifice pour lancer le projectile. || 14° *T. d'imp.* Nombre de lignes qu'une page d'impression a de plus que la page de copie. || 15° *T. d'arm. Chasse de platine.* Impulsion que le chien donne en tombant à la platine d'une arme.

II. **CHASSE** *T. de mar.* Les chasses sont des courants artificiels que l'on produit en ouvrant, à mer basse, de vastes réservoirs ou bassins de retenue qui se sont emplis pendant la haute mer; elles servent à maintenir dans l'avant-port et le chenal la profondeur nécessaire, en entraînant les sables qui sont apportés par la marée montante et que la marée descendante est impuissante à remmener. Les chasses s'exécutent principalement à l'époque des hautes mers de vives-

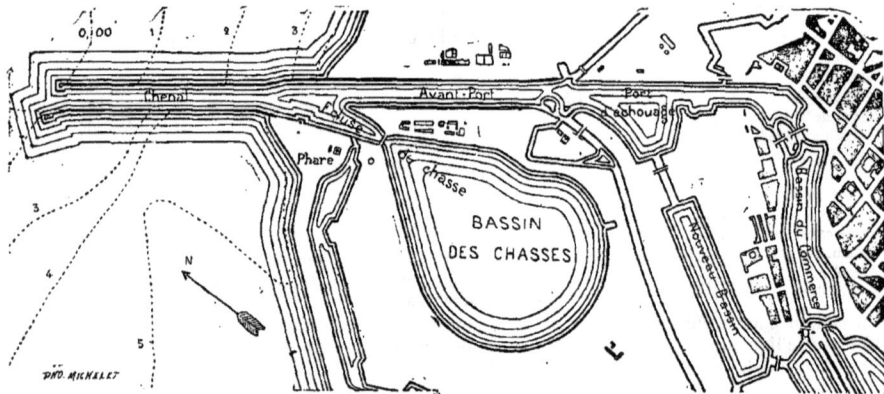

Fig. 954. — *Ecluse de chasse de Dunkerque.*

eaux, parce que c'est alors que le volume d'eau retenue est le plus considérable et qu'il reste à basse mer le moins d'eau dans le port; leur action est en effet d'autant plus énergique que le courant qu'elles doivent produire éprouve moins de difficulté à s'établir.

La forme la plus avantageuse des bassins de retenue serait celle qui permettrait à l'eau d'arriver en même temps de tous les points du bassin aux orifices de sortie; ce serait celle d'un secteur avec les angles arrondis. Mais cette condition est difficile à remplir parce que l'on est presque toujours obligé d'utiliser les dépressions naturelles du terrain, et qu'il faut donner aux bassins la plus grande surface possible. Ainsi ils occupent à Boulogne 60 hectares, à Calais et à Dunkerque 40 hectares. Le bassin de chasse récemment construit à Honfleur occupe 58 hectares. Ils doivent être assez profonds pour ne jamais assécher complètement, même dans les plus grandes chasses, ces assèchements intermittents pouvant devenir une cause d'insalubrité.

La puissance des chasses dépend de la masse d'eau dont on dispose et de la vitesse qu'elle peut acquérir; de la durée de l'écoulement et enfin de la position des écluses de chasse, qui doivent

être établies de façon à diriger le courant dans le chenal qu'il doit approfondir; on est quelquefois obligé d'employer des écluses auxiliaires, produisant des courants latéraux, ou de contre-chasse, qui maintiennent la direction du courant principal et l'empêchent d'aller affouiller le pied des murs de quais et des jetées.

La vitesse des courants de chasses doit être en rapport avec la nature des matières à entraîner, vase, sable ou galets; elle dépend en outre du volume d'eau disponible et de la durée toujours assez courte de l'écoulement.

A Dunkerque, le volume d'eau des retenues est de 850,000 mètres cubes, auxquels on peut ajouter 100,000 mètres cubes obtenus en écoulant des bassins à flot une tranche d'eau de 80 centimètres de hauteur. Les travaux en cours d'exécution doivent encore l'augmenter et le porter à 2,210,000 mètres cubes ou 820 mètres cubes par seconde. A Honfleur, le volume d'eau utilisé est de 500,000 mètres cubes et la vitesse d'écoulement de 8 mètres par seconde. Les résultats varient avec les diverses conditions; à Calais, une chasse ordinaire enlève environ 800 mètres cubes de sable; à Dieppe, on est parvenu à entraîner dans une seule opération

1,500 mètres cubes de galets. En général, les chasses ne peuvent guère entretenir la profondeur du chenal au-delà de deux mètres au-dessous de la basse-mer de vive eau ordinaire. Leur action sur la vase est beaucoup moins efficace et l'on préfère employer les dragages qui permettent de porter la vase extraite plus au large et d'éviter qu'elle ne soit ramenée dans le port par les marées suivantes. C'est ce qui est arrivé au Havre où les chasses effectuées en prélevant sur l'ensemble des bassins à flot une tranche d'eau d'un mètre de hauteur, ont été reconnues insuffisantes. — V. Dévasement et Dragage.

La vitesse du courant et la durée de l'écoulement permettent de déterminer la section totale du débouché, section que l'on divise en un nombre suffisant de pertuis dont on réduit la largeur de façon que les portes n'aient pas des dimensions trop exagérées. On leur donne ordinairement de 4 à 6 mètres. On comprend que pour résister au passage de torrents d'eau aussi violents, les radiers doivent être maçonnés à une grande profondeur et avec un soin extrême ; on les fait suivre d'un parafouille solidement établi

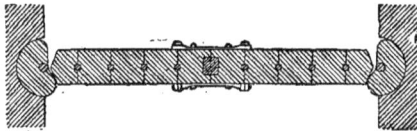

Fig. 965. *Coupe horizontale d'une porte d'ecluse de chasse.*

et de longueur suffisante. A Honfleur, pour 4 pertuis de 5 mètres débitant 500,000 mètres cubes en 45 minutes, le parafouille présente 42 mètres de longueur, 5 mètres d'épaisseur et 16^m,40 de profondeur. Il a été exécuté au moyen de l'air comprimé et figure pour 330,000 francs dans la dépense totale des maçonneries qui s'est élevée à 850,000 francs.

C'est pendant les premiers moments de l'écoulement que l'action des chasses est la plus énergique ; il convient donc de disposer de moyens d'ouverture rapide et complète des pertuis ; les vannes levantes sont lourdes et lentes à manœuvrer ; on en trouve cependant des exemples en Angleterre où elles sont mises en mouvement par des appareils hydrauliques ; on leur préfère généralement des portes tournantes dont l'axe de rotation est vertical ; on place cet axe un peu en dehors de l'axe de figure, de façon que la porte est divisée en deux parties inégales ; l'excès de pression de l'eau sur le plus grand côté suffit pour ouvrir la porte instantanément.

Les portes sont maintenues fermées par deux poteaux demi-circulaires appelés *poteaux-volets*, retenus à la partie supérieure par des leviers et des crochets (fig. 965). Il suffit de faire tourner l'un de ces poteaux sur son axe pour dégager le vantail. On facilite encore mieux le mouvement de ces portes en établissant dans le grand panneau une vantelle tournante manœuvrée à la main ; lorsque cette vantelle est fermée,

c'est la pression exercée sur le grand panneau qui maintient la fermeture. Dès que la vantelle est ouverte, la différence des pressions change de sens et la porte s'ouvre. On emploie aussi quelquefois deux portes tournantes s'appuyant sur un seul poteau-valet placé entre elles. Les portes tournantes sont placées vers la tête amont des pertuis ; elles sont protégées à l'aval par des portes de flot ou des vannes levantes.

Au milieu ou sur le côté des pertuis de chasse, on construit ordinairement une écluse un peu plus large, munie de portes de flot et d'ebbe, qui sont ouvertes pendant que la mer monte, pour le remplissage du bassin de retenue ; on ferme ces portes au moment de la haute mer. Dans quelques ports du Nord, le système des chasses est combiné avec l'écoulement des eaux intérieures du pays ; c'est ainsi qu'à Dunkerque les canaux de navigation et de dessèchement des wateringues y contribuent dans une certaine proportion.

Ces procédés ne sont possibles qu'autant que les eaux ne contiennent pas en suspension de matières dont le dépôt, dans le bassin de retenue, amènerait un envasement rapide et obligerait à des curages très coûteux. Dans le cas contraire, on est obligé de recourir à un déversoir qui ne laisse entrer dans le bassin que la tranche supérieure des pleines-mers dont l'eau est beaucoup moins chargée. Au nouveau bassin des chasses de Honfleur, le déversoir est ingénieusement constitué par des hausses métalliques, mobiles autour d'un axe horizontal fixé sur le radier. Ces hausses, installées, trois par trois, dans dix pertuis consécutifs, forment un barrage de 100 mètres de longueur, dont la crête mobile est maintenue constamment à 60 centimètres en contre-bas du niveau de la mer ; elles se relèvent et s'abaissent toutes ensemble vers l'intérieur du bassin, au moyen de chaînes commandées par un appareil hydraulique dont la pression est de 70 atmosphères. Lorsque le bassin est rempli, les hausses sont redressées et s'appuient contre une charpente en fer solidement fixée sur les piles intermédiaires ; elles peuvent ainsi soutenir, pendant que la mer descend, la pression de l'eau contenue dans le bassin. En outre, un arbre en fer, muni de verrous, les maintient appuyées contre la charpente et leur permet de supporter la pression de sens opposé qui s'exerce lorsque le bassin est vide et que la mer remonte, jusqu'au moment où celle-ci atteint la hauteur convenable pour procéder au remplissage.

Enfin on emploie souvent, pour diriger les courants de chasses, des guideaux mobiles en charpente que l'on échoue avant la mer basse et que l'on enlève à mi-marée montante ; c'est ainsi qu'à Dunkerque, où les dépôts amenés par le courant du littoral tendent constamment à dévier la passe navigable, on prolonge temporairement de 300 mètres la plus courte des jetées et que l'on oblige le courant à redresser le chenal.— V. Guideaux. — J. B.

1. CHÂSSE. *T. techn.* Se dit de ce qui sert à recevoir et à tenir certains objets enchâssés ; dans

une lunette, un pince-nez, monture qui tient le verre; partie d'une boucle où se trouve le bouton; vide pratiqué dans la navette du tisserand et dans lequel on place la cannette couverte de trame; dans une balance suspendue, partie perpendiculaire au fléau par laquelle on soulève la balance quand on veut peser; dans certains instruments de chirurgie, sorte de manche composé de deux lames mobiles ou non, d'ivoire ou de corne, réunies l'une à l'autre vers la partie qui tient à la lame de l'instrument.

II. **CHÂSSE.** Ce mot qui, dans son acception courante, signifie *reliquaire*, dérive du latin *capsa* : la chute de la consonne *p* et la prononciation latino-italienne donnent, en effet, le substantif *châsse*. *Capsa* et son diminutif *capsula* sont synonymes d'*arca* (coffre, caisse, cassette) qui désigne un meuble, de moyenne ou petite dimension, destiné à renfermer quelques objets précieux.

— Comment les restes des saints et des martyrs, objets du plus grand prix pour les vrais croyants, ont-ils été enfermés dans des coffres et des caisses, puis exposés dans des châsses somptueusement décorées, comme des joyaux dans un riche écrin? C'est à l'occasion des invasions normandes que le fait s'est produit. Les hommes du Nord étaient rapaces; ils pillaient les églises et violaient audacieusement les sépultures. Toutes les nécropoles gallo-romaines — notamment celles qu'on a découvertes à Paris dans ces derniers temps, — ont été fouillées par eux, et les objets de quelque valeur en ont été extraits. Le respect dont les chrétiens entouraient la tombe des saints et des martyrs n'eut point arrêté les Normands; ils eussent renversé les autels élevés sur ces tombeaux — *quorum reliquiæ hic sunt* — et jeté bas les arceaux qui les recouvraient. Aussi, à leur approche, le clergé séculier et régulier s'empressait-il de déterrer les restes vénérés du saint patron pour les mettre en lieu de sûreté. A Paris, les reliques de saint Germain et de sainte Geneviève, conservées dans les deux monastères *extra-muros*, furent transportées dans la Cité que protégeaient le fleuve et une puissante muraille; deux sanctuaires construits à la hâte — Saint-Germain-le-Vieux et Sainte-Geneviève-la-Petite — leur servirent de refuge, et, lorsque le danger eut disparu, on reconduisit dans les deux abbayes les coffres, ou châsses en bois, qui avaient contenu, pendant la tourmente, les ossements des deux saints personnages.

Partout ces translations et ces réintégrations se firent avec pompe : le peuple fidèle voulait voir, de ses yeux, les objets de son culte, et l'on dut renoncer à les replacer dans les tombeaux d'où on les avait tirés. La châsse mobile, qui avait été une nécessité du moment, devint, par la force des choses, une *institution* fixe. L'art s'en empara et en fit un motif de décoration; de son côté, la foi populaire considéra ce « corps saint » ou les débris qui en restaient, comme le *Palladium* de la Cité. L'église où il reposait était, par cela même, inviolable; l'impie qui aurait osé y porter la main, eut été frappé d'excommunication. Et comme le démon est l'ennemi du genre humain, comme c'est de lui que viennent tous les fléaux qui désolent le monde, l'exposition, la sortie, la procession de la châsse étaient autant de remèdes divins contre le mal, autant d'exorcismes à l'adresse de l'esprit malin.

A Paris seulement, le seul récit des processions où figurèrent les corps saints, ferait un gros volume : le Roi, la Reine, les princes et princesses, le Parlement et les grands corps de l'Etat, les ordres religieux, l'Université, les corporations ouvrières, la Prévôté des marchands, le Châtelet et toutes les juridictions y étaient représentées,

avec les gens d'armes et les milices urbaines. C'était un des plus grands spectacles auquel on pût assister, et ce spectacle s'est prolongé jusqu'au commencement du dernier siècle. Viollet-le-Duc, qui a merveilleusement compris le moyen âge, sans en partager les erreurs et les engouements, considère le « corps saint », porté processionnellement comme l'équivalent de notre moderne drapeau, et il comprend que les populations croyantes s'en soient disputé la possession, comme le soldat d'aujourd'hui donne sa vie pour conserver le lambeau d'étoffe dans lequel se personnifie l'honneur du régiment.

La châsse a beaucoup varié de dimensions et d'aspect. Primitivement, elle avait la grandeur du corps et la forme d'un cercueil; peu à peu, elle se rapetissa par le fait même de la réduction des restes humains qu'elle contenait, et aussi par la dispersion des ossements qu'on distribuait aux églises placées sous le même patronage. Si toutes les localités portant le nom de saint Germain et de sainte Geneviève avaient obtenu quelque portion des reliques conservées dans les deux monastères parisiens, il n'en serait pas resté la plus petite parcelle dans les châsses primitives.

Ainsi que nous l'avons fait remarquer plus haut, la châsse, devenue mobile à l'époque des invasions normandes et réduite dans ses dimensions, tant par la consomption naturelle des corps que par l'éparpillement des parties osseuses qualifiées plus particulièrement de reliques, cessa d'être en pierre, en maçonnerie ou en bois grossier. On ne la fit plus qu'en bois précieux revêtu de lames métalliques, ou en métal travaillé par les orfèvres et enrichi de pierreries. Dans cette forme nouvelle, la châsse devint un meuble et un motif d'ornementation; on la plaça tantôt sur l'autel, sépulcre primitif du saint, tantôt dans le trésor de l'église, comme un joyau précieux à conserver, tantôt sur un socle et sous un dais, comme les espèces eucharistiques. Le plus souvent, la châsse n'était pas scellée; on la descendait à volonté, soit pour l'exposer dans l'église à la vénération des fidèles, soit pour la porter en procession.

La fabrication des châsses était du ressort des orfèvres : à Paris, elle appartenait à cette puissante corporation qui avait le privilège de porter le dais à la fête du *Corpus Christi*, et qui figurait avec honneur à toutes les entrées solennelles.

Il existait, dans les boutiques du Pont-aux-Changeurs, et plus tard dans les galeries du Palais, de nombreuses et brillantes châsses toutes faites, dans le goût et selon le style du temps; mais, quand on voulait un chef-d'œuvre, on le commandait et l'on fournissait quelquefois les matières précieuses dont il devait se composer. C'était assez l'habitude des rois et des reines, des princes, des princesses et des riches abbés ou abbesses, qui consacraient à cette pieuse besogne les joyaux de leur couronne, de leur dressoir, de leur écrin ou du trésor de leur monastère.

Dans ce dernier cas, il arrivait fréquemment que l'orfèvre quittait sa boutique et venait « œuvrer à domicile. » Nous citerons un exemple de ce « travail à façon »; c'est le marché conclu, en 1409, entre Guillaume, abbé de Saint-Germain-des-Prés, d'une part, et Jean de Clichy, Gaultier du Four et Guillaume Boey, orfèvres parisiens, d'autre part. Pour exécuter le merveilleux reliquaire qui décorait le grand autel de la basilique, on leur délivra 101 saphirs, 175 émeraudes, 51 grenats, 25 améthystes, 30 cassidoines, 220 perles, une croix d'or, et 26 marcs, 2 onces et 12 esterlins de ce métal, ainsi que 7 marcs, 5 onces et 5 esterlins d'argent. Le prix de la main-d'œuvre fut fixé à 6 écus d'or à façon pour de 18 sols par pièce pour chaque marc d'argent ouvré, à 12 écus d'or pour chaque marc livré « argent or et façon », à 7 écus d'or, pour chaque marc « d'argent blanc » et à 4 écus d'or pour chaque marc de cuivre.

Pour faire ce grand travail, les trois orfèvres parisiens

furent mis, de leur gré et consentement, en charte privée ; on les emprisonna et on leur donna la pitance ordinaire des Religieux : « Il leur sera baillé, dit le texte du marché passé entre eux et l'abbé, à desjeuner un pain de couvent et une peinte de vin ; à l'heure de disner, deux pains de couvent, une peinte de vin et une pièce de chair de buef ou de mouton, le mouton au quartier, le buef à la value, et du potage bien et souffisamment ; et au sou-

Fig. 966. — *Châsse romane.*

per pareillement comme au disner. Et aux jours que l'on ne mangera point de chair, nous baillerons à chascune personne trois oefs, ou deux harens, pour pitance, et du potage à disner ; et, au souper, à chacune personne deux oefs, ou un harent, et un fourmage pour toute la semaine, tel que nous avons. Et aussi serons tenus de leur bailler busches bien et convenablement pour eux chauffer, chandelle pour eux coucher... et un bon coffre en lieu seur, où seront mises les parties et ouvraiges de ladicte châsse bien et seurement ; auquel coffre aura deux clefs, dont lesdicts orfebvres en auront une et nous l'aultre. »

En cas de retard dans l'achèvement du travail, une sorte de dédit fut stipulé : « Si ladite châsse, est-il dit dans le traité, n'estoit faicte et parfaicte dedans la feste de sainct Vincent prochainement venant, nous ne serons tenuz de quérir auxdicts orfebvres aulcuns despens de là en avant, se il ne nous plaist. »

Les trois orfèvres parisiens, qui signèrent ce marché et en exécutèrent scrupuleusement toutes les clauses, prirent pour modèle le chef-d'œuvre de Pierre de Montreuil, la Sainte Chapelle, et ils en imitèrent librement les dispositions. Leur travail fut, pendant plus de quatre siècles, exposé à l'admiration des Parisiens ; il ornait encore l'autel de Saint-Germain, lors de la promulgation des lois portant suppression des ordres religieux et confiscation de leurs biens. Portée à la Monnaie, la merveilleuse chasse fut dépecée et fondue, après enlèvement des pierres précieuses qu'on vendit au profit du Trésor public.

Considérée soit comme un meuble, soit comme un petit édifice, la chasse a dû naturellement subir toutes les variations du goût : elle a été successivement byzantine, romane, ogivale pure, rayonnante ou flamboyante, puis Renaissance, Louis XIII, Louis XIV et Pompadour ; on a même fait des chasses rococo, ce qui est un singulier accouplement du sacré et du profane.

. De nos jours, grâce à l'éclectisme qui préside à la conception et à l'exécution de toutes les œuvres d'art, on reproduit dans la construction des chasses, les formes les plus caractéristiques des styles roman et ogival : les PP. Martin et Cahier ont donné des modèles typiques dont s'inspire l'orfèvrerie moderne, et qui rappellent, en petit, soit le chef-d'œuvre de Jean de Clichy, Gaultier du Four et Guillaume Boey, soit la capsa romane que montre notre figure 986. Mais on fait peu de chasses à notre époque : la vieille industrie qui les produisait s'est sécularisée, comme toutes les autres, et peu d'orfèvres, nous l'affirmons, s'emprisonneraient aujourd'hui, à l'exemple de leurs confrères du xve siècle, pour vivre de la vie des moines, dussent-ils produire un chef-d'œuvre. — L. M. T.

*CHASSE A PARER. T. techn. La chasse à parer des ateliers de construction, est un outil présentant extérieurement la forme d'un marteau qui sert à dresser les pièces de forge et à planer les tôles de fer et les plaques de cuivre. Elle se termine dans la partie qui reste au contact de la tôle par une surface plane en acier trempé, et à l'extrémité opposée, elle forme une tête qui est destinée à supporter les chocs du marteau. Lorsque l'on veut terminer une pièce de forge ou dresser une tôle, un ouvrier tient à la main la chasse à parer par un manche et la promène suivant les besoins sur la surface de l'objet à dresser, tandis qu'un autre ouvrier, armé d'un marteau de forge, frappe sur la tête de la chasse. On arrive ainsi à dresser les tôles ou pièces de forge sans laisser d'empreinte des coups de marteau.

* CHASSE-BONDIEU. -T. techn. Morceau de bois à l'usage des scieurs de long pour enfoncer le coin du bondieu.

* CHASSE-FLEURÉE. T. techn. Chez les teinturiers, palette avec laquelle on enlève l'écume ou fleurée de la cuve.

* CHASSE-GOUPILLE. T. techn. On donne ce nom, dans les ateliers de construction, à un outil en acier terminé à l'une de ses extrémités par une partie conique très allongée, et portant à la tête une sorte de nez. Cette pièce sert comme son nom l'indique, à faire sortir la goupille du trou dans lequel elle est engagée. On l'enfonce à cet

effet à coups de marteau dans le trou à déboucher jusqu'à dégager entièrement la goupille, et on arrache ensuite l'outil en frappant sur le nez dans le sens opposé, s'il est nécessaire. || Outil de l'armurier pour enfoncer les goupilles.

* CHASSELOUP-LAUBAT (FRANÇOIS, marquis de), ingénieur et général du génie français, est né à Marennes en 1754 et mort en 1833.

Entré à l'école de Mézières en 1776, il était colonel au corps du génie en 1789 à 35 ans. Quoique de famille noble, il refusa d'émigrer et continua à servir la France aux frontières. Il défendit Montmédy contre les Prussiens et dirigea en 1794 la principale attaque au siège de Mæstricht où il fut promu chef de brigade. Il contribua beaucoup à l'organisation des lignes de contrevallation de la place de Mayence en 1795.

Le général Chasseloup-Laubat a puissamment coopéré aux progrès de l'art de la fortification à son époque. Il s'attacha surtout à développer et à rendre pratiques les idées de Bousmard et de Montalembert. Les places fortes d'Alexandrie et de Castel dont les modèles figurent dans la collection conservée à l'hôtel des Invalides, sont les types les plus complets du système de cet ingénieur. Cette fortification, dont le tracé est bastionné, présente surtout comme traits caractéristiques une grande saillie de la demi-lune, des escarpes soutenues par des voûtes en décharge, des galeries de contrescarpes et de revers, des casemates à cames bien disposées et couvertes à l'aide d'un masque contre les coups éloignés de l'artillerie (V. FORTIFICATION). Ce général n'a pas écrit de traité didactique, mais on a publié en 1805 et 1811 d'intéressants extraits de ses Mémoires sur l'artillerie.

CHASSE-MARÉE. 1° T. de mar. Petit bâtiment à deux mâts, excellent marcheur, qui sert à transporter de port en port, de la marée et autres denrées. Il porte deux mâts principaux inclinés sur l'arrière et quelquefois un troisième placé à l'extrême arrière ; celui-ci est nommé tape-cul comme la voile. || 2° On donne le même nom à une voiture qui fait le transport du poisson de mer.

* CHASSEMENT. T. de tiss. Mouvement de la navette lorsqu'elle sort de l'une des boîtes du battant pour entrer dans une autre boîte.

* CHASSE-NOIX. T. d'arm. Instrument d'acier qui sert à dégager la noix du chien d'une arme.

* CHASSE-NEIGE. T. de chem. de fer. Plaque en tôle recourbée, présentant la forme d'un double versoir de 1 mètre de hauteur environ, qu'on adapte en hiver à l'avant des machines locomotives pour rabattre la neige extérieurement à la voie.

Dans les pays froids, où les dépôts de neige peuvent acquérir une hauteur considérable, surtout dans les tranchées, on augmente les dimensions du chasse-neige qui devient alors un véritable bouclier protégeant tout l'avant de la machine.

* CHASSE-PIERRES. T. de chem. de fer. Le chasse-pierres des machines locomotives est formé

ordinairement de deux simples tiges en fer verticales posées à l'aplomb et presque au contact de chacun des deux rails, pour écarter les pierres et les objets qui pourraient dévier les roues d'avant. On adapte même quelquefois sur ces tiges de petits balais qui frottent au contact du rail et enlèvent les feuilles mortes dans les temps d'automne par exemple. Celles-ci en s'amoncelant pourraient en effet déterminer le patinage de la machine.

En Amérique, où la voie n'est pas close, on emploie de véritables grilles en fer recourbées qui prennent le nom de *chasse-bœufs*; celles-ci balaient toute la largeur de la voie, et écartent les animaux qui pourraient se trouver devant la machine.

* **CHASSE-POMMEAU.** *T. de fourb.* Instrument avec lequel on chasse la poignée d'une épée ou d'un sabre, sur la soie de la lame. On dit aussi *chasse-poignée.*

* **CHASSE-POINTE.** *T. techn.* Sorte d'outil d'acier en forme de poinçon non pointu, et dont on lime l'extrémité jusqu'à la réduire à la grosseur d'une tête d'épingle, puis on la trempe fortement. On s'en sert pour enfoncer des pointes ou des goupilles. ‖ On donne le même nom à une tige d'acier qui permet d'examiner le fond d'un mur que l'on veut perforer et de reconnaître la nature des matériaux qui s'y opposent.

* **CHASSEPOT** (Fusil). — V. ARME, § *Arme à feu de guerre;* FUSIL.

CHASSER. *T. d'imp.* Espacer la composition, mettre du blanc entre les lignes. ‖ *T. techn.* Chez les batteurs d'or, commencer à étendre l'or ou l'argent. ‖ *T. de p. et chauss.* Ouvrir l'écluse de chasse.

* **CHASSE-TAMPON.** Forte tringle en fer portant une douille à l'une de ses extrémités, et formant à la tête une sorte de champignon. Cet outil sert principalement à loger un tampon dans l'orifice d'un tube d'une chaudière tubulaire ou d'une locomotive, par exemple, comme on doit le faire lorsqu'une fuite vient à s'y déclarer, pour éviter qu'elle ne vide la chaudière, et n'éteigne le feu dans le foyer. On place alors dans la douille du chasse-tampon une sorte de cône en fer ou tampon d'un diamètre un peu plus petit que celui du tube à boucher, et on vient l'emmancher dans le tube. On retire alors le chasse-tampon, et on s'en sert comme d'une masse en le retournant bout pour bout, pour enfoncer le tampon en frappant par le champignon de la tête.

* **CHASSE-RIVET.** *T. de chaud.* Outil qui sert à river les clous.

* **CHASSE-ROND.** *T. de min.* Outil servant à pousser les moulures nommées *congés.*

* **CHASSE-RONDELLE** ou **CHASSE-ROUE.** *T. de charron.* Outil pour chasser la rondelle, la roue.

* **CHASSE-ROUE.** Syn. de *boute-roue.* Borne de pierre, bras de fonte ou autre métal, que l'on pose à l'entrée des allées et des portes cochères pour chasser les roues, et par suite la voiture dans la voie à suivre; on empêche ainsi les moyeux qui sont les parties les plus saillantes de frapper contre les murs ou les grilles.

I. CHÂSSIS. *T. techn.* 1° Assemblage de bois ou de fer destiné à entourer et à contenir un objet quelconque : il est ordinairement composé de traverses qui le consolident ou le divisent, soit par le milieu, soit en diagonale ou dans les angles. ‖ 2° *T. de constr.* Assemblage de montants et de traverses encadrant les parties mobiles d'une fenêtre et fixé dans la feuillure de la baie; on lui donne le nom de *châssis dormant.* ‖ 3° *Châssis à fiches*, celui qui, fixé sur le châssis dormant, s'ouvre comme une porte. ‖ 4° Assemblage des montants et des traverses d'une porte métallique ou autre. ‖ 5° Montants et traverses d'une baie formant ordinairement des carrés où l'on met de la toile, du papier huilé ou des vitres pour garantir l'intérieur des injures du temps. ‖ 6° *Châssis à tabatière.* Châssis d'une fenêtre ménagée sur un toit et qui s'ouvre de bas en haut au moyen de charnières. ‖ 7° *Châssis à guillotine.* Châssis de fenêtre qui s'ouvre de bas en haut, en glissant dans les coulisses de côté. ‖ 8° *Châssis de pierre.* Dalle de pierre percée pour recevoir une autre dalle en feuillure et qui sert aux regards, aux fosses d'aisance pour les vider, etc. ‖ 9° Bâti d'une rampe d'escalier. ‖ 10° Fermeture à claire-voie en osier, en fil de fer ou en toile métallique, établie devant une croisée pour en garantir les vitres. ‖ 11° *T. techn.* Espèce de cadre sur lequel on applique un tableau, une toile, etc. ‖ 12° Moule qui reçoit les plaques avec lesquelles on fait les flans des monnaies. ‖ 13° Sorte de métier formé de traverses que l'on peut écarter à volonté, et sur lequel on étend de la toile pour broder, ou des matelas pour les piquer. ‖ 14° Bordure d'une table à couler le plomb. ‖ 15° Sorte de coffre plus long que large, ayant une ouverture circulaire, qui reçoit la bassine du cirier sous laquelle on met le fourneau plein de feu. ‖ 16° Cadre garni d'une toile métallique qui, dans les piles d'une papeterie, sert à retenir la pâte et à laisser couler l'eau. ‖ 17° Dans une raffinerie à papier, c'est un cadre à coulisse qui a pour objet de retenir l'eau nécessaire au blanchiment de la pâte. ‖ 18° Dans la fabrication du papier à la main, c'est le nom d'un cadre que l'on pose sur la forme, et qui sert à régler l'épaisseur de la feuille. On dit aussi *frisquette.* ‖ 19° Cadre en bois, divisé en carrés, qui sert aux peintres et aux dessinateurs pour faire des réductions. ‖ 20° *Châssis de couches.* Cadre de bois revêtu de vitre destiné à couvrir les plantes que l'on veut préserver du froid ou dont on veut hâter la végétation. ‖ 21° *T. de typogr.* Cadre rectangulaire en fer, dans lequel on a placé la composition mise en pages pour la fixer de tous côtés avec des coins et l'imposer : l'ensemble constitue une *forme.* ‖ 22° *Barre de châssis.* Barre de fer qui traverse le châssis et le divise en deux parties égales selon le format. ‖ 23° *T. de fact. de mus.* Pièce de l'orgue dans laquelle on enchâsse l'aire du sommier qui reçoit les tuyaux. ‖ 24° Partie du clavier sur laquelle on monte les touches. ‖ 25° *T. de théât.* Décoration théâtrale qui forme les coulisses et dérobe aux spectateurs les côtés de la scène où se tiennent les acteurs, les figurants, les machinistes, etc, ‖ 26° *T. de chem. de fer.* Cadre rectangulaire que porte la chaudière d'une locomotive ou la caisse d'une voiture. — V. § III. ‖ 27° Sorte de caisse en usage chez les imprimeurs d'étoffe. — V. l'art. suivant. ‖ 28° *T. de fond.* Lorsqu'on moule une pièce suivant un modèle, on se sert de carcasses métalliques, destinées à contenir le sable ou la terre qui doivent garder l'empreinte voulue et portent le nom de *châssis* (V. Bronze d'art). Ce sont en général, des boîtes rectangulaires sans fonds, des cylindres ouverts des deux bouts, qui ne maintiennent, que par le frottement dû au bourrage, la matière légèrement plastique qui est tassée autour du moule. Lorsqu'une pièce est d'une forme un peu compliquée, le châssis est en plusieurs pièces qui s'ajustent au moyen de goupilles passant dans des oreilles en saillie. On comprend qu'il doit y avoir une certaine relation entre la dimension d'une pièce et celle des châssis que l'on doit employer ; aussi, dans les fonderies, les châssis constituent-ils un matériel immobilisé considérable pour peu que la fabrication soit variée. ‖ 29° *T. de photog.* Cadre renfermant un ou plusieurs autres cadres retenus par des taquets, et qui a pour objet de maintenir la ou les glaces ; il est fermé à l'aide d'un volet. ‖ 30° *T. d'art mil.* Sorte de bâti en bois, en fonte ou en fer, monté sur des roulettes ou galets et pouvant tourner autour d'un pivot réel ou fictif placé le plus généralement soit à l'avant, soit au centre, et qui, dans les affûts de place ou de côte installés à poste fixe sur les remparts ou dans les casemates, sert de support à l'affût proprement dit. Il guide l'affût dans son recul, peut être pourvu d'un dispositif pour limiter le recul, et facilite les déplacements latéraux que nécessite le pointage en direction, tout en permettant de ramener après chaque coup l'affût et par suite la pièce toujours dans la même direction. — V. Canon. ‖ 31° *T. de min.* Cadre vertical rectangulaire en bois composé de quatre pièces, que les mineurs emploient pour constituer l'ossature des galeries et maintenir le coffrage qui soutient les terres. On distingue les *châssis droits*, les *châssis obliques*, les *châssis-tournants* et les *faux-châssis*. Le châssis droit se compose d'une semelle de deux montants et d'un chapeau. Les montants s'assemblent avec le chapeau par des entailles à mi-bois de 0ᵐ,03 à 0ᵐ,04 de profondeur, et avec la semelle par des entailles simples, pratiquées aux extrémités de cette semelle. Leur équarrissage doit varier en raison des dimensions de la galerie, de la consistance du terrain et de l'espèce de bois dont on fait usage. Lorsqu'on a à construire une galerie venant s'embrancher avec une autre sous un angle différent de l'angle droit, on emploie généralement pour le premier châssis de la nouvelle galerie, un châssis oblique. La section des montants, au lieu d'être un carré, est alors un parallélogramme et les entailles du

chapeau et de la semelle doivent s'assembler exactement avec les extrémités de ces montants. Le châssis-tournant qui s'emploie souvent pour faciliter les retours ou les changements de direction des galeries est un châssis oblique construit en madriers, de façon qu'un des montants soit beaucoup plus large que l'autre. En Hollande, les ingénieurs militaires suppriment le *coffrage* (V. ce mot) et emploient pour construire les galeries, les châssis droits ou tournants que l'on nomme *châssis-coffrants*. Un châssis-coffrant ordinaire se compose de quatre pièces formées de planches de 0ᵐ,03 à 0ᵐ,05 d'épaisseur et de 0ᵐ,25 à 0ᵐ,30 de largeur assemblées à l'aide de trois tenons et d'un coin. Ces châssis sont très commodes pour la construction rapide des petites galeries dans un mauvais terrain.

II. * **CHÂSSIS. T. *d'imp. sur ét.*** Pour mettre la couleur sur un tissu, on ne peut directement frotter la planche avec la couleur, on est obligé d'employer un appareil qui sert d'intermédiaire et auquel on donne le nom de *châssis.* Ceux dont on se sert généralement, pour l'impression à la main, sont formés de caisses composées de cinq planches, dont quatre pour les côtés et une pour le fond. La hauteur des châssis ordinaires est d'environ 15 centimètres. Les dimensions des côtés varient suivant les planches à imprimer (fig. 967).

La première caisse A est remplie à moitié d'une solution de gomme ou d'ancienne couleur D

Fig. 967. — *Châssis ordinaire.*

On l'appelle *fausse couleur.* Dans cette première caisse et sur la fausse couleur vient s'adapter avec un peu de jeu, un second cadre B, mais dont le fond est fait de toile cirée, pour empêcher la fausse couleur de traverser. Sur ce second châssis s'en place un troisième C dont le fond est garni d'un drap de laine bien fin, très tendu et tout à fait ras. L'ensemble constitue le châssis. Le *tireur*, ou l'ouvrier chargé de s'occuper du châssis, met la couleur sur le drap, l'étend uniformément avec une longue brosse plate, formée de soies de porc et la brosse dans tous les sens pour obtenir une couche aussi égale que possible. Quand le tireur met trop de couleur, on obtient une impression trop fournie ou *grasse* et, dans le cas contraire, une impression *maigre.* L'imprimeur pose alors sa planche sur le drap, prend une certaine quantité de couleur et l'applique ensuite sur le tissu.

En Angleterre, on emploie des fonds de vieux tonneaux et les châssis intermédiaires sont faits de vieux cerceaux sur lesquels on tend la toile cirée et le drap.

Le châssis que nous venons de décrire ne sert que dans les cas ordinaires. Quant une couleur est sujette à s'altérer au contact de l'air, on modifie le châssis de la façon suivante : au lieu de mettre de la fausse couleur, on emploie un châssis dans lequel la couleur à imprimer remplit elle-même le rôle de fausse couleur. Cette dernière traverse le drap et ne s'altère que peu,

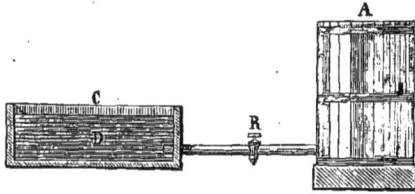

Fig. 968. — *Châssis pour couleurs sujettes à s'oxyder facilement.*

puisque le reste de la couleur n'est pas en contact avec l'air. La disposition employée est représentée figure 968.

A est une cuve dans laquelle on met la couleur. Au bas de la cuve est un robinet R permettant l'écoulement de cette couleur dans le châssis C. Par suite de la différence de niveau, la couleur du réservoir A tend à traverser la couche D qui est formée par le drap de châssis et où l'imprimeur vient alimenter sa planche.

Quand la couleur exige une température supé-

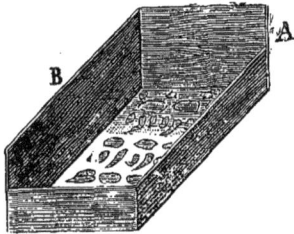

Fig. 969. — *Châssis-mère pour compartiment.*

A B Côtés sur lesquels le tireur place les guides des fausses planches. Ainsi que l'indique la figure, ces deux côtés sont d'environ 6 centimètres plus élevés que les deux autres.

rieure à celle de l'air ambiant, on dispose les châssis de façon à ce que la fausse couleur ait une température voulue, soit par l'introduction d'un tube chauffé à la vapeur, ou par une caisse à double fond contenant de l'eau chaude. Ce cas arrive, du reste, très rarement dans l'impression à la main et le châssis à double fond n'est employé que pour l'impression au rouleau.

Les diverses sortes de châssis que nous venons d'indiquer ne permettent l'application que d'une seule couleur. Quant il s'agit d'imprimer plusieurs couleurs à la fois, on a recours au *châssis à compartiments*. Il faut ajouter que tous les genres ne peuvent s'exécuter par ce moyen et que le dessinateur doit grouper ses couleurs sur le dessin, d'une façon telle qu'elles ne se touchent pas ou que du moins celles qui doivent être impri-

mées ensemble ne se touchent pas. Admettons un dessin composé d'une rose détachée sur un fond de couleur préalablement imprimé au rouleau. Les rentrures de la rose comportent du rose clair dans la fleur, du vert dans le feuillage et du cachou dans la tige. Voici comment on applique les trois couleurs simultanément.

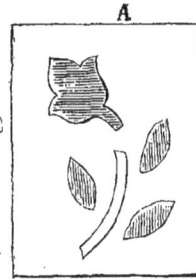

Fig. 970. — *Fond du châssis-mère.*

A B Côtés correspondants à ceux du châssis-mère. Dans ce croquis, nous n'indiquons qu'un rapport pour faciliter la compréhension du système.

Sur le fond du châssis (fig. 969) qui, cette fois au lieu d'être en drap de laine sera en drap de caoutchouc, on adoptera, au moyen de gomme laque. à l'endroit préalablement désigné pour chaque couleur, des morceaux de drap découpés suivant la forme affectée par les rentrures. Ces morceaux ne doivent absolument pas se toucher; car aussitôt qu'il y a contact les couleurs se mélangent. Ce premier arrangement donne le *châssis-mère*.

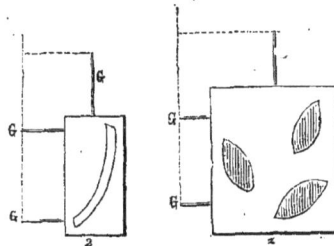

Fig. 971. — *Planche cachou.*   Fig. 972. — *Planche vert.*

G Guides en bois, placés aux fausses planches, de façon telle qu'en appliquant la fausse planche sur le fond du châssis-mère, chaque couleur se trouve toujours à la même place — *A B* Côtés du châssis-mère. La planche rose n'est pas représentée.

A côté de celui-ci, se trouvent autant de petits châssis qu'il y a de couleurs, soit trois dans le cas qui nous occupe, rose, cachou, verte (fig. 970 à 973). Au moyen de petites planches spéciales, appelées *fausses planches*, lesquelles ont des reliefs cadrant exactement, avec le châssis-mère, on prend la couleur dans chaque petit châssis pour la porter sur le relief du châssis-mère. Le tireur a donc ces trois couleurs à porter l'une après l'autre, des petits châssis spéciaux sur le châssis-mère. Alors seulement vient l'imprimeur qui avec la vraie planche relève d'un seul coup les trois couleurs et les applique sur l'étoffe.

Pour que le tireur ne puisse se tromper, les

fausses planches sont munies de guides en bois indiqués en G (fig. 971 à 973), qui les forcent à venir invariablement se placer au même endroit. Il va de soi que le tireur doit toujours placer les mêmes côtés des fausses planches contre les mêmes côtés du châssis-mère. Le croquis suivant indique suffisamment l'arrangement de ce mode de châssis qui a été très employé en Alsace.

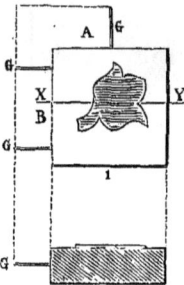

Fig. 973. — *Coupe suivant* X *f*.

G est le guide en bois. — Partie feutrée prenant la couleur et la portant sur le châssis-mère.

D'autres systèmes de compartiments dus à M. Godefroy et à d'autres industriels ont été employés, mais celui ci-dessus indiqué est celui qui a été le plus usité dans ces derniers temps.

Lorsqu'il s'agit de faire des fondus, c'est-à-dire des dessins dans lesquels le point d'arrêt d'une couleur n'est pas déterminé, mais où, au contraire, il y a transition d'une nuance ou d'un ton à un autre sans solution de continuité, on emploie

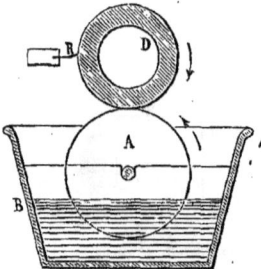

Fig. 974. — *Fournisseur marchant en sens inverse du rouleau.*

A Fournisseur. — *B* Bassine à couleur ou châssis. — *D* Rouleau imprimeur — *R* Râcle.

des appareils spéciaux, tant pour l'impression à la main que pour les impressions mécaniques. — V. Fondus.

Dans les impressions par machines, telles que l'impression au rouleau, à la perrotine, à la planche plate, les châssis sont construits d'une façon toute particulière.

Le châssis pour l'impression au rouleau se compose d'une bassine généralement en cuivre, dans laquelle se place un rouleau de bois garni de caoutchouc et que l'on appelle *fournisseur*. Ce rouleau tourne, soit dans le sens du rouleau

d'impression, soit en sens inverse. Les avis des praticiens sont partagés à ce sujet, et les épaississants font quelquefois adopter ou rejeter l'un ou l'autre des systèmes.

La figure 974 représente une bassine avec fournisseur allant en sens contraire du rouleau imprimeur, et la figure 975 représente la bassine

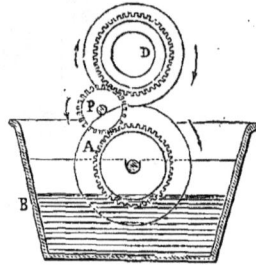

Fig. 975. — *Fournisseur marchant dans le sens du rouleau.*

A Fournisseur muni d'une roue *P* mue par la roue dentée placée sur le rouleau *D*. — *B* Châssis.

avec fournisseur allant dans le même sens que le rouleau.

Quand il s'agit de chauffer les couleurs, les bassines sont à double fond, on y laisse passer un courant de vapeur qui chauffe la couleur au degré voulu.

Quand on imprime des couleurs plastiques très denses, on remplace le fournisseur de la bassine par une brosse qui nettoie le rouleau imprimeur en même temps qu'elle mélange la couleur et empêche le dépôt des matières denses.

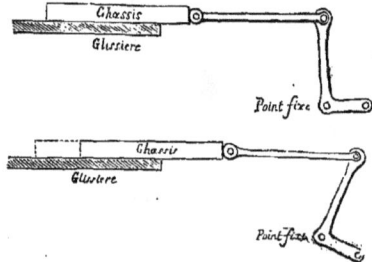

Fig. 976 et 977. — *Châssis ordinaire de perrotine*

Châssis de perrotine. Le châssis ordinaire de la perrotine est d'une construction très simple. Il se compose d'une planche d'environ 1 mètre de long sur 12 à 15 centimètres de large, garnie de drap de châssis. Au moyen d'un levier adapté à la machine, le châssis fait un mouvement de va-et-vient. Au mouvement de sortie, il passe sur deux rouleaux fournissant la couleur; dans le mouvement de rentrée, il passe encore une fois sur les fournisseurs, puis il subit un temps d'arrêt pendant lequel la planche à imprimer vient prendre la couleur. Quand il s'agit d'imprimer à plusieurs couleurs, le châssis est disposé d'une façon toute particulière. Il est alors fait de deux petits châssis reliés ensemble et prenant chacun sa couleur sur un fournisseur spécial. Dans le cas ordinaire, le châssis est tiré par une branche qui n'a pas de jeu et ne supporte pas de choc. Le châssis roule dans la glissière, sans traîneau, ni autres accessoires. Il ne fait

Fig. 978. — Face et coupe de la glissière ordinaire.

qu'un mouvement rectiligne. Dans le cas d'une impression à plusieurs couleurs, avec la même planche, le châssis porte sur un traîneau qui occupe diverses positions dans la glissière elle-même modifiée (fig. 976 à 979).

Au lieu de décrire la marche du traîneau, nous donnons trois croquis représentant les trois posi-

Fig. 979. — Face et coupe de la glissière à plusieurs couleurs.

tions diverses qu'il occupe. Nous ne figurons pas ici le châssis qui est censé être sur le traîneau (fig. 980 à 982). Le croquis représente la glissière de droite de la troisième couleur d'une machine perrotine à quatre couleurs. En C (fig. 980 à 982) la planche prend la couleur sur le châssis. En B, temps d'arrêt pendant lequel les fournisseurs garnissent le châssis de couleur. En

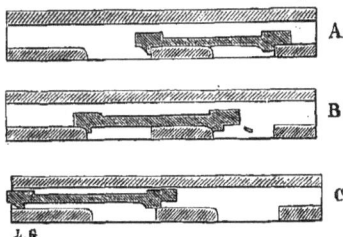

Fig. 980 à 982. — Glissière de droite avec le traîneau représenté dans les trois positions de l'appareil en fonction.

A temps d'arrêt extrême pendant lequel la planche va imprimer sur le tissu. Par cette disposition, bien construite, on peut avec une pérrotine à quatre couleurs, imprimer simultanément treize couleurs. Pour obtenir un bon rendement, il ne faut pas dépasser six à huit couleurs. Les dessins doivent être choisis. Si l'on veut imprimer des bandes, on modifie encore le fournisseur, qui au lieu d'être un cylindre tournant dans la couleur, se trouve être formé d'une série de cylindres plongeant dans des godets spéciaux à chaque couleur. — J. D.

III. CHÂSSIS. T. de chem. de fer. Le châssis des voitures de chemin de fer est un cadre formé de poutres en fer ou en bois solidement entretoisées

qui supporte la caisse proprement dite à laquelle il fournit une base d'appui rigide. Le châssis est composé ordinairement de deux brancards réunis à leurs extrémités par les traverses de tête, et entretoisés sur leur longueur par des traverses intermédiaires et par une croix de Saint-André relevée au niveau supérieur du cadre, afin de laisser au-dessous l'espace nécessaire pour loger les ressorts de traction. La caisse qui présente presque toujours une largeur plus considérable que celle du châssis est fixée souvent sur celui-ci à l'aide d'équerres boulonnées sur les brancards, et quelquefois seulement par l'intermédiaire de ressorts.

Le châssis doit être constitué d'une manière aussi robuste que possible afin de supporter sans déformation les chocs en marche, et d'assurer aux plaques de garde le montage invariable qui leur est nécessaire; il agit également d'ailleurs par son propre poids pour augmenter la stabilité des voitures, et on rencontre souvent sur le matériel des trains de voyageurs des châssis dont le poids atteint presque celui de la caisse.

La disposition du châssis se trouve modifiée dans une certaine mesure par celle des appareils de choc et de traction dont ils sont munis, mais comme c'est là une question qui intéresse l'économie tout entière de la voiture de chemin de fer, nous n'avons pas cru devoir en parler ici, et nous en reportons l'étude au mot VAGON.

Les châssis employés habituellement sur les chemins de fer étaient toujours en bois, mais l'élévation croissante du prix du bois et surtout la difficulté de se procurer des poutres d'un fort équarrissage, ont amené peu à peu les différentes Compagnies en France et surtout à l'étranger à remplacer le bois par le fer dans la plupart des pièces, et l'Exposition de 1878, par exemple, ne renfermait qu'une seule voiture (envoyée par la Compagnie de l'Ouest) dont le châssis était complètement en bois. On y rencontrait au contraire de nombreux exemples de châssis mixtes dans lesquels les brancards étaient en fer, et dont les pièces en bois étaient au moins doublées de tôle pour prévenir les dangers d'incendie résultant des charbons incandescents tombés du foyer de la machine.

Cette dernière disposition a l'inconvénient d'alourdir beaucoup le châssis, et il paraît préférable de préparer des châssis entièrement en fer dont on peut réduire facilement le poids à celui des châssis analogues en bois. L'expérience montre d'ailleurs que les vibrations ne sont pas plus sensibles dans ces conditions, et on peut, en outre, interposer des rondelles en caoutchouc s'il est nécessaire pour les amortir.

Le châssis en fer résiste en outre beaucoup mieux à la déformation; il a une durée plus considérable, et l'entretien n'en est pas plus dispendieux, comme on a pu le constater sur les Compagnies de l'Est et de Lyon qui emploient maintenant les châssis métalliques d'une manière exclusive; la Compagnie de l'Ouest a même essayé récemment d'appliquer des châssis en acier fondu.

Les poutres métalliques des brancards et des

traverses reçoivent toujours une forme en double T ou en double L pour en faciliter l'assemblage ; les croix de Saint-André qu'on conserve sur les châssis de Lyon sont formées par de simples fers à cornière, et elles sont remplacées sur les voitures de l'Est par des traverses intermédiaires formant autant d'assemblages rectangulaires qui maintiennent la forme du bâti.

Les châssis présentent actuellement une longueur de 8 mètres environ avec les types actuels des voitures allongées, et les ressorts de choc et de traction sont souvent reportés aux extrémités du châssis et appuyés quelquefois sur les traverses intermédiaires pour diminuer la longueur des tiges.

Châssis de locomotive. Le *châssis des locomotives* est un cadre en fer qui supporte la chaudière et le mécanisme, et doit leur fournir un point d'appui robuste et invariable tout en leur laissant la liberté d'obéir aux efforts de dilatation.

Le châssis est formé ordinairement de deux longues feuilles de tôle de 40 centimètres de hauteur environ qui règnent sur toute la longueur de la machine, et sont entretoisées par des traverses aux deux extrémités, ainsi que par des traverses intermédiaires et par les pièces du mécanisme, ou même par les cylindres s'ils sont intérieurs.

Les longerons sont presque toujours des tôles en fer puddlé, on commence toutefois à employer l'acier fondu qui permet d'en diminuer le poids, et on en rencontre un exemple sur les machines à dix roues de la Compagnie d'Orléans. On donne quelquefois à ces longerons la forme de T qui est plus rationnelle, mais qui présente l'inconvénient de les affaiblir au-dessus des essieux ; on est même allé jusqu'à donner à la partie moyenne du châssis la forme d'une caisse creuse fermée qu'on utilise comme caisse à eau. Cette disposition se rencontre sur les machines tender de Tywell de Lincoln. En Amérique d'ailleurs, les châssis sont formés par de véritables poutres en fer forgées au pilon et entretoisées par le mécanisme de manière à laisser toute liberté d'accéder aux pièces.

A l'inverse des châssis de vagons dont les brancards sont toujours reportés en dehors des roues pour augmenter la stabilité de la voiture et soustraire les fusées aux efforts de torsion de l'essieu, les longerons des châssis de locomotives sont placés soit à l'intérieur, soit à l'extérieur des roues.

Ces deux dispositions, sur lesquelles nous reviendrons à l'article LOCOMOTIVE, modifient beaucoup l'aspect extérieur de la machine, et elles ont leurs avantages et leurs inconvénients correspondants, mais aucune d'elles n'est encore adoptée d'une manière exclusive.

Les châssis intérieurs fournissent un point d'appui plus direct à la chaudière ; combinés avec les cylindres intérieurs, ils entretoisent avec une solidité parfaite ; mais, d'autre part, ils obligent à augmenter le diamètre des pièces, ce qui réduit d'ailleurs la pression par unité de surface, et surtout ils ne contiennent pas les roues dans le cas d'une rupture d'essieux.

Le châssis extérieur augmente la stabilité en marche, il soutient mieux les roues et fatigue moins les fusées.

Souvent on dispose des châssis qui sont doubles sur une partie au moins de leur longueur. Dans ce cas, les longerons intérieurs ne chargent le plus souvent que l'essieu moteur, et les longerons extérieurs chargent tous les essieux. Cette disposition qu'on remarque, par exemple, sur les locomotives Crampton, se prête dans ce cas à un montage très avantageux des cylindres ; elle a l'inconvénient de donner un châssis un peu plus lourd, mais elle présente beaucoup plus de garantie pour la sécurité et elle charge enfin les essieux porteurs dans des conditions très favorables, par une fusée extérieure de diamètre réduit. — B.

* **CHÂSSISSIER.** T. de mét. Ouvrier qui, autrefois, posait des carreaux de fenêtre en papier huilé.

* **CHASSOIR.** 1° T. de tonnell. Morceau de bois que le tonnelier frappe sur le cerceau, pour faire entrer celui-ci de force sur la futaille. || 2° T. de tiss. Outils des liseurs qui sert à refouler les poinçons dans l'étui. || 3° T. de fond. Pièce du moule à *caractères* (V. ce mot), qui sert, lorsque la lettre est fondue, à la chasser hors du moule — Anciennement, lorsque l'on fondait à la main, il n'y avait pas de chassoir. La lettre était entraînée en arrière par le couvercle du moule.

CHASUBLE. La *casula* et la *cappa*, ou le *pluviale*, sont les plus anciennes pièces du costume de l'officiant. Exclusivement réservées aux cérémonies du culte chrétien, elles n'ont jamais appartenu au vêtement ecclésiastique extérieur, qu'elles servaient, au contraire, à dissimuler aux yeux des fidèles. La chasuble moderne ne rappelle que très imparfaitement la primitive *casula*.

— Comme l'indique le diminutif du mot *casa*, (maison) c'était, à l'origine, une *maisonnette*, ou petite hutte ronde, en étoffe ayant au centre une ouverture pour que l'officiant pût y passer la tête. Quand il s'en était revêtu, elle retombait en draperies sur tout son corps, ne formant de plis qu'à la naissance des bras, ainsi qu'aux jointures du coude et des genoux. Sans couture, comme la *toga inconsutilis* du Christ, elle symbolisait l'unité et l'intégrité de la foi, en même temps qu'elle figurait une sorte de cuirasse enveloppant le prêtre et le protégeant contre les attaques de l'éternel ennemi du genre humain. Le démon, ce lion toujours en quête de proie, *quœrens quem devoret*, ne trouvait, en effet, point à mordre sous la *casula*.

Peu à peu ce vêtement, assez incommode dans son symbolisme, se rapetissa par devant pour faciliter le jeu des bras, par derrière pour rendre les génuflexions possibles, et, de raccourcissement en raccourcissement, il arriva à figurer un manteau long, une sorte de houppelande s'ouvrant latéralement, pour le passage des mains, et se relevant pour laisser voir l'aube, ou vêtement blanc de dessous.

Les étoffes précieuses ont toujours été, par esprit de piété, employées à la confection de la *casula* ; les plus anciennes chasubles que l'on connaisse sont en soie, avec galons d'or. Dans le tissu apparaissent les ornements que comportait le goût du temps : ce sont des rinceaux et des arabesques, des feuilles, des fleurs et des fruits, des oiseaux réels ou imaginaires, comme les animaux héraldiques. Le paon, oiseau royal, le pélican, emblème vivant de la charité, l'épi de blé, la vigne et le raisin, symboles de l'Eucharistie, sont les sujets qu'on y voit le plus ordinairement figurés. Telle est la chasuble de Thomas Becket (fig. 982 à 985), archevêque de Cantorbéry, qui fut exilé à Pontigny, au diocèse d'Auxerre, dans le cours du x11e siècle. Conservée au trésor de la cathédrale de Sens, cette chasuble que la figure représente avec l'étole et la mitre, placée sur l'officiant, montre les plis et les draperies qu'elle formait naturellement. On peut la comparer à celle que le « tailleur d'ymaiges » a sculptée autour de la statue funéraire d'un évêque, conservée au musée de Toulouse.

Vers la fin du xve siècle et au commencement du xvie, sous l'influence du goût italien modifié par la renaissance de l'art grec, la chasuble perd insensiblement son caractère et s'éloigne de plus en plus du type traditionnel. On la raccourcit, on l'échancre pour la commodité de celui

Fig. 983 à 985. — *Chasuble, étole et mitre de Thomas Becket.*

qui la porte ; on la diminue de façon à ce qu'elle ne forme plus draperie, et finalement, on la réduit à deux bandes d'étoffe rigide, tombant par devant et par derrière. La *dalmatique*, ou vêtement du diacre et du sous-diacre officiants, conserve encore quelque chose de la *casula* primitive ; mais la chasuble moderne n'en est que l'image dénaturée. La croix, notamment, qui figure aujourd'hui sur la partie postérieure de ce vêtement, n'y paraissait point au moyen âge ; les galons, les oiseaux, les fleurs et les fruits symboliques en tenaient la place.

La chasublerie, qui, de nos jours, est une industrie parisienne et lyonnaise, fut, pendant de longs siècles, presque exclusivement *ultramontaine*. Les Lombards, ces négociants habiles qui servaient d'intermédiaires entre les fabriques italiennes et les pays du Nord, apportaient à Paris les étoffes précieuses avec lesquelles on confectionnait non seulement les ornements d'église, mais encore les vêtements royaux et princiers. C'est de

Pise, de Lucques, de Sienne et autres villes manufacturières, situées au-delà des monts, que venaient ces « damas, satins, lampas, brocards, baudequins, veloux, veluaux, draps d'or, d'argent et de soie, cendaulx brochiés à Chine et grant planté de feulles d'or » dont il est question dans les *Comptes de l'argenterie des rois de France* : tissus merveilleux qu'Avignon et Tours apprirent à fabriquer plus tard ; ce qui, au témoignage de Boileau, frustra les *Ultramontains*

　　　　..... *de ces tribus serviles*
　　Que payait à leur art le luxe de nos villes.

On sait qu'une des rues du vieux Paris a conservé le nom de ces riches marchands, fournisseurs du clergé, de la royauté et de l'aristocratie, qui trafiquaient de tout, « tenaient » tout ce qui pouvait se vendre à gros bénéfice, alimentaient le luxe de l'Église et des cours et formaient, avec les changeurs et orfèvres, une sorte d'aristocratie dans la bourgeoisie parisienne. La chasublerie et la vente des étoffes précieuses qu'elle exige ont été, pendant longtemps, leur domaine exclusif; mais, à partir de Louis XI, ce commerce leur échappe; les Flandres importent concurremment des soies et des velours, et la France elle-même ne tarde pas à en fabriquer. On irait vainement aujourd'hui chercher des ornements d'église dans la rue des Lombards; cette industrie, qui n'a pas peu contribué à la prospérité de la fabrique lyonnaise, s'est concentrée, à Paris, dans le quartier Saint-Sulpice, autour de l'église et du séminaire de ce nom.

Un dernier mot sur la *casula* et la *cappa*, qu'on ne voit plus aujourd'hui qu'à l'église et dans les sacristies; ces vêtements sacrés ont eu leur côté profane, et ce n'est pas le chapitre le moins intéressant de leur histoire. La « chape de Saint-Martin de Tours » est célèbre dans nos annales; portée en guerre par les populations croyantes de l'époque mérovingienne et carlovingienne, elle a été le drapeau primitif et a devancé l'Oriflamme. Ce que nous avons dit de la châsse peut donc s'appliquer, avec juste raison à la chasuble et à la chape : un fragment d'os, un lambeau d'étoffe sont doublement respectables, quand ils excitent en même temps la foi religieuse et le sentiment patriotique. — L. M. T.

* **CHASUBLERIE.** Ensemble des objets nécessaires au service de l'office divin, tels que croix, ciboires, chasubles, chapes, etc.

I. * **CHASUBLIER.** Armoire renfermant des tiroirs à coulisses dans lesquels on serre les chasubles après l'office.

II. **CHASUBLIER, IÈRE.** T. *de mét.* Celui, celle qui fabrique ou vend des chasubles ou autres ornements du service religieux.

* **CHAT.** T. *techn.* 1° Matière étrangère dure qui rend l'ardoise fragile et ne permet pas de la débiter pour la couverture des bâtiments. || 2° Chevalet de couvreur. || 3° Fonte qui s'échappe du creuset par suite de la rupture du creuset ou par toute autre cause. || 4° Pièce de métal, carrée ou ronde, et percée d'un trou par lequel passe la corde de l'aplomb du charpentier. || 5° Instrument, muni de griffes, qui permet de découvrir les chambres dans l'intérieur d'une arme à feu. || Premier instrument vérificateur dont on se servait dès le règne de Louis XIV pour la vérification de l'âme des bouches à feu; mais il est depuis longtemps abandonné. || 6° Art. *hérald.* Figure de chat qui symbolise la liberté; on s'en sert aussi pour symboliser l'astuce. *Chat effarouché*, chat rampant, *chat hérissonné*, celui dont le train de derrière est plus haut que la tête. || 7° T. *de lapid.* Œil-de-chat. — V. ce mot.

CHÂTAIGNIER. Arbre de la famille des cupulifères, qui croît dans les climats tempérés de l'Europe. Le centre et le midi de la France possèdent de vastes forêts de châtaigniers; les pores très serrés de son bois le rendent plus propre qu'aucun autre à contenir des liquides, aussi est-il employé dans le midi pour la fabrication des futailles. On s'en sert également pour les charpentes légères; ses jeunes branches sont utilisées pour la confection des cercles, des échalas, des treillages, des claies, etc. Il n'est pas d'un bon emploi comme bois de chauffage, non qu'il ne donne pas de cha-

leur, mais parce qu'il pétille et lance constamment des étincelles. — V. Bois.

CHÂTEAU (autrefois *castel, chatel* (du lat. *castellum*), Dans l'origine, ce mot désignait une forteresse environnée de fossés et de murs épais, flanquée de tours et de bastions et qui servait, soit à défendre une ville, soit d'habitation seigneuriale. Lorsque l'invention de l'artillerie réduisit à l'impuissance les châteaux féodaux du moyen âge, les demeures seigneuriales conservèrent le nom de *châteaux*; depuis le nom est resté aux résidences somptueuses et, par extension et même par vanité, aux maisons de plaisance construites ou non dans un style architectural quelconque.

Nous n'avons ici à considérer le château qu'au point de vue archéologique; conformément à l'exposé que nous venons de faire, nous allons diviser notre étude en deux parties : le *château-fort* et le *château moderne.* — V. les articles suivants.

Château-fort. T. *d'arch. milit.* Habitation organisée défensivement pour mettre à l'abri la famille et les richesses d'un chef de tribu, d'un seigneur ou d'un propriétaire.

La construction des premiers châteaux-forts chez les différents peuples se rattache aux origines mêmes de l'habitation humaine. Dès que l'homme apparut sur la terre il se vit entouré d'ennemis et reconnut la nécessité de protéger sa personne, sa famille, ses approvisionnements contre les attaques des animaux sauvages et des autres hommes. Pendant la période de l'âge de pierre les tribus primitives s'abritèrent défensivement sous les roches, dans des cavernes, dans des huttes en argile et en troncs d'arbre. Les constructions mégalithiques connues sous les dénominations d'hypogées, d'allées couvertes de roches ou grottes aux fées, de palais des géants, maisons des pictes, etc., paraissent avoir été de véritables demeures fortifiées auxquelles on pourrait rattacher les tables et les abris celtiques. Le commandant Delair (1) n'hésite pas à considérer les menhirs, les pierres branlantes, les dolmens entourés de cromlechs comme constituant des retraites fortifiées. Le stone-henge de Salisbury (comté de With) composé d'une double enceinte de trilithes et entouré d'une tranchée profonde de 9m,50 de largeur, apparaît aux yeux du même auteur comme un véritable château-fort. Le monument terrassé et retranché d'Abury, cité par Lubbock, présente un caractère tout à fait analogue.

Les constructions lacustres et palustres, dites Ténévières, Palafites et Terramares dont les traces ont été signalées en Suisse, en Irlande et dans la Grande-Bretagne, révèlent chez les architectes antéhistoriques la préoccupation de créer des refuges inaccessibles sur des îlots artificiels entourés d'eau de tous côtés. Cet emploi de l'eau comme moyen de protection se retrouvera dans la fortification flamande, hollandaise et française. — V. Fortification.

Les plus anciennes traces non douteuses de forteresses défensives de l'âge de pierre ont été retrouvées aux environs de Liège et de Namur par MM. Nicolas Hauzeur et Limelette qui ont décrit les camps de Furfooz, Pent de Bum, l'Hastédon etc. « Le camp de l'Hastédon, dit M. Lehm, forme une sorte de pâté rocheux, élevé, étranglé à sa base par une sorte d'isthme. Sa superficie est de dix hectares; il est entouré d'un mur grossier non cimenté, de 3 mètres de base et de 2m,50 de hauteur. On y a recueilli 1,400 silex, en partie polis, et des fragments de poterie très grossière.

(1) *Essai sur les fortifications anciennes*

Le fort de Staigne (dans le comté de Kerry), décrit par Lubbock, paraît plus récent et date probablement du commencement de l'âge de fer. C'est un enclos circulaire d'un diamètre intérieur d'environ 26 mètres formé par une muraille non maçonnée de 5ᵐ,33 de hauteur.

Aussi loin que l'on puisse remonter dans les âges historiques on retrouve dans les constructions irrégulières, dites *cyclopéennes ou pélasgiques*, des habitations composées de gros blocs en vue d'offrir une résistance solide aux attaques de l'homme. Les Pélasges, venus des bords de l'Indus pour s'établir dans les îles et la péninsule helléniques, furent obligés de se mettre en mesure de résister aux incursions des peuples de l'Asie mineure, et formèrent dans ce but des tribus ou fédérations dirigées par des chefs chargés de veiller à la|défense commune. Mettant à profit les obstacles déjà créés par la nature, ils se fortifiaient par groupes dans des lieux escarpés dont ils couronnaient les crêtes de murailles épaisses faites de gros blocs de pierre non équarris mais posés irrégulièrement suivant la méthode des Thyrréniens.

On peut voir dans l'histoire de l'*Habitation humaine* de Viollet-le-Duc une description et un dessin représentant

Fig. 986. — *Tour defensive figurée sur la colonne Trajane.*

l'habitation, escarpée et solidement protégée, d'un chef de tribu Pélasge. C'est le type le plus ancien et le plus complet du château-fort. Ce sont des résidences fortifiées de ce genre qui formèrent plus tard les acropoles ou les citadelles de Tirynthe, de Mycènes, de Lycosures dont la construction remonte au xvi⁰ et xvii⁰ siècle avant l'ère chrétienne. Les Etrusques qui procédèrent des Pélasges ont laissé des ruines de constructions défensives en pierre très remarquables. Romulus, après avoir construit l'acropole de Rome, établit successivement sur les sommets des collines voisines de petits châteaux-forts primitifs destinés à servir de retraites aux bergers et aux troupeaux pendant les luttes acharnées que les Romains soutenaient contre leurs voisins. Plus tard, ce peuple éleva sur ses frontières des *Castelli* et des *Burgi* qui n'étaient autres que de petites forteresses ayant pour but de maintenir en respect les provinces conquises.

En différents points des Gaules, les habitants pourvurent eux-mêmes à leur défense en établissant des châteaux entourés de fossés. Ces postes se réduisaient souvent à une simple tour carrée en pierre ou en bois élevée au milieu d'une enceinte de retranchements ou de palissades. La figure 986 montre une de ces tours telle qu'elle est représentée sur un bas-relief de la colonne Trajane.

Du iv⁰ au vi⁰ siècle, de notre ère, on construisit peu de châteaux-forts en Europe ; on se servait généralement des forteresses de l'époque Gallo-Romaine [que les seigneurs du temps appropriaient à leurs usages.

Dans le courant du vi⁰ siècle les luttes auxquelles donna lieu la transformation de la Gaule provoquèrent de nouvelles constructions défensives. On peut citer notamment les tours et châteaux élevés par Brunehaut, reine d'Austrasie, à Vaudemont, à Étampes, à Cahors, près de Bourges, etc. Les villas et les métairies des rois et seigneurs mérovingiens ainsi que les monastères se transformaient fréquemment en châteaux-forts. C'est ainsi que Château-Thierry et la villa Verberie-sur-Oise devinrent des positions militaires importantes à cette époque.

Au ix⁰ siècle, à la fin du règne de Charlemagne, les luttes intestines et le commencement des invasions normandes firent sentir aux seigneurs et aux propriétaires ruraux la nécessité de fortifier leurs habitations. Vers 862, Charles-le-Chauve rédigea un capitulaire qui prescrivait aux vassaux du royaume de réparer les anciens châteaux-forts et d'en bâtir de nouveaux et tous les petits seigneurs travaillèrent à se fortifier. L'ère de la féodalité commençait à s'ouvrir en même temps que la défiance et l'ambition des vassaux hérissaient le pays de forteresses. Ces premiers châteaux francs du ix⁰ et du x⁰ siècles peuvent se ramener en général au type très bien caractérisé que réalise la Tusque à Sainte-Eulalie-d'Ambarès (fig. 987). Ce château-fort se compose d'une enceinte rectangulaire dè 150 mètres de long sur 90 de large environ défendue par un fossé. Au milieu s'élève une butte en motte de 27 mètres de diamètre entourée d'un fossé de 12 à 15 mètres de large ; c'est sur cette motte qu'était établi le *donjon*, demeure du seigneur à laquelle on n'accédait que par un pont de bois facile à supprimer. Dans la cour étaient établis les bâtiments nécessaires au logement des compagnons du seigneur, des écuries, des hangars, des magasins. Ordinairement un espace tracé au moyen de pierres brutes rangées circulairement sur le sol indiquait la place des assemblées. Quand le château était en site montagneux ou accidenté, on mettait à profit la configuration du terrain pour le tracé de l'enceinte défensive. Le donjon était construit soit sur le point le plus élevé pour dominer les environs, soit près du point le plus faible pour le renforcer. Ces donjons primitifs en bois ou en pierre se transformèrent peu à peu avec le temps et les usages guerriers, de manière à passer par des formes les plus capricieuses et les plus variées.— V. à Donjon, l'historique sommaire de ces transformations caractéristiques.

A partir du xi⁰ siècle se fait sentir l'influence du système défensif des Normands qui a tant contribué à perfectionner l'organisation du château féodal. Ces conquérants durent accepter l'état féodal qu'ils rencontrèrent sur le sol français en venant s'y établir. Chaque seigneur normand obligé de se prêter aux coutumes des populations changea peu de chose aux tenues des fiefs dont il avait la possession. En temps de paix le seigneur normand, entouré d'un petit nombre de familiers, habitait la *salle* ou le donjon fortifié ; en temps de guerre, quand il craignait une agression, il appelait autour de lui les tenanciers nobles et même les vavasseurs, hôtes et paysans. Alors, la vaste enceinte fortifiée qui entourait le donjon se garnissait de cabanes élevées à la hâte et devenait un camp fortifié dans lequel chacun apportait tout ce qui était nécessaire pour soutenir un long siège.

Nous signalerons comme un type très complet de l'ancien château-fort normand le château d'Arques construit, en 1050, pour le duc Guillaume d'Arques, sur un escarpement crayeux, dans le voisinage de Dieppe (fig. 988).

Au lieu de profiter de tout l'espace donné par le promontoire qui dominait le village, et d'utiliser les escarpements comme fossés ainsi que l'eut fait le seigneur français, Guillaume d'Arques fit creuser au sommet de la colline, sur le plateau, un fossé large et profond sur l'escarpe duquel il éleva le mur d'enceinte de son château. La crête de la contrescarpe était défendue par un chemin-couvert garni de hérissons. Des galeries souterraines, pratiquées derrière l'escarpe à quelques mètres au-dessus du fond du fossé, permettaient de surveiller celui-ci et d'arrêter le travail du mineur qui aurait cherché à percer une galerie sous les fondations du château. L'enceinte composée d'un mur défendu par des tours circulaires présente deux portes d'entrée ; l'une placée entre deux tours et couverte par un ouvrage avancé donne accès sur la route de Dieppe, la seconde s'ouvre derrière le donjon. Ce donjon massif et carré conformément aux usages normands est divisé en deux parties par un épais mur de refend ; par sa position oblique et dominante il masque la cour du château pour ceux qui arrivent du dehors. La cour du donjon, séparée par un mur palissadé du reste de l'enceinte, avait plusieurs issues secrètes et communiquait avec le fond du fossé par un escalier souterrain débouchant dans une des galeries d'escarpe.

En dehors de la poterne du donjon, sur la langue de terre qui réunit le promontoire au massif des collines,

étaient élevés des ouvrages en terre palissadés, dont il reste encore des traces, et qui ont dû être modifiés au XVe siècle quand le château fut muni d'artillerie.

Ce château fut assiégé par Guillaume-le-Bâtard qui ne pouvant le prendre de vive force se décida à le bloquer. Il fit dans ce but creuser un fossé de contrevallation qui partant du ravin au nord-ouest, passait devant la porte nord du château, descendait jusqu'à la rivière de la Varenne et remontait dans la direction du sud-est vers le ravin. Il munit ce fossé de bastilles pour loger et protéger son monde contre les attaques du dedans ou du dehors. Après une tentative infructueuse du roi de France pour faire lever le blocus, le comte Guillaume fut obligé de capituler faute de vivres.

Ainsi, du temps de Guillaume-le-Bâtard, c'est-à-dire au milieu du XIe siècle, les barons normands construisaient de puissants châteaux en maçonnerie, entourés de

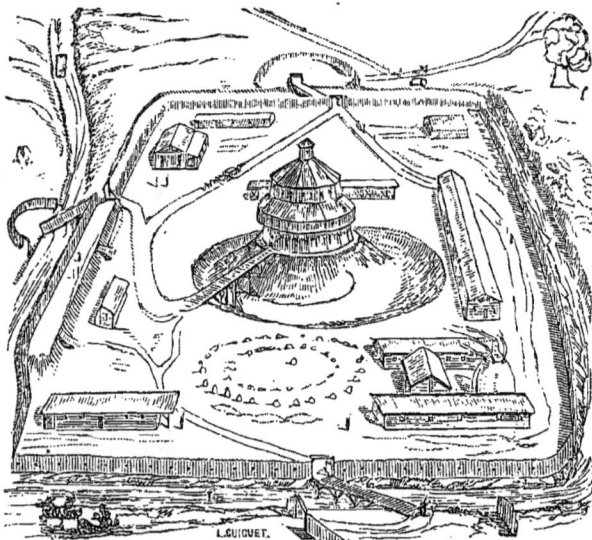

L. GUICHET.

Fig. 987. — La Tusque d'Ambarès.

fossés profonds, munis d'enceintes supérieures et inférieures, de galeries de mines, de tours, de donjons, possédant en un mot tous les moyens de défense qui caractérisent les places fortes du moyen-âge. Le duc de Normandie pendant les longues luttes du commencement de son règne, éleva des châteaux ou tout au moins des donjons pour maintenir des villes qui avaient pris parti contre lui.

Après sa descente en Angleterre, l'établissement des châteaux-forts fut un des moyens que Guillaume-le-Conquérant employa pour assurer sa nouvelle royauté et lutter contre les révoltes du peuple conquis. Les barons normands devenus seigneurs féodaux en Angleterre ou sur le continent, se voyant riches et puissants, augmentèrent la résistance de leurs châteaux et donjons, pour se défendre les uns contre les autres ou pour résister parfois aux exigences de leur suzerain et lui dicter des conditions. Parmi les châteaux de cette époque nous citerons celui du Vieux-Conches (Eure), de Domfront, de Chambéry, de Pouzanges, de Chauvigny, du Vieux-Loches, etc.

Dans le siècle suivant, les successeurs de Guillaume étudièrent avec plus de soin l'assiette de leurs châteaux-forts et s'attachèrent surtout à augmenter et à perfectionner les défenses extérieures. Ces progrès com-

mencent à apparaître dans l'organisation du château de La Roche-Guyon, près de Mantes, mais ils atteignent tout leur développement dans le célèbre Château-Gaillard que l'on peut considérer comme le type le plus parfait de la vieille forteresse féodale et qui fut construit près des Andelys par le roi anglo-normand Richard-Cœur-de-Lion.

Ce prince ayant abandonné au roi Philippe-Auguste, par le traité d'Issoudun, Gisors et la rive droite de la Seine jusqu'aux Andelys, se trouvait exposé à voir Rouen tomber aux mains d'une armée française. Pour couvrir la capitale de la Normandie contre les tentatives de ce genre il fit exécuter, dans l'espace d'un an, une forteresse formidable protégée par un système complet d'ouvrages défensifs admirablement combinés.

Le château Gaillard fut établi sur un escarpement de la rive droite de la Seine dominant le petit Andelys (fig. 989).

Dans cette œuvre remarquable on ne rencontre aucune sculpture, aucune moulure ; tout a été sacrifié à la défense. Tant que vécut Richard, Philippe-Auguste n'osa pas tenter de faire le siège du château Gaillard ; mais après la mort de ce prince et lorsque la Normandie fut tombée aux mains de Jean-sans-Terre, le roi de France résolut de s'emparer de ce point militaire qui lui ouvrait les portes de Rouen. Ce siège mémorable fut commencé en 1203 et poursuivi très énergiquement pendant huit mois, en mettant en œuvre toutes les ressources de la poliorcétique et de l'art du mineur. Le roi ne parvint à s'emparer de la place que le 6 mars 1204 après avoir miné la tour et une partie de l'enceinte du donjon. La figure 989 donne une représentation cavalière du château Gaillard et des travaux de siège exécutés par Philippe-Auguste à travers mille difficultés. Cette forteresse fut réparée et améliorée par le roi de France. Il fut de nouveau assiégé en 1449.

Comme exemple d'un château français construit au

Fig. 988. — *Vue cavalière du château d'Arques (Dictionnaire d'architecture, de Viollet-le-Duc. Ve Morel, éd.).*

XIIIe siècle il faut citer le château de Montargis qui défendait la route de Paris à Orléans. L'enceinte était défendue par un fossé continu. Un pont flanqué de tours battait la route. Une seconde porte pratiquée au travers d'une grosse tour isolée était d'un accès très difficile. Le point faible du côté du nord était renforcé par un gros ouvrage composé d'un double mur flanqué par deux tours d'un fort diamètre. La grande salle où l'on pouvait réunir les défenseurs pour leur donner des ordres était séparée du donjon qui était édifié au milieu de la forteresse. Ce donjon ayant la forme d'une grosse tour cylindrique à plusieurs étages commandait toute l'enceinte et ses bâtiments.

En ce qui concerne les formes architecturales, les

châteaux-forts depuis l'époque gallo-romaine jusqu'au XIII° siècle se rattachent au style roman. Les constructions sont épaisses, lourdes, basses, percées d'ouvertures en plein cintre ou de fenêtres étroites. Les tours qui sont engagées dans les murs offrent en général la forme carrée ou polygonale comme les donjons de Montrichard, de Douvres, de Beaugency, de Newcastle, de Gisors, de Carentan, d'Étampes, etc. Les étages des tours sont divisés par des planchers, rarement par des voûtes, parfois le sommet est protégé par un toit conique sup-

Fig. 989. — *Vue cavalière du château Gaillard, gravure extraite du* Dictionnaire de l'architecture, *de Viollet-le-Duc.* V° Morel, éd.

porté par une charpente formant une galerie en saillie sur le mur et garnie de *hourds* (V. ce mot), le donjon de Laval offre un curieux exemple de cette disposition.

Il se fit dans la construction des châteaux-forts, au XIII° siècle, d'importantes modifications. A cette époque la forteresse prend un caractère plus habitable; les résidences royales fortifiées se garnissent de bâtiments d'ha- bitation traités avec un certain luxe. Parfois le sévère donjon est remplacé par une maison aménagée d'une façon plus commode. Ces transformations se sont surtout accusées en Angleterre sous l'influence des besoins de la vie de famille. Enfin, c'est à partir du XIII° siècle que l'on vit s'élever ces châteaux vastes et formidables, qui joignaient aux ressources défensives de la forteresse les agréments d'une résidence somptueuse, pourvue abondamment des bâtiments et des services accessoires, et de tout ce qui est nécessaire à la large existence d'un grand seigneur vivant au milieu de son domaine entouré de ses fidèles serviteurs. C'est dans ces conditions que s'élevèrent en France les châteaux de Lillebonne, de Dourdan, de Najac, de Saint-Vérain, de Blanquefort, de Bourbon-l'Archambault, de Coucy, de Chinon, de Ribeauvillé (Vosges), de Chalusect (Haute-Vienne).

De toutes les résidences construites à cette époque, la plus magnifique et la plus imposante par sa grandeur et son luxe fut le beau château de Coucy, bâti près de Noyon, de 1220 à 1230, sur un escarpement qui rendait sa position très forte (fig. 990). Entre la ville et le château se trouvait une basse-cour fortifiée d'une grande étendue. Cette basse-cour était défendue et dominée par le donjon et les deux tours latérales dont l'ensemble est représenté au premier plan de notre dessin. Un seul pont muni de

Fig. 990. — *Vue cavalière du château de Coucy, gravure extraite du Dictionnaire de l'architecture, de Viollet-de-Duc. Vᵉ Morel, éd.*

tablıers à bascule franchissait le fossé principal de l'enceinte et donnait accès sous une porte voûtée défendue par des mâchicoulis, et fermée par des herses et des vantaux. L'ensemble des bâtiments d'habitation et de service occupait les quatre côtés d'un quadrilatère irrégulier, laissant, au milieu une cour intérieure spacieuse. Les quatre tours de l'enceinte, très saillantes sur les courtines, avaient 18 mètres de diamètre sur 35 de hauteur et comprenaient deux étages de caves et 3 étages de salles au-dessus du sol. Quant au donjon, c'était une tour formidable mesurant 31 mètres de largeur sur 64 mètres de hauteur au-dessus du fossé. Une galerie souterraine destinée à empêcher les travaux de mines circulait der-

rière la muraille au niveau du fond du fossé. Les tours et le donjon étaient munis à la partie supérieure de corbeaux de pierre destinés à recevoir des hourds en bois. Pendant tout le xıvᵉ siècle, cette forteresse ne reçut que quelques améliorations ; puis, en 1652, elle fut assiégée par le maréchal d'Estrées, gouverneur de Laon, qui la prit et la fit démolir à la mine par ordre du cardinal Mazarin. Depuis, les habitants de Coucy ont continué cette œuvre de destruction en prenant les pierres de l'enceinte pour les réparations de leurs maisons. Cependant, malgré ces causes de ruine, la masse du château de Coucy est encore debout et reste comme un des plus imposants souvenirs de l'époque féodale.

Nous donnons (fig. 991) la vue d'un château dont la porte est défendue par un châtelet isolé en avant au milieu du fossé. C'est le château de Marcoussis, dans l'Ile de France, élevé sous Charles VI, par Jean de Montaigu. Ces divers châteaux offrent généralement le même caractère sévère que le *castellum* antique ; mais, *une certaine rudesse, une bizarrerie frappante*, dans le plan et l'exécution, attestent une volonté individuelle et cette tendance à l'isolement et à la défiance qui est le trait distinctif de cette époque de luttes entre les souverains et les grands vassaux.

A la fin du XIII° siècle, la féodalité ruinée par les croisades, attaquée dans son organisation par le pouvoir royal, n'était plus assez forte pour élever des forteresses comme celles de Coucy. D'ailleurs saint Louis s'étant arrogé le droit d'octroyer ou de refuser la construction des châteaux-forts, aucun seigneur ne pouvait, sans per-mission, construire ou même augmenter son château. Aussi, remarque-t-on que de 1240 à 1340 il s'éleva fort peu de nouveaux châteaux importants.

A partir du milieu du XIV° siècle, au contraire, nous voyons les vieux châteaux réparés ou reconstruits, et de nouvelles forteresses s'élevèrent en France à la faveur des dissensions et des troubles qui désolent le pays ; mais alors l'esprit féodal s'était modifié, ainsi que les mœurs de la noblesse, et ces tendances revêtent des formes différentes de celles qu'elles accusaient pendant les règnes de Philippe-Auguste et de saint Louis ; elles deviennent des *palais fortifiés*, tandis que jusqu'au XIII° siècle les châteaux n'étaient que des forteresses pourvues d'habitations. Les règles de l'architecture pénètrent de plus en plus dans les constructions féodales et militaires, le luxe apparaît dans la décoration des appartements qui s'ornent de tapisseries éclatantes, de meubles pré-

Fig. 991. — *Château de Marcoussis, près de Rambouillet (fin du XIV° siècle).*

cieux, d'armes artistement travaillées, de peintures et de sculptures qui attestent le goût et la richesse des propriétaires.

Louvre. Parmi les demeures féodales de cette époque nous devons signaler les châteaux de Sully-sur-Loire (Loiret), de Baynac, de Villebon, de Tonquèdre, de Kenigshein, de la Panouze (fig. 992) ; mais nous attirerons surtout l'attention sur le château du Louvre qui offre le plus remarquable exemple de la transformation successive d'une sombre forteresse en un palais somptueux. L'ancien Louvre construit par Philippe-Auguste en dehors de l'enceinte de Paris, sur le bord de la Seine, était une sorte de fort détaché protégeant le cours du fleuve et la capitale dont il pouvait, le cas échéant, défier les habitants (fig. 993). Cette forteresse fut réparée et considérablement améliorée par le roi Charles V qui conserva, d'ailleurs, les portes, les tours et le gros donjon du XIII° siècle. Voici d'après Sauval une description sommaire de l'état du Louvre, sous Charles V :

L'ensemble des bâtiments du Louvre couvrait en plan un grand rectangle de 118 mètres de long sur 100 mètres de large. Le mur d'enceinte était entouré de fossés pro-fonds alimentés par les eaux de la Seine. La cour principale entourée par les bâtiments avait 67 mètres de long sur 63 mètres de large. C'est au milieu de cette cour que s'élevait le donjon ou grosse tour du Louvre, surnommée la Philippine ou la tour Ferrand, qui mesurait 16 mètres de diamètre et 31 mètres de hauteur. Cette tour communiquait à la cour par un pont-levis et avec les autres bâtiments par une galerie de pierre.

Les bâtiments entourant la cour principale furent exhaussés de deux étages par Charles V ; le jour qui pénétrait dans les appartements par des fenêtres étroites et grillées en rendait l'aspect sombre et triste comme celui d'une prison. Dans cet ensemble de constructions se trouvaient enchâssées un très grand nombre de tours et tourelles de hauteurs et de dimensions diverses parmi lesquelles on peut citer : les tours du Fer à Cheval, de l'Étang, de l'Horloge, de la Grande Chapelle, de La Tournelle, de l'Orgueil, de La Librairie, etc. On pénétrait dans le palais du Louvre par quatre portes fortifiées, appelées Porteaux, dont la principale se trouvait au midi, sur la Seine, comme on le voit sur la figure 993.

Ce château et ses dépendances contenaient tout ce qui est nécessaire à la vie d'un prince et de ses serviteurs. « Il y avait la maison du four, la panneterie, la sausserie, l'épicerie, la pâtisserie, le garde-manger, la fruiterie, l'échançonnerie, la bouteillerie ; on y trouvait aussi la fourerie, la lingerie, la pelleterie, la lavanderie, la taillerie, le buchier, le charbonnier ; il faut citer aussi la conciergerie, la maréchaussée, la fauconnerie, l'artillerie, autre quantité de celliers et de poulaillers et autres appartements de cette qualité. » Les bâtiments de l'artillerie situés au sud-ouest avaient une grande importance ; le Maître de l'artillerie y était logé, y possédait un jardin et des étuves. Présidence royale, le château du Louvre

avait comme tous les châteaux féodaux, dans ses basses-cours, des fermiers qui, par leurs baux, devaient fournir la volaille, les œufs, le blé ; il possédait, en outre, une ménagerie, bâtie par Philippe-de-Valois, en 1333 ; de beaux jardins plantés à la mode du temps, c'est-à-dire avec treilles, plants de rosiers, tonnelles, préaux, quinconces.

La Bastille. (Etym. *Bastillon*, ouvrage défendant une porte d'entrée.) Une des plus importantes forteresses militaires, élevée sous Charles V, est la Bastille de Paris dont le prévôt Hugues Aubriot posa la première pierre, en 1369. Cette citadelle de Paris fut bâtie sur une première bastille défendant la porte Saint-Antoine

Fig. 992. — *Château de la Panouze (Aveyron), dont les ruines existent encore (XIVᵉ siècle), d'après un manuscrit de la Bibliothèque nationale.*

qu'Étienne Marcel avait fait construire quand il entoura Paris d'une nouvelle enceinte fortifiée. Elle se composait d'une enceinte affectant la forme d'un rectangle, flanquée de quatre tours saillantes aux angles et deux autres tours engagées dans les grands côtés (fig. 994). Des logements fort élevés, disposés dans les bâtiments reliant les tours, étaient éclairés par des fenêtres intérieures et extérieures. Ce château qui fut pendant de longues années une prison d'État, tomba avec la royauté le 14 juillet 1789. Un maître maçon, nommé Palley, fit exécuter quatre-vingt-trois modèles de la Bastille à l'aide d'un nombre égal de pierres d'assises choisies parmi les ruines, et envoya à chaque département français un de ces modèles afin de perpétuer le souvenir de la journée du 14 juillet.

Au XIIᵉ siècle se rattache encore la construction du château de Vincennes, grand poste avancé de Paris, qui servit de demeure à plusieurs rois de France, et fut fondé par Charles-de-Valois, frère de Philippe-le-Bel. Philippe-de-Valois le rebâtit, en 1339, sans l'achever ; son fils Jean continua les travaux qui ne furent complètement terminés que par Charles V. Située en

plaine, cette vaste et belle forteresse se distingue surtout des anciens châteaux féodaux par la grande régularité de son plan et de ses aménagements intérieurs. C'était presque une villa fortifiée ou un palais de plaisance où les rois pouvaient trouver un séjour agréable et sûr.

Tel que Charles V le laissa, le château de Vincennes occupait un vaste rectangle entouré de murs crénelés et de larges fossés ; quatre grosses tours carrées flanquaient les angles, cinq autres défendaient trois côtés et le quatrième était dominé par un puissant donjon carré. L'entrée principale était au nord, percée dans une tour plus large que les autres à laquelle on accédait par un pont-levis défendu comme ceux du XIIIᵉ siècle. Le donjon qui est encore debout occupe la face tournée vers Paris (fig. 995) ; il était entouré d'un fossé et flanqué lui-même de 4 tours rondes ; il avait cinq étages auxquels on accédait par un escalier de pierre qui menait jusqu'à la plate-forme surmontée d'une guette. Ce donjon servit de prison à un grand nombre d'hommes illustres parmi lesquels il faut citer Enguerrand de Marigny, le prince de Condé, Mirabeau et les ministres de Charles X. Dans son enceinte le château de Vincennes renfermait des logements pour le roi et sa suite, une Sainte-chapelle, dont l'intérieur fut restauré plus tard, sous Henri II, et orné de vitraux peints par Jean Cousin, d'après des dessins de Raphaël.

Au commencement du xv⁰ siècle, le château-fort semble protester contre les tendances populaires de son temps, il s'isole et se ferme plus que jamais ; les défenses deviennent plus savantes parce qu'elles ne sont garnies que d'hommes de guerre. Il n'est plus une protection pour le pays, mais un refuge pour une classe privilégiée qui se sent attaquée de toutes parts, et qui fait un suprême effort pour ressaisir la puissance. Le château de Pierrefonds réalise le type le plus complet des forteresses féodales de cette époque. Sous Charles VI, Louis d'Orléans fit reconstruire, en 1390, le château de Pierrefonds à 500 mètres de l'endroit qu'occupait l'ancien fort de ce nom, dans une position magnifique dominant toute la forêt de Compiègne. En 1420, cette place, quoique très forte, fut réduite à ouvrir ses portes aux Anglais, faute

de vivres et de munitions. Elle revint ensuite au roi de France, Louis XII, qui compléta et améliora les constructions.

Cette belle forteresse dont nous donnons (fig. 996) une vue cavalière, formait une vaste enceinte presque carrée entourée d'un fossé creusé dans le roc qui séparait également la basse-cour du reste des bâtiments. Les murailles extérieures étaient couronnées de mâchicoulis et flanquées de tours élevées, quatre aux angles et une au milieu de chacun des côtés. Ces tours portaient les noms de tours de César, d'Artus, d'Alexandre, de Godefroy de Bouillon, de Josué, d'Hector et de Machabée ; dans cette dernière était la chapelle. Le donjon, de forme carrée, flanqué des tours César et Charlemagne et adossé à la courtine du sud, commandait la double porte d'entrée à laquelle on arrivait par un pont-levis. Quand on avait pénétré dans la cour intérieure on arrivait au donjon par un large perron couvert d'un portique ogival surmonté d'une terrasse avec balustrade ; un escalier à vis continuant le perron menait aux

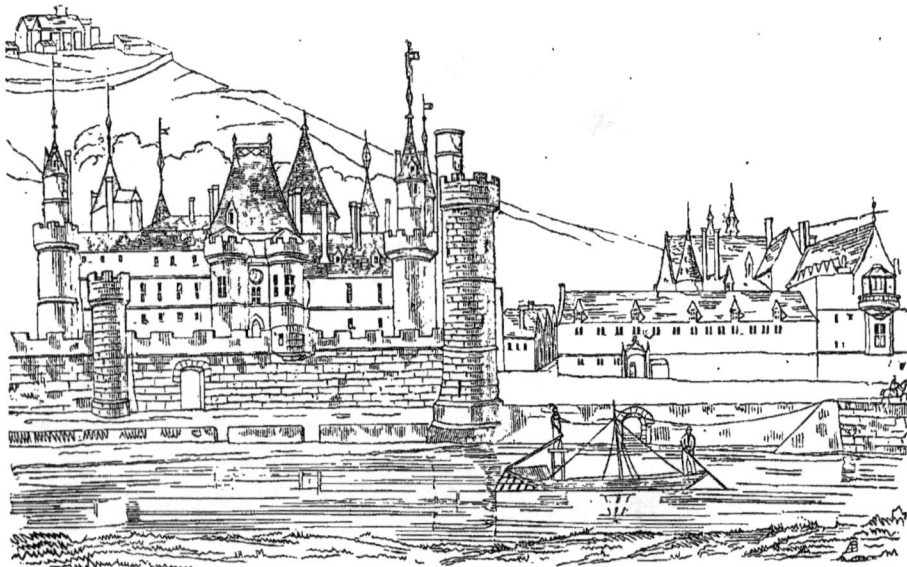

Fig. 993. — *Le Louvre sous Philippe-Auguste.*

différents étages du donjon. C'est à ces étages qu'étaient installés les appartements du seigneur, construits avec recherche, ornés de cheminées monumentales et entourés de tous les services que nécessite la présence d'une petite cour ayant des habitudes de luxe et de grandeur.

Mais ce qu'il y a de particulièrement intéressant dans cette magnifique résidence, c'est le système de défense nouvellement adopté à cette époque. Chaque portion de courtine est défendue à sa partie supérieure par deux chemins de ronde dont l'étage inférieur seulement est muni de mâchicoulis, créneaux et meurtrières. Les sommets des tours ont trois et quatre étages de défense, un chemin de ronde avec !machicoulis et créneaux au niveau de l'étage supérieur des courtines, un étage de créneaux intermédiaire et un parapet crénelé autour des combles. Les rondes peuvent se faire de plein-pied tout autour du château, à la partie supérieure, sans être obligé de descendre des tours sur les courtines et de remonter de celles-ci dans les tours, ainsi que l'on etait forcé de le faire dans les châteaux-forts des xii⁰ et xiii⁰ siècles. On remarquera qu'aucune meurtrière n'est percée à la base des tours ;

les approches étaient défendues seulement par les crénelages des murs extérieurs de contre-garde.

Du Guesclin avait attaqué quantité de châteaux, bâtis pendant les xii⁰ et xiii⁰ siècles ; il profitait du côté faible des dispositifs défensifs des enceintes pour appliquer des échelles le long des courtines basses des châteaux de cette époque, en ayant le soin d'éloigner les défenseurs par une grêle de projectiles ; il brusquait l'assaut et prenait les places autant par escalades que par les moyens lents de la mine et de la sape. Les dispositions défensives du château de Pierrefonds ont été calculées en vue de déjouer des surprises de ce genre, tout en n'employant à la surveillance qu'un très petit nombre d'hommes.

Il résulte des évaluations faites par Viollet-le-Duc que le nombre des défenseurs pouvait être réduit à soixante hommes pour les grands fronts et quarante pour les petits côtés. Or, pour attaquer la place sur deux fronts à la fois, il fallait au moins deux mille hommes, tant pour faire les approches que pour forcer les lices et s'établir sur les terres-plains. La défense avait donc une grande supériorité sur l'attaque, et une garnison de trois cents hommes seulement pouvait tenir en échec un assiégeant dix fois plus fort pendant plusieurs mois. Le seigneur de Pierrefonds pouvait, à l'époque où ce château fut construit, se considérer comme à l'abri de toute attaque à moins que le roi n'envoyât une armée de plusieurs mille hommes bloquer la place et faire un siège en règle. Henri IV, lui-même, ne put parvenir à réduire cette place, lorsqu'il voulut y forcer un ligueur nommé Rieux ; le duc d'Epernon se présenta au nom du roi devant Pierrefonds, en mars 1591, avec un gros corps d'armée et des canons, mais il n'y put rien faire et leva le siège après avoir reçu un coup de feu pendant une attaque générale qui fut repoussée par Rieux et quelques centaines de routiers qu'il avait avec lui. Ce ne fut qu'à prix d'argent que l'on parvint à faire rentrer ce château dans le domaine royal.

En 1616, le comte d'Angoulême fit un siège en règle du château de Pierrefonds dont le propriétaire, le marquis de Cœuvres, avait embrassé le parti des mécontents.

Fig. 994. — *La Bastille, d'après une ancienne estampe de la topographie de Paris. Bibl. nat. de Paris.*

Cette attaque, conduite méthodiquement avec art et vigueur, amena la destruction du donjon et la reddition de la place dont une partie fut détruite.

Il n'est pas nécessaire de multiplier les exemples de châteaux, bâtis de 1390 à 1420, car en ce qui touche à la défense, ces constructions se ressemblent toutes en France.

Pendant la seconde moitié du XVe siècle, les progrès de l'artillerie à feu furent assez importants pour que les constructeurs, sans vouloir encore abandonner l'organisation traditionnelle, adoptée pour les châteaux-forts, se soient néanmoins préoccupés d'y installer des bouches à feu.

Ils les placèrent de préférence sous des casemates dans les parties inférieures des tours, réservant toujours les parties supérieures pour commander l'extérieur. Plus tard, sous Louis XI, quand les grands feudataires firent un dernier effort pour ressaisir leur omnipotence, ils commencèrent à organiser la défense des châteaux par l'artillerie, en créant des défenses extérieures. On découronna les tours pour y construire des terrasses afin d'y placer des bouches à feu ; des talus ou des massifs en terre protégèrent les courtines ; les petits ouvrages avancés furent supprimés et remplacés par de grands ouvrages en terre peu

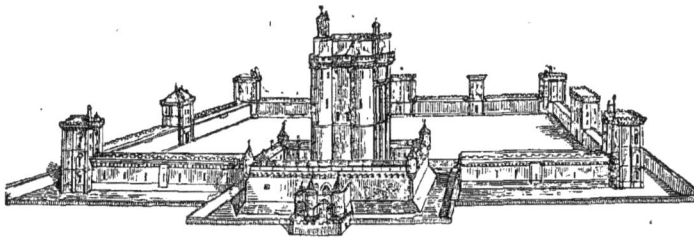

Fig. 995. — *Château de Vincennes tel qu'il était encore au XVIIe siècle.*

élevés et très saillants. Ce fut donc par une série de transformations lentes et successives que s'opéra à la fin du XVe siècle le changement occasionné par l'emploi de l'artillerie. Le château de Bonaguil, près de Villeneuve d'Agen (Lot-et-Garonne) est cité par Viollet-le-Duc comme un intéressant exemple parfaitement conservé de la première transition ; les embrasures d'artillerie sont percées dans les étages inférieurs de la construction, et, suivant la déclivité du terrain de manière à donner un tir rasant. Pour les couronnements des tours, la méthode du XIVe siècle est encore suivie. La transition est donc évidente ici et le problème que les architectes cherchaient à résoudre dans les constructions des châteaux-forts à cette époque pourrait se résumer dans la formule suivante :

« Battre les dehors au loin, défendre les approches par un tir rasant de bouches à feu, et se garantir contre l'escalade par un commandement très élevé, couronné suivant l'ancien système de la défense rapprochée. »

Le donjon, couvert en terrasse et fortement voûté, était installé pour recevoir des canons à son sommet ; ce qui était d'ailleurs justifié par les abords qui, de ce côté, commandaient le château.

Les ouvrages flanquants prirent dès lors une plus grande importance pour éviter les angles-morts dans les fossés. Dans ce but, on construisit des tours d'une grande saillie sur les courtines et ouvertes du côté de la place pour y faciliter l'installation des pièces de canons dans les étages inférieurs.

Bientôt on vit apparaître les *moineaux* ou *caponat!*

destinés également au flanquement bas des fossés ; lors des assauts contre les brèches pratiquées à distance par le boulet. Ces *moineaux* étaient des ouvrages bas en saillie sur l'enceinte et qui jouaient le même rôle que les caponnières de la fortification polygonale moderne.

Les dehors se développent de plus en plus *pour mieux protéger et couvrir les ouvrages en arrière.* Alors apparaissent les *fausses-braies*, espèces d'avant-murs en maçonnerie et terrassés, qui constituent un chemin de ronde défensif au pied de la muraille principale et donnent un feu rasant en avant des contrescarpes des fossés. Puis, viennent les *braies*, murs analogues, établis en avant des

fossés ; elles remplacent les *lices* et protègent les murailles en arrière contre les feux de l'artillerie, en forçant celle-ci à relever son tir ou à opérer la démolition de l'obstacle. D'autres ouvrages, tels que les *pantoni*, espèce de redans détachés, se montrent surtout en Italie où ils servent à protéger les escarpes. Enfin les boulevards, nommés aussi *bastilles* ou *bastillons* se multiplient en avant des portes, des poternes et de tous les points qui exigent une défense spéciale.

C'est d'après ces dispositions nouvelles que furent construits : le château de Carrouges, le château de Dieppe, le château de Ham dont l'ensemble forme un rectangle

Fig. 996. — *Château de Pierrefonds.*

flanqué par six grosses tours basses terrassées et armées d'artillerie ; le château de Maintenon ; le château d'O., près de Sées (Orne), composé d'une façade et de deux ailes flanquées de tours et dont une partie finement décorée annonce le commencement du xvie siècle.

A partir du xvie siècle, l'organisation défensive du château féodal devient impuissante pour lutter contre les progrès rapides de l'artillerie ; il faut dès lors recourir à un système de fortification puissant et dispendieux, hors de proportion avec les ressources amoindries des seigneurs du temps. Le roi donne lui-même l'exemple en abandonnant les châteaux fermés. La forteresse devenue désormais citadelle de l'État, destinée à la défense du territoire, se sépare du château qui n'est plus qu'une villa de plaisance réunissant tout ce qui peut contribuer au bien-être et à l'agrément des propriétaires. Le goût pour les résidences somptueuses que la noblesse contracta en Italie pendant les campagnes de Charles VIII, de Louis XII et François Ier porta le dernier coup au château féodal qui disparaît ou se transforme complètement sous le souffle de la Renaissance.

Château moderne. L'article précédent nous montre le château féodal subissant à la fin du moyen-âge une transformation profonde, tout en conservant complètement le système défensif, capable de le mettre à l'abri des coups de mains si fréquents dans ces temps de troubles : les seigneurs, plus civilisés, modifient leurs anciennes résidences et cherchent, dans les nouvelles, à concilier avec le système de défense, le besoin de luxe et de bien-être qui caractérise le xive siècle, où les mœurs de la noblesse offrent un si singulier mélange de raffinement et de rudesse.

Le château de Pierrefonds dont il a été parlé dans le précédent article était le type le plus parfait des châteaux de cette époque. Forteresse de premier ordre et résidence destinée à pourvoir à l'existence d'un grand seigneur, Pierrefonds, a été restauré ou plutôt restitué de nos jours par Viollet-le-Duc ; cette restitution qui, à tous les points de vue, est un chef-d'œuvre, donne une idée complète de ce qu'étaient les demeures luxueuses où les mœurs de cette époque se reflètent d'une façon si profonde.

Au xive et au xve siècles, le plan des châteaux devient

plus régulier à mesure qu'on avance. Des grands corps de logis se lient intimement aux murs d'enceinte et les ouvrages de défense sont entremêlés d'appartements. L'élément civil s'accroît aux dépens de l'élément militaire, les escaliers sont disposés dans les tours des angles et les murs sont constamment crénelés et munis de machicoulis. Les tours d'enceinte sont tantôt rondes, tantôt carrées, et se terminent quelquefois par une plate-forme crénelée mais plus souvent encore par un toit conique; leur base a la forme d'un talus. Les portes sont constamment défendues par deux tours, et s'ouvrent sous une arcade ogivale. Les fenêtres sont en dedans des tours; celles qui s'ouvrent au dehors sont évasées en dedans, mais très minces à l'extérieur; on leur a donné le nom de *meurtrières* ou d'arbalétriers.

Vers le milieu du xvᵉ siècle, les forteresses perdirent leur caractère imposant de force et de solidité; l'orgueil féodal abaissé sous Louis XI et l'usage de l'artillerie causèrent la ruine des châteaux-forts; on pressent déjà que pour éviter les coups formidables du canon, il faut un nouveau genre de défense. Les maisons seigneuriales n'ont plus que les apparences des anciennes forteresses; on ne les construit plus sur des hauteurs: on les établit, au contraire, dans de riches vallées et dans des pays fertiles. Leur forme reste carrée et on les entoure de fossés peu profonds. On emploie la brique dans la maçonnerie et surtout aux angles des édifices. La façade du principal corps de bâtiment est partagée par une tour à pans coupés qui renferme l'escalier. D'autres fois le manoir est flanqué à ses quatre angles de murs et de tourelles en nid d'aronde. Les portes présentent des arcades en talus ou en accolade, les fenêtres aussi, mais souvent elles sont carrées et divisées en deux baies par un meneau vertical ou en quatre compartiments par deux meneaux se croisant à angles droits; l'étage supérieur reçoit le jour au moyen de lucarnes à pilastres et à festons.... On retrouve encore dans les manoirs le fossé autour d'un pont d'enceinte flanqué de tours, la porte avec son pont-levis et un donjon, mais qui n'a pas l'importance militaire qu'on lui donnait dans les siècles précédents. Si le donjon existe, c'est comme l'expression d'un usage ou d'un droit; dans beaucoup de châteaux il renferme même les principaux appartements.

En perdant leur caractère de forteresse, les nouvelles demeures revêtent une nouvelle forme d'art pleine d'originalité, dont les manifestations vont jusqu'à la fin du xvⁱᵉ siècle couvrir la France et une partie de l'Europe d'œuvres charmantes de franchise et d'une liberté d'allures qui caractérisera l'époque de la Renaissance.

On a longtemps répété que les châteaux de la Renaissance française avaient été conçus par des artistes italiens, notamment ceux de Chambord et de Boulogne (dit de Madrid) à la décoration desquels ont en effet travaillé Le Primatice et le faïencier Luca-della-Robbia. Cette opinion toute gratuite a été réfutée par M. de la Saussaie (V. le *Guide de Chambord*) et Viollet-le-Duc. On donnait pour preuve de cette assertion l'emploi des ordres évidemment inspirés des monuments soit antiques, soit relativement modernes de l'Italie, sans se rendre compte que dans toutes ces nouvelles conceptions, le parti décoratif était emprunté aux œuvres dérivant directement de l'antiquité et les dispositions d'ensemble, les plans, les distributions, la façon d'éclairer et de couvrir les édifices, l'ornementation générale, et surtout le mode de construction ne ressemblait en rien à ce qui se faisait à cette époque en Italie où les palais présentent généralement des masses pondérées et des parties d'ornementation symétriques qui ne se retrouvent dans aucun des châteaux français de la Renaissance.

« La Renaissance française, dit de son côté M. de Laborde, était en bonne voie lorsque Charles VIII, entraînant en Italie l'élite de la nation, lui montra les restes de l'antiquité, éclairés par le soleil de Rome et de Naples. Elle eut alors avec la Renaissance italienne non plus seulement le même point de départ, la réaction contre les écoles épuisées, elle eut aussi le même aliment: pour son architecture les monuments de l'antiquité et pour la sculpture les chefs-d'œuvre qui sortaient de la terre. De là une analogie qu'on a prise trop facilement pour une contrefaçon. » Mais c'était moins en raison d'un caprice que d'un besoin nouveau que le style national se modifia de la sorte. La sécurité publique étant plus grande, les châteaux n'avaient plus besoin de ces tours qui en faisaient des forteresses. De même les escaliers dérobés, les longs couloirs obscurs, tout ce qui tenait à la vie rude et mystérieuse du moyen âge devait tendre à s'effacer peu à peu. Les fenêtres petites et irrégulières des vieux manoirs firent place à des ouvertures plus larges, et l'ornementation décorative se modifia en même temps que l'ensemble. Le vieux style, au contraire, garda longtemps des défenseurs comme le prouve la célèbre église de Brou. Mais les œuvres les plus remarquables de ce temps sont plutôt des constructions civiles que des édifices religieux, ce qui tient au changement complet qui s'opéra dans les mœurs et dans les idées. Les châteaux de Gaillon, Chenonceaux, Chambord, Madrid, Blois, Anet, Ecouen, Fontainebleau, le Louvre et les Tuileries, caractérisent bien mieux ce style que les églises bâties dans le même temps. Le style ogival avait fait son temps et de toutes parts on sentait le besoin d'une rénovation; mais elle s'accomplit sous l'influence de deux courants contradictoires. Nos écoles provinciales voulaient accomplir le mouvement et tout en étudiant l'antiquité elles demeuraient éminemment françaises. La cour, après la guerre d'Italie, ne voyait au contraire et n'appréciait que ce qui se faisait au delà des Alpes. Charles VIII, Louis XII et surtout François Iᵉʳ s'entouraient d'artistes italiens et leur confiaient d'importants travaux. A partir de François Iᵉʳ, l'influence italienne devint réellement prépondérante et établit son centre à Fontainebleau. Charles VIII avait le premier amené une colonie italienne à laquelle nous devons les travaux exécutés sous son règne dans le château d'Amboise. Le château de Blois et le château de Gaillon, élevés sous le règne de Louis XII, montrent le style de transition, tandis que les châteaux de Chenonceaux et surtout de Chambord, peuvent être regardés comme les chefs-d'œuvre de la Renaissance française et il serait difficile d'y trouver la trace du goût italien. Pierre Neveu est l'architecte de cet admirable château de Chambord dont l'escalier et la lanterne qui le surmonte sont une merveille qui n'a pas d'équivalent ailleurs. L'arc du château Gaillon qui a été transporté dans la cour de l'École des Beaux-Arts, peut donner une idée du style de la Renaissance sous Louis XII, tandis que la maison de François Iᵉʳ apportée aux Champs-Elysées donne un très bon échantillon de ce style sous François Iᵉʳ.

Il faut évidemment reconnaître que l'architecture, dite gothique, avait dit son dernier mot, à la fin du xvᵉ siècle, que l'esprit des artistes d'alors, toujours logique et chercheur, ne pouvait ni ne voulait retourner en arrière, mais que si, séduits par les formes de l'antiquité, ces artistes se sont servis de ces éléments nouveaux, ils l'ont fait en conservant leurs admirables méthodes issues des traditions de quatre siècles qui avaient produit les chefs-d'œuvre du moyen âge; que s'ils ont employé ces formes et couvert leurs édifices d'une parure nouvelle, la mise en œuvre et en formes, le mode d'appareil et de tracé, la construction en un mot, est toujours ce qu'elle était au moyen âge, raisonnée, sensée, économique, à l'encontre des œuvres de cette époque en Italie qui présentent la plupart du temps les moyens d'exécution les plus pauvres et les plus barbares.

Commençons l'examen rapide de quelques types de châteaux de la Renaissance par celui de Creil, bâti sous Charles V et reconstruit entièrement à la fin du xvᵉ siècle et au commencement du xvⁱᵉ siècle. Ce château (fig. 997) (donné par Ducerceau dans son ouvrage *Les Excellents*

Bâtiments de France) était élevé sur une île de l'Oise, avec pont réunissant l'île aux deux rives, une petite église élevée dans la basse-cour servait de chapelle seigneuriale, de paroisse aux habitants de la ville, disposition qui se retrouve fréquemment. L'habitation dans laquelle on pénétrait par un second pont jeté sur un fossé rempli d'eau, se composait de corps de logis avec cour fermée au centre ; dans cet exemple, on retrouve bien franchement accusée la disposition de tours flanquantes et de

pavillons saillants rappelant sur une petite échelle l'ancien château féodal.

Citons ensuite le château de Chantilly décrit tout au long par Ducerceau, charmante résidence un peu postérieure au château de Creil, n'ayant en réalité rien d'une forteresse, mais conservant encore certaines dispositions antérieures, fossés lé pleins d'eau, ponts étroits, tourelles flanquantes aux angles, logis irréguliers disposés suivant la dimension des pièces qu'ils contenaient, chemins de

Fig.99 7. — *Château de Creil.*

ronde supérieurs avec machicoulis ne servant plus toutefois que de passage de service.

« On remarquera, dit Viollet-le-Duc (Dictionnaire d'*Architecture française*), que tous les corps de logis des châteaux encore à cette époque sont simples en épaisseur ; c'est-à-dire qu'ils n'ont que la largeur des pièces disposées en enfilade ; celles-ci se commandaient et les couloirs supérieurs comme les caves offraient au moins une circulation indépendante des salles et chambres à deux hauteurs différentes ; ce ne fut guère qu'au xvɪᵉ siècle que l'on commença dans les châteaux à bâtir des corps de logis doubles en épaisseur. »

Dans les châteaux du Verger, en Anjou, et de Bury, près Blois, l'intention de présenter à l'extérieur des

façades régulières, un ensemble monumental s'accentue de plus en plus.

Le château de Blois qui réunit des constructions de différentes époques offre une disposition des plus irrégulières et des plus pittoresques, les parties les plus remarquables sont celles de Louis XII et de François Iᵉʳ ; cette dernière renferme le magnifique escalier à jour terminé en terrasse qui passe sans contredit pour un des chefs-d'œuvre de l'architecture de la Renaissance.

Parmi les châteaux construits entièrement sous le règne de François Iᵉʳ, mentionnons les châteaux de Chambord et de Boulogné (dit de Madrid) ; Chambord, malgré son aspect fantaisiste et bizarre, conserve encore comme plan la disposition du vieux château seigneurial

« donjon flanqué de tours, entouré d'une cour fermée par des bâtiments munis également de tours; comme aspect extérieur, combles coniques, forêt de pointes, de clochetons et de lanternes rappelant l'aspect du château féodal (fig. 998).

Le château de Madrid « construction mixte tenant d'une part aux traditions du moyen-âge, de l'autre aux besoins d'une cour qui cherchait à rompre avec les traditions du passé (Viollet-le-Duc) peut passer pour le point de départ de toutes les belles maisons de plaisance éle-

Fig. 998. — *Château de Chambord avec ses anciens fossés.*

:ées pendant les XVI° et XVII° siècles » (V. A. MERTY. *La enaissance monumentale en France*); dans ce plan parfaitement symétrique, tous les services sont admirablement ordonnés; orientation excellente, logements groupés et rendus indépendants par des portiques abrités permettant la circulation autour des grandes pièces et servant de dégagements, sous-sols renfermant les ser-

vices domestiques bien éclairés; en un mot, tout le confortable nécessaire aux hôtes brillants de la cour de François I°r.

Citons encore parmi les belles résidences, les châteaux d'Amboise, de Fontainebleau, de Saint-Germain, anciennes constructions appropriées aux besoins nouveaux; puis encore, Chenonceaux, Chaumont, Gaillon, Azay-le-

Rideau, Anet, la Muette, etc., etc., charmantes demeures qui conservent encore l'empreinte des mains qui les ont su produire.

La Renaissance à son origine n'avait modifié les dispositions générales qu'autant que le réclamait les habitudes nouvelles ; le fond appartenait encore à l'architecture des siècles précédents ; chaque étage, par exemple, était accusé par une ordonnance particulière ; à la fin du XVIᵉ siècle sous l'influence de plus en plus marquée de l'architecture antique, les architectes commencent à renfermer plusieurs étages dans une même ordonnance comme au château de Charlencel (près des Andelys) dont du Cerceau nous a conservé les dessins dans son ouvrage déjà cité ; ce parti, d'abord adopté seulement pour des

constructions comportant un grand développement de façades, est admis définitivement vers le milieu du XVIIᵉ siècle. Dans l'intervalle, l'architecture se transformait, sous Henri IV et Louis XIII, elle n'a plus les élégances raffinées de la Renaissance et n'a pas encore la solennité de l'époque suivante. — Elle est caractérisée par des assises de pierre mariées avec de la brique et des proportions qui veulent exprimer la force plutôt que la grâce. « La rougeur de la brique, dit Sauval, la blancheur de la pierre et la noirceur de l'ardoise faisaient une nuance de couleur si agréable qu'on s'en servait en ce temps-là dans tous les grands palais, et l'on ne s'est avisé que cette variété les rendait semblables à des châteaux de cartes que depuis que les maisons bourgeoises

Fig. 999. — *Château du Président de Maisons.*

ont été bâties de cette manière. » Il est assez remarquable que cette préoccupation de la couleur dans les édifices soit arrivée au moment où ne trouvant ni en France ni en Italie de peintre qui satisfît le goût régnant, on appela Rubens.

Cette recherche des effets pittoresques se retrouve dans les châteaux de Fontainebleau, de Saint-Germain et dans une foule d'hôtels et d'habitations particulières.

A partir de cette époque, il n'est plus trace de tours ni de créneaux ; tout ce qui rappelle le système défensif a complètement disparu. La noblesse construit de vastes demeures empreintes d'une solide grandeur, sans faux ornements, sobres, ouvertes, entourées de magnifiques jardins, auxquelles l'emploi de la brique vient apporter un nouveau caractère. Inférieurs au point de vue artistique aux châteaux de la Renaissance, les châteaux du XVIIᵉ siècle leur sont supérieurs sous le rapport de la commodité des distributions intérieures et se prêtent mieux aux goûts raffinés de l'époque. On conserva l'usage

d'entourer les bâtiments de fossés, mais c'était moins comme moyen de défense que pour donner au château une physionomie particulière. Celui que François Mansart construisit sur le bord de la Seine pour le président de Maisons, est un des plus remarquables qu'on puisse citer ; on peut se rendre compte de sa belle composition architecturale par la vue que nous donnons (fig. 999.)

La quantité de châteaux bâtis en France pendant le cours du XVIIᵉ siècle fut considérable. Parmi les plus intéressants, on distinguait le château de Richelieu en Poitou, élevé par Lemercier (fig. 1000). Mentionnons encore les châteaux de Clagny ; de Sceaux, ce dernier construit pour Colbert ; de Dampierre, aux ducs de Luynes ; de Chantilly ; de Marly ; de Vaux, au surintendant Fouquet, etc. La plupart de ces productions architecturales ont été détruites, et c'est grâce aux documents et aux gravures du temps que nous pouvons en rétablir la conception primitive.

Les traditions perpétuant d'âge en âge les bonnes

méthodes de construction tout en modifiant les formes avec une si merveilleuse souplesse, disparaissent en grande partie et sont remplacées par les formules de l'enseignement académique déjà constitué sous Louis XIV.

La grande œuvre du règne dans l'ordre qui nous occupe appartient à Jules-Hardouin Mansart qui était le neveu de François Mansart et qui construisit la façade du château de Versailles regardant le jardin. La construction en briques du côté de la place d'Armes avait été bâtie sous Louis XIII comme rendez-vous de chasse, et Louis XIV avait tenu à laisser subsister les constructions élevées par son père. La solennité un peu froide du palais de Versailles convenait admirablement aux goûts somptueux de Louis XIV. Les jardins immenses dessinés par Le Nôtre ajoutent à l'aspect singulièrement grandiose de cette résidence. Le roi y ajouta bientôt le palais de Trianon, auquel il tenait particulièrement, puis celui de Marly. Ici, laissons la parole à Saint-Simon. « Il trouva derrière Luciennes un vallon étroit, profond, à bords escarpés inaccessibles par les marécages, sans aucune vue, enfermé de collines de toutes parts, extrêmement à l'étroit avec un méchant village sur le penchant d'une de ses collines qui s'appelait Marly. Cette clôture, sans vue

Fig. 1000. — *Château de Richelieu, en Poitou.*

ni moyen d'en avoir, fit tout son mérite : l'étroit du vallon où on ne pouvait s'étendre y ajouta beaucoup ; il crut choisir un ministre, un favori, un général d'armée.

L'ermitage fut fait ; ce n'était que pour y coucher trois nuits du mercredi au samedi, deux ou trois fois l'année, avec une douzaine de courtisans en charge les plus indispensables ; peu à peu l'ermitage fut augmenté. D'accroissement en accroissement les collines furent taillées pour faire place et y bâtir et celles du bout légèrement emportées pour donner au moins une échappée de vue fort imparfaite. Enfin, en bâtiments, en jardins, en eaux, en aqueducs, en ce qui est si curieux sous le nom de *machine de Marly*, en parcs, en forêts ornées et renfermées, en statues, en meubles précieux et grands arbres qu'on y a rapportés sans cesse de Compiègne et de bien plus loin, dont les trois quarts mouraient et qu'on remplaçait aussitôt, en allées obscures subitement changées, en immenses pièces d'eau où l'on se promenait en gondole, en remises, en forêt à n'y pas voir le jour du moment qu'on les plantait, en bassins changés cent fois, en cascades de même, en figures successives et toutes différentes, en séjours ornés de dorures et de peintures les plus exquises, à peine achevés, rechangés et rétablis autrement par les mêmes maîtres une infinité de fois ; que si l'on ajoute les dépenses de ces continuels voyages qui devinrent enfin égaux aux séjours de Versailles, souvent presque aussi nombreux et tout à la fin de la vie du roi, le séjour le plus ordinaire, on ne dira pas trop sur Marly en comptant par milliards. »

La plupart des architectes du xviiie siècle ont cherché à se maintenir dans la ligne tracée par Mansart et Perrault, mais une transformation qu'il est nécessaire de signaler à cette époque est celle de la distribution des appartements. L'architecte Robert de Cotte contribua surtout à les rendre plus commodes et plus appropriés à nos mœurs. Mais Oppenord en modifia complètement la décoration et on peut le considérer comme l'auteur du genre qu'on a appelé *rocaille*. Ce style tourmenté qui devint si fort à la mode appelait nécessairement une réaction. On voulut revenir à la simple nature, mais on ne fit que tomber d'un genre maniéré dans un autre genre qui ne l'était pas moins.

La royauté était lasse des pompes fastueuses de Versailles et après avoir vécu dans un boudoir, sous Louis XV, elle se réfugia dans l'idylle et la bergerie ; on planta les fameux jardins de Trianon dans un style que nous nommons anglais et qu'on appelait alors chinois.

Tout y était disposé comme dans un décor d'opéra, et on essayait de réaliser dans la nature des paysages artificiels que Boucher et Fragonard mettaient dans leurs tableaux. Le temple de l'Amour s'élevait parmi les bosquets et sous prétexte de rusticité naïve, on faisait circuler des ruisseaux dans les prairies et on élevait des chaumières le long du lac : Marie-Antoinette adorait ce séjour. « Une robe de percale blanche, un fichu de gaze, un chapeau de paille, étaient, dit Mᵐᵉ de Campan, la seule parure des princesses. Le plaisir de parcourir les fabriques du hameau, de voir traire les vaches, de pêcher

Fig. 1001. — *Château de Boursault.*

dans le lac, enchantait la reine et chaque année elle montrait plus d'éloignement pour les fastueux voyages de Marly. »

Depuis Louis XIV les traditions dont Mansart et Perrault avaient été les représentants cherchaient à se maintenir malgré quelques tentatives d'innovation qui avaient porté principalement sur l'ornement et le décor. La Révolution et l'Empire furent accompagnés d'un redoublement d'enthousiasme pour l'antiquité romaine, et les arts devaient nécessairement s'en ressentir. Les deux architectes les plus connus, à cette époque, sont Percier et Fontaine, qui restaurèrent le château de la Malmaison et achevèrent en grande partie la réunion du palais du Louvre au palais des Tuileries.

A ce sujet, nous tenons à établir une distinction entre le « palais » et le « château. » Le château est la demeure seigneuriale élevée hors de la cité où se trouve le palais

du prince. On doit dire le château de Chenonceaux, de Chambord et le palais des Tuileries. C'est par un abus de mots tout récent que l'on dit « le palais de Versailles, » « le palais de Saint-Cloud. »

Grâce à la société démocratique actuelle, la dénomination de « château » s'est fort étendue : si la plupart de ces constructions (copies plus ou moins heureuses de types appartenant aux siècles passés) ne présentent plus d'intérêt comme art, il faut reconnaître que grâce à l'industrie moderne et au raffinement de bien-être et de confortable dont la solution s'impose, de réels progrès ont été accomplis dans l'aménagement de détail des grandes habitations édifiées de nos jours.

On peut citer quelques exemples de châteaux modernes, par exemple, le château de Ferrières à M. de Rothschild, et le château de Boursault représenté figure 1001. Ce dernier, appartenant à Mᵐᵉ Cliquot, fut commencé en

1843, sur les plans de M. Arveuf, l'habile architecte qui restaura la cathédrale de Reims, et fut achevé en 1848. Ces belles demeures renferment toutes les richesses de l'art moderne, et elles attestent les généreux et intelligents efforts des princes de la finance et de l'industrie pour maintenir le goût national à la hauteur de ses anciennes traditions.

— On estime qu'il y a en France 311 châteaux datant des XIIᵉ et XIIIᵉ siècles, 894 du XIVᵉ et du XVᵉ et 3114 du XVIᵉ. *Bibliographie:* — Auteurs anciens. — HÉRODOTE. — PROCOPE. — XÉNOPHON. — PAUSANIAS (*Corinthie et Mes-*.inie.) — DIODORE DE SICILE. — PLINE. — VITRUVE. — TACITE.

Auteurs modernes. — PETIT-RADEL et DODWELL : *Monuments cyclopéens* ; JOHN-LUBBOCK : *l'Homme préhistorique*, 1867 ; PENNAUT : *Tour in Scotland, Annales de la Société archéologique de Namur*, t. IV et V ; VOLNEY DE PERCEVAL ; DE CAUMONT : *Architecture militaire* ; VIOLLET-LE-DUC : *Dictionnaire d'architecture*, t. III ; CHÂTEAU : *Histoire sur l'architecture en France;* DELAIR : *Essai sur les fortifications anciennes;* DE LA SAUSSAYE : *Histoire du château de Blois;* DE MERTY : *La Renaissance monumentale en France;* DUCERCEAU : *Les excellents bâtiments de France.*

Château. *Art hérald.* Représentation d'un château. *Château maçonné,* celui dont les joints sont d'un émail différent ; *château ajouré,* celui qui est percé de fenêtres ; *château découvert,* celui qui n'a pas de toit ; *château masuré,* celui qui est figuré en ruine ; *château fondu,* celui qui est représenté en sa partie d'en haut, celle d'en bas semblant coupée.

CHÂTEAU-D'EAU. Outre qu'il désigne un bâtiment contenant un grand réservoir d'alimentation, ce mot s'applique aussi à une fontaine monumentale. ‖ Dans les gares de chemins de fer, on donne ce nom aux réservoirs d'eau destinés à l'alimentation des locomotives.

CHÂTELAINE. Bijou que les femmes portent suspendu à la ceinture par un crochet. Composée de plusieurs pièces, offrant une surface assez grande, la châtelaine permet à l'artiste de déployer toutes les ressources de son talent. Aussi n'est-il pas rare de trouver parmi ces bijoux, dont les ors de couleur font ressortir les délicates ciselures, des œuvres d'une exécution parfaite et d'une pureté de style remarquable. ‖ On désigne aussi par ce mot une bande d'étoffe de soie ou de laine que les femmes se mettent autour du cou pour se préserver du froid.

— La vogue des châtelaines commença sous Louis XV. Il y en avait de très riches (V. l'article BIJOUTERIE), Mᵐᵉ la comtesse de Cambis-Alais en possède une composée de médaillons en cuivre ciselé, découpé à jour, doré et argenté ; la plaque du crochet présente deux dauphins enlacés surmontés de la couronne royale. A cette châtelaine est suspendue une montre en or enrichie de jargons (pierres jaunes ou rouges qui imitent parfaitement le diamant et l'hyacinthe); la cuvette se compose d'ornements et d'une couronne exécutés en jargons et à jour, permettant de voir le mouvement. Pendant le règne de Louis XVI, le luxe des châtelaines se répandit encore davantage. Il en existe un grand nombre dans les collections privées. Mᵐᵉ d'Hargeville, entre autres, en a exposé toute une série en 1867. Si le bijou complète la femme, a-t-on dit, à plus forte raison, le bijou ancien lui donne un charme de plus. Les châtelaines, qui depuis si longtemps dormaient parmi les reliques ou pendaient inutiles

à la vitrine des marchands de curiosités, sont revenues à la mode dans ces dernières années, et ont repris leur place à la ceinture des élégantes.

CHÂTELÉ, ÉE. *Art hérald.* Lambel chargé de châteaux.

˙CHÂTELET. *T. techn.* Pièce du métier du rubanier qui soutient les hautes lisses.

— Dans l'ancienne fortification, petit ouvrage en bois ou en terre qu'on élevait de distance en distance entre les lignes de circonvallation.

˙CHÂTELLERAULT (Manufacture d'armes). — Une ordonnance du 14 juillet 1819 arrêta que la fabrication des armes blanches serait définitivement transférée de la vallée de Klingenthal, trop voisine de la frontière du Rhin, dans la ville de Châtellerault couverte contre l'invasion étrangère par la Loire, le Cher, l'Indre et même la Vienne. La question était à l'étude depuis 1815 à la suite de nos désastres, et l'on avait alors songé à Châtellerault, à cause des nombreux ouvriers couteliers, habitant le pays et parmi lesquels on espérait pouvoir recruter facilement le personnel de la manufacture ; la ville elle-même offrait de fournir à ses frais le terrain nécessaire à la construction de l'établissement. Dès 1817 on avait choisi un emplacement situé sur la rive gauche de la Vienne, à l'extrémité du faubourg Châteauneuf, limité au midi par une petite rivière, l'Envigne, et à l'ouest par la grande route de Bordeaux. Les travaux de construction furent presqu'aussitôt entrepris, la force motrice dut être empruntée à la Vienne; on ne commença les travaux de barrage qu'en 1821 et ils ne furent terminés qu'en 1825 ; en 1829, l'usine était à peu près terminée, il n'était encore question que de la fabrication des armes blanches, et pour l'organiser on avait fait venir des ouvriers et officiers de la manufacture de Klingenthal.

C'est en 1830, seulement, qu'il fut décidé qu'on y installerait également une fabrique d'armes à feu destinée à remplacer celle de Maubeuge trop voisine elle aussi de la frontière. En 1831, les travaux de la manufacture furent mis à l'entreprise, mais ce n'est que vers 1838 que la manufacture de Châtellerault commença à être en pleine activité. La manufacture de Klingenthal avait été fermée en 1835, celle de Maubeuge ne le fut qu'en 1838.

Depuis lors l'importance de la manufacture de Châtellerault s'est accrue de plus en plus, de nouveaux bâtiments ont été construits, et de même que dans les autres manufactures, par suite de l'introduction de la fabrication mécanique des armes à feu, de 1865 à 1867, l'outillage s'est complètement transformé, il est encore aujourd'hui en train de se perfectionner. Seule la fabrication des armes blanches est restée à peu près telle qu'elle était autrefois, elle occupe des bâtiments séparés des autres ateliers de l'usine.

A Châtellerault on fabrique actuellement tous les sabres de cavalerie et les cuirasses ainsi que des sabres d'officiers pour le commerce et des armes blanches pour la marine ; on y fabrique également des fusils ou mousquetons avec leur épée ou sabre-baïonnette.

La manufacture d'armes, établie, comme nous l'avons dit plus haut, au confluent de l'Envigne et de la Vienne, sur la rive gauche de celle-ci, possède un barrage d'une longueur de 90 mètres environ qui permet d'envoyer l'eau dans un canal, lequel distribue aux différents moteurs hydrauliques la force motrice nécessaire aux usines situées sur les bords de la Vienne.

La force hydraulique utilisée actuellement est d'environ 370 chevaux vapeur. Les moteurs employés sont: sept turbines Kœchlin, une turbine Fourneyron, quatre roues à aubes. La force hydraulique n'est pas seule employée, et des machines à vapeur fixes et locomobiles peuvent fournir une force d'environ 200 chevaux vapeur; ce qui donne un total d'environ 570 chevaux.

Cette fabrication est dirigée par des officiers d'artillerie, ayant sous leurs ordres des contrôleurs, chargés de vérifier les diverses pièces, et de les éprouver avant de les envoyer aux différents magasins.

Les ouvriers, employés dans la manufacture, sont de deux sortes:

1° Les ouvriers immatriculés, au nombre d'environ 600 qui, au bout d'un certain nombre d'années de service et après constatation de leur impossibilité de continuer à travailler, reçoivent une pension de l'État;

2° Les ouvriers libres, au nombre de 1,000 à 1,200 environ, dont le nombre varie suivant les besoins, et qui sont recrutés un peu partout. Tous les ouvriers travaillent aux pièces au compte de l'entreprise, sur des devis faits par la direction. La direction se compose d'un officier supérieur d'artillerie, directeur; d'un capitaine en premier ou en second, chargé du service des machines et des bâtiments. A côté de la direction est une administration civile, composée d'un entrepreneur et de ses employés, chargés de l'entretien des usines, des moteurs, des bâtiments et des comptes des ouvriers, ainsi que de leur paie. Des contrôleurs d'armes sont chargés de vérifier les différentes pièces, au fur et à mesure de leur fabrication et d'éprouver les armes avant qu'elles soient reçues en magasins.

L'entreprise de la manufacture est adjugée tous les 9 ou 12 ans.

L'entreprise paie les ouvriers, par ateliers, et n'a affaire qu'au chef d'atelier, tous les mois, d'après les devis faits par la direction et le nombre de pièces que celle-ci a reçues contrôlées dans ses magasins.

Tous les ateliers et usines sont éclairés au gaz pendant l'hiver. Une caisse de secours mutuels est en fonction pour les ouvriers; alimentée par une retenue mensuelle, prélevée sur leur paie, elle permet de leur donner les secours des médecins et les remèdes nécessaires pour eux et leur famille, des secours en pain et en argent en cas de maladie prolongée.

CHATIÈRE. *T. techn.* Espèce de pertuis pratiqué pour donner une issue aux eaux d'un bassin. || *T. de tisser.* Nom que l'on donne aux maillons laissés vides.

* CHÂTILLON (Forges de). On désigne sous ce nom un groupe de petites forges et de tréfileries situées dans les départements de l'Yonne et de la Côte-d'Or, sur les cours de la Seine, de l'Yonne et de l'Armançon qui leur fournissent la force motrice. Ces différentes usines sont de peu d'importance, et nous n'aurions pas à en parler si elles n'étaient rattachées à des établissements métallurgiques

de premier ordre, connus sous le nom de forges de *Châtillon et Commentry.*

* CHATIRON. *T. de céram.* Se dit d'un genre de décoration qui consiste à décorer une pièce de poterie quelle qu'elle soit, à l'aide de dessins à plat, filets, plus ou moins plats ou détails plus ou moins contournés, qu'on fixe au feu et sur lesquels on vient étendre, généralement après un second feu, un fond uni, dégradé, unicolore ou multicolore. Cette méthode conduit à des effets très variés, faciles à produire lorsqu'on superpose des couleurs brillantes bien assorties comme ton et comme nuance.

— On en a fait usage très souvent, au commencement du siècle, sur les porcelaines d'Allemagne ou sur les faïences anglaises; aujourd'hui ils sont passés de mode.

* CHATOIEMENT OU CHATOYEMENT. *T. de minér.* Propriété que possèdent quelques minéraux, tels que le quartz œil-de-chat et le feldspath pierre-de-lune, de renvoyer à l'œil des reflets mobiles, blanchâtres ou d'une autre teinte particulière, qui semblent flotter dans leur intérieur à mesure qu'on les change de position. (LAROUSSE.)

CHATON. *T. de bijout. et de joaill.* Partie de la monture d'une bague dans laquelle on enchâsse une pierre précieuse.

* CHATONNÉ, ÉE. *Art hérald.* Se dit de la garniture d'une pierre précieuse, quand elle est d'un autre émail.

* CHATONNER. *T. techn.* Encastrer une pierre dans un chaton.

CHATOYANT, ANTE. Expression que l'on applique à toute couleur présentant les phénomènes de *dichroïsme,* propriété optique des minéraux à double réfraction. On en tire partie dans la décoration des poteries. Elles sont de divers aspects suivant les matières colorantes employées. On distingue encore sous le nom de *lustre* la plupart de ces matériaux, en leur appliquant le nom du métal ou des oxydes qui servent à les préparer. On a ainsi des lustres d'or, d'argent, de platine, de litharge, d'oxyde de fer, de bismuth, d'oxyde d'urane.

* CHAT-PARD. Ce carnassier, qu'on appelle aussi *serval, chat-tigre,* et qui habite les forêts d'Abyssinie, fournit une belle fourrure fauve avec des bandes blanches ou noires.

CHÂTREUR, EUSE. *T. de mét.* Celui, celle qui fait métier de châtrer les animaux.

* CHATTE. *T. de mar.* Espèce de bâtiment, employé dans les ports comme allège. || Sorte de chasse-marée à fond plat, destiné à la pêche. || Grappin sans oreilles qui sert à ressaisir les cordages ou autres objets tombés à la mer.

* CHATTERTON. (Chattertons'compound.) Composition employée dans la fabrication des câbles électriques pour faire adhérer la gutta-percha avec le conducteur de cuivre et les couches de gutta-percha entr'elles. La chaleur la rend facilement fluide: on en remplit les interstices du toron de

fils de cuivre qui forme le conducteur, et on en place une couche entre deux couches consécutives de gutta-percha (V. Câble télégraphique). Elle renferme les ingrédients suivants:

Goudron de Stockholm. 1 partie en poids.
Résine. . . . . 1 — —
Gutta-Percha. . . . . 3 — —

Sa densité est à peu près la même que celle de la gutta-percha, mais son pouvoir isolant est notablement moindre.

* CHAUDE. T. techn. Dans la *métall.*, se dit de la double action de faire chauffer un métal pour le forger, et de le forger; dans la *chaude grasse*, le fer est porté au rouge blanc, dans la *chaude suante*, il est bouillonnant et presque en fusion. || Les verriers appellent aussi *chaude* le degré de cuisson qu'ils donnent à la matière propre à faire le verre.

* CHAUDET (Antoine-Denis). Statuaire et peintre né à Paris en 1763, mort en 1810, obtint le grand prix de Rome de sculpture en 1784. Il était donc à Rome en même temps que Percier et Fontaine, les célèbres architectes, et concourut comme eux à imposer le style néo-grec de l'Empire qui fut une réaction déclarée contre les charmantes fantaisies et les jolis caprices de l'époque précédente. Tous les regards alors se tournaient vers l'antique; de toutes parts, on pouvait remarquer les signes précurseurs de cette évolution du goût. David Leroy venait de publier les *Ruines des plus beaux monuments de la Grèce*; Delagardette, les *Temples de Pœstum*; Antoine venait de construire la Monnaie, Louis le Théâtre-Français, le théâtre de l'Opéra (place Louvois) et le Grand-Théâtre de Bordeaux; Gondouin l'École de Médecine, Soufflot le Panthéon. Chaudet fut en sculpture un des plus habiles représentants de ce mouvement et fut nommé membre de l'Institut en 1805. Parmi ses meilleurs ouvrages il faut citer: *Cyparis pleurant son jeune cerf*, *Oedipe enfant*, l'*Amour séduisant l'Ame*, la *Sensibilité*, *Paul et Virginie*, *Orphée et Amphion*, *Bélisaire*, *Cincinnatus*, la belle statue de la *Paix* pour les Tuileries, aujourd'hui au Louvre, le bas-relief de la première salle de ce musée, la statue de *Napoléon* 1er en empereur romain pour la colonne Vendôme, détruite en 1814, et l'admirable bas-relief de la tribune de la Chambre des Députés. Parmi les peintures, on cite son tableau d'*Enée et Anchise*.

CHAUDIÈRE. Grand vaisseau, ordinairement en cuivre, qui sert à faire chauffer, cuire, bouillir quelque chose. || Vase qui, dans les ports, sert à faire chauffer le goudron; on le nomme *chaudière d'étuve*. || Partie du four à chaux, située au-dessus du cendrier. || Les chaudières industrielles affectent des formes et des dimensions différentes, selon le travail auquel elles sont destinées; nous n'avons à nous occuper ici que de la *chaudière à vapeur*, les autres sont mentionnées au cours des articles consacrés à chaque industrie.

CHAUDIÈRE A VAPEUR. Vase clos à parois métalliques résistantes, destiné à transformer en vapeur le liquide qu'il contient, à l'aide de la chaleur rayonnante ou sensible qui agit sur la face opposée au liquide.

Historique. En dehors du domaine spéculatif, descriptif, expérimental, la première application de la

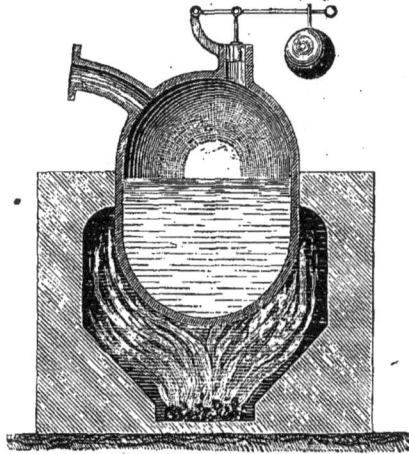

Fig. 1002. — *Chaudière de Papin* (1681).

chaudière à vapeur remonte à l'année 1681. Denis Papin généra la vapeur sous pression dans un vase de forme cylindrique, terminé par des calottes hémisphériques, que la figure 1002 représente en coupe. Ce vase, extérieurement chauffé, était muni d'une *soupape de sûreté*

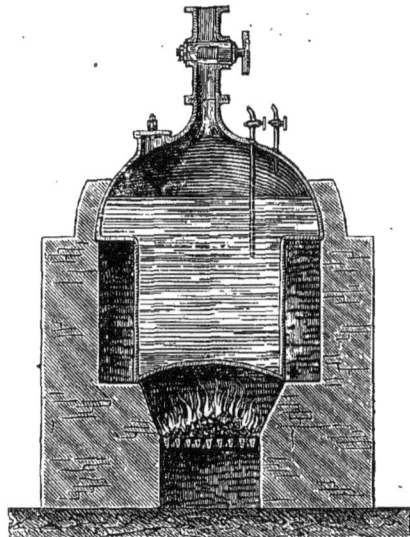

Fig. 1003. — *Chaudière de Newcomen* (1711).

(V. ce mot) destinée à limiter la pression interne. Le *Digester* de Papin contient en germe les éléments des chaudières à chauffage extérieur; le temps n'a fait que confirmer la valeur de l'œuvre. Au capitaine Savery revient l'honneur de la transformation de la vapeur en travail utile. La première application de sa machine remonte à 1698. La chaudière de Papin, privée de la soupape et munie de tubes et robinets de jauge, fut employée par Savery pour générer la vapeur à haute pression.

En 1711, Newcomen collabora avec Savery à la cons-

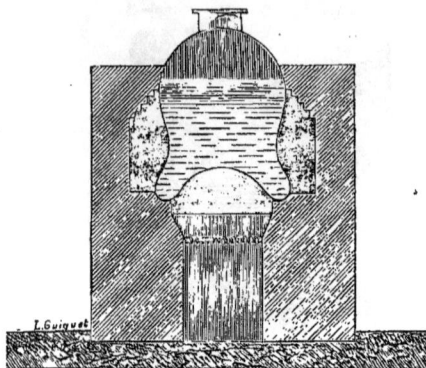

Fig. 1004. — *Chaudière de Watt* (1774).

truction d'une machine à piston employant la vapeur sans tension. La chaudière fut modifiée, la fonte remplaça le cuivre laminé et les formes résistantes furent sacrifiées au développement de la surface de chauffe. La figure 1003 représente en coupe la chaudière de Newcomen ; le fond concave reçoit l'action rayonnante du foyer, les gaz

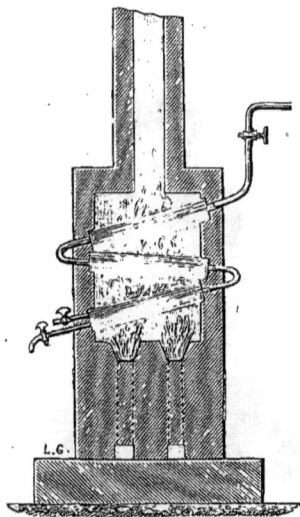

Fig. 1005. — *Chaudière Blakey* (1774).

chauds circulent dans un carneau dont le ciel et l'un des côtés sont constitués par les parois de la chaudière.

L'importance des applications fait bientôt rechercher une disposition différente ; dans le comté de Cornouailles les chaudières à foyer intérieur prennent naissance ; dès 1765, Swaine en était le promoteur ardent. Nous examinerons ultérieurement cette chaudière encore en usage aujourd'hui. A quelque temps de là, James Watt transforme la *machine à vapeur* (V. ce mot). Les pre-

mières applications remontent à 1774.; l'emploi de la vapeur à basse pression, lui fit adopter la chaudière dont la figure 1004 donne une coupe transversale. Cette chaudière horizontale recevait l'action du foyer et des flammes à la partie inférieure, les gaz chauds circulaient ensuite dans les carneaux du foyer en maçonnerie qui enveloppait la chaudière. N'ayant pas à se préoccuper des pressions internes, Watt rechercha la régularité de marche et la forme la mieux appropriée pour l'absorption du calorique émis. De là les surfaces concaves, le développement considérable du volant calorifique. Cette chaudière se propagea rapidement; plus tard la tôle fut substituée à la fonte et la masse liquide fut divisée par un tube de grand diamètre constituant au milieu du liquide un carneau enveloppé par l'eau. L'usage de la vapeur à haute tension fit graduellement abandonner la chaudière de Watt. Un contemporain de Watt fit, en 1774, subir à la machine de Savery de profondes modifications.

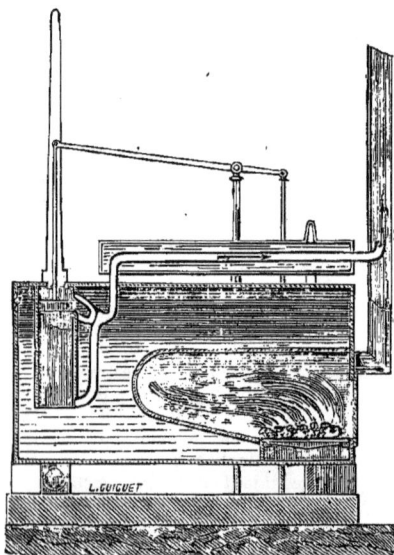

Fig. 1006. — *Chaudière Vivian et Trévithick* (1802).

Blakey employa la vapeur à très haute pression; la chaudière adoptée par lui est représentée en coupe par la figure 1005 ; c'est un serpentin plan dont les cylindres inclinés, plongés dans la flamme, sont réunis par des tubes coudés de plus faible diamètre. La transformation du liquide en vapeur, par l'addition successive des globules engendrées est une conception remarquable pour l'époque ; le principe de la division du liquide s'affirme nettement.

En 1802, Vivian et Trévithick appliquèrent à la traction des voitures une machine dont la chaudière est représentée (fig. 1006) en coupe longitudinale. Le foyer intérieur affecte une forme très rationnelle et le départ des gaz chauds, l'assemblage de la façade et de la calandre externe, font songer au générateur amovible dont Chevalier, Pérignon, Thomas et Laurens devaient doter l'industrie soixante ans plus tard.

C'est en 1804 que Wolff perfectionna la machine à vapeur par un emploi judicieux de la détente. La nécessité d'obtenir la vapeur à haute pression lui fit adopter la chaudière que la figure 1007 représente en coupe longitudinale. A la partie inférieure du corps de chaudière une série de bouilleurs cylindriques perpendiculaires à l'axe de cette chaudière y sont reliés par des tubulures de diamètre égal à celui des bouilleurs. Ces tubulures donnent une large issue à la vapeur générée. Les gaz chauds, dirigés par des voûtes alternées, circulent autour des bouilleurs et reviennent par des carneaux latéraux, chauffer le corps de chaudière. Si cet ensemble peut

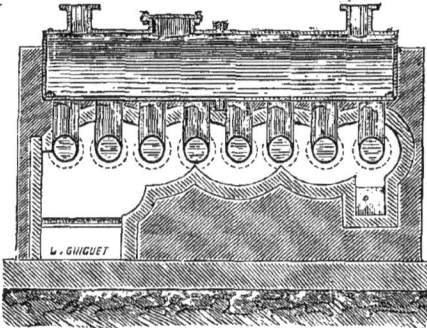

Fig. 1007. — *Chaudière Wolff* (1804).

être critiqué au point de vue pratique, dont il convient de tenir compte, il présente sur la chaudière à bouilleurs moderne des avantages nombreux qu'un examen approfondi peut mettre nettement en relief. Les principes qui ont guidé Wolff ont reçu la sanction du temps. En France surtout, les applications se sont multipliées.

Pendant qu'en Europe, l'emploi de la vapeur à basse pression se généralisait ; Olivier Evans, dès 1811, développait, en Amérique, les applications de la machine à vapeur à échappement libre ; l'emploi de la haute pression s'imposant, Evans fit usage de cylindres de faible diamètre extérieurement chauffés et reliés sur un même plan en nombre suffisant pour produire la quantité de vapeur nécessaire dans chaque cas.

Le diamètre de ces cylindres variait entre 0m,60 et 0m,75, la pression entre 6 et 8 atmosphères.

C'est en 1827 que Marc Séguin fit breveter en France l'application du tube de fumée aux chaudières des locomotives. A Stéphenson revient l'honneur d'avoir le premier réalisé cette idée en Angleterre. Cet élément fécond permit à l'industrie des transports de prendre le merveilleux essor dont nous sommes témoins.

Enfin, en 1831, Perkins préconisa le tube pendentif fermé à l'extrémité inférieure, extérieurement chauffé et muni d'un tube de circulation concentrique au tube bouilleur, la figure 1008 représente le tube de Perkins qui, par des perfectionnements successifs, est devenu l'organe vaporisateur, le plus énergique, le plus parfait à tous égards. Ce rapide examen fixe les dates où les éléments de la chaudière moderne firent leur apparition, l'emploi de la vapeur à basse pression a disparu, la forme cylindrique, les surfaces planes entretoisées et résistantes ont prévalu.

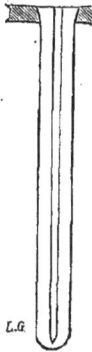

Fig. 1008.
Tube Perkins.

GÉNÉRALITÉS. Transformer l'eau en vapeur n'est une opération simple qu'en apparence. Considérée ou point de vue abstrait, la chaudière à vapeur est un appareil absorbant et résistant, au travers duquel le calorique émis pénètre le liquide à vaporiser. Cependant, l'acte de la *combustion* est si intimement lié à la vaporisation, par l'usage presque exclusif du foyer à grille, que l'influence de la chaudière sur la combustion oblige à examiner simultanément ces deux questions.

Des foyers. La chambre de combustion peut être constituée par des matériaux réfractaires n'absorbant de chaleur que la faible quantité extérieurement rayonnée, et accumulant un certain nombre de calories pour les restituer ultérieurement. Cette chambre de combustion peut, au contraire, être constituée par les parois de la chaudière, toute perte rayonnante est ainsi supprimée et la chaleur radiante agit énergiquement sur les parois qui avoisinent la masse en ignition. Mais loin d'accumuler la chaleur, les foyers métalliques provoquent nécessairement l'abaissement de température du foyer. La combustion

Fig. 1009. — *Expérience de Jonh Graham.*

incomplète des parties volatiles du combustible frais est la conséquence inévitable de cet abaissement de température.

Le foyer métallique, en raison de sa rigidité, convient donc tout particulièrement aux chaudières transportables. Le foyer réfractaire est mieux approprié au service des chaudières fixes, il donne des résultats économiques beaucoup plus satisfaisants, surtout quand les pertes radiantes sont utilisées au profit de la combustion.

Surface de chauffe. Le calorique étant transmis par rayonnement et par contact, les surfaces du générateur les plus rapprochées du foyer ont une production beaucoup plus considérable que les parties de la chaudière qui ne participent pas à l'action rayonnante. Les expériences faites en Angleterre par John Graham sur trois chaudières, placées à la suite l'une de l'autre ainsi que l'indique la figure 1009, mettent ce fait en évidence. Chacune de ces chaudières était formée d'un tronçon de cylindre mesurant 0m,915 de longueur sur 0m,915 de diamètre ; le carneau s'élevait jusqu'au milieu du cylindre, la surface de chauffe pour chaque chaudière était mesurée par

$$\frac{1}{2}\,\pi\times 0,915\times 0,915 = 1^m,31$$

La grille avait une longueur égale à celle du premier tronçon et une largeur de 0m,585 soit en surface 0m,535. La moyenne de 12 expériences à différentes allures a fourni les vaporisations comparatives suivantes :

	1'' chaudière.	2' chaudière.	3' chaudière.
Rapport	100	34.7	16
Production horaire en kilogr. de vapeur	74.5	25	11.92

De cette expérience il faut conclure que la puissance de vaporisation d'une chaudière ne dépend pas uniquement du *développement de ses surfaces*, mais, de leur *situation par rapport au foyer*.

Transmission de la chaleur. On admet généralement que la chaleur transmise au liquide à travers une lame métallique est proportionnelle à la différence des températures entre l'eau et les gaz chauds, on admet également que quand l'écart $(T - t)$ est considérable, la conductibilité du métal et son épaisseur n'ont pas une influence sensible sur la quantité de chaleur transmise dans le temps par unité de surface. Péclet, dans son *Traité de la chaleur*, donne à l'appui de cette opinion les motifs suivants. « Lorsque l'épaisseur du métal augmente, que sa conductibilité diminue, la température de sa surface extérieure augmente; l'élévation de température de la face en contact avec les gaz compense donc la moindre conductibilité due à l'épaisseur du métal ou à l'état physique des parois. » Cependant, quand la différence $(T - t)$ diminue, l'influence de la conductibilité du métal, de la réduction d'épaisseur se manifeste. La circulation active des fluides émissifs et absorbants, augmente la somme des calories transmises dans le temps par unité de surface ;

la formule $C = \dfrac{T - t}{e}$ devient applicable, en tenant compte du coefficient de conductibilité de la paroi considérée.

Influence de l'élévation de température de la paroi chauffée. Si l'épaisseur d'une lame métallique en contact *direct*, avec le liquide et les gaz, est dans certaines conditions sans influence sur la transmission du calorique, il en est autrement de la durée des assemblages, de l'altération moléculaire des parois du générateur. La température des gaz subit des variations incessantes et l'inégale dilatation des faces opposées se traduit par un allongement anormal des fibres sur le côté chauffé. Supposons le cas fréquent d'un cylindre horizontal exposé par sa face inférieure à l'action des gaz chauds et en contact avec l'air ambiant sur la face externe supérieure : les différences de dilatation se traduiront par la déformation du cylindre, plus long à sa partie inférieure qu'à la partie supérieure : les assemblages rivés se disjoindront, si ces effets de dilatation sont supérieurs à la résistance des assemblages ; l'action sera d'autant plus sensible que le métal sera plus épais, plus fortement chauffé, moins bon conducteur du calorique, soit en raison de sa nature, soit à cause de son contact avec des incrustations qui l'isolent du liquide. L'étanchéité cessera.

Or, les fuites engendrent les corrosions, et les explosions ont pour cause fréquente l'affaiblissement de la résistance des parois. La durée, la sécurité, que l'on est en droit d'exiger d'une chaudière à vapeur, ont donc pour cause première l'observation raisonnée des lois naturelles, dans l'étude et la construction de ces appareils.

De la stabilité manométrique. Les meilleures conditions d'émission et d'absorption calorifique étant réalisées, la chaudière à vapeur doit accumuler la chaleur absorbée de façon à compenser les *écarts* entre la production et la consommation de vapeur, écarts inhérents à toute application industrielle.

Dans l'état actuel de la question, on ne saurait exiger du foyer un dégagement de calories rigoureusement exact dans le temps, et l'emploi intermittent de la vapeur, sera toujours, en industrie, d'absolue nécessité. Ces écarts entre la production et la consommation sont parfois considérables et sont d'autant plus accusés que la chaudière fonctionne isolément. La multiplicité des foyers, la régularité de consommation atténue ces écarts dans des cas spéciaux, il convient donc de proportionner la réserve, le volant calorifique à la nature des besoins à satisfaire.

Le fourneau en maçonnerie, la masse de combustible en ignition sont des accumulateurs intéressants, mais si l'on considère la chaleur spécifique des différents corps qui entrent dans l'ensemble d'une installation, on reconnaîtra promptement qu'il convient de placer ailleurs l'accumulateur indispensable à la régularité de pression. La capacité calorifique de l'eau est considérable; à température égale, l'eau retient environ 72 fois plus de chaleur que la vapeur. La transformation instantanée en vapeur des calories accumulées, que provoque tout abaissement de pression, si faible soit-il, est une propriété remarquable qu'il convient d'utiliser. Le rapport de la surface de chauffe au cube d'eau contenu dans la chaudière est le facteur important de la stabilité de pression ; le poids de vapeur, le volume et la température des parois sont les facteurs accessoires de cette stabilité.

Causes d'entraînement d'eau. La vapeur saturée, c'est-à-dire la vapeur en présence du liquide qui l'a engendrée, possède une température égale à celle de ce liquide ; la tension de cette vapeur est fonction de la chaleur sensible commune aux deux fluides. Si la vapeur est brusquement raréfiée, sa tension et sa température s'abaisseront, l'équilibre calorifique entre la vapeur et l'eau momentanément rompu, se rétablira par un dégagement de vapeur au plan d'eau, d'autant plus énergique, que la dépression barométrique sera plus considérable. L'entraînement mécanique des vésicules aqueuses sera la conséquence de cette brusque émission de vapeur ; cet entraînement sera, en raison inverse de la surface de dégagement et en raison directe de la dépression créée dans la chambre de vapeur. Une autre cause d'entraînement d'eau, se combinant avec la première, est due à l'exiguïté du plan de dégagement. Un poids de vapeur considérable émergeant sur un plan d'eau de faible surface a des effets mécaniques analogues au brusque dégagement de vapeur provoqué par une rupture d'équilibre calorifique. La superposition des cylindres reliés par des communications remplies d'eau provoque nécessairement l'entraînement vésiculaire par la réduction de la surface de dégagement. On peut conclure de là que l'eau entraînée est proportionnelle au poids de vapeur dégagé dans le temps par unité de surface émissive.

Rapidité de production. La réserve calorifique étant de nécessité absolue, l'obligation de constituer cette réserve retarde la mise en pression proportionnellement au volume d'eau par mètre de surface de chauffe. Tout excédent de la consommation sur la production de vapeur empruntant des calories à la réserve, nécessitera une restitution de ces calories préalablement à tout accroissement de pression, à tout dégagement de vapeur provenant d'une allure plus active du foyer. En fait, la stabilité de pression est, en raison directe de la chaleur, accumulée dans l'eau, la stabilité des molécules liquides a pour conséquence une lenteur d'évolution proportionnelle à la masse. Il suffit de rompre cette solidarité pour rendre les évolutions rapides sans sacrifier la stabilité manométrique.

La transmission de la chaleur à travers les parois de la chaudière étant proportionnelle à la différence des températures, il importe de maintenir à maxima les deux termes $(T-t)$, en mettant en présence les gaz épuisés avec l'eau la moins chaude. Ce résultat est obtenu en sectionnant la masse liquide dans des vases communiquant et en obligeant les gaz chauds à circuler en sens inverse de l'eau d'alimentation ; ce mode rationnel a reçu le nom de *chauffage méthodique.*

Sels terreux. L'eau employée à la génération de la vapeur tient en dissolution des sels terreux de nature complexe en quantité variable. La vaporisation détruit la solubilité de ces sels qui, le plus souvent, s'attachent aux parois des chaudières. Leur faible conductibilité s'oppose à la transmission de la chaleur et provoque la surchauffe des faces externes de la chaudière. L'incrustation est la cause première de toutes les fuites, corrosions, accidents locaux qui réduisent la durée et le rendement des chaudières à vapeur.

Il est permis d'affirmer que toute génération de vapeur d'eau a pour conséquence la production de sels insolubles accumulés dans la chaudière ; il importe donc de prévenir les conséquences fâcheuses dues à la présence de ces sels. — V. INCRUSTATION.

Des joints. Les joints (V. ce mot) sont toujours une cause de préoccupation, de fuites, de suspension de travail. Parfois ces joints sont disposés de telle sorte que la pression interne comprime les faces en contact, c'est le dispositif préférable ; d'autres fois la pression interne tend à écarter les faces en contact ; ce dispositif souvent nécessaire, est surtout dangereux quand les pièces réunies par le joint, sont baignées par l'eau de la chaudière. Une rupture, en donnant passage à l'eau à haute température, peut causer de graves accidents.

CONSIDÉRATIONS SUR LES RÉCHAUFFEURS.

Récipients de forme et dimensions variées placés entre la chaudière et la cheminée, dans le but d'utiliser la chaleur sensible des gaz chauds pour réchauffer l'eau d'alimentation. La circulation des gaz et du liquide doit être rigoureusement méthodique et les parois, pour que l'efficacité soit complète, doivent conserver le maximum de conductibilité. — V. RÉCHAUFFEUR.

Répondant bien aux indications théoriques, aux nécessités pratiques d'une génération économique de la vapeur, ces appareils s'altèrent très rapidement. A l'intérieur, l'air dissous dans l'eau, se dégage et oxyde les parois. A l'extérieur, les produits de la combustion, acide sulfureux, hydrogène et oxygène combinés, se condensent et corrodent rapidement les parties les moins chauffées. On prévient l'oxydation interne par une inclinaison prononcée des réchauffeurs, et l'altération externe en calculant les surfaces de telle sorte que les gaz comburés dépassent la température de 150 degrés. Le réchauffeur sans pression en fonte à nettoyage extérieur automatique peut seul convenir pour un épuisement plus complet de la chaleur.

La surface des réchauffeurs n'entre pas dans le calcul des rapports entre la grille et la chaudière ; cependant, dans certaines circonstances, ces appareils peuvent influer sur ce rapport dans une faible proportion. En calculant autrement, la surchauffe des parois exposées à l'action rayonnante d'un foyer puissant aurait les plus regrettables conséquences, le rapport de la surface de grille à la surface de chauffe varie de 1/20 à 1/40e.

RÉSISTANCE A LA PRESSION. *Étanchéité.* L'étanchéité étant de nécessité absolue, dans les chaudières à vapeur, les formules relatives à la résistance des matériaux ne sauraient être rigoureusement appliquées à ces appareils pour le calcul des épaisseurs. En effet, la limite d'élasticité qui sert de base à ces calculs, peut, dans les assemblages, être supérieure à la résistance au glissement ; cette résistance, fonction de l'étanchéité, doit intervenir pour déterminer les épaisseurs de tôles et, par suite, le coût des chaudières. La nature de l'effort exige un examen approfondi. Si cet effort agit sur des parois d'égale résistance sphériques ou cylindriques, la pression interne aura pour effet de donner à l'organe la forme la plus résistante ; les déformations accidentelles disparaissant, le calcul des épaisseurs sera déterminé sans aléa. Si, au contraire, cet effort agit à l'extérieur de ces mêmes parois, la pression externe aura pour résultat d'aggraver les moindres déformations, et quoique les résistances du fer soient égales sous les efforts d'extension et de compression, le coefficient de sécurité ne saurait être semblable dans les deux cas.

Formules de résistance. Si on désigne par D le diamètre du récipient, par P la pression d'épreuve, par R la résistance de la partie la plus faible, par e l'épaisseur à donner au métal, quand l'effort agira dans le sens des génératrices d'un cylindre, et de l'intérieur à l'extérieur, l'épaisseur sera déterminée par la formule :

$$\frac{D.P}{2\,R} = e$$

Quand cet effort, tendant à rompre les cylindres perpendiculairement aux génératrices, agira de l'intérieur à l'extérieur, la formule sera :

$$\frac{D.P}{4\,R} = e$$

La même formule pour le même genre d'effort, sera applicable aux fonds hémisphériques et aux sphères. Enfin, pour le même effort appliqué à des fonds emboutis, dont le rayon de courbure est égal au diamètre du cylindre que ces fonds terminent, la formule sera :

$$\frac{D.P}{2\,R} = e$$

Si ces fonds sont méplats (plaques tubulaires) et réunis aux extrémités du cylindre par un bord relevé d'équerre, ou une cornière résistante, ces fonds seront considérés comme rigidement encastrés sur leur périphérie. Supposons une plaque tubulaire de rayon r ainsi fixée à l'extrémité d'un cylindre, soit δ l'épaisseur de la plaque, p la pression uniformément répartie, R, la résistance pratique, E le coefficient d'élasticité, f la flèche résultant de l'application temporaire de l'effort, d le diamètre de la plaque, on a comme résistance

$$\frac{\delta}{r} = \sqrt{\frac{2}{3} \cdot \frac{P}{R}}$$

et comme déformation

$$\frac{f}{d} = \frac{1}{6} \cdot \frac{p\,r^4}{E\,\delta^4}.$$

Adoptant 7 kilos comme valeur de R et 17,500 pour le coefficient E de la tôle de fer, malgré les fortes épaisseurs que donne cette formule, la flèche provoquée par l'application de la charge est incompatible avec l'usage auquel ces fonds sont destinés. Les tubes qui, d'ordinaire, traversent le cylindre et sont fixés au centre des plaques, supportent la plus grande partie de l'effort; fort; donc, il convient d'armer la plaque de telle sorte que l'effort à la traction, supporté par les tubes, soit extrêmement faible.

Quand les tubes sont pendentifs, il est nécessaire d'armer la plaque tubulaire à l'aide de goussets, de tirants, de traverses de forme spéciale.

La charge à répartir sur ces armatures est calculée à l'aide de la formule :

$$\frac{\frac{1}{4}\,\pi\,d^2\,.\,P}{4\,R} = C$$

Il convient de répartir ces consolidations du centre à la circonférence de telle sorte, que les parois libres entre les points d'attache des armatures aient, en raison de leur épaisseur, une résistance propre, suffisante pour empêcher les déformations locales. La surface libre la plus développée devra, en raison de son épaisseur, supporter l'effort sans flèche appréciable. Les parties de cette surface localisées, fixées au cylindre, seront considérées comme solidement encastrées ; les parties consolidées, à l'aide de tirants ou d'armatures, seront considérées comme reposant librement sur un appui. La résistance en ces

points sera déterminée à l'aide des formules suivantes :

Détermination de l'épaisseur	Détermination de la flèche
$\dfrac{\delta}{r} = \sqrt{\dfrac{P}{R}}$	$\dfrac{f}{d} = \dfrac{5}{6}\,\dfrac{p\,r^4}{E\,\delta^4}$

Quand les récipients subissent des efforts de compression, il est d'usage d'employer les formules qui précèdent, en multipliant les résultats par 1,5. Cette méthode ne saurait être recommandée. Les déformations s'emplifiant sous l'effort, c'est sur la nature et l'importance de ces déformations que le calcul des résistances doit s'établir. Il est donc préférable, au point de vue de l'emploi judicieux de la matière, d'armer par des saillies, des brides, des rebords, des ondulations, les pièces de forme cylindrique ou sphérique, subissant les efforts de compression et d'appliquer les formules qui précèdent à des pièces *rendues indéformables*.

Les chaudières à vapeur sont constituées par des tôles de fer ou de cuivre assemblées à l'aide de rivets posés à chaud. (Les chaudières multitubulaires font seules exception.) La qualité, la nature de cet assemblage détermine la résistance au glissement. Il convient de connaître cette résistance pour déterminer, dans les formules relatives au calcul des épaisseurs, la valeur de R.

Assemblages rivés. Cette considération nous oblige à une étude rapide de la *rivure* (V. ce mot). La fonction des rivets consiste à créer une adhérence parfaite entre les tôles superposées que ces rivets réunissent. L'énergie avec laquelle les têtes de rivets pressent les tôles, constitue la résistance au glissement, le corps du rivet, au contraire, représente la résistance au cisaillement, dont nous n'avons pas à tenir compte dans un assemblage étanche. Pour qu'un rivet présente le maximum d'effet utile, il est nécessaire qu'il soit proportionnel à l'épaisseur des tôles à réunir, et comprimé de telle sorte que sa tige se moule très exactement dans les tôles à assembler, afin d'éviter la possibilité d'un retrait inégal, qui aurait pour conséquence de neutraliser une partie de l'adhérence réalisée. Ce remplissage des orifices, à l'aide d'un rivet chauffé au rouge, qui se durcit suivant la loi rapide du refroidissement, doit être opéré par une action mécanique continue et croissante. Cette action s'exécute manuellement, par percussion et intermittence, ou mécaniquement par compression.

La résistance du rivet croissant avec le refroidissement, il convient que la puissance mécanique suive une égale progression, afin de refouler, dans la dernière période, la *matière* du rivet dans les moindres interstices et d'exercer une compression finale qui place le rivet dans un état d'équilibre favorable à l'effet utile. Le rivetage, par percussion qui, entre deux chocs, livre le rivet à lui-même, ne saurait remplir les conditions d'une rivure résistante qu'une compression continue et croissante permet seule de réaliser. Des nécessités d'exécution imposent, dans certaines parties des chaudières, le rivetage à la main. Le coût de l'outillage, la perfection nécessaire dans la préparation des tôles, la difficulté de réparer ce mode d'assemblage, retarderont longtemps la substitution du rivetage par compression à l'ancien rivetage au marteau. La résistance au glissement a pour facteurs l'énergie du serrage et la section des rivets qui concourent à l'assemblage des tôles.

Le diamètre des *rivets* étant proportionnel à l'épaisseur des tôles à assembler et l'écartement entre les rivets étant proportionnel à leur diamètre, la section des rivets ne peut être développée qu'en augmentant le nombre des rangs et en disposant ces rivets en quinconce. Il existe deux modes de rivetage par percussion. Le rivetage au petit marteau s'exécute entièrement à la main, la résistance au glissement des parties assemblées égale 9 à 10 kilos par millimètre carré de tige de rivet; le rivetage à la bouterolle consiste à terminer le parage de la tête, écrasée au marteau, à l'aide d'une bouterolle énergiquement frappée pendant la dernière période du refroidissement.

L'intervention de la bouterolle porte la résistance au glissement entre 10 à 11 kilos par millimètre carré de tige de rivet, mais l'énergie de la percussion provoque une altération moléculaire qui, parfois, occasionne le décollement des têtes. Le rivetage par compression s'exécute en comprimant les tôles à assembler à l'aide d'une bouterolle qui écrase la tige et forme la tête du rivet; par une pression finale dont l'énergie varie entre 20 et 80 tonnes sur le rivet comprimé. Le rivet se refroidit en remplissant exactement les orifices des tôles, et se moule exactement dans la matière à assembler, pour former un tout homogène. La résistance au glissement d'un tel assemblage varie entre 13 et 14 kilos par millimètre carré de rivet. Cet effet utile correspond sensiblement à la limite d'élasticité du fer fin à grain; la malléabilité du rivet est rigoureusement conservée, le matage des têtes est complètement inutile.

Qualités des matériaux. La ductilité du métal sa résistance à la traction, sa pureté, sont des éléments qui peuvent, comme le mode d'assemblage, faire varier la valeur de R. Le fer fin, presque chimiquement pur, s'altère moins au contact des gaz chauds, des eaux impures ou corrosives que le fer plus ou moins mélangé de corps étrangers, susceptibles d'engendrer des combinaisons avec les fluides en contact. Il conviendra donc d'approprier le mode d'assemblage à la nature des tôles, de telle sorte que la réduction d'épaisseur corresponde au maximum de qualité du métal et de résistance au glissement de l'assemblage. Les tôles d'acier Bessmer, Siemens Martin, si ductiles, si malléables, si résistantes, éprouvent des modifications tellement considérables, soit pendant la construction, soit par de fréquents changements de température en service, que leur emploi, dans la construction des chaudières ne s'est pas généralisé. On a remarqué, en outre, que pendant le chômage des générateurs, les tôles d'acier s'oxydaient plus rapidement et plus profondément que les tôles de fer.

Nul doute, qu'avec le temps, une composition chimique différente ne soit obtenue. Les tôles d'a-

cier ou fer fondu posséderont entièrement, dans l'avenir, les qualités requises pour la construction des chaudières à vapeur. Il suffira pour cela de réduire et régulariser la teneur en carbone libre dont la présence détermine l'inéquilibre des molécules, sous l'influence des chocs et des brusques variations de température. Mais, en raison des mécomptes antérieurs, la plus grande circonspection s'impose. Il y a une étroite relation entre la pureté du métal et sa ductilité. Le fer puddlé présente des écarts de composition souvent considérables. Les tôles communes adultérées par des corps étrangers sont aigres et cassantes; leur résistance, dans le sens du laminage, est infiniment supérieure à la résistance perpendiculairement à ce laminage; l'absence de ductilité ne diminue pas toujours la résistance à la traction, mais, par suite de l'altération ultérieure des molécules, cette résistance s'abaissant graduellement peut provoquer une brusque rupture si elle coïncide avec une réduction accidentelle de l'épaisseur. La pureté relative des tôles de fer de bonne qualité rend la soudure du lingot plus difficile; l'absence de scories, les *battitures* interposées et non réduites pendant le réchauffage insuffisant du lingot, provoquent de fréquents dédoublements de tôle, des pailles d'épaisseur variable, quand les soins les plus minutieux ne sont pas apportés à la fabrication. Un contrôle sévère au cours de la construction permet souvent d'éliminer les tôles défectueuses; parfois aussi le défaut ne se révèle que plusieurs mois après la mise en service.

La soudure des assemblages à la forge s'opère couramment pour la généralité des pièces accessoires; ce procédé a même été étendu aux assemblages des tôles de chaudières; mais, la malléabilité des parties soudées, sensiblement altérée, n'offre pas les garanties suffisantes pour que ce procédé tende à se généraliser.

L'altération moléculaire de la partie soudée est évidente; le plus souvent, la soudure n'est obtenue qu'en provoquant, à l'aide de la silice, la formation d'une scorie fusible, facilement altérable, entre les parois à souder.

Le cuivre laminé possède une ductilité infiniment supérieure à celle du fer, mais sa résistance est beaucoup plus faible et s'abaisse considérablement quand le métal a subi un recuit. Une rivure bien établie présente au glissement une résistance égale à celle du cuivre en pleine feuille; les essais à la traction des qualités de cuivre à employer, ont, à cause du prix de ce métal, une importance de premier ordre. Le cuivre est de moins en moins appliqué à la construction des chaudières. Les foyers de locomotives, en raison des différences de dilatation qu'ils supportent, sont le plus souvent construits en cuivre rouge.

La fonte de fer n'entre plus que pour une faible part dans la construction des chaudières à vapeur. Très résistante à la compression, la fonte ne présente aucune garantie dans les efforts à l'extension. Dans ce cas, une épaisseur quintuple de celle de la tôle doit être considérée comme un minimum n'offrant qu'une sécurité relative. A la compression, au contraire, la fonte présente des qualités de résistance très remarquables et n'est pas comme les métaux ductiles, susceptible d'une facile déformation.

Les coefficients de résistance et d'élasticité, doivent donner toute sécurité sous les pressions extrêmes qui résultent des *épreuves* des chaudières.

Le tableau suivant indique ces coefficients pour les différents métaux employés dans la construction des chaudières.

Tableau des valeurs respectives de R et de E par millimètre carré.

Matières	Coefficient R de résistance		Coefficient E d'élasticité
	Traction	Compression	
	kilogr.	kilogr.	
Tôle de fer { Qualité commune, type 2	4	4	
— chaudières, type 3	5.5	5.5	
— fer demi-fort, type 4	6	6	17.500
— fer fort, type 5	6.5	6.5	
— fer fort supérieur, type 6	7	7	
Cuivre rouge laminé écroui	5.5	5	10.700
Cuivre rouge laminé recuit	2.2	1.9	10.700
Fonte de fer	1.1	4	10.000
Fonte de bronze, 8 parties cuivre, 1 partie étain	1.9	»	6.400

Indépendamment des épaisseurs nécessaires pour équilibrer les efforts, il est indispensable d'adopter une quantité additive, constante pour chaque métal, dans le but de compenser les altérations, défauts de matières, réduction d'épaisseur, provenant de causes diverses.

Ces quantités constantes sont d'ordinaire fixées comme suit :

Tôle de fer.	Cuivre laminé.	Fonte de fer.	Bronze.
3 millimètres.	2 millimètres.	4 millimètres.	2 millimètres.

Les chiffres qui précèdent ne représentent que des épaisseurs additives d'usage courant. Dans les cas spéciaux, et selon les circonstances, ces chiffres doivent être modifiés, en raison des causes spéciales d'altération ou de durée.

Le tableau suivant établit sous une forme pratique l'équivalent de la formule $\dfrac{D.P}{2R} = e$; en supposant une rivure bien proportionnée et la valeur de P déterminée par *la pression d'épreuve*, la seule qui puisse servir de base pour déterminer la résistance au glissement. Ce tableau n'est applicable qu'à des pièces rendues *indéformables* soit, par leur forme et la nature de l'effort, soit par la résistance des armatures.

Nature du métal	Mode de rivetage	Un rang de rivets	Deux rangs de rivets
Tôle de fer	Au petit marteau.	D.P. 0,90 + 3 = e	D.P. 0,70 + 3 = e
— —	A la bouterolle.	D.P. 0,80 + 3 = e	D.P. 0,65 + 3 = e
— —	Par compression hydraul.	D.P. 0,66 + 3 = e	D.P. 0,56 + 3 = e
Cuivre rouge écroui laminé.	Ad *libitum*.	D.P. 0,90 + 2 = e	D.P. 0,75 + 2 = e
— laminé recuit.	—	D.P. 2,30 + 2 = e	D.P. 2,10 + 2 = e
Fonte de fer à l'extension.	—	D.P. 5,50 + 4 = e	D.P. 5,50 + 4 = e
— à la compression.	—	D.P. 2,50 + 4 = e	D.P. 2,50 + 4 = e

L'équivalent de la formule $\dfrac{D.P}{4R} = e$ s'établit à l'aide du tableau qui précède en multipliant le coefficient de résistance par 0,50 et en conservant la quantité additive. Les épaisseurs des parois planes ou déformables, ainsi que la section des armatures qui assurent la rigidité de ces parois, sont calculées à l'aide de formules dans lesquelles les coefficients RE entrent pour leur valeur respective, les quantités additives constantes s'ajoutent également aux épaisseurs déterminées à l'aide de ces formules. L'étude raisonnée d'une chaudière à vapeur comporte l'examen d'éléments multiples ; non seulement il convient de tenir compte des nécessités de construction, mais la qualité de la matière la plus appropriée à la fonction de chacune des parties, il faut prévoir les altérations éventuelles provenant de fuites, corrosions, dédoublement des épaisseurs, sur- chauffe externe, dilatations inégales, etc. La détermination des épaisseurs est subordonnée aux considérations qui précèdent, à la qualité des tôles dont on dispose et surtout au soin apporté dans la construction. L'honorabilité, l'expérience du constructeur, l'habileté professionnelle des ouvriers, la valeur des chefs d'ateliers sont des facteurs précieux qui influent sur la durée, les bons services d'une chaudière et qui doivent fixer le choix de l'industriel plutôt qu'un prix peu élevé par unité de poids. Ce fâcheux usage de la vente au poids ne saurait être trop répudié. La valeur commerciale d'une chaudière devrait avoir pour base son rendement utile, sa durée, sa facilité de conduite, les faibles frais généraux qu'elle nécessite.

Des tôles de forte épaisseur assemblées sans soins, des masses considérables de fonte de qualité médiocre, une étanchéité obtenue parfois à l'aide de tours de mains sans efficacité durable, telle est généralement la conséquence d'un bon marché plus apparent que réel. Il en résulte des réparations fréquentes et coûteuses, un véritable danger et la mise au rebut rapide d'une installation qui représente toujours de lourds sacrifices, une mise en train pénible.

Nous donnons plus loin (CHAUDIÈRES MARINES) des indications sur l'épaisseur des tôles employées par les constructeurs de la marine militaire.

Entretien. Du bon entretien. des chaudières dépend leur rendement et leur durée. La conductibilité des parois est continuellement diminuée à l'extérieur par la condensation des fumées, le contact des cendres ; à l'intérieur par l'accumulation des matières insolubles non conductrices. Les cendres encombrent à la longue les conduits de fumée et limitent le tirage. Quand ces cendres se déposent sur les parois de la chaudière, l'isolement qu'elles provoquent engendre des fuites, par différence de dilatation. Il importe donc de disposer l'installation de telle sorte que les nettoyages soient extrêmement rares, et l'accumulation des dépôts sans influence fâcheuse sur le fonctionnement économique de la chaudière. Le brossage quotidien des tubes de fumée, les extractions, les nettoyages extérieurs et intérieurs à des époques régulières, une inspection minutieuse des parois, faite chaque année par un ouvrier attentif et compétent, telles sont les mesures indispensables à .l'usage régulier de l'appareil, à la sécurité de l'industriel. Quand le dispositif de la chaudière le permet, il y a .un intérêt considérable à empêcher l'adhérence des sels terreux et à établir dans les chaudières, des collecteurs de dépôts.

Inspection. Depuis quelques années, il s'est fondé des associations de propriétaires d'appareils à vapeur dirigées par des ingénieurs distingués, ayant sous leurs ordres des inspecteurs, dont l'unique fonction est de visiter les chaudières après nettoyage. Procès-verbaux de ces visites sont adressés aux intéressés, et les réparations indiquées peuvent être faites avant la mise en service. Ces associations ont diminué, dans une proportion considérable, le nombre des sinistres ; elles permettent à l'ingénieur directeur de grouper les faits et d'en tirer d'utiles conclusions. Chaque année, ces ingénieurs en chef se réunissent en congrès. Les questions à l'étude sont discutées, les faits saillants sont mis en évidence ; le procès-verbal de ces travaux est communiqué à tous les membres des associations qui y puisent de féconds enseignements.

Reconnues, en France, d'utilité publique, ces sociétés facilitent l'inspection administrative et l'ingénieur des mines peut ne pas exiger l'épreuve, quand les procès-verbaux constatent l'état satisfaisant du générateur. Des analyses de combustibles, des essais de vaporisation, des essais de machines à l'indicateur, des études, des inspections de tôles et de chaudières chez le constructeur, des consultations sur toutes les questions relatives à la génération et l'emploi de la vapeur, rentrent dans les attributions du personnel de ces associations pour le service exclusif de leurs membres.

Les procès-verbaux de visite, s'ils sont satisfaisants, couvrent moralement l'industriel en cas d'explosion ; l'entretien devient une obligation dont les salutaires effets se font promptement sentir.

Conclusions. De l'étude qui précède, on peut conclure qu'il est impossible de réunir, dans un même appareil, des qualités qui s'excluent, de satisfaire avec un égal succès à toutes les conditions du problème. De ces motifs est née l'extrême variété des types.

Les chaudières de forme classique, celles dont les qualités évidentes résultent d'une observation rigoureuse des lois physiques patiemment observées, celles enfin, qui, par leur forme, le développement exclusif d'une qualité spéciale, répondent à certains besoins, se multiplient dans l'industrie. La condition qui s'impose, c'est que chacune des parties soit rigoureusement appropriée à sa fonction, que l'ensemble réponde bien aux nécessités industrielles à satisfaire. L'art de l'ingénieur, la sagacité de l'industriel consistent donc à choisir judicieusement le type de chaudière qui répond de la façon la plus satisfaisante aux besoins généraux de l'atelier, de l'usine qu'ils dirigent ou installent. Dans le but de donner plus de clarté aux descriptions, de faciliter les recherches, les appréciations du lecteur, un énoncé succinct des qualités nécessaires suffira, nous l'espérons, pour éclairer d'un jour nouveau une question importante entre toutes et sur laquelle les meilleurs esprits sont divisés.

QUALITÉS NÉCESSAIRES D'UNE CHAUDIÈRE A VAPEUR.

Foyer. Le foyer sera disposé en vue du combustible le plus avantageux, de la combustion la plus parfaite, de la conduite la plus facile. Si l'appareil est transportable, le foyer aura une rigidité absolue ; si l'appareil est fixe, le foyer, facile à réparer et non absorbant, constituera une réserve calorifique, nécessaire à une combustion complète et régulière ; dans ce cas, les pertes rayonnantes seront utilisées, soit pour élever la température de l'air comburant, soit à tout autre usage.

Surface de chauffe. L'élasticité de production de vapeur étant sensiblement proportionnelle au développement, à l'efficacité de la surface de chauffe directe de la chaudière, l'active circulation du liquide, le facile dégagement de la vapeur générée, la réduction d'épaisseur des tôles exposées à la radiation du foyer, seront considérées comme favorables à la bonne utilisation du combustible et à la diminution du surchauffage extérieur des parois. Les dilatations libres, l'égalité de température de chaque élément dans toutes ses parties, seront des qualités précieuses et des garanties de durée.

Chauffage. Le chauffage sera rigoureusement méthodique et la conductibilité des parois aussi complète que possible. La différence de température entre l'eau et les gaz chauds, sera de la sorte portée au maximum, et le dépouillement de la température sensible des gaz comburés conjurera les pertes de toute nature provenant de la conduite des feux.

Incrustations. La présence de corps non conducteurs étant la conséquence de toute génération de vapeur d'eau, la chaudière sera disposée pour reléguer loin des parois chauffées, ou tout au moins dans l'espace le moins nuisible, les dépôts insolubles, engendrés par la vaporisation.

Stabilité manométrique. Le grand volume d'eau, en contact avec la vapeur, la puissance de production de la surface de chauffe directe, l'absence de solidarité entre ces deux éléments, seront les facteurs de la stabilité de pression. Ces qualités sont rarement associées.

Entraînement d'eau. Le dégagement de vapeur, faible ou nul au-dessous de l'évacuation, un plan d'eau développé, l'absence d'étranglements du liquide au-dessus des surfaces de chauffe actives de la chaudière, une chambre de vapeur de volume convenable, une répartition de la prise de vapeur sur la plus grande surface possible, telles sont les qualités à rechercher.

Rapidité de production et de mise en pression. Le liquide divisé au-dessus du foyer, la vapeur générée par la surface de chauffe active, directe, immédiatement dégagée, sont les éléments de rapide évolution dans la production d'une chaudière.

Coût, durée, réparations, entretien. Questions très délicates à trancher. Des formes simples, l'accès facile de toutes les parties internes et externes, les dilatations libres, les métaux laminés résistant de préférence à l'extension, les métaux fondus supportant les efforts de compression, l'utilisation de la chaleur intense dans le minimum d'espace, le libre passage des gaz comburés bien utilisés, tels sont les facteurs d'une installation économique et de longue durée.

Joints. Les joints rares, dont la pression augmente l'étanchéité, présentent seuls des garanties. Quand les joints sont en contact avec l'eau de la chaudière et placés en façade, tout autre dispositif doit être rigoureusement exclu, sous peine d'accidents graves.

Sécurité. La sécurité dépend des soins apportés à l'étude, à la construction, à l'installation et à la conduite d'une chaudière à vapeur. Le bon état des appareils indicateurs, un entretien satisfaisant, les visites annuelles, un chauffeur prudent et soigneux, sont des gages de sécurité.

CONSIDÉRATIONS RELATIVES A LA COMBUSTION, A SES EFFETS ET AUX ÉCARTS ENTRE LES CALORIES DÉGAGÉES ET LES CALORIES UTILISÉES.

Le *combustible* (V. ce mot) se présente sous les trois aspects, solide, liquide, ou gazeux, que peuvent affecter les corps. Quel que soit l'état physique du combustible industriel, ses parties utilisables sont exclusivement composées de carbone et d'hydrogène associées en proportion variable à des matières inertes (cendres) plus ou moins fusibles et toujours nuisibles. La combustion résulte de la combinaison chimique du carbone et de l'hydrogène avec l'oxygène ; cette combinaison est toujours accompagnée d'un dégagement de chaleur utilisable.

L'air (V. ce mot), unique source industrielle d'oxygène, est un mélange de 21 parties d'oxygène (élément comburant) et de 79 parties d'azote, gaz inerte, dont l'unique rôle est la répartition plus égale de l'élément comburant sur les éléments combustibles. L'état physique du combustible influe sur sa combinaison plus ou moins parfaite avec l'oxygène. Cette combinaison est d'autant plus rapide et complète que le combustible est dans un plus grand état de division, que chacune de ses molécules est en contact plus intime avec l'oxygène. L'état gazeux est évidemment le plus favorable au mélange rapide des deux éléments. Les liquides se prêtent à la pulvérisation mécanique, à la division par écoulement, par capillarité ; les solides, au contraire, sont rebelles à ces moyens d'action.

L'élévation de la température modifie sans cesse la contexture des combustibles solides. La fusion des cendres diminue les sections offertes au passage de l'air ; il en résulte l'impossibilité pratique de régulariser mécaniquement la combustion. Les combustibles solides, en raison de leur abondance, sont les plus employés, on les utilise en les étendant en couches d'épaisseur variable sur une grille à barreaux plus ou moins épais, plus ou moins espacés, selon la nature du combustible.

L'air aspiré par la cheminée ou pulsé mécani-

Tableau résumant les conditions d'emploi des combustibles solides.

Nature du combustible	Poids par mètre cube	Pour 1 kilogramme de combustible puissance calorifique en calories		Volume d'air en mètres cubes nécessaire à la combustion		Formule 1 *n t* V Volume des gaz comburés en mètres cubes à la température 0°		Épaisseur de la couche en ignition en centimètres		Consommation horaire de combustible par mètre carré de grille	
		Théor.	Pratique	Théor.	Pratique	Théor.	Pratique	Minimum	Maximum	Minimum	Maximum
Houille sèche...	780 k.	6.500	5.000	8.50	12	8.74	12.24	6	20	70	100
— 1/2 grasso	820	7.500	5.800	9	14	9.34	14.34	5	15	60	85
Coke à 15 °/₀ cend.	400 — 600	6.300	4.800	7.50	11	7.5	11	25	40	90	120
Bois à 20 °/₀ d'eau.	250 — 450	3.500	2.800	4	5	4.70	5.75	35	50	200	250
Tannée à 20 °/₀. —	250 — 300	2.200	1.600	3.50	4.50	4.20	5.10	25	40	150	200
Charbon de bois..	200 — 250	7.000	5.500	8.20	10	8.20	10	25	40	90	120
— de tourbe..	200 — 250	5.800	4.000	6.60	8.50	6.60	8.50	20	30	100	130
Tourbe à 20 °/₀ d'eau	500 — 600	3.000	2.000	4.50	6.50	5.13	7.15	25	30	150	200
Lignite ou charbon roux....	600 — 750	4.000	3.000	8.20	11	8.40	11.20	10	20	100	130

quement sous la grille passe entre les barreaux et circule dans la masse en ignition. La puissance d'aspiration ou de refoulement fait équilibre à une colonne d'eau de 0,10 à 0,20 millimètres, l'épaisseur de la couche du combustible doit être proportionnelle à la somme des sections offertes au passage de l'air, à sa vitesse de translation, au volume d'air nécessaire à la combinaison.

La richesse du combustible, son état physique au cours de la combinaison, offrent une telle variété qu'on ne peut formuler de règles absolues sur l'emploi des combustibles solides (V. le tableau de la page 882).

Air en excès. L'examen de ce tableau met en relief les écarts considérables entre les valeurs théoriques et les valeurs pratiques. Dans son traité de la chaleur, Péclet admet une introduction d'air double du volume théorique pour la combustion de la houille, les chiffres pratiques indiqués au tableau peuvent être facilement obtenus par un personnel ayant du chauffage les indispensables notions. Il n'est pas de voir des écarts beaucoup plus considérables avec des feux mal conduits.

Volume réel des gaz comburés. La formule $(1 + a.t = v)$ sert à déterminer le volume réel des gaz, fictivement ramené à 0°. Dans cette formule, t représente la température des gaz dans la cheminée, a, le coefficient de dilatation 0,00365. Le produit de ces deux termes s'ajoute au chiffre indiqué pour chaque combustible. A l'aide de ce tableau on peut donc déterminer les dimensions principales d'une installation répondant à un but déterminé.

Rapport entre les surfaces. Le rapport entre la surface de chauffe et la surface de grille, dépend évidemment du nombre de calories dégagées et absorbées dans le temps par les unités considérées. Abstraction faite de l'utilisation plus ou moins parfaite de la chaleur émise, ce rapport peut varier entre 15 et 40 mètres carrés de chauffe par mètre carré de grille. Il sera, dans tous les cas, d'autant plus réduit que la puissance rayonnante du combustible sera plus grande, la surface de chauffe directe plus développée et plus active. Ce côté de la question est certainement le plus intéressant à tous égards et doit servir de guide dans toute étude sérieuse.

Température nécessaire à la combustion. La combinaison entre les éléments comburants et combustibles est d'autant plus rapide, intime et complète, que la température du milieu est plus élevée. On admet que dans un milieu où l'air est raréfié, les hydrocarbures ne se combustionnent complètement que lorsque la température est supérieure à 750 degrés. L'oxyde de carbone ne se transforme en acide carbonique qu'à une température supérieure à 800 degrés, il faut en outre que l'air, en quantité suffisante, soit mêlé intimement aux gaz combustibles, pour que la combinaison soit complète.

Or, l'emploi des combustibles solides rend irréalisable les conditions sus-énoncées. En effet, la répartition du combustible se fait par une large porte sur les couches en ignition. L'air froid introduit, les calories empruntées par le combustible frais, abaissent la température de la chambre de combustion. Si le combustible est riche en hydrogène, si les parois absorbent la chaleur au lieu d'en céder, il est évident que la plus grande part des gaz distillés échappera à la combustion. Une fumée jaune caractéristique emportera les éléments combustibles les plus riches ; le carbone, au premier état d'oxydation (CO), ne trouvant pas une chaleur suffisante, ne cèdera au foyer et aux parois de la chaudière que sa chaleur sensible. Une fumée noire, indice d'une combustion incomplète succédera aux produits combustibles distillés. L'incandescence fera cesser ces phénomènes par l'élévation de température dans la chambre de combustion. En dehors de la fumée qu'elle engendre, la mauvaise combustion est une cause importante de pertes. Chaque kilogramme d'hydrogène, par sa combinaison avec 8 kilogrammes d'oxygène, dégage 34,700 calories. Le premier terme de la combinaison de 1 kilogramme de carbone avec 1^k,325 oxygène (CO) dégage 1,386 calories ; le second terme de cette combinaison, 1 kilogramme de carbone avec 2^k,650 oxygène dégage 7,170 calories; l'oxyde de carbone qui échappe à la combustion représente donc une perte de 5,784 calories par kilogramme de carbone combiné.

Influence de l'air en excès. Dans le but de produire une meilleure combustion, de diminuer la fumée, l'air en excès a été souvent préconisé. Au point de vue de l'économie de combustible, le remède est spécieux ; en effet, les gaz comburés ne peuvent pratiquement être dégagés qu'à une température variant entre 180 et 400 degrés ; or, il faut, théoriquement, 11^k,208 d'air pour combustionner 1 kilogramme de houille. Si l'air admis en excès est égal à la quantité théoriquement nécessaire le calcul indique :

$$11,200 \times 8,2375 \times 300 = 2,766$$

calories perdues dans le but de supprimer la fumée, soit le tiers du combustible employé. L'excès d'air provoque donc des pertes incomparablement supérieures à celles qui résultent de son insuffisance.

Les expériences de vaporisation faites par la Société industrielle de Mulhouse, ne laissent, à cet égard, aucun doute.

Réduction des pertes de combustible. C'est en vain que l'amélioration de la combustion sur grille a été tentée à l'aide de dispositions mécaniques. Chargement inférieur ou latéral du combustible frais, mouvement oscillant des barreaux de grille, aucun de ces procédés, excellents en principe, n'a pu résister à l'influence destructive d'une température élevée. Des tentatives fréquentes ont eu pour objet de sacrifier à la meilleure combustion la transmission du calorique par rayonnement; dans ce but, des matériaux réfractaires ont été interposés entre le foyer et les parois de la chaudière. Le brassage énergique des gaz, l'élévation de température du foyer, la chaleur disponible sur le passage des hydrocarbures distillés, sont des éléments rationnels de bonne combustion qui, avec des surfaces de chauffe développées, permettent de réaliser des économies importantes ; mais la haute température des gaz calcine les matériaux réfractaires qui s'effritent par les brusques refroidissements provenant de l'air admis pendant les chargements et les décrassages de grille, on perd donc en réfection du foyer, ce qui a été économisé sur le combustible ; et l'avantage d'une facile visite des parois chauffées disparaît sans compensation. · Il y a cependant là un procédé rationnel qui ne demande, pour donner d'excellents résultats, qu'un dispositif bien étudié et des matériaux résistant mieux aux variations de température.

M. Godillot emploie, pour brûler les combustibles pauvres, sciures, tannée, déchets de bois de teinture, bagasse, etc., un four à grille se chargeant par trémie qui, placé en avant des chaudières à vapeur, donne de remarquables résultats au double point de vue du rendement et de la facile conduite des feux.

Ces dispositifs ont quelque analogie avec les *foyers* industriels (fours à réchauffer, fours à puddler, fours à coke, fours à recuire, fours de verrerie, etc.) dont les flammes perdues sont utilisées à générer la vapeur. Dans ce cas, l'emploi de la chaleur n'étant que l'accessoire, il importe que la chaudière contienne un volume d'eau relativement considérable, et constitue un véritable accumulateur de calories, compensant les écarts entre la production et la consommation.

Combustibles liquides. L'exposé qui précède indique clairement la voie à suivre pour l'emploi des combustibles liquides. L'extrême division de la matière, son mélange intime avec l'air comburant ; les gaz enflammés maintenus à haute température jusqu'à complète combustion ; le rayonnement et la chaleur sensible des flammes utilisés à la génération de la vapeur d'eau, sont des éléments de réussite.

La division du liquide peut être mécaniquement obtenue soit en pulsant l'air au travers une nappe d'hydrocarbure d'épaisseur variable, soit en pulvérisant ce liquide en un brouillard, mélangé au volume d'air convenablement réglé, soit encore en accouplant une série de brûleurs, composés d'un tube central terminé par un ajutage de faible diamètre et concentrique à un tube qui conduit l'air comprimé, de telle sorte que cet air entraîne dans son mouvement une quantité de liquide finement divisé ; l'inflammation de ce brouillard combustible dans une chambre à parois réfractaires, en développant une température élevée, fournit une masse gazeuse à haute température éminemment propre à la génération de la vapeur. Les dosages respectifs d'air et de combustible peuvent être combinés de telle sorte, qu'à l'arbitraire du chauffeur, soit substitué l'écoulement proportionnel des éléments comburants et combustibles. Ce dernier brûleur, inventé par M. Bosquet, a reçu dans l'industrie des applications très intéressantes.

De nombreuses tentatives ont été faites pour appliquer l'huile de pétrole au chauffage des chaudières, après l'avoir débarrassée par une distillation fractionnelle des essences légères qu'elle contient au moment de son extraction, Un kilogramme d'huile lourde de pétrole peut fournir 12,000 calories environ sur lesquelles on en a utilisé jusqu'à 10,829 avec des fourneaux spécialement installés, c'est-à-dire qu'on a vaporisé 17 kilogrammes d'eau par kilog. de pétrole. La perte par la combustion ne s'élève donc qu'à 10 0/0, tandis qu'avec la houille, la perte est, au moins, de 30 0/0 en employant les meilleures chaudières.

Dans quelques usines à gaz, on fait usage de goudron comme combustible. On estime qu'i. faut 550 grammes de goudron pour produire le même effet calorifique que 1 kilogramme de houille.

Combustibles gazeux. L'emploi des gaz combustibles pour la génération de la vapeur, a depuis longtemps reçu des applications dans la métallurgie. Dans le voisinage des hauts-fourneaux, on se sert fréquemment des gaz chauds qui s'échappent du gueulard pour le chauffage des chaudières, on peut ainsi récupérer environ la moitié de la richesse calorifique des gaz. Leur composition varie avec l'espèce de combustible employé dans le haut-fourneau à charbon de bois, coke, houille, et suivant qu'on recueille ces gaz au gueulard ou un peu au-dessus de la cuve. La chaleur dégagée par un mètre cube de ces gaz, varie entre 1,000 et 1,300 calories. La proportion considérable d'azote contenue dans ces gaz, modère l'élévation de température produite par la combustion et rend leur emploi particulièrement propice à la génération de la vapeur. Le fonctionnement continu a permis de substituer le gazogène à la combustion sur grille ; le combustible solide accumulé en masses considérables dans ce gazogène est transformé en gaz dont l'inflammation ultérieure, pour les divers besoins de l'usine, procure les résultats les plus fructueux et les plus pratiques. Le plus souvent, l'air nécessaire à la combustion des gaz est échauffé, soit par une circulation méthodique autour des appareils, soit par son passage dans un récupérateur des chaleurs perdues.

La combinaison des éléments s'effectue dans une chambre de combustion et les gaz comburés à haute température circulent sur les parois des chaudières à vapeur.

La chaleur spécifique des gaz étant faible, le rayonnement de la masse en ignition faisant défaut, l'absorption calorifique de la chaudière, au cours de la combinaison, engendrerait des pertes considérables en abaissant la température des gaz au-dessous de la température de combinaison ; il importe donc, pour éviter ces pertes, de disposer les parois absorbantes de telle sorte que la combustion soit complètement effectuée quand la chaleur du courant gazeux descend à 800 ou 900 degrés. Cette obligation entraîne nécessairement l'usure rapide de matériaux réfractaires ; mais les brusques changements de température, provoqués par les rentrées d'air pendant le chargement du combustible n'étant plus à redouter, la durée des chambres de combustion est beaucoup plus grande et suffisante en pratique. La transformation du combustible solide en combustible gazeux impose la marche à feu continu. On peut varier dans de larges limites le nombre des calories dégagées dans le temps ; mais, le volume considérable de combustible en ignition engendre, pendant les arrêts, des pertes supérieures aux économies réalisées par une combustion plus parfaite pendant le fonctionnement.

Le gazogène fournit le combustible sous sa forme la plus facilement utilisable, le mode de chargement, la conduite du feu, les quantités rigoureusement proportionnelles du mélange inflammable, quelle que soit l'allure du foyer, sont des éléments féconds, sur lesquels il est inutile d'insister et que la combustion sur grille ne saurait offrir, malgré tous les perfectionnements apportés. L'emploi des combustibles liquides échappe aux nécessités de la marche continue, mais les actions mécaniques sont nécessaires pour mettre ce combustible en état d'être facilement employé. Le gazogène, au contraire, ne comporte pas l'emploi de l'air comprimé ou pulsé, le tirage de la cheminée semble mieux convenir à la marche lente, régulière de cet appareil. Nous avons indiqué les valeurs calorifiques du carbone et de l'hydrogène, on peut industriellement se rapprocher dans l'emploi des combustibles liquides ou gazeux des chiffres théoriques en disposant convenablement les appareils de combustion. Le chauffage de l'air à l'aide des pertes rayonnantes ou des chaleurs perdues, est dans ce cas, tout indiqué. La combustion sur grille ne comporte pas le chauffage de l'air au-dessus de 60 degrés, encore faut-il un tirage énergique et des barreaux spéciaux.

Un foyer mixte participant du foyer à grille et du gazogène a été appliqué par M. Ten-Brinck à la génération de la vapeur d'eau ; nous décrirons plus loin cet intéressant appareil qui, dans des conditions déterminées, donne une solution satisfaisante. En dehors des pertes calorifiques résultant d'une incomplète combustion, d'un excès d'air, le rayonnement des appareils constitue une perte parfois considérable et pouvant être facilement atténuée. Cette perte est proportionnelle aux surfaces en contact avec l'air ambiant et aux écarts de température. Quand l'air circule autour de l'appareil, la perte calorifique est proportionnelle au volume et à l'accroissement de température de l'air échauffé. En utilisant le rayonnement pour élever la température de l'air comburant on peut, pour une installation appropriée, améliorer la combustion en conjurant cette perte.

Chauffage des chaudières à vapeur. Dans la généralité des cas le chauffage s'exécute à la main. Le combustible le plus employé est la houille ; on l'étend, à l'aide d'une pelle, en une couche uniforme d'une hauteur de 0^{m}12 à 0^{m}15, sur la grille. Cette couche est remuée de temps à autre par l'ouvrier chargé de ce travail, avec un outil de chauffe, la *rouable* ou le *ringard*.

Toutes les matières contenues dans la houille ne se volatilisent pas dans l'acte de la combustion ; les schistes qu'elle emprisonne dans sa masse et dont elle n'est jamais complètement dépouillée, se fondent et s'étendent sur la grille en formant un gâteau de mâchefer qui obstrue les vides de la grille et s'oppose au passage de l'air entre les barreaux. Le chauffeur combat cette action nuisible en passant au-dessous des grilles un outil appelé *crochet* qu'il fait aller et venir entre les barreaux, ou en décollant, au moyen d'une *lance*, des plaques de ce mâchefer, qu'il retire par la porte du fourneau.

Au bout de quelques heures, trois ou quatre habituellement, on doit procéder à un nettoyage complet de la grille. Cette opération porte le nom de *décrassage*, elle est fatigante et difficile à exécuter à bras d'hommes ; elle doit être faite rapidement afin de diminuer le temps pendant lequel l'air froid afflue en masse par la porte du fourneau.

CLASSIFICATION

La condition qui s'impose dans tout générateur, est une appropriation conçue en vue de la fonction. Dans le but de faciliter l'étude qui va suivre, nous adopterons une classification ayant pour base la nature des besoins à satisfaire.

Trois grandes divisions se présentent à l'esprit :
1° *La chaudière industrielle* :
2° *la chaudière de locomotive* ;
3° *la chaudière marine.*

CHAUDIÈRE INDUSTRIELLE

En raison de la variété des besoins, la chaudière industrielle offre une variété de types que ne comportent pas les besoins spéciaux de la marine et des chemins de fer. Il convient donc de classer en trois groupes distincts les appareils générateurs de la vapeur employés dans l'industrie.

Le premier groupe comprend les appareils à grande contenance, à parois épaisses, à faible division du liquide, placés à poste fixe dans les fourneaux en briques, avec carneaux à grande section, permettant de varier l'allure des foyers, le poids de vapeur générée par unité de surface ; leur allure lourde et régulière répond aux besoins de la grande industrie qui rejette systématiquement les appareils délicats de conduite et d'entretien.

Le second groupe comprend des appareils fixes, de moindre contenance par unité de surface.

La division du liquide, la réduction des épaisseurs qui en est la conséquence, des formes plus étudiées, plus savantes, une structure plus délicate, une allure moins lourde exigeant des soins plus éclairés, mais donnant un rendement supérieur, sont les signes distinctifs des chaudières mixtes.

Le troisième groupe comprend les chaudières de faible contenance. Le principe de la division du liquide est poussé aux extrêmes limites, l'économie de place et de poids sont les qualités dominantes auxquelles on a sacrifié la stabilité, la facilité de conduite, la longue durée sans coûteux entretien.

Chacune de ces combinaisons a sa raison d'être, chacun de ces dispositifs répond à des besoins déterminés. L'important est de tenir compte des qualités nécessaires et non d'un engouement passager pour faire un choix judicieux.

Chaudière cylindrique. Parmi les chaudières du premier groupe, la plus simple est constituée par un cylindre terminé par des fonds emboutis, dont le rayon de courbure est égal au diamètre de ce cylindre. L'appareil, placé dans un fourneau, a un diamètre compris entre 0,70 et 1^m,00; la longueur varie entre 6 et 10 fois le diamètre, les volumes d'eau et de vapeur sont en quantité et rapport convenables.

La prise de vapeur et l'alimentation sont d'or-

dinaire placés à l'arrière du cylindre, la surface de chauffe directe est peu développée: la différence des températures entre les parois exposées au feu et celles en contact avec l'air ambiant produit des écarts de dilatation qui s'opposent à une active production. La surchauffe extrême des parois peut provoquer des fuites, et les dépôts sédimentaires déterminent au coup de feu des accidents fréquents. Le chauffage est méthodique, mais le parallélisme des gaz n'étant pas rompu, l'utilisation n'offre pas d'avantages marqués. Les visites sont faciles : en raison de l'emplacement occupé, du poids considérable employé par unité de surface active, cette chaudière ne

Fig. 1010. — *Chaudière cylindrique.*

convient que dans des cas spéciaux où la simplicité de formes s'impose. Le métal travaille à l'extension, la forme est essentiellement résistante.

Chaudière cylindrique à bouilleurs inférieurs. Cette chaudière est très employée en France ; elle se compose d'un corps cylindrique auquel sont reliés, par des tubulures rivées, un nombre variable de cylindres inférieurs. L'ensemble est placé dans un fourneau en briques, le dessous des bouilleurs reçoit, d'ordinaire, l'action directe du foyer et la vapeur générée dans ces bouilleurs se dégage, en passant par les communications, au plan d'eau supérieur. Après avoir circulé autour des bouilleurs, les gaz chauds remontent par l'arrière et circulent de l'arrière à l'avant, dans un carneau qui chauffe l'un des côtés du corps cylindrique supérieur. Ces gaz circulent ensuite dans un carneau parallèle au premier et se rendent à la cheminée, placée à l'arrière de la chaudière. La vapeur occupe environ les 2/5 du corps cylindrique supérieur, l'alimentation se fait d'ordinaire par deux tubes assemblés en fourche qui descendent par les cuissards

d'arrière jusqu'au fond des bouilleurs inférieurs. Ces mêmes tubes servent à la vidange. Les écarts de température entre les génératrices du corps cylindrique, sont convenablement atténués par les bouilleurs, le volant calorifique est considérable, la surface de chauffe directe peu développée, mais la circulation des gaz répartit la chaleur également sur les bouilleurs inférieurs. La combustion s'opère dans des conditions relativement satisfaisantes. Le chauffage n'est pas méthodique, les dilatations sont contrariées, la vapeur générée dans les bouilleurs échauffe toute la masse liquide et se dégage à travers les cuissards *sur un plan exigu* ; la faible surface de dégagement et l'égalité de température des diverses parties de la masse liquide, provoquent l'entraînement d'eau ; l'allure est lourde mais très régulière, toutes les parties sont faciles à visiter, à entretenir, à réparer. Le rendement est faible, mais s'améliore par l'adjonction de réchauffeurs. L'accumulation des dépôts sur la surface de chauffe directe provoque des accidents fréquents quand les eaux sont impures. Le métal travaille à l'extension et les formes sont résistantes. Le volume et le poids sont considérables, l'installation, par suite, est coûteuse. L'ensemble de ces qualités et de ces défauts a reçu la consécration du temps et répond bien à certaines nécessités industrielles. Les fig. 1011 à 1014 donnent les coupes de cette variété de chaudières.

Chaudière cylindrique à bouilleurs latéraux. Cette chaudière a les qualités et les défauts de la chaudière cylindrique ordinaire, mais le rendement est très sensiblement amélioré par l'adjonction des réchauffeurs. M. Farcot est l'inventeur de ce dispositif rationnel, ses brevets remontent à l'année 1844 ; il en a été l'un des plus actifs vulgarisateurs.

Les réchauffeurs jouent un rôle très intéressant, non seulement au point de vue de l'utilisation calorifique, mais encore en retenant les carbonates insolubles qui provoquent fréquemment, dans la chaudière, la rapide destruction de la tôle dite de *coup de feu*. Les gaz, après avoir circulé sous la chaudière, reviennent à l'avant par un carneau inférieur qui contient le premier réchauffeur, puis s'engagent dans le carneau supérieur

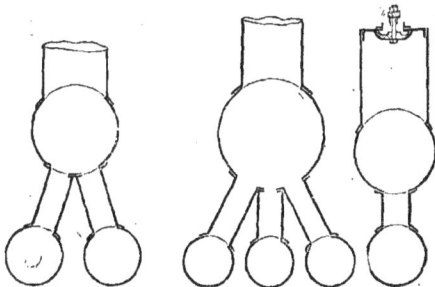
Fig. 1011.— *Chaudière à bouilleurs, coupe longitudinale.*

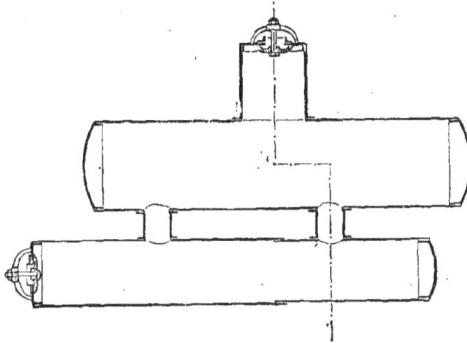
Fig. 1012 à 1014. — *Coupes transversales de chaudières à bouilleurs inférieurs.*

qui contient le deuxième réchauffeur pour se rendre à la cheminée. L'alimentation se fait à l'arrière du deuxième réchauffeur et pénètre dans le premier réchauffeur, soit par un cuissard vertical, rivé aux deux cylindres, soit par un tube de communication, placé à l'extérieur des carneaux et à l'extrémité opposée à l'alimentation. Le premier réchauffeur est relié à l'arrière de la chaudière par une communication latérale, oblique K. Le chauffage est rigoureusement méthodique et les dilatations sont libres. En dehors de ces avantages importants, les observations relatives à la chaudière cylindrique simple s'appliquent à ce dispositif plus rationnel que le précédent, mais

dont l'ensemble exclut l'élasticité de production. Ce dispositif a vulgarisé l'emploi des réchauffeurs cylindriques horizontaux pour utiliser la chaleur sensible des gaz à la suite des chaudières de tout système.

Chaudière à bouilleurs. Le dispositif de M. Artige se distingue du précédent par la réduction du diamètre et la multiplicité des corps de chaudière, conjugués au-dessus du foyer. Les réchauffeurs, en nombre variable, sont reliés par les extrémités à l'aide de tuyaux extérieurs qui réalisent la circulation rigoureusement méthodique et un long parcours des gaz comburés. La surface de chauffe directe accrue, le liquide plus divisé, sont des avantages remarquables, mais l'eau peut, dans des conditions déterminées, être inégalement répartie dans les différents corps de chaudière alimentés par un réchauffeur commun.

Fig. 1015. — *Chaudière cylindrique à bouilleurs latéraux, système Farcot.*
N Corps de chaudière.— *V* Réchauffeurs latéraux.— *K* Communication
O Cendrier. — *D* Dôme de vapeur. — *I* Boulon de jonction.

L'écart de température entre les génératrices des chaudières conjuguées subsiste, la réduction des diamètres améliore les conditions de résistance et l'ensemble du montage présente, sur le type à bouilleurs latéraux, des avantages marqués.

La solidarité de température est également supprimée entre les diverses parties de la masse liquide, l'allure du générateur est plus souple, sa conduite et son installation plus faciles.

La multiplicité des carneaux, la longueur du parcours absorbent, par les frottements, une fraction importante du tirage; il convient de compenser la perte de charge par un accroissement de section de cheminée. Sous le bénéfice des avantages susindiqués, les observations relatives à la chaudière cylindrique, s'appliquent aux corps de chaudières conjugués.

Chaudière à bouilleurs Dulac à niveaux multiples. Cette chaudière n'a, avec les dispositifs précédents qu'une analogie de forme, le fonctionnement en diffère essentielle-

ment. Les bouilleurs de faible diamètre (0,70 à 0,80 c.) sont superposés et reliés, à l'aide de deux communications d'inégal diamètre, placées à l'arrière. Un ou plusieurs tubes bouilleurs, servant d'entretoises, maintiennent l'écartement entre les bouilleurs horizontaux, mais n'établissent pas de communication entre les deux corps superposés qui constituent un élément. Le générateur est formé d'un nombre d'éléments variable, reliés entre eux par des tuyaux extérieurs assurant un niveau d'eau égal dans les différents corps.

Les bouilleurs inférieurs sont exposés à l'action directe du foyer; les flammes circulent dans le carneau inférieur, se relèvent par l'arrière et reviennent à l'avant par un carneau unique, puis s'engagent dans un carneau latéral qui contient

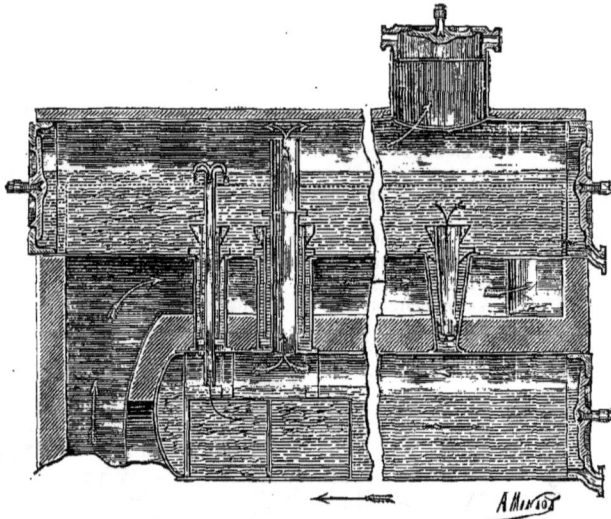

Fig. 1016. — *Chaudière Dulac, à niveaux multiples.*

un réchauffeur fortement incliné, ou une série de réchauffeurs verticaux reliés par des communications et séparés par des cloisons en briques, pour de là se rendre à la cheminée. Les communications d'arrière sont traversées par des tubes concentriques dont la bride inférieure est fixée sur une saillie intense, ménagée à la tôle du bouilleur. Le plus petit de ces tubes affleure le niveau d'eau du corps supérieur et descend jusqu'au niveau normal du corps inférieur. L'extrémité supérieure du tube concentrique à la grosse communication émerge dans la chambre de vapeur du bouilleur supérieur. Une bride fixe son extrémité inférieure sur le fond de la communication. Des tubes de circulation concentriques aux communications, s'opposent, par la circulation qu'ils provoquent, à l'accumulation des dépôts, dans les espaces annulaires. Le liquide alimentaire, provenant du dernier réchauffeur, pénètre dans le corps supérieur à niveau constant; le trop plein se déverse dans le corps inférieur par le tube d'arrière, selon les besoins de la va-

porisation. La chambre de vapeur du corps inférieur occupe environ le quart de la hauteur et est recouverte d'un double rang de briques au-dessus duquel circulent les gaz chauds. La vapeur générée circule lentement dans cette chambre et se rend, par le tube libre, concentrique à la communication, dans le corps supérieur. A l'extrémité opposée de ce cylindre est placée la prise de vapeur. Ce dispositif conserve les avantages de la chaudière à bouilleurs inférieurs et atténue ses défauts. Le chauffage est rigoureusement méthodique, la vapeur se dégage librement sur des plans développés et circule, en se débarrassant des vésicules aqueuses. L'eau du corps supérieur, placée au-dessous de l'évacuation de la vapeur, est à une température sensiblement inférieure à celle de cette vapeur, les dépressions barométriques ne provoquent pas l'inévitable entraînement d'eau que crée tout dégagement spontané; l'écart de température, entre les génératrices d'un même cylindre, est réduit à minima. La chambre de vapeur du corps inférieur annihile une partie de la surface de chauffe, la rigidité des pièces qui relient les deux corps nuit à la libre dilatation, qui est entière dans les dispositifs Farcot et Artige. Les carneaux sont larges, le parcours des gaz est à simple renversement, mais la graduation du chauffage et l'adjonction de réchauffeurs, suffit au complet dépouillement du calorique émis et réduit les frottements à minima. La stabilité de pression, l'absence d'eau entraînée, sont les caractères principaux de ce système ; la réduction des diamètres et le sectionnement de la masse liquide en font un remarquable producteur de vapeur pour les emplois dynamiques à grande détente. La figure 1016 représente, en coupe longitudinale, l'un des éléments de cette chaudière dont la longueur varie entre 5 et 10 mètres.

Chaudière Eyscher et Whis a foyer Ten-Brink. Un corps horizontal de gros diamètre est traversé par deux foyers perpendiculaires à l'axe et inclinés d'environ 45 degrés. Ce corps est relié à la partie supérieure par des cuissards, fixés à l'avant de la partie inférieure des chaudières conjuguées. Ces chaudières sont reliées à l'arrière avec deux ou trois rangs de réchauffeurs superposés, à l'aide de communications rivées sur ces différents corps, de façon à constituer un serpentin plan. La grille placée dans chaque foyer est parallèle aux génératrices inférieures dont elle se rapproche sensiblement ; le combustible, chargé dans une trémie, descend graduellement sur le plan incliné, formé par la grille, et remplit la partie inférieure du foyer avec lequel il est en contact immédiat ; la section

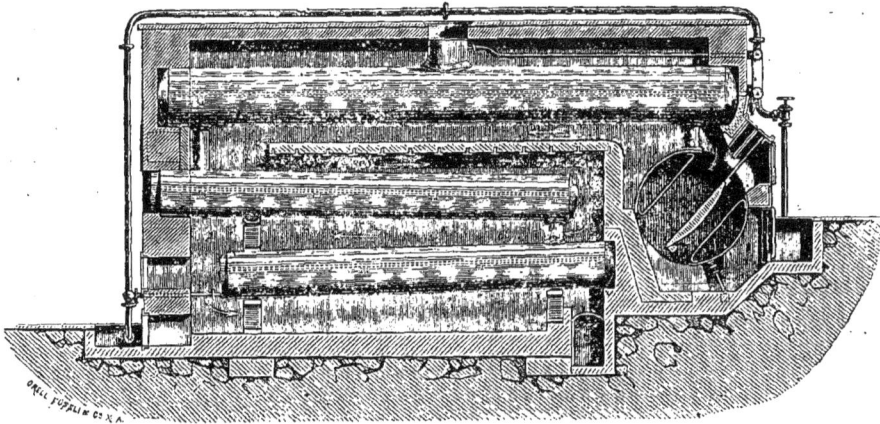

Fig. 1017. — *Chaudière Eyscher et Whis à foyer Ten-Brink.*

libre inférieure de ce foyer est préalablement obturée à l'aide de scories. Les gaz comburés et combustibles se dégagent de la masse en ignition et se mélangent, au sortir du foyer, avec une lame d'air, d'importance variable, convenablement réglée. La combustion se continue sous les corps de chaudière et la température sensible des gaz comburés s'épuise dans les deux parcours suivants au contact des réchauffeurs. L'alimentation graduelle et automatique du combustible modifie les conditions ordinaires du fonctionnement en améliorant sensiblement la combustion. Le liquide alimentaire pénètre par l'arrière dans les réchauffeurs inférieurs et circule méthodiquement jusqu'au foyer Ten Brink. La vapeur, générée dans le cylindre à foyer, se dégage par les communications qui relient ce cylindre aux corps de chaudière. Un tube concentrique à chaque communication force le liquide à circuler dans le cylindre à foyer. La chambre de vapeur occupe à peine le quart de la hauteur de la chaudière. La prise de vapeur est faite sur un dôme de faible hauteur, placé à mi-longueur.

Cet ensemble est bien étudié et, pour une consommation régulière, peut donner de bons résul-

tats. Le foyer Ten-Brink, conduit avec habileté, est sensiblement fumivore et répond bien aux données du problème. Sa construction entièrement métallique est particulièrement délicate et coûteuse ; son bon fonctionnement exige une allure très régulière, rarement réalisable en industrie. Quant à la chaudière, elle est, à part quelques variantes, similaire aux types Farcot et Artige. Les étranglements inférieurs au plan d'eau doivent provoquer le dégagement de vapeur humide au-dessus des cuissards ; la faible production par unité de surface, la bonne utilisation du combustible, sont les conditions de marche normale de cette chaudière, à laquelle s'appliquent les observations relatives aux chaudières Farcot et Artige. La figure 1017 représente le dispositif en coupe longitudinale.

Chaudière Cornouailles à foyer intérieur. Cette chaudière, depuis longtemps employée en Angleterre, est constituée par un corps cylindrique de grand diamètre 1,30 à 1,60, traversé dans sa longueur par un tube foyer excentré. Deux plaques rivées aux cornières de la calandre externe sont également rivées au carneau

intérieur. Le foyer, installé à l'une des extrémités de ce carneau, est limité par un autel en
briques qui ferme l'extrémité du cendrier. La chaudière est installée dans un fourneau en briques;
à leur sortie du carneau, les gaz chauds se divisent et reviennent par deux carneaux latéraux
vers l'avant de la chaudière, un carneau central
inférieur conduit les gaz comburés à la cheminée,
placée à l'arrière de la chaudière. Le liquide alimentaire est admis généralement à l'arrière, ou
bien par un tube alimentaire placé horizontalement à l'avant, dans le voisinage du plan d'eau.
Ce tube conduit le liquide au delà de la surface
de chauffe directe. Cette chaudière est, comme la
chaudière à bouilleurs, très répandue; œuvre
d'une autre époque, elle réunit un ensemble de
défauts largement compensés par des qualités
maîtresses que le temps a sanctionnées. Le foyer
intérieur engendre une combustion imparfaite
au moment des charges; les dilatations du carneau intérieur ne sont pas libres, ses génératrices sont inégalement chauffées et le métal
travaille à la déformation; les cendres, accumulées à la base du carneau métallique, s'opposent à la transmission calorifique et augmentent
les écarts de dilatations que provoque la surchauffe des génératrices supérieures. La calandre
externe est d'un diamètre considérable. Les parties inférieures de la chaudière sont inaccessibles.
Par contre, le plan d'eau est développé, le dégagement de la vapeur facile, les étranglements sont
nuls; le volant calorifique important, les larges
dimensions de la chambre de vapeur réduisent
les entraînements d'eau. La vapeur générée se

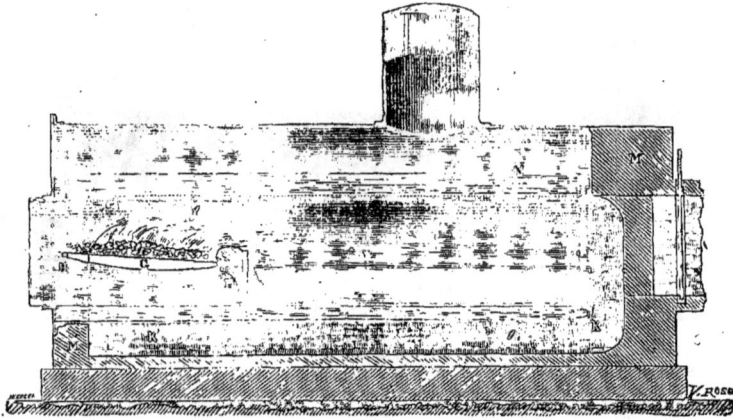

Fig. 1018. — *Chaudière Cornouailles.*

dégage sans élever la température des couches
inférieures du liquide chauffé par le retour des
gaz. Le chauffage n'est pas méthodique, la circulation nulle, les parois épaisses ne favorisent pas
la transmission calorifique. Les nettoyages et l'entretien sont difficiles, la couche d'eau sur le coup
de feu est d'épaisseur réduite, l'abaissement du
niveau produit des déformations fréquentes.

La conduite est facile et le rendement économique, quand la production, par unité de surface,
est réduite à minima. Les dépôts boueux s'accumulent dans les parties les moins chauffées. La
figure 1018 représente, en coupe longitudinale,
une chaudière de ce système, très fréquemment
employée dans le sud-est de la France.

**Chaudière du Lancashire à double
foyer intérieur.** Cette chaudière est à deux
foyers intérieurs; le diamètre de la calandre
externe a été augmenté de telle sorte que
deux carneaux foyers parallèles y ont trouvé
place. Les charges de combustibles sont alternées; les parties inférieures des carneaux foyers
et de la calandre externe sont accessibles, les volumes considérables d'eau et de vapeur par mètre
carré de chauffe assurent la stabilité manométrique. Néanmoins, toutes les remarques relatives
aux chaudières fixes à foyer intérieur subsistent;
le diamètre énorme de la calandre externe limite
la pression, motive de grandes épaisseurs et ne
répond qu'imparfaitement aux nécessités industrielles de notre époque. Cependant il convient de
reconnaître qu'au double point de vue de la régularité de marche et des facilités d'entretien, cette
chaudière présente des avantages qui, dans des
cas spéciaux, justifient son emploi.

Chaudière Galloway. La chaudière Galloway, répandue en Angleterre et qui, en France,
commence à fixer l'attention, présente sur ses
congénères quelques avantages, en partie atténués par des défauts inhérents à son dispositif.
Son diamètre est considérable, elle contient
deux foyers cylindriques et parallèles qui débouchent dans un carneau constitué par deux
segments de cercles concentriques horizontaux reliés par des courbes de raccordement.
Ces courbes sont rompues de place en place
par des bossages alternés (fig. 1019). Le ciel
et le fond du cendrier sont étançonnés par des
tubes coniques à collets rivés sur les parois
et disposés en quinconce. Ce carneau, commun

aux deux foyers, favorise la combustion quand on alterne le chargement des grilles; les tubes verticaux brassent énergiquement les gaz et si la température ne s'abaisse pas au-dessous du mini- mum nécessaire à la combustion, il est évident que ce dispositif améliorera la combustion. La combinaison du double foyer intérieur avec un carneau traversé par les tubes d'eau modifie les

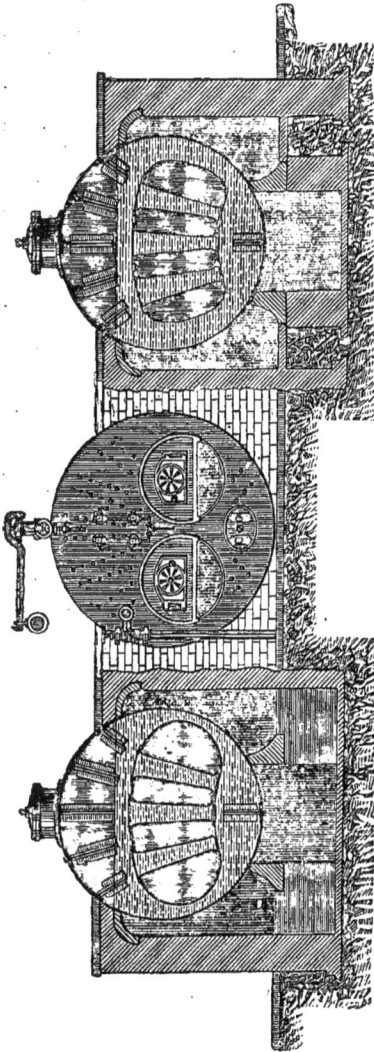

Fig. 1019. — Chaudière Galloway, coupe transversale.

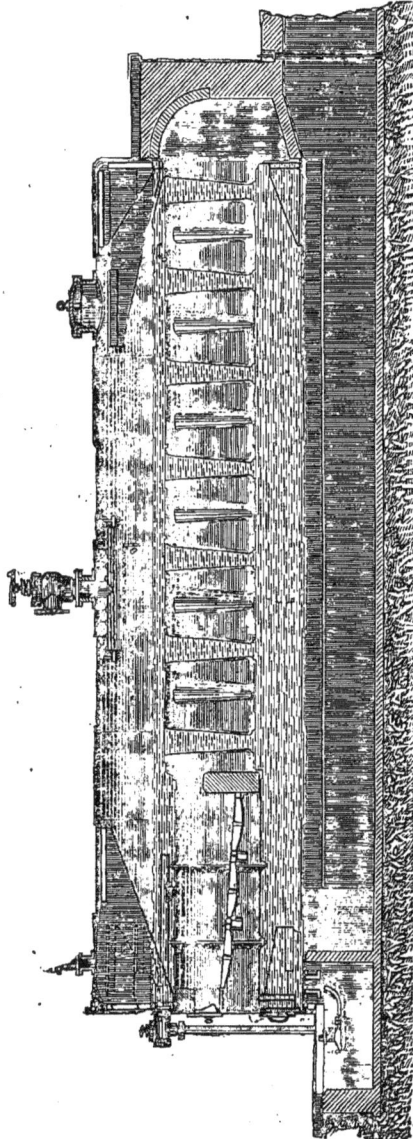

Fig. 1020. — Chaudière Galloway, coupe longitudinale.

conditions de combustion du foyer métallique quand les charges sont alternées. Les cendres, entraînées par le courant gazeux, se heurtent aux tubes verticaux et, s'accumulant à leur base, réduisent ainsi la surface disponible et provoquent des écarts de dilatation que le congé des collets de tubes a pour mission de compenser.

Les foyers et le carneau subissent des efforts de compression et de déformation. Les collets des tubes coniques supportent des efforts de compression considérables, les tubes verticaux et la calandre externe travaillent à la traction; seuls ils sont indéformables. La partie active de la chaudière est donc placée dans des conditions de résistance, délicates au point de vue de la durée et des réparations. Les tubes, activement chauffés, provoquent la circulation du liquide et régularisent la température dans toute la masse liquide.

Cette circulation, favorable à l'absorption calorifique, modifie le régime de l'appareil et retarde la mise en pression, le rapide changement d'allures, en rendant solidaires toutes les parties de la masse liquide et en réduisant l'écart des températures. L'adjonction de réchauffeurs latéraux permet, du reste, d'utiliser les calories disponibles ; l'activité plus grande des foyers, en relevant la température des gaz, semble convenir à ce dispositif qui fait la part assez large à la division du liquide. Pas plus que dans les chaudières précédentes, le chauffage méthodique ne peut être réalisé. C'est la conséquence inévitable d'une division du parcours des gaz sur un même cylindre. Le dôme de vapeur fait ici place à un tube perforé, fixé sur une tubulure rivée sur laquelle la valve principale est greffée ; ce dispositif est des plus rationnels. Le plan d'eau est développé, la vapeur générée se dégage librement, la réserve calorifique est importante. La figure 1020 donne une coupe en long de la chaudière et permet d'en saisir l'ensemble.

Chaudière mixte semi-tubulaire. Cette chaudière est constituée par un cylindre de longueur variable, terminé par deux fonds méplats à bords relevés d'équerre et fixés au cylindre. Des tubes de fumée traversent ce cylindre parallèlement à l'axe (fig. 1021).

Le corps cylindrique reçoit l'action du foyer et des gaz les plus chauds qui reviennent par le faisceau tubulaire à l'avant de la chaudière pour se dégager dans les carneaux latéraux qui vont à la cheminée. Parfois le dernier parcours des gaz a lieu par les tubes. Ce dispositif présente les inconvénients aggravés de la chaudière cylindrique ordinaire, sans posséder ses avantages. L'intérieur est difficile d'accès, la surface de chauffe directe, est proportionnellement

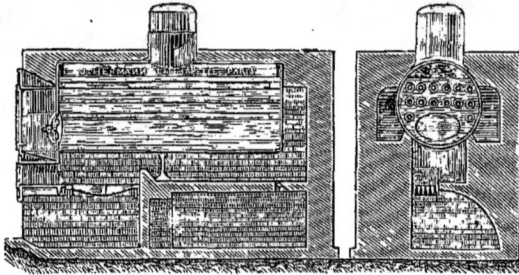

Fig. 1021. — *Chaudière mixte semi-tubulaire.*

très faible ; les parois épaisses, placées au-dessus de la grille, éprouvant une surchauffe considérable et les différences de dilatation, en accumulant sur le coup de feu les écailles provenant de l'incrustation des tubes, provoquent la rapide destruction des tôles. Le corps cylindrique travaille à la traction, les tubes subissent des efforts de compression, les dilatations ne sont pas libres. La section offerte au passage du gaz est relativement

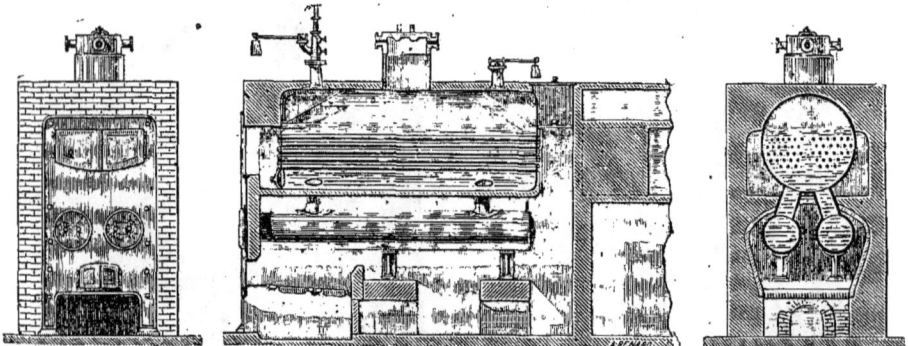

Fig. 1022. — *Chaudière à bouilleurs semi-tubulaire.*

faible. Le chauffage n'est pas méthodique, la combustion et l'utilisation pourraient se faire dans des conditions satisfaisantes avec l'adjonction d'un réchauffeur latéral qui retiendrait une partie des sels incrustants. Des eaux pures, une production très modérée par unité de surface et surtout l'emploi d'un combustible peu actif avec une grande grille et un faible tirage, sont les conditions d'emploi les plus favorables à cette chaudière.

Chaudière à bouilleurs semi-tubu-

laire. Les chaudières à bouilleurs semi-tubulaires sont très répandues en France. Composées des mêmes éléments que la chaudière à bouilleurs, elles en diffèrent essentiellement comme proportions et comme propriétés physiques. Dans le but d'offrir aux gaz un passage suffisant, on a graduellement réduit la longueur et augmenté le diamètre du corps supérieur, le nombre et le diamètre des tubes croissant comme le diamètre de la chaudière.

La grille est placée au-dessous des bouilleurs,

les gaz circulent autour de ces bouilleurs et reviennent de l'arrière à l'avant par deux carneaux latéraux, pour s'engager dans le faisceau tubulaire qui les conduit à la cheminée. La surface de la grille est déterminée par la section disponible pour le passage des gaz dans le faisceau tubulaire. Les dimensions de cette grille sont de sept à dix fois la section offerte par les tubes de fumée. L'activité du foyer est forcément limitée par le manque d'énergie du tirage ; ces chaudières, en raison de leur dispositif, produisent donc un poids

de vapeur très faible par unité de surface et par heure. L'étranglement des communications, la réduction du plan d'eau, la concentration de l'action calorifique dans un faible espace provoquent l'entraînement d'eau. L'impossibilité de nettoyer le faisceau tubulaire a conduit à l'amovibilité des *tubes* ; malgré ce perfectionnement, il est pratiquement impossible d'alimenter ce genre de chaudières avec des eaux impures. Les écailles calcaires qui se détachent pendant les arrêts pénètrent par les communications dans

Fig. 1023. — *Chaudière à foyer et faisceau tubulaire amovible, coupe en long.*

a Chambre de vapeur. — *b* Dôme de vapeur. — *c* Indicateur de niveau. — *d* Soupapes. — *e* Tube de niveau d'eau. — *f* Tube interne de prise de vapeur. — *g* Chambre de combustion. — *h* Joint d'arrière du vaporisateur. — *i* Joint d'avant du vaporisateur. — *J* Grille du foyer. — *k* Robinet de vidange. — *m* Enveloppe extérieure de la chaudière. — *n* Réchauffeur. — *o* Alimentation. — *p* Faisceau tubulaire. — *x* Carneau de fumée.

les bouilleurs inférieurs et donnent naissance à des coups de feu fréquents. Sans posséder la régularité d'allure, l'élasticité de production de la chaudière à bouilleurs non tubulaire, cette chaudière présente les mêmes vices de conception. Chauffage anti-méthodique, dilatations contrariées, dégagement local de vapeur considérable sur un plan très réduit. Cependant avec des eaux très pures, une marche régulière, une faible production par unité de surface, et par conséquent une grosse dépense première, cette chaudière peut faire un bon service. La figure 1022 donne les différentes vues de cette chaudière.

Chaudière à foyer et faisceau tubulaire amovible, *système Farcot.* La chaudière Farcot est composée de deux cylindres superposés et reliés par de basses communications d'un grand diamètre. Le cylindre inférieur est traversé dans sa longueur par un foyer cylindrique que termine un faisceau tubulaire compact rigidement bagué sur la plaque de fond du foyer, et sur une plaque tubulaire terminée par une courte virole dont la cornière intérieure se boulonne sur la plaque d'arrière du corps cylindrique. Le foyer est fermé à l'avant par un fond embouti formant gueulard, sur lequel la plaque

est fixée par un collet rivé. Cette plaque se boulonne sur une forte cornière rivée à l'extérieur
du cylindre, en interposant entre les parties un
cercle de cuivre rouge à double biseau qui s'encastre dans les rainures respectives des parties à
assembler. Le cylindre supérieur est terminé par
deux fonds emboutis et porte, dans le milieu
de sa longueur, un dôme terminé par une tête
en fonte garnie de tubulures. La virole sur laquelle ce dôme est fixé n'est ouverte que sur un
diamètre strictement nécessaire au passage de la
tubulure perpendiculaire au tube Crampton, qui

puise la vapeur sur toute la longueur du générateur. La chaudière est enveloppée par un
double cloisonnage en tôle d'une forme trapézoïdale raccordée avec un couvercle demi-cylindrique. Cette enveloppe est tangente au diamètre
horizontal du cylindre supérieur, et constitue un
carneau dans lequel les gaz circulent autour des
parties baignées par l'eau pour se rendre dans
un carneau placé sous le générateur. Des portes
de grande hauteur permettent de nettoyer les
tubes de fumée. Le liquide alimentaire se déverse au centre de la communication d'arrière.

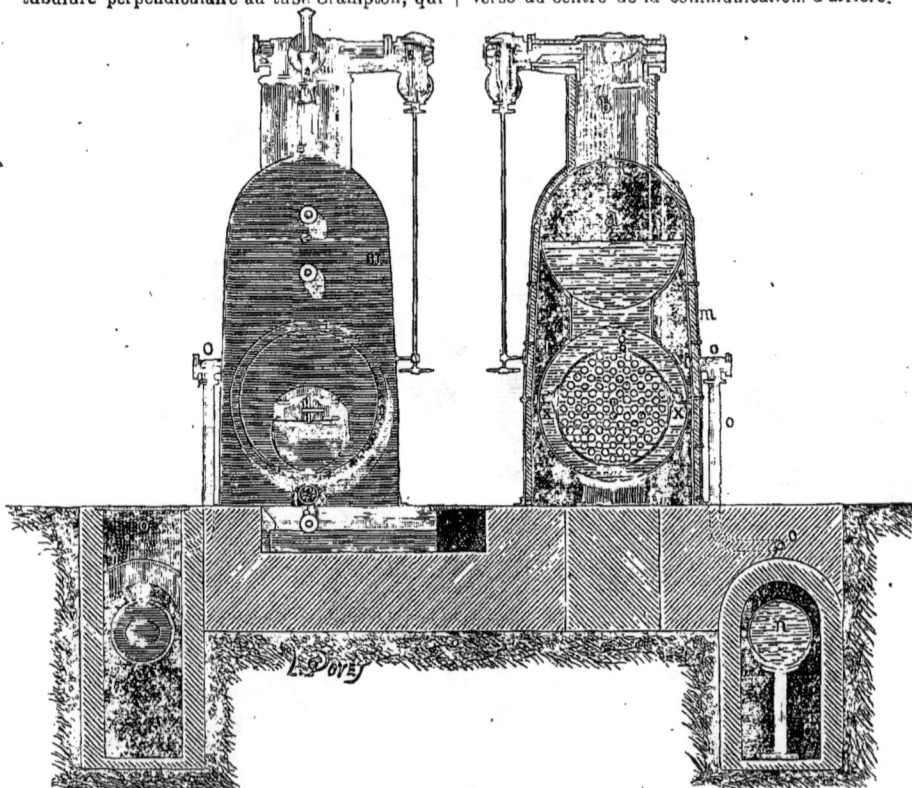

Fig. 1024. — Chaudière à foyer et faisceau tubulaire amovible, système Farcot, coupe transversale.

Cet ensemble est bien conçu, bien étudié et bien
construit.
La dilatation du vaporisateur est compensée
par l'élasticité du double fond avant, la flexion
de la plaque d'arrière. Le chauffage n'est pas
méthodique, mais le grand développement des
surfaces, la faible vitesse du courant gazeux et
l'adjonction d'un réchauffeur sont des compensa-
tions largement suffisantes. Le foyer de grandes
dimensions échappe, dans une certaine mesure,
aux causes de mauvaise combustion, le parallélisme des gaz n'est pas rompu et le voisinage du
faisceau tubulaire rend problématique la combinaison complète dans la chambre d'arrière des
éléments comburants et combustibles, au mo-

ment des charges de combustible frais. Les cendres qui s'accumulent derrière l'autel, sont retirées par une porte qui forme le fond du cendrier.
Le faisceau tubulaire placé en prolongement du
foyer offre aux gaz une large issue, et donne au
générateur une élasticité de production qui n'est
limitée que par le faible développement de la
surface directe et la section offerte au passage des
gaz au-dessus de l'autel. La large section des
communications, leur faible hauteur réduisent
dans une certaine mesure le poids de vapeur dégagée dans le temps par unité de surface locale.
Le plan et le volume d'eau sont suffisamment développés. Si le vaporisateur exige l'emploi d'eau
peu incrustante, des nettoyages fréquents, l'amo-

vibilité de ce vaporisateur en facilite l'entretien. En résumé, ce générateur met en relief une connaissance complète du sujet. La production de vapeur peut varier dans d'assez larges limites sans cesser d'être économique, l'emplacement nécessaire exige une longueur considérable afin de sortir le vaporisateur à l'avant et de nettoyer intérieurement le faisceau tubulaire à l'arrière. La figure 1023 donne une coupe en long de cette chaudière et la fig. 1024 une coupe transversale.

Chaudière fixe à foyer amovible et retour de flamme, *de Thomas Laurens et Pérignon*. Deux cylindres superposés réunis par des tubulures de faible hauteur à grand diamètre, créent une similitude apparente entre cette chaudière fixe à foyer amovible et la chaudière Farcot. Le cylindre inférieur contient également le vaporisateur, le corps supérieur contient la réserve calorifique. Le vaporisateur est constitué par un foyer cylindro-conique terminé à l'arrière par une panse saillante sur la plaque de laquelle sont sertis deux rangs de tubes parallèles aux génératrices du foyer et disposés en quinconce. La plaque tubulaire qui reçoit l'autre extrémité des tubes porte un collet central rivé à la saillie du foyer ; cette plaque s'assemble à l'aide de boulons et d'un joint en caoutchouc à la cornière rivée sur l'avant du cylindre inférieur. Ce cylindre est fermé par un fond embouti. L'alimentation pénètre au travers la communication d'arrière jusqu'à la partie inférieure de la calandre qui contient le vaporisateur. Le flotteur, placé dans le cylindre supérieur au-dessus de la communication d'avant, est protégé contre la violence du courant ascendant, par un caisson cylindrique en communication avec la masse liquide. Le cylindre supérieur porte sur la virole centrale un dôme terminé par un tampon en fonte pourvu d'un trou d'homme et de tubulures pour les prises de vapeur. Le générateur est placé dans un fourneau en briques constituant un carneau unique ayant une grande analogie au point de vue de la fonction, avec l'enveloppe de chaudière Farcot et présentant de sérieuses garanties contre les pertes rayonnantes. Les flammes du foyer se brassent énergiquement dans la panse d'arrière du vaporisateur, les gaz chauds traversent le faisceau tubulaire pour se rendre par le carneau, constitué par l'enveloppe extérieure, à la cheminée.

Cette chaudière exige un emplacement moindre que la précédente, l'exiguïté du foyer est compensée par le renversement de flamme dans la panse arrière qui rompt complètement le parallélisme des gaz et constitue avec l'arrière du foyer, une chambre de combustion de suffisantes dimensions. On ne saurait admettre que la température de ce milieu absorbant soit assez élevée, au moment des charges de combustible, pour provoquer l'inflammation des hydrocarbures ; comme tous les foyers à parois absorbantes, celui-ci doit engendrer des pertes par insuffisance de combustion. La section offerte aux gaz chauds est environ le 1/7 de la surface de la grille et nécessite un tirage actif, le faisceau tubulaire, disposé en quinconce, exige des nettoyages

fréquents que l'amovibilité du vaporisateur et le petit nombre de tubes facilitent.

Le chauffage méthodique n'est pas réalisé, la surface offerte au dégagement de la vapeur par les communications est très faible. Le volant calorifique est, comme dans les types semi-tubulaires précédents, solidaire de la pression. Ces deux causes provoquent l'entraînement d'eau. Le rapport de la surface de grille à la surface de chauffe est considérable, et, plus que dans les types précédents, le principe d'utiliser la chaleur aussi près que possible du foyer se trouve réalisé.

Le vaporisateur a, dans cette chaudière, un travail excessif qui peut, dans certains cas, influer sur sa durée ; son remplacement laisse intacts les organes accessoires et n'occasionne aucun chômage.

Le nettoyage des tubes de fumée se faisant par l'avant, l'emplacement nécessaire à cette chaudière est peu considérable ; comme pour la chaudière Farcot une installation spéciale doit faciliter la manœuvre du vaporisateur.

Chaudière semi-tubulaire *de Barbe et Petry*. Cette chaudière se compose de trois caissons rectangulaires placés parallèlement et reliés par des tubes extérieurement chauffés ayant une inclinaison de quelques degrés, des caissons d'avant et d'arrière sur le caisson central. Ces caissons sont reliés à un cylindre horizontal par des cuissards dont les collets sont rivés aux pièces mises en communication.

Le caisson central et le caisson d'arrière reposent sur des maçonneries, le caisson d'avant repose sur la façade en fonte à laquelle sont fixées les portes du foyer. L'eau s'élève à quelques centimètres au-dessus de l'axe du corps horizontal et la vapeur pénètre par un cuissard rivé dans un cylindre horizontal servant de réservoir accessoire. Le foyer est directement placé au-dessous du faisceau tubulaire d'avant. Le caisson central forme autel et les gaz passent entre ce caisson et le cylindre supérieur, pour redescendre au travers le faisceau d'arrière jusqu'au carneau par une série d'ouvertures qui assure leur égale répartition. L'alimentation se fait dans le caisson d'arrière, la différence des températures qui agit sur les deux faisceaux tubulaires engendre la circulation du liquide. La plaque de face des caissons avant et arrière, est légèrement bombée et fixée sur la cornière formant cadre à l'aide de boulons. Le caisson central et le corps cylindrique sont munis de bouchons de visite. L'ensemble est enfermé dans un fourneau en briques qui bloque le cylindre supérieur sur les génératrices horizontales. Le faisceau tubulaire comprend de 5 à 8 rangs de tubes disposés en quinconce. La surface de chauffe directe est considérable, son activité, le facile dégagement de vapeur ne font pas doute, mais les communications interposées entre les caissons et le plan d'eau réduisent la surface de dégagement dans une proportion énorme. Les parois planes ou légèrement bombées n'offrent contre les déformations aucune garantie, les dilatations ne sont pas libres et les tôles en contact avec les maçonneries sont susceptibles de corrosions. Le faisceau tubulaire doit s'engorger facilement par les cendres et la suie, à cause de l'excessif rapprochement des tubes. La forme est simple, le volant calorifique suffisant, mais la masse liquide toute entière est solidaire de la température de la vapeur, condition fâcheuse au point de vue de la mise en pression, du rapide changement d'allures. Le principe de la division du liquide et de l'utilisation de la chaleur près du foyer, est largement appliqué. La section offerte aux gaz chauds rend la production de vapeur très élastique. Cette chaudière possède de pré-cieuses qualités, accouplées à des dispositions fâcheuses que l'expérience et le temps permettent d'éliminer.

Types similaires à la chaudière Barbe et Petry : la chaudière Mac Nicoll, et celle de MM. Mignon, Rouard et Delinières, ont une grande analogie avec le type précédent. Toutes ces chaudières ont une section insuffisante pour le dégagement de la vapeur générée.

Chaudière semi-tubulaire, *système Du-lac.* Cette chaudière, à foyer extérieur, se compose d'un vaporisateur tubulaire énergique et compact,

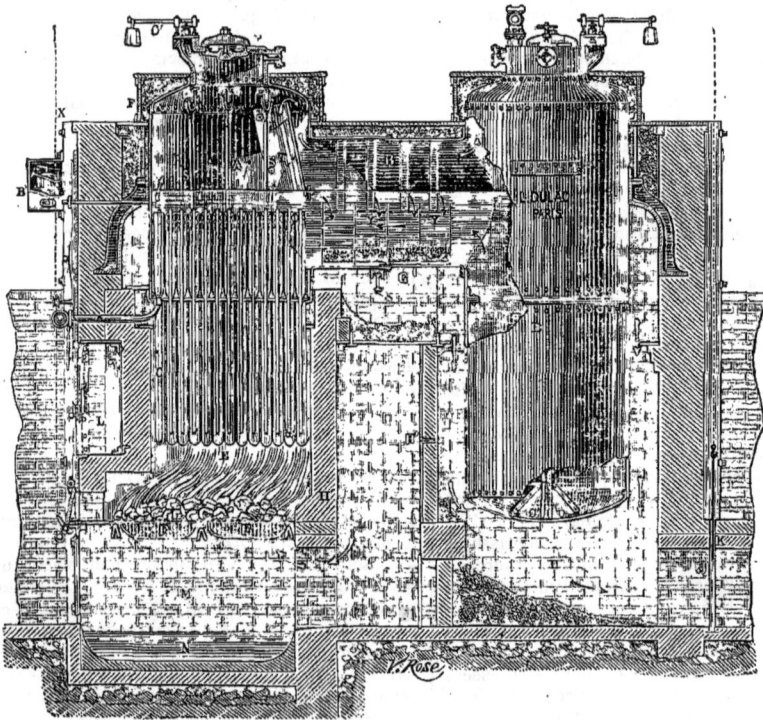

Fig. 1025. — *Chaudière semi-tubulaire, système Dulac.*

A Corps vertical tubulaire. — B Corps horizontal. — B' Indicateur du niveau. — C Faisceau tubulaire. — C' Soupape de sûreté. — D Cylindre réchauffeur d'eau et réservoir de vapeur. — E Chambre de combustion. — F Grille. — G Carneau horizontal. — H Carneau du réchauffeur. — H' Murs du fourneau. — J Carneau d'évacuation. — K Registre. — L Admission d'air froid. — M Air chaud. — N Cendrier. — F' Enve-loppe des dômes. — S Entretoises. — T Chicane renversant la vapeur. — X Commande du registre. — Y Collecteurs des dépôts vaseux. — V Tube de vidange.

d'un corps horizontal de longueur variable et d'un réchauffeur vertical servant en même temps de réservoir de vapeur.

Ces diverses parties forment un tout homogène renfermé dans un fourneau en briques. Les tubes pendent sous la plaque inférieure du cylindre avant, au-dessus du foyer.

Chaque tube, fermé à la partie inférieure, est pourvu d'un contre-tube de circulation dont la partie supérieure est terminée par un collecteur de dépôts; ce collecteur *préserve de l'obstruction* la partie inférieure du tube bouilleur. — V. TUBE.

Les gaz chauds sont diffusés dans le faisceau de tubes par un organe approprié; après ce passage, la température des gaz oscille entre 300 et 400° centigrades. En cas de manque d'eau, les parois épaisses *ne sont plus exposées à rougir,* à perdre leur résistance. Les gaz enveloppent ensuite le corps de chaudière et circulent de l'avant à l'arrière pour descendre autour du cylindre réchauffeur et se rendre à la cheminée.

L'eau froide est injectée au fond du cylindre arrière et s'échauffe graduellement en cheminant dans le sens opposé à la marche du gaz. La cause principale d'explosion étant conjurée par le refroidissement des gaz au contact des tubes, la réserve d'eau, loin de constituer un danger éventuel, devient un gage de sécurité.

Les dépôts calcaires ameublis s'accumulent au fond du réchauffeur et sont éliminés par des extractions périodiques; les dépôts engendrés par le vaporisateur sont colligés dans les collecteurs tnbulaires.

Un fonctionnement annuel sans nettoyage est pratiquement réalisable et fréquemment réalisé.

L'air comburant circule autour de la chambre de combustion et récupère les pertes radiantes. Le volume d'eau, solidaire du faisceau des tubes, étant relativement faible, la mise en pression est rapide. Le volume d'eau total étant considérable, la pression reste régulière, malgré de notables écarts entre la production et la consommation.

La vapeur arrive au cylindre arrière après avoir été débarrassée par un brusque changement de direction, des vésicules d'eau qu'elle peut contenir. Le dégagement de cette vapeur à la surface de l'eau est d'autant plus abondant qu'on s'éloigne davantage des orifices d'évacuation. Ce dégagement *est nul* au-dessous des prises de vapeur.

Les formes simples et résistantes sont rendues invariables par la pression qui agit sur les joints en augmentant leur étanchéité. Toutes les parties du générateur et du fourneau sont faciles d'accès. Les proportions en longueur et hauteur peuvent varier dans une large mesure, sans altérer les qualités de ce générateur. L'élasticité de production est d'autant plus grande que les gaz circulent dans les carneaux de grande section, avec une faible vitesse et sans brusques changements de direction.

Le générateur repose sur des plaques et des supports métalliques; le ciel des carneaux est en fonte et les joints susceptibles de fuites sont rigoureusement exclus. Ces dispositions ont pour but d'éviter toutes chances de corrosion externe.

D'ordinaire, les foyers reçoivent l'air en raison inverse des besoins, et la combustion ne se complète qu'après un contact prolongé des éléments comburants et combustibles à une température élevée. L'ascension verticale et parallèle des filets gazeux, leur brusque refroidissement par un faisceau tubulaire compact, sont les causes de mauvaise combustion inhérentes à tous les générateurs multitubulaires.

Pour obtenir une combustion parfaite, le foyer de cette chaudière reçoit l'air en raison directe des besoins; les gaz en cours de combinaison sont énergiquement brassés dans la chambre de combustion qui précède le faisceau de tubes. Le volume des gaz étant sensiblement réduit, le mélange des éléments comburants et combustibles s'effectuant d'une façon rapide et complète, la température du milieu s'élève, la combustion s'active et se complète, grâce à la température initiale, au sein du faisceau de tubes.

Ces dispositions rationnelles étaient indispensables pour obtenir un rendement élevé. Les appareils, qui règlent l'admission de l'air comburant, compliquent, il est vrai, l'installation et en augmentent le coût, l'accroissement de puissance

et de rendement doivent avoir une importance suffisante pour largement compenser ce désavantage.

Ce qui ressort de cet ensemble, c'est le souci réel de mettre en harmonie les nécessités pratiques avec les conditions théoriques indispensables à la génération économique de la vapeur.

On obtient facilement, dans ces conditions et avec le tirage naturel, 20 kilogrammes de vapeur par mètre carré de chauffe totale et par heure. Le rapport entre la grille et la surface chauffée est comme 1 : 30. Le rendement pratique du combustible en vapeur oscille entre 75 et 90 0/0, selon la nature du combustible, la conduite des feux et l'allure du générateur.

Chaudière multitubulaire. *Type Belleville.* Cette chaudière est constituée par un nombre variable de serpentins plans, formés par des tubes en fer vissés dans des boîtes de raccordement en fonte malléable (fig. 1026). Chaque serpentin forme un élément, dont la partie inférieure communique, par un ajutage conique, avec le collecteur d'eau commun à tous les éléments et dont le terminus

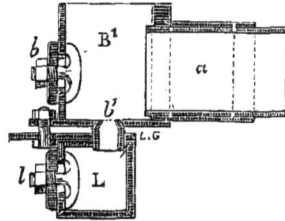

Fig. 1026. — *Boîte de raccord des tubes Belleville.*

a Tube bouilleur. — b¹ Ajutage de communication. — B¹ Boîte de communication. — b Bouchon. — L Collecteur inférieur recevant l'alimentation. — l Bouchon de nettoyage des collecteurs.

supérieur débouche dans le collecteur de vapeur par un ajutage analogue. Le principe de l'appareil est basé sur le changement d'état graduel de l'eau en vapeur saturée, exempte de vésicules aqueuses. Le faisceau tubulaire est, à cet effet, partiellement rempli d'eau, les globules de vapeur s'additionnent au fur et à mesure de leur production, la vaporisation des vésicules d'eau mêlées à la vapeur s'opère dans les derniers tubes de chaque élément. Il n'y a pas, à proprement parler, de niveau d'eau dans cette chaudière; sur la face gauche de l'appareil, est placé un porte-tube de grande section et de grande hauteur, mis en relation avec les collecteurs d'eau et de vapeur. A l'intérieur de ce porte-tube, flotte un cylindre qui, par un renvoi de mouvement, actionne la valve d'admission du liquide alimentaire. Selon l'état de siccité de la vapeur, le niveau s'élève ou s'abaisse dans le porte-tube et règle l'admission de l'eau. La grille, placée au-dessous des éléments, est légèrement inclinée vers l'arrière et occupe une surface égale à celle de ces éléments. Les gaz circulent au travers du faisceau tubulaire et dans la partie supérieure, une chicane les oblige à s'infléchir vers l'avant pour passer sous un faisceau de tubes sécheurs ou surchauffeurs qui relient les collecteurs de vapeur à l'épurateur. Les gaz plongent ensuite dans un carneau arrière ; l'aspiration d'air froid est automatiquement réglée par un registre papillon qui oscille à la partie supérieure de ce carneau.

L'eau d'alimentation pénètre dans l'axe du cylindre épurateur de vapeur, par une valve dont l'ouverture est réglée par le flotteur du porte-tube, cette eau coule à l'intérieur d'une cloison en tôle placée au-dessus des orifices de dégagement de la vapeur, elle est ainsi, préalablement à son admission dans le collecteur d'eau, échauffée par la vapeur générée. Les carbonates de chaux se précipitent à l'état insoluble pulvérulent et sont décantés dans un récipient placé à gauche de la façade, l'eau échauffée et débarrassée d'une partie des matières incrustantes, pénètre dans les éléments. Le fourneau est constitué par trois murs latéraux en briques avec garniture de briques réfractaires dans la chambre de combustion. La façade est fermée par deux portes de cendrier, deux portes de foyer, et deux grandes portes de nettoyage dont l'ouverture met à découvert toutes les boîtes de raccordement du faisceau tubulaire ;

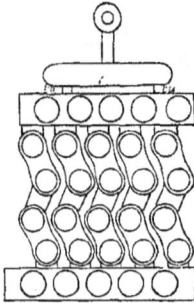

Fig. 1027. — *Chaudière Belleville, vue de face des éléments.*

ces boîtes sont munies chacune d'un orifice de visite rond (fig. 1027), appliqué à l'extérieur de la boîte et fixé, à l'aide d'un boulon spécial qui traverse le tampon ; la tête de ce boulon est formée d'une barrette qui repose sur les lèvres intérieures de l'orifice, l'écrou s'applique sur le bouchon avec une garniture interposée, l'obturation est obtenue par le serrage du joint à l'aide de l'écrou (fig. 1026). Les boulons sont en acier, leur résistance est de beaucoup supérieure à l'effort nécessaire à la compression de ce joint, mais il est à redouter qu'un serrage excessif ne tende les molécules au-delà de la limite d'élasticité et qu'un excès de pression ne provoque la rupture en marche ; l'unique garantie du chauffeur consiste donc dans les portes de visite en tôle ; leur ouverture possible, au moment de la rupture d'un bouchon, constitue une cause de danger, puisque une partie de l'eau à haute température serait, par cet orifice, projetée au dehors. Nous rencontrerons ce dispositif regrettable dans les chaudières multitubulaires à tubes horizontaux ; il est inhérent à ce genre de chaudières. La division du liquide, l'utilisation de la chaleur, aussi près que possible du foyer, sont complètement réalisées. Le liquide ne circule pas

dans les tubes, il y est très rapidement renouvelé, les globules de vapeur deviennent plus nombreux, plus serrés à mesure que la chaleur s'épuise ; il y a donc un régime de production qu'il convient de ne pas dépasser pour conserver le fonctionnement régulier de l'appareil. L'explosion d'un tube ne saurait avoir de conséquences graves en raison du faible volume d'eau contenu dans la chaudière. Le volant calorifique fait presque entièrement défaut, le chauffage n'est pas méthodique ; pour atténuer ces désavantages, en conservant la résistance à haute pression, le faible volume de liquide dans l'appareil, le constructeur, dont il est ici question, a fait, depuis 1850, des efforts constants qui révèlent une connaissance complète du sujet. Les appareils accessoires de la chaudière, sont très intéressants et fort nombreux ; en dehors des éléments de la grille et du fourneau, nous citerons les collecteurs d'alimentation, le collecteur de vapeur épurateur d'eau, le régulateur automatique de combustion, le récipient déjecteur, le petit cheval alimentaire à action variable. Ces appareils convenablement entretenus corrigent, dans une certaine mesure, les écarts de production, mais la condition nécessaire de l'emploi judicieux de cette chaudière est évidemment l'eau non sulfatée et relativement pure, la marche régulière, le groupement de plusieurs chaudières. Quand ces conditions sont réalisées, la bonne direction d'un personnel soigneux rend l'emploi industriel possible dans des circonstances où d'autres chaudières ne seraient pas autorisées.

Chaudière de Naeyer. Cette chaudière est formée d'un faisceau de tubes inclinés de l'avant vers l'arrière. Ces tubes sont accouplés par paires à l'aide de boîtes de raccordement horizontales (fig. 1028) fixées aux extrémités par un sertissage intérieur ; chaque couple de tubes constitue un élément amovible. Des manchons d'accouplement en fer creux formant joint conique précis, relient chaque orifice à l'élément voisin par l'intermédiaire d'une boîte en fonte (fig. 1028 et 1029) dans laquelle pénètre à joints précis les manchons d'accouplement de deux éléments superposés (fig. 1029). Un boulon dont la tête est ancrée sur deux pattes venues de fonte avec la boîte de raccordement inamovible, fixe simultanément, à l'aide d'un étrier et d'un écrou, les extrémités opposées de deux boîtes de raccordement amovibles. Il y a ainsi communication horizontale et verticale entre les tubes accouplés. Cet assemblage ne constitue pas un serpentin, mais l'accouplement des boîtes fait office d'une lame d'eau à méandres nombreux occupant l'avant et l'arrière du faisceau tubulaire, la vapeur produite par chaque tube montant dans la canalisation d'avant, l'eau séparée de la vapeur dans le réservoir supérieur, descend au collecteur commun par les tubes verticaux d'arrière. Il est à remarquer que la multiplicité des joints est compensée par leur rapide exécution. Aucune matière plastique n'est interposée entre les contacts que compriment les boulons de serrage. La manœuvre de deux boulons suffit à la fermeture d'un tube. L'augmentation de pression diminue, comme dans le type Belleville, l'énergie de serrage et augmente la charge du boulon, chacun des boulons étant commun à deux boîtes, la rupture éventuelle de l'un d'eux n'aurait d'autre conséquence que la fuite des joints non comprimés, les boulons voisins maintenant en place les boîtes amovibles. Si l'obturation des orifices présente pour cette chaudière une certaine délicatesse, le boulon commun à deux boîtes et suffisamment résistant offre des garanties qui manquent au boulon isolé. Le rang de tubes inférieurs est mis, par l'arrière, en communication avec un collecteur commun, le rang supérieur se greffe sur un collecteur semblable dont

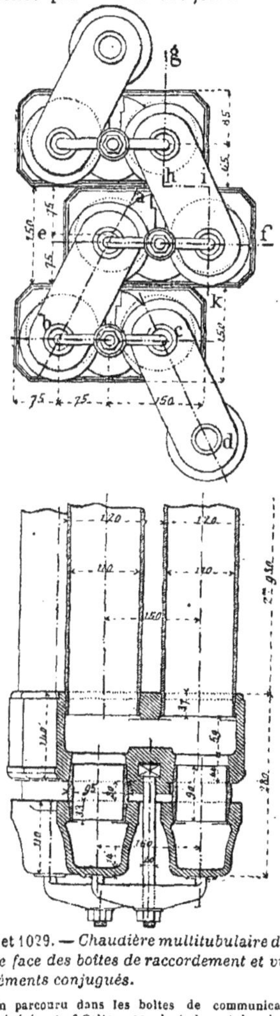

les extrémités sont reliées, par un tuyau, à un cylindre incliné, placé au-dessus du fourneau. Ce réservoir de vapeur met en communication les collecteurs d'avant et d'arrière, à l'aide de deux tubes latéraux verticaux.

Le liquide alimentaire pénètre directement dans le collecteur d'alimentation, le niveau de régime s'établit à mi-hauteur du collecteur d'avant et l'inclinaison du cylindre suffit pour que l'orifice des tubes de communication de la partie arrière soit recouvert par l'eau. Les vésicules aqueuses groupées dans le réservoir de vapeur retournent donc dans le collecteur alimentaire. La grille est placée au-dessous du faisceau tubulaire, deux plaques de fonte horizontales obligent les gaz à exécuter un triple parcours horizontal avant leur pénétration dans le carneau d'arrière. L'accumulation des globules de vapeur dans le collecteur d'avant est telle qu'à proprement parler le plan d'eau fait place à un mélange, de densité variable, d'eau et de vapeur. Selon l'importance des dépressions barométriques provoquées dans le réservoir cylindrique par l'évacuation de la vapeur, le dégagement de ce mélange s'opère avec plus ou moins de violence par les coudes qui relient les extrémités du collecteur au réservoir. De la direction donnée au courant et de l'affinité de ces vésicules pour l'eau accumulée à la base du cylindre dépendent la séparation des vésicules aqueuses.

La proportion d'eau mêlée à la vapeur dépend donc de circonstances essentiellement variables; cette proportion sera d'autant plus faible, que le poids de vapeur générée dans le temps par unité de surfaces sera plus réduit, que l'écoulement de cette vapeur sera plus régulier.

Les savantes dispositions, les nombreux accessoires de la chaudière Belleville sont exclus du générateur de Naeyer; on peut se demander si le cylindre séparateur est assez efficace pour remplacer le séchage rationnel adopté par le précédent constructeur, et si, dans le cas où ce séchage serait adapté à la chaudière de Naeyer, les accessoires nombreux de la chaudière Belleville ne deviendraient pas nécessaires. Le rapport de la contenance en eau à la production horaire est de beaucoup plus important que dans le type précédent, mais ne constitue pas un volant de chaleur suffisant pour régulariser la pression. Le chauffage n'étant pas méthodique, la faible contenance en eau impose une alimentation continue ou l'adjonction d'un réchauffeur pour atténuer les effets d'une brusque alimentation. L'inexplosibilité, si on envisage par ce terme la réduction de la puissance expansive, en cas de rupture des parois, est sensiblement comparable à celle des chaudières similaires; le réservoir cylindrique non chauffé contenant peu d'eau, ne saurait constituer un danger.

Le raccordement des tubes avec le collecteur s'opère à pleine section, le nettoyage intérieur est singulièrement facilité par l'ouverture des deux extrémités des tubes. Les remarques faites pour la chaudière Belleville sont ici d'autant plus en situation qu'aucun dispositif spécial

Fig. 1028 et 1029. — *Chaudière multitubulaire de Naeyer.*
Vue de face des boîtes de raccordement et vue en plan des éléments conjugués.

dcba Chemin parcouru dans les boîtes de communication par la vapeur générée. — *f* Boîte raccordant deux tubes bouilleurs. — *ghik* Ligne brisée passant par les contacts des étriers qui retiennent les boîtes de communication.

n'est adopté pour séparer les sels incrustants. La bonne qualité des eaux, la fréquence des nettoyages, la régularité du fonctionnement, la réduction du poids de vapeur générée par unité de surface et le groupement, sont, dans l'espèce, une nécessité particulièrement désirable.

Ces conditions réunies expliquent le remarquable fonctionnement de la batterie de chaudières de Naeyer à l'exposition d'électricité de Paris en 1881. Les chaudières, type Belleville, avaient fourni à l'Exposition universelle de Paris en 1878, un exemple également satisfaisant ; dans les deux cas, il y avait accouplement de trois chaudières, possibilité de compenser les écarts de production des foyers, en alternant les charges, les décrassages de grille.

Chaudières Rott, Howard, Collet, Sinclair, etc. Ces divers types ont un trait de ressemblance qui les différencie des chaudières multitubulaires précédemment décrites. La circulation du liquide, sa translation sur les parois

Fig. 1030. — *Chaudière multitubulaire de De Naeyer. Coupe longitudinale.*

chauffées, intervient comme un facteur important d'absorption calorifique. Cette circulation est obtenue par le sectionnement des tubes à l'aide de diaphragmes, l'inclinaison plus ou moins prononcée du faisceau. La conséquence est une faculté de production plus grande par unité de surface, mais l'exiguité de la surface de dégagement étant inhérente au dispositif multitubulaire, cette absorption plus rapide ne peut qu'augmenter le primage, produit par le dégagement spontané d'un grand nombre de calories. Cependant, la circulation active du liquide sur les parois peut, dans des cas déterminés, diminuer l'épaisseur de la couche calcaire par le frottement incessant des corps en suspension, par l'entraînement mécanique des particules solides qui naissent au contact de la paroi chauffée.

Un remarquable exemple de ce phénomène a été utilisé dans la chaudière transportable Du Temple.

Chaudière multitubulaire à circulation, *système Du Temple* (fig. 1031). Cette chaudière est basée sur le principe de la division et de la circulation du liquide ; elle se compose de tubes en acier d'un diamètre intérieur variant entre 10 et 20 millimètres, repliés sur eux-mêmes en forme de serpentin plan, sans autre raccordement que les cônes tournés, brasés aux deux extrémités du tube. L'extrémité supérieure est fixée sur un collecteur commun, servant de chambre à vapeur et partiellement rempli d'eau ; l'extrémité inférieure est fixée au collecteur d'alimentation dans le voisinage de la grille. La réduction du poids d'eau par mètre carré de chauffe est proportionnelle à la réduction des diamètres; la grille est placée au-dessous du faisceau tubulaire et les gaz, après avoir traversé ce faisceau, s'engagent dans la cheminée, surmontant l'enveloppe en tôle qui constitue le fourneau. Deux tubes extérieurs latéraux mettent en communication d'eau les deux collecteurs ; il y a donc déplacement du liquide, ascendant par le faisceau tubulaire, descendant par les deux tubes latéraux. L'ensemble est de la plus extrême simplicité et la réduction de volume et de poids ne saurait se comparer à aucun type. Le volant calorifique est ab-

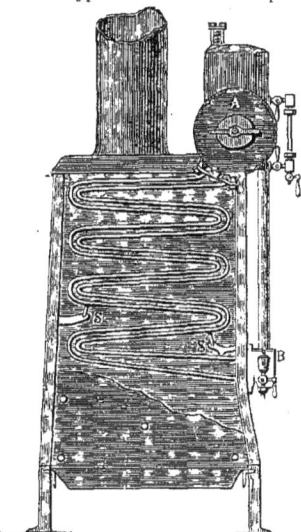

Fig. 1031. — *Chaudière Du Temple.*
A Récipient de vapeur. — *B* Collecteur inférieur. — *S* Tubes bouilleurs.

solument nul, la vapeur générée donne un poids formidable de dégagement par unité de section dans l'unité de temps et le nettoyage des tubes est impossible. Cependant, avec des eaux bi-carbonatées, une vidange journalière et des extracteurs d'une extrême fréquence, cet appareil génère la vapeur dans des conditions acceptables suivant certains cas. Chaque fluctuation dans la production et dans la dépense se traduit par une oscillation du manomètre, mais la circulation active s'oppose à l'obstruction. L'alimentation manohydrique, la dépense calorifique automatiquement réglée par la pression, le gaz remplaçant le combustible solide, peuvent faire de *cette exagération relative*, un appareil utile en multipliant les chances de judicieuse application. En résumé, cette chaudière a un champ d'applications forcément limité; elle exige des conditions de fonctionnement difficiles à rencontrer, mais n'en constitue pas moins un élément très intéressant dans les cas spéciaux qui imposent la réduction de poids et de volume.

Chaudière Locomobile.

Sous ce titre, nous classons les chaudières sans fondation, quelle que soit leur puissance; qu'elles soient installées à demeure ou montées sur roues, leur caractère distinctif est la mise en fonction

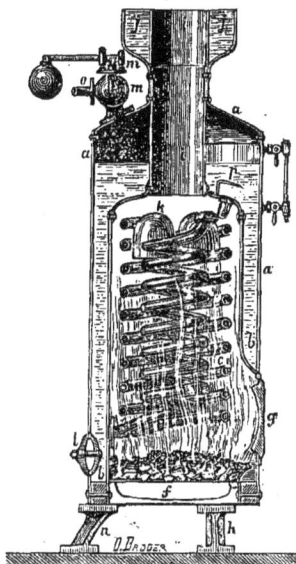

Fig. 1032. — *Chaudière Roser.*
a Calandre externe. — *b* Foyer intérieur. — *c* Serpentin. — *f* Grille.
— *g* Porte de foyer. — *j* Réchauffeur. — *m* Prise de vapeur. — *i* Cheminée.

dès l'arrivée ; ces chaudières ont toutes un foyer métallique, elles sont donc placées dans des conditions peu favorables de bonne combustion; ce grave défaut qui, souvent racheté par un groupement avantageux du moteur et du générateur, est une nécessité qui s'impose.

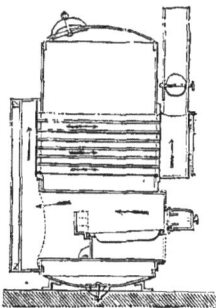

Fig. 1033. — *Chaudière de Ruyver.*

Chaudière verticale à foyer intérieur, cheminée centrale et tubes d'eau pendentifs. Cette chaudière est constituée par une calandre externe dont la partie supérieure est fermée par un fond embouti, traversé par une cheminée. Un foyer concentrique à la calandre est fixé par sa base à la calandre externe.

La porte du foyer est reliée par un cercle d'épaisseur variable à cette même calandre. Le ciel du foyer est plat et relié à la virole par un bord tombé d'équerre. Un collet central est rivé ou soudé à la cheminée.

La plaque est percée d'un nombre variable d'o-

Fig. 1034. — *Chaudière à bouilleurs croisés,*

rifices dans lesquels s'engagent des tubes pendentifs à dilatation libre et à rapide circulation. — V. plus loin Tubes des chaudières.

Ces tubes présentent, avec un fonctionnement analogue, deux caractères communs : la circulation rapide du liquide, la libre dilatation. Les

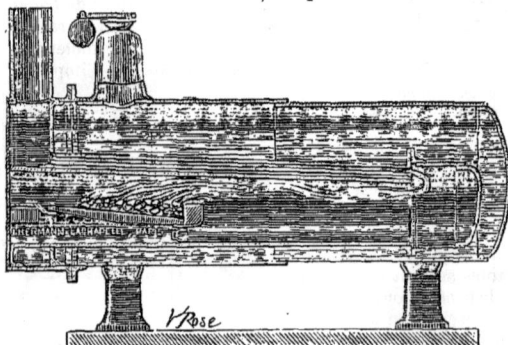

Fig. 1036. — *Chaudière mi-fixe à foyer amovible.*

Deux serpentins concentriques occupent la partie intérieure du foyer. Les terminus inférieurs de ces serpentins sont boulonnés sur le foyer à une distance convenable de la grille, le terminus supérieur est boulonné sur le ciel de ce foyer. La vapeur générée dans chaque serpentin se dégage donc sur un plan correspondant à la section de chacun de ces tubes ; si ce dispositif échappe à l'obstruction, il provoque l'entraînement d'eau

tubes Field, A. Girard, Monnier, Riot et Roux, sont à une seule branche avec extrémité fermée et bague conique tournée, ajustée dans la plaque. Le tube Thirion est à deux branches recourbées, en forme d'U et serties dans la plaque tubulaire.

L'eau recouvre cette plaque, la vapeur occupe la partie supérieure de la chaudière, l'alimentation se fait dans le voisinage de la grille, un obturateur en fonte ou en terre réfractaire, oblige

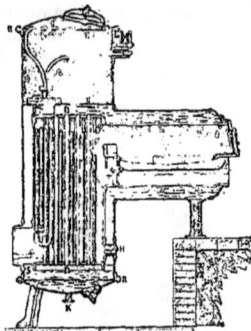

Fig. 1035. — *Chaudière Fouché-Delaharpe.*

les gaz à circuler au travers le faisceau tubulaire. Le chauffage n'est pas méthodique, le volant calorifique est très faible et les gaz se dégagent à haute température, l'élasticité de production est très grande, les tubes sont à libre dilatation mais sujets à s'obstruer, l'espace annulaire entre le foyer et la calandre est inaccessible.

Chaudière Roser. La figure 1032 représente, en coupe, la chaudière Roser basée, comme les précédentes, sur l'active circulation du liquide.

d'une façon évidente ; le nettoyage et la pose des serpentins présentent des difficultés telles que les eaux pures et l'emploi du réchauffeur concentrique à la cheminée sont, dans le cas, considérés d'absolue nécessité. Les remarques relatives aux chaudières verticales sont applicables à cette chaudière.

Chaudière De Ruyver. La figure 1033 représente une coupe de chaudière verticale.

Le foyer cylindrique est perpendiculaire à l'axe de la calandre; une chambre de combustion verticale conduit les gaz aux tubes de fumée horizontaux, les gaz épuisés s'engagent par la boîte à fumée de la façade et la cheminée qui la surmonte. Ce dispositif présente sur les précédents des avantages évidents : les gaz brassés dans la chambre de combustion complètent partiellement leur combinaison, le faisceau tubulaire très court et offrant une grande surface, épuise la chaleur sensible de ces gaz sans limiter sensiblement le tirage. Enfin, pendant les arrêts, les matières vaseuses s'accumulent à l'intérieur au-dessous du foyer cylindrique dans une capacité relativement facile d'accès. L'amovibilité des tubes semble ici toute indiquée ; ainsi disposée, cette chaudière peut donner de bons résultats là où l'espace est limité.

Chaudière verticale. *Tubes de fumée verticaux.* Cette chaudière est d'une extrême simplicité de construction; le liquide et la vapeur sont divisés par le faisceau tubulaire. Le tirage direct est très actif et l'eau entraînée dans la chambre de vapeur est partiellement vaporisée au contact

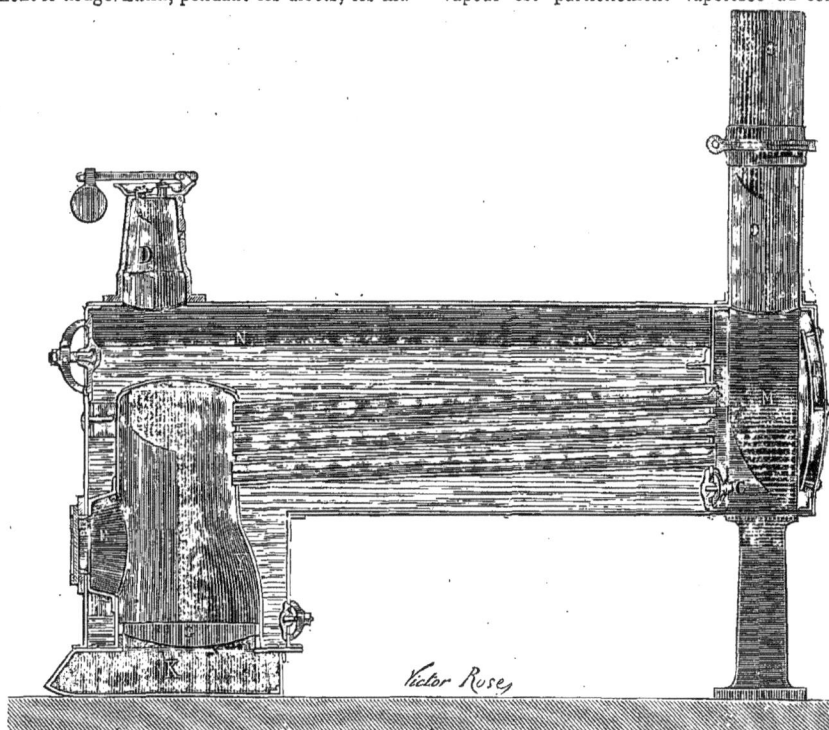

Fig. 1037. — *Chaudière de locomobile à foyer intérieur et tubes de fumée horizontaux.*

des tubes, traversés par les gaz chauds. Mais, l'extrémité inférieure du faisceau tubulaire subit l'influence destructive du rayonnement, les corps solides s'accumulent sur le ciel du foyer. Cet ensemble se détériore rapidement. L'amovibilité des tubes facilite l'entretien, mais la fréquence des nettoyages altère rapidement l'étanchéité des bagues coniques et nécessite des réparations coûteuses. Mêmes remarques que pour les chaudières verticales à foyer intérieur.

Chaudière verticale à foyer intérieur et bouilleurs croisés. Cette chaudière, représentée en coupe (fig. 1034), est constituée par un foyer intérieur, relié à la calandre externe par un cercle en fer ou fonte de grande épaisseur, ou par un fond forgé et plat relié au foyer et à la ca-

landre. Le ciel du foyer est percé d'un orifice circulaire dont les bords relevés d'équerre sont rivés à la base d'une cheminée qui traverse le ciel de la chambre de vapeur par un assemblage analogue. Le foyer est en outre relié à la calandre par l'orifice de chargement. Un bossage, venu de forge, rapproche cet orifice de la calandre et un cercle en fer ou en fonte rapproché par les rivets est d'ordinaire interposé entre les parties à jonctionner.

Des cylindres bouilleurs horizontaux sont fixés par leurs extrémités, relevées d'équerre, à la paroi interne du foyer. Ces bouilleurs sont croisés et superposés; parfois, ils sont accouplés sur un même plan. Des tampons de visite elliptiques sont placés sur la calandre en face de chaque bouilleur, afin d'en faciliter le nettoyage; les mêmes tampons de lavage existent à la base de la calandre. La grille ronde se place à quelques centimètres au-dessus de la réunion inférieure du foyer à la calandre afin d'isoler les dépôts insolubles de la partie en contact avec la masse en ignition. L'alimentation se fait à la partie inférieure de la chaudière; la prise de vapeur a lieu dans le voisinage de la cheminée. Les gaz circulent autour des bouilleurs et s'élèvent verticalement dans la cheminée. Toutes les conditions d'un mauvais rendement, d'un entretien difficile et dispendieux semblent réunies dans cette chaudière. Le chauffage n'est pas méthodique; les gaz, rencontrant des surfaces insuffisantes et de larges passages, se dégagent à haute température, le volant calorifique est plus puissant que dans les autres chaudières verticales, mais l'élas-

ticité de production est moins grande. Les réparations sont extrêmement difficiles et coûteuses.

Chaudière Fouché-Delaharpe. Cette chaudière, représentée (fig. 1035) en coupe verticale, est remarquable à divers titres. Elle se compose d'un corps vertical dans lequel est placé un carneau métallique, muni de nombreux tubes verticaux DD, à l'intérieur desquels l'eau prend un mouvement ascendant; le retour de cette eau à la base de la chaudière a lieu entre les parois du carneau et ceux de la calandre externe. Pour corriger l'exiguïté du plan d'eau, la vapeur, avant de quitter la chaudière, circule dans un faisceau de tubes sécheurs à libre dilatation où l'eau entraînée se vaporise complètement. Le foyer métallique intérieur est rivé d'équerre à la partie supérieure du faisceau tubulaire. La cheminée C relie la ca-

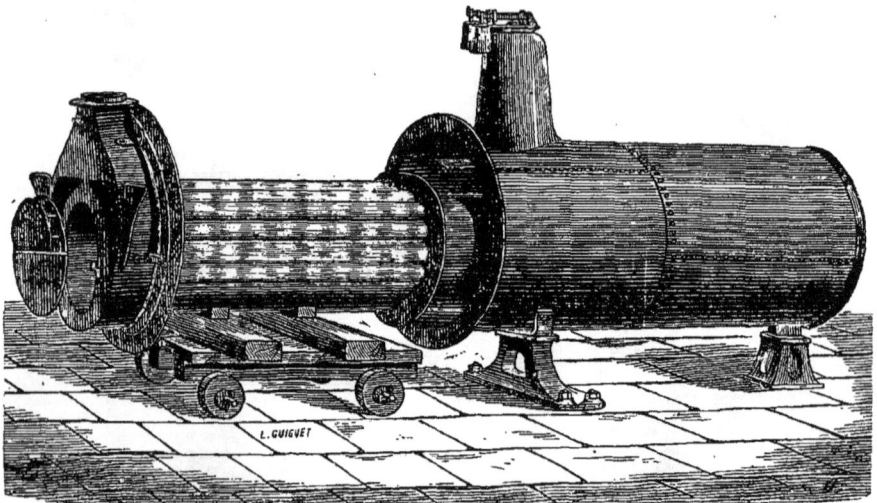

Fig. 1038. — *Vue du générateur à foyer amovible en cours du nettoyage.*

landre externe et le carneau dans la partie inférieure opposée, à l'arrivée des gaz chauds. Un regard H, placé en face de la cheminée C, permet d'extraire les cendres et de nettoyer la suie condensée sur le faisceau tubulaire à l'aide d'une injection de vapeur, la tubulure K sert à extraire les dépôts, opérer la vidange de l'appareil. Le chauffage rigoureusement méthodique, le renversement et la direction du courant gazeux, la facile visite du faisceau tubulaire, l'active circulation, le séchage de la vapeur générée, font de ce type bien étudié une des chaudières transportables les plus intéressantes. Les dilatations ne sont pas libres, les parois actives supportent des efforts de compression, le volant calorifique et le plan d'eau sont peu développés. La construction présente de sérieuses difficultés qui pourront nuire à sa vulgarisation. Les tubes peuvent être facilement nettoyés; il en est autrement des parois extérieures du carneau du foyer et de l'intérieur de la chaudière. Des eaux pures sont donc, pour ce type, de nécessité absolue.

Chaudière mi-fixe à foyer amovible. *Système Thomas Laurens et Pérignon.* Cette chaudière horizontale est représentée (fig. 1036) en coupe longitudinale. Elle ne diffère de la chaudière fixe semi-tubulaire à foyer amovible que par la suppression du cylindre supérieur et du fourneau. Le vaporisateur et son faisceau tubulaire sont recouverts d'une mince couche d'eau, la chambre de vapeur exigue, est complétée par un dôme. Les gaz chauds, après leur parcours dans le vaporisateur, sont évacués dans une cheminée, directement placée sur la boîte à fumée formant la façade. La libre dilatation du vaporisateur, la facile visite de toutes les parties présentent des avantages qui justifient l'emploi de cette chaudière. L'exiguïté de la chambre de vapeur, du foyer et du cendrier, rendent la conduite de l'appareil assez délicate, mais ce dispositif est l'un des mieux appropriés aux nécessités industrielles et, malgré ses défauts, répond bien à la généralité des besoins. La houille est le combustible qui convient à ce genre de chaudière.

Chaudière mi-fixe à foyer intérieur vertical et tubes de fumée horizontaux. La chaudière représentée (fig. 1037) en coupe longitudinale est le type classique de la chaudière pour locomobile. C'est une réduction simplifiée de la chaudière de locomotive, dont elle possède les qualités et les défauts. La combustion s'y opère mieux que dans le type précédent; le chauffage est méthodique, mais les dilatations sont contrariées, les parois actives sont

Tableau des rapports moyens entre les diverses parties des chaudières pour 1m² de surface de grille

Système de Chaudière	Surface de chauffe de la chaudière	Surface de chauffe directe	Surface de chauffe des réchauffeurs	Contenance en eau sous vapeur	Contenance en vapeur	Production horaire moyenne	Poids de vapeur par kilogr. de houille pure sans réchauffeurs	Poids de vapeur par kilogr. de houille pure avec réchauffeurs	Surface moyenne de plan d'eau	Dégagement local maximum de vapeur par mètre carré de plan d'eau et par heure
	mèt. carré	mèt. carré	mèt. carré	mèt. cube	mèt. cube	kilogr.	kilogr.	kilog r.	mètre	kilogr.
1 Chaudière cylindrique sans bouilleurs	16	1.50	30	4	3.800	400	6.500	8.500	10	130
2 Chaudière cylindrique à bouilleurs inférieurs	30	2	20	5.700	2	500	7	8.700	5	900
3 Chaudière à bouilleurs Artige et Cie	20	2	30	4.000	3.200	500	7.500	9.000	11	100
4 Chaud. à bouilleurs Dulac	25	2	15	4.760	3.300	500	8	9 _	14	100
5 Chaudière et Escher Wyss à foyer Ten-Brink	21	2.50	20	5.400	2.500	400	8	9	7.850	2000
6 Chaudière Cornouailles à foyer intérieur	29	1.50	10	4.500	3.000	500	7	8	7	100
7 Chaudière du Lancashire à double foyer intérieur	29	2.00	9.50	4	2.800	500	7.500	8.500	6	100
8 Chaudière Galloway	33.12	2.00	10	3.800	2.030	.500	8.500	9.500	4.900	100
9 Chaudière cylindrique tubulaire	48	1.80	»	2.000	1.750	400	7.500	»	4.500	180
10 Chaudière cylindrique semi-tubulaire à bouilleurs	48	2	»	3.760	1.312	480	8	»	4	860
11 Chaudière semi-tubulaire Farcot	50	2.00	7	4.900	2.300	500	8.800	9.500	4.00	860
12 Chaud. fixe semi-tubulaire Thomas-Laurens à cylindres conjugués	51.60	1.61	»	4.850	1.685	620	8.500	»	3.500	1500
13 Chaudière semi-tubulaire Barbe et Pétry	33.80	6.50	»	2.425	1.025	500	8	»	2.900	2600
14 Chaudière semi-tubulaire L. Dulac	25	9.25	5.40	2.000	1.000	500	8.800	9.500	2.810	500
15 Chaudière multitubulaire Belleville et Cie	26.25	6.50	»	0.375	0.078	400	8	»	»	1200
16 Chaudière multitubulaire de Naeyer et Cie	42	9	»	1.000	0.860	420	8.800	»	»	2000
17 Chaudière verticale à tubes pendentifs	25	10.17	»	0.900	1.250	500	7	»	1.400	500
18 Chaudière Roser	9.15	4.50	1.50	1.400	0.530	400	5.500	6.50	1.350	2600
19 — de Ruyver	30	2	»	3.600	1.200	517	7.500	8	1.400	405
20 — verticale à tubes verticaux	2	25.25	»	1.870	0.450	400	6.500	»	1.f50	400
21 Chaud. verticale à bouilleurs croisés	16.50	5.75	»	3.400	0.900	425	5	»	2.000	690
22 Chaudière Foucher et de La Harpe	34.60	1.90	»	2.360	0.500	415	8.500	»	1.160	500
23 Chaud. mi-fixe à foyer amovible Thomas-Laurens	40	1.75	»	2.600	1.300	600	8	»	4.520	230
24 Chaud. mi-fixe à foyer vertical et tubes de fumée horizontaux	56	4.30	»	3.900	1.730	700	7	»	4.000	285
25 Chaudière du Temple	18.75	10.70	»	0.112	0.150	475	6	»	0.780	3350

inaccessibles. Des eaux pures, des nettoyages fréquents sont indispensables avec cette chaudière (fig. 1038).

RÉSUMÉ RELATIF AUX CHAUDIÈRES LOCOMOBILES. Toutes les autres chaudières de ce groupe, excepté les types Thomas Laurens, Fouché et Laharpe, sont pourvues d'un gueulard exposé à des variations de température qui nuisent à leur étanchéité. Sauf la chaudière Thomas et Laurens, toutes les chaudières mi-fixes et locomobiles à calandre externe sont exposées à la rapide oxydation de la partie voisine de la grille. Un socle en fonte, isolateur, des soins continus sont nécessaires pour éviter la corrosion. Dans les chaudières mi-fixes horizontales, le tirage est le plus souvent activé par l'échappement du moteur, le poids de houille vaporisée par unité de surface et par heure est considérablement augmenté; on est par suite conduit à modifier sensiblement le rapport entre la surface de chauffe et la surface de grille, quand l'échappement du moteur sert à activer le tirage.

Explosions. Les explosions des chaudières industrielles sont dues à des causes multiples (V. EXPLOSIONS); le bon entretien, les visites fréquentes, un chauffage modéré, des soins attentifs, un personnel soigneux, une bonne construction sont les garanties que l'industriel doit rechercher.

Le tableau de la page 905 donne les principales proportions des chaudières, leur rendement moyen, et met en relief leurs principaux caractères.

Nous nous sommes surtout attachés à faire ressortir, par la comparaison, les inégalités choquantes qui se traduisent nécessairement par un caractère spécial et des propriétés quelquefois nécessaires.

La première colonne du tableau indique la surface de chauffe effective de chaque chaudière, soit le rapport de cette surface au mètre carré de grille. Les limites extrèmes sont 9^{m2},15 au minimum et 58 mètres carrés au maximum. Cet écart prouve que le rendement n'est pas en raison directe de la surface, il met en relief la puissance d'absorption de la surface de chauffe directe et l'efficacité de la circulation du liquide. Chaque mètre carré du serpentin de la chaudière Roser N° 18 égale en puissance 6 mètres de la chaudière mi-fixe N° 24.

La seconde colonne indique la surface de la chaudière directement exposée à la radiation du foyer; dans certains cas, cette surface est délicate à déterminer. Il est évident que l'on ne saurait considérer tout le faisceau tubulaire d'une chaudière à tubes d'eau comme exposé au rayonnement, il convient de considérer également la position de la surface sur laquelle agit la radiation, si ces surfaces sont perpendiculaires aux rayons calorifiques, le pouvoir de ces rayons sera plus considérable que s'ils sont tangents ou parallèles aux parois chauffées. Quoiqu'il en soit, le développement des surfaces dans le voisinage du foyer est un actif élément de production de vapeur par unité de surface de chauffe. Le rapport 1,50 de la chaudière N° 1 ne saurait, comme efficacité, être comparé au rapport 12^m,17 de la chaudière N° 12; on ne saurait cependant conclure que la surface de chauffe directe de cette dernière fournit environ huit fois plus de vapeur que la surface de chauffe de la chaudière N° 1.

La troisième colonne indique la surface des réchauffeurs. Ces surfaces ont d'autant plus d'efficacité que leur conductibilité est plus grande, que la température des gaz, ayant circulé sur les parois de la chaudière, est plus élevée.

La quatrième colonne (*contenance en eau sous vapeur*) indique l'importance de la réserve calorifique; cette réserve compense les écarts entre la consommation de vapeur et sa production, elle

est d'autant plus nécessaire que la surface de chauffe directe est moins développée. L'eau contenue dans les réchauffeurs ne constitue pas la réserve de chaleur immédiatement disponible visée par la quatrième colonne, cette seconde réserve atténue l'effet fâcheux d'une brusque alimentation en mêlant le liquide alimentaire à l'eau échauffée. Il est évident que les réchauffeurs latéraux de la chaudière cylindrique N° 1 ont une efficacité infiniment plus grande par mètre carré que le réchauffeur placé à la suite de la chaudière semi-tubulaire Farcot N° 11.

La cinquième colonne (*contenance en vapeur*) n'a qu'une importance relative; le rapport entre la contenance en eau et la contenance en vapeur a cependant une influence sur la quantité d'eau entraînée en mélange avec la vapeur, mais cette influence est faible si on la compare aux autres causes d'entraînement d'eau.

La sixième colonne indique la production de vapeur par heure. Cette production est essentiellement variable, celle que nous indiquons est la production industrielle qui peut, en marche, être obtenue sans difficulté et donner les résultats les plus favorables au double point de vue du rendement et de la régularité de fonctionnement.

L'élasticité dans la production dépend de la nature de la surface de chauffe la plus rapprochée du foyer, du dégagement plus ou moins rapide de la vapeur, du volume d'eau solidaire de la surface de chauffe active.

La septième colonne indique la production de vapeur générée industriellement par kilogramme de houille pure (7,800 calories) sans emploi des réchauffeurs.

Les essais de vaporisation conduits avec soin donnent facilement des chiffres supérieurs à ceux portés dans cette colonne; nous avons visé les résultats obtenus couramment avec les soins qu'on peut exiger du personnel et pour la production horaire indiquée dans la colonne précédente.

La huitième colonne met en relief l'influence des réchauffeurs sur l'économie du combustible, les observations qui précèdent sont applicables aux chiffres indiqués dans cette colonne, il convient cependant de remarquer que l'économie produite par les réchauffeurs est d'autant plus considérable, toutes choses égales d'ailleurs, que les feux sont plus actifs et plus mal conduits.

La neuvième colonne donne la surface moyenne offerte au dégagement de la vapeur, le développement de cette surface réduit dans une certaine mesure la proportion d'eau entraînée, surtout quand le dégagement de vapeur est provoqué par une brusque dépression manométrique dans la chambre de vapeur.

La dixième colonne a une importance capitale, elle met nettement en relief une des causes les moins connues et les plus fréquentes d'eau entraînée en mélange avec la vapeur. Il est évident que la vapeur est d'autant moins chargée d'humidité que le poids qui se dégage du plan d'eau dans le temps par unité de surface est plus faible.

Prenons, pour exemple, la chaudière à bouilleurs inférieurs de 0.60 de diamètre, portée sous le n° 2; si nous admettons deux communications de 0,30 de diamètre pour le dégagement de la vapeur générée, de l'avant à la moitié de la longueur de ces bouilleurs, nous aurons dans l'espèce les chiffres suivants :

Production de vapeur par heure 350 kilos.

Section de dégagement

$$\frac{1}{4}\,\pi\,d^2 \times 0,30 \times 2 = 0^{m2},142$$

Surface d'épanouissement du courant au plan d'eau

$$\frac{1}{2}\,\pi\,d^2 \times 0,50 \times 2 = 0^{m2},39$$

$$\frac{350}{0,39} = 898$$

Il est de toute évidence que l'énorme poids de vapeur dégagée sur un plan circonscrit influera sur la proportion d'eau entraînée, les chiffres indiqués dans cette colonne présentent donc un vif intérêt.

Il nous reste à indiquer la section minima offerte au passage des gaz chauds. Le rapport entre cette section et la surface de la grille est le facteur de l'énergie du tirage, cependant il convient de considérer la position respective des carneaux ; une chaudière verticale, à tubes pendentifs avec cheminée centrale et faible parcours des gaz, n'exigera pas, à puissance égale, une section aussi considérable que celle nécessaire à un générateur à plusieurs renversements de flamme et longs parcours horizontaux. D'autre part, le rapport entre la surface de la grille et la section du carneau n'est pas proportionnel pour toutes les forces d'un même type. Les chaudières à foyer intérieur en sont un exemple frappant; le rapport de la longueur de grille au diamètre est essentiellement variable ; la section de dégagement diminue à mesure que la longueur de grille augmente. Les chiffres que nous aurions à établir ont une valeur relative qu'il faut connaître, pour analyser les effets et les causes et expliquer les résultats consignés au tableau, mais ils ne constituent pas un coefficient applicable à toutes les dimensions.

TUBES DES CHAUDIÈRES.

Les tubes des chaudières sont divisés, selon la nature du fluide qui les traverse, en tubes de fumée et tubes d'eau.

Les tubes de fumée constituent de véritables carneaux, les tubes d'eau enveloppés par les gaz chauds ne limitent pas, comme les précédents, le volume de la veine gazeuse.

Les tubes de fumée sont en cuivre rouge, en laiton avec ou sans soudure, ou bien en fer soudé sur lui-même et à recouvrement. Il existe différents moyens pour fixer les tubes sur les plaques tubulaires. Le plus ancien consiste à introduire à l'extrémité intérieure de chaque tube une bague légèrement conique, enfoncée à l'aide d'un mandrin; cette bague comprime l'extrémité du tube contre l'orifice de la plaque (fig. 1039). On em-

ploie de préférence ce baguage pour les tubes en cuivre inamovibles. Un procédé très répandu consiste à laminer le tube contre la plaque, à l'aide d'un sertisseur dont les galets sont mis en mouvement par une broche légèrement conique (fig. 1039) Les tubes en fer se placent également par les moyens dont

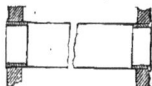

Fig. 1039. — *Tube Bague.*

l'énoncé précède, mais, dans le but de faciliter le nettoyage de la chaudière, M. Bérendorf a obtenu leur amovibilité, en soudant aux extrémités deux bagues coniques de diamètre différent et exactement tournées. Les orifices des tubes sont, dans les plaques terminales, alésés exacment au diamètre des bagues ; il suffit donc d'introduire chaque tube du faisceau par une des extrémités de la chaudière et de fixer le tube sur

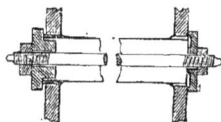

Fig. 1040. — *Tube Berendorf.*

les plaques, en frappant sur la tête d'un boulon dont l'embase porte sur l'extrémité du tube et dont l'extrémité, terminée par un étrier, prend à l'aide d'un écrou, son joint d'appui sur la plaque opposée. La figure 1040 représente ce tube et l'appareil de pose.

M. Langlois, maître principal de l'arsenal de Cherbourg, fait usage dans le même but de la disposition suivante (fig. 1041): sur les tubes en laiton, réglementaires dans la marine militaire, on brase une rondelle portant un gros filet du côté de la boîte à fumée; cette rondelle porte un

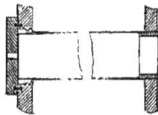

Fig. 1041. — *Tube Langlois.*

collet avec entailles dans lesquelles on peut engager une clef pour serrer le tube dans la plaque de tête de la boîte à fumée, plaque dont les trous sont taraudés au même pas que la rondelle. Les filets et le collet sont enduits de farine de zinc, qui assure l'étanchéité du tube. Le trou de la plaque de tête de la boîte à feu ne subit aucune altération, l'extrémité du tube dans cette plaque est soigneusement baguée. Pour enlever le tube, on sort d'abord la bague dans la boîte à feu avec un arrache-bagues, puis on le dévisse à l'aide de la clef dans la boîte à fumée. Il est arrivé fréquemment de casser les collets de ces tubes, lorsqu'il y avait quelque temps qu'ils étaient à poste, en voulant les dévisser.

CHAU

M. Toscer, maître entretenu de la grosse chaudronnerie à Brest, employait le procédé suivant : des tubes réglementaires en laiton sont emboutis à chacune de leurs extrémités (fig. 1042), de manière

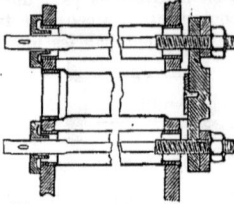

Fig. 1042. — *Tube Toscer.*

à leur donner un diamètre plus grand de 5 millimètres que le corps du tube ; les trous des plaques de tête sont agrandis à la dimension voulue et on enfonce le tube qui est ensuite bagué à chacune de ses extrémités.

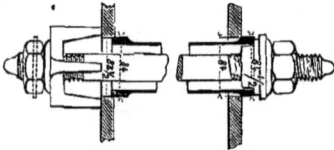

Fig. 1043. — *Tube Gantelme.*

M. Gantelme, maître principal de la grosse chaudronnerie à Toulon, fait usage du système suivant (fig. 1043) : sur un tube en laiton du modèle réglementaire, il brase à chaque bout une virole également en laiton de 4 millimètres et demi d'épaisseur pour le côté de la boîte à feu, et de 4 millimètres pour le côté boîte à fumée. Les trous dans les plaques de tête respectives sont alésés suivant un diamètre moindre d'un demi-millimètre que celui des viroles. On donne un peu d'entrée à ces viroles et le tube est mis en place à l'aide d'une longue tige taraudée passant au milieu du tube ; les écrous de cette tige agissent sur des étriers qui s'appuient sur les plaques de tête et forcent le tube à se coincer dans les trous des plaques. Dans ces divers systèmes, les plaques de tête ne sont pas soutenues, comme elles le sont par les rivures rabattues sur chacune d'elles pour les tubes fixes, aussi se contente-t-on souvent de ne placer qu'un certain nombre de tubes amovibles par faisceau. Lorsque ces tubes amovibles sont enlevés, le nettoyage des tubes fixes voisins est rendu beaucoup plus commode.

Un outillage spécial sert pour l'emboutissage des tubes Toscer, pour l'alésage des plaques, le montage et le démontage des tubes des deux modes, Toscer et Gantelme.

Le plus pratique et le plus aisé à mettre en place ou à démonter est sans contredit le tube Gantelme, avec lequel il n'y a pas à se préoccuper des bagues et dont la barre d'alésage des trous des plaques permet d'accomplir un travail qui approche de la perfection. Ce tube a une grande analogie de forme, de conception et de pose avec le tube Bérendorf.

L'enlèvement du tube s'opère par une manœuvre analogue en agissant par percussion sur l'extrémité opposée. Des essais ont été faits pour placer chaque tube de fumée dans une garniture d'amiante, laissant au tube sa libre dilatation, les chances de fuite, le prix élevé de ce mode de jonction, ont nui à sa vulgarisation.

Les tubes d'eau, quand ils sont ouverts aux extrémités, se fixent comme les tubes de fumée ; quand ils sont pendentifs et fermés à l'extrémité inférieure afin de pouvoir se dilater librement, ils affectent des formes spéciales qu'il convient de définir.

Tube Perkins. Le plus ancien de ces tubes, représenté (fig. 1008), est dû à Perkins, son application à la génération de la vapeur remonte à 1831. Le tube bouilleur est retenu sur le fond par un renflement conique extérieur, l'extrémité inférieure est fermée par une calotte hémisphérique.

La circulation est obtenue à l'aide d'un tube ouvert aux deux extrémités et dont la base taillée en biseau repose sur le fond inférieur, l'extrémité de ce tube central est coupée au niveau du tube bouilleur.

La circulation du liquide ne s'établissant qu'imparfaitement, le tube Perkins resta sans application.

Tube Hédiard. Cet inventeur substitua, vers 1857, au tube central de Perkins, une cloison métallique cintrée sur le sens de sa largeur et retenue à l'extrémité supérieure par une cloison plus large, reposant sur le rebord du tube, la circulation s'établissant, ascendante d'un côté, descendante de l'autre côté de cette cloison.

Tube Field. En 1865, l'ingénieur anglais Field assura la circulation liquide dans le tube de Perkins, en suspendant le tube de retour d'eau au centre du tube bouilleur à l'aide d'un entonnoir pourvu d'ailettes latérales. Le courant ascendant, défléchi par l'embouchure conique du tube de retour, permet le facile dégagement de la vapeur et le retour de l'eau à la base du tube bouilleur.

Ce dispositif rationnel, reçut de nombreuses applications et fit éclore des dispositions différentes avec un résultat analogue (fig. 1044).

Tube A. Girard. M. A. Girard se contente de prolonger le tube central de Perkins au-dessus de la plaque, et de suspendre ce tube par une goupille transversale.

Tube Thirion. Le tube Thirion présente un intérêt spécial ; il est formé d'un tube recourbé en forme d'U dont les extrémités sont fixées à la plaque tubulaire. L'une des branches recevant du foyer une action rayonnante plus forte, le liquide contenu y prend un mouvement ascendant qui provoque la descente de l'eau dans la branche correspondante. Ce tube est inamovible.

Tube Riot et Roux. Dans ce tube, la circulation est obtenue en sectionnant par une cloison transversale le liquide qui recouvre la plaque à tube, et en introduisant dans les orifices de la plaque supérieure des tubes de retour qui pénètrent dans les tubes bouilleurs. Cette disposition est la moins heureuse en ce sens qu'elle encombre, sans utilité, l'intérieur de la chaudière.

Tous ces tubes ont un défaut commun, la rapide destruction par accumulation des matières solides à leur base. Pendant les arrêts, les dépôts vaseux s'amassent et si la contraction du tube provoque le décollement de la croûte incrustante, les écailles détachées se mèlent au dépôt vaseux, le retenant en tout ou partie. Quand ce dépôt est assez abondant pour supprimer la circulation, le tube obstrué sert de réceptacle aux dépôts rejetés par les tubes voisins. La rapide destruction des parois que l'eau ne baigne plus est la conséquence inévitable du manque de circulation.

L'idée première de Perkins exigeait, pour porter tous ses fruits, un complément que l'excès du mal à fait trouver.

Tube Dulac (fig. 1045). Le tube Dulac diffère essentiellement des dispositions précédentes, en

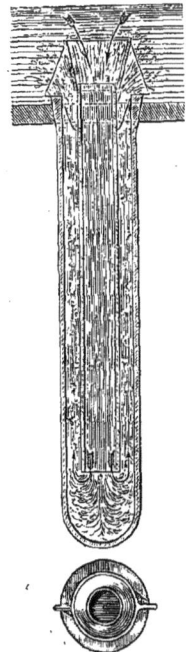

Fig. 1044. — *Tube Field.*　　Fig. 1045. — *Tube Dulac.*

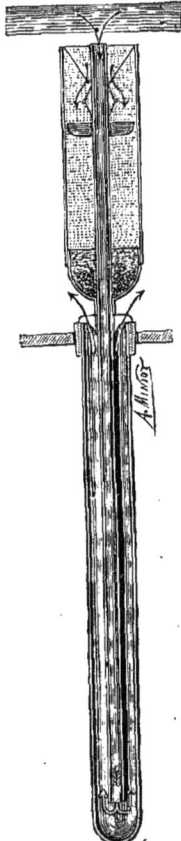

ce sens que le contre-tube fait, au-dessus de la plaque tubulaire, une saillie presque égale à la longueur du tube bouilleur. Concentriquement à

la partie saillante, un collecteur en tôle, fixé sur une calote hémisphérique que le contre-tube traverse, est terminé à sa partie supérieure par un entonnoir. Une barrette de centrage fixée sur le tube maintient la partie supérieure du collecteur et supporte un double cône qui glisse librement à l'extérieur du tube central entre la barrette et la base de l'entonnoir qui termine le collecteur. Le niveau de régime se règle à $0^m,10$ environ au-dessus du tube de retour ; le courant ascendant entraîne les corps en suspension, la vapeur se dégage à la surface, le mouvement ascendant de la veine liquide complètement suspendu, rejette dans les collecteurs les corps en suspension ; le liquide dense et épuré descend par le tube central à la base du tube bouilleur. Quand une brusque prise de vapeur crée dans la chaudière un inéquilibre de température, le dégagement instantané de vapeur au plan d'eau, provoquerait le rejet des dépôts vaseux, si le double cône, sous l'influence de cette poussée interne, ne se relevait pour obturer l'orifice annulaire par lequel les dépôts pénètrent dans le collecteur.

Emprisonnés dans cette partie de l'appareil, les dépôts perdent leur caractère nuisible, la capacité des collecteurs permet de distancer considérablement les nettoyages ; le traitement chimique détruisant l'*incrustation* (V. ce mot) est le complément naturel de ce véritable nettoyage interne automoteur. — L. D.

EXPÉRIENCES PRATIQUÉES A DUSSELDORF POUR DÉTER-MINER LA CONSOMMATION ET LE RENDEMENT DE DIFFÉRENTS TYPES DE CHAUDIÈRES.

De nombreuses expériences ont été entreprises déjà pour fournir des données précises sur cette question qui présente une si grande importance au point de vue industriel ; malheureusement, les résultats obtenus dans des essais différents, sont bien souvent discordants, et il est très difficile de dégager la vérité au milieu d'allégations trop souvent contradictoires. C'est que des essais comparés, entrepris même avec la plus grande impartialité, sont effectués rarement dans des conditions absolument identiques ; il arrive trop souvent qu'on compare une chaudière en service, usée déjà peut être, avec une chaudière de type différent mais entièrement neuve, et dont tous les organes sont en excellent état ; les résultats qu'on obtient alors seraient évidemment bien modifiés si les conditions d'essai étaient renversées.

Il convient donc d'effectuer ces essais si intéressants en se plaçant dans des conditions réellement identiques, opérant, par exemple, sur des chaudières également neuves, etc., si on veut avoir des résultats bien comparables.

Les Expositions industrielles qui rassemblent dans un même local des chaudières de types variés, sorties récemment presque toujours des maisons des meilleurs constructeurs, fournissent une occasion tout indiquée de pratiquer ces essais, et il est regrettable que les commissions d'organisation des Expositions ne s'attachent pas à profiter plus souvent de ces occasions uniques pour ainsi dire, afin de fournir au public et aux exposants eux-mêmes des données précises et réellement comparables.

L'Exposition industrielle, si remarquable d'ailleurs, qui s'est tenue, en 1880, à Dusseldorf, a été l'occasion d'un concours de ce genre portant sur les différents types de chaudières envoyées à cette occasion. Une commission, composée d'ingénieurs et de professeurs distingués, a été chargée de pratiquer ces essais et elle a su opérer son travail dans des conditions d'impartialité, d'exactitude et de précision qui donnent une grande valeur aux résultats qu'elle a obtenus ; aussi avons-nous cru devoir les résumer ici.

L'essai de chaque chaudière durait huit heures, et on mesurait la consommation de charbon, la quantité d'eau vaporisée, la proportion d'eau

TABLEAUX A ET B. — CONSOMMATION D'EAU ET DE CHARBON.

Désignation de la chaudière	Date de l'essai	Consommation totale de charbon en kilogrammes	Charbon retiré de la grille à la fin de l'expérience et réduit en charbon avec l'eau contenue le jour de l'essai	Consommation brute de charbon en kilogrammes	Quantité o/o d'eau contenue dans le charbon le jour de l'essai	Consommation de charbon après déduction de l'eau	RÉSIDU en kilogrammes Machefer	RÉSIDU en kilogrammes Cendres	Consommation nette de charbon en kilogrammes	Nombre d'ouvertures de la porte du foyer	POIDS en kilogrammes du charbon Par pelletée	POIDS en kilogrammes du charbon Par charge	Temps en minutes entre deux charges consécutives
a	14 juillet	1473.95	»	1473.95	1.24	1455.38	71.59	15.14	1368.65	256	2.74	8.93	2.9
b	16 —	1360.20	34.53	1315.67	1.64	1303.93	59.14	35.3	1209.49	199	3.	9.64	3.4
c	20 —	1441.80	31.56	1410.24	1.26	1392.47	63.47.	39.	1289.98	221	2.77	6.73	2.74
d	23 —	1549.4	33.94	1515.46	1.86	1487.28	68.79	33.6	1384.89	238	2.24	7.11	2.64
e	24 —	1216.5	46.98	1169.52	1.57	1151.16	43.47	24.1	1083.59	231	2.81	5.76	2.27
f	25 —	1671.6	45.75	1625.85	1.48	1601.79	66.19	24.3	1511.3	94	3.33	17.78	5.1
g	14 août	723.15	4.54	718.61	1.75	706.03	37.48	13.8	654.75	131	2.34	6.34	4.21
h	24 —	1872.3	26.98	1845.32	1.92	1809.89	69.50	35.5	1704.88	246	2.62	20.51	2.69
i	25 —	1162.35	41.85	1120.5	2.15	1096.41	43.53	31.1	1021.78	218	2.69	5.75	2.37
k	28 —	1190.	27.43	1962.57	3.51	1893.69	67.49	48.	1778.2	268	2.74	10.25	2.47
l	29 —	1415.7	»	1415.7	1.67	1392.16	61.52	15.33	1315.21	82	4.36	17.26	5.85
m	30 —	1034.8	38.29	996.51	1.78	978.77	49.84	39.8	889.13	264	2.96	5.81	2.69

Désignation des chaudi'res	EAU Consommée d'après le n·eau relevé	EAU Vaporisée après déduction de l'eau entraînée	EAU Température de l'eau d'alimentation en degrés centigrades	VAPEUR Eau entraînée 0/0	VAPEUR Pression en atmosphères	VAPEUR Température en degrés centigrades	ALIMENTATION Totale en minutes	ALIMENTATION Nombre des périodes d'alimentation	ALIMENTATION Temps en minutes entre deux périodes d'alimentation	ALIMENTATION Quantité d'eau par période d'alimentation	EAU VAPORISÉE déduction faite de l'eau entraînée Par kilogramme de charbon Brut	EAU VAPORISÉE Par kilogramme de charbon Net	EAU VAPORISÉE Par heure et par mètre carré De surface de chauffe	EAU VAPORISÉE Par heure et par mètre carré De surface de vaporisation
a	13348.46	13204.3	20.2	4.08	4.97	154.6	113.0	30	12:2	446.8	8.95	9.65	12.34	159.88
b	9869.1	9802.0	19.7	0.68	4.96	154.3	92.5	19	20:4	521.	7.39	8.10	15.169	208.26
c	12901.2	12817.35	20.4	0.65	4.97	154.5	166	19	16:5	679.	9.08	9.94	16.8	73.67
d	12766.	12570.69	18.	1.53	5.02	155.	207	13	21	974.9	8.29	9.08	15.84	85.86
e	11200.8	11098.9	18.5	0.91	4.93	154.3	129	12	29	950.5	9.49	10.24	17.74	80.83
f	11914.5	11889.04	18.4	0.21	5.022	154.44	116	40	9	297.85	7.31	7.87	22.09	»
g	5214.5	5175.92	20.5	0.74	5.07	155.1	149	27	12	193.13	7.20	7.91	14.08	98.44
h	17432.7	16925.41	19.	2.91	5.26	156.	167	20	15	877.56	9.17	9.93	12.2	152.51
i	8304.95	7883.89	19.1	5.07	5.00	153.7	77	7	57	1218.29	7.03	7.72	27.26	56.57
k	18157.27	17917.59	20.2	1.32	5.00	153.8	173	23	43.4	811.3	9.12	10.08	12.9	161.46
l	13528.	12310.18	19.	9.0	5.10	153.6	134	25	43.84	541.1	8.69	9.36	17.56	417.2
m	7714.	7329.27	18.4	5.24	4.9	154.5	92	35	41.11	220.7	7.35	8.24	15.35	829.35

entraînée dans la vapeur formée ; on faisait également de nombreuses prises d'essai sur les gaz dégagés afin de reconnaître si la combustion était complète.

Les résultats ainsi relevés étaient corrigés minutieusement toutes les fois qu'il était nécessaire, de manière à éliminer toutes les causes d'erreur ; pour le charbon, par exemple, on eut soin de défalquer les éléments non combustibles, le poids resté sur la grille à la fin de l'expérience, la teneur en eau le jour de l'essai, etc.

Pour mesurer l'entraînement d'eau, on eut recours à la méthode chimique, fondée sur l'emploi du sel de Glauber, on en versait à l'avance une certaine quantité dans l'eau d'alimentation de manière à l'amener à une teneur déterminée, et on relevait, d'autre part, la proportion de sel entraîné dans le courant de vapeur humide dégagée ; comme le sel ne provenait que de l'eau contenue, on en déduisait ainsi facilement la proportion.

Cette méthode imaginée, il y a quelques années

en France par M. Rolland, paraît toutefois donner des résultats un peu trop faibles.

Les chaudières expérimentées étaient au nombre de douze et appartenaient à des types assez variés, comme on le verra par le tableau suivant:

1° *a*. Jacques Piedbœuf, à Dusseldorf ; chaudière mixte et tubulaire avec deux foyers cylindriques et deux chambres à vapeur ;

2° *b*. Jacques Piedbœuf, à Aix-La-Chapelle ; chaudière à bouilleur inférieur et tubulée ;

3° *c*. Schulz Knaudt et Cⁱᵉ, à Essen-sur-Ruhr; chaudière tubulaire avec retour de flamme sous la chambre à vapeur, foyer intérieur cylindrique et ondulé ;

4° *d*. K. et Th. Moller, à Kupferhammer, près Brackwede ; chaudière Galloway avec deux foyers ;

5° *e*. Schulz Knaudt et Cⁱᵉ, à Essen-sur-Ruhr; chaudière à foyer ondulé analogue à celui de la chaudière *a*, mais sans faisceau tubulaire ;

6° *f*. L. et C. Steinmuller, à Gummersbach ; chaudière tubulaire, dont les tubes étroits en fer sont disposés en quinconce et assemblés à l'aide de joints en caoutchouc ;

7° *g*. F.-A. Neumann, à Aix-La-Chapelle; chaudière cylindrique à foyer extérieur, présentant à l'intérieur des sortes de poches rentrantes à travers lesquelles sont ménagées des chicanes pour assurer le passage des gaz ;

8° *h*. Ewald Berningham , à Duisburg; chaudière Galloway, tubulaire avec foyers cylindriques et deux chambres à vapeur ;

9° *i*. Schulz Knaudt et Cⁱᵉ, à Essen-sur-Ruhr; chaudière n° 5 *e*, soumise à un nouvel essai en utilisant seulement les tôles ondulées comme surfaces de chauffe, et dirigeant directement le gaz dans la cheminée ;

10° *k*. Ewald Berningham, à Duisburg; chaudière n° 8 *h* essayée en marche forcée ;

11° *l*. A. Buttner et Cⁱᵉ, à Urdingen; chaudière tubulaire analogue à la chaudière de Root, avec deux chambres à vapeur et grilles à gradins de Rabbetye el Ehrenstein, à Einbeck ;

12° *m*. Walther et Cⁱᵉ, à Kalk, près Cologne ; chaudière système Root, avec réchauffeur tubulaire transversal. Cette chaudière présentait, dans le bâti, quelques fissures qui ont dû refroidir les gaz et ralentir la vaporisation.

Les tableaux A et B donnent, le premier la consommation de charbon avec les détails du chargement, le second la consommation d'eau, les détails de l'alimentation et les résultats définitifs des expériences, c'est-à-dire la proportion d'eau vaporisée par kilogr. de charbon brûlé.

Enfin le tableau C donne les différents résultats des prises de température et des analyses des produits de la combustion.

TABLEAU C. — TEMPÉRATURES, ANALYSES DES GAZ DE LA COMBUSTION.

| Désignation des chaudières | AIR | | | PRODUITS DE LA COMBUSTION | | | | | Rapport de l'air introduit sur la grille à celui nécessaire à la combustion | Différence entre la pression atmosphérique et celle du gaz en millimètres d'eau |
| | TEMPÉRATURE | | Hauteur du baromètre | Température en degrés centigrades à la cheminée | COMPOSITION EN VOLUMES | | | | | |
	Extérieure	Halle des chaudières			CO²	O	CO	Az		
a	22.5	26.4	758.6	268	5.9	13.15	0.2	80.75	2.58	10.6
b	27.8	33.3	757.6	278	7.76	10.76	1.43	80.50	2.01	9.9
c	20.8	28	758.4	167.5	9.54	9.11	0.40	80.95	1.75	12
d	22.6	26.9	756.7	272.5	9.29	9.65	0.29	80.78	1.82	11.5
e	23.1	26.25	754.8	197	8.61	10.22	0.40	80.78	1.91	8.85
f	28.4	33.5	753.6	275	4.72	9.16	1.28	80.84	1.75	12.25
g	22.1	27.9	754.3	242	5.97	13.22	0.43	80.34	2.67	5.0
h	25.5	28.5	755	186.5	9.09	9.72	0.08	81.11	1.82	7.0
i	24.6	27.8	755.7	422.5	11.06	7.80	0.09	81.05	1.60	13.1
k	23.6	27.75	759	170	11.00	7.54	0.76	80.70	1.57	8
l	25.2	30.7	755.9	202	5.67	13.45	0.80	80.08	2.68	14.0
m	22.4	26	754.5	200	3.96	15.56	0.48	80.00	3.74	11.25

CHAUDIÈRE DE LOCOMOTIVE.

Les chaudières de locomotives présentent certains caractères spéciaux qui en font une classe bien tranchée parmi les chaudières industrielles: elles sont mobiles en effet avec la machine qu'elles alimentent et, d'autre part, comme elles doivent circuler sur les voies ferrées, passer sous les ouvrages d'art, etc., leur section transversale se trouve maintenue dans des limites absolument infranchissables, et la longueur elle-même ne peut pas dépasser une certaine dimension sans gêner le passage sur les voies en courbe.

Enfin, elles doivent être solidement fixées sur le châssis de la machine et y trouver un point d'appui robuste et invariable tout en conservant une certaine liberté d'oscillation pour les mouvements de dilatation. Elles doivent être disposées de manière à ne jamais gêner les pièces du mécanisme et à charger aussi uniformément qu'il peut être nécessaire les essieux qui les supportent.

En dehors de ces conditions d'installation, sur lesquelles nous aurons à revenir en parlant des *Locomotives*, ces chaudières, considérées dans leurs dispositions intérieures, doivent avant tout assurer une production de vapeur aussi abondante que possible, pour donner à ces machines la puissance énorme dont elles ont besoin malgré leur faible volume.

Les chaudières des locomotives présentent toutes en effet deux dispositions essentielles qui donnent la raison de cette vaporisation exceptionnelle : elles sont munies de foyers intérieurs prolongés par un faiseau tubulaire qui distribue les gaz de la combustion dans toute la masse d'eau à échauffer, enfin elles fonctionnent toutes avec un tirage forcé obtenu par l'action de la vapeur d'échappement dirigée dans la cheminée à sa sortie des cylindres. Dans ces conditions, la dépression produite par le dégagement de la vapeur détermine dans le foyer un appel d'air énergique qu'il serait impossible de réaliser autrement, et on peut dire que, lors même qu'il serait facile de transformer la locomotive en une machine à condensation, il n'y aurait aucun avantage à le faire puisque la vapeur d'échappement joue ainsi un rôle indispensable dans l'économie de cette machine. On arrive dès lors à brûler dans le même temps sur la grille du foyer un poids de combustible beaucoup plus élevé, et, comme les tubes à fumée permettent d'utiliser complètement la quantité de chaleur ainsi dégagée, on réalise une production de vapeur beaucoup plus abondante que dans les autres chaudières industrielles. Ces deux dispositions caractérisent complètement la chaudière de locomotive, dont le type peut être considéré comme ayant été fixé depuis qu'elles se sont trouvées réunies sur une même machine.

Les premières chaudières de locomotives étaient des appareils de petites dimensions, assez semblables aux chaudières ordinaires, et présentant souvent des formes très variables. Le foyer était encore extérieur, et dans les types les plus anciens, la chaudière était un simple vase en fonte chauffé en dessous, comme dans la voiture à vapeur, fort bien étudiée d'ailleurs de l'ingénieur français Cugnot, qu'on peut encore admirer aujourd'hui au Conservatoire des Arts et Métiers.

Dans les chaudières des locomotives construites plus tard par Trévithick, Vivian et Stephenson, de 1804 à 1814, on commença à donner au foyer la forme d'une caisse rectangulaire, mais sans le placer complètement à l'intérieur de la chaudière, de sorte qu'on utilisait en partie seulement la chaleur rayonnée du combustible. Les gaz sortant du foyer étaient amenés dans la cheminée par un tube à fumée qui traversait déjà la chaudière proprement dite dans le type construit par Stephenson en 1820, mais personne n'avait encore entrevu alors le moyen d'augmenter la surface de chauffe en multipliant pareillement le nombre de ces tubes. La machine de 1820 est également l'une des premières qui ait utilisé la vapeur d'échappement pour augmenter le tirage. Cette disposition fut dès lors universellement adoptée ; mais comme la détente était presque toujours insuffisante dans les cylindres, la vapeur d'échappement arrivant dans l'atmosphère possédait encore une pression assez élevée, et elle déterminait ainsi un tirage très actif qui entraînait une con-

sommation de combustible beaucoup trop considérable. La machine le *Sans Pareil* présentée par Timothée Hackworth au concours de Rainhell en 1830, dépensait en effet 420 grammes de coke, par litre d'eau vaporisée.

Telle qu'elle était ainsi disposée, et malgré l'augmentation de tirage due à l'emploi de la vapeur d'échappement, la chaudière conservait toujours une puissance de vaporisation insuffisante. Elle put s'affranchir de ces limites seulement grâce à la découverte d'un français, Marc Séguin, qui fit breveter en 1827, la première chaudière tubulaire. Dans ce type entièrement nouveau, Séguin avait multiplié la surface de chauffe à l'infini pour ainsi dire, en reportant complètement le foyer à l'intérieur de la chaudière, et conduisant à travers la masse d'eau à vaporiser un grand nombre de petits tubes qui répartissaient les gaz chauds en tous les points. Cette disposition essentielle constituait définitivement la chaudière de locomotive ; toutefois, il ne fut pas donné à Seguin de réaliser le premier l'idée qu'il avait conçue, car les machines qu'il devait construire ne furent terminées que longtemps après, et la ligne de Lyon à St-Etienne sur laquelle il voulait les mettre en service, resta exploitée avec des chevaux jusqu'en 1833.

L'honneur de construire la première machine munie d'une chaudière tubulaire à foyer intérieur échut à Georges Stephenson, et c'est à l'occasion du concours de Rainhill, sur la ligne de Manchester à Liverpool, que ce grand ingénieur produisit la machine la *Fusée* (The Rocket), qui devait à jamais illustrer son nom. — V. LOCOMOTIVE.

La *Fusée* remporta dans cette circonstance une victoire éclatante, car elle put dépasser de beaucoup, au grand étonnement général, les conditions fixées au programme par les directeurs de la ligne de Manchester à Liverpool. Elle put entraîner un train composé de deux wagons de 10 tonnes, avec une vitesse uniforme de 32 kilomètres à l'heure.

Le succès de la machine de Stephenson était dû surtout aux heureuses dispositions de la chaudière, elles avaient permis d'obtenir une vaporisation très active avec une consommation de coke relativement faible atteignant seulement 170 grammes par litre d'eau vaporisée, soit la moitié environ de celle du *Sans Pareil*. Cette chaudière qui forme le véritable prototype de nos chaudières actuelles en possède déjà tous les caractères essentiels. Le foyer était placé à l'arrière, enveloppé sur les côtés d'une boîte à feu pleine d'eau, en communication avec le corps cylindrique par deux petits tubes latéraux, et tout l'ensemble était armé par des entretoises qui maintenaient les parois contre les déformations. Toutefois le bas de la face arrière et de la plaque tubulaire était garni de briques maçonnées qui remplissaient le vide. Le ciel du foyer n'était pas recouvert d'eau, mais l'espace libre jusqu'au ciel de la boîte à feu était en communication avec la chambre à vapeur de la chaudière. Cette disposition ne paraît pas d'ailleurs avoir entraîné en service les dangers qu'on redouterait justement aujourd'hui.

Le corps cylindrique, placé horizontalement, était traversé par des tubes en cuivre au nombre de vingt-cinq, et de 76 millimètres de diamètre. Ces tubes étaient fixés sur la plaque tubulaire d'avant au ·moyen de viroles analogues à celles que ·nous employons aujourd'hui, et qui permettent d'obtenir un assemblage étanche. A l'avant était la cheminée qui s'épanouissait pour embrasser l'orifice des tubes, et jouait ainsi le rôle de la boîte à fumée. L'échappement débouchait dans la cheminée comme actuellement.

Après la *Fusée*, le type de la chaudière était presque entièrement fixé, et on peut dire qu'il n'a plus guère reçu que des perfectionnements de détails destinés à lui assurer une puissance de vaporisation plus considérable encore.

On a commencé par reporter complètement à l'intérieur de la chaudière le foyer, qui, dans la *Fusée*, était seulement en communication indirecte avec elle, on l'a entouré d'une enveloppe spéciale appelée *boîte à feu* qui a permis d'utiliser plus complètement la chaleur rayonnante. On a augmenté la longueur et le nombre des tubes, et on rencontre aujourd'hui des chaudières ayant plus de·deux cents tubes de 5 mètres de longueur.

Après avoir ainsi agrandi les surfaces de chauffe directe et indirecte, on a élevé d'autre part la pression des chaudières et on l'a portée peu à peu de 5 à 6, puis à 8, 9 et même 10 kilogrammes, et on rencontre même aujourd'hui en Allemagne des chaudières timbrées à 12 atmosphères. Cette modification, qui permettait d'utiliser plus complètement la merveilleuse force d'expansion de la vapeur, exigeait d'autre· part pour les tôles de chaudières, des matériaux ·de qualités exceptionnelles que la métallurgie arrive à préparer maintenant en fer au bois ou puddlé, et même en acier fondu.

Ajoutons enfin qu'on est arrivé à modifier peu à peu ces chaudières de manière à brûler dans le foyer toutes sortes de·combustibles. Aux anciens foyers profonds et à grilles étroites, où on entassait le coke par couches épaisses, on a substitué peu à peu des foyers à grilles plus larges sur lesquelles on a pu brûler des briquettes, et même bientôt du tout venant. En même temps on n'a pas hésité à ·relever l'axe de ces chaudières beaucoup plus haut qu'il n'était autrefois, de manière à pouvoir loger un essieu au-dessous de ces énormes foyers agrandis.

On reconnaîtra toutes ces modifications en étudiant les tableaux comparatifs reproduits plus loin dans lesquels nous avons rapproché les dimensions de quelques anciennes chaudières et celles des types les plus récents.

DESCRIPTION SOMMAIRE D'UNE CHAUDIÈRE DE ·LOCOMOTIVE.

Cette chaudière se compose essentiellement de trois parties distinctes :

L'appareil producteur de la chaleur. Le foyer où s'opère la combustion et qui est prolongé par un faisceau tubulaire à travers lequel circulent les gaz dégagés.

L'appareil producteur de la vapeur comprenant :

La *boîte à feu* qui enveloppe le foyer, et le *corps cylindrique* qui renferme le faisceau tubulaire. Ils constituent par leur réunion un vase· clos dans lequel s'opère la vaporisation.

La *boîte à fumée* qui supporte la cheminée. Elle reçoit les gaz brûlés et refroidis sortant des tubes qui se rendent dans l'atmosphère. C'est là également que s'opère le dégagement de la vapeur d'échappement qui détermine dans le foyer à travers les tubes l'appel d'air nécessaire.

Il convient enfin d'ajouter tous les appareils accessoires nécessaires pour le fonctionnement d'une chaudière à vapeur, et dont quelques-uns seulement sont spéciaux pour ·les locomotives : tels sont les appareils d'alimentation qui se composent ordinairement d'un ou de deux injecteurs, et quelquefois de· pompes mises directement en mouvement par le mécanisme de la machine, le régulateur qui sert à ouvrir ou fermer la prise de vapeur allant aux cylindres, le souffleur, qui fournit un·jet de vapeur débouchant dans la cheminée pour activer le tirage en dehors de l'action de la vapeur d'échappement, deux soupapes de sûreté prescrites par les règlements et qui doivent être en état de débiter chacune toute la vapeur produite par la chaudière dès que la pression atteint la limite maximum indiquée par le timbre réglementaire. Une au moins doit être soustraite à l'action du mécanicien, et il doit être impossible de les caler. Un manomètre gradué avec un trait apparent marquant la pression normale, doit indiquer à chaque instant la valeur de la pression dans la chaudière. Deux appareils indicateurs de niveau d'eau servent à marquer la hauteur. de l'eau au-dessus du ciel du foyer de manière à ce que le mécanicien soit constamment prévenu. Un plomb fusible placé sur le ciel du foyer entrerait en fusion s'il venait à se découvrir et amènerait un jet d'eau qui éteindrait le feu. La grille est munie ordinairement d'une partie mobile formant *jette-feu*, qui permet de renverser brusquement les charbons quand cela est nécessaire. Au-dessous du foyer, est disposé un cendrier dont les parois latérales·descendent à 0m,16 au moins au-dessus des rails s'il n'est pas fermé dans le fond, afin d'empêcher la projection des morceaux de charbon en ignition qui pourraient tomber sur la voie. Enfin un *pare-étincelles* disposé dans le haut de la boîte à fumée prévient le dégagement dans l'atmosphère des flammèches qui pourraient être entraînées avec le courant gazeux.

Des trous de vidange convenablement multipliés sont ménagés sur le corps cylindrique et surtout sur la boîte à feu pour permettre le nettoyage de la chaudière et l'enlèvement des dépôts.

Tous ces appareils font l'objet d'articles spéciaux dans lesquels ils ont été décrits, et auxquels nous devons renvoyer le lecteur pour ne pas surcharger outre mesure un article très long déjà ; du reste on va les retrouver dans la description que nous donnons des deux types de chaudières· représentées dans les figures 1045 à 1048.

Chaudière de l'express du Nord. Cette chaudière·est destinée à fournir une vaporisation très active en brûlant du menu de bonne qualité, elle doit dépenser 10 à 12 kilogrammes par heure et par mètre carré de surface de grille.

Le foyer est du type adopté par M. Belpaire sur les lignes de l'Etat belge, il présente une grille fortement inclinée vers l'avant, et il est sou-

tenu au ciel par des tirants verticaux qui le relient au ciel également plan de la boîte à feu (fig. 1045 et 1046.

Ce foyer est remarquable par ses dimensions qui ont été fortement agrandies afin d'augmenter la surface de chauffe directe, tandis que le faisceau

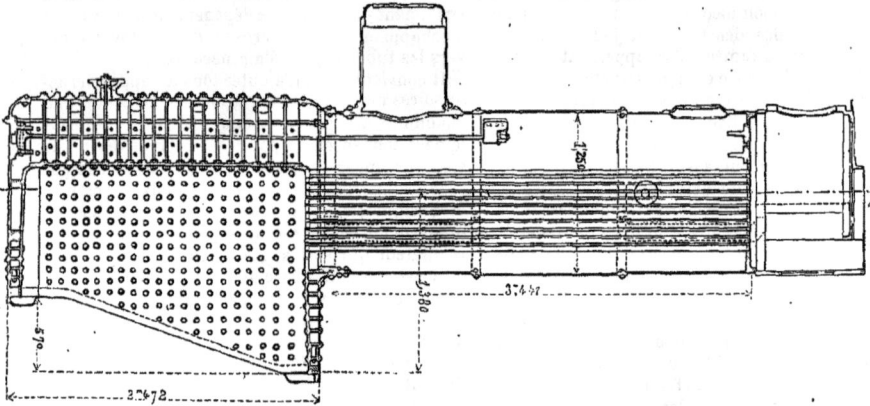

Fig. 1045. — *Coupe longitudinale de la chaudière de la locomotive express du chemin de fer du Nord qui figurait à l'Exposition de 1878.*

tubulaire est assez court au contraire et n'a que 3m,50 de longueur. La lame d'eau comprise entre la boîte à feu et le foyer a 80 millimètres environ d'épaisseur, elle est obturée à la partie inférieure, comme dans toutes les chaudières locomotives, par un cadre en fer spécial, et la porte du foyer est garnie d'un cadre analogue de

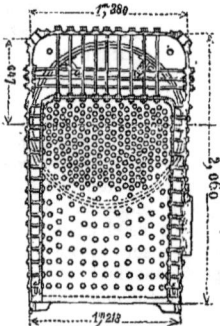

Fig. 1046. — *Coupe du foyer et de la boîte à feu de la chaudière du Nord.*

forme elliptique. Les entretoises sont en cuivre et espacées de 95 à 97 millimètres, elles sont percées intérieurement, et débouchées après la rivure du côté du foyer seulement, afin de déceler les fissures qui pourraient se déclarer. La plaque tubulaire est entretoisée également à la partie inférieure, et elle est réunie au corps cylindrique par des entretoises vissées à fond perdu dans des agrafes rivées sur celui-ci. Ces agrafes fatiguent beaucoup sous les efforts de dilatation et on a cherché à leur ménager toute liberté d'osciller en écartant

autant que possible la plaque tubulaire de l'arrière du corps cylindrique.

L'emploi des tirants verticaux pour soutenir le ciel du foyer qui forme l'un des caractères du type Belpaire, se généralise de plus en plus, à mesure qu'on augmente la longueur des foyers, car les fermes longitudinales ou même transversales deviennent alors trop lourdes et encombrantes.

La grille du foyer est inclinée de 1/3 vers l'avant, elle est formée de deux rangées de barreaux en fer très minces et très rapprochés disposés pour brûler du menu, elle est munie d'un jette-feu à l'avant. Elle a 2m,273 de longueur horizontale, 1m,020 de large, et une surface de 2m,310. L'espace vide ménagé entre les barreaux pour le passage de l'air est de 0m,00159.

Le cendrier est muni à l'avant et à l'arrière de parois mobiles que le mécanicien manœuvre par des tringles. L'épaisseur moyenne de la couche de tout venant chargé sur la grille est de 0m,650 à l'avant et 0m,200 à l'arrière.

Le foyer présente les dimensions suivantes :

Epaisseur des parois	20 m/m
Longueur intérieure en haut . . . . . . , . .	1m010
Largeur	1.032
Hauteur du ciel au-dessus du cadre à l'avant.	1.580
Hauteur du ciel au-dessus du cadre à l'arrière.	1.010
Hauteur du ciel au-dessus de l'axe du corps cylindrique	0.200
Hauteur du ciel de la rangée inférieure des tubes au-dessus de la grille. . . .	0.760
Surface de chauffe du foyer	9m²37
Longueur de la boîte à feu	2.472
Largeur en haut.	1.280
Largeur en bas	1.218

En dehors des entretoises, les parois de la boîte à feu sont consolidées dans la partie supérieure du berceau par des cornières spéciales et des tirants transversaux; la plaque d'arrière est armée également par quatre tirants, dont deux sont reliés à l'avant de la boîte à feu, et les deux autres à la deuxième virole du corps cylindrique.

Celui-ci est formé de trois viroles assemblées par joints alternatifs, il est muni d'un dôme de $0^m,650$ d'ouverture et il a $1^m,250$ de diamètre intérieur. La plaque tubulaire qui le termine à l'avant est en fer avec 20 millimètres d'épaisseur, et consolidée à la partie supérieure par deux fers à T.

Les joints longitudinaux sont munis d'une double rangée de rivets, les joints transversaux moins fatigués n'en ont qu'une seule.

Les tubes sont en laiton, ils ont $3^m,50$ de longueur et 0,045 de diamètre intérieur, ils sont munis à l'arrière d'un bout brasé en cuivre rouge de 8 centimètres de longueur environ qui est emmanché dans la plaque du foyer. L'emploi de ces viroles en cuivre rouge paraît protéger efficacement les tubes qui se brûlent moins', et il donne, en même temps un assemblage bien étanche. Les trous pratiqués dans les deux plaques tubulaires pour recevoir les tubes sont coniques et comme les petits diamètres sont tournés vers l'intérieur du corps cylindrique, les tubes, une fois en place, exercent une traction qui relie les plaques, et ils fonctionnent ainsi comme des tirants de soutènement. Ces tubes sont munis à l'arrière d'une bague intérieure destinée à protéger le métal contre l'action corrosive des gaz du foyer. L'assemblage des

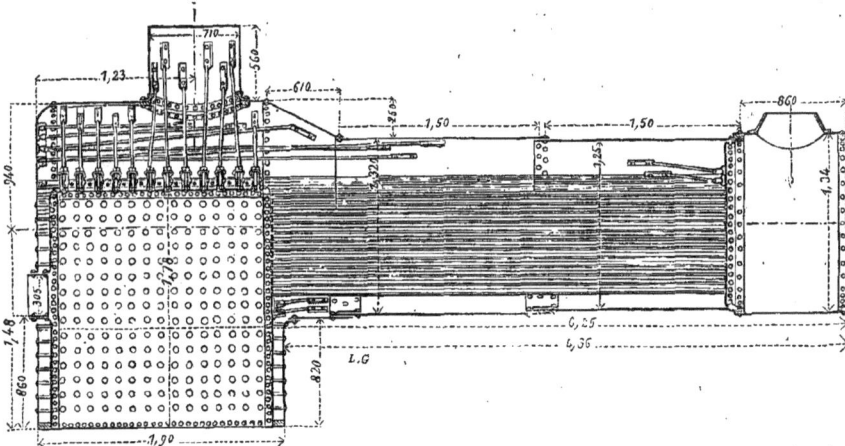

Fig. 1047. — *Coupe longitudinale d'une chaudière de locomotive américaine avec tirants articulés pour soutenir le foyer, construite par M. Jacob Johann sur la ligne de Saint-Louis au Pacifique*

tubes dans les trous des plaques de tête, est une opération délicate, qui exige de nombreuses précautions, c'est là une des grandes difficultés qu'on a rencontrées à l'origine dans la fabrication des chaudières tubulaires en raison des fuites qui s'y déclaraient continuellement. On le réalise aujourd'hui au moyen de l'appareil Dudgeon qui opère une sorte de laminage circulaire du métal et applique hermétiquement le tube sur les parois du trou de la plaque. De plus, on a soin d'écrouir au marteau la plaque en cuivre, afin de donner au métal la raideur nécessaire pour que les joints soient bien étanches.

La boîte à fumée qu'on voit à l'avant forme le prolongement du corps cylindrique, elle est munie de deux grilles pare-étincelles disposées audessus des tubes. Outre la tuyère d'échappement, elle renferme le souffleur dont on se sert également pour activer le tirage comme nous l'avons dit plus haut.

Cette chaudière est timbrée à 10 atmosphères, et c'est là le chiffre qui est aujourd'hui généralement adopté sur la plupart des chemins de fer français.

Pour le nettoyage, la chaudière du Nord est munie à la boîte à feu de douze bouchons vissés dont quatre aux angles, et huit sous le cadre du foyer, elle porte d'autre part deux autoclaves sous le corps cylindrique et deux regards spéciaux.

La machine peut remorquer des trains express de quinze à vingt voitures environ, avec une vitesse de 60 kilomètres à l'heure au moins; la consommation d'eau peut être évaluée à 65 à 70 litres par kilomètre et celle de charbon, à 9 kilogrammes environ par tonne et par kilomètre.

Chaudière de Locomotive américaine. Nous avons représenté dans les figures 1047 et 1048, un type de chaudière construite aux Etats-Unis, afin de pouvoir insister brièvement sur les différences que présentent avec les nôtres les chaudières des locomotives américaines.

Celles-ci présentent en général, beaucoup moins de variétés de formes, car les constructeurs ne s'écartent pas d'un certain nombre de types classiques et bien déterminés correspondant avec différents services que la locomotive peut avoir à exécuter.

Cette disposition facilite, en outre, beaucoup les réparations, car on peut dès lors avoir un certain nombre de pièces de rechange pour réparer celles qui viennent à s'user en service.

Les chaudières américaines sont presque toujours construites entièrement en acier; le corps cylindrique est formé de viroles d'une seule pièce, assemblées en télescope de manière à ce que le diamètre aille en diminuant vers la boîte à fumée, comme dans l'exemple représenté; la virole d'arrière reçoit souvent une forme conique pour amener le raccord avec la boîte à feu qui est alors surélevée. Cependant, le ciel de la boîte à feu est quelquefois placé dans le prolongement du corps cylindrique, ou même il reçoit une forme entièrement plane qui facilite la pose des tirants, destinée à soutenir le ciel du foyer. La boîte à feu est souvent rétrécie à la partie inférieure afin de laisser place aux longerons, formés par de véri-

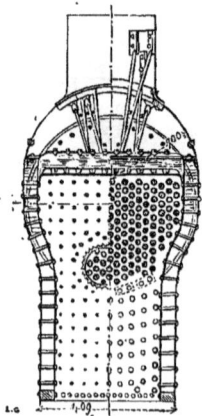

Fig. 1048. — *Coupe du foyer et de la boîte à feu de la chaudière américaine.*

tables barres de fer carrées. Le foyer est généralement très allongé et assez bas, quelquefois même le ciel du foyer et celui de la boîte à feu sont inclinés vers l'arrière, ainsi qu'on en verra des exemples au mot FOYER. On ménage aussi une chambre de combustion à l'avant du foyer derrière la plaque tubulaire afin d'assurer le brassage des gaz avant qu'ils ne pénètrent dans les tubes On emploie peu d'appareils fumivores, car l'anthracite qu'on brûle habituellement dans la plupart des cas ne donne pas de fumée. On est obligé alors d'adopter des grilles à barreaux tubulaires avec circulation d'eau à l'intérieur, car les barreaux pleins en fer et surtout en fonte seraient trop rapidement attaqués, en raison de la haute température développée par la combustion de l'anthracite.

Le cadre de la porte du foyer est supprimé, on se contente d'emboutir les deux tôles du foyer et de la boîte à feu pour assembler les bords repliés, quelquefois on ajoute une bague spéciale, comme sur la figure.

Le ciel du foyer est soutenu fréquemment par des ferrures transversales, appuyées sur les parois latérales de la boîte à feu et du foyer afin de soulager la plaque tubulaire. Quelquefois, on emploie des tirants verticaux, comme dans les chaudières du Nord, et on ajoute alors des entretoises transversales pour maintenir les parois de la boîte à feu. La chaudière représentée sur les figures 1047 et 1048, est caractérisée par l'emploi de tirants articulés, disposés de manière à laisser toute liberté de dilatation au foyer. On a reporté également le dôme au-dessus de la boîte à feu afin de pouvoir allonger les tirants et faciliter l'accès du ciel du foyer pour le nettoyage. Cette disposition a l'avantage d'augmenter la chambre de vapeur dans une région où la vaporisation est très active, mais elle alourdit encore, d'autre part, l'arrière de la chaudière, et elle est gênante pour la répartition régulière du poids sur les essieux.

Les entretoises sont en acier comme le foyer et elles sont percées seulement à la partie supérieure du foyer.

La plaque tubulaire est généralement assez mince, elle n'a guère plus de 0,012 à 0,013 d'épaisseur , les tôles du corps cylindrique ont 10 millimètres.

Les tubes sont presque toujours en fer et rarement en acier, ils ont $0^m,045$ de diamètre environ, ils sont garnis à l'extrémité emmanchée dans la plaque tubulaire d'un manchon en cuivre rouge. La boîte à fumée est formée généralement d'une virole placée dans le prolongement du corps cylindrique, elle est garnie à l'avant d'une porte maintenue fixe et qu'on ouvre très rarement pour nettoyer les tubes. Les gaz entraînent, en effet, peu d'escarbilles et les tubes ne se salissent guère. Quelquefois on dispose sur cette porte une valve à papillon qui peut être actionnée de l'arrière de manière à permettre l'introduction de l'air froid quand on veut arrêter le tirage.

Les cheminées sont munies, à la partie supérieure, d'un renflement caractéristique, destiné à arrêter la projection des flammèches.

Cette chaudière a été étudiée par M. Jacob Johann, et elle est en service sur les chemins de fer de Saint-Louis au Pacifique.

Nous ne pouvons examiner ici les différents types de chaudières locomotives, qui ne présentent d'ailleurs entre eux que des différences peu considérables, et nous renvoyons aux mots spéciaux l'étude des principaux organes de ces appareils.

ÉTUDE DE LA CHAUDIÈRE LOCOMOTIVE AU POINT DE VUE DE L'UTILISATION DU COMBUSTIBLE. La bonne utilisation du combustible dépend surtout des soins que le chauffeur apporte à la conduite de son feu, de la manière d'opérer les chargements, et surtout de répartir le charbon sur la grille, etc. Toutefois, la disposition même de la chaudière et de son foyer n'est pas sans exercer de son côté une influence considérable, car elle doit assurer la combustion complète des gaz et les amener dans la cheminée aussi refroidis que possible, de manière à ce que l'eau à vaporiser puisse bien absorber tout le calorique contenu dans le combustible. Il ne suffit pas d'ailleurs, de réussir à éviter la production de la fumée ; mais il faut s'attacher surtout à ce que les gaz même incolores dégagés dans l'atmosphère n'emportent pas avec eux, à l'état latent, une forte proportion de calorique ; c'est-à-dire qu'ils ne soient pas chargés d'oxyde de carbone au lieu d'acide carbonique.

On doit assurer cette combustion complète dans le foyer lui-même, car l'oxyde de carbone une fois produit ne se brûle plus dans les tubes dont la température est trop basse ; pour y parvenir, il importe non pas tant d'amener un excès d'air considérable, que de bien répartir le courant sur toute la grille pour brûler complètement toutes les parcelles de charbon ; et il convient surtout d'assurer un mélange intime de l'air et du gaz dégagés dans la combustion afin que l'oxyde de carbone placé ainsi à haute température en présence d'un excès d'oxygène soit transformé sûrement en acide carbonique. On peut obtenir d'ailleurs ce résultat essentiel, simplement, par une conduite raisonnée du feu avec la plupart des houilles françaises; mais dans certains cas cependant, il est nécessaire de recourir à des appareils particuliers qu'on appelle *fumivores* bien qu'ils soient plutôt destinés à empêcher la production de la fumée qu'à la brûler; on les place dans le foyer pour assurer, en les brassant, le mélange intime des gaz.

Nous n'insisterons pas ici sur ces différents appareils dont on trouvera la description au mot FOYER (injection d'air ou de vapeur en nappe au-dessus de la grille, appareils Thierry, Ten-Brinck, emploi d'auvents, de voûtes en briques, de bouilleurs dans le foyer, appareils Carrick, Hiélard).

Pour la grille, on a dû la modifier peu à peu pour l'approprier à la nature des différents combustibles : par exemple, on a aminci et rapproché les barreaux pour brûler le tout venant, comme dans la chaudière du Nord ; en Amérique où on brûle de l'anthracite, on emploie des barreaux tubulaires refroidis à l'intérieur par un courant d'eau. Certaines grilles sont disposées de manière à permettre un chargement continu, sans introduction d'air, d'autres sont à secousses pour faciliter le décrassage des barreaux. (V. GRILLE).

Le cendrier qui est placé au-dessous du foyer est généralement fermé dans le fond; dans les dispositions actuelles il est muni à l'avant et à l'arrière comme dans la chaudière du Nord, de parois fermées par des plaques mobiles qui permettent de régler l'arrivée d'air sur la grille, suivant l'état du feu.

Corps cylindrique et faisceau tubulaire. Au seul point de vue de l'utilisation de la chaleur des gaz, il est avantageux d'augmenter autant que possible le nombre et le diamètre des tubes. On place aujourd'hui jusqu'à deux cent cinquante tubes sur certaines machines à marchandises et on leur donne souvent une longueur de $4^m,50$ à 5 mètres. On obtient ainsi des surfaces de chauffe de 150 mètres carrés. Toutefois, un pareil accrois-

sement n'est pas sans inconvénient, car on alourdit la machine dont on augmente beaucoup le poids mort, et l'effet utile du dernier mètre de faisceau tubulaire qu'on ajoute ainsi est souvent bien loin de fournir une compensation suffisante, on n'a plus dès lors qu'un lest encombrant et coûteux. Enfin dès que la longueur atteint $4^m,50$, on est souvent obligé de soutenir le faisceau en son milieu par une plaque intermédiaire qui amène parfois le cisaillement des tubes extérieurs, car ceux-ci ne peuvent plus s'infléchir aussi librement pour obéir à la poussée de la dilatation.

Les expériences exécutées au chemin de fer du Nord par MM. Pétiet et Geoffroy, dont on trouvera le compte-rendu dans le grand ouvrage de M. Couche, sur les chemins de fer, ont montré que suivant la loi de M. Havrez, les quantités de chaleur transmises par les tubes allaient en décroissant suivant une progression géométrique, lorsque ceux-ci s'allongeaient suivant une progression arithmétique, et l'effet utile se trouve ainsi considérablement réduit au delà d'une certaine longueur.

La surface de chauffe du foyer est d'ailleurs beaucoup plus efficace que celle des tubes, puisqu'elle agit non seulement par la chaleur transmise, mais aussi par la chaleur rayonnée, et celle-ci est presque égale à la première d'après les expériences de Péclet, surtout avec les foyers agrandis des nouvelles chaudières; on peut admettre enfin qu'à surface égale, le foyer isolé vaporise trois ou quatre fois plus d'eau que les tubes.

Il n'est pas sans inconvénient d'autre part d'augmenter beaucoup le nombre des tubes, car on est obligé, pour ne pas trop en réduire le diamètre qu'on n'abaisse jamais au-dessous de $0^m,045$, de les rapprocher davantage, en diminuant l'espace libre entre eux. Les intervalles ménagés entre les trous deviennent alors trop faible, et la plaque est plus sujette aux ruptures, en outre on gêne ainsi le dégagement de la vapeur et la circulation de l'eau qui doit cependant se renouveler continuellement si on veut obtenir une vaporisation bien active.

Il arrive de plus que la surface extérieure des tubes se recouvre de tartre avec les eaux chargées de sels qu'on emploie fréquemment pour l'alimentation des chaudières; s'ils sont trop rapprochés, ils se trouvent quelquefois entièrement maçonnés surtout auprès de la plaque tubulaire du foyer, et l'eau n'a plus aucun accès au contact des tubes qui se trouvent alors rapidement brûlés. Il est donc important de ménager entre les tubes un écartement de 20 millimètres au moins, et d'autre part il paraît préférable de les disposer en rangées verticales de manière à faciliter aux bulles de vapeur formées dans le bas l'accès du haut de la chaudière.

Il convient enfin de ménager à la partie supérieure, au-dessus du faisceau tubulaire, une chambre de vapeur qui doit être d'autant plus agrandie que la vaporisation de la chaudière est elle-même plus active.

L'espace ainsi réservé à la vapeur, qui est toujours compté en limitant le niveau de l'eau à

10 centimètres au-dessus du ciel du foyer, est de 2 mètres cubes environ pour un volume d'eau de 5 à 6 mètres cubes dans les machines à marchandises, tandis que dans les chaudières des machines à voyageurs, surtout des types les plus récents, disposés en vue d'activer la vaporisation, l'espace réservé à la vapeur atteint souvent et dépasse quelquefois la moitié du volume de l'eau. On se convaincra facilement, en examinant les tableaux reproduits ci-après, que le rapport de ces deux volumes a toujours été en augmentant, et même dans la chaudière de l'express du Nord, il se rapproche de l'unité :

on a en effet $\dfrac{\text{vapeur}}{\text{eau}} = \dfrac{2^{m}{}^{/3}550}{3^{m}{}^{/3}050}$

L'agrandissement de la chambre à vapeur est en outre le moyen le plus efficace pour sécher la

DIMENSIONS PRINCIPALES DES CHAUDIÈRES DES MACHINES A VOYAGEURS QUI FIGURAIENT A L'EXPOSITION DE 1878

D'après la Revue générale des chemins de fer. *Note de M. Deghilage.*

NATURE DES SERVICES	MACHINES à quatre essieux		MACHINES A TROIS ESSIEUX				MACHINES à avant - train	
	Orléans	P.-L.-M.	Ouest	Est	Midi	Scharp	Nord	Haute-Italie
Foyer..	Ten Brinck	Belpaire	ordinaire	Belpaire	ordinaire	ordinaire	Belpaire	Belpaire
Surface de la grille	1m²600	2m²14	1m²780	2m²385	1m²712	1m²640	2m²310	
Longueur ⎰ Haut.	1m500	2m04	1m580	2m200	1m641	1m582	2m200	2m100
du foyer ⎱ Bas.		2.117	1.624	2.258	1.702			
Largeur	1.040	1.010	1.078	1.080	1.006	1.048	1.042	1.082
Hauteur au-dessus de la grille.	1.570	1.60	1.115	1.480	1.520	1.638	1.580	1.060
	1.070	1.03		0.950			1.016	
Tubes, longueur.	5.00	4.930	3.85	3.5	3.5	3.28	3.50	3.50
— diamètre.	0.048	0.050	0.05	0.049	0.05	0.048	0.045	0.05
— nombre.	177	164	156	206	180	219	251	179
Surface ⎰ Foyer.	10m²60	9m²00	6m²93	8m²496	9m²12	9m²75	9m²37	9m²1
de chauffe ⎨ Tubes.	118.16	116.84	84.90	99.66	91.04	105.25	90.61	87.6
⎱ Totale.	128.76	125.84	91.83	108.157	100.16	115.00	99.98	96.7
Boîte à feu ⎰ Longueur	1m70	2m30	1m80	2m45	1m09	1m77	2m47	2m35
⎱ Largeur	1.26	1.19	1.25	1.21	1.18	1.23	1.21	1.28
Diamètre de la chaudière.	1.25	1.238	1.17	1.268	1.28	1.244	1.25	1.26
Épaisseur des tôles.	0.0135	0.0145	0.014	0.0135	0.014	0.013	0.0145	0.016
Hauteur sur rails.	1.957	1.940	2.145	2.10	4	2.184	2.120	2.0
Timbre	9k	9k	9k	9k	9k	9k	10k	10k
Volume de l'eau.	3m³954	3m³70	2m³80	2m³708	2m³95	2m³91	3m³05	»
Volume de la vapeur	1.797	2.65	1.60	2.266	1.50	1.10	2.55	»

vapeur dégagée. L'eau entraînée présente toujours cet inconvénient d'augmenter d'autant la consommation, s'il est vrai qu'elle n'entraîne pas d'ailleurs une dépense inutile de combustible, et qu'elle restitue réellement par sa vaporisation pendant la détente dans les cylindres la quantité de calorique qu'elle a pu absorber. On dispose généralement au-dessus du corps cylindrique, un dôme destiné à agrandir la chambre de vapeur, et à la fournir plus sèche au régulateur.

Ce dôme, dont beaucoup d'ingénieurs contestent d'ailleurs l'utilité, crée toutefois une ouverture qui a l'inconvénient d'affaiblir beaucoup la résistance des parois de la chaudière.

La plupart des appareils qu'on a essayés jusqu'à présent, et sur lesquels nous reviendrons dans un

TABLEAU INDIQUANT LES VARIATIONS DES DIMENSIONS DE CERTAINS TYPES DE CHAUDIÈRES DE LOCOMOTIVES DEPUIS 1850 A 1880.

Chaudières de la Compagnie de Lyon.

NATURE DES SERVICES	TRAINS express	TRAINS express	TRAINS express	TRAINS express	RAPIDES	Dernières machines de rapides	Dernières machines de rapides
Dates.	1846	1848	1854	1864	1868	1876	1879
Pression.	7k5	9k	7k5	9k	8k5	9k	9k
Surface de grille.	1m²17	1m²01	1m²14	1m²25	1m²33	2m²14	2m²24
Surface ⎰ Foyer.	6.98	6.64	6.73	7.58	7.46	9	10.50
de chauffe ⎨ Tubes.	75.22	77.16	86.15	152.57	117.62	116.34	132.21
⎱ Totale.	82.20	83.80	92.88	110.15	125.08	125.84	142.71
Charbon brûlé par kilomètre.	7k5	7k5	7k5	7k5	12k5	12k5	12k5
Charbon brûlé par heure et par mètre carré de grille.	»	»	»	»	705k	438k	480k
Eau vaporisée par mètre carré de surface de chauffe.	»	»	»	»	60	60	52.8

Chaudières de la Compagnie du Nord.

NATURE DES SERVICES	VOYAGEURS		MARCHANDISES			
	Crampton 122-133	Machines à deux essieux accouplés dites outrance 2861-2831	A trois essieux accouplés		A quatre essieux accouplés	
			Cail 3220	Creusot 3733-3747	Engerth 4361-4400	Creusot 4971-4990
Dates.	1849	1879	1846	1878	1857	1879
Pression.	6^k500	10	6.500	8.500	7.500	8.5
Surface de grille.	$1^{m2}424$	$2^{m2}33$	$0^{m2}886$	$1^{m2}632$	$1^{m2}90$	$2^{m2}08$
Surface de chauffe — Foyer.	6.40	8.75	4.80	7.00	9.00	9.2
Surface de chauffe — Tubes	92.00	90.60	67.56	78.00	184.61	138.45
Surface de chauffe — Totale.	98.40	99.35	72.36	85.00	193.61	147.65
Nombre des tubes.	177	201	125	173	234	236
Longueur des tubes.	3^m615	3^m500	3^m772	3^m500	5^m00	4^m100
Volume d'eau.	$2^{m3}700$	$3^{m3}050$	$1^{m3}750$	$2^{m3}900$	$4^{m3}900$	$5^{m3}330$
Volume de vapeur.	0.80	2.550	1.150	1.800	2.100	2.700
Diamètre de la chaudière. . . .	1.193	1.238	0.950	1.217	1.500	1.500
Hauteur au-dessus du rail. . . .	1^m438	2^m120	1^m619	2^m102	2^m04	2^m05

article spécial, en parlant de l'entraînement d'eau (V. PRIMAGE), n'ont généralement pas donné de résultats bien efficaces. L'un des plus simples et des plus ingénieux est le tube Crampton, fendu longitudinalement sur une génératrice supérieure de manière à puiser la vapeur dans les régions les plus hautes de la chaudière. Dans la chaudière du Nord, le tuyau de prise de vapeur qui est ouvert seulement à son extrémité dans le dôme est percé en ce point d'une série de fentes verticales qui lui donnent l'apparence d'une lanterne.

INFLUENCE DES SURFACES DE CHAUFFE DIRECTE ET INDIRECTE SUR LA VAPORISATION DES CHAUDIÈRES LOCOMOTIVES. Les principes que nous avons exposés plus haut sont encore loin d'être unanimement acceptés par tous les ingénieurs, et cette question de la vaporisation des chaudières locomotives est encore une de celles qui sont le plus controversées, car les expériences ne sont jamais entièrement décisives sur des sujets si complexes. Au chemin de fer de Lyon en particulier, on n'admet pas qu'il y ait lieu de tenir compte du rapport de la surface de foyer ou surface directe à celle des tubes ou surface indirecte dans l'évaluation de la puissance de vaporisation des chaudières; et, dans sa circulaire du 1er juillet 1881, réglant les charges et les allocations des machines du réseau de cette compagnie, M. Marié ingénieur en chef, déclare que « sans aucun doute, le mètre carré de surface de foyer pris à part donne plus que le mètre carré de surface de tubes; mais, pour l'ensemble de la chaudière, le produit moyen de la surface de chauffe, tube et foyer, est le même, quel que soit le rapport des deux surfaces, pourvu que le rapport de la surface de grille à la surface de chauffe reste constant. En effet, les tubes donnent de la chaleur par le rayonnement et le contact des gaz, le foyer en donne de même par le rayonnement et le contact des gaz, mais, en outre, par le rayonnement du combustible embrasé sur la grille. Or, pour une même grille, supposée au même état de combustion, la quantité de chaleur rayonnée envoyée au foyer est toujours la même, quelles que soient la forme et les dimensions de cet appareil. Le foyer absorbe donc une quantité de chaleur rayonnante, constante pour la même grille dans le même état, et, de plus, il absorbe par les gaz, par mètre carré de sa surface, la même quantité de chaleur qu'absorberait la même surface de tubes.

« On peut même, paraît-il, aller plus loin, on peut même supprimer complètement le rayonnement de la grille sur le foyer, en garnissant ses parois de maçonnerie réfractaire, la température des gaz s'élève, la transmission des tubes augmente, et la chaudière donne sensiblement la même vaporisation. »

M. Marié s'attache enfin à démontrer qu'il n'y a aucune raison pour qu'à surface égale les tubes longs donnent moins de vapeur que les tubes courts, et dit que, si on a constaté que les derniers éléments des tubes vaporisent peu, il ne faut pas en conclure qu'il y aurait lieu de les supprimer, car il y aura toujours des derniers éléments qui seront traversés par les gaz à la même température si le feu est bien conduit. Partant de là, M. Marié admet qu'il n'y a pas à tenir compte du rapport des deux surfaces de chauffe, et il propose pour le calcul de la vaporisation la formule suivante qui représente assez bien, dit-il, les résultats observés sur les machines de Lyon

$$V = 368 \sqrt{c.g.}$$

où V représente la quantité d'eau vaporisée, y compris l'eau entraînée en kilogrammes par heure ;

c la surface de chauffe totale (en mètres carrés);

g la surface de la grille (en mètres carrés).

M. Marié reconnaît d'ailleurs qu'il y a, outre l'influence directe par contact des gaz, des actions indirectes qu'il ne faut pas négliger. Ainsi, une grande surface de foyer est nécessaire pour avoir une grande grille et placer beaucoup de tubes. L'allongement des tubes au-delà d'une certaine limite augmenterait la résistance au passage des gaz, et nuirait au tirage et à la production, etc.

Toutefois, comme nous le disions plus haut, ce mode de calcul diffère complètement des données généralement admises. Ainsi, on aurait constaté, par exemple, que la vaporisation d'une chaudière ne diminuerait pas sensiblement lors même qu'on supprimerait la moitié des tubes. Au chemin de fer du Midi, on ne compte pas intégralement la surface de chauffe dès que la longueur des tubes dépasse 4 mètres, et on ajoute seulement alors un tiers de l'excédent. La plupart des formules adoptées par les auteurs attribuent également une puissance de vaporisation différente aux tubes et au foyer.

M. Ghérardt, par exemple, dans ses *Recherches sur la puissance de vaporisation des locomotives* donne la formule suivante :

$$p = \frac{aG}{S}\left[A\left(1 - e^{-\frac{LS'}{aG}}\right) + B\left(1 - e^{-\frac{KS''l}{aG}}\right) \right]$$

dans laquelle, *p* désigne le poids d'eau vaporisée par heure et par mètre carré de surface de chauffe ;

S', la surface directe en mètres carrés comprenant la surface du foyer, plus 10 centim. de tubes ;

S la surface totale ;

S' la surface de chauffe en mètres carrés d'un mètre de longueur de tubes ;

l la longueur des tubes diminués de 10 centimètres ;

a poids d'air qui entre dans l'unité de temps et l'unité de surface de la grille ;

G la surface de la grille en supposant le vide égal au plein ;

e base des logarithmes népériens ;

A, B et K sont des constantes.

Cette formule est établie (*Revue générale des chemins de fer*, juillet 1878) dans l'hypothèse admise par M. Havrez et citée déjà plus haut.

Quoi qu'il en soit, la plupart des compagnies se sont attachées à certains chiffres généralement assez rapprochés qu'on peut considérer comme déterminant à peu près la puissance de vaporisation des chaudières de locomotives.

Toutefois, en dehors même de l'influence des surfaces de chauffe directe ou indirecte, il reste encore sur ce sujet des divergences d'appréciations considérables tenant aussi à l'influence de la vitesse de marche. On a admis pendant longtemps, en effet, et c'est encore là une opinion très discutée, que la vaporisation par mètre carré de surface de chauffe était beaucoup plus élevée sur les chaudières des locomotives à voyageurs, que sur celles des machines à marchandises. Ainsi, M. Vuillemin admettait à la suite de ses expériences restées célèbres que la vaporisation d'une machine Crampton était à grande vitesse de 42 kilogrammes par mètre carré, tandis qu'on obtenait seulement 16 kilogrammes sur une machine à marchandises, à quatre essieux. A la compagnie d'Orléans on demandait 38 kilogrammes à une chaudière de machine à voyageurs marchant à 70 kilomètres de vitesse à l'heure, et 30 kilogrammes seulement pour une vitesse de 30 kilo-

mètres, et, enfin, sur une machine à marchandises allant à 25 kilomètres, 25 kilogrammes.

Cette opinion était fondée sur ce que la quantité d'air appelé augmentait avec le nombre de coups d'échappement; mais, Zeuner a montré depuis que l'appel d'air sur une même chaudière était indépendant de la vitesse. D'ailleurs, certaines compagnies sont arrivées depuis longtemps à obtenir une vaporisation égale sur les deux types de machines; la compagnie de Lyon, en particulier, exige 40 kilogrammes d'eau vaporisée dans les deux cas, et 35 kilogrammes sur les machines à quatre essieux à cause de la grande longueur des tubes ; à la Haute-Italie les machines à marchandises en service sur les rampes du Mont-Cenis donnent 45 kilogrammes avec une vitesse de 15 kilomètres à l'heure.

ÉTUDE DE LA CHAUDIÈRE AU POINT DE VUE DE LA RÉSISTANCE A LA PRESSION. *Foyer et botte à feu.* Les parois en cuivre du foyer exigent des armatures spéciales pour supporter sans fléchir l'énorme pression de vapeur qui pèse sur elle. Elles sont toujours armées, comme dans les exemples que nous avons représentés, par des entretoises formant un quadrillage de 100 millimètres environ de côté, qui les réunissent aux parois parallèles de la botte à feu.

Le ciel du foyer est généralement armé au moyen de fermes horizontales ou de tirants verticaux comme dans le type Belpaire, à moins qu'on ne lui donne comme on le faisait autrefois, une forme cintrée qui lui permette d'elle-même de résister à la pression. A la Compagnie de Lyon par exemple, on emploie des fermes longitudinales reposant à leur extrémité sur des coussins auxquels elles sont réunies par des tourillons, et elles soutiennent le ciel du foyer par des boulons en cuivre rouge espacés de 100 ᵐ/ᵐ en tous sens. On n'emploie toutefois cette disposition que sur des foyers dont la longueur est inférieure à 1ᵐ 30 pour ne pas fléchir la plaque tubulaire et ovaliser les trous. D'ailleurs, on reconnaît généralement que les fermes longitudinales et même transversales sont un peu encombrantes et on les emploie moins fréquemment aujourd'hui. Sur la chaudière américaine, on voit que les entretoises de support sont articulées et peuvent osciller dans toutes les directions pour obéir aux mouvements de dilatation (fig. 1047 et 1048).

Cette dernière question présente en effet une importance considérable, dont on ne se préoccupe peut-être pas toujours assez dans l'établissement des chaudières de locomotives, car leur disposition même entraîne nécessairement des dilatations inégales et impossibles à compenser des différentes parties qui les composent. Tout en entretoisant solidement le foyer, il importe cependant de lui laisser un certain jeu pour qu'il puisse se dilater librement sans briser les entretoises. Il faut remarquer en effet que le foyer dont les parois sont en cuivre et par conséquent plus dilatables que les tôles de fer de la botte à feu, se trouve en même temps amené à une température beaucoup supérieure atteignant 1000° au moins, lorsque celle de la botte à feu ne dépasse pas 400 à 500. Il devra donc se produire sous l'effet de la dilatation une différence d'allongement susceptible d'atteindre plusieurs millimètres. Si on considère d'autre part que les tubes qui prolongent le foyer sont généralement en laiton, métal qui est aussi plus dilatable que le fer, et qu'ils sont portés également à une température supérieure à celle des tôles du corps cylindrique, on comprendra qu'il s'opère à l'intérieur de la chaudière une poussée qui doit fléchir les plaques tubulaires, courber ou rompre les tubes.

Ces jeux de dilatation sont, en raison de la forme particulière qu'elles présentent, beaucoup plus graves sur les chaudières de locomotives que sur les autres chaudières industrielles ; la seule précaution qu'on puisse prendre, c'est de les faciliter autant que possible, en en reportant les effets sur les parties recourbées des tôles. Celles-ci peuvent alors se déformer plus ou moins dans les raccords sans prendre aucune tension dangereuse.

A ce point de vue, il paraît très avantageux d'éloigner des bords des parois les entretoises qui en sont voisines, comme on a eu soin de le faire dans la chaudière du Nord, et de même pour le faisceau tubulaire il est utile de supprimer les tubes extérieurs trop rapprochés du corps cylindrique qui gêneraient les flexions de la plaque tubulaire dans les bords tombés.

Nous examinerons, en parlant du foyer, les autres dispositions essayées pour armer le ciel et faciliter en même temps la libre dilatation, tels sont, par exemple, l'emploi des tôles ondulées, des arcs Polonceau, etc.

Corps cylindrique. Le corps cylindrique est généralement circulaire et n'a pas besoin d'aucune armature spéciale, il faut consolider seulement l'ouverture du dôme, et raidir la plaque tubulaire d'avant au-dessus du faisceau tubulaire, de même que la face arrière de la boîte à feu par des cornières spéciales ou même des tirants longitudinaux. La boîte à fumée supporte la cheminée et sert généralement à fixer la chaudière sur le châssis, mais autrement, elle n'a aucune fatigue et n'exige pas non plus d'armatures spéciales.

Métal employé dans la construction des chaudières. Le foyer est toujours en cuivre dans les chaudières des locomotives françaises. Ce métal est plus malléable et supporte mieux les variations brusques de température que le fer ; toutefois, en Angleterre, on rencontre déjà de nombreux exemples de foyers en acier fondu, et en Amérique, on emploie presque exclusivement le fer ou l'acier. Les essais pratiqués cependant en France, notamment au chemin de fer du Nord sur les foyers en fer, n'ont guère donné de bons résultats, car il se déclarait des fuites continuelles sur les bords tombés des parois.

Il en est de même pour les entretoises qui sont aussi presque toujours en cuivre, et celles en acier fondu qui se comportent cependant aux essais d'une façon beaucoup plus satisfaisante que le cuivre, ont entraîné en service de nombreuses ruptures à la suite desquelles on y a généralement renoncé. On ajoute enfin que le tartre est plus adhérent sur le fer que sur le cuivre, les

ruptures se déclareraient avec les entretoises en acier auprès de la paroi de la boîte à feu au lieu de se porter auprès de celle du foyer, comme le fait se produit toujours sur les entretoises en cuivre, et elles seraient ainsi moins faciles à déceler. L'action du marteau dans le rivetage des entretoises paraît en effet déterminer une certaine trempe du métal qui entraîne la rupture des têtes.

Les tubes à fumée sont ordinairement en laiton, et on paraît renoncer en France aux tubes en fer, après des essais qui n'ont peut-être pas été assez poursuivis il est vrai. Toutefois la question est encore loin d'être résolue, car certaines Compagnies, comme celles de Lyon et du Midi, paraissent obtenir des résultats satisfaisants avec les tubes en fer. On rencontre en outre à l'étranger beaucoup de tubulures en fer qui donnent d'excellents résultats, pourvu toutefois que la chaudière soit toujours convenablement nettoyée, afin d'empêcher l'accumulation des dépôts qui paraissent plus adhérents sur le fer. Il y a peu à s'attacher d'ailleurs à la différence de conductibilité calorifique des deux métaux, car les couches de dépôts arrivent bientôt à rétablir l'égalité entre les quantités de chaleur transmises à travers les tubes.

Le corps cylindrique est aussi presque toujours en fer puddlé ; on n'est pas encore arrivé en France à adopter l'acier fondu qui présente cependant une résistance supérieure et une malléabilité au moins égale à celle du fer et surtout une homogénéité tout à fait inconnue aux tôles puddlées. Celles-ci conservent toujours en effet un peu de scories qui restent mêlées avec le métal et déterminent autant de commencements d'érosions. Malheureusement le métal fondu ne se soude pas, comme on sait, et les criques qui peuvent exister dans le lingot fondu se retrouvent encore dans le produit fini ; enfin le travail de forge de l'acier fondu est particulièrement délicat, car il faut éviter toute action locale capable de déterminer dans le métal des tensions intérieures qui plus tard amèneraient des ruptures, c'est ce qui explique les nombreux mécomptes qu'on a éprouvés à l'origine, dans les essais pratiqués dans les différentes compagnies de chemins de fer. — (V. Chaudronnerie).

Le poinçonnage des tôles qu'on pratique encore trop souvent pour percer les trous de rivets aigrit le métal dans la région voisine, la moindre surchauffe ou un martelage local nécessaire pour l'emboutissage détruisent de même l'homogénéité du métal, et on ne peut le rétablir que par un recuit bien soigné qu'on négligeait trop souvent. Aujourd'hui les ouvriers sont mieux familiarisés avec le travail de l'acier fondu ; et comme ce métal n'est en réalité que du fer homogène, beaucoup plus résistant et aussi malléable que le fer puddlé, il n'y a pas de raison pour qu'il ne se comporte pas en service de la même manière, résultat qu'on obtient d'ailleurs en Amérique par exemple où l'acier fondu est universellement appliqué, non pas le métal susceptible de prendre la trempe, le seul qu'on connût autrefois, mais un acier doux présentant une résistance à la rupture de 45 kilogrammes seulement avec un allongement de 20 0/0 au moins. D'ailleurs les métallurgistes arrivent aujourd'hui sans difficulté à déterminer à l'avance d'après la composition des charges les propriétés physiques de l'acier qu'ils préparent, et enfin les ingénieurs américains assurent même que l'acier fondu, convenablement préparé, se comporte mieux que le cuivre dans leurs foyers qui sont chauffés il est vrai exclusivement avec de l'anthracite.

L'usine du Creusot avait envoyé à l'Exposition de 1878 une locomotive fabriquée toute entière en acier fondu, la première peut-être qu'on ait construite en France, et cette machine qui est depuis cette époque en service sur les voies intérieures de l'usine n'a jamais donné lieu à aucune difficulté spéciale, et on n'y a jamais observé ces fuites continuelles qu'il était impossible d'étancher sur les chaudières des locomotives essayées autrefois au chemin de fer de l'Ouest, par exemple, sans déterminer d'autres fissures dans la région malade.

L'épaisseur des tôles du corps cylindrique varie généralement de 0m,012 à 0m,014; elle est déterminée d'ailleurs en fonction de la pression d'après la formule suivante : $e = \dfrac{Pd}{2R}$ dans laquelle P désigne la pression effective de la vapeur en kilogrammes par centimètre carré; d le diamètre de la chaudière en centimètres, e l'épaisseur en centimètres, R la résistance pratique en kilogrammes par centimètre carré. On admet habituellement pour R, 4 à 5 kilogrammes. On ajoute sur certains chemins de fer 2 millimètres à l'épaisseur ansi calculée, afin de prévoir l'usure. L'ordonnance du 22 mai 1843 portait $e = 1,8 \, dp$ plus 3 millimètres, en faisant travailler la tôle à 2 kilog. 87 seulement, et ajoutant 3 millimètres pour l'usure.

Le corps cylindrique est formé de plusieurs viroles assemblées par des rivets. Ces rivures auxquelles nous consacrons des articles spéciaux comme il a été dit plus haut, présentent une grande importance dans la construction de la chaudière, car elles constituent toujours un point faible qui peut en outre déterminer des fuites ou des érosions. Le perçage des trous par le poinçon diminue par exemple la résistance de la tôle dans la partie pleine, les rivets peuvent être posés trop chauds, et prennent quelquefois en se refroidissant une tension exagérée qui fait sauter les têtes, etc.

On peut admettre en général, d'après les expériences les plus récentes, que la résistance dans les parties assemblées est réduite à 70 0/0 de la résistance en pleine tôle lorsque la rivure est à double joint, et même à 40 0/0 avec une rivure simple. Ceci montre l'intérêt qu'il y aurait à adopter toujours les rivures à double joint qui sont en même temps mieux étanches, mais on ne le fait généralement pas cependant pour les rivures transversales qui sont moins fatiguées que les rivures longitudinales du corps cylindrique.

Il est toujours bon dans l'établissement des lignes de joints de ne pas laisser à l'intérieur et dans le bas de la chaudière des joints saillants sur lesquels l'eau puisse séjourner, ce qui déterminerait une oxydation rapide des tôles. L'assemblage dit en télescope formé par des viroles assemblées dont le diamètre va régulièrement en décroissant, depuis la boîte à feu jusqu'à la boîte à fumée paraît préférable aux autres à ce point de vue. A la Compagnie de Lyon on recommande de peindre avec du goudron les chaudières qui doivent rester vides un certain temps, afin de prévenir l'oxydation.

Entretien des chaudières de locomotives. Les chaudières locomotives sont plus surmenées que les chaudières industrielles, elles sont soumises, d'autre part, à des refroidissements brusques et irréguliers, alimentées avec des eaux de nature très variable et souvent chargées de sels minéraux; elles exigent donc un entretien particulier et très soigné.

Lorsque la machine reste au dépôt, le mécanicien doit visiter la chaudière minutieusement pour s'assurer qu'il ne s'est produit nulle part, surtout dans le foyer, aucune fissure sur le métal, nettoyer soigneusement ses tubes pour enlever toutes les cendres déposées qui gênent le passage du courant gazeux; visiter pareillement la boîte à fumée qui se trouve quelquefois remplie d'escarbilles. Enfin il convient de soumettre la chaudière à l'intérieur à des lavages périodiques et fréquemment répétés. La Compagnie de Lyon, par exemple, attache avec raison une importance particulière au lavage méthodique et à l'entretien soigné de ses chaudières. L'instruction 93, du 8 mars 1866, prescrit de les laver toutes les fois qu'elles rentrent au dépôt, soit tous les douze jours environ.

C'est à peu près, d'ailleurs, le délai qui a été adopté, avec de légères différences, sur la plupart des chemins français. Outre ce nettoyage périodique, on doit faire sur le réseau Lyon des lavages supplémentaires toutes les fois que la machine s'est trouvée soumise à un service exceptionnel. Le parcours maximum qu'une machine peut effectuer sans que sa chaudière soit lavée, est réglé par la formule suivante :

$$N = \frac{3500}{C\alpha}$$

formule dans laquelle N désigne le nombre de kilomètres parcourus, C le poids moyen de charbon que la machine consomme par kilomètre et α le poids moyen en grammes du résidu solide laissé après évaporation par un litre d'eau puisé dans le réservoir d'alimentation du dépôt de la machine. Afin de déterminer ce dernier élément, on a pratiqué des essais spéciaux sur les eaux des différents dépôts du réseau, et on a trouvé ainsi que l'eau de la Seine à Paris laissait un résidu de 0 gr. 24 par litre, celle de l'Yonne à Auxerre 0.219, celle de la Saône à Tournus 1.193; l'eau du puits de Perrache 0.523, l'eau de source du dépôt de Marseille 0.670. Les eaux des petits dépôts éloignés des grands cours d'eau présentent généralement des résidus solides d'un poids encore plus considérable.

En pratique, cette formule arrive à exiger un lavage toutes les fois que le poids de tartre atteint

28 kilogrammes environ, après un parcours qui est à Paris de 2,000 kilomètres environ pour les machines express qui consomment 7 kilogr. 5 de charbon par kilomètre, et de 1,000 kilomètres seulement pour les machines de marchandises qui consomment 15 kilogrammes.

L'instruction du 20 juillet 1869 prescrit de laisser refroidir les chaudières pendant douze heures au moins avant d'ouvrir les robinets de vidange et les autoclaves, et d'introduire l'eau froide pour les laver, seulement huit heures après.

L'eau est injectée dans les chaudières du dépôt de Paris sous une pression de 12 à 15 mètres; et on estime que la quantité exigée pour entraîner tout le tartre déposé ne dépasse pas 10 mètres cubes. D'ailleurs les dépôts d'eau de Seine sont généralement assez meubles et se détachent facilement. Il est à remarquer, en outre, que les dépôts sont souvent moins adhérents sur les chaudières locomotives que sur les chaudières fixes, sans doute à cause des mouvements vibratoires auxquels celles-ci sont soumises en service. (E. DUPONT. *Notes sur les chaudières locomotives*).

Les chaudières sont toujours percées notamment dans le haut de la boîte à feu et le cadre du bas du foyer d'un grand nombre d'ouvertures, qui permettent d'injecter l'eau dans l'espace rétréci qui entoure le foyer, et de détacher le tartre s'il est nécessaire, avec un ringard. Quelques trous de vidange sont pratiqués également sous le corps cylindrique ou au bas de la plaque tubulaire d'avant. Il est préférable de les fermer avec des autoclaves, car les filets de vis des bouchons s'émoussent rapidement par le frottement des ringards.

Il faut tâcher d'accéder avec ces outils jusqu'auprès de la plaque d'arrière dans le faisceau tubulaire pour détacher le tartre qui se dépose toujours dans cette région, de même que sur les tubes et sur les entretoises du foyer.

L'injection doit être poursuivie jusqu'à ce que l'eau ayant entraîné déjà une forte proportion de tartre, sorte enfin claire et limpide par l'issue la plus éloignée de son point d'entrée dans la chaudière.

La meilleure précaution à prendre pour avoir une chaudière propre, c'est de purifier à l'avance l'eau d'alimentation en employant des désincrustants appropriés à la nature des sels qu'elle contient (V. DÉSINCRUSTANT). Les désincrustants, versés directement dans les chaudières, n'ont jamais produit de résultats bien efficaces, surtout sur les locomotives.

Il faut ajouter enfin que l'utilisation de la vapeur d'échappement par des appareils qui la ramènent dans la chaudière avec l'eau d'alimentation présente des dangers particuliers avec les eaux chargées de tartre; car les matières grasses, provenant des cylindres, qui arrivent dans la chaudière avec la vapeur d'échappement sont rapidement décomposées sous l'influence de la chaleur, et elles donnent naissance à des acides qui amènent la formation de précipités très abondants et attaquent quelquefois directement le métal de la chaudière.

On sait que ces érosions locales qui peuvent diminuer fortement, sans qu'on en soit prévenu, l'épaisseur et la résistance des tôles sont l'une des principales causes des explosions. On peut y ajouter également la surchauffe du métal qui est déterminée souvent aussi d'ailleurs par les dépôts de tartre, car la tôle chauffée ne se trouve plus refroidie sur l'autre face isolée alors de l'eau par les dépôts. Il arrive souvent que la tôle se trouve brûlée dans ces conditions et perd toute résistance. On comprend donc toute l'importance d'éviter la formation du tartre et les érosions qu'elle peut déterminer par des visites et nettoyages fréquents de la chaudière.

Une érosion uniforme est d'ailleurs moins dangereuse, car la diminution d'épaisseur se produit alors sur toute la surface de la tôle, et on est toujours prévenu à temps, c'est encore une raison qui devrait faire préférer l'acier fondu en raison de son homogénéité au fer puddlé.

En dehors des corrosions, les variations brusques de pression et même l'ouverture brusque du régulateur ont pu quelquefois mais rarement donner lieu à une explosion. En tous cas, elles présentent l'inconvénient de fatiguer le mécanisme, et on doit les éviter en s'attachant à maintenir la pression constante, et à manœuvrer doucement le régulateur.

Les refroidissements brusques dans le foyer exercent toujours une action fâcheuse sur le métal, et ils peuvent même entraîner quelquefois des ruptures subites. — B.

CHAUDIÈRE MARINE.

Les premières chaudières marines étaient des chaudières dites *à galeries* ou *à carneaux*; l'intérieur de ces chaudières se composait d'un conduit rectangulaire, dont la coupe représenterait une sorte de filet grec, que la flamme et les gaz chauds parcourraient en suivant tous les contours avant de se rendre à la cheminée. La multiplicité des surfaces planes rendait ces générateurs peu propres à supporter des pressions un peu élevées.

Leur volume énorme, pour une production de vapeur assez réduite, les rendait difficilement logeables à bord.

L'application de l'invention de M. Séguin, d'Annonay, aux chaudières marines eut lieu pour la première fois en 1834; *le Vautour* est le premier bâtiment à vapeur de la marine militaire qui reçut des chaudières tubulaires. Les chaudières marines actuelles sont presque toutes à moyenne ou à haute pression; elles sont généralement tubulaires à retour de flamme. On ne rencontre qu'exceptionnellement des chaudières à chauffage extérieur, parce qu'elles exigent une maçonnerie lourde et encombrante, peu compatible avec les exigences du bord, tant au point de vue de la solidité qu'à celui de l'addition de poids qu'elles comportent.

Sur les bâtiments de la marine militaire, il est très important que l'appareil évaporatoire, c'est-à-dire l'ensemble de toutes les chaudières principales du navire, soit placé au-dessous de la flottaison, pour le mettre à l'abri du boulet. Cette obligation a conduit les ingénieurs à la création de deux types : les chaudières type haut, pour les navires à grand tirant d'eau ; les chaudières type bas, pour les navires calant peu d'eau ; ainsi nous voyons, figure 1049, la disposition d'une chaudière des anciennes canonnières, datant de la guerre de Crimée ; cette chaudière est à flamme directe. La légende donne les divers renseignements concernant cette forme de chaudière. Les deux types, haut et bas, sont pourvus des mêmes organes. Jusqu'ici, il n'a pour ainsi dire pas été question des accessoires des chaudières ; nous

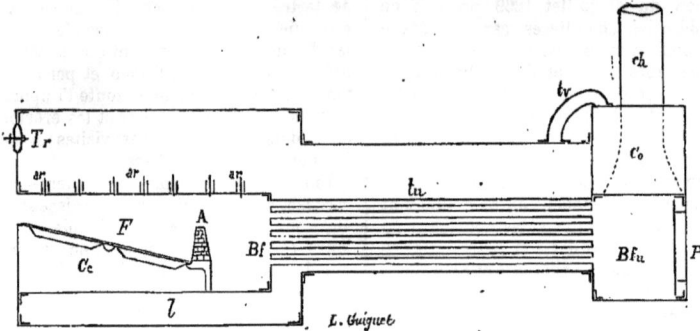

Fig. 1049. — *Chaudière des anciennes canonnières.*

A Outil. — *ar* Armatures. — *Bf* Boîte à feu. — *Bf"* Boîte à fumée. — *Cc* Cendrier. — *Co* Coffre à vapeur. — *ch* Cheminée. — *F* Foyer. *l* Lame d'eau. — *P* Porte de la boîte à fumée. — *Tr* Trou d'homme. — *tu* Tubes. — *tv* Tuyau de communication entre le coffre à vapeur et la partie supérieure de la chaudière.

allons décrire complètement les parties diverses qui composent l'appareil évaporatoire d'un cuirassé de premier rang à deux hélices indépendantes.

Toute chaudière comporte à peu près les mêmes accessoires que ceux qui seront décrits dans cet article.

L'ensemble de l'appareil évaporatoire (fig.1050) se compose de douze corps de chaudières cylindriques de 4 mètres de diamètre réunis par groupe de trois corps et formant ainsi quatre chambres de chauffe, séparées entre elles par la cloison longitudinale et les cloisons transversales. Ces diverses cloisons sont étanches ; on ne peut com-

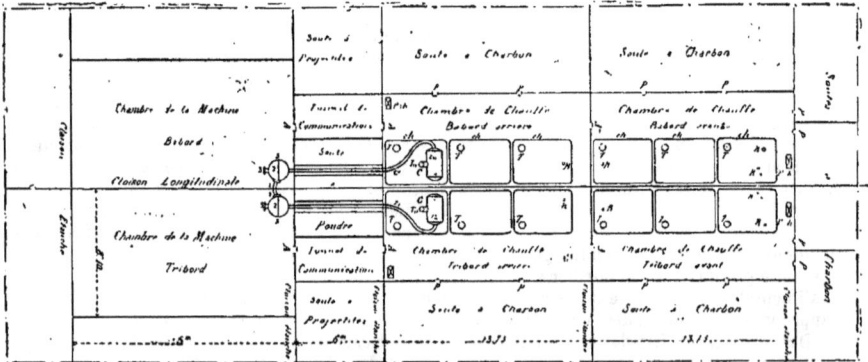

Fig. 1050. — *Appareil évaporatoire d'un cuirassé de premier rang.*

c Coffres à vapeur. — *ch* Chaudières. — *p* Portes étanches des soutes à charbon. — *Pch* Petit cheval alimentaire (1 par chambre de chauffe). — *R* Robinets de vapeur pour le tirage forcé. — *R'o* Robinets de vapeur pour l'extinction de l'incendie dans les soutes à charbon. — *R"o* Robinets de vapeur pour les machines auxiliaires. — *S* Séparateurs. — *V* Vannes étanches à guillotine. — 1 Tuyau de communication entre les séparateurs (ce tuyau traverse la cloison longitudinale). — 2 Cloison diamétrale des séparateurs. — 3 Soupape d'arrêt des séparateurs.

muniquer, à ce niveau, entre la chambre de la machine et les chambres de chauffe, du même bord, que par les portes munies d'une grande vanne étanche à guillotine V. Il n'existe aucune ouverture dans la cloison longitudinale.

Chaque chaudière se compose d'une enveloppe cylindrique contre laquelle sont rivées les façades avant et arrière. Dans la façade avant (fig. 1051) on a découpé trois ouvertures de 1m,05 de diamètre pour recevoir trois foyers ou fourneaux à chacun desquels correspond une boîte à feu, un faisceau tubulaire de quatre-vingt-seize tubes, pour le retour de la flamme, la boîte à fumée commune aux trois foyers et enfin le conduit de fumée vers la cheminée. La boîte à feu est séparée de la façade arrière par une lame d'eau de 15 centimètres d'épaisseur consolidée par de nombreux boulons d'entretoise. Ces boulons sont taraudés ainsi que les tôles qu'ils maintiennent ; après leur mise à poste, ils sont affleurés à quelques millimètres près et on les rive en goutte de suif de chaque côté de la lame d'eau.

La partie supérieure de la boîte à feu présente une partie plane qui est renforcée par des armatures en cornières.

Les foyers sont formés de deux cylindres portant des collerettes de jonction, entre lesquelles on loge une couronne en fer plat de 4 centimètres d'épaisseur, avant de réunir les collerettes par des rivets (V. fig. 1053 un croquis à plus grande échelle de ce mode d'assemblage). Entre le fond du cendrier et l'enveloppe, il existe une lame d'eau de 15 centimètres de hauteur. L'extrémité arrière du foyer est reliée à la plaque de tôle arrière par une cornière, il en est de même pour les tôles de la boîte à feu.

Les plaques de tôle avant et arrière sont percées de quatre-vingt-seize trous de 75 millimètres de diamètre, dans lesquels sont logés des tubes en laiton de même diamètre extérieur ; l'épaisseur de ces tubes est de $2^{m/m},5$; huit d'entre eux, par faisceau, ont une épaisseur de 5 millimètres, ils

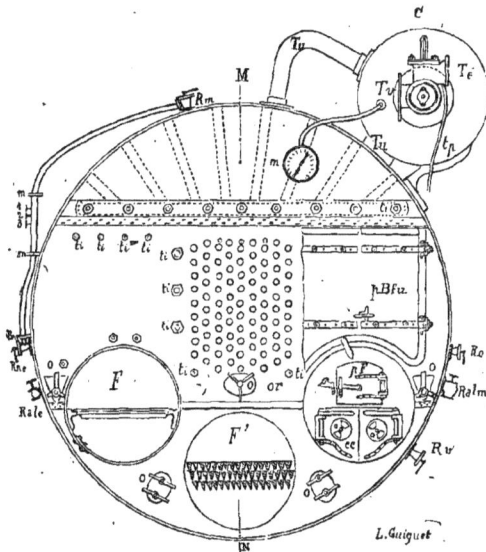

Fig. 1051.

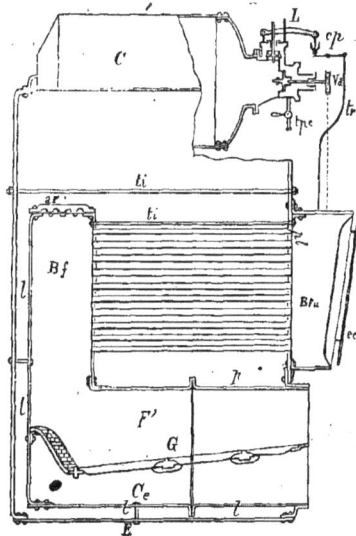

Fig. 1052. — Coupe MN.

A Autel. — au Armature du ciel de la boîte à feu. — Bf Boîte à feu. — Bfr Boîte à fumée. — C Coffre à vapeur. — Cc Cendrier. — ce Porte d'un cendrier. — cp Contre-poids de la soupape de sûreté. — ec Ecran de la porte de la boîte à fumée. — F Coupe sur l'avant d'un des supports de grille, foyer arrière. — F' Vue du foyer milieu, les portes étant enlevées. — G Grille. — L Levier de la soupape de sûreté. — l Lames d'eau. — m Manomètre. — nn Colonne de niveau. — o Portes autoclaves. — pBfu Porte de boîte à fumée. — pF Porte de foyer. — pl Plaque de tête de la boîte à fumée. — Ralc Régulateur d'alimentation par le petit cheval. — Ralm Régulateur d'alimentation par la machine. — Re Robinet d'extraction. — Rne Robinet de communication de l'eau de la chaudière avec la colonne de niveau. — Rm Robinet de communication de la vapeur de la chaudière avec le tube de niveau. — Rv Robinet de vidange. — Te Tuyau d'échappement. — ti Tirants. — tp Tuyau de purge de la soupape de sûreté. — tr Tringle de manœuvre de la soupape de sûreté. — Tu Tubulure. — Tv Tuyau de vapeur. — Va Volant de manœuvre de la soupape d'arrêt. — 1, 2, 3 Robinet de jauge.

sont convenablement espacés pour servir de tirants de liaison entre les plaques. Tous les tubes sont rivés et bagués à leurs deux extrémités (V. plus haut au chapitre Tube le croquis d'un tube à grande échelle). La grille a une inclinaison de 85 millimètres par mètre ; elle se compose de trois rangées de barreaux en fer forgé dont la première, en partant de la bouche du fourneau, a 55 centimètres de longueur et contient vingt-six barreaux, la seconde et la troisième rangée ont des barreaux de 75 centimètres de longueur au nombre de vingt-cinq pour la deuxième rangée et de vingt-quatre pour la troisième.

Des sommiers ou supports de grille (coupe MN) sont rivés contre les parois du foyer. La grille est limitée par un autel en fonte recouvert en partie de briques réfractaires. Cet autel sert de support aux talons du fond du dernier rang de barreaux, il repose sur une cornière rivée contre la tôle de la boîte à feu ; il est percé de plusieurs trous dans le voisinage de cette tôle, pour permettre à l'air d'arriver dans la boîte à feu et de se mélanger avec les gaz formés dans le fourneau pour en faciliter la combustion. Il sert en outre à redresser la flamme et à la diriger vers les tubes. A l'intérieur de la chaudière, de nombreux tirants relient entre elles les façades avant et arrière et les plaques de tête des tubes. Des goussets, dont on aperçoit les lignes de rivets sur la façade avant, jonctionnent solidement les façades et l'enveloppe.

Sur la façade avant sont percées cinq ouvertures de nettoyage que l'on ferme par des portes en fonte dites *autoclaves*. Un trou d'homme pratiqué dans la partie supérieure de l'enveloppe donne accès à l'intérieur de chaque chaudière. Le coffre ou réservoir à vapeur est supporté par deux équerres rivées sur l'enveloppe. Il communique avec l'intérieur de la chaudière par trois tubulures. La partie avant du coffre porte une boîte en fonte dans laquelle sont placées la soupape d'arrêt et la *soupape de sûreté* (V. ce mot); ces deux soupapes se manœuvrent du parquet de chauffe, la première à l'aide d'une chaîne qui

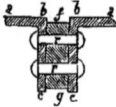

Fig. 1053

abc Cylindres en tôle portant une collerette. — *fg* Cale annulaire en fer. — *r* Rivets.

s'enroule sur un petit volant à empreintes et la deuxième à l'aide du mécanisme que l'on voit (fig. 1051 et 1052).

Les trois chaudières de chaque groupe ont un collecteur de vapeur commun portant trois embranchements, un pour chaque soupape d'arrêt. Ces collecteurs ou tuyaux de conduite de vapeur aboutissent à un grand cylindre en tôle, appelé *séparateur* ou *épurateur*, qui se trouve sur l'avant de la chambre des machines (fig. 1050). Ils traversent la soute à poudre en passant dans une niche en tôle ménagée de chaque côté de cette soute. Les séparateurs sont divisés en deux parties par une cloison diamétrale; la vapeur arrivant des

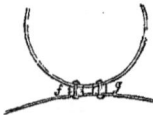

Fig. 1054.

Coupe verticale par l'axe d'une des tubulures de communication du coffre à vapeur avec la chaudière (échelle réduite). — *fg* Cale en fer logée entre le coffre et l'enveloppe de la chaudière

chaudières choque cette cloison, les particules d'eau ou de graisse qu'elle a pu entraîner avec elle tombent au fond du séparateur et la vapeur sèche passe à travers de nombreux trous existant sur une certaine hauteur de la cloison pour être ensuite dirigée vers les machines, en ouvrant les grosses soupapes 3. Un robinet de purge laisse échapper dans la cale l'eau ou les graisses entraînées dans les séparateurs.

Les séparateurs des deux machines sont en communication par le tuyau 1; on comprend que grâce à cette disposition, on puisse chauffer avec n'importe quel groupe de chaudières ou même avec n'importe quelles chaudières d'un groupe quelconque pour faire marcher l'une ou l'autre des machines propulsives.

(Pour ne pas compliquer le croquis figure 1050 nous n'avons représenté que l'aboutissement du tuyautage de vapeur des chaudières arrière des chambres de chauffe bâbord et tribord arrière).

Le tuyau d'échappement de vapeur est aussi commun aux trois chaudières d'un même groupe, il a un embranchement sur chacune des boîtes portant la soupape de sûreté; chaque boîte est munie d'un petit tuyau de purge, pour empêcher l'eau condensée ou entraînée par la vapeur de séjourner sur la soupape. Sur la partie arrière de l'enveloppe se trouve le régulateur d'alimentation par le petit cheval et sur l'avant le régulateur d'alimentation par les pompes alimentaires de la machine. Ces deux tuyautages sont distincts, afin que l'on puisse se servir de l'un des modes d'alimentation lorsque l'autre est avarié ou paralysé. Entre deux chaudières voisines se trouvent les tubes indicateurs de niveau d'eau. Ces tubes sont placés contre une monture en bronze dite *colonne de niveau*; cette colonne creuse porte les trois robinets de jauge et l'agencement nécessaire pour recevoir un tube en verre, elle communique avec la chaudière par un tuyau partant du dessus de l'enveloppe pour la prise de vapeur et pour la prise d'eau par un tuyau débouchant à hauteur des foyers dans l'enveloppe. Ces deux tuyaux portent un robinet d'interruption. Des tringles frappées sur les clefs des robinets de jauge et sur celles des deux robinets des tubes permettent de faire mouvoir ces robinets du parquet de chauffe. Les deux robinets des tubes se manœuvrent d'un seul mouvement, afin de pouvoir les fermer rapidement dans le cas de rupture d'un tube, rupture qui arrive assez fréquemment. De petits tuyaux partant de chacun de ces cinq robinets amènent l'eau ou la vapeur à peu de distance au-dessus du parquet de chauffe.

Un robinet d'extraction, dont l'orifice du tuyau se trouve à une douzaine de centimètres au-dessus de la dernière rangée des tubes, a pour but de débarrasser la chaudière des graisses entraînées par l'eau d'alimentation de la machine. Cette eau est forcément grasse puisqu'elle provient de la condensation par *surface* (V. ce mot) de la vapeur qui a servi à faire fonctionner la machine. Les douze tuyaux d'extraction se réunissent en un seul qui traverse la muraille du bâtiment, à deux mètres environ au-dessous de la flottaison. Un robinet de vidange est fixé à la partie la plus basse de la chaudière, afin de pouvoir la vider complètement lorsqu'on désire la sécher. (Sur le dessin, ce robinet se trouve à une certaine hauteur, il est prolongé à l'intérieur par un syphon qui plonge jusqu'au fond de la chaudière). A la partie supérieure de l'enveloppe de chacune des chaudières voisines de la cloison de séparation des chambres de chauffe entre elles, se trouve un robinet de prise de vapeur (fig. 1050 que l'on ouvre lorsque l'on veut faire usage du *tirage forcé* c'est-à-dire laisser échapper un jet de vapeur dans la cheminée pour augmenter l'activité de la combustion.

Un tuyau portant un sifflet à vapeur monte jusqu'à la hauteur de la passerelle, ce tuyau se divise en quatre embranchements fixés sur la boîte des soupapes d'arrêt des chaudières voisines de la cloison de séparation des chambres de chauffe. Les portes de cendriers sont en deux parties dont chacune est garnie d'un petit papillon. Les portes des fourneaux sont doublées d'une contre-porte ; quelques trous percés dans la porte ont pour but l'accès de l'air entre la porte et la contre-porte pour ne pas brûler celle-ci et diminuer le rayonnement. Les portes des boîtes à fumée sont aussi formées de deux tôles entre lesquelles l'air peut avoir accès ; elles sont recouvertes par un écran en bois distant de 4 à 5 centimètres de la porte proprement dite. L'enveloppe et tous les tuyaux de vapeur sont revêtus d'une couche de feutre préalablement trempé dans l'alun, afin d'être ininflammable. Ce feutre est recouvert par de la toile à voiles en double, sur laquelle on applique quelques couches de peinture. La toile et le feutre sont retenus contre la chaudière au moyen de bandes de feuillard clouées sur des lattes en bois ; ils sont cousus sur les tuyaux divers.

Les chaudières reposent sur des carlingues façonnées en forme de chantiers pour barriques, une simple bande de zinc les sépare de leurs carlingues d'appui. Elles sont maintenues à leur poste par deux forts boulons passant dans des galoches rivées sur la partie supérieure de l'enveloppe ; ces boulons traversent la cloison longitudinale et relient les deux chaudières voisines de chaque bord de ces cloisons par les hauts. Une cornière rivée contre les carlingues les maintient par le bas.

La culotte des cheminées est à cheval sur la cloison transversale de séparation des chambres de chauffe entre elles ; chaque cheminée est divisée en deux compartiments, correspondant chacun à un groupe de trois chaudières, par une tôle qui s'étend sur toute la longueur des cheminées. Le tirage de chaque groupe est ainsi rendu indépendant de celui des groupes voisins. Une enveloppe entoure les cheminées jusqu'à une certaine hauteur, elle sert à l'évacuation de l'air chaud des chambres de chauffe. Sur quelques bâtiments, l'enveloppe dépasse la hauteur de la cheminée, il se produit alors une sorte de succion qui vient en aide au tirage naturel, par suite d'un effet analogue à celui du Giffard.

Échantillons des matériaux. L'épaisseur des tôles est :

Pour l'enveloppe des chaudières (tôles d'acier). 21 m/m
Pour les foyers (tôles fines).. . . . . 14 —
Pour les plaques de têtes (tôles fines). . . . . . 20 —
Pour les façades (tôles d'acier). . . . . 16 —
Pour les boîtes à feu (tôles fines). . . . . 16 —
Pour les conduits de fumée (tôles ordinaires). 6 et 7 —
Portes et contre-portes (tôles communes). . . . 5 —
Pour les culottes de jonction des cheminées (tôles ordinaires). . . . . 6 —
Pour les réservoirs (tôles d'acier). . . . . 10 —
Pour les cheminées (tôles ordinaires). . . . . . 5 —

Données principales des chaudières :

Diamètre de l'enveloppe. . . . . 4 mètres.
— des foyers. 1m,05
Nombre des tubes par chaudière. 288
Diamètre intérieur. 0,070
— extérieur. 0,075
— intérieur des tubes tirants. 0,065
Surface de grille des 12 chaudières. 77m2,20
— de chauffe tubulaire. 1.402m2,08

Surface de chauffe directe. 340,80
— — totale. 1.742,88
Section des cendriers à l'entrée 14m2,80
— des tubes à l'intérieur des bagues. . 11m2,41
— des deux cheminées. 9m2,92
Hauteur des cheminées au-dessus du seuillet de grille des foyers milieu. 23m,50
Hauteur des cheminées au-dessus des foyers extrêmes 23,00
Petit diamètre d'une soupape de sûreté . . . 0,141
Grand diamètre. 0,153
Charge des soupapes par c/m2, calculée sur le grand diamètre.. . . . . 4k,133
Poids d'une chaudière vide. . . . . 24,000 k.
Volume d'eau par chaudière. . . . . 13,000 lit.
— de vapeur par chaudière. . . . . . 11,000 lit.

Les douze chaudières doivent pouvoir fournir la vapeur nécessaire pour une puissance de 8,000 chevaux de 75 kilogrammètres, calculée d'après les courbes d'indicateur relevées sur les cylindres des deux machines, lorsqu'on fait usage du tirage forcé ; avec le tirage naturel, la puissance des deux machines doit s'élever à 6,000 chevaux ; dans ce cas, la consommation de charbon est d'environ 1 kil. par cheval de 75 km.

Chaudières marines à moyenne pression. Dans ces chaudières, l'enveloppe est rectangulaire à angles arrondis ; les foyers ont des parois verticales et un ciel demi-cylindrique ; les faisceaux tubulaires sont séparés par une lame d'eau. La partie délicate de ces chaudières, celle que l'on doit le plus attentivement veiller, est la tôle qui forme le dessus du conduit de fumée. Cette tôle est reliée à la partie supérieure de l'enveloppe par des entretoises placées avant la pose des soupapes de sûreté. La collerette de la boîte de cette soupape embrasse une certaine surface sur l'enveloppe et supprime quelques-unes des entretoises ; il faut avoir grand soin de placer des entretoises additionnelles autour du trou découpé dans l'enveloppe ; si l'on omet cette précaution, la tôle du dessous n'est plus soutenue sur une surface relativement grande. Ajoutons que le dessus de cette tôle n'est pas accessible par l'intérieur de la chaudière, qu'il y séjourne toujours de l'eau provenant de la vapeur condensée, conséquemment qu'elle est plus assujettie à la corrosion que les autres parties de la chaudière, qu'en outre, elle est tiraillée par les contractions qu'elle subit lorsqu'on ouvre les portes à fumée ; on admettra sans peine qu'il est utile d'appeler l'attention des mécaniciens sur le dessous de cette véritable lame de vapeur.

C'est la déchirure d'une de ces tôles qui a occasionné l'épouvantable accident de *la Revanche*, en 1877.

Avec ces chaudières, on chauffe aujourd'hui jusqu'à une pression effective de 2 k. 25 par centimètre carré ; les croiseurs de première classe, *Duquesne* et *Tourville*, ont douze chaudières de ce genre ; rangées parallèlement sur les flancs du navire, la chambre de chauffe est au milieu des chaudières.

Les éléments principaux des chaudières de ces deux bâtiments sont : surface de grille, 88m2,32 ; surface de chauffe, 2185m2,87.

Les douze chaudières doivent fournir la vapeur nécessaire à une machine de la force de 31,800 chevaux nominaux, soit 7,200 chevaux de 75 km.

Indépendamment des organes décrits pour les chaudières cylindriques, les chaudières à basse et à moyenne pression ont, en plus, une soupape atmosphérique. Cette soupape est destinée à empêcher les écrasements des chaudières lorsque, pour un motif quelconque, la pression absolue intérieure tombe au-dessous d'une atmosphère, la soupape s'ouvre alors du dehors au dedans et laisse pénétrer l'air ambiant dans la chaudière, ce qui rétablit l'équilibre entre les pressions intérieure et extérieure.

CHAUDIÈRES DIVERSES

Chaudières du *type Beslay*. Dès 1844, M. Ch. Beslay plaçait à bord de *l'Alecton*, aviso à vapeur de 80 chevaux, une chaudière à tirage direct fonctionnant à la pression de 5 atmosphères. Elle se composait d'une enveloppe contenant deux foyers séparés par une lame d'eau (fig. 1055 et 1056), l'enveloppe supportait deux gros cylindres horizontaux. Ces deux cylindres étaient armés de vingt et un bouilleurs verticaux pendus directement au-dessus des foyers; un plongeur descendant à peu près aux deux tiers

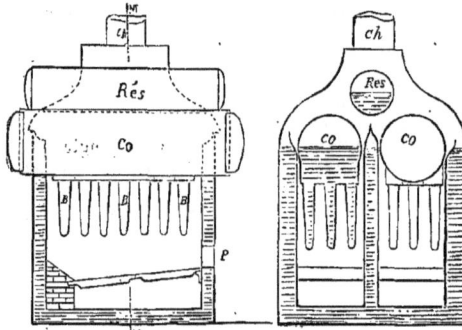

Fig. 1055 N.   Fig. 1056. — Coupe *M N.*

B Bouilleurs. — *ch* Cheminée. — *Co* Coffres à vapeur. — *P* Porte du foyer.
Rés Réservoirs.

des bouilleurs établissait la circulation de l'eau; l'arrivée de vapeur se faisait par d'autres tubes aboutissant au grand réservoir. Ce générateur fonctionnait à l'eau douce.

La consommation de charbon était très grande, la hotte de la cheminée, attaquée directement par la flamme, exigeait l'action permanente de la pompe à incendie pour préserver les surfaces voisines.

Un petit bouilleur indépendant, alimenté par l'eau de mer, servait de réservoir, il était destiné à subvenir aux pertes de vapeur et par suite d'eau douce résultant des fuites par la machine ou par les soupapes de sûreté. En 1846, le même ingénieur fit construire pour *l'Ardent*, aviso de 180 chevaux, une chaudière à moyenne pression (fig. 1057 et 1058). Ces deux générateurs furent bientôt remplacés par des chaudières à basse pression; les nombreux inventeurs de chaudières ont fait beaucoup d'emprunts aux divers systèmes essayés par M. Beslay.

Chaudières à lames. MM. Lamb et Summer avaient eu l'idée de remplacer les tubes par des séries de lames très rapprochées les unes des autres. Les réparations de ce genre de chaudières

étant à peu près impossibles; on les a vite délaissées.

Chaudières doubles. Sur beaucoup de bâtiments de la marine marchande anglaise et sur quelques paquebots français, on a des chaudières doubles, c'est-à-dire chauffées aux deux extrémités. Ces chaudières sont placées dans le sens de la longueur du navire; les chambres de chauffe sont transversales.

Chaudières à fourneaux superposés. Ce genre de chaudières n'a pas donné de bons résultats, il est à peu près complètement abandonné.

Chaudières du *type Belleville* (1). Depuis 1845, M. Belleville a fait de nombreuses tentatives pour arriver au type perfectionné, adopté par la marine militaire pour les canots et les chaloupes à vapeur; il a été également employé sur quelques canonnières et sur le yacht *l'Hirondelle*. Malgré l'ingéniosité déployée par l'inventeur, pour surmonter les difficultés que faisait découvrir la pratique de ses générateurs, ceux-ci ont presque tous été remplacés par des chaudières cylindriques sur les bâtiments appelés à un service d'assez longue haleine, tels que les yachts et les canonnières. Les avantages qu'ils possèdent les ont pourtant fait conserver pour les canots dont le service intermittent ne dure que quelques heures. Ces avantages se résument ainsi qu'il suit : prompte mise en pression; possibilité d'atteindre des pressions élevées sans encourir de grands risques ; conservation de la pression pendant un temps assez long, sans chauffer, en fermant les portes des cendriers et des fourneaux. Moindre volume d'eau à l'intérieur et conséquemment moindre volume extérieur. Sécurité relative contre les explosions.

Les inconvénients sont : l'attention constante qu'il faut apporter au niveau, malgré les organes automoteurs très soignés dont l'auteur a pourvu ses appareils. Les fluctuations de la pression sont très brusques, précisément par suite des abaissements ou des élévations du niveau. Enfin, jusqu'ici la durée de ces générateurs appliqués à la marine militaire sur des bâtiments d'un certain tonnage est beaucoup moindre que celle des chaudières cylindriques. La légende des fig. 1059 et 1060, est assez complète pour qu'il soit inutile d'y ajouter une description explicative. Ces générateurs sont très répandus dans l'industrie.

On désigne parfois les chaudières du genre Belleville sous le nom de *chaudières sectionnelles;*

(1) V. page 897.

c'est à cette classe qu'appartiennent : les chaudières Perkins, où la charge des soupapes de sû-

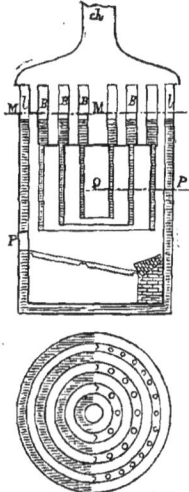

Fig. 1057. — Fig. 1058. — *Coupes M N et P Q.*
B Bouilleurs. — *ch* Cheminée. — *l* Lames d'eau. — *P* Porte
du fourneau.

reté est portée jusqu'à 25 kil. par centimètre²; les tubes qui,les composent sont essayés sous

une pression hydraulique de 100 atmosphères avant leur mise en place. Les chaudières américaines de Root, dans lesquelles les tubes sont très inclinés de l'avant à l'arrière du fourneau, pour faciliter le dégagement de la vapeur; les chaudières anglaises de Sinclair, dont les tubes inférieurs sont inclinés de l'arrière à l'avant du fourneau et ceux supérieurs en sens contraire; celles de Howard qui ont une assez bonne réputation en Angleterre; les chaudières multitubulaires de Griffith, dans lesquelles les tubes sont d'un petit diamètre et très nombreux; la chaudière dite à *vapeur instantanée* de MM. Héliard et Joly (fig. 1061 et 1062) qui se rattache à cette classe, bien qu'elle en diffère sous certains aspects: plus grand espacement des éléments, nombre plus réduit de ceux-ci, maçonnerie plus considérable; les chaudières en fonte spéciale de M. Green, anglais, et de M. Harrisson, américain, etc., etc. toutes ces chaudières participent des qualités et des défauts des chaudières Belleville, dont elles ne sont en définitive qu'une modification plus ou moins heureuse.

Les chaudières à serpentins, qui paraissent dans certains cas, avoir des partisans, ont été essayées sur la *Biche* dès 1853 et plus tard sur la *Vienne*, par M. Belleville. On invoque en faveur des serpentins la difficulté d'adhérence des dépôts à l'intérieur, due à ce que les contractions sont inégales; on a donc la possibilité de chauffer avec

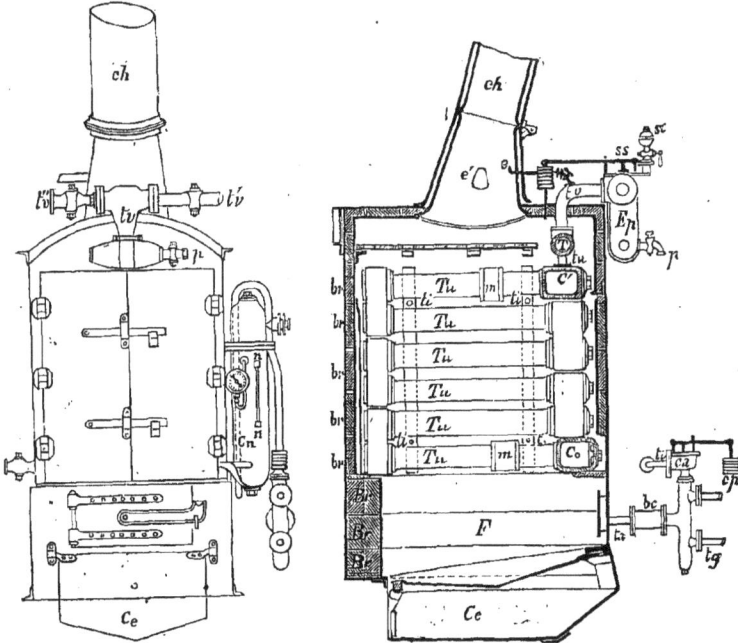

Fig. 1059 et 1060
a Boîte pour les dépôts d'eau d'alimentation. — *Br*, *b'r* Briques. — *Co.*, *cc.* Collecteur inférieur. — *C'.*, *c'c'.* Collecteur supérieur. — *Ca* Clapet d'alimentation. — *Ce* Cendrier. — *ch* Cheminée. — *Cn* Cylindre de niveau à flotteur régulateur. — *cp* Contre-poids de la soupape de trop plein. — *é* Echappement de la vapeur sortant des cylindres. — *Ep* Epurateur. — *F* Foyer. — *m* Manchon d'assemblage d'un tube. — *rn* Tube de niveau. — *Ss* Soupape de sûreté. — *si* Siffet. — *ta* Tuyau d'arrivée de l'eau d'alimentation dans la chaudière. — *tg* Alimentation par le Giffard. — *ti* Tirants. — *tm* Alimentation par la machine. — *Tu* Tubes. — *tv* Tuyau de vapeur entre le collecteur supérieur et l'épurateur. — *t'v* Tuyau de conduite de vapeur vers la machine. — *t'v'* Tuyau de vapeur du Giffard.

de l'eau de mer sans risque de coup de feu. Jusqu'ici les promesses faites n'ont pas été réalisées.

Nous répèterons encore que dans toutes ces
chaudières sectionnelles à circulation rapide et à
petit volume d'eau, la grande difficulté gît dans
le retour de l'eau vers les tubes inférieurs. Les

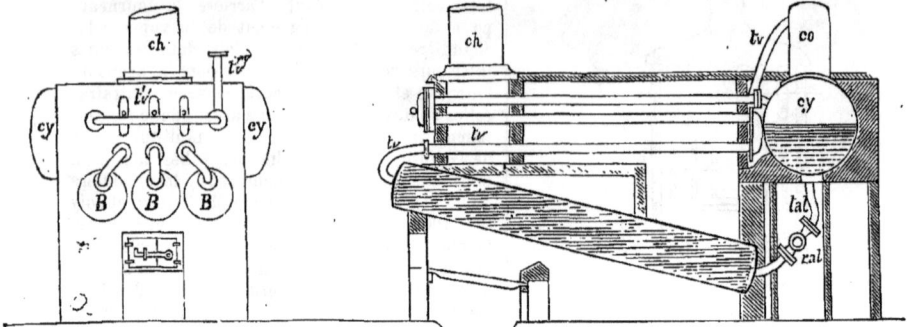

Fig. 1061 et 1062. — *Chaudière à vapeur instantanée.*

B Bouilleurs. — *ch* Cheminée. — *co* Coffre à vapeur. — *cy* Cylindre de niveau. — *ral* Robinet d'alimentation. — *tal* Tuyau d'alimentation.
tv, *t'v'* Tuyaux de vapeur.

mécomptes ont été quelquefois très sévères : par
ordre du *Board of Trade* (1), un jeu complet de
chaudières neuves pour deux grands paquebots
à passagers, le *Montana* et le *Dakota*, fut changé
pour être remplacé par un jeu de chaudières cylindriques de puissance égale, aussitôt après les
essais du premier de ces bâtiments, en 1876. Des
chaudières à peu près de la même classe ont été

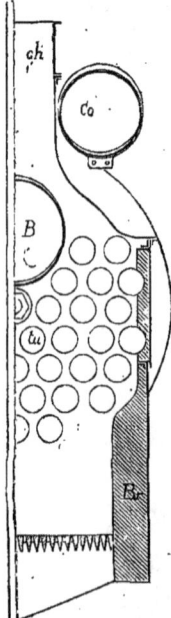

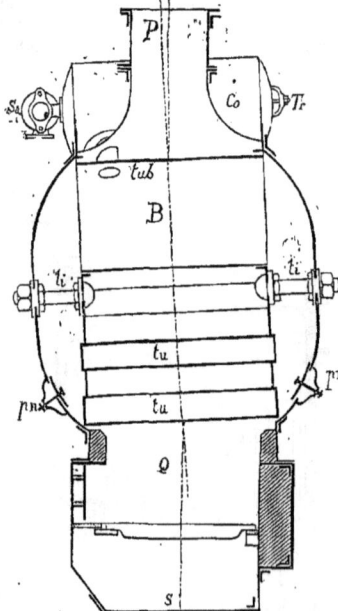

Fig. 1063. — *Coupe PQS.*   Fig. 1064. — *Coupe MN.*   Fig 1065.

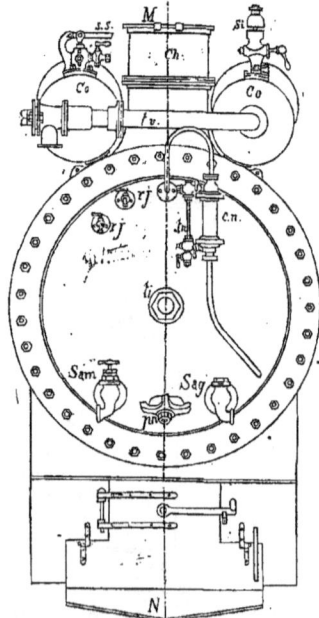

B Bouilleur. — *Br* Briques. — *Cn* Colonne de niveau. — *Co* Coffre à vapeur. — *ch* Cheminée. — *pn* Portes de nettoyage. — *rj* Robinets de
jauge. — *Sa* Soupape d'arrêt. — *Sam* Soupape d'alimentation par la machine. — *Sag* Soupape d'alimentation par le Giffard. — *Si* Sifflet.
— *SS* Soupape de sûreté. — *ti* Tirants. — *Tr* Trou d'hommes. — *tub* Tubulure.

employées avec succès, par MM. Rowan et Horton
sur le *Propontis*, bâtiment anglais affecté au com-

(1) Sorte de ministère de la marine marchande dont les attributions sont
très nombreuses.

merce entre Londres et la mer Noire, pendant les
premiers voyages ; mais elles ont été bien vite
l'objet de réparations considérables, après avoir
occasionné des accidents assez graves. Bref, ces

chaudières ont besoin de beaucoup de perfectionnements pour être applicables à un service continu.

Chaudières du *type Penelle.* M. Penelle, ingénieur de la marine, a construit une chaudière pour canots à vapeur. La légende des figures 1063 à 1065 indique les particularités de cette chaudière. Elle contient plus d'eau que les chaudières Belleville affectées au même usage, la mise en pression est assez prompte. Les résultats obtenus ont été considérés comme satisfaisants. Dans cette chaudière, la soupape de sûreté est chargée à 5 kilogrammes; la surface de grille est de $0^{m2},52$; la surface de chauffe est de $5^{m2},40$ (y compris la surface de surchauffage); le volume d'eau est de 177 litres, celui de vapeur est de 122 litres.

Chaudière anglaise à retour de flamme par le bas. La figure 1066 représente une chaudière dont le ciel du foyer est formé par des ondulations très accentuées et dont les tubes

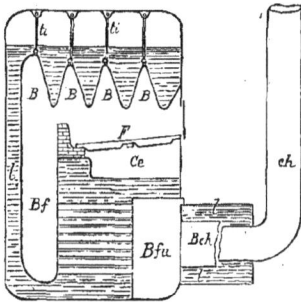

Fig. 1066.

de retour de flamme sont placés au-dessous du foyer. Il est difficile de deviner la raison qui a conduit l'inventeur de cette chaudière à une conception aussi singulière, conception dont il n'est pas aisé de deviner les avantages.

Chaudières de bateaux torpilleurs. Sur certains bâtiments et notamment sur les torpilleurs, le tirage forcé se produit au moyen de l'air comprimé; c'est le mode de chauffage que l'on désigne sous le nom de *chauffage en vase clos.* Toutes les ouvertures de la machine et de la chambre de chauffe sur les torpilleurs, ou de la chambre de chauffe seulement, sur les grands navires, sont hermétiquement closes. L'air refoulé par un ventilateur puissant acquiert bientôt une tension qu'on laisse monter jusqu'à 8 à 15 centimètres d'eau. Cet air, n'ayant d'autre issue que les foyers, traverse les grilles avec une vitesse considérable.

C'est à l'aide de cette méthode que l'on est parvenu à brûler jusqu'à 530 kilogrammes de très bon charbon par heure et par mètre carré de grille dans les chaudières des bateaux torpilleurs ou lance-torpilles; et qu'une chaudière tubulaire à retour de flamme n'ayant que $1^{m2},66$ de surface de grille et 60^{m2} carrés de surface de chauffe produit assez de vapeur pour développer

per un maximum de puissance indiquée de 440 chevaux de 75 kilogrammètres sous les pistons.

Cette production de vapeur correspond à 116 ou 132 kilogrammes de vapeur par mètre carré de la surface de chauffe, suivant que l'on obtient 8 ou 9 kilogrammes de vapeur par kilogramme de charbon brûlé.

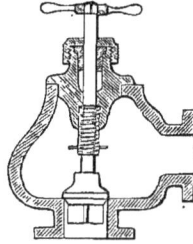

Fig. 1067.

Sous l'influence de ce tirage, des escarbilles sont emportées par la cheminée et la plaque de tête des tubes de la boîte à feu se tapisse de mamelons en forme de nids d'hirondelles qui rétrécissent de plus en plus la section des tubes, aussi la pression de 8 centimètres d'eau, suffisante au début pour maintenir à la chaudière une pression de 8 kilogr. 430, ne suffit-elle plus pen-

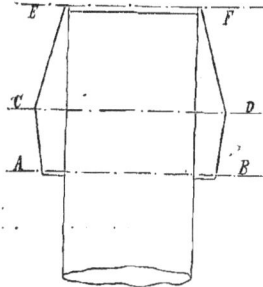

Fig 1068 et 1069. — *Coupes AB, CD, EF.*

dant la seconde et surtout la troisième heure de chauffe; on la fait alors monter jusqu'à 15 centimètres.

Le poids moyen d'une chaudière de bateau torpilleur complète, avec sa cheminée, est de 6000 kilogrammes environ; le volume de l'eau est de 1800 litres, celui de la vapeur 1500 litres; les tubes ont 45 millimètres de diamètre extérieur et deux millimètres d'épaisseur, les tubes-tirants ont une épaisseur de 3 millimètres.

Avec les anciennes machines à basse pression et à condensation par mélange, la consommation par cheval de 75 kilogrammes, sous les pistons atteignait jusqu'à 3 kilogrammes par heure ; avec celles à moyenne pression à détente et à condensation par mélange, la consommation s'est abaissée à 1 kilogr. 500 ; enfin avec les machines à haute pression à grande détente et à condensation par surface, la consommation par cheval et par heure varie entre 950 grammes et 1 kilogr. 200.

Certains inventeurs ont cherché le moyen d'améliorer le tirage naturel des cheminées à l'aide d'agencements divers fixés à leur sommet. Les figures 1068 et 1069 montrent une disposition qui donne d'assez bons résultats, l'air extérieur s'échauffe un peu au contact des tôles de la cheminée, il s'engage dans les canaux ménagés dans le cône d'entourage, la section de ces canaux va diminuant jusqu'un peu au dessus de la cheminée proprement dite, la vitesse de cet air échauffé devient plus grande, il en résulte qu'à la sortie des canaux il détermine une sorte de succion dont l'effet s'ajoute à celui du tirage naturel. M. Véry avait exposé en 1875, à Paris, une disposition de ce genre dans laquelle les canaux avaient la forme d'une hélicoïde.

CONSIDÉRATIONS GÉNÉRALES.

PROPORTION DES DIVERSES PARTIES DES CHAUDIÈRES MARINES. Ces proportions varient beaucoup avec la forme des générateurs, elles dépendent aussi du caprice des constructeurs et du mode de tirage employé.

Quoiqu'il en soit, on peut sans craindre de commettre d'erreur grossière se tenir dans les environs des chiffres suivants :

La surface des grilles étant représentée par.. 1,
Celle des cendriers sera représentée par . . . 0,200
Celle de la section libre des tubes par 0,150
Celle de la cheminée par. 0,130

Tant qu'à la surface de chauffe, elle est comprise entre 20 et 35 fois et plus la surface de grille.

Ainsi lorsqu'on connaît la puissance de la machine, la consommation par heure et par cheval, on peut déterminer la surface de grille et en déduire les autres dimensions. Il faut toujours se rappeler qu'il y a tout avantage à posséder un appareil évaporatoire capable de fournir toute la vapeur nécessaire à la machine, sans être obligé de toujours pousser les feux à outrance. Il est pourtant loin d'en être ainsi habituellement, et surtout en marine où la question de poids et d'espace joue un si grand rôle.

MÉTAL DES CHAUDIÈRES. Dans les premières chaudières, on employait beaucoup de fonte, mais ce métal se prête très peu aux dilatations et aux contractions brusques, on y a vite renoncé.

Aujourd'hui, les chaudières sont invariablement construites en tôle de fer ou en tôle d'acier. La fonte n'est usitée que pour les accessoires : boîtes à soupapes diverses, tubulures d'attente pour certaines installations, fermetures des trous d'homme et autoclaves, autels, sommiers, support de grille et souvent pour les barreaux de grille, sauf en marine où l'on se sert presque exclusivement de barreaux en fer forgé, parce que ceux-ci sont plus légers et qu'en outre on peut les réparer à bord.

Les chaudières en tôle s'usent assez promptement, par suite des diminutions d'épaisseur dues à la corrosion extérieure ou intérieure ; c'est pour essayer d'augmenter leur durée qu'on a fait quelques tentatives de chaudières en cuivre et de plus parce que le cuivre conserve encore une fraction très notable de sa valeur comme vieux métal. Les essais tentés dans cette voie n'ont pas donné de bons résultats. Le cuivre n'est guère employé aujourd'hui que pour la confection des boîtes à feu des chaudières des locomotives et pour le tuyautage en général.

CONSTRUCTION DES CHAUDIÈRES. Dans la construction des chaudières, on doit d'abord s'attacher à rendre toutes les parties très aptes à subir les effets de la dilatation ou de la contraction ; il faut faciliter le dégagement de la vapeur et le renouvellement de l'eau vaporisée ; il est aussi très important de rendre le nettoyage intérieur aussi facile que possible. Les parties qui réclament le plus d'attention sont les enveloppes et les foyers. Les premières à cause de leur grand diamètre et conséquemment de l'énorme surface qu'elles exposent à des pressions de 5 kilogrammes et plus par centimètre carré. Les seconds à cause de la chaleur qu'ils sont appelés à subir.

Chacun sait que la partie la moins solide d'un foyer ou d'une enveloppe est la couture ou les coutures que l'on est obligé de faire pour assembler les tôles entre elles. Le joint, quel que soit du reste le nombre des lignes de rivets et leur mode de clouure, en lignes parallèles ou en quinconces, ne peut supporter qu'une résistance égale au plus à environ les 0,75 de la résistance de la tôle pleine. On a essayé de remédier à cet inconvénient en faisant des foyers soudés. Il est assez difficile de s'assurer de l'état de perfection d'une soudure, aussi certains constructeurs recouvrent-ils la ligne suivant laquelle on a exécuté ce travail avec une bande de tôle reliée au foyer par une ligne de rivets de chaque côté de la soudure. Exemples : le *Charles-Quint* et d'autres navires neufs de la Compagnie Transatlantique.

Pour éviter des coutures transversales dans les foyers, coutures qui donnent lieu à des doublements de tôle très nuisibles, attendu que la tôle inférieure n'est pas baignée par l'eau de la chaudière, on confectionne le foyer en deux morceaux, comme on le voit (fig. 1052) ; entre les collerettes de jonction, on interpose une cale circulaire annulaire en fer plat de hauteur un peu moindre que les collerettes et de 3 à 4 centimètres d'épaisseur (fig. 1053). Lorsque le rivetage est achevé, on mate soigneusement la cale afin d'assurer l'étanchéité du joint ; on comprend que cette opération de matage ne pourrait pas avoir lieu si les collerettes étaient juxtaposées.

On loge une cale du même genre (fig. 1054) entre le coffre et l'enveloppe, autour des orifices de communication.

La ligne de couture longitudinale doit être située au-dessous de la grille (fig. 1051, F) pour éviter l'action du feu sur des tôles doublées; il ne faut pas non plus que cette ligne soit au fond du cendrier, pour éviter que le rouable vienne raguer les têtes de rivets chaque fois que l'on retire les escarbilles.

On doit préférer le rivetage par les machines hydrauliques au rivetage à la main, parce que le premier s'exécute d'un seul coup, pendant que le rivet est encore chaud; le rivet remplit ainsi tous les vides, quelles qu'en soient les inégalités; avec le marteau à river, il n'y a guère que la partie voisine de la rivure qui remplisse bien le trou. Avant de mater, on doit s'assurer que les tôles s'appliquent bien l'une sur l'autre.

Depuis plusieurs années, M. Siemens a proposé d'enlever les foyers dans un lingot d'acier qu'on laminerait comme on le fait depuis longtemps pour les bandages des roues de locomotives. Tout récemment, un autre ingénieur anglais, M. Whitehead, a confectionné une enveloppe de chaudière par ce procédé. On éviterait ainsi les inconvénients des rivets et les incertitudes des longues soudures. On pourrait avoir des enveloppes de telle résistance qu'on le désirerait, ce qui permettrait d'aborder des pressions très élevées avec toute sécurité. Malheureusement, d'après l'*Engineering*, ce mode de confection est très coûteux.

Jusqu'à ces derniers temps, la tôle d'acier employée à la confection des chaudières a souvent donné lieu à de nombreux mécomptes; c'est parce que cette tôle se prête beaucoup moins que la tôle de fer au retrait occasionné par un refroidissement brusque. On a remarqué que des criques, des fendillures et même de véritables fentes, partant en général des trous percés pour recevoir les boulons d'entretoise, se déclaraient surtout pendant les moments où la chaudière n'était pas sous pression; pareille observation a été faite sur les boîtes à feu des chaudières locomotives américaines, françaises ou anglaises. C'est ce qui a conduit différents constructeurs à onduler la surface des foyers ou des boîtes à feu; sous cette nouvelle forme, les dilatations et les contractions s'effectuent très librement et on a pu ainsi obvier aux défauts signalés ci-dessus pour les tôles d'acier. Ajoutons que la métallurgie de l'acier a fait de grands progrès et qu'aujourd'hui on obtient des tôles d'acier doux que l'on façonne aussi facilement que la tôle de fer et qui paraissent devoir être d'un bon usage pour les chaudières.

Les tirants doivent être convenablement espacés, suivant la pression de régime. Connaissant la résistance du fer des tirants par millimètre carré, celle des parois de la chaudière et la pression sur l'unité de surface, il est facile de déterminer le nombre et la section des tirants, en observant que l'on prend un facteur de sûreté égal en général à 6, c'est-à-dire que si l'effort que l'on peut faire supporter avec sécurité à un tirant est de 24 kilogrammes par $^m/_{m^2}$, on ne lui fera éprouver qu'une résistance de 4 kilogrammes par $^m/_{m^2}$ de sa section. Si les tirants sont trop espacés, la chaudière est exposée à se bosseler entre les points d'attache des tirants. C'est le premier indice d'une trop grande distance entre les tirants. Même observation pour les boulons d'entretoise. Ces derniers devraient toujours porter un écrou, au moins du côté de la lame d'eau exposée au feu. Les filets dans des tôles de 11 à 21 millimètres d'épaisseur ne sont pas très profonds; lorsque la pression agit sur les faces intérieures des lames, elle tend à élargir les trous dans lesquels les boulons sont vissés; si cet effet est trop accentué, la tôle subit un véritable emboutissage, les filets des boulons et ceux des trous peuvent ne plus être en prise et les tôles ne sont plus soutenues. Un écrou de chaque côté les maintiendrait encore dans ce cas, il serait plus efficace que la rivure que l'on rabat à chacune des extrémités de l'entretoise.

Dans les chaudières sur lesquelles il existe un dôme de vapeur, on doit apporter un soin tout particulier à la jonction du dôme et de l'enveloppe; c'est souvent par là que les chaudières pèchent, parce que la collerette d'attache du dôme avec la chaudière n'est pas suffisamment reliée. La prise de vapeur doit s'étendre sur une grande surface pour éviter les projections ou les entraînements d'eau ou, ce qui revient au même en d'autres mots, pour éviter que les chaudières priment. Les ouvertures des trous d'homme et les grandes autoclaves doivent être renforcées sur leurs bords, les premières par une collerette, les secondes soit par le même moyen, soit par une double tôle. Toutes les parties planes, assujetties à un effort d'écrasement, doivent être consolidées par des armatures en cornière double ou simple suivant le cas.

Le dégagement de la vapeur de la masse d'eau chauffée doit être rendu facile. Supposons que par suite d'un vice de construction, la vapeur demeure stationnaire au-dessus d'une partie léchée par la flamme, il se formera alors ce que l'on appelle une chambre de vapeur, la tôle ne sera plus en contact avec l'eau, elle ne tardera pas à rougir et la chaudière éprouvera un coup de feu. On ne doit pas laisser de tôle horizontale en saillie dans le voisinage de la surface de chauffe. C'est le manque de facilité de dégagement de la vapeur et du renouvellement de l'eau vaporisée qui rend les chaudières sectionnelles, c'est-à-dire celles dans lesquelles l'eau est contenue dans un grand nombre de tubes d'assez petites dimensions groupés par éléments, si aptes à subir des coups de feu et à se détériorer rapidement.

Pour la mise en place des tubes, on doit se servir d'un *expanseur* de préférence à l'ancien mode qui consistait à chasser à grands coups de masse dans le tube, un mandrin conique, pour forcer le métal du tube à venir en contact intime avec l'intérieur du trou pratiqué dans les plaques de tête. Le moindre inconvénient de ce mandrinage, opéré de la sorte, était d'ébranler les plaques de tôle.

ACCESSOIRES DES CHAUDIÈRES. *Régulateurs d'alimentation.* Ces régulateurs sont disposés de manière à empêcher la sortie de l'eau des chaudières, tout en lui permettant d'y entrer. A cet effet, la vis placée au-dessus de la soupape n'est pas reliée à cette dernière (fig. 1067); pour augmenter la levée de la soupape on desserre la vis, le serrage produit une diminution de levée. Il est essentiel que le bas de la vis régulatrice porte une goupille qui l'empêche de sortir complétement de son écrou; une maladresse pourrait compromettre l'alimentation des chaudières voisines, si cette goupille d'arrêt n'existait pas.

Sur beaucoup de chaudières terrestres et sur quelques chaudières marines, l'alimentation est automotrice; l'organe d'alimentation est un robinet dont l'ouverture ou la fermeture est commandée par un mécanisme quelconque en relation avec la position d'un flotteur, situé à l'intérieur de la chaudière. Le cylindre niveau des chaudières Belleville (fig. 1059) est pourvu d'un flotteur de ce genre.

Robinets de jauge. Ces robinets placés à trois niveaux différents à 12 ou 15 centimètres d'intervalle, doivent dans les conditions normales accuser le passage de la vapeur par celui supérieur; le passage d'eau et de vapeur par celui intermédiaire et enfin le passage de l'eau par celui inférieur. Si l'une ou l'autre de ces indications ne concorde pas, c'est qu'il y a trop ou pas assez d'eau dans la chaudière. Au lieu de trois robinets, on peut arriver au même résultat avec un seul robinet, dont le tuyau passe à travers un presseétoupe dans la façade de la chaudière et est coudé à angle droit sur une longueur de 12 à 15 centimètres à l'intérieur. On comprend qu'en faisant occuper au bout intérieur les positions : verticale et dirigé en haut, horizontale, ou verticale dirigé vers le bas, on puisse avec un seul robinet remplir le même office qu'avec trois robinets. Mais nous doutons beaucoup que cette invention (il y a eu un brevet pris) se répande, attendu que le placement de trois petits robinets coûte moins cher

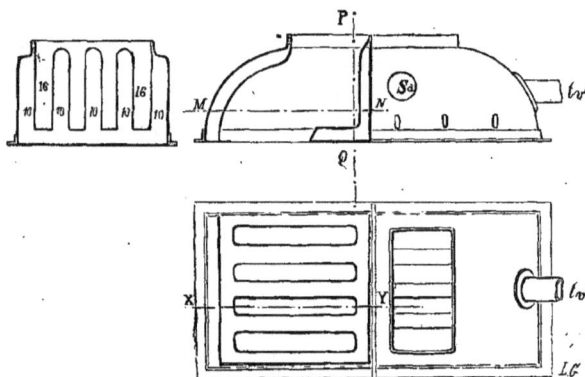

Fig. 1070 à 1072. — *Surchauffeur du Richelieu.*

et est au moins aussi efficace que le robinet radial.

Surchauffeurs. La vapeur sortant des chaudières entraîne avec elle, comme nous l'avons déjà dit, une certaine quantité d'eau qui arrive jusque dans les cylindres de la machine, si l'on ne prend pas de dispositions spéciales pour capter cette eau en route. Pour obvier à cet inconvénient, on a d'abord imaginé des sécheurs qui se composaient soit d'une partie de la base de la cheminée, soit d'un courant de flamme passant au milieu de l'espace réservé à la vapeur et tendant à vaporiser l'eau que tenait en suspension cette vapeur, en un mot à sécher celle-ci. Plus tard on a poussé la chose plus loin, on a voulu surchauffer la vapeur. A cet effet, on établit dans une portion de la cheminée un renflement dans lequel on loge des anneaux communiquant entre eux par de nombreux tuyaux, et disposés de manière à conserver une section libre égale à la section de la cheminée. Ces anneaux ont une prise de vapeur sur le sommet de la chaudière ou des chaudières et une soupape d'ar-

rêt aux deux extrémités d'un même diamètre. La vapeur de la chaudière remplit l'intérieur des anneaux et des tubes, elle est alors isolée du liquide qui l'a produite et se comporte comme un gaz, ce qui permet de lui laisser acquérir une élévation notable de sa température, due à l'action des gaz chauds provenant de la combustion dans les foyers, sans que sa pression augmente dans les mêmes proportions que si elle était saturée.

Il ne faut pourtant pas pousser la surchauffe trop loin, parce qu'on encoure le risque de rayer les cylindres et les tiroirs ; la qualité lubrifiante des huiles employées au graissage de ces organes disparaît, lorsque la température de la vapeur surchauffée est trop élevée. On admet en pratique qu'il ne faut guère dépasser de 20° la température correspondant à la pression de la vapeur dans la chaudière.

Le surchauffeur à anneaux concentriques est dû au commandant Lafond ; il a été abandonné pour le surchauffeur à lames qui lui-même a subi diverses modifications. Les figures 1070 à

1072 représentent la disposition rendue réglementaire, construite par Indret et appliquée sur plusieurs bâtiments de la flotte, entre autres sur le *Richelieu*. Ce surchauffeur se compose de quatre parties absolument semblables entre elles et groupées au milieu du dessus des quatre chaudières centrales. Chaque partie forme un surchauffeur distinct comprenant cinq lames (fig. 1070) qui sont léchées par les gaz chauds de la combustion. La vapeur arrive dans chacune de ces parties par un tuyau en bronze *tv*, boulonné sur le sécheur et sur la chaudière. La portion de gauche de la figure 1071 représente une coupe verticale passant par XY dans l'un des coffres et à droite une élévation du coffre correspondant. La figure 1072 montre à droite une coupe horizontale passant par MN et à gauche le plan de l'autre coffre. La figure 1070 est une coupe verticale suivant PQ (fig. 1071).

Dès son arrivée dans l'un des coffres, la vapeur remplit immédiatement les cinq lames; au lieu de les parcourir successivement comme sur les anciens appareils. Les lames, en tôle de fer de 11 millimètres, sont réunies entre elles et à l'enveloppe par des boulons d'entretoise semblables à ceux décrits (fig. 1052). Les quatre caisses du surchauffeur sont retenues par des équerres en fer forgé boulonnées par une patte sur le dessus des chaudières. Par le travers de chaque lame, on a percé une porte pour le nettoyage. Les soupapes d'arrêt prennent en *Sa*; elles communiquent avec le tuyau de conduite de vapeur vers la machine au moyen d'un tuyau portant quatre tubulures. La largeur des lames est de 10 centimètres; la largeur des conduits pour la combustion est de 16 centimètres.

La surface de chauffe de ce sécheur vaut environ $0^{m2},02$ par cheval de 75 kilogrammes, au lieu de 3, comme dans les anciens surchauffeurs. La vapeur possède une température de 140° à sa sortie. On est toujours maître d'intercepter la communication entre le sécheur et la chaudière. S'il arrive que la température de la vapeur soit trop élevée, on prend cette dernière directement à la chaudière pour amener un abaissement de température dans les cylindres. Des dispositions analogues sont employées en France ou à l'étranger pour ces appareils; l'essentiel est de ne pas rétrécir la section de la cheminée tout en disposant d'une surface assez considérable pour le séchage de la vapeur. — V. SURCHAUFFEUR.

Réchauffeurs. Plus l'eau d'alimentation est froide, lors de son arrivée dans la chaudière, plus l'écart entre sa température et celle de la vapeur est considérable et conséquemment plus cette eau exige de calorique pour sa transformation en vapeur. Afin de réaliser des économies de ce chef, on fait usage de diverses méthodes pour le réchauffage de l'eau d'alimentation soit en faisant passer le tuyau dans la boîte à fumée, soit au milieu du conduit de la vapeur d'échappement des cylindres pour les machines sans condensation, ou au centre du tuyau d'extraction continue, etc.

Soupapes de sûreté. Les soupapes de sûreté doivent avoir une section suffisante pour laisser échapper tout l'excédent de vapeur produite, au dessus de la pression de régime, même lorsque cette production est maximum. (Cet organe fait l'objet d'un article spécial.) — V. SOUPAPE DE SÛRETÉ.

Manomètre. Nous renvoyons le lecteur à ce mot qui nécessite une étude plus longue que celle que nous pourrions donner ici. — V. MANOMÈTRE.

Barreaux de grille. Les barreaux de grille des chaudières de la marine militaire, sont de deux dimensions, 55 ou 75 centimètres de longueur (fig. 1073 et 1074); ils sont en fer forgé et sont terminés par des talons qui laissent en moyenne 14 millimètres de jour entre deux barreaux voisins. Ils sont placés à poste fixe sur leurs supports. Parmi les nombreuses variétés de barreaux de grille, nous citerons : ceux mobiles sur leurs supports et auxquels on peut imprimer un mou-

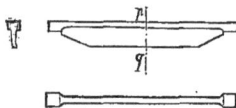

Fig. 1073 et 1074. — *Barreaux de grille. Le dessin supérieur le représente en coupe pq.*

vement d'oscillation, pour faire tomber les escarbilles sans être obligé d'ouvrir la porte du fourneau, à l'aide d'une crémaillère dont chaque dent engrène avec un barreau, crémaillère que l'on fait mouvoir par une poignée fixée à l'extérieur; (système Gouget). Les barreaux de grille à circulation d'eau, les barreaux de grille mobile, système Taillefer et autres. Les barreaux en gradins; les grilles en un, deux, trois morceaux, etc. — V. GRILLE DE FOYER.

Fumivores. Pour éviter les embarras de la fumée, on a mis en œuvre différents moyens : le plus simple consiste en injections d'air à travers des trous ménagés dans les autels, dans les portes et contre-portes des fourneaux et quelquefois par les entretoises creuses de la boîte à feu ou du fond des foyers au-dessus de la grille. — V. FUMIVORE.

SOINS A DONNER AUX CHAUDIÈRES. On doit essayer de provoquer la formation d'une légère couche de sels calcaires sur toute la surface intérieure des chaudières qui chauffent *pour la première fois;* c'est le meilleur préservatif contre les morsures de la corrosion. Les sels de chaux se dissolvent beaucoup moins facilement que le chlorure de sodium ou sel marin; la couche a donc plus de chances de durée. Cette couche ne doit pas être épaisse, un millimètre suffit amplement pour la conservation des tôles, et loin d'être un obstacle à la production de vapeur, on a constaté maintes fois que les chaudières dont le métal était parfaitement à nu étaient susceptibles d'ébullitions violentes et qu'elles fournissaient moins de vapeur que lorsqu'elles étaient tapissées d'une légère couche de dépôts. On applique quelquefois dans la même intention, une couche très légère de ciment de Portland.

On doit de temps à autre passer des visites minutieuses des chaudières, soit en les sondant au marteau, soit en perçant quelques petits trous si l'on a des doutes sur l'épaisseur des tôles. Tous les ans on devrait soumettre les chaudières à une pression hydraulique supérieure de moitié à la pression effective de régime. Certaines compagnies d'assurances contre les risques d'explosion de chaudières, ont des inspecteurs spéciaux pour ces visites ; c'est à coup sûr la meilleure méthode pour se garantir des explosions. Quoiqu'on en dise, les 99 0/0 des explosions n'ont rien de mystérieux ; une enquête approfondie, dirigée par des hommes compétents, aboutit généralement à ce résultat : La chaudière a éclaté parcequ'elle n'était pas en état de résister à la *pression de régime dans toutes ses parties*, soit par suite des effets de la corrosion, d'un coup de feu provenant d'un manque d'eau ou d'une accumulation de dépôts, d'une surcharge de la soupape de sûreté, de trous d'homme mal conditionnés ou de joints mal faits, aussi ne doit-on pas hésiter à décharger un peu les soupapes de sûreté aussitôt qu'on s'aperçoit, d'une manière quelconque, que la chaudière n'a pas conservé sa résistance primitive. — V § *Chaudière industrielle*.

Lorsqu'on pique le sel à l'intérieur d'une chaudière, on doit éviter que les coups du marteau spécial affecté à ce travail portent sur les rivets, afin de ne pas les ébranler.

Extrait de l'arrêté du ministre de la marine du 7 juillet 1880 (Bulletin officiel).

Des lames de zinc de 25 millimètres d'épaisseur sur 20 centimètres de largeur et d'une longueur de 40 à 50 centimètres, doivent être placées dans l'intérieur des chaudières en service, en contact avec le fer nu. On estime qu'une lame ayant les dimensions susdites suffit pour cinquante chevaux indiqués. Ces lames doivent être nettoyées tous les mois. On peut admettre que la consommation de zinc peut être calculée à raison de 50 kilogrammes pour cent jours de fonctionnement effectif et pour cent chevaux.

Pour la conservation des chaudières en magasin, on fait usage de réchauds destinés à assécher complètement l'intérieur, on les ferme ensuite hermétiquement. On place, avant la fermeture, des vases contenant ensemble de 100 à 120 kilog. de chaux vive répartis à diverses hauteurs. On visite les chaudières tous les six mois, en profitant d'un temps sec pour cette visite ; on change la chaux si on trouve qu'elle est devenue humide.

Pour la conservation des chaudières en service on pourra, si l'eau est très pure, remplir complètement chaque corps d'eau de mer additionnée de sous-carbonate de soude, à raison de 8 kilogrammes par tonne d'eau. On reconnaîtra que la saturation est suffisante, si un morceau de fer bien décapé qu'on laissera séjourner douze heures dans cette eau ne se rouille pas. On peut au besoin remplacer le sous-carbonate par de l'eau additionnée de chaux ; on vérifiera les proportions de chaux comme ci-dessus à l'aide d'un morceau de fer décapé. Il faut prendre les précautions nécessaires pour que la chaudière soit exactement pleine d'eau et que l'air ne puisse séjourner dans quelques coins ou dans les parties supérieures.

On peut aussi appliquer le procédé des réchauds, comme pour les chaudières en magasin. Les surchauffeurs doivent être traités comme les chaudières.

Le temps pendant lequel une chaudière peut être en service, sans nettoyage, dépend du système de condensation. Dans le cas de condensation par mélange et lorsque le degré de saturation n'a pas dépassé 3, les chaudières doivent être nettoyées après 250 heures de marche. Lorsqu'on fait usage de la condensation par surface et lorsque la saturation n'a pas dépassé 4, on peut marcher vingt jours, sans nettoyer les chaudières. Les chaudières seront l'objet de visites complètes tous les trois mois et l'on remédiera alors à toutes les détériorations que l'on aura constatées. Les surfaces extérieures seront soigneusement entretenues de peinture au minium. (*Fin de l'extrait de l'arrêté ministériel.*)

Pendant la marche, on doit conduire les feux et l'alimentation aussi régulièrement que possible, pour empêcher les oscillations de la pression ; on doit éviter d'ouvrir les boîtes à fumée, à moins qu'on n'y soit obligé pour procéder au ramonage des tubes ; on ne doit pas attendre que ceux-ci soient trop engorgés de suie ou d'escarbilles légères pour les ramoner, soit à l'aide d'un jet de vapeur dans chacun d'eux, soit en y passant une brosse métallique. Dans le cas de condensation par mélange on ne doit pas dépasser 3° du saturomètre ; on peut impunément se tenir entre 4 et 5 degrés du même instrument, lorsque l'alimentation provient de la condensation par surface.

Les grilles doivent être tenues claires, le chauffeur doit faire un usage fréquent du crochet, seul outil de chauffe qui permette d'éclaircir la grille sans ouvrir la porte du fourneau.

Lorsque l'on a mis bas les feux dans une chaudière quelconque, on doit fermer toutes les ouvertures : portes de cendriers, de fourneaux, capot de cheminée, afin d'éviter les contractions brusques ; pour le même motif on ne doit jamais faire d'extraction complète et parce qu'en outre les dépôts deviennent beaucoup plus adhérents lorsqu'on vide entièrement les chaudières, au lieu de ne faire qu'une extraction partielle.

On ne doit pas laisser accumuler les escarbilles dans les cendriers.

Pour être certain que les soupapes de sûreté ne dorment pas, qu'elles ne sont pas collées ou coincées sur leur siège, il est bon de les faire fonctionner un instant une fois par quart de quatre heures.

Toutes les chaudières devraient être munies d'une petite soupape placée contre le haut de la façade avant et plus chargée que la soupape ou les soupapes de sûreté proprement dites. Cette disposition a été rendue réglementaire dans la marine militaire anglaise depuis la désastreuse explosion du Thunderer (14 juillet 1876). Les anglais appellent cette petite soupape additionnelle *sentinelle valve*. Le chef de quart ou le chauffeur de service serait prévenu qu'il se passe quelque chose d'anormal, par le bruit strident qu'occasionnerait la vapeur se frayant une issue par cette soupape.

MODE D'ESSAI DES CHAUDIÈRES

Pendant l'exposition de 1871, à New-York, une commission de trois membres de l'Institut de cette ville fut nommée pour comparer entre elles cinq chaudières de types différents : celles de MM. Root, Allen, Phleger, Lowe et Blanchard. Cette commission était composée de MM. Robert H. Thurston, professeur de technologie à l'Institut Stevens, président ; T. J. Sloan ; R. Weire. Elle étudia les chaudières sous les quatre points suivants : 1° sûreté : 2° durée ; 3° économie de combustible ; 4° capacité pour la production de vapeur.

Description des chaudières soumises à l'essai.

Chaudière Root. Cette chaudière se compose principalement de 80 tubes en fer forgé de 101 millimètres de diamètre sur 2m,75 de longueur ; ces tubes sont logés dans une maçonnerie en briques, ils ont une inclinaison de 30° avec l'horizontale. Ils sont réunis trois à trois par des plaques triangulaires, boulonnées sur les brides que portent chacun des tubes ; le joint est fait avec du caoutchouc spécialement préparé pour cet effet. Les tubes sont disposés sur dix rangées de huit, suivant la hauteur, et sont placés en quinconces. La chaudière porte un coffre à vapeur de 457 millimètres de diamètre sur 2m,055 de longueur. Le surchauffage de vapeur s'opère dans la partie supérieure des tubes ; le niveau d'eau pendant les essais, a été maintenu juste au-dessus de la quatrième rangée des tubes. L'inventeur prétend que la vapeur engendrée dans ses chaudières, est beaucoup plus sèche que celle provenant de toute autre chaudière. Les surfaces de grille et de chauffe sont données dans le tableau général.

Chaudière Allen. Cette chaudière présente plusieurs dispositions nouvelles. Elle se compose de neuf cylindres en fonte de 178 millimètres de diamètre sur 3m,353 de longueur. Sur chacun de ces cylindres, on a ménagé dix-huit tubulures venues de fonte, ces tubulures sont taraudées et dans chacune d'elles on a vissé un tube en fer, formé à l'extrémité inférieure. Ces tubes font un angle de 70° avec la grille, soit 20° avec la verticale ; ils sont suspendus au-dessus de la grille et des courants de flamme. Les dix premiers tubes ont une longueur de 980 millimètres et les huit derniers 1m,345 ; leur diamètre est de 89 millimètres. Deux coffres à vapeur, l'un de 610 millimètres de diamètre sur 2m,43 de long, l'autre de 752 millimètres de diamètre et de même longueur que le premier, sont en communication avec les neuf sections qui forment la chaudière. Du dernier coffre la vapeur passe dans le tuyau de conduite. Ces coffres, étant entourés par les gaz de la combustion, remplissent l'office de surchauffeur ; à la partie inférieure de chacun d'eux se trouve un tuyau qui permet à l'eau entraînée par la vapeur de se rendre à la partie la plus basse de la chaudière. L'inventeur prétend que l'inclinaison de 20° avec la verticale est celle qui favorise le mieux le dégagement et la production de la vapeur ; de plus, il assure qu'il est très facile de remplacer un tube avarié.

Chaudière Phleger. Cette chaudière est formée de dix-sept tubes en fer de 51 millimètres de diamètre sur 4m,572 de longueur totale, contournés de manière à prendre la forme d'un foyer et d'une grille dont ils remplacent les barreaux ordinaires ; ces tubes communiquent entre eux à l'aide de deux collecteurs aplatis, en fonte. Il y a, en outre, soixante-huit autres tubes droits de même diamètre, reliés par des collecteurs. Par dessus ces tubes, on place un coffre à vapeur de 753 millimètres de diamètre sur 3m,658 de longueur ; ce coffre est muni de saillies à l'intérieur, afin que la vapeur sèche puisse s'élever à la partie supérieure où est fixé le tuyau de conduite. La communication des tubes avec le coffre est établie au moyen de chapeaux creux en fonte et de divers tuyaux de retour d'eau.

Chaudière Lowe. Celle-ci est une chaudière cylindrique, logée dans une maçonnerie en briques. Les joints, signalés dans le brevet d'invention, consistent dans la disposition des courants de flamme et le mode de fixation des supports de la chaudière. Les produits de la combustion passent du fourneau dans la boîte à feu, un registre est placé dans cette boîte pour permettre l'admission de l'air extérieur, l'ouverture de ce registre est réglée d'après l'effet produit sur la flamme par la plus ou moins grande abondance d'air. A la sortie des tubes, les courants de flammes se bifurquent en retour sous le corps de la chaudière avant de s'échapper par la cheminée. L'inventeur émet l'avis que la combustion est mieux opérée et que les gaz chauds sont mieux utilisés que par toute autre méthode, pour cette classe de chaudière, par cette disposition.

Pendant l'essai, deux chaudières de ce genre étaient placées côte à côte. La plus grande avait 1m,22 de diamètre et 4m,67 de longueur, elle contenait quarante-cinq tubes de 76 millimètres sur 3m,66 de long.

La deuxième chaudière avait des dimensions égales à la première, sauf le diamètre qui n'était que de 1m,067 et le nombre de tubes trente-six.

Chaudière Blanchard. On emploie un tirage mécanique dans cette chaudière. L'air, au lieu d'être refoulé dans les cendriers, comme cela a lieu habituellement, est aspiré dans la cheminée par un ventilateur à hélice, placé au-dessus des surchauffeurs et qui est actionné au moyen d'une courroie, menée par le volant de la pompe alimentaire.

L'inventeur avance qu'il peut utiliser tous les produits de la combustion et que cet agencement permet d'employer une plus grande surface de chauffe que celle en usage actuellement.

La chaudière porte quatre-vingt-quatorze tubes verticaux de 51 millimètres de diamètre sur 1m,37 de long. Deux surchauffeurs sont placés dans la cheminée, l'un, celui inférieur, reçoit la vapeur de la chaudière et l'autre l'eau destinée à l'alimentation. Ces surchauffeurs se composent de deux cent soixante-neuf tubes, ayant les dimensions suivantes : diamètre 38 millimètres, longueur 450 millimètres pour la vapeur ; diamètre 32 millimètres, longueur 610 millimètres pour l'eau d'alimentation.

Pendant l'essai, on ne s'est pas servi du surchauffeur pour la vapeur, celle-ci sortait directement d'un coffre à vapeur en forme de dôme dont le diamètre était de 560 millimètres et la hauteur 762 millimètres. L'eau d'alimentation passait dans le surchauffeur supérieur.

Méthode suivie pendant les essais. On construisit une grande citerne en bois, dans laquelle on logea un condenseur par contact dont la surface refroidissante était de 102 mètres carrés. Les tubes de ce condenseur pouvaient facilement être démontés pour les nettoyer. La quantité d'eau employée pour la condensation, était mesurée par un compteur Worthington, cette eau entrait par le bas du condenseur et se déversait au sommet ; la vapeur, sortant des chaudières, s'introduisait dans les tubes par la partie supérieure, l'eau produite était recueillie en dessous. Les courants d'eau et de vapeur étaient dirigés en sens contraire, la vapeur était complètement condensée, en employant le moins d'eau possible pour opérer cette condensation. Des thermomètres soigneusement vérifiés étaient placés comme suit : un à l'entrée de l'eau de circulation ; l'alimentation des chaudières étant prise à la même source, ce thermomètre servait en même temps à la mesure de la température de l'eau d'alimentation ; un deuxième à la sortie de l'eau de circulation, au moment où elle se déversait dans la citerne ; un troisième à la sortie de l'eau provenant de la vapeur condensée ; enfin, un quatrième thermomètre était placé sur le tuyau de conduite de la vapeur.

La pression de la vapeur était indiquée par deux manomètres contrôlés ; les observations étaient prises à des intervalles réguliers par un personnel exercé. La quantité d'eau d'alimentation était pesée à l'avance ; chaque pesée, de 136 kil., était disposée de façon à pouvoir mesurer exactement la quantité d'eau qui restait en excédent. Le charbon employé était celui de « Buck Mountain Coal Company », de Philadelphie. Il fut trouvé de très bonne qualité, conséquemment les résultats obtenus peuvent être considérés comme étant les meilleurs que l'on pouvait atteindre dans de très bons appareils avec un bon combustible.

L'analyse de ce charbon, faite par le professeur Walter R. Johnson, a donné la composition suivante :

Eau	0.390
Matières gazeuses, y compris de l'agate volatile à la chaleur rouge éclatant. . . .	5.515
Carbone.	91.016
Matières terreuses et oxyde	3.079
	100.000

Le pouvoir calorifique théorique du carbone pur est de 8080 calories (Tresca), celui du charbon ci-dessus, d'après Johnson, est de 7,250 calories. En comparant ces résultats théoriques avec ceux obtenus pendant les essais, on ne doit pas oublier qu'une certaine quantité de charbon passe à travers les grilles ; cette quantité a été estimée à 15 0/0 en moyenne pendant les essais.

Les diverses observations étaient relevées de demi-heure en demi-heure, pendant les 12 heures de la durée de chaque essai ; l'ordre des essais fut tiré au sort ; les feux étaient allumés à neuf heures du matin.

La formation de la vapeur dans chaque chaudière était opérée par la combustion d'une certaine quantité de bois ; aussitôt que la vapeur sortait par les soupapes de sûreté, uniformément chargées à cinq atmosphères, on commençait l'essai, en prenant du charbon dans la même pile pour les cinq chaudières. Ce charbon était posé dans des seaux, dans lesquels on mettait toujours le même poids de charbon ; les poids, placés dans l'un des plateaux de la balance de contrôle furent scellés officiellement.

A partir du moment où la vapeur s'échappait on ne brûlait plus de bois ; les cendres étaient retirées et pesées sèches. Les portes des cendriers ont été maintenues ouvertes, sauf pendant les ébullitions. Les observateurs notaient à chaque demi-heure sur un journal : la hauteur du baromètre ; la pression de la vapeur (les mêmes manomètres pour tous les essais) ; le poids du charbon employé, le poids des escarbilles retirées ; la température : de l'eau d'alimentation, de la vapeur dans le tuyau de conduite, de l'eau de circulation à son entrée dans le condenseur et à sa sortie, de l'eau provenant de la vapeur condensée, des gaz dans les courants de flamme et aussi près que possible de la surface de chauffe ; le volume d'eau provenant de la vapeur condensée et celui accusé par les compteurs pour l'eau de circulation.

Les feux ont été conduits à la convenance des exposants. Le niveau d'eau était marqué sur le tube indicateur, on s'attachait à le maintenir autant que possible au même point.

Au commencement de chaque essai, la circulation restait fermée jusqu'à ce que la température de l'eau à la surface atteignit 67° ; à la fin de chaque essai, lorsque l'afflux de vapeur cessait au condenseur, on laissait fonctionner la circulation jusqu'à ce que la température de cette eau fut la même à la sortie qu'à l'entrée. On recueillait ainsi dans l'eau toute la quantité de chaleur importée par la vapeur. Pendant cette dernière partie de l'essai la température de l'eau de circulation était très fréquemment mesurée, afin que l'on put en déduire exactement la quantité de chaleur dont l'eau de circulation s'était emparée. Les robinets de prise d'eau de circulation étaient commandés de manière à pouvoir s'ouvrir ou se fermer très peu à la fois, pour laisser écouler le moins d'eau possible relativement au volume de vapeur à condenser.

Calculs. En calculant les résultats, d'après les observations inscrites sur le journal des essais, la commission a premièrement déterminé la quantité de chaleur emportée par l'eau de circulation, en déduisant de la température de cette eau à sa sortie du condenseur, celle qu'elle possédait avant d'y entrer. A cette quantité de chaleur ainsi obtenue, on a ajouté la quantité de chaleur absorbée par l'évaporation à la surface de la citerne (Ces essais ont eu lieu du 10 au 17 novembre 1871, la température de l'atmosphère a varié de 2 à 12° centigrades, pendant ce temps). Cette dernière quantité a été déterminée, en plaçant une coupe d'eau dans la citerne au sommet du condenseur, de telle façon que le niveau de l'eau dans la coupe coïncidât avec le niveau extérieur; on notait la différence de température entre l'eau dans la coupe et celle qui sortait du condenseur ainsi que la perte subie par l'évaporation dans la coupe. Pour établir une relation entre la perte subie par la coupe et celle de l'eau sortant du condenseur à l'air libre, il fut admis que cette perte devait être approximativement proportionnelle à la tension de la vapeur émise à leurs températures respectives.

L'excès de chaleur dans l'eau provenant de la vapeur condensée sur la température de l'eau d'alimentation, est évidemment dû à la combustion, par conséquent cette quantité doit être ajoutée aux deux autres pour parfaire le total du nombre de calories emportées de la chaudière. Ce total, divisé par le nombre de kilogrammes de combustible (1) brûlé dans chaque chaudière pendant l'essai, donne la mesure de leur économie relative. (Colonne R du tableau général.)

Pour compenser quelques erreurs de peu d'importance, résultant des fuites par le fond de la citerne et du volume un peu inexact accusé par les compteurs, la commission, après des essais minutieusement conduits, affecta les résultats obtenus d'une réduction de 4 %.

Le total des calories anglaises *British thermal units*, avant et après la réduction, était :

	Avant réduction	Après réduction	
Chaud. Root. . . .	34.072.058	32.751.834	La conversion en mesures françaises est donnée dans la colonne Q du tableau général.
— Allen. . . .	48.241.833	46.387.827	
— Phleger. .	24.004.601	23.066.686	
— Lowe . . .	38.737.217	37.298.739	
— Blanchard	11.951.002	11.485.777	

Ce qui prouve que cette manière d'opérer est à très peu près exacte, c'est que si pour les chaudières Root et Allen, qui avaient toutes deux des surchauffeurs, on calcule le nombre de calories transportées hors des chaudières, d'après la température accusée par les manomètres indiquant les pressions, on trouve 32,723,681,16 pour la première et 46,463,322,5 pour la seconde. En déterminant ensuite le poids d'eau vaporisée par mètre carré de la surface de chauffe et par heure, on a la mesure de leur production de vapeur. (Colonne V.)

La division de la quantité de chaleur développée par kilogramme de combustible, par la chaleur

(1) Dans les rapports ayant trait à la mesure du calorique, les Anglais et les Américains emploient le mot « combustible » pour désigner le poids du charbon diminué du poids des cendres et des escarbilles, c'est-à-dire le charbon véritablement brûlé ; expression très juste du reste.

latente de la vapeur à 100° (567° cent.) donne la mesure équivalente de la vaporisation d'une quantité d'eau à la pression atmosphérique, en supposant la température de l'eau d'alimentation à 100°. On obtient ainsi les chiffres de la colonne Y.

Pour différentes considérations, c'est la meilleure méthode à employer comme comparaison relativement à l'économie.

Les différents chiffres déduits donnent des moyens de comparaison, sans tenir compte de l'état de siccité de la vapeur. Toutes choses égales d'ailleurs, la commission estime qu'il est très utile d'employer des surchauffeurs dans les chaudières, à condition que l'addition de température fournie à la vapeur par ce moyen ne dépasse pas 37°.

Il reste un problème intéressant à résoudre, c'est celui de la détermination de la quantité d'eau emportée dans le condenseur, la vapeur des trois chaudières qui n'avaient pas de surchauffeurs ou qui ne s'en servaient pas.

Il est très facile de déterminer, avec exactitude, la mesure de cette quantité par la méthode que la commission a adoptée. Chaque kilogramme de vapeur saturée transporte dans l'eau de circulation (eau qui a servi à opérer la condensation), la quantité de chaleur nécessaire pour passer de la température de l'eau d'alimentation à la température qui correspond à sa pression, plus la quantité de chaleur exigée pour être transformée en vapeur à la même température. Chaque kilogramme d'eau entraînée avec la vapeur, n'emporte dans l'eau de circulation que la quantité de chaleur acquise, en passant de la température de l'eau d'alimentation à la température de la vapeur avec laquelle elle est mélangée.

La quantité de chaleur totale emportée au condenseur étant la somme de ces deux quantités, il devient facile de les déterminer par une simple équation algébrique.

Appelons : C le nombre de calories transportées par kilogramme de vapeur; c le nombre de calories transportées par kilogramme d'eau; U la quantité totale de calories transportées au condenseur ; P le poids total de l'eau et de la vapeur, c'est-à-dire le poids total de l'eau d'alimentation. x le poids total de la vapeur ; P — x exprimera le poids total de l'eau entraînée par la vapeur.

Nous aurons alors l'égalité suivante :

$$Cx + c(P-x) = U \quad \text{d'où} \quad x = \frac{\dfrac{U}{c} - P}{\dfrac{C}{c} - 1}$$

En remplaçant les lettres par leurs valeurs propres, pour les trois dernières chaudières, nous déterminerons les poids absolus d'eau et de vapeur et la quantité pour cent d'eau entraînée par la vapeur, tels qu'ils sont inscrits dans les colonnes G, H, I. Nous obtiendrons le résultat réel de vaporisation en divisant les nombres de la colonne G par le nombre de kilogrammes de combustible, colonne X.

En comparant les différents résultats, il est facile de classer les chaudières par rang de priorité, sous divers aspects et de déterminer dans quelle proportion chacune d'elles utilise la quantité théorique de chaleur que pouvait développer le combustible dont on a fait usage.

C'est ainsi qu'on a classé les chaudières essayées dans l'ordre suivant:

	Capacité pour la production de vapeur	Economie de combustible	Proportion avec le pouvoir calorifique théorique
	num. d'ordre	num. d'ordre	
Root........	4	2	0.709
Allen.......	1	3	0.707
Phleger.....	3	4	0.699
Lowe	2	5	0.693
Blanchard...	5	1	0.756

Les différents résultats que nous venons de consigner, ceux qui sont compris dans le tableau général et les très utiles observations dérivant de ces essais, que la commission considère comme très intéressants, seront lus et appréciés, par toutes les personnes qui s'occupent de ces questions. La commission espère qu'elle a tracé la voie à suivre pour des essais futurs de même nature.

Le résumé des tableaux peut être considéré comme un guide infaillible, pour prémunir les acheteurs contre les extravagantes prétentions affichées par quelques constructeurs relativement à l'économie de combustible.

Qu'on n'oublie pas que ces essais ont été faits avec de bon charbon, consommé dans des chaudières excellentes.

Conclusions. En résumé la commission fait observer:

1º Que les résultats obtenus, dans la comparaison de cinq chaudières de types différents, construites par les meilleurs manufacturiers américains, diffèrent peu entre eux et que, par suite, les acheteurs ont tout avantage à s'adresser à des constructeurs loyaux et intelligents, pour assurer leur sécurité;

2º Que l'introduction du surchauffage de l'eau d'alimentation dans les chaudières et celle du tirage mécanique, constituent une économie qui compense largement l'élévation de prix occasionné par leur adoption;

3º Que le pouvoir producteur d'une chaudière dépend plutôt des dispositions intérieures et extérieures que de la manière de conduire les feux, quoique cette conduite se relie directement avec la production de vapeur;

4º Que les membres de la commission sont très satisfaits de l'exactitude des résultats qu'ils ont obtenus, par un mode d'essai employé pour la première fois; ils estiment que cette manière d'opérer permet d'apprécier les qualités des chaudières à quelque point de vue qu'on se place et qu'il y aurait avantage pour les constructeurs et pour le pays à l'établissement permanent d'une construction dans laquelle les chaudières de tout genre pourraient subir une épreuve semblable dont les résultats, portés à la connaissance du public, seraient indiscutables.

Résumé des résultats obtenus dans les cinq chaudières.

Repère	Désignation	Unité	Root	Allen	Phleger	Lowe	Blanchard
	Nom de l'inventeur		Root	Allen	Phleger	Lowe	Blanchard
A	Surface de grille	m. carré	1.5083	2.9960	2.1367	3.5069	0.7896
B	Surface de chauffe totale	m. carré	81.43	85.47	55.54	84.82	40.88
C	Rapport de la surface de chauffe et de la surface de grille	nombre	32.5	28.5	26.1	24.2	51.8
D	Poids total du charbon	kil.	1722.8	2437	1269.5	1885	557.6
E	Poids total du combustible	kil.	1443.3	2051.1	1031	1679.3	474.8
F	Poids total de l'eau d'alimentation	kil.	12748	17986.4	9261.6	15415.6	4603.4
G	Poids total de la vapeur	kil.	12748	17986.1	8668.7	14356.1	4418.5
H	de l'eau entraînée avec la vapeur	kil.	0	0	393.3	1059.3	144.6
I	Moyenne 0/0 de l'eau entraînée relativement à l'eau vaporisée		0	0	3.26	6.97	4.6
J	Circulation à l'entrée	deg.	7.7	7.50	7.58	7.22	6.88
K	Eau d'alimentation	deg.	7.7	7.50	7.58	7.27	6.88
L	Circulation à la sortie	deg.	14.62	17.45	12.43	12.66	9.72
M	De la vapeur condensée	deg.	62.72	108.0	49.35	60.83	41.1
N	Vapeur à la chaudière	deg.	168.1	165.9	160.6	159.71	162.08
O	Surchauffeur	deg.		7.36			
P	Courant de flamme	deg.	213.33	174.37	262.09	198.56	110.94
Q	Calories totales	Nombre	8249807	11684551	5810248	9629405	2893142
R	Calories par kilogramme de combustible	Nombr.	5712	5693	5635	5582	6092
S	Vaporisation apparente par kilogramme de charbon	kil.					
T	par kilogramme de combustible	kil.	8.76	8.76	8.95	9.12	9.69
U	par h. et par mèt. carré de la surface de grille	kil.	420	500	350	366	485
V	par heure et par mètre carré de la surface de chauffe totale	kil.	12.93	17.51	13.82	15.13	9.37
W	Vaporisation réelle par kilogramme de charbon	kil.	7.34	7.38	7.07	7.20	8.00
X	par kilogramme de combustible	kil.	8.76	8.76	8.70	8.55	9.41
Y	Vaporisation équivalente d'eau à 100° à la pression atmosphérique	kil.	10.64	10.60	10.49	10.40	11.34
Z	Surface de chauffe requise pour vaporiser 30 kilogr. d'eau par heure	m. car.	2.323	1.714	2.239	2.026	3.196
Z1	Charbon par heure et par mètre carré de la surface de grille	kil.	57.2	67.7	49.4	47.4	59
Z2	Efficacité de la vaporisation réelle relativement à la vaporisation théorique	kil.	0.709	0.707	0.699	0.692	0.756

NOTA. — Dans les surfaces de chauffe totales (B), on a compris la surface des conduits de gaz chauds jusqu'à la naissance de la cheminée, c'est là ce qui explique la faiblesse de la production de vapeur par mètre carré de ces surfaces. Les chiffres inscrits dans la colonne O, expriment l'excès de la température de la vapeur dans les surchauffeurs sur la température de la vapeur dans les chaudières. La question de durée des chaudières n'a évidemment pas pu être traitée dans une expérience de 12 heures.

ADMINISTRATION.

On est souvent fort embarrassé pour rechercher les ordonnances, lois ou décrets concernant la Législation des machines et des chaudières à vapeur, c'est pourquoi nous insérons ici le décret du 30 avril 1880, qui a abrogé les anciennes ordonnances de 1810, 1843, 1846 et du 25 janvier 1865 relatives à l'établissement des machines et des chaudières à vapeur.

LOI DU 30 AVRIL 1880 SUR LES CHAUDIÈRES ET RÉCIPIENTS DE VAPEUR.

Le président de la République française,
Sur le rapport du ministre des travaux publics ;
Vu le décret du 25 janvier 1865, relatif aux chaudières à vapeur autres que celles qui sont placées sur des bateaux ;
Vu les avis de la commission centrale des machines à vapeur ;
Le conseil d'État entendu,

Décrète :

Article premier. — Sont soumis aux formalités et aux mesures prescrites par le présent règlement : 1º les générateurs de vapeur ; 2º les récipients définis ci-après Titre V).

TITRE PREMIER.

Mesures de sûreté relatives aux chaudières placées à demeure.

Art. 2. — Aucune chaudière neuve ne peut être mise en service qu'après avoir subi l'épreuve réglementaire ci-après définie. Cette épreuve doit être faite chez le constructeur et sur sa demande.

Toute chaudière venant de l'étranger est éprouvée avant sa mise en service, sur le point du territoire français désigné par le destinataire dans sa demande.

Art. 3. — Le renouvellement de l'épreuve peut être exigé par celui qui fait usage d'une chaudière ;

1º Lorsque la chaudière, ayant déjà servi, est l'objet d'une nouvelle installation ;

2º Lorsqu'elle a subi une réparation notable ;

3º Lorsqu'elle est remise en service après un chômage prolongé.

A cet effet, l'intéressé devra informer l'ingénieur des mines de ces diverses circonstances. En particulier, si l'épreuve exige la démolition du massif du fourneau ou l'enlèvement de l'enveloppe de la chaudière et un chômage plus ou moins prolongé, cette épreuve pourra ne point être exigée, lorsque des renseignements authentiques sur l'époque et les résultats de la dernière visite, intérieure et extérieure, constitueront une présomption suffisante en faveur du bon état de la chaudière. Pourront être notamment considérés comme renseignements probants les certificats délivrés aux membres des associations de propriétaires d'appareils à vapeur par celle de ces associations que le ministre aura désignées.

Le renouvellement de l'épreuve est exigible également lorsque, à raison des conditions dans lesquelles une chaudière fonctionne, il y a lieu, par l'ingénieur des mines, d'en suspecter la solidité.

Dans tous les cas, lorsque celui qui fait usage d'une chaudière contestera la nécessité d'une nouvelle épreuve, il sera, après une instruction où celui-ci sera entendu, statué par le préfet.

En aucun cas, l'intervalle entre les deux épreuves consécutives n'est supérieur à dix années. Avant l'expiration de ce délai, celui qui fait usage d'une chaudière à vapeur doit lui-même demander le renouvellement de l'épreuve.

Art. 4. — L'épreuve consiste à soumettre la chaudière à une pression hydraulique supérieure à la pression effective qui ne doit point être dépassée dans le service.

Cette pression d'épreuve sera maintenue pendant le temps nécessaire à l'examen de la chaudière dont toutes les parties doivent pouvoir être visitées.

La surcharge d'épreuve par centimètre carré est égale à la pression effective, sans jamais être inférieure à un demi-kilogramme ni supérieure à 6 kilogrammes.

L'épreuve est faite sous la direction de l'ingénieur des mines et en sa présence, ou, en cas d'empêchement, en présence du garde-mine opérant d'après ses instructions.

Elle n'est pas exigée pour l'ensemble d'une chaudière dont les diverses parties, éprouvées séparément, ne doivent être réunies que par des tuyaux placés sur tout leur parcours, en dehors du foyer et des conduits de flamme, et dont les joints peuvent être facilement démontés.

Le chef d'établissement où se fait l'épreuve fournira la main-d'œuvre et les appareils nécessaires à l'opération.

Art. 5. — Après qu'une chaudière a été éprouvée avec succès, il y est apposé un timbre, indiquant en kilogrammes par centimètre carré la pression effective que la vapeur ne doit pas dépasser.

Les timbres sont poinçonnés et reçoivent trois nombres indiquant le jour, le mois et l'année de l'épreuve.

Un de ces timbres est placé de manière à être toujours apparent après la mise en place de la chaudière.

Art. 6. — Chaque chaudière est munie de deux soupapes de sûreté, chargées de manière à laisser la vapeur s'écouler dès que sa pression effective atteint la limite maximum indiquée par le timbre réglementaire.

L'orifice de chacune des soupapes doit suffire à maintenir, celle-ci étant au besoin convenablement déchargée ou soulevée et quelle que soit l'activité du feu, la vapeur dans la chaudière à un degré de pression qui n'excède pour aucun cas la limite ci-dessus.

Le constructeur est libre de répartir, s'il le préfère, la section totale d'écoulement nécessaire des deux soupapes réglementaires entre un plus grand nombre de soupapes.

Art. 7. — Toute chaudière est munie d'un manomètre en bon état placé en vue du chauffeur et gradué de manière à indiquer, en kilogrammes, la pression effective de la vapeur dans la chaudière.

Une marque très apparente indique sur l'échelle du manomètre la limite que la pression effective ne doit point dépasser.

La chaudière est munie d'un ajutage terminé par une bride de 0m,04 de diamètre et 0m,005 d'épaisseur disposée pour recevoir le manomètre vérificateur.

Art. 8. — Chaque chaudière est munie d'un appareil de retenue, soupape ou clapet fonctionnant automatiquement et placé au point d'intersection du tuyau d'alimentation qui lui est propre.

Art. 9. — Chaque chaudière est munie d'une soupape ou d'un robinet d'arrêt de vapeur, placé autant que possible à l'origine du tuyau de conduite de vapeur sur la chaudière même.

Art. 10. — Toute paroi en contact par une de ses faces avec la flamme doit être baignée par l'eau sur sa face opposée.

Le niveau de l'eau doit être maintenu dans chaque chaudière, à une hauteur de marche telle, qu'il soit, en toute circonstance, à 0m,06 au moins au-dessus du plan pour lequel la condition précédente cesserait d'être remplie. La position limite sera indiquée, d'une manière très apparente, au voisinage du tube de niveau mentionné à l'article suivant.

Les prescriptions énoncées au présent article ne s'appliquent point :

1º Aux surchauffeurs de vapeur distincts de la chaudière ;

2º Et aux surfaces relativement peu étendues et placées de manière à ne jamais rougir, même lorsque le feu est poussé à son maximum d'activité, telles que les tubes ou parties de cheminées qui traversent le réservoir de vapeur en envoyant directement à la cheminée principale les produits de la combustion.

Art. 11. — Chaque chaudière est munie de *deux appareils indicateurs du niveau de l'eau* indépendants l'un de l'autre et placés en vue de l'ouvrier chargé de l'alimentation.

L'un de ces *deux indicateurs est un tube en verre*, disposé de manière à pouvoir être facilement nettoyé et remplacé au besoin.

Pour les *chaudières verticales* de grande hauteur, le tube est remplacé par un appareil disposé de manière à reporter, en vue de l'ouvrier chargé de l'alimentation, l'indication du niveau de l'eau dans la chaudière.

TITRE II.
Établissement des chaudières à vapeur placées à demeure.

Art. 12. — Toute chaudière à vapeur destinée à être employée à demeure ne peut être mise en service qu'après une déclaration adressée *par celui qui fait usage du générateur, au préfet du département.*

Cette déclaration est enregistrée à sa date. Il en est donné acte. Elle est communiquée sans délai à M. l'ingénieur en chef des mines.

Art. 13. — La déclaration fait connaître avec précision :

1° Le *nom et le domicile du vendeur de la chaudière* ou l'origine de celle-ci ;

2° *La commune et le lieu où elle est établie ;*

3° *La forme, la capacité et la surface de chauffe ;*

4° *Le numéro du timbre réglementaire ;*

5° *Un numéro distinctif de la chaudière, si l'établissement en possède plusieurs ;*

6° *Enfin le genre d'industrie et l'usage auquel elle est destinée.*

Art. 14. — Les chaudières sont divisées en trois catégories :

Cette classification est basée sur le produit de la multiplication du nombre exprimant en mètres cubes la capacité totale de la chaudière avec ses bouilleurs et ses réchauffeurs alimentaires, mais sans y comprendre les surchauffeurs de vapeur, par le nombre exprimant, en degrés centigrades, l'excès de la température de l'eau correspondant à la pression indiquée par le timbre réglementaire sur la température de 100 degrés, conformément à la table annexée au présent décret.

Si plusieurs chaudières doivent fonctionner ensemble dans un même emplacement et si elles ont entre elles une communication quelconque, directe ou indirecte, on prend, pour former le produit, comme il vient d'être dit, la somme des capacités de ces chaudières.

Les chaudières sont de première catégorie quand le produit est plus grand que 200 ; de la deuxième, quand le produit n'excède pas 200, mais surpasse 50 ; de la troisième, si le produit n'excède pas 50.

Art. 15. — Les chaudières comprises dans la première catégorie doivent être établies en dehors de toute maison d'habitation et de tout atelier surmonté d'étages. N'est pas considérée comme un étage, au-dessus de l'emplacement d'une chaudière, une construction dans laquelle ne se fait aucun travail nécessitant la présence d'un personnel à poste fixe.

Art. 16. — Il est interdit de placer une chaudière de *première catégorie à moins de 3 mètres d'une maison d'habitation.*

Lorsqu'une chaudière de première catégorie est placée à moins de 50 mètres d'une maison d'habitation, elle en est séparée par un mur de défense.

Ce mur, en bonne et solide maçonnerie, est construit de manière à défiler la maison par rapport à tout point de la chaudière, *distant de moins de 10 mètres,* sans toutefois que *sa hauteur dépasse de 1 mètre la partie la plus élevée de la chaudière.* Son épaisseur est égale au tiers au moins de la hauteur, sans que cette épaisseur puisse être *inférieure à 1 mètre en couronne.* Il est séparé

du mur de la maison voisine par un *intervalle libre de 30 centimètres de largeur au moins.*

L'établissement d'une chaudière de première catégorie à la distance de *10 mètres au plus d'une maison d'habitation* n'est assujetti à aucune condition particulière.

Les distances de 3 mètres et de 10 mètres, fixées ci-dessus, sont réduites respectivement à *1ᵐ,50 et à 5 mètres,* lorsque la chaudière est enterrée de façon que la partie supérieure de ladite chaudière se *trouve à 1 mètre en contrebas du sol* du côté de la maison voisine.

Art. 17. — Les chaudières comprises dans la deuxième catégorie peuvent être placées dans l'intérieur de tout atelier pourvu que l'atelier ne fasse pas partie d'une maison d'habitation.

Les foyers sont séparés des murs des maisons voisines par un intervalle *libre de 1 mètre au moins.*

Art. 18. — Les chaudières de troisième catégorie peuvent être établies dans un atelier quelconque, même lorsqu'il fait partie d'une maison d'habitation.

Les foyers sont séparés des murs des maisons voisines par un intervalle *libre de 0ᵐ,50 au moins.*

Art. 19. — Les conditions d'emplacement prescrites pour les chaudières à demeure par les précédents articles ne sont pas applicables aux chaudières pour l'établissement desquelles il aura été satisfait au décret du 25 janvier 1865, antérieurement à la promulgation du présent règlement.

Art. 20. — Si, postérieurement à l'établissement d'une chaudière, un terrain contigu vient à être affecté à la construction d'une maison d'habitation, celui qui fait usage de la chaudière devra se conformer aux mesures prescrites par les articles 16, 17 et 18 comme si la maison eût été construite avant l'établissement de la chaudière.

Art. 21. — Indépendamment des mesures générales de sûreté prescrites au titre premier de la déclaration prévue par les articles 12 et 13, les chaudières à vapeur fonctionnant dans l'intérieur des usines sont soumises aux conditions que pourra prescrire le préfet, suivant les cas et sur le rapport de l'ingénieur des mines.

TITRE III.
Chaudières locomobiles.

Art. 22. — Sont considérées comme locomobiles, les chaudières à vapeur qui peuvent être transportées facilement d'un lieu dans un autre, n'exigeant aucune construction pour fonctionner sur un point donné et qui ne sont employées que d'une manière temporaire à chaque station.

Art. 23. — Les dispositions des articles 2 à 11 inclusivement du présent décret sont applicables aux chaudières locomobiles.

Art. 24. — Chaque chaudière porte une plaque sur laquelle sont gravés *en caractères très apparents, le nom et le domicile du propriétaire* et un numéro d'ordre, si ce propriétaire possède plusieurs chaudières locomobiles.

Art. 25. — Elle est l'objet de la déclaration prescrite par les articles 12 et 13 adressée au préfet du département où est le domicile du propriétaire.

L'ouvrier chargé de la conduite devra représenter à toute réquisition le récépissé de cette déclaration.

TITRE IV.
Chaudières des machines locomotives.

Art. 26. — Les machines à vapeur locomotives sont celles qui, sur terre, travaillent en même temps qu'elles se déplacent par leur propre force, telles que les machines des chemins de fer et des tramways, les machines routières, les rouleaux compresseurs, etc.

Art. 27. — Les dispositions des articles 2 à 8 inclusivement et celles des articles 11 et 24 sont applicables aux chaudières des machines locomotives.

Art. 28. — Les dispositions de l'article 25, § 1ᵉʳ, s'appliquent également à ces chaudières.

Art. 29. — La circulation des machines locomotives a lieu dans les conditions déterminées par des règlements spéciaux.

TITRE V.
Récipients.

Art. 30. — Sont soumis aux dispositions suivantes les *récipients de formes diverses d'une capacité de plus de 100 litres* au moyen desquels les matières à élaborer sont chauffées, non directement à feu-nu, mais par la vapeur empruntée à un générateur distinct lorsque leur communication avec l'atmosphère n'est point établie par des moyens excluant toute pression effective nettement appréciable.

Art. 31. — Ces récipients sont assujettis à la déclaration prescrite par les articles 12 et 13 (*Voir ces articles*).

Ils sont soumis à l'épreuve, conformément aux articles 2, 3, 4 et 5 (*Voir ces articles*). Toutefois, la surcharge d'épreuve sera, dans tous les cas, égale à la moitié de la pression à laquelle l'appareil doit fonctionner sans que cette *surcharge puisse excéder 4 kilogrammes par centimètre carré*.

Art. 32. — Ces récipients sont munis d'*une soupape de sûreté réglée* pour la pression indiquée par le timbre, à moins que cette pression ne soit égale ou supérieure à celle fixée pour la chaudière alimentaire.

L'orifice de cette soupape, convenablement déchargée ou soulevée au besoin, doit suffire à maintenir pour tous les cas la vapeur dans le récipient à un degré de pression qui n'excède pas la limite du timbre.

Elle peut être placée, soit sur le récipient lui-même, soit sur le tuyau d'arrivée de la vapeur, entre le robinet et le récipient.

Art. 33. — Les dispositions des articles 30, 31 et 32, s'appliquent également aux réservoirs dans lesquels de l'eau à haute température est emmagasinée, pour fournir ensuite un dégagement de vapeur ou de chaleur quel qu'en soit l'usage.

Art. 34. — *Un délai de six mois, à partir de la promulgation du présent décret,* est accordé pour l'exécution des quatre articles qui précèdent.

TITRE VI.
Dispositions générales.

Art. 35. — Le ministre peut, sur le rapport des ingénieurs des mines, l'avis du préfet et celui de la commission centrale des machines à vapeur, accorder dispense de tout ou partie des prescriptions du présent décret dans tous les cas où, à raison de la forme, soit de la faible dimension des appareils, soit de la position spéciale des pièces contenant de la vapeur, il serait reconnu que la dispense ne peut pas avoir d'inconvénient.

Art. 36. — *Ceux qui font usage de générateurs ou de récipients de vapeur veilleront à ce que ces appareils soient entretenus constamment en bon état de service.*

A cet effet, ils tiendront la main à ce que des visites complètes, tant à l'intérieur qu'à l'extérieur, soient faites à des intervalles rapprochés pour constater l'état des appareils et assurer l'exécution en temps utile des réparations ou remplacements nécessaires.

Ils devront informer les ingénieurs des réparations notables faites aux chaudières et aux récipients, en vue de l'exécution des articles 3 (1°, 2° et 3°) et 31, § 2.

Art. 37. — Les contraventions au présent règlement sont constatées, poursuivies et réprimées conformément aux lois.

Art. 38. — En cas d'accident ayant occasionné la mort ou des blessures, le chef de l'établissement doit *prévenir immédiatement l'autorité chargée de la police locale et l'ingénieur des mines chargé de la surveillance.* L'ingénieur se rend sur les lieux dans le plus bref délai, pour visiter les appareils, en constater l'état et rechercher les causes de l'accident. Il rédige sur le tout :

1° Un rapport qu'il adresse au procureur de la République et dont une expédition est transmise à l'ingénieur en chef, qui fait parvenir son avis à ce magistrat.

2° Un rapport qui est adressé au préfet, par l'intermédiaire et avec l'avis de l'ingénieur en chef.

En cas d'accident n'ayant occasionné ni mort ni blessure, l'ingénieur des mines seul est prévenu, il rédige un rapport qu'il envoie, par l'intermédiaire et avec l'avis de l'ingénieur en chef, au préfet.

En cas d'explosion, les *constructions ne doivent point être réparées* et les fragments de l'appareil rompu ne *doivent point être déplacés ou dénaturés* avant la constatation de l'état des lieux par l'ingénieur.

Art. 39. — Par exception, le ministre pourra confier la surveillance des appareils à vapeur aux ingénieurs ordinaires et aux conducteurs des ponts et chaussées, sous les ordres de l'ingénieur en chef des mines de la circonscription.

Art. 40. — Les appareils à vapeur qui dépendent des services spéciaux de l'État sont surveillés par les fonctionnaires et agents de ces services.

Art. 41. — Les attributions conférées aux préfets des départements par le présent décret sont exercées par le préfet de police dans toute l'étendue de son ressort.

Art. 42. — Est rapporté le décret du 25 janvier 1865.

Art. 43. — Le ministre des travaux publics est chargé de l'exécution du présent décret qui sera inséré au *Journal officiel* et au *Bulletin des lois.*

Fait à Paris, le 30 avril 1880.

JULES GRÉVY.

Par le Président de la République ;
Le ministre des travaux publics,

H. VARROY.

TABLE *donnant la température* (en degrés centigrades) *de l'eau correspondant à une pression donnée* (en kilogrammes effectifs) :

VALEURS CORRESPONDANTES			
de la pression effective en kilogrammes	de la température en degrés centigrades	de la pression effective en kilogrammes	de la température en degrés centigrades
0.5	111	10.5	185
1.0	120	11.0	187
1.5	127	11.5	189
2.0	133	12.0	191
2.5	138	12.5	193
3.0	143	13.0	194
3.5	147	13.5	196
4.0	151	14.0	197
4.5	155	14.5	199
5.0	158	15.0	200
5.5	161	15.5	202
6.0	164	16.0	203
6.5	167	16.5	205
7.0	170	17.0	206
7.5	173	17.5	208
8.0	175	18.0	209
8.5	177	18.5	210
9.0	179	19.0	211
9.5	181	19.5	213
10.0	183	20.0	214

MODÈLE (1) DE DÉCLARATION DE GÉNÉRATEURS ÉTABLIS A DEMEURE.

A *Monsieur le Préfet du département d*

Monsieur le Préfet,

J'ai l'honneur de vous informer que je fais installer dans mon établissement situé (*indiquer la commune, la*

(1) En double expédition.

rue)

Ce   qui m'a été vendu par M. (*indiquer le nom, le domicile du vendeur, constructeur ou industriel et l'origine du générateur; sort des ateliers de construction de M. A. ou de l'usine de M. B.*) est de forme (*cylindrique, horizontale ou verticale, avec ou sans tubes intérieurs, avec ou sans bouilleurs, leur nombre, avec ou sans dôme*); sa capacité est de (*en mètres cubes*) et sa surface de chauffe de (*en mètres carrés*).

Il est timbré à (*indiquer le nᵒ du timbre*) et est destiné (*indiquer le genre d'industrie ou l'usage auquel il est destiné*). Il porte le nᵒ

La présente déclaration, dont je vous prie de me donner acte, est faite en conformité du décret du 30 avril 1880.

Je suis, etc.

           Signature.

MODÈLE (1) DE DEMANDE DE PERMIS DE CIRCULATION DE LOCOMOTIVE.

A Monsieur le Préfet du département d

     Monsieur le Préfet,

J'ai l'honneur de solliciter l'autorisation de faire circuler (*nombre*) locomotive sur le chemin de fer de

(1) En double expédition.

traversant (*territoires, arrondissements ou départements*).

Ci-dessous les renseignements exigés par les décret et ordonnance réglementaires :

Nom des machines.	Service de la machine.
Numéros.	Poids de la machine.
Nom et résidence du fabricant.	Elle possède, en outre, manomètre gradué jusqu'à kilos.
Numéro de fabrication.	
Année de fabrication.	Deux soupapes à (*ressort ou charge indirecte*).
Capacité des chaudières.	Un tube indicateur de niveau d'eau en verre (*nombre*) robinets de jauge étagés.
Surface de chauffe.	
Timbre.	
Diamètre des cylindres.	Un tube injecteur (*genre*) pour l'alimentation.
Course des pistons.	
Diamèt. des roues motrices.	
Un sifflet.	

La présente demande est faite en exécution des articles 26 et suivants du décret du 30 avril 1880 et de l'article 7 de l'ordonnance du 17 novembre 1846.

Je suis, etc.

           Signature.

MODÈLE DE DONNÉ ACTE DE DÉCLARATION.

Division.
—
Service des mines.
—
APPAREILS A VAPEUR.

       Préfecture d

       Le Préfet du département d

       Vu la déclaration en date du   , pour laquelle le sieur

demeurant à

annonce l'établissement d'   , dans

          sise com

le dit   destiné à

et comportant les données ci-après :

GÉNÉRATEUR		RÉCIPIENT	
Nᵒ	Nᵒ	Nᵒ	Nᵒ

Nom du { constructeur } . . . . .
             { ou vendeur }
Domicile   dᵒ . . . . .
Forme de la chaudière. . . . .
Capacité de la chaudière. . . . . .
Surface de chauffe de la chaudière. .
Numéro du timbre. . . . .

     Vu le décret réglementaire du 30 avril 1880 :

DONNE ACTE au sieur

de la déclaration sus nommée.

En conformité des prescriptions de la circulaire ministérielle du 21 juillet 1880, un exemplaire du décret du 30 avril 1880 est joint au présent acte de déclaration.

      Le   18   *Le Préfet,*

Bibliographie : *Histoire descriptive de la machine à vapeur*, par R. STUART; *Traité des machines à vapeur*, par MORIN et TRESCA; *Traité de la chaleur*, par E. PÉCLET; *Les nouvelles chaudières à vapeur*, par BARETTA et DESNOS; *Comptes rendus de la Société des ingénieurs civils de France*; *Compte rendu des séances de congrès des ingénieurs en chef d'association de propriétaires d'appareils à vapeur*; *Catalogue descriptif et raisonné des défauts de chaudières*, par E. CORNUT; *Bulletin de la Société industrielle de Mulhouse*; *Formules de* UHLAND; *Formule de* CLAUDEL; *Nouvelles machines marines*, par

LEDIEU; *Voie, matériel roulant et exploitation technique des chemins de fer*, par M. COUCHE, tomes II et III; *Manuel du mécanicien*, par RICHARD et BACLÉ; *Note sur la construction des locomotives*, publiées dans la *Revue générale des chemins de fer*, depuis 1879, par M. G. RICHARD; *Manuel d'*HEUSINGER VON WOLDEGG; *Manuel* de BROSINS et KOCH; *Catéchisme de* FORNEY; *Bulletins des ingénieurs civils et des mécaniciens de Londres*; *Comptes-rendus de l'Iron and Steel Institute*; *Manuel de* CLARK; *Traité de locomotives*, de M. LEROY; *Ouvrage de M.* GOSCHLER sur les chemins de fer, etc...